DIE ARZNEIMITTEL-SYNTHESE

AUF GRUNDLAGE DER BEZIEHUNGEN ZWISCHEN CHEMISCHEM AUFBAU UND WIRKUNG

FÜR ÄRZTE
CHEMIKER UND PHARMAZEUTEN

VON

DR. SIGMUND FRÄNKEL
A. O. PROFESSOR FÜR MEDIZINISCHE CHEMIE
AN DER WIENER UNIVERSITÄT

SECHSTE UMGEARBEITETE AUFLAGE

SPRINGER-VERLAG BERLIN HEIDELBERG GMBH 1927

ISBN 978-3-642-89692-7 ISBN 978-3-642-91549-9 (eBook)
DOI 10.1007/978-3-642-91549-9

Ursprünglich erschienen bei Julius Springer in Berlin 1921
Softcover reprint of the hardcover 6th edition 1921

Vorwort zur sechsten Auflage.

Als vor ungefähr einem Vierteljahrhundert die erste Auflage dieses Werkes erschien, standen in der Pharmakologie sowie bei der Erzeugung synthetischer Arzneimittel wesentlich andere Probleme im Vordergrund des Interesses als heute. Man sieht so recht, wenn man die verschiedenen Auflagen dieses Buches durchblättert, schon an der Zunahme der einzelnen Abschnitte den raschen Wandel im Laufe der Zeit, der nur eine geringfügige Unterbrechung während des Weltkrieges erfahren hat.

Schon die immer stärkere und stärkere Betonung des chemo-therapeutischen Standpunktes, der rasche Wechsel und das ebenso rasche Verbrauchtsein von Theorien, die den Tatsachen vorauseilen wollten, war kennzeichnend für die Art und Weise der Arbeiten auf diesen Gebieten. Die größere Zielstrebigkeit in der Arzneimittel-Synthese beruht doch, zum Teil wenigstens, nicht nur auf der besseren Erkenntnis der zu lösenden Probleme, sondern auch auf der in einzelnen Ländern so innigen Zusammenarbeit zwischen Forschung und Industrie und teilweisen Verlegung der Forschungsarbeiten in die Industrie selbst. Daher erfordert ein Buch, welches kritisch die Bestrebungen auf dem Gebiete der Arzneimittel-Synthese sichtet, eine stete Umarbeitung und eine stete Anpassung an die eben währende Zeit, ohne daß die historische Darstellung des Entstehens und Vergehens der Richtungen Abbruch erleiden darf.

In der 6. Auflage erschien es mir daher dringend notwendig, vieles was heute nur mehr historischen Charakter hat, viel kürzer zu fassen, um das Gegenwärtige viel besser herausarbeiten zu können. Um die Zeit der Abfassung der 1. Auflage spielten die Antipyretica, die Antiseptica sowie die sympathomimetischen Mittel eine überaus große Rolle; gegenwärtig wendet sich die Aufmerksamkeit immer mehr und mehr den spezifisch wirkenden Mitteln gegen Infektionskrankheiten zu und augenblicklich beherrscht die chemotherapeutische Richtung das Arbeitsfeld. Neben ihr spielt eine immer größere Rolle die künstliche Erzeugung der Inkrete oder ihnen verwandter Verbindungen, wenn die in der Natur vorkommenden selbst noch nicht genügend erforscht sind.

Ich habe es daher in der 6. Auflage unternommen, das Buch einer neuen vollständigen Durcharbeitung und Änderung zu unterziehen. Man wird sowohl in der Anordnung des Materials sowie in den einzelnen Kapiteln die wesentliche Veränderung dieses Werkes erkennen, ohne daß der Zweck als Lehrbuch und Nachschlagebuch irgendwie geändert worden wäre. Es sind also wesentliche Kürzungen in der Darstellung der schon erledigten Materie, wesentliche Bereicherungen in der Darstellung des Neuen, dem Leser sofort ersichtlich.

Hoffentlich erwirbt sich die 6. Auflage ebenso viel Freunde wie die früheren Auflagen. An die Fachgenossen wiederhole ich die Bitte, mich durch Korrekturen und durch Aufmerksammachen auf Arbeiten, welche in der medizinischen Literatur häufig sehr zerstreut erscheinen, für die kommenden Auflagen zu unterstützen.

Wien, Anfang Februar 1927. **Sigmund Fränkel.**

Inhaltsverzeichnis.

Druckfehlerberichtigung.

S. 84	Z. 3 v. u.	statt: Reschert		lies: Reichert
„ 183	„ 27 v. u.	„ Benzolesäure		„ Benzoesäure
„ 199	„ 25 v. o.	„ Nitrophenylpropionsäure		„ Nitrophenylpropiolsäure
„ 241	„ 11 v. o.	„ Gundsubstanz		„ Grundsubstanz
„ 244	„ 3 v. o.	„ 1-Phenyl-2,3-dimethyl-4-di-aminomethyl-5-pyrazolon		„ 1-Phenyl-2,3-dimethyl-4-di-methylamino-5-pyrazolon
„ 317	„ 12 v. o.	„ H. Hildebrandt		„ W. Hildebrandt
„ 330	„ 13 v. u.	„ Menthylpentanon		„ Methylpentanon
„ 443	„ 27 v. u.	„ Homopiperonalamin		„ Homopiperonylamin
„ 444	„ 8 v. u.	„ methanol-3-Methyl . .		„ methanol, 3-Methyl . .
„ 521	„ 2 v. o.	„ den		„ dem
„ 527	„ 11 v. u.	„ . . . sulfomethan		„ . . . sulfonmethan
„ 577	„ 15 v. u.	„ Gaultherialöl		„ Gaultheriaöl
„ 578	„ 15 v. o.	„ Brenzcatechinamylcarbonat		„ Brenzcatechincinnamyl-carbonat
„ 645	„ 18 v. o.	„ De		„ Die
„ 672	„ 5 v. o.	„ Dicyndiamid		„ Dicyandiamid
„ 695	„ 7 v. o.	„ g		„ %
„ 731	„ 12 v. u.	„ FP		„ AP
„ 735	„ 6 v. u.	„ FP 553302		„ FP 553301
„ 742	„ 14 v. u.	„ Goldchorid		„ Goldchlorid

Einleitung.

Die Pharmakologie hat in der zweiten Hälfte des vorigen Jahrhunderts eine eigenartige Vermehrung des Arzneischatzes erfahren. Die früheren Jahrhunderte hatten Heilmittel verschiedenster Art auf Grund reiner Empirie der verschiedensten Völker gehabt, Heilmittel anorganischer und organischer Natur; in den letzten Jahrhunderten wurden besonders mit steigender Erkenntnis der anorganischen Verbindungen, namentlich im iatrochemischen Zeitalter, viele anorganischen Substanzen, vor allem Metallsalze, als neuer Zuwachs für die Therapie geschaffen. Es entstand aber gleichsam eine neue Arzneimittellehre in dem Momente, als man nicht nur auf Grund von Empirie und Aberglauben und Überlieferung die Drogen benützte, sondern durch das Bemühen der Chemiker die Drogen selbst einer Untersuchung in der Richtung unterwarf, daß man ihre wirksamen Bestandteile zu isolieren sich bestrebte. Mit der Entdeckung der reinen Pflanzenalkaloide war der erste große Fortschritt gemacht, welcher zeigte, daß nicht die chemisch aus verschiedensten Substanzen bestehende Droge, sondern ein oder mehrere chemische Individuen die Träger der einer Droge eigentümlichen Wirkung waren. Diese Erkenntnis mußte dazu führen, mit der oft auf Aberglauben beruhenden Überlieferung zu brechen und so eine große Reihe von Drogen aus der Benützung auszuschalten. Die Reindarstellung chemischer Individuen bedeutete aber auch einen großen Fortschritt in dem Sinne, als man nunmehr die eigentlich wirksamen Substanzen selbst genau dosieren konnte, was ja bei dem wechselnden Gehalt der Drogen an wirksamen Bestandteilen bis zu diesem Zeitpunkte eine Sache der Unmöglichkeit war. Die physiologische Untersuchung der aktiven Prinzipien selbst gab nun Aufschluß über die reine Wirkung des Mittels. Man konnte auf diese Weise auch eine Reihe von Nebenwirkungen und unangenehmen Eigenschaften, die sich auf Geschmack und Geruch bezogen, ausschalten, wenn diese Nebenwirkungen nicht dem wirksamen Bestandteil, sondern anderen, an der Grundwirkung der Droge nicht beteiligten Substanzen zukamen. Das Studium der chemischen Konstitutionen der als wirksam erkannten organischen Verbindungen mußte dazu führen, Versuche anzustellen, auf synthetischem Wege dieselben Körper aufzubauen. Dieser einen großen Richtung der synthetischen Chemie der Arzneimittel folgte aber bald eine theoretisch ungleich wichtigere, die wohl zum großen Teile ihren Ursprung darin gefunden hat, daß man bei dem damaligen und bei dem gegenwärtigen Stande der synthetischen Chemie so komplizierte Körper, wie die meisten Pflanzenalkaloide und andere Bestandteile der wirksamen Drogen sind, auf synthetischem Wege aufzubauen nicht vermochte. Man versuchte nun zu erkennen, auf welchem Teile des Moleküles die Wirkungen der Substanzen beruhen und von diesem Gesichtspunkte aus analog konstituierte Körper aufzubauen, in der Voraussicht, daß die analoge Konstitution den Körpern eine analoge physiologische Wirkung im Organismus verleihen müsse. Solche Bemühungen haben den Gedanken zur natürlichen Voraussetzung, daß die physiologische Wirkung der Körper außer von bestimmten physikalischen Verhältnissen in erster Linie von dem chemischen Aufbau abhängt. Hierbei muß man auch den Umstand berücksichtigen, daß man nicht zu einer sklavischen Nachahmung der Konstitution der natürlichen Arzneimittel gezwungen ist. Sind doch die in der Natur gefundenen Substanzen nicht von dem teleologischen Gesichtspunkte aufzufassen, als ob sie in der Pflanze zu dem Zwecke entstünden, damit sie der Mensch als Arzneimittel erkenne und benütze, sondern unter den so mannigfaltigen, in der Pflanzenwelt vorkommenden chemischen Verbindungen hat die Jahrtausende alte Empirie einige wenige zu finden vermocht, welche physiologische Wirksamkeit zeigen und unter diesen wenigen einige gefunden, die als Arzneimittel verwertbar sind. Selbstredend sind nun diese in der Natur vorkommenden Substanzen in der Pflanze und beim Tier Produkte, die eine bestimmte Rolle in der Physiologie und Anatomie dieser Organismen spielen.

Wenn wir sie aber als Arzneimittel benützen, so tun wir es in dem Bewußtsein, daß wir bestimmte, im Molekül dieser Substanzen vorkommende Gruppierungen für unsere Zwecke ausnützen, und daß nicht immer das gesamte Molekül dieser in der Natur vorkommenden chemischen Individuen an der Wirkung beteiligt sein muß, weil diese Körper nicht nach Gründen der Zweckmäßigkeit als Arzneimittel von der Natur aufgebaut sind. Bauen wir einen chemischen Körper, der als Arzneimittel dienen soll, auf, so schaffen wir in demselben nach Möglichkeit nur wirksame Gruppierungen, oder wir lagern Gruppen an, um die zu starke Wirkung der Grundsubstanz abzuschwächen. In den natürlich vorkommenden Arzneimitteln hingegen, welche ja nicht nach dem Plane aufgebaut sind, als solche zu dienen, sondern deren durch physiologische Ursachen bestimmter chemischer Aufbau zufällig sich auch in der Therapie verwerten läßt, kann wohl das ganze Molekül als solches an der Wirkung beteiligt sein, es kann aber, und das wird wohl der häufigere Fall sein, nur von einem Teile des großen Moleküls der pharmakologische Effekt abhängen. Anderseits muß die vorhandene wirksame Gruppierung nicht die bestmögliche sein. Wir sind also daher gar nicht darauf angewiesen, um jeden Preis auf synthetischem Wege die in der Natur vorkommende Verbindung genau aufzubauen, sondern es genügt, wenn wir Substanzen erhalten, die in der Wirkung mit den natürlich vorkommenden, die uns als Exemplum trahens dienen, identisch sind, und dies kann geschehen, wenn unsere pharmakologischen Studien und Spekulationen, welche sich auf die physiologischen Effekte der Abbauprodukte stützen, uns über den Bau der eigentlich wirksamen Gruppen aufklären.

Eine große Bereicherung unserer Erkenntnis trat mit dem ungeahnten Aufschwunge der synthetischen organischen Chemie ein, als man sich, hauptsächlich ausgehend von der Erkenntnis der Wirkung einfach gebauter Substanzen, bemühte, durch physiologische Untersuchung ganzer Körperklassen, die auf synthetischem Wege gewonnen wurden, in diesen Klassen einzelne Individuen zu finden, die wegen ihrer Eigenschaften als Arzneimittel verwertbar waren. Je mehr nun Kenntnisse dieser Art sich erweiterten, je eingehender unsere Erfahrungen über die Wirkung einzelner Gruppierungen sich gestalteten, desto mehr war der Weg vorbereitet, den Chemiker und Pharmakologen der neuesten Zeit mit sichtlich großem Erfolge betreten haben, der Weg des planmäßigen Aufbauens und Findens neuer Verbindungen mit pharmakologisch verwertbaren Eigenschaften, welche als Arzneimittel Verwendung in der Therapie finden sollten. Es zeigte sich nun bald, daß hier ein bedeutender Unterschied in den Resultaten eintreten mußte zwischen den Forschungen, welche die erste Hälfte des 19. Jahrhunderts charakterisierten und die sich darauf bezogen, aus den wirksamen Drogen den wirksamen Bestandteil, das aktive Prinzip, zu isolieren und der neuen Richtung, welche nicht etwa das in der Natur Vorhandene suchte und nachahmte, sondern Neues, in der Natur nicht Vorhandenes, auf Grund von Erfahrungen und Spekulationen schuf. Diese Richtung mußte nun ganze Körperklassen, eine Reihe von analog gebauten Individuen schaffen, Verbindungen, die in ihrer Grundwirkung mehr oder minder miteinander übereinstimmten und denen durch synthetische Prozesse eine Reihe von Nebenwirkungen benommen wurden. Das Resultat dieser Richtung war eine Unzahl von physiologisch wirksamen Substanzen, und erst die therapeutische Erfahrung konnte aus jeder Klasse wirksamer Verbindungen dasjenige Individuum heraussuchen, welches als bester Träger der charakteristischen Wirkung mit möglichst wenig schädlichen Nebeneigenschaften, als eigentliches Arzneimittel Verwendung finden konnte. War man bis zu diesem Zeitpunkte darauf angewiesen, nur mit dem von der Natur Gebotenen in der Arzneitherapie vorliebzunehmen, so zeigte sich nun eine fast unendliche Fülle von Möglichkeiten, über die Natur hinausgehend Neues zu schaffen.

Wie der Künstler als sein Ziel nicht etwa die sklavische Nachahmung der Natur, welche die Kunst zur einfachen Reproduktion herabwürdigen würde, ansieht, sondern seine subjektive Anschauung vom Schönen benützt, um neues Schöne, welches die Natur in dieser Form nicht gerade bietet, aus sich heraus zu schaffen, wohl unter der Benützung des Natürlichen, aber in einer neuen, dem Künstler eigentümlichen Art der Darstellung, so muß auch der synthetische Chemiker neue Körperklassen in der Weise schaffen, daß er, angeregt durch die Wirkungen in der Natur vorkommender Verbindungen und geleitet von seiner chemischen und pharmakodynamischen Erkenntnis der wirksamen Gruppierungen in solchen Substanzen, neue Gruppen von Substanzen darstellt, zum Teil wohl auf Spekulation basierend, gleich wie der Künstler auf der Betrachtung des ihm subjektiv schön Erscheinenden.

Doch war hier für den Chemiker, welcher physiologisch wirksame Verbindungen aufgebaut hatte, auf Grundlage von wirklicher Erkenntnis oder von Spekulation, ein natürliches Kriterium in der therapeutischen Erfahrung am Krankenbette gegeben, eine Erfahrung, die von Tausenden Ärzten in den verschiedensten Ländern und unter den verschiedensten Bedingungen gesammelt, nur dem wirklich Guten und Brauchbaren zum endlichen Siege verhelfen konnte.

Wurde nun mit steigender Erkenntnis eine neue wirksame Körperklasse mit wertvolleren Eigenschaften in derselben therapeutischen Richtung erschlossen, als es die bisher verwendete Substanz war, so mußte der anfänglich gut verwertbare Körper dem besseren gegenüber im Wettkampfe unterliegen. Dieses Ringen und Schaffen förderte diese neue Richtung in so überraschender Weise, daß die synthetisch gewonnenen, physiologisch wirksamen Verbindungen mit therapeutisch verwertbaren Eigenschaften schon nach Tausenden zählen. Aber wir stecken noch immer in den Kinderschuhen der Arzneimittelsynthese. Wir suchen in der Natur vorhandene Arzneikörper synthetisch darzustellen oder ihnen verwandte Substanzen mit ähnlichen oder gleichen Wirkungen. Wir finden beim planmäßigen Studium neuer chemischer Körperklassen, die wir auf bekannte Wirkungen prüfen, neue Individuen mit solchen Wirkungen; aber die Therapie mit ihrer ungeheuren Mannigfaltigkeit stellt immer neue Anforderungen nach neuen Wirkungen und wiederholt stetig den Wunsch nach Befriedigung ihres Bedürfnisses an Substanzen, denen therapeutische Wirkungen eigen sind, die kein von der Natur uns gebotenes Mittel besitzt. Von der synthetischen Chemie erhofft man nun, daß sie von dem pharmakologischen Studium der so zahlreichen dargestellten Körperklassen und Individuen unterstützt und angeregt, Substanzen darstellt und findet, welchen neue, von der Natur nicht gebotene therapeutische Eigenschaften innewohnen.

Das planmäßige Studium der chemischen Vorgänge im Organismus, insbesondere das Studium der chemischen Reaktionen, mit welchen sich der tierische Körper vor der Einwirkung bestimmter Gifte, sei es solcher, die normalerweise etwa durch die Fäulnis im Darme entstehen oder von Giften, die ihm künstlich zugeführt werden, der Hauptsache nach aber das chemische Studium und die Isolierung der Substanzen, durch welche sich der Organismus vor der Einwirkung der Mikroorganismen und der Produkte ihrer Lebenstätigkeit schützt, müssen uns die Wege zeigen, wie wir durch Zufuhr bestimmter chemischer Verbindungen diesen Selbstschutz des Organismus unterstützen oder hervorrufen und steigern können. Anderseits können uns Spekulationen über diese Vergiftungsvorgänge unter normalen und pathologischen Bedingungen, die sich ja bei verschiedenen Individuen und bei verschiedenen Tierklassen so eigentümlich different abspielen, zu der Erkenntnis führen, worauf das auffällige refraktäre Verhalten bestimmter Tierklassen gegen bestimmte Gifte und gegen bestimmte Infektionen beruht. Wenn wir sehen, daß einzelne Tiere Infektionen, die dem Menschen verderblich sind, überhaupt nicht unterliegen, wenn wir weiter sehen, wie einzelne, für den Menschen äußerst giftige Substanzen bestimmte Tierklassen gar nicht tangieren, so müssen wir durch Spekulation über die Wechselwirkung zwischen wirkender Substanz und Organismus, dahin geführt werden, anzunehmen, daß entweder diese giftige Substanz so rasch in dem betreffenden Organismus zu Zerfall geht, neutralisiert oder abgebaut wird, daß sie wegen ihrer mangelhaften Resistenz der Einwirkung dieses speziellen Organismus gegenüber eine physiologische Wirkung auf denselben auszuüben nicht in der Lage ist oder daß die Substanz in einem Organismus, den sie nicht zu alterieren vermag, aus dem Grunde sich so refraktär verhält, weil sie für diesen Organismus chemisch so resistent gebaut ist, daß sie mit seinen Geweben in Wechselwirkung zu treten nicht vermag, was wohl auch an der stereochemischen Konfiguration liegen kann. Es kann auch der Fall vorliegen, daß die betreffenden Erfolgzellen diese Substanz physikalisch nicht aufnehmen.

Wenn wir nun sehen, daß unser Organismus bei der normalen Entgiftung giftiger, ihm kontinuierlich zugeführter Substanzen, wie der Phenole, die bei der Fäulnis im Darme entstehen, in der Weise vorgeht, daß er diese Substanzen in saure gepaarte Verbindungen verwandelt, wie die Ätherschwefelsäuren und die gepaarten Glykuronsäuren, die sich im Stoffwechsel so ungeheuer resistent verhalten, daß sie weiter keine physiologischen Wirkungen besitzen und unverändert ausgeschieden werden, wenn wir ferner sehen, daß der Organismus Blausäurederivate von großer Giftigkeit durch Synthese mit einer Sulfhydrylgruppe in resistente, ungiftige Rhodanderivate überführt, so muß uns eine analoge Spekulation dahin leiten, unseren Organismus gegen die Gifte anderer Art in der Weise zu schützen, daß wir ihm die Fähigkeit verleihen, solche Gifte in ihrer Resistenz dem Organismus gegenüber zu steigern und sie auf diese Weise für den Organismus wirkungslos zu machen. Die andere Möglichkeit hingegen, die chemische Wechselwirkung der vergiftenden Substanz mit dem betroffenen Organismus zu beschleunigen und durch raschen Abbau des Giftes innerhalb des tierischen Körpers dasselbe unwirksam zu machen, bietet bei dem meist an und für sich schon resistenten Baue der giftigen Substanzen eine geringe Wahrscheinlichkeit nach dieser Richtung hin. Die physiologische Tätigkeit des Organismus durch Zufuhr von wirksamen Substanzen zu heben, liegt aber immerhin nahe, wenn man bedenkt, daß der Organismus auch ohne Unterstützung diesen Weg einschlagen kann.

Es bietet sich tatsächlich eine solche Möglichkeit, daß der Organismus sich einer sehr giftigen Substanz in der Weise entledigt, daß er sie gleichsam wie ein Nahrungsmittel zum Zerfall und zur Verbrennung bringt, wie sie Faust[1]) bei der Morphinangewöhnung beobachtet hat.

Eine andere Möglichkeit ist die, durch Änderung am Molekül die Löslichkeitsverhältnisse der chemischen Verbindungen in den zirkulierenden Medien und Zellteilen in der Weise zu beeinflussen, daß die Substanz nicht mehr in die betreffenden Zellen einzudringen vermag, sondern abgelenkt wird. Man kann die synthetischen Substanzen so konstruieren, daß sie gerade in diejenigen Zellen eindringen, welche der Wirkung unterliegen sollen. Paul Ehrlich nennt dieses Bestreben das „chemische Zielen".

Das Bestreben der modernen chemotherapeutischen Richtung geht nun dahin, solche chemische Verbindungen aufzubauen, welche Krankheitserreger und Krebszellen spezifisch treffen, sie im lebenden Organismus schwer schädigen oder abtöten, ohne daß die Zellen des Wirtstieres dabei wesentlich geschädigt werden.

Die meisten Bestrebungen der Pharmakodynamiker waren aber bei der großen Schwierigkeit, der Krankheitsursache selbst beizukommen, vielmehr darauf gerichtet, die von der Krankheit erzeugten, zur Erscheinung kommenden Symptome zu bekämpfen. Vornehmlich konnte man die subjektiv empfundenen Wirkungen des Krankheitsprozesses unterdrücken, die schlechter arbeitenden Organe in ihrer Tätigkeit durch spezifisch auf diese Gewebe wirkende Mittel steigern, die gereizten aber an ihrer krankhaften Tätigkeit entweder durch Einwirkung auf die entsprechenden Nervenzentren oder die betreffenden Erfolgsorgane verhindern. Die Unterdrückung des Schmerzes war von jeher ein Hauptziel und auch eine Hauptaufgabe der Therapeuten.

Waren die eben besprochenen Bahnen nur schwierig zu betreten und boten sie dem Forscher und Darsteller auf diesem Gebiete nur wenige Möglichkeiten des Erfolges, so konnte man doch, wenn man nach langen Bemühungen oder durch Zufall einen neuen Stützpunkt für den Fortschritt in Form eines neuen wirksamen Grundkörpers gewonnen hatte, von diesem aus durch chemische Abschwächungen und Verstärkungen der Grund- und Nebenwirkungen eine theoretisch unendlich große Möglichkeit von Variationen schaffen, von Variationen, die aus dem Grunde mit wenigen Ausnahmen ähnliche Wirkungen zeigten, weil der wirksame Grundkörper das Stetige im Wechsel, die alterierende Gruppe das Variable war.

Handelt es sich für den Eingeweihten nur darum, eine Reihe von Substanzen aufzubauen, die alle gleichmäßig nach einer Richtung hin wirksam sind, und aus der ganzen Gruppe bei verschiedenen Variationen den wirksamsten Körper, welcher möglichst frei von allen schädlichen Nebenwirkungen ist, also den therapeutisch brauchbarsten herauszusuchen und diesen zur Anwendung als Arzneimittel zu empfehlen, so bietet sich anderseits durch dieselbe physiologische Erkenntnis, durch die verschiedenartige Variation der abschwächenden Gruppen, ohne sonst den Grundkörper und dessen Wirkungen irgendwie zu tangieren, die Möglichkeit, gleichwertige Konkurrenzpräparate in beliebiger Anzahl zu schaffen. So wurde der Schein erweckt, daß die moderne synthetische Chemie, welche sich mit Arzneimitteldarstellung beschäftigt, eine so ungeheure Anzahl von neuen Arzneimitteln geschaffen hat, während es doch klar liegt, wenn man die ganze Entwicklung dieser Richtung in der zweiten Hälfte des 19. und im Anfang unseres Jahrhunderts verfolgt, daß nur wenige wirksame Grundsubstanzen tatsächlich gefunden wurden und daher nur wenige neue Arzneimittel in Wirklichkeit als Gewinst für die Therapie resultieren, daß aber eine Reihe von Variationen gleichwertiger

[1]) Arch. f. exp. Pathol. u. Pharmakol. Bd. 44, S. 217. 1900.

oder minderwertiger Art, welche von diesen Grundsubstanzen ausgingen, als Konkurrenzpräparate auf den Markt kamen, als Verbindungen, die sich nur in ihren unwesentlichen Gruppierungen voneinander unterschieden. Nicht neue Wirkungen konnten diese Variationen bieten, aber man mußte ihnen den Anschein neuer Wirkungen geben, um sie überhaupt marktfähig zu machen. Doch hat die Erfahrung der letzten Jahre gezeigt, daß im Wettkampfe um die therapeutische Anwendung dieser Substanzen seitens der Ärzte aus jeder Gruppe von Körpern mit identischem Bau und identischen Wirkungen nur ein, höchstens zwei Repräsentanten sich behaupten können und alle Bemühungen der Erfinder und Fabrikanten, solche gleichwertige Variationen durchzudrücken, trotz anfänglicher Erfolge dennoch immer im Wettbewerbe scheitern. Diese gesunde Wirkung des Wettbewerbes verschont uns vor einer noch größeren Überflutung des Arzneischatzes mit gleichwertigen und gleichartig wirkenden Substanzen. Aber trotz dieser Lehre, die sich aus der Betrachtung der Vorgänge dieser Art bei der Einführung neuer Arzneimittel ergeben muß, fehlt es nicht an fortwährenden Versuchen der Erfinder und Fabrikanten, solche gleichwertige Präparate durch Variation einer an der Wirkung nicht beteiligten Gruppe darzustellen und in den Arzneischatz einzuführen. Es mag dies wohl zum großen Teil damit zusammenhängen, daß sowohl unter den Ärzten, als auch unter den Chemikern noch eine große Unklarheit darüber herrscht, worauf eigentlich die Wirksamkeit bestimmter Körperklassen beruht und daß sie nur nach Analogien, die aus anderen Körperklassen herübergenommen sind, neue Substanzen schaffen und schließlich sehr erfreut sind, wenn sie einen physiologisch wirksamen Körper, der am Krankenbette therapeutische Wirkungen äußert, erhalten und dabei übersehen, daß sie nur das Unwesentliche in der Konstitution des Körpers variiert haben, das Wesentliche aber unverändert blieb.

Eine zweite Richtung der synthetischen Arzneimittelchemie war noch ungleich einfacher in bezug auf das gestellte Problem, sowie auch auf die Variationsmöglichkeiten der Lösungen dieses Problems. Eine Reihe von in der Natur vorkommenden und als Arzneimittel verwendeten Verbindungen, sowie auch neue, synthetisch dargestellte Substanzen zeigten bei ihrer Anwendung in der Therapie gewisse unangenehme Nebenwirkungen, die mit der Hauptwirkung der Substanz nicht immer im genetischen Zusammenhang standen. Diese Nebenwirkungen äußern sich darin, daß die Arzneikörper zu rasch oder zu langsam die ihnen eigentümliche Wirkung auslösen, daß sie ätzend wirken oder bitteren Geschmack haben. Bei einer Reihe anderer Mittel fällt wieder der Umstand in die Wagschale, daß sie ihre Wirkung schon an Orten auslösen, an welchen diese Wirkung nicht benötigt wird, z. B. die Darmantiseptica und darmadstringierenden Mittel, deren Wirkungen unnötigerweise schon im Magen beginnen. Bei vielen Arzneimitteln zeigt sich wiederum der Mißstand, daß sie wegen ihrer Unlöslichkeit nur schwer zur Resorption gelangen; hier ist das Problem, diese Substanzen ohne Veränderung ihrer physiologischen Wirksamkeit auf chemischem Wege in wasserlösliche zu verwandeln. Auch das umgekehrte Problem, leicht lösliche Substanzen in schwerlösliche oder unlösliche zu verwandeln, um sie bestimmten Zwecken dienstbar zu machen, wurde häufig aufgestellt und gelöst. Während in der Therapie der früheren Zeit sich häufig die Notwendigkeit herausstellte, um gleichzeitig verschiedene Wirkungen zu erzielen, Gemenge verschiedener, verschieden oder ähnlich wirkender Substanzen zu verabreichen, war auf synthetischem Wege die Möglichkeit geboten, chemisch solche Substanzen zu kombinieren. Es ist nun die Frage naheliegend, ob Synthesen dieser Art, bei denen zwei oder mehrere wirksame Körper ohne Rücksicht auf die Wirkungsstärke der einzelnen Komponenten chemisch verbunden werden, Vorteile bieten vor einem einfachen

Mengen der wirksamen Substanzen, ob nicht der ganze synthetisch-chemische Prozeß überflüssig ist. Diese Frage läßt sich nicht strikte beantworten. Durch die Verbindung zweier wirksamer Substanzen können nämlich unter Umständen dem neu entstehenden Körper neue, den beiden Grundsubstanzen nicht zukommende Wirkungen verliehen werden, doch erhält man in der Mehrzahl der Fälle meist Wirkungen, die der Wirkung eines Gemenges der beiden Substanzen entsprechen, manchmal auch ganz wirkungslose Körper. Häufig werden aber zwei Verbindungen von ganz verschiedener Giftigkeit und deren Dosierung ganz verschieden ist, molekular miteinander verbunden. Es ist nun ersichtlich und klar, daß all diese Bemühungen der Synthetiker, auf dem bezeichneten Wege Derivate der bekannten Arzneikörper zu erhalten, zur Darstellung von Substanzen führen, welche keineswegs als neue Arzneimittel anzusehen sind, wie es Ärzte und Chemiker häufig tun, sondern als Verbindungen, welche uns als synthetisch-chemischer Ersatz der gegenwärtig unmodernen und für manche Ärzte antiquierten pharmazeutischen Zubereitung komplizierter Art dienen.

Es bieten sich nun eine Reihe von Möglichkeiten, auf synthetischem Wege bestimmte Eigenschaften der Arzneikörper zu korrigieren. Die verschiedenartige Lösung dieses einen bestimmten Problems führt aber nicht zu neuen Arzneikörpern, sie hat nur die Darstellung verschiedener chemischer Substanzen zur Folge, welche in der Grundwirkung mehr oder minder identisch und in denen der wirksame Kern erhalten sein muß. Es gibt nun eine Anzahl von Möglichkeiten, die Lösung solcher Probleme zu variieren, von Möglichkeiten, die in ihrer Wirkung häufig zu ganz identischen Resultaten führen. Diese Variationsmöglichkeit bereichert oft in einer ganz unnötigen Weise die Auswahl der vorhandenen Arzneikörper, ohne daß diese Varianten in ihrer Wirkung oder in ihren sonstigen Eigenschaften sich unterscheiden. Andrerseits stellt sich häufig bei Chemikern, welche die theoretischen Grundlagen der Wirkungen chemischer Verbindungen im Organismus nicht kennen, der Fehler ein, daß sie die gestellten Probleme, wirksame Arzneikörper etwa geschmacklos oder wasserlöslich zu machen, in einer solchen Weise zu lösen versuchen, daß sie durch die gesetzten chemischen Veränderungen an den wirkenden Grundsubstanzen die Wirksamkeit derselben überhaupt vernichten. Aus diesem Grunde kamen häufig chemische Substanzen zur therapeutischen Verwendung, die durch Variationen an einem bekannten wirksamen Grundkörper hergestellt waren, denen aber jede Wirkung mangelte oder deren Wirkung unnötigerweise wesentlich abgeschwächt war.

Es erschien dem Verfasser als eine dankbare Aufgabe, den gegenwärtigen Stand unserer Kenntnisse und Erfahrungen über die Beziehung zwischen Aufbau und Wirkung der chemischen Verbindungen zu untersuchen und jene allgemeinen Regeln, welche sich aus diesen Kenntnissen ableiten lassen, festzustellen. Es ergab sich nun, daß es von großem Interesse für die Erkenntnis dieser Verhältnisse sei, wenn man in das Bereich der Untersuchungen auch das Verhalten der chemischen Substanzen und insbesondere der Arzneimittel im Organismus einbezieht, um so mehr, als der Verfasser sich zu der Anschauung berechtigt fühlte, daß das Erkennen der chemischen Prozesse bei der Vergiftung und bei der Entgiftung im Organismus, sowie das Erkennen, welche Körper im Organismus völlig abgebaut werden, welche nur partielle Wandlungen erleiden und welche schließlich den Organismus ganz unverändert passieren, uns die wertvollsten Aufschlüsse theoretischer Natur liefert, sowie auch eine Reihe von Fingerzeigen gibt, welche sich für die Synthese neuer wirksamer Körper verwerten lassen. Von der so gewonnenen Grundlage wurde der Versuch unternommen, jene Bahnen, welche die synthetischen Chemiker bei der Darstellung neuer Arzneimittel und der Derivate von wirksamen Körpern eingeschlagen haben, aufzusuchen und kritisch zu beleuchten.

Nur wenige Ideen waren es, aus denen die große Anzahl, die Tausende von neuen Mitteln entsprungen sind, und nur die Variationsmöglichkeit verschiedenster Art war die Quelle dieser überaus großen Menge neuer Körper, die leicht noch auf das Mehrfache gesteigert werden könnte. Aber auch manche überaus wertvolle Errungenschaft verdankt die Therapie der synthetisch-chemischen Richtung in der Pharmakologie, und außer diesen Errungenschaften von praktischer Bedeutung hat die pharmakologische Wissenschaft auch viele theoretische Kenntnisse durch die Darstellung und Prüfung der vielen neuen Arzneimittel gewonnen.

Die Hochflut der neuen Substanzen, welche Erfinder und Fabrikanten praktisch zu verwerten suchten, mußte es dahin bringen, daß die Frage aufgeworfen wurde, wie man den Einbruch dieser neuen Mittel in die Therapie vor einer eingehenden Prüfung verhüten könnte. Es wurde mehrfach der Vorschlag gemacht, staatliche Institute zu errichten, deren Aufgabe darin bestehen soll, die neuen Arzneimittel zu prüfen und zu begutachten, bevor man deren Einführung in die Therapie zuläßt. So wertvoll eine solche Prüfung auch sein mag und so sehr vielleicht durch eine solche Vorprüfung die Anwendung von durchaus schädlichen Substanzen seitens praktischer Ärzte verhindert werden möchte, so kann sich leicht ein anderer Nachteil in der Richtung einstellen, daß ein solches staatliches Institut die ungeheuer große Möglichkeit von Variationen an bekannten, wirksamen Substanzen als neue, gut wirksame Körper anerkennen und für die Praxis zulassen müßte. Gerade diese Variationen machen die große Anzahl neuer Arzneimittel aus, während das Auffinden neuer wirksamer Körperklassen und Grundkörper ja doch weitaus seltener ist. Wir müssen vielmehr hoffen, daß den unnützen Variationen bekannter wirksamer Grundverbindungen seitens der Chemiker ein Damm gesetzt wird durch Erweiterung der pharmakologischen Kenntnisse der Ärzte, und daß die berufenen Lehrkräfte auf die Mediziner aufklärend wirken, indem sie dieselben mit den Richtungen, mit den Zielen und mit den Methoden der Chemiker vertraut machen und sie strenge unterscheiden lehren zwischen dem Auftreten neuer wirksamer Grundverbindungen und den Variationen verschiedenster Art an alten oder neuen wirksamen Substanzen.

Gegenwärtig besteht leider eine Schutzwehr gegen die Überflutung der Therapie durch überflüssige neue Mittel nur in der Resistenz und dem Konservativismus des ärztlichen Publikums, ein konservativer Sinn, welcher ebenso dem Neuen und Guten, wie dem Neuen und Überflüssigen entgegengesetzt wird.

Durch die kritische Sichtung der Bestrebungen der Chemiker und die Beleuchtung der sie treibenden pharmakologischen Ideen hofft der Verfasser nach beiden Richtungen zu wirken. Der Chemiker soll durch die Erkenntnis des schon tatsächlich Geleisteten davon abgehalten werden, für die Therapie überflüssige Stoffe darzustellen, und durch das Erkennen der pharmakologischen Grundwirkungen soll er in die Lage versetzt werden, auf neuen Wegen vorzuschreiten. Auch die Darstellung des Scheiterns so zahlreicher pharmakologischer Ideen wird sicherlich lehrreich wirken und den Synthetiker von dem Betreten einer aussichtslosen oder falschen Bahn zurückhalten.

Auf die medizinischen Kreise hofft der Verfasser in der Weise aufklärend zu wirken, daß er sie zum Erkennen und gruppenweisen Betrachten der neuen Arzneimittel nach chemischen und pharmakodynamischen Prinzipien anregt und zeigt, aus welchen Richtungen und auf welche Weise eine Überflutung mit neuen Arzneimitteln droht, welche Richtungen Vorteile zu bringen versprechen und welche schließlich ganz unwirksame Körper fördern müssen.

Hoffentlich zeitigt diese neue Betrachtungsweise der Arzneimittel und ihrer Wirkung Erfolge und Klärung.

Für die Ärzte und insbesondere für Chemiker muß es auch von Interesse sein, jene synthetisch-chemischen Prozesse kennenzulernen, nach welchen die Darstellung der verschiedenen Arzneimittel durchgeführt wird. An der Hand der Patentschriften der Patentämter sind alle hier in Betracht kommenden Verfahren in diesem Werke beschrieben.

In jüngster Zeit hat die physikalisch-chemische Richtung in der Pharmakologie ungemein an Bedeutung gewonnen, vorzüglich der Versuch, die Wirkungen der Substanzen aus ihrem physikalischen Verhalten, insbesondere ihrer Verteilung zu erklären. Wenn auch diese Richtung bis nun sich nicht als heuristisches Prinzip durchgesetzt, so hat der Verfasser nicht ermangelt, ihre theoretischen Grundlagen in diesem Werke auseinanderzusetzen.

Allgemeiner Teil.

Erstes Kapitel.

Theorie der Wirkungen anorganischer Körper.

Bei den Wirkungen der anorganischen Körper läßt sich eine bestimmte Gesetzmäßigkeit innerhalb gewisser Reihen leicht erkennen, und schon im Jahre 1839[1]) hat James Blake darauf hingewiesen, daß die Wirkung der Lösungen verschiedener Salze, in das Blut eingeführt, nur von dem elektro-positiven Grundstoffe abhängt, und die Säure im Salze in gar keinem oder nur sehr geringem Zusammenhange zu der Wirkung desselben steht. Später konnte er zeigen, daß bei den Metallen die Wirksamkeit einer und derselben isomorphen Gruppe im Verhältnisse zum Atomgewichte steht[2]). Je größer das Atomgewicht innerhalb der isomorphen Gruppe, desto intensiver die physiologische Wirkung. Es stimmen die einwertigen Metalle Li, Na, Rb, Tl, Cs, Ag qualitativ genau in ihrer physiologischen Wirkung überein. Die zweiwertigen Elemente Mg, Te, Mn, Co, Ni, Cu, Zn, Cd haben untereinander ebenfalls eine Übereinstimmung aufzuweisen, dasselbe zeigt sich in der Gruppe Ca, Sr, Ba. In den Salzen der Magnesiumreihe ist die analoge physiologische Wirkung deutlich ausgesprochen. Man kann leicht ersehen, daß sich ihre Wirksamkeit mit der Zunahme des Atomgewichtes steigert, ebenso bei den Salzen der Calciumgruppe. Die vierwertigen Elemente, Thorium, Palladium, Platin, Osmium und das ein- oder dreiwertige Gold zeigen alle übereinstimmend eine große Intensität der physiologischen Wirkung. Nach den Untersuchungen von Blake stimmen auch die drei Halogene Chlor, Brom und Jod in ihren physiologischen Wirkungen überein. Nach den Angaben von Blake machen Phosphor und Antimon, in den Kreislauf gebracht, keine sofort wahrnehmbare physiologische Reaktion. Auch für Schwefel und Selen gibt es Gesetze der Isomorphie, denn letzteres wirkt stärker. Die einzige Ausnahme von der Blakeschen Regel der analogen Wirkungsweise isomorpher Substanzen machen die Salze des Kalium und Ammonium, da deren Wirkung von der Wirkung der anderen Glieder der isomorphen Gruppe stark differiert. Dieselben Elemente machen aber auch eine Ausnahme in dem von Mitscherlich aufgefundenen Gesetze, daß den Elementen derselben isomorphen Gruppe ähnliche Spektren zukommen. Blake nahm an, daß die physiologische Wirkung der Elemente auf intramolekularen Schwingungen beruht, welche sich auch im Spektrum äußern. Zwei isomorphe Gruppen, die der Alkalimetalle und die des Phosphors, haben im ganzen außer einer verhältnismäßigen Einfachheit des Spektrums, nach Blake auch die Eigenschaft gemein, nur periphere Nervenzentren, nicht aber cerebrospinale zu affizieren. Der Stickstoff, welcher ein kompliziertes Spektrum besitzt, wirkt dagegen sehr entschieden auf die cerebrospinalen Nervenzentren.

---

[1]) Cpt. rend. hebdom. des séances de l'acad. des sciences Jg. 1839. — Proc. of chem. soc. (London) Jg. 1841. — Ber. d. dtsch. chem. Ges. Bd. 14, S. 394. 1881.

[2]) Americ. journ. of science a. arts Jg. 1874, 7. März.

Die Einwirkung einwertiger Elemente auf die Lungencapillaren (Kontraktion derselben beim Durchspritzen) ist nach Blake so spezifisch, daß diese Metalle auch beim Einspritzen in die Arterien noch durch ihre Wirkung auf die Gefäße tödlich sind. Sie zirkulieren durch die Nervenzentren in einem konzentrierteren Zustande als durch die Lunge, und passieren die Körpercapillaren, ohne eine deutliche physiologische Wirkung auszuüben.

Die Salze aller zweiwertigen Elemente gehen durch die Lungencapillaren durch, ohne eine Kontraktion derselben zu verursachen, setzen aber der Herztätigkeit alsbald ein Ende. In kleineren Mengen eingespritzt ist die physiologische Wirkung der Salze in der Mg-Gruppe und der Ba-Gruppe ganz verschieden. Die ersteren wirken auf das Brechzentrum direkt oder wahrscheinlich infolge von Reflexwirkung auf den Splanchnicus, während Salze der Ba-Gruppe auf das Rückenmark einwirken, indem sie Zuckungen der willkürlichen Muskeln noch mehrere Minuten nach dem Tode verursachen.

Strontium übt eine hemmende, die Erregbarkeit und Leitfähigkeit herabsetzende Wirkung auf die peripheren Nerven aus. Es steht zwischen Calcium und Barium, dem ersteren näher. Vom Magnesium unterscheidet es sich dadurch, daß es nur herabgesetzte Reflexerregbarkeit, aber keine eigentliche Narkose der Zentralorgane hervorruft und daß es auf die motorischen Nervenendigungen nicht curareartig wirkt, wie das Magnesium[1]).

Die Salze der drei- und vierwertigen Metalle wirken hauptsächlich auf das Hemmungs- und vasomotorische Zentrum in der Medulla oblongata.

Die erzeugten Wirkungen werden durch den elektro-positiven Bestandteil des Salzes bestimmt, ändern sich daher nur wenig mit der Natur des damit verbundenen Säureradikals. Blake behauptete, daß direkt in das Blut eingeführte Sulfate, Nitrate, Chloride, Acetate, Arseniate, Phosphate einer und derselben Base sämtlich die gleiche biologische Wirkung auslösen, was aber nicht ganz richtig ist.

Die biologischen Wirkungen der anorganischen Verbindungen sind durch ihre isomorphen Beziehungen bestimmt, indem alle Stoffe derselben isomorphen Gruppe analoge Wirkungen ausüben.

Das Atomgewicht eines Elementes ist ein wichtiger Faktor bei den biologischen Wirkungen und beeinflußt den allgemeinen Charakter derselben, welcher von den isomorphen Beziehungen der Substanzen abhängig ist. Bei Körpern derselben isomorphen Gruppe ist die Intensität der Wirkungen dem Atomgewicht proportional oder mit anderen Worten, je höher das Atomgewicht eines Elementes ist, um so weniger muß vorhanden sein, um die der betreffenden isomorphen Gruppe eigentümliche biologische Wirkung zu zeigen. Diese Regel findet jedoch nur für die elektropositiven Elemente Anwendung. Bei den Metalloiden und Halogenen ist zwar die biologische Wirkung durch ihre isomorphen Beziehungen bestimmt, doch zeigt sich kein Zusammenhang zwischen dem Atomgewicht und der Intensität der Wirkung.

Es besteht also nach Blakes Untersuchungen ein Zusammenhang zwischen der molekularen Konstitution der anorganischen Substanzen und ihrer Wirkung, indem die Wertigkeit eines Elementes ein bestimmender Faktor der biologischen Wirkung ist. Es ist nicht der allgemeine Charakter oder die Intensität der biologischen Wirkung, sondern sozusagen die Ausdehnung derselben, worauf die Wertigkeit des Elementes von Einfluß ist. Mit der Zahl der Valenzen steigt die Zahl der Organe, auf welche die anorganischen Verbindungen einwirken. Die Wirkungen im differenzierten Organismus werden allgemeiner.

---

[1]) Boruttau, H. u. K. Grascheim: Zeitschr. f. d. ges. exp. Med. Bd. 27, S. 213. 1922.

Der Einfluß der isomorphen Beziehungen eines Elementes zeigt sich als der für die Wirkung auf belebte Materie bestimmende gerade bei jenen Elementen in besonders hervorragender Weise, welche die Übergangsglieder zweier isomorpher Gruppen bilden. Sie erzeugen biologische Wirkungen, welche den von den Elementen der beiden ihnen nahestehenden Gruppen hervorgerufenen ganz nahe sind. Kalium und Ammonium z. B., welche mit den einwertigen Metallen und ebenso mit der Bariumgruppe in isomorpher Beziehung stehen, zeichnen sich durch ihre Wirkung auf die Lungencapillaren aus, wie es die Salze der Na-Gruppe tun, während sie gleichzeitig die am meisten charakteristische Reaktion der Salze der Bariumgruppe hervorbringen, indem sie nämlich die Kontraktion der willkürlichen Muskeln noch mehrere Minuten nach dem Tode verursachen. Wenn dasselbe Element Verbindungen eingeht, die zwei isomorphen Gruppen angehören, so ist die Wirkung der Salze, die zu den verschiedenen Gruppen gehören, keineswegs die gleiche. Der Unterschied zwischen den biologischen Wirkungen der Ferro- oder Ferrisalze ist sehr deutlich. Ferrosalze affizieren die Lungencapillaren nicht, Ferrisalze verursachen ihre Kontraktion. Die ersteren heben die Herztätigkeit auf, die letzteren vermehren und verstärken sie. Auf Nervenzentren ist die Wirkung der Ferrisalze sehr bestimmt, während die Ferrosalze sie kaum affizieren; die Ferrosalze verzögern oder verhindern die Koagulation des Blutes, während die Ferrisalze sie begünstigen und dieselbe Menge eines Ferrisalzes ist 30mal giftiger als die eines Ferrosalzes.

Was den Einfluß der elektro-negativen Bestandteile eines Salzes auf seine biologische Wirkung betrifft, so äußert er sich nach Blake gleichsam als Korrelat zu der Regel, daß isomorphe Substanzen zu ähnlichen biologischen Wirkungen Veranlassung geben. — Die meisten Verbindungen des elektronegativen Elementes haben keine deutliche biologische Wirkung. Phosphor und arsenige Säure können in die Blutgefäße in viel größeren Mengen eingespritzt werden, als eines der Metallsalze, ohne eine direkte Wirkung auf die Nervenzentren hervorzurufen. Die Tatsache, daß die pyrophosphorsauren Alkalien viel giftiger sind als die orthophosphorsauren, ist wahrscheinlich durch Dissoziation der Salze in verdünnter wässeriger Lösung veranlaßt, da die unverbundenen alkalischen Basen viel stärker wirken als Salze.

Der Einfluß der Wertigkeit auf die biologische Wirkung der anorganischen Verbindungen ist, ähnlich wie beim Molekulargewicht, nur sekundär. Er scheint nur die Richtungen, in denen er sich äußert, zu bestimmen. Elemente derselben Wertigkeit finden sich in verschiedenen isomorphen Gruppen und können gemäß ihrer isomorphen Beziehungen sich durch sehr verschiedene biologische Wirkungen unterscheiden, aber kein einwertiges Element wirkt auf so viele Nervenzentren und Organe wie ein zweiwertiges und die Wirkung jedes zweiwertigen Elementes ist mehr beschränkt als die der drei- und vierwertigen Elemente[1]).

Nur bei den elektropositiven Elementen ist nach Blake Wertigkeit und Atomgewicht bestimmend für die biologische Wirkung.

Eine Analogie hierfür existiert bei den organischen Verbindungen. O. Schmiedeberg fand, daß die biologische Wirkung der Ester nicht durch den elektronegativen Bestandteil beeinflußt wird[2]).

Diese interessanten Untersuchungen Blakes haben eine Reihe von Forschern angespornt, dieses Gebiet weiter auszubauen und auch die Blakeschen Versuche und Theorien kritisch zu beleuchten. Zuerst haben Bou-

[1]) Blake, J.: Cpt. rend. hebdom. des séances de l'acad. des sciences Bd. 106, S. 1250.
[2]) Arch. f. exp. Pathol. u. Pharmakol. Bd. 20, S. 201.

chardat und Stewart Cooper[1]) gezeigt, daß die physiologische Wirkung von Chlor, Brom und Jod in engem Zusammenhang mit ihrem Atomgewicht steht, und das Verhältnis ein solches ist, daß mit dem Anwachsen des Atomgewichtes die Wirkung sich abschwächt. Vergleicht man hingegen die Wirkung der Natriumsalze der Halogene, so ergibt sich die umgekehrte Regel: Fluornatrium ist das giftigste, dann folgen mit abnehmender Giftwirkung Jodnatrium, Bromnatrium und zum Schluß das ungiftige Chlornatrium. Rabuteau[1]) konnte diese Regel für die einwertigen Metalloide bestätigen. Die physiologische Wirkung der zweiwertigen Metalloide soll sich aber im allgemeinen direkt mit der Zunahme des Atomgewichtes steigern. Selen wirkt stärker als Schwefel, während Fluor stärker wirkt als Chlor.

Die Desinfektionswirkung der Halogene Chlor, Brom und Jod nimmt mit steigendem Atomgewicht ab.

Einige interessante Untersuchungen sollen hier noch erwähnt werden. So hat Charles Richet[2]) für die physiologische Wirkung der Salze von Lithium, Kalium und Rubidium gefunden, daß sich diese in ihrer Giftigkeit verhalten wie 1.1 : 0.5 : 1.0; während sich die Atomgewichte verhalten 1:5.6:12. Richet erklärt das Verhalten der Alkalimetalle im Organismus damit, daß sie Atom für Atom Natrium in den Verbindungen des Organs verdrängen und ersetzen. Binet[3]), welcher vergleichende physiologische Untersuchungen der Alkalien und Erdalkalien machte, fand, daß die allgemeinste Wirkung der Alkalien und Erdalkalien die ist, daß ein Verlust der Erregbarkeit des Zentralnervensystems und Störung der Muskelcontractilität auftritt; diesem letzteren Stadium gehen Störungen der Respiration und Herztätigkeit voraus, welche bei Warmblütern schnell zum Tode führen können, bevor sich noch die erstgenannten Wirkungen auf das Nervensystem entwickeln. Bisweilen sind auch Störungen im Verdauungskanal zu beobachten, namentlich durch Barium und Lithium. Neben diesen gemeinsamen Wirkungen treten auch besondere Erscheinungen auf, welche für die chemischen Gruppen der Metalle besonders charakteristisch sind. Die Alkalien machen Herzstillstand in der Diastole und motorische Untätigkeit durch allgemeine Muskelerschlaffung; Erdalkalien machen systolischen Herzstillstand. Barium charakterisiert sich durch Kontraktion, Calcium durch die Wirkung auf das Zentralnervensystem, durch einen Zustand von Torpor mit Erhaltung der Reflexerregbarkeit und der Sensibilität. Magnesium nähert sich der ersten Gruppe, indem es ebenfalls Herzstillstand in der Diastole bewirkt, es unterscheidet sich aber durch die frühzeitige Lähmung des peripheren Nervensystems. Nach der toxischen Wirkung am Frosch besteht folgende Reihe sehr giftiger Metalle: Lithium, Kalium, Barium, dann folgen die viel unschädlicheren Calcium, Magnesium, Strontium, letzteres ist sehr wenig giftig; schließlich Natrium, dem fast gar keine toxische Wirkung zukommt, wahrscheinlich infolge der Gewöhnung der Vorfahren unserer heutigen Tierwelt an salzige Medien[4]). Aber Chlornatrium kann ebenfalls sehr giftig sein, da es die anderen Metallbestandteile der Zellen, wie Kalium, Calcium und Magnesium verdrängen kann.

Bei Säugetieren ist für Herz und Respiration Barium am giftigsten.

Ch. Richet[5]) versetzte Meerwasser, in dem Fische waren, mit Metallsalzen. Eine Beziehung zwischen der Giftigkeit der Metalle und ihren Atomgewichten

---

[1]) Brunton, L.: Handb. d. Pharmakol., S. 31. Leipzig 1892.
[2]) Richet: Cpt. rend. hebdom. des séances de l'acad. des sciences Bd. 101, S. 667, 707.
[3]) Cpt. rend. hebdom. des séances de l'acad. des sciences Bd. 115, S. 251.
[4]) Bunge, G.: Lehrb. d. physiol. u. pathol. Chemie.
[5]) Richet, Ch.: Cpt. rend. hebdom. des séances de l'acad. des sciences Bd. 93, S. 649; Bd. 94, S. 742.

ließ sich aber bei dieser Versuchsanordnung, bei der die Metallsalze ausschließlich auf die Haut, den Kiemen- und Verdauungsapparat wirkten, nicht auffinden, im Gegensatze zu den vorher angeführten Versuchen, bei denen die Metallsalze direkt in den Kreislauf gebracht wurden. Nitrate erwiesen sich aber giftiger als die Chloride. Die toxische Grenze ist bei Aufträufeln auf Froschherzen nicht abhängig vom Atomgewicht, und die Metallchloride wirken anders auf das Froschherz als auf die Kiemen der Fische. Auch bei den Alkalimetallen steht die letale Minimaldosis in keinem Verhältnis zum Atomgewicht.

Nach Blake[1]) nimmt die Giftigkeit nur innerhalb isomorpher Gruppen mit dem Atomgewichte zu, nicht allgemein, wie Rabuteau[2]) mit alleiniger Ausnahme von Natrium und Rubidium behauptet. Blake ordnet die Metalle nach ihrer Giftigkeit folgendermaßen: Gold, Eisenoxyd, Ceroxydul, Aluminium, Didym, Beryllium (Glycinium), Palladium, Lanthan, Silber, Thorium, Platin, Ceroxyd, Barium, Cadmium, Blei, Rubidium, Kupfer, Kobalt, Nickel, Zink, Eisenoxydul, Strontium, Calcium, Magnesium, Lithium.

Wenn man die Elemente in isomorphe Reihen und nach ihrem Atomgewicht und ihrer Giftigkeit ordnet, so sieht man, wie die Giftigkeit der Metalle nicht im allgemeinen, sondern nur innerhalb isomorpher Gruppen mit dem Atomgewicht zunimmt (Blake).

Er stellte folgende Gruppen zusammen:

	Atom-gewicht	Tödl. Dosis per Kilo in g
Lithium	7	1.2
Rubidium	85	0.12
Caesium	133	0.12
Silber	108	0.028
Gold	196	0.003
Beryllium (Glycinium)	9	0.023
Aluminium	27	0.007
Eisen (Fe_2O_3)	56	0.004
Yttrium	90	0.004
Cerium (Ce_2O_3)	140	0.005
Barium	136	0.08
Cerium (CeO_2)	140	0.062
Thorium	231	0.034
Lanthan	139	0.025
Didym	147	0.017

	Atom-gewicht	Tödl. Dosis per Kilo in g
Magnesium	24	0.97
Eisen (FeO)	56	0.32
Nickel	58	0.18
Kobalt	58	0.17
Kupfer	63	0.17
Zink	65	0.18
Cadmium	112	0.085
Calcium	40	0.50
Strontium	87	0.38
Palladium	106	0.008
Platin	195	0.027
Blei	200	0.110

Blei, welches sich nicht in eine der obigen Gruppen einordnen läßt, wirkt relativ weniger giftig; die tödliche Dose beträgt 0.11 g pro kg. — Bei den Verbindungen der Metalloide steigt die Giftigkeit nicht mit dem Atomgewicht, wie nach Blake bei den Metallen innerhalb der isomorphen Gruppen. — Selensäure fand er wirksamer als Schwefelsäure. Bei Vergleichung der Halogene fand er die Wasserstoff- und die Sauerstoffsäuren des Chlors am giftigsten, die des Jod am wenigsten giftig[3]).

Äquimolekulare Lösungen der Chloride des Lanthans, Praseodyms und des Neodyms zeigen zunehmende Giftwirkung mit steigendem Molekulargewicht [Dryfuß und Wolf[4])].

---

[1]) Blake, J.: Cpt. rend. hebdom. des séances de l'acad. des sciences Bd. 94, S. 1005. — Cpt. rend. des séances de la soc. de biol. Jg. 1882, S. 847.

[2]) Rabuteau: Thèse Paris Jg. 1867. — Cpt. rend. des séances de la soc. de biol. Jg. 1882, S. 376.

[3]) Blake: Journ. of physiol. Bd. 5, S. 35.

[4]) Americ. journ. of physiol. Bd. 16, S. 314.

Die Botkinschen Untersuchungen[1]) über die Wirkungen der Alkalimetalle waren darauf gerichtet, einen Zusammenhang zwischen den Wirkungen und dem periodischen System von Mendelejeff zu suchen. Nach Mendelejeff[2]) nehmen wir an, daß die Eigenschaften der Elemente, sowie die Form und Eigenschaften ihrer Verbindungen sich als periodische Funktionen der Atomgewichte darstellen. Die Alkalimetalle, welche die erste Gruppe bilden, werden in zwei Untergruppen geteilt; zur ersten gehören Lithium (Mol.-Gew. 7), Kalium (39), Rubidium (85) und Caesium (133), zur zweiten: Natrium (23). Somit ist das Natrium trotz seiner Ähnlichkeit mit Kalium in eine andere Untergruppe eingereiht, während Lithium, Rubidium, Caesium und Kalium ein und derselben Untergruppe angehören. Unsere Kenntnisse über die physiologische Wirkung des Kaliums und Natriums rechtfertigen vollkommen eine solche Trennung. Bekanntlich erweist sich Natrium sogar in größeren Quantitäten ins Blut eingeführt, fast als ganz unschädlich, während Kalium als ein starkes Herzgift erscheint. Lithiumsalze üben ihrerseits eine bestimmte Wirkung auf das Herz aus, indem sie dasselbe in einen diastolischen Stillstand versetzen. Zwar ist der Einfluß der genannten Salze auf Warmblüter ein sehr schwacher, dagegen erweist sich Lithium in bezug auf das Froschherz als ein starkes Gift.

Rubidium und Caesium (letzteres zwar im schwächeren Grade) üben gleich dem Kalium eine spezifische Wirkung auf das Herz aus. Vergleichen wir miteinander Kalium, Rubidium und Caesium, so ersehen wir, daß Kalium die größte toxische Wirkung besitzt, Caesium die schwächste, Rubidium dagegen steht der Wirkung nach in der Mitte zwischen beiden, nähert sich darin übrigens mehr dem Kalium; die toxische Wirkung nimmt mit Abnahme des Atomgewichtes zu. Lithium wirkt trotz seines sehr geringen Atomgewichtes schwächer als die übrigen, sogar schwächer als Caesium, scheint somit eine Ausnahme zu bilden. Allein diese Ausnahme ist nur eine scheinbare, denn Lithium, Beryllium, Bor und andere leichteste Metalle, die als Repräsentanten entsprechender Gruppen, der I., II., III. usw., erscheinen, können nach Mendelejeff „typische“ genannt werden, indem dieselben nur in den Hauptzügen die Eigenschaften, welche der ganzen Gruppe zukommen, besitzen, im übrigen sich jedoch oft wesentlich unterscheiden. Es muß also nicht wundernehmen, daß auch die physiologische Wirkung des Lithiums im Vergleich zu Kalium, Rubidium und Caesium einen Unterschied aufweist, obgleich eine gewisse Ähnlichkeit dennoch unverkennbar vorhanden ist.

Das periodische System von Mendelejeff, nach welchem Natrium in eine besondere Untergruppe verwiesen wird[3]), und ferner den leichtesten Repräsentanten entsprechender Gruppen, z. B. dem Lithium besondere Eigenschaften zukommen, läßt also in der physiologischen Wirkung der Alkalimetalle der ersten Gruppe eine gewisse Gesetzmäßigkeit erblicken.

Die Chloride der Caesium- und Rubidiumverbindungen erhöhen, in das Blut injiziert, den Blutdruck, indem sie den Herzschlag verlangsamen. Der Einfluß auf die Herztätigkeit ist nach Botkin beim Rubidium ein untergeordneter; noch unbedeutender ist er beim Caesium. Im allgemeinen stehen die Caesium- und Rubidiumsalze den Alkalien in physiologischer Beziehung sehr nahe[4]). Nach Laufenauer[5]) besteht eine merkwürdige Beziehung zwischen dem Atomgewicht und der Positivität der Metallbromide und deren

[1]) Centralbl. f. med. Wiss. Jg. 1885, Nr. 48.
[2]) Mendelejeff: Grundlagen d. Chemie, S. 684. Leipzig 1892.
[3]) Mendelejeff: Grundlagen d. Chemie, S. 684 (Tafel).
[4]) Brunton, Lauder und Cash: Philos. Transact. Bd. 1, S. 297. 1884.
[5]) Therap. Monatsh. Jg. 1889.

antiepileptischen Wirkungen; dieselbe wächst mit höherem Atomgewicht und größerer Positivität. Die Bromide des Caesium und Rubidium, welche ein höheres Atomgewicht zeigen, wirken daher stärker antiepileptisch, als die Kalium- und Natriumbromide mit niederem Atomgewicht.

Bei Nickel und Kobalt steht die physiologische Wirkung in Beziehungen zu ihren physikalischen Eigenschaften, wenn auch keine direkte Proportionalität zwischen Wirkung und Atomgewicht besteht. Mangan, Eisen, Nickel und Kobalt haben identische Wirkungen. Sie erzeugen eine Capillarhyperämie des Magendarmtraktes. Die Vergiftungserscheinungen sind fast identisch mit den durch Arsen hervorgerufenen[1]).

Die Cadmiumsalze sind fast doppelt so giftig als die Zinksalze, sie verringern die Herzfrequenz und die systolische Kraft und verlängern die Herzpausen bis zu 12 Sekunden Dauer. Beim Warmblüter sinkt der Druck, es tritt Benommenheit und Verlangsamung der Atembewegungen ein. Cadmium wirkt auf höhere Tiere nach dem absoluten Gewicht schwächer als Zink, nach dem Atomgewicht aber besitzt es eine stärkere Giftigkeit[2]). Per os sind Zinksalze 5—7mal giftiger als Cadmiumsalze. Cadmium ist als Emeticum 8—9mal wirksamer als Zink[3]).

Gallium, welches nach seinen chemischen Eigenschaften zwischen Zink und Aluminium steht, hat bei einem Atomgewicht von 69,82 in seinen Salzen toxische Wirkungen, welche besonders die Muskeln betreffen und etwas stärker sind als die des Zinks (Atomgewicht 65.02) entsprechend der Differenz der Atomgewichte[4]).

Die Salze der seltenen Erden wie Lanthan, Yttrium, Cerium, Erbium und Praseodym stimmen in bezug auf ihre Wirkung auf das Froschherz überein. Ebenso wirken Neodym, Samarium und Thulium, ferner Dysprosium, Neoytterbium und Gadolinium. Diese elf trivalenten seltenen Erden haben denselben Grad der Aktivität auf das Froschherz. Scandium wirkt weniger als die anderen seltenen Erden. Scandium ist auch weniger basisch und seine Lösungen sind stark hydrolysiert und reagieren sauer und erinnern nach dieser Richtung mehr an Aluminium als an die seltenen Erden, mit denen es in eine Gruppe zusammengefaßt ist.

Salze von Thorium, Cer, Praseodym und Lanthan agglutinieren in sehr niedriger Konzentration, auch wenn die Salze nicht kolloid, sondern krystalloid sind. Vierwertiges Kation (Thorium) wirkt stärker als dreiwertiges (Lanthan, Cer, Praseodym). Alle vier sind Protoplasmagifte, Thor giftiger als Cer[5]).

Ceroxalat, ebenso Lanthan- und Didymoxalat wirken in gleicher Weise bei Vomitus gravidarum. Didymsalicylat (Dymol) soll als Streupulver für Wunden, Ceroleat als Ersatzmittel für Liquor aluminii acetici dienen.

Auf das Froschherz wirkt dreiwertiges Cer stärker schädigend als vierwertiges[6]).

Cersalze haben eine adstringierende Wirkung, sie verengern Blutgefäße, machen Nekrose. Analog den Schwermetallen erzeugen sie eine Abnahme der nervösen zentralen und peripheren Erregbarkeit, der Erregbarkeit der Herz- und Skelettmuskeln. Die glatten Muskeln zeigen dagegen gesteigerten Tonus, vermehrte Peristaltik. Die Cersalze sind dem Aluminium anzugliedern.

---

[1]) Wohlwill, Friedrich: Arch. f. exp. Pathol. u. Pharmakol. Bd. 56, S. 403. 1907.

[2]) Athanasiu und Langlois: Cpt. rend. des séances de la soc. de biol. Bd. 47, S. 391, 496.

[3]) Schwartze, E. W. und C. L. Alsberg: Journ. of pharmacol. a. exp. therapeut. Bd. 21, S. 1. 1923.

[4]) Rabuteau: Cpt. rend. des séances de la soc. de biol. Jg. 1883, S. 310.

[5]) Doerr, R.: Kolloid-Zeitschr. Bd. 27, S. 277. 1920.

[6]) Umezawa, R.: Zeitschr. f. d. ges. exp. Med. Bd. 44, S. 404. 1925.

Periodisches System nach Mendelejeff.

Reihe	Gruppe 0	Gruppe 1	Gruppe 2	Gruppe 3	Gruppe 4	Gruppe 5	Gruppe 6	Gruppe 7	Gruppe 8		
1		H 1.008									
2	He 4.0	Li. 7.0	Be 9.1	B 11.3	C 12.0	N 14.04	O 16.00	F 19.0			
3	Ne 20	Na 23.00	Mg 24.1	Al 27.0	Si 28.4	P 31.0	S 32.06	Cl 35.45			
4	Ar 38	K 39.1	Ca 40.1	Sc 44.1	Ti 48.1	V 51.4					
5	—	Cu 63.6	Zn 65.4	Ga 70.0	Ge 72.3	As 75.0	Cr 52.1	Mn 55.0	Fe 55.9	Co 59	Ni 59
6	Kr 83	Rb 85.4	Sr 87.6	Y 89.0	Zr 90.6	Nb 94.0	Se 79	Br 79.95			
7	—	Ag 107.9	Cd 112.4	In 114.0	Sn 119.0	Sb 120	Mo 96.0	—	Ru 101.7	Rh 103.0	Pd 106.5
8	Xe 128	Cs 132.9	Ba 137,4	La 139	Ce 140	—	Te 127	J 127			
9	—	—	—	—	—	—	—	—			
10	—	—	—	Yb 173	—	Ta 193	W 184	—	Os 191	Ir 193	Pt 194
11	—	Au 197.2	Hg 200	Tl 204.1	Pb 206.9	Bi 208	—	—			
12	Em 222.4		Ra 226	—	Th 232	—	U 238	—			

Sie sind schwache Antiseptica und Hustensedative und wirken gegen Erbrechen zentralen Ursprungs[1]).

Nach den Untersuchungen R. Koberts[2]) ist Uran ein eminent giftiges allgemeines Metallgift, es macht Gatsroenteritis, Nephritis und schwerste Lähmungserscheinungen. Außerdem macht es schwere Ekchymosen in den Organen und alteriert die Gefäßwand erheblich. Die Sauerstoffzehrung ist retardiert, es kommt zu intensiven Ernährungsstörungen. Es ist sicher, daß Uran bei subcutaner oder intravenöser Injektion seiner indifferentesten Salze alle übrigen Elemente an Giftigkeit übertrifft, während Gold und Wolfram, welche ihm dem Atomgewicht nach sehr nahe stehen, bedeutend weniger wirksam sind. Wolfram ist giftig, aber seine Resorbierbarkeit durch unverletzte Schleimhäute fast unmöglich. Die Wolframvergiftungserscheinungen sind die gleichen wie bei den Schwermetallen.

Thallium ist ein elektiv das endokrine System angreifendes Gift[3]).

Wenn auch die Untersuchungen von Blake und seiner Kritiker noch keineswegs geeignet sind, eine völlig klare Beziehung zwischen den physikalischen Funktionen der Elemente und dem Verhalten im Tierkörper festzustellen, so müssen sie durch den umfassenden Ausblick, den sie gestatten, sowie den einzelnen höchst wertvollen Resultate, die sie gezeitigt, sowie die merkwürdigen, und man wäre versucht zu sagen, unerwarteten Beziehungen [wir erwähnen nur die Beziehung zwischen physiologischer Wirkung und spektralem Verhalten, auf die zuerst Papillon hinwies in Kenntnis der Versuche Rabuteaus[4])], die sie aufgedeckt, als sehr wertvolle Errungenschaften bezeichnet werden. Es war dies die erste Brücke zwischen der physikalischen Chemie und der Pharmakologie. Daß wir noch nicht alle „Ungesetzmäßigkeiten" heute verstehen, mag wohl zum Teil daran liegen, daß wir auch chemisch die Beziehungen der einzelnen Elemente zueinander noch nicht völlig erfaßt haben und andererseits die gewählte Prüfungsart durchaus nicht alle Beziehungen aufdecken konnte.

Daß die Stellung und Gruppierung wie bei den organischen, so auch bei den anorganischen Verbindungen eine große Rolle spielt, daß in einem Falle ein analog zusammengesetzter Körper giftig, im anderen Falle ungiftig ist, haben schon Larmuth, Gamgee und Priestley[5]) beobachtet.

So ist die giftige Wirkung derselben Quantität Vanadium verschieden stark, je nachdem dieselbe Menge ortho-, meta- oder pyrovanadinsaurer Verbindung in den Körper eingeführt wird, und zwar sind die pyrovanadinsauren Verbindungen die giftigsten, die orthovanadinsauren die am wenigsten wirksamen. In ähnlicher Weise verhalten sich die entsprechenden Phosphorsäuren. Orthophosphorsaure Salze sind bekanntlich ohne toxische Wirkung, dagegen haben meta- und pyrophosphorsaure Salze, besonders letztere, subcutan oder intravenös eingeführt, ausgesprochen giftige Eigenschaften, ähnlich denjenigen der entsprechenden Vanadiumverbindungen. Die Giftwirkung der Pyro- und Metaphosphorsäure stimmt mit der Giftwirkung von Oxalsäure überein, so daß es sich wahrscheinlich bei der Schädigung um Kalkentziehung aus den Zellen handelt[6]). Pyrophosphorsaures Natron wirkt nicht vom Magen aus, wahrscheinlich wegen der schnellen Elimination des Salzes. Die Annahme eines Überganges in orthophosphorsaures Salz kann dieses Verhalten nicht erklären,

[1]) Hard, Saburo: Arch. f. exp. Pathol. u. Pharmakol. Bd. 100, S. 217. 1923.
[2]) Koberts: Arb. Bd. 5, S. 1—40. 1890 (Woroschilsky).
[3]) Buschke, A. und Bruno Peiser: Med. Klinik Bd. 18, S. 731. 1922.
[4]) Brunton: L.: Pharmakologie (deutsche Ausgabe), S. 30.
[5]) Philos. Transact. of Roy. Soc. Bd. 166. — Journ. of anat. a. physiol. Bd. 11.
[6]) Loew, O.: Arch. f. Hyg. Bd. 89, S. 139. 1919.

denn weder die Fermente des Speichels, noch die des Magensaftes oder des Pankreas sind imstande, diesen Übergang zu bewirken[1]).

Auch die Stellung eines Metalls in einer organischen Verbindung ist von großer Bedeutung dafür, ob die betreffende Verbindung die Metallwirkung besitzt oder nicht, d. h. ob das Metall in Lösung ionisiert oder ob ein komplexes Ion in der Lösung vorhanden.

Ferrocyannatrium $Na_4[Fe(CN)_6]$ wird größtenteils unverändert ausgeschieden, es wirkt nicht wie ein Eisensalz (Wöhler). Auch das Platincyannatrium ist fast ohne giftige Wirkung, abweichend von dem Verhalten der äußerst giftigen Platinsalze, und wird im Harn unverändert ausgeschieden; eben weil der Organismus nicht die Fähigkeit besitzt, aus diesen Metallverbindungen das Metall abzuspalten und als Ion zur Wirkung zu bringen, haben diese Verbindungen keine physiologische Wirkung als Metallgifte, aber wegen ihrer Resistenz auch keine Blausäurewirkung und verlassen unangegriffen den Organismus.

Bleitriäthylhydroxyd, aus welchem kein Blei abdissoziiert, macht ähnliche Symptome wie die Anaesthetica und erst nach einiger Zeit tritt Bleivergiftung auf[2]).

Die Stibonium- und Arsoniumverbindungen zeigen nicht die Wirkungen der dissoziierbaren Antimon- und Arsenverbindungen, ebenso verhalten sich die Phosphoniumverbindungen, welche keine Phosphorwirkung besitzen. Die Wirkungen des Methyltriäthylstiboniumjodids, des Tetraäthylarsoniumjodids und des Tetraäthylphosphoniumjodids[3]) sind vielmehr die gleichen wie die der substituierten Ammoniumsalze und des Curare (Lähmung der motorischen Nervenendplatten [s. Kapitel: Alkaloide]). Hier kommt also nicht die eigentümliche Wirkung dieser Metalloidgifte selbst zur Geltung, sondern sie spielen in diesen Verbindungen die Rolle des an und für sich indifferenten Stickstoffs.

Wie die anorganischen Verbindungen ihre Wirkungen im Organismus entfalten, dafür existiert wohl keine allgemeingültige Anschauung. Es lassen sich wohl auch hier nur gruppenweise Betrachtungen anstellen.

So zeigten C. Binz und H. Schulz[4]), daß die Verbindungen von N, P, Va, As, Sb, Bi sämtlich durch eine energische Steigerung des Sauerstoffumsatzes auf die Zellen wirken, wobei sie gleichzeitig selbst mit Ausnahme der dreibasischen Phosphorsäure, abwechselnd höhere und niedere Oxydationsstufen eingehen. Nach Schulz werden die lebenden Zellen von solchen Giften stärker beeinflußt, die reduzierend wirken, und zwar so, daß sie den atomistischen Sauerstoff aufnehmen. Daher ist z. B. arsenige Säure in ihrer Wirkung giftiger als die Arsensäure. Die die Hauptrolle spielende Reduktion wird aber unterstützt durch die Oxydation und das chemische Verhalten des Oxydationsproduktes. Salpetrige und arsenige Säure sind stark giftig, wenn sie in den Organismus eingeführt werden. [Die phosphorige Säure ist ganz ungiftig[5])]. Sie nehmen Sauerstoff auf, wirken während dieses Vorganges als intensive Gifte und verwandeln sich in die völlig oxydierten Säuren. Die arsenige Säure wirkt also auf die Gewebe heftig reduzierend und oxydiert sich hierbei zur Arsensäure, welche wieder durch die reduzierenden Einflüsse der Gewebe zu arseniger Säure rückgebildet wird. Die Giftigkeit der arsenigen Säure und auch des elementaren Phosphors beruht auf der Sauerstoffentziehung

---

[1]) Larmuth, Gamgee, Priestley: Journ. of anat. a. physiol. Bd. 11. Schulz, Hugo: Arch. f. exp. Pathol. u. Pharmakol. Bd. 18, S. 179.
[2]) Harnack, E.: Arch. f. exp. Pathol. u. Pharmakol. Bd. 9, S. 152. 1878.
[3]) Arch. de physiol. norm. et pathol. Bd. 1, S. 472.
[4]) Arch. f. exp. Pathol. u. Pharmakol. Bd. 11, S. 131; Bd. 13, S. 256; Bd. 14, S. 345.
[5]) Arch. f. exp. Pathol. u. Pharmakol. Bd. 23, S. 150.

aus den Geweben, bei der arsenigen Säure noch dadurch fortwirkend, daß das Oxydationsprodukt durch Reduktion wieder in arsenige Säure rückverwandelt wird.

Elementares Arsen hat keine pharmakologische Wirkung, diese tritt erst nach der Oxydation auf[1]).

Bei der Prüfung verschiedener anorganischer und organischer Antimonpräparate zeigte es sich, daß alle stark wirkenden Präparate dreiwertiges, alle schwach wirkenden fünfwertiges Antimon enthalten[2]). Das gleiche gilt von den Arsenverbindungen.

Zinnwasserstoff SnH_4 ist sehr giftig, erzeugt plötzlich heftige Krämpfe, die sehr rasch zum Tode führen. Er wirkt auf das Zentralnervensystem, während Arsenwasserstoff außerdem noch hämolytisch wirkt. Germaniumwasserstoff ist wesentlich weniger giftig als Zinnwasserstoff[3]). Phosphorwasserstoff ist ungefähr so giftig wie Schwefelwasserstoff und wirkt auf das Zentralnervensystem lähmend. Krämpfe sind nicht zu beobachten[4]).

Bei der Betrachtung der Wirkungen von Salzen muß zweierlei unterschieden werden: Die Salzwirkung selbst und die Wirkung der Ionen. Unsere Ansichten über die Art der Wirkung der Salze haben sich aber bedeutend geändert und die Resultate der Forschungen eine andere Deutung und Erklärung gefunden, seitdem man die Arrheniussche Theorie der elektrolytischen Dissoziation und der Ionenwirkungen in der Physiologie angewendet; ferner seitdem wir die Änderungen im Gleichgewichtszustande der Ionen in den verschiedenen Zellen durch Zufuhr einer neuen Ionengattung oder Erhöhung einer schon vorhandenen Ionenmenge kennen.

Insbesondere die Forschungen von J. Loeb haben nach dieser Richtung hin grundlegend gewirkt.

Die toxischen Wirkungen der Ionen sind nach Loeb spezifisch und verschieden für verschiedene Vorgänge, Gewebe und Tiere. Kaliumionen sind spezifisch toxisch für Muskelkontraktionen, während für die Anfänge der Zellteilung bei Fischeiern Natriumionen giftiger sind als Kaliumionen. Anderseits wirken manche Ionen schon in kleinsten Mengen antitoxisch spezifischen Ionenwirkungen gegenüber. Spuren von Calcium genügen, um die Giftwirkungen erheblicher Mengen von Natrium zu beseitigen. Eine reine Chlornatriumlösung von der Konzentration des Seewassers wirkt auf die Eier eines Seetieres merkwürdigerweise giftig, während eine kleine Spur so ausgesprochener Gifte, wie Zink- und Bleiionen, die Giftwirkungen der Kochsalzlösung aufhebt. Sublimat und essigsaures Kupfer versagen. Eine kleine Menge zweiwertiger oder eine noch kleinere Menge dreiwertiger Kationen vermag die giftige Wirkung einer großen Menge einwertiger Kationen aufzuheben. Es ist möglich, daß die entgiftende Wirkung der zweiwertigen Metalle auf der Bildung einer unlöslichen Verbindung zwischen dem Metall und einem Bestandteil der Zelle oder ihrer Oberfläche beruht. Dieser Umstand erklärt vielleicht, daß die entgiftende Wirkung eines zweiwertigen Metalles so viel höher ist als die eines einwertigen. Das dreiwertige Fe-Ion ist ungleich giftiger als das zweiwertige Fe-Ion; zweiwertige Kationen sind im allgemeinen giftiger als die einwertigen. Die Giftigkeit einwertiger Kationen kann durch einwertige Kationen nicht aufgehoben werden. Hingegen können die giftigen Wirkungen zweiwertiger Kationen durch eine kleine Menge eines anderen zweiwertigen Kations oder durch eine relativ große Menge eines einwertigen Kations auf-

---

1) Külz, F.: Arch. f. exp. Pathol. u. Pharmakol. Bd. 89, S. 11. 1921.
2) Brunner, O.: Arch. f. exp. Pathol. u. Pharmakol. Bd. 68, S. 186. 1912.
3) Paneth, Fritz und Georg Joachimoglu: B., Bd. 57, S. 1925. 1924.
4) Meißner, R.: Zeitschr. f. d. ges. exp. Med. Bd. 42, S. 267. 1924.

gehoben werden[1]). Lösungen von Nichtelektrolyten haben keine antitoxischen Wirkungen auf die Lösung eines Elektrolyten[2]). Auf Muskelzuckungen des Froschmuskels wirken einwertige Kationen, z. B. Kalium hemmend und zweiwertige Kationen wie Barium, Zink, Cadmium, Blei u. a. erregend.

Unter den Anionen wirken gerade diejenigen besonders erregend, welche die Konzentrationen der Calciumionen in den Geweben verringern. Die Empfindlichkeit aller vegetativen Nervenendigungen, insbesondere aber der sympathischen Fasern, wird durch Calciumentziehung gesteigert.

Die erregende Wirkung der Ionen ist nicht eine Funktion ihrer elektrischen Ladung, sondern es scheinen die polaren Wirkungen des Stromes aus den Veränderungen im Verhältnis der Ionen und aus den dadurch bedingten chemischen und physikalischen Änderungen an den Polen sich ableiten zu lassen[3]).

Chlorkalium ist spezifisch giftig für Organismen mit Nerven und Muskeln. In den ersten Entwicklungstagen ist Chlorkalium beim Fundulusembryo kaum giftiger als Chlornatrium, es wird aber giftiger, sobald die Herztätigkeit und die Zirkulation im Embryo eintreten.

Im Serum enthaltenes Kalium und Calcium dient nur zur Entgiftung des Chlornatriums, das in höheren Konzentrationen giftig ist (J. Loeb). Der Entgiftungskoeffizient von Chlorkalium durch Natriumsalze ist konstant. Natrium, Kalium und Calcium scheinen mit demselben Bestandteil, wahrscheinlich einem Eiweißkörper, eine Verbindung einzugehen, aus der sie sich gegenseitig nach dem Massenwirkungsgesetz verdrängen können. Der Ablauf des Lebens in der Zelle ist nach J. Loeb nur dann möglich, wenn die drei Metalle sich mit dem gemeinsamen, vermutlich kolloidalen Anion des lebenden Organismus in dem Verhältnis verbinden, wie es das Massenwirkungsgesetz und die relative Konzentration der drei Ionen im Serum z. B. bedingen.

Die einwertigen Kationen Natrium und Kalium sind vielleicht die Träger der temperatursteigernden, das zweiwertige Kation Calcium der Träger der temperaturherabsetzenden Funktion[4]).

Die Erregbarkeit der Muskeln wird durch Entziehung von Natriumionen völlig zum Erlöschen gebracht, durch Entziehung von Calciumionen enorm gesteigert (J. Loeb). Die Magnesiumionen berauben im Überschusse alle Teile des Nervensystems ihrer Erregbarkeit. Die Calciumionen wirken den Magnesiumionen gegenüber antagonistisch.

A. P. Mathews und W. Koch[5]) nehmen dagegen an, daß der Antagonismus immer zwischen den entgegengesetzt geladenen Ionen besteht, daß also, wenn Natrium das entgiftende, Chlor das giftige Ion ist. Nach der Hardy-Whetham-Regel ist die Wirkung eines Ions eine exponentielle Funktion seiner Wertigkeit. Der Antagonismus findet aber nach J. Loeb nicht zwischen den Ionen mit entgegengesetzter Ladung, sondern zwischen denen mit gleicher Ladung statt, denn er zeigte, daß die entgiftende Wirkung von Glaubersalz genau zweimal so groß ist, wie die einer äquimolekularen Chlornatriumlösung, so daß es lediglich auf das Kation und nicht auf das Anion ankommt.

Bei den Schwermetallsalzen hängt die Giftigkeit der Lösung von der Dissoziationsgröße ab, aber auch von der Lipoidlöslichkeit. Daher ist Quecksilberchlorid, welches lipoidlöslich ist, viel wirksamer als die anderen stärker dissoziierten Quecksilbersalze. Die Quecksilberionen wirken unter den Schwermetallen am stärksten, ihnen kommen Silber, Zink und Kupfer nahe. Bei den

---

[1]) Loeb, J.: Pflügers Arch. f. d. ges. Physiol. Bd. 88, S. 68.
[2]) Loeb, J. und Gies: Pflügers Arch. f. d. ges. Physiol. Bd. 93, S. 246.
[3]) Loeb, J.: Pflügers Arch. f. d. ges. Physiol. Bd. 91, S. 248.
[4]) Schloß, E.: Biochem. Zeitschr. Bd. 18, S. 14. 1909.
[5]) Koch, W.: Hoppe-Seylers Zeitschr. f. physiol. Chem. Bd. 63, S. 432. 1909.

Säuren hängt die Desinfektionskraft ebenfalls von der Konzentration der Wasserstoffionen ab, aber auch von der Natur der nicht dissoziierten Moleküle und hier von der Lipoidlöslichkeit derselben. Dasselbe gilt von den Alkalien. Viele Antiseptica sind Oxydationsmittel, wie z. B. Wasserstoffsuperoxyd, Chlor und unterchlorigsaures Natrium, Kaliumpermanganat und chlorsaures Kalium.

Die Beobachtung, daß in der Nähe von reinen Metallen Mikroorganismen geschädigt werden oder absterben, wurde kritisch bearbeitet. Es handelt sich höchstwahrscheinlich um winzige Mengen von gelösten Metallen. Silber, Quecksilber und Kupfer üben eine deutliche Wirkung aus, während Magnesium, Aluminium, Eisen, Zink, Blei, Zinn, Palladium und Gold im kompakten Zustande wirkungslos sind. Die bactericide Wirkung der Radiumemanation bezieht sich vorzüglich auf die Einwirkung der α-Strahlen. Sie ist übrigens keineswegs groß. Man nimmt heute an, daß die desinfizierende Kraft von Metallösungen nicht allein von dem Gehalte der Lösung an Metall abhängt, sondern komplizierteren Gesetzen folgt. Die Wirkung ist abhängig und summiert sich aus der Wirkung des Anions und Kations. Sie ist aber auch abhängig von der Menge der in Lösung dissoziierten Moleküle, wobei zu bemerken ist, daß praktisch in dünnen Lösungen bei stark wirksamen Metallen das ganze gelöste Salz als dissoziiert anzusehen ist. Durch die Verdünnung steigt natürlich die Dissoziation der Moleküle in der Lösung.

Bei den Desinfektionsmitteln hängt die Wirkung, insofern es sich um Salze handelt, von den Ionen ab, und Lösungen von Metallsalzen, in denen das Metall Bestandteil eines komplexen Ions ist, wirken außerordentlich wenig keimtötend. So haben Scheurlen und K. Spiro gezeigt, daß Sublimat dem Quecksilberkaliumhyposulfit in der Desinfektionskraft bedeutend überlegen ist. Es haben dann Schrauth und Schöller[1]) komplexe Quecksilberverbindungen dargestellt, die so wirksam sind wie Sublimat, so daß man annehmen muß, daß das komplexe quecksilberenthaltende Ion selbst stark bactericid wirkt. Durch die elektrolytische Dissoziationstheorie können wir uns auch erklären, warum sonst wirksame Salze auf Bakterien nur wenig wirken, wenn sie in Alkohol, Äther und ähnlichen Lösungsmitteln gelöst sind, denn in diesen ist die Dissoziation der Salze äußerst gering. Nun wird die Dissoziation der Salze durch den Zusatz von Neutralsalzen beträchtlich herabgesetzt, da die Neutralsalze der Dissoziation entgegenwirken. Das ist auch der Grund, warum die Desinfektionswirkung der Salze durch den Zusatz von Neutralsalzen beträchtlich herabgesetzt wird. Wie schon ausgeführt, hängt die Desinfektionswirkung der Salze von Anion und Kation ab und ist gleich der Summe der beiden Wirkungen plus der Wirkung der nicht dissoziierten Moleküle. Deshalb sind auch die Chloride stärkere Desinfektionsmittel als die Sulfate.

Es genügt 1 g $\overset{+}{H}$-Ion, um 30 Millionen Liter besten Nährboden dauernd steril zu halten, bei Abwesenheit von OH-Ionen liefernden Verbindungen, denn eine Reaktionsverschiebung von $0.8.10^{-7}$ g $\overset{+}{H}$ auf 2.10^{-7} g $\overset{+}{H}$ verhindert in den Versuchen jedes Bakterienwachstum.

Da das Wasserstoffion das stärkste Desinficiens ist, spielt der negative Bestandteil bei starken Säuren nur insofern eine Rolle, als die absolute Desinfektionskraft um so geringer sein wird, je höher das Molekulargewicht der Säure ist, ganz unabhängig von einer evtl. vorhandenen Desinfektionskraft des Anions, das dem überstark wirksamen $\overset{+}{H}$-Ion gegenüber nicht zur Wirkung kommt. Je schwächer die Säure, desto mehr kommt der desinfektorische

[1]) Schrauth und Schöller: Zeitschr. f. Hyg. Bd. 66. 1910.

Effekt des Anions zur Geltung. Die Desinfektionskraft einer dissoziierenden Verbindung ist das Ergebnis der Desinfektionskraft der Ionen, und jedes Ion ist als ein selbständiges Desinfiziens zu betrachten.

Die Chloride der Leichtmetalle sind schwache Desinficientien, die Elemente mit kleinem Atomvolumen (Schwermetalle) des ersten Strahles im periodischen System sehr starke.

Kolloidales Silber (Fulmargin) übertrifft alle bisher geprüften Silberverbindungen bei weitem an absoluter Desinfektionskraft.

Im zweiten Strahl des periodischen Systems sind die Leichtmetalle schwache, die Schwermetalle starke Desinficienten, kolloidales Quecksilber verhält sich in der Desinfektionskraft zu kolloidalem Silber wie 80 : 31, also fast dreimal so stark. Keine Quecksilberverbindung ist wirksamer als kolloidales Quecksilber.

Im ersten Strahl ist das H-Ion als erstes Element der Reihe, im zweiten Strahl das Radiumion als letztes Element der Reihe das bei weitem wirksamste Glied.

Cadmium kommt dem Silber an absoluter Desinfektionskraft beinahe gleich. Die absolute Desinfektionskraft aller Verbindungen bleibt hinter der des wirksamsten Elementes in elementarer Form zurück.

Im dritten Strahl des periodischen Systems wirken Bor und Aluminium relativ schwach desinfizierend.

Silikate, Zinn- und Bleisalze wirken schwach, steigend von Silicium zum Blei, Bleisalze so stark wie Aluminiumsulfat.

Im vierten Strahl des periodischen Systems der Elemente nimmt die absolute desinfektorische Wirksamkeit mit steigendem Atomgewichte zu.

Im fünften Strahl des periodischen Systems der Elemente besitzt Stickstoff in elementarer Form keine desinfektorische Kraft, Stickstoffionen sind nicht bekannt, Ammoniak wirkt durch seinen Gehalt an Hydroxylionen.

Im fünften Strahl nimmt die desinfektorische Wirksamkeit mit steigendem Atomgewicht ab. Die höchsten Oxydationsstufen der Elemente des fünften Strahles erweisen sich als weit weniger wirksam als die positiv geladenen Atomgruppen dieser Elemente.

Der sechste Strahl des periodischen Systems enthält Sauerstoff, Schwefel, Chrom, Scandium, Molybdän, Tellur, Wolfram, Uran.

Elementarer Sauerstoff ist in molekularer Form (O_2) nur gegen die anaerobiontisch lebenden Mikroorganismen wirksam. Ionisiert bildet er in wässeriger Lösung Hydroxylionen, denen eine starke desinfizierende Wirkung zukommt, namentlich dem Wasserstoffsuperoxyd.

Schweflige Säure wirkt 20 mal so stark desinfizierend, Urannitrat 30 mal so stark wie Goldchlorid.

Im sechsten Strahl des periodischen Systems kommt den Sauerstoffionen der höchste Grad von desinfektorischer Wirksamkeit zu. Die Wirkung des Ozons beruht sehr wahrscheinlich auf der Bildung von OH-Ionen in wässeriger Lösung. Die desinfektorische Wirkung der Persalze ist weit geringer als die des Wasserstoffsuperoxyds.

Der siebente Strahl des periodischen Systems der chemischen Elemente enthält neben den vier Halogenen: Fluor, Chlor, Brom und Jod von Elementen mit kleinem Atomvolumen nur das Mangan. Elementares Fluor ist so reaktionsfähig, daß eine Prüfung der Desinfektionskraft auf große Schwierigkeiten stößt. Bei Chlor, Brom und Jod steigt in elementarer Form wie auch in den geprüften Verbindungen die Desinfektionskraft mit steigendem Atomgewicht. Im ionisierten Zustand ist das Fluorion am stärksten desinfektorisch wirksam, dann steigt die Wirksamkeit vom Chlorion bis zum Jodion.

Natriumchlorat und Natriumperchlorat wirken sehr schwach, sie sind ohne nennenswerte desinfektorische Kraft.

Jodtrichlorid wirkt so stark wie Fluorwasserstoff, Jodtribromid wie Bromoform.

Manganchlorid und Natriumpermanganat wirken schwach, 1 : 300 bzw. 1 : 200.

Die Edelgase Neon, Argon, Krypton und Xenon, die keine chemische Verbindung mit anderen Elementen eingehen, haben daher auch keine desinfektorische Kraft. Im achten Strahl sind drei Reihen von je drei zusammengehörigen Elementen: Eisen, Kobalt, Nickel, ferner Palladium, Rhodium, Ruthenium und Osmium, Iridium und Platin.

In kolloidaler wässeriger Lösung zeigt keines der geprüften Elemente irgendwelche desinfektorische Kraft, dagegen ist die Ionenwirkung bei Eisen und Osmium nicht unbeträchtlich. Die Platinionen wirken in gleicher Stärke desinfektorisch.

Keine organische Verbindung wirkt stärker als Formaldehyd oder Wasserstoffsuperoxyd, ganz zu schweigen von Quecksilber- und Silberverbindungen oder Lösungen.

Durch Einführung von Schwermetallionen in organische Verbindungen läßt sich zwar die desinfektorische Kraft sehr erheblich (bis auf das Zwanzigfache und mehr) steigern, aber doch nicht über das Maß der einfachen organischen Substanzen hinaus, deren Wirksamkeit nicht einmal erreicht wird.

Je größer die Konzentration freier Quecksilberionen in einer Lösung eines Quecksilbersalzes, um so giftiger ist die Lösung [H. Dreser[1]), Scheurlen und Spiro[2])]. Die Giftwirkung gelöster Quecksilbersalze ist nicht etwa von der Menge gelösten Quecksilbers, sondern von dem Dissoziationsgrade der Lösung abhängig. Cyanquecksilber und Rhodanquecksilber wirken viel schwächer als Sublimat. Kaliumquecksilberthiosulfat wirkt in Lösungen überhaupt nicht antiseptisch, da es ein komplexes Salz ist und keine wirksamen Quecksilberionen abspaltet, sondern in die Ionen Kalium und [$Hg(S_2O_3)$] dissoziiert.

Die Quecksilberwirkungen hängen nicht nur bei den Mikroorganismen, sondern auch bei den höheren Tieren vom ionisierten Quecksilber ab, und zwar von einer bestimmten Konzentration seiner Ionen. So kann man die Giftigkeit intravenös injizierten Sublimats abschwächen und die minimalste tägliche Dosis bedeutend vergrößern, wenn man bewirkt, daß die elektrolytische Dissoziation des zirkulierenden Quecksilbers eine geringe bleibt. Je kleiner die Konzentration der Ionen, desto mehr nimmt die Giftigkeit ab. Wenn man in die Venen der Tiere vorerst Kochsalz injiziert, das bei der Gleichheit des Anions mit dem Quecksilberchlorid seine Dissoziation zurückdrängt, so werden die Tiere gegen intravenöse Injektionen von Sublimat widerstandsfähiger. Injiziert man vorher Natriumbromid, so wird die Toleranz noch viel größer, weil das im Organismus sich bildende Quecksilberbromid weniger dissoziiert ist als die Chlorverbindung. Injiziert man vorher Jodnatrium, so wächst die Widerstandsfähigkeit der Tiere gegen Sublimat noch mehr, weil die Tendenz verhanden ist, Jodquecksilber zu bilden, nach dessen Entstehung das Quecksilbersalz noch weniger dissoziiert ist. Nach vorhergegangener Injektion von Natriumthiosulfat wird die Toleranz der Tiere sehr groß, weil das Quecksilber die Tendenz hat, als Doppelsalz ein Gesamtion zu bilden: Quecksilberthiosulfatnatriumchlorid[3]).

---

1) Arch. f. exp. Pathol. u. Pharmakol. Bd. 32, S. 456. 1893.

2) Münch. med. Wochenschr. Jg. 1897, Nr. 4.

3) Sabbatani, L.: Biochem. Zeitschr. Bd. 11, S. 294. 1908.

Die Wirkung der Ionen läßt sich sehr gut demonstrieren an der Einwirkung von Lösungen der Substanzen auf Bakterien (desinfizierende Kraft). Untersuchungen solcher Art verdanken wir insbesondere Krönig und Paul[1]). Bei diesen Untersuchungen hat es sich gezeigt, daß die Metallsalze, insbesondere die Quecksilbersalze nach Maßgabe ihres Dissoziationsgrades wirken; Lösungen von Metallsalzen aber, in denen das Metall Bestandteil eines komplexen Ions und demnach die Konzentration der Metallionen sehr gering ist, desinfizieren außerordentlich wenig.

Wenn man Metallsalze in organischen Solvenzien (Alkohol, Äther usw.) löst, so dissoziieren sie in diesen sehr wenig, und infolgedessen ist ihre Wirkung auf Bakterien nur gering. Die Desinfektionswirkung der Metallsalze hängt aber nicht nur von der Konzentration des in Lösung befindlichen Metalles ab, sondern ist besonders abhängig von den spezifischen Eigenschaften der Salze und des Lösungsmittels. Sie hängt nicht nur vom Metallion ab, sondern auch vom Anion und von dem nicht dissoziierten Anteil. Für die Säuren wurde gefunden, daß sie im allgemeinen im Verhältnis ihres Dissoziationsgrades, d. h. entsprechend der Konzentration der in der Lösung enthaltenen Wasserstoffionen desinfizierend wirken. Den Anionen bzw. den nicht dissoziierten Molekülen der Flußsäure, Salpetersäure und Trichloressigsäure kommt eine spezifische Giftwirkung zu. Diese spezifische Wirkung tritt mit steigender Verdünnung gegenüber der Giftwirkung der Wasserstoffionen zurück. Für die Basen zeigt es sich, daß die Hydroxyde des Kalium, Natrium, Lithium, Ammonium im Verhältnis ihres Dissoziationsgrades desinfizieren, d. h. entsprechend der Konzentration der in der Lösung enthaltenen Hydroxylionen. Es zeigte sich, daß die Wasserstoffionen ein stärkeres Gift sind als die Hydroxylionen.

Doch muß man in Betracht ziehen, in welcher Form die Metalle zur Untersuchung kommen, ob als krystallinische Verbindung oder als kolloidale, denn die Toxizität der kolloidalen Bariumsalze ist dreimal so gering wie die der gewöhnlichen Bariumsalze[2]).

Spuren kolloidaler Metalle erzeugen bei einzelligen Organismen Plasmolyse (Nägeli).

Kolloidales Arsen zeigt keine pharmakologischen Wirkungen, erst wenn Oxydation zur arsenigen Säure eintritt, gibt es auch das Bild der Wirkungen der arsenigen Säure[3]).

Viele kolloidale Metallverbindungen, aber nicht alle, haben direkt oxydierende Wirkungen. Die respiratorische Kraft der Gewebe wird durch sie nicht gesteigert. Auf Mikroorganismen wirken sie auch innerhalb des Organismus zerstörend, ebenso zerstören sie Toxine durch Oxydation[4]).

Kolloidale Metalle, z. B. das Kollargol, vermögen im Organismus Silberverbindungen zu bilden. Außerdem wurde bei allen kolloidalen Metallen nach ihrer intravenösen Injektion beobachtet, daß sie Temperatursteigerungen erzeugen[5]).

Die Metallteilchen durchdringen die Plasmahaut der Zellen nicht, gelangen also nicht in das Innere der Zellen und können infolgedessen ihren Tod nicht verursachen. Das entladene metallische Silberteilchen scheint überhaupt keine Giftwirkung zu besitzen[6]).

[1]) Zeitschr. f. physikal. Chem. Bd. 21, S. 414. — Zeitschr. f. Hyg. Bd. 25, S. 1.

[2]) Neuberg, C. und Neimann: Biochem. Zeitschr. Bd. 1, S. 166.

[3]) Külz, Fritz: Arch. f. exp. Pathol. u. Pharmakol. Bd. 89, S. 111. 1921.

[4]) Foa, C. und A. Aggazzotti: Biochem. Zeitschr. Bd. 19, S. 1. 1909.

[5]) Portig: Diss. Leipzig 1909. — Groß, Oskar und James M. O'Connor: Arch. f. exp. Pathol. u. Pharmakol. Bd. 64, S. 456. 1911.

[6]) Zsigmondy: Kolloidchemie, II. Aufl., S. 190.

Goldhydrosole haben auf Schimmelpilze usf. keine wesentliche Giftwirkung außer einer Verzögerung der Fruktifikation. Hingegen wirken kolloidale Silber- und Kupferlösungen auf Schimmelpilze stark hemmend, und zwar hat die chemisch hergestellte Silberlösung die geringste Hemmungswirkung, Elektrargol die größte, Fulmargin steht etwa in der Mitte von beiden. Nur das positive Wasserstoffion und die elektrisch hergestellte kolloidale Quecksilberlösung übertreffen Fulmargin an absoluter Desinfektionskraft[1]).

In das Blut injiziertes kolloidales Silber verschwindet aus ihm in ganz kurzer Zeit[2]) und lagert sich in Endothelien z. B. der Leber ab. Wahrscheinlich ist die Wirkung dieser Silberlösung zurückzuführen auf die Bildung von Silberionen[3]).

Die Fixierung kolloidaler Metalle von Zellen ist abhängig von dem Gehalt an organischen Kolloiden in den Hydrosolen; die Hemmungswirkung der Hydrosole ist abhängig von der Art des kolloidalen Metalls. Ist kein organisches Schutzkolloid vorhanden, so wird das Metall von der Membranen des Organismus fixiert. Ist aber viel organisches Kolloid vorhanden, so findet keine Fixierung statt. Die Fixierung findet in metallischer Form statt. Organismen, die durch ihre Lebensfunktionen im Substrat saure Reaktionen hervorrufen, speichern die Metalle in hervorragender Weise. Bei alkalischer Reaktion speichern sie nicht[4]).

Außer den komplexen Verbindungen, welche in wässeriger Lösung nicht das Metallion, sondern ein zusammengesetztes metallhaltiges Ion abdissoziieren, unterscheiden Franz Müller, Walter Schöller und Walter Schrauth[5]) noch sogenannte halbkomplexe Verbindungen. Die letzteren verhalten sich einzelnen Reagenzien gegenüber wie komplexe, stärkeren gegenüber aber so wie die Verbindung mit Metallion, da sie sofort mit den stärkeren Reagenzien die Ionenreaktionen des Metalls geben. So haben z. B. die weinsauren Metallverbindungen, wie etwa weinsaures Quecksilberoxydulnatrium[6]), sowie die Quecksilberverbindungen von Glykokoll, Asparagin, Alanin und Succinimid eine Metallbindung am Sauerstoff oder Stickstoff, welche weniger stabil ist als die Kohlenstoffbindung. Diese Salze sind als halbkomplex anzusehen, da ihre Wirkung sich von der einfacher Metallsalze nicht unterscheidet, sie aber weder Eiweiß fällen, noch ätzend wirken. Gegenüber der Anschauung, daß die spezifische Metallwirkung nur von den freien oder an Sauerstoff gebundenen Metallionen hervorgebracht wird, glauben diese Forscher, daß Metallionen im Organismus nicht existenzfähig sind, da sie sich mit den Eiweißkörpern zu halbkomplexen Metalleiweißverbindungen umsetzen würden.

Luteokobaltchlorid $[Co(NH_3)_6]Cl_3$ enthält das trivalente positive Radikal $[Co(NH_3)_6]$. Dieses wirkt ungemein viel weniger auf das Herz als die seltenen Erden. Ebenso wirken komplexe Salze von Kobalt und Chrom, welche Werner dargestellt hat und die in ihrer Lösung ein dreiwertiges Ion abgeben, sehr wenig. Die einfachen trivalenten Kationen machen in großer Verdünnung diastolischen Herzstillstand beim Frosch, während komplexe trivalente Kationen in 100mal so konzentrierter Lösung kaum das Herz affizieren und erst in viel höherer Konzentration diastolischen Stillstand machen.

F. Hofmeister[7]) hat bereits vor langer Zeit erkannt, daß die purgierende Wirkung der Salze im Zusammenhange steht mit ihrem Eiweißfällungsver-

---

[1]) Friedenthal, Hans: Biochem. Zeitschr. Bd. 94, S. 47. 1919.
[2]) Engelen: Ärztl. Rundschau Jg. 1914, Nr. 20.
[3]) Friedenthal: Therap. d. Gegenw. Jg. 1918.
[4]) Plotho, Olga: Biochem. Zeitschr. Bd. 110, S. 133. 1920.
[5]) Biochem. Zeitschr. Bd. 33, S. 381. 1911.
[6]) Meyer, H. H. und Williams: Arch. f. exp. Pathol. u. Pharmakol. Bd. 13, S. 70. 1880. — Gottlieb, R.: Arch. f. exp. Pathol. u. Pharmakol. Bd. 26, S. 139.
[7]) Arch. f. exp. Pathol. u. Pharmakol. Bd. 24, S. 247.

mögen. Nun ist das Eiweißfällungsvermögen der Salze eine Eigentümlichkeit der Kationen und so muß man die purgierende Wirkung, insbesondere der Alkalien, auf die Kationen beziehen, Und in Wirklichkeit sind die Schwermetallionen, welche selbst in großen Verdünnungen eiweißfällend wirken, sehr energisch wirkende Purgiermittel, die hierbei schwere Verätzungen und Entzündungen des Magendarmkanals hervorrufen. Aber auch die Anionen, insbesondere die Ionen der Salpetersäure, Brom- und Jodionen haben starke pharmakodynamische Wirkungen, vorzüglich setzen sie den Blutdruck herab. So wirken auch die Rhodanate, die sich ähnlich wie die Bromide und Jodide in bezug auf ihre eiweißfällende Wirkung verhalten, ähnlich wie die genannten Substanzen.

Gruppiert man die Metallionen nach dem Grade ihrer eiweißfällenden Wirkung, so erhält man eine Steigerung in der Reihe Ammonium, Kalium, Natrium, Lithium. Der eiweißlösende Effekt der Anionen steigt vom Sulfat zum Tartrat, Acetat, Chlorid, Nitrat, Bromid, Jodid, Rhodanid. Die drei letzten Glieder der Reihe sind wirksam. Während die Metallionen dieser Reihe erregende Wirkung haben, kommen den Säureionen sedative und blutdruckherabsetzende Wirkungen zu (W. Pauli).

Die Anwendung physikalisch-chemischer Methoden und Anschauungen auf allgemein pharmakologische Probleme scheint eine grundlegend neue Auffassung schon bekannter Tatsachen anzubahnen.

C. Neuberg[1]) hat einen neuen Gesichtspunkt für die biologische Wirkung der anorganischen Verbindungen, insbesondere der Schwermetallsalze aufgedeckt; er zeigte, daß bereits sehr kleine Mengen derselben fast alle physiologisch wichtigen organischen Bausteine der Organismen photosensibel machen und im Licht weitgehend verändern. Nach Neubergs Befunden sind Metallsalzwirkungen von Photokatalysen in praxi untrennbar.

---

[1]) Neuberg, C.: Biochem. Zeitschr. Bd. 13, S. 305. 1908; Bd. 17, S. 270, 1909; Bd. 27, S. 271. 1910; Bd. 29, S. 279. 1910. — Zeitschr. f. Balneol. Bd. 3, Nr. 19. 1911.

Zweites Kapitel.

Theorie der Wirkungen organischer Verbindungen.

a) Beziehungen zwischen chemischer Konstitution uud Wirkungen.

Wir haben bei den anorganischen Substanzen gesehen, daß sich bestimmte Beziehungen zwischen ihrem Molekulargewicht, ihrer Wertigkeit, elektrischen Ladung, ihrem spektral-analytischen Verhalten innerhalb bestimmter Reihen und zwischen ihrer physiologischen Wirkung feststellen lassen. Insbesondere sieht man deutlich, daß Körper, welche isomorphe Verbindungen geben, einander auch in der Wirkung sehr ähnlich sind. Es war wahrscheinlich, wenn man die Wirkung ähnlich gebauter organischer Verbindungen miteinander verglich und dieselben sehr ähnlich fand, daß zwischen der physiologischen Wirkung und der chemischen Struktur Beziehungen gefunden würden.

Man hat es in letzter Zeit vorgezogen, die Spezifität der Giftstoffe in ihren physikalischen Eigenschaften und nicht in ihren chemischen zu suchen und insbesondere ihre Löslichkeit in der Zellwand, ihre Oberflächenenergie in gelöstem Zustande als die Ursache der Spezifität anzusehen; diese Eigenschaften beherrschen die Verteilung durch Auswahl. Man vergißt hierbei nur, daß damit in erster Linie nur die Selektion und nicht die Wirkung erklärt wird und daß ferner die chemischen und physikalischen Eigenschaften der Verbindungen doch untrennbar sind. Jedenfalls hat diese neue Richtung den großen Vorteil gezeitigt, daß man nicht nur die chemischen Konstitution, sondern auch die Struktur, sowie die aus diesen resultierenden physikalischen Eigenschaften und insbesondere Lösungsverhältnisse und Verteilungsverhältnisse mehr in Betracht zieht; die vorläufige Kampfstellung der physikalischen und chemischen Richtung zeitigt wie jede wissenschaftliche Kontroverse für den Beobachter neue Resultate, welche die neugefundene Tatsache besser erklären, als eine der beiden Theorien und zu einer neuen Auffassung der Erscheinungen führen wird.

Die physikalische Voraussetzung, daß die Wirkung der Elemente ihren Bewegungs- und Schwingungszuständen entsprechen, sind von Curci[1]) auf die organischen Verbindungen in der Weise ausgedehnt worden, daß er die Behauptung aufstellte, die Wirkungen eines organischen Moleküls beruhen und resultieren aus der Wirkung der einzelnen Komponenten desselben, und zwar hat der Kohlenstoff eine lähmende, der Wasserstoff eine erregende und der Sauerstoff eine indifferente Wirkung. Die Kohlenwasserstoffe der fetten und aromatischen Reihen sind lähmende Verbindungen, weil der Kohlenstoff den Wasserstoff, welcher antagonistisch wirkt, in der Wirkung überwindet. Es ist daher die lähmende Wirkung um so größer, je mehr Kohlenstoff und je weniger Wasserstoff vorhanden, und umgekehrt um so kleiner, je weniger Kohlenstoff und je mehr Wasserstoff im Molekül enthalten ist. In den Wasserstoff und Stickstoff enthaltenden Gruppen überwiegt die aufregende Wirkung des Wasserstoffes die schwach lähmende Wirkung des Stickstoffes. In den Hydroxyl-

[1]) Terapia moderna 1891, Gennajo, S. 33.

gruppen hat der Wasserstoff eine beträchtlich erregende Wirkung, weil der Sauerstoff indifferent ist: es folgt nun daraus, daß die hydroxylierten Kohlenwasserstoffe eine doppelte Wirkung haben müssen. Einerseits eine erregende durch das Hydroxyl, andererseits eine lähmende durch den Kohlenwasserstoff. Doch kommt den Hydroxylen nach Curcis Auffassung besondere Wirkung zu, je nachdem ihre Stellung ist.

Diese durchaus anders erklärbaren Resultate Curcis sind gleichsam der roheste Versuch, einen Zusammenhang der chemischen Konstitution und der biologischen Wirkung zu finden. So einfach liegen aber diese Beziehungen durchaus nicht.

Die Wirksamkeit der Substanzen hängt nach O. Schmiedebergs[1]) Anschauung vor allen Dingen von physikalischen und von biologischen Verhältnissen ab. So spielt die Resorbierbarkeit einer Substanz eine große Rolle. Eine nicht resorbierbare Substanz kann selbstverständlich innerhalb des Organismus (jenseits des Darmkanals) nicht zur Wirkung gelangen. Ferner ist die große Löslichkeit in Wasser und die große Flüchtigkeit bei gewöhnlicher Temperatur für die Wirkung maßgebend. So zeigen z. B. die flüchtigen Grenzkohlenwasserstoffe in vollem Umfange die narkotische Gruppenwirkung der Kohlenwasserstoffe, während die flüssigen, in Wasser ganz unlöslichen, der Verdunstung unfähigen Paraffinöle und vollends die festen Paraffine gänzlich unwirksam sind. Die Wirksamkeit im Sinne der Alkoholgruppe, d. h. narkotische Wirkung, wird im wesentlichen durch die Anzahl der im Molekül enthaltenen Sauerstoffatome bedingt. Alle Verbindungen dieser Gruppe, welche zwei oder mehr Sauerstoffatome in einer Kohlenwasserstoffgruppe enthalten, büßen dadurch die Wirksamkeit ein oder werden wirkungslos. Die Glykole $C_nH_{2n}(OH)_2$ stehen schon an der Grenze der Wirksamkeit. Ist aber eine Verbindung aus mehreren selbständigen Kohlenwasserstoffgruppen zusammengesetzt, so ist sie wirksam, wenn wenigstens die eine von den letzteren kein oder nicht mehr als ein Atom Sauerstoff enthält. So z. B. kann der schlafmachende Paraldehyd $(CH_3 \cdot CHO)_3$ als eine Verbindung angesehen werden, deren Moleküle gleichsam aus drei gleichartigen, je ein Atom Sauerstoff enthaltenden Teilen locker zusammengefügt sind, von denen jeder eine selbständige Rolle bei der Wirkung spielt. Sehr giftige Atomgruppen verlieren bei der Substitution mit den Kohlenwasserstoffen der Fettreihe die Intensität und den ursprünglichen Charakter ihrer Wirkung.

Ein Beweis dafür, daß zwischen der chemischen Konstitution der Körper und ihrer physiologischen Wirkung ein inniger Zusammenhang besteht, oder noch deutlicher ausgedrückt, daß die physiologische Wirkung einer Substanz durch ihre chemische Konstitution und Konfiguration[2]) bedingt ist, kann durch die Tatsache geliefert werden, daß bestimmte Änderungen in der Konstitution bestimmte Änderungen in der Wirkung bei ähnlichen Körpern hervorbringen, und daß ferner die Anlagerung bestimmter Molekularkomplexe an verschieden wirkende Substanzen dieselben in physiologisch ähnlich wirkende oder auch in gleichmäßig unwirksame verwandeln kann. Es gelingt leicht, aus ganz besonders wirksamen Substanzen durch Anlagerung bestimmter Gruppen gleichmäßig unwirksame zu erhalten und nach Abspaltung dieser Gruppen wieder die wirksamen Substanzen zu regenerieren. Als Beispiel wollen wir vorläufig nur einiges erwähnen: a) Durch die Anlagerung identischer

---

[1]) Arch. f. exp. Pathol. u. Pharmakol. Bd. 20, S. 201.

[2]) Inwiefern die Wirkung von der Konfiguration abhängig ist, siehe am Schlusse dieses Kapitels. Siehe ferner Sigmund Fränkel: Stereochemische Konfiguration und physiologische Wirkung in: Asher und Spiro's: Ergebnisse d. Physiologie III. Biochemie, S. 290.

Gruppen in identischer Weise werden gleichmäßig wirkende Körper erhalten. Nach den Untersuchungen von Crum Brown und Fraser[1]) und anderen gelingt es durch Methylierung der Alkaloide, welche ja verschiedene physiologische Wirkung haben, Körper zu erhalten, welche alle die motorischen Nervenendigungen lähmen, also dem Curare ähnliche Wirkungen haben. Es ist hierbei im allgemeinen gleichgültig, ob diese Alkaloide als solche Krämpfe auslösen oder nicht. Aus diesen Versuchen läßt sich sogar die allgemeine Regel ableiten, daß die Verbindungen, bei welchen Alkyl am quaternären Stickstoff steht, in derselben Weise lähmend wirken. Es können daher aus allen tertiären Basen durch Methylierung Ammoniumbasen erzeugt werden, welche manchmal unverhältnismäßig giftiger, häufig aber viel weniger giftig sind als die Ausgangssubstanzen. Im Curare kommen zwei Basen nebeneinander vor, Curarin und Curin [R. Böhm[2])]. Curarin ist eine Ammoniumbase, Curin eine tertiäre Base, die nur wenig giftig ist. Wenn man die tertiäre Base Curin durch Methylierung in eine Ammoniumbase überführt, so entsteht Curarin, welches sich als 226mal so giftig erweist als die Ausgangssubstanz. b) Daß durch die Anlagerung identischer Gruppen die Wirkung bestimmter Körper abgeschwächt oder ganz vernichtet wird, beweisen folgende Tatsachen: Wenn man hydroxylhaltige Substanzen, wie Phenole, Alkohole usw. in ihre gepaarten Verbindungen mit Schwefelsäure, das ist in saure Ester (Äthersäuren), überführt, so verlieren sie ihre Giftigkeit fast vollständig. Während Phenol $C_6H_5 \cdot OH$ eine beträchtliche Giftwirkung zeigt, ist Phenolätherschwefelsäure $C_6H_5 \cdot O \cdot SO_3H$ als Natriumsalz intern eingegeben selbst in Dosen von 30 g ganz ungiftig. Das so wirkungsvolle Morphin $C_{17}H_{17}NO \cdot (OH)_2$ verliert durch Überführung in Morphinätherschwefelsäure $C_{17}H_{17}NO \cdot (OH) \cdot O \cdot SO_3H$ völlig seine hypnotische Wirkung und kann selbst in Dosen von 5 g ohne irgendwelchen Schaden genommen werden.

Das giftige Ammoniak geht durch Ersatz eines Wasserstoffes durch Essigsäure in das ganz ungiftige Glykokoll (Aminoessigsäure) $NH_2 \cdot CH_2 \cdot COOH$ über. Es können, um ein weiteres Beispiel anzuführen, durch Einführung von Säureradikalen in basische Reste die Wirkungen der letzteren bedeutend abgeschwächt, wenn nicht ganz aufgehoben werden. So ist Acetamid $CH_3 \cdot CO \cdot NH_2$ völlig wirkungslos[3]), während Ammoniak ein heftiges Gift ist. Acetanilid $CH_3 \cdot CO \cdot NH \cdot C_6H_5$ (Antifebrin) ist weit weniger giftig, als Anilin $NH_2 \cdot C_6H_5$. Ebenso wird im Phenetidin $NH_2 \cdot C_6H_4 \cdot O \cdot C_2H_5$ durch Anlagerung von Acetyl- oder Lactylradikalen die Wirkung abgeschwächt, indem die Base schwieriger angreifbar wird.

Gleichmäßig wird in allen Fällen durch Einführung von Wasserstoff in die cyclischen Basen die physiologische Wirkung verstärkt bzw. die Giftigkeit gesteigert (Regel von Kendrick-Dewar-Königs).

Daß bestimmte Gruppen von Substanzen ihre Wirkung durch einfache Änderungen im Molekül, etwa die Verwandlung des Charakters der Verbindung von einer Base in eine Säure, verlieren, läßt sich physiologisch dadurch erklären, daß der Angriffspunkt der Substanz verschoben bzw. aufgehoben ist, oder daß die Verteilung im Organismus völlig alteriert wird. Wir können uns nämlich das Zustandekommen der Wirkung der Substanzen auf bestimmte Zellgruppen, d. i. die selektive Wirkung der Substanz nur so deuten, daß gewisse endständige Gruppen im Molekül in chemische Beziehung zu Zellsubstanzen

[1]) Transact. roy. soc. Edinborough Bd. 25, S. 707. 1868 und Proc. roy. soc. Edinborough 1869, S. 560.

[2]) Arch. d. Pharmazie u. Ber. d. dtsch. pharmazeut. Ges. Bd. 235, S. 660.

[3]) Zeitschr. f. Biol. Bd. 8, S. 124.

treten und von denen festgehalten werden. Dieses kann durch rein chemische Bindung oder durch physikalisch-chemische Verhältnisse, wie Lösung, Adsorption und ähnliche erfolgen. Erst dann kann der ganze Molekularkomplex, einmal im bestimmten Gewebe physikalisch oder chemisch festgehalten (verankert), zur Wirkung gelangen. Ändern wir nun den Charakter der endständigen Gruppen oder der ganzen Verbindung, so waltet die chemische und physikalische Beziehung zwischen der eingeführten chemischen Substanz und dem bestimmten Zellkomplexe nicht mehr ob. Die Substanz wird von der betreffenden Zellgruppe nicht mehr aufgenommen oder festgehalten, und kann daher auch nicht mehr zur Wirkung gelangen, wenn auch die eigentlich wirkende Gruppe völlig intakt geblieben ist. Paul Ehrlich[1]) hat als Bild für eine ähnliche Vorstellung den Vergleich mit den Farbstoffen angewendet. In allen Farbstoffen kommt nach O. Witt eine chromophore, farbgebende Gruppe vor, welche sich durch dichtere Bindung auszeichnet (z. B. die Azogruppe $R \cdot N = N \cdot R_1$). Alle Farbstoffe werden entfärbt, wenn man sie mit reduzierenden Mitteln behandelt und so durch Einführung von Wasserstoff die dichtere Bindung der chromophoren Gruppe aufhebt. So bekommt man aus Indigblau Indigweiß usw. Aber diese chromophoren Gruppen allein sind nicht ausreichend, um Farbstoffe zu erzeugen, sie haben nur den chromogenen Charakter. Es müssen an sie noch saure oder basische Gruppen herantreten, z. B. Hydroxyl- oder Aminogruppen, die man als auxochrome Gruppen bezeichnet, Radikale, welche erst die Farbstoffnatur der Verbindungen entwickeln. Wenn in das Azobenzol $C_6H_5 \cdot N = N \cdot C_6H_5$ Hydroxylgruppen eintreten, dann erst entsteht das braune Oxyazobenzol $C_6H_5 \cdot N = N \cdot C_6H_4 \cdot OH$ und wenn die Aminogruppe eintritt, das schöne gelbe Aminoazobenzol $C_6H_5 \cdot N = N \cdot C_6H_4 \cdot NH_2$ (Anilingelb). Es sind also zum Zustandekommen des Farbstoffes zwei Komponenten erforderlich, die chromophore und die auxochrome Gruppe. Die Farbe aber selbst ist wieder abhängig von der Zahl der auxochromen Gruppen. Das Monaminoazobenzol $C_6H_5 \cdot N = N \cdot C_6H_4 \cdot NH_2$ (Anilingelb) ist gelb, das m-Diaminoazobenzol $C_6H_5 \cdot N = N \cdot C_6H_3 \cdot (NH_2)_2$ (Chrysoidin) ist orange, das Triaminoazobenzol $HN_2 \cdot C_6H_4 \cdot N = N \cdot C_6H_3 \cdot (NH_2)_2$ ist braun.

Wie wir gesehen haben, werden viele Gifte durch einfache Einwirkung, z. B. Einführung von Säuren, in ungiftige Substanzen umgewandelt. M. Nencki suchte diese Verschiedenheiten auf chemischem Wege durch Unterschiede in der Oxydationsfähigkeit zu erklären, aber Paul Ehrlich hielt einen solchen Erklärungsversuch für durchaus nicht ausreichend und glaubte auf experimentellem Wege zum Verständnis dieser Tatsachen gelangt zu sein. So gibt es z. B. eine Reihe von Farbstoffen, welche bei Tieren das Gehirn färben, fügt man aber in diese Farbstoffkörper Schwefelsäure ein, indem man die entsprechende Sulfosäure darstellt, so verlieren sie vollkommen ihre gehirnfärbende Eigenschaft. Durch die Substitution ist also die Wirkung der Substanz verändert. Sie hat ihre neurotrope Funktion eingebüßt, d. h. sie geht nicht mehr an die Elemente des Gehirnes heran. Man ist nun gezwungen, wenn man von Beziehungen zwischen Konstitution und Wirkung spricht, als Mittel noch einen dritten Begriff aufzustellen, nämlich den der Verteilung. Wie soll man sich die selektive Fähigkeit der Gewebe vorstellen? Es handelt sich da nicht um naheliegende chemische Beziehungen, sondern oft nur um physikalische Verhältnisse, wie bei der Löslichkeit von Kohlenwasserstoffen, Äther, Ketonen und Sulfonverbindungen in Lipoiden. Schwieriger liegen die Verhältnisse bei anderen chemischen Gruppen, wie bei Säuren, Basen, Alkoholen und Phenolen, da diese ja leicht chemische Verbindungen mit bestimmten Gruppen des Proto-

[1]) Dtsch. med. Wochenschr. 1898, S. 1052. Siehe auch Festschrift f. Leyden Bd. 1, S. 645, Internationale Beiträge zur inneren Medizin. Berlin 1902.

plasmas eingehen könnten. Bei einer chemischen Verbindung wäre die Substanz durch Alkohol aus den Organen nicht extrahierbar. Das Experiment belehrte aber P. Ehrlich, daß z. B. bei Phenacetin, Kairin, Thallin die Alkoholextraktion gelingt, also keine chemische Bindung zwischen der eingeführten basischen Substanz und dem Protoplasma vorliegt. So läßt sich auch aus einer Fuchsinniere durch Alkohol Fuchsin extrahieren. Die einzige Substanz unter vielen, die eine solche Festlegung annehmen läßt, ist, nach P. Ehrlich, vielleicht das Anilin.

Wie erfolgt nun die Anlagerung dieser Substanzen? Der Vorgang der Färbung ist nach Ehrlich derselbe, wie er bei Injektion von Giften im Organismus statthat: die Wollfaser, in Pikrinsäurelösung getaucht, nimmt aus der noch so schwachen Lösung, aus der größten Verdünnung, die Farbe auf, ebenso wie gewisse Gewebe das Gift aus der zirkulierenden Körperflüssigkeit. — Hinsichtlich der Färbung nun bestehen zwei Theorien: die der Salzbildung und die der starren Lösung nach van t'Hoff (Wittsche Theorie). O. Witt nimmt an, daß der Farbstoff nicht in festem Zustande in der Faser ist, sondern als Lösung. Es gibt Farbstoffe, welche in festem Zustande rot sind, in Lösungen aber fluocescieren: die damit gefärbte Seide fluoresciert gleichfalls. Es ist kein Einwand hiergegen, daß derselbe Körper verschiedene Fasern verschieden färbt: auch Jod in verschiedenen Flüssigkeiten gelöst — in Jodkaliumlösung, in Chloroform usw. — ergibt verschiedene Färbung der Lösung. — Die Gewebsfaser schüttelt die Farbstoffe quantitativ aus der wässerigen Lösung aus und färbt sich so; ist die Löslichkeit der Substanz in Alkohol wieder besser, so ist die Faser durch ihn wieder entfärbbar.

Das Verhalten der Substanzen im Organismus ist nun wohl nach der Ansicht von Ehrlich ein ganz ähnliches. Alle Hirnfarbstoffe verlieren ihre hirnfärbende Eigenschaft, wenn eine Sulfosäuregruppe in sie eintritt. Die Mehrzahl der Stoffe, welche ins Gehirn gehen, gehen auch aus Wasser in Äther über, als Sulfosäuren jedoch nicht. Es sind also im Gehirn Stoffe, welche ebenso wirken wie Äther im Reagensglase. Die starke Wirkung gewisser Gifte auf das Hirn beruht auf einer Ausschüttelung durch dasselbe, wie durch Äther. — Die Lokalisation der verschiedenen Substanzen in den Körpergeweben beruht also nach Ehrlich auf einer Ausschüttelung durch dieselben. In den Zellen verschiedener Organe sind verschiedene chemische Gruppen enthalten, und einzelne Körper, wie Myosin z. B., haben wieder in alkalischer oder neutraler oder saurer Lösung ganz verschiedene Fähigkeiten, so daß sich die verschiedensten Möglichkeiten einer Endwirkung ergeben. Einzelne Substanzen werden wohl nicht vom lebenden Protoplasma aufgenommen, sondern von anderen zwischenliegenden Körpern — so gewisse Farbstoffe von den Nervenscheiden. —

Der Ehrlichsche Vergleich mit der chromophoren Gruppe läßt sich in der Gruppe der Cocaine schön durchführen. Alle Cocaine im chemischen Sinne (Ekgoninverbindungen) machen bei der Maus dieselben pathologischen Veränderungen der Leber, aber anästhesierend wirkt nur das Cocain mit der Benzoylgruppe, während die Methylgruppe des Cocains das Ekgonin nur an das Nervensystem heranbringt. Die Benzoylgruppe wäre nun die anästhesiophore, die Methylgruppe die anästhesiogene Gruppe. Ehrlich wollte diese seine Anschauung als einen neuen Weg zur Synthese neuer Arzneimittel betrachtet wissen. Zuerst hat man eine Gruppe von Substanzen zu wählen, welche an gewisse Organe herantreten und in diese Substanzen, welche nun myotrop, neurotrop usw. sind, könnte man verschiedene Gruppen einführen, welche einen toxischen bzw. therapeutischen Einfluß ausüben.

Die Ehrlichsche Theorie war vielleicht der erste Versuch, die Verteilung und zum Teil auch die Wirkung physikalisch-chemisch zu erklären und den Verteilungssatz von Berthelot-Jungfleisch, wie die Theorie der starren Lösung van t' Hoff auf die Pharmakologie anzuwenden.

Während nach der Ehrlichschen Auffassung im Protoplasma des Organismus sowie im Parasiten bestimmte Atomkomplexe, sog. Chemoceptoren, eine besondere Affinität zu bestimmten Gruppen des Arzneikörpers, den sog. haptophoren Gruppen, bieten, kommen z. B. Baudisch[1]) und Unna[2]), ebenso Karrer[3]) zu Vorstellungen, nach denen chemische Verbindungen, die nach der Werner-Pfeifferschen Theorie Komplexsalze zu bilden vermögen, der komplexsalzbildenden Gruppe haptophore Eigenschaften zukommen, mit der sie sich mit bestimmten Gewebsteilen bzw. Teilen der Zelle des Parasiten verbinden. Aber die komplexsalzbildende Gruppe kann den Ausschlag nicht geben, wie sich an den drei Isomeren des Salvarsans zeigen läßt, die sämtlich o-Aminogruppen, wenn auch an anderen Stellen des Moleküls, enthalten. Viele therapeutisch sehr wirksame Verbindungen enthalten überhaupt keine komplexsalzbildenden Gruppen.

Seit dem Ehrlichschen Versuche haben insbesondere durch die Theorien und Experimente von Hans H. Meyer, Overton und W. Straub Anschauungen, nach denen sich die pharmakodynamischen Wirkungen nach dem Verteilungssatze rein physikalisch erklären lassen, stark an Boden gewonnen.

Die physikalischen Gesetzmäßigkeiten für die Aufnahme von Substanzen aus ihren wässerigen Lösungen sind zum Teil bekannt. Die Aufnahme erfolgt selektiv in der Weise, daß einzelne Stoffe gar nicht aufgenommen werden, andere hingegen in sehr reicher Weise. Stoffe, die nicht aufgenommen werden, können aber trotzdem auf die Zellmembran reizend wirken. Bei der Aufnahme geben die Substanzen mit dem Kolloid eine sog. feste Lösung und es wird so viel von der Substanz aufgenommen und in dem Kolloid aufgespeichert, bis sich ein Gleichgewichtszustand zwischen der Lösung und dem Kolloid, in unserem Falle zwischen den zirkulierenden Medien und den Geweben, entwickelt hat. Der Vorgang ist aber reversibel und aus der festen Lösung kann die Substanz wieder nach dem Verteilungsgesetz in das Lösungsmittel übergehen. Nach dem Verteilungssatz von Berthelot und Jungfleisch verteilt sich eine Substanz zwischen zwei Lösungsmitteln, die einander nur wenig lösen, analog dem Henryschen Gesetz, und zwar in konstantem Verhältnis. Bei gleicher räumlicher Konzentration ist der osmotische Druck in beiden Lösungen gleich groß. In seiner allgemeinsten Form lautet der Verteilungssatz:

„Bei einer bestimmten Temperatur besteht für jede Molekelart ein bestimmtes Verteilungsverhältnis zwischen zwei Phasen eines Systemes, das unabhängig von der Gegenwart anderer Molekel ist und für das es gleichgültig bleibt, ob letzteres sich mit jener in Umsetzung befindet oder nicht."

In der Nernstschen Formulierung lauten die Gesetzmäßigkeiten folgendermaßen: Wenn wir unter Teilungskoeffizienten eines Stoffes zwischen zwei Lösungsmitteln das Verhältnis der räumlichen Konzentration verstehen, mit welchem er in diesen beiden Lösungsmitteln nach Eintritt des Gleichgewichtszustandes vorhanden ist, so ist der Teilungskoeffizient bei gegebener Temperatur konstant, wenn der gelöste Stoff in beiden Lösungsmitteln das gleiche Molekulargewicht besitzt. Bei Gegenwart mehrerer gelöster Stoffe verteilt sich jede einzelne Molekülgattung so, als ob die anderen nicht zugegen wären. Befindet sich aber der gelöste Stoff nicht in einem einheitlichen Molekular-

---

[1]) Ber. d. dtsch. chem. Ges. Bd. 49, S. 117. 1916.
[2]) Dermatol. Wochenschr. Bd. 62, S. 116.
[3]) Naturwissenschaften 1916, II, S. 37.

zustande, sondern ist er in der Dissoziation begriffen, so gilt der ausgesprochene Satz, daß der Teilungskoeffizient bei gegebener Temperatur konstant ist, wenn der gelöste Stoff in beiden Lösungsmitteln das gleiche Molekulargewicht besitzt, für jede der bei der Dissoziation entstandenen Molekülgattungen. Aber die Verteilung ist auch noch abhängig und variabel mit der Temperatur. Wenn der gelöste Stoff in beiden Lösungsmitteln ein verschiedenes Molekulargewicht zeigt, so verteilt er sich so, daß in den Lösungsmitteln die gleiche Anzahl von Molekülen vorhanden ist, in dem einen einfache, in dem anderen doppelte oder mehrfache Moleküle.

Nun ist es gleichgültig, ob die Verteilung zwischen zwei Flüssigkeiten oder einer Flüssigkeit und einem amorphen festen Körper stattfindet, da wir den festen, amorphen Körper als eine Flüssigkeit mit hoher innerer Reibung ansehen können. Aber bei der Verteilung zwischen einem Kolloid und einer Flüssigkeit kann man den Verteilungssatz nicht direkt erweisen, da es sich wahrscheinlich in der Hauptsache um eine Oberflächenwirkung des Kolloids handelt. Die kolloidalen Membranen nun können Substanzen aus ihren Lösungen nach dem Verteilungssatz aufnehmen, sobald diese in dem Kolloid der Membran löslich sind und diese aufgenommenen Substanzen nach der anderen Richtung abgeben. Für die Resorption überhaupt gilt aber der thermodynamische Satz von Willard Gibbs, daß Stoffe, die eine Oberflächenspannung erniedrigen, das Bestreben haben, ihre Konzentration an der Oberfläche zu erhöhen. Sie werden also absorbiert. Stoffe aber, welche die Oberflächenspannung erhöhen, haben das Bestreben, ihre Konzentration an der Oberfläche zu verringern. Daher werden z. B. im Darm die lipoidlöslichen Stoffe viel leichter und schneller resorbiert als die lipoidunlöslichen, und die Raschheit der Resorption steht im geraden Verhältnisse zur Lipoidlöslichkeit.

Diese Gesetzmäßigkeiten sind aber der Hauptsache nach für eine Theorie der Selektion verwertbar. Es muß erst bewiesen werden, daß das bloße Hineinlösen einer Substanz in das Protoplasma bestimmter Art gleichbedeutend ist mit pharmakodynamischer Wirkung und daß eine chemische Umsetzung zwischen beiden nicht stattfindet.

Die ältere, mehr chemische Theorie von O. Loew[1]) ging hingegen dahin, daß alle diejenigen Stoffe, welche noch bei großer Verdünnung in Aldehyd- oder in Aminogruppen eingreifen, Gifte für alles Lebende sein müssen, indem hierbei Substitutionen eintreten. Daher nennt er diese Gruppe von Giften substituierend wirkende. Je reaktionsfähiger nun ein Körper in dem Sinne ist, daß er mit einer Aldehyd- und Aminogruppe leicht reagieren kann, desto größer ist seine Wirksamkeit bzw. seine Giftigkeit. So sind die für Aldehyd- und Ketongruppen besonders reaktionsfähigen Basen Hydroxylamin $HO \cdot NH_2$ und Diamid (Hydrazin) $NH_2 \cdot NH_2$ sehr stark wirkende Gifte für Pflanzen und tierische Organismen, ja noch Derivate des Hydroxylamins, wie das Benzenylaminoxim $C_6H_5{-}C\langle{}^{NH_2}_{NOH}$ [2]). Hingegen sind andere Ketoxime, da sie in diesem Falle nicht mehr reaktionsfähig sind, für höhere Tiere nur ausnahmsweise giftiger als die Ketone, aus denen sie entstanden sind. Das für Aldehyd- und Ketongruppen so ungemein reaktionsfähige Phenylhydrazin $C_6H_5 \cdot NH \cdot NH_2$ ist aus diesem Grunde ein sehr heftiges Blutgift. Anilin $C_6H_5 \cdot NH_2$ hingegen, welches schwieriger mit Aldehyden reagiert, ist ein schwächeres Gift als Phenylhydrazin, ebenso wie freies Ammoniak ein schwächeres Gift ist als Diamid.

---

[1]) Natürliches System der Giftwirkung. München 1893.

[2]) Ber. d. dtsch. chem. Ges. Bd. 18, S. 1054. 1885.

Benzenylaminoxim und Benzenylmethylaminoxim wirken auf das Zentralnervensystem. Ihre Wirkung auf das Gefäßsystem ist sehr gering. In großen Dosen wirken sie auf Muskulatur wie Coffein gerinnungserzeugend. Sie wirken nur quantitativ verschieden[1]).

Körper mit tertiär gebundenem Stickstoff, welche geringe oder keine Giftwirkung besitzen, können durch Reduktion und Bildung der Imidgruppe zu starken Giften werden.

Pyridin	Collidin	Piperidin	Coniin
H C HC CH HC CH N	CH_3 C HC CH $CH_3 \cdot C$ $C \cdot CH_3$ N	H_2 C H_2C CH_2 H_2C CH_2 N H	H_2 C H_2C CH_2 H_2C $CH \cdot CH_2 \cdot CH_2 \cdot CH_3$ N H

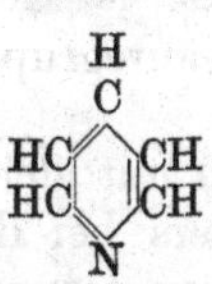

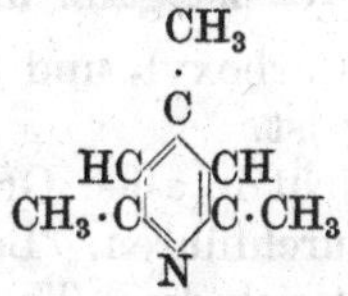

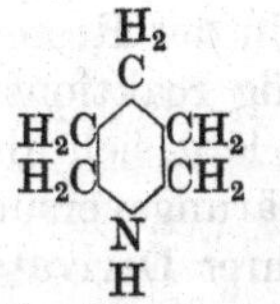

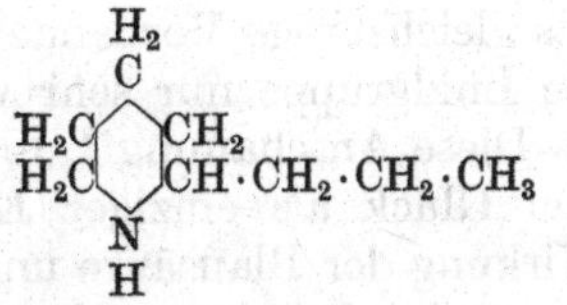

So ist Piperidin ein weit stärkeres Gift als Pyridin, Coniin intensiver wirkend als Collidin, Tetrahydrochinolin (C_6H_4 mit CH_2, CH_2, CH_2, NH) energischer wirkend als Chinolin (H H, C C C, HC CH, HC CH, HC C N) selbst. Daher ist auch Pyrrol (HC CH, HC CH, NH) weit giftiger als Pyridin. Diese Tatsachen lassen sich nach Loew leicht durch die Zunahme der Reaktionsfähigkeit gegenüber den labilen Aldehydgruppen des Protoplasmas erklären. Sie werden noch gestützt durch Beobachtungen, welche zeigen, daß Körper mit labilen Aminogruppen in ihrer Giftwirkung zunehmen, wenn noch eine zweite Aminogruppe in solche Substanzen eingeführt wird. So sind die Phenylendiamine $C_6H_4(NH_2)_2$ giftiger als Toluidine $CH_3 \cdot C_6H_4 \cdot NH_2$, die Giftigkeit nimmt aber ab, wenn die Aminogruppe in die Iminogruppe übergeht. Wenn im Anilin ein Wasserstoff der Aminogruppe durch Alkyl ersetzt wird, die Aminogruppe also in eine Iminogruppe übergeht, so nimmt die Giftwirkung ab, da dieses substituierte Anilin mit Aldehyden schwierig reagiert. Diese Körper haben dann keine krampferregende Wirkung mehr. Wenn aber Alkyl nicht in die Seitenkette eintritt, sondern einen Kernwasserstoff ersetzt, also die Aminogruppe intakt bleibt, so bleibt auch die krampferregende Wirkung erhalten. Dieselbe Tatsache läßt sich noch viel besser an der Abschwächung der Wirkung durch den Eintritt von sauren Resten in die Aminogruppen demonstrieren. So ist Acetanilid $CH_3 \cdot CO \cdot NH \cdot C_6H_5$ weit ungiftiger, aber auch chemisch mit Aldehyd weniger reaktionsfähig als Anilin. Ebenso ist das symmetrische Acetylphenylhydrazin $C_6H_5 \cdot NH \cdot NH \cdot CO \cdot CH_3$ (Pyrodin) weit weniger giftig, aber auch chemisch mit Aldehyd weniger reaktionsfähig als Phenylhydrazin. Eine solche Abschwächung der Giftigkeit durch Abschwächung der chemischen Reaktionsfähigkeit gegenüber Aldehydgruppe läßt sich noch an vielen anderen Beispielen beweisen.

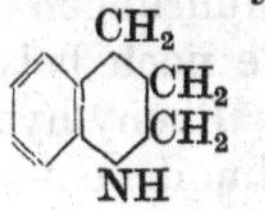

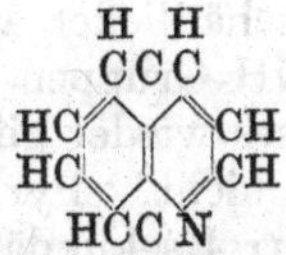

Acetanilid verwandelt sich im Blute in Acetylphenylhydroxylamin, das stark methämoglobinbildend wirkt[2]).

Die Giftigkeit der Phenole erklärt O. Loew durch ihre leichte Reagierbarkeit mit labilen Atomgruppen, besonders Aldehyden. Diese Reagierbarkeit

[1]) To, Somei: Journ. of Kyoto med. soc. Bd. 18, Nr. 5, Juni 1921.
[2]) Ellinger, Philipp: Hoppe-Seylers Zeitschr. f. physiol. Chem. Bd. 111, S. 86. 1926.

nimmt ab, wenn negative Gruppen, Carboxyl- oder Sulfosäuregruppen in das Molekül eintreten. Daher ist Salicylsäure

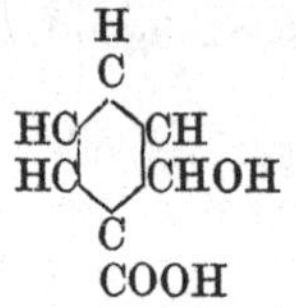

```
     H                                           H
     C                                           C
  HC   CH                                     HC   CH
  HC   CHOH     weniger giftig als Phenol     HC   CH
     C                                           C
   COOH                                         OH
```

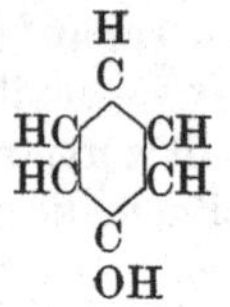

Saccharin (o-Benzoesäuresulfinid) $C_6H_4<^{CO}_{SO_2}>NH$ ist ganz ungiftig, da durch das gleichzeitige Vorhandensein der Reste der Carboxyl- und Sulfosäuregruppe die Imidgruppe nur sehr wenig reaktionsfähig ist.

Diese Anschauung Loews läßt sich aber nicht in allen Gruppen mit gleich viel Glück als einziger Erklärungsversuch durchführen. Besonders bei der Wirkung der Blausäure und ihrer Derivate läßt sich diese Theorie nur gezwungen anwenden.

Die Loewschen Ausführungen gipfeln in folgenden Schlußfolgerungen:

Jede Substanz, welche noch bei großer Verdünnung reagiert, ist ein Gift. Beispiele: Hydroxylamin, Phenylhydrazin.

Basen mit primär gebundenem Stickstoff sind ceteris paribus schädlicher als solche mit sekundär gebundenem und diese wieder schädlicher als solche mit tertiär gebundenem Stickstoff. Xanthin mit drei NH-Gruppen ist nach Filehne giftiger als Theobromin mit einem NH und dieses wieder giftiger als Coffein. Amarin ist giftig, das isomere Hydrobenzamid nicht. Pyridin und Hydrobenzamid haben tertiär, Amarin, Piperidin und Pyrrol sekundär gebundenen Stickstoff.

```
          Amarin                              Hydrobenzamid
 C6H5·C·NH                               C6H5·CH : N
      ||    >CH·C6H5                                 >CH·C6H5
 C6H5·C·NH                               C6H5·CH : N

       Piperidin            Pyrrol             Pyridin
          H2                                      H
       H2    H2            H---H                H   H
       H2    H2            H   H                H   H
          NH                 NH                   N
```

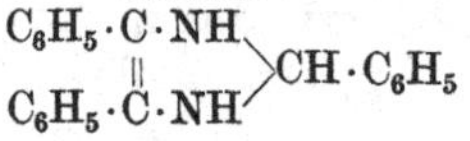

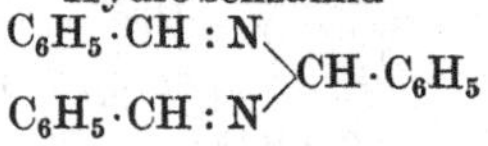

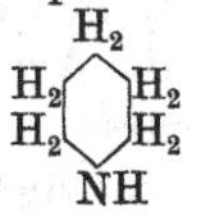

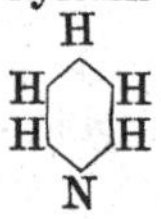

Daß es bei dem Eintritt von Radikalen in die ursprüngliche Base hinsichtlich der Giftwirkung besonders darauf ankommt, ob der am Stickstoff befindliche Wasserstoff ersetzt wird oder der an Kohlenstoff- oder Sauerstoffatomen befindliche, versteht sich für jeden Chemiker von selbst. Nur wenn die Substituierung am Stickstoff erfolgt, läßt die Aldehydnatur des aktiven Eiweißes auch die Abschwächung des Giftcharakters voraussehen.

Wird in einem Gifte durch Einführung gewisser Gruppen oder Änderung der Atomlagerung der chemische Charakter labiler, so nimmt der Giftcharakter zu, im entgegengesetzten Falle aber ab.

Beispiele: Die Einführung von Hydroxylgruppen in den Benzolkern steigert die Reaktionsfähigkeit. Werden die Hydroxylgruppen durch elektronegative und sonst unschädliche Gruppen in einem Gift ersetzt, so nimmt zugleich mit der Labilität die Giftigkeit ab. Der am Stickstoff haftende Wasserstoff im Phenylhydrazin hat eine labilere Stellung als der im Anilin, welches sich vom Phenylhydrazin nur durch ein Minus einer Imidgruppe (-NH) unterscheidet: Phenylhydrazin erweist sich denn auch weit giftiger als letzteres. Sulfocyansaures Ammon $CN \cdot S(NH_4)$ tötet allmählich die Pflanzen, das isomere Thiocarbamid $NH_2 \cdot CS \cdot NH_2$ aber nicht. Binitronaphtholnatrium ist ziemlich stark giftig, die Sulfoverbindung des Binitronaphthols aber nicht merklich. Körper mit doppelt gebundenem Kohlenstoff (Allylsenföl $CH_2 : CH \cdot CH_2 \cdot NCS$,

Akrolein $CH_2 : CH \cdot CHO$) sind meist reaktionsfähiger und giftiger als nahestehende Verbindungen mit einfacher Bindung. Neurin $(CH_3)_3N{<}{}^{CH : CH_2}_{OH}$ ist giftiger als Cholin

$$(CH_3)_3\,N{<}{}^{CH_2 \cdot CH_2 \cdot OH}_{OH}$$

Interessante Resultate, welche für die Theorie der Wirkung verwertbar sind, ergaben sich ferner aus den Untersuchungen von O. Loew und Bokorny[1]) über die Einwirkung von Substanzen auf die Wachstumbeeinflussung der Algen.

Mit der Zunahme der Alkalität, bzw. durch den Eintritt stickstoffhaltiger Gruppen, wächst die schädliche Wirkung der Substanzen auf Algen. Urethan $NH_2 \cdot COO \cdot C_2H_5$ schadet also nichts, bei Harnstoff $OC{<}{}^{NH_2}_{NH_2}$ kränkeln sie nach einigen Tagen, bei Guanidin $HN : C{<}{}^{NH_2}_{NH_2}$ sterben sie nach einigen Stunden ab; treten in das Molekül des Harnstoffes oder Guanidins Säuregruppen ein, die den alkalischen Charakter abschwächen, so verschwindet auch wieder die schädliche Wirkung, wie Versuche mit Hydantoin (Glykolhylharnstoff)

$$OC{<}{}^{NH-CH_2}_{NH-CO}$$

und Kreatin (Methylguanidinessigsäure) $HN : C{<}{}^{NH_2}_{N \cdot (CH_3) \cdot COOH}$ ergaben.

Wir sehen aus diesen wenigen Versuchen einer Theorie der Wirkungen, daß, wenngleich eine Beziehung zwischen Konstitution und Wirkung nicht wegzuleugnen ist, uns dennoch eine Theorie mangelt, welche alle Tatsachen, die sich auf die Wirkung der anorganischen und organischen Stoffe auf die Organismen verschiedenster Art beziehen, für alle Organismen und Organe erklären kann. Diese Schwierigkeiten liegen wohl hauptsächlich in der mangelhaften Kenntnis des selektiven Kraft der Gewebe, Zellen und Zellteilen, die wir zum Teil aus den histologischen Färbungen, zum Teil aus den toxikologischen Experimenten kennen. Die physikalischen oder chemischen Ursachen dieser selektiven Kraft können wir aber etwa beim Alkohol, Chloroform und den Schlafmitteln in den Organlipoiden vermuten. Bei den meisten Substanzen fehlt uns für die Vermutung die Basis. Die Loewsche Ansicht, die ebenso geistreich wie einfach ist, kann auch nur für bestimmte Gruppen von Verbindungen, welche mit Aldehyd- odor Aminogruppen zu reagieren imstande sind, eine nur teilweise befriedigende Erklärung geben. Sie kann aber nicht erklären, weshalb besondere Zellgruppen, besondere Organe, besonders und nur gerade diese, von den Substanzen zur Wirkungssätte erwählt werden. Denn die Loewsche Theorie spricht von Protoplasma überhaupt. Jedes Protoplasma in jedem Organe und Gewebe besitzt aber nach Loew labile Aldehyd- und Aminogruppen, welche zum Zustandekommen der Wirkung, der chemischen Reaktion innerhalb des Organismus nach der Loewschen Anschauung notwendig sind. Für die selektive Funktion der Mittel entbehren wir hier eines Erklärungsversuches. Es ist aber anzunehmen, daß tatsächlich solche Erklärungsversuche bei dem gegenwärtigen Stande des Wissens schon möglich sind, und die Ehrlichschen Anschauungen sind wohl der erste Schritt zu einer solchen Erklärung.

Die selektive Kraft der Zellen und der Zellbestandteile für gewisse Farbstoffe, so für saures und basisches Fuchsin, gibt wohl nur ein Bild von der Selektion für gewisse Mittel, ist aber an und für sich noch keine Erklärung. Wir sehen z. B. bei Strychnin, daß das Rückenmark eine besondere Selektionskraft für diese Alkaloid besitzt, eine Selektionskraft, welche der des Quecksilbers für den Goldstaub im gepulverten Quarz zu vergleichen ist (L. Brun-

[1]) Journ. f. prakt. Chem. Bd. 36, S. 272.

ton). Wären wir nun imstande, die Ursachen dieser Selektionskraft der Gewebe zu erforschen, bzw. wären wir imstande, diejenigen chemischen Gruppen in den Nervenelementen des Rückenmarks zu erkennen, welche das im Kreislaufe befindliche Strychnin festhalten und zur Wirkung bringen, oder wären wir in der Lage, diejenigen Gruppen im Strychnin, welche das Festhalten an den Rückenmarkselementen bedingen, zu bestimmen, so würden wir die Möglichkeit besitzen, eine Reihe von Verbindungen zu konstruieren, welche nur im Rückenmark haften und dort zur Wirkung gelangen, wobei wir die Wirkung durch Synthesen mit bestimmten wirkungsvollen Gruppen beliebig hervorrufen könnten.

Wir besitzen bereits ein recht reiches empirisches Material, welches gestattet, auf Grund der verschiedenartigsten Versuche mit wirkenden und nichtwirkenden Substanzen uns ein Bild davon zu machen, wie bestimmte Atomgruppierungen in bestimmten Stellungen entweder selbst wirken oder durch Anlagerung an einen anderen Atomkomplex dessen Wirkungen auslösen. Wir wissen auch, wie bestimmte Atomgruppierungen durch Anlagerung an bestimmte physiologisch wirksame Substanzen, deren Wirkung durch ihren Eintritt entweder gänzlich aufheben oder wesentlich abschwächen oder der Wirkung eine andere Richtung geben, das heißt einen anderen als den der Grundsubstanz eigentümlichen physiologischen Effekt auslösen.

Es kann dieselbe Substanz sich übrigens, abgesehen von der Dosis, unter physiologischen und pathologischen Verhältnissen im Organismus sehr verschieden verhalten.

So setzt z. B. Chinin bei Fieber die Temperatur um 3—4° herunter, während im gesunden Organismus die Temperatur nur sehr wenig herabgesetzt wird[1]). Ähnlich verhält sich die Salicylsäure, welche beim akuten Gelenkrheumatismus das Fieber prompt herabsetzt, bei anderen fieberhaften Erkrankungen schwach oder gar nicht wirkt und im gesunden Organismus gar keine temperaturherabsetzende Wirkung äußert.

Zum Zustandekommen der Wirkung einer chemischen Verbindung sind mehrere Faktoren notwendig: Eine wirksame Gruppe, welche aber an sich noch keine Wirkung zu entfalten braucht, aber sie schon an und für sich entfalten kann. Diese wirksame Substanz muß durch eine wirksame oder eine andere für das Gewebe reaktionsfähige Gruppe mit dem bestimmten Organ oder mit verschiedenen Organen oder Geweben in Kontakt kommen, wo sie die Hauptgruppierung zur Wirkung bringt. Dabei ist nicht ausgeschlossen, daß die Atomgruppe, welche die chemische Beziehung zwischen dem Gewebe und dem wirksamen Körper zustande bringt, also die Verankerung im Gewebe bewerkstelligt, selbst an der Wirkung beteiligt ist. Andererseits kann die Grundsubstanz auch bloß der Träger der wirksamen Gruppen in der Weise sein, daß sie den wirkenden Gruppen jene stereochemische Konfiguration verschafft, welche es erst ermöglicht, daß sie mit einer bestimmten Atomgruppierung eines Gewebes chemisch reagiert bzw. abgebaut oder aufgespalten wird. Grundbedingung für das Zustandekommen der Wirkung ist jedoch das Hinzutreten der kreisenden Verbindung zu den Zellen bzw. die Aufnahme in die Zellen, welche von den physikalisch-chemischen Eigenschaften der Verbindung (z. B. Lipoidlöslichkeit, saurer oder alkalischer Chrakter usf.) abhängig ist.

Der Weg zur steigenden Erkenntnis aller dieser Beziehungen ist die Beobachtung der verschiedenen wirksamen Reihen, der Möglichkeiten, unter welchen sie ihre Wirkung ganz oder teilweise einbüßen, sowie insbesondere das physiologische und chemische Studium derjenigen Substanzen, welche

---

[1]) Jürgensen: Körperwärme. S. 40. Leipzig 1873.

schon in kleinsten Dosen sehr starke Wirkungen und meist sehr selektiv in einem bestimmten Organe oder Gewebe entfalten.

Die oben angedeutete Anschauung, daß die wirksame Substanz vielfach eine Gruppe trägt, wenn sie nicht schon als solche reaktionsfähig, welche mit dem bestimmten Gewebe vermöge ihres Baues oder ihrer sterischen Anordnung chemischen Beziehungen herstellt, läßt sich an vielen Beispielen demonstrieren. Es kann ferner gezeigt werden, daß selten der die Verbindung herstellende Teil, sondern meist die wirkende Hauptsubstanz oder eine andere wirkende Seitenkette tatsächlich die physiologische Wirkung auslöst. Es müssen daher zweierlei Gruppierungen in jeder wirksamen Substanz unterschieden werden. Erstens die Seitenkette oder der Rest, welcher die chemischen Beziehungen zwischen der chemischen Verbindung und dem Gewebe herstellt und das gesamte Molekül des wirkenden Körpers in dem betreffenden Gewebe verankert. (Verankernde Gruppe.) Zweitens die wirkende Gruppe, die nach der erfolgten Verankerung im Gewebe zur Reaktion mit dem Gewebe gelangt, wobei die Wirkung zur Geltung kommt. Es können aber auch diese beiden, die verankernde und die wirkende Gruppe der Substanz, eine und dieselbe Atomgruppe sein. Wird die verankernde Gruppe verändert oder geschlossen, so kann eine andere als die ursprüngliche physiologische Wirkung zustande kommen, wenn noch eine andere verankernde Gruppe vorhanden ist, die nunmehr zur stärkeren Geltung gelangt. Da diese andere Gruppe aber nun Beziehungen zu einem anderen Gewebe oder Organe herstellt, so kann eine differente physiologische Wirkung ausgelöst oder eine dem Gesamtmolekül eigentümliche physiologische Wirkung stärker betont bzw. allein zur Geltung gebracht werden. Dieser Fall tritt ein, wenn im Molekül mehrere Möglichkeiten des Festhaltens und mehrere verschieden wirkende Gruppen vorhanden sind. Die chemisch reaktionsfähigste Gruppe beherrscht in erster Linie die Situation.

Es kann auch der Fall eintreten, daß sich der Organismus den Verankerungspunkt durch eine meist oxydative Veränderung der chemischen Substanz erst schafft.

Hierfür einige Beispiele:

Morphin hat bekanntlich starke hypnotische Effekte. Im Morphin müssen wir das eine von den beiden Hydroxylen, und zwar das Phenolhydroxyl als den Verankerungspunkt für die hypnotische Wirkung ansehen. Wird dieser durch Einführung einer Schwefelsäurergruppe geschlossen, so kann das sonst unveränderte Morphin nicht mit dem Gehirngewebe in Kontakt treten (von demselben festgehalten werden), und es wird in dem Falle überhaupt keine Wirkung ausgelöst, weil ja die Einführung negativer Säuregruppen die Reaktionsfähigkeit der Substanzen mit den Geweben ganz aufhebt. Wird aber das Hydroxyl nur durch Einführung eines organischen Radikals durch Verätherung oder Veresterung verschlossen, wird Acetyl-o-morphin $C_{17}H_{17}NO(OH)(O \cdot OC \cdot CH_3)$, Methyl-o-$C_{17}H_{17}NO(OH)(OCH_3)$ (Codein) oder Äthyl-o-morphin $C_{17}H_{17}NO(OH)(OC_2H_5)$ (Dionin) dargestellt, so wird der hypnotische Effekt stark in den Hintergrund gedrängt, während die strychninähnliche Wirkung auf die Zentren im Rückenmarke und auf das Respirationszentrum, welche ja auch dem Morphin eigen ist, aber bei diesem nur wenig Geltung zur kommt, in den Vordergrund tritt und das Bild der physiologischen Wirkung dieser Verbindungen (der Codeine) völlig beherrscht.

Die Existenz von sauren Eigenschaften oder die Einführung saurer Gruppen können, wie wir gesehen haben, die Wirkung eines Körpers völlig aufheben, oder es kann ein solcher natürlich so gebildeter Körper von Haus aus ohne jede Wirkung sein, da die Säuregruppe die chemische Reaktionsfähigkeit (Verankerung) einer jeden anderen Gruppe durch ihre Prävalenz herabsetzt oder ganz aufhebt. Wir sehen beim Morphin, daß infolge des Eintritts der Schwefelsäure, trotz Existenz einer zweiten verankernden Gruppe, die durch die Wirkung der Codeine bewiesen erscheint, das Molekül nicht zur Wirkung gelangen kann, und nur in sehr großen Dosen zeigt sich auch bei der Morphinätherschwefelsäure eine strychninähnliche, codeinartige Wirkung, während die hypnotische wegen Verdeckung des Hydroxyls völlig verschwunden ist.

Daß nicht etwa beim Morphin der Eintritt der Alkylgruppe bei der Bildung der Codeine die neue Wirkung schafft, indem durch die Methoxylgruppe innigere Beziehungen zum Rückenmrk geschaffen werden, sondern daß tatsächlich eine schon vorhandene Gruppen unmehr zur vollen Geltung kommt, beweist folgendes:

Der Eintritt der Methoxylgruppe bedingt keineswegs eine erleichterte Reaktionsfähigkeit mit dem Rückenmarke. Es kann sogar das Gegenteil der Fall sein.

Strychnin und Brucin sind in ihren physiologischen Wirkungen ganz gleich, sie wirken beide auf die Vorderhörner des Rückenmarks und disponieren diese zur Auslösung der charakteristischen Strychninkrämpfe auf den kleinsten Reiz hin. Der Unterschied besteht nur darin, daß Strychnin 40mal stärker wirkt als die gleiche Dosis Brucin. Chemisch unterscheiden sich diese beiden Alkaloide dadurch, daß Brucin als ein Strychnin aufzufassen ist, in dem zwei Wasserstoffe der Phenylgruppe durch zwei Methoxylgruppen ersetzt sind:

Strychnin $C_{15}H_{17}N_2O_2 \cdot C_6H_5$ Brucin $C_{15}H_{17}N_2O_2 \cdot C_6H_3(OCH_3)_2$.

Scheinbar spricht für die Vermutung, daß eine Methoxylgruppe intimere Beziehungen einer Substanz zum Rückenmarke (insbesondere in den Vorderhörnern desselben) schafft, das Verhalten des Guajacols, welches

Guajacol (Benzolring mit OCH_3 und OH) Veratrol (Benzolring mit OCH_3 und OCH_3) Brenzcatechin (Benzolring mit OH und OH)

krampferregende (tetanisierende) und lähmende Eigenschaften hat, während dem Veratrol nur lähmende zukommen. Doch findet man, daß Brenzcatechin ebenfalls stark exzitierende und krampferregende Wirkungen äußert, und zwar in *stärkerem* Maße als Guajacol.

Die Verdeckung ds sauren Charakters, welcher eine Substanz verhindert, trotz des Vorhandenseins einer verankernden Gruppe sich an ein bestimmtes Gewebe anzuheften, kann die einer Substanz innewohnenden physiologischen Eigenschaften nunmehr zur Wirkung gelangen lassen. Hierbei muß die verdeckende Gruppe keineswegs an der Wirkung beteiligt sein. Die Wirkung ist lediglich in der ursprünglichen Substanz gelegen, kann aber wegen der sauren Eigenschaften nicht zur Geltung kommen. Dabei kann die verdeckende Gruppe (Alkyl, Alkylamin, Amid) für den Wirkungsgrad orientierend wirken; andererseits kann auch die nun entstehende Gruppe (z. B. Carboxäthyl-COO · C_2H_5) die Wirkung der Grundsubstanz beträchtlich verstärken, und zwar im gleichen physiologischen Sinne, was aus der Erleichterung der Selektion resp. Verankerung zu erklären ist. Ein Beweis dafür, daß eine verankernde und eine wirkende Gruppe in den wirksamen Substanzen vorhanden sein müssen, ist auch das Aufhören der Wirkung durch Substitution einer Säure im Molekül, wodurch die verankernde Reaktion unmöglich gemacht, und der Körper, obwohl die wirkende Gruppe durchaus chemisch nicht tangiert wurde, unwirksam wird.

Arecaidin z. B. ist ohne jedwede Einwirkung auf den tierischen Organismus. Chemisch ist es N-Methyltetrahydronicotinsäure

H
C
H_2C C·COOH
H_2C CH_2
N·CH_3

Arecolin, der Methyläther des Arecaidins, also der N-Methyltetrahydronicotinsäuremethylester

$$\begin{array}{c} H \\ C \\ H_2C \quad C \cdot COO \cdot CH_3 \\ H_2C \quad CH_2 \\ N \cdot CH_3 \end{array}$$

das wirksame Princip der Arecanuß (Frucht der Areca Catechu) ist giftig, die physiologischen Eigenschaften nähern sich gleichzeitig dem Pilocarpin, dem Pelletierin und dem Muscarin. Daher hat die Arecanuß auch wurmtreibende Eigenschaften[1]).

Durch Veresterung der Carboxylgruppe gelangen die Wirkungen der hydrierten Base erst zur Geltung. Auch der Äthylester des Arecaidins wirkt in gleicher Weise.

Man muß wohl auch annehmen, daß dieselben Verhältnisse beim Cocain obwalten.

Wir wissen, daß im Cocain die anästhesierende Eigenschaft in inniger Beziehung zum Benzoylrest steht. Ekgonin (Cocain ist Benzoylekgoninmethylester) ist eine Carbonsäure. Dem Benzoylekgonin gehen aber wegen seines sauren Charakters, bedingt durch die Anwesenheit der Carboxylgruppe, die bekannten physiologischen Eigenschaften des Cocains ab, es ist auch 20mal weniger giftig als Cocain. Erst durch Veresterung der Carboxylgruppe kommt die eigentümliche Wirkung des Cocains zum Vorschein. Dabei ist es gleichgültig, durch welchen Alkohol die Veresterung erfolgt. In jedem Falle treten die typischen anästhesierenden Wirkungen des Cocains auf, während dieses der freien Säure nicht zukommen.

Colchicin wirkt in kleinen Dosen purgierend und brechenerregend, ähnlich wie Veratrin. Es spaltet sich schon bei gewöhnlicher Temperatur durch Mineralsäure in Colchicein und Methylalkohol. Colchicin ist der Methyläther des Colchiceins, welch letzteres eine Enolgruppe besitzt. Colchicein ist aber ganz ungiftig. Es ist also nicht der eintretende Alkylrest, welcher wirksam ist, sondern er macht nur eine die Wirkung aufhebende Gruppe (hier die saure Enolgruppe) unschädlich und die verankernde Gruppe kann nunmehr zur Reaktion gelangen. Colchicin und alle Colchicinderivate sind Capillargifte. Möglicherweise sind die therapeutischen Wirkungen durch Lähmung und Stase im Capillarbereich zu erklären[2]).

Es können also nach dem Ausgeführten unwirksame Verbindungen in wirksame, oder wirksame in anders wirkende oder schließlich wirksame in unwirksame durch chemische Veränderungen, welche die Angriffspunkte betreffen, verwandelt werden. Eine mehr larvierte Eigenschaft wird entwickelt, wenn man die hervorstechendste in ihrer Wirkung aufhebt oder beschränkt.

Daß die verankernde Gruppe oft mit der Wirkung selbst nichts zu tun hat, läßt sich beim Chinin schön zeigen.

Chinin und Cinchonin unterscheiden sich chemisch dadurch, daß Chinin eine Methoxylgruppe in der p-Stellung in der Chinolingruppe trägt, während Cinchonin diese Gruppe entbehrt, denn Cinchonin ist ein Chinolin-, Chinin ein p-Methoxychinolinderivat. Cinchonin wirkt nur unsicher, während Chinin prompt antipyretische Effekte auslöst und spezifisch gegen Malaria wirkt. Es ist aber für den Effekt gleichgültig, ob im Cinchonin der betreffende Wasser-

---

[1]) Jahns: Ber. d. dtsch. chem. Ges. Bd. 21, S. 3404. 1888; Bd. 23, S. 2972. 1890; Bd. 24, S. 2615. 1891. — Marmé: Göttinger Nachrichten. 1889, S. 125. — Beckurts Jahresber. 1886, S. 495.

[2]) Loewe, S.: Therap. Halbmonatshefte. Bd. 34, S. 5. 1920.

stoff durch eine Methoxyl-, Äthoxyl-, Amyloxylgruppe ersetzt wird. Da diese Gruppen, wie im speziellen Teil gezeigt wird[1]), die spezifische Wirkung nicht hervorbringen (dieselbe wird durch den sog. Loiponanteil des Chinins bewirkt), müssen wir wohl annehmen, daß die Alkyloxygruppe, welche den chemischen Unterschied zwischen dem sicher wirkenden Chinin und dem unsicher wirkenden Cinchonin ausmacht, die angreifende, verankernde Gruppe ist, welche die Beziehungen zwischen Gewebe und Substanz herstellt, wo dann nach der Anheftung die chemische Reaktion zwischen den wirkenden Teilen des Hauptmoleküls und dem Gewebe vor sich geht, wobei erst die physiologische Wirkung ausgelöst wird. Da dem Cinchonin diese angreifende Gruppe fehlt, so wird seine Wirkung unsicher. Sie scheint überhaupt erst dadurch zustande zu kommen, daß der Organismus Cinchonin in der p-Stellung oxydiert und so ein Hydroxyl als angreifenden Punkt einführt.

Ein solches Verhalten ist wenigstens für Colchicin sichergestellt[2]). An und für sich ist es nicht giftig, wird aber durch Oxydation im Organismus in eine giftige Verbindung, das Oxydicolchicin $(C_{22}H_{24}NO_6)_2 \cdot O$, übergeführt. So ist Colchicin bei Fröschen in Dosen von 0.1 g fast ohne Wirkung, während Oxydicolchicin schon in Dosen von 0.005 g Krämpfe, und schließlich Tod durch zentrale Lähmung verursacht. Überlebende Organe vermögen Colchicin in Oxydicolchicin zu verwandeln. Der Organismus der Kaltblüter vermag im Gegensatz zu dem der Warmblüter Colchicin nicht zu Oxydicolchicin zu oxydieren, daher sieht man die Unwirksamkeit des Colchicins beim Kaltblüter.

Meist bringt in aromatischen Substanzen der aliphatische Anteil oder eine kleine Seitenkette, in sehr vielen Fällen ein Hydroxyl, den Hauptkörper zur Wirkung. Diese aliphatischen Gruppen oder die Hydroxyle sind bei weitem reaktionsfähiger und machen den Kern leichter angreifbar als die meist schwer reagierenden Ringsysteme, bei denen sich der Organismus selbst Angriffspunkte schaffen muß.

Die Gesamtwirkung eines Mittels müssen wir als aus zwei Hauptkomponenten bestehend betrachten. Die Wirkung des Mittels auf ein bestimmtes Gewebe und die Wirkung, welche dieses nun chemisch veränderte (gereizte oder gelähmte) Gewebe oder die Zellengruppen im Organismus zuwege bringt.

b) Beziehung der Wirksamkeit zur Veränderung im Organismus.

Wir haben im vorhergehenden möglichst die Frage zu beleuchten gesucht, wie von chemischen Gesichtspunkten aus der Aufbau der Substanzen in Beziehungen steht dazu, wie diese im Organismus zur Wirkung gelangen; in den Einzelkapiteln wird man die Bedeutung jeder Gruppe kennenlernen.

In inniger Beziehung zu der Frage nach dem Zusammenhang zwischen Konstitution und Wirkung steht eine zweite Frage: Besteht auch eine Abhängigkeit zwischen Wirkung und chemischer Veränderung der Substanzen?

Es läßt sich bei den meisten Körpern zeigen, daß, wenn sie im Organismus zur Wirkung gelangt sind, sie eine bestimmte chemische Änderung erfahren haben. Bei den anorganischen Verbindungen haben wir schon darauf verwiesen, wie Binz und Schulz[3]) die Wirkung einer Reihe von Körpern, wie des Arsens, des Phosphors usw. auf die Weise erklären, daß die arsenige Säure sich durch Reduktion der Gewebe höher oxydiert zu Arsensäure, daß erstere durch die reduzierende Wirkung der Gewebe wieder regeneriert wird, um ihre giftige Wirkung weiter durch Reduktion fortzusetzen. Phosphor, welcher ja sehr

---

[1]) Siehe Kapitel: Chinin.

[2]) Jacobj, Carl: Arch. f. exp. Pathol. u. Pharmakol. Bd. 27, S. 119.

[3]) Arch. f. exp. Pathol. u. Pharmakol. Bd. 11, 13, S. 256; Bd. 14, S. 345.

leicht oxydierbar ist, wirkt nicht etwa durch sein Molekül, sondern durch seine intensive reduzierende Eigenschaft, welche die Zellen auf das heftigste schädigt. Hierbei oxydiert sich Phosphor zu phosphoriger Säure. Es handelt sich also hier nicht etwa um eine katalytische unerklärte Wirkung, sondern wir knüpfen an diese Wirkungen bestimmte Vorstellungen und erkennen, daß die wirkende Substanz bei der Wirkung eine chemische Veränderung erleidet.

Noch deutlicher läßt sich diese Vorstellung bei organischen Verbindungen nachweisen. Es läßt sich zeigen, daß wirksame Substanzen eine chemische Veränderung, oft auch einen Abbau des Moleküls erleiden und daß dieselben Verbindungen, wenn sie so resistent gemacht werden, daß sie keine chemische Veränderung im Organismus mehr erleiden, nicht mehr wirken. Ja wir erkennen in bestimmten Körperklassen, wie z. B. in der Phenetidinreihe schon aus dem Harne nach der Einführung einer neuen zu prüfenden Substanz dieser Reihe, ob wir es mit einer wirksamen Substanz zu tun haben oder nicht, daran, ob wir Abbauprodukte nachweisen können oder nicht.

Von einigem Interesse für diese Beweisführung werden folgende Beispiele sein:

```
Xanthin  HN—CO
         |   |
         OC  C—NH
         |   ‖   >CH
         HN—C—N
```

besitzt keine kontrahierende Wirkung auf den Herzmuskel, hingegen hat es die Eigenschaft, Muskelstarre hervorzubringen und das Rückenmark zu lähmen. Dem Xanthin kommt gar keine tonisierende Wirkung auf den Herzmuskel zu, im Gegenteil es produziert einen atonischen Zustand desselben.

Treten nun aber Methylgruppen an die Stickstoffe, so entstehen Theobromin (Dimethylxanthin) und Coffein (Trimethylxanthin).

```
Theobromin   HN—CO                  Coffein  CH3·N—CO
             |   |                                |   |
             OC  C—N·CH3                          OC  C—N·CH3
             |   ‖    >CH                         |   ‖    >CH
        CH3·N—C—N                            CH3·N—C—N
```

Theobromin mit zwei Methylgruppen verursacht einen leichten Anstieg im Herztonus. Coffein mit drei Methylgruppen macht prononcierte idiomuskuläre Kontraktionen des embryonalen Herzens[1]). Die tonisierende Wirkung des Theobromins und des Coffeins steht also in innigem Zusammenhange zum Vorhandensein von Methylgruppen am Stickstoff im Xanthin. Diese Methylgruppen erst verleihen dem Xanthin jene eigentümliche Herzwirkung: Je mehr Methylreste eintreten, desto intensiver und kräftiger ist die bekannte Wirkung der Substanz. (Milde Wirkung des theobrominhaltigen Kakaos, stärkere des coffeinhaltigen Kaffees und Tees.)

Xanthin ist hier gleichsam der Träger der Methylgruppen, welcher ihnen jene eigentümliche sterische Anordnung verleiht und für sie die Möglichkeit einer resistenten Bindung am Stickstoff bietet. Dieses Beispiel zeigt deutlich klar faßliche Beziehungen zwischen Konstitution und Wirkung.

Aber an demselben Beispiele läßt sich weiter zeigen, wie innig der Zusammenhang zwischen Wirkung und chemischer Veränderung ist. Die chemische Veränderung ist in diesem Falle Abbau.

Wir haben gesehen, wie die Wirkung des Coffeins und Theobromins mit dem Vorhandensein und der Anzahl von Methylresten an den Stickstoffen des Xanthins zusammenhängt. Wenn wir nun nach dem Schicksal dieser Verbindungen im Organismus forschen, so erfahren wir, daß als Stoffwechselprodukte

---

[1]) Filehne, Wilhelm: Dubois Arch. f. Phys. 1886, S. 72.

im Harne nach Genuß von Coffein und Theobromin Xanthinbasen auftreten, welche durch ihren Aufbau beweisen, daß im Organismus eine teilweise Entmethylierung vor sich gegangen ist. Der Abbau des Coffeins geht (bei Hunden) in der Weise vor sich, daß zuerst wohl Theophyllin[1]) (Dimethylxanthin) und daraus dann 3-Mono-methylxanthin entsteht. Als Nebenprodukte entstehen noch die beiden anderen Dimethylxanthine: Paraxanthin und Theobromin. Das Kaninchen baut Coffein zu Xanthin ab, der Mensch zu Theophyllin[2]).

Trotz dieser Unterschiede im Abbau ist eines bei verschiedenen Tieren ersichtlich: Es werden zwei oder eine oder alle drei Methylgruppen abgebaut. Da es nun feststeht, daß die Wirkung des Coffeins und Theobromins vom Vorhandensein und der Anzahl der Methylreste abhängt, und da beim Passieren des tierischen Organismus diese Verbindungen so abgebaut werden, daß gerade diejenigen Gruppen verschwinden, welche die Wirkung verursachen, so ist wohl als sicher anzunehmen, daß hier ein Zusammenhang zwischen Wirkung, Konstitution und chemischer Veränderung (Abbau) vorliegt.

Es ist dies wohl ein klares und experimentell sicher fundiertes Beispiel.

Ein ebenso sicher festgestelltes ist folgendes. Nach den Untersuchungen von E. Baumann und Kast[3]) hängt die hypnotische Wirkung der Sulfone von dem Vorhandensein und der Anzahl der Äthylgruppen ab. Die methylierten Sulfone sind gänzlich unwirksam und passieren den Organismus unverändert, die äthylierten machen Schlaf und werden im Organismus nahezu vollständig zerlegt.

Auch hier ist die Sachlage für die oben angeführte Anschauung ganz klar. Die Äthylsulfone wirken durch ihre Äthylgruppen. Diese schlafbringenden Gruppen werden im Organismus abgebaut.

Die nichtwirkenden Methylsulfone aber werden im Organismus überhaupt nicht angegriffen.

Es hat seine besonderen Schwierigkeiten, diese für eine Reihe von physiologisch wirkenden Substanzen feststehenden Tatsachen in allen Reihen nachzuweisen.

Die Alkaloide wirken bereits in relativ kleinen Dosen. Aber wir vermögen nach den bekannten Verfahren bereits kleine Quantitäten dieser Körperklasse aus Organen oder Harn darzustellen. Hingegen ist uns die Konstitution der meisten Substanzen dieser Klasse noch nicht genügend bekannt und über den Zusammenhang zwischen der Konstitution und Wirkung schwebt meist noch ein tiefes Dunkel. Dazu haben wir nicht einmal die Möglichkeit, uns eine Vorstellung über das zu erwartende Stoffwechselprodukt zu machen, und die bisherigen Versuche, Stoffwechselprodukte der Alkaloide zu isolieren, welche sicherlich ein neues Licht auf die Konstitution derselben werfen würden, welche lehrreich wären für die Beziehungen zwischen dem chemischen Aufbau und Abbau und der physiologischen Wirkung, haben die gewünschten Resultate nicht gezeitigt. Und doch würden uns gerade diese Derivate belehren, welche Gruppen bei der Entfaltung der Wirkung vom Organismus angegriffen wurden.

Wir finden nun bei einzelnen Alkaloiden, z. B. Strychnin und Atropin, den größten Teil des eingeführten Alkaloids im Harne unverändert. Ein weiterer Teil läßt sich ebenfalls aus den Geweben unverändert darstellen. Die Differenz zwischen dem eingeführten und wiedergefundenen Alkaloid wird nun je nach dem pharmakologischen Standpunkt erklärt. Man kann annehmen,

---

[1]) Hoppe-Seylers Zeitschr. f. physiol. Chem. Bd. 36, S. 1. 1902.

[2]) Albanese, Manfredi: Arch. f. exp. Pathol. u. Pharmakol. Bd. 35, S. 448. — Rost, Eugen: Arch. f. exp. Pathol. u. Pharmakol. Bd. 36, S. 56. — Bondzynski, St. u. R. Gottlieb: Arch. f. exp. Pathol. u. Pharmakol. Bd. 36, S. 45.

[3]) Hoppe-Seylers Zeitschr. f. physiol. Chem. Bd. 14, S. 52. 1890.

daß dieser Rest nicht gefunden wird, weil unsere Methoden keine quantitative Darstellung des eingeführten Alkaloids zulassen, und das muß die Auffassung derjenigen sein, welche eine katalytische Funktion dieser Mittel annehmen, ein Ausdruck, welcher wohl nichts erklärt, wo wir gerade eine Erklärung suchen. Die Behauptung Kratters[1]), daß das ganze Atropin unzersetzt wieder ausgeschieden wird, ist falsch[2]). Sowohl im menschlichen Organismus als in dem des Hundes, ja in isolierten, künstlich mit Blut durchströmten Organen wird ein, wenn auch geringer Teil des Atropins zersetzt. Die das Atropinmolekül zersetzende Kraft ist im Körper des Hundes größer als in dem des Menschen. Während ein Hund 1 cg schwefelsaures Salz des Atropins fast vollkommen zerstören kann, kann der menschliche Körper nur Dosen von 1 mg bewältigen. Auch nach Untersuchungen von Wilh. Wiechowski[3]) wird Atropin im Organismus zu $^2/_3$ verbrannt. Atropin, welches für den Menschen ein sehr heftiges Gift ist, ist für Kaninchen von sehr geringem giftigen Effekte. Ja es ist bekannt, daß sich Kaninchen ohne Schaden von Blättern der Belladonnapflanze ernähren können, und Dragendorff[4]) konnte im Muskelfleische von Kaninchen, die mit Atropin gefüttert waren, das unveränderte Atropin quantitativ bestimmen. Kaninchen scheiden 15—20% des injizierten Atropins durch den Harn wieder aus. Aber man kann den Organismus durch Angewöhnung dahin bringen, daß selbst große Dosen in 24 Stunden aus den Organen verschwinden. Die Leber und das Blut haben dann eine erhöhte Zerstörungsfähigkeit für Atropin, und die Niere scheidet den nicht zerstörten Teil schneller aus. Die angeborene Widerstandsfähigkeit des Kaninchens beruht in erster Linie auf der Zerstörungsfähigkeit von Blut und Leber für Atropin, die Empfindlichkeit der Katze auf dem Fehlen dieser Vorgänge[5]).

Die Alkaloide sind bekanntlich schon in sehr kleiner Dosis wirksam, wir wissen aber, daß gerade die Alkaloide ganz spezifische Angriffspunkte im Organismus haben, daß die meisten rasch aus der Blutbahn verschwinden, mit dem Harne und Kote ausgeschieden werden. Ein anderer Teil wird dadurch unwirksam gemacht, daß das Lebergewebe, in welchem das Alkaloid meist nicht zur Wirkung gelangt, ihn festhält, erst der Rest verteilt sich auf die übrigen Organe und da er nur in bestimmten zur Wirkung gelangen kann, mit den allermeisten aber gar keine Reaktion eingeht, so muß tatsächlich eine minimale Menge, also nur ein Bruchteil des zugeführten oder kreisenden genügen, um in dem bestimmten Gewebe den bestimmten Effekt auszulösen.

Strychnin gelangt in der grauen Substanz der Vorderhörner des Rückenmarks zur Wirkung. Wenn wir selbst annehmen, daß diesem Gewebe eine ungemeine Fähigkeit zukommt, Strychnin festzulegen, so kann bei der rasch eintretenden Wirkung doch nur ein geringer Bruchteil als Wirkung gelangen. Es bestehen doch bei den Alkaloiden andere chemische Reaktionsverhältnisse als bei den mit den meisten Protoplasmagebilden reagierenden Verbindungen, wie Diamid, Phenylhydrazin usw.

Die zweite Erklärung wäre also, daß der nicht wieder gefundene, nicht unbeträchtliche Bruchteil der Alkaloide und natürlich auch der übrigen Substanzen zur Wirkung gelangt ist unter chemischer Veränderung, daß also auch die Wirkungen dieser Körperklasse sich auf dieselbe Weise erklären lassen,

---

[1]) Vierteljahrsschrift f. gerichtl. Medizin Bd. 44. 1886.
[2]) Modica, O.: Riforma med. Bd. 2. 1898.
[3]) Arch. f. exp. Pathol. u. Pharmakol. Bd. 46, S. 155. 1901.
[4]) Koppe: Dissert. Dorpat. 1866. — Dragendorff: Pharm. Zeitschr. f. Rußland Bd. 5, S. 92. — A. Heffter konnte hingegen im Kaninchenmuskel kein Atropin finden. Biochem. Zeitschr. Bd. 40, S. 36. 1912.
[5]) Cloetta, M.: Arch. f. exp. Pathol. u. Pharmakol. Bd. 64, S. 427. 1911.

daß nicht nur ein Zusammenhang zwischen Konstitution und Wirkung, sondern auch ein Zusammenhang zwischen chemischer Veränderung und Wirkung besteht.

Einzelne Gifte machen scheinbar eine Ausnahme.

Kohlenoxyd wirkt äußerst giftig und wir wissen sicher, daß unser Organismus gar nicht die Fähigkeit hat, Kohlenoxyd zu verändern. Aber diese Vergiftung hält wohl keinen Vergleich aus mit den Wirkungen der anderen uns bekannten Körper. Der Tod bei Kohlenoxydvergiftung ist ein Erstickungstod, ganz identisch mit dem bei mechanischem Verschluß der Luftwege hervorgerufenen, durch den Umstand verursacht, daß Kohlenoxyd eine sehr stabile Verbindung mit dem Hämoglobin eingeht, dieses festlegt, so daß die Sauerstoffzufuhr durch Ausschaltung des Sauerstoffüberträgers aufhört.

Eine solche gleichsam mechanische Festlegung und Ausschaltung kann wohl in keine Beziehung gebracht werden zu der Wirkung der allermeisten Verbindungen, welche sich chemisch durch eine Wechselwirkung zwischen chemischer Substanz und Gewebe auszeichnet, wobei beide eine chemische Veränderung erleiden.

Daß die Stärke der Wirkung eines Mittels der Stärke der Umwandlung, welche es chemisch im Organismus erleidet, nicht proportional ist und damit häufig in keinem Zusammenhange steht, ist wohl von vornherein kar, wenn man sich einige Beispiele vor Augen hält.

Um bei dem schon öfters angewendeten Strychninbeispiel zu bleiben, wollen wir nur folgendes anführen. Kleinste Dosen Strychnin genügen schon, heftige tetanische Zuckungen der Körpermuskulatur hervorzurufen. Aber zwischen der Stärke der Umwandlung und der Stärke der Zuckungen muß keineswegs ein Zusammenhang in dem Sinne sein, daß nach dem Gesetze der Erhaltung der Kraft die latente Energie der Substanz durch eine chemische Destruktion frei wird und ihr Energieeffekt uns zur Erscheinung kommt. Wir sehen wohl nur die Muskelzuckung zur sichtbaren Erscheinung gelangen, wissen aber, daß Strychnin auf die Nervenzentren im Rückenmark in der Weise einwirkt, daß sie für äußere Reize überempfindlich werden und daß diese erst den sichtbaren Effekt, die Muskelzuckungen, auslösen. Ebensowenig als zwischen dem Fingerdruck, welcher eine Mine zur Explosion bringt und der entwickelten Energie der explodierenden Mine ein Zusammenhang nach dem Gesetz der Erhaltung der Energie besteht, ebensowenig besteht ein solcher Zusammenhang zwischen der Strychninwirkung im Rückenmarke und dem sichtbaren Effekt der Muskelzuckung.

Wir haben es bei den wirkenden Substanzen auch meist mit schwerer im Organismus destruierbaren zu tun, als es die Nahrungsmittel sind. Während diese fast vollständig zu Stoffwechselendprodukten, z. B. Kohlensäure, Wasser, Ammoniak bzw. Harnstoff, Harnsäure usf. verwandelt werden, zeichnen sich die wirksamen Substanzen durch eine gewisse Resistenz aus. Diese Resistenz darf aber keineswegs so groß sein, daß der Organismus mit der Substanz nicht in Wechselwirkung treten könnte. In diesem Falle wird die Substanz ganz unwirksam. Die Resistenz der wirksamen Substanzen und insbesondere die der spezifisch wirkenden, welche nur mit einzelnen Geweben reagieren, scheint eben der Grund dafür zu sein, daß eine solche Selektion der Gewebe ermöglicht wird.

Würde ein Mittel mit Protoplasma jeder Art reagieren, so wäre eine spezifische Auslösung von Wirkungen nicht möglich; die große Resistenz gegenüber den allermeisten Geweben ermöglicht es gerade, daß eine kleine angewendete Substanzmenge an der Selektionsstelle den spezifischen Reiz auslöst, die spezifische Wirkung vollbringt, ohne von anderen Geweben angegriffen zu werden.

In der synthetischen Arzneimittelchemie benützen wir diese Erfahrungen, indem wir den synthetischen Mitteln eine bestimmte Resistenz künstlich verleihen, um sie nicht auf einmal zur Reaktion gelangen zu lassen, um sie ferner nicht mit allen Geweben reaktionsfähig zu machen, damit sie nicht auf diese Weise unangenehme Nebenwirkungen zeigen, und um durch diese künstliche Resistenz sie nur mit dem chemisch für sie reaktionsfähigsten Gewebe reagierfähig zu erhalten. Verhindern wir auch dieses, so hört jede Wirkung auf. Daher sind auch alle ungemein reaktionsfähigen Substanzen, welche mit Geweben jeder Art in chemische Wechselwirkung zu treten in der Lage sind, als Arzneimittel nicht zu brauchen (Diamid, Phenylhydrazin, Formaldehyd, Cyanwasserstoff), aber wir können durch Erschwerung der Reagierfähigkeit oder durch eine sehr gewählte Dosierung noch immer nützliche Effekte mit diesen Verbindungen erzielen.

Diese gewisse Resistenz der Mittel dem Organismus gegenüber und die spezielle Reaktionsfähigkeit mit nur bestimmten Geweben bringt es mit sich, daß bei leicht harnfähigen Substanzen oft ein sehr großer Teil der Substanz unverändert im Harne wieder erscheint. Je leichter harnfähig solche Substanzen sind und je mehr sie die Nierenelemente zur Sekretion reizen, desto mehr wird unter sonst gleichen Umständen unverändert im Harne gefunden werden.

Der Begriff der Selektion der Gewebe für chemische Verbindungen ist sicherlich nicht einfach aufzustellen. Die Selektion ist gewiß mannigfaltiger Natur und beruht zum Teil auf physikalischen Momenten, wie Lösungsverhältnissen und Verteilungsverhältnissen zwischen zwei differenten lösenden Medien, auf Lösungsverhältnissen in Membranen, auf Verringerung oder Vergrößerung der Oberflächenspannung der lösenden Medien, auf mehr chemischen Momenten, wie der Reaktionsfähigkeit der gelösten Verbindungen mit einzelnen Geweben oder spezifischen Zellgruppen, sowie der partiellen Abbaufähigkeit der Verbindung durch das besondere Gewebe, welche vielfach mit den stereochemischen Beziehungen zwischen der chemischen Verbindung und den spezifischen Zellen zusammenhängt. Hans H. Meyer[1]) führte ein rein physikalisches Moment ein, das für die Erklärung der Selektion narkotischer Substanzen ausschlaggebend sein soll. Er nimmt an, daß die Wirkung dieser Körper nicht durch die chemische Umsetzung dieser Körper, sondern durch rein physikalische Momente hervorgerufen wird. Die narkotische Wirkung der verschiedenen Körper ist nach seiner Annahme eine Funktion der „Fettlöslichkeit" (Affinität der fettähnlichen [lipoiden] Stoffe), woraus sich folgende Thesen formulieren lassen:

1. Alle chemisch zunächst indifferenten Stoffe, die für Fett und fettähnliche Körper löslich sind, müssen auf lebendes Protoplasma, sofern sie darin sich verbreiten können, narkotisch wirken.

2. Die Wirkung wird an denjenigen Stellen am ersten und am stärksten hervortreten müssen, in deren chemischem Bau jene fettähnlichen Stoffe vorwalten und wohl besonders wesentliche Träger der Zellfunktion sind: in erster Linie also an den Nervenzellen.

3. Die verhältnismäßige Wirkungsstärke solcher Narkotica muß abhängig sein von ihrer mechanischen Affinität zu fettähnlichen Substanzen einerseits, zu den übrigen Körperbestandteilen, d. i. hauptsächlich Wasser andererseits, mithin von dem Teilungskoeffizienten, der ihre Verteilung in einem Gemisch von Wasser und fettähnlichen Substanzen bestimmt.

Es erscheint nicht notwendig, die Anschauungen H. H. Meyers auf die Theorie der Wirkungen auszudehnen. Die Untersuchungen von H. H. Meyer und Baum

[1]) Arch. f. exp. Pathol. u. Pharmakol. Bd. 42, S. 109 und 119 (Baum). Siehe auch Overton, E.: Studien über Narkose. Jena 1901.

sowie E. Overton sind ein interessanter Erklärungsversuch der Selektionswirkung nach rein physikalischen Momenten[1]). Für die übrigen Körpergruppen scheint er aber ohne Zuziehung chemischer Momente nicht möglich, und selbst in der Gruppe der schlafmachenden Körper scheitert er am Erklärungsversuch der Wirkungen des Morphin und der abgeschwächten Wirkung seiner Ätherderivate.

W. Straub hält ein Alkaloid dann für im Organismus wirksam, wenn es von gewissen Zellarten im hohen Maße gespeichert wird, innerhalb der Zellen bestimmte Angriffspunkte findet und nicht zerstörbar ist[2]).

Zwischen den giftigen und ungiftigen Gliedern der Alkaloide bestehen aber auch physikalische Unterschiede, welche sich in ihren Wirkungen auf rote Blutkörperchen und Kolloide manifestieren. Ebenso lassen sich durch Capillaritätsbestimmungen solche Unterschiede demonstrieren[3]). Physikalisch sind Eucain und Cocain am wirksamsten, zugleich sind sie aber auch pharmakodynamisch am stärksten. Das schwächer wirksame Novocain erwies sich auch physikalisch schwächer wirksam. Tropin, Ekgonin und Benzoylekgonin sind pharmakodynamisch indifferent und verhalten sich physikalisch wie Kochsalzlösung.

Die alkalische Reaktion des Mediums befördert und verstärkt die Wirkung aller giftigen Glieder der Cocainreihe auf rote Blutkörperchen. Ebenso erfährt die durch Cocain, Eucain, Novocain bedingte Erhöhung der Oberflächenspannung des Lösungsmittels in alkalischem Medium eine bedeutende Zunahme, während die ungiftigen Glieder der Cocainreihe usf. zunächst keine Änderung, nach längerer Zeit ebenfalls eine Zunahme zeigen, die jedoch hinter der der giftigen Glieder der Reihe zurücksteht. Es gehen also die physikalischen und biologischen Eigenschaften der Alkaloide mit ihren pharmakodynamischen anscheinend parallel. Sie stehen wahrscheinlich auch in einem kausalen Zusammenhange und werden wahrscheinlich in gleicher Weise geändert[4]). So hat O. Groß für Cocain eine Beeinflussung durch das alkalische Medium im Sinne einer Steigerung der anästhesierenden Wirkung nachgewiesen.

Traube nimmt einen mehr vermittelnden Standpunkt zwischen den rein physikalischen und rein chemischen Theorien ein. Nach ihm ist die Reihenfolge der Wirkungen der giftigen und ungiftigen Stoffe auf ein kolloidales Milieu irgendwelcher Art im allgemeinen unabhängig von der Natur des Milieus. Maßgebend ist in erster Linie nur der basische und saure Zustand des Milieus, denn es wirken vornehmlich Kationen auf saure Milieus oder Milieubestandteile und Anionen auf basische. Nur die giftigen Schwermetalle wirken auf beide Milieuarten. Die Wirkung z. B. der organischen Arsenpräparate ist zwar bedingt durch die chemische Konstitution, aber sie ist rein physikalisch. Es wäre also nach diesen Anschauungen die Konstitution das Bedingende der physikalischen Eigenschaften, welche hinwiederum die pharmakodynamischen bedingen würde.

Man muß aber erwägen, ob die Erklärungsversuche für die Selektion, wie sie von P. Ehrlich, Hans Meyer und Overton unternommen wurden, die auf rein physikalischen Grundlagen der Löslichkeit der wirkenden Substanzen in bestimmten Gewebsarten basiert sind, auch für alle Substanzen sich anwenden lassen und ob auch bei derjenigen Gruppe von Verbindungen, für die insbesondere diese Forscher ihre Theorie aufgestellt haben, nicht eine andere chemische Erklärungsmöglichkeit vorhanden ist. Wir sehen schon bei den Wirkungen der

[1]) Siehe auch Ehrlich, P.: Festschr. f. v. Leyden.

[2]) Pflügers Arch. f. d. ges. Physiol. Bd. 98, S. 233. 1903.

[3]) Goldschmied, R. u. E. Pribram: Zeitschr. f. exp. Pathol. u. Therapie Bd. 6, S. 211. 1909 und Pribram, E.: Wien. klin. Wochenschr. Bd. 30. 1908.

[4]) Pribram, Ernst: Pflügers Arch. f. d. ges. Physiol. Bd. 137, S. 350. 1911.

anorganischen Substanzen, insbesondere beim Arsen und Quecksilber, wie es hier zu einer bestimmten Lokalisation von Giften kommt, die nicht anders als auf chemischem Wege zu erklären ist. Einer stereochemischen Auffassung der Selektion und Wirkung bietet folgende Beobachtung sicherlich eine Stütze. Wir wissen, daß alle Ammoniumbasen ganz unabhängig davon, welchen Aufbau das übrige Molekül dieser Base hat und ganz unabhängig davon, welche Wirkungen das der Ammoniumbase zugrunde liegende Alkaloid als solches auszulösen vermag, an die Endigungen der motorischen Nerven gehen und dort auch durch dieselbe Gruppierung, der sie die Selektion für die motorischen Nervenendplatten verdanken, lähmend wirken. Diese stereochemische Konfiguration der Ammoniumbasen bewirkt eine so weitgehende Prädilektion der Nervenendplatten für diese Substanzen, daß die Möglichkeit, daß chemische Verbindungen, welche Ammoniumbasen sind, in anderen Organen oder Organteilen Wirkungen auslösen, bedeutend erschwert wird. Daher ist es auch gleichgültig, ob diese Ammoniumbasen aliphatischer oder aromatischer Natur sind. Daß es hier nicht etwa auf die Gegenwart des Stickstoffes ankommt, beweist weiter der Umstand, daß Basen, welche statt Stickstoff Arsen, Antimon oder Phosphor, und zwar bei gleicher Konfiguration wie die Ammoniumbasen den Stickstoff enthalten, also Arsonium-, Stibonium- und Phosphoniumbasen, die gleiche Wirkung wie die Ammoniumbasen auslösen und keineswegs die dem Arsen, Antimon oder Phosphor eigentümlichen Wirkungen äußern. Dieses eine Beispiel, welches deutlich die Beziehungen zwischen der stereochemischen Konfiguration, der Selektion und Wirkung klarlegt, muß notwendigerweise dazu führen, andere, ebenso übersichtliche Gruppierungen in anderen Körperklassen zu suchen und zu finden, die uns stereochemische Erklärungsmöglichkeiten für die Selektion bieten. Je tiefer wir in diese Verhältnisse eindringen, desto verständlicher werden uns die stereochemischen Beziehungen zwischen der wirkenden Substanz und dem spezifisch für die Wirkung selegierten Gewebe klar werden, und um so mehr werden wir sie neben den physikalischen Erklärungsversuchen, die ja bei einzelnen Körpern wohl nicht in bezug auf die Wirkung, so doch wenigstens für die Verteilung im Organismus gute Erklärungsmöglichkeiten bieten, werten können. Wenn Emil Fischer[1]) annahm, daß eine bestimmte Konfiguration der Zuckermoleküle notwendig ist, damit bestimmte Hefearten sie vergären können und sich gleichsam hier der gärende Teil des Hefemoleküles zu den vergärten Zuckermolekülen, wie der passende Schlüssel zu dem passenden Schloß verhält, so können wir analogen Anschauungen auch für eine große Reihe von physiologisch wirksamen Substanzen Raum geben, die nur von bestimmten Gewebsarten festgehalten und zerlegt werden, während alle anderen Gewebe sie unangegriffen lassen. Diese Beziehungen zwischen der stereochemischen Konfiguration des wirksamen Körpers und des spezifisch reagierenden Gewebes können, wenn wir sie richtig zu erkennen vermögen, uns nicht nur die Selektion für dieses Gewebe, sondern auch die Wirkung im Gewebe erklären. Dieses wäre dann die wissenschaftliche Grundlage einer neuen Selektions- und Wirkungstheorie, die aber auch nur für bestimmte Körpergruppen zu gelten vermag, und zwar insbesondere für die nur in einzelnen Geweben wirkenden. Eine Theorie, die alle Selektionserscheinungen und alle Wirkungen nur von einem Gesichtspunkte aus, sei es nun von einem physikalischen oder chemischen zu erklären versucht, muß immer an der Mannigfaltigkeit der Wechselbeziehungen der verschieden wirkenden Substanzen und der verschiedenen Gewebe scheitern. Vorzüglich sieht man dieses bei Betrachtung der differenten Wirkungen von Verbindungen auf Mikroorganismen.

[1]) Ber. d. dtsch. chem. Ges. Bd. 28, S. 1433. 1895. — Hoppe-Seylers Zeitschr. f. physiol. Chem. Bd. 26, S. 61. 1898—1899.

Drittes Kapitel.

Bedeutung der einzelnen Atom-Gruppen für die Wirkung.

1. Wirkungen der Kohlenwasserstoffe.

Im Jahre 1871 zeigte Richardson[1]), daß die dem Methan CH_4 homologen Kohlenwasserstoffe von der allgemeinen Formel C_nH_{2n+2} bei Inhalation Anästhesie und Schlaf und bei Einatmung größerer Mengen Tod durch Asphyxie hervorbringen. Die kohlenstoffreicheren höheren Glieder der Reihe sind kräftiger in ihrer Wirkung und der Grad ihrer Giftigkeit und die Dauer des durch die Einatmung dieser Kohlenwasserstoffe bewirkten Schlafes wächst in demselben Maße, wie der Kohlenstoff in ihnen zunimmt. Es steigt die Wirkung vom Methan zum Äthan, Butan, Pentan. Die niederen Kohlenwasserstoffe der Paraffinreihe erzeugen nur als Gase durch Ausschluß von Sauerstoff Narkose und Anästhesie, während Pentan und Hexan tiefe Anästhesie veranlassen. Hexan ist kräftiger in der Wirkung, wirkt aber erst nach langem und heftigem Exzitationsstadium. Bei den Gliedern der homologen Reihe der Kohlenwasserstoffe Pentan, Hexan, Heptan und Octan steigt die narkotische Wirkungsstärke an im Verhältnis $1:3:3^2$. Im gleichen Verhältnis nimmt die Wasserlöslichkeit der Substanzen ab. Ein entsprechendes Verhalten der Oberflächenaktivität ist nicht festzustellen[2]). Sind die Kohlenwasserstoffe verzweigt, so wirken sie stärker bei gleicher Kohlenstoffzahl als die normalen. Die hohen Grenzkohlenstoffwasserstoffe sind nicht resorbierbar und wirkungslos.

Auf Frösche wirken die aliphatischen Kohlenwasserstoffe Pentan $CH_3 \cdot (CH_2)_3 \cdot CH_3$, Pental (Trimethyläthylenamylen, Amylen). $(CH_3)_2:C:CH \cdot CH_3$ und Cyclopentadien $\begin{matrix} CH = CH \\ \cdot \\ CH = CH \end{matrix}\!\!>\!CH_2$ narkotisch. Pental mit verzweigter Kette und einer Doppelbindung wirkt rascher aber kürzer als Pentan. Die ungesättigten Kohlenwasserstoffe (Olefine) wirken wie die Paraffine, sind aber wirksamer als die entsprechenden gesättigten. Noch wirksamer als die Olefine sind die Kohlenwasserstoffe der Acetylenreihe mit dreifachen Bindungen. Acetylen $HC \equiv CH$ wirkt narkotisch und wird jetzt als Inhalationsanaestheticum empfohlen. Ebenso wirkt Allylen $HC \equiv C—CH_3$. Pental wirkt am raschesten narkotisch, dann kommen Cyclopentadien und Pentan, aber Äther wirkt rascher als Pental. Cyclopentadien wirkt außerdem auf die Muskeln ein, indem es bei längerer Einwirkung totale Muskelstarre hervorruft. Durch Einatmen dieser Kohlenwasserstoffe werden auch Säugetiere schneller oder langsamer narkotisiert. Die Atmung wird sofort nach Beginn der Inhalation verlangsamt und vertieft. Diese Kohlenwasserstoffe wirken bei subcutaner Injektion narkotisierend. Sie setzen sämtlich beim Kaninchen den Blutdruck herab, und zwar mehr als Äther. Durch die Narkose mit diesen Kohlenwasserstoffen wird der Effekt der elektrischen Vagusreizung gegenüber der Norm mehr oder weniger herabgesetzt. Die Reizung ruft keinen Herzstillstand mehr hervor.

Benzin (der Hauptsache nach ein Gemenge von Pentan, Hexan C_6H_{14}, Heptan C_7H_{16} und Octan), sowie diese Kohlenwasserstoffe einzeln, macht rasch Ohnmacht und tiefe Bewußtlosigkeit, also eine auf einer Vergiftung des Zentral-

[1]) Med. Times und Gazette, Sept./Okt. 1871.
[2]) Fühner, H.: Biochem. Zeitschr. Bd. 115, S. 261. 1921.

nervensystems beruhende tiefe Narkose. Lokal macht es Epithelablösung und Blutaustritt sowie Hämolyse. Die Nieren werden geschädigt. Es kommt zu Methämoglobinbildung[1]). In narkotischer Konzentration der Atmungsluft zugesetzt macht es erst starke Reizerscheinungen bei sehr frühzeitiger Beeinträchtigung der Atmung[2]).

Cyclohexan erzeugt eine mit klonischen Zuckungen, Temperatursturz und Paralyse der Gefühl- und Motilitätsapparate einhergehende Vergiftung. Cyclohexanol und dessen Methylderivate führen zu schwerer Paralyse und Hypothermie. Methyl-, Dimethyl- und Trimethylcyclohexan sind stark toxisch. Cyclohexanon macht Muskelschwellungen, klonische Zuckungen und Paralyse, während Methylcyclohexanon und Dimethylcyclohexanon nur Paralyse erzeugen und Trimethylcyclohexanon wenig toxisch ist und sich wie ein echtes Hypnoticum verhält[3]).

Alle diese Verbindungen verursachen bei der Ratte eine ausgesprochene Hypothermie und eine starke Vasodilatation.

Die hydroaromatischen Verbindungen, wie Cyclohexan C_6H_{12} und seine Hydroxylderivate, Cyclohexanol $C_6H_{11} \cdot OH$, Quercit $C_6H_7(OH)_5$ und Inosit $C_6H_6(OH)_6$ wirken auf das überlebende Herz durch Reizung der intrakardialen Nervenapparate und machen eine Kontraktion des Herzmuskels[4]). Cyclohexan ist $^1/_3$ so giftig als Benzol. Auf die Neubildung roter Blutkörperchen ist die Einwirkung des Benzols nur schwach, des Cyclohexans dagegen sehr deutlich[5]).

Acetylen und Äthylen ist als Narkoticum empfohlen worden, ebenso Propylen $CH_3—CH = CH_2$. Alle sind Gase[6]).

Curci[7]) schreibt den Kohlenwasserstoffen der fetten und aromatischen Reihe oder ihren Substitutionsprodukten paralysierende Wirkung zu.

Nach den Untersuchungen von Lauder Brunton und Cash besteht die hervorragende Wirkung der niederen Glieder der Paraffinreihe in ihrer stimulierenden und anästhesierenden Wirkung auf die Nervenzentren. Auch die Glieder der aromatischen Reihe affizieren das Nervensystem, aber sie affizieren die motorischen Zentren mehr als die sensorischen, so daß sie anstatt Anästhesie zu erzeugen, wie die Körper der Paraffinreihe, Tremor, Konvulsionen und Paralyse bewirken.

Benzol sowie seine Halogensubstitutionsprodukte Chlorbenzol, Brombenzol, Jodbenzol sind in ihrer Wirkung auf den Frosch gleich. (Die Halogenradikale modifizieren die Wirkung des Benzols nicht.) Die willkürlichen Muskeln werden durch Benzol geschwächt und es besteht eine leichte Tendenz zur Paralyse der motorischen Nerven, aber die Hauptwirkung betrifft Gehirn und Rückenmark, zuerst das Gehirn, wodurch allgemeine Lethargie und Desinklination zur Bewegung entsteht, hierauf das Rückenmark. Die Bewegungen werden unvollkommen ausgeführt und es besteht eine Tendenz zu allgemeinem Zittern bei Bewegungen, ähnlich wie bei der disseminierten Sklerose. Die Krampfwirkung wird erhöht durch den Eintritt von Hydroxylen in den Benzolkern (Chassevant und Garnier). Beim Menschen macht Benzol einen schweren Rauschzustand beim Einatmen. Innerlich verabreicht ist es weniger schädlich.

---

[1]) Böhme u. Köster: Arch. f. exp. Pathol. u. Pharmakol. Bd. 81, S. 1. 1917.

[2]) Fühner, H.: Biochem. Zeitschr. Bd. 115, S. 235. 1921.

[3]) Filippi, E.: Arch. d. farmacol. sperim. Bd. 17, S. 178. 1914.

[4]) Brissemoret u. Chevalier: Cpt. rend. hebdom.des séances de l'acad. des sciences Bd. 147, S. 217.

[5]) Launoy, L. u. M. Lévy-Bruhl: Cpt. rend. des séances de la soc. de biol. Bd. 83, S. 215. 1920.

[6]) Halsey, J. T., C. Reynolds u. H. B. Cook: New Orleans med. a. surg. journ. Bd. 77, S. 29. 1924.

[7]) Terapia moderna 1891, Gennajo, S. 33.

Santesson[1]) sah bei Benzolvergiftung von Fröschen Schwäche, Steigerung der Reflexe, dann periphere Lähmung zuerst der motorischen Nervenendigungen und dann der Muskelsubstanz.

Toluol erzeugt eine in zwei Phasen unterscheidbare Vergiftung, deren erste in klonischen Muskelzuckungen und Tremor, letztere in Paralyse besteht. o- und m-Xylol machen nur paralytische Erscheinungen, p-Xylol erzeugt in der ersten Phase auch Zuckungen und Zittern. Mesitylen und Benzylalkohol rufen Schläfrigkeit, Paralyse und Temperatursturz hervor.

Durch die Substitution des Benzolkerns mit aliphatischen Kohlenwasserstoffradikalen erhält man eine erhöhte Giftigkeit, Toluol $C_6H_5 \cdot CH_3$ und Äthylbenzol $C_6H_5 \cdot C_2H_5$ sind giftiger als Benzol, während Cumol $C_6H_5 \cdot CH{<}^{CH_3}_{CH_3}$ im Gegensatz hierzu weniger giftig ist, so daß bei verlängerter fetter Kette die Giftigkeit wieder abnimmt.

Nach den Untersuchungen von Lauder Brunton[2]) ist Trimethylbenzol (Mesitylen) CH_3, CH_3, CH_3 (Benzolring) in bezug auf die Erzeugung der Muskelstarre das schwächste, Dimethylbenzol das nächst stärkere und Methylbenzol das am stärksten wirkende. Äthylbenzol hat fast dieselbe Stärke wie Methylbenzol und wirkt kräftiger als Dimethyl- und Trimethylbenzol. Die Wirksamkeit der homologen Benzole bei der Erzeugung der Muskelstarre nimmt progressiv ab vom Benzol zum Toluol, zu den Xylolen und zum Mesitylen, d. h. die Wirkung wird um so schwächer, je mehr Methylgruppen an Stelle des Wasserstoffes in den Benzolkern treten. Aber beim Anilin wird die krampferregende Wirkung verstärkt, wenn ein Wasserstoff des Kernes durch ein Alkylradikal ersetzt wird. Auch bei den homologen Thiophenen sehen wir eine Zunahme der Wirksamkeit beim Eintritt von Methyl in den Kern. Thiotolen (Methylthiophen) ist giftiger als Thiophen[3]).

Die zwei- und dreimalige Substitution setzt die Giftigkeit des Benzols herab. Von den Isomeren kommt den o-Verbindungen die geringste Giftigkeit zu, die m-Verbindungen sind wirksamer, am stärksten wirksam die p-Verbindungen[4]).

Die dreifach substituierten, wie Mesitylen und Pseudocumol haben eine Giftigkeit, ähnlich der zweifach substituierter. Bei den Xylolen ist die p-Verbindung viel giftiger als die m- und diese wieder giftiger als die o-Verbindung. p-Cumol hat eine Giftigkeit wie o-Xylol. Pseudocumol ist weniger giftig als Mesitylen. Die Giftigkeit der Homologen des Benzols hängt vom Molekulargewichte, von der Anzahl der Substitutionen und von der Stellung der Substituenten ab. Die o-Verbindungen scheinen die geringste Giftigkeit zu haben[4]).

Für die aromatischen Verbindungen gelten nach Chassevant und Garnier[5]) folgende Regeln: Benzol wirkt auf das Nervensystem, macht Krämpfe, Muskelhyptonie und Hypothermie. Die Hydroxyle vermehren, Carboxyle vermindern die Giftwirkung, der Einfluß der Alkyle ist wechselnd und im umgekehrten Verhältnis zu ihrem Molekulargewicht, Methyl- und Äthylgruppen wirken steigernd, Isopropylgruppen vermindernd. Die Wiederholung der Alkylsubstituenten vermindert die Giftigkeit. Die Xylole sind weniger giftig

---

[1]) Skand. Arch. f. Physiol. Bd. 10, S. 172.

[2]) Brunton, Lauder: Handbuch der Pharmakologie.

[3]) Heffter, A.: Pflügers Arch. f. d. ges. Physiol. Bd. 39, S. 420.

[4]) Chassevant, A. u. M. Garnier: Cpt. rend. des séances de la soc. de biol. Bd. 55, S. 1255. 1903.

[5]) Chassevant, A. u. M. Garnier: Cpt. rend. des séances de la soc. de biol. Bd. 55, S. 1584. 1903. — Arch. de Pharmacodyn. internat. et de thérapie. Bd. 14, S. 93.

als Benzol. Die trisubstituierten Kohlenwasserstoffe, wie Mesitylen und Pseudocumol sind noch weniger giftig.

Nach Amadeo Ubaldi[1]) sind Lösungen von Harnstoff für niedere Organismen ohne bemerkbaren Einfluß, während Phenylharnstoff $NH_2 \cdot CO \cdot NH \cdot C_6H_5$ und Phenylglykokoll $C_6H_5 \cdot NH \cdot CH_2 \cdot COOH$ hemmend wirken, symmetrischer Diphenylharnstoff (Carbanilid) $OC\ (NHC_6H_5)_2$ hingegen ohne Einwirkung ist. Die 1 proz. Lösung des Phenylharnstoffes wirkt so stark antiseptisch wie Sublimat. Mit diesem außerordentlichen Vermögen des Phenylharnstoffes steht die absolute Passivität des Diphenylharnstoffes in sonderbarem Widerspruche, findet aber eine Analogie bei den alkylsubstituierten Harnstoffen, wo bei Substitution beider Amidgruppen des Harnstoffes die hypnotische Wirkung verschwinden kann.

Der Eintritt des aromatischen Restes macht den pharmakologisch indifferenten Harnstoff und das ebenso indifferente Glykokoll Mikroorganismen gegenüber sehr wirksam. Die Wirkung des eintretenden Phenylrestes tritt beim Phenylglycin $C_6H_5 \cdot NH \cdot CH_2 \cdot COOH$ klar zutage, welches stark giftig, während Glykokoll $NH_2 \cdot CH_2 \cdot COOH$ ganz wirkungslos ist.

Der Eintritt eines Benzolkernes ist bestimmend für die Wirkung bei Eintritt in das Molekül der Fettsäuren.

Wenn man Phenol, Phenylessigsäure $C_6H_5 \cdot CH_2 \cdot COOH$ und Phenylpropionsäure $C_6H_5 \cdot CH_2 \cdot CH_2 \cdot COOH$ in bezug auf ihre antiseptische Wirkung vergleicht, so steigt diese in der Richtung der letzteren. Phenylbuttersäure $C_6H_5 \cdot CH_2 \cdot CH_2 \cdot COOH$ wirkt weiterhin stärker als Phenylpropionsäure. Die phenylsubstituierten Fettsäuren also wachsen in ihrer antiseptischen Wirkung mit dem Wachsen des Molekulargewichtes der substituierten Säure[2]), während T. R. Duggan[3]) für die Fettsäurereihe gezeigt hat, daß es sich in dieser umgekehrt verhält. Je kohlenstoffreicher die normale Fettsäure ist, desto geringer ist ihre antiseptische Kraft.

Der Eintritt von einem Phenylrest in den Wasserstoff des Ammoniak erhöht die krampferregende Wirkung des letzteren. Toluylendiamin $C_6H_3(CH_3)(NH_2)_2$ ist stark giftig, indem es Ikterus und Hämaturie erzeugt.

Diphenyl $C_6H_5 \cdot C_6H_5$ ist völlig ungiftig. Es wird von Hunden gut vertragen, zu p-Oxydiphenyl oxydiert $C_6H_4<^{OH\ 1.}_{C_6H_5\ 4.}$ und als Ätherschwefelsäure ausgeschieden.

Naphthalin (Strukturformel) bewirkt Verlangsamung der Respiration. Kleine Dosen steigern den Blutdruck, große verringern ihn. Die normale Temperatur wird durch Naphthalin nicht verändert, fieberhaft gesteigerte wird dagegen herabgesetzt.

Phenanthren ist unwirksam, nur bei Kaulquappen wirkt es narkotisch. Es wirkt hier viel stärker narkotisch als Naphthalin und letzteres wieder stärker als Benzol. Das dem Phenanthren isomere Anthracen wirkt dagegen nicht merklich narkotisch.

Durch intraperitoneale Injektion von Hexahydrophenanthren kann man einen der Morphiumnarkose ähnlichen Zustand erhalten[4]).

Die Analogie, welche zwischen Substanzen der Furangruppe

Furan 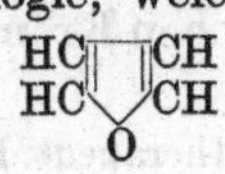 HC—CH / HC—CH / O Thiophen  HC—CH / HC—CH / S und Pyrrol HC—CH / HC—CH / N / H

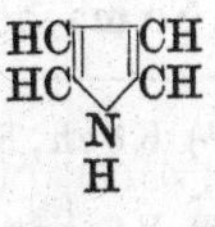

[1]) Ann. di chim. e di farmacol. Bd. 14, S. 129.
[2]) Laws, Parry: Journ. of physiol. Bd. 17, S. 360.
[3]) Cpt. rend. des séances de la soc. de biol. 1886, S. 614.
[4]) Cpt. rend. hebdom. des séances de l'acad. des sciences. Bd. 151, S. 1151. 1910.

in ihrem chemischen Charakter mit den Benzolderivaten besteht, erstreckt sich auch auf ihr Verhalten im Tierkörper sowie auf die pharmakologische Wirkung.

Furan ist als Narkoticum unbrauchbar, da es äußerst giftig ist. Es ist ein allgemeines Protoplasmagift[1]).

2. Über die Bedeutung der Hydroxyle.

Der Eintritt von Hydroxylgruppen in Verbindungen der aliphatischen Reihe schwächt deren Wirkung ab. Je mehr Hydroxylgruppen, desto schwächer die Wirkung des Körpers. Aus den narkotisch wirkenden Aldehyden werden die wenig wirksamen Aldole; Acetaldehyd $CH_3 \cdot CHO$ gibt bei Kondensation Aldol $CH_3 \cdot CH{<}^{OH}_{CH_2 \cdot CHO}$, aus den narkotisch wirkenden einwertigen Alkoholen werden die unwirksamen zweiwertigen Alkohole, i. e. $C_nH_{2n}(OH)_2$, Glykole und die ebenso unwirksamen, dreiwertigen Alkohole, wie z. B. Glycerin $\begin{array}{l} CH_2 \cdot OH \\ \dot{C}H \cdot OH \\ \dot{C}H_2 \cdot OH \end{array}$. Kaninchen vertragen Glykol zu etwa 20 g ohne Veränderung, nach größeren Gaben gehen sie ein. Glykol wirkt wie Glycerin hämolytisch[2]), in größeren Mengen erzeugt es eine schwere hämorrhagische Nephritis[3]). Glycerin macht Blutdrucksenkung und wirkt auf die quergestreifte Muskulatur veratrinähnlich. Glykol wirkt wie Glycerin hemmend auf Fermente und besitzt antiseptische Kraft, es ist ungiftig[2]). Es wurde als Glycerinersatzmittel während des Krieges unter dem Namen Tegoglykol eingeführt.

So ist Hexylalkohol $C_6H_{13} \cdot OH$ ein starkes Narkoticum, während Mannit $C_6H_8(OH)_6$ fast ein Nahrungsstoff ist. Bei den Aldehyden sehen wir, wie ein wirksamer Aldehyd durch den Eintritt eines Hydroxyls zu einem weniger wirksamen Aldol wird, und durch den Eintritt von noch mehr Hydroxylen entstehen schließlich Aldosen, die pharmakologisch unwirksam sind, die, wie z. B. der Traubenzucker $C_6H_{12}O_6$, absolut gar keine hypnotische Wirkung haben. Dieselbe Abschwächung gilt auch für die Ketogruppe. Nach Curci[4]) erregen die alkoholischen Hydroxyle das Cerebrospinalsystem und die Psyche, indem sie Trunkenheit und Halluzinationen bewirken.

Acetoin und sein Reduktionsprodukt $\beta.\gamma$-Butylenglykol sind völlig ungiftig[5]).

Durch den Eintritt von Hydroxyl in das Coffein geht die Wirkung des Coffeins verloren, selbst das Fünffache der Coffeindosis an Hydroxycoffein macht keine augenfälligen Escheinungen[6]). Der Eintritt von Hydroxyl macht das Coffein zersetzlicher, und der Organismus vermag es leichter zu zerstören, qualitativ sind aber die giftigen Eigenschaften gleichgeblieben.

Der Eintritt von Hydroxylen durch Ersatz von Wasserstoff im Benzol erhöht die Tendenz des Benzols zu Krämpfen. Diese entstehen durch die Einwirkung der Substanz auf das Rückenmark und nicht auf das Gehirn. Je mehr Hydroxyle in den Benzolkern eintreten, desto weniger giftig wird der Körper in bezug auf Krampfwirkung, desto giftiger aber in anderer Richtung. Es hängt die Giftigkeit und die Wirkung sehr von der Stellung der Hydroxyle zueinander ab. So machen Phenol und die drei Dioxybenzole bei Fröschen Krämpfe, Trioxy-

---

[1]) Koch, E. M. u. M. H. Cahan: Journ. of pharmacol. a. exp. therapeut. Bd. 26, S. 281. 1925.
[2]) Bachem, C.: Med. Klinik. Bd. 13, S. 7. 1917.
[3]) Mayer, Paul, Med. Klinik. Bd. 13, S. 312. 1917.
[4]) Terapia moderna 1891, Gennajo, S. 33.
[5]) Neuberg, C. u. A. Gottschalk: Biochem. Zeitschr. Bd. 162, S. 484. 1925.
[6]) Filehne, W.: Dubois' Arch. f. Phys. 1886, S. 72.

benzole verursachen nur mehr Zuckungen. Die drei Dioxybenzole machen alle klonische Krämpfe durch Einwirkung auf das Rückenmark, doch ist die p-Verbindung (Hydrochinon) in der Wirkung schwächer als die o- (Brenzcatechin) und m- (Resorcin) Verbindung. Brenzkatechin ist das giftigste der drei Dioxybenzole, es ist ein Antipyreticum von rauschartig vorübergehend[]r Wirkung.

Pyrogallol (OH, OH, OH) macht mehr Lethargie als Resorcin und Bewegungszittern. Die sofortigen Symptome werden erst durch die fünffache Dosis im Vergleich zu Resorcin produziert. Aber in der letalen Wirkung sind beide gleich. Die Giftigkeit des Resorcins liegt in der Mitte zwischen beiden. Die Giftigkeit aller dieser Körper ist eng verknüpft mit den in ihnen enthaltenen freien Hydroxylgruppen, denn vertauscht man den Hydroxylwasserstoff mit der indifferenten Schwefelsäuregruppe, so erhält man Körper, welche bei weitem schwächer wirkende Substanzen sind. So ist pyrogallolmonoätherschwefelsaures Kali weniger giftig als Phloroglucin oder Pyrogallol[1]). Allein pyrogalloätherschwefelsaures Kali ist giftiger als phenolätherschwefelsaures Kali, weil hier noch zwei freie Hydroxyle vorhanden sind. Während pyrogalloätherschwefelsaures Kali deutlich die Fähigkeit herabsetzt, spontane, koordinierte Bewegungen auszuführen, und ferner die Reflexe erniedrigt, rufen ganz ebenso große Dosen der Phenolätherschwefelsäure bei Tieren keine erhebliche Abweichung von der Norm hervor. Selbst 30 g phenolätherschwefelsaures Natron bewirken bei Eingabe an größere Tiere keine anderen Erscheinungen als Durchfall (Glaubersalzwirkung).

Phenol übt seine Wirkung rascher aus, während Phloroglucin weit später zu wirken beginnt. Wie sich bei den Dioxybenzolen und auch bei den Trioxybenzolen der Einfluß der Stellung der Hydroxyle geltend macht, so ist auch zu erwarten, daß durch den Eintritt neuer Substituenten in die Hydroxyle Veränderungen in der physiologischen Wirkung hervorgebracht werden. Es bieten auch die Äther des Brenzcatechins und Hydrochinons große Differenzen in den chemischen Eigenschaften gegenüber den Grundsubstanzen. Substituiert man die Hydroxylwasserstoffe durch Alkylradikale, so sind die neutralen Äther, die auf diese Weise entstehen, sowohl vom Brenzcatechin als auch vom Hydrochinon, selbst in Dosen von mehreren Grammen bei Kaninchen viel unschädlicher, während die sauren Äther sich als sehr giftig erweisen. Es zeigt sich auch hier, daß Brenzcatechin der wirksamere Körper ist, da auch der Monoäther des Brenzcatechin (z. B. Guajacol oder Guaethol) energischer wirkt als Hydrochinonmonoalkyläther. Das stark giftig wirkende Brenzkatechin verliert wesentlich an Giftigkeit, wenn ein oder beide Hydroxylwasserstoffe durch Alkyl ersetzt werden (Guajacol, Guäthol, Veratrol). Phenole, welche mehr als ein Hydroxyl enthalten, haben wie Phenol selbst, eine dem Benzolring und seinen meisten Derivaten eigene antipyretische Wirkung, welche aber rauschartig verfliegt.

Die Giftigkeit des monohydroxylierten Derivates, des Phenols, ist größer als die des Benzols, wenn man die Verbindung verfüttert, aber die disubstituierten Derivate haben bei intraperitonealer Injektion eine höhere Giftigkeit als das Phenol. Die trisubstituierten hinwiederum sind 3—4mal weniger giftig. Die molekulare Giftigkeit ist ein wenig höher als die des Phenols. Bei den Dioxyderivaten ist die o-Verbindung die giftigste, die m- die am wenigsten giftige. Bei den Trioxyderivaten sieht man, daß Pyrogallol (1.2.3.Trioxybenzol) (alles ortho) viel giftiger ist als Phloroglucin [1.3.5.Trioxybenzol (alles meta)]. Es scheint eine Beziehung zwischen der Giftigkeit und der reduzierenden Kraft

[1]) Stolnikow: Hoppe-Seylers Zeitschr. f. physiol. Chem. Bd. 8, S. 280. 1884.

zu bestehen. Alle Derivate wirken krampferregend, am schwächsten die Trioxyderivate und unter ihnen Phloroglucin.

Phloroglucin macht am Froschherzen Herabsetzung der Hubhöhen und diastolischen Kammerstillstand. Am Gefäßapparate macht es Erweiterung, an Regenwurmmuskulatur Tonussteigerung, am Uterus Tonus- und Rhythmussteigerung[1]).

Die Phenole (wie Phenol, Kresol, Brenzcatechin) üben eine erregende Wirkung auf die motorischen Zentren aus, während die Äther der Phenole nur eine zentral lähmende Wirkung entfalten (ebenso die Safrolgruppe).

Im Gegensatze zu den Verhältnissen bei den Hydrocupreinen z. B. führt bei Salicylsäure, Phenolsulfosäure, p-Aminophenol, p-Nitrophenol, Saligenin, die Einführung einer Äthoxygruppe keine Steigerung der Wirkung herbei[2]).

Pio Marfori[3]) glaubt die krampferzeugende Wirkung des Guajacols auf die eine noch freie Hydroxylgruppe zurückführen zu können, eine Anschauung, welche sich durch Vergleich der Wirkungen der Körper

Brenzcatechin (OH, OH), Guajacol (OCH_3, OH), Veratrol (OCH_3, OCH_3)

schön stützen läßt. In der angeführten Reihenfolge zeigt sich eine Abnahme der krampferregenden Wirkung und auch ein Zurückgehen der Wirkungsintensität.

Ähnlich verhalten sich auch

Phenol (OH) zum Anisol (OCH_3) und Phenetol (OC_2H_5)

Diese beiden letzteren erzeugen keinerlei Erregungszustände und sind in viel geringerem Maße giftig als Phenol. Eine Gesetzmäßigkeit ist hier unverkennbar.

Die allgemeinen Wirkungen des Guajacols bestehen in einer Erregung und Lähmung der Nervenzentren. Die krampfartigen Erscheinungen treten bei der Vergiftung um so weniger hervor, je höher die Tierklasse ist. Auch die Krampfwirkung steht mit dem Vorhandensein des freien Hydroxyls in innigem Zusammenhange. Wird nämlich auch das zweite Hydroxyl des Brenzcatechins methyliert, so gelangt man zum Veratrol, dem Brenzcatechindimethyläther,

(OCH_3, OCH_3)

welcher dreimal weniger giftig ist als Guajacol, bei größeren Gaben nur eine schnelle und tiefe Lähmung hervorruft, ohne vorher aber Krämpfe zu bewirken. Dem Veratrol kommen aber, wie dem Brenzcatechin und dem Guajacol, antipyretische Eigenschaften zu, Veratrol soll aber örtlich stärker ätzen. Es macht in geringer Weise Rausch, Taumeln und Absinken der Temperatur und des Blutdruckes[4]).

Zu den gleichen Resultaten kam Paul Binet[5]). Die für die Phenolvergiftung charakteristischen Erscheinungen, Kollaps und spasmodische Kontraktion der Muskeln, finden sich bei den meisten Körpern der Phenolgruppe,

---

[1]) Muneji, Akamatsu: Acta scholae med., Kioto. Bd. 4, S. 463. 1922.

[2]) Hirschfelder, A. D. u. L. J. Pankow: Proc. of the soc. f. exp. biol. a. med. Bd. 19, S. 64. 1921.

[3]) Ann. di chim. e di farmacol. Bd. 11, S. 304.

[4]) Surmont: Journ. méd. franç. 1895, S. 38.

[5]) Rev. Suisse Romande 1895, S. 561, 617; 1896, S. 459, 531 und Travaux du laboratoire de Thérap. par Prévost et Binet, Genf 1896, S. 143.

übrigens in abgeschwächter Weise auch beim Benzol. Dioxybenzole haben eine exzitierendere und allgemein stärkere Wirkung als Phenol, die Trioxybenzole (Pyrogallol, Phloroglucin) sind nach Binet weniger giftig. Brenzcatechin, Hydrochinon und Pyrogallol rufen die Bildung von Methämoglobin hervor. Die homologen Kresole $CH_3 \cdot C_6H_4 \cdot OH$, Thymol 1.4.3-$C_6H_3 \cdot (CH_3)(C_3H_7)(OH)$, Orcin 1.3.5-$C_6H_3(CH_3)(OH)_2$ wirken weniger exzitierend und weniger giftig als Phenol, sie sind um so weniger giftig, je größer ihr Molekulargewicht, dagegen wirken sie mehr reizend auf den Darm. Unter den Dioxybenzolen und Kresolen sind die m-Verbindungen am wenigsten giftig. Die Alkyläther sind verhältnismäßig wenig toxisch. Anisol und Phenetol bewirken Zittern, Guajacol dagegen nicht. Alkohol- und Aldehydgruppen schwächen die exzitierende Wirkung und die Giftigkeit ab, das Zittern ist viel stärker bei Salicylaldehyd 1 · OH · C_6H_4 · CHO · 2, als beim entsprechenden Alkohol Saligenin 1 · OH · $C_6H_4 \cdot CH_2 \cdot OH$ · 2. Beim Benzylalkohol $C_6H_5 \cdot CH_2 \cdot OH$ fehlen die Reizerscheinungen, die Giftigkeit ist schwach. Tyrosol 1 · OH · $C_6H_4 \cdot CH_2 \cdot CH_2 \cdot OH$ · 4 ist auch in größeren Dosen für den tierischen Organismus indifferent[1]). Es macht Schläfrigkeit, Paralyse und Temperatursturz.

p-Aminophenol $NH_2 \cdot$ ⬡ $\cdot OH$ ist weniger exzitierend und weniger toxisch als Phenol, es hat hingegen eine intensive blutzersetzende Wirkung. Im allgemeinen wird durch Substitution die Giftigkeit des Phenols verringert, wenn die eintretenden Gruppen nicht selbst toxisch wirken.

Bei Hydroxyleinführung steigert die doppelte Substitution, wie früher ausgeführt, die Giftigkeit, während die dreifache sie vermindert. Gleichartige Substitution addiert sich, entgegengesetzte hebt sich mehr oder weniger auf. Die Stellung der Substituenten ergab folgende Resultate nach der abfallenden Giftigkeit geordnet: Xylole: p-, m-, o-; Dioxybenzole: o-, m-, p-; Dicarbonsäuren: m-, p-, o-; Kresole: m- und p- gleich, o-; Toluylsäuren: m-, o-, p-; Oxycarbonsäuren: o-, m-, p-.

Eugenol (Benzolring mit OH, OCH_3, $CH_2 \cdot CH : CH_2$) und Vanillin (Benzolring mit OH, OCH_3, CHO), welche ein freies Phenolhydroxyl enthalten, sind toxischer als Piperonal $CH_2\langle^{O}_{O}\rangle C_6H_3 \cdot CHO$ [2]), bei welchem kein freies Hydroxyl vorhanden ist; sie bewirken Kollaps ohne Zittern. Phenol hemmt die Tätigkeit der Bierhefe weit mehr als die Polyoxyphenole, Salicylsäure mehr als Benzoesäure.

Die Einführung einer einzigen Hydroxylgruppe in das Cyclohexan (Bildung des Cyclohexanols) vermehrt die Nervenwirkung, während die Anhäufung mehrerer Hydroxylgruppen (Beispiele: Quercit und Inosit) die Giftigkeit und die Nervenreizung vermindert und die Muskelwirkung verstärkt[3]).

Cis-Chinit

CH · OH
H_2C CH_2
H_2C CH_2
CH · OH

ist etwas weniger giftig als Cyclohexanol

CH · OH
H_2C CH_2
H_2C CH_2
CH_2

beide paaren sich mit Schwefelsäure und Glykuronsäure im Organismus.

[1]) Ehrlich, Felix: Biochem. Zeitschr. Bd. 75, S. 423. 1916.
[2]) 1 g Piperonal ist beim Hunde wenig giftig (Privatmitt. C. Mohr).
[3]) Brissemoret u. Chevalier, Cpt. rend. hebdom. des séances de l'acad. des sciences. Bd. 147, S. 27.

Phloroglucit

CH·OH
H_2C CH_2
HO·HC CH·OH
CH_2

wird nur bei Verabreichung großer Dosen beim Hunde mit Schwefelsäure gepaart, nicht aber beim Kaninchen. Die oxyhydroaromatischen Verbindungen büßen mit der Zunahme an Hydroxylen immer mehr an Giftigkeit ein, wobei i-Inosit am indifferentesten und Cyclohexanol am giftigsten ist[1]).

Im Gegensatz zum wirkungslosen Phenanthren erzeugen die Oxyphenanthrene beim Warmblüter schwere tetanische Anfälle. Der Wirkungsgrad erscheint von der Stellung der Hydroxyle im Phenanthrenkern ziemlich unabhängig[2]).

Mit der phenolischen Hydroxylgruppe des Morphins[3]) steht die narkotische Wirkung, die Fähigkeit vorzüglich und hauptsächlich auf die Nervenzentren des Gehirns zu wirken und auch die Giftigkeit des Morphins im Zusammenhange, denn die Morphinätherschwefelsäure wirkt gar nicht narkotisch und sehr wenig giftig. Hingegen wirkt sie sehr schwach tetanisch und wie ein Körper der Codeingruppe (Morphinäther). Wenn im Morphin der Phenolhydroxylwasserstoff durch eine Alkylgruppe ersetzt wird (Codeinbildung), so ändert sich auch der Angriffspunkt im Organismus, und wir bekommen Verbindungen, welche auf das Rückenmark einwirken und eine strychninähnliche, aber viel schwächere Wirkung erzeugen.

Während Brenzcatechin durch Überführung in Guajacol eine lähmende Wirkung auf das Rückenmark erhält, wird im Gegensatze hierzu Morphin durch Überführung in Codein oder Codäthylin (Morphinmonoäthyläther, Dionin), in ein das Rückenmark erregendes, dem Strychnin ähnliches Gift verwandelt.

Cinchonin, welches sich vom Chinin durch das Fehlen der Methoxylgruppe unterscheidet, da ja Chinin p-Methoxycinchonin ist, ist bei Malaria ein wenig wirksames Alkaloid. Wir sehen also, daß durch das Eintreten einer Methoxylgruppe (eines verdeckten Hydroxyls) aus einem nach einer bestimmten Richtung hin wenig wirksamen Körper ein sehr wirksamer Körper entsteht, und zwar deshalb, weil hier die Methoxylgruppe einen Angriffspunkt für den Organismus schafft. Ebenso wirkt Cuprein (p-Oxycinchonin), gleichsam das entmethylierte Chinin mit dem Hydroxyl in der p-Stellung, sehr kräftig[4]).

Der umgekehrte Fall, wo durch das Eintreten von zwei Methoxylgruppen die Giftigkeit eines Körpers sehr stark herabgesetzt wird, ist beim Vergleich von Brucin und Strychnin zu beobachten. Brucin und Strychnin zeigen im wesentlichen dieselbe Konstitution, nur hat Brucin zwei Wasserstoffe des Phenylrestes durch zwei Methoxylgruppen ersetzt, aber Brucin übt nur eine sehr schwache Wirkung aus, eine ungefähr 40mal schwächere als die des Strychnins.

Es kann auch durch Einführung von Hydroxylgruppen in wirksame Verbindungen, wie wir gesehen haben, die Wirkung abgeschwächt werden (Coffein, Hydroxycoffein).

Die große Reihe der angeführten Tatsachen über die Bedeutung der Hydroxylgruppen läßt erkennen, daß nicht die Hydroxylgruppe als solche die wirksame ist, ebenso wie nur selten die endständige Gruppe die wirkende, sondern daß die Hydroxylgruppe (sowie die meisten endständigen Gruppen) nur derjenige Teil

---

1) Sasaki, Yomoshi: Acta scholae med., Kioto, Vol. I, Fasc. IV, S. 413. 1917.

2) Bergell, P. u. R. Pschorr: Hoppe-Seylers Zeitschr. f. physiol. Chem. Bd. 38, S. 16. 1903.

3) Stolnikow: Hoppe-Seylers Zeitschr. f. physiol. Chem. Bd. 8, S. 266. 1884.

4) Über die Bedeutung der Hydroxylgruppe bei den Alkaloiden findet man Näheres im Kapitel: Alkaloide.

eines Moleküles ist, welcher den Gesamtkörper in Beziehungen bringt zu einem bestimmten Zellbestandteil (Verankerung) und dort die Gesamtsubstanz zur Wirkung gelangen läßt. Wenn wir nun diejenige Gruppe, welche die Beziehungen zwischen der chemischen Substanz und dem Organismus bedingt, verschließen oder verändern, so können wir unter Umständen verhindern, daß die Gesamtsubstanz zur Wirkung gelangt, ohne daß wir an dieser irgendwelche chemische Veränderung vorgenommen hätten. Wir können uns das bildlich veranschaulichen durch das Beispiel einer Patrone und ihrer Zündkapsel. Das Sprengmittel der Patrone entzündet sich nur, wenn vorerst durch einen Schlag die Zündkapsel zur Explosion gebracht wird. Schützen wir die Zündkapsel vor Explosion, so kann durch den Schlag auch der Sprengstoff der Patrone nicht explodieren, somit nicht zur Wirkung gelangen. Zwischen den endständigen Gruppen, etwa Hydroxylen, Methoxylen, Alkylgruppen im allgemeinen und gewissen Nervenzentren bzw. Orten im Organismus, wo chemische Substanzen zur Wirkung gelangen, müssen bestimmte physikalische und chemische Beziehungen bestehen. Durch Veränderungen der endständigen Gruppe können wir wohl den Angriffspunkt der Substanz verschieben oder dieselbe ganz wirkungslos machen, aber wenn sie wirksam bleibt, so tritt der Grundcharakter ihrer Wirkung, wenn auch oft verschleiert, dennoch wieder hervor, wie wir es bei der Besprechung der Alkaloide deutlich sehen werden.

Das Verschließen solcher endständigen Gruppen vernichtet oder verzögert die Verankerungsfähigkeit (das Festgehaltenwerden) der Substanz in einem bestimmten Gewebe.

Wenn Hydroxyle durch Acylgruppen verschlossen werden, so kann die Wirkung eine verschiedene sein. Da solche Ester im Darm zerlegt werden können, wobei sowohl die Säure als auch der Alkohol frei werden, so ist gewöhnlich die physiologische Wirkung aus der Wirkung des Salzes der Säure und des freien Alkohols zusammengesetzt. Aber dies ist nicht immer der Fall. Nitroglycerin

$$\begin{array}{l} CH_2 \cdot O \cdot NO_2 \\ \dot{C}H \cdot O \cdot NO_2 \\ \dot{C}H_2 \cdot O \cdot NO_2 \end{array}$$

, z. B. in minimalen Dosen, hat nicht etwa die Wirkung des Glycerins und des salpetersauren Natrons, sondern es zeigt spezifische Wirkung, indem es die Blutgefäße stark erweitert, Wirkungen, die sich nicht durch die Wirkung der anorganischen Nitrite und Nitrate erklären lassen. Eine spezifische Wirkung auf das Nervensystem zeigt auch Triacetylglycerin. Dieses

$$\begin{array}{l} CH_2O \cdot OC \cdot CH_3 \\ \dot{C}H \cdot O \cdot OC \cdot CH_3 \\ CH_2O \cdot OC \cdot CH_3 \end{array}$$

(Triacetin) zeigt keineswegs die Wirkung von essigsaurem Natron und Glycerin, sondern ebenfalls spezifische Wirkungen, und erweist sich als Gift, während die beiden Komponenten Essigsäure und Glycerin ungiftig sind. Triacetin tötet Frösche und Kaninchen, beim Menschen erzeugt es ein Gefühl von Schwäche und Schweiß. Überdies machen alle Essigsäureester des Glycerins, Mono-, Di- und Triacetin, Narkose. Es tritt also die Eigenschaft des Kohlenwasserstoffes des Glycerins, des Propans, nach dem Verdecken der Hydroxyle zutage. Ebenso wirkt Glycerinäther

$$\begin{array}{ccccc} CH_2 & - & CH & - & CH_2 \\ | & & | & & | \\ O & & O & & O \\ | & & | & & | \\ CH_2 & - & CH & - & CH_2 \end{array}$$

narkotisch[1]).

Die Toxizität der hydroxylierten Substanzen steht daher in keinem direkten Zusammenhange mit dem Hydroxyle, welches

[1]) Arch. f. exp. Pathol. u. Pharmakol. Bd. 42, S. 117.

ja nur ein Angriffspunkt, sondern hängt von der Art und Größe der Grundsubstanz ab.

Wie früher schon ausgeführt wurde, besteht die homologe Reihe der gesättigten Kohlenwasserstoffe oder Paraffine aus Gliedern von der allgemeinen Formel C_nH_{2n+2}. Werden die niederen Kohlenwasserstoffe dieser Reihe eingeatmet, so erzeugen sie Anästhesie und Schlaf, in großen Dosen Tod durch Asphyxie. Die Dauer des auf diese Weise hervorgebrachten Schlafes wächst mit der Zunahme an Kohlenstoff, also mit dem Aufsteigen in der Reihe, mit der Molekulargröße (Richardsonsches Gesetz).

Die einwertigen Alkohole, welche sich von diesen Kohlenwasserstoffen ableiten, wirken alle in gleicher Weise auf das Zentralnervensystem, insbesondere auf das Gehirn; die Intensität der Wirkung hängt von der Anzahl der Kohlenstoffatome ab, sie wird um so größer, je weiter man in der homologen Reihe aufsteigt[1]), nur der Methylalkohol macht zum Teil eine Ausnahme.

Die Giftigkeit der Alkohole und Äther verhält sich umgekehrt wie ihre Löslichkeit in Wasser[2]). Die Wirksamkeit der Alkohole läuft parallel ihren Teilungskoeffizienten zwischen Lipoid und Wasser und die relative physiologische Wirksamkeit der Alkohole muß daher durch die relative Geschwindigkeit der Absorption derselben durch die Zelle in erster Linie bedingt sein[3]).

Methylalkohol macht eine viel geringere akute Rauschwirkung als Äthylalkohol, aber er macht schwere anatomische Veränderungen, die zum Tode führen, da er viel schwieriger oxydativ angegriffen wird. Sehr häufig werden Erblindungen beobachtet.

Das Richardsonsche Gesetz gilt für Alkohole mit unverzweigter Kette.

Es lautet: die Giftigkeit der Alkohole nimmt mit steigender Kohlenstoffzahl und steigendem Molekulargewicht zu[4]).

Die normalen primären Alkohole sind wirksamer als die isomeren mit verzweigter Kohlenstoffkette (im Gegensatz zu den nicht einwandfreien Angaben von Schneegans und Mering, welche die Ansicht vertreten, daß die primären Alkohole weniger narkotisch wirken als die sekundären und diese wieder weniger als die tertiären).

Als Picaud die Giftigkeit der verschiedenen Alkohole für Fische untersuchte, fand er, daß, wenn man die Toxizität des Äthylalkohols = 1 setzt, die des Methylalkahols zwei Drittel, des Propylalkohols 2, des Butylalkohols 3 und des Amylalkohols 10 ist.

Die Giftigkeit der Alkohole für das Schildkrötenherz erweist sich ebenfalls mit dem Molekulargewicht wachsend. Isoamylalkohol ist 23mal so giftig wie Methylalkohol. Isopropylalkohol ist weniger giftig als Propylalkohol. Er verwandelt sich im Organismus z. T. in Aceton, z. T. wird er unverändert ausgeschieden. Isobutylalkohol ist weniger giftig als Butylalkohol; sekundärer Butylalkohol weniger giftig als Isobutylalkohol, tertiärer Butylalkohol weniger als sekundärer Butylalkohol.

Die Herzwirkungen der Alkohole entsprechen nahezu dem Hämolysevermögen für rote Blutkörperchen[5]).

Hemmerters Versuche am isolierten Säugetierherzen zeigten, daß die meßbare Pumpleistung im Mittel beim Methylalkohol um 19, Äthylalkohol 17, Propylalkohol 79, Butylalkohol 161, Amylalkohol 323 cm in 30 Sekunden

[1]) Arch. f. Anat. u. Physiol. 1893, S. 201, Suppl., Richardson: Med. times and Gaz. Bd. 2, S. 705. 1869.
[2]) Richet, Charles: Dict. de Physiologie, Vol. I, Artikel: Alcools.
[3]) Biochem. Zeitschr. Bd. 15, S. 258. 1909.
[4]) Med. times and gaz. Bd. 2, S. 703. 1869.
[5]) Vernon, H. M.: Journ. of gen. physiol. Bd. 43, S. 325. 1911.

herabgesetzt wird. Auffallend ist die rasch ansteigende Wirkung, welche für den Propylalkohol 4mal so hoch ist als für den Methylalkohol, dann beim Butylalkohol um etwas mehr als das Doppelte steigt, und für den Amylalkohol neuerdings doppelt so stark wird, was wohl mit dem höheren Molekulargewicht zusammenhängt.

Die Verzweigung der Kette bedingt bei den Alkoholen Unterschiede. Isopropylalkohol ist giftiger als der normale Propylalkohol, der normale Butylalkohol $CH_3 \cdot CH_2 \cdot CH_2 \cdot CH_2 \cdot OH$ aber ist giftiger als Isobutylalkohol $\frac{CH_3}{CH_3}{>}CH \cdot CH_2 \cdot OH$[1]). Die Alkohole mit verzweigten Ketten sind bei gleicher Kohlenstoffzahl weniger giftig als die mit unverzweigten Ketten.

Die hemmende Wirkung auf Bakterien nimmt bei aliphatischen Alkoholen mit steigendem Molekulargewicht zu[2]).

Auch in bezug auf ihre Desinfektionsleistungen reihen sich die Alkohole nach ihrem Molekulargewicht an. Methylalkohol ist der schwächste, Amylalkohol der stärkste. Ausnahmen machen die tertiären Alkohole, tertiärer Butylalkohol wirkt nicht so kräftig als die Propylalkohole, tertiärer Amylalkohol schwächer als die Butylalkohole[3]). Die tertiären Alkohole sind weniger wirksam als ihre isomeren Normal- und Isoalkohole.

Das Richardsonsche Gesetz gilt ebenso für Kohlenwasserstoffe als auch für homologe Reihen von Alkoholen und Alkylderivaten.

Verschiedene Forscher haben angegeben, daß die Wirkungsgröße im Verhältnis $1:3:3^2:3^3 \ldots 3^{n-1}$ zunimmt.

Die Zunahme der Wirkungsgröße jedes folgenden Gliedes der homologen Reihe um das Dreifache trifft nicht ausnahmslos zu.

Die Giftigkeit der normalen aliphatischen Alkohole von Methyl- bis Amylalkohol nimmt sowohl bezüglich der tödlichen Gabe für Katzen als auch bezüglich der Wirkung auf das isolierte Froschherz und Muskelpräparate entsprechend dem steigenden Molekulargewichte zu. Die sekundären Propyl-, Butyl- und Amylalkohole sind weniger giftig als die entsprechenden primären. Diese Feststellungen beziehen sich nur auf die akute Vergiftung, während die Erfahrungen mit Methylalkohol auf den großen Unterschied zwischen unmittelbarer und mittelbarer Wirkung hinweisen. Ein solcher Unterschied besteht im umgekehrten Sinne beim Benzylalkohol[4]).

Nach Schapirov wirken primäre Alkohole verschieden von den tertiären. Die primären wirken reizend, die tertiären lähmend auf das Gehirn. Die primären Alkohole wirken nach den Untersuchungen von J. v. Mering weniger narkotisch als die sekundären und diese wieder weniger als die tertiären. Mit der Zahl der Kohlenstoffatome in der verzweigten Kette nimmt die narkotische Wirkung zu. H. Fühner fand diese Gesetzmäßigkeit wieder bei seinen Untersuchungen über die Giftigkeit der Alkohole auf Seeigeleier[5]). In der homologen Reihe der einwertigen gesättigten Alkohole nimmt die Wirksamkeit für die normalen Glieder (mit unverzweigter Kette) um ein konstantes zu.

Man kann diese Beobachtungen in der Weise formulieren (Traubesches Gesetz), daß mit Ausnahme des Amylalkohols jeder folgende Alkohol etwa dreimal so wirksam ist als der vorausgehende.

Die Glieder mit verzweigter Kette und die sekundären Alkohole sind, wie erwähnt, weniger wirksam als die erstgenannten. Dasselbe sieht man bei den alky-

---

1) Siehe auch Gibbs u. Reichert: Americ. Chemist. Bd. 13, S. 361.
2) Wirgin: Zeitschr. f. Hyg. u. Infektionskrankh. Bd. 40, S. 307. 1903; Bd. 44, S. 149. 1904.
3) Wirgin, Germund: Zeitschr. f. Hyg. u. Infektionskrankh. Bd. 46, S. 149.
4) Macht, David J.: Journ. of pharmacol. a. exp. therapeut. Bd. 16, S. 1. 1920.
5) Arch. f. exp. Pathol. u. Pharmakol. Bd. 52, S. 71. 1905.

lierten Harnstoffderivaten. Die Harnstoffderivate mit primären Alkylen wirken nicht narkotisch, wohl aber solche mit tertiären. Die Wirkung steigt auch hier mit der Zahl der Kohlenstoffatome.

Bei den Pinakonen $\frac{R_1}{R_2}>C\cdot(OH)\cdot(OH)\cdot C<\frac{R_3}{R_4}$, welche ebenfalls narkotische Wirkung haben, steigt mit der Zahl der Kohlenstoffatome im Molekül nach den Untersuchungen von Schneegans und Mering[1]) die narkotische Wirkung. Bei den mehrwertigen Alkoholen nimmt der Giftcharakter ab. So ist Propylalkohol noch ein starkes Gift, während Glycerin nur mehr eine geringe Giftigkeit hat. Solche Unterschiede wie zwischen Isopropylalkohol $CH_3 \cdot CH(OH) \cdot CH_3$ und Propylalkohol CH_3 $CH_2 \cdot CH_2 \cdot OH$ in bezug auf die Verschiedenheit der Wirkung zweier isomerer Körper lassen sich nicht überall verfolgen.

Für die Wirkungsweise der Alkohole sind verschiedene Umstände entscheidend. Vor allem die Wertigkeit. Nur die einwertigen Alkohole sind stark hypnotisch wirkend. Je mehr der Reichtum an Sauerstoff anwächst (durch Eintritt von Hydroxylen), desto geringer ist der hypnotische Effekt. Dem Glycerin kommen überhaupt keine hypnotischen Eigenschaften mehr zu.

Die Verbindungen mit einem tertiären C-Atom sind stärker wirksam als solche mit sekundärem, und diese stärker wirksam als die mit primärem Kohlenstoff.

Bei der Untersuchung der primären, sekundären und tertiären Alkohole konnten Schneegans und Mering[2]) folgende Verhältnisse feststellen:

Primäre Alkohole.

Methylalkohol (acetonfrei) 6—12 g ist beim Kaninchen wirkungslos. Äthylalkohol 7 g Trunkenheit, 12 g Schlaf. Propylalkohol $CH_3 \cdot CH_2 \cdot CH_2 \cdot OH$ 12 g Tod nach 5 Stunden, Schlaf nach 5 Minuten. Normaler Butylalkohol $CH_3 \cdot CH_2 \cdot CH_2 \cdot CH_2 \cdot OH$ 3 g Trunkenheit, 7 g Schlaf und Tod. Isoamylalkohol $\frac{CH_3}{CH_3}>CH\cdot CH_2\cdot CH_2\cdot OH$ 2 g Halbschlaf.

Sekundäre Alkohole.

$\frac{CH_3}{CH_3}>CH\cdot OH$ Dimethylcarbinol (sek. Propylalkohol) 2 g Halbschlaf.

$\frac{CH_3}{C_2H_5}>CH\cdot OH$ Äthylmethylcarbinol (sek. Butylalkohol) 4 g Halbschlaf.

$\frac{C_2H_5}{C_2H_5}>CH\cdot OH$ Diäthylcarbinol (sek. Amylalkohol) 2 g Schlaf.

Tertiäre Alkohole.

$(CH_3)(CH_3)(CH_3)>C\cdot OH$ Trimethylcarbinol (tert. Butylalkohol) 4 g Schlaf.

$(CH_3)(CH_3)(C_2H_5)>C\cdot OH$ Dimethyläthylcarbinol (tert. Amylalkohol [Amylenhydrat])[3]) 2 g Schlaf von 8—10 Stunden.

$(C_2H_5)(C_2H_5)(C_2H_5)>C\cdot OH$ Triäthylcarbinol (tert. Heptylalkohol) 1 g 10—12 Stunden Schlaf, Atmung mühsam, kleinere Dosen wirken stark erregend.

Die primären Alkohole wirken weniger narkotisch als die sekundären, die sekundären Alkohole weniger als die tertiären. Doch ist diese Regel von Mering nicht allgemein gültig. Tertiärer Amylalkohol ist viel unschädlicher als pri-

---

[1]) Therap. Monatsh. 1861, S 332. [2]) Therap. Monatsh. 1892, S. 331.

[3]) Lüssem: Diss. Bonn 1885.

märer Isoamylalkohol. — Die Alkohole wirken im allgemeinen um so stärker, je länger die unverzweigte Kette von Kohlenstoffatomen ist, die sie enthalten.

Bei den tertiären Alkoholen ist die Wirkung abhängig von der Art der Alkylradikale, welche mit dem tertiären Kohlenstoffatom verbunden sind. Ist nur das Methylradikal vertreten wie beim Trimethylcarbinol, so ist die Wirkung eine relativ schwache, größer ist sie, wenn ein Äthyl eintritt, und nimmt zu mit der Anzahl der mit dem tertiären Kohlenstoffatom verbundenen Äthylgruppen.

Es ist interessant, daß der absolute Alkohol keine desinfizierenden Eigenschaften hat, hingegen aber seine wässerige Lösung. Am kräftigsten soll ein etwa 55proz. Äthylalkohol wirken. Man erklärt das Versagen der Wirkung des absoluten Alkohols auf das trockene Material in der Weise, daß sich die Bakterienmembran unter der Einwirkung des Alkohols kontrahiert und das Zellprotoplasma der Mikroorganismen von der kontrahierten Membran vor der Einwirkung des Alkohols geschützt wird. Es ist aber sehr fraglich, ob diese Erklärung richtig ist.

Die paralysierende Wirkung der Äthoxygruppe übertrifft die der Methoxygruppe im substituierten Coffein[1]).

Führt man in das Coffein eine Hydroxylgruppe ein, so macht selbst das Fünffache von der Coffeindosis, als Hydroxycoffein verabreicht, keine augenfälligen Erscheinungen; es ist die dem Coffein eigentümliche Einwirkung durch die Einführung der Hydroxylgruppe anscheinend verlorengegangen. Durch die Einführung der Hydroxylgruppe ist nämlich das Coffeinmolekül, welches sich dem Organismus gegenüber recht resistent verhält, im Organismus zersetzlicher geworden, kann also leichter gespalten und oxydiert werden. Anderseits kann auch der Angriffspunkt durch die Einführung der Hydroxylgruppe verschoben sein. Diäthoxyhydroxycoffein ist bei Fröschen völlig unwirksam, was ebenfalls auf die Gegenwart der Hydroxylgruppe in dem Körper zu beziehen ist. Wenn man nun die Hydroxylgruppe im Hydroxycoffein veräthert, so macht man durch den Verschluß der Hydroxylgruppe den Körper anscheinend dem Organismus gegenüber resistenter. Sowohl 8-Äthoxycoffein als auch Methoxycoffein bewirken zunächst gar keine Symptome, sondern eine Betäubung des Zentralnervensystems, an die sich erst später eine der Coffeinstarre analoge Muskelerstarrung anschließt. Das Herz bleibt das ultimum moriens. Durch die Einführung der Äthoxygruppe ist die Verwandtschaft der Substanz zum Zentralnervensystem wesentlich größer, zur Muskelsubstanz aber geringer geworden[2]). Auch beim Säugetier zeigt sich die gleiche narkotische Wirkung. Blutdruckversuche mit Äthoxy-, Methoxy- und Coffein selbst zeigen, daß die Wirkung der beiden erstgenannten auf Blutdruck und Herzschlag qualitativ der des Coffeins durchaus gleich ist. Beim Menschen erregen die Alkyloxycoffeine in $^1/_2$ g-Dose Zunahme der artiellen Spannung, subjektives Behaglichkeitsgefühl, große Neigung zum Nichtstun und zur Ruhe, oft sehr lange und sehr ausgesprochen subjektiv wahrnehmbare, verstärkte Herzarbeit, am nächsten Tage Wohlbefinden; größere Dosen machen Schwindel und heftigen Kopfschmerz, am nächsten Tage Abgeschlagenheit. Bei mittleren Dosen tritt in der Nacht festerer Schlaf, nach größeren unruhiger ein.

Auch die diuretische Wirkung geht nach den Untersuchungen von W. von Schroeder[2]) den Xanthinderivaten verloren, wenn eine Hydroxylgruppe eingeführt wird, selbst wenn man diese dann noch veräthert. Äthoxycoffein zeigt erst diuretische Wirkung, führt aber auch in denselben Gaben Tod durch zentrale Lähmung herbei. Auch das fast ungiftige Coffeinmethylhydroxyd (Methyl

[1]) Pflügers Arch. f. d. ges. Physiol. Bd. 160, S. 205, 207, 283. 1915.
[2]) Arch. f. exp. Pathol. u. Pharmakol. Bd. 24, S. 85.

und Hydroxyl am N) übt keine diuretische Wirkung mehr aus, ebenso fehlt sie dem Coffeidin, welches unter Wasseraufnahme und Kohlensäureabspaltung aus dem Coffein entsteht.

Noch stärker narkotisch als 8-Äthoxycoffein ist bei Fröschen 7.9-Dimethyl-2.6-diäthoxy-8-oxypurin. Bei höheren Tieren ist es wenig wirksam. 7.9-Dimethyl-2.6-dimethoxy-8-oxypurin macht keine hypnotischen Erscheinungen, hingegen wie Coffein starke Muskelstarre und Tetanus.

3. Bedeutung der Alkylgruppen.

Im allgemeinen haben die tertiären Alkohole die geringste narkotische Kraft, die isomeren sekundären sind stärker wirksam, die primären (normalen) am stärksten wirksam. Dies gilt aber nicht nur für die Alkohole, sondern auch für andere mit Alkylen substituierte Reihen, so auch für Benzolderivate mit fetten Seitenketten.

Ein gleiches gilt für die Alkylgruppe selbst wie für die Alkohole. Dementsprechend hat Äthylurethan eine größere Giftigkeit als Methylurethan. Nach Einführung einer Äthylgruppe in die NH_2-Gruppe bleibt dieses Verhältnis bestehen, während wegen der Vergrößerung des Moleküls die letalen Dosen steigen.

Die Giftigkeit alkylsubstituierter Verbindungen steigt also mit dem Kohlenstoffgehalte der Alkylgruppe an. β-Äthylpiperidin ist weniger als halbmal so giftig als β-Propylpiperidin.

Die Äthylgruppe hat ganz bestimmte Beziehungen zum Nervensystem, wie die Wirkung der allermeisten, Äthylradikale enthaltenden Verbindungen zeigt. P. Ehrlich und Michaelis[1]) haben als weiteren Beweis hierfür gefunden, daß es äthylhaltige Farbstoffe gibt, welche Nervenfärbungen geben (so Farbstoffe mit Diäthylaminogruppen), während die entsprechenden Methylverbindungen sich in dieser Beziehung negativ verhalten. Die Tatsache, daß die Äthylgruppe gewisse Beziehungen zum Nervensystem hat, läßt es nach Ehrlich verständlich erscheinen, daß der Äthylalkohol zu allen Zeiten und bei allen Völkern als Genußmittel gedient hat.

Der Ersatz eines Hydroxylwasserstoffes durch einen Alkylrest macht den Gesamtkörper chemisch und pharmakologisch widerstandsfähiger gegen die Oxydation im Organismus. Die Alkylverbindungen (Ätherverbindungen) dieser Art zeigen oft hervorragende hypnotische Eigenschaften, welche sie dem eintretenden Alkylrest verdanken (z. B. Coffeinäthyläther). Eines der einfachsten Beispiele dieser Art ist der Äthyläther.

Die biologische Wirkung der Alkyl-Ester wird durch den elektronegativen Bestandteil häufig nicht beeinflußt[2]).

Die Wirkung des Dimethylsulfates $SO_2<^{OCH_3}_{OCH_3}$ ist sowohl lokal als auch allgemein, lokal wirkt es heftig ätzend; die Allgemeinerscheinungen beziehen sich auf allgemeine Krämpfe, Koma und Lähmung. Diäthylsulfat $SO_2<^{OC_2H_5}_{OC_2H_5}$ ätzt nicht, macht aber Konvulsionen und Lähmungen wie Dimethylsulfat. Von allen anderen Äthern und Estern der Fettreihe unterscheidet sich der Dimethylester dadurch, daß er außer Koma und Lähmung heftige Konvulsionen hervorruft[3]).

Die Alkylester: Äthylformiat, Äthylacetat, Äthylpropionat, Äthylbutyrat, Äthylvalerianat, Isobutylacetat, Amylacetat, Isobutylbutyrat, Amylvalerianat,

---

[1]) Festschrift f. v. Leyden.
[2]) Schmiedeberg, O.: Arch. f. exp. Pathol. u. Pharmakol. Bd. 20, S. 201.
[3]) Weber, S.: Arch. f. exp. Pathol. u. Pharmakol. Bd. 47, S. 113. 1901.

Önanthäther und Sebacinsäurediäthylester erhöhen in kleinen Mengen die Atmungsgröße schnell und energisch und lähmen in großer Gabe ohne Erzeugung von Krämpfen die Nervenzentren. Sie üben einen der Alkoholwirkung ziemlich entgegengesetzten Einfluß[1]).

Die hypnotische Wirkung kommt einzelnen Estern zu. So hat der Oxalsäureäthylester bei Säugetieren keine Oxalsäurewirkung beim Einatmen, sondern anästhesiert wie Äther und Chloroform. Die hypnotische Wirkung zeigt sich auch deutlich bei den Alkyläthern des Coffeins (s. o.). Im Gegensatze zu der Coffeinwirkung erscheint die Vergiftung mit Äthoxycoffein und Methoxycoffein zunächst als eine Beteiligung des Zentralnervensystems, an die sich erst später eine der Coffeinstarre analoge Muskelerstarrung anschließt. Durch Einfügung der C_2H_5O-Gruppe ist die Verwandtschaft des Coffeins zum Zentralnervensystem größer, zur Muskelsubstanz etwas geringer geworden. Daher wirkt Äthoxycoffein narkotisch, wie Filehne[2]) und Dujardin-Beaumetz[3]) gefunden. Während Hydroxycoffein eine dem Coffein gegenüber abgeschwächte Wirkung zeigt, hat Äthoxycoffein gar keine Coffeinwirkung, sondern wirkt nur hypnotisch. Wenn man Coffein in Methoxycoffein verwandelt, so wird es fast ungiftig, die diuretische Wirkung des Coffeins wird eine sehr geringe und unsichere. Eine Abschwächung durch Methylierung beobachtete auch Giacosa[4]) bei aromatischen Oxysäuren. Ersetzt man den Hydroxylwasserstoff der Salicylsäure durch eine Methylgruppe, so erhält man eine nur schwach antiseptisch wirkende, bei Tieren selbst in großen Dosen ungiftig wirkende Substanz $C_6H_4<^{OCH_3\ (1)}_{COOH\ (2)}$ o-Methoxybenzoesäure. Beim Menschen hat sie nur eine schwache antithermische Wirkung. Ersetzt man in der p-Oxybenzoesäure den Wasserstoff des Hydroxyls durch Methyl, so bekommt man eine unwirksame und den Organismus unverändert passierende Substanz, die Anissäure $C_6H_4<^{OCH_3\ (1)}_{COOH\ (4)}$.

Die vom p-Aminophenol sich ableitenden Verbindungen sind behufs Abschwächung der unangenehmen Nebenerscheinungen und der Toxizität in der Hydroxylgruppe methyliert bzw. äthyliert. Diese Abschwächung tritt aber nur ein, sobald die Alkylgruppen sich in der p-Stellung zur Aminogruppe befinden, überdies ist dies nicht bei allen Verbindungen dieser Art der Fall.

Die Methylierung kann aber auch Körper sowohl bei Methyl-o-Verbindungen als Methyl-N-Verbindungen sehr giftig machen. Dimethylresorcin (Benzolring mit OCH_3 und OCH_3) z. B. ist so stark giftig, daß ein Tropfen desselben unter einer Glasglocke genügt, um in 3—5 Minuten fünf Frösche zu töten[5]).

Phenetol, Guajacol und Veratrol machen vollständige anhaltende Lähmung. Mit dem Hinzutritt mehrerer Alkyle nimmt sie zu.

Bei Herzversuchen sieht man, daß die Einführung der Methylgruppe die Giftigkeit erheblich erhöht, denn Chinolin ist 5mal ungiftiger als seine Methylderivate: Chinaldin, Lepidin und o-Toluchinolin. Ebenso erhöht auch die Methoxylgruppe die Giftigkeit, p-Methoxychinolin übertrifft das Chinolin, Thallin das Tetrahydrochinolin an Giftigkeit[6]).

Beim Ersatz des Phenolhydroxylwasserstoffes des Morphins durch Alkylradikale wächst die Giftigkeit mit der Molekulargröße der substituierenden Alkylgruppe[7]).

---

1) Vogel, G.: Pflügers Arch. f. d. ges. Physiol. Bd. 67, S. 141.
2) Dubois' Arch. f. Physiol. 1886, S. 72.
3) Bull. gen. de thérap. 1886, S. 241. — Ann. di chim. e farm. 4. Ser. Bd. 5, S. 261.
4) Ann. di chim. e farm. 1877.
5) Hoppe-Seylers Zeitschr. f. physiol. Chem. Bd. 8, S. 237. 1884.
6) Fredericq H. u. Emile F. Terroine: Arch. intern. de physiol. Bd. 16, S. 325. 1921.
7) Stockmann, Rolph u. Dott: Proc. Roy. Soc. Edinbourgh Bd. 17, S. 321. 1890.

Der Eintritt von Alkylgruppen in bestimmte Säuren bedingt oft nur, daß die durch die Carboxylgruppe larvierte Eigenschaft dieser Körper wieder zutage tritt (Cocain, Arecolin, Tyrosinäthyläther).

Wenn eine wirksame Säure verestert wird, insbesondere mit Alkoholen der fetten Reihe, so wird ihre Wirkung ungemein gesteigert resp. ungemein stark zur Geltung gebracht, weil der eintretende Alkylrest für ihre Selektion in einem bestimmten Gewebe orientierend wirkt und der saure Charakter verdeckt erscheint. Die Giftigkeit des Rhodanwasserstoffes ist weitaus kleiner als die des Esters[1]). Salpetrige Säure in ihren Salzen wirkt weit schwächer gefäßerweiternd als Salpetersäuremethylester, Amylnitrit usf.

Es mag dies auch der Grund sein, weshalb eine an sich wirksame Grundsubstanz in der Wirkung noch verstärkt wird resp. stärker zur Wirkung gelangt, wenn eine $-COO \cdot C_2H_5$-Gruppe (Carboxäthyl) eintritt.

In der Gruppe der Sulfonale wirken die Methylverbindungen nicht hypnotisch. Die Wirkung steigt mit der Anzahl der Äthylgruppen, fällt in gemischten, Äthyl- und Methylgruppen enthaltenden Verbindungen mit der Anzahl der Methylgruppen[2]).

Methylharnstoff ist nicht giftiger als Harnstoff selbst[3]).

Bei den Ketonen haben die Methylgruppen keinen, die Äthylgruppen einen günstigen Einfluß auf die hypnotische Wirkung der Verbindung [Albanese und Barabini[4])].

Werden in aromatischen Verbindungen Kernwasserstoffe durch Alkylgruppen ersetzt, so ändert sich die Wirkung des ursprünglichen Körpers bedeutend. Beim Benzol z. B. tritt eine sedative Wirkung auf das Nervensystem ein, wie sie der Alkoholgruppe eigen ist. Die Benzolverbindungen, welche Kernwasserstoffe durch Alkylgruppen substituiert haben, machen weniger Tremor, weniger Hyperästhesie und mehr Lethargie als die Halogenverbindungen. Sie haben eine geringere Wirkung auf Muskeln und Nerven, aber sie wirken kräftiger auf die Muskeln als auf die Nerven. Ihre Wirkung ist flüchtiger als die der Halogenverbindungen. Die Zirkulation wird weniger affiziert.

P. Ehrlich hat gezeigt, daß durch Einführung der Methylgruppe in den Benzolkern aromatischer Substanzen ihr therapeutischer Wert im allgemeinen herabgesetzt wird. Die Methylgruppen haben einen dystherapeutischen Effekt. So wirkt Fuchsin gegenüber Trypanosomen weniger gut als Parafuchsin;

Fuchsin | Parafuchsin = salzsaures Pararosanilin

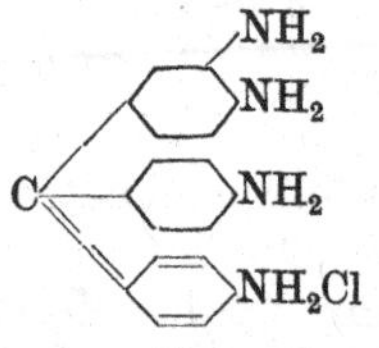

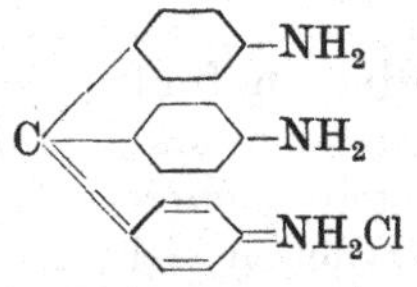

der Heileffekt von Trypaflavin (3.6-Diamino-10-methyl-acridiniumchlorid) ist dreimal so hoch als der des Acridiniumgelb (3.6-Diamino-2.7-dimethyl-10-methyl-acridiniumchlorid), welches zwei Methylgruppen mehr enthält. Der therapeutische Wert der Rosanilinfarbstoffe z. B. nimmt mit abnehmender Zahl der Methylgruppen zu, so daß z. B. Krystallviolett als schlecht, Rosanilin als gut, Pararosanilin als besser zu werten ist. Bei den Rosanilinen nehmen mit Einführung von Alkylen die ätzenden Eigenschaften zu[5]). Die homo-

[1]) Pauli, W.: Sitzungsber. d. Akad. d. Wiss., Wien. Mathem.-naturw. Kl. I, II a. Wien 1904.
[2]) Baumann, E. u. Kast: Hoppe-Seylers Zeitschr. f. physiol. Chem. Bd. 14, S. 52. 1890.
[3]) Lusini u. Calilebe: Annali di farmacoter. 1897.
[4]) Ann. di chim. et farm. Bd. 15. 1892 und Sicilia Med. fasc. 7, I. und II.
[5]) Graehlin, Vogt: Zeitschr. f. Augenheilk. Bd. 10, 13, 15.

logen Arsanilsäuren sind schlechter als Arsanilsäure, so daß im allgemeinen die Methylgruppe dystherapeutisch wirkt. Die Einführung der Methoxylgruppe in das Arsanilsäuremolekül verschlechtert den Heileffekt. Sowohl o-Anisidinarsinsäure (AsO_3H_2, OCH_3, NH_2) als auch o-Acetanisidinarsinsäure (AsO_3H_2, OCH_3, $NH \cdot CO \cdot CH_3$) wirken schlechter als Arsanilsäure[1]).

Ferner sind nach Benda und Hahn die homologen Atoxyle (Arsanilsäure) schlechter als das Atoxyl selbst und die von Bertheim dargestellten methylierten Dioxydiaminoarsenobenzole weniger gut als das methylfreie Dioxydiaminoarsenobenzol (Salvarsan).

Die Methylgruppe wirkt auch in rein chemischer Hinsicht antireaktiv. So z. B. übt eine Methylgruppe in o-Stellung zu einem Aminostickstoff eine deutlich sterische Hinderung. Die antireaktive Wirkung der Methylgruppe zu primären, sekundären und tertiären Aminstickstoffen tritt in der o-Stellung am stärksten hervor, ist in der p-Stellung noch deutlich zu konstatieren, in m-Stellung ist sie gleich Null[2]).

Die Diphenylmethanbasen

I $(CH_3)_2N-C_6H_4-CH_2-C_6H_4-N(CH_3)_2$ und II $(CH_3)_2N-C_6H_3(CH_3)-CH_2-C_6H_3(CH_3)-N(CH_3)_2$

verhalten sich Jodmethyl gegenüber ganz verschieden. Während die Verbindung I Jodmethyl glatt addiert, erfolgt bei II keine oder nur sehr träge Addition.

Die salzsauren Salze von Krystallviolett[3])

$C(-C_6H_4-N(CH_3)_2)_2(=C_6H_4=N(CH_3)_2Cl)$ und Neufuchsin $C(-C_6H_3(CH_3)-NH_2)_2(=C_6H_3(CH_3)=NH_2Cl)$

stellen typische Vertreter der beiden ähnlich konstruierten Farbstoffgruppen, nämlich der Pararosaniline und Rosaniline dar. Sie zeigen an und für sich bei Bakterienfärbungen keine besonderen Unterschiede, aber bei Hinzugabe von Lugolscher Jodlösung und nachheriger Entfärbung mit Aceton-Alkohol lassen sich Krystallviolett und Neufuchsin leicht unterscheiden. Bei der Färbung eines Lepraschnittes nach Gram sieht man die Körner des Lutz-Unnaschen Coccothrix wie eine Perlenschnur deutlich hervortreten, während das Neufuchsin unter meist gleichen Verhältnissen eine einfache Bacillenfärbung ergibt. Im Kristallviolett kann sich Jod an die tertiären Stickstoffatome leicht addieren, während im Neufuchsin die Kern-Methylgruppen sterisch hindernd einen vollen Addition gegenüberstehen.

Vergleichende therapeutische Untersuchungen zwischen Chrysarobin (Anthranol der Chrysophansäure) (HO, HO, HO; CH_3) und Cignolin (HO, HO, HO) haben ergeben, daß Cignolin gegen Psoriasis bedeutend kräftiger wirkt als seine ent-

[1]) Benda, L.: Ber. d. dtsch. chem. Ges. Bd. 47, S. 995. 1914. — Ehrlich, P. u. Benda (P. Ehrlich, Festschrift zum 60. Geburtstag). Jena: Gust. Fischer 1914.

[2]) Bamberger, E.: Ber. d. dtsch. chem. Ges. Bd. 39, S. 4285. 1906.

[3]) Unna, P.: Dermatol. Wochenschr. Bd. 64, S. 409. 1917.

sprechende Methylverbindung. Aus den Unnaschen Versuchen ergibt sich also, daß die paraständige Methylgruppe das Chrysarobin antireaktiv beeinflußt.

Durch Einführung von Methylgruppen in die Aminogruppe der p-Aminobenzoesäure nimmt die Giftigkeit erheblich zu. Ebenso bei den Toluidinen, da Dimethyl-p-toluidin noch differenter ist als p-Toluidin selbst[1]). Es ist in 1-g-Dosen pro die giftig und erzeugt Blutungen im Magendarmkanal.

Die Toluidine sind heftige Methämoglobinbildner, ebenso die durch Einführung von Methylradikalen in die Aminogruppe des Toluidins entstehenden Derivate. Dimethyl-o-toluidin führt zur Ausscheidung von Oxyhämoglobin neben Methämoglobinbildung. Diese Wirkung ist durch die o-Stellung der Methyl- zur Aminogruppe bedingt. Weder Dimethyl-p-toluidin, noch Dimethylanilin zeigen diese Wirkung[2]).

Wenn man die Wasserstoffe des krampferregenden Ammoniaks durch Methylgruppen substituiert, so nimmt die krampferregende Wirkung ab, und der schließlich resultierende Körper Trimethylamin $(CH_3)_3N$ ist wirkungslos. Beispiele: Monomethylamin $NH_2 \cdot CH_3$, Dimethylamin $NH(CH_3)_2$, Trimethylamin $N(CH_3)_3$. — Methylamin, Trimethylamin, Äthylamin $C_2H_5 \cdot NH_2$, Amylamin $C_5H_{11} \cdot NH_2$ reizen die Schleimhäute wie Ammoniak, besitzen aber sonst keine giftigen Eigenschaften. Ebenso wird Ammoniak durch Substitution mit Äthylgruppen ungiftig. Di- und Triäthylamin sind wirkungslos. Mit Zunahme der Methylierung nimmt die initiale Drucksteigerung (durch Gefäßkontraktion bedingt) zu. Die Ammonsalze zeigen diese nicht. Mit Zunahme der Methylierung ist die herzschädigende Wirkung schwächer. Die zentrale Erregung des Herzvagus wird mit Zunahme der Methylierung geringer[3]). Primäre und sekundäre Amine verändern ihre physiologische Wirkung beim Ersatze ihrer freien Ammoniakwasserstoffe durch Alkyle nicht. Die tertiären Amine werden durch Anlagerung von Methylhalogen in die entsprechenden Ammoniumverbindungen umgewandelt (siehe Kapitel Alkaloide) und erhalten Curarewirkung.

Dimethylamin kann auch bei letalen Dosen echte Krämpfe auslösen. Die Curarewirkung des Methylamins wird durch Einführung des zweiten Methyls abgeschwächt[4]), die Toxizität dagegen ist etwas vermehrt. Die Wirkungen auf das Zentralnervensystem sind bei Diäthylamin und Dimethylamin identisch. Mäuse zeigen aber nach Diäthylaminvergiftung schwere letal endende Krämpfe.

Trimethylamin ist ohne Wirkung auf den Blutdruck, Monomethylamin und Dimethylamin verursachen Blutdrucksenkung. Monomethylamin verändert die Atmung nicht, Dimethylamin nur schwach und vorübergehend während Trimethylamin eine starke und anhaltende Steigerung der Atemtätigkeit hervorruft, so daß eine Methylgruppe mehr oder weniger genügt, um verschiedene Wirkungen zu erhalten[5]).

Das Chlorhydrat des Trimethylenimin $CH_2{<}^{CH_2}_{CH_2}{>}NH$ macht in kleinen Dosen keine toxische Wirkung. Erst größere machen nervöse Symptome, Atemstörungen, aber keine Nierenveränderung.

Mit der Anfügung von Methylgruppen an die Stickstoffatome des Xanthinmoleküls wird nach Filehne die muskelerstarrende und rückenmarklähmende Wirkung des Xanthins mehr und mehr abgeschwächt. Hingegen nimmt

[1]) Hildebrandt, H.: Hofmeisters Beitr. z. chem. Physiol. u. Pathol. Bd. 7, S. 433. 1906.

[2]) Hildebrandt, H.: Münch. med. Wochenschr. 1906, S. 1327.

[3]) Formanek, Arch. internat. de pharmaco-dyn. et de thérapie Bd. 7, S. 335.

[4]) Brunton, L. u. J. Cash: Proc. of the roy. soc. of London, Ser. B. Bd. 35, S. 324. 1883.

[5]) Abelous, I. E. u. Bardier: Cpt. rend. des séances de la soc. de biol. Bd. 66, S. 460.

die tonisierende Wirkung der Xanthinderivate mit der Anzahl der Methylgruppen zu[1]). Die Ersetzung der Imidwasserstoffe durch Alkylradikale mindert die Reizwirkung ab [Filehne[2])].

Xanthin selbst hat keine kontrahierende Wirkung auf das Herz, im Gegenteil, es produziert einen atonischen Zustand desselben. Theobromin verursacht einen leichten Anstieg im Herztonus. Coffein erzeugt prononcierte idiomuskuläre Kontraktionen des embryonalen Herzens. Es bewirken also in der Xanthingruppe Xanthin (ohne Methylgruppe im Molekül) einen atonischen Zustand, mit zwei Methylgruppen im Molekül eine leichte Besserung der Systole, aber keinen prononcierten Tonus, mit drei Methylgruppen im Molekül prononcierte tonische Kontraktionen.

Wird bei den Anilinen ein Wasserstoff der Aminogruppe durch ein Alkylradikal der Fettreihe ersetzt, so hört die krampferregende Wirkung auf, wie beim Ammoniak, die betäubende Wirkung des Anilins bleibt jedoch erhalten. Zwischen Methylanilin und Äthylanilin bestehen keine Wirkungsdifferenzen[3]). Methylanilin, Äthylanilin und Amylanilin aber wirken anders und schwächer als Anilin. Sie bedingen einen Verlust der Motilität und Stupor, später Stillstand der Respirationsbewegungen und der Reflexaktion bei Abschwächung der Irritabilität der Nerven und der Haltung der Muskelerregbarkeit und der Herzaktion[4]). Nicht immer zeigen Methyl- und Äthylgruppen Wirkungsdifferenzen. Weder Methylanilin noch Äthylanilin einerseits, noch Methylstrychnin und Äthylstrychnin andererseits zeigen solche Wirkungsdifferenzen. Verstärkt aber werden die Konvulsionen, wenn, wie im Toluidin, Alkylgruppen an Stelle eines H-Atoms im Benzolring substituirt werden[5]). Hingegen verhält sich die Einführung von Äthyl- oder Methylgruppen an Stelle eines oder zweier Wasserstoffatome der Aminogruppe bei aromatischen Säureamiden durchaus verschieden. Die narkotische Wirkung des Benzamids oder Salicylamids tritt infolge solcher Substitutionen mehr und mehr zurück, während sich bei genügend großen Gaben ein der Wirkung des Ammoniaks und Strychnins vergleichbarer Symptomenkomplex einstellen kann[6]).

Wie die Methylierung des Chinolins am Stickstoff mitunter wirken kann, zeigen die Untersuchungen von Georg Hoppe-Seyler am fälschlich sog. Chinotoxin[7]), dem Dichinolindimethylsulfat. Diese wirkt curareartig und sehr giftig.

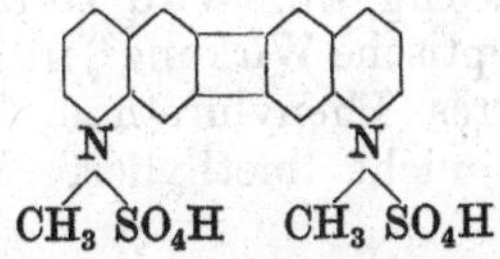

N N

CH_3 SO_4H CH_3 SO_4H

Die Verwandlung von Basen in Ammoniumbasen durch Methylierung am Stickstoff erzeugt, wie Brown und Fraser gezeigt haben, meist curareartige Wirkung. Chinolin- und Isochinolinmethyljodid wirken curareartig, töten aber durch Lähmung des Atmungszentrums (Ralph Stockmann). Dieses ist eine allgemeine Eigenschaft der quaternären Ammoniumbasen, aber die Chinolinderivate wirken nach Jolyet und Cahours[8]) nicht so (s. Kapitel Alkaloide:

[1]) Pickering: Journ. of physiol. Bd. 17, S. 395.
[2]) Dubois' Arch. f. Physiol. 1886, S. 72.
[3]) Jolyet u. Cahours: Cpt. rend. hebdom. des séances de l'acad. des sciences. Bd. 66, S. 1131.
[4]) Cpt. rend. hebdom. des séances de l'acad. des sciences. Bd. 66, S. 1131.
[5]) Gibbs u. Hare: Dubois' Arch. f. Physiol. Suppl. 1890, S. 271.
[6]) Nebelthau, Eberhard: Arch. f. exp. Pathol. u. Pharmakol. Bd. 36. S. 451.
[7]) Arch. f. exp. Pathol. u. Pharmakol. Bd. 24, S. 241.
[8]) Cpt. rend. hebdom. des séances de l'acad. des sciences. Bd. 66, S. 1131.

Die quaternären Ammoniumbasen). Methyl-, Äthyl- und Amylchinolin haben keine curareartige Wirkung. Nur ein Chinolinderivat zeigte nach den Untersuchungen von Bochefontaine[1]) diese lähmende Wirkung, nämlich das Oxäthylchinoleinammoniumchlorid. Auch Chinolin selbst zeigt keine curareartige Wirkung, sondern lähmt das Zentralnervensystem. Aber im Dichinolindimethylsulfat muß die curareähnliche Wirkung auf die Methylgruppen am Stickstoff bezogen werden.

Im allgemeinen gilt die Regel, daß die antiseptische Wirkung aller Verbindungen mit einem Benzolkern (z. B. der Phenole) durch Ersatz von Kernwasserstoff durch beliebige Radikale (wenn nur die Substanz dadurch nicht den Charakter einer Säure erhält) ohne Unterschied verstärkt wird, ebenso bei Eintritt von Halogen (z. B. Chlor-, Brom-, oder Jodphenol) wie bei Kresolen durch Eintritt von Alkylgruppen als auch durch den Eintritt von Nitrogruppen. Es steigt auch die reizende und herzlähmende Wirkung dieser Verbindungen.

Eine bedeutende Abschwächung der Giftwirkung findet bei der Einführung einer zweiten Methylgruppe in das Arsenmolekül statt (A. v. Baeyer). $\underbrace{As(CH_3)Cl_2}_{\text{stark giftig}}$, $\underbrace{As(CH_3)_2Cl}_{\text{schwach giftig}}$ (Arsendimethylchlorid). Bei Zinksalzen wird dagegen nach der Verbindung von Äthylradikalen mit dem Metall eine Steigerung der Giftwirkung beobachtet (Bodländer), ebenso bei Bleisalzen.

Die Methylgruppe kann auch einen an und für sich unwirksamen Körper zu einem wirkenden gestalten, indem anscheinend durch ihren Eintritt ein neuer Angriffspunkt für den Organismus gesetzt wird. So wird Phenylmethylpyrazolon erst durch Eintritt der Methylgruppe am Stickstoff zum Phenyldimethylpyrazolon (Antipyrin), welches wirksam ist, aber das nicht methylierte Phenylmethylpyrazolon zeigt keine antipyretische Eigenschaft.

Interessant ist auch folgender Unterschied zwischen einer Methyl- und Äthylgruppe: p-Phenetolcarbamid (Dulcin genannt) $H_2N \cdot CO \cdot NH \cdot C_6H_4 \cdot O \cdot C_2H_5$ ist stark süß. Wird die Äthylgruppe in diesem Körper durch die Methylgruppe substituiert, p-Anisolcarbamid $CO{<}{}^{NH_2}_{CO \cdot NH \cdot C_6H_4 \cdot O \cdot CH_3}$ so wird der süße Geschmack abgeschwächt[2]).

Die Methylierung am Stickstoff entgiftet giftige Substanzen resp. schwächt ihre Wirkung ab. Wird Tetrahydrochinolin am Stickstoff methyliert, so sinkt die antiseptische Wirkung[3]) im N-Methyltetrahydrochinolin.

Am Stickstoff methyliertes Phenylurethan (N-Methylphenylurethan) ist weniger schädlich als die nicht methylierte Verbindung, das Euphorin $CO{<}{}^{NH \cdot C_6H_5}_{O \cdot C_2H_5}$ [4]).

4. Bedeutung des Eintritts von Halogen in die organischen Verbindungen.

Der Eintritt von Chlor in aliphatische organische Verbindungen bedingt vor allem, daß der depressive Effekt auf Herz und Gefäße erhöht wird. Viel wichtiger ist aber die Eigenschaft, daß die Einführung von Chlor in die Körper der Fettreihe im allgemeinen die narkotische Wirkung der Verbindungen steigert. Die toxische Wirkung der gechlorten Verbindungen steht im direkten Verhältnisse zur narkotischen Wirkung. Je mehr Chlor substituiert ist, desto höher ist die Giftigkeit, wenn die Verbindung nicht wesentlich in bezug auf

[1]) Cpt. rend. hebdom. des séances de l'acad. des sciences. Bd. 95, S. 1293. — S. auch Wurtz: Cpt. rend. hebdom. des séances de l'acad. des sciences. Bd. 95, S. 263.

[2]) Therap. Monatsh. 1893, S. 27. — Zentralbl. f. inn. Med. 1894, S. 353.

[3]) Loew, O.: Pflügers Arch. f. d. ges. Physiol. Bd. 40.

[4]) Giacosa: Ann. di chim. 1891.

Stabilität und physikalische Verhältnisse verändert worden ist. So ist Methylenbichlorid (Dichlormethan) CH_2Cl_2 weniger giftig als Chloroform $CHCl_3$, erregt weniger Erbrechen und ist auch ein leichteres Inhalations-Anaestheticum. Tetrachlormethan CCl_4 hingegen ist weitaus gefährlicher als Chloroform. Tetrachloräthan ist sehr giftig[1]). Die Chlorderivate des Methans und Äthans wirken hämolytisch. Die hämolytische Wirksamkeit der Verbindungen innerhalb der betreffenden homologen Reihe ist proportional dem steigenden Molekulargewicht bzw. dem Eintritt von Chloratomen ins Molekül[2]). Penta- und Hexachloräthan und die Chlorderivate des Äthylens zeigen keine hämolysierende Wirkung, was Plötz[3]) durch die geringe Wasserlöslichkeit dieser Verbindungen erklärt. Die Chlorderivate des Methans, Äthans und Äthylens machen am isolierten Froschherzen mit Ausnahme des Hexachloräthans und Tetrachloräthylens Ventrikelstillstand[4]). Bei den chlorsubstituierten Fettsäuren, insbesondere bei den Essigsäuren, nimmt die Wirkung mit steigendem Halogengehalte ab, so daß die Trichloressigsäure fast ungiftig, dagegen die Monochloressigsäure stark giftig ist. Die Qualität dagegen ist ziemlich dieselbe, Schlafsucht und Dyspnöe, endlich tiefe Narkose und Tod unter Krämpfen. Auch Trichlorbuttersäure wirkt schlafmachend und ist nur quantitativ von der Trichloressigsäure verschieden [Frese[5])]. Die narkotische Wirkung der Natriumsalze der Essig-, Propion-, Butter- und Valeriansäure nimmt mit steigendem Kohlenstoffgehalt zu, während die Wirkung der gechlorten Fettsäuren mit steigendem Kohlenstoffgehalt abnimmt. Bei den gechlorten Säuren zeigt sich zuerst die motorische Lähmung stark ausgebildet, die sensorielle folgt später; bei den nicht gechlorten ist der Erfolg zeitlich umgekehrt und die motorische Lähmung nur schwach entwickelt. Es ist eine allgemeine Eigenschaft der Chlorderivate, den Blutdruck zu erniedrigen. Auch Trichloraminobuttersäure zeigt diese Eigenschaft. Methylen-acetochlorhydrin $CH_2Cl(OC_2H_3O)$ macht Atemnot und raschen Tod[6]). Der symmetrische Dichlordimethyläther besitzt außer seiner irritativ erstickenden eine spezifische Wirkung auf das nervöse Regulationszentrum des Gleichgewichtssinnes, aber nur bei Hunden. Außerdem besteht vertikaler Nystagmus[7]).

ω-Bromacetophenon erzeugt schon in sehr geringen Mengen schmerzhafte Blasen auf der Haut und greift die Augen sehr an[8]).

Trichlor-i-propylalkohol hat eine größer desinfizierende und stärkere giftige Wirkung als i-Propylalkohol[9]).

Daß die Einführung von Chlor die Giftigkeit der Verbindungen bedingt, zeigt die Untersuchung von Vict. Meyer[10]) am Thioglykol. Thiodiglykolchlorid S $(CH_2 \cdot CH_2Cl)_2$ ist giftig und ruft auch beim Menschen Hautausschläge hervor. Diäthylsulfid $\frac{C_2H_5}{C_2H_5}{>}S$ hingegen ist indifferent. Kaninchen sterben jedoch nach 2 g pro die häufig[11]). Einfach gechlortes Diäthylsulfid ist weniger

---

[1]) Grimm, V., A. Heffter u. G. Joachimoglu: Vierteljahrsschr. f. gerichtl. Med. Bd. 48, 2. Suppl., S. 161. 1914.

[2]) Plötz, W.: Biochem. Zeitschr. Bd. 103, S. 243. 1920.

[3]) Biochem. Zeitschr. Bd. 103, S. 243. 1920.

[4]) Kießling, Werner: Biochem. Zeitschr. Bd. 114, S. 292. 1921.

[5]) Diss. Rostock. 1889.

[6]) Attilio Busacca: Ann. di farmarol. sperim. e scienze aff. Bd. 18, S. 106. 1920.

[7]) Mayer, André, L. Plantefol u. Tournay, Cpt. rend. hebdom. des séances de l'acad. des sciences Bd. 171, S. 60. 1920.

[8]) Cox, H. E.: Analyst. Bd. 45, S. 412. 1920.

Howard, J. W. u. F. D. Stimpert: Journ. of the Americ. pharm. assoc. Bd. 14, S. 487. 1925.

[10]) Ber. d. dtsch. chem. Ges. Bd. 20, S. 1275. 1887.

[11]) Privatmitteilung von C. Neuberg.

giftig als das zweifach gechlorte Schwefeläthyl. Die physiologische Wirkung dieser beiden gechlorten Verbindungen hängt demnach direkt und allein vom Chlorgehalt ab. Dichloräthylsulfid besitzt außer den lokalen toxischen Wirkungen auch allgemeine toxische Eigenschaften, indem es Gliedersteife und Betäubung, in größeren Mengen epileptiforme Krämpfe macht. Es ist ein Lymphagogum[1]). Dichlordimethyläther macht bei Hunden Lungenödem, Gleichgewichtsstörung und Nystagmus verticalis. Katzen und Kaninchen zeigen nur Lungenödem[2]). Dijodäthylsulfid (?) wirkt dem Dichloräthylsulfid analog stark auf Haut und Augen[3]). Auch bei Dimethylarsin zeigt sich die Abhängigkeit der giftigen Wirkung von der Anzahl der Chloratome bei den gechlorten Produkten. Monochlordimethylarsin ist ein schwaches Gift, während Dichlormethylarsin ein starkes Gift ist.

Monochloracetiminoäthyläther bewirkt heftige Entzündung der Schleimhäute[4]).

Brommethylamin und Chloräthylamin wirken giftig wie Vinylamin, sie erzeugen Krampferscheinungen und Nierenläsionen[5]).

Die Eigenschaft, Eiweiß zu fällen, geht bei Arsenverbindungen der hautreizenden Eigenschaft parallel, während Dichloräthylsulfid, das in bezug auf die hautreizende Eigenschaft als das wirksamste anzusprechen ist, Eiweiß kaum fällt, was auf eine Verschiedenheit im Mechanismus der Wirkung des Dichloräthylsulfids einerseits und den Arsenverbindungen andererseits hinweist. In bezug auf die Hautpigmentierung, die nach der Heilung zu beobachten ist, sind Verschiedenheiten der Färbung festgestellt worden. Dichlordinitrosoaceton ruft keine Pigmentierung hervor. Beim Dichloräthylsulfid ist ein bräunliches Pigment, bei den Arsenverbindungen ein tiefbraunes Pigment, bei den organischen Selenverbindungen ein metallischgraues Pigment zu beobachten[6]).

Dichloräthylsulfid ist ein starkes Hautreizmittel. Dichloräthylsulfoxyd $(ClCH_2CH_2)_2SO$ macht leichtes Erythem, ebenso die entsprechende Jodverbindung $(JCH_2 \cdot CH_2)_2SO$. Dichloräthylsulfon $(ClCH_2CH_2)_2SO_2$ hat dieselbe Hautwirkung wie das Sulfid, aber es steht scheinbar diesem in der Wirksamkeit nach. Diacetyläthylsulfid $(CH_3 \cdot COO \cdot CH_2 \cdot CH_2)_2S$ macht eine leichte Hautreaktion, ist aber bedeutend weniger wirksam als Senfgas. Die Stoffe haben weder antiseptische, noch bactericide Eigenschaften. Am giftigsten für Tiere ist Dijodäthylsulfon, danach Dichloräthylsufon[7]).

Die Giftwirkung des Thiodiglykolchlorids steht im engsten Zusammenhang mit der Anwesenheit der Chloratome. ω-Chlor-diäthyl-sulfid $C_2H_5 \cdot S \cdot CH_2 \cdot CH_2Cl$ ist sehr viel weniger giftig, und das kein Halogen enthaltende Thiodiglykol $S(CH_2 \cdot CH_2 \cdot OH)_2$ ist durchaus harmlos[8]).

O. Liebreich[9]) stellte die Behauptung auf, daß eine große Reihe von Körpern existieren müsse, welche die Gruppe-CCl_3, die Chloroformkomponente,

---

[1]) Mayer, A., H. Magne u. L. Plantefol: Cpt. rend. hebdom. des séances de l'acad. des sciences Bd. 170, S. 1625. 1920.

[2]) Mayer, André, L. Plantefol u. A. Tournay: Cpt. rend. hebdom. des séances de l'acad. des sciences Bd. 171, S. 60. 1920.

[3]) Fromm, E. u. B. Ungar: Ber. d. dtsch. chem. Ges. Bd. 56, S. 2288. 1923.

[4]) Journ. f. prakt. Chem. (2). Bd. 76, S. 93.

[5]) Luzzatto, Riccardo: Arch. di farmacol. sperim. e scienze aff. Bd. 17, S. 455—480. 1914.

[6]) Hanzlik, Paul u. Jesse Tarr: Journ. of pharmacol. a. exp. therapeut. Bd. 14, S. 221. 1919.

[7]) Helfrich Oregon B. u. E. Emmer Reid: Journ. of the Americ. chem. soc. Bd. 42, S. 1208. 1920.

[8]) Steinkopf, W., J. Herold u. J. Stöhr: Ber. d. dtsch. chem. Ges. Bd. 53, S. 1007. 1920.

[9]) Berlin. klin. Wochenschr. 1869, S. 325. Derselbe: Chloralhydrat, ein neues Hypnoticum und Anästheticum. Berlin.

enthalten und im Organismus Chloroform abspalten. Tatsächlich wird aber aus Chloral $CCl_3 \cdot CHO$, welches eminent hypnotische Wirkung zeigt, aber keineswegs im Organismus in Chloroform übergeht, durch Reduktion Trichloräthylalkohol $CCl_3 \cdot CH_2 \cdot OH$. Diese Liebreichsche Theorie stimmt auch für andere Körper nicht. Methylchloroform $CH_3 \cdot CCl_3$ spaltet in alkalischer Lösung kein Chloroform ab und die Spaltungsprodukte haben auch keine anästhesierende Wirkung, aber dieser Körper wirkt als solcher eminent anästhesierend. Auch das Verhalten des Monochloräthylenchlorid $CH_2Cl \cdot CHCl_2$ spricht gegen die Liebreichsche Theorie. Es wirkt als solches sowie durch sein Spaltungsprodukt, das Dichloräthylen.

Glycerin selbst ist keineswegs als giftiger Körper zu bezeichnen, aber wenn man die Hydroxyle der Glycerins durch Acetylgruppen verschließt, so bekommt man eine toxische Substanz, das Triacetin. Noch viel giftigere Substanzen erhält man, wenn man die Hydroxyle durch Chlor ersetzt. Diese Chlorhydrine zeigen narkotische Wirkungen, lähmende, sowie die den Chlorverbindungen der aliphatischen Reihe eigene Einwirkung auf die Gefäße, nämlich eine starke Dilatation derselben. Bei den Chlorhydrinen erweist sich Monochlorhydrin $CH_2(OH) \cdot CH(OH) \cdot CH_2Cl$ als am schwächsten wirkend, Dichlorhydrin $CH_2Cl \cdot CH(OH) \cdot CH_2Cl$ als stärker und Trichlorhydrin $CH_2Cl \cdot CHCl \cdot CH_2Cl$ als am stärksten wirksam und am giftigsten[1]).

Am größten ist bei den flüchtigen Chlorverbindungen die Giftigkeit der perchlorierten Stoffe. Hexachlorkohlensäuremethylester ist giftiger als Perchlorameisensäuremethylester. Wenn man vom chlorfreien Kohlensäureester oder vom Chlorkohlensäureester ausgeht, so steigt die Giftigkeit mit dem Eintritt von Chlor in die Moleküle erst rasch, dann langsamer an. Bei gleicher Zahl von Chloratomen im Molekül sind die Derivate der Chlorkohlensäure giftiger als die der Kohlensäure[2]).

Chlormethylchlorkohlensäureester sind giftiger als die Methylchlorkohlensäureester, letztere übertreffen aber die Kohlensäuremethylester an Giftigkeit, so daß die Zahl der Chloratome für den Grad der Giftigkeit ausschlaggebend ist.

Coffein wirkt auf den Herzmuskel und regt denselben zu tonischen Kontraktionen an. Chlorcoffein hingegen produziert weit weniger tonische Kontraktionen des Herzens als Coffein selbst. Hier besteht also ein physiologischer Antagonismus. Der eine Teil des Moleküls, die Methylgruppen, löst tonische Kontraktionen aus, während der andere Teil, das Chloratom, eine depressive Herzwirkung entfaltet. Die physiologischen Effekte des Coffeins, die stimulierende Aktion auf das Gehirn und die Steigerung der Diurese werden durch die Einführung von Chlor nicht tangiert[3]).

Tetrachlordinitroäthan wirkt auf Mäuse sechsmal giftiger als Chlorpikrin ein. Seine tränenerregende Wirkung auf Menschen ist achtmal größer als die des Chlorpikrins[4]).

Eine Reihe von Körpern, darunter Arsentrichlorid, Bromtrifluorid, Chlorisonitrosoaceton, Dinitrochlorbenzol, Äthyldichlorarsin, Dichloräthylsulfid, Jodtrifluorid, Methyldichlorarsin, Methyldibromarsin, Phenyldichlorarsin, organische Selenbromverbindungen haben die Eigenschaft, schwere Veränderungen der Haut hervorzurufen: Hyperämie, Schwellung und Ödem, Geschwüre,

---

[1]) **Marshall** und **Heath**: Journ. of gen. physiol. Bd. 22, S. 38.

[2]) **Mayer, André, H. Magne** u. **Plantefol**: Cpt. rend. hebdom. des séances de l'acad. des sciences Bd. 172, S. 136. 1921.

[3]) **Pickering**: Journ. of gen. physiol. Bd. 17, S. 395. 1895.

[4]) **Argo, W. L., E. M. James** u. **J. L. Donnelly**: Journ. of physical. chem. Bd. 23, S. 578. 1919.

Nekrosen und Blasenbildung. Folgende Körper sind weniger wirksam, sie rufen nur Hyperämie, leichte Schwellung, leichtes Ödem und Zucken hervor, und zwar Butyldichlorarsin, o-Chlorchloracetanilid, Chloracetophenon, Chloräthylmethylsulfid, Dimethylarsincyanid, Diphenylchlorarsin, Diphenylcyanarsin, Dichlordimethyldithioloxalat, Jodacetophenon, Isothiocyanmethylester, Isothiocyandimethylester, Monochloräthylacetat, Monobromäthylacetat, verschiedene organische Selenverbindungen usw. Lokal reizende Eigenschaften auf der menschlichen Haut oder auf der Haut des Hundes fehlen bei: Bromacetamid, Benzylsulfocyanat, Fluorsulfosäureäthylester, Senfgasquecksilberchlorid, Iuglon, Tetramethylblei, Dimethylquecksilber, p-Bromchloracetophenon, Tetrachlordinitroäthan, Trichloräthylenquecksilber. Im allgemeinen sind Arsenverbindungen stärker wirksam als Dichloräthylsulfid. Die Geschwüre, die sie hervorrufen, sind schmerzhafter, scharf begrenzt, trocken und ihre Basis ist gerötet. Die Heilung erfolgt schnell. Die Unterschiede zwischen verschiedenen Arsenverbindungen sind nur quantitativer Art. Dichloräthylsulfid wirkt langsamer als die Arsenverbindungen. Die akuten Symptome sind weniger ausgesprochen, die Geschwüre haben unregelmäßigen Rand, sind unrein und eitern. Im allgemeinen sind sie schmerzhaft und sekundäre Infektion tritt häufig ein.

Die Einführung von Halogen in den Benzolkern modifiziert die Wirkung des Benzols nur zum Teil. Monochlorbenzol affiziert das Rückenmark mehr als Benzol, indem es Krämpfe und rapide Herabsetzung der Reflexe erzeugt, es schwächt auch die Zirkulation, scheint aber die motorischen Nerven und Muskeln nicht in Mitleidenschaft zu ziehen. Die hypnotische Wirkung fehlt anscheinend allen aromatischen Chlorverbindungen. Selbst Trichlorbenzol ist ohne hypnotische und anästhesierende Wirkung. Bei den aromatischen Bromverbindungen sehen wir ebenfalls analoge Verhältnisse wie bei den Chlorverbindungen, doch hat Brombenzol eine kräftigere paralysierende Wirkung auf das Gehirn als Chlorbenzol. Auffallend groß ist die Giftigkeit des p-Bromtoluols (CH_3 / Benzolring / Br).

Die aromatischen Chlor- und Bromderivate zeigen keine hypnotische Wirkung. Hingegen nimmt die antiseptische Kraft der Benzolderivate durch Einführung von Halogen in den Benzolkern meist zu. So ist p-Chlorphenol (OH / Benzolring / Cl) ein weit intensiveres Antisepticum als Phenol.

Die Halogenderivate des Phenols sind weniger toxisch als dieses, die Chlorderivate unter ihnen am wenigsten wirksam. Chlor- und Bromphenol rufen noch starkes Zittern hervor, beim Jodphenol ist dasselbe am wenigsten ausgesprochen (Paul Binet).

Der Eintritt von Brom in Verbindungen der aliphatischen Reihe bewirkt wie der des Chlors das Auftreten der hynotischen Wirkung. Es bestehen zwischen der Wirkung der gebromten aliphatischen Verbindungen und der gechlorten sehr weitgehende Analogien. Einzelne bilden Ausnahmen, so z. B. ist Bibrompropionsäuremethylester sehr giftig und macht heftige Entzündungen und Nekrosen[1]).

Jodmethyl CH_3J und Äthylendibromid $C_2H_4Br_2$ sind für Kaninchen intern sehr giftig[2]).

---

[1]) Ber. d. Morph. Phys. Ges. München 1890, S. 109.

[2]) Hailer, E. u. W. Rimpau: Arbeiten aus dem Kaiserl. Gesundheitsamt Bd. 36, S. 409.

Die organischen Jodverbindungen unterscheiden sich von den übrigen Halogenverbindungen insbesondere durch die erhöhte antiseptische Kraft sowie durch die verringerten anästhesierenden Funktionen. Die Giftigkeit der Jodverbindungen übersteigt die der analogen Chlor- und Bromverbindungen wesentlich. — Die vorzüglichen Wirkungen der organischen wie der anorganischen Jodverbindungen als Alterantien, resorptionsbefördernde Mittel, sowie als Antiseptica haben sie zu den gebrauchtesten und wohl am meisten variierten Mitteln gemacht (s. Kapitel „Jodverbindungen" im speziellen Teil).

Die jodierten Imidazole und auch Tribromimidazol rufen im Gegensatz zu den halogenfreien Basen, die noch in relativ großen Dosen gut vertragen werden, schon in kleinen Dosen sowohl nach intravenöser als auch nach subcutaner Injektion und per os starke Steigerung der Puls- und Atemfrequenz hervor. Diese Wirkung dauert nach mäßigen Dosen mehrere Stunden, während höhere Dosen rasch zum Tode führen, wahrscheinlich durch Lähmung des Respirationszentrums. Nur das N-α-β-μ-Tetrajodimidazol macht eine Ausnahme, weil es sehr schwer löslich und wahrscheinlich nur sehr langsam resorbiert wird. Beim Tetrajodhistidinanhydrid wurden keine Wirkungen beobachtet, es ist anscheinend sehr schwer resorbierbar[1]). Untersucht wurden β-Monojod-α-methylimidazol, α-β-Dijod-μ-methylimidazol sowie die zwei erwähnten Jodderivate. N-α-β-μ-Tetrajodimidazol wirkt antiseptisch wie Tetrajodyprrol. Die bromsubstituierten Imidazole scheinen giftiger zu sein als die jodsubstituierten. Von den jodsubstituierten wirkt am giftigsten β-Monojod-α-methylimidazol, dann folgt α-β-Dijod-μ-methylimidazol, während am relativ ungiftigsten α-β-μ-Trijodimidazol ist[2]). Trijodimidazol wirkt in schon kleinen Dosen stark Atmung und Puls steigernd, ohne daß diese Wirkung auf Jodabspaltung zurückzuführen ist.

Dijodtyramin wirkt viel stärker auf die Metamorphose der Kaulquappen als das jodfreie Tyramin[3]).

Die aromatischen Jodverbindungen sind giftiger als die analogen nicht jodierten. Insbesondere nimmt die antiseptische Kraft der jodierten aromatischen Verbindungen durch den Eintritt des Jods beträchtlich zu. Es besteht aber ein Unterschied, ob Jod im Kern oder in der Seitenkette substituiert ist. Im allgemeinen machen die Substitutionen in der Seitenkette die Substanzen wirksamer und giftiger, während Substitutionen im Kern sich im Organismus so verhalten, daß aus denselben Jodalkalien im Organismus nur schwer gebildet werden können. Sie haben also nur Eigenwirkungen, zeigen aber nicht die Wirkungen des Jodions.

Über die physiologischen Wirkungen der Jodoniumverbindungen liegt eine Mitteilung von R. Gottlieb[4]) vor, daß sie curareartige Wirkungen zeigen.

Jodonium-, Jodo- und Jodosoverbindungen verhalten sich im Organismus folgendermaßen: Jodoniumbasen wirken curareartig[5]). Jodosobenzol ist relativ giftig und wirkt als solches und nicht sein Umwandlungsprodukt, das Jodbenzol, auf das zentrale Nervensystem. Im Organismus wird es zu Jodbenzol reduziert. Zum Teil wird aber Jodion abgespalten[6]).

Jodobenzol ist viel weniger giftig als Jodosobenzol. Es wird leicht im Or-

---

[1]) Ber. d. dtsch. chem. Ges. Bd. 43, S. 2249. 1910.

[2]) Gundermann, K.: Arch. f. exp. Pathol. u. Pharmakol. Bd. 65, S. 259. 1911.

[3]) Ikeda, Y.: Journ. of pharmacol. a. exp. therapeut. Bd. 7, S. 121. 1915.

[4]) Ber. d. dtsch. chem. Ges. Bd. 27, S. 1592. 1894.

[5]) Meyer, V. u. R. Gottlieb: Ber. d. dtsch. chem. Ges. Bd. 27, S. 1592. 1894.

[6]) Luzzatto, R. u. G. Satta: Arch. di farmocol. sperim. e scienze aff. Bd. 8, S. 554.

ganismus zu Jodbenzol reduziert, welches als Acetyljodphenylmercaptursäure $\begin{array}{l}CH_2 \cdot S \cdot C_6H_4J \\ CH \cdot NH \cdot CO \cdot CH_3 \\ COOH\end{array}$ ausgeschieden wird. Jodobenzol macht bei Fröschen keine curareähnlichen Symtome[1]). Jodosobenzoat $C_6H_4<^{J=O}_{COONa}$ kann Sauerstoff für die Peroxydasereaktion liefern wie Wasserstoffsuperoxyd, es wirkt depressiv auf das Respirationszentrum und macht Apnoe. Jodosobenzoesäure schmeckt wie Wasserstoffsuperoxyd[2]). Von der Jodosobenzoesäure wissen wir, daß sie örtlich stark reizend wirkt und in Berührung mit im Blut kreisenden Jodalkalien freies Jod abspaltet [Heinz[3])].

o-Jodobenzoesäure $JO_2 \cdot C_6H_4 \cdot COOH$ ist noch kräftiger in der Erzeugung von Apnoe. Jodbenzoesäure $J \cdot C_6H_4 \cdot COOH$ hingegen ist unwirksam.

5. Bedeutung der basischen stickstoffhaltigen Reste.

Der Eintritt von stickstoffhaltigen Resten in aliphatische oder aromatische Verbindungen sowie die Anwesenheit von Stickstoff in ringförmig gebundenen Basen kann von sehr verschiedener pharmokologischer Bedeutung sein. Die pharmakologische Wirkung hängt zum großen Teil von dem stickstofffreien Reste des Moleküls, von der Art der Bindung, der Wertigkeit des Stickstoffes sowie von der Reaktionsfähigkeit des stickstoffhaltigen Restes ab. Ammoniak, die einfachste stickstoffhaltige Base, wirkt krampferregend.

Äthylamin und Isoamylamin werden im Organismus des Hundes zerstört[4]).

Isoamylamin ist schwach wirksam. Man erhält Tränenfluß und Speichelsekretion. Es hat auch eine geringe curareartige Wirkung. Die letale Dosis scheint die gleiche wie die des Methyl- und Äthylamins zu sein; es wirkt aber im Sinne der sympathomimetischen Gruppe. So nennen Barger und Dale die adrenalinähnlichen Wirkungen, welche sich auf das sympathische System beziehen. Die einfachsten primären Alkylamine, welche niedriger sind als Isoamylamin, zeigen nur eine sehr geringe Wirkung, und Isobutylamin zeigt erst in größeren Dosen diese Wirkung. Die Isoverbindungen sind relativ schwächer wirksam als die normalen Basen, wie man es bei den Amylaminen und Butylaminen sehen kann. Die Amine mit längerer Kette als Amylamin zeigen folgendes Verhalten: Normales Hexylamin ist das am stärksten wirkende der normalen Serie, normales Heptylamin ist bemerkbar weniger wirksam. Mit isomolekularer Isoamylaminlösung auf ihre blutdrucksteigernde Wirkung an der Rückenmarkskatze verglichen, hat n-Hexylamin eine über doppelt so starke Blutdrucksteigerung zur Folge, n-Heptylamin ist ebenfalls über zweimal so wirksam wie Isoamylamin, während bei n-Octylamin eine erhebliche Wirksamkeitsabnahme gegen Heptylamin zu konstatieren ist. Die höheren Glieder dieser Serie werden immer giftiger, und der Effekt auf das sympathische System läuft parallel mit einer depressiven Wirkung auf das Herz und mit der Produktion von Krämpfen spinalen Ursprungs. Die direkte depressive Wirkung auf den Herzmuskel ist schon bei Isoamylamin bemerkbar (Dale und Dixon). Octylamin wirkt weniger auf das sympathische System als Heptylamin. Die Wirkung auf den Blutdruck ist noch beim Tridekylamin gut bemerkbar und Pentadekylamin konnte wegen der Unlöslichkeit des Hydro-

[1]) Luzzatto, R. u. G. Satta: Arch. di farmocol. sperim. e scienze aff. Bd. 9, S. 241. 1910.

[2]) Loevenhart, A. S. u. W. E. Grove: Journ. of biol. chem. Bd. 7, XVI. 1909—1910.

[3]) Virchows Arch f. pathol. Anat. u. Physiol., Bd. 155, Heft 1.

[4]) Schmiedeberg O.: Arch. f. exp. Pathol. und Pharmakol. Bd. 8, S. 1. 1873. S. auch Guggenheim, M. u. W. Löffler: Biochem. Zeitschr. Bd. 72, S. 325. 1915.

chlorids im Wasser nicht mehr geprüft werden. Die Blutdruckwirkung wird schon beim Isoamylamin, noch stärker beim Octylamin teilweise verdeckt durch direkte Herzhemmung und durch eine am Rückenmark ausgelöste Krampfwirkung.

Cyclohexylamin (Hexahydroanilin) hat eine Wirkung auf den Blutdruck, die quantitativ sehr ähnlich ist der des normalen Hexylamins, obgleich sie viel langsamer eintritt und stärker prolongiert ist. Es ist aber möglich, daß diese Base nicht nach dem Typus der sympathomimetischen Gruppe wirkt.

Die Dissoziation der primären Alkylamine ist stärker als die des Ammoniaks, die sekundären Amine sind noch etwas stärker, die tertiären dagegen etwa ebenso stark oder schwächer dissoziiert wie die primären. Ein Teil der Giftwirkung der Aminbasen beruht auf den in ihren wässerigen Lösungen enthaltenen Hydrooxylionen. Die hämolytische Wirkung geht dem Dissoziationsgrad parallel.

Die Giftigkeit des Methylamins steht hinter der des Ammoniaks weit zurück. Äthylamin wirkt wie Methylamin, nur etwas schwächer. Isopropylamin und n-Propylamin wirken nur unbeträchtlich. Bei Butylamin wird die Wirkung einigermaßen ausgesprochen. Von dieser Substanz wirkt die n-Form etwas stärker als die Isoform[1]).

Butylamin verursacht Blutdrucksenkung, Atmungserregung, Krämpfe, vermehrte Peristaltik und Temperatursenkung[2]).

Tributylamin ist nach Hanzlic giftiger als Di- und Monobutylamin.

Die normalen Butylamine sind giftig, Monobutylamin am wenigsten, Dibutylamin stärker und am stärksten Tributylamin (dosis letalis 0.6 ccm pro kg Ratte Monobutylamin, 0.47 Dibutylamin, 0.45 Tributylamin). Sie machen erhöhte Reflexerregbarkeit, Krämpfe, Dyspnöe, intravenös raschen Fall des Blutdrucks. Die glatte Muskulatur wird von allen Butylaminen gereizt[3]).

Dipropylamin erregt Kaninchen sehr. Diisobutylamin macht bei Katze Krämpfe. Diisoamylamin macht apomorphinartige Erregung[4]).

Die aliphatischen sekundären Amine wirken bei Kaltblütern und Warmblütern verschieden. Sie lähmen Kaltblüter, während sie auf Warmblüter sehr wenig wirken. Je größer der aliphatische Rest im Molekül, um so geringer ist die Wirkung[5]).

Die Giftigkeit steigt rasch an: Dipropylamin ist fast 10mal so giftig als Diäthylamin, Diisobutylamin ist noch giftig, noch giftiger Diisoamylamin[6]).

Triäthylamin wirkt wie Trimethylamin, nur etwas schwächer, nur die Drüsensekretion fehlt.

Diäthylamin ist unwirksam, Methylisoamylamin wirkt aber viel schwächer als Isoamylamin. Die Wirksamkeit ist ungefähr auf die Hälfte herabgesetzt. Diisoamylamin $(C_5H_{11})_2 \cdot NH$ wirkt äußerst schwach.

Trimethylamin ist nach den Untersuchungen von Barger und Dale ohne Wirkung auf den Blutdruck. Tetraäthylammoniumjodid wirkt ebenfalls nicht auf den Blutdruck. Von aromatischen Aminbasen ohne Phenolhydroxyl wurden untersucht: Phenylamin (Anilin), $C_6H_5 \cdot CH_2 \cdot NH_2$ Benzylamin, α-Phenyläthylamin, β-Phenyläthylamin, Methyl-β-phenyläthylamin, Phenyläthanolamin, Methylphenyläthanolamin, Phenylpropylamin, β-Tetrahydronaphthylamin. Die Wirkung des β-Phenyläthylamins ist viel stärker als die des stärksten aliphatischen Amins, des Hexylamins, es erhöht den Blutdruck, macht

1) Barger u. Dale: Americ. Journ. of physiol. Bd. 38, LXXVI. 1909.
2) Hanzlic, P. J.: Journ. of pharmacol. a. exp. therapeut. Bd. 17, S. 327. 1921.
3) Hanzlic, P. J.: Journ. of pharmacol. a. exp. therapeut. Bd. 20, Nr. 6. 1923.
4) Hildebrandt, H.: Arch. internat. de pharmaco-dyn. et de thérapie. Bd. 8, S. 499. 1901.
5) Hildebrandt, H.: Arch. f. exp. Pathol. u. Pharmakol. Bd. 54, S. 134. 1906.
6) Hanzlic, P. J.: Journ. of pharmacol. a. exp. therapeut. Bd. 17, S. 327. 1921.

die charakteristische Erweiterung der Pupille usw. Die Wirkungsstärke steht zwischen den fetten Aminen und dem p-Oxyphenyläthylamin. Die Verlängerung der Kohlenstoffseitenkette erweist sich bei den reinen aliphatischen Aminen bis zu einem bestimmten Punkt parallel laufend mit einer Erhöhung der Wirksamkeit. Bei fettaromatischen Basen gibt aber die Seitenkette mit zwei Kohlenstoffen schon das Optimum der Aktivität.

Das ungesättigte Vinylamin ist stark giftig. Iso-Allylamin $CH_3 - CH = CH \cdot NH_2$ ist sehr giftig. Allylamin $CH_2 = CH \cdot CH_2 \cdot NH_2$ erregt und lähmt heftig das Atemzentrum, macht starke Diarrhöe, tiefe Blutdrucksenkung, Temperatursturz[1]).

Oxypropylendiisoamylamin macht bei Hunden große Beschleunigung des Herzschlages, Erhöhung des Blutdrucks, Verlangsamung und Vertiefung der Atmung und epileptische Krampfanfälle, während welcher das Herz tetanisch stillsteht. Alle diese Symptome werden durch die Lähmung des Herzvagus erklärt [Louise[2])].

Salzsaures Äthylendiamin ist ziemlich ungiftig. Bei Kaninchen sieht man bei einer fast letalen Dosis (0.4 g pro kg intravenös) eine vorübergehende Erregung der Atmung und ein Sinken der Körpertemperatur. Es setzt die Aktivität und den Tonus der glatten Muskulatur herab, der Blutdruck wird herabgesetzt[3]).

Äthylendiamin wird nur zum Teil im Organismus zersetzt. Die Froscherythrocyten zeigen Degenerationen wie bei Methylaminvergiftung. Es macht klonische Krämpfe, dann Lähmungserscheinungen. Die Temperatur sinkt.

Trimethylendiamin macht verlangsamte Tätigkeit des Herzens, starke Dyspnöe. Tod infolge schwerer Nierenveränderung.

Die Giftigkeit des Putrescin (Tetramethylendiamin) scheint größer als die des Äthylendiamins zu sein.

Cadaverin und Putrescin werden in kleinen Mengen vom Organismus zersetzt, von großen wird ein Teil unverändert ausgeschieden[4]).

Die aliphatischen Diamine Tetramethylendiamin (Putrescin) $NH_2 \cdot (CH_2)_4 \cdot NH_2$ und Pentamethylendiamin (Cadaverin) $NH_2 \cdot (CH_2)_5 \cdot NH_2$ sind ganz ungiftig. Aber das Formaldehydderivat des Cadaverins $C_6H_{14}N_2$ ist giftig, und zwar wirkt es lähmend auf das Zentralnervensystem und Herz. Das heftig giftige Sepsin $C_5H_{14}N_2O_2$ ist nach E. S. Faust[5]) als Derivat des Pentamethylendiamins oder Tetramethylendiamins aufzufassen.

Tetramethylmethylendiamin $[(CH_3)_2N]_2CH_2$ und Methylmethylenimin $CH_3N{:}CH_2$ haben dieselbe Curarewirkung auf Froschmuskeln wie Coniin[6]).

Diaminoäthyläther ist für den Frosch giftig; Kaninchen hingegen vertragen relativ hohe Dosen. Diaminodiäthylsulfid verhält sich vollkommen analog dem Diaminoäthyläther[7]). Diaminoaceton wirkt weder auf Zirkulationsverlauf noch den Darm.

Wird für einen Wasserstoff des Ammoniaks ein Säurerest eingeführt, so bekommt man ganz wirkungslose oder wenig wirksame Verbindungen.

---

1) Piazza, J. G.: Zeitschr. f. exp. Pathol. u. Therapie. Bd. 17, S. 318. 1915.
2) Cpt. rend. des séances de la soc. de biol. Bd. 40, S. 155, 265, 385.
3) Barbour, G. Henry und Axel M. Hjort: Journ. lab. clin. med. Bd. 5, S. 477. 1920.
4) Udranski u. Baumann: Hoppe-Seylers Zeitschr. f. physiol. Chem. Bd. 15, S. 77. 1891.
5) Arch. f. exp. Pathol. u. Pharmakol. Bd. 51, S. 262. 1904.
6) Snow, O. W. u. J. F. S. Stone: Journ. of the chem. soc. (London). Bd. 123, S. 1509. 1923.
7) Luzatto, Riccardo: Arch. di farmocol. sperim. e scienze aff. Bd. 17, S. 455—480. 1914.

Die Amide sind wie die Amine relativ wenig giftig. Neben zentral ausgelösten Erregungserscheinungen gehen Lähmungssymptome einher. Acetamid $CH_3 \cdot CO \cdot NH_2$ z. B., wird im Organismus überhaupt nicht angegriffen und passiert unverändert in den Harn, macht daher auch keine physiologischen Wirkungen[1]). Auch für Bohnenpflanzen ist Acetamid ungiftig. Hingegen behauptet H. H. Meyer, daß Acetamid pikrotoxinartige Krämpfe erregt, hervorgerufen durch das bei der Verseifung abgespaltene Ammoniak. Wird im Ammoniak ein Wasserstoff in der Art durch eine aliphatische Säure ersetzt, daß man zu einer Aminofettsäure gelangt, so bekommt man pharmakologisch gänzlich unwirksame Körper, die im Organismus zu Harnstoff umgesetzt werden. So gehen alle α-Aminosäuren, wie Glykokoll $NH_2 \cdot CH_2 \cdot COOH$, Alanin $CH_3 \cdot CH(NH_2) \cdot COOH$, Leucin $\genfrac{}{}{0pt}{}{CH_3}{CH_3}{>}CH \cdot CH_2 \cdot CH(NH_2) \cdot COOH$, welche körpereigentümliche Eiweißspaltlinge sind, glatt in Harnstoff über, ohne irgendwelche pharmakologische Wirkung auszuüben. Sie gehören vielmehr zu einer Reihe von Verbindungen, die als Nährstoffe verbrannt werden. Aminokohlensäure (Carbaminsäure) $CO{<}\genfrac{}{}{0pt}{}{NH_2}{OH}$ ist giftig[2]), wohl wegen ihres sehr labilen Charakters. Sie erzeugt Krämpfe usw. ähnlich, wie Ammoniak. Verestert man die Carboxylgruppe und macht die Verbindung auf diese Weise resistenter, so erhält man eine hypnotisch wirksame Verbindung, Urethan $O{=}C{<}\genfrac{}{}{0pt}{}{NH_2}{O \cdot C_2H_5}$, das wenig giftig und dessen Giftigkeit und Wirkung wesentlich von der Alkylkomponente abhängt.

Tetrarhodanato-diaminochromsaures Natrium (Reineckesaures Natrium) $[Cr(NH_3)_2 \cdot (SCN)_4]Na$ macht Krämpfe, Muskelstarre, diastolischen Herzstillstand. Das Vergiftungsbild hat Ähnlichkeit mit Rhodanatwirkung[3]).

Bei der Untersuchung von Hexamminkobaltichlorid $[Co(NH_3)_6]Cl_3$, Hexamminkobaltinitrat $[Co(NH_3)_6](NO_3)_3$, Aquopentamminkobaltichlorid $[Co(NH_3)_5(H_2O)]Cl_3$, Hydroxopentamminkobaltichlorid $[Co(NH_3)_5(HO)]Cl_3$, Chloropentamminkobaltichlorid $[Co(NH_3)_5Cl]Cl_2$, Diaquotetramminkobaltichlorid $[Co(H_2O)_2(NH_3)_4]Cl_3$, Hydroxoaquotetramminkobaltibromid $[Co(NH_3)_4(OH)(H_2O)]\ Br_2$, Dinitrotetramminkobaltichlorid $[Co(NO_2)_2(NH_3)_4]Cl$, Trinitrotriamminkobalti $[Co(NO_2)_3(NH_3)_3]$ wirken alle qualitativ gleich. Sie erregen die motorischen Zentren und lähmen sie in größeren Dosen. Bei größeren Dosen tritt zuerst allgemeine Lähmung, dann die exzitomotorischen Symptome in Erscheinung.

Die stärkste Wirksamkeit haben die Hexaminverbindungen, geringere die Pentamine und noch geringere die Tetramine. Mit abnehmendem Gehalt an Ammoniakradikalen scheint die Wirkungskraft abzunehmen. Die Wirksamkeit der Basen ist als eine Funktion der Ammoniakradikale anzusehen. Hexamminnickelbromid $[Ni(NH_3)_6]\ Br_3$ wirkt wie die entsprechende Kobaltverbindung.

Hexahydroxododekamminchromchlorid $[Cr[(OH)_2Cr\ (NH_3)_4]_3]\ Cl_6$ wirkt wie die Nickel- und Kobaltverbindung, aber wesentlich stärker als die Hexaminoverbindung, was auf die größere Zahl der angegliederten Ammoniakmoleküle zurückzuführen ist. Oktammindioldikobaltichlorid $[Co_2(NH_3)_8(OH)_2]Cl_4$ übertrifft die Hexamminverbindung an Wirksamkeit.

Sowohl die Dodekammin- als auch die Oktamminverbindung haben ein wesentlich stärkeres peripheres Lähmungsvermögen als die Hexamminverbindung,

---

[1]) Schultzen u. M. Nencki, Zeitschr. f. Biol. Bd. 8, S. 124. — Nencki: Virchows Arch. f. pathol. Anat. u. Physiol. Bd. 148, S. 366.

[2]) Haas, G.: Biochem. Zeitschr. Bd. 76, S. 76. 1916.

[3]) Külz, F. u. G. Leonhardi: Arch. f. exp. Pathol. u. Pharmakol. Bd. 103, S. 163. 1924.

woraus vielleicht geschlossen werden kann, daß mit steigender Zahl der angegliederten Ammoniake das periphere Angriffsvermögen wächst.

Natriumferritrioxalat $[Fe(C_2O_4)_3]Na_3$, Kaliumferritrioxalat machen allgemeine Lähmung, in weit geringerem Grade Kaliumrhodiumtrioxalat. Sie zeigen eine auffallende Ähnlichkeit in ihrem physiologischen Verhalten mit den Metallammoniaken, aber die Wirkung beruht lediglich auf der Oxalsäurekomponente.

Chromo-malonato-natrium $[Cr(C_3H_2O_4)_3]Na_3$ hat trotz des komplexen Charakters keine Spur der Wirkung der Metallammoniake. Die Wirkung der letzteren beruht also auf der Gegenwarte der Ammoniakreste.

Die Verbindungen, die die stärkste Wirksamkeit zeigen sind diejenigen, die im Wasser am leichtesten dissoziieren.

r-Kobalttriäthylendiamintrijodid $[Co(C_2H_4(NH_2)_2)_3]J_3$, d-Chromtriäthylendiamintrijodid $[Cr(C_2H_4(NH_2)_2)_3]J_3$, r-Chromtriäthylendiaminjodid $[Cr(C_2H_4(NH_2)_2)_3]J_3$, l-Chromtriäthylendiaminjodid $[Cr(C_2H_4(NH_2)_2)_3]J_3$ zeigen, daß das durch die Äthylendiaminverbindung hervorgerufene Vergiftungsbild dem der Metallammoniake gleicht. Ganz genau so wirkt Äthylendiamin, so daß das angegliederte Radikal seine dynamische Eigenschaft beibehält.

Wird das eine Diäthylendiaminradikal durch ein stickstofffreies Radikal ersetzt, so bleibt die Wirkung die gleiche, ist aber abgeschwächt, wie das Verhalten des l-Diäthylendiaminacetylacetonkobaltijodid l-$[Co(C_2H_4(NH_2)_2)_2 \cdot CO \cdot CH : CO \cdot CH_3)J_2$ beweist, ebenso das d-Nitrobromodiäthylenkobaltipersulfat $[Co(NO_2) \cdot Br \cdot (C_2H_4(NH)_2]S_2O_3$ und l-Dinitrodiäthylendiaminkobaltibromid $[Co(NO_2)_2(C_2H_4(NH_2))_2]Br_2$. Auch hier nimmt also mit der Zahl der angegliederten Stickstoffatome die Wirksamkeit ab.

Verbindungen mit cyclischen Basen: Tridipyridylferrobromid $[Fe(C_{10}H_8N_2)_3]Br_2$, Triphenathrolinferrobromid $[Fe(C_{12}H_8N_2)_3]Br_2$ bewirken allgemeine Lähmung und sonstige Symptome wie Pyridin und Phenathrolin, so daß auch hier das angegliederte Radikal seine dynamischen Eigenschaften beibehalten hat.

Bocks Angabe, daß Hexamminkobaltchlorid typische Curarewirkung auslöst, ist unrichtig, es tritt nur eine sekundäre Endlähmung der motorischen Nerven ein, nachdem vorerst das gesamte Zentralnervensystem affiziert wurde [1]). Für die Kobalt-, Rhodium- und Chromammoniakverbindungen zeigte nämlich J. Bock [2]), daß sie nur durch ihre chemische Konfiguration wirken, während das in die Verbindung eintretende Metall der Wirkung dieser Stoffe kein charakteristisches Gepräge verleiht, sondern in dieser Beziehung von ganz untergeordneter Bedeutung zu sein scheint.

Die Hexamminkobaltsalze mit dem dreiwertigen komplexen Kation $[Co(NH_3)]_6$ sind starke curareartige Gifte, die später Muskelzuckungen und Krämpfe erzeugen. Aquopentamminkobaltsalze mit dem Kation $(H_2O)Co(NH_3)_5$ sind viel weniger giftig. Die Diaquotetramminverbindungen sind sehr schwache Gifte, die weder Curarewirkung noch Tetanus erzeugen. Die Chloropentamminverbindungen mit dem zweiwertigen Radikal $Cl \cdot Co(NH_3)_5$ haben die Toxizität der Aquopentamminverbindungen. Die Chloroaquotetramminverbindungen $Cl \cdot H_2O \cdot Co(NH_3)_4$ sind fünfmal geringer toxisch wirksam und haben weder narkotische noch Curarewirkung. Die gleichen Verhältnisse zeigen sich bei den analogen Rhodium- und Chromverbindungen.

Sehr interessant nach dieser Richtung sind Hofmeisters Untersuchungen über Platinammine [3]).

1. Koordinativ gesättigte nicht leitende Verbindungen.

---

[1]) Oswald, Ad.: Biochem. Zeitschr. Bd. 127, S. 156. 1922.

[2]) Arch. f. exp. Pathol. u. Pharmokol. Bd. 52, S. 1. 1905.

[3]) Sämtliche Namen sind in der modernen Nomenklatur.

a) Platosamminnitrat $(NO_3)_2 \cdot Pt \cdot (NH_3)_2$ macht Reflexsteigerung und Krämpfe, dabei schwache Curarewirkung bei Fröschen, bei *Kaninchen* ist es fast wirkungslos.

b) Platosemidiamminnitrat gleicher Formel, der vorigen stereoisomer, wirkt stärker lähmend auf Frösche. Auf Kaninchen wirkt es wie die stereoisomere.

c) Tetrachlordiamminplatin $[Cl_4 \cdot Pt \cdot (NH_3)_2]$ wirkt bei Fröschen wie die genannten Verbindungen. Bei Kaninchen treten rudimentäre Krampferscheinungen auf.

2. Einlagerung eines NH_3. Chlorotriamminplatochlorid $[Cl \cdot Pt \cdot (NH_3)_3] \cdot Cl$ hat stärkere Curarewirkung und Pikrotoxinwirkung, auch bei Kaninchen.

3. Einlagerung von zwei NH_3. Dichlorotetramminplatinichlorid $[Cl_2 \cdot Pt \cdot (NH_3)_4] \cdot Cl_2$ hat starke Curarewirkung, in kleinen Dosen Pikrotoxinwirkung. Dem Tetramminplatochlorid $[Pt \cdot (NH_3)_4] \cdot Cl_2$ fehlt die Curarewirkung. Der Grund ist unbekannt, vielleicht wird es leicht verändert.

4. Einlagerung von vier NH_3. Hexamminplatinichlorid $[Pt \cdot (NH_3)_6] \cdot Cl_4$(?) hat reine Curarewirkung.

Die zweiwertigen Komplexionen wirken analog wie Calcium, Strontium, Magnesium. Sie wirken wie Kaliumionen auf Muskel (einwertige Komplexkationen können dies nicht). Die dreiwertigen Komplexionen wirken nach Art der dreiwertigen Kationen, z. B. der der seltenen Erden [1]).

Die pharmokologischen Eigenschaften der Kobaltammine ähneln denen der Platammine [2]).

1. Die koordinativ gesättigte nicht leitende Verbindung Trinitrotriamminkobaltiat $[(NO_2)_3 \cdot Co \cdot (NH_3)_3]$ hat zentrallähmende Wirkung, die ebenso stark wie bei den Tetramminverbindungen ist.

2. Einlagerung eines NH_3.

a) Dinitrotetramminkobaltnitrat = Flavokobaltnitrat $[(NO_2)_2 \cdot Co \cdot (NH_3)_4] \cdot NO_3$ hat keine Curarewirkung, hingegen macht es Erschlaffung, eine langdauernde Stellungsanomalie der Hinterbeine, Oxyhämoglobin wird in Methämoglobin umgewandelt.

b) Carbonatotetramminkobaltichlorid $[CO_3 \cdot Co \cdot (NH_3)_4]$ Cl und

c) Oxalatotetramminkobaltichlorid $[(CO_2)_2 \cdot Co \cdot (NH_3)_4] \cdot Cl$ wirken im ganzen wie a), nur sind sie für Warmblüter ungiftiger.

3. Einlagerung von zwei NH_3 bzw. von einem NH_3 und H_2O oder OH.

d) Chloropentamminkobaltnitrat = Purpureokobaltnitrat $[Cl \cdot Co \cdot (NH_3)_5] \cdot (NO_3)_2$ hat curareartige Wirkung bei Fröschen, nicht bei Meerschweinchen.

e) Nitropentamminkobaltichlorid = Xanthokobaltchlorid $[NO_2 \cdot Co \cdot (NH_3)_5] \cdot Cl_2$ wirkt curareartig bei Fröschen. Narkose bei Meerschweinchen, wie nach d)

f) Chloroaquotetramminkobaltichlorid $\left[\begin{matrix}Cl\\H_2O\end{matrix} \cdot Co \cdot (NH_3)_4\right]Cl_2$ hat gar keine curarinartige Wirkung.

g) Hydroxoaquotetramminkobaltibromid $\left[\begin{matrix}H_2O\\HO\end{matrix} \cdot Co \cdot (NH_3)_4\right] \cdot Br_2$ macht bei Fröschen allgemeine Lähmung und in großen Dosen Krämpfe.

4. Einlagerung von 3 NH_3, von 2 NH_3 und 1 H_2O oder OH sowie von 1 NH_3 und 2 H_2O.

h) Hexamminkobaltichlorid = Luteokobaltichlorid $[Co \cdot (NH_3)_6] \cdot Cl_3$ macht bei Fröschen Curarewirkung, später Krämpfe.

i) Aquopentamminkobaltisulfat $(H_2O \cdot Co \cdot (NH_3)_5]$. H_2SO_4 $1^1/_2$ ist für Frösche viel ungiftiger als die Hexamminverbindung, ebenso für Säuger.

---

[1]) Hofmeister, F.: Arch. f. exp. Pathol. u. Pharmakol. Bd. 16, S. 393. 1883.

[2]) Bock, J.: Arch. f. exp. Pathol. u. Pharmakol. Bd. 52, S. 1, 30. 1905. — Oswald, Ad.: Biochem. Zeitschr. Bd. 127, S. 156. 1922.

k) Hydroxopentamminkobaltichlorid $[HO \cdot Co \cdot (NH_3)_5] \cdot Cl_2$ bewirkt beim Frosch zentrale Lähmung und Zuckungen.

l) Diaquotetramminkobaltisulfat $[(H_2O)_2 \cdot Co \cdot (NH_3)_4] \cdot H_2SO_4$ $1^1/_2$ ist sehr ungiftig, nur $^1/_{100}$ so giftig wie Hexamminkobaltisalz.

5. Oktammindiolkobaltichlorid $\left[(NH_3)_4Co\begin{smallmatrix}OH\\OH\end{smallmatrix}Co(NH_3)_4\right]Cl_4$ hat sehr starke Curarewirkung.

Rhodiumammine verhalten sich analog wie die Kobaltverbindungen; das Hexamminrhodiumnitrat wirkt curareartig, später treten Muskelzuckungen auf wie bei Kobaltverbindungen.

Nitropentamminrhodiumnitrat $[NO_2 \cdot Rh \cdot (NH_3)_5] \cdot (NO_3)_2$ und Aquopentamminrhodiumnitrat haben wie die Kobaltpentamminverbindungen schwächere Curarinwirkung. Bei Meerschweinchen macht die Nitroverbindung die gleichen Symptome wie die entsprechende Kobaltverbindung, während die Aquoverbindung keine Krämpfe bewirkt.

Chromammine, Hexamminchromnitrat $[Cr \cdot (NH_3)_6] \cdot (NO_3)_3$ wirkt genau wie die entsprechende Kobalt- und Rhodiumverbindung.

Hexahydroxododekamminchlorid $[Cr \cdot [(OH)_2 \cdot Cr\,(NH_3)_4]_3] \cdot Cl_6$ wirkt stärker als die Hexamminverbindung.

Den Einfluß von Aufbau und Wertigkeit der komplexen Ionen auf ihre Giftigkeit (nach Bohr) ersieht man aus folgender Tabelle:

Im komplexen Kation sind enthalten:

	NH_3	H_2O	Säure	Als Zentralation			
	Gruppen			Co	Rh	Cr	
Einwertig. .	4	0	2	0,67	—	—	Dos. min. letalis pro kg Meerschweinchen
Zweiwertig .	5	0	1	0,083	0,056	—	
Zweiwertig .	5	0	1	0,050	—	—	
Dreiwertig .	6	0	0	0,01	0,008	0,01	
Dreiwertig .	5	1	0	0,083	0,071	—	
Dreiwertig .	4	2	0	1,25	—	—	

V. Nickelammine. Das Hexamminnickelbromid $[Ni \cdot (NH_3)_6] \cdot Br_3$ wirkt wie die entsprechende Kobaltverbindung.

Einige Chromdiäthylendiaminverbindungen vom Typus $[Cr \cdot C_2H_4 \cdot (NH_2)_3]$ J_3 und die entsprechende Kobaltverbindung wirken nach Oswald auf Frösche wie die Ammoniake.

Komplexe Metallverbindungen mit eingelagerten cyclischen Basen, wie Tridipyridylferrobromid $[Fe \cdot (C_{10}H_8N_2)_3]Br_2$, wie Triphenathrolinferrobromid $[Fe \cdot (C_{12}H_8N_2)_3] \cdot Br_2$ haben die typische Wirkung der Ammine. Bei Fröschen werden die motorischen Nervenenden gelähmt und bei Warmblütern erscheinen klonische Krämpfe.

Zum Zustandekommen der pharmokologischen Wirkung auf die Temperatur und den Blutdruck muß im Molekül eine freie oder eine alkylierte Aminogruppe vorhanden sein. Es kommt aber daneben auch auf den sonstigen chemischen Aufbau der Substanz an und die Anwesenheit einer Aminogruppe bietet an und für sich noch keine Gewähr für eine biologische Wirkung. Die Einführung einer Säurekomponente in das Molekül oder die Acylierung der Aminogruppe führt zu einer Abschwächung der Wirkung. In ähnlichem Sinne scheint die Harnstoffbindung oder die Carbäthoxylierung an der Aminogruppe zu wirken. Durch Eintritt einer NO_2- oder einer NH_2-Gruppe in das Molekül des Tyramins wird die blutdrucksteigernde Wirkung vermehrt, der Einfluß auf die Körpertemperatur geht aber verloren.

Von den aliphatischen Aminen wirken nur Äthyl- und Propylamin in hohen Dosen temperaturerhöhend, alle anderen untersuchten Amine zeigten keinen

Einfluß auf die Temperatur. Die Wirkung auf den Blutdruck ist bei diesen Stoffen deutlicher ausgesprochen. Mit zunehmendem Molekulargewicht (vom Propyl- zum Amylamin) nimmt auch die blutdrucksteigernde Wirkung zu. Amylamin wirkt z. B. auf den Blutdruck fast ebenso stark wie Tyramin[1]).

Formamid macht bei Fröschen pikrotoxinartige Krämpfe, bei Hunden peripher bedingte Blutdrucksenkung und Lähmung des Atemzentrums.

Acetamid wirkt bei Hunden diuretisch.

Propionamid ist beim Kaninchen wirkungslos, bei Hunden wird der Blutdruck gesteigert.

Valeramid macht Narkose, durch eine Äthylgruppe. Die Substitution eines Wasserstoffatoms der Amidgruppe verstärkt die narkotische Wirkung.

Valerdimethylamid macht tiefe Narkose.

Valerdiäthylamid macht schon in kleinen Dosen schwere klonisch-tonische Krämpfe mit tödlicher Respirationslähmung.

Valerdipropylamid tötet in kleinen Dosen Kaninchen unter Krämpfen.

Valerdiamylamid ist schwächer wirksam[1]).

Butyramid $C_3H_7 \cdot CO \cdot NH_2$ macht bei Fröschen reine Lähmung ohne Krämpfe. Bei Kaninchen wirkt der Blutdruck.

Milchsäureamid wirkt wie Propionamid.

Bei der Substitution von zwei Amidwasserstoffatomen durch Methyl-, Äthyl- oder Amylgruppen steigt die narkotische Wirkung für den Frosch, die Milchsäurediäthylamid und -diamylamidverbindungen machen bei Kaninchen heftige tonisch-klonische Krämpfe[2]).

Wenn man äquivalente Dosen von Acetamid, Propionamid, n-Butyramid und n-Valeramid subcutan fastenden Katzen gibt, so verringert sich die Menge des ausgeschiedenen Amids im Harne fortschreitend mit dem Steigen der Zahl der Kohlenstoffe. Die Geschwindigkeit der Hydrolyse der Amide im Körper steigt mit der Länge der Paraffinkette.

In vitro ist nicht das gleiche Verhalten zu sehen. Hydrolysiert man mit Säure, so ist Propionamid ein wenig stabiler als Acetamid, aber Butyramid und Valeramid sind viel beständiger als jedes von den beiden vorher erwähnten. Bei der alkalischen Hydrolyse ist die Regel gerade umgekehrt wie im Organismus, d. i. die Beständigkeit wächst mit dem Molekulargewicht[3]).

Aminomalonsäure ist eine das Atem- und Gefäßzentrum tonisierende und nicht leicht verbrennbare Substanz[4]). Der sehr reaktionsfähige Aminoacetaldehyd $NH_2 \cdot CH_2 \cdot CHO$ geht im Tierkörper zum Teil in Pyrazin über[5]), Aminoacetal $NH_2 \cdot CH_2 \cdot CH{<}{}^{OC_2H_5}_{OC_2H_5}$ hingegen geht nur zum Teil unverändert in den Harn. Die primäre Wirkung ist Lähmung der Atmung, wie beim Ammoniak, und eine curareähnliche, so daß bei Verabreichung von Aminoacetal bei Warmblütern, bei denen ja die Hautatmung keine Rolle spielt, der Tod verursacht wird; 0.5 g des Chlorhydrates sind intravenös für Kaninchen letal, während Acetal ein leichtes Hypnoticum ist. Kaltblüter leben weiter, bis Herzlähmung eintritt[6]).

Weit giftiger als Ammoniak ist Diamid (Hydrazin), $\begin{matrix} NH_2 \\ \cdot \\ NH_2 \end{matrix}$. Dieser so außerordentlich reaktionsfähige Körper legt selbst in stärkst saurer Lösung jede

---

1) Cloetta, M. u. F. Wünsche: Arch. f. exp. Pathol. u. Pharmakol. Bd. 96, S. 307. 1923.
2) Harras, P.: Arch. internat. de pharmaco-dyn. et de thérapie. Bd. 11, S. 431. 1903.
3) Fiske, C. H.: Journ. of biol. chem. Bd. 55, S. 191. 1923.
4) Hahn, M., Massen, M. Nencki u. Pawlow: Archiv des sciences biol. de St. Petersbourg. Bd. 1.
5) Neuberg, C. u. T. Kikkoji: Biochem. Zeitschr. Bd. 20, S. 463. 1909.
6) Mallèvre, Pflügers Arch. f. d. ges. Physiol. Bd. 49, S. 484.

Aldehydgruppe fest, während Ketone nur auf die freie Base reagieren. Hydrazin ist für niedere Tiere sehr giftig, bei höheren Tieren wirkt es ähnlich wie Ammoniak: Erregungssymptome, gelegentliche Krampferscheinungen. Methylhydrazin und Äthylhydrazin schädigen im Gegensatz zum Phenylhydrazin die Erythrocyten der Warmblüter nicht[1]). Das Diamidsulfat ist nach Untersuchungen von Borissow[2]) für Hunde äußerst giftig. Wasserfreies Hydrazin macht Benommenheit und Schwindelanfälle, wenn man seine Dämpfe einatmet. Dibenzoyldiamid $C_6H_5 \cdot CO \cdot NH \cdot NH \cdot CO \cdot C_6H_5$ wirkt schwächer als Diamid[3]).

s-Diisopropylhydrazin wirkt als Blutgift ähnlich wie Phenylhydrazin[4]).

Hydroxylamin $NH_2 \cdot OH$ ist[5]) ein sehr heftiges Gift, welches zuerst Erregung, hierauf Kollaps mit Erstickungssymptomen bewirkt; die roten Blutkörperchen werden angegriffen. O. Loew[6]) nimmt auch für das Hydroxylamin an, daß es wegen seiner großen Reaktionsfähigkeit mit Aldehydgruppen als sog. substituierendes Gift wirkt.

Hydroxylamin ist bei niederen Organismen ein allgemeines Protoplasmagift, bei den höher stehenden Tieren aber nicht. Die Protoplasmawirkung steht hier hinter den sehr spezifischen Wirkungen auf das Zentralnervensystem und auf das Hämoglobin zurück.

Wir haben früher bemerkt, daß Ammoniak ein weit schwächeres Gift ist als Diamid. Die entsprechenden aromatischen Verbindungen Anilin $C_6H_5 \cdot NH_2$ und Phenylhydrazin, $C_6H_5 \cdot NH \cdot NH_2$ zeigen das gleiche Verhältnis. Phenylhydrazin, welches chemisch auch weit reaktionsfähiger ist als Anilin, ist nach den Untersuchungen von M. v. Nencki, Rosenthal und G. Hoppe-Seyler[7]) ein außerordentlich heftig wirkendes Gift. Während die aromatischen Substitutionsprodukte mit Ammoniak oder Hydrazin alle intensiv Temperaturherabsetzende Eigenschaften zeigen, bewirkt Tetrahydro-β-naphthylamin[8]) eine starke Steigerung der Eigenwärme und eine beträchtliche Steigerung des Eiweißumsatzes.

Bei Ratten und Kaninchen werden nach Acetylphenylhydrazinvergiftung, im Gegensatz zu Hydroxylamin- und Hydrazinvergiftung, Hautödeme und Serosaergüsse beobachtet. Unter den drei isomeren Tolylhydrazinen kommen diese nur bei der m-Verbindung zur Erscheinung[9]), während die Giftigkeit von o- und p-Tolylhydrazin etwas geringer als die des Phenylhydrazins ist[10]).

Verschluß des Amino- oder Iminowasserstoffes selbst durch Nitrosogruppen schwächt die Giftwirkung ab. Nitrosophenylhydroxylamin (Cupferron) $C_6H_5 \cdot N(NO) \cdot OH$ ist viel weniger giftig als Phenylhydroxylamin und als Hydroxylamin selbst[11]).

Semicarbazid $NH_2 \cdot CO \cdot NH \cdot NH_2$, Aminoguanidin $HN{:}C{<}^{NH_2}_{NH \cdot NH_2}$ und und Brenzcatechinmonokohlensäurehydrazid sind für niedere Tiere und für

[1]) Heinz, R.: Virchows Arch. f. pathol. Anat. u. Physiol. Bd. 122, S. 112. 1890.
[2]) Hoppe-Seylers Zeitschr. f. physiol. Chem. Bd. 19, S. 499. 1894.
[3]) Raschig F.: Ber. d. dtsch. chem. Ges. Bd. 44, S. 1927. 1910.
[4]) Bodansky, M. u. H. C. Hartman: Proc. of the soc. f. exp. biol. a. med. Bd. 20, S. 297. 1923.
[5]) Raimundi u. Bertoni: Gazz. chim. ital. Bd. 12, S. 199.
[6]) Natürliches System der Giftwirkungen. München 1893.
[7]) Hoppe-Seylers Zeitschr. f. physiol. Chem. Bd. 9, S. 39. 1885.
[8]) Stern, Ber. d. dtsch. chem. Ges. Bd. 22, S. 777. 1889. — Virchows Arch. f. pathol. Anat. u. Physiol. Bd. 115 u. 117.
[9]) Heß, L. u. H. Müller: Zeitschr. f. exp. Pathol. u. Therapie. Bd. 17, S. 72. 1914.
[10]) Gibbs, W. u. R. T. Reschert: Arch. f. Anat. u. Physiol. 1892. Suppl. 259.
[11]) Sieburg, E.: Hoppe-Seylers Zeitschr. f. physiol. Chem. Bd. 92, S. 331. 1914. — N. Spindler: Diss. Rostock 1914.

Pflanzen giftig. Die beiden ersteren wirken schwächer, Brenzcatechinmonokohlensäurehydrazid ungefähr ebenso stark als das freie Hydrazin. Das freie Semicarbazid ist ein intensiveres Gift als das salpetersaure Aminoguanidin[1]).

Hydrazine und Semicarbazide bewirken Allantoinausscheidung, ebenso Aminoguanidin und Hydroxylamin[2]).

$H_2C\langle{N \atop N}$ Diazomethan[3]) ist sehr giftig, macht Atemnot, Brustschmerzen und Abgeschlagenheit.

Die Stickstoffwasserstoffsäure (Azoimid) N_3H ist für Pflanzen giftig, wenn auch weniger als Hydroxylamin und Diamid. Bakterien gegenüber wirkt diese Säure stark antiseptisch; bei Säugetieren macht sie blitzartig auftretende Krämpfe und sofortigen Tod. Das Blut wird sehr dunkel. Das Einatmen von Natriumazoimidlösung[4]) macht Schwindel und Kopfschmerz. O. Loew erklärt die Wirkung durch den plötzlichen explosiven Zerfall der Verbindung, welcher eine Umlagerung des aktiven Protoplasmas herbeiführt. Phenylazoimid und Naphthylazoimid sind schwache Gifte, letzteres das schwächere (O. Loew).

Die Oximidoverbindungen werden im Organismus entweder in die entsprechenden Aldehyde und Hydroxylamine zerlegt oder gleich oxydiert, so daß statt der letzteren Nitrite erscheinen (Bonfred). Die pharmokologische Wirkung ist aus der des Aldehyds und der der Nitrite zusammengesetzt. Die Oximidogruppe $=\overset{\overset{\displaystyle O}{\|}}{N}-H$ scheint wie Nitrit zu wirken.

Den Acetoximen[5]) geht die Wirkung des Hydroxylamins vollkommen ab, da letzteres schon in sehr kleinen Dosen das Auftreten von Methämoglobin bewirkt. Die Acetoxime schließen sich in ihrer Wirkung im allgemeinen der Gruppe des Alkohols an, indem Narkose, hie und da auch Rausch und Herabsetzung des Blutdruckes auftreten; es wird anscheinend Aceton aus Acetoxim regeneriert[6]). Der Eintritt der Oximidogruppe in ein Keton hat keinen nennenswerten Einfluß auf die Wirkung. Nur beim Campher tritt eine Änderung insofern auf, als beim Frosche und beim Meerschweinchen die erregende Wirkung die lähmende übertrifft. Beim Hunde bleibt Campheroxim, wie so häufig auch Campher, wenigstens bei subcutaner Applikation, ohne Wirkung. Da man Acetoxim auch als Isonitrosopropan auffassen kann, so untersuchten Paschkis und Obermayer auch Isonitrosoaceton $CH_3 \cdot CO \cdot CH : N \cdot OH$, welches sich als weit giftiger erwies als Acetoxim ${CH_3 \atop CH_3}\!>\!C=N \cdot OH$.

Während Salicyldehyd $C_6H_4\langle{OH \atop COH}$ bei Fröschen und Hunden hauptsächlich Paralyse hervorruft, macht dessen Oxim Erregungserscheinungen und erst zuletzt bei starken Vergiftungen Paralyse. Diese Beobachtungen von Modica steht im Einklang mit der Beobachtung von Curci über die physiologische Wirkung der Oximgruppe. Acetoxim wirkt anders, was aber auf die Wirkung des abgespaltenen Acetons zurückzuführen sein dürfte, da schon Modica nach Acetoximeingabe Aceton im Harn beobachtete.

---

[1]) Loew, O.: Chem.-Ztg. Bd. 22, S. 349.
[2]) Bonnar: Hoppe-Seylers Zeitschr. f. physiol. Chem. Bd. 19, S. 499. 1894.
[3]) Pechmann, H. v.: Ber. d. dtsch. chem. Ges. Bd. 27, S. 1888. 1894.
[4]) Ber. d. dtsch. chem. Ges. Bd. 24, S. 2953. 1891.
[5]) Paschkis, H. u. F. Obermayer: Monatshefte für Chemie. Bd. 13, S. 451. 1892.
[6]) Schwarz, Leo: Arch. f. exp. Pathol. u. Pharmakol. Bd. 40, S. 184.

Äthylaldoxim bräunt Blut, macht Dyspnöe und starke Temperatursenkung, ähnlich wirkt Benzaldoxim[1]).

Calcium und Guanidin sind Antagonisten. Guanidin besitzt zwei Wirkungen: 1. zu Anfang starke Sympathicusreizung mit Hyperglykämie, die durch vermehrte Bildung von Adrenalin noch gesteigert wird; 2. Hypoglykämie zufolge Vagusreizung und Ausschüttung von Insulin[2]).

Guanidin wird in kleinsten Dosen vom Kaninchen vollständig, in kleinen Dosen fast vollständig, in giftigen Gaben nur zum kleinsten Teil ausgeschieden und scheint vom Organismus nicht angegriffen zu werden. Guanidin macht Tremor, klonische Zuckungen und charakteristische Zeichen der experimentellen Tetanie.

Kräftige antiseptische Wirkungen bewirkt das Guanidin nicht. Somit ist das Guanidin für niedrige Organismen kein so heftiges Gift wie höheren Tieren gegenüber[3]).

Diäthylguanidin ist im Gegensatz zu dem Tetanie erzeugenden Dimethylguanidin, bei Warm- und Kaltblütern ohne Wirkung[4]).

Sowohl Guanidin, wie Methyl- und asymmetrisches Dimethylguanidin erzeugen am isolierten Froschmuskel, wie am ganzen Tier sehr charakteristische fasciculäre und fibrilläre Muskelzuckungen.

Methylguanidin übt eine excitosekretorische Wirkung auf die verschiedenen Drüsenapparate und wirkt auch auf andere Systeme. Es macht Pulsverlangsamung, Steigerung der Gefäßspannung, Muskelzittern und Steigerung des Muskeltonus[5]).

Dimethylguanidin ist 8mal so giftig wie Guanidin und erzeugt Spasmophilie[6]).

Methylguanidin erzeugt Blutdrucksteigerung. Guanidin wirkt nicht so stark, am schnellsten und intensivsten wirkt asymmetrisches Dimethylguanidin. Es tritt eine starke Verlangsamung des Herzschlages ein[7]).

Monomethylguanidin, as-N-N-Dimethylguanidin, s-N, N'-Dimethylguanidin zeigen die für Guanidin charakteristischen fibrillären Muskelzuckungen. Die Monomethylverbindung hat eine erregbarkeitssteigernde Wirkung auf das Tonussubstrat. Namentlich das s. Dimethylguanidin wirkt außerdem positiv tonotrop. N, N', N''-Trimethylguanidin wirkt nur curareartig; gegenüber hochmethylierten Guanidinen hat es auch in geringen Konzentrationen tonolytische Eigenschaften. s- und as-Tetramethyl-, Pentamethylguanidin und Hexamethylguanidoniumjodid zeigen neben verstärkter Curarelähmung zunehmende Tonuswirkung, die namentlich bei dem letzteren stark hervortritt und durch die quartäre Alkylierung erhältlich ist. Bei den Di- und Tetramethylverbindungen wirken die symmetrischen Verbindungen etwas stärker tonisierend als die as-Verbindung. Alle Methylguanidine wirken am Herzen in kleineren Konzentrationen vaguslähmend, in größeren tritt diastolischer Stillstand ein[8]).

Guanidinchlorhydrat gibt die Symptome infektiöser Encephalitis[9]).

Guanidin $HN:C{<}^{NH_2}_{NH_2}$ ist wegen seiner Iminogruppe ein stark wirkendes

---

[1]) Scheidemann: Diss. Königsberg 1892. — Leech: Brit. med. journ. 1893. June, July u. Lancet: 1893, Bd. I, S. 1499; Bd. II, S. 76.

[2]) Clark, G. A.: Journ. of physiol. Bd. 58, S. 294. 1924.

[3]) Emich, F.: Monatsh. f. Chem. Bd. 12, S. 23. 1891.

[4]) Nothmann, M.: Zeitschr. f. d. ges. exp. Med. Bd. 33, S. 316. 1923.

[5]) Komarow, S. A.: Biochem. Zeitschr. Bd. 147, S. 221. 1924.

[6]) Frank, E., L. Stern u. M. Nothmann: Zeitschr. f. d. ges. exp. Med. Bd. 24. S. 341. 1921.

[7]) Major, Ralph H. u. Walter Stephenson: Bull. of the Johns Hopkins hosp. Bd. 35, S. 140, 186. 1924.

[8]) Graevenitz, F.: Arch. f. exp. Pathol. u. Pharmakol. Bd. 105, S. 278. 1925.

[9]) Fuchs, Alfred: Arch. f. exp. Pathol. u. Pharmakol. Bd. 97, S. 79. 1923.

Gift. Nur ein kleiner Teil des Guanidins verläßt den Organismus unverändert. Durch Guanidinhydrochlorid und Guanidincarbonat *läßt sich bei Katzen* und Kaninchen das vollständige Bild der nach Parathyreoidektomie auftretenden Tetanie hervorrufen, ebenso durch Methylguanidinnitrat bei Ratten[1]).

Guanidin, Methylguanidin und Dimethylguanidin bewirken baldiges Erbrechen, Steigerung der motorischen und psychischen Erregbarkeit, Muskelkrämpfe, vermehrte Speichelsekretion und Pupillenweiterung, das Krankheitsbild ist ähnlich dem der postoperativen Tetanie, aber nicht identisch[2]).

Methylguanidin macht anaphylaktischen Schock und Lungenstarre. M. Heyde[3]), H. Fühner[4]), M. Loewit[5]), A. Schittenhelm[6]) konnten die Lungenstarre nicht beobachten, hingegen aber R. Klinger[7]).

Methylguanidin $CH_3 \cdot N : C <^{NH_2}_{NH_2}$ tötet nach Hoffa[8]) Kaninchen in kurzer Zeit unter den Symptomen der Dyspnöe und Konvulsionen. Aminoguanidin[9]) $NH_2 \cdot N : C <^{NH_2}_{NH_2}$ macht bei Fröschen fibrilläre Zuckungen, bei Warmblütern klonische Krämpfe und allgemeine Lähmungen. Durch Addition von Benzaldehyd und Aminoguanidin entstehendes Benzalaminoguanidin macht bei Warmblütern epileptische Krämpfe, bei Fröschen nur Lähmung ohne fibrilläre Zuckung.

Cyanamid ist giftig und wird im Organismus in Harnstoff umgewandelt. Es entsteht weder eine Rhodan- noch eine Cyanverbindung[10]). Dicyanamid ist weniger giftig[11]).

Dicyandiamidin $NH : C(NH_2) \cdot NH \cdot CO \cdot NH_2$ (Guanylharnstoff) ist nicht ungiftig[12]).

Cyanamid $CN \cdot NH_2$ macht ähnliche Vergiftungserscheinungen wie Guanidin und Methylguanidin, geht aber nicht unverändert in den Harn über [Beobachtung von Gergens und Baumann[13])]. Cyanimid ruft eine Lähmung der Atmungsorgane hervor. Dicyandiamid ist sehr giftig[14]). Hingegen behaupten A. Stutzer und J. Söll, daß es für Hunde nicht giftig sei. Bei Meerschweinchen war es giftig[15]). Nach O. Loew ist es für Wirbeltiere kein Gift, auch gegen niedere Organismen ist es sehr indifferent.

Methylcyanamid bewirkt in kleinen Dosen Gefäßverengung, in größeren Paralyse und Krämpfe, in noch größeren Tod[16]).

Cyanamid und Guanidin erweisen sich als giftig für das Wachstum der Pflanzen, während Harnstoff eine außerordentlich kräftige Entwicklung der Pflanzen bewirkt. Kaliumcyanid und Kaliumcyanat zeigen Giftwirkung. Der Einfluß der giftigen Substanzen zeigt sich sowohl in der Bildung als auch in der Hydrolyse der Stärke[17]).

---

1) Noel-Paton, D., Leonard Findlay u. David Bruns: Journ. of physiol. Bd. 49, Proceed. Bd. 17. 1915.
2) Klinger, R.: Arch. f. exp. Pathol. u. Pharmakol. Bd. 90, S. 129. 1921.
3) Zentralbl. f. Physiol. Bd. 25, S. 441. 1919.
4) Münch. med. Wochenschr. 1912, S. 583.
5) Arch. f. exp. Pathol. u. Pharmakol. Bd. 73, S. 15. 1913.
6) Verh. d. dtsch. Ges. f. inn. Med. 1913, S. 47.
7) Arch. f. exp. Pathol. u. Pharmakol. Bd. 90, S. 140. 1921.
8) Berl. klin. Wochenschr. 1889, S. 533. 9) Jordan: Diss. Dorpat 1892.
10) Raida, Hanns: Zeitschr. f. d. ges. exp. Med. Bd. 31, S. 215. 1923.
11) Monaco, D. Lo: Arch. di farmacol. sperim. e scienze aff. Bd. 26, S. 179. 1922.
12) Loew, O.: Chem.-Ztg. Bd. 32, S. 676.
13) Pflügers Arch. f. d. ges. Physiol. Bd. 12, S. 213. — Nach Falck (Coester: Diss. Kiel 1896) wirkt es rein lähmend, ungleich schwächer als Blausäure.
14) Kionka: Frühlings landw. Ztg. Bd. 58, S. 397. 1909.
15) Biochem. Zeitschr. Bd. 25, S. 215. 1910.
16) Koch, W. F.: Journ. of laborat. a. clin. med. Bd. 1, Nr. 5.
17) Ciamician, G. u. C. Ravenna, Gazz. chim. ital. Bd. 49, II, S. 83. 1919.

Benzamidin $C_6H_5 \cdot C\langle{}^{NH}_{NH_2}$ und Acetamidin $CH_3 \cdot C\langle{}^{NH}_{NH_2}$ sind im Gegensatz zum Guanidin physiologisch indifferent und verlassen den Organismus unverändert[1]).

Aldehydammoniak $CH_3 \cdot CH(OH)NH_2$) hat die Wirkung der Ammoniumsalze[2]). Er macht Reizsymptome und Tod durch Atmungsstillstand. Die Herzaktion wird schwer ergriffen[3]).

Diacetonmethylamin $(CH_3)_2C<{}^{CH_2 \cdot CO \cdot CH_3}_{NH \cdot CH_3}$ hat mentholartigen Geruch und erzeugt bei starkem Einatmen Schwindel und Kopfschmerzen[4]).

Von großem pharmakologischem Interesse sind die Beobachtungen und Untersuchungen über den Eintritt von Aminogruppen in den Benzolkern, weil sie grundlegend sind für die Synthese einer großen Gruppe unserer künstlichen Antipyretica. Man kann Aminobenzol $C_6H_5 \cdot NH_2$ (Anilin) als ein Benzol ansehen, in welches eine Aminogruppe eingetreten ist, oder als ein Ammoniak, in welches ein Benzolring eingetreten ist. Konform mit dieser Konstitution differieren die bewirkten Symptome von den Wirkungen des Benzols und erinnern eigentlich mehr an Ammoniak, da heftige Kämpfe auftreten sowie eine starke Paralyse der Muskeln und Nerven. Die Symptome differieren aber von denen mit Ammoniak hervorgerufenen, da die Krämpfe nie zu einem wahren Tetanus ausarten. Mit Ausnahme der Hydroxylverbindung bewirkt Anilin das rascheste Auftreten der motorischen Phänomene, starkes Zittern, aber nie tonische Krämpfe. Wird aber im Anilin ein Wasserstoff der Aminogruppe durch ein aliphatisches Alkylradikal ersetzt, so hört die Krampfwirkung auf und es kann zu einer lähmenden Wirkung kommen. Wird beim Anilin ein Wasserstoff des Kerns substituiert, so bleibt die Krampfwirkung erhalten, wenn die substituierende Gruppe ein einfaches Element ist, z. B. Brom. Sie wird verstärkt, wenn ein Alkylradikal eintritt und aufgehoben, wenn eine zusammengesetzte Gruppe, insbesondere eine saure Gruppe eintritt; so ist z. B. Aminobenzolsulfosäure (Sulfanilsäure) gänzlich wirkungslos. Aber der Eintritt der Aminogruppe bewirkt außerdem, daß diese Substanzen heftige Blutgifte werden, welche Methämoglobin bilden. Bei stärkeren Dosen wird der Harn hämoglobinhaltig[5]).

p-Aminodiphenyl $C_6H_4<{}^{NH_2\ (1)}_{C_6H_5\ (2)}$ ist ein starkes Gift und tötet Hunde nach kurzer Zeit[6]).

Dianisidin $NH_2 \cdot (CH_3O)\, C_6H_3 \cdot C_6H_3\, (OCH_3) \cdot NH_2$ erzeugt krampfhaftes Niesen. Größere Gaben wirken auf Hunde tödlich.

p-Aminodiphenylamin macht bei einzelnen Individuen eine mäßige Dermatitis, ebenso p-Aminophenyltolylamin, auch 1.2-Naphthylendiamin wirken in gleicher Weise. Alle drei Basen erzeugen diese Hautreizungen erst nach etwa 8—10 Tagen. Auch p-Aminophenol erzeugt Dermatitis. Durch Sulfurierung werden diese Eigenschaften aufgehoben[7]).

Diphenylamin $C_6H_5 \cdot NH \cdot C_6H_5$, Benzylanilin $C_6H_5 \cdot NH \cdot CH_2 \cdot C_6H_5$ besitzen nur eine schwache physiologische Wirkung[8]).

Benzidin $4 \cdot NH_2 \cdot C_6H_4 \cdot C_6H_4 \cdot NH_2 \cdot 4$, erzeugt Glykosurie und nervöse Symptome, es ist ein Blutgift.

Während die aliphatischen Diamine physiologisch gänzlich wirkungslos sind, gehören die aromatischen Diamine zu unseren heftigsten Giften, ins-

---

1) Pommering: Hofmeisters Beitr. z. chem. Physiol. u. Pathol. Bd. 1, S. 561. 1902.
2) Gibbs u. Reichert: Dubois Arch. f. Physiol. 1893, S. 201.
3) Giacosa, Arch. per le scienze med. Bd. X, S. 293. 1886. 4) D.R.P. 237802.
5) Cpt. rend. des séances de la soc. de biol. Bd. 40, S. 843.
6) Klingenberg, Diss. Rostock 1891.
7) Tomaszczewsky, E. u. E. Erdmann: Münch. med. Wochenschr. 1906, Nr. 8, S. 359.
8) Vittinghof, V.: Studie über Anilinbasen. Marburg 1899.

besondere durch ihre Fähigkeit auf den Blutfarbstoff indirekt schädigend einzuwirken.

Alle Phenylendiamine sind giftig, Dimethyl-p-phenylendiamin $N(CH_3)_2 \cdot C_6H_4 \cdot NH_2$ ist am giftigsten, m-Phenylendiamin am wenigsten giftig, bei einzelnen Tieren ist es ungefähr so giftig wie p-Phenylendiamin.

Die Giftigkeit fällt also vom Dimethyl-p-phenylendiamin über Diäthyl-p-phenylendiamin, p-Phenylendiamin zum m-Phenylendiamin. Sie erzeugen alle eine Erregung des Kreislaufes und der Respiration, Temperaturabfall, Krämpfe, Koma, Tod[1]).

m- und p-Phenylendiamin sowie die Dimethyl- und Diäthylderivate des p-Phenylendiamins verursachen bei oraler Gabe Nausea, Erbrechen, Ödeme, Krämpfe.

o- und m-Phenylendiamin werden vom Frosch im Gegensatz zur p-Verbindung in großen Mengen ohne besondere Wirkung gut vertragen, o-Phenylendiamin außerdem ohne jede Beeinflussung auch vom Kaninchen. Katzen bekommen nach o-Phenylendiamin die für die p-Verbindung typischen Ödeme an Hals und Kopf.

Nach m-Phenylendiamin trat bei Katzen starke Salivation und heftiges Niesen auf; Ödeme bleiben aus. Kaninchen zeigen nach der m-Verbindung ebenfalls keine Ödeme, dagegen regelmäßig Ascites.

m-Phenylendiamin $C_6H_4(NH_2)_2$ [1,3] bewirkt Brechen, Husten, Koma und Tod.

p-Phenylendiamin $C_6H_4(NH_2)_2$ [1,4] wirkt noch stärker und macht Störungen der Motalität. p-Phenylendiamin[2]) bewirkt beim Menschen Asthma, Ekzeme, Dermatitis. Magenaffektionen und Augenentzündungen[3]). Es macht keine Zersetzung des Hämoglobins, hingegen heftige Schleimhautentzündungen sowie Krampfanfälle. Die Wirkung beruht auf dem ersten Oxydationsprodukt, dem Chinondiimin $NH : C_6H_4 : NH$. p-Phenylendiamin macht bei Fröschen eine narkoseähnliche Lähmung, dann fibrilläres Muskelzucken, wie bei Phenolvergiftung, schließlich Muskelstarre. Beim Kaninchen wird der Blutdruck nicht beeinflußt, die Atmung beschleunigt und Ödem erzeugt[4]). Auffallend groß ist die Giftigkeit des o-Phenylendiaminchlorhydrates $C_6H_4(NH_2) \cdot NH_2 \cdot HCl$ [1,2].

Toluylendiamin $CH_3 \cdot C_6H_3 \cdot (NH_2)_2$ erzeugt sogar Ikterus[5]). Der Ikterus wird nicht, ebenso wie die Cytolyse, durch Toluylendiamin bewirkt, denn in

---

[1]) Hanzlik, Paul J.: Journ. of industr. hyg. Bd. 4, S. 386, 448. 1923.

[2]) Erdmann, E. u. E. Vahlen: Arch. f. exp. Pathol. u. Pharmakol. Bd. 53, S. 402. 1905.

[3]) Dubois, R. u. L. Vignon, Cpt. rend. hebdom. des séances de l'acad. des sciences. Bd. 107, S. 533. 1888. — Arch. de physiol. 4. Ser. Bd. 2, S. 255. 1888. — Kobert: Lehrb. d. Intoxikationen 1893, S. 444.

[4]) Meißner, Richard: Arch. f. exp. Pathol. u. Pharmakol. Bd. 84, S. 181. 1918.

[5]) Stadelmann: Arch. f. exp. Pathol. u. Pharmakol. Bd. 14, S. 231; Bd. 16, S. 118; Bd. 23, S. 427.

vitro greift diese Substanz die Erythrocyten nicht an, sondern in der Leber werden Stoffe erzeugt, die hämolytisch wirken[1]).

Die methylierten Derivate (Dimethyl- und Tetramethylphenylendiamine) bewirken zerebrale Erscheinungen und Exitus schon nach sehr kleinen Dosen, Ödeme bilden sich nicht am Kopf und Hals.

Diäthyl-p-phenylendiamin macht in doppelter Dose die gleichen Erscheinungen wie reines p-Phenylendiamin. Ein ähnliches Resultat gibt Monacetyl-p-phenylendiamin. Die Versuche mit dem unlöslichen Diacetyl-p-phenylendiamin und dem schwer löslichen Äthoxy-p-phenylendiamin verlaufen negativ.

m-Phenylendiamin ist nach Dubois und Vignon beim Hunde fast ebenso giftig wie p-Phenylendiamin. Örtlich appliziert macht es starken Schnupfen, Niesen und Husten. Matsumoto sah Dyspnöe, aber weder Lähmungen noch Krämpfe. Boye empfahl es unter dem Namen Lentin gegen Durchfälle.

o-Phenylendiamin wirkt nach den Angaben von Matsumoto sehr schwach, entgegen den übrigen Untersuchungen (s. S. 89), es macht Atembeschleunigung. Die typischen Kopf- und Halsödeme sieht man nur bei Katzen, aber nicht nach m-, sondern nur nach p- und o-Phenylendiamin. Bei m-Phenylendiamin wird die Gewebeflüssigkeit in anderer Form, nämlich als Ascites, abgesondert.

4-Amino-2′-4′-diaminodiphenylenamin ist ein Nieren- und Krampfgift.

4-Amino-2′4′-diaminophenylenaminsulfosäure geht wirkungslos durch den Körper.

Triaminobenzol und Triaminotoluol machen bei Fröschen allgemeine Lähmungen, Verfärbung der Leber und Herzstillstand in der Systole. Nach Triaminophenol tritt Herzstillstand in der Diastole ein. Bei Kaninchen zeigten sich selbst nach größeren Dosen keine besonderen Erscheinungen. Bei der Katze wirkt Triaminobenzol unter Methämoglobinbildung tödlich, Triaminotoluol macht schwere Lähmungserscheinungen und schwere Methämoglobinvergiftung[2]).

Azobenzol[3]) $C_6H_5 \cdot N = N \cdot C_6H_5$ und Azooxybenzol[4]) $C_6H_5 \cdot N = N \cdot C_6H_4 \cdot OH$ sind beide schwer giftig. Azobenzol macht Hämoglobinurie; im Blute treten Methämoglobinstreifen auf. Naphthylazoessigsäure ist nach Oddo[5]) ungiftig. Triazobenzol (Phenylazoimid) $C_6H_5 \cdot N\langle{}^{N}_{N}$ ist für Kaninchen ein schwaches, für Hunde ein starkes Gift. Diazoverbindungen sind wegen der Leichtigkeit der Abspaltung gasförmigen Stickstoffs giftig[6]). Phenylhydroxylamin wirkt nach C. Binz[7]) direkt auf die Nervenzentren lähmend, ohne daß die Lähmung durch die Veränderung des Blutes bedingt ist. Es verursacht Methämoglobinbildung. Im tierischen Stoffwechsel wird es, wie L. Lewin glaubt, teilweise in Azooxybenzol umgewandelt[8]).

$C_3H_3N_2(C_4H_3O)_3$ Furfurin wirkt wie $\begin{matrix} C_6H_5 \cdot CH \cdot NH \\ | \\ C_6H_5 \cdot C = N \end{matrix} \rangle CH \cdot C_6H_5$ Amarin, aber 15mal schwächer giftig. Es wird im Organismus völlig zersetzt. Fur-

---

[1]) Pick, E. P. u. G. Joanovics: Zeitschr. f. exp. Pathol. u. Therapie. Bd. 7, S. 185. 1910.

[2]) Meissner, R.: Biochem. Zeitschr. Bd. 93, S. 149. 1919.

[3]) Baumann, E. u. Herter, Hoppe-Seylers Zeitschr. f. physiol. Chem. Bd. 1, S. 267. 1877—1878. — Zentralbl. f. med. Wissensch. 1881, S. 705.

[4]) Arch. f. exp. Pathol. u. Pharmakol. Bd. 35, S. 413.

[5]) Gazz. chim. ital. Bd. 21, II, S. 237.

[6]) Jaffé, Arch. f. exp. Pathol. u. Pharmakol. Bd. 2, S. 1.

[7]) Virchows Arch. f. pathol. Anat. u. Physiol. Bd. 113.

[8]) Arch. f. exp. Pathol. u. Pharmakol. Bd. 35, S. 401.

furamid $(C_4H_3O \cdot CH)_3 N_2$ ist unwirksam, es verhält sich chemisch und pharmakologisch wie Hydrobenzamid $\begin{matrix} C_6H_5 \cdot CH = N \\ C_6H_5 \cdot CH = N \end{matrix} > CH \cdot C_6H_5$ zu Amarin. Das *Amarin* ist ein phenylsubstituiertes Imidazolderivat. Die Giftigkeit des Furfurin ist auf die beiden Iminogruppen zu beziehen. Die größere Giftigkeit des Amarin beruht auf der schwierigeren Zerstörbarkeit im Organismus[1]).

Die aliphatischen Säureamide entbehren zumeist einer physiologischen Wirkung; die aromatischen hingegen machen Schlaf, aber die den aromatischen Säureamiden zukommende narkotische Wirkung ist vom Charakter der aromatischen Säure abhängig. Die entsprechenden aromatischen Harnstoffe sind wirkungslos. Wird an Stelle eines oder beider H-Atome der Amidgruppe eines aromatischen Säureamides eine Methyl -oder Äthylgruppe eingeführt, so tritt die narkotische Wirkung immer mehr und mehr zurück, während sich bei genügend großen Gaben ein der Wirkung des Ammoniaks und des Strychnins vergleichbarer Symptomenkomplex einstellen kann[2]).

Campher wirkt erregend auf das Herz und steigert den Blutdruck. Bornylamin

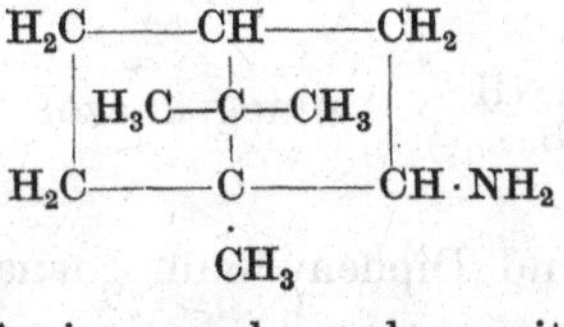

```
H2C———CH———CH2
 |  |        |
 | H3C—C—CH3 |
 |    |      |
H2C———C———CH·NH2
      .
     CH3
```

wirkt curareartig, ebenso Aminocampher, aber weit schwächer. Auf das Herz wirkt Bornylamin verlangsamend[3]), Aminocampher ebenso, aber erst in größerer Dosis. Bei Warmblütern macht Bornylamin Rollkrämpfe. Der Blutdruck bleibt bei Anwendung von Aminocampher unverändert, während Bornylamin denselben bedeutend erhöht. Auch die Atemfrequenz wird durch Bornylamin bedeutend gesteigert.

Vom Sulfat des 2.4-Diamino-6-oxypyrimidin wirken bei Ratten 0.2 g letal.

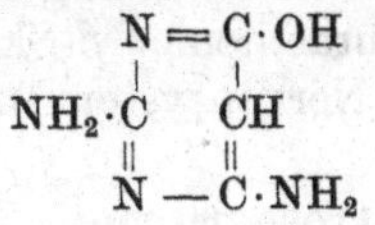

```
   N = C·OH
   |     |
NH2·C   CH
   ||    ||
   N — C·NH2
```

Vom Sulfat des 2.4.5-Triamino-6-oxypyrimidin wirken bei Ratten 0.1 g letal.

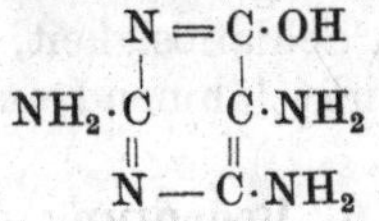

```
   N = C·OH
   |     |
NH2·C   C·NH2
   ||    ||
   N — C·NH2
```

Beide erwiesen sich bei Hunden zu 1 g verabreicht als toxisch, während alle anderen Körper dieser Reihe keine Störungen hervorriefen. In den Harnkanälchen und im Harne ist Triaminooxypyrimidin unverändert enthalten.

Diäthylmethylpyrimidin

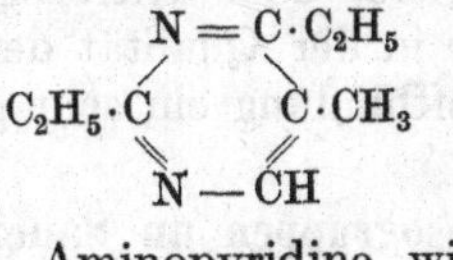

```
        N = C·C2H5
       /       \
C2H5·C          C·CH3
       \\      //
        N — CH
```

wirkt ähnlich wie Coniin[4]).

Pyridin ist fast ungiftig, Aminopyridine wirken stark giftig; chemisch nähern sich die Aminopyridine der Fettreihe.

α-Aminopyridin (Pyridinring mit NH_2 in α-Stellung zum N) macht Erregung und Paralyse bei Fröschen und ist auch tödlich wirkend. Es wirkt cocainähnlich, schmeckt schwach bitter und

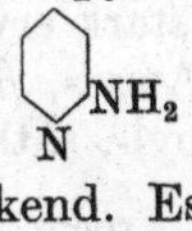

[1]) **Modica**, Ann. di chim. e farm. 1896, S. 246.
[2]) **Nebelthau, Eberhard**: Arch. f. exp. Pathol. u. Pharmakol. Bd. 36, S. 451.
[3]) **Lewin, L.**: Arch. f. exp. Pathol. u. Pharmakol. Bd. 27, S. 235.
[4]) **Kraft**, Organische Chemie, S. 691.

hinterläßt auf der Zunge lange dauernde Anästhesie [1]). Acetyl-α-aminopyridin wirkt ganz gleich. Bei Kaninchen und Hunden macht die Base konvulsive ununterbrochene Zuckungen, welche bald letal ausklingen. Das Acetylderivat wirkt erst in der fünffachen Dosis. Es wirkt anästhesierend auf die Hornhaut [2]).

Verbindungen, welche tertiär gebundenen Stickstoff haben, sind wohl infolge der geringen Reaktionsfähigkeit sehr wenig giftig, oft ganz wirkungslos. So sind Pyridin ⬡ (N) und Collidin (Dimethylpyridin) sehr wenig giftige Körper. Wird aber durch Reduktion Wasserstoff in der Weise zugeführt, daß Stickstoff in die Imidogruppe HN verwandelt wird, so erhalten wir sehr stark wirkende Körper. Die verschiedenartigen Wirkungen dieser Körper werden bei Überführung in Ammoniumbasen alle in der Weise verändert, daß die resultierenden Körper mehr oder weniger curareartige Wirkung haben. S. Kapitel: Alkaloide: Ammoniumbasen.

Guanazol (H–N; HN/\C : NH; HN : C—NH), Aminoguanazol (N·NH_2; HN/\C : NH; HN : C—NH), Phenylguanazol (N·C_6H_5; HN/\C : NH; HN : C—NH), und Diphenylaminoguanazol (N·NH_2; C_6H_5·N/\C : N·C_6H_5; HN : C—NH) wirken alle ähnlich. Sie machen Krämpfe, Respirationsstörungen, diastolischen Herzstillstand. Die Toxizität ist wenig verschieden, beim Guanazol am geringsten, beim Diphenylaminguanazol am höchsten [3]). Die Toxizität nimmt vom Guanazol bis zum Diphenylaminoguanazol zu, nur Aminoguanazol und Phenylguanazol sind schwach bactericid, was beim Phenylguanazol wahrscheinlich auf dem Phenylrest beruht.

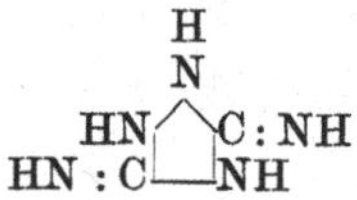

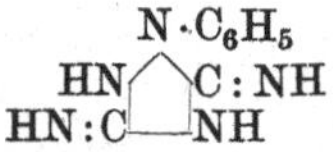

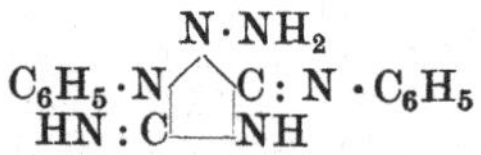

Indol macht zu 1 g keine Intoxikation (Nencki), 2 g machen Diarrhöe und Hämaturie. Herter [4]) sah Herz- und Atmungsschwäche, klonische Krämpfe. Bei Menschen erzeugt es starke Müdigkeit, Unfähigkeit zu geistiger Arbeit, bei größeren Dosen Schlaflosigkeit, Symptome der Neurasthenie. β-Skatol ist fast ungiftig. Es wirkt lähmend auf Zirkulation und Nervensystem [5]).

6. Bedeutung der Nitro- und Nitrosogruppe.

Der Eintritt einer Nitro- (NO_2-) oder Nitrosogruppe (NO-) bewirkt im allgemeinen, daß die Verbindungen sehr giftige Eigenschaften annehmen, unabhängig davon, ob die Nitro- oder Nitrosogruppe an Kohlenstoff oder Sauerstoff gebunden ist. Aber in der Qualität der Wirkung besteht zwischen der Kohlenstoff- und Sauerstoffbindung ein sehr großer Unterschied.

Nitro- oder Nitrosogruppen an Sauerstoff gebunden.

Die Alkylester der salpetrigen Säure wirken nicht auf das Zentralnervensystem, sondern direkt auf die Gefäße, welche sich stark erweitern. Der Reihe nach fällt die Stärke der Gefäßalteration vom α-Amyl-, β-Amyl-, Isobutyl-, sek. Butyl-, prim. Butyl-, sek. Propyl-, prim. Propyl-, Äthyl-, zum Methyl-

---

1) Arch. d. Pharmazie u. Ber. d. dtsch. pharmazeut. Ges. 1903. S. 240.
2) Pitini, A.: Ann. chim. analyt. appl. Bd. 2, S. 213. 1914.
3) Zanda, G. B.: Ann. farmocol. Bd. 18, S. 108. 1914.
4) New York med. journ. 1898.
5) Salant, W. u. N. Kleitmann: Journ. of pharmacol a. exp. therap. Bd. 19, S. 307. 1922.

nitrit, welches das schwächste ist. Alle Nitrite bewirken eine Blutdrucksenkung und Pulsbeschleunigung durch periphere Gefäßerweiterung[1]). Die physiologische Wirkung der Salpetersäure- oder Salpetrigsäureester der fetten Reihe ist jedoch nicht allein abhängig und in einzelnen Fällen nicht einmal hauptsächlich von der Menge der Nitrogruppe NO_2-, welche sie enthalten. Die sekundären und tertiären Nitrite sind kräftiger als die korrespondierenden primären. Dies muß man hauptsächlich nicht etwa der direkten Wirkung der sekundären oder tertiären Gruppen, sondern der Leichtigkeit mit welcher diese Verbindungen sich in Alkohol und Nitrit zerlegen, zuschreiben.

In bezug auf die Stärke der Acceleration des Pulses wächst die Stärke der Nitrite direkt mit ihrem Molekulargewicht und ist umgekehrt der Quantität von NO_2-, welche sie enthalten, proportioniert. Dieses scheint nicht so sehr das Resultat des physiologischen Einflusses der substituierten Methylgruppen zu sein, als vielmehr von der erhöhten chemischen Zersetzlichkeit, welche die höheren Glieder dieser Reihe haben, abzuhängen.

Nach Haldane, Mackgill und Mavrogordato wirken Nitrite nur durch die Einwirkung auf das Blut, nicht aber durch direkte giftige Wirkung auf das Gewebe[2]).

Die flüchtigeren Nitrite mit niederem Molekulargewicht, welche relativ mehr Nitroxyl enthalten, sind in bezug auf die Dauer des subnormalen Blutdrucks sowie auf die Schnelligkeit der Muskelkontraktionen aktiver.

Es ist wahrscheinlich, daß sich die einfachen Nitrite rascher mit dem Blute und den Muskeln verbinden. und rascher wirken als die höheren Verbindungen und durch ihre große Beständigkeit länger wirken als die höheren und leichter zersetzlichen Körper. Die Nitrite verwandeln Hämoglobin nicht einfach in Methämoglobin, sondern in eine Mischung von Methämoglobin und Stickoxydhämoglobin. Die Wirkung der Nitrite bezieht sich aber nur zum kleinen Teil auf ihre chemische zerstörende Einwirkung auf den Blutfarbstoff und den daraus folgenden Sauerstoffmangel, sondern sie sind auch direkte Gewebegifte.

Die Wirkungsweise der Salpetersäureester wird von einzelnen Forschern in der Weise erklärt, daß vorerst anorganische Nitrite durch Aufspaltung der Ester und Reduktion der Salpetersäure zu salpetriger Säure gebildet werden, die dann zur Wirkung gelangen[3]). Nach O. Loew würde das Nitrit direkt in eine Aminogruppe eingreifen, und so eine wichtige chemische Veränderung des Protoplasmas setzen. Andere Forscher, insbesondere Marshall[4]) und Haldane, sprechen sich mit Recht gegen diese Anschauung aus und glauben, daß die Salpetersäureester direkt auf die Gewebe wirken. A. Fröhlich und O. Loewi[5]) fanden, daß ins Blut injizierte Nitrite ohne jeglichen Einfluß auf den Erfolg der Reizung sympathischer sowie aller fördernder autonomer Nervenfasern sind. Dagegen wird der Erfolg der Reizung der autonom hemmenden Fasern vorübergehend oder dauernd aufgehoben. Die Nitrite sind also ein Mittel zur selektiven Unterbrechung autonomer hemmender Nervenimpulse. Die Eigenschaft der Salpetersäureester, die Gefäße zu erweitern, läßt dieselben geeignet erscheinen, therapeutisch verwertet zu werden, was auch vielfach geschieht.

---

[1]) Cash u. Dunstan: Philos. transact. of roy. soc. Bd. 84, S. 505. 1893.
[2]) Journ. of. physiol. Bd. 21, S. 160.
[3]) Brit. med. journ. 1893, I, S. 1305; II, S. 4, 56, 108, 169. — Marshall: Contribution of the pharmacological action of the organic nitrates. Diss. Manchester 1899.
[4]) Journ. of. physiol. Bd. 22, S. 2.
[5]) Arch. f. exp. Pathol. u. Pharmakol. Bd. 59, S. 34. 1908.

Bradbury[1]) hat für diese Zwecke Methylnitrat $CH_3 \cdot O \cdot NO_2$,

Glykol(äthylen)dinitrat
$CH_2 \cdot O \cdot NO_2$
|
$CH_2 \cdot O \cdot NO_3$,

Nitroglycerin
$CH_2 \cdot O \cdot NO_2$,
|
$CH \cdot O \cdot NO_2$
|
$CH_2 \cdot O \cdot NO_2$

Erythroltetranitrat
$CH_2 \cdot O \cdot NO_2$
|
$(CH \cdot O \cdot NO_2)_2$,
|
$CH_2 \cdot O \cdot NO_2$

Mannithexanitrat
$CH_2 \cdot O \cdot NO_2$
|
$(CH \cdot O \cdot NO_2)_4$ sowie
|
$CH_2 \cdot O \cdot NO_2$

die Salpetersäureester der Dextrose, Lävulose und Saccharose untersucht und empfahl besonders Erythroltetranitrat wegen der lange anhaltenden Wirkung. Marshall und Wigner[2]) fanden Mannitpentanitrat weniger wirksam als Erythroltetranitrat, aber stärker wirksam als Mannithexanitrat.

Dinitroglycerin wirkt auf die Kopfnerven wie Trinitroglycerin[3]).

Nitrodimethylin $CH_3 \cdot O \cdot CH_2 \cdot CH\,(O \cdot NO_2) \cdot CH_2 \cdot OCH_3$ hat eine dem Nitroglycerin analoge Wirkung. Es wirkt aber nicht konvulsiv wie Nitroglycerin, sondern bloß paralysierend[4]).

Nitro- und Nitrosogruppen am Kohlenstoff.

1. Aliphatische Nitro-C-verbindungen.

Ist aber die Nitrogruppe am Kohlenstoff aliphatischer Verbindungen gebunden, wie z. B. im Nitropentan $(CH_3)_2 \cdot CH \cdot CH_2 \cdot CH_2 \cdot NO_2$, so ist ein großer Unterschied in der physiologischen Wirkung zwischen einer solchen Verbindung und etwa Amylnitrit, wo Sauerstoffbindung vorliegt. Dem Nitropentan kommen wohl giftige Effekte zu, aber keine gefäßerweiternde Wirkung[5]). Daher haben wir auch gar keine therapeutische Indikation für die Verwendung solcher Körper. Ebenso sind Nitromethan $CH_3 \cdot NO_2$, Nitroäthan $C_2H_5 \cdot NO_2$ und Nitrosoäthylen $CH_2 : CH \cdot NO$ giftig, indem sie in relativ geringen Dosen die Tiere durch Atmungslähmung töten.

Nitroäthylen $CH_2 : CH \cdot NO_2$ macht unerträgliche Reizwirkung auf die Schleimhäute der Augen und der Atmungsorgane, es wirkt nach dieser Richtung hin stärker als Bromaceton oder Benzyljodid. Wenn man an die große physiologische und auch chemische Ähnlichkeit denkt, die die Nitroverbindungen mit den Aldehyden und Ketonen besitzen — Nitrobenzol — Benzaldehyd, Bromnitromethan — Bromaceton, Nitromethan — Aceton (hinsichtlich der Kondensationsfähigkeit) — wird man zur Gegenüberstellung des Nitroäthylens mit dem Acrolein und damit zum Verständnis jener Reizwirkung geführt[6]).

Nitrosomethylmethan[7]) macht auf der Haut rote juckende Stellen und Blasen, bei Einatmung hartnäckigen Bronchialkatarrh, schmerzhafte Entzündungen und Akkommodationsstörungen der Augen. Die Vergiftung ist der Diazomethanvergiftung ähnlich, so daß sie vielleicht auf einer Verwandlung des Nitrosomethylmethans in Diazomethan im Organismus beruht. Diese aliphatischen Verbindungen sind Reizgifte für die Schleimhäute und wirken tödlich durch Atemlähmung.

---

[1]) Brit. med. journ. Bd. 1895, S. 1820. [2]) Brit. med. journ. 1902, 18. Okt.

[3]) Will, W.: Ber. d. dtsch. chem. Ges. Bd. 41, S. 1111. 1908.

[4]) Piantoni, Giovanni: Arch. d. farmacol. sperim. e scienze aff. Bd. 9, S. 495.

[5]) Schadow, Gottfried: Arch. f. exp. Pathol. u. Pharmakol. Bd. 6, S. 194. — Filehne, Wilhelm: Zentralbl. f. med. Wissensch. 1876, S. 867.

[6]) Wieland, Heinrich u. Euklid Sakellarios: Ber. d. dtsch. chem. Ges. Bd. 52, S. 899. 1919.

[7]) Klobbie, siehe Pechmann: Ber. d. dtsch. chem. Ges. Bd. 28, S. 856. 1895.

Nitroisobutylglycerin und Nitrotrimethylenglykol sind stark giftig. Nach subcutaner Injektion kommt ein ausgebreitetes lokales Ödem zustande. Es treten nervöse Symptome auf, hauptsächlich Ataxie[1]).

2. Cyclische Nitroverbindungen.

Die Substitution einer Nitrogruppe für Kernwasserstoff erhöht die Giftigkeit des aromatischen Körpers. So bewirkt Nitrobenzol $NO_2 \cdot C_6H_5$ Lethargie mit steigendem Bewegungszittern und zeitigem Aufhören der Reflexe. Nitrothiophen $NO_2 \cdot C_4H_3S$ zeigt (Marmé) genau dieselben Eigenschaften wie Nitrobenzol, indem schon kleine Mengen tödliche Wirkung hervorrufen und die so charakteristische schokoladebraune Färbung des Blutes erzeugen. Durch die Nitrogruppe wird die Giftigkeit in o-Stellung vermindert, in p-Stellung vermehrt, in m-Stellung ist sie ohne Einfluß. Die Nitroverbindungen haben keine exzitierenden Eigenschaften, dagegen wirken sie zersetzend auf das Blut. Nitrobenzol ist toxischer als Benzol selbst, es ist, wie die Hydroxylamine, vorwiegend ein Nervengift. Die Blutwirkung steht in zweiter Linie. Dinitrobenzol hingegen ist ein ausgesprochenes Blutgift. Bei nicht zu niedriger Konzentration wandelt Dinitrobenzol Oxyhämoglobin sowohl innerhalb des Kreislaufs als auch im Glase bei Berührung mit Blutlösungen in Methämoglobin um[2]). Es hat sich selbst in geringen Mengen als sehr giftig für empfindliche Personen erwiesen[3]). Sehr reines Trinitrophenylmethylnitramin und Pikrinsäure sind nicht giftig, ebenso reines Trinitrotoluol, wohl aber das technische Produkt.

o-Nitrophenol ist wenig giftig.

Dinitrophenol verläßt den Organismus fast unverändert, größere Mengen wirken tödlich[4]). 1.2-Dinitrophenol-4 ist giftiger als Pikrinsäure.

Pikrinsäure ist viel giftiger als Pikrolonsäure[5]).

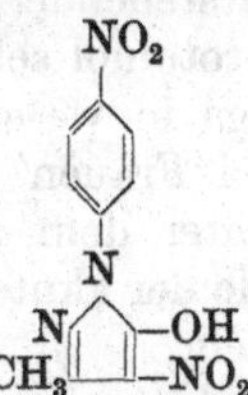

Pikrinsäure (1.3.4-Trinitrophenol-6) verlangsamt die Herzaktion und macht Reizung und Lähmung des Respirationszentrums. Pikraminsäure (1.3-Dinitro-5-amino-6-phenol) ist zweimal so giftig als Pikrinsäure.

Symm. Trinitrotoluol ist nach R. P. White[6]) und nach den Massenerfahrungen während des Krieges nicht giftig.

Mononitronaphthalin und Dinitronaphthalin sind sehr wenig giftig, besonders das Dinitroprodukt[7]).

Trinitroxylol ist völlig unschädlich. Trinitrophenol (Pikrinsäure) erzeugt beim Tier in Dosen, die beim Trinitroxylol, den Nitrotoluolen und Nitronaphthalinen völlig unschädlich sind, akute und chronische Vergiftungserscheinungen.

---

1) Potrz, Hedwig: Zeitschr. f. exp. Pathol. u. Therapie. Bd. 22, S. 224. 1921.

2) Rabe, F.: Arch. f. exp. Pathol. u. Pharmakol. Bd. 85, S. 93. 1919.

3) Duin, C. F. van: Chem. Weekblad Bd. 16, S. 202. 1919.

4) Lutz, L. u. G. Baume: Bull. des sciences pharmacol. Bd. 24, S. 129. 1917.

5) Hugounenq, L., G. Florence u. E. Couture: Bull. de la soc. de chim. biol. Bd. 7, S. 58. 1925.

6) Lancet 1901, 31. Aug. — Merkbl. d. Berl. Gesundheitsamts über nitrierte Kohlenwasserstoffe. Berlin: Julius Springer 1918. — Kölsch, F.: Münch. med. Wochenschr. Bd. 64, S. 965. 1917. — Moore, Benj.: Med. Research Committee special report series Nr. 11.

7) Kölsch, F.: Zentralbl. f. Gewerbehyg. Bd. 5. S. 109ff. 1917.

Beim Menschen ist die Toleranz gegenüber Pikrinsäure verhältnismäßig hoch; schwerere Gesundheitsschädigungen wurden nicht beobachtet. Trinitroanisol ist für den Menschen weniger harmlos als Pikrinsäure. Es bewirkt zwar gleichfalls keine Allgemeinvergiftungen, doch verursacht es bei empfindlichen Personen starke Hautreizungen[1]).

Trinitrobenzol ist nach White und Hay[2]) nicht viel giftiger als Dinitrobenzol. Es ist nicht angegeben, welches Trinitrobenzol untersucht wurde.

p-Nitrochlorbenzol macht Dyspnöe, fibrilläre Zuckungen, Atemlähmung[3]).

Dinitrochlorbenzol, erhalten durch Nitrieren von m-Chlornitrobenzol, wirkt qualitativ und quantitativ ähnlich wie p-Chlornitrobenzol.

Im Harne verschiedener Tiere und Menschen mit Ausnahme der Katze tritt nach Tinitrotoluolgabe die Glykuronsäureverbindung des 2.6-Dinitro-4-hydroxylaminotoluol 6 (CH_3; O_2N, NO_2; H, H; H-N–OH) auf, die durch Kochen mit Salzsäure in 2.6-Dinitro-4-azoxytoluol

(CH_3; O_2N, NO_2; H, H; N) ——— (CH_3; O_2N, NO_2; H, H; N), beide N über O verbunden

und weiter in 2.6-Dinitro-4-aminotoluol (CH_3; NO_2, NO_2; H, H; NH_2) verwandelt wird.

Die intermediär im Körper entstehende Hydroxylaminverbindung ist ungefähr dreimal so giftig wie Trinitrotoluol selbst.

Trinitrotoluol erzeugt, allerdings in wesentlich höheren Dosen, gleichartige Wirkungen wie Dinitrobenzol. Bei Frauen besonders sah man leichte Vergiftungen während des Krieges unter dem Bilde des „Anilismus" und auch tödliche Vergiftungen mit dem Bilde der akuten Leberatrophie. Die Ursache ist die Zerstörung roter Blutkörperchen.

Dinitronaphthol (dessen Na- oder seltener Ca-Salz das Martiusgelb ist)

(OH; NO_2; NO_2)

wirkt schon in kleinen Mengen vom Magen aus, oder bei subcutaner Injektion giftig, ebenso wie die Nitroderivate Aurancia und Safranin giftig sind[4]).

P. Ehrlich[5]) hat Kaninchen subcutan Nitrophenylpropiolsäure beigebracht und danach Hämoglobinurie und eigentümliche Infarkte im Herzen beobachtet, was aber auf die Wirkung der ungesättigten Säure zu beziehen ist.

Die Giftwirkung des Nitrophenylhydroxylamin besteht in einer starken Veränderung des Blutes sowohl was den Farbstoff betrifft als auch das morphologische Bild. Die Folge davon ist eine Dyspnöe des Tieres. Im Harn tritt Nitranil in auf.

Hydroxylamine übertreffen die Nitroverbindungen an Giftigkeit in ihrer Wirkung auf Bac. Proteus vulgaris und Froschspermatozoen. Die Giftwirkung geht dem Auftreten der Nitrophenylhydroxylaminreaktion parallel, wie ver-

[1]) Ilzhöfer, Hermann: Arch. f. Hyg. Bd. 87, S. 213. 1918.
[2]) Lancet 1901, II, S. 583. [3]) Chilian, O.: Diss. Würzburg. 1902.
[4]) Weyl, Th.: Teerfarbstoffe. Berlin 1889.
[5]) Ehrlich, P.: Zentralbl. f. med. Wissensch. 1881, Nr. 42.

gleichende Untersuchungen mit m-Nitrophenylhydroxylamin und m-Dinitrobenzol, sowie β-Phenylhydroxylamin und Nitrobenzol zeigen[1]).

Die lebenden Zellen entziehen den Nitroverbindungen Sauerstoff und verwandeln sie in Hydroxylaminverbindungen, die schwerste Blutgifte sind, so z. B. kann m-Dinitrobenzol durch Muskulatur zum m-Nitrophenylhydroxylamin reduziert werden. Hingegen wird Anilin durch Froschmuskeln, Frosch- und Kaninchenleber oxydativ nicht verändert, ebenso verlaufen Versuche Nitrobenzol, Trinitrotoluol und m-Nitranilin durch Froschmuskulatur zu reduzieren, negativ. o-Dinitrobenzol läßt sich wie die p-Verbindung in gleich charakteristischer Weise reduzieren[2]).

Aber nicht alle Nitroverbindungen sind giftig. So ist p-Nitrotoluol bei innerer Darreichung fast ungiftig, was auf der Oxydation der CH_3-Gruppe zur COOH-Gruppe beruht, die gebildete p-Nitrobenzoesäure paart sich zu p-Nitrohippursäure $C_6H_4(NO_2)\cdot CO\cdot NH\cdot CH_2\cdot COOH$ [3]).

Die Einführung einer negativen Gruppe hebt also die giftige Wirkung der Nitrogruppe auf oder schwächt sie. Aus demselben Grunde wirken die nitrierten aromatischen Aldehyde ungiftig, weil sie im Organismus zu den entsprechenden Carbonsäuren oxydiert werden.

Die Einführung der Nitrogruppe in die Benzoesäure ist keine Entgiftung. o-Nitrobenzoesäure ist etwas weniger giftig als die Benzoesäure, aber das gilt nicht für die beiden anderen Nitrosäuren. Bei den beiden Di-Nitrobenzoesäuren tritt die Giftwirkung bei der Form 1 : 3 : 5 sehr kräftig hervor.

Nitrosalicylsäure, Nitrobenzoesäure und Nitrourethan machen keine Vergiftung[4]).

* * *

Die Eigenschaften der Salpetrigsäure- und Salpetersäureester, Gefäße zu erweitern, ist so charakteristisch, daß man durch die physiologische Prüfung von Substanzen entscheiden kann, wie eine Nitrogruppe daselbst gebunden ist.

Methylnitramin $CH_4N_2O_2$ kann eine verschiedenartige Konstitution haben. Nach Franchimont hat es zwar einen sauren Charakter, demselben fehlt aber eine OH-Gruppe, das an N gebundene H-Atom wird durch zeitweise Näherung an den O des NO_2

$$\left(\text{entweder } N\begin{smallmatrix}\diagup O\\ \diagdown O\end{smallmatrix} \text{ oder } N\begin{smallmatrix}\diagup O\\ |\\ \diagdown O\end{smallmatrix}\right)$$

mitunter molekular verändert[5]). A. Hantzsch[6]) hingegen glaubt, daß die Gruppe

$$-N-N-OH$$
$$\diagdown\diagup$$
$$O$$

in den Nitraminen vorhanden ist; dieselben seien eher Hydroxyldiazooxyverbindungen. Die physiologische Wirkung des Methylnitramins konnte aber

---

[1]) Hertwig, Günther u. Werner Lipschitz: Pflügers Arch. f. d. ges. Physiol. Bd. 183, S. 275. 1920.

[2]) Lipschitz, W. Hoppe-Seylers Zeitschr. f. physiol. Chem. Bd. 109, S. 189. 1920.

[3]) Jaffé, Max: Ber. d. dtsch. chem. Ges. Bd. 7, S. 1673. 1874. S. a. Hoppe-Seylers Zeitschr. f. physiol. Chem. Bd. 2, S. 47. 1878.

[4]) Walko, Karl: Arch. f. exp. Pathol. u. Pharmakol. Bd. 46, S. 181. 1901.

[5]) Franchimont: Receuils des travaux chim. des Pays-Bas. Bd. 7, S. 354.

[6]) Ber. d. dtsch. chem. Ges. Bd. 32, S. 3072. 1899.

diese Frage zur Entscheidung bringen, da es sich zeigen mußte, inwiefern die Wirkung dieses Körpers mit derjenigen echter Nitrokörper übereinstimmte, oder mit derjenigen der Nitrite, welche die Gruppe $O = N - O - R$ enthalten.

Das neutralisierte Methylnitramin hat keine Methämoglobinbildung zur Folge, im Gegensatz zu Natriumnitrit und Nitromethan. Die Substanz macht, wie Natriumnitrit, eine Herabsetzung der Atemfrequenz, aber ohne letale Wirkung (im Gegensatz zu Nitrit) und erst in der fünfmal so starken Dosis. Natriumnitrit setzt die Hubhöhe des Blutes durch die Herzkontraktion herab, da es die Herzarbeit vermindert. Natriummethylnitramin ist ohne jedwede Einwirkung. Ferner setzt Natriumnitrit den Blutdruck herab, Natriummethylnitramin steigert ihn. Wie Nitropentan erscheint Methylnitramin als ein ziemlich indifferenter Körper, mit Ausnahme der epileptiformen Krämpfe, welche übrigens auch beim Nitropentan beobachtet werden, aber nicht mit der Nitrogruppe im Zusammenhange zu stehen scheinen. Die physiologische Untersuchung spricht also mehr für die Franchimontsche Formel als für die von Hantzsch[1]).

7. Die Cyangruppe.

Die Blausäure (Cyanwasserstoff CNH) wirkt als ungemein heftiges Gift, indem es das Atmungszentrum in der Medulla oblongata lähmt. Die große chemische Reaktionsfähigkeit sowie die Giftigkeit dieser Substanz dürften in engen Beziehungen zu dem zweiwertigen Kohlenstoff stehen, da ja ungesättigte Verbindungen, wie Kohlenoxyd z. B. infolge dieser Eigenschaft besonders giftig sind[2]). Cyan $CN - CN$ wirkt nach Benevenuto Bunge[3]) fünfmal schwächer als Cyanwasserstoff. Cyan und Cyanwasserstoff haben das Wesen der Wirkung gemein, doch wirkt Cyan weniger rasch und auf einen längeren Zeitraum ausgedehnt.

Im allgemeinen bewirken die Isonitrile, Carbylamine ($R \cdot N : C$) Lähmung des Respirationszentrums, während die echten Nitrile oder Cyanide $R \cdot C \vdots N$ Koma bewirken.

Die Salze der Knallsäure[4]) $> C : N \cdot OH$, die nach Nef[5]) mit Carbyloxim identisch sind und als solche zu den Derivaten der Blausäure in Beziehung stehen, haben eine Wirkung wie Cyansalze.

Nach Calmels ist Methylisocyanid[6]) (Methylcarbylamin) $CH_3 \cdot N = C$ beim Einatmen noch giftiger als wasserfreie Blausäure.

Äthylcarbylamin, Cyanäthyl (Äthylisocyanid) $CH_3 \cdot CH_2 \cdot N = C$ ist achtmal weniger giftig als Blausäure. Der Tod erfolgt erst nach einigen Stunden[7]), daher haben mehrere Forscher [Maximowitsch[8])] die toxische Wirkung des Cyanäthyls geleugnet.

Das Nitril der Propiolsäure (Cyanacetylen $HC \vdots C \cdot CN$ sowie das Kohlenstoffsubnitrid (Dicyanacetylen), $NC \cdot C \vdots C \cdot CN$ machen Paralyse und Atemlähmung. Sie sind weniger giftig als Blausäure. Die Einschiebung der Acetylengruppe zwischen H und CN der Blausäure oder zwischen die zwei CN des Dicyans verringert also die Giftigkeit beträchtlich, und zwar im gleichen

1) Stockvis u. Spruyt: Arch. internat. de pharmaco-dyn. et de thérapie. Bd. 6, S. 279.
2) Liebigs Ann. d. Chem. Bd. 270, S. 267.
3) Arch. f. exp. Pathol. u. Pharmakol. Bd. 12, S. 41.
4) Schinkhoff: Diss. Kiel bei Falck.
5) Liebigs Ann. d. Chem. Bd. 280, S. 303.
6) Cpt. rend. hebdom. des séances de l'acad. des sciences Bd. 98, S. 536.
7) Fiquet, Edmund: Bull. de la soc. de chim. biol. [3]. Bd. 25, S. 591.
8) Petersburger med. Wochenschr. 1877, Nr. 38.

Verhältnis bei jedem der Nitrile, da Kohlenstoffsubnitrid ungefähr viermal weniger giftig ist, als Cyanacetylen. Gegenüber anderen Nitrilen z. B. Acetonitril ist die Giftigkeit noch erhöht. Natriumthiosulfat ist gegenüber dem Kohlenstoffsubnitrid eine schützende Substanz, nicht aber gegenüber dem Cyanacetylen[1]).

Cyansaure Salze wirken gar nicht oder äußerst wenig giftig.

Chlorcyan CNCl ist sehr stark giftig, Bromcyan[2]) und Jodcyan sind schwächer giftig als Blausäure[3]). Alle drei reizen die Schleimhäute sehr intensiv. Trichlorcyan ist ebenfalls giftig, wenn auch weniger als Chlorcyan, und riecht nach Mäuseharn.

$(N{\equiv}C)_2{>}CH{-}NH_2 \cdot HCN$, ein polymeres der Blausäure, ist bei der letalen Dosis der Blausäure ohne Wirkung. Bei größeren Dosen sieht man eine verzögerte Blausäurevergiftung[4]).

Azulminsäure, das braune amorphe Zersetzungsprodukt der wässerigen Blausäure, ist weniger schädlich als Blausäure und viel weniger giftig. Die Symptome erinnern an Blausäurevergiftung, da sich die Azulminsäure in Blausäure spaltet.

Cyanessigsäure $CN \cdot CH_2 \cdot COOH$ ist unwirksam. Erst in größerer Dosis macht sie lang dauernde Narkose.

Auch die Carbonsäuren der Carbylamine z. B. die Isocyanessigsäure $C : N \cdot CH_2 \cdot COOH$ wirken so.

Die Nitrile verlieren bei der Substitution mit Kohlenwasserstoffen der Fettreihe die Intensität und den ursprünglichen Charakter ihrer Wirkung. Nur wenn Blausäure sich im Organismus wieder bilden kann, tritt die entsprechende Wirkung ein. In der Gruppe der Phenolnitrile[5]) z. B. m-Oxycyanzimtsäurenitril, p-Oxycyanzimtsäurenitril, sieht man, wie die Phenolgruppe, welche die Giftigkeit der Stammsubstanz in den meisten Verbindungen erhöht, die Giftigkeit des Nitrils durch ihren Eintritt herabsetzt.

Nitrile gesättigter Fettsäuren.

Acetonitril $CH_3 \cdot CO \cdot CN$ ist schwach wirksam. Die höheren Homologen Propio-, Butyro-, Capronitril sind aber heftige Gifte[6]). Acetonitril hebt die Reflexerregbarkeit auf, die Einatmung der Dämpfe wirkt anästhesierend auf Ratten, weniger auf Kaninchen, nicht auf Hunde. Tiere der beiden letztgenannten Arten werden durch Einatmung von Acetonitril und besonders von Propionitril leicht getötet. Die toxikologische Wirkung der Nitrile ist, wie erwähnt, von derjenigen der Cyanwasserstoffsäure wesentlich verschieden ist.

Acetonitril wird im Organismus so zerlegt, daß Blausäure abgespalten und die Methylgruppe zu Ameisensäure oxydiert wird.

Propionitril erzeugt wie Blausäure Atemlähmung. Blausäure wird abgespalten.

Butyronitril wirkt sehr ähnlich wie Propionitril. Isovaleronitril wirkt ähnlich wie Acetonitril. Capronitril (2-Methylpentancyanid) wirkt wie Blausäure.

α-Diäthylaminopropionsäurenitril $(CH_3 \cdot CH \cdot N\,(C_2H_5)_2 \cdot CN)$ ist isotoxisch mit Blausäure.

---

[1]) Desgrez, C. A.: Cpt. rend. hebdom. des séances de l'acad. des sciences Bd. 152, S. 1707. 1911.

[2]) Meyer, Diss. Kiel 1896. [3]) Wedekind: Diss. Kiel 1896.

[4]) Bedel, Ch: Journ. de pharmac. et de chim. Bd. 30, S. 189. 1924.

[5]) Goldfarb: Diss. Dorpat 1891.

[6]) Arch. f. exp. Pathol. u. Pharmakol. Bd. 34, S. 247.

Triacetonamincyanhydrin wirkt wie Blausäure. Das Molekül ist relativ weniger giftig als das der fetten Nitrile.

Reid Hunt[1]) kommt bei zusammenfassendem Studium der Nitrilwirkungen zu folgenden Schlüssen:

1. Es gibt keine bestimmte und konstante Beziehung zwischen der Giftigkeit und dem Molekulargewicht der Nitrile, denn bei den Nitrilen der normalen Fettsäurereihe (Blausäure ausgeschlossen) nimmt die Giftigkeit mit dem Molekulargewicht zu (aber nicht in irgendeinem konstanten Verhältnis) vom Acetonitril zu Butyronitril; das Molekül der letzteren ist für Säugetiere fast isotoxisch mit Blausäure. Mit dem nächsten Homologen (Valeronitril) nimmt jedoch die Giftigkeit wieder ab. Die hemmende Wirkung dieser Nitrile auf Gärungs- und Oxydationsprozesse durch Zellen nimmt mit dem Molekulargewicht zu.

2. Die Giftigkeit der Dinitrile ist bei verschiedenen Tieren verschieden. Sie nimmt beim Frosch mit steigendem Molekulargewicht ab, obgleich in keinem beständigen Verhältnis; bei der Taube nimmt sie bis zum 3. Gliede ab (Bernsteinsäurenitril), worauf sie wieder zunimmt. Bei Säugetieren ist die Giftigkeit des zweiten Gliedes größer als die des ersten, das dritte Glied ist weniger giftig als das zweite und das vierte ist giftiger als das dritte.

3. Die Giftigkeit der Isoverbindungen der Fettsäurereihe nimmt (von dem Isobutyro- zu dem Isocapronitril) beim Frosch und der Taube zu, nimmt aber bei dem Kaninchen und der Maus ab.

4. In der aromatischen Reihe nimmt die Giftigkeit für den Frosch und die Taube vom Benzonitril zu o-Toluylsäurenitril zu; beim Kaninchen nimmt sie ab. Benzylcyanid ist bei Warmblütern viel giftiger, aber weniger giftig für den Frosch als o-Toluylsäurenitril.

Normale und Isoverbindungen.

Normales Butyronitril ist giftiger für den Frosch und die Taube als die Isoverbindung; es gibt einen geringen Unterschied in ihrer Giftigkeit für das Kaninchen. Bei der Maus ist Isovaleronitril giftiger als die normale Verbindung.

Einfluß einer OH Gruppe. Eine Hydroxylgruppe in der α-Stellung zu dem CN vermehrt die Giftigkeit, sowohl in der Fett- wie in der aromatischen Reihe. In den meisten Fällen macht sie das Molekül isotoxisch mit dem von Blausäure. Die Oxynitrile (Mandelsäure- und Milchsäurenitrile) haben eine größere hemmende Wirkung auf die spontane Oxydation von Cystein als Capronitril.

Milchsäurenitril ist giftiger für Algen und Pilze als es Nitrile sind, welche keine Hydroxylgruppe enthalten.

Eine Hydroxylgruppe hat eine fast gleich große Wirkung in einer α-Cyansäure (α-Cyanmilchsäure). Eine Hydroxylgruppe in der α-Stellung vermindert die Giftigkeit (β-Oxy-n-buttersäurenitril ist $3^1/_2$mal weniger giftig als n-Buttersäurenitril; die γ-Oxyverbindung ist noch weniger giftig). Eine Hydroxylgruppe in der Phenylgruppe vom Benzylcyanid und α-Cyanzimtsäure setzt die Giftigkeit herab; in der letzteren Verbindung ist die o-Oxy- am meisten, die m-Oxyverbindung bei weitem am wenigsten giftig. (Die Einführung von einer Methylgruppe in die Phenylgruppe vom Phenylaminoacetonitril vermindert die Giftigkeit; die o-Verbindung ist etwas giftiger als die p-Verbindung.)

Einfluß von doppelten und dreifachen Bindungen. Von den Nitrilen, welche dieselbe Anzahl von C-Atomen haben, sind jene mit einer C : C-Gruppe giftiger, als es die mit gesättigten Gruppen sind; jene mit einer C ⋮ C-Gruppe sind giftiger als jene mit einer doppelten Bindung (der Unterschied ist weniger deutlich in Verbindungen, welche eine Phenylgruppe enthalten). Die Moleküle

[1]) Heffter, A.: Handbuch d. Pharmakol. Bd. I, S. 814.

von manchen dieser Verbindungen sind praktisch isotoxisch mit jenen von Blausäure. So hat eine doppelte oder dreifache Bindung eine analoge Wirkung zu der von einer Hydroxylgruppe in der α-Stellung.

Phenylgruppe. Eine für ein Wasserstoffatom substituierte Phenylgruppe vermehrt in allen Fällen die Giftigkeit, jedoch weniger als eine Methylgruppe in derselben Stellung.

Aminogruppe. Die Einführung einer NH_2-Gruppe in $CH_3 \cdot CN$ oder $CH_3 \cdot CH_2 \cdot CN$ (α-Stellung) hat keine Wirkung auf die Giftigkeit; die Substitution der Wasserstoffe der Aminogruppe durch Äthylgruppen erhöht die Giftigkeit in beiden Fällen stark, indem das Molekül isotoxisch mit Blausäure wird. Die Einführung einer Diäthylaminogruppe in Propionitril oder Acetonitril macht das Molekül der neuen Verbindungen so giftig wie Blausäure. Die Addition von Jodmethyl zu den Stickstoffen der $N(C_2H_5)_2$-Gruppe in den obigen Verbindungen vermindert die Giftigkeit. Die Substitution einer Phenyl- oder Toluylgruppe für eines der H-Atome des NH_2 vom Aminoacetonitril erhöht die Giftigkeit stark. Die Substitution einer NH_2-Gruppe für eines der H-Atome der CH_2-Gruppe vom Benzylcyanid vermindert die Giftigkeit. Piperidoacetonitril ist auch viel giftiger (ungefähr 37 mal) als Acetonitril.

Carboxylgruppe. Die Einführung einer COOH-Gruppe in ein Nitril vermindert die Giftigkeit für Säugetiere (aber nicht für Frosch und Taube).

Der Äthylester der Cyanessigsäure ist giftiger (für Kaninchen und Taube), als die Säure selbst. Die verminderte Giftigkeit in der Reihe der Methylester von Cyanessigsäure, Cyanbernsteinsäure und β-Cyantricarballylsäure kann von der Zunahme der Anzahl von Carboxylgruppen herrühren. Die Substitution einer COOH-Gruppe für eine der CN-Gruppen in einem Dinitril (Malonsäuredinitril) vermindert die Giftigkeit für alle Tierklassen sehr (271 mal bei der Maus).

Eine Amidgruppe (wenigstens bei Acetonitril) vermehrt die Giftigkeit (die Giftigkeit von Cyanacetamid ist mehr als doppelt so groß als die von Acetonitril). Die Einführung einer $NH_2 \cdot CO \cdot NHCO$-Gruppe in Acetonitril erhöhte die Giftigkeit noch mehr (Cyanacetylharnstoff ist 10 mal so giftig wie Acetonitril).

Auch bei aliphatischen Nitrilen kommt es zu einer wesentlichen Entgiftung durch den Eintritt der Carboxylgruppe. Acetonitril ist zweimal so giftig wie Cyanessigsäure. Zimtsäurenitril ist zweimal so giftig als cyanzimtsaures Natrium[1]).

Die Nachbarschaft eines Hydroxyls zur Cyangruppe erniedrigt die Giftigkeit der letzteren, in der Cyanessigsäure ist die Giftigkeit der Cyangruppe ganz verschwunden. Milchsäurenitril zersetzt sich in Wasser und wirkt ganz wie Blausäure. α-Cyan-α-milchsäure wirkt hingegen nicht wie Blausäure krampferregend, sondern rein paralysierend[2]). Formaldehydcyanhydrin ist viel giftiger als Acetonitril, was Reid Hunt[3]) durch raschere Oxydierbarkeit wegen der Anwesenheit eines Hydroxyls erklärt.

[Aethoxy-methylen]-malonitril $C_2H_5O \cdot CH : C(CN)_2$ erzeugt auf der Haut starke Entzündungen und ruft beim unvorsichtigen Arbeiten damit heftige Reizungen der Schleimhäute der Nase und des Rachens hervor[4]).

Die Dinitrile zeigen ein Verhalten, welches sich nicht in ein bestimmtes Gesetz kleiden läßt.

---

[1]) Fiquet: Cpt. rend. hebdom des séances de l'acad. des sciences Bd. 130, S. 942.
[2]) Kastein: Diss. Kiel 1896.
[3]) Arch. de pharmaco-dyn. Bd. 12. S. 447.
[4]) Diels, O., H. Gärtner und R. Kaack: Ber. d. dtsch. chem. Ges. Bd. 55, S. 3439. 1922.

Die Giftigkeit des Oxalsäure-, Malonsäure-, Bernsteinsäure- und Brenzweinsäuredinitrils steht in keinem Verhältnisse zum Molekulargewichte[1]). Bei verschiedenen Tierspezies erweisen sich die Gifte als verschieden giftig. Die Verschiedenheit und Regellosigkeit dürfte mit der verschieden leichten Abspaltbarkeit der CN-Gruppe, welche eigentlich giftig ist, zusammenhängen. Hingegen konnte Barthe und Ferré[2]) Beziehungen zwischen Konstitution und Wirkung in dieser Gruppe finden und feststellen. Sie untersuchten Methylcyanotricarballylat, Methylcyanosuccinat und Methylcyanoacetat. Das Molekulargewicht nimmt vom ersten zum letzten Körper ab. Der letzte Körper hat zwei substituierbare Wasserstoffe in der Methangruppe $H_2C{<}{}^{CN}_{COO \cdot CH_3}$, der zweite einen substituierbaren Wasserstoff $\begin{array}{l} HC{<}{}^{CN}_{COO \cdot CH_3} \\ | \\ CH_2 \cdot COO \cdot CH_3 \end{array}$, der erste ist aber gesättigt und hat keinen substituierbaren Wasserstoff mehr:

$$\begin{array}{l} CH_2 \cdot COO \cdot CH_3 \\ \dot{C}{<}{}^{CN}_{COO \cdot CH_3} \\ CH_2 \cdot COO \cdot CH_3 \end{array}$$

Dieser chemischen Reihenfolge entspricht nun auch eine Skala der physiologischen Wirkung, derart, daß die Verbindung mit dem geringsten Molekulargewicht und den zwei noch substituierbaren Wasserstoffen des Methanrestes am energischesten, der reinen Blausäure am ähnlichsten wirkt, der einen substituierbaren Wasserstoff enthaltende Körper steht in der Mitte und der gesättigte (Methylcyanotricarballylat) zeigt gar keine toxische Wirkung. Die Giftwirkung besteht in Betäubung, zunehmender Respirationsfrequenz und steigender Diurese. — Es sind also die CN-Substitutionsprodukte um so aktiver, je mehr substituierbare Wasserstoffatome sie besitzen und je weniger hoch das Molekulargewicht ist.

Die aromatischen echten Nitrile[3]) verhalten sich folgendermaßen: Benzonitril $C_6H_5 \cdot CN$ wirkt selbst in großen Dosen unsicher. Die Giftigkeit des Benzonitrils beruht nicht auf Abspaltung von Blausäure[4]). Phenylacetonitril (Benzylcyanid) $C_6H_5 \cdot CH_2 \cdot CN$ bewirkt ähnlich dem Benzonitril vollständige Paralyse, es fehlen hier jedoch die bei jenem auftretenden Krämpfe cerebralen Ursprunges. Es ist 5—6mal so giftig als Benzonitril. Benzylcyanid scheint im Organismus Blausäure abzuspalten, zum Teil erscheint es als Phenylacetylaminoessigsäure $C_6H_5 \cdot CH_2 \cdot CO \cdot NH \cdot CH_2 \cdot COOH$ im Harn. Mandelsäurenitril $C_6H_5 \cdot CH(OH) \cdot CN$ ist giftiger als Benzylcyanid. Piperidoessigsäurenitril $C_5H_{10}N \cdot CH_2 \cdot CN$ scheint leicht Blausäure abzuspalten. Nitrile, die ein Aminostickstoffatom in Verbindung mit Äthylgruppen (Diäthylaminoacetonitril $CH_2{<}{}^{CN}_{N(C_2H_5)_2}$, Diäthylaminomilchsäurenitril $CH_3 \cdot CH{<}{}^{CN}_{N(C_2H_5)_2}$ enthalten, geben — möglicherweise durch Oxydationsprozesse — Blausäure ab, während Nitrile, die das N-Atom in Verbindung mit einer Phenylgruppe enthalten (Phenylaminoacetonitril $CH_2{<}{}^{CN}_{NH \cdot C_6H_5}$, o- und m-Tolylaminoacetonitril $CH_3 \cdot C_6H_4 \cdot NH \cdot CH_2 \cdot CN$ Blausäure im Organismus nicht abspalten. Tolylaminoacetonitril steht wegen des Eintrittes der

---

[1]) Heymans und Masoin: Arch. internat. de pharmaco-dyn. et de thérapie Bd. 3, S. 77.
[2]) Arch. de physiol. [5] Bd. 4, S. 488.
[3]) Giacosa, P.: Hoppe-Seylers Zeitschr. f. physiol. Chem. Bd. 8, S. 95. 1883—1884.
[4]) Hunt, Reid: l. c.

Methylgruppe in den Kern dem Phenylaminoacetonitril gegenüber an Giftigkeit nach. Die Addition von Jodmethyl zu Diäthylaminoacetonitril und Diäthylaminomilchsäurenitril vermindert deren Giftigkeit.

Chloralcyanhydrin ist 30mal so giftig als Blausäure, was Reid Hunt durch das erleichterte Eindringen des Chloralcyanhydrins in Organe, die sehr leicht durch Blausäure geschädigt werden, erklärt. Äthylchloralcyanhydrin wirkt wesentlich durch die Blausäure[1]).

Die Isomerie in der Struktur der Cyanderivate ändert die Natur der physiologischen Wirkung nicht ab, sofern man nicht einen Übergang der Isocyanverbindungen in Cyanverbindungen innerhalb des Organismus annimmt, wozu aber kein Grund vorhanden. Da ferner Äthylcarbimid wirksamer ist als Isothiocyansäureäthyläther, trotz der Gleichheit des Alkylradikals, so muß gefolgert werden, daß die Sauerstoff enthaltenden Cyanderivate giftiger sind als diejenigen mit Schwefel.

Isocyansäureäthylester (Äthylcarbimid) $OC:N\cdot C_2H_5$ und der Isocyanursäureäthylester (Triäthylcarbimid) $(OC:N\cdot C_2H_5)_3$ wirken im wesentlichen auf die Atmung, und zwar erregen sie zuerst die Zentren, um sie später zu lähmen[2]). Bei Vergleichung von Äthylcarbimid und Triäthylcarbimid zeigen sich die bei Aldehyd und Paraldehyd gefundenen Verhältnisse. Der erste Körper wirkt heftiger als der zweite. Abgesehen von der Giftigkeit ist die Wirkung beider Substanzen doch der der Blausäure soweit ähnlich, um sie mit dieser in eine Gruppe vereinigen zu können. Nähere Beziehungen rücksichtlich des physiologischen Verhaltens zeigen die beiden Äther mit dem Dithiocyansäureäther und dem Isothiocyanursäureäther und dem Isocyanursäureallyläther.

Cyanursäure

```
      H  O
      N  C
OC<        >NH³)
      N  CO
      H
```

und das Cyanmelid $(COHN)_x$ sind fast unschädliche Verbindungen, was um so wichtiger ist, als gleiche Verhältnisse bei den schwefelhaltigen normalen Cyanverbindungen obwalten. So ist z. B. Dithiocyansäureäthyläther ein ziemlich starkes Gift, während dithiocyansaures Kalium unschädlich ist oder höchstens durch seinen Kaligehalt schädigt. Auch thiocyansaures Kalium ist bei Warmblütern nur ein schwaches Gift, im Gegensatze zum Cyankalium[4]).

Im Ferrocyannatrium hat weder die Cyangruppe, noch das Eisen eine physiologische oder pharmakologische Wirkung. Auch Platincyannatrium ist ebenfalls als Metallgift und Cyanderivat wirkungslos und ungiftig, während Platinsalze sonst sehr giftig sind, da dem komplexen Ion die Wirkungen des Platin- und Blausäureion fehlen.

Nach L. Hermann[5]) tötet Nitroprussidnatrium $Fe(CN)_3(NaCN)_2NO + 2H_2O$ Warmblüter unter den Erscheinungen der Blausäurevergiftung. In den Körperhöhlen der vergifteten Tiere kann man Blausäuregeruch wahrnehmen.

Cyanacetylguanidin ist giftig.

---

[1]) Landgraff: Diss. Kiel 1896.

[2]) Baldi: Lo Sperimentale 1887. Sett. 302. Ann. di chim. e di farmac. Bd. 7, S. 205. 1888. — Coppola, F.: Rendiconti delle acad. dei Lincei Bd. 5, I, S. 378.

[3]) Gibbs und Reichert: Dubois' Arch. 1893. Suppl. 210.

[4]) Coppola: Rendiconti della acad. dei Lincei Bd. 5, 1, S. 378.

[5]) Pflügers Arch f. d. ges. Physiol. Bd. 39, S. 149; siehe auch Cromme: Diss. Kiel 1891.

8. Wirkungen der Puringruppe.

Pyrazol	Imidazol	Pyrimidin	Purin	Xanthin(2.6-Dioxypurin)
CH═N | >NH CH═CH	(Glyoxalin) α CH—N ‖ ⟍CH μ β CH—NH n	1 N═CH 6 2 HC CH 5 3 N—CH 4	1 N═CH 6 2 HC 5 C—N 7 >CH 8 3 N—C—NH 4 9	1 HN—CO 6 2 OC 5 C·N 7 >CH 8 3 HN—C—N 4 9

Pyrazol ist in seinen Derivaten recht giftig, so z. B. Phenyldimethylpyrazol.

Imidazol ist sehr wenig giftig und physiologisch ziemlich indifferent. Es bringt periphere Gefäße zur Kontraktion und wirkt auch auf andere glatte Muskeln erregend [Uterus[1])] ebenso auf den Gefäßtonus. Sowohl dem Imidazol als auch dem Pyrimidin kommt noch keine besondere Wirkung zu, erst der Kombination beider Ringsysteme zum Purin.

Glyoxalinaldehyd wirkt grundsätzlich andersartig: strychninartig, zentral reflexsteigernd und später lähmend. Auch Oxymethylglyoxalin besitzt eine stark abgeschwächte Glyoxalinwirkung[2]). Methylimidazol erzeugt bei Hunden Erbrechen, starke Atemnot und darauffolgende Lähmung des Atemzentrums[3]) und ist giftig, während Histidin in 5mal so großer Dosis ungiftig ist. Der Organismus vermag den Imidazolring leicht aufzusprengen, besonders bei Histidin, aber wenn das Imidazol keine Seitenkette trägt, so vermag der Organismus das Ringsystem nicht zu zerstören[4]).

Benzimidazol $C_6H_4\langle{-N \atop -NH}\rangle CH$ macht leichte Narkose, lähmt die glatte Muskulatur des Darms und Uterus.

Methylbenzimidazol $C_6H_4\langle{-N \atop -NH}\rangle C\cdot CH_3$ wirkt etwas stärker auf das Herz als Benzimidazol, sonst wie Benzimidazol. Benzimidazol und Methylbenzimidazol lassen sich nach Eingabe im Harne nicht nachweisen.

Phenylbenzimidazol $C_6H_4\langle{-N \atop -NH}\rangle C\cdot C_6H_5$ wirkt nicht giftig.

Amarin $\mu\,\alpha\,\beta$-Triphenylglyoxalin-dihydrid (α β)

$$\begin{matrix} C_6H_5\cdot \overset{*}{C}H\cdot NH \\ C_6H_5\cdot \underset{*}{C}H\cdot N \end{matrix} \rangle C\cdot C_6H_5$$

ruft bei Hunden Vergiftungserscheinungen hervor, schwächer giftig wirkt es auf Kaninchen. Dasselbe Vergiftungsbild gibt Methylamarin $C_{21}H_{17}(CH_3)N_2$. Lophin $\mu\,\alpha\,\beta$-Triphenylglyoxalin $\begin{matrix} C_6H_5\cdot CH\cdot NH \\ C_6H_5\cdot CH\cdot N \end{matrix}\rangle C\cdot C_6H_5$ ist ohne Wirkung, wahrscheinlich wegen seiner geringen Löslichkeit[5]). Diäthyllophinhydrojodid $C_{21}H_{16}(C_2H_5)_2N_2\cdot JH$ erzeugt innerlich bei Hunden Erbrechen, subcutan ist es wirkungslos.

Lusini[6]) hat verschiedene Harnsäurederivate, Alloxan (Mesoxalylharnstoff)

$$HN\langle{CO\cdot HN \atop CO\cdot CO}\rangle CO$$

Alloxantin $\overline{CO\cdot NH\cdot CO\cdot NH\cdot CO\cdot C}(OH)\cdot \overline{C(OH)\cdot CO\cdot NH\cdot CO\cdot NH\cdot CO}$

Parabansäure (Oxalylharnstoff) $HN\langle{CO\cdot NH \atop CO\cdot CO}$ auf Giftwirkung untersucht und

---

1) Auvermann, Hellmut: Arch. f. exp. Pathol. u. Pharmakol. Bd. 84, S. 155. 1918.
2) Kuroda, J.: Journ. of biophysics. I. XIV. Tokio 1923.
3) Kowalevsky, K.: Biochem. Zeitschr. Bd. 23, S. 4. 1910.
4) Leiter, L.: Journ. of biol. chem. Bd. 64, S. 125. 1925.
5) Pflügers Arch. f. d. ges. Physiol. Bd. 57, S. 93. — Modica Ann. di chim. e farmac. 1894, S. 257.
6) Ann. di chim. e farm. Bd. 21, S. 241; Bd. 22, S. 385.

gefunden, daß ihre Wirksamkeit von der Ureidgruppe $CO<{NH \atop NH}$ und nicht von der Imidgruppe $HN<{CO \atop CO}$ herrührt, da die Wirkung des Succinimids $\overline{CO \cdot CH_2 \cdot CH_2 \cdot CO \cdot NH}$ und Chloralimids $(CCl_3 \cdot CH : NH)_3$ wesentlich von der der genannten Körper abweicht.

Alloxan ist am stärksten, Parabansäure am schwächsten giftig. Sie machen alle diastolischen Herzstillstand. 0.8 g Alloxan töten ein Kaninchen. Alloxan wirkt abführend. Im Organismus werden alle drei zerstört. Nach Verfütterung von Alloxan finden sich nur äußerst geringe Mengen Alloxantin und Parabansäure im Harne; nach Alloxantinfütterung schwache Spuren von Alloxantin, außerdem geringe Mengen Dialursäure, Parabansäure und Murexid; nach Parabansäure nur sehr geringe Spuren der eingeführten Substanz. Alloxan und Alloxantin machen in 8 g-Dosen bei Hunden leichte Diarrhöe ohne andere Symptome[1]), während Lusini[2]) fand, daß die Haut angegriffen wird und Reflexübererregbarkeit und später Reflexuntererregbarkeit eintritt. Alloxan macht beim Frosch Mydriasis.

Die Pyrimidinderivate Thymin, Cytosin und Uracil wirken weder auf den Eiweißstoffwechsel, noch diuretisch und keineswegs toxisch[3]).

Analog dem Alloxantin, aber schwächer, wirken die Salze der Purpursäure (Murexid); bei Warmblütern ist Murexid inaktiv. Bei direkter Herzwirkung tritt diastolischer Stillstand auf. Murexid wird unzersetzt eliminiert (Lusini).

Purin[4]) macht eine Steigerung der Gehirnerregbarkeit, wie die Ammoniumsalze, mit Neigung zu konvulsivischen Krämpfen, ohne daß diese indes zum Ausbruch kommen, außerdem erhöhte tetanische Reflexerregbarkeit und Lähmung. Die muskelerstarrende Wirkung des Coffeins besitzt auch das Purin, doch tritt sie erst bei Anwendung konzentrierter Purinlösung und viel langsamer als nach Coffein ein. Die für Theobromin und Coffein charakteristische Kombination der Muskelwirkung mit dem Tetanus hängt von dem Purinkern selbst ab. Durch den Eintritt von Sauerstoff und von Alkylgruppen in den Purinkern wird nur die Wirksamkeit im allgemeinen und das gegenseitige Stärkeverhältnis der verschiedenen Wirkungen verändert. Eine Gesetzmäßigkeit in der Beeinflussung dieser Verhältnisse durch die Anzahl und die Stellung der Sauerstoffatome und der Alkylgruppen im Molekül läßt sich aber nicht erkennen (O. Schmiedeberg).

Ein unbedingter Parallelismus zwischen Nerv-Muskelwirkung und Diurese besteht in der Puringruppe nicht[5]).

7-Methylpurin steht dem Coffein viel näher als Purin. Auf Muskeln wirkt es stärker als Purin. Die Wirksamkeit dagegen ist eine verhältnismäßig geringe.

6-Oxypurin (Hypoxanthin, Sarkin) macht Tetanus, aber keine Muskelstarre. Die Arbeitsleistung der Muskeln wird durch Hypoxanthin nicht beeinflußt[6]). Im Organismus des Hundes wird es fast vollständig in Allantoin umgewandelt, beim Menschen größtenteils zu Harnsäure oxydiert[7]). Es bewirkt erst nach 6 Stunden Reflex-Empfindlichkeit und Reflex-Irradiation, spontane Krampfanfälle; allgemeiner Starrkrampf, wie beim Coffeint e tanus, stellt sich ein; die Totenstarre tritt sehr bald und in ausgesprochenem Maße auf.

[1]) Koehne: Inaug.-Diss. Rostock 1894.
[2]) Ann. di chim. e die farmac. Bd. 21, S. 145, 241. 1895; Bd. 22, S. 341, 385. 1895.
[3]) Mendel, B. Lafayette und Viktor C. Myers: Americ. journ. of physiol. Bd. 26. S. 77.
[4]) Schmiedeberg, O.: Ber. d. dtsch. chem. Ges. Bd. 34, S. 2550. 1901.
[5]) Starkenstein: Arch. f. exp. Pathol. u. Pharmakol. Bd. 57, S. 27. 1907.
[6]) Arch. f. exp. Pathol. u. Pharmakol. Bd. 15, S. 62.
[7]) Arch. f. exp. Pathol. u. Pharmakol. Bd. 41. S. 403.

8-Oxypurin zeigt im Gegensatz zum Hypoxanthin keinen Tetanus, sondern nur Muskelstarre. Die Substanz wirkt sehr schwach.

1.7-Dimethylhypoxanthin wirkt vorwiegend tetanisierend. Bei Fröschen zeigt sich auch die Muskelwirkung, aber schwächer als bei Coffein.

7.9-Dimethyl-8-oxypurin macht im Gegensatz zu seiner nicht alkylierten Muttersubstanz Muskelstarre und Tetanus. In bezug auf die Stärke der Wirkung ist die Substanz etwa dem Theobromin analog.

Während die Dimethylderivate beider Oxypurine gleichartig wirken, zeigen die Oxypurine selbst Differenzen in der Wirkung, welche sich vielleicht durch die Verschiedenheit ihrer Resorbierbarkeit erklären lassen.

Xanthin (2.6-Dioxypurin) hat eine eigentümliche, Muskel erstarrende[1]) und Rückenmark lähmende Wirkung. Xanthin stimmt in seinen Wirkungen völlig mit dem 8-Oxypurin überein. Es erzeugt eine kaum nennenswerte Diurese, es macht aber Hämaturie.

6.8-Dioxypurin ist so schwer löslich, daß man über seine Wirkungen nicht ins klare kommen kann. Anscheinend wirkt es auf das Nervensystem.

Die monalkylierten Xanthine wirken ohne Ausnahme ähnlich wie Coffein und Theobromin sowohl auf Muskeln als auch auf das Nervensystem, jedoch mit dem Unterschiede, daß sie im Verhältnis zu der erregbarkeitssteigernden, insbesondere der tetanisierenden Wirkung die Muskeln stärker starr machen als Coffein und selbst Theobromin.

7-Methylxanthin (Heteroxanthin) wirkt weniger erregbarkeitssteigernd und mehr lähmend auf das Zentralnervensystem als 3-Methylxanthin. Auch ist es wirksamer als jenes. Beide machen Muskelstarre[2]). Die für Frösche letale Dosis des 7-Methylxanthin bewirkt vom 3-Methylxanthin verwendet nur eine leichte und vorübergehende Muskelsteifigkeit: Während Theobromin und Coffein einen ausgesprochenen Tetanus hervorrufen, tritt dieser nach Injektion der beiden Monomethylxanthine gar nicht oder nur einmal auf. 3-Methylxanthin macht keine Krämpfe, sondern nur Lähmungserscheinungen. Die Monomethylxanthine (Albanese) stehen der Wirkung nach zwischen Xanthin und den höher methylierten Derivaten. Bei Kaninchen erregen sie Diurese[3]) (namentlich 3-Methylxanthin). Beim Hunde machen sie keine Diurese. Nur 10% der injizierten Menge erscheinen unverändert im Harne wieder.

Den methylierten Xanthinderivaten kommt eine therapeutisch sehr stark verwendete Eigenschaft zu, nämlich die, vorzüglich diuretisch zu wirken. Die diuretische Wirkung der Purinderivate geht Hand in Hand mit der Muskelwirkung und steht im Gegensatz zu der Erregbarkeitssteigerung der Nervensystems. Je stärker ein Purinderivat im Verhältnis zu der Erregbarkeitssteigerung des Nervensystems auf die Muskeln wirkt, um so leichter ruft es auch eine verstärkte Harnabsonderung hervor. Daher wirken hervorragend in diesem Sinne 3- und 7-Methylxanthin und die drei Dimethylxanthine.

Heteroxanthin (7-Methylxanthin) und Paraxanthin (1.7-Dimethylxanthin) zeigen in ihrer physiologischen Wirkung fast übereinstimmende Resultate, indem sie die Respiration lähmen, die Skelettmuskulatur träge und unbehilflich machen bei Absinken der Reflexe. Doch ist Paraxanthin bei Fröschen 2—3mal so wirksam als Heteroxanthin. Es steigt also hier die Wirksamkeit mit der Anzahl der Methylgruppen [M. Krüger und G. Salomon[4])].

Die drei bekannten Dimethylxanthine verhalten sich folgendermaßen:

---

[1]) Filehne, Wilhelm: Dubois' Arch. f. Physiol. 1886, S. 72.

[2]) Albanese, Manfredi: Arch. f. exp. Pathol. u. Pharmakol. Bd. 43, S. 305.

[3]) Arch. ital. de Biol. Bd. 32, fdl. 3.

[4]) Hoppe-Seylers Zeitschr. f. physiol. Chem. Bd. 21, S. 169. 1895—1896.

3.7-Dimethylxanthin (Theobromin) wird in bezug auf die Muskelwirkung ein wenig von dem Theophyllin (1.3-Dimethylxanthin) übertroffen und dieses wiederum von Paraxanthin (1.7-Dimethylxanthin), welches nur Muskelstarre hervorruft. Theophyllin wirkt stärker diuretisch als Theobromin, am stärksten Paraxanthin[1]).

Paraxanthin ist in seiner Wirkung dem Xanthin und Theobromin ähnlich, indem es die Muskulatur in eine der Totenstarre ähnlichen Zustand versetzt und die Reflexerregbarkeit bis zum allmählichen Erlöschen vermindert (Salomon).

Theobromin hat ebenfalls noch die muskelerstarrende Einwirkung (Eigenschaft des Xanthins), die dadurch hervorgerufen wird, daß sowohl dem Xanthin als dem auch Theobromin eine direkte Gerinnung veranlassende Wirkung auf die Muskelflüssigkeit zukommt. Nun bestehen aber zwischen dem Muskelprotoplasma und der Gangliensubstanz derselben Tierart bestimmte Beziehungen, und je empfindlicher das Protoplasma, desto empfindlicher ist die Gangliensubstanz gegen die Wirkung des betreffenden Körpers. Coffein mit drei Methylgruppen zeichnet sich durch Hervorrufung von Reflexübererregbarkeit und prompt eintretender Totenstarre der Muskeln bei Fröschen aus. Die methylierten Xanthine, Coffein und Theobromin, lassen das Herz intakt. Xanthin erzeugt aber Zeichen von stellenweise auftretender Totenstarre des Herzens. Durch die Einführung von Methylgruppen an die Stickstoffatome des Xanthinmoleküls wird die muskelerstarrende und rückenmarklähmende Wirkung des Xanthins mehr und mehr abgeschwächt[2]). Theobromin und Coffein steigern die Erregbarkeit des Zentralnervensystems. Auf die quergestreifte Muskulatur wirken beide in der Weise, daß sich die Muskeln leichter und ergiebiger kontrahieren als vorher und größere Gaben Starre erzeugen.

Theobromin wirkt stärker auf die Muskeln als Coffein, im Vergleich zu der Steigerung der Erregbarkeit des Zentralnervensystems.

J. W. Golowinski fand beim Studium der Einwirkung von Purinderivaten auf den Muskel, daß ein Ersatz des Methyls am N durch Äthyl die Wirksamkeit des Xanthinkerns gar nicht oder doch höchstens in ganz geringem Grade ändert, so z. B. bei Methyltheobromin und Äthyltheobromin oder Methoxy- und Äthoxycoffein.

Eine gewisse Abstufung des Wirkungsgrades ist zu bemerken bei Lageveränderung der Methyl- und Äthylgruppen in den isomeren Verbindungen: Äthyltheophyllin, Äthyltheobromin, Äthylparaxanthin, Theophyllin, Theobromin, Paraxanthin, indem die Wirkung von Theophyllin zum Paraxanthin zunimmt, wogegen die Wirkung des Coffeins infolge Anlagerung der Methoxy- und Äthoxygruppe an den Kohlenstoff abnimmt. Die Unterschiede sind aber nicht sehr groß.

Alle alkylierten Xanthine wirken erregend auf den Skelettmuskel und diese Vermehrung der Erregbarkeit steht in direkt proportionalem Verhältnis zur Alkylierung des Xanthinkerns. Paraxanthin hat von den Dimethylxanthinen nach dieser Richtung hin die stärkste, Theophyllin die schwächste Wirkung, Theobromin nimmt zwischen beiden mittlere Stellung ein.

Isocoffein (1.7-9-Trimethyl-6.8-dioxypurin) wirkt nur schwach diuretisch, sonst wie Coffein, aber schwächer.

Noch mehr tritt der diuretische Effekt bei den Monooxypurinen zurück. Desoxycoffein (1.3-7-Trimethyl-2-oxy-1.6-dihydropurin)

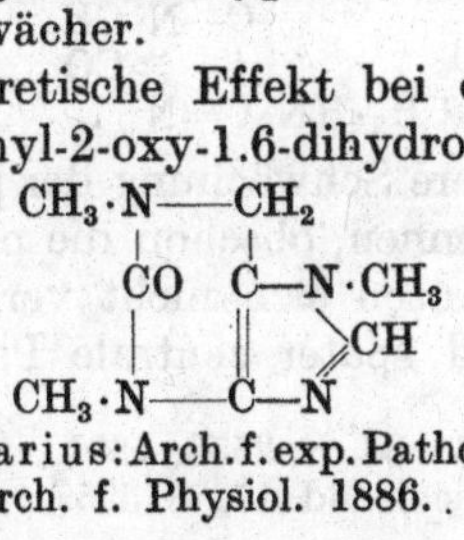

```
CH3·N——CH2
   |     |
   CO    C—N·CH3
   |     ‖   >CH
CH3·N——C—N
```

[1]) Albanese, Manfredi u. Narius: Arch. f. exp. Pathol. u. Pharmakol. Bd. 44, S. 319. 1900.
[2]) Filehne, W.: Dubois' Arch. f. Physiol. 1886.

und Desoxytheobromin (3.7-Dimethyl-2-oxy-1.6-dihydropurin)

```
        HN——CH2
        |    |
        CO   C—N·CH3
        |    ||   >CH
  CH3·C——C—N
```

bewirken in größeren Dosen eine Herabsetzung der Diurese. Desoxytheobromin zeigt noch Wirkungen, während Desoxycoffein nach kleinen Dosen ganz ohne Wirkung ist. Ähnlich verhalten sich auch ja auch Theobromin und Coffein zueinander. Desoxycoffein macht in größeren Dosen tetanische Krampfanfälle und Tod, nur treten die Wirkungen wegen der leichten Löslichkeit der Substanz dem Coffein gegenüber sehr rasch ein[1]), während dieselbe Dosis Desoxytheobromin ohne auffallende Wirkung ist.

Heteroxanthin macht neben einer starken Schädigung der Nierenfunktion eine Steigerung der Reflexerregbarkeit.

Nach N. Ach ist die Grundbase Xanthin für die diuretische Wirkung der Xanthinderivate von untergeordneter Bedeutung. Erst die methylierten Derivate wirken diuretisch; die Methylierung an bestimmten Stellen des Purinkernes steht in inniger Beziehung zur eintretenden Diurese. Trotzdem wurde versucht, Xanthindoppelsalze als Diuretica einzuführen.

Coffeinmethylhydroxyd zeigt keine deutliche Wirkung. Äthoxycoffein

```
  CH3·N——CO
      |    |
      CO   C·N·CH3
      |    ||   >C·OC2H5
  CH3·N——C·N
```

erzeugt Diurese, wirkt aber narkotisch.

Der Eintritt von Chlor verringert die Coffeinwirkung, welche sich auf die tonischen Kontraktionen des Herzens erstreckt. Die Einfügung des Cyans in das Coffeinmolekül überbietet die physiologische Wirkung der drei Methylgruppen und Cyancoffein wirkt giftiger als Coffein selbst, während Chlorcoffein weniger giftig wirkt[2]).

1.3.9-Trimethylxanthin, welches vom Coffein nur durch die Stellung der einen Methylgruppe verschieden ist, weicht in seinen Wirkungen ganz erheblich von Coffein ab. Es wirkt viel schwächer, die Muskelstarre bleibt aus und die tetanischen Erscheinungen treten gegenüber der Lähmung in den Hintergrund.

8-Methylcoffein (1.3.7.8-Tetramethylxanthin) weicht nur wenig in der Wirkung vom Coffein ab. Annähernd gleich ist auch 3-Methyl-1.7-diäthylxanthin.

7.9-Dimethyl-6.8-dioxypurin ist schwach wirksam, ähnlich im Charakter wie die Dimethylxanthine, am ehesten wie Theophyllin.

Von den Spaltungsprodukten des Coffeins ist folgendes bekannt:

Beim Coffeidin

```
  CH3·HN·CH
         ||
         C—N·CH3
         |   >CO
  CH3·HN·C=N
```

ist pharmakologisch eine schwere Schwächung der physiologischen Wirksamkeit gegenüber dem Coffein zu erkennen, obschon die pharmakologische Zusammengehörigkeit der beiden Substanzen sich nicht verleugnet, erst größere Gaben machen Muskelerstarrung und später zentrale Paralyse, wie Coffein.

[1]) Ber. d. dtsch. chem. Ges. Bd. 34, S. 2556. 1901.

[2]) Pickering: Journ. of physiol. Bd. 17, S. 395.

Coffursäure

$$\begin{array}{l} \quad\;\; COOH \\ HO\cdot C—N\cdot CH_3 \\ \qquad |\quad\; CO \\ CH_3\cdot NH\cdot C{=}N \end{array}$$

macht keine Störung, in größeren Dosen eine vorübergehende und mäßige Steigerung der Reflexerregbarkeit und eine gewisse Ungeschicklichkeit der Muskelaktion.

Hypocoffein

$$\begin{array}{l} CO\cdot O\cdot CH—N\cdot CH_3 \\ \qquad\qquad\quad >CO \\ CH_3\cdot N—C{=}N \end{array}$$

ist wirkungslos, in größeren Gaben tritt eine geringe Betäubung ein; jedenfalls ist Hypocoffein ein sehr wenig wirksamer Körper und in Gaben, welche beim Coffein enorm giftig sind, ganz indifferent.

Coffolin erscheint gänzlich wirkungslos.

$$\begin{array}{l} CH_3\cdot NH\cdot C:N— \\ \qquad\qquad\qquad\quad >CO \\ HO\cdot CH\cdot N(CH_3)— \end{array}$$

So nimmt also die Wirkung der Substanzen mit dem Abbau des Coffeinmoleküls überall ab, trotz des Bestehenbleibens jenes charakteristischen Restes:

$$\begin{array}{l} \quad{=}C—N\cdot CH_3 \\ \qquad\;|\quad >CO \\ {=}N—C{=}N \end{array}$$

Guanin (2-Amino-6-oxypurin) ist innerlich gegeben völlig unwirksam. Es macht bei intravenöser Injektion eine deutliche Senkung des arteriellen Blutdruckes[1]). Guanin wirkt also intravenös gegeben hypotensiv, während die anderen Körper der Purinreihe hypertensiv wirken, eine Wirkung, welche mit dem Oxydationsgrad und dem sauren Charakter des Moleküls ansteigt. Die Guaninwirkung hängt mit der Aminogruppe zusammen. Denn Monomethylamin, Äthylendiamin, Hydrazin wirken ebenso depressorisch[2]). 5-Aminomalonylguanidin ist subcutan giftig und wirkt auf das Epithel der Tubuli contorti, per os ist es harmlos.

Barbitursäure und Malonylguanidin wirken nicht hypnotisch. Barbitursäure wirkt abführend.

2.6.8-Trioxypurin (Harnsäure) ist unwirksam. Sie wirkt bei Kaninchen leicht diuretisch.

3- und 7-Monomethylharnsäure sind Erregungsgifte für das Zentralnervensystem und haben vorübergehende Anurie, später Polyurie und Tod zur Folge.

1.3-Dimethylharnsäure wirkt leicht diuretisch ohne Schädigung des Organismus.

Hydroxycoffein (1.3.7-Trimethylharnsäure)

$$\begin{array}{l} CH_3\cdot N—CO\; CH_3 \\ \qquad |\qquad |\quad\; | \\ \quad\; CO\;\; C—N \\ \qquad |\qquad |\qquad >CO \\ CH_3\cdot N—C—N \\ \qquad\qquad\qquad\; H \end{array}$$

wirkt stark diuretisch, zeigt aber keine Wirkung auf Muskeln und Nerven. Es hat keine schädlichen Nebenwirkungen und wird unverändert ausgeschieden.

1.3.7.9-Tetramethylharnsäure ist wirksam, macht Muskelstarre, Lähmung und dann Tetanus.

---

[1]) Desgrez und Dorléans: Cpt. rend. hebdom. des séances de l'acad. des sciences Bd. 154, S. 1109.

[2]) Desgrez und Dorléans: Cpt. rend. hebdom. des séances de l'acad. des sciences Bd. 156, S. 823.

Erst die Bildung des Imidazolringes bei der Entstehung der Purinderivate, nicht aber die Pyrimidingruppe, gibt den Verbindungen der Purinreihe die Wirkung auf quergestreifte Muskeln (Vernichtung der Querstreifung), auf Herz und Zentralnervensystem, ferner die diuretische Wirkung. Monoformyl-1.3-dimethyl-4.5-diamino-2.6-dioxypyrimidin wirkt nicht, das durch Schließung des Imidazolringes entstehende 1.3-Dimethylxanthin (Theophyllin) ist stark wirksam[1]). Doch hat die Trimethylverbindung diese Eigenschaft im geringeren Grade als die Dimethylverbindung, das Theobromin.

Azinpurine[2]) unterscheiden sich von den Purinen dadurch, daß nicht wie bei ihnen ein Imidazolring mit dem Pyrimidin, also ein 5- und ein 6-Ring verbunden ist, sondern ein Pyrazinring, also zwei Sechsringe miteinander vereinigt sind. Die Grundsubstanz ist also

```
N═CH
|    |
CH  C—N═CH
‖    ‖      |
N—C—N═CH
```

Die physiologischen Wirkungen sind denen der entsprechenden Purinverbindungen ähnlich, die harntreibende ist zwar noch vorhanden, aber nicht verstärkt, die krampferregende dagegen erhöht.

9. Bedeutung der Carbonylgruppe.

A. Aldehydgruppe.

Die Wirkung der Aldehydgruppe scheint mit der chemischen Reaktionsfähigkeit derselben in engen Beziehungen zu stehen.

Formaldehyd $H \cdot CHO$ zeigt ungemein reizende Eigenschaften auf alle Schleimhäute, stark härtende Eigenschaften für Gewebe sowie intensive antiseptische Fähigkeiten. Acetaldehyd $CH_3 \cdot CHO$ läßt die Wirkung der Aldehydgruppe sowie der Alkylgruppe hervortreten. Dieser Körper macht Anästhesie, Schlaf und ruft vorher einen Erregungszustand hervor. In viel stärkerer Weise und viel nachhaltender macht diese Erscheinungen der polymere Paraldehyd $(CH_3 \cdot CHO)_3$. Giftiger wirkt Metaldehyd $(CH_3 \cdot CHO)_x$.

Bei aliphatischen Aldehyden tritt bei den niederen Homologen ein rascher Abfall der hemmenden Wirkung auf Bakterien ein.

Mit dem Eintritt von Hydroxylgruppen in die Aldehyde bzw. mit der Kondensation zu Aldolen sinkt die Wirksamkeit dieser Körper bedeutend herab. Die Aldosen haben wohl infolge der abschwächenden Wirkung der vielen Hydroxylgruppen gar keine schlafmachende Wirkung mehr. Es scheint durch den Eintritt von Hydroxylgruppen in Aldehyd der Angriffspunkt im Organismus verändert zu sein.

Glykolaldehyd $\begin{matrix} CH_2 \cdot OH \\ \cdot \\ CHO \end{matrix}$ der einfachste Zucker, tötet in Dosen von 10 g Kaninchen[3]).

Glyoxal $\begin{matrix} CHO \\ \cdot \\ CHO \end{matrix}$ ist sehr giftig; 0.2 g töten einen 7 kg schweren Hund[4]).

Glyoxylsäure $\begin{matrix} CHO \\ \cdot \\ COOH \end{matrix}$ wirkt ähnlich wie Oxalsäure, das Herz wird direkt geschädigt und später gelähmt.

Aliphatische Aldehyde bewirken bei Kaninchen (nicht aber bei anderen Tieren) Arterienveränderungen, Furfurol, aromatische Aldehyde, Ketone

[1]) Dreser, H.: Pflügers Arch. f. d. ges. Physiol. Bd. 102, S. 1.
[2]) F. Sachs und G. Meyerheim Ber. d. dtsch. chem. Ges. Bd. 41, S. 2957. 1908.
[3]) Mayer, P.: Hoppe-Seylers Zeitschr. f. physiol. Chem. Bd. 38, S. 154. 1903.
[4]) Pohl, J.: Arch. f. exp. Pathol. u. Pharmakol. Bd. 37, S. 415.

und Natriumaceton vermögen aber keine typische Arterionekrose zu erzeugen[1]).

Die aromatischen Aldehyde sind von geringer Giftigkeit. Bei der großen Resistenz des Kernes wird in erster Linie die Aldehydgruppe im Organismus zur Carboxylgruppe oxydiert, es verliert daher die Verbindung rasch ihre ursprüngliche Wirkung und wir haben es dann mit der Wirkung einer Carbonsäure zu tun, welche ja meist gering ist, und nur in relativ großen Dosen und nur in bestimmten Stellungen eine giftige oder pharmakodynamisch verwertbare Wirkung zeigt. Er tritt nur bei stark reizenden Körpern eine giftige Wirkung durch Veränderungen auf den Schleimhäuten auf. Die einfachste Form eines aromatischen Aldehyds, der Benzaldehyd $C_6H_5 \cdot CHO$ ist von geringer Giftigkeit, wirkt auf das Zentralnervensystem und erregt tonische Zuckungen[2]).

α-Furfurol $C_4H_3O \cdot CHO$ (Aldehyd der Brenzschleimsäure) wird im Organismus zu Brenzschleimsäure oxydiert. Brenzschleimsäure selbst hat eine nicht unbeträchtliche bactericide Kraft[3]). Furfurol hemmt in 0.2 proz. Lösung die Hefegärung. Lokal reizt es und anästhesiert die Haut. Es erregt Lähmung, Tod durch Atemstillstand[4]). Bei subcutaner Verabreichung wirkt es durch motorische Lähmung sehr giftig[5]), indem es neben Narkose starke lokale Reizung verursacht, während es vom Magen namentlich in Verbindung mit Alkalien gegeben, gar keine Vergiftungssymptome hervorruft[6]). Injektionen von Furfurol erzeugen sofort Beschleunigung des Herzschlages, Blutdruckerniedrigung, Beschleunigung, später Verflachung der Atmung, leichte Krämpfe, Diarrhöe, Schläfrigkeit, Speichelfluß und schließlich Tod. Lokal bewirkt Furfurol totale Anästhesie der Cornea und Conjunctiva und Verengerung der Pupillen. Furfurin $C_3H_3N_2(C_4H_3O)_3$, ein Derivat des Imidazols, wirkt ähnlich wie Furfurol. Furfuralkohol $C_4H_3O \cdot CH_2 \cdot OH$ wirkt toxisch, macht Respirationslähmung, zunächst aber eine Zunahme der Atemfrequenz[7]).

Protocatechualdehyd $CH_2{<}^{O}_{O}{>}C_6H_3{-}CHO$ und $\begin{matrix}CH_3O\\CH_3O\end{matrix}{>}C_6H_3{-}CHO$ Vanillinmethyläther haben bei subcutaner Einführung vorübergehende Störungen in Form von motorischer Reizbarkeit und Paralysen zur Folge. Methylvanillin hat auch eine gewisse hypnotische Wirkung, Vanillin und Isovanillin (p-Methylprotocatechualdehyd), werden dagegen auch bei intravenöser Einführung gut vertragen[8]). Piperonal (Heliotropin) $CH_2{<}^{O}_{O}{>}C_6H_3{-}CHO$ geht im Organismus in Piperonylsäure $CH_2{<}^{O}_{O}{>}C_6H_3{-}COOH$ über und ist bei Warmblütern physiologisch unwirksam[9]). Bei Fröschen lähmt es äußerst schnell das Zentralnervensystem[10]).

B. Ketone.

Den Ketonen kommen im allgemeinen jene Wirkungen zu, welche für die Gruppe der Alkohole eigentümlich sind, u. z. Narkose und Herabsetzung des Blutdruckes. Die Wirkung der einzelnen Glieder der Ketonreihe ist nicht gleich

---

[1]) Loeb, O.: Arch. f. exp. Pathol. u. Pharmakol. Bd. 69, S. 114. 1912.
[2]) Jordan: Dorpater Arbeiten XI./XII, S. 293.
[3]) Kaufmann, A. P.: Zentralbl. f. Bakteriol. Bd. 83, S. 581. 1919. — Ber. d. dtsch. chem. Ges. Bd. 55, S. 289. 1922.
[4]) Guigan, Hugh Mc.: Journ. of pharmacol. a. exp. therapeut. Bd. 21, S. 65. 1923.
[5]) Chem.-Ztg. 1902, S. 73.
[6]) Lepine: Cpt. rend. des séances de la soc. de biol. 1887, S. 437.
[7]) Erdmann, E.: Arch. f. exp. Pathol. u. Pharmakol. Bd. 48, S. 233. 1902.
[8]) Ann. di chim. 1896, S. 481.
[9]) Heffter, A.: Arch. f. exp. Pathol. u. Parmakol. Bd. 35, S. 342.
[10]) Kleist, H.: Bericht v. Schimmel & Co. in Miltitz bei Leipzig.

und es scheint, als ob die Stärke der Wirkung zunächst mit der Zunahme des Molekulargewichtes wachsen würde. Aber dieses ist nicht ausschließlich maßgebend, da beim Methylnonylketon $CH_3 \cdot CO \cdot (CH_2)_8 \cdot CH_3$ nur eine gewisse Trägheit und geringere Reaktion gegen Reize eintreten, so daß die Differenz in der Wirkung verschiedener Ketone wohl hauptsächlich auf die Anwesenheit der verschiedenen Alkylgruppen im Molekül zu beziehen ist. Aceton[1]) $CH_3 \cdot CO \cdot CH_3$ und Acetessigsäure $CH_3 \cdot CO \cdot CH_2 \cdot COOH$ haben die unangenehmen Nebenwirkungen, daß sie das Nierenepithel schädigen und dadurch Albuminurie hervorrufen. Die leicht in Aceton und Kohlensäure zerfallenen Acetessigsäure ist relativ wenig giftig, in größeren Dosen ruft sie diabetisches Koma hervor. Aceton[2]) wird im Organismus sonst gut vertragen und ist weniger giftig als Äthylalkohol. Aceton wirkt erst in großen Dosen betäubend und lähmend[3]).

Die Kondensationsprodukte des Acetons verhalten sich folgendermaßen: Mesityloxyd $\frac{CH_3}{CH_3}{>}C{=}CH \cdot CO \cdot CH_3$ macht Narkose, Phoron $\frac{CH_3}{CH_3}{>}C{=}CH{-}CO{-}CH{=}C{<}\frac{CH_3}{CH_3}$ macht Darmreizung und Narkose. Beide Substanzen verwandeln sich im Organismus in geschwefelte Ketone[4]).

β-Acetylpropionsäure (Lävulinsäure) $CH_3 \cdot CO \cdot CH_2 \cdot CH_2 \cdot COOH$ ist beim Menschen giftig[5]).

Nach Albanese und Parabani[6]) haben alle der Ketongruppe angehörigen Körper eine ähnliche Wirkung. Die aliphatischen Ketone haben infolge der Alkylgruppen schlafmachende Wirkung, ebenso die gemischten. Aceton (Dimethylketon), $CH_3 \cdot CO \cdot CH_3$ erzeugt einen Zustand von Trunkenheit und Erregung der Herztätigkeit, späterhin Lähmung des Zentralnervensystems. Diäthylketon $C_2H_5 \cdot CO \cdot C_2H_5$ zeigt sich deutlich als Schlafmittel, welches die Herztätigkeit nicht beeinflußt. Dipropylketon $C_3H_7 \cdot CO \cdot C_3H_7$ ist ein leichtes Schlafmittel. Die CH_3-Gruppe bei den aliphatischen Ketonen scheint keinen, die C_2H_5-Gruppe einen günstigen Einfluß auf die hypnotische Wirkung zu haben. Benzophenon $C_6H_5 \cdot CO \cdot C_6H_5$ wirkt hypnotisch, wenn auch schwächer als die aliphatischen Ketone. Die gemischten Ketone zeigen Wirkungen, welche sowohl der Ketongruppe als auch den aliphatischen Alkylen entsprechen, während die aromatische Gruppe an der Wirkung nicht mitbeteiligt ist. Methylphenylketon (Acetophenon) $C_6H_5 \cdot CO \cdot CH_3$ ruft Lähmungserscheinungen hervor. Äthylphenylketon $C_6H_5 \cdot CO \cdot C_2H_5$ und Propylphenylketon $C_6H_5 \cdot CO \cdot C_3H_7$ rufen Schlaf hervor. Äthylphenylketon ist der wirksamere Körper. Die Stärke der Wirkung scheint mit der Zunahme der Molekulargewichte zu wachsen[7]).

Chinon[8]) $OC{<}\frac{CH=HC}{CH=HC}{>}CO$ macht ein rasches Aufhören der Lebensfunktionen, sowie rasche Braunfärbung der Gewebe. Es zeigt sich eine starke Reizung der Nerven, welche sich in Schmerzäußerungen erkennen läßt. Tiere zeigen auch eine schwere Schädigung des Intestinaltraktes. Ähnlich verhält sich Toluchinon $C_6H_3(CH_3)O_2$. Trichlorchinon und Tetrachlorchinon (Chloranil

---

[1]) Albertoni, P. und Bisenti: Arch. f. exp. Pathol. u. Pharmakol. Bd. 23, S. 393. 1887.
[2]) Albertoni: Arch. f. exp. Pathol. u. Pharmakol. Bd. 18, S. 218.
[3]) Coßmann: Münch. med. Wochenschr. 1903, S. 1556 — Albertoni und Bisenti: Arch. f. exp. Pathol. u. Pharmakol. Bd. 23, S. 393. 1887. — Schwarz, L.: Arch. f. exp. Pathol. u. Pharmakol. Bd. 40, S. 175.
[4]) Lewin, L.: Arch. f. exp. Pathol. u. Pharmakol. Bd. 56, S. 346. 1907.
[5]) Weintraud, W.: Arch. f. exp. Pathol. u. Pharmakol. Bd. 34, S. 367.
[6]) Ann. di chim. e farmacol. 1892, S. 124 und 125.
[7]) Lewin, L.: Toxikologie, S. 192.
[8]) Schulz, Otto: Diss. Rostock 1892.

$C_6Cl_4O_2$) gleichen sich in ihren zerstörenden Wirkungen auf das Blut. Größere Dosen Chloranil erzeugen Durchfall.

Chloranilsäure (Dichlordioxychinon $C_6Cl_2(OH)_2 + 3\,H_2O$ wirkt nicht schädlich.

Ninhydrin (Triketohydrindenhydrat) CO CO CO ist ein allgemeines Gift für verschiedene niedere und höhere Lebewesen, was mit seiner Ketonnatur zusammenhängt[1]).

Cicutoxin $C_{19}H_{26}O_3$ ist nach Ansicht von C. A. Jacobson ein komplexes Pyronderivat, es macht Krämpfe und greift das Nervenzentrum im Calamus scriptorius an; 5 cg pro Kilogramm per os töten Katzen[2]).

m-Dimethylchinol O $\cdot CH_3$ HO CH_3

ist für Kaninchen ziemlich giftig, es verursacht cerebrale Erregungszustände und allgemeine Krämpfe. Bei Hunden macht es keine Vergiftungserscheinungen. Im Harn ist weder Chinol noch Hydrochinon nachweisbar.

Toluchinol O HO CH_3

ist sehr giftig, die Wirkungsart ist gleich der des Dimethylchinol. Es macht bei Hunden Erbrechen und Durchfall, heftige Krämpfe und dann Lähmungen. Im Harne ist weder Chinol noch Hydrochinon nachweisbar.

10. Bedeutung des Eintrittes von Säuregruppen.

Die Giftigkeit der Säuren ist durchaus nicht immer Funktion ihrer Dissoziation. Die Stärke der Salpetersäure ist fast so groß wie die der Salzsäure, und doch ist dieselbe bedeutend weniger giftig. Die Schwefelsäure ist fast nur halb so stark wie die Salpetersäure, und doch töten beide Säuren in gleicher Zeit. Daher ist die physiologische Wirkung einer Säure nicht allein von ihrem Dissoziationsgrad abhängig, Nitrate und Sulfate sind bedeutend giftiger als Chloride.

Über den Einfluß des Carboxyls in der Fettreihe hat Fodera[3]) Untersuchungen angestellt mit Essigsäure, Propionsäure, Buttersäure, Valeriansäure, Adipinsäure, Malonsäure, Bernsteinsäure und Brenztraubensäure. Der Eintritt des Carboxyls in die Moleküle der Fettreihe erhöht deren Toxizität. Indem aber die Verbindungen durch das Anwachsen der Carboxyle im Moleküle immer weniger leicht oxydierbar werden, so werden für die Säugetiere Substanzen, welche zwei Carboxyle enthalten, weniger aktiv, als die mit nur einem (die Oxalsäure würde hier eine Ausnahme bilden). Das Carboxyl an und für sich hat cerebral lähmende Wirkung. Die größere Giftigkeit der Malonsäure bei intravenösen Injektionen bei Säugetieren im Vergleich zu Essigsäure ist auf geringe Stabilität zurückzuführen.

Bei der künstlichen Parthenogenese erweist sich für die Membranbildung am Echinodermenei die chemische Konstitution der Säuren für deren Wirkung von großer Bedeutung. Kohlensäure und Fettsäuren sind sehr wirksam, starke Mineralsäuren, sowie zwei- und dreibasische organische Säuren unwirksam. Die

---

1) Löwe, Oskar: Biochem. Zeitschr. Bd. 69, S. 111. 1915.
2) Journ. of the Americ. chem. soc. Bd. 37, S. 916. 1915.
3) Arch. di farmacol. sperim. e scienze aff. 1894, S. 417.

Oxysäuren sind weniger wirksam als die entsprechenden einbasischen Fettsäuren. Mit der Zunahme der Kohlenstoffatome nimmt die Wirksamkeit der Fettsäuren zu, der Eintritt einer Hydroxylgruppe hat die entgegengesetzte Wirkung, die gerade Kette der Kohlenstoffatome ist wirksamer als die verzweigte Die Differenz der Wirkung beruht auf den Beziehungen zwischen Konstitution und Geschwindigkeit der Absorption der Säuren durch das Ei[1]).

Für die physiologische Wirksamkeit der Säuren ist also nicht lediglich ihr Dissoziationsgrad maßgebend; so hat es sich in der Untersuchung von Jacques Löb gezeigt, daß es sich für die Hervorrufung der Membranbildung nur um die in das Ei eingedrungene Säuremenge handelt und die Wirksamkeit daher abhängig ist von dem Verteilungskoeffizienten der Säure. Hierbei ist die Zeit, welche erforderlich ist, einen bestimmten Prozentsatz der Eier zur Membranbildung zu veranlassen, um so kürzer, je größer die Zahl der Kohlenstoffatome der Säure ist, analog dem Verhalten der Alkohole, deren narkotische und hämolytische Wirksamkeit ebenfalls für die Glieder derselben Reihe bei Zunahme der Zahl der Kohlenstoffatome wächst.

Bei der Untersuchung der Giftwirkung von Säuren und Oxysäuren auf die Muskeln des curarisierten Frosches fand Lászlò Karczag[2]), daß die Verzweigung der Kohlenstoffkette die Giftwirkung der isomeren Buttersäuren nicht beeinflußt, da die Giftigkeit der Butter- und Isobuttersäure ziemlich die gleiche ist. Bei den Oxysäuren aber wurde die Giftigkeit durch die Verzweigung stark beeinflußt gefunden, denn die α-Oxybuttersäure $CH_3 \cdot CH_2 \cdot CH(OH) \cdot COOH$ ist giftiger als die α-Oxyisobuttersäure $\genfrac{}{}{0pt}{}{CH_3}{CH_3}{>}CH(OH) \cdot COOH$ und letztere ist giftiger als die β-Oxybuttersäure $CH_3 \cdot CH(OH) \cdot CH_2 \cdot COOH$. Die Stellung des Hydroxyls übt auf die Wirksamkeit der Oxysäuren einen nicht unbeträchtlichen Einfluß aus, und zwar ist die Giftigkeit um so geringer, je weiter das Hydroxyl vom Carboxyl entfernt ist. α-Oxybuttersäure ist weitaus giftiger als β-Oxybuttersäure. Die Zunahme an alkoholischen Gruppen steigert die Giftwirkung. β, γ-Dioxybuttersäure ist giftiger als γ-Oxybuttersäure und diese wieder giftiger als die normale Buttersäure. Die Giftigkeit der α-Oxybuttersäure ist der der β, γ-Oxybuttersäure gleich, was durch die Stellung der Hydroxylgruppe bedingt ist. α-Oxyisobuttersäure ist auch giftiger als Isobuttersäure, jedoch ist hierbei die Rolle der Hydroxylstellung unentschieden. Auch auf die Muskel nicht curarisierter Frösche ist die Giftwirkung der Säuren und Oxysäuren gleich. Bei Untersuchungen des Nervenmuskelpräparates, und zwar bei der Einwirkung auf die Nerven wirken die normalen und verzweigten Säuren und ihre Oxysäuren umgekehrt wie auf die Muskeln. Die Säuren sind nach dieser Richtung hin giftiger als ihre Oxysäuren und lähmen die Nervenplättchen mit der relativen größten Geschwindigkeit.

Die narkotische Wirkung der Fettsäuren nimmt mit steigender Kohlenstoffzahl zu.

Bei den homologen Fettsäuren findet man in einzelnen Fällen eine zwar nachweisbare, aber relativ unbedeutende Zunahme der Wirksamkeit mit der Zunahme der Kohlenstoffatome. Jacques Löb zeigte dieses durch die Einwirkung auf den positiven Heliotropismus, durch das Sich-zur-Lichtquelle-Wenden von Süßwassercrustaceen, welche von Haus aus negativ heliotropisch sind[3]).

Während aliphatische Säuren mit einer Carboxylgruppe nur selten Vergiftungserscheinungen hervorzurufen in der Lage sind[4]), ist es sehr auffällig,

[1]) Löb, Jacques: Künstliche Parthenogenese. Berlin 1909.

[2]) Zeitschr. f. Biol. Bd. 53, S. 93.

[3]) Löb, Jacques: Biochem. Zeitschr. Bd. 23, S. 93. 1910.

[4]) Die Ameisensäure $H \cdot COOH$ macht eine Ausnahme. Ebenso wirkt die Buttersäure $CH_3 \cdot CH_2 \cdot CH_2 \cdot COOH$ toxisch, macht Schlaf, selbst Tod. Die inaktive β-Oxybutter-

daß sowohl Oxalsäure $\begin{matrix}COOH\\COOH\end{matrix}$ als auch ihre neutralen Salze intensive Giftwirkungen an Pflanzen und Tieren hervorrufen. Oscar Loew[1]) erklärt die Giftwirkung der Oxalate nach seinen Beobachtungen am Zellkern, welche zeigen, daß an der Organisation des Zellkernes der Pflanzen, mit Ausnahme der niederen Pilze, Calciumverbindungen beteiligt sind. Durch das Eintreten der Oxalsäure in den Zellkern wird unlöslicher oxalsaurer Kalk gebildet, und so eine große Schädigung des Zellkerns hervorgerufen. Hingegen hat nach Rob. Koch[2]) die Oxalsäure eine giftige Elementarwirkung auf Muskel und Nerven und wirkt auf das Zentralnervensystem primär lähmend. Wie die Kalisalze, so ist auch Oxalsäure ein entschiedenes Herzgift.

Die Giftigkeit der Säuren hängt weitgehend von der Natur der Säure und nicht allein von der Ionenkonzentration ab. Versuche mit Phosphorsäure, Milchsäure, Essigsäure und Propionsäure ergaben, daß die Lebensdauer von Fischen für die gleiche Säure je nach p_H sehr verschieden ist. Sie steigt zuerst langsam, dann sehr schnell an, wenn die Konzentration der H-Ionen abnimmt. Die einzelnen Säuren sind verschieden stark. Bei gleichen H-Ionenkonzentrationen leben die Fische in Phosphorsäure stundenlang, in Essigsäure nur wenige Minuten; so starben Stichlinge bei $p_H = 4$ in Phosphorsäure nach 8 Stunden, in Milchsäure nach $2^1/_2$ Stunden, in Essigsäure nach 11 Minuten, in Propionsäure nach noch kürzerer Zeit[3]).

Bei den organischen Säuren sieht man keine gesetzmäßigen Beziehungen oder einen Parallelismus zwischen physiologischer Wirkung und Dissoziationsgröße. Bei den organischen Säuren ist die Dissoziationskonstante kein Maß ihrer Giftwirkung[4]).

Die Giftigkeit der Säuren mit zwei Carboxylgruppen nimmt rasch ab, wenn zwischen die beiden Carboxyle Methylengruppen eingeschaltet werden. Heymanns[5]) untersuchte die relative Giftigkeit der

Oxalsäure $HOOC \cdot COOH$ Malonsäure $HOOC \cdot CH_2 \cdot COOH$

Bernsteinsäure $HOOC \cdot CH_2 \cdot CH_2 \cdot COOH$ und Brenzweinsäure $HOOC \cdot \underset{\displaystyle CH_3}{\overset{}{CH}} \cdot CH_2 \cdot COOH$

Durch die Einschaltung der Methylengruppen nimmt die Acidität von der Oxalsäure gegen die Brenzweinsäure zu ab. Die Giftigkeit ist nach Heymanns nicht umgekehrt proportional dem Molekulargewicht, sondern nimmt viel schneller ab, und zwar in seinem Verhältnis zu dem Abstieg der Acidität dieser homologen Säuren. Während oxalsaures Natrium giftig ist, nimmt die Giftigkeit der zwei homologen Säuren sehr stark ab, so daß diesen Substanzen kaum mehr der Namen von Giften zukommt.

In $^1/_{100}$-n-Lösung steigert Natriumcitrat die Stärke der rhythmischen Kontraktionen am Kaninchendünndarm unter Herabsetzung ihrer Geschwindigkeit. Dieses beruht wahrscheinlich auf Erregung sympathischer Nervengebilde[6]).

säure $CH_3 \cdot CH(OH) \cdot CH_2 \cdot COOH$ wird, ohne irgendwelche Erscheinungen zu machen, verbrannt (?); die aktive β-Oxybuttersäure hingegen macht die Symptome der Säureintoxikation, und das Natronsalz ruft einen dem diabetischen Koma vergleichbaren Zustand hervor. Sternberg: Virchows Arch. f. die ges. Physiol. 1899.

[1]) Natürl. System d. Giftwirkungen. 119.

[2]) Arch. f. exp. Phatol. u. Pharmakol. Bd. 14, S. 153.

[3]) Gueylard, France und Marcel Duval: Cpt. rend. hebdom. des séances de l'acad. des sciences Bd. 175, S. 1243. 1922.

[4]) Szili, Alexander: Pflügers Arch. f. d. ges. Physiol. Bd. 130, S. 134. 1909.

[5]) Dubois' Arch. f. Physiol. 1889, S. 168.

[6]) Salant, W. und E. W. Schwartze: Journ. of pharmacol. a. exp. therapeut. Bd. 9, S. 497. 1917.

Starke und mittlere Konzentrationen von Natriumsuccinat wirken allgemein anregend auf den Darm, am deutlichsten auf den Dünndarm. Malat wirkt in starker Konzentration herabsetzend, in schwächeren Lösungen auf den Dickdarm ebenso auf den Dünndarm aber erregend. l-Tartrat regt in Konzentrationen von $^1/_{25}$—$^1/_{400}$-n-Lösungen den Dünndarm an, setzt aber die Tätigkeit des Dickdarms herab; dl-Tartrat und Mesotartrat können in $^1/_{100}$-n-Lösungen den Dünndarm mäßig anregen. Es wird aber durch alle Oxyderivate der Bernsteinsäure die Tätigkeit des Dickdarms herabgesetzt und diese Wirkung nimmt mit der Zahl der Hydroxylgruppe zu[1]).

Diejenigen Stoffe, welche im Organismus Paarungen eingehen, sind stets giftig, und es ist eine Hauptaufgabe des Organismus, solche Stoffe in die ganz oder wenigstens verhältnismäßig indifferenten gepaarten Verbindungen mit Glykokoll, Schwefelsäure oder Glykuronsäure überzuführen, also in eine Säure zu verwandeln. Der Ersatz von Wasserstoff der Hydroxylgruppen durch Säuregruppen bewirkt, obwohl das Molekül eigentlich chemisch nicht tangiert wird, eine starke Veränderung in bezug auf die physiologische Wirkung. Der Eintritt von sauren Gruppen schwächt die physiologische Wirkung bedeutend oder hebt sie ganz auf. Die Untersuchungen von P. Ehrlich haben gezeigt, daß basische Farbstoffe das Gehirngrau färben, überhaupt färben sie Nervensubstanzen sehr gut, sie sind daher als Neurotrope zu betrachten. Die Farbsäuren hingegen färben Nervensubstanz nicht, und insbesondere die substituierten Sulfosäuren färben die Gewebe keineswegs. Wir sehen vor allem bei den Phenolen, welche je relativ starke Gifte sind, daß man beim Ersatz der Hydroxylgruppen durch Schwefelsäure zu ungiftigen Körpern gelangt. Während Phenol giftig ist, ist die Phenolätherschwefelsäure $C_6H_5 \cdot O \cdot SO_3H$ ganz ungiftig. So ist Phenyldimethylpyrazol[2]) giftig, während Phenyldimethylpyrazolsulfosäure keine merkbare Wirkung zeigt. Es wird hier durch den Eintritt der Schwefelsäuregruppe die Giftigkeit der Substanz wesentlich herabgesetzt. Dieselben Erscheinungen sind auch für Morphin bekannt. Während Morphin hypnotisch wirkt, geht der Morphinätherschwefelsäure diese Wirkung gänzlich ab[3]). Ebenso ist Chininätherschwefelsäure völlig unwirksam. Andererseits wirken Farbstoffe wie Trypanrot und Trypanblau trotz der Gegenwart mehrerer Sulfogruppen stärker trypanocid. Bei Morphin und Chinin wird aber durch den Eintritt der Sulfosäure diejenige Gruppe, das Hydroxyl, welche den Gesamtkörper zur Wirkung gelangen läßt, verschlossen. Aber dieselbe Wirkung hat das Eintreten der Sulfosäuregruppe auch bei solchen Körpern, deren wirksame Gruppe durch das Eintreten der Schwefelsäure nicht tangiert wird. Die aromatischen Nitroderivate haben eine starke Giftwirkung, und zwar bedingt durch die Nitrogruppe. Tritt aber an eine aromatische Nitroverbindung eine Carboxyl- oder eine Sulfosäuregruppe, oder können beim Passieren durch den Organismus oxydativ Carboxylgruppen entstehen, so kommt der Giftcharakter der Nitrogruppe wenig oder gar nicht zum Vorschein. Das schon in kleinen Mengen giftige Martiusgelb (Dinitronaphthol) wird durch die Überführung in die Sulfosäure (Naphtholgelb S) durchaus unschädlich[4]), ein Beweis, daß die Entgiftung durch die Sulfosäure die Nitrowirkung vollständig aufheben kann. Auch andere Farbstoffe, bei denen Sulfosäuren im Molekül vorhanden, sind selbst in sehr großen Dosen absolut unschädlich. Arloing und Cazeneuve[5]) untersuchten Roccellinrot und Roccellin B, die

[1]) Salant, W., C. W. Mitchell und E. W. Schwartze: Journ. of pharmacol. a. exp. therapeut. Bd. 9, S. 511. 1917.
[2]) Tappeiner, H.: Arch. f. exp. Pathol. u. Pharmakol. Bd. 37, S. 325.
[3]) Stolnikow,: Hoppe-Seylers Zeitschr. f. physiol. Chem. Bd. 8, S. 235. 1883—1884.
[4]) Weyl, Th.: Ber. d. dtsch. chem. Ges. Bd. 21, S. 512. 1888.
[5]) Arch. de physiol. [3] Bd. 9, S. 356.

Nitroderivate der Roccellinsulfosäure und der α-Naphthylaminazo-β-naphtholdisulfosäure und fanden sie absolut unschädlich.

Es ist für den physiologischen Effekt gleichgültig, ob die eintretende SO_3H-Gruppe am Sauerstoff oder am Kohlenstoff gebunden ist, ob es sich um eine Ätherschwefelsäure oder eine aromatische Sulfosäure handelt. Sowohl die Phenolätherschwefelsäure $C_6H_5 \cdot O \cdot SO_3H$ als auch die Phenolsulfosäure $C_6H_4<^{OH}_{SO_3H}$ sind ganz ungiftig. Nur die Eigenschaft der neuen Substanz als Säure zu fungieren, bedingt deren Ungiftigkeit.

Ätherschwefelsäure $C_2H_5 \cdot O \cdot SO_3H$ ist ungiftig und verläßt den Organismus unverändert, Äthylsulfosäure ist ebenfalls ungiftig und wird im Organismus nicht verändert. Das Natriumsalz der Äthylschwefelsäure zeigt keinerlei Wirkung, die Säure selbst hat reine Säurewirkung[1]). Isoäthionsäure $\begin{matrix} CH_2 \cdot OH \\ \vdots \\ CH_2 \cdot SO_3H \end{matrix}$ wird zum Teil oxydiert, ist aber wirkungslos. Taurin (Aminoäthylsulfosäure) $\begin{matrix} CH_2 \cdot NH_2 \\ \vdots \\ CH_2 \cdot SO_3H \end{matrix}$ bildet beim Kaninchen keine Taurocarbaminsäure $\begin{matrix} CH_2 \cdot NH \cdot CO \cdot NH_2 \\ \vdots \\ CH_2 \cdot SO_3H \end{matrix}$. An Kaninchen verfütterte Taurocarbaminsäure wird unverändert ausgeschieden. Disulfätholsäure $\begin{matrix} CH_2 \cdot SO_3H \\ \vdots \\ CH_2 \cdot SO_2H \end{matrix}$ wird unverändert ausgeschieden[2]).

Der Einfluß der Gegenwart einer Carboxylgruppe zeigt sich deutlich auch beim Vergleiche von Cholin und Betain, welche sich wie Alkohol und Säure verhalten

Cholin $(CH_3)_3 \equiv N<^{CH_2 \cdot CH_2 \cdot OH}_{OH}$, Betain $(CH_3)_3 \equiv N<^{CH_2 \cdot COOH}_{OH}$

Cholin, der Alkohol, ist schwach wirksam, Betain, die Säure, ganz unwirksam.

Betainchlorid ruft in größeren Dosen bei kleineren Tieren Durchfall, Erbrechen und starke Speichelsekretion hervor und scheint auch das Herz anzugreifen. Bei subcutaner Injektion größerer Dosen treten Nekrosen auf. Bei Kaninchen und Katzen erscheint verfüttertes Betain zum Teil als solches im Harn, daneben tritt auch vielleicht Trimethylamin auf[3]).

α-Homobetain erscheint zu 20 % unverändert im Harn. Glutaminsäurebetain macht keine Erscheinungen, erscheint zu 12 % unverändert im Harn.

Von großem therapeutischen Interesse sowie von großem Interesse für die Synthese von Arzneimitteln ist der Eintritt von Carboxylgruppen in aromatische Verbindungen[4]). Eine Anzahl aromatischer Verbindungen werden relativ ungiftig, wenn in ihre Moleküle die mit Sauerstoff gesättigte und im Organismus nicht weiter oxydierbare Carboxylgruppe eingeführt wird. Benzol wird intern in Dosen von 2—8 g pro die vertragen. Die entsprechende Carbonsäure, Benzoesäure, ist viel weniger giftig. 12—16 g pro die werden ganz gut vertragen und vom Menschen als Hippursäure ausgeschieden. Ein Plus an eingeführter Benzoesäure wird als solche ausgeschieden. Benzoesäure und Salicylsäure bewirken Contracturen und Dyspnöe, die Gallussäure (Benzolring mit COOH, OH, OH, OH) bewirkt keine Zuckungen, sie zeigt in abgeschwächter Weise die Wirkung des Pyrogallol auf das Blut. Naphthalincarbonsäure $C_{10}H_7 \cdot COOH$ macht keine physiologischen Wirkungen oder Störungen und passiert den Organismus unverändert. Phenol kann man in Dosen von 1—2 g geben, bei welchen es aber schon giftig zu wirken anfängt. Wir kennen nun drei von Phenol sich ableitende Carbonsäuren. m- und p-Oxybenzoesäure sind selbst in großen Dosen un-

[1]) Uyada, Keiji: Therap. Monatsh. 1910, Jan.
[2]) Salkowski, E.: Virchows Arch. f. pathol. Anat. u. Physiol. Bd. 66, S. 315.
[3]) Kohlrausch, Arnt: Zentralbl. f. Physiol. Bd. 23, S. 143.
[4]) v. Nencki, M.: Arch. f. d. ges. Pathol. u. Pharmokol. Bd. 30, S. 300.

schädlich und therapeutisch unwirksam, hingegen wird Salicylsäure (die o-Verbindung), welche die einzig wirksame ist und stark antiseptisch und antifebril wirkt, in Dosen von 4—6 g pro die noch sehr gut vertragen. Es wird also Phenol durch Eintritt von Carboxyl in zwei Stellungen gänzlich unwirksam gemacht, in einer, (der o-Stelluug), in einen wirksamen, aber weit weniger giftigen Körper verwandelt. Dabei ist zu bemerken, daß die elektrische Leitfähigkeit der Salicylsäure weitaus höher ist als die der beiden isomeren Verbindungen. Die dem Brenzcatechin entsprechende Carbonsäure (Protocatechusäure) (OH, OH, COOH) hat im Gegensatze zu Brenzcatechin keine toxische oder therapeutische Wirkung. Die Dioxybenzoesäuren und die ihnen entsprechenden Aldehyde sind für den menschlichen Organismus fast indifferent, sie wirken nicht antiseptisch und fast gar nicht antipyretisch[1]). Pyrogallol (OH, OH, OH) wirkt stark giftig, hauptsächlich wegen seiner reduzierenden Eigenschaften. Die entsprechende Carbonsäure, Gallussäure, ist nicht giftig und hat weder antipyretische, noch antiseptische Eigenschaften. Menschen vertragen 4—6 g Gallussäure pro die gut.

β-Naphthol wirkt bei Hunden in Dosen von 1—1$^1/_2$ g tödlich. β-Naphthoesäure wirkt bei Hunden erst in Dosen von 4 g giftig, doch erholen sich die Tiere sehr bald vollständig. Auch o-Oxychinolincarbonsäure ist selbst in größeren Dosen nicht giftig und wird unverändert im Harne ausgeschieden.

Bei Säuren der aromatischen Reihe sind die Natriumsalze nur halb so giftig wie die Äthylester dieser Säuren [Benzosäure, Salicylsäure, Zimtsäure[2])].

Im allgemeinen sind die aromatischen Kohlenwasserstoffe und Phenole für den Tierkörper viel giftiger als die zugehörigen Carbonsäuren, d. h. durch den Eintritt der Carboxylgruppe in die aromatischen Verbindungen wird ebenso wie durch den Eintritt einer Sulfogruppe die Giftigkeit herabgesetzt oder ganz vernichtet. Während Benzol, Naphthalin, Phenol, Naphthol in den Geweben zum Teil hydroxyliert werden, Benzol zu Phenol, Naphthalin zu Naphthol, Phenol zu Brenzcatechin und Hydrochinon, Naphthol zu Dioxynaphtholen, also die schon einfach hydroxylierten Körper zu zweifach hydroxylierten und sich diese Substanzen mit Schwefelsäure oder Glykuronsäure im Organismus paaren, unterliegen die aromatischen Carbonsäuren in den Geweben weit weniger der Oxydation und werden zum Teil hydroxyliert, zum Teil ganz unverändert ausgeschieden oder sie paaren sich mit Aminoessigsäure.

Auch die Aminoverbindungen verlieren durch die Einführung des Carboxyls einen großen Teil ihrer toxischen Wirkung[3]). Das so heftig giftige Anilin wird durch Eintritt einer Carboxylgruppe fast ganz entgiftet. m-Aminobenzoesäure (NH_2, COOH) wird nach den Untersuchungen von E. Salkowski selbst in Dosen von 5 g des Natriumsalzes gut vertragen und macht nur wenig Übelkeit. Schon das Eintreten von Hydroxylen in das Anilin vermag letzteres weniger giftig zu machen, so sind p-Aminophenol und o-Aminophenol weniger giftig als Anilin. Ganz ungiftig sind die entsprechenden Salicylsäuren: o-Aminosalicylsäure $C_6H_3\begin{cases}COOH & (1)\\ OH & (2)\\ NH_2 & (3)\end{cases}$ und p-Aminosalicylsäure $C_6H_3\begin{cases}COOH & (1)\\ OH & (2)\\ NH_2 & (5)\end{cases}$

[1]) Marfori, Pio: Ann. di chim. e farm. 1896, Nov.
[2]) Okushima, Kwanichiro: Acta scholae med. Kioto Bd. 5, S. 1. 1921.
[3]) v. Nencki, M. und Boutmy: Arch. des sciences biolog. St. Pétersbourg Bd. 1, S. 62.

sind selbst in Dosen von 10 g pro die für die Menschen ganz unschädlich. Die dem o-Oxycarbanil entsprechende Carbonsäure $OC:N \cdot C_6H_3 < {OH \atop COOH}$ ist selbst in Dosen von 5 g ungiftig und passiert im Gegensatze zu o-Oxycarbanil den Organismus unverändert. o-Hydrazin-p-oxybenzoesäure und p-Hydrazinsalicylsäure sind relativ sehr wenig giftig, werden im Tierkörper unzersetzt oder nur teilweise abgebaut ausgeschieden[1]). Malanilsäure $C_6H_5 \cdot NH \cdot CO \cdot CH_2 \cdot COOH$ kann man als ein Acetanilid auffassen, in welchem ein Wasserstoff des Methyls durch eine Carboxylgruppe ersetzt ist. Malanilsäure, welche sich also von Acetanilid nur durch die Gegenwart einer Carboxylgruppe unterscheidet, hat selbst in Dosen von 6 g beim Fiebernden gar keinen Effekt und wird unverändert ausgeschieden. Phenacetin (Acetyl-p-aminophenoläthyläther) wirkt antipyretisch. p-Phenacetincarbonsäure hingegen $C_6H_4 < {O \cdot C_2H_5 \ (1) \atop NH \cdot CO \cdot CH_2 \cdot COOH \ (4)}$ ist selbst in größeren Dosen indifferent. Der Ersatz eines Wasserstoffes also in der Seitenkette durch eine Carboxylgruppe hebt die Wirkung des Phenacetins vollkommen auf. Dies ist um so interessanter, da man durch Ersatz des gleichen Wasserstoffes durch eine Aminogruppe einen ausgesprochen wirksamen Körper bekommt $C_6H_4 < {OC_2H_5 \atop NH \cdot CO \cdot CH_2 \cdot NH_2}$, das Phenokoll.

Die Wirkung des Anilins oder analoger Körper geht durch den Eintritt der Sulfosäuregruppe verloren. Beim Bromanilin geschieht diese Umwandlung in eine saure Verbindung nicht, daher geht der ursprüngliche Charakter nicht verloren.

Obgleich die Phenylmethylpyrazolcarbonsäure eine ähnliche Konstitution besitzt wie Antipyrin, so hat sie wegen der Anwesenheit der Carboxylgruppe keine temperaturherabsetzende Wirkung.

Pyrrol HC=CH / HC=CH / N / H (Ring), welches nach Ginzberg[2]) schwer lähmend und stark fäulniswidrig wirkt, wird durch Eintritt einer Carboxylgruppe unwirksam, denn die α-Carbopyrrolsäure $COOH \cdot C_4H_4N$ macht keine Vergiftung und wird als solche ausgeschieden.

Piperidinsäure macht beim Frosch Steigerung der Reflexerregbarkeit, Lähmung des Zentralnervensystems, Herzstillstand in der Diastole[3]).

Der durch Einführung von Säuregruppen verlorengegangene physiologische Grundcharakter eines Körpers kann wieder auftreten, wenn man die Säuregruppe, welche die Reaktion mit dem Organismus verhindert oder die Verteilung ändert, dadurch unwirksam macht, daß man sie verestert. (Beispiele: Cocain, Arecaidin.) So ist auch Tyrosin kein Gift, während der salzsaure Tyrosinäthylester für Kaninchen stark giftig ist[4]).

Lactone habe eine Santoninwirkung, d. h. die Wurmmuskulatur erregende Wirkung. Santonin und seine Lactongruppen enthaltende Derivate besitzen eine solche Wirkung, ebenso Pilocarpin, während pilocarpinsaures Natrium nicht wirkt. Ebenso Cumarin, während o-cumarsaures Natrium nicht wirkt[5]).

Durch Einführung der Carboxylgruppe wird die Anilinwirkung vernichtet: Anthranilsäure (o-Aminobenzoesäure) (Benzolring mit NH_2 und COOH) lähmt bei Fröschen das Zentralnervensystem[6]). Bei Warmblütern ist sie unschädlich oder ohne sicht-

[1]) Kobert, R.: Dtsch. med. Wochenschr. 1890, S. 21.
[2]) Diss. Königsberg 1890. [3]) Goldschmitt: Diss. Würzburg 1884.
[4]) Cohn, R.: Hoppe-Seylers Zeitschr. f. physiol. Chem. Bd. 14, S. 189. 1890.
[5]) Trendelenburg, Paul: Arch. f. exp. Pathol. u. Pharmakol. Bd. 79, S. 190. 1915.
[6]) Kleist, H.: Bericht von Schimmel & Co. Miltitz bei Leipzig 1903.

bare Wirkung, tritt im Harn unverändert auf, verursacht aber bei Menschen und Hunden Glykosurie, nicht aber beim Kaninchen.

Acetylanthranilsäuremethylester $C_6H_4<\begin{matrix} NH\cdot CO\cdot CH_3 & (1) \\ COO\cdot CH_3 & (2) \end{matrix}$ wirkt wie Anthranilsäure und wird im Organismus in Anthranilsäuremethylester verwandelt.

Methylanthranilsäuremethylester $C_6H_4<\begin{matrix} NH\cdot CH_3 & (1) \\ COO\cdot CH_3 & (2) \end{matrix}$ wirkt ebenfalls so, wird aber im Organismus nicht zerlegt.

Acetylmethylanthranilsäuremethylester

$$C_6H_4<\begin{matrix} & CH_3 & \\ N & \cdot CO\cdot CH_3 & (1) \\ COO & \cdot CH_3 & (2) \end{matrix}$$

wirkt wie Methylanthranilsäuremethylester, aber rascher, verursacht bei Hunden keine Glykosurie und ist wirkungslos, bei Kaninchen aber erzeugt er Glykosurie, bei größeren Dosen Lähmung des Zentralnervensystems. Im Organismus wird die Acetylgruppe abgespalten.

Von besonderer Bedeutung für die Synthese der Arzneimittel ist die Anlagerung saurer Reste an wirksame, vorzüglich basische Körper (Acylierung). Die beliebteste und verbreitetste Art ist die Acetylierung der Hydroxyl- oder Aminogruppe. Durch diese Anlagerung der sauren Reste wird der basische Charakter der Substanz nicht aufgehoben, ebensowenig ihre Wirkung. Es wird aber die Basizität oder der saure Charakter abgeschwächt und die Wirkung verlangsamt, denn solche Körper treten zum Teil in der Weise im Organismus in Wirkung, daß der saure Rest sich langsam abspaltet und dann die Base oder Säure zur Wirkung gelangt. Kann der in Aminogruppen substituierte saure Rest im Organismus nicht abgespalten oder aboxydiert werden, so kann dann auch die Base meist nicht ihren physiologischen Effekt auslösen. Die Art der eingeführten Gruppe (Acetyl-, Lactyl-, Salicyl- usw. Reste) hängt von dem Wunsche des Synthetikers ab, einen mehr oder minder leicht löslichen und resistenten Körper zu erhalten. Die Lactylderivate gehören bei den meisten Basen zu den löslichsten, schwerer löslich sind die Acetylderivate, dann folgen die Benzoyl- und schließlich die Salicylderivate, die letzteren sind häufig so schwer löslich und insbesondere so schwer im Organismus in die Komponenten spaltbar, daß die mit Salicylsäureresten oder anderen aromatischen Acylgruppen substituierte Base überhaupt nicht mehr zur Wirkung gelangt, z. B. Salicylphenetidid.

Von eigentümlicher Bedeutung ist die Gegenwart von Säureradikalen, welche einen Hydroxylwasserstoff in basischen Körpern ersetzen, insbesondere in Alkaloiden. Ekgoninmethylester wirkt gar nicht anästhesierend. Benzoylekgoninmethylester (Cocain) hingegen verdankt seine energische anästhesierende Wirkung dem Eintreten des Benzoylrestes in den Ekgoninmethylester. Tropin, sowie eine Reihe anderer Alkaloide erweisen sich[1]) als cocainartig wirkend, wenn man den Benzoylrest anlagert. Eine ähnliche, wenn auch viel schwächere Wirkung in dieser Richtung zeigen die Reste der Tropasäure und der Mandelsäure. Es besteht eine steigende Reihe in der Wirksamkeit von der Tropasäure über die Mandelsäure zur Benzoesäure. Die große Giftigkeit des Aconitins steht im innigsten Zusammenhange mit der Gegenwart von Acetyl- und Benzoylgruppen im Molekül. Spaltet man diese ab, so erhält man einen wirkungslosen Körper. Schon die bloße Abspaltung des Acetylrestes im Aconitin macht eine auffällige Abnahme der Giftigkeit und vernichtet völlig die stimulierende Wirkung des Aconitins auf das Respirationszentrum und den Lungenvagus[2]).

Die Bedeutung der Säuregruppen in Estern von hydroxylierten Basen, wie Tropin, Ekgonin, Morphin usf. wird ausführlich im Kapitel Alkaloide besprochen.

[1]) Filehne: Berlin. klin. Wochenschr. 1887, S. 107.
[2]) Cash u. Dunstan: Proc. of roy. soc. (London) Bd. 68, S. 378. 1901.

11. Bedeutung des Eintrittes von nicht oxydiertem Schwefel.

Wenn man gleichzeitig mit Cyaniden Natriumthiosulfat einem Tiere injiziert, so tritt eine Entgiftung der an und für sich giftigen Cyanide ein[1]). Dieselbe entgiftende Rolle kann der bleischwärzende Schwefel des nativen Eiweißes spielen, und zwar die Sulfhydrylgruppe des Cysteins. Die entstehenden Rhodanverbindungen R · CNSH sind, wenn auch pharmakologisch nicht unwirksam, so doch im Vergleich zu der Giftigkeit der Cyanide als ungiftig zu bezeichnen.

Rhodanwasserstoff ist für den Frosch sehr giftig, sonst aber nicht. Er macht Krämpfe tonischer und klonischer Natur und vermehrt die Peristaltik[2]).

Die Dämpfe von Phosphortrirhodanid erzeugen Kopfschmerzen und sind giftig[3]).

Die einfachste organische Schwefelverbindung, Schwefelkohlenstoff CS_2, ist ein heftiges Gift. Kohlenoxysulfid COS verursacht schon in kleinen Mengen Erstickungstod. Es greift das Zentralnervensystem an. Insbesondere das Atemzentrum wird beeinflußt. Der Tod tritt durch Atemstillstand ein. COS wirkt nicht hämolytisch[4]). Nach den Untersuchungen von L. Lewin[5]) wird Xanthogensäure gerade auf in Schwefelkohlenstoff und Alkohol gespalten. Es tritt nach Einführung von Xanthogensäure $SC<^{OC_2H_5}_{SH}$ in geeigneter Dosis eine vollständige Anästhesie des ganzen Körpers ein, wie sie bereits früher bei Vergiftungen mit Schwefelkohlenstoff beim Menschen beobachtet wurde. Die xanthogensauren Alkalien sind vorzügliche Konservierungs- und Desinfektionsmittel. Sie können eine medikamentöse Verwendung des dazu gänzlich ungeeigneten Schwefelkohlenstoffs ersetzen.

Nach den Untersuchungen von **Bruylants** wird Schwefelkohlenstoff im tierischen Organismus zu Sulfocyansäure.

Die Mercaptane $C_nH_{2n+1} \cdot SH$ zeichnen sich durch einen äußerst intensiven Geruch aus, der mit der Zunahme des Molekulargewichtes ansteigt. Die in der Stinkdrüse von Skunks (Mephithis mephitica) vorkommenden Mercaptane Butylmercaptan $C_4H_9 \cdot SH$ und Amylmercaptan $C_5H_{11} \cdot SH$ gehören zu den intensivst riechenden Substanzen, die wir kennen[6]). Aber die Giftigkeit der Mercaptane ist geringer als die des Schwefelwasserstoffes. Es scheinen Alkylgruppen auf Schwefelwasserstoff entgiftend zu wirken[7]). Methylmercaptan $CH_3 \cdot SH$ wirkt ähnlich wie Schwefelwasserstoff, vor allem auf das Respirationszentrum. Die Tiere werden bald nach dem Einatmen unruhig und zeigen eine stark beschleunigte Respiration, hierauf Lähmung der Extremitäten und Krämpfe, schließlich tritt der Tod durch Atmungslähmung ein. Bei Injektion der Kalkverbindung des Methylmercaptans zeigen sich ebenfalls Vergiftungserscheinungen[8]). Schwefeläthyl $^{C_2H_5}_{C_2H_5}>S$ ist physiologisch ein ganz indifferenter Körper von schwachem Geruch. Nach **Curci**[9]) wirkt Methylsulfid $CH_3 \cdot S \cdot CH_3$ zentral lähmend. Trimethylsulfiniumjodid $(CH_3)_3SJ$ hat die Curarewirkung der Ammoniumbasen. Trimethylsulfiniumoxydhydrat $(CH_3)_3S(OH)$ wirkt noch stärker curareartig, aber es erzeugt auch ein Exzitationsphänomen (**Curci, A. J. Kunkel**).

[1]) **Lang, S.**: Arch. f. exp. Pathol. u. Pharmakol. Bd. 36, S. 75.
[2]) **Paschkis, H.**: Wiener med. Jahrb. 1885.
[3]) **Miquel**: Annales de chim. [5] Bd. 11, S. 349.
[4]) **Fischer, R.**: Biochem. Zeitschr. Bd. 125, S. 12. 1921.
[5]) Virchows Arch. f. pathol. Anat. u. Physiol. Bd. 78, S. 1879.
[6]) **Aldrich**: Americ. journ. of exp. med. Bd. 1, S. 323.
[7]) **Rekowski**: Arch. des sciences biol. St. Pétersbourg Bd. 2, S. 205. 1893.
[8]) Monatshefte für Chemie Bd. 10, S. 862. 1889 und Arch. f. exp. Pathol. u. Pharmakol. Bd. 28, S. 206.
[9]) Arch. di farmacol. sperim. e scienze aff. Bd. 4, S. 2, 80. 1896.

Pharmakologische Untersuchungen über Thioverbindungen sind nicht sehr zahlreich.

Thiomilchsäure wird leicht oxydiert und ist ungiftig. Thioglykolsäure ist giftig, wird aber etwas weniger leicht oxydiert wie Thiomilchsäure[1]).

Thiophenol $C_6H_5 \cdot SH$ und p-Thiokresol $CH_3 \cdot C_6H_4 \cdot SH$ sind viel giftiger als die aliphatischen Thioderivate, aber es findet keine bemerkenswerte Oxydation des Schwefels der Mercaptogruppe statt, die direkt am Benzolring befestigt ist.

Thioharnstoff $SC<^{NH_2}_{NH_2}$ macht lang gesteigerte Puls- und Atemfrequenz[2]).

Nach Eingabe von Thioharnstoff findet man beim Kaninchen keine Vermehrung der Sulfocyansäure im Harn[3]).

Er hebt zunächst zentral die willkürlichen Bewegungen, dann die Reflexe auf, ohne Störungen der Sensibilität zu verursachen; das Herz wird allmählich gelähmt, bei Warmblütern erfolgt der Tod ohne Konvulsionen, bei Fröschen kann die Wirkung mit tetanischen Erscheinungen beginnen. Das Blut zeigt spektroskopisch keine Veränderungen[4]). Nach Lusini und Calilebe ist Thioharnstoff nicht giftiger als gewöhnlicher Harnstoff. Thioharnstoff kommt nach französischen Autoren in kleineren Mengen im normalen Harn vor.

Nach den Untersuchungen von A. Döllken macht Thiosinamin (Allylthioharnstoff) $NH_2 \cdot CS \cdot NH \cdot CH_2 \cdot CH : CH_2$ Narkose, Tod durch Lungenödem und Hydrothorax[5]). Allylthioharnstoff ist wegen der Seitenkette mit doppelter Bindung höchst giftig. Die zweifach substituierten Derivate sind wieder unschädlich, wenn die Alkyle gleich sind und giftig, sobald zwei verschiedene Alkyle vorhanden sind.

Allylselenharnstoff ist zu 0.01 g pro kg Kaninchen tödlich unter zentralnervösen Symptomen, hauptsächlich Atemzentrumserscheinungen. Es wirkt wie selenigsaure Salze, aber bedeutend giftiger. Jodäthylallylselenharnstoff wirkt zu 0.02 g pro kg tödlich unter zentralnervösen Erscheinungen, wobei das Krampfzentrum besonders gereizt wird[6]).

Propylenpseudothioharnstoff $NH : C(SC_3H_6)NH_2$ macht starke Reflexsteigerung, Tetanus und Krämpfe. Bei innerlicher Verabreichung werden die Tiere apathisch und deren Reflexe herabgesetzt. Propylenharnstoff $C_3H_6 \cdot NH \cdot CO \cdot NH_2$ hingegen verursacht eine bedeutende Steigerung der Reflexe. Diese Substanzen haben einen Einfluß auf die Respiration. Sie erregen zuerst das Zentralnervensystem, um es dann zu lähmen. Aber nur bei langsamer Resorption zeigt sich die erregende Wirkung des Thiosinamins[7]).

Acetylthioharnstoff $CS<^{NH \cdot CO \cdot CH_3}_{NH_2}$ bleibt in seiner Giftigkeit hinter Thiosinamin zurück. Phenythioharnstoff tötet Hunde schon in 1 g Dose.

Die durch Substitution eines Wasserstoffatoms in der zweiten Amidgruppe des Thiosinamins entstehenden Körper: Allyläthylthioharnstoff $CS<^{NH \cdot C_3H_5}_{NH \cdot C_2H_5}$ und Allylphenylthioharnstoff besitzen zwar noch eine erhebliche Giftigkeit, aber es kommt zu keiner Exsudation.

Diphenylthioharnstoff $SC<^{NH \cdot C_6H_5}_{NH \cdot C_6H_5}$ ist nicht wie in der Literatur angegeben,

---

1) Hill, R. M.: und H. B. Lewis: Journ. of biol. chem. Bd. 59, S. 556. 1924.
2) Lange: Diss. Rostock 1894.
3) Dezani, Serafino: Acrh. farmacol. specim. Bd. 26, S. 115. 1918.
4) Ann. di farmacoterap. 1897.
5) Arch. f. exp. Pathol. u. Pharmakol. Bd. 38, S. 321. 1897.
6) Schmidt, H.: Ber. d. dtsch. chem. Ges. Bd. 54, S. 2067. 1921.
7) Dtsch. med. Wochenschr. 1901, Nr. 35, S. 591.

unwirksam, sondern macht zentrale Lähmung und Methämoglobinbildung, Gleichgewichtsstörungen, verlangsamte Atmung bei großen Dosen Tod unter Krämpfen, Di-o-toluylthioharnstoff ist nur halb so giftig, aber auch bei Katzen giftiger als bei Kaninchen. Beide reizen die Haut nicht. Tetramethylthiuramdisulfid ist 10mal giftiger für Kaninchen als die entsprechende Äthylverbindung. Tetraäthylthiuramdisulfid

$$\begin{array}{cccc} N(C_2H_5)_2 & & & N(C_2H_5)_2 \\ | & & & | \\ C & —S— & —S— & C \\ \| & & & \| \\ S & & & S \end{array}$$

ist wenig giftig und wirkt rein zentral lähmend. Beide machen Gleichgewichtsstörungen, Herabsetzung der Körpertemperatur, verlangsamte Atmung und Herzaktion.

Bei Untersuchung von Phenylthioharnstoff $C_6H_5 \cdot NH \cdot CS \cdot NH_2$, Äthylthioharnstoff $C_2H_5 \cdot NH \cdot CS \cdot NH_2$ und Acetylthioharnstoff $CH_3 \cdot CO \cdot NH \cdot CS \cdot NH_2$ finden sich folgende Verhältnisse: Äthylthioharnstoff ist nahezu ganz unwirksam, die beiden anderen wirken wie Thiosinamin, Phenylthioharnstoff indes anscheinend stärker. Diphenylthioharnstoff ist ebenso wie alle anderen Diphenylverbindungen unwirksam. Dimethylthioharnstoff $CH_3 \cdot NH \cdot CS \cdot NH \cdot CH_3$ macht intravenös injiziert eine kurz dauernde leichte Narkose. Methyläthylthioharnstoff bewirkt gesteigerte Atemfrequenz, Schwäche und Schlafsucht, in den nächsten Tagen Reflexsteigerung und Tetanus, Tod. Äthylenthioharnstoff wirkt schwach narkotisch. Allylphenylthioharnstoff macht intravenös injiziert krampfähnliche Bewegungen, Speicheln, Zittern, Flankenatmen des Versuchstieres.

Verbindungen dieser Reihe mit symmetrischer Anordnung, wie Harnstoff, sind sehr schwach wirksam oder unwirksam. — Die übrigen, bei denen nur eine NH_2-Gruppe mit einem Radikal verbunden ist und die, welche doppelt alkyliert sind, aber mit ungleichen Radikalen, sind sehr energisch wirksam. Gleiche Wirkungen haben sie keineswegs. Die mit der Pseudoformel $HN : C(SH)(NH_2)$ entfernen sich in ihrer Wirkung am meisten vom Harnstoff und Thioharnstoff $H_2N \cdot CS \cdot NH_2$. Näher den letzteren stehen die monalkylierten Verbindungen, während die dialkylierten mit verschiedenen Radikalen die Mitte zwischen beiden einnehmen[1]).

Nicht eine bestimmte Gruppe, sondern die Art der Verknüpfung ist hier für die Wirkung maßgebend.

Während Hydantoin (Glykolylharnstoff) $CO\left\langle\begin{array}{l} NH \cdot CH_2 \\ \quad\quad | \\ NH \cdot CO \end{array}\right.$ ungiftig ist, ist 2-Thiohydantoin für Kaninchen giftig. Die Substitution einer Alkylgruppe in die Stellung 4 vermindert die Toxizität. 2-Thio-4-methylhydantoin ist weniger giftig als 2-Thiohydantoin, während 2-Thiohydantoin-4-essigsäure in 2 g-Dosen ungiftig ist. 2-Thio-4-methylhydantoin macht in letalen Dosen eine Albuminurie bei Kaninchen. Der Schwefel des 2-Thiohydantoins wird nicht oxydiert[2]).

Thiocarbaminsäureäthylester (Xanthogenamid) $SC\left\langle\begin{array}{l} NH_2 \\ O \cdot C_2H_5 \end{array}\right.$ ist viel giftiger als Carbaminthiosäureäthylester (Thiurethan) $NH_2 \cdot C \cdot SO \cdot C_2H_5$, welcher nur eine kleine Appetitstörung machtn diese I . hnKolensäurederivaten bildet die Substitution von Schwefel für Sauerstoff eine Verbindung, welche viel giftiger ist, wenn der Schwefel die $CS \cdot OH$-Stelle einnimmt, als wenn er den Sauerstoff in der Hydroxylgruppe $CO \cdot SH$ ersetzt[3]).

---

[1]) Hanzlik, P. J. und A. Irvine: Journ. of pharmacol. a. exp. therapeut. Bd. 17, S. 349. 1921.

[2]) Lewis, Howard B.: Journ. of biol. chem. Bd. 13, S. 347. 1912.

[3]) Smith: Pflügers Arch. f. d. ges. Physiol. Bd. 53, S. 481.

Schwefelhaltige Säuren der Fettreihe, in denen der Schwefel mit ein oder zwei Sauerstoffatomen zusammenhängt, wirken nicht giftig.

Der cyclisch gebundene Schwefel, wie beim Thiophen, im Ichthyol, usf. bewirkt neben seinen antiseptischen und antiparasitären Eigenschaften eine wesentliche Vermehrung der Resorption, eine Wirkung, welche an die Jodwirkung erinnert, pharmakologisch aber mit ihr keineswegs identisch ist. Die cyclischen Verbindungen mit substituiertem Schwefel zeigen überdies auffällige schmerzstillende Eigenschaften, welche nur dem Eintritte von Schwefel in diese Gruppe zuzuschreiben ist.

Eine ähnliche entgiftende Wirkung wie sie Schwefel auf Cyan ausübt, indem er noch aktives, aber weitaus weniger giftiges Rhodan erzeugt, übt Schwefel nach den Untersuchungen von Edinger und Treupel[1]) auf Chinolin aus. Chinolin (Strukturformel: N) ist ein starkes Protoplasmagift. Erhitzt man Chinolin mit Schwefel, so erhält man Thiochinanthren $NC_9H_5<{S \atop S}>H_5C_9N$. Dieses Thiochinanthren ist ungiftig und überhaupt wirkungslos. Hingegen sollen alle Chinolinrhodanate stark antiseptisch wirken[2]) (?).

[Amino-4'-phenyl]-2-methyl-6-benzothiazol (Dehydrothiotoluidin) wirkt schädigend auf die Haut und ruft Ekzeme hervor. Ähnlich wirkt o-Aminophenylmercaptan und o-Aminothiokresol, das durch alkalische Spaltung von Dehydrothiotoluidin entsteht[3]).

Thialdin $C_6H_{13}NS_3$ macht bei Fröschen zentrale Lähmung, bei Kaninchen Schlafsucht und diastolischen Herzstillstand. Carbothialdin macht Tetanus und diastolischen Herzstillstand.

Thioaldehyd $CH_2(OH)(SH)$ wirkt energischer als Aldehyd und insbesondere Trithioaldehyd $S<{CH_3 \cdot CH \cdot S \atop CH_3 \cdot CH \cdot S}>CH \cdot CH_3$ wirkt stärker und nachhaltender als Paraldehyd $(CH_3 \cdot CHO)_3$. Paraldehyd wirkt nicht auf das Herz, aber hypnotisch. Thioaldehyd wirkt hypnotisch und auf das Herz stark giftig[4]).

12. Bedeutung der doppelten und dreifachen Bindung.

Verbindungen mit doppelter Kohlenstoffbindung sind giftiger als die entsprechenden gesättigten Substanzen (O. Loew).

Während die Alkohole im allgemeinen keine besondere Giftigkeit zeigen, konnte Mießner[5]) bei Arbeitern, die Allylalkohol aus Glycerin und Oxalsäure darstellten, sehr schwere Vergiftungserscheinungen beobachten. Er fand starke Sekretion aus den Augen und Nase, Druckschmerz des Kopfes und der Augen, tagelang anhaltende Weitsichtigkeit. Während Propylalkohol $CH_3 \cdot CH_2 \cdot CH_2 \cdot OH$ ungiftig ist und nur einen Rauschzustand macht, erzeugt der ungesättigte Allylalkohol $CH_2 : CH \cdot CH_2 \cdot OH$ Beschleunigung der Atmung, Lähmungen und Tod durch Respirationsstillstand. Er erzeugt keinen Rausch, sondern wirkt nur depressiv. Dem Allylalkohol geht die für alle Alkohole der gesättigten Reihe typische narkotische Wirkung ab. Die eigentümliche stark giftige Wirkung des Allylalkohols ist seinem Charakter als ungesättigte Verbindung, seiner doppelten Bindung der Kohlenstoffatome zuzuschreiben.

---

1) Therap. Monatsh. 1898, S. 422.

2) Journ. f. prakt. Chem. [2] Bd. 54, S. 340; [2] Bd. 66, S. 209. — Ber. d. dtsch. chem. Ges. Bd. 30, S. 2418. 1897.

3) Hunter, R. F.: Journ. of chem. soc. (London) Bd. 127, S. 911. 1925.

4) Lusini: Ann. di chim. e farm. Bd. 15, S. 14; 1891, Jul. S. 35, Okt. S. 181.

5) Berlin. klin. Wochenschr. 1891, S. 819.

Charakteristisch für die Wirkung des Allylalkohols ist die heftige Schleimhautreizung, die starke Gefäßerweiterung und die dadurch verursachte starke Blutdrucksenkung. Damit ist auch ein beträchtlicher Eiweißverlust verbunden. Allylalkohol ist fünfzigmal so giftig als Propylalkohol. Die antiseptischen Wirkungen des Allylalkohols sind nach Salkowskis Angaben[1]) sehr mäßig, während andere Autoren sie als stark angeben. Daß die hohe Giftigkeit dieser Verbindung tatsächlich mit der doppelten Bindung zusammenhängt, zeigt eine Reihe von analogen Verhältnissen bei anderen Körpern mit doppelter Bindung der Kohlenstoffatome.

So ist Dijodacetyliden JC ⋮ CJ äußerst energisch giftig, und zwar so giftig, daß die Wirkung die der meisten Gifte übertrifft[2]). Es hemmt in stärkster Verdünnung die Entwicklung von Mikroorganismen. Per os gegeben ist es wegen seiner Schwerlöslichkeit ein weit schwächeres Gift, während die Dämpfe, von Säugetieren eingeatmet, diese töten. Der ungesättigte Charakter der Verbindung und die dreifache Bindung bedingt die Giftigkeit des Dijodacetylidens. Aber auch Acetylendijodid JHC : CHJ ist giftig, viel giftiger als Jodoform CHJ_3 und die Giftwirkung beruht nicht auf dem Jodgehalte allein.

Äthylenoxyd ist als Anaestheticum ungeeignet, da es Erbrechen, Diarrhöe und leichte Narkose, dann baldigen Tod macht[3]).

Vinylaminchlorhydrat $CH_2 : CH \cdot NH_2 \cdot HCl$ ist sehr giftig. Vinylamin tötet unter schweren Erscheinungen des Nervensystems unter starken Krämpfen. Im Gehirn und Rückenmark sind Herde primärer Degeneration. Die mikroskopischen Befunde ähneln der multiplen Sklerose.

Allylamin ist ebenfalls ein spezifisches Nervengift, daß tollwutähnliche Erscheinungen am Hunde hervorruft.

Merkwüdigerweise soll Allylamin $CH_2 : CH \cdot CH_2 \cdot NH_2 \cdot$ durchaus ohne Wirkung sein[4]). Aber diese Angabe ist nach Piazza unrichtig. Allylamin wirkt im Gegensatz zu Levaditis Angaben auf das Herz, indem es diastolischen Stillstand macht. Auf die glatte Muskulatur wirkt es, wenn auch schwach, ein. Es verengt das Gefäßsystem und erweitert die Pupille am isolierten Froschauge. Bei Säugetieren macht es sehr starke akute Vergiftungssymptome, einen Temperaturabfall, schwere Darmreizungen.

Isoallylamin $CH_3 \cdot CH : CH \cdot NH_2$ hat die Gruppe $-C : CH \cdot NH_2$, welche dem Allylamin fehlt. Es ist sehr stark giftig. Nach S. Gabriel und C. v. Hirsch[5]) erstreckt sich die Wirkung des Giftes eigentümlicherweise auf eine ganz bestimmte Stelle, nämlich auf den sog. Papillaranteil der Niere.

Allylformiat ist stark wirksam, aber in ganz anderer Richtung als Allylamin. Es reizt die Nieren und erzeugt eine akute parenchymatöse Degeneration der Nieren und teilweise Verkalkung, es macht Ikterus. Im Gegensatze zu Tallqvist und E. St. Faust gibt I. Georg Piazza an, daß acrylsaures Natrium nicht hämolysieren könne, auch Allylformiat kann nicht hämolysieren. Während also Vinylamin vorwiegend auf die Nierenpapille wirkt, schädigt das homologe Allylamin die Organe nicht wesentlich, das Allylformiat schädigt vorwiegend die Leber. Allylacetat macht bei höherer Dosierung deutlichen Temperatursturz. Allylsenföl $CH_2 : CH \cdot CH_2 \cdot NCS$ wiederum bedingt in toxischen Dosen nach Paul Mayer Erbrechen, Gastroenteritis, Nephritis, während eine Entzündung oder Nekrose von Leberzellen nicht beobachtet wurde. Es wirkt

---

[1]) Biochem. Zeitschr. Bd. 108, S. 244. 1920.
[2]) Loew, O.: Zeitschr. f. Biol. Bd. 37, S. 222.
[3]) Stehle, R. L., W. Bourne und E. Lozinsky: Arch. f. exp. Pathol. u. Pharmakol. Bd. 104, S. 82. 1924.
[4]) Levaditi: Arch. internat. de pharmaco-dyn. et de thérapie Bd. 8, S. 1,48.
[5]) Ber. d. dtsch. chem. Ges. Bd. 29, S. 2747. 1896.

sehr stark gegen Gärungen. Allylalkohol macht einen deutlichen Temperaturabfall. Allylanilin macht nur die typischen Anilinerscheinungen, Methämoglobinurie. Diallylessigsäure ist unwirksam. Allylsulfid ist ungiftig. Allyljodid wirkt lokal sehr stark reizend. Allylharnstoff ist vollständig wirkungslos. Diallylthioharnstoff und Dithiosinamin erzeugen keine Wirkungen. Dimethylallylamin ist wirkungslos. Diallylbarbitursäure erzeugt einzelne Symptome wie Allylamin, insbesondere bei der Atmung und in bezug auf die Körpertemperatur[1]) (s. bei Dial).

Diallylcarbinol $(C_3H_5)_2 \cdot CH \cdot OH$ wird in größeren Dosen vertragen, aber teilweise unverändert exhaliert, teilweise als Glucuronsäureverbindung durch den Harn ausgeschieden. Diallylmalonsäure $COOH \cdot C(C_3H_5)_2 \cdot COOH$ konnte nach Verfütterung in unveränderter Form aus dem Harn wiedergewonnen werden[2]).

Das äußerst giftige ungesättigte Crotonöl verliert durch Reduktion mit Wasserstoff seine Reizwirkung auf das Auge; das Reduktionsprodukt führt, bei Kaninchen und Hunden in großen Dosen innerlich gegeben, weder Durchfall noch Entzündung herbei[3]).

Ölsäure wirkt hämolysierend und wirkt bei Kaninchen so, daß die Erythrocyten und das Hämoglobin sowohl bei Verfütterung als auch bei subcutaner Einverleibung des Natriumsalzes zurückgehen[4]). Die Natronsalze der niederen Glieder der gesättigten Fettsäurereihe bis zur Capronsäure sind vollständig unwirksam, dagegen die höheren von der Caprinsäure aufwärts sehr stark, nicht schwächer als Ölsäure hämolytisch wirksam. Die Nonylsäure bildet etwa ein Zwischenglied, indem sie schwach hämolytisch wirkt[5]).

Camphylamin $C_8H_{14}\left\langle\begin{array}{l} C-NH_2 \\ \| \\ CH \end{array}\right.$ wirkt rapid toxisch. Es macht Erregung, Lähmung, intermittierende Krämpfe, aber keine Veränderung in den Organen. Kleinere Dosen erzeugen schwere nervöse Erscheinungen. Die Gruppe $-C:CH \cdot NH_2$ ist vorhanden, aber eng an einen aromatischen Komplex gebunden.

Galegin $C\left\langle\begin{array}{l} NH_2 \\ NH_2 \\ N-CH_2-CH=C(CH_3)_2 \end{array}\right.$ geht bei der Fäulnis in Oxydihydrogalegin über, welches weniger giftig ist als Galegin, da es keine Kohlenstoffdoppelbindung mehr besitzt. Letzteres ist ziemlich stark giftig.

Die Verbindungen der Safrolgruppe haben alle eine Seitenkette mit doppelter Bindung[6]) und sind giftig.

Apiol wirkt, weil es eine Allylseitenkette wie Safrol hat, nur treten hier starke lokal reizende Eigenschaften hinzu. Dem Cubebin fehlen giftige Erscheinungen nur aus dem Grunde, weil es wegen seiner Unlöslichkeit überhaupt nicht zur Resorption gelangt. Die eigentümliche Wirkung auf den Stoffwechsel, die Apiol und Safrol zeigen, kommt auch dem Thymol $C_6H_3\left\langle\begin{array}{l} OH \\ CH_3 \\ C_3H_7 \end{array}\right.$ zu.

So verfettend wie die Safrolgruppe wirken auch Dihydrosafrol, Eugenol, i-Eugenol, Methyleugenol, Methyl-i-eugenol, Menthon, Limonen $\Delta^{1.8}$, Terpinen $\Delta^{1.4}$, Terpinolen $\Delta^{1.4}$, α-Phellandren $\Delta^{1.5}$, β-Phellandren $\Delta^{2.1}$ und Sabinol. Nicht verfettend wirkten Thujylalkohol, Menthenon, i-Pulegon, Δ^8-Dihydrocarvon und Δ^3-Carvenon.

[1]) Piazza, Georg I.: Zitschr. f exp. Pathol. u. Therap. Bd. 17, S. 1. 1915.
[2]) Pohl, J.: Zeitschr. f. d. ges. exp. Med. Bd. 38, S. 520. 1923.
[3]) Paal, C., Karl Roth und Heintz: Ber. d. dtsch. chem. Ges. Bd. 42, S. 1546. 1909.
[4]) Faust, E. S.: Arch. f. exp. Pathol. u. Pharmakol. 1908, Suppl. Schmiedeberg-Festschrift, S. 171.
[5]) Shimazono, J.: Arch. f. exp. Pathol. u. Pharmakol. Bd. 65, S. 361. 1911.
[6]) Heffter, Arthur: Arch. f. exp. Pathol. u. Pharmakol. Bd. 35, S. 342.

Die Toxizität nimmt bei den gesättigten Körpern stark ab, die leberverfettende Wirkung ist in den untersuchten Gruppen unabhängig von der Stellung der Doppelbindung in oder zum Kern. Sättigung oder Nichtsättigung spielt hierbei überhaupt keine Rolle. Toxizität und Grad oder Lokalisation der Verfettung in der Leber zeigen keinen Parallelismus. Zwischen Leberverfettung und Hämolyse bestehen keine erkennbaren Zusammenhänge[1]).

Isomyristicin ist weniger giftig als Myristicin, wie überhaupt die Allylverbindungen giftiger sind als die Propenylverbindungen.

Myristicin, der Methylmethylenäther des Allylpyrogallols

$$CH_2\langle{}^{O}_{O}\rangle C_6H_2(OCH_3)-CH_2-CH=CH_2$$

wirkt wie Safrol und Apiol[2]).

Asaron, der Methyläther des Propenyl-oxyhydrochinons

$$CH_2\langle{}^{O}_{O}\rangle C_6H_2(-OCH_3)-CH=CH-CH_3$$

macht Nausea und Brechen wie Emetin. Es hat keinerlei spezifische Wirkung[3]).

Dillapiol[4]) $C_6H\begin{cases}CH_2-CH=CH_2\\ OCH_3\\ OCH_3\\ O\rangle CH_2\\ O\end{cases}$, das Isomere des Apiols ist weniger giftig als Apiol. J. Chevalier beschreibt aber ein Vergiftungsbild mit erhöhter Reflexerregbarkeit, epileptiforme Krämpfe, Paralyse, Coma. Tod.

Safrol $CH_2\langle{}^{O}_{O}\rangle C_6H_3\cdot CH_2-CH:CH_2$ (Allylbrenzcatechinmethylenäther) ist bei weitem giftiger als alle bis nun untersuchten ätherischen Öle, es bewirkt eine Herabsetzung des Blutdruckes durch Lähmung der vasomotorischen Zentren. Safrol bewirkt geradeso wie der gelbe Phosphor in einer Reihe von Organen hochgradigste fettige Entartung, vorwiegend in der Leber und den Nieren, es entsteht ein ausgesprochener Ikterus. Daher ist Safrol eine für Menschen stark giftige Substanz.

Isosafrol, Propenylbrenzcatechinmethylenäther $CH_2\langle{}^{O}_{O}\rangle C_6H_3-CH=CH\cdot CH_3$ hat statt der Allylgruppe die isomere Propenylgruppe und ist in gleicher Dosis weniger giftig. Bei der Safrolvergiftung fehlen alle Erscheinungen von seiten des Zentralnervensystems vollkommen. Eine sehr bald auftretende und rasch zunehmende Schwäche und Hinfälligkeit sind das einzige Symptom. Dieses fehlt fast ganz bei der Isosafrolwirkung; vielmehr treten hier deutlich nervöse Erscheinungen auf, sogar Krämpfe, Taumeln. Pathologische Befunde geben uns eine deutliche Aufklärung über diesen Unterschied der Vergiftungsbilder: Beim Safrol eine starke deletäre Einwirkung auf den Stoffwechsel, die sich durch hochgradige Verfettung, wie bei der Phosphorvergiftung, charakterisiert; beim Isosafrol das völlige Fehlen jeder Degeneration und nur die Veränderungen, die durch längeren Nahrungsmangel hervorgerufen wurden. Da die Allylverbindungen einen höheren Wärmewert besitzen als die Propenylverbindungen, so sind sie auch die labileren und

---

[1]) Graevenitz, F. v.: Arch. f. exp. Pathol. u. Pharmakol. Bd. 104, S. 289. 1924.
[2]) Jürsz, F.: Arb. d. Inst. f. Pharmakol. Rostock 1904.
[3]) Feneulle und Lassaigne, s. E. Harnack: Arch. f. exp. Pathol. u. Pharmakol. Bd. 3, S. 62. 1874.
[4]) Chevalier, J.: Cpt. rend. des séances de la soc. de biol. Bd. 68, S. 306.

gehen mit dem Protoplasma heftigere Reaktionen ein, während das stabilere Propenylderivat es unbeeinflußt läßt.

Auch Anethol (Allylphenolmethyläther) $C_6H_4<\begin{matrix}CH=CH-CH_3 & (1)\\ OCH_3 & (3)\end{matrix}$ bringt wegen seiner doppelten Bindung beim Menschen Kopfschmerzen und leichten Rausch hervor. Es kann grammweise an Kaninchen ohne Schaden verabreicht werden und wirkt nicht schädlich, sondern ausgezeichnet entzündungshemmend.

Die Gegenwart der Seitenkette mit doppelter Bindung verleiht Anethol, Eugenol, Safrol, Isosafrol, Apiol und Cubebin giftige Eigenschaften.

$$\text{Eugenol } C_6H_3\begin{cases}CH_2-CH=CH_2 & (1)\\ OCH_3 & (3)\\ OH & (4)\end{cases} \qquad \text{Apiol } C_6H\begin{cases}CH_2-CH=CH_2\\ OCH_3\\ OCH_3\\ O\!\!>\!CH_2\\ O\end{cases}$$

$$\text{Cubebin } C_6H_3\begin{cases}CH(OH)-CH=CH_2\\ O\!\!>\!CH_2\\ O\end{cases}$$

Die giftigen Eigenschaften dieser Verbindungen sind wesentlich von der Seitenkette abhängig und die Giftigkeit bei den Körpern mit einer Allylgruppe überwiegt die solcher Substanzen, welche eine Propylengruppe enthalten, weit. Je weiter entfernt die doppelte Bindung der Seitenkette vom Kernkohlenstoff ist, desto giftiger ist die Verbindung. Eugenol, welches ein freies Hydroxyl enthält, wird in ziemlich großen Dosen vertragen, ohne daß Vergiftungssymptome auftreten.

Pulegon aus Poley-Öl macht fettige Degeneration der Organe und Phosphorismus (Steigen der N-Ausscheidung). Durch Wasserstoffanlagerung entsteht Menthon, welches von viel geringerer Giftigkeit ist. Menthon

$$\text{Menthon } \begin{matrix}H_3C\\ H_3C\end{matrix}\!\!>\!CH\cdot CH\!<\!\begin{matrix}C(H_2)\,C(H_2)\\ OC\;\;CH_2\end{matrix}\!>\!CH\cdot CH_3 \qquad \text{Pulegon } \begin{matrix}H_3C\\ H_3C\end{matrix}\!\!>\!C:C\!<\!\begin{matrix}CH_2\cdot CH_2\\ CO\;\cdot CH_2\end{matrix}\!>\!CH\cdot CH_3$$

(Ketohexahydrocymol) ist weit weniger giftig als Carvon

$$\begin{matrix}H_2C\\ H_3C\end{matrix}\!\!>\!C\cdot HC\!<\!\begin{matrix}H_2C\;CH\\ H_2C\;CO\end{matrix}\!>\!C\cdot CH_3$$

An Stelle der zwei doppelten Bindungen des Carvons sind zwei Wasserstoffe angelagert[1]). Carvon (Ketodihydrocymol) erweist sich im Tierversuche als nicht sehr aktiv, es zeigt hauptsächlich paralysierende Wirkungen im Gegensatze zu seinen Isomeren: zum Campher und Fenchon. Von diesen unterscheidet sich Carvon auch chemisch: so erleidet es leicht eine Hydrolyse unter Bildung von Oxytetrahydrocarvon und es ist leicht anzunehmen, daß Carvon eine ähnliche Umwandlung auch im Organismus erfährt[2]). Es macht ununterbrochene Krämpfe und Betäubung

Von den Verbindungen Menthan, Menthen, Terpinen und Cymol wirkt nur das Menthen, welches eine Doppelbindung hat, hämolytisch, während das Terpinen mit zwei ungesättigten Gruppen nicht wirksam ist. Es läßt sich dies vielleicht dadurch erklären, daß sich bei sog. konjugierten Doppelbindungen die Valenzen gegenseitig absättigen[3]).

---

1) Hildebrandt, H.: Hoppe-Seylers Zeitschr. f. physiol. Chem. Bd. 36, S. 453. 1902.
2) Rimini, Enrico: Atti d. reale accad. dei Lincei, rendiconti, 1. u. 2. Sem. Roma [5] Bd. 10, I. Teil, S. 435.
3) Heubner, W.: 28. Kongreß für innere Medizin, S. 559. Wiesbaden 1911.

Der Ester Pyrethrin [1]) I

$$\begin{array}{l} CH_3 \\ | \\ CH \\ H_2C\diagup\diagdown CH\cdot CH_2\cdot CH=C=CH\cdot CH_3 \\ HC\text{---}CO \\ | \\ O\text{---}CO\text{---}CH\lhd^{CH\cdot CH=C(CH_3)_2}_{C(CH_3)_2} \end{array}$$

und Pyrethrin II

$$\begin{array}{l} CH_3 \\ | \\ CH \\ H_2C\diagup\diagdown CH\cdot CH_2\cdot CH=C=CH\cdot CH_3 \\ HC\text{---}CO \\ | \\ O\text{---}CO\text{---}HC\lhd^{CH\cdot CH=C<^{CH_3}_{COOCH_3}}_{C(CH_3)_2} \end{array}$$

zeigen dieselbe Giftwirkung auf Insekten wie reines Insektenpulver.

Zwecks Feststellung des Einflusses der Seitenkette des Pyrethrolons

$$\begin{array}{l} CH\cdot CH_3 \\ H_2C\diagup\diagdown CH\cdot CH_2\cdot CH=C=CH\cdot CH_3 \\ HOHC\text{---}CO \end{array}$$

auf die insektentötende Wirkung wurde versucht, das Allylderivat

$$\begin{array}{l} CH\cdot CH_3 \\ H_2C\diagup\diagdown CH\cdot CH_2\cdot CH=CH_2 \\ HOHC\text{---}CO \end{array}$$

zu synthetisieren. Die Darstellung gelingt durch Umlagerung des Methylcyclopentenolonäthyläthers und Reduktion, wobei ein Gemenge von Allylderivat und $\begin{array}{l} CH\cdot CH_3 \\ H_2C\diagup\diagdown CH\cdot CH_2\cdot CH=CH_2 \\ OC\text{---}CHOH \end{array}$ entstand, das nicht trennbar war. Beim Verestern mit Chrysanthemumsäure wurde ein schwach wirksames Pyrethrin erhalten. Die Wirkung soll dem Ester des Allylderivats zukommen. Ersichtlich ist aber, daß auch ein Körper mit kürzerer Seitenkette und nur einer Doppelbindung nach dem Verestern mit Chrysanthemumsäure auf Insekten giftig wirkt [2]).

In einem ungesättigten Kohlenwasserstoffrest, wenn er an Halogen, Sauerstoff, Schwefel und Stickstoff gebunden ist, hat die β-γ-Stellng der Doppelbindung zu diesen vier Elementen ganz allgemein eine besonders lockere Bindung zur Folge, Hand in Hand damit wird vielfach auch die pharmakologische Wirkung gewisser Derivate beeinflußt. Aber es ist nicht immer der Fall. β-Butenylhomocholinbromid $\begin{array}{l}(CH_3)_2 \\ CH_3\cdot CH:CH\cdot CH_2\end{array}\!\!>N<^{[CH_2]_3\cdot OH}_{Br}$ und N-β-Butenylnorkodein $C_{16}H_{14}O\begin{cases} N\cdot CH_2\cdot CH:CH\cdot CH_3 \\ OCH_3 \\ OH \end{cases}$ sind vollkommene Analoga des Allylhomocholins und Allylnorkodeins, denn das erstere wirkt als Antagonist des Muscarins, das letztere als Antagonist des Morphins. Der Grad ihrer Wirkung ist aber geringer als der Allylderivate. Das gleiche gilt von der Verbindung $(CH_3\cdot CH:CH\cdot CH_2)_2C<^{CO-NH}_{CO-NH}>CO$ dem Analogon des Dials. $\begin{array}{c} CH_2\cdot CH:CH\cdot CH_3 \\ \bigcirc \\ OCH_3 \end{array}$ riecht ähnlich wie Esdragol. Während also der Butenylrest chemisch aktiver, ist er pharmakologisch weniger wirksam als der Allylrest [3]).

---

[1]) Staudinger, H. und L. Ruzicka: Helv. chim. Acta Bd. 7, S. 177, 201, 212, 236. 1924.
[2]) Staudinger, H. und L. Ruzicka: Helv. chim. Acta Bd. 7, S. 406. 1924.
[3]) v. Braun, J. und W. Schirmacher: Ber. d. dtsch. chem. Ges. Bd. 56, S. 538. 1923.

Der Cinnamylrest scheint sich trotz seiner das Allyl weit überragenden Größe dem letzteren tatsächlich in physiologischer Richtung anzuschließen, denn die unter den Allylverbindungen physiologisch allercharakteristische Verbindung, das N-Allylnorkodein, findet in dem zum Morphin antagonistisch wirkenden N-Cinnamyl-norkodein ihr völliges Analogon.

Die Verbindung

$$\begin{array}{l} \qquad\quad N\cdot C_6H_5 \\ CH_3\cdot N \diagup \quad \diagdown CO \qquad CH_2 - CH_2 \\ CH_3\cdot C = C\cdot N < \qquad\quad | \\ \qquad\qquad\qquad\quad CH_2 - CH_2 \end{array}$$

ist wirksamer als das analog gebaute Piperidylantipyrin. Beim Übergang dieser Verbindung in

$$\begin{array}{l} \qquad\quad N\cdot C_6H_5 \\ CH_3\cdot N \diagup \quad \diagdown CO \qquad CH_2 - CH \\ CH_3\cdot C = C\cdot N < \qquad\quad \| \\ \qquad\qquad\qquad\quad CH_2 - CH \end{array}$$

macht sich eine kleine Schwächung des pharmakologischen Effektes bemerkbar.

Im Gegensatze zum Allyl-homocholin zeigen

$$(CH_3)_2N(Br)<\begin{matrix} -CH_2\cdot CH:CH\cdot CH_2 \\ [CH_2]_3\cdot OH\ HO\cdot [CH_2]_3 \end{matrix}>N(Br)(CH_3)_2$$

und

$$(CH_3)_2N(Br)<\begin{matrix} CH_2\cdot CH_2\cdot CH_2\cdot CH_2 \\ [CH_2]_3\cdot OH\ HO\cdot [CH_2]_3 \end{matrix}>N(Br)(CH_3)_2$$

keine dem Muskarin entgegengesetzte Wirkung.

$$\begin{matrix} OH \\ CH_3O \end{matrix}>C_{16}H_{14}O>N\cdot CH_2\cdot CH:CH\cdot CH_2N<C_{16}H_{14}O<\begin{matrix} OH \\ OCH_3 \end{matrix}$$

α, δ-Dinorkodeyl-*β*-buten

wirkt im Gegensatz zum N-Allyl- und N-Cinnamyl-norkodein dem Morphin gegenüber nicht antagonistisch. Die Wirkung von $C_{19}H_{23}ON_2 \cdot O \cdot CH_2 \cdot CH$ $:CH \cdot CH_2 \cdot O \cdot N_2OH_{23}C_{19}$($C_{19}H_{23}ON_2 \cdot O$ = Hydrocupreylrest) Pneumokokken gegenüber ist etwa dieselbe wie $C_{19}H_{23}ON_2 \cdot O \cdot (CH_2)_4 \cdot O \cdot N_2OH_{23}C_{19}$. Sie ist bedeutend schwächer als die des Optochins (Äthylhydrocupreins) und nähert sich der des Vucins (Isoctylhydrocupreins).

Gegenüber den allylhaltigen Verbindungen erscheinen die hier beschriebenen Verbindungen sehr träge. Die chemische Analogie der Allyl- und Butenylkörper spiegelt sich nicht in einer parallel laufenden pharmakologischen Analogie wieder. Braun[1]) erklärt dieses durch eine doppelte Ursache. Entweder ist das ungemein große Anwachsen des Moleküls an der Erscheinung schuld, oder die räumliche Trennung der physiologisch wirksamen Zentren ist bei Gegenwart der Kette $-CH_2 \cdot CH:CH \cdot CH_2-$ eine so geringe, daß sie eine gegenseitige Störung zur Folge hat.

Piperinsäure besitzt eine Seitenkette mit doppelter Bindung 1.2.4-C_6H_3 $(O \cdot CH_2 \cdot O) \cdot CH:CH \cdot CH:CH \cdot COOH$, sie lähmt bei Fröschen das Zentralnervensystem und stellt das Herz in der Diastole still.

Denselben Einfluß der doppelten Bindung sehen wir bei Vergleichung des schwach giftigen Cholins mit dem stark giftigen Neurin.

Cholin (Trimethyläthylammoniumhydroxyd) Neurin (Trimethylvinylammoniumhydroxyd)

$$(CH_3)_3\equiv N<\begin{matrix} CH_2\cdot CH_2\cdot OH \\ OH \end{matrix} \qquad (CH_3)_3\equiv N<\begin{matrix} CH:CH_2 \\ OH \end{matrix}$$

Wird dem Neurin noch Wasserstoff entzogen, so erhält man Acetenyltrimethylammoniumhydroxyd[2])

$$(CH_3)_3\equiv N<\begin{matrix} C\,\vdots\,CH \\ OH \end{matrix}$$

---

[1]) v. Braun, J. und G. Lemke: Ber. d. dtsch. chem. Ges. Bd. 55, S. 3536. 1922.

[2]) Schmidt: Liebigs Ann. d. Chem. Bd. 267, S. 249.

welches noch viel giftiger ist als Neurin. Intravenös injiziert bewirkt es bei Warmblütern Stillstand der Herztätigkeit und Respiration.

Eine Ausnahme macht nur das von Hans H. Meyer untersuchte Allyltrimethylammoniumhydroxyd $(CH_3)_3\underset{\displaystyle OH}{N} \cdot CH_2 \cdot CH : CH_2$, das Homologe des Neurins, welches aber nur schwach giftig ist.

Tritt das Allylradikal an Stelle von einem Methyl in den Cholinkomplex ein, so schlägt dessen muscarinähnliche Wirkung in das Gegenteil um, soweit es sich wenigstens um das Kaltblüterherz handelt[1]). Die Allylgruppe erzeugt, wenn sie an Stelle des Methyls am Stickstoff in das Codeinmolekül eingeführt wird, aus dem Codein einen Antagonisten des Morphins, was weder der Äthyl- und der Propylrest, noch die höheren Homologen tun[2]).

Es entsteht die Frage, ob es die lockere Bindung des Allyls an Elemente wie Stickstoff, Halogen usf. ist, die das singuläre physiologische Verhalten einiger (nicht aller) allylhaltiger Verbindungen bedingt, und weiter die Frage, ob für beide Klassen von Erscheinungen die Anwesenheit der doppelten Bindung überhaupt oder ihr Auftreten in einer bestimmten Entfernung vom Ende des Moleküls oder ihre Vergesellschaftung mit einem Kohlenwasserstoffrest von bestimmter Größe maßgebend sei.

Das chemische Verhalten der Reste: 1. Cinnamyl (γ-Phenyl-allyl) $C_6H_5 \cdot CH : CH \cdot CH_2$, 2. Furomethyl $\begin{array}{l} C:HCH \\ | \quad\;\; >O \\ CH:C \cdot CH_3 \end{array}$ und 3. δ, ε-Pentenyl, $CH_2 : CH(CH_2)_3$ zeigen, daß es die $\beta : \gamma$-Stellung der Kohlenstoff-Kohlenstoff-Doppelbindung ist, welche — ohne Rücksicht auf die absolute Größe und den mehr oder weniger komplizierten Bau des ungesättigten Alkylrestes — seine lockere Bindung an Stickstoff, Brom usf. bedingt; denn die Reste 1. und 2. schließen sich recht genau dem Allyl, der Rest 3. hingegen schließt sich den gesättigten Kohlenwasserstoffresten an[3]).

Interessant ist auch, daß die ungesättigte Aconitsäure $CH \cdot (COOH) : C(COOH) \cdot CH_2(COOH)$ unwirksam ist. 2 g einem Kaninchen subcutan injiziert, erzeugten nur durch kurze Zeit Unruhe.

Acrolein $CH_2 : CH \cdot CHO$, Crotonaldehyd $CH_3 \cdot CH : CH \cdot CHO$[4]) sind aber giftiger als die gesättigten entsprechenden Verbindungen. Acrolein wirkt sogar auf kleine Tiere narkotisch. Crotonaldehyd macht Dyspnöe, allgemeine Lähmung, lokale Ätzung.

Die Giftigkeit des Japanlackes beruht auf dem Gehalt an Urushiol (Vernicoferol). 0.01 mg Urushiol rufen bei überempfindlichen Personen auf der Haut Knötchenbildung und Zucken hervor. 0.001 mg machen noch Zucken.

Nach der Stärke der Giftigkeit geordnet ergibt sich folgende Reihenfolge:

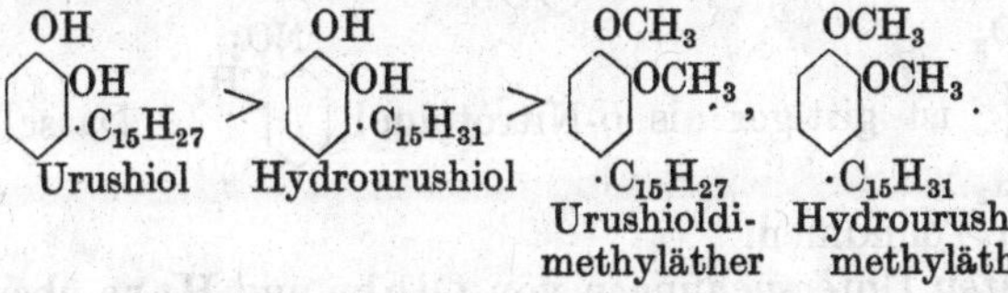

OH, OH, $\cdot C_{15}H_{27}$ (Benzolring)	>	OH, OH, $\cdot C_{15}H_{31}$ (Benzolring)	>	OCH_3, OCH_3, $\cdot C_{15}H_{27}$ (Benzolring)	,	OCH_3, OCH_3, $\cdot C_{15}H_{31}$ (Benzolring)
Urushiol		Hydrourushiol		Urushioldimethyläther		Hydrourushioldimethyläther.

Die Giftigkeit beruht auf dem Zusammenwirken der beiden benachbarten Hydroxylgruppen mit dem ungesättigten Alkylradikal, die Wirkung der

---

[1]) v. Braun, J. und E. Müller: Ber. d. dtsch. chem. Ges. Bd. 50, S. 290. 1917.

[2]) v. Braun, J.: Ber. d. dtsch. chem. Ges. Bd. 49, S. 977. 1916. — Pohl, J.: Zeitschr. f. exp. Pathol. u. Therap. Bd. 17, Heft 3. 1915.

[3]) v. Braun, J. und Z. Kohler: Ber. d. dtsch. chem. Ges. Bd. 51, S. 79. 1918.

[4]) Arch. f. exp. Pathol. u. Pharmakol. Bd. 18, S. 239.

Hydroxylgruppe ist größer als die des ungesättigten Alkyls. Hydrourushioldimethyläther, welcher weder eine freie Hydroxylgruppe noch ein ungesättigtes Alkylradikal enthält, ist bei Menschen ganz unschädlich.

Brenzcatechin wirkt auf die Haut nicht[1]), Homobrenzcatechin und Isohomobrenzcatechin machen eine leichte, aber deutliche Entzündung der Haut. Die Giftigkeit von 2.3-Dioxy- und 3.4-Dioxy-1-propylbenzol ist deutlich stärker als die des Homo- und Isohomobrenzcatechins, dagegen schwächer als die des Hydrourushiols und Urushiols. 3.4-Dioxytetradecylbenzol und Hydrourushiol greifen die Haut beinahe in demselben Grade an. Die Verbindungen mit einer größeren Seitenkette scheinen aber schädlicher zu wirken, aber die Stellung der Seitenkette übt darauf keinen merklichen Einfluß aus.

Die unterschiedliche Wirkung des Brenzcatechins und seiner Derivate auf die Haut läßt sich in folgender Reihenfolge zum Ausdruck bringen:

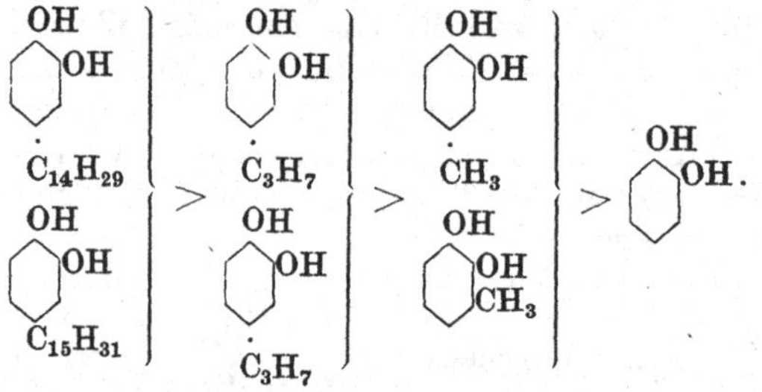

OH, OH, $C_{14}H_{29}$; OH, OH, $C_{15}H_{31}$ > OH, OH, C_3H_7; OH, OH, C_3H_7 > OH, OH, CH_3; OH, OH, CH_3 > OH, OH.

T o y a m a untersuchte ferner die Giftigkeit der Hauptbestandteile der anderen Naturlacke und fand, daß das Lacool aus Indochinalack beinahe ebenso stark giftig wie das Thitsiol aus Burma-Lack, aber beide Substanzen greifen die Haut viel schwächer an als das Urushiol aus Japan- oder Chinalack. Dieser Unterschied rührt vielleicht von der verschiedenen Größe der Seitenkette einerseits des Lacools und Thitsiols und andererseits des Urushiols her[2]).

13. Unterschiede in der Wirkung bedingt durch Stellungsisomerien.

Nach den Untersuchungen von B o k o r n y[3]) an Pflanzen und niederen Tieren bestehen Unterschiede in der Giftigkeit zwischen o- und p-Verbindungen, und zwar in dem Sinne, daß die p-Verbindungen meist die giftigeren sind. Doch ist diese Regel keineswegs von allgemeiner Gültigkeit. p-Nitrophenol (NO_2, OH) ist stärker giftig als m-Nitrophenol (NO_2, OH), dieses als o-Nitrophenol[4]) (NO_2, OH), p-Nitrotoluol (NO_2, CH_3) ist giftiger als o-Nitrotoluol (NO_2, CH_3). Dasselbe Verhältnis zeigt sich bei den Toluidinen.

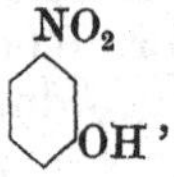

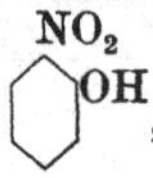

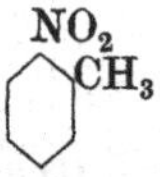

Die ausgedehnten Untersuchungen von G i b b s und H a r e über die Wirkung isomerer Verbindungen auf den tierischen Organismus zeigen, daß die Nitrophenole der Giftigkeit nach in folgender Ordnung stehen: die p-Verbindung ist die giftigste, dann folgt die m-Verbindung und die o-Verbindung ist die am

[1]) T o y a m a: Journ. of cutan. diseases 1918, S. 157—165.
[2]) M a j i m a, R i k o: Ber. d. dtsch. chem. Ges. Bd. 55, S. 191. 1922.
[3]) Journ. f. prakt. Chem. Bd. 36, S. 272.
[4]) Dubois' Arch. f. Chem. Bd. 1889, Suppl. Bd. S. 272.

wenigsten giftigste. Sie töten alle durch Herzlähmung und haben keinen Einfluß auf die Körperwärme. Die Angriffspunkte und die Wirkungsweise sind also gleich, trotz der Verschiedenheiten in der Stellung der Gruppen. Nur eine Differenz besteht: die o- und m-Verbindung reizen den Vagus, während die p-Verbindung seine Tätigkeit schwächt.

Doch ist nur die Wirkungsdifferenz allgemeine Regel, keineswegs aber das Überwiegen des toxischen Effektes der p-Verbindungen über die o-Reihe; denn viele Verbindungen zeigen ein gegenteiliges Verhalten, die o-Verbindungen sind die giftigeren. o-Nitrobenzaldehyd (NO_2, CHO) ist giftiger als die p-Verbindung (NO_2, CHO). Beim Anisidin $CH_3 \cdot O \cdot C_6H_4 \cdot NH_2$ scheint die p-Verbindung weniger schädlich zu wirken als die o-Verbindung. Auch bei den Oxybenzaldehyden ist die o-Verbindung (CHO, OH) schädlicher als die p-Verbindung (CHO, OH). Sehr hervorstechend ist der Unterschied bei den sehr giftigen Phenylendiaminen, wo die o-Verbindung (NH_2, NH_2) erheblich wirksamer ist als die p-, diese als die m-Verbindung[1]).

Ebenso zeigen die Nitraniline eine Abnahme der Giftigkeit von der p- über die m- zur o-Verbindung. Sie zeigen Symptome der Anilinvergiftung überhaupt, nämlich Methämoglobinbildung und bei großen Dosen starke Herzlähmung, ferner zeigen sie alle reizende Wirkung auf die peripheren Ausbreitungen des Vagus. Bemerkenswert ist, daß die p-Verbindung 10mal so giftig ist als die o-Verbindung.

Nitrobenzoesäuren aller Stellungen sind gänzlich unschädlich und unwirksam für den tierischen Organismus.

p- und m-Oxybenzoesäuren sind beide unwirksam[2]), während die o-Verbindung (Salicylsäure) (OH, COOH) die bekannten energischen Wirkungen ausübt.

Die drei isomeren Aminobenzoesäuren zeigen ein ähnliches Verhalten. Die o-Verbindung, Anthranilsäure, ist die giftigste, m-Aminobenzoesäure ist sehr wenig giftig[3]).

Die drei isomeren Aminooxybenzoesäuren sind alle wenig giftig.

In ihren antiseptischen Fähigkeiten ist die o-Verbindung (NH_2, OH, COOH) den beiden anderen überlegen.

Unter den Dioxybenzolen ist die o-Verbindung, Brenzcatechin, die giftigste. Ihr steht die p-Verbindung, Hydrochinon, in bezug auf die Giftigkeit am nächsten, während Resorcin, die m-Verbindung, sich als am wenigsten giftig erwies. Ebenso verhält es sich mit der antifermentativen Wirkung dieser Verbindungen sowie der antipyretischen, doch ist die Anwendung des Brenzcatechins als Antipyreticum zu vermeiden. Brenzcatechin ist 16mal, Hydrochinon 10mal so giftig wie Resorcin[4]).

---

[1]) Dubois u. Vignon: Cpt. rend. hebdom. des séances de l'acad. des sciences Bd. 107.

[2]) Hoppe-Seylers Zeitschr. f. physiol. Chem. Bd. 1, S. 259. 1878.

[3]) Hildebrandt, H.: Hofmeisters Beitr. z. chem. Physiol. u. Pathol. Bd. 3, S. 369 1903.

[4]) Gibbs und Hare: Dubois' Arch. f. Physiol. 1889, Suppl.-Bd. 272.

Wie die Dioxybenzole, so zeigen auch die Trioxybenzole große Verschiedenheiten in der physiologischen Wirkung. Pyrogallol (OH, OH, OH) ist bei weitem giftiger als Phloroglucin (OH, OH, HO). Es bedarf der 20fachen Menge Phloroglucin dem Pyrogallol gegenüber, um letale Wirkungen auszuüben. Sowohl Phloroglucin als Pyrogallol hemmen den Puls, reizen den Vagus, verändern das Aussehen des Blutes. Beide töten durch Aufhebung der Atmung.

Die drei Kresole zeigen erhebliche Unterschiede in bezug auf die Wirkung und die Giftigkeit. o-Kresol wirkt auf das Herz in kleinen Gaben lähmend ein, in größeren ist es ein kräftig wirkendes Gift für alle Gewebe. Auch p-Kresol wirkt als Herzgift und in zweiter Linie auf die Nerven. Hingegen ist m-Kresol kein so starkes Herzgift und beeinflußt auch nicht den Hemmungsapparat, sondern wirkt mehr auf das vasomotorische System. Alle drei Kresole wirken lähmend auf das sensible und motorische System. Während die o- und p-Verbindung die Hemmungsvorgänge anregen, hat die m-Verbindung keine solche Wirkung. o-Kresol scheint von beiden das stärkere Reizmittel für die Hemmung zu sein und ist das stärkste Herzmittel der Gruppe. Ihm zunächst steht in dieser Hinsicht p-Kresol, während m-Kresol auf das Herz verhältnismäßig schwach wirkt. Hingegen scheint m-Kresol die vasomotorischen Nerven stärker anzugreifen als p-Kresol, wahrscheinlich aber nicht stärker als o-Kresol. Als Reizmittel für die Hemmungsnerven und Herzgifte bilden o- und p-Kresol eine Gruppe. Als Gifte für die vasomotorischen Nerven bilden o- und m-Kresol eine Gruppe.

o-Kresol (CH_3, OH) m-Kresol (CH_3, OH) p-Kresol (CH_3, OH)

Beim Kaninchen[1]) ist m-Kresol etwas weniger giftig als Phenol, Phenol weniger giftig als o- und p-Kresol. o-Kresol ist giftiger als m-Kresol. p-Kresol ist das giftigste. Für die Maus ist p-Kresol doppelt so giftig als Phenol, o-Kresol ebenso giftig, m-Kresol weniger giftig als Phenol. Dasselbe gilt von den Natriumsalzen. Die drei isomeren Kresole haben untereinander eine verschiedene Giftigkeit. [Nur für den Frosch sind die Kresole weniger giftig als Phenol[2]).]

Beim Kaninchen erweisen sich p-Chlor- und p-Brom-toluol (Cl, CH_3), (Br, CH_3) als die giftigsten, am wenigsten giftig sind die o-Verbindungen. In der Mitte steht m-Chlortoluol[3]) (Cl, CH_3).

p-Brombenzoesäure (Br, COOH) erweist sich bei Anwendung molekularer Mengen als erheblich giftiger als o-Chlorbenzoesäure[4]) (Cl, COOH). In der Mitte steht

[1]) Meili: Diss. Bern 1891.
[2]) Tollens, Karl: Arch. f. exp. Pathol. u. Pharmakol. Bd. 52, S. 220. 1904.
[3]) Hildebrandt, H.: Hofmeisters Beitr. z. chem. Physiol. u. Pathol. Bd. 3, S. 369. 1903.
[4]) Ebenda S. 370.

m-Chlorbenzoesäure. Aber auch die o-Verbindung ist noch giftiger als Benzoesäure selbst.

Die drei isomeren Toluidine[1]) $CH_3 \cdot C_6H_4 \cdot NH_2$ zeigen in ihrer physiologischen Wirkung sehr große Ähnlichkeiten. Alle wirken wie Anilin $C_6H_5 \cdot NH_2$ zerstörend auf den roten Blutfarbstoff und bilden Methämoglobin. Sie lähmen das Rückenmark und wirken durch die Aufhebung der Atmung tödlich. Es steigt die Giftigkeit vom o-Toluidin über m-Toluidin zum p-Toluidin. Nach der Acetylierung hingegen verhalten sich die drei Toluidine verschieden. Hier ist die p-Verbindung merkwürdigerweise unwirksam, und wie es scheint, auch die m-Verbindung. Beide sind völlig ungiftig, und giftige Eigenschaften kommen nur dem o-Acettoluid zu. Eine Temperatur herabsetzende Wirkung kommt nur dem m-Acettoluid zu, die p- und o-Verbindungen sind ohne bemerkenswerten Einfluß auf die Körperwärme. Ein unmittelbarer Zusammenhang zwischen der Temperatur vermindernden Wirkung und der Art der chemischen Umsetzung läßt sich nicht nachweisen. Denn existierte ein solcher, so müßte das o-Acettoluid, dessen chemisches Verhalten im Tierkörper dem des Antifebrins vollkommen analog ist, dem letzteren auch in bezug auf den antipyretischen Effekt am nächsten stehen. Bei einer Reihe von Verbindungen konnte kein Unterschied wahrgenommen werden, so bei den Dimethyltoluidinen.

Erwähnenswert ist noch der frappante Unterschied zwischen o- und p-Benzoesäuresulfinid in der Geschmackswirkung.

o-Benzoesäuresulfinid: SO_2, CO, NH

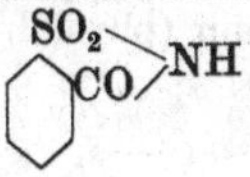

p-Benzoesäuresulfinid: SO_2, HN, CO

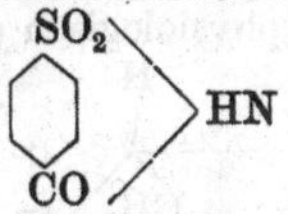

Erstere Verbindung, Saccharin, ist 500mal so süß als Zucker, während die entsprechende p-Verbindung geschmacklos ist.

α-Naphthylamin (NH_2) ist giftiger als β-Naphthylamin[2]) (NH_2),

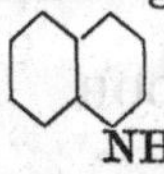

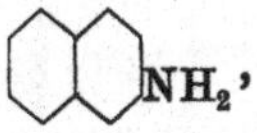

α-Naphthol (OH) ist giftiger als β-Naphthol (OH).

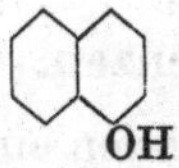

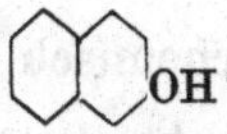

α-Methylindol ist wenig toxisch, Skatol, (β-Methylindol) giftig[3]).

α-und γ-Aminobuttersäure sind in bezug auf Narkose unwirksam; die β-Aminobuttersäure hat neben einer stark narkotischen Wirkung eine exzitierende auf das Atmungszentrum aufzuweisen[4]).

α-Cocain: H_2C—CH—CH_2 / $N \cdot CH_3$ / $C(COO \cdot CH_3)(O \cdot CO \cdot C_6H_5)$ / H_2C—CH—CH_2

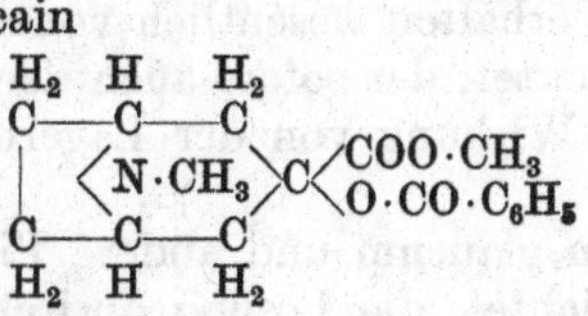

Cocain: H_2C—CH—$CH \cdot COO \cdot CH_3$ / $N \cdot CH_3$ / $CH \cdot O \cdot CO \cdot C_6H_5$ / H_2C—CH—CH_2

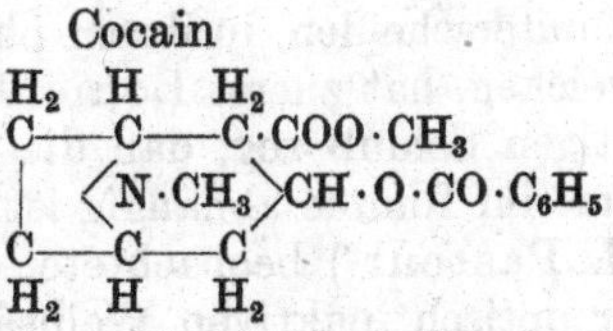

unterscheidet sich von Cocain nur durch die Stellung der Carboxylgruppe im Ekgoninkern, ruft aber keine Anästhesie hervor[5]).

In der Reihe der Purinbasen finden wir ebenfalls ein ganz charakteristisches Beispiel dafür. Die drei stellungsisomeren Dimethylxanthine Theobromin,

---

[1]) Jaffé u. Hilbert: Hoppe-Seylers Zeitschr. f. physiol. Chem. Bd. 12, S. 295. 1888. — Hildebrandt, H.: Hofmeisters Beitr. z. chem. Physiol. u. Pathol. Bd. 3, S. 372. 1903.

[2]) Petrini, Arch. di farmacol. sperim. e scienze aff. Bd. 5, S. 574. 1897. — Presse méd. 1894, 13, I.

[3]) Quattrini, Mario: Giorn. ital. di malatt. vener. e di pelle Bd. 64, S. 20. 1923.

[4]) Sternberg, W.: Zeitschr. f. klin. Med. Bd. 38, S. 65.

[5]) Willstätter, R.: Ber. d. dtsch. chem. Ges. Bd. 29, S. 1575, 2216. 1896.

Theophyllin, Paraxanthin, haben eine qualitativ identische diuretische Wirkung, doch wirkt Theophyllin weitaus kräftiger als Theobromin. Paraxanthin übertrifft an Wirkungsstärke Theophyllin bedeutend[1]).

Bei Cis-Transisomeren liegen folgende Beobachtungen vor:

Von den Hexahydrobenzylaminocarbonsäuren sind die Cisverbindungen farblose, betäubend riechende Öle, die Transverbindungen fest und geruchlos. Die beiden N-Methylvinyldiacetonalkamine (stabil und labil) verhalten sich in Form ihrer Mandelsäureester physiologisch verschieden. Die stabile Verbindung ist unwirksam, die labile erzeugt Mydriasis.

Die Cisstellung der Hydroxylgruppe zu zwei Alkyl-, resp. zwei Alkylenresten ist hier, wie bei allen verwandten Verbindungen (s. bei Cocain) die physiologisch-aktive Raumgruppierung.

Die mydriatisch wirkenden Isomeren haben folgende Raumformeln:

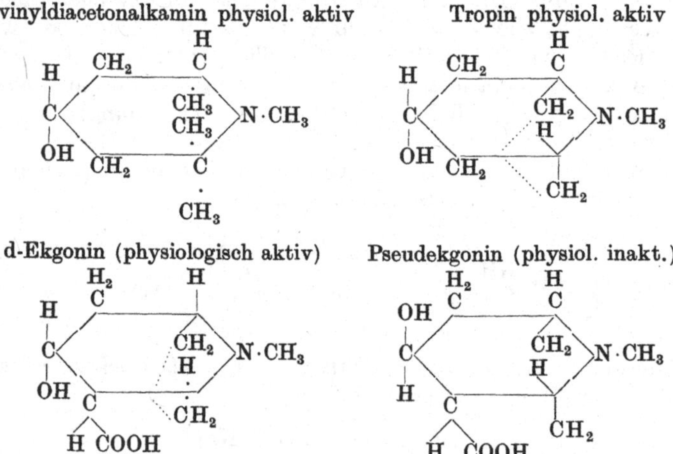

14. Stereochemisch bedingte Wirkungsdifferenzen.

Wir haben in vorhergehendem gesehen, wie Stellungsisomerien ein durchaus verschiedenes physiologisches Verhalten verursachen. Ebenso bedingen Stereoisomerien verschiedenes physiologisches Verhalten.

Die sehr auffallende Tatsache, daß zwei Substanzen, welche völlig gleiche Gruppierungen enthalten, und nur durch eine differente Anordnung im Raume sich unterscheiden, in ihrem physiologischen Verhalten wesentlich voneinander abweichen, hat zuerst Louis Pasteur beobachtet, der sofort auch den einzig richtigen Schluß zog, daß die physiologische Wirkung von der Lagerung der Atome im Raume abhängig ist.

L. Pasteur[2]) beobachtete, daß Penicillium glaucum und andere Pilze auf einer optisch inaktiven Weinsäurelösung gezüchtet, die Lösung optisch aktiv machen, so daß eine linksdrehende Lösung resultiert. Die Mikroorganismen verbrauchen also aus der racemischen Weinsäure (Traubensäure), die wir uns aus gleichen Teilen rechts- und linksaktiver Weinsäure zusammengesetzt vorstellen, die rechtsdrehende (d-Weinsäure) $HOOC{\cdot}\overset{H}{\underset{OH}{C}}{-}\overset{OH}{\underset{H}{C}}{\cdot}COOH$ als Nahrungs-

[1]) Schmiedeberg, O.: Ber. d. dtsch. chem. Ges. Bd. 34, S. 2550. 1901.

[2]) Cpt. rend. hebdom. des séances de l'acad. des sciences Bd. 32, S. 110; Bd. 36, S. 26; Bd. 37, S. 110, 162.

mittel, die linksdrehende lassen sie fast unberührt. Diese Pilze verwerten also die rechtsdrehende Weinsäure als Nahrungsmittel, während vorerst die linksdrehende, trotz des sonst gleichen Baues, nicht ausgenützt wird. Sobald die d-Weinsäure verbraucht ist, wird später auch die l-Weinsäure angegriffen[1]). Ähnlich different verhalten sich die Weinsäuren in ihrer Giftigkeit für höhere Organismen bei intraperitonealer Injektion. Die l-Weinsäure ist die giftigste, die d-Weinsäure nur halb so giftig, die Traubensäure nur ein Viertel so giftig. Sehr wenig giftig, wenigstens weniger giftig als Traubensäure, ist Mesoweinsäure, welche ein optisch l-aktives und ein optisch d-aktives C-Atom enthält und daher selbst optisch inaktiv ist. Das Verhältnis der Giftigkeit ist nach den Untersuchungen von Chabrie[2]) l-Weinsäure : d-Weinsäure : Traubensäure : Mesoweinsäure = 31 : 14 : 8 : 6. Bei Verfütterung an Tiere wird die l- und Mesoweinsäure am stärksten, viel weniger die d-Weinsäure, am wenigsten die Traubensäure oxydiert[3]). Nach den Untersuchungen von Carl Neuberg und Sumio Saneyoshi[4]) besteht hinsichtlich der Verbrennbarkeit von d- und l-Weinsäure kein Unterschied. Bei der Traubensäureverfütterung wird nur optisch inaktive Weinsäure ausgeschieden, was nur bei absolut gleicher Verbrennbarkeit beider Komponenten möglich ist. Die Traubensäure wird also nicht asymmetrisch angegriffen.

Die Weinsäuren haben verschiedene und verschieden starke Wirkungen auf das Herzhemmungszentrum und auf die vasomotorischen Zentren. Die d-Weinsäure ist physiologisch die inaktivste, sie hat auf das Hemmungszentrum eine schwache, kurzdauernde Wirkung und beeinflußt die Vasomotorenzentren nur ganz unbedeutend; die l-Weinsäure erweist sich am aktivsten, sie wirkt auf beide Zentren stark; die Traubensäure und die Mesoweinsäure wirken stärker als die d-Weinsäure, aber schwächer wie die l-Weinsäure[5]).

Ähnlich different wie die Weinsäuren verhalten sich die drei Mannosen[6]) und Arabinosen[7]) im Organismus.

```
                     H  H  OH
                     ·  ·  ·
l-Arabinose  OH·CH₂·C—C—C·CHO   wird am besten ausgenützt,
                     ·  ·  ·
                     OH OH H
                     H  H  OH
                     ·  ·  ·
d-Arabinose  OH·CH₂·C—C—C·CHO   am schlechtesten, i-Arabinose steht in
                     ·  ·  ·
                     OH OH H
```

der Mitte zwischen beiden. Ähnliche Unterschiede zeigen sich im Verhalten der drei Arabonsäuren $OH \cdot CH_2(CH \cdot OH)_3 \cdot COOH$ im Organismus.

Hefe vergärt d-Glucose, d-Mannose, d-Galaktose und d-Fructose, greift aber die Antipoden nicht an, aber man kann durch allmählichen Zusatz des anfangs nicht vergärbaren Zuckers die Hefe an die Vergärung des anfangs nicht gärbaren Zuckers gewöhnen. Das gleiche gelingt bei Bakterien[8]).

J. Wohlgemuth beobachtete bei Verfütterung inaktiver Aminosäuren aus Eiweiß, dl-Tyrosin, dl-Leucin, dl-Asparaginsäure und dl-Glutaminsäure

[1]) Duclaux: Traité de Microbiologie I, S. 220. Paris 1898.
[2]) Cpt. rend. hebdom. des séances de l'acad. des séances. Bd. 116, S. 1140.
[3]) Brion, A.: Hoppe-Seylers Zeitschr. f. physiol. Chem. Bd. 25, S. 283. 1898. Diss. Straßburg 1898.
[4]) Biochem. Zeitschr. Bd. 36, S. 32. 1911.
[5]) Karczag, L.: Zeitschr. f. Biol. Bd. 53, S. 218. 1910.
[6]) Neuberg, C. u. Paul Mayer: Hoppe-Seylers Zeitschr. f. physiol. Chem. Bd. 37, S. 530. 1903.
[7]) Neuberg, C. u. Wohlgemuth: Ber. d. dtsch. chem. Ges. Bd. 34, S. 1745. 1901.
[8]) Frankland, M. Gregor u. J. R. Appleyard: Journ. of the chem. soc. Bd. 63, S. 1012. 1893.

an Kaninchen, daß diese im tierischen Organismus zerlegt werden, und zwar so, daß die im Organismus selbst vorkommende aktive Modifikation verbrannt wird, während die andere Komponente zum Teil im Harn unverändert ausgeschieden wird[1]). Nach Verfütterung racemischer Aminosäuren gelangt also sehr oft die im Körpereiweiß nicht vorkommende optisch-aktive Komponente zur Ausscheidung, während die im Körpereiweiß vorkommende verbrannt wird.

Racemisches Valin wird durch Fäulniserreger asymmetrisch unter Bildung von l-Valin zerlegt[2]); der Angriff von racemischer Asparaginsäure[3]) und Glutaminsäure[4]) erfolgt dagegen symmetrisch.

l-Dioxyphenylalanin ist wie alle Aminosäuren pharmakologisch ziemlich indifferent. r-3.4-Dioxyphenylalanin macht bei Hunden heftigen Brechreiz und eine Erregung der Haarmuskeln, bei Kaninchen einen Erregungszustand[5]).

Stereoisomerie durch doppelte Bindung verursacht.

Das einfachste Beispiel dieser Art ist das besondere chemische wie physiologische Verhalten der Fumarsäure

$$\begin{matrix} HOOC\cdot C\cdot H \\ \| \\ H\cdot C\cdot COOH \end{matrix} \quad \text{und Maleinsäure} \quad \begin{matrix} H\cdot C\cdot COOH \\ \| \\ H\cdot C\cdot COOH \end{matrix}$$

Die labile Maleinsäure läßt sich durch bloßes Kochen mit Wasser in die stabile Fumarsäure umlagern. Durch die doppelte Bindung der beiden Kohlenstoffe ist eine sterische Isomerie bedingt. Die Maleinsäure ist für höhere Tiere giftig, die Fumarsäure ungiftig [Fodera, Ishizuka[6])]. In Lösungen von Maleinsäure entwickelt sich Pencillium glaucum schlecht oder gar nicht, wächst aber sehr gut in Fumarsäurelösungen. Auch sonst ist es häufig, daß die labile, umlagerbare Form einer Verbindung viel wirksamer ist als die stabile, umgelagerte Form.

β-Cholestanol hebt die hämolytische Wirkung gewisser Blutgifte, z. B. der Saponine (Digitonin) auf, und zwar annähernd wie Cholesterin. ε-Cholestanol steht dagegen an Wirksamkeit weit hinter dem β-Cholestanol zurück und besitzt die antihämolytische Fähigkeit gegenüber Saponinen nur in geringem Grade. Die entgiftende Wirkung beruht auf einer Verbindung beider Substanzen. β-Cholestanol gibt eine Verbindung mit Digitonin, während ε-Cholestanol sich mit Digitonin nicht verbindet. Das verschiedene physiologische Verhalten der stereoisomeren Cholesterinalkohole ist hiernach auf die Fähigkeit bzw. Unfähigkeit zur Bildung inaktiver komplexer Verbindungen zurückzuführen[7]).

Stereoisomerie durch asymmetrischen Kohlenstoff verursacht. Cis- und Transformen. Labile und stabile Verbindungen.

Die Beispiele des verschiedenen Verhaltens der Weinsäure dem Organismus gegenüber, sowie der Mannose und Arabinose und der Arabinsäure wurden oben erwähnt. Viel deutlicher wird die Verschiedenheit bei optischer Stereoisomerie bei den Alkaloiden.

Durch Erhitzen mit Alkalien gehen das im l-Cocain enthaltene l-Ekgonin und seine Derivate in d-Ekgonin über, von welchem d-Ekgonin aus man zu

[1]) Ber. d. dtsch. chem. Ges. Bd. 38, S. 2064. 1905.
[2]) Neuberg, C. u. Karczag: Biochem. Zeitschr. Bd. 18, S. 434. 1909.
[3]) Neuberg, C.: Biochem. Zeitschr. Bd. 18, S. 431. 1909.
[4]) Neuberg, C.: Arch. di fisiol. Bd. 7, S. 87. 1909.
[5]) Guggenheim, M.: Hoppe-Seylers Zeitschr. f. physiol. Chem. Bd. 88, S. 284. 1913.
[6]) Malys Jahresber. f. Tierchem. Bd. 26, S. 97.
[7]) Windaus, A.: Nachr. v. d. Ges. d. Wiss., Göttingen, Mathem.-physik. Kl. 1916, S. 301.

einem d-Cocain gelangen kann. Diese optische Inversion ist nicht ohne Einfluß auf die physiologische Wirkung, da die Abstumpfung der *Sensibilität beim* d-Cocain regelmäßig schneller eintritt und intensiver ist als beim l-Cocain, aber auch in kürzerer Zeit wieder verschwindet [P. Ehrlich, E. Poulsson[1])].

Ein ähnlicher Unterschied ist zwischen Cinchonin $C_{19}H_{22}N_2O$ und dem optisch isomeren linksdrehenden Cinchonidin nachweisbar. Letzteres wirkt viel langsamer, auch nur in etwas größeren Gaben, macht aber viel häufiger als Cinchonin Erbrechen, seine krampferregende Wirkung bei Tieren ist sehr ausgesprochen[2]).

Auch bei dem wichtigsten Chinarindenalkaloid, dem linksaktiven Chinin $C_{19}H_{20}N_2(OH)(OCH_3)$ selbst konnte man eine Differenz seinen optischen Isomeren, dem Chinidin (Conchinin) (Pasteur), gegenüber beobachten. Conchinin wirkt febrifug wie Chinin, ohne gleichzeitig narkotische Wirkung hervorzurufen, wie es Chinin macht [Macchiavelli[3])].

Von Campher, Chinin, Cinchonin sind für Lupinenkeimlinge die l-Formen giftiger als die d-Formen[4]).

Ebenso ist es bekannt, daß Hyoscyamin und Atropin in ihrer Wirkung differieren. Hyoscyamin ist die linksdrehende, Atropin die racemische Verbindung. Von Gadamer wurde auch d-Hyoscyamin dargestellt. Arthur R. Cushny[5]) hat die pharmakologischen Wirkungen dieser drei Stereoisomeren geprüft und sie in bezug auf die Nervenendigungen im Froschmuskel und am Froschherzmuskel gleich gefunden. Auf das Froschrückenmark wirkt Atropin viel stärker erregend als l-Hyoscyamin, und d-Hyoscyamin noch stärker als Atropin. Auf die Nervenenden in den Drüsen, im Herzen und der Iris wirken diese drei Verbindungen aber ganz anders different. Hier wirkt l-Hyoscyamin zweimal so stark als Atropin und etwa 12—18mal so stark als d-Hyoscyamin.

Cushny erklärt diese Wirkungsdifferenz und ihre quantitativen Unterschiede in der Weise, daß Atropin in der Lösung in seine beiden aktiven Komponenten zerfällt und daß es fast nur durch seinen Gehalt an l-Hyoscyamin auf die Drüsen, Herzhemmungsnerven und Iris wirkt, während seine reflexerregende Wirkung am Frosche hauptsächlich auf den Gehalt an d-Hyoscyamin zurückzuführen ist.

Atropin ist in seiner Wirkung auf die Speicheldrüse 20mal stärker als d-Hyoscyamin, l-Hyoscyamin 40mal so stark als die rechtsdrehende Verbindung. Von den beiden optisch isomeren Homatropinen erweist sich die linksdrehende Form nur als doppelt so wirksam wie die rechtsdrehende: Das racemische Homatropin ist ungefähr 30mal schwächer als Atropin. Vergleicht man die doppelte Wirksamkeit der linksdrehenden Modifikation des Homaatropins gegenüber der rechtsdrehenden mit der 40mal stärkeren Wirkung des l-Hyoscyamin gegenüber seinen Isomeren, so ergibt sich, daß der Einfluß der Drehungsrichtung in dieser Gruppe einander nahestehender Gifte, denen wir zweifellos die gleichen Angriffspunkte zuschreiben müssen, sich im gleichen Sinne geltend macht, aber in beiden Fällen sehr ungleich stark. Cushny[6]) schließt daraus, daß die Wirkung der verschiedenen Tropeine auf einer gleichartigen chemischen Reaktion mit den Angriffspunkten beruht, daß die physikalischen Eigenschaften der entstehenden Reaktionsprodukte, ihre Löslichkeit usf.

---

[1]) Arch. f. exp. Pathol. u. Pharmakol. Bd. 27, S. 307.
[2]) Albertoni, Pietro: Arch. f. exp. Pathol. u. Pharmakol. Bd. 15, S. 272.
[3]) Jahresber. üb. d. Fortschritte d. Chem. 1875, S. 772.
[4]) Macht, J. David: Proc. of the the soc. f. exp. biol. a. med. Bd. 20, S. 35. 1922.
[5]) Cushny, A. R.: Journ. of pharmacol. a. exp. therapeut. Bd. 17, S. 41. 1921.
[6]) Cushny, A. R.: Journ. of pharmacol. a. exp. therapeut. Bd. 15, S. 105. 1920.

aber je nach der Drehungsrichtung wesentlich differieren. Durch diese Verschiedenheiten wird die verschiedene Wirkungsstärke auch bei Annahme gleichartiger Reaktion erklärt. Gestützt wird diese Erklärung durch die von Cushny gefundene Analogie bei der Reaktion der optisch-isomeren Tropeine mit den optisch-aktiven Camphosulfosäuren. Diese Verbindungen zeigen je nach der Drehungsrichtung des Hyoscyamins und Homatropins verschiedene relative Löslichkeit, und die Differenz zwischen den Löslichkeiten der entstehenden Verbindungen erweist sich bei den beiden optisch isomeren Paaren gleichfalls als verschieden groß.

Für die Wirkung ist die Gegenwart eines asymmetrischen Kohlenstoffatoms in dem mit Tropin veresterten Säureradikale von großer Wichtigkeit. Auch die Tropeine mit aliphatischen Säureradikalen zeigen, sofern die letzteren einen asymmetrischen Kohlenstoff enthalten, eine — wenn auch nur ungemein geringe — Atropinwirkung. Die Tropeine mit aromatischen Säureradikalen zeigen eine große Steigerung der charakteristischen Tropeineigenschaften, die dem Tropin selbst fehlen, durch die Gegenwart einer Hydroxylgruppe und eines asymmetrischen Kohlenstoffes in der Seitenkette. Der höchste Wirkungsgrad wird erreicht, wenn das ganze Molekül linksdrehend ist. Aber auch die rechtsdrehenden Isomeren sind viel stärker wirksam als die nächststehenden Homologen, welche keinen asymmetrischen Kohlenstoff besitzen. Die tabellarische Aufstellung zeigt, wie dementsprechend ein Sprung in der Wirksamkeit von den Tropeinen mit einfacheren aromatischen Säuren zum Homatropin stattfindet, obgleich sich Phenacetyltropein vom Homatropin nur dadurch unterscheidet, daß das letztere eine Hydroxylgruppe in der Seitenkette enthält. Die Wirksamkeit des Atropins zu 300 angenommen, ergibt sich für die Wirksamkeit der wichtigsten Tropeine die folgende Tabelle:

l-Hyoscyamin	600	Phenylacetyltropein	1
Methylatropin	450	Benzoyltropein	1
Atropin	300	o-Oxybenzoyltropein	1
d-Hyoscyamin	15	m-Oxybenzoyltropein	< 1
l-Homatropin	14	p-Oxybenzoyltropein	$< 1/8$
dl-Homatropin	10	d-Tartryltropein	0
d-Homatropin	7		

Atropin

```
     H  H₂                CH₂·OH
H₂C—C—C                   |
|    /    \               |
|  N·CH₃   >CH·O·CO·CH
|    \    /               |
H₂C—C—C                   |
     H  H₂                C₆H₅
```

ist der Ester der Tropasäure (α-Phenyl-β-oxypropionsäure) und des Tropins.

Tropin läßt sich leicht in das geometrisch Isomere ψ-Tropin umlagern. Während nun Atropin (Tropasäuretropein) und Homatropin $C_8H_{14}N \cdot O \cdot CO \cdot CH(OH) \cdot C_6H_5$ (Mandelsäuretropein) mydriatisch wirken, kann diese typische Wirkung durch Tropasäure-ψ-tropein und Mandelsäure-ψ-tropein nicht hervorgerufen werden. Ganz analog verhalten sich die synthetischen niedrigeren Homologen dieser Basen, die N-Methylvinyldiacetonalkamine

```
          CH·OH
      H₂C/  \CH₂
  H₃C\  |    |  /CH₃
   H/ C      C \CH₃
        \  /
         N
         ·
        CH₃
```

und zwar die α- und die β-Verbindung[1]). Die Entstehung der beiden α- und

[1]) Harries: Ber. d. dtsch chem. Ges. Bd. 29, S. 2730. 1896.

β-N-Methylvinyldiacetonalkamine beruht auf dem Vorhandensein zweier asymmetrischer Kohlenstoffatome im Ring. Die β-Verbindung ist labil und läßt sich in die stabile α-Verbindung umlagern. Nur die Ester der β-Reihe, die den Verbindungen des Tropins gleichen, sind wirksam. Das Mandelsäurederivat der β-Base, welches labil ist, gleicht dem Homatropin, das der α-Verbindung, welche stabil ist, dem Mandelsäure-ψ-tropein, letzteres ruft daher auch keine mydriatische Wirkung hervor[1]).

In der mydriatischen Wirkung von d-, l- und rac. Homatropin ist nur eine geringe Differenz. Die l-Verbindung wirkt am stärksten[2]).

Der Umstand, daß Hyoscin nur atropinartig, aber nicht anästhesierend wirkt, läßt sich daraus erklären, daß das durch Spaltung von Hyoscin erhaltene sog. Pseudotropin ganz verschieden ist von dem ψ-Tropin. Dieses wird nun Oscin genannt.

l-Hyoscin besteht aus l-Tropyl-d-Oscin und l-Tropyl-l-Oscin. l-Tropyl-dl-Oscin und d-Tropyl-dl-Oscin wurden untersucht. Das linksdrehende Hyoscin ist 16—18mal so wirksam wie das rechtsdrehende in bezug auf die Endigungen der Chorda und des Herzvagus. Die curareartige Wirkung ist aber gleich[3]).

l-Hyoscin beeinflußt die psychischen Funktionen depressiv, während die d-Form in dieser Hinsicht unwirksam ist[4]).

Das linksdrehende Hyoscin wirkt zweimal stärker als das racemische auf die Endigungen der sekretorischen Nervenfasern der Speicheldrüsen und die hemmenden Herznerven. Hingegen wirken beiden Basen auf das Zentralnervensystem der Säugetiere gleich, ebenso auf die motorischen Nerven des Frosches[5]).

Scopolamin

```
           H2
           C
         /   \
     H2C       CH2
      |   CH3   |
      |    .    |
     HC ─ N ─ C
      |     /   |
      |   O     |        CH2·OH
      |         |        |
     HC ─────── CH·O·CO·CH·C6H5
```

l-Scopolamin wirkt doppelt so stark lähmend auf die sekretorischen Nerven der Speicheldrüse wie die racemische Base. Auf das Zentralnervensystem haben beide den gleichen Wirkungswert[6]). l-Scopolamin wirkt auf den Vagus 3—4mal, auf den Oculomotorius fast zweimal so stark wie i-Scopolamin[7]).

Nicotin

```
               CH2─CH2
                |    |
     /‾‾\ ──CH    CH2
Nicotin |    |      \  /
     \__/        N·CH3
       N
```

d- und l-Nicotin sind[8]) in ihrer Wirkung ganz verschieden. l-Nicotin ist zweimal so giftig als d-Nicotin. l-Nicotin macht Erregung und Schmerzen bei

---

[1]) C. Harries: Liebigs Ann. d. Chem. Bd. 269, S. 328; Bd. 294, S. 336.

[2]) Jowett, H. A. D. u. F. L. Pyman: Proc. of the VIIte Internat. Congr. of Applied Chemistry 1909, London.

[3]) Cushny, A. R.: Journ. of pharmacol. a. exp. therapeut. Bd. 17, S. 41. 1921.

[4]) Moir, J. C.: Brit. med. journ. 1925, II, S. 514.

[5]) Cushny, A. R. u. Peebles: Journ. of physiol. Bd. 32, S. 501.

[6]) Cushny, A. R.: Journ. of physiol. Bd. 32, S. 501. 1905.

[7]) Hug, E.: Arch. f. exp. Pathol. u. Pharmakol. Bd. 69, S. 45. 1912.

[8]) Mayor, A.: Siehe bei Pictet, Amé u. Rotschy: Ber. d. dtsch. chem. Ges. Bd. 37, S. 1225. 1904.

der Injektion. d-Nicotininjektionen hingegen scheinen schmerzlos zu sein. l-Nicotin erzeugt Lähmungserscheinungen, Krämpfe, Verlangsamung des Herzschlages, Tod durch Atmungsstillstand. d-Nicotin macht nur starkes Zittern, welches aber bald verschwindet.

Dorothy Dale und G. R. Mainz untersuchten salzsaures und bromcampersulfosaures d- und l-Tetrahydrochinaldin (Tetrahydro-2-methylchinolin). Sie reduzieren die Systole und führen zu diastolischem Herzstillstand. Die l-Verbindung wirkt auf den Skelettmuskel viel stärker kontrahierend als die d-Verbindung, die Wirkung der Racemform liegt zwischen beiden. Die l-Verbindung ist ungefähr $1^1/_2$ mal so stark in bezug auf das Verursachen einer Kontraktion eines Skelettmuskels als die d-Verbindung[1]).

Von großem physiologischen Interesse ist das verschiedene Verhalten der drei Adrenaline. l-Adrenalin ist das natürliche, in der Nebenniere vorkommende. Durch Einspritzung von d-Adrenalin kann man Mäuse an große Mengen l-Adrenalin gewöhnen[2]). d-Adrenalin macht bei gleicher Dosis wie l-Adrenalin im Gegensatz zu diesem am Froschauge keine Pupillenerweiterung und beim Säugetier keine Zuckerausscheidung[3]). l-Adrenalin wirkt auf den Blutdruck doppelt so stark als dl-Adrenalin, so daß wahrscheinlich d-Adrenalin gar nicht wirkt[4]).

Erhitzt man Methylmorphimethin

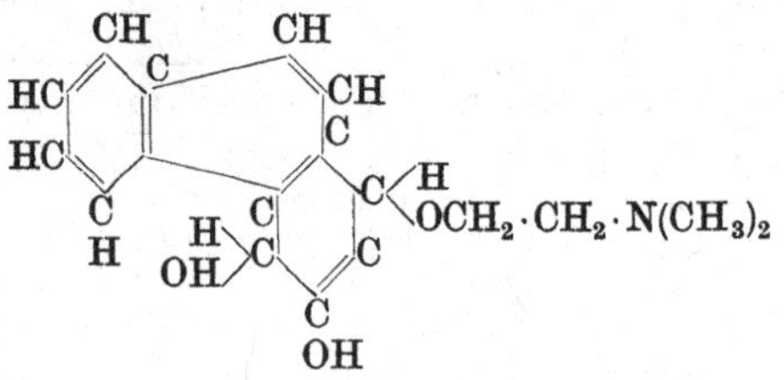

```
        CH        CH
     HC/ \C———————\CH
      |   ‖         C
     HC\ /——————C\  /H
        C    H  C  C<
        H  OH>C   C  \OCH2·CH2·N(CH3)2
                C
                OH
```

mit Essigsäureanhydrid, so entsteht Morphenol, und daneben geht die Hälfte des angewendeten Methylmorphimethins nicht in die Reaktion ein, sondern erfährt nur eine Umlagerung in eine stereoisomere Verbindung, das rechtsdrehende β-Methylmorphimethin, welches schwächer als das α-Methylmorphimethin wirkt. (Ebenfalls Übergang von der labilen zur stabilen Form.)

Die beiden aktiven Formen des von Pope und Read[5]) dargestellten Hydrooxyhydrindamins

$$C_6H_4\left\langle\begin{matrix}CH_2\\CHOH\end{matrix}\right\rangle CH\cdot NH_2$$

üben keine spezifische physiologische Wirkung aus, sondern sind nur milde allgemeine Protoplasmagifte. Der Wirkungsunterschied zwischen ihnen ist nur gering und im Gegensatz zu den bisher bei den optisch aktiven Formen spezifisch wirksamer Stoffe gemachten Erfahrungen zugunsten der d-Form[6]).

Die rechtsdrehende Modifikation des Bebeerin $C_{16}H_{14}O\left\langle\begin{matrix}OH\\OCH_3\\N\ CH_3\end{matrix}\right.$ wirkt intensiver als die linksdrehende[7]). Die amorphen Modifikationen wirken

[1]) Journ. of physiol. Bd. 42, S. XXXI. 1911.

[2]) Hoppe-Seylers Zeitschr. f. physiol. Chem. Bd. 49, S. 129. 1906; Bd. 61, S. 119. 1909; Bd. 62, S. 404. 1909.

[3]) Hoppe-Seylers Zeitschr. f. physiol. Chem. Bd. 59, S. 22. 1909.

[4]) Cushny, A. R.: Journ. of physiol. Bd. 37, S. 130.

[5]) Journ. of the chem. soc. (London). Bd. 101, S. 758. 1912.

[6]) Ikeda, Yasuo: Journ. of pharmacol. a. exp. therapeut. Bd. 7, S. 121. 1915.

[7]) Hildebrandt, H.: Arch. f. exp. Pathol. u. Pharmakol. Bd. 57, S. 279. 1907.

stärker als die krystallisierenden. Die rechtsdrehende amorphe wirkt viel stärker als die krystallisierende rechtsdrehende. Die linksdrehende amorphe ist weniger wirksam, aber stärker als das wenig wirksame krystallisierende. Innerlich ist rechtsdrehendes amorphes Bebeerin unwirksam[1]).

Auf sterische Differenzen dürfte auch das toxikologisch so verschiedene Verhalten der Muscarine zurückzuführen sein. Das natürliche Fliegenpilzmuscarin erregt bekanntlich alle peripheren Nervenendigungen, welche Atropin lähmt.

Hingegen konnte bei den drei optisch verschiedenen Coniinen keine Wirkungsdifferenz konstatiert werden[2]).

Durch Addition von Halogenalkylen an ein am N alkyliertes Coniin entstehen immer dann zwei isomere Verbindungen, wenn die fünf an N gebundenen Radikale verschieden sind[3]). Die α-Verbindung läßt sich durch Schmelzen in die β-Verbindung überführen. H. Hildebrandt[4]) prüfte die Äthyl-benzyl-, Propyl-benzyl-, Butyl-benzyl- und Isoamyl-benzyl-coniniumjodide sowie die Äthyl-allyl-coniniumjodide und fand, daß die niedrig schmelzenden α-Verbindungen (Isomeren) eine geringere Giftwirkung besitzen, als die höher schmelzenden β-Verbindungen. Bei den Äthyl-, Propyl- und Butylverbindungen ergab sich mit steigendem Molekulargewicht eine Verminderung der Giftwirkung. Nur die Isoamylderivate sind in ihrer Wirkungsstärke mit den Äthylverbindungen identisch. Die Körper zeigen eine erheblich größere Giftigkeit als Coniin und N-Äthylconiin.

Emetin und Isometin sind stereoisomer, letzteres ist weniger als halb so giftig als ersteres (H. H. Dale).

G. A. Pari zeigte, daß l-Campher für Kaninchen und Hündinnen 13mal giftiger ist als d-Campher. Bruni weist auch daraufhin, daß l-Campher fast geschmacklos und wenig prickelnd ist, im Gegensatz zu dem frischen, pikanten Geschmack des gewöhnlichen Camphers[5]).

Pinocamphon, Verbanon und Verbenon sind isomer. Ersteres ist wesentlich wirksamer und stärker schädigend als die anderen Substanzen[6]).

Der Geruch der Methylester der aktiven Transhexahydrophthalsäuren scheint verschieden zu sein[7]). Inaktive Terpene riechen oft schwächer als aktive (Tiemann und Schmidt).

d-Dimethyloctanal $CH_3 \cdot CH(CH_3) \cdot [CH_2]_3 \cdot CH \cdot (CH_3) \cdot CH_2 \cdot CHO$ und die dl-Verbindung haben einen citronenähnlichen sehr angenehmen Geruch, die Nuancen sind aber verschieden. Der inaktive riecht angenehmer und intensiver, er erinnert deutlich an Citronellal, während sich der rechtsdrehende mehr dem Citrol nähert[8]).

Der Geruch der beiden dl- und d-4.8-Dimethylnonanole $CH_3 \cdot CH(CH_3) \cdot [CH_2]_3 \cdot CH(CH_3) \cdot [CH_2]_3 \cdot OH$ ist ein recht angenehmer und erinnert an Geranienblätter; auch hier sind aber Unterschiede wahrnehmbar; der inaktive Alkohol riecht intensiver und hat eine rauhere Nuance[9]).

Schließlich sind noch einige Beispiele einer Differenz im Geschmacke zwischen zwei optisch Isomeren zu erwähnen.

l-Isoleucin schmeckt im Gegensatz zum bitteren d-Isoleucin süß[10]).

---

1) Hildebrandt, H.: Arch. f. exp. Pathol. u. Pharmakol. Bd. 57, 284. 1907.
2) Ladenburg u. Falck: Liebigs Ann. d. Chem. Bd. 247, S. 83.
3) Scholtz, M.: Ber. d. dtsch. chem. Ges. Bd. 37, S. 3627. 1904; Bd. 38, S. 595. 1905.
4) Ber. d. dtsch. chem. Ges. Bd. 38, S. 597. 1905.
5) Gazz. chim. ital. Bd. 38, II, 1.
6) Siegel, Rudolf: Arch. f. exp. Pathol. u. Pharmakol. Bd. 110, 364. 1926.
7) Werner u. Conrad: Ber. d. dtsch. chem. Ges. Bd. 32, S. 3052. 1900.
8) Launoy, L.: Cpt. rend. des séances de la soc. de biol. Bd. 88, S. 848. 1923.
9) Braun, J. v. u. W. Kaiser: Ber. d. dtsch. chem. Ges. Bd. 56, S. 2268. 1923.
10) Ehrlich, F.: Biochem. Zeitschr. Bd. 63, S. 379. 1914.

Piutti[1]) beobachtete, daß d-Asparagin

$$\begin{array}{l} NH_2 \cdot CH \cdot COOH \\ \quad\;\; | \\ \quad\;\; CH_2 \cdot CO \cdot NH_2 \end{array}$$

süß schmeckt, l-Asparagin geschmacklos (fad) ist.

Menozzi und Appiani[2]) fanden Geschmacksdifferenzen zwischen d- und l-Glutaminsäure $COOH \cdot CH(NH_2) \cdot CH_2 \cdot COOH$. Glutaminsäure d: eigentümlich, schwach sauer, hinterher fade, l: geschmacklos.

Bei Phenylalanin schmeckt die d-Form ausgesprochen süß, die l-Form leicht bitter, bei Valin d: ganz schwach süß und gleichzeitig etwas bitter, l: ziemlich stark süß, dl: schwach süß, wohl infolge des Geschmackes der l-Verbindung. Leucin d: ausgesprochen süß, l: fade und ganz schwach bitter, dl: schwachsüß. Histidin d: süß, l: bitter bis fade, dl: schwach süß. Tryptophan d: fast geschmacklos, l: leicht bitter, dl: süß. Serin d: ausgesprochen süß, l: schwach süß mit fadem Beigeschmack, dl: süß. γ-Oxyprolin a: stark süß, b: fade, N-Methyl-γ-oxyprolin a: stark süß, b: süßlich-fad. 2-Amino-d-glykoheptonsäure α: deutlich süß mit fadem Nachgeschmack, β: süß, erheblich schwächer als die α-Verbindung. Asparagin, Aminobernsteinsäuremonamid d: intensiv süß: geschmacklos. l-Prolyl-phenylalanin d: bitter, l: geschmacklos. Diacetylmesoweinsäurenitril schwach süß, Diacetyltraubensäurenitril, völlig geschmacklos. Rhodeohexonsäurelacton α: angenehm süß, β: süßlich. Glykosepentaacetat α: sehr bitter, β: schwach bitter. Chloralose α: geschmacklos, β: bitter. Arabinosetetraacetat: bitter, Xylosetetraacetat: sehr bitter. Arabinamin: ätzend, schwach süß, Xylamin: ätzend und süß. Fumarsäure: rein sauer, Maleinsäure: kratzend sauer, ekelerregend. Mesaconsäure: herb-sauer, Citraconsäure: sauer und bitterlich. Angelikaäthylester: süßlich, Tiglinsäureäthylester: brennend. p-Nitrobenzaldoxim α anti: schwach süß, β-syn: geschmacklos. Anisaldoxim α-anti: intensiv süß, β-syn: geschmacklos. s-Menthol: cis: stechend kühl, trans: bitter kühlend.

α- und β-Benzyl-β-aminocrotonsäureester unterscheiden sich durch den Geschmack. Die α-Verbindung schmeckt gar nicht, die β-Verbindung intensiv süß und pfefferartig. Chinontetrahydrür wirkt kühlend, während Isochinontetrahydür schwach süß schmeckt[3]).

Furylacetaldoxim $C_4H_3 \cdot O \cdot CH_2 \cdot CH : NOH$ ist stark süß in der Antiform, die Synform ist nur halb so süß[4]).

Die Wirkung ist geknüpft an bestimmte sterische Lagerung.

Die angeführten Beispiele zeigen, daß sich für alle Isomeriefälle, Stellungsisomerie, Strukturisomerie durch doppelte Bindung, Strukturisomerie durch asymmetrischen Kohlenstoff, labile und stabile Formen, Differenzen in der physiologischen Wirkung nachweisen lassen, so daß es wahrscheinlich wird, daß die Wirkungen der Substanzen nicht so sehr allein von der Art der Gruppierungen im Molekül als von ihrer Lagerung im Raume abhängig sind. Scheinbar läßt sich für Substanzen, die keine Isomeren haben, die Abhängigkeit der Wirkung von der geometrischen Lagerung im Raume nicht nachweisen, so daß die Differenz in der Wirkung Isomerer nur die Bedeutung eines Kuriosums hätte. In Wirklichkeit aber läßt sich die gewonnene Erfahrung weiter ausbauen

---

[1]) Cpt. rend. hebdom. des séances de l'acad. des sciences Bd. 103, S. 305. — Gazz. chim. ital. Bd. 17, S. 126, 182.

[2]) Acc. d. Lincei 1893 [2], S. 421.

[3]) Cohn, G.: Geschmack und Konstitution bei organischen Verbindungen. Stuttgart: Ferdinand Enke 1915.

[4]) Asahina, Y. u. A. Fujita: Journ. pharmac. soc. Japan 1922, Nr. 490, 3, XII.

und auch für andere Substanzen die Bedeutung der geometrischen Konfiguration für die Art und Weise der Wirkung zeigen, so daß man zur Anschauung gelangen muß, daß für das Zustandekommen der Wirkungen eben diese sterische Anordnung mehr maßgebend ist als die Radikale und die denselben zugrunde liegenden Elemente.

* * *

Durch die klassischen Untersuchungen von Crum Brown und Fraser[1]) wurde der Nachweis geführt, daß durch die Einwirkung (Addition) von Methyljodid die Alkaloide ohne Unterschied ihres ursprünglichen Wirkungscharakters einen neuen Wirkungscharakter annehmen; alle diese Methyljodidadditionsprodukte der Alkaloide erhalten physiologisch den Wirkungscharakter des Curare, d. h. sie lähmen die Endplatten der motorischen Nerven in den Muskeln. Die chemische Vorgang ist hierbei ein Übergang des dreiwertigen Stickstoffs in fünfwertigen, eine Verwandlung dieser Alkaloide in quaternäre Ammoniumbasen

$$R_3{\equiv}N + CH_3J = R_3{\equiv}N{<}^{CH_3}_{J}$$

Nun kommt allen Ammoniumbasen ohne Rücksicht auf den übrigen Bau des Moleküls (welcher nur die Wirkungsstärke sowie nebenher laufende Wirkungen, nicht aber den Wirkungscharakter in bezug auf die motorischen Nervenendplatten beeinflußt) Curarewirkungen zu. Ja, Curarin selbst ist eine Ammoniumbase. R. Böhm[2]) ist es gelungen, aus der im Curare vorkommenden tertiären Base Curin $C_{18}H_{19}NO_3$ durch Addition von Methyljodid Curarin $C_{19}H_{23}NO_4$, welches 226mal so giftig ist als die Muttersubstanz, darzustellen, und diesem Curarin kommt in exquisiter Weise der lähmende Charakter des Curare zu.

Bei dem Übergange von der Trivalenz zur Pentavalenz haben die beiden manifest werdenden Valenzen entweder eine besondere, mit den drei übrigen Valenzen nicht identische räumliche Anordnung, stimmen untereinander aber überein oder die eine Valenz nimmt eine durchaus verschiedene Richtung an, während die vier übrigen identisch orientiert sind.

Wir haben durch die Resultate der Untersuchungen von Crum Brown und Fraser sowie der an diese Arbeiten sich anschließenden Prüfungen verschiedener quaternärer N-Verbindungen gelernt, daß durch die veränderte räumliche Anordung beim Übergange des Stickstoffs von der Trivalenz zur Pentavalenz die curareartige Wirkung zustande kommt. Hängt nun diese von dem fünfwertigen Stickstoff ab? Nein; sie hängt vielmehr ab von der räumlichen Anordnung der Radikale um den fünfwertigen Stickstoff, ist in ihrer Qualität wenig abhängig von der Natur der Radikale selbst, sie ist aber sonst unabhängig von dem Elemente: Stickstoff. Wenn wir in solchen Verbindungen ein anderes fünfwertiges Element an Stelle des Stickstoffs setzen, so haben die entstehenden Verbindungen, wie sie chemisch den Charakter der Ammoniumbasen tragen, so auch physiologisch die den Ammoniumbasen eigentümliche curareartige Wirkung.

Basen, welche an Stelle von Stickstoff entweder Arsen, Antimon oder Phosphor enthalten, zeigen keineswegs die dem Arsen, Antimon oder Phosphor eigen-

[1]) Transact. of the roy. soc., Edinbourgh. Bd. 25, S. 707. 1868. — Proc. of the roy. soc., Edinbourgh. 1869, S. 590.

[2]) Arch. f. exp. Pathol. u. Pharmakol. Bd. 6, S. 101. — Arch. d. Pharmaz. Bd. 235, S. 660.

tümlichen Wirkungen; vielmehr zeigen Arsonium-, Stibonium-, Phosphoniumbasen physiologisch Curarewirkung[1]).

Tetramethylarsoniumjodid wird im Organismus nur zum Teil zerlegt, der größere Teil unverändert im Harn ausgeschieden. Es hat keine Arsenwirkung[2]).

Es läßt sich aber dann weiter zeigen, daß die Curarewirkung keineswegs von allen um ein fünfwertiges Element angeordneten Radikalen abhängt, sondern vielmehr nur von den zwei Gruppierungen an den manifest gewordenen potentiellen Valenzen, welche sterisch eine von den drei übrigen durchaus verschiedene Anordnung haben oder von denen eine eine ganz besondere Stellung inne hat. Durch die Untersuchungen von Kunkel[3]) sowie Curci[4]) ist es sichergestellt, daß die Sulfiniumbasen, z. B. Trimethylsulfiniumhydroxyd $(CH_3)_3 \cdot S \cdot OH$, curareartig wirken. Bei der Bildung dieser Base ist der zweiwertige Schwefel in den vierwertigen übergegangen.

Aber auch für den Übergang eines einwertigen Elements in ein dreiwertiges läßt sich dasselbe nachweisen. Viktor Meyer[5]) verdanken wir die Kenntnis, daß Jod unter Umständen Verbindungen stark basischen Charakter verleihen kann. So sind die Jodoniumverbindungen als Substanzen anzusehen, in welchen Jod als dreiwertiges Element fungiert, und die von R. Gottlieb[5]) durchgeführte physiologische Prüfung des salzsauren Jodoniums $(C_6H_5)_2J \cdot Cl$ hat dessen curareartige Wirkung ergeben.

Wir ersehen aus den vorgebrachten Tatsachen, daß die lähmende Wirkung auf die Endplatten der motorischen Nerven verursacht wird nicht etwa durch eine bestimmte elementare Zusammensetzung oder durch die Gegenwart bestimmter Radikale oder durch bestimmte als Zentrum für eine räumliche Anordnung dienende Elemente, sondern sie ist lediglich abhängig von dem Manifestwerden zweier potentieller Valenzen, die den an ihnen gebundenen Radikalen eine ganz bestimmte differente Orientierung im Raume geben, unabhängig von der Anzahl sonst vorhandener Hauptvalenzen und unabhängig von deren räumlicher Orientierung.

Wir glauben durch diese Darlegung gezeigt zu haben, daß es sich auch außerhalb der Wirkungsverschiedenheiten durch Isomerien, insbesondere sterische Isomerien, erweisen läßt, wie das Zustandekommen physiologischer Wirkungen ganz wesentlich abhängig ist von der Orientierung der Atome oder Radikale im Raume und erst in zweiter Linie von der Natur der Atome oder Radikale bedingt wird. Es wird nun klar, daß eine einseitige Auffassung der Beziehungen zwischen chemischem Aufbau und physiologischer Wirkung, welche sich nur auf die Natur der Atome und Radikale beschränkt, keineswegs zur Aufklärung dieser Beziehungen ausreichen kann, wir vielmehr dahin geführt werden, den Wirkungscharakter und das Zustandekommen der Wirkungen aus der räumlichen Lagerung der wirkenden Substanz im Zusammenhalt mit deren chemischem Aufbau zu erklären. Die zuerst von Schmiedeberg geäußerte Anschauung über das stereochemische Bedingtsein der pharmakologischen Wirkungen erhält durch das Ausgeführte jene Auslegung, welche sie nicht in Gegensatz zu den Anschauungen über die Abhängigkeit der Wirkung von der Konstitution bringen kann, sondern sie vielmehr als Erweiterung und weitergehende Erklärung erscheinen läßt. Wir gewinnen auch dadurch Einblick in die ebenfalls stereochemisch bedingte Wirkungsmöglichkeit der Enzyme, deren Erkenntnis wir L. Pasteur und E. Fischer verdanken.

---

1) Vulpian: Arch. de physiol. norm. et pathol. Bd. 1, S. 472.
2) Bürgi, Emil: Arch. f. exp. Pathol. u. Pharmakol. Bd. 56, S. 101. 1907.
3) Lehrbuch der Toxikologie. Jena 1901.
4) Arch. de pharmac. et de thérap. Bd. 4. 1896.
5) Ber. d. dtsch. chem. Ges. Bd. 27, S. 1592. 1894.

H. H. Meyer[1]) erklärt die Curarewirkung der Ammoniumbasen durch den Umstand, daß sie sich durch ihre selbst Kali und Natron übertreffende basische Stärke (Avidität) auszeichnen. Zu ähnlichen Vorstellungen gelangt H. Führer[2]).

15. Beziehungen zwischen Wirkung und Molekulargröße. Wirkungen homologer Reihen.

Die Beziehungen zwischen Wirkung und Molekulargröße der Substanzen sind noch recht spärlich bearbeitet. Am klarsten treten sie wohl bei den einfachen und polymeren Zuständen desselben Körpers auf. Acetaldehyd $CH_3 \cdot CHO$ ruft nach den Untersuchungen von Coppola[3]) bei Fröschen zu 0.01 g, nach einem Stadium der Aufregung eine vollständige Anästhesie hervor, welche schnell vorübergeht, da der niedrig siedende Körper rasch durch die Lungen ausgeschieden wird. Paraldehyd $(CH_3 \cdot CHO)_3$ ist weniger wirksam, 0.03 g verursachen eine leichte Narkose, auf die dreifache Dosis folgt eine lang andauernde Anästhesie. — Der in Wasser unlösliche Metaldehyd $(CH_3 \cdot CHO)_x$ wird langsam resorbiert, er wirkt nicht lähmend, sondern erhöht die Reflexerregbarkeit in der Weise, daß er als eine wahrhaft tetanisierende Substanz anzusehen ist. Er ist aber giftiger. Auf die Herztätigkeit wirken alle drei Körper wenig, am deutlichsten noch Acetaldehyd.

Der Anstieg der Wirksamkeit bei den Fettsäuren, Alkoholen und Ketonen mit der Anzahl der C-Atome ist schon früher besprochen worden.

Die alkylierten Pyridinbasen zeigen ebenfalls beim Aufsteigen in der Reihe Steigerung der Intensität der Wirkung. Pyridin C_5H_5N wirkt am schwächsten, die Picoline C_6H_7N stärker, die Lutidine C_7H_9N übertreffen sie an Wirksamkeit, während die Kollidine $C_8H_{11}N$ etwa sechsmal, Parvolin $C_9H_{13}N$ achtmal so stark als Pyridin wirken. Sie machen alle einen rauschähnlichen Zustand mit Atem- und Pulsbeschleunigung, dann Sopor, Herabsetzung des Herzschlages und der Atmung[4]).

Die Kondensation cyclischer Verbindungen hat verschiedene Effekte. So ist Diphenyl $H_5C_6 \cdot C_6H_5$ in dem zwei Benzolkerne direkt verbunden sind, weit weniger giftig als Benzol, ebenso verhalten sich die Derivate dieser beiden Grundsubstanzen. Naphthalin, welches aus zwei Benzolkernen besteht, die zwei benachbarte Kohlenstoffatome gemeinsam haben [Strukturformel] ist weniger giftig als Benzol, ebenso ist Naphthol weniger giftig als Phenol.

Chinolin [Strukturformel, N] besteht aus einem Benzolkern und einem Pyridinkern und ist nach Analogie des Naphthalin gebaut. Diese Verbindung ist aber weit giftiger als die an und für sich weniger wirksamen Komponenten Benzol und Pyridin.

Höheres Molekulargewicht unterdrückt den Geruch unzweideutig, ein mäßig großes erhöht ihn[5]).

	Geruch entwickelt sich bei:	Maximaler Geruch bei:	Geruch verschwunden bei:
Aliphatische gesättigte Alkohole	C_5	C_8	C_{14}
„ „ Aldehyde	C_1	C_{10}	C_{16}
„ „ Ketone	C_8	C_{11}	C_{16}
„ „ Säuren	C_1	C_5	C_{14}
„ „ Ester	C_6	C_8	C_{17}

[1]) Asher-Spiro: Ergebn. d. Physiol. I. Jg., II. Abt., S. 199.
[2]) Führer, H.: Arch. f. exp. Pathol. u. Pharmakol. Bd. 58, S. 1. 1907.
[3]) Ann. di chim. e di farmacol. [4], Bd. 5, S. 140. [4]) Dubois' Arch. 1890, S. 401.
[5]) Durran: Parfumery a. essential oil record Bd. 10, S. 104. 1919.

16. Beziehungen zwischen Geschmack und Konstitution.

Im allgemeinen scheint der Geschmack von Säuren, Basen und Salzen nur durch die Ionen bedingt zu sein, der saure Geschmack ist der Wasserstoffionenkonzentration proportional (Richards). Nach Richards und Kastle läuft die Konzentration der Wasserstoffionen dem Säuregeschmack nicht ganz proportional. Kahlenberg[1]) behauptet, daß man H-Ionen noch in $^1/_{800}$-N-Lösungen durch den Geschmack nachweisen kann. Unterhalb $^1/_{200}$-Normalität verursachten H-Ionen nur einen adstingierenden Geschmack. Essigsäure schmeckt stärker saurer als ihrer Ionenkonzentration entspricht. Der alkalische Geschmack der Hydroxylionen wird noch in Lösungen von $^1/_{400}$ Normalität wahrgenommen. Chlorionen haben einen salzigen Geschmack und werden noch in $^1/_{50}$-N-Lösungen empfunden. Ähnlich, aber nicht identisch ist der Geschmack der Bromionen; die Konzentration, bei der sie noch wahrgenommen werden, ist etwas höher als der Grenzwert der Chlorionen. Ähnlich, aber wenig scharf ist der Geschmack von ClO_3- und BrO_3-Ionen. Jodionen schmecken salzig, aber schwächer als Brom- und Chlorionen; die geringste Konzentration, bei der sie erkannt werden, ist $^1/_6$ N. NO_3-Ionen haben einen sehr schwachen, SO_4- und Acetationen einen noch weit schwächeren Geschmack. Sehr schwach und eigentümlich ist der Geschmack der Natriumionen; deutlicher, und zwar bitter der der Kaliumionen. Ebenfalls sehr schwach ist der Geschmack der Lithiumionen. Magnesiumionen haben einen bitteren Geschmack, der noch in $^1/_6$-N-Lösung zu erkennen ist. Gleichfalls bitter, aber von dem der Magnesiumionen verschieden ist der Geschmack der Calciumionen. Ammoniumionen schmecken auch bitter. Der metallische Geschmack der Silberionen ist noch in $^1/_{5000}$-N-Lösung, der Quecksilberionen in $^1/_{2000}$-N-Lösung zu erkennen. Je größer die Beweglichkeit der Ionen, d. h. ihre Wanderungsgeschwindigkeit ist, um so leichter werden sie im allgemeinen durch den Geschmack erkannt (Kahlenberg). Doch gilt diese Regel nicht ausnahmslos.

Von den anorganischen Verbindungen ist zu bemerken, daß fast ausnahmslos nur Salze einen süßen Geschmack zeigen, in erster Linie die Salze des Beryllium und des Bleies. Die übirgen Elemente der zweiten Gruppe haben als Salze einen bitteren Geschmack, allen voran die Magnesiumsalze.

Die Salze der dreiwertigen Borsäure schmecken süß. Aluminiumsalze schmecken ebenfalls süß, ebenso die Salze des Scandium, des Yttrium, Lanthan, Ytterbium, Cer und Blei. Auch Didym, Erbiumoxydsalze und Terbiumerdesalze schmecken süß. Die Salze des Fluors, Jod und Brom schmecken leicht bitterlich.

Schwefel wird häufig in bitter schmeckenden, Chlor in süß schmeckenden Substanzen gefunden.

Die dulcigenen Elemente zeigen einen doppelten Charakter, indem sie sich mit Säuren als Basen und mit Basen als Säuren zu Salzen verbinden. Die amaragenen Elemente haben einen deutlich ausgeprägten positiven oder negativen Charakter. Das Vermögen, einen Geschmackseindruck zu erwecken, ist wie der Geruch eine Eigenschaft einiger ganz bestimmter Elemente, und zwar solcher, welche im periodischen System auf regelmäßigen Entfernungen sich befinden. Die Periodizität, der wir hier beim Geschmackssinn begegnen, dürfte nach der Ansicht Sternbergs auf ein mit dem Wachsen der Atomgewichte zusammenhängendes Wachsen der Wellenlänge von Schwingungen hinweisen. Der Geschmack wäre also, wie fast alle physikalischen Eigenschaften, eine periodische Funktion der Atomgewichte.

---

[1]) Bull. of the Univ. Wisconsin.

Die Kationen sind für die Geschmacksintensität bestimmend, indem für dasselbe Kation die Schwellenwerte der Salze mit verschiedenen Anionen sehr nahe beieinander liegen. Doch weisen die Bromide stets die niedrigsten, die Jodide den höchsten Schwellenwert auf. NH_4 hat den niedrigsten Schwellenwert. In absteigender Reihenfolge Na˙, Li˙, Rb˙, Cs˙ und K˙. Reinen Salzgeschmack zeigt nur Chlornatrium. Andere 17 Salze zeigen einen salzig-bitteren Mischgeschmack, der je nach der Konzentration variiert.

Es werden folgende drei Gruppen unterschieden:

I. NaCl, KCl, NH_4Cl, LiCl, RbCl, NaBr, NH_4Br, LiBr, NaJ, LiJ mit überwiegendem Salzgeschmack.

II. KBr und NH_4J mit gleichzeitig ausgeprägtem salzigen und bitteren Geschmack.

III. CsCl, RbBr, CsBr, KJ, RbJ und CsJ mit überwiegend bitterem Geschmack.

Danach scheint das Anion doch einen bestimmenden Einfluß auf den Geschmack auszuüben. Bei den 4 Salzen mit den höheren Mol.-Gew. überwiegt der bittere Geschmack, bei den mittleren vermischen sich die Geschmacksqualitäten, bei den übrigen 8 überwiegt der salzige Geschmack. CsCl fällt aus der Reihe[1]).

Für den salzigen Geschmack ist die Konzentration der Anionen der Salze (Cl, Br, SO_4 usf.) verantwortlich, für den süßen diejenige der Hydroxylionen, für den sauren die der Säureionen.

Jeder Stoff schmeckt anders und es kommt nicht auf die Ionengattung allein, sondern auf beide Ionenarten zugleich an, so geben Na, K, Li, Mg, Ca und Ammonium einen verschiedenartig bitteren Einschlag[2]).

Herlitzka[3]) fand die Ionen Li, Na, K, Rb, Cs, Mg, Ca, Sr, Ba, Ferriion, Co, Ru, Jr, Ag, Au, Hg, Th bitter. Süß wirken Be, Al, Y, La, Zr, Ce, V, Cr (Chromoion), Zn, Cd, Pb. Ungleich süß und bitter sind Th, Cr (Chromiion), Mn (Mangano-Ion), Fe (Ferro-Ion), Ni, Cu, Sn.

Der Geschmack hängt vom Lösungsdruck der Ionen ab. Je schwächer dieser, desto mehr wird das Vorherrschen des Geschmackes der entsprechenden Ionenart betroffen.

Kolloide schmecken nicht, auch nicht auf elektrischem Wege gewonnene metallische Kolloide, nur kolloidale Wolframsäure schmeckt bitter.

Die Intensität des Geschmackes von organischen Verbindungen, welche die Aminosäure-, Säureamid-, alkolische Hydroxyl- und die Aldehydgruppe enthalten, ist im allgemeinen um so größer, je leichter sie das Protoplasma durchdringen. Auch der sehr intensive Geschmack der Alkaloide läßt sich durch deren große Fähigkeit in Protoplasma einzudringen erklären. Kolloidale Lösungen sind geschmacklos.

Haycraft[4]) war wohl der erste Forscher, welcher überhaupt über die Natur der Moleküle, die auf die Geschmacksnerven wirken, Forschungen anstellte. Nach ihm werden ähnliche Geschmacksempfindungen durch chemische Verbindungen erzeugt, welche Elemente, wie Li, K, Na, mit periodischer Wiederkehr gewöhnlicher physikalischer Eigenschaften enthalten. Die Kohlenstoffverbindungen, welche übereinstimmende Geschmacksempfindungen hervorrufen, müssen einer Gruppierung der Elemente angehören. Unter den organischen Säuren stoßen wir auf die Gruppe CO · OH; bei den süßschmeckenden

---

[1]) Kionka, H. u. F. Strätz: Arch. f. exp. Pathol. u. Parmakol. Bd. 95, S. 241. 1922.

[2]) Hoeber, R. u. F. Kiesow: Arch. per le scienze med. 1898, S. 90 — Zeitschr. f. physikal. Chem. Bd. 27, S. 601. 1898.

[3]) Arch. di fisiol. Bd. 5, S. 217. 1908 und Bd. 7, S. 557. 1909.

[4]) Haycraft: Nature 1882, S. 187 und 1885, S. 562.

Substanzen auf die Gruppe $CH_2 \cdot OH$. Zwischen der Qualität der Geschmacksempfindungen und hohem Molekulargewicht besteht kein Zusammenhang, ausgenommen, daß Substanzen mit sehr hohem und sehr kleinem Molekulargewicht überhaupt keinen Geschmack haben.

Die Empfindungen von süß und bitter spielen insbesondere bei Arzneimitteln eine sehr große Rolle, da ja der Geschmack derselben von großem Einfluß darauf ist, ob die Arzneimittel gerne genommen werden oder nicht. Die jahrhundertelang übliche Methode war, den Geschmack der Arneimittel durch Korrigentien zu decken. Doch hat die moderne synthetische Chemie auch auf diesem Gebiete wenigstens zum Teil Wandel geschaffen und die unangenehmen Eigenschaften einzelner Körper in bezug auf den Geschmack durch Anlagerung bestimmter Gruppen, ohne daß der therapeutische Effekt der Grundsubstanz geschmälert worden wäre, zu unterdrücken versucht. Allgemeingültige Regeln über die Beziehungen zwischen der Konstitution und dem Geschmack lassen sich nur wenige ableiten. Wir wissen aber, daß bei den aliphatischen Alkoholen mit der Zunahme der Hydroxylgruppen der süße Geschmack ansteigt. So ist Glycerin, mit drei Hydroxylgruppen, schon ein recht süßer Körper. Doch verschwindet der süße Geschmack völlig, wenn man die drei Hydroxyle durch Acylierung verschließt. Die Zucker sind alle mehr oder weniger süß. Doch sind die ihnen entsprechenden Alkohole, z. B. Mannit, weniger süß wie etwa der Traubenzucker, so daß auch die Aldehydgruppe an dem süßen Geschmack beteiligt zu sein scheint. Anderseits ist die Biose Rohrzucker intensiv süßer als Dextrose bzw. Lävulose, ohne daß eine freie Aldehydgruppe vorhanden wäre. Hingegen sind die reduzierenden Biosen, Maltose und Milchzucker, weniger süß als der Rohrzucker. Für die Beteiligung der Aldehydgruppe an dem süßen Geschmacke der Zucker spricht insbesondere der intensiv bittere Geschmack der Glykoside. Geht eine Aldose eine Reaktion mit einem aliphatischen oder aromatischen Alkohol ein und kommt es zur Bildung eines Glykosids, so geht der süße Geschmack des Zuckers, ebenso wie der mehr oder minder neutrale Geschmack des betreffenden Alkohols verloren, und wir erhalten sehr intensiv bitter schmeckende Körper. Wenn wir in einem Zucker die Hydroxylgruppen durch Acetyl- oder Benzoylgruppen verschließen, so erhalten wir neutrale oder bitter schmeckende Verbindungen. Es mag sein, daß daran auch der Umstand mit schuld ist, daß die Aldehydgruppe bei den Acetyl- und Benzoylzuckern keineswegs mehr reaktionsfähig ist und die Acylverbindung keinen Aldehydcharakter mehr zeigt, da sich der Zucker in die γ-Lactonform umlagert. Das von E. Fischer dargestellte Glucoseaceton schmeckt ebenfalls bitter. Anderseits schmeckt Mannit süß, ohne eine Aldehyd- oder Ketongruppe zu besitzen.

Bei den bekanntesten künstlichen Süßstoffen, Saccharin und Dulcin, finden wir folgende Verhältnisse: Beim Saccharin ändert die Einführung einer Aminogruppe den Geschmack nicht wesentlich, hingegen erzeugt die Substituierung einer Methylgruppe einen bitteren unangenehmen Nachgeschmack. Analog verhält sich das Dimethylsaccharin[1]). Durch Einfügung von Halogen und Nitrogruppen wird der süße Geschmack in noch viel stärkerem Maße geschädigt. Das Saccharinmolekül bleibt sehr süß, wenn man in der p-Stellung eine positive NH_2-Gruppe einfügt, wenn man aber an dieselbe Stelle eine Nitrogruppe bringt, so erhält man das sehr bitter schmeckende p-Nitro-benzoesäuresulfinid.

Das Lacton der Saccharinsäure hat einen bitteren Geschmack; während Saccharin süß schmeckt, ist Benzolsulfonbenzamid geschmacklos.

[1]) Noyes: Ann. Bd. 8, S. 172. 1886. D. R. P. 48583. — Hall u. Remsen: Ann. Bd. 2, S. 131. 1880.

Alle Salze des Saccharins schmecken süß, auch die Alkylaminoderivate des Saccharins schmecken süß. Man erhält sie durch Einwirkung von Saccharin auf die Aminbasen[1]).

Sucramin ist das Ammoniumsalz des Saccharins. Die alkoholische Lösung von Sulfaminbenzoesäuresulfinid schmeckt intensiv süß.

Methylsaccharin ist sehr süß, wenn auch nur halb so süß wie Saccharin. Der Äthylester des Saccharins und die Verbindung von Formaldehyd mit Saccharin schmecken beide süß. 5-Chlorsaccharin schmeckt anfangs süß, dann aber bitter[2]). p-Bromsaccharin schmeckt stark süß und äußerst bitter, p-Fluorsaccharin schmeckt stark süß und schwach bitter. p-Chlorsaccharin schmeckt süßbitter. p-Jodsaccharin schmeckt bitter. p-Aminosaccharin schmeckt süß. p-Aminobenzoylsulfinid ist sehr intensiv süß, hingegen schmeckt p-Nitrosaccharin bitter. Die im Benzolkern substituierten Derivate des Saccharins schmecken fast ausnahmslos entweder süß oder bitter. Ist die Imidgruppe durch andere Radikale substituiert, so sind diese Derivate geschmacklos, wie z. B. Methyl-, Äthyl-, Phenyl-, Tolylsaccharine.

p-Brombenzoylsulfinid $C_6H_3Br{<}{}^{CO}_{SO_2}{>}NH$ schmeckt vorn an der Zunge süß, hinten bitter und anfangs sehr süß, dann sehr bitter. Hingegen verliert Saccharin seinen süßen Geschmack völlig, wenn man den Imidwasserstoff äthyliert. Aber der Ersatz desselben Imidwasserstoffes durch Natrium ändert am Geschmack gar nichts.

Die drei isomeren Naphthosaccharine besitzen sämtlich ausgesprochenen bitteren Geschmack. Noch ausgesprochen bitterer schmecken die leichtlöslichen Alkalisalze. Es ist damit bewiesen, daß durch Anwendung eines kondensierten Ringsystems bei chemisch sonst weitgehender Analogie die Geschmackswirkung eine völlig andere ist[3]).

Für die intensiv süßen Eigenschaften des Saccharins

$$C_6H_4{<}{}^{CO}_{SO_2}{>}NH$$

ist es von Interesse, daß nur die o-Verbindung süß ist, die p-Verbindung keinen süßen Geschmack zeigt.

Selensaccharin, ein Saccharin in dem statt Schwefel Selen steht, hat gar keinen süßen Geschmack[4]).

Das Ammoniumsalz des Thiosaccharin $C_6H_4{<}{}^{SO_2}_{SO_2}{>}NH$ schmeckt sehr süß mit bitterem Nachgeschmack, jedoch schwächer als Saccharin.

Benzoldisulfamid ist in Wirklichkeit das Ammoniumsalz des Thiocaccharins $C_6H_4{<}{}^{SO_2}_{SO_2}{>}N\cdot NH_4 + H_2O\cdot$ Es schmeckt süß mit bitterem Nachgeschmack, aber weniger süß als Saccharin und Dulcin, etwa dem Methyldulcin entsprechend[5]).

Zur Prüfung des Einflusses mehrerer CO-NH-SO_2-Gruppen am Benzolkern auf den Geschmack der betreffenden Verbindungen wurde die Disaccharine I und II dargestellt, bei I ausgehend vom Nitro-m-xylol, bei II vom p-Xyliden. Der Geschmack von I ist bitter, der von II sehr schwach bitter. Der Geschmack des Imids der Chinolindicarbonsäure III erwies sich als rein sauer[6]).

---

[1]) F. P. 322096.

[2]) Gerver, J. H., Jaarb. v. de kon. acad. v. wetensch. (Amsterdam) Wisk. en Nath. Afd. Bd. 30, S. 236. 1921.

[3]) Kaufmann, H. P. u. H. Zobel: Ber. d. dtsch. chem. Ges. Bd. 55, S. 1499. 1922.

[4]) Lesser, R. u. R. Weiß: Ber. d. dtsch. chem. Ges. Bd. 45, S. 1835. 1912.

[5]) Holleman, A. F.: Recueils des travaux chim. des Pays-Bas. Bd. 40, S. 446. 1921.

[6]) Holleman, A. F.: Recueils des travaux chim. des Pays-Bas. Bd. 42, S. 839. 1923.

I HN—CO O_2S —CO SO_2—NH

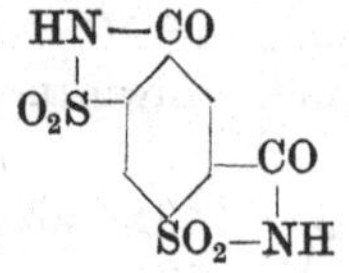

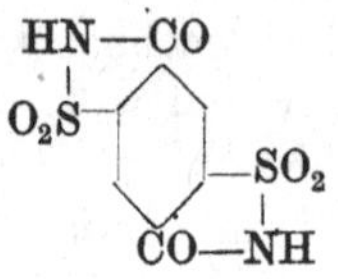

II HN—CO O_2S —SO_2 CO—NH

III CO CO >NH

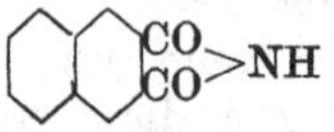

Der süße Geschmack des Saccharins hängt nicht von seinen Molekül, sondern von seinem Anion ab, je dünner die Lösung desto relativ süßer ist sie[1]).

Es schmecken stark süß p-Anisol- und p-Phenetolcarbamid, sowie deren Aminoderivate, ferner schwach süß p-Methyl-o-phenetylharnstoff und m-Oxyphenyl-p-phenetylharnstoff. Kernhomologe des Dulcins schmecken nicht süß.

Von der Derivaten des p-Äthoxyphenylmethans, das dem Dulcin im Aufbau verwandt ist, schmeckt keines süß, doch haben diese Verbindungen antipyretische Wirksamkeit, insbesondere die Allylthioharnstoffderivate. Beschrieben sind o-Nitro, -o-Amino- und o-Methylamino-p-äthoxyphenylurethan, 1-Äthoxy-p-phenyl-2.4-diurethan, 1-Äthoxy-2-carbamido-4-phenylurethan, 1-Äthoxy-3-carbamido-4-phenylurethan, 1-Äthoxy-2-allylthiocarbamido-4-phenylurethan, 1-Äthoxy-3-allylthiocarbamido-4-phenylurethan[2]).

Die meisten Substitutionen heben den süßen Geschmack des Dulcins auf[3]). Dies gilt für Nitro-, Amino-, Sulfo- und Halogenderivate, die aus den entsprechend substituierten Phenetidinen hergestellt werden[4]).

β-Oxypropyl-p-oxyphenylcarbamid (p-Ureidophenoxyl-β-oxypropyläther hat schwach süßlichen Nachgeschmack[5]).

Methylphenetidylharnstoff $C_2H_5O \cdot C_6H_4 \cdot N(CH_3). CO \cdot NH_2$ ist ausgeprägter süß als Dulcin, hat aber einen unangenehmen Nebengeschmack, der bei Ersatz von CH_3 durch C_2H_4OH abgeschwächt wird, aber für praktische Zwecke noch zu stark bleibt. Durch Alkyle mit mehreren OH-Gruppen (Dioxypropyl) wird der süße Geschmack ganz aufgehoben, auch Äthoxymethyl wirkt ungünstig[6]).

Beim p-Phenetolcarbamid mit Substituenten am β-C der OC_2H_5-Gruppe zeigt nur das Bromderivat noch stark süßen, dem des Dulcins aber nachstehenden Geschmack. Auch Ersatz der OC_2H_5-Gruppe durch andere Substituenten läßt den süßen Geschmack verschwinden[7]).

p-Phenetolcarbamid wird weder als Süßstoff noch als Antipyreticum benutzt, es ist 250mal süßer als Zucker.

Dulcin $C_6H_4{<}^{O \cdot C_2H_5}_{NH \cdot CO \cdot NH_2}$ (p-Phenetolcarbamid) ist intensiv süß, der süße Geschmack ist an das Vorhandensein der Äthylgruppe gebunden. Wird die Äthylgruppe in diesem Körper durch die Methylgruppe substituiert, so wird der süße Geschmack abgeschwächt[8]). Der Ersatz durch höhere Alkylgruppen

---

[1]) Magidson, O. J. u. S. W. Gorbatschow: Ber. d. dtsch. chem. Ges. Bd. 56, S. 1810. 1923.

[2]) Pelchrzim, Hertha: Arb. a. d. pharmazeut. Inst. d. Univ. Berlin Bd. 12, S. 10. 1921.

[3]) Thorns: Arch. d. Pharmazie u. Ber. d. dtsch. pharmazeut. Ges. Bd. 3, S. 133. — Spiegel u. Sabbath: Ber. d. dtsch. chem. Ges. Bd. 34, S. 1935.

[4]) Thorns, H. u. K. Nettesheim: Arch. d. Pharmazie u. Ber. d. dtsch. pharmazeut. Ges. Bd. 30, S. 227. 1920.

[5]) Speckan, C.: Arch. d. Pharmazie u. Ber. d. dtsch. pharmazeut. Ges. Bd. 32, S. 83. 1922.

[6]) Bergmann, M., F. Camacho u. F. Dreyer: Arch. d. Pharmazie u. Ber. d. dtsch. pharmazeut. Ges. Bd. 32, S. 83. 1922.

[7]) Speckan, C.: Arch. d. Pharmazie u. Ber. d. dtsch. pharmazeut. Ges. Bd. 32, S. 83 1922.

[8]) Therap. Monatsh. 1893, S. 27. — Spiegel: Ber. d. dtsch. chem. Ges. Bd. 34, S. 1935. 1901.

bedingt ebenfalls Verlust des süßen Geschmackes. Er verschwindet auch durch Einführung der Sulfogruppe.

Das sucrolsulfosaure Natron $\genfrac{}{}{0pt}{}{NH_2 \cdot CO \cdot NH}{NaSO_3}{>}C_6H_3 \cdot OC_2H_5$ schmeckt nicht mehr süß.

Die Einführung von OH in die Alkylgruppe der Oxyphenylharnstoffäther bewirkt keine höhere Süßkraft. Oxydulcin $CH_2(OH) \cdot CH_2 \cdot O \cdot C_6H_4 \cdot NH \cdot CO \cdot NH_2$ schmeckt zwar im ersten Augenblick deutlich süß, aber schwächer als Dulcin, und nach einigem Verweilen auf der Zunge, in wässeriger Lösung, sofort markant bitter, und dem Dioxypropylderivat fehlt süßer Geschmack vollkommen. Im Gegensatz zu den Süßstoffen p-Phenetol-carbamid und p-Anisol-carbamid ist p-Phenoxylessigsäure-carbamid $NH_2 \cdot CO \cdot NH \cdot C_6H_4 \cdot O \cdot CH_2 \cdot COOH$ nicht mehr süß. Auch die Umwandlung des p-Phenoxyessigsäurecarbamids in das zugehörige Amid führt zu einer geschmacklosen Verbindung[1]).

Führt man in durch Sauerstoff gebundene Alkyl der a · N-Alkyl-p-alkoxyphenylharnstoffe eine Hydroxylgruppe ein, so werden Verbindungen erhalten, die eine höhere Süßkraft haben[2]).

Die Einführung einer Alkylgruppe wie Methyl- oder Äthyl- an Stelle eines Wasserstoffatoms der Imidogruppe eines Monoarylharnstoffs bewirkt sowohl eine Erhöhung der Süßkraft als auch der Löslichkeit des Harnstoffs in Wasser. Das methylierte p-Phenetolcarbamid (N-Methyl-p-phenetolcarbamid) ist etwa 275mal süßer als Zucker, während p-Phenetolcarbamid um etwa 200mal süßer als Zucker ist[3]).

Bei einzelnen Alkaloiden, die sich durch ihren intensiv bitteren Geschmack auszeichnen, kann man seltsame Analogien zwischen ihrem Geschmack und ihrer Konstitution und Wirkung sehen. Cinchonin ist nur wenig bitter, aber auch wenig wirksam. Durch Einfügung der Methoxylgruppe entsteht das sehr bittere, aber auch sehr wirksame Chinin. Ersetzt man nun in der Methoxylgruppe die Methylgruppe durch andere höhere Alkylreste, so erhält man noch immer sehr bittere und sehr wirksame Substanzen. Auch der Ersatz der Hydroxylgruppe des Chinins durch saure Reste bewirkt nicht immer Abschwächung des bitteren Geschmackes. Während wir durch den Eintritt der Methoxylgruppe beim Chinin den bitteren Geschmack erst entstehen sehen, wird der weit intensiver bittere Geschmack des Strychnins durch das Eintreten von zwei Methoxylgruppen (im Brucin) stark herabgesetzt, ebenso aber auch die Wirksamkeit. Die Pflanzenalkaloide sind meist bitter, obenan Strychnin und Chinin. Dieses Verhalten versucht Sternberg durch ihre cyclische Natur zu erklären. So entsteht aus der geschmacklosen ungiftigen γ-Aminobuttersäure durch Ringschluß das bittere, giftige Pyrrolidon und aus γ-Aminovaleriansäure das ebenfalls bittere und giftige Oxypiperidon.

Die Bemühungen, den Geschmack der Substanzen zu korrigieren, werden meist in der Weise ausgeführt, daß man einzelne Gruppen durch Anlagerung von Resten verschließt. Eine andere Art der Geschmackskorrektur, welche auch vielfach darauf gerichtet ist, ätzende Nebenwirkungen der Substanzen zu beseitigen, ist das Unlöslichmachen der Substanzen, welche dann erst meist im Darmkanal aufgespalten werden und dort zur Wirkung gelangen. So wird Chinin in das unlösliche Chinintannat übergeführt und dieses überdies noch im Wasser zusammengeschmolzen und auf diese Weise entbittert. Den unangenehmen herben Geschmack des bei Darmkatarrh so gut wirkenden Tannins sowie den ebenso unangenehmen Geschmack des Ichthyols kann man unterdrücken, wenn man Tannin oder Ichthyol in eine unlösliche Verbindung mit irgendeinem Eiweißkörper, wie Hühnereiweiß, Casein oder Leim überführt und diese statt

---

[1]) Boedeker, F. u. R. Rosenbusch: Arch. d. Pharmazie u. Ber. d. dtsch. pharmazeut. Ges. Bd. 30, S. 251. 1920.

[2]) D.R.P. 377816. [3]) Böhringer, Waldhof, D.R.P. 367611.

der ursprünglichen Substanz verwendet. Diese geschmacklosen und unlöslichen Eiweißverbindungen werden im Darmkanal aufgespalten und dort die wirksamen Komponenten entwickelt. In diese Kategorie gehört auch das von M. v. Nencki in die Arzneimittelsynthese eingeführte Salolprinzip. Es werden hierbei wirksame aromatische Säuren mit wirksamen Alkoholen oder Phenolen esterartig gebunden, und diese unlöslichen Verbindungen werden im Darme zum Teil durch das verseifende Enzym der Bauchspeicheldrüse, zum Teil durch die Bakterienwirkung in ihre wirksamen Komponenten gespalten. Bei dieser Art von Synthese spielt nicht nur der Geschmack, sondern auch hauptsächlich die ätzende Wirkung und die Giftigkeit der betreffenden Arzneimittel eine große Rolle. Diese schädliche Nebenwirkungen und den schlechten Geschmack unterdrückt man durch Veresterung. Insbesondere Synthesen mit Phosgengas und Äthylkohlensäurechlorid haben für diese Körperklasse (besonders Phenole) große Bedeutung erlangt. Es gelingt auf diese Weise, die ätzende Wirkung des Kreosots und des Guajacols zu unterdrücken, es gelingt, den bitteren Geschmack des Chinins zu mäßigen sowie den scharfen Geschmack mancher Substanzen wie Menthol zu coupieren.

Wilhelm Sternberg[1]) hat sich mit der Frage nach dem Zusammenhange zwischen dem chemischen Baue und Geschmacke der süß und bitter schmeckenden Substanzen beschäftigt und behauptet, daß den Elementen als solchen gar kein Geschmack zukommt. Die Kohlenwasserstoffe, gleichgültig, ob mit offener oder geschlossener Kette, entbehren ebenfalls des Geschmackes. Hingegen werden sie schmeckend, wenn in dem Molekül Sauerstoff oder Stickstoff oder auch beide eintreten. Ja eine Sauerstoffstickstoffverbindung für sich, das Lustgas N_2O schmeckt süß.

Die Gruppen -OH und -NH_2 sind die einzigen geschmackerzeugenden oder wie sie Sternberg nennt sapiphoren.

Diese beiden Gruppen müssen nun mit den entgegengesetzten kombiniert sein, die negative OH-Gruppe mit der positiven Alkylgruppe, die positive NH_2-Gruppe mit der negativen Carboxylgruppe. Dieses ist die grundsätzliche Verschiedenheit zwischen dem Verhalten der schmeckenden und fä benden Verbindungen. Die färbenden Körper verlieren sofort ihre färbenden Eigenschaften, wenn man der Aminogruppe ihre Basizität, dem Hydroxyl seine sauren Eigenschaften nimmt, worauf ja O. Witt hingewiesen.

Der einmalige Eintritt der OH-Gruppe bringt den Körpern Geruch, der zweimalige Geschmack, und zwar süßen, wenn die übrigen Alkyle der primären Alkohole oder der Aldehyde oder Ketone Sauerstoff aufnehmen. Aber die Gegenwart eines Carboxyls macht unter allen Umständen sauren Geschmack, wenn auch in der restlichen Kette noch so viele OH-Gruppen vorhanden sind.

Mit der Länge der hydroxylhaltigen Kette steigt der süße Geschmack, welcher seinen Höhepunkt in den Aldosen und Ketosen findet. Aber diese Steigerung ist nicht ganz regelmäßig. Octite, Nonite, Gluconose und Mannonose schmecken nicht mehr so süß.

Bei den Alkoholen ist der Geschmack eine Funktion der Zahl der Hydroxylgruppen. Glykole und Glycerine sind ausgesprochen und in den niederen Gliedern rein süß. Mit vier und mehr Hydroxylen tritt der Süßstofftyp so offensichtlich zutage, daß ein Einfluß anderer Atomkomplexe auf die Qualität des Geschmacks fast völlig verschwindet. Die Ringform ist ohne Einfluß auf den Geschmack der Alkohole.

Die alicyclischen Alkohole schmecken bitter.

[1]) Dubois' Arch. f. Physiol. 1898, S. 451; ebenda 1899, S. 367. — Zeitschr. d. Vereins f. Rübenzuckerindustrie 1899, S. 376. — Arch. d. Pharmazie u. Ber. d. dtsch. pharmazeut. Ges. Bd. 15, H. 2. 1905.

Die einfachen Glykole schmecken süß. Je größer das Molekül und je komplizierter die Struktur wird, um so schwächer wird der Geschmack, bis er schließlich einem bitteren Platz macht.

In den Glyceringruppen herrscht der Süßgeschmack durchaus vor. Alkohole mit vier Hydroxylen schmecken süß. Die Verbindungen mit fünf Hydroxylen schmecken süß, die Alkohole mit sechs, sieben und acht Hydroxylen schmecken zwar süß, doch hat unverkennbar eine Abschwächung der Geschmacksstärke stattgefunden.

Der Geschmack der Polyoxycarbonsäureanhydride ist im allgemeinen, weil durch die Hydroxylgruppe bedingt, süß. Nur in vereinzelten Fällen verursacht die Anhydridbildung einen bitteren Geschmack oder Beigeschmack. Die freien Säuren schmecken sauer.

Die Aminoderivate der Zuckerarten bewahren den süßen Geschmack der letzteren. Die natürlich vorkommenden Glykoside sind von bitterem Geschmack. Die Glykoside des Methyl- und Äthylalkohols schmecken mit wenig Ausnahmen süß. Glykoside höherer Alkohole, besonders der Terpenreihe oder solcher aromatischer Natur, schmecken bitter, desgleichen Glykoside, die sich von Aldehyden (z. B. Chloral) und Ketonen, von Mercaptanen und Thiophenolen ableiten und zum allergrößten Teil auch Glykoside von Phenolen.

Die stereogeometrische Konfiguration des Zuckers ändert an dem Geschmacke nichts[1]), während wir bei den Aminosäuren den Geschmack von der stereochemischen Konfiguration abhängig finden.

Sternberg meint, daß zum Zustandekommen des süßen angenehmen Geschmackes ein gewisses harmonisches Verhältnis der negativen Hydroxyl- und der positiven Alkylgruppen notwendig ist. Jeder Alkylgruppe muß eine Hydroxylgruppe gegenüberstehen; daher schmecken

$$\text{Glycerin}\quad \begin{array}{c} CH_2\cdot OH \\ \vdots \\ CH\cdot OH \\ \vdots \\ CH_2\cdot OH \end{array} \quad \text{und Inosit} \quad \begin{array}{c} OH \\ \cdot \\ H \\ HO\cdot H \qquad H\cdot OH \\ HO\cdot H \qquad H\cdot OH \\ H \\ \cdot \\ OH \end{array} \quad \text{süß.}$$

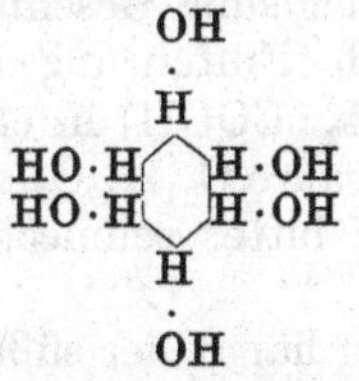

Ein einziges Mal kann die Alkylgruppe der Hydroxylgruppe gegenüber vermehrt sein, so daß das Molekül ein Sauerstoffatom weniger als Kohlenstoffatome enthält, ohne daß der süße Geschmack verschwindet. Daher schmecken die Disaccharide süß, aber alle Tri- und alle anderen Polysaccharide sind geschmacklos.

Dies ist auch der Grund, warum Methylglykoside, Glykolglykosid und Methylinosit süß schmecken.

Die Harmonie des Aufbaues erträgt wohl leichte Erschütterungen, meint Sternberg, aber stärkere Erschütterungen bringen den Verlust des süßen Geschmackes mit sich. Äthylglykose schmeckt daher schon schwach süß, Methylrhamnose aber schon bitter. Äthylrhamnosid schon stark und anhaltend bitter.

d-Glykuronsäure hat einen ausgesprochen sauren Geschmack, während d-Glykuron deutlich süß schmeckt[2]).

Bei den Bitterstoffen fällt es auf, daß sie sehr wenig Sauerstoff im Molekül haben.

---

[1]) Mayer, P. u. C. Neuberg: Hoppe-Seylers Zeitschr. f. physiol. Chem. Bd. 37, S. 547. 1903.

[2]) Ehrlich, F. u. Kurt Rehorst: Ber. d. dtsch. chem. Ges. Bd. 58, S. 1989. 1925.

Wenn man in den Zuckern das positive Alkylradikal bei der Glykosidbildung durch den negativen Phenolrest ersetzt, so erhält man intensiv bitter schmeckende Körper. Daher ist Methylglykosid süß, Phenylglykosid bitter.

$CH_3 \cdot CH(OH) \cdot CH_2OH$ 1.2-Dihydrooxypropan süß
$C_6H_5 \cdot CH(OH) \cdot CH_2OH$ Phenyläthylenglykol bitter

$CH_3 \cdot CH(OH) \cdot CH(OH) \cdot CH_2OH$ Butenylglycerin süß
$C_6H_5 \cdot CH(OH) \cdot CH(OH) \cdot CH_2OH$ Phenylglycerin bitter

Die natürlichen Glykoside sind aus dem Grunde bitter, weil sie zumeist Phenolderivate sind.

Es ergibt sich aus diesen Ausführungen, daß die Substitution eines Wasserstoffes in dem süß schmeckenden Methylglykosid durch eine C_6H_5-Gruppe ebenfalls bitteren Geschmack zur Folge hat. Die Benzylglykose $C_6H_5 \cdot CH_2 \cdot C_6H_{11}O_6$ schmeckt intensiv bitter und beißend.

Der bittere Geschmack verschwindet nicht, wenn man in das Benzylradikal auch ein Hydroxyl einführt, denn das Glykosid Salicin $C_6H_4 \cdot CH_2(OH) \cdot C_6H_{11}O_6$ schmeckt ebenfalls intensiv bitter und selbst die Einführung weiterer negativer Gruppen benimmt noch nicht den bitteren Geschmack, denn Monochlorsalicin und Monobromsalicin schmecken noch bitter; führt man aber noch mehr negative Gruppen ein, so erhält man das geschmacklose Tetraacetylchlorsalicin. Auch durch das Abstumpfen des sauren Hydroxyls im Salicin erhält man einen geschmacklosen Körper. Daher ist Salicinnatrium $C_{13}H_{17}O_7 \cdot Na$ geschmacklos. Weitere Hydroxylierung des Salicins zum Helicin $C_6H_{11}O_5 \cdot O \cdot C_6H_4 \cdot CHO$ (Aldehydbildung) macht einen geschmacklosen Körper. Führt man in das Hydroxyl des Salicins eine Benzoylgruppe ein, so erhält man Populin $C_{13}H_{17}(C_6H_5 \cdot CO)O_7$, einen süßlich schmeckenden Körper. Die zweimalige Einführung des Benzoylrestes in das Salicin macht eine geschmacklose Substanz.

Hingegen wird der süße Geschmack der Aminoessigsäure (Glykokoll) $NH_2 \cdot CH_2 \cdot COOH$ durch Einführung einer Benzoylgruppe (Hippursäurebildung $C_6H_5 \cdot CO \cdot NH \cdot CH_2 \cdot COOH$) in einen sauren verwandelt, während die bitter schmeckende Cholalsäure $C_{24}H_{40}O_5$ durch ihren Eintritt in die Aminoessigsäure dieselbe in die sehr bitter schmeckende Glykocholsäure $C_{24}H_{39}O_4 \cdot NH \cdot CH_2 \cdot COOH$ verwandelt.

Nach Sternberg hängt der süße und bittere Geschmack der Verbindungen von dem Verhältnis oder Mißverhältnis der positiven zu den negativen Gruppen ab. Eine kleine Änderung kann daher schon den süßen Geschmack in einen bitteren verwandeln. Die Verbindung der Zucker mit Ketonen macht daher die entstehenden Körper alle bitter. Die Einführung von sauren Resten in die Zucker macht die Substanz bitter oder sauer und schließlich verschwindet der Geschmack ganz. Ebenso verwandelt sich der Geschmack in einen bitteren, wenn man in ein Hydroxyl eine Base einführt. Daher ist reiner Zuckerkalk bitter.

Die Symmetrie der hydroxylierten Verbindungen ist als Hauptquelle des süßen Geschmackes anzusehen. Daher schmeckt das symmetrische Trioxyhexamethylen (Phloroglucit) süß.

$$(OH)CH{<}\begin{matrix}CH_2{-}CH(OH)\\CH_2{-}CH(OH)\end{matrix}{>}CH_2.$$

Bei den zwei- und dreiwertigen Phenolen sind es die OH-Gruppen in der symmetrischen m-Stellung, die süßen Geschmack hervorrufen.

Der Geschmack der Phenole hängt in erster Linie von der Zahl der Hydroxylgruppen ab. Bei reinen Monophenolen ist Süßgeschmack selten. Unter den Phenolen mit zwei, drei und mehr Hydroxylgruppen ist der Süßgeschmack bei den m-Verbindungen in charakteristischer Weise ausgeprägt. Die Phenole der p-Reihe schmecken gleichfalls süß. In der o-Reihe schmecken die einfachst zusammengesetzten Verbindungen (Brenzcatechin, Pyrogallol) bitter. Die

Aldehydgruppe ist dem Süßgeschmack der Phenole nicht zuträglich, ebenso schädigen ihn die Halogene. Pyrogallolcarbonat $HO \cdot C_6H_3<{}^{O}_{O}>CO$, ein Derivat des bitteren Pyrogallols, schmeckt süß.

OH, OH — meta Resorcin süß; OH, OH — para Hydrochinon schwach süß; OH, OH — ortho Brenzcatechin bitter.

HO, OH, OH — Alles meta Phloroglucin süß; OH, OH, OH — Alles ortho Pyrogallol bitter.

Pyrogallol schmeckt nach **Emil Fischer** süß, nach W. **Sternberg** deutlich bitter.

Phloroglucin, Phloroglucinmethyläther, resorcylsaures Natrium schmecken süß wie Resorcin selbst.

β-Orcin CH_3, HO, OH ist schon wieder geschmacklos.

Von den Dioxytoluolen ist das einzig süß schmeckende das symmetrische Orcin.

HO, OH, CH_3

3.5-Dioxypyridin schmeckt süß[1]), während die entsprechende Chinolinverbindung[2]) nicht schmeckt. Ähnlich ist es beim Geruche, wo Cumarin Waldmeistergeruch besitzt, Naphthocumarin geruchlos ist.

Beim Benzolring müssen also ebenfalls zwei saure Gruppen zum Zustandekommen des süßen Geschmackes vorhanden sein. Aber eine von diesen kann auch eine Carboxylgruppe sein, nur muß die symmetrische Metastellung gewahrt werden.

Nitromethylsalicylsäure (1-Methoxy-4-nitrobenzol-carbonsäure-2 schmeckt sehr bitter.

1-Methoxy-4-carbamidbenzol-carbonsäure-2$(CH_3O)(COOH)(C_6H_3)NHCONH_2$ schmeckt schwach sauer, das Natriumsalz in Alkohol schwach süß, in Wasser geschmacklos, der Äthylester bitter.

Di-[1-methoxybenzol-2-carbonsäure]-4-carbamid $(CH_3O)(COOH)C_6H_3 \cdot NH \cdot CO \cdot NH \cdot C_6H_3(COOH)(OCH_3)$ ist geschmacklos, das Natriumsalz schwach salzig.

1-Methoxy-4-thiocarbamidbenzol-carbonsäure-2 und 1-Äthoxy-4-carbamidbenzol-carbonsäure-2 schmecken schwach sauer. Das Natriumsalz schmeckt schwach süß, erregt leicht Übelkeit. Der Äthylester schmeckt bitter.

1-Äthoxy-4-thiocarbamidbenzol-carbonsäure-2 schmeckt schwach sauer. 1-Äthoxy naphthalin-4-carbamid schmeckt bitter.

1-Äthoxynaphthalin-4-thiocarbamid schmeckt sehr bitter[3]).

m-Oxybenzoesäure schmeckt süß, während die p-Säure geschmacklos ist. Die o-Stellung kann ebenfalls zu einem süßlichen Geschmacke führen. So ist Salicylsäure sauer und süßlich, salicylsaures Natron ist noch süßer (widerlich süß). Der süßliche Geschmack bleibt noch im Salipyrin (salicylsaures

[1]) Königs u. Geigy: Ber. d. dtsch. chem. Ges. Bd. 17, S. 1836. 1884.
[2]) Friedländer u. Weinberg: Ber. d. dtsch. chem. Ges. Bd. 15, S. 2679. 1882.
[3]) Behrend, Robert u. Paul Herrmann: Liebigs Ann. d. Chem. Bd. 429, S. 163. 1922.

Antipyrin) erhalten, während Antipyrin allein leicht bitter schmeckt, er bleibt auch in Salithymol (Salicylsäurethymolester), in Salokoll (Phenokollsalicylat) und in Dijodsalicylsäure.

Während aber m-Oxybenzoesäureamid bitter schmeckt, ist Salicylsäureamid geschmacklos.

Alle sechs Dioxybenzoesäuren sind geschmacklos.

Bei den aromatischen Ketonen sind die ungesättigten Kondensationsprodukte durch einen schärferen Geschmack ausgezeichnet als die entsprechenden gesättigten Verbindungen. Die Einführung von Brom, einer Methoxy- und Methylgruppe an Stelle eines Wasserstoffes des Benzolkernes, sowie eine Verlängerung der Seitenkette erzeugen eine deutliche Steigerung der geschmacklichen Wirkung[1]).

Die NH_2-Gruppe gibt den Kohlenwasserstoffen ebenfalls den süßen Geschmack, und zwar dann, wenn eine negative COOH-Gruppe vorhanden ist, so zwar, daß die entgegengesetzten Gruppen möglichst innig verknüpft sind. α-Aminosäuren schmecken süß[2]); bei den β-Aminocarbonsäuren tritt dieser süße Geschmack zurück; β-Aminoisovaleriansäure schmeckt sehr schwach süß und hinterher schwach bitter. γ-Aminobuttersäure ist gar nicht mehr süß, sondern schmeckt etwas fade. Leucin schmeckt deutlich süß, ebenso α-Amino-n-capronsäure, während d-Isoleucin bitter schmeckt. Auch bei den Oxyaminosäuren liegen die Verhältnisse ähnlich; Serin (α-Amino-β-oxypropionsäure) und α-Amino-γ-oxyvaleriansäure schmecken stark süß, Isoserin (β-Amino-α-oxypropionsäure) dagegen nicht. α-Pyrrolidincarbonsäure [Ring: COOH, NH] ist ebenfalls süß. l-Pyrrolidoncarbonsäure wird im Tierkörper zerstört. In großen Dosen gegeben wird sie z. T. unverändert im Harn ausgeschieden[3]). Anders verhalten sich die aromatischen Aminosäuren: Phenylaminoessigsäure $C_6H_5 \cdot CH(NH_2) \cdot COOH$ und Tyrosin sind nahezu geschmacklos bzw. schmecken schwach fade (kreideartig), während Phenylalanin $C_6H_5 \cdot CH_2 \cdot CH(NH_2) \cdot COOH$ süß ist. dl-Tryptophan schmeckt süß, aktives ist fast geschmacklos, dasselbe gilt für Leucin. Methylcyclopropylaminoessigsäure (α-Cyclopropylalanin $[CH_2]_2CH \cdot C(CH_3) \cdot (NH_2) \cdot COOH$ schmeckt ziemlich süß, riecht deutlich nach Milch[4]). Von den zweibasischen Aminosäuren schmeckt Glutaminsäure $HOOC \cdot CH_2 \cdot CH_2 \cdot CH \cdot (NH_2) \cdot COOH$ schwach sauer und hinterher fade, Asparaginsäure $HOOC \cdot CH_2 \cdot CH \cdot (NH_2) \cdot COOH$ stark sauer, etwa wie Weinsäure.

α-Aminosäuren schmecken süß. Der Geschmack bleibt der gleiche, wenn die Amino- und Carboxylgruppe einem Ring angehören. Der Süßstoffcharakter ist sehr stark ausgeprägt, denn selbst aromatische Reste, auch wenn sie Halogene enthalten oder basischer Natur sind, vermögen ihn nicht zu verwischen. Eintretende Hydroxylgruppen sind ohne Einfluß auf die Geschmacksqualität, d. h. α-Aminooxysäuren schmecken gleichfalls süß.

Im Gegensatz zu den Aminosäuren schmecken Peptide nicht süß, sondern mehr oder weniger bitter.

Diketopiperazine, das sind ringförmig geschlossene α-Aminosäureanhydride, schmecken ausnahmslos bitter.

Bei den β-Aminosäuren ist der Süßgeschmack, wenn noch vorhanden, stark abgeschwächt, oder es hat einem indifferenten oder bitteren Platz gemacht.

---

[1]) Pearson, Leonore Kletz: Pharmaceut. Journ. [4] Bd. 49, S. 78. 1919.

[2]) Fischer, E.: Ber. d. dtsch. chem. Ges. Bd. 35, S. 2660. 1902.

[3]) Bethke, R. M. u. H. Steenbock: Journ. of biol. chem. Bd. 58, S. 105. 1923.

[4]) Zelinsky, N. D. u. E. F. Dengin: Ber. d. dtsch. chem. Ges. Bd. 55, S. 3354. 1922.

Diaminosäuren der Fettreihe schmecken nicht mehr süß, selbst wenn sie beide NH_2-Gruppen in α-Stellung enthalten.

Die Alkylierung aliphatischer Aminosäuren führt nur ganz ausnahmsweise einen Umschlag von süß nach bitter herbei (α-Methylamino-n-capronsäure schmeckt bitter). In der Regel bleibt der Süßgeschmack unverändert, oder die Alkylierung erweckt sogar Süßgeschmack bei geschmacklosen Aminosäuren, z. B. γ-Aminobuttersäure ist nicht süß, γ-Methylaminobuttersäure süß.

Beim Übergang von Aminosäuren in Guanidosäuren findet eine Abschwächung des Süßgeschmackes statt. Er erhält meist einen Beigeschmack von bitter oder erfährt einen Umschlag nach bitter.

γ-Amino-β-oxybuttersäure unterscheidet sich von der isomeren α-Amino-γ-oxybuttersäure durch das Fehlen des süßen Geschmackes[1]).

Analog den α-Aminosäuren (wegen der benachbarten Stellung), verhalten sich in der aromatischen Reihe die o-Verbindungen.

Die Dicarbonsäuren dieser Gruppen, z. B. Asparaginsäure schmecken nicht mehr süß, sondern sauer, ebenso wie bei der Umwandlung des Traubenzuckers in Glykuronsäure $COOH \cdot (CH \cdot OH)_4 \cdot CHO$ der süße Geschmack in den sauren übergeht.

Stumpft man aber eine Carboxylgruppe der Asparaginsäure durch Überführung in Amid ab, so erhält man das süß schmeckende Asparagin. Diaminobernsteinsäure ist geschmacklos, auch wenn man beiden Carboxylen durch Amidierung oder Esterifizierung den sauren Charakter nimmt. Hingegen schmeckt Iminobernsteinsäureester bitter. Will man diesen bitteren Geschmack in einen süßen verwandeln, so braucht man nur die Carboxylgruppe in Amid überzuführen. Iminosuccinaaminsäureäthylester schmeckt süß.

$$\begin{array}{l} COOH \\ | \\ CH \\ | \quad \rangle NH \\ CH \\ | \\ COO \cdot C_2H_5 \end{array} \quad \text{bitterer Iminobernsteinsäureester} \qquad \begin{array}{l} CO \cdot NH_2 \\ | \\ CH \\ | \quad \rangle NH \\ CH \\ | \\ COO \cdot C_2H_5 \end{array} \quad \text{süßer Iminosuccinaminsäureäthylester.}$$

Die einmalige Methylierung ändert an dem süßen Geschmack dieser Gruppe nichts, hingegen die Dimethylierung und die Äthylierung, welche zur Geschmacklosigkeit führt. Sarkosin (ungiftig) $\begin{array}{l} CH_2—NH \cdot CH_3 \\ | \\ COOH \end{array}$ ist daher süß. Durch Austritt von einem Molekül Wasser geht es aber in das bitter schmeckende Sarkosinanhydrid über. Auch die geschmacklose Trimethylaminobuttersäure wird auf diese Weise bitter.

Die Nähe des Carboxyls und der NH_2-Gruppe ist nicht nur bei den aliphatischen, sondern auch bei den aromatischen Körpern zum Zustandekommen des süßen Geschmackes notwendig.

Daher ist Anthranilsäure $C_6H_4(NH_2)(COOH)$ [Formel: Benzolring mit NH_2 und benachbartem COOH] süß, nach anderen geschmacklos, während p-Aminobenzoesäure [Formel: Benzolring mit NH_2 oben, COOH unten] geschmacklos ist. m-Aminobenzoesäure soll süß schmecken.

Deshalb schmeckt o-Aminosalicylsäure noch schwach süßlich,

[Formel: Benzolring mit OH, COOH, NH_2]

während p- und m-Aminosalicylsäure beide geschmacklos sind.

[1]) Tomita, M.: Hoppe-Seylers Zeitschr. f. physiol. Chem. Bd. 134, S. 254. 1923.

o-Aminobenzoesäure verliert nach dem Ausgeführten durch Eintritt einer zweiten sauren Gruppe ihre Süßigkeit. Daher schmeckt o-Sulfamidbenzoesäure $C_6H_4(SO_2 \cdot NH_2)(COOH)$ gar nicht und erst durch Anhydridbildung kommt jener intensiv süße Geschmack des Saccharins zustande.

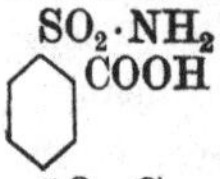

Süß schmeckt der unsymmetrische α-α'-Dimethylharnstoff $OC{<}{N \cdot (CH_3)_2 \atop NH_2}$, während der symmetrische α-β-Dimethylharnstoff $CO{<}{NH \cdot CH_3 \atop NH \cdot CH_3}$ geschmacklos ist. Phenylharnstoff ist bitter, p-Tolylharnstoff süß. Ebenso ist auch der symmetrische Di-p-phenetolharnstoff geschmacklos.

$$OC{<}{NH \cdot C_6H_4 \cdot O \cdot C_2H_5 \atop NH \cdot C_6H_4 \cdot O \cdot C_2H_5}$$

Bei den normalen Alkylimidäthern der Diglykolsäure nimmt mit steigendem C-Gehalt den süße Geschmack zu; der n-Propylimidäther ist als ausgesprochener Süßstoff anzusehen, praktisch jedoch wegen leichter Zersetzbarkeit mit Wasser nicht verwendbar. Die Isoverbindungen dagegen sind sehr bitter. Arylimidäther sind fast völlig geschmacklos. Während Saccharin bei Ersatz des Imidwasserstoffes seine Süßkraft verliert, erhält das an und für sich indifferent schmeckende Diglykolimid dieses erst durch Alkylierung[1]).

α-Anti-Anisaldoxim schmeckt süß. β-syn-Anisaldoxim ist geschmacklos.

Der Farbstoff 1.2.3.4-Tetramethyl-5-chlor-indoleniniumjodid besitzt einen intensiv bitteren Geschmack[2]).

Die Sulfosäuren, die sich von az-Phenyl-ald-phenyl-dihydroaminophentriazin ableiten, sind als Natriumsalze unter dem Namen Glucin eine Zeitlang im Handel gewesen. Die Base selbst und ihr Chlorhydrat sind geschmacklos.

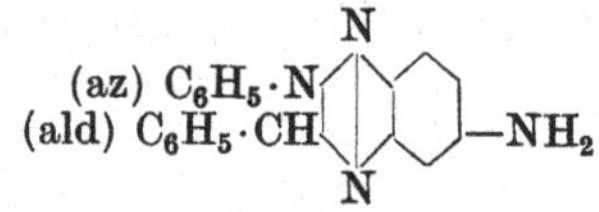

N
(az) $C_6H_5 \cdot N$ — — NH_2
(ald) $C_6H_5 \cdot CH$
N

Die Aminogruppe des Süßstoffes kann ohne Schädigung des Geschmackes entfernt werden. Der süße Geschmack beruht nicht auf der Anwesenheit der Aminogruppen, ersetzt man diese durch Jod, so bleibt der Geschmack. Dagegen spielt die Stellung der Sulfogruppen eine wichtige Rolle. Unter den Monosulfosäuren sind nur diejenigen fähig, der Base Süßstoffcharakter zu verleihen, welche im ar-Phenyl haften, während ein Bitterstoff entsteht, wenn eine Sulfogruppe in die m-Stellung des ald-Phenyls getreten ist. Von Di- und Trisulfosäuren sind nur zwei, beide süß schmeckend, bekannt.

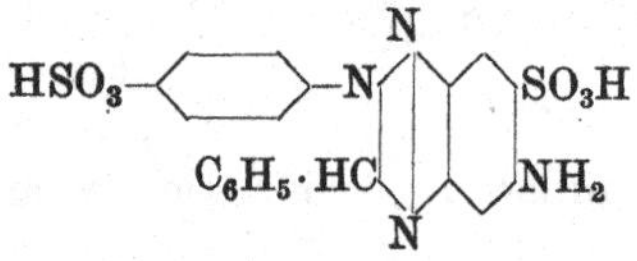

N
HSO_3—C_6H_4—N — SO_3H
$C_6H_5 \cdot HC$ — NH_2
N

und

N
$HSO_3 \cdot C_6H_4$—N — $\cdot SO_3H$
$C_6H_4 \cdot HC$ — $\cdot NH_2$
SO_3H
N

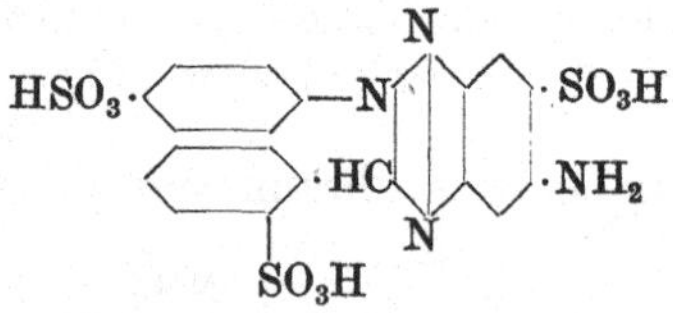

Führt man Hydroxylgruppen in das Phentriazin ein, so ist auch deren Stellung von Einfluß auf den Geschmack. Die Base

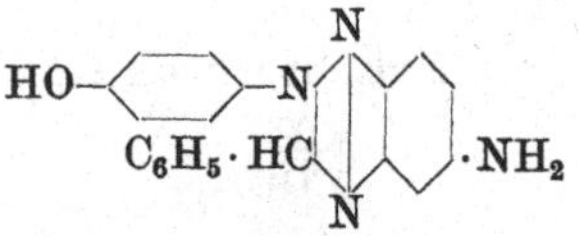

N
HO—C_6H_4—N
$C_6H_5 \cdot HC$ — $\cdot NH_2$
N

1) Sido, Max: Arch. d. Pharmazie u. Ber. d. dtsch. pharmazeut. Ges. Bd. 31, S. 118. 1921.

2) König, W.: Ber. d. dtsch. chem. Ges. Bd. 57, S. 685. 1924.

gibt bei der Sulfonierung keinen Süßstoff, wohl aber die isomere Base

$$\text{HO}\cdot C_6H_4-\text{HC}(\text{N}\cdot C_6H_5)(\text{N})C_6H_3\cdot NH_2$$

Es schmeckt süß die Verbindung

$$NaSO_3\cdot C_6H_4-\text{N}\,(C_6H_5\cdot\text{HC})\,N_2\,C_6H_2(-OH)(-NH_2)$$

Chrysoidin, welches aus tetrazotiertem m-Phenylendiamin und 2 Mol. derselben Base entsteht, gibt mit Benzaldehyd ein Triazin, dessen Sulfosäure ein stark süß schmeckendes Natriumsalz liefert.

Durch Kondensation des Farbstoffes Sulfanilsäure-azo / Anilin-azo > m-phenylendiamin mit Benzaldehyd entsteht die süß schmeckende Verbindung.

$$NaSO_3-C_6H_4-\text{N}(C_6H_5\cdot\text{CH})N_2\,C_6H_2\,N_2(\text{N}\cdot C_6H_5)(\text{CH}\cdot C_6H_5)$$

Das Ammoniumsalz der Toluylendioxamsäure $CH_3\cdot C_6H_3(NH\cdot CO\cdot COOH)_2$ schmeckt intensiv süß.

Glycyrrhizin ist das Ammoniumsalz einer Säure, schmeckt süß, während die freie Säure nicht süß schmeckt. Das Kaliumsalz schmeckt süß[1]).

Das tertiäre Isobutylglykol-β-hydroxylamin schmeckt süß, ebenso das tertiäre Isobutylglyceryl-β-hydroxylamin. Dioxyaceton schmeckt süß und sein Oxim süßlich.

p-Methylphenylguanidinnitrat schmeckt sehr bitter. Theobromin schmeckt bitter, ebenso seine Salze, ebenso Theophyllin und seine Verbindungen. Coffein ist nur schwach bitter. Die Salze aller Ammoniumbasen haben schon in kleinen Mengen einen außerordentlich bitteren Geschmack.

Piperazin schmeckt bitter, Hexamethylentetramin hat einen ausgesprochenen süßen, nachher etwas bitteren Geschmack.

Glucosephenylhydrazon schmeckt bitter, sehr bitter schmeckt Anhydroglykoso-o-diaminobenzol, ebenso Glykoso-m- und Glykoso-p-diaminotoluol und Biglykoso-o-diamino-benzol und Glykosidoguajacol. Glykosotoluid schmeckt bitter.

Hydrobenzamid schmeckt schwach süß, das isomere Amarin sehr bitter, Trinitroamarin ist stark bitter. Chinolingelb schmeckt süß. Äthylphosphin schmeckt sehr bitter, Tetraäthylphosphoniumhydroxyd schmeckt bitter, Tetramethylstiboniumjodid schmeckt ebenfalls bitter. Japancampher hat einen brennend bitteren Geschmack. Aminocampher[2]) hat süßen Geschmack. Von einem o-Aminocampher berichtet P. Cazeneuve[3]), der sehr leicht bitter schmeckt.

Dihydrobenzaldoxim schmeckt unangenehm süß. Hydrastinin schmeckt sehr bitter.

---

[1]) Sternberg, Wilhelm: Arch. f. Anat. u. Physiol., Physiologische Abteilung. 1905, S. 201.

[2]) Tiemann, F. u. Schmidt: Ber. d. dtsch. chem. Ges. Bd. 29, S. 903. 1896.

[3]) Bull. de la soc. chim. de Paris, T. II (3), S. 715. 1889.

Die Amine sind vorherrschend bittere Substanzen, insbesondere die Alkaloide, während die Säuren nur in wenigen Fällen bitter schmecken, wie Cetrarsäure, Colombosäure, Lupulinsäure, Gymnemasäure und Chrysophansäure.

Zum Unterschiede von den niederen Fettsäuren schmecken die Oxyfettsäuren angenehm sauer.

Betain schmeckt süßlich. Kreatin schmeckt bitter. Taurin ist geschmacklos. Glykocholsäure schmeckt bittersüß, Hyoglykocholsäure schmeckt bitter. Methylaminopropionsäure und Methylaminobuttersäure schmecken süß. Trimethylaminobuttersäure ist geschmacklos, ihr Anhydrid schmeckt bitter. Aminooxybuttersäure schmeckt süß[1]). Hingegen hat Aminooxyisobuttersäure keinen süßen Geschmack. Die isovaleriansauren Verbindungen haben einen süßen Beigeschmack.

Die Derivate des Piperidins sind alle sehr bitter. β-Oxy-α-piperidon schmeckt süßlich.

Aminotridekanäthylester schmeckt intensiv bitter. Oxalsäureäthylester schmeckt bitter.

l-Glucosaminsäure schmeckt süß. Sulfosalicylsäure schmeckt süßlich. Die drei isomeren Sulfaminobenzoesäuren schmecken sauer, das Anhydrid der o-Säure ist das Saccharin. Benzbetain schmeckt bitter, Äthyl-m-aminobenzoesäure ist fast geschmacklos. m-Oxybenzoesäureamid schmeckt bitter, o-Oxybenzoesäureamid ist geschmacklos.

Stumpft man aber die saure Gruppe durch Amidbildung ab, so geht der süße Geschmack in den bitteren über, wie bei m-Oxybenzoesäure-amid

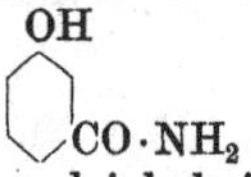

OH, $CO \cdot NH_2$ · m-Oxybenzonitril OH, $C{\equiv}N$ schmeckt wieder intensiv süß und zugleich beißend.

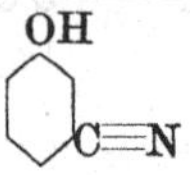

m-Oxybenzoesäure schmeckt süß, ebenso m-Aminobenzonitril, welches ein süß schmeckender Farbstoff ist.

p-Aminophenylalanin schmeckt süß. Die Salze der Toluylendiaminoxamsäure sind sehr süß. Formamid schmeckt bitter, Chloroform schmeckt süß, Chloralhydrat schmeckt bitter. Chloralformamid schmeckt bitter, Acetamid sehr bitter, ebenso Diacetamid und Propionamid, während Butyramid von süßem, hinterher bitterem Geschmack sein soll.

Antifebrin in alkoholischer Lösung schmeckt bitter, ebenso Phenacetin. Methacetin schmeckt salzig bitter, Acet-p-anisidin ist schwach bitter. Lactophenin scharf bitter, Phenosal sauer und bitter. Harnstoff bitter.

Die Nitroparaffine sind nicht süß, hingegen die Nitroverbindungen der aromatischen Kohlenwasserstoffe.

Die Halogenderivate der Paraffine schmecken süß, während die cyclischen Derivate nicht schmecken. Dinitroäther soll aber süßen Geschmack haben. 2-Nitroäthanol hat einen stechenden Geschmack, 3-Jodpropanol hat einen scharfen Geschmack, 3-Nitropropanol einen schwach stechenden Geschmack. Bromnitropropanol hat einen scharfen Geschmack. Tertiäres Nitrobutan hat einen scharf ätzenden Geschmack. 2-Nitropentanol ist bitter, ebenso Nitroisopentanol und Nitroform. Die Ester der Salpetersäure schmecken süß, haben aber einen bitteren Nachgeschmack.

Die NO_2-Gruppe findet sich in süßen und bitteren Verbindungen.

Äthylnitrit und Nitroglycerin schmecken schwach süß. Glycerinmononitrat schmeckt scharf aromatisch.

Nitrolsäuren haben süßen Geschmack. Äthylnitrolsäure schmeckt intensiv süß, während die Propylnitrolsäure süß, aber beißend schmeckt. Nitrobenzol

[1]) Melikoff, P.: Liebigs Ann. d. Chem. Bd. 234, S. 208. 1886.

schmeckt süß, hingegen nicht Chlorbenzol. o-Nitrophenol schmeckt süß, Dinitrobenzol bitter, ebenso Trinitrobenzol, Pikrinsäure (Trinitrophenol) sehr bitter.

o-Nitrobenzoesäure schmeckt intensiv süß, Dinitrobenzoesäure und Trinitrobenzoesäure sehr bitter, m-Nitrobenzoylaminsäure stark bitter, 2-Nitro-m-oxybenzoesäure intensiv süß, alle anderen Nitro-m-oxybenzoesäuren schmecken süß, während die Trinitro-m-oxybenzoesäure intensiv bitter schmeckt.

Monochlordinitrophenole schmecken sehr bitter, während Dichlornitrophenole nicht mehr schmecken.

6-Chlor-2.4-dinitrophenol schmeckt sehr bitter, 4-Chlor-2.6-dinitrophenol bitter.

p-Nitrophenyl-α-aminopropionsäure schmeckt bittersüß, während die entsprechende Aminoverbindung süß schmeckt. 4-Nitro-2-sulfamidbenzoesäure ist geschmacklos, während das Anhydrid, p-Nitrobenzoesulfinid, sehr bitter schmeckt.

m-Nitroanilin schmeckt intensiv süß, o-Nitroanilin schmeckt nicht süß und p-Nitroanilin ist fast geschmacklos.

Alle Derivate des m-Nitranilins schmecken süß, z. B. 4-Nitro-2-toluidin, 4-Nitro-2-aminophenol, 5-Nitro-2-chloranilin, 5-Nitro-2-bromanilin, 6-Nitro-2-aminobenzoesäure, 4-Nitro-2-aminobenzoesäure, 6-Chlor-4-nitro-2-aminophenol. Letztere Verbindung hat daneben einen bitteren Geschmack.

Die Derivate des süßschmeckenden o-Nitrophenols wie 3-Nitro-4-kresol, 2-Nitroresorcin, Nitrohydrochinon, 4.6-Dibrom-2-nitrophenol, 2-Nitro-3-oxybenzoesäure, 2-Nitro-3-cumarsäure, Nitro-m-oxybenzonitril sind sehr verschieden in der Intensität des Geschmackes, qualitativ aber alle süß.

4.4′-Dinitro-2.2′-diaminodiphenylhexan und 4.4′-2.2′-Tetraaminodiphenylhexan, welche als Derivate von Nitrom-toluidin bzw. Toluylendiamin aufgefaßt werden können, schmecken nicht süß. Die Verdoppelung des substituierten Benzolkernes im Molekül hemmt die Entfaltung der physiologischen Eigenschaften (auch der hämolysierenden). Denn die Verbindungen

$$NO_2\cdot\langle\;\rangle\cdot CH_2\cdot CH_2\cdot\langle\;\rangle\cdot NO_2 \quad \text{und} \quad NH_2\cdot\langle\;\rangle\cdot CH_2\cdot CH_2\cdot\langle\;\rangle\cdot NH_2$$
$$NH_2 \qquad NH_2 \qquad\qquad NH_2 \qquad NH_2$$

sind so indifferent wie

$$NO_2\cdot\langle\;\rangle\cdot(CH_2)_6\cdot\langle\;\rangle\cdot NO_2 \quad \text{und} \quad NH_2\cdot\langle\;\rangle\cdot(CH_2)_6\cdot\langle\;\rangle\cdot NH_2,$$
$$NH_2 \qquad NH_2 \qquad\qquad NH_2 \qquad NH_2$$

während

$$NO_2\cdot\langle\;\rangle\cdot CH_2\cdot CH_2\cdot CH_3 \quad \text{und} \quad NH_2\cdot\langle\;\rangle\cdot CH_2\cdot CH_2\cdot CH_3,$$
$$NH_2 \qquad\qquad NH_2$$

sowie Nitro-m-toluidin

$$NO_2\cdot\langle\;\rangle\cdot CH_3 \quad \text{und} \quad NH_2\cdot\langle\;\rangle\cdot CH_3,$$
$$NH_2 \qquad\qquad NH_2$$

wenn auch schwächer wirken.

Die Verbindung

$$NO_2\cdot\langle\;\rangle\cdot CH_2\cdot CH_2\cdot CH_2\cdot COOH$$
$$NH_2$$

ist gänzlich geschmacklos, was sehr bemerkenswert, wenn man sich den süßen Geschmack von

$$NO_2\cdot\langle\;\rangle\cdot C_3H_7$$
$$NH_2$$

auf der einen und von $NO_2\cdot C_6H_3(NH_2)\cdot COOH$

auf der anderen Seite vergegenwärtigt.

Die Verbindung $NO_2\cdot C_6H_3(NH_2)\cdot CH_2\cdot CH_2\cdot CH\cdot N(CH_3)_2$

ist sehr bitter, was bemerkenswert, da

$NO_2\cdot C_6H_3(NH_2)\cdot C_3H_7$ süß und $NO_2\cdot C_6H_3(NH_2)\cdot N(CH_3)_2$

völlig geschmacklos ist.

$NO_2\cdot C_6H_3(NH_2)\cdot CH_2\cdot CH_2\cdot CH\cdot Cl$ zeigt süßen Geschmack wie $NO_2\cdot C_6H_3(NH_2)\cdot CH_2\cdot CH_2\cdot CH_3$.

$NO_2\cdot C_6H_3(NH_2)\cdot CH_2\cdot CHCl\cdot CH_3$ ist sehr süß[1]).

Phthalimid hat keinen süßen Geschmack.

Die drei isomeren Sulfaminbenzoesäuren schmecken schwach säuerlich, und zwar je nach ihrer Wasserlöslichkeit mehr oder minder sauer. Das Ammoniumsalz der o-Säure ist geschmacklos. Nur die o-Verbindung kann ein Anhydrid geben.

Unsymmetrisches o-Sulfobenzimid schmeckt nicht süß. Urethan schmeckt sehr bitter. Phenylurethan bitter. Oxyphenylacetylurethan bitter, ebenso Thermodin und Hedonal. Maretin ist geschmacklos.

Veronal schmeckt bitter. Nitropyruvinureid schmeckt süß.

Ditolylsulfoharnstoff schmeckt auffallend bitter. Thiosinamin bitter. Thiobiuret sehr bitter.

Die Safranine schmecken wie die übrigen Ammoniumbasen bitter.

Diphensäure und ihre Derivate schmecken bitter.

Häufig sind die Halogene die Ursache des süßen Geschmackes.

Monochlormalonamid und Methylchlormalonamid sind dreimal so süß wie eine 6 proz. Rohrzuckerlösung; Dichlor-, Äthyl-, n-Propyl, i-Propyl- und n-Butylchlormalonamid sind fast neunmal, die n-Hexylchlorverbindung fast hundertmal so süß. Sie ist süßer als Dulcin. Die Isobutyl-, Isoamyl- und Benzylverbindungen schmecken stark bitter; die n-Butylverbindung ist süß und bitter zugleich. Dibrommalonamid schmeckt anfangs süß, bald darauf erinnert der Geschmack aber stark an den von Wasserstoffsuperoxyd[2]).

Systematische Untersuchungen über Geschmack. in verschiedenen chemischen Gruppen verdanken wir G. Cohn[3]), der eine Reihe von Regeln abzuleiten versuchte.

Homologe Verbindungen haben häufig ähnlichen Geschmack. Die Isomerie beeinflußt auch den Geschmack, aber der Einfluß ist regellos. Alkylierung einer Aminogruppe erzeugt häufig Süßgeschmack. Alkylierung einer sauren

---

[1]) Braun, J. v. u. Margarete Rawicz: Ber. d. dtsch. chem. Ges. Bd. 49, S. 799. 1916.

[2]) Dox, A. W. u. B. Houston: Journ. of the Americ. chem. soc. Bd. 46, S. 1278. 1924.

[3]) Cohn, G.: Die organischen Geschmacksstoffe. Berlin: Franz Siemenroth. 1914. — Derselbe: Geschmack und Konstitution bei organischen Verbindungen. Stuttgart: F. Enke 1915.

Imidgruppe vernichtet den Süßgeschmack, ebenso Alkylierung einer Hydroxylgruppe. Der Eintritt einer Phenylgruppe in das Molekül eines Süßstoffes oder der Ersatz eines Alkyls durch Phenyl schädigt den Geschmack. Es tritt Umschlag nach bitter oder Geschmacklosigkeit ein. Die Nitrogruppe schädigt den Süßgeschmack. Sie schwächt ihn ab, vernichtet ihn, gibt ihm einen bitteren Beigeschmack oder ersetzt ihn vollständig durch bitteren Geschmack. Bei Eintritt einer Aminogruppe in das Molekül eines Süßstoffs bleibt der Geschmack erhalten. Öfters verleiht die Aminogruppe einem geschmacklosen oder bitteren Körper süßen Beigeschmack. Ein Süßstoff wird durch Sulfurierung geschädigt. Es tritt Vernichtung des Geschmackes oder Umschlag nach bitter ein. In den einfach zusammengesetzten aliphatischen Halogenkohlenwasserstoffen ist das Halogen die Ursache des Geschmackes, und zwar des Süßgeschmackes. Die Art des Halogens ist von untergeordneter Bedeutung. Daher findet man in der Fettreihe so viele Süßstoffe mit hohem Chlorgehalt. Chloralverbindungen schmecken, wenn überhaupt, meist bitter. In aromatischen Verbindungen ist das Halogen keine Wesensgrundlage des Geschmackes. Der Süßgeschmack aromatischer Verbindungen wird vielleicht durch Halogene im allgemeinen beeinträchtigt, geschwächt oder vernichtet, ganz oder teilweile in bitter umgewandelt. Die Methoxylgruppe beeinträchtigt den süßen Geschmack aromatischer Verbindungen nicht, sondern hat im Gegenteil die Tendenz, geschmacklose Substanzen in süße zu verwandeln und eine bittere Geschmackskomponente durch eine süße zu ersetzen.

Wenn Schwefel in mercaptanartiger oder sulfidischer Form vorliegt, entstehen Bitterstoffe: Mercaptane, Thiophenole, Mercaptale, Sulfide, Disulfide. Wenn Schwefel in Thiocarbonylform —CS— vorliegt, so entstehen bitter schmeckende Substanzen: Thioamide, Thioharnstoffe, Thiobiurete und Dithiobiurete. Durch Süßgeschmack zeichnen sich Xanthogensäureester aus. Sulfinsäureester wie Sulfonal usf. sind ausnahmslos bitter. Sulfamide sind bitter, Sulfimide schmecken süß. In Süßstoffen, welche Hydroxyle oder saure Imidstoffe enthalten, wird durch Alkylierung der Geschmack geschwächt, vernichtet oder noch häufiger in bitter umgewandelt. Sowohl die Äther- als auch die Ester- und Amidbildung hat den Verlust des süßen Geschmackes zur Folge. Die Angehörigen einer Reihe ändern mit steigendem Molekulargewicht ihren Geschmack von süß nach bitter hin.

Die Cohnsche Regel, daß mit steigenden Molekulargewicht chemisch einer Klasse angehörende Verbindungen ihren Geschmack von süß nach bitter oder geschmacklos ändern, trifft beim Beispiel Glykokoll und Alanin zu, da Alanin weniger süß ist als Glykokoll und bei den höheren Gliedern, da Leucin nur noch schwach süß schmeckt. Die Einführung einer Methylgruppe in die Aminogruppe des Glykokolls bewirkt keine Veränderung des süßen Geschmackes. Beispiel: Sarkosin, welches so süß ist wie Glykokoll. d-Alanin ist viel süßer als dl-Alanin[1]).

Polyhydroxylverbindungen schmecken süß, d-Aminosäuren süß, o-Benzoylbenzoesäuren süß-bitter, hochnitrierte Körper, nitrierte Nitramine, Nitrobenzol-(naphthalin)sulfosäuren bitter.

G. Cohn hält den Geschmack durch folgende Gruppenbündel im Molekül bedingt:

$$(OH)_x \text{ süß}, \quad C{<}^{NH_2}_{COOH} \text{ süß}, \quad O\cdot^{CO}_{COOH} \text{ süß-bitter}, \quad (NO_2)_x \text{ bitter},$$

$$(NO_2)_x\cdot NH-NO_2 \text{ bitter}, \quad {}^{NO_3}_{SO_3H} \text{ bitter}.$$

[1]) Heiduschka, A. u. E. Komm: Zeitschr. f. angew. Chem. Bd. 38, S. 291. 1925.

Ferner schmecken viele Repräsentanten der Oximacetsäure, Azimidoverbindungen, Oxime und Nitrile süß. Ihr Geschmack ist von den Gruppen:

$$=N{-}O{-}CH_2{-}COOH,\quad \begin{matrix}N\\ \| \\ N\end{matrix}\!\!>\!N{-},\quad =N{-}OH \text{ und } {-}CN$$

abhängig. Tertiäre Amine, Ammoniumbasen und Betaine, Sulfhydrate, Sulfide, Disulfide, Thioamide und Thioharnstoffe schmecken bitter.

G. Cohn führt ihren Geschmack auf die Atome, bzw. Atomkomplexe:

$$N\equiv,\quad =N\equiv,\quad CH_2\!<\!\begin{matrix}N\equiv\\ CO\end{matrix}\!>\!O,\quad {-}SH,\quad {-}S{-},\quad {-}S{-}S{-} \text{ und } =CS$$

zurück.

Die einzelnen Gruppen NO_2- oder OH sind nicht die Träger eines bestimmten Geschmackes, sondern überhaupt nur geschmackverleihend (sapophor). Erst durch ihre Vereinigung mit anderen gleich- oder ungleichartigen Gruppen sind sie befähigt, einen spezifischen Geschmack hervorzurufen. Dagegen ist die Gruppe $C<^{NH_2}_{COOH}$ stets der Träger süßen Geschmackes (dulcigen). Die Gruppen bzw. Atome $-SH$, $-S-$, $-S-S-$ haben stets Bitterkeit im Gefolge (amarogen), die Gruppen $-COOH$ und $-SO_3H$ erzeugen stets sauren Geschmack (acidogen).

Vielfach können Halogene einander vertreten, ohne eine Geschmacksänderung hervorzubringen. Bei den niederen Halogenverbindungen herrscht der süße Geschmack fast ausnahmslos vor. Kohlenwasserstoffe, welche mehrere verschiedenartige Halogenatome enthalten, schmecken ausnahmslos süß. Halogenisierte Ester der Salpetersäure schmecken, wie Salpetersäureester allgemein, fast ausnahmslos süß.

Aromatische Verbindungen, welche drei oder mehr Nitrogruppen enthalten, schmecken bitter. Auch bei Anwesenheit von zwei NO_2-Gruppen entstehen weit überwiegend Bitterstoffe.

Gesättigte Mono- und Dinitrokohlenwasserstoffe der Fettreihe schmecken süß, während nitrierte Alkohole und Äther bitter schmecken. Nitrolsäuren schmecken süß.

Bei aromatischen o-Nitroverbindungen beobachtet man auffallend oft süßen Geschmack. Mono-Nitrokohlenwasserstoffe schmecken süß. Von Nitroaminoverbindungen können nur Abkömmlinge des m-Nitranilins süß schmecken. Nitrochinoline schmecken wie Chinolinderivate überhaupt bitter. Nitrophenoläther schmecken süß. Derivate der m-Nitrobenzoesäure und alle Nitronaphthalincarbonsäuren schmecken bitter. Nitrosulfonsäuren schmecken ausnahmslos bitter. Dinitroverbindungen schmecken bitter.

Bei aromatischen Oximen ist Süßgeschmack durchaus vorherrschend. Der Einfluß der Isomerie ist beträchtlich: o-und p-Nitrobenzaldoxime schmecken süß, die m-Verbindung nicht; o-Anisaldoxim: nicht süß, p-Anisaldoxim: süß. Sehr wesentliche Bedeutung hat die stereochemische Anordnung der Atomgruppen. Im Gegensatz zu den süß schmeckenden Antiverbindungen scheinen die Synverbindungen geschmacklos zu sein.

Die Carbonsäuren schmecken sauer, um so saurer, je kleiner ihr Molekül.

Die Anhydridbildung ist von einschneidender Bedeutung für den Geschmack. Viele haben einen intensiv süßen Geschmack. Polyoxycarbonsäuren schmecken süß, ebenso Oximacetsäuren und α-Aminosäuren, aromatische o-Oxycarbonsäuren schmecken häufig süß, Derivate der m-Nitrobenzoseäure schmecken bitter, ebenso Nitronaphthalincarbonsäuren, aromatische o-Ketocarbonsäuren zeigen alle Nuancen von bitter zu süß und umgekehrt, meist beide Geschmacksqualitäten gleichzeitig.

Die Oxacetsäuren schmecken salzig-bitter. Oximacetsäuren schmecken in Form ihrer Natriumsalze intensiv süß.

Alle o-Benzoylbenzoesäuren sind Geschmacksstoffe. Aber nur die wenigsten schmecken rein süß oder rein bitter, die meisten zeigen, und das ist für die ganze Gruppe charakteristisch, beide Geschmacksqualitäten, und zwar in allen Schattierungen, gleichzeitig oder hintereinander, erst bitter, dann süß oder auch umgekehrt.

Oxysäuren sind ausgesprochene Geschmacksstoffe. o-Oxysäuren neigen zu süßem Geschmack. Polyhydroxylierte Estersäuren pflegen adstringierend zu schmecken.

Freie Phenol-(Naphthol-)sulfosäuren schmecken meist herb, adstringierend, ihre Salze bitter, manchmal mit süßem Beigeschmack, alle Nitrosulfosäuren sowie Sulfosäuren von Azo- und Azimidoverbindungen schmecken bitter.

Die Ätherbildung beeinträchtigt im allgemeinen den Süßgeschmack, weil sie seine Träger, die Hydroxylgruppen, beseitigt. Manche Äther schmecken süß, wie Diäthyldioxyaceton, Hexindioxyd, Dibenzylmethyl. Wenn der Süßgeschmack nicht auf die Anwesenheit von Hydroxylgruppen, sondern von anderen Komplexen, wie $-NO_2$ oder $=N-OH$ beruht, so wird er durch die Ätherifizierung nicht beeinflußt.

Halogenierte Äther und Oxyde der Fettreihe schmecken süß.

Die Verbindungen der mehrwertigen Alkohole (Zuckerarten) mit Aceton und Chloral schmecken ausnahmslos bitter.

Ausschlaggebend für den Geschmack eines Esters ist im allgemeinen die Säure. Ester haben die Tendenz bitteren Geschmack anzunehmen. Es sind nur drei rein süß schmeckende Ester bekannt, die aus bitter schmeckenden Alkoholen entstehen: Bromäthylacetat, Pyrogallolcarbonat und Populin. Der Süßgeschmack des ersteren ist durch Halogen bedingt.

Ester der Salpetersäure schmecken süß. Sulfinsäureester schmecken ausnahmslos bitter. Die sauren Ester der Schwefelsäure neigen zu bitterem Geschmack.

Ester aliphatischer Fettsäuren verhalten sich sehr verschieden, doch herrscht Bitterkeit vor. Die Ester des Resorcins und Orcins sind süß, während die süßesten Zuckerarten durch Einführung mehrerer Säureradikale bitteren Geschmack erhalten. Eine Reihe von Estern aliphatischer Säuren verdankt Halogenen ihren Süßgeschmack. Cyclische Ketocarbonsäureester schmecken ausnahmslos bitter.

Kohlensäureester von Phenolderivaten sind (mit Ausnahme von Pyrogallolcarbonat) geschmacklos. Dagegen zeichnen sich die Ester der Xanthogensäure durch starken Süßgeschmack aus. Die sonstigen Ester zwei- und mehrbasischer Säuren, insbesonders die Derivate des Malonesters schmecken intensiv bitter. Ester aromatischer Säuren sind zum großen Teil, weil unlöslich, geschmacklos, sonst bitter. Alkaminester, wie Stovain, Alypin, Cocain sind bitter. Durch Süßgeschmack ist die Thiazolgruppe charakterisiert: 4-Methylthiazol-5-carbonsäureäthylester und 2-Chlor-4-methylthiazol-5-carbonsäureäthylester.

Lactone von Polyoxycarbonsäuren schmecken süß, die übrigen Lactone mit Ausnahme von α-Oxy-n-buttersäureanhydrid und Chinid bitter, z. B. α- und β-Angelikalacton, Cumarin, Brenzcatechinacetsäurelacton[1]).

Soweit esterifizierte Oxysäuren einen Eigengeschmack haben, ist er bitter, z. B. Milchsäureanhydrid, Salicylosalicylsäure. Eine Ausnahme ist Weinsäuremonoäthylester, welcher süß schmeckt.

---

[1]) Ott, E. u. F. Eichler: Ber. d. dtsch. chem. Ges. Bd. 55, S. 2653. 1922.

Basen schmecken gewöhnlich bitter. Insbesondere zeichnen sich Schiffsche Basen durch intensiven Bittergeschmack aus.

Süßgeschmack findet sich nur, wenn bestimmte Atomkomplexe im Molekül enthalten sind, die für ihren Träger diesen Geschmack verleihen oder die mit einer anderen Aminogruppe zusammen Süßgeschmacksträger sind.

Ammoniumbasen sind durch bitteren, sehr intensiven Geschmack ausgezeichnet. Nur bei wenigen, Atropinmethylbromid und den Salzen des Äthoxylstrychnins ist der bittere Geschmack von süßem begleitet.

Phosphoniumbasen und ihre Salze schmecken ausnahmslos bitter. Dasselbe gilt von Arsonium- und Stiboniumbasen. Oxoniumverbindungen schmecken bitter. Substanzen mit vierwertig gebundenem Schwefel (Sulfiniumbasen, Thioniumchinone, Thetine) schmecken bitter oder auch salzig.

Betaine schmecken bitter, doch sind auch viele süße bekannt, z. B. Betain, α-Homobetain, Stachhydrin, Turizin und Betonizin, Nipecotinsäuredimethylbetain, Picolinsäureäthylbetain und Taurobetain. Salzig schmeckt Trigonellin.

Süßstoffe sind: naphthionsaures Natrium, p-äthoxyphenylaminsulfosaures Natrium, Benzidinsulfonsulfosäure (anfangs bitter) und 4-Aminoazobenzol-4'-sulfosäure (erst geschmacklos, dann schwach bitter). p-Aminoazobenzolsulfosäure bitter und gleichzeitig süß. Tyrosinsulfosaures Barium schmeckt süß.

$\Delta\alpha\beta$-Nonylensäure-4-oxy-1-benzylamid schmeckt sehr scharf[1]).

Allophansäureäther sind geschmacklos.

Sulfamide schmecken mit Ausnahme des s-Dimethylsulfamids $CH_3 \cdot NH \cdot SO_2 \cdot NH \cdot CH_3$, das süß ist, bitter.

Unter den aliphatischen Nitrilen überwiegt der bittere Geschmack. Unter den aromatischen Nitrilen überwiegt durchaus der Süßgeschmack.

Aromatische Azoverbindungen schmecken bitter, 4-Nitro-2-diazophenol ist gleichzeitig süß. Rein süß schmeckt das Kaliumsalz der Benzenyldioxytetrazotsäure, ferner Diazoaminomethan $CH_3 \cdot N = N{-}NH \cdot CH_3$.

Oxy- und Aminoazimidoverbindungen schmecken süß. Carbon- und Sulfosäuren von Azimiden sind bitter.

Von den Kohlenwasserstoffen schmecken Propylen, Isoamylen, n-Octylbenzol und Di-2-p-tolylbuten süßlich. Unter den Aldehyden zeichnen sich Önanthol, Isobutyrformaldehyd $\begin{matrix}CH_3\\CH_3\end{matrix}\!\!>\!CH\cdot CO\cdot CHO$ und Zimtaldehyd durch Süßgeschmack aus. Unter Ketonen mit offener Kette findet sich nur Hexachloraceton $CCl_3 \cdot CO \cdot CCl_3$ als Süßstoff, während alle anderen bitter schmecken oder nur brennen. Von Ketonen, deren Carbonylgruppe in einem Ring enthalten ist, schmecken zwei süß: Isochinontetrahydrür und Leukonsäure

$$CO\begin{matrix}\diagup CO - CO\\ \quad\;\; | \\ \diagdown CO - CO\end{matrix}$$

Hydroaromatische Ketone rufen oft eine kühlende Empfindung hervor. Carbylamine schmecken unerträglich bitter.

Bei den Cisverbindungen ist eine größere physiologische Wirkung zu beobachten. So Maleinsäure gegenüber Fumarsäure.

Piperin

$$\begin{matrix}O\diagdown & & \\ | \quad\;\; C_6H_3 & -CH:CH\cdot CH:CH\cdot CO\cdot NH - CH_2 & \\ CH_2 & \qquad\qquad\qquad\qquad | & | \\ | & \qquad\qquad\qquad\quad CH_2 & CH_2 \\ O\diagup & \qquad\qquad\qquad\qquad | & | \\ & \qquad\qquad\qquad\quad CH_2 & - CH_2\end{matrix}$$

schmeckt nur ziemlich schwach pfefferig.

[1]) Ott, Erwin u. Kurt Zimmermann: Liebigs Ann. d. Chem. Bd. 425, S. 314. 1922.

Die Schärfe der Acylbenzylamide hängt ab vom ungesättigten Charakter der Acylgruppen. Ein phenolisches Hydroxyl steigert die Schärfe, *ein zweites* steigert sie noch mehr[1]).

Benzyl-β-aminocrotonsäureester (F. 79—80°) ist vollkommen geschmacklos, die Modifikation (F. 210°) hat einen intensiv-süßen, gleichzeitig pfefferartigen Geschmack.

Im allgemeinen schmecken Amide, zumal die der aromatischen Reihe, bitter.

as-β-Benzylamino-crotonsäureäthylester ist intensiv süß und zugleich pfefferartig schmeckend. Die trans. Form (höher schmelzend) ist vollkommen geschmacklos.

Piperin und Chavicin sind höchstwahrscheinlich zwei entgegengesetzt geometrisch isomere Äthylenverbindungen. Piperin schmeckt noch ziemlich scharf, Chavicin viel intensiver scharf.

H. Röhmer fand Fural-phenylessigsäurepiperidid pfefferartig schmeckend.

Das Molekül des Piperins kann ziemlich weit verändert werden, ohne daß der Pfeffergeschmack verloren geht. Wesentlich für den Pfeffergeschmack ist die säureamidartige Bindung des Piperidins mit einer aliphatisch-aromatischen Säure; und zwar tritt der Geschmack bei Derivaten der δ-Phenyl-n-valeriansäure am schärfsten hervor, so daß man folgende Gruppierung als wichtig für das Auftreten von Pfeffergeschmack bezeichnen kann.

$$C_6H_5\cdot\dot{\underset{\cdot}{C}}\cdot\dot{\underset{\cdot}{C}}\cdot\dot{\underset{\cdot}{C}}\cdot\dot{\underset{\cdot}{C}}\cdot C(:O)\cdot N\left\langle\begin{matrix}CH_2-CH_2\\ CH_2-CH_2\end{matrix}\right\rangle CH_2 .$$

Die säureamidartige Bindung mit dem Piperidin macht den Geschmack, da das Piperidinsalz der Piperidinsäure nicht scharf schmeckt.

Die Dioxymethylengruppe des Piperins ist zur Hervorbringung von Pfeffergeschmack nicht notwendig, da das Piperidid der β-Cinnamenyl-acrylsäure $C_6H_5 \cdot CH{:}CH \cdot CH{:}CH \cdot CO \cdot N(CH_2)_5$ dieselben physiologischen Eigenschaften in verstärktem Maße hat wie Piperin. Das stereoisomere β-Cinnamenylacrylsäurepiperidid schmeckt ebenso scharf.

Die Doppelbindungen sind für die Hervorbringung des Pfeffergeschmackes fast bedeutungslos, denn alle drei Dihydro-[β-Cinnamenyl-acrylsäure]-piperidide haben ausgesprochenen Pfeffergeschmack. Auch das Tetrahydropiperin hat Pfeffergeschmack[2]).

Unbedingt notwendig für das Zustandekommen eines ausgesprochenen Pfeffergeschmackes sind sowohl die Phenylgruppe, wie die vier Kohlenstoffatome in der Seitenkette. Das Piperidid der Sorbinsäure besitzt keinen Pfeffergeschmack mehr, sondern schmeckt unangenehm brennend, wie viele Piperidide rein aliphatischer Säuren. Dagegen ist Palmitinsäure-piperidid fast geschmacklos; auffallenderweise schmeckt Malon-methylestersäurepiperidid wieder etwas scharf mit unangenehmem Beigeschmack[3]).

Zwischen der Größe des Alkylradikals bei den verschiedenen synthetischen Vanillylacylamiden und ihrem scharfen Geschmack besteht ein Zusammenhang[4]). Wenn der gleiche Geschmack von Capsaicin als 100 angenommen wird so ist:

Vanillyl-n-hexoyl-amid	5
„ n-heptoyl-amid	25
„ n-octoyl-amid	75
„ n-nonoyl-amid	100

[1]) **Ott** u. **Zimmermann**: Liebigs Ann. d. Chem. Bd. 425, S. 314. 1922. — **Jones, E. C. S.** u. **F. L. Pyman**: Proc. of chem. soc. (London) Bd. 127, S. 2588. 1925.

[2]) **Staudinger, H.** u. **H. Schneider**: Ber. d. dtsch. chem. Ges. Bd. 56, S. 699. 1923.

[3]) **Nelson**: Journ. of the Americ. chem. soc. Bd. 41, S. 1115, 2121. 1919.

[4]) **Nelson, E. K.**: Journ. of the Americ. chem. soc. Bd. 41, S. 2129. 1919.

Vanillyl-n-decoyl-amid	50
,, undecoyl-amid	25
,, n-dodekoyl-amid	25
,, n-undecenoyl-amid	25

Daß auch die aliphatische Seitenkette des Piperins für den Pfeffergeschmack von Bedeutung ist, zeigt die Untersuchung rein aromatischer Säuren wie der Benzoesäure und der Naphthoesäuren. Benzoesäurepiperidid schmeckt sehr unangenehm, die Derivate der Naphthoesäuren sind fast geschmacklos, ähnlich wie Toluol-p-sulfonsäurepiperidid. Auch Substitution im aromatischen Kern bringt keinen ausgeprägten Pfeffergeschmack hervor, wie die Untersuchung des p-Methoxybenzoesäure-piperidids und des Methylen-protocatechusäurepiperidids zeigt. Letzteres schmeckt etwas weniger unangenehm. Die Methylendioxygruppe ist für das Hervorbringen des Pfeffergeschmackes sicher nicht wichtig. Ein Vergleich der Derivate der Zimtsäure, p-Methoxyzimtsäure und Methylenkaffeesäure beweist dies. Die drei Produkte schmecken ungefähr gleich.

Capsaicin, der Pfeffergeschmacksträger ist das Vanillylamid der Δ^6, 8-Methylnonensäure

$$HO-C_6H_3(OCH_3)-CH_2\cdot NH\cdot CO(CH_2)_4CH = CH\cdot CH(CH_3)_2$$

das Dihydrocapsaicin (8-Methylnonylvanillylamid), das gesättigte Produkt hat denselben Pfeffergeschmack wie Capsaicin[1]).

Der Pfeffergeschmack des Capsaicins verschwindet bei der Methylierung der freien Phenolgruppe. Das Säureamid des Vanillylamins mit der Undecylensäure besitzt ausgeprägten Pfeffergeschmack. Die bisher bekannten Träger des scharfen Pfeffergeschmackes sind Säureamide aus ungesättigten Säuren mit Oxybenzylaminen. Mit der Reduktion der Doppelbindung des Ölsäurevanillylamids oder der Beseitigung der völligen Substitution der freien Phenolgruppe verschwindet der scharfe Geschmack oder geht stark zurück. Die Hydroxylgruppe in p-Stellung zur $CH_2\cdot NH$-Gruppe bedingt viel schärferen Geschmack als in o-Stellung; die Lage der Doppelbindung in der Fettsäurekette ist weniger ausschlaggebend. Nur die Derivate aliphatischer bzw. fettaromatischer Amine, nicht aber die aromatischen Basen zeigen scharfen Pfeffergeschmack. Einen erheblich verstärkenden und zugleich angenehm aromatisierenden Einfluß übt die Methoxylgruppe des Vanillylamins aus. Von den Olefin-Carbonsäuren liefern die mit mittleren C-Zahlen (9—11) die schärfsten und aromatischsten Pfefferstoffe.

Vanillylamid schmeckt sehr scharf pfefferig, riecht aprikosenähnlich. 4-Oxy-1-benzylamid schmeckt ziemlich scharf. Salicylamid schmeckt weniger scharf. 4-Methoxy-1-benzylamid (Anisylamid) ist geschmacklos. Benzylamid ist ohne Geschmack, riecht nach Aprikosen. p-Oxyanilid ist geschmacklos. Sorbinsäurepiperidid schmeckt bitter, aber nicht pfefferig. Vanillylamid mit Crotonsäure schmeckt ziemlich scharf. Vanillylamid mit Hexylensäure schmeckt ziemlich scharf; mit $\Delta\alpha\beta$-Nonylensäure schmeckt es sehr scharf pfefferig; mit Ölsäure schmeckt es sehr scharf, aber nicht aromatisch. Mit Zimtsäure schmeckt es nicht sehr stark, aber angenehm aromatisch pfefferig. Mit Palmitinsäure schmeckt es ziemlich scharf, wahrscheinlich nur infolge eines Gehaltes an Ölsäurevanillylamid. Mit Stearinsäure ist es geschmacklos.

[1]) Nelson, E. K. u. L. E. Dawson: Journ. of the Americ. chem. soc. Bd. 45, S. 2179. 1923.

Gelagerter Pfeffer schmeckt, da in ihm Piperin krystallisiert vorhanden ist, viel weniger scharf als frischer Pfeffer, bei dem das Piperin noch in dem Pfefferöl gelöst oder emulgiert ist. Krystallisiertes Piperin schmeckt wenig scharf. Alkoholische Lösungen schmecken selbst in hoher Verdünnung brennend scharf[1]). Eine Reihe von Homologe des Piperins, ferner das Methylenkaffeesäurepiperidid zeigen ebenfalls Pfeffergeschmack, so daß Veränderungen im sauren Bestandteil des Piperins vorgenommen werden können, ohne daß die physiologischen Eigenschaften verloren gehen[2]).

Durch Kondensation von Vanillin mit Methylketonen in Gegenwart von Natronlauge und Reduktion mittels Na-Amalgam wurden die Homologen des Zingerons aufgebaut, welche beißenden Geschmack wie Zingeron haben ([β-(4-Oxy-3-methoxyphenyl)äthyl]methylketon. Die CO-Gruppe in der Seitenkette des Zingerons hat eine gewisse Wirkung aber keine wesentliche für den beißenden Geschmack. Die OCH_3-Gruppe in p-Stellung zur Seitenkette erhöht den beißenden Geschmack, denn m-Oxyphenyläthylmethylketon zeigt ihn weniger als i-Zingeron, das seinerseits ebenso beißend ist wie Zingeron[3]).

---

[1]) Staudinger, H. u. H. Schneider: Ber. d. dtsch. chem. Ges. Bd. 56, S. 699. 1923.
[2]) Scholtz, M.: Berichte d. dtsch. chem. Ges. Bd. 28, S. 1196. 1895.
[3]) Murai, J.: The science reports of the Tohoku imp. univ. Bd. 14. — Namura, H.: Bd. 14.

Viertes Kapitel.

Veränderungen der organischen Substanzen im Organismus.

Zum Verständnis der physiologischen Wirkung der organischen Substanzen sind die Kenntnisse der physiologisch-chemischen Vorgänge durchaus notwendig. Sie belehren uns nicht nur über die Veränderung, welche die wirksamen Substanzen im Organismus erleiden, sondern sie geben uns vielfach wertvolle Anhaltspunkte für die Darstellung von weniger giftigen Substanzen. Die dem Organismus zugeführten Arzneimittel (Gifte) werden vorerst in dem Sinne verwandelt, daß sie der Organismus durch verschiedenartige chemische Prozesse unschädlich zu machen sucht. Die chemischen Vorgänge innerhalb des Organismus beruhen hauptsächlich auf Prozessen oxydativer Natur und auf Reduktionsvorgängen einerseits, andererseits auf Kondensationen unter Abspaltung und Spaltungen unter Aufnahme von Wasser. Dazu gesellen sich im Magendarmkanal hydrolytische Spaltungen und Reduktionen.

Wollen wir vorerst die Vorgänge im Verdauungstrakt betrachten. Speichel hat auf die wenigsten Arzneimittel wegen der Kürze der Einwirkung und weil er nur ein einziges, und zwar diastatisches Enzym enthält, einen modifizierenden Einfluß. Anders verhält es sich mit dem Magen. Vom Magen aus können eine Reihe von wirksamen Körpern zur Resorption gelangen. Viele können aber schon im Magen ihre nachteiligen Nebenwirkungen ausüben und daher richtet sich ein großer Teil der Bestrebungen der modernen Arzneimittelsynthese darauf, bekannte wirksame Substanzen in der Weise zu modifizieren, daß sie im Magen gar keine Wirkung auszuüben vermögen und von da aus auch nicht zur Resorption gelangen. Der Magensaft, welcher der Hauptsache nach aus sehr verdünnter (0,1—0,5 %) Salzsäure und Pepsin besteht, wirkt insbesondere auf Arzneimittel durch die Salzsäure. Dieser kommt außer ihrer lösenden Wirkung, insbesondere auf Basen, noch eine spaltende Wirkung für Acylreste zu, welche Wasserstoff in Aminogruppen substituieren. Eine solche Wirkung kann z. B. der Magensaft beim Lactophenin ausüben, während sich die Acetylgruppe im Phenacetin in dieser Beziehung weitaus resistenter verhält. Pepsin selbst übt auf die gebräuchlichen Arzneimittel so gut wie gar keine Wirkung aus, kann aber selbst von einer Reihe dieser geschädigt werden. Eine Ester verseifende Kraft kommt dem Magensaft nur in geringem Maße zu. Er kann z. B. emulgiertes Fett spalten. Im Darm unterliegen eine große Anzahl von Arzneimitteln wichtigen Veränderungen. Der gemischte Verdauungssaft im Darme (Darmdrüsensaft, Galle und Pankreassekret) entspricht einer 0,2—0,5proz. Lösung von kohlensaurem Natron. Die in ihm gelösten Enzyme können Ester leicht verseifen. Es ist daher klar, daß der Darmsaft unlösliche Säuren als Salze in Lösung zu bringen vermag, er verseift wirksame Substanzen, die Ester sind, und läßt so die Komponenten resorptionsfähig und wirksam werden. Der gemischte Darmsaft hat auch infolge seiner alkalischen Reaktion die Fähigkeit, in Lösung befindliche Substanzen auszufällen und so der Resorption zu entziehen (z. B. Metallsalze, Basen), sie können im Darm selbst ihren therapeutischen Effekt ausüben. Auch unlösliche Verbindungen (z. B. Wismutsalze, Tanninverbindungen) werden hier in einer Weise verändert, daß die eine Komponente gelöst zur Wirkung gelangt, während die andere in ungelöstem Zustande ihre

Wirkungen entfaltet. Als Beispiel führen wir Tannalbin (Eiweiß-Tanninverbindung) an, aus dem vom Darmsaft die Gerbsäure losgelöst wird und zur Wirkung gelangt. Ein anderes Beispiel sind die Wismutverbindungen, etwa salicylsaures Wismut. Dieses wird in salicylsaures Natron und kohlensaures Wismut zerlegt. Das erstere ist leicht löslich, das letztere unlöslich. Salicylsaures Natron (bzw. Salicylsäure) übt hier seine antiseptische Wirkung aus, während das unlösliche Wismutsalz teils die Wunden der katarrhalischen Darmflächen schützt, teils den reizenden Schwefelwasserstoff usf. bindet und unwirksam macht, schließlich noch adstringierend wirkt. Neben den enzymatischen Wirkungen des Darmsaftes kommt es im Darm aber zu einer Reihe von chemischen Prozessen, welche durch Mikroorganismen, insbesondere handelt es sich um Spalt- und Sproßpilze, hervorgerufen werden. Dieser im gesunden Organismus vor sich gehende Prozeß kann durch eine bloße Steigerung schon krankhafte Erscheinungen hervorrufen und ein großer Teil unserer Arzneimittelwirkungen richtete sich eine Zeitlang dahin, die Darmgärungen zu unterdrücken.

Oxydationen.

Im Körper selbst können die organischen Arzneimittel wie viele unwirksame organische Substanzen, entweder völlig oxydiert und zu Kohlensäure und Wasser bzw. Harnstoff verbrannt werden, oder sie unterliegen einer geringen chemischen Umwandlung im Molekül, wobei insbesondere die cyclischen Systeme erhalten bleiben. Außerdem hat der Organismus die Fähigkeit, mit einer Reihe von Substanzen Synthesen durchzuführen und sie auf diese Weise zum Teil an ihrer Wirkung zu verhindern oder sie ganz unwirksam zu machen. Die Kenntnisse dieser Vorgänge haben schon manche wertvolle Bereicherung unseres Arzneischatzes mit sich gebracht. Verbindungen, wie sie die drei großen Gruppen unserer Nahrungsmittel, Eiweiß, Fett und Kohlenhydrate umfassen, werden fast vollständig im Organismus bis zu den niedrigsten Stoffwechselprodukten, Kohlensäure, Wasser, Harnstoff zerlegt. Im allgemeinen sind die aliphatischen Verbindungen der Oxydation leichter zugänglich. Resistenter verhalten sich hauptsächlich jene Körper, welche einen ringförmig gebundenen Kern besitzen, in diesen werden nur die fetten Seitenketten oxydiert, doch kann unter Umständen auch der Benzolkern im Organismus verbrannt werden.

Die höheren Fettsäuren und Oxyfettsäuren, bis auf die ganz niedrigen: Ameisensäure, Essigsäure, Milchsäure werden völlig oxydiert, und zwar in der Weise, daß die Fettsäuren in β-Stellung zur Carboxylgruppe angegriffen werden und in β-Ketosäuren übergehen. Auf diese Weise erleiden sie einen paarigen Abbau, indem eine um zwei Kohlenstoffatome ärmere Carbonsäure sich bildet. Alle Fettsäuren werden (Knoop, Dakin) in der Weise oxydiert, daß die Wasserstoffatome am β-Kohlenstoff zuerst oxydiert werden, ebenso bei wie der Oxydation in vitro. Injiziert man die Natriumsalze von Fettsäuren, wie Essigsäure, Propionsäure, Buttersäure, Capronsäure, so findet man im Harn 10- bis 30mal soviel Ameisensäure als in der Norm[1]). Im allgemeinen werden die flüchtigen kohlenstoffärmeren Säuren schwerer als die kohlenstoffreicheren verbrannt, und sie gehen deshalb auch in großen Mengen unverändert in den Harn über. Beim Abbau der gesättigten Fettsäuren scheint vorerst eine Verwandlung dieser in ungesättigte, anscheinend durch Oxydation, vorauszugehen, ebenso eine Verschiebung der doppelten Bindung[2]).

---

[1]) Dakin, H. D. u. A. J. Wakemann: Journ. of biol. chem. Bd. 9, S. 329. 1911.

[2]) Leathes, J. B. u. L. Meyer-Wedell: Journ. of gen. physiol. Bd. 38. — Ioannovics, G. u. E. P. Pick: Wien. klin. Wochenschr. 1910, S. 573.

Die Ameisensäure wird, als Salz verabreicht, nur zur Hälfte bis zu zwei Drittel im Organismus bis zur Kohlensäure oxydiert. Die Säuren der Äthanreihe sind ebenfalls resistent, die Essigsäure wird zum kleinsten Teile, vielleicht zur oder über die Oxalsäure verbrannt. Die Essigsäure wird vielleicht zum kleinsten Teil verbrannt und vielleicht hauptsächlich zu Synthesen, wie Acetylierungen, Kohlenhydratsynthesen verwendet. Die erstere Funktion beansprucht wohl nur minimale Mengen von Essigsäure, während die Kohlenhydratsynthese, wie man sich vorstellen könnte, vielleicht so abläuft, daß die Essigsäure sich unter Atomverschiebung in Glykolaldehyd umwandelt, dessen Kondensation zu Zucker sich dann leicht vollzieht.

Nach Verfütterung von Glykolsäure und Glyoxylsäure wird Oxalsäure in erheblichen Mengen ausgeschieden[1]).

dl-Äpfelsäure wird in der Weise verbrannt, daß die in der Natur vorkommende l-Äpfelsäure etwas leichter angreifbar ist als ihr synthetischer Antipode. Sie verhält sich wie dl-Arabonsäure und dl-Mannonsäure im Organismus.

In der Propanreihe werden die Säuren völlig oxydiert[2]), und zwar ist dieses bekannt für die Propionsäure, Milchsäure, Glycerinsäure, Brenztraubensäure, Malonsäure [Malonsäure wird schon bei mäßigen Gaben von Kaninchen und Katzen unvollkommen zerstört[3])], Tartronsäure, Mesoxalsäure, α- und β-Alanin, Diaminopropionsäure, Hydracrylsäure, β-Jodpropionsäure und Acrylsäure. Je flüchtiger die Säuren sind und je kohlenstoffärmer, desto leichter entgehen sie der Oxydation und erscheinen im Harn. Wenn man aber in Fettsäuren Wasserstoffatome durch Halogen ersetzt, so entgehen sie entweder völlig der Oxydation oder sind schwieriger oxydierbar. Trichloressigsäure und Trichlorbuttersäure z. B. werden zum Teil unter Abspaltung von Salzsäure oxydiert.

Malonsäure $COOH \cdot CH_2 \cdot COOH$ wird nur in verschwindend kleiner Menge in Oxalsäure verwandelt, ein kleiner Teil geht unverändert in den Harn über. Tartronsäure $OH \cdot CH(COOH)_2$, Brenztraubensäure $CH_3 \cdot CO \cdot COOH$ erweisen sich selbst grammweise als verbrennbar.

Brenztraubensäure macht subcutan bei Kaninchen in Dosen bis 7 g keine Erscheinungen und wird verbrannt. Der Harn enthält Traubenzucker und etwas unverändertes brenztraubensaures Salz, ferner racemische Milchsäure[4]).

Beachtenswerterweise werden Brenztraubensäure, ferner Oxalessigsäure $COOH \cdot CO \cdot CH_2 \cdot COOH$, Glycerinsäure $CH_2OH \cdot CHOH \cdot COOH$, Weinsäure, sowie eine Reihe anderer einfacher aliphatischer Verbindungen, durch Hefe sehr lebhaft unter CO_2-Entwicklung zerlegt[5]). Der Vorgang ist, bei wie der Vergärung der eigentlichen Zuckerarten, von der lebenden Hefe trennbar[6]). Das Ferment, welches diese Reaktion durchführt, wird Carboxylase genannt.

Muskelgewebe macht aus Fumarsäure ausschließlich l-Äpfelsäure. Maleinsäure gibt keine optisch aktive Äpfelsäure, sondern bleibt größtenteils unverändert. Glutaconsäure gibt kleine Mengen β-Oxyglutarsäure. Inaktive Äpfelsäure liefert etwas Fumarsäure und relativ mehr d-Äpfelsäure[7]).

Die zweibasischen Säuren verhalten sich wie folgt: Oxalsäure $\begin{array}{c} COOH \\ \vdots \\ COOH \end{array}$ wird zum Teil im Harne ausgeschieden[8]); sie zeigt eine gewisse Resistenz gegen

[1]) Dakin: Journ. of. biol. chem. Bd. 3, S. 63. 1906.
[2]) Luzzatto, R.: Hofmeisters Beitr. z. chem. Physiol. u. Pathol. Bd. 7, S. 456. 1906.
[3]) Wise, L. E.: Journ. of biol. chem. Bd. 28, S. 185. 1916.
[4]) P. Mayer, P.: Biochem. Zeitschr. Bd. 40, S. 441. 1912.
[5]) Neuberg, C. u. Hildesheimer: Biochem. Zeitschr. Bd. 31, S. 170. 1910.
[6]) Neuberg, C. u. Tir: Biochem. Zeitschr. Bd. 32, S. 323. 1910.
[7]) Dakin, H. D.: Journ. biol. chem. Bd. 52, S. 183.
[8]) Marfori, Pio: Ann. di chim e farm 1897, Mai, S. 202.

Oxydation. Einige Autoren behaupten, daß sie überhaupt im Organismus keiner Oxydation unterliegt. P. Marfori[1]) untersuchte die Frage, ob die Säuren der Oxalsäurereihe im Organismus vollständig zu Kohlensäure verbrannt oder nur teilweise zu flüchtigen Fettsäuren verwandelt werden. Er fand, daß Oxalsäure im Organismus zum größten Teil oxydiert wird. Oxalsaures Natron wird in größerer Menge oxydiert, als die freie Säure. Es erscheinen nur 30% der Säure wieder im Harn, während der Rest trotz der gegenteiligen Angaben J. Pohls im Organismus oxydiert wird. Bei den Vögeln wird Oxalsäure nicht oxydiert, sondern unverändert durch den Harn ausgeschieden. Er konnte aber eine Vermehrung der flüchtigen Säuren nach Darreichung der zweibasischen Säuren nicht beobachten. Hingegen konnte E. S. Faust[2]) die ganze Hunden injizierte Menge Oxalsäure im Harne wiederfinden. W. Autenrieth und Hans Barth fanden aber beim Kaninchen, daß Oxalsäure fast vollständig oxydiert wird[3]).

Chelidonsäure $CO(CH_2 \cdot CO \cdot COOH)_2$ die beim Kochen mit Kalkmilch quantitativ in 1 Mol. Aceton und 2 Mol. Oxalsäure zerfällt, wird nach subcutaner Injektion vom Kaninchen innerhalb 24 Stunden unverändert und quantitativ ausgeschieden. Nach Darreichung per os werden innerhalb des ersten Tages nur $5^1/_2$% der verfütterten Chelidonsäure unverändert ausgeschieden, dann erscheinen nur noch Spuren. Der Rest wird wahrscheinlich im Darm durch Bakterien zerstört[4]).

Die α- und β-substituierten Säuren werden in β-Stellung oxydiert. Bei den $\beta\gamma$-substituierten kann der γ-Kohlenstoff der Angriffspunkt der Oxydation sein. Die ungesättigten Säuren werden wie die gesättigten abgebaut. Sie können entweder vorerst in Ketosäuren übergehen oder vielleicht dann einer Reduktion unterliegen und zum Teil in Oxysäuren übergehen. Die gesättigten Säuren mit verzweigter Kette scheinen sich in ihrem oxydativen Mechanismus zu unterscheiden. Die in der α-Stellung substituierten scheinen vielfach so angegriffen zu werden, daß die substituierte Gruppe an der Hauptkette oxydiert wird, dann unter Verlust von Kohlensäure in die unverzweigte gerade Kette übergeht. Aber diese Regeln scheinen nicht allgemeine Gültigkeit zu haben. Vielleicht wird an der Stelle der Verzweigung für die gerade Seitenkette Wasserstoff oder Hydroxyl eingeführt. Bei vielen verzweigten Fettsäuren findet anscheinend eine Oxydation unter intermediärer Bildung von Acetessigsäure statt.

F. Knoop nimmt eine weitgehende Gültigkeit des Oxydationsprinzips nach der Richtung hin an, daß der Organismus vorzüglich in der β-Stellung oxydiert, während ein Angriff auf das γ-Kohlenstoffatom unmöglich zu sein scheint[5]).

Der Abbau der Fettsäuren im Organismus erfolgt durch β-Oxydation, $R \cdot CH_2 \cdot CH_2 \cdot CH_2 \cdot COOH \longrightarrow R \cdot CH_2 \cdot COOH$, wobei als intermediäre Produkte β-Ketonsäuren auftreten, die vielleicht β-Oxysäuren als Vorstufe haben.

Der Organismus kann diese durch Keton- oder durch Säurespaltung abbauen.

$$\text{I.}\quad R\cdot CO\cdot CH_2\cdot COOH \rightarrow R\cdot CO\cdot CH_3 + CO_2\,,$$
$$\text{II.}\quad R\cdot CO\cdot CH_2\cdot COOH \rightarrow R\cdot COOH + CH_3\cdot COOH\,.$$

Die aromatischen Fettsäuren mit paariger Kohlenstoffseitenkette werden zu Phenylessigsäure und die mit unpaariger zur Benzoesäure oxydiert. Es

---

[1]) Ann. di chim. e farm 1896, S. 183.
[2]) Arch. f. exp. Pathol. u. Pharmakol. Bd. 44, S. 217. 1901.
[3]) Hoppe-Seylers Zeitschr. f. physiol. Chem. Bd. 35, S. 327. 1902.
[4]) Stransky, Emil: Arch. d. Pharmazie u. Ber. d. dtsch. pharmazeut. Ges. Bd. 258, S. 56. 1920.
[5]) Knoop, F.: Hofmeisters Beitr. z. chem. Physiol. u. Pathol. Bd. 6, S. 150. 1906.

wird also bei diesen zuerst der Kohlenstoff angegriffen, welcher zur Carboxylgruppe in β-Stellung steht. Bei Verfütterung von phenylsubstituierten gesättigten Fettsäuren entstehen α-β-ungesättigte Derivate z. B. aus Phenylpropionsäure und Phenylvaleriansäure, Zimtsäure[1]), aus Furfurpropionsäure entsteht Furfuracrylsäure[2]). Bei der Verfütterung von Phenylpropionsäure wird im Organismus Zimtsäure gebildet, was Dakin durch die intermediäre Bildung von Phenyl-β-oxypropionsäure erklärt. Sehr merkwürdig ist aber, daß Phenyl-β-oxypropionsäure viel schwerer als Phenylpropionsäure oxydiert wird; wahrscheinlich ist die vorhergehende Bildung einer Ketosäure, Zimtsäure verwandelt sich im Organismus in Acetophenon, Phenyl-β-oxypropionsäure und Hippursäure. Die ungesättigte Säure wird in die korrespondierende β-Oxysäure übergeführt. Die Phenylvaleriansäure wird wahrscheinlich vorerst zu Phenylpropionsäure oxydiert. Die Gegenwart einer dreikohlenstoffigen α-substituierten Seitenkette ist die notwendige Bedingung für die völlige Oxydation des Benzolringes oder anderer Ringsysteme im Organismus, aber dieser Aufbau hat nicht immer den Effekt der Ringzerstörung, wie man aus dem Verhalten des Phenylserins und der beiden isomeren Phenylglycerinsäuren ersehen kann. Denn Phenylserin wird bei Katzen in β-Stellung oxydiert und die gebildete Benzoesäure als Hippursäure ausgeschieden. Die beiden Phenylglycerinsäuren sind schwer angreifbar, aber beide werden durch β-Oxydation in Benzoesäure verwandelt[3]).

Nach Verabreichung von Phenylpropionsäure tritt Acetophenon beim Hunde auf[4]).

Bei der subcutanen Injektion von Diäthylessigsäure fanden Blum und Koppel[5]) im Harne des Hundes Methylpropylketon. Die Oxydation ist selbst bei Gegenwart eines tertiären Kohlenstoffatoms am β-Kohlenstoffatom erfolgt.

Der paarige Abbau der normalen gesättigten Fettsäuren verläuft nicht unter Essigsäureabspaltung. Es ist daher nach E. Friedmanns Ansicht auch kein Grund zur Annahme, daß die normalen gesättigten Fettsäuren über die β-Ketonsäuren durch Säurespaltung zu den um zwei Kohlenstoffatome ärmeren Fettsäuren abgebaut werden[6]).

Der Modus der Oxydation von Fettsäuren mit verzweigter Kohlenstoffkette zeigt sich bei der Untersuchung von β-Phenyl-iso-buttersäure. Diese gibt Benzoesäure, α-Methylzimtsäure $C_6H_5 \cdot CH : C(CH_3)COOH$, Cis- und Transform gehen beide zum Teil in Benzoesäure über. Keine Form war bei der Oxydation begünstigt. Die ungesättigte Säure ist nicht ein obligatorisches Zwischenprodukt im Abbau der Isobuttersäure und die zum Benzolring konjugierte Doppelbindung begünstigt die Ringsprengung. γ-Phenyl-iso-valeriansäure $C_6H_5 \cdot CH_2 \cdot CH_2 \cdot CH(CH_3)COOH$ gibt nicht mehr als 50% an Phenylessigsäure. Die α-ständige Methylgruppe wird bei den Fettsäuren entfernt, so daß die gleichen Stoffwechselprodukte entstehen wie aus den Fettsäuren[7]).

Nach subcutanen Gaben von β-Phenyl-i-buttersäure als Na-Salz an Hunden und Katzen wurde im Harn Benzoesäure und Hippursäure, und zwar 77% der Theorie gefunden. Es ist also nur β-Oxydation eingetreten. Außerdem manchmal vielleicht etwas β-Oxy-β-phenyl-i-buttersäure oder β-Oxy-β-phenylpropionsäure und als Intermediärprodukt α-Methylcinnamylsäure.

---

[1]) H. D. Dakin: Journ. of biol. chem. Bd. 4, S. 419. 1907; Bd. 6, S. 221. 1909.
[2]) Sasaki, T.: Biochem. Zeitschr. Bd. 25, S. 272. 1910.
[3]) Neubauer, O. u. Falta: Hoppe-Seylers Zeitschr. f. physiol. Chem. Bd. 42, S. 81. 1904.
[4]) Dakin, H.: Oxydations and reductions in the animal body. London 1913.
[5]) Ber. d. dtsch. chem. Ges. Bd. 44, S. 3576. 1911.
[6]) Friedmann, E.: Biochem. Zeitschr. Bd. 55, S. 442. 1913.
[7]) Kay, H. D. u. H. S. Raper: Biochem. Journ. Bd. 18, S. 153. 1924.

Über das Verhalten der ungesättigten Säuren ist folgendes bekannt:

Die ungesättigte Acrylsäure wird im Organismus zerstört[1]), ebenso wird die Zimtsäure in Form von Hippursäure ausgeschieden, was beweist, daß sie vorerst zur Benzoesäure abgebaut wurde. Phenylisocrotonsäure $C_6H_5 \cdot CH : CH \cdot CH_2 \cdot COOH$ geht in Phenacetursäure $C_6H_5 \cdot CH_2 \cdot CO \cdot NH \cdot CH_2 \cdot COOH$ über, so daß sie vorerst zur Phenylessigsäure $C_6H_5 \cdot CH_2 \cdot COOH$ oxydiert wird[2]). Die überlebende Hundeleber kann Dimethylacrylsäure in Acetessigsäure verwandeln, während Citraconsäure und Mesaconsäure nicht umgewandelt werden. Aus Crotonsäure aber entsteht Acetessigsäure. Dimethylacrylsäure geht durch Wasseranlagerung in β-Oxyisovaleriansäure über, welche zur Acetessigsäure abgebaut werden kann. Crotonsäure wird wahrscheinlich zuerst in β-Oxybuttersäure und dann erst in Acetessigsäure übergeführt[3]). E. Friedmann nimmt an, daß α-β-ungesättigte Säuren in der Weise intermediär in Acetessigsäure übergehen, daß diese Säuren unter Wasseranlagerung in die entsprechenden gesättigten β-Oxysäuren übergehen und als solche abgebaut werden. Die α-β-ungesättigten Säuren können zu den um zwei Kohlenstoffatome ärmeren Säuren abgebaut werden, ohne die Zwischenstufe der β-Ketonsäuren zu durchlaufen, denn der Abbau der Furanpropionsäure und der Furfuracrylsäure zur Brenzschleimsäure verläuft nicht über die Zwischenstufe der β-Ketonsäure, der Furoylessigsäure[4]).

Die γ-substituierten Fettsäuren werden entweder als Lacton, meist aber unverändert ausgeschieden. Der Hund scheidet Phenyl-γ-oxy-buttersäure als Lacton aus. Phenyl-β-γ-dioxybuttersäure wird zum Teil als Phenyl-β-oxybutyrolacton ausgeschieden, ein Teil aber wird abgebaut und bis zur Benzoesäure oxydiert. Ist jedoch bloß die γ-Stellung substituiert, so tritt ein anderer Vorgang auf. Benzoylpropionsäure $C_6H_5 \cdot CO \cdot CH_2 \cdot CH_2 \cdot COOH$ wird zu Phenylessigsäure $C_6H_5 \cdot CH_2 \cdot COOH$ abgebaut, wobei natürlich vorerst eine Reduktion der Carbonylgruppe zur Methylengruppe stattfinden muß.

Aminofettsäuren, und zwar α-Aminosäuren, gehen unter oxydativer Desaminierung am α-Kohlenstoff in α-Ketocarbonsäuren über, die eventuell in α-Oxysäuren unter Reduktion verwandelt werden. Bei der Oxydation der Ketocarbonsäuren wird Kohlensäure abgespalten und das Carbonyl zum Carboxyl oxydiert. Die restliche fette Kette wird nun wie eine gewöhnliche Fettsäure paarig abgebaut. Embden nimmt an, daß der Abbau der aliphatischen Monaminomonocarbonsäuren in der Art geschieht, daß sie unter Kohlensäureabspaltung und Desaminierung wahrscheinlich in die entsprechenden Fettsäuren, die um ein C ärmer sind, übergehen. Nach Umwandlung in Fettsäuren werden sie unter Oxydation am β-Kohlenstoff abgebaut. Dieses gilt für Fettsäuren mit gerader und verzweigter Kette.

Die Aminofettsäuren verhalten sich wie folgt: Aminoessigsäure (Glykokoll) $NH_2 \cdot CH_2 \cdot COOH$ wird, wenn sie nicht zur Paarung benützt wird, glatt in Harnstoff verwandelt. Ebenso verhält sich Alanin (α-Aminopropionsäure) $CH_3 \cdot CH(NH_2) \cdot COOH$. Leucin wird vollständig verbrannt. Asparaginsäue[5]) und Asparagin[6]). $COOH \cdot C_2H_3(NH_2) \cdot CO \cdot NH_2$ gehen im Organismus in Harnstoff über. Asparagin ist ohne besondere physiologische Wirkung. 38 g konnten in eineinhalb Tagen ohne jede Störung genommen werden[7]).

---

[1]) Luzzatto: Hofmeisters Beitr. z. chem. Physiol. u. Pathol. Bd. 7. S. 456. 1906.

[2]) Knoop: Hofmeisters Beitr. z. chem. Physiol. u. Pathol. Bd. 6, S. 150. 1905.

[3]) Friedmann, E.: Hofmeisters Beitr. z. chem. Physiol. u. Pathol. Bd. 11, S. 365, 371. 1908.

[4]) Friedmann, E.: Biochem. Zeitschr. Bd. 35, S. 40. 1911.

[5]) Hoppe-Seylers Zeitschr. f. physiol. Chem. Bd. 42, S. 207. 1904.

[6]) Hoppe-Seylers Zeitschr. f. physiol. Chem. Bd. 1, S. 213. 1878.

[7]) Weiske: Zeitschr. f. Biol. Bd. 15, S. 261.

Als Regel kann gelten, daß alle Aminosäuren in der Weise oxydiert werden, daß zuerst eine Desaminierung unter Bildung einer Ketonsäure entsteht; unter Abspaltung der Carboxylgruppe geht die Ketosäure über Aldehyd in die um einen Kohlenstoff ärmere Säure über. Daneben kann aber aus der Ketosäure wieder synthetisch eine Aminosäure entstehen und eventuell noch acetyliert werden und ebenso aus der Ketosäure durch Reduktion eine α-Oxysäure: Übergang von Carbonyl in sekundären Alkohol. Die racemischen Verbindungen Alanin, Aminobuttersäure und Aminovaleriansäure werden völlig verbrannt, während bei gleicher Dosis von der racemischen Aminocapronsäure $13^1/_2$% im Harn ausgeschieden werden[1]).

Bei den Aminosäuren muß man eine oxydative und eine reduktive Desaminierung unterscheiden. Bei der Hefe geht die Umwandlung der Aminosäuren hauptsächlich den Weg, daß die um einen Kohlenstoff ärmeren Alkohole neben kleinen Mengen von Aldehyd und Säure entstehen.

Wenn in der Aminoessigsäure ein Wasserstoffatom der Aminogruppe durch CH_3 ersetzt wird (Sarkosin) $CH_3 \cdot NH \cdot CH_2 \cdot COOH$, so bleibt dieser Körper im Organismus unverändert. Sarkosin wird vom Menschen und Hunde zum größten Teil unverändert ausgeschieden[2]).

Toluolsulfosarkosin durchläuft zum größten Teil unverändert den Organismus, ein kleiner Teil erleidet die Oxydation der Methylgruppe zur Carboxylgruppe, trotzdem schon eine Carboxylgruppe im Molekül ist. $CH_3 \cdot C_6H_4 \cdot SO_2 \cdot N(CH_3)CH_2 \cdot COOH \rightarrow HOOC \cdot C_6H_4 \cdot SO_2 \cdot N(CH_3)CH_2 \cdot COOH$ · Benzolsulfosarkosin geht unverändert in den Harn über[3]).

Sind aber die Ketten verzweigt, so werden sie vom Organismus anders angegriffen als die geraden Ketten. n-Valeriansäure geht beim Diabetiker nicht in β-Oxybuttersäure über, hingegen d-Isovaleriansäure. Leucin gibt bei der Leberdurchblutung Acetessigsäure, normales Leucin mit unverzweigter Kette bildet jedoch diese Säure nicht (Embden). Die substituierten Aminosäuren weichen in ihrem Verhalten im Organismus von den Aminosäuren ab. Durch den Ersatz des α-ständigen tertiären Wasserstoffs durch den Methylrest geht die Angreifbarkeit für den Organismus annähernd verloren. Die Anwesenheit eines zweiten tertiären Wasserstoffatoms in den monomethylierten α-Aminosäuren erhöht ihre Angreifbarkeit für den Organismus. Die Anwesenheit eines tertiären Wasserstoffatoms in β-Stellung zur Carboxylgruppe bildet für die monomethylierten α-Aminosäuren die größte Möglichkeit der Angreifbarkeit im Organismus. Die Benzoylderivate der Aminosäuren mit normalen Ketten verlassen den Organismus unzersetzt, z. B. Benzoylalanin, Benzoylaminobuttersäure, Benzoylasparaginsäure und Benzoylglutaminsäure[4]). Ähnlich verhalten sich auch die ungesättigten benzoylierten Aminosäuren. Benzoyl-α-aminozimtsäure wird immer quantitativ im Harn wiedergefunden. p-Oxybenzoyl-α-aminozimtsäure wird nur nach subcutaner Eingabe im Harne gefunden und in variierender und verringerter Menge. Bei oraler Verabreichung findet man sie selten und nur in sehr geringer Menge im Harn. Benzoyl-o-aminozimtsäure wird fast quantitativ wieder ausgeschieden. Hunde oxydieren Cinnamyltyrosin fast vollständig. Bei Kaninchen findet man nach subcutaner Darreichung minimale Mengen im Harne, bei oraler Verabreichung findet man nur Hippursäure. Im Gegensatz zum Benzoyltyrosin wird Cinnamyl-

[1]) Friedmann, E.: Hofmeisters Beitr. z. chem. Physiol. u. Pathol. Bd. 11, S. 151. 1908.

[2]) Salkowski, E.: Hoppe-Seylers Zeitschr. f. physiol. Chem. Bd. 4, S. 100 u. Ber. d. dtsch. chem. Ges. Bd. 8, S. 638. 1875.

[3]) Thomas, Karl u. Herbert Schotte: Hoppe-Seylers Zeitschr. f. physiol. Chem. Bd. 104, S. 141. 1919.

[4]) Magnus-Levy, A.: Münch. med. Wochenschr. 1905, S. 2168 u. Biochem. Zeitschr. Bd. 6, S. 541. 1907.

tyrosin zersetzt[1]). Da nun Sarkosin und die benzoylierten Aminosäuren nicht oxydiert werden, so hat es den Anschein, als ob die Abbaufähigkeit der Aminosäuren durch Substitution eines Wasserstoffatoms der Aminogruppe durch fette Reste sowohl, als auch durch aromatische vermindert oder verhindert wird und E. Friedmann fand, daß bei den am Stickstoff methylierten Derivaten der Aminosäuren die niederen Glieder zu ungefähr ein Drittel unverändert wieder ausgeschieden werden, während die höheren Glieder zum größten Teil unangegriffen den Organismus verlassen.

Der Ersatz des α-ständigen tertiären Wasserstoffs durch den Methylrest in der Gruppe $R\cdot CH<^{NH\cdot CH_3}_{COOH}$ hebt die Angreifbarkeit für den Organismus auf. Wenn beide Wasserstoffatome der NH_2-Gruppe durch Methylreste substituiert sind, wird der Abbau der Aminosäure nicht weiter erschwert. Die untersuchten dimethylierten Aminosäuren werden zu durchschnittlich 50% wieder ausgeschieden.

Der Ersatz eines H-Atoms der NH_2-Gruppe durch die Methylgruppe für die Glieder C_2, C_3, C_4 bedeutet eine erhebliche Erschwerung und für die Glieder C_5 und C_6 nahezu eine Aufhebung des Abbaues.

Durch gärende Hefe wird jede Aminosäure in den Alkohol mit der nächst niederen Zahl von Kohlenstoffatomen übergeführt, während im Organismus der Säugetiere die Aminosäuren über die um ein Kohlenstoffatom niederen Fettsäuren abgebaut werden.

Beim höheren Tier bildet sich die Ketonsäure und anscheinend auch der Aldehyd. Dieser wird zur Fettsäure oxydiert[2]). Die intermediäre Bildung des Aldehyds ist aber bis jetzt experimentell nicht erwiesen, sondern nur theoretisch supponiert.

Außer dem von Neubauer aufgefundenen Abbauweg der Aminosäuren, der oxydativen Desaminierung zu den entsprechenden Ketosäuren, der von Kotake[3]) beim Tyrosin und Phenylalanin bestätigt wurde, kommt auch eine hydrolytische Desaminierung, die zu entsprechenden Alkoholsäuren führt, in Betracht. Diese Alkoholsäuren können aber nicht nur primär durch hydrolytische Desaminierung der Aminosäuren entstehen, wobei die optische Aktivität der Aminosäuren gewahrt bleibt, sondern auch durch asymmetrische Reduktion der durch oxydative Desaminierung entstandenen Ketosäuren, wobei die Drehungsrichtung die gleiche bleibt, wie bei der unmittelbarer Entstehung der Alkoholsäuren aus den Aminosäuren. Umgekehrt ist auch beobachtet worden, wie die Alkoholsäure im Tierkörper wieder zur Ketosäure oxydiert werden kann. Ferner ist die Oxydation der Phenylbrenztraubensäure zur Oxyphenyltraubensäure festgestellt.

Y. Kotake[4]) faßt die Erfahrungen dahin auf, daß eine Alkoholsäure, welche im Organismus aus einer bestimmten Aminosäure primär durch die hydrolytische Desaminierung oder sekundär durch die der oxydativen folgende Reduktion gebildet wird, immer optisch aktiv ist, und zwar zeigt sie unabhängig von der Bildungsweise, gleich gerichtete Drehung. Diese Auffassung läßt sich wahrscheinlich auch auf die alipathischen Aminosäuren übertragen.

Nach Verfütterung von Glykokoll, dl-Alanin, dl-Amino-n-buttersäure, dl-Amino-n-valeriansäure werden diese völlig beim Hunde ausgenützt, während der Kohlenstoff der dl-Amino-n-capronsäure zu 13,5% im Harn ausgeschieden

---

[1]) Ando, Hidezo: Journ. of biol. chem. Bd. 38, S. 7. 1919.

[2]) Neubauer, O. u. K. Fromherz: Hoppe-Seylers Zeitschr. f. physiol. Chem. Bd. 70, S. 326. 1911.

[3]) Kotake Y.: Hoppe-Seylers Zeitschr. f. physiol. Chem. Bd. 122, S. 241. 1922.

[4]) Hoppe-Seylers Zeitschr. f. physiol. Chem. Bd. 143, S. 240. 1925.

wird[1]). Sarkosin, dl-α-Methylalanin und dl-α-Methylaminobuttersäure werden zu ein Drittel unverändert ausgeschieden, während die höheren Glieder, die dl-α-Methylaminovaleriansäure und die dl-α-Methylaminocapronsäure zum größten Teil unverändert den Organismus verlassen.

Der Abbau eines methylierten Phenylalanins erfolgt in gleicher Weise ob die Methylgruppe in p- oder in m-Stellung zur Seitenkette steht, ob die Hydroxylierung in p-Stellung möglich ist oder nicht.

Der Abbau ist also sowohl durch primäre p-Oxydation als auch durch primäre Oxydation an anderer Stelle möglich.

p-Oxy-m-methylphenylalanin wird vom normalen Menschen, wie vom Alkaptonuriker zum größten Teil zerstört, ohne daß beim Alkaptonuriker ein Hydrochinonderivat entsteht. Es ist also nach eingetretener p-Oxydation immer noch neben dem Weg über das Hydrochinonderivat ein anderer Abbauweg selbst für den Alkaptonuriker möglich[2]).

Die Alkohole der Fettreihe werden zu Säuren oxydiert, so Methylalkohol $CH_3 \cdot OH$ zu Ameisensäure $H \cdot COOH$[3]). Wie Methylalkohol, so gehen auch die Ester desselben, ferner die Methylamine, Oxymethansulfosäure, Formaldehyd im Körper zum Teil in Ameisensäure über. Die Methylgruppe aliphatischer Substanzen ist meist schwer angreifbar.

Der Organismus verbrennt den Methylalkohol nur schwer und unvollständig, bedeutend schwerer als den Äthylalkohol. Werden beide Alkohole gleichzeitig verabreicht, so werden größere Mengen des Methylalkohols im Harne ausgeschieden[4]).

Kleine Dosen Isopropylalkohol werden zu mehr als 80% im Organismus oxydiert, während vom Äthylalkohol mehr als 90% oxydiert werden[5]).

Glykol $\begin{matrix} CH_2 \cdot OH \\ \cdot \\ CH_2 \cdot OH \end{matrix}$ wird im Organismus zum Teil zu Glykolsäure $\begin{matrix} CH_2 \cdot OH \\ \cdot \\ COOH \end{matrix}$ verbrannt, weiterhin zu Oxalsäure.

Nach Glycerinfütterung sieht man beim Hunde eine unzweifelhafte Steigerung der Ameisensäureausscheidung im Harn, die sich jedoch in bescheidenen Grenzen hält. Die Ameisensäurebildung aus Glycerin erfolgt höchstwahrscheinlich über den Formaldehyd[6]).

Die höheren Alkohole der Fettreihe werden aber nicht immer glatt verbrannt. Isopropylalkohol $\begin{matrix} CH_3 \\ CH_3 \end{matrix}{>}CH \cdot OH$[7]) z. B. verwandelt sich zum Teil in Aceton und wird zum Teil unverändert ausgeschieden. Die primären und sekundären Alkohole werden im Organismus leicht oxydiert, schwieriger der sechswertige Alkohol Mannit, welcher fast ganz unverändert bei Hunden im Harn auftritt[8]), bei Kaninchen zum Teil unverändert. Mannit wird nicht angegriffen, da er ein Derivat der wegen ihrer sterischen Konfiguration sehr resistenten Mannose ist, während der von der Glucose sich ableitende Sorbit oxydiert wird. Die tertiären und alle halogensubstituierten Alkohole sind hingegen sehr schwer oxydierbar. So erscheinen tertiärer Amylalkohol $\begin{matrix} CH_3 \\ CH_3 \end{matrix}{>}C(OH) \cdot CH_2 \cdot CH_3$, tertiärer Butylkohol $\begin{matrix} CH_3 \\ CH_3 \\ CH_3 \end{matrix}{>}C \cdot OH$, ebenso wie Trichlor-

[1]) Friedmann, E.: Hofmeisters Beitr. z. chem. Physiol. u. Pathol. Bd. 11, S. 152. 162. 1908.
[2]) Fromherz, Konrad und Leo Hermanns: Hoppe-Seylers Zeitschr. f. physiol. Chem. Bd. 89, S. 101, 113. 1914; Bd. 91, S. 194. 1914.
[3]) Arch. f. exp. Pathol. u. Pharmakol. Bd. 31, S. 281.
[4]) Fellenberg, Th.: Biochem. Zeitschr. Bd. 85, S. 45. 1918.
[5]) Pohl, Julius: Biochem. Zeitschr. Bd. 127, S. 66. 1922.
[6]) Salkowski, E.: Hoppe-Seylers Zeitschr. f. physiol. Chem. Bd. 104, S. 161. 1919.
[7]) Albertoni, P.: Arch. f. exp. Pathol. u. Pharmakol. Bd. 18, S. 218.
[8]) Jaffé, M.: Hoppe-Seylers Zeitschr. f. physiol. Chem. Bd. 7, S. 297. 1883.

äthylalkohol $CCl_3 \cdot CH_2 \cdot OH$ und Trichlorbutylalkohol $CH_3 \cdot CHCl \cdot CCl_2 \cdot CH_2 \cdot OH$ zum großen Teil an Glykuronsäure gebunden im Harn[1]).

Aceton wird schwer angegriffen; während Diäthylketon $C_2H_5 \cdot CO \cdot C_2H_5$ zu 90% oxydiert wird, werden von Methyläthylketon $CH_3 \cdot CO \cdot C_2H_5$ und Methylpropylketon $CH_3 \cdot CO \cdot C_3H_7$ 32% bzw. 25% ausgeschieden[2]). Äthylalkohol und Aceton geben keine Ameisensäure. Acetondicarbonsäure $\begin{matrix} CH_2 \cdot COOH \\ CO \\ CH_2 \cdot COOH \end{matrix}$ wirkt nur in großen Dosen durch Lähmung letal. Sie wird schon im Magen unter CO_2-Abspaltung zum Teil zerlegt. Die Tiere exhalieren Aceton. Nur ein kleiner Teil geht unverändert in den Harn über. Bis jetzt konnte man aber im tierischen Organismus die Entstehung von Aldehyden durch Oxydation aus Alkoholen nur in kleinsten Mengen beobachten. Hingegen können Aldehyde zu Alkoholen reduziert werden, z. B. Chloral $CCl_3 \cdot CHO$ zu Trichloräthylalkohol $CCl_3 \cdot CH_2 \cdot OH$, Butylchloral zu Trichlorbutylalkohol.

d-Gluconsäure verbrennt ein Kaninchen völlig. Bei großen Dosen findet man d-Zuckersäure. Zum Teil wird die Gluconsäure unverändert ausgeschieden[3]). Bei der Oxydation der Monocarbonsäuren der Aldohexosen wird die primäre Alkoholgruppe angegriffen, wie der Übergang von

$$\text{d-Gluconsäure } HOOC \cdot \frac{OH \cdot H \cdot OH \cdot OH}{H \cdot OH \cdot H \cdot H} \cdot CH_2 \cdot OH$$

$$\text{in d-Zuckersäure } HOOC \cdot \frac{OH \cdot H \cdot OH \cdot OH}{H \cdot OH \cdot H \cdot H} \cdot COOH \text{ zeigt.}$$

Dimethylengluconsäure und Monomethylenzuckersäure gehen beim Kaninchen unverändert in den Harn über. Formaldehyd wird nicht abgespalten im Gegensatz zur Anhydromethylencitronensäure. Die Ursache dafür dürfte sein, daß bei dem Citronensäurederivat auch eine Carboxylgruppe mit dem Methylen in Verbindung steht[4]).

Paul Mayer zeigte, daß Oxalsäure durch unvollkommene Oxydation aus der Glykuronsäure und aus Traubenzucker entstehen kann, daß Zuckersäure über Oxalsäure verbrannt wird und daß die Oxydation der Gluconsäure ihren Weg über die Zuckersäure nimmt. Hingegen wird Glykuronsäure nicht zu Zuckersäure oxydiert[5]). Glykuronsäure vermehrt die Oxalsäure im Harn, aber weder Aceton noch Ameisensäure. Wahrscheinlich wird auch Zuckersäure gebildet, vielleicht auch Gulose. Die in den Organismus eingeführte Glykuronsäure wird nicht zur Paarung verwendet und die gepaarten Glykuronsäuren bilden sich im Organismus nicht durch direkte Vereinigung der Komponenten[6]). Entgegen den Untersuchungen von P. Mayer hat E. Schott[7]) gefunden, daß sowohl beim Kaninchen als auch beim Hund Glykuronsäure als solche, aber nie Zuckersäure ausgeschieden wird. Bei Injektion von Zuckersäure wird ein Teil im Harne ausgeschieden. Subcutan und intravenös eingeführte Glykuronsäure wird quantitativ wieder ausgeschieden, selbst kleine parenteral beigebrachte Mengen von Glykuronsäure und Zuckersäure erscheinen im Harn wieder[8]).

[1]) Hoppe-Seylers Zeitschr. f. physiol. Chem. Bd. 6, S. 480. 1882. — Ber. d. dtsch. chem. Ges. Bd. 15, S. 1019. 1882. — Pflügers Arch. f. d. ges. Physiol. Bd. 28, S. 506 u. Bd. 33, S. 221.

[2]) Schwarz, Leo: Arch. f. exp. Pathol. u. Pharmakol. Bd. 40, S. 178.

[3]) Biochem. Zeitschr. Bd. 65, S. 479. 1914.

[4]) Paderi, Cesare: Arch. di farmacol. sperim. e scienze aff. Bd. 23, S. 353. 1917.

[5]) Zeitschr. f. klin. Med. Bd. 47, S. 68.

[6]) Paderi, Cesare: Arch. di farmacol. sperim. e scienze aff. Bd. 11, S. 29. 1911.

[7]) Arch. f. exp. Pathol. u. Pharmakol. Bd. 65, S. 35. 1911.

[8]) Biberfeld, Johannes: Biochem. Zeitschr. Bd. 65, S. 479. 1914.

d-α-Glucoheptonsäure

$$\mathrm{HOOC-\overset{OH}{\underset{H}{C}}-\overset{OH}{\underset{H}{C}}-\overset{H}{\underset{OH}{C}}-\overset{OH}{\underset{H}{C}}-\overset{OH}{\underset{H}{C}}-CH_2\cdot OH}$$

und zwar ihr süß schmeckendes Anhydrid, ist unschädlich und wird teilweise im Organismus zerstört[1]). Sie wirkt zuckerherabsetzend beim Diabetiker[2]).

Bernsteinsäure $HOOC \cdot CH_2 \cdot CH_2 \cdot COOH$ und Äpfelsäure $HOOC \cdot CH_2 \cdot CH(OH) \cdot COOH$ lassen, selbst in großen Dosen gereicht, keine Weinsäure oder ein anderweitiges Zwischenprodukt in den Harn übertreten. Die ungiftige Äpfelsäure wird vollständig verbrannt[3]). Glutarsäure $HOOC \cdot CH_2 \cdot CH_2 \cdot CH_2 \cdot COOH$ als solche oder als Natronsalz eingegeben, geht nur in sehr geringer Menge in den Harn über, der größte Teil wird oxydiert.

Das Natriumsalz der Zuckersäure macht, innerlich gegeben, starke Reizwirkungen. Im Harne tritt Oxalsäure auf, aber auch unveränderte Zuckersäure[4]).

Aus Bernsteinsäure entsteht durch tierische Gewebe Fumarsäure (Battelli und Stern, Einbeck).

Kaninchen oxydieren Citronensäure stärker als Katzen. Innerlich sind erst sehr große Dosen giftig[5]).

Der einfachste Zucker Glykolaldehyd gibt bei der Verbrennung im Organismus keine Zwischenprodukte.

Von den stereoisomeren Aldohexosen wird die Dextrose von Gesunden glatt verbrannt, ebenso der der Dextrose entsprechende Alkohol, der Sorbit, während die anderen Zucker und die von ihnen derivierenden Alkohole sich resistent verhalten, wenn die Leber sie nicht in Dextrose bzw. Glykogen umzulagern oder umzuwandeln vermag. Auch die Lävulose wird glatt, manchmal sogar leichter verbrannt als die Dextrose. Beim Diabetes kann der Organismus unter Umständen den Zucker nicht mehr angreifen, hingegen gelingt es ihm leicht, die ersten Oxydationsprodukte künstlicher Art wie die Gluconsäure, Glykuronsäure, Zuckersäure, Schleimsäure usf. zu verbrennen[6]).

Glucal ist nicht giftig, in größeren Dosen wird es nicht verbrannt, sondern erscheint zum Teil im Harn. Es wird durch Hefe und Bakterien nicht zerlegt[7]).

Beim Kaninchen geht es zu 2—3 % in 2-Desoxyglucose über, welche ungiftig ist und nach Verfütterung zu 7 % wieder im Harne erscheint[8]).

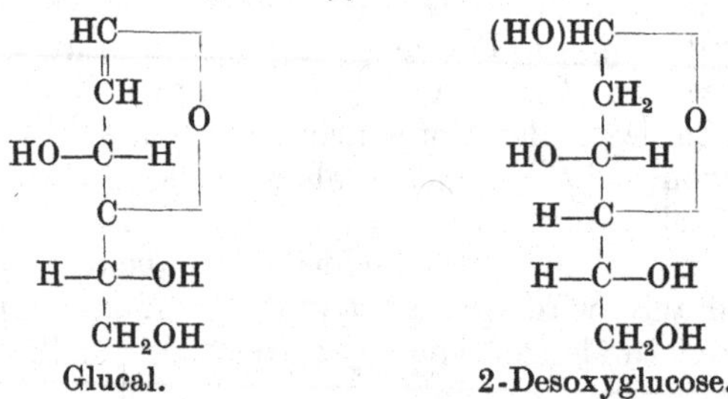

Glucal. 2-Desoxyglucose.

[1]) Rosenfeld, G.: Berlin. klin. Wochenschr. Nr. 29. 1911. — Ohta, Kohshi: Biochem. Zeitschr. Bd. 38, S. 421. 1912.
[2]) Pringsheim, J.: Therap. Monatsh. 1911, S. 657. — Rosenfeld, Fr.: Dtsch. med. Wochenschr. 1911, Nr. 47.
[3]) Wise, L. E.: Journ. of biol. chem. Bd. 28, S. 185. 1917.
[4]) Paderi, Cesare: Arch. di farmacol. sperim. e scienze aff. Bd. 22, S. 96. 1906.
[4]) Salent, Will. u. Louis E. Wise: Journ. of biol. chem. Bd. 28, S. 25. 1917.
[5]) Baumgarten, O.: Zeitschr. f. exp. Pathol. u. Therap. Bd. 2, S. 53.
[7]) Balcar, O.: Journ. of biol. chem. Bd. 26, S. 163. 1917.
[8]) Kondo, M.: Biochem. Zeitschr. Bd. 150, S. 337. 19124.

Während Glykosamin im Organismus nicht zur Glykogenbildung verwendet und nur äußerst schwer verbrannt wird, wird der Glykosaminkohlensäureäthylester vom Organismus verbrannt und auch vom pankreas-diabetischen Hunde nicht zur Zuckerbildung verwertet[1]).

Inosit verläßt bei intravenöser Injektion den Organismus zum Teil unzersetzt[2]). Inosit wird beim Menschen zu etwa 90 % im Harn ausgeschieden. In den Faeces wird nichts gefunden[3]). Beim Hund hingegen fand Anderson in den Faeces 77 %, im Harne nur sehr kleine Mengen. Erythrit und Quercit werden vom Organismus nicht angegriffen.

Die Amide der Fettreihe verwandeln sich zugleich mit der Oxydation leicht in Harnstoff, die niedrigen sind aber resistenter gegen die Oxydation und laufen meist unverändert durch. So Acetamid $CH_3 \cdot CO \cdot NH_2$ nach M. v. Nencki[4]), Oxamid $\begin{matrix} CO \cdot NH_2 \\ \vdots \\ CO \cdot NH_2 \end{matrix}$ nach Ebstein und Nicolayer. Oxaminsäure $NH_2 \cdot CO \cdot COOH$ wird zu 65 % als solche von Hunden ausgeschieden und macht keine Veränderungen in den Nieren[5]), wohl aber Oxamäthan (Oxaminsäureäthylester) $NH_2 \cdot CO \cdot CO \cdot O \cdot C_2H_5$, welches für einzelne Tiere ein starkes Gift ist. Oxaminsäure ist ungiftig, ebenso ihr Äthylester bei Hunden; Kaninchen gehen bei längerer Verfütterung zugrunde[6]). Äthyloxaminsäure wird leichter zersetzt als Oxaminsäure[7]).

Oxamid wird unverändert ausgeschieden, in kleinen Dosen ist es ungiftig, größere Dosen führen zur Oxamidablagerung in der Niere, die den Tod verursachen können[8]).

Nach subcutaner Zufuhr von Acetophenon erscheinen im Harne von Kaninchen außer Hippursäure und Methylphenylcarbinolglykuronsäure auch Mandelsäure und freies Acetophenon bzw. Methylphenylcarbinol[9]). 35.7 % des eingeführten Acetophenons werden zu Carbinol reduziert und als gepaarte Glykuronsäure ausgeschieden, 24,3 % zu Benzoesäure oxydiert. 40 % werden völlig abgebaut. Nach subcutaner Zufuhr von Äthylbenzol wird von Kaninchen außer Hippursäure und Methylphenylcarbinolglykuronsäure auch Mandelsäure ausgeschieden. Ein kleiner Teil des Isopropylbenzylketons wird zu Phenylessigsäure oxydiert.

Propiophenon, Butyrophenon, Propylbenzylketon, Isopropylbenzylketon werden zu dem entsprechenden Carbinol reduziert und als gepaarte Glykuronsäure ausgeschieden.

Von Succinimid $\begin{matrix} CH_2 \cdot CO \\ \vdots \\ CH_2 \cdot CO \end{matrix} \!\!> NH$ passiert nach Verfütterung an Hunden ein kleiner Teil den Organismus unverändert, während weitaus der größte Teil zersetzt wird[10]). Allophansäureäthylester $NH_2 \cdot CO \cdot NH \cdot COO \cdot C_2H_5$ wird vollkommen zerstört, während Biuret (Allophansäureamid) $CO<\begin{matrix} NH_2 \\ NH \cdot CO \cdot NH_2 \end{matrix}$

---

[1]) Forschbach: Hofmeisters Beitr. z. chem. Physiol. u. Pathol. Bd. 8, S. 313. 1906.

[2]) Giacosa: Giorn. della r. acad. di Torino. Bd. 68, S. 375.

[3]) Anderson, R. J. u. A. W. Bosworth: Journ. of biol. chem. Bd. 25, S. 399. 1916.

[4]) Virchows Arch. f. pathol. Anat. u. Physiol. Bd. 148, S. 366. — Zeitschr. f. Biol. Bd. 8, S. 124.

[5]) Schwarz, L.: Arch. f. exp. Pathol. u. Pharmakol. Bd. 41, S. 60. 1898.

[6]) Gibbs, W. u. S. T. Reichert: Virchows Arch. f. pathol. Anat. u. Physiol. 1893 Suppl. 201.

[7]) Oelkers, L.: Ber. d. dtsch. chem. Ges. Bd. 22, S. 1566. 1889. — Halsey, F. T.: Hoppe-Seylers Zeitschr. f. physiol. Chem. Bd. 25, S. 235. 1898.

[8]) Ebstein, W. u. A. Nicolaier: Virchows Arch. f. pathol. Anat. u. Physiol. Bd. 148, S. 366. 1897. — Krohl, P.: Arb. a. d. pharmazeut. Inst. zu Dorpat. Bd. 7, S. 130. 1891.

[9]) Thierfelder u. Daiber: Hoppe-Seylers Zeitschr. f. physiol. Chem. Bd. 130.

[10]) Koehne: Diss. Rostock 1894.

quantitativ in den Harn übergeht. Cyanursäure geht, wie Coppola fand, fast unverändert in den Harn über, ebenso Parabansäure $CO{<}\genfrac{}{}{0pt}{}{NH\cdot CO}{NH\cdot \dot{C}O}$. Aber die Angaben über das Schicksal der Parabansäure im Organismus sind sehr widersprechend. Subcutan Hunden injizierte Oxalursäure, Parabansäure und Alloxan werden völlig oxydiert[1]). Hingegen fand Julius Pohl[2]), daß Parabansäure zum Teil unverändert in den Harn übergeht, zum Teil als Oxalsäure ausgeschieden wird.

Alloxan $CO{<}\genfrac{}{}{0pt}{}{NH\cdot CO}{NH\cdot CO}{>}CO$ wird größtenteils zerstört und nur zum Teil als Parabansäure ausgeschieden[3]).

Man beobachtet selten, daß durch Oxydation von primären Alkoholen im Organismus Aldehyde entstehen, während aus sekundär alkoholischen Gruppen sich sehr häufig Ketone bilden, ebenso wie aus Ketonen durch Reduktion sekundäre Alkoholgruppen entstehen können.

Die primären Monaminbasen der Fettreihe werden, wenn auch schwierig, so doch zum Teil zersetzt, die aromatischen noch schwieriger. Wenn aber in einer primären fetten Monaminbase ein Wasserstoff des Alkylradikals durch einen aromatischen Kohlenwasserstoff ersetzt ist, so verhält sich der fette Rest wie die ursprüngliche Verbindung. Daher gehen Amine der aliphatischen Reihe wie Trimethylamin, Tetramethylendiamin, Pentamethylendiamin, Cholin, zum großen Teil, manche völlig unverändert durch den Organismus. Der Abbau des Cholins geschieht im Organismus unter intermediärer Bildung von Ameisensäure[4]). Cholin wird vom Kaninchen fast völlig ausgeschieden. Rattenharn enthält nach Cholindarreichung kein Cholin[5]).

Thymin wird im Organismus gespalten, Uracil passiert den Organismus des Hundes[6]).

Methyluracil

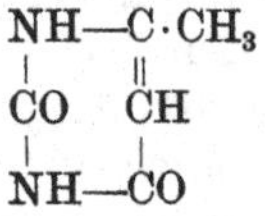

$$\begin{array}{ll} NH- & C\cdot CH_3 \\ | & \| \\ CO & CH \\ | & | \\ NH- & CO \end{array}$$

passiert den Organismus unverändert.

Nitrouracilcarbonsäure

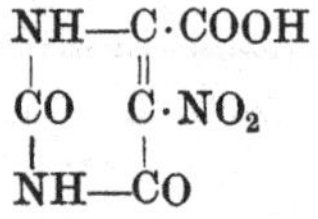

$$\begin{array}{ll} NH- & C\cdot COOH \\ | & \| \\ CO & C\cdot NO_2 \\ | & | \\ NH- & CO \end{array}$$

erfährt im Organismus eine vollkommene Spaltung.

Nitrouracil

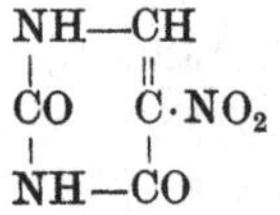

$$\begin{array}{ll} NH- & CH \\ | & \| \\ CO & C\cdot NO_2 \\ | & | \\ NH- & CO \end{array}$$

tritt unverändert in den Harn.

Nach Verfütterung von Isobarbitursäure und Isodialursäure tritt weder

Isobarbitursäure

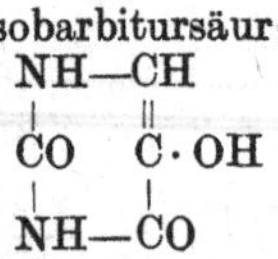

$$\begin{array}{ll} NH- & CH \\ | & \| \\ CO & C\cdot OH \\ | & | \\ NH- & CO \end{array}$$

Isodialursäure

$$\begin{array}{ll} NH- & CO \\ | & | \\ CO & C\cdot OH \\ | & \| \\ NH- & C\cdot OH \end{array}$$

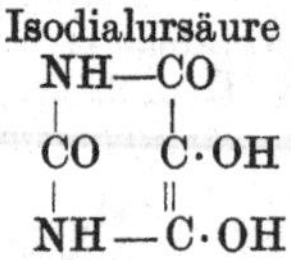

1) Luzzatto: Hoppe-Seylers Zeitschr. f. physiol. Chem. Bd. 37, S. 225. 1903. — Koehne: Diss. Rostock 1894.

2) Pohl, Julius: Zeitschr. f. exp. Pathol. u. Therap. Bd. 8, S. 308. 1910.

3) Wiener, Hugo: Arch. f. exp. Pathol. u. Pharmakol. Bd. 42, S. 35.

4) Hößlin: Hofmeisters Beitr. z. chem. Physiol. u. Pathol. Bd. 8, S. 27. 1906.

5) Shanks, W. F.: Journ. of physiol. Bd. 58, S. 230. 1923.

6) Steudel: Sitzungsber. d. Ges. z. Bef. d. ges. Naturgesch. Marburg 1901, Jan.

ein schwer lösliches Oxydationsprodukt, noch die ursprüngliche Substanz im Harne auf, ebenso bei Verfütterung von Thymin und 2.6-Dioxypyrimidin. Auffallend ist, daß im Gegensatz zu Thymin, das nur in der Stellung der Methylgruppe von ihm verschiedene Methyluracil (4-Methyl-2.6-dioxypyrimidin) keiner Spaltung unterliegt. Ebenso wird Nitrouracil (5-Nitro-2.6-dioxypyrimidin) nicht angegriffen, so daß also die Nitrogruppe in derselben Stellung wie die Methylgruppe den Pyrimidinring vor einer Spaltung mit Erfolg zu schützen vermag.

Pyrimidin und Uracil werden quantitativ unverändert ausgeschieden, aber wenn Uracil in der Form eines Nucleosids oder Nucleotids verfüttert wird, so wird nur eine kleine Menge Uracil ausgeschieden; aber Uracil in Form von Hefenucleinsäure wird anscheinend vollständig im Organismus zerstört[1]).

Freies Thymin und Thymin in Form einer tierischen Nucleinsäure zeigen nach Sweet und Levene[2]) das gleiche Verhalten.

Die Desaminieruug der Purine kann stattfinden, so lange diese noch mit anderen Verbindungen kombiniert sind[3])[4]).

Adenin (6-Aminopurin) verläßt den Organismus größtenteils unzersetzt[5]). Bei der Ratte[6]) und ebenso beim Hunde[7]) geht es durch Oxydation in 6-Amino-2.8-dioxypurin über.

Carbonyldiharnstoff $\begin{matrix} NH_2\cdot CO\cdot NH \\ NH_2\cdot CO\cdot NH \end{matrix}\!\!>\!CO$ wird im Organismus verbrannt[8]).

Hydantoin (Glykolyldiharnstoff) geht durch Oxydation beim Hunde in Allantoin über[9]).

```
           NH2  CH2·NH·CO·NH2                NH—CH·NH·CO·NH2
           |    |                            |  |
Hydantoin  CO   |                 Allantoin  CO |
           |    |                            |  |
           NH—CO                             NH—CO
```

Es wird nach Lewis unverändert im Harn ausgeschieden[10]).

Iminoallantoin erzeugt keine Giftwirkung und wird im Organismus nicht zersetzt. Uroxansäure erzeugt ebenfalls keinen Effekt[11]).

Hydantoinsäure wird, als Ester verabreicht, ebenfalls nicht vom Organismus angegriffen. Der Hydantoinring wird von Katze, Kaninchen und Hund nicht zerstört[12]).

Nach Theobromin- und Coffeinverfütterung tritt nach Abspaltung einer oder zweier Methylgruppen durch Oxydation Monomethylxanthin mit verschiedener Stellung des Methyls oder auch bei Kaninchen Xanthin im Harne auf[13]). Coffein wird leicht von Tieren zersetzt[14]).

---

[1]) Wilson, D. W.: Journ. of biol. chem. Bd. 56, S. 215. 1923.
[2]) Journ. of exp. med. Bd. 9, S. 229. 1907.
[3]) Jones, W.: Journ. of biol. chem. Bd. 9, S. 169. 1911.
[4]) Jones, W. und S. Amberg: Zeitschr. f. physiol. Chem. Bd. 73, S. 407. 1911.
[5]) Steudel, H.: Hoppe-Seylers Zeitschr. f. physiol. Chem. Bd. 32, S. 284. 1901.
[6]) Nicolaier: Zeitschr. f. klin. Med. Bd. 45, S. 359.
[7]) Minkowski, O.: Dtsch. med. Wochenschr. 1902, Nr. 28, S. 499.
[8]) Henius, Kurt: Zeitschr. f. exp. Pathol. u. Pharmakol. Bd. 10, S. 293. 1912.
[9]) Eppinger, H.: Hofmeister Beitr. z. chem. Physiol. u. Pathol. Bd. 6, S. 287. 1905.
[10]) Lewis: Journ. of biol. chem. Bd. 13, S. 347. 1912.
[11]) Saiki, Tadasu: Journ. of biol. chem. Bd. 7, S. 263. 1909.
[12]) Lewis, B. Howard: Journ. of biol. chem. Bd. 13, S. 347. 1912.
[13]) Albanese, Manfredi: Arch. f. exp. Pathol. u. Pharmakol. Bd. 34, S. 449. — Bondzynski, St. und R. Gottlieb: Arch. f. exp. Pathol. u. Pharmakol. Bd. 36, S. 45; Bd. 37, S. 385. — Krüger, M. und P. Schmidt: Ber. d. dtsch. chem. Ges. Bd. 32, S. 2677, 2818, 3336. 1899 und Hoppe-Seylers Zeitschr. f. physiol. Chem. Bd. 36, S. 1. 1902.
[14]) Arch. f. exp. Pathol. u. Pharmakol. Bd. 81, S. 15. 1917.

2.8-Dioxypurin wird, beim Kaninchen subcutan injiziert, nicht in Allantoin umgewandelt, sondern fast quantitativ unverändert im Harn ausgeschieden. Bei gleicher Applikation wird Harnsäure fast zur Hälfte als Allantoin und zu 12% unverändert ausgeschieden.

2.8-Dioxy-6-methylpurin, 2.8-Dioxy-9-methylpurin und 2.8-Dioxy-6.9-dimethylpurin führen nicht zur Steigerung der Allantoinausscheidung. Letztere Verbindung schädigt die Niere. 2.8-Dioxy-6-methylpurin wird zum Teil unverändert ausgeschieden. Keine von diesen Verbindungen macht beim Kaninchen Diurese[1]).

Xanthin wird im menschlichen Organismus in Harnsäure verwandelt, ein Teil unverändert ausgeschieden, ein anderer Teil als Allantoin[2]).

Interessant sind die Verhältnisse der aromatischen Verbindungen im tierischen Körper.

Im allgemeinen verhält sich der Benzolkern im Organismus sehr resistent, doch kennen wir eine Reihe von Beispielen, welche uns zeigen, daß der Organismus imstande ist, den Benzolring vollständig zu Kohlensäure und Wasser zu verbrennen, und unsere Kenntnisse dieser Umwandlung sind von der Art, daß wir angeben können, unter welchen Bedingungen der Benzolring im Organismus erhalten bleibt und unter welchen Bedingungen er zerstört wird. Nur diejenigen Aminosäuren der aromatischen Reihe, welche eine Seitenkette von drei Kohlenstoffatomen enthalten, von denen das mittlere die Gruppe-NH_2 trägt, werden im Organismus völlig zerstört. Daher machen Phenyl-α-aminopropionsäure $C_6H_5 \cdot CH_2 \cdot CH(NH_2) \cdot COOH$, α-Aminozimtsäure $C_6H_5 \cdot CH : CH(NH_2) \cdot COOH$, Tyrosin (p-Oxyphenyl-α-aminopropionsäure) $C_6H_4(OH) \cdot CH_2 \cdot CH(NH_2) \cdot COOH$ keine Vermehrung der aromatischen Substanzen im Harne[3]). Phenylalanin wird vom Fleichfresser größtenteils zerstört, aber nicht vom Pflanzenfresser, und kommt im Harn zu etwa $^2/_5$ als Hippursäure, zu $^3/_5$ als Phenacetursäure zum Vorschein[4]). Schon die in o-Stellung oder m-Stellung befindliche Hydroxylgruppe des o- oder m-Tyrosin verhindert im Gegensatz zum p-Tyrosin die vollständige Verbrennung. Halogensubstitution im Benzolkern führt ebenfalls zu schwer verbrennbaren Stoffen. m- und p-Chlorphenylalanin werden schwer angegriffen. p-Methyl- und p-Methoxyphenylalanin werden verbrannt.

Nach subcutaner Einführung von p-Methoxyphenylpropionsäure wird im Harn von Kaninchen keine ungesättigte Säure gefunden, lediglich Anissäure und Anisylglykokoll[5]).

m-Tolylalanin wird im Organismus noch vollständiger verbrannt als p-Tolylalanin[6]). Es scheint also die Methylgruppe im Kern den Abbau des Benzolkerns nicht zu stören. Rund $^2/_3$ der verfütterten Menge werden verbrannt. Ein Teil verläßt den Organismus als m-Tolylacetursäure[7]).

Beim Alkaptonuriker werden Tolylalanine ohne Bildung eines Hydrochinonderivates verbrannt.

Vom Hunde wird nach Juvalta[8]) auch Phthalsäure (Benzolring mit COOH, COOH) und Phthal-

[1]) Goldschmidt, Samuel: Journ. of biol. chem. Bd. 19, S. 83. 1914.

[2]) Levinthal, W.: Hoppe-Seylers Zeitschr. f. physiol. Chem. Bd. 77, S. 274. 1912.

[3]) Hoppe-Seylers Zeitschr. f. physiol. Chem. Bd. 7, S. 23. 1882; Bd. 8, S. 63, 65. 1884; Bd. 10, S. 130. 1886; Bd. 11, S. 485. 1887; Bd. 14, S. 189. 1890.

[4]) Vasiliu, Haralamb: Mitteilungen des Landwirtschaftlichen Instituts. Breslau 1909, S. 703.

[5]) Matsuo, Iwao: Journ. of biol. chem. Bd. 35, S. 291. 1918.

[6]) Böhm, L.: Hoppe-Seylers Zeitschr. f. physiol. Chem. Bd. 89, S. 112.

[7]) Fromherz, K. und L. Hermanns: Hoppe-Seylers Zeitschr. f. physiol. Chem. Bd. 89, S. 120.

[8]) Hoppe-Seylers Zeitschr. f. physiol. Chem. Bd. 13, S. 26. 1889. — Mosso: Arch. f. exp. Pathol. u. Pharmakol. Bd. 26, S. 267.

imid $C_6H_4\langle{}^{CO}_{CO}\rangle NH$ zerstört. Hingegen wird vom Kaninchenorganismus o-*Phthal*säure unangegriffen quantitativ ausgeschieden[1]). Entgegen den Angaben von M. C. Porcher[2]), welcher behauptet, daß m- und p-Phthalsäure beim Hunde zu 75% im Harne wieder erscheinen, o-Phthalsäure hingegen fast vollständig im Organismus verbrannt wird, konnte Julius Pohl in Wiederholung der Versuche von E. Pribram[3]) zeigen, daß der Hundeorganismus o-Phthalsäure quantitativ unangegriffen ausscheidet[4]). Alle drei Phthalsäuren paaren sich nicht mit Glykokoll. Die übrigen aromatischen Substanzen verhalten sich aber im Organismus sehr resistent; es können wohl Veränderungen in der Seitenkette eintreten, nie aber eine völlige Spaltung des Benzolringes vorkommen. Die aromatische Gruppe schützt sogar aliphatische Reste vor der Oxydation, wie wir bei den aromatischen Monaminbasen beobachten können, ebenso bei Aminosäuren.

Wenn man in Aminosäuren wie Glykokoll, Alanin, Leucin, Glutamin, Glutaminsäure, Asparagin, Asparaginsäure und Ornithin u. z. in die Aminogruppe den Rest der Phenylacetylsäure einführt, so werden die zugrunde liegenden Aminosäuren vor der Umsetzung im Organismus geschützt[5]).

Die Oxydationen können den Benzolring selbst betreffen oder in einer Seitenkette verlaufen. So wird nach Verfütterung von Benzol im Organismus Phenol gebildet und dieses dann zum Teil weiter zu Dioxybenzolen oxydiert[6]).

Die Oxydation des Benzolkernes greift insbesondere die Kernwasserstoffe an, welche hydroxyliert werden. Ist eine fette Seitenkette vorhanden, so wird diese bis zum Carboxyl oder einer Essigsäure je nach dem Baue der Seitenkette oxydiert. Manchmal geht vorzüglich bei der Oxydation der Methylgruppen die Oxydation nur bis zur Bildung von Carbinol. $R \cdot CH_3 \rightarrow R \cdot CH_2 \cdot OH$. Sind mehrere fette Ketten vorhanden, so wird nur eine zur Carboxylgruppe oxydiert und dann ist der Organismus fähig, Substanzen dieser Art durch Synthesen den weiteren Eingriffen der oxydativen Funktionen der Zellen zu entziehen.

Aber der Benzolkern ist durchaus nicht so unaufspaltbar, wie man anfänglich geglaubt hat. Max Jaffé wies nach, daß Benzol selbst[7]) zum Teil zur Muconsäure HOOC · CH : CH · CH : CH · COOH oxydiert wird, wobei eine Ringsprengung des Benzols eintritt.

Die überlebende Leber vermag Muconsäure in Aceton zu verwandeln[8]). Bei der Verfütterung von Benzol fand Max Jaffé im Maximum zu 0.3% das Auftreten von Muconsäure, es ist aber sehr wahrscheinlich, daß diese sehr leicht oxydable Säure sehr schnell weiter verändert wird, daß aber 25—30% des resorbierten Benzols in Muconsäure verwandelt werden. Der Organismus scheint sich an die Aufsprengung des Benzolkernes zu gewöhnen und bei Verfütterung von Benzol steigende Mengen davon zu oxydieren[9]). Hingegen fand Yoshitane Mori[10]) im Gegensatz zu Jaffé, daß Muconsäure, Kaninchen

---

[1]) Pribram, E.: Arch. f. exp. Pathol. u. Pharmakol. Bd. 51, S. 379. 1904.
[2]) Biochem. Zeitschr. Bd. 14, S. 351. 1908.
[3]) Arch. f. exp. Pathol. u. Pharmakol. Bd. 51, S. 378. 1904.
[4]) Biochem. Zeitschr. Bd. 16, S. 68. 1909.
[5]) Shiple, G. J. und C. P. Sherwin: Journ. of biol. chem. Bd. 53, S. 463. 1922.
[6]) Dubois' Arch. f. Physiol. 1867, S. 340. — Pflügers Arch. f. d. ges. Physiol. Bd. 12, S. 148.
[7]) Hoppe-Seylers Zeitschr. f. physiol. Chem. Bd. 62, S. 58. 1909.
[8]) Hensel, Marie und Otto Rieser: Hoppe-Seylers Zeitschr. f. physiol. Chem. Bd. 88, S. 38. 1913.
[9]) Hoppe-Seylers Zeitschr. f. physiol. Chem. Bd. 62, S. 58. 1909.
[10]) Mori, Yoshitane: Journ. of biol. chem. Bd. 35, S. 341. 1918.

innerlich verabreicht, zum größten Teile unverändert im Harne ausgeschieden wird, ganz ähnlich wie Adipinsäure. Während nach dieser stets Vermehrung der Oxalsäure im Harn festgestellt wurde, war dies nach Muconsäurefütterung nicht der Fall. Die Ansicht von Jaffé, daß Benzol zu einem erheblichen Teile über Muconsäure abgebaut wird, dürfte nicht oder nur sehr eingeschränkt zutreffen. Auch diejenigen aromatischen Verbindungen, welche entweder scheinbar unverändert oder nur in der Seitenkette abgebaut oder in gepaarter Verbindung zur Ausscheidung gelangen, kann man nur zum großen Teil, aber nie quantitativ im Harn wiederfinden, während Benzolverbindungen, die eine dreigliedrige Seitenkette tragen, restlos verbrannt werden. Der Angriff des oxydierenden Sauerstoffes trifft entweder den Benzolkern oder das dem Benzolring nächst verbundene Kohlenstoffatom. Aber nicht einmal beim Phenol ist der Benzolring ganz unangreifbar und ein Teil kommt immer zur Verbrennung.

Aber noch andere Ringzerstörungen sind uns bekannt. Methylchinoline werden vielfach völlig oxydiert, auch o-Nitrobenzaldehyd.

Sehr resistent verhält sich die Carboxylgruppe im aromatischen Kern, so wird Benzoesäure $C_6H_5 \cdot COOH$ im Organismus nicht verändert, ebensowenig wird Phenylessigsäure $C_6H_5 \cdot CH_2 \cdot COOH$ oxydiert, in welcher ein Kohlenstoffatom zwischen Benzolkern und Carboxyl eingeschaltet ist. Phenylpropionsäure $C_6H_5 \cdot CH_2 \cdot CH_2 \cdot COOH$ aber, mit zwei Kohlenstoffatomen zwischen Benzolkern und Carboxyl, wird zu Benzoesäure oxydiert[1]). Beim Hunde gibt Phenylpropionsäure Hippursäure und keine Phenacetursäure. Phenylpropionsäure wird anscheinend in der Weise im Organismus umgesetzt, daß einerseits l-Phenyl-β-oxypropionsäure und aus dieser Phenylzimtsäure entsteht, welch letztere reversibel wieder sich in Phenyl-β-oxypropionsäure umsetzen kann. Anderseits entsteht Benzoylessigsäure und Acetophenon und aus beiden sowie aus der Phenylzimtsäure Benzoesäure. Inaktive Mandelsäure geht unverändert durch, Phenylessigsäure gibt Phenacetursäure, aber keine Hippursäurevermehrung. Äthylbenzol wird in Hippursäure, nicht aber in Phenacetursäure verwandelt. Phenylglykolsäure $C_6H_5 \cdot CH(OH) \cdot COOH$ wird im Organismus gar nicht angegriffen, sondern quantitativ im Harn ausgeschieden. Phenylaminoessigsäure $C_6H_5 \cdot CH(NH_2) \cdot COOH$, welche ja nur zwei Kohlenstoffatome in der Seitenkette hat, geht zum Teil in Phenylglykolsäure über. (Siehe Kapitel: Desaminierung.)

Die aromatischen Carbonsäuren gehen zum größten Teil unverändert durch den Organismus durch, so z. B. geht Phenylglycin-o-carbonsäure beim Verfüttern an Kaninchen in Indican über, doch ist die Ausbeute geringer als bei o-Nitrophenylpropiolsäure. Aus parenteral zugeführter Phenylglycin-o-carbonsäure entsteht kein Indican im Gegensatze zu o-Nitrophenylpropiolsäure. Von der Methyltrihydrooxy-o-chinolincarbonsäure geht der größte Teil unverändert in den Harn über, aber ein kleiner Rest erscheint als Methyldioxychinolincarbonsäure im Harn, so daß beim Durchgang der Hydrosäure durch den Organismus von den drei Wasserstoffatomen zwei als Wasser abgespalten und das dritte zum Hydroxyl oxydiert worden ist.

Nach der Verabreichung von p-Oxybenzoesaure treten beim Hunde 32 $^0/_0$ derselben als Phenol und p-Kresol auf[2]).

Über die Oxydation alipathischer Ketten, welcher beiderseits durch aromatische Reste verschlossen sind, haben Ernst Liebing und Erich Harloff[3]) am Dibenzyl, Desoxybenzoin, Hydrobenzoin, Benzoin, Benzil und Benzilsäure Versuche gemacht.

[1]) Salkowski, E.: Hoppe-Seylers Zeitschr. f. physiol. Chem. Bd. 7, S. 168. 1882.
[2]) Siegfried, M. und R. Zimmermann; Biochem. Zeitschr. Bd. 46, S. 210. 1912.
[3]) Hoppe-Seylers Zeitschr. f. physiol. Chem. Bd. 108, S. 195. 1920.

Dibenzyl $C_6H_5 \cdot CH_2 \cdot CH_2 \cdot C_6H_5$ geht beim Kaninchen in eine gepaarte Glykuronsäure über, welche beim Kochen mit Säure Stilben $C_6H_5-CH=CH-C_6H_5$ abspaltet. Wahrscheinlich entsteht Stilben aus dem eigentlichen Paarling Diphenyläthanol (Stilbenhydrat) $C_6H_5-CH_2-CH(OH)-C_6H_5$. Hydrobenzoin, Desoxybenzoin, Benzoin und Benzil paaren sich mit Glykuronsäure, aus der Glykuronverbindung läßt sich o-Benzylbenzoesäure abspalten $C_6H_5 \cdot CH_2 \cdot C_6H_4 \cdot COOH$. Diese ist giftiger als ihre Muttersubstanz.

Phenylbuttersäure verwandelt sich im Hundeorganismus in Phenacetursäure, nicht aber in Hippursäure. Phenylvaleriansäure geht in Hippursäure über. Phenyl-β-milchsäure liefert Hippursäure, aber keine Mandelsäure.

Phenylparaconsäure, eine Lactonsäure

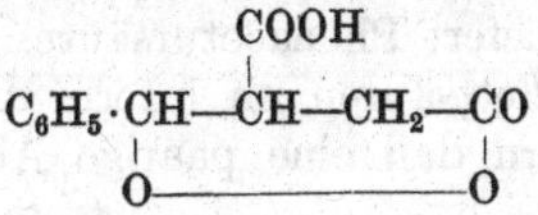

$$\begin{array}{l} \qquad\qquad\quad COOH \\ \qquad\qquad\quad | \\ C_6H_5 \cdot CH-CH-CH_2-CO \\ \qquad\quad | \qquad\qquad\qquad | \\ \qquad\quad O\text{———————}O \end{array}$$

geht unverändert durch den Organismus durch.

Phenyl-α-milchsäure und Phenyl-α-ketopropionsäure werden im Organismus zerstört. Es wird also die α-Ketonsäure, die α-Oxy- und die α-Aminosäure ganz im Organismus umgesetzt. Andere Ketonsäuren zeigen aber kein identisches Verhalten, denn Benzoylessigsäure gibt Hippursäure.

Der Naphthalinkern kann im Organismus gesprengt werden, denn bei Verfütterung von β-Naphthylalanin

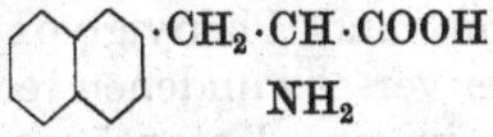

$$C_{10}H_7 \cdot CH_2 \cdot CH(NH_2) \cdot COOH$$

und β-Naphthylbrenztraubensäure erhält man Benzoesäure, bzw. Hippursäure

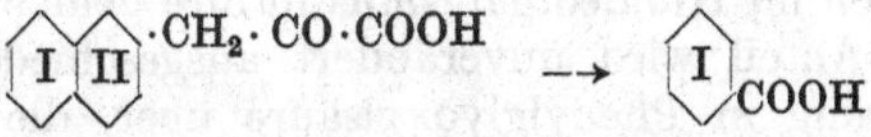

$$\text{(I II)} \cdot CH_2 \cdot CO \cdot COOH \longrightarrow \text{(I)} \cdot COOH$$

Es wird der Kern II und nicht der Kern I aufgespalten, da man sonst Phenacetursäure erhalten würde[1]).

Chinolin selbst geht nicht als solches in den Harn über, sondern es tritt im Harn eine durch Brom fällbare, noch unbekannte Substanz in reicher Menge auf. Nach Donath ist der im Harn auftretende Körper Pyridincarbonsäure, was aber anscheinend nicht richtig ist. Chinolin wird sehr wahrscheinlich als 5.6-Dioxychinolin mit Schwefelsäure oder Glykuronsäure gepaart durch die Niere ausgeschieden[2]).

Nach R. Cohn wird der Chinolinkern im Organismus besonders leicht zerstört, da die drei isomeren Methylchinoline (Chinaldin, o- und p-Methylchinolin) keine Synthesen im Organismus eingehen. Methylchinoline werden im Organismus meist vollständig oxydiert[3]).

Außer dem 5.6-Chinolinchinon entstehen aus Chinolin im Kaninchenorganismus p-Oxy-γ-chinolin (?) und o- und p-Oxychinolin[4]).

α-Chinolincarbonsäure wird zum größten Teil mit Glykokoll gepaart, zum kleinen Teil unverändert ausgeschieden. β-Chinolincarbonsäure wird unverändert ausgeschieden.

Acridin (N) wird in 5-Keto-3-oxy-5.10-dihydroacridin (NH, CO, OH) verwandelt[5]).

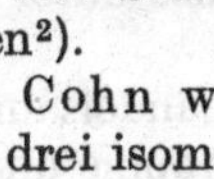

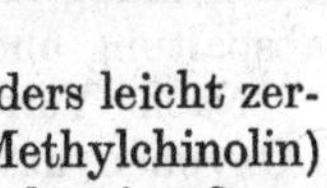

Dimethyltoluidin wird zu Dimethylaminobenzoesäure oxydiert, die zum größten Teil als Glykuronsäure im Harne auftritt.

---

1) Kikkoji, T.: Biochem. Zeitschr. Bd. 35, S. 57. 1911.

2) Arch. f. exp. Pathol. u. Pharmakol. Bd. 55, S. 27. 1900.

3) Zeitschr. f. physol. Chem. Bd. 20. S. 215. 1895.

4) Scheunemann, B.: Arch. f. exp. Pathol. u. Pharmakol. Bd. 100, S. 51. 1923.

5) Fühner, H.: Arch. f. exp. Pathol. u. Pharmakol. Bd. 51, S. 391. 1904.

Benzolsulfomethylaminocapronsäure folgt auch dem Gesetze der β-Oxydation, aber sie wird nur bis zur Buttersäure abgebaut und kann zu 44% als solche aus dem Harn der Kaninchen dargestellt werden. γ-Benzolsulfomethylaminobuttersäure verläßt quantitativ unverändert den Organismus[1]).

Phenylacetessigester wird zu Benzylmethylketon und Benzoesäure, bzw. Hippursäure abgebaut.

$$CH_3 \cdot CO \cdot CH(C_6H_5) \cdot COO \cdot C_2H_5 \rightarrow C_6H_5 \cdot CH_2 \cdot \overset{\downarrow}{C}O \cdot CH_3 \rightarrow C_6H_5 \cdot COOH\,.$$

Benzylacetessigester liefert wenig Phenyläthylmethylketon und Hippursäure. Phenyläthylmethylketon liefert ausschließlich Phenacetursäure. Phenylpropylacetessigester liefert Hippursäure und wenig Phenylbutylketon. Phenylbutylketon liefert Phenacetursäure. Daraus schließt Leo Hermanns, daß der Abbau der Fettsäuren im intermediären Stoffwechsel nicht über die Ketone führt, sondern daß eine paarige Absprengung von Kohlenstoffatomen stattfindet[2]).

Phenylglykokoll geht in Mandelsäure über, wobei zuerst Phenylglyoxylsäure entsteht, die zu Mandelsäure reduziert wird. Es entsteht aus Phenylglykokoll durch Desaminierung Phenylessigsäure und Phenylglykolsäure (Nencki), aber es entsteht kein Indikan, ebensowenig wie aus Phenylglycin-o-carbonsäure[3]). Verfüttert man racemische Phenylaminoessigsäure, so findet man hauptsächlich im Harn l-Phenylaminoessigsäure oder statt ihrer i-Uraminophenylessigsäure, l-Mandelsäure und Phenylglyoxylsäure. Die letztere Substanz ist das Abbauprodukt der verschwundenen rechtsdrehenden Aminosäuren. Es geht also die Aminosäure in eine Ketonsäure über. Die racemische Verbindung spaltet sich im Hundeorganismus in ihre beiden optisch aktiven Komponenten. Der l-Anteil wird unverändert ausgeschieden, der d-Anteil geht durch Desaminierung in Phenylglyoxylsäure über, die durch optisch aktive Reduktion sich in l-Mandelsäure verwandelt. Ein kleiner Teil der beiden Modifikationen verwandelt sich in Benzoesäure. Ähnlich wie beim Hund verhält sich die Substanz beim Kaninchen. Dieses scheidet den l-Anteil des Phenylglykokolls unverändert aus, verwandelt den d-Anteil aber in Phenylglyoxylsäure. Aber die sekundäre Reduktion der gebildeten Ketosäure zur l-Mandelsäure tritt nicht ein. Beim Menschen verhält sich die Substanz wie beim Hund. Die Bildung von Ketonsäuren aus den Aminosäuren geht also unter Ammoniakabspaltung und Oxydation vor sich.

Nach Verfütterung von Tyrosin tritt nicht Oxymandelsäure, sondern l-Oxyphenylmilchsäure auf, wie bei akuter gelber Leberatrophie und Phosphorvergiftung, Sie entsteht auch in kleiner Menge bei Verfütterung von Oxyphenylbrenztraubensäure, die als Zwischenprodukt bei der Umwandlung des Tyrosins in jene zu betrachten ist. Wird dl-Oxyphenylmilchsäure gegeben, so erleidet sie teilweise asymmetrische Zersetzung, indem die d-Säure unangegriffen bleibt. Bei der Bildung von l-Oxyphenylmilchsäure aus Oxyphenylbrenztraubensäure muß diese daher asymmetrische Reduktion erfahren[4]).

Bei Verfütterung von Oxyphenylbrenztraubensäure an Menschen geht ein Teil durch optisch-aktive Reduktion in d-p-Oxyphenylmilchsäure über, ebenso wie Phenylglyoxylsäure vom Menschen und Hund zur aktiven l-Mandelsäure reduziert wird. Bei Verfütterung von d-p-Oxyphenylmilchsäure wird die Hälfte bis $^3/_4$ beim Menschen im Harn wieder ausgeschieden, und zwar großenteils als d-p-Oxyphenylmilchsäure. Die dem Tyrosin entsprechende Ketonsäure wird

---

[1]) Thomas, Karl und Herbert Schotte: Hoppe-Seylers Zeitschr. f. physiol. Chem. Bd. 104, S. 141. 1919.

[2]) Hoppe-Seylers Zeitschr. f. physiol. Chem. Bd. 85, S. 233. 1913.

[3]) Asayama, Chûai: Acta scholae med. univers. Kioto. Bd. 1, Nr. 1, S. 123. 1926.

[4]) Kotake, Yashiro und Zenji Matsuoka: Journ. of biol chem. Bd. 35, S. 319. 1918.

vom gesunden Menschen viel besser verbrannt als die Oxysäure. Phenylbrenztraubensäure wird zu 1/3 bis 1/5 im Harn wiedergefunden. Ein Teil scheint in l-Phenylmilchsäure überzugehen. Phenyl-α-milchsäure ist ziemlich gut verbrennlich, nur die Hälfte wird ausgeschieden, und zwar als Linksform[1]).

Leber, Niere und Milz des Hundes vermögen Phenylbrenztraubensäure und Oxyphenylbrenztraubensäure teilweise in die entsprechenden linksdrehenden Alkoholsäuren, l-Phenylmilchsäure und l-Oxyphenylmilchsäure umzuwandeln[2]).

Sowohl d- wie l-Phenylmilchsäure bilden in der überlebenden Leber Acetessigsäure, letztere in erhöhtem Maße wie die erstere. l-Oxyphenylmilchsäure liefert wenig, die d-Form gar keine Acetessigsäure[3]).

Nach Verfütterung von dl-Phenylmilchsäure scheiden Hund, Kaninchen und Affe im Harn die d-Säure, der Mensch die l-Säure aus. Da es wahrscheinlich ist, daß die untersuchten Tiere und der Mensch die Säure verschieden asymmetrisch abbauen, wird angenommen, daß die dl-Phenylmilchsäure beim Menschen vorzugsweise über die Phenylbrenztraubensäure abgebaut wird, welche dann zum Teil einer asymmetrischen Reduktion zu l-Phenylmilchsäure unterliegt. Bei den Tieren wird von der dl-Phenylmilchsäure die l-Komponente direkt verbrannt, die d-Säure unverändert ausgeschieden[4]).

Phenylmilchsäure wird im Organismus zum Teil in Phenylbrenztraubensäure übergeführt. Namentlich beim Menschen ist dieser Vorgang deutlich, hier scheidet sich etwas mehr unveränderte l-Säure aus, offenbar bedingt durch Rückbildung aus Phenylbrenztraubensäure[5]).

Phenylbrenztraubensäure wird im menschlichen und tierischen Organismus zum Teil unverändert, zum Teil als l-Phenylmilchsäure ausgeschieden[6]).

Nach reichlicher Verfütterung von l- und dl-Phenylalanin bildet das Kaninchen Phenylbrenztraubensäure. Ein Teil derselben wird zu Oxyphenylbrenztraubensäure oxydiert[7]).

Nach Verfütterung von racemischer β-Oxybuttersäure erhält man im Harn Acetessigsäure und Aceton, ein kleiner Teil der Säure bleibt aber unangegriffen, und dieser erweist sich als linksdrehend. Es wird daher die d-Säure im Körper leichter zersetzt als die l-Säure[8]).

Nach Verfütterung von dl-Alanin wird das körperfremde l-Alanin ausgeschieden[9]), das d-Alanin verbrannt.

Nach Verfütterung größerer Mengen Histidin scheidet der Hund Urokaninsäure aus, aber nicht Imidazolylmilchsäure und Imidazolylbrenztraubensäure. Da nach Verfütterung von Imidazolylmilchsäure keine Urokaninsäure ausgeschieden wird, wird angenommen, daß diese Säure aus Histidin durch direkte Desaminierung entsteht[10]).

Aus d-Histidin entsteht im Gegensatze zu l-Histidin keine Urokaninsäure[11]).

---

[1]) Suwa, Akikazu: Hoppe-Seylers Zeitschr. f. physiol. Chem. Bd. 72, S. 113. 1911.

[2]) Mori, Y. und T. Kanai: Hoppe-Seylers Zeitschr. f. physiol. Chem. Bd. 122, S. 206. 1922.

[3]) Mori, Y.: Hoppe-Seylers Zeitschr. f. physiol. Chem. Bd. 122, S. 225. 1922.

[4]) Kotake, Y. und Y. Mori: Hoppe-Seylers Zeitschr. f. physiol. Chem. Bd. 122, S. 176. 1922.

[5]) Mori, Y.: Hoppe-Seylers Zeitschr. f. physiol. Chem. Bd. 122, S. 186. 1922.

[6]) Kotake, Y. und Y. Mori: Hoppe-Seylers Zeitschr. f. physiol. Chem. Bd. 122. S. 191. 1922.

[7]) Kotake, Y., Y. Masai und Y. Mori: Hoppe-Seylers Zeitschr. f. physiol. Chem. Bd. 122, S. 195. 1922.

[8]) MacKenzie, Alex.: Journ. of the chem. soc. (London) Bd. 81. 1902.

[9]) Schittenhelm und Katzenstein: Zeitschr. f. exp. Pathol. u. Therap. Bd. 2, S. 560.

[10]) Kotake, Y. und M. Konishi: Hoppe-Seylers Zeitschr. f. physiol. Chem. Bd. 122. S. 230. 1922. Konishi, M. und Y. Tani: Hoppe-Seylers Zeitschr. f. physiol. Chem. Bd. 143, S. 193. 1925.

[11]) Konishi, M.: Hoppe-Seylers Zeitschr. f. physiol. Chem. Bd. 143, S. 189. 1925.

Die Urokaninsäure (Imidazolylakrylsäure) wird bei verschiedenen Tieren gleich leicht abgebaut und führt zu keiner nennenswerten Vermehrung des Kreatinins[1]).

l-Pyrrolidoncarbonsäure wird im Kaninchenorganismus abgebaut. In großen Mengen aufgenommen, wird sie zum Teil im Urin wiedergefunden[2]).

Tyrosin wird bei Verabreichung großer Mengen (und auch kleinerer Mengen) vom Kaninchen in Oxyphenylbrenztraubensäure und l-Oxyphenylmilchsäure verwandelt, welch letztere durch Reduktion der ersteren entsteht. Auch kleine Mengen dl-Oxyphenylmilchsäure entstehen aus l-Tyrosin. Daneben werden reichliche Mengen Phenol gebildet. Die mit Tyrosin überfütterten Tiere erkranken oder sterben an nephritischen Erscheinungen[3]).

Oxyphenylglyoxylsäure wird beim Hund nicht in die optisch aktiven Komponenten umgewandelt, sondern unverändert ausgeschieden. Die Fähigkeit des Tierkörpers Racemverbindungen derart zu spalten, daß ein optischer Antipode verbrannt und der andere wenigstens zum Teil unverändert im Harn ausgeschieden wird, ist aber nicht für alle Körper anzunehmen. Die dl-Oxymandelsäure wird vom Kaninchen nicht zerlegt[4]).

Nach subcutaner Einspritzung des Natriumsalzes der Indolbrenztraubensäure wird im Harn von Kaninchen Kynurensäure gefunden, nicht hingegen nach α-Methyltryptophan[5]).

Anilin geht in p-Aminophenol über[6]). Naphthalin[7]) wird in Naphthol und zum Teil in Dioxynaphthalin[8]) übergeführt. α-Monochlor- und α-Monobromnaphthalin passieren größtenteils unoxydiert bei Kaninchen in den Harn[9]), nur ein kleiner Teil wird zu Halogennaphthol oxydiert, welches mit Schwefelsäure gepaart im Harn auftritt. β-Naphthylamin paart sich mit Schwefelsäure und Glykuronsäure. Es wird im Organismus zu Aminonaphthol und Dioxyaminonaphthalin oxydiert, und zwar quantitativ[10]). Doch muß bemerkt werden, daß selbst beim Phenol der Benzolring nicht ganz unangreifbar ist und zum Teil vollkommen zur Verbrennung gelangt. Nach Nencki und Giacosa[11]) trifft der Angriff des oxydierenden Sauerstoffes stets entweder den Benzolkern oder das mit dem Benzol verbundene Kohlenstoffatom. Es wird daher Äthylbenzol $C_2H_5 \cdot C_6H_5$ wahrscheinlich zuerst in Acetophenon $CH_3 \cdot CO \cdot C_6H_5$ und sodann unter Oxydation der Methylgruppe in Benzoesäure und Kohlensäure umgewandelt[12]). Toluol $CH_3 \cdot C_6H_5$ wird zu Benzoesäure, Xylol $CH_3 \cdot C_6H_4 \cdot CH_3$ zu Toluylsäure $CH_3 \cdot C_6H_4 \cdot COOH$ oxydiert[13]). Ebenso wird normales Propylbenzol $C_3H_7 \cdot C_6H_5$ zu Benzoesäure oxydiert. Hingegen entsteht aus Isopropylbenzol $\frac{CH_3}{CH_3}{>}CH \cdot C_6H_5$ (Cumol) im Organismus Phenol, wie aus Benzol. Aus keinem der drei isomeren Butylbenzole entsteht aber Benzoesäure. Die beiden Isobutylbenzole werden zu Oxybutylbenzolen oxydiert, ebenso normales Butylbenzol.

[1]) Konishi, M.: Hoppe-Seylers Zeitschr. f. physiol. Chem. Bd. 143, S. 181. 1925.
[2]) Bethke, R. M. und H. Steenbock: Journ. of biol. chem. Bd. 58, S. 105. 1923.
[3]) Kotake, Y., Z. Matsuoka und M. Okagawa: Hoppe-Seylers Zeitschr. f. physiol. Chem. Bd. 122, S. 166, 201. 1922.
[4]) Ellinger, Alexander und Jaschyro Kottake: Hoppe-Seylers Zeitschr. f. physiol. Chem. Bd. 65, S. 413. 1910.
[5]) Ellinger, A. und Z. Matsuoka: Hoppe-Seylers Zeitschr. f. physiol. Chem. Bd. 91, S. 45. 1914.
[6]) Schmiedeberg, O.: Arch. f. exp. Pathol. u. Pharmakol. Bd. 8, S. 1.
[7]) Ber. d. dtsch. chem. Ges. Bd. 19, S. 1534. 1886.
[8]) Lesnik: Arch. f. exp. Pathol. u. Pharmakol. Bd. 24, S. 164.
[9]) Kuckein: Diss. Königsberg 1898.
[10]) Engel: Zentralbl. f. Gewerbehyg. u. Unfallverh. Bd. 8, S. 81. 1920.
[11]) Hoppe-Seylers Zeitschr. f. physiol. Chem. Bd. 4, S. 325. 1880.
[12]) Hoppe-Seylers Zeitschr. f. physiol. Chem. Bd. 4, S. 237. 1880.
[13]) Dubois' Arch. f. Physiol. 1876, S. 353.

Sind mehrere Seitenketten vorhanden, so wird nur eine davon oxydiert, die übrigen bleiben unverändert. Es wird z. B. aus Xylol Toluylsäure, aus Cymol Cuminsäure.

Das Kaninchen oxydiert m-Xylol zu m-Toluylcarbonsäure, die Bildung eines Xylenols ist zweifelhaft. o-Xylol wird als o-Toluylcarbonsäure ausgeschieden. Mesitylen (1.3.5-Trimethylbenzol) wird zu Mesitylensäure (1.3-Dimethylbenzoesäure · 5) · Uvitinsäure und Trimesinsäure werden nicht gebildet. Cyclohexan $CH_2<^{CH_2-CH_2}_{CH_2-CH_2}>CH_2$ wird hauptsächlich zu Cyclohexanon oxydiert, ein geringer Teil vielleicht auch zu Adipinsäure. Cyclohexanon $CH_2<^{CH_2-CH_2}_{CH_2-CH_2}>CO$ wird jedoch bis zur Adipinsäure $HOOC \cdot (CH_2)_4 \cdot COOH$ abgebaut[1].

Saligenin (Oxybenzylalkohol) $C_6H_4(OH) \cdot CH_2 \cdot OH$ geht nach Nencki[2]) in Salicylsäure über, Benzylalkohol $C_6H_5 \cdot CH_2 \cdot OH$ kann zu Benzoesäure oxydiert werden, aber nur dann, wenn die Einwirkung nicht zu kurz dauert. Salicylaldehyd (Benzolring mit OH und CHO) wird zu Salicylsäure (Benzolring mit OH und COOH) oxydiert.

Wasserstoffatome der Ringsysteme werden oxydiert, so daß Wasserstoff durch Hydroxylgruppen ersetzt wird und die entsprechenden Phenole entstehen.

Indol $_6H\langle^{CH}_{NH}\rangle CH$ wird zu Indoxyl $C_6H_4\langle^{C(OH)}_{NH}\rangle CH$

β-Skatol[3]) $C_6H_4\langle^{C(CH_3)}_{NH}\rangle CH$ wird oxydiert zu β-Skatoxyl $C_6H_4\langle^{C(CH_2 \cdot OH)}_{NH}\rangle CH$[4])

o-Nitrotoluol (Benzolring mit NO_2 und CH_3) zu o-Nitrobenzylalkohol (Benzolring mit NO_2 und $CH_2 \cdot OH$[5])), und, hierauf entsteht durch Paarung Uronitrotoluylsäure.

Diphenylmethan $C_6H_5 \cdot CH_2 \cdot C_6H_5$ wird zu Oxydiphenylmethan C_6H_5 $CH(OH) \cdot C_6H_5$[6]), Campher $C_8H_{14}<^{CH_2}_{CO}$ zu Campherol $C_8H_{14}<^{CH \cdot OH}_{CH \cdot OH}$ oxydiert[7]).

Die substituierten Säureamide verhalten sich folgendermaßen: Dibenzamid $NH \cdot (CO \cdot C_6H_5)_2$ wird zu Benzoesäure oxydiert, hingegen wird Phthalimid bis auf Spuren völlig zerstört[8]). Benzoylharnstoff $C_6H_5 \cdot CO \cdot NH \cdot CO \cdot NH_2$ wird in Benzoesäure umgewandelt. Während Biuret im Organismus nicht angegriffen wird, kann Diphenylbiuret $NH(CO \cdot NH \cdot C_6H_5)_2$ nur in kleinen Mengen im Harn wieder gefunden werden. Ebenso p-Oxydiphenylbiuret $NH(CO \cdot NH \cdot C_6H_4 \cdot OH)_2$. Benzylidenbiuret $NH_2 \cdot CO \cdot NH \cdot CO \cdot N : HC \cdot C_6H_5$ hingegen ergab beim Durchgange durch den Organismus Benzoesäure.

Gentisinsäure[9]) $C_6H_3 \begin{cases} OH & (1) \\ OH & (4) \\ COOH & (5) \end{cases}$ wird teilweise und Homogentisinsäure

---

[1]) Fillips, Ed.: Ann. di chim. e farmracol. sperim. e scienze aff. Bd. 18, S. 178.

[2]) Dubois' Arch. f. Physiol. 1870, S. 406.

[3]) Hoppe-Seylers Zeitschr. f. physiol. Chem. Bd. 4, S. 416. 1880.

[4]) Baumann, E. und Brieger: Hoppe-Seylers Zeitschr. f. physiol. Chem. Bd. 3, S. 254. 1879.

[5]) Hoppe-Seylers Zeitschr. f. physiol. Chem. Bd. 2, S. 47. 1878.

[6]) Klingenberg: Diss. Rostock 1891.

[7]) Hoppe-Seylers Zeitschr. f. physiol. Chem. Bd. 3, S. 422. 1879; s. auch Juvalta: Hoppe-Seylers Zeitschr. f. physiol. Chem. Bd. 13, S. 26. 1889.

[8]) Köhne: Diss. Rostock 1894. 2 g Phthalimid machen bei Hunden keine Störung. 4 g nach Stunden Erbrechen, Zittern.

[9]) Hoppe-Seylers Zeitschr. f. physiol. Chem. Bd. 21, S. 422. 1895/96.

$C_6H_3\langle{}^{OH\ (1)}_{OH\ (4)}_{CH_2 \cdot COOH\ (5)}$ größtenteils verbrannt[1]). Aus Tyrosin und Phenylalanin entsteht beim Alkaptonuriker Homogentisinsäure[2]).

Blum erhielt nach Thymolfütterung im Harne Thymo-hydrochinon und ein Chromogen[3]).

K. Klingenberg[4]) hat das Verhalten einiger aromatischer Körper, welche mehr als einen Benzolkern enthalten, im Organismus untersucht.

Bei Versuchen mit Benzidin $\begin{matrix} C_6H_4\text{—}NH_2\ (4) \\ | \\ C_6H_4\text{—}NH_2\ (4) \end{matrix}$ ließ sich eine Vermehrung der Ätherschwefelsäuren nicht nachweisen, es besteht demnach keine Analogie mit dem Anilin, welches bekanntlich im Tierkörper oxydiert wird. Entgegen den Angaben von Klingenberg fand O. Adler[5]), daß Benzidin nicht unverändert in den Harn übergeht, es entsteht 4.4′-Diaminodioxydiphenyl.

p-Dibromdiphenyl $\begin{matrix} C_6H_4\text{—}Br \\ | \\ C_6H_4\text{—}Br \end{matrix}$ wird nicht oxydiert.

Diphenylharnstoff wird fast gar nicht resorbiert[6]), Phenylharnstoff wird in Anilin, Ammoniak und Kohlensäure zerlegt und ersteres zu p-Aminophenol oxydiert, welches in Form einer Ätherschwefelsäure ausgeschieden wird.

Oxanilsäure $C_6H_5 \cdot NH \cdot CO \cdot COOH$ verläßt den Organismus unangegriffen.

Carbazol $\begin{matrix} C_6H_4 \\ | \\ C_6H_4 \end{matrix}\!\!>\!NH$ wird im Tierkörper zu Oxycarbazol $\begin{matrix} C_6H_3\text{—}OH \\ | \\ C_6H_4 \end{matrix}\!\!>\!NH$ umgewandelt und in Form der Ätherschwefelsäureverbindung ausgeschieden.

Phenylglucosazon ist für den Organismus indifferent und wird nicht gespalten[7]).

Bei Verfütterung von Fluoren

$$\begin{matrix} C_6H_4 \\ | \\ C_6H_4 \end{matrix}\!\!>\!CH_2, \text{ Phenanthren } \begin{matrix} C_6H_4\text{—}CH \\ | \qquad \| \\ C_6H_4\text{—}CH \end{matrix}$$

und Phenanthrenchinon $\begin{matrix} C_6H_4\text{—}CO \\ | \qquad | \\ C_6H_4\text{—}CO \end{matrix}$ ließ sich keine Oxydation nachweisen. Hingegen beobachteten Bergell und Pschorr[8]) nach Verfütterung von Phenanthren an Kaninchen das Auftreten einer Phenanthrolglykuronsäure, was eine Oxydation des Phenanthrens zu Phenanthrol beweist.

Bei Diphenylamin $\begin{matrix} C_6H_5 \\ C_6H_5 \end{matrix}\!\!>\!NH$ ergab sich eine bedeutende Vermehrung der Ätherschwefelsäure und aus dem Harne konnte p-Oxydiphenylamin $\begin{matrix} OH \cdot C_6H_4 \\ C_6H_4 \end{matrix}\!\!>\!NH$ dargestellt werden.

Die Resultate der Klingenbergschen Untersuchung ergaben eine Bestätigung resp. Erweiterung der Nöltingschen Regel, nach welcher bei der Hydroxylierung aromatischer Körper im Organismus, wie in vitro, die Hydroxylgruppe zu einer schon besetzten Stelle

---

[1]) Wolkow und Baumann: Hoppe-Seylers Zeitschr. f. physiol. Chem. Bd. 15; S. 228. 1891. — Embden, H.: ebenda Bd. 18. — Neubauer und Falta: ebenda Bd. 42.

[2]) Wolkow und E. Baumann: Hoppe-Seylers Zeitschr. f. physiol. Chem. Bd. 15. S. 228. 1891; s. auch Falta und Langstein: Hoppe-Seylers Zeitschr. f. physiol. Chem. Bd. 37, S. 513. 1903.

[3]) Dtsch. med. Wochenschr. 1891, S. 186. [4]) Diss. Rostock 1891.

[5]) Arch. f. exp. Pathol. u. Pharmakol. Bd. 58, S. 167. 1907.

[6]) Salaskin und Kowalevsky: Biochem. Zeitschr. Bd. 4, S. 210. 1907.

[7]) Pigorini: Atti d. reale accad. dei Lincei Roma [5] Bd. 17, II, S. 132.

[8]) Hoppe-Seylers Zeitschr. f. physiol. Chem. Bd. 38, S. 16. 1903.

in Parastellung tritt; ist aber die Parastellung schon besetzt, so erfolgt die Hydroxylierung im Tierkörper nicht.

Auch beim Phenylurethan $C_6H_5 \cdot NH \cdot CO \cdot O \cdot C_2H_5$ tritt eine Hydroxylierung in der Parastellung im Organismus ein, und wir erhalten im Harne p-Oxyphenylurethan $OH \cdot C_6H_4 \cdot NH \cdot CO \cdot O \cdot C_2H_5$.

Der Benzolkern wird nach Ziegler[1]) überhaupt nicht angegriffen, wenn ein oder mehrere Wasserstoffe desselben durch kohlenstoffhaltige Seitenketten vertreten sind. Aus p-Cymol $C_6H_4(C_3H_7)(CH_3)$ entsteht Cuminsäure $C_6H_4(C_3H_7)(COOH)$[2]).

Santonin[3]) wird im Organismus in Oxysantonine verwandelt. Es werden Mono- und Dioxysantonine ausgeschieden[4]). Santonin $C_{15}H_{28}O_3$ (Lacton der Santoninsäure) ist ein Derivat des Hexahydronaphthalins. Im Harne tritt Santogenin auf $C_{30}H_{36}O_9$, welches das Anhydrid der zweibasischen Santogeninsäure ist.

Benzylamin wird zu Benzoesäure oxydiert[5]). Ebenso Hydrobenzamid, Phenylpropionsäure[6]). Die aromatischen Aldehyde und Ketone werden zu den entsprechenden Carbonsäuren oxydiert, z. B. Benzaldehyd zu Benzoesäure[7]). Bei Hunden wird er zu Benzylalkohol reduziert, (s. bei Reduktionen). Vanillin[8]) mit mehreren Seitenketten [Strukturformel: Benzolring mit CHO, OCH_3, OH] wird zu Vanillinsäure [Strukturformel: Benzolring mit COOH, OCH_3, OH] oxydiert.

Oxyanthrachinone werden beim Passieren des Organismus oxydiert. Chrysarobin z. B. geht unter Sauerstoffaufnahme in Chrysophansäure über.

Pyridin wird anscheinend im Organismus nicht oxydiert, sondern geht Synthesen ein oder wird als solches ausgeschieden. Picolin (α-Methylpyridin), wird zur Pyridin-α-carbonsäure (Picolinsäure) oxydiert[9]). Piperidin geht wegen seiner raschen Oxydierbarkeit keine Methylierungs-Synthese wie Pyridin ein.

Atophan geht im Organismus in 8-Oxy-2-phenylchinolin-4-carbonsäure [Strukturformel: Chinolinring mit COOH, $\cdot C_6H_5$, HO, N] über. Ferner findet man Oxypyridinursäure [Strukturformel: Ring mit $CO \cdot NH \cdot CH_2 \cdot COOH$, OH, ?][10]).

Die hydroaromatischen Säuren Hexahydrobenzoesäure und Hexahydroanthranilsäure gehen zum Teil in Hippursäure über, hingegen geben Cyclohexanessigsäure und Cyclohexanolessigsäure weder Hippursäure noch Phenacetursäure, was eine Oxydation durch Dehydrierung des hydrierten Benzolkernes erweist[11]).

---

[1]) Arch. f. exp. Pathol. u. Pharmakol. Bd. 1, S. 65.
[2]) Ber. d. dtsch. chem. Ges. Bd. 5, S. 749. 1872. Bd. 12, S. 1512. 1879.
[3]) Jaffé, M.: Hoppe-Seylers Zeitschr. f. physiol. Chem. Bd. 22, S. 538. 1896/97.
[4]) Wedekind: Pharm. Ztg. 1901, S. 598—600.
[5]) Bülow: Pflügers Arch. f. d. ges. Physiol. Bd. 57, S. 93. — Cohn, R.: Hoppe-Seylers Zeitschr. f. d. physiol. Chem. Bd. 17, S. 279. 1893.
[6]) Schmiedeberg, O.: Arch. f. exp. Pathol. u. Pharmakol. Bd. 8, S. 1.
[7]) Nencki, M.: Journ. f. prakt. Chem. Bd. 18, S. 288. 1878.
[8]) Hoppe-Seylers Zeitschr. f. physiol. Chem. Bd. 4, S. 213. 1894.
[9]) Cohn, R.: Hoppe-Seylers Zeitschr. f. physiol. Chem. Bd. 18, S. 123. 1894.
[10]) Dohrn, Max: Biochem. Zeitschr. Bd. 43, S. 240. 1912.
[11]) Friedmann, E.: Biochem, Zeitschr. Bd. 35, S. 49. 1911.

In bezug auf die Stellung unterscheiden sich die verschiedenen Substanzen in ihrem physiologisch-chemischen Verhalten im Organismus; so werden viele o-Verbindungen im Organismus leicht oxydiert, während die m- und p-Reihen sich viel resistenter verhalten.

So ist von den isomeren Dioxybenzolen die o-Verbindung Brenzcatechin in Analogie mit dem Verhalten außerhalb des Organismus, im Tierkörper leichter zerstörbar als die m- und p-Verbindung [Hydrochinon, Resorcin[1])].

Meconsäure $CO<\begin{matrix} C(OH):C\cdot COOH \\ CH{=\!=}C\cdot COOH \end{matrix}>O$ (Oxypyrondicarbonsäure) wird im Organismus völlig zerstört (bis auf Spuren). Meconsäure ist auch in größeren Dosen physiologisch unwirksam. Warmblüter oxydieren sie scheinbar sehr rasch und leicht. Auch der Frosch verträgt sie gut[2]). Die gleiche Wirkung zeigt die Säure, wenn man die Hydroxylgruppe acyliert oder alkyliert, wie die Acetyl- und Benzoylmeconsäure und der Äthyl- und Propyläther. Eine stärkere Lähmung läßt sich beim Frosch erreichen, wenn man die eine oder beide Carboxylgruppen der Meconsäure verestert. Hier zeigen die Äthyl- und Propylderivate stärkere narkotische Wirkung, während die höheren aliphatischen und aromatischen Ester schwächer wirken. Die Ätherverbindungen dieser Ester wirken nicht stärker als die Ester. Die Diazofarbstoffe der Ester wirken wie die Ester selbst. Kondensiert man die Carboxylgruppe der freien Meconsaure oder deren Ester mit Hydrazinderivaten, so erhält man stark giftige Substanzen, die in sehr geringen Mengen tödlich wirken. Das Urethanderivat ist wenig wirksam. Das Harnstoffderivat macht beim Frosch Krämpfe, dann Lähmung. Äthyl- und Propylmeconylharnstoff sind den entsprechenden Meconsäureestern in der Wirkung ähnlich. Meconylthioharnstoff steht dem Harnstoffderivat in seiner Wirkung um das Dreifache nach. Das Propylderivat des Meconylthioharnstoffs macht beim Frosch Lähmung und Betäubung. Beim Kaninchen ist es unwirksam. Komensäure (Oxypyronmonocarbonsäure) verhält sich analog wie Meconsäure, ebenso die Bromkomensäure. Der Pyronkern ist also der Oxydation im Organismus gegenüber wenig widerstandsfähig. Komenaminsäure (Dioxypicolinsäure) ist wirkungslos, wird teils oxydiert, teils unverändert im Harne ausgeschieden[3]).

Chitose, der E. Fischer und Andreae[4]) die Konstitution eines Hydrofuranderivates

$$\begin{array}{c} HO\cdot HC{-\!-}CH\cdot OH \\ HO\cdot H_2C\cdot HC\quad CH\cdot CHO \\ \diagdown\diagup \\ O \end{array}$$

zuschreiben, verwandelt sich im Organismus in

$$\begin{array}{c} HC{-\!-}CH \\ \| \quad \| \\ HO\cdot H_2C\cdot C\quad C\cdot COOH \\ \diagdown\diagup \\ O \end{array}$$

Oxymethylbrenzschleimsäure.

Es entsteht also aus dem Hydrofuranderivat ein Furanderivat mit Doppelbindungen in der α-β-Stellung[5]).

---

[1]) Cohn, R.: Hoppe-Seylers Zeitschr. f. physiol. Chem. Bd. 17, S. 295. 1893.
[2]) Lautenschläger, L.: Biochem. Zeitschr. Bd. 96, S. 73. 1919.
[3]) Tuschnow-Philipoff: Arch. f. exp. Pathol. u. Pharmakol. Bd. 51, S. 183.
[4]) Ber. d. dtsch. chem. Ges. Bd. 36, S. 2589. 1903.
[5]) Suzuki, N.: Journ. of biol. chem. Bd. 38, S. 1. 1919.

Desaminierung und Aminierung.

In vielen Fällen vermag der Organismus N-haltige Substanzen zu desaminieren, ein Vorgang, welcher zuerst von S. Fränkel[1]) für die Bildung von Kohlenhydraten aus Eiweißspaltungsprodukten (Aminosäuren) behauptet wurde. Für solche Desaminierungen sind zahlreiche Beispiele bekannt (siehe Kapitel Oxydationen).

Die aromatischen Aminosäuren Tyrosin und Phenylalanin werden in den Reticuloendothelien unter Bildung der entsprechenden Ketonsäuren oxydiert, in den Parenchymzellen aber unter Bildung der entsprechenden Alkoholsäuren hydrolytisch desaminiert. Der erstere Prozeß geht symmetrisch vor sich, d. h. die beiden Antipoden der genannten Aminosäuren werden in die entsprechenden Ketonsäuren umgewandelt; der letztere jedoch asymmetrisch, d. h. es wird dabei nur die natürliche Modifikation angegriffen.

Aus Serin (α-Aminomilchsäure) entsteht Milchsäure[2]).

α-β-Diaminopropionsäure wird im Organismus zu Glycerinsäure: $CH_2(NH_2)$ — CH (NH_2)—COOH zu $CH_2(OH)$—CH(OH)—COOH[3]). Überhaupt geht die Oxydation der Aminosäuren unter Desaminierung vor sich. Der Prozeß ist zum Teil reversibel, denn es können auch Aminierungen im Organismus zustande kommen, wie sie F. Knoop und Berteß bei Ketosäuren beobachtet haben, dann Embden und Schmitz[4]) bei Durchblutung von Leber mit den Ketosäuren, welche dem Phenylalanin, Tyrosin und Alanin entsprechen. Aus den Ammonsalzen dieser Ketosäuren bildet die Leber die entsprechenden Aminosäuren.

Beim Hunde wird p-Oxyphenyläthylamin zu 25% zu p-Oxyphenylessigsäure oxydiert[5]). p-Oxyphenyläthylmethylamin wird weniger rasch und Hordenin (p-Oxyphenyläthyldimethylamin) noch langsamer in p-Oxyphenylessigsäure umgewandelt als das primäre Amin. Der Betrag der nicht nachweisbaren Basen wird vom primären zum tertiären Amin progressiv größer, so daß die völlige Zerstörung der Substanz im Organismus durch Einführung von Methylgruppen erleichtert zu werden scheint.

Nach den Angaben von M. Guggenheim und W. Löffler werden Isoamylamin, Phenyläthylamin, p-Oxyphenyläthylamin, β-Indolyläthylamin und β-Imidazoläthylamin im Organismus durch Desaminierung und Oxydation entgiftet; als Endprodukte dieser Vorgänge resultieren Carbonsäuren der gleichen Kohlenstoffzahl wie die der entgifteten Amine. Aus Isoamylamin entsteht Isovaleriansäure, aus β-Phenyläthylamin Phenylessigsäure, aus p-Oxyphenyläthylamin p-Oxyphenylessigsäure, aus β-Indolyläthylamin Indolylessigsäure; β-Indol-pr-3-äthylamin geht beim Durchblutungsversuch in β-Indol-pr-3-essigsäure, beim Füttern in Indolacetursäure über. Kynurensäure bildet sich nicht[6]). Der Nachweis der β-Imidazolylessigsäure aus β-Imidazolyläthylamin ist bis jetzt nicht gelungen. Die Zwischenprodukte bei der Oxydation der Amine zu den Carbonsäuren sind die entsprechenden Alkohole wie Isoamylalkohol, Phenyläthylalkohol, p-Oxyphenyläthylalkohol[7]).

---

[1]) Monatshefte für Chemie. Bd. 19, S. 747. 1898.

[2]) Langstein, L. und C. Neuberg: Engelmanns Arch. 1903. Suppl. 514. S. ferner Lang, S.: Hofmeisters Beitr. z. chem. Physiol. u. Pathol. Bd. 5, S. 321. 1904 und Hirsch, Rachel: Zeitschr. f. exp. Pathol. u. Therap. Bd. 1.

[3]) Hoppe-Seylers Zeitschr. f. physiol. Chem. Bd. 42, S. 59. 1904.

[4]) Biochem. Zeitschr. Bd. 49, 423. S. 1910.

[5]) Ewins, A. J. und P. P. Laidlaw: Journ. of physiol. Bd. 41, S. 78. 1910.

[6]) Ewins, A. J. und P. P. Laidlaw: Biochem. Journ. Bd. 7, S. 18.

[7]) Biochem. Zeitschr. Bd. 72, S. 325. 1916.

Reduktionen.

Reduzierende Wirkungen übt der Organismus in manchen Fällen aus. So wird Chloral $CCl_3 \cdot CHO$ zu Trichloräthylalkohol $CCl_3 \cdot CH_2 \cdot OH$, Butylchloral zu Trichlorbutylalkohol reduziert[1]). Benzaldehyd wird nach Verfütterung bei Hunden zum Teil als Benzylglykuronsäure ausgeschieden, die sich in Benzylalkohol $C_6H_5 \cdot CH_2 \cdot OH$ und Glykuronsäure spalten läßt[2]).

Chinon $OC{<}^{CH=HC}_{CH=HC}{>}CO$ wird im Organismus vorerst zu Hydrochinon reduziert[3]) und als Hydrochinonglykuronsäure ausgeschieden. Nach Chloranil-(Tetrachlorchinon $C_6Cl_4O_2$)-Verabreichung findet sich im Harne Tetrachlorhydrochinonglykuronsäure und die Ätherschwefelsäure des Tetrachlorhydrochinons. Nach Eingabe von Chloranilsäure (Dichloroxychinon) findet sich im Harne Hydrochloranilsäure mit Glykuronsäure gepaart. Chloranilaminsäure $C_6Cl_2O_2(NH_2) \cdot OH + 3\,H_2O$ scheint im Tierkörper vorerst in Chloranilsäure verwandelt zu werden, welche dann weiter zu Hydrochloranilsäure reduziert wird.

Chinasäure $C_6H_7 \cdot COOH(HO)_4$ geht im Organismus in Benzoesäure über, was nur durch Reduktion möglich ist[4]). Sie wird beim Menschen oral eingenommen zu $^1/_3$ unzersetzt ausgeschieden.

Chloräthylamin $CH_2Cl \cdot CH_2 \cdot NH_2$ soll nach R. Luzzatto[5]) ebenso wie die entsprechende Bromverbindung im Organismus in Vinylamin übergehen. Die Vergiftungssymptome sind die gleichen wie bei Vinylamin[6]).

Brenztraubensäure geht in der überlebenden Hundeleber in α-Milchsäure über[7]).

Ungesättigte Säuren können im Tierkörper in gesättigte übergeführt werden. —CO- und —CHOH-Gruppen können zu Methylengruppen reduziert werden. Die Gesetzmäßigkeiten über den Abbau von Säuren werden durch die Anwesenheit von Carbonylgruppen oder Doppelbindungen in dem vom Carboxyl entfernten Teil eines Säuremoleküls nicht beeinträchtigt; dort scheinen vielmehr reduktive Prozesse leichter einzusetzen als in der Nachbarschaft der Carboxylgruppe.

Ferner wird in einigen Fällen die Nitrogruppe zu einer Aminogruppe reduziert. Nitrobenzol geht in p-Nitrophenol und dann in p-Aminophenol über,

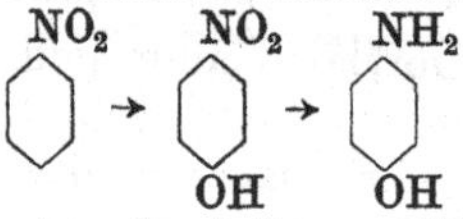

NO_2 (Benzolring) → NO_2 (Benzolring) OH → NH_2 (Benzolring) OH

, welches sich mit Glykuronsäure paart[8]). Auch m-Nitrophenol wird vom Kaninchen zum Teil zu m-Aminophenol reduziert,

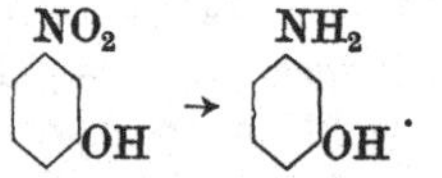

NO_2 (Benzolring) OH → NH_2 (Benzolring) OH.

o-Nitrophenol wird unverändert ausgeschieden[9]). Beim m- und p-Nitrobenzaldehyd wird die Aldehydgruppe zur Carboxylgruppe im Kaninchenorganismus

---

1) Hoppe-Seylers Zeitschr. f. physiol. Chem. Bd. 6, S. 440. 1882. — Ber. d. dtsch. chem. Ges. Bd. 15, S. 1019. 1882. — Pflügers Arch. f. d. ges. Physiol. Bd. 28, S. 506 und Bd. 33, S. 221.

2) Inaug.-Diss. v. Konrad Siebert (Jaffé): Königsberg 1901.

3) Schulz, Otto: Diss. Rostock 1892.

4) Chem. Ztg. Rep. 1902/220. — Schmid, J.: Zentralbl. f. inn. Med. 1905, Nr. 3. — Liebigs Ann. d. Chem. Bd. 125, S. 9.

5) Ann. d. farm. sperim. Bd. 17, S. 455. 1914. Zeitschr. f. exp. Pathol. u. Therap. Bd. 16, S. 18. 1914.

6) Oka: Virchow. Arch. f. pathol. Anat. u. Physiol. Bd. 214, S. 149. 1913.

7) Otani, Z.: Hoppe-Seylers Zeitschr. f. physiol. Chem. Bd. 143, S. 229. 1925.

8) Meyer, E.: Hoppe-Seylers Zeitschr. f. physiol. Chem. Bd. 46, S. 502. 1905.

9) Baumann, E. u. Herter: Hoppe-Seylers Zeitschr. f. physiol. Chem. Bd. 1, S. 252. 1877.

oxydiert, die Nitrogruppe zur Aminogruppe reduziert, es tritt noch eine Acetylierung am Aminorest ein, so daß das Resultat dieser differenten Verwandlungen Acetylaminobenzoesäure $CH_3 \cdot CO \cdot NH \cdot C_6H_4 \cdot COOH$ ist. Also drei differente Prozesse an einem eingeführten Körper[1]).

Die Fälle der Reduktion einer Nitrogruppe zu einer Aminogruppe können durchaus nicht generalisiert werden, häufig wird die Nitrogruppe nicht zu einer Aminogruppe reduziert, z. B. nicht bei der m-Nitrobenzoesäure.

N. Sieber und Smirnow[2]) fanden beim Hunde, daß alle drei Nitrobenzaldehyde im Organismus zu den entsprechenden Nitrobenzoesäuren oxydiert werden. Ausgeschieden wird p-Nitrobenzoesäure als p-nitropippursaurer Harnstoff, m-Nitrobenzoesäure als m-Nitrohippursäure und o-Nitrobenzoesäure ohne jede Paarung.

Es scheinen also bei derselben Substanz zwei differente Verwandlungen nebeneinander zu laufen.

Aus l-Nitroanthrochinon entsteht l-Aminoanthrachinon, l-Amino-4-oxyanthrachinon und 1.2.7.-Trioxyanthrachinon[3]).

Ein weiterer Fall von Reduktion der Nitrogruppe ist die partielle Reduktion der Pikrinsäure (Trinitrophenol) $C_6H_2(NO_2)_3 \cdot OH$ zu Pikraminsäure (Dinitroaminophenol) $C_6H_2(NO_2)_2 \cdot (NH_2) \cdot OH$[4]) im Organismus.

Tetralin wird im Harn in Form gepaarter Dihydronaphtholglykuronsäuren ausgeschieden. Beim Kaninchen besteht als Hauptprodukt die Glykuronsäure des opt. akt. ac. β-Tetralols, beim Hunde bildet sich ac-α-Tetralolglykuronsäure. Daneben entsteht etwas Dihydronaphthalin. Tetralin macht bei Hunden Durchfälle, bei Kaninchen Abortus[5]).

o-Nitrophenylpropionsäure $C_6H_4\langle{}^{C\,\vdots\,C\cdot COOH\ (1)}_{NO_2\ (2)}$ wird im Organismus in Indoxylschwefelsäure verwandelt[6]), was wohl in der Weise gedeutet werden kann, daß o-Nitrophenylpropiolsäure erst zu Indoxylsäure

Indoxylsäure $C_6H_4\langle{}^{C(OH)}_{NH}\rangle C\cdot COOH$ Indoxyl $C_6H_4\langle{}^{C(OH)}_{NH}\rangle CH$

reduziert wird, welche sodann CO_2 abspaltet und in Indoxyl übergeht, das sich dann mit Schwefelsäure paart.

Nach Injektion von Benzoylessigsäure $C_6H_5 \cdot CO \cdot CH_2 \cdot COOH$ an Katzen findet man im Harn unveränderte Benzoylessigsäure in ziemlichen Mengen und Acetophenon, daneben aber viel l-Phenyl-β-oxypropionsäure und wenig Zimtsäureglykokoll. Es handelt sich also hier um eine asymmetrische Reduktion.

Weiter kennen wir eine Reihe von Reduktionen von Farbstoffen zu ihren Leukoverbindungen durch die Untersuchungen von P. Ehrlich, H. Dreser und F. Röhmann.

Die Organe enthalten ein Nitrate reduzierendes Ferment, Chlorate werden nicht reduziert, Bromate wenig, Jodate aber reichlich. Jodoanisol wird zu Jodanisol, lösliches Berlinerblau wird zu Dikaliumferroferrocyanid reduziert[7]).

---

[1]) Cohn, R.: Hoppe-Seylers Zeitschr. f. physiol. Chem. Bd. 17, S. 285. 1893.
[2]) Monatshefte für Chemie. Bd. 8, S. 88. 1887.
[3]) John, H.: Biochem. Zeitschr. Bd. 155, S. 161. 1925. - John, H. und Viktor Fischl, ebenda Bd. 167, S. 419. 1926.
[4]) Rymsza: Diss. Dorpat 1889. — Walko: Arch. f. exp. Pathol. u. Pharmakol. Bd. 46, S. 181. 1901.
[5]) Röckemann, W.: Arch. f. exp. Pathol. u. Pharmakol. Bd. 92, S. 52. 1922.
[6]) Hoppe-Seyler, G.: Hoppe-Seylers Zeitschr. f. physiol. Chem. Bd. 7, S. 178. 1882.
[7]) Harris, D. F. und W. Moodi: Journ. of physiol. Bd. 34, S. 32. — Biochem. Journ. Bd. 1, S. 365. 1906.

Synthesen im Organismus.

Paarung im Organismus. (Entgiftung durch Paarung.)

Außer diesen meist oxydativen und Reduktionsvorgängen kommt es im Organismus zu einer Reihe von Synthesen, welche hauptsächlich giftige Substanzen entgiften, eine Funktion, welche der Organismus schon bei den Oxydationen, die wir soeben besprochen haben, durchführt. Diese Synthesen schaffen hauptsächlich durch Anlagerung saurer Reste aus Alkoholen und Phenolen gepaarte saure Verbindungen, die physiologisch wenig wirksam oder unwirksam sind und in diesem leicht löslichen Zustande als Salze durch den Harn leicht eliminiert werden können. Zu dieser Paarung wird vor allem die aus dem Eiweiß durch Oxydation des Sulfhydrylschwefels entstehende Schwefelsäure verwendet, welche aus noch so giftigen Verbindungen die im Organismus indifferenten Ätherschwefelsäuren bildet[1]). Neben dieser die Hauptrolle spielenden Paarung tritt bei einer Reihe von später zu besprechenden Substanzen die Paarung mit Glykuronsäure auf. Die Glykuronsäure ist das erste Oxydationsprodukt des Traubenzuckers, aber anscheinend nur dann, wenn der Zucker zuvor eine glykosidartige Verbindung eingegangen, bei welcher die Aldehydgruppe des Zuckers, welche mit einem Phenolhydroxyl reagiert hat, verdeckt wird. Gewisse Substanzen paaren sich nur mit ihr; bei anderen tritt sowohl eine Paarung mit Schwefelsäure, als auch mit Glykuronsäure ein; bei letzterer meist erst dann, wenn die zur Paarung disponible Schwefelsäure verbraucht ist. Vielfach gehen die Substanzen gleichzeitig die Paarung mit Schwefelsäure und Glykuronsäure ein.

Die Bildung von Glykosiden bei der Paarung im Organismus macht den Paarling schwer diosmierbar, da das Glykosid nur sehr schwer in Zellen eintreten kann. Es bildet sich ein im Organismus durch die in ihm enthaltenen Fermente nicht spaltbares β-Glykosid.

β-Menthollactosid z. B. wird unverändert ausgeschieden[2]), da unser Organismus β-Glykoside überhaupt nicht aufzuspalten vermag.

Die Chloralose wird vom Hunde im Harn teils als solche, teils in der Form einer neuen Glykuronsäureverbindung, der nicht krystallisierbaren Chloraloseglykuronsäure, ausgeschieden[3]).

Durch die Paarung wird der Paarling so verändert, daß das Paarungsprodukt die Oberflächenspannung des Wassers nicht mehr beeinflußt, der Paarling somit seine Oberflächenaktivität verliert.

Nicht alle Glykuronsäureverbindungen sind aber nach dem gewöhnlichen Typus des β-Glykosids gebaut. p-Dimethylaminobenzaldehyd wird z. B. vom Kaninchen zu p-Dimethylaminobenzoesäure oxydiert und mit Glykuronsäure verbunden ausgeschieden. Diese Glykuronsäure reduziert im Gegensatze zu den sonstigen gepaarten Glykuronsäuren Fehlingsche Lösung. Sie ist wahrscheinlich nach folgendem esterartigen Typus gebaut:

$$\frac{CH_3}{CH_3}{>}N\cdot C_6H_4\cdot CO\cdot \overbrace{O\,CH\cdot CH(OH)\cdot CH(OH)\cdot CH}^{O}\cdot CH(OH)\cdot COOH\,.$$

Primäre und sekundäre Alkohole werden, wenn sie nicht der Oxydation anheimfallen, partiell mit Glykuronsäure gepaart, aber diese Synthese geht beim Hunde viel schwächer vor sich als beim Kaninchen.

---

[1]) Zuerst wurde diese Paarung beim Phenol von Baumann und Herter: Hoppe-Seylers Zeitschr. f. physiol. Chem. Bd. 1, S. 247. 1877 und Ber. d. dtsch. chem. Ges. Bd. 9, S. 1389. 1876 beobachtet, welche zeigten, daß dieses als phenolätherschwefelsaures Kali $C_6H_5 \cdot O \cdot SO_2 \cdot OK$ den Organismus verläßt.

[2]) Fischer, Hans: Hoppe-Seylers Zeitschr. f. physiol. Chem. Bd. 70, S. 256. 1911.

[3]) Tiffenau: Cpt. rend. hebdom. des séances de l'acad. des sciences. Bd. 160, S. 38. 1915.

Man unterscheidet zwei Klassen von Glykuronsäureverbindungen: Die glykosidischen und die Esterglykuronsäuren. Ersteren kommt höchstwahrscheinlich die Konstitution

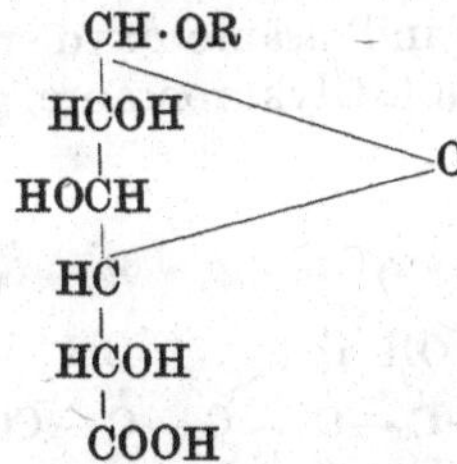

der Esterklasse vielleicht z. B. der Benzoeglykuronsäure die Konstitution

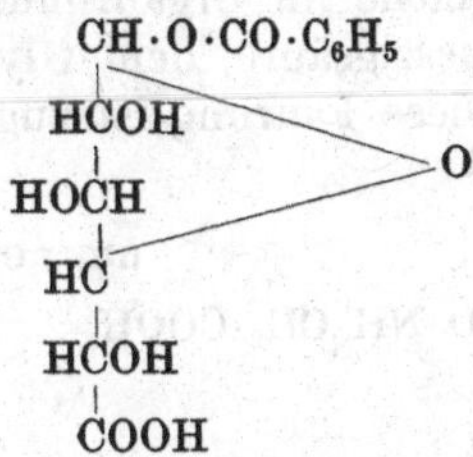

zu. Zu letzterer Klasse gehört Dimethylaminobenzoeglykuronsäure, vielleicht auch Salicylglykuronsäure, vielleicht auch die Mercaptursäureglykuronsäure. Sie reduzieren Fehlingsche Lösung ohne Säurespaltung.

Trimethyläthylen (Isoamylen) und Octylen (Caprilen) werden im Organismus so verändert, daß sie unter Lösung der doppelten Bindung, also Reduktion und Aufnahme von Wasser, in die entsprechenden Alkohole, also zugleich Oxydation übergehen und sich dann paaren[1]). Alle tertiären Alkohole paaren sich mit Glykuronsäuren, während verschiedene primäre und sekundäre, ein- und zweiwertige Alkohole nicht imstande sind, die Glykuronsäurepaarung einzugehen. Tertiäre Alkohole werden aber nur von Kaninchen, nicht aber vom Hund oder Menschen gepaart. Tiere, welche die tertiären Alkohole nicht an Glykuronsäure binden, scheiden diese vollständig durch die Atmung aus[2]).

Aber nur ein Teil der verfütterten paarungsfähigen Substanzen paart sich wirklich mit Schwefelsäure und Glykuronsäure. Je giftiger die Substanz ist, desto mehr wird sie durch Paarung entgiftet und aus dem Organismus weggeschafft. So beobachtete G. A. Pari bei Verfütterung der isomeren Campher, daß der l-Campher, welcher unter den drei Isomeren der giftigste ist, mehr als die beiden anderen sich mit Glykuronsäure paart und in dieser ungiftigen Verbindung weggeschafft wird.

Die o-Verbindungen verhalten sich den synthetischen Prozessen im Organismus gegenüber bemerkenswert verschieden.

Bei Verfütterung von Racemkörpern werden diese vor der Paarung mit Glykuronsäure in ihre optisch-aktiven Komponenten gespalten. Nur Methyläthylpropylcarbinol paart sich, ohne gespalten zu werden[3]).

Es kann auch der Fall eintreten, daß eine Gruppe im Organismus zu Carboxyl oxydiert wird und doch die gebildete Carbonsäure, wenn ein freies Hydroxyl vorhanden, die Schwefelsäurepaarung eingeht.

---

[1]) Neubauer, Otto: Arch. f. exp. Pathol. u. Pharmakol. Bd. 46, S. 149. 1901.

[2]) Pohl, J.: Arch. f. exp. Pathol. u. Pharmakol. Suppl. 1908, Schmiedeberg-Festschrift S. 427.

[3]) Magnus-Levy, A.: Biochem. Zeitschr. Bd. 2, S. 319. 1907.

Vanillin z. B. $H_3C \cdot O \cdot C_6H_3 < {OH \atop CHO}$ erscheint im Harn zum Teil als Ätherschwefelsäure der Vanillinsäure ${HOOC \atop H_3C \cdot O} > C_6H_3 \cdot O \cdot SO_3H$ [1]). Es wird nämlich im Organismus Vanillin zur Vanillinsäure oxydiert und die letztere zum Teil mit Schwefelsäure, zum Teil mit Glykuronsäure gepaart, und zwar als Glykurovanillinsäure

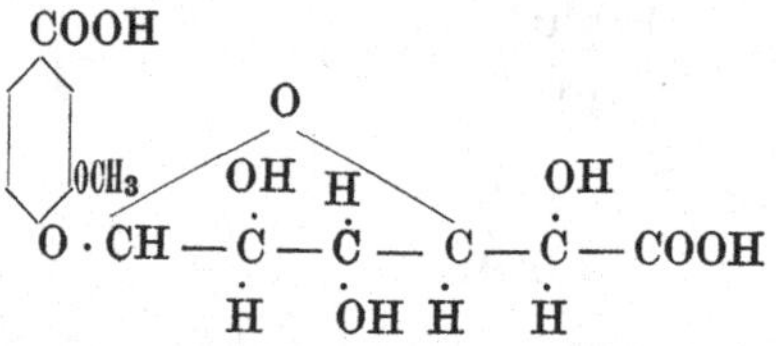

```
   COOH
  /\
 |  |         O
 |  |      /     \
  \/OCH3  OH  H      OH
  O·CH — C — C — C — C — COOH
         H   OH H   H
```

ausgeschieden [2]).

Alle Substanzen, welche im Organismus zu Benzoesäure oxydiert werden, paaren sich mit Aminoessigsäure, dem Glykokoll, zur Hippursäure $C_6H_5 \cdot CO \cdot NH \cdot CH_2 \cdot COOH$. Diese Paarung ist zugleich eine Entgiftung. So ist z. B.

p-Chlorhippursäure $Cl \cdot C_6H_4 \cdot CO \cdot NH \cdot CH_2 \cdot COOH$ um ein vielfaches weniger giftig als

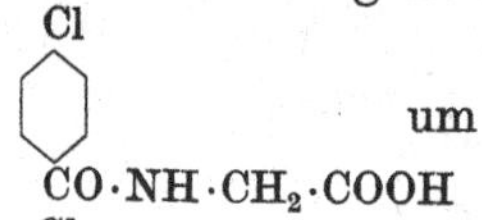

p-Chlorbenzoesäure $Cl \cdot C_6H_4 \cdot COOH$ [3]).

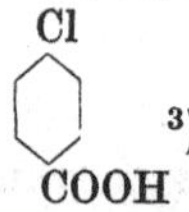

Benzoylpropionsäure $C_6H_5 \cdot CO \cdot CH_2 \cdot CH_2 \cdot COOH$ geht in Phenacetursäure über.

Nach Verfütterung von 15 g Benzoylpropionsäure an Menschen erhält man im Harn Phenylacetylglutamin und seine Harnstoffverbindungen, etwas Hippursäure und Phenolbutyrolacton und aus diesem phenyl-γ-oxybuttersaures Natrium in seiner linksdrehenden Form. Die eingeführte Ketosäure wird zur Oxysäure reduziert und von dieser die l-Form zum größten Teile ausgeschieden, und zwar zu 81%. Die d-Form ist zur Phenylbuttersäure reduziert und diese wenigstens teilweise auf dem Wege der β-Oxydation in die Phenylessigsäure umgewandelt, welche sich mit Glutamin verbindet. Die beim Menschen beobachtete Widerstandsfähigkeit der l-Modifikation zeigt sich beim Hunde nicht. Doch verhalten sich die Hunde in dieser Beziehung nicht gleich, nachdem in einem anderen Versuche am Hunde diese Säure gefunden werden konnte.

Phenyläthylalkohol wird beim Menschen zu Phenylessigsäure oxydiert, die in Phenylacetylglutamin übergeht. Nach größeren Gaben von Phenylessigsäure zeigen sich deutliche Giftwirkungen, insbesondere Schädigungen der Niere [4]).

Nach Eingabe von Phenylessigsäure erscheint bei Affen, Hunden und Kaninchen Phenacetursäure im Harn [5]). Hühner scheiden Phenylessigsäure als Phenacetornithursäure aus [6]). Beim Menschen tritt nach Eingabe von Phenylessigsäure Phenylacetylglutamin auf. Daneben tritt Phenylacetglutaminharnstoff auf [7]).

---

[1]) Preuße: Hoppe-Seylers Zeitschr. f. physiol. Chem. Bd. 4, S. 209. 1880.
[2]) Kotake, Y.: Hoppe-Seylers Zeitschr. f. physiol. Chem. Bd. 45, S. 320. 1905.
[3]) Hildebrandt, H.: Hofmeisters Beitr. z. chem. Physiol. u. Pathol. Bd. 3, S. 370. 1903.
[4]) Hoppe-Seylers Zeitschr. f. physiol. Chem. Bd. 17, S. 5. 1893.
[5]) Salkowski, E. und H.: Ber. d. dtsch. chem. Ges. Bd. 12, S. 653. 1879. — Hoppe-Seylers Zeitschr. f. physiol. Chem. Bd. 7, S. 161. 1882/83.
[6]) Totani: Hoppe-Seylers Zeitschr. f. physiol. Chem. Bd. 68, S. 75. 1910.
[7]) Thierfelder, H. und C. P. Sherwin: Ber. d. dtsch. chem. Ges. Bd. 47, S. 2630. 1914.

Die Darmfäulnis wird durch Einnahme von Phenylessigsäure stark herabgesetzt. Unabhängig von der Höhe der Dosis wird allemal etwa 50% der Säure durch Verbindung mit Glutamin entgiftet[1]).

p-Oxybenzoesäure wird beim Affen zu 50—60% als freie Säure im Harn gefunden, bei niederen Tieren ist es nach älteren Versuchen ebenso, während beim Menschen ein Teil an Glykokoll gebunden wird. Einen analogen Unterschied zeigt das Verhalten der p-Oxyphenylessigsäure. Sie paart sich zum Teil bei Tieren, während beim Menschen p-Oxyphenylessigsäure im Harn ausschließlich als freie Säure erscheint[2]).

Phenoxyessigsäure scheint sich nicht mit einem Stoffwechselprodukt des Organismus zu vereinigen. Dagegen erscheint die unveränderte Säure in reichlicher Menge im Harn[3]).

p-Bromphenylessigsäure wird sowohl beim Menschen als auch beim Hunde mit Glykokoll gepaart und als p-Bromphenylacetursäure ausgeschieden. Ebenso die p-Chlorphenylessigsäure. Das Kaninchen scheidet die p-Chlorphenylessigsäure unverändert aus.

m-Nitrophenylessigsäure geht unvermindert beim Menschen und Kaninchen in den Harn über, beim Hunde paart sie sich mit Glykokoll. p-Nitrophenylessigsäure verhält sich ebenso, während die o-Verbindungen bei allen drei Tierarten unverändert den Organismus passiert.

m-Aminophenylessigsäure und o-Aminophenylessigsäure wird vom Menschen und Hund nicht verändert, aber vom Kaninchen acetyliert, während p-Aminophenylessigsäure vom Menschen und Kaninchen acetyliert und als m-Acetylaminophenylessigsäure ausgeschieden wird. Der Hund scheidet sie als p-Aminophenacetursäure aus.

m- und o-Oxyphenylessigsäure wird von allen drei Tiergattungen unverändert ausgeschieden. Ebenso p-Oxyphenylessigsäure. Nur beim Affen wird ein sehr kleiner Teil mit Glykokoll gepaart.

m-Chlorphenylessigsäure paart sich mit Glykokoll, ebenso die p- und o-Verbindung, nur beim Kaninchen bleibt sie unverändert[4]).

p-Aminophenylessigsäure wird beim Menschen acetyliert, ebenso beim Kaninchen analog zu den Beobachtungen von R. Cohn und Ellinger und Hensel über die Acetylierung von m- und p-Aminobenzoesäure.

Der Hund entgiftet die p-Aminophenylessigsäure, indem er sie in p-Aminophenylacetursäure verwandelt. Die Acetyl-p-aminophenylessigsäure aber paart er nicht mit Glykokoll, da sie nicht giftig, sondern scheidet sie rasch ganz unverändert aus.

p-Aminophenylessigsäure ist die am wenigsten giftige, während p-Bromphenylessigsäure nur in großen Dosen giftig ist[5]).

p-Nitrophenylessigsäure verläßt den Harn des Menschen zu 68% in freiem Zustand und gibt keinerlei Verbindung, während beim Hund der größte Teil frei, ein kleinerer Teil mit Glykokoll verbunden als p-Nitrophenacetursäure erscheint. Beim Huhn findet man einen kleinen Teil unverbunden, den größten Teil als p-Nitrophenacetornithursäure[6]).

Neben diesen drei Paarungen mit Säuren (Schwefelsäure, Glykuronsäure,

---

[1]) Hoppe-Seylers Zeitschr. f. physiol. Chem. Bd. 7, S. 162. 1882; Bd. 9, S. 229. 1885. — Ber. d. dtsch. chem. Ges. Bd. 12, S. 1512. 1879. — Sherwin, Carl P., Max Wolf und William Wolf: Journ. of biol. chem. Bd. 37, S. 113. 1918.

[2]) Sherwin, Carl P.: Journ. of biol. chem. Bd. 36, S. 309. 1918.

[3]) Hoppe-Seylers Zeitschr. f. physiol. Chem. Bd. 30, S. 552. 1900.

[4]) Muenzen, Cerecedo und Sherwin: Journ. of biol. chem. Bd. 68, S. 503. 1926.

[5]) Cerecedo, L. R. und C. P. Sherwin: Journ. of biol. chem. Bd. 62, S. 217. 1924.

[6]) Sherwin, Carl P. u. Max Helfand: Journ. of biol. chem. Bd. 40, S. 17. 1919.

Aminoessigsäure) soll auch noch eine Paarung mit Phosphorsäure auftreten, die jedoch nicht sicher festgestellt ist.

Eine weitere Synthese ist die Anlagerung einer Sulfhydrylgruppe zur Entgiftung bei den Cyanderivaten. Es werden sowohl die Blausäure selbst, als auch die Nitrile in Rhodanderivate übergeführt[1]). Der Organismus bedient sich hierzu der im Eiweiß (Cystingruppe) vorhandenen Sulfhydrylgruppe.

Acetylierungen.

Im Organismus verlaufen noch andere Synthesen. So tritt in mehreren Fällen eine Acetylierung auf: wenn man Halogenbenzol, z. B. Brombenzol $Br \cdot C_6H_5$ an Hunde verfüttert, so findet man im Harn eine mit Halogenphenylmercaptursäure gepaarte Glykuronsäure, z. B. Bromphenylmercaptursäure, d. i. Bromphenylacetylcystein[2]).

$$\begin{array}{l} CH_2 \cdot S \cdot C_6H_4Br \\ \;| \\ H \cdot C \cdot NH \cdot CO \cdot CH_3 \\ \;| \\ COOH \end{array}$$

Der Mensch und das Kaninchen entgiften die p-Aminophenylessigsäure durch Acetylierung, der Hund ohne Glykokollkuppelung zur p-Aminophenylacetursäure. Im Gegensatze zu Salkowski wird festgestellt, daß der Mensch beide sowohl p- als auch m-Aminobenzoesäure acetyliert.

Im allgemeinen acetyliert der Hund eine aliphatische Aminoverbindung oder die Seitenkette einer aromatischen Verbindung, während der Mensch und das Kaninchen solche Acetylierungen nicht durchzuführen vermögen, aber Aminogruppen am Benzolring acetylieren können. Die Acetylierung erfolgt in der Leber[3]).

Phenylaminobuttersäure wird im Organismus asymmetrisch acetyliert, Pseudoleucin wird asymmetrisch angegriffen, die d-Komponente verbrannt, die l-Stereoisomere ausgeschieden.

Acetylpseudoleucin wird unverändert aus dem Harn wiedergewonnen[4]).

Ein weiterer Fall ist das Auftreten der m-Acetylaminobenzoesäure, die nach Verfütterung von m-Nitrobenzaldehyd nach der Untersuchung von R. Cohn[5]) entsteht.

Aus m-Nitrobenzaldehyd, p-Nitrobenzaldehyd, p-Aminobenzaldehyd und p-Aminobenzoesäure erhält man beim Kaninchen m-Acetylaminobenzoesäure, bzw. aus den drei letzteren p-Acetylaminobenzoesäure. Sehr erheblich ist die Ausbeute bei dem Versuche mit p-Aminobenzaldehyd und p-Aminobenzoesäure[6])

Die Acetylierungen im Organismus werden meistens beobachtet, wenn zugleich eine Reduktion, z. B. NO_2- zu NH_2- stattfindet. Die fertigen Aminoverbindungen werden z. T. nicht acetyliert (O. Neubauer).

F. Knoop und E. Kerteß[7]) haben eine Aminierung und zugleich Acety-

---

[1]) Arch. f. exp. Pathol. u. Pharmakol. Bd. 34, S. 247. 280.

[2]) Baumann, E. und Preuße: Hoppe-Seylers Zeitschr. f. physiol. Chem. Bd. 5, S. 309. 1881. — Ber. d. dtsch. chem. Ges. Bd. 12, S. 806. 1879.

[3]) Muenzen, J. B., L. R. Cerecedo, C. P. Sherwin: Journ. of biol. chem. Bd. 63, Proc. XVI. 1925.

[4]) Knoop, F. und N. Okada: Pflügers Arch. f. d. ges. Physiol. Bd. 201. S. 3. 1923.

[5]) Hoppe-Seylers Zeitschr. f. d. physiol. Chem. Bd. 17, S. 285. 1893 und Bd. 18, S. 132. 1894.

[6]) Ellinger, A. und M. Hensel: HoppeSeylers Zeitschr. f. physiol. Bd. 91, S. 21. 1914.

[7]) Hoppe-Seylers Zeitschr. f. physiol. Chem. Bd. 71, S. 252. 1911.

lierung bei Verfütterung von γ-Phenyl-α-aminobuttersäure beobachtet. Verfüttert man die Ketosäure, so erhält man sowohl die d-Oxysäure als auch die Acetylaminosäure. Die Acetylierung wird im Organismus durch Verabreichung essigsaurer Salze erhöht. Acetessigsäure und Brenztraubensäure steigern die Acetylierungsvorgänge; es erscheint deshalb wahrscheinlich, daß tatsächlich Brenztraubensäure und Acetessigsäure im Organismus über Essigsäure abgebaut werden[1]).

Eine Acetylierung einer optisch-aktiven Komponente beobachtete H. D. Dakin. Nach der Verabfolgung großer Mengen inaktiven p-Methylphenylalanins ließ sich aus dem Harn eines Alkaptonurikers in geringer Menge d-Acetyl-p-methylphenylalanin isolieren, während normale Individuen es völlig verbrennen[2]).

Methylierungen.

Wir kennen auch mehrere Fälle der Anlagerung der Methylgruppe im Organismus. Der eine ist das von F. Hofmeister beobachtete Auftreten von Tellurmethyl nach Verfütterung von telluriger Säure[3]), eine Beobachtung, die aber nur durch den Geruch, nicht aber durch die Analyse gemacht wurde. Namentlich die drüsigen Organe, insbesondere der Hoden, vermögen viel Tellurmethyl zu bilden. Selenige Säure gibt in gleicher Weise Selenmethyl. Der zweite Fall ist das Auftreten von Methylpyridylammoniumhydroxyd $C_5H_5 \cdot N\langle{}^{CH_3}_{OH}$ nach Verfüttern von Pyridin an Hunde[4]). Pyridin wird vom Hunde methyliert, nicht aber vom Kaninchen[5]), hingegen aber vom Huhne[6]).

Nach Injektion von Pyrrol ist bei Hunden und Kaninchen im Harne Methylpyridylammoniumhydroxyd nachweisbar, so daß eine Ringerweiterung eintritt[7]).

Nicotinsäure geht beim Hund durch Methylierung und Betainbildung in Trigonellin über. Trigonellin wird von Kaninchen und von Katzen unverändert im Harn ausgeschieden. Ein Teil der Nicotinsäure geht in Nicotinursäure über[8]).

Chinolin verwandelt sich im Hundeorganismus in Methylchinoliniumhydroxyd, ähnlich wie Pyridin. Beim Kaninchen erscheint Chinolin mit Schwefelsäure und Glykuronsäure gepaart im Darm, beim Huhn nur mit Schwefelsäure gepaart. Auch beim Hunde wird ein Teil des Chinolins wahrscheinlich oxydiert und als gepaarte Schwefelsäure bzw. Glucuronsäure ausgeschieden[9]).

H. Hildebrandt[10]) beobachtete eine weitere Methylierung im Tierkörper. Kondensationsprodukte von Piperidin mit Phenolen und Formaldehyd sind neue Basen, die dadurch charakterisiert sind, daß das Phenolhydroxyl nicht in die Reaktion eintritt. Im Organismus des Kaninchens gehen diese Verbindungen Paarungen mit Glykuronsäure ein, bei gleichzeitiger Methylierung am N des Piperidinringes. Die nach Einführung des Kondensationsproduktes aus

---

1) Hensel, Marie: Hoppe-Seylers Zeitschr. f. physiol. Chem. Bd. 93, S. 401. 1915.
2) Journ, of biol. chem. Bd. 9, S. 151. 1911.
3) Arch. f. exp. Pathol. u. Pharmakol. Bd. 33, S. 198. 1894.
4) His, W.: Arch. f. exp. Pathol. u. Pharmakol. Bd. 22, S. 253 und Cohn, R.: Hoppe-Seylers Zeitschr. f. physiol. Chem. Bd. 18, S. 116. 1894.
5) Hoppe-Seylers Zeitschr. f. physiol. Chem. Bd. 59, S. 32. 1909.
6) Hoppe-Seylers Zeitschr. f. physiol. Chem. Bd. 62, S. 118. 1909.
7) Shimizu, T.: Biochem. Zeitschr. Bd. 117, S. 266. 1921.
8) Ackermann, D.: Zeitschr. f. Biol. Bd. 59, S. 17. 1912.
9) Shizuaki, T.: Acta cholae med., Kioto Bd. 6, S. 449. 1924.
10) Arch. f. exp. Pathol. u. Pharmakol. Bd. 44, S. 278. 1900. — Hoppe-Seylers Zeitschr. f. physiol. Chem. Bd. 43, S. 249.

Piperidin, Thymol und Formaldehyd im Organismus erzeugte Verbindung fällt aus dem Harne krystallinisch aus.

```
            C——————————O(H  )
        HC/ \C·C3H7    |(OH)
          |   |        C
          |   |        :
          |   |     [CH·OH]4
          |   |        :
     H3C·C\  /CH       CO
           C      (H  )O   CH2 CH2
           |      (HO )|  /      \
          CH2——————————N<         >CH
                       |  \CH2 CH2/
                      CH3
```

Die Aldehydgruppe der Glykuronsäure paart sich mit dem in p-Stellung befindlichen Phenolhydroxyl, ferner addiert sich Methylalkohol an den tertiären Stickstoff, und die dabei entstehende quaternäre Ammoniumhydroxydbase spaltet mit der Carboxylgruppe der Glykuronsäure Wasser ab.

Glykocyamin (Guanidinessigsäure) geht im Kaninchenorganismus durch Methylierung in Kreatin über[1]). Im Organismus des Hundes tritt diese Synthese nicht ein.

Zu erwähnen ist noch die (wahrscheinliche) Methylierung des Chinins nach seiner Oxydation im Organismus[2]).

J. Pohl beobachtete Methylierung oder Äthylierung nach Aufnahme von Thioharnstoff[3]) $SC<^{NH_2}_{NH_2}$. Es tritt in der Exspirationsluft Methyl- oder Äthylsulfid $^{CH_3}_{CH_3}>S$, $^{C_2H_5}_{C_2H_5}>S$ auf (wahrscheinlich letzteres).

Dimethylthioharnstoff und Thiosinamin erzeugen die gleiche Erscheinung, hingegen nicht Thiocarbazid.

Im Hundeharn fanden C. Neuberg und Großer[4]) Diäthylmethylsulfiniumhydroxyd $(C_2H_5)_2S(CH_3) \cdot OH$, dessen Entstehung in der Weise erklärt wird, daß das bei der Cystinfäulnis entstehende Äthylsulfid durch Methylierung entgiftet wird, wobei es in die Schwefelbase übergeht.

Entmethylierungen werden häufig im Organismus beobachtet. So entstehen aus Trimethylxanthin entmethylierte Xanthine, aber diese Entmethylierung hat ihre Grenzen, denn bei Verfütterung von mehr zu entmethylierender Substanz wird ein Teil unverändert im Harn gefunden. Methylierte Purinbasen werden anscheinend nicht weiter als bis zu den Monomethylderivaten abgebaut, da nach Trimethylxanthinfütterung keiner der Beobachter im Harne Xanthin finden konnte. 1.7-Dimethylamino-8-aminoxanthin spaltet eine Methylgruppe in der Stellung 1 beim Passieren des menschlichen Organismus ab, so daß 7-Methylamino-8-aminoxanthin resultiert[5]). Der Ort der Entmethylierung ist beim Hund und beim Kaninchen verschieden, beim Kaninchen findet man nach Coffeingaben im Harne 1.7-Dimethyl-2.6-dioxypurin und 1 Methyl- sowie 7-Methyl-2.6-dioxypurin, beim Hund ist es umgekehrt. Es entsteht Theophyllin 1.3-Dimethyl-2.6-dioxypurin und 3-Methyl-2.6-dioxypurin, so daß die 7-Methylgruppe am meisten angreifbar ist. Entmethylierungen beobachtete man beim N-Dimethyltoluidin und Benzbetain, sowie Dimethylaminobenzaldehyd, welches in Monomethylaminobenzoesäure übergehen kann. Pyramidon wird ebenfalls im Organismus entmethyliert, und zwar derart, daß

---

1) Jaffé, M.: Hoppe-Seylers Zeitschr. f. physiol. Chem. Bd. 48, S. 430. 1903.
2) Merkel, Adolf: Arch. f. exp. Pathol. u. Pharmakol. Bd. 47, S. 165. 1902.
3) Arch. f. exp. Pathol. u. Pharmakol. Bd. 51, S. 341. 1904.
4) Zentralbl. f. Physiol. Bd. 19, S. 316.
5) Forschbach und S. Weber: Arch. f. exp. Pathol. u. Pharmakol. Bd. 56, S. 186. 1907

ihm die drei an den beiden N-Atomen befindlichen Methylgruppen entzogen werden, während die mit Kohlenstoff verbundene intakt bleibt.

Nach Darreichung von Mono- oder Dimethyldibrom-o-toluidin an Kaninchen erfolgt eine vollständige Entmethylierung an der Aminogruppe[1]).

Wir müssen verschiedene Arten der Entmethylierung unterscheiden. Am besten studiert ist die Entmethylierung von Methyl am Stickstoff. Eine weitere Entmethylierung wird beobachtet, wenn die Methylgruppe direkt am Kohlenstoff befestigt ist. Bei aromatischen Substanzen wird sie hierbei zur Carboxylgruppe oxydiert, so z. B. geht Toluol in Benzoesäure über, und evtl. diese abgespalten. Ferner kennen wir eine Entmethylierung von der Sauerstoffbindung, wo Methylgruppen abgespalten werden wie bei der Entmethylierung von Guajacol zu Brenzcatechin.

* * *

Der Organismus wandelt durch diese verschiedenartigen Synthesen, durch Oxydationen und Reduktionen in erster Linie, giftige Substanzen in weniger giftige bzw. in leichter ausscheidbare (mehr harnfähige), doch verhalten sich die verschiedenen Gruppen von Körpern in bezug auf die Paarung und Oxydation, wie wir schon teilweise gesehen haben, verschieden. Die Phenole, die dem Organismus zugeführt werden, oder im Organismus entstanden sind, paaren sich in erster Linie mit Schwefelsäure und erst in zweiter Linie mit Glykuronsäure, wie überhaupt die Paarungen mit Schwefelsäure die häufigeren und wichtigeren sind[2]). Stoffe, welche Paarungen eingehen, sind stets giftig und es ist deshalb eine der wichtigsten Aufgaben des tierischen Organismus, diese Stoffe möglichst rasch in die ganz oder wenigstens verhältnismäßig indifferenten Paarungen mit Glykokoll, Schwefelwasserstoff, Schwefelsäure und Glykuronsäure zu überführen. Nichtgiftige Stoffe paaren sich fast gar nicht. So konnte Likhatscheff zeigen, daß die fast ungiftige Homogentisinsäure beim Alkaptonuriker

$$C_6H_3\begin{cases}OH & (1)\\ OH & (4)\\ CH_2\cdot COOH & (5)\end{cases}$$

als solche im Harne erscheint und sich im Organismus nicht mit Schwefelsäure verbindet. Hingegen verbindet sich die giftige Gentisinsäure[3])

$$C_6H_3\begin{cases}OH & (1)\\ OH & (4)\\ COOH & (5)\end{cases}$$

zum Teil mit Schwefelsäure, ein anderer Teil wird unverändert ausgeschieden. Das giftige Hydrochinon wird bei kleineren Mengen nicht als solches ausgeschieden, sondern nur in Form von Ätherschwefelsäuren. Gepaarte Verbindungen mit Glykuronsäure liefern Aldehyde, Alkohole, Ketone, fette und aromatische Kohlenwasserstoffe und Phenole. Aldehyde und Ketone werden zuerst reduziert bzw. oxydiert, Kohlenwasserstoffe zu Alkoholen oxydiert, und die gebildeten Alkohole gehen mit Zucker glykosidartige Verbindungen ein, welche dann weiter zu gepaarter Glykuronsäure oxydiert werden und so zur Ausscheidung gelangen. Von den alipathischen Alkoholen gehen weder Methyl- noch Äthylalkohol solche Verbindungen ein, auch Aceton nicht, denn

---

[1]) Hildebrandt, H.: Arch. f. exp. Pathol. u. Pharmakol. Bd. 65, S. 80. 1911.

[2]) S. auch Neubauer, O.: Arch. f. exp. Pathol. u. Pharmakol. Bd. 46, S. 133. 1901; Hoppe-Seylers Zeitschr. f. physiol. Chem. Bd. 33, S. 579. 1901.

[3]) Hoppe-Seylers Zeitschr. f. physiol. Chem. Bd. 21, S. 422. 1895—1896.

sie sind so flüchtig und so leicht oxydabel, daß sie sich diesen Umsetzungen entziehen können[1]).

Dichloraceton geht in Dichlorisopropylalkohol über und paart sich zu Dichlorisopropylglykuronsäure[2]). Acetessigester $CH_3 \cdot CO \cdot CH_2 \cdot COO \cdot C_2H_5$, welcher sich in Aceton, Alkohol und Kohlensäure zerlegt, gibt kleine Mengen von Isopropylglykuronsäure, Acetophenon $CH_3 \cdot CO \cdot C_6H_5$, welches nach M. Nencki der Hauptmenge nach in Benzoesäure übergeht, gibt bei Verfütterung im Harn eine kleine Menge einer Glykuronsäureverbindung. Es paaren sich überhaupt mit Glykuronsäure folgende Substanzen: Chloral, bzw. sein Reduktionsprodukt Trichloräthylalkohol, Butylchloral, Chloroform. (Nach der Chloroformnarkose tritt im Harn eine reduzierende, nicht flüchtige, chlorhaltige Säure auf, möglicherweise eine Glykuronsäureverbindung des Trichlormethylalkohols). Euxanthon[3]), Benzol, Nitrobenzol, Phenol, Resorcin, Hydrochinon, Brombenzol, Campher[4]), o-Nitrotoluol[5]), Phenethol[6]) $C_6H_5 \cdot O \cdot C_2H_5$, Anisol $C_6H_5 \cdot O \cdot CH_3$, Oxychinolin[7]), Carbostyril, Dichlorbenzol, Xylol, Cumol, o-Nitropropiolsäure, Thymol[8]). (Letzteres nur beim Menschen, beim Hunde nicht.) Chlorphenol, o-Nitrophenol, p-Nitrophenol, Kresol, Azobenzol, Hydrazobenzol, Anilin, Indol, Indoxyl, Skatoxyl[9]), Kairin, Menthol[10]), Borneol[10]), p-Oxyphenethol $C_6H_4{<}^{OC_2H_5\ (1)}_{OH\ (4)}$ gibt Chinaethonsäure $C_6H_4{<}^{OC_2H_5\ (1)}_{C_6H_9O_7\ (4)}$ [11]). Naphthol[12]), Naphthalin[13]), ferner tertiäre Alkohole[14]), tertiärer Butylalkohol und tertiärer Amylalkohol, Pinakon (tertiäres Hexylenglykol). Nach Paul Mayer[15]) paart sich Morphin mit Glykuronsäure. Ebenso wird Fenchon[16]), Carvon[17]), Pinen, Phellandren, Sabinen[18]) gepaart.

Carvon mit doppelter Bindung im Kern erfährt im Organismus ebenso wie die carbonylhaltigen Campherarten eine Oxydation zum Zweck der Paarung mit Glykuronsäure. Außerdem wird ein Methyl zu Carboxyl oxydiert.

Thujon unterliegt einer Hydratation und teilweisen Oxydation eines Methyls[19]) zu Carboxyl und dann erfolgt Paarung mit Glykuronsäure. Camphen

---

[1]) Ausführliches über die gepaarten Glykuronsäuren siehe bei Neuberg, C.: Der Harn Bd. 1, S. 437—460. Berlin: Julius Springer 1911.

[2]) Sundwik: Akademisk afhandling Helsingfors 1886.

[3]) Ber. d. dtsch. chem. Ges. Bd. 19, S. 2918. 1886.

[4]) Wird vorerst zu Camphenol oxydiert, Hoppe-Seylers Zeitschr. f. physiol. Chem. Bd. 3, S. 422. 1879.

[5]) Dieses geht vorerst in o-Nitrobenzylalkohol über, Hoppe-Seylers Zeitschr. f. physiol. Chem. Bd. 2, S. 47. 1878.

[6]) Hoppe-Seylers Zeitschr. f. physiol. Chem. Bd. 4, S. 296. 1880; Bd. 13, S. 181. 1889.

[7]) Hoppe-Seylers Zeitschr. f. physiol. Chem. Bd. 28, S. 439. 1899.

[8]) Hoppe-Seylers Zeitschr. f. physiol. Chem. Bd. 16, S. 514. 1892.

[9]) Arch. f. exp. Pathol. u. Pharmakol. Bd. 14, S. 288, 379. — Hoppe-Seylers Zeitschr. f. physiol. Chem. Bd. 7, S. 403. 1882; Bd. 8, S. 79. 1883—1884; Bd. 12, S. 130. 1888.

[10]) Arch. f. exp. Pathol. u. Pharmakol. Bd. 17, S. 369. — Hofmeisters Beitr. z. chem. Physiol. u. Pathol. Bd. 1, S. 304. 1902. — Hoppe-Seylers Zeitschr. f. physiol. Chem. Bd. 34, S. 1, 1901—1902.

[11]) Lehmann, V.: Hoppe-Seylers Zeitschr. f. physiol. Chem. Bd. 13, S. 181. 1889.

[12]) v. Nencki, M. und M. Lesnik: Ber. d. dtsch. chem. Ges. Bd. 19, S. 1534. 1886.

[13]) Lesnik, M.: Arch. f. exp. Pathol. u. Pharmakol. Bd. 24, S. 167. — Edlefsen: Zeitschr. f. klin. Med. 1888, Beilage S. 90.

[14]) Thierfelder und Mering: Hoppe-Seylers Zeitschr. f. physiol. Chem. Bd. 9, S. 511. 1885.

[15]) Berlin. klin. Wochenschr. 1899, Nr. 27.

[16]) Wird vorerst zu Oxyfenchon $C_{10}H_{16}O_2$ oxydiert. Rend. dell' accad. Lincei [5], Bd. 10, I, S. 244.

[17]) Wird vorerst zu Oxycarvon oxydiert, Hoppe-Seylers Zeitschr. f. Chem. Bd. 30, S. 441. 1900.

[18]) Hoppe-Seylers Zeitschr. f. physiol. Chem. Bd. 33, S. 579. 1901.

[19]) Hoppe-Seylers Zeitschr. f. physiol. Chem. Bd. 33, S. 579. 1901; Bd. 36, S. 543. 1902.

$C_{10}H_{16}$ geht in Camphenglykol $HO \cdot C_{10}H_{14} \cdot OH$ über, das sich dann paart[1]). Santalol paart sich mit Glykuronsäure, aber erst *nach erheblicher Verkleinerung* des Moleküls[2]).

Limonen (Orthoklasse der Terpene) wird hydroxyliert und die CH_3-Gruppe zu COOH oxydiert. Carbonylhaltige Campherarten mit nur einfacher Bildung im Kern zeigen zum Teil auch dieses Verhalten. Diejenigen Terpene, welche eine doppelte Bildung vom Kern aus nach der Methylengruppe hin in der Seitenkette enthalten (Pseudoklasse der Terpene: Sabinen, Camphen) erfahren lediglich eine Hydroxylierung. m-Methylisopropylbenzol geht abweichend vom p-Cymol im Organismus eine Glykuronsäurepaarung ein unter gleichzeitiger Oxydation der CH_3-Gruppe[3]).

Die hydroaromatischen Kohlenwasserstoffe werden durch einfache Oxydation hydroxyliert.

Bei den ungesättigten Menthen, Sabinen, Pinen und Norpinen wird die Doppelbindung nicht angegriffen, die entsprechenden gepaarten Säuren sind noch ungesättigt. Menthen wird entweder in Menthenol-2 oder 6, Sabinen in Sabinenol-3 oder 5, Pinen vielleicht in Pinenol-3 und Norpinen etwa in Norpinenol-2 oder 3 verwandelt. Das gesättigte Camphan wird zu Borneol und nicht zu β-Borneol oxydiert. Alkohole dieser Reihe gehen die Paarung primär unverändert ein. Die sekundären Alkohole Dihydrocarveol, Thujylalkohol, Sabinol, α-Santenol, Fenchyl- bzw. Isofenchylalkohol und Camphenilol, die tertiären β-Santenol und Camphenhydrat und das zweiwertige Terpin liefern entsprechende Glykuronsäuren. Durch sekundäre Prozesse können aber andere gepaarte Glykuronsäuren entstehen. So beim Thujylalkohol, welcher durch Hydratation in p-Menthandiol-2.4 verwandelt wird. Das Keton Camphenilon wird durch Reduktion hydroxyliert.

Im Gegensatz zu Campher und Borneol, wird bei Camphenilon, Camphenilol und Santenon die d-Komponente des Paarlings in größerem Umfange an Glykuronsäure gepaart, als die entsprechende optische Antipode[4]).

Die Fähigkeit im Organismus sich mit Glykuronsäure zu paaren, ist allen tertiären Alkoholen gemeinsam. Verschiedene primäre und sekundäre, ein- und zweiwertige Alkohole sind nicht imstande, die Paarung mit Glykuronsäure einzugehen. Nach den Untersuchungen von M. Nencki[5]) werden die aromatischen Oxyketone, wie: Gallacetophenon, Resacetophenon und p-Oxypropiophenon, nicht wie Acetophenon zur Carbonsäure oxydiert, sondern sie paaren sich mit Schwefelsäure oder Glykuronsäure. Sobald ein aromatisches Keton freies Hydroxyl enthält, wodurch die Möglichkeit einer Paarung mit Schwefelsäure oder Glykuronsäure gegeben ist, findet eine Oxydation der in ihm enthaltenen Seitenketten im tierischen Körper nicht statt. Diese Oxydation ist die Entgiftung durch Bildung saurer Gruppen in der Substanz selbst, welche häufig unterbleibt, sobald eine Möglichkeit der Paarung vorhanden ist. Gleichwie Oxyketone werden voraussichtlich auch ihre Ester vom Tierkörper ausgeschieden.

Ist noch ein Hydroxyl frei, wie z. B. im Paeonol $CH_3 \cdot CO \cdot C_6H_3(OH) \cdot OCH_3$ (Methylresacetophenon), dann findet nur einfache Paarung mit Schwefelsäure und Glykuronsäure statt.

Sind aber alle Hydroxylwasserstoffe durch Alkyle ersetzt, so dürfte nach M. Nencki eine Hydroxylierung im Benzolkern der Paarung mit Schwefel-

---

[1]) Hoppe-Seylers Zeitschr. f. physiol. Chem. Bd. 37, S. 189. 1902.
[2]) Hildebrandt, H.: Hoppe-Seylers Zeitschr. f. physiol. Chem. Bd. 36, S. 453. 1902.
[3]) Hoppe-Seylers Zeitschr. f. physiol. Chem. Bd. 36, S. 453. 1902.
[4]) Hämäläinen, Juho: Skand. Arch. f. Physiol. Bd. 27, S. 141. 1912.
[5]) Ber. d. dtsch. chem. Ges. Bd. 27, S. 2737. 1894.

säure resp. mit Glykuronsäure vorausgehen, denn die Oxydation der Ätheralkyle ist im Organismus äußerst schwierig. So wird nach A. Kossel[1]) Phenethol $C_2H_5 \cdot O \cdot C_6H_5$ zu p-Oxyphenethol, dem Äthyläther des Hydrochinons, oxydiert und liefert dann durch Paarung mit Glykuronsäure die Chinäthonsäure $C_{14}H_{18}O_9$.

Die Anwesenheit freier Hydroxyle disponiert zur Paarung ungemein, so paaren sich Protocatechu-, Vanillin- und Isovanillinsäure, die freie Hydroxyle haben und gehen als Äthersäuren in den Harn über, und nur zum kleinsten Teil in unveränderter Form. Veratrinsäure $C_6H_3(OCH_3)_2 \cdot COOH$ dagegen geht als solche in den Harn über, da ihre Hydroxyle veräthert sind. Auch Methylsalicylsäure und Anissäure paaren sich aus gleichem Grunde nicht. Die Aldehyde: Protocatechualdehyd, Vanillin und Isovanillin werden vollkommen zur Carbonsäure oxydiert. Methylvanillin nur zum Teil und findet sich als solche in kleinen Mengen im Harn wieder.

Salicylsäure paart sich zum Teil mit Glykokoll, während p-Oxybenzoesäure sich mit Glykuronsäure paart[2]). Die Salicylsäure wird größtenteils unverändert ausgeschieden, ein Teil als Ätherschwefelsäure, als Salicylursäure und als Salicylglykuronsäure, schließlich auch als Oxysalicylsäure, und zwar wahrscheinlich als 1.2.-Dioxybenzoesäure 5[3]).

Die Salicylsäure erscheint im Harne zum Teil als Gentisinsäure (Benzolring mit OH, OH, COOH)[4]).

Salicylursäure wird im Organismus des Hundes nicht gespalten, wie er auch Salicylsäure nicht mit Glykokoll zu paaren vermag[5]).

α-Oxyuvitinsäure wird aus dem Organismus unverändert ausgeschieden. Der Äthylester wird aus dem Organismus als α-Oxyuvitinsäure ausgeschieden.

Während alle Phenole und Dioxybenzole sowie die Homologen im Organismus sich ähnlich wie Phenol selbst verhalten, indem sie gepaarte Verbindungen eingehen, verlieren sie diesen Charakter, wenn Wasserstoffatome des Benzolkerns durch Atomgruppen ersetzt werden, die die Verbindung in eine Säure verwandeln. Keine der aromatischen Oxysäuren, die auf diese Weise entstehen, gibt eine wesentliche Vermehrung der gepaarten Schwefelsäure im Harn. Weder Salicylsäure noch Tannin oder Gallussäure geben eine wesentliche Vermehrung der gepaarten Sulfate. Wenn man den sauren Rest in einen Äther oder in ein Amid verwandelt, so haben sie wieder die Fähigkeit, im Tierkörper in Ätherschwefelsäuren überzugehen. Die von E. Baumann und Herter ausgeführten Fütterungsversuche mit Salicylamid $C_6H_4{<}^{OH}_{CO \cdot NH_2}\ {}^{(1)}_{(2)}$ und Salicylsäuremethylester $C_6H_4{<}^{OH}_{COO \cdot CH_3}\ {}^{(1)}_{(2)}$ (Gaultheriaöl) geben dieser Theorie entsprechende Resultate[6]). Die Überführung von Substanzen in ätherartige Verbindungen mit Säuren schützt die Körper vor der Oxydation und auch den Organismus vor der Einwirkung. Man sieht dies gut an dem Beispiel der Ätherschwefelsäure

$$SO_2{<}^{OC_2H_5}_{OH}$$

Diese geht beim Hund unverändert in den Harn über und macht hier keine

[1]) Hoppe-Seylers Zeitschr. f. physiol. Chem. Bd. 4, S. 296. 1880; Bd. 13, S. 181. 1889.
[2]) Hildebrandt, H.: Hoppe-Seylers Zeitschr. f. physiol. Chem. Bd. 43, S. 249. 1904—1905.
[3]) Neuberg, C.: Berlin. klin. Wochenschr. 1911, Nr. 18.
[4]) Angelico, F.: Arch. di farmacol. sperim. e scienze aff. Bd. 31, S. 8. 1921.
[5]) Baldoni, Alessandro: Bull. d. reale accad. med. di Roma Bd. 46, S. 74. 1920.
[6]) Hoppe-Seylers Zeitschr. f. physiol. Chem. Bd. 1. S. 255. 1877.

Vermehrung der nichtgepaarten Schwefelsäure, woraus zu erschließen ist, daß die Alkylgruppe durch den Schwefelsäurerest völlig vor Oxydation geschützt ist.

Schwefelhaltige Säuren der fetten Reihe, in denen der Schwefel mit einem oder zwei Sauerstoffatomen zusammenhängt, werden im Organismus nicht verändert; hängt der Schwefel mit beiden Affinitäten am Sauerstoff, wie bei den eigentlichen Äthersäuren, so verändert sich die Substanz beim Durchgang durch den Organismus nicht. Hängt der Schwefel aber mit einer Valenz am Kohlenstoff, so ist es für das Verhalten von Einfluß, ob der Kohlenstoffkern eine Hydroxylgruppe enthält oder nicht. Im ersteren Falle wird die Verbindung leicht oxydiert, im letzteren nicht oder nur spurenweise. Ersetzt man eine Hydroxylgruppe durch eine Aminogruppe oder durch die Gruppe $NH_2 \cdot CO \cdot NH_2$, so wird die Substanz wieder resistent und passiert den Organismus unverändert[1]).

Sulfoessigsäure $CH_2{<}{SO \cdot OH \atop COOH}$ wird im Organismus nicht gespalten[2]), was zeigt, daß auch die Säuren durch Einführung von Schwefelsäure vor Oxydation geschützt werden.

o-Oxychinolin paart sich nach E. Rost mit Schwefelsäure, nach Brahm auch mit Glykuronsäure. Carbostyril (α-Oxychinolin), welches in größeren Dosen curareähnlich wirkt, paart sich mit Schwefelsäure und Glykuronsäure[3]).

Benzoesäure $C_6H_5 \cdot COOH$ paart sich mit Glykokoll $NH_2 \cdot CH_2 \cdot COOH$ zu Hippursäure[4]) $C_6H_5 \cdot CO \cdot NH \cdot CH_2 \cdot COOH$. Ebenso verhalten sich Salicylsäure[5]), p-Oxybenzoesäure[6]), Toluylsäure $CH_3 \cdot C_6H_4 \cdot COOH$, Nitrobenzoesäure[7]), Chlorbenzoesäure, Anissäure $CH_3O \cdot C_6H_4 \cdot COOH$, Mesitylensäure $(CH_3)_2 \cdot C_6H_3 \cdot COOH$[8]). Die so gebildeten Produkte werden z. B. Salicylursäure, p-Oxybenzursäure, Tolursäure usf. benannt. Die zweifach und dreifach substituierten Benzolabkömmlinge haben ein solches Verhalten wie die einfach substituierten. Es wird nur der eine Rest zur Carboxylgruppe oxydiert, während die anderen Reste der Oxydation völlig entgehen. Wie erwähnt, entsteht aus Toluol im Organismus Benzoesäure, die mit Glykokoll gepaart als Hippursäure den Organismus verläßt. Cuminsäure wird zu Cuminursäure $C_3H_7 \cdot C_6H_4 \cdot CO \cdot NH \cdot CH_2 \cdot COOH$[9]). Doch geht immer nur ein Teil dieser Säuren die Paarung ein, während ein Teil den Organismus unverändert verläßt.

Von der o-Oxyphenylessigsäure, o-Chlorphenylessigsäure und 2-4.Dinitrophenylessigsäure geht nur die o-Chlorverbindung im menschlichen Körper eine Paarung ein und ist es merkwürdig, daß nicht das Glutamin, sondern Glykokoll zur Paarung benützt wird, so daß der menschliche Organismus wie der Hundeorganismus reagiert. Alle genannten fünf Verbindungen sind ungiftig[10]).

p-Bromtoluol und o-Bromtoluol geben Brombenzoesäure resp. Bromhippursäure[11]). p-Chlortoluol liefert beim Verfüttern an Hunde p-Chlorhippursäure, ebenso gehen m- und o-Chlortoluol in die entsprechenden Hippursäuren über (Oxydation der Methyl- zur Carboxylgruppe und Paarung mit Glykokoll),

[1]) Salkowski, E.: Virchows Arch f. pathol. Anat. u. Physiol. Bd. 66, S. 315.
[2]) Hoppe-Seylers Zeitschr. f. physiol. Chem. Bd. 17, S. 5. 1893.
[3]) Hoppe-Seylers Zeitschr. f. physiol. Chem. Bd. 30, S. 552. 1900.
[4]) Borcis: Ure Berzelius Jahresber. Bd. 22, S. 567.
[5]) Bertagnini: Liebigs Ann. d. Chem. Bd. 97, S. 248. — Baumann, E. u. Herter: Hoppe Seylers Zeitschr. f. physiol. Chem. Bd. 1, S. 253. 1877.
[6]) Ber. d. dtsch. chem. Ges. Bd. 7, S. 1673. 1874.
[7]) Arch. f. exp. Pathol. u. Pharmakol. Bd. 1, S. 420.
[8]) Dubois' Arch. 1867, S. 352.
[9]) Ber. d. dtsch. chem. Ges. Bd. 5, S. 749. 1872.
[10]) Cerecedo, L. R. u. C. P. Sherwin: Journ. of biol. chem. Bd. 58, S. 215. 1923.
[11]) Preuße: Hoppe-Seylers Zeitschr. f. physiol. Chem. Bd. 5, S. 57. 1881.

das gleiche gilt für bromsubstituierte Toluole. Beim Kaninchen entstehen aus chlorsubstituierten Toluolen lediglich die entsprechenden Benzoesäuren, von den bromsubstituierten erhält man aus o-Bromtoluol vollständig o-Bromhippursäure, während m- und p-Bromtoluole nach Oxydation zu den entsprechenden Benzoesäuren nur teilweise die Paarung eingehen[1]).

Die Kuppelung mit Glykokoll gehen fast nur Kerncarbonsäuren ein, außer ihnen allein die Phenylessigsäure und die Phenyl- und Furoylacrylsäure.

Außer der Benzoesäure und ihren Derivaten paaren sich noch andere Verbindungen mit Glykokoll, so wird Furfurol

HC—CH
HC⟨O⟩C·CHO

, welches große Analogie mit dem Benzaldehyd hat, im Organismus zu Brenzschleimsäure

HC—CH
HC⟨O⟩C·COOH

oxydiert[2]). Diese paart sich zum größten Teil mit Glykokoll analog der Hippursäure und nur ein kleiner Teil geht als Brenzschleimsäure in den Harn über.

Pyromycursäure (Brenzschleimsäureglykokoll)

HC—CH
HC⟨O⟩C·CO·NH·CH_2·COOH

geht bei Hunden noch eine Verbindung mit Harnstoff ein[3]). Es entsteht also aus Furfurol pyromycursaurer Harnstoff. Ähnlich verhält sich nach M. Jaffé das fast ungiftige p-Nitrotoluol. Im Harne läßt sich p-Nitrobenzoesäure und außerdem p-nitrohippursaurer Harnstoff nachweisen[4]). Bei Vögeln zeigt sich ebenfalls ein ähnliches Verhalten, wie bei der Benzoesäure, indem Brenzschleimsäure mit Ornithin gepaart als Furfurornithursäure den Tierkörper verläßt[5]). Auch Thiophenderivate zeigen ein gleiches Verhalten, das Schicksal des Thiophens selbst im Organismus ist unentschieden[6]); α-Thiophensäure $C_4H_3S \cdot COOH$ paart sich mit Glykokoll zu α-Thiophenursäure[7]). Methylthiophen (Thiotolen $C_4H_3S \cdot CH_3$) geht nur in minimalen Mengen in Thiophensäure über und aus dem größten Teil entstehen unbekannte und nicht faßbare Verbindungen. Kaninchen gehen nach subcutaner Einspritzung von 1 g Thiotolen zugrunde. Thiophenaldehyd gibt Thiophenursäure $C_4H_3S \cdot CO \cdot NH \cdot CH_2 \cdot COOH$[8]). Pyrrol und seine Derivate scheinen aber viel leichter einer Zerstörung im Organismus anheimzufallen. Furfurol geht aber noch eine eigentümliche Synthese mit Essigsäure ein, die analog ist der Perkinschen Synthese der Zimtsäure aus Benzaldehyd; es bildet sich nämlich aus Furfurol und Essigsäure unter Wasseraustritt Furfuracrylsäure $C_4H_3O \cdot CH : CH \cdot COOH$, die sich mit Glykokoll paaren kann zur Furfuracrylursäure $C_4H_3O \cdot CH:CH \cdot CO \cdot NH \cdot CH_2 \cdot COOH$.

Die der Zimtsäuresynthese im Organismus analoge Synthese geht anscheinend in zwei Stadien vor sich. Zuerst reagiert Furfurol mit Essigsäure unter Aldolkondensation und Bildung von Furanmilchsäure, welche unter Abspaltung von einem Molekül Wasser in Furanacrylsäure übergeht.

---

1) Hildebrandt, H.: Hofmeisters Beitr. z. chem. Physiol. u. Pathol. Bd. 3, S. 365. 1903.
2) Ber. d. dtsch. chem. Ges. Bd. 20. S. 2311. 1887.
3) Jaffé, M. u. R. Cohn: Ber. d. dtsch. chem. Ges. Bd. 20, S. 2311. 1887.
4) Ber. d. dtsch. chem. Ges. Bd. 7, S. 1673. 1874.
5) Ber. d. dtsch. chem. Ges. Bd. 21, S. 3461. 1888.
6) Heffter, Arthur: Pflügers Arch. f. d. ges. Physiol. Bd. 39, S. 420.
7) Ber. d. dtsch. chem. Ges. Bd. 20, S. 2315. 1887; Bd. 21, S. 3458. 1888.
8) Cohn, R.: Hoppe-Seylers Zeitschr. f. physiol. Chem. Bd. 17, S. 281. 1893.

Benzaldehyd geht beim Verfüttern sicher keine Zimtsäuresynthese ein, im Gegensatz zu Furfurol, welches eine ungesättigte Säure gibt[1]).

Verfüttert man Furfurpropionsäure an Tiere, so erhält man als Hauptprodukt des Abbaues ebenfalls Furfuracrylsäure, ein Teil wird als Pyromycursäure ausgeschieden[2]). Aber nach den Untersuchungen von Jaffé und R. Cohn entsteht die Furfuracrylursäure im Maximum zu 1% des verfütterten Furfurols[3]). Die Furfurpropionsäure liefert hingegen $21^1/_2$% Furfuracrylursäure. Das Furanringsystem ist im Organismus weit weniger beständig als das Benzolringsystem.

Analog wie der Organismus nach Jaffés Entdeckung die ungesättigte Furfuracrylsäure bildet, kann er auch, wie Tappeiner[4]) gezeigt hat, eine zweite ungesättigte Verbindung bilden. Bei der Verfütterung von Chloralacetophenon $CCl_3 \cdot CH(OH) \cdot CH_2 \cdot CO \cdot C_6H_5$ erhält man im Harne Trichloräthylidenacetophenon $CCl_3 \cdot CH{:}CH \cdot CO \cdot C_6H_5$.

α-Picolin wird zu α-Picolinursäure, d. h. zur Glykokollverbindung der α-Pyridincarbonsäure beim Kaninchen[5]), beim Hunde aber nicht. Hier ist kein bestimmtes Umwandlungsprodukt zu fassen.

α-Naphthoesäure wird unverändert ausgeschieden. β-Naphthoesäure geht zum Teil beim Kaninchen unverändert durch den Organismus hindurch; ein nicht unerheblicher Anteil paart sich mit Glykokoll und wird als β-Naphthursäure ausgeschieden. Beim Hund ist es umgekehrt, die α-Säure geht die Glykokollsynthese ein, die β-Säure verläßt den Organismus unverändert[6]).

Uraminosäurensynthese.

m-Aminobenzoesäure liefert nach E. Salkowski im Organismus Uraminobenzoesäure[6]), aber in relativ geringen Mengen. Sarkosin[7]), Taurin und Aminobenzoesäure gehen teils als Uraminosäuren, teils als Anhydride in den Harn über[8]). Die o- und p-Aminosalicylsäuren[9]) werden zum größten Teil als Uraminosäuren ausgeschieden, also ähnlich wie nach Salkowski die m-Aminobenzoesäure. Auch die Sulfanilsäure $NH_2 \cdot C_6H_4 \cdot SO_3H$ geht zum Teil diese Synthese ein und verläßt als Sulfanilcarbaminsäure $NH_2 \cdot CO \cdot NH \cdot C_6H_4 \cdot SO_3H$ den Organismus[10]). Zum Teil geht sie unverändert durch. Auch Phenylalanin geht zum Teil in eine Uraminosäure über[11]).

* * *

Daß in seltenen Fällen eine Carboxylgruppe im Organismus abgespalten werden kann, mag vielleicht die Angabe Preußes beweisen, welcher nach Eingabe von Protocatechusäure auch eine Ätherschwefelsäure des Brenzcatechins im Harne fand. Aber es ist sehr wahrscheinlich, daß der tierische Organismus, ebenso wie die Fäulnisbakterien, aus Aminosäuren die entsprechen-

---

[1]) Friedmann, E. u. W. Türk: Biochem. Zeitschr. Bd. 55, S. 424. 1913.

[2]) Sasaki, T.: Biochem. Zeitschr. Bd. 25, S. 272. 1910.

[3]) Ber. d. dtsch. chem. Ges. Bd. 20, S. 2311. 1887.

[4]) Arch. f. exp. Pathol. u. Pharmakol. Bd. 33, S. 364.

[5]) Cohn, R.: Hoppe-Seylers Zeitschr. f. physiol. Chem. Bd. 18, S. 119. 1894.

[6]) Hoppe-Seylers Zeitschr. f. physiol. Chem. Bd. 7, S. 93. 1882. — Cohn, R.: ebenda Bd. 17, S. 292. 1893.

[7]) Größtenteils geht Sarkosin aber unverändert durch. Ber. d. dtsch. chem. Ges. Bd. 8, S. 584. 1875.

[8]) Virchows Arch. f. pathol. Anat. u. Physiol. Bd. 58, S. 461. — Ber. d. dtsch. chem. Ges. Bd. 6, S. 744. 1873.

[9]) Gazeta lekarska 1889, S. 972 u. 992.

[10]) Ville: Cpt. rend. hebdom. des séances de l'acad. des scienes Bd. 114, S. 228. 1892.

[11]) Journ. of biol. chem. Bd. 6, S. 235. 1909.

den Amine durch Abspaltung von Carboxyl bilden kann, wofür ja u. a. die Bildung von Adrenalin aus Tyrosin spricht.

Eine Carboxylierung im Organismus beschreibt Hans Fischer[1]) beim Übergang des Kotporphyrins in das Harnporphyrin. Harnporphyrin wird dadurch entgiftet.

Verhalten verschiedener Aminderivate.

Eigentümlich ist das Verhalten der Amidgruppen. Während Amide der aliphatischen Säuren zum Teil den Organismus unverändert passieren, werden aromatische Säureamide vorerst in Säure und Ammoniak zerlegt. Hierauf paart sich erst die Säure. Bülow versuchte dem Organismus größere Mengen von Benzaldehyd in Form leicht spaltbarer Derivate einzuverleiben. Hydrobenzamid[2]) $(C_6H_5CH)_3N_2$ wurde von Hunden und Kaninchen gut vertragen; bei größeren Dosen, 8 g pro die, sterben die Tiere, der Harn enthält Hippursäure, später Benzoesäure. Benzylidendiacetamid[3]) $C_6H_5 \cdot CH(NH \cdot CO \cdot CH_3)_2$ passiert bei Hunden den Körper größenteils unzersetzt. Dasselbe scheint für Benzylidendiformamid $C_6H_5 \cdot CH(NHCHO)_2$ zu gelten, ein Teil aber wird im Körper in Hippursäure verwandelt[3]). Benzylidendiureid $C_6H_5 \cdot CH(NH \cdot CO \cdot NH_2)_2$ zeigte in Mengen von 3 g keine Wirkung auf den Organismus, der Harn enthielt reichlich Hippursäure, entsprechend der leichten Zerlegbarkeit der Verbindung in Harnstoff und Benzaldehyd.

Aus Benzaldehyd, welcher im Organismus zu Benzoesäure oxydiert wird, kann Benzamid entstehen, nur bei Kaninchen kommt es nicht zu dieser Synthese. Benzamid selbst geht in Hippursäure über[4]).

Formanilid gibt bei Fütterung an Hunde dieselbe Substanz wie Acetanilid, nämlich o-Carbanil $C_6H_4\langle{}^{N}_{O}\rangle C \cdot OH$ durch Oxydation und nachherigen Wasseraustritt.

p-Acettoluid wird bei der Oxydation, welche ausschließlich an der CH_3-Gruppe stattfindet, vollständig in p-Acetylaminobenzoesäure umgewandelt[5]). Ganz anders verhält sich o-Acettoluid; dieses erfährt bei Hunden eine Umsetzung, welche der des Acetanilids vollkommen analog ist: während die Methylgruppe intakt bleibt, wird durch Eintritt von Hydroxyl ein Phenol gebildet, welches mit dem Oxydationsrest der Acetylgruppe im Zusammenhang bleibt; es entsteht als Endprodukt eine Verbindung von der Zusammensetzung $CH_3 \cdot C_6H_3\langle{}^{N}_{O}\rangle C \cdot OH$ (Methyloxycarbanil oder Oxycarbaminokresol), welches als das Anhydrid einer Säure

$$\begin{matrix} CH_3 \\ \dot{C}_6H_3 \cdot NH \cdot COOH \\ \dot{O}H \end{matrix}$$

(Oxykresylcarbaminsäure) aufgefaßt werden muß. m-Acettoluid wird bei Hunden und Kaninchen einerseits zu m-Acetylaminobenzoesäure oxydiert, andererseits in nicht näher erforschte linksdrehende gepaarte Verbindungen verwandelt.

Für das Verhalten der Diazoverbindungen im Stoffwechsel möge die einfachste, Diazobenzol $C_6H_5 \cdot N{:}N \cdot OH$, als Beispiel dienen. In das Blut eingeführt, spaltet Diazobenzol gasförmigen Stickstoff ab. Die übrigen Produkte

---

[1]) Hoppe-Seylers Zeitschr. f. physiol. Chem. Bd. 97, S. 109. 1916.

[2]) Arch. f. exp. Pathol. u. Pharmakol. Bd. 8, S. 166 und Friedländer: Diss. Berlin 1880.

[3]) Pflügers Arch. f. d. ges. Physiol. Bd. 57, S. 93 und Modica: Ann. di chim e. farm. 1894. S. 257.

[4]) Nencki, M.: Arch. f. exp. Pathol. u. Pharmakol. Bd. 1, S. 420. — Salkowski, E.: Ber. d. dtsch. chem. Ges. Bd. 8, S. 117. 1884 u. Hoppe-Seylers Arch. f. physiol. Chem. Bd. 1, S. 42. 1877.

[5]) Hoppe-Seylers Zeitschr. f. physiol. Chem. Bd. 12, S. 295. 1888.

waren nicht zu fassen. Per os eingeführt entsteht Phenol, welches wohl schon zum Teil im Magen gebildet wird.

Piperazin $HN<{CH_2-CH_2 \atop CH_2-CH_2}>NH$ passiert den Organismus unverändert, die Hauptmenge wird sehr rasch durch den Harn ausgeschieden, der Rest aber langsam.

Halogen- und schwefelhaltige Verbindungen.

Die Halogenderivate der aliphatischen Reihe zerfallen zumeist im Organismus unter Abgabe von Halogen an Alkalien, wenigstens zum Teil, in der aromatischen Reihe verhält sich hingegen kernsubstituiertes Halogen ungemein resistent, und trotz vielfacher Veränderungen an dem eingeführten Körper bleibt das kernsubstituierte Halogen unverändert. Während also in der aliphatischen Reihe die Halogensubstitutionsprodukte z. T. in der Weise gespalten werden, daß wir die entsprechenden Halogenalkalien im Harn fassen können, sind wir nicht in der Lage, das in aromatischen Verbindungen substituierte Halogen nach Verfütterung letzterer an Alkalien gebunden im Harne wieder aufzufinden. Wenn wir Monobromessigsäure, Dibromessigsäure und Tribromessigsäure verfüttern, so können wir jeweilig Bromalkali im Harn finden. Bei Verfütterung von Monobrombenzoesäure und Monobrombenzol können wir dies nicht.

Von größerem Interesse ist noch das chemische Verhalten der geschwefelten Verbindungen im Organismus.

Der Organismus kann schweflige und selenige Säure zu Schwefelsäure bzw. zu Selensäure[1]) oxydieren. Der Schwefel der Sulfhydrylgruppe im Cystin wird zu Schwefelsäure oxydiert[2]). Ebenso wird Taurinschwefel vom Kaninchen zu Schwefelsäure oxydiert, teilweise tritt aber der Schwefel in Form von unterschwefliger Säure bei Kaninchen und Vögeln auf, nicht aber bei Menschen und Hunden. Kaninchen verbrennen Taurin vollständig.

Der Schwefel des Phenyluraminocystin wird nach dessen subcutaner Verabreichung vom Kaninchen nicht oxydiert, ebensowenig aber der des Cystins unter gleichen Bedingungen. Füttert man aber Phenyluraminocystin an Kaninchen, so wird ein kleiner Teil des Schwefels oxydiert. Da die Uraminosäuren im Organismus nicht zerstört werden, scheint die Oxydation des Cystinschwefels erst nach der Desaminierung der Verbindung zu erfolgen[3]).

Alle Cystinderivate werden im Körper oxydiert, während jene Cysteinderivate, in denen die —NH— und —SHGruppe blockiert ist, nicht vollständig oxydiert werden. Im intermediären Stoffwechsel beim Cystin- oder Cysteinabbau liegen die Angriffspunkte an der NH_2- und -SHGruppe, die Carboxylgruppe kommt weniger in Betracht. Im Tierkörper findet eine reversible Umwandlung von Cystin ⇆ Cystein statt. Nach Verfütterung von Cysteinderivaten kann man aus dem Harn Cystin, nach Verfütterung von Cystinderivaten Cystein isolieren[4]).

Wir haben gesehen, daß der Organismus zweierlei Synthesen mit schwefelhaltige Säuren vornimmt. Einerseits verestert er die toxisch wirkenden Phenole und verwandte Verbindungen mit Schwefelsäure und bildet Ätherschwefelsäuren. Anderseits kann er aus den giftigen Nitrilen im Organismus Rhodanverbindungen erzeugen, welche weitaus weniger giftig sind. Der Organismus kann aus Aceto-, Propio-, Butyro-, Capronitril, welche alle heftige Gifte

---

[1]) Lewis, H. B. u. L. E. Rost: Journ. of biol. chem. Bd. 50, S. 303. 1922.

[2]) Arch. f. exp. Pathol. u. Pharmakol. Bd. 27, S. 261. — Cpt. rend. hebdom. des séances de l'acad. des sciences Bd. 110, S. 151.

[3]) Journ. of physiol. Bd. 32, S. 175.

[4]) Stuple, G. J., A. R. Rose u. C. P. Sherwin: Americ. journ. of physiol. Bd. 68, S. 114. 1924.

sind, weniger giftige Rhodanverbindungen erzeugen, und zwar durch Paarung mit der Sulfhydrylgruppe[1]). Die Rhodanide werden im Organismus teilweise zersetzt, nur $^1/_6$—$^1/_{10}$ wird im Harn wieder ausgeschieden. Nach L. Pollak[2]) werden sie quantitativ ausgeschieden. Während die durch Oxydation des Eiweißschwefels entstehende Schwefelsäure zu der ersteren Art von Synthesen verwendet wird, wird bei der entgiftenden Synthese mit der Sulfhydrylgruppe die Cystingruppe in Anspruch genommen, welche den bleischwärzenden Schwefel führt. Hingegen werden die carboxylierten Nitrile, die entsprechenden Amide und die Nitrile der Benzolreihe nicht in Rhodanide übergeführt[3]).

Xanthogensäure $SC<^{SH}_{OC_2H_5}$ wird nach L. Lewin in Schwefelkohlenstoff und Alkohol gespalten. Äthylmercaptol und Thiophen werden nicht zu Schwefelsäure oxydiert. Diese Verbindung enthält aber zweiwertigen Schwefel, wovon jede Affinität durch Kohlenstoff gesättigt ist. Ähnlich verhält sich Äthylsulfid $^{C_2H_5}_{C_2H_5}>S$, doch schützt diese Konstitution nicht alle Körper vor der Oxydation zu Schwefelsäure. So bewirkt Carbaminthiosäureäthylester $NH_2 \cdot CS \cdot OC_2H_5$ und Carbaminthioglykolsäure $HOOC \cdot CH_2 \cdot S \cdot CO \cdot NH_2$ eine Vermehrung der Schwefelsäure im Harne. Carbaminthioglykolsäure spaltet sich wahrscheinlich im Magen zu Thioglykolsäure $HS \cdot CH_2 \cdot COOH$, welche zu Schwefelsäure oxydiert wird, auch bei subcutaner Einverleibung des Kalisalzes erscheint der größte Teil des Schwefels dieser Substanz in Form von Schwefelsäure im Harn. Wahrscheinlich ist die Ursache, daß dieser Körper im Organismus oxydiert wird, darin zu suchen, daß der Schwefel desselben in der Sulfhydrylform enthalten ist; auch im Eiweiß wird vor allem die Sulfhydrylgruppe zu Schwefelsäure oxydiert. Von folgenden untersuchten Schwefelverbindungen, Sulfid, Sulfon, Mercaptal, Thioaldehyd, wird nur bei den Thiosäuren nach Smith beim Durchgange durch den Organismus der Schwefel vornehmlich zu Schwefelsäure oxydiert. Nach Lusini wird Sulfaldehyd, Thialdin und Carbothialdin durch die Nieren in Form präformierter und Ätherschwefelsäure ausgeschieden. Auch die Sulfonsäure ergab nach Untersuchungen E. Salkowskis keine Vermehrung der Schwefelsäure mit Ausnahme der Isäthionsäure (Oxyäthylsulfonsäure), welche allerdings eine Ausnahmsstellung einnimmt; für die Mercaptane wird es wahrscheinlich, daß sie nicht so leicht zu Schwefelsäure oxydiert werden, da sie zunächst in die sehr beständigen Sulfonsäuren übergehen können. E. Salkowski[4]) konnte die Regel aufstellen, daß Ätherschwefelsäuren aliphatischer Natur unverändert den Organismus durchlaufen, die Sulfonsäuren aber nur dann, wenn sie keine Hydroxylgruppen am Kohlenstoffkern haben. Sulfonal wird wahrscheinlich zu Äthylsulfosäure oxydiert[5]). Doch bestätigen die Versuche von Smith diese Voraussetzung nicht, da nach Einführung von Methylmercaptan und Äthylmercaptan der größte Teil des Schwefels in Form von Schwefelsäure im Harn auftritt.

Verhalten der Phthaleine, Tannine, Harze und Glykoside.

Phthaleine, wie Phenolphthalein, Fluorescein, o-Kresolsulfophthalein, Sulfofluorescein werden nach Injektion im Harn als komplexe Verbindungen ausgeschieden, die sich mit Alkali nicht färben und als Zersetzungsprodukt Phthalein geben. Vom o-Kresolsulfophthalein werden größere Mengen, von Phenolphthalein nur Spuren unverändert im Harn ausgeschieden[6]).

[1]) Arch. f. exp. Pathol. u. Pharmakol. Bd. 34, S. 247. 281.
[2]) Hofmeisters Beitr. z. chem. Physiol. u. Pathol. Bd. 2, S. 430. 1902.
[3]) Heymanns, Journ. of physiol. Bd. 23, Suppl. 23.
[4]) Virchows Arch. f. pathol. Anat. u. Physiol. Bd. 66, S. 315.
[5]) Smith, W. J.: Hoppe-Seylers Zeitschr. f. physiol. Chem. Bd. 17, S. 7. 1893.
[6]) Kastle: Bulletin of the U. S. Hygienic Labor. Bd. 23, I. Washington 1906.

Über das Verhalten des Tannins im Organismus gehen die Ansichten noch sehr auseinander. E. Harnack fand, daß der größte Teil der Gallussäure nach arzneilichen Gaben von Tannin mit den Fäkalien ausgeschieden wird und daß im Harn nur wenig Gallussäure ist[1]). Bei Fütterung größerer Mengen von Tannin geht ein Teil in den Harn über, in nicht sicher nachweisbarer Menge hingegen nach Einführung von Alkalitannatlösung. Nach Mörner[2]) wird die Gallussäure zum größten Teil im Organismus oxydiert, ein Teil tritt als unveränderte Gallussäure im Harne auf. Er findet stets relativ und absolut mehr Gallussäure bei Gallussäurefütterung als bei Gerbsäurefütterung, da die Gallussäure keine unlöslichen Verbindungen mit Eiweiß usf. eingeht und so rasch und ungehindert resorbiert werden kann. E. Rost leugnet das Auftreten von Gerbsäure im Harne nach ihrer Verfütterung[3]), während L. Lewin[4]) und R. Stockmann[5]) es behaupten, was E. Harnack[6]) durch individuelle Verschiedenheiten zu erklären versucht. Nach W. Straub[7]) kann man auch nach Verfütterung von Hamamelitannin im Harne nur Gallussäure nachweisen, unverändertes Tannin nur dann, wenn man es intravenös injiziert. Die Ätherschwefelsäuren sind nach Eingabe von Tannin stets vermehrt.

Harzbestandteile können mehr oder minder unverändert in den Harn übergehen: so fand R. Stockmann[8]) nach Verabreichung großer Mengen von Perubalsam, Storax, Benzoe und Tolubalsam reichlich Harzbestandteile im Harne, welche durch Säurezusatz ausfallen. Gambogiasäure wird im Organismus verbrannt. Abietinsäure geht in den Harn über.

Nach Grisson[9]) verhalten sich die Glykoside im Tierkörper folgendermaßen: Amygdalin wird weder durch Verdauungsenzyme, noch Organe zerlegt. Hefe und Invertin spalten es nicht, wohl aber Fäulnis. Amygdalin wirkt nur dadurch giftig, daß es durch die Fäulnisprozesse im Dünndarm gespalten wird. Salicin und Helicin verhalten sich wie Amygdalin, Leber und Niere können sie nicht spalten. Arbutin verhält sich ebenso, Leber und Niere spalten es nicht, aber Muskeln und Blut zeigen eine spaltende Wirkung, die, wie es scheint, nur an die lebende Zelle gebunden ist.

Rhamnoside oder Rhamnoseäther zerfallen bei der Hydrolyse in Rhamnose und kohlenstoffärmere Verbindungen. Einzelne liefern nur Rhamnose, andere Rhamnose und Glykose. Sie lassen sich als Flavonderivate ansprechen:

OC

CC

O

Quercitrin, Rutin, Hesperidin und Hesperetin passieren nach intravenöser sowie nach stomachaler Darreichung zum größten Teile unverändert den Organismus, da die Hydrolyse dieser Rhamnoside nicht oder nur spurenweise im Tierkörper eintritt. Sie sind alle nur wenig giftig. Am meisten giftig ist Rutin und Quercitrin, viel weniger Hesperidin und Naringin. Während Hesperidin nicht giftig ist, ist dies bei dem aus ihm entstehenden Hesperetin der Fall[10]).

---

[1]) Schorn: Diss. Halle 1897.
[2]) Hoppe-Seylers Zeitschr. f. physiol. Chem. Bd. 15, S. 225. 1892.
[3]) Arch. f. exp. Pathol. u. Pharmakol. Bd. 38, S. 346.
[4]) Virchows Arch. f. pathol. Anat. u. Physiol. Bd. 81. 1880.
[5]) Arch. f. exp. Pathol. u. Pharmakol. Bd. 40, S. 147.
[6]) Hoppe-Seylers Zeitschr. f. physiol. Chem. Bd. 24, S. 115. 1898.
[7]) Arch. f. exp. Pathol. u. Pharmakol. Bd. 42, S. 1.
[8]) Zentralb. f. med. Wissensch. 1891, S. 352. [9]) Grisson: Diss. Rostock 1887.
[10]) Garino, Maio: Hoppe-Seylers Zeitschr. f. physiol. Chem. Bd. 88, S. 1. 1913.

Die Ester verhalten sich so im Organismus, daß sie meist im Darmkanale durch das verseifende Enzym des Pankreas, sowie durch die Bakterientätigkeit in ihre Komponenten gespalten werden. Wegen ihrer schweren Löslichkeit werden sie vielfach nicht als solche resorbiert. Nach Einnahme von Salol zum Beispiel findet die Ausscheidung von Salicylsäure im Harne langsamer statt als nach Einnahme von Salicylsäure selbst. Distearylsalicylglycerid durch Erhitzen von Salicylsäuredichlorhydrinester mit stearinsaurem Silber dargestellt, wird im Organismus im Gegensatze zum Trisalicylglycerid fast vollständig resorbiert. Salicylsäure wird nach Aufnahme dieser Verbindung viel langsamer ausgeschieden als nach Einverleibung von Natriumsalicylat.

Man kann daher die wirksamen Säuren und Alkohole (Phenole) in Form von Estern geben (am besten, wenn diese unlöslich), um die Einwirkung zu protrahieren, da ja der Ester sich erst langsam in seine Komponenten im Darme zerlegt und diese dann erst sukzessive resorbiert werden.

Wir sehen bei den verschiedenen Veränderungen, welche die chemischen Substanzen im Organismus erleiden, daß es sich in erster Linie darum handelt, eine Reihe von diesen durch verschiedenartige Prozesse in unwirksame und unschädliche Körper zu verwandeln. Insbesondere ein Vorgang verdient für den Pharmakologen ein großes Interesse: Das Bestreben des Organismus, eine wirksame Substanz in eine Säure zu verwandeln. Die so durch Paarung oder Oxydation entstandene Säure verhält sich nun den Einflüssen des Organismus gegenüber ungemein resistent, und diese Resistenz bewirkt auch, daß das Stoffwechselprodukt der wirksamen Substanz, die gebildete Säure, ein ganz unwirksamer Körper ist. Dieses Verleihen saurer Eigenschaften seitens des Organismus an giftige Körper ist von fundamentaler Bedeutung für die Arzneimittelsynthese.

Spezieller Teil.

Erstes Kapitel.

Allgemeine Methoden, um aus bekannten wirksamen Verbindungen Verbindungen mit gleicher physiologischer Wirkung aufzubauen, denen aber bestimmte Nebenwirkungen fehlen.

I. Das Salol-Prinzip. M. v. Nencki war der erste, welcher darauf hingewiesen, daß es gelingt, die ätzenden Nebenwirkungen der Phenole sowie der aromatischen Säuren auf die Weise aufzuheben, daß man statt des Phenols oder statt der Säuren einen neutralen Ester in den Organismus einführt, der unverändert den Magen passiert und durch das Ester verseifende Enzym im Darme zerlegt wird und so langsam und fortlaufend die in kleinen Mengen abgespaltenen wirksamen Komponenten zur Wirkung gelangen läßt. Es werden entweder aromatische Säuren und Phenole unter Anwendung von Phosphoroxychlorid, Phosphorpentachlorid, Phosgen oder ähnlich wirkenden Kondensationsmitteln in Ester verwandelt, wobei dann beide Komponenten als wirksam anzusehen sind; oder es werden solche unlösliche, geschmacklose und nicht ätzende Verbindungen dargestellt, indem die ganz ungiftige und an und für sich wenig wirksame Benzoesäure mit dem Phenol einen neutralen Ester bildet. Die Darstellung dieser Benzoylverbindungen, welche relativ wenig in die Therapie Eingang gefunden hat, geschieht entweder durch Einwirkung von Benzoylchlorid auf das Alkalisalz des betreffenden Phenols oder nach der Schotten-Baumann-Methode durch Behandlung der alkalischen Phenollösung mit Benzoylchlorid in der Kälte. Handelt es sich nur darum, aus einem Phenol nach dem Salolprinzip einen nicht ätzenden, geschmacklosen Körper zu erhalten, so ist es nicht notwendig, eine wirksame Säure in die Verbindung einzuführen, sondern mit viel größerem Vorteil bedient man sich zu diesem Zwecke der Einführung von fetten Säureradikalen, insbesondere aber der Veresterung des Hydroxyls mit Kohlensäure oder Carbaminsäure. Das Verestern mit Kohlensäure geschieht in der Weise, daß man auf das Phenol oder auf dessen Salz Phosgengas oder eine Lösung desselben einwirken läßt. Die Darstellung des Carbaminsäureesters kann man auf zweierlei Weise bewerkstelligen. Entweder läßt man Chlorkohlensäureamid mit dem Phenol reagieren, oder man läßt vorerst ein Molekül Phosgen auf ein Molekül der hydroxylhaltigen Substanz einwirken und hierauf behandelt man das entstandene Produkt mit Ammoniak. Die so erhaltenen Produkte sind meist feste, wasserlösliche Substanzen. Will man zu flüssigen gelangen, so eignet sich dazu die Behandlung der Phenole mit Chlorameisensäureester oder analogen Verbindungen, wobei dann man die meist flüssigen Alkylkohlensäureester erhält. Die gleichen Reaktionen, wie sie hier besprochen wurden, lassen sich auch dazu verwenden, um lösliche, geschmacklose Verbindungen der bitter oder schlecht schmeckenden Alkaloide, wie etwa des Chinins, zu erhalten, aber in diesem Falle sind die Alkylkohlensäureverbindungen ebenfalls feste Körper.

II. Um die **Ätzwirkung** sowie den schlechten Geschmack einer Reihe von Verbindungen zu coupieren, wendet man sehr häufig, insbesondere für Metalle die Bindung an Eiweißkörper oder deren Derivate, an Leim, Kohlenhydrate, insbesondere Polysaccharide oder ähnliche Substanzen an. Auf diese Weise gelangt man zu wasserunlöslichen Verbindungen der Gerbsäure, aus denen die Gerbsäure erst im Darmkanal als gerbsaures Alkali abgespalten wird. Man gelangt zu geschmacklosen, weil unlöslichen, Verbindungen der Alkaloide. Ferner gelingt es, die Ätzwirkung der Metalle in der Weise auszuschließen, daß man die Metalle den Eiweißkörpern substituiert, so zwar, daß die Metalle durch die gewöhnlichen Reagenzien nicht mehr nachgewiesen werden können, da diese komplexen Verbindungen kein Metallion an die Lösungen abgeben. Es gelingt auf diese Weise, die Wirkung der Metalle, wie des Silbers, des Quecksilbers, des Eisens frei von der ihnen zukommenden Ätzwirkung zur Geltung zu bringen. Wenn man freilich wie bei den Silberpräparaten auch die Ätzwirkung als therapeutisches Agens benötigt, welche lediglich Ionenwirkung ist, so muß man wiederum anorganische Metallverbindungen benutzen oder leicht dissoziierende, salzartige organische. Ist das Element, z. B. Arsen, so substituiert, daß es nicht ionisierbar ist, so kann die Verbindung auch ganz unwirksam oder weniger wirksam werden oder auch ihre Wirkungsqualität sehr ändern.

III. Reaktionen mit Formaldehyd. Zwei Umstände haben die große Anzahl von Formaldehydverbindungen, welche therapeutisch angewendet werden, begünstigt. Die Erkenntnis der ungemein großen Reaktionsfähigkeit dieses einfachsten und billigsten Aldehyds hat eine große Anzahl von Versuchen gezeitigt, Methylen- statt Alkyl- oder Acylgruppen in ersetzbare Wasserstoffe einzuführen, anderseits hat die große antiseptische Wirkung des Formaldehyds und die steigende Verwendung desselben zu Versuchen ermuntert, Präparate darzustellen, aus denen sich langsam unter verschiedenerlei Einwirkungen in kleinen Mengen der wirksame Formaldehyd entbindet. Durch die Wechselwirkung von Formaldehyd und hydroxylhaltigen Körpern bei Gegenwart von starker Salzsäure kann man ebenso zu geschmacklosen Derivaten, oft auch zu unlöslichen gelangen, wie nach den oben besprochenen Methoden. Diese Verdeckung der Hydroxyle geschieht hier durch Bildung von Methylenderivaten der wirksamen Körper. Manchmal, wie beim Morphin, gelangt man aber zu unwirksamen Substanzen. Ebenso gelingt es durch Einwirkung von Formaldehyd basische Reste festzulegen, doch stehen die so erhaltenen Derivate weit hinter den durch Einführung von Säureradikalen in die Wasserstoffe der basischen Reste erhaltenen zurück, wenn man diese Reaktion vom Standpunkte der Entgiftung der zugrunde liegenden Base betrachtet. Der therapeutische Haupterfolg liegt in der Einführung des Hexamethylentetramins, von dem ganz unnötigerweise eine große Anzahl von Salzen verschiedenster wirksamer Säuren in die Therapie mit wenig Erfolg lanciert wurden.

IV. Einführung von Säureradikalen für Imid-, Amid- oder Amino-Wasserstoffatome. Zur Einführung gelangen fette oder aromatische Säureradikale. Beide verringern die Giftigkeit, indem sie eine höhere chemische Stabilität schaffen, so daß die wirksame Base vom Organismus erst langsam aus dieser säureamidartigen Verbindung herausgespalten werden muß. Handelt es sich um Aminogruppen mit zwei ersetzbaren Wasserstoffen, so ist es Regel, daß schon der Ersatz von einem Wasserstoff durch ein fettes Säureradikal eine wesentliche Entgiftung hervorruft. Die Einführung eines zweiten Radikals zum Ersatz des zweiten Wasserstoffes ist deshalb schwierig, weil das zweite fette Säureradikal im allgemeinen schon durch Wasser abgespalten wird und man so wieder zu einer Monoacylverbindung gelangt. Anderseits ist die Einführung eines zweiten Säureradikals auch überflüssig, weil die unwesentlich eintretende Entgiftung durch die überaus leichte Verseifung der zweiten Säuregruppe illusorisch gemacht wird. Zur Einführung fetter Säureradikale in die ersetzbaren Wasserstoffe der Aminoreste eignet sich in erster Linie die Essigsäure, die anderen Glieder der Fettsäurereihe haben durchaus vor der Essigsäure keine Vorzüge. Statt der Essigsäure bedient man sich noch in einzelnen Fällen mit Vorteil der Gärungsmilchsäure, weil die resultierende Verbindung leichter in Wasser löslich, doch haben die so erhaltenen Derivate vor den Acetylderivaten den Nachteil, schon durch die bloße Einwirkung der Salzsäure des Magensaftes aufgespalten zu werden.

Die Methodik der Einführung der Säureradikale ist mannigfaltig. Entweder schüttelt man die wässerigen oder alkoholischen Lösungen der Base mit Essigsäureanhydrid oder man acetyliert durch Kochen mit Essigsäure und essigsaurem Natron, mit Essigsäureanhydrid oder auch mit Acetylchlorid. Die schwere Löslichkeit dieser Derivate in Wasser ermöglicht ihre leichte Isolierung und Reinigung.

Der Ersatz der an Stickstoff gebundenen Wasserstoffatome durch Radikale von aromatischen Säuren, von denen in erster Linie Benzoesäure und Salicylsäure mit Vorliebe gewählt werden, hat gegenüber der Einführung von fetten Radikalen den Nachteil, daß die so dargestellten Verbindungen eine ungemein große Resistenz dem Organismus gegenüber zeigen und meist ganz unlöslich sind, so daß sie in vielen Fällen wegen ihrer schweren Spaltbarkeit ganz unwirksam oder wenig wirksam sich erwiesen.

V. Einführung von Aldehydresten. In gleicher Weise kann der Ersatz von Wasserstoffen in basischen Resten in der Weise vorgenommen werden, daß man einen fetten oder aromatischen Aldehyd mit der Aminogruppe bei Gegenwart eines Kondensationsmittels in Wechselwirkung treten läßt. Auch hier hat der Eintritt eines aromatischen Radikals eine solche Stabilität der entstandenen Verbindung zur Folge, daß man zu physiologisch unwirksamen oder wenig wirksamen Substanzen gelangt. Die eintretenden fetten Säureradikale sind an und für sich unwirksam, während die eintretenden aromatischen, insbesondere die Salicylsäure, bei antipyretischen Mitteln sich an der Wirkung stark beteiligen können. Das Salicylsäureradikal wird wegen seiner spezifischen Wirkung bei Rheumatismus und wegen seiner antifebrilen Wirkung eingeführt.

VI. Einführung von Alkylresten in die Wasserstoffatome der Aminogruppe. Während der Eintritt von Säureradikalen in die Aminogruppe nur eine Verlangsamung der Wirkung der Basen verursacht und auf diese Weise eine Entgiftung zuwege gebracht wird, ohne daß an dem physiologischen Grundcharakter etwas sich geändert hätte, macht der Ersatz von Wasserstoffen des Aminorestes durch Alkylradikale öfters eine völlige Änderung der Wirkung, indem nicht mehr die physiologische Wirkung der Base allein zur Geltung kommt, sondern auch die Alkylgruppen als das Wirksame zu betrachten sind. Hierbei kann die Giftigkeit der Substanz auch ansteigen und eine Verschiebung der Wirkungsart eintreten.

Die Alkylgruppen entfalten nach dem ihnen eigenen Grundcharakter wesentlich narkotische Effekte, doch kann ihre Einführung in die Aminogruppe auch der neuen Substanz krampferregende Wirkungen verleihen.

VII. Einführung von Säureradikalen in die Hydroxyle von Basen. Während der Ersatz von Aminowasserstoffen durch saure Reste eine Entgiftung der zugrunde liegenden Verbindungen zur Folge hat, erhält man ganz anders wirkende Verbindungen, wenn man den Wasserstoff eines Hydroxyls in einer Base durch Säureradikale ersetzt. Hierdurch wird oft die Giftigkeit erheblich erhöht. Der physiologische Grundcharakter der Base kann hierbei die eingreifendsten Veränderungen erleiden. Diese Veränderungen hängen mit der Konstitution des eintretenden Radikals wesentlich zusammen. Physiologisch verhalten sich die entstehenden Derivate sehr verschieden, je nachdem, ob der eintretende Säurerest ein fetter oder ein aromatischer ist. Es kann ferner auch der Bau und insbesondere die Anwesenheit einer Hydroxylgruppe im aromatischen Säurerest von entscheidender Bedeutung für die Wirkung der neu entstehenden Verbindung sein. Es muß daher vor einem planlosen Einführen von Säureradikalen in die Hydroxylgruppen von Basen auf das entschiedenste gewarnt werden. Man kann auf diese Weise, von der falschen Voraussetzung ausgehend, daß man zu einer weniger giftigen Substanz, wie beim Ersatz von Wasserstoff in Aminogruppen der Basen, gelangen wird, zu höchst giftigen Verbindungen kommen.

VIII. Einführung von Alkylresten in die Wasserstoffe der Hydroxylgruppen. Der Eintritt von Alkylresten erzeugt in erster Linie unabhängig von der spezifischen Wirkung des eintretenden Alkylrestes eine erhöhte Stabilität der Substanz, da die Alkyloxygruppen viel schwieriger den Einflüssen des Organismus unterliegen als die Hydroxylgruppen in einer analogen Verbindung. Es entfaltet aber die eintretende Alkylgruppe, insbesondere aber die Äthylgruppe, eine meist narkotische Wirkung. Diese narkotische Wirkung ist unabhängig von dem übrigen Bau der Substanzen. Sie ist die spezifische Wirkung der Äthylgruppe selbst. In geringerem Maße als die Äthylgruppe äußert die Methylgruppe narkotische Wirkung, und man wird immer vorziehen, wenn man Alkylgruppen in Hydroxyle einführt, um neue wirksame Substanzen zu erhalten, Äthylgruppen einzuführen, weil gerade diese die so oft erwünschte analgetische und narkotische Wirkung durch ihren Eintritt in die Verbindung derselben verleihen. Die höheren aliphatischen Alkylreste werden nur selten verwendet, da ihr Eintritt gegenüber dem Eintritte der Äthyl- oder Methylgruppe keine Vorteile bringt. Von aromatischen Alkoholen hat man insbesondere die Einführung des Restes des Benzylalkoholes in den Hydroxylwasserstoff des öfteren versucht, ohne auf diese Weise den aliphatischen Verbindungen gegenüber wirksamere oder aus anderen Gründen wertvollere Substanzen zu erzielen.

IX. Wasserlöslichmachen von Arzneimitteln. Eine sehr beliebte und mit sehr geringem Verständnis der pharmakodynamischen Wirkung ausgeführte Art, an und für sich in Wasser unlösliche Körper wasserlöslich zu machen und so deren Gebrauch oder deren Resorption zu erleichtern, ist die Methode, Körper dieser Art in Säuren umzuwandeln, die entweder als solche oder als entsprechende Alkalisalze wasserlöslich sind. Man vergaß nur immer hierbei, daß die Verwandlung einer Substanz in eine Säure entweder eine völlige Vernichtung der pharmakologischen Eigenschaften bewirkt oder eine ganz wesentliche Abschwächung derselben zur Folge hat. Man vergaß, daß man der meist unnötigen Wasserlöslichkeit zuliebe die physiologische Wirkung, auf die es doch in erster Linie ankommen muß, zum Opfer brachte.

Die verbreitetste, weil technisch billigste Art ist, aus den wirksamen Substanzen die entsprechenden Sulfosäuren darzustellen. Man erhält auf diese Weise meist sehr leicht, entweder schon durch bloße Einwirkung von konzentrierter Schwefelsäure bei niedrigen Temperaturen oder von anhydridhaltiger Schwefelsäure Sulfosäuren, die entweder selbst oder deren Alkalisalze löslich sind. Eine weitere Art ist die Darstellung von Carbonsäuren, deren Salze wasserlöslich sind. Die letztere Methode wird hauptsächlich in der Phenolgruppe angewendet, wo man entweder unwirksame Substanzen oder weniger giftige erhält. Wenn die Substanzen wirksam bleiben, so können sie in ihrer Wirkung von der Muttersubstanz beträchtlich differieren. (Beispiel: Phenol und Salicylsäure.)

Eine Methode, wasserlösliche Substanzen zu erhalten, ohne die Wirkung wesentlich zu beeinträchtigen, ist die Einführung einer Aminogruppe oder einer Glykokollgruppe in die fette Seitenkette einer Verbindung; man kann dann lösliche Chlorhydrate dieser Derivate erhalten. Die physiologische Wirkung der zugrunde liegenden Verbindungen wird hierbei manchmal gar nicht oder nur unwesentlich verändert.

X. Einführung von Halogen oder Schwefel. Eine ungemein verbreitete Art, neue Heilmittel darzustellen, ist, in schon bekannte Körper von verschiedensten physiologischen Wirkungen Halogen, insbesondere aber Brom und Jod, einzuführen. Man erhält im allgemeinen bei Einführung von Chlor in aliphatische Verbindungen mehr oder minder stark narkotisch wirkende Körper, häufig aber starke Herzgifte, bei Einführung von Chlor in aromatische, stärker antiseptisch wirkende Verbindungen als die Muttersubstanz. Man muß bei dem Endprodukte besonders auf die eventuellen Ätzwirkungen achten. Die Einführung von Brom in aliphatische Substanzen bringt meist ähnliche Effekte wie Chlor zuwege, anderseits nähern sich die antiseptischen Wirkungen dieser Substanzen schon den Jodderivaten. Die Einführung von Brom in aromatische Substanzen erhöht deren antiseptische Effekte, besitzt aber keine Vorteile vor den Jodpräparaten, es sei denn, daß sich die Bromderivate technisch billiger darstellen lassen. Die Einführung von Jod in aliphatische und aromatische Verbindungen verleiht denselben wesentlich antiseptische, resorptionsbefördernde und granulationsanregende Wirkung. Es ist hierbei keineswegs von Vorteil, wenn die neue Verbindung Jod sehr rasch abspaltet, anderseits ist es aber zwecklos, Jod in Verbindungen einzuführen, aus denen es der Organismus unter keinerlei Umständen wieder frei machen und zur Wirkung bringen kann.

Die Einführung von Schwefel geschieht mit Vorliebe, um antiseptisch wirkende oder resorptionsbefördernde Eigenschaften den neu entstehenden Verbindungen zu verleihen. Doch stehen in bezug auf die antiseptische Wirkung die Schwefelverbindungen den analog gebauten Jodverbindungen wesentlich nach. Eine Reihe von schwefelhaltigen Verbindungen, die durch Schmelzen mit Schwefel oder durch Schwefeln mittels eines Überträgers dargestellt sind, wurden in der Absicht, dem Ichthyol analog wirkende Substanzen künstlich zu gewinnen, hergestellt. Hierbei werden Kohlenwasserstoffe verschiedenster Provenienz, insbesondere ungesättigte, mit Schwefel behandelt. Anderseits gelingt es leicht, Schwefel durch Verschmelzen mit Substanzen, die eine doppelte Bindung enthalten, in diese einzuverleiben. Doch zeigen Körper der letzteren Art keine dem Ichthyol analogen physiologischen Eigenschaften.

XI. Darstellungen von verschiedenen Salzen wirksamer Säuren oder wirksamer Basen, insbesondere von Metallen. Hier wächst die Variationsmöglichkeit tatsächlich fast ins Unendliche, und wer die Verbindungen verschiedenster Art, die so dargestellt wurden, für neue Arzneimittel ansieht, hat vollauf Gelegenheit, sich über die Hochflut neuer Mittel zu beklagen. Wer aber einsieht, daß hier nicht die wirksame Substanz, sondern der meist unwirksame Anteil der Verbindung in verschiedenster, sehr häufig auch zweckloser Weise variiert wird, wird Verbindungen dieser Art keineswegs als etwas Neues anzusehen in der Lage sein.

XII. Kombination zweier wirksamer Substanzen. Bei dieser Art, neue Körper darzustellen, werden zwei meist ganz ähnlich wirkende Körper, etwa zwei antipyretische Mittel, wie Salicylsäure oder Antipyrin, oder zwei Schlafmittel, wie Amylenhydrat und Chloralhydrat in chemische Wechselwirkung gebracht, ohne daß die entstehenden Verbindungen andere physiologische Eigenschaften hätten, als etwa ein Gemenge der beiden Substanzen. Anderseits wurde versucht, zwei verschiedenartig wirkende Körper zu kombinieren, eine

Variationsmöglichkeit, die natürlich sehr groß ist, ohne aber bislang therapeutisch etwas Neues geliefert zu haben.

* * *

Wenn man die angeführten Variationsmöglichkeiten sich vor Augen hält und weiter berücksichtigt, daß man in den meisten Substanzen eine für die Grundwirkung unwesentliche Gruppe chemisch unzähligemal variieren kann, so wird es klar, wie eine Hochflut von sogenannten neuen Arzneimitteln möglich ist, ohne daß neue Verbindungen mit neuen Wirkungen geschaffen werden. Jeder neue Körper schafft wieder eine Reihe von Variationen, aber im Konkurrenzkampfe siegt doch nur das geeignetste und technisch billigste Präparat.

Zweites Kapitel.

Antipyretica.

Chinin und Chinolinderivate.

Die synthetische Arzneimittelchemie hat auf dem Gebiete der antipyretischen Mittel sowie der Schlafmittel ihre größten Triumphe gefeiert. Eine große Reihe neuer Verbindungen wurde geschaffen, von denen einige in den dauernden Besitzstand der Heilkunde übergegangen sind. Aber die große Verbreitung verdanken die modernen Antipyretica nicht so sehr ihrer Temperatur herabsetzenden Wirkung, als vielmehr ihren vortrefflichen Nebenwirkungen auf das Nervensystem, vor allem der besonderen schmerzstillenden Funktion. Diese Substanzen wirken einerseits als Wärmezentrumnarkotica, andererseits als leichte Narkotica überhaupt.

Die ursprünglich treibende Idee der Synthetiker war, die Resultate der Erforschung der Konstitution des Chinins in der Weise zu verwerten, daß man neue, dem Chinin, wie damals seine Konstitution aufgefaßt wurde, analoge Körper aufbaue. Die Anschauungen über den Bau des Chinins waren zu jener Zeit unrichtig, und auf Grund dieser unrichtigen Anschauungen gelangte man zu synthetischen Verbindungen, welche vom Chinin in ihrer Wirkung sich wesentlich unterschieden, die wohl Antipyretica waren, aber aus Gründen, die außerhalb der Analogie mit dem Chinin liegen. Der großen Reihe künstlicher Fiebermittel, welche alle das Chinin ersetzen sollten, mangelt eine, und zwar die wichtigste therapeutische Funktion des Chinins, nämlich die spezifische Wirkung bei der Malaria.

Chinin unterscheidet sich von dem ihm nahe verwandten Chinaalkaloide Cinchonin durch das Vorhandensein einer Methoxylgruppe in der p-Stellung im Chinolinringsystem, aber Cinchonin ist ein weit weniger wirksame Körper, so daß die Anwesenheit der p-Methoxylgruppe jene intensive Wirkung des Chinins auf das Fieber und seine spezifische Wirkung bei der Malaria bedingt. Schmilzt man Cinchonin und Chinin mit Kali, so erhält man im ersteren Falle Chinolin, im letzteren Falle p-Methoxychinolin.

Chinolin [Strukturformel, N] p-Methoxychinolin [Strukturformel, CH_3O, N]

Chinolin selbst hat nach den Untersuchungen von Julius Donath[1]) antiseptische, antizymotische und antipyretische Eigenschaften, aber es erregt sehr bald schon in relativ kleinen Dosen Kollaps und seine hochgradige Giftigkeit verhindert die therapeutische Anwendung, auch wenn man statt des salzsauren Chinolins, welches stark hygroskopisch ist, brennend schmeckt und durchdringend riecht, weinsaures Chinolin benützt. Donath verwendete bei seinen Versuchen Chinolin aus Steinkohlenteer, welches nicht rein war. Wenn man aber auch, wie es Biach und Loimann[2]) getan haben, synthetisches Chinolin benützt, so kommt man zu den gleichen Resultaten. Chinolin erniedrigt wohl

[1]) Ber. d. dtsch. chem. Ges. Bd. 14, S. 178, 1769. 1881. — Kendrick u. Dewar: Ber. d. dtsch. chem. Ges. Bd. 7, S. 1458. 1874.
[2]) Virchows Arch. f. pathol. Anat. u. Physiol. Bd. 86, S. 456.

die Temperatur, und die Temperaturerniedrigung ist proportional der verabreichten Dosis, aber die Atembewegungen werden verringert und unregelmäßig, es treten Kollapserscheinungen auf, die Versuchstiere gehen unter Erscheinungen des Lungenödems zugrunde. Eine Zeitlang wurde Chinolin als Ersatzmittel des Chinins bei Keuchhusten in kleinen Dosen empfohlen. Doch haben die lästigen Nebenwirkungen sehr bald von einer weiteren Anwendung abgeschreckt[1]).

Die antiseptische Eigenschaft des Chinolins geht nach den Untersuchungen von Rosenthal[2]) so weit, daß mit Chinolin vergiftete Tiere nicht faulen. Die chemische Tätigkeit des Protoplasmas der lebenden Zellen erleidet durch Chinolin eine wesentliche Änderung. Es wird die Aufnahme von Sauerstoff und die Erzeugung von Energie vermindert, daher sinkt auch die Wärmeproduktion. Wenn man am Krankenbett die Chinolinwirkung mit der Chininwirkung vergleicht, was ja im Tierversuch nicht so gut geht, so kommt man mit R. Jaksch[3]) zu dem Resultate, daß Chinolin in bezug auf seine febrifuge Wirkung schwächer und unzuverlässiger wirkt als Chinin. Auf den Krankheitsverlauf hat es gar keinen günstigen Einfluß, bei der Malaria wirkt es überhaupt nicht und die meisten Patienten erbrechen das Mittel. Das Fieber bei Pneumonie wird vom Chinolin nicht beeinflußt. Chinolin und Acridin machen Retinitis[4]).

Da eine Reihe von Alkaloiden zum Teil Chinolin [Formel: N] zum Teil Isochinolin [Formel: N] als Kern besitzen, so muß man die Frage aufwerfen, ob es einen Unterschied macht, ob sich diese Körper vom Chinolin oder vom Isochinolin ableiten. Die Untersuchungen von Ralph Stockmann[5]) haben gezeigt, daß Chinolin und Isochinolin beide gleich stark antiseptisch, antipyretisch und auf das Zentralnervensystem depressorisch wirken. Vorerst wirkt es erregend auf die Reflexerregbarkeit dann central und peripher lähmend. Auch die Methyljodidderivate beider Körper haben dieselbe Wirkung, nämlich eine paralysierende Wirkung auf die motorischen Nervenendplatten. Chinaldin (α-Methylchinolin)

Chinaldin	Lepidin	α-γ-Dimethylchinolin	o-Toluchinolin	p-Toluchinolin
·CH_3 / N	CH_3 / N	CH_3 / ·CH_3 / N	H_3C N	H_3C· / N

Lepidin (γ-Methylchinolin), dann α-γ-Dimethylchinolin, o-Toluchinolin, p-Toluchinolin zeigen eine ähnliche Wirkung wie Chinolin oder Isochinolin, aber sie sind weniger wirksam. α-γ-Dimethylchinolin ist noch weniger wirksam als Chinaldin. Es läßt sich daher die Regel aufstellen: Die Substitution von Methylradikalen für Wasserstoffatome im Chinolin wirkt schwächend auf die depressorische Wirkung auf das Nervensystem, d. h., je mehr Wasserstoffatome durch Methylgruppen im Chinolin ersetzt werden, desto schwächer wirkt der substituierte Körper auf das Nervensystem. Es folgt ferner aus den Stockmannschen Untersuchungen, daß es für die physiologische Wirkung eines Chinolins gleichgültig ist, wo der Stickstoff steht, oder wo die Methylradikale sitzen, daß ferner die

[1]) Brieger: Zeitschr. f. klin. Med. Bd. 4, S. 296.
[2]) Festschrift f. Zenker 1891, S. 206.
[3]) Prager med. Wochenschr. 1881, Nr. 28.
[4]) Jess, A.: Akten f. d. internat. ophthalmol. Kongreß Petersburg 1914, S. 101.
[5]) Journ. of physiol. Bd. 15, S. 245.

Substitution von Methylradikalen für Wasserstoff die Wirkung nur in bezug auf den Grad ändert, aber nicht in bezug auf die Art und Weise. Es ist daher nicht unwahrscheinlich, daß es für die physiologische Wirkung der komplexeren Alkaloide gleichgültig ist, ob das Alkaloid vom Chinolin oder Isochinolin deriviert. Dieses ist für Synthesen von größter Wichtigkeit, da man unter sonst gleichen Umständen von dem billigen Chinolin ausgehen könnte.

Chinolin, Chinaldin, Chinaldylalkin (Chinolinring mit N) $\cdot CH_2 \cdot CH_2 \cdot OH$ sind in ihren pharmakologischen Wirkungen nur wenig verschieden. Der Blutdruck wird von ihnen nicht wesentlich beeinflußt, die Pulsamplitude nur vom Chinaldylalkin verstärkt, ebenso haben sie auch keine Wirkung auf die Gefäßweite. Organe mit glatter Muskulatur werden von ihnen in schwacher Konzentration kaum merklich erregt, durch die stärkeren Dosen dagegen in lähmendem Sinne beeinflußt[1]).

Hefegärung wird vom Chinolin stärker, von Chinaldin und Chinaldylalkin schwächer als vom Chinin gehemmt. Chinolin wirkt auf Paramaecien $^1/_{10}$, Chinaldin weniger als $^1/_{20}$, Chinaldylalkin $^1/_{20}$ so stark wie Chinin.

α-Oxychinolin (Carbostyril) ist wenig oder gar nicht giftig[2]). γ-Oxychinolin ist ebenfalls ungiftig. p-Oxychinolin macht bei Kaninchen geringe Temperaturerniedrigung[2]).

Durch die Hydrierung im Pyridinring werden die Chinolinderivate wirksamer, aber weitaus giftiger, was auch mit der Entstehung der Imidgruppe zusammenhängt.

Py-Tetrahydro-p-oxychinolin

HO(Benzolring)—CH_2, CH_2, CH_2, NH

ist ein starkes Gift, es macht klonische Krämpfe[3]).

p-Methoxychinolin (p-Chinanisol) ist ungiftig, p-Methoxy-tetrahydrochinolin (Thallin) wirkt stark antipyretisch, macht Cyanose und Methämoglobinbildung[3]).

8-Äthoxychinolin hat im Abtötungsversuch gegen Pneumokokken die gleiche antiseptische Wirkung wie 8-Oxychinolin, es tritt also keine Steigerung der Bactericidie auf wie beim Übergang vom Hydrocuprein zum Äthylhydrocuprein (Optochin)[4]).

α-Propyltetrahydrochinolin ist weit giftiger und physiologisch unähnlich dem Coniin[5]).

Py-Tetrahydro-γ-phenylchinolin

H C_6H_5, H_2, H_2, N, H

ist für Paramäcien so giftig wie Chinin[6]). Durch den Eintritt der Phenylgruppe wird also die Wirkung auf Paramaecien verzehnfacht.

---

[1]) Niderehe, Walter: Zeitschr. f. d. ges. exp. Med. Bd. 6, S. 350. 1918.

[2]) Schmidt, A.: Diss. Königsberg 1884. — Fenyvessy, B.: Hoppe-Seylers Zeitschr. f. physiol. Chem. Bd. 30, S. 552. 1900. — Rosenhain, F.: Diss. Königsberg 1886.

[3]) Jaksch, R.: Zeitschr. f. klin. Med. Bd. 8, S. 442. 1884.

[4]) Hirschfelder, A. D., Hermann H. Jensen u. W. W. Swanson: Proc. of the soc. f. exp. biol. a. med. Bd. 20, S. 402. 1923.

[5]) Plugge, P. C.: Arch. internat. de pharmaco-dyn. et de thérapie Bd. 3, S. 173. 1897.

[6]) Grethe: Dtsch. Arch. f. klin. Med. Bd. 56, S. 189. 1896.

p-Äthoxytetrahydrochinolin und Äthylendioxytetrahydrochinolin üben subcutan einen gewissen antipyretischen Einfluß aus. Intravenös injiziert beeinflussen sie Atmung und Blutdruck, aber nur vorübergehend. Beim Frosch tritt zentrale und Herzlähmung auf. p-Äthoxy-tetrahydro-chinolin N-[carbonsäureamid] ist antipyretisch vollkommen unwirksam[1]).

Der Reichtum des Chinins an Wasserstoffatomen führte zu der Vermutung, daß in demselben Chinolin als Tetrahydrochinolin enthalten sei, eine Vermutung, die sich als irrtümlich erwies, aber zu den ersten Versuchen führte, synthetische, vom Chinolin sich ableitende Antipyretica darzustellen. Es war aber dazu notwendig, vorerst reines Chinolin in der Hand zu haben. Die Reindarstellung des im Steinkohlenteer vorkommenden Chinolins begegnet großen Schwierigkeiten; namentlich die Trennung von den Homologen läßt sich sehr schwer bewerkstelligen. Diesem Übelstand wurde durch die synthetische Darstellung des Chinolins abgeholfen.

Zur Gewinnung von chemisch reinem Chinolin erhitzt man nach Zdenko Skraup[2]) Glycerin, konzentrierte Schwefelsäure, Nitrobenzol und Anilin, wobei anscheinend Anilin mit dem aus dem Glycerin gebildeten Oxaldehyd reagiert. Diese Skraupsche Synthese des Chinolins läßt sich auch übertragen auf die Darstellung von Oxychinolin sowie von Alkyloxychinolin. Es ist nur notwendig, statt des Nitrobenzols bzw. Aminobenzols, Nitrophenol bzw. Aminophenol zu nehmen[3]). Bei der Synthese des Methyläthers des p-Oxychinolins z. B. verwendet man p-Aminoanisol, p-Nitroanisol, Glycerin und Schwefelsäure[4]). Die Reaktion ist dieselbe wie bei der Synthese des Chinolins. Aber man bekommt, da man von p-substituierten Körpern ausgegangen ist, p-substituierte Oxychinoline. Später hat Knueppel[5]) die Skraupsche Chinolinsynthese dahin modifiziert, daß er Arsensäure, Glycerin und konzentrierte Schwefelsäure auf Anilin oder dessen Derivate einwirken ließ; diese Modifikation soll eine bessere Ausbeute bewirken, da die Harzbildung vermieden, ferner die Verarbeitung großer Substanzmengen auf einmal ermöglicht wird.

Das so dargestellte p-Chinanisol (p-Methoxychinolin) zeigte nach den Untersuchungen von R. v. Jaksch schwach antipyretische Eigenschaften. Es war jedenfalls durch den Eintritt der p-Methoxygruppe die antipyretische Wirkung des Chinolins abgeschwächt worden, eine Erscheinung, der wir später bei der Besprechung des Anilins und des Phenetidins wieder begegnen werden. Es besteht also ein fundamentaler Unterschied zwischen dem Verhältnisse der Wirkungen von Chinin zu Cinchonin und Methoxychinolin zu Chinolin. Beim Chinin verstärkt die Methoxylgruppe die Wirkung gegenüber dem Cinchonin, beim Methoxychinolin wird sie dem Chinolin gegenüber abgeschwächt. Der Grund, daß man immer bei Synthesen in der Chinolinreihe vom Methoxychinolin ausgegangen, ist wohl in der Beobachtung vom Butlerow zu suchen, welcher ja beim Schmelzen des sehr stark wirkenden Chinins mit Kali Methoxychinolin erhalten, während bei demselben Prozesse das weniger wirksame Cinchonin Chinolin gab.

Wie erwähnt, faßte früher Z. Skraup und mit ihm andere Beobachter das Chinin als ein tetrahydriertes Chinolinderivat auf. Da p-Methoxychinolin nur schwach antipyretische Eigenschaften zeigt, so wahr es wahrscheinlich, daß ein hydriertes p-Methoxychinolin starke Wirkungen hervorrufen wird. Es gilt nämlich der Lehrsatz, daß hydrierte Basen viel energischere Wirkungen als die nichthydrierten haben. Die Hydrierung und die dadurch bedingte Lösung der doppelten Bindungen machen die Verbindungen für den Organismus wirkungsfähiger, wie einige Beispiele beweisen sollen. So ist Pyridin fast gar nicht wirksam, Piperidin hingegen, das Reduktionsprodukt des Pyridins, ist eine viel stärker wirkende Base. Auch beim Chinolin konnten E. Bamberger und Läng-

---

1) Sonn, A. u. F. Benirschke: Ber. d. dtsch. chem. Ges. Bd. 54, S. 1730. 1921.
2) A.P. 241738. 3) D.R.P. 14976. 4) D.R.P. 28324
5) D.R.P. 87334. — Ber. d. dtsch. chem. Ges. Bd. 29, S. 703. 1896.

feld[1]) dieselbe Beobachtung machen. Die hydrierten Chinoline wirken im Gegensatz zum Chinolin dem Piperidin ähnlich. Dekahydrochinolin z. B. *erweist sich* schon in kleineren Dosen als Blutgift, wie es überhaupt als sekundäres Amin die für solche charakteristischen physiologischen Eigenschaften besitzt. Nach den Untersuchungen von Heintz[1]) steht Dekahydrochinolin in bezug auf physiologische Wirkung in denselben Beziehungen zum Chinolin wie Piperidin zum Pyridin. Diese vier Verbindungen haben alle gleichartige, wenn auch graduell verschiedene Wirkung. Die nichthydrierten Basen Pyridin und Chinolin sind in bezug auf allgemeine Nervenwirkung stärker wirksam als die hydrierten. Ferner machen die nichthydrierten frühzeitige Herzlähmung, während die hydrierten Körper das Herz lange intakt lassen. Alle vier Verbindungen zerstören die roten Blutkörperchen, aber die hydrierten weit rascher und intensiver als die nichthydrierten. Das schwächer hydrierte Hexahydrochinolin nähert sich in seiner Wirkung mehr dem Chinolin als dem Dekahydrochinolin. Nerven- wie Herzwirkungen sind intensiv, die blutschädigende Wirkung ist schwächer als bei dem letzteren, mehr den Wirkungen des Chinolins sich nähernd.

Wenn man das schwach wirkende p-Chinanisol durch Reduktion mit Zinn und Salzsäure hydriert, wie es Skraup getan, so kommt man zu einem stärker wirkenden Körper, dem Tetrahydrochinanisol, welches Thallin genannt wurde[2]).

Die Salze des Thallins sind kräftige Antipyretica, wenn auch keine spezifisch (gegen Malaria) wirkenden Mittel[3]).

Thallin

CH_3O [Strukturformel: Tetrahydrochinolinring mit H_2, H_2, H_2, NH]

(Thallinperjodat wurde von Mortimer Granville angeblich mit bestem Resultate bei der Krebsbehandlung verwendet[4]).

Außer dem Thallin wurden noch eine Reihe alkylierter bzw. benzoylierter Tetrachinanisole dargestellt, welche sich aber in ihrer Wirkung nicht in der Weise vom Thallin unterscheiden, daß sie ihm vorzuziehen wären. Thallin wirkt viermal so stark antipyretisch als Antipyrin. Doch ist die Wirkung nicht andauernd. Die Apyrexie (Entfieberung) dauert nur kurz und das Fieber setzt dann mit Schüttelfrösten wieder ein. Es macht eine schwere Blutschädigung. P. Ehrlich[5]) sah Hämoglobininfarkt der Nierenpapille.

Während Chinolin nicht auf die Niere wirkt, macht Tetrahydrochinolin [Strukturformel: Ring mit H_2, H_2, H_2, NH] typische Nekrose der Nierenpapillen[6]). Ebenso Thallin, o-Thallin und Anathallin, aber nicht bei allen Tieren. In gleicher Weise wirken Thallinharnstoff, Thallinthioharnstoff und Acetylthallin. Die Wirkung des Tetrahydrochinolins wird weder durch die Einführung eines Säureradikals, noch Alkylradikals in die NH-Gruppe verändert.

Dihydrochinoline zeigen im Gegensatz zu Tetrahydrochinolinen trotz ihrer sonstigen Giftigkeit gar keine Wirkung auf die Niere. Weder Kairin, noch das viel giftigere Trihydroäthyl-p-oxychinolin haben diese Eigenschaft[7]).

---

[1]) Ber. d. dtsch. chem. Ges. Bd. 23, S. 1138. 1890. [2]) D.R.P. 30426 und 42871.
[3]) Moniteur scient. 1887, S. 1230. [4]) Lancet 1894, S. 10, III.
[5]) Therap. Monatsh. 1887, S. 53. [6]) Rosenhain, F.: Diss. Königsberg 1886.
[7]) Rehns: Arch. internat. de pharmaco-dyn. et de thérapie Bd. 8, S. 199.

W. Filehne hat bei einer Reihe von Chinolinderivaten gefunden, daß nur die am Stickstoff alkylierten Tetrahydrochinoline einer weiteren Prüfung am Menschen wert wären. Enthielten diese alkylierten Chinoline Hydroxylgruppen, so trat ihre Wirkung rascher ein, verschwand aber umso plötzlicher. (Eine Analogie mit der rasch verfliegenden antipyretischen Wirkung der hydroxylierten Benzolderivate Phenol, Brenzcatechin usf. ist hier nicht zu verkennen.) Auf Grund dieser Beobachtungen kam es zur Synthese des Kairolins durch W. Königs und Hoffmann und des Kairins durch O. Fischer[1]) Kairolin ist saures schwefelsaures Methyl- oder N-Äthyl-Tetrahydrochinolin,

H_2 H_2 H_2 $N \cdot C_2H_5$

Das äthylierte Kairolin wird Kairolin A, das methylierte Kairolin M genannt.

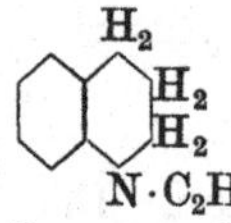

Kairin unterscheidet sich vom Kairolin nur durch die Gegenwart eines Hydroxyls, welches den Körper rascher zur Wirkung bringt. Es ist ein Tetrahydroäthyl- (oder Methyl)-o-oxychinolin.

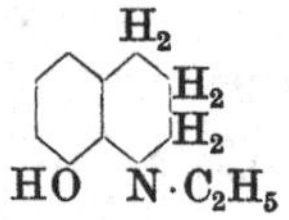

H_2 H_2 H_2 HO $N \cdot C_2H_5$

Kairin wird nach O. Fischer dargestellt, indem man o-Oxychinolin, das durch Schmelzen von o-Chinolinsulfosäure mit Natron oder aus o-Nitrophenol nach der Skraupschen Synthese erhalten werden kann, reduziert und das gebildete Tetrahydroderivat mit Jodmethyl auf dem Wasserbade reagieren läßt. Unter heftiger Reaktion bilden sich die jodwasserstoffsauren Salze der tertiären Oxyhydromethylchinoline.

Kairin zeigt dieselben unangenehmen Erscheinungen[2]) bei der Anwendung am Menschen und hat so gefährliche Nebenwirkungen wie das später von Skraup dargestellte Thallin. Alle diese Substanzen sind als die ersten Versuche zur Synthese chininartig wirkender Substanzen zu betrachten, die aber keineswegs die spezifische Wirkung des Chinins haben, wie die Darsteller ursprünglich annahmen, sondern nur febrifuge Wirkungen zu eigen besitzen, weil ja Chinolin selbst antipyretisch wirkt und ja alle Benzolderivate die gleiche Eigenschaft zeigen. Aber die bei Verabreichung dieser Mittel am Menschen eintretenden schweren Erscheinungen sowie die unangenehmen Nebenwirkungen zeigten, daß der Gebrauch dieser Körper zu verlassen sei. An die am Stickstoff methylierten Derivate Kairolin und Kairin schließt sich das von Demme untersuchte methyltrihydroxychinolincarbonsaure Natron, welches schon in kleinen Gaben antiseptisch wirkt.

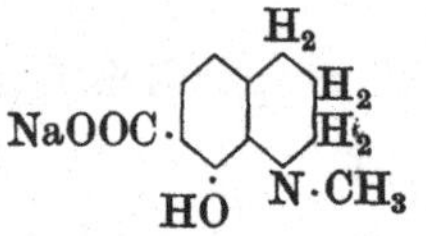

H_2 H_2 NaOOC· H_2 HO $N \cdot CH_3$

Nach Verfütterung dieser Substanz tritt im Harn Dioxychinolinmethylcarbonsäure $CH_3 \cdot NC_9H_5 \cdot COOH(OH)_2$ auf. Es wird also beim Passieren des Organismus eine zweite Hydroxylgruppe gebildet, ähnlich wie bei der Oxydation des Phenols zu Brenzcatechin. Der Körper wirkt blutdrucksteigernd und pulsverlangsamend, er erzeugt sehr leicht Kollaps[3]).

---

[1]) D.R.P. 21150.

[2]) Berlin. klin. Wochenschr. 1882, Nr. 45 und 1883, Nr. 6; 1883, Nr. 31. — Dtsch. Arch. f. klin. Med. Bd. 34, S. 106.

[3]) Nencki, M. u. Krolikowski: Sitzungsber. d. Akad. d. Wiss., Wien. Mathem.-naturw. Kl. I, IIa, IIb, III. Bd. 9, S. 208. 1888.

Der letzte bedeutendere Versuch von Chinolin zu einem Chininersatzmittel zu gelangen, ist die Darstellung des Analgens[1]) und ihm analoger Körper. Diese Synthese ist nach Analogie der Phenacetinidee ausgeführt, mit dem hauptsächlichsten Unterschiede, daß statt des einfachen Benzolringes der Chinolindoppelring der Verbindung zugrunde liegt. In diesem Falle wird Chinolin nicht hydriert, sondern o-Oxychinolin äthyliert.

Stellt man die Nitroverbindung und durch Reduktion dieser die Aminoverbindung dieses Äthers dar und ersetzt einen Wasserstoff der Aminogruppe durch den Benzoyl- oder Acetylgruppe, so erhält man diesen Körper.

$C_6H_5 \cdot CO \cdot NH$

Analgen(Benzanalgen)(o-Äthoxy-ana-monobenzoylaminochinolin)

$C_2H_5O \cdot$ N

steht zum Chinolin in demselben Verhältnis wie Phenacetin $CH_3 \cdot CO \cdot NH \cdot C_6H_4 \cdot OC_2H_5$ zum Benzol.

Analgen wirkt antipyretisch und auch antineuralgisch, ist aber in Wasser ganz unlöslich, spaltet hingegen seine Benzoylgruppe im Magendarmkanal ab. Seine Unlöslichkeit führte zu vielen Mißerfolgen, und seine inkonstante Wirkung verhinderte, trotzdem keine unangenehmen Nebenwirkungen bei der Anwendung desselben zu konstatieren waren, eine Einführung in der Praxis. Analog diesem Körper wurde p-Äthoxyacetylaminochinolin aufgebaut sowie die entsprechende Benzoylverbindung, welche beide Substanzen antipyretische und antineuralgische Eigenschaften besitzen[2]). Im Gegensatze zu der Äthoxyverbindung ist angeblich 5-Acetamino-8-methoxychinolin physiologisch unwirksam[3]).

Es wurden noch einige Versuche gemacht, denen die Idee zugrunde liegt, Oxychinolin als Ersatzmittel des Chinins zu verwenden. Einhorn[4]) schlug p-Methoxydioxydihydrochinolin vor, welches auch bei Malaria wirksam sein soll. Zwei isomere Methoxyoxymethyldichinoline[5]), welche aus m-Aminophenyl-p-methoxychinolin mit Acetessigester erhalten wurden, mit nachträglicher Überführung in die Tetrahydroverbindung durch Reduktion. Diese Körper besitzen den bitteren Geschmack des Chinins und sollen angeblich auch die spezifische Wirkung desselben gegen Malaria besitzen (?), eine Angabe, die nie Bestätigung gefunden hat.

Ähnliche Ideen, wie sie bei der Darstellung der Antipyretica der Chinolingruppe auftreten, nämlich durch Einführung einer Hydroxylgruppe in Chinolinverbindungen diese im Organismus rascher zur Wirkung zu bringen und hinwiederum die Hydroxylgruppe durch Alkylreste zu decken, um eine Analogie zwischen diesen Körpern und der p-Methoxygruppe des Chinins, die zur Auslösung der spezifischen Wirkung der Cinchoningruppe notwendig ist, herzustellen, wurden auch, aber gänzlich ohne praktischen Erfolg, auf die verwandten Chinaldine übertragen

Oxyhydrochinaldin und die Methoxy- und Äthoxyderivate desselben wurden dargestellt, ohne je praktische Verwendung zu finden[6]).

Es ist von vornherein klar, daß diesen Substanzen keine Vorzüge vor den hydrierten Chinolinen, die ja so unangenehme Erscheinungen erzeugen, zukommen können.

Da das dem Chinin nahestehende Apochinin seinerzeit fälschlich als Derivat des γ-Phenyl-p-oxychinolins $C_6H_5 \cdot C_9H_5(OH)N$ aufgefaßt wurde, haben

[1]) D.R.P. 60308, 65102, 65110, 65111. [2]) D.R.P. 69035.
[3]) Freyss und Paira: Bull. soc. ind. Mulhouse Bd. 72, S. 239.
[4]) D.R.P. 55119. — Ber. d. dtsch. chem. Ges. Bd. 23, S. 1489. 1890.
[5]) D.R.P. 55009. [6]) D.R.P. 24317.

W. Königs und Jaeglé[1]) γ-Phenyl-p-methoxychinaldin und W. Königs und Meimberg[2]) Derivate des γ-Phenylchinaldins dargestellt. H. Tappeiner und Grethe[3]) untersuchten nun die Einwirkung dieser Substanzen auf niedere Organismen, insbesondere auf Paramaecium caudatum.

Untersucht man die Einwirkung der beiden Spaltlinge des Chininmoleküls, p-Methoxy-γ-methylchinolin und Merochinen in dieser Richtung, so sieht man, daß Merochinen für diese Mikroorganismen unschädlich ist, während p-Methoxylepidin wirksam ist, wenn auch bedeutend schwächer als Chinin. Auch Chinolin ist wirksam, Lepidin (γ-Methylchinolin) steht in der Mitte. So gut wie unwirksam erwies sich Pyridin. Die Wirkung ist also an den Chinolinkern gebunden und wird durch die Methoxy- und Methyl-Seitenketten noch verstärkt.

C_6H_5

γ-Phenylchinolin [Strukturformel] N und mehrere seiner nächsten Derivate, welche man als Spaltlinge des Chininmoleküls ansehen wollte, zeigen eine sehr starke, vielfach Chinin in seiner Wirkung übertreffende Reaktion auf kleinste Lebewesen. Durch den Eintritt des Phenylradikals in das Chinolin ist also die Wirkung auf Paramäcien erheblich gesteigert worden. Die Wirkung geht (Tappeiner) zum Teil von der im Moleküle enthaltenen Chinolingruppe aus. Der an ihr in der γ-Stellung hängende Atomkomplex vermag dieselbe unter Umständen wesentlich zu verstärken. Ganz losgelöst und in ein Pyridinderivat übergeführt (als Merochinen) ist er wirkungslos, in der Form, welche sich im Chinin befindet, verstärkt er die Wirkung erheblich, zur Phenylgruppe zusammengeschlossen (als γ-Phenylchinolin) übertrifft er die Wirkungen des Chinins um das Zehnfache.

Auf Protozoen wirkt am stärksten von den chininverwandten γ-Phenyl-p-methoxychinaldin

C_6H_5

CH_3O [Strukturformel] CH_3

N

Die Erfahrung, daß der Eintritt eines Benzolkerns zum Pyridin dem gebildeten Chinolin solche Wirkung verleiht, welche durch Zutritt eines neuen Phenylrestes noch mehr verstärkt wird, veranlaßten Tappeiner, Phosphine genannte Farbstoffe zu untersuchen, in denen die Kondensation mit Benzolkernen einen noch höheren Grad erreicht hat. Es wurden untersucht Phosphin (die Aminoverbindung des Aminophenylacridins)

NH_2

[Strukturformel] NH_2

N

sowie Methyl- und Dimethylphosphin.

Die Wirkung dieser Phosphine auf Paramäcien ist eine erstaunliche und wird von keiner anderen organischen Substanz übertroffen.

γ-Phenylchinaldin und die Phosphine, welche Substanzen alle antipyretische Eigenschaften zeigen, aber die Atmung schädigen und in starken Dosen Krämpfe[4]) machen, sollten nun bei dieser intensiven Wirkung auf Infusorien

---

[1]) Ber. d. dtsch. chem. Ges. Bd. 28, S. 1046. 1895.
[2]) Ber. d. dtsch. chem. Ges. Bd. 28, S. 1038. 1895.
[3]) Dtsch. Arch. f. klin. Med. Bd. 56, S. 189, 369.
[4]) Jodlbauer u. Fürbringer: Dtsch. Arch. f. klin. Med. Bd. 59, S. 158.

gegen Malaria als Spezificum wirken. Die tödliche Dosis dieser Antipyretica ist die gleiche wie die des Antipyrins, die Phosphine zeigen einen lokal reizenden Einfluß. Julius Mannaberg[1]) prüfte diese Substanzen bei Malaria. Diese Verbindungen sind keine Heilmittel gegen Malaria und lassen sich mit Chinin nicht vergleichen. Methylphosphin wirkt ähnlich wie Methylenblau auf die Erreger der Malaria, diese werden gelähmt, während Chininlösung sie sofort zum Platzen bringt oder eine wirbelnde Pigmentbewegung die Degeneration erkennen läßt.

Diese Versuche zeigen wohl deutlich, daß die kondensierten Ringsysteme allein die spezifische Wirkung des Chinins auszulösen nicht vermögen und daß der Chinolinanteil des Chinins auch nicht der Träger der spezifischen Wirkung ist.

Antipyrin.

Mit der Absicht, ebenfalls zu einem chininähnlichen Körper zu gelangen, ist L. Knorr[2]) zur Synthese des Antipyrins gekommen. Die Anschauungen der damaligen Zeit über den Aufbau des Chinins waren wohl unrichtig. Ebenso unrichtig waren Knorrs ursprüngliche Anschauungen über den Aufbau des von ihm durch Kondensation von Phenylhydrazin mit Acetessigester und nachträgliche Methylierung erhaltenen Antipyrins. Aber trotzdem ist es ihm gelungen, einen der wertvollsten synthetischen Körper zu finden, welcher auch den größten materiellen Erfolg errungen. Knorr faßte ursprünglich den von ihm gefundenen Körper als ein Dimethyloxychinizin[3]) auf, in welchem zwei im Pyridinkern verkettete Chinolinmoleküle enthalten sein sollen, wie man sie im Chinin vermutete. Der physiologische Effekt des Antipyrins sprach jedenfalls für diese Vermutung, daß ein chemisch analoger Körper synthetisch geschaffen wurde. Aber Knorr selbst konnte zeigen, daß seine ursprüngliche Auffassung der Konstitution des Antipyrins eine unrichtige ist und daß man vielmehr dasselbe auf einen neuen Ring, den Pyrazolkern, zurückführen muß.

Pyrazol

NH
N/\CH
HC‖__‖CH

Bei der Antipyrinsynthese von Knorr[4]) erwärmt man Acetessigester mit Phenylhydrazin und methyliert das erhaltene Produkt. Hierbei reagiert vorerst die Ketogruppe mit dem Hydrazinrest und es kommt zur Bildung des Pyrazolonringes. Der gebildete Körper ist Phenylmethylpyrazolon. Als Nebenprodukt tritt Alkohol auf, so daß die Reaktion in folgende Formeln gekleidet werden kann: $C_6H_5 \cdot NH \cdot NH_2 + CH_3 \cdot CO \cdot CH_2 \cdot COO \cdot C_2H_5$ geben

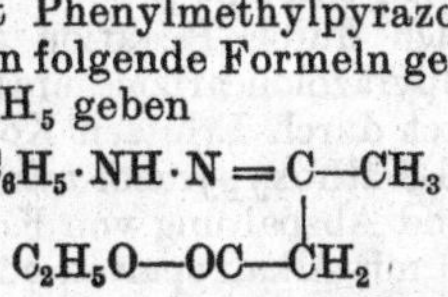

$C_6H_5 \cdot NH \cdot N = C—CH_3$
$C_2H_5O—OC—CH_2$ und 1 Molekül Wasser.

Beim Erwärmen, aber auch beim längeren Stehen, tritt der Ringschluß ein sowie die Abspaltung von Äthylalkohol. Die Produkte sind Phenylmethylpyrazolon

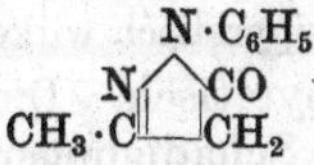

$N \cdot C_6H_5$
N/\CO
$CH_3 \cdot C$‖__CH_2 und $C_2H_5 \cdot OH$

Man erhitzt hierbei das durch Vermischen von Acetessigester und Phenylhydrazin im Verhältnis ihres Molekulargewichts erhaltene Kondensationsprodukt längere Zeit bis auf 100°, bis eine Probe beim Erkalten oder Übergießen mit Äther vollständig fest wird.

[1]) Dtsch. Arch. f. klin. Med. Bd. 59, S. 185.
[2]) Liebigs Ann. d. Chem. Bd. 238, S. 137.
[3]) Ber. d. dtsch. chem. Ges. Bd. 17, S. 2037. 1884.
[4]) D.R.P. 26429, 33536, 40337, 42726.

Läßt man Methyljodid bei 100° auf diesen Körper einwirken, so erhält man das jodwasserstoffsaure Salz des 1-Phenyl-2.3-dimethyl-5-pyrazolon = Antipyrin

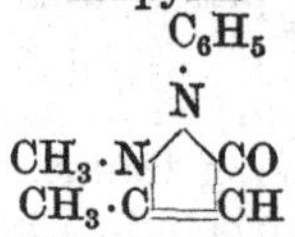

$$\begin{array}{c} C_6H_5 \\ \dot{N} \\ CH_3\cdot N \quad CO \\ CH_3\cdot C = CH \end{array}$$

Durch Zusatz von Lauge erhält man dann die freie Base, Antipyrin. Dieses Verfahren wurde später dahin modifiziert, daß man gleich Methylphenylhydrazin auf Acetessigester einwirken läßt und so direkt zum Antipyrin gelangt.

Die Untersuchung von H. Thoms und J. Schnupp[1]) sprechen eher für die Knorrsche Antipyrinformel, doch muß die Formulierung insoweit modifiziert werden, daß sie als „halbe" Benzolformel ohne Doppelbindung geschrieben wird, um dadurch anzuzeigen, daß „Fließen" der Doppelbindung möglich ist.

Ein anderes Verfahren zur Darstellung desselben Körpers haben Böhringer, Waldhof[2]), eingeschlagen: Man kondensiert β-halogensubstituierte Fettsäuren bzw. deren Ester mit Phenylhydrazin auf dem Dampfbade und gelangt zum Phenylpyrazon.

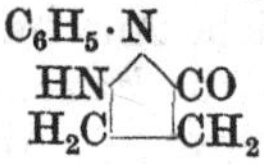

$$\begin{array}{c} C_6H_5\cdot N \\ HN \quad CO \\ H_2C - CH_2 \end{array}$$

Durch Oxydation in Chloroformlösung mit trockenem Quecksilberoxyd erhält man Dehydrophenylpyrazon

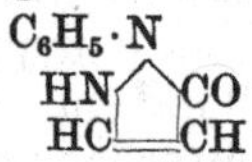

$$\begin{array}{c} C_6H_5\cdot N \\ HN \quad CO \\ HC = CH \end{array}$$

unter Austritt zweier Wasserstoffe. Wenn man diesen Körper nun mit Jodmethyl reagieren läßt, gelangt man zum Antipyrin.

Die Höchster Farbwerke erweiterten die Möglichkeit, zu demselben Körper zu gelangen, durch die Beobachtung, daß an Stelle des Acetessigesters in der Knorrschen Synthese alle ähnlich konstituierten Säureester resp. Säuren verwendet werden können, welche als β-Derivate der Buttersäure bzw. Crotonsäure zu betrachten sind und welche danach imstande sind, eine Kette von drei Kohlenstoffatomen an den Stickstoff des Phenylhydrazins anzulagern. So kann man z. B. die β-halogenisierten Crotonsäuren zur Anwendung bringen[3]), aber der mittels Halogencrotonsäure erhaltene Körper ist vom wahren Antipyrin verschieden und ist giftig. Er ist ein Isopyrazolon.

Die Höchster Farbwerke schützten ferner ein Verfahren, wobei durch Einwirkung von Chloressigäther auf Phenylhydrazin 1-Phenyl-3-methylpyrazol-5-oxyessigäther entsteht, welcher nach Methylierung mit Alkali in Antipyrin übergeführt wird.

Es wurde auch ein Antipyreticum geschützt, welches durch Einwirkung von Crotonsäure auf Phenylhydrazin unter Wasserabspaltung entsteht[4]).

1-Phenyl-2-methyl-5-pyrazolon entsteht auch durch Reaktion zwischen Oxalessigäther und Phenylhydrazin, wobei sich Phenylpyrazoloncarbonsäureäther bildet[5]). Man methyliert diesen Äther, verseift ihn und spaltet durch Erhitzen Kohlensäure ab. Denselben Körper erhält man, wenn man 1-Phenyl-5-äthoxypyrazol aus Oxalessigäther und Phenylhydrazin unter nachheriger Verseifung und Abspaltung von Kohlensäure darstellt, dann mit Jodmethyl behandelt und nachfolgend mit Alkali spaltet, oder wenn man zuerst mit Salzsäure spaltet und dann methyliert.

Wilhelm Krauth[6]) hat 1-Phenyl-3-methyl-5-pyrazolon durch Einwirkung der dreifach gebundenen Tetrolsäure ($CH_3 - C \equiv C - COOH$) auf Phenylhydrazin dargestellt. Man gelangt so zu wahren Pyrazolonen, die antipyretisch wirken.

Antipyrin wirkt ausgezeichnet antipyretisch. Die Apyrexie setzt ohne Kollapserscheinungen ein, es treten keine Schädigungen des Blutfarbstoffes auf und es dauert auch die Apyrexie lange, dann setzt das Fieber ohne Schüttelfröste ein. Aber dem Antipyrin kommt, wie allen bis nun dargestellten Fiebermitteln die spezifische Wirkung des Chinins gegen die Malaria nicht zu. Hingegen haben zuerst französische Beobachter [Germain Sée[7])] auf andere Wir-

[1]) Liebigs Ann. d. Chem. Bd. 434, S. 296. 1923. [2]) D.R.P. 53834.
[3]) D.R.P. 64444. [4]) D.R.P. 62006. [5]) D.R.P. 69883. [6]) D.R.P. 77174.
[7]) Cpt. rend. hebdom. des séances de l'acad. des sciences Bd. 104, S. 1085.

kungen des Antipyrins hingewiesen, in denen es Chinin, das typische Fiebermittel, weit übertrifft. Das sind seine großartigen Wirkungen als *Antinervinum.* Antipyrin kann nicht nur lokale Anästhesie erzeugen, sondern vermag auch neuralgische Schmerzen bei innerer Verabreichung zu coupieren. Nach Hénocque stehen Blutungen schneller, wenn die Wunde mit Antipyrin behandelt wird, als bei Anwendung von Eisenchlorid oder Ergotin. Antipyrin bewirkt Kontraktion der Gefäße, Retraktion der Gewebe und Koagulation des Blutes. Gerade die vorzüglichen Nervenwirkungen haben ihm und seinen Abkömmlingen zu dem großen Triumphzuge durch die ganze Welt verholfen. Daß dem Antipyrin Nebenwirkungen eigen sind und daß einzelne Individuen eine Idiosynkrasie gegen dieses Mittel besitzen, darf nicht wundern. Im allgemeinen kann man sagen, daß die therapeutische Anwendung desselben und die damit erzielten Erfolge die anfangs gehegten Erwartungen weit übertroffen haben. Wie durch Chinin und andere Antipyretica, so wird auch unter dem Gebrauch des Antipyrins der Gesamtstickstoff des Harns merklich vermindert, und hieraus hervorgehend der Stoffwechsel nicht bloß der Kohlenhydrate und Fette, sondern auch der Eiweißkörper verlangsamt[1]). Antipyrin[2]) wird schnell resorbiert, aber langsam ausgeschieden, im Gegensatze zu Thallin und Kairin, von denen das erstere langsam resorbiert und langsam ausgeschieden, das letztere schwer resorbiert, aber schnell ausgeschieden wird.

Nach Lawrow wird Antipyrin in Form einer gepaarten Glykuronsäure ausgeschieden. Es bildet sich vorerst ein Oxyantipyrin vielleicht folgender Konstitution $C_6H_5 \cdot N\langle\begin{matrix} CO—CH \\ N(CH_3)\cdot C\cdot CH_2\cdot OH \end{matrix}$, welches sich dann paart[3]).

Antipyrin paart sich beim Menschen nicht mit Glykuronsäure. Es geht zum Teil unverändert, nach beträchtlichen Dosen an Schwefelsäure gebunden, in den Harn über[4]).

Von großem Interesse für die Beziehungen zwischen der Konstitution und der Wirkung beim Antipyrin ist, daß Phenyl(mono)-methylpyrazolon, das Zwischenprodukt der Antipyridindarstellung, keine besondere entfiebernde Wirkung hat. Erst durch die Einführung der Methylgruppe am Stickstoff tritt die dem Antipyrin eigentümliche physiologische Wirkung auf. Ebenso ist es sehr merkwürdig, daß nur die Körper, welche sich von Pyrazolon ableiten, antipyretisch wirken, die Isopyrazolone aber giftig sind.

Nach Th. Curtius[5]) wirken Pyrazolonderivate auch dann noch stark fieberwidrig, wenn sie keine aromatischen Substituenten enthalten, so daß scheinbar der Benzolring im Antipyrin ein nutzloser Ballast wäre. W. Filehne meint aber[6]), daß der Pyrazolonkern ohne Benzolkern nicht ausreicht, um die spezifische Wirkung des Antipyrins vollständig zu erzeugen. Der Benzolkern ist daher von Bedeutung für die Wirkungsstärke.

Geht man von der Betrachtung des Benzolkerns aus, so ist die Substituierung eines Wasserstoffatoms durch die Pyrazolongruppe von entscheidender Bedeutung.

Tolypyrin[7]) (p-Tolyl-2.3-dimethyl-5-pyrazolon), erhält man

$$\begin{matrix} & N\cdot C_6H_4\cdot CH_3 & \\ CH_3\cdot N\diagup & & \diagdown CO \\ CH_3\cdot C & = & CH \end{matrix}$$

---

[1]) Arch. f. exp. Pathol. u. Pharmakol. Bd. 21, S. 161; Bd. 22, S. 127.
[2]) Giacomo Carrara: Ann. di chim. e farm. 4. Ser. Bd. 4, S. 81.
[3]) Ber. d. dtsch. chem. Ges. Bd. 33, S. 2344. 1900.
[4]) Jonescu: Arch. d. Pharmazie u. Ber. d. dtsch. pharmazeut. Ges. Bd. 16, S. 133.
[5]) Ber. d. dtsch. chem. Ges. Bd. 26, S. 408. 1893.
[6]) Zeitschr. f. klin. Med. Bd. 32. [7]) D.R.P. 26429.

wenn man p-Tolylhydrazin (Benzolring mit CH_3 und $NH \cdot NH_2$ in p-Stellung) auf Acetessigester einwirken läßt.

Tolypyrin hat wie Antipyrin anästhesierende Wirkung, aber es wirkt stärker reizend. 4 g des Tolypyrins, in dem ein Wasserstoff der Phenylgruppe durch einen Methylrest ersetzt ist, wirken nach Guttmann ebenso stark wie 5—6 g Antipyrin. Die Zirkulation wird im Gegensatz zum Antipyrin durch das im Kern substituierte Tolypyrin ungünstig beeinflußt[1])[2]).

Indolinone.

Indolinone haben antipyretische und antineuralgische Eigenschaften.

Man stellt sie dar aus β-Acidyl-m-tolylhydraziden und β-Acidylderivaten des Phenylhydrazins oder homologer Phenylhydrazine, indem man letztere mit Kalk auf über 200° erhitzt oder die Alkalimetallverbindungen der Ausgangsstoffe auf höhere Temperaturen erhitzt[3]). Es bilden sich zwei isomere Substanzen

$$CH_3\text{-}C_6H_3\left\langle{-NH \atop -CH_2}\right\rangle CO \quad \text{und} \quad CH_3\text{-}C_6H_3\left\langle{-NH \atop -CH_2}\right\rangle CO$$

Phenylhydrazinderivate.

Die mißverständliche Auffassung, als ob es sich beim Antipyrin um die Wirkung des Phenylhydrazins selbst handeln würde, führte zur Darstellung von mehr oder minder einfach gebauten Phenylhydrazinverbindungen. Um so mehr wurde man dazu verlockt, als Antipyrin um diese Zeit noch hoch im Preise war und wenige Konkurrenzmittel auf den Markt kamen. Phenylhydrazin $C_6H_5 \cdot NH \cdot NH_2$ erzeugt aber nach den Untersuchungen von Georg Hoppe-Seyler sehr giftige Wirkungen[4]). Ähnlich wie Hydroxylamin $NH_2 \cdot OH$, Hydrazin $NH_2 \cdot NH_2$ und Anilin $C_6H_5 \cdot NH_2$, zerstört es den roten Blutfarbstoff[5]). Die große Reaktionsfähigkeit des Phenylhydrazins mit allen Aldehyden und Ketonen sowie seine intensiv reduzierende Wirkung macht es ebenso zu einem heftigen Gewebegift wie zu einem Zerstörer des Hämoglobins durch Reduktion. Die meist erfolgreiche Art, durch Anlagerung von sauren Gruppen die Basen zu entgiften, wurde auch zuerst hier angewendet, und es kam zur Darstellung von Acetylphenylhydrazin, Diacetylphenylhydrazin, α-Monobenzoylphenylhydrazin.

Durch Anlagerung eines Acetylrestes wird wohl die ursprüngliche Wirkung des Phenylhydrazins etwas abgeschwächt, aber die Acetylverbindung reduziert Fehlingsche Lösung noch kräftig, wenn auch schwächer als die freie Base. Sie ist eine toxisch wirkende Substanz, welche unter dem Namen Hydracetin $C_6H_5 \cdot NH \cdot NH \cdot CO \cdot CH_3$ eine kurze Zeit verwendet wurde. Besonders macht sich eine intensiv braunrote Verfärbung der inneren Organe bemerkbar, wohl eine Folge der im Blute auftretenden vielfachen Zerfallsprodukte von Blutkörperchen. Die Temperatur wird schon in kleinen Dosen bei Fieber stark herabgesetzt. Starke Schweißausbrüche, Sinken der Puls- und Respirationsfrequenz, Kollaps sind zu beobachten, hierbei tritt Hämoglobinurie auf. Die Harnmenge ist bei Hunden sehr reduziert. Diese Momente zwangen alsbald die Untersucher, die Experimente mit dieser einfachsten Phenylhydrazinverbindung abzubrechen.

---

1) Therap. Monatsh. 1893, S. 180, 186.
2) Filehne: Zeitschr. f. klin. Med. Bd. 32, S. 570.
3) Böhringer, Waldhof, D.R.P. 218727.
4) Hoppe-Seylers Zeitschr. f. physiol. Chem. Bd. 9, S. 34. 1885.
5) Pohl, J.: Arch. f. exp. Pathol. u. Pharmakol. Bd. 48, S. 374. 1902.

Die stark **reduzierende** Eigenschaft des Hydracetins veranlaßte Paul Guttmann[1]), dasselbe als ein sehr gutes Mittel bei Psoriasis, *bei welcher* Hautkrankheit man so intensiv reduziernde Mittel wie z. B. Pyrogallol verwendet, anzuempfehlen, aber selbst da traten Intoxikationen auf[2]).

Diacetylphenylhydrazin $C_6H_5 \cdot NH \cdot N \cdot (CO \cdot CH_3)_2$, welche Kupferlösungen weniger reduziert, ist auch weniger giftig als Monoacetylphenylhydrazin. Hingegen zeigt sie kumulative Giftwirkung auf das Blut. Wegen ihrer Blutgiftigkeit läßt sich auch die Diacetylverbindung trotz ihres hohen antipyretischen Wertes praktisch nicht verwenden.

Monobenzoylphenylhydrazin $C_6H_5 \cdot NH \cdot NH \cdot CO \cdot C_6H_5$, Äthylenphenylhydrazin $[C_6H_5 \cdot N(NH_2)]_2 \cdot C_2H_4$ und Äthylenphenylhydrazinbernsteinsäure $C_2H_4[N(C_6H_5) \cdot NH \cdot CO \cdot C_2H_4 \cdot COOH]_2$ sind Blutgifte[3]) schon in Dosen, die noch keine Einwirkung auf das Zentralnervensystem erkennen lassen, wenn auch in allen diesen Verbindungen eine relative Entgiftung des Phenylhydrazins durch Ersatz von Wasserstoffatomen der basischen Seitenkette durch Säure- oder Alkylreste zu erkennen ist. Auch wenn Phenylhydrazin teils durch Alkyl-, teils durch Acylgruppen entgiftet ist, so erhält man mit diesen Substanzen nicht das gewünschte Resultat, immer erwiesen sich die erhaltenen Substanzen als Blutgifte. Dies kann man durch die physiologische Wirkung des Acetylmethylphenylhydrazins $C_6H_5 \cdot NH \cdot N<^{CH_3}_{CO \cdot CH_3}$ und des Acetyläthylphenylhydrazins $C_6H_5 \cdot NH \cdot N<^{C_2H_5}_{CO \cdot CH_3}$ zeigen[4]).

Aus der absteigenden Giftigkeit von Phenylhydrazin über das Monoacetylphenylhydrazin zum Diacetylphenylhydrazin ergibt sich, daß mit dem schrittweisen Ersatz von H-Atomen der basischen Gruppe durch organische Radikale die Giftigkeit abnimmt. Heinz sprach nun die Vermutung aus, daß vielleicht ein Körper, in welchem das letzte H-Atom des basischen Restes des Phenylhydrazins durch ein fettes Radikal ersetzt wäre, ungiftig sein könnte. Ein solcher Körper ist bis jetzt nicht dargestellt worden. Dagegen existieren andere aus dem Phenylhydrazin gewonnene Körper, die kein freies H mehr enthalten.

Acetylphenylcarbizin und Acetylphenylthiocarbizin

$$OC<^{N \cdot C_6H_5}_{N \cdot CO \cdot CH_3} \qquad SC<^{N \cdot C_6H_5}_{N \cdot CO \cdot CH_3}$$

Hier sind die beiden N-Atome statt mit je einem Atom H mit ein und demselben C-Atom einer neu hinzutretenden CO- bzw. CS-Gruppe verbunden. Es zeigen sich auch bei diesen Körpern wiederum die charakteristischen Blutwirkungen bei Dosen, bei denen eine Wirkung auf das Zentralnervensystem noch nicht erkennbar ist.

Die Methylderivate des Phenylhydrazins $C_6H_5 \cdot N_2H_2(CH_3)_2J$ und $(C_6H_5 \cdot NH \cdot NH_2)_2CH_3J$ wirken beide in kleinen Dosen erregend und lähmend, machen bei Säugetieren Krämpfe, Kollaps und Tod. Sie sind starke Blutgifte. Die erstgenannte Verbindung affiziert das Nervensystem weniger[5]).

p-Carbäthoxyphenylhydrazin kommt eine nennenswerte anästhesierende Wirkung zu[6]). N-Allyl-N'-p-Carbäthoxyphenylharnstoff hat keine anästhesierende Wirkung[7]).

---

[1]) Berlin. med. Ges. Sitzungsber. Mai 1889. [2]) Berlin. klin. Wochenschr. 1889, Nr. 28.

[3]) Heinz: Berlin. klin. Wochenschr. 1890, Nr. 3. — Virchows Arch. f. pathol. Anat. u. Physiol. Bd. 122, S. 114.

[4]) D.R.P. 51597. [5]) Joanin: Bull. gén. de thér. 1889, Aug., S. 176.

[6]) Thoms, H. u. K. Ritsert: Arch. d. Pharmazie u. Ber. d. dtsch. pharmazeut. Ges. Bd. 31, S. 65. 1921.

[7]) Morgenroth, J.: Arch. d. Pharmazie u. Ber. d. dtsch. pharmazeut. Ges. Bd. 31, S. 76. 1921.

Sämtliche einfacheren Phenylhydrazinderivate sind wegen ihrer Blutgiftnatur als Nervina bzw. Antipyretica nicht zu gebrauchen. Von ihnen sind noch einige zu erwähnen, welche kurze Zeit in Verwendung standen.

So wurde die von den Höchster Farbwerken[1]) nach einem Verfahren von Emil Fischer dargestellte Phenylhydrazinlävulinsäure unter dem Namen Antithermin[2]) empfohlen.

$$C_6H_5\cdot NH\cdot N = C\langle{}^{CH_3}_{CH_2\cdot CH_2\cdot COOH}$$

Die Lävulinsäure ist an und für sich schon giftig. Antithermin ist ein starkes Antipyreticum, macht aber sehr schwere Nebenerscheinungen. Die Idee, welche die Darstellung veranlaßte, war wohl die der Verwandlung des Phenylhydrazins in eine Substanz, welche den Charakter einer Säure hat.

Antithermin entsteht, wenn man eine wässerige Lösung der Lävulinsäure $CH_3\cdot CO\cdot CH_2\cdot CH_2\cdot COOH$ mit der äquivalenten Menge einer wässerigen Lösung von essigsaurem Phenylhydrazin zusammenbringt. Momentan scheidet sich das bald erstarrende Reaktionsprodukt ab.

R. Kobert[3]) empfahl die o-Hydrazin-p-oxybenzoesäure unter dem Namen Orthin.

$$C_6H_3\begin{cases}OH & (1)\\ NH\cdot NH_2 & (2)\\ COOH & (3)\end{cases}$$

Die Entgiftung des Phenylhydrazins wird durch eine Hydroxyl- und eine Carboxylgruppe, welche im Kern substituiert sind, bewirkt. Die chemisch sehr labile Verbindung erwies sich aber in ihrer Anwendung als sehr unzweckmäßig und mit sehr unangenehmen Nebenerscheinungen verbunden.

Die Versuche der Firma Riedel, Phenylhydrazin nach der beim Chinolin besprochenen Methode, durch Einführung einer p-Methoxygruppe oder Äthoxygruppe in seiner Wirkung zu ändern, wie es ja mit Erfolg beim Acetanilid gelingt, welches durch Einführung einer Alkyoxylgruppe in die p-Stellung wesentlich an Giftigkeit einbüßt, müssen als gänzlich gescheitert hingestellt werden[4]).

Einen anderen Weg zur Entgiftung des Phenylhydrazins schlug J. Roos[5]) ein.

Er ging vom asymmetrischen Methylphenylhydrazin aus, welches an und für sich schon etwas weniger giftig ist als Phenylhydrazin selbst, und kondensierte dieses mit Salicylaldehyd oder mit Oxybenzalchlorid und kam so zur Verbindung

$$C_6H_5\cdot N\langle{}^{CH_3}_{N = CH\cdot C_6H_4\cdot OH}$$

welche unter dem Namen Agathin in den Handel kam.

Hier ist die Entgiftung sowohl durch die Einführung des Methyls als auch des Salicylrestes durchgeführt. Die Verbindung ist in Wasser unlöslich. Erst Dosen von 4—6 g haben einen antineuralgischen Erfolg, die antipyretische Wirkung ist schwach. Es beruht dies auf einer Erscheinung, welcher wir noch häufig bei den Salicylderivaten der antipyretisch wirkenden Basen begegnen werden, daß die Verbindungen der Basen mit dem Salicylrest oder anderen aromatischen Radikalen im Organismus so schwer oder gar nicht aufgespalten werden, daß sie entweder ganz wirkungslos sind oder nur in relativ großen Dosen eine schwach antipyretische Wirkung ausüben; da sich hierdurch die Kosten der Behandlung erheblich steigern, sowie auch die Darstellung der Körper gegenüber den mit den anderen Säureresten substituierten erheblich teurer ist, so kann man es als Regel aufstellen, daß sich bei antipyretischen und antineuralgischen Mitteln die Anlagerung eines Salicylrestes oder aromatischer Radikale durchaus nicht empfehlen kann, weil dadurch ein meist ganz unwirksames oder nur in großen Dosen wirksames Mittel sich darstellen läßt.

---

[1]) D.R.P. 37727. [2]) Nicot: Nouv. rem. 1887.
[3]) Dtsch. med. Wochenschr. 1890, Nr. 2. [4]) D.R.P. 68719 u. 70459.
[5]) D.R.P. 68176, 74691 u. 76248.

Die Synthesen, welche einfache Derivate des Phenylhydrazins lieferten, waren also von geringerem praktischen Erfolg gekrönt.

p-Acetylaminophenylhydrazin wurde ursprünglich dargestellt als antipyretisch wirkender Körper, welcher die Wirkungen des Anilins mit denen des Hydrazins vereinigen sollte. Jedenfalls eine mehr als sonderbare Idee bei den bekanntlich sehr toxischen Eigenschaften des Anilins und Phenylhydrazins.

Hierbei wurde behufs Darstellung Acetanilid nitriert, das erhaltene p-Nitroacetanilid zu p-Aminoacetanilid reduziert, letzteres diazotiert und mittels Zinnchlorür in salzsaurer Lösung nach V. Meyer und Lecco[1]) das salzsaure Acetylaminophenylhydrazin hergestellt[2]). Dieser Körper wurde auch noch in das Salicylderivat durch Kondensation mit Salicyldehyd in alkoholischer Lösung verwandelt[3]). Der erhaltene Körper ist

$$CH_3 \cdot CO \cdot NH \cdot C_6H_4 \cdot NH \cdot N : HC{>}C_6H_4{<}^{OH}$$

Semicarbazidderivate.

Die aromatischen Semicarbazide $R \cdot NH \cdot NH \cdot CO \cdot NH_2$ (R bedeutet ein einwertiges aromatisches Radikal) besitzen alle antipyretische Eigenschaften. Phenyl-, Bromphenyl-, Methoxyphenyl-, Äthoxyphenyl- und m-Benzaminosemicarbazid zeigen bei ihrer physiologischen Prüfung, daß die Giftigkeit der Hydrazine durch die Einführung der $- CO \cdot NH_2$-Gruppe in die entständige Aminogruppe des Hydrazins beträchtlich verringert wird. Als das wertvollste Mittel dieser Gruppe wurde Kryogenin genannt [m-Benzaminosemicarbazid[4])]. Es macht mäßige, langsam eintretende Temperaturherabsetzung[5]).

Phenylsemicarbazid und p-Tolylsemicarbazid machen bei interner Darreichung häufig Brechreiz. o-Tolylsemicarbazid ist schwach wirksam und intensiv bitter. 1-m-Tolyl-4-phenylsemicarbazid ist schwach wirksam und wenig löslich. Es soll nahezu geschmacklos und kräftig antipyretisch wirksam sein. Doch macht es schwere Blutveränderungen[6]). Diese Verbindung (Carbaminsäure-m-tolylhydrazid) wird Maretin genannt. Barjanky[7]) hält es für ein gutes, langsam wirkendes Antipyreticum. Aber es soll Schweißausbrüche hervorrufen und auch nicht sicher wirken[8]).

m-Tolylsemicarbazid $C_6H_4(CH_3) \cdot NH \cdot NH \cdot CO \cdot NH_2$

wird dargestellt[9]) durch Einwirkung von m-Tolylhydrazin bzw. dessen Salzen auf Harnstoff, Urethane oder Cyansäure bzw. deren Salze.

Man gewinnt ferner m-Tolylsemicarbazid, wenn man Di-m-tolylsemicarbazid mit Ammoniak erhitzt.

m-Tolylsemicarbazid[10]) kann man auch darstellen, indem man das asymmetrische m-Tolyl-semicarbazid durch Erhitzen auf 140° umlagert. Man gewinnt durch Einwirkung von Benzaldehyd auf m-Tolylhydrazin in verdünnter alkoholischer Lösung das entsprechende Hydrazon $C_6H_5 \cdot CH : N \cdot NH \cdot C_6H_4 \cdot CH_3$. Durch Einwirkung von Phosgen auf dieses Hydrazon bei Gegenwart von Pyridin entsteht das Chlorid $C_6H_5 \cdot CH : N \cdot N(COCl) \cdot C_6H_4 \cdot CH_3$, welches in alkoholischer Lösung mit Ammoniak behandelt in Benzaldehyd-2-m-tolylsemi-

[1]) Ber. d. dtsch. chem. Ges. Bd. 16, S. 2976. 1883.

[2]) D.R.P. 80843. [3]) D.R.P. 81765.

[4]) Lumière u. Chevrottier: Cpt. rend. hebdom. des séances de l'acad. des sciences Bd. 135, S. 187.

[5]) Cpt. rend. hebdom. des séances de l'acad. des sciences Bd. 135, S. 1382.

[6]) Benfey: Med. Klin. Bd. 1, S. 1165. 1905. — Lit. bei Heubner, W.: Therap. Monatsh. Bd. 25, Juni 1911.

[7]) Berlin. klin. Wochenschr. 1904, S. 607.

[8]) Litten: Dtsch. med. Wochenschr. 1904, S. 969.

[9]) Bayer, Elberfeld, D.R.P. 157572.

[10]) Bayer, Elberfeld, D.R.P. 163035, Zusatz zu D.R.P. 157572.

carbazon übergeht. Durch Kochen der alkoholischen Lösung mit Schwefelsäure entsteht 2-m-Tolysemicarbazid $CH_3 \cdot C_6H_4 \cdot N\!<\!{}^{NH_2}_{CO \cdot NH_2}$.

m-Tolylhydrazincarbonsäurenitril $CH_3 \cdot C_6H_4 \cdot NH \cdot NH \cdot CN$[1]) gibt mit verseifenden Mitteln, z. B. Schütteln der ätherischen Lösung mit salzsäurehaltigem Wasser m-Tolylsemicarbazid. Das Nitril erhält man durch Einwirkung von Bromcyan auf m-Tolylhydrazin.

Spaltet man aus den Salzen der Iminoäther der m-Tolylhydrazincarbonsäure der allgemeinen Formel[2])

$$CH_3 \cdot C_6H_4 \cdot NH \cdot NH \cdot C\!\begin{matrix} \diagup NH \\ \diagdown OR \end{matrix} \cdot \text{Halogen}$$

durch Erhitzen oder durch Behandlung mit Wasser Halogenalkyl ab, so erhält man m-Tolylsemicarbazid. Die salzsauren Iminoäther der m-Tolylhydrazincarbonsäure erhält man z. B. durch Einleiten von Chlorwasserstoff in eine ätherische Lösung von berechneten Mengen eines Alkohols und des m-Tolylhydrazincarbonsäurenitrils $CH_3 \cdot C_6H_4 \cdot NH \cdot NH \cdot CN$. m-Tolylsemicarbazid[3]) erhält man auch, wenn man die Imidhalogenide bzw. das Amidin der m-Tolylhydrazincarbonsäure mit Wasser bzw. mit Ammoniak abspaltenden Mitteln behandelt. Die Halogenimide können durch Einwirkung von Halogenwasserstoff auf m-Tolylhydrazincarbonsäurenitril erhalten werden. Das Amidin der m-Tolylhydrazoncarbonsäure wird durch Erhitzen von Cyanamid mit salzsaurem m-Tolylhydrazin in alkoholischer Lösung gewonnen.

Man kann m-Tolylsemicarbazid auch erhalten aus Di-m-tolylcarbazid und Harnstoff oder Ammoniak. Durch Einwirkung von m-Tolylhydrazin auf Diphenylcarbonat erhält man Di-m-tolylcarbazid. Man schmilzt diesen mit Harnstoff auf 160° 2 Stunden lang oder erhitzt mit der gleichen Menge 10proz. Ammoniak 2 Stunden im Autoklaven auf 180[4]).

Man erhält dieselbe Substanz durch Einwirkung von Carbaminsäurechlorid auf m-Tolylhydrazin in benzolischer Lösung[5]).

Man erhält die gleiche Substanz aus m-Tolylhydrazincarbonsäureester und Ammoniak; durch Einwirkung von Chlorkohlensäurephenylester auf m-Tolylhydrazin erhält man Phenylester der m-Tolylhydrazincarbonsäure. Diese werden mit 1proz. Ammoniak eine Zeitlang erwärmt, ebenso kann man von Chlorkohlensäuremethylester den Carbonsäuremethylester erhalten und in gleicher Weise behandeln[6]).

Salze des Antipyrins und Pyramidons.

Salipyrin (salicylsaures Antipyrin) wird dargestellt, indem man eine wässerige Antipyrinlösung mit einer ätherischen Salicylsäurelösung schüttelt oder wenn man Antipyrin und Salicylsäure mit wenig Wasser auf dem Dampfbad erhitzt. In der gleichen Weise läßt sich aus Tolypyrin salicylsaures Tolypyrin (Tolysal) gewinnen. Diese Körper können nur die Wirkungen des Antipyrins und der Salicylsäure zeigen. Wo man die Wirkung des Antipyrins allein braucht, ist die Beigabe der Salicylsäure nutzlos und sollte man die Wirkung des Antipyrins und der Salicylsäure wünschen, so ist es viel einfacher, diese beiden Körper für sich, ohne eine verteuernde und zwecklose chemische Kombination zu geben. Die dem Salipyrin nachgerühmten günstigen Wirkungen bei Gebärmutterblutungen sind nichts dieser Substanz Eigenes, sondern werden nur von der Antipyrinkomponente ausgelöst. Antipyrin allein kann dieselbe Wirkung äußern. Zu gleichem Zwecke wurde auch das salicylessigsaure Antipyrin dargestellt (Pyronal), welches vor dem Salipyrin den Vorzug stärkerer antipyretischer Wirkung besitzen soll. Die Salicylessigsäure wird durch Einwirkung von monochloressigsaurem Natron auf salicylsaures Natron gewonnen.

Antipyrin ist eine sehr schwache Base; seine Verbindung mit Salicylsäure (Salipyrin) ist in wässeriger Lösung sehr weitgehend gespalten. Der ungespaltene Teil ist in der Hauptsache als eine komplexe Antipyrinsalicylsäure aufzufassen[7]).

---

1) Bayer, Elberfeld, D.R.P. 163036, Zusatz zu D.R.P. 157572.
2) Bayer, Elberfeld, D.R.P. 163037, Zusatz zu D.R.P. 157572.
3) Bayer, Elberfeld, D.R.P. 163038, Zusatz zu D.R.P. 163036.
4) D.R.P. 160471, Zusatz zu D.R.P. 157572.
5) D.R.P. 162630, Zusatz zu D.R.P. 157572.
6) D.R.P. 162823, Zusatz zu D.R.P. 157572.
7) Bodforss, Sven u. A. Guthe: Ber. d. dtsch. chem. Ges. Bd. 57, S. 842. 1924.

Acetopyrin wurde ein acetyliertes Salipyrin genannt, es besteht aus Acetylsalicylsäure und Antipyrin, um die evtl. Nebenwirkungen der Salicylsäure abzuschwächen[1]).

Astrolin ist methyläthylglykolsaures Antipyrin, das sehr leicht löslich ist.

Man erhält sehr leicht lösliche Verbindungen des Antipyrins mit Dialkylglykolsäuren und Monoalkylglykolsäuren von rein säuerlichem Geschmack. Dargestellt wurden durch Vereinigung oder Zusammenschmelzen von Säure und Base dimethylglykolsaures, diäthylglykolsaures, methyläthylglykolsaures, methylisopropylglykolsaures und α-oxyisovaleriansaures Antipyrin[2]).

Wir sehen, daß wir auf diese Weise keineswegs zu Körpern gelangen können, die bessere oder andere Wirkung bieten wie die G undsubstanz selbst. Eine ähnliche Kombination ist das mandelsaure Antipyrin (Tussol). Die schwach narkotische Wirkung der Mandelsäure $C_6H_4 \cdot CH(OH) \cdot COOH$ besitzt der Körper ebenso wie die antifebrile des Antipyrins. Dieses Salz ist bitter. Man hat Tussol insbesondere bei Keuchhusten empfohlen[3]). Die Ester und in geringerem Grade die Salze der Mandelsäure, haben lähmende Wirkung auf die glatte Muskulatur, machen Blutdrucksenkung und abdominelle Gefäßerweiterung. Die Wirkung des Tussols bei Keuchhusten ist hauptsächlich auf die Mandelsäurekomponente zurückzuführen[4]).

Das gerbsaure Salz des Antipyrins wurde nur aus dem Grunde für den Gebrauch empfohlen, weil es wegen seiner Unlöslichkeit geschmacklos ist. Der Antipyringeschmack aber an und für sich ist ein so geringer, daß gerbsaures Antipyrin in der Therapie nur ein Eintagsleben fristete. Das gleiche läßt sich gegen die Darstellung von Antipyrin-Saccharin einwenden.

Man erhält dieses Salz[5]), wenn man äquivalente Mengen Saccharin und Antipyrin in heißem Wasser löst und zur Krystallisation bringt.

Um dem Antipyrin außer seinen febrifugen Eigenschaften auch die Fähigkeit zu verleihen, die starke Schweißabsonderung der Fiebernden zu beschränken, wurde es mit Camphersäure kombiniert, welche in größeren Dosen die Schweißsekretion vermindert. Aber die Menge Camphersäure, welche mit Antipyrin in Verbindung tritt, ist zur Auslösung dieser Wirkung viel zu gering, so daß diese neue Substanz für den beabsichtigten Effekt sich als zu schwach erweisen muß.

Man erhält das neutrale camphersaure Antipyrin durch Mischen und Zusammenschmelzen von 34.72% der Säure mit 65.27% Antipyrin. Das leichter lösliche, saure, camphersaure Antipyrin enthält 51.45% Camphersäure und 48.55% Antipyrin und wird durch Zusammenschmelzen der beiden in diesem Verhältnisse gemischten Substanzen erhalten[6]).

Die Verbindung soll stärkere antihydrotische Eigenschaften haben als die in ihr enthaltene Menge Camphersäure, was um so unrichtiger ist, als Antipyrin selbst die Schweißsekretion vermehrt.

Arnold Voswinkel, Berlin, stellt salzartige Verbindungen aus Antipyrin und Tolypyrin und Toluolsulfamiden her, indem er gleiche Moleküle dieser Körper zusammenschmelzen oder die Komponenten aus Lösungsmitteln zusammen auskrystillisieren läßt[7]).

Allonal ist isopropyl-propenylbarbitursaures Pyramidon.

Antipyryliminodiäthylbarbitursäure ist antipyretisch und hypnotisch unwirksam.

Mischt man Pyramidon mit Veronal in äquimolekularen Lösungen, so krystallisieren die Komponenten nebeneinander wieder aus. Schmilzt man sie aber bei bestimmter Temperatur, so erhält man eine neue Doppelverbindung aus 2 Mol. Pyramidon, und 1 Mol. Veronal, Veramon genannt, die potenziert

[1]) Wien. klin. Wochenschr. 1900, S. 373. [2]) Riedel, Berlin, D.R.P. 218478.
[3]) Therap. Monatsh. 1894, S. 574. — Zentralbl. f. med. Wiss. 1895, S. 861.
[4]) Macht, D. J.: Arch. internat. de pharmaco-dyn. et de thérapie Bd. 27, S. 163. 1922.
[5]) D.R.P. 131741. [6]) A.P. 674686, 674687. [7]) D.R.P. 229814.

analgetisch und vermindert narkotisch wirkt[1]). Nach H. Rheinboldt und M. Kircheisens Untersuchungen ist Veramon ein Gemisch der von Pfeiffer[2]) dargestellten Additionsverbindung aus 1 Mol. Veronal + 1 Mol. Pyramidon und des Pyramidons[3]).

Compral besteht aus äquimolekularen Mengen von Pyramidon und Trichloräthanolurethan.

Wie vom Antipyrin, so wurde auch vom Pyramidon ein salicylsaures und ein camphersaures Salz dargestellt. Ersteres erhält man durch Zusammenschmelzen der Komponenten mit oder ohne Lösungsmittel[4]). Letzteres erhält man nur durch Konzentration wasserfreier Lösungen der beiden Körper in Äther[5]).

Sekundäres citronensaures 1-Phenyl-2.3-dimethyl-4-dimethylamino-5-pyrazolon erhält man durch Einwirkung von 1 Mol. Citronensäure auf 2 Mol. der Base[6]).

Man läßt auf 4-Dimethylamino-1-phenyl-2.3-dimethyl-5-pyrazolon in Wasser lösliche Salze der 4-Äthoxyphenylmalonamidsäure in äquimolekularen Mengen einwirken und erhält eine in Wasser leicht lösliche Verbindung[7]).

Es werden Doppelverbindungen von Pyramidon mit Coffein mit Hilfe von aromatischen Säuren, wie Salicylsäure, Benzoesäure, Phthalsäure, hergestellt[8]). Statt des Pyramidon kann man in gleicher Weise Aminoacidylphenetidine verwenden, z. B. Aminoacet-p-phenetidid[9]).

Durch Einwirkung von ω-Methylsulfosäure des Salicylsäure-p-aminophenylenesters auf 4-Dimethylamino-1-phenyl-2.3-dimethyl-5-pyrazolon erhält man eine neue Verbindung, welche zugleich antipyretisch, narkotisch und desinfizierend wirkt[10]).

Verschiedene Pyrazolonderivate.

Man versuchte auch, Antipyrin mit anderen antipyretischen Mitteln zu verbinden. In diese Gruppe gehören Chinopyrin und Anilipyrin. Chinopyrin wurde dargestellt, um eine leicht lösliche Chininantipyrinverbindung zu subcutanen Injektionen bei Malaria zu haben. Zur Darstellung verwendet man Chininchlorhydrat. Diese Doppelverbindung, per os gegeben, ist außerordentlich giftig wegen der raschen Resorption und Aufspaltung im Magen. Weder diese Verbindung noch Anilipyrin haben je eine Bedeutung erlangt. In Wasser ist Anilipyrin leicht löslich und wenig giftig[11]). Vorteile von einer Mischung des Antifebrins und Antipyrins kann eine solche Substanz nicht haben.

Anilipyrin wird durch Zusammenschmelzen eines Äquivalentes Antifebrin (Acetanilid) und zwei Äquivalenten Antipyrin erhalten.

Michaelis und Gunkel haben Aniloantipyrin oder Anilinpyrin durch zweistündiges Erhitzen äquimolekularer Mengen von Anilin und Antipyrinchlorid auf 250° erhalten. Die Formel der Substanz leitet sich von der Betainformel des Antipyrins ab.

$$
\begin{array}{ccc}
 & N\cdot C_6H_5 & \\
CH_3\cdot N & \diamond & CH \\
\| & N\cdot & \| \\
 & C_6H_5 & \\
CH_3\cdot C & \text{———} & CH
\end{array}
$$

Es macht anfangs Erregung, dann Lähmung des Zentralnervensystems.

Silberstein[12]) kondensierte Antipyrin mit primären aromatischen Basen bei Gegenwart wasserentziehender Mittel, wie $POCl_3$ oder PCl_5. Anilin und Antipyrin und $POCl_3$ auf 250° erhitzt, gaben

$$
\begin{array}{l}
CH_3\cdot N\cdot N\cdot (C_6H_5)\cdot C : CN\cdot C_6H_5 \\
\qquad\qquad\qquad\quad | \qquad\qquad\quad | \\
CH_3\cdot C\!=\!=\!=\!=\!=\!=\!=\!=\!=\!=CH
\end{array}
$$

Ebenso entsteht ein Kondensationsprodukt $C_{18}H_{19}N_3$ aus Antipyrin und p-Toluidin.

---

[1]) Starkenstein, E.: Therap. Monatsh. Bd. 35, S. 639. 1921.
[2]) Zeitschr. f. physiol. Chemie Bd. 146, S. 98. 1925.
[3]) Arch. d. Pharmazie u. Ber. d. dtsch. pharmazeut. Ges. Bd. 263, S. 513. 1925.
[4]) A.P. 680278; F.P. 301458. [5]) D.R.P. 135729.
[6]) Rudolf Otto, Frankfurt, D.R.P. 234631. [7]) Agfa, D.R.P. 357751.
[8]) D.R.P. 243069. [9]) D.R.P. 244740, Zusatz zu D.R.P. 243069.
[10]) D.R.P. 282264. [11]) Gilbert u. Yvon: Presse méd. 1897, Nr. 55.
[12]) D.R.P. 113384.

Ein anderes Anilopyrin erhält man durch Einwirkung von Antipyrinchlorid auf 2 Moleküle Anilin bei 125°[1]). Es wirkt nach R. Kobert erheblich giftig und bei Warmblütern primär lähmend auf das Zentralnervensystem. Es ist kein Blutgift.

Salbrantin ist ein bromiertes Salicylantipyrin, und zwar ist das Antipyrin bromiert. Das Brom wird im Harn in anorganischer Form ausgeschieden[2]).

3-Antipyrin geht in den Harn über, bei Warmblütern findet man einen gepaarten und einen ungepaarten Anteil. Analog verhält sich Isoantipyrin. 4-Aminoantipyrin tritt im Harne als solches, teils als Chromogen bzw. als Farbstoff auf. 3-Pyramidon (im Gegensatz zu Jaffés Versuchen mit Pyramidon) gibt keine Rubazonsäure im Harn, sondern erscheint vermutlich unverändert im Harn. Alle drei Antipyrine, sowie Aminoantipyrin, das gewöhnliche Pyramidon und 3-Pyramidon werden nach subcutaner Einverleibung rasch resorbiert. Das giftigste ist 3-Antipyrin

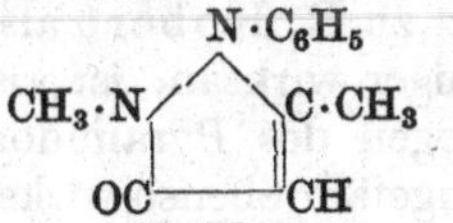

$$\begin{array}{ccc} & N\cdot C_6H_5 & \\ CH_3\cdot N & & C\cdot CH_3 \\ OC & & CH \end{array}$$

nach Knorr,

dann folgt Isoantipyrin (1-Phenyl-2.5-dimethylpyrazolon)

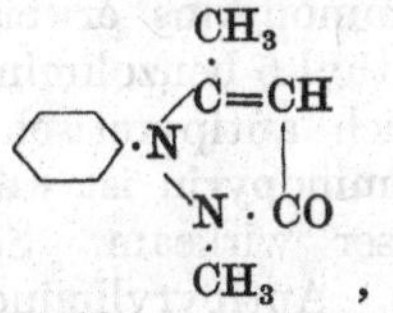

$$\begin{array}{c} CH_3 \\ C{=}CH \\ C_6H_5\cdot N \quad | \\ N\cdot CO \\ CH_3 \end{array},$$

schließlich kommt Antipyrin. 4-Aminoantipyrin ist im Froschversuche viel weniger giftig. — 3-Antipyrin ist auch bei Warmblütern giftiger als Antipyrin. Isoantipyrin steht auch bei Warmblütern dem 3-Antipyrin an Giftigkeit sehr nach[3]).

Die Verschiebung der CO-Gruppe aus der 5-Stellung in die 3-Stellung ist also mit einer Wirkungsverstärkung verbunden[4]).

Alle drei Antipyrine, insbesonders 3-Antipyrin, wirken krampferregend. Die Einführung der Aminogruppe verstärkt die reizende Wirkung des Antipyrins nicht. Aminoantipyrin ist sicher weniger giftig als Antipyrin. Pyramidon und 3-Pyramidon unterscheiden sich bei Fröschen. Die unter heftigsten Krämpfen letal wirkende Pyramidondose ist 20—30 mg. Dieselbe Dose 3-Pyramidon wirkt nur depressiv. Auch die Jodmethylverbindung des 3-Pyramidons ist viel ungiftiger als gewöhnliches Pyramidon. Pyramidon ist 6—8mal giftiger als einfaches Aminoantipyrin. Bei Warmblütern ist 3-Pyramidon noch wirkungslos in Dosen, die beim gewöhnlichen Pyramidon mit Sicherheit töten.

o-Aminoantipyrin ist, wie 4-Aminoantipyrin, viel ungiftiger als Antipyrin. 1-o-Acetylaminoantipyrin ist wenig giftig. Isopyramidon wird, wie 3-Pyramidon, in mehr als doppelt so großen Dosen wie gewöhnliches Pyramidon vertragen, 4-Allylantipyrin ist eine relativ giftige Substanz. Ebenso ist Azoantipyrin sehr giftig.

m-Aminoantipyrin ist so gut wie unwirksam und m-Acetylaminoantipyrin wirkt nur ganz schwach. p-Dimethylaminoantipyrin wirkt wie Pyramidon, doch ist seiner Giftigkeit größer, ganz wirkungslos war das entsprechende Acetylderivat.

---

[1]) Ber. d. dtsch. chem. Ges. Bd. 36, S. 3275. 1903.

[2]) Filippi, Eduardo: Arch. di farmacol. sperim. e psicoanal. Bd. 30, S. 113. 1920.

[2]) Kobert: Zeitschr. f. klin. Med. Bd. 62, I.

[4]) Gilbert, A. u. P. Yvon: Cpt. rend. des séances de la soc. de biol. Bd. 49, S. 634. 1897.

Durch Aminierung am Benzolkern dem Pyramidon gleichwertige Präparate zu erzielen, ist nicht gelungen. 4-Methylantipyrin wirkt besser antipyretisch als Antipyrin, ist aber auch giftiger. 1-Phenyl-2.3-dimethyl-4-diaminomethyl-5-pyrazolon wirkt schwächer als Antipyrin. 1-Phenyl-2.4-dimethyl-3-dimethylaminomethyl-5-pyrazolon ist sehr giftig und in kleinen Dosen antipyretisch wenig wirksam. Das hydroxylierte Methylantipyrin (1-Phenyl-2.4-dimethyl-3-methylol-5-pyrazolon) ist wenig wirksam, noch schwächer der zugehörige Benzoyl- und Salicylester sowie der Äthylsalicylester. An der geringen Wirkung dieser Ester ändert auch die Einführung einer Aminogruppe am Benzolring nichts, wie die Untersuchung des 1-Phenyl-2.4-dimethyl-3-p-aminobenzoylmethylol-5-pyrazolon lehrt.

1-Phenyl-2.4-dimethyl-5-pyrazolon erweist sich als in der antipyretischen Wirkung inkonstant. 1.2-Dimethyl-3-phenyl-5-pyrazolon ist dem Antipyrin ungefähr gleichwertig. 1-Phenyl-2.5-dimethyl-4-dimethylamino-6-pyrazolon fand Biberfeld im Gegensatz zu R. Kobert als nicht vorteilhaft, da es zwar weniger giftig, aber auch weniger wirksam ist als Pyramidon.

Von den höheren Homologen des Pyramidons ist 1-Phenyl-2.3-dimethyl-4-diäthylamino-5-pyrazolon ungefähr ebenso wirksam wie Pyramidon, 1-Phenyl-2-äthyl-3-methyl-4-diäthylamino-5-pyrazolon in seiner Wirkung inkonstant und ziemlich giftig.

Von den Derivaten des Iminopyrins erweist sich das salzsaure Benzoyliminopyrin (1-Phenyl-2.3-dimethyl-5-benzoliminopyrin), welches das Salz einer Ammoniumbase ist, unerheblich antipyretisch wirksam, aber die Giftigkeit ist ausgesprochen. Antipyryliminopyrin ist wenig wirksam, Methylantipyryliminopyrin antipyretisch besser wirksam. Sein salzsaures Salz wirkt wie Pyramidon, ist aber giftiger. Antipyryliminodiäthylbarbitursäure ist antipyretisch und hypnotisch unwirksam, ebenso Bisantipyrylpiperazin und Thiobisantipyrin. 4-Piperidylantipyrin ist viel weniger antipyretisch wirksam als Pyramidon[1]).

Isoantipyrin von Michaelis = 3-Phenyl-1.2-dimethyl-pyrazolon (5)

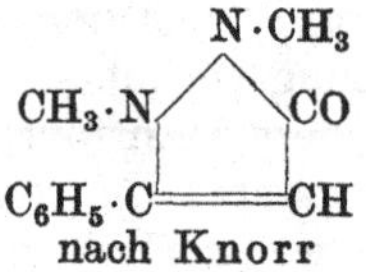

$$\begin{array}{ccc} & N\cdot CH_3 & \\ CH_3\cdot N & & CO \\ C_6H_5\cdot C & = & CH \end{array}$$

nach Knorr

und 1-Phenyl-2.5-dimethyl-4-dimethylamino-pyrazolon-3

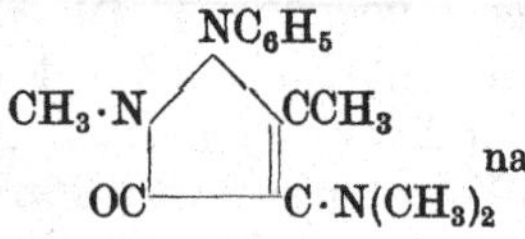

$$\begin{array}{ccc} & NC_6H_5 & \\ CH_3\cdot N & & CCH_3 \\ OC & - & C\cdot N(CH_3)_2 \end{array}$$

nach Knorr

sind viel weniger giftig als Pyramidon (also umgekehrt wie bei den entsprechenden Antipyrinen), aber auch weniger antipyretisch wirkend. Im Harn tritt im Gegensatz zum Pyramidon keine Rubazonsäure auf, die Substanz erscheint vermutlich unverändert im Harn wieder.

Isopyramidon[2]) = 1.2-Dimethyl-3-phenyl-4-dimethylamino-pyrazolon-5

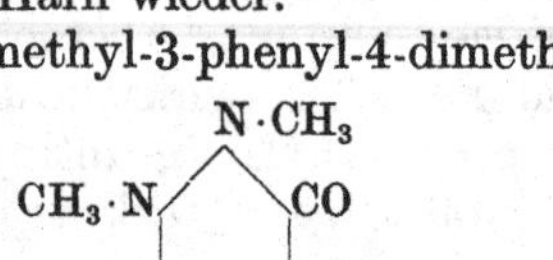

$$\begin{array}{ccc} & N\cdot CH_3 & \\ CH_3\cdot N & & CO \\ C_6H_5\cdot C & = & C\cdot N(CH_3)_2 \end{array}$$

ist viel weniger giftig als Pyramidon, es macht keine Krämpfe

[1]) Biberfeld, Joh.: Zeitschr. f. exp. Pathol. u. Therapie. Bd. 5, S. 1.
[2]) Kobert, R.: Zeitschr. f. exp. Pathol. u. Therapie. Bd. 5, S. 28. 1909.

4-Aminoantipyrin

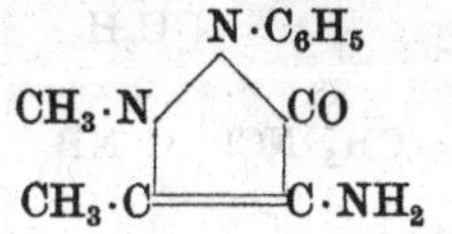

$N \cdot C_6H_5$
$CH_3 \cdot N$ CO
$CH_3 \cdot C$ $C \cdot NH_2$

ist weniger giftig als Antipyrin, es erzeugt Krämpfe wie Antipyrin. Die Aminogruppe hat also nicht, wie sonst oft, die reizende Wirkung des Antipyrins verstärkt.

1-Aminoantipyrin

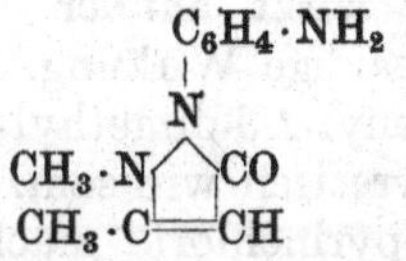

$C_6H_4 \cdot NH_2$
N
$CH_3 \cdot N$ CO
$CH_3 \cdot C$ CH

ist weniger giftig als Antipyrin. Es wirkt ähnlich dem 4. Aminoantipyrin. Die Einfügung der Aminogruppe in das Antipyrin wirkt also in gleicher Weise auf das Nervensystem reizmindernd, ob nun das NH_2 in den Fünfring oder in Sechsring des Moleküls eintritt.

1-m-Acetylaminoantipyrin[1]).

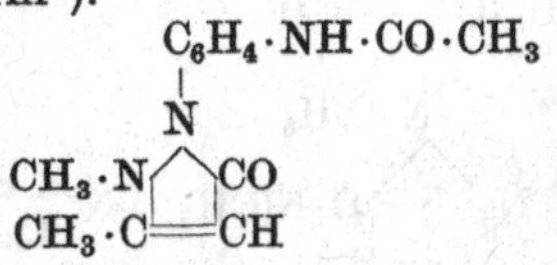

$C_6H_4 \cdot NH \cdot CO \cdot CH_3$
N
$CH_3 \cdot N$ CO
$CH_3 \cdot C$ CH

macht auch in größeren Dosen keine Störungen und wirkt nicht antipyretisch.

1-p-Dimethylaminoantipyrin[2]) besitzt eine energische antipyretische Wirkung. Es macht Trismus, Lähmung, Erbrechen und ist stark giftig.

1-p-Acetylaminophenyl-2.3-dimethyl-pyrazolon (5) wirkt nicht antipyretisch.

p-Dimethylaminopyramidon ist vielmal giftiger als Pyramidon. Der Tod tritt unter Krämpfen ein. Dabei hat es nur eine geringe antipyretische Wirkung.

1-Phenyl-2.3-dimethyl-4-diäthylaminomethyl-pyrazolon (5), das höhere Homologon des Pyramidon wirkt schwächer als dieses antipyretisch und macht Krämpfe.

1-Phenyl-2.4-dimethyl-3-dimethylaminomethyl-pyrazolon-5 ist giftiger als Pyramidon und dabei antipyretisch wenig wirksam.

1-Phenyl-2.4-dimethyl-3-diäthylaminomethyl-pyrazolon-5 ist weniger giftig und antipyretisch wirksam als Pyramidon.

1-Phenyl-2-äthyl-3-methyl-4-diäthylamino-pyrazolon-5 ist von inkonstanter antipyretischer Wirkung.

Bisantipyryl-piperazin und Thiobisantipyrin sind antipyretisch unwirksam. Piperidylantipyrin ist relativ giftig und weniger antipyretisch wirksam als Pyramidon[3]). Bisantipyrylpiperazin und Antipyrylpiperidin haben die gleiche toxische Dosis wie Antipyrin, Antipyrylpiperidin ist in kleineren Dosen wirksamer als Antipyrin[4]).

Diantipyrylharnstoff wirkt entfiebernd, macht keinen Kollaps, hat keine zentralen Nervenwirkungen und auch keine antineuralgischen zum Unterschiede von Antipyrin.

Diantipyrylharnstoff $CO<\begin{matrix}NH \cdot \text{Antipyryl} \\ NH \cdot \text{Antipyryl}\end{matrix}$ [5]).

Azoantipyrin macht schon in kleinen Dosen Erbrechen[6]).

---

[1]) Kobert, R.: Zeitschr. f. klin. Med. Bd. 62, S. 57. 1907.
[2]) Biberfeld: Zeitschr. f. exp. Pathol. u. Therapie. Bd. 5, S. 28. 1909.
[3]) Biberfeld im Gegensatz zu Kobert: Zeitschr. f. klin. Med. Bd. 62, S. 57. 1907.
[4]) Luft: Ber. d. dtsch chem. Ges. Bd. 38, S. 4044. 1905.
[5]) Göttler, Maximilian: Ber. d. dtsch. chem. Ges. Bd. 48, S. 1765. 1915.
[6]) Kobert, Karl: Zeitschr. f. exp. Pathol. u. Therap. Bd. 9, S. 1. 1911.

Salzsaures Iminopyrin

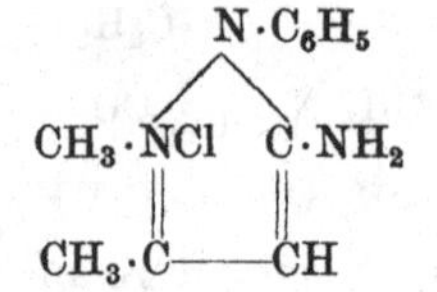

$$N \cdot C_6H_5$$
$$CH_3 \cdot NCl \quad C \cdot NH_2$$ ist indifferent.
$$CH_3 \cdot C — CH$$

Antipyryliminopyrin ist antipyretisch wenig wirksam.

Methylantipyryliminopyrin wirkt ähnlich wie Pyramidon, aber giftiger. Beim Frosch sieht man curareartige Wirkung.

Benzoyliminopyrin (1-Phenyl-2.3-dimethyl-5-benzoyliminopyrin) erzeugt Krämpfe und ist wenig antipyretisch wirksam.

2.5-Methylphenylhydrazinopyrinchlorid macht Methämoglobinbildung.

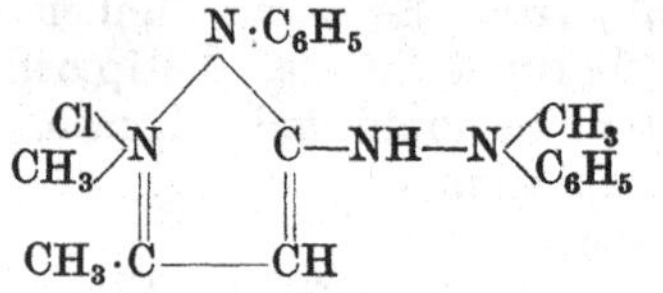

$$N \cdot C_6H_5$$
$$\begin{matrix} Cl \\ CH_3 \end{matrix}\!>\!N \quad C—NH—N\!<\!\begin{matrix} CH_3 \\ C_6H_5 \end{matrix}$$
$$CH_3 \cdot C — CH$$

Das Jodmethylat

$$N \cdot C_6H_5$$
$$\begin{matrix} J \\ CH_3 \end{matrix}\!>\!N \quad C \cdot N(CH_3)—N\!<\!\begin{matrix} CH_3 \\ C_6H_5 \end{matrix}$$
$$CH_3 \cdot C — CH$$

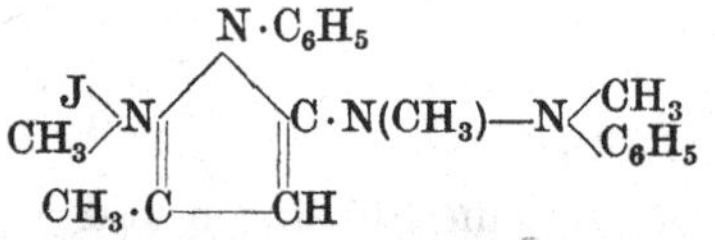

hat im Gegensatze zum salzsauren Salz keine Blutwirkung und wahrscheinlich auch keine Lähmungswirkung auf das Zentralnervensystem; dagegen curareartige Lähmung der peripheren motorischen Nervenendigungen.

Karl Kobert[1]) glaubt diese eigenartige Wirkungsdifferenz darauf zurückführen zu können, daß hier auch das letzte H-Atom des basischen Restes des Phenylhydrazins durch ein organisches Radikal ersetzt ist (R. Heinz), und daß die Curarewirkung durch die vier an die N-N-Gruppe gebundenen C-Atome bedingt und erklärt wird.

$$\begin{matrix} \equiv C \\ \equiv C \end{matrix}\!>\!N\!<\!\begin{matrix} C \equiv \\ C \equiv \end{matrix}$$

5-Thiopyrin[1])

$$C_6H_5$$
$$N$$
$$CH_3 \cdot N \quad C = S$$
$$CH_3 \cdot C = CH$$

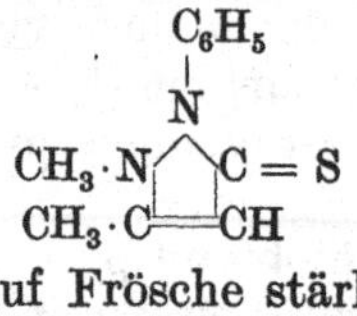

ist ohne Wirkung auf Blut. Auf Frösche stärker krampferregend wirkend als Antipyrin macht es Tod durch nachfolgende Lähmung. Bei Warmblütern herrschen die Lähmungserscheinungen vor. Es wird vom Magen schlechter vertragen als Antipyrin.

Selenopyrin

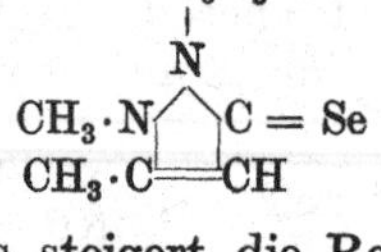

$$C_6H_5$$
$$N$$
$$CH_3 \cdot N \quad C = Se$$
$$CH_3 \cdot C = CH$$

wirkt nicht auf das Blut. Es steigert die Reflexerregbarkeit und wirkt wie Thiopyrin aber schwächer.

Valerylaminoantipyrin (Neopyrin) ist sehr bitter, weniger giftig als Antipyrin, hohe Dosen töten unter Krämpfen. Es wirkt stark antipyretisch. Bromvalerylaminoantipyrin ist ca. 10 mal giftiger[2]).

---

[1]) Kobert, Karl: Zeitschr. f. exp. Pathol. u. Therap. Bd. 9, S. 1. 1911.

[2]) Bachem, C.: Therap. Monatsh. Bd. 23, S. 588.

Läßt man auf 1-Phenyl-2.3-dimethyl-4-amino-5-pyrazolon oder dessen Salze, sei es in Lösung oder in Aufschwemmung in unwirksamen Lösungsmitteln, die Halogenide der Isovaleriansäure oder der α-Bromisovaleriansäure einwirken, so entsteht 4-Isovaleryl- *bzw.* 4-α-Bromisovalerylamino-1-phenyl-2.3-dimethyl-5-pyrazolon[1]).

Wenn man 1-Phenyl-3-methyl-4-isovalerylamino-5-pyrazolon, 1-Phenyl-3-methyl-4-isovalerylamino-5-isovaleryloxypyrazol, 1-Phenyl-3-methyl-4-isovaleryl-amino-5-äthoxypyrazol und 1-Phenyl-3-methyl-4-isovaleryl-amino-5-chlorpyrazol oder analoge α-Bromisovalerylverbindungen mit methylierenden Mitteln behandelt, so erhält man 1-Phenyl-2.3-dimethyl-4-isovalerylamino-5-pyrazolon und 1-Phenyl-2.3-dimethyl-4 α-bromisovaleryl-amino-5-pyrazolon[2]).

1-Phenyl-3.4.4-trimethyl-5-pyrazolon

```
          CH3
          |
          C
$CH_3$\  / 3\\
$CH_3$/ C 4  2 N
        |      |
       OC 5  1 N·C6H5
```

wirkt schwach antipyretisch. Durch die Einführung der Dimethylaminogruppe in p-Stellung des Phenylrestes erhält man das gut antipyretisch wirkende 1-p-Dimethylaminophenyl-3.4.4-trimethyl-5-pyrazolon

```
          CH3
          |
          C
CH3 \   /  \\
CH3 / C      N
      |      |
     OC ——— N—<C6H4>—N(CH3)2
```

Man erhält die Verbindung, wenn man 1-p-Aminophenyl-3.4.4-trimethyl-5-pyrazolon mit methylierenden Mitteln behandelt[3]).

1-p-Dimethylaminophenyl-3.4.4-trimethyl-5-pyrazolon erhält man aus 1-p-Aminophenyl-3.4.4-trimethyl-5-pyrazolon mit methylierenden Mitteln[4]).

1-p-Dimethylaminophenyl-2.3.4-trimethyl-5-pyrazolon erhält man durch Behandlung von 1-p-Aminophenyl-3.4-dimethyl-5-pyrazolon oder 1-p-Aminophenyl-3.4-dimethyl-5-halogenpyrazolon oder 1-p-Aminophenyl-3.4-dimethyl-5-alkyloxypyrazol oder 1-p-Aminophenyl-2.3.4-trimethyl-5-pyrazolon oder deren Alkyl- und Säurederivaten mit methylierenden Mitteln[5]).

Von Antipyrin ausgehend wurde nur ein Körper dargestellt, der mit ihm in erfolgreiche Konkurrenz treten kann, um so mehr, als er 3mal so kräftig wirkt als Antipyrin selbst[6]), überdies die Wirkungen viel allmählicher sich entwickeln und länger andauern als beim Antipyrin, es ist dies Pyramidon [4-Dimethylaminoantipyrin[7])].

```
                  N·C6H5
                /       \
Pyramidon  CH3·N         CO
                |         |
           CH3·C ======= C·N(CH3)2
```

Im Pyramidon sind alle Wasserstoffe des Pyrazolonringes substituiert. Die im Antipyrin neusubstituierte Dimethylaminogruppe wurde von **Filehne** aus dem Grunde eingeführt, weil nach **Knorr** auch im Morphin ein methyliertes, tertiäres Stickstoffatom anzunehmen war. Die Substitution erfolgte aus dem Grunde am Pyrazolon- und nicht am Benzolring, weil die höheren Homologen des Antipyrin, wie z. B. Tolypyrin, keine Vorzüge vor dem Antipyrin besitzen, im Gegenteil die Zirkulation ungünstig beeinflussen[8]).

Im Harne tritt nach Gebrauch von Pyramidon nach **Jaffés** Beobachtung[9]) Rubazonsäure auf:

```
   C6H5·N·              N·C6H5
       / \             / \
      N   CO         OC   N
      |   |           |   |
  H3C·C — CH · N  =   C — C·CH3
```

---

[1]) Knoll & Co., Ludwigshafen a. Rh., D.R.P. 227013. [2]) Höchst, D.R.P. 238373.
[3]) Höchst, D.R.P. 248887. [4]) Höchst, D.R.P. 248887. [5]) Höchst, D.R.P. 238256.
[6]) Filehne, W.: Berlin. klin. Wochenschr. 1896, Nr. 48. — Zeitschr. f. klin. Med. Bd. 32, H. 5 u. 6.
[7]) D.R.P. 90959, 97011. [8]) Filehne, Zeitschrift f. klin. Med. Bd. 32, S. 569.
[9]) Ber. d. dtsch. chem. Ges. Bd. 34, S. 2739. 1901.

Eigentlich ist im Harne eine Vorstufe dieser Substanz enthalten, welche durch Oxydation an der Luft in diesen Farbstoff übergeht.

Es wird also im Organismus Pyramidon, wenn auch zu einem geringen Bruchteil entmethyliert, und zwar derart, daß ihm die drei an den beiden N-Atomen befindlichen Methylgruppen entzogen werden, während die mit Kohlenstoff verbundene intakt bleibt. Bei der Verschmelzung der Pyramidonmoleküle zu Rubazonsäure findet überdies eine Abspaltung von Ammoniak statt. Auch eine gepaarte Glykuronsäure tritt im Harne auf. Ferner tritt Antipyrylharnstoff auf (Uraminoantipyrin)

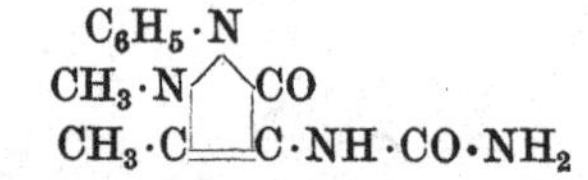

$$\begin{array}{l} C_6H_5\cdot N \\ CH_3\cdot N \quad CO \\ CH_3\cdot C = C\cdot NH\cdot CO\cdot NH_2 \end{array}$$

Es muß also zuerst eine Entmethylierung vorangegangen sein, und an die regenerierte Aminogruppe lagert sich dann der Atompomplex—$CO\cdot NH_2$[1]). Pyramidon als solches ist im Harne nicht nachweisbar.

Die von Knorr dargestellten Diäthylderivate des Aminoantipyrins und das Monoäthylmonomethylderivat wirken analog, ohne Vorzüge zu zeigen. Ferner wurden die homologen Tolylverbindungen sowie die alkylierten Aminoderivate der p-Äthoxyantipyrine aus analogen Gründen hergestellt.

Pyramidon wird dargestellt, indem man zuerst Nitrit auf eine saure Lösung des Antipyrin einwirken läßt und so Nitrosoantipyrin

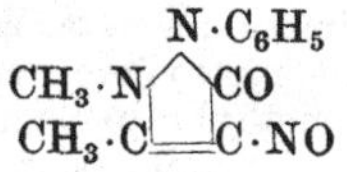

$$\begin{array}{l} N\cdot C_6H_5 \\ CH_3\cdot N \quad CO \\ CH_3\cdot C = C\cdot NO \end{array}$$

erhält. Reduziert man nun dieses, so gelangt man zum Aminoantipyrin[2]),

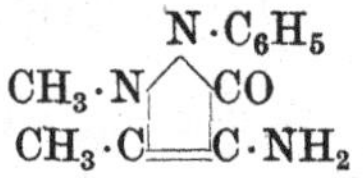

$$\begin{array}{l} N\cdot C_6H_5 \\ CH_3\cdot N \quad CO \\ CH_3\cdot C = C\cdot NH_2 \end{array}$$

welches sich nur als Benzylidenverbindung in der Weise abscheiden läßt, daß man Benzaldehyd in Essigsäure löst und Alkohol zu der Lösung des Aminoantipyrins hinzufügt. Benzylidenaminoantipyrin zerlegt man nun mit verdünnter Salzsäure, wobei sich Benzaldehyd abspaltet, den man dann mit Äther von der salzsauren Lösung des Aminoantipyrins trennt. Außer diesem Verfahren kommt man noch auf diese Weise zum Ziele, daß man Acetaminophenylhydrazin mit Acetessigester reagieren läßt und die Acetylgruppe durch starke Salzsäure abspaltet und hierauf alkyliert.

Bei der Darstellung des Pyramidons werden die beiden Wasserstoffe des Aminorestes im Aminoantipyrin durch Methylgruppen ersetzt, und es resultiert, wie oben erwähnt, Dimethylaminodimethylphenylpyrazolon = Pyramidon.

An Stelle der Alkylierungsmittel des D.R.P. 90959 und 91504 kann man eine α-Halogenessigsäure resp. -propionsäure anwenden und aus dem vorerst entstehenden Säurederivat Kohlensäure abspalten, und zwar durch Erhitzen über den Schmelzpunkt oder Kochen mit Wasser. Dieses Verfahren gibt quantitative Ausbeute[3]).

Ferner wurde vorgeschlagen, 4-Dimethylaminophenyldimethylpyrazolon[4]) in der Weise darzustellen, daß man die Salze des 4-Dimethylaminophenyldimethylpyrazolonmethylhydroxyds in wässeriger oder alkoholischer Lösung erhitzt.

1-Aryl-2.3-dialkyl-4-dimethylamino-5-pyrazolone erhält man durch Behandlung von 1-Aryl-2.3-dialkyl-4-amino-5-pyrazolon mit Formaldehyd oder dessen Polymerisationsprodukten zweckmäßig in Gegenwart wässeriger Ameisensäure. Es genügt das primäre Amin mit dem Aldehyd und der Säure einige Stunden unter Rückfluß zu erhitzen. Die Methylierung erfolgt glatt ohne Bildung von quaternären Ammoniumbasen.

Beschrieben sind: 1-Phenyl-2.3-dimethyl-4-dimethylaminopyrazolon, 1-Phenyl-2-äthyl-3-methyl-4-dimethylamino-5-pyrazolon, 1-p-Tolyl-2.3-dimethyl-4-dimethylamino-5-pyrazolon[5]).

---

[1]) Jaffé: Ber. d. dtsch. chem. Ges. Bd. 35, S. 2891. 1902. [2]) D.R.P. 97332.
[3]) Höchster Farbwerke, D.R.P. 144393. [4]) D.R.P. 111724.
[5]) Höchst, D.R.P. 360423.

1-Phenyl-2.3-dimethyl-4-dimethylamino-5-pyrazolon erhält man, wenn 1-Phenyl-2.3-dimethyl-4-nitroso-5-pyrazolon mit Formaldehyd oder dessen Polymeren und reduzierenden Mitteln, gegebenfalls unter Zusatz von $CuSO_4$ als Katalysator behandelt[1]).

1-Phenyl-2.3-dimethyl-4-dimethylamino-5-pyrazolon erhält man durch Reduktion von 1-Phenyl-2.3-dimethyl-4-nitroso-5-pyrazolon mit SH_2: man trägt die wässerige Lösung des 1-Phenyl-2.3-dimethyl-4-amino-5-pyrazolons ohne dieses abzuscheiden in ein heißes Gemisch von Formaldehyd und Ameisensäure ein[2]).

Man läßt Benzylhalogenid auf 4-Dimethylamino-1-phenyl-2.3-dimethyl-5-pyrazolon bei Gegenwart eines Metalljodids einwirken. Hierbei tritt unter Verdrängung eines Methylrestes ein Benzylrest in das Mol des Dimethylaminophenyldimethylpyrazolons ein und es entsteht 4-Benzylmethylamino-1-phenyl-2.3-dimethyl-5-pyrazolon. Es wirkt stark antipyretisch und wenig toxisch[3]).

Carbaminsäurederivate der Pyrazolonreihe erhält man durch Behandlung von 4-Aminopyrazolonen oder deren Derivaten mit Alkalidicarbonaten. Die basischen Aminopyrazolone der allgemeinen Formel

```
R1·C═══C·NH2
R2·N╲  ╱CO
     N
     ·
    C6H5
```

(R_1 und R_2 = H oder Alkyl, der C_6H_5-Rest kann beliebig substituiert sein) werden hierbei in mit neutraler Reaktion in Wasser lösliche Alkalisalze verwandelt. An Stelle der Alkalidicarbonate können auch Carbonate aller Ätzalkalien bei Gegenwart freier CO_2 verwendet werden. Es wird z. B. 4-Amino-2.3-dimethyl-1-phenyl-5-pyrazolon in verdünnter Salzsäure gelöst und mit Natriumbicarbonat versetzt. Nach Entfernung des überschüssigen Natriumbicarbonats durch Methylalkohol wird das Carbonat mit Äther gefällt. Ebenso erhält man das Carbamat des 4'-Arsenodi-(1-Phenyl-2.3-dimethyl-4-amino)-5-pyrazolon[4]).

Wenn man Jod- oder 4-Chlor-1-phenyl-2.3-dimethyl-5-pyrazolon mit sekundären Aminen erhitzt, so entsteht Phenyldimethylpyrazolon. Läßt man dagegen sekundäre Amine auf das Bromderivat einwirken, so wird das Bromatom durch das basische Radikal ersetzt. Man erhält so 4-Dimethylamino-1-phenyl-2.3-dimethyl-5-pyrazolon, 4-Piperidyl-1-phenyl-2.3-dimethyl-5-pyrazolon,4-Äthylmethylamino-1-phenyl-2.3-dimethyl-5-pyrazolon[5]).

Zur Darstellung von Phenylmethylaminchlorpyrazol wird 1-Phenyl-3-methyl-4-arylazo-5-chlorpyrazol mit sauren Reduktionsmitteln behandelt. Diese Substanz kann durch Methylieren und Alkalieinwirkung in Pyramidon übergeführt werden[6]).

Wenn man nach Knorr[7]) 1-Phenyl-3-methylpyrazolon mit Methylenchlorhydrin bei Gegenwart von Alkali behandelt, so erhält man zwei isomere Oxäthylderivate.

```
(A)              N·C6H5          (B)        N·C6H5
                ╱  ╲                       ╱  ╲
CH2(OH)·CH2·N      CO                    N───CO·CH2·(OH)
              |     |                    |     |
          CH3·C═══CH                 CH3·C═══CH
```

Aus diesen Körpern lassen sich leicht Acetyl- oder Benzoylderivate durch Einführung dieser Gruppen in den Hydroxylwasserstoff darstellen.

Knorr und **Pschorr** stellten ferner 4-Oxyantipyrin (1-Phenyl-2.3-dimethyl-4-oxy-5-pyrazolon) dar, welchem ähnliche physiologische Wirkungen zukommen wie dem Antipyrin.

Sie reduzieren Nitro- oder Isonitrosophenylmethylpyrazolon zur Aminoverbindung, führen diese durch Oxydation in ein Ketopyrazolon über und verwandeln letzteres durch Reduktion mit Natriumamalgam in saurer Lösung in die Oxyverbindung, aus welcher durch Methylierung 4-Oxyantipyrin entsteht[8]).

Oxypyrazolone werden in Gegenwart alkalisch wirkender Mittel mit basischen Alkylhalogeniden $(Alkyl_2)N \cdot CH_2 \cdot CH_2 \cdot$ Halogen behandelt oder die Oxypyrazolone zunächst durch Einwirkung von Alkylendihalogeniden in die Halogenalkyläther und diese mit sekundären aliphatischen Aminen in die Aminoalkyläther überführt.

---

[1]) G. Lockemann, E.P. 214261, 223192/1924, Schw.P. 110202.
[2]) Höchst, Schw.P. 108599. [3]) Höchst, D.R.P. 414012.
[4]) Höchst, D.R.P. 360424. [5]) Höchster Farbwerke, D.R.P. 145603.
[6]) Höchster Farbwerke, D.R.P. 153861. [7]) D.R.P. 74912.
[8]) D.R.P. 75378, siehe auch D.R.P. 75975 (durch Einwirkung von Alkalien auf Halogenantipyrin).

Beschrieben sind: β-Diäthylaminoäther des 1-Phenyl-4-dimethyl-3-oxy-5-pyrazolonchlorhydrat

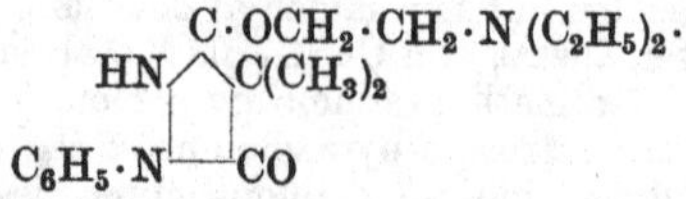

$$\begin{array}{l} \quad\quad C\cdot OCH_2\cdot CH_2\cdot N(C_2H_5)_2\cdot HCl\cdot \\ HN \diagup \diagdown C(CH_3)_2 \\ C_6H_5\cdot N —— CO \end{array}$$

β-Diäthylaminoäthyläther des Dialkyl-3-oxy-5-pyrazolons, Diacetyl-3-β-dimethyl-aminoäthyloxy-5-pyrazolon. Diese Substanzen haben neben antipyretischer auch gefäßzusammenziehende Eigenschaften[1]).

Camphocarbonsäureäthylester vereinigt sich mit Phenylhydrazin unter Alkoholaustritt zu einer Verbindung, die als Camphopyrazolon

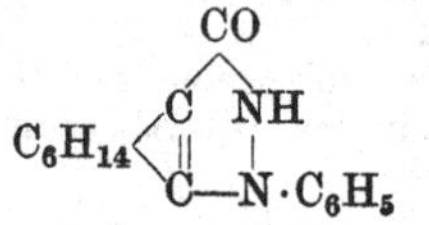

$$\begin{array}{c} CO \\ C_6H_{14}\langle \begin{array}{l} C \quad NH \\ \| \quad\ \ | \\ C—N\cdot C_6H_5 \end{array} \end{array}$$

zu betrachten ist.

Campho-3-pyrazolon[2]) ist giftig[3]) analog dem sog. Isoantipyrin aus 1-Phenyl-5-methyl-3-pyrazolon, während Campho-5-pyrazolon analog wie Antipyrin wirkt.

Dihydriertes Antipyrin und Derivate desselben wurden durch Reaktion zwischen Crotonsäure und Phenylhydrazin[4]) bzw. p-Phenäthylhydrazin[5]) und nachherige Methylierung erhalten.

Phenyldimethylpyrazolonaminomethansulfosaures Natrium (Melubrin) wird erhalten aus 1-Phenyl-2.3-dimethyl-4-aminopyrazolon und Formaldehydsulfitlösung.

1-Phenyl-2.3-dimethyl-4-dimethylamino-5-pyrazolon erhält man durch Einwirkung von Formaldehyd bei Gegenwart von Ameisensäure auf 1-Phenyl-2.3-dimethyl-4-sulfamino-5-pyrazolon[6]).

Novalgin (phenyldimethylpyrazolonmethylaminomethansulfosaures Natrium) wirkt antipyretisch.

Man erhält ω-methylschwefligsaure Salze aminosubstituierter Arylpyrazolone, wenn man auf 1-Phenyl-2.3-dimethyl-4-amino-5-pyrazolon oder dessen im Phenylkern substituierte Derivate bzw. auf 1-Aminophenyl-2.3-dimethyl-5-pyrazolon sowie dessen 4-Alkylderivate Formaldehydbisulfitalkali oder -ammonium in der Wärme einwirken läßt.

Diese Verbindungen sollen schon in kleinen Dosen hohe antipyretische und antineuralgische Wirkungen haben. Die Wirkung soll eine sehr rasche und gleichmäßige sein[7]).

Die Reaktionsprodukte lassen sich leicht reinigen, wenn man die Lösungen in offenen, flachen Schalen bei gewöhnlicher Temperatur sich selbst überläßt, die Krystallkuchen in heißem Methylalkohol löst, die Lösungen filtriert, eindampft und aus Alkohol umlöst[8]).

Statt Formaldehyd kann man Homologe desselben verwenden und von Acet- oder Propylaldehydbisulfitalkali ausgehen[9]).

Statt der aminosubstituierten 1-Aryl-2.3-dimethyl-5-pyrazolone kann man auch andere aminosubstituierte 1-Aryl-2.3-dialkyl-5-pyrazolone verwenden. Beschrieben sind: 1-p-Tolyl-2-äthyl-3-methyl-4-amino-5-pyrazolon-methylschwefligsaures Natrium; 1-p-äthoxyphenyl-2-äthyl-3-methyl-4-amino-5-pyrazolon-methylschwefligsaures Natrium; 1-p-aminophenyl-2-äthyl-3-methyl-5-pyrazolon-methylschwefligsaures Natrium[10]).

Wenn man auf ω-Methylsulfosäure-Salicylsäure-p-aminophenylester mit 4-Dimethylamino-1-phenyl-2.3-dimethyl-5-pyrazolon in Aceton erhitzt, so scheidet sich die Verbindung:

$$OH\cdot C_6H_4\cdot CO\cdot O\cdot C_6H_4\cdot NH\cdot CH_2\cdot OSO_2H,\quad \begin{array}{c} CH_3 \\ \cdot \\ C \\ (CH_3)_2N\cdot C \diagup \diagdown N\cdot CH_3 \\ O\cdot C —— N\cdot C_6H_5 \end{array}$$

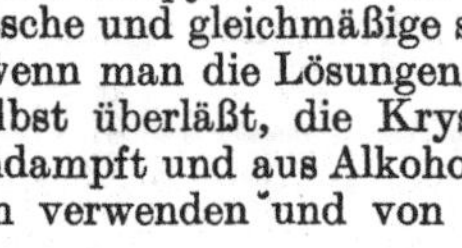

ab[11]).

---

[1]) Bayer, Leverkusen, D.R.P. 396507. [2]) D.R.P. 65259.

[3]) Brühl, Ber. d. dtsch. chem. Ges. Bd. 24, S. 2295. 1891; Bd. 26, S. 290. 1893. — Wahl: Ber. d. dtsch. chem. Ges. Bd. 33, S. 1987. 1900.

[4]) D.R.P. 66612. [5]) D.R.P. 68713.

[6]) Chem. Fabr. A. G. Altstetten, Schw.P. 99452, Zusatz zu Schw.P. 97752, E.P. 198615/23.

[7]) Höchst, D.R.P. 254711. [8]) D.R.P. 259503, Zusatz zu D.R.P. 254711.

[9]) D.R.P. 259577, Zusatz zu D.R.P. 254711.

[10]) D.R.P. 263458, Zusatz zu D.R.P. 254711.

[11]) Abelin, Bürgi u. Perelstein, D.R.P. 282412.

Scheitlin (Altstädten) stellt 1-Phenyl-2.3-dimethyl-4-sulfamino-5-pyrazolon durch Einwirkung von Natriumbisulfit in der Wärme auf 1-Phenyl-2.3-dimethyl-4-nitroso-5-pyrazolon her. Das so erhältliche Natriumsalz zerlegt man durch Mineralsäuren[1]).

Scheitlin[2]) stellt 1-Phenyl-2.3-dimethyl-4-dimethylamino-5-pyrazolon in der Weise her, daß er das nach D.R.P. 193632 (s. d.) erhältliche 1-Phenyl-2.3-dimethyl-4-sulfamino-5-pyrazolon mit Dimethylsulfat in der Wärme behandelt.

1-Phenyl-3-methoxy-4.4-dimethyl-5-pyrazolon ist ziemlich wirksam, während 1-Phenyl-3-oxy-5-pyrazolon, die entsprechende Aminoverbindung in Stellung 4 und die 4.4-Diäthylverbindung sowie eine Reihe ähnlicher medizinisch unbrauchbar sind[3]).

1-Aryl-2.4-dialkyl-3-halogenmethyl-5-pyrazolone erhält man, wenn man Halogene auf 1-Aryl-2.4-dialkyl-3-methyl-5-pyrazolone einwirken läßt, oder man kann die isomeren 1-Aryl-2-dialkyl-5-methyl-3-pyrazolone mit Halogenen behandeln[4]).

Durch Einwirkung von Formaldehyd und Blausäure auf 4-Antipyrylamine erhält man 4-Antipyrylcyanmethylamin; durch dessen Methylierung und nachheriges Erhitzen mit Säuren erhält man unter Kohlensäureabspaltung 4-Antipyryldimethylamin[5]).

Durch Einwirkung alkylierender Mittel auf 1-p-Aminophenyl-2.4-dimethyl-3-oxymethyl-5-pyrazolon erhält man Dialkylderivate, welche antipyretisch wirksam sind[6]).

Nicht nur die im vorhergehenden Patent beschriebenen Pyrazolone wirken antipyretisch, sondern diese Eigenschaft kommt allgemein den 1-p-Dialkylaminophenyl-2.4-dialkyl-3-oxymethyl-5-pyrazolonen zu. Die Alkylgruppe in 4-Stellung ist für die antipyretische Wirkung nicht erforderlich, sondern kann auch durch Wasserstoff oder andere Substituenten ersetzt werden.

Dargestellt wurden: 1-p-Dimethylaminophenyl-2-methyl-3-oxymethyl-5-pyrazolon und 1-p-Dimethylaminophenyl-2-methyl-3-oxymethyl-4-äthyl-5-pyrazolon[7]).

In die freie Aminogruppe der entsprechenden 1-p-Aminophenylpyrazolone werden entweder durch Behandlung mit Chloressigsäure zwei Essigsäurereste eingeführt und durch Erhitzen Kohlensäure abgespalten oder man führt durch Behandlung mit Formaldehyd und Blausäure nur einen Essigsäurerest ein, behandelt das so erhaltene Cyanmethylaminophenylpyrazolon mit alkylierenden Mitteln und verseift[8]).

Dimethylamino-1-phenyl-2.3-dimethyl-5-pyrazolon wird durch Erhitzen von Aminophenyldimethylpyrazolon mit Nitrosodimethylamin allein oder bei Gegenwart von Kupferpulver gewonnen. Bei diesem Verfahren wird die Bildung von quaternä·en Verbindungen vermieden[9]).

Durch Methylierung von Alkyl- und Säurederivaten des 1-Phenyl-3-methyl-4-amino-5-pyrazolon erhält man 1-Phenyl-2.3-dimethyl-4-dimethylamino-5-pyrazolon[10]).

Antipyrinomethylamin, aus Dimethylaminohydrochlorid, Formaldehyd und Antipyrin, besitzt keinerlei antipyretische Wirkung und scheint völlig unwirksam zu sein[11]).

1-Phenyl-2.3-dimethyl-4-diallylamino-5-pyrazolon erhält man, wenn man 1-Phenyl-2.3-di-methyl-4-amino-5-pyrazolon mit Allylhalogeniden, zweckmäßig in Gegenwart von Lösungs- oder Verdünnungsmitteln und unter Zusatz von säurebindenden Mitteln, in der Wärme behandelt.

Dieses Diallylaminoantipyrin ist nach Angabe der Patentschrift ein starkes Antipyreticum, das gegenüber dem Pyramidon eine länger anhaltende und gesteigerte antipyretische Wirkung ohne gleichzeitige Steigerung der Toxizität auslöst und außerdem eine ausgesprochene narkotische Wirkung[12]) besitzt.

Über die folgenden Pyridinderivate liegen noch keine pharmakologischen und therapeutischen Prüfungen in der Literatur vor.

---

[1]) D.R.P. 193632. [2]) D.R.P. 199844.
[3]) Ber. d. dtsch. chem. Ges. Bd. 39, S. 2284. 1906. [4]) D.R.P. 206627.
[5]) Höchster Farbwerke, D.R.P. 184850. — Höchster Farbwerke, D.R.P. 208593, Zusatz zu D.R.P. 206637.
[6]) Höchst, D.R.P. 214716. [7]) D.R.P. 217558, Zusatz zu D.R.P. 214716.
[8]) D.R.P. 217557, Zusatz zu D.R.P. 214716.
[9]) Soc. chim. in Vernier, D.R.P. 203753. [10]) D.R.P. 189842.
[11]) Mannich, C. u. B. Kather: Arch. d. Pharmazie u. Ber. d. dtsch. pharmazeut. Ges. Bd. 257, S. 18. 1919.
[12]) D.R.P. 304983.

Durch Einwirkung von 2-Pyridylhydrazin auf in 2-Stellung halogeniertes Pyridin erhält man Hydrazopyridin[1]).

Durch Acylierung des 2-Aminopyridins und Vacuumdestillation des Reaktionsproduktes erhält man 2-Acetylaminopyridin, 2-Diacetylamino-3-äthyl-6-methylpyridin, 2-Acetylamino-5-chlorpyridin und 2-Dibenzoylaminopyridin[2]).

Man erhält Pyrrolidinderivate, wenn man acylierte Brenztraubensäureester, bzw. Oxalessigester mit 2-Aminopyridin oder dessen Abkömmlingen bei höheren Temperaturen kondensiert.

Aus Benzaldehyd und 2-Aminopyridin erhält man eine Benzylidenverbindung, die bei der Kondensation mit Acetylbrenztraubensäureäthylester in 1-Pyridyl-2-phenyl-3-acetyl-4.5-diketopyrrolidin übergeht. Ferner ist beschrieben 1-Chinolyl-2-phenyl-3-acetyl-4.5-diketopyrrolidin[3]).

1-Pyridyl-3-methyl-5-pyrazolon erhält man, wenn man 2-Pyridylhydrazin mit Acetessigester kondensiert[4]).

2-Pyridylhydrazin und Acetessigester werden im Verhältnis 1 : 2 Mol. miteinander kondensiert oder 1-Pyridyl-3-methyl-5-pyrazolon mit einem weiteren Mol. Acetessigester. Das Kondensationsprodukt ist wahrscheinlich[5])

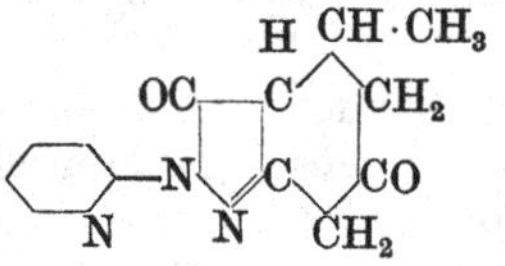

H CH·CH_3
OC—C CH$_2$
—N C CO
N N CH$_2$

1.2′-Pyridyl-3-methyl-pyridazinon erhält man aus Lävulinsäure und 2-Pyridylhydrazin bei höherer Temperatur[6])

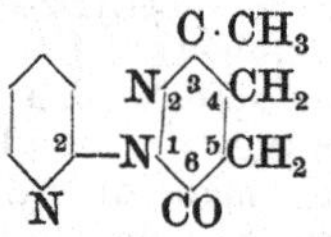

C·CH_3
N$_2$ $_3$ $_4$CH$_2$
2—N$_1$ $_6$ $_5$CH$_2$
N CO

Wie wechselnd das Verhalten der Pyrazolderivate ist, beweist eine Untersuchung Tappeiners[7]) über Körper, die Claisen dargestellt.

Das Jodmethylat des Phenyldimethylpyrazols

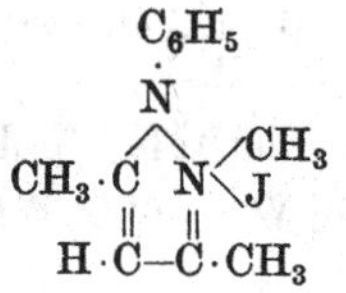

C_6H_5
N
CH_3·C N $\langle^{CH_3}_{J}$
H·C—C·CH_3

macht starke Krämpfe und Lähmungserscheinungen und führt den Tod durch Atemstillstand herbei. Analog wirkt das Chlormethylat, so daß die Wirkung dieser beiden Substanzen keineswegs durch die Anwesenheit der Halogene bedingt ist.

Phenyldimethylpyrazol

C_6H_5
N
CH_3·C N
H·C—C·CH_3

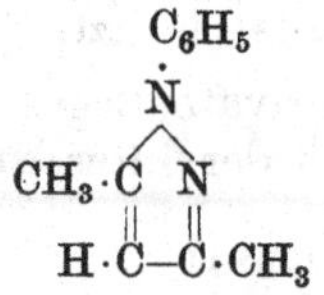

hat qualitativ die gleiche, aber quantitativ etwas schwächere Wirkung. Es ist vom Antipyrin nur durch den Mangel eines Sauerstoffs verschieden, aber wirkt

---

[1]) Schering, Berlin, D.R.P. 406205. [2]) Schering, Berlin, D.R.P. 406206.
[3]) Schering, Berlin, D.R.P. 406209. [4]) Schering, Berlin, D.R.P. 406212.
[5]) Schering, Berlin, D.R.P. 406213. [6]) Schering, Berlin, D.R.P. 406214.
[7]) Tappeiner u. Canné: Arch. f. exp. Pathol. u. Pharmakol. Bd. 28, S. 294.

erheblich schwächer als Antipyrin. Noch viel geringere zentrale Wirkungen besitzt Phenylmethylpyrazolcarbonsäure

```
         C6H5
          ·
          N
        /   \
CH3·C       N
    ||       ||
    HC—C·COOH
```

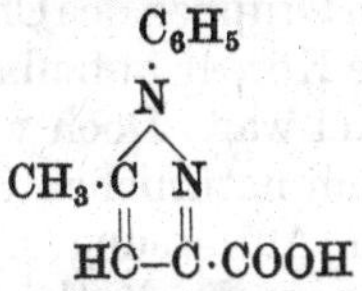

welche erheblich weniger giftig ist als das ihr chemisch nahestehende Antipyrin. Man könnte versucht sein, die Ursache dieser Unterschiede in der wechselnden Anzahl von Methylgruppen (und dem Eintritt von Carboxylgruppen), welche diese Körper enthalten, zu suchen. Phenylpyrazoldicarbonsäure, in der auch das letzte Methyl durch die Carboxylgruppe ersetzt ist.

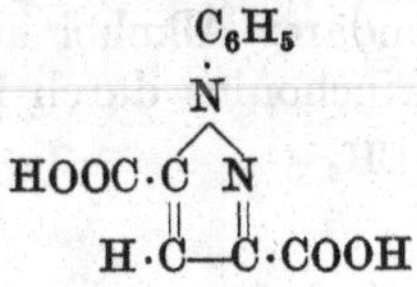

```
            C6H5
             ·
             N
           /   \
HOOC·C       N
       ||       ||
    H·C——C·COOH
```

ist etwas weniger giftig, als Phenylmethylpyrazolcarbonsäure, der Wirkungscharakter aber hat sich geändert, indem neben der Respirationslähmung auch Herzlähmung in den Vordergrund tritt.

Diphenylpyrazolcarbonsäure

```
          C6H5
           ·
           N
         /   \
C6H5·C       N
      ||       ||
      HC——C·COOH ,
```

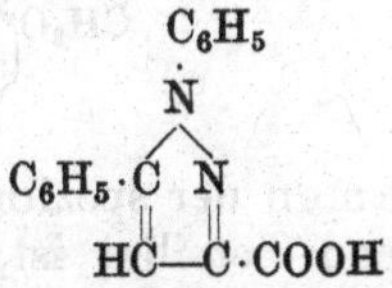

welche sich von der Phenylmethylpyrazoloncarbonsäure durch den Ersatz von Methyl durch Phenyl unterscheidet, ist wieder erheblich giftiger, sowohl für das Zentralnervensystem als besonders auch für das Herz.

Phenylmethylpyrazolcarbonsäure hat merkwürdigerweise eine stark diuretische Wirkung, indem sie auf den sekretorischen Apparat der Niere selbst einen direkten erregenden Einfluß ausübt. Die Substanz hat gar keine temperaturherabsetzende Wirkung, obgleich sie eine ähnliche Konstitution wie Antipyrin hat. Phenylmethylpyrazolonsulfosäure[1]) ist in jeder Beziehung wirkungslos.

Das Pyrazolderivat

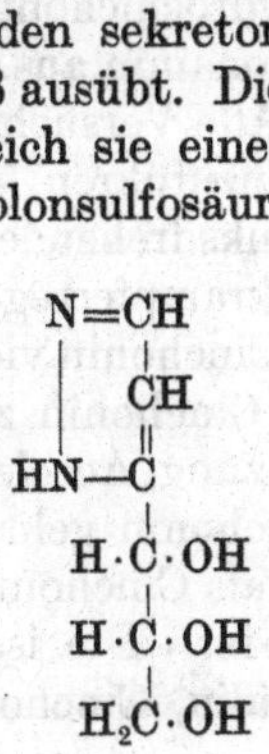

```
N=CH
|     CH
|     ||
HN—C
      |
   H·C·OH
      |
   H·C·OH
      |
   H2C·OH
```

ist physiologisch unwirksam[2]).

Chinin.

Alle bis nun unternommenen Versuche zu einem dem Chinin therapeutisch analogen Körper auf synthetischem Wege zu gelangen bzw. dem Chinin chemisch analoge Körper aufzubauen, denen insbesondere die spezifische Wirkung gegen

---

[1]) Hoberg: Diss. Erlangen 1899.

[2]) Freudenberg, K. u. R. M. Hixon (E. Merck): Mercks Ber. Bd. 56, S. 2119. 1923.

die Malaria zukommt, müssen als gescheitert betrachtet werden. Zum großen Teile waren an dem Scheitern dieser Versuche falsche Auffassungen über die an der Wirkung sich beteiligenden Gruppen des Chininmoleküls schuld, anderseits war es ja auch schwierig, analoge Körper aufzubauen, solange uns noch der Aufbau des Chininmoleküls so dunkel war. Doch würde eine Synthese des Chinins sicherlich technisch gegenüber dem natürlichen Chinin keine Chance haben.

Nach unserer gegenwärtigen Auffassung besteht das Chininmolekül aus vier Teilen: aus dem Chinolinrest, aus der Methoxylgruppe, welche im Chinolinrest in p-Stellung steht, aus einem Kohlenstoffatom, welches die Chinolingruppe mit dem Loiponanteil verbindet und sekundär alkoholisch ist, und dem Loiponanteil, welcher aus einem reduzierten Pyridinsystem mit Kohlenstoffbrücke und Vinylseitenkette besteht.

Nach Miller und Rhode[1]) und W. Königs[2]) und Rabe und Ritter, nach denen Cinchonin als sekundärer Alkohol aufgefaßt wird, läßt sich die Konstitution des Chinins und Cinchonins durch folgende Formeln darstellen:

Cinchonin

CH_2—CH—CH·CH : CH_2
CH_2
CH_2
CH—N—CH_2
CH·OH
N

Chinin

CH_2—CH—CH·CH : CH_2
CH_2
CH_2
CH—N—CH_2
CH·OH
CH_3O
N

Daß an dem Zustandekommen der spezifischen Wirkung die Methoxylgruppe des Chinins hervorragend beteiligt ist, beweist der Umstand, daß Cinchonin, also Chinin ohne Methoxylgruppe, viel unsicherer in der Wirkung ist und nur bei weit größeren Dosen die typische Chininwirkung auslöst. Das Methoxyl verleiht dem Chinin eine gärungshemmende Wirkung, während Cinchonin wirkungslos ist. Cinchonin ist fast unwirksam bei Malaria[3]), was Giemsa und H. Werner wieder bestätigen. Hydrocinchonin ist ebenfalls gegen Malaria fast unwirksam. Das ihm isomere Cinchonamin aus der Rinde von Remigia Purdieana ist 4—6mal giftiger als Chinin[4]). Alle Versuche, Cinchonin in den Arzneischatz als Chininersatzmittel mit Erfolg einzuführen, sind als mißlungen zu bezeichnen. Cinchonin und Cinchonidin (das linksdrehende Isomere) haben die dem Chinin in schwacher Weise zukommende krampferregende Wirkung in viel ausgesprochener Weise[5]). Auf das Herz wirkt Cinchonin viel schädlicher und ist gegen Fieber viel weniger wirksam. Chinin und Cinchonin zeigen intravenös beim Menschen gegeben ähnliche Phasen: Vagusreizung, Acceleransreizung und Bradykardie bei kleinerem Herzvolumen. Dem Cinchonin geht die Besserung des Herzmuskeltonus ab[6]). Cinchonin ist giftiger als Cinchonidin und als die beiden Oxycinchonine von Hesse und Langlois. Die isomeren Cinchonine: Cinchonin, Cinchonibin, Cinchonicin, Cinchonidin, Cinchonifin, Cinchonigin, Cinchonilin,

[1]) Siehe auch Pictet-Wolffenstein: Pflanzenalkaloide. — Miller u. Rohde: Ber. d. dtsch. chem. Ges. Bd. 27, S. 1187, 1279. 1894; Bd. 28, S. 1056. 1895. — Rabe: Ber. d. dtsch. chem. Ges. Bd. 40, S. 3280, 3655. 1907; Bd. 41, S. 62. 1908. — Liebigs Ann. d. Chem. Bd. 364, S. 330. 1909; Bd. 373, S. 85. 1910; S. 382, S. 365. 1911. — Ber. d. dtsch. chem. Ges. Bd. 44, S. 2088. 1911.

[2]) Königs, W.: Ber. d. dtsch. chem. Ges. Bd. 40, S. 648, 2873. 1907.

[3]) Cohn, Julie: Zeitschr. f. Immunitätsforschung u. exp. Therapie Orig.-Bd. 18, S. 570. 1913.

[4]) Arch. f. Schiffs- u. Tropenhyg. Bd. 18, S. 12. 1894.

[5]) Albertoni, Pietro: Arch. f. exp. Pathol. u. Pharmakol. Bd. 15, S. 272.

[6]) Meldolesi. G.: Cuore e circolazione Bd. 9, S. 353. 1925.

außerdem α-Oxycinchonin und β-Oxycinchonin, wirken in untereinander variierenden Dosen nach einer Erregung tonisch-klonisch und klonisch[1]). Cinchonidin ist dem Cinchonin isomer; es ist weniger giftig als Cinchonin, aber giftiger als Chinin[2]). Daß es aber nicht etwa der Methylrest ist, welchem die Auslösung des Chinineffektes zuzuschreiben ist, sondern vielmehr die gedeckte Hydroxylgruppe, beweist der Umstand, daß der Ersatz der Methylgruppe durch andere Alkylgruppen die Chininwirkung nicht etwa abschwächt oder aufhebt, sondern wir vielmehr zu Derivaten gelangen, die noch viel intensiver febrifug und toxisch wirken als Chinin selbst. Solche Derivate haben Grimaux und Arnaud[3]) dargestellt, indem sie von Cuprein $C_{19}H_{20}N_2(OH)_2$ ausgingen, welches Alkaloid als ein natürlich vorkommendes, entmethyliertes Chinin aufzufassen ist. Cuprein wirkt bei Malaria schwächer als Chinin[4]). Bei der künstlichen Entmethylierung des Chinins gelangt man nicht zum Cuprein, da sich unter dem Einflusse der Säure ein dem Cuprein isomerer Körper durch Umlagerung bildet, das Apochinin. Die beiden französischen Forscher haben folgende Körper dargestellt:

Chinäthylin $C_{19}H_{22}N_2 \cdot OH \cdot (OC_2H_5)$, Chinpropylin $C_{19}H_{22}N_2 \cdot OH \cdot (OC_3H_7)$, Chinamylin $C_{19}H_{22}N_2 \cdot OH \cdot (OC_5H_{11})$.

Bourru und später Giemsa konnten zeigen, daß Äthylcuprein stärker gegen Malaria wirkt als Methylcuprein (Chinin). Bei Isopropylcuprein war wieder ein Rückgang dieser Wirkung zu beobachten.

Wir sehen hier, daß, wenn eine längere Alkylgruppe als Methyl in das Cuprein eingeführt wird, wir zu intensiver wirkenden Körpern gelangen. Die Wirkungsverstärkung durch Verlängerung fetter Ketten sehen wir auch in der Reihe der homologen Alkohole und deren Derivate.

Hierbei ist zu bemerken, daß die alkylierten Cupreine, also die homologen Chinine, weit giftiger sind als Cuprein selbst. Cuprein ist nur halb so giftig wie Chinin und auch viel weniger giftig als Cinchonin.

Bis nun sind die homologen Chinine von Grimaux und Arnaud noch nicht praktisch verwertet worden. Es ist dies wohl in erster Linie dem Umstand zuzuschreiben, daß einerseits Cuprein in der Natur nur in geringen Mengen vorkommt und daß anderseits die Darstellung von Cuprein aus Chinin wegen der Umlagerung in Apochinin nicht gelungen ist. Auch der Übergang von Cinchonin zu Cuprein bzw. Chinin ist leider noch nicht möglich; jedenfalls ist dies ein Problem, welches um so mehr zu bearbeiten wäre, als das wenig wertvolle Cinchonin so zum Ausgangspunkt für die sehr wirksamen und wertvollen homologen Chinine verwendet werden könnte.

Daß Cinchonin überhaupt im Organismus zur Wirkung gelangt und nur relativ große Dosen davon notwendig sind, um die typische Wirkung zu erzielen, läßt sich ungezwungen so erklären, daß Cinchonin im Organismus zum Teil zu Cuprein oxydiert wird. Dem Cuprein muß aber, wenn auch sein Hydroxyl nicht durch eine Alkylgruppe geschützt ist, die typische Wirkung des Chinins zukommen. Es wird dadurch auch erklärt, warum relativ große Dosen von Cinchonin notwendig sind, um Chininwirkungen zu erzielen. Wahrscheinlich wird nur ein Teil des eingeführten Cinchonins im Organismus zu Cuprein oxydiert. Die Einführung eines Hydroxyls in die p-Stellung ist aber eine der gewöhnlichsten Oxydationsformen des Organismus, wie wir bereits im allgemeinen Teile auseinandergesetzt haben.

---

[1]) Langlois: Arch. de physiol. Jg. 1893, S. 377.

[2]) Albertoni, P.: Arch. f. exp. Path. u. Pharm. Bd. 15. S. 272. 1882.

[3]) Cpt. rend. hebdom. des séances de l'acad. des sciences. Bd. 112, S. 766, 1364; Bd. 114, S. 548, 672; Bd. 118., S. 1803.

[4]) See u. Bochefontaine: Cpt. rend. hebdom. des séances de l'acad. des sciences. Bd. 100, S. 366, 664. 1885. — Ellison: Journ. of physiol. Bd. 43, S. 28. 1911.

Der Hund scheidet einen Teil des Chinins unverändert im Harne, einen kleinen, wahrscheinlich unresorbierten Teil im Kote aus[1]). Chinin wird im Organismus bis auf etwa 40% zerstört, die letzteren werden in der Form ausgeschieden, daß das Chininmolekül wahrscheinlich vorerst eine Alkylierung und eine Oxydation ohne Sauerstoffeintritt durchmacht[2]).

Chinidin (Conchinin) ist rechtsdrehendes Chinin. Es wirkt wie Chinin, ohne gleichzeitig wie dieses narkotische Wirkungen hervorzurufen[3]).

Conchinin (Chinidin) (rechtsdrehendes Chinin), wirkt gegen Malaria wie Chinin[4]). Veley und Waller[5]) finden es nicht so giftig wie Chinin. Am Froschherz wirkt es wie Chinin, aber weit schwächer[6]). Julie Cohn[7]) fand in bezug auf trypanocide Wirkung keine wesentlichen Unterschiede gegenüber dem Chinin.

Cinchonidin und Chinidin hemmen die Infusorienbewegungen stärker als Chinin. Leukocyten des Frosches werden am schnellsten vom Optochin, schwächer in folgender Reihenfolge von Cinchonidin, Chinin, Chinidin und Cinchonin gelähmt[8]).

Chinidin wird zu 45% unverändert im Harne ausgeschieden (Byasson). Es wird gegen Herzarythmien verwendet.

Wir haben bei Betrachtung der Chinolinderivate gesehen, daß dem p-Methoxychinolin nur sehr geringe febrifuge Eigenschaften zukommen und daß dieses keineswegs als ein Mittel gegen Malaria anzusehen ist. Wir sind um so mehr zu der Anschauung berechtigt, daß an der spezifischen Chininwirkung der p-Methoxychinolinanteil des Chinins nicht beteiligt ist, als alle neueren Untersuchungen ergaben, daß derselbe in nicht hydrierter Form im Chinin vorhanden ist. Auch andere Gründe, die wir bei Besprechung des Loiponanteiles auseinandersetzen werden, sprechen klar dafür. Nur der Loiponanteil, und zwar nur bestimmte Gruppen desselben bedingen die spezifische Wirkung des Chinins.

Wenn man Chinin oder Cinchonin mit verdünnter Essigsäure behandelt, so verwandeln sich diese Alkaloide in neue, das Chinotoxin[9]) bzw. Cinchotoxin[10]), welches kein Hydroxyl mehr enthält, sondern sich als ein Keton charakterisieren läßt. Dabei ist die eine Stickstoff-Kohlenstoffbindung aufgespalten, im Gegensatz zum Chininon, bei welchem nur die sekundäre Alkoholgruppe in die Carbonylgruppe übergegangen.

Chinotoxin $CH_2—CH—CH\cdot CH:CH_2$; CH_2; CH_2; CO; CH_2; CH_2; $N—CH_2$; H; CH_3O; N

Chininon $CH_2—CH—CH\cdot CH:CH_2$; CH_2; CH_2; $CH—N—CH_2$; CO; $CH_3O\cdot$; N

1) Katz, J.: Biochem. Zeitschr. Bd. 36, S. 144. 1911.
2) Merkel, Adolf: Arch. f. exp. Pathol. u. Pharmakol. Bd. 47, S. 165. 1902.
3) Macchiavelli: Jahresber. üb. d. Fortschr. d. Chem. 1875, S. 772.
4) Giemsa u. Werner: Arch. f. Schiffs- u. Tropenhyg. Bd. 18, S. 12. 1914.
5) Journ. of physiol. Bd. 39, Proc. S. 19. 1909.
6) Santesson: Arch. f. exp. Pathol. u. Pharmakol. Bd. 30, S. 412. 1892.
7) Zeitschr. f. Immunitätsforsch. u. exp. Therapie, Orig. Bd. 18, S. 570. 1913.
8) Baldoni, Alessandro: Boll. d. reale accad. med. di Roma Bd. 46, S. 78. 1920.
9) Identisch mit Pasteurs Chinicin.
10) Identisch mit Cinchonicin (Miller und Rohde: Ber. d. dtsch. chem. Ges. Bd. 33, S. 3214. 1900).

Cinchoninon aus Cinchonin durch Chromsäureoxydation gewonnen, wirkt nach den Angaben von Hildebrandt wie Cinchonin. Es wird zum Teile wenigstens im Organismus zu Cinchonin reduziert[1]). Cinchonin selbst paart sich als sekundärer Alkohol mit Glykuronsäure.

Zu bemerken ist noch, daß die von Hildebrandt[2]) ausgeführten Untersuchungen nicht mit dem Chinotoxin, sondern Cinchotoxin, dem analogen Derivate des Cinchonins ausgeführt wurden. Nach meinen (nicht veröffentlichten) Untersuchungen wirkt Cinchotoxinchlorhydrat auf das bloßgelegte Froschherz in der Weise, daß zuerst sehr starke Kontraktionen auftreten, dann bleibt das Herz in der Diastole stehen. Bei Injektion in den Lymphraum verbleibt das Herz lang in der Diastole, die Systole ist dann sehr kräftig. 0.1 g töten ein Kaninchen von 3200 g in 4 Stunden. Nach kurzer Zeit tritt schon sehr beschleunigte Respiration ein. Methylcinchotoxinchlorhydrat macht beschleunigte Respiration, dann leichte Krämpfe. 0.3 g machten nach 10 Minuten heftige Kaukrämpfe, dann allgemeine klonische und tonische Krämpfe, Atemnot. Tod nach einer halben Stunde. Bei Injektion in eine Vene erhält man Blutdrucksenkung.

Chinotoxin zeigt merkwürdigerweise physiologisch keinen Chinincharakter mehr, da es gar nicht mehr entfiebernd wirkt. Hingegen nähern sich seine physiologischen Eigenschaften sehr dem Digitoxin. Die Giftigkeit der Verbindung hat dem Chinin gegenüber außerordentlich zugenommen. Es entsteht nun die Frage, ob dieses Aufhören der antipyretischen Eigenschaften des Chinins nicht etwa das Auftreten der Ketongruppe statt des sekundär-alkoholischen Hydroxyls bewirkt hat. Miller und Rhode neigen zur Anschauung, daß die Stickstoffkohlenstoffbindungen im Chinin geradezu als das eigentliche charakteristische Moment der Chinaalkaloide erscheinen, so daß die typische Wirkung derselben mit der Existenz dieser Bindung steht und fällt.

Chinotoxin ist weniger giftig als Cinchotoxin, auf den Kreislauf wirkt es wie Chinin, ebenso auf die glatten Muskeln. Es ist aber ein heftiges Gift, das bereits in relativ kleinen Dosen den Blutdruck herabsetzt, tonisch-klonische Krämpfe, dann Atemnot, Stillstand der Atmung und des Herzens hervorruft. Dieselben Erscheinungen macht auch die toxische Chinindosis.

Wenn auch Cinchotoxin viel giftiger ist als Chinotoxin, so ist die Art seiner Wirkung die gleiche[3]).

Die Wirksamkeit gegenüber Trypanosomen hängt nicht von der sekundären alkoholischen Gruppe ab, denn Hydrochininchlorid und Äthylhydrocupreinchlorid, ferner Chininon, Cinchoninon und Hydrocinchoninon sind noch wirksam. Die Verwandlung in Chinatoxine, Aufhebung der Kohlenstoff-Stickstoffbindung im Loiponanteil zerstört die Wirkung auf Trypanosomen nicht.

Eine Seitenkette des Loiponteils ist nach den Untersuchungen von Z. Skraup[4]) ein Vinylrest $—CH:CH_2$.

Inwieweit der Vinylrest im Loiponanteil für die Wirkung des Chinins von Bedeutung ist, läßt sich nicht völlig entscheiden.

Reid Hunt[5]) untersuchte Hydrochinin, Oxyhydrochinin, Hydrochlorchinin und fand, daß die Vinylgruppe im Chininmolekül ohne besondere Bedeutung ist, soweit es sich um die Toxizität handelt. Die Addition von Chlor-

[1]) Hildebrandt, H.: Arch. f. exp. Pathol. u. Pharmakol. Bd. 59, S. 127. 1908.
[2]) Siehe Miller u. Rohde: l. c.
[3]) Biberfeld, J.: Arch. f. exp. Pathol. u. Pharmakol. Bd. 79, S. 361. 1916.
[4]) Liebigs Ann. d. Chem. Bd. 197, S. 376. — Ber. d. dtsch. chem. Ges. Bd. 28, S. 12. 1895. — Monatshefte für Chemie Bd. 16, S. 159. 1895.
[5]) Arch. internat. de pharmaco-dyn. et de thérapie. Bd. 12, S. 497.

wasserstoff verringert die Toxizität gegenüber Säugetieren, erhöht sie aber gewissen Infusorien gegenüber.

Die Giftigkeit von Chinin, Isochinin und Hydrochlorisochinin für Säugetiere ist nur wenig voneinander verschieden, für Paramäcien aber ist Hydrochlorisochinin und Isochinin giftiger als Chinin[1]).

Chinin hat die Seitenkette	$= CH - CH = CH_2$,
Isochinin	$= C = CH - CH_3$,
Hydrochlorchinin	$= C - CH_2 - CH_2Cl$,
Hydrochlorisochinin	$= CH - CHCl - CH_3$.

J. Morgenroth und L. Halberstädter haben gefunden[2]), daß bestimmte Veränderungen der Seitenkette des Chinins, bei denen die Doppelbindung nicht mehr besteht, den trypanociden Effekt erhöhen, ohne die Toxizität zu vergrößern; so ist Hydrochlorisochinin dem Chinin überlegen, wird aber in seiner trypanociden Wirkung vom Hydrochinin übertroffen. Chinin selbst wirkt auf einzelne Trypanosomen in großen Dosen ein.

Um die Frage nach der Bedeutung des Eintrittes einer Seitenkette mit doppelter Bindung in ein Antipyreticum zu entscheiden, habe ich (nicht veröffentlicht) die Synthese des Acetylaminosafrols $CH_3 \cdot CO \cdot NH \cdot C_6H_2 \cdot (O \cdot CH_2 \cdot O)CH_2 \cdot CH : CH_2$ durchgeführt. Die Substanz ist gleichsam ein Phenacetin mit doppelt gebundener (Allyl-) Seitenkette. Man nitriert zu diesem Zwecke Safrol in der Kälte in Eisessiglösung, reduziert mit Eisenpulver in alkoholischer Lösung und schüttelt mit Essigsäureanhydrid. Die Substanz (Schmp. 152°) wirkte im Tierversuch stark temperaturherabsetzend, bei Malaria jedoch konnte Concetti (Rom) keinerlei chininähnliche Wirkung beobachten.

Monobromchinin, in dem in der Vinylkette ein Wasserstoff gegen Brom umgetauscht ist und die Doppelbindung unverändert fortbesteht, und Chinindibromid, wo die Vinylkette in die Gruppe $-CHBr-CH_2Br$ umgebildet ist, wirken fast doppelt so stark als Chinin gegen Infusorien und Plasmodien, Dehydrochinin halb so stark als Chinin. In diesem ist die Vinylkette in die Gruppe $-C{\equiv}CH$ umgebildet. Gegen Bakterien wirken diese Stoffe ähnlich, aber weit schwächer. Auf Froscheier wirken die beiden Bromverbindungen weitaus stärker als Chinin. Die äquimolekularen Mengen der Verbindungen einschließlich Chinin haben den gleichen antipyretischen Effekt. Dehydrochinin ist halb so giftig wie Chinin. Die Einführung von einem oder mehreren Halogenatomen in die Vinylgruppe steigert die Toxizität des Chinins gegen Infusorien und Bakterien beträchtlich, aber nicht gegen höhere Tiere[3]). Das Alkaloid $C_{19}H_{22}Cl_2H_2O_3$, welches Christensen[4]) durch Behandlung von Chininchlorhydrat mit Chlorwasser erhalten hat und in welchem die Methylgruppe des Chinins abgespalten und unter Aufhebung der Doppelbindung wenigstens die Hälfte der Chlormenge in die Vinylkette eingegangen, ist fast unwirksam.

Von Interesse ist noch, daß, wenn man den nichthydrierten Ring des Chinins mit Natrium reduziert und so zu einem Hydrochinin gelangt, man zu einem sehr giftigen Körper kommt, was ja insoweit vorauszusehen war, als alle Basen durch Hydrierung giftiger werden. Hydrochinin von Lippmann und Fleischer[5]) macht Atemstillstand und Lähmung schon in kleinen Dosen.

Die hydrierten Alkaloide sind meist wirksamer als die nichthydrierten, wenn die Hydrierung im Kern vorgenommen wird.

Reduziert man Chininchlorid $CH_3O \cdot C_9H_5N \cdot C_{10}H_{15}NCl$ mit Eisenfeile und verdünnter Schwefelsäure, so erhält man Desoxychinin $CH_3O \cdot C_9H_5N \cdot C_{10}H_{16}N$.

---

[1]) Bachem: Therap. Monatsh. 1910, Nr. 10.

[2]) Sitzungsber. d. preuß. Akad. d. Wiss. Berlin 1910, S. 732; 1911, S. 30.

[3]) Knud Schroeder: Arch. f. exp. Pathol. u. Pharmakol. Bd. 72, S. 361. 1913.

[4]) Journ. f. prakt. Chem. N. F. Bd. 63, S. 313. 1901 u. Bd. 69, S. 193. 1904.

[5]) Monatshefte für Chemie Bd. 16, S. 630. 1895.

Dieser Base fehlt das sekundär-alkoholische Hydroxyl. Sie gibt alle Reaktionen des Chinins. In gleicher Weise kann man vom Cinchonin bzw. Cinchoninchlorid zur entsprechenden Desoxybase gelangen[1]). Die Desoxybasen wirken etwa 10 mal so stark giftig wie die zugehörigen Muttersubstanzen[2]).

Die Wirksamkeit des Chinins gegenüber Mikroorganismen wird durch die Reduktion der Vinylkette nicht beeinträchtigt, auch durch die Toxinspaltung nicht.

-Die Chinaalkaloide vom Typus des Chinotoxins entfalten gegenüber Pneumokokken eine bedeutend geringere bactericide Wirksamkeit als ihre Muttersubstanzen.

M. Heidelberger und W. A. Jacobs prüften, ob diese Schwächung im Zusammenhang steht mit der Umwandlung der sekundären Alkoholgruppe der nativen Alkaloide in die Ketogruppe der Toxinbasen. Sie stellen daher durch Reduktion derselben mit Wasserstoff und Palladiumschwarz die entsprechenden Alkohole, das Dihydrocinchonicinol und das Dihydrochinicinol her, die jedoch gegen Pneumokokken keine ausgesprochene Giftigkeit erkennen ließen[3]).

Lloyd D. Felton und Katherine M. Dougherty untersuchten folgende von Jacobs und Heidelberger[4]) dargestellte Derivate des Hydrochinins. Chloracetanilid mit Cl und $—CH_2 \cdot CO \cdot NH \cdot C_6H_5$ am Chinuclidin-N, dessen p-Oxyderivat, m-Oxyderivat und 3.4-Dioxyderivat. Die Chlorhydrate aller vier Verbindungen zeigen gegenüber einem Pneumokokkenstamme sehr schnell abtötende Wirkung. Optochin wirkt langsamer. Die Einführung der Hydroxylgruppe bedingt eine Verschiebung des Verhältnisses Organotropismus : Bakteriotropismus[5]).

Oxydiert man Chinin mit Kaliumpermanganat, so erhält man Chitenin, welches durch Überführung des Vinylrestes in eine Carboxylgruppe und Abspaltung von Ameisensäure entsteht, ohne daß sonst das Chininmolekül irgendwie tangiert worden wäre[6]).

Diese Substanz wurde schon früher von Kerner[7]) erhalten und physiologisch geprüft. Es zeigte sich, daß durch die Oxydation der Vinylgruppe zum Carboxyl die physiologische Wirkung des Chinins völlig verloren geht. Auf Spirillen und Paramäcien wirkt es gar nicht ein, während eine gleich starke Chininlösung alle solche Organismen sofort oder in sehr kurzer Zeit tötet. Ebenso vollkommen indifferent erwies sich Chitenin gegen Leukocyten, gegen Pflanzenzellen sowie gegen höhere und niedere Tiere.

Chitenin wirkt schwer schädigend auf die Kaninchenniere. Die parasiticide Wirkung des Chinins ist beim Chitenin nur in sehr abgeschwächtem Maße vorhanden, die Wirkungen auf das Zentralnervensystem und die Zirkulation gehen dem Chitenin fast ganz ab, auf den isolierten Uterus wirkt es erschlaffend, während Chinin wie Hydrastin blutstillende Wirkung besitzt.

Es ist schwer zu entscheiden, ob Chitenin unwirksam wegen der Gegenwart der freien Carboxylgruppe oder wegen des Verlustes der Vinylgruppe, oder ob etwa eine Konkurrenz beider Momente hier Platz greift.

Chitenin wirkt wenig bactericid, aber auf Paramäcien tödlich; auch die Lähmung des Zentralnervensystems und der Zirkulation ist gering. Es wirkt aber schwer giftig auf die Niere und wird zum Teil unverändert ausgeschieden.

---

[1]) Königs u. Höppner: Ber. d. dtsch. chem. Ges. Bd. 17, S. 1988. 1884; Bd. 29, S. 372. 1896.

[2]) Königs u. Höppner: Ber. d. dtsch. chem. Ges. Bd. 31, S. 2358. 1898.

[3]) Journ. of the Americ. chem. soc. Bd. 44, S. 1098. 1922.

[4]) Journ. of the Americ. chem. soc. Bd. 41, S. 2090.

[5]) Journ. of exp. Med. Bd. 35, S. 761, 1922.

[6]) Skraup, Z.: Monatshefte für Chemie Bd. 10, S. 39. 1889. — Ber. d. dtsch. chem. Ges. Bd. 12, S. 1104. 1879. — Liebigs Ann. d. Chem. Bd. 199, S. 348.

[7]) Pflügers Arch. f. d. ges. Physiol. Bd. 3, S. 123.

Cinchotenin, die entsprechende Carbonsäure des Cinchonins, ist fast ungiftig und hat keine atophanähnliche Wirkung. Es wirkt auf Infusorien fünfmal schwächer als Chitenin. Ein reduziertes Cinchotenin erweist sich beim Frosch als Krampfgift. Cinchen wirkt stark giftig infolge Herz- und Vasomotorenlähmung. Es wirkt gefäßverengernd[1]).

Während bei der Entmethylierung des Chinins sich das Molekül selbst ändert, gelingt es nach Aufhebung der Doppelbindung in der Vinylseitenkette durch Reduktion, leicht das so gebildete Hydrochinin zu entmethylieren und das entstehende Hydrocuprein mit verschiedenen Alkylresten zu veräthern.

Die Toxizität und die Wirksamkeit des d-Glykosids des Dihydrocupreins stimmt mit der zugrunde liegenden Base annähernd überein[2]).

Chinin wirkt nach den Angaben von Morgenroth und Halberstädter nicht im geringsten bei Pneumokokkeninfektion, hingegen aber Äthylhydrocuprein, anscheinend auch Hydrochinin[3]) (Methylhydrocuprein).

Es erweist sich bei der experimentellen Pneumokokkeninfektion Äthylhydrocuprein dem nächst niedrigeren Homologen, dem Hydrochinin, bedeutend überlegen, während dem Chinin selbst nur eine sehr geringe seltene Wirkung von Morgenroth zugeschrieben wird.

Hingegen behauptet Aufrecht[4]), daß salzsaures Chinin in der Pneumoniebehandlung dem Optochin überlegen ist. Chinin selbst wirkt auf die Pneumokokken, viel stärker wirkt Äthylhydrocruprein. Weder das Methylhydrocuprein noch das Propylderivat wirken auf Pneumokokken so günstig. Aber bei Trypanosomen zeigt sich diese Verschiedenheit nicht. Bei der Pneumokokkeninfektion der Maus beobachtet man, daß die Tiere sehr bald arzneifest werden; bei Menschen hat sich das Mittel kaum besonders bewährt.

Äthylhydrocuprein und die höheren Homologen des Hydrochinins erhält man aus Hydrocuprein mit alkylierenden Mitteln[5]).

O-Alkylderivate des Hydrocupreins erhält man, wenn man Hydrocupreinoxyd, welches z. B. durch Oxydation von Hydrocuprein gewonnen werden kann, alkyliert und die alkylierten Produkte durch reduzierende Mittel in die Alkylderivate des Hydrocupreins überführt.

Bei dem Verfahren bilden sich, weil das N-Atom, an welches sich sonst Alkyl anlagert, durch die Verbindung mit einem O-Atom geschützt ist, keine Ammoniumbasen. Infolge der leichten Reduzierbarkeit der Alkylhydrocupreinoxyde zu Alkylhydrocupreinen werden demnach bessere Ausbeuten erhalten als durch unmittelbare Alkylierung von Hydrocuprein. Aus Hydrocuprein mit Wasserstoffsuperoxyd erhält man Hydrocupreinoxyd, aus diesem in alkalischer alkoholischer Lösung mit Diäthylsulfat, Äthylhydrocuprein, deren Sulfat unter Druck bei 80° mit überschüssiger schwefliger Säure behandelt Äthylenhydrocuprein gibt. Ferner ist beschrieben Chloräthylhydrocuprein[6]).

Chinidin, das rechtsdrehende Stereoisomere des Chinins, sowie Hydrochinin wirken viel stärker als Chinin bei Malaria, ohne organgiftiger zu sein.

Hydrochinidin wirkt so stark antimalarisch wie Chinin[7]).

Die Verwandlung der Vinylgruppe in die Äthylgruppe macht beim Chinin eine Verstärkung des Effekts. Beim stereoisomeren Chinidin hingegen wirkt die Hydrierung abschwächend[8]).

Optochin wirkt gegen Malaria wie Chinin. Es ist giftiger als Chinin, bei experimentellem Fieber der Kaninchen ist es als Antipyreticum weniger wirksam[9]).

In der homologen Reihe der Alkyläther des Hydrocupreins nimmt Optochin (Äthoxygruppe) in bezug auf Desinfektionswirkung Pneumokokken

---

1) Dauber, Maria: Zeitschr. f. exp. Pathol. u. Therapie Bd. 21, S. 307. 1920.
2) Karrer, P.: Ber. d. dtsch. chem. Ges. Bd. 49, S. 1644. 1916.
3) Morgenroth, J. u. R. Levy: Berlin. klin. Wochenschr. 1911, Nr. 34.
4) Berlin. klin. Wochenschr. Bd. 52, S. 104. 1915. 5) D.R.P. 254712.
6) Zimmer & Co., D.R.P. 344140.
7) Giemsa u. Werner: Arch. f. Schiffs- u. Tropenhyg. Bd. 18, S. 570. 713.
8) D.R.P. 306939.
9) Smith, M. J. u. B. Fantus: Journ. of pharmacol. a. exp. therapeut. Bd. 8, S. 57.

gegenüber die erste Stellung ein, es tötet Pneumokokken noch in Konzentration 1 : 1,5 Millionen[1]), während die Einwirkung auf Streptokokken gering ist. Ebenso verhalten sich die Propyl- und Butylverbindungen. Die höheren Glieder der homologen Reihe zeigen im Gegensatz zu dem Verhalten gegen Pneumokokken die Abhängigkeit des Verhaltens Streptokokken gegenüber von dem Anwachsen des Molekulargewichtes. Die Desinfektionswirkung steigt zunächst über das Optochin hinaus, gewinnt beim Isoamylhydrocuprein eine beträchtliche Höhe, bei einem Alkyl mit acht Kohlenstoffen (Octylhydrocuprein) ihr Maximum und fällt dann wieder (C_{10} bis C_{16}) ab.

Bei Staphylokokken ist Optochin nicht wirksamer als Chinin, Hydrochinin schwächer wirksam als Chinin. Isopropylhydrocuprein wirkt etwa 2mal stärker als Chinin und Optochin, die Isobutylverbindung des Hydrocupreins bereits 8mal stärker. Bei der Isoamylverbindung wächst die Wirkung auf das 10—12fache, bleibt dann etwa die gleiche bei der Hexylverbindung, um dann bei der Heptylverbindung ihr Maximum zu erreichen. Sie wirkt 40mal stärke: als Optochin und Chinin. Octylhydrocuprein erweist sich als weniger wirksam, dann findet ein weiteres Sinken statt beim Übergang zur Decylverbindung. Die Dodecylverbindung entspricht dieser oder zeigt einen gewissen erneuten Anstieg der Wirkung[2]).

Vuzin ist Isooctylhydrocuprein, welches als Wundantisepticum dienen soll. Vom Vuzin findet man in den ersten 48 Stunden nach der Eingabe höchstens 1.7 % im Harne wieder, während bei anderen Chininderivaten 20—25 % gefunden werden[3]). Dagegen behaupten Ritz und Schlossberger[4]), daß es sich weder beim Vuzin noch Optochin oder Eucupin um echte auf Gasbrandbacillen spezifisch wirkende Chemotherapeutica handelt. Sie haben nur eine sehr geringe wachstumhemmende Wirkung.

Isopropyl- und Isoamylhydrocuprein wirken 20—25mal so stark anästhesierend als Cocain. Isoamylhydrocuprein zeigt in seiner Wirkung auf Protozoen, Bakterien und als Anästheticum eine 10—20mal so starke Wirkung wie Chinin[5]). Mit steigendem Molekulargewicht der Alkohole, welche zur Herstellung obiger Hydrocupreinderivate dienen, wächst die antiseptische und desinfizierende Fähigkeit dieser gegenüber Diphtheriebacillen. Auch solche Alkohole, die in Wasser wenig löslich sind und mit diesem Emulsionen bilden, zeichnen sich durch gute Wirksamkeit aus. Zwischen Konstitution und der Desinfektionskraft der Hydrocupreinderivate besteht demnach ein gewisser Zusammenhang. Je wirksamer der Alkohol, ein desto stärkeres Desinficiens entsteht durch Eintreten des Alkylradikals in das Hydrocupreinmolekül[6]).

Es besteht ein ausgesprochener quantitativer Unterschied in der anästhesierenden Wirkung des Eucupins (Isoamylhydrocupreins) und seines Stereoisomeren des Isoamylapohydrochinidins. Beide erscheinen als sehr starke Anaesthetica, deren Wirkungsgrad aber verschieden ist und etwa im Verhältnis 2 : 1 stehen dürfte, wobei dem Chininderivat die Überlegenheit gegenüber dem Chinidinderivat zukommt. Eucupin und Eucupinotoxin haben beide anästhesierende Wirkung. Eucupinotoxin ist weit wirksamer als Eucupin selbst und wirkt 40—50mal stärker als Cocain. Es macht Daueranästhesie wie Eucupin[7]).

N-Äthylchinicinhydrochlorid wirkt schwach anästhesierend. N-Methyl-

---

[1]) Wright, A. E.: Lancet. 1912, 14. u. 21. XII.

[2]) Morgenroth, J. u. J. Tugendreich: Biochem. Zeitschr. Bd. 79, S. 257. 1917.

[3]) Becker, Ed.: Dtsch. med. Wochenschr. Bd. 46, S. 1020. 1920.

[4]) Arb. a. d. Inst. f. exp. Therapie. Georg-Speyer-Haus, H. 7, S. 11. 1919.

[5]) Dixon, W. E.: Brit. med. journ. 1920, S. 113.

[6]) Braun, H. u. H. Schaeffer: Berlin. klin. Wochenschr. Bd. 54, S. 885. 1917.

[7]) Morgenroth, J.: Arch. d. Pharmazie u. Ber. d. dtsch. pharmazeut. Ges. Bd. 29, S. 233. 1919.

chinicindihydrochlorid anästhesiert die Zungenspitze. N-Äthyldihydrochinicinhydrochlorid und N-Benzyldihydrochinicinchlorhydrat sind Anaesthetica. Äthyldihydrocupreicin-(Optochin)sulfat wirkt auf die Zungenspitze anästhesierend[1]).

Chinin hemmt erst in Lösungen von 1 : 625 die Entwicklung der Milzbrandbacillen, Paratyphusbacillen wachsen noch in 1 : 19000 Lösung, Typhusbacillen noch in 1 : 2500. Die entwicklungshemmende Wirkung der einfachsalzsauren Salze des Methyl-, Äthyl-, Isopropylhydrocupreins und des Chinins ist gleich stark. Cetylhydrocuprein bleibt in seiner Wirkung sogar hinter dem Chinin zurück.

Die bactericide Wirkung der einfachsalzsauren Salze steigt vom Chinin bis zum Isobutylhydrocuprein über Methyl-, Äthyl- und Isopropylhydrocuprein an. Die abtötende Wirkung der doppeltsalzsauren Hydrocupreins reicht noch lange nicht an die des salzsauren Chinins heran. Vom doppeltsalzsauren Isopropylhydrocuprein ist bis zum Heptylhydrocuprein eine Wirkungssteigerung zu sehen, die nur von der Hexylverbindung unterbrochen wird. Die Bactericidie der Hexylverbindung beträgt nur den zehnten Teil der Bactericidie der Isoamylverbindung. Mit dem Heptylhydrocuprein erreicht die Abtötungswirkung ihr Optimum. Die Octyl- und Decylverbindung haben die gleiche Wirkung wie die Heptylverbindung. Dodecylhydrocuprein wirkt wie die Isoamylverbindung. Die Wirksamkeit des Cetylhydrocupreins ist noch bedeutend geringer. Die Abtötungswerte und die Hemmungswerte der Chininderivate laufen parallel. Eine Ausnahme macht Hexylhydrocuprein dadurch, daß es, trotzdem es stärkere Hemmungswirkung zeigt als sein niederes Homologon, das Isoamylhydrocuprein, in seiner Desinfektionswirkung bedeutend hinter diesem zurückbleibt.

Eucupin (Isoamylhydrocuprein) hemmt nur in Verdünnungen von 1 : 50000 bis 1 : 100000 das Wachstum von Diphtheriebacillen.

Die spezifische Wirkung der Homologen leidet durch den Übergang in die „Toxin"verbindung teils überhaupt nicht, teils nur mäßig, wird aber niemals so wie etwa die Pneumokokkenwirkung des Optochins durch diese chemische Umwandlung vernichtet. Im Gegenteil kommt den „Toxinen" hier häufig eine viel raschere und promptere Wirkung als den zugehörigen Hydrocupreinen zu[2]).

Die Aufspaltung des Chinuclidinrestes (Bildung von Chinotoxin) ändert die Giftwirkung Trypanosomen gegenüber nicht. Gegen Chinin gefestigte Trypanosomen sind gegen Chinotoxin nicht giftfest. Gegen Chinotoxin gefestigte Trypanosomen sind gegen Chinin vollkommen giftfest. Im Gegensatze zur Trypanosomenwirkung ist die Unversehrtheit des Chinuclidinrestes für die Pneumokokken die unbedingte Voraussetzung.

Die dem Eucupin und dem Vuzin entsprechenden Chinatoxine, Eucupinotoxin und Vuzinotoxin besitzen eine nicht unerhebliche Überlegenheit gegenüber den genannten Stammsubstanzen. Sie wirken absolut stärker als diese und weisen eine weit schnellere Wirkung auf[3]). Hydrochinotoxin ist mit Nagana infizierten Mäusen gegenüber stärker wirksam als Hydrochinin.

Chininon wirkt[4]) auf Trypanosomen ähnlich wie Chinin. Durch die Oxydation der sekundären Alkoholgruppe zu dem entsprechenden Keton wird die

---

[1]) Heidelberger, M. u. W. A. Jacobs: Journ. of the Americ. chem. soc. Bd. 44, S. 1091. 1922.

[2]) Bielnig, R.: Biochem. Zeitschr. Bd. 85, S. 188. 1918.

[3]) Morgenroth, J. u. E. Bumke: Dtsch. med. Wochenschr. Bd. 44, S. 729. 1918.

[4]) Cohn, Julie: Zeitschr. f. Immunitätsforsch. u. exp. Therapie, Orig. Bd. 18, S. 570. 1913.

Wirkung nicht erhöht, aber auch nicht aufgehoben. Cinchoninon wirkt auf Trypanosomen etwa wie Cinchonin. Hydrocinchoninon entspricht in seinen trypanociden Eigenschaften dem Hydrocinchonin. Optochinoketon tötet Pneumoniebacillen in vitro in Verdünnungen 1 : 100 ab[1]).

Bei Hydrochininchlorid, bei dem das Hydroxyl durch Chlor ersetzt ist, ist die Toxizität und Wirkung gegen Hydrochinin deutlich herabgesetzt, wenn auch nicht völlig aufgehoben. Ebenso ist beim Äthylhydrocupreinchlorid die trypanocide Wirkung dem Äthylhydrocuprein gegenüber erheblich abgeschwächt.

Es ist klar, daß jeder Versuch, dem Chinin analog gebaute Körper synthetisch darzustellen, sich auf unsere Erfahrungen und Kenntnisse über den Loiponanteil stützen muß. Dieser stärker basische Anteil des Chinins muß als Träger der wirksamen Gruppe aufgefaßt werden, und es wird voraussichtlich gelingen, Körper mit Chininwirkung zu schaffen, wenn man auch zu Verbindungen gelangt, die keine Chinolinreste enthalten. Eine Analogie dafür, daß ein natürliches Alkaloid einen wirksamen Anteil und einen an der Wirkung überhaupt nicht beteiligten Anteil enthalten, sehen wir beim Nicotin. Nicotin enthält einen Pyridinring und einen am Stickstoff methylierten Pyrrolidinring

Nicotin (Pyridinring N —HC, H_2C—CH_2, CH_2, N·CH_3)

Nicotin zeigt eine eminent kontrahierende Wirkung auf die Blutgefäße. Es ist der physiologische Antagonist des Curare. Untersucht man Pyridin für sich, so sieht man, daß demselben auch nicht die Spur einer solchen Wirkung zukommt. Der nichthydrierte Anteil des Nicotinalkaloids also ist an der Wirkung des Nicotins gar nicht beteiligt. Aber sobald man Pyridin hydriert und zum Piperidin gelangt, so zeigt Piperidin, wenn auch schwächere, so doch dem Nicotin analoge Wirkungen auf den Blutdruck. Ebenso wirkt das um einen Kohlenstoff ärmere Pyrrolidin (HC_2—CH_2, HC_2 CH_2, NH), wenn auch etwas schwächer.

N-Methyl-pyrrolidin (H_2C—CH_2, H_2C CH_2, N, CH_3) wirkt ebenso[2]), und zwar ganz nicotinähnlich und macht vollständige Lähmung. Man kann daher annehmen, daß nur der reduzierte Anteil des Nicotinmoleküls, der Pyrrolidinrest, die gefäßkontrahierende Wirkung des Nicotins bedingt. Dasselbe gilt auch für Chinin. Nur der hydrierte Anteil, der Loiponanteil, ist an der Wirkung beteiligt. Vom Chinolinanteil bedarf es anscheinend nur der p-Methoxylgruppe, welche aber nicht der wirksame Anteil des Chinins ist, sondern nur diejenige Gruppe ist, wie wir bereits ausgeführt haben, welche zum Zustandekommen der Wirkung beiträgt, d. h. den wirksamen Anteil mit demjenigen Gewebe in Kontakt bringt, in welchem dann der reduzierte Teil des Chinins zur Wirkung gelangt.

Der Loipananteil ist gleichsam der Sprengstoff, welcher schließlich die Wirkung ausübt, aber zur Auslösung der Wirkung ist die Kapsel notwendig, als welche die Methoxylgruppe in der p-Stellung am Chinolinrest aufzufassen ist. Die Kapsel allein (p-Methoxychinolin) übt nur eine äußerst schwache Wirkung

[1]) Morgenroth u. Bumke: Dtsch. med. Wochenschr. 1914, Nr. 11.

[2]) Tunnicliffe u. Rosenheim: Zentralbl. f. Physiol. Bd. 16, S. 93.

aus, aber in Verbindung mit dem Loiponanteil kommt es zur Auslösung der vollen Wirkung des letzteren. Cinchonin enthält die Kapsel noch nicht und erst durch Oxydation zu Cuprein wird jener Angriffspunkt für die Gewebe geschaffen.

Die folgenden Verfahren enthalten die Darstellung von Aminochininen und Hydrochininen.

Man erhält die Amine der Chinaalkaloide und ihrer Derivate durch Reduktion der entsprechenden Nitroprodukte.

Aus Dinitrochinin erhält man mit Zinnchlorür und Salzsäure Aminochinin. Bei der Reduktion wird die im Chinolinkern enthaltene Nitrogruppe zur Aminogruppe reduziert, der in der Seitenkette in Form des Salpetersäureesters vorhandene Stickstoff wird als Hydroxylamin abgespalten, wobei die ungesättigte Vinylgruppe in die Oxäthylgruppe übergeht. Ferner sind beschrieben Aminohydrochinin und Aminochinidin[1]).

Nitrosubstitutionsprodukte hydrierter Chinaalkaloide werden in neutraler oder nahezu neutraler Lösung mit Zinkstaub oder Eisen und Ammonsulfat oder mit Zinn in Gegenwart von Ammonium nahezu reduziert. So wird Nitrohydrochinin zu Aminohydrochinin. Das Verfahren liefert bessere Ausbeute als die sonst übliche Reduktion mit Zinnchlorür in saurer Lösung[2])[3]).

Nitrosulfosäuren hydrierter Chinaalkaloide erhält man durch Behandeln der Basen mit konz. Salpetersäure und Schwefelsäure. Dargestellt wurden: Nitrohydrocinchinidinsulfosäure, Nitrohydrochininsulfosäure und Nitroäthylhydrocupreinsulfosäure, die beim Kochen mit Salzsäure sich in Nitrocinchonidin, bzw. Nitrohydrochinin, bzw. Nitroäthylhydrocuprein verwandeln[4]).

Aminosulfonsäuren hydrierter Chinaalkoloide erhält man durch Reduktion der entsprechenden Nitrosulfonsäuren mittels $FeSO_4$ und Alkali z. B. methylalkoholischem Baryt[5]).

Aminoverbindungen der Chinaalkaloide, die eine freie Phenolhydroxylgruppe enthalten, kuppelt man mit Diazoniumsalzen, spaltet die entstandenen Azoverbindungen durch Behandeln mit reduzierenden Mitteln und alkyliert die Aminoderivate an der Phenolhydroxylgruppe. Die Verbindungen sind zum Teil identisch mit denen des D.R.P. 283537. Beschrieben ist Aminohydrochinäthylin, Aminocuprein, Aminochinäthylin[6]).

Man diazotiert die 5-Aminoverbindungen der Chinaalkaloide, die in 6-Stellung freie oder alkylierte Phenolgruppe enthalten und erhitzt die so entstandenen Anhydride mit oder ohne Zusatz von Katalysatoren in saurer Lösung. Zwecks Darstellung der Äther vorstehender Reduktionsprodukte mit freier 6-Phenolhydroxylgruppe alkyliert man entweder diese in bekannter Weise an der Phenolgruppe oder behandelt die Diazoniumlösung der 5-Aminosubstitutionsprodukte von Cuprein- und Hydrocupreinalkyläther in der Kälte mit Kupfer-Paste[7]).

Homologe der Chinalkaloide erhält man, wenn man Chinalkaloidketone mit Hilfe von organischen Magnesiumverbindungen in tertiäre Alkohole überführt. Beschrieben sind: C-Methylcinchonin, C-Methylchinin, C-Phenyldihydrochinin. Die Verbindungen entstehen durch Umformung der Carbinolgruppe des Hydrochinins, indem man sie zur Ketongruppe oxydiert (Dihydrochininon) und dann mittels Phenylmagnesiumbromid in die Gruppe $C{<}^{OH}_{C_6H_5}$ überführt. Zur ätherischen Lösung der metallorganischen Verbindung (5 Mol.) tropft man eine Lösung Dihydrochininon (1 Mol) zu, darauf feuchten Äther und zuletzt Salmiaklösung. Die ätherische Lösung wird mit Wasser versetzt und dann mit Wasserdampf behandelt, um entstandenes Diphenyl überzutreiben. Das rückbleibende Öl nimmt man mit Äther auf und bringt es durch Zusatz von etwas Alkohol zur Krystallisation. Die Verbindung sollte gegen Trypanosomenerkrankungen Verwendung finden[8]).

Hydrochinin[9]) erhält man durch Reduktion mittels Palladiummohr und Ameisensäure, ebenso mit fein verteiltem Platin. Hydrochinin wurde von Morgenroth und Halberstädter als Heilmittel bei Trypanosomenerkrankungen empfohlen. Die Reduktion erfolgt in der Vinylseitenkette.

Böhringer, Waldhof, hydrieren Alkaloide in wässeriger Lösung bei gewöhnlicher Temperatur oder bis zu 60° bei gewöhnlichem oder etwas erhöhtem Druck in Gegenwart von Suboxyden der Nickelgruppe mit molekularem Wasserstoff. Beschrieben ist die Darstellung von Hydrochinin, Dihydromorphin, Hydrocinnamylococain[10]).

---

[1]) Zimmer, D.R.P. 283537. [2]) Howard & Sons, Limsted, E.P. 182986. 1921.
[3]) Heidelberger, S. u. Jacobs: Journ. of the Americ. chem. soc. Bd. 42, S. 1481. 1920.
[4]) Böhringer, Waldhof, D.R.P. 338738. [5]) Böhringer, Waldhof, D.R.P. 339947.
[6]) Böhringer, Waldhof, D.R.P. 335113.
[7]) Böhringer, Waldhof, D.R.P. 379880. Giemsa u. Halberstamm: Ber. d. dtsch. chem. Ges. Bd. 54, S. 1167. 1921.
[8]) Zimmer, D.R.P. 279012. [9]) D.R.P. 267306. [10]) D.R.P. 306939.

Die Anlagerung von Wasserstoff an Alkaloide oder deren Salze bei Gegenwart kleiner Mengen von fein verteilten Suboxyden der Nickelgruppe und bei Temperaturen bis zu 60° erfolgt auch, wenn man die zu hydrierenden Körper statt in Wasser oder wässeriger Flüssigkeit in Alkohol löst oder suspendiert. Beschrieben ist die Darstellung von Dihydrochinin aus Chininmonochlorhydrat und die Hydrierung von Cinnamylcocain[1]).

Zimmer & Co., Frankfurt, hydrieren Chinaalkaloide, indem sie dieselben mit Wasserstoff in Gegenwart von kolloidalen Lösungen der Metalle der Platingruppe behandeln. Chinin wird z. B. in Gegenwart von Palladiumchlorür und arabischem Gummi hydriert[2]).

Statt wie in D.R.P. 234137 vorzugehen, kann man hydrierte Chinaalkaloide dadurch gewinnen, daß man sie mit Wasserstoff in Gegenwart von fein verteilten Metallen der Platingruppe behandelt[3]).

Man hydriert Chinaalkaloide mit Wasserstoff und kolloidalen Metallen der Platingruppe in saurer Lösung und unterbricht nach der Aufnahme von sechs Wasserstoffen. Man erhält Hexahydrochinin, Hexahydrocuprein[4]).

Die folgenden Verfahren haben die partielle Synthese des Chinins zum Inhalt:

Chininsäureester werden mit dem Lactam der ε-Aminocapronsäure kondensiert, die Ausbeute ist aber nur 5% der Theorie. Daher werden statt dieses Lactams das ε-Benzoylaminocapronsäurelactam ferner die entsprechenden Aminosäureester und Benzoylaminosäureester angewandt. Die Ausbeuten am Kondensationsprodukte sind am größten, wenn das Aminosäurederivat möglichst zentralen Charakter hat, also bei der Verwendung der benzoylierten Lactame. Durch diese Modifikationen werden die aliphatischen Chinatoxine ziemlich leicht zugänglich. Die daraus gewonnenen monocyclischen Chinaketone sind recht unbeständig und nicht krystallisierbar. Die entsprechenden Carbinole sind fast alle amorph.

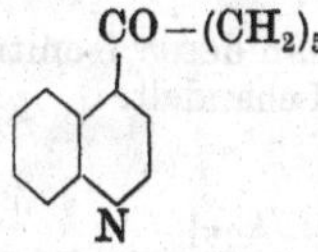

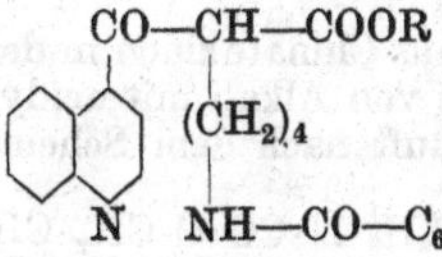

$CO-(CH_2)_5NH_2$ (am Chinolinring, N) $CO-CH(COOR)-(CH_2)_4-NH-CO-C_6H_5$ (am Chinolinring, N)

β-Pyridyl- und γ-[α-Phenylchinolyl-]-[d-methylaminobutyl]-keton, ferner $C_9H_6N\cdot CO\cdot (CH_2)_4\cdot NH_2$, $CH_3O\cdot C_9H_5N\cdot CO\cdot (CH_2)_4\cdot NH\cdot CH_3$ und $C_9H_6N\cdot CO\cdot (CH_2)_4\cdot NH_2$ zeigen auf Trypanosomen keine nennenswerte Wirkung, gegenüber Colpidien nicht ganz die Hälfte der Toxizität des Chinins. Die erste Verbindung, sowie die vorletzte sind giftig wie Chinin für Paramäcien, die entsprechende Wirkung ist ganz gering. Das Chlorhydrat des γ-Chinolyl-[α-N-methylpyrrolidyl]-ketons erweist sich Paramäcien gegenüber etwa 1/4 so wirksam wie Chinin[5]).

2-Phenylchinolyl-4-methylketon wird in sein Isonitrosoderivat übergeführt und dieses der Reduktion unterworfen. Man behandelt z. B. das Methylketon mit Amylnitrit in Benzol und Natriumäthylat unter Kühlung und zerlegt das ausgefallene Natriumsalz des Isonitrosoketons mit Essigsäure. 2-Phenylchinolyl-4-isonitrosomethylketon wird durch Reduktion mit Zink und Ameisensäure oder mit Zinnchlorür und Salzsäure, bzw. mit Wasserstoff in Gegenwart eines Platinkatalysators in 2-Phenylchinolyl-4-aminoäthanol

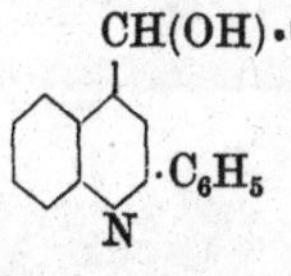

$CH(OH)\cdot CH_2\cdot NH_2$ (in 4-Stellung), $\cdot C_6H_5$ (in 2-Stellung), N

übergeführt[6]).

---

[1]) D.R.P. 307894, Zusatz zu D.R.P. 306939.
[2]) D.R.P. 234137. [3]) D.R.P. 252136.
[4]) A. Stock, Kiel, D.R.P. 407118. Schw.P. 106333.
[5]) Ruzicka, L., C. F. Seidel u. Fr. Liebl: Helv. chim. acta Bd. 7, S. 995. 1924.
[6]) Ciba, Schw.P. 92301.

2-Phenylchinolyl-4-methylketon wird an der Methylgruppe halogeniert, das entstandene 2-Phenylchinolyl-4-halogenmethylketon mit primären oder sekundären Aminen umgesetzt und das so gebildete N-substituierte 2-Phenylchinolyl-4-aminoäthanon zum Aminoalkohol reduziert. 2-Phenylchinolin-4-methylketon wird durch Kondensation von 2-Phenylchinolin-4-carbonsäureäthylester mit Essigsäureester und Abspaltung von CO_2 aus dem intermediär gebildeten 2-Phenylchinolylessigsäureäthylester oder aus 2-Phenyl-4-cyanchinolin nach Grignard erhalten. Beim Eintropfen von Brom in die Lösung des Ketons in Bromwasserstoff geht es in das Bromhydrat des 2-Phenylchinolyl-4-brommethylketons über. 2-Phenylchinolyl-4-dimethylaminoäthanon, aus dem Brommethylketon und Methylamin in Benzol erhalten, bildet ein Monochlorhydrat und Monobromhydrat. Durch Reduktion mit Ameisensäure und Zink oder mit Wasserstoff in Gegenwart eines Platinkatalysators geht es in das 2-Phenylchinolyl-4-dimethylaminoäthanol

$$CH(OH)\cdot CH_2\cdot N(CH_3)_2$$

(Chinolinring mit $\cdot C_6H_5$ und N)

über[1]).

In analoger Weise erhält man aus dem Brommethylketon und Diäthylamin, bzw. Piperidin, bzw. Anilin 2-Phenylchinolyl-4-diäthylaminoäthanon, das 2-Phenylchinolyl-4-piperidinoäthanon und das 2-Phenylchinolyl-4-phenylaminoäthanon. Durch Reduktion mit nascierendem Wasserstoff oder Wasserstoff in Gegenwart von Katalysatoren gehen diese Aminoketone ebenfalls in die entsprechenden N-tertiären oder N-sekundären Aminoalkohole

$$CH(OH)\cdot CH_2\cdot NH\cdot C_6H_5$$

(Chinolinring mit $\cdot C_6H_5$ und N)

über.

Nitrile stellt man aus Chinatoxinen in der Weise her, daß man deren Isonitrosoacidylderivate in Gegenwart von Alkali mit acidylierenden Mitteln behandelt.

Die Reaktion verläuft nach dem Schema:

$$R\cdot C_9H_5\cdot N\cdot CO\cdot \underset{\underset{NOH}{\|}}{C}\cdot CH_2\cdot CH{<}{\genfrac{}{}{0pt}{}{CH_2 — CH_2}{CH(R^1)\cdot CH_2}}{>}N\cdot Acyl$$

$$\longrightarrow R\cdot C_9H_5\cdot N\cdot COOH + CN\cdot CH_2\cdot CH{<}{\genfrac{}{}{0pt}{}{CH_2 — CH_2}{CH(R^1)\cdot CH_2}}{>}N\cdot Acyl.$$

$$(R = H \text{ oder } OCH_3); \quad (R^1 = C_2H_5 \text{ oder } CH_3).$$

Chinotoxin läßt sich über Chinonin durch Reduktion in Chinin verwandeln. Homocincholoipon (β-Äthyl-γ-piperidylpropionsäure) kann man synthetisch erhalten[2]).

N-Benzoylhomocincholoiponester und Chininsäureester werden in Benzollösung durch Natriummethylat kondensiert.

$$CH_2—CH—CH—CH_2—CH_3$$
$$CH_2$$
$$CH_2$$
$$N—CH_2$$
$$(H_3CO)\cdot NC_9H_5CO—CH \qquad CO\cdot C_6H_5$$
$$(RO_2C)$$

Carbäthoxy-N-benzoyl-dihydrochinotoxin.

Beim Kochen mit Salzsäure entsteht durch Abspaltung der Carbäthoxy- und Benzoylgruppe Dihydrochinotoxin, welches in Dihydrochinin übergeführt werden kann.

---

1) Ciba, Schw.P. 92001, 92607, 92608, 92609.

2) Rate u. Kindler: Ber. d. dtsch. chem. Ges. Bd. 51, S. 1360; Bd. 52, S. 1842. — Königs u. Ottmann: Ber. d. dtsch. chem. Ges. Bd. 54, S. 1343.

Cinchotoxin geht durch Einwirkung von unterbromigsaurem Natrium in N-Bromcinchotoxin über, welches durch Einwirkung von Natriumäthylat intramolekular Bromwasserstoff verliert und so Cinchoninen bildet.

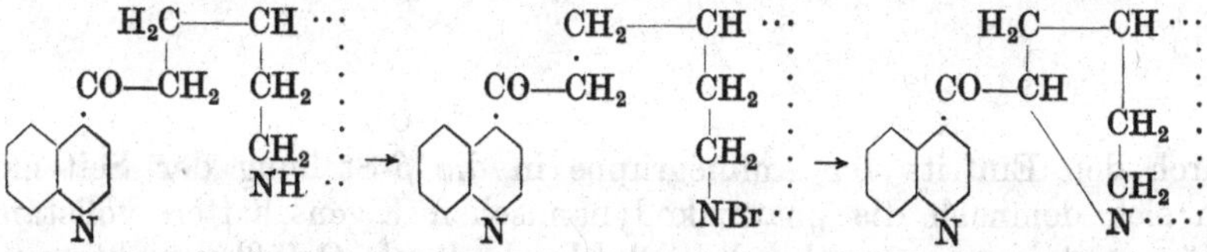

H_2C—CH···, CO—CH_2 CH_2, CH_2, NH·· → CH_2—CH···, CO—CH_2 CH_2, CH_2, NBr·· → H_2C—CH···, CO—CH, CH_2, CH_2, N····

Analog kann man aus dem Hydrocinchotoxin das Hydrocinchonin bzw. das Hydrocinchonidin gewinnen.

Aus Cinchotoxin gewinnt man durch Einwirkung von Benzoylchlorid in Gegenwart von Natronlauge ein Benzoylderivat. Bei der Behandlung des Produktes mit Amylnitrit in Gegenwart von Natriumalkoholat entsteht das Isonitrosoderivat. Acetylchinotoxin aus Chinotoxin und Acetylchlorid gibt mit Amylnitrit und Natriumalkoholat Isonitrosoacetylchinotoxin. Beschrieben sind ferner Benzoylcincholoiponnitril aus Isonitrosobenzoylcinchotoxin und Acetylmerochinennitril[1]).

Merochinenäthylester

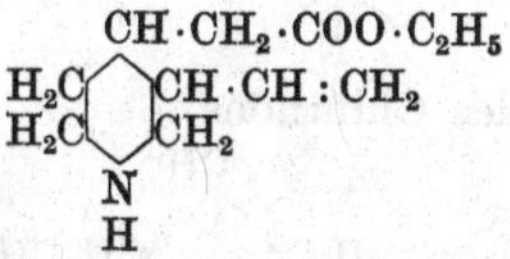

$CH\cdot CH_2\cdot COO\cdot C_2H_5$
H_2C $CH\cdot CH:CH_2$
H_2C CH_2
N
H

ist ein starkes Krampfgift. Durch Reduktion geht er leicht in Cincholoiponester über, der geradezu strychninartig wirken soll.

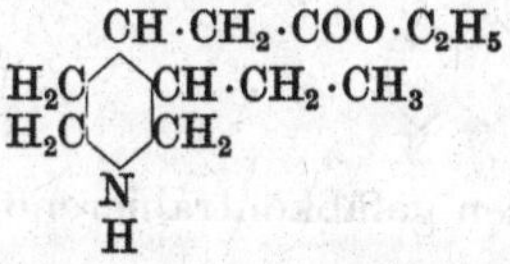

$CH\cdot CH_2\cdot COO\cdot C_2H_5$
H_2C $CH\cdot CH_2\cdot CH_3$
H_2C CH_2
N
H

A. Kaufmann hält die Wirkung des Chinins bedingt durch die besondere Art eines 4-(α-Oxy-β-dialkylamino-alkyl)-6-methoxychinolin, das dem Adrenalin nahesteht.

Chinin: $CH(OH)\cdot CHR\cdot N<^{R_I}_{R_{II}}$, $CH_3\cdot O$, N

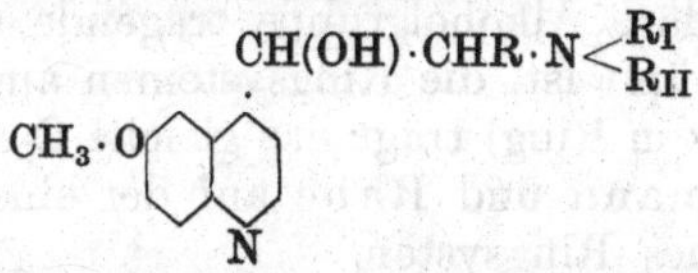

Adrenalin: $CH(OH)\cdot CH_2\cdot NH\cdot CH_3$, OH, OH

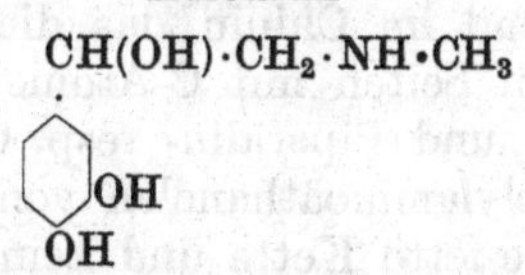

Die Ursache der Vergiftungserscheinungen der isomeren Toxin-Alkaloide sieht er in der Bildung des endständigen Piperidinrestes in der Seitenkette.

Chinin: $CH_2:CH\cdot CH$—CH—CH_2, CH_2, CH_2, CH_2—N—CH, CH·OH, $CH_3O\cdot$, N

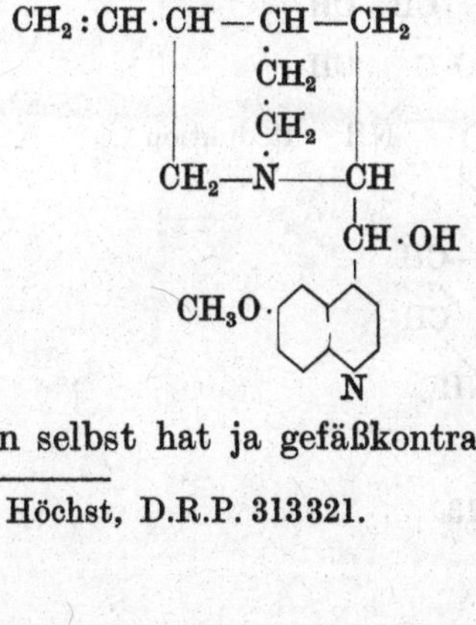

Chinotoxin: $CH_2:CH\cdot CH$—CH—CH_2, CH_2, CH_2, CH_2—NH CH_2, CO, CH_3O, N

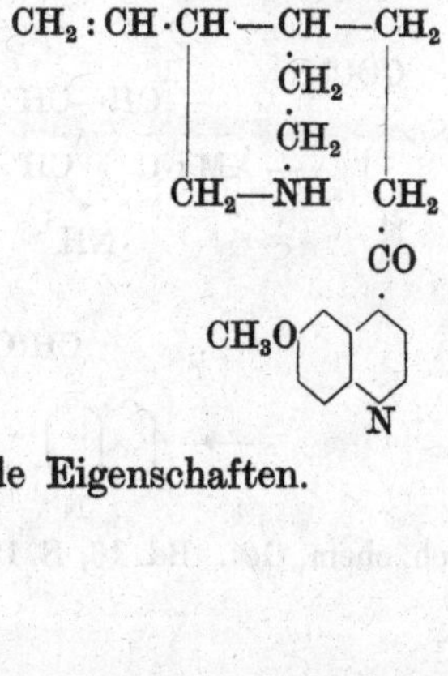

Chinin selbst hat ja gefäßkontrahierende Eigenschaften.

---

[1]) Höchst, D.R.P. 313321.

β-Amino-α-oxy-(chinolyl-4)-äthan wirkt auf den Blutdruck wie Homorenon steigernd.

β-Amino-α-oxy-(chinolyl-4)-äthan Homorenon

$CH(OH)\cdot CH_2\cdot NH_2$ $CH(OH)\cdot CH_2\cdot NH\cdot CH_3$

N OH

Durch den Eintritt der Aminogruppe in die β-Stellung der Seitenkette ändern sich demnach die pharmakodynamischen Eigenschaften vollständig. Die Körper steigern nunmehr den Blutdruck durch Gefäßkontraktion. Die Giftigkeit wird nicht wesentlich vergrößert.

Die Verbindung

CH_2 CH_2 CH_2 CH_2 $CO\cdot H_2C$ CH_2 N $C_2H_5\cdot O$ N

ist chemisch das Analogon des Chininons

CH H_2C CH_2 $CH\cdot CH:CH_2$ $CO\cdot HC$ CH_2 CH_2 N $CH_3O\cdot$ N

Es wirkt in geringen Dosen gefäßkontrahierend und hervorragend anästhesierend.

Durch Reduktion dieser Ketone zu Carbinolen kommt man zu chininähnlichen Basen und diese Aminoalkohole sind kräftige Fiebermittel, wenig giftig für Menschen und Tiere, aber stark für Infusorien und Paramäcien[1]).

Während im Chinin das die sekundäre Alkoholgruppe tragende C-Atom auf beiden Seiten mit C-Atomen verknüpft ist, die Ringsystemen angehören (Chinolin- und Piperidin- resp. Chinuclidin-Ring) trägt das gleiche C-Atom in den Chinolylaminoäthanolen von Kaufmann und Rabe auf der einen Seite eine offene fette Kette und kein basisches Ringsystem.

P. Karrer gewinnt durch Einwirkung von Pyrrylmagnesiumhaloiden auf Chinolin-4-carbonsäurechlorid oder dessen Substitutionsprodukte 4-Chinolyl-2-pyrrylketone, die sich leicht zu den entsprechenden Carbinolen reduzieren lassen:

COCl + XMg·C(CH—CH, CH, NH) = CO·C(CH—CH, CH, NH) (Chinolyl) Reduktion

→ CH(OH)·C(CH—CH, CH, NH) (Chinolyl, N)

[1]) Ber. d. dtsch. chem. Ges. Bd. 46, S. 1823. 1913.

4-(p-Methoxychinolyl)-2-pyrryl-carbinol

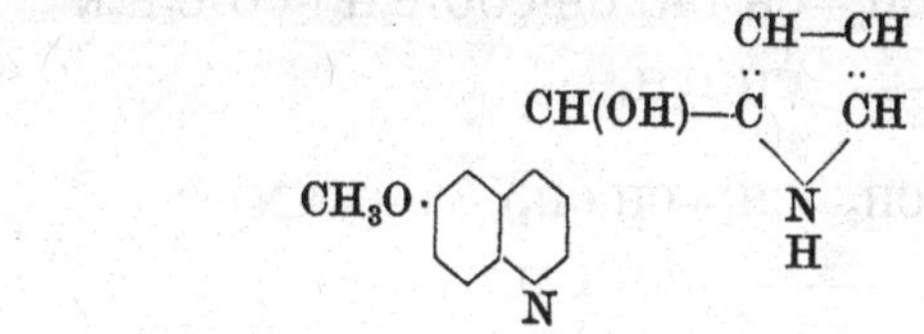

```
                              CH—CH
                              ..   ..
                  CH(OH)—C    CH
                         \   /
    CH₃O·/\/\/\           N
         \/\/\/           H
            N
```

wirkt auf Paramäcien wie Chinin. Die antipyretische Wirkung scheint nicht sehr groß zu sein[1]).

Chinolyl-4-ketone, welche chemisch den Chinatoxinen ja sehr nahekommen, stimmen physiologisch mit ihnen nicht überein.

2-Cyanchinolin und 1-Cyanisochinolin erhält man, wenn man 1-Benzoyl-2-cyan-1.2-dihydrochinolin, bzw. 2-Benzoyl-1-cyan-1.2-dihydroisochinolin mit Phosphorpentachlorid, Sulfurylchlorid oder Thionylchlorid in Gegenwart wasserfreier indifferenter Verdünnungsmittel behandelt[2]).

Wenn man Cyanchinoline mit Grignardscher Lösung behandelt, so erhält man 4-Ketone des Chinolins, z. B. 4-Methylchinolylketon, 4-Phenylchinolylketon usw.[3]).

Zwecks Darstellung von 2-Ketonen des Chinolins bzw. 1-Ketonen des Isochinolins läßt man auf Chinolin-2-carbonsäurenitril bzw. auf Isochinolin-1-carbonsäurenitril Magnesiumalkylhalogenide einwirken und zerlegt die entstandenen Additionsprodukte. Beschrieben sind 2-Methylchinolylketon, 2-Äthylchinolylketon, 1-Isochinolylmethylketon[4]).

Chinolylketone erhält man, wenn man Chinolincarbonsäureester und Ester der allgemeinen Formel $R_I \cdot CH_2 \cdot COO \cdot R_{II}$, wobei R_I Wasserstoff oder ein beliebiges Alkyl, R_{II} ein beliebiges Alkyl, mit alkoholischen Kondensationsmitteln, wie Natriumäthylat behandelt und die so gebildeten β-Ketonsäureester in Chinolylketone durch Ketonspaltung überführt.

Chinolin-4-carbonsäureäthylester, Essigsäureäthylester, Natriumäthylat und Benzol erhitzt man auf dem Wasserbade. Man setzt Lauge und Wasser und Äther unter Kühlung zu, trennt ab und säuert mit Schwefelsäure an und äthert aus. Im Ätherrückstand findet man 4-Chinolylessigsäureäthylester. Erhitzt man den Ester mit verdünnter Schwefelsäure, so erhält man 4-Chinolylmethylketon

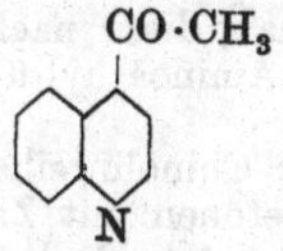

```
        CO·CH₃
          |
    /\/\/\
    \/\/\/
        N
```

Beschrieben sind ferner 6-Methoxychinolyl-4-äthylketon, 6-Methoxychinolyl-4-methylketon[5]).

Die höheren Alkylhomologen der Chinolylmethylketone und ihrer Kernsubstitutionsprodukte kann man erhalten, wenn Chinolylessigester oder deren Kernsubstitutionsprodukte in der Seitenkette alkyliert und die so gebildeten homologen Ester der Ketonspaltung unterwirft.

So erhält man 4-Chinolyläthylketon aus 4-Chinolylessigsäureäthylester in Alkohol, Natriumäthylat und Jodäthyl und Spalten des entstandenen α-4-Chinoloylpropionsäureäthylesters durch Kochen mit 25proz. Schwefelsäure. Ferner ist beschrieben 6-Methoxy-4-chinolyläthylketon[6]).

In Abänderung des Verfahrens des D.R.P. 268830 werden an Stelle der Ester der allgemeinen Formel $R_1 \cdot CH_2 \cdot COOR_{11}$ mit einem Alkyl R_1 solche mit einem N-acidylierten basischen Rest R_1 verwendet. Die Patentschrift enthält ein Beispiel für die Darstellung des Chinolinketons, ausgehend vom N-Benzoylhomocincholoiponäthylester und Chinolin-4-carbonsäureäthylester über den β-Ketonsäureester.

N-Benzoylhomocincholoiponäthyläther

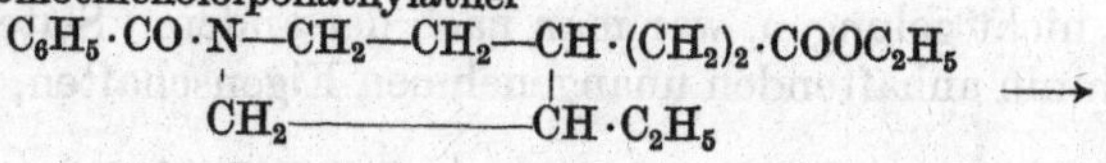

```
C₆H₅·CO·N—CH₂—CH₂—CH·(CH₂)₂·COOC₂H₅
         |         |
         CH₂———————CH·C₂H₅                →
```

---

[1]) Karrer, P.: Ber. d. dtsch. chem. Ges. Bd. 50, S. 1499. 1917.
[2]) Givaudan u. A. Kaufmann: D.R.P. 280973.
[3]) A. Kaufmann, D.R.P. 276656.
[4]) D.R.P. 282457, Zusatz zu D.R.P. 276656.
[5]) Zimmer, D.R.P. 268830.
[6]) D.R.P. 280970, Zusatz zu D.R.P. 268830.

β-Ketonsäureester

$$
\begin{array}{l}
C_6H_5\cdot CO\cdot N\!-\!CH_2\!-\!CH_2\!-\!CH\cdot CH_2\cdot CH(COO\cdot C_2H_5)\cdot CO\cdot C_9H_6N \\
\qquad\quad |\qquad\qquad\quad | \\
\qquad\; CH_2\!-\!\!-\!\!-\!\!-\!\!-\!CH\cdot C_2H_5
\end{array}
\longrightarrow
$$

Chinolylketon

$$
\begin{array}{l}
NH\!-\!CH_2\!-\!CH_2\!-\!CH(CH_2)_2\cdot CO\cdot C_9H_6N \\
|\qquad\qquad\quad | \\
CH_2\!-\!\!-\!\!-\!\!-\!\!-\!CH\cdot C_2H_5
\end{array}
$$

N-Benzoylhomocincholoiponäthylester wird in Gegenwart von Natriumäthylat mit Chinolin-4-carbonsäureäthylester bei etwa 80° zum β-Ketonsäureester kondensiert. Beim Kochen mit Salzsäure erhält man Chinolylketon, das mit Dihydrocinchotoxin identisch[1]).

A. Kaufmann beschreibt Aminoketone der Chinolinreihe der allgemeinen Formel: Chinolyl CO · CH (R) · NR_IR_{II}, wobei R und R_I Wasserstoff oder Alkyl, R_{II} Alkyl bedeutet, die man erhält, wenn man diejenigen Chinolin-4-ketone, welche der Carbonylgruppe benachbart eine Methyl- oder Methylengruppe enthalten, nacheinander mit Halogen oder halogenentwickelnden Mitteln und mit primären oder sekundären aliphatischen Aminen behandelt. Diese Aminoketone sollen neben hervorragenden antipyretischen Eigenschaften teilweise gefäßkontrahierende und blutdrucksteigernde und anästhesierende Wirkung zeigen. Bei der Reduktion gehen sie in ebenfalls physiologisch wirksame Alkoholbasen über. Diese Verbindungen sollen nach den Angaben von A. Kaufmann den Chinaalkaloiden nahestehen. Beschrieben sind: 6-Äthoxychinolyl-4-piperidylmethylketon, 6-Äthoxychinolyl-4-diäthylenaminomethylketon, 6-Äthoxychinolyl-4-monomethylaminomethylketon, 6-Äthoxychinolyl-4-piperidyläthylketon[2]).

Durch Umsetzung derjenigen Halogenchinolyl-4-alkylketone, welche man beim Behandeln von solchen Chinolyl-4-ketonen mit Halogen oder halogenentwickelnden Mitteln erhält, die der Carbonylgruppe benachbart eine Methyl- oder Methylengruppe enthalten, mit primären oder sekundären aliphatischen Aminen, entstehen nach D.R.P. 268931 Aminoderivate von Chinolyl-4-alkylketonen. Durch Einwirkung von Reduktionsmitteln auf diese Alkylaminoketone erhält man die entsprechenden Aminoalkohole, welche antipyretisch und analgetisch, aber auch gegen Malaria spezifisch (?) wirken sollen.

Beschrieben sind: Piperidin-methyl-6-äthoxychinolyl-4-carbinol,Diäthylamino-methyl-6-äthyloxychinolyl-4-propanon, β-Äthylamino-6-äthoxychinolyl-4-propanol[3]).

ω-Aminomethylchinolin erhält man durch Reduktion der Nitrile der Chinolinreihe nach den üblichen Methoden[4]).

ω-Aminoalkylchinoline erhält man aus Dioximen von Chinolylalkylketonen oder deren Kernsubstitutionsprodukten, wenn man diese nach den üblichen Methoden reduziert. Beschrieben ist die Darstellung des 4-α-Aminoäthyl-6-methoxychinolins und des 2-α-Aminoäthylchinolins[5]).

Alkohole und Aminoalkohole der Chinolinreihe erhält man durch Reduktion von Chinolylketonen oder Chinolylaminoketonen mit Zink oder Aluminium in alkoholischer Lösung bei Gegenwart von Alkalialkoholat. Dabei wird der Chinolinkern und die ungesättigte Seitenkette nicht reduziert. Es gelingt auf diese Weise vom Chininon zum Chinin zu gelangen. Aus Dihydrocinchoninon erhält man Dihydrocinchonidin. Aus 6-Methoxychinolyl-4-methylketon $CH_3O \cdot C_9H_5N \cdot CO \cdot CH_3$ erhält man 6-Methoxychinolyl-4-methylcarbinol. Aus 6-Methoxychinolyl-4-piperidylmethylketon erhält man 6-Methoxychinolyl-4-piperidinomethylcarbinol[6]).

Cheirolin hat chininähnliche antipyretische Wirkungen (Schmiedeberg). Nach den Untersuchungen von Schneider ist es $C_5H_9O_2NS_2$[7]). Die Konstitution ist wahrscheinlich $CH_3 \cdot SO_2 \cdot CH_2 \cdot CH_2 \cdot CH_2 \cdot N : C : S$.

Chinin und seine Derivate.

Während man sich ununterbrochen bemühte, immer neue Körper und Variationen darzustellen, welche Chinin in seinen Wirkungen ersetzen und diesen Körper mit seinen oft unangenehmen Nebenwirkungen verdrängen sollten, was aber bis nun nicht gelungen, war man nach der anderen Seite hin auch bemüht, die dem Chinin anhaftenden unangenehmen Eigenschaften, wie insbeson-

[1]) D.R.P. 330945, Zus. zu D.R.P. 268830. [2]) D.R.P. 268931.
[3]) Kaufmann, D.R.P. 283512. [4]) Zimmer, D.R.P. 279193.
[5]) Zimmer, R. R.P. 285637, Zusatz zu D.R.P. 279193.
[6]) Zimmer, Frankfurt, D.R.P. 330813.
[7]) Liebigs Ann. d. Chem. Bd. 375, S. 207. 1910.

dere seinen bitteren Geschmack zu coupieren, anderseits Chininverbindungen darzustellen, welche leicht löslich sind und so es ermöglichen, Chinin zu Injektionen zu verwenden. Unter den in jeder Pharmakopöe aufgenommenen Salzen erfreut sich bekanntlich in der Anwendung das schwefelsaure Chinin der größten Beliebtheit. An Stelle dieses wurde vorgeschlagen, Chininchlorhydrosulfat zu verwenden, welches in Wasser sehr leicht löslich und daher zu Injektionen geeignet ist[1]).

In gleicher Weise hat Kreidemann ein leicht lösliches Coffein-Chininpräparat[2])[3]) dargestellt, indem er 2 Teile salzsaures Chinin und 1 Teil Coffein in Wasser löst und der Krystallisation überläßt.

Andere Absichten verfolgte man mit der Darstellung des ölsauren Chinins. Dieses in Alkohol klar lösliche Salz soll sich besonders zu Einreibungen bei Hautleiden eignen, da es, wie alle ölsauren Salze, von der Haut leicht resorbierbar ist.

Man schmilzt entweder äquimolekulare Mengen Chinin und 4-Äthoxyphenylmalonamidsäure zusammen und krystallisiert dann aus hydrolysierenden Lösungsmitteln um oder läßt die erwähnten Komponenten als solche oder in Form ihrer Salze ebenfalls in molekularem Verhältnis in Gegenwart hydrolysierender Lösungsmittel aufeinander einwirken. Beschrieben ist das 4-äthoxylphenylmalonamidsaure Chinin[4]).

Leicht lösliche Chininsalze erhält man mit Methan- oder Äthansulfosäure[5]).

Von praktisch viel größerer Wichtigkeit sind die Versuche, Chininpräparate darzustellen, denen der bittere Geschmack des Chinins fehlt. Man versuchte Chinin in Form unlöslicher Verbindungen zu verabreichen. Das beliebteste Präparat in dieser Richtung ist das gerbsaure Chinin der Pharmakopöe, insbesondere aber jenes gerbsaure Chinin, welches durch Fällung eines Chininsalzes mit Gerbsäure entsteht und bei dessen Darstellung der entstandene Niederschlag von gerbsaurem Chinin mit Wasser bis zum Schmelzen erhitzt wird, wobei er zusammenbäckt und ein fast geschmackloses Pulver liefert, das in Wasser unlöslich ist (Pharmocop. Hungar.). Aber das gerbsaure Chinin leidet wieder an dem Übelstande, daß es nur langsam und erst im Darme in seine Komponenten gespalten wird, daher die nötige Prompheit und Sicherheit bei seiner Anwendung fehlt.

Chinaphthol, welches Riegler in die Therapie eingeführt hat, ist β-naphthol-β-monosulfosaures Chinin[6]). Es ist die Verbindung eines Antipyreticum, des Chinins, mit einem Antisepticum, der β-Naphtholsulfosäure. Dieser Körper schmeckt bitter, ist in kaltem Wasser unlöslich und wird im Magensaft nicht zerlegt, erst im Darm. Seine Wirkungen sollen besonders bei septischen Darmprozessen ausgezeichnet sein und Riegler empfahl das Präparat gegen Typhus.

August Röttinger, Wien[7]), stellt eine Doppelverbindung aus Chinin her, indem er Chinin, Weinsäure und Hexamethylentetramin in äquimolekularen Mengen in Lösung aufeinander einwirken läßt. Die Doppelverbindung schmeckt säuerlich bitter.

Pyrochinin ist ein Chinin-Pyramidon-Doppelsalz der Camphersäure.

Andere Doppelsalze sind Chinin-Harnstoff-Chlorhydrat und Chinin-Harnstoff-Bromhydrat, sowie Chinin-Urethan[8]).

Verbindungen aus Chinin und Dialkylbarbitursäuren erhält man, wenn man entweder äquimolekulare Mengen kurze Zeit zusammenschmilzt und dann das erhaltene Reaktionsprodukt mit geeigneten Lösungsmitteln (Alkohol, Äther, Aceton) anreibt oder die Komponenten als solche oder in Form ihrer Salze ebenfalls in molekularem Verhältnis bei Gegenwart geeigneter Lösungsmittel längere Zeit in der Kälte oder bei erhöhter Temperatur aufeinander einwirken läßt[9]).

---

[1]) Grimaux u. Laborde: Sem. méd. (Paris). 1893, S. 71. [2]) D.R.P. 106496.
[3]) D.R.P. 120925. S. a. Dtsch. med. Wochenschr. 1900, S. 12 u. Allg. med. Zentralztg. 1900, Nr. 17.
[4]) Agfa, Berlin, D.R.P. 357753. [5]) Sandoz, Basel, Ö.P. 99681, F.P. 572962.
[6]) Wien. med. Blätter. 1895, Nr. 47. [7]) D.R.P. 325156.
[8]) Gaglio, G.: Arch. di farmacol. sperim. e scienze aff. Bd. 13, S. 273. 1912 u. P. Marfori: ebenda. Bd. 13, S. 479. 1912.
[9]) Merck, D.R.P. 249908.

Die schlaferzeugende Wirkung des Veronals erhält durch das Chinin eine erhebliche Verstärkung. Diese Chinin-Diäthylbarbitursäure wird Chinin-Veronal oder Chineonal genannt. Analog wurde Chinin-Dipropylbarbitursäure (Chinin-Proponal) und Chinin-Phenyläthylbarbitursäure dargestellt (Chinin-Luminal)[1]).

Aristochinin ist der Dichininkohlensäureester $C_{20}H_{23}N_2O \cdot O \cdot CO \cdot O \cdot C_{20}H_{23}N_2O$, sehr wenig löslich und ziemlich geschmacklos, weniger bitter schmekkend, als andere Präparate (Dreser).

Andere Versuche, durch Veresterung der Hydroxylgruppe des Chinins zu geschmacklosen Körpern zu gelangen, haben Präparate gezeitigt, von denen nur wenige eine praktische Verwertung gefunden haben, wie z. B. Chininkohlensäureäthylester (Euchinin) $C_2H_5 \cdot O \cdot CO \cdot O \cdot C_{20}H_{23}N_2O$.

Euchinin wird dargestellt durch Einwirkung von chlorameisensaurem Äthyl $Cl \cdot COO \cdot C_2H_5$ auf Chinin[2]). Es wird Chinin in Weingeist gelöst und bei Gegenwart der berechneten Menge Ätznatron unter Kühlung und Schütteln Chlorameisenäthylester zugesetzt, die alkoholische Lösung wird mit Wasser gefällt.

Ebenso kann man statt der freien Chininbase die wasserfreien Salze des Chinins verwenden, indem man die Chlorkohlensäureester direkt oder in einem passenden Lösungsmittel gelöst auf die wasserfreien Salze einwirken läßt. So wurden Chininkohlensäureäthylester, Chininkohlensäurebenzylester und Cinchonidinkohlensäureäthylester gewonnen[3]).

Es ist auch möglich, die wasserhaltigen Chininsalze zu dieser Synthese zu verwenden, wenn man den Chlorameisensäureester in Gegenwart von Pyridin auf diese Salze einwirken läßt[4]).

Euchinin (Äthylkohlensäurechininester) ist zunächst gänzlich geschmacklos. Bei längerem Verweilen auf der Zunge macht sich eine ganz leicht bittere Geschmacksempfindung geltend. Es erzeugt kein bitteres Aufstoßen oder bittere Geschmacksparästhesien wie das bittere Chinin[5]). Das salzsaure Salz des Euchinin hat im Gegensatz zu der Base selbst gegenüber dem Chinin in bezug auf den Geschmack keine Vorzüge. Das gerbsaure Salz dagegen ist ganz geschmacklos. Dieses Präparat leistet also nicht mehr als Chinin, da man ja auch vom Chinin zu einem geschmacklosen, gerbsauren Präparat gelangen kann. Das Verdecken der Hydroxylgruppe bewirkt keineswegs ein Aufhören des bitteren Geschmackes, auch Acetylchinin ist ja bitter.

Durch Einwirkung von Phosgengas ($COCl_2$) auf Chinin[6]) resp. Cinchonidin[7]) wird der Chlorkohlensäureester der beiden Basen dargestellt[8]). Hierauf kam es, da diese Verbindungen nicht völlig die gewünschten Eigenschaften zeigen, zur Synthese des Euchinin. Es wurde ferner Dichininkohlensäureester dargestellt, was leicht gelingt, wenn man statt in Benzol, in Pyridin oder Chloroformlösung, Phosgengas auf Chininbase einwirken läßt[9]).

Symmetrische Dichinaalkaloidkohlensäureester erhält man, wenn man auf 2 Mol. Alkaloid nur 1 Mol. Phenolcarbonat einwirken läßt und auf 170—180° oder 120—130° erhitzt[10]).

Gemischte Kohlensäureester von Chinaalkaloiden erhält man, wenn man entweder Acetonglycerin in sein Chlorcarbonat überführt und dieses auf Chinaalkaloide einwirken läßt oder die Chlorkohlensäureester der Chinaalkaloide mit Acetonglycerin behandelt. — Durch Einwirken von $COCl_2$ in Benzol gelöst auf eine Lösung von Acetonglycerin in Dimethylanilin in der Kälte erhält man den Acetonglycerinchlorkohlensäureester. Dieser geht beim Behandeln mit einer Lösung von Chinin in CCl_4 in den Chininkohlensäureester des Acetonglycerins über. Der Ester ist geschmacklos. Acetonglycerinchininkohlensäureester kann auch durch Umsetzung von Chininchlorkohlensäureester mit Acetonglycerin in Chloroform erhalten werden. — Cinchonin gibt mit Acetonglycerinchlorkohlensäureester den Cinchoninkohlensäureester des Acetonglycerins. Die geschmacklosen, wesentlich leichter als die bekannten therapeutisch wichtigen Chinaalkaloidkohlensäureester spaltbaren gemischten Ester kommen in ihrer temperaturherabsetzenden Wirkung dem Chinin fast gleich[11]).

Zimmer, Frankfurt[12]), wenden die Grignardsche Reaktion auf Chinin an und die Chininoxymagnesiumhaloide werden zum Aufbau von hydroxylsubstituierten Chininen verwendet. Man erhält so mit Acetylchlorid Acetylchinin, mit Chlorameisensäureester

---

[1]) D.R.P. 247188. [2]) D.R.P. 91370. [3]) D.R.P. 118352.
[4]) D.R.P. 123748. [5]) Noorden, v.: Zentralbl. f. inn. Med. 1896, Nr. 48.
[6]) D.R.P. 90848. [7]) D.R.P. 93698. [8]) D.R.P. 118122.
[9]) D.R.P. 105666. [10]) D.R.P. 134307, 134308.
[11]) Bayer, Leverkusen, D.R.P. 346889. [12]) D.R.P. 178172, 178173.

Chininäthylcarbonat, mit Benzoylchlorid Benzoylchinin, mit Essigsäureanhydrid Acetylchinin.

Acetylchinin schmeckt nur bitter, weil es bei der Reinigung teilweise verseift wird. Reines Acetylchinin erhält man durch Umkrystallisieren aus ganz wasserfreien Lösungsmitteln. Die Substanz ist geschmacklos, erst nach einigen Minuten, infolge minimaler Spaltung, schwach bitter[1]).

Denselben Zweck, entbittertes Chinin zu erzeugen und hierbei noch eine zweite wirksame Komponente in die Verbindung einzuführen, verfolgt die Firma Zimmer & Co., indem sie Chinin auf substituierte Isocyanate oder auf substituierte Carbaminsäurechloride einwirken läßt. Man kann auf diese Weise z. B. in Chinincarbonsäureanilid $CO<\genfrac{}{}{0pt}{}{O \cdot C_{20}H_{23}N_2O}{NH \cdot C_6H_5}$ (Phenylcarbaminsäurechininäther) erhalten, wenn man Chinin mit Phenylisocyanat auf 190° erwärmt und die Schmelze mit verdünnter Säure extrahiert. Chininkohlensäurephenetidid $CO<\genfrac{}{}{0pt}{}{OC_{20}H_{23}N_2O}{NH \cdot C_6H_4 \cdot OC_2H_5}$ (p-Äthoxyphenylcarbaminsäurechininäther) wird dargestellt, indem man zuerst, um eine Benzollösung des p-Äthoxyphenylcarbaminsäurechlorid zu erhalten, 2 Mol. Phenetidin in Benzol löst und 1 Mol. in Benzol gelöstes Phosgen unter guter Kühlung damit reagieren läßt. Nach der Gleichung $2\,C_6H_4(OC_2H_5)NH_2 + COCl_2 = C_6H_4(OC_2H_5)NH \cdot COCl + C_6H_4(OC_2H_5)NH_2 \cdot HCl$ bildet sich das Chlorid, und salzsaures Phenetidin scheidet sich ab. Dem Filtrate setzt man 2 Mol. Chinin zu, welches sich löst, und es entsteht[2])

$$C_6H_4(OC_2H_5)NH \cdot COCl + 2\,C_{20}H_{24}N_2O_2 = CO<\genfrac{}{}{0pt}{}{OC_{20}H_{23}N_2O}{NH \cdot C_6H_4 \cdot OC_2H_5} + C_{20}H_{24}N_2O_2 \cdot HCl$$

Das unlösliche Präparat ist fast geschmacklos und soll den Wirkungen des Chinins die Phenetidinwirkung beigesellen. Diese Art, zwei ähnlich wirksame Komponenten in eine chemische Verbindung zu bringen, bietet therapeutisch keinen Vorteil vor einer Mischung der beiden Körper.

Chininkohlensäure-phenoläther resp. Cinchonidinkohlensäure-phenoläther erhält man durch Einwirkung von Phenolcarbonaten auf die Chinaalkaloide[3]).

So wurden Chininkohlensäurephenoläther, Chininkohlensäure-p-nitrophenoläther, Chininkohlensäure-p-acetylaminophenoläther, Chininkohlensäurethymoläther, Chininkohlensäurebrenzcatechinäther, Cinchonidinkohlensäurephenoläther dargestellt.

Salochinin ist der geschmacklose Salicylsäureester des Chinins, welcher

$$\begin{array}{l} C_6H_4 \cdot OH \\ | \\ COO \cdot C_{20}H_{23}N_2O \end{array}$$

die Wirkungen beider Komponenten vereinigen soll, jedoch muß die Tagesdosis doppelt hoch gegriffen werden.

Man erhält die Salicylsäureester der Chinarindenalkaloide[4]) durch Einwirkung der Alkaloide auf Salicylid oder die Polysalicylide resp. deren Chloroformadditionsprodukte oder auf Salicylsäurechlorid. Die Ester schmecken nicht bitter.

Beim Erwärmen von Chininbase in Äther mit Acetylsalicylsäurechlorid erhält man salzsaures Acetylsalicyloylchinin, analog erhält man Acetylsalicyloyläthylhydrocuprein[5]).

Acetylverbindungen der Chininester aromatischer Oxycarbonsäuren erhält man durch Acetylierung dieser Ester. Beschrieben sind: Acetylsalicylsäurechininesterchlorhydrat, Acetyl-m-kresotinsäurechininester, vollständig geschmacklose Krystalle[6]).

Apochin ist acetylsalicylsaurer Acetylsalicylsäure-Chininester, früher Aspochin genannt[7]).

Diese Verbindungen sind nur geschmacklos, insofern sie unlöslich sind; ihre löslichen Salze sind auch alle bitter.

Auf ähnlichen Ideen beruht die Darstellung des salicylsauren Isovalerylchinins. Zuerst wird durch Einwirkung von Isovalerylchlorid auf Chinin Isovalerylchinin gewonnen, welches in ätherischer Lösung mit Salicylsäure ein Additionsprodukt liefert, das in Wasser schwer löslich und geschmacklos ist[8]).

---

[1]) D.R.P. 134370. [2]) D.R.P. 109259.
[3]) D.R.P. 117095. S. a. D.R.P. 128116, 129452, 131723.
[4]) Bayer, Elberfeld, D.R.P. 137207. [5]) E. Merck, D.R.P. 338853.
[6]) Bayer, Leverkusen, D.R.P. 365682.
[7]) Mendel, F.: Therapie d. Gegenw. 1921, S. 216. Pharm. Ztg. 1922, S. 124, 135.
[8]) D.R.P. 83530.

Dieser Körper wurde aber nicht in die Therapie eingeführt.

α-Bromisovalerylchinin erhält man durch Einwirkung des Chlorids oder Bromids der Säure auf Chinin oder Chininsalze. Die Substanz soll als Keuchhustenmittel Verwendung finden[1]).

Zimmer, Frankfurt[2]), stellen Säureester der Halogenwasserstoffadditionsprodukte des Chinins her, indem sie Hydrochlor-, Hydrobrom- oder Hydrojod-Chinin in üblicher Weise in Säureester überführen oder indem sie an die Säureester des Chinins Halogenwasserstoff anlagern. Diese Substanzen enthalten Halogenwassersroff in intramolekularer Bindung und sind geschmackfrei. Dargestellt wurden Hydrochlorchininäthylcarbonat aus Hydrochlorchinin und Äthylameisensäureester, Hydrochlorisochininäthylcarbonat, Hydrobromchininäthylcarbonat, Hydrobromchininsalicylat und Hydrobromchininbenzoat sowie Hydrojodchininäthylcarbonat.

Chininester aromatischer Aminosäuren erhält man, wenn man Nitrobenzoylchloride auf Chinin einwirken läßt und dann die Nitrogruppe reduziert; beschrieben ist die Herstellung von p-Aminobenzoylchinin und o-Aminobenzoylchinin.

p-Aminobenzoylchininester kommt unter der Bezeichnung Aurochin in den Handel; er ist fast geschmacklos. Die o-Verbindung ist fast geschmacklos und wirkt anästhesierend[3]).

Ebenso wurden auch Ester des Hydrochinins dargestellt, und zwar Äthylkohlensäurehydrochininester, Benzoylhydrochinin, Salicylhydrochinin, Hydrochinincarbonat und p-Aminobenzoylhydrochinin, welche dem Hydrochinin gegenüber, das wie Chinin bitter schmeckt, den Vorzug der Geschmacklosigkeit haben[4]).

Chininester kann durch man Hydrierung mit Wasserstoff bei Gegenwart von Platin oder Palladium zu den im D.R.P. 250379 beschriebenen Verbindungen reduzieren[5]). In gleicher Weise kann man aus den Nebenalkaloiden der Chinarinde hydrierte Ester erzeugen, so z. B. Hydrocinchoninäthylcarbonat, Benzoylhydrocuprein, Dibenzoylhydrocuprein und Äthylhydrocupreinäthylcarbonat[6]).

Man kann aus Chinin eine geschwefelte Verbindung erhalten, wenn man die freie Base bei Temperaturen unterhalb ihres Schmelzpunktes mit Schwefel zusammenschmilzt. Man erhält die Verbindung $C_{20}H_{24}N_2OS$[7]).

Dieselbe Absicht leitete die Darstellung von Phosphorylchinin (tertiärer Chininphosphorsäureester) $(C_{20}H_{23}N_2O_2)_3 \cdot PO$. Man erhält es durch Einwirkung von Phosphoroxychlorid auf Chinin[8]):

Böhringer, Waldhof, verestern Chinin mit Diglykolsäure und erhalten einen völlig geschmacklosen Ester[9]).

$$O<\begin{matrix} CH_2 \cdot CO \cdot O \cdot C_{20}H_{23}N_2O \\ CH_2 \cdot CO \cdot O \cdot C_{20}H_{23}N_2O \end{matrix}$$

Insipin ist Chinindiglykolsäureestersulfat $C_{20}H_{23}O_2N_2 \cdot CO \cdot CH_2 \cdot O \cdot CH_2 \cdot CO \cdot C_{20}H_{23}ON_2 \cdot H_2SO_4 \cdot 3\,H_2O$.

Fahlberg und List[10]) decken den Geschmack der Alkaloide mit Saccharin. Es werden die Saccharinsalze der Alkaloide dargestellt, indem man eine wässerige oder alkoholische Lösung von Saccharin mit dem betreffenden Alkaloid, z. B. Chinin, Cinchonin, Strychnin, Morphin usw. neutralisiert. Letztere bilden hierbei mit Saccharin neutrale Salze, welche sich dadurch auszeichnen, daß sie den eigentümlichen Geschmack der Alkaloide bedeutend weniger hervortreten lassen als deren Sulfate und Chlorhydrate.

Wird zur Lösung der wie oben gebildeten neutralen Salze noch Saccharin im Überschuß gegeben, so bilden sich „saure" Salze, welche ebenfalls leicht krystallinisch zu erhalten sind und den Geschmack der Alkaloide in noch geringerem Maße aufweisen als die neutralen Salze.

Mischt man eine lauwarme Lösung von 2 Mol. Natriumsaccharinat in verdünntem Alkohol mit 1 Mol. bas. Chininsulfat in 95proz. Alkohol und verdunstet das Filtrat vom Glaubersalz und krystallisiert den Rückstand aus Methylalkohol um, so erhält man basisches Chininsaccharinat

$$C_6H_4<\begin{matrix} CO \\ SO_2 \end{matrix}>NH \cdot C_{20}H_{24}O_2N_2 + H_2O$$

welches anfangs süß, später bitter schmeckt[11]).

Die Darstellung eines geschmacklosen, aber löslichen Chininpräparates steht noch immer aus, wäre aber als großer Erfolg zu bezeichnen. Eines der ein-

[1]) Knoll, Ludwigshafen, D.R.P. 200063. [2]) D.R.P. 231961.
[3]) D.R.P. 244741. [4]) D.R.P. 250379. [5]) D.R.P. 251933.
[6]) D.R.P. 253357. [7]) Valentiner & Schwarz, Leipzig, D.R.P. 214559.
[8]) D.R.P. 115920. [9]) D.R.P. 237450. [10]) D.R.P. 35933.
[11]) Bull. de la soc. chim. biol. Paris [3]. Bd. 25, S. 606.

fachsten geschmacklosen Chininpräparate ist das Chininum albuminatum, eine Mischung von Chinin und Eiweiß, welches in Wasser unlöslich ist, weil das Eiweiß geronnen ist.

Anilinderivate.

Während die bis nun betrachteten Antipyretica auf der Grundidee basiert waren, daß man zu chininähnlichen Körpern auf Grund von Spekulationen über die Konstitution dieser Base auf synthetischem Wege gelangen könne, kommen wir nun zu einer Gruppe von antipyretischen Mitteln, welche alle ihre Entstehung der fundamentalen Beobachtung von Josef Cahn und Paul Hepp[1]) verdanken, daß Anilin $C_6H_5 \cdot NH_2$ bzw. Acetanilid (Antifebrin) $C_6H_5 \cdot NH \cdot CO \cdot CH_3$ ein starkes Entfieberungsmittel ist, welchem auch vorzügliche antineuralgische Effekte zukommen. Die ungemeine Billigkeit des Anilins als Ausgangsmaterial fordert geradezu heraus, Anilin, welchem so vorzügliche Wirkungen zukommen, zur Synthese neuer Arzneimittel zu verwenden, die dem teuren Chinin und dem damals ebenfalls noch teuren Antipyrin Konkurrenz machen könnten.

Anilin selbst und seine Salze zeigen starke antipyretische Eigenschaften, doch stößt die Verwendung dieser Base auf große Hindernisse, da sie ungemein leicht resorbiert wird, ebenso wie ihre Salze, und einen deletären Effekt auf die roten Blutkörperchen ausübt, indem diese zu Zerfall gehen. Alsbald stellt sich auch Cyanose ein.

Schwefelsaures Anilin wirkt [Fay[2])] analgetisch und desodorisierend, aber es ist große Vorsicht bei der Dosierung geboten, da nach zwei Stunden sich nach höheren Gaben Lippen und Nägel blau färben, Atemnot und Schwindel auftreten.

Da nun Basen, wie wir im allgemeinen Teile ausgeführt haben, durch Einführung von sauren Resten an Stelle der Wasserstoffe im Aminorest partiell entgiftet werden, und zwar aus dem Gunde, weil hierdurch die Base dem Organismus gegenüber resistenter wird, so ist es klar, daß man durch Einführung einer Acetylgruppe in das Anilin zu einem weit weniger giftigen Körper gelangen muß, als es die freie Base oder ihr Salz ist. Wenn man Eisessig auf Anilin einwirken läßt, so gelangt man zum Acetanilid, welches sich durch seine intensiv antipyretischen Eigenschaften schon in kleinen Dosen auszeichnet. Auch antineuralgische Effekte, wie sie insbesondere dem Antipyrin eigentümlich sind, kann man mit dem Acetanilid, welches ja auch als das billigste Antipyreticum angesehen werden muß, bewirken. Acetanilid wirkt im Organismus in der Weise, daß langsam durch die oxydativen Einflüsse der Gewebe Anilin regeneriert wird. Man kann daher die Acetanilidwirkung als eine protrahierte Anilinwirkung ansehen. Und tatsächlich stimmen die Erscheinungen bei der Anilinvergiftung mit den Erscheinungen bei der Acetanilidvergiftung vollkommen überein. Nur ist der Effekt beim Acetanilid kein so prompter wie bei der Base selbst. Auch hier kommt es zu einem Zerfall der roten Blutkörperchen. Im Organismus wird vorerst die Acetylgruppe oxydiert oder abgespalten und hierauf der Benzolring in der p-Stellung zum Aminorest oxydiert, so daß p-Aminophenol

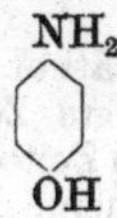

[1]) Zeitschr. f. klin. Med. 1886, Nr. 33. — Berl. klin. Wochenschr. 1887, Nr. 1 u. 2.
[2]) Dtsch. med. Ztg. 1894, S. 744.

entsteht[1]). Diese Oxydation ist als eine Entgiftung im Organismus anzusehen, welch letztere in der Folge noch weiter durchgeführt wird, da sich das gebildete p-Aminophenol mit Schwefelsäure bzw. Glykuronsäure paart, und so im Harn zur Ausscheidung gelangt. Antifebrin passiert den Körper überhaupt nicht unzersetzt. Der Harn gibt beim Destillieren mit Lauge kein Anilin ab, dagegen wird reichlich Phenol (etwa $5\,^1/_2\,^0/_0$ des eingeführten Antifebrins) aus dem Harn erhalten. Antifebrin geht, namentlich beim Hunde, zum Teil in o-Oxycarbanil $C_6H_4\langle{}^{N}_{O}\rangle C\cdot OH$ über, welchem noch starke toxische Eigenschaften innewohnen[2]). o-Oxycarbanil entsteht aus Phenolcarbaminsäure $C_6H_4<^{NH\cdot COOH}_{OH}$ durch Wasseraustritt. Es wirkt antipyretisch, wie Antifebrin, jedoch erst in doppelt so großer Dose. o-Oxycarbanil (Carboxylaminophenol) wird gut vertragen und erzeugt bei Fieber prompten Temperaturabfall. Die Verbindung wird im Organismus weiter oxydiert und paart sich dann mit Schwefelsäure. Acetanilid erscheint im Harn als p-Aminophenol, p-Acetylaminophenol und als o-Oxycarbanil. Nach Kleine verhält sich Formanilid im Organismus analog[3]). Die Beobachtung dieser entgiftenden Funktionen des Organismus bei Anilin hat zur Darstellung der wertvollsten Abkömmlinge des Anilins, der Phenetidinderivate geführt.

Im Blute mit Acetanilid vergifteter Tiere findet man Acetylphenylhydroxylamin, welches in kleinster Menge ein unmittelbarer Methämoglobinbildner ist[4]).

Es war gewiß eine mißverständliche Auffassung der in vielen Fällen nachteiligen Antifebrinwirkung, wenn man als Ersatzmittel des Anilins, Toluidin $CH_3\cdot C_6H_4\cdot NH_2$ bzw. dessen Derivate verwendete, denn die drei isomeren Toluidine zerstören die roten Blutkörperchen, bilden hierbei Methämoglobin, setzen hauptsächlich dadurch die respiratorische Kapazität herab und bewirken Ikterus und Hämoglobinurie.

Von Interesse ist hier nur, daß Anilin und m-Toluidin die respiratorische Kapazität stärker herabsetzen als o- und p-Toluidin. Auch die Temperatur wird durch die beiden ersteren Körper herabgesetzt, während o- und p-Toluidin nur wenig antipyretisch wirken. Antipyretisch wirkt von den substituierten Toluidinen nur die m-Verbindung.

Statt des Acetylrestes, als entgiftende Gruppe, kann man selbstverständlich auch andere Säureradikale einführen.

Acetessigsäureanilid wirkt beträchtlich weniger antipyretisch als Acetanilid[5]).

Aber es besteht in bezug auf die Spaltbarkeit solcher Verbindungen ein Unterschied zwischen solchen, die mit fetten und mit aromatischen Radikalen verbunden sind. Beim Anilin hat man es mit aromatischen Resten versucht, und vor allem Benzanilid dargestellt $C_6H_5\cdot NH\cdot CO\cdot C_6H_5$. Diese Verbindung ist im Organismus schon schwer spaltbar, und man brauchte erheblich größere Dosen als vom Acetanilid, ohne besondere Vorteile zu erzielen[6]). Salicylanilid $C_6H_5\cdot NH\cdot CO\cdot C_6H_4\cdot OH$ und Anisanilid $C_6H_5\cdot NH\cdot CO\cdot C_6H_4\cdot OCH_3$ spalten sich, wie überhaupt die Substitutionsprodukte der Aminobasen mit aromatischen Säureradikalen, so schwer im Organismus auf, daß sie aus dem Grunde nicht zur Wirkung gelangen können. Man sieht hier deutlich, daß eben

---

[1]) Schmiedeberg, O.: Arch. f. exp. Pathol. u. Pharmakol. Bd. 8, S. 1.

[2]) Jaffé, M. u. Hilbert: Hoppe-Seylers Zeitschr. f. physiol. Chem. Bd. 12, S. 295. 1888. — Mörner, K. A. H.: Hoppe-Seylers Zeitschr. Bd. 13, S. 12. 1889.

[3]) Hoppe-Seylers Zeitschr. f. physiol. Chem. Bd. 22, S. 325. 1896—1897.

[4]) Ellinger, Ph.: Hoppe-Seylers Zeitschr. f. physiol. Chemie. Bd. 111, S. 121. 1920.

[5]) Eckardt: Inaug.-Diss. Halle 1903.

[6]) Therapeut. Monatsh. 1893, S. 577.

nur die Abspaltung der Base aus ihrer durch Säureradikale entgifteten Verbindung für die antifebrile Wirkung notwendig ist. Kann die Base aus der Verbindung nicht herausgespalten werden, so kann auch die Substanz nicht zur Wirkung gelangen.

Daß es nicht der basische Rest, die NH_2-Gruppe ist, welchem Anilin seine intensive antipyretische Wirkung verdankt, beweisen mehrere Umstände. Wenn man in den Benzolring statt der Aminogruppe ein Hydroxyl einführt, so gelangt man zum Phenol, welches ebenfalls entfiebernd wirkt, doch ist die Wirkung schwächer, die notwendige Dosis eine größere und die Entfieberung rasch vorübergehend; führt man zwei Hydroxyle ein, so gelangt man zu Verbindungen welche eine entscheidende Antipyrese machen, deren Wirkung aber rauschartig verfliegt. Wird statt des zweiten Hydroxyls eine Carboxylgruppe in die o-Stellung eingeführt, so gelangt man zu einem weniger giftigen, aber entschieden stark antipyretisch wirkenden Körper, der Salicylsäure $C_6H_4\langle^{OH}_{COOH}$. Auch die Einführung anderer basischer Reste als der Aminogruppe in den Benzolring bewirkt, daß die gebildete Substanz ein Antipyreticum wird. Wenn man statt der Aminogruppe den Hydrazinrest in den Benzolring einführt, so kommt man zum Phenylhydrazin $C_6H_5 \cdot NH \cdot NH_2$, welchem noch weit intensivere antipyretische Fähigkeiten eigen sind als dem Anilin. Die aromatischen Semicarbazide $R \cdot NH \cdot NH \cdot CO \cdot NH_2$ besitzen ebenfalls antipyretische Eigenschaften.

Die Hydroxyle lassen diese Wirkung schwächer, die basischen Reste stärker hervortreten, und zwar um so stärker, je reaktionsfähiger sie sind. Daher wirkt Anilin stärker als Phenol, aber schwächer als Phenylhydrazin. Die reagierende Gruppe bringt das Ringsystem nur zur Wirkung, ist aber nicht selbst (in bezug auf die Antipyrese) das Wirksame.

Daß das Wesentliche der Benzolkern und nicht die eintretende basische Gruppe ist, zeigen auch interessante Versuche mit verschiedenen aromatischen Aminen, welche Babel unternommen[1]). Die Giftwirkung des Anilins äußert sich bei Tieren in einer lebhaften, aber vorübergehenden Erregung; an ihre Stelle tritt bald eine Art Schauer, der sich über den ganzen Körper verbreitet und bis zum Tode des Tieres andauert. Die Körpertemperatur erleidet eine Erniedrigung um mehrere Grade. Es folgen heftige Zuckungen, welche mit einer Lähmung endigen, und die Tiere sterben schließlich in einem Zustand von Schlafsucht einige Stunden nach erfolgter Injektion. Die lebhafte Wirkung auf die Organe äußert sich in einem intensiven und allgemeinen Blutandrang in die Gewebe. Die Giftwirkung des Anilins ist ziemlich scharf hervortretend. Die energische Wirkung der Aminogruppe erfährt dadurch eine Bestätigung. Es gibt indessen keinen wesentlichen Unterschied zwischen der Giftwirkung des Benzols und der des Anilins. Durch Einführung der Aminogruppe in den Benzolkern werden nur die dem Benzol eigentümlichen physiologischen Eigenschaften verstärkt. Sie sind sozusagen in latentem Zustande vorhanden und verraten ihre Anwesenheit nur in viel geringerem Maße. Die Erscheinungen, welche bei der Anwendung von Anilin auftreten, wiederholen sich im allgemeinen bei der ganzen Reihe der untersuchten Körper und sind nur mehr oder weniger hervortretend durch jeweiligen Eintritt einer neuen Gruppe.

$C_6H_4\langle^{CH_2-NH}_{CH_2-CO}$ (mit Bindung NH—CO) wirkt stark antipyretisch[2]).

[1]) Rev. méd. de la Suisse romande. 1890, S. 329, 389.

[2]) Braun, J. u. H. Reil: Liebigs Ann. d. Chem. Bd. 445, S. 225. 1925.

Oddo[1]) untersuchte Triazobenzol (Diazobenzolimid) $C_6H_5 \cdot N\langle{}^{N}_{N}$, welches auf Säugetiere energisch antipyretisch und antalgisch wirkt.

Benzamid $C_6H_5 \cdot CO \cdot NH_2$ verhält sich bei Säugetieren als schwaches Antipyreticum, seine Wirkung zeigt sich schnell und verschwindet wieder schnell. Es macht in relativ großen Dosen Schlaf.

Bedeutung des Ringsystems für die Antipyretica.

Nicht allen ringförmig gebundenen Körpern kommen antipyretische Eigenschaften zu. So wirken Naphthalinderivate gar nicht antipyretisch und sind auch sonst physiologisch gänzlich unwirksam. In dieser Richtung untersuchte Oddo den Äthylester der α-Naphthylazoacetessigsäure $C_{10}H_7N : N \cdot CH <^{CO \cdot CH_3}_{COO \cdot C_2H_5}$.

Dieser wurde dargestellt durch Einwirkung von 1 Mol. α-Diazonaphthalinchlorid auf 1 Mol. der Kaliumverbindung des Acetessigesters.

Ferner ist auch α-Acetonaphthalid (aus α-Naphthylamin und Eisessig dargestellt) physiologisch ganz unwirksam. Da beide Verbindungen unwirksam sind, so muß die Inaktivität auf der Anwesenheit des Naphthalinkernes beruhen. Auch Phenanthren

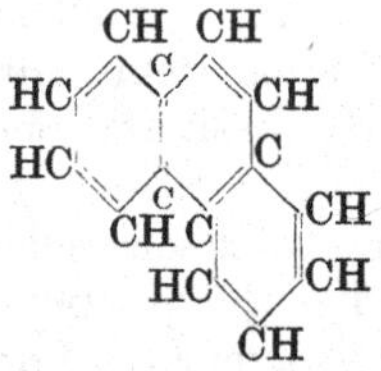

```
        CH  CH
   HC/\  C /\CH
   HC\/  C \/C
       CH C  /CH
        HC\ /CH
           CH
```

ist ohne jede antipyretische Wirkung[2]). Bei Kaninchen ist es überhaupt ohne jede Wirkung.

Während also die Benzolderivate, soweit untersucht, antipyretisch wirken, fehlt diese Wirkung bei den Naphthalin- und Phenanthrenderivaten vollständig. Es ist von größtem Interesse, wie sich der chemische Unterschied in den Bindungen zwischen Benzol und Naphthalin bzw. Phenanthren in der physiologischen Wirkung äußert; wir erinnern bei dieser Gelegenheit daran, daß Diphenyl $C_6H_5 \cdot C_6H_5$ selbst völlig wirkungslos ist. Acet-p-aminodiphenyl $CH_3 \cdot CO \cdot NH \quad C_6H_4 \cdot C_6H_5$ ist ebenfalls unwirksam[3]).

Die antipyretische Wirkung der Benzolderivate ist also vom Benzolkern abhängig, ihre blutzersetzende ist aber ganz unabhängig vom Benzolkern, sie ist lediglich eine Funktion der basischen Gruppe; je stärkere basische Effekte eine solche Substanz auszulösen in der Lage ist, desto intensiver erfolgt die Zersetzung des Blutfarbstoffes. Daher wirkt Phenylhydrazin stärker blutschädigend als Anilin. Diese blutzersetzende Wirkung ist schon eine Eigenschaft der anorganischen Base (z. B. Ammoniak, Diamid, Hydroxylamin); sie wird durch den Eintritt eines aromatischen Restes in die Base nicht tangiert, daher behält z. B. Anilin diese Grundwirkung des Ammoniaks, Phenylhydrazin die des Diamids, Phenylhydroxylamin die des Hydroxylamins. Es besteht aber gar kein Zusammenhang zwischen der antipyretischen und der blutzersetzenden Eigenschaft der Anilinderivate; Beweis hierfür ist, daß die lediglich hydroxylierten Benzolderivate entfiebern, aber den Blutfarbstoff nicht zerstören. Es ist also die blutzersetzende Eigenschaft der Anilinantipyretica der Hauptsache nach Funktion des basischen Restes.

---

[1]) Gazz. chim. ital. Bd. 9. S. 129.

[2]) Hoppe-Seylers Zeitschr. f. physiol. Chemie. Bd. 38, S. 16. 1903.

[3]) Hildebrandt, H.: Neuere Arzneimittel. S. 24.

Diejenigen mehrwertigen Phenole, die in Chinone übergehen können, erzeugen Methämoglobin, die anderen nicht. Die mehrwertigen Phenole werden erst zu den Chinonen oxydiert und diese verwandeln das Hämoglobin in Methämoglobin. Bei den stickstoffhaltigen Benzolderivaten existieren zwei Möglichkeiten, wie sie methämoglobinbildend werden können; erstens durch Oxydation zum Chinon, zweitens durch Oxydation zum Hydroxylamin.

Trichloranilin (Cl, Cl, Cl, NH_2) macht Methämoglobinbildung, doch erholen sich die Tiere von der Vergiftung, während Dichloranilin (Cl, Cl, NH_2) in geringerer Dosis schon nach kurzer Zeit letal wirkt.

m-Xylidin (CH_3, CH_3, NH_2) erzeugt in vitro Methämoglobin, aber im Hundeorganismus nicht, und verhält sich nach dieser Richtung hin ganz anders als Dichloranilin[1]).

Substituiert man die Aminogruppe statt mit Acylresten mit Alkyl- oder Arylresten, so erhält man einen ganz abweichenden Wirkungscharakter.

Dimethylanilin wirkt curareartig, Monoäthylanilin wirkt etwas intensiver als Dimethylanilin.

Acetyl-p-aminophenylpiperidin $CH_3 \cdot CO \cdot NH \cdot C_6H_4 \cdot NC_5H_{10}$ setzt die Temperatur nicht herab, eher macht es eine Steigerung. 0.3 g erzeugen starke klonische Kämpfe und letalen Ausgang beim Kaninchen. Die Substanz macht Lähmungserscheinungen am Herzen[2]).

* * *

Es erübrigt noch die Besprechung einiger Derivate des Anilins, welchen ein mehr theoretisches Interesse zukommt, da sich an ihnen einige Regeln leicht demonstrieren lassen. Formanilid $C_6H_5 \cdot NH \cdot CHO$, welches man beim raschen Destillieren des Anilins mit Oxalsäure erhält, oder beim Behandeln von Anilin mit Ameisensäureester, wirkt sehr kräftig antipyretisch, analgetisch und lokalanästhesierend[3]), ist aber giftiger als Acetanilid, weil es sich schon durch verdünnte Säuren in seine Komponenten zerlegen läßt.

Ersetzt man im Anilin den einen Wasserstoff der Aminogruppe durch eine Acetylgruppe, den zweiten durch eine Methylgruppe, so erhält man nach A. W. Hoffmann Exalgin $C_6H_5 \cdot N{<}{}^{CH_3}_{CO \cdot CH_3}$ eine Verbindung, welche vor dem Acetanilid keine wesentlichen Vorzüge zeigt und sich auch in der Therapie nicht behaupten konnte, da sie äußerst giftige Nebenwirkungen verursacht[4]). Eine ähnliche Erfahrung hat man ja auch beim Phenylhydrazin gemacht, wo der Ersatz der beiden reaktionsfähigen Wasserstoffe des basischen Restes durch fette Reste die unangenehmen Nebenwirkungen der Grundsubstanz,

[1]) Heubner, W.: Naturforscherversammlung 1910, II, 2. Hälfte, S. 466.
[2]) Ber. d. dtsch. chem. Ges. Bd. 21, S. 2286. 1888.
[3]) Therap. Monatsh. 1894, S. 284.
[4]) Dujardin-Beaumetz u. Bariet: Cpt. rend. hebdom. des séances de l'acad. des sciences. 1889, S. 18, III. — Bull. gén. de thér. 1889, S. 58, 346. — Schädliche Nebenwirkungen wurden von Hepp: Nouveaux remédes. 1889, S. 562 konstatiert. — Tierversuche: Binet: Rev. méd. de la Suisse romande. 1899, Nr. 4, S. 187.

insbesondere die zerstörende Wirkung auf den roten Blutfarbstoff aufzuheben keineswegs in der Lage war.

Ganz anders hingegen ändert der Eintritt eines Alkarylradikals die Wirkung des Anilins. Benzylanilin $C_6H_5 \cdot NH \cdot CH_2 \cdot C_6H_5$ ist bei Säugetieren fast wirkungslos, wie alle anderen aromatischen Derivate des Anilins und Aminophenols, weil die wirksame Substanz, das Anilin, im Organismus nicht frei gemacht werden kann.

Wenn man aus dem Acetanilid bzw. aus dem Formanilid durch Reaktion mit Chloressigsäure die Acetanilidoessigsäure $C_6H_5 \cdot N <^{CH_2 \cdot COOH}_{CO \cdot CH_3}$ und die Formanilidoessigsäure $C_6H_5 \cdot N <^{CH_2 \cdot COOH}_{CHO}$ erhält, so bekommt man wegen der Gegenwart der Säure bzw. weil man die Base eigentlich nur in eine Säure verwandelt hat, therapeutisch unwirksame Verbindungen[1]). Formanilidoessigsäure bleibt aber wegen der leichten Abspaltbarkeit des Ameisensäurerestes etwa so giftig wie Formanilid, ist aber therapeutisch in bezug auf Antipyrese unwirksam. Im Harn kann man keine p-Aminophenolreaktion nach Darreichung der Acetanilidoessigsäure beobachten, ein, wie wir später sehen werden, sicherer Beweis für den Umstand, daß diese Substanz im Organismus keine Veränderungen erleidet und ihn daher auch, ohne gewirkt zu haben, passiert. Aus demselben Grunde muß die Sulfoverbindung des Acetanilids unwirksam sein.

Diese Verbindung $C_6H_4 <^{NH \cdot CO \cdot CH_3 \ (1)}_{SO_3Na \ (4)}$ Cosaprin[2]) genannt, wird dargestellt durch Erhitzen von p-sulfanilsaurem Natrium mit Eisessig. Zu dem gleichen Körper kann man gelangen, wenn man Kernhalogensubstitutionsprodukte des Acetanilids, seiner Homologen und Substitutionsprodukte in einem geeigneten Verdünnungsmittel im Autoklaven bei 150—200° mit saurem oder neutralem schwefligsauren Natron behandelt.

Ebenso kann man die freie Acetanilidsulfosäure und deren Homologen darstellen und abscheiden, wenn man Acetanilid, Acet-p-xylid mit rauchender Schwefelsäure behandelt. Beim Eingießen in wenig Eiswasser fallen die Krystalle des Sulfoproduktes aus, die man nun in wenig warmem Wasser löst und durch Eintragen von rauchender Schwefelsäure und Abkühlen zur Krystallisation bringt.

Cosaprin ist vollkommen unschädlich, und nach den vorliegenden Angaben ist höchstens die kurze Dauer der Wirkungen unvorteilhaft[3]). Aus den angeführten Gründen halten wir diesen Körper sowie die entsprechende Phenacetinverbindung für ganz unwirksam. Die Wirkung einer solchen Verbindung stünde ohne jede Analogie da. Von einer Abspaltung des wirksamen Anilins aus dieser Substanz innerhalb des Organismus kann ja keine Rede sein.

Durch Einführung der Sulfogruppe in die ω-Stellung des Acetanilids und in dessen Substitutionsprodukte gelangt man zu leicht löslichen Derivaten, die gute antipyretische Wirkungen angeblich haben sollen, die aber nie verwendet wurden!

Um diese Körper zu gewinnen, erhitzt man molekulare Mengen von ω-Chloracetanilid mit Natriumsulfit in wässeriger Lösung zum Kochen, aus dem Filtrat krystallisiert beim Erkalten das Natriumsalz der ω-Acetanilidsulfosäure $C_6H_5 \cdot NH \cdot CO \cdot CH_2 \cdot SO_3Na$. Das notwendige ω-Halogenacetanilid erhält man durch Behandeln des monochloressigsauren Anilins mit Phosphorsäureanhydrid[4]).

Man behandelt Isonitrosoacetanilide mit Reduktionsmitteln. — Die Aminoessigsäurearylide Aryl $\cdot NH \cdot CO \cdot CH_2 \cdot NH_2$ entstehen bei der Reduktion der Isonitrosoacetarylide Aryl $\cdot NH \cdot CO \cdot CH : N \cdot OH$ mit $SnCl_2$ und Eisessig unter Einleitung von trockenem HCl-Gas, oder mit Sn und verdünnter Essigsäure, bzw. Ameisensäure verschiedener Konzentration. Die Patentschrift enthält Beispiele für die Darstellung von Aminoacetanilid, N-Aminoacetyl-

---

[1]) Dtsch. med. Wochenschr. 1891, Nr. 47. — Arch. f. exp. Pathol. u. Pharmakol. Bd. 26, S. 310.

[2]) Hoffmann-La Roche, Basel, D.R.P. 92796. [3]) Therap. Monatsh. 1897, S. 428.

[4]) Bayer, Elberfeld, D.R.P. 79714, 84654.

p-phenetidid und N-Aminoacetyl-p-toluidid, aus den entsprechenden N-Isonitrosoacetaryliden[1]).

Wenn man auf Aminocrotonsäureanilid Essigsäureanhydrid einwirken läßt[2]), erhält man einen sehr beständigen, stark basischen Korper, welcher aber nicht das erwartete Acetylaminocrotonsäureanilid ist. Der Körper wirkt antipyretisch. Nähere Angaben liegen nicht vor.

Läßt man Chlorameisensäureester auf Anilin einwirken, so erhält man Phenylurethan (Euphorin).

In seiner antipyretischen Wirkung sehr schwankend, macht Euphorin keine Methämoglobinbildung, hat aber erhebliche antiseptische Wirkungen. Es besitzt keine Vorzüge vor den antipyretischen Standardpräparaten und konnte sich neben ihnen nicht behaupten. Während der Apyrexie soll, anscheinend durch den Äthylrest, Euphorie auftreten.

Phenylurethan, 1874 von Weddige dargestellt, wurde von Giacosa[3]) aus dem Grunde physiologisch untersucht, weil er eine Beeinflussung der Phenylgruppe durch die Äthylgruppe zu erzielen hoffte, ähnlich wie im Urethan der Einfluß der Äthylgruppe auf die NH_2-Gruppe sich kundtut. Urethan (Carbaminsäureäthylester $NH_2 \cdot CO \cdot C_2H_5$) wurde von O. Schmiedeberg als Schlafmittel empfohlen. Als Urethanabkömmling wirkt Euphorin (Phenylurethan) in großen Dosen lähmend auf das Nervensystem, in mittleren hemmt es die Stoffwechselvorgänge. Das Herz wird nicht in schädlicher Weise beeinflußt. Die Lähmungserscheinungen, welche sich bei Fröschen nach Injektion kleiner Dosen zeigen, sind zentralen Ursprungs, analog denjenigen bei akutem Alkoholismus. Die antipyretische Wirkung beim Menschen hängt von der Erweiterung der peripheren Gefäße ab.

Phenylurethan wird zum kleinen Teil als p-Oxyphenylurethan ausgeschieden, welch letzteres weniger giftig ist als die eingeführte Muttersubstanz. Es erfolgt hier also ein ganz analoger Entgiftungsprozeß, wie wir ihn beim Anilin kennengelernt haben, welches im Organismus zu p-Aminophenol oxydiert wird und hierbei an Giftigkeit einbüßt.

Während das Methylsubstitutionsprodukt des Acetanilids (Exalgin) ein heftiges Gift darstellt, das epileptische Konvulsionen, maniakalische Anfälle, Zittern der Glieder, Cyanose und Kollaps hervorruft, ist das Methylsubstitutionsprodukt des Phenylurethans, Methyleuphorin $C_6H_5 \cdot NCH_3 \cdot CO \cdot O \cdot C_2H_5$, ein fast indifferenter Körper. Nach Einnahme dieser Substanz gibt der Harn nach Kochen mit Schwefelsäure direkt die Indophenolreaktion.

Wenn man Chlorameisenäthylester auf p-Aminophenol einwirken läßt, so gelangt man zum p-Oxyphenylurethan[4]) $HO \cdot C_6H_4 \cdot NH \cdot CO \cdot O \cdot C_2H_5$. Die Verbindung hat starke Wirkung mit Frosterscheinungen, ist aber dabei ungiftig.

p-Oxyphenylbenzylurethan wirkt erheblich schwächer als p-Oxyphenylurethan.

Acetyl-p-oxyphenylurethan wird Neurodin genannt. Es ist ein Antineuralgicum, dem nebenbei prompte, zuweilen etwas aber schroffe antipyretische Wirkungen zukommen. Die an sich schon geringe Giftigkeit des p-Oxyphenylurethans wird durch Eintritt eines Säureradikales, wie dies die Versuche mit Neurodin gezeigt haben, weiter abgeschwächt. Je weniger veränderlich die Derivate des an und für sich höchst unbeständigen p-Aminophenols sind, um so weniger toxisch wirken sie. p-Oxyphenylurethan ist im Vergleich zu Phenetidin oder Acetylaminophenol ungiftig, weil die letzteren Substanzen weniger beständig und leichter zersetzlich sind.

---

1) Schering, Berlin, D.R.P. 146809. 2) D.R.P. 73155.
3) Ann. di chim. e farm. 1891, Febr., S. 74.
4) Mering: Therap. Monatsh. 1893, S. 584. D.R.P. 69328, 73285.

Ersetzt man im p-Oxyphenylurethan einen Hydroxylwasserstoff durch Äthyl, so erhält man p-Äthoxyphenylurethan von sicherer temperaturerniedrigender Wirkung, aber nicht frei von Nebenwirkungen. Das Acetylprodukt dieser Substanz ist Thermodin[1])

$$C_6H_4{<}{\begin{matrix}O\cdot C_2H_5\\ N{<}{\begin{matrix}COO\cdot C_2H_5\\ CO\cdot CH_3\end{matrix}}\end{matrix}}$$

ein gutes Antithermicum, auch antineuralgisch wirkend.

Durch Einführung von Säureresten, mehr aber noch durch Eintritt von Alkyl- oder Kohlensäureester (Urethan), wird die Reaktionsfähigkeit des p-Aminophenols gemindert und seine Wirkung gemildert (Mering).

Läßt man auf die Lösung eines p-Oxyphenylurethans oder eines p-Acylaminophenols bei Gegenwart von Alkali Phosgengas einwirken, so scheidet sich der Kohlensäureäther der angewendeten Verbindung ab, z. B. Carbonat des p-Oxyphenyläthylurethan[2]).

Verwendet man statt Wasser Alkohol und statt Alkali Alkoholat, so erhält man gemischte Kohlensäureäther, z. B.

$$OC{<}{\begin{matrix}O\cdot C_2H_5\\ O\cdot C_6H_4\cdot NH\cdot CO\cdot O\cdot C_2H_5\end{matrix}}$$

Man kann auf diese Weise darstellen: p-Acetanilidcarbonat, p-Propionanilidcarbonat, p-Benzoylanilidcarbonat, p-Phenylurethancarbonat, p-Phenylpropylurethancarbonat, p-Kohlensäureacetanilidäthylester, p-Kohlensäureacetanilidpropylester, p-Kohlensäureacetanilidbutylester, p-Kohlensäurepropionanilidäthylester, p-Kohlensäurebenzanilidäthylester, p-Kohlensäurephenyläthylurethanäthylester, p-Kohlensäurephenylpropylurethanäthylester, p-Kohlensäurephenyläthylurethanpropylester.

Alle diese Verbindungen sind Antipyretica und ausgesprochene Antineuralgica.

2 Mol. Phenylurethan und 1 Mol. Antipyrin werden zusammengeschmolzen oder ihre Lösungen verdunstet. Das Produkt ist flüssig und soll zu Einreibungen dienen[3]).

p-Aminophenolderivate.

Der nächste große Fortschritt auf dem Gebiete der synthetischen Antipyretica wurde durch das Studium der Stoffwechselprodukte des Acetanilids hervorgerufen. Wähiend die Entdeckung der antipyretischen und antineuralgischen Wirkung des Acetanilids eine mehr zufällige war, war das Studium der verschiedenartigen Derivate des Acetanilids etwas Bewußtes und Beabsichtigtes. Die synthetische Chemie suchte nach anderwärts erprobten Analogien oder nach neuen Gesichtspunkten, die sich aus physiologisch-chemischen Kenntnissen ergaben, aus dem als Ausgangssubstanz so billigen Anilin neue Verbindungen zu schaffen, denen wohl die antipyretischen und antineuralgischen Eigenschaften des Acetanilids eigen, die aber frei wären von jener verderblichen Wirkung des Acetanilids auf die roten Blutkörperchen.

Nun war aus den Untersuchungen von O. Schmiedeberg[4]) bekannt daß der Organismus Anilin in der Weise verändert und entgiftet, daß er es in der p-Stellung oxydiert; aus dem Anilin entsteht

Anilin → p-Aminophenol

$$C_6H_5NH_2 \longrightarrow HO\cdot C_6H_4\cdot NH_2$$

p-Aminophenol. Auf dieser Grundbeobachtung beruht die Synthese verschiedenartiger p-Aminophenolderivate, in welcher Gruppe wohl Phenacetin[5])

[1]) Therap. Monatsh. 1893, S. 582. [2]) D.R.P. 69328, 85803.

[3]) J. Keßler, Elberfeld, D.R.P. 389880.

[4]) Arch. f. exp. Pathol. u. Pharmakol. Bd. 8, S. 1.

[5]) Hinsberg u. Kast: Zentralbl. f. med. Wissensch. 1887, S. 145.

die größte Bedeutung erlangt hat. p-Aminophenol erweist sich schon als weit ungiftiger als Anilin, aber auch dem p-Aminophenol kommt noch eine, wenn auch weit weniger intensive Einwirkung auf die roten Blutkörperchen zu; auch die Verfütterung von p-Aminophenol führt zu Methämoglobinbildung. Die Abschwächung des p-Aminophenols durch Einführung einer Acetylgruppe in den basischen Rest nach Analogie des Acetanilids hatte noch immer nicht die gewünschte Wirkung[1]). Das frei werdende p-Aminophenol war auch in der Lage, schädliche Wirkungen auszuüben. Man sah sich daher genötigt, auch das freie Hydroxyl des p-Aminophenols durch Acyl- oder Alkylreste zu schließen. So wurde Diacetyl-p-aminophenol $CH_3 \cdot CO \cdot NH \cdot C_6H_4 \cdot O \cdot CO \cdot CH_3$ dargestellt, welches schon viel weniger unangenehme Nebenwirkungen zeigt als p-Aminophenol. Aber einige seiner Nebenwirkungen lassen es in seinen therapeutischen Effekten hinter dem Phenacetin rangieren. Es ist nun, nach dem im allgemeinen Teil Au^cgeführten, von vornherein klar, daß die Variationsmöglichkeiten beim p-Aminophenol um so mehr anwachsen, als man einerseits die Aminowasserstoffe durch verschiedene Acyl- und Alkylreste, andererseits den Hydroxylwasserstoff sowohl durch Acylreste als auch durch Alkylreste ersetzen kann. Es hat wahrlich an den verschiedensten Versuchen dieser Art nicht gefehlt. Da der Hauptsache nach nur das im Organismus sich abspaltende p-Aminophenol das Wirksame in allen diesen Präparaten ist, so haben, mutatis mutandis, alle sich vom p-Aminophenol ableitenden Verbindungen, welche nach dem eben ausgeführten Schema aufgebaut sind, nach Maßgabe des sich abspaltenden p-Aminophenols identische Wirkungen. Ersetzt man nun (Mering) im p-Aminophenol oder im Acetylaminophenol die substituierbaren Wasserstoffe durch Propionyl- oder Butyrylreste, so erhält man gleichartig wirkende Substanzen, welche jedoch wegen ihrer ungemein schweren Löslichkeit nur sehr langsam zur Wirkung gelangen und daher vor dem Standardpräparat dieser Reihe, dem Phenacetin, keine Vorzüge besitzen. Wird im Acetyl-p-aminophenol der Hydroxylwasserstoff durch eine Methylgruppe ersetzt, so gelangt man zum Methacetin[2]), wird der Hydroxylwasserstoff durch eine Äthylgruppe ersetzt, so erhält man Phenacetin.

Phenetidin ist p-Aminoäthoxyphenol, es ist die Ausgangssubstanz für Synthesen einer Reihe von antipyretischen Mitteln, von denen sich einige das Bürgerrecht in der Pharmakotherapie erworben haben.

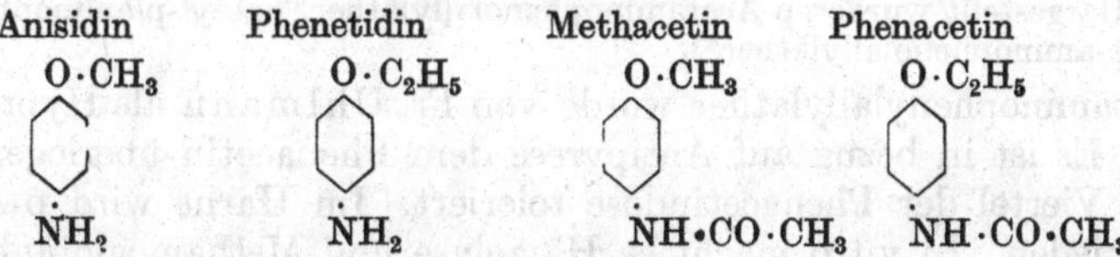

Für diese Phenetidinverbindungen, sowie für alle Derivate des Anilins gilt, daß, je stärker eine Verbindung dieser Reihe substituiert, d. h. mit je mehr oder mit je längeren Seitenketten, desto weniger giftig ist sie, während die einfacheren Verbindungen viel zu heftig und viel zu rapid wirken, um gefahrlos als Antipyretica dienen zu können. Aber die Seitenketten müssen gewisse Eigenschaften haben. Sie müssen im Körper angreifbar sein, damit die Verbindung keinen zu starren Charakter gewinne und allmählich die einfachere aus der komplizierteren im Organismus hervorgehe.

Freies Phenetidin ist naturgemäß viel giftiger als acetyliertes (Braatz und Henck). Es eignet sich auch weder frei noch als Salz in der Therapie und

[1]) Therap. Monatsh. 1893, S. 577.

[2]) Empfohlen von Mahnert: Wien. klin. Wochenschr. 1889, Nr. 13 u. Wien. med. Blätter 1889, Nr. 28 u. 29.

kann mit dem Phenacetin durchaus nicht konkurrieren. In kleinen Mengen erzeugt es Nephritis[1]).

Phenacetin, der wichtigste Repräsentant dieser Gruppe und der erste Körper, der aus dieser Gruppe in die Therapie eingeführt wurde, wird nach folgenden Methoden dargestellt:

Man ging ursprünglich vom p-Nitrophenol aus, welches man mittels Halogenäthyl in den p-Nitrophenoläther verwandelte. Durch Reduktion dieses Äthers gelangt man zum Phenetidin, d. i. p-Aminophenoläthyläther. Durch Kochen mit Eisessig erhält man das Acetylderivat: Phenacetin.

Technisch wurde vielfach folgendes Verfahren angewandt. Man diazotiert p-Aminophenetol, behandelt das Diazoderivat mit Phenol und Soda, wobei sich Monoäthyldioxyazobenzol

$O \cdot C_2H_5$ OH

N=====N

quantitativ abscheidet. Dieses führt man nun durch Äthylieren in das symmetrische Diäthyldioxyazobenzol

$O \cdot C_2H_5$ $O \cdot C_2H_5$

N=====N

über. Wenn man diesen Körper mit Zinn und Salzsäure reduziert, so erhält man 2 Mol. Phenetidin, von denen das eine acetyliert wird und Phenacetin liefert, während das andere wieder zur Darstellung einer neuen Menge Phenetidin dient.

Täuber empfahl eine Methode, bei welcher zuerst Acetyl-p-aminophenol dargestellt wird, welches dann mit äthylschwefelsaurem Kali erhitzt, Phenacetin gibt[2]). Selbstredend kann man nach den gleichen Methoden zum Methacetin gelangen; es wird bei denselben Prozessen nur methoxyliert statt äthoxyliert.

Acylderivate des p-Aminophenylallyläthers erhält man durch Einwirkung aliphatischer Säuren, von Säureanhydriden oder Säurehalogeniden gegebenenfalls in Gegenwart geeigneter Verdünnungs- oder Kondensationsmittel auf p-Aminophenylallyläther.

Beschrieben sind: p Acetaminophenylallyläther, Lactylaminophenylallyläther, Isovaleryl-p-aminophenylallyläther, α-Bromisovaleryl-p-aminophenylallyläther. Die Verbindungen sind angeblich kräftige Schlafmittel, die mit der schlafmachenden sedative und antineuralgische Eigenschaften vereinigen[3]).

Man behandelt die Acylderivate des p-Aminophenols mit Allylhalogenid und Alkali. Dargestellt wurden p-Acetaminophenolallyläther, Lactyl-p-aminophenolallyläther, Formyl-p-aminophenolallyläther[4]).

Acetaminophenylallyläther wurde von Fr. Uhlmann als Hypnoticum empfohlen. Es ist in bezug auf Antipyrese dem Phenacetin überlegen, doch wird nur ein Viertel der Phenacetindose toleriert. Im Harne wird p-Aminophenol ausgeschieden. In vitro macht es Hämolyse und Methämoglobinbildung. Mit Dial kombiniert, zeigt es eine Potenzierung der Wirkung. Ein Gemisch beider wird Dialecetin genannt[5]).

Es ist ein charakteristisches Zeichen für die ganze Gruppe der sich vom Anilin oder p-Aminophenol ableitenden Körper, daß, wenn sie in den Organismus gelangen und wirksam sind, der Harn die Indophenolreaktion gibt. Diese wird in der Weise ausgeführt, daß man zum Harn 2 Tropfen Salzsäure und 2 Tropfen von einer 1proz. Natriumnitritlösung zusetzt, wodurch Phenetidin diazotiert wird. Setzt man nun eine alkalische α-Naphthollösung zu, so kuppelt sich die Diazoverbindung mit α-Naphthol und es entsteht eine Rotfärbung, die beim Ansäuern mit Salzsäure einer Violettfärbung Platz macht. Wenn Anilin-

1) Therap. Monatsh. 1888, S. 358; 1893, S. 580. 2) D.R.P. 85988.
3) Ciba, D.R.P. 310967. 4) Ciba, D.R.P. 332204, Zus. zu D.R.P. 310967.
5) Schweiz. med. Wochenschr. Bd. 50, S. 171. 1920.

und Phenetidinderivate im Tierversuch beim Verfüttern keine Antipyrese erzeugen, so läßt sich auch immer zeigen, daß der Harn keine Indophenolreaktion gibt. Bei starker Antipyrese bekommt man starke Indophenolreaktion, bei schwacher Antipyrese eine geringe Indophenolreaktion. Die antipyretische Wirkung der Anilin- und p-Aminophenolderivate ist, soweit es sich übersehen läßt, innerhalb gewisser Grenzen, der Menge des im Organismus abgespaltenen p-Aminophenol oder p-Acetylaminophenol proportional oder annähernd proportional [G. Treupel und O. Hinsberg[1])]. Ein kleiner Teil des eingeführten Phenacetins wird als Acetyl-p-aminophenolätherschwefelsäure ausgeschieden, ein Teil wahrscheinlich als Phenacetin und ein Teil in einer linksdrehenden Verbindung, wahrscheinlich als gepaarte Glykuronsäure [K. A. H. Mörner[2])].

Alle echten Antipyretica und Antalgica dieser Reihe spalten im Organismus p-Aminophenol oder Acylaminophenol ab. Dagegen zeigt der Harn nach Eingabe antipyretisch unwirksamer Präparate dieser Gruppe niemals eine Indophenolreaktion. Die Wirkungen eines Präparates variieren hinsichtlich der Intensität bei verschiedenen Individuen stark.

Treupel und Hinsberg untersuchten folgende Verbindungen:

Dulcin $C_6H_4<\genfrac{}{}{0pt}{}{O\cdot C_2H_5}{NH\cdot CO\cdot NH_2}$ wirkt antipyretisch, ohne Nebenwirkungen.

Lactylaminophenoläthylcarbonat $C_6H_4<\genfrac{}{}{0pt}{}{O\cdot CO\cdot O\cdot C_2H_5}{NH\cdot CO\cdot CH(OH)\cdot CH_3}$ wirkt antipyretisch und erzeugt die nämlichen toxischen Erscheinungen wie Phenacetin und Methacetin, in gleichen Dosen verabreicht. Die narkotischen Wirkungen aber sind geringer. Die Zerlegung im Organismus erfolgt langsamer.

Acetaminophenolbenzoat $C_6H_5\cdot CO\cdot O\cdot C_6H_4\cdot NH\cdot CO\cdot CH_3$ wirkt schwächer als Phenacetin, die Zerlegung erfolgt langsamer.

Acetäthylaminophenolacetat $CH_3\cdot CO\cdot O\cdot C_6H_4\cdot N(C_2H_5)\cdot CO\cdot CH_3$ erzeugt Rauschzustand mit Taumeln, ähnlich wie Äthylphenacetin, nur verläuft der Rauschzustand viel rascher als bei jener Verbindung und die narkotische Wirkung tritt mehr zurück. Beim Menschen ist es nur schwach antipyretisch wirksam. Dagegen sind antineuralgische und wahrscheinlich auch narkotische Eigenschaften vorhanden.

Oxyphenacetinsalicylat $CH_3\cdot CO\cdot NH\cdot C_6H_4\cdot O\cdot C_2H_4\cdot O\cdot CO\cdot C_6H_4\cdot OH$ wird im Organismus in Salicylsäure und wahrscheinlich Oxyphenacetin gespalten, welches dann ähnlich dem Phenacetin in Acetaminophenol übergeht. Der Harn gibt Indophenol- und Salicylsäurereaktion. Mit den supponierten Spaltungsprodukten stimmen auch die sonstigen physiologischen Eigenschaften, namentlich die schwach narkotische Wirkung, zusammen. Beim Menschen ist es nur unbedeutend antipyretisch wirksam, weil es relativ langsam zerlegt und die Anhäufung der Spaltungsprodukte verhindert wird. Dagegen besitzt es antineuralgische und antirheumatische Eigenschaften[3]).

Es wird durch Erhitzen von Chlor- oder Bromphenacetin mit Natriumsalicylat gewonnen[4]).

Eine Regelmäßigkeit ergibt sich bei den in der Hydroxylgruppe acylierten Aminophenolen:

$$CH_3\cdot CH(OH)\cdot CO\cdot HN\cdot C_6H_4\cdot O\cdot CO\cdot O\cdot C_2H_5 \quad \text{und} \quad CH_3\cdot CO\cdot HN\cdot C_6H_4\cdot O\cdot CO\cdot C_6H_5$$

Diese Verbindungen scheinen sich im tierischen Organismus etwas langsamer zu spalten als die Alkyläther der N-Acylaminophenole (Phenacetin, Lac-

[1]) Arch. f. exp. Pathol. u. Pharmakol. Bd. 33, S. 216.
[2]) Hoppe-Seylers Zeitschr. f. physiol. Chem. Bd. 13, S. 12. 1889.
[3]) Zentralbl. f. inn. Med. 1897, Nr. 11. [4]) D.R.P. 88950.

tophenin). Ferner ist der physiologische Koeffizient der in die Hydroxylgruppe eintretenden Acylgruppen anscheinend weit kleiner als derjenige, der an gleicher Stelle eintretenden Alkylgruppen.

Die chemisch recht weit auseinanderliegenden Verbindungen

$$CH_3\cdot CO\cdot HN\cdot C_6H_4\cdot O\cdot CO\cdot O\cdot C_2H_5 \quad \text{resp.} \quad CH_3\cdot \underset{OH}{CH}\cdot CO\cdot HN\cdot C_6H_4\cdot O\cdot CO\cdot C_2H_5$$

$$\text{und } CH_3\cdot CO\cdot HN\cdot C_6H_4\cdot O\cdot CO\cdot C_6H_5$$

stehen einander physiologisch noch recht nahe, namentlich in bezug auf antipyretische und antineuralgische Eigenschaften, während die chemisch nur durch eine CH_2-Gruppe unterschiedenen Verbindungen

$$CH_3\cdot CO\cdot NH\cdot C_6H_4\cdot O\cdot C_2H_5 \text{ und } CH_3\cdot CO\cdot NH\cdot C_6H_4\cdot O\cdot C_3H_7$$

schon beträchtliche physiologische Differenzen aufweisen.

Die Wirkung der Substitution von Hydroxyl- und Aminowasserstoff im p-Aminophenol ist die folgende: Acetaminophenol hat kräftige antipyretische, antineuralgische und wahrscheinlich schwach narkotische Eigenschaften. Substitution des Wasserstoffes der Hydroxylgruppe: 1. Durch Methyl-: Die antipyretische und antineuralgische Wirkung wird etwas verstärkt. Geringere Methämoglobinbildung im Blut. 2. Durch Äthyl-: Die antipyretische Wirkung bleibt erhalten. Die narkotische Wirkung wird verstärkt. Viel geringere Methämoglobinbildung im Blut. 3. Durch Propyl-: Die antipyretische Wirkung bleibt erhalten, eher etwas schwächer. Methämoglobinbildung im Blut ist verringert, aber stärker als bei Methyl- und Äthyl-. 4. Durch Amyl-: Die antipyretische Wirkung wird verringert.

Das Maximum der antipyretischen und antineuralgischen Wirksamkeit liegt bei der Methylgruppe, die geringste Giftigkeit bedingt die Äthylgruppe. Die antipyretischen Eigenschaften nehmen mit steigender Größe der substituierten Alkylgruppen ab.

Bei der Substitution des Wasserstoffes der Imidgruppe durch Äthyl- sind die antipyretischen und narkotischen Eigenschaften nahezu gleich Null. Methämoglobin ist im Blut nicht nachweisbar.

Bei der Substitution des Wasserstoffes der OH-Gruppe bei gleichzeitiger Besetzung des Wasserstoffs der OH-Gruppe (durch Äthyl):

1. Durch CH_3. Beim Hunde: Die narkotische Wirkung wird sehr verstärkt, die Methämoglobinbildung im Blut vermindert. Beim Menschen: Die narkotische Wirkung wird verstärkt, die antineuralgische Wirkung ebenfalls verstärkt, die antipyretische Wirkung bleibt erhalten. Es tritt Reizwirkung auf Magen und Nieren ein.

2. Durch C_2H_5. Beim Hunde: Die narkotische Wirkung wird sehr verstärkt, die Methämoglobinbildung im Blut vermindert. Beim Menschen: Antipyretische und antineuralgische Wirkungen bleiben erhalten.

3. Durch C_3H_7. Beim Hunde: Die narkotische Wirkung ist im ganzen geringer als bei Äthyl und Methyl, dabei ist der Ablauf rascher, beim Menschen im ganzen geringer.

4. Durch C_5H_{11}. Die narkotische Wirkung ist sehr gering.

Das Maximum der narkotischen und antineuralgischen Wirkung liegt bei Methyl- (beim Hunde ist die Äthylgruppe ebenso wirksam). Das Maximum der antipyretischen Wirkung liegt bei Methyl- und Äthyl-. Die geringste Giftigkeit besitzt Äthyl.

Die narkotischen und wahrscheinlich auch die antineuralgischen Eigenschaften nehmen vom Äthyl- an mit steigender Größe der Alkylgruppe an Stärke ab[1]).

---

[1]) Arch. f. exp. Pathol. u. Pharmakol. Bd. 33, S. 216.

Der Komplex der physiologischen Wirkung selbst besteht aus der Wirkung der eingegebenen Substanz selbst, plus der Wirkung ihrer Zersetzungsprodukte im Organismus. Phenacetin ist wenig giftig, weil es sich langsam in Acetaminophenol und Äthylalkohol spaltet.

Acetyl-o-phenetidid

$$C_6H_4(O \cdot C_2H_5)(NH \cdot CO \cdot CH_3)$$

wirkt in mittleren Dosen antipyretisch, wie die entsprechende p-Verbindung; es ist aber bedeutend giftiger als Phenacetin.

Die vom Anilin abstammenden Antipyretica gehen demnach im Organismus in solche Derivate des p-Aminophenols über, welche beim Kochen mit Säuren leicht freies Aminophenol abspalten. Exalgin und Pyrodin tun es auch. — Das Zustandekommen der antipyretischen Wirkung bei diesen Körpern ist mit der Bildung von p-Aminophenol oder Acetaminophenol im Organismus verknüpft[1]). p-Aminophenol und Acetaminophenol besitzen beträchtliche antipyretische und auch antalgische Wirkungen. Werden die beiden Wasserstoffatome der Gruppen NH und OH im Acetaminophenol teilweise oder ganz durch Alkylgruppen ersetzt, so sieht man, daß alle diejenigen Alkylderivate, die antipyretisch, antalgisch, narkotisch wirken, im Organismus p-Aminophenol bzw. leicht spaltbare Derivate desselben liefern. (Nachweis durch die Indophenolreaktion.) Ein Alkylderivat hingegen, das im tierischen Organismus kein p-Aminophenol abspaltet, zeigt auch keine ausgesprochenen antipyretischen und antalgischen Wirkungen.

Methacetin, Phenacetin, Acetaminophenolpropyläther liefern p-Aminophenol leicht abspaltbar und wirken antipyretisch und antalgisch.

Ebenso spalten im Organismus p-Aminophenol ab und wirken antipyretisch N-Methylphenacetin, N-Äthylphenacetin, N-Propylphenacetin und N-Isopropylphenacetin.

Hingegen liefert N-Äthylacetaminophenol $C_6H_4{<}^{OH}_{N{<}^{C_2H_5}_{CO \cdot CH_3}}$ kein Aminophenol, wirkt nicht antipyretisch und verläßt den Organismus unzersetzt[2]). Diese letztere Angabe Treupels ist nicht erklärlich.

Wird der Imidwasserstoff des Phenacetins durch Alkylradikale (Methyl-, Äthyl-) ersetzt[3]), so sind diese Verbindungen, Methylphenacetin und Äthylphenacetin, ungiftig, haben eine vom Phenacetin differierende Wirkung, da sie nicht oder nur sehr wenig antipyretisch wirken, hingegen aber schwach hypnotische Eigenschaften zeigen.

Man stellt sie dar[4]) durch Behandlung von Phenacetinnatrium mit Alkyljodiden oder durch Behandeln von p-Alkylphenetidin mit Essigsäureanhydrid oder schließlich, indem man zuerst p-Acetylaminophenol in seine Dinatriumverbindung verwandelt und mit Alkylhaloiden in Umsetzung bringt.

N-Methylaminophenol erhält man aus p-Aminophenol und Formaldehyd ohne Alkali und Reduktion mit aktiviertem Aluminium oder aus Methylen-p-aminophenol[5]).

N-Monomethyl-p-aminophenol erhält man, indem man N-Monoarylsulfo-p-aminophenolester der Formel $C_6H_4\,(NH \cdot SO_2 \cdot Aryl)^1 \cdot (O \cdot Acidyl)^4$ durch Behandlung mit Methylierungsmitteln am N-Wasserstoffatom methyliert und die so erhaltenen N-Monoarylsulfomethyl-p-aminophenolester $C_6H_4\,[N\,(CH_3) \cdot SO_2 \cdot Aryl]^1 \cdot (O \cdot Acidyl)$ durch Behandeln mit Verseifungsmitteln im N-Monomethyl-p-aminophenol übergeführt werden. Dargestellt wurden N-Toluolsulfomonomethyl-p-aminophenoltoluolsulfoester und aus diesem durch Erhitzen mit Schwefelsäure N-Monomethyl-p-aminophenol[6]).

---

[1]) Zentralbl. f. inn. Med. 1897, Nr. 11.

[2]) Treupel, Dtsch. med. Wochenschr. 1895, S. 224. — D.R.P. 79098.

[3]) D.R.P. 57337, 57338.

[4]) D.R.P. 53753, 54990.

[5]) Riedel, Berlin, D.R.P. 406533.

[6]) Ciba, Schw.P. 88561.

Es ist bemerkenswert, daß die narkotische Wirkung des Phenacetins durch den Eintritt des Methyls oder Äthyls in den Ammoniakrest bedeutend erhöht wird.

N-Isopropylphenacetin $C_6H_4\left\langle\begin{matrix} O \cdot C_2H_5 \\ N\left\langle\begin{matrix} CH\left\langle\begin{matrix} CH_3 \\ CH_3 \end{matrix}\right. \\ CO \cdot CH_3 \end{matrix}\right. \end{matrix}\right.$ hat erheblich schwächere narkotische Eigenschaften als die beiden niedrigeren Homologen. Auch N-Propylphenacetin, N-Butylphenacetin und N-Amylphenacetin zeigen gegenüber den beiden ersten Gliedern der Reihe eine bedeutend abgeschwächte narkotische Wirkung. Das Maximum derselben wird demnach für die homologen N-Alkylphenacetine bei der durch den Äthylrest substituierten Verbindung erreicht, hingegen liegt das Maximum der Antipyrese bei den im Hydroxyl substituierten Acetaminophenolen beim Methylrest, und wird bei den homologen immer schwächer. Die Äthylverbindung (Phenacetin) wirkt nur am stärksten narkotisch.

Die Homologen des Phenetidins mit verschiedenen Alkylradikalen erweisen sich sämtlich als stark giftig, und die Harnstoffderivate zeigen durchgehend nicht den süßen Geschmack, der p-Phenetol- und der p-Anisol-Harnstoff auszeichnet. L. Spiegel und S. Sabbath[1]) untersuchten Derivate mit gesättigten primären, sekundären und tertiären aliphatischen, sowie gemischten Radikalen.

Die vorzügliche Wirkung des Phenacetins, welches billig, dabei sicher und prompt entfiebernd wirkt und äußerst geringe giftige Nebenwirkungen zeigt, dabei sich als ein gutes Antineuralgicum erweist, hat dem Phenacetin zu einer großen Verbreitung verholfen. Es ist vielleicht das unschädlichste aller Fiebermittel. Man war um so mehr bedacht, analog gebaute und daher analog wirkende Körper darzustellen, da der p-Aminophenolkern, welcher das eigentlich Wirksame darstellt, nach mehreren Richtungen hin zahlreiche Variationen zuließ. Die Variationen waren vorzüglich nach drei Seiten hin möglich. 1. Es konnte statt des Aminophenols, statt des Kernes, ein homologer Körper eingeführt werden; 2. konnte das saure Radikal in der Aminogruppe; 3. das Alkyl, welches den Hydroxylwasserstoff ersetzt, variiert werden. Für solche Verbindungen bestand nur nach einer Richtung hin ein Bedürfnis. Phenacetin ist nämlich im Wasser sehr schwer löslich und wird daher langsam resorbiert. Es konnte also nur ein solcher Körper dem Phenacetin gegenüber aufkommen, welcher in Wasser leichter löslich und rascher zur Resorption und Wirkung gelangt. Bei diesen Darstellungen muß man vor allem in Betracht ziehen, daß der saure Rest, welcher Aminowasserstoff ersetzt, keineswegs so labil beschaffen sein darf, daß er schon von der Salzsäure des Magensaftes abgespalten wird. In diesem Falle würde man nämlich salzsaures Phenetidin erhalten, welches wie alle Phenetidinsalze weit giftiger wirkt als das acetylierte Derivat. Die acylierten Phenetidine (diese Forderung muß man an alle eingeführten stellen), dürfen von 2proz. Salzsäure bei Körpertemperatur nicht zerlegt werden.

Von den Variationen des Acetylrestes sind noch einige erwähnenswert.

Wenn man p-Aminophenoläther mit ameisensaurem Natron und etwas freier Ameisensäure erhitzt, so erhält man die Formylverbindung dieses Äthers $HCO \cdot NH \cdot C_6H_4 \cdot OC_2H_5$[2]), welche sich merkwürdigerweise wesentlich vom Phenacetin unterscheidet, dadurch, daß ihr antipyretische Eigenschaften so gut wie gar nicht zukommen; dagegen zeigt sie eine außerordentlich große Einwirkung auf das Rückenmark, hebt die Wirkung des Strychnins auf und ist somit ein vorzügliches Gegengift gegen dasselbe. Die ursprüngliche Vermutung, daß dieser Körper bei krampfhaften Zuständen von Wichtigkeit sein werde,

---

[1]) Ber. d. dtsch. chem. Ges. Bd. 34, S. 1936. 1901. [2]) D.R.P. 49075.

hat sich anscheinend nicht bestätigt. Die depressive Wirkung auf das Rückenmark dürfte aber die Anwendung dieses Derivates für jeden anderen Zweck völlig ausschließen.

Ersetzt man den Acetylrest im Phenacetin durch den Propionylrest, so gelangt man zu einem Antipyreticum und Antineuralgicum, welches Mering Triphenin $C_2H_5O \cdot C_6H_4 \cdot NH \cdot CO \cdot CH_2 \cdot CH_3$ genannt hat. Es zeigt eine geringe Löslichkeit und langsame Resorption[1]) und darum eine milde Wirkung. Durch Substitution eines Wasserstoffes im basischen Rest des Phenetidins durch Valeriansäure erhielt man Valerydin $C_6H_4 (OC_2H_5) NH \cdot CO \cdot C_4H_9$. Wird statt der Propionsäure Milchsäure eingeführt, so wirkt das entstehende Lactophenin weniger energisch entfiebernd, wird statt der Oxypropionsäure Dioxypropionsäure (Glycerinsäure) eingeführt, so entsteht eine ganz unwirksame Substanz[2]), so daß die Anreicherung des Fettsäureradikals an OH-Gruppen dieses unangreifbar macht und die Wirkung des p-Aminophenols nicht ausgelöst werden kann.

Ersetzt man den Acetylrest durch eine Lactylgruppe, so gelangt man zum Lactophenin[3]) $C_2H_5O \cdot C_6H_4 \cdot NH \cdot CO \cdot CH(OH) \cdot CH_3$.

Die Lactylderivate des p-Phenetidins[4]), wie des p-Anisidins, des Methylanilins und Äthylanilins werden gewonnen durch Erhitzen der milchsauren Salze dieser Basen auf 130—180° oder durch Erhitzen der Basen mit Milchsäureanhydrid oder Milchsäureestern auf die gleiche Temperatur. Ebenso kann man sie erhalten durch Erhitzen der Basen mit Lactamid[5]). Eine einfache Modifikation scheint folgendes Verfahren zu bieten. Die Basen werden mit dem Chlorid oder Bromid einer α-Halogenpropionsäure behandelt und die gebildeten α-Halogenpropionylbasen in alkoholischer Lösung mit Natriumacetat gekocht, wobei unter Austritt von Halogen sich das Lactylderivat bildet, welches nach Abdestillieren des Alkohols mit Wasser gefällt wird[6]).

Lactophenin ist leichter löslich als Phenacetin. Die Lactylgruppe bewirkt, daß es stärker beruhigend und nach einigen Beobachtern deutlich hypnotisch wirkt. Lactophenin hat eine, wenn auch nicht so große Verbreitung wie das Phenacetin, so doch eine sehr beträchtliche erlangt, wohl hauptsächlich infolge seiner vorzüglichen antineuralgischen Eigenschaften. Doch muß bemerkt werden, daß der Lactylrest im Lactophenin nicht so fest sitzt wie der Acetylrest im Phenacetin und durch Salzsäure leichter abgespalten werden kann. Lactophenin wurde besonders von Jaksch[7]) bei Typhus empfohlen.

Dipropylacet-p-phenetidid[8]) $\begin{matrix} C_3H_7 \\ C_3H_7 \end{matrix}{>}CH \cdot CO \cdot NH \cdot C_6H_4 \cdot OC_2H_5$ erhält man durch Erhitzen von Dipropylessigsäure mit p-Phenetidin. Das Produkt soll bei akutem und chronischem Rheumatismus verwendet werden, da es hypnotische und schmerzlindernde Wirkung besitzt.

Durch Einwirkung von Dialkylmalonylchlorid auf Phenetidin erhält man dialkylierte Malonylphenetidide, welche auch eine schlafmachende Wirkung haben. Dargestellt wurden Diäthylmalonylphenetidid und Dipropylmalonyl-p-phenetidid[9]).

Glykolyl-p-aminophenoläther erhält man durch Erhitzen der p-Aminophenoläther mit den Anhydriden der Glykolsäure (Glykolid oder Polyglykolid). Beschrieben sind Glykolyl-p-phenetidid und Glykolyl-p-anisidid[10]).

Der Ersatz eines Aminowasserstoffes durch Methylglykolsäure $CH_3 \cdot O \cdot CH_2 \cdot COOH$ im Phenetidin bietet gar keine Vorteile. Der Körper (Kryofin) ist angeblich geruch- und geschmacklos. Die Lösungen schmecken bitter und beißen im Munde. Aber es ist durchaus nicht einzusehen, welcher theoretische Grund vorhanden sein könnte, statt der Acetylgruppe einen Methylglykolsäurerest einzuführen.

---

1) Gaude, G.: Diss. Halle. 1898. 2) Deutsch, Diss. Halle. 1898.
3) Schmiedeberg, O.: Therap. Monatsh. 1894, S. 422.
4) D.R.P. 70250, 90595. 5) D.R.P. 81539. 6) D.R.P. 85212.
7) Prager med. Wochenschr. 1894. 8) Akt.-Ges. f. Anilinfabr., Berlin, D.R.P. 163034.
9) D.R.P. 165311. 10) Höchst, D.R.P. 306938.

Eine Variation des Acetylrestes, welche sich aber in der Praxis nicht zu halten vermochte, stellt Amygdophenin $C_2H_5O \cdot C_6H_4 \cdot NH \cdot CO \cdot CH(OH) \cdot C_6H_5$ dar.

Dieser Körper wird dargestellt durch Erhitzen von Mandelsäure mit p-Phenetidin auf 130—170° C.

Im Phenetidin wird ein Wasserstoff der Aminogruppe durch den Mandelsäurerest ersetzt. Die Mandelsäure soll im Amygdophenin wohl eine ähnliche Funktion ausüben wie etwa im Tussol (mandelsaures Antipyrin) (s. d.), zugleich aber entgiftend wirken. Es wirkt schwächer antipyretisch als Phenacetin, hat aber stärkere antiseptische Eigenschaften, auf die es wohl nicht ankommt[1]). Die Verbindung ist ein schwer lösliches, voluminöses Pulver. Es läßt sich experimentell nachweisen, daß die mangelhafte Wirkung dieses Phenetidinderivates mit aromatischem Säureradikal darauf zurückzuführen ist, daß es wegen seiner schweren Löslichkeit vom Magendarmkanal schlecht resorbiert wird und überdies noch wegen der schweren Abspaltbarkeit des entgiftenden Säureradikales nur wenig p-Aminophenol in physiologische Reaktion treten kann, ein Verhalten, dem wir bei allen Substitutionsprodukten des Phenetidins mit aromatischen Radikalen begegnen werden[2]). Auch die Hydroxylgruppe im aromatischen Säurerest trägt zur Schwächung der Gesamtwirkung bei.

In dieselbe Gruppe gehört auch Pyrantin [Piutti[3])]. Die einzige Begründung für die Darstellung dieses Körpers mag wohl die sein, daß hier beide Wasserstoffe der Aminogruppe im Phenetidin durch Säureradikale ersetzt sind.

Man läßt Bernsteinsäureanhydrid auf Phenetidin einwirken und gelangt so zum p-Äthoxyphenylsuccinimid[4]),

$$\text{p-Äthoxyphenylsuccinimid}\quad C_6H_4\begin{cases} O \cdot C_2H_5 \\ N\begin{cases} OC \cdot CH_2 \\ \quad\;\; | \\ CO \cdot CH_2 \end{cases} \end{cases}$$

Das Natronsalz ist wasserlöslich. Es ist ein Antipyreticum von nicht sicherer Wirkung. Dieser Körper hat gar keine schädlichen Nebenwirkungen auf den Blutfarbstoff[5]). Aber schon Phenacetin zeichnet sich durch den Mangel dieser schädlichen Nebenwirkungen aus, obgleich ein ersetzbarer Wasserstoff in der Aminogruppe vorhanden ist, und aus dem früher Erwähnten wissen wir, daß auch das Ersetzen des zweiten Wasserstoffes in der Aminogruppe des Phenacetins durch eine Acetylgruppe dem so gebildeten Körper keine Vorzüge vor dem einfach acetylierten verleiht.

Übrigens ist Diacet-p-phenetidid $C_2H_5 \cdot O \cdot C_6H_4 \cdot N(CO \cdot CH_3)_2$, in welchem beide Wasserstoffatome durch Acetylradikale ersetzt sind, ein recht unbeständiger Körper. Eine Acetylgruppe wird schon durch Luftfeuchtigkeit allmählich abgespalten. A. Bistrzycki und F. Ulffers[6]) behaupten, daß Diacet-p-phenetidid gegenüber dem Phenacetin eine wesentliche Steigerung der antipyretischen Wirkung aufweist; es genügen zur Hervorbringung der gleichen Wirkung um ein Viertel geringere Dosen als von Monoacet-p-phenetidid (Phenacetin). Dieses ist aus theoretischen Gründen, insbesondere wenn man die Resultate der Untersuchungen von Treupel und Hinsberg berücksichtigt, einfach unmöglich.

Diacet-p-phenetidid wird durch Erhitzen von Phenacetin mit 4 Mol. Essigsäureanhydrid durch 8—10 Stunden im geschlossenen Gefäß auf 200° erhalten[7]).

Man hat auch versucht, Citronensäurederivate des Phenetidins als Ersatzmittel des Phenacetins darzustellen und auf den Markt zu bringen. M. v.

---

[1]) Zentralbl. f. inn. Med. 1895, Nr. 46.
[2]) Treupel u. Hinsberg: Arch. f. exp. Pathol. u. Pharmakol. Bd. 33, S. 216.
[3]) Chem. Ztg. 1896, Nr. 54. [4]) D.R.P. 73804, s. a. D.R.P. 88919.
[5]) Dtsch. Arch. f. klin. Med. Bd. 64, S. 559.
[6]) Ber. d. dtsch. chem. Ges. Bd. 31, S. 2788. 1899. [7]) D.R.P. 75611.

Nencki hat gezeigt, daß die toxischen Eigenschaften einer aromatischen Verbindung durch Einführung einer Carboxylgruppe schwächer werden oder sogar gänzlich schwinden können; wenn man nun in der Citronensäure, welche ja dreibasisch ist, in einem Carboxyl ein Phenetidin substituiert, so erhält man eine Verbindung, welche noch zwei freie Carboxylgruppen enthält.

$$\begin{array}{l} CH_2\cdot COOH \\ | \\ C(OH)\cdot COOH \\ | \\ CH_2\cdot CO\cdot NH\cdot C_6H_4\cdot O\cdot C_2H_5 \end{array}$$

Sie wird dargestellt, ebenso wie die Diphenetidincitronensäure

$$\begin{array}{l} CH_2\cdot CO\cdot NH\cdot C_6H_4\cdot O\cdot C_2H_5 \\ | \\ C(OH)\cdot COOH \\ | \\ CH_2\cdot CO\cdot NH\cdot C_6H_4\cdot O\cdot C_2H_5 \end{array}$$

durch Erhitzen von Phenetidin mit Citronensäure bzw. Citronensäurechlorid oder -ester evtl. unter Zusatz wasserentziehender Mittel auf 100—200°[1]).

Nach dem gleichen Verfahren kann man auch vom p-Anisidin statt Phenetidin ausgehend zur p-Anisidincitronensäure gelangen.

Diese Monophenetidincitronensäure wurde Apolysin genannt. Anfangs von M. v. Nencki und Jaworski[2]) als Phenacetinersatzmittel warm empfohlen, welches selbst in großen Dosen gegeben werden konnte, erwies es sich aber dem Phenacetin gegenüber als durchaus nicht überlegen. So zeigten die Untersuchungen von Jez[3]), daß es durchaus unschädlich, da selbst 8 g täglich keine unangenehmen Nebenwirkungen machten. Es wirkt auf Fieber nur wenig und entbehrt völlig die schmerzstillenden Eigenschaften des Phenacetins. Man sieht durchaus klar, wie die Anwesenheit der beiden freien Carboxylgruppen im Citronensäurerest des Apolysins das Eintreten der eigentümlichen Phenetidinwirkung zu verhindern mögen.

Das primäre Citrat des p-Phenetidins und des p-Anisidins wird dargestellt durch einfaches Zusammenbringen von je 1 Mol. Citronensäure und p-Phenetidin in alkoholischer Lösung. Die Lösung wird der Krystallisation überlassen[4]).

Gleichzeitig mit dem Apolysin kam ein anderes Citronensäurederivat des Phenetidins auf den Markt. Die Citronensäurederivate sollen nach der Anschauung der Darsteller nicht nur die Phenetidinwirkung, sondern auch die Citronensäurewirkung hervorbringen. Citronensäure hat eine „belebende und anregende“ Wirkung auf das Herz, und da nun Phenetidin in größeren Dosen herzschwächende Wirkungen hat, so wirkt hier die Citronensäure angeblich antagonistisch. Benario, welcher dieses von J. Roos dargestellte Derivat einführen wollte, behauptete, daß es das Triphenetidid der Citronensäure sei, d. h., daß in der Citronensäure jede Carboxylgruppe mit einem Phenetidin reagiert habe. Als Formel wurde angegeben:

$$\begin{array}{l} \quad\;\; CH_2\cdot CO \\ \qquad | \\ OH\cdot C\cdot CO \longrightarrow (NH\cdot C_6H_4\cdot O\cdot C_2H_5)_3 \\ \qquad | \\ \quad\;\; CH_2\cdot CO \end{array}$$

Die Untersuchungen von H. Hildebrandt[5]) zeigten aber, daß dieses angebliche Citronensäurephenetidid nichts anderes sei als das citronensaure Salz des Phenetidins.

[1]) D.R.P. 87428, 88548.
[2]) Dtsch. med. Wochenschr. 1895, S. 523. — Allg. med. Zentralztg. 1895, Nr. 60 u. 62. — Zentralbl. f. klin. Med. 1895, Nr. 45.
[3]) Wien. klin. Wochenschr. 1896, Nr. 2. [4]) D.R.P. 101951.
[5]) Zentralbl. f. inn. Med. Bd. 16, S. 1089.

Citrophen gibt nämlich mit Eisenchlorid direkt Rotfärbung, d. h. die Phenetidinreaktion, Apolysin, welches unter Wasseraustritt gebildet wurde, gibt diese Eisenreaktion direkt nicht, sondern erst nach Kochen mit Säure. Die physiologische Wirkung des Citrophens kann sich daher von der eines anderen Phenetidinsalzes nicht unterscheiden. In der Praxis hat sich weder Apolysin noch Citrophen bewährt. Apolysin zeigte vorerst die Eigentümlichkeit, daß es sich durch Säure im Magen leicht in Citronensäure und Phenetidin zerlegt, eine unangenehme Nebenwirkung, wie sie auch manchmal schon bei Lactophenin bemerkbar wird. Aber innerhalb des Kreislaufes ist Apolysin nur äußerst schwer spaltbar und daher die negativen Resultate von Jez. Wenn man einem Tiere subcutan Apolysin injiziert, so kann man im Harn weder Phenetidin, noch Aminophenol nachweisen.

Äthylsulfon-p-phenetidid, dargestellt durch Einwirkung von Äthylsulfochlorid auf p-Phenetidin, wirkt schwach antipyretisch und schwächer anästhesierend als Phenacetin. Es wirkt nach E. Roos hypnotisch[1]).

Das Salicylderivat des Phenetidins, welches sowohl schwer resorbierbar als auch im Organismus schwer spaltbar ist, verhält sich nach dieser Richtung hin ähnlich, wie wir es bei den Salicylderivaten der anderen antipyretisch wirkenden Basen zu bemerken Gelegenheit hatten. Salicylphenetidid $HO \cdot C_6H_4 \cdot CO \cdot NH \cdot C_6H_4 \cdot O \cdot C_2H_5$ wirkt nicht oder nur sehr wenig.

Schubenko[2]), der diesen Körper zuerst untersuchte, glaubte erwarten zu können, daß infolge Verkettung des Phenetidins und der Salicylsäure eine weit größere antifebrile und antirheumatische Wirkung entfaltet werden würde, als wie sie die Salicylsäure allein auszuüben vermag. Die weiteren Untersuchungen zeigten aber, daß der Körper gar nicht im Organismus zerlegt wird. Man kann im Menschenharn die Substanz als solche unzerlegt nachweisen. Salicylphenetidid ist also ein indifferenter, weil im Organismus nicht angreifbarer Körper. Dasselbe kann man auch bei Verwendung des Benzoylphenetidids und Anisylphenetidids beobachten, die aus gleichem Grunde wenig oder gar nicht wirksam sind. Insbesondere die Hydroxylgruppen im Säurerest schwächen augenscheinlich die Wirkungen der Gesamtsubstanz. So liefert die hydroxylreiche Chinasäure ein ganz unwirksames Phenetidinderivat[3]). Auch Amygdophenin ist wenig wirksam (s. d.).

Zu den Kombinationen von zwei wirksamen Körpern, bei welchen auch die entgiftende Säuregruppe nach der Abspaltung im Organismus für sich therapeutische Wirkungen ausübt, gehören die Phenoxacet-p-aminophenolderivate.

Phenoxacetsäure wird durch Einwirken von Chloressigsäure auf Phenol erhalten[4]), diese Säure wird in molekularen Mengen mit p-Phenetidin resp. anderen Basen auf 120 bis 140° erhitzt, bis keine Wasserabspaltung mehr stattfindet.

Nach diesem Verfahren lassen sich darstellen: Phenoxacet-p-aminophenol, Phenoxacet-p-anisidid, Phenoxacet-p-phenetidid, o-Kresoxacet-p-phenetidid sowie die entsprechende m- und p-Verbindung und Guajacoxacet-p-phenetidid[5]).

Phenoxyessigsäure konnte für sich trotz ihrer antiseptischen Eigenschaften keine Verwendung finden, da sie bitter und zugleich sauer schmeckt und einen eigentümlichen Geruch besitzt. Hingegen ist Phenoxyessigsäureanhydrid $C_6H_5 \cdot O \cdot CH_2 \cdot CO \cdot O \cdot CO \cdot CH_2 \cdot O \cdot C_6H_5$ ungiftig, geschmack- und geruchlos.

Das Anhydrid entsteht bei Behandlung der phenoxyessigsauren Salze mit Phosphoroxychlorid in Toluol[6]).

---

[1]) Authenrieth, W. u. R. Bernheim: Arch. d. Pharmazie u. Ber. d. dtsch. pharmazeut. Ges. Bd. 242, S. 579. 1904. — Jodlbauer, A.: Arch. internat. de pharmaco-dyn. et de thérapie Bd. 23, S. 3. 1913.

[2]) Diss. St. Petersburg. 1892. [3]) Therap. Monatsh. 1893, S. 582.

[4]) D.R.P. 108241. [5]) D.R.P. 82105, 83538. [6]) D.R.P. 120722.

Wenn man Salicylessigsäure mit Phenetidin auf 120° erhitzt, so entsteht Salicylessigsäurephenetidid $COOH\cdot C_6H_4\cdot O\cdot CH_2\cdot CO\cdot NH\cdot C_6H_4\cdot O\cdot C_2H_5$, so daß nur die Essigsäuregruppe reagiert, bei stärkerem Erhitzen reagieren beide Carboxylgruppen und man erhält Salicylessigsäurediphenetidid[1]).

Salicylessigsäurephenetidid (Phenosal) soll bei Ischias gute Wirkungen haben. Es hat sich als sehr wenig wirksam gezeigt, was aus den angeführten theoretischen Gründen ja leicht erklärlich ist.

Um die schweißtreibende Wirkung den Phenetidinderivaten zu verleihen, wurde Phenetidin mit Camphersäure kombiniert, indem Camphersäure mit Phenetidin bei 230° erhitzt wurde.

Camphersäurephenetidid $C_8H_{14}{<}{}^{CO}_{CO}{>}N\cdot C_6H_4\cdot OC_2H_5$

soll zugleich antipyretisch und antihydrotisch wirken[2]).

Agaricinsäure-di-p-phenetidid soll die schweißtreibende Wirkung der Agaricinsäure mit der antipyretischen des Phenetidins verbinden.

Es entsteht beim Erhitzen von 2—2½ Mol.-Gew.-Teilen p-Phenetidin mit 1 Mol. Agaricinsäure offen oder unter Druck bei 140—160°[3]). Agaricinsäure-mono-p-phenetidid entsteht bei der Reaktion zwischen je 1 Mol. der beiden Komponenten oder als Nebenprodukt bei dem Verfahren nach D.R.P. 130073[4]).

Koehler[5]) hat auf Veranlassung von Mering Phosphorsäuretriphenetidid, Acetylaminophenolbenzyläther und p-Toluolsulfonsäure-p-phenetidid auf ihre antithermische und antalgische Wirkung mit negativem Erfolg untersucht. Sie sind alle unschädlich und wirkungslos, weil der Organismus aus ihnen kein p-Aminophenol abspalten kann. Es verhalten sich also anorganische Säureradikale und Sulfosäuren wie aromatische Acyle, also gegenüber der Abspaltung im Organismus resistent, ebenso Aryle bei der Einführung in das Phenolhydroxyl.

Es wurden auch Versuche gemacht, die Aminogruppe des Phenetidins mit aromatischen Aldehyden oder Ketonen reagieren zu lassen. Von diesen Versuchen sind, da sie ja nach demselben Schema gehen, nur wenige erwähnenswert.

Wenn man Salicylaldehyd auf Phenetidin einwirken läßt, so gelangt man ohne äußere Wärmezufuhr direkt oder in alkoholischer Lösung unter stärkerer Wärmeentwicklung und Abspaltung von 1 Mol. Wasser zum Malakin[6]) $C_2H_5O\cdot C_6H_4\cdot N = CH\cdot C_6H_4\cdot OH$.

Malakin ist unlöslich in Wasser, und man konnte schon voraussetzen, daß es, wie die übrigen Salicylderivate, sich den spaltenden Eingriffen des Organismus gegenüber äußerst resistent verhalten werde.

Im Magen wird wohl durch die Salzsäure etwas Phenetidin abgespalten. Der Organismus selbst spaltet nur schwierig aus dieser Verbindung p-Aminophenol ab, daher sind sehr große Dosen notwendig. Man erzielt eine sehr langsame Wirkung und nur ein allmähliches Absinken der Temperatur. Da dieses Präparat teuer, die Dosen 8mal so hoch genommen werden müssen, da nur ein Teil der Substanz überhaupt zur Wirkung gelangt, so konnte es sich in der Praxis nicht halten.

Wenn man Phenetidin mit Acetophenon allein oder mit wasserentziehenden Mitteln erhitzt[7]), so erhält man den Körper

$$C_6H_4{<}{}^{O\cdot C_2H_5}_{N=\!=C{<}{}^{CH_3}_{C_6H_5}}$$

Die Darstellung des Acetophenonphenetidids[8]) geschieht am besten durch Zusammenbringen von Acetophenon und Phenetidin in einem evakuierten Kolben und Erhitzen bis zu starker Wasserausscheidung; hierauf wird der ganze Kolbeninhalt fraktioniert

---

[1]) D.R.P. 98707. [2]) Goldschmidt, C.: Chem.-Zeitg. 1901, S. 445.
[3]) D.R.P. 130073. [4]) D.R.P. 134981. [5]) Diss. Halle. 1899.
[6]) D.R.P. 79814, 79857. [7]) D.R.P. 98840. [8]) D.R.P. 87897.

destilliert. Das citronensaure Salz des Acetophenonphenetidids kommt als Malarin in den Handel.

Malarin ist ein sehr starkes Antipyreticum und Antineuralgicum. Hingegen ist die hypnotische und sedative Wirkung dieses Mittels wenig ausgeprägt[1]). Vor der Anwendung wird wegen seiner schroffen Wirkung und giftigen Nebenwirkungen gewarnt[2]).

Wenn man Zimtaldehyd auf Phenetidin einwirken läßt, so gelangt man zum Cinnamylphenetidid

$$N\begin{cases}C_6H_4 \cdot O \cdot C_2H_5\\ CH \cdot CH = CH \cdot C_6H_5\end{cases}$$

Dieses ist nicht indifferent, sondern es spaltet sich im Organismus in Zimtaldehyd bzw. Zimtsäure und p-Aminophenol. Über den therapeutischen Wert dieser von Schubenko dargestellten Substanz gilt das über die Aldehydderivate des Phenetidins Gesagte.

Es wurden nach dem analogen pharmakologischen und chemischen Prinzip eine Reihe von Substanzen dargestellt, aber praktisch nie verwendet, da diese Verbindungen keine neuen Eigenschaften bieten konnten:

Von Karl Goldschmidt eine Base aus p-Phenetidin und Formaldehyd, indem in stark saurer Lösung Phenetidin mit überschüssigem Formaldehyd bei Zimmertemperatur reagierte. Aus dem Reaktionsprodukt wurde die neue Base mit Natronlauge ausgefällt.

Von der Chininfabrik Zimmer & Co. in Frankfurt[3]) Vanillin-p-phenetidid durch Erhitzen von Vanillin mit Phenetidin.

Dieser Körper soll außer seiner antipyretischen auch desinfizierende und styptische Wirkung haben. Schon wegen des teuren Ausgangsmateriales (Vanillin) ist die neue Verbindung als Phenacetinersatzmittel durchaus ungeeignet.

Vanillin-p-aminophenolderivate kann man ferner erhalten[4]), wenn man statt des Vanillins Vanillinäthylcarbonat verwendet. Letzteres stellt man dar durch Einwirkung von Chlorameisensäureäther auf eine alkoholische Vanillinlösung bei Gegenwart von Ätzkali.

Ferner kann man Vanillin durch Phenacylvanillin und Phenetidin durch Acetophenon-p-aminophenoläther ersetzen.

Auf diese Weise werden dargestellt: Vanillinäthylcarbonat-p-phenetidid, Phenacylvanillin-p-phenetidid, Vanillin-phenacyl-p-aminophenol, Vanillinäthylcarbonat-phenacyl-p-aminophenol, Phenacylvanillin-phenacyl-p-aminophenol.

Vanillinäthylcarbonat-p-phenetidid, Eupyrin genannt, ist in Dosen von 15 g bei Hunden noch nicht toxisch[5]). Es wirkt sehr sanft, wie nach dem Vorhergesagten zu erwarten war.

Anscheinend einen von dem Zimmerschen Vanillin-p-phenetidid differenten Körper erhielt Karl Goldschmidt[6]) durch Erhitzen von Vanillin und Phenetidin auf 140° und Eingießen des Reaktionsproduktes in verdünnte Salzsäure.

Dieser Körper ist, im Gegensatz zum Zimmerschen, in Wasser leicht löslich und in Äther unlöslich. Er soll wenig giftig, stark antineuralgisch sowie schlafmachend wirken. Ähnlich läßt sich Protocatechualdehyd mit Phenetidin kondensieren und liefert ein therapeutisch gleichwertiges Produkt[7]). Noch intensivere hypnotische Eigenschaften zeigen angeblich die folgenden Kondensationsprodukte:

Protocatechualdehyddimethyläther-p-phenetidid und Opiansäurephenetidid[8])

$$C_6H_3\begin{cases}OCH_3\\ OCH_3\\ CH:N \cdot C_6H_4 \cdot O \cdot C_2H_5\end{cases} \qquad C_6H_2\begin{cases}OCH_3\\ OCH_3\\ COOH\\ CH:N \cdot C_6H_4 \cdot O \cdot C_2H_5\end{cases}$$

---

1) Münch. med. Wochenschr. 1898, S. 1174. 2) Pharmazeut. Zeitg. 1898, S. 115, 228.
3) D.R.P. 96342. 4) D.R.P. 101684.
5) Overlach: Zentralbl. f. inn. Med. 1900, Nr. 45. 6) D.R.P. 91171.
7) D.R.P. 92756. 8) D.R.P. 92757.

Dieselbe Reaktion einer Aldehydgruppe mit der p-Phenetidinbase liegt der Darstellung eines Kondensationsproduktes von p-Phenetidin mit Furfurol zugrunde[1]). Beim Erhitzen molekularer Mengen der beiden Substanzen bis 110° entsteht diese Verbindung.

Nach Angabe der Erfinder wird durch die Säurewirkung im Magen langsam p-Furfurolphenetidid in das Chlorhydrat des p-Phenetidins und Furfurol gespalten. Dieses muß aber als nach zwei Richtungen hin schädlich erscheinen, weil innerhalb des Organismus eben nicht entgiftetes Phenetidinsalz zur Wirkung gelangt, anderseits die Abspaltung von Furfurol auf einer Schleimhaut zu heftigen Entzündungen der letzteren führen kann. (Siehe Allgemeiner Teil.)

Analog ist auch der Gedanke, Glucose und Galaktose mit p-Phenetidin zu kondensieren, was leicht gelingt, wenn man beide Teile in alkoholischer Lösung aufeinander wirken läßt[2]).

Glucosephenetidid ist vollkommen ungiftig, wird unverändert im Harn ausgeschieden und kaum gespalten. Tetraacetylglucosephenetidid wird zu $^2/_5$ nicht resorbiert, der Rest wird aber im Darm gespalten.

Städel erhielt aus Bromacetophenon und Phenetidin Phenacylidin $C_2H_5 \cdot O \cdot C_6H_4 \cdot NH \cdot CH_2 \cdot CO \cdot C_6H_5$. Dieses erzeugt fast gar keine Temperaturabnahme, dagegen starke Diarrhöen und Blasenkatarrh.

Schmidt[3]) versuchte durch Einschieben einer Säuregruppe in den Acetylrest die Löslichkeit zu bewirken. Er machte Äthoxysuccinanilsäure $C_2H_5 \cdot O \cdot C_6H_4 \cdot NH \cdot CO \cdot CH_2 \cdot CH_2 \cdot COOH$ und Äthoxytartranilsäure $C_2H_5 \cdot O \cdot C_6H_4 \cdot NH \cdot CO \cdot CH(OH) \cdot CH(OH) \cdot COOH$. Diesen Substanzen kommen aber infolge Einführung der Säuregruppen antifebrile Eigenschaften nicht zu.

Das Natriumsalz der p-Äthoxytartranilsäure, welche durch Einwirkung von Weinsäure auf p-Phenetidin entsteht, zeigte sich bei den Versuchen von Hans Aronsohn bei Mäusen weniger giftig als Phenacetin. Phthisiker zeigten keine Temperaturherabsetzung. Dieselben negativen Resultate zeigte die Succinanilsäure $C_6H_5 \cdot NH \cdot CO \cdot C_2H_4 \cdot COOH$. Daraus geht hervor, daß, wo und auf welche Weise man auch immer die saure Gruppe in das Molekül des Antifebrins und Phenacetins einführen mag, die Wirkung des Fiebermittels aufhört.

Auch die Verbindung $C_2H_5 \cdot O \cdot C_6H_4 \cdot NH \cdot CH_2 \cdot COOH$ Äthoxyphenylglycin, aus p-Phenetidin und Chloressigsäure dargestellt, erwies sich aus gleichen Ursachen als unwirksam.

Der Eintritt anderer sauerstoffhaltiger Gruppen, wenn sie auch keine sauren Eigenschaften haben, kann die antithermische Aktivität aufheben, z. B. wirkt Acetyl-p-aminoacetophenon

$$\begin{array}{c} \cdot CO \cdot CH_3 \\ \bigcirc \\ NH \cdot CO \cdot CH_3 \end{array}$$

d. h. Antifebrin, in welches in p-Stellung die Gruppe $CO \cdot CH_3$ eingetreten, nicht mehr fieberwidrig, obwohl seine tödliche Dosis derjenigen des Phenacetins gleichkommt, denn es kann sich aus dem Acetyl-p-aminoacetophenon kein p-Aminophenol im Organismus bilden.

Ähnlich in bezug auf Antipyrese wirkungslose Verbindungen wurde dargestellt durch Einwirkung von Chloressigsäure auf Brenzcatechin oder Pyrogallol bei Gegenwart von Phosphoroxychlorid. Die gebildeten Chloracetophenone läßt man mit den entsprechenden Basen reagieren [Nencki[4])].

Nach diesen Mißerfolgen versuchte W. Majert[5]) die Löslichkeit des Phenacetins durch Einführung einer salzbildenden Aminogruppe in den Acetylrest

[1]) D.R.P. 96658. [2]) D.R.P. 97736.

[3]) Siehe auch Bunzel: Fiebermittel. Stuttgart 1898.

[4]) Journ. f. prakt. Chem. Bd. 23, S. 147, 538. — D.R.P. 71312.

[5]) D.R.P. 59121, 59874.

zu bewirken und erhielt Phenokoll (Aminophenacetin), d. i. Glykokoll-p-phenetidid $C_2H_5 \cdot O \cdot C_6H_4 \cdot NH \cdot CO \cdot CH_2 \cdot NH_2$.

Dieses erhält man, wie alle Glykokollderivate der acetylierten, antipyretisch wirkenden Basen, wenn man auf die Monobromderivate (in diesem Falle auf Bromacet-p-phenetidid) alkoholisches Ammoniak 12—24 Stunden bei 50—60° einwirken läßt, oder man läßt salzsauren Glykokollmethyl- oder -äthylester oder Glykokollamid auf p-Phenetidin 5—6 Stunden lang bei 130—150° einwirken.

Phenokoll besitzt noch antipyretische und antineuralgische Eigenschaften. Die Wirksamkeit des Phenacetins geht somit durch Einführung basischer Gruppen nicht verloren. Phenokoll ist nur bei solchen Fiebern antipyretisch wirksam, welche durch septische Infektionen bedingt sind. Es setzt die Temperatur nur vorübergehend herunter, da es sehr schnell durch die Nieren ausgeschieden wird, und hat eine antiseptische und antifermentative Wirkung, wenn auch keine so bedeutende wie Chinin. Auf niedere Organismen, insbesondere auf Plasmodien, wirkt es nicht wie Chinin[1]).

Salicylsaures Phenokoll (Salokoll genannt) ist in Wasser schwer löslich, während die anderen Phenolkollsalze leicht löslich sind. Es wirkt wie Phenokoll.

Aspirophen ist acetylsalicylsaures Aminophenacetin (Phenokoll). Citrokoll ist neutrales citronensaures Aminophenacetin.

Heinrich Byk[2]) erzeugt Bromfettsäureverbindungen des Aminoacet-p-phenetidids, welche sedative und hypnotische Eigenschaften haben, durch Acylierung mit Bromfettsäuren, z. B. α-Bromisovalerylaminoacet-p-phenetidid $(CH_3)_2 \cdot CH \cdot CHBr \cdot CO \cdot NH \cdot CH_2 \cdot CO \cdot NH \cdot C_6H_4 \cdot OC_2H_5$.

Die Möglichkeit, zu leicht löslichen Derivaten des Phenacetins zu gelangen, indem man die zweite Aminogruppe in den Kern einführt, muß von vornherein von der Hand gewiesen werden, da durch den Eintritt einer zweiten Aminogruppe die Giftigkeit erheblich gesteigert wird.

Da das Acetylderivat des Phenetidins (Phenacetin), der Hauptrepräsentant dieser Gruppe, nur den einen Übelstand aufweist, daß es schwer löslich ist, hat man sich immer bemüht, durch Einführung von Gruppen diesen Körper in einen leicht löslichen zu verwandeln. Die gewöhnlichste Methode, solche leicht löslichen Derivate darzustellen, ist, wie wir im vorhergehenden schon ausgeführt, die, daß man sie in Sulfosäuren oder durch Einführung von Carboxylgruppen in Säuren verwandelt. Aber die Einführung dieser sauren Gruppen hebt die Wirkung des Grundkörpers ganz oder größtenteils auf. Die Antipyretica verdanken ja zum großen Teil ihre fieberherabsetzende Wirkung einer Beeinflussung der nervösen Zentren, und Paul Ehrlich hat in schöner Weise gezeigt, wie die Verwandtschaft gewisser Stoffe zum Zentralnervensystem verschwindet, sobald die Verbindung in eine Sulfosäure übergeht. Daher sind die von der Scheringschen Fabrik eingeführten Präparate: Phenacetinsulfosäure und Phenacetincarbonsäure, welche beide leicht löslich sind, unwirksam.

Phenacetinsulfosäure	Phenacetincarbonsäure
$C_6H_3\begin{cases} SO_3H \\ O \cdot C_2H_5 \\ NH \cdot CO \cdot CH_3 \end{cases}$	$C_6H_3\begin{cases} COOH \\ O \cdot C_2H_5 \\ NH \cdot CO \cdot CH_3 \end{cases}$

Trotz aller Erfahrungen und Erwägungen über die Umwandlung von wirksamen Körpern in Substanzen mit Säurecharakter wurde Phesin, ein Sulfoderivat des Phenacetins empfohlen. Nach den vorliegenden Angaben ist Phesin kein Blutgift[3]) (auch Phenacetin ist ja keines). Die toxische Natur ist durch die Sulfurierung sehr geschwächt[4]). Da aus dem Phesin im Organismus sich kein

[1]) Mosso, Ugolino: Arch. f. exp. Pathol. u. Pharmakol. Bd. 32, S. 402.
[2]) D.R.P. 228835.
[3]) Vamossy, Z. u. B. Fenyvessy: Therap. Monatsh. 1897, S. 428.
[4]) Ebenda.

p-Aminophenol zu bilden vermag, muß auch nach der Regel von Treupel und Hinsberg diese Substanz als unwirksam angesehen werden.

Die praktisch wertlosen Methoden der Sulfurierung des Phenacetins, welche ja analog sind denen des Acetanilids, sind oben schon angeführt. Man kann analog vorgehen, indem man Phenetidin mit konzentrierter Schwefelsäure behandelt und dann die gebildete Sulfosäure acetyliert[1]), oder, wie Georg Cohn vorgeschlagen, indem man Phenacetin mit der dreifachen Menge konzentrierter Schwefelsäure so lange auf dem Wasserbade erhitzt, bis sich eine Probe im Wasser klar löst. Die Sulfosäure wird dann auf dem üblichen Wege isoliert[2]).

β-Acetylaminosalicylsäure $HO \cdot C_6H_3 (NH \cdot CO \cdot CH_3) \cdot COOH$ hat eine kaum merkliche Einwirkung auf die Temperaturerniedrigung.

Neuraltein ist p-äthoxyphenylaminomethansulfosaures Natrium, es steigert beim Menschen den Blutdruck und wirkt als Antipyreticum[3]).

p-Äthoxyphenylaminomethylschwefligsaure Salze erhält man, wenn man p-Phenetidin, Formaldehyd und Alkali- oder Ammoniumbisulfite unter Verwendung von möglichst wenig Wasser in Gegenwart von Alkohol erhitzt. Diese Substanzen sind wenig giftig und therapeutisch wirksam[4]).

Die von Lepétit[5]) aus Neuraltein gewonnene Verbindung, das Chlorhydrat der Base $C_{18}H_{20}O_2N_2$ und dasjenige ihres Methylderivats, denen wahrscheinlich die Formeln I und II zuzuschreiben sind:

I. $C_2H_5 \cdot O \cdot$ [Ring] CH_2 / $C:N \cdot$ [Ring] $\cdot OC_2H_5 + 2HCl$; N H

II. $C_2H_5 \cdot O \cdot$ [Ring] CH_2 / $C:N \cdot$ [Ring] $\cdot OC_2H_5 + HCl$; N CH_3

teilen die örtlichen und Allgemeinwirkungen der gebräuchlichen Lokalanaesthetica, sind auch bei subcutaner Anwendung sehr wenig giftig und haben wenig Reizwirkung, sie sind sterilisierbar[6]).

Man erhält antipyretisch und narkotisch wirkende Verbindungen, wenn man auf p-Alkyloxyaminobenzol Acetyldehyd oder dessen höhere Homologen und Alkali- oder Ammoniumbisulfit in konzentrierter wässeriger Lösung, bei oder ohne Gegenwart von Alkohol einwirken läßt. Diese Verbindungen sind p-alkyloxyphenylaminoalkylschwefelsaure Salze, z. B. p-äthoxyphenylaminomethylschwefligsaures Natrium[7]).

Methylsulfite aliphatisch-aromatischer Amine erhält man durch Behandlung sekundärer aliphatisch-aromatischer Amine mit Formaldehydbisulfiten. Dargestellt wurden die Natriumsalze der Methylphenetidin- und Äthylphenetidin-N-methylschwefligsäure, sowie der 1-Phenyl-2.3-dimethyl-5-pyrazolon-4-äthylaminomethylschwefligsäure. Diese Verbindungen wirken antipyretisch[8]).

p-Acetaminophenoxylessigsäureester soll stark antipyretische Eigenschaften haben, aber in der Medizin nicht anwendbar sein, weil die gewöhnlichen Gaben Übelkeit und Erbrechen bewirken. Daher führte G. Fuchs den Ester in p-Acetaminophenoxylacetamid $CH_3 \cdot CO \cdot NH \cdot C_6H_4 \cdot O \cdot CH_2 \cdot CO \cdot NH_2$, über, welches prompt antipyretisch wirken soll.

Zur Darstellung des Amids geht man von p-Nitrophenoxylessigsäure aus, verestert und reduziert dann den Ester, acetyliert das entstandene Aminoprodukt und führt durch konzentriertes Ammoniak den Ester in das Amid über[9]).

Einfacher ist es, Acet-p-aminophenol mit Monochloracetamid $ClCH_2 \cdot CO \cdot NH_2$ bei Gegenwart der berechneten Menge alkoholischen Kalis bei Siedehitze reagieren zu lassen, um zu diesem Körper zu gelangen[10]). Das identische Lactylderivat erhält man, wenn man vom Lactyl-p-aminophenol ausgeht[11]).

---

1) D.R.P. 98839. 2) Liebigs Ann. d. Chem. Bd. 309, S. 233.
3) Astolfoni, Joseph: Wien. klin. Wochenschr. Bd. 22, S. 118.
4) Roberto Lepetit, D.R.P. 209695.
5) Atti d. reale accad. dei Lincei, rendiconti, 1. u. 2. Sem. [5] Bd. 26, I, S. 172. 1917.
6) Valenti, Adriano: Arch. di farmacol. sperim. e scienze aff. Bd. 26, S. 3. 1918.
7) Höchst, D.R.P. 255305. 8) Höchst, E.P. 164002/21. 9) D.R.P. 96492.
10) D.R.P. 102315. — Münch. med. Wochenschr. 1898, S. 1173. 11) D.R.P. 102892.

Ebenfalls ein Derivat, bei welchem ein Alkylrest in die basische Gruppe eingeführt wurde, ist Benzylphenetidid $C_2H_5 \cdot O \cdot C_6H_4 \cdot NH \cdot CH_2 \cdot C_6H_5$. Es soll ungiftig, antipyretisch usf. wirken.

Dieses entsteht durch Einwirkung von Benzylchlorid auf p-Phenetidin[1]).

Durch Reduktion von p-Nitrothiophenolmethyläther erhält man p-Aminothiophenolmethyläther und aus diesem durch Acetylierung Acet-p-aminothiophenolmethyläther, welcher eine ähnliche Wirkung haben soll wie Phenacetin, bei gleicher Ungiftigkeit[2]).

Im Gegensatz zu den physiologisch meistens unwirksamen Sulfoverbindungen behalten die ω-Sulfosäuren des p-Aminosalols und ihre Derivate die dem Gesamtmolekül zukommenden pharmakologischen Eigenschaften[3]).

Durch Einführung von einer oder mehreren Oxygruppen in das O-Alkylradikal der p-Acylaminophenole der Formel: $\frac{Acyl}{R}{>}N \cdot C_6H_4 \cdot OR_1$ (R = H, Alkyl, Acyl, Aryl und Aralkyl; R_1 = Oxalkyl) entstehen Körper mit vollständig anderer Wirkung. Die antipyretische Wirkung tritt gegenüber der analgetischen zurück. Sie werden gewonnen durch Verätherung der p-Acylaminophenole mit mehrwertigen Alkoholen oder deren Anhydriden oder durch Umsetzung der p-Acylaminophenole mit den entsprechenden halogensubstituierten Alkoholen, wie Glykolchlorhydrin, Monochlorhydrin usf. oder durch Acylierung von den entsprechenden Oxyderivaten der O-alkylierten p-Aminophenole in der Aminogruppe. Dargestellt wurden: Acetyl-p-aminophenolglycerinäther, Acetyl-p-aminophenolglykoläther, 2.4-Dinitrophenyl-p-aminophenolglykoläther[4]).

Abelin, Buergi und Perelstein in Bern stellen schwefelhaltige Derivate des p-Aminophenylesters der Salicylsäure her, indem sie Salicylsäure-p-aminophenylester mit Salzen der ω-Methylsulfosäure zur Umsetzung bringen[5]).

Auf den p-Aminophenylester der Salicylsäure läßt man die Alkali- oder Ammoniumsalze der ω-Methyl- bzw. der Äthyl- oder Propylsulfosäure bei Gegenwart von Methyl- oder Äthylalkohol, gegebenenfalls unter Zusatz eines Kondensationsmittels wie Natriumacetat, einwirken. Beschrieben sind das Natriumsalz der ω-Methylsulfosäure des Salicylsäure-p-aminophenylesters, der ω-Äthylsulfosäure und der ω-Propylsulfosäure[6]).

Brenzcatechindiäthyläther wird nitriert, reduziert und das entstandene Monaminoderivat acetyliert. Man erhält nun Acetylaminodiäthylbrenzcatechin, wobei die beiden Äthoxygruppen in der o-Stellung zueinander stehen[7]).

$O \cdot C_2H_5$

$O \cdot C_2H_5$

$NH \cdot CO \cdot CH_3$

Therapeutische oder physiologische Versuche mit dieser Substanz liegen nicht vor.

Versuche, andere Aminoderivate als die der p-Stellung in die Therapie einzuführen, scheitern an der höheren Giftigkeit des o- und m-Aminophenols gegenüber dem p-Aminophenol, während die antipyretische Wirkung nicht erhöht ist.

Ganz verunglückt erscheinen aber die Versuche durch Einführung eines zweiten basischen Restes, einen dem Phenacetin überlegenen Körper aufzubauen, sind aber von hohem theoretischen Interesse, da ein zweiter basischer Angriffspunkt für den Benzolring dadurch gegeben ist, und tatsächlich zeichnet sich der Körper durch stärkere antipyretische Eigenschaften vor dem Phenacetin aus, welche aber in der Praxis gar nicht erwünscht erscheinen, dabei nimmt die Giftigkeit des Körpers entschieden gegenüber dem Phenacetin zu.

Zur Darstellung des Diacetylderivates des o-p-Diaminophenetols wird α-Dinitrophenetol reduziert und hierauf nach den üblichen Methoden acetyliert[8]).

Bayer, Leverkusen, geben an, daß solche Diaminophenole und deren Derivate, deren Aminogruppen durch ungleiche Acylreste besetzt sind, fieberwidrige Eigenschaften besitzen,

[1]) D.R.P. 81743. [2]) D.R.P. 239310.
[3]) Abelin, J. u. M. Perelstein: Liebigs Ann. d. Chem. Bd. 411, S. 216. 1916.
[4]) Bayer, D.R.P. 280255. [5]) D.R.P. 268174.
[6]) D.R.P. 273221, Zusatz zu D.R.P. 268174.
[7]) D.R.P. ang. 13209. [8]) D.R.P. 77272.

während die Cyanose, die bei der Darreichung von Monoaminophenolderivaten, z. B. von Phenacetin, als eine sehr unangenehme Nebenwirkung auftritt, hier nicht zu beobachten ist. Man stellt sie dar, indem man in am Stickstoff monoacylierte Diaminophenole oder deren Derivate, in die zweite Aminogruppe einen vom ersten verschiedenen Acylrest einführt.

Beschrieben sind 3-Acetylamino-4-carboxyäthylaminophenol, 4-Acetylamino-3-carboxyäthylaminophenetol, 3-Acetylamino-4-lactylaminophenetol, 3-Carboxyäthylamino-4-lactylaminophenetol, 3-Acetylamino-4-carboxyäthylaminophenetol[1]).

Eine weitere Variation war, daß man p-Aminophenol in der Aminogruppe monalkylierte und hierauf in beiden Seitenketten acetylierte. Diese Körper sollen hervorragend antalgisch und namentlich narkotisch wirken und darin dem Phenacetin überlegen sein, wurden aber in die Praxis nicht eingeführt. Sie unterscheiden sich von den oben besprochenen Methyl- oder Äthylphenacetin dadurch, daß die Hydroxylgruppe, statt durch einen alkoholischen, durch einen sauren Rest gedeckt ist.

Erwähnen wollen wir noch das Derivat, welches man bei der Kondensation der Oxalsäure mit Phenetidin enthält, das Di-p-phenetidyloxamid[2])

$$\begin{array}{l} CO\cdot NH\cdot C_6H_4\cdot O\cdot C_2H_5 \\ CO\cdot NH\cdot C_6H_4\cdot O\cdot C_2H_5 \end{array}$$

Thymacetin $C_6H_2 \cdot CH_3\,(1) \cdot O \cdot C_2H_5\,(3) \cdot C_3H_7\,(4) \cdot NH \cdot CO \cdot CH_3\,(6)$ erwies sich als ein gutes Antineuralgicum[3]); es geriet wohl infolge seines wegen der teuren Ausgangssubstanz hohen Preises bald in Vergessenheit.

Man kann Thymacetin darstellen aus den Salzen des p-Mononitrothymols mit Hilfe der Halogenverbindungen des Äthyls oder mit äthylschwefelsaurem Kalk oder durch Nitrieren des Thymäthyläthers. Hierauf wird die Nitroverbindung reduziert und acetyliert[4]).

Zu diesem Körper wurde von anderer Seite noch das entsprechende Glykokollderivat dargestellt, um zu leicht löslichen Derivaten dieser Substanz zu gelangen.

Man verfährt wie bei der Darstellung des Thymacetins, aber statt zu acetylieren, behandelt man die Aminobase mit Chloracetylchlorid und führt die Aminogruppe für das Halogen ein und erhält Äthoxyaminoacetylthymidin resp. dessen leicht lösliche Salze[5])

$$C_6H_2\left\langle\begin{array}{l} CH_3\cdot 1 \\ O\cdot C_2H_5\cdot 3 \\ C_3H_7\cdot 4 \\ NH\cdot CO\cdot CH_2\cdot NH_2\cdot 6 \end{array}\right.$$

4-Acetylaminocumaranon erhält man durch Behandlung von 1-Oxy-4-acetylamino-2-acetylbenzol in essigsaurer Lösung mit Permanganat. Es ist geschmacklos, wirkt entfiebernd und bei Gelenkrheumatismus[6]).

Die Variationen des Acetyl-p-aminophenols, bei welchen das Hydroxyl durch verschiedene Alkylgruppen ersetzt ist, sind eigentlich an Zahl bescheiden. Wir erwähnten Methacetin (Acetylaminophenolmethyläther), Phenacetin, die Äthoxyverbindung.

Bei Einwirkung von Glycerin-α-monochlorhydrin auf Acetyl-p-aminophenol in alkoholischem Kali bei 110° erhält man den Glycerinäther, welcher wohl nur Nachteile, aber keine Vorteile vor dem Phenacetin haben kann.

Man gewinnt Äther des p-Oxyphenylcarbamids, indem man den Harnstoff des p-Aminophenol nach dem üblichen Verfahren in die Oxyalkyläther überführt. Beschrieben ist die Darstellung von Oxäthyl-p-oxyphenylcarbamid aus p-Oxyphenylcarbamid-äthylenchlorhydrin und Natriummethylat bei 100° sowie von Dioxypropyl-p-oxyphenylcarbamid aus p-Oxyphenylcarbamid, Glycerin-α-monochlorhydrin und Natriummethylat bei 100—110°[7]).

Weder Formyl- noch Acetyl-, Isovaleryl, p-Aminodibenzoyl- und Acetylsalicyloxylderivate des o-o-Dioxäthyldimethylphenetidins und das Oxäthyldimethylphenacetin kommen dem Phenacetin an entfiebernder Wirkung gleich.

---

[1]) D.R.P. 286460. [2]) D.R.P. 79099. [3]) Therap. Monatsh. 1892, S. 138.
[4]) D.R.P. 67568. [5]) D.R.P. 71159. [6]) B. Dirks, Halle a. S., D.R.P. 394850.
[7]) Riedl, Berlin, D.R.P. 339101, Zusatz zu D.R.P. 335877.

Das Acetylderivat wirkt unverhältnismäßig besser als die Formyl- und Isovalerylderivate. Auch die Derivate mit substituierten aromatischen Säureradikalen wirkt relativ schwach. Zwischen Oxäthyldimethylphenacetin und Dimethylphenacetin besteht kein merklicher Unterschied, Eintritt einer weiteren Oxäthylgruppe schwächt die Wirkung [Heinrich Rhode[1])].

o-o-Dimethylphenacetin $CH_3 \cdot CO \cdot NH \langle \rangle \cdot OC_2H_5$ (mit zwei CH_3 am Ring) bildet kein Methämoglobin.

N-Dioxypropyl-p-phenetidin $C_6H_4(OC_2H_5)^1 \cdot [NH \cdot CH_2 \cdot CH(OH) \cdot CH_2 \cdot OH]^4$ zeigt ebenso wie seine am Imidwasserstoff substituierten Derivate die bekannten Eigenschaften der Phenetidinderivate[2]).

3-p-Äthoxylphenyl-2-oxazolidon wirkt so toxisch wie Phenacetin. In hohen Dosen macht Phenacetin Abspannung und Lähmung, Oxazolidon Krampf oder Erregung. Beide sind ziemlich gleich stark temperaturerniedrigend und beruhigend[3]).

p-Acetylaminooxyäthoxybenzol mit dem Phantasienamen Pertonal ist sowohl in seiner Giftigkeit als in seiner antipyretischen Wirksamkeit nur halb so stark, wie Phenacetin in bezug auf Narkose ist es nur $^1/_{15}$ so stark als Phenacetin, auf das Herz wirkt es anregend, im Harn erscheint p-Aminophenol und Phenetidin[4]), dabei scheint Pertonal mehr Phenetidin und entsprechend weniger Aminophenol zu liefern als Phenacetin. Es ist ein ω-Oxy-phenacetin.

$O \cdot CH_2 \cdot CH_2 \cdot OH$

Pertonal 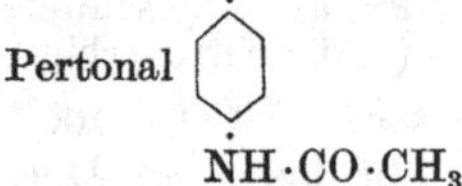

$NH \cdot CO \cdot CH_3$

3.5-Dimethoxyacetophenetidid wirkt ausgesprochen antipyretisch[5]).

Allgemeine Betrachtungen über die Antipyretica.

Wir haben gesehen, wie eine Reihe von Bestrebungen zur Darstellung synthetischer Antipyretica davon ausging, einen dem Chinin, dem souveränen und gegen Malaria spezifischen Antipyreticum, analogen Körper aufzubauen, was bis nun mißlungen ist. Eine andere Reihe von Verbindungen mit antipyretischen Wirkungen beruht auf der Grundbeobachtung, daß die Einführung eines basischen Restes in den Benzolring dem letzteren stärkere antipyretische Wirkungen verleiht (Anilin, Phenylhydrazin). Die Pyrazolonreihe verdankt ihre Entstehung einer mißverständlichen Auffassung der zugrunde liegenden Reaktion, welche eigentlich zur Darstellung eines chininähnlichen Körpers führen sollte.

Die Wirkung der Fiebermittel, welche durchweg schwache Narkotica sind, beruht entweder auf Narkose des Wärmezentrums und dadurch vom Gehirn aus veranlaßter Vermehrung der Wärmeabgabe ohne entsprechende Vermehrung der Wärmebildung, wie Antipyrin, Antifebrin, Salicylsäureverbindungen oder auf Hemmung der Wärmebildung, z. B. Chinin. Wahrscheinlich gibt es noch eine dritte Art der Entfieberung durch anfängliche Erregung des Kühlzentrums, so wirken Veratrin u. a.[6]).

Wir haben auseinandergesetzt, wie zahlreich die möglichen Variationen der wenigen Ideen in allen Fällen sind und wie nicht etwa der wirksame Anteil,

---

1) Arch. d. Pharmazie u. Ber. d. dtsch. pharmazeut. Ges. Bd. 31, S. 271. 1921.
2) E. Kolshom, F.P. 519129.
3) Adams, Roger u. J. B. Segur: Journ. of the Americ. chem. soc. Bd. 45, S. 785. 1923.
4) Cow, Douglas: Journ. of. pharmacol. a. exp. therapeut. Bd. 12, S. 343. 1918.
5) Bogert, M. T. u. J. Ehrlich: Journ. of the Americ. chem. soc. Bd. 41, S. 798. 1919.
6) Meyer, H. H.: Naturwissenschaften Bd. 8, S. 751. 1920.

sondern meist eine der entgiftenden Gruppen variiert wird. Da die Variationsmöglichkeit, insbesondere beim p-Aminophenol, eine sehr große ist, darf es nicht wundern, wenn so viele Verbindungen dieser Reihe dargestellt wurden. Da aber keine einfacher und billiger als das Standardpräparat dieser Gruppe ist, so konnte auch keine bei sonst gleichen Eigenschaften diesen Körper verdrängen. Doch waren viel Derivate dieser Reihe in ihren Eigenschaften hinter dem Phenacetin zurückgeblieben. Man muß sagen, daß die Darstellung von Derivaten der Antipyrin-, Phenylhydrazin- und Phenacetingruppe gegenwärtig wohl aussichtslos ist, wenn man hofft, auf diese Weise zu einer Verbindung mit neuen Wirkungen zu gelangen. Gerade diese unnützen Variationen, welche sich in den Wirkungen höchstens darin vom Phenacetin oder Antipyrin bzw. Pyramidon unterscheiden, daß man schlechter wirkende oder giftigere Körper erhielt, unter Umständen auch wirkungslose, haben das Vertrauen vieler Ärzte zu den neuen synthetischen Mitteln bedenklich erschüttert. Der praktische Arzt sieht sich schließlich betrogen, wenn man ihm unter den verschiedensten Namen pharmakologisch und chemisch wenig differierende Körper anbietet, denen auf dem Wege der Reklame neue Eigenschaften angedichtet werden. Daher auch der völlige Mißerfolg der später kommenden Varianten gegenüber dem meist großen Erfolg des erst eingeführten Präparates.

Von einem Antipyreticum, welches überhaupt des Versuches wert ist, kann man fordern, daß die Entfieberung nicht zu rasch eintrete, lange andauere, und daß beim Aussetzen des Mittels der Fieberanstieg ein nur langsam einsetzender sei.

Das Mittel darf keine Kollapserscheinungen, keine profuse Schweißsekretion hervorrufen. Der Magen darf nicht belästigt werden und es darf auch keine zerstörende Wirkung auf die Gewebe und die roten Blutkörperchen ausüben. Im allgemeinen also keine schädlichen Nebenwirkungen, hingegen eine schmerzstillende Nebenwirkung auf das Nervensystem, denn der Hauptverbrauch der Antipyretica ist der als Antinervina. Mittel, welche diesen Anforderungen nicht entsprechen, sind von vorherein zu ausgedehnteren Versuchen ungeeignet und haben auch keine gar Aussicht auf Erfolg, da die gebräuchlichen Antipyretica Chinin, Antipyrin, Pyramidon, Phenacetin diesen Anforderungen entsprechen. Ein Bedürfnis besteht sicherlich nach einem Antipyreticum, welches spezifische Wirkung beim Sumpffieber hat und so mit dem Chinin konkurrieren könnte. Wenn man bedenkt, wie groß der Chininkonsum ist, so erscheint die Darstellung einer rivalisierenden Verbindung, welcher einige unangenehme Eigenschaften des Chinins, der bittere Geschmack, die Geschmacksparästhesien fehlen und welche im Preise billiger ist, als ein höchst wünschenswertes Ziel der Bestrebungen der Synthetiker. Bis nun steht Chinin noch immer ohne Analogie da. Wir benötigen aber Verbindungen, welche noch über die Wirkungen des Chinins hinaus die Erreger tropischer Erkrankungen vernichten.

Es ist noch zu bedenken, daß es wünschenswert wäre, ein geschmackloses lösliches Derivat des Chinins zu haben, da die bisherigen Bestrebungen in dieser Richtung keineswegs als endgültiger Abschluß dieses Problems zu betrachten sind.

Die Zwecklosigkeit der Bestrebungen, in der Anilinreihe zu leicht wasserlöslichen Derivaten zu gelangen, wobei aber der Grundkörper ganz oder teilweise seine therapeutische Wirkung verliert, haben wir oben ausgeführt. Die schwere Löslichkeit des Phenacetins beeinträchtigt dessen Wirkung durchaus nicht.

Es fällt bei allen natürlichen und künstlichen antipyretisch wirkenden Mitteln auf, daß sie auf cyclischen Systemen basiert sind, und zwar ohne Ausnahme. Die sicher wirkenden Antipyretica der besprochenen Reihen enthalten überdies alle Stickstoff, entweder in der Form, daß der Stickstoff an der Ringbildung beteiligt, oder daß er in einer basischen Seitenkette enthalten ist. Daß es nicht die N-haltige Seitenkette ist, welcher die betreffenden Körper ihre entfiebernde Wirkung verdanken, sondern es sich vielmehr um eine Eigenschaft des ringförmigen Kernes handelt, beweist insbesondere der Umstand, daß nicht nur der basische Rest, sondern auch Hydroxyle (Phenol, Brenzcatechin) bzw. eine hydroxylierte Carbonsäure (Salicylsäure) dieselbe entfiebernde Wirkung, wenn auch nicht in der gleichen Intensität und Dauer zu entwickeln in der Lage sind. Es ist aber auch gleichgültig, was für basischer Rest eintritt; sowohl die Aminogruppe als auch der Hydrazinrest lösen diese Wirkung des Kernes aus, die chemisch leichter reagierende Hydrazingruppe intensiver als die Aminogruppe. Anderseits kann durch Ersatz von Wasserstoff im basischen Rest, indem der Körper durch Einführung von Acyl- oder Alkylgruppen für Wasserstoff den Eingriffen des Organismus gegenüber resistenter gemacht wird, eine Entgiftung bewirkt werden.

Beim Chinin steht die antineuralgische Wirkung im Zusammenhange mit den narkotischen Effekten dieser Base. Gerade diese Nebenwirkung auf das Nervensystem ist es ja, welche den modernen Antipyreticis ermöglicht, sich neben Chinin einen hervorragenden Platz in der Therapie zu verschaffen und ihn zu behaupten, obgleich dem Chinin exquisit narkotische Wirkungen zukommen. Für die antineuralgischen Effekte des Chinins eine chemische Erklärung abzugeben, ist noch nicht möglich. Doch wollen wir auf das Vorhandensein eines freien Hydroxyls an dem den Chinolinring mit dem Loiponteil verbindenden Kohlenstoff hinweisen, welches, wie auch bei allen anderen narkotisch wirkenden Alkaloiden, Beziehungen zwischen dem Gehirn und dem Chininmolekül herstellen kann.

Im allgemeinen und in erster Linie scheinen die antineuralgischen Wirkungen der Antipyretica mit ihrem stark basischen Charakter in Zusammenhang zu stehen. Werden die Basen kondensiert, so erhält man sogar lokalanästhesierend wirkende Mittel.

Wenn wir die zahlreichen Verbindungen überblicken, welche in der Absicht, neue Antipyretica zu schaffen, dargestellt wurden, so müssen wir doch zugestehen, daß deren Darstellung für den Pharmakologen und für den Synthetiker durchaus nicht zwecklos war, ja daß das negative Ergebnis in mancher Richtung sehr belehrend ist.

Das Scheitern aller Chinolinderivate in der Fiebertherapie zeigt uns, wie wenig Erfolg ein weiterer Versuch mit hydrierten Derivaten dieser Reihe haben dürfte, wenn wir nicht neue Methoden zur Entgiftung ersinnen, wie auch solche Körper insolange überflüssig sind, als wir nicht durch Studium des Chinins den wahren Grund für seine spezifische Wirkung erkannt und dann vielleicht wieder auf Chinolinderivate zurückkommen. Vorläufig kann kein Derivat mit den üblichen antipyretischen Mitteln in bezug auf Wirkung, Ungiftigkeit und Preis konkurrieren. Die nicht hydrierten Derivate des Chinolins sind entweder zu schwach in der Wirkung oder, wie die Aminoderivate, ohne jedweden Vorteil vor den Aminophenolderivaten.

Hingegen haben die Chinolinderivate große Bedeutung nach einer andern Richtung erhalten (s. Atophan).

Bei der Antipyringruppe ist es von Interesse, daß Antipyrin erst durch Einführung der Methylgruppe stark wirksam wird. Es ist weiter interessant, daß die Derivate des Isopyrazolons im Gegensatz zu denen des Pyrazolons keine antipyretische, hingegen aber eine giftige Wirkung zeigen. Die Derivate des Pyrazols wirken ebenfalls nicht antipyretisch[1]). Die Einführung eines

---

[1]) Arch. f. exp. Pathol. u. Pharmakol. Bd. 28, S. 294.

basischen (entgifteten) Restes (NH_2-Gruppe) in das Antipyrin, und zwar in den Pyrazolonring, erhöht die Wirkung des letzteren bedeutend.

Die einfachen Derivate des Phenylhydrazins, sie mögen wie immer entgiftet sein, eignen sich zur Anwendung in der praktischen Medizin nicht, da sie durchwegs Blutgifte sind.

Ebenso sollten die einfachen Anilinderivate aus dem gleichen Grunde verlassen werden. Nur der äußerst billige Preis des Acetanilids verlockt noch Ärzte, sich dieses Mittels zu bedienen.

Schon der Eintritt eines Hydroxyls in das Anilin macht letzteres weniger giftig. Man kann nun entweder diesen labilen Körper, das p-Aminophenol, durch Säureadikale oder durch Alkylradikale oder durch Reaktion mit Aldehyden stabiler machen. Im vornherein ist zu bemerken, daß man aus dem Grunde immer bei diesen Synthesen von einem Aminophenol der p-Stellung ausgeht, weil die o- und m-Derivate weit giftiger sind, ohne sonst irgendeinen Vorteil zu bieten. Wenn man das Hydroxyl alkyliert, so kommt man zu Körpern, von denen sich insbesondere die Äthylverbindung, das Phenetidin, als therapeutisch sehr vorteilhaft erwies. Phenetidin als solches ist aber noch giftig. Daher sind alle Derivate desselben für die Praxis zu verwerfen, welche entweder bloße Salze des Phenetidins sind oder die durch Einwirkung der Salzsäure im Magensafte in die Komponenten zerfallen und so zur Bildung von Phenetidinsalzen im Magen führen. Sie sind natürlich alle als Antipyretica wirksam und nur aus dem Grunde zu verwerfen, weil sie schon im Magen das noch giftige Phenetidin abspalten. Dahin gehören alle Salze, wie Citrophen usf., alle Produkte der Reaktion eines Aldehyds oder Ketons mit der Aminogruppe. Hierbei ist zu bemerken, daß einzelne, z. B. das Reaktionsprodukt des Salicylaldehyds mit Phenetidin, insbesondere die mit aromatischen Radikalen entgifteten, den Eingriffen des Organismus gegenüber zu resistent sind, um überhaupt zur Wirkung zu gelangen, und die geringe Wirkung, welche diese Körper zeigen, auf den angeführten Umstand zurückzuführen ist, daß die Salzsäure des Magensaftes aus ihnen Phenetidin abspaltet.

Überhaupt erscheint die Einführung aromatischer Radikale zur Entgiftung des basischen Restes als durchaus ungeeignet, da dermaßen stabile Derivate entstehen, daß der Organismus dieselben nicht aufspalten, d. h. das wirkende p-Aminophenol daraus nicht entwickeln kann. Es ist dies geradezu ein Beweis für den Zusammenhang zwischen chemischer Veränderung und physiologischer Wirkung. Verbindungen, welche im Organismus nicht verändert werden, gelangen auch nicht zur Wirkung. Daher ist der positive Ausfall der Indophenolreaktion im Harne bei Verfütterung von Derivaten der Anilingruppe ein sicherer Beweis, daß sie wirksam sind, weil sie abgebaut werden. Ein negativer Ausfall zeigt auch, daß die verfütterte Substanz unwirksam ist.

Zur Entgiftung des basischen Restes eignen sich vorzüglich die Radikale der Fettsäuren, insbesondere der Essigsäure; kein anderes Radikal zeichnet sich vor der Essigsäure aus, es ist auch keines bei der technischen Herstellung billiger. Anders verhält es sich bei dem Ersatz des Hydroxylwasserstoffes durch Fettsäureradikale, z. B. der Essigsäure. Die Verseifung dieses Esters geht so glatt vor sich und weitaus rascher als der Abbau einer Alkylgruppe, so daß sehr rasch sich das giftige p-Aminophenol bildet. Deshalb sind solche Derivate, in welchen der Phenolhydroxylwasserstoff durch Säureradikale ersetzt ist, immer giftiger als die alkylsubstituierten und stehen ihnen daher an Güte bei weitem nach. Der Säurerest an der basischen Gruppe verhält sich chemisch und physiologisch viel resistenter. Das Ersetzen des zweiten Wasserstoffes in der basischen Gruppe durch ein Säureradikal bietet schon auf dem Grunde keinen Vorteil, weil die zweite Säuregruppe schon durch bloßes Wasser leicht abgespalten wird. Der Ersatz des zweiten Wasserstoffes durch eine Alkylgruppe bewirkt eine rauschartige Narkose. Die Körper dieser Reihe haben keine praktische Verwendung gefunden. Auch die Entgiftung durch Überführung des Phenetidins in ein Urethan zeigt gar keine der einfachen Acetylierung überlegene Wirkung. Hingegen müssen alle Versuche der Entgiftung durch Überführung der basischen Verbindung in eine Säure, also die Darstellung von Carbonsäuren, Sulfosäuren usf. des Phenetidins als gänzlich gegen die pharmakologischen Grundgesetze verstoßend angesehen werden. Die entsprechenden Verbindungen haben sich auch ohne Ausnahme als wirkungslos erwiesen, um so mehr, als der Organismus aus ihnen kein p-Aminophenol regenerieren kann.

Die Einführung einer zweiten Aminogruppe erhöht naturgemäß die Giftigkeit des Phenacetins. Der Versuch, ein zweites alkyliertes Hydroxyl einzuführen, ist nicht weiter verfolgt worden.

Wir haben fener gesehen, daß sich nur vom Benzol oder Chinolin Antipyretica ableiten lassen. Vom Pyridin kann man zu keinem gelangen, ebensowenig kann man von anderen Ringsystemen: Diphenyl, Naphthalin und Phenanthren, zu antipyretischen Körpern gelangen. Die Funktion des Benzolkerns und des Benzols im Chinolin hängt von ganz bestimmten chemischen Bindungen ab, welche Pyridin, Naphthalin und Phenanthren entbehren.

So sehen wir, daß der praktische Erfolg der so zahlreichen Versuche, die erst dargestellten Körper, Antipyrin (Pyramidon) und Phenacetin, zu verbessern, nur sehr spärlich ist, schon aus dem Grunde, weil man nicht zu billigeren Körpern gelangen konnte, diese beiden Standardpräparate selbst sehr rigorosen Anforderungen an ein Antipyreticum entsprechen und nach keiner Richtung von den zahlreichen Varianten irgendwie erheblich übertroffen wurden.

Das Ideal, ein spezifisches Fiebermittel mit starken antineuralgischen Effekten, Wirkung auf Sumpffieber und ohne schädigende Nebenwirkung, ist noch zu erreichen, aber um diesen Erfolg zu erringen, müssen neue Ideen und neue Studien über Chinin kommen oder der Zufall, welcher ja eine so große Rolle bei den Entdeckungen und Erfindungen spielt, helfend eingreifen. Die bis nun vorgebrachten Ideen erscheinen in allen Variationen erschöpft und müssen neuen Platz machen.

Die Antipyretica der Salicylsäurereihe werden in einem besonderen Kapitel behandelt.

Drittes Kapitel.

Alkaloide.

Zum Schönsten und Interessantesten in der Pharmakologie gehört wohl das planmäßige Studium der natürlichen Alkaloide, ihrer Synthesen, die Kenntnis der wirksamen Gruppen und der künstliche Ersatz der Alkaloide. Gerade die kleinen Mengen, in denen ein Alkaloid seine Wirksamkeit schon zeigt, sowie die Raschheit der Wirkung der Alkaloide haben von jeher diese Verbindungen zu den Lieblingsmitteln derjenigen Ärzte erhoben, welche sie zu benützen verstehen. Hierbei gestatten die mannigfaltigen Wirkungen, welche die Alkaloide haben, eine ungemein ausgebreitete Anwendung auf allen Gebieten der praktischen Medizin. Ja, in der Hand des Geübten und des Kundigen können die verschiedensten Effekte und oft entgegengesetzte Erscheinungen durch eine verschiedene Dosierung desselben Mittels erzielt werden.

Die Chemie hat mehrere Ziele beim Studium der Alkaloide und ihres Aufbaues von jeher verfolgt. Das erste Bestreben, die Reindarstellung der wirksamen Substanzen, war stets von einem anderen begleitet, nämlich eine Verbilligung des betreffenden Alkaloids dadurch zu erzielen, daß man möglichst die konstitutionell verwandten Nebenalkaloide in das wertvolle Hauptalkaloid verwandle oder daß man die Nebenalkaloide der verschiedenen Drogen ebenfalls in der Medizin zur Verwertung bringe, andererseits war es ein so beachtenswertes Ziel, die Alkaloide entweder synthetisch darzustellen, oder, wenn dieses nicht gelingt, durch das Studium der wirksamen Gruppen dahin zu kommen, den Alkaloiden an Wirkungen analoge Körper aufzubauen. Neben diesen Bestrebungen machten sich insbesondere in der letzten Zeit zwei Richtungen bemerkbar, welche mit mehr oder minder großem Erfolg folgendes anstrebten. Die eine Richtung suchte bestimmte schädliche oder unangenehme Eigenschaften gewisser Alkaloide, wie etwa den bitteren Geschmack des Chinins, die leichte Zersetzlichkeit des Cocains, durch verschiedene Veränderungen zu coupieren, ohne daß die Grundwirkung des Körpers in irgendeiner Weise verändert würde. Eine andere Richtung, und diese ist die weit erfolgreichere, strebte an, an dem Molekül der bekannten Alkaloide durch chemische Veränderungen Veränderungen in der physiologischen Wirkung hervorzurufen, so daß gleichsam eine im Alkaloid schlummernde Eigenschaft zum Leben erweckt wird, während die typischen Eigenschaften des Alkaloids gleichsam in einen Schlummerzustand versinken. Als Beispiel wollen wir nur anführen das Versperren des einen oder beider Morphinhydroxyle durch Acyl- oder Alkylgruppen, wobei die schlafmachende Eigenschaft fast ganz verschwindet, während eine eigentümliche Wirkung auf die Respiration, welche wohl schon dem Morphin, wenn auch nicht in dem Grade zukommt, als charakteristisches Zeichen der neuen Verbindungen bei der therapeutischen Anwendung auftritt.

Es wurden auch Versuche gemacht, eine sog. Veredelung der Alkaloide in der Weise durchzuführen, daß man durch chemische Änderung am Moleküle der natürlich vorkommenden Alkaloide eine Verbesserung oder Verstärkung der Wirkung erzielen wollte. In den meisten Fällen hat es sich herausgestellt, daß die natürlich vorkommenden Verbindungen (l-Adrenalin, Chinin, Morphin) die besten Vertreter dieser Reihen sind.

* * *

Die große Reihe der natürlich vorkommenden Alkaloide läßt sich bekanntlich nach Königs auf das Pyridin

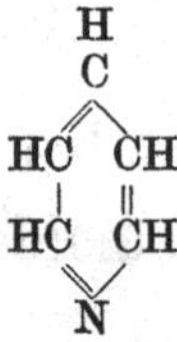

zurückführen. Diese Base ist für sich fast ungiftig zu nennen. Pyridininhalationen bewirken zunächst respiratorische Dyspnöe durch Reizung des Trigeminus, dann Verlangsamung und Verflachung der Atmung, welche periodischen Wechsel zeigt und schließlich Schlaf. Interne Verabreichung des Pyridins macht keine Erscheinungen toxischer Natur. Die Hauptwirkung besteht nach L. Brunton und Tunnicliffe[1]) in Lähmung der sensorischen Apparate, totaler Anästhesie und Aufhebung der Reflexe, ferner hemmen relativ geringe Dosen die Atmung; zentrale Vagusreizung bei pyridinvergifteten Kaninchen ergab besonders häufig exspiratorischen Stillstand. Die Herzaktion wird durch kleine Dosen verlangsamt und verstärkt, durch größere zum Stillstand gebracht. Pyridin ist im Vergleich zu seinen Derivaten keine aktive Verbindung. Es macht Blutdrucksenkung durch Paralyse des Herzmuskels.

E. Harnack und H. H. Meyer, W. His, R. Cohn konnten bei Dosen von ca. 1 g im Tag keinerlei toxische Wirkung sehen[2]).

Die Pyridinderivate wirken ähnlich wie Pyridin, sie sind um so giftiger, je höher der Siedepunkt ist[3]).

[Thiotetrapyridin und -isopyridin wirken auf Hunde und Katzen nicht giftig; ersteres verursacht bei Fröschen erst in $1^1/_2$ Stunden eine geringe Paralyse, ohne die Respiration aufzuheben und Nicotinkrämpfe zu bewirken[4]).]

Einfluß der Hydrierung der Basen.

Die Wirkung des Pyridins ändert sich und wird verstärkt, wenn diese Base hydriert wird, d. h. wenn durch den Eintritt von Wasserstoffatomen in das Pyridinmolekül die doppelten Bindungen gelöst und die Stickstoffbindung in eine Imidgruppe übergeht. Dann wirkt die neue Base und sie wirkt in dem Sinne, daß sie den Blutdruck steigert, daß sie die Gefäße stark kontrahiert und bestimmte Ähnlichkeiten in ihrer physiologischen Wirkung mit dem Nicotin unverkennbar sind. Das durch Hydrierung des Pyridins entstehende Piperidin wirkt zentral und auch peripher lähmend[5]). Wenn man die Erfahrung vom Verhältnis zwischen Pyridin und Piperidin, der einfachen und der hydrierten Base weiter verfolgt und eine Reihe anderer Basen auf dieses Verhalten hin untersucht, so kann man zu einer Regel gelangen, die zuerst von Kendrick und Dewar, später in Deutschland von Königs in Worte gekleidet wurde: Hy-

---

[1]) Journ. of gen. physiol. Bd. 17, S. 292. Siehe auch Heinz: Virchows Arch. f. pathol. Anat. u. Physiol. Bd. 122, S. 116.

[2]) Arch. f. exp. Pathol. u. Pharmakol. Bd. 22, S. 254, 394. — Hoppe-Seylers Zeitschr. f. physiol. Chem. Bd. 18, S. 116. 1894.

[3]) Kendrick u. Dewar: Ber. d. dtsch. chem. Ges. Bd. 7, S. 1458. 1874.

[4]) Vulpian: Cpt. rend. hebdom. des séances de l'acad. des sciences Bd. 92, S. 165.

[5]) Siehe auch Thielemann: Diss. Marburg 1896.

drierte Basen wirken physiologisch immer stärker als die ihnen entsprechenden nicht hydrierten Basen. Kendrick und Dewar[1]) wiesen zuerst darauf hin, daß bei Vergleich der Wirkungen von Chinolin C_9H_7N mit Parvolin $C_9H_{13}N$, von Collidin $C_8H_{11}N$ mit Coniin $C_8H_{15}N$, von Dipyridin $C_{10}H_{13}N_2$ mit Nicotin $C_{10}H_{14}N_2$ zu beobachten ist, daß die physiologische Wirksamkeit dieser Substanzen, abgesehen von der chemischen Struktur, in denjenigen Substanzen am größten ist, welche die größte Menge Wasserstoff enthalten.

Die Hydrierung einer Base kann nicht nur eine erhöhte Giftigkeit und Wirksamkeit verursachen, sondern es kommt dabei in vielen Fällen zu einer völligen Umkehrung der physiologischen Wirkung der Grundsubstanz. So wirkt

Pyridin blutdruckerniedrigend,	Piperidin blutdrucksteigernd,
Berberin blutdruckerniedrigend,	Tetrahydroberberin blutdrucksteigernd,
α-Naphthylamin wirkt giftig durch zentrale Lähmung[2]),	β-Tetrahydronaphthylamin pupillenerweiternd.
β-Naphthylamin pupillenverengernd.	

Das Hydrochlorid des Tetrahydrodipyridils ist giftiger als die Salze des Pyridins und Piperidins[3]).

Es wäre aber falsch, anzunehmen, daß man jede Base durch Hydrierung in eine stärker wirksame verwandeln kann. Es kann nämlich beim Prozeß der Hydrierung auch eine Sprengung des Kernes vor sich gehen, und dann bekommt man keinen wirksamen, vielmehr oft einen wenig oder ganz unwirksamen Körper. Anderseits kann durch die Hydrierung auch eine Sprengung zwischen der Verbindung zweier Kerne eintreten.

Die Giftigkeit des Chinolins steigt bedeutend, wenn man es in Tetrahydrochinolin verwandelt.

β-Naphthylamin zeigt in Dosen von 1 g schwache Wirkungen, während β-Tetrahydronaphthylamin in Dosen von 1 g bei Kaninchen letal wirkt[4]).

β-Collidin (Ring mit CH_3, $\cdot C_2H_5$, N) ist relativ wenig giftig, während Hexahydro-β-collidin eine zentrale und periphere Giftigkeit entfaltet. Es ist weit giftiger als Curare und wirkt wie Coniin (α-Propylpiperidin).

Die Ursache, weshalb die hydrierten Basen an Stärke der Wirkung die entsprechenden nicht hydrierten übertreffen und in vielen Fällen sogar gerade entgegengesetzte Wirkungen haben (z. B. Pyridin und Piperidin) ist wohl die, daß die Basen einerseits durch Hydrierung einen fetten Charakter erhalten, indem die doppelten Bindungen der Ringe verlorengehen, anderseits geht häufig eine tertiäre Base in eine sekundäre über, welche letztere infolge Vorhandenseins einer Imidgruppe physiologisch ungemein reaktionsfähig ist, während tertiär gebundener Stickstoff im Organismus sowie außerhalb sehr träge reagiert. Die Zunahme der Verbindung an Wasserstoffatomen erleichtert den oxydativen Eingriff des Organismus, sowie auch der fette Charakter ein Einreißen des Ringes erleichtert.

Hydriert man jedoch Papaverin zum Tetrahydropapaverin, so erhält man eine Abschwächung der Giftigkeit[5]).

Durch Hydrierung von Strychnin und Thebain gehen die krampferregenden

[1]) Ber. d. dtsch. chem. Ges. Bd. 7, S. 1458. 1874; Bd. 16, S. 739. 1883.
[2]) Pitini u. Blanda: Arch. di farmacol. sperim. of scienze aff. Bd. 1898, S. 431.
[3]) Lebeau, P. u. M. Picon: Bull. soc. chim. de France [4]. Bd. 31, S. 181. 1922.
[4]) Heinz: Virchows Arch. f. pathol. Anat. u. Physiol. Bd. 122, S. 116.
[5]) Ber. d. dtsch. chem. Ges. Bd. 22, S. 777. 1889. — Virchows Arch. f. pathol. Anat. u. Physiol. Bd. 115, S. 117.

Eigenschaften dieser Alkaloide selbst bei Verwendung der 3—5fach größeren Dose verloren (O. Loeb und L. Oldenberg).

1-Methyl-3-cyan-4-methoxy-2-pyridon, Ricinin (OCH_3, $\cdot CN$, $=O$, $N \cdot CH_3$) ist giftig. Tetrahydroricinin ist weniger giftig als Ricinin[1]).

Physiologische Bedeutung der Umwandlung der ternären Alkaloide in quaternäre Ammoniumbasen.

Zu dieser allgemeinen Regel über die Wirkung der Basen im Zusammenhang mit ihrem chemischen Aufbau tritt eine zweite hinzu, die wir Crum Brown und Fraser[2]) verdanken; diese beiden schottischen Forscher untersuchten, um die Beziehungen zwischen chemischer Konstitution und physiologischer Wirkung zu finden, die physiologische Wirkung der Alkaloide, nach einer ganz bestimmten chemischen Operation, welche gleichmäßig an allen Alkaloiden vorgenommen wurde.

Es wurden die Methylderivate des Strychnin, Brucin, Thebain, Kodein, Morphin und Nicotin untersucht. Das Jodid und Sulfat des Methylstrychnin ist weit weniger giftig als Strychnin selbst, es erzeugt keine Krämpfe, sondern Paralyse und hat Curarewirkung. Äthylstrychnin wirkt ebenso[3]).

Brucin und Thebain wirken wie Strychnin, und ebenso verhalten sich ihre Methylderivate zum Methylstrychnin; beim Kodein haben die Salze der Methylverbindung nicht die krampferregende Wirkung des Kodeins. Da dieses Alkaloid nur eine schwache Schlafwirkung hat, so ist es schwer zu erkennen, wie weit diese Wirkung in der Methylverbindung verändert ist. Die letztere lähmt die motorischen Nervenendorgane, was Kodein nicht vermag. Morphinmethyljodid, welches fast unlöslich ist, hat gar keine schlafmachende Wirkung. Hingegen wirkt Morphinmethylsulfat narkotisch, macht aber keine Krämpfe, sondern Paralyse. Methylnicotin[4]) ist wenig giftig, macht keine Krämpfe, aber auch keine lähmende Wirkung auf die motorischen Nervenendorgane. Crum Brown und Fraser untersuchten auch die Wirkung des Jodmethyls selbst, welches aber keine solchen Wirkungen zeigte.

Atropin hat eine etwas komplizierte physiologische Wirkung, da es Funktionen des Zentral- und sympathischen (autonomen) Nervensystems beeinflußt. Die Wirkungen der Methyl- und Äthylderivate differieren in bezug auf das Zentralnervensystem vom Atropin, während die Wirkung auf das sympathische Nervensystem wesentlich dieselbe ist. Die das Rückenmark reizende Wirkung des Strychnin, Brucin, Thebain, Codein und Morphin kommt den Salzen der Ammoniumbasen, welche von diesen Alkaloiden abstammen, nicht zu, aber diese Derivate besitzen dafür eine paralysierende Wirkung auf die motorischen Nervenendigungen. Eine ähnliche Veränderung ist bei den Alkylderivaten des Atropins zu sehen. Diese Derivate sind kräftiger lähmende Körper als Atropin selbst. Die Salze des Atropinmethylhydroxyds und Atropinäthylhydroxyds sind für niedere Tiere in viel kleinerer Dosis letal wirkend als die Salze des

---

[1]) Winterstein, E., J. Keller u. A. B. Weinhagen: Arch. d. Pharmazie u. Ber. d. dtsch. pharmazeut. Ges. Bd. 255, S. 513. 1918.

[2]) Transact. roy. soc. Edinburgh Bd. 25, S. 707. 1868 und Proc. roy. soc. Edinburgh 1869, S. 560.

[3]) Schroff: Wochenbl. d. Zeitschr. d. Ges. d. Ärzte, Wien Bd. 6, S. 157. 1866. — Buchheim u. Loos: Eckhards Beiträge Bd. 5, S. 205.

[4]) Nach Crum Brown und Fraser ist Methylnicotin für Kaninchen nicht giftig.

Atropins selbst. Paralyse des Vagus und Pupillenerweiterung werden auch von den Derivaten des Atropins verursacht.

Cinchonin verändert weder durch Einführung einer noch von zwei Methylgruppen an dem N des zweiten Kernes seine physiologische Wirkung, während es durch Überführung in eine quaternäre Base lähmende Eigenschaften erhält. Ebenso verhält sich Chinin. Die Alkaloide erhalten also nicht durch Bindung von einer oder mehreren Alkylgruppen an den Kernstickstoff lähmende Wirkungen, sondern nur durch die Überführung in quaternäre Basen durch Alkylierung [Rosenstein[1])].

Nicht die Addition von Jodmethyl und deren Wirkung wurde also von Crum Brown und Fraser studiert, sondern der Übergang in quaternäre Basen durch die Einwirkung von Jodmethyl. Wo Jodmethyl diesen Übergang nicht zu bewerkstelligen vermag, kommt es auch nicht zur Bildung von curareartig wirkenden Körpern.

Tetramethylammoniumchlorid ist eine der kräftigsten curareartig wirkenden quartären Ammoniumverbindungen. Tetramethylammoniumhydroxyd wird intravenös injiziert zu mindestens 61% unverändert im Harn des Warmblüters ausgeschieden[2]). Durch den Ersatz eines Methyls durch ein Äthyl und die homologen Alkyle erfährt die curarinartige Wirkung zunächst eine Abschwächung, vom Propylderivat ab dagegen eine Verstärkung, so daß die Octylverbindung etwa doppelt so wirksam wie das Tetramethylammoniumsalz ist.

Die Tetraäthylverbindung ist der Tetramethylverbindung unterlegen; durch den Ersatz eines Äthyls durch höhere Homologe gewinnt die Wirkungsstärke. Die Tetrapropylverbindung steht zwischen der Tetramethyl- und der Tetraäthylverbindung[3])[4]).

Die ersten drei Glieder der homologen Reihe der quartären Ammoniumbasen als Chloride geprüft, zeigen bedeutende Unterschiede in ihrer Gefäßwirkung: Tetramethylammoniumchlorid verengert die Gefäße sehr stark und steht in seiner Wirkungsstärke zwischen Acetylcholin und Cholinmuscarin. Tetraäthylammoniumchlorid verhält sich wie Guanidin.

Trimethyl-benzyl-ammoniumhydroxyd ist wenig giftig. Die entsprechende Phenylverbindung übertrifft dagegen das Tetramethylammoniumhydroxyd stark an Giftigkeit.

Kresyl- und Naphthylammoniumbasen wirken curareartig[5]).

Die Jodide von Tetramethylammonium, Trimethylpropyl-, Trimethylbutyl-, Triäthyloctylammonium verursachen Atmungshemmung am Frosch. Es besteht kein Parallelismus zwischen Curarewirkung und Atemwirkung. Es besteht ein Antagonismus der höheren und niederen Glieder der quartären Basen, indem die Kaninchen durch die erstgenannten dyspnoisch, durch die zweitgenannten apnoisch zu werden scheinen[6]).

In bezug auf die Curarewirkung laufen die Wirkungskurven der Ammoniumbasen aus Trimethylamin und Triäthylamin nicht parallel. Die Glieder der Trimethylaminreihe sind im allgemeinen stärker wirksam als die der Triäthylaminreihe, bei den höheren Homologen erfolgt in breiten Reihen eine Annäherung. In der Triäthylaminreihe wirken die beiden ersten Glieder etwa gleich stark, die folgenden immer stärker mit Verlängerung der Seitenkette. In der Trimethylamin-Reihe nimmt die Wirksamkeit von Methyl- bis zum Propylglied

[1]) Cpt. rend. hebdom. des séances de l'acad. des sciences. Bd. 130.

[2]) Reinwein, H.: Arch. f. exp. Pathol. u. Pharmakol. Bd. 100, S. 254. 1923.

[3]) Boehm, R.: Arch. f. exp. Pathol. u. Pharmakol. Bd. 63, S. 177. 1910.

[4]) Külz, F.: Pflügers Arch. f. d. ges. Physiol. Bd. 195, S. 623. 1922.

[5]) Rabuteau, M.: Cpt. rend. des séances de la soc. de biol. Mémoires 1883, S. 29; Cpt. rend. des séances de la soc. de biol. Bd. 37, S. 138. 1885.

[6]) Külz, F. u. W. Achenbach: Arch. f. exp. Pathol. u. Pharmakol. Bd. 100, S. 61. 1923.

ab. Die Butyl- übertrifft die Propylverbindung ca. um das 10fache an Wirksamkeit, vom 4. Glied nimmt die Wirkung nur noch langsam zu.

Den Herzhemmungsapparat erregen nur die fünf ersten Glieder der Trimethylaminreihe. Diese beim Butylglied am besten ausgeprägte Muscarinwirkung schlägt beim Heptylglied in eine Lähmung um. Ebenso wirken alle Glieder der Triäthylreihe atropinartig. In der Contracturwirkung auf den Skelettmuskel liegt der Umschlagspunkt vor Erregung zu Lähmung zwischen Heptyl- und Octylderivaten der Trimethylaminreihe. Auch das erste Glied der Triäthylaminreihe wirkt hier noch erregend[1]).

Untersucht wurden die Jodide von Tetramethylamin, Trimethyläthylamin, Trimethylpropyl-, -butyl-, -amyl-, -heptyl-, -octylamin-, Triäthylmethylamin, Tetraäthylamin, Triäthylpropyl-, -butyl-, -amyl-, -octylamin.

Es besteht also eine erhebliche Differenz zwischen der Wirkung von Basen, die dreiwertigen Stickstoff, und solchen, die fünfwertigen Stickstoff enthalten. Die Salze des Ammoniaks, Trimethylamins und Tetramethylammoniums wurden von Rabuteau untersucht, um auch die Verhältnisse bei einfachen Basen zu studieren. Trimethylamin steht in derselben Beziehung zum Tetramethylammonium, wie Strychnin zu Methylstrychnin. Alle diese Substanzen machen Paralyse und leichte Muskelkrämpfe durch eine direkte Wirkung auf das Zentralnervensystem und auf die quergestreifte Muskulatur. Die physiologischen Wirkungen des Chlorammons und salzsauren Trimethylamins sind sehr ähnlich, differieren aber vom Jodid des Tetramethylammoniums[2]). Die beiden ersteren sind schwach in ihrer Wirkung, während das letztere ein verhältnismäßig kräftiges Gift ist und sehr rasch lähmend wirkt. Die Paralyse der peripheren Nervenendigungen der motorischen Nerven ist die charakteristische Wirkung der Salze der Ammoniumbasen.

Die Trimethylheptyl- und -octylverbindung wirken kräftig curareartig, lähmen aber den Herzvagus nach Art des Atropins.

Trimethylbromäthylammoniumhydroxyd wirkt wie Cholin, aber stärker auf den Blutdruck, Trimethylbromäthylenammoniumhydroxyd wirkt beim Hunde stark sekretionserregend.

Triäthylalkylammoniumverbindungen besitzen (Külz l.c.) eine mit der Länge des Alkyls an Stärke zunehmende curarin- und atropinartige Wirkung.

Die Tripropyl- und Triamylalkylammoniumbase wirken nicht auf die Sekretion des Pankreas[3]).

Coniin und Methylconiin wirken lähmend[4]). Coniinäthylhydroxyd macht ebenfalls periphere Lähmung der Nervenendapparate[5]). Die Überführung des N-Äthylconiins in die quaternäre Ammoniumbase steigert die Giftigkeit um das 12fache. Dimethylconiin ist viel weniger giftig und erzeugt vor der Lähmung keine Reizung.

In homologen Reihen von Coniniumbasen geht mit steigendem Molekulargewicht eine Veränderung der Giftwirkung einher. Die Intensität der Wirkung hängt von dem Bau und der räumlichen Gruppierung der an den tertiären Stickstoff angelagerten Radikale ab. Sie ist nicht nur von der Konstitution des zugrunde liegenden Alkaloids, sondern auch von der Konstitution der an den tertiären Stickstoff herantretenden Atomkomplexe abhängig[6]).

N-Äthylpiperidin zeigt dem Coniin ähnliche Wirkungen.

---

[1]) Külz, Fritz: Arch. f. exp. Pathol. u. Pharmakol. Bd. 98, S. 339. 1923.
[2]) Cpt. rend. hebdom. des séances de l'acad. des sciences. Bd. 76, S. 887.
[3]) Launoy, L.: Journ. de physiol. et de pathol. gén. Bd. 15, S. 280. 1913.
[4]) Brown Crum u. Fraser: Transact. roy. soc. Edinburgh Bd. 25, S. 719.
[5]) Tiryakian: Thése Paris. 1878.
[6]) Hildebrandt, H.: Arch. f. exp. Pathol. u. Pharmakol. Bd. 63, S. 76. 1910.

Nach den Untersuchungen vom Ihmsen übt die vom Methyläthylconiin derivierende Ammoniumhydroxydbase $C_8H_{16}(C_2H_5)(CH_3)N \cdot OH$ selbst zu 30 g keine Wirkung aus, die Jodverbindung bleibt zu 2—6 g wirkungslos, tötet aber zu 10 g ein Kaninchen in vier Minuten. Es hat also als Ammoniumhydroxydbase erheblich an Giftigkeit eingebüßt.

Cocain verliert durch Übergang in die Ammoniumbase völlig seine exzitierende, sowie seine anästhesierende physiologische Wirkung. Diese hat nur die physiologischen Eigenschaften des Curare (Paul Ehrlich).

Im Pfeilgift Curare fand R. Böhm zwei Basen, eine tertiäre Base Curin und eine Ammoniumbase Curarin. Curin läßt sich durch Methylierung in Curarin verwandeln, welches 226mal so giftig ist als die Muttersubstanz[1]).

Auch Pyridin selbst schließt sich von dieser allgemeinen Regel nicht aus, und die entsprechende Ammoniumbase hat die physiologische Funktion der quaternären Basen überhaupt, nämlich Lähmung der motorischen Nervenendplatten. Es ist aber sehr wenig giftig, ähnlich wirkt die Methylverbindung des Chinolins und des Isochinolins.

Methylpyridiniumhydroxyd wird zu etwa $^1/_3$—$^1/_2$ unverändert im Harn ausgeschieden.

Methylpyridylammoniumhydroxyd tötet durch Atemlähmung. Nach Dosen von 0.5 g erscheint es unverändert im Harn[2]). Methylpyridiniumchlorid wirkt curareartig lähmend. In Ermüdungsversuchen am Froschgastrocnemius hat es Santesson[3]) mit den entsprechenden Methylderivaten des Chinolins, Isochinolins und Thallins verglichen.

Methylpyridinchlorid, Intensitätswert 1; Methylchinolinchlorid, Intensitätswert 2.5; Methylisochinolinchlorid, Intensitätswert 3.75; Dimethylthallinchlorid, Intensitätswert 25.

Methylchinoliniumhydroxyd wird bei Fütterung unverändert ausgeschieden[4]).

Äthyl- und Amylpyridiniumchlorid sind wenig giftig, sie machen eine Erregung der Pankreassekretion, die Amylverbindung auch der Speichelsekretion[5]).

Die dem Cholin und Neurin analogen Oxäthyl- und Vinylpyridiniumbasen wirken curareartig; die Giftigkeit ist bei der Oxäthylverbindung schwächer als bei der Vinylpyridiniumbase, also der gleiche Unterschied wie zwischen Cholin und Neurin, welch letzteres ebenfalls eine doppelte Bindung enthält. Die Dioxäthylverbindung ist noch schwächer wirksam als die Oxäthylbase[6]).

Isochinoliniumderivate bei denen Wasserstoff in 6., 7. und 8. Stellung mit Methoxyl- oder Dioxymethylengruppe substituiert wird, haben nicht mehr die Krampfwirkung, die die entsprechenden Verbindungen mit dreiwertigem Stickstoff besitzen[7]).

Dimethylthalliniumchlorid wirkt sehr schwach[3]).

Auch anders konstituierte Verbindungen, wie das Cobragift, wirken auf die motorischen Nervenendplatten, und es gibt quaternäre Ammoniumbasen, die nicotinartig auf Ganglienzellen des vegetativen Nervensystems wirken und quergestreifte Muskelfasern erregen, wo Curare lähmt.

Nicht alle quaternären Basen wirken curareartig. Die quaternären Papaverinderivate und ebenso das Nicotinmethylat wirken nicht auf die motorischen Nervenendplatten. Die Papaverinderivate verlieren durch Umwandlung in

---

[1]) Arch. d. Pharmazie u. Ber. d. dtsch. pharmazeut. Ges. Bd. 235, S. 660. — Beitr. z. Physiol., Leipzig 1886, S. 173; Bd. 35, S. 20.
[2]) Kohlrausch, Arnt: Zentralbl. f. Physiol. Bd. 23, S. 143.
[3]) Arch. f. exp. Pathol. u. Pharmakol. Bd. 35, S. 23. 1895.
[4]) Shiznaki Tamura: Acta scholae med. Kyoto Bd. 6, S. 459. 1924.
[5]) Launoy, L.: Cpt. rend. des séances de la soc. de biol. Bd. 75, S. 374. 1912. — Journ. de physiol. et de pathol. gén. Bd. 15, S. 280. 1913.
[6]) Coppola, F.: Gaz. chim. ital. Bd. 15, S. 330. 1885.
[7]) Laidlaw, P. P.: Biochem. Journ. Bd. 5, S. 243. 1910.

quaternäre Basen ihre allgemeine zentrale Nervenwirkung, aber sie erhalten eine Nierenwirkung, welche durch Hydrierung des Moleküls geschwächt wird, während sonst die Hydrierung giftigkeitssteigernd ist (Papaverin: Tetrahydropapaverin). Viele quaternären Basen sind zentralangreifende Respirationsgifte[1]).

Die quartären Ammoniumbasen wirken nicht nur lähmend auf die motorischen Nervenendigungen, sondern auch auf das autonome System. Die Wirkung ist eine muscarinartige. Viele Ammoniumverbindungen besitzen auch eine nicotinartige Wirkung: die reinste muscarinartige Wirkung kommt einigen Cholinestern zu. Dem Nicotin stehen die alkylierten Basen Adrenalin und Hordenin am nächsten. Die Reizwirkung auf den parasympathischen Endapparat geht der Curarewirkung parallel.

Durch Alkylierung gewinnen Pilocarpin und Nicotin nicht nur nicht an Wirkungsstärke auf das autonome System, es gehen vielmehr die vorhandenen Reiz- und Lähmungswirkungen verloren.

Bei folgenden Substanzen wurde gefunden, daß sie die motorischen Nervenendplatten lähmen:

Anorganische: Jodammonium.

Aliphatische: Cyanammonium, Äthylammoniumchlorid, Amylammoniumchlorid, Amylammoniumjodid, Amylammoniumsulfat, Dimethylammoniumchlorid, Dimethylammoniumjodid, Diäthylammoniumchlorid, Diäthylammoniumjodid, Diäthylammoniumsulfat, Trimethylammoniumjodid, Triäthylammoniumchlorid, Triäthylammoniumjodid, Triäthylammoniumsulfat, Tetramethylammoniumjodid[2]), Tetraäthylammoniumjodid[3]), Tetraamylammoniumjodid[3]).

Tetramethylammoniumformiat (Forgenin genannt) zeigt eine digitalisartige Wirkung, ohne es ersetzen zu können[4]). Es zeigt keine curareartige Wirkung. Es wirkt giftig und manchmal letal, kleinere Dosen steigern den Appetit und das Wohlbefinden.

Arsonium-, Stibonium- und Phosphoniumbasen: Tetraäthyl-arsonium-cadmiumjodid, Methyl-triäthylstiboniumjodid, Methyl-triäthylstiboniumhydrat, Tetraäthyl-phosphoniumjodid[5]), Tetraäthyl-arsonium-zinkjodid.

Tetraäthylarsoniumjodid hat zentrallähmende, aber keine ausgesprochen curareartige Wirkung. Es wirkt rascher und 4mal so stark wie die entsprechende Methylverbindung zentrallähmend. Es spaltet beim Kaninchen kein Arsen ab[6]).

Auch die Sulfinbasen wirken curareartig, erwiesen ist es für Trimethylsulfinhydrür [Kunkel[7])], [Curci[8])].

Tetramethylammoniumjodid, Trimethylsulfoniumjodid, Tetramethylphosphoniumjodid, Tetramethylarsoniumjodid, Tetramethylstiboniumjodid zeigen Muskarinwirkung. Die N-Verbindung ist am wirksamsten, die S- und P-Verbindungen gleich wirksam, aber weniger als die N-Verbindung, die As- und die Sb-Verbindung ist gleich wirksam, aber weniger als die übrigen[9]). Wie die

---

[1]) Pohl, Julius: Arch. internat. de pharmaco-dyn. et de thérapie Bd. 13, S. 479. 1904.

[2]) Rabuteau: Traité de Thérapeutique und Mémoires de la Société de Biol. 1884, S. 29.

[3]) Jordan, Seth N.: Arch. f. exp. Pathol. u. Pharmakol. Bd. 8, S. 15.

[4]) Boll. chim. farm. Bd. 45, S. 945.

[5]) Vulpian: Arch. d. phys. norm. et pathol. I, S. 472. Tetraäthyl-phosphoniumjodid wirkt bei Fröschen curareartig, bei Säugetieren macht es namentlich zentrale Wirkung sowie Herzwirkung außer der curareartigen. Es wirkt durchaus verschieden von Phosphor. — Lindemann, W.: Arch. f. exp. Pathol. u. Pharmakol. Bd. 11, S. 191.

[6]) Gornaja, Sossja: Arch. f. exp. Pathol. u. Pharmakol. Bd. 61, S. 76. 1909.

[7]) Kunkel: Toxikologie, Jena 1901, S. 601.

[8]) Arch. internat. de pharmaco-dyn. et de thérapie. Bd. 4. 1896.

[9]) Hunt, Reid u. R. R. Renshaw: Journ. of pharmacol. a. exp. therapeut. Bd. 25, S. 315. 1925.

Ammoniumverbindungen mit fünfwertigen N wirken auch die Phosphonium-, Arsonium- und Stibboniumverbindungen curareartig. Die Giftwirkung fällt von der N-Verbindung zur P-, As-, S-, Sb-Verbindung.

Nicotinwirkung haben Tetraäthylammoniumjodid, Trimethylsulfoniumjodid, Tetramethylphosphoniumjodid, kaum oder gar keine das Triäthylsulfoniumbromid und das vergleichsweise herangezogene Tetraäthylammoniumchlorid.

Curarewirkung haben Tetramethylphosphoniumjodid und Trimethylsulfoniumjodid in gleichem Maße, Tetramethylammoniumjodid die 10—12fache Wirkung der S- und P-Verbindungen.

Aromatische Basen: Phenyl-dimethyl-äthyl-ammoniumjodid, Phenyl-dimethyl-amyl-ammoniumjodid, Phenyl-dimethyl-amyl-ammoniumhydrat, Phenyltriäthylammoniumjodid[1]), Toluyltriäthylammoniumjodid, Ditoluyldiäthylammoniumjodid[1]), Toluyldiäthylamylammoniumjodid[1]), Toluyltriäthylammoniumhydrat[1]), Trimethylmenthylammonium.

Trimethylammoniumhydroxyd-Valeriansäure macht bei Katzen Speichelfluß, Lähmung und Tod, in einem zweiten Falle keine Erscheinungen, im Harne wurden 14 % wiedergefunden. Hexamethyl-tetramethylendiammoniumhydroxyd hat Curarewirkung und erscheint im Harne wieder, ebenso Hexamethyl-pentamethylendiammoniumhydroxyd, ebenso Trimethyl-β-imidazolyläthylammoniumhydroxyd.

Die Methylierungsprodukte zeigen sämtlich große Widerstandsfähigkeit gegenüber den Einflüssen des Organismus[2]).

Phenyläthylpyrazolammonium[3]) wirkt curareartig, zuerst nur peripher, dann auch zentral lähmend.

Die Indoliumbase Pr-1n-Methyl-3.3-dimethylindoliumoxydhydrat[4]) macht motorische Parese, Respirationsstillstand, pikrotoxinartige Krämpfe, später cerebrale Lähmung. Bei Kaninchen wirkt sie als Hirnkrampfgift.

Berberin verliert durch Überführung in die quaternäre Base seine zentral lähmende Wirkung.

Methylierte Alkaloide: Methylpiperidin, Methylatropin, Methylstrychnin[5]), Äthylstrychin, Methylbrucin, Äthylbrucin, Methylcinchonin, Amylcinchonin, Methylchinin, Methylchinidin, Methylcocain (Paul Ehrlich), Methylcodein, Methylmorphin, Dimethylconiin, Curarin, Curare, Äthylnicotin, Methylthebain, Methylveratrin, Amylveratrin. Dann die Ammoniumhydratbase Echitamin (Ditain)[6]).

Cinchonin-jodessigsäuremethylester $C_{19}H_{22}N_2O \cdot JCH_2 \cdot CO \cdot O . CH_3$ macht bei Fröschen völlige Lähmung.

Ferner Imidobasen: Methylanilin[7]), Äthylanilin[7]), Amylanilin, Collidin, Coniin.

Methyl-, Äthyl- und Amylanilin wirken curareartig, aber die Chinolinderivate, wie Methyl-, Äthyl- und Amylchinolin wirken nicht curareartig, nur Oxäthylchinolinammoniumchlorid. Chinolin zeigt keine Curarewirkung, hingegen aber das sogenannte Chinotoxin (Dichinolindimethylsulfat von G. Hoppe-Seyler).

---

[1]) Rabuteau: Traité de Thérapeutique und Mémoires de la Société de Biol. 1884, S. 29.

[2]) Ackermann, D. u. F. Kutscher: Zeitschr. f. Biol. Bd. 72, S. 177. 1920.

[3]) Curci: Atti dell' Acad. di Catania. Bd. 10. 1897.

[4]) Brunner: Monatshefte für Chemie Bd. 17, S. 219. 1896.

[5]) Schroff: Wochenbl. d. Ges. d. Ärzte, Wien 1866, Nr. 17.

[6]) Harnack: E. Arch. f. exp. Pathol. u. Pharmakol. Bd. 7, S. 126. Es ist ein Glucoalkaloid.

[7]) Jolyet u. Cahours: Cpt. rend. hebdom. des séances de l'acad. des scienes. Bd. 66, S. 1181.

Methylgrün besitzt typische Curarewirkung und macht beim Warmblüter Blutdrucksenkung. Methylviolett selbst, durch dessen Methylierung man zum Methylgrün gelangt, zeigt keine Curarewirkung, aber ausgesprochene Digitalis-Herzwirkung[1]).

Spartein (Lupinidin) wirkt curareartig. Durch periphere Lähmung des Nervus phrenicus tritt Aufhören der Atmung auf. Ferner zeigt es lähmende Wirkung auf die herzhemmenden Vagusfasern, so daß deren Reizung ohne Erfolg ist und der Muscarinstillstand durch nachträgliche Darreichung von Spartein aufgehoben wird. Spartein zeigt aber eine schädigende Wirkung auf den Herzmuskel, indem die Diastole auffallend verlängert wird. Methyljodid- bzw. Benzylbromid-spartein wirken wie Spartein, doch fehlt ihnen die schädigende Wirkung auf das Froschherz. Am Warmblüter tritt ein mit der Sparteinwirkung völlig übereinstimmendes Vergiftungsbild auf[2]).

Man sieht daraus, daß vorzüglich den quaternären Basen die Eigenschaft zukommt, auf die motorischen Nervenendigungen lähmend zu wirken, daß aber diese Eigenschaft unabhängig ist vom Baue des übrigen Moleküls der Substanz, und daß auch andere quaternäre Basen, in denen statt Stickstoff Arsen, Antimon oder Phosphor enthalten ist, also Arsonium-, Stibonium- oder Phosphoniumbasen dieselben Eigenschaften besitzen. Es kommt also der Hauptsache nach für das Zustandekommen der Nervenendwirkung auf die bestimmte stereochemische Konfiguration der Verbindung an[3]).

Die Curarewirkung der Basen erklärt H. H. Meyer[4]) durch die zunehmende Basizität der Ausgangssubstanz. Da Methylamin stärker basisch ist als Trimethylamin, wirkt es auch stärker curareartig. Am stärksten basisch ist Tetramethylammoniumhydroxyd und am stärksten wirksam, während Cholin eine schwache Base und nur schwach wirksam ist[5]).

In schwächerer Weise zeigen ähnliche Nervenendwirkungen, wenn auch nicht so typisch, die Basen, welche eine Imidogruppe enthalten (Piperidin, Coniin, Methylanilin), so daß auch dieser Konfiguration eine solche lähmende Eigenschaft zukommt. Auch die Lupetidine mit der NH-Gruppe zeigen eine ähnliche Wirkung.

Zum Zustandekommen der Nervenendwirkung ist also nur das Vorhandensein fünfwertigen Stickstoffes notwendig. Denn es ist gleichgültig, ob die Ammoniumbase der Fettreihe oder der aromatischen Reihe angehört. Aber es wäre falsch, anzunehmen, daß die Nervenendwirkung nur den quaternären Basen zukommt. Auch stickstofffreie Körper, wie Campher, Andromedotoxin, gehören zu den Nervenendgiften; es ist also nicht unwahrscheinlich, daß die Nervenendwirkung unter dem Einflusse verschiedener Atomgruppierungen entsteht, unter denen die quaternäre Bindung des Stickstoffs die am besten gekannte ist.

Bedeutung der cyclischen Struktur der Alkaloide.

Bedeutung der Stellungen der Seitenketten.

Von großer Wichtigkeit für die physiologische Wirkung der Alkaloide ist ihre cyclische Struktur, wie folgendes Beispiel es klar veranschaulicht:

δ-Aminovaleriansäure und γ-Aminobuttersäure, welche leicht durch An-

---

[1]) Fühner, H.: Arch. f. exp. Pathol. u. Pharmakol. Bd. 59, S. 161. 1908.

[2]) Hildebrandt, H.: Münch. med. Wochenschr. 1906, S. 1327.

[3]) Siehe Kapitel: Stereochemisch bedingte Wirkungsdifferenzen, ferner Sigmund Fränkel: Stereochemische Konfiguration und physiologische Wirkung. Ergebnisse der Physiologie (Asher-Spiro) III, Biochemie, S. 290.

[4]) Ergebn. d. Physiol. Bd. 1, II, S. 200. 1902.

[5]) Fühner, H.: Arch. f. exp. Pathol. u. Pharmakol. Bd. 58, S. 45. 1907.

hydridbildung und Ringschließung in Piperidon bzw. Pyrrolidon übergehen können,

δ-Aminovaleriansäure Piperidon

$$H_2C(CH_2)_2(CH_2)COOH \cdot NH_2 = H_2C(CH_2)_2 CO \cdot NH + H_2O$$

und

γ-Aminobuttersäure α-Pyrrolidon[1])

$$H_2C\!-\!CH_2,\ H_2C\!-\!COOH,\ NH_2 = H_2C\!-\!CH_2,\ H_2C\!-\!CO,\ NH + H_2O$$

sind ohne eine besondere physiologische Wirkung, während die erwähnten Basen, ihre Anhydride, schon in schwachen Dosen auffallende toxische Effekte hervorrufen. Diese Tatsache zeigt die Beziehungen, welche zwischen der cyclischen Struktur, welche fast allen Alkaloiden zukommt, und ihrer Wirksamkeit im Tierkörper bestehen.

Daß die Ringschließung bei Alkaloiden mit der physiologischen Wirkung in Beziehung steht bzw. die Giftigkeit derselben bedingt, beweisen auch die Beziehungen zwischen Pentamethylendiamin und Piperidin. Ersteres ist ungiftig wegen der offenen Kette, während Piperidin giftig und wirksam ist. Beim raschen Erhitzen des Cadaverin-(Pentamethylendiamin)-chlorhydrates tritt Ringschluß ein, es bildet sich Piperidinchlorhydrat und Salmiak.

Cadaverin Piperidin

$$CH_2<\begin{matrix}CH_2\!-\!CH_2\!-\!NH_2\cdot HCl\\ CH_2\!-\!CH_2\!-\!NH_2\cdot HCl\end{matrix} = CH_2<\begin{matrix}CH_2\!-\!CH_2\\ CH_2\!-\!CH_2\end{matrix}>NH\cdot HCl + NH_4Cl\,.$$

Pyrrolidin $H_2C\!-\!CH_2,\ H_2C\!-\!CH_2,\ NH$ ist giftig, Diäthylamin $H_3C\ CH_3,\ H_2C\!-\!CH_2,\ NH$ ist ohne akute Wirkung. Es ist also weniger die Imidogruppe, als die ringförmige Struktur, welche die Giftwirkung der ringförmigen Basen bedingt, im Vergleiche zu den Basen mit offener Kette.

Die physiologische Wirksamkeit der Alkaloide ist zwar in den meisten Fällen an das Vorhandensein eines ringförmigen, heterocyclischen Kernes, nicht aber an die Zahl der Ringglieder gebunden. α-Piperidon und α-Pyrrolidon zeigen eine durchaus ähnliche Wirkung auf den Organismus[2]). Doch steht die Zahl der Ringglieder in Beziehung zur Wirkungsstärke, Piperidin und Pyrrolidin wirken qualititativ gleich, Piperidin ist aber stärker giftig[3]).

Es ist für die physiologische Wirkung der Alkaloide gleichgültig, ob sie sich vom Chinolin oder Isochinolin ableiten lassen. Die Stellung des N im Chinolinmolekül ist also ohne Relevanz für die physiologische Wirkung[4]).

Kendrick und Dewar[5]) haben gezeigt, daß, wenn man die Basen der Pyridinreihe durch Kondensation verdoppelt und so Dipyridin, Parapicolin usw. erhält, die Basen nicht nur stärker physiologisch wirksam werden, sondern die Wirkung in ihrer Art von der einfachen Base differiert und an die Wirkung der natürlichen Alkaloide, die eine ähnliche Konstitution haben, erinnert.

Pyrrol macht Lähmung zentraler Natur[6]). Pyrrolinchlorhydrat $HC\!-\!CH_2,\ HC\!-\!CH_2,\ N,\ H\cdot HCl$ macht bei Fröschen allgemeine Lähmung. Es macht starke Blutdrucksteigerung.

---

[1]) Gabriel, S.: Ber. d. dtsch. chem. Ges. Bd. 22, S. 3335. 1889; Bd. 23, S. 1772. 1890.
[2]) Schotten u. Gabriel: Ber. d. dtsch. chem. Ges. Bd. 21, S. 2241. 1888.
[3]) Hildebrandt, H. (Pauly): Liebigs Ann. d. Chem. Bd. 322, S. 128.
[4]) Stockmann, Ralph: Journ. of physiol. Bd. 15, S. 245.
[5]) Royal society proceed. London. Bd. 22, S. 432.
[6]) Ginzberg: Diss. Königsberg bei Jaffé. 1890.

Pyrrolidin $\begin{matrix} H_2C-CH_2 \\ H_2C\diagdown\diagup CH_2 \\ N \\ H \end{matrix}$ erzeugt bei Fröschen Nicotinstellung. $\begin{matrix} H_2C-CH_2 \\ H_2C\diagdown\diagup CH_2 \\ N \\ CH_3 \end{matrix}$ N-Methylpyrrolidin macht Nicotinstellung und hierauf vollständige Lähmung. Die Pyrrolderivate scheinen besonders durch die lähmende Wirkung auf den peripheren, herzhemmenden Mechanismus charakterisiert zu sein.

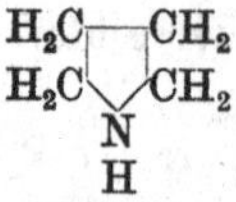

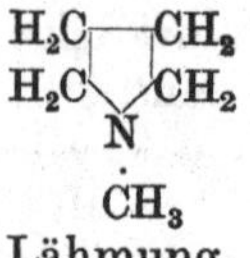

Kaninchen vertragen subcutan gegebenes Dimethylpyrrol gut, im Harn ist es nicht zu finden. Per os zugeführtes Dimethylpyrrol wird langsamer oxydiert. Es wirkt milder als Pyrrol[1]).

Pyrrolidin selbst steht in seiner Toxizität dem Piperidin nicht nach. Qualitativ kommen bei Kaninchen durch Pyrrolidin keine Krämpfe zustande, die ja für Piperidin charakteristisch sind. Bei Kaltblütern macht Pyrrolidin, wie Piperidin, zentrale Lähmung bei kräftig schlagendem Herzen und periphere curareartige Wirkung.

Pyrrolidin, Piperidin und Cyclohexamethylenimin $\begin{matrix} H_2\ H_2 \\ C-C \\ H_2C\diagup \qquad \diagdown CH_2 \\ H_2C\diagdown \qquad \diagup NH \\ C \\ H_2 \end{matrix}$ wirken sehr ähnlich. Die periphere Wirkung ist beim Hexamethylenimin am stärksten ausgebildet, also ein Verhalten, wie wir es bei den Ringketonen sehen. Die cyclischen Imine sind im allgemeinen giftiger als die entsprechenden Ringketone mit gleich großem Ring. Bei den Ringketonen überwiegt die zentrallähmende Wirkung, bei den cyclischen Iminen die periphere Lähmung.

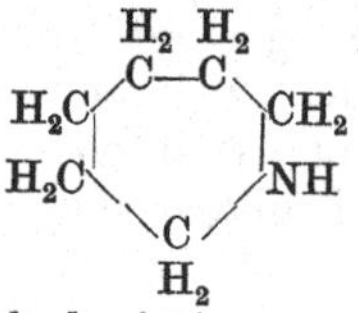

Cyclische Isoxime verhalten sich folgendermaßen: Pyrrolidon $\begin{matrix} H_2C-CH_2 \\ | \qquad >NH \\ H_2C-CO \end{matrix}$ wirkt nicht, wie C. Schotten[2]) angibt, strychninartig, sondern nach Jacobj pikrotoxinartig. Dem Piperidon $\begin{matrix} H_2 \\ C \\ H_2C\diagup \diagdown CO \\ H_2C\diagdown \diagup NH \\ C \\ H_2 \end{matrix}$ und dem wahrscheinlich damit identischen Pentanonisoxim kommt eine typische Krampfwirkung zu, aber nicht die Steigerung der Reflexerregbarkeit wie beim Strychnin; es treten nur Krämpfe auf, welche auf direkter Erregung des Medullarkrampfzentrums beruhen.

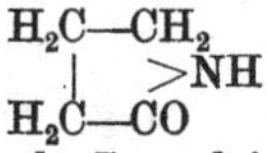

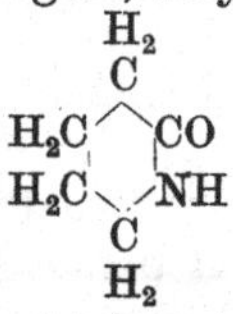

Hexanonisoxim $\begin{matrix} H_2 \\ C \\ H_2C\diagup \diagdown CO \\ H_2C \quad NH \\ | \qquad | \\ H_2C-CH_2 \end{matrix}$ macht klonische, später tonische Krämpfe und wirkt etwas narkotisch.

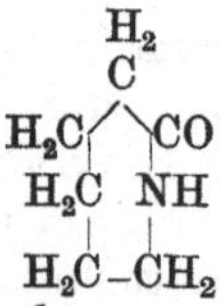

Aminohexylalkohol $\begin{matrix} CH_2\cdot CH_2\cdot CH_2\cdot OH \\ | \\ CH_2\cdot CH_2\cdot CH_2\cdot NH_2 \end{matrix}$ durch Ringsprengung und Wassereintritt aus dem Cyclohexanonisoxim dargestellt, ist bedeutend weniger giftig als das cyclische Hexanonisoxim und wirkt nach Neutralisation nur im Sinne eines Alkohols lähmend.

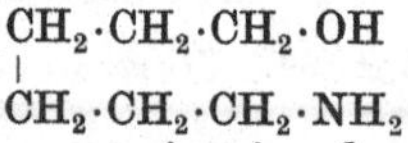

Suberonisoxim macht klonische und tonische Krämpfe, die Krämpfe sind meist partiell beschränkt. Auch bei den cyclischen Isoximen steigt die Giftigkeit

---

[1]) Sauardi, P.: Atti d. reale accad. dei Lincei, rendiconti, 1. u. 2. Sem. Bd. 30, S. 185 bis 227. 1921.

[2]) Ber. d. dtsch. chem. Ges. Bd. 21, S. 2243. 1888.

mit der Größe des Ringes. Ebenso sind die peripheren Wirkungen bei den Verbindungen mit größerem Ring ausgesprochener ausgebildet. Die curareartige Wirkung ist bei den niederen Gliedern dieser Reihe kaum angedeutet, beim Suberonisoxim aber schon sehr deutlich hervortretend.

```
           H        H
H2C────────C────────C·CH3
 │         │         ╲
 │      H3C·C·CH3     >CO
 │         │         ╱
H2C────────C────────NH
           H
```

Fenchonisoxim 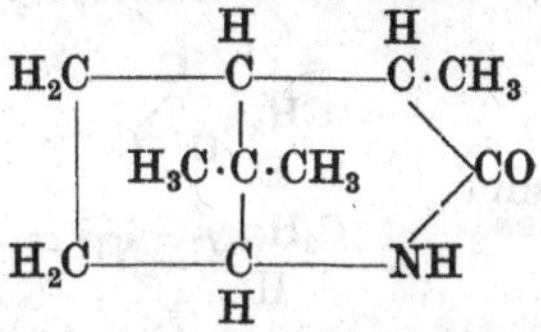 macht klonische und tonische Krämpfe, Blutdrucksteigerung und nachfolgende Lähmung des Gefäßnervenzentrums.

Die pikrotoxinartige Krampfwirkung, welche den Isoximen zukommt, fehlt sowohl bei den Cycloketonen als auch bei den Cycloiminen. Die eigentümlichen Funktionsveränderungen der Skelettmuskulatur sind ebenfalls nur bei den Isoximen zu konstatieren. Es erscheinen also auch diese beiden Wirkungen charakteristisch für Cycloisoxime, welche je eine CO- und NH-Gruppe nebeneinander im Ring enthaltende hydroaromatische Verbindung sind. Die allgemeine zentrale Lähmung, die Hauptwirkung der Ketone, tritt bei den Isoximen zurück. Die Steigerung der Erschöpfbarkeit der motorischen Endapparate haben alle drei Gruppen, die Cycloketone, Cycloisoxime und Cycloimine, gemeinschaftlich, aber diese ist am stärksten bei den Iminen und am schwächsten bei den Isoximen ausgebildet. Die Imine sind im allgemeinen die giftigsten, die Ketone weniger, die Isoxime am wenigsten giftig, wenn man Verbindungen mit gleicher Gliederanzahl miteinander vergleicht.

Die Alkylsubstitutionsprodukte der einfachen cyclischen Isoxime zeigen folgendes Verhalten:

```
       CH3
       ·
       CH
   H2C/  \NH
   H2C\  /CO
       CH2
```

Menthylpentanonisoxim 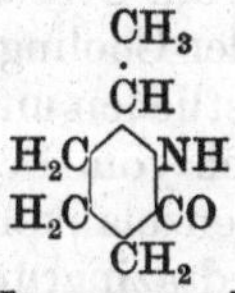 ist wirksamer als Piperidon, qualitativ aber wirkt es gleichartig. Von α- und β-Methylhexanonisoxim ist die β-Base fünfmal so giftig als die α-Base; auch die Wirksamkeit auf die Skelettmuskulatur ist bedeutend stärker. Dieselbe Gruppe kann also die Wirkungen der Gesamtverbindungen je nach der Stellung ihrer Anlagerung mehr oder weniger erheblich steigern.

```
              H2 H2
(CH3)2 = C──C──C
         │  H  >CO
        H2C──C──N
             ·
           CH3H
```

Trimethylhexanonisoxim 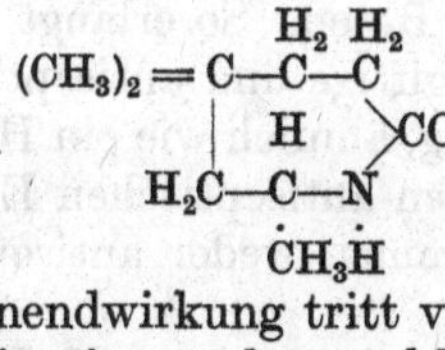 ist bedeutend giftiger als Hexanonisoxim. Die Nervenendwirkung tritt viel stärker hervor.

Methylisopropylhexanonisoxim, und zwar l-Menthonisoxim

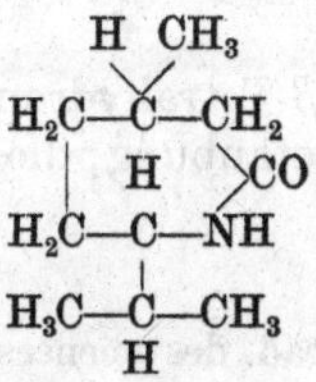

```
     H  CH3
      \/
H2C──C──CH2
 │   H   >CO
H2C──C──NH
     │
H3C──C──CH3
     H
```

und Tetrahydrocarvonisoxim

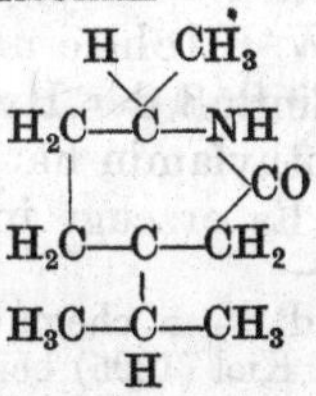

```
     H  CH3
      \/
H2C──C──NH
 │       >CO
H2C──C──CH2
     │
H3C──C──CH3
     H
```

Diese beiden isomeren Verbindungen wirken qualitativ und quantitativ sehr ähnlich. Die Lähmung tritt stärker hervor, die Krampfwirkung des Hexanonisoximkernes ist entschieden zurückgedrängt, die narkotische Wirkung ist wohl auf die Alkylseitenketten, namentlich die Isopropylkette zurückzuführen. Auch die Curarewirkung ist viel stärker als beim Hexanonisoxim.

Thujamenthonisoxim (Dimethylisopropylpiperidon) ist zehnmal so giftig

```
          H  CH3                       H  CH3
           \/                           \/
           C                            C
   H     /   \                  CH3  /    \
    \  C       NH                  \C       CO
CH3 /  |       |       oder     H  /|       |
   H   |       |                    |       |
    \  C       CO             C3H7 \C       NH
C3H7/    \   /                  H  /  \   /
           C                            C
           H2                           H2
```

als Piperidon. Die krampferregende Wirkung des Piperidonkernes ist größtenteils infolge der Wirkung der Alkylseitenketten, wahrscheinlich infolge der Wirkung der Isopropylgruppe, verdeckt; die Nervenendwirkung, welche bei Piperidon sogar bei tödlichen Gaben nicht nachweisbar ist, kommt dagegen bei Thujamenthonisoxim sehr deutlich zum Vorschein.

* * *

Anderseits läßt sich zeigen, daß die Aufsprengung eines Ringes in Alkaloiden die Wirkung vernichtet oder abschwächt. So ist das dem Nicotin isomere Metanicotin ein methyliertes Pyridyl-butylenamin, in dem nach Pinners Auffassung der Pyrrolidinring aufgespalten ist[1]). Nach Ringhardtz[2]) hat Metanicotin qualitativ die Nicotinwirkung, aber man benötigt zur Vergiftung die zehnfache Dosis.

* * *

Die N-Oxyde der Alkaloide zeigen eine Verminderung der Giftigkeit, aber das zugrunde liegende Alkaloid wird langsam herausgespalten[3]).

Nur wenige giftige natürliche Basen, der Cholingruppe angehörig, entbehren der cyclischen Struktur. Die meisten künstlichen und natürlichen Basen, welche physiologische Effekte auslösen, lassen sich vom Benzol oder einem N-haltigen cyclischen System ableiten. Die reinen Benzolabkömmlinge, welche durch Einführung einer oder mehrer Amino- oder Hydrazingruppen basische Eigenschaften bekommen, zeichnen sich durch ihre temperaturherabsetzenden Wirkungen aus, ebenso durch ihre Fähigkeit, rote Blutkörperchen zu zerstören und Oxyhämoglobin in Methämoglobin überzuführen.

Die Wirkung der Kondensation (Verdoppelung der Ringsysteme) zeigt sich nicht nur bei den aromatischen Basen. So erlangt Pyridin bzw. Benzol durch die Bildung von Chinolin stark giftige und antiseptische Eigenschaften. Es ist zu vermuten, daß der Pyridinring, ähnlich wie ein Hydroxyl, aber in kräftigerer Weise, die im Benzol immanenten antiseptischen Eigenschaften zur Auslösung bringt. Dem Pyridin selbst kommen weder antiseptische noch antithermische noch giftige Eigenschaften zu.

Die vom Naphthylamin abgeleiteten, von E. Bamberger[4]) dargestellten und von W. Filehne und Stern[5]) experimentell geprüften Basen zeigen sehr gut den Einfluß der Hydrierung.

β-Naphthylamin hat keine von den Wirkungen des β-Tetrahydronaphthylamins[6]). Es erzeugt in großen Dosen Schwäche und Betäubung; die Pupillen

---

[1]) Ber. d. dtsch. chem. Ges. Bd. 27, S. 1056, 2862. 1894.

[2]) Diss. Kiel (1895) bei Falck.

[3]) Polonowski, M.: Cpt. rend. hebdom. des séances de l'acad. des sciences. Bd. 181, S. 887. 1925.

[4]) Ber. d dtsch. chem. Ges. Bd. 22, S. 777. 1889.

[5]) Virchows Arch. f. pathol. Anat. u. Physiol. Bd. 115 u. 117, S. 418.

[6]) Petini: Arch. di farmacol. sperim. e science aff. Bd. 5, S. 574. 1897.

werden etwas enger — im Gegensatze zu der starken Pupillenerweiterung durch die hydrierte Base.

β-Tetrahydronaphthylamin hingegen macht nach subcutaner Injektion deutliche Pupillenerweiterung; die Ohrgefäße kontrahieren sich, die Temperatur steigt um 3 bis $4^1/_2{}^0$, also stärker als bei Nicotin und Coffein, welche nur um 1 bis 1.5^0 die Temperatur erhöhen. Die Erhöhung der Eigenwärme ist bedingt durch verminderte Wärmeabgabe bei gleichzeitig gesteigerter Wärmeproduktion. Es erregt das Vaguszentrum und wirkt zentral und peripher auf sympathisch innervierte glatte Muskelfasern erregend. Die zentrale Wirkung ist wie die des Wärmestiches. Es wird das Wärmeregulationszentrum erregt[1]).

Fügt man eine Äthylgruppe in diese Substanz ein, so erhält man Monoäthyl-β-naphthylaminhydrür $\beta \cdot C_{10}H_{11} \cdot NH(C_2H_5)$. Dieser Körper hat qualitativ dieselben Wirkungen wie β-Tetrahydronaphthylamin selbst, wirkt aber bedeutend intensiver. Die Dosen, welche von beiden Körpern nötig sind, um den gleichen Effekt zu erzielen, verhalten sich etwa wie 2:3.

Dihydrodimethyl-β-naphthylamin β-$C_{10}H_9N(CH_3)_2$ ist wirkungslos. α-Naphthylamin wirkt giftiger als β-Naphthylamin[2]).

Im α-Tetrahydronaphthylamin, bei welchem die vier H-Atome in den stickstofffreien Benzolring des α-Naphthylamins eintreten, ist hierdurch der chemische Charakter der Base wenig oder gar nicht verändert. In Übereinstimmung damit zeigt dieser Körper auch toxikologisch **keine** der merkwürdigen Eigenschaften des β-Tetrahydronaphthylamin.

Beim α-Tetrahydronaphthylendiamin ist in jedem der beiden Benzolringe des Naphthalins eine Aminogruppe, und zwar beide Male in α-Stellung, die vier Wasserstoffatome sind wiederum sämtlich an ein und denselben Benzolring angefügt.

```
      H  NH2
      C  CH
    /  \/  \
  HC   C   CH2
  |    ||   |
  HC   C   CH2
    \\ /\  /
      C  C
     NH2 H2
```

Diese Substanz zeigt keine von den Wirkungen des β-Tetrahydronaphthylamin, macht auch keine Beeinflussung des Allgemeinbefindens.

Diejenigen β-Derivate, welche an dem N-führenden Ringe hydriert sind, zeigen mehr oder minder ausgeprägt jene Wirkungen. α-Derivate zeigen sie nicht. Zum Zustandekommen der physiologischen Wirkung sind β-Stellung der Aminogruppe **und** Hydrierung an dem N-führenden Ringe notwendig. Diejenigen β-Derivate, welche nur an dem stickstoffreien Ringe hydriert sind, wie auch sämtliche α-Derivate (gleichviel, an welchem Ringe sie hydriert sind), zeigten jene Wirkungen nicht.

Hierfür folgende Beweise: α-Hydronaphthylamine.

An den N-führenden Ringen hydrierte Verbindungen wie Isotetrahydro-α-naphthylamin und α-Aminotetrahydro-α-naphthol

```
     H2  OH
  H2 /\/\ H
  H2 \/\/ H
        H
   H    NH2
```

sind unwirksam.

[1]) Jonescu, D.: Arch. f. exp. Pathol. u. Pharmakol. Bd. 60, S. 345. 1909.
[2]) Petini: Arch. di farmacol. sperim. e science aff. Bd. 5, S. 574. 1897.

Das am N-freien Ringe hydrierte p-Tetrahydronaphthylendiamin macht

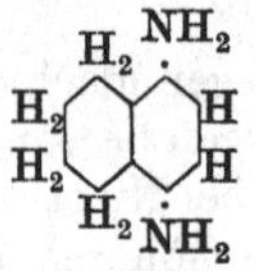

H_2 NH_2 / H_2 H / H_2 H / H_2 NH_2

keine Erweiterung der Pupille, ist aber sehr giftig.

β-Hydronaphthylamine.

Das an dem N-führenden Ringe hydrierte β-Tetrahydrodimethylnaphthylamin

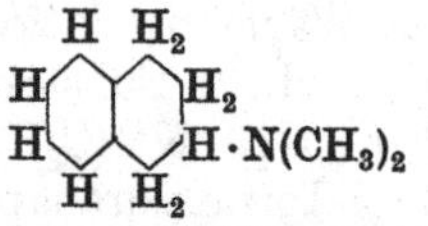

H H_2 / H H_2 / H $H\cdot N(CH_3)_2$ / H H_2

wirkt nach dieser Angabe analog wie β-Tetrahydronaphthylamin.

Es ist[1]) nur sehr wenig giftig, es beeinflußt die Temperatur gar nicht und ruft beim Hunde intravenös injiziert statt Blutdrucksteigerung eine deutliche Blutdrucksenkung hervor.

Das an dem N-freien Ringe hydrierte Monoäthyl-β-naphthylaminhydrür

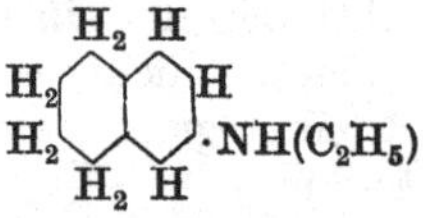

H_2 H / H_2 H / H_2 $\cdot NH(C_2H_5)$ / H_2 H

erweist sich als wirkungslos, während der isomere Körper, welcher an dem N-führenden Ringe hydriert ist, sehr energisch wirkt.

o-Tetrahydronaphthylenamin

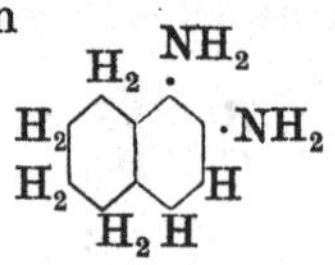

H_2 NH_2 / H_2 $\cdot NH_2$ / H_2 H / H_2 H

ist wirkungslos.

Im Gegensatz zu ac-β-Tetralylamin $\cdot NH_2$ und seinen Alkylderivaten erweisen sich (OH, $\cdot N(CH_3)_2$) und (OH, $\cdot N(C_2H_5)_2$) als verhältnismäßig ganz ungiftig, die nicht wie ac-β-Tetralylamin temperaturerhöhend, sondern temperaturherabsetzend wirken. Durch Einführung der β-Oxyäthylamino-, Benzylamino-, Piperidino- und Nortropylreste und bei nicht substituierter Aminogruppe erhält man immer dasselbe physiologische Bild. Die Intensität der antipyretischen Wirkung schwankt bei einzelnen Gliedern, indem sie stellenweise sehr klein ist, aber der Grundcharakter der Verbindungen ändert sich nicht, erst wenn man Basen, die sich von alkoxylierten Grundsubstanzen ableiten, z. B. (OC_2H_5, $\cdot N(C_2H_5)_2$) zur Untersuchung heranzieht.

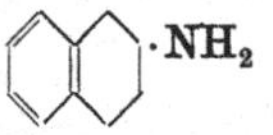

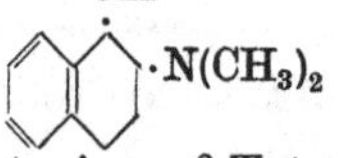

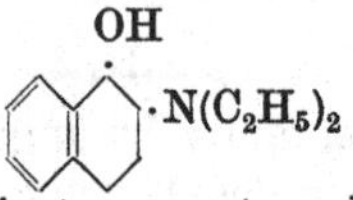

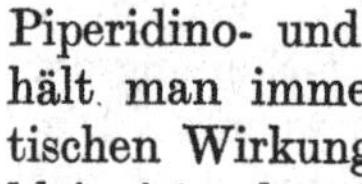

Diese Stoffe erweisen sich als recht giftig und im ganzen bis auf die Temperatursteigerung mit ($\cdot NH_2$) analog.

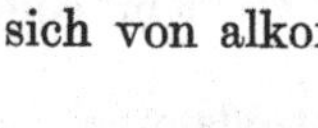

($CH\cdot OH$, $CH\cdot N(CH_3)_2$, CH_2) ist pharmakologisch indifferent, während (OH, $\cdot N(CH_3)_2$)

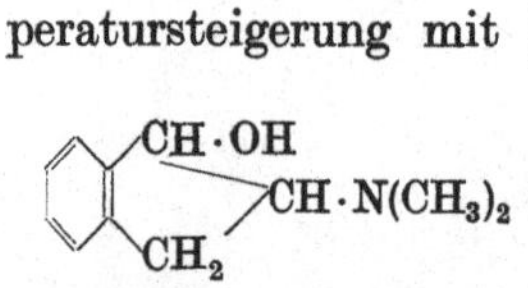

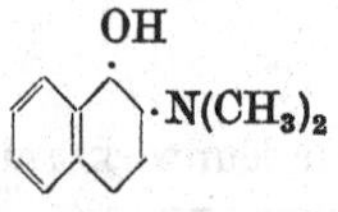

[1]) Mitteilung von Ernst Waser.

eine ganz besonders starke antipyretische Wirkung zeigt. Man sieht, von wie großem Einfluß das Hineinflechten einer weiteren Methylengruppe in den Hydrinden-Ring ist[1]).

β-Aminotetrahydronaphthalin (Formel: CH_2, $CH\cdot NH_2$, CH_2, CH_2) kontrahiert die Blutgefäße und erhöht dadurch den Blutdruck, wirkt aber auch mydriatisch und stark temperatursteigernd. Diese letztere Wirkung ist anscheinend an die gleichzeitige Gegenwart des aromatischen und hydroaromatischen Ringes geknüpft.

(Formel: NH_2) hat gar keine Ähnlichkeit mit dem β-Aminotetrahydronaphthalin. Die physiologische Wirkung geht also verloren, wenn der aromatische und hydroaromatische Kern getrennt auftreten und nur mit einer Valenz verbunden ist.

ac-α-Aminomethyl-tetralin (Formel: $CH_2\cdot NH_2$) wirkt quantitativ etwas schwächer als (Formel: CH_2, $CH\cdot NH_2$, CH_2, CH_2) qualitativ aber gleich.

Mit diesen beiden Basen hat die Verbindung (Formel: $CH_2\cdot CH_2\cdot NH_2$) gemein den mit dem aromatischen Ring verschmolzenen hydrierten Ring und eine zum aromatischen Kern β-ständige aliphatische Aminogruppe. Die Blutdruckwirkung, Temperaturerhöhung und Pupillenerweiterung sind hier dieselben wie bei (Formel: CH_2, $CH\cdot NH_2$[2]), CH_2, CH_2).

Bei Untersuchung von hydrierten Naphthochinolinen zeigen sich analoge Verhältnisse.

α-Octohydronaphthochinolin ist unwirksam; von zwei isomeren β-Octohydronaphthochinolinen zeigt sich nur dasjenige im obigen Sinne wirksam, bei welchem die Hydrierung des Naphthalins an dem N-führenden Ringe (d. h. in diesem Falle an demjenigen, welcher dem Chinolinkern gehört) erfolgt ist, während der isomere Körper, welcher an dem N-freien Ringe hydriert ist, keine spezifischen Wirkungen zeigt.

Wirksames Ac-β-Octohydronaphthochinolin	Unwirksames Ar-β-Octohydronaphthochinolin
(Formel: H, H_2, H, H_2, H, H, H H, NH, H_2, H_2, H_2)	(Formel: H_2 H, H_2, H, H_2, NH, H_2, H_2, H_2, H_2)

Das Vergiftungsbild, welches gewisse Hydronaphthylamine zeigen, kommt nicht ausschließlich dieser Gruppe zu. Das Amidin des Phenacetins zeigt analoge, wenngleich schwächere Wirkung.

---

[1]) Braun, J. v., O. Braunsdorf u. G. Kirschbaum: Ber. d. dtsch. chem. Ges. Bd. 55, S. 3648. 1922.

[2]) Braun, J. v., H. Gruber u. G. Kirschbaum: Ber. d. dtsch. chem. Ges. Bd. 55, S. 3664. 1922.

Aus diesen Untersuchungen ergeben sich Schlußfolgerungen, welche sogar zur Aufklärung der Konstitution analog wirkender Substanzen führen können.

Für das Pseudoephedrin hat A. Ladenburg drei mögliche Konstitutionsformeln aufgestellt:

I

$CH_3 \cdot NH \cdot CH \cdot CH_3 \cdot CH(OH) \cdot C_6H_5$

II

$HN\langle^{CH_3}_{CH_2 \cdot CH_2 \cdot CH(OH) \cdot C_6H_5}$

III

$HN\langle^{CH_3}_{C\langle^{OH}_{C_6H_5}\rangle C_2H_5}$

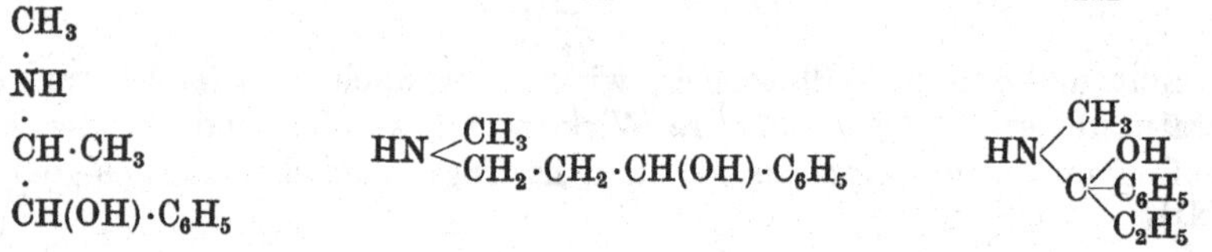

Die Formel I hielt A. Ladenburg für die wahrscheinlichere, bei welcher die Aminogruppe in β-Stellung steht. Bei II steht sie in γ-Stellung, bei III in α-Stellung zum Benzolring. Nur die I. Formel ist dem β-Tetrahydronaphthylamin und Phenyläthylamin analog konstituiert und Filehne[1]) schließt demnach, daß sie als die richtige zu bezeichnen ist.

Ephedrin I

HOH$_3$CHN

$H_5C_6—CH——CH—CH_3$

Pseudoephedrin II

$CH_3 \cdot NH$

$H_5C_6—HC—CH—CH_3$

OH

Es sind stereoisomere, die leicht ineinander übergehen.

Ephedrin besitzt eine erregende Wirkung auf einzelne Gehirnteile, die peripheren Blutgefäße verengen sich, es kommt zu Wärmestauung und Temperatursteigerung.

Ephedrin und Pseudoephedrin erzeugen lokal und resorptiv eine Mydriasis durch Erregung des Sympathicus[2]) wie β-Tetrahydronaphthylamin, aber nur geringe Temperatursteigerung. Bei letzterem nun ist die Trägerin der eigentümlichen physiologischen Wirkung die in β-Stellung befindliche Atomgruppe $C\langle^{H}_{NH_2}$. Es lag nun nahe, daraus Schlüsse auf die Konstitution des Pseudoephedrins zu ziehen. Nach Eugen Bamberger ist die Wirkung der stets nur auf einer Seite erfolgenden Hydrierung in der Naphthalingruppe darin zu suchen, daß das Reaktionsprodukt sich wie ein Benzolderivat mit offenen aliphatischen Seitenketten verhält. β-Tetrahydronaphthylamin gibt keine Naphthalinreaktion mehr, sondern verhält sich wie ein Benzolderivat.

Aus β-Naphthylamin entsteht durch Addition von vier Wasserstoffen

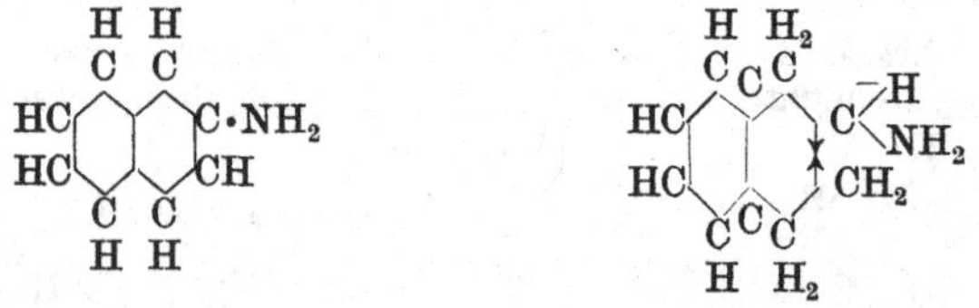

H H / C C / HC C·NH$_2$ / HC CH / C C / H H

H H$_2$ / C C C / HC C⟨H NH$_2$ / HC CH$_2$ / C C C / H H$_2$

β-Tetrahydronaphthylamin, ein Benzolkörper mit gleichsam zwei offenen Seitenketten.

Bamberger konnte zeigen, daß β-Tetrahydronaphthylamin die vollständigste chemische Übereinstimmung mit einem wahren Benzolabkömmling, der ebenfalls die NH_2-Gruppe gleichsam in β-Stellung trägt, dem Phenyläthylamin: $C_6H_5 \cdot CH_2 \cdot CH_2 \cdot NH_2$, einem Körper, der in der Tat eine offene Seiten-

[1]) Virchows Arch. f. pathol. Anat. u. Physiol. Bd. 124, S. 193.

[2]) Günzburg: Virchows Arch. f. pathol. Anat. u. Physiol. Bd. 124, S. 75. — Filehne, W.: ebenda S. 93.

kette führt, aufweist. Aber diese vollständige chemische Übereinstimmung des β-Tetrahydronaphthylamins mit dem Phenyläthylamin macht auch daß, wie Filehne gezeigt hat, beide Körper in ihren physiologischen Eigenschaften völlig übereinstimmen, weshalb dieser Forscher folgenden Satz aufstellte: „Trägerin der eigentümlichen pupillenerweiternden Wirkung ist die in β-Stellung zu einem monozentrischen System befindliche Gruppe $C{<}^{H}_{NH_2}$, gleichgültig, ob dieselbe einem geschlossenen Ringsystem oder einer offenen Seitenkette angehört."

β-Tetrahydronaphthylamin, welches als ein Cyclohexylamin kondensiert mit einem Benzolkern aufzufassen ist, ist nach der Untersuchung von Jonescu[1]) nach vielen Richtungen hin ein sympathomimetisches Mittel. In bezug auf den Blutdruck wirkt es viel stärker als β-Phenyläthylamin. Nach anderen Richtungen hin wirkt es jedoch schwächer.

Die beiden optischen Antipoden des β-Tetrahydronaphthylamins und die racemische Verbindung lassen keinen Unterschied in der physiologischen Wirksamkeit erkennen. Durch Anlagerung von Acylgruppen erhält man eine direkte Umkehrung der Wirksamkeit. Während beim Frosch das Acetylderivat weit giftiger wirkt, ist beim Kaninchen das Umgekehrte der Fall. Beim Kaninchen ruft β-Tetrahydronaphthylamin Pupillenerweiterung und Steigerung der Temperatur und des Blutdruckes hervor, das Acetylderivat dagegen Pupillenverengerung, geringen Abfall der Temperatur und des Blutdruckes. Die allgemeine Giftwirkung für den Warmblüter ist herabgesetzt[2]). Ein ähnliches Verhalten zeigen auch die Formyl- und die Benzoylverbindungen, sowie durch Anlagern negativer Gruppen, wie $-COO \cdot C_2H_5$, $-CO \cdot NH \cdot C_6H_5$, $-CS \cdot NH \cdot C_6H_5$, $-CS \cdot NH \cdot C_2H_5$ entstehende Verbindungen. Die Monomethylverbindung macht bei geringen Dosen in kürzester Zeit ein relativ hohes Fieber. In gleichem Sinne wie β-Tetrahydronaphthylamin wirkt die Äthylverbindung. β-Tetrahydronaphthylamin macht eine völlige Immunität gegenüber jeder weiteren Injektion, sowohl von der Verbindung selbst, als auch der Monomethyl- und der Monoäthylverbindung. Die Monomethylverbindung immunisiert dagegen nur für sich selbst und für die Monoäthylverbindung und diese nur für sich selbst.

Das Monomethylderivat ist qualitativ völlig identisch in der Wirkung mit der ursprünglichen Base selbst, quantitativ übertrifft es die Wirkungen der Ausgangsbase. Das Monoäthylderivat ist wesentlich toxischer, namentlich in bezug auf das Atmungszentrum, die spezifischen Wirkungen (Pupille, Fieber, Blutdruck) sind qualitativ die nämlichen, quantitativ aber zurückstehend.

Bei am N alkyliert-acylierten Verbindungen macht sich eine Kombination der Grundwirkungen der beiden reinen Monosubstitutionsprodukte geltend. So erzeugt Injektion von Methylacetyl- und Methylformyl-, sowie Äthylacetyl-β-tetrahydronaphthylamin beim Kaninchen einesteils Pupillenerweiterung (Wirkung der Monomethylverbindung) anderenteils Senkung der Temperatur (Wirkung der Monoacetylverbindung). Ein Teil der Substanz wird nämlich im Organismus des Warmblüters verseift; es entsteht dabei eine gewisse Menge des Monomethylderivats oder selbst der Grundverbindung, die nicht nur genügt, die myotische Wirkung der Acetyl- oder der Formylgruppe aufzuheben, sie wird sogar ins Gegenteil verwandelt, die aber nicht genügt, um auch auf die Temperatur einzuwirken[3]).

Die Einführung eines Methylrestes in die Aminogruppe des α-Tetrahydro-

---

[1]) Arch. f. exp. Pathol. u. Pharmakol. Bd. 60, S. 346. 1909.

[2]) Cloetta, M. u. E. Waser: Arch. f. exp. Pathol. u. Pharmakol. Bd. 73, S. 398. 1913.

[3]) Waser, Ernst u. M. Cloetta: Schweiz. chem. Ztg. Bd. 1, S. 12. 1917.

β-naphthylamins macht die Einwirkung auf Blutdruck und Steigerung der Temperatur heftiger aber kürzer als bei der Ausgangssubstanz. Die Dimethylverbindung ist dagegen weniger giftig, macht Blutdrucksenkung, beeinflußt aber die Temperatur nicht, aber es macht wie die obengenannten Basen Pupillenerweiterung[1]).

ac-Tetrahydro-β-naphthyl-trimethylammoniumchlorid wirkt curarartig, Blutdrucksteigerung und Mydriasis bleiben bestehen, die Temperatur wird nicht erhöht. Diese Verbindung steht also zwischen dem Mono- und dem Dimethylderivat.

Die Substitution eines Wasserstoffes der Aminogruppe durch die Urethan-, Äthylthioharnstoff-, Phenylharnstoff- oder Phenylthioharnstoffgruppe macht, daß die Pupillenerweiterung, Fieber, Blutdrucksteigerung und zentrale Erregung fehlen. Die charakteristische Umkehr der Wirkungen der Grundsubstanz scheint also von dem Eintritt eines Acylrestes ganz allgemein abzuhängen. Ebenso ist es beim Di-(tetrahydro-β-naphthylthioharnstoff), weil offenbar das 2. Mol. β-Tetrahydronaphthylamin nicht in Freiheit gesetzt werden kann und somit einfach der Charakter der Acylsubstitution verbleibt. Kann aber dieser Rest abgespalten werden, wie im ac-Tetrahydro-β-naphthylsulfocarbaminsauren ac-β-Tetrahydronaphthylamins, so zeigen sich alle Grundwirkungen des freigewordenen β-Tetrahydronaphthylamins in normaler Weise. Weicht die Aminogruppe des β-Tetrahydronaphthylamins durch Zwischenschaltung einer Methylgruppe weiter vom aromatischen Kern ab, wie bei den Naphthobenzylaminverbindungen, so erhält man die Wirkungen des β-Tetrahydronaphthylamins nur abgeschwächt. Auch hier tritt bei Substitution durch den Acetylrest Umkehr der Wirkung ein.

α-Hydrindamin und seine Methylenverbindung haben trotz der Hydrierung nur schwächere spezifische Wirkung als β-Tetrahydronaphthylamin.

Auf eine Differenz der Wirkung, die zum Teil auf einer Stellungsverschiedenheit beruhen soll, verweisen Falck und Plenck[2]). Arecolin, Pilocarpin, Metanicotin erzeugen Vermehrung der Speichelsekretion, Atmungsbeschleunigung, Gleichgewichtsstörung und in größeren Dosen Krampferscheinungen. Coniin, Stilbazolin erzeugen keine Krämpfe. Arecolin macht kein Erbrechen, Nicotin und Metanicotin

```
         CH—CH₂
         ||   |
  ⬡—CH   CH₂
  N       |
         NH·CH₃
```

konstant, bei Pilocarpin tritt Erbrechen erst einige Stunden nach der Vergiftung auf.

Bedeutung der Seitenketten.

Die meisten künstlichen und natürlichen Alkaloide lassen sich vom Pyridin ableiten, beziehungsweise vom Chinolin oder Isochinolin, welche beide sich ja auch auf Pyridin zurückführen lassen, nur einige wenige vom Imidazol und vom Pyrrol. Pyridin selbst hat nur eine sehr schwache physiologische Wirkung. Es wird aber in ungemein wirksame Körper verwandelt, einerseits durch Eintritt von Wasserstoff, anderseits durch Eintritt von aliphatischen Seitenketten.

Treten an das Pyridin aliphatische Seitenketten, insbesondere Alkylreste heran, so steigt damit die Wirksamkeit der Verbindung. Doch tritt der Charakter der Pyridinwirkung mit dem Ansteigen der Länge und der Anzahl der Alkyl-

[1]) Cloetta, M. u. E. Waser: Arch. f. exp. Pathol. u. Pharmakol. Bd. 98, S. 198. 1923.
[2]) Diss. Kiel 1895.

seitenketten in den Hintergrund und die rauscherzeugende Wirkung der Alkylkomponente kommt immer mehr zur Geltung.

Zuerst zeigten Kendrick und Dewar[1]), daß in der Pyridinreihe ein beträchtlicher Unterschied in der Stärke der Wirkungen der einzelnen Glieder vorhanden ist, aber die Art und Weise der Wirkung ist immer die gleiche. Die letale Dosis wird kleiner, je höher das homologe Pyridin in der Reihe steht.

Die rauschartige Wirkung auf das Gehirn und die beschleunigende Wirkung auf den Atem und den Puls wächst bei den Pyridinbasen mit dem Anwachsen des Moleküls durch die Alkylkomponente. Die Wirkung ist am schwächsten beim Pyridin C_5H_5N selbst, schon stärker beim Methylpyridin $C_5H_4N \cdot CH_3$ und noch stärker beim Lutidin (Äthylpyridin) $C_5H_4N \cdot C_2H_5$, Collidin (Propylpyridin) $C_5H_4N \cdot C_3H_7$ und Parvolin (2.3.4.5-Tetramethylpyridin).

Die höheren Glieder der Pyridinreihe erinnern in ihrer physiologischen Wirkung an die niederen Glieder der Chinolinreihe, ausgenommen, daß die Pyridine mehr befähigt sind, Tod durch Asphyxie hervorzurufen und daß die letale Dosis der Pyridine weniger als die Hälfte von der der Chinoline ist.

Sehr interessant ist es, daß man vom Pyridin zu viel giftigeren Substanzen gelangt als vom Chinolin, so daß die Gegenwart des Benzolkernes in der Verbindung abschwächend wirkt. Denn das dem Coniin homologe α-Tetrahydropropylchinolin ist für niedere Tiere sehr stark, für Säugetiere aber viel weniger giftig als Coniin[2]).

Wenn man von den niederen zu den höheren Gliedern der Chinolinreihe ansteigt, so findet man, daß die physiologische Wirkung ihren Charakter ändert, insofern als die niederen Glieder hauptsächlich auf die sensorischen Zentren des Gehirns zu wirken scheinen und auf die Reflexzentren der Corda, indem sie die Fähigkeit zu willkürlicher oder Reflexbewegung zerstören; die höheren Glieder wirken weniger auf diese Zentren und hauptsächlich auf die motorischen zuerst als Irritantien, indem sie heftige Krämpfe verursachen, späterhin eine komplette Paralyse hervorrufen. Während die Reflexerregbarkeit der Zentren im Rückenmark verschwunden zu sein scheint, können diese Zentren leicht durch Strychnin zur Tätigkeit gebracht werden.

Die am Kohlenstoff wie am Stickstoff alkylierten Piperidinderivate verhalten sich qualitativ ganz gleich, nur in quantitativer Hinsicht zeigen sich Wirkungsunterschiede. Sie erzeugen zentrale Lähmung, später Lähmung der motorischen Nervenendigungen. Die Acylderivate machen Krämpfe, die sich z. B. beim Formylderivate bis zum vollständigen Tetanus steigern[3]).

$$\begin{array}{ccc} & H_2 & \\ & C & \\ H_2C & & CH_2 \\ H_2C & & CH_2 \\ & N & \\ & H & \end{array}$$

Piperidin (Formel oben), das hydrierte Pyridin, hat nur schwache giftige Eigenschaften, zeichnet sich aber besonders durch die intensive Blutdrucksteigerung nach Injektion von kleineren Mengen dieser Base in die Blutbahn aus, eine Blutdrucksteigerung, welche in mancherlei Hinsicht an die Wirkung des Adrenalins und auch des Nicotins erinnert. Es macht die motorischen Endplatten der Nerven im Muskel der Ermüdung leichter zugänglich, eine Wirkung, wie man sie durch eine Curaredosis erhalten kann, welche zu klein ist, um eine komplette Paralyse zu bewirken. Auf das Zentralnervensystem übt Piperidin keine Wirkung aus, hingegen auf das Herz, auf welches große Dosen einen schwächenden

[1]) Kendrick u. Dewar: Proc. of roy. soc. (London). Bd. 22, S. 242, 432.
[2]) Tonella: Arch. internat. de pharmaco-dyn. et de thérapie Bd. 3, S. 324.
[3]) Wolffenstein, R. u. E.: Ber. d. dtsch. chem. Ges. Bd. 34, S. 2408. 1901.

Einfluß haben. Die typische Curarewirkung bleibt aus dem Grunde aus, weil bei Anwendung großer Dosen zuerst das Herz stillstehen bleibt.

Treten aber in das Piperidin aliphatische Seitenketten, insbesondere Alkylreste ein, so wird die physiologische Wirkung gesteigert.

Pipecolin (α-Methylpiperidin)	α-Äthylpiperidin	Coniin (α-Propylpiperidin)
H_2 C H_2C CH_2 H_2C $CH \cdot CH_3$ N H	H_2 C H_2C CH_2 H_2C $CH \cdot C_2H_5$ N H	H_2 C H_2C CH_2 H_2C $CH \cdot CH_2 \cdot CH_2 \cdot CH_3$ N H

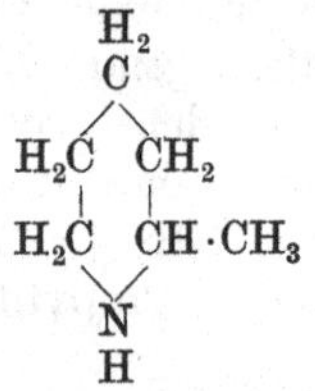

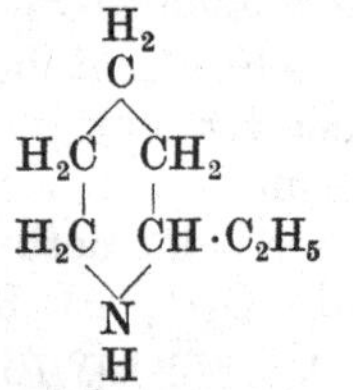

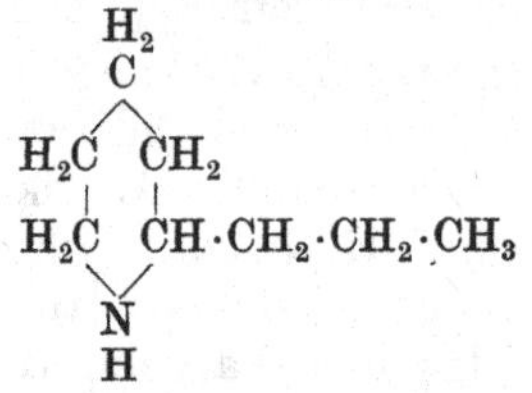

Pipecolin (α-Methylpiperidin) macht komplette Curarewirkung ohne Herzstillstand. Dieselben Symptome erzeugt Äthylpiperidin in viel kleinerer Dosis und Coniin in noch kleinerer Dosis. Coniin differiert vom Piperidin nur in der sehr kräftigen Wirkung auf die motorischen Nervenendplatten und hat keine zentrale Wirkung[1]). Die Giftigkeit dieser Substanzen verhält sich folgendermaßen:

Piperidin	:	Pipecolin	:	Äthylpiperidin	:	Coniin[2])
1	:	2	:	4	:	8

Während also die Methylgruppen in arithmetischer Progression ansteigen, steigt die Giftigkeit in geometrischer. Wie wir gleich sehen werden, konnte Gürber zeigen, daß dieses Gesetz für die Lupetidinreihe, welche ebenfalls vom Pipieridin deriviert, nur für die niederen Glieder gilt, während die höheren Ausnahmen bilden, da sie eine sekundäre Wirkung auf das Zentralnervensystem haben. Die Ursache dieser Unregelmäßigkeit kann aber nach Arthur R. Cushnys Erklärung darin liegen, daß während bei den niederen Gliedern der Serie die Wirkung des Piperidinradikals der bestimmende Faktor der Giftigkeit ist, die Zahl der Methylgruppen, wenn sie größer wird, ebenfalls einen Ausschlag gibt, da diese als aliphatische Narkotica wirken.

Dimethylconylammoniumchlorid ist nicht ganz ohne krampferregende Wirkung. Homoconiin (durch Reduktion von α-Isobutylpyridin mit Natrium erhalten) wirkt stärker lähmend und weniger krampferregend als Coniin. Die letale Dosis beträgt nur neun Zehntel der des Coniins.

Isopropylpiperidin wirkt qualitativ wie das isomere Coniin, aber die Wirkung ist dreimal geringer.

Stilbazolin 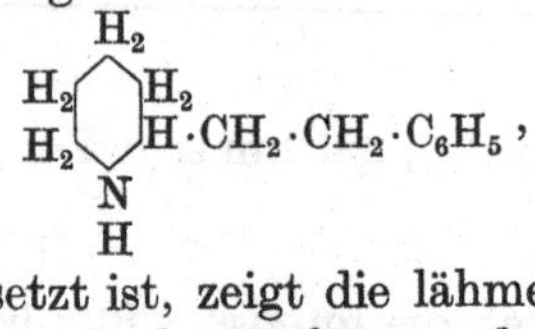
H_2
H_2 H_2
H_2 $H \cdot CH_2 \cdot CH_2 \cdot C_6H_5$,
N
H
bei welchem ein Methylrest durch einen Phenylrest ersetzt ist, zeigt die lähmende Wirkung des Coniins in erheblicher Weise verstärkt, die krampferregende bis auf ein Minimum herabgesetzt. Die letale Dosis ist um ein Drittel höher als beim Coniin. Furfuräthanpiperidin, in welchem ein Wasserstoff der Seitenkette durch den sauerstoffhaltigen Furankern ersetzt ist, ist dreimal so giftig als Coniin und beschleunigt die Atmung[3]).

Die Bedeutung des Eintrittes von Methylgruppen in Alkaloide läßt sich auch gut an den von Guareschi synthetisch dargestellten Cyanoxypyridinderivaten beobachten. A. Deriu[4]) untersuchte diese und fand:

---

[1]) Bestritten von H. Hayashi u. K. Muto: Arch. f. exp. Pathol. u. Pharmakol. Bd. 48, S. 356 1902.

[2]) Ehrlich, Paul: Ber. d. dtsch. chem. Ges. Bd. 31, S. 214. 1898.

[3]) Falck: Diss. Kiel 1893. [4]) Giorn. della R. Acad. med. di Torino Bd. 53, S. 839.

β-Cyan-α'-γ'-dimethyl-α-oxypyridin ist wirkungslos bei Hunden und Kaninchen, bei Katzen intravenös gegeben tritt Myosis, Reflexsteigerung und konvulsivisches Zucken auf.

β-Cyan-α'-β'-trimethyl-α-oxypyridin ist viel aktiver, ruft epileptische Konvulsionen bei Katzen hervor. Bei Kaninchen ist es unwirksam.

N-Methyl-β-cyan-α'-γ-dimethyl-α-oxypyridin ist in dieser Gruppe am stärksten wirksam, N-Äthyl-β-cyan-α'-γ-dimethyl-α-oxypyridin ist ein starkes Myoticum und Purgans, es wirkt stark nervenerregend.

Je größer das Molekulargewicht, desto wirksamer ist die Verbindung, die Wirkungsstärke hängt von der Zahl und Natur der anhaftenden Radikale ab und wächst mit deren Anzahl, ist ferner abhängig von der Art der Anreihung der Methylradikale an den Stickstoff des Kerns.

Lupetidine[1]) sind Homologe des Dimethylpiperidins. Wird im Lupetidin ein Wasserstoffatom, und zwar das dem Stickstoff gegenüberstehende durch Radikale ersetzt, so bilden sich die weiteren Glieder der Reihe.

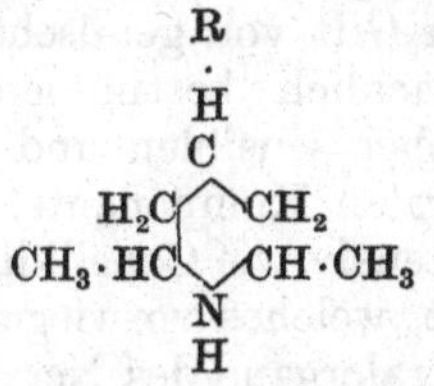

R
·
H
C
H_2C CH_2
$CH_3 \cdot HC$ $CH \cdot CH_3$
N
H

Bei den Lupetidinen zeigt es sich, daß im allgemeinen die Größe der wirksamen Dosis abnimmt, wenn die Größe des substituierten Alkylradikales zunimmt. Es zeigt sich, daß die Wirkungsintensität gleichsam in geometrischer Progression zunimmt, wenn das Molekulargewicht in arithmetischer Progression steigt; dieses Gesetz gilt jedoch in dieser Reihe nur bis zum Isobutyllupetidin, denn dieses und noch mehr das Hexyllupetidin weichen erheblich davon ab. Die auffallende Tatsache, daß ein Butyl- und ein Hexylradikal so ganz anders wirken sollen als ein Methyl-, Äthyl- oder gar Propyl-Radikal, wird durch einige chemische Analogien bestätigt.

Piperidin und Propylpiperidin (Coniin) unterscheiden sich ähnlich wie die entsprechenden Lupetidine.

Das allen Lupetidinen gemeinsame Hauptvergiftungssymptom ist die Lähmung der willkürlichen Bewegungen.

Von besonderem Interesse ist nun die Regelmäßigkeit, nach welcher die Zunahme oder Abnahme der Größe der Dosis in der Lupetidinreihe erfolgt, zuerst eine sukzessive Abnahme bis zu einem Minimum beim Propyllupetidin und dann für Isobutyl- und Hexyllupetidin wieder eine ebensolche Zunahme, ein Verhältnis, das eine ganz spezielle Bedeutung gewinnt. Es verhalten sich demnach die Intensitäten wie 1:2:4:8, d. h. sie steigen in geometrischer Progression, jedoch nur für die vier ersten Glieder der Reihe, während sie für die beiden letzten Glieder im Verhältnis von 5:4 wieder abfallen.

Lupetidin [α-α'-Dimethylpiperidin][2])

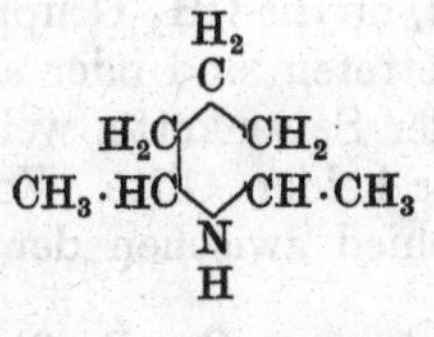

H_2
C
H_2C CH_2
$CH_3 \cdot HC$ $CH \cdot CH_3$
N
H

[1]) Gürber und Justus Gaule: Dubois' Arch. 1890, S. 401.

[2]) Die letale Dosis pro kg Kaninchen ist 0,4 g.

wirkt analog dem Curare, erzeugt Lähmung ohne besondere Wirkung auf das Herz. Es sistiert die Atmung beim Maximum der Lähmung. Von allen Lupetidinen am stärksten erzeugt Lupetidin selbst Vakuolen in den Blutkörperchen und verändert den Kern nach Form und Größe, das Zentralnervensystem wird schwach affiziert und die Haut lokal anästhesiert.

β-Lupetidin = β-Äthylpiperidin[1]) wirkt sehr spät, macht tetanische Muskelkrämpfe und Speichelfluß, wirkt identisch wie β-Propylpiperidin, doch ist die Giftigkeit auf mehr als die Hälfte reduziert. Die Propylgruppe sowohl in α-, als auch in β-Stellung bedingt eine größere Giftigkeit als die Äthylgruppe.

β-Propylpiperidin ist nicht so toxisch, wie Coniin.

Copellidin

CH_2
$C_2H_5 \cdot C$ — CH_2
H_2C — $CH \cdot CH_3$
N
H

lähmt hauptsächlich die intramuskulären Nervenendigungen. Es wirkt doppelt so intensiv wie Lupetidin.

Parpevolin ist ebenfalls ein Gift von gemischtem Charakter mit einer den Gesamtwirkungseffekt hauptsächlich bestimmenden, peripher motorischen, einer weniger deutlichen peripher sensiblen und einer noch stärker als beim Copellidin integrierenden zentralen Komponente. In bezug auf die Lähmung wirkt Parpevolin doppelt so intensiv wie Copellidin.

Propyllupetidin ist ein Gift, welches vorwiegend die intramuskulären Nervenendigungen lähmt, die Zentralorgane des Nervensystems stark mitaffiziert. Propyllupetidin wirkt am intensivsten von allen Lupetidinen, achtfach so intensiv als Lupetidin; in seiner Fähigkeit Vakuolen zu erzeugen, tritt es gegenüber den bis jetzt besprochenen Gliedern der Reihe bedeutend zurück.

Isobutyllupetidin ist ein Gift, welches vorzugsweise ähnlich den echten Narkoticis das Zentralnervensystem und das Herz lähmt, dann aber auch wie die vorhergehenden Glieder der Reihe die intramuskulären Nervenendigungen in Mitleidenschaft zieht.

Hexyllupetidin ist ein nach Art der echten Narkotica auf die Zentralorgane und direkt auf das Herz wirkendes sehr energisches Gift. Nebenbei lähmt es schwach die intramuskulären Nervenendigungen.

Coniin (α-Propylpiperidin) steht am nächsten dem Propyllupetidin. Verschiedene Autoren schreiben ihnen verschiedene Wirkungen zu, was wohl auf verschiedener Stellung der Propylgruppe beruhen kann; zweifellos vereinigt Coniin, wie die Lupetidine, periphere und zentrale Wirkung in sich. Die physiologische Wirkung ist beim Coniin 7—8mal größer als beim Piperidin.

H OH
C
H_2C — CH_2
H_2C — $CH \cdot CH_2 \cdot CH_2 \cdot CH_3$
N
H

wirkt nicht so stark wie Coniin, qualitativ aber gleich[2]).

Es macht einen Unterschied, ob die CH_3-Gruppen symmetrisch an verschiedene Kohlenstoffatome herangetreten sind oder asymmetrisch an eines allein. Es ist also auch die Stellung der Seitenkette, welche in Betracht kommt, von Einfluß auf die Wirkung dieser beiden Gifte. Von diesem Gesichtspunkt aus wird man auch einen Unterschied zwischen der Wirkungsweise des Coniins,

---

[1]) **Ehrlich, Paul**: Ber. d. dtsch. chem. Ges. Bd. 31, S. 2141. 1898.
[2]) **Wertheim u. Schloßberger**: Liebigs Ann. d. Chem. Bd. 100, S. 239. — **Schiff**: Liebigs Ann. d. Chem. Bd. 157, S. 166.

bei dem das Propylradikal in α-Stellung sich befindet, und derjenigen des Propyllupetidins, bei dem das Radikal in γ-Stellung steht, machen müssen. Der Piperidinkern bedingt die Veränderungen (Vakuolenbildung) der roten Blutkörperchen, die Seitenketten schwächen diese Wirkung eher ab, dagegen hängt die Wirkung auf das Nervensystem ganz wesentlich von diesen Seitenketten ab. Auch hier zeigt sich wieder eine Differenz zwischen ein- bis dreigliedrigen und vier- und mehrgliedrigen Seitenketten, die ersteren bewirken eine periphere, die letzteren eine zentrale Lähmung.

Sämtliche Verbindungen der Lupetidinreihe sind giftig und alle verursachen den Tod unter Herzlähmungserscheinungen. Es ist aber nicht dasselbe Gift, welches am raschesten Lähmungen herbeiführt und dessen kleinste Dosis den Tod bringt. Dieses deutet auf verschiedene Angriffspunkte der verschiedenen Verbindungen. Die direkte Erregbarkeit des Muskels bleibt bei allen erhalten, die indirekte Erregbarkeit des Muskels vom Nerven aus schwindet zuerst bei dem Lupetidin, bei dem Copellidin teilweise, bei den höheren Gliedern der Reihe ist sie noch ganz erhalten, während schon eine vollständige Lähmung aller willkürlichen Bewegungen eintritt. Bei den höheren Gliedern ist also die Lähmung eine zentrale und sie wird erst bei längerer Dauer und steigender Dosis eine periphere, bei den niederen Gliedern ist sie zuerst eine periphere und wird später eine zentrale. Lupetidin gleicht also in seinem Angriffspunkte dem Curare, Hexyllupetidin den Narkoticis, indem es die Zentralorgane lähmt: es erstreckt auch, wie diese, seine Wirksamkeit auf das Herz, das es rasch in Mitleidenschaft zieht.

Man kann konstatieren, daß die Zahl und Größe der Vakuolen in den Erythrocyten bei Lupetidinvergiftung am größten und mit wachsendem Alkylradikal abnimmt, so daß Hexyllupetidin nur noch ganz kleine und schwer zu entdeckende Stellen hervorbringt.

Die gemeinsame Ursache dieser Veränderungen ist in dem allen diesen Giften gemeinsamen Piperidinkern zu suchen. Gürber hat gefunden, daß zwei Körper, welche denselben Kern enthalten, nämlich Piperidin selbst und Coniin, dieselben Wirkungen auf die Blutkörperchen wie die Lupetidine haben. Die farblosen Stellen in den Erythrocyten sind also eine Wirkung des Piperidinkernes, sie können in ihrer Größe, Zahl und Gruppierung durch die Alkylradikale modifiziert werden, die in diesen Kern eintreten, und zwar in der Art, daß sie bei dem höchsten Radikal, dem Hexyl, fast verschwinden. Diese Wirkung ist aber wahrscheinlich keine direkte.

Paderi[1]) untersuchte Ladenburgs Piperylalkin

$$\begin{array}{ccc} & H_2 & \\ H_2 & & H_2 \\ H_2 & & H_2 \\ & H_2 & \\ & N\cdot CH_2\cdot CH_2\cdot OH & \end{array}$$

und Pipecolylalkin

$$\begin{array}{ccc} & H_2 & \\ H_2 & & H_2 \\ H_2 & & H\cdot CH_2\cdot CH_2\cdot OH \\ & N & \\ & H & \end{array}$$

. Sie wirken auf das Zentralnervensystem paralysierend wie Piperidin.

Die Kondensationsprodukte von Piperidin, Formaldehyd und einem Phenol, z. B. Thymotin-, Carvacryl-, p-Kresyl-piperidid wirken im großen und ganzen wie Piperidin[2]).

Monobromthymotinpiperidid und Dibromkresylpiperidid zeigen nicht die krampferregende Wirkung des Piperidins. Die Kondensationsprodukte aus Piperidin und Phenolen mittels Formaldehyd (bzw. aus Oxyalkoholen) zeigen nur dann Piperidinwirkung, wenn die p-Stellung oder eine der beiden o-Stellun-

[1]) Liebigs Ann. d. Chem. Bd. 295, S. 370; Bd. 301, S. 117.
[2]) Arch. f. exp. Pathol. u. Pharmakol. Bd. 44, S. 278. 1900.

gen zum Hydroxyl im Benzolkern frei ist. Die m-Stellung zum Hydroxyl hat nur dann Einfluß auf die physiologische Wirkung, wenn beide m-Stellungen unbesetzt und dem Methylpiperidinreste benachbart sind[1]).

Kondensationsprodukte aus Piperidin und Phenolen mittels Formaldehyd welche zwei reaktionsfähige Stellen am Benzolringe enthalten, erfahren eine Verstärkung der Wirkung, wenn man die eine von beiden durch Brom oder ein Radikal ersetzt.

W. Hildebrandt[2]) untersuchte ferner die vier folgenden Basen:

I $CH_2\cdot NC_5H_{10}$ / CH_3 / CH_3 / OH

II $CH_2\cdot NC_5H_{10}$ / CH_3 / CH_3 / OH

III $CH_2\cdot NC_5H_{10}$ / OCH_3 / OH

IV CH_3 / CH_3 / $CH_2\cdot NC_5H_{10}$ / OH

Die Base I zeigt akute Piperidinwirkung. Erheblich schwächer wirkt die Base III, sie macht nur vorübergehende Krämpfe, noch schwächer wirkt Base II. Die Base IV ist unwirksam. Die Basen I und II unterscheiden sich lediglich durch die Stellung der Methylgruppen am Benzolring. Durch das Freibleiben beider o-Stellungen zum Hydroxyl erfährt die physiologische Wirkung eine erhebliche Abnahme. Hildebrandt deutet diese Erscheinung so, daß die eine freie o-Stellung die andere in physiologischer Beziehung beeinträchtigt. In ganz analoger Weise beeinträchtigen sich, wie aus dem Verhalten derBase III erhellt, die eine freie o-Stellung einerseits und die beiden dem Methylenpiperidinderivaten benachbarten freien m-Stellungen anderseits. Letztere haben den gleichen Einfluß wie eine freie o-Stellung, wenn sie dem Methylenpiperidinrest benachbart sind.

Iso-α-α′-diphenylpiperidid wirkt nicht giftig. Thymotin-α-methylpiperid ist viel weniger giftig als Thymotinpiperidid. Carvacryl-α-methylpiperidid macht Krämpfe und Tod. Thymotincopellidid ist noch weniger giftig als die entsprechende Pipecolinverbindung.

Das Thymolderivat des Piperidins (Hildebrandt) ist giftiger als Piperidin selbst.

Norverbindungen.

Von großer Bedeutung ist die Gegenwart von Alkylresten am Stickstoff. Im allgemeinen läßt sich die Regel aufstellen, daß die Ersetzung des Imidwasserstoffes durch Alkylradikale die Reizwirkung herabmindert (Filehne).

Methylconiin (am N methyliert) wirkt krampferregend und lähmend, die letale Dosis ist um ein Drittel geringer als die des Coniins. Die Qualität der Wirkung ist die gleiche.

Bei der Untersuchung von Pseudohyoscyamin (Norhyoscyamin) und Noratropin zeigte es sich, daß die Norverbindungen nur ein Achtel so wirksam sind wie ihre Methylderivate[3]).

Nur das Norcocain wirkt nach E. Poulsson[4]) in unverändertem oder sogar verstärktem Maße lokal anästhesierend.

Bedeutung der Hydroxyle.

Die Gegenwart von Hydroxylen steht anscheinend in enger Beziehung zu der Wirkung auf das Gehirn. Es ist auffällig, daß gerade diejenigen natürlichen Alkaloide, welche Hydroxylgruppen enthalten, Gehirnwirkungen aus-

[1]) Hildebrandt, H.: Hoppe-Seylers Zeitschr. f. physiol. Chem. Bd. 43, S. 248. 1904 bis 1905. [2]) Liebigs Ann. d. Chem. Bd. 344, S. 298.

[3]) Laidlaw, P. P. bei Francis H. Carr u. W. C. Reynolds: Journ. of the chem. soc. (London). Bd. 101, S. 946. 1912.

[4]) Arch. f. exp. Pathol. u. Pharmakol. Bd. 27, S. 301.

lösen, während meist der Verschluß derselben durch Säure- oder Alkylradikale bei denselben die Gehirnwirkung erschwert oder ganz aufhebt.

Als Beispiele dienen:

Morphin wirkt schlafmachend, eine Eigenschaft, welche durch Verdecken eines Hydroxyls durch Aryl- oder Acylgruppen größtenteils unterdrückt wird. Die neue Verbindung hat strychninartige Eigenschaften. Beispiele: Übergang von Morphin und Kodein. Thebain ist ein heftig tetanisch wirkendes Gift (strychninartige Wirkung). Seine Konstitution zeigt, daß in diesem Körper zwei Methoxylgruppen vorhanden sind und die nahe Verwandtschaft zum Morphin, mit dem es wegen Verdecktseins der Hydroxyle nur die krampferregende, aber nicht die narkotische Wirkung gemein hat.

Chinin enthält ein Hydroxyl am verbindenden Kohlenstoff, es zeigt Eigenschaften, welche an eine schwache Morphinwirkung erinnern. An Fröschen ruft Chinin eine ähnliche Narkose hervor, wie Morphin[1]). Auch bei höheren Tieren wird die Sensibilität merklich herabgesetzt.

Pellotin mit einem Hydroxyl hat stark ausgeprägte narkotische Eigenschaften[2]). Im Pellotin ist eine der Methoxylgruppen des Methylpellotin

H_2
CH_3O H_2
CH_3O $N—CH_3$ durch Hydroxyl ersetzt.
H
OCH_3 CH_3

Ebenso erzeugt das hydroxylhaltige Atropin jene eigentümlichen Exaltationszustände der Psyche.

Oxypropylendiisoamylamin ist hydroxylhaltig, wirkt stark toxisch, verursacht heftige psychische Erregung, keuchende Atmung und epileptiforme Konvulsionen, überhaupt Symptome der menschlichen Epilepsie. Hier scheint also die Hydroxylgruppe die Substanz in intime Beziehungen zur Gehirnrinde zu bringen.

Harmin und Harmalin, von denen das erste eine einsäurige sekundäre Base und das zweite ein Dihydroharmin ist, wirken beide deutlich psychisch, was vielleicht mit ihrer Spaltung zu phenolartigen Derivaten im Organismus zusammenhängt[3]).

CH_2
CH_2
Harmalin $CH_3 \cdot O \cdot$ N wirkt auf Frösche rein lähmend, auf Warm-
N
H CH_3

blüter erst allgemein erregend (Halluzination und Krämpfe), dann ebenfalls lähmend; die Atmung ist meist dyspnoisch, durch große Dosen wird sie gelähmt; die Speichelsekretion wird vermehrt.

Harmin CH_3O N wirkt schwächer. Der Organismus zerstört diese
N
H CH_3

Alkaloide schnell[4]).

Bedeutung der Carboxalkylgruppe.

Eigentümlich ist die Verstärkung der Wirkung, bzw. das Auftreten der Wirkung durch Esterbildung bei Alkaloiden, welche freie Carboxylgruppen tragen, also gleichsam auch Säuren sind.

---

[1]) Schmiedeberg, O.: Pharmakologie, 5. Aufl., S. 218.

[2]) Heffter, A.: Arch. f. exp. Pathol. u. Pharmakol. Bd. 34, S. 65 und 374; Bd. 40, S. 385. — Therap. Monatsh. 1896, S. 328.

[3]) Flury, Ferdinand: Arch. f. exp. Pathol. u. Pharmakol. Bd. 64, S. 105. 1910.

[4]) Flury, F.: Arch. f. exp. Pathol. u. Pharmakol. Bd. 64, S. 104. 1910.

Benzoylekgonin wird erst durch Veresterung wirksam; wenn man für den Wasserstoff der Carboxylgruppe ein beliebiges aliphatisches Alkylradikal sub stituiert, so entstehen die wirksamen Cocaine, wobei es für die Wirkung ziemlich gleichgültig ist, welche Alkylreste eintreten.

Die Wirkungsstärke der Alkaloide wird bedeutend gesteigert, wenn ein Wasserstoff durch eine Carboxalkylgruppe ersetzt wird.

Cocain ist wirksamer als Tropacocain, dem die Carboxymethylgruppe fehlt. In der Eucaingruppe ist die Veresterung der Carboxylgruppe von großer Bedeutung für die Giftigkeit, aber nicht für die Anästhesie. Die Ester der Alkamincarbonsäuren sind 2—3mal so giftig als die entsprechenden Alkamine.

Das unwirksame Arecaidin

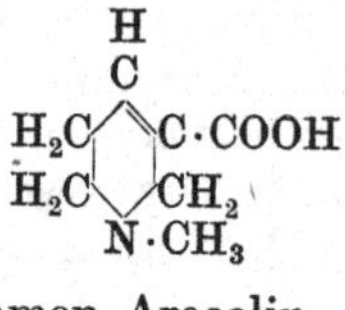

H
C
H_2C $C \cdot COOH$
H_2C CH_2
$N \cdot CH_3$

wird zum physiologisch wirksamen Arecolin, wenn man die Carboxylgruppe verestert, hierbei ist es ebenfalls gleichgültig, was für ein aliphatischer Alkylrest eintritt.

Doppelte Bindung.

Interessant ist der Einfluß der doppelten Bindung auf die Giftigkeit der Alkaloide. So ist nach R. Wolffenstein[1]) γ-Conicein mit einer doppelten Bindung ein sehr heftiges Gift, und zwar 17,5mal so giftig als das an und für sich schon sehr giftige Coniin.

Coniin
H_2
H_2 H_2
H_2 $H \cdot CH_2 \cdot CH_2 \cdot CH_3$
N
H

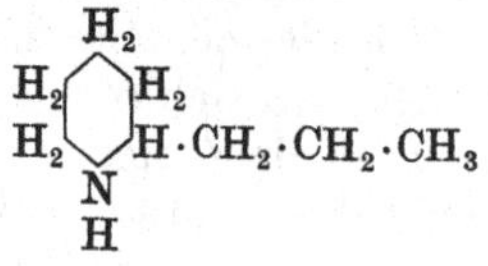

γ-Conicein
H_2
H_2 H
H_2 $—CH_2 \cdot CH_2 \cdot CH_3$
N
H

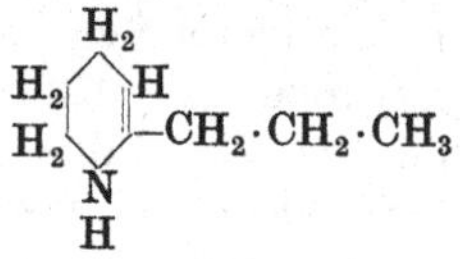

Ebenso wirkt Nicotein

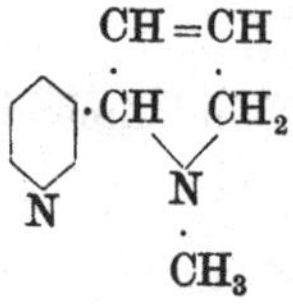

$CH=CH$
$\cdot CH$ CH_2
N N
CH_3

analog wie Nicotin

$CH_2—CH_2$
$\cdot CH$ CH
N N
CH_3

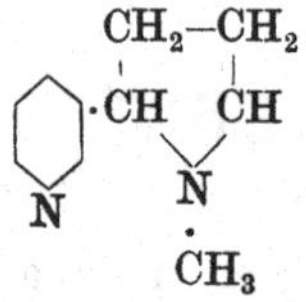

aber seine toxische Kraft ist anscheinend wegen der doppelten Bindung eine größere[2]).

α-Conicein (H) $—CH_2$
N—CH—CH_3

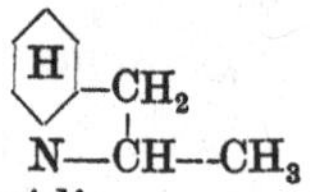

ist giftiger als Coniin. Hingegen ist β-Conicein = 1-α-Allylpiperidin

$—CH_2—CH=CH_2$
N
H

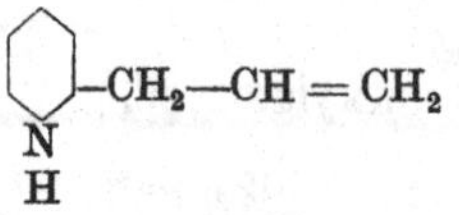

weniger giftig als Coniin.

δ-Concein
CH_2
N
$CH_2—CH_2$

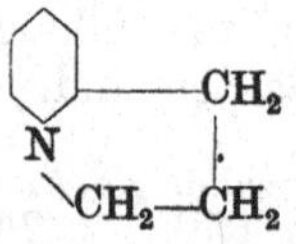

ist ebenfalls weniger giftig.

---

[1]) Ber. d. dtsch. chem. Ges. Bd. 27, S. 1778. 1894; Bd. 28, S. 302. 1895.

[2]) Ber. d. dtsch. chem. Ges. Bd. 25, S. 1901. 1892.

Bedeutung der Substitution von Säureradikalen für Hydroxylwasserstoff.

Von eigentümlicher Bedeutung für die Wirkung der Alkaloide, insbesondere für die der natürlichen, ist die Gegenwart von Säureresten (Acylgruppe), welche Hydroxylwasserstoff substituieren. Die Benzoylgruppe im Cocain ist ausschlaggebend für die anästhesierende Wirkung. Ekgoninmethylester hat diese Wirkung nicht.

Die Tropine gehen erst durch Eintritt von aromatischen Säureresten (Acylgruppen) in die intensiv giftigen Solanaceenalkaloide über, während die aliphatischen Säurereste nur wenig wirksame Verbindungen schaffen.

Auch bei Eintritt eines aromatischen Radikales zeigt sich manchmal ein höchst merkwürdiges Verhalten, wie folgendes Beispiel erweist.

Atropamin, welches in der Belladonnawurzel vorkommt, ist im Gegensatz zum Atropin unwirksam, indem es keine Mydriasis (Pupillenerweiterung) erzeugt. Bei der Spaltung des Atropamins erhält man Tropin und Atropasäure (α-Phenylacrylsäure) $C_6H_5 \cdot C{\lessgtr}^{CH_2}_{COOH}$, bei der Spaltung des Atropins Tropin und Tropasäure $C_6H_5 \cdot CH{<}^{CH_2 \cdot OH}_{COOH}$

Also trotz der nahen Verwandtschaft dieser beiden Tropeine ist das physiologische Verhalten gänzlich verschieden.

Aus dem Morphin entsteht durch Einführung von zwei Acetylgruppen Diacetylmorphin (Heroin), welches in mancher Beziehung dem Kodein analoge Wirkungen hat, aber auch Nebenwirkungen, die es selbst in kleinen Dosen nicht unbedenklich machen.

Die Einführung von zwei neuen Acetylgruppen in das Aconitinmolekül macht[1]) keine Veränderung der pharmakologischen Wirkung, sondern hat nur eine allgemeine **Abschwächung** der charakteristischen Wirkung des Stammalkaloides zur Folge.

Wird aber aus Aconitin

$$C_{21}H_{27}(OCH_3)_4NO_5{-}{<}^{CO \cdot CH_3}_{CO \cdot C_6H_5}$$ [2])

die in diesem enthaltene Acetylgruppe abgespalten und entsteht so Benzaconin = Pikroaconitin[3]), $C_{21}H_{27}(OCH_3)_4(OH)NO_4 \cdot CO \cdot C_6H_5$, so sind die Hauptcharakteristica der Aconitinwirkung fast ganz verschwunden. Die große Giftigkeit des Aconitins hört auf, die letale Dosis des Benzaconins ist so beträchtlich, daß man es nicht mehr zu den Giften zählen kann.

Alle Aconitinalkaloide sind Ester, die sich durch Alkali oder Säure in eine hydroxylhaltige Base und in eine oder mehrere Säuren verseifen lassen.

Das noch dem Aconitin an Giftigkeit überlegene Pseudoaconitin $C_{36}H_{49}NO_{12}$ ist Acetylveratrylpseudoaconin

$$(CH_3O)_2C_6H_3 \cdot CO \cdot O \cdot C_{21}H_{23}N(OH)_2(OCH_3)_4 \cdot (O \cdot CO \cdot CH_3)$$

(Pseudaconin scheint das Anhydrid des Aconin zu sein.)

Pyraconitin und Methylbenzaconin besitzen nicht mehr die charakteristischen toxischen Eigenschaften des Aconitins, immerhin wirkt aber Methylbenzaconin stärker als Benzaconin, was der Anwesenheit der Methylgruppe zuzuschreiben ist[4]).

Auf das Herz wirkt Benzaconin als Antagonist des Aconitins, indem es den Herzschlag verlangsamt im Gegensatze zum Aconitin, welches eine große Be-

---

[1]) Cash u. Dunstan: Proc. of roy. soc. (London). Bd. 68, S. 378. 1901

[2]) Ber. d. dtsch. chem. Ges. Bd. 27, S. 433, 720. 1894.

[3]) Pikroaconitin ist das natürliche, im blauen Eisenbart vorkommende Alkaloid.

[4]) Cash u. Dunstan: Proc. of roy. soc. (London). Bd. 68, S. 378. 484. 1901.

schleunigung hervorruft. Die Entfernung der Acetylgruppe vernichtet auch die stimulierende Wirkung des Aconitins auf die Respirationszentren und den Lungenvagus.

Wird aus dem Benzaconin die Benzoylgruppe abgespalten, so verschwindet jede giftige Wirkung auf das Herz, da das so entstandene Aconin $C_{21}H_{27}(OCH_3)_4(OH)_2NO_3$ als Kardiotonicum anzusehen ist. Aconin ist also ein Antagonist des Aconitins. Dem Aconin kommt eine curareähnliche Wirkung zu, welche das Stammalkaloid, Aconitin, nicht hat. Aconin ist ebenfalls kein Gift mehr.

Die große Giftigkeit des Aconitins hängt ab von dem Vorhandensein des Acetylradikals, während die Wirkung des Benzaconins in geringerem Grade von der Existenz des Benzoylradikals abhängt. Merkwürdig ist die Wirkungslosigkeit des Aconins.

Veratrin (Cevadin) macht starkes Erbrechen, und in stärkeren Dosen ist es eines der stärksten Starrkrampfgifte und zugleich paralysierend wirkend. Es wirkt auch lokal reizend. Beim Behandeln mit Ätzkali erhält man daraus die Base Cevin und Tiglinsäure, d. i. Methylcrotonsäure[1]).

Cevin erzeugt dieselben Vergiftungssymptome, doch ist die toxische Dosis 5mal so groß[2]). Es bewirkt schwache lokale Anästhesie. Also auch hier eine intensive Verstärkung der Wirkung durch Veresterung einer hydroxylhaltigen Base mit einer Säure.

Die Veratrumalkaloide mit C_{32} sind bedeutend giftiger als die mit C_{26}, z. B. Rubijervin $C_{26}H_{43}NO_2$ ist ungiftig, ebenso Pseudojervin $C_{29}H_{43}NO_7$ und wird von alkoholischem Kali nicht zerlegt, ebenso ist Protoveratridin $C_{26}H_{45}NO_8$ nicht giftig. Hingegen ist Protoveratrin $C_{32}H_{45}NO_8$ sehr giftig. Anscheinend sind diese Alkaloide mit niedrigerem C-Gehalt Spaltbasen der höheren, welche Ester sind.

Veratrin wirkt[3]), ohne zu ätzen, auf das Auge sensibel reizend und nachher unter deutlicher Myose langanhaltend anästhesierend. Hingegen wirkt Acetylcevadinchlorhydrat weniger sensibel reizend, erzeugt keine Myose, ätzt in Substanz angewendet die Cornea und macht komplette Anästhesie. Ähnlich verhält sich Benzoylcevadinchlorhydrat, während Dibenzoylcevinacetat stark entzündlich reizend und anästhesierend wirkt, ohne die Pupille zu verengern. Die Muskelwirkung des Veratrins (rasche und kräftige Verkürzung, länger andauernde Kontraktion und ganz allmähliche Erschlaffung) erzeugen ähnlich Acetyl- und Benzoylcevadin, nicht aber Dibenzoylcevin. Veratrin und dessen Acylderivate, nicht aber Dibenzoylcevin machen curareartige Lähmungen. Die letale Dosis für den Frosch ist für Veratrin $^1/_{20}$ mg, Acetylcevadin 1 mg, Benzoylcevadin mehr als 10 mg, Dibenzoylcevin 20 mg. Dasselbe Verhalten in der Giftigkeit zeigen die Verbindungen Säugetieren gegenüber. Dibenzoylcevinacetat macht keine derartigen Wirkungen, nur gelinde Betäubung und wirkt sonst nicht toxisch

$$\underset{\text{Veratrin}}{C_{27}H_{41}NO_6{<}^{O\cdot C_5H_7O}_{OH}} \longrightarrow \underset{\text{Cevin}}{C_{27}H_{41}NO_6{<}^{OH}_{OH}} + \text{Tiglinsäure } C_5H_8O_2$$

$$\text{Acylcevadin} \downarrow \qquad\qquad \text{Diacylcevin} \downarrow$$

$$C_{27}H_{41}NO_6{<}^{O\cdot C_5H_7O}_{O\cdot Acyl} \qquad\qquad C_{27}H_{41}NO_6{<}^{O\cdot Acyl}_{O\cdot Acyl}$$

Benzoyllupinin $C_{10}H_{18}N\cdot O\cdot CO\cdot C_6H_5$ ist weit giftiger als Lupinin $C_{10}H_{19}ON$[4]).

---

[1]) Wright u. Luff: Journ. of the chem. soc. (London) Bd. 33, S. 338. — Ber. d. dtsch. chem. Ges. Bd. 11, S. 1267. 1878.

[2]) Siehe auch M. Freund u. Schwarz: Ber. d. dtsch. chem. Ges. Bd. 32, S. 800. 1899.

[3]) Heintz bei M. Freund: Ber. d. dtsch. chem. Ges. Bd. 37, S. 1946. 1904.

[4]) Baeyer, A.v., siehe R. Willstätter u. Fourneau: Arch. d. Pharmazie u. Ber. d. dtsch. pharmazeut. Ges. Bd. 240, S. 335.

Die eintretenden Säureradikale sind nicht als solche wirksam, nicht sie machen die eigentümliche neue Wirkung der Verbindung, aber ihre Funktion besteht darin, daß sie die Substanz gegen bestimmte Einflüsse resistenter machen und zu einer spezifischen Wirkung befähigen; anderseits kann in dem eintretenden Säureradikal erst die verankernde Gruppe für eine spezifische Funktion der ganzen Verbindung vorhanden sein. Zu bemerken ist, daß bei allen Alkaloiden das die Wirkung verstärkende Säureradikal Hydroxylwasserstoff ersetzt.

Neopellin $C_{19}H_{25}O_3(OCH_3)_3(NCH_3)(C_2H_3O)(C_7H_5O)$ zerfällt mit alkoholischem Kali in je 1 Mol. Essigsäure, Benzoesäure und ein amorphes Alkaloid Neolin $C_{19}H_{25}O(OH)_2(OCH_3)_3(NCH_3)$. Neopellin ähnelt in den Wirkungen dem Aconitin, während der Spaltling Neolin fast ungiftig ist[1]).

So wirkt Tropin fast gar nicht, der Eintritt von aliphatischen Säureradikalen erhöht die Wirkung, ohne sie spezifisch zu machen, der Eintritt von resistenten aromatischen löst die giftige Wirkung der Base aus und erst das Vorhandensein eines alkoholischen Hydroxyls im aromatischen Säureradikal löst die mydriatische Eigenschaft der Verbindung aus. In diesem Falle genügt nicht das Vorhandensein eines Hydroxyls in der Verbindung und auch nicht das Vorhandensein des Hydroxyls in einem aromatischen Säureradikal, sondern es muß ein alkoholisches Hydroxyl in einem aromatischen Säureradikal, welches in die Tropeinbildung eingegangen ist, vorhanden sein. Die Gegenwart eines Phenolhydroxyls vermag diese Eigenschaft nicht zur Ausbildung zu bringen.

Wird aber Imidwasserstoff durch ein Säureradikal ersetzt, so tritt eine abschwächende Wirkung ein.

So ist Piperin viel schwächer wirksam als Piperidin. Piperin ist aber ein im Imidwasserstoff durch ein Piperinsäureradikal substituiertes Piperidin.

Piperinsäure

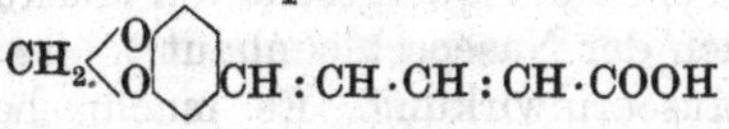

$CH_2<^O_O>C_6H_3 \cdot CH:CH\cdot CH:CH\cdot COOH$

Piperin

$CH_2<^O_O>C_6H_3 \cdot CH:CH\cdot CH:CH\cdot CO\cdot N<(CH_2)_5$ (Ring: H_2, H_2, H_2, H_2, H_2, N)

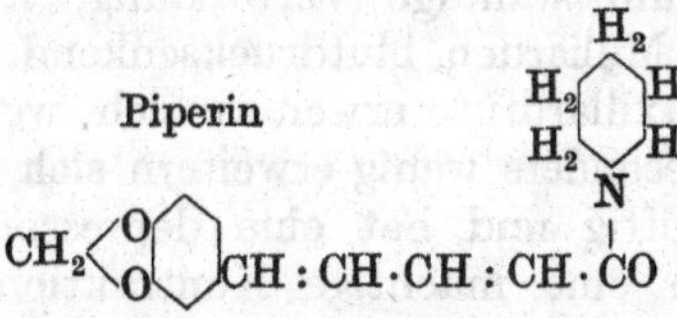

Piperin ist physiologisch kaum wirksam und kann in Mengen von einigen Grammen eingenommen werden, ohne Vergiftungssymptome hervorzurufen. Durch den Eintritt von Alkylresten an Kohlenstoff wird die blutdrucksteigernde Wirkung des Piperidins erhöht, während der Eintritt von Säureradikalen in den Imidwasserstoff die blutdrucksteigernde Wirkung des Piperidins abschwächt.

Differenzen in der Wirkung optischer Antipoden.

Die optischen Eigenschaften der Alkaloide scheinen eine gewisse Bedeutung für die Wirkung zu besitzen, z. B. Hyoscyamin ist linksdrehend, das isomere Atropin racemisch, aber ihre physiologische Wirkung ist nicht gleich. Cushny[2]) hat d- und l-Hyoscyamin, sowie das racemische Atropin untersucht und gefunden, daß sich diese Stereoisomeren in bezug auf die Nervenendigungen im Froschmuskel gleich verhalten. Aber auf das Froschrückenmark wirkt Atropin viel stärker erregend als l-Hyoscyamin und d-Hyoscyamin noch stärker als Atropin. Auf die Nervenenden in den Drüsen, im Herzen und in der Iris wirken diese drei Verbindungen aber ganz anders different. Hier wirkt l-Hyoscyamin zweimal so stark wie Atropin und etwa 12—18 mal so stark wie d-Hyoscyamin.

---

[1]) Schulze, H. u. G. Berger: Arch. d. Pharmazie u. Ber. d. dtsch. pharmazeut. Ges. Bd. 262, S. 553. 1924.

[2]) Journ. of physiol. 1903, Oktoberheft.

Cushny erklärt diese Wirkungsdifferenzen und ihre quantitativen Unterschiede in der Weise, daß Atropin in der Lösung in seine beiden aktiven Komponenten zerfällt und daß es fast nur durch seinen Gehalt an l-Hyoscyamin auf Drüsen, Herzhemmungsnerven und Iris wirkt, während seine reflexerregende Wirkung am Frosche hauptsächlich auf den Gehalt an d-Hyoscyamin zurückzuführen ist.

Von den vier bekannten stereoisomeren Cocainen sind die rechtsdrehenden bedeutend weniger giftig als die linksdrehenden bei subcutaner Injektion, nicht aber bei intravenöser. Das weitaus giftigste l-Cocain wird in sehr viel größerer Menge im Harn ausgeschieden, das heißt — weniger zerstört oder gebunden — als die r-Verbindungen. Bei den beiden letzteren gehen Giftigkeit und Zerstörbarkeit nicht parallel. Das r-Cocain ist weniger giftig als das r-Pseudococain.

l- und d-Adrenalin haben eine sehr ähnliche Wirkung auf den Zuckergehalt des Blutes, l-Adrenalin wirkt etwas stärker. Isoadrenalin $(OH)_2C_6H_3 \cdot CH(OH)—CH(CH_3)—NH_2$ (β-Methylnoradrenalin) wirkt dagegen nur in der linksdrehenden Form. Die rechtsdrehende ist fast völlig wirkungslos[1]).

Cholin-Muscaringruppe.

Cholin, Trimethyloxäthylammoniumhydroxyd, ist nicht ganz ungiftig, man braucht nur relativ große Dosen, um die giftigen Wirkungen zu erzielen[2]). Es erzeugt intravenös Blutdrucksenkung. Nach anderen Beobachtern macht reines Cholin Blutdrucksteigerung. Cholin ist ein parasympathisches Reizmittel.

Acetylcholin ist ein heftiges parasympathisches Gift. Acetylcholin ist eine sehr unbeständige Verbindung, wirkt aber noch in Verdünnungen von 1:100 Milliarden blutdrucksenkend. Die Gefäße von Haut, Ohr, Penis, Milz, Submaxillardrüse erweitern sich, wenig die Venen der quergestreiften Muskulatur, besonders wenig erweitern sich die Venen der Nasenschleimhaut[3]). Es ist sehr giftig und hat eine depressorische Muscarinwirkung. Es macht beim Frosch eine mächtige Kontraktion des Splanchnicusgefäßbezirkes und der Extremitätengefäße[4]). Am Froschgefäßpräparat hat Acetylcholin noch in Verdünnungen von 1:1 Milliarde starke gefäßverengernde Wirkung. Sehr viel weniger gefäßverengernd wirkt Cholinsalpetrigsäureester (Cholin-Muscarin), noch weniger Guanidin. Wird Acetylkolamin (β-Aminoäthylalkoholacetylester) stufenweise methyliert, so entstehen Produkte von qualitativ gleichartiger parasympathischer Wirkung, die sich nach der Stärke der Wirkung in folgender Reihe anordnen lassen: Acetylcholin > Acetylmethylkolamin > Acetyldimethylkolamin > Acetylkolamin[5]).

Wird im Cholin statt der Acetylgruppe die Propionylgruppe und deren Homologen eingeführt, so erhält man Substanzen, welche wie Acetylcholin auf den Blutdruck einwirken, aber von der Acetyl- bis zur Valerylgruppe finden wir eine rapide Verringerung in der Aktivität dieser Verbindungen in bezug auf die Blutdrucksenkung, aber eine Steigerung in ihrer Wirksamkeit nach anderen Richtungen hin. Die Einführung von Resten aromatischer Säuren entfernt die Verbindungen noch weiter vom Acetylcholintypus.

---

[1]) Bierry, H., F. Rathery u. L. Levina: Cpt. rend. des séances de la soc. de biol. Bd. 88, S. 3. 1923.

[2]) Vincent, Swale, Halliburton: Journ. of physiol. Bd. 26.

[3]) Hunt, Reid: Americ. journ. of physiol. Bd. 45, S. 197, 231. 1918.

[4]) Amsler, C. u. E. P. Pick: Arch. f. exp. Pathol. u. Pharmakol. Bd. 85, S. 77. 1919.

[5]) Rawita-Witanowski: Travaux et publ. de l'inst. prophylact. M. Nencki. Bd. 36. 1924.

Dale fand, daß die einfachen Ester und Äther des Cholins die Wirksamkeitsart des Acetylcholin haben, aber keiner ist ihm in bezug auf Intensität gleich.

Cholin und seine Ester sind die Hormone der normalen Darmbewegungen[1]). Cholinessigsäureester und Cholinbrenztraubensäureester haben eine sehr viel stärkere darmerregende Wirkung als Cholin selbst, während Cholinbernsteinsäureester nicht stärker als Cholin wirkt[2]).

Delezenne und Ledebt untersuchten die von E. Fourneau und Harold J. Page dargestellten Cholinester[3]). Die hämolytischen Eigenschaften des Palmityl- und Stearylcholins sind kaum geringer als diejenigen des Lysocythins. Die Cholinester der Säuren unter C_{12} zeigen keine hämolytischen Eigenschaften mehr.

Chloracetylcholinbromid hat etwa $^1/_{1000}$ der Wirkung des Acetylcholinchlorids, ist aber viel wirksamer als Cholin. Der Äthylester des Betainbromids und der Salpetersäureester des Cholins haben ausgesprochene Muscarinwirkung.

Cholin-Muscarin (Salpetrigsäureester des Cholins) wirkt curareähnlich und macht keine Myose (Ewins).

n- und Isobutyrylcholin und Isovalerylcholin zeigen keine wesentliche Verstärkung der Blutdruckwirkung gegenüber Cholin; zum Teil verursachen sie zentrale Vagusreizung.

Palmitylcholin macht eine 10—20mal so starke Blutdrucksenkung wie Cholin. Bromisocapronylcholin bewirkt neben schwacher Senkung Drucksteigerung; es ist ungiftiger als Cholin.

Benzoylcholin, sowie m- und p-Nitrobenzoylcholin sind wirksamer als Cholin; die Qualität der Blutdruckänderung ist die gleiche.

Anisylcholin ist schwächer wirksamer als das Benzylderivat. Cinnamylcholin macht Blutdrucksenkung, während Phthalylcholin fast wirkungslos ist.

Durch Veresterung des alkoholischen Hydroxyls steigt die Wirkung.

Formylcholin $(CH_3)_3 \cdot N{<}^{CH_2 \cdot CH_2 \cdot O(OCH)}_{OH}$

ist wirksamer auf den Blutdruck der Katze als Cholin, jedoch weniger wirksam als Acetylcholin. Letzteres hat wegen seiner leichten Verseifbarkeit eine sehr flüchtige Wirkung. Acetylcholin wirkt allgemein nicotinartig. Es wirkt sehr stark, wenn auch kurz blutdrucksenkend. Acetylcholin hat die flüchtigste aber stärkste Wirkung.

Acetylformocholinjodid (Acetoxymethyltrimethylammoniumjodid) $(CH_3)_3N \cdot CH_2OCOCH_3)J \cdot C_6H_{14}O_2NJ$ hat eine intensive Muscarinwirkung, eine ähnliche aber schwächere die S-Verbindung. Phosphocholin (Oxyäthyltrimethylphosphoniumchlorid) zeigt deutliche Muscarinwirkung, die beim Acetylderivat verstärkt auftritt.

Propionylcholin wirkt 100mal stärker als Cholin[4]).

Phenylacetylcholin macht Pulsverlangsamung und Blutdrucksenkung.

β-Phenylpropionylcholin wirkt wie das entsprechende Acetylderivat, doch schwächer.

Wie Cholinbromid wirken die Bromide des Palmitinsäurecholinesters, Stearinsäurecholinesters, Kohlensäuredicholinesters, Orthophosphorsäuredicholinesters, Monoäthylorthophosphorsäurecholinesters und Milchsäurecholinesters. Etwa doppelt so stark wirken die Esterbromide der Capronsäure und der Glykolsäure. Die Wirkungen des Glykokollcholinesterbromids war etwa 10mal

[1]) Le Houx: Pflügers Arch. f. d. ges. Physiol. Bd. 173, S. 8. 1918.
[2]) Le Heux, J. W.: Ber. über die ges. Physiol. Bd. 2, S. 163. 1920.
[3]) Bull. de la soc. de chim. biol. [4]. Bd. 15, S. 544. 1914.
[4]) Hunt, Reid u. R. de M. Taveau: Public Health und Marine-Hospital service Bulletin Nr. 73.

so stark als die von Cholinbromid. Chloracetylcholin wirkt auf den überlebenden Darm 300mal schwächer als das verwandte Acetylcholin[1]).

Acetylalanincholin gibt am Froschherzen die typische, parasympathisch erregende, durch Atropin reversible Depressionswirkung wie Acetylcholin, doch erst in weitaus höheren Konzentrationen. Beim Acetylleucincholin sieht man eine qualitativ ähnliche Wirkung wie bei der Alaninverbindung. Acetyltyrosincholin hat deutlich vagotrope Cholinwirkung, etwa halb so stark wie die Alaninverbindung. Acetylmethyltyrosincholin macht eine parasympathisch erregende Wirkung, etwa wie Acetylalanincholin. Bei diesen acetylierten Cholinaminosäurederivaten findet man keine Blutdrucksenkung wie beim Acetylcholin, auch keine Wirkung auf die Speichelsekretion. Keine der Cholinverbindungen wirkt durch Vaguserregung deprimierend wie Cholin[2]).

Die dem Cholin entstammende Vinylbase Neurin ist zwanzigmal so giftig als Cholin[3]),

$$\text{Cholin}\quad (CH_3)_3\equiv N\begin{matrix}\diagup CH_2\cdot CH_2\cdot OH\\ \diagdown OH\end{matrix}\qquad\qquad \text{Neurin}\quad (CH_3)_3\equiv N\begin{matrix}\diagup CH=CH_2\\ \diagdown OH\end{matrix}$$

was auf die doppelte Bindung der Vinylgruppe zurückzuführen ist.

Die Acetenylgruppe $-C\equiv CH$ in Verbindung mit Trimethylamin übt eine noch stärkere Giftwirkung aus, als dies bei Gegenwart der Vinylgruppe $-CH=CH_2$ unter den gleichen Bedingungen der Fall ist. Das Homologe des Neurins Allyltrimethylammoniumhydroxyd

$$\begin{matrix}(CH_3)_3N\cdot CH_2\cdot CH:CH_2\\ \cdot\\ OH\end{matrix}$$

ist ein relativ ungiftiger Körper[4]). Die Wirkungen des Dimethylneurins (Isocrotyltrimethylammoniumhydroxyd)

$$\begin{matrix}(CH_3)_3N\cdot CH=C\begin{matrix}\diagup CH_3\\ \diagdown CH_3\end{matrix}\\ |\\ OH\end{matrix}$$

als auch die des Trimethylneurins (Valeryltrimethylammoniumhydroxyd)

$$\begin{matrix}(CH_3)_3N\cdot C(CH_3)=C\begin{matrix}\diagup CH_3\\ \diagdown CH_3\end{matrix}\\ |\\ OH\end{matrix}$$

sind denen des Allyltrimethylammoniumhydroxyds gleichartig. Alle drei Verbindungen verursachen eine starke Erregung der Drüsensekretion und gleichzeitig eine mehr oder minder starke Lähmung der Nervenverbindungen in den quergestreiften Muskeln. Am heftigsten wirkt die Valerylbase. Nicht viel schwächer wirkt die Allylbase, während die Isocrotylbase auffallenderweise erheblich mildere Wirkung zeigt.

Die größte Wirkung auf den Blutdruck haben solche Verbindungen, welche sich am wenigsten vom Cholintypus entfernen, d. i. solche, welche den Kern $HO\cdot N\begin{matrix}\diagup\!\!\diagup (CH_3)_3\\ \diagdown CH_2\cdot CH_2O\end{matrix}$ enthalten. Alle Veränderungen in der Gruppe $(C_nH_{2n+1})_3$ oder in der Seitenkette (ausgenommen die Substitution in dem endständigen Wasserstoffatom) verringern die blutdrucksenkende Wirkung, aber sie erhöhen in der Regel die Giftigkeit. Je größer die Verschiedenheit der Verbindung vom Cholintypus, desto geringer ist der Effekt des Atropins in der Verhinderung des Blutdruckfalles.

$$ClN\begin{matrix}\diagup\!\!\diagup (C_5H_{11})_3\ \text{(iso)}\\ \diagdown CH_2\cdot CH_2\cdot OH\end{matrix}\qquad \text{und}\qquad ClN\begin{matrix}\diagup\!\!\diagup (CH_3)_2\\ - C_5H_{11}\ \text{(iso)}\\ \diagdown CH_2\cdot CH_2\cdot OH\end{matrix}$$

---

[1]) Abderhalden, E., H. Paeffrath u. H. Sickel: Pflügers Arch. d. f. d. ges. Physiol. Bd. 207, S. 241. 1925.

[2]) Karrer, P. und seine Mitarbeiter: Helvetica chim. acta. Bd. 5, S. 469. 1922.

[3]) Loew, O.: Natürl. System der Giftwirkungen.

[4]) Liebigs Ann. d. Chem. Bd. 268, S. 150.

zeigen den Einfluß der Methylgruppe. Die erstere Verbindung hat keine der blutdruckerniedrigenden Eigenschaften des Acetylcholins, während die letztere sie besitzt, wenn auch in geringerem Maße wie Cholin selbst.

[Spermin $C_{10}H_{26}N_4$ ist wenig giftig und zeigt eine dem Cholin ähnliche pharmakologische Wirkung. 3 von dem 4 N-Atomen sind primär, das vierte sekundär[1]).]

Launoy fand, daß cholinartige Verbindungen, welche drei Methylgruppen enthalten, viel stärker die Pankrassekretion erhöhen, als die analogen Äthyl- etc.-Verbindungen.

α- und β-Methylcholin sind ähnlich giftig und auf den Blutdruck wirken sie wie Cholin. Ihre Acetylverbindungen sind von viel größerer Wirksamkeit[2]).

Acetyl-α-methylcholin hat eine viel längere Wirkung als Methylcholin und ist per os oder subcutan wirksam. Es setzt in kleinsten Dosen (einige Zehntel Milligramm) den Blutdruck auf die Hälfte für Stunden herab. Die Einführung einer Methylgruppe in das Acetylcholin macht eine ähnliche Änderung in der Wirkung auf die Pupille; während Methylcholin auf die Cornea gebracht nicht auf die Pupille wirkt und auch intravenös bloß eine kurze Verengerung verursacht, macht Acetyl-α-methyl-cholin eine starke Verengerung, welche die Substanz praktisch als Myoticum brauchbar macht[3]).

Durch den Eintritt von Methylgruppen in die Seitenkette des Neurins hat eine Abschwächung und zugleich eine Verschiebung der Giftwirkung desselben stattgefunden. Auffallend ist es jedoch, daß das dreifach methylierte Neurin heftiger wirkt als die zweifach methylierte Base. Für die Abschwächung der Giftwirkung kommt nicht allein die Länge der Seitenkette in Betracht[4]).

Der Äthyläther des Cholins $OH \cdot N(CH_3)_3 \cdot CH_2 \cdot CH_2 \cdot O \cdot C_2H_5$ ist in der Wirkung dem natürlichen Muscarin am ähnlichsten. Dagegen fehlt dem Äthylcholinäther die blutdrucksteigernde nicotinartige Wirkung des Acetylcholins fast ganz. Acetyl-cholin ist 2—5mal so wirksam wie synthetisches Muscarin. Auf die Pupille wirkt es myotisch ein. Propylcholin ist hingegen kaum so wirksam als Cholin[5]). Ebenso wirken Cholinsalpetrigsäureester und Trimethyl-β-aminoäthylammoniumhydroxyd sehr ähnlich. Überall ist die Curarewirkung ausgesprochener als beim natürlichen Produkt. Die Derivate des Formocholins wirken schwächer, der mit dem Cholinäthylester isomere Formocholinpropylester ist der wirksamste der Reihe[6]).

γ-Homocholin $(CH_3)_3{\equiv}N{<}^{OH}_{CH_2 \cdot CH_2 \cdot CH_2 \cdot OH}$ wirkt physiologisch stärker als Cholin, eine weitere Verlängerung der hydroxylhaltigen Kohlenwasserstoffkette steigert nicht allzusehr mehr die Wirksamkeit, denn Oxyamyltrimethylammoniumchlorid (Pentahomocholinchlorid) $Cl \cdot N(CH_3)_3 \cdot (CH_2)_5 \cdot OH$ zeigt eine viel geringere Zunahme in seiner blutdrucksenkenden Wirkung gegenüber dem Trihomocholinchlorid als dieses letztere dem Cholinchlorid gegenüber[7]).

β-Homocholin existiert in 2 isomeren Formen:

$$\text{I}\quad (CH_3)_3{\equiv}N{<}^{OH}_{CH_2 \cdot CH(OH)CH_3} \quad \text{und} \quad \text{II}\quad (CH_3)_3{\equiv}N{<}^{OH}_{\underset{\displaystyle CH_3}{\underset{|}{CH}}-CH_2(OH)}$$

1) Wrede, F.: Zeitschr. f. physiol. Chemie. Bd. 153, S. 291. 1926.

2) Hunt, R.: Journ. of pharmacol. a. exp. therapeut. Bd. 6, S. 477. 1915; Americ. Journ. of physiol. Bd. 45, S. 197. 1918.

3) Menge, G. A.: Journ. of biol. chem. Bd. 10, S. 399. 1911; Bd. 13, S. 97. 1912; Hygien. Laboratory Bull. Bd. 96, U.S. Publ. Health Service 1914.

4) Liebigs Ann. d. Chem. Bd. 337, S. 37.

5) Meyer, H.: Arch. f. exp. Pathol. u. Pharmakol. Bd. 32, S. 101. 1893. — Dale, H. H.: Journ. of pharmacol. a. exp. therapeut. Bd. 6, S. 147. 1915.

6) Ewins, A. J. u. H. H. Dale: Biochem. Journ. Bd. 8, S. 366. 1914.

7) Braun, J. v.: Ber. d. dtsch. chem. Ges. Bd. 49, S. 968. 1916.

beide sind schwächer wirksam als das γ-Isomere. Die Giftigkeit für Mäuse ist etwa die des Cholins.

Acetyl-γ-homocholin wirkt viel stärker herzhemmend als γ-Homocholin; es ist etwa 1000mal wirksamer als Cholin. Für Mäuse ist es 3mal toxischer als γ-Homocholin[1]).

Acetyl-β-homocholin I ist viel wirksamer als die Ausgangssubstanz.

Acetyl-β-homocholin II macht noch in minimalsten Dosen Blutdrucksenkung, lokal macht es starke Myose, während Acetyl-β-homocholin I selbst in starken Lösungen wirkungslos ist.

Die beiden Phenylacetylhomocholine sind wirkungslos.

Benzoyl-β-homocholin ist weit schwächer wirksam als Methyl-β-homocholin. Für Mäuse ist die Toxizität sowohl bei dem β- wie bei dem γ-Derivat die gleiche wie die der Ausgangskörper.

Bemerkenswert ist der geringe Einfluß, den das Hineinflechten eines Benzolkerns in die Mitte des Moleküls ausübt, das Cholin $OH \cdot CH_2 \cdot C_6H_4 \cdot CH_2 \cdot N(CH_3)_3 \cdot Cl$ ist dem gewöhnlichen Cholin $OH \cdot CH_2 \cdot CH_2 \cdot N(CH_3)_3 \cdot Cl$ physiologisch gleichwertig und geht wie dieses in einen Körper von antagonistischer Wirkung über, wenn man eine N-Methylgruppe durch eine N-Allylgruppe ersetzt[2]).

Wie bei N-Allylnorkodein die etwas abgeschwächte Morphinwirkung des Kodeins in das Gegenteil umschlägt, so sieht man bei Allylhomocholin $C_3H_5 \cdot N(Cl)(CH_3)_2 \cdot [CH_2]_3 \cdot OH$ und Allylbetain $(CH_3)_2N(C_3H_5) \cdot CH_2 \cdot CO \cdot O$ das gleiche.

Allylhomocholin wirkt auf das Kaltblüterherz im Gegensatz zu dem muscarinähnlich wirkenden γ-Homocholin nicht frequenzmindernd, vielmehr scheint die Energie der Systolen etwas zuzunehmen. Einem so scheinbar nicht merklich getroffenem Herz gegenüber ist Muscarin in einer Dosis, die sonst diastolischen Herzstillstand hervorruft, unwirksam und umgekehrt: bei einem mit Muscarin bis zum vollständigen diastolischen Stillstand behandelten Herz ruft Allylhomocholin kräftige Systolen hervor. Es scheint, daß es an dieselben Elemente wie Muscarin, nämlich die Vagusendigungen, gefesselt wird. Beim Warmblüterherz sieht man diese Erscheinungen nicht. Allylbetain wirkt qualitativ gleich, quantitativ schwächer[3]).

Bei einer Reihe anderer Substanzen mit an Stickstoff gebundenem Allylrest konnte eine den entsprechenden N-Methylderivaten antagonistische Wirkung nicht wahrgenommen werden, wie z. B. bei N-Allyl-pyrrolidin, N-Allyl-thallin, 1-Allyltheobromin, Allylstrychnin, Diallylsulfat. Letzteres ist eine die Atmungsorgane stark angreifende Flüssigkeit.

Homocholinäther

$$\begin{matrix} (CH_3)_3 \equiv N <^{OH}_{CH_2 \cdot CH_2 \cdot CH_2} \\ (CH_3)_3 \equiv N <^{CH_2 \cdot CH_2 \cdot CH_2}_{OH} \end{matrix} > O$$

ist fast ohne Wirkung auf den Blutdruck[4]).

Die Substitution der drei Methyle im β-Homocholin und in seiner Acetyl- und Benzoylverbindung durch drei Äthyle, Propyle, Amyle verringert etwa ebenso wie bei den entsprechenden Cholinverbindungen die Blutdrucksenkung,

---

[1]) Hunt, R. u. Taveau: Journ. of pharmacol. a. exp. therapeut. Bd. 1, S. 320. 1909.

[2]) Braun, J. v. u. Z. Köhler: Ber. d. dtsch. chem. Ges. Bd. 51, S. 100. 1918.

[3]) Pohl, J. u. J. v. Braun u. E. Müller: Ber. d. dtsch. chem. Ges. Bd. 50, S. 290. 1917.

[4]) Berlin, E.: Zeitschr. f. Biol. Bd. 57, S. 1. 1912.

während die Giftigkeit für Mäuse zunimmt oder doch bei den Methylverbindungen nicht abgeschwächt wird.

β-Dimethylcholin $(CH_3)_3 \equiv N <\begin{matrix} OH \\ CH_2-\underset{CH_3\ CH_3}{\overset{}{C}}-OH \end{matrix}$ ist ebenso wie einige seiner Derivate nicht viel toxischer und auf den Blutdruck nicht viel wirksamer als Cholin.

Nach Hunt und Taveau ist Monochlor-β-homocholin = Sepin auf den Blutdruck so wirksam wie Cholin, aber etwas weniger giftig. Die Einführung einer Acetyl- oder Benzoylgruppe ändert die Blutdruckwirkung nur unerheblich, während die Giftigkeit für Mäuse sich verdoppelt. Bei der Substitution der drei Methyle des Sepins durch drei Äthyle, Propyle oder Amyle sinkt, wie bei anderen Verbindungen der Cholinreihe, die Blutdruckwirkung ab, wähernd die Giftigkeit für Mäuse stark ansteigt (bis auf das achtfache bei dem 3-Propyl-Sepin). Geringe Toxizitätssteigerung zeigen dagegen die analogen Substitutionsprodukte des Acetylsepins, während umgekehrt bei den Benzoylverbindungen die letale Dose bei dem 3-Amylbenzoylsepin bis auf $^1/_{30}$ sank.

Der Ersatz eines Methyles durch eine aliphatische Kette, in der ein alkoholisches Hydroxyl enthalten ist (Choline), führt zu einer starken Abschwächung, ja nahezu zur Aufhebung der Wirkung. Enthält die aliphatische Kette doppelte Bindungen, so bleibt die Wirksamkeit eine hohe (Neurin) oder sie steigt, wie bei der Valerylbase, sogar nicht unerheblich an.

Die Intensität der Blutdruckwirkung wird bei Ersatz der drei Methyle durch höhere Alkyle in der Regel nicht gesteigert, sondern wesentlich abschwächt.

Diammoniumbasen sind weniger toxisch als Monoammoniumbasen.

Hexamethyltrimethylendiammoniumhydroxyd

$$(CH_3)_3 \equiv \underset{OH}{\underset{|}{N}}-CH_2 \cdot CH_2 \cdot CH_2-\underset{OH}{\underset{|}{N}} \equiv (CH_3)_3$$

macht nur schwache Blutdrucksenkung[1]).

Die Giftigkeit des Triäthylaminäthyliumhydroxyds übertrifft die des Cholins um das 13fache, das Tripropyl- und Triamylderivat ist etwa 8—12mal giftiger als Cholin, während der Ersatz nur einer Methylgruppe durch eine Amylgruppe die Giftigkeit nur wenig erhöht.

Bei Ersatz einer Methylgruppe durch eine weitere Oxyäthylgruppe (Dimethyldioxyäthylammoniumhydroxyd) ist die Blutdrucksenkung gegenüber der Wirkung des Cholins abgeschwächt.

Reid Hunt und R. de M. Taveau[2]) haben gefunden, daß cholinähinliche Substanzen, welche statt der Trimethylgruppe eine Triäthyl-, Tripropyl- oder Triamylgruppe enthalten, dadurch giftiger werden. Verbindungen, welche eine Oxyäthylgruppe enthalten, waren weniger giftig als solche, welche eine kürzere oder längere Seitenkette mit einer Hydroxylgruppe tragen. In allen Fällen sind Verbindungen, welche zwei Hydroxylgruppen in der Seitenkette enthalten, weniger giftig als solche mit einer Hydroxylgruppe. Diese Regel bewährt sich auch bei mit zwei Acetylgruppen substituierten Verbindungen, nicht aber bei solchen mit zwei Benzoylgruppen. Die Acetylgruppe erhöhte die Giftigkeit aller Verbindungen, welche Trimethyl- und Triäthylgruppen enthalten. Bei den tripropyl- und triamylsubstituierten Substanzen variiert der Effekt.

Die Benzoylgruppe erhöht die Giftigkeit der Verbindungen, welche drei Propyl- und drei Amylgruppen enthalten. Der Effekt variiert bei den Trimethyl- und Triäthylverbindungen.

---

[1]) Berlin, E.: Zeitschr. f. Biol. Bd. 37, S. 1. 1912.
[2]) Journ. of pharmacol. a. exp. therapeut. Bd. 1, S. 306. 1909.

Anders verhält sich die Blutdruckwirkung, deren Intensität bei Ersatz der 3 Methyle durch die genannten Alkyle in der Regel nicht gesteigert, sondern wesentlich abgeschwächt wird. Ganz ähnlich liegen die Verhältnisse bei dem Acetyl- und Benzoylcholin. Substitution durch höhere Alkyle vermehrt meist die Toxizität erheblich, während die Wirkung auf den Blutdruck Einbuße erleidet.

Ein Chloratom in der Seitenkette verringert die Giftigkeit der Acetylderivate der Trimethyl- und Triäthylverbindungen, aber es erhöht die Giftigkeit der entsprechenden Benzoylderivate. Die normale Oxypropylverbindung und ihre Derivate sind viel giftiger als die Oxyisoverbindungen.

Trimethylbrommethylammoniumbromid wirkt wie Cholin, Formocholinchlorid (Oxymethyltrimethylammoniumchlorid) ist stärker wirksam als Cholin und für Mäuse neunmal so giftig. Der Methyläther des Formocholins ist nur die Hälfte so wirksam als Formocholin und zweimal so giftig als dieses. Betainchlorid ist unwirksam. Acetylcholinchlorid ist sehr wirksam und dreimal so giftig als Cholin. Acetylcholin wirkt herzlähmend und erregend auf die Darmmuskulatur[1]). Propionylcholinchlorid ist vielleicht 100mal so wirksam als Cholin in bezug auf die Blutdruckerniedrigung. Normales Butyrylcholinchlorid ist wirksamer als Cholin. Isobutyrylcholin wirkt ähnlich wie normales Isovalerylcholin, verlangsamt den Herzschlag und steigert manchmal den Blutdruck. Den höchsten Effekt auf den Blutdruck machen solche Cholinderivaten, welche sich am wenigsten vom Cholintypus entfernen. Alle Veränderungen der Methylradikale oder der Seitenkette mit Ausnahme der Substitution des Hydroxylwasserstoffes verringern die Wirkung auf den Blutdruck, aber erhöhen in der Regel die Giftigkeit. Wenn diese Konfiguration erhalten bleibt, kann man die Intensität und den Charakter der Wirkung auf den Kreislauf innerhalb weiter Grenzen variieren durch Substitution von Gruppen für Wasserstoffatome[2]).

Das neutrale glycerin-phosphorsaure Cholin bewirkt an Hunden und Kaninchen Brachykardie mit beträchtlicher, bisweilen sehr großer Verstärkung des Pulses, meistens erhöht sich auch der arterielle Blutdruck. Die Blutdrucksenkung durch Cholin ist nur leicht und flüchtig, während die Steigerung minutenlang anhalten kann. Bei Menschen mit arteriellem Überdruck scheint die hypotensive Wirkung des Cholins vorherrschend[3]) zu sein.

R. Krimberg hält Oblitin für den Diäthylester des Dicarnitins[4]); aus Rindermuskeln dargestellt, wirkt es auf die Speichelsekretion, Darmperistaltik, den Blutdruck und die Pupillenraktion; bei Kaninchen und Meerschweinchen erzeugt es Nekrosen. Im Katzenkörper wird es rasch in Novain umgewandelt. Novain, identisch mit Carnitin

$$\begin{array}{l} CH_3\diagdown \quad\;\; \diagup CH_2\cdot CH_2\cdot CH(OH)\cdot CO \\ CH_3 \!-\!\!> N < \qquad\qquad\qquad\qquad\quad | \\ CH_3\diagup \quad\;\; \diagdown O\text{————————————}| \end{array}$$

wirkt ähnlich wie Oblitin. Neosin erniedrigt den Blutdruck sehr stark und erzeugt starke Speichelsekretionen[5]).

Dem Cholin steht das sehr heftige Gift Muscarin[6]) sehr nahe. Dieses verursacht an denselben peripheren Organteilen, welche Atropin lähmt, eine

---

[1]) Ewins J. Arthur: Biochem. Journ. Bd. 8, S. 44. 1914.
[2]) Hund, Reid u. R. de M. Taveau: Bulletin, Hygienic Laboratory of Treasury Departement Nr. 73, März 1911.
[3]) Patta, Aldo u. Azo Varisco: Arch. di farmacol. sperim. e scienze aff. Bd. 19, S. 109. 1914.
[4]) Engeland, R.: Hoppe-Seylers Zeitschr. f. physiol. Chem. Bd. 56, S. 417. 1908. — Krimberg, R.: Ber. d. dtsch. chem. Ges. Bd. 42, S. 2457. 1909; Bd. 42, S. 3878. 1909.
[5]) Kutscher, F. R. u. A. Lohmann: Pflügers Arch. f. d. ges. Physiol. Bd. 114, S. 553. 1906. [6]) Schmiedeberg, O. u. Koppe: Muscarin. Leipzig 1869.

hochgradige, von keiner Lähmung unterbrochene Erregung. Es entsteht daher Herzstillstand in der Diastole durch Reizung des Nervus vagus.

$$\text{Muscarin}\quad (CH_3)_3N{<}^{CH_2\cdot CH(OH)_2}_{OH}.\quad (?)$$

Die Isoamyltrimethylbase (Amylarin) $(CH_3)_3N{<}^{CH_2\cdot CH_2\cdot CH(CH_3)_2}_{OH}$ und die Valeryltrimethylbase $(CH_3)_3\cdot N{<}^{C_5H_{11}}_{OH}$ wirken wie Muscarin auf das Herz, aber nicht auf die Pupille. Die Trimethylhexyl- und die Tetraäthylbase geben keine Muscarinwirkung, nur allgemeine Lähmung[1]).

Oxydiert man Cholin mit starker Salpetersäure, so erhält man das sog. Cholinmuscarin[2]). Dieses ist aber vom Fliegenpilzmuscarin physiologisch different[3]). Das Cholinmuscarin von Harnack ist der Salpetrigsäureester des Cholins, es wirkt auf Frösche curareähnlich, aber es kontrahiert nicht die Säugetierpupille[4]). Chemisch dem Muscarin ähnliche Körper haben Berlinerblau und Emil Fischer dargestellt, welche sich aber physiologisch vom Muscarin ebenfalls unterscheiden.

Josef Berlinerblau[5]) stellte aus Monochloracetal und Trimethylamin den neutralen Äthyläther des Muscarins[6]) dar. Nach dem Verseifen erhielt man die freie Base (von Schmidt Pseudomuscarin benannt). Nach B. Luchsinger ist die Wirkung des Äthers sowie der Aldehydbase fast vollständig mit der Wirkung des natürlichen Muscarins übereinstimmend, nur wirkt der Äther bedeutend schwächer.

Verschieden von ihm verhält sich das aus Cholin durch Einwirkung von Salpetersäure gewonnene Muscarin (Cholin-Muscarin). Es ist nach neueren Untersuchungen kein Oxydationsprodukt, sondern der Salpetrigsäureester des Cholins; es wirkt curareähnlich und macht keine Myose (Ewins). Noch mehr Verschiedenheit zeigt das synthetische Muscarin von E. Fischer und Berlinerblau[7])

$$(CH_3)_3N{<}^{CH_2\cdot CH(OH)_2}_{OH}$$

Cholinmuscarin lähmt schon in außerordentlich geringe Menge die intramuskulären Nervenendigungen, was natürliches Fliegenpilzmuscarin nicht vermag [R. Böhm[8])]. Anhydromuscarin (Berlinerblaus Base) hat gar keinen Einfluß auf das Froschherz, ist ohne Wirkung auf die Pupille, ohne Wirkung auf die herzhemmenden Vagusapparate des Säugetierherzens. Hingegen macht es wie alle Ammoniumbasen starke Speichel- und Schweißabsonderung. Der Tod erfolgt durch Lähmung der Respiration (Berlinerblau).

Emil Fischer[9]) hat durch Methylierung des Acetalamins, Acetaltrimethylammoniumchlorid und ein Spaltungsprodukt derselben $(CH_3)_3NCl\cdot CH_2\cdot CHO$ erhalten, welches mit Berlinerblaus Base identisch ist.

R. Böhm[10]) hat gefunden, daß synthetisches Muscarin schon in außerordentlich geringen Mengen beim Frosch die intramuskulären Nervenendigungen lähmt, was natürliches nicht macht. Synthetisches Muscarin bewirkt maximale Myose, natürliches ist ohne Einfluß auf die Pupille.

[1]) Schmiedeberg, O., E. Harnack, Jordan: Arch. f. exp. Pathol. u. Pharmakol. Bd. 6, S. 110; Bd. 8, S. 15.
[2]) Arch. f. exp. Pathol. u. Pharmakol. Bd. 6, S. 107.
[3]) Arch. f. exp. Pathol. u. Pharmakol. Bd. 19, S. 87.
[4]) Ewins, A. J.: Biochem. Journ. Bd. 8, S. 209.
[5]) Ber. d. dtsch. chem. Ges. Bd. 17, S. 1139. 1884.
[6]) Siehe bei Kobert, R.: Arch. f. exp. Pathol. u. Pharmakol. Bd. 20, S. 92.
[7]) Ber. d. dtsch. chem. Ges. Bd. 17, S. 139. 1884.
[8]) Arch. f. exp. Pathol. u. Pharmakol. Bd. 19, S. 87.
[9]) Ber. d. dtsch. chem. Ges. Bd. 26, S. 464, 470. 1893.
[10]) Arch. f. exp. Pathol. u. Pharmakol. Bd. 19, S. 76.

Anhydromuscarin, Berlinerblaus Base, hat keinen Einfluß auf das Froschherz, ist ohne Wirkung auf die Pupille, ohne Wirkung auf die herzhemmenden Vagusapparate des Säugetierherzens. Wie alle Ammoniumbasen macht es starke Speichel- und Schweißabsonderung. Der Tod der Säugetiere erfolgt durch Lähmung der Respiration[1]).

Unwirksam sind im Herzversuch Acetonmuscarin $[CH_3 \cdot CO \cdot CH_2 \cdot N(CH_3)_3Cl]$, und Acetalmuscarin $[(C_2H_3O)_2 \cdot CH \cdot CH_2 \cdot CH_2 \cdot N(CH_3)_3Cl]$ Die positiven Befunde Berlinerblaus mit Acetalmuscarin dürften sich dadurch erklären, daß bei seiner Darstellungsweise dem Acetalmuscarin Anhydromuscarin beigemischt war. Wirksam sind Anhydromuscarin $[OCH-CH_2 \cdot CH_2 \cdot N(CH_3)_3Cl]$, Homomuscarin, Triäthylhomomuscarin $[OCH-CH_2-CH_2-N(C_2H_5)_3Cl]$. Homomuscarin ist etwa $^1/_4$ so giftig wie Anhydromuscarin; Triäthylhomomuscarin erreicht aber wieder die Giftigkeit des Anhydromuscarins[2]).

$$\text{Isomuscarinchlorid} \quad (CH_3)_3\underset{\overset{\cdot}{Cl}}{N} \cdot CH(OH) \cdot CH_2(OH)$$

$$\text{Homoisomuscarinchlorid} \quad (CH_3)_3 \cdot \underset{\overset{\cdot}{Cl}}{N} \cdot CH_2 \cdot CH(OH) \cdot CH_2 \cdot OH .$$

Beim Vergleiche der Wirkungen des Isomuscarins und des Homoisomuscarins hat sich die wiederholt beobachtete Gesetzmäßigkeit feststellen lassen, daß mit der Länge der Seitenkette die Giftigkeit abnimmt; während Isomuscarin eine mäßig starke, dem Cholinmuscarin ähnliche Wirkung besitzt, kann Homoisomuscarin geradezu als ungiftig bezeichnet werden[3]).

Der Einfluß der Verkürzung der Seitenkette wurde am Formocholinchlorid $(CH_3)_3\underset{\overset{\cdot}{Cl}}{N} \cdot CH_2 \cdot OH$ und zwar am Äthyläther geprüft; hierbei zeigte es sich, daß durch den Eintritt der Äthylgruppe in das Cholinmolekül sich die toxische Wirkung desselben in einer ganz bedeutenden Weise gesteigert hat. Die indirekte Verlängerung der Seitenkette durch die Bildung einer Äthoxylgruppe hat das Gegenteil von dem bewirkt, was bei direkter unmittelbar am Kohlenstoffkern erfolgter Veränderung wiederholt beobachtet wurde.

Die Wirkungen des Cholinäthers gleichen ganz denen des künstlichen Muscarins mit Ausnahme der Wirkung auf die Vogeliris. Formocholinäther zeigt im allgemeinen den gleichen Wirkungstypus; die Wirkung scheint ein wenig zwar, aber jedenfalls nicht sehr merklich stärker zu sein als die des Cholinäthers.

In diese Gruppe von Körpern gehören auch die von Niemilowicz[4]) dargestellten synthetischen Ptomaine. Sie entbehren aber der Hydroxylgruppe. Die meisten Leichenalkaloide sind Trimethylammoniumderivate, da sie sich vom Cholin ableiten und wohl auch aus diesem entstehen. Durch Einwirkung von Trimethylamin auf Monochloraceton erhält man Coprinchlorid.

$$CH_3 \cdot CO \cdot CH_2 \cdot \underset{\underset{Cl}{|}}{N}(CH_3)_3$$

Dieses wirkt curareähnlich, differiert aber von Curare, da die Erregbarkeit der Muskelsubstanz, wenn auch wenig, herabgesetzt ist und die vergifteten Tiere in ihren Muskeln einen gewissen Tonus bewahren.

---

[1]) Brabant, V.: Arch. internat. de pharmaco-dyn. et de thérapie. Bd. 25, S. 295. 1920.

[2]) Nothnagel, G.: Ber. d. dtsch. chem. Ges. Bd. 26, S. 801. 1893. — Arch. d. Pharmaz. u. Ber. d. dtsch. pharmazeut. Ges. 1894, S. 261. — Meyer, Hans H.: Liebigs Ann. d. Chem. Bd. 267, S. 252 über Isomuscarin.

[3]) Meyer, Hans H., bei Schmidt: Liebigs Ann. d. Chem. Bd. 337, S. 48. — Bodl, J.: Liebigs Ann. d. Chem. Bd. 267, S. 291. 1892.

[4]) Monatshefte für Chemie. Bd. 7, S. 241. 1886.

Durch Einwirkung von Trimethylamin auf Dichlorhydrin entstehen Sepinchlorid und Aposepinchlorid, welche bei weitem weniger wirksam sind als Coprinchlorid.

Sepinchlorid

$$CH_2 \cdot Cl—CH \cdot OH—CH_2—\underset{Cl}{N}(CH_3)_3$$

Aposepinchlorid

$$\begin{array}{l} Cl \cdot N(CH_3)_3 \\ \quad CH_2 \\ \quad | \\ \quad CH \cdot OH \\ CH_3—ClN(CH_3)_3 \end{array}$$

Coppola[1]) stellte sich die Aufgabe, zu untersuchen, ob die physiologische Wirkung des Cholins, Neurins und Muscarins an die Gegenwart der drei besonderen Alkylradikale gebunden sei oder ob sie vielmehr von der allen gemeinsamen Trimethylgruppe abhänge. Um dies zu unterscheiden, stellt er drei neue Ammoniumbasen dar, welche an Stelle der drei Methylgruppen Pyridin enthalten, nämlich Pyridincholin $C_5H_5N{<}^{OH}_{CH_2 \cdot CH_2 \cdot OH}$, Pyridinneurin $C_5H_5N{<}^{OH}_{CH:CH_3}$ und Pyridinmuscarin $C_5H_5N(OH) \cdot CH(OH) \cdot CH_2 \cdot OH$. Ihrem physiologischen Charakter nach gehören die Basen zu denjenigen Alkaloiden, welche die typische Wirkung des Curare besitzen. Was ihre Giftigkeit anbelangt, so nimmt dieselbe vom Oxäthylen- zu dem Vinyl- und von diesem zum Dioxyäthylenderivat merklich zu. Wenngleich man die Giftigkeit des Pyridins nicht direkt mit der des Pyridincholins vergleichen kann, da ihre Wirkungen verschiedener Natur sind, so kann man doch die Giftigkeit des letzteren als ungefähr viermal so stark annehmen als die des Pyridins. Während Pyridin auf die cerebrospinalen Zentren wirkt, wirken seine Derivate auf die Endigungen der motorischen Nerven. Die curareartige Wirkung ist nicht an die Gegenwart der Methylgruppe oder irgendeines anderen Radikals gebunden, sondern sie ist eine Funktion der quaternären Basen überhaupt. Auch Pyridin schließt sich diesem allgemeinen Gesetze an; in eine Ammoniumbase verwandelt, zeigt es deutlich die Wirkung des Curare. Die Energie der Wirkung dieser drei Basen ist vollkommen analog der der entsprechenden Trimethylaminbasen und wie Pyridin wirksamer ist als Trimethylamin, so sind auch die Pyridinderivate giftiger als die entsprechenden Trimethylverbindungen. Endlich muß man der Hydroxylgruppe, wie es auch bei den Phenolen der Fall ist, die Fähigkeit zuerteilen, die Giftigkeit dieser Verbindungen zu erhöhen. Der Umstand, daß das Vinylradikal eine stärkere Wirkung auf den tierischen Organismus zeigt, hängt mit der doppelten Bindung zusammen. Was endlich den Umstand anbelangt, daß Cholin, Neurin und Muscarin sich in ihrem physiologischen Verhalten von den anderen quaternären Basen entfernen, so hängt dies nach Coppola von sekundären Eigenschaften ab, welche der Curarewirkung entgegengesetzt sind und so dieselbe verdecken. Taurobetain $(CH_3)_3 \cdot N{<}^{CH_2—CH_2—SO_2}_{O}$ ist ungiftig[2]).

γ-n-Butyrobetain

$$(CH_3)_3 \equiv N{<}^{CH_2 \cdot CH_2 \cdot CH_2}_{O ——— CO}$$

soll nach Takeda giftig sein[3]).

Stachydrin ist ungiftig, ebenso Thiohistidinbetain = Ergothionein.

---

1) Gazz. chim. ital. Bd. 15, S. 330.

2) Brieger, L.: Hoppe-Seylers Zeitschr. f. physiol. Chem. Bd. 7, S. 35. 1882.

3) Takeda, K.: Pflügers Arch. f. d. ges. Physiol. Bd. 133, S. 365. 1910.

Hypaphorin = Tryptophanbetain ist wirkungslos und wird unverändert ausgeschieden.

Eine Anzahl von quaternären Basen hat außer der Curarewirkung noch einen Effekt auf das autonome Nervensystem (Muscarin- und Nicotinwirkung). Manche haben auch Atropinwirkung auf das Froschherz.

Es scheint eine besondere Beziehung zwischen den Methylgruppen und der Muscarin- (oder Acetylcholin-)wirkung zu bestehen. Aber diese Wirkung ist nicht beschränkt auf Verbindungen mit drei Methylgruppen; solche Verbindungen wie Dimethyl-isoamyl-hydroxyäthyl-ammoniumchlorid und Dihydroxyäthyl-dimethylammoniumchlorid und besonders ihre Acetylderivate haben eine Muscarinwirkung, ebenso eine Nicotinwirkung. Ähnliche Wirkungen erhält man mit den Additionsprodukten von Trimethylamin und Dimethyl-β-oxyäthylamin mit β-β'-dichloräthylsulfid (β, β'-thiobis(äthyltrimethylammoniumchlorid) und β-β'-Thiobis(äthyldimethyloxäthylammoniumchlorid). Im letzteren Falle wird die Muscarinwirkung durch Acetylieren sehr verstärkt. Die analoge Äthylverbindung hat keine Muscarinwirkung. Selbst eine Monomethylverbindung (Monomethyl-dihydroxäthylenamin) zeigt nach Acetylierung eine stärkere Muscarinwirkung als Cholin selbst.

Die P-, As-, Sb-, S-Analoga von Tetramethylammoniumjodid haben eine Muscarinwirkung. Die P-Verbindung ist weniger wirksam als die S-Verbindung und beide sind weniger wirksam als die N-Verbindung. Die As- und Sb-Verbindungen sind ungefähr gleich wirksam, aber viel weniger wirksam als die P- und S-Verbindungen.

Die P- und S-Verbindungen haben eine Nicotinwirkung, wobei die S-Verbindung wirksamer ist als die P-Verbindung, aber beide sind weniger wirksam als die N-Verbindung. Selbst in größeren Dosen haben die As- und Sb-Verbindungen nicht diese Wirkung. Die S- und P-Verbindungen haben auch eine paralysierende Nicotinwirkung. Triäthylsulfoniumbromid hat weder Muscarin- noch Nicotinwirkung, noch Atropinwirkung. Tetramethylphosphoniumjodid hat Curarewirkung ungefähr so stark wie Trimethylsulfoniumjodid und ungefähr $^1/_{10}$—$^1/_{20}$ vom analogen Stickstoffkörper. Die As- und Sb-Verbindungen in etwas größeren Dosen haben keine Curarewirkung. Die Giftigkeitsordnung ist folgende: Die N-Verbindung ist am giftigsten, dann folgen absteigend P, As, S und Sb-Verbindungen.

Jodomethyltrimethylammoniumjodid und die entsprechende Arsenverbindung haben eine deutliche Muscarinwirkung, die N-Verbindung ist wirksamer als die As-Verbindung. Die N-Verbindung hat eine intensive Nicotinwirkung, die As-Verbindung aber nicht. Die N-Verbindung ist zweimal so giftig wie die As-Verbindung.

Acetoxymethyltrimethylammoniumjodid hat eine intensive Muscarinwirkung. Acetoxymethyldimethylsulfoniumbromid hat eine ähnliche, aber etwas geringere Wirkung. Die Acetoxy-N-Verbindung ist wenigstens zehnmal so wirksam wie die J-N-Verbindung. Während Acetoxymethyltrimethylammoniumjodid Nicotinwirkung hat, fehlt sie dem Acetoxymethyldimethylsulfoniumbromid.

Formyltrimethylarsoniumbromid hat weder Muscarin- noch Nicotinwirkung.

Das P-Analogon des Cholins hat Muscarinwirkung, die wie beim Cholin selbst durch Acetylierung erhöht wird.

Neurin hat Muscarin- und Nicotinwirkung. Die analoge As-Verbindung scheint keine von beiden zu haben. Die N-Verbindung ist weitaus giftiger als die As-Verbindung.

Betainäthylester hat eine starke Muscarinwirkung, stärker als Cholin und Neurin. Er hat eine stimulierende Nicotinwirkung und ist 6mal so giftig wie Cholin.

Chloracetylcholin ist 1000mal weniger wirksam in bezug auf Muscarinwirkung als Acetylcholin, aber es ist viel wirksamer als Cholin. Im Gegensatze zu Acetylcholin hat es eine ausgesprochen stimulierende Wirkung auf die herzhemmenden Zentren. Es hat auch eine Nicotinwirkung. Für Mäuse ist es ungefähr so giftig wie Cholin und weniger giftig als Acetylcholin. Der Salpetersäureester des Cholins hat Muscarin- und Nicotinwirkung, letztere sowohl in stimulierender als auch lähmender Richtung[1]).

Cocain und die Lokalanaesthetica.

Dieses wertvolle und in der Medizin viel angewendete Alkaloid war zuerst nur als mächtiges Excitans bekannt. Man wußte, daß die Indianer beim Lastentragen in den Bergen Südamerikas fortwährend Cocablätter kauten, um so die größten Strapazen und Arbeitsleistungen zu bewältigen, ohne ein Ermüdungsgefühl zu empfinden. Aber erst durch die bahnbrechende Entdeckung **Kollers**[2]) wurde das eigentliche Gebiet für die große Anwendung des Cocains in der Medizin eröffnet, die Lokalanästhesie. Cocain bringt in kürzester Zeit mit wenig Nebenerscheinungen und ohne auf Schleimhäuten Brennen zu erzeugen, eine völlige und anhaltende lokale Anästhesie hervor.

Wenn man Cocain mit Alkalien verseift, so erhält man als Spaltungsprodukte Ekgonin, Methylalkohol und Benzoesäure. Die Chemie des Ekgonins hat die nahen Beziehungen dieses Körpers zum Tropin, dem Spaltungsprodukte der Tropaalkaloide, welche sowohl in physiologischer als auch in chemischer Richtung bestehen, aufgeklärt.

Nach den Untersuchungen R. **Willstätters** erweist sich Tropin als ein Körper, welcher einen Methyl-N-pyrrolidinkern kombiniert mit einem Methyl-N-piperidinkern enthält, die äußere Peripherie dieses Körpers besteht aus einem Ring von sieben Kohlenstoffatomen.

Der letztere Nachweis wurde durch die Überführung des Tropins und des Ekgonins in das Suberon

```
H2 H2 H2
C——C——C
|        >CO
C——C——C
H2 H2 H2
```

, einen stickstofffreien Siebenerring erbracht[3]).

Es kommt nach den Untersuchungen R. **Willstätters** dem Tropin folgende Konfiguration zu:

```
            H
H2C————————C————————CH2
 |          |        |
 |       N·CH3     CH·OH
 |          |        |
H2C————————C————————CH2
            H
```

Für das Ekgonin wurde von R. **Willstätter** die folgende Konfiguration festgestellt, aus der sich alle chemischen Beziehungen und Eigenschaften dieses Körpers leicht erklären lassen:

```
H2C——CH——— CH·COOH
 |      :      :
 |   N·CH3  CH·OH
 |      :      :
H2C——CH———CH2
```

[1]) **Hunt, Reid** u. **R. R. Reschow**: Journ. of pharmacol. a exp. therapeut. Bd. 25, S. 315. 1925.

[2]) **Moréno y Matz**: Paris Thése 1868, gebührt das Verdienst, zuerst Cocain als Lokalanaestheticum auf Grund seiner Tierversuche empfohlen zu haben.

[3]) Ber. d. dtsch. chem. Ges. Bd. 31, S. 1534, 2498, 2655. 1899; Bd. 32, S. 1635. 1900.

Tritt nun in das Ekgonin ein Benzoylrest in die Hydroxylgruppe ein und wird die Carboxylgruppe mit Methylalkohol verestert, so resultiert Cocain.

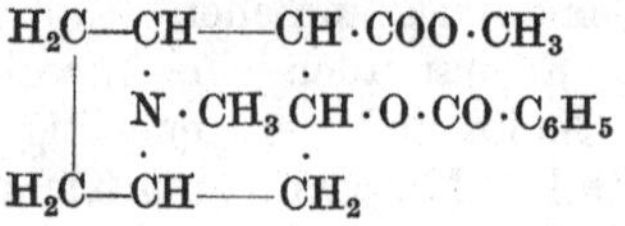

$$\begin{array}{l} H_2C\text{—}CH\text{——}CH\cdot COO\cdot CH_3 \\ \quad | \qquad N\cdot CH_3\,CH\cdot O\cdot CO\cdot C_6H_5 \\ H_2C\text{—}CH\text{——}CH_2 \end{array}$$

Zahlreiche experimentelle Studien über Cocain und seine Spaltungsprodukte haben uns wertvolle Kenntnisse dieser interessanten Substanz gebracht und die Möglichkeit geschaffen, auf Grund der gewonnenen Erkenntnisse neue Verbindungen mit Wirkungen, die dem Cocain analog sind, synthetisch darzustellen.

Von größtem Interesse ist es jedenfalls und in erster Linie, welche Rolle bei der physiologischen Wirkung den einzelnen Gruppen, dem Ekgonin, dem Benzoylrest und der Methylgruppe in der Esterbindung zukommen. Diese Frage ist aber nicht so einfach, weil sich die Wirkungen des Cocains auf mehrere anscheinend differente Gebiete erstrecken. Die therapeutisch wichtigste Eigenschaft des Cocains ist wohl das Hervorrufen einer lokalen Anästhesie, die durch eine eigenartige lähmende Wirkung auf die Endigungen der sensiblen Nerven bedingt ist. Ebenso werden die Geschmacksnerven gelähmt und später auch die notorischen und autonomen Nerven[1]). Außerdem kommt dem Cocain nach seiner Resorption eine Wirkung auf das Zentralnervensystem zu, welche in Erregungszuständen und Lähmungszuständen der verschiedenen Funktionsgebiete des Mittelhirns und der Medulla oblongata besteht. Eine Abstumpfung der Empfindlichkeit der peripheren Nerven läßt sich bei innerer Applikationsweise nicht nachweisen. Der Tod bei Cocainvergiftung erfolgt durch Kollaps und durch direkte Respirationslähmung.

Außer dem schon erwähnten β-Tetrahydronaphthylamin ist Cocain unter allen jetzt bekannten Körpern diejenige, welcher am raschesten und in größtem Maße die Körpertemperatur erhöht[2]). Es ist zugleich das stärkste Excitans, wirkt vermehrend auf die Arbeitsleistung des Muskels und steht in vollem Antagonismus zum Chloral, wie U. Mosso gezeigt hat[3]).

Auf Schleimhäuten erzeugt Cocain, außer völliger Anästhesie, Blutleere und Blässe, zugleich nimmt die Sekretion ab, was man alles durch die eintretende Gefäßkontraktion erklärt.

Bei Einträufelung von Cocain in das Auge tritt ganz konstant eine Pupillenerweiterung (Mydriasis) ein, die lange andauert, aber nicht so stark ist wie nach Atropineinträufelung. Der Angriffsort ist von dem des Atropins verschieden. Bei Kaninchen macht Cocain vakuoläre Leberdegenerationen [P. Ehrlich[4])].

Diese physiologischen Eigenschaften ändern sich sehr erheblich, wenn das Cocainmolekül chemisch verändert wird.

Wird aus dem Cocain entweder die Benzoylgruppe oder die Methylgruppe, welche in Esterbindung vorhanden ist, abgespalten, so resultieren Benzoylekgonin, bzw. Ekgoninmethylester. Diese beiden Verbindungen sind um das Zwanzigfache weniger toxisch und erst in unvergleichlich größerer Dosis letal wirkend[5]). Die Unwirksamkeit des Benzoylekgonins haben wir an einer früheren Stelle mit dem Vorhandensein einer freien Carboxylgruppe erklärt, wofür wir ein wertvolles Analogon im Verhalten der Arecaalkaloide haben.

---

[1]) Dixon, W. E.: Journ. of physiol. Bd. 32, S. 87. 1905.

[2]) Arch. f. exp. Pathol. u. Pharmakol. Bd. 37, S. 397 und Bd. 40, S. 151. — Reichert: Zentralbl. f. med. Wissensch. 1889, S. 444.

[3]) Arch. f. exp. Pathol. u. Pharmakol. Bd. 23, S. 153. — Pflügers Arch. f. d. ges. Physiol. Bd. 47, S. 553.

[4]) Dtsch. med. Wochenschr. 1891, Nr. 32, S. 717.

[5]) Stockmann, Ralph: Pharmac. Journ. a. transact. Bd. 16, S. 897.

Daß die Abspaltung von aliphatischen oder aromatischen Säureradikalen die Wirkung bedeutend abschwächt, wenn diese Säureradikale Hydroxylwasserstoff in Basen ersetzen, sehen wir bei Aconitin, bei den Tropaalkaloiden und auch beim Cocain; das Freiwerden der veresterten Hydroxylgruppe bedingt das Aufhören der Wirksamkeit und zeigt deutlich die Bedeutung des eintretenden Säureradikals, da verschiedene Säureradikale bei ihrem Eintritt in die Hydroxylgruppen der Alkaloide Körper mit verschieden starken und physiologisch differenten Wirkungen bilden.

Werden aus dem Cocain diese beiden Seitengruppen abgespalten und resultiert so Ekgonin, so verschwinden die meisten Wirkungen des Cocains, nur die vakuoläre Leberdegeneration und die Leberatrophie werden durch Ekgonin, wie durch Cocain selbst hervorgebracht.

Ekgonin hat eine schwach anästhesierende Wirkung. Erst in Dosen von 1.25 g tötet es Kaninchen. Es macht Muskellähmung[1]).

Es ist gleichgültig, welches Alkylradikal in die Carboxylgruppe des Ekgonins eintritt; ist sie verestert, so hat das homologe Cocain die typischen Eigenschaften des natürlichen, des Benzoylekgoninmethylesters. Es wurden Cocäthylin[2]), Cocapropylin, Cocaisopropylin, Cocaisobutylin dargestellt[3]); alle diese Körper haben die typische anästhesierende Wirkung des Cocains, ohne aber vor demselben Vorzüge zu bieten, weshalb sie keine praktische Anwendung finden.

Benzoylekgoninallylester und Benzoylekgoninbenzylester zeigen das bekannte Bild der Cocainvergiftung. Meerschweinchen zeigen gegen die Benzylverbindung eine auffallende Resistenz. Die lokalanästhesierende Wirkung am Auge ist bei der Allylverbindung stärker ausgeprägt als beim Cocain[4]).

Von weitaus größerer Bedeutung für die Wirkung ist der Ersatz der Benzoylgruppe im Cocain durch andere Säureradikale.

Ersetzt man die Benzoylgruppe durch verschiedene andere aliphatische, oder aromatische Säureadikale, so findet man die sehr merkwürdige Tatsache, daß die anästhesierende Eigenschaft des Cocains ganz verschwindet oder wenigstens stark leidet.

Die Ester des Ekgoninmethylesters mit Bernsteinsäure, Phenylessigsäure, Zimtsäure wirken nicht anästhesierend.

Isatropylcocain, Truxillin wirkt gar nicht anästhesierend, ist hingegen ein starkes Herzgift. Es reizt, später lähmt es die Acceleratoren und macht allgemeine Lähmung mit Konvulsionen[5]). (Die Isatropasäure ist eine polymere Zimtsäure $(C_9H_8O_2)_2$).

o-Phthalyldiekgonin-dimethylester hingegen hat ähnliche Wirkung wie Cocain[6]).

Isatropylcocain wirkt am stärksten, Phenylacetylekgoninjodhydrat, Valerylcocainjodhydrat schwächer. Phthalyldiekgoninbromhydrat am schwächsten giftig. Nur das Phenylessigsäurederivat wirkt anästhesierend, aber auch diese Wirkung ist eine erheblich geringere als beim Cocain. Alle diese Körper machen aber die charakteristischen Leberveränderungen[7]). Mandelsäureekgoninmethylester wirkt mydriatisch.

---

[1]) Pharmazeut. Jahresber. 1890, S. 671.
[2]) Merck, E.: Ber. d. dtsch. chem. Ges. Bd. 18, S. 2954. 1885; Bd. 21, S. 48. 1888.
[3]) Novy: Journ. of the Americ. chem. soc. Bd. 10, S. 147.
[4]) Poulsson, E. u. G. Weidemann: Arch. f. exp. Pathol. u. Pharmakol. Bd. 105, S. 58. 1925.
[5]) Liebreich, O.: Ber. d. dtsch. chem. Ges. Bd. 21, S. 1888. 1888. Siehe auch Falkson: Diss. Berlin 1889.
[6]) Einhorn, A. u. Klein: Ber. d. dtsch. chem. Ges. Bd. 21, S. 3366. 1888.
[7]) Ehrlich, P.: Dtsch. med. Wochenschr. 1891, Nr. 32, S. 717.

Ersetzt man im Cocain den Phenylrest durch den Thienylrest bzw. die Benzoylgruppe durch die Thiophencarbonylgruppe, so erhält man Thiophencocain

```
H2C——CH——CH·COO·CH3 ___
 |    |              |  |
 |   N·CH3 >CH·O·CO· \  /
 |    |     /          S
H2C——CH——CH2
```

Es wirkt wie Cocain[1]).

Das Thiophenisologe des Eucains A und Stovains

```
(CH3)2C——CH2                        O·CO·C4H3S
  |       |                         |
CH3·N     C/O·CO·C4H3S              C/CH3
  |       |\COO·CH3                 |\C2H5
(CH3)2C——CH2                        CH2·N(CH3)2, HCl
```

ferner [2-Theonyl]-chinin zum Vergleich mit Benzoylchinin und [2-Thenoyl]-p-phenetidin zum Vergleich mit Phenacetin untersucht, zeigt, daß die pharmakologische Wirkung der Vergleichssubstanzen in allen Fällen analog sind, nur sind die Thiophenisologen weniger giftig[2]).

Durch Oxydation des Ekgonins mit Kaliumpermanganat erhielt A. Einhorn Homekgonin[3]), welches eine Methylgruppe weniger enthält als die Ausgangssubstanz; es ist dies Nor-l-ekgonin (Cocayloxyessigsäure).

Ekgonin	Nor-l-ekgonin
$C_7H_{10}(OH)(COOH):N\cdot CH_3$	$C_7H_{10}(OH)(COOH)NH$

Im Cocain ist ein Methyl an das N-Atom gebunden. Durch Entfernung der Alkylgruppe aus dem Cocain, dem Cocaäthylin und Cocapropylin entstehen die entalkylierten Cocaine oder Norcocaine, die in unverändertem oder sogar verstärktem Maße lokalanästhesierend wirken.

Norcocaine, welche statt der NCH_3-Gruppe eine Iminogruppe enthalten, wirken viel stärker anästhesierend als die gewöhnlichen, aber sie übertreffen in bezug auf die Toxizität alle anderen Glieder der Cocainreihe, was auf dem Vorhandensein einer freien Iminogruppe beruht (Poulsson, P. Ehrlich).

Wird nun in Nor-l-ekgonin die Hydroxylgruppe durch ein Benzoylradikal, die Carboxylgruppe durch Methyl-, Äthyl- und Propylradikale verestert, so entsteht eine Reihe von Homologen des Nor-l-Cocains, von denen der mit dem Cocain metamere Äthylester von Einhorn Isococain genannt wurde[4]). Diese Verbindung erwies sich in bezug auf Anästhesie höchst wirksam, stärker als Cocain selbst, aber weitaus giftiger[5]).

E. Poulsson hat den Methylester dieser Verbindung (Homomethincocain), den Äthylester (Homoäthincocain) und den Propylester (Homopropincocain) physiologisch geprüft[6]). Die lokale Anästhesie und die allgemeinen Wirkungen, die dem Cocain zukommen, bleiben im wesentlichen unverändert, wenn auch im Ekgoninmolekül eine solche Veränderung durch Oxydation vorgenommen wird. Von praktischer Bedeutung sind aber diese Körper nicht, weil sie viel stärker als Cocain bei ihrer Verwendung für die lokale Anästhesie die Applikationsstelle reizen.

---

[1]) Steinkopf, W. u. W. Ohse (Steidle): Liebigs Ann. d. Chem. Bd. 437, S. 14. 1924.
[2]) Steinkopf, W. u. W. Ohse (Steidle): Liebigs Ann. Bd. 448, S. 205. 1926.
[3]) Ber. d. dtsch. chem. Ges. Bd. 21, S. 3029, 3411. 1888.
[4]) D.R.P. 55338. — Ber. d. dtsch. chem. Ges. Bd. 23, S. 468, 979. 1890.
[5]) Haas: Süddeutsche Apoth.-Ztg. 1890, S. 202.
[6]) Arch. f. exp. Pathol. u. Pharmakol. Bd. 27, S. 301.

Benzoylhomekgonin

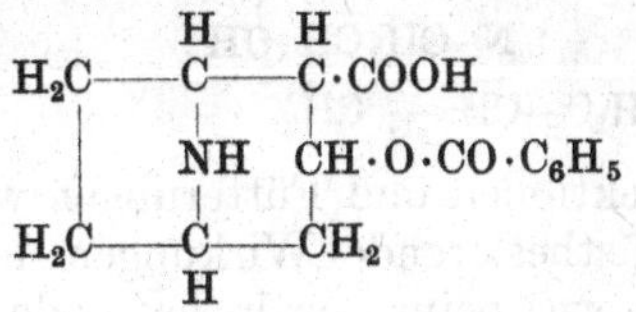

```
          H     H
H2C------C-----C·COOH
 |       |     |
 |       NH   CH·O·CO·C6H5
 |       |     |
H2C------C-----CH2
         H
```

macht wie Benzoylekgonin selbst keine dem Cocain analogen physiologischen Effekte.

Nach Filehne ist die Veresterung des Ekgoninmethylesters mit Benzoesäure beim Cocain das Wesentliche und Wirksame für die anästhesierende Wirkung, da weder Ekgonin noch Ekgoninmethylester anästhesierend wirken.

Nach den Untersuchungen von Ralph Stockmann[1]) hat aber Benzoylekgonin auch keine anästhesierende Wirkung und diese fehlt auch, wie E. Poulsson gezeigt hat, dem Benzoylhomekgonin, so daß nach E. Poulsson der Veresterung der Carboxylgruppe des Ekgonins eine große Rolle bei dem Zustandekommen der lokalanästhesierenden Wirkung zukommt. Beim Entfernen des ätherifizierenden Alkylradikals aus dem Cocain- oder Homococainmolekül verschwindet auch die lokalanästhesierende Wirkung, die allgemeinen Vergiftungserscheinungen änderen sich und die Giftigkeit, besonders bei Säugetieren, wird bedeutend abgeschwächt.

Aber wir werden sehen, daß die anästhesierende Funktion keineswegs allein auf diesen beiden Gruppen oder einer von ihnen beruht, sondern als Wirkung des Gesamtmoleküls aufzufassen ist. Der Benzoylgruppe kommt anscheinend die Funktion einer verankernden Gruppe zu.

Von großem Interesse ist das Verhalten der beiden optischen Isomeren des Cocains. Das natürliche Cocain ist linksdrehend. Durch Erhitzen mit Alkalien gehen Ekgonin und seine Derivate in ein d-Ekgonin über[2]), von welchem aus man zu d-Cocain kommen kann. Diese optische Inversion ist nicht ohne Einfluß auf die physiologische Wirkung.

Die Abstumpfung der Sensibilität tritt beim d-Cocain regelmäßig schneller ein und ist intensiver als beim l-Cocain, verschwindet aber wieder in kürzerer Zeit[3]).

Außer den schon erwähnten Spaltungsprodukten des Cocains[4]) können auch Anhydroekgoninester und Anhydroekgonin

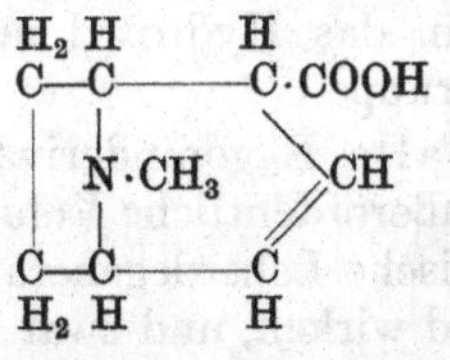

```
H2 H          H
C---C---------C·COOH
|   |          \
|   N·CH3       CH
|   |          //
C---C---------C
H2  H         H
```

die aus Ekgonin durch Abspaltung von einem Molekül Wasser resultieren (hierbei geht die Kette —CH_2—CHOH— in CH$=$CH über), nicht Anästhesie erzeugen. Hingegen erzeugt l-Benzoylekgoninnitril Anästhesie und Mydriasis, ganz ähnlich wie Cocain, jedoch weit schwächer. Es entspricht also das Nitril dem Cocaintypus in seiner Wirkung vollständig, wenn es auch an und für sich viel schwächer wirkt.

---

[1]) Pharmac. Journ. and Transact. Bd. 16, S. 897.

[2]) Einhorn, A. u. Marquardt: Ber. d. dtsch. chem. Ges. Bd. 23, S. 468. 1890.

[3]) Poulsson, E.: Arch. f. exp. Pathol. u. Pharmakol. Bd. 27, S. 309.

[4]) Ber. d. dtsch. chem. Ges. Bd. 20, S. 1221. 1887; Bd. 21, S. 47, 3029. 1888; Bd. 22, S. 399. 1889; Bd. 23, S. 1338, 2870. 1890; Bd. 25, S. 1394. 1892; Bd. 26, S. 324, 451, 2009. 1893; Bd. 27, S. 2493. 1899. — Liebigs Ann. d. Chem. Bd. 280, S. 96.

l-Ekgoninamid

$$\begin{array}{l} H_2C—CH——CH\cdot CO\cdot NH_2 \\ \quad | \quad N\cdot CH_3 CH\cdot OH \\ H_2C—CH——CH_2 \end{array}$$

ist ziemlich indifferent. Injektionen und Fütterungen werden von Säugetieren anstandslos vertragen. Anästhesierende Wirkungen fehlen ihm vollständig.

Die am N des Piperidinkerns beim Cocain haftende Methylgruppe verleiht dem Cocain die Eigenschaften einer tertiären Base. Cocain kann an dieser Stelle Jodmethyl addieren und in die entsprechende Ammoniumverbindung übergehen. Cocainjodmethylat ist ausgesprochen bitter und ohne anästhesierende Wirkung; seine Giftigkeit ist bedeutend herabgesetzt und sogar die Leberwirkung, welche für die verschiedensten Ekgoninderivate charakteristisch, ist verlorengegangen (P. Ehrlich).

Es ist wichtig, daß der Eintritt des Jodmethyls die Eigenschaften und Wirkungen des Cocains völlig vernichtet. Besonders beachtenswert ist, daß die so gebildete Ammoniumbase weit weniger toxisch wirkt als die zugrunde liegende tertiäre Base. Ein derartiges Verhalten differiert wesentlich von dem Verhalten einzelner Alkaloide, da man unter solchen Verhältnissen in manchen Fällen eine Erhöhung der Toxizität sieht. P. Ehrlich nimmt nun an, daß auch die tertiäre Bindungsart des Stickstoffs im Cocain für die Wirkungsweise dieses Alkaloids von ausschlaggebender Bedeutung ist und daß somit die Einflüsse, welche diese Bindung modifizieren, zugleich eine Vernichtung der spezifischen Cocainwirkung nach sich ziehen. So erklärt sich am ungezwungensten, daß die Bildung der Ammoniumgruppe nicht zu einer Erhöhung, sondern zu einer Verminderung der Toxizität Anlaß gibt.

Wie man sieht, verliert Cocain seine Wirksamkeit sowohl durch den Verlust der Methylgruppe im Carboxymethyl, als auch durch den Eintritt der zweiten Methylgruppe am N. Der Verlust der Methylgruppe am N macht jedoch keine qualitative, bloß eine quantitative Veränderung der Wirkung. Es spricht dies nach P. Ehrlich gegen die Anschauung von Filehne, nach der die Anwesenheit eines Benzoylrestes an und für sich ausreiche, um anästhesierende Wirkungen hervorzurufen.

Man muß nach dem Angeführten als wesentlich für das Zustandekommen der Cocainwirkung ansehen: 1. Das Ekgoninmolekül oder einen ihm chemisch sehr nahestehenden Körper, 2. den Eintritt eines aromatischen Restes, besonders der Benzoylgruppe, in das Hydroxyl und 3. die Veresterung einer etwa vorhandenen Carboxylgruppe.

Aus dem Umstande, daß alle Ekgoninderivate die eigentümliche Leberveränderung, die durch eine außerordentliche Volumzunahme derselben charakterisiert und durch eine spezifische Leberdegeneration bedingt ist, hervorrufen, aber nur einige anästhesierend wirken, und zwar nur diejenigen, welche in den Ekgoninäther bestimmte Säureradikale aufnehmen, schließt Paul Ehrlich, daß diese eintretende Säuregruppe die anästhesierende sei.

o-Chlor- und m-Nitro-l- und d-cocain zeigen nur geringe anästhesierende Wirkung, sie erzeugen aber typische Leberveränderungen. Die m-Amino-l- und d-cocaine stellen in physiologischer Beziehung überhaupt keine Cocaine mehr dar, da sie sowohl der anästhesierenden Wirkung als des typischen Einflusses auf die Leber ermangeln [Paul Ehrlich und Alfred Einhorn[1])].

Die m-Oxy-l- und d-cocaine stehen in ihrer Wirkung zwischen den Nitro- und Aminococainen, sie wirken nämlich kaum noch anästhesierend, ihre toxischen Wirkungen sind sehr schwach, und sie vermögen erst in großen Gaben

[1]) Ber. d. dtsch. chem. Ges. Bd. 27, S. 1870. 1894.

die charakteristische Leberveränderung hervorzubringen. Interessant ist, daß durch die Einführung der Acetyl- oder Benzoylgruppe in das d-m-Aminococain Alkaloide entstehen, die zwar nicht anästhesierend wirken, in welchen aber die Wirkungsfähigkeit auf die Leber restituiert wird.

Die Einwirkungsprodukte von Chlorkohlensäureester auf das d- und l-Aminococain, die d- und l-Cocainurethane, wirken auffallenderweise viel stärker anästhesierend als die Cocaine, sie erzeugen wieder die charakteristische Leberveränderung und sind auch stark giftig. Die naheliegende Vermutung, daß die unwirksamen Aminococaine gewissermaßen durch Neutralisierung oder Festlegung der basischen Aminogruppe wieder zu einem wirksamen Alkaloid werden, ist deshalb nicht zutreffend, weil dem m-Benzolsulfamino-d-cocain so wenig wie d-Cocain-harnstoff eine Spur von anästhesierender Wirkung zukommt.

Gewisse basische Farbstoffe, wie Methylenblau (P. Ehrlich), vermögen die Nervensubstanz im lebenden Zustande zu färben[1]). Der Versuch, aus dem Cocain basische Farbstoffe zu gewinnen, welche in einer und derselben Substanz die Eigenschaften eines Farbstoffes mit denen eines Anaestheticums vereinigen, scheiterte. Von solchen Verbindungen durfte man erwarten, daß sie dazu dienen könnten, die anästhesierende Wirkung genauer zu verfolgen und zu lokalisieren. Oxazin- und Thiazinfarbstoffe darzustellen mißlang. Es wurden die Chlorhydrate des d-Cocaindiazodimethylanilins und d-Cocainazo-α-naphthylamins untersucht, von welchen der erstere Körper höchstens eine Andeutung des charakteristischen Betäubungsgefühls hervorbringt, während der andere eine zwar deutliche, nicht allzu starke Anästhesie erzeugt, aber keine Leberveränderungen verursacht.

Bei den Cocainen muß man vier Formen unterscheiden: Die Cis- und Transform (durch das Hydroxyl bedingt) und die optischen Antipoden. Das gewöhnliche l-Cocain leitet sich vom normalen Ekgonin, das Rechtscocain (d-ψ-Cocain) vom ψ-Ekognin ab.

Psicain ist das saure weinsaure Salz des Pseudococains (d-ψ-Cocain) In der ψ-Reihe ist das Anästhesierungsvermögen verstärkt. Es ist für das Zentralnervensystem nur die Hälfte so giftig wie Cocain und das l-ψ-Cocain. Cocain wird nicht so rasch abgebaut wie Psicain. Psicain macht im Gegensatz zu Cocain keine Euphorie.

Die racemische Verbindung dl-ψ-Cocain steht in Bezug auf die Giftigkeit in der Mitte zwischen beiden optisch aktiven Komponenten[2]). dl-Cocain erzeugt erst in etwa doppelter Dosis des l-Cocains Krämpfe und Tod. d-Cocain steht in seiner anästhesierenden Wirkung bei direktem Kontakt mit den Nerven dem l-Cocain kaum nach; bei der Wirkung im Gewebe ist seine Wirkung deutlich geringer und flüchtiger[3]).

Psicain wirkt aber nach anderen Untersuchungen 16mal schwächer anästhesierend als Cocain, auch sonst wirkt es schlechter[4]), als Leitungsanaestheticum ist es ungefähr doppelt so wirksam. Als Oberflächenanaestheticum ist es weniger aktiv, es gleicht also dem Novocain. Daher hängt das Anästhesierungsvermögen an den peripheren Nervenelementen und die Giftwirkung am Zentralnervensystem von verschiedenen Eigenschaften des Cocainmoleküls ab.

Da dl-Cocain sich im Vergleiche mit seinem linksdrehenden Anteil wesentlich ungiftiger erweist, so ist zu vermuten, daß der noch unbekannte rechtsdrehende Anteil des Racemkörpers gleichfalls leichter entgiftet wird als der andere. Wahrscheinlich wird die verschiedene Entgiftbarkeit der Cocain-

---

[1]) Dtsch. med. Wochenschr. 1886, Nr. 4.
[2]) Gottlieb, R.: Arch. f. exp. Path. u. Pharmakol. Bd. 97, S. 113. 1923.
[3]) Gottlieb, R.: Hoppe-Seylers Zeitschr. f. physiol. Chem. Bd. 130, S. 374. 1923.
[4]) Copeland, A. J.: Brit. journ. of med. psychol. Bd. 1, S. 9. 1925.

isomeren auf ihre verschiedene Angreifbarkeit durch gleichfalls optisch aktive spezifische Fermente bedingt.

Benzoyl-ψ-tropin anästhesiert stärker als das Benzoyltropin.

Das Optimum der physiologischen Wirksamkeit liegt in der Reihe der gesättigten und ungesättigten Tropan- und Ekgoninderivate meist da, wo der Stickstoff und der mit einem Säurerest verbundene Sauerstoff durch drei Kohlenstoffatome voneinander getrennt wird, seltener wo sich zwei Kohlenstoffatome dazwischenschieben[1]).

Die Darstellung des Cocains geschieht aus den Cocablättern. Bei dem verhältnismäßig hohen Preise dieses Alkaloids wurde nach Methoden gesucht, die Ausbeute an dieser Substanz zu verbessern. Im Cocablatte finden sich nun neben dem Cocain mehrere andere Alkaloide, welche die Techniker als „Nebenalkaloide" bezeichnen. Von den Cocaalkaloiden hat nur das einzige krystallisierte, das Cocain, eine physiologische Wirkung. Die amorphen Nebenalkaloide entbehren ihrer oder sind Herzgifte. Da es sich erwies, daß man durch Spaltung dieser Nebenalkaloide zum Ekgonin gelangen kann, so war ein Weg gegeben, aus Ekgonin durch Synthese wieder zu Cocain zu kommen.

Dihydroanhydroekgonin, von dem Willstätter verstärkte physiologische Effekte erwartete, wird dargestellt, indem man Anhydroekgonin in amylalkolischer Lösung mit Natriummetall reduziert, wo man dann zu dem Dihydroanhydroekgonin gelangt. Die Derivate dieser Substanz haben keine praktische Bedeutung erlangt[2]).

Tropinmonocarbonsäure erhält man durch Reduktion des Reaktionsgemisches aus Acetondicarbonsäure, Methylamin und Succinaldehyd unmittelbar in der Kälte. Man benützt Natriumamalgam. Mit Methylalkohol extrahiert man die isomeren Tropinmonocarbonsäuren. Eine bildet das von Willstätter und Bode beschriebene Ekgonin[3]), das sich durch Kochen mit Methylalkohol und Salzsäure in den Methylester überführen läßt. Durch Erhitzen des Esters in Benzollösung mit Benzoesäureanhydrid erhält man ein Benzoylderivat, das mit dem optisch-inaktiven Cocain identisch ist[4]).

Tropinondicarbonsäureester erhält man durch Kondensation von Succindialdehyd mit Acetondicarbonsäureestern und Methylamin in alkalischer Lösung und Abscheidung des Reaktionsproduktes ohne Verseifung. Es werden Lösungen von Succinaldehyd in Wasser, von Acetondicarbonsäurediäthylester in Alkohol, sowie von Methylamin und Ätzkali in Wasser unter sorgfältiger Kühlung zusammengegeben und das Reaktionsprodukt nach einigen Stunden mit Säure neutralisiert. Nach dem Abdampfen des Alkohols wird der Rückstand mit Ammoniak versetzt und mit Chloroform ausgeschüttelt. Nach dem Abdestillieren des Chloroforms bleibt Tropinondicarbonsäurediäthylester als Öl zurück. Beim Kochen mit Säuren entsteht Tropinon, durch vorsichtige Verseifung Tropinonmonocarbonsäureäthylester[5]).

Wenn man Acetessigester mit Methylamin und Succindialdehyd in gut gekühlter, wässerig-alkalischer Lösung kondensiert, so erhält man Tropinonmonocarbonsäureester, die in Ekgonin übergeführt werden können[6]).

Wenn man Succindialdehyd mit Methylamin und Acetondicarbonestersäure oder deren Salze in eiskalter wässeriger Lösung kondensiert, so wird unter Bildung von Tropinmonocarbonsäureestern Kohlensäure abgespalten[7]).

Der aus Succindialdehyd, Monomethylamin und dem Monocalciumsalz der Acetondicarbonäthylestersäure in wässeriger Lösung erhältliche Tropinonmonocarbonsäureäthylester ist in wasserfreiem Zustande ein nicht krystallisierendes Öl, das beim Stehen an der Luft unter Aufnahme von (anscheinend 2 Mol.) H_2O erstarrt[8]).

```
CH2—CH———CH·COO·C2H5
|    |      |
|    >N·CH3 CO
|    |      |
CH2—CH———CH2
```

[1]) Braun, J. v.: Ber. d. dtsch. pharmakol. Ges. Bd. 30, S. 295. 1920.
[2]) D.R.P. 94175. — Ber. d. dtsch. chem. Ges. Bd. 20, S. 702. 1887.
[3]) E. Merck, D.R.P. 354696.
[4]) Liebigs Ann. d. Chem. Bd. 326, S. 62. 1903.
[5]) E. Merck, D.R.P. 354950.
[6]) E. Merck u. O. Wolfes, E.P. 153917. 1920.
[7]) E. Merck, E.P. 153919. 1920.
[8]) E. Merck, Darmstadt. D.R.P. 344031. Zugleich E.P. 153919. 1921. Nachtrag.

Für die Herstellung von Tropinonmonocarbonsäureestern verwendet man Acetondicarbonestersäure, die durch teilweise Veresterung von roher Acetondicarbonsäure nach Pechmann gewonnen wird[1]).

Die Alkaloide der Cocain- und Atropingruppe lassen sich bei der Einwirkung von Chlor- oder Bromcyan in am Stickstoff entmethylierte Derivate überführen. Cocain liefert beim Erhitzen mit Bromcyan und Chloroform am Rückflußkühler Cyannorcocain

$$\begin{array}{lcl} CH_2\cdot CH & \text{——} & CH\cdot COO\cdot CH_3 \\ | & N(CN) & CH\cdot O\cdot CO\cdot C_6H_5 \\ CH_2\cdot CH & \text{——} & CH_2 \end{array}$$

Bei der Verseifung mit konzentrierter Salzsäure entsteht Anhydroekgonin (Tropen-2-carbonsäure)

$$\begin{array}{lcl} CH_2\cdot CH & \text{——} & CH\cdot COOH \\ | & NH & CH \\ | & & \| \\ CH_2\cdot CH & \text{——} & CH \end{array}$$

Anhydroekgoninäthylester gibt beim Stehen mit Bromcyan und Äther den Cyanorhydroekgoninester, welcher beim Erhitzen mit konzentrierter Salzsäure unter Druck auf 120° das Chlorhydrat von Anhydronorekgonin liefert. — Beim Erwärmen von Acetyltropein (aus Tropin durch Kochen mit Essigsäureanhydrid) mit Chloroform und Bromcyan wird Acetylcyannortropein erhalten. Beim Übergießen mit konzentrierter Salzsäure erfolgt unter Erwärmung Lösung. Zur Gewinnung von Nortropin wird die Lösung in konzentrierter Salzsäure mit Wasser verdünnt und am Rückflußkühler erhitzt[2]).

Das Hauptpatent beschreibt die Darstellung der Norverbindungen der Morphinreihe. Am Stickstoff entmethylierte Derivate von Alkaloiden der Morphinreihe erhält man, wenn man die Alkaloide der Morphinreihe in Form ihrer durch Acidylierung der freien Hydroxylgruppen erhältlichen Derivate mit Bromcyan in die entsprechenden Norcyanverbindungen überführt und diese verseift.

Diacetylmorphin gibt beim Erwärmen mit Kalilauge Cyanmorphin, dieses beim Erwärmen mit Salzsäure Normorphin. Beschrieben sind ferner: Norkodein, Dihydronormorphin, Dihydronorkodein, welches man auch durch Hydrieren von Norkodein erhält[3]).

Statt Bromcyan kann man Chlorcyan verwenden[4]).

Tropinondicarbonsäureester, die man durch Kondensation von Acetondicarbonsäureestern mit Succindialdehyd und Methylamin erhalten kann, lassen sich durch teilweise Verseifung und Abspaltung von CO_2 in die entsprechenden Monocarbonsäureester überführen. Man kocht z. B. den Dicarbonsäureester mit alkoholischem Kali, säuert an, übersättigt mit Ammoniak und scheidet den Monocarbonsäureester durch Extraktion ab[5]).

Nortropinon und dessen Derivate mit Ausnahme der Tropinonmonocarbonsäureester erhält man durch Kondensation von 1-4-Dialdehyden oder 1-4-Diketonen mit Ammoniak oder primären Aminen und einem Derivat des Acetons. Man läßt z. B. Succindialdehyd auf das Dikaliumsalz der Acetondicarbonsäureäthylestersäure, Ammoniak und Salmiak in wässeriger Lösung einwirken, wobei der Nortropinonmonocarbonsäureäthylester entsteht. Mit Jodmethyl bildet sich das entsprechende Jodmethylat. Das Kondensationsprodukt aus Succindialdehyd, Benzylamin und dem Dikaliumsalz der Acetondicarbonäthylestersäure gibt die Enolreaktion und beim Erhitzen mit verdünnter Schwefelsäure N-Benzylnortropinon, das eine Dibenzalverbindung gibt. Kondensiert man Succindialdehyd und Glykokoll mit dem Kalziumsalz der Acetondicarbonsäure in Gegenwart von Natronlauge in wässeriger Lösung, so erhält man ein Kondensationsprodukt, das keine Enolreaktion gibt, und mit Benzaldehyd in eine Dibenzalverbindung übergeführt wird. Maleindialdehyddiacetat wird mit $^1/_{10}$-N-Schwefelsäure geschüttelt, mit Calciumcarbonat neutralisiert und mit Methylamin sowie dem Dikaliumsalz der Acetondicarbonäthylestersäure kondensiert. Der beim Ansäuern und Extraktion mit Chloroform erhaltene sirupförmige Monocarbonsäureester

$$\begin{array}{lcl} CH\text{—}CH & \text{——} & CH\cdot COO\cdot C_2H_5 \\ \| & \rangle N\cdot CH_3 & CO \\ CH\text{—}CH & \text{——} & CH_2 \end{array}$$

---

1) E.P. 153918, Zusatz-P. zu E.P. 153919. 1920.

2) Grenzach, D.R.P. 301870, Zusatz zu D.R.P. 286743 und 289273.

3) Hoffmann-La Roche, D.R.P. 286743.

4) D.R.P. 289273, Zusatz zu D.R.P. 286743.

5) E. Merck, E.P. 164757. 1921.

wird durch Hydrierung mit Wasserstoff in Gegenwart von Platinmohr in Eisessiglösung, Verdünnen mit Wasser und Ausschütteln mit Chloroform in den Tropinonmonocarbonsäureäthylester übergeführt. Einen homologen Ester der Tropinonmonocarbonsäure erhält man bei der Kondensation von Acetonylaceton mit dem Dikaliumsalz der Acetondicarbon äthylestersäure, Methylamin und Methylaminchlorhydrat in wässeriger Lösung[1]).

Die Tropinonmonocarbonsäureester finden als Ausgangstoffe für Cocainsynthesen technische Verwendung. Der durch halbseitige Verseifung von Tropinondicarbonsäurediäthylester erhältliche Tropinmonocarbonsäureäthylester geht leicht in ein Hydrat über[2]).

Von der Citronensäure kann man zum Cocain und Atropin gelangen.

Aus Acetondicarbonsäureester entsteht elektrosynthetisch Succinyldiessigester, ein γ-Diketon, dessen Ammoniakderivat zum Pyrrolidin hydriert wird. Durch innere Acetessigesterkondensation liefert der N-Methylpyrrolidindiessigester den Tropinoncarbonsäureester, der leicht in r-Cocain und in Atropin umgewandelt wird:

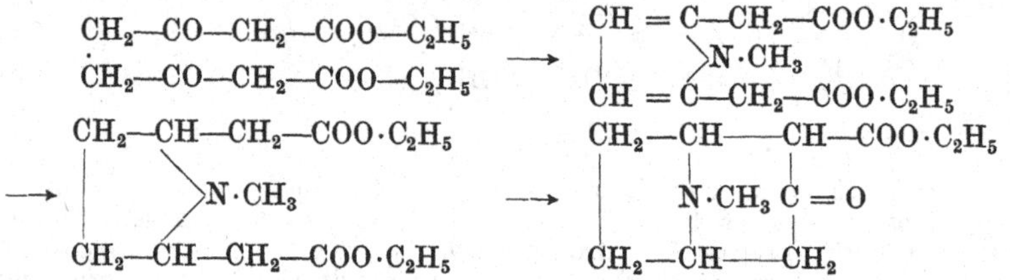

$$\begin{array}{l} CH_2—CO—CH_2—COO—C_2H_5 \\ CH_2—CO—CH_2—COO—C_2H_5 \end{array} \longrightarrow \begin{array}{l} CH = C—CH_2—COO \cdot C_2H_5 \\ \quad\;\; >N \cdot CH_3 \\ CH = C—CH_2—COO \cdot C_2H_5 \end{array}$$

$$\longrightarrow \begin{array}{l} CH_2—CH—CH_2—COO \cdot C_2H_5 \\ \quad\;\; >N \cdot CH_3 \\ CH_2—CH—CH_2—COO \cdot C_2H_5 \end{array} \longrightarrow \begin{array}{l} CH_2—CH——CH—COO \cdot C_2H_5 \\ \quad\;\; N \cdot CH_3 \;\; C = O \\ CH_2—CH——CH_2 \end{array}$$

Nach Robinson wird die Synthese des Tropinons in der Weise durchgeführt, daß Succinaldehyd mit Acetondicarbonsäureester und Methylamin zum Tropinondicarbonsäureester vereinigt wird, der unter Kohlensäureverlust in Tropinon übergeht.

R. Willstätter[3]) stellt aus N-Methylpyrrolidindiessigester mit Alkalimetall oder anderen Kondensationsmitteln Tropinoncarbonsäureester her. Der Ausgangspunkt der Synthese sind die Succinyldiessigester. Diese werden mittels Methylamins, z. B. in essigsaurer Lösung, in die entsprechenden N-Methylpyrroldiessigester übergeführt, letztere werden in essigsaurer Lösung mittels Platin und Wasserstoff in N-Methylpyrrolidindiessigester verwandelt. Die N-Methylpyrrolidindiessigester geben bei der Einwirkung von Natrium, Natriumalkoholaten oder Natriumamid unter Abspaltung von Alkohol Tropinoncarbonsäureester:

$$\begin{array}{l} CH_2 \cdot CH——CH_2 \cdot COO \cdot C_2H_5 \\ \quad >N \cdot CH_3 \\ CH_2 \cdot CH——CH_2 \cdot COO \cdot C_2H_5 \end{array} \longrightarrow \begin{array}{l} CH_2 \cdot CH——CH \cdot COO \cdot C_2H_5 \\ \quad >N \cdot CH_3 \\ CH_2 \cdot CH——CH_2 \cdot CO \end{array}$$

Tropinoncarbonsäureäthylester liefert beim Erwärmen mit verdünnten Säuren Tropinon das als solches, als Pikrat und als Dibenzalderivat abgeschieden werden kann. Bei der elektrolytischen Reduktion und mit Natriumamalgam entsteht r-Ekgoninester.

Den rac. Ekgoninester (d, l-ψ-Ekgoninester) zerlegt man nach den üblichen Methoden in seine optisch-aktiven Komponenten und benzoyliert diese und erhält d-, ψ- und l-ψ-Cocain[4]).

Alkalilabiles Cocainracemat (d, l, Cocain) wird mit Hilfe von Weinsäure in seine optisch aktiven Antipoden zerlegt[5]).

Tropincarbonsäureester erhält man, wenn man Tropinoncarbonsäureester in saurer Lösung an Kathoden mit Überspannung der Elektrolyse unterwirft[6]).

Die als Ausgangsmaterialien zur synthetischen Gewinnung von Tropinderivaten notwendigen Succinyldiessigester erhält man, wenn man Acetondicarbonestersäuren in neutraler oder schwach saurer Lösung der Elektrolyse unterwirft. Die sekundären Kaliumsalze der Acetondicarbonestersäuren entstehen bei der Einwirkung von konzentrierter wässeriger oder von alkoholischer Kalilauge auf Acetondicarbonsäureester. Das Dikaliumsalz der Acetondicarbonäthylestersäure liefert bei der Elektrolyse den Succinyldiessigsäurediäthylester. Dieser gibt mit Ammoniak oder Aminen Pyrrolderivate, z. B. n-Methylpyrroldiessigester. Aus dem Monomethylester der Acetondicarbonsäure entsteht weniger glatt das entsprechende Methylderivat der Succinyldiessigsäure, das den N-Methylpyrroldiessigsäuredimethylester liefert[7]).

---

[1]) E. Merck, E.P. 177807. 1922.
[2]) E. Merck, D.R.P. 352981. Zu E.P.164757. Nachtrag.
[3]) D.R.P. 302401. [4]) E. Merck, Darmstadt, D.R.P. 389359. E.P. 210050. 1924.
[5]) E. Merck: Ö.P. 98713, Schw.P. 105360, E.P. 214917/1923.
[6]) E. Merck, D.R.P. 408869.
[7]) Willstätter, Richard: D.R.P. 300672. — Willstätter, R. u. Adolf Pfannenstiel: Liebigs Ann. d. Chem. Bd. 422, S. 1. 1921. — Willstätter, R. u. Max Bommer, ebenda Bd. 422, S. 15. 1921.

Man erhält dl-Cocain aus Tropinon, wenn man das Anlagerungsprodukt von CO_2 an Tropinonnatrium mit Na-Amalgam oder auf elektrolytischem Wege zu Oxysäuren reduziert, diese mit Methylalkohol verestert und benzoyliert oder erst benzoyliert und dann mit Methylalkohol verestert und Trennungsmethoden anwendet, welche die Scheidung von dl-Ekgonin, dl-Ekgoninester und dl-Cocain von den Verbindungen der ψ-Reihe und anderen Nebenprodukten gestattet. wobei jedoch jede stärkere Einwirkung von Alkalien vermieden werden muß[1]).

Läßt man Grignardsches Reagens auf Cocain einwirken, so erhält man Tropyldimethylcarbinol, welches ein sekundäres und tertiäres Hydroxyl enthält[2]).

Die aus dieser Base $C_{11}H_{21}O_2$ dargestellten aromatischen Ester, und zwar der Benzoesäure- und Nitrobenzoesäureester anästhesieren, und zwar am stärksten die freie Base, dann folgt die Benzoylverbindung, schließlich die Nitrobenzoesäureverbindung; die Aminobenzoesäureverbindung schmeckt stark bitter, ebenso wie die freie Base, aber im Gegensatz zu letzterer wirkt sie nicht anästhesierend. Es ist sehr auffallend und merkwürdig, daß hier der Benzoesäureester statt stärker, schwächer wirkt als die Base selbst, während beim Ekgonin, Tropin und Pseudotropin erst durch den Eintritt der aromatischen Säuregruppe eine wirksame Verbindung entsteht.

* * *

Der genau ersichtliche und genau studierte Zusammenhang zwischen der Konstitution und der Wirkung des Cocains forderte geradezu auf, analog wirkende Körper auf Grund der gewonnenen Resultate darzustellen. In erster Linie war es die nahe Verwandtschaft zwischen dem Ekgonin und dem Tropin, die zu Versuchen Veranlassung gab, vom Tropin ausgehend zu cocainähnlichen Körpern zu gelangen. Mehrere Umstände mußten zu solchen Versuchen ermuntern: der manchmal sehr hohe Preis des Cocains, eine bestimmte Giftigkeit desselben und die rauschartigen Wirkungen, die sich oft an den Gebrauch desselben schlossen, schließlich ein Umstand, welcher für seine Anwendung bei Injektionen und bei Instillationen oft hinderlich war: Cocainlösungen leiden nämlich beim Sterilisieren sehr, da sie sich beim Kochen zum Teil zersetzen, andererseits sind sie aber schlecht haltbar, da sie leicht schimmeln.

Die Tropinverbindungen.

W. Filehne[3]) hat auf die schwach lokalanästhesierende Wirkung des Atropins hingewiesen, welches als Ester der Tropasäure mit Tropin aufzufassen ist

```
CH2——CH——CH2
 |          |        |
 |     N·CH3  CH·O·CO·CH·C6H5
 |          |        |              |
CH2——CH——CH          CH2·OH
```

Während Homatropin, welches die in der Mitte zwischen Tropasäure $C_6H_5\cdot CH<^{CH_2\cdot OH}_{COOH}$ und Benzoesäure stehende Mandelsäure $C_6H_5\cdot CH<^{OH}_{COOH}$ enthält, schon eine stärkere Wirkung besitzt, zeigt nach Filehne Benzoyltropein eine exquisit lokalanästhesierende Wirkung. In weiteren Versuchen mit Benzoylderivaten anderer Alkaloide, und zwar des Morphins, Hydrokotarnins, Chinins, Cinchonins usf. zeigte es sich, daß fast alle diese Derivate

---

[1]) E. Merck, D.R.P. 405215 (s. auch Willstätter, Wolfen und Mäder: Liebigs Ann. d. Chem. Bd. 434, S. 111. 1924.

[2]) Fränkel, Sigmund und Guido Gruber: Liebigs Ann. d. Chem. Bd. 433, S. 241. 1923.

[3]) Berl. klin. Wochenschr. 1887, S. 107.

mehr oder weniger starke lokalanästhesierende Wirkung haben. Dieses war der Grund für die nicht ohne weiteres richtige Filehnesche Annahme, daß die Veresterung mit Benzoesäure beim Cocain das Wesentliche und Wirksame für die anästhesierende Wirkung sei, um so mehr, als Ekgonin nicht anästhesierend wirkt.

Die Idee vom naheverwandten Tropin, statt vom Ekgonin aus, zu cocainähnlichen Körpern zu gelangen, hat vielfache Versuche gezeitigt.

Tropin selbst wirkt bei Katzen in Dosen von 0.8 g intern noch nicht. Lokal appliziert erzeugt es keine Mydriasis, während bei Allgemeinvergiftung starke Pupillenerweiterung und Aufhebung der Lichtempfindlichkeit sich einstellt. Der durch Muscarin verursachte Herzstillstand wird erst durch hohe Gaben Tropin beseitigt. Tropin wirkt auf das Muscarinherz ähnlich wie Campher, nicht aber wie Atropin.

Von dem per os eingeführten Atropin (und Hyoscyamin) wird ein Teil unverändert ausgeschieden. Im Harne findet man Tropin. Das Kaninchen vermag Tropin zu verbrennen, ebenso zum Teil die Tropasäure. Wahrscheinlich wird Atropin zunächst verseift und die Komponenten oxydiert[1]).

Ersetzt man den Hydroxylwasserstoff des Tropins durch Radikale aliphatischer Säuren, so erhält man Tropeine, welche nach den Untersuchungen von R. Gottlieb[2]) nicht bloß quantitativ vom Atropin verschieden wirken, sondern dessen periphere Wirkungen gänzlich vermissen lassen. Dieses ist der Fall bei Acetyltropein und Succinyltropein. Bei einzelnen Estern, z. B. beim Lactyltropein $(C_8H_{14}N) \cdot O \cdot CO \cdot CH(OH) \cdot CH_3$, sowie auch bei aromatischen Estern, können Pupillen- und Herzwirkungen fehlen. Tropin selbst und die wenig giftigen Tropeine sind Reizmittel für das Herz, während eine solche Wirkung sich bekanntlich beim Atropin nicht nachweisen läßt.

Lactyltropein, welches als Herzmittel hätte in Anwendung gebracht werden sollen, wurde durch Kondensation von Milchsäure mit Tropin bei Gegenwart von Salzsäure als Kondensationsmittel dargestellt. Es entsteht auch durch Einwirkung von Milchsäureanhydrid oder Milchsäureester auf Tropin[3]).

Es ist merkwürdig, daß erst durch den Eintritt einer aromatischen Säuregruppe die Tropeine jene Eigenschaften erhalten, periphere Wirkungen (Dilatation der Pupille, Anästhesie usf.) auszulösen.

Buchheim[4]) konnte den Satz, daß erst der Eintritt von aromatischen Säureradikalen die Tropeine wirksam macht, durch die Darstellung und Prüfung des Benzoyltropeins erweisen.

Scopolamin $C_{17}H_{21}NO_4$ (i-Hyoscin) und Hyoscin haben Atropinwirkung: Pupillenerweiterung, Vaguslähmung und Verminderung der Drüsensekretion. Die Pupillen sollen sie stärker als Atropin erweitern. Hyoscin ist der l-optisch aktive Körper zum racemischen Scopolamin. Die zugrunde liegende Base ist Skopolin, die Säure ist die Tropasäure. Skopolin und Tropin unterscheiden sich durch den Ersatz zweier Wasserstoffe des Tropins durch einen Sauerstoff. Scopolamin und Hyoscin lähmen die Gehirnfunktionen und setzen die Erregbarkeit der Großhirnrinde herab.

Die pupillenerweiternde Wirkung, welche dem Atropin und dem Cocain eigen ist, kommt auch einem häufig verwendeten künstlichen Tropeine zu, dem Mandelsäuretropein $(C_8H_{14}N) \cdot O \cdot CO \cdot CH(OH) \cdot C_6H_5$, welches unter dem Namen Homatropin, neben dem Atropin selbst, eine gewisse Anwendung in der Augenheilkunde gefunden hat[5]).

---

[1]) Heffter, A.: Biochem. Zeitschr. Bd. 40, S. 47. 1912.

[2]) Arch. f. exp. Pathol. u. Pharmakol. Bd. 37, S. 128. Siehe auch Mercks Ber. f. 1889, S. 7 und 15.

[3]) D.R.P. 79870. [4]) Arch. f. exp. Pathol. u. Pharmakol. Bd. 5, S. 463.

[5]) D.R.P. 95853.

Atropamin (Apoatropin, Belladonin)

$$\begin{array}{l} CH_2\text{—}CH\text{—}CH_2 \\ \quad | \qquad\quad | \\ NCH_3 \; CH\text{—}O\text{—}CO\text{—}C\begin{array}{l} \diagup CH_2 \\ \diagdown C_6H_5 \end{array} \\ \quad | \qquad\quad | \\ CH_2\text{—}CH\text{—}CH_2 \end{array}$$

das Tropein des Tropins mit der Atropasäure, $C_6H_5 \cdot C\begin{array}{l}\diagup CH_2 \\ \diagdown COOH\end{array}$ (α-Phenylacrylsäure) zeigt aber keine mydriatische Wirkung trotz der nahen Verwandtschaft dieser Säure mit der Tropasäure aus dem Atropin[1]). Es macht bei Hunden Krämpfe.

Hydratropasäure ist für Hunde schwach toxisch. Sie wird im Organismus zu ca. $^2/_3$ oxydiert, der Rest teilweise mit Glykokoll kombiniert (rechtsdrehend) im Harne ausgeschieden. Hydratropasäure wird im Organismus anscheinend direkt in Atropasäure verwandelt, die völlig oxydiert wird[2]). Inaktive Tropasäure wird zu mehr als 90% unverändert ausgeschieden, inaktive Atrolactinsäure zu mehr als 80%. Atropasäure ist stärker giftig als die anderen und wird in erträglichen Gaben völlig oxydiert. Gelegentlich findet man Spuren von Bernsteinsäure im Harn.

Es ist aus der Wirkungslosigkeit des Atropamins auf die Pupille ersichtlich, daß es nicht genügt, wenn eine aromatische Säure in das Hydroxyl des Tropins eintritt, sondern es müssen dieser Säure noch andere Eigenschaften zukommen. Betrachtet man nun einige Derivate des Tropins mit aromatischen Säureradikalen, so wird die Ursache der mydriatischen Wirkung klar.

Der Benzoylester des Tropins $(C_8H_{14}N) \cdot O \cdot CO \cdot C_6H_5$ ist zwar giftig, wirkt aber nicht mydriatisch, erzeugt jedoch deutlich Anästhesie. Atropin und Benzoyltropein wirken in bezug auf Anästhesie gleich stark.

Die entsprechende Salicylverbindung: Salicyltropein $(C_8H_{14}N) \cdot O \cdot CO \cdot C_6H_4 \cdot OH$ ist ohne mydriatische Wirkung.

Die Phenylglykolsäure-(Mandelsäure-)Verbindung $(C_8H_{14}N) \cdot O \cdot CO \cdot CH(OH) \cdot C_6H_5$ ist weniger giftig als Atropin, hat aber die gleiche mydriatische Wirkung.

Die Zimtsäureverbindung $(C_8H_{14}N) \cdot O \cdot CO \cdot CH : CH \cdot C_6H_5$ ist sehr giftig, aber ohne mydriatische Wirkung.

Während Atropamin $(C_8H_{14}N) \cdot O \cdot CO \cdot C(C_6H_5) : CH_2$ ohne mydriatische Wirkung ist, wirkt Pseudoatropin $(C_8H_{14}N) \cdot O \cdot CO \cdot C(OH)(C_6H_5)(CH_3)$ (Atrolactyltropein) mydriatisch.

Es existieren also verschiedene Bedingungen, einerseits für das Giftigwerden des Tropins und andererseits für seine Eigenschaft, Mydriasis hervorzurufen. Die Giftigkeit und die mydriatische Eigenschaft beruhen nicht auf derselben Atomgruppierung, es muß zu einem giftigen Tropein noch eine Gruppe treten, um ihm die mydriatische Eigenschaft zu verleihen.

Die Tropeine, welche mydriatische Eigenschaften zeigen, haben alle, außer dem aromatischen Säureradikal, welches die Giftigkeit der Tropeine bedingt, ein alkoholisches Hydroxyl in dem aromatischen Säureradikal, diejenigen, welche nur ein Phenolhydroxyl haben, sind ohne Einwirkung auf die Pupille.

Doch muß das alkoholische Hydroxyl nicht frei sein, auch die Acylderivate solcher Verbindungen wirken mydriatisch[3]).

Die Tropasäure kann auch aus anderen Basen vermöge ihres alkoholischen Hydroxyls mydriatische Effekte auslösen.

So ist Pseudohyoscyamin (Norhyoscyamin) wenig giftig, wirkt aber my-

---

1) Marcacci u. Albertoni: Giorn. della acad. di Medic. di Torino 1884.
2) Kay, H. D. u. H. S. Raper: Biochem. Journ. Bd. 16, S. 465. 1922.
3) D.R.P. 151189.

driatisch. Bei der alkalischen Spaltung zerfällt es in Tropasäure und die Base $C_7H_{13}NO$ (Ladenburgs Pseudotropin), die mit Tropin nicht identisch ist.

Tropasäure- und Acetyltropasäurealkaminester erhält man durch Veresterung von solchen Alkaminen, welche die Hydroxylgruppe in β-Stellung zum N-Atom tragen und kein dicyclisches Ringsystem vom Tropantypus enthalten, mit Tropasäure oder mit Acetyltropasäurehalogeniden.

Man erwärmt z. B. Dimethyloxyäthylaminchlorhydrat mit Acetyltropasäurechlorid, macht die Base mit Alkali frei, äthert sie aus und fällt mit ätherischer Salzsäure das Chlorhydrat des Tropasäuredimethylaminoäthylesters $(CH_3)_2N \cdot (CH_2)_2 \cdot O \cdot CO \cdot OH \cdot HCl \cdot CH(C_6H_5) \cdot CH_2$. Aus Piperidyloxyäthylamin und Äthyltropasäurechlorid erhält man in analoger Weise den Tropasäureester des Piperidyloxyäthylamins $C_5H_{10}N \cdot (CH_2)_2 \cdot O \cdot CO \cdot CH(C_6H_5) \cdot CH_2 \cdot OH$. Beschrieben ist ferner der Acetyltropasäureester des Piperidyloxyäthylamins $C_5H_{10}N \cdot (CH_2)_2 \cdot O \cdot CO \cdot CH(C_6H_5) \cdot CH_2 \cdot O \cdot COCH_3 \cdot HCl$.

Diese Verbindungen wirken stark mydriatisch und sind Ersatzmittel des Atropins[1]).

Es wurde von den älteren Forschern stets angegeben, daß die aliphatischen Tropeine sowie die aromatischen, welche kein alkoholisches Hydroxyl in der Seitenkette haben, keine Wirkung auf die Pupille haben.

Neuere umfassende Untersuchungen von Jowett und Pyman haben jedoch wesentlich andere Ergebnisse gezeitigt.

Tropin, welches keine Lokalwirkung auf das Auge hat, macht bei der Katze intern in großen Dosen eine starke Mydriasis, und ähnliches machen Tropeine, welche keine Lokalwirkung haben. So macht z. B. das Lacton des o-Carboxyphenylglyceryltropeins[2]) nach Injektion Mydriasis.

Glykolyl- und Methylparaconyltropeine[3]) $CH(OH) \cdot COOT$ und

$$\begin{array}{l} CH_3 \cdot CH — CH \cdot CO \cdot OT \\ \quad O — CO — CH_2 \end{array}$$

sind unwirksam, aber Terebyltropein

$$\begin{array}{l} \quad CH_3 \\ CH_3 \cdot C — CH \cdot COOT \\ \quad O \cdot CO \cdot CH_2 \end{array}$$

hat nur eine sehr schwache mydriatische Wirkung. Unter gleichen Bedingungen geprüft wie die anderen ist es unwirksam, ebenso Tartryltropein

$$\begin{array}{l} CH\,(OH) \cdot COOT \\ CH\,(OH) \cdot COOT \end{array} \text{ und Fumaroyltropein } \begin{array}{l} CH \cdot COOT \\ \| \\ CH \cdot COOT \end{array}$$

so daß kein aliphatisches Tropein, welches bis jetzt bei der Katze geprüft wurde, mydriatisch wirkt.

Terebyltropein und Phthalidcarboxyltropein (C_6H_4 mit $CH \cdot CO \cdot C_8H_{14}N$, O, CO) wirken atropinartig auf das Herz.

Sie enthalten beide Lactongruppen. Sie verlieren diese Wirkung, wenn man die molekulare Menge Alkali zur Lösung zusetzt. Terebyltropein wirkt deutlich mydriatisch, ohne ein alkoholisches Hydroxyl zu besitzen, aber bei allen Verbindungen zeigt es sich, daß das alkoholische Hydroxyl für das Zustandekommen der mydriatischen Wirkung besonders günstig zu sein scheint[4]). Diese Lactone verlieren ihre physiologische Wirksamkeit beim Übergang in die entsprechenden Oxysäuren.

---

[1]) Grenzach, D.R.P. 382137. Schw.P. 98917, 99208, 99209.

[2]) Jowett u. Pyman: Journ. of the chem. soc. (London) Bd. 91, S. 92. 1907.

[3]) Jowett u. Hahn: Journ. of the chem. soc. (London) Bd. 89, S. 357. 1906.

[4]) Jowett u. Hahn: Proc. chem. soc. (London) Bd. 22, S. 61. — Journ. of the chem. soc. (London) Bd. 89, S. 357. 1906.

Tropeine mit substituierten Benzoesäuren verhalten sich folgendermaßen: Benzoyltropein ist mydriatisch so stark wirksam wie Homatropin (Jowett und Pyman).

Nach Ladenburg ist o-Oxybenzoyltropein (Salicyltropein) unwirksam, aber m-Oxybenzoyltropein wirkt mydriatisch[1]). Hingegen zeigen Jowett und Pyman, daß beide bei innerer Applikation aktiv sind. p-Oxybenzoyltropein ist unwirksam.

Phthaloyltropein ist unwirksam. Protocatechyltropein $(OH)_2 \cdot C_6H_3 \cdot COOT$ ist unwirksam.

Tropeine substituierter Hydratropasäuren verhalten sich folgendermaßen: r-Tropyltropein (Atropin) ist wirksam, ebenso Acetyltropyltropein.

Atroglyceryltropein

$$\begin{array}{c} CH_2 \cdot OH \\ | \\ C_6H_5 \cdot C \cdot COOT \\ | \\ OH \end{array}$$

steht in seiner Wirksamkeit zwischen Atropin und Homatropin.

Alle Tropeine substituierter Phenylessigsäuren haben mydriatische Eigenschaften in mehr oder weniger starkem Grade. Phthalidcarboxyltropein, in welchem die Hydroxylgruppe zur Lactongruppe kombiniert ist, ist ein mäßiges Mydriaticum, und so wirkt auch Phenylacetyltropein, welches keine Hydroxylgruppe enthält. Der Ersatz der Hydroxylgruppe durch Chlor oder die Aminogruppe (Phenylchloracetyl- und Phenylaminoacetyltropeine) macht die Substanzen noch wirksam, aber viel weniger als Homatropin.

Bei den drei isomeren Methylamygdalyltropeinen sind die o- und m- einander gleich und stärker mydriatisch wirksam als Homatropin; die p-Verbindung ist ein wenig geringer wirksam.

Tropeine substituierter Phenylpropionsäuren:

Zimtsäuretropein, das Lacton des o-Carboxyphenylglyceryltropeins und Isocumarincarboxyltropein sind wirksam.

β-Phenyl-α-oxypropionyltropein $C_6H_5 \cdot CH_2 \cdot CH(OH) \cdot COOT$ ist isomer mit Atropin und stark mydriatisch wirksam.

β-2-Pyridyl-α-oxypropionyltropein (Ersatz des Benzolrings durch Pyridin) schwächt die Wirkung stark ab.

Tropeine, in deren Säureradikal die Phenyl- und Carboxylgruppe durch eine Iminogruppe getrennt sind:

Hippuryltropein ist dem Lactyltropein ähnlich und fast inaktiv, ebenso Phenylcarbamotropein.

Die Ansicht, daß zum Zustandekommen der Wirkung die Säure einen Benzolkern und eine alkoholische Hydroxylgruppe in der Seitenkette, welche die Carboxylgruppe trägt, haben muß, ist nicht ganz haltbar. Auch das Pyridylderivat wirkt mydriatisch. Ferner bleibt die mydriatische Wirkung des Atropins erhalten, wenn die Hydroxylgruppe gegen Acetoxyl, Chlor oder Brom ausgetauscht wird. Die Hydroxylgruppe des Homatropins kann gegen Wasserstoff, Chlor oder eine Aminogruppe ausgetauscht werden oder in Lactonform geschlossen sein. Ferner sind o- und m-Oxybenzoyl- und Benzoyltropeine mydriatisch wirksam.

Die Tropeine substituierter Hydratropa-, Phenylessigsäure- und Phenylpropionsäuren sind alle wirksam mit Ausnahme der Lactone der o-Carboxyphenylglyceryltropeine und solchen, welche eine ungesättigte Bindung in der Seitenkette, die die Carboxylgruppe enthält, tragen.

---

[1]) Ladenburg: Liebigs Ann. d. Chem. Bd. 217, S. 82. 1883.

Trotzdem die Ansicht, daß zum Zustandekommen der Wirkung die alkoholische Hydroxylgruppe gehört, unrichtig ist, sieht man doch, daß solche Tropeine, welche stärker oder gleich wirksam sind wie Homatropin, eine alkoholische Hydroxylgruppe enthalten.

Die stärkst wirksamen Tropeine sind einander isomer:

Atropin	Atrolactyltropein	β-Phenyl-α-oxypropionyltropein
$C_6H_5{-}CH(CH_2{\cdot}OH){\cdot}COOT$	$C_6H_5{-}C(CH_3)(OH){-}COOT$	$C_6H_5{\cdot}CH_2{\cdot}CH(OH){\cdot}COOT$ [1])

Das Lacton des o-Carboxyphenylglyceryltropeins, welches ein Lacton ist und zugleich ein alkoholisches Hydroxyl hat,

$$C_6H_4\Big\langle\begin{array}{l}CO{-\!\!-\!\!-}O\\ CH(OH){\cdot}CH{\cdot}CO{\cdot}C_8H_{14}ON\end{array}$$

ferner Isocumarincarboxyltropein

$$C_6H_4\Big\langle\begin{array}{l}CO-O\\ CH{=}C{\cdot}CO{\cdot}C_8H_{14}ON\end{array}$$

sowie die Alkylbromide der Tropeine und des Homatropins wirken nur schwach mydriatisch und verlieren ihre physiologische Wirksamkeit, wenn man sie in die entsprechenden Oxysäuren überführt[2]).

Chlor- und Bromhydratropyltropeine stehen qualitativ dem Atropin sehr nahe; sie rufen gleich dem Atropin Erweiterung der Pupille hervor. Hinsichtlich der Stärke und Dauer dieser Wirkung aber bestehen deutliche Unterschiede. Für Meerschweinchen ist die allgemeine Giftigkeit des Chlorhydratropyltropeins beträchtlich geringer als die des Atropins, die Reizwirkung auf die Augenbindehäute größer. Es erzeugt eine ausreichende Mydriasis. Die Wirkung des Bromhydratropyltropeins entwickelt sich viel langsamer und ist weniger intensiv als bei der gleichen Dosis der Chlorverbindung trotz gleicher Reizerscheinungen[3]).

Zum Zustandekommen der mydriatischen Wirkung eines Tropeins ist nach obigen Untersuchungen qualitativ dem alkoholischen Hydroxyl ein Halogenatom gleich[4]).

Die mydriatische Wirkung des Atropins hängt nicht allein von dem Tropasäureanteil des Atropins ab. Verestert man die Tropasäure mit einem nicht cyclischen Aminoalkohol, z. B. Dimethylaminopropanol zum Dimethylaminopropanoltropasäureester

$$(CH_3)_2N(CH_2)_3{\cdot}O{\cdot}CO{\cdot}CH\Big\langle\begin{array}{l}CH_2OH\\ C_6H_5\end{array}$$

so sieht man trotz des Fehlens des Ringsystems deutlich eine vaguslähmende Wirkung. Größere Dosen lähmen den Darm, aber es wird nur eine geringe Mydriasis hervorgerufen[5]).

Atropinschwefelsäureester hat auf das normale und geschädigte Atemzentrum eine erregende Wirkung[6]).

---

[1]) Jowett und Pyman: Proc. of the VIIth intern. Congress of Applied Chemistry. London 1909.

[2]) Siehe auch C. R. Marshall: Arch. f. exp. Pathol. u. Pharmakol. Schmiedeberg-Festschrift 1908, Suppl. 389.

[3]) Lewin, L. und Guillery: Wirkungen von Arzneimitteln auf das Auge. Berlin 1905.

[4]) Wolffenstein, R.: Ber. d. dtsch. chem. Ges. Bd. 41, S. 732. 1908.

[5]) Wichura, Wilhelm: Zeitschr. f. exp. Pathol. u. Therap. Bd. 20, S. 1. 1919.

[6]) Werner, F. Felix: Pflügers Arch. f. d. ges. Physiol. Bd. 196, S. 83. 1922.

Man läßt auf Alkamine die Haloide von Oxycarbonsäuren einwirken, bei denen entweder der Wasserstoff der Hydroxylgruppe durch ein organisches Radikal oder die ganze Hydroxylgruppe durch Halogen ersetzt ist. Die so erhaltenen Alkaminester stehen den nichtsubstituierten Alkaminestern physiologisch sehr nahe, so z. B. zeigen Acetyltropein, Acetyltropyllupinein, Chlorhydraatropyltropein mydriatische Wirkungen. Acetyltropyltropein, aus Acetyltropasäurechlorid und salzsaurem Tropin, geht durch Abspaltung der Acylgruppe glatt in Atropin über[1]).

Besonders leicht geht die Abspaltung der Acylgruppe bei den Fettacidylgruppen, und zwar durch Behandlung der Acidylderivate mit Säuren oder ähnlich wirkenden Agenzien. Man kann so fast quantitativ Atropin aus Acetyltropyltropein mittels konzentrierter Salzsäure erhalten, ebenso Tropyllupinein aus Acetyltropyllupinein, Salicyltropein aus Acetylsalicyltropein[2]).

Oxymethylenphenylessigester wird mit Reduktionsmitteln behandelt und der entstehende Tropasäureester verseift. Die so entstehende Tropasäure ist identisch mit der aus Atropin entstehenden. Die Patentschrift enthält Beispiele für die Anwendung von aktiviertem Aluminium und von Wasserstoff in Gegenwart von Palladiumchlorür als Reduktionsmittel[3]).

Statt des Atropins wurde auch das Methylatropinium (die Ammoniumbase) empfohlen. Die Atropinwirkung ist abgeschwächt und abgekürzt[4]).

Atropinmethylnitrat und Atropinäthylnitrat üben keine Wirkung auf die Großhirnrinde, hingegen ist die Pupillenwirkung erhalten.

Man erhält sie durch Umsetzung der Atropinalkylhaloide mit Nitraten der Schwermetalle oder durch Behandlung der freien Atropinalkylhydroxylbasen mit Salpetersäure[5]).

Man erhält diese Verbindungen ferner durch Einwirkung von Alkylnitraten auf Atropin oder durch Umsetzung des Atropinmethylsulfats mit Nitraten des Bariums oder Bleies[6]).

Durch Einwirkung von Alkylbromid auf Atropin, Hyoscyamin, Homatropin, Scopolamin erhält man die entsprechenden bromwasserstoffsauren Salze der quaternären Basen, denen die Gehirnwirkungen fehlen[7]).

Nach Vaubel[8]) und Darier[9]) ist Atropinmethylbromid weniger giftig als Atropin. Es soll als Atropinersatzmittel dienen[10]).

Atropinbrombenzylat $C_{17}H_{23}NO_3 \cdot C_6H_5 \cdot CH_2Br$ hat deutliche mydriatische Wirkung.

Novatropin (Homatropinmethylnitrat) ist 30—50mal weniger giftig als Atropin und soll dem Atropin in der Wirkung gleichkommen[11]).

Eine 0.5proz. Lösung von Homatropinmethylbromid erweitert die Katzenpupille stärker und rascher als Homatropinbromid gleicher Konzentration, aber Homatropinäthylbromid macht nur leichte Mydriasis.

Tropinjodbenzylat und Tropinjodessigsäuremethylester erzeugen völlige Lähmung, von der letzteren Substanz benötigt man doppelt soviel. Von den Tropinammoniumbasen sind verhältnismäßig hohe Dosen erforderlich, um völlige Lähmung hervorzurufen.

Die Basen der Tropein- und Scopoleinreihe lassen sich unter geeigneten Bedingungen mit den Schwefligsäuredialkylestern zu Anlagerungsprodukten vereinigen[12]). Es entstehen auf diese Weise Alkylammoniumalkylatsulfite. Durch Vereinigung von Atropin mit Dimethylsulfit erhält man beispielsweise Methylatropiniummethylatsulfit. Die so erhaltenen quaternären Alkylammoniumsulfitalkylate lassen sich mit Metallhalogeniden und mit Metallnitraten umsetzen. Beschrieben ist die Darstellung von Atropinbrommethylat, aus Methylatropiniummethylatsulfit und Bromkalium, sowie von Atropinmethylnitrat.

Die quaternären Ammoniumbasen der Tropeine lähmen die motorischen Nervenendigungen ungefähr 8—10fach stärker als die Stammverbindungen,

---

1) Braunschweiger Chininfabrik, D.R.P. 151189.
2) Braunschweiger Chininfabrik, D.R.P. 157693. 3) Grenzach, D.R.P. 302737.
4) Vaubel: Wochenschr. f. Therapie u. Hyg. des Auges, Jg. 6, Nr. 2. 1902.
5) Bayer, Elberfeld, D.R.P. 137622. 6) Bayer, Elberfeld, D.P.R. 138443.
7) Merck, Darmstadt, D.R.P. 145996.
8) Wochenschr. f. Therap. und Hyg. des Auges Bd. 6, Nr. 2.
9) Ann. de clinique ophthalmol. 1902, S. 318.
10) Aronheim: Berlin. klin. Wochenschr. 1904, S. 756.
11) Löwinger, O.: Wien. med. Wochenschr. Bd. 72, S. 1716. 1922.
12) A. Gerber, Bonn a. Rhein, D.R.P. 228204.

hingegen ist ihre reizende Wirkung auf das Zentralnervensystem beim Frosch ungefähr 30–50mal geringer. Das N-methylieren steigert die den Herzvagus lähmende Wirkung der Tropeine beim Frosch ungefähr 8fach. Bei den Darmbewegungen vermindert sich die Wirkung der Tropeine auf den Auerbachschen Plexus, durch das N-methylieren hingegen wird ihre lähmende Wirkung auf die Vagusendigungen verstärkt. Die mydriatische Wirkung des Homatropinmethylnitrats ist stärker als die des Homatropins. Zwischen Atropin und seinen quaternären Ammoniumbasen hingegen ist kein Unterschied in dieser Hinsicht zu finden[1]).

Wenn man das Hydroxyl des Tropins entfernt und in einem am Stickstoff befindlichen Propylrest in γ-Stellung zum Stickstoff verankert, so ist das entsprechende Tropein

$$\begin{array}{llll} CH_2\text{—}CH & \text{——————} & CH\cdot COO\cdot C_2H_5 & \\ | \quad\;\; | & & \diagdown & \\ | \quad\;\; N(CH_2)_3\cdot O\cdot CO\cdot C_6H_5 & & & \rangle CH_2 \\ | \quad\;\; | & & \diagup & \\ CH_2\text{—}CH & \text{——————} & CH_2 & \end{array}$$

dem Cocain eng verwandt.

Die Verbindungen γ-Oxypropyl-nortropan,

$$\begin{array}{llll} CH_2\text{—}CH & \text{———} & CH_2 & \\ | \quad\;\; | & & \diagdown & \\ | \quad\;\; N\cdot[CH_2]_3\cdot OH & & & \rangle CH_2 \\ | \quad\;\; | & & \diagup & \\ CH_2\text{—}CH & \text{———} & CH_2 & \end{array}$$

β-Oxyäthyl-nortropan

$$\begin{array}{llll} CH_2\text{—}CH & \text{———} & CH_2 & \\ | \quad\;\; | & & \diagdown & \\ | \quad\;\; N\cdot[CH_2]_2\cdot OH & & & \rangle CH_2 \\ | \quad\;\; | & & \diagup & \\ CH_2\text{—}CH & \text{———} & CH_2 & \end{array}$$

und ε-Oxyamylnortropan

$$\begin{array}{llll} CH_2\text{—}CH & \text{———} & CH_2 & \\ | \quad\;\; | & & \diagdown & \\ | \quad\;\; N(CH_2)_5\cdot OH & & & \rangle CH_2 \\ | \quad\;\; | & & \diagup & \\ CH_2\text{—}CH & \text{———} & CH_2 & \end{array}$$

und zwar deren Benzoyl- und Tropylderivate ergeben eine Analogie mit den gewöhnlichen Tropeinen. In der Stärke der Wirkung treten bedeutende Unterschiede zwischen den einzelnen Gliedern zutage: bei den Benzoylverbindungen stellt sich heraus, daß das Benzoylderivat der γ-Reihe und auch das dem Benzoylderivat fast ganz äquivalente p-Amino-benzoylderivat die maximale anästhesierende Wirkung zeigen, daß diese stark abnimmt, wenn man unter Verkürzung der Kette zum Oxyäthyl- oder unter Verlängerung zum ε-Oxyamylnortropanderivat übergeht. Ähnliches beobachtet man bei dem Cocainanalogon

$$\begin{array}{llll} CH_2\text{—}CH & \text{——————} & CH\cdot COO\cdot C_2H_5 & \\ | \quad\;\; | & & \diagdown & \\ | \quad\;\; N\cdot[CH_2]_x\cdot O\cdot CO\cdot C_6H_5 & & & \rangle CH_2 \\ | \quad\;\; | & & \diagup & \\ CH_2\text{—}CH & \text{——————} & CH_2 & \end{array}$$

mit $x = 2$, 3 und 5.

Etwas anders liegen die Verhältnisse bei den Tropylverbindungen: bei einer dem natürlichen Atropin ungefähr gleichen allgemeinen Toxizität aller

[1]) Issekutz, B.: Zeitschr. f. exp. Pathol. u. Therap. Bd. 19, S. 99. 1917.

drei Glieder zeigt das Tropasäurederivat der Oxyäthylverbindung die stärkste mydriatische Wirkung, beim Übergang zum Oxypropyl- und Oxyamyl-Derivat sinkt diese plötzlich fast auf Null.

Bei der Synthese von Reihen homologer Verbindungen, welche den Typen:

```
        CH                    CH                    CH
      /  |  \               /  |  \               /  |  \
  H2C    |    CH2       H2C    |    CH2       H2C    |    CH·COO·R
   |    N·R   CH2        |    N·R   CH         |    N·R   CH2
  H2C    |    CH2       H2C    |   ‖CH        H2C    |    CH2
      \  |  /               \  |  /               \  |  /
        CH                    CH                    CH

                          CH
                        /  |  \
                    H2C    |    CH·COO·R
                     |    N·R   CH
                    H2C    |   ‖CH
                        \  |  /
                          CH
```

mit verschieden langer Kette R = – $[CH_2]n \cdot OH$ entsprechen und Substitution der Hydroxylgruppe durch den Rest der Benzoesäure oder Tropasäure variiert die physiologische Wirksamkeit der neuen basischen Ester in einer deutlich erkennbaren gesetzmäßigen Weise: bei den meisten Benzoylverbindungen fällt das Maximum der anästhesierenden Wirkung mit n = 3, bei den meisten Tropasäurederivaten das Maximum der mydriatischen und Herzwirkung mit n = 2 zusammen. Analog verhält sich die zweikohlenstoffige Seitenkette bei den sympathomimetischen Basen.

Bei den Estern der Benzoesäure, p-Aminobenzoesäure und Tropasäure mit Alkaminen

$$\begin{matrix}R\\R\end{matrix}\!>\!N\cdot[CH_2]_2\cdot OH \quad\text{und}\quad \begin{matrix}R\\R\end{matrix}\!>\!N[CH_2]_3\cdot OH,\quad R\diamond N\cdot[CH_2]_2\cdot OH \quad\text{und}\quad R\diamond N\cdot[CH_2]_3\cdot OH$$

zeigt sie bezüglich des Einflusses der Entferrung des Stickstoffs vom acidylierten Hydroxyl dieselbe Gesetzmäßigkeit wie bei den Tropanverbindungen; die meisten Benzoesäureester von γ-Alkaminen sind physiologisch wirksamer als die Benzoesäureester analog gebauter β-Oxybasen, während für die Tropasäureester das Gegenteil gilt.

Bezüglich der Gliederzahl im Stickstoffring (s. Allgem. Teil) erweist sich der Sechsring als der wirksamere, und zwar sowohl da, wo es sich um anästhesierend wirkende Benzoesäureester, als auch da, wo es sich um mydriatisch und herzwirkende Tropasäureester handelt.

Die Substanz

$$CH_2\!<\!\begin{matrix}CH_2-CH_2\\CH_2-CH_2\end{matrix}\!>\!N\cdot[CH_2]_2\cdot O\cdot \text{Tropyl}$$

wirkt klinisch wie Atropin.

Die Substitution im Stickstoffring durch eine Kohlenstoffkette steigert den Grad der Wirkung, aber nur außerordentlich wenig. Braun und seine Mitarbeiter[1]) vermuten, daß die Pyrrolidin-tetramethylenkette im Atropin und Tropacocain einen vom physioloigschen Standpunkt aus vielleicht ganz entbehrlichen Ballast darstellt.

[1]) Braun, J., O. Braunsdorf und Kurt Räth: Ber. d. dtsch. chem. Ges. Bd. 55, S. 1666. 1922.

Das Tropylderivat von β-Oxyäthyl-nortropidin

$$
\begin{array}{l}
H_2C{-}CH{-}{-}{-}{-}CH_2 \\
\quad | \qquad | \qquad\qquad \diagdown \\
\quad | \quad N\cdot[CH_2]_2\cdot OH \quad CH \\
\quad | \qquad | \qquad\qquad /\!/ \\
H_2C{-}CH{-}{-}{-}{-}CH
\end{array}
$$

welches eine doppelte Bindung hat, zeigt keine Zunahme der mydriatischen Wirkung gegenüber dem Tropasäureester von β-Oxyäthyl-nortropan, eher eine Abschwächung, die Verstärkung tritt in Erscheinung in der benzoylierten Reihe, nur daß sich der optimale Punkt von Amin

$$
\begin{array}{l}
H_2C{-}CH{-}{-}{-}{-}CH_2 \\
\quad | \qquad | \qquad\qquad \diagdown \\
\quad | \quad N\cdot[CH_2]_3\cdot OH \quad CH \\
\quad | \qquad | \qquad\qquad /\!/ \\
H_2C{-}CH{-}{-}{-}{-}CH
\end{array}
$$

zu Amin

$$
\begin{array}{l}
H_2C{-}CH{-}{-}{-}{-}CH_2 \\
\quad | \qquad | \qquad\qquad \diagdown \\
\quad | \quad N\cdot[CH_2]_2\cdot OH \quad CH \\
\quad | \qquad | \qquad\qquad /\!/ \\
H_2C{-}CH{-}{-}{-}{-}CH\ .
\end{array}
$$

verschiebt.

(Dagegen liegt in der ungesättigten Cocainreihe das Optimum genau so wie in der gesättigten Reihe beim Ekkain mit γ-ständigem benzoyliertem Hydroxyl.) Die Benzoylverbindung des letzteren Amins ist ein stark wirksames, ungiftiges Anaestheticum, das dem Ekkain in der Wirkung gleicht.

Ganz unabhängig von der speziellen Art der Verankerung des Hydroxyls im Molekül ist deren γ-Stellung zum Stickstoff in den meisten Fällen die optimale. Die Dehydrierung des Kohlenstoff-Siebenringes steigert den Grad der Wirkung.

Tropacocain, Homotropacocain, α-Cocain, Homotropeine, Ekkain.

Die Hoffnung, von dem dem Ekgonin naheverwandten Tropin zu einem cocainartigen Körper zu gelangen, wurde nicht auf dem Wege der Spekulation erfüllt, sondern durch die Entdeckung des Tropacocains, welches stärker anästhesierend wirkt und weniger giftig ist als Cocain[1]). Dabei hat dieses Mittel eine große Beständigkeit, so daß sich Lösungen monatelang halten können, während Cocainlösungen sich rasch zersetzen. Im Gegensatze zum Cocain und Atropin erzeugt Tropacocain keine Mydriasis.

Dieser Umstand ist um so merkwürdiger, wenn man die Konstitution dieses Körpers in Betracht zieht.

Tropacocain

$$
\begin{array}{l}
\qquad\quad\ \ H \qquad H_2 \\
H_2C{-}{-}C{-}{-}C \\
\quad | \qquad\ | \qquad | \\
\quad | \quad N\cdot CH_3\, CH\cdot O\cdot CO\cdot C_6H_5 \\
\quad | \qquad\ | \qquad | \\
H_2C{-}{-}C{-}{-}C \\
\qquad\quad\ \ H \qquad H_2
\end{array}
$$

ist der Benzoylester des Pseudotropins. Pseudotropin ist eine dem Tropin isomere Base, für welche R. Willstätter eine geometrische Isomerie annimmt.

Die Umlagerung von Tropin in Pseudotropin gelingt durch Erhitzen von Tropin mit Natriumamylat[2]). Durch Benzoylieren des so gewonnenen Pseudotropins gelangt man auf synthetischem Wege zum Tropococain.

---

[1]) Chadbourne: Brit. med. journ. 1892, S. 402. [2]) D.R.P. 88270.

Vom Tropinon kann man durch Reduktion mit Natriumamalgam, Aluminiumamalgam oder metallischem Natrium zum ψ-Tropin gelangen. Am vorteilhaftesten bedient man sich der elektrolytischen Reduktion in saurer Lösung und Ausäthern aus der alkalisch gemachten Lösung. Das schwer lösliche ψ-Tropin krystallisiert aus dem eingeengten ätherischen Extrakte heraus, während Tropin in Äther gelöst bleibt. [In saurer Lösung elektrolysiert entsteht mehr ψ-Tropin[1]).]

Auf diese Weise bedingt hier die geometrische Isomerie zweier Basen, des Tropins und des Pseudotropins, eine völlige Verschiedenheit der physiologischen Wirkung ihrer Benzoylverbindungen.

Benzoyltropein bewirkt Pupillenerweiterung und nur schwache Anästhesie, während Benzoylpseudotropein (Tropacocain) intensivere Anästhesie als Cocain macht, hingegen ist es ohne Einwirkung auf die Pupille, welche Einwirkung ja typisch für die aromatischen Tropeine mit alkoholischem Hydroxyl im aromatischen Säureradikal ist.

Nach P. Morgenroth wirken Benzoyltropein und Benzoyl-ψ-tropein gleich stark anästhesierend, beiden fehlt die Daueranästhesie[2]).

Die Pseudotropeine der Mandelsäure $C_6H_5 \cdot CH(OH) \cdot COOH$ und Tropasäure $C_6H_5 \cdot CH{<}\genfrac{}{}{0pt}{}{CH_2 \cdot OH}{COOH}$ (Ester des Pseudotropins) haben im Gegensatze zu den entsprechenden Tropeinen ebenfalls keine mydriatischen Eigenschaften. Ebenso zeigen die vom Vinyldiacetonalkamin als Base sich ableitenden künstlichen Atropaalkaloide auch nur in der einen stereoisomeren Form physiologische Wirksamkeit[3]).

Ein dem Cocain isomerer Körper wird nach R. Willstätter[4]) auf folgende Weise aus dem Tropein erhalten.

Bei gemäßigter Oxydation von Tropein mit Chromsäure in Eisessiglösung entsteht ein Keton[5]), Tropinon genannt.

Diese Oxydation zum Tropinon aus Tropin oder Pseudotropin kann auch durch Kaliumpermanganat in stark saurer Lösung bei nicht mehr als 10° C ausgeführt werden[6]). Auch mit Bleisuperoxyd in saurer Lösung bei 60—70° C kann man zur gleichen Substanz gelangen[7]). Auch mit alkalischer Ferricyankaliumlösung bei mäßiger Wärme[8]). Auch durch anodische Oxydation unter Anwendung von Bleielektroden[9]).

Wie Tropinon

$$\begin{array}{llll} & CH_2 — & CH —— & CH_2 \\ O{=}C & & N \cdot CH_3 & \\ & CH_2 — & CH —— & CH_2 \end{array}$$

läßt sich auch das kernhomologe Pseudopelletierin durch die physiologische Wirkung seiner Ester mit Tropasäure und Mandelsäure unterscheiden. Methylgranatolin bildet Ester von stark mydriatischer Wirkung, während Isomethylgranatolin Ester ohne solche Wirkung liefert[10]).

Benzoylmethylgranatolin $CH_3 \cdot N{<}C_7H_{12}{>}CH \cdot O \cdot CO \cdot C_6H_5$ aus N-Methylgranatolin, erhalten durch Reduktion von ψ-Pelletierin mit Natrium und Äthylalkohol und Benzoylchlorid in Benzol entspricht dem Benzoyl-4-tropin und ist ein Homotropacocain. In seinen Wirkungen erinnert es an Tropacocain selbst. Es ist ein Lokalanaestheticum. In toxischen Dosen macht es klonische, später tonische Krämpfe, die zentrallähmend den Tod herbeiführen. Bei mäßigen Dosen sieht man wie bei Tropacocain auch hier keine Mydriasis. Es ist weniger

[1]) E. Merck, D.R.P. 115517.
[2]) Ber. d. dtsch. pharmazeut. Ges. Bd. 29, S. 233. 1919.
[3]) Ber. d. dtsch. chem. Ges. Bd. 29, S. 2730. 1896.
[4]) Ber. d. dtsch. chem. Ges. Bd. 29, S. 396. 1896.
[5]) D.R.P. 89597. [6]) D.R.P. 117628. [7]) D.R.P. 117629.
[8]) D.R.P. 118607. [9]) D.R.P. 117630.
[10]) Werner, Louis F.: Journ. of the Americ. chem. soc. Bd. 40, S. 669. 1918.

giftig als Cocain, giftiger als Tropacocain, Methylgranatolin und Pseudopelletierin[1]).

Pseudopelletierin (Methylgranatolin)

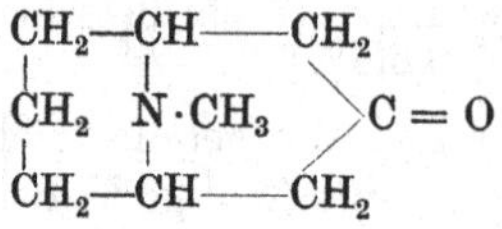

$$\begin{array}{lll} CH_2\text{—} & CH\text{——} & CH_2 \\ | & | & \quad\diagdown \\ CH_2 & N\cdot CH_3 & \quad\;\; C=O \\ | & | & \quad\diagup \\ CH_2\text{—} & CH\text{——} & CH_2 \end{array}$$

ist das höhere Homologe des Tropinons

Pelletierin

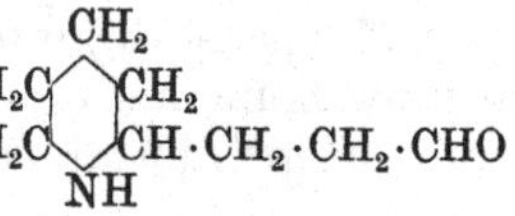

$$\begin{array}{c} CH_2 \\ H_2C\diagup\diagdown CH_2 \\ H_2C\diagdown\diagup CH\cdot CH_2\cdot CH_2\cdot CHO \\ NH \end{array}$$

macht Reflexkrämpfe und ähnlich wie Strychnin eine Steigerung des Blutdruckes. Es ist dem Cocain nahe verwandt und lähmt wie dieses die Muskulatur peripher. Pelletierin macht systolischen Herzstillstand, Methylpelletierin ist schwächer wirksam. Das Pelletierinsemicarbazon ist fast unwirksam[2]).

Aus dem Tropinon läßt sich auf dem Wege der Blausäureanlagerung und Verseifung des gebildeten Tropinoncyanhydrins eine Substanz gewinnen, welche die Zusammensetzung des Ekgonins besitzt, aber, im Gegensatz zu diesem, Carboxyl und Hydroxyl an das nämliche Kohlenstoffatom gebunden enthält. Dieses Ekgonin wird nach *Willstätter* als α-Ekgonin

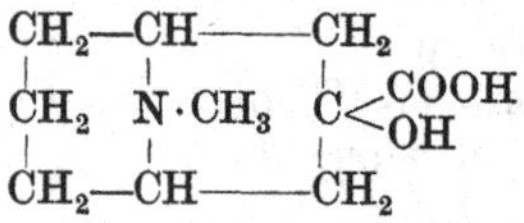

$$\begin{array}{lll} CH_2\text{—} & CH\text{——} & CH_2 \\ | & | & | \\ CH_2 & N\cdot CH_3 & C{<}^{COOH}_{OH} \\ | & | & | \\ CH_2\text{—} & CH\text{——} & CH_2 \end{array}$$

bezeichnet. Wird aus diesem nach bekannten Methoden durch Veresterung mit Methylalkohol und Benzoesäure ein α-Cocain aufgebaut, so erhält man einen Körper, welcher bei ausgezeichneter Krystallisierfähigkeit in vieler Hinsicht mit dem Cocain Ähnlichkeit hat. Die anästhesierende Wirkung fehlt aber diesem Cocain.

Es ist daher für das Zustandekommen der Wirkung des Cocains auch die Stellung und Bindung der Hydroxyl- und Carboxylgruppe von entscheidender Bedeutung. Die Anwesenheit der Benzoylgruppe für sich ist nicht das Moment, welchem die anästhesierende Funktion zukommt.

Die Wirksamkeit des Cocains hängt ab von dem Vorhandensein aller drei Komponenten, des *Ekgonins*, der *Benzoylgruppe*, welche den Hydroxylwasserstoff des Ekgonins ersetzt, und des *Methylrestes*, welcher den Carboxylwasserstoff des Ekgonins substituiert. Die Wirksamkeit beruht auf dem eigentümlichen Aufbaue, sowie der stereochemischen Konfiguration des Ekgoninkernes, ist aber unabhängig von dessen optischem Verhalten. Die Benzoylgruppe löst die Wirkung des Ekgoninmethylesters aus, sie ist die eigentliche verankernde Gruppe für das Ekgoninmolekül; die Methylgruppe im Ekgoninmethylester verdeckt nur die sauren Eigenschaften des Ekgonin, welche für die Wirksamkeit überhaupt hinderlich sind. Beweis hierfür ist auch, daß die Derivate des Tropins und Pseudotropins, welche kein Carboxyl enthalten, des Eintretens von Methyl für die Wirksamkeit nicht bedürfen. Hingegen hat die

---

[1]) *Tanret*, G.: Cpt. rend. hebdom. des séances de l'acad. des sciences Bd. 176, S. 1659. 1923.

[2]) *Boyer*, P. und H. *Cardot*: Cpt. rend. des séances de la soc. de biolog. Bd. 94. S. 658. 1926.

Anwesenheit des veresterten Carboxyls im Molekül eine Verstärkung der Wirkung zur Folge. Wie es sich beim Vergleich der Wirkungsintensität der Alkamine und Alkamincarbonsäureester einerseits, des Cocains und Tropacocains andererseits ergibt, steigt die Intensität der Wirkung und die Giftigkeit mit dem Eintritt der veresterten Carboxylgruppe. Die Methylgruppe am Stickstoff steht aber in keiner Beziehung zur anästhesierenden Wirkung. Der tertiäre Charakter der Base steht in Beziehung zu ihrer physiologischen Aktivität in bezug auf Anästhesie, da der Übergang in eine quaternäre Base diesem Alkaloid jede Wirkung, die es früher hatte, trotz des Vorhandenseins von Benzoyl- und Methylradikalen nimmt und es in einen curareartig wirkenden Körper verwandelt. Die Auslösung mydriatischer Effekte steht ebenfalls im Zusammenhang mit dem Aufbaue der dem Alkaloide zugrunde liegenden Base, aber die Verankerung mit dem Gewebe geschieht nur durch aromatische Säureadikale, beim Tropin vorzüglich durch solche, welche ein alkoholisches Hydroxyl enthalten. Die eintretenden Säureradikale sind nicht der wirksame Anteil, sondern lösen die Wirkung aus, indem sie die chemischen Beziehungen zwischen Substanz und Gewebe herstellen, so daß die wirkende Base nach ihrer Verankerung im Gewebe zur Reaktion gelangen kann.

Die Homotropeine, die Acidylderivate des Homotropins wirken den Tropeinen ganz analog.

Wird im Tropan[1])

```
H2C—CH—CH2
 |   |      \
 |  N·CH3    CH2
 |   |      /
H2C—CH—CH2
```

das Hydroxyl aus der Tropinstellung

```
H2C—CH—CH2
 |   |      \
 |  N·CH3    CH·OH
 |   |      /
H2C—CH—CH2
```

an eine andere Stelle gebracht, z. B. im Homotropin

```
H2C—CH—CH·CH2·OH
 |   |      \
 |  N·CH3    CH2
 |   |      /
H2C—CH—CH2
```

so verhalten sich seine Acylderivate ganz analog den Tropeinen: Benzoylhomotropin ist dem Tropacocain, Tropylhomotropein (Mydriasin) dem Atropin gleichwertig.

Mydriasin, d. i. Tropasäureester des Homotropins.

```
            Atropin                                     Mydriasin                CH2·OH
                                                                                /
H2C—CH———CH2         CH2·OH          H2C—CH———CH·CH2·OOC—CH
 |   |     |        /                 |   |     |           \
 |  N·CH3 CH·OOC·CH                   |  N·CH3 CH2           C6H5
 |   |     |        \                 |   |     |
H2C—CH———CH2         C6H5            H2C—CH———CH2
```

Durch die Verschiebung des Tropasäurerestes im Atropinmolekül ist aus dem Tropasäureester des Tropins, dem Atropin, der Tropasäureester des Homotropins (Mydriasin) geworden. Auf Pupille und Vagus wirkt der Körper qualitativ wie Atropin, die mydriatische Wirkung ist beim Menschen aber

[1]) Braun, J. v. und Kurth Räth: Ber. d. dtsch. chem. Ges. Bd. 53, S. 601. 1920.

auch quantitativ gleich der des Atropins. Als Vorzug vor dem Atropin ergibt sich aber, daß Mydriasin die unangenehmen Nebenwirkungen auf die Akkommodation nicht zeigt wie das Atropin. Die gleichen Vorzüge zeigen aber auch Mydrin und Euphthalmin.

Im Gegensatze zu Atropin macht Mydriasin beim Kaninchendarm eine starke Erregung, die sich durch Atropin antagonistisch beseitigen läßt.

Benzoylhomotropein zeigt keine Vaguswirkung, wirkt mydriatisch, aber nicht maximal, wirkt aber nicht lokalanästhesierend, im Gegensatz zu Benzoyltropein und Tropacocain.

Amygdalylhomotropein hat eine nur schwache atropinähnliche Wirkung auf den Vagus, wirkt auf das Auge gar nicht, während das entsprechende Tropinderivat, Homatropin, in dieser Richtung sehr stark wirksam ist.

Wenn man Anhydroekgoninalkylester (Tropon-2-carbonsäurealkylester)

```
        ┌─────────────────┐
H2C·CH·N·CH3       CH·COO·Alkyl
 |                  |              |
H2C───────CH·CH2·CH2
```

in alkoholischer Lösung mit metallischem Natrium reduziert, so erhält man einen Troponalkohol, u. z. Homotropin (2-Oxymethyltropon)

Homotropin ist physiologisch unwirksam. Man erhält wirksame Verbindungen, wenn man Homotropin mit organischen Säuren, z. B. Benzoesäure, Tropasäure oder Mandelsäure verestert. Die so gewonnenen Ester verhalten sich im tierischen Organismus ähnlich wie Atropin. Sie besitzen namentlich dessen eigentümliche Wirkung auf das autonome Nervensystem. Homotropintropasäureester wirkt auf das Muscarinherz wie Atropin und macht Mydriasis. Das Verfahren gestattet, aus dem wertlosen Anhydroekgonin über Homotropin zu wirksamen Alkaloiden zu gelangen. Beschrieben sind der Tropasäureester des Homotropins, der Benzoesäureester und der Mandelsäureester[1]).

Es kommt auf die Stellung des acidylierten Hydroxyls im Tropanring nicht an, es kann ebensogut auch außerhalb untergebracht sein.

N-Benzoyl-oxypropyl-nor-ekgonidinäthylester, Ekkain genannt, ist in bezug auf Anästhesie stärker wirksam als Cocain, gut sterilisierbar[2]), sehr wenig giftig, 5mal weniger als Cocain. Cocain ist ein energisches Erregungsmittel für das Atmungszentrum, ebenso Ekkain, wenn auch schwächer. Ekkain wirkt rascher leitungsunterbrechend als Cocain und Novocain. Ekkain zeigt nicht die von Paul Ehrlich bei Cocain beobachtete vakuoläre Leberdegeneration. Parenteral beigebracht wird es fast vollständig verbrannt.

Ekkain

```
         H
         C
       / | \
  H2C    |   CH·COO·C2H5
   |     N───────CH2·CH2·CH2·O·CO·C6H5
   |     |   CH
   |     |   ||
  H2C    |   CH
       \ | /
         C
         H
```

Ekkain unterscheidet sich chemisch vom Cocain dadurch, daß im Kohlenstoffring eine doppelte Bindung auftritt und die Benzoylgruppe, die im Cocain γ-ständig an ein Kohlenstoffatom des Ringes geknüpft ist, auch wieder in γ-Stellung vorhanden, aber direkt am Stickstoff hängt.

Hydroekkain (Benzoyl-oxypropyl-norhydroekgonidinäthylester) (ohne die doppelte Bindung) bei dem die Benzoylgruppe in β-Stellung am Stickstoff

---

1) Grenzach, D.R.P. 296742; D.R.P. 299806.

2) Braun, J. v. und C. Müller: Ber. d. dtsch. chem. Ges. Bd. 51, S. 235. 1918.

steht, von dem sie also nur durch 2 CH_2-Gruppen statt durch 3 getrennt ist, wirkt gut anästhesierend, aber schwächer als Ekkain.

β-Hydroekkain

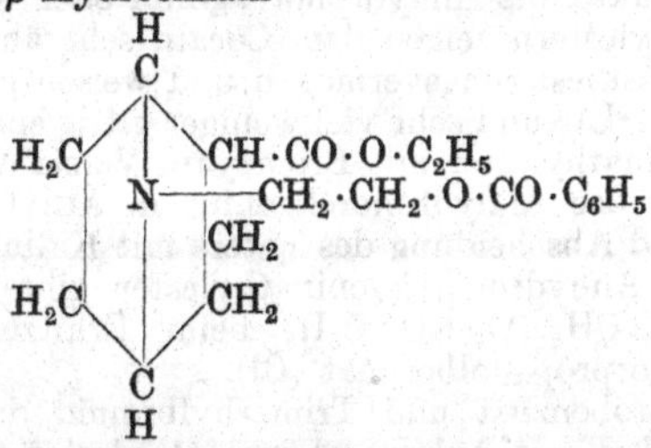

```
            H
            C
   H2C            CH·CO·O·C2H5
            N ———— CH2·CH2·O·CO·C6H5
                  CH2
   H2C            CH2
            C
            H
```

Die Verkürzung, ebenso die Verlängerung durch Einführung von 5 CH_2-Gruppen führt zur Abschwächung, wie das Verhalten des Pentamethylenderivates des Hydroekkains beweist.

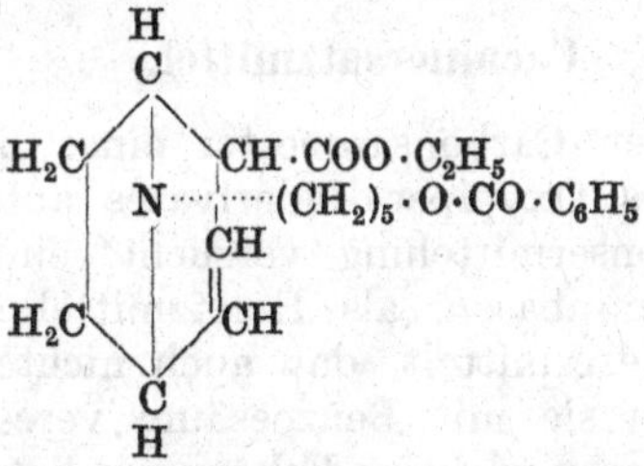

```
            H
            C
   H2C            CH·COO·C2H5
            N ········ (CH2)5·O·CO·C6H5
                  CH
   H2C            CH
            C
            H
```

Die Verkürzung oder Verlängerung der Seitenkette kann auch in anderen Fällen die Wirksamkeit ändern, so erlöschen die anästhesierenden Eigenschaften des Novocains und seiner Analoga durchaus nicht, wenn die zwischen dem esterartigen und dem basischen Teil des Moleküls befindliche zweigliedrige Kohlenstoffkette verlängert wird; durch eine solche Verlängerung wird sowohl die anästhesierende Kraft als die Reizwirkung größer.

Bei Verlängerung der aliphatischen Kohlenstoffkette wird die blutdrucksteigernde Wirkung des Hordenins etwas abgeschwächt. Isococain, der Äthylester des Norcocains, wirkt stärker anästhesierend und ist auch viel giftiger als Cocain. Pentamethylendimorphin ist stärker giftig als Morphin. Nach Binet ist in der Urethanreihe eine Substanz um so wirksamer, je höher das Molekulargewicht des Alkoholradikals ist. Ähnliches sieht man in der Hydrocupreinreihe.

Die toxische Wirkung des Ekkains auf Blutdruck und Atmung ist relativ gering. Auffallend stärker ausgesprochen ist sie bei Aminoekkain

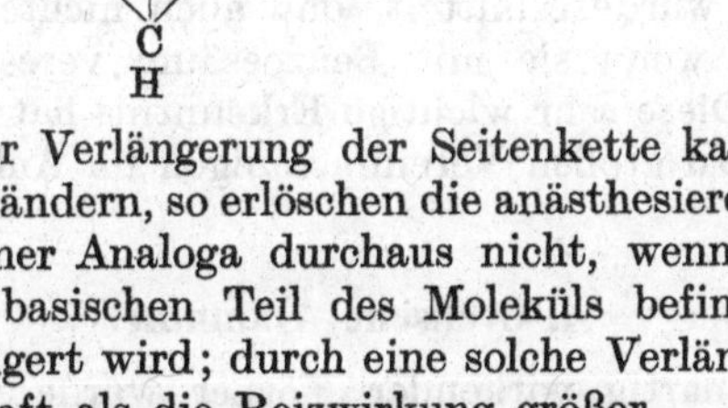

```
            H
            C
   H2C            CH·COO·C2H5
            N ········ (CH2)3·O·CO·C6H4·NH2
                  CH
   H2C            CH
            C
            H
```

Die am Stickstoff entmethylierten Derivate von Alkaloiden der Cocainreihe, wie Anhydronorekgonin und Anhydrodihydronorekgonin

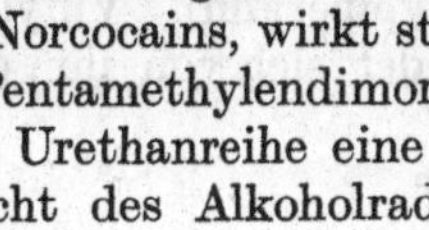

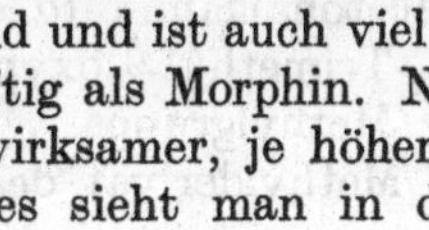

```
H2C·CH·CH·COOH                 H2C·CH·CH·COOH
 |   |   |                      |   |   |
 |   NH  CH                     |   NH  CH2
 |   |   ||                     |   |   |
H2C—CH·CH                      H2C·CH—CH2
```

oder die Alkylester dieser Carbonsäuren liefern durch N-Alkylierung mit Benzoesäurehalogenalkylestern oder deren Kernsubstitutionsprodukten pharmakologisch wirksame Verbindungen.

Die Kondensationsprodukte aus Anhydronorekgonin oder Anhydrodihydronorekgonin mit Benzoesäurehalogenalkylestern zeigen dem Cocain sehr ähnliche Eigenschaften. Sie besitzen großes lokales Anästhesierungsvermögen und weisen gegenüber dem Cocain den Vorzug auf, daß sie sterilisierbar und sehr viel weniger giftig sind.

Der aus Anhydroekgoninäthylester mit Bromcyan, Verseifung der entstandenen Norverbindung, Esterifizierung des Anhydronorekgonins in Äthylalkohol unter Einwirkung von trockener Salzsäure und Abscheidung des Esters mit Kaliumcarbonat aus der wässerigen Lösung dargestellte Anhydronorekgoninäthylester gibt mit Benzoesäure-γ-brompropylester $Br \cdot CH_2 \cdot CH_2 \cdot CH_2 \cdot O \cdot CO \cdot C_6H_5$ beim Erhitzen der Benzollösung das Anhydroekgoninäthylesternorpropanolbenzoat (Öl).

Der aus Natrium-p-nitrobenzoat und Trimethylbromid dargestellte p-Nitrobenzoesäure-γ-brompropylester liefert mit Anhydroekgoninäthylester das Anhydroekgoninäthylesternorpropanol-p-aminobenzoat. Ferner sind beschrieben: Anhydroekgoninäthylesternorpentanolbenzoat und Anhydrodihydroekgoninäthylesternorpropanolbenzoat[1]).

Cocainersatzmittel.

Da man Cocain als den Carbonsäureester eines bicyclischen gesättigten Alkamins, und zwar eines Oxypiperidinderivates auffaßt, so hat man auf Grund dieser Konstitutionsermittelung versucht, einfachere Oxypiperidine, und zwar die Triacetonaminbasen, als Ersatzmittel zu verwerten (Gruppe des Eucains). Dann wurde ermittelt, daß auch nichtcyclische Alkamine anästhesierend wirken, wenn sie mit Benzoesäure verestert werden (Stovain, Novocain, Alypin). Diese sehr wichtige Erkenntnis hat zu großen Variationen in dieser Reihe und zu großen Vereinfachungen im Aufbaue der verwendeten Substanzen geführt.

A. Cyclische Alkamine.

Eine Reihe cocainartig wirkender Körper wurde völlig synthetisch auf Grund von Überlegungen über die Konstitution des Ekgonins aufgebaut. Durch Kondensation dreier Moleküle Aceton und einem Molekül Ammoniak entsteht Triacetonalkamin (α, α'-Tetramethyl-γ-oxypiperidin). Vinyldiacetonalkamin ($\alpha\alpha_1$-Trimethyl-γ-oxypiperidin) unterscheidet sich von ihm durch das Fehlen einer Methylgruppe.

Aus dem Methylderivat des Triacetonalkamins

```
        OH  H                     C6H5·CH(OH)·CO·O·CH
          \/                               H2C/ \CH2
          C                          CH3\  |   |  /CH3
     H2C/   \CH2                     CH3/C  \ /  C\CH3
CH3\  |       |  /CH3                      N
CH3/ C  \   /  C \CH3                      ·
           N                               CH3
           ·
          CH3
```

entsteht, wie Emil Fischer zeigte, durch Austausch des Hydroxylwasserstoffes gegen das Radikal der Mandelsäure ein Körper, der wie Atropin und Homatropin ausgesprochene Mydriasis erzeugt. Diese Beobachtung gewann erheblich an Interesse, nachdem erkannt war, daß wie im Triacetonalkamin so auch im Tropin ein in p-Stellung zum Stickstoff hydroxyliertes Derivat des Piperidins vorliegt. Die große Ähnlichkeit im Aufbaue zwischen Tropin und N-Methyltriacetonalkamin läßt sich beim Vergleiche ihrer Strukturformeln leicht erkennen.

[1]) Grenzach, D.R.P. 301139.

Triacetonmethylalkamin

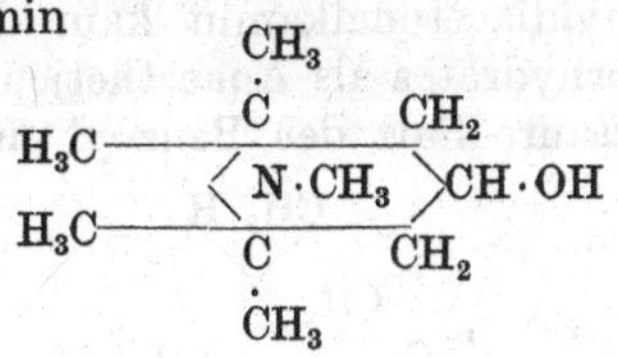

```
            CH3
            C       CH2
H3C———————
         < N·CH3 >CH·OH
H3C———————
            C       CH2
            CH3
```

Tropin

```
          H      H2
          C      C
H2C|—————————————
   | < N·CH3 >CH·OH
H2C|—————————————
          C      C
          H      H2
```

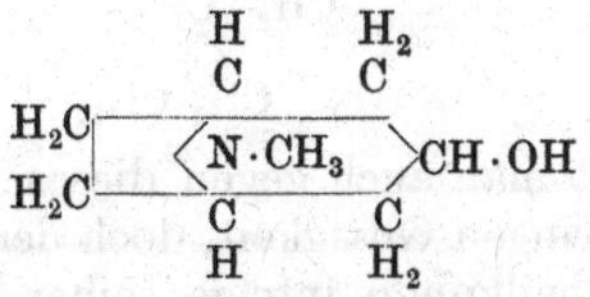

Angesichts dieser Verhältnisse lag es nahe, synthetisch darzustellende γ-Oxypiperidincarbonsäuren zu verestern und zu benzoylieren, denn es ließ sich so erwarten, daß Verbindungen entstehen, die dem Cocain physiologisch ähnlich sind. Diese Piperidincarbonsäuren haben alle mit dem Ekgonin die γ-Stellung des Hydroxyls zum N und das Carboxyl gemein, aber unterscheiden sich dadurch, daß die Brücke —CH_2—CH_2— fehlt und die Stellung des Stickstoffes zum Carboxyl eine andere ist.

Durch Einwirkung von 1 Mol. Ammoniak auf 3 Mol. Aceton bildet sich Triacetonamin, welches durch Blausäure in Triacetonamincyanhydrin übergeführt wird. Beim Verseifen bildet sich Triacetonalkamincarbonsäure, welche durch Benzoylieren und Methylieren in N-Methylbenzoyltetramethyl-γ-oxypiperidincarbonsäuremethylester übergeführt wird.

Dieser Körper

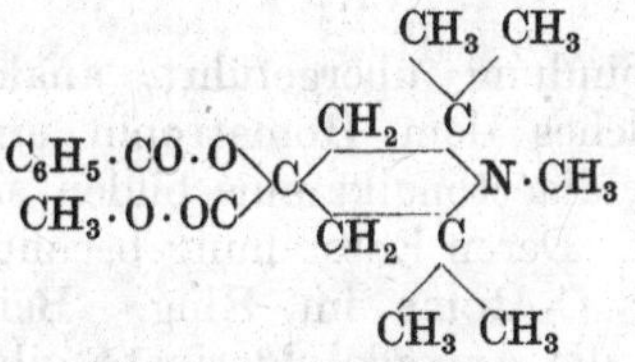

```
                      CH3 CH3
                         \ /
                  CH2 —— C
C6H5·CO·O \             
            C <          > N·CH3
CH3·O·OC  /             
                  CH2 —— C
                         / \
                      CH3 CH3
```

Eucain genannt, ist ein billiges Ersatzmittel des Cocains. Doch sind erhebliche Unterschiede in der physiologischen Wirkung beider Substanzen zu verzeichnen. Eucain steht in seinen Wirkungen dem Tropacocain näher als dem Cocain. Die Anästhesie tritt etwas langsamer ein als beim Cocain. Eucain beeinflußt die Pupille nicht und macht auch keine Ischämie, ferner hat es den Vorzug, weniger giftig zu sein. Seine Lösungen lassen sich ohne Zersetzung in der Hitze sterilisieren.

Nachteile des Eucains gegenüber dem Cocain sind, daß es bei der Applikation auf Schleimhäute ein nicht unbeträchtliches Brennen macht. Auch eine destruierende Wirkung auf die Epithelien der Hornhaut und Bindehaut ist nicht zu verkennen. Von Nachteil ist auch die Nachblutung bei den Operationen, während Cocain im Gegensatze hierzu sogar ischämisierende Eigenschaften zeigt.

Aus diesem Grunde wurde für die Zwecke der Augenheilkunde das sog. Eucain B eingeführt, welches dieselben lokal-anästhesierenden Eigenschaften, aber ohne irgendwelche Nebenwirkungen zeigte. Es ist auch viel weniger giftig als Eucain.

Merling und A. Schmidt haben zuerst die anästhesierende Wirkung des Benzoylvinyldiacetonalkamins beobachtet. Sie hatten aber zu ihren Versuchen noch das Gemisch der Alkamine vom Schmelzpunkt 121^0 benutzt. Erst nach der Entdeckung, daß dasselbe in zwei cis-trans-isomere Formen getrennt werden konnte, ließ sich ein gut wirkendes einheitliches Präparat gewinnen. Benzoyltransvinyldiacetonalkamin kam dann unter dem Namen Eucain B in Form des Chlorhydrates als Anaestheticum in den Handel.

Eucain B[1]) ist das salzsaure Salz des Benzoyl-vinyl-diacetonalkamins

CH_3 H
C
$C_6H_5 \cdot CO \cdot O$ / H > C < CH_2 — CH_2 > NH · ClH
C
CH_3 CH_3

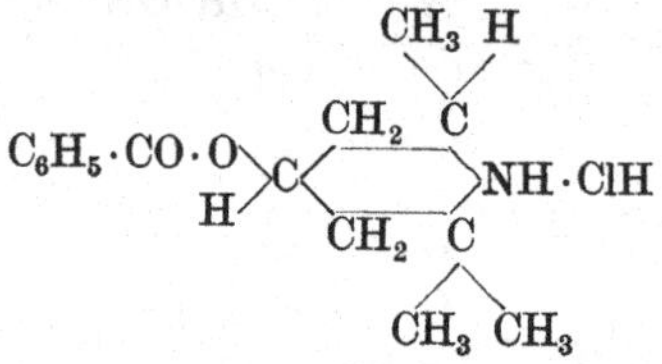

Trotz mancher Vorzüge hat man auch gegen dieses Eucain B den Vorwurf erhoben, daß es bei seiner geringen Giftigkeit, doch den Nachteil zeige, bei seiner Anwendung in der Augenheilkunde infolge seiner gefäßerweiternden Eigenschaften bei den Operationen Nachblutungen sowie eine gewisse Schmerzhaftigkeit bei Injektionen zu erzeugen.

Das niedere Homologe des Triacetonamins, Vinyldiacetonamin, wurde ebenfalls zu künstlichen Tropeinen aufgebaut.

N-Methylvinyldiacetonalkamin

HO H
C
H_2C CH_2
H \ C C / CH_3
H_3C / N \ CH_3
CH_3

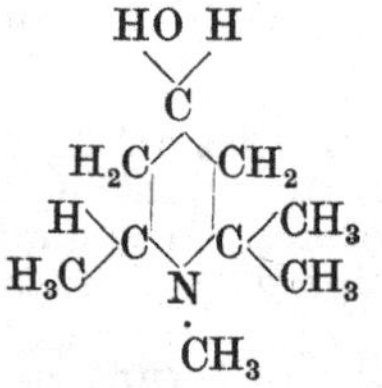

wird in die Amygdalylverbindung übergeführt, analog dem Amygdalyltriacetonmethylalkamin, welches dem Homatropin analog wirkt. Bei der Darstellung des N-Methylvinyldiacetonalkamins bilden sich zwei stereoisomere Alkamine, und zwar α und β. Deren Entstehung beruht auf dem Vorhandensein zweier asymmetrischer C-Atome im Ring. Bei Überführung dieser stereoisomeren Alkamine in die Amygdalylderivate gibt nur das β-Alkamin eine mydriatisch wirksame Verbindung, während das aus dem entsprechenden α-Alkamin gewonnene unwirksam ist.

Ebenso ist das Amygdalylderivat des Tropins, das Homatropin, ein starkes Mydriaticum, während das stereoisomere Amygdalyl-ψ-tropin unwirksam ist.

Vinyldiacetonaminoxim (I)[2]) gibt, je nachdem man es mit Zinkstaub und alkoholischer Salzsäure oder mit Natrium und Amylalkohol reduziert, zwei verschiedene p-Aminomethylpiperidine (II), aus denen mittels salpetriger Säure zwei isomere Alkamine (III) entstehen.

(I) 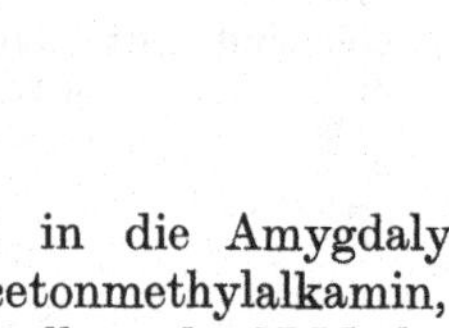 C:N·OH / H_2C CH_2 / $CH_3 \cdot HC$ $C \cdot (CH_3)_2$ / N / H

(II) 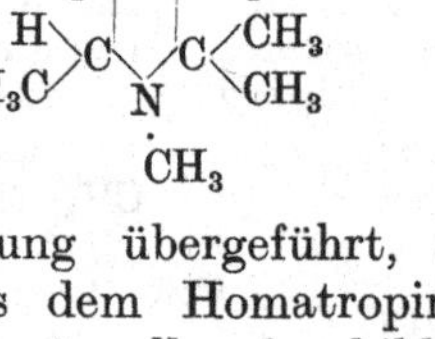 $CH \cdot NH_2$ / H_2C CH_2 / $H_3C \cdot HC$ $C \cdot (CH_3)_2$ / N / H

(III) 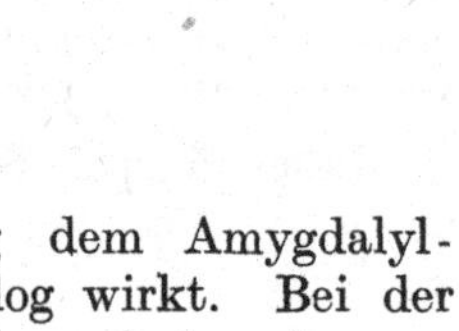 CH·OH / H_2C CH_2 / $CH_3 \cdot HC$ $C \cdot (CH_3)_2$ / N / H

Durch Natriumamylat läßt sich das höher schmelzende, sowie das Gemenge welches E. Fischer in der Hand gehabt, in das niedriger schmelzende umlagern. Es scheint sich, nach Harries, um raumisomere Verbindungen zu handeln; die Vinyldiacetonalkamine sind als niedere Homologe des Tropins und ψ-Tropins aufzufassen. Das methylierte Mandelsäurealkaloid gleicht in der physiologischen Wirkung der labilen Base, dem Homatropin, dasjenige der stabilen (niedriger schmelzende) den ψ-Tropeinen.

---

[1]) D.R.P. 90069. [2]) Harries, C.: Ber. d. dtsch. chem. Ges. Bd. 29, S. 2730. 1896.

Gaetano Vinci[1]) hat die Fragen, welche sich an den Zusammenhang zwischen Konstitution und Wirkung in der Eucainreihe knüpfen, untersucht. Die für die ganze Gruppe der cocainartig wirkenden Körper grundlegende Frage nach der Rolle des Benzoylradikals erfährt hier eine Beleuchtung, die sehr für die Ansicht von W. Filehne und P. Ehrlich spricht.

Wie Cocain, so verliert auch Eucain seine lokalanästhesierende Wirkung, wenn die Benzoyl- durch eine Acetylgruppe ersetzt wird. Ersetzt man im Eucain die Benzoylgruppe durch aromatische Radikale, wie Phenylacetyl-, Phenylurethan-, Cinnamyl-, Amygdalyl-, so zeigen die erhaltenen Verbindungen mit Ausnahme des Amygdalylderivates ausgesprochen lokalanästhesierende Wirkung. Ebenso wie die Triacetonalkamincarbonsäurederivate verhalten sich die Derivate des Triacetonalkamins und der unsymmetrischen Homologen desselben. Sowohl Triacetonalkamin, als auch Vinyldiacetonalkamin sind lokal ganz wirkungslos. Ersetzt man aber das Wasserstoffatom des Hydroxyls durch den Rest einer aromatischen Säure, so bekommt man eine ausgesprochen lokalanästhesierende Wirkung.

Nur die Mandelsäure macht eine Ausnahme. Euphthalmin, das salzsaure Salz des Mandelsäureesters des labilen N-Methyl-vinyl-diacetonalkamins, unterscheidet sich von Eucain B dadurch, daß der Wasserstoff der Aminogruppe durch Methyl ersetzt und an Stelle der Benzoylgruppe der Mandelsäurerest $C_6H_5 \cdot CH(OH) \cdot CO$— getreten ist. Dieser leicht wasserlösliche Körper macht Pupillenerweiterung, aber keine Anästhesie. Er ist ohne unangenehme Nebenwirkungen und wurde aus diesem Grunde als Ersatzmittel des Atropins empfohlen[2]).

Es verliert auch das von W. Filehne untersuchte Benzoyl-N-methyltriacetonalkamin seine lokalanästhesierenden Eigenschaften, wenn die Benzoylgruppe durch die Methylgruppe ersetzt wird.

Die Veresterung der Carboxylgruppe, welche in der Cocaingruppe eine so große Rolle bei dem Zustandekommen der lokalanästhesierenden Eigenschaften spielt, scheint nach Vinci in dem Eucainmolekül ohne Bedeutung zu sein. So wirkt Benzoyltriacetonalkamincarbonsäure exquisit lokalanästhesierend, obwohl die Carboxylgruppe nicht verestert ist, während anderseits die Äthyl- und Methyltriacetonalkamincarbonsäuremethylester keine lokalanästhesierenden Eigenschaften besitzen, obwohl das ätherifizierende Alkylradikal nicht fehlt.

Es war ferner von Interesse bei diesen Verbindungen zu suchen, auf welcher Gruppe im Molekül die Reizerscheinung beruht. Es zeigte sich da, daß Triacetonamin und Triacetonalkamin lokal nur eine leichte Hyperämie hervorrufen, Triacetonalkamincarbonsäure aber als solche stark lokalreizend wirkt. Andererseits reizen alle Alkaminderivate viel weniger als die entsprechenden Alkamincarbonsäurederivate. Es scheint, daß das Auftreten der Carboxylgruppe eine große Rolle bei dem Auftreten der Reizerscheinungen spielt. Die Veresterung der Carboxylgruppe vermindert etwas das Auftreten der lokalen Reizerscheinungen.

Auch der Benzoylrest löst neben der anästhesierenden Wirkung lokale Reizerscheinungen aus, denn Benzoyltriacetonalkamin ruft im Gegensatze zum Triacetonalkamin lokale Reizung hervor.

Die Körper der Eucaingruppe wirken alle anfangs auf das Nervensystem mehr oder weniger erregend, später lähmend. Diejenigen, welche die Carboxyl-

[1]) Virchows Arch. f. pathol. Anat. u. Physiol. Bd. 145, S. 78; Bd. 149, S. 217; Bd. 154, S. 549.

[2]) Treuther: Klin. Monatsbl. f. Augenheilk. 1897, Sept. — Vossius: Dtsch. med. Wochenschr. 1897, Nr. 38.

gruppe verestert oder nicht verestert erhalten, d. h. die Alkamincarbonsäurederivate, rufen starke Erhöhung der Reflexe, Erregung, allgemeine tonische und klonische Krämpfe hervor, die sich nach kurzer Zeit wiederholen, bis schließlich das Lähmungsstadium auftritt. Das periphere Nervensystem wird jedoch von diesen Körpern nicht affiziert. Im allgemeinen ist das Intoxikationsbild mit Varianten das des Eucains. Bei den Alkaminderivaten dagegen, welchen die Carboxylgruppe fehlt, ist die reizende Wirkung nur von kurzer Dauer, die allgemeinen Lähmungserscheinungen treten früh ein und beherrschen das Vergiftungsbild. Die motorischen peripheren Nervenendigungen werden wie durch Curare affiziert und auch der Vagus wird durch große Dosen gelähmt. Das Intoxikationsbild entspricht bei allen Körpern dem Typus des Eucains B.

Triacetonamincyanhydrin, das Zwischenprodukt bei der Darstellung des Eucains, wirkt bei Tieren stärker brechenerregend als Cyankalium, dagegen schwächer krampferregend. Die Cyangruppe ist schwer abspaltbar[1]).

Triacetonamin

```
              O
              C
        H2C/   \CH2
  CH3\C  |     |  C/CH3
  CH3/    \   /    \CH3
             N
             H
```

besitzt die stärkste Curarewirkung, diese Wirkung bleibt auch noch bei dem Triacetonalkamin

```
           HO·C·H
        H2C/   \CH2
  CH3\C  |     |  C/CH3
  CH3/    \   /    \CH3
             N
             H
```

und dessen Derivaten erhalten, während die Triacetonalkamincarbonsäure und die von derselben sich

```
         OH·C·COOH
        H2C/   \CH2
  CH3\C  |     |  C/CH3
  CH3/    \   /    \CH3
             N
             H
```

ableitenden Verbindungen eine solche Wirkung nicht zeigen. Es scheint das Auftreten der Carboxylgruppe die charakteristische Curarewirkung des Triacetonamins aufzuheben. Triacetonalkamincarbonsäure ist aber giftiger als Triacetonamin und Triacetonalkamin, was sehr merkwürdig ist!

In der Eucaingruppe ist die Veresterung der Carboxylgruppe von großer Bedeutung für die Giftigkeit, wenn auch nicht für die Anästhesie. So sind die Alkamincarbonsäurederivate, welche verestert sind, doppelt und auch dreifach toxischer als die entsprechenden Alkaminderivate, bei welchen die veresterte Carboxylgruppe fehlt.

Ersetzt man im Eucain die Benzoylgruppe durch die Cinnamylgruppe, so erhält man Cinnamyl-N-methyltriacetonalkamincarbonsäuremethylester. Dieser ist dreimal so giftig als Cinnamyl-N-methyltriacetonalkamin. Beim Eintreten des esterifizierenden Alkylradikals in das Molekül des Eucains und diesem nahestehender Verbindungen ändern sich also die allgemeinen Vergiftungserscheinungen, und die Giftigkeit wird in besonderem Maße vermehrt.

Der Eintritt von aromatischen Radikalen für den Wasserstoff der Hydroxyl-

[1]) Sievers: Diss. Kiel 1897.

gruppe dieser Verbindungen erhöht die Giftigkeit dieser Körper ungemein. Am schwächsten toxisch wirken das Phenylurethan- und das Cinnamylderivat, am stärksten toxisch das Phenylacetyl- und das Amygdalylderivat. Viel weniger toxisch, aber immer noch giftiger als die Grundsubstanzen sind die Methyl- und Äthylderivate.

Auch das niedere Homologe des Benzoyltriacetonamin, Benzoyl-β-oxytetramethylpyrrolidin, das sich vom fünfgliedrigen Pyrrolidin ableitet, während das erstere vom sechsgliedrigen Piperidin

$$\begin{array}{l} \quad\quad\quad\quad\quad H \\ \quad\quad\quad CH_2—C—O\cdot OC\cdot C_6H_5 \\ \quad\quad\quad | \quad\quad\quad \diagdown \\ (CH_3)_2:C—NH—C:(CH_3)_2 \end{array}$$

wirkt, wie H. Hildebrandt gezeigt hat, kräftig anästhesierend[1]), wie das Eucain B.

Für die physiologische Wirkung wenigstens in qualitativer Hinsicht macht es keinen wesentlichen Unterschied, ob im Falle der Anaesthetica der Benzoylester und im Falle der Mydriatica der Mandelsäureester von Alkoholen der Piperidin- oder der Pyrrolidinreihe vorliegen. Ferner kann die dem Piperidin nahekommende Allgemeinwirkung des Pyrrolidin durch Einführung entsprechender Atomkomplexe, d. h. esterifizierender Alkylradikale in analoger Weise modifiziert werden, und somit steht Pyrrolidin in seinen Derivaten dem Piperidin außerordentlich nahe[2]).

Die dem Euphthalmin eigene mydriatische Wirkung kommt dem entsprechenden Mandelsäureester des Pyrrolidinderivates nur insofern zu, als die Erregbarkeit des Sphincter iridis durch Lichtreiz herabgesetzt ist. Die allgemeine Giftwirkung des Benzoylderivates ist kräftig, aber viel geringer als die des Eucain B.

Iso-β-eucain wird im Gegensatz zum β-Eucain, dem o-Benzoyl-α-vinyldiacetonalkamin, das o-Benzoyl-β-vinyldiacetonalkamin genannt[3]). Zur Spaltung des β-Eucains wurde d-Campher-10-sulfosäure benutzt. Die Spaltung des Iso-β-eucains wurde mittels d-α-Brom-π-camphersulfosäure durchgeführt.

Alle diese Eucaine haben nach J. H. Burn auf die Hornhaut gleiche Wirkungen, während am Nervus sciaticus des Frosches β-Eucain stärker wirkt als Iso-β-eucain. Die optischen Antipoden zeigen gegenüber den dl-Verbindungen keine Abweichung. Dies gilt beim Iso-β-eucain auch bzgl. der Giftigkeit, die hier etwas größer ist als β-Eucain; d-β-Eucain ist dagegen nur $^1/_2$ so giftig wie die l-Verbindung[4]).

Das Lactat des o-Benzoyltriacetonalkamins ist weniger giftig als Cocain. In großen Dosen wirkt es aber sehr schädigend auf das Herz[5]).

Der Mandelsäureester des β-Oxytetramethylpyrrolidins zeigte eine erheblich geringere Giftwirkung und entspricht darin dem Euphthalmin.

Vom Tetramethylpyrrolidincarbonamid, welches leichte Curarewirkung hat[6]), gelangt man über β-Ketotetramethylpyrrolidin zum β-Oxytetramethylpyrrolidin.

$$\begin{array}{c} H_2C \;—\; CH\cdot OH \\ \begin{array}{c} CH_3 \\ CH_3 \end{array}\!\!>C \quad\quad C<\!\!\begin{array}{c} CH_3 \\ CH_3 \end{array} \\ N \\ H \end{array}$$

---

[1]) Liebigs Ann. d. Chem. Bd. 322, S. 92.

[2]) Hildebrandt, H.: Arch. internat. de pharmaco-dyn. et de thérap. Bd. 8, S. 499.

[3]) D.R.P. 95620, Vinci: Virchows Arch. f. pathol. Anat. u. Physiol. Bd. 149, S. 217.

[4]) King, Harold: Journ. of the chem. soc. (London) Bd. 125, S. 41. 1924.

[5]) Clarke, C. H. u. Francis Francis: Ber. d. dtsch. chem. Ges. Bd. 45, S. 2060. 1912.

[6]) Arch. f. exp. Pathol. u. Pharmakol. Bd. 40, S. 315.

Die Benzoyl- und Mandelsäureester dieser Base stehen chemisch in naher Beziehung zu Eucain B und Euphthalmin. Der Benzoylester wirkt stark lokal anästhesierend, steht aber hinter dem Eucain B zurück. Eucain B ist giftiger als das entsprechende Pyrrolidinderivat. Der Mandelsäureester wirkt wie Euphthalmin auf die Iris, aber erheblich schwächer.

Die Darstellung der Eucaine und analog gebauter Körper geschieht nach folgenden Verfahren.

Durch Einwirkung von Benzoylchlorid auf Triacetonalkamin und Benzaldiacetonalkamin wird das Hydroxylwasserstoffatom durch die Benzoylgruppe ersetzt. Auf diees Weise gelangt man zu dem oben besprochenen Eucain B[1]).

Um zu den Carbonsäuren der Triacetonaminverbindungen zu gelangen, stellt man vorerst die Cyanhydrine von γ-Piperidonen und N-Alkyl-γ-Piperidonen durch Blausäureanlagerung her[2]). Man versetzt die konz. wässerige Lösung des Triacetonamins mit roher Salzsäure und fügt eine Cyankaliumlösung hinzu, es fällt dann das Cyanhydrin aus.

Diese Cyanhydrine lassen sich in die entsprechenden Iminoäther verwandeln. Zu diesem Zwecke wird das Cyanhydrin in absolutem Alkohol fein suspendiert und unter guter Kühlung Salzsäuregas durchgeleitet, worauf der salzsaure Iminoäther auskrystallisiert[3]).

Die γ-Oxypiperidincarbonsäuren, welche man zur Darstellung des Eucains benötigt, stellt man dar durch Kochen der Cyanhydrine mit konz. Salzsäure[4]).

Man gelangt zur Tetramethyl-γ-oxypiperidincarbonsäure aus dem Triacetonamincyanhydrin, zur N-Methyltetramethyl-γ-oxypiperidincarbonsäure aus dem N-alkylierten Triacetonamincyanhydrin, zur Dimethylphenyl-γ-oxypiperidincarbonsäure aus Benzaldiacetonamincyanhydrin. Aus Vinyldiacetonamincyanhydrin erhält man Trimethyl-γ-oxypiperidincarbonsäure. Auf die gleiche Weise gelangt man auch zu den N-alkylierten Derivaten dieser Verbindung.

Von diesen Säuren aus gelangt man nun leicht zum Eucain, wenn man den Carboxylwasserstoff und den Imidwasserstoff durch Alkylradikale, den Hydroxylwasserstoff durch Säureradikale ersetzt. Man kommt so zu alkaloidartigen Körpern von der allgemeinen Konstitution

```
Acyl·O·C·COO·Alkyl
    H2C/ \CH2
      |   |
    >C    C<
       \ /
        N—
```

Die Säuren werden zu diesem Zwecke in Methylalkohol gelöst, in die siedende Lösung trockenes Chlorwasserstoffgas eingeleitet. Der gebildete Methylester wird mit Benzoylchlorid erhitzt[5]).

Folgende Verbindungen wurden nach diesem Verfahren aus dieser Gruppe dargestellt:

N-Methyl-benzoyl-tetramethyl-γ-oxypiperidincarbonsäuremethylester, N-Äthyl-benzoyltetramethyl-γ-oxypiperidincarbonsäuremethylester, N-Methyl-benzoyltetramethyl-γ-oxypiperidincarbonsäuremethylester, N-Äthyl-benzoyltetramethyl-γ-oxypiperidincarbonsäureäthylester, N-Propyl-benzoyltetramethyl-γ-oxypiperidincarbonsäuremethylester, N-Allylbenzoyltetramethyl-γ-oxypiperidincarbonsäuremethylester, dann N-Methyl-benzoyldimethylphenyl-γ-oxypiperidincarbonsäuremethylester, N-Methyl-benzoyltrimethyl-γ-oxypiperidincarbonsäuremethylester.

Statt der Benzoylgruppe kann man andere aromatische und aliphatische Säuren eintreten lassen. Ferner wurden in dieser Gruppe, ohne praktische Verwendung gefunden zu haben, dargestellt:

o-, m-, p-Toluyltetramethyl-γ-oxypiperidincarbonsäureester, o-, m-, p-Toluyl-N-alkyltetramethyl-γ-oxypiperidincarbonsäureester, Toluyl-N-alkyltrimethyl-γ-oxypiperidincarbonsäureester, Phenylacet-N-alkyltetramethyl-γ-oxypiperidincarbonsäureester, Phenylacet-N-alkyltrimethyl-γ-oxypiperidincarbonsäureester, Phenylchloracet-N-alkyltetramethyl-γ-oxypiperidincarbonsäureester, Phenylbromacet-N-alkyltetramethyl-γ-oxypiperidincarbonsäureester, Cinnamyl-N-alkyltetramethyl-γ-oxypiperidincarbonsäureester, Phenylglykolyl-N-alkyltetramethyl-γ-oxypiperidincarbonsäureester, Phenylglykolyl-N-alkyltrimethyl-γ-oxypiperidincarbonsäureester, Propyl-N-alkyltetramethyl-γ-oxypiperidincarbonsäureester, Acetyl-N-alkyltetramethyl-γ-oxypiperidincarbonsäureester.

Für die Darstellung der Körper der Eucainreihe sind noch folgende Verfahren von Wichtigkeit. Die unsymmetrischen cyclischen Basen der Acetonalkaminreihe[6]), wie z. B.

---

[1]) D.R.P. 90069, 95620, 97009, 97672, 101332, 102235.
[2]) D.R.P. 91122. [3]) D.R.P. 91081. [4]) D.R.P. 91121.
[5]) D.R.P. 90245. [6]) D.R.P. 95622, 96539.

Vinyldiacetonalkamin, existieren in zwei isomeren Formen, ähnlich wie Tropin und Pseudotropin. Man stellt sie dar durch Reduktion von Vinyldiacetonamin mit Natrium- oder Aluminiumamalgam[1]). Diese Reduktion kann auch statt mit Natriumamalgam auch mit elektrolytischem Wasserstoff vorgenommen werden[2]).

Die labilen Modifikationen lassen sich in die stabilen nach dem von R. Willstätter bei der Umlagerung des Tropins in Pseudotropin angewandten Verfahren umlagern. Hierbei wird mit Natriumamylat gekocht. Aus den labilen Formen der Alkamine kann man zu wertvollen alkaloidartigen Körpern durch Acylierung gelangen.

Wenn man Natrium auf die freien Basen dieser Reihe und Tropin einwirken läßt, und zwar in einem indifferenten Lösungsmittel, so erhält man Natriumalkaminate. Diese sind außerordentlich reaktionsfähig und man kann durch Einwirkung von Halogenalkylen oder Säurechloriden, Halogenfettsäureestern, Harnstoffchloriden usw. die entsprechenden Hydroxylwasserstoffsubstitutionsprodukte der Alkamine bzw. Alkamincarbonsäureester erhalten[3]).

Die Benzoesäureester der beiden Trimethyldiäthyloxypiperidine, welche man durch Reduktion des α-α_1-β-Trimethyl-α-α_1-diäthyl-γ-ketopiperidin

$$\begin{array}{ccccc} & & O & & \\ & & \| & & \\ & & C & & \\ & H_2C & & CH \cdot CH_3 & \\ CH_3 & C & & C & CH_3 \\ C_2H_5 & & N & & C_2H_5 \\ & & H & & \end{array}$$

erhält, wirken örtlich anästhesierend[4]).

1. Methyl-3-carbäthoxy-4-piperidylbenzoat

$$\begin{array}{lll} & CH_2 - & CH \cdot COO \cdot C_2H_5 \\ CH_3 \cdot N & & CH \cdot OOC \cdot C_6H_5 \\ & CH_2 \cdot & CH_2 \end{array}$$

wirkt ebenso toxisch wie Cocain, das Anästhesierungsvermögen ist nur $^1/_5$ des Cocains, und γ-(Methyl-β-carbäthoxyäthyl)-aminopropylbenzoat

$$\begin{array}{lll} & CH_2 \cdot CH_2 \cdot COO \cdot C_2H_5 & \\ CH_3 \cdot N & & CH_2 \cdot OOC \cdot C_6H_5 \\ & CH_2 - CH_2 & \end{array}$$

ist nur $^1/_3$ so toxisch wie Cocain, anästhesiert gar nicht oder nur sehr schwach[5]).

Dolantin (Höchst) 4-(β-Methyloxäthylamino)-benzoesäure-β-piperidinäthylmonohydrochlorid ist dem Tutocain gleichwertig.

Das Chlorhydrat des Benzoesäureesters des Dimethylaminomethyl-(2)-cyclohexanol (1) ist ein sehr kräftiges, aber ziemlich giftiges Lokalanaestheticum[6]).

B. Fette Alkamine.

Die nun zu beschreibende Reihe anästhesierender Mittel leitet sich von fetten Alkaminen ab, von der Idee ausgehend, daß nicht nur die Alkamine mit doppeltem (Piperidin-Pyrrolidin) und einfachem Ringsystem (Piperidin oder Pyrrolidin), sondern auch die fetten Alkamine Derivate geben, welche lokalanästhesierend wirken; da nun auch die Ester der Aminobenzoesäure wie der meisten aromatischen Säuren anästhesierend wirken, werden statt der Ester der Benzoesäure mit fetten Alkaminen Ester der Aminobenzoesäure dargestellt.

---

1) D.R.P. 95261. 2) D.R.P. 95623, 96352. 3) D.R.P. 106492, 108223.

4) Traube, W.: Ber. d. dtsch. chem. Ges. Bd. 41, S. 777. 1908.

5) Mc Elvain, S. M. (Henry L. Schmitz): Journ. of the Americ. chem. soc. Bd. 46, S. 1721. 1924.

6) Mannich, C. und R. Braun: Ber. d. dtsch. chem. Ges. Bd. 53, S. 1874. 1920.

Auf diesen Ideen beruhen folgende Versuche, welche sich zum Teil auch in der Praxis bewährt haben.

Fourneau nimmt an, daß die lokalanästhesierende Wirkung des Cocain nicht von der Carboxymethylgruppe abhängt, da Tropacocain und β-Eucain diese nicht besitzen und trotzdem anästhesierend wirken, aber sie sei abhängig von einer sekundären oder tertiären Aminogruppe und einer tertiären Alkoholgruppe, die durch eine beliebige aromatische Säure verestert wird. Aminoalkohole, die vom Piperidin sich ableiten, sind aber giftiger (Eucain und Tropacocain). Fourneau hat nun gefunden, daß die acidylierten Derivate der meisten Aminoalkohole lokalanästhesierend wirken, der Piperidinkern dazu nicht erforderlich ist und diese Eigenschaft am stärksten ist, wenn die Alkoholgruppe eine tertiäre und die Aminogruppe sich in der Nähe der Alkoholgruppe befindet.

Er[1]) hat Aminoalkohole durch Erhitzen der Chlorhydrine mit zwei Molekülen eines tertiären oder sekundären Amins in Alkohol dargestellt. Durch Benzoylierung erhält man krystallisierbare Substanzen, diese Substanzen haben lokalanästhesierende Funktionen.

Die Aminoalkohole (Alkamine) und ihre Ester besitzen starke und andauernde lokalanästhesierende Eigenschaften und sind sehr wenig giftig. Die Salze sind leicht löslich, erregen keine schmerzhafte Anästhesie und sind kochbeständig.

Das Chlorhydrat des Benzoyltetramethyldiaminooxyisobuttersäureäthylesters $C_6H_5 \cdot COO \cdot C[CH_2 \cdot N(CH_3)_2]_2 \cdot COO \cdot C_2H_5 \cdot HCl$ wirkt auf der Zunge stark anästhesierend, aber schon die 1proz. Lösung reizt die Haut[2]).

Stovain, von Fourneau durch Einwirkung von Äthylmagnesiumbromid auf Dimethylaminoaceton und Benzoylierung des Reaktionsproduktes dargestellt, ist das Chlorhydrat des Benzoyläthyldimethylaminopropanols (Chlorhydrat des α-Dimethylamino-β-benzoylpentanols)

$$\begin{array}{c} N(CH_3)_2 \cdot HCl \\ | \\ CH_2 \\ | \\ C_2H_5{-}C{-}O \cdot CO \cdot C_6H_5 \\ | \\ CH_3 \end{array}$$

Benzoyl-β-oxy-α-diäthylaminoäthylbuttersäureäthylester ist dem Fourneauschen Benzoyl-α-oxy-α-dimethylaminoäthylbuttersäureäthylester ähnlich, aber als Schleimhautanaestheticum erheblich stärker wirksam. Er hat gefäßerweiternde Wirkung. Intravenös ist er 3mal so giftig als Cocain.

L. Launoy und Y. Fujimori untersuchten die benzoylierten Derivate einer Anzahl von Aminoalkoholen der Formel

$$\text{a) } (CH_3)_2N \cdot CH_2 \cdot C\begin{cases} R \\ OH \\ CH_3 \end{cases} \quad \text{und} \quad \text{b) } (CH_3)_2N \cdot CH_2 \cdot CH_2 \cdot CHOH \cdot R,$$

in denen R ein Radikal der Fettreihe oder der aromatischen ist. Die beiden Gruppen unterscheiden sich insofern, als a) tertiäre, b) sekundäre Alkohole darstellt, erstere Gruppe eine verzweigte, letztere eine normale Kette von C-Atomen führt, und endlich die Stellung der OH- und der NH_2-Gruppe zueinander in beiden Fällen verschieden ist.

Aus der ersten Reihe, zu der das Stovain gehört, wurden die Derivate des 2-Methyl-, 2-Äthyl-, 2-Amyl-, 2-Phenyl- und 2-Benzylpropanols unter-

[1]) Cpt. rend. hebdom. des séances de l'acad. des sciences. Bd. 138, I, S. 766. 1904. — Journ. de pharmacie et de chim. Bd. 20, S. 481.

[2]) Fourneau, Ernest: Bull. de la soc. de chim. biol. de France [4] Bd. 29, S. 413. 1921.

sucht; aus der zweiten Reihe, zu der das Tropacocain zählt, Derivate des 3-Äthyl- und 3-Amylpropanols. Die zweite Reihe ist merklich weniger toxisch als die erste. Weiterhin sind die C_5-Derivate der Fettreihe die giftigsten. Endlich sind die Benzylderivate den Phenylderivaten an Giftigkeit überlegen. Die hämolytische Wirkung auf rote Blutkörperchen steigt mit dem Molekulargewicht, auch scheint sie mit zunehmendem gegenseitigen Abstand der OH- und NH_2-Gruppe zu wachsen. Die anästhesierende Wirkung der Derivate der tertiären Alkohole ist denen der sekundären überlegen. In der ersten Gruppe ist wiederum das Maximum bei dem C_5-Alkohol erreicht[1]).

Aus β-Chlorpropionaldehyd und Phenylmagnesiumbromid entsteht Phenylchloräthylcarbinol $C_6H_5 \cdot CHOH \cdot CH_2 \cdot CH_2Cl$, das mit Aminen die entsprechenden 1, 3-Aminoalkohole liefert. Die anästhesierende Wirkung der Benzoesäureester der 1, 3-Aminoalkohole scheint der Wirkung der Stovaingruppe zu gleichen, aber nicht so lange anzuhalten[2]).

Apothesin ist salzsaures Cinnamyldiäthylaminopropanol, es dient als Anaestheticum.

Propanolbenzoyldimethylamin

$$\begin{matrix}CH_3\\CH_3\end{matrix}\!\!>N(CH_2)_3\cdot O\cdot CO\cdot C_6H_5$$

wirkt viel schwächer anästhesierend als Ekkain.

Dipropanolbenzoylmethylamin

$$CH_3\cdot N\!<\!\begin{matrix}(CH_2)_3\cdot O\cdot CO\cdot C_6H_5\\(CH_2)_3\cdot O\cdot CO\cdot C_6H_5\end{matrix}$$

ist in bezug auf Lokalanästhesie unwirksam, hat aber auch, wie Ekkain, eine lähmende Wirkung auf die Darmmuskulatur.

Dimethylaminomethyl-, Dimethylaminoäthyl- und Diäthylaminoäthylbenzoesäureester wirken sämtlich anästhesierend, aber sind nur mäßig wirksam; die zweite Verbindung ist dabei reizend. Die Äthylgruppe ist wirksamer als Methyl[3]).

Die Kohlensäureester spalten im Gewebe schnell die Estergruppe ab und werden so unwirksam[4]).

Nagai[5]) hat eine dem Alkaloid Ephedrin nahe verwandte Verbindung Mydriatin hergestellt und aus dieser durch Äthylieren und Benzoylieren das lösliche Allocain S und das unlösliche Allocain A gewonnen. Die S-Verbindung wirkt örtlich lähmend auf sensorische Nervenendigung und Nervenfasern, stärker als Novocain und schwächer als Cocain. In größerer Menge lähmt es das Herz, es wirkt stärker antiseptisch als Novocain oder Cocain.

Ephedrin $C_6H_5\cdot CH(OH)\cdot CH(CH_3)\cdot NH\cdot CH_3$.
Mydriatin $C_6H_5\cdot CH(OH)\cdot CH(CH_3)\cdot NH_2$.
Allocain S. $C_6H_5\cdot CH(O\cdot CO\cdot C_6H_5)\cdot CH(CH_3)\cdot NH\cdot C_2H_5$.
Allocain A. $C_6H_5\cdot CH(O\cdot CO\cdot C_6H_5)\cdot CH(CH_3)\cdot N(C_2H_5)_2$.

Durch Einwirkung primärer oder sekundärer aliphatischer Amine auf Halogenhydrine der Struktur

$$\begin{matrix}CH_2\cdot Cl(J, Br)\\|\\R_1-C-OH\\|\\R_2\end{matrix} \quad \text{erhält man Aminoalkohole} \quad \begin{matrix}CH_2\cdot N\!<\!\begin{matrix}R_4\\R_3\end{matrix}\\|\\R_1-C-OH\\|\\R_2\end{matrix}$$ [6])

1) Cpt. rend. des séances de la soc. de biol. Bd. 82, S. 732. 1919.

2) Fourneau, Ernest und Pauline Ramart-Lucas: Bull. de la soc. de chim. biol. de France [4] Bd. 25, S. 364. 1919.

3) Lyan, E. V. u. F. V. Lofgren: Americ. journ. of pharmac. assoc. Bd. 14, S. 970. 1925.

4) Fromherz, K.: Arch. f. exp. Pathol. u. Pharmakol. Bd. 93, S. 34. 1922.

5) Kubota, Seiko: Journ. of pharmacol. a. exp. therapeut. Bd. 12, S. 361. 1919.

6) Riedel, Berlin, D.R.P. 169819.

Man läßt magnesiumorganische Verbindungen auf Aminoacetone oder auf die Ester einer Aminosäure mit tertiärer Aminogruppe zur Einwirkung gelangen. Man kann auf diese Weise die Darstellung der Halogenhydrine umgehen und viel bequemer arbeiten. Ihre benzoylierten Derivate sind wenig giftige anästhesierende Substanzen, ihre Lösung sterilisierbar. Beschrieben sind Dimethylaminodimethyläthylcarbinol, Dimethylaminomethyldiäthylcarbinol, Dimethylaminodimethylphenylcarbinol, Dimethylaminotrimethylcarbinol, Dimethylaminodimethylphenylcarbinol, Dimethylaminodimethylbenzylcarbinol, Dimethylaminodimethylpropylcarbinol, Dimethylaminodimethylisobutylcarbinol, Dimethylaminodimethylisoamylcarbinol[1]).

Aminoalkylester der allgemeinen Formel[2])

$$\begin{array}{c} CH_2\cdot N\begin{smallmatrix} R_3 \\ R_4 \end{smallmatrix} \\ | \\ R_1\text{—}C\text{—}OH \\ | \\ R_2 \end{array} \qquad \begin{array}{l} R = \text{Acidyl, } R_1 = \text{Alkyl oder Aryl oder Aralkyl,} \\ R_2 = \text{desgl., } R_3 \text{ und } R_4 = \text{Alkyl} \end{array}$$

erhält man, indem man Aminoalkohole mit tertiärer Aminogruppe acidyliert.

Die Lösungen dieser Substanzen sind kochbeständig. Man erhält diese acidylierten Derivate durch Behandlung der Aminoalkohole mit einem Säurechlorid entweder in Gegenwart von Pyridin oder durch Vermischen des Säurechlorids in ätherischer oder benzolischer Lösung mit den Aminoalkoholen oder durch Behandlung der Base in benzolischer Lösung mit Benzoesäureanhydrid. Dargestellt wurden:

Dimethylaminotrimethylbenzoylcarbinol, Dimethylaminodimethylphenylbenzoylcarbinol, Dimethylaminodimethyläthylbenzoylcarbinol. (Das salzsaure Salz dieses Pentanols ist das Stovain.) Ferner Dimethylaminodimethylpropylbenzoylcarbinol, Dimethylaminodimethylisoamylbenzoylcarbinol, Dimethylaminomethyldiäthylbenzoylcarbinol, Dimethylaminodimethylbenzylbenzoylcarbinol, Dimethylaminotrimethylcinnamylcarbinol, Dimethylaminotrimethylisovalerylcarbinol, Dimethylaminodimethyläthylisovalerylcarbinol, Dimethylaminodimethyläthylcinnamylcarbinol, Dimethylaminodimethylisobutylcinnamylcarbinol, Dimethylaminodimethylisoamylcinnamylcarbinol, Dimethylaminodimethylbenzylcinnamylcarbinol, Dimethylaminodimethylphenylisovalerylcarbinol, Diäthylcarbaminsäureester des Dimethylaminodimethyläthylcarbinols, Dimethylaminodimethyläthylacetylcarbinol, Dimethylaminodimethyläthylisovalerylcarbinol.

Man erhält die gleichen Verbindungen, und zwar die diacidylierten Verbindungen, wenn man anstatt der zu verwendenden Aminoalkohole mit tertiärer Aminogruppe nunmehr die entsprechenden Aminoalkohole mit sekundärer Aminogruppe mit acidylierenden Mitteln behandelt. Diese Substanzen wirken antipyretisch und hypnotisch. Dargestellt wurden Divalerylmethylaminodimethyläthylcarbinol und Dibenzoylmethylaminodimethylphenylcarbinol[3]).

Statt der zu verwendenden Aminoalkohole mit tertiärer Aminogruppe kann man die entsprechenden Aminoalkohole mit primärer Aminogruppe mit acidylierenden Mitteln behandeln. Dargestellt wurden: Divalerylaminodimethyläthylcarbinol, Dibromvalerylaminodimethyläthylcarbinol und Dibenzoylaminodimethylphenylcarbinol[4]).

Diese Substanzen, welche sowohl Ester als auch Säureamid sind, sollen weniger giftig sein als die reinen Ester, ferner sollen Amide allgemein weniger giftig sein als die Amine, von denen sie sich ableiten. Diese Substanzen sollen stark sedativ wirken, während die analgesierenden Eigenschaften in den Hintergrund treten. Außerdem sollen sie hypnotische Eigenschaften haben. Diese Stoffe sind wasserunlöslich.

Man verwendet an Stelle der primären oder sekundären aliphatischen Amine Ammoniak, welches auf die Halogenhydrine einwirkt, so daß man zu den Aminoalkoholen der Formel gelangt[5]).

$$\begin{array}{c} CH_2\cdot NH_2 \\ | \\ R_1\text{—}C\text{—}OH \\ | \\ R_2 \end{array} \qquad \text{und} \qquad HN\begin{array}{l} \diagup CH_2\cdot C\begin{smallmatrix} R \\ OH \\ R_2 \end{smallmatrix} \\ \diagdown CH_2\cdot C\begin{smallmatrix} R_2\;OH\;R_1 \end{smallmatrix} \end{array}$$

---

[1]) Riedel, Berlin, D.R.P. 169819. [2]) Riedel, Berlin, D.R.P. 169787.
[3]) D.R.P. 181175, Zusatz zu D.R.P. 169787.
[4]) D.R.P. 194051, Zusatz zu D.R.P. 169787.
[5]) D.R.P. 189481, Zusatz zu D.R.P. 169746.

Aminoalkohole der allgemeinen Formel[1])

$$R_1-\underset{\substack{|\\R_2}}{\overset{\substack{CH_2\cdot N\left\langle\begin{smallmatrix}R_3\\R_4\end{smallmatrix}\right.\\|}}{C}}-OH$$

(R = Alkyl oder Aryl oder Aralkyl; R_2 desgl. R_3 = Alkyl; R_4 = Alkyl oder Wasserstoff) stellt man dar, indem man primäre oder sekundäre aliphatische Amine auf Äthylenoxyde der Struktur

$$R_1-\underset{\substack{|\\R_2}}{C}\overset{CH_2}{\diagdown\!\!\diagup}-O$$

einwirken läßt.

Diese Äthylenoxyde erhält man, indem man die entsprechenden Halogenhydrine mit Ätzkali in konz. Lösung behandelt. Die erhaltenen Aminoalkohole sind identisch mit denen von D.R.P. 169746. Dargestellt wurden Dimethylaminodimethyläthylcarbinol, Dimethylaminotrimethylcarbinol, Dimethylaminodimethylisoamylcarbinol usf.

Zwecks Darstellung von Aminoalkoholen der Zusammensetzung[2])

$$R_1-\underset{\substack{|\\R_2}}{\overset{\substack{CH_2\cdot NH_2\\|}}{C}}-OH \quad \text{und} \quad HN\left\langle\begin{matrix}CH_2\cdot C\left\langle\begin{smallmatrix}R_1\\OH\\R_2\end{smallmatrix}\right.\\CH_2\cdot C\left\langle\begin{smallmatrix}R_1\\OH\\R_2\end{smallmatrix}\right.\end{matrix}\right.$$

(R_1 = Alkyl oder Aryl oder Aralkyl; R_2 desgl.) läßt man an Stelle der primären oder sekundären aliphatischen Amine Ammoniak auf Äthylenoxyde der Struktur

$$R_1\cdot\underset{\substack{|\\R_2}}{C}\overset{CH_2}{\diagdown\!\!\diagup}-O$$

einwirken.

Dieses Verfahren liefert die gleichen Endprodukte wie D.R.P. 189481. Ammoniak wirkt auf die Äthylenoxyde wie die aliphatischen Amine in D.R.P. 199148. Es bilden sich aber zwei Basen, indem Ammoniak einmal auf 1 Mol. Äthylenoxyd einwirkt und das andere Mal auf 2 Mol. Man erhält aber der Hauptsache nach nur die sekundäre Base und nur sehr wenig primäre.

Oxyaminosäureester der Zusammensetzung[3])

$$CH_3-\underset{\substack{|\\COO\cdot R_2}}{\overset{\substack{CH_2\cdot N\left\langle\begin{smallmatrix}R\\R_1\end{smallmatrix}\right.\\|}}{C}}-OH \qquad (R = \text{Wasserstoff oder Alkyl, } R_1 \text{ desgl., } R_2 = \text{Alkyl})$$

erhält man, wenn man Amino-α-oxyisobuttersäure und deren N-Mono- und Dialkylderivate mit aliphatischen Alkoholen in Gegenwart von Mineralsäuren verestert. Dargestellt wurden Amino-oxyisobuttersäureäthylester. Zur Darstellung nimmt man als Ausgangsmaterial Monochlor-α-oxyisobuttersäure. Diese wird erhalten durch Kondensation von Blausäure mit Monochloraceton und Verseifung des Nitrils. Die gechlorte Säure liefert beim Erhitzen unter Druck mit Ammoniak oder Aminen die entsprechende Aminosäure, die man dann verestert. Durch Einwirkung von Chlorameisensäureester erhält man das entsprechende Urethan. Ferner wurden dargestellt: Dimethylaminooxyisobuttersäuremethylester und Äthylester und Isoamylester, Methylaminooxyisobuttersäureäthylester, Diäthylaminooxyisobuttersäureäthylester, Dimethylaminooxyisobuttersäurepropylester und das Isovalerylderivat.

Die Salze der Benzoylderivate der Dimethylaminooxyisobuttersäureester sind wegen ihrer sauren Reaktion zur Lokalanästhesie unbrauchbar.

---

[1]) D.R.P. 199148. [2]) D.R.P. 203082, Zusatz zu D.R.P. 199148.
[3]) Poulenc, Frères, Paris, und Ernest Fourneau, D.R.P. 198306.

Benzoyl-α-oxy-α-dimethylaminoäthylbuttersäureäthylester hat besonders für die Schleimhautanästhesie günstige Wirkungen, es fehlt ihm die gefäßverengende Wirkung des Cocain.

Fourneaus Benzoyl-α-oxy-α-dimethylaminopropionsäuremethylester wirkt am Nervenstamm relativ günstig, versagt aber am Nervenende ziemlich[1]).

Acetylderivate der Oxyaminsäureester des vorstehenden Patentes 198306[2]) zeigen dieselben physiologischen Eigenschaften wie die Aminoalkoholester von D.R.P. 169787, 181175 und 194051. Der Benzoesäureester z. B. zeigt bei geringer Toxizität stark anästhesierende Eigenschaften. Man erhält diese Verbindung durch Reaktion von Säurechlorid und Base und es fällt in benzolischer Lösung das Chlorhydrat der Verbindung heraus. Man kann aber auch den Aminosäureester mit Säureanhydrid kochen oder mit Säurechlorid und Soda und Pyridin schütteln. Dargestellt wurden Dimethylaminobenzoyloxyisobuttersäuremethyl- und Äthylester und Amylester, Dimethylaminoisovaleryloxyisobuttersäureäthylester, Dimethylamino-β-bromisovaleryloxyisobuttersäureäthylester, Dimethylamino-α-brom-n-caproyloxyisobuttersäureäthylester, Dimethylamino-p-nitrobenzoyloxyisobuttersäureäthylesterchlorhydrat, Dimethylamino-α-bromisovaleryloxyisobuttersäureäthylesterchlorhydrat, Dimethylaminoisovaleryloxyisobuttersäurepropylester.

Choline, die sich von den tertiären Alkoholen ableiten, sowie deren Benzoylverbindungen besitzen eine wesentlich geringere Giftigkeit als die Salze des gewöhnlichen Cholins und sind frei von der Curarewirkung des letzteren. Das sich vom Dimethyläthylcarbinol ableitende Cholin macht in der zehnfachen letalen Cholindosis höchstens eine gewisse Parese[3]). E. Schmidt[4]) hat bei den Homologen des Neurins, welche bei Verlängerung der Seitenkette entstehen, ebenfalls eine beträchtliche Abschwächung der Giftwirkung beobachtet. Geschützt ist das Verfahren zur Darstellung der Dialkylaminodimethyläthylcarbinolhalogenalkylate und ihrer Benzoylverbindungen, darin bestehend, daß man auf Dialkylaminodimethyläthylcarbinol und seine Benzoylverbindung Halogenalkyle einwirken läßt. Dargestellt wurden Trimethyltertiärpentanolammoniumbromid und dessen Benzoylverbindung, das Stovainbrommethylat, Trimethyltertiärpentanolammoniumjodid und dessen Benzoylverbindung, das Stovainjodmethylat, dann: Äthyldimethyltertiärpentanolammoniumbromid und dessen Benzoylverbindung, das Stovainbromäthylat, ebenso das Stovainjodäthylat.

Sekundäre Aminoalkohole der allgemeinen Formel[5])

$$\begin{array}{c} CH_2\cdot N\langle^{R_1}_{R_2} \\ | \\ H\text{—}C\text{—}OH \\ | \\ CH_2\cdot O\cdot R \end{array}$$

erhält man, wenn man primäre oder sekundäre aliphatische oder aromatische Amine oder Aminophenole auf die Kondensationsprodukte aus Phenolen oder Naphtholen oder deren Substitutionsprodukten und Epichlorhydrin oder Dichlorhydrin einwirken läßt. Beschrieben ist die Darstellung von p-Methylphenoxydimethylaminopropanol, ferner von 1-Methyl-4-propyl-3-phenoxydimethylaminopropanol und 1-Methoxy-2-phenoxydimethylaminopropanol, ferner β-Naphthoxydimethylaminopropanol, p-Nitrophenoxydimethylaminopropanol, Phenoxy-1-dimethylamino-3-propanol, 2-Phenoxypropanolanilin, Phenoxypropanol-p-phenetidin.

Aminoalkohole, wie Diphenoxypropanolamin $(C_6H_5\cdot O\cdot CH_2\cdot CHOH\cdot CH_2)_2NH$, Phenoxydimethylaminopropanol $C_6H_5\cdot O\cdot CH_2\cdot CHOH\cdot CH_2N(CH_3)_2$ usf. haben stark ausgeprägte antipyretische und analgetische Eigenschaften, aber sie wirken auf das Herz ungünstig[6]).

Benzoylalkylaminoäthanole erhält man durch Benzoylieren der Alkylaminoäthanole. Dargestellt wurden: Benzoyldiäthylaminoäthanol, Benzoyldimethylaminoäthanol, Benzoylmonomethylaminoäthanol, Benzoyldiisoamylaminoäthanol[7]).

In gleicher Weise kann man zu den Benzoylalkylaminomethylpentanolen kommen, welche anästhesierend wirken. Man erhält so Benzoylmethylaminomethylpentanol, Ben-

[1]) Fromherz, K.: Arch. f. exp. Pathol. u. Pharmakol. Bd. 93, S. 34. 1922.
[2]) Poulenc Frères und Fourneau, D.R.P. 202167. [3]) D.R.P. 195813.
[4]) Arch. d. Pharmazie u. Ber. d. dtsch. pharmazeut. Ges. Bd. 242, S. 706. 1904.
[5]) Poulenc Frères und Ernest Fourneau, Paris, D.R.P. 228205.
[6]) Fourneau, Ern., Billon und Launoy: Journ. de pharmacie et de chim. [7] Bd. 1, S. 55. [7]) Schering, Berlin, D.R.P. 175080.

zoyläthylaminomethylpentanol, Benzoyldimethylaminomethylpentanol, Benzoyldiäthylaminomethylpentanol[1]).

Der Benzoylester des Dimethylaminoisopropylalkohols ist wenig toxisch, ein wenig mehr als die Benzoylalkylaminoäthanole.

Man erhält diesen Ester auf die verschiedenen bekannten Weisen der Benzoylierung[2]).

Benzoylalkylaminoalkohole werden durch Erhitzen von Benzoesäureestern mit Alkaminen hergestellt, z. B. Benzoyldiäthylaminoäthanol, Benzoyldimethylaminoäthanol, Benzoyldiamylaminoäthanol und Benzoyldiäthylaminopropanol.

Solche Benzoylverbindungen werden auch durch Einwirkung von Benzoesäureestern und halogensubstituierten Alkoholen auf sekundäre aliphatische Amine dargestellt[3]). Benzoesäurepiperidinäthylester $C_6H_5 \cdot CO \cdot O \cdot CH_2 \cdot CH_2 \cdot NC_5H_{10}$ macht nur eine kurz andauernde Anästhesie und sehr starke Reizwirkung. Hingegen erhält man durch Reduktion der p-Nitrobenzoesäurealkaminester p-Aminoester, die sehr gut wirken. Die Nitroester erhält man durch Einwirkung von p-Nitrobenzoylchlorid auf Alkamine oder durch Umsetzung der p-Nitrobenzoesäureester von Chlorhydrinen, Diäthylenchlorhydrin mit Basen, wie z. B. Piperidin und Diäthylamin. Dargestellt wurden p-Aminobenzoylpiperidoäthanol, p-Aminobenzoyldiäthylaminoäthanol, p-Aminobenzoyldimethylaminoäthanol, p-Aminobenzoyldiisopropylaminoäthanol, p-Aminobenzoyldiisobutylaminoäthanol, p-Aminobenzoyldiisoamylaminoäthanol, p-Aminobenzoyldiäthylaminobutanol und das entsprechende Propanol, ferner das entsprechende Pentanol, dann p-Aminobenzoylpiperidopropanol und -pentanol, p-Aminobenzoyldiäthylaminohexanol, p-Aminobenzoylpiperidopropandiol, Bis-p-aminobenzoylpiperidopropandiol, p-Aminobenzoyldiäthylaminopropandiol, Bis-p-aminobenzoyldiäthylaminopropandiol, p-Aminobenzoyltetraäthyldiaminopropanol, p-Aminobenzoyltetramethyldiaminopropanol.

Diese Substanzen sind Analoga des Anästhesins und des Stovains und sind eine Kombination der beiden wirksamen Komponenten der Aminobenzoesäureester und der Benzoylalkamine.

Isocain oder p-Aminobenzoyldiisopropylaminoäthanol anästhesiert wie Cocain und ist nur $^3/_{10}$ so giftig[4]).

Bei den Aminoäthanolestern der p-Aminobenzoesäure und den korrespondierenden Trimethylenderivaten sieht man eine Steigerung des Anästhesierungsvermögens und der Giftigkeit bei der Substitution von höheren Alkylgruppen. Die Isopropylverbindungen sind wirksamer und giftiger als die normalen Propylverbindungen. Jede Trimethylenverbindung macht eine längere Anästhesie und ist giftiger als die entsprechende Dimethylenverbindung[5]).

Diaminoalkylester der Formel[6])

$$\begin{array}{c} CH_2 \cdot X_1 \\ \vdots \\ R \cdot C{-}O \cdot Y \\ \vdots \\ CH_2 \cdot X_2 \end{array}$$

worin R · Alkyl oder Aryl, X_1 und X_2 einen beliebigen Aminrest und Y einen Säurerest bedeutet, werden durch Behandlung der nach D.R.P. 173610 erhältlichen Aminoalkohole mit acidylierendem Mittel gewonnen. Diese Verbindungen sind z. B. das Hydrochlorid und Nitrat von β-Äthyltetramethyldiaminobenzoylglycerin, welches Alypin genannt wird. Dargestellt wurden außer dieser Verbindung noch: β-Phenyltetramethyldiaminoglycerinbenzoat, ferner β-Äthyldiaminoglycerinisovalerianat, ferner β-Äthyltetramethyldiaminoglycerinäthylcarbonat, sowie β-Äthyltetramethyldiaminoglycerinzimtsäureester. Das salzsaure Salz des Zimtsäureesters soll zweimal so stark anästhesierend wirken als Cocain. Die notwendigen Aminoalkohole werden nach D.R.P. 173610 und nach D.R.P. 168941 dargestellt. Man erhält symmetrische Dihalogenderivate tertiärer Alkohole von der allgemeinen Formel $R \cdot C(OH) \cdot CH_2 \cdot Halogen)_2$, indem man die durch Einwirkung von symmetrischen Dihalogenacetonen auf Magnesiumhalogenradikaldoppelverbindungen erhältlichen Produkte mit Wasser und Säure zersetzt. Bromäthylmagnesium wird mit Dichloraceton behandelt und man erhält β-Äthyldichlorhydrin. Ebenso kann

---

[1]) D.R.P. 181287, Zusatz zu D.R.P. 175080.

[2]) D.R.P. 189482, Zusatz zu D.R.P. 175080. [3]) Höchst, D.R.P. 187209.

[4]) Schmitz, H. L. und A. S. Loevenhart: Journ. of pharmacol. a. exp. therapeut. Bd. 24, S. 167. 1924.

[5]) Schmitz, H. L. und A. S. Loevenhart: Journ. of pharmacol. a. exp. therapeut. Bd. 25, S. 159. 1924. [6]) Höchst, D.R.P. 190688.

man das Jodhydrin und das Phenylchlorhydrin darstellen. Unter der Einwirkung von Ammoniak, oder von organischen Basen gehen diese Chlorhydrine in neue Alkoholbasen über, welche angeblich Harnsäure nicht lösen. Aus diesen Basen wird dann durch Benzoylierung Alypin dargestellt[1]).

Die Benzoylester von

$$CH_3\cdot CH(NH\cdot CH_3)\cdot CH_2\cdot CH_2\cdot OH \qquad CH_3\cdot CH(N(CH_3)_2)\cdot CH_2\cdot CH_2\cdot OH$$

$$CH_3\cdot CH(N(C_2H_5)_2)\cdot CH_2\cdot CH_2\cdot OH \qquad CH_3\cdot CH(N\cdot C_5H_{10})\cdot CH_2\cdot CH_2\cdot OH$$

wirken anästhesierend[2]).

Alypin

$$C_2H_5-C(CH_2-N{<}^{CH_3}_{CH_3})(CH_2-N{<}^{CH_3}_{CH_3})\cdot O\cdot CO\cdot C_6H_5\cdot HCl$$

Monochlorhydrat des Benzoyl-1.3-tetramethyldiamino-2-äthylisopropylalkohols macht manchmal ausgesprochene Reizwirkung und Gewebsschädigung am Applikationsort[3]). Es ist ein Ersatzmittel des Cocains, welches keine Mydriasis macht und nur halb so giftig ist wie Cocain, es macht auch keine Ischämie[4]).

Tutocain ist das Chlorhydrat einer der racemischen Formen von p-Aminobenzoyl-α-di-methylamino-β-methyl-γ-butanol $NH_2\cdot C_6H_4\cdot CO\cdot O\cdot CH(CH_3)\cdot CH(CH_3)\cdot CH_2\cdot N(CH_3)_2$[5]). Es ist reizlos und sterilisierbar, macht eine geringe Erweiterung der Blutgefäße. Es wirkt viel stärker als Novocain, schwächer als Cocain. Es ist doppelt so giftig wie Novocain, halb so giftig wie Cocain, aber es wird rasch entgiftet.

p-Aminobenzoesäurebutylester erhält man durch Veresterung von p-Nitrobenzoesäure mit n-Butylalkohol und nachherige Reduktion[6]).

Man läßt bei 50—110° Äthylenoxyd auf Aminobenzoesäurealkylester im Verhältnis von 1:1 bzw. 2:1 Mol. einwirken, gegebenenfalls unter Zusatz von etwas Wasser oder Alkohol. Dargestellt wurden p-N-Oxyäthylaminobenzoesäureäthylester, p-N-β-Dioxyäthylaminobenzoesäureäthylester[7]).

p-β-Diäthylaminoäthylaminobenzoesäureäthylester erhält man durch Behandlung von p, β-Chloräthylaminobenzoesäureäthylester[8]) $C_6H_4\cdot(NH\cdot CH_2\cdot CH_2Cl)\cdot(COO\cdot C_2H_5)$ mit Diäthylamin bei 100° unter Druck. Aus der Masse entfernt man Diäthylaminchlorhydrat mit Wasser. Es ist ein Lokalanaestheticum.

β-Ketobasen[9]) erhält man, wenn man Acetessigsäure bzw. deren Monosubstitutionsprodukte mit Formaldehyd und primären oder sekundären aliphatischen Aminen kondensiert. Beschrieben wird Dimethylamino-(1)-äthyl-(2)-butanon-(3), $CH_3\cdot CO\cdot CH(C_2H_5)\cdot CH_2\cdot N(CH_3)_2$, Piperidino-(1)-äthyl-(2)-butanon-(3), Piperidino-(1)-benzyl-(2)-butanon, Dimethylamino-(1)-butanon-(3), $CH_3\cdot CO\cdot CH_2\cdot CH_2\cdot N(CH_3)_2$ und Dimethylamino-(1)-dimethylaminomethyl-(2)-butanon-(3) $CH_3\cdot CO\cdot CH(CH_2\cdot N[CH_3]_2\cdot CH_2\cdot N(CH_3)_2$.

2-Methyl-4-diäthylaminopentanol-5 wird mit p-Nitrobenzoylhalogeniden verestert und der so entstandene p-Nitrobenzoesäureester reduziert. Beschrieben ist p-Aminobenzoesäure-2-methyl-4-diäthylaminopentylester und p-Amino-benzoesäuremethyldimethylaminopentylester[10]).

---

1) Bayer, Elberfeld, D.R.P. 173631.

2) Mannich, C. und Ph. Hochheimer: Arch. d. Pharmazie u. Ber. d. dtsch. pharmazent. Ges. Bd. 264, S. 167. 1926.

3) Braun, H.: Dtsch. med. Wochenschr. 1905, S. 1669.

4) Impens: Dtsch. med. Wochenschr. 1905, S. 29. — Seifer: ebenda, 1905, S. 34. — Impens und Hoffmann: Pflügers Arch. f. d. ges. Physiol. Bd. 100, S. 29.

5) Schulemann, Werner: Klin. Wochenschr. Bd. 3, S. 676. 1924.

6) Soc. chim. des usines du Rhône, Schw.P. 96144.

7) A.P. 1418900, 1919. Soc. chim. des usines du Rhône.

8) Soc. chim. des usines du Rhône, Schw.P.93120.

9) Mannich, Frankfurt a. M., D.R.P. 393633.

10) Flora, Zürich, Schw.P. 102142. EP. 200810. 1923. F.P. 567851.

Urethanderivate der Benzoesäure erhält man durch Umsetzung der p- oder m-Aminobenzoesäure mit Chlorkohlensäureglykolchlorhydrinestern. Die entstandenen Chlormethanbenzoesäuren werden mit primären aliphatischen Alkoholen verestert und auf die Chlormethanbenzoesäurealkylester Diäthylamin zur Einwirkung gebracht[1]).

Beschrieben sind ω-Diäthylaminourethan-p-benzoesäureäthylester $C_6H_4(COO \cdot C_2H_5)^1 \cdot (NH \cdot CO_2 \cdot CH_2 \cdot CH_2 \cdot N[C_2H_5]_2)^4$, ω-Diäthylaminourethan-m-benzoesäureallylester $C_6H_4(COO \cdot C_3H_5)^1 \cdot (NH \cdot COO \cdot CH_2 \cdot CH_2 \cdot N[C_2H_5]_2)^3$.

Man kann zu den im Schw.P. 93436 beschriebenenen Verbindungen gelangen, wenn man p-Aminobenzoesäureäthylester mit Chlorkohlensäureglykolchlorhydrinester und das entstandene Urethan mit Diäthylamin umsetzt. p-Aminobenzoesäureamylester gibt in analoger Weise den ω-Diäthylaminourethan-p-benzoesäureamylester[2]).

Zu dem ω-Diäthylaminourethan-p-benzoesäureäthylester kann man auch gelangen, indem man p-Aminobenzoesäureäthylester mit $COCl_2$ behandelt und an den entstandenen Phenylisocyanat-p-carbonsäureäthylester Diäthylaminoäthanol anlagert. Behandelt man den Phenylisocyanat-p-carbonsäureäthylester mit Dimethylaminoäthanol, so geht er in den ω-Dimethylaminourethan-p-benzoesäureäthylester $C_6H_4 \cdot (COO \cdot C_2H_5)^1 \cdot (NH \cdot COO \cdot CH_2 \cdot CH_2 \cdot N[CH_3]_2)^4$ über[3]).

N-Mono- und Dicarbonsäureester α-substitutierter Alkylendiamine erhält man, wenn man 1 bzw. 2 Mol. eines Halogenameisensäureesters auf 1 Mol. eines α-substituierten Alkylendiamins zur Einwirkung bringt. Aus Chlorameisensäurebenzylester und α-Diäthyläthylendiamin erhält man den Diäthylaminoäthylcarbaminsäurebenzylester. Ferner sind beschrieben: Dimethylaminoäthylcarbaminsäurebenzylester, N-Piperidyläthylcarbaminsäurephenyläthylester, Diäthylaminoäthyliminodicarbonsäuredimethylester, Diäthylaminoäthylcarbaminsäurehexahydrobenzylester, Diäthylaminoäthylcarbaminsäurephenyläthylester, Diäthylaminoäthylaminodicarbonsäurebisphenyläthylester[4]).

p-Aminobenzoesäurealkylester werden mit Aminoalkoholen in Gegenwart einer kleinen Menge einer Aluminiumverbindung des betreffenden Aminoalkohols als Katalysator erhitzt. Es wird p-Aminobenzoesäureäthylester und Diäthylaminoäthylalkohol unter Zusatz von ca. 2% der Aluminiumverbindung des Diäthylaminoäthanols auf 150—180° bis zum vollständigen Abdestillieren des bei der Reaktion frei werdenden Alkohols erhitzt. Aus dem Reaktionsgemisch wird der p-Aminobenzoesäurediäthylaminoäthylester als Chlorhydrat abgeschieden[5]).

Man verestert entweder N-Monoalkyl- oder N-Monoalkyloxyalkylderivate der p-Aminobenzoesäure mit Aminoalkoholen oder behandelt p-Aminobenzoesäurealkaminester mit alkylierenden oder alkyloxyalkylierenden Mitteln nach den üblichen Methoden. Dargestellt wurden p-N-Propylaminobenzoesäurediäthylaminoäthylester, p-N-β-Methoxyäthylaminobenzoesäurediäthylaminoäthylester, p-N-Allylaminobenzoesäure-β-diäthylaminoäthylester, p-N-Propylaminobenzoesäure-γ-diäthylaminopropylester, p-N-i-Amylaminobenzoesäure-β-diäthylaminoäthylester usf.[6]).

In der Reihe der p-Aminobenzoesäureester von Aminoalkoholen kommt den Derivaten von α-γ-Aminoalkoholen ($HO-\overset{|}{\underset{|}{C}}-\overset{|}{\underset{|}{C}}-\overset{|}{\underset{|}{C}}-NR_2$) das Maximum der anästhesierenden Wirkung zu.

Bei der Untersuchung der Aminoäthanolester der p-Aminobenzoesäure und der entsprechenden Trimethylenderivate der Form $NH_2 \cdot C_6H_4 \cdot COO \cdot CH_2 \cdot CH_2 \cdot NR_2 \cdot HCl$ und der Form $NH_2 \cdot C_6H_4 \cdot COO \cdot CH_2 \cdot CH_2 \cdot CH_2 \cdot NR_2 \cdot HCl$, worin $R = C_2H_5$ n- und i-C_3H_7, n-C_4H_9 steigt das Anästhesierungsvermögen mit der Substitution höherer Alkylgruppen an. Die Isopropylgruppe ist weniger wirksam als die normale. Jede Trimethylenverbindung wirkt länger anästhesierend und stärker toxisch als die entsprechende Dimethylenverbindung, dabei steigt die Toxizität stärker an als die Anästhesie[7]). Die Dimethylenverbindungen sind therapeutisch daher vorzuziehen.

Aus dieser Gruppe hat nun das Butin[8])

$$H_2N\langle\bigcirc\rangle-CO-O-CH_2-CH_2-CH_2-N<\begin{matrix}CH_2-CH_2-CH_2-CH_3\\CH_2-CH_2-CH_2-CH_3\end{matrix}$$

---

1) Ciba, Schw.P. 93436, 93750. 2) Ciba, Schw.P. 94568 und 94983.

3) Ciba, Schw.P. 94569 und 94984.

4) Ciba, E.P. 203608, 1923; Schw.P. 100406, 100407, 100408, Zusatz zu Schw.P. 99625.

5) W. Bader, Manchester, A.P. 1396913. 6) Höchster Farbwerbe, A.P. 1550350.

7) Schmitz, H. L. und A. S. Loevenhart: Journ. of pharmacol. a. exp. therapeut. Bd. 24, S. 159. 1924.

8) Kamm, Adams und Volwiler, A.P. 1358750, 1358751. 1920.

das Sulfat des p-Aminobenzoyl-di-n-butylaminopropanol als Oberflächenanaestheticum in Amerika und England Beachtung gefunden.

Man behandelt p-Nitrobenzoylchlorid in benzolischer Lösung mit einem N-Disekundärbutylaminoalkohol und reduziert die entstehenden Nitroester oder kondensiert p-Aminobenzoesäure-β- oder γ-halogenalkylester mit Disekundärbutylamin[1]). Dargestellt wurden: p-Aminobenzoesäure-β-disekundärbutylaminoäthylester $C_6H_4 \cdot (NH_2)^4 \cdot (CO_2 \cdot CH_2 \cdot CH_2 \cdot N[C_4H_9]_2)^1$ und p-Aminobenzoesäure-γ-disekundärbutylaminopropylester $C_6H_4 \cdot (NH_2)^4 \cdot (CO_2 \cdot CH_2 \cdot CH_2 \cdot CH_2 \cdot N[C_4H_9]_2)^1$.

p-Aminobenzoesäurealkaminester der allgemeinen Formel: $C_6H_4 \cdot (NH_2)^4 \cdot (CO_2[CH_2]_x \cdot N[R^1] \cdot [R^2]$, worin X = 2 oder mehr, R^1 = Alkylrest höher als C_2H_5 und R^2 = Allylrest, erhält man in üblicher Weise entweder durch Einwirkung der entsprechenden sek. aliphatischen Amine auf die ω-Halogenalkylester der p-Nitro- oder p-Aminobenzoesäure und gegebenenfalls Reduktion der NO_2-Gruppe oder durch Kondensation der aromatischen Säurechloride mit den fertigen Alkylallylaminoalkoholen[2]).

Dargestellt wurden: p-Aminobenzoesäure-γ-n-butylallylaminopropylester, p-Aminobenzoesäure-β-n-butylallylaminoäthylester, p-Aminobenzoesäure-γ-n-propylallylaminopropyl- und der p-Aminobenzoesäure-γ-i-propylallylaminopropylester, p-Aminobenzoesäure-β-i-amylallylaminoäthylester. Sie wirken stark anästhesierend.

p-Nitrobenzoesäure-γ-halogen-n-propylester werden mit solchen Dialkylaminen kondensiert, bei denen mindestens eine Alkylgruppe höher als C_2H_5 ist und die entstandenen γ-Dialkylamino-n-propylester mit Zinn oder Eisen und Salzsäure, bzw. elektrolytisch reduziert, oder die p-Nitrobenzoesäure-γ-halogen-n-propylester erst mit reduzierenden Mitteln behandelt und die entstandenen γ-Halogen-n-propylester der p-Aminobenzoesäure mit den Dialkylaminen kondensiert. Dargestellt wurden: p-Aminobenzoesäure-γ-di-n-butylaminopropylester $C_6H_4(NH_2)^4 \cdot [CO_2 \cdot CH_2 \cdot CH_2 \cdot CH_2 \cdot N(C_4H_9)_2{}^1.]$ Die Dialkylaminopropylester der p-Aminobenzoesäure wirken lokal anästhesierend[3]).

Die physiologische Wirkung des p-Aminobenzoesäureesters des γ-Diäthylpropylalkohols erklärt sich aus seiner nahen Verwandtschaft zum Cocain. Diese Substanz ist toxischer als Novocain, aber für Oberflächenanästhesie stärker als Novocain, seine Wirksamkeit größer als die der niederen Homologen[4]).

Novocain ist das Chlorhydrat des p-Aminobenzoyldiäthylaminoäthanol[5]) $HClNH_2 \cdot C_6H_4 \cdot COO \cdot C_2H_4 \cdot N(C_2H_5)_2$.

Im menschlichen Organismus wird Novocain fast vollständig zerstört. Es erscheint als Abbauprodukt p-Aminobenzoesäure[6]).

Der Unterschied der Wirksamkeit von Novocain und Cocain ist am Nervenstamm sehr gering, an der Schleimhaut wesentlich größer. Diese Erscheinung kann durch die starke Resorbierbarkeit des Novocains erklärt werden.

p-Aminobenzoesäure-γ-diäthylaminopropylester $NH_2 \cdot C_6H_4 \cdot COO \cdot (CH_2)_3 \cdot N(C_2H_5)_2$ hat chemisch große Ähnlichkeit mit Cocain, ist giftiger als Novocain, aber wirkt auch stärker lokalanästhesierend[7]).

Methylnovocain.

Parallel zu Novocain

$$(C_2H_5)_2N \cdot CH_2 \cdot CH_2 \cdot O \cdot CO \cdot C_6H_4 \cdot NH_2$$

wirkt die Verbindung

$$\begin{matrix} C_2H_5 \\ CH_2{:}CH \cdot CH_2 \end{matrix} > N \cdot CH_2 \cdot CH_2 \cdot O \cdot CO \cdot C_6H_4 \cdot NH_2$$

die den Allylrest statt des Äthylrestes, ferner die Verbindung

$$\begin{matrix} C_2H_5 \\ C_6H_5 \cdot CH{:}CH \cdot CH_2 \end{matrix} > N \cdot CH_2 \cdot CH_2 \cdot O \cdot CO \cdot C_6H_4 \cdot NH_2$$

---

1) The Abbott Laboratories Chicago, A.P. 1513730.
2) The Abbott Laboratories Chicago, A.P. 1476934.
3) The Abbott Laboratories Chicago, E.P. 191122. 1923.
4) Kamm, Oliver: Journ. of the Americ. chem. soc. Bd. 42, S. 1030. 1920.
5) Liebigs Ann. d. Chem. Bd. 371, S. 125. 1910.
6) Hotz, Max: Diss. Zürich 1922.
7) Kamm, Oliver: Journ. of the Americ. chem. soc. Bd. 42, S. 1030. 1920.

welche den Styrylrest und die Verbindung

$$\begin{array}{l} \quad\quad\quad\quad C_2H_5{>}N\cdot CH_2\cdot CH_2\cdot O\cdot CO\cdot C_6H_4\cdot NH_2 \\ \quad\quad\quad\quad\;\; CH_2 \\ CH = C \diagup \\ \;|\quad\quad\; {>}O \\ CH = CH \end{array}$$

die den Furomethylrest enthält. Die Analoga mit Allyl- und Styrylgruppen übertreffen das Novocain weit in ihrer anästhesierenden Wirkung, während die Furomethylverbindung wie Novocain wirkt, was vielleicht durch gegenseitige Aufhebung der Wirkung der beiden zueinander konjugierten Doppelbindungen zu erklären ist[1]).

p-Aminobenzoyl-di-n-butyl-aminoäthanol unterscheidet sich vom Novocain (Procain) durch Ersatz der beiden Äthyl- durch Butylgruppen, es ist nicht so wirksam, aber ebenso toxisch und macht mehr Reizerscheinungen. p-Aminobenzoyl-di-n-butylaminopropanol, durch weiteren Ersatz des Äthanols durch Propanol gebildet, ist stärker wirksam als Cocain, aber giftiger. Diäthylaminopropyldiphenylaminocarbinol wirkt bedeutend weniger anästhesierend, etwa ebenso toxisch, ist aber wegen starker lokaler Reizung unbrauchbar[2]). Dialkylaminoäthyl- und -propylester der p-Aminobenzoesäure zeigen Ansteigen der anästhesierenden Wirkung mit der Länge der normalen C-Kette und dem Molekulargewicht[3]).

Die Verbindung [β-(m, m'-Diamino-benzoyloxy)-äthyl]-methyl-anilin

$$\begin{array}{c} \quad\quad CH_3 \quad\quad\quad\quad\quad\quad\quad NH_2 \\ \langle\;\rangle\cdot N\cdot CH_2\cdot CH_2\cdot O\cdot CO\cdot\langle\;\rangle \\ \quad\quad\quad\quad\quad\quad\quad\quad\quad\quad\quad NH_2 \end{array}$$

steht nach Untersuchungen von J. v. Braun und J. Morgenroth[4]) in ihrer anästhesierenden Wirkung nicht hinter dem Novocain zurück und ist wahrscheinlich etwas stärker.

Die aromatische Substitution am Stickstoff des Novocains ist ohne Einfluß auf die anästhesierenden Eigenschaften, wenn gleichzeitig in passender Weise eine genügende Erhöhung der Basizität des Moleküls bewirkt wird.

p-Aminobenzoesäurediäthylaminoäthylester wird durch elektrische Reduktion in saurem Wasser aus dem Nitroderivat erhalten[5]).

Am einfachsten stellt man durch Einwirkung von p-Nitrobenzoylchlorid oder -anhydrid auf die Alkamine die Ester dar und reduziert diese zu Novocain[6]).

p-Aminobenzoesäurealkaminester[7]) kann man auch herstellen, indem man p-Aminobenzoesäure oder deren N-Alkylderivate bei Gegenwart von Mineralsäure, bzw. die Anhydride oder Säurechloride dieser Körper ohne Anwendung von Kondensationsmitteln auf Alkamine einwirken läßt. Man erhält z. B. aus Oxäthylpiperidin und p-Aminobenzoesäure und konzentrierter Schwefelsäure den Ester oder aus p-Dimethylaminobenzoylchlorid und Oxäthylpiperidin oder aus denselben Substanzen mit konzentrierter Salzsäure.

Aus Diäthylaminobenzoesäure, Oxäthyldiäthylamin und konzentrierter Schwefelsäure erhält man p-Diäthylaminobenzoesäurediäthylaminoäthylester. Ferner wurden dargestellt: p-Dimethylaminobenzoyloxäthylpiperidin, p-Aminobenzoesäurediäthylaminoäthylester, p-Monomethylaminobenzoesäurediäthylaminoäthylester, p-Monomethylaminobenzoesäurepiperidoäthylester, p-Monoäthylaminobenzoesäurediäthylaminoäthylester.

Statt von den p-Nitrobenzoesäurealkaminestern[8]) auszugehen, kann man auch die p-Azobenzoesäurealkaminester reduzieren. Man gewinnt diese Azoester aus der Azobenzoesäure oder dem p-Azobenzoesäurechlorid.

Man kann diese Alkaminester darstellen[9]) durch Umsetzung der p-Aminobenzoesäure-

---

[1]) Braun, J. und Otto Braunsdorf: Ber. d. dtsch. chem. Ges. Bd. 54, S. 2081. 1921

[2]) Bonar, M. L. und T. Sollmann: Journ. of pharmacol. a. exp. therapeut. Bd. 18, S. 467. 1922. [3]) Journ. Lab. Clin. Medicine Bd. 11, S. 174. 1925.

[4]) Ber. d. dtsch. chem. Ges. Bd. 52, S. 2011. 1919.

[5]) Dow, Chemical Company, A.P. 1501635. [6]) Höchst, D.R.P. 179627.

[7]) D.R.P. 180291, Zusatz zu D.R.P. 179627.

[8]) D.R.P. 180292, Zusatz zu D.R.P. 179627.

[9]) D.R.P. 194748, Zusatz zu D.R.P. 179627.

halogenalkylester mit sekundären Basen. Die Halogenalkylester erhält man durch Veresterung der p-Aminobenzoesäure mit den Halogenhydrinen, mit Mineralsäuren (insbesondere kommt Schwefelsäure in Betracht) oder durch Reduktion der p-Nitrobenzoesäurehalogenalkylester.

Die Alkaminester der p-Aminobenzoesäure erhält man auch, wenn man p-Aminobenzoesäurealkylester mit einem Alkamin einige Zeit bis zum Siedepunkte des Alkamins erhitzt[1]).

o- und m-Aminobenzoesäurealkaminester, welche ebenfalls anästhesierend wirken, besitzen die Eigenschaft, mit Säuren neutral lösliche Salze zu geben. Man erhält sie durch Reduktion der betreffenden Nitroverbindungen oder durch Erhitzen der Aminosäureester mit Alkaminen oder durch Veresterung der betreffenden Aminobenzoesäure mit Alkaminen oder durch Umsetzung der Ester von halogensubstituierten Alkoholen mit primären und sekundären Aminen[2]).

Man kann dieselben Verbindungen durch Reduktion von o- und m-Azobenzoesäurealkaminester erhalten[3]).

Statt der o- und m-Aminobenzoesäure kann man auch ihre N-Alkylderivate herstellen, welche anästhesierend wirken[4]).

Amino-2-phenyl-1-propanol (Norephedrin) $C_6H_5 \cdot CH(OH) \cdot CH(CH_3) \cdot NH_2$ wird mit äthylierenden Mitteln behandelt und das entstandene Gemisch der Mono- und Diäthylaminoverbindungen benzoyliert. Z. B. wird in Wasser gelöstes Aminophenylpropanolchlorid oder -sulfat durch Natriumcarbonat in die freie Base zerlegt und mit Äthylbromid am Rückflußkühler auf 30—40° erwärmt. Das Gemisch aus Äthylamino-2-phenyl-1-propanol $C_6H_5 \cdot CH(OH) \cdot CH(CH_3)NH \cdot C_2H_5$ und Diäthylamino-2-phenyl-1-propanol $C_6H_5 \cdot CH(OH) \cdot CH(CH_3) \cdot N(C_2H_5)_2$ wird in ätherischer Lösung mit Benzoylchlorid behandelt wobei die Benzoesäureester des sek. und tertiären Base nebeneinander entstehen. Das Produkt kann ohne besondere Trennung therapeutische Verwendung finden oder man gibt zu der ätherischen Lösung des Estergemenges verdünnte Salzsäure im Scheidetrichter bis zur sauren Reaktion der wässerigen Schicht, in welche der Benzoesäureester des Diäthylaminophenylpropanols $C_6H_5 \cdot CH(O \cdot CO \cdot C_6H_5) \cdot CH \cdot (CH_3) \cdot NH \cdot C_2H_5$ in Äther gelöst bleibt. Beide Verbindungen wirken lokalanästhesierend[5]).

β-Naphthyl-β-dimethylaminoäthylätherchlorhydrat $C_{10}H_7 \cdot O \cdot C_2H_4 \cdot N(CH_3)_2 \cdot HCl$ hat lokalanästhesierende Wirkung[6]).

Man verestert Dialkylaminoäthanole bzw. Dialkylaminopropanole mit p-Nitrobenzoylchlorid und reduziert die entstandenen Dialkylaminoalkylester der p-Nitrobenzoesäure der allgemeinen Formel $NO_2 \cdot C_6H_4 \cdot COO \cdot [CH_2]_x \cdot N(Alkyl)_2$ mit Metallen in saurer Lösung. Dargestellt wurden: p-Aminobenzoesäure-β-di-n-butylaminoäthylester. Di-n-butylaminoäthylalkohol $(C_4H_9)_2N \cdot CH_2 \cdot CH_2 \cdot CH_2 \cdot OH$ wird durch Kondensation von Äthylenchlorhydrin mit Dibutylamin gewonnen. p-Aminobenzoesäure-γ-di-n-butylaminopropylester $NH_2 \cdot C_6H_4 \cdot COO \cdot (CH_2)_3 \cdot N(C_4H_9)_2$ wirkt örtlich anästhesierend. p-Aminobenzoesäure-γ-diisobutylaminopropylester, p-Aminobenzoesäure-γ-diisoamylaminopropylester, γ-Diisopropylaminopropylester[7]).

Der Aminoalkoholester der p-Aminophenylessigsäure wirkt nach Pyman nicht anästhesierend.

Die Verbindungen

$$H_2N\langle\bigcirc\rangle \cdot CH = CH-\overset{\overset{O}{\|}}{C}-O-CH_2-CH_2-N<\begin{matrix}C_2H_5\\C_2H_5\end{matrix}$$

und

$$\langle\bigcirc\rangle\overset{H}{C} = \overset{H}{C}-\overset{\overset{O}{\|}}{C}-O-CH_2-CH_2-CH_2-N<\begin{matrix}C_2H_5\\C_2H_5\end{matrix}$$

haben anästhesierende Eigenschaften. In ihnen sitzt die Carboxylgruppe des Esters an einem ungesättigten C-Atom.

Die Carboxylgruppe muß aber nicht direkt am Benzolkern hängen, um anästhesierend zu wirken. Auch bei $NH_2 \cdot C_6H_4 \cdot CH = CH \cdot COOR$ sieht man Lokalanästhesie.

---

1) Höchst, D.R.P. 172568. 2) Höchst, D.R.P. 170587. 3) Höchst, D.R.P. 187593.
4) Höchst, D.R.P. 172447, Zusatz zu D.R.P. 170587.
5) N. Nagai, Tokio, A.P. 1399312.
6) Clemo, G. R. und W. H. Perkin jun.: Journ. of the chem. soc. (London) Bd. 121, S. 642. 1922.
7) Kamm, Oliver, Roger Adams und Ernest H. Volwiler, A.P. 1358750 und 1358751.

Ein Homologes des Novocains ist

$$\begin{array}{l} \quad\quad\quad\quad CH_2\cdot CH_3 \quad\quad\quad O \\ \quad\quad\quad\quad\quad | \quad\quad\quad\quad\quad\quad \| \\ CH_3\cdot CH_2-N \quad H_2C-O-C-C_6H_4-NH_2 \\ \quad\quad\quad\quad\quad | \quad\quad\quad | \\ \quad\quad\quad\quad H-C-CH_2 \\ \quad\quad\quad\quad\quad | \\ \quad\quad\quad\quad\quad H \end{array}$$

Der durch Reduktion von α-Diäthylaminoäthylacetessigsäureäthylester mit Natriumamalgam in schwach mineralsaurer Lösung oder elektrolytisch erhältliche α-Diäthylaminoäthyl-β-oxybuttersäureäthylester, gibt ein Benzoylderivat. Beschrieben ist ferner: Diäthylaminoäthyl-β-p-nitrobenzoyloxybuttersäureäthylester[1]).

Gemischte basische Phthalsäureester der allgemeinen Formel: Aryl $(CO_2R)^1 \cdot (CO_2 \cdot R_1)^2$, worin Aryl einen Phenylrest oder substituiertes Phenyl, R = Alkyl und R_1 einen Alkaminrest, wie $-CH_2 \cdot CH_2 \cdot N(Alkyl)_2$, bedeutet, erhält man, wenn man Phthalsäureesterchloride auf Alkamine oder Phthalestersäuren auf Halogendialkylamine einwirken läßt. Dargestellt wurden: Phthalsäuremethylesterdiäthylaminoäthylester, Phthalsäurebenzylesterdiäthylaminoäthylester, Phthalsäuremethylesterdimethylaminoäthylester. Diese Verbindungen wirken stark anästhesierend, während die symmetrisch gebauten basischen Ester, wie z. B. Phthalsäurebisdiäthylaminoäthylester $C_6H_4(COO \cdot CH_2 \cdot CH_2 \cdot N(C_2H_5)_2]_2^{1,2}$, nur geringe anästhesierende Wirkung besitzen[2]).

α-Alkyl-α-dialkylaminomethylacetessigsäurealkylester werden hergestellt, indem man α-Alkyl- oder α-Aralkylacetessigsäurealkylester mit Formaldehyd und sek. aliphatischen Aminen, bzw. mit den Einwirkungsprodukten von Formaldehyd auf die sek. Amine, den Methyloldialkylaminen kondensiert. Aus Äthylacetessigsäureäthylester Diäthylamin und Formaldehyd erhält man α-Äthyl-α-diäthylaminomethylacetessigsäureäthylester. Beschrieben sind ferner: α-Äthyl-α-dialkylaminomethylacetessigsäureäthylester, α-Alkyl-α-diäthylaminomethylacetessigsäureäthylester, α-Benzyl-α-diäthylaminomethylacetessigsäuremethylester[3]).

α-Diäthylaminoäthyl-β-oxybuttersäureäthylester wird mit Benzoylchlorid behandelt. Das Produkt wirkt anästhesierend. Die als Ausgangsstoffe dienenden α-Dialkylaminoäthyl-β-oxybuttersäureester werden durch Einwirkung von Dialkylaminoäthylhalogeniden auf Na-Acetessigester und nachfolgende Reaktion der entstehenden Ketone, z. B. mit Na-Amalgam gewonnen[4]).

Die proteinogenen Alkamine, die sich von den natürlichen Aminosäuren durch die $-CH_2 \cdot OH$-Gruppe an Stelle der $-COOH$ unterscheiden, liefern durch Acylierung der Alkoholgruppe und Alkylierung der Aminogruppe Lokalanaesthetica. Von dieser Reihe wurden einige sich vom Leucin ableitende mit p-Aminobenzoesäure acylierte Präparate untersucht. Der Diäthylleucinolester der p-Aminobenzoesäure, „Lae", kann als ein Isobutylderivat des Novocains aufgefaßt werden:

$$H_2N\cdot C_6H_4\cdot COO\cdot CH_2\cdot CH_2\cdot N(C_2H_5)_2$$

$$\begin{array}{l} H_2N\cdot C_6H_4\cdot COO\cdot CH_2\cdot CH\cdot N(C_2H_5)_2 \\ \quad\quad\quad\quad\quad\quad\quad\quad\quad\quad\quad | \\ \quad\quad\quad\quad\quad\quad\quad\quad\quad CH_2\cdot CH(CH_3)_2 \end{array}$$

Die übrigen unterscheiden sich durch andere Alkyle am Alkaminstickstoff. Es ist nicht ganz gut haltbar, verträgt aber das Sterilisieren. Es wirkt besser als Novocain. Die Giftigkeit ist aber dreifach stärker als die des Novocains.

Der N-Dimethylleucinolester ist reizlos, schwächer wirksam als das Diäthylderivat, doch noch stärker als Novocain. Der N-Dipropylester reizt erheblich und fällt in seiner anästhesierenden Wirkung an Cornea und Ischiadicus ab. Die Wirkungen des Piperidylesters

$$\begin{array}{l} H_2N\cdot C_6H_4\cdot COO\cdot CH_2\cdot CH\cdot N{<}\begin{array}{l}CH_2\cdot CH_2\\CH_2\cdot CH_2\end{array}{>}CH_2 \\ \quad\quad\quad\quad\quad\quad\quad\quad\quad\quad\quad | \\ \quad\quad\quad\quad\quad\quad\quad\quad\quad CH_2\cdot CH(CH_3)_2 \end{array}$$

stehen denen des „Lae" am nächsten, erreichen sie indessen nicht[5]).

---

[1]) Höchst, D.R.P. 364038 (E.P. 161539 Nachtrag). [2]) Höchst, D.R.P. 371046.
[3]) Ciba, Schw.P. 104344, 107347, 107348, 107349. [4]) Höchst, E.P. 161539.
[5]) Graf, H.: Arch. f. exp. Pathol. u. Pharmakol. Bd. 99, S. 315. 1923.

Die lokalanästhesierenden Eigenschaften des N-Dimethyl-, N-Diäthyl-, N-Dipropyl- und des Piperidylleucinolesterchlorhydrats der p-Aminobenzoesäure sind nach Cloetta und Graf stärker als beim Novocain. An der Cornea wirken das Methyl- und das Piperidylderivat etwa doppelt so lang, jedoch tiefer als Novocain, am leitenden Nerven sind beide wirksamer. Das ziemlich wenig giftige Piperidylderivat reizt etwas. Die Propylverbindung ist auffallend wenig aktiv. Die anästhesierende Kraft des p-Aminobenzoyl-N-diäthylleucinols ist ganz außerordentlich. Es ist reizlos, wirkt so rasch und tief wie Cocain, etwa 8mal stärker als Novocain. Die Lösungen sind haltbar und sterilisierbar. Die Giftigkeit für das Kaninchen ist nur etwa halb so groß wie die des Cocains[1]).

Von N-Dialkyl-leucinolen wirkt p-Aminobenzoyl-N-diäthylleucinolchlorhydrat am stärksten anästhesierend wie Cocain[2]).

Der p-Aminobenzoesäureester des N-Diäthyl-leucinol-chlorhydrates

$$\begin{matrix} CH_3 \\ CH_3 \end{matrix}\!\!>CH—CH_2—\underset{\displaystyle N(C_2H_5)_2\cdot HCl}{\underset{|}{CH}}—CH_2O—CO—C_6H_4\cdot NH_2$$

wird als Anaestheticum in der Augenheilkunde empfohlen.

Aus N-Dimethylleucinol wird aber p-Nitrobenzoyl-N-dimethylleucinolchlorhydrat, p-Aminobenzoyl-N-dimethylleucinolchlorhydrat hergestellt; ferner aus N-Diäthylleucinol, p-Nitrobenzoyl-N-diäthylleucinolchlorhydrat und die entsprechende Aminoverbindung, aus N-Pentamethylenleucinol die entsprechende p-Nitrobenzoyl- und p-Aminobenzoylverbindungen. Es wirken anästhesierend p-Aminobenzoyl-N-dimethylleucinolchlorhydrat, p-Aminobenzoyl-N-diäthylleucinolchlorhydrat (am stärksten wirksam) und p-Aminobenzoyl-N-pentamethylenleucinol.

Die N-Acidylderivate von Aminocarbonsäureestern oder Mischungen von solchen reduziert man mit Na und Alkohol[3]). — Man vermischt z. B. den aus Leucinester dargestellten Acetylleucinester, $(CH_3)_2CH \cdot CH_2 \cdot CH(NH \cdot CO \cdot CH_3) \cdot CO_2 \cdot C_2H_5$, mit absol. Alkohol und tropft die Lösung auf metallisches Natrium. Die eintretende Rk. wird durch zeitweises Erhitzen unterstützt. Nach 2—3stündigem Kochen und Zugabe von Alkohol wird mit Wasser verdünnt und der Alkohol abdestilliert, wobei gleichzeitig durch die verseifende Wirkung des wässerigen Alkalis der Acetylrest von der NH_2-Gruppe losgelöst wird. Beim Ausäthern geht der 1-Isobutyläthyl-1-aminoalkohol-2, $(CH_3)_2CH \cdot CH_2 \cdot CH(NH_2) \cdot CH_2 \cdot OH$, in den Äther über. Geht man von opt.-akt. Leucin (Naturleucin) aus, so gewinnt man einen akt. (linksdrehenden) Isobutyläthylaminoalkohol. — Acetylphenylalaninester, $C_6H_5 \cdot CH_2 \cdot CH(NH \cdot CO \cdot CH_3) \cdot CO_2 \cdot C_2H_5$, gibt bei der Reduktion mit Natrium und Alkohol 1-Benzyl-1-aminoäthylalkohol-2, $C_6H_5 \cdot CH_2 \cdot CH(NH_2) \cdot CH_2 \cdot OH$. — Führt man die Mischung der Aminocarbonsäureester, wie sie aus Casein durch Hydrolyse und nachheriger Esterifizierung gewonnen wird, mit Essigsäureanhydrid in das Acetylprodukt über und reduziert mit Alkohol und Natrium, so erhält man ein Gemisch von Aminoalkoholen, das im Vakuum unter 16 mm Druck zwischen 50 und 240° übergeht. Durch Unterbrechung der Destillation können aus dem Gemisch beliebige Fraktionen abgeschieden werden. Fraktion I: Kp bis 175°, enthält u. a. Colamin, Alaninol. Fraktion II: Kp_{16} 105—190°, enthält u. a. Valinalkohol, Leucinalkohol, Phenylalaninalkohol. Fraktion III: Kp_{16} 190—235°. —

Man erhält Alkaminester der Salicylsäure durch Veresterung der Salicylsäure mit Alkaminen, durch Einwirkung von Alkylaminen auf die Salicylsäureester der Chlorhydrine oder durch Einwirkung von Alkaminen auf Salicylide[4]).

Aminozimtsäurealkaminester erhält man durch Reduktion von Nitrozimtsäureestern der Alkamine, durch Veresterung von Aminozimtsäure mit Alkaminen, durch Erhitzen von Aminozimtsäureestern mit Alkaminen und durch Behandlung von Aminozimtsäureestern der halogensubstituierten Alkohole mit sekundären Aminen. Diese Verbindungen sollen weitaus kräftiger anästhesierend wirken, als die Derivate der Aminobenzoesäure[5]).

---

[1]) Karrer, P., E. Horlacher, F. Locher und M. Giesler: Acta helv. chim. Bd. 6, S. 905. 1923. [2]) Schmidt, Julius: Schweiz. Apoth.-Ztg. Bd. 63, S. 81. 1925.
[3]) Karrer, Zürich, D.R.P. 347377. [4]) Höchst, D.R.P. 188571.
[5]) Höchst, D.R.P. 197593.

E. Merck stellt p-Aminobenzoesäurealkaminester dar durch Wechselwirkung von p-Aminobenzoesäuresalzen mit Chlorderivaten von dialkylierten Aminoäthern. So erhält man aus Chloräthyldiäthylamin und p-aminobenzoesaurem Natrium durch Erhitzen auf 120—130° Aminobenzoesäurediäthylaminoäthanolester[1]).

Beim Erhitzen des Benzoylurethans oder seiner Derivate oder anderer Acidylderivate des Urethans mit Alkaminen wird die Bindung zwischen Kohlenstoff und Stickstoff gelöst und man erhält in guter Ausbeute die Alkaminester der Benzoesäure usf.

Aus Benzoylurethan und Dimethylaminoäthanol erhält man durch Erhitzen auf 150° Benzoesäuredimethylaminoäthylester. Beschrieben sind ferner p-Aminobenzoesäurediäthylaminoäthylester, Essigsäurediäthylaminoäthylester[2]).

Arylcarbaminsäureester der Alkamine haben stark anästhesierende Eigenschaften. Man kann Alkamine mit Derivaten der Arylcarbaminsäure oder aliphatische Amine mit Halogenalkylestern der Arylcarbaminsäuren umsetzen. Dargestellt wurden: Diäthylaminoäthanolphenylcarbaminsäureester, Diäthylaminoäthanol-p-äthoxyphenyl-carbaminsäureester, Diäthylaminoäthanolphenylmethylcarbaminsäureester, Diäthylaminoäthanoldiphenylcarbaminsäureester, Piperidoäthanolphenylcarbaminsäureester, Piperidoisopropanolphenylcarbaminsäureester, Diäthylaminoisopropanolphenylcarbaminsäureester, Phenylcarbaminsäurediäthylaminotrimethylcarbinolester, Tetramethyldiaminopropanolphenylcarbaminsäureester, Diäthylaminodioxypropanphenylcarbaminsäureester[3]).

Diallylaminoalkylester aromatischer Carbonsäuren erhält man durch Veresterung von Diallylaminoalkoholen in üblicher Weise mit Benzoylchlorid oder dessen Kernsubstitutionsprodukten. Beschrieben sind: β-Diallylaminoäthyl-p-aminobenzoesäureester, γ-Diallylaminopropyl-p-aminobenzoesäureester. γ-Diallylaminopropylalkohol wird durch Kondensation von Trimethylenchlorhydrin mit Diallylamin gewonnen. Die salzsauren Salze sind Lokalanaesthetica[4]).

Alfred Einhorn stellte Verbindungen von Diamino- und alkylierten Diaminobenzoylalkaminen her, welche lokalanästhesierend wirken und sich durch geringe Giftigkeit den anderen Mitteln dieser Reihen gegenüber auszeichnen sollen. Die Monochlorhydrate wirken ebenso reizlos wie Novocain, aber besser anästhesierend und die Wirkung ist länger anhaltend. Die Giftigkeit ist erheblich geringer[5]).

Bayer, Leverkusen[6]), verestern Alkamine der allgemeinen Formel $(R)_2N \cdot CH_2 \cdot CH(R) \cdot CH(R) \cdot OH$ (R = Alkyl) mit Aminobenzoesäuren oder Aminozimtsäure. Dargestellt wurden: p-Aminobenzoesäure-α, β-dimethyl-γ-dimethylaminopropylester, p-Aminobenzoesäure-α-äthyl-β-methyl-γ-dimethylaminopropylester, p-Aminobenzoesäure-$\alpha\beta$-diäthyl-γ-diäthylaminopropylester, p-Aminobenzoesäure-α-äthyl-β-methyl-γ-diäthylaminopropylester.

Die Alkaminester der m-p-Diaminobenzoesäure und der alkylierten m-p-Diaminobenzoesäuren kann man herstellen durch Veresterung der m-p-Diamino- oder der alkylierten Diaminobenzoesäuren mit Alkaminen oder durch Reduktion der m-p-Dinitro-, Aminonitro- bzw. Alkylaminonitrobenzoesäurealkaminester oder durch Umsetzung der Halogenalkylester mit sekundären Aminen oder durch Erhitzen der Ester mit Alkaminen[7]).

Wenn man Nitrophenole mit Phosgen in ihre Kohlensäurechloride umwandelt, diese mit basischen Alkoholen kondensiert und in den so erhaltenen Kondensationsprodukten die Nitrogruppen reduziert, so erhält man kernamidierte Phenylkohlensäurealkaminester.

So erhält man aus p-Nitrophenolnatrium und Phosgen in Benzol p-Nitrophenylkohlensäurechlorid, dieses gibt mit Diäthylaminoäthanol in Benzol p-Nitrophenylkohlensäurediäthylaminoäthylester und dieses bei Reduktion mit Zinnchlorür und Salzsäure den p-Aminophenylkohlensäurediäthylaminoäthylester. Ferner ist der m-Aminophenylkohlensäurediäthylaminoäthylester beschrieben[8]).

Die Diäthylaminoester der 2-Furan-, 2-Thiophen- und 2-Pyrrolcarbonsäure, sowie der 2-Furanacrylsäure und Phenylpropiolsäure wirken schwächer anästhesierend als Cocain, so wirkt das Chlorhydrat des β-Diäthylaminoäthylesters der 2-Furancarbonsäure noch eben bemerkbar, das Chlorhydrat des β-Diäthylaminoäthylesters des 2-Thiophencarbonsäure $^1/_{10}$ so stark wie Cocain, der β-Diäthylaminoester der 2-Pyrrolcarbonsäure $^1/_5$ so stark wie Cocain und das Chlorhydrat des β-Diäthylaminoesters der 2-Furanacrylsäure $^3/_{10}$ so stark wie Cocain.

---

[1]) E. Merck, D.R.P. 189335. [2]) Bayer, D.R.P. 290522.
[3]) Höchst, D.R.P. 272529. [4]) Kamm, O. und E. H. Volwiler, A.P. 1388573.
[5]) Einhorn, eingeführt von Braun: Dtsch. med. Wochenschr. 1905, Nr. 42, S. 1669. — Bieberfeld, J.: Med. Klinik 1905, S. 1218. [6]) A.P. 1474567.
[7]) D.R.P. 194365. [8]) Höchst, D.R.P. 287805.

Diäthylaminoäthylacetat ist ohne Wirkung. Das Chlorhydrat des β-Diäthylaminoäthylesters der Phenylpropiolsäure wirkt nicht anästhesierend, sondern bewirkt einen bienenstichartigen Schmerz. 2-Furancarbonsäurebenzylester und der 2-Furanacrylsäurebenzylester sind ohne Wirkung[1]).

Während o-Phthalyl-bis-methylekgonin ähnlich wie Cocain wirkt, und Diäthylaminoäthylbenzoat[2]) $(C_2H_5)_2N \cdot CH_2 \cdot CH_2 \cdot OOC \cdot C_6H_5$ lokalanästhesierend wirkt, hat Diäthylaminoäthylphthalat

$$\begin{matrix}(C_2H_5)_2N\cdot CH_2\cdot CH_2\cdot OOC\\(C_2H_5)_2N\cdot CH_2\cdot CH_2\cdot OOC\end{matrix}\!\!>C_6H_4$$

keine anästhesierenden Eigenschaften[3]).

Während bei den Cocainen die Einführung einer o-Chlorbenzoylgruppe gegenüber der Benzoylgruppe die Wirkung erheblich abschwächt oder die Einführung einer m-Aminobenzoylgruppe die Wirkung völlig vernichtet, macht beim Novocain die p-Aminobenzoylgruppe die starke anästhesierende Eigenschaft und nach Einhorn[4]) haben Dialkylaminoalkyl-3.4-diaminobenzoate auch beträchtliche anästhesierende Eigenschaften.

Auch die Carboxylgruppe muß nicht direkt am Kern hängen, denn die Phenylessigsäure und Zimtsäure machen die gleichen anästhesierenden Effekte in der Eucaingruppe, während in der Cocaingruppe Substanzen ohne diese Eigenschaften, wenn statt der Benzoesäure Phenylessigsäure oder Zimtsäure eintritt, entstehen[5]).

Ersetzt man im Cocain die Benzoylgruppe durch die Phenacetylgruppe, so erhält man Phenacetylekgoninmethylester, welcher nicht mehr anästhesierend wirkt, während beim α-Eucain man beim gleichen Vorgang zu einem Körper mit lokalanästhesierenden Eigenschaften kommt. Äthyl-p-aminophenylacetat und β-Diäthylaminoäthyl-p-aminophenylacetat wirken im Gegensatze zu den analogen Benzoylverbindungen, dem Anästhesin und Novocain, nicht anästhesierend. β-Diäthylamino-β'-phenoxyisopropylalkohol ist schwach lokalanästhesierend, p-Aminobenzoyl-p-phenetidid erzeugt keine Lokalanästhesie[6]).

p-Aminophenylessigsäureäthylester und p-Aminophenylessigsäure-β-diäthylaminoäthylester, die sich vom Anästhesin und Novocain durch den Ersatz des Benzoyls durch Phenacetyl unterscheiden, haben nach den Versuchen von H. H. Dale und C. T. Symons keine lokalanästhesierende Wirkung. Das Hydrochlorid des β-Diäthyl-amino-β'-phenoxyisopropylalkohols wirkt deutlich lokalanästhesierend, die Salze seines Benzoylderivates konnten aber wegen ihrer stark sauren Reaktion nicht untersucht werden[6]).

Die meisten Anaesthetica haben eine tertiäre Aminogruppe, β-Eucain hat eine sekundäre Aminogruppe. Hingegen ist β-Aminoäthyl-p-aminobenzoat $NH_2 \cdot CH_2 \cdot CH_2 \cdot OOC \cdot C_6H_4 \cdot NH_2$[7]) ohne anästhesierende Eigenschaften.

Die Alkylgruppen, welche die Wasserstoffe der Aminogruppe ersetzen, verändern einigermaßen die lokalanästhesierenden Eigenschaften.

Piperidyläthylbenzoat $C_5H_{10}N \cdot CH_2 \cdot CH_2 \cdot OOC \cdot C_6H_5$ ist nur schwach wirksam, s-di-β-Benzoyloxy-1.4-diäthylpiperazin

$$C_6H_5\cdot CO\cdot O\cdot CH_2\cdot CH_2\cdot N\!<\!\begin{matrix}CH_2\cdot CH_2\\CH_2\cdot CH_2\end{matrix}\!>\!N\cdot CH_2\cdot CH_2\cdot O\cdot CO\cdot C_6H_5$$

---

[1]) Gilman, Henry und Russell M. Pickens: Journ. of the Americ. chem. soc. Bd. 47, S. 245. 1925. [2]) D. R. P. 175080.

[3]) Pyman: Transact. of the journ. chem. soc. (London) Bd. 93, S. 1793. 1908.

[4]) D.R.P. 194365.

[5]) Poulsson: Arch. f. exp. Pathol. u. Pharmakol. Bd. 27, S. 301.

[6]) Pyman, Fr. L.: Journ. of the chem. soc. (London) Bd. 111, S. 167. 1917.

[7]) Forster: Transact. of the chem. soc. Bd. 93, S. 1965. 1908.

und β-β'-Dibenzoyloxytriäthylamin $C_6H_5 \cdot CO \cdot O \cdot CH_2 \cdot CH_2 \cdot N(C_2H_5) \cdot CH_2 \cdot CH_2 \cdot O \cdot CO \cdot C_6H_5$ sind ebenfalls schwach wirksam, während β-β'-Dibenzoyloxymethyldiäthylamin $C_6H_5 \cdot CO \cdot O \cdot CH_2 \cdot CH_2 \cdot N(CH_3) \cdot CH_2 \cdot CH_2 \cdot O \cdot CO \cdot C_6H_5$ (Pyman) unwirksam ist.

Bei den Alkaminestern, welche wirksam sind, kann die Acylgruppe Benzoyl- oder ein substituierter aromatischer Säurerest sein. Die Aminogruppe kann sekundär oder tertiär sein und Alkylgruppen enthalten oder mit einem einfachen oder mit Brücke versehenen Ringsystem verbunden sein.

Das Chlorhydrat des Nitrobenzoyldiäthylaminobutanols hat einen sehr bitteren und frischen Geschmack, wirkt anästhesierend, ebenso das Chlorhydrat des Aminobenzoyldiäthylaminobutanols.

Aminostovain (aus p-Nitrobenzoyldimethylaminodimethyläthylcarbinol $NO_2 \cdot C_6H_4 \cdot CO \cdot OC(CH_3)(C_2H_5) \cdot CH_2N(CH_3)_2$ durch Reduktion erhalten) wirkt stark anästhesierend[1]).

C. Phenylurethanderivate.

Wird in die Äthylgruppe des hypnotisch wirkenden Phenylurethans eine Diäthylaminogruppe eingeführt, so entsteht der Diäthylaminoäthanolester der Phenylcarbaminsäure

$$C_6H_5 \cdot NH \cdot COO \cdot C_2H_4N{<}{C_2H_5 \atop C_2H_5}$$

ein Lokalanaestheticum, während die hypnotischen Eigenschaften des Urethans verschwunden sind[2]).

Phenolkohlensäurealkaminester $C_6H_5 \cdot O \cdot CO \cdot O \cdot CH_2 \cdot CH_2 \cdot N(C_2H_5)_2$ besitzt eine etwa 500fach stärkere Wirkung am Nervenstamm als am Nervenende, während Eukupin und Vuzin an beiden Stellen etwa gleich stark wirken. Die gemischten Kohlensäureester, wie Phenolkohlensäurediäthylaminoäthylester und die entsprechenden Kohlensäurealkaminester von p-Aminophenol, p-Amino-1-kresol, sowie vic-m-Xylenol sind chemisch wie physiologisch durch ihren leichten Zerfall in pharmakologisch unwirksame Komponente gekennzeichnet. Infolgedessen ist die Giftigkeit, aber auch die Wirksamkeit dieser Präparate an der Schleimhaut auffallend gering, während am Nervenstamm, bei dem ein Depot von anästhesierender Lösung angelegt wird, noch eine starke Wirksamkeit zur Geltung kommt. Mit der erhöhten Stabilität des m-Xylenolderivats

$$\text{(Benzolring mit } CH_3 \text{ oben und } CH_3 \text{ unten)} \; O \cdot COO \cdot CH_2 \cdot CH_2 \cdot N(C_2H_5)_2$$

steigt auch die Giftigkeit und die Schleimhautwirkung.

Methyl-phenylcarbaminsäure-diäthylaminoäthanolesterchlorhydrat

$${C_6H_5 \atop CH_3}{>}N \cdot COO \cdot C_2H_4N(C_2H_5)_2 \cdot HCl$$

ist weniger giftig.

Äthyl-phenylcarbaminsäure-diäthylaminoäthanolesterchlorhydrat

$${C_6H_5 \atop C_2H_5}{>}N \cdot COO \cdot C_2H_4N(C_2H_5)_2 \cdot HCl$$

ist giftiger als die Methylverbindung.

$${C_6H_5 \atop C_3H_7}{>}N \cdot COO \cdot C_2H_4N(C_2H_5)_2 \cdot HCl$$

Phenyl-propylcarbaminsäure-diäthylaminoäthanolesterchlorhydrat ist viel giftiger, so giftig wie Phenyl-carbaminsäure-diäthylaminoäthanolester.

[1]) Fourneau, E. und J. Puyal: Bull. de la soc. de chim. biol. de France [4] Bd. 31, S. 424. 1922.

[2]) Fromherz, K.: Arch. f. exp. Pathol. u. Pharmakol. Bd. 76, S. 257. 1914.

Tetrahydrochinolin-N-carbonsäure-diäthylaminoäthanolesterchlorhydrat

$$H_2 \text{(ring)} N\cdot COO\cdot C_2H_4N(C_2H_5)_2\cdot HCl \quad H_2\,H_2$$

wirkt wie die Propylverbindung.

Diphenyl-carbaminsäure-diäthylaminoäthanolesterchlorhydrat

$$\begin{matrix} C_6H_5 \\ C_6H_5 \end{matrix}\!\!>N\cdot COO\cdot C_2H_4N(C_2H_5)_2\cdot HCl$$

wirkt wie das Phenylurethanderivat.

Ekgoninmethylester-phenylurethanchlorhydrat

$$\begin{array}{lll} CH_3\cdot OOC\cdot HC & —CH— & CH_2 \\ C_6H_5\cdot NH\cdot COO\cdot CH & N\cdot CH_3 & | \\ H_2C & —CH— & CH_2 \end{array}$$

wirkt wie das Phenylurethanderivat — aber es ist etwas weniger giftig. Es unterscheidet sich von Cocain durch Ersatz der Benzoylgruppe durch die Phenylcarbaminsäure. Es wirkt wie Cocain, ist aber weniger giftig.

Methoxyphenylcarbaminsäure-diäthylaminoäthanolesterchlorhydrat p-$CH_3O \cdot C_6H_4\cdot NH\cdot COO\cdot C_2H_4N(C_2H_5)_2HCl$ ist so giftig wie das Phenylurethanderivat, aber die lokalanästhesierenden Eigenschaften sind geringer.

p-Carboxäthyl-phenylcarbaminsäure-diäthylaminoäthanolesterchlorhydrat $C_2H_5OCO\cdot C_6H_4NH\cdot COOC_2H_4N(C_2H_5)_2HCl$ ist weniger giftig.

p-Aminophenyl-carbaminsäure-diäthylaminoäthanolesterchlorhydrat $H_2N \cdot C_6H_4\cdot NH\cdot COO\cdot C_2H_4N(C_2H_5)_2HCl$ ist weniger giftig als Novocain, die anästhesierende Wirkung auf den Nervenstamm ist aufgehoben. Sonst wirkt es wie unverändertes Novocain.

Urethano-Novocain-chlorhydrat $C_2H_5\cdot OOC\cdot NH\cdot C_6H_4\cdot COO\cdot C_2H_4N(C_2H_5)_2$ HCl wirkt auf den Nervenstamm und bewirkt auch eine intensive Anästhesierung der Nervenendapparate, ätzt aber das Corneaepithel und ist giftiger als Novocain.

Das Urethan der m-Amino-p-äthoxybenzoesäure erhält man durch Einwirkung von Chlorkohlensäureäthylester auf m-Amino-p-äthoxybenzoesäure. Das Produkt soll die Temperatur herabsetzen und antineuralgisch wirken. Es ist leicht löslich. Die Aminosäure erhält man durch Oxydation des Acetylamino-p-kresoläthers und Abspaltung der Acetylgruppe.

m-Oxyphenylharnstoff-p-carbonsäuremethylester hat geringe oder gar keine anästhesierende Wirkung.

o-Oxyphenylharnstoff-m-carbonsäuremethylester ist fast unwirksam [Carl Pototzky[1])].

Carboxäthyl-p-aminophenylcarbaminsäure-diäthylaminoäthanolesterchlorhydrat $C_2H_5\cdot OOC\cdot NH\cdot C_6H_4NH\cdot COO\cdot C_2H_4N(C_2H_5)_2HCl$ ist weniger giftig.

Phenylcarbaminsäure-diäthylaminoäthanolesterchlorhydrat wirkt wie Novocain, steht aber diesem nach.

Beim Homobenzylcarbaminsäure-diäthylaminoäthanolester-chlorhydrat ist die Giftigkeit den niederen Homologen gegenüber auf das Doppelte erhöht.

Phenylglycin-diäthylaminoäthanolesterchlorhydrat ist giftiger und schwächer anästhesierend als das Methylphenylderivat.

Die Ester des Dimethylaminodimethyläthylcarbinol mit Essigsäure, Propionsäure, Buttersäure, Oenanthsäure, Undecylensäure, Palmitinsäure, Diäthylessigsäure, Hexahydrobenzoesäure, Phenylessigsäure, Brenzschleimsäure, Naphthoesäure und Phthalsäure wurden auf ihr Anästhesierungsvermögen

---

[1]) Arch. d. Pharmazie u. Ber. d. dtsch. pharmazeut. Ges. Bd. 12, S. 132. 1904.

geprüft. Nur der Ester der Diäthylessigsäure wirkt stark. Die anästhesierende Kraft hängt im wesentlichen von der Größe des Säuremoleküls ab und steigt mit dieser. Benzoesäure, Oenanthsäure und Hexahydrobenzoesäure sind von ziemlich gleicher Wirkung[1]).

Substituiert man im Anästhesin (p-Aminobenzoesäureäthylester) die Aminogruppe insbesonders mit negativen Resten, so wird die Wirksamkeit mit Ausnahme von p-Carbäthoxyphenylhydrazin meist fast oder ganz aufgehoben.

N-Allyl-N'-p-carbäthoxyphenylthioharnstoff $C_6H_4(COO \cdot C_2H_5)NH \cdot CS \cdot NH \cdot C_3H_5$ wirkt ganz schwach anästhesierend. N-Allyl-N'-p-carbäthoxyphenylharnstoff ebenso. N-β-γ-Dibrompropyl-N'-carbäthoxyphenylthioharnstoff ist unwirksam. N-β-γ-Dibrompropyl-N'-carbäthoxyphenylharnstoff ist unwirksam. p-Carbäthoxyphenylhydrazin anästhesiert auf der Zunge gut. Acetonyl-p-carbäthoxyphenylhydrazon ist unwirksam. Benzal-p-carbäthoxyphenylhydrazon ist unwirksam. Zimtaldehyd-p-carbäthoxyphenylhydrazon ist unwirksam.

p-Carbäthoxyphenylglucosazon ist wirkungslos, ebenso das Galaktosazon.

Acetessigester-p-carbäthoxyphenylhydrazon ist völlig unwirksam. p-Carbäthoxyphenylmethylpyrazolon ist völlig unwirksam. p-Carbäthoxyphenylurethan wirkt schwach anästhesierend. p-Benzoylaminobenzoesäureäthylester[2]) zeigt Anästhesin gegenüber eine abgeschwächte Wirkung. p-Carbäthoxyphenylaminoessigsäure ist wirkungslos. p-Nitrobenzoyl-p-aminobenzoesäureäthylester ist unwirksam[3]). Zu gleichen Resultaten kam J. Morgenroth.

D. Anaesthetica aus verschiedenen chemischen Gruppen.

Die Eigenschaft, Anästhesie zu erzeugen, kommt keineswegs allein den Alkaloiden der Cocainreihe und den substituierten Alkaminen zu, auch andere Körper vermögen Ähnliches zu leisten, so Äthoxycoffein, Eugenolacetamid, o-Nitrophenylacetyl-β-oxypropionsäureester, Benzoylchinolyl-β-milchsäureester.

Vanillin $CH_3O \cdot C_6H_3(OH) \cdot CHO$ wirkt lokalanästhesierend, auch Vanillinnatrium und Heliotropin (Piperonal) $C_6H_3(O \cdot CH_2 \cdot O) \cdot CHO$, diese beiden aber schwächer[4]).

Oxyphenylbenzylamin $C_6H_4<^{CH(NH_2) \cdot C_6H_5}_{OH}$

wirkt anästhesierend. Es schmeckt sehr bitter. Die Substanz ist sehr giftig[5]).

Trimethyläthylen $C(CH_3)_2{=}CH{-}CH_3$ (C<CH₃/CH₃ ‖ C<H/CH₃) ist ein starkes Anaestheticum[6]).

Phenol- und Phenylalkoholderivate.

Auch den Phenolen kommt diese Fähigkeit in hohem Maße zu, aber nur in konzentriertem Zustande.

Man denke an den momentan schmerzstillenden Effekt der konzentrierten Carbolsäure, des Kreosots und des Guajacols $C_6H_4<^{OCH_3}_{OH}$ bei Zahnschmerzen. Auch dem als Volksmittel sehr beliebten Nelkenöl und seinem wirksamen Prin-

[1]) Cano, J. M. und J. Ranedo: Anales de la soc. espanola. Fis. Quim. [2] Bd. 18, S. 184. 1920.

[2]) Limpricht und Saar: Liebigs Ann. d. Chem. Bd. 303, S. 278. 1921.

[3]) Thoms, H. und Kurt Ritzert: Arch. d. Pharmazie u. Ber. d. dtsch. pharmazeut.

[4]) Welmans: Privatmittlg.

[5]) Cohn, P.: Monatshefte f. Chem. Bd. 16, S. 267. 1896.

[6]) Therap. Monatsh. 1891.

zip, dem Eugenol $\frac{HO}{CH_3 \cdot O}>C_6H_3 \cdot CH_2 \cdot CH : CH_2$ sowie dem Menthol $(CH_3)_2 \cdot CH \cdot CH<\frac{CH(OH) \cdot CH_2}{CH_2 \cdot CH_2}>CH \cdot CH_3$ kommen solche Eigenschaften in beschränktem Maße zu. Die Anwendung ist aber nur auf einzelne Gebiete und Fälle beschränkt. Da die starke Ätzwirkung dieser Substanzen ihren Gebrauch verhindert, so ist auch die subcutane Anwendung dieser Substanzen nicht möglich. Es zeigt sich aber, daß den meisten Phenolen mit wenigstens einem freien Hydroxyl diese Eigenschaft, Anästhesie zu erzeugen, zukommt.

Auch die Derivate des Eugenols, von denen man Eugenolacetamid und Eugenolcarbinol einzuführen suchte, haben die gleichen Eigenschaften der Muttersubstanz, bieten aber keine Vorteile gegenüber den Standardpräparaten dieser Reihe. Als typische Lokalanaesthetica lassen sie sich nicht gut verwenden, und als schmerzstillende Mittel bieten sie vor den entsprechenden ätzenden Phenolen keinen Vorteil.

Wenn man aus Eugenolnatrium und Monochloressigsäure Eugenolessigsäure darstellt, diese in den Äthylester überführt und letztere in alkoholischer Lösung mit alkoholischem Ammoniak in das Amid überführt[1]), so erhält man eine anästhesierend und antiseptisch wirkende Substanz, das Eugenolacetamid.

Die unangenehmen Nebenwirkungen der anästhesierend wirkenden Eugenolderivate sucht Einhorn[2]) durch Überführung des Eugenolacetamids durch Einwirkung von Formaldehyd und sekundären Basen in neue Produkte zu beseitigen. Dargestellt wurden Eugenolacetpiperidylmethylamid, ferner Isoeugonolacetdiäthylaminomethylamid und Isoeugenolacetiperidylmethylamid.

Benzylcarbinol macht, bei Mäusen injiziert, Narkose und Koma. Bei Hunden wirkt es intravenös nicht letal. Es macht Anästhesie wie Benzylalkohol.

Benzylalkohol soll nach David J. Macht ein lokales Anaestheticum sein, das 40mal giftiger ist als Cocain[3]). Es wirkt auf die Zunge wie Cocain, dabei ist es von geringer Giftwirkung. Aus dem Organismus wird er größtenteils als Hippursäure ausgeschieden. Die Lösungen sind ohne Zersetzung sterilisierbar[4]).

Benzylester der ω-Halogenmethylbenzoesäuren werden mit sek. aliphatischen Aminen kondensiert und p-Dialkylaminomethylbenzoesäurebenzylester erhalten. Beschrieben sind p-Diäthylaminomethylbenzoesäurebenzylesterchlorhydrat. $C_6H_4(CO_2 \cdot CH_2 \cdot C_6H_5)^1 \cdot (CH_2 \cdot N[C_2H_5]_2)^4$, HCl; ferner Chlorhydrat des p-Dimethylaminomethylbenzoesäurebenzylesters und p-Piperidinomethylbenzoesäurebenzylesterchlorhydrat. Sie wirken anästhesierend wie Cocain und besitzen die Fähigkeit ähnlich dem Papaverin, krampfartig kontrahierte Organe zu entspannen[5]).

Die in diesen Patenten 92526, 93500 beschriebenen Benzylester der p-Diäthyl- und p-Dimethylaminomethylbenzoesäure lassen sich auch durch Veresterung von Benzylalkohol mit den entsprechenden Dialkylaminomethylbenzoesäurehalogeniden gewinnen, indem man ω-p-Brommethylbenzoesäure mit einer alkoholischen Lösung von Dimethylamin bzw. Diäthylamin und die entstandenen p-Dialkylaminomethylbenzoesäuren mit $SOCl_2$ erwärmt. Bei längerem Stehenlassen der Säurechloride mit Benzylalkohol erfolgt Bildung des entsprechenden Benzylesters[6]).

Die lokalanästhesierende Wirkung des Benzylalkohols und seiner Derivate wird herabgesetzt, wenn in der CH_2-Gruppe Wasserstoffatome substituiert werden. Bei Substitution der beiden Wasserstoffatome wird die Wirkung völlig aufgehoben. Dibenzoylsaligenin ist unwirksam[7]).

Rac. Phenylmethylcarbinol $C_6H_5 \cdot CH(OH) \cdot CH_3$ wirkt sowohl am Kaninchenauge als an der menschlichen Haut stärker anästhesierend als der isomere Phenyläthylalkohol (Rosenöl) oder Benzylalkohol, aber nicht im Verhältnis zu

---

[1]) D.R.P. 65393. [2]) D.R.P. 208255.
[3]) New York Comercial Bd. 18, II. 1919.
[4]) Macht, David J.: Journ. of pharmacol. a. exp. therapeut. Bd. 11, S. 263. 1918.
[5]) Schw.P. 92526, 93500, 93501. [6]) Schw.P. 93438, 93751.
[7]) Hirschfelder, A. D. und Hermann H. Jensen: Proc. of the soc. f. exp. biol. a. med. Bd. 19. S. 145. 1921.

seiner größeren Giftigkeit. Auch seine verhältnismäßig geringe Beständigkeit spricht gegen die praktische Verwendung[1]).

Von den lokalanästhesierenden Phenylcarbinolen: Benzylalkohol, Phenyläthylalkohol, Phenylglykol, Zimtalkohol, Saligenin, Methylsaligenin, Äthylsaligenin, Homosaligenin und Piperonylalkohol ist Saligenin die geeignetste Substanz[2]).

Phenyläthylalkohol und Saligenin haben sehr günstige Eigenschaften; ihre Allgemeingiftwirkungen sind vorwiegend narkotische. Sie haben die Nachteile schwerer Löslichkeit und deutlicher Reizwirkung.

Saligenin hat lokalanästhesierende Wirkung[3]).

Während Phenyläthylalkohol und Phenylglykol an anästhesierender Wirkung dem Benzylalkohol deutlich unterlegen sind, so daß sich mit ihnen an Menschen die Schmerzempfindung nicht aufheben läßt, hat die Gegenwart eine Phenolgruppe im Saligenin und Homosaligenin (1:2:4) einen deutlich verstärkenden Einfluß. Ersatz des Phenolwasserstoffes durch Methyl, Äthyl oder Methylen, Methylsaligenin (1 : 2), Äthylsaligenin (1 : 2), Piperonäthylalkohol (1 : 2 : 4) schwächt die anästhetische Wirkung ab, ohne sie ganz aufzuheben. Saligenin ist auch ein Schleimhautanaestheticum[4]).

p-Thymotinalkohol[5]) unterscheidet sich in der Wirkung kaum vom Thymol. Er wirkt nicht anästhesierend. p-Kresol-Dialkohol[6]) wirkt kaum anästhesierend. Salicylaldehyd-p-Alkohol[7]) anästhesiert schwach und reizt etwas. Der isomere vom p-Oxybenzaldehyd abgeleitete Alkohol anästhesiert noch schwächer[8]).

Die Glycerinäther des Phenols besitzen analgetische Wirkungen. Die Urethane dieser Körper zeichnen sich neben ihrer analgetischen Wirkung besonders durch antipyretische Eigenschaften aus.

Man stellt sie dar, indem man die Glycerinäther der Phenole in die entsprechenden Urethane nach der üblichen Methode überführt. Sowohl die Phenylgruppe als auch die Aminogruppe läßt sich durch Homologe und Substitutionsprodukte ersetzten.

Versetzt man das Carbonat des Phenylglycerinäthers mit Ammoniak, so entsteht das Urethan. Ebenso werden die Homologen gewonnen[9]).

* * *

Auch dem Saponin[10]) kommen lokalanästhesierende Eigenschaften zu.

Morphin, Codein, Thebain, Narcotin, Heroin, Dionin wirken lokalanästhesierend[11]).

α-Amino-β-picolin (Pyridinring, N; $\cdot CH_3$, $\cdot NH_2$) sowie das Acetylderivat (Pyridinring, N; $\cdot CH_3$, $\cdot NH\cdot CO\cdot CH_3$)

besitzen eine cocainähnliche Wirkung[12]).

Die Glykoside, besonders die der Digitalisreihe und Verwandte wirken lokalanästhesierend (s. Kapitel Glykoside).

[1]) Hjort, Axel M. und Charles B. Kaufmann: Journ. of pharmacol. a. exp. therapeut. Bd. 15, S. 129. 1920.

[2]) Hirschfelder, A. D., A. Lundholm und H. Norrgard: Journ. of pharmacol. a. exp. therapeut. Bd. 15, S. 261. 1920.

[3]) Hirschfelder, Lundholm und Norrgard: Proc. of the nat. acad. of sciences (U. S. A.) Bd. 51, S. 21. 1920. — Americ. journ. of pharmacy Bd. 15, S. 263. 1920.

[4]) Hirschfelder, A. D., A. Lundholm und H. Norrgard: Journ. of pharmacol. a. exp. therapeut. Bd. 15, S. 129. 1920.

[5]) Ber. d. dtsch. chem. Ges. Bd. 27, S. 2409.

[6]) Ber. d. dtsch. chem. Ges. Bd. 40, S. 2531.

[7]) Ber. d. dtsch. chem. Ges. Bd. 34, S. 2455.

[8]) Jansen, H. H. und A. D. Hirschfelder: Journ. of pharmacol. a. exp. therapeut. Bd. 21, S. 207. 1923.

[9]) Bayer, D.R.P. 284975.

[10]) Pharmazeut. Zentralbl. 1902, S. 54. — Chem.-Ztg. 1902, S. 790.

[11]) Kochmann, W. und A. W. Hurtz: Arch. f. exp. Phatol. u. Pharmakol. Bd. 96, S. 372. 1923.

[12]) Seide, Oskar: Ber. d. dtsch. chem. Ges. Bd. 57, S. 1802. 1924.

Bei der praktischen Verwendung der Anilinantipyretica wurde eine schwache lokalanästhesierende Wirkung derselben bemerkt. Stärker tritt sie bei Verwendung von Formanilid hervor. Die an und für sich geringe lokalanästhesierende Wirkung der Phenetidinderivate erfährt durch die Verbindung mit einer zweiten Base eine intensive Verstärkung. Ebenso wirkt Antipyrin lokalanästhesierend.

Wir verdanken diesem Umstande zwei neue, lokalanästhesierend wirkende Mittel, welche aber trotz mancher Vorzüge dem Cocain gegenüber nicht durchschlagen konnten.

Phenyläthylamin hat lokalanästhesierende Eigenschaften. Die Einführung einer p-ständigen Aminogruppe oder Acylaminogruppe in das Molekül des Phenyläthylamins schwächt die lokalanästhesierende Kraft wesentlich ab. Auch der Eintritt einer Hydroxylgruppe und somit die Überführung des Phenyläthylamins in das p-Oxyphenyläthylamin (Tyramin) ist von einer starken Abschwächung der anästhesierenden Wirkung begleitet, während die sympathomimetische Wirkung umgekehrt beim Tyramin bedeutend intensiver ist als beim Phenyläthylamin.

Durch Methylierung der Aminogruppe gelangt man vom Tyramin zum Hordenin $HO \cdot C_6H_4 \cdot CH_2 \cdot CH_2 \cdot N(CH_3)_2$, bei dem die Narkosewirkung verstärkt ist, doch bleibt die narkotische Kraft des Hordenins weit hinter derjenigen des Phenyläthylamins zurück[1]).

Das salzsaure Holocain (p-Diäthoxyäthenyldiphenylaminhydrochlorat)

$$CH_3 \cdot C \begin{cases} N \cdot C_6H_4 \cdot O \cdot C_2H_5 \\ NH \cdot C_6H_4 \cdot O \cdot C_2H_5 \cdot HCl \end{cases}$$

ist schwer löslich, was seine Anwendung sehr erschwert. Die wässerige Lösung ist aber gut haltbar und wirkt rasch anästhesierend[2]). Es ist giftiger als Cocain, daher läßt es sich nur in der Augenheilkunde verwenden. Auf den Gesamtorganismus wirkt es krampferregend.

Holocain entsteht, wenn p-Phenetidin mit Phenacetin unter Wasseraustritt reagiert. Man läßt auf ein Gemenge dieser beiden Substanzen eine Phosphorhalogenverbindung einwirken oder erhitzt Phenacetin mit salzsaurem Phenetidin. Man kann auch Phenacetin allein mit Salzsäuregas erhitzen, ferner entsteht es durch Einwirkung von Acetonitril auf die Salze des p-Phenetidins bei höheren Temperaturen. Auch Phenacetin mit Phosphorpentasulfid erhitzt oder Thiophenacetin für sich erhitzt oder p-Phenetolglycin-p-phenetidid in Phosgengas erhitzt, liefert diese Verbindung[3]).

Holocainsulfosäure wirkt gut anästhesierend, muß aber mit freiem Alkali in Lösung gehalten werden.

p-Diallyloxyäthanyldiphenyldiamidinchlorhydrat (Diocain) ist ein dem Holocain analog konstituiertes Präparat, in dem die beiden Äthylgruppen des Holocains durch Allylgruppen ersetzt sind

$$C_6H_4 \begin{cases} O \cdot C_3H_5 \\ NH \cdot \underset{\substack{| \\ HCl\,CH_3}}{C} \!=\!\!=\!\!=\!\! \end{cases} \overset{C_3H_5 \cdot O}{N} > C_6H_4$$

Es soll besser als Holocain wirken[4]).

Äthenylamin und Benzamidin $\left(C_6H_5 \cdot C \begin{cases} NH \\ NH_2 \end{cases}\right) HCl$ wirken nicht anästhesierend, sondern wie Guanidin sehr giftig, während Holocain anästhesierend wirkt[5]).

---

[1]) Abelin, J.: Biochem. Zeitschr. Bd. 141, S. 458. 1923.

[2]) Zentralbl. f. prakt. Augenheilk. 1897, S. 30.

[3]) D.R.P. 79868, 80568.

[4]) Koby: Clin. opht. Bd. 13, S. 433. 1924. — Lüssi: Schweiz. med. Wochenschr. 1924, Nr. 25, S. 564.

[5]) Ber. d. dtsch. chem. Ges. Bd. 40, S. 4173. 1908.

Salzsaures Amidin $C_6H_5 \cdot N:C<\underset{\underset{H_2}{C}}{\overset{\overset{H_2}{C}}{}}>C \cdot N \cdot C_6H_5$ aus Diäthylglykokoll-m-amino-zimtsäuremethylester dargestellt, wirkt gut anästhesierend, ist aber stark giftig. Es macht Krämpfe, erweitert die Pupillen, wirkt anästhesierend, ätzt und reizt die Cornea.

Ähnliche Amidine mit ähnlichen physiologischen Eigenschaften wurden von Täuber noch dargestellt, indem man analog gebaute Basen zweckmäßig kondensiert:

Äthenyl-p-methoxydiphenylamidin, Äthenyl-p-äthoxydiphenylamidin, Äthenyl-p-äthoxy-p-oxydiphenylamidin, Äthenyl-o-methoxy-o-methoxydiphenylamidin, Äthenyl-o-methoxy-p-methoxydiphenylamidin, Äthenyl-p-methoxy-p-methoxydiphenylamidin, Äthenyl-o-äthoxy-p-methoxydiphenylamidin, Äthenyl-o-methoxy-p-äthoxydiphenylamidin, Äthenyl-o-äthoxy-o-äthoxydiphenylamidin, Äthenyl-o-methoxy-p-äthoxydiphenylamidin, Äthenyl-p-methoxy-p-äthoxydiphenylamidin, Äthenyl-o-äthoxy-p-äthoxydiphenylamidin.

Man setzt p-Acetaminophenolhalogenäthyläther $C_6H_4(NH \cdot CO \cdot CH_3)^4 (O \cdot CH_2 \cdot CH_2 \cdot Halogen)^1$ oder ihre kernalkylierten Derivate mit sekundären aliphatischen Aminen um. Dargestellt wurden p-Acetaminophenol-β-diäthylaminoäthyläther, p-Acetaminophenol-β-piperidyläthyläther, 1-Acetamino-3-allyl-4-oxybenzol-β-diäthylaminoäthyläther[1]).

Carl Goldschmidt erhitzt p-Phenetidin in alkoholischer Lösung mit o-Ameisensäureester und scheidet mit verdünnter Lauge ein alsbald erstarrendes Öl ab. Eine ähnliche Verbindung aus o-Ameisensäureester und p-Aminophenolchlorhydrat zu erhalten, gelang merkwürdigerweise nicht. Die analoge Verbindung erhält man aus p-Anisidin und o-Ameisensäureester[2]). Beide Substanzen, Methenyl-di-p-phenetidin[3]) und Methenyl-di-p-anisidin machen Lokalanästhesie.

Läßt man p-Formylphenetidin in Formaldehyd in ganz wenig verdünnter Salzsäure in der Kälte stehen, so erhält man[4]) Anhydro-p-oxyäthylaminobenzylalkohol. Valerylanilid und Valeryl-p-phenetidid liefern p-Anhydrovalerylaminobenzylalkohol resp. Anhydrovaleryloxyäthylaminobenzylalkohol in analoger Weise.

Die Substanzen haben sowohl antiseptische als auch anästhesierende Eigenschaften.

An die Stelle der p-Verbindungen können auch die o-Verbindungen treten, nur muß man bei der Darstellung etwas länger erhitzen. Die physiologische Wirkung der Lokalanästhesie kommt auch den o-Verbindungen wie den p-Verbindungen zu.

In gleicher Weise erhält C. Goldschmidt[5]) aus p-Aminobenzoesäure durch Kochen mit o-Ameisensäureester eine analoge Verbindung $HOOC \cdot C_6H_4 \cdot NH \cdot CH:N \cdot C_6H_4 \cdot COOH$. Diese Verbindung wirkt noch anästhesierend und antiseptisch.

p-Aminobenzoesäuremethylester gibt in alkoholischer Lösung mit o-Ameisensäureester zwei Substanzen der wahrscheinlichen Konstitution $CH_3 \cdot CO \cdot O \cdot C_6H_4 \cdot N:CH \cdot NH \cdot C_6H_4 \cdot COO \cdot CH_3$ und $CH_3 \cdot CO \cdot O \cdot C_6H_4 \cdot NH \cdot CHO \cdot C_2H_5$. Beide wirken nicht schmerzstillender als Anästhesin (p-Aminobenzoesäureäthylester) für sich.

Die Mono- und Dialkoxybenzhydrylamine besitzen lokalanästhesierende Wirkungen. C. Torres stellte Derivate der Reihe $C_6H_5 \cdot CH(NH_2) \cdot C_6H_4 \cdot OR$ her[6]).

Di-p-phenetylguanidin und sein Benzoylderivat und weiters Di-p-anisylguanidin und sein Benzoylderivat erhält man durch Einwirkung von Bleihydroxyd oder Quecksilberoxyd auf eine alkoholische Lösung molekularer Mengen Di-p-phenetylthioharnstoff und Ammoniak[7]).

Hesse und Trolldiener[8]) haben eine Reihe von Alkyloxyphenylguanidinen physiologisch geprüft. Diese Körper sind weit weniger giftig als Cocain, sie wirken länger und schneller als Cocain, sind in der Lösung haltbarer,

---

1) Ciba, Schw.P. 96389, 96606, 96607. 2) D.R.P. 103982. 3) D.R.P. 97103.
4) Goldschmidt, C.: Chem.-Ztg. Bd. 25, S. 178. 5) Chem.-Ztg. Bd. 26, S. 743.
6) Anales soc. espanola Fis. Quim. Bd. 24, S. 82. 1926. 7) D.R.P. 66550, 68706.
8) Therap. Monatsh. 1899, S. 36.

ätzen aber. Der wichtigste Körper dieser Gruppe, welcher in die Praxis eingeführt wurde, ist Di-p-anisylmonophenetylguanidinchlorhydrat unter dem Namen Acoin. Acoin hat den Nachteil, in stärkerer Konzentration zu ätzen, ferner, daß sich seine Lösung im Lichte zersetzt. Die Anwendung der Verbindungen dieser Gruppen scheitert an der schweren Löslichkeit.

Die thiocarbaminsauren Salze oder Thioharnstoffe aromatischer Basen werden bei Gegenwart derselben oder einer anderen Base entschwefelt, wobei mindestens eine der Basen ein Aminophenolkörper sein muß, oder man gibt ein Carbodiimid zu einem Aminophenol, oder man läßt das Carbodiimid aus dem entsprechenden Harnstoff entstehen und auf ein Aminophenol einwirken[1]).

Nach diesem Verfahren wurden folgende anästhesierend wirkende Oxyphenylguanidine dargestellt:

Trianisylguanidin $CH_3 \cdot O \cdot C_6H_4 \cdot N : C(NH \cdot C_6H_4 \cdot O \cdot CH_3)_2$, Triphenetylguanidin $C_2H_5 \cdot O \cdot C_6H_4 \cdot N : C(NH \cdot C_6H_4 \cdot O \cdot C_2H_5)_2$, Trihomophenetylguanidin $C_2H_5 \cdot O \cdot C_7H_6 \cdot N : C(NH \cdot C_7H_6 \cdot O \cdot C_2H_5)_2$, die Guanidine der Tripropyl-, Amyl- und Äthylenaminophenyläther $R \cdot O \cdot C_6H_4 \cdot N : C(NH \cdot C_6H_4 \cdot O \cdot R)_2$, worin R = propyl-, butyl-, äthylen-, isopropyl-, isobutyl-, isoamyl-, Triphenolguanidin $HO \cdot C_6H_4 \cdot N : C(NH \cdot C_6H_4 \cdot OH)_2$, Diphenetylmonophenolguanidin $HO \cdot C_6H_4 \cdot N : C(NH \cdot C_6H_4 \cdot O \cdot C_2H_5)_2$, Diphenetylmonoanisylguanidin $CH_3 \cdot O \cdot C_6H_4N : C(NH \cdot C_6H_4 \cdot O \cdot C_2H_5)_2$, Dianisylmonophenylguanidin $HO \cdot C_6H_4 \cdot N : C(NH \cdot C_6H_4 \cdot O \cdot CH_3)_2$, Dianisyl- (resp. phenetyl-) monophenyl- (resp. tolyl-, xylyl)-guanidin $(CH_3 \cdot O \cdot C_6H_4 \cdot NH)_2C : N \cdot C_6H_5$, worin CH_3— durch C_2H_5—, C_6H_4— durch C_7H_7— und C_8H_9— ersetzt sein kann, Dianisylmonophenetylguanidin $C_2H_5 \cdot O \cdot C_6H_4N : C(NH \cdot C_6H_4 \cdot O \cdot CH_3)_2$, Diphenylmonoanisyl- und -phenetylguanidin $R \cdot O \cdot C_6H_4 \cdot N : C(NH \cdot C_6H_5)_2$, worin R = CH_3 und C_2H_5, und die Homologen Ditolyl- und Dixylylmonoanisyl- und -phenetylguanidin $R \cdot O \cdot C_6H_4 \cdot N : C(NH \cdot C_7H_9)_2$, worin C_7H_9 durch C_8H_8, R durch CH_3 und C_2H_5 ersetzt sein kann.

Der einzige Repräsentant der chlorhaltigen Körper, welche als Schlafmittel und Inhalationsanaesthetica ja eine große Verwendung finden, ist unter den Lokalanästhesie bewirkenden Körpern Aneson, Chloreton, Acetonchloroform[2]) (tertiärer Trichlorbutylalkohol)

$$\begin{array}{c} OH \\ | \\ CH_3{-}C{-}CH_3 + {}^1/_2H_2O \\ | \\ CCl_3 \end{array}$$

Es ist auch ein wirksames Desinficiens, und wurde innerlich als Hypnoticum empfohlen[3]). Der Körper wirkt, wie alle analog gebauten, schlafmachend. Z. v. Vamossy[4]) ist es gelungen, diese Substanz wasserlöslich zu machen, wodurch die Verwendung als Anaestheticum ermöglicht wird. Der Körper macht Analgesie und ist ungiftig, seine Anwendung bietet aber keine Vorteile.

Trichlortertiärbutylalkoholbenzoesäureester (Chloretonbenzoesäureester) wirkt weniger hypnotisch und anästhesierend und ist weniger giftig[5]).

Brometonbenzoesäureester $C_{11}H_{11}O_2Br_3$ hat infolge seiner Unlöslichkeit sehr geringe physiologische Wirkung, wie auch die Mononitroderivate der Chloreton- und Brometonbenzoesäureester[6]).

Die Gruppe der Lokalanaesthetica umfaßt noch eine Reihe anderer Substanzen, welche wohl ihrer Wirkung nach dem Hauptrepräsentanten dieser Gruppe, welcher auch als Maßstab für die synthetischen Ersatzmittel gilt, nachstehen.

Man setzt 1-Aryl-5-pyrazolon-3-carbonsäureester zweckmäßig in Form ihrer Alkalisalze, mit Halogenäthyldiäthylamin um. Man erhält aus 1-Phenyl-5-pyrazolon-3-carbon-

---

[1]) D.R.P. 104361.

[2]) Willgerodt: Ber. d. dtsch. chem. Ges. Bd. 14, S. 2455. 1881. — Journ. f. prakt. Chem. [2] Bd. 37, S. 362.

[3]) Journ. of the Americ. med. assoc. 1899, S. 77.

[4]) Dtsch. med. Wochenschr. 1897, Nr. 36.

[5]) Aldrich, T. B.: Journ. of the Americ. chem. soc. Bd. 42, S. 1502. 1920.

[6]) Aldrich, T. B. und Julia E. Blanner: Journ. of the Americ. chem. soc. Bd. 44, S. 1759. 1922.

säureäthylester durch Auflösen in Nartiumäthylatlösung und Fällen mit Äther eine Natriumverbindung, die mit Chloräthyldiäthylamin die Base

$$\begin{array}{l} C_6H_5 \cdot N \cdot N : C \cdot COO \cdot C_2H_5 \\ \;\;\;\;\;\;\;\;\; | \;\;\;\;\;\;\;\;\;\;\; | \\ \;\;\;\;\;\;\;\, CO \text{---} CH \cdot CH_2 \cdot CH_2 \cdot N(C_2H_5)_2 \end{array}$$

gibt. Aus 1-m-Tolyl-5-pyrazolon-3-carbonsäureäthylester mit Chloräthyldiäthylamin erhält man ebenfalls eine Base, welche, wie die erste, anästhesierende Wirkungen zeigt[1]).

Aminoäther primärer Alkohole der allgemeinen Formel Y : N — $(CH_2)_x$ = O · R (Y ist ein zweiwertiges oder zwei einwertige Radikale. R-Aryl oder substituiertes Aryl · x eine beliebige Zahl erhält man durch Wechselwirkung von| Halogenkohlenwasserstoffalkyläthern der allgemeinen Formel Halogen —$(CH_2)_x$— O · R mit sekundären Aminen. Dargestellt wurden Dimethylamino-ε-guajacylamyläther, Piperido-γ-phenylpropyläther, Piperido-ε-phenylamyläther, Piperido-γ-guajacylpropyläther, Piperido-ε-guajacylamyläther, Piperido-ε-menthylamyläther, Piperido-γ-thymylpropyläther, Piperido-ε-thymylamyläther, Camphidino-ε-thymylamyläther[2]).

Äthyl-p-aminobenzoylphthalamathydrochlorid ist ein Lokalanaestheticum.

Die Orthoformgruppe: Ester aromatischer Säuren.

Eine weitere Gruppe von lokalanästhesierenden Mitteln, welche zugleich kräftige Antiseptica sind, verdanken wir den Untersuchungen von A. Einhorn und Heinz[3]).

Diese Forscher fanden, daß benzoylierte Oxyaminobenzoesäureester die Empfindlichkeit deutlich herabsetzen. Es war naheliegend, zu vermuten, daß ebenso wie Cocain auch diese Körper nach Abspaltung der Benzoylgruppe eine unwirksame Substanz liefern würden. Diese Vermutung hat sich aber nicht bewahrheitet, denn die aromatischen Aminooxybenzoesäureester zeigen alle anästhesierende Wirkungen, und zwar stärkere als die entsprechenden Benzoylderivate.

Sehr viele Ester der aromatischen Säuren, auch solche der zugehörigen ungesättigten und Alkoholsäuren und deren Substitutionsprodukte, ferner die Ester der Chinolincarbonsäuren usf., aber nicht die aliphatischen Ester, besitzen die Fähigkeit, schmerzstillend zu wirken. Doch ist der Grad der hervorgerufenen Anästhesie sehr verschieden, bei manchen kaum bemerkbar, und viele haben die Eigenschaften, doloros zu anästhesieren, zu reizen oder zu ätzen, manche, wie die aromatischen Aminoester, wirken als starke Blutgifte. o-Amino-m-oxybenzoesäuremethylester z. B. setzt die Empfindlichkeit nur eben wahrnehmbar herab.

Es wurden folgende Substanzen von diesen Forschern zu diesem Zwecke dargestellt[4]):

p-Aminosalicylsäuremethylester, p-Aminosalicylsäureäthylester, p-Aminobenzoylsalicylsäuremethylester, o-Aminosalicylsäuremethylester, o-Aminosalicylsäureäthylester, p-Amino-m-oxybenzoesäuremethylester, p-Amino-m-oxybenzoesäureäthylester, o-Amino-m-oxybenzoesäuremethylester, m-Amino-p-oxybenzoesäuremethylester, m-Amino-p-oxybenzoesäureäthylester, m-Benzoylamino-p-oxybenzoesäuremethylester, m-Amino-p-benzoyloxybenzoesäuremethylester, m-Aminoanissäuremethylester, Amino-o-kresotinsäuremethylester, Amino-o-kresotinsäureäthylester, Amino-p-kresotinsäuremethylester, Amino-p-kresotinsäureäthylester, Amino-m-kresotinsäuremethylester, Amino-m-oxy-p-toluylsäuremethylester-chlorhydrat, Amino-m-oxy-o-toluylsäuremethylester-chlorhydrat I, Amino-m-oxy-o-toluylsäureäthylester I, Amino-m-oxy-o-toluylsäureäthylester II, Amino-protocatechusäureäthylesterchlorhydrat, Amino-guajacolcarbonsäuremethylester, Aminovanillinsäuremethylester I, Aminovanillinsäuremethylester II, Amino-m-dioxybenzoesäuremethylester, Amino-m-dioxybenzoesäureäthylester, Amino-monomethyl-m-dioxybenzoesäuremethylester, Aminodimethyl-m-dioxybenzoesäuremethylesterchlorhydrat, Aminonaphtholcarbonsäuremethylester, o-Oxychinolincarbonsäureäthylester, p-Benzoyloxy-m-nitrobenzoesäuremethylester, Phenylaminoessigsäuremethylester, p-Chinolincarbonsäureäthylester.

---

1) Höchst. D.R.P. 293287. 2) D. R. P. 184868.
3) Münch. med. Wochenschr. 1897, Nr. 34, S. 931. 4) D.R.P. 97334, 97335.

Ferner schützten die Höchster Farbwerke die Darstellung der Ester der m-Aminozimtsäure, welche die therapeutischen Eigenschaften der Zimtsäurederivate mit anästhesierenden Wirkungen verbinden. Dargestellt wurde m-Aminozimtsäureäthylester und -methylester entweder durch Verestern der m-Aminozimtsäure durch Salzsäure und Alkohol oder durch Reduktion der m-Nitrozimtsäureester mit Zinn und Salzsäure[1]).

Nitrobenzoesäuretrihalogentertiärbutylester erhält man, wenn man o-m- oder p-Nitrobenzoesäure mit Trihalogentertiärbutylalkohol $(CH_3)_2 \cdot C \cdot$ (C Halogen 3) $\cdot$ OH verestert, bzw. Benzoesäuretrihalogentertiärbutylester nitriert[2]).

$C_6H_5 \cdot CO \cdot CH_2 \cdot CH_2 \cdot N(CH_3)_2HCl$ erhält man aus Acetophenon, Formaldehyd und salzsaurem Dimethylamin bei kurzem Kochen. Durch Hydrierung mit Palladium und Wasserstoff erhält man einen Alkohol, der einen Benzoesäureester ergibt. Das Chlorhydrat dieses Derivates ist ein kräftiges Lokalanästhesiemittel[3]).

p-Aminobenzoesäure-n-butylester erhält man durch Verestern der beiden Bestandteile mit gasförmiger Salzsäure und Erhitzen. Beim Erkalten scheidet sich das Chlorhydrat des Esters krystallinisch ab[4]).

Butesin ist p-Aminobenzoesäure-n-butylester-pikrat, für Verbrennungen empfohlen[5]).

p-Aminobenzoesäurebenzylester erhält man, wenn man Verbindungen, welche den p-Nitrobenzoylrest enthalten, mit benzylierenden Mitteln behandelt und den so gewonnenen p-Nitrobenzoesäurebenzylester reduziert. Man leitet in eine benzylalkoholische Lösung von p-Nitrobenzoesäure trockenes Salzsäuregas ein oder erwärmt die Salze der p-Nitrobenzoesäure mit Benzylchlorid in Wasser oder kocht p-Nitrobenzoylchlorid mit Benzylalkohol unter Rückflußkühluug. Die Nitrogruppe reduziert man mit Eisen und verdünnter Salzsäure[6]).

Aus dieser Gruppe wurde p-Amino-m-oxybenzoesäuremethylester

NH_2

HO·⟨Benzolring⟩

$COO \cdot CH_3$

unter dem Namen Orthoform eingeführt, ein ungiftiges Lokalanaestheticum, aber im Gegensatze zu allen bis nun besprochenen lokalanästhesierend wirkenden Mitteln entfaltet es seine Wirkung nur dann, wenn bloßliegende Nervenendigungen davon direkt beeinflußt werden können, also nur auf Substanzverlusten schmerzstillend wirkend. Bei intakter Schleimhaut oder Haut hingegen ist es wirkungslos. Das leicht lösliche Chlorhydrat des Orthoforms ist aber trotz ähnlicher Wirkungen für Injektionen nicht verwendbar, da die Injektion für kurze Zeit ein starkes Schmerzgefühl verursacht.

Dem Orthoform sagen aber einzelne Autoren als schädliche Nebenwirkung bei Verwendung auf offenen Wunden nach, daß es eine quellende Wirkung auf Gewebe ausübt und nicht unbeträchtliche Vergiftungserscheinungen hervorruft[7]).

Der hohe Preis des Orthoforms veranlaßte die Erfinder, einen zweiten Körper dieser Gruppe, welcher bei gleicher Wirkung weit billiger ist, unter dem Namen „Orthoform neu" in die Praxis einzuführen. Es ist dies m-Amino-p-oxybenzoesäuremethylester.

OH

H_2N·⟨Benzolring⟩

$COO \cdot CH_3$

Lactyl-p-aminobenzoesäureäthylester wirkt nicht mehr anästhesierend[8]).

[1]) D.R.P. 101685. [2]) Parke, Davis & Co., Detroit, A.P. 1451357.

[3]) Mannich, C. und G. Heilner: Ber. d. dtsch. chem. Ges. Bd. 55, S. 356. 1922.

[4]) Schw.P. 90590. Soc. chim. des usin. du Rhône.

[5]) Thayer, F. K.: Americ. journ. of pharmacy Bd. 97, S. 39. 1925.

[6]) Schw.P. 90587.

[7]) Rep. de Pharm. 1898, S. 420. — Liebigs Ann. d. Chem. Bd. 311, S. 33.

[8]) Salkowski, E.: Ber. d. dtsch. chem. Ges. Bd. 50, S. 637. 1917.

Die Darstellung der beiden wichtigsten Substanzen der Orthoformgruppe, des Orthoform und Orthoform neu, geschieht durch Verestern des Sulfates und der freien Säure mit Salzsäure in alkoholischer Lösung[1]) oder es wird der betreffende Nitrooxybenzoesäureester mit Zinn und Salzsäure reduziert[2]) und das auskrystallisierende Chlorhydrat der Aminoverbindung mit Soda zerlegt[3]).

Man stellt m-Amino-p-oxybenzoesäureester in der Weise dar, daß man die Alkylester der p-Oxybenzoesäure mit Diazoverbindungen kuppelt und die so erhältlichen Azofarbstoffe durch Einwirkung von Reduktionsmitteln spaltet.

Man erhält Salze aus Naphtholmonosulfosäure[4]) und p-Aminobenzoesäureäthylester durch Umsetzung von Salzen beider oder Einwirkung der freien Säure auf den Ester[5]).

Von Ritsert wurde p-Aminobenzoesäureäthylester ($NH_2 \cdot C_6H_4 \cdot COO \cdot C_2H_5$) unter dem Namen Anästhesin als locales Anaestheticum empfohlen und von Binz und Kobert[6]) untersucht. Es wirkt lokal wie Orthoform, hat keine Tiefenwirkung und ist reizlos.

ω-N-Anästhesin-4-aceto-brenzcatechin

$$C_2H_5 \cdot OOC \cdot C_6H_4 \cdot NH \cdot CH_2 \cdot CO \cdot C_6H_3(OH) \cdot OH$$

erhält man aus Anästhesin und 4-Chloraceto-brenzcatechin[7]).

Ritsert[8]) empfiehlt die aromatischen Aminocarbonsäureester unter Anwendung von Phenolsulfosäuren in Lösung zu bringen; diese Salze wirken reizlos.

In gleicher Weise kann man auch die Sulfosäuren der Phenoläther zur Darstellung wasserlöslicher Verbindungen aromatischer p-Aminocarbonsäureester verwenden, z. B. Anisolsulfosäure oder Guajacolsulfosäure[9]).

In gleicher Weise kann man auch die Benzolsulfosäuren benützen, die charakteristische Salze liefern, z. B. p-toluolsulfosaurer p-Aminobenzoesäureäthylester, m-benzoldisulfosaurer p-Aminobenzoesäureäthylester, m-benzoldisulfosaurer m-Amino-p-oxybenzoesäuremethylester[10]).

Man verwendet für konstante sterilisierbare Verbindungen am besten Benzylsulfosäure, die mit den freien Aminobenzoesäureestern zusammengebracht wird, oder man bringt die Chlorhydrate der Aminobenzoesäureester mit den Salzen der Benzylsulfosäure zusammen[11]).

p-Aminobenzoesäurepropylester ist ein Anaestheticum, Propäsin genannt. Dipropäsin $CO[NH \cdot C_6H_4 \cdot (COO \cdot C_3H_7)]_2$ ist ein Harnstoffderivat, das zwei Moleküle Propäsin enthält.

Cycloform, p-Aminobenzoesäure-isobutylester ist sehr schwer löslich und soll sehr stark anästhesierend und dabei reizlos sein.

p-Aminobenzoesäure-n-propylester erhält man durch Veresterung von Säure und Alkohol oder durch Reduktion von p-Nitrobenzoesäure-n-propylester[12]). Acetyl-p-aminobenzoesäurepropylester und homologe Alkylester erhält man durch Zusammenbringen von Essigsäureanhydrid mit p-Aminobenzoesäurealkylester.

p-Aminobenzoesäureisopropylester erhält man durch Veresterung der p-Aminobenzoesäure mit Isopropylalkohol oder dessen Halogeniden oder durch Reduktion des p-Nitrobenzoesäureisopropylesters resp. der entsprechenden Azoverbindungen, z. B. von Benzoesäureazo-β-naphthol. Der Isopropylester soll die Frequenz des Herzschlages ohne Schwächung seiner Kraft verlangsamen[13]).

p-Aminobenzoesäure-isobutylester an sich ist doppelt so stark wirksam als der Isopropylester und etwa viermal so wirksam als der Äthylester. Man stellt ihn also dar durch

---

1) D.R.P. 97333. 2) D.R.P. 97334. 3) D.R.P. 111932.
4) D.R.P. 181324. 5) D.R.P. 189838.
6) Berlin. klin. Wochenschr. 1898, Nr. 17. — v. Noorden, ebenda.
7) Ishiwara, F.: Ber. d. dtsch. chem. Ges. Bd. 57, S. 1125. 1924.
8) D.R.P. 147790. 9) D.R. P.149345.
10) D.R.P. 150070. 11) Höchster Farbwerke, D.R.P. 147580.
12) Franz Fritzsche & Co., Hamburg, D.R.P. 213459.
13) Bayer, Elberfeld, D.R.P. 211801.

Veresterung der p-Aminobenzoesäure mit Isobutylalkohol in bekannter Weise oder durch Reduktion des Nitrobenzoesäureisobutylesters oder der entsprechenden Azoverbindungen[1]).

p-Aminobenzoesäure-β-oxyäthylester hat $^1/_{10}$ der Giftigkeit des Novocains, wirkt auf das Auge nicht anästhesierend, subcutan wirkt es wie Novocain anästhesierend, ist aber wegen der lokalen Nebenwirkungen als Lokalanaestheticum nicht brauchbar[2]).

p-Aminobenzoesäureallylester, p-Aminobenzoesäureisopropylester, p-Aminobenzoesäure-n-butylester, 3.5.Diaminobenzoesäure-n-butylester besitzen hohes Anästhesierungsvermögen. m-Aminobenzoesäure-n-butylester, o-Aminobenzoesäure-n-butylester, 3.5-Diaminobenzoesäureäthylester haben mittelstarke anästhesierende Wirkung, während 2.4-Diaminobenzoesäure-n-butylester nur geringe anästhesierende Wirkung hat[3]).

Nitrobenzoesäuren werden mit 2-Butylalkohol verestert und mit Eisen und Salzsäure reduziert, z. B. p-Aminobenzoesäure-n-butylester, 3.5-Diaminobenzol-1-carbonsäure-n-butylester[4]).

p-Aminobenzoesäureallylester erhält man, wenn man Verbindungen, welche den p-Nitrobenzoylrest enthalten, mit allylierenden Mitteln behandelt und den so gewonnenen p-Nitrobenzoesäureallylester reduziert. Der Allylester wirkt stärker lokalanästhesierend als Äthyl-, Propyl- und Isopropylester[5]).

p-Aminobenzoyleugenolester (Plecavol)

$$NH_2 \cdot C_6H_4 \cdot COO \cdot C_6H_3(OCH_3) \cdot C_3H_5$$

wirkt antiseptisch und anästhesierend.

p-Aminobenzoyleugenol[6]) wirkt antiseptisch und lokal anästhesierend, ebenso wirken die Eugenolester der o- und m-Aminobenzoesäuren. Man erhält diese durch Reduktion der Eugenolester von o- und m-Nitrobenzoesäure[7]).

Erwin Erhardt hat vorgeschlagen[8]), Salze der anästhesierenden Basen mit reiner Arabinsäure herzustellen, welche angeblich keine Nebenwirkungen haben und insbesondere für Lumbalanästhesie von Wert sein sollen.

Die Versuche von Einhorn zu hexahydrierten Aminooxybenzoesäureestern durch Reduktion mit Natrium und Amylalkohol zu gelangen, führten nicht zu dem gewünschten Resultate, sondern es entstanden bei diesem Prozesse aus den beiden Orthoformen die am Stickstoff substituierten N-Amylaminooxybenzoesäuren, z. B. p-N-Amylamino-m-oxybenzoesäureäthylester

$$NH \cdot C_5H_{11} \text{ / } HO \cdot C_6H_3 \text{ / } COO \cdot C_2H_5$$

und m-N-Amylamino-p-oxybenzoesäureäthylester, deren Anästhesierungsvermögen aber nur gering ist.

p-Aminobenzoylphthalamidsäureäthylester $NH_2 \cdot C_6H_4 \cdot (O \cdot NH \cdot CO \cdot C_6H_4 COO \cdot C_2H_5$ ist ein ungiftiges Lokalanaestheticum.

Die alkylierten Orthoformpräparate haben starke Reizwirkungen, so ist p-Oxy-m-methylamino-benzoesäuremethylester mäßig anästhesierend wirksam, p-Oxy-m-dimethylaminobenzoesäuremethylester gut wirksam, p-Oxy-m-diäthylaminobenzoesäuremethylester gut wirksam, verfärbt aber die Muskulatur, Methenyl-p-oxy-m-aminobenzoesäuremethylester ist mäßig wirksam.

---

1) Bayer, Elberfeld, D.R.P. 218389.
2) Cretcher, L. H. und W. H. Pittenger: Journ. of the Americ. chem. soc. Bd. 47, S. 2560, 1925.
3) Brill, Harvey C.: Journ. of the Americ. chem. soc. Bd. 43, S. 1320. 1921.
4) The Abbott Laboratories, A.P. 1440652.
5) Ciba, Basel, Schw.P. 92300.
6) Riedel, Berlin, D.R.P. 189333.
7) Höchst, D.R.P. 179627.
8) D.R.P. 211800.

o-o-Dioxymethenyldiphenylamino-m-m-dicarbonsäuremethylester ist völlig unwirksam.

Salzsaurer o-o-Dioxymethenyldiphenylamino-m-m-dicarbonsäuremethylester ist wirksam, jedoch stark ätzend.

Orthoform neu mit Formyl- bzw. Acetylresten in der Aminogruppe substituiert, p-Oxy-formyl-m-aminobenzoesäuremethylester und p-Oxy-m-acetylaminobenzoesäuremethylester sind unwirksam. Carbonyl-p-oxy-m-methylaminobenzoesäuremethylester wirkt nur wenig anästhesierend. p-Oxy-m-benzolsulfaminbenzoesäuremethylester ist unwirksam. o-Amino-phenoxylessigsäureamid-p-carbonsäuremethylester ist ebenfalls unwirksam. o-Oxy-p-carbonsäuremethylesteranilido-essigsäureanilid-o-oxy-m-carbonsäuremethylester ist unwirksam.

Folgende Derivate der Amino-o-oxybenzoesäure sind unwirksam:

N-Benzoyl-p-aminosalicylsäuremethylester, Dibenzoyl-p-aminosalicylsäuremethylester, Diacetyl-p-aminosalicylsäuremethylester, Äthylendisalicylsäuremethylester.

Acetylsalicylsäuremethylester macht Anästhesie, aber auch Corneatrübung und Conjunctivitis. Acetyl-p-oxybenzoesäureäthylester macht inkonstante anästhesierende Wirkung und Reizung. Benzoyl-p-oxybenzoesäureäthylester ist unwirksam, aber reizend. Acetyldijodsalicylsäureäthylester ist völlig unwirksam, ätzt die Muskulatur und färbt sie schwarz. Dijodsalicylsäuremethylesterjodid ist völlig unwirksam.

p-Toluolsulfurylgaulterialöl (1) $\cdot CH_3 \cdot C_6H_4 \cdot SO_2(4) \cdot O(1)C_6H_4(2)COO \cdot CH_3$ ist völlig unwirksam.

Dimethylaminoanissäuremethylester ist gut wirksam, aber stark reizend.

Trimethylaminoanissäurebetain $C_6H_4{<}{\genfrac{}{}{0pt}{}{CO-O-N(CH_3)_3}{OCH_3}}$ ist unwirksam.

Acetyl-m-oxybenzoesäureäthylester ist wirksam, ätzt aber die Muskulatur.

Ester hydroaromatischer Aminocarbonsäuren haben ebenfalls lokalanästhesierende Eigenschaften[1]).

Die anästhesierende Wirkung aromatischer Ester wird geradeso wie die physiologische Wirkung anderer Substanzen durch den Eintritt von Carboxyl oder den Übergang in eine Sulfosäure vernichtet. Die hydroaromatischen Aminoester, wie Di- und Trimethyl-p-aminohexahydrobenzoesäureester und der 1.4.4-Methylcyclohexaminocarbonsäureäthylester vermögen zu anästhesieren.

Die Derivate der Gallussäure sind inbezug auf Anästhesie unwirksam, und zwar Trikohlensäureäthylester-gallussäuremethylester, Triacetylgallussäuremethylester, Gallamid.

Aminophthalsäurediäthylester ist stark reizend und gut wirksam.

Die Zimtsäurederivate: m-Aminozimtsäuremethylester, Cinnamylacrylsäuremethylester $C_6H_5 \cdot CH : CH \cdot CH : CH \cdot COO \cdot CH_3$, wirken anästhesierend, aber recht langsam.

Unwirksam sind: Benzoylmenthol, Dibenzoylweinsäureanhydrid, Benzoylharnstoff, Benzoyl-p-toluolsulfamid, Diäthylglykokoll-p-toluolsulfamid.

Alle Körper, die reizend wirken, haben eine Hydroxylgruppe am Benzolkern frei oder substituiert. Die nicht reizenden haben sie nicht. Die Gewebsveränderung sieht wie durch Säureeinwirkung verursacht aus.

Die anästhesierenden Eigenschaften der Orthoforme ließen es wünschenswert erscheinen, diese schwer löslichen oder in ihren Chlorhydraten stark sauren Körper in eine leicht lösliche und reizlose Form überzuführen, welche eine subcutane Anwendung gestattet, die bei den Orthoformen ausgeschlossen ist.

---

[1]) Klin. Monatsbl. f. Augenheilk. 1897, Apr., S. 114.

In dieser Absicht wurde eine Reihe von Glykokollderivaten der aromatischen Amino- und Aminooxycarbonsäuren von A. Einhorn dargestellt. Diese Darstellung der Glykokollderivate erinnert in ihrem Zwecke, zu löslichen Derivaten zu gelangen, lebhaft an analoge Bemühungen in der Phenetidinreihe, und zwar an die Phenokollsynthese.

Läßt man auf Amino- oder Aminooxycarbonsäureester nacheinander Chloracetylchlorid und dann Amine einwirken, so erhält man neue Verbindungen, denen die allgemeine Formel

$$(\text{aromat. Radikal})\cdot<\begin{matrix}NH\cdot CO\cdot CH_2\cdot NX_2\\ COO\cdot \text{Alkyl}\end{matrix}$$

zukommt[1]).

Diese neuen Verbindungen sind Glykokollaminocarbonsäureester, die Anästhesie erzeugen. Sie unterscheiden sich aber von den Aminocarbonsäureestern, deren Derivate sie sind, durch ihre stark basische Natur, welche sie befähigt, in Wasser mit neutraler Reaktion lösliche Salze zu bilden.

Bemerkenswert ist, daß der Grad des Anästhesierungsvermögens der Glykokollderivate der Aminocarbonsäureester keineswegs dem ihrer Muttersubstanzen entspricht, so z. B. anästhesiert das salzsaure Salz des Diäthylglykokoll-p-amino-m-oxybenzoesäuremethylesters weit schwächer als der ihr zugrunde liegende Aminooxyester.

Man läßt bei der Darstellung dieser Körper[2]) vorerst Chloracetylchlorid auf den Ester der Aminosäure in einem indifferenten Lösungsmittel, etwa Benzol, einwirken, destilliert das Lösungsmittel ab, worauf sich der Chloracetylaminoester abscheidet. Dieser wird in Alkohol gelöst und mit einer Lösung der Alkylaminbase unter Druck erhitzt oder man erhitzt aromatische Aminocarbonsäureester mit Glykokollester oder Amiden. Man kann auch die Prozesse in umgekehrter Reihenfolge durchführen, indem man die Aminocarbonsäuren mit Halogenacylchloriden umsetzt, in den erhaltenen Aminoderivaten sodann das Halogen durch Einwirkung von Aminen gegen basische Reste austauscht und schließlich esterifiziert[3]).

Läßt man Salicylaldehyd und Vanillin auf die Ester aromatischer Aminosäuren einwirken, so erhält man gefärbte Verbindungen, welche anästhesierend und desinfizierend wirken[4]).

Durch Einführung einer zweiten Aminogruppe in die Ester der Aminobenzoesäure wird nach Ritsert sowohl die Löslichkeit der Ester als auch ihre Basizität gesteigert, während die anästhesierende Wirkung erhalten bleibt, Man erhält die 3.4-Diaminobenzoesäureester durch Nitrierung und Reduktion der p-Aminobenzoesäureester oder durch Esterifikation und Reduktion der 3-Nitro-4-aminobenzoesäure.

Durch Einwirkung von β-Chloräthyldialkylaminen auf p-Aminobenzoesäurealkylester erhält man: Methyl-, Äthyl-, Propyl-, Butyl-, Isobutyl- und Isoamylester der p-N-Diäthylaminoäthylaminobenzoesäure und das p-N-Dimethylaminoäthylaminobenzoesäurebutylester[5]).

Einhorn stellte folgende Körper dieser Gruppe dar:

Methylglykokollanthranilsäuremethylester, Äthylglykokoll-p-aminobenzoesäuremethylester, Diäthylglykokoll-m-amino-p-oxybenzoesäuremethylester, Diäthylglykokoll-p-aminosalicylsäuremethylester, Glykokoll-p-aminobenzoesäuremethylester, Äthylglykokollanthranilsäuremethylester, Dimethylglykokollanthranilsäuremethylester, Diäthylglykokollanthranilsäuremethylester, Äthylglykokoll-m-aminobenzoesäuremethylester, Diäthylglykokoll-m-aminobenzoesäuremethylester, Dimethylglykokoll-p-aminobenzoesäureäthylester, Diäthylglykokoll-o-aminosalicylsäuremethylester, Äthylglykokoll-p-aminosalicylsäuremethylester, Dimethylglykokoll-p-aminosalicylsäuremethylester, Diäthylglykokoll-p-aminosalicylsäureäthylester, Diäthylglykokoll-p-amino-m-oxybenzoesäuremethylester, Diäthylglykokoll-p-aminozimtsäuremethylester, Diäthylglykokoll-m-aminozimtsäuremethylester.

Aus dieser Gruppe wurde der salzsaure Diäthylglykokoll-m-amino-o-oxybenzoesäuremethylester

$$HO\cdot C_6H_3(\cdot NH\cdot CO\cdot CH_2\cdot N(C_2H_5)_2)(\cdot COO\cdot CH_3)$$

1) D.R.P. 106502. 2) D.R.P. 108027, 108871.
3) Ritsert und Epstein, D.R.P. 151725. 4) Runge, D.R.P. 228666.
5) Soc. chim. des usines du Rhône. E.P. 153827/1920.

für die praktische Verwendung ausgewählt [Nirvanin[1])]. Er ist leicht löslich, wirkt anästhesierend, ist weniger giftig als Orthoform und wirkt auch antiseptisch. Eine tiefgehende Anästhesie der Schleimhäute erzeugt dieser Körper nicht. In der Augenheilkunde ist er nicht verwendbar, da das Auge zu stark gereizt wird. Er wirkt weit schwächer als Cocain, die Injektionen machen Schmerzen und ödematöse Schwellungen, welche oft lange anhalten. Durch intakte Schleimhäute vermag Nirvanin im Gegensatze zu Cocain nicht zu wirken.

Um die Giftigkeit der Orthoforme zu vermindern, wurde auch bei diesen der vergebliche Versuch gemacht, noch wirksame Derivate durch Sulfurieren darzustellen. Orthoform wurde in rauchender Schwefelsäure gelöst und das lösliche Bariumsalz der Sulfosäure dargestellt.

Die freie Sulfosäure ist

$$C_6H_2\begin{cases} COO\cdot CH_3 \\ OH \\ NH_2 \\ SO_3H \end{cases} + 3H_2O\,.$$

Das Natriumsalz ist leicht löslich, sehr beständig und ungiftig. Von einer Anwendung wird nichts berichtet.

Wir sehen also, daß die Eigenschaft, die Gewebe gegen Schmerzen unempfindlich zu machen, in verschiedenen Klassen von Körpern sehr verbreitet ist, daß sie aber in allen Fällen mit der Konstitution in innigem, in den allermeisten Fällen klar faßlichem Zusammenhange, steht.

Körper mit ähnlichem chemischen Bau haben auch in diesem Falle ähnliche physiologische Wirkung, und es ließen sich auch auf Grund dieser Voraussetzungen eine Reihe wirksamer Körper schaffen, von denen einige auch in der Praxis erfolgreich eingedrungen sind und neben dem Cocain eine große Rolle spielen: Novocain, Stovain, Alypin, Anaesthesin usf.).

Die Lokalanaesthetica haben vielfach die gleichen Wirkungen und Eigenschaften wie die Narkotica, aber das zentrale Nervensystem ist diesen Mitteln gegenüber bedeutend empfindlicher als das periphere sensible, und die sensiblen Nervenendigungen sind gegen die Lokalanaesthetica viel empfindlicher als der motorische Nerv.

Die Lokalanaesthetica haben zugleich narkotische Wirkung, sie haben beide die typische Protoplasmawirkung, die elektive Wirkung auf das Nervensystem, besonders das zentrale und die Reversibilität der Reaktion gemein, aber die Lokalanaesthetica haben beim Warmblüter außer der narkotischen noch andere zentrale Wirkungen, welche deren Verwendung als Narkotica ausschließen.

Die Konzentration, in welcher viele Narkotica die Reizbarkeit der motorischen Nerven gerade aufheben, ist sechsmal größer als die Konzentration, welche Narkose herbeiführt. Das zentrale Nervensystem ist gegen diese Narkotica sechsmal empfindlicher als der motorische periphere Nerv.

Narkotica, welche keine intensive Schädigung des Nerven bewirken, rufen in der gleichen Konzentration Anästhesie hervor, in welcher sie die Reizbarkeit des motorischen Nerven aufheben. Das sensible Nervengewebe ist gegen derartige Narkotica ebenso empfindlich wie das motorische[2]).

Mydriatica und Myotica.

Wir haben gesehen, daß dem Cocain und dem Atropin die analoge physiologische Eigenschaft zukommt, die Pupille zu erweitern, also mydriatisch zu wirken, obgleich der Wirkungsmechanismus ein verschiedener ist.

[1]) Münch. med. Wochenschr. 1898, Nr. 49.

[2]) Groß, Oskar: Arch. f. exp. Pathol. u. Pharmakol. Bd. 62, S. 380. 1910.

Daß diese Eigenschaft bei beiden Substanzen mit dem Vorhandensein der aromatischen Gruppe in esterförmiger Bindung im Zusammenhange steht, wurde schon mehrfach erwähnt.

Das alkoholische Hydroxyl im aromatischen Säureradikal kann auch bei Verbindung mit anderen Basen als Tropin mydriatische Effekte hervorbringen, so als N-Methyl-vinyl-diacetonalkaminmandelsäureester und als N-Methyltriacetonalkaminmandelsäureester.

Daß die Erzeugung der Mydriasis mit einer bestimmten Konfiguration der wirkenden Substanz im Zusammenhange steht, wurde schon früher an dem Beispiele des β-Tetrahydronaphthylamins erörtert. Doch scheinen mehrere ganz bestimmte Konfigurationen die gleichen physiologischen Effekte auslösen zu können, wie man am Cocain, Atropin und Pseudoephedrin sieht.

Auch dem Phenylpyrazoljodmethylat, welches curareartige Wirkung hat, kommt bei Tieren mit runder Pupille eine intensive mydriatische Wirkung zu, welche aber bei Tieren mit oblonger Pupille fehlt. Es wirkt auch schmerzstillend, doch ist der Eintritt der mydriatischen und anästhesierenden Wirkung ein ungemein langsamer, was die Verwendung dieser Substanz ausschließt.

Die Myotica, zu welcher Gruppe das Physostigmin (Eserin) als das souveräne Mittel, Morphin, Thebain und Muscarin gehören, um nur die zu erwähnen, deren Bau ganz oder teilweise bekannt, lassen nicht erkennen, auf welche Gruppierung diese physiologische Wirkung zurückzuführen ist.

Quebrachin, Aspidospermin, Aspidospermatin, Aspidosamin und Quebrachamin, die Alkaloide der Quebrachorinde wirken gleichartig, am stärksten Quebrachin. Sie erregen das Atemzentrum, sowohl die Frequenz als auch Tiefe der Atemzüge wird erhöht. Auch das Brechzentrum sind erregt, aber nicht so spezifisch wie vom Apomorphin. Große Dosen lähmen die Atmung[1]). Quebrachin wirkt anästhesierend, wie Yohimbim.

Um die Unannehmlichkeiten zu vermeiden, daß sich fast alle Eserinsalzlösungen rot färben, wurde das schwefligsaure Salz dargestellt durch Zusammenbringen von schwefliger Säure und Eserin[2]).

Morphin.

Die Arbeiten der letzten Jahre haben es sehr wahrscheinlich gemacht, daß Morphin und Thebain, die beiden stärkst wirksamen Alkaloide des Opiums, sowie die übrigen Nebenalkaloide sehr nahe verwandt sind.

Die Knorrschen und Pschorrschen Morphinformeln beruhen auf den grundlegenden Beobachtungen von Vongerichten und Schrötter[3]), welche bei der Destillation von Morphin mit Zinkstaub Phenanthren erhielten.

Morphin enthält zwei Hydroxyle, ein alkoholisches und ein Phenylhydroxyl. Der Ersatz des Phenolhydroxylwasserstoffs durch eine Alkylgruppe führt von der Morphinreihe zu der Kodeinreihe hinüber und ist mit einer sehr bedeutenden qualitativen Wirkungsänderung verbunden.

Morphin wird jetzt als ein Phenanthrenabkömmling aufgefaßt, in dem der eine Sauerstoff brückenartig zwei Ringsysteme des Phenanthrens verbindet, ein Sauerstoff in Form eines Phenolhydroxyls und der dritte Sauerstoff in Form eines alkoholischen Hydroxyls enthalten ist. Der Stickstoff ist in einem besonderen hydrierten Ring enthalten, der dem Phenanthrensystem angeschlossen ist.

In den Anschauungen über die Konstitution des Morphins bestehen noch

---

[1]) Eloy und Huchard: Arch. de physiol. norm. et pathol. Bd. 8, S. 236.
[2]) Merck, D.R.P. 166310. [3]) Liebigs Ann. d. Chem. Bd. 210, S. 396.

einige Differenzen. Knorr faßt Morphin, Kodein, Thebain nach folgenden Formelbildern auf.

Morphin Kodein 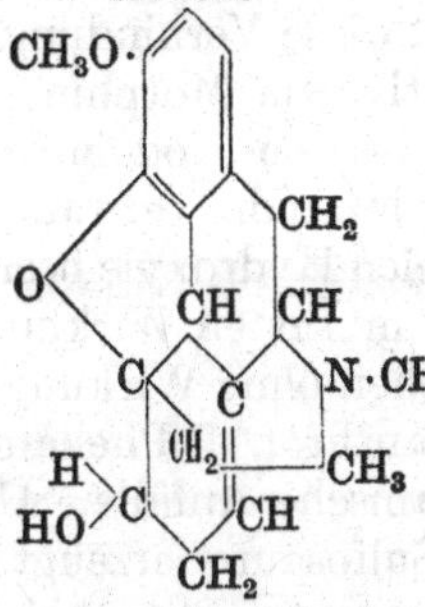 Thebain

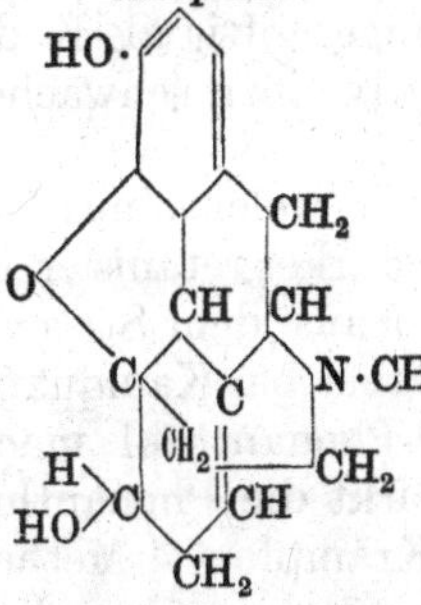

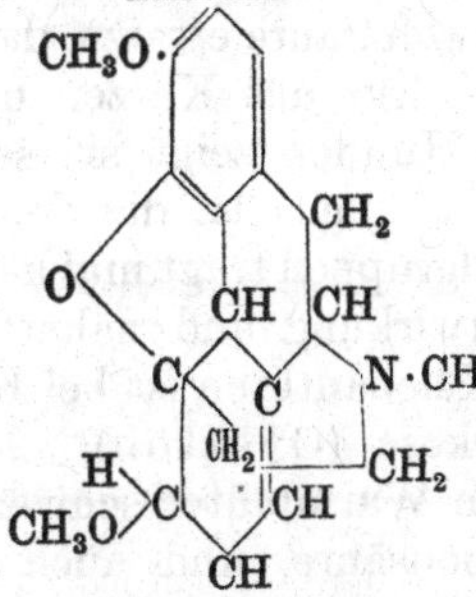

Formeln von M. Freund:

Morphin[1]) Kodein 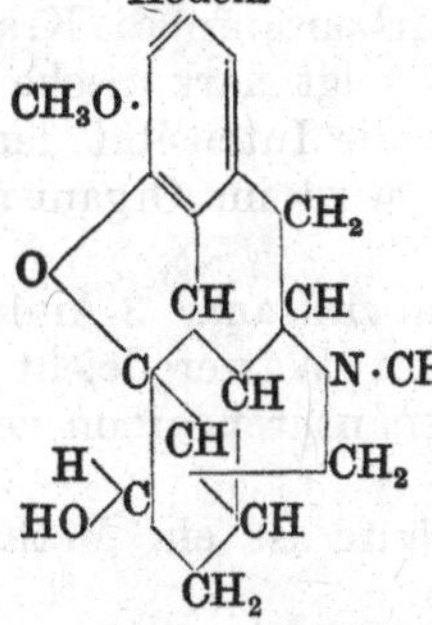 Thebain

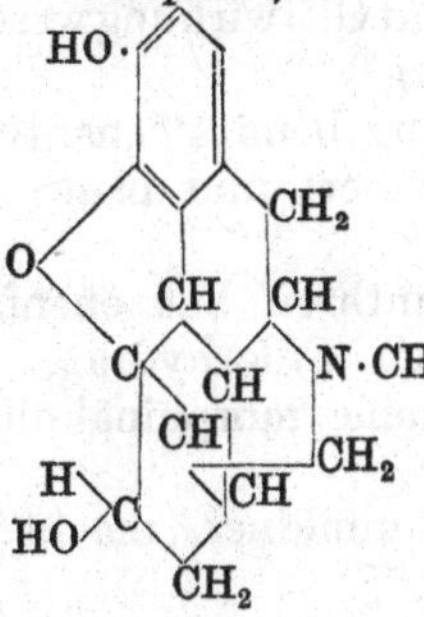

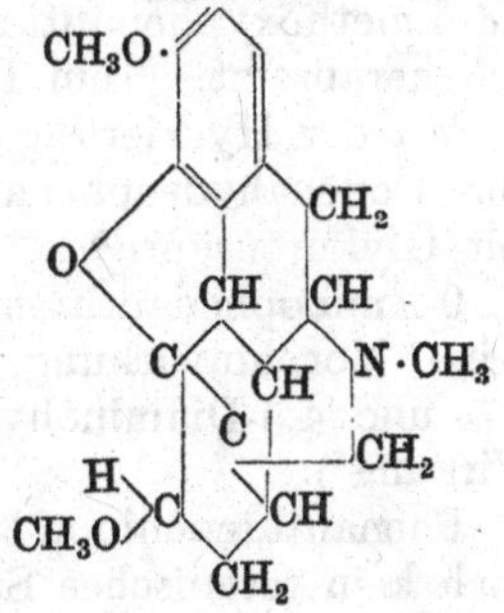

Thebainformel nach H. Wieland und M. Kotake[2]).

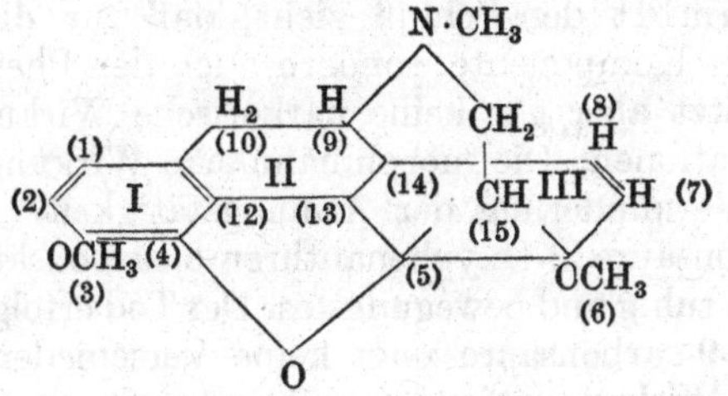

Morphin wird, falls es zur Wirkung gelangt, im Gehirn und Rückenmark zerstört[3]). Der Abbau ist oxydativer Art.

Wollen wir vorerst die Bedeutung der einzelnen Gruppen besprechen.

Die Opiumalkaloide der Morphingruppe wirken narkotisch, die der Kodeingruppe mit geschlossenem Phenolhydroxyl wirken schwächer narkotisch und stärker tetanisch[4]). Durch den Ersatz des Phenolhydroxylwasserstoffes des Morphins durch ein Alkyl- oder Acylradikal entstehen die Kodeine, bei welchen die narkotische Wirkung des Morphins abnimmt, während die krampferregende zunimmt.

Mit der Phenolhydroxylgruppe[5]) im Morphin ist seine narkotische Fähigkeit, seine Fähigkeit vorzüglich und hauptsächlich auf Nervenzentren des Gehirns zu reagieren, verknüpft. Mit ihr ist die Giftigkeit des Morphins ver-

---

1) Freund, M. und Speyer: Ber. d. dtsch. chem. Ges. Bd. 49, S. 1292. 1916.

2) Liebigs Ann. d. Chem. Bd. 210, S. 396.

3) Marquis und Cloetta, Bronislaw Frenkel: Arch. f. exp. Pathol. u. Pharmakol. Bd. 63, S. 331. 1910.

4) v. Schröder: Arch. f. exp. Pathol. u. Pharmakol. Bd. 17, S. 96.

5) Stolnikow: Hoppe-Seylers Zeitschr. f. physiol. Chem. Bd. 8, S. 235. 1884.

bunden, denn die Morphinschwefelsäure verhält sich gar nicht narkotisch, ist sehr wenig giftig, wirkt aber tetanisch, wie ein Körper der Kodeingruppe.

In der Morphinschwefelsäure ist das Phenolhydroxyl durch die indifferente Schwefelsäure ersetzt, daher ist diese Verbindung viel weniger giftig als Kodein. Sie wirkt auf Katzen qualitativ wie Morphin, quantitativ aber schwächer[1]), bei Hunden zeigt sie sehr schwache Kodeinwirkung[2]).

Hingegen ist das dem Morphin nahe verwandte Thebain, welches nur Methoxylgruppen trägt und keine freien Hydroxyle besitzt, von starker tetanisierender Giftwirkung und nähert sich in seinen Wirkungen durchaus dem Strychnin.

Phenanthren ist bei Kaninchen ohne Wirkung, macht aber bei Kaulquappen Narkose (Overton). 2-Phenanthrol, 3-Phenanthrol, 9-Phenanthrol machen beim Warmblüter schwere tetanische Anfälle. Ähnlich wirkt die Phenanthrencarbonsäure, und auch die Sulfosäure erzeugt noch Krämpfe. 4-Methoxyphenanthren-9-carbonsäure wirkt wie Phenanthrencarbonsäure, während eine weitergehende Anhäufung alkylierter und acylierter Hydroxyle (3-Acetoxy-4.8-dimethoxyphenanthren-9-carbonsäure) die Krampf- und Giftwirkung wesentlich herabsetzt. Kein Derivat zeigt narkotische Wirkung[3]).

Mit der Hydrierung nimmt die Intensität der Wirkung beim Phenanthren ab. Dodekahydrophenanthren wird im Organismus oxydiert und paart sich mit Glykuronsäure[4]).

9-Aminophenanthren ist unwirksam. 3-Aminophenanthren hat ebenfalls keine Morphinwirkung. Die in Wasser leicht löslichen Chlorhydrate des 2.7- und 4.5-Diaminohydrophenanthrenchinon zeigten keine morphinähnliche Wirkung[5]).

Phenanthrenchinon-3-sulfosäure ist ein Methämoglobinbildner, macht jedoch kein tetanisches Stadium.

2-Bromphenanthrenchinon-monosulfosäure zeigt morphinähnliche Wirkungen[6]), woraus J. Schmidt den Schluß zieht, daß für die Morphinwirkung nicht nur die N-haltige Komponente, sondern auch der Phenanthrenrest maßgebend ist[7]). Sie besitzt aber gar keine narkotische Wirkung, macht jedoch schwere Organdegenerationen. Die morphinähnliche Wirkung beruht auf einer Verlangsamung und Verminderung der Atmungstätigkeit[8]).

3-Phenanthrolcarbonsäure (2-Oxyphenanthren-3-carbonsäure) wirkt antiseptisch. Die Tiere werden ruhig und bewegungslos. Der Tod erfolgt ohne Krämpfe[9]).

2-Oxyphenanthren-9-carbonsäure zeigt keine Verschiedenheit, sondern nur eine etwas gesteigerte Wirkungsweise gegenüber den Oxyphenanthrenen, sowie der Phenanthren-9-carbonsäure. Diese Produkte rufen beim Frosch eine verminderte Herztätigkeit und systolischen Herzstillstand hervor[10]).

9-Acetamino-10-oxyphenanthren 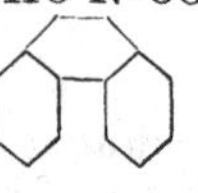

zeigt nur Acetanilidwirkungen.

---

[1]) Becker: Arch. internat. de pharmaco-dyn. et de thérapie Bd. 12, S. 68.

[2]) Stockmann, Ralph und Dott: Brit. med. journ. 1890, II, S. 189 und 1891, 24. Jan. Proc. of the roy. soc. of Edinbourgh, Bd. 17, S. 321. 1890.

[3]) Bergell und Pschorr: Hoppe-Seylers Zeitschr. f. physiol. Chem. Bd. 38, S. 17. 1903.

[4]) Hildebrandt, H.: Arch. f. exp. Pathol. u. Pharmakol. Bd. 59, S. 140. 1908.

[5]) Schmidt, Jul.: Ber. d. dtsch. chem. Ges. Bd. 36, S. 3726. 1903.

[6]) Untersucht in den Höchster Farbwerken.

[7]) Ber. d. dtsch. chem. Ges. Bd. 37, S. 3555. 1904.

[8]) Ber. d. dtsch. chem. Ges. Bd. 37, S. 3565. 1904.

[9]) Werner: Ber. d. dtsch. chem. Ges. Bd. 35, S. 4427. 1902.

[10]) Bergell bei Pschorr: Ber. d. dtsch. chem. Ges. Bd. 39, S. 3122. 1906.

E. Vahlen[1]) ging von der Vermutung aus, daß, im Gegensatz zur Knorrschen Ansicht nicht der Morpholinkomplex, sondern der Phenanthrenkern der Wirkungsträger sei[2]). Er stellte das Chlorhydrat des 9-Amino-10-oxyphenanthren dar, Morphigenin genannt.

Aminoxyphenanthren[3]) erhält man durch Reduktion von Phenanthrenmonoxim, welches bei der Reaktion von Phenanthrenchinon mit Hydroxylamin entsteht. Man reduziert mit einem Überschusse von Zinnchlorür und krystallisiert aus rauchender Salzsäure um.

Morphigeninchlorid wird folgendermaßen dargestellt: Phenanthrenchinon und salzsaures Phenylhydrazin geben Phenanthrenchinonphenylhydrazon[4]). Dieses wird mit Zinnchlorür in Eisessig reduziert.

Verschiedene Derivate des Morphigenins, welche aber chemisch rein nicht faßbar waren, gaben angeblich morphinähnliche Wirkungen. Epiosin wird durch Erhitzen von Morphigeninchlorid mit Natriumacetat, Alkohol und Methylamin unter Druck erhalten. Es ist identisch mit dem Methyldiphenylenimidazol[5]). Epiosin ist nach Pschorr kein Derivat des Aminophenanthrols (Morphigenin), sondern des Phenanthrenchinons resp. Phenanthrenhydrochinons. Vahlen hatte kein Morphigenin, sondern ein N-freies Umwandlungsprodukt in der Hand, mit dem er seine Versuche anstellte. Phenanthrenchinon gab nach dem Behandeln mit Schwefelsäure ein Präparat ähnlicher physiologischer Wirkung. Es bildet sich bei Behandlung von Morphigeninchlorid mit Schwefelsäure unter N-Abspaltung intermediär Phenanthrenchinon. Auch andere N-freie Derivate des Phenanthrens (Carbonsäuren und Phenanthrole) zeigen starke physiologische Wirkung[6]).

Durch Einwirkung von Wasserstoffsuperoxyd auf die Alkaloide der Morphingruppe erhält man Aminoxyde, und zwar durch Anlagern von Sauerstoff an den Stickstoff der Alkaloidkomplexe. Diese Veränderung genügt, um die Wirksamkeit der Substanzen zu verhindern, der Organismus vermag auch nicht das sonst so leicht zu entfernende Sauerstoffatom zu reduzieren, da ja sonst die charakteristische Alkaloidwirkung, wenn auch verzögert, eintreten müßte. Die physiologische Wirkung von Methylpiperidin, Brucin und Strychnin wird ebenfalls beim Übergang in die entsprechenden Aminoxyde auffällig verändert[7]).

Riedel[8]) stellt durch Einwirkung von Ozon auf Thebainsalze eine um zwei Sauerstoffe reichere Verbindung her.

Das salzsaure Salz soll ähnlich wie Morphin und Kodein wirken und in der Stärke der Wirkung dem Morphin entsprechen, was sicher unrichtig ist.

Die Morphinäther Kodein, Kodäthylin und das verwandte Thebain charakterisieren sich dadurch, daß sie alle das Rückenmark beeinflussen und krampferregende Wirkung haben, bei unbedeutender Narkose oder selbst bei vollständigem Fehlen einer solchen. Hierbei wächst die Fähigkeit, Krämpfe zu erregen, mit der Anzahl der eintretenden Alkylgruppen an, ferner wächst sie mit der Größe des eintretenden Alkylradikals. Daher wirkt Kodäthylin stärker als Kodein. Die Alkylradikale, welche in die Kodeine eintreten, bedingen eine größere oder kleinere Giftigkeit desselben, welche mit der Anzahl der C-Atome des eintretenden Alkylradikals zusammenhängt.

---

[1]) Arch. f. exp. Pathol. u. Pharmakol. Bd. 47, S. 368. 1902.

[2]) Overton, S.: Narkose. Overton zeigte, daß Phenanthren bei Kaulquappen hypnotisch wirkt. [3]) W. Schmidt, Stuttgart, D.R.P. 141422.

[4]) Zincke: Ber. d. dtsch. chem. Ges. Bd. 12, S. 1641. 1879.

[5]) Japp und Davidson: Journ. of the Americ. chem. soc. 1895, S. 1. — Zincke u. Hof.: Ber. d. dtsch. chem. Ges. Bd. 12, S. 1644. 1879.

[6]) Siehe Kritik dieser Versuche: Pschorr: Ber. d. dtsch. chem. Ges. Bd. 35, S. 2729. 1902.

[7]) Freund, Martin u. Edmund Speyer (Heinz-Erlangen): Ber. d. dtsch chem. Ges. Bd. 43, S. 331. 1910. [8]) D.R.P. 201324.

Morphin hat eine besondere spezifische und selektive Wirkung auf das Nervensystem. Kodein hat zwar eine ähnliche, jedoch erheblich schwächere Wirkung. Wie Morphin macht es einen narkotischen Zustand, nach welchem eine erhöhte Reflexerregkarkeit einsetzt, welche sich, wenn die Dosis groß genug ist, bis zum Tetanus steigert. Der narkotische Zustand ist viel kürzer und viel weniger tief als beim Morphin, und wenn große Dosen gegeben werden, so ist der narkotische Effekt sehr schwach, ja kaum wahrzunehmen oder fehlt ganz. Beim Menschen ist der narkotische Effekt sehr schwach. Es tritt keine sehr bemerkenswerte Analgesie auf und eine Erhöhung der Dosis macht die Analgesie nicht tiefer, sondern erhöht die Reflexerregbarbeit. Die letale Dosis ist ungefähr ein Drittel von der letalen Dosis des Morphins. Wie wir sehen werden, steigt durch Verschluß des Phenolhydroxyls oder der beiden Hydroxyle die Giftigkeit des Morphins bei einzelnen Tieren bei allen Derivaten mit Ausnahme der Morphinschwefelsäure, welche aus den im allgemeinen Teil angeführten Gründen unwirksam sein muß.

Ersetzt man im Morphin den Phenolhydroxylwasserstoff durch die Äthylgruppe oder vertauscht man im Kodein den Methylrest durch einen Äthylrest, so gelangt man zum Äthyl-o-morphin, einen schon von Bochefontaine[1]), später von Stockmann und Dott studierten Körper.

Bochefontaine bezeichnete die Wirkung dieser Substanz als strychninähnlich, aber er gebrauchte so große Dosen, daß er den vorhergehenden narkotischen Effekt nicht erzielte. Äthyl-o-morphin hat nach Stockmann und Dott eine ganz ähnliche Wirkung wie Kodein und auch dieselbe letale Dosis. Amyl-o-morphin erzeugt dieselbe physiologische Wirkung.

Dieser Gruppe reiht sich seiner Konstitution und seinen Wirkungen nach Benzyl-o-morphin an, in welchem das eine Morphin-Hydroxyl durch die Benzylgruppe geschlossen ist, also ein ar-alkyliertes Morphin, welches sich in seinen Eigenschaften an die Kodeingruppe völlig anreiht. Ebenso wirkt Tolylmorphin, aber dieses ist schwer löslich und hat einen brennenden Geschmack.

In allen diesen Verbindungen ist der Wasserstoff im Phenolhydroxyl des Morphins durch eine Alkyl- oder Ar-alkylgruppe ersetzt. Diese Substitution erzielt eine ganz ähnliche Wirkung, und es macht im großen und ganzen keine Differenz, welche Radikale eingeführt werden, solange sie dasselbe Wasserstoffatom ersetzen; die Differenz, die man in den Wirkungen sieht, ist mehr quantitativ als qualitativ. Bei allen ist die narkotische Wirkung des Morphins sehr verringert. Die tetanische Wirkung und die Wirkung auf die motorischen Nerven ist erhöht, ferner ist die Giftigkeit dem Morphin gegenüber erheblich angestiegen.

Die Einwirkung auf das Gehirn (Narkose) fehlt diesen Körpern nicht vollständig, sondern ist nur wesentlich unterdrückt und kommt den anderen Wirkungen gegenüber nicht recht zur Geltung. Hingegen tritt die Narkose des Atmungszentrums in den Vordergrund.

Stockmann und Dott[2]) haben folgende Körper dieser Gruppe dargestellt und untersucht:

Monoacetylmorphin zeigt beim Frosch ähnliche Wirkungen wie Kodein.

Beim Kaninchen machen sehr kleine Dosen schon Narkose, größere Dosen Tetanus (Wirkung der Kodeingruppe).

---

[1]) Journ. de anat. et physiol. Bd. 5, S. 239, zuerst dargestellt von Grimaux: Cpt. rend. hebdom. des séances de l'acad. des sciences Bd. 92, S. 1140 u. 1228 und Bd. 93, S. 67, 217, 591.

[2]) Brit. med. journ. 1890, II, S. 189 u. 1891, 24. Jan. — Proc. of the roy. soc., Edinbourgh Bd. 17, S. 321. 1890.

Diacetylmorphin, in welchem beide Hydroxyle durch Acetylgruppen geschlossen sind, zeigt eine ganz ähnliche Wirkung wie Monoacetylmorphin.

Benzoylmorphin wirkt ganz identisch wie Monoacetylmorphin. Dibenzoylmorphin ist eine sehr unbeständige Substanz, welche aber in ihrer Wirkung vom Monobenzoylmorphin nicht zu differieren scheint. Es wirkt anästhesierend.

Diese vier acylierten Morphine haben, ähnlich wie die eigentlichen Kodeine eine bedeutende tetanisierende Wirkung, während ihre narkotischen Eigenschaften, obgleich nach kleinen Dosen bemerkbar, niemals so tiefe Wirkungen ausüben wie beim Morphin. Eine Erhöhung der Dosis führt, anstatt die Narkose zu vertiefen, zu tetanischen Symptomen. Mit dem Kodein verglichen, bringen sie den gleichen narkotischen Effekt mit einem Zehntel der Dosis zusammen, während eine dreimal so große Dosis notwendig ist, um Tetanus hervorzurufen.

Diese Substitutionsprodukte mit sauren Radikalen gehören sicher ihrer Wirkung nach zur Kodeingruppe. Es scheint im wesentlichen ganz indifferent zu sein, was in die Hydroxyle eingeführt wurde, ob saure oder alkoholische, aliphatische oder aromatische Reste (Acyl-, Alkyl- oder Arylgruppen) und ob einer oder beide Hydroxylwasserstoffe ersetzt werden. Hierbei muß aber in Betracht gezogen werden, daß der Organismus leichter saure Reste als Alkylgruppen aus der Sauerstoffbindung abzusprengen vermag, so daß es bei den Säureestern leichter zur Restitution der Wirkung des Grundalkaloids kommen kann als bei den Alkyläthern.

J. v. Mering[1]) untersuchte Diacetylmorphin, Dipropionylmorphin, Diisobutyrylmorphin, Divalerylmorphin.

Die narkotische Wirkung dieser Verbindungen ist bei Hunden stärker ausgeprägt als die des Kodeins, die tetanische stärker als die des Morphins, was mit den Resultaten von Stockmann und Dott übereinstimmt.

Bei klinischen Versuchen zeigte es sich, daß diese Verbindungen eine dem Morphin ähnliche, aber schwächere Wirkung zeigen; sie setzen die Reflexerregbarkeit herab und beseitigen Hustenreiz, gegen Schmerzen sind sie aber weit weniger wirksam als Morphin.

Diejenigen Morphinderivate, in denen nur der Wasserstoff des Phenolhydroxyls durch Säureradikale ersetzt ist, wie Monoacetylmorphin, Monopropionylmorphin und Monobenzoylmorphin, nähern sich bei Säugetieren in ihrer Wirkung sehr dem Morphin. Die tetanische Wirkung ist geringer als bei den diacylierten Derivaten, hingegen ist die hypnotische und schmerzstillende Wirkung entschieden mehr entwickelt. Die diacylierten Derivate sind ferner viel giftiger als die monoacylierten.

Mering untersuchte die höheren Homologen des Kodeins, und zwar: Äthylmorphin, Propylmorphin, Isobutylmorphin und Amylmorphin.

Nach vergleichenden Versuchen am Menschen kann man den Unterschied zwischen der eigentlichen Kodeinreihe (Morphinäther) und den acetylierten Morphinderivaten darin finden, daß Kodein und Dionin die Atmung des Menschen so gut wie unbeeinflußt lassen, Heroin (Diacetylmorphin) und Monoacetylmorphin eine erhebliche Beschränkung der Atmung und der Erregbarkeit des Atemzentrums herbeiführen [Winternitz[2])]. Die Einführung von Alkylgruppen schwächt also die physiologische Wirkung des Morphins auch in bezug auf die Atmung ab, während die Substituierung mit Säureresten eine wesentliche Verstärkung der Atemwirkung des Morphins zur Folge hat.

Acetylkodein ist nach Dresers Angabe[3]) nicht brauchbar, da es die Atmung nicht affiziert, dagegen die Reflexerregbarkeit noch in höherem Maße als Kodein steigert.

---

[1]) E. Mercks Jahresber. 1898, S. 5. [2]) Therap. Monatsh. 1899, Sept.
[3]) Therap. Monatsh. 1898, S. 509.

Auch wenn man in das eine Morphinhydroxyl anorganische Säurereste einführt, erhält man Substanzen, welche im Sinne der Kodeingruppe wirken.

Morphinätherschwefelsäure und Nitrosomorphin zeigen ebenfalls, wenn auch erst in großen Dosen, Kodeinwirkung, so daß auch die Einführung der Radikale —NO und —SO_3H die Wirkung des Morphins in derselben Weise ändert wie die Einführung eines organischen Säure- oder Alkylradikals.

Sulfoxymorphin ist bei Fröschen und Kaninchen unwirksam, Sulfomorphin wirkt bei Fröschen tödlich unter vorausgehender starker Steigerung der Atmungsfrequenz. Sulfoxykodein ist analog dem Sulfoxymorphin bei Fröschen und Hunden inaktiv, während Sulfokodein unter starrkrampfähnlichen Zuckungen tödlich wirkt. Die Sulfooxyderivate des Morphins und Kodeins sind unwirksam, die Sulfoderivate schwächer wirksam als die Ausgangsalkaloide[1]).

Diese seit längerer Zeit bekannten Substanzen haben mit Ausnahme des Kodeins keine besondere Beachtung gefunden. Die physiologische Wirkung, welche die Kodeingruppe dem Morphin gegenüber auszeichnet, ist die sedative Wirkung, die Herabsetzung der Reizbarkeit der Luftwege und ihr günstiger Einfluß auf die Respiration, indem sie diese vertiefen.

Morphin setzt die Erregbarkeit des Atmungszentrums herab, verlangsamt die Atmung und vermindert die Atemgröße, d. i. die in der Zeiteinheit ausgeatmete Luftmenge.

Dem in früherer Zeit souveränen Hustenmittel Morphin treten eine Reihe von Derivaten desselben als Konkurrenten gegenüber, denen die stark narkotischen Eigenschaften der Muttersubstanz fehlen, welche keine Euphorie hervorrufen und daher keine Angewöhnung an das Mittel im Gefolge haben. Die Vermeidung von einigen nachteiligen Wirkungen des Morphins bei Anwendung in der Therapie der Respirationsorgane wird sich aus dem folgenden ergeben.

Kodein, der Methyläther des Morphins, kommt in kleinen Mengen im Opium vor, wird aber der Hauptmenge nach synthetisch aus Morphin dargestellt[2]), ebenso wie die anderen Alkyläther des Morphins. Mit dem steigenden Bedürfnisse nach diesen Morphinäthern hat sich das Interesse der Synthetiker der Darstellung dieser Körper zugewendet und uns mit einer Reihe von Methoden und neuen Derivaten bereichert.

Knoll[3]) stellte Kodein und Äthylmorphin (Kodäthylin) durch Kochen von Morphin bzw. Morphinalkali mit methyl- oder äthylschwefelsaurem Salz in alkoholischer Lösung dar.

Weiter wurde Kodein dargestellt durch Einwirkung von Jodmethyl und Natriumalkoholat auf Morphin.

Mering wurde in Amerika ein Verfahren zur Darstellung von Äthylmorphin durch Einwirkung von Äthylbromid auf eine alkalische Morphinlösung geschützt.

Es wurden auch Versuche gemacht, das Pechmannsche Methylierungsverfahren[4]) für die Gewinnung des Kodeins zu verwerten[5]).

Man läßt zu diesem Zwecke zu einer kalt gehaltenen ätherischen Diazomethanlösung eine alkoholische Morphinlösung zufließen. Man kann auch in der Weise vorgehen, daß man Diazomethan in statu nascendi auf Morphin einwirken läßt, indem man z. B. alkoholisches Kali zu einem Gemisch von Morphin und Nitrosomethylurethan zugibt[6]). Mit größerem Vorteil arbeitet man in wässeriger Lösung und mit Morphinkali, welches ja wasserlöslich ist[7]). Man setzt zu einer Morphinlösung in Lauge in kleinen Portionen eine ätherische Diazomethanlösung unter fortwährendem Schütteln. Das Reaktionsprodukt wird mit Benzol extrahiert, in welches Kodein übergeht. Auch bei dieser Modifikation kann man statt Diazomethan Nitrosomethylurethan verwenden. Diese Verfahren scheinen aber in

---

[1]) Pitini, A.: Ann. de chim. analyt. appl. Bd. 2, S. 208. 1914.

[2]) Es wurde zuerst von Grimaux synthetisch dargestellt, ebenso Kodäthylin: Cpt. rend. hebdom. des séances de l'acad. des sciences Bd. 92, S. 1140, 1228; Bd. 93, S. 67, 217, 591. — Bochefontaine: Journ. of anat. a. physiol. Bd. 5, S. 329, untersuchte beide Substanzen zuerst und erkannte sie als Krampfgifte. [3]) D.R.P. 3987.

[4]) Ber. d. dtsch. chem. Ges. Bd. 27, S. 1888 1894 und Bd. 28, S. 855, 1624. 1895.

[5]) D.R.P. 92789. [6]) D.R.P. 95644. [7]) D.R.P. 96145.

der Praxis nicht angewendet zu werden, insbesondere die auf dem Pechmannschen Methylierungsverfahren beruhenden. Alle angeführten Verfahren haben die Schattenseite der schlechten Ausbeute.

E. Merck (Darmstadt) schützte Verfahren, welche die Darstellung der Alkyläther des Morphins mit guten Ausbeuten gestatten. Diese Verfahren beruhen darauf, daß die neutralen Alkyläther der anorganischen Säuren leicht eine Alkylgruppe abgeben. Es wird Morphin in alkoholischer Lösung mit Natrium und Dimethylsulfat $SO_2<^{OCH_3}_{OCH_3}$ (resp. Diäthylsulfat) versetzt und geschüttelt[1]). Man kann außer den neutralen Schwefelsäureestern auch die neutralen Phosphorsäureester[2]) verwenden, ebenso die Ester der Salpetersäure, und zwar Methyl- und Äthylnitrat[3]). Hingegen gelangt man bei Anwendung der sauren Ester der Schwefel- und Phosphorsäure nicht zum Ziele.

E. Merck[4]) erhalten Alkyläther der Morphinreihe durch Behandlung von Aminoxyden der Morphinreihe mit alkylierenden Mitteln und Abspaltung des Sauerstoffes an der Aminogruppe mit SO_2. Bei diesem Verfahren wird die Bildung quaternärer Verbindungen bei der Alkylierung vermieden.

Alkyläther der aromatischen Reihe erhält man ganz allgemein, wenn man Nitrosoverbindungen von Säureamiden, welche die Gruppe N(R)·NO enthält, verwendet[5]). Man läßt auf den zu alkylierenden Körper diese Nitrosoverbindungen in Gegenwart von Basen einwirken. Man erhält diese Nitrosoverbindungen durch Behandlung der Suspensionen des betreffenden Alkylamids in verdünnter Säure mit Nitritlösung. Man erhält so aus Morphin und p-Toluolsulfonitrosomethylamid Kodein.

A. Gerber, Bonn[6]), erzeugt Alkyläther der aromatischen Reihe, indem er auf die Alkali- oder Erdalkalisalze von Phenolhydroxylgruppen enthaltenden Körpern neutrale Alkylester der schwefligen Säure in Gegenwart aliphatischer Alkohole einwirken läßt. Man kann auf diese Weise Phenol, o-Kresol, Morphin usf. am Sauerstoff alkylieren.

Man kann Morphin in Kodein und seine Homologen verwandeln, wenn man es mit quaternären Ammoniumbasen behandelt, z. B. mit Phenyltrimethylammoniumchlorid[7]).

Alkoxymethyläther des Morphins erhält man, wenn man Alkaliverbindungen des Morphins mit Halogenmethylalkyläthern umsetzt. Den Methoxymethyläther des Morphins erhält man aus Morphinnatrium in trockenem Chloroform suspendiert und Chlormethyläther in Chloroform unter Kühlung[8]).

Knorr, Jena[9]), stellt ätherartige, in der Alkoholhydroxylgruppe durch Alkyl oder Aryl substituierte Abkömmlinge der Kodeine her, indem er unter völligem Ausschluß von Wasser Halogenkodide mit Alkalialkoholaten oder Alkaliphenolaten in Gegenwart von absoluten Alkoholen eventuell unter Druck erhitzt. So erhält man den Methyläther des Kodeins durch Erhitzen von α-Chlorkodid mit Natrium und Methylalkohol im Autoklaven bei 110° durch 2 Tage. Rascher bildet sich der Phenyläther des Kodeins, aus α-Chlorkodid und Natriumphenolat mit absolutem Alkohol 1 Stunde lang. Der Guajacoläther des Kodeins sowie die beiden Kresyläther des Kodeins, und zwar o- und p-, wurden ebenfalls dargestellt.

Mering hat Peronin (salzsaurer Morphin-Benzyläther) durch Einwirkung von Natriumäthylat und Benzylchlorid in alkoholischer Lösung auf Morphin erhalten[10]).

Formylverbindungen der Morphiumalkaloide erhält man, wenn man die Basen oder ihre Salze mit Ameisensäure oder die Halogenverbindungen der Morphiumalkaloide mit ameisensauren Salzen behandelt. Die so gewonnenen Formylderivate haben angeblich vor den bekannten Acylderivaten der Morphinreihe den Vorzug geringerer Giftigkeit und zeigen bei geringerer hypnotischer Wirkung dieselbe schmerzstillende Wirkung[11]).

Die gleichen Formylderivate kann man auch durch Behandeln der Alkaloide mit Estern der Ameisensäure gewinnen, z. B. aus Kodein mit Ameisensäureäthylester durch Erhitzen auf 150° erhält man Formylkodein[12]).

Man kann auch die Alkoholbasen mit den gemischten Anhydriden aus Ameisensäure und anderen aliphatischen Säuren behandeln[13]).

D.R.P. 256156 beschreibt die Veresterung des Morphins mit halogensubstituierten Fettsäuren, deren Halogeniden oder Anhydriden im Anschlusse an das D.R.P. 254094, welches die Darstellung von Morphinestern von Alkyl- und Aryloxyfettsäuren beschreibt. Dargestellt wurden: Diäthoxyacetylmorphin, Monäthoxyacetylmorphin, Dichloracetylmorphin, Monochloracetylmorphin durch unmittelbare Veresterung von Morphin, Di-α-bromisovalerianylmorphin.

---

[1]) D.R.P. 102634. [2]) D.R.P. 107255.
[3]) D.R.P. 108075. [4]) D.R.P. 418391.
[5]) D.R.P. 189843. Bayer, D.R.P. 224388, Zusatz zu D.R.P. 189843.
[6]) D.R.P. 214783. [7]) D.R.P. 247180. [8]) Mannich, D.R.P. 280972.
[9]) D.R.P. 224347. [10]) D.R.P. 91813. [11]) Bayer, Elberfeld, D.R.P. 222920.
[12]) Bayer, D.R.P. 229246, Zusatz zu D.R.P. 222920. [13]) Bayer, D.R.P. 233325.

Zwei nie in Gebrauch gekommene Derivate des Morphins bzw. des Kodeins wurden für die Höchster Farbwerke geschützt. Diese Substanzen dürften nach der Analogie mit dem Äthylendimorphin wirkungslos sein.

Wenn man auf Kodein in salzsaurer Lösung Formaldehyd in der Wärme einwirken läßt, so erhält man ein neues Produkt, welches durch Vereinigung zweier Moleküle Kodein mit einem Molekül Formaldehyd unter Wasseraustritt hervorgeht. Der entstehende Körper ist als Dikodeylmethan anzusehen[1]). Im gleichen Sinne reagiert Morphin mit Formaldehyd[2]).

Die Carbonsäureester des Morphins sind sehr schlecht haltbar. Hingegen sind ihre Acylverbindungen sehr stabil.

Man stellt die letzteren durch Einwirkung von Chlorkohlensäureester und Alkali auf die Acylverbindungen des Morphins (Acetyl- oder Propionylmorphin) dar. Man suspendiert hierbei Acylmorphin in Benzol und schüttelt, in kleinen Portionen Alkali zusetzend, mit Chlorkohlensäureäther[3]).

Die sehr labilen Morphincarbonsäureäther werden durch Einwirkung von Chlorkohlensäuremethylester auf eine absolut alkoholische Morphinlösung bei Gegenwart von Alkali erhalten; man neutralisiert mit Schwefelsäure, befreit vom Alkohol, löst in Wasser, übersättigt mit Alkali und schüttelt mit Benzol aus[4]).

Acetylierte Morphine[5]) erhält man aus Morphin oder seinen Äthern und Estern durch Behandlung mit Sulfoessigsäure oder einem Gemisch von Schwefelsäure und Essigsäureanhydrid. Man erhält so Triacetylmorphin aus Morphinanhydrid und Schwefelsäure, unter gleichen Bedingungen erhält man aus Kodein Diacetylkodein, aus Dibenzoylmorphin erhält man Dibenzoylacetylmorphin. Man kann diese Reaktion bei so niedrigen Temperaturen durchführen, daß sich noch keine Sulfoessigsäure bildet[6]).

Riedel, Berlin[7]), stellt Morphinester acidylierter aromatischer Oxycarbonsäuren her, indem er auf Morphin in üblicher Weise die Halogenide dieser Säuren einwirken läßt. Bei diesen Präparaten soll eine wesentliche Erhöhung der narkotischen Wirkung zu beobachten sein. Dargestellt wurden p-Acetoxy-benzoylmorphin, ferner p-Carbomethoxybenzoylmorphin.

Eine Verbindung von Kodein mit Diäthylbarbitursäure erhält man durch Einwirkung molekularer Mengen beider Bestandteile oder deren Salzen, gegebenenfalls in Gegenwart von passenden Mengen geeigneter Lösungsmittel[8]).

Über die verschiedenen Acyl- und Alkylderivate des Morphins, welche theoretisch alle auf demselben Grundprinzipe (Ersatz der Hydroxylwasserstoffe durch Acyl- oder Alkylreste) beruhen, ist bekannt, daß hier trotz der großen Verwandtschaft in den Wirkungen doch gewisse, wenn auch nicht grundlegende Verschiedenheiten zwischen den einzelnen Gliedern bestehen.

Während Kodein für Kaninchen viel giftiger ist als Morphin, kann der Mensch eine zehn- bis zwanzigfach so große Dosis Kodein wie Morphin vertragen.

Kohlensäuremorphinester, dargestellt durch Einwirkung von Phosgengas auf Morphin, unterscheidet sich in seinen Wirkungen am Menschen vom Morphin nicht[9]).

Die Morphinkohlensäurealkylester, und zwar Morphinkohlensäuremethylester, Morphinkohlensäureäthylester, Morphinkohlensäurepropylester, Morphinkohlensäureamylester haben, im frischen Zustande geprüft, stärkere narkotische Effekte als Morphin. Aber sie zeigen sonst keine Vorzüge. Doch ist der Unterschied in der Wirkung nicht so erheblich, daß einer dieser Körper, insbesondere die Äthylverbindung von praktischer Bedeutung wäre. Hingegen sind diese Verbindungen ausnahmslos sehr labil, so daß sie schon beim bloßen Stehen sich in Morphin, Kohlensäure und Alkohol zerlegen, daher ist ihre Wirkung doch eigentlich als reine Morphinwirkung mit sehr geringer konkurrierender Wirkung des Alkohols anzusehen. Die Beziehungen zur Kodeingruppe

---

[1]) D.R.P. 89963. [2]) D.R.P. 90207. [3]) Merck, Darmstadt, D.R.P. 106718.
[4]) D.R.P. 38729. [5]) Knoll, D.R.P. 175068.
[6]) D.R.P. 185601, Zusatz zu D.R.P. 175068. [7]) Riedel, Berlin, D.R.P. 224187.
[8]) Knoll, D.R.P. 239313. [9]) Mering: E. Mercks Jahresber. 1898, S. 5.

dürften wohl äußerst locker sein. Der stabilere Acetylmorphinkohlensäureäthylester scheint weniger Nebenwirkungen zu zeigen als Morphin.

Anilidokohlensäuremorphinester (dargestellt durch Einwirkung von Phenylisocyanat auf Morphin) ist stark narkotisch, aber für die Therapie nicht besonders geeignet.

Äthylmorphinchlorhydrat allein bietet eine geringe Abweichung von den übrigen Äthern des Morphins, welche sich vom Kodein in ihrer Wirkung nicht unterscheiden. Seine Wirkung ist etwas länger und etwas stärker als die des Kodein.

Die höheren Homologen des Kodeins (mit Ausnahme der Äthylverbindung) wirken nennenswert schwächer, wenn auch physiologisch in ganz gleicher Weise, als Kodein.

Äthylendimorphin $\begin{matrix} C_{17}H_{18}NO_3 \\ C_{17}H_{18}NO_3 \end{matrix} > C_2H_4$, durch Einwirkung von Äthylenbromid auf Morphinnatrium gewonnen, ist für Frösche ungemein giftig, für Säugetiere von sehr geringer Wirkung, das Allgemeinbefinden ändert sich selbst bei großen Dosen nicht. Es macht weder eine narkotische Wirkung, noch steigert es die Reflexerregbarkeit. Auf den Hustenreiz wirkt es gar nicht ein.

Die Wirkungslosigkeit des Äthylendimorphins hat keine Analogie und findet ihre Erklärung in der Existenz des Pseudomorphins. Dieses entsteht durch schwache Oxydation von Morphin nach der Gleichung: $2\,C_{17}H_{19}NO_3 + O = (C_{17}H_{18}NO_3)_2 + H_2O$. Pseudomorphin ist ungiftig und unwirksam. Er ist angeblich der Morphinäther des Morphins.

Während Äthylendimorphin unwirksam ist, zeigt Pentamethylendimorphin und das entsprechende Noralkaloid eine recht starke Wirkung.

Hier ist nach der Annahme von Polstorff[1]) die Bildung des Pseudomorphins durch das freie Phenolhydroxyl bedingt. Dafür spricht auch der Umstand, daß man vom Kodein durch schwache Oxydation keine dem Pseudomorphin analoge Verbindung erhält, weil im Kodein das Phenolhydroxyl alkyliert ist. Im Äthylendimorphin ist zwischen beide Morphinmoleküle noch die Äthylengruppe eingeschaltet unter Verschluß beider Phenolhydroxyle. Hydroxykodein wirkt wie Kodein, aber schwächer[2]).

Morphoxylessigsäure[3]) durch Einwirkung von chloressigsauren Alkalien auf Morphinalkali in alkoholischer Lösung in der Siedehitze dargestellt soll ähnlich narkotisch wirken wie Morphin, ist aber etwa um das 50fache weniger giftig. Der Methyl- und Äthylester dieser Säure sind heftige Krampfgifte, welche pikrotoxinähnliche Konvulsionen machen[4]). Die Ester sind weitaus giftiger als das Natriumsalz.

Morphinchinolinäther[5]), $C_9H_6N \cdot C_{17}H_{18}O_3N$, wirkt krampferregend, insbesonders auf die Respirationsmuskulatur. Es setzt den Blutdruck herab. Wir sehen also auch hier das Bild der Wirkungen aller Morphinäther (Kodeingruppe).

Daß durch Verschluß der Hydroxylgruppe im Morphin die narkotische Wirkung dieser Substanz unmöglich gemacht wird, läßt sich auch aus den Beobachtungen von Schryver und Lees[6]) deduzieren. Die alkoholische Hydroxylgruppe im Morphin ist leicht substituierbar, so daß diese Forscher Derivate des Morphins durch Einwirkung von Phosphortrichlorid usf. erhalten haben.

---

[1]) Ber. d. dtsch. chem. Ges. Bd. 13, S. 86. 1880; Bd. 19, S. 1760. 1886.

[2]) Greenlees, J. R. C.: Journ. of pharm. and exp. therap. Bd. 4, S. 109. 1913.

[3]) Chem.-Zeitg. 1900, S. 1141. — D.R.P. 116806.

[4]) Barnes, A. C.: Arch. f. exp. Pathol. u. Pharmakol. Bd. 46, S. 68. 1901. — Becker: Arch. iternat. de pharmaco-dyn. et de thérapie Bd. 12, S. 73.

[5]) Monatshefte f. Chemie. Bd. 19, S. 112, 1898.

[6]) Schryver u. Lees: Proc. of the chem. soc. of London. Bd. 17, S. 54—56.

So wurden gewonnen Chloromorphid, Bromomorphid. Aus Chloromorphid entsteht mittels Zinn und Salzsäure Desoxymorphinhydrochlorid. Durch Erhitzen des Bromomorphids mit Wasser erhält man das bromwasserstoffsaure Salz einer dem Morphin isomeren Base, Isomorphin benannt. Chloromorphid, Bromomorphid, Desoxymorphin und Isomorphin zeigen sämtlich keine narkotische Wirkung.

Brommorphin wird durch Wasser zersetzt und es entsteht eine neue, dem Morphin isomere Base, das Isomorphin, außerdem eine neue Base in kleinen Mengen, das β-Isomorphin. Chlormorphin liefert mit Wasser ebenfalls β-Isomorphin. Isomorphin wirkt nicht betäubend.

Chlor- und Brommorphin wirken narkotisch und setzen die Atmung herab[1]).

Es wurden noch zwei andere Chloromorphide beschrieben[2]). Man erhält sie durch Behandeln von Morphin mit Salzsäure in geschlossenem Rohr bei etwa 65°. Sie sind beide optisch aktiv, die α-Base dreht stärker links als die β-Base. In bezug auf die Wirkung unterscheiden sie sich nur quantitativ und auch dieses in nicht besonders hohem Grade, aber das stärker linksdrehende α- ist auch das stärker wirksame. Es handelt sich im allgemeinen um eine wesentlich verstärkte Morphinwirkung. Die mit Chlor substituierten Morphine verhalten sich wie die acetylierten, z. B. Heroin, und sind spezifische Narkotica für die Atmung, während die allgemein narkotische Wirkung mehr zurücktritt.

Im Trichloromorphid $C_{17}H_{16}Cl_3NO$ sind beide Hydroxyle und noch ein Wasserstoff durch drei Chloratome ersetzt. Dieses Alkaloid wirkt auf das Zentralnervensystem in erster Linie und verursacht Depression, auf welche Tetanus folgt. In kleinen Dosen hat es eine paralysierende Wirkung auf die motorischen Nerven, welche den Tetanus verschleiert, es hat auch eine leichte Muskelgiftwirkung. Auch andere von R. Stockmann und Dott untersuchte Chlorderivate zeigten alle die charakteristische Morphinwirkung.

Chlorocodid [Strukturformel: Cl, H, C, CH_2, NCH_3, O, CH_3O] hat Kodeinwirkung, wirkt aber stärker auf die motorischen Nerven und ist überdies ein Muskelgift, die Muskelschwäche ist bemerkenswert und die Narkose fast Null. Diese Chlorderivate behalten die charakteristischen Wirkungen der Morphingruppe auf das Zentralnervensystem, sie wirken mehr oder weniger energisch als Muskelgifte, da sie bald die kontraktive Kraft der willkürlichen Muskel zerstören. Chlor ist, wie bekannt, ein starkes Muskelgift und seine Einführung in andere Gruppen, z. B. in Chloroform, macht diese Körper zu Lähmungsmitteln für Muskelgewebe. Vielleicht geschieht dasselbe im Morphinmolekül.

Dott und Stockmanns Methokodein ist vielleicht α-Methylmorphimethin. Dieses entsteht beim Kochen von Kodeinmethyljodid mit Alkalien[3]).

---

1) Arch. internat. de pharmaco-dyn. et de thérapie Bd. 4, S. 325. 1898.

2) Harnack, E. u. H. Hildebrandt: Arch. f. exp. Pathol. u. Pharmakol. Bd. 65, S. 38. 1911.

3) Hesse: Ber. d. dtsch. chem. Ges. Bd. 14, S. 2693. 1881. — Grimaux: Cpt. rend. hebdom. des séances de l'acad. des sciences Bd. 93, S. 591.

Man sieht, daß die Resultate der älteren Untersuchungen von Stockmann und Dott[1]) mit den neueren von Schryver und Lees nicht übereinstimmen. Wahrscheinlich wurde mit chemisch verschiedenen Substanzen gearbeitet.

Methylmorphinmethin (Hesse), jetzt α-Methylmorphimethin[2]) genannt, besitzt lokal geringe Reizwirkungen, resorbiert führt es zu Krämpfen, Herzverlangsamung, später Herzschwäche, Atemstillstand und Tod. Es besitzt weder die schmerzstillende und schlafmachende, noch die pupillenverengernde Wirkung des Morphins bzw. Kodeins, dagegen lähmt es, wie Morphin, das Atemzentrum. Während aber Morphin Blutdruck und Herztätigkeit nicht herabsetzt, tut dies α-Methylmorphimethin. β-Methylmorphimethin wirkt ähnlich, nur schwächer als die α-Base[3]).

α-Methylmorphimethin

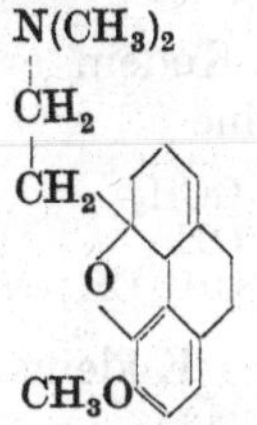

$N(CH_3)_2$ — CH_2 — CH_2 … O … CH_3O

β-Methylmorphimethin entsteht beim Erhitzen von α-Methylmorphimethin mit Essigsäureanhydrid. Es bildet sich aus der Hälfte der Substanz Morphenol (O, OH), welches um zwei Wasserstoffe ärmer ist als Morphol (OHOH), die andere Hälfte erfährt eine Umlagerung in eine stereoisomere Verbindung, das β-Methylmorphimethin.

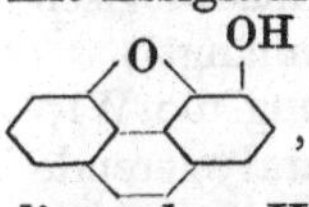

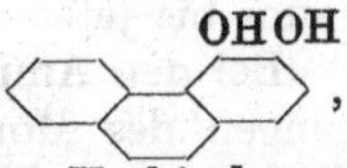

Stärke und Art der Wirkung sind bei den fünf Methylmorphimethinen unabhängig von der Isomerie. Beim Warmblüter haben sie eine Wirkung auf Atmung und Herztätigkeit ohne narkotische oder zentrale Wirkung. Beim Frosche machen sie Narkose, einige Reflexübererregbarkeit, manche sogar Krämpfe. Die Atmung wird zuerst angegriffen, die Herztätigkeit erst später. Sie machen eine Zunahme der Atemgröße, beeinflussen aber die Frequenz der Atmung nicht.

Die Methylmorphimethine wirken beim Frosche narkotisierend und das Atemzentrum hemmend, sekundär tritt eine Schwächung des Herzens ein, außerdem erzeugen sie eine Überregbarkeit. Beim Kaninchen beeinflussen sie die Atmung, welche sich vertieft, ohne daß die Frequenz zunimmt. Nach β- und γ-Methylmorphimethin tritt manchmal eine Verflachung der Atmung ein, während die anderen, am stärksten die α-Verbindung, eine Vertiefung hervorrufen[4]).

3-Methoxy-4-dimethylaminoäthoxy-phenanthren (Methylmorpholäther des Äthanol-dimethylamin) wurde physiologisch mit α-Methylmorphimethin verglichen[5]). Beide Körper wirken nicht auf die Psyche. Die erstere Substanz ruft lokale Entzündungserscheinungen hervor, denn sie besitzt, ähnlich dem Kodeinon, eine lymphagoge Wirkung. Salzsaures Morphimethin ist reizlos. Beide Substanzen sind Atemgifte, sie lähmen die Atmung, während die anderen Körperfunktionen noch erhalten bleiben. Methylmorphinmethin macht aber die

[1]) Proc. of the roy. soc. (Edinbourgh) Bd. 17. 1890. — Brit. med. journ. 1890, II, S. 189; 1891, 24. Jan. [2]) Ber. d. dtsch. chem. Ges. Bd. 22, S. 118. 1889.
[3]) Knorr (Heinz): Ber. d. dtsch. chem. Ges. Bd. 27, S. 1144. 1894.
[4]) Kögel, H.: Arch. internat. de pharmaco-dyn. et de thérapie Bd. 19, S. 5. 1909.
[5]) Kionka bei Knorr: Ber. d. dtsch. chem. Ges. Bd. 38, S. 3153. 1905.

einzelnen Atemzüge tiefer. Methylmorphol-dimethylaminäther zeigt diese Wirkung nicht.

Die Verbindungen:

Methylmorphimethylpiperidin

$$C_{14}H_9O\begin{cases}OCH_3\\OH\\CH_2\cdot CH_2\cdot N<\begin{matrix}CH_2\cdot CH_2\\CH_2\cdot CH_2\end{matrix}>CH_2\end{cases}$$

Methylmorphimethyl-dihydroisoindol

$$C_{14}H_9O\begin{cases}OCH_3\\OH\\CH_2\cdot CH_2\cdot N<\begin{matrix}CH_2\\CH_2\end{matrix}>C_6H_4\end{cases}$$

haben überhaupt keine,

Methylmorphimethylmorpholin

$$C_{14}H_9O\begin{cases}OCH_3\\OH\\CH_2\cdot CH_2\cdot N<\begin{matrix}CH_2\cdot CH_2\\CH_2\cdot CH_2\end{matrix}>O\end{cases}$$

nur eine ganz schwache, an das Kodein erinnernde Wirkung, alle drei gehören dem Typus der Morphimethine

$$C_{14}H_9O\begin{cases}OCH_3\\OH\\CH_2\cdot CH_2\cdot N(CH_3)_2\end{cases}$$

an, während alle N-Homologen des Kodeins unverkennbar dem Kodeintypus entsprechen.

Der Verbindung Methylmorphimethyl-dihydroisoindol kommen anästhesierende Wirkungen zu, was vielleicht mit der Gegenwart des pharmakologisch kaum bis jetzt erforschten Dihydro-isoindol-Komplexes zusammenhängt[1]).

Bei den Ammoniumbasen sind durch die chemische Veränderung die Wirkungen des Morphins oder Kodeins nicht tief alteriert. Die paralysierende Wirkung auf die motorischen Nerven ist beträchtlich erhöht und die narkotische Wirkung gemindert, aber qualitativ bleiben die Effekte auf den tierischen Organismus ähnlich denen des Morphins und Kodeins.

Bei Desoxymorphin (durch Eliminierung beider Hydroxylgruppen erhalten), Desoxykodein, Bromotetramorphin, Bromotetrakodein und Chlorotetrakodein fand Forster, daß sie dieselbe Wirkung haben wie Morphin und Kodein. Stocker fand dasselbe für Di-, Tri- und Tetrakodein. Es scheint nach Stockmann und Dott sicher zu sein, daß, solange die chemischen Veränderungen auf das, was man die außen liegenden Gruppen des Moleküls nennen kann, restringiert sind, nur sehr geringe Veränderungen in der physiologischen Wirkung auftreten. Wenn aber im Kern des Moleküls eine Veränderung vorgenommen wird, dann ist die Wirkung stark verändert.

Methylmorphiniumchlorid (die Ammoniumbase) macht Narkose, aber auch Tetanus und später Paralyse.

Die quaternären Salze des Morphins, wie das Morphinbrommethylat, sind nahezu ungiftig und ihre spezielle Morphinwirkung ist erheblich vermindert. Es wurde die Ansicht ausgesprochen, daß im Organismus Betainbildung eintritt, die das zur Verankerung erforderliche Phenolhydroxyl festlegt. Das Morphinjodmethylat gibt infolge Betainbildung nicht die Hoffmannsche Spaltung mit Alkalien.

Methylkodeinsulfat (Ammoniumbase des Kodeins) und Methylkodeinjodid zeigen eine erhöhte depressive Wirkung auf die motorischen Nerven, während die Wirkung auf das Rückenmark ebenfalls erhöht ist, auf das Gehirn aber stark herabgemindert. Reflexsteigerung kommt bei kleinen Dosen auch vor. Man kann im Experimente Tetanus erzeugen, Narkose kann man mit großen Dosen zuwege bringen.

[1]) Braun, J. v.: Ber. d. dtsch. chem. Ges. Bd. 52, S. 1999. 1919.

Halogenäthylmorphin erhält man durch Behandlung von Morphinalkali mit Halogenäthylestern einer Arylsulfonsäure. Durch Behandlung einer absolut-alkoholischen Natriumäthylatlösung mit einer absolut-alkoholischen Lösung von Benzolsulfosäurechloräthylester bei 20—25° und nachträgliches Erwärmen entsteht Chloräthylmorphin[1]).

Man erhält Morphinbrommethylat und -äthylat durch Behandlung von Morphin mit Alkylbromiden oder Dialkylsulfaten und Überführung der Additionsprodukte der letzteren in Bromide oder durch Umsetzung von Morphinjodalkylat mit den Bromiden solcher Metalle, die schwer lösliche oder unlösliche Jodide bzw. Sulfate bilden, oder durch Behandlung von Alkylmorphiniumbasen mit Bromwasserstoffsäure[2]).

Die Bromalkylate[3]) des Morphins erhält man auch durch Behandlung der Morphinchloralkylate mit löslichen Bromsalzen oder mit Bromwasserstoffsäure.

Bromalkylate der Morphinalkyläther[4]) erhält man durch Überführung der Morphinalkyläther nach bekannten Methoden in die quaternären Bromalkylate oder durch Überführung der quaternären Morphinbromalkylate in die Alkyläther oder durch Überführung von Morphin unter Anwendung von zwei Molekülen Bromalkyl und einem Molekül Alkali in die Bromalkylate der Bromalkyläther (R. Pschorr).

Die wässerige Lösung der Dialkylsulfatadditionsprodukte[5]) der Morphinalkyläther konzentriert man nach Zusatz von Metallbromiden und extrahiert alsdann mit Alkohol oder Aceton, oder man setzt die Dialkylsulfatadditionsprodukte mit Metallbromiden in Alkohol oder Aceton eventuell unter Druck und Hitze um.

Gerber, Bonn[6]), stellt Halogenalkylate der Alkaloide der Morphinreihe durch Einwirkung von Schwefligsäuredialkylester auf Morphiumalkaloide her und behandelt die so erhaltenen quaternären Alkylsulfitalkylate mit anorganischen Halogenverbindungen wie Metallhalogeniden oder Halogenwasserstoffsäuren. Beschrieben sind die Darstellungen von Methylmorphiniummethylatsulfit, Methylnarkotiniummethylatsulfit, Methylkodeiniummethylatsulfit, Methylapomorphiniummethylatsulfit, Methylthebajummethylatsulfit, Morphinbrommethylat, Kodeinbrommethylat, sowie die Brommethylate des Apomorphins und Thebains.

D.R.P. 261588 beschreibt die Darstellung von Methyläthern von Alkoholen, welche bei Gegenwart wässeriger Alkalien dargestellt werden. Von Interesse ist die Darstellung von Methylkodeinjodmethylat.

Die bekannte Tatsache, daß Opium anders wirkt als Morphium, läßt sich dadurch erklären, daß an der Wirkung des Morphiums im Opium auch die Nebenalkaloide beteiligt sind. Sie modifizieren die Wirkung des Morphiums sowohl qualitativ als auch quantitativ; insbesondere Papaverin und Narkotin haben ausgesprochene Darmwirkungen, außerdem verstärken die Nebenalkaloide die Wirkung des Morphiums; diese Beobachtungen führten zur Darstellung von Doppelsalzen aus Morphin und Narkotin, und zwar wurden dargestellt: mekonsaures Morphin-Narkotin, Morphin-Dinarkotin-Benzoltrisulfonat, phenoldisulfosaures Morphin-Narkotin, Morphin-Dinarkotin-Salicyldisulfonat, Dimorphin-Narkotin-Salicyldisulfonat, schwefelsaures Morphin-Narkotin.

Ebenso wurden die salzsauren Salze von Morphin und Narkotin zu einem Doppelsalz vereinigt, ferner Kodein und Narkotin-Chlorhydrate und die Bromhydrate von Morphin und Narkotin dargestellt[7]).

Am besten führte sich das Pantopon ein, welches eine wässerige Lösung der salzsauren Salze sämtlicher Opiumalkaloide ist und diese Alkaloide in dem gleichen gegenseitigen Verhältnis wie das Opium enthält, aber in fünffacher Konzentration. Pantopon wurde von Sahli besonders empfohlen. Von Faust wurde das Laudanon empfohlen, welches die Mehrzahl der Nebenalkaloide in künstlichen, von der Muttersubstanz etwas abweichenden Mischungsverhältnissen enthält. Die Straubsche Beobachtung, daß schon einzelne der Nebenalkaloide, wie z. B. das Narkotin, eine Steigerung der Wirksamkeit des Morphins bewirkt, so daß die Großhirnnarkose verstärkt, die Wirkung auf das Atemzentrum aber gemildert wird, hat zur Darstellung des Narkophin

[1]) Kereszty-Wolf, Budapest, Ö.P. 88673.
[2]) Riedel, D.R.P. 165898.
[3]) D.R.P. 191088, Zusatz zu D.R.P. 165898.
[4]) Riedel, D.R.P. 166362.
[5]) D.R.P. 175796, Zusatz zu D.R.P. 166362.
[6]) D.R.P. 228247.
[7]) D.R.P. 254502.

geführt, welches zu einem Drittel aus Morphin besteht und das mekonsaure Morphin-Narkotin ist[1]).

Man bringt äquivalente Mengen Kodein und p-Acetaminophenol zusammen. Es bildet sich das Additionsprodukt[2]).

Thebain geht, wenn man es in saurer Lösung mit Wasserstoffsuperoxyd oder mit Kaliumbichromatlösung oxydiert, in eine Base $C_{18}H_{19}NO_4$ über[3]).

Oxykodeinon aus Thebain liefert je nach der Wahl des Reduktionsmittels drei verschiedene Dihydroderivate von der Formel $C_{18}H_{21}NO_4$. Das erste erhält man durch Reduktion mit Wasserstoff und Metallen der Platingruppe. Es bildet sich auch beim Kochen von Oxykodeinon mit Natriumhydrosulfitlösung. Das zweite bei Behandlung der Base mit Zinkstaub und Eisessig. Das dritte beim Erhitzen mit Stannochlorid und Salzsäure[4]).

Kodein wird mit CrO_3 oder Dichromaten in Gegenwart schwacher Säuren oxydiert[5]). Oxykodeinon erhält man durch Oxydation von Kodein oder Kodeinon mit Chromsäure und verdünnter Essigsäure[6]). Man oxydiert Dihydrokodein mit CrO_3 oder Dichromaten in saurer Lösung und erhält Dihydrokodeinon[7]).

Morphin läßt sich mit Palladium und Wasserstoff hydrieren. Dihydromorphin hat statt der Doppelbindung eine einfache Bindung, da es zwei Wasserstoffe aufgenommen. Das Reduktionsprodukt besitzt die narkotische Wirkung des Morphins[8]), doch dauert sie kürzer. Es wirkt schwächer als Morphin und erzeugt leichter Erbrechen. Es ist toxischer als Morphin.

Durch katalytische Reduktion von Thebain erhält man eine Base $C_{18}H_{23}O_3N$, die nur eine Methoxylgruppe enthält und Ketoncharakter hat. Sie ist verschieden vom Tetrahydrothebain $C_{19}H_{25}O_3N$[9]).

Durch Einwirkung von Wasserstoff bei Gegenwart von kolloidalem Palladium kann man Hydromorphin, Hydrokodein, Tetrahydrothebain erhalten. Hydromorphin soll wie Morphin wirken und eine längere, wenn auch etwas später eintretende Wirkung zeigen. Die Gewöhnung soll viel schwerer sein. Bei der Katze soll Hydrokodein weniger erregend wirken, bei gleicher narkotischer Wirkung wie Kodein. Tetrahydrothebain macht im Gegensatz zum Thebain keinen Starrkrampf. Diacetylhydromorphin zeigt eine bedeutend abgeschwächte, krampferzeugende Wirkung[10]).

Dihydromorphin erhält man durch Einwirkung von Wasserstoff auf saure, neutrale, wässerige oder wässerig-alkoholische Opiumauszüge in Gegenwart eines Katalysators, wenn man die gegebenenfalls mit einer Säure versetzte eingedampfte Lösung mit absolutem Alkohol behandelt, wobei das entsprechende Dihydromorphinsalz ungelöst zurückbleibt[11]).

Alkyläther und Acidylderivate des Dihydromorphins erhält man, wenn man vom Dihydromorphin ausgeht und dieses durch alkylierende oder acidylierende Mittel in die entsprechenden Alkyl- bzw. Acidylabkömmlinge überführt. Aus dem Dihydromorphin kann man durch Methylierung Dihydrokodein, durch Acetylierung Diacetyldihydromorphin darstellen[12]).

Paralaudin (Diacetyldihydromorphin) wirkt schwächer als Morphin und Dihydromorphin, (Paramorphan). Paralaudin ist in bezug auf Narkose weniger zuverlässig. Die Dosis ist größer als die des Heroins.

Eukodal ist Dihydrooxycodeinonchlorhydrat [M. Freund und E. Speyer[13])]. Thebain wird mit Wasserstoffsuperoxyd oxydiert, wobei es unter Abspaltung von Methylalkohol in eine tertiäre Base übergeht, welche nur eine Methoxylgruppe enthält und Ketoncharakter besitzt. Ein Wasserstoffatom des Thebains ist durch eine Hydroxylgruppe substitutiert. Die Verbindung steht in Beziehung zu dem aus Kodein durch Oxydation entstehenden Kodeinon und wird, da sie ein Sauerstoff mehr enthält als dieses, Oxykodeinon genannt. Durch Addition von zwei Wasserstoffatomen läßt sich die im Oxykodeinon

---

1) D.R.P. 270575. 2) O. Hinsberg, D.R.P. 377588.
3) M. Freund u. E. Speyer, D.R.P. 286431.
4) Freund und Speyer: D.R.P. 296916. 5) E. Merck, D.R.P. 408870.
6) E. Merck, D.R.P. 411530. 7) E. Merck: D.R.P. 415097.
8) Oldenberg, L.: Ber. d. dtsch. chem. Ges. Bd. 44, S. 1829. 1911.
9) D.R.P. 338147. 10) D.R.P. 260233.
11) Hoffmann-La Roche, D.R.P. 278107. 12) Knoll, D.R.P. 278111.
13) D.R.P. 296196.

vorhandene aliphatische Doppelbindung in eine einfache Bindung überführen, wobei Dihydrooxykodeinon entsteht[1]):

```
              CH
     CH3O·C       CH
          C       C
                      CH2
  C              C
              CH   CH
                         N—CH3
          C       CH
     O = C        CH2  CH2
              CH   CH2
              OH
```

Eukodal (Dihydroxykodeinon) steht in der schmerzstillenden Wirkung zwischen Morphin und Kodein. Die krampferregende Wirkung ist bei ihm gegenüber seiner Muttersubstanz Thebain ganz zurückgedrängt[2]).

Dikodid (Hydrokodeinon) entsteht durch Behandeln von Kodein mit Palladium und Säure bei höheren Temperaturen in Gegenwart von Wasserstoff. Man erhält den gleichen Körper, wenn man Morphin in gleicher Weise behandelt und das so erhaltene Dihydromorphinon methyliert.

Dikodid (Dihydrokodeinon)

```
              H2    H
      H                H    H2         NCH3
   H                           H2      CH2
         OCH3                O
              |O|                      CH2
```

steht an Wirkung dem Morphin außerordentlich nahe, übertrifft es sogar zuweilen, verursacht aber keinerlei Schläfrigkeit und setzt die Reflexerregbarkeit der Schleimhäute weit stärker herab[3]).

Nach R. Gottlieb nimmt Dikodid pharmakologisch eine Mittelstellung zwischen Morphin und Kodein ein. In seiner Wirkung steht es dem Morphin näher als dem Kodein, wirkt weniger narkotisch wie Morphin, ist schmerzstillend und bekämpft den Hustenreiz. Es ist frei von unangenehmen Nebenwirkungen des Morphins und bei $1^1/_2$facher Menge gleich schmerzlindernd[4]).

Ketoderivate der Morphinreihe erhält man durch Behandeln von Morphin oder seinen O-Alkyläthern mit Wasserstoff in Gegenwart von Katalysatoren und Säure, wenn man die Katalysatoren insbesonders Palladium und Platin oder deren Salze in verhältnismäßig großen Mengen verwendet. Die Reaktion erfolgt unter gleichzeitiger Hydrierung und Umwandlung der alkoholischen Hydroxylgruppe in eine Ketogruppe. Aus der Morphinketobase erhält man durch Methylierung eine Kodeinketobase. Mit Diäthylbarbitursäure und Diallylbarbitursäure erhält man Salze. Die Wirkung der Kodeinketobase ist morphinartig. Die schmerzstillende und beruhigende Wirkung auf das Gehirn kommt der Kodeinketobase ähnlich wie dem Morphin und viel ausgeprägter als dem Kodein und Dihydrokodein zu. Dagegen teilt sie mit dem Kodein das Hervortreten krampfartiger Wirkungen und toxischer Gaben. Auf den Darm wirkt das Mittel schwächer als Kodein und Dihydrokodein, dementsprechend tritt beim Menschen auch keine Verstopfung ein. Im Gegensatze zu Dihydrokodein wirkt die Kodeinketobase auch wenig auf die Atmung[5]).

Dihydrodesoxymorphin und Dihydrodesoxykodein erhält man durch Behandlung von Chlordihydrokodid mit basischen Agenzien[6]).

---

[1]) Münch. med. Wochenschr. Bd. 64, S. 380. 1917.

[2]) Keim, P.: Münch. med. Wochenschr. Bd. 70, S. 466. 1923.

[3]) Schindler, Rudolf: Münch. med. Wochenschr. Bd. 70, S. 467. 1923.

[4]) D.R.P. 296196. [5]) Knoll, Ludwigshafen, D.R.P. 365683.

[6]) Knoll, Ludwigshafen, D.R.P. 414598.

Je nach der Art der Reduktion entstehen drei isomere Dihydroxykodeinone.

Beim Studium von Normorphinderivaten fand Hertha Heimann[1]), daß durch die Entmethylierung die Giftigkeit in fast allen Fällen vermindert wird, aber in ungefähr gleichem Maße auch die Wirksamkeit. Besonders geht die typische Beeinflussung der Respiration durch Morphin verloren. Pentamethylendinormorphin und Dihydronorkodein zeigen eine ausgesprochene lähmende Wirkung auf den isolierten Darm, in gleicher Richtung wirkt Benzylkodein. Auf Katzen haben die untersuchten Substanzen mit Ausnahme des Normorphins eine sehr sedative Wirkung. Normorphin ist weniger wirksam als Morphin, Normorphincyanid ist indifferent, ebenso Aminocyannormorphin. Dihydronormorphin wirkt kürzer narkotisch, setzt Fiebertemperatur herunter und wirkt auf den Blutdruck herabsetzend.

Während bei den Cocainderivaten die Entmethylierung wirksamere Substanzen erzeugt und die Giftigkeit erhöht, ist bei den Morphinderivaten ganz ähnlich wie in der Antipyringruppe eine herabgesetzte Wirkung der entmethylierten Verbindungen zu sehen.

O-Allylnormorphin macht keine wesentlichen Erscheinungen, während N-Allylnorkodein eigenartig wirkt. Es ist ein sicherer Antagonist des Morphins. Beim N-Allylnorkodein schlägt die etwas abgeschwächte Morphinwirkung des Kodeins in ihr Gegenteil um. Es wirkt auf Katzen nicht erregend und bei anderen Tieren nur sehr schwach narkotisch.

Allyldihydronorkodein wirkt im Prinzip gleich wie der nicht hydrierte Körper, anfangs vielleicht etwas stärker.

Während Methylmorphimethin an Kaninchen, intravenös gegeben, Drucksenkung und schwere Respirationsstörung auslöst, ist Allylmorphimethin wenig wirksam. Diallylmorphimethin hat ebenfalls keine die Respiration erregende Wirkung. Eine dem N-Allylnorkodein qualitativ homologe, quantitativ aber weit zurückstehende Kraft in bezug auf den Antagonismus zum Morphin haben Allylthioharnstoff, Allylamin, Allylformiat, Pentamethylenallyldimethylamin und Allylglykosid[2]).

Diaminophenylnorkodein ist physiologisch indifferent.

N-Methyl-8-oxymethyl-thallin bewirkt im Gegensatz zu Methylthallin Blutdrucksenkung und Zunahme des Respirationsvolums, zeigt aber mit dem Kodein gar keine Verwandtschaft. J. v. Braun schließt daraus, daß die Gegenwart des reduzierten Benzolringes oder des überbrückten Hexamethylenringes im Kodein und im Morphin und die Stellung des Stickstoffs diesem Ring gegenüber von ausschlaggebender Bedeutung für das Zustandekommen der physiologischen Wirkungen der beiden Alkaloide ist, und daß eine etwas weniger wichtige Rolle die Stellung des alkoholischen Hydroxyls spielt.

Dimethylamino- und Diäthylaminokodein, welche die Dialkylaminogruppe an Stelle des alkoholischen Hydroxyls enthalten, wirken stärker als Kodein (H. Heimann).

Das Oxäthylderivat

$$C_{16}H_{14}O \begin{cases} N \cdot CH_2 \cdot CH_2 \cdot OH \\ O \cdot CH_3 \\ N(CH_3)_2 \end{cases}$$

welches nicht mehr das alkoholische Hydroxyl des Kodeins, wohl aber ein neues Hydroxyl an einer ganz anderen Stelle des Moleküls besitzt, erweist sich als wesentlich schwächer wirksam im Vergleich zum Kodein.

Während die zum Stickstoff γ-ständige benzoylierte Hydroxylgruppe im Cocain, Tropacocain, Eucain und in vielen ganz einfachen Fällen Anästhesie

[1]) Zeitschr. f. exp. Pathol. u. Therapie. Bd. 17, S. 342. 1915.

[2]) Pohl, Julius: Zeitschr. f. exp. Pathol. u. Therapie Bd. 17, S. 370. 1915.

bedingt, erweist sich Benzoyloxy-propylnorkodein als ganz frei von solchen Eigenschaften.

$$C_{16}H_{14}O\begin{cases}N[CH_2]_3\cdot O\cdot CO\cdot C_6H_5\\ OCH_3\\ OH\end{cases}$$ [1]).

Am Stickstoff entmethylierte Derivate von Alkaloiden der Morphinreihe erhält man, wenn man die Alkaloide der Morphinreihe in Form ihrer durch Acidylierung der freien Hydroxylgruppen erhältlichen Derivate mit Bromcyan in die entsprechenden Norcyanverbindungen überführt und diese verseift.

Diacetylcyannormorphin gibt beim Erwärmen mit Kalilauge Cyannormorphin, dieses beim Erwärmen mit Salzsäure Normorphin. Beschrieben sind ferner: Norkodein, Dihydronormorphin, Dihydronorkodein, welches man auch durch Hydrieren von Norkodein erhält[2]). Statt Bromcyan kann man Chlorcyan verwenden[3]). N-Allylnorkodein und N-Allyldihydronorkodein erhält man, wenn man Norkodein bzw. Dihydronorkodein mit allylierenden Mitteln behandelt. N-Allyldihydronorkodein entspricht in seinen Eigenschaften dem N-Allylnorkodein. Die Verbindungen erweisen sich als energische Antagonisten des Morphins, welche die bis jetzt für diesen Zweck empfohlenen Mittel, z. B. das Atropin, bei weitem in bezug auf ihre Wirkung überragen[4]).

Von allen Opiumalkaloiden ist Thebain das am stärksten krampferregende und giftigste, dagegen steigert Thebain nicht die Empfindlichkeit in gleichem Maße, wie Morphin und Kodein, weshalb auch die Erschöpfung nicht so rasch eintritt und die Vergiftung mit Thebain langsamer verläuft. Thebain macht in kleinen Dosen narkotische Wirkung, sonst ist es mit dem Strychnin fast ganz identisch. Thebain ist vielleicht 20mal so giftig als Morphin. Thebain wirkt anders auf Menschen als auf Tiere. Ebenso ist Kodein für Tiere giftiger als für Menschen[5]).

Morphin, Kodein und Thebain sind alle drei Phenanthrenderivate. Thebain ist von einem dihydrierten, die beiden andern Alkaloide von einem tetrahydrierten Kohlenwasserstoff abzuleiten. Beim Erwärmen von Thebain mit wässeriger Salzsäure erhält man Thebenin $\frac{CH_3O}{O}>C_{17}H_{15}ON$, welches allgemeine Lähmung macht[6]).

Met-Thebenin wirkt wie Thebenin, aber stärker, während das ringförmige Thebenol ganz unwirksam ist. Durch die Ringsprengung geht die eigenartige Wirkung des Thebenins nach allen Richtungen verloren.

Bei der Behandlung von Thebain mit starker Salzsäure wird nur eine Methoxylgruppe abgespalten, andererseits erleidet tatsächlich der stickstoffhaltige Ring des Thebains eine Umwandlung, es bildet sich Morphothebain, das ungiftig scheint.

Es läßt sich also aus der vergleichenden Betrachtung dieser Substanzen sagen, daß die typische Wirkung des Morphins mit dem Vorhandensein der beiden freien Hydroxyle in benachbarter Stellung an einem Benzolring sowie mit dem Intaktsein des stickstoffhaltigen Ringes in innigem Zusammenhange steht. Ähnlich konstruierte Körper können die krampferregende Wirkung besitzen, wie es nach den Erfahrungen mit Laudanosin und Papaverin sicher anzunehmen ist. Hingegen geht sie bei Veränderung des N-haltigen Ringes in dem Falle des Morphothebains verloren.

Man erhält Thebainderivate[7]) durch Grignardsche Synthese und Zersetzung mit Wasser aus Brombenzol und Thebain, Magnesium und Äther oder aus Thebain, Benzylchlorid, Magnesium und Äther.

---

[1]) Braun, J. v. u. K. Kindler: Ber. d. dtsch. chem. Ges. Bd. 49, S. 2655. 1916.
[2]) Hoffmann-La Roche, D.R.P. 286743.
[3]) D.R.P. 289273, Zusatz zu D.R.P. 286743.
[4]) Hoffmann-La Roche, D.R.P. 289274.
[5]) Eckhardt: Beitr. z. Anat. u. Physiol. Bd. 8.
[6]) Ber. d. dtsch. chem. Ges. Bd. 32, S. 168. 1899.
[7]) Martin Freund, D.R.P. 181510.

Thebainmethyljodid (durch Addition von Methyljodid dargestellt) besitzt nach C. **Brown** und **Fraser** lähmende Wirkung auf motorische Nerven, und seine letale Wirkung ist dem Thebain gegenüber sehr verringert. Aber auch die krampferregende Wirkung des Thebains ist in der Thebainammoniumbase erhalten, wenn auch die prädominierende lähmende Wirkung sie verdeckt.

Die Versuche zur Synthese des Morphins lassen sich in zwei Gruppen teilen: In Versuche, welche dem Morphin analog wirkende Körper erzielen wollten, und Versuche zur Synthese des Alkaloids selbst.

Versuche zur Synthese morphinähnlicher Körper liegen von L. **Knorr** vor, welche sich auf seine Untersuchungen über die Konstitution des Morphins stützen. Leider ist das experimentelle Material über die Wirkung dieser Substanzen nicht veröffentlicht. Sie sind nie in die Therapie gedrungen, so daß es sich anscheinend um wirkungslose Substanzen handelt.

Von den synthetischen Morpholinen stehen die Naphthalanmorpholine ihrer Konstitution zufolge, nach der Ansicht von **Knorr**, dem Morphin am nächsten. Nach der **Knorr**schen Angabe sollen die physiologisch sehr wirksamen N-Alkylderivate des Naphthalanmorpholins in der Wirkung auf den menschlichen Organismus dem Morphin schon sehr ähnlich sein, was aber anscheinend ganz unrichtig ist.

Direkt werden die Morpholine aus Dioxäthylaminen dargestellt[1]).

Morpholin läßt sich ferner leicht aus Nitroso- und Nitroderivaten des Phenylmorpholins darstellen durch Spaltung mit Alkalien, während Phenylmorpholin selbst sehr resistent ist[2]).

Vorher hat **Knorr**[3]) Morpholin

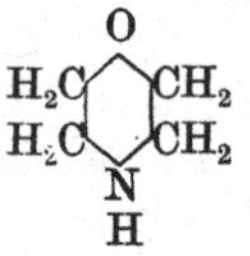

$$\begin{matrix} & O & \\ H_2C & & CH_2 \\ H_2C & & CH_2 \\ & N & \\ & H & \end{matrix}$$

aus dem Dioxyäthylamin $NH<\begin{smallmatrix}CH_2\cdot CH_2\cdot OH\\ CH_2\cdot CH_2\cdot OH\end{smallmatrix}$ von **Würtz**, dessen inneres Anhydrid es ist, durch Erhitzen mit Salzsäure auf 160° erhalten.

Dieses Morpholin verhält sich zum einfachen Oxazin

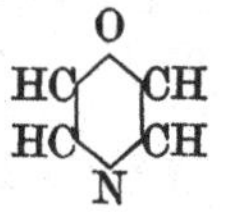

$$\begin{matrix} & O & \\ HC & & CH \\ HC & & CH \\ & N & \end{matrix}$$

wie Piperidin zu Pyridin.

Methylphenmorpholin[4]) löst rote Blutkörperchen, verursacht Methämoglobinbildung; es besitzt keine narkotische Wirkung und wirkt auf Katzen nicht wie Morphin exzitierend[5]).

Naphthalanmorpholin, also der Körper, welcher nach **Knorr** von den synthetisch dargestellten Morpholinbasen dem Morphin chemisch und physiologisch am nächsten ist[6]), konnte er aus dem von E. **Bamberger** und **Lodter** beschriebenen Tetrahydronaphthylenoxyd durch Anlagerung von Aminoalkohol und Behandlung des resultierenden Oxäthylaminotetrahydro-β-naphthols mit kondensierenden Mitteln darstellen[7]).

Die Darstellung der Naphthalanmorpholine und Camphanmorpholine ist von **Knorr**[8]) beschrieben.

In der Morphingruppe wären noch folgende Versuche, zu neuen Verbindungen zu gelangen, erwähnenswert, wenngleich sie keine praktische Bedeutung erlangt haben.

---

[1]) D.R.P. 95854 und D.R.P. 120047. [2]) DRP. 119725.

[3]) Ber. d. dtsch. chem. Ges. Bd. 22, S. 2081. 1889. [4]) D.R.P. 97242.

[5]) **Becher**: Arch. internat. de pharmaco-dyn. et de thérapie Bd. 22, S. 91.

[6]) Liebigs Ann. d. Chem. Bd. 301, S. 1; Bd. 307, S. 171, 187. — Ber. d. dtsch. chem. Ges. Bd. 32, S. 732 u. ff. 1889.

[7]) **Knorr** gibt an, „daß ein von **Leubuscher** geprüftes Naphthalanmorpholin (welches, wird nicht mitgeteilt) bei Menschen subcutan angewendet, hypnotisch wirkt". Diese Angabe aber scheint unrichtig zu sein.

[8]) D.R.P. 105498.

Morphinglykosid[1]) (sehr leicht zersetzlich) wirkt sehr stark tetanisch, macht bei Katzen aber keine Gehirnreizung wie Morphin.

Die Verfahren, um den Geschmack der Alkaloide bei ihrer internen Verwendung zu verbessern, haben wir schon zum Teil beim Chinin kennengelernt.

Es bleiben noch folgende zu erwähnen:

Rhenania (Aachen) stellt wasserlösliche Verbindungen des Caseins mit Alkaloiden in der Weise her, daß sie die alkoholische oder andere Lösung der Alkaloide auf Casein zur Einwirkung bringt, evtl. unter Zusatz von Alkali oder Alkalisalzen[2]).

Apomorphin.

Die Abspaltung von Wasser aus dem Morphin oder Kodein durch Salzsäure oder Chlorzink in der Siedehitze führt zu Verbindungen, welche insofern von den Muttersubstanzen differieren, als ihnen die brechenerregende Wirkung des Morphins in erheblich erhöhter Weise zukommt. Es sind dies Apomorphin und Apokodein.

Pschorr[3]) faßt das Apomorphin auf das

H_2
C N·CH_3
CH_2
H
HO— CH_2
HO

Es enthält zwei Phenolhydroxyle, im Gegensatze zum Morphin mit einem Phenolhydroxyl. Der indifferente Sauerstoff und zwei Wasserstoffe sind abgespalten. Der Stickstoff ist tertiär und ringförmig gebunden wie im Morphin.

Apomorphin hat eine geringe narkotische Wirkung, verursacht aber eine hochgradige Erregung, hierauf Lähmung des Gehirns und der Medulla oblongata[4]). Es ist ein energisches Expectorans und ein Emeticum.

Diacetylapomorphin wirkt doppelt so stark emetisch wie Apomorphin. Die Jodmethylate beider Basen sind etwa 20 mal weniger aktiv als diese[5]). Dibenzoylapomorphin erzeugt kein Erbrechen[6]). Es scheint überhaupt weniger wirksam zu sein.

Ähnlich wie Apomorphin verhält sich Apokodein $C_{17}H_{16}NO_2 \cdot CH_3$. Nach Murell ist es ein Expectorans und Emeticum, wie das ihm nahestehende Apomorphin. Nach Guinard ist es für Hunde ein ausgezeichnetes Schlafmittel, wie Kodein. Bei größerer Dosis bekommt das Tier nach dem Einschlafen Zukkungen und Krämpfe, durch welche der Schlaf alsbald verschwindet. Nach Guinard hingegen ist Apokodein[7]) kein Brechmittel, sondern erzeugt nur übermäßige Speichelsekretion und beschleunigt die Darmperistaltik, wirkt als Sedativum, das, ohne vorhergehendes Exzitationsstadium und ohne Übelkeit und Erbrechen hervorzurufen, leichten vorübergehenden Schlaf erzeugt. Toy und Combemale[8]) wiesen darauf hin, daß Apokodeinchlorhydrat ein subcutan applizierbares, sicher wirkendes Abführmittel ist. Es erniedrigt den Blutdruck

[1]) Becker: Arch. internat. de pharmaco-dyn. et de thérapie Bd. 12, S. 96. 1903.
[2]) D.R.P. 119060.
[3]) Pschorr: Ber. d. dtsch. chem. Ges. Bd. 39, S. 3125. 1906; Bd. 40, S. 1984, 3344. 1907.
[4]) Hypnotische Wirkung des Apomorphin. Mercks Ber. 1900, S. 69. — Rabow in v. Leyden-Festschrift Bd. 2, S. 79. 1902.
[5]) Tiffeneau, Marc: Cpt. rend. des séances de la soc. de biol. Bd. 82, S. 1193. 1919.
[6]) Bergell u. Pschorr: Therap. d. Gegenw. 1904, Mai.
[7]) Guinard, L.: Contributions à l'étude physiologique de l'apocodéine. Lyon 1893 und Lyon méd. 1891, Nr. 21 u. 23.
[8]) Mercks Ber. 1900, S. 62.

und wirkt gefäßerweiternd [Dixon[1])]. Die laxierende Wirkung ist durch Peristaltiksteigerung, durch den sedativen Einfluß auf die Hemmungsganglien des Sympathicus zu erklären. In richtiger Dosis subcutan verabreicht erzeugt es keine Nebenwirkungen, kein Erbrechen. Die Wirkungen des Apokodeins und des Kodeins weisen gewisse Analogien auf, doch wirkt letzteres in stärkerem Maße hypersekretorisch und weniger beruhigend, ist ferner stärker krampferregend und im allgemeinen gefahrbringender.

Alkylapomorphiniumsalze erhält man in leicht löslicher Form durch Umsetzen der Apomorphinjodalkylate mit Schwermetallsalzen der betreffenden Säuren oder durch Umsetzen der freien quaternären Base mit Säuren oder durch Einwirkung von Alkyläthern der Sauerstoffsäuren oder Alkylhalogenen auf Apomorphin selbst[2]). Diese Alkylapomorphiniumsalze sind leichter löslich und nicht so leicht veränderlich wie Apomorphinchlorhydrat..

Man erhält Alkylapomorphiniumsalze, indem man die alkylschwefelsauren Salze der Alkylapomorphiniumbasen in konzentrierter wässeriger Lösung mit Metallsalzen umsetzt, deren basischer Bestandteil ein leicht lösliches Salz der Alkylschwefelsäure bildet; so erhält man Apomorphinbrommethylat durch Versetzen der ätherischen Lösung von Apomorphin mit Dimethylsulfat. Der abgeschiedene Sirup wird mit Bromkalium umgesetzt, es scheidet sich das Brommethylat ab, das man aus der methylalkoholischen Lösung mit Aceton fällen kann[3]).

Apomorphinmethylbromid (Euporphin) besitzt Curarewirkung, wirkt aber nicht emetisch, auch nicht zentralerregend[4]); es soll weniger Brechreiz erzeugen als Apomorphin und nicht so stark auf das Herz wirken[5]).

Reines Apokodein macht leichte Narkose, Erbrechen, Salivation und Defäkation[6]).

Narcein.

Narcein ist nach Versuchen von Mohr (Privatm.) in Gaben von 1 g und mehr noch ganz unwirksam (per os). Narcein ist wasserunlöslich, seine Salze äußerst schwer löslich. Aponarcein ist gleichfalls unwirksam.

Hingegen war kurze Zeit unter dem Namen Antispasmin eine Doppelverbindung des Narceins, das Narceinnatrium-Natriumsalicylat in Verwendung. Es hat eine morphinähnliche Wirkung, wirkt jedoch 40—50 mal schwächer als Morphin. Die ungemein schwache Wirkung des Narceins selbst schließt es aus, daß man von diesem Körper aus zu neuen wertvollen Verbindungen gelangen kann.

Ester des Narceins kann man nach Martin Freund darstellen[7]), da in demselben eine Carboxylgruppe vorhanden ist, durch Behandeln mit Alkohol und Salzsäure.

Die so dargestellten salzsauren Methyl- und Äthylester des Narceins haben keine praktische Verwendung gefunden.

Narceinäthylesterchlorhydrat (Narcyl) soll nach Schröder ein gutes Mittel gegen Reizhusten sein. Narcyl wirkt wie Morphinäther[8]). Es hat die gleichen Wirkungen wie Narcein[9]).

Narcein[10]) oder Homonarcein wird bei Gegenwart von Alkalien mit Dialkylsulfaten behandelt und die erhaltenenen Reaktionsprodukte in Salze oder Ester oder die Salze dieser Ester übergeführt.

Man kann die gleichen Alkylderivate auch erhalten durch neutrale Alkylierungsmittel, wie Methylnitrat, Jodalkyl, Trimethylphosphat[11]).

---

[1]) Brit. med. journ. 1902, S. 1297, 2181. [2]) Pschorr, Berlin, D.R.P. 158620.

[3]) D.R.P. 167879, Zusatz zu D.R.P. 158620.

[4]) Harnack, E. u. H. Hildebrandt: Arch. f. exp. Pathol. u. Pharmakol. Bd. 61, S. 343. 1909. [5]) Michaelis, M.: Klin. therapeut. Wochenschr. 1904, Nr. 24, S. 660.

[6]) Krayer, O.: Arch. f. exp. Pathol. u. Pharmakol Bd. 111, S. 60, 1926.

[7]) D.R.P. 71797. [8]) Zeitschr. f. Tuberkul. 1904, S. 451.

[9]) Pouchet u. Chevallier: Bull. de gén. thérapie 1904, S. 779. — Noguega: Gac. méd. catal. 1906, S. 25. [10]) Knoll, D.R.P. 174380.

[11]) D.R.P. 183589, Zusatz zu D.R.P. 174380.

Zwecks Darstellung von Alkylnarcein[1]) oder Homonarceinadditionsprodukten und deren Alkylestern werden entweder Alkylnarceine resp. Alkylhomonarceine oder Narceinalkalien für sich oder in alkoholischer Lösung mit Alkylierungsmitteln behandelt und die erhaltenen quaternären Verbindungen esterifiziert oder die Narceine esterifiziert und dann in die quaternären Verbindungen verwandelt.

Narceinphenylhydrazon, von M. Freund dargestellt, wirkt letal durch Atmungslähmung. Vorher treten Konvulsionen auf[2]).

Aponarcein[3]) erhält man aus Narcein mit wasserentziehenden Mitteln, wie Mineralsäuren, Säurechloriden oder Anhydriden, z. B. aus Narcein und Phosphoroxychlorid.

Hydrastis.

Während lange Zeit die Mutterkornpräparate die Alleinherrschaft bei Behandlungen von Gebärmutterleiden und insbesondere von Blutungen aus diesem Organe behaupteten, trotzdem diesen Präparaten wegen ihrer sehr verschiedenen Wirkung, ihren unangenehmen Nebenwirkungen und dem leichten Verderben große Nachteile innewohnten, brachte die Einführung der Droge Hydrastis canadensis einen Konkurrenten, welcher sich einen großen Teil des therapeutischen Gebietes, auf welchem die Ergotinextrakte (Secale cornutum) dominierten, eroberte, obgleich keineswegs zu verkennen ist, daß zwischen der Wirkung beider Substanzen ganz wesentliche Unterschiede bestehen.

Der Fluidextrakt der Hydrastis canadensis hat einen dem rein dargestellten wirksamen Prinzipe nicht zukommenden widerlichen Geschmack, an welchem die Verwendung dieses Mittels oft gescheitert ist (er wird auch als Expektorans benützt).

Bei der Untersuchung dieser Droge wurde als wirksamer Bestandteil das Alkaloid Hydrastin isoliert, neben dem schon früher bekannten Alkaloide Berberin.

Die Droge Hydrastis canadensis wirkt in erster Linie auf das Gefäßsystem, und zwar vom Zentrum aus und bewirkt Gefäßverengerung bzw. in großen Gaben Erweiterung (Fellner). Hydrastin selbst macht keine lokale Anästhesie, hingegen aber eine Steigerung des Blutdruckes. Bei Warmblütern macht Hydrastin Tetanus und dann Lähmung. Durch Reizung der Medulla oblongata kommt es zu einer Gefäßkontraktion und Blutdrucksteigerung, dieselbe ist aber nach Falk[4]) gering und besonders während der tetanischen Anfälle tritt tiefes Sinken des Blutdruckes und Gefäßerschlaffung ein. Die Blutdrucksteigerung ist nicht andauernd. Der Tod tritt bei der Hydrastinvergiftung durch Herzlähmung ein[5]). Eine direkte Wirkung auf den Uterus ist nicht zu konstatieren.

Für die praktische Verwendung ist Hydrastin wenig geeignet seiner lähmenden und strychninartig tetaninisierenden Eigenschaften wegen. Dagegen ist Hydrastinin ein geschätztes Präparat, da es keinen Tetanus erzeugt, auch kein Herzgift ist, dabei aber gefäßverengernd und dadurch blutstillend wirkt, weshalb es besonders bei Uterusblutungen Anwendung findet[6]).

Das mit Hydrastinin nahe verwandte 6-7-Dimethoxy-2-methyl-3-4-dihydroisochinoliniumchlorid macht Blutdrucksteigerung durch Gefäßverengerung Es wirkt auf Kaninchenuterus erregend, auf Katzenuterus hemmend.

---

[1]) D.R.P. 186884, Zusatz zu D.R.P. 174380. [2]) Wendel: Diss. Berlin 1894.

[3]) Knoll, D.R.P. 187138.

[4]) Therap. Monatsh. 1899, S. 319. — Virchows Arch. f. pathol. Anat. u. Physiol. Bd. 190, S. 399. — Arch. f. Gynäkol. Bd. 36, H. 7.

[5]) Marfori: Arch. f. exp. Pathol. u. Pharmakol. Bd. 27, S. 166. — Philipps u. Pembrey: Journ. of physiol. Proc. physiol. soc. 1897, 16. Jan.

[6]) Decker, Kropp, Hoyer und Becker: Liebigs Ann. d. Chem. Bd. 395, S. 299, 321, 328, 342. 1913.

Hydrastin läßt sich durch Einwirkung von verdünnter Salpetersäure in Opiansäure und in Hydrastinin spalten[1]).

Hydrastin Opiansäure Hydrastinin

$$C_{21}H_{21}NO_6 + H_2O = C_{10}H_{10}O_5 + C_{11}H_{13}NO_3.$$

Dem Hydrastinin kommt folgende Strukturformel zu:

CH₂ ... (Strukturformel: $CH_2\langle O_2 \rangle C_6H_2$ mit CH_2, CH_2, $NH{-}CH_3$, CHO)

Es fällt gleich eine bestimmte Verwandtschaft dieses Alkaloids mit dem Opiumalkaloid Narkotin auf, wenn man sich der Betrachtung der Konstitution des letzteren zuwendet.

Narkotin ist in seinen Wirkungen dem Morphin sehr ähnlich, aber erheblich schwächer. Es stellt gewissermaßen ein umgekehrtes Thebain vor. Sehr rasch erfolgt eine nur kurze Zeit währende geringe Erhöhung der Sensibilität und einiges Zucken, dann Empfindungslosigkeit, Betäubung und Lähmung. Die Empfindlichkeit des Auges scheint vermindert, ebenso die Empfänglichkeit des Auges und der Nerven für den elektrischen Reiz. Ein schlafsüchtiger Zustand herrscht vor.

Bei Katzen macht Narkotin fürchterliche tetanische Krämpfe und danach Somnolenz und Lähmung. Bei Menschen wirkt es in therapeutischen Dosen nur als Antipyreticum (z. B. bei Malaria). Als Nebenwirkung kleiner Gaben sieht man Steigerung des Sexualtriebes.

Narkotin läßt sich durch Oxydation und Wasseraufnahme in Opiansäure und Kotarnin spalten. Es erweist sich als ein Methoxyhydrastin.

Narkotin Opiansäure Kotarnin

$$C_{22}H_{23}NO_7 + H_2O + O = C_{10}H_{10}O_5 + C_{12}H_{15}NO_4.$$

(Strukturformel: $CH_2\langle O_2 \rangle C_6H$ mit CH_2, CH_2, $NH \cdot CH_3$, CHO, CH_3O)

Gnoscopin ist racemisches Narkotin[2]).

Narkotin und Hydrastin rufen beide ein tetanisches Stadium hervor, das bei Kaltblütern in eine vollständige zentrale Lähmung übergeht, beide verlangsamen die Schlagfolge des Herzens, beide lähmen die Herzganglien. Beide regen die Peristaltik an[3]). Narkotin und Hydrastin setzen den Tonus der glatten Muskulatur herab. Hydrastin macht bei Katzen Somnolenz, ebenso Hydroberberin.

Die Oxydationsprodukte, die nach Abspaltung der indifferenten Opiansäure entstehen, Kotarnin und Hydrastinin, zeigen beide keine krampferregenden Eigenschaften, sie erzeugen bei Warm- und Kaltblütern eine rein zentrale Lähmung (durch Einwirkung auf die motorische Sphäre des Rückenmarkes). Sie sind keine Herzgifte; der Exitus letalis erfolgt bei ihnen durch Lähmung des Atmungszentrums und ist durch künstliche Respiration aufzuhalten.

Hydrastinin, das Spaltungsprodukt des Hydrastins, wirkt ebenfalls nicht lokal anästhesierend, ist aber kein Herzgift, wie seine Muttersubstanz, und erzeugt eine Zunahme der Gefäßkontraktion. Die Gefäßkontraktion wird zum Teil durch Erregung des vasomotorischen Zentrums bewirkt, vor allem aber durch Einwirkung auf die Gefäße selbst, infolgedessen tritt dann Blutdrucksteigerung ein. Die Blutdrucksteigerung ist anfangs periodisch, lang andauernd

[1]) Freund, Martin u. W. Will: Ber. d. dtsch. chem. Ges. Bd. 19, S. 2800. 1886; Bd. 20, S. 89, 2400. 1887. [2]) Ber. d. dtsch. chem. Ges. Bd. 43, S. 800. 1910.

[3]) Ronße: Arch. internat. de pharmaco-dyn. et de thérapie Bd. 4, S. 207; Bd. 5, S. 21.

und durch keine Erschlaffungszustände unterbrochen. Der Tod erfolgt durch Lähmung des Respirationszentrums. An der isolierten Gebärmutter sieht man, daß Hydrastinin auf die Gefäße direkt nicht wirkt, daß die Gefäßwirkung eine zentrale ist. Die Uteruskontraktionen hängen nicht mit einer Verengerung der Gefäße zusammen. Auf den Nervenmuskelapparat wirkt es so, daß die Zusammenziehungen einen tetanischen Charakter annehmen[1]).

Der Unterschied zwischen der Muttersubstanz und dem Spaltungsprodukte läßt sich daher folgendermaßen feststellen.

Beim Hydrastin ist die Wirkung auf den Blutdruck als Teilerscheinung der strychninartigen Wirkung auf das Zentralnervensystem anzusehen. Die Gefäßspannung ist eine Teilerscheinung des tetanischen Stadiums.

Hydrastinin hingegen macht kein tetanisches Stadium, es steigert die Contractilität des Herzmuskels, ist kein Herzgift, hat keine lokale Einwirkung auf die Muskulatur und bewirkt Gefäßkontraktion durch Einwirkung auf die Gefäße selbst und dadurch Blutdrucksteigerung und Pulsverlangsamung. Der Tod erfolgt durch Lähmung des Atemzentrums. Hydrastinin wirkt also in ganz anderer Weise, wenn auch mit demselben physiologischen Endeffekte und viel intensiver und andauernder als die Muttersubstanz Hydrastin. Nach den Durchströmungsversuchen, von Pellaconi, Marfori usw. besitzt Hydrastin, ebenso wie Hydrastinin, auch eine lokale Wirkung auf die peripheren Gefäße. Hydrastinin wirkt nur im Sinne eines abgeschwächten Hydrastins.

Das zweite Spaltungsprodukt des Hydrastins, die Opiansäure, macht bei Kaltblütern Narkose, und zwar zentrale Lähmung, dann sehr geringe Krämpfe (Pio Marfori), bei Warmblütern ist Opiansäure wirkungslos, es kommen ihr höchstens antiseptische Eigenschaften zu.

Durch den Eintritt der Opiansäure in die Verbindung ist also eine Abschwächung und Veränderung der Wirkung erfolgt, anderseits tritt eine tetanische Wirkung hinzu, die dem Hydrastinin fehlt. Daher ist Hydrastinin für die Therapie wertvoller, wegen der Stärke von Reizerscheinungen von seiten des Rückenmarkes und wegen der günstigen Beeinflussung der Herzaktion.

Betrachtet man nun die Strukturbilder der Alkaloide: Hydrastin, Papaverin, Narkotin und Berberin nebeneinander, so läßt sich die große Analogie in der Konstitution nicht verkennen.

Narkotin

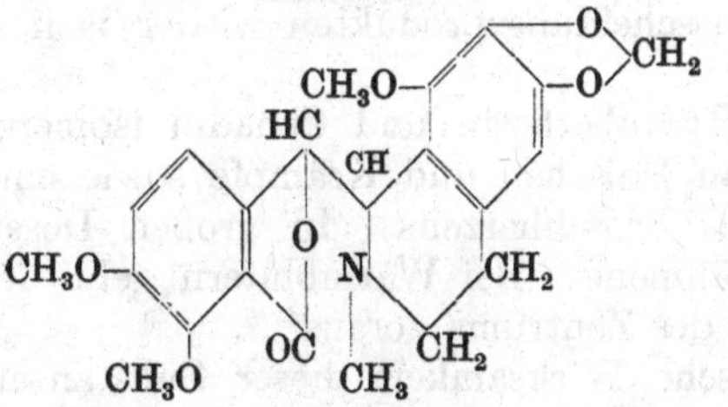

O, CH_2, O, CH_3O, HC, CH, O, CH_3O, N, CH_2, OC, CH_2, CH_3O, CH_3

Papaverin

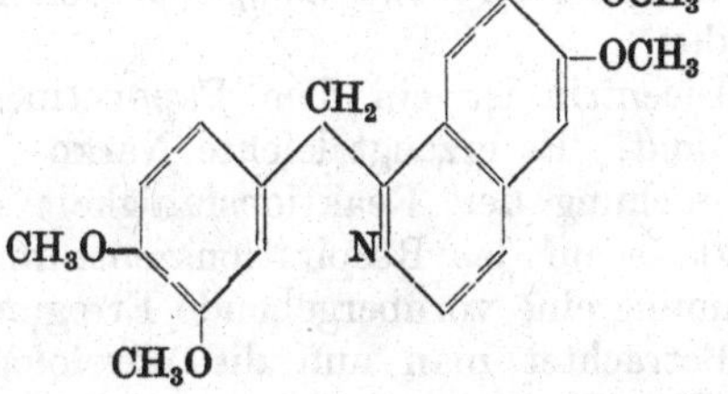

OCH_3, OCH_3, CH_2, CH_3O, N, CH_3O

Hydrastin

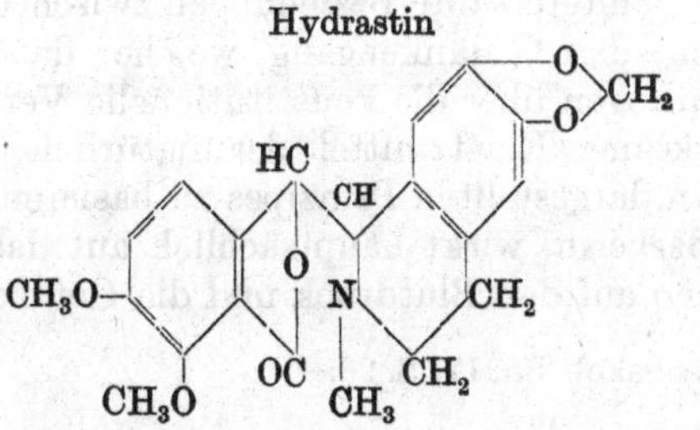

O, CH_2, O, HC, CH, O, CH_3O, N, CH_2, OC, CH_2, CH_3O, CH_3

Berberinal

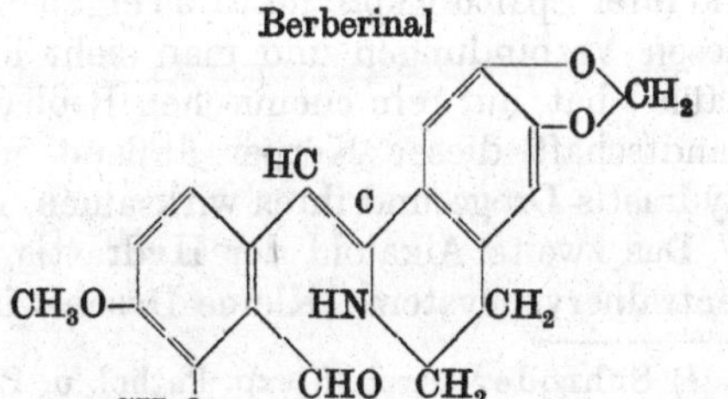

O, CH_2, O, HC, C, CH_3O, HN, CH_2, CHO, CH_2, CH_3O

[1]) Kurdinowski: Engelmanns Arch. 1904, Suppl. II, S. 323.

Während nach Gadamer die freie Base des Berberins als Aldehyd (Berberinal) anzusehen ist, sind die Salze des Berberin, Hydrastinin und Kotarnin

Berberinchlorhydrat

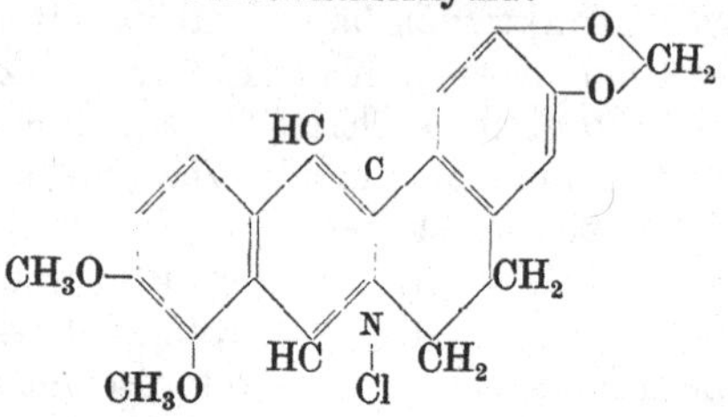

Hydrastininchlorhydrat

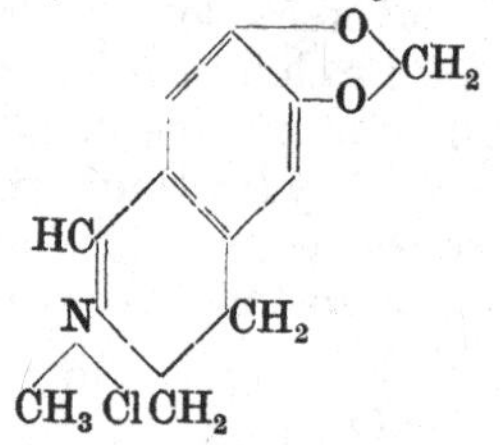

Kotarninchlorhydrat

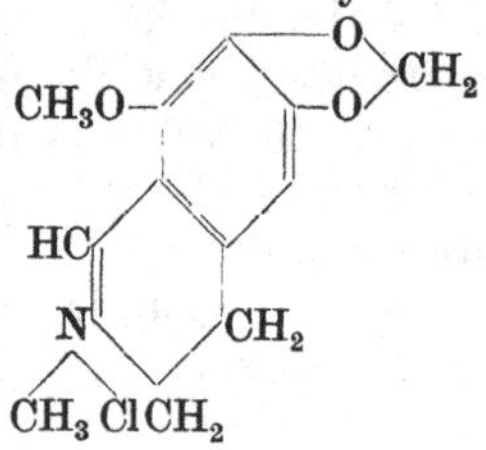

als Isochinolinammoniumverbindungen aufzufassen. Unter Austritt eines Moleküls Wasser aus dem Aldehyd (Berberinal) und Mineralsäure vollzieht sich die Salzbildung unter Ringschluß. Auch die Spaltstücke des Hydrastins und Narkotins, Hydrastinin und Kotarnin, haben, wie früher gezeigt, den Charakter aromatischer Aldehyde. Auch bei diesen Substanzen tritt die Salzbildung unter Wasserabspaltung und Ringschluß ein.

Papaverin ist nur noch schwach narkotisch wirksam[1]). Nach Leubuscher[2]) hat es in kleinen Dosen eine beruhigende Wirkung auf die Darmbewegungen. Es beeinflußt alle glattmuskeligen Organe erschlaffend (J. Pal).

Nach subcutaner Darreichung von Papaverin kann man dieses weder in Organteilen noch in den Ausscheidungsprodukten finden, auch kein Umwandlungsprodukt davon. Nach oraler Darreichung kann man einen Teil aus dem Magen und Darm isolieren.

Papaverinsulfosäure ist physiologisch indifferent und kann nach subcutaner Darreichung zu etwa 35% aus den Ausscheidungsprodukten wieder isoliert werden[3]).

Dicentrin ist ein dem Papaverin, Hydroberberin und Canadin isomeres Alkaloid. Es erzeugt leichte Narkose an Fröschen und Krämpfe sowie eine Schwächung der Reaktionsfähigkeit des Froschherzens. In großen Dosen wirkt es auf das Respirationszentrum lähmend. Bei Warmblütern geht der Lähmung eine vorübergehende Erregung des Zentrums voraus[4]).

Betrachtet man nun die physiologische Wirksamkeit dieser Substanzen und ihrer Spaltungsprodukte, so ergeben sich interessante Beziehungen zwischen diesen Verbindungen und man sieht leicht den Gedankengang, welcher dazu geführt hat, auf rein chemischen Beobachtungen über die konstitutionelle Verwandtschaft dieser Körper äußerst wirksame Ersatzmittel der natürlichen Hydrastis-Droge und ihres wirksamen, rein dargestellten Prinzipes zu basieren.

Das zweite Alkaloid der Hydrastis, Berberin, wirkt hauptsächlich auf das Zentralnervensystem. Kleine Dosen wirken auf den Blutdruck und die Gefäße

[1]) Schröder: Arch. f. exp. Pathol. u. Pharmakol. Bd. 17, S. 96.
[2]) Dtsch. med. Wochenschr. 1892, S. 179.
[3]) Zahn, Kurt: Biochem. Zeitschr. Bd. 68, S. 444. 1915.
[4]) Iwakawa, K.: Arch. f. exp. Pathol. u. Pharmakol. Bd. 64, S. 369. 1911.

gar nicht. Große Dosen erniedrigen den Blutdruck merklich (Pio Marfori). Schon kleine Berberindosen verursachen mächtige Uteruskontraktionen und dieselben Blutdruckänderungen wie Hydrastis[1]). Berberin kontrahiert die Milz, macht Uteruskontraktionen und wird auch als Stomachikum und Tonikum benutzt. Es setzt die Körpertemperatur herab, vermehrt die Peristaltik und tötet schließlich durch zentrale Lähmung[2]). Nach Berg wird es im Organismus verbrannt. Im Harn läßt es sich gar nicht, in den Exkrementen nur in Spuren nachweisen.

Hydroberberin, welches Hlasiwetz und Gilm[3]) und Schmidt dargestellt, unterscheidet sich vom Berberin dadurch, daß es um vier Atome Wasserstoff mehr enthält. Es erhöht den Blutdruck durch Gefäßverengerung, die abhängt von der Erregung der vasomotorischen Zentren der Medulla oblongata. Die physiologische Wirkung des Hydroberberins ist ganz verschieden von der des Berberins. Ersteres macht zuerst eine Erregung des Rückenmarkes und dann allgemeine Lähmung, letzteres sofort Lähmung. Hydroberberin macht Blutdrucksteigerung, Berberin eine starke Druckerniedrigung. Die Hydrierung macht also hier eine völlige Änderung der physiologische Wirkung.

Canadin (aus der Wurzel von Hydrastis canadensis) ist l-Tetrahydroberberin. Man kann racemisches Canadin aus Berberin durch Reduktion künstlich darstellen und durch Oxydation wieder in Berberin verwandeln. Canadin wirkt aber nicht blutdrucksteigernd[4]). Bei Säugetieren macht Canadin in mittleren Gaben schwere Somnolenz, große Gaben erzeugen tonisch-klonische Krämpfe mit nachfolgender schwerer Lähmung. Auf den Uterus und das Gefäßsystem ist es ohne Einfluß[5]).

α-Methyltetrahydroberberinhydrochlorid ist fast wirkungslos, das entsprechende Salz des α-Äthyldihydroberberins, zeigt ausgeprägte lokal schädigende Eigenschaften; es ätzt die Cornea, tötet einzellige Lebewesen, bringt Muskel zum Erstarren, lähmt Leukocyten. In das Gefäßsystem injiziert, veranlaßt es Puls- und Atembeschleunigung, verursacht aber im Gegensatz zu Hydrastinin und Kotarnin keine Blutdrucksteigerung durch Gefäßverengerung[6]).

Hochmolekulare Derivate des Papaverins sind von M. Freund und K. Fleischer[7]) durch Kondensation von Papaverin, einerseits mit Formaldehyd, andererseits mit Opiansäure, bei Gegenwart starker Schwefelsäure erhalten worden.

Verwandelt man Papaverin in das entsprechende Chlormethylat und reduziert dieses mittels Zinn und Salzsäure, so erhält man N-Methyltetrahydropapaverin

CH_2
CH_3O- CH_2
CH_3O- $N \cdot CH_3$
CH
CH_2
$-OCH_3$
OCH_3

welches racemisch ist und sich durch Chinasäure in zwei aktive Komponenten zerlegen läßt. Die rechtsdrehende ist mit dem Laudanosin aus dem Opium identisch[8]).

---

1) Österr. med. Jahrb. 1885, S. 349.
2) Curci: Ber. d. dtsch. chem. Ges. Bd. 25, R. 290. 1892.
3) Liebigs Ann. d. Chem. Suppl.-Bd. 2, S. 191. 1862.
4) Mohr: Privatmitteilung. 5) Ber. d. dtsch. chem. Ges. Bd. 40, S. 2604. 1907.
6) Pyman, Frank Lee: Journ. of the chem. soc. (London). Bd. 97, S. 1814. 1910.
7) Ber. d. dtsch. chem. Ges. Bd. 48, S. 406. 1915.
8) Pictet, Amé u. Athanasescu: Ber. d. dtsch. chem. Ges. Bd. 33, S. 2346. 1900.

Diese Base ist also am Stickstoff methyliert und hydriert. Dadurch ist sie außerordentlich giftig geworden und nähert sich durch ihre konvulsivische Wirkung dem Thebain und Strychnin; sie besitzt keine wahrnehmbare narkotische Wirkung. Nach Babel kann sie in bezug auf Giftigkeit nur dem Thebain an die Seite gestellt werden. Die Verstärkung der Toxizität ist auf die Wasserstoffzunahme, die stärkere Krampfwirkung auf die Methylgruppe zurückzuführen.

Dagegen sind die narkotischen Eigenschaften, welche Papaverin, wenngleich in wenig hohem Grade, besitzt, beim Laudanosin völlig verschwunden. Die anderen Erscheinungen der physiologischen Wirkung sind bei den beiden Alkaloiden sehr ähnlich[1]).

Laudanosin steht in bezug auf seine krampferregende Wirkung zwischen Thebain und Papaverin. Es ist also durch die Hydrierung und die Methylierung am Stickstoff die Wirkungsweise nicht verändert, sondern nur erheblich verstärkt, daher erscheint die schwach narkotische Wirkung des Papaverins in dieser als krampferregendes Mittel stärker wirkenden Verbindung nunmehr völlig verdeckt. Man ersieht beim Papaverin und beim Laudanosin leicht aus dem Strukturbild, daß alle Hydroxylwasserstoffe durch Alkylgruppen ersetzt erscheinen, so daß der krampferregende Komplex, dessen angreifende Gruppe für das Rückenmark uns bekannt, zur vollen Geltung kommen kann, da kein freies Hydroxyl in dieser Substanz vorhanden, welches chemische Beziehungen zum Gehirn herstellen würde.

Durch Oxydation von Papaverin mit Permanganat erhielt Guido Goldschmiedt ein Keton, das Papaveraldin

$$\begin{array}{c} C_6H_3(OCH_3)_2 \\ | \\ CO \\ | \\ C_9H_4N(OCH_3)_2 \end{array} \longrightarrow \text{Papaverinol}\quad \begin{array}{c} C_6H_3(OCH_3)_2 \\ | \\ OH\cdot CH \\ | \\ C_9H_4N(OCH_3)_2 \end{array}$$

Durch Reduktion mit Essigsäure und Zink kann man aus diesem einen sekundären Alkohol (Papaverinol) erhalten. Die Wirkung des Papaverinols ähnelt in allen Hauptsymptomen der Papaverinwirkung, nur sind die Krämpfe kräftiger und andauernder[2]).

Tetrahydropapaverolinhydrochlorid $C_{16}H_{17}O_4N \cdot HCl$, von Frank Lee Pyman[3]) dargestellt, also der entmethylierte und reduzierte Körper, wirkt physiologisch nur wenig. An isolierten Organen aber sieht man eine Blutdrucksenkung, bedingt durch eine Entspannung der glatten Muskulatur. Ebenso wirkt die Substanz auf den Uterus[4]).

Tetrahydropapaverolin

CH_2
HO— —CH_2
HO— —NH
CH
|
CH_2
|
—OH
|
OH

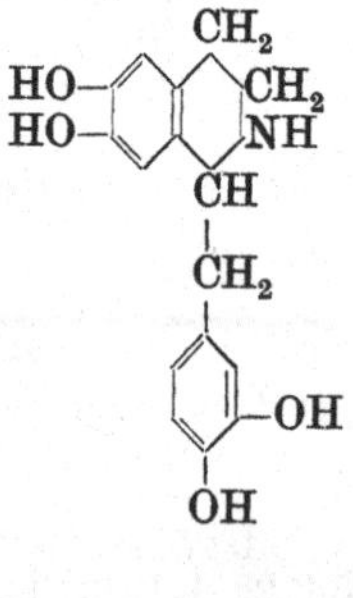

[1]) Babel: Rev. méd. de la Suisse Rom. 1899, Nr. 11, S. 657.
[2]) Stuchlik: Monatshefte für Chemie, Bd. 21, S. 813. 1900.
[3]) Journ. of the chem. soc. (London) Bd. 95, S. 1610.
[4]) Laidlaw, P. P.: Journ. of physiol. Bd. 40, S. 480. 1910.

Die hydrierte Base wird im Organismus anscheinend durch Oxydation zerstört, auf die Skelettmuskulatur wirkt sie nicht, sie ist wenig giftig, der Blutdruck sinkt rapid ab infolge einer Erweiterung der glatten Muskulatur der Arterien. Die Substanz wirkt hauptsächlich auf die glatte Muskulatur überhaupt und nicht auf das Nervensystem, nur der Blasenmuskel widersteht der Wirkung[1]).

Mittels Grignardscher Synthese werden aus Berberinsalzen Benzyldihydroberberin, Phenyldihydroberberin, Methyldihydroberberin, Äthyldihydroberberin, Propyldihydroberberin dargestellt[2]).

Papaverinnitrit erhält man durch Umsetzen von Papaverinsalzen mit salpetrigsauren Salzen und Anwendung von Lösungsmitteln für unverändertes Papaverin. Es hat in potezierter Form die gefäßerweiternden Wirkungen seiner Komponenten[3]).

In Abänderung des Verfahrens werden als Lösungsmittel für das unverändert gebliebene Papaverin verdünnte Säuren, zweckmäßig im Überschuß, bei 0° nicht wesentlich übersteigender Temperaturen, während oder nach Beendigung der Reaktion angewendet. Die Umsetzung zwischen Papaverinsalzen und Salzen der salpetrigen Säure wird in konzentrierter Lösung bewirkt[4]).

Die Hydrastininsäure

$$CH_2{<}^{O}_{O}{>}C_6H_2{<}^{\cdot CO\cdot NH\cdot CH_3}_{\cdot CO\cdot COOH}$$

und Berilsäure

$$\begin{matrix} CH_3O \\ CH_3O \end{matrix}{>}C_6H_2{<}\begin{matrix} CO \\ CO \end{matrix}{>}N\cdot CH:CH\cdot \underset{\displaystyle COOH}{\underset{|}{C_6H_2}}{<}\begin{matrix} O \\ O \end{matrix}{>}CH_2$$

sind Oxydationsprodukte des Hydrastins und Berberins. Sie sind gänzlich unwirksam[5]).

Wenn man Hydrastinin als Aldehyd auffaßt, so erscheint es zugleich als ein sekundäres Amin und es vermag so zwei Methylgruppen aufzunehmen. Es entsteht auf diese Weise Hydrastininmethylmethinchlorid. Dieses macht fast vollständige Lähmung, anfangs eine Blutdrucksteigerung, dann Senkung. Vor allem unterscheidet sich die Wirkung dieses Körpers von der des Hydrastinins dadurch, daß es periphere Lähmung der Atemmuskulatur erzeugt und so curareartig den Tod herbeiführt. Hierbei büßt es die gefäßkontrahierenden Eigenschaften des Hydrastinins zum größten Teile ein.

Das Spaltungsprodukt des Narkotins: Kotarnin hat nach Buchheim und Loos eine schwache Curarewirkung. Stockmann und Dott[6]) fanden, daß es in gewissem Grade paralysierend auf motorische Nerven wirkt, nicht mehr als andere Glieder der Morphingruppe. Es erinnert in seiner Wirkung sehr an Hydrokotarnin, von dem es nur um zwei Wasserstoffe differiert.

Hydrokotarnin macht tetanische und narkotische Symptome, ähnlich wie Kodein, es ist aber weniger giftig als Thebain und Kodein, aber giftiger als Morphin, es hat die typische Wirkung der Morphingruppe.

Dihydrokotarninchlorhydrat ist stark giftig, es verursacht Krämpfe und Tod[7]).

Äthylhydrokotarninchlorhydrat wirkt am Auge anästhesierend. Es macht Krämpfe und zentrale sowie periphere Lähmung. Bei Warmblütern ist es ein heftiges Krampfgift. Propylhydrokotarninchlorhydrat wirkt wie das Äthylderivat bei sonst gleichen Dosen.

---

1) Laidlaw, P. P.: Journ. of physiol. Bd. 40, S. 481. 1910.
2) M. Freund u. E. Merck, D.R.P. 179212.
3) Böhringer, Ingelheim, D.R.P. 391071.
4) Böhringer, Nieder-Ingelheim, D.R.P. 392458, 392459, Zusatz zu D.R.P. 391071.
5) Marfori, Pio: Arch. f exp. Pathol. u. Pharmakol. Bd. 27, S. 161.
6) Brit. med. journ. 1891, 24. Jan.
7) Freund, Martin u. Heinz: Ber. d. dtsch. chem. Ges. Bd. 39, S. 2219. 1906.

Phenylhydrokotarnin und Benzylhydrokotarnin sind als Chlorhydrate auffallend schwächer wirksam als die Äthyl- und Propylderivate.

Kotarnin unterscheidet sich vom Hydrastinin nur dadurch, daß es an Stelle eines Wasserstoffatoms die Gruppe —OCH_3 enthält. Es wirkt blutstillend und kommt unter dem Namen Stypticin in den Handel. Stypticin[1]) macht bei Tieren zuerst eine Erregung des Zentralnervensystems und dann eine allgemeine Paralyse. Der Tod erfolgt durch Atmungslähmung. Es zeigt also Kotarnin im allgemeinen dieselbe Wirkung wie seine Muttersubstanz Narkotin, auch schwache hypnotische Eigenschaften kommen beiden zu. Dem Kotarnin kommen keine gefäßverengernden Eigenschaften zu wie dem Hydrastinin, welche seine blutstillenden Eigenschaften erklären würden. Auch die Gerinnung des Blutes wird durch dieses Mittel nicht begünstigt[2]).

Als die wahrscheinlichste Ursache dieser blutstillenden Wirkung des Stypticins kann angenommen werden, daß ihm die Fähigkeit eigen ist, die Atmung zu verlangsamen, den arteriellen Blutdruck zu verringern und hierdurch eine Verlangsamung des gesamten Blutstromes hervorzurufen, wodurch die Thrombenbildung begünstigt und dem Blutaustritt ein Ziel gesetzt wird.

Das Eintreten der einen Methoxylgruppe macht also eine so große Differenz in der Wirkungsart beider Substanzen, des Hydrastinins und des Stypticins; obgleich der blutstillende Effekt derselbe, so ist die Ursache der blutstillenden Eigenschaft in physiologischer Beziehung eine durchaus verschiedene.

Kotarnin wirkt schwächer als das nahe verwandte Hydrastinin in bezug auf die Blutstillung, es löst aber Wehentätigkeit aus, was Hydrastinin nicht tut und wirkt auch nicht narkotisch[3]), besitzt aber nach Mohr (Privatmitteilung) sedative Wirkung. Die große Billigkeit des Kotarnins sichert ihm neben dem teureren Hydrastinin einen Platz in der Therapie.

Styptol ist phthalsaures Kotarnin. Phthalsäure soll nämlich ebenfalls blutstillend wirken[4]).

Martin Freund[5]) verbindet Kotarninsuperoxyd mit Phthalsäure und Cholsäure und erhält glatt die reinen Salze des Kotarnins. Man stellt phthalsaure Salze[6]) des Kotarnins her, entweder durch direkte Vereinigung von Säure und Base oder durch Umsetzung der Salze beider. Die Phthalsäure soll für sich schon entzündungswidrig und blutstillend wirken. Man erhält diese Salze auch durch Zusammenbringen von Phthalsäureanhydrid und Kotarnin[7]), ebenso kann man das saure Phthalat darstellen.

Nach den Untersuchungen von Kehrer[8]) wirkt Cholsäure auf den Uterus stark kontrahierend, weshalb ein Salz von Cholsäure und Kotarnin durch Auflösen molekularer Mengen hergestellt wird[9]). Man erhält dasselbe Salz, wenn man Cholsäure und Kotarnin in Form ihrer Salze aufeinander einwirken läßt[10]).

Ein Doppelsalz aus einem Molekül Eisenchlorid und zwei Molekülen salzsaurem Kotarnin[11]) kann man bei gewöhnlicher Temperatur in Gegenwart eines Lösungsmittels erhalten.

Acetylnarkotin[12]) soll weniger giftig sein als Narkotin selbst. Man erhält es aus Narkotin mit Essigsäureanhydrid bei Gegenwart von Schwefelsäure in der Wärme.

Narkotinsulfosäure[13]) erhält man aus Narkotin, Essigsäureanhydrid und Schwefelsäure bei Temperaturen, welche nicht höher sind als 30°.

Tetrahydronarkotinchlorhydrat besitzt geringe Reizwirkung, deutliche lokalanästhesierende Wirkung, ist wenig giftig und erzeugt ausgesprochene Blutdrucksenkung infolge Gefäßerweiterung[14]).

---

1) Therap. Monatsh. 1895, S. 646; 1896, S. 28.
2) Marfori, Pio: Arch. ital. di biol. 1897, fasc. 2.
3) Virchows Arch. f. pathol. Anat. u. Physiol. Bd. 142, S. 360.
4) Katz: Therap. Monatsh. 1903, Juni. 5) D.R.P. 232003.
6) D.R.P. 175079. 7) D.R.P. 180395, Zusatz zu D.R.P. 175079.
8) Arch. f. Gynäkol. Bd. 84, H. 3. 9) Hoffmann-La Roche, D.R.P. 206696.
10) D.R.P. 208923, Zusatz zu D.R.P. 206696. 11) Voswinkel, D.R.P. 161400.
12) Knoll, D.R.P. 188055. 13) Knoll, D.R.P. 188054.
14) Freund, M.: Ber. d. dtsch. chem. Ges. Bd. 45, S. 2322. 1912.

Wolffenstein und Bandow empfehlen zur Darstellung des Hydrokotarnins, welches bis jetzt ohne praktische Verwendung ist, statt Kotarnin mit Zinn und Salzsäure zu reduzieren, die elektrolytische Reduktion[1]).

Durch Einwirkung von Formaldehyd auf Narkotin unter Zusatz von Mineralsäuren erhält man Methylendinarkotin, welches sich bei der Oxydation mit Salpetersäure in Methylendikotarnin umwandelt[2]).

Methylen-di-kotarnin-bromhydrat besitzt keinerlei lokale Wirkungen, lähmt aber zentral und peripher beim Frosch, beim Kaninchen nicht peripher, sondern es treten Krämpfe, Kollaps und Tod ein. Es macht Blutdrucksteigerung, dann Abfallen des Blutdruckes unter hochgradiger Pulsverlangsamung, schließlich Herzlähmung[3]).

Methylendihydrokotarninchlorhydrat ist sehr wenig giftig. Intravenös injiziert macht es promptes Absinken des Blutdruckes mit starker Pulsverlangsamung, dann Wiederansteigen bis zur Norm, aber keine Blutdrucksteigerung. Auf die glatte Muskulatur des Uterus wirkt es nicht kontrahierend[4]).

Werden die Alkyladditionsprodukte des Hydrastins und Narkotins durch Ammoniak zersetzt, so entstehen Derivate mit zwei Stickstoffatomen. So entstehen Alkylhydrastamide und Alkylnarkotamide.

Amenyl ist das Chlorhydrat des Methylhydrastimids; man erhält es aus dem Jodmethylate des Hydrastins durch Ammoniak, wobei unter Abspaltung von Jodwasserstoff eine Öffnung des N-haltigen Ringes eintritt. Das so entstandene Methylhydrastin nimmt bei der Behandlung mit Ammoniak ein Molekül desselben auf, wobei die Lactonbildung gesprengt wird. Das dabei entstehende Methylhydrastamid spaltet beim Erwärmen mit Salzsäure sehr leicht ein Molekül Wasser ab und geht dabei in das Chlorhydrat des Methylhydrastimids über. Dieses setzt den Blutdruck infolge Gefäßerschlaffung herab[5]).

Die Alkylhydrastine und die analogen Narkotinverbindungen geben, mit Ammoniak behandelt, analoge Körper. Es gehen die Alkylhydrastinalkoholate in die Alkylhydrastamide über, wenn sie mit Ammoniak längere Zeit digeriert werden. Dieselben spalten beim Erhitzen mit starker Lauge oder unter dem Einflusse von Säuren leicht Wasser ab und gehen in Alkylhydrastimide resp. Alkylnarkotimide über.

Die so aus Narkotin und Hydrastin entstehenden Verbindungen (Methylaminoverbindungen) erzeugen bei Warm- und Kaltblütern Lähmungen rein peripherer Natur. Sie sind in kleinen Dosen ohne jede Einwirkung auf das Herz und wirken erst in größeren Dosen und nach längerer Zeit lähmend ein. Beide bewirken — die Hydrastinverbindung jedoch ein wesentlich stärkeres — Sinken des Blutdruckes; der Tod erfolgt durch Atmungsstillstand.

Die aus diesen Verbindungen endlich durch Einwirkung von Säuren unter Abspaltung eines Moleküls Wasser entstehenden Imidverbindungen erzeugen bei Warm- und Kaltblütern zuerst ein Stadium einer unvollkommenen Lähmung, auf das alsdann ein mit der Steigerung der Reflexe beginnendes Krampfstadium folgt. Beide üben einen lähmenden Einfluß auf das Herz aus, sie bewirken Blutdrucksenkung, die Hydrastinverbindung jedoch eine wesentlich stärkere infolge starker Gefäßerschlaffung. Der Tod erfolgt durch Atmungsstillstand.

Die von Falck ausgeführten Untersuchungen haben gezeigt, daß die gleich aufgebauten Derivate des Narkotin und Hydrastin eine nahe pharmakologische Verwandtschaft besitzen, anderseits finden sich aber auch Verschiedenheiten in ihren Wirkungen. Wenn wir von unwesentlichen Wirkungen

---

[1]) D.R.P. 94949.

[2]) Freund, Martin u. Karl Fleischer: Ber. d. dtsch. chem. Ges. Bd. 45, S. 1171. 1912; D.R.P. 245622.

[3]) Freund, M. u. K. Fleischer (Heinz-Erlangen): Ber. d. dtsch. chem. Ges. Bd. 45, S. 1182. 1912.

[4]) Freund, M. u. A. Daube (Heinz-Erlangen): Ber. d. dtsch. chem. Ges. Bd. 45, S. 1186. 1912.

[5]) Therap. Monatsh. Bd. 23, S. 581.

absehen, z. B. das Methylnarkotimid lokal anästhesierend wirkt, so fällt vor allem der wesentliche Unterschied auf, daß alle Narkotinderivate eine wenn auch verschieden starke Einwirkung auf das Großhirn zeigen; sie erzeugen ein narkotisches Stadium, während Hydrastinderivate alle eine Einwirkung auf das Gefäßsystem und den Blutdruck ausüben. Während wir aber bei Hydrastin eine durch tiefes Sinken des Blutdruckes unterbrochene Steigerung des Druckes finden, besitzen die Additionsprodukte des Hydrastins, z. B. Hydrastinmethylamid nur gefäßerschlaffende Eigenschaften, sie erzeugen Blutdrucksenkung, hingegen ruft das durch Oxydation entstehende Spaltungsprodukt, Hydrastinin, anhaltende Gefäßkontraktion und Blutdrucksteigerung hervor.

Beim Menschen übt Methylnarkotamid keine sichere und gleichmäßige Wirkung aus, es besitzt weder vor Morphin, noch vor Kodein Vorzüge. Methylhydrastamid ist weniger toxisch als das Imid und wurde wegen seiner gefäßerschlaffenden Wirkung als Emmenagogum mit größtem Mißerfolg versucht, auch Kotarnin steht weit hinter Hydrastinin zurück.

Die oben besprochenen, von Falck physiologisch geprüften Derivate des Hydrastins und Narkotins werden nach M. Freund und Heim[1]) in der Weise erhalten, daß die Alkylhalogenadditionsprodukte des Hydrastins und Narkotins durch Ammoniak in eigentümlicher Weise zersetzt werden, wobei Derivate mit zwei Stickstoffatomen entstehen. Dieselben Verbindungen entstehen auch durch Einwirkung von Ammoniak auf Methylhydrastin und Methylnarkotin.

Beim Kochen mit Kalilauge verwandelt sich Hydrastinin in Hydrohydrastinin und Oxyhydrastinin.

Hydrastinin	Hydrohydrastinin	Oxyhydrastinin
CH_2	CH_2	CH_2
$H_2C\langle^{O-}_{O-}$ [Ring] CH_2, $NH \cdot CH_3$	$H_2C\langle^{O-}_{O-}$ [Ring] CH_2, $NH \cdot CH_3$	$H_2C\langle^{O-}_{O-}$ [Ring] CH_2, $N \cdot CH_3$
CHO	CH_2	CO

Durch Reduktion von Kotarnin mit Natriumamalgam und verdünnter Salzsäure erhält man Hydrokotarnin

$$\begin{array}{c} CH_3O \quad CH_2 \\ CH_2\langle^{O}_{O} \; [\text{Ring}] \; {}^{N \cdot CH_3}_{CH_2} \\ CH_2 \end{array}$$

Dieses liefert bei der Reduktion mit Natrium und siedendem Amylalkohol unter Verlust des Alkoxyls Hydrohydrastinin, womit ein einfacher Weg vom Narkotin zum Hydrastin bzw. von Kotarnin zum Hydrastinin erschlossen erscheint[2]).

Hydrohydrastinin hat eine krampferregende Wirkung. Warmblüter sterben auf der Höhe eines Krampfanfalles oder nach diesem an Atmungslähmung[3]).

Die Synthese des Hydrohydrastinins läßt sich nach Fritsch in folgender Weise bewerkstelligen.

Man kann Alkyloxybenzylidenaminoacetal[4]) (aus Aminoacetal und Alkyloxybenzaldehyd) mit konz. Schwefelsäure kondensieren, welche Kondensation schon beim bloßen Stehenlassen eintritt, und erhält so Methylen-2.3-dioxyisochinolin, welches in nahen Beziehungen zum Hydrastinin steht und in dieses übergeführt werden kann[5]).

Piperonalacetalamin		Methylendioxyisochinolin
$CH_2\langle^{O \cdot}_{O \cdot}$ [Ring] $CH : N \cdot CH_2 \cdot CH(OC_2H_5)_2$	$\longrightarrow$	$CH_2\langle^{O \cdot}_{O \cdot}$ [Ring] $\begin{array}{l} -CH = N \\ \qquad\quad \vert \\ -CH = CH \end{array}$

[1]) D.R.P. 58394. — Liebigs Ann. d. Chem. Bd. 271, S. 314.

[2]) Pyman, F. L. u. F. G. C. Remfry: Journ. of the chem. soc. (London). Bd. 101, S. 1595. 1912. [3]) Kramm: Diss. Berlin 1893.

[4]) Fritsch: D.R.P. 85566. [5]) Bayer, Elberfeld, D.R.P. 235358.

Das Jodmethylat der letztgenannten Verbindung liefert bei der Reduktion mit Natrium und Alkohol Hydrohydrastinin[1]).

Die Berberinsynthese[2]) verläuft folgendermaßen:

Homopiperonylamin $CH_2O_2 : C_6H_3 \cdot CH_2 \cdot CH_2 \cdot NH_2$ wird mit Homoveratrumsäurechlorid $(CH_3O_2)_2 \cdot C_6H_3 \cdot CH_2 \cdot COCl$ zu Homoveratroylhomopiperonylamin (I) kondensiert. Dieses wird in kochender Xylollösung mit Phosphorpentoxyd erhitzt, wobei unter Austritt eines Moleküls Wassers die dihydrierte Isochinolinbase (II) entsteht, welche durch Reduktion mittels Zinn und Salzsäure sich in Veratryl-norhydrastinin (III) verwandelt.

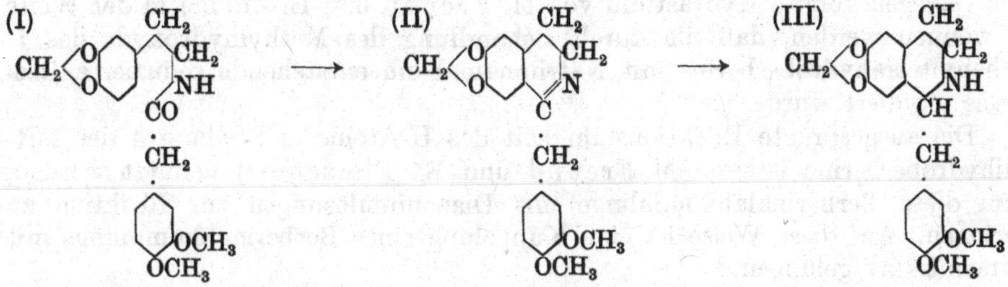

(I) CH_2, $CH_2<^O_O>$, CH_2, NH, CO, CH_2, OCH_3, OCH_3 ⟶ (II) CH_2, $CH_2<^O_O>$, CH_2, N, C, CH_2, OCH_3, OCH_3 ⟶ (III) CH_2, $CH_2<^O_O>$, CH_2, NH, CH, CH_2, OCH_3, OCH_3

Läßt man auf die warme salzsaure Lösung Methylal einwirken, so erhält man Tetrahydroberberin

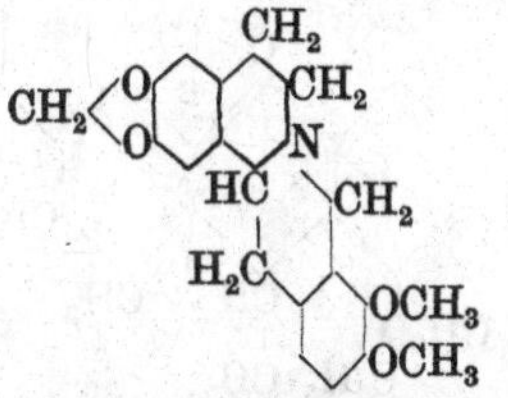

CH_2, $CH_2<^O_O>$, CH_2, N, HC, CH_2, H_2C, OCH_3, OCH_3

Tetrahydroberberin läßt sich durch Oxydation in Berberin verwandeln.

Aus Homopiperonylamin und Phenylessigsäure entsteht Phenylacetylhomopiperonylamin $CH_2 : O_2 : C_6H_3 \cdot CH_2 \cdot CH_2 \cdot NH \cdot CO \cdot CH_2 \cdot C_6H_5$. Dieses läßt sich zu einer Ringbase kondensieren: zu l-Benzyl-norhydrastinin.

Formylhomopiperonylamin geht in Norhydrastinin über. Dieses geht durch Addition von Jodmethyl in das quaternäre Salz des Hydrastinins über[3]).

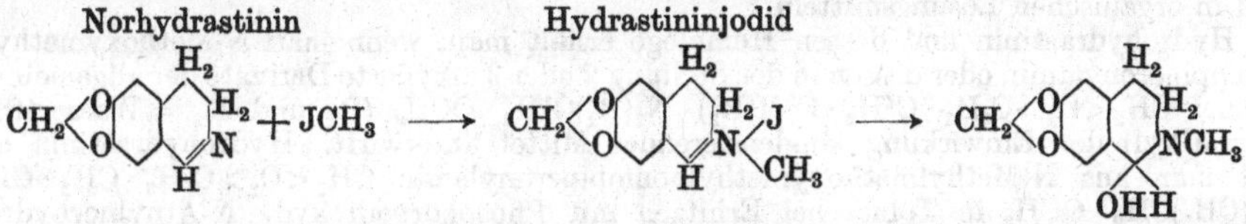

Norhydrastinin: $CH_2<^O_O>$, H_2, H_2, N, H $+ JCH_3$ ⟶ Hydrastininjodid: $CH_2<^O_O>$, H_2, H_2, J, N, H, CH_3 ⟶ $CH_2<^O_O>$, H_2, H_2, NCH_3, OHH

Hydrastinin ist von **Martin Freund** und **Karl Fleischer**[4]) durch Abbau des Berberinmoleküls erhalten worden.

Benzyldihydroberberin, aus Berberinsalzen mit Benzylmagnesiumchlorid erhältlich[5]), gibt bei der Reduktion mit Zinn und Salzsäure Benzyltetrahydroberberin, welches nach der Jodmethylierung, Entjoden mit Silberoxyd, Aufspaltung mit Alkali in die Desbase übergeht. Diese Base zerfällt bei der Oxydation in essigsaurer Lösung mit Natriumbichromat in **Hydrastinin** und einen stickstofffreien Aldehyd[6]).

Von **M. Freund** und **K. Fleischer**[7]) ist festgestellt worden, daß die Alkyldihydroberberine (z. B. 1-Benzyldihydroberberin) in Stellung 4 ein reak-

[1]) Liebigs Ann. d. Chem. Bd. 284, S. 18.
[2]) **Pictet, Amé** u. **Alfons Gams**: Ber. d. dtsch. chem. Ges. Bd. 44, S. 2480. 1911.
[3]) D.R.P. 235538. [4]) Liebigs Ann. d. Chem. Bd. 397, S. 4, 36. 1913.
[5]) D.R.P. 179212. [6]) D.R.P. 241136 und D.R.P. 242217.
[7]) Liebigs Ann. d. Chem. Bd. 40, S. 190. 1915; vgl. D.R.P. 242573.

tionsfähiges Wasserstoffatom besitzen, so daß bei der Digestion dieser Basen mit Jodmethyl, nicht wie zu erwarten, ein Jodmethylat entsteht, sondern lediglich die Substitution des H-Atom durch Methyl erfolgt.

Auch diese Basen lassen sich reduzieren. Die aus der reduzierten Verbindung durch Jodmethylierung und Aufspaltung entstehende Desbase liefert bei der Oxydation ebenfalls Hydrastinin.

Es ist bemerkenswert, daß bei Ersatz der Benzylgruppe in Stellung 1 durch ein anderes Radikal bei der Aufspaltung Desbasen von anderem Formeltypus erhalten werden, die bei der Oxydation kein Hydrastinin liefern[1]).

Dagegen konnte Hydrastinin von M. Freund und E. Zorn[2]) in der Weise gewonnen werden, daß die durch Behandlung des Methylhydroxyds des 1-Phenyltetrahydroberberins mit Natriumamalgam entstehende reduzierte Desbase oxydiert wurde.

Die ausgeprägte Reaktionsfähigkeit des H-Atoms in Stellung 4 der 1-R-dihydroberberine ist von M. Freund und K. Fleischer[3]) benutzt worden, um diese Berberinalabkömmlinge mit Diazoniumlösungen zur Reaktion zu bringen. Auf diese Weise ist eine Kuppelung eines Berberinabkömmlings mit Arsanilsäure gelungen.

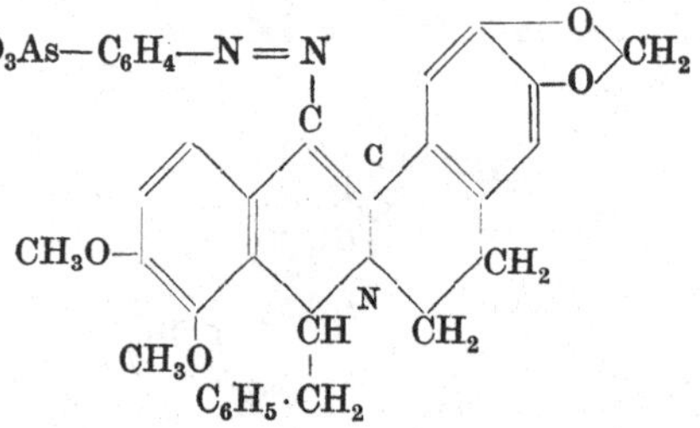

$H_2O_3As—C_6H_4—N=N$ — C; O, O, CH_2; C; CH_3O; CH_2; N; CH; CH_2; CH_3O; $C_6H_5 \cdot CH_2$

Die Patente D.R.P. 249723, 257138, 267699, 267700, 270859 behandeln Darstellungen von Hydrastinin aus Homopiperonylamin.

Hydrastinin wird nach einer Variante des D.R.P. 241136 nach D.R.P. 259873 aus Berberin dargestellt, indem man die Aryltetrahydroberberine mit reduzierenden Mitteln behandelt und die Basen dann oxydiert.

D.R.P. 267272 behandelt die Oxydation von Dihydrohydrastinin zu Hydrastinin mit Jod in organischen Lösungsmitteln.

Hydrohydrastinin und dessen Homologe erhält man, wenn man N-Methoxymethylhomopiperonylamin oder dessen in der Stellung 2 oder 3 alkylierte Derivate der allgemeinen Formel $CH_2<O_2>C_6H_3 \cdot C^4H_2 \cdot C^3H(R_2) \cdot N_2(R_1)C^1H_2 \cdot OCH_3$ (R_1 und R_2 = Wasserstoff oder Alkyl) der Einwirkung kondensierender Mittel unterwirft. Hydrohydrastinin erhält man aus N-Methylmethoxymethylhomopiperonylamin $CH_2<O_2>C_6H_3 \cdot CH_2 \cdot CH_2 \cdot N(CH_3)CH_2 \cdot OCH_3$ in Toluol bei Erhitzen mit Phosphorpentoxyd. N-Äthylnorhydrohydrastinin aus N-Äthylmethoxymethylhomopiperonylamin $CH_2<O_2>C_6H_3 \cdot CH_2 \cdot CH_2 \cdot N(C_2H_5)CH_2 \cdot OCH_3$ und der berechneten Menge Salzsäure. 3-Methylnorhydrohydrastinchlorhydrat erhält man aus N-Methoxymethyl-3-methylhomopiperonylamin $CH_2<O_2>C_6H_3 \cdot CH_2 \cdot CH(CH_3) \cdot NHCH_2 \cdot OCH_3$ beim Eindampfen mit der berechneten Menge Salzsäure[4]).

Hydrastininderivate erhält man durch Behandlung von Homopiperonylaminderivaten der allgemeinen Formel $CH_2<O_2>C_6H_3 \cdot CH_2 \cdot CH\,(Alkyl) \cdot N<{R \atop COH}$, wobei R Wasserstoff, Alkyl oder Aralkyl ist, mit sauren Kondensationsmitteln, wie Phosphorpentoxyd, Phosphorpentachlorid, Aluminiumchlorid oder Chlorzink, und gegebenenfalls Alkylierung oder Aralkylierung der aus dem Formylderivaten der primären Basen entstandenen 6.7-Methylendioxy-3.4-dihydro-3-alkylisochinoline am Stickstoffatom. Aus 3.4-Methylendioxyphenyl-N-methylformylisopropylamin erhält man beim Erhitzen mit Phosphorpentoxyd in Xylol,

[1]) Liebigs Ann. d. Chem. Bd. 397, S. 9. 1913.
[2]) Liebigs Ann. d. Chem. S. 397, S. 29, 113. 1913.
[3]) Liebigs Ann. d. Chem. Bd. 411, S. 1, 5, 12. 1915.
[4]) Merck, D.R.P. 280502.

Lösen der abgeschiedenen Metaphosphate in Benzol und Fällen mit Alkali die Isochinolinbase

CH_2
CH_2 O O — $CH \cdot CH_3$ — CH_3 — N — OH
CH

Aus 3.4-Methylendioxyphenyl-N-formylisopropylamin erhält man die Isochinolinbase

CH_2
CH_2 O O — $CH \cdot CH_3$[1] — N
CH

Die Formylverbindung des Homopiperonylamins erwärmt man mit Phosphorpentoxyd und erhält 6.7-Methylendioxy-3.4-dihydroisochinolin, welches durch methylierende Mittel in Hydrastininsalze übergeführt wird[2]).

Statt Phosphorpentoxyd kann man auch andere saure Kondensationsmittel, wie z. B. Phosphorpentachlorid, Phosphoroxychlorid, Eisenchlorid, Zinkchlorid oder Aluminiumchlorid verwenden. Die gleiche Reaktion geben ganz allgemein die Formyl- und Oxalylverbindungen von ω-Phenyläthylaminen. Die so erhaltenen Dihydroisochinolinderivate werden gegebenenfalls methyliert. Diese Verbindungen sind von den im D.R.P. 235358 beschriebenen Methylendihydroisochinolinderivaten dadurch unterschieden, daß zum Teil am Kohlenstoff in 1-Stellung nicht alkylierte Dihydroisochinolinbasen entstehen, zum Teil Derivate, die sich von einer 3.4-Dihydroisochinolin-1-carbonsäure ableiten[3]).

Tetrahydroisochinolinderivate erhält man, wenn man zwecks Darstellung von N-Alkylhomologen des Hydrohydrastinins bzw. von in 1-Stellung durch Alkyl oder Aryl substituierter Derivate des Hydrohydrastinins und anderer N-Alkylderivate des Norhydrohydrastinins das 6.7-Methylendioxy-1.2.3.4-tetrahydroisochinolin (Norhydrastinin) mit alkylierenden Mitteln (außer methylierenden) behandelt bzw. die in 1-Stellung durch Alkyl oder Aryl substituierten Derivate dieser Base alkyliert. Dargestellt wurden: 1-Phenylhydrohydrastinin aus 1-Phenylhydronorhydrastinin beim Erhitzen mit Formaldehyd auf 130°, N-Äthylhydronorhydrastinin aus Hydronorhydrastinin und Jodäthyl, ferner N-Benzylhydronorhydrastinin[4]).

Man erhält ein Tetrahydroisochinolinderivat, wenn man die nach D.R.P. 257138 durch Kondensation von Homopiperonylamin mit Formaldehyd und nachfolgende Umlagerung mit sauren Mitteln erhältliche Base $C_{10}H_{11}NO_2$ mit methylierenden Mitteln behandelt[5]).

Homopiperonalamin erhält man durch Reduktion des Homopiperonaloxims bzw. des Methylendioxy-ω-nitrostyrols mit reduzierenden Mitteln, und zwar bei Reduktion des Homopiperonaloxims mit Natriumamalgam unter Verwendung einer größeren Menge Eisessig, als zur Neutralisation des bei dieser Reduktionsmethode entstehenden Natriumhydroxyds erforderlich[6]). Das Oxim kann auch in alkoholischer Lösung mit Hilfe von metallischem Natrium oder Calcium reduziert werden[7]). Die Reduktion des Homopiperonaloxims läßt sich auch in saurer Lösung oder Suspension mit Hilfe des elektrischen Stromes vornehmen[8]). Methylendioxy-ω-nitrosostyrol läßt sich ebenfalls mit Hilfe des elektrischen Stromes in saurem Medium zum Homopiperonalamin reduzieren[9]).

Kondensationsprodukte aus Tetrahydropapaverin und dessen Derivaten erhält man, wenn man auf Tetrahydropapaverin oder dessen Kernsubstitutionsprodukte aliphatische oder aromatische Aldehyde, zweckmäßig in Form der entsprechenden Acetate, in Gegenwart einer Mineralsäure einwirken läßt.

Beschrieben sind Methylentetrahydropapaverin aus Tetrahydropapaverin beim Erwärmen mit Methylal und verdünnter Salzsäure, Äthylidentetrahydropapaverin, Aminoäthylidentetrahydropapaverin, Benzylidentetrahydropapaverin[10]).

N-Alkylhomologe des Norhydrohydrastinins und deren in 1-Stellung substituierten Derivate erhält man, wenn man auf N-Monoalkylderivate des Homopiperonylamins aliphatische oder aromatische Aldehyde in äquimolekularer Menge einwirken läßt und die so erhaltenen Kondensationsprodukte mit katalytisch wirkenden Stoffen, wie Mineralsäuren oder Phosphoroxychlorid, in der Wärme behandelt. Bei der Herstellung des N-Methyl-

[1]) Merck, D.R.P. 279194. [2]) Decker, D.R.P. 234850.
[3]) Decker, D.R.P. 245095, Zusatz zu D.R.P. 234850. [4]) Decker, D.R.P. 270859.
[5]) Decker, D.R.P. 281213, Zusatz zu D.R.P. 270859. [6]) Bayer, D.R.P. 245523.
[7]) D.R.P. 257138, D.R.P. 248046, Zusatz zu D.R.P. 245523.
[8]) D.R.P. 254860, Zusatz zu D.R.P. 245523.
[9]) D.R.P. 254861, Zusatz zu D.R.P. 245523. [10]) Pictet Amé: D.R.P. 281047.

norhydrohydrastinins (Hydrohydrastinin) kann Methylierung und Kondensation in einem Arbeitsgang erfolgen, wenn man Homopiperonylamin in Gegenwart von Säuren mit einem Überschuß von Formaldehyd unter Druck erhitzt. Hydrohydrastininchlorhydrat erhält man aus N-Monomethylhomopiperonylaminchlorhydrat. N-Äthylnorhydrohydrastinin entsteht beim Erhitzen von salzsaurem N-Monoäthylhomopiperonylamin mit 40proz. Formaldehyd unter Druck auf 130°.

1-Phenyl-N-äthylnorhydrohydrastinin erhält man aus N-Monoäthylhomopiperonylamin, Benzaldehyd und Phosphoroxychlorid[1]).

Zur Darstellung des Hydrohydrastinins aus N-Methylhomopiperonylamin oder Monopiperonylamin kann man an Stelle des Formaldehyds zweckmäßig polymeren Formaldehyd gegebenenfalls in Gegenwart eines geeigneten Lösungs- oder Verdünnungsmittels verwenden[2]).

In 1-Stellung alkylierte, aralkylierte oder arylierte Hydrastinine erhält man, indem man auf die Acidylderivate des Homopiperonylamins mit Ausnahme des Formylderivates Kondensationsmittel einwirken läßt und die so erhaltenen Dihydroisochinolinbasen in ihre Halogenalkylate oder -arylalkylate überführt.

Acetylhomopiperonylamin $CH_2{<}^{O}_{O}{>}C_6H_3{-}CH_2 \cdot CH_2 \cdot NH \cdot CO \cdot CH_3$ gibt beim Erhitzen mit Toluol und Phosphorpentoxyd 6.7-Methylendioxy-1-methyl-3.4-dihydroisochinolin; aus dem Jodmethylat erhält man mit Chlorsilber das Chlormethylat (salzsaures 1-Methylhydrastinin) $CH_2{<}^{O}_{O}{>}C_6H_2{<}^{CH_2 \cdot CH_2}_{C(CH_3)=N{<}^{CH_3}_{Cl}}$, mit Benzylchlorid erhält man das Chlorbenzylat. Aus Homopiperonylamin und Phenacetylchlorid entsteht Phenacetylhomopiperonylamin

$$CH_2{<}^{O}_{O}{>}C_6H_3{-}CH_2 \cdot CH_2 \cdot NH \cdot CO \cdot CH_2 \cdot C_6H_5$$

Dieses liefert mit Phosphorpentoxyd beim Erhitzen mit Toluol 6.7-Methylendioxy-1-benzyl-3.4-dihydroisochinolin, dessen Chlormethylat (salzsaures 1-Benzylhydrastinin). Das Jodäthylat $CH_2{<}^{O}_{O}{>}C_6H_2{<}^{CH_2 \cdot CH_2}_{C(CH_2 \cdot C_6H_5)=N{<}^{C_2H_5}_{J}}$ ist krystallisiert.

Benzoylhomopiperonylamin liefert beim Erhitzen mit Toluol und Phosphoroxychlorid 6.7-Methylendioxy-1-phenyl-3.4-dihydroisochinolin[3]).

Diese Substanzen zeigen die gefäßkontrahierenden Eigenschaften des Hydrastinins.

Hydrastinin und analoge Basen erhält man aus Berberin, wenn man Basen, welche aus den quaternären Verbindungen der α-Alkyl-, α-Alkaryl- oder α-Aryltetrahydroberberine durch Einwirkung von Alkalien in der Wärme erhalten werden, der Oxydation unterwirft[4]).

In der α-Arylreihe kann sich die Aufspaltung nicht in derselben Weise vollziehen, weil das zu dieser Aufspaltung erforderliche Wasserstoffatom fehlt. Man kann aber quaternäre Ammoniumverbindungen des α-Phenyltetrahydroberberins und analoger Basen im Kern II aufspalten, wenn man sie mit reduzierenden Mitteln, z. B. Natriumamalgam, behandelt. Man erhält dann Basen, welche bei der Oxydation Hydrastinin liefern[5]).

Man erhitzt Methylendioxyphenylisopropylaminomethanol mit verdünnter Salzsäure und erhält 3-Methyldihydronorhydrastinin. Aus Homopiperonylmethylaminomethanol $CH_2{<}^{O}_{O}{>}C_6H_3[CH_2]_2 \cdot N(CH_3) \cdot CH_2 \cdot OH$ erhält man in gleicher Weise Dihydrohydrastinin. Aus Homopiperonyläthylaminomethanol erhält man N-Äthyldihydronorhydrastinin, aus N-Methylmethylendioxyisopropylaminomethanol-3-Methyldihydrohydrastinin[6]).

Derivate des Hydrastinins erhält man, wenn man Methylendioxyphenylisopropylamin mit Formaldehyd oder Formaldehyd abspaltenden Stoffen und katalytisch wirkenden Mitteln behandelt und das entstehende Kondensationsprodukt oxydiert oder das ent-

---

1) D.R.P. 281546, Zusatz zu D.R.P. 257138.
2) D.R.P. 281547, Zusatz zu D.R.P. 257138. 3) D.R.P. 235358.
4) M. Freund, D.R.P. 241136. 5) D.R.P. 259873, Zusatz zu D.R.P. 241136.
6) K. W. Rosenmund: D.R.P. 336153, Zusatz zu D.R.P. 320480.

standene Alkylidenamin mit Hilfe von katalytisch wirkenden Mitteln umlagert, alkyliert und die so entstandenen Körper oxydiert, evtl. mit Jod. Dargestellt wurde 3-Methyldihydrohydrastinin und 3-Methyl-N-äthylnorhydrastinin, welche weniger giftig sind als Hydrastinin[1]).

Man kondensiert Pyramidon mit Benzoylcotarnin, indem man die alkoholischen Lösungen miteinander erhitzt[2]).

An Stelle von benzoylierten Cotarnin läßt man benzoylierten Hydrastinin auf 1-Phenyl-2·3-dimethyl-4-amino-5-pyrazolon einwirken[3]).

Doppelsalze von Berberin, Cotarnin und Hydrastinin, in welchen zwei oder drei Basen enthalten sind, sollen anders wirken als die Einzelbasen[4]).

Durch Einwirkung von Essigsäureanhydrid-Schwefelsäure auf Hydrocotarnin erhält man bei niedriger Temperatur Hydrocotarninsulfosäure (6.7-Methylendioxy-8-methoxy-2-methyltetrahydroisochinolin-5-sulfosäure). Bei höherer Temperatur erhält man Acetohydrocotarnin (6.7-Methylendioxy-8-methoxy-5-aceto-2-methyltetrahydroisochinolin)[5]).

Die Synthese des Hydrastinins und Kotarnins von H. Decker läuft folgendermaßen: Aus dem Kondensationsprodukte von Piperonal mit Hippursäure läßt sich die Piperonylbrenztraubensäure darstellen, welche durch Einwirkung von Ammoniak in ein Homopiperonylpiperonylalanin

$$CH_2\langle O_2\rangle C_6H_3\cdot CH_2\cdot CH(COOH)\cdot NH\cdot CO\cdot CH_2\cdot C_6H_3\langle O_2\rangle CH_2$$

übergeht. Das um ein Kohlensäuremolekül ärmere Homopiperonylhomopiperonylamin geht in ein substituiertes Dihydroisochinolinderivat über.

$$CH_2\langle O_2\rangle C_6H_3\cdot CH_2\cdot CH_2\cdot NH\cdot CO\cdot CH_2\cdot C_6H_3\langle O_2\rangle CH_2 \longrightarrow CH_2\langle O_2\rangle C_6H_2(H_2)(H_2)N{=}C(CH_2-C_6H_3\langle O_2\rangle CH_2)$$

Durch Methylierung am Stickstoff gelangt man zu einem Tetrahydroisochinolinderivat, welches unter Abspaltung von Piperonal Hydrastinin liefert. Das Piperonal kann wiederum für die Darstellung einer neuen Menge Hydrastinin benützt werden.

Hydrastinin Piperonal

$$CH_2\langle O_2\rangle C_6H_2(H_2)(H_2)N\cdot CH_3(H)(H_2C\cdot C_6H_3\langle O_2\rangle CH_2) \longrightarrow CH_2\langle O_2\rangle C_6H_2(H_2)(H_2)N\cdot(CH_3)Cl + CH_2\langle O_2\rangle C_6H_3\cdot CHO$$

Homopiperonoylhomopiperonylamin läßt sich auch durch Kondensation von Homopiperonylamin mit Homopiperonylsäure gewinnen.

$$CH_2\langle O_2\rangle C_6H_3\cdot CH_2\cdot COOH + CH_2\langle O_2\rangle C_6H_3\cdot CH_2\cdot CH_2\cdot NH_2$$
$$\longrightarrow CH_2\langle O_2\rangle C_6H_3\cdot CH_2\cdot CO\cdot NH\cdot CH_2\cdot CH_2\cdot C_6H_3\langle O_2\rangle CH_2$$

Ebenso ist das Benzoylderivat, das Phenacetylderivat, das Acetyl-, das Formyl- und das Oxalylderivat dargestellt worden, die ebenfalls für die Synthese Verwendung finden können. Homopiperonylamin wird entweder aus Piperonal, das man aus Safrol nach Tiemann darstellt oder aus Safrol selbst gewonnen. Vom Safrol kann man zum Hydrastinin gelangen, während man von Myristicin aus zum Kotarnin gelangt, wobei als Zwischenprodukt Formylmyristicylamin gewonnen wird.

---

[1]) Karl W. Rosenmund, Charlottenburg, D.R.P. 320480.

[2]) Thomae, Winnenden, D.R.P. 409715.

[3]) D.R.P. 429219, Zusatz zu D.R.P. 409715.

[4]) Martin Freund, D.R.P. 328101.

[5]) Martin Freund. D.R.P. 328102.

Homopiperonylamin bzw. seine Homologen werden mit Chlormethylalkohol zu einem Aminomethanol kondensiert und dieses durch Wasserabspaltung in ein Dihydroisochinolinderivat übergeführt. Die so erhaltenen Verbindungen geben dann durch Alkylierung und darauffolgende Oxydation das gewünschte Alkaloid.

Dioxymethylenphenylisopropylaminomethanol entsteht aus 2 Mol. Dioxymethylenphenylisopropylamin und 1 Mol. Chlormethylalkohol. Durch Erhitzen der salzsauren Lösung entsteht

3-Methyldihydronorhydrastinin. 3-Methyldihydrohydrastinin

$CH_2<_O^O>$ [bicyclic ring with CH_2, $CH \cdot CH_3$, NH, CH_2] $CH_2<_O^O>$ [bicyclic ring with CH_2, $CH \cdot CH_3$, $N \cdot CH_3$, CH_2]

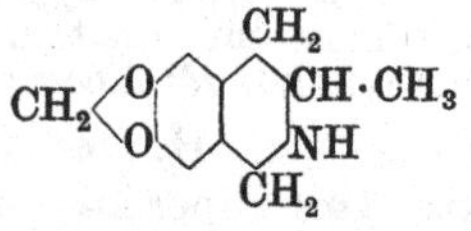

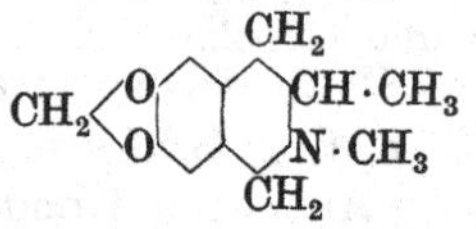

erhält man durch Ersatz des Dioxymethylenphenylisopropylamin in der obigen Reaktion durch die am N methylierte Base oder durch Methylierung der Norbase mit Formaldehyd.

3-Methylhydrastinin

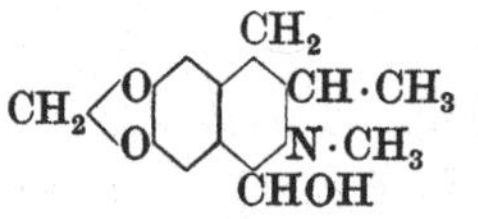

$CH_2<_O^O>$ [bicyclic ring with CH_2, $CH \cdot CH_3$, $N \cdot CH_3$, $CHOH$]

erhält man durch Oxydation der vorstehenden Dihydrobase mittels Kaliumbichromat und Schwefelsäure oder mittels Jod.

Eine weitere Synthese des Hydrastinins und seiner Homologen kann folgendermaßen durchgeführt werden: Homopiperonylamin bzw. seine Homologen werden mit Chlormethylalkohol zu einem Aminomethanol kondensiert und durch Wasserabspaltung in ein Dihydroisochinolinderivat übergeführt.

$H_2C<_O^O>$ [ring with CH_2, CH_2, NH, $CH_2 \cdot OH$] $- H_2O = H_2C<_O^O>$ [bicyclic ring with CH_2, CH_2, NH, CH_2]

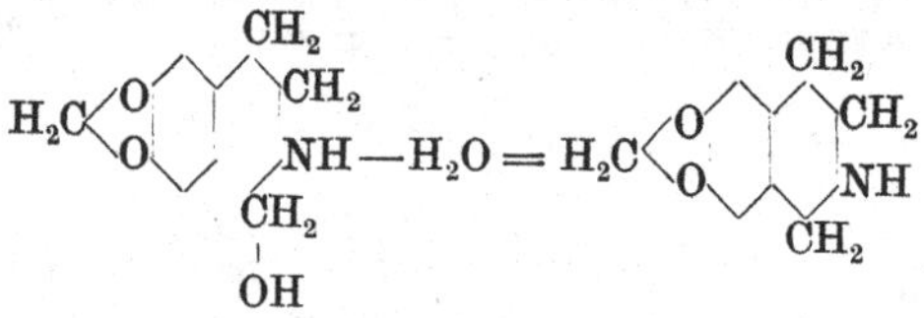

Da Aminomethanole sehr labile Verbindungen sind, geht die Umsetzung in das Isochinolin sehr leicht vor sich. Durch Erhitzen auf dem Wasserbade mit Salzsäure entsteht fast quantitativ das Isochinolin. Durch Alkylierung und nachfolgende Oxydation erhält man dann die gewünschte Alkaloide. So wurden hergestellt 3-Methyldihydronorhydrastinin, 3-Methyldihydrohydrastinin 1-Benzyl-3-methylnorhydrastinin, Dihydronorhydrastinin[1]).

N-Methylhomopiperonylsäureamid

$$CH_2<_O^O>C_6H_3 \cdot CH_2 \cdot CO \cdot NH \cdot CH_3$$

wird durch Erhitzen des N-Methylammoniumsalzes der Homopiperonylsäure auf 185—195° unter ständigem Durchleiten von Methylamin gebildet, N-Methylhomopiperonylsäurethiamid

$$CH_2<_O^O>C_6H_3 \cdot CH_2 \cdot CS \cdot NH \cdot CH_3$$

bildet sich aus N-Methylhomopiperonylsäureamid bei Einwirkung von Phosphorpentasulfid und Schwefelkalium in Xylol. N-Methylhomopiperonylamin

$$CH_2<_O^O>C_6H_3 \cdot CH_2 \cdot CH_2 \cdot NH \cdot CH_3$$

[1]) **Rosenmund, Karl W.**: Arb. a. d. pharmazeut. Inst. d. Univ. Berlin. Bd. 12, S. 67. 1921.

bildet sich aus dem Thiamid durch elektrolytische Reduktion in salzsaurer Lösung unter Zusatz von etwas Alkohol. Hieraus entsteht Hydrastinin

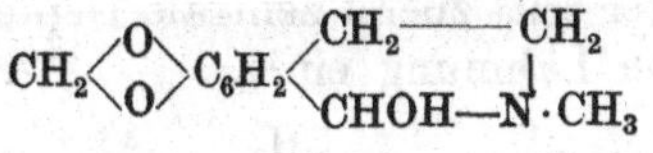

$$CH_2\langle{}^{O}_{O}\rangle C_6H_2\langle{}^{CH_2 - CH_2}_{CHOH - N \cdot CH_3}$$

über das Formylmethylhomopiperonylamin nach den Angaben von Decker und Becker[1]).

Homopiperonylaminomethanol geht durch Erhitzen mit verdünnter Salzsäure in Dihydronorhydrastinin über, welch letzteres durch Methylierung und darauffolgende Oxydation in Hydrastinin sich überführen läßt[2]).

Zwecks Darstellung von N-Alkyl-Acylderivaten der C-Alkyl-Homopiperonylamine werden hier an Stelle der N-Acyl-Homopiperonylamine N-Acylderivate von C-Alkylhomopiperonylaminen der allgemeinen Formel $CH_2\langle{}^{O}_{O}\rangle C_6H_3 \cdot CHX \cdot CHY \cdot HN \cdot CO \cdot R'$ in Form ihrer Alkaliverbindungen mit Alkylierungsmitteln behandelt. Die Patentschrift enthält ein Beispiel für die Äthylierung von N-Formyl-Methyl-2-(3.4-Methylendioxyphenyl)-äthylamin[3]).

Zu erwähnen ist noch Yohimbin, welches als Aphrodisiacum empfohlen wird. Es wirkt gefäßerweiternd. Wie die Gefäßmittel dieser Reihe besitzt es Aldehydcharakter. Die meisten Gefäßmittel der Alkaloidreihe besitzen Aldehydcharakter.

Menolysin ist Yohimbinhydrochlorid, welches auch als Mittel gegen Amenorrhöe angewandt wird.

Valimbin ist baldriansaures Yohimbin.

Leicht und klar lösliche Yohimbinverbindungen sind die Nucleinsäureverbindungen dieser Base, die man durch Zusammenbringen von Nucleinsäure mit Yohimbebasen unter Zusatz von Ammoniak oder durch Umsetzen von nucleinsaurem Ammoniak mit Salzen des Yohimbins oder mit Salzen der Gesamtbase aus der Yohimberinde erhält[4]).

K. Fleischer und O. Hirsch, Tabor, stellen Doppelsalz aus Yohimbin, Papaverin und Weinsäure dar[5]). Dieselben stellen auch ein Doppelsalz aus Yohimbin, Methylhydrastimid und Weinsäure oder Citronensäure dar[6]).

Meso-yohimbin, welches um einen Kohlenstoff und zwei Wasserstoffe ärmer ist Yohimbin, wirkt in gleicher Richtung aber schwächer als letzteres[7]).

Vasotonin, welches den Blutdruck herabsetzend und gefäßerweiternd wirkt, ist eine Yohimbinurethanverbindung.

Corydalin

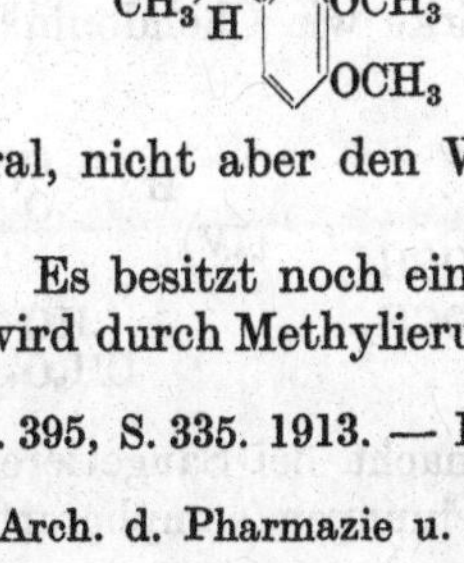

H_2 CH_3O H_2 N CH_3O H H_2 CH_3 H OCH_3 OCH_3

narkotisiert den Frosch zentral, nicht aber den Warmblüter. Die Zirkulation wird geschädigt.

Ebenso wirkt Corybulbin. Es besitzt noch eine freie Phenolgruppe, die im Corydalin methyliert ist. Es wird durch Methylierung in Corydalin übergeführt.

---

1) Liebigs Ann. d. Chem. Bd. 395, S. 335. 1913. — Kinder, Karl: Liebigs Ann. d. Chem. Bd. 431, S. 187. 1923.
2) Rosenmund, Karl W.: Arch. d. Pharmazie u. Ber. d. dtsch. pharmazeut. Ges. Bd. 29, S. 200. 1919.
3) E. Merck, D.R.P. 334788, Zusatz zu D.R.P. 332474.
4) Ernst Weinert, Neukölln, D.R.P. 322996. 5) D.R.P. 375792. 6) D.R.P. 379319.
7) Spiegel, L. u. A. Loewy: Ber. d. dtsch. chem. Ges. Bd. 48, S. 2077. 1915.

Nor-coralydin, ein Isomeres des Nor-corydalin macht beim Frosch Narkose und starke Steigerung der Reflexerregbarkeit, dann Rückenmarkslähmung. Beim Warmblüter tritt zuerst zentrale Depression und Übererregbarkeit, schließlich allgemeine Lähmung ein[1]).

Corytuberin

CH_2
CH_3O CH_2
CH_3O N CH_3
CH
CH_2
HO
HO

ruft im Gegensatz zum Corydalin hauptsächlich Überregbarkeit und Krämpfe hervor.

Corydin ist der Monomethyläther des Corytuberins, erzeugt zuerst Erbrechen, Speichelfluß, dann Stupor und Atmungsstillstand.

CH_2
CH_3O CH_2
CH_3O $N \cdot CH_3$
CH
CH_2
OH
CH_3O

Palmatin ist verwandt mit Corydalin, welches Tetrahydromethylpalmatin ist. Es beeinflußt die Atmung stark. Die periphere muskellähmende Wirkung der meisten Ammoniumbasen besitzen die Alkaloide der Columbowurzeln (Palmatin, Jateorrhizin) nur in sehr geringem Maße.

Chelidonin wirkt ähnlich wie Papaverin, lähmend ohne Erregung des Zentralnervensystems, verlangsamend auf Puls, herabsetzend auf Blutdruck und Tonus glatter Muskeln[2]).

(I) CH_2, CH_2, $N \cdot CH_3$, CH, CHOH, $H_2C<^{O}_{O}$, CH_3

(II) CH_2, CH_2, $H_2C<^{O}_{O}$, $N \cdot CH_3$, CH, CH_3O, CHOH, CH_3O, CH_3

Chelidonin (I) macht bei Fröschen reine Narkose, ebenso bei Warmblütern, bei letzteren Krämpfe. Große Dosen lähmen die Atmung und Zirkulation. Es macht Lokalanästhesie und setzt resorptiv die sensible Empfindlichkeit herab. Die quergestreifte und glatte Muskulatur wird von Chelidonin gelähmt.

α-Homochelidonin (II) wirkt wie Chelidonin[3]).

(III) $H_2C<^{O}_{O}$, CH_2, $N \cdot CH_3$, CH_2, OC, H_2C, $-OCH_3$, $-OCH_3$

(IV) CH_2, $H_2C<^{O}_{O}$, CH_2, $N-CH_3$, CH, CH_2, HO, CH_3O

β-Homochelidonin (III) macht bei Säugetieren keine allgemeine Narkose, sondern motorische Reizerscheinungen (campherartige Krämpfe) ohne Steigerung

[1]) Mayor, A. und P. Wiki: Rev. méd. de la Suisse romande Bd. 35, Nr. 9. 1915.
[2]) Journ. of the Americ. med. assoc. Bd. 75, S. 1324. 1920.
[3]) Meyer, H.: Arch. f. exp. Pathol. u. Pharmakol. Bd. 29, S. 397.

der Reflexerregbarkeit. Größere Dosen lähmen das vasomotorische Zentrum. Die cocainartige Wirkung auf die sensiblen Nervenendigungen ist nämlich stark.

Bulbocapnin (IV) macht bei Kalt- und Warmblütern zuerst Schwäche, dann Krampferscheinungen, die aber schnell vorübergehen.

(V) $H_2C<^O_O$, CH_2, CH_2, $N \cdot CH_3$, CH, CH_2, CH_3O, OCH_3

(VI) CH_3O, CH_2, CH_3O, CH_2, NH, CH, CH_2, HO, OCH_3

Dicentrin (V) bewirkt bei Fröschen schon in kleinen Dosen Narkose, mehr erzeugt Krämpfe, die ausschließlich von einer Erregung des verlängerten Halsmarkes herrühren. Für Säuger sind ähnliche Wirkungen beschrieben, aber die Substanz ist für diese wenig giftig.

Laurotetanin (VI) wirkt schwach strychninartig, krampferregend.

Ergotin, Adrenalin und die aromatischen Basen aus Eiweiß.

In der Nebenniere, und zwar in der Marksubstanz derselben, wird eine Substanz gebildet, welcher in hohem Maße die Fähigkeit zukommt, den Blutdruck bei intravenöser Injektion zu steigern, welche Blutdrucksteigerung in erster Linie auf Gefäßverengerung zurückzuführen ist.

Über die Natur dieser Substanz (Adrenalin, Suprarenin), welche zwei benachbarte Hydroxyle an einem Benzolring trägt und stickstoffhaltig ist [S. Fränkel[1])], liegen zahlreiche Arbeiten vor, welche die Konstitution völlig aufgeklärt.

John Abel, Aldrich[2]), Takamine, O. Fürth, Jowett und H. Pauly und schließlich E. Friedmann haben gezeigt, daß dem Adrenalin folgende Formel zukommt

$$\begin{matrix} HO \cdot \\ HO \cdot \end{matrix} C_6H_3 \cdot CH(OH) \cdot CH_2 \cdot NH \cdot CH_3$$

(Brenzcatechinäthanolmethylamin), und zwar ist das natürlich vorkommende das l-Adrenalin. Dieses leitet sich, wie S. Fränkel und Walther L. Halle gezeigt, im Organismus vom l-Tyrosin ab, aus dem es durch Carboxylabspaltung, Methylierung und Oxydation entsteht.

Es war nun die Frage von größtem Interesse, welchen Gruppierungen das Adrenalin seine eminente Wirkung verdankt, und ob es nicht möglich sei, einfachere und einfacher darzustellende, vielleicht noch wirksamere Verbindungen synthetisch aufzubauen. Die Untersuchung der einzelnen Gruppierungen des Adrenalins zeigte nun folgendes:

Seit der Erkenntnis der Konstitution und der Abstammung des Adrenalins sind eine große Reihe von Untersuchungen gemacht worden, welche die Beziehungen der einzelnen Gruppen des Adrenalins zu seiner blutdrucksteigernden Wirkung klarlegen. Von großem physiologischen und synthetischen Interesse sind weiter die Studien über Ergotin, welche gezeigt haben, daß allen aromatischen Aminbasen, welche sich von den im Eiweiß vorkommenden Aminosäuren ableiten, sehr starke Wirkungen auf den Blutdruck und auf die Uteruskontraktionen zukommen. Aus jeder α-Aminosäure kann durch Abspaltung von

---

[1]) Wien. klin. Wochenschr. 1895. (Unter dem Namen Sphygmogenin beschrieben.)

[2]) Aldrich, T. B.: Journ. of the Americ. chem. soc. Bd. 27, S. 1074.

Kohlensäure die entsprechende, um einen Kohlenstoff ärmere Aminbase nach dem Schema: $R{<}^{NH_2}_{COOH} = RH \cdot NH_2 + CO_2$ entstehen.

Die vier cyclischen Eiweißspaltlinge: Phenylalanin, Tyrosin (p-Oxyphenylalanin), Tryptophan (β-Indolylalanin), Histidin (β-Imidazolylalanin) sind durchwegs Alaninderivate, welche in β-Stellung das betreffende Ringsystem substituiert haben. Durch Abspaltung der Carboxylgruppe gelangt man von ihnen zu β-substituierten Äthylaminbasen.

Phenylalanin → Phenyläthylamin

$C_6H_5 \cdot CH_2 \cdot CH(NH_2) \cdot COOH \longrightarrow C_6H_5 \cdot CH_2 \cdot CH_2 \cdot NH_2$

Tyrosin → p-Oxyphenyläthylamin → Adrenalin

$HO \cdot C_6H_4 \cdot CH_2 \cdot CH(NH_2) \cdot COOH \longrightarrow HO \cdot C_6H_4 \cdot CH_2 \cdot CH_2 \cdot NH_2 \longrightarrow (HO)_2C_6H_3 \cdot CH(OH) \cdot CH_2 \cdot NH \cdot CH_3$

Histidin → β-Imidazolyläthylamin

$\text{Imidazolyl} \cdot CH_2 \cdot CH(NH_2) \cdot COOH \longrightarrow \text{Imidazolyl} \cdot CH_2 \cdot CH_2 \cdot NH_2$

Tryptophan → β-Indolyläthylamin

$\text{Indolyl} \cdot CH_2 \cdot CH(NH_2) \cdot COOH \longrightarrow \text{Indolyl} \cdot CH_2 \cdot CH_2 \cdot NH_2$

Diese Basen wurden nun von Barger und Dale alle, ebenso wie fette Basen, welche Derivate der aliphatischen Aminosäuren sind, im Ergotin gefunden, und man konnte zeigen, daß sie gleichartig wirken wie das Ergotoxin, der wirksame Bestandteil des Secale cornutum.

Die Amine der fetten Reihe sind sehr wenig wirksame Substanzen, während die Amine, welche aus Phenylalanin, Tyrosin, Tryptophan und Histidin entstehen, sehr stark wirksame Substanzen sind, welche auf die glatte Muskulatur, insbesondere die der Gebärmutter, kontrahierend wirken. Am stärksten wirkt β-Imidazolyläthylamin aus Histidin. Da Histidin in großen Quanten leicht aus Hämoglobin gewonnen werden kann (S. Fränkel), und man durch Fäulnis relativ leicht die Carboxylgruppe desselben abzuspalten vermag, wurden mehrere Verfahren für diesen Zweck ausgearbeitet.

Zwischen dem Adrenalin und dem p-Oxyphenyläthylamin bestehen nun nahe physiologische und chemische Beziehungen, da ersteres aus dem letzteren durch Oxydation im Kern und in der Seitenkette und durch Methylierung im Organismus entsteht und beide im gleichen Sinne wirken.

Adrenalin hat eine ziemliche Verwendung in der Heilkunde als gefäßkontrahierendes, ischämisierendes Mittel gefunden.

Brenzcatechinäthyltrimethylammoniumchlorid und Adrenalinmethylchlorid wirken wie Hordeninmethyljodid nicotinartig. Ersteres wirkt etwas schwächer, letzteres dagegen stärker, nahezu so stark wie Nicotin.

Auch die Brenzcatechintrimethyläthylverbindung wirkt nicotinartig[1])[2]).

Wollen wir nun die einzelnen, dem Adrenalin nahestehenden synthetischen Verbindungen betrachten.

Brenzcatechin (Benzolring mit OH, OH) erhöht den Blutdruck stark (S. Fränkel). Es ist nach den Untersuchungen von Barger und Dale ein allgemeines, aber nicht kräftiges stimulierendes Mittel für die glatte Muskulatur, und seine Wirkung ist nicht so spezifisch wie die der adrenalinähnlichen Körper. Es hat keine wirkliche sympathomimetische Wirkung, aber alle Basen, welche den Brenzcatechinkern enthalten, haben eine viel stärkere Wirkung als die sonstigen, ihnen analog gebauten Amine.

Auch andere Verbindungen, die den Brenzcatechinkern enthalten, zeigen die gleichen Eigenschaften, so z. B. Chloracetobrenzcatechin (Benzolring mit OH, OH, $CO \cdot CH_2 \cdot Cl$) und Methylaminoacetobrenzcatechin (Adrenalon) (Benzolring mit OH, OH, $CO \cdot CH_2 \cdot NH \cdot CH_3$). Auch Acetobrenzatechin (Benzolring mit OH, $CO \cdot HH_3$) ist noch wirksam. Wenn aber das Wasserstoffatom der Hydroxylgruppe durch den Acetylrest z. B. ersetzt wird, verschwindet die Wirksamkeit. Auch die Verbindung $CH_3 \cdot CO \cdot O \cdot C_6H_4 \cdot OH$ ist wenig wirksam. Es scheint, daß zwei freie Hydroxylgruppen im Kern von ausschlaggebender Bedeutung sind. Da von den drei isomeren Dioxybenzolen nur Brenzcatechin aktiv ist, scheint die Wirksamkeit von der o-Stellung der Hydroxyle abhängig zu sein. Aminoacetobrenzcatechin und die Alkylaminobrenzcatechine, z. B. die Äthyl- und Dimethylderivate, gleichen dem Methylaminoacetobrenzcatechin, und ihre Reduktionsprodukte sind sehr aktiv.

Die Wirkung des Dimethylaminoacetocatechols ist relativ sehr gering. Trimethylaminoäthylcatechol hat eine typische Nicotinwirkung, viel kräftiger als Hordeninmethyljodid, fast wie Nicotin selbst. Die Einführung einer zweiten Hydroxylgruppe in die Stellung 3 zur Seitenkette verstärkt nicht nur die sympathomimetische Wirkung der primären und sekundären Amine, sondern auch die ganz verschiedene, nicotinähnliche Wirkung der quaternären Ammoniumbasen.

Methylaminoacetobrenzcatechin wirkt qualitativ wie Adrenalin, doch erheblich schwächer. Die homologen Verbindungen Äthylaminoacetobrenzcatechin und Aminoacetobrenzcatechin wirken ebenso, doch die alkylfreie Base stärker als die alkylierten Basen. Die Äthylbase wirkt stärker als die Methylbase. Hingegen sind aber auffallenderweise die im Ammoniakrest zweifach alkylierten Verbindungen Dimethylaminoacetobrenzcatechin und Diäthylaminoacetobrenzcatechin unwirksam, ebenso auch Monoäthanolaminoketon[3]).

ω-Aminoacetophenon $C_6H_5 \cdot CO \cdot CH_2 \cdot NH_2$ (erhalten durch Reduktion des ω-Nitroacetophenons) macht bei Fröschen ein Aufhören der willkürlichen Bewegung, die Atmung wird verlangsamt und hört dann auf, nur das Herz schlägt weiter, wenn auch mit geringerer Frequenz. Bei nicht letalen Dosen

[1]) Dakin, H. D.: Proc. of the roy. soc. (London) Ser. B. Bd. 76, S. 498. 1905.
[2]) Boruttau, H.: Verh. d. physiol. Kongr. Groningen 1912, S. 353.
[3]) Loewi, O. u. H. H. Meyer: Arch. f. exp. Pathol. u. Pharmakol. Bd. 53, S. 213. 1905.

treten zuerst die Respirationsbewegungen und dann die willkürlichen Bewegungen zurück. Auch bei den Säugetieren wirkt diese Substanz paralysierend nach vorhergehender Exzitation. Die Blutgefäße werden nicht kontrahiert, mittlere Gaben erzeugen eine kleine Steigerung des Blutdrucks, die Substanz erzeugt Pupillenerweiterung[1]). Phenomydrol ist Aminoacetophenon. p-Aminoacetophenon macht unvollständige Betäubung, heftiges Muskelzucken, diffuse Blutungen und Reizerscheinungen im Dünndarm[2]). m-Amino-o-acetophenon ist inaktiv[3]).

Bei höheren Gliedern dieser Reihe, z. B. dem Heptylaminoacetobrenzcatechin ist der Unterschied zwischen diesen und den Reduktionsprodukten in bezug auf Wirkung gering. Substitution am Stickstoff mit aromatischen Gruppen läßt die blutdrucksteigernde Wirkung erlöschen. Brenzcatechinphenylaminoketon $(OH)_2 \cdot C_6H_3 \cdot CO \cdot CH_2 \cdot HN \cdot C_6H_5$ sowie Brenzcatechinbenzylaminoketon, erhalten durch Einwirkung von Benzylamin auf Chloracetobrenzcatechin, sind ohne Wirkung auf Blutdruck, Puls und Atmung[4]).

Durch Erwärmen von Trimethylamin und Chloracetobrenzcatechin erhält man $C_6H_3(OH)_2 \cdot CO \cdot CH_2N(CH_3)_3Cl$. Es ist aktiver als das entsprechende Monomethylaminderivat, aus dem die adrenalinähnlichen Substanzen gewonnen werden. Die Reduktion dieses Präparates erhöhte dessen Wirksamkeit nicht. Die Base aus Dimethylamin und Chloracetobrenzcatechin, Dimethylaminoacetobrenzcatechin, zeigt keine deutliche Blutdrucksteigerung.

Durch Oxydation des Adrenalins erhält man einen Ketonkörper, das Adrenalon[5])

$$\begin{matrix} HO \\ HO \end{matrix}\!\!\bigcirc\!\cdot CO \cdot CH_2 \cdot NH \cdot CH_3$$

welcher dem Adrenalin ähnlich wirkt, aber schwächer. Werden in der Aminogruppe zwei Wasserstoffatome statt eines durch Methylgruppen ersetzt, so nimmt das Adrenalin nicht wesentlich an Wirkung ab, aber das Keton wird dadurch unwirksam, ein Beweis, daß nicht nur den Aminowasserstoffen, sondern auch den beiden Wasserstoffatomen der Oxymethylengruppe $(CH \cdot OH)$ eine physiologische Bedeutung zukommt. Wird in das Keton statt der Methylgruppe eine Phenylgruppe eingeführt, so ist das Produkt ohne Wirkung auf Blutdruck, Puls und Atmung. Somit schwächt der negative Charakter der Phenylgruppe die Energie des ganzen Ketonkomplexes ab. Werden die zwei Hydroxylgruppen der Brenzcatechingruppe alkyliert, so verliert das Adrenalin seine Wirkung, ein Beweis, daß auch die Wasserstoffatome der Phenolhydroxyle sich an der Wirkung beteiligen.

Durch Reduktion von Ketonbasen vom Typus $HO\!\bigcirc\!(OH)\text{—}\underset{\Vert \atop O}{C}\text{—}CH_2R$ zu sekundären Alkoholen erhält man sehr wirksame Präparate[6]), aber bei vielen Ketonen, bei denen die Aminogruppe durch kompliziertere Radikale substituiert ist, kann man keine solche Erhöhung der Wirkung nach der Reduktion bemerken.

Oxyäthylamin, sowie Oxyäthylmethylamin $HO \cdot CH_2 \cdot CH_2 \cdot NH \cdot CH_3$, also die Seitenkette des Adrenalins allein, macht nur eine geringe Blutdrucksteigerung. Der Brenzcatechinkern ist daher wesentlich für die Hervorrufung

---

[1]) Pitini, Andrea: Arch. internat. de pharmaco-dyn. et de thérapie. Bd. 14, S. 75 1905. [2]) D.R.P. 189939.

[3]) Tutin, Frank: Journ. of the chem. soc. (London). Bd. 97, S. 2495.

[4]) Schubenko, G.: Diss. Petersburg 1893.

[5]) Friedmann, E.: Hofmeisters Beitr. z. chem. Physiol. u. Pathol. Bd. 6, S. 92. 1905.

[6]) Dakin, H. D.: Proc. of the roy. soc. London, Ser. B. Bd. 76, S. 498. 1905.

der Blutdrucksteigerung. Die Adrenalinwirkung steht sicherlich zum Benzolkern in Beziehung, denn Methylaminäthanol, also die Seitenkette für sich wirkt nicht in gleicher Weise, hingegen wirken eine Reihe von aromatischen Äthylaminen adrenalinähnlich. Die beiden Wasserstoffatome der beiden Hydroxylgruppen dürfen nicht besetzt sein. Die Substitution am N durch Gruppen wie Methyl und Acetyl erzeugt eine wirksamere Substanz, als wenn aromatische Gruppen eintreten. Derivate des Piperidin, Heptylamin und Benzylamin nehmen eine Zwischenstellung ein.

$(HO)_2 \cdot C_6H_3 \cdot CO \cdot CH_2 \cdot NC_5H_{10}$. Piperidoacetobrenzcatechin ist nach O. Loewi und H. H. Meyer von äußerst schwacher Wirkung. Während Piperidin den Blutdruck steigert, ist Piperidoacetobrenzcatechin weniger aktiv als das entsprechende Methylaminoderivat.

Dioxyphenyläthanolamin ist in seiner Allgemeinwirkung am Kaninchen dem Thebenin ähnlich.

Die Verbindungen $C_6H_3(OH)_2CH(NH_2)CH_3$ und $C_6H_3(OH)_2[CH(NHCH_3) \cdot CH_3]$ wirken intravenös injiziert wie Adrenalin.

β-Methylisoadrenalin $(HO)_2C_6H_3 \cdot CH(NHCH_3) \cdot CH(OH) \cdot CH_3$ steigert den Blutdruck nicht [Kobert[1])].

Die Wirksamkeit des Adrenalins ist hauptsächlich bedingt durch die Gegenwart einer Aminogruppe, welche vom Benzolkern durch eine andere Gruppe getrennt ist. Zwei Hydroxyle in o-Stellung vergrößern die Wirksamkeit, und wenn diese vorhanden sind, tritt eine weitere Erhöhung des Effektes ein, wenn eine sekundäre Alkoholgruppe zwischen dem Benzolring und der Aminogruppe eingeschaltet wird. Ist dies der Fall, so ist die linksdrehende Modifikation am wirksamsten[2]). Denn natürliches l-Adrenalin wirkt zweimal so stark auf den Blutdruck wie racemisches[3]).

l-Adrenalin wirkt auf Tumorgewebe nekrotisierend. In der Stärke abnehmend wirken ebenso Dioxyphenylaminoketon, dl-Adrenalin, d-Adrenalin, Dioxyphenyläthylaminoketon, Hordenin, Phenyläthylamin, Methylaminketon. Ganz unwirksam sind Oxyphenyläthylamin, Dioxyphenyläthylamin, Amylamin, Isoamylamin[4]).

3.4-Dioxybenzylamin ist wirksam, 2.3-Dioxyphenylamin aber nicht. Daß Substitution in der Seitenkette nicht nur am Stickstoff die Wirksamkeit schwächt, wie Schultze[5]) durch die stärkere Wirksamkeit des Noradrenalins $C_6H_3(OH)_2 \cdot CH(OH) \cdot CH_2 \cdot NH_2$ nachgewiesen hat, sondern auch am Kohlenstoff, beweist die Untersuchung des β-Methylnoradrenalins $C_6H_3(OH)_2 \cdot CH(OH) \cdot CH(CH_3) \cdot NH_2$, dessen l-Form nur 60—75% der Wirksamkeit von l-Adrenalin besitzt[6]).

Adrenalin bringt sowohl den graviden wie nichtgraviden Mäuseuterus zur Erschlaffung. Phenyläthylamin erregt in geringen Konzentrationen den Uterus, in höheren wirkt es hemmend. β-Imidazolyläthylamin erregt selbst in großen Verdünnungen den Mäuseuterus[7]). Ähnliche Wirkungen wie Adrenalin, insbesondere die Wirkungen auf den Blutdruck und auf die Uteruskontraktionen, verursachen auch andere Amine. So wirken die aliphatischen Amine, und zwar die primären, sekundären, tertiären Amine und auch die quaternären Verbin-

[1]) Mannich, C.: Apoth.-Zeitg. Bd. 24, S. 60. — Arch. d. Pharmazie u. Ber. d. dtsch. pharmazeut. Ges. Bd. 248, S. 154. 1911.

[2]) Harold, C. H. H., M. Nierenstein u. H. E. Roaf: Journ. of physiol. Bd. 43, S. 308. 1910.

[3]) Cushny, Arthur R.: Journ. of physiol. Bd. 37, S. 130. 1908.

[4]) Zeitschr. f. exp. Pathol. u. Therapie. Bd. 11, S. 9. 1912.

[5]) U.S.A., Dep. Hygienic, Lab. Bull. Nr. 35, Washington 1909.

[6]) D.R.P. 254438, 269327.

[7]) Adler, Leo: Arch. f. exp. Pathol. u. Pharmakol. Bd. 83, S. 248. 1918.

dungen, wie z. B. Tetraäthylammoniumjodid. Pentamethylendiamin wirkt ebenso, auch die aromatischen Amine ohne Phenolhydroxyl und mit einem oder zwei Phenolhydroxylen, wirken in gleicher Weise[1]. Barger und Dale nennen solche Wirkungen sympathomimetisch. Alle Substanzen, die solche Wirkungen besitzen, sind Basen; namentlich bei primären und sekundären Aminen zeigen sich diese Wirkungen in charakteristischer Weise, während die quaternären Basen, welche den sympathomimetischen Aminen der Phenol- und Brenzcatechinreihe entsprechen, eine deutliche Wirkung von völlig verschiedenem Typus, der sich sehr der Nicotinwirkung nähert, besitzen. Die Annäherung an die Adrenalinstruktur ist von einer Steigerung der sympathomimetischen Wirksamkeit begleitet. Für die primären und sekundären Amine erweist sich als günstigstes Kohlenstoffskelett der Benzolring mit einer Seitenkette von zwei Kohlenstoffatomen, wobei die Aminogruppe und der Benzolring an je einem verschiedenen Kohlenstoffatom dieser Seitenkette befestigt sind. Die Wirksamkeit wird gesteigert durch Phenolhydroxyle in der Stellung 3, 4 zur Seitenkette. Sind diese beiden Hydroxyle vorhanden, aber nur dann, so wird die Wirksamkeit weiterhin durch ein Alkoholhydroxyl an einem Kohlenstoffatom der Seitenkette gesteigert. Die hemmenden und fördernden Wirkungen dieser Substanzen werden in verschiedener Weise beeinflußt, wenn ein Wasserstoffatom der Aminogruppe durch verschiedene Alkylradikale substituiert wird. Hingegen ist der Brenzcatechinkern kein wesentlicher Bestandteil des Moleküls sympathomimetischer Substanzen. Man sieht auch keinen Parallelismus zwischen der vermehrten Oxydationsfähigkeit und der vermehrten Aktivität. Weder dem Tyrosinäthylester, noch den Acetylderivaten des p-Oxyphenyläthylamins kommen Wirkungen dieser Gruppe zu.

Die Aktivität aller Basen dieser Reihe variiert mit der Länge der Seitenkette. In der fetten Reihe ist Hexylamin am wirksamsten, während von den Phenylalkylaminen Phenylaethylamin mit einer zweikohlenstoffigen Seitenkette am wirksamsten ist.

Anilin ohne kohlenstoffhaltige Seitenkette, das eine reine aromatische Base ist, hat keine von den spezifischen Wirkungen. Benzylamin wirkt auf den Herzmuskel direkt depressorisch. Die Gefäße werden verengt[2]. Benzylamin hat bloß eine Spur derWirkung und α-Phenyläthylamin $C_6H_5 \cdot CH(NH_2) \cdot CH_3$, in welchem nur ein Kohlenstoffatom zwischen die Aminogruppe und das Ringsystem geschaltet ist, erweist sich auch nur als sehr schwach wirksam. Verlängert man die Seitenkette um mehr als zwei Kohlenstoffe, so geht die Aktivität zurück, denn Phenylpropylamin ist um vieles weniger wirksam als β-Phenyläthylamin.

Phenyläthyl-α-amin und Phenyläthyl-β-amin unterscheiden sich in der Wirkung. α-Amin wirkt stärker gefäßkontrahierend. Am Froschherzen verstärkt α-Amin die Kontraktion, das β-Amin vermindert sie. Entsprechend steigt der Blutdruck auf α-Amin und nicht auf β-Amin[3].

Phenyläthylamin hat eine stark erregende Wirkung auf das Atemzentrum[4]. Der beste Aufbau eines fettaromatischen Amins für die sympathomimetische Wirkung ist Adrenalin selbst, d. h. ein Benzolring mit einer Seitenkette von zwei Kohlenstoffen, von denen der zweite eine Aminogruppe trägt. Wenn keine Hydroxyle am Benzolring sind, ist die Einführung eines sekundär-alkoholischen Hydroxyls am ersten Kohlenstoff der Seitenkette sowie die Methylierung der Aminogruppe ohne jeden Effekt, während bei Gegenwart von Phenolhydroxylen sehr wichtige Veränderungen vor sich gehen.

---

[1] Barger, G. u. H. H. Dale: Journ. of physiol. Bd. 41, S. 19. 1910.
[2] Love, G. R. und J. B. Wadell: Journ. of lab. a. clin. medicin. Bd. 11, S. 298. 1925.
[3] Matsuo, J. u. H. Mizuno: Acta scholae med. Kioto. Bd. 7, S. 11. 1924.
[4] Bry, Gertrud: Zeitschr. f. exp. Pathol. u. Therapie Bd. 16, S. 186. 1914.

Durch katalytische Reduktion von ungesättigten organischen Verbindungen mit aliphatisch gebundenen Nitrogruppen erhält man Amine in einem einzigen Arbeitsgang. Aus ω-Nitrostyrol erhält man z. B. bei der Einwirkung von Wasserstoff in Gegenwart von kolloidaler Platinlösung unter 2 at Druck Phenyläthylamin. Ferner wurden so dargestellt: p-Methoxyphenyläthylamin und Homopiperonylamin[1]).

Phenyläthylamin erhält man am leichtesten durch Reduktion von Benzylcyanid mit 53% Ausbeute[2]). Man erhält es auch aus Phenylessigsäure über das Amid nach der Hofmannschen Reaktion und über das Hydrazid und Urethan nach der Methode von Curtius. Ebenso erhält man es bei der trockenen Destillation von Phenylalanin.

Phenyläthylbenzylamin und -methoxybenzylamin wirken nicht mehr mydriatisch und sehr wenig auf den Blutdruck[3]). Die Einführung einer alkoholischen Hydroxylgruppe in das erste C-Atom der Seitenkette (= Phenyläthanolamin $C_6H_5 \cdot CH(OH) \cdot CH_2 \cdot NH_2$ ist fast ohne Einfluß auf die Phenyläthylaminwirkung; ebenso die Methylierung am Stickstoff (= Methyl-Phenyläthylamin und Methyl-Phenyläthanolamin.

Naphthyläthylamin wirkt nur schwach, Piperidyläthylamin dagegen kräftig gefäßerregend. Beide wirken auf den Uterus nur in starken Dosen und nur lähmend. Auf Protozoen wirkt Piperidyläthylamin unwesentlich, Naphthyläthylamin kräftig abtötend und hat die Hälfte der Chininwirkung[4]).

Naphthylmethylaminomethoxyäthan $C_{10}H_7 \cdot CH(OCH_3) \cdot CH_2 \cdot NH \cdot CH_3$ ist in bezug auf auf Vasokonstriktion 40mal wirksamer als Phenylmethylaminoäthan und Phenylmethylaminomethoxyäthan $C_6H_5 \cdot CH \cdot (OCH_3) \cdot CH_2 \cdot NH \cdot CH_3$, welche beide gleich aktiv sind.

1-Aminoaceto-4-oxynaphthalin ist aktiver als Naphthylmethylaminomethoxyäthan. Ein Vergleich des 1-Aminoaceto-4-oxynaphthalins mit seinem Methyläther zeigt deutlich den Einfluß des freien Hydroxyls[5]).

4-Oxy-1-(β-amino-äthyl)-naphthalin

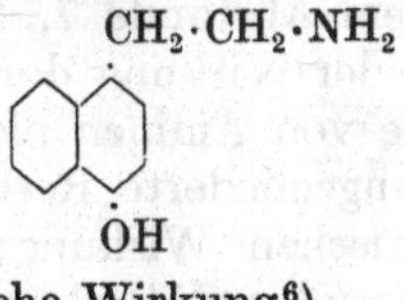

$CH_2 \cdot CH_2 \cdot NH_2$

OH

hat nur geringe physiologische Wirkung[6]).

Furäthylamin 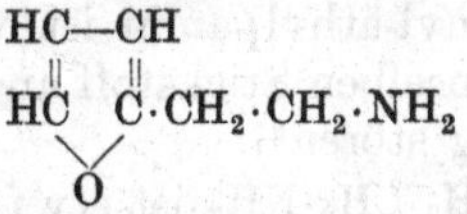
HC—CH
‖ ‖
HC C·$CH_2 \cdot CH_2 \cdot NH_2$
\ /
O
wird dargestellt aus der Furpropionsäure über Ester, Hydrazid und Azid, Verwandlung dieses in das Urethan und Destillation des Urethans über Kalk, es wirkt intravenös auf den Blutdruck herabsetzend ein, kontrahiert die glatte Muskulatur und wirkt dabei etwa $^1/_4$ so stark wie Hydrastinin.

Furmethylamin $C_4H_3O \cdot CH_2 \cdot NH_2$ ist schwächer wirksam als Furäthylamin.

Tetrahydro-furäthylamin kann direkt durch katalytische Hydrierung des Furäthylamins erhalten werden, doch ist es vorteilhafter, von der durch Hydrierung leicht zugänglichen Tetrahydro-furpropionsäure auszugehen und diese durch den Curtiusschen Abbau in Tetrahydrofuräthylamin zu verwandeln.

---

[1]) A. Skita, Kiel, D.R.P. 406149.
[2]) Wohl u. Berthold: Ber. d. dtsch. chem. Ges. Bd. 43, S. 2175. 1910.
[3]) Barbour, H. G. u. E. M. Frankel: Journ. of pharmacol. a. exp. therapeut. Bd. 7, S. 511. 1915.
[4]) Niderehe, Walter: Zeitschr. f. d. ges. exp. Med. Bd. 6, S. 350. 1918.
[5]) Madinaveitien, Antonio: Bull. de la soc. chim. de France. (4), Bd. 25, S. 601. 1919.
[6]) Windaus, A. u. D. Berthsen-Buchner: Ber. d. dtsch. chem. Ges. Bd. 50, S. 1120. 1917.

Dieses hat im Gegensatz zu dem hydrierten Produkt keinerlei Wirkung auf den Blutdruck. Am isolierten Uterus bewirkt es eine deutliche Kontraktion, es ist etwa halb so wirksam wie Hydrastinin[1]).

Racem. α-[Trioxy-phenyl]-β-amino-α-oxy-äthan $(HO)_3 \cdot C_6H_2 \cdot CH(OH) \cdot CH_2 \cdot NH_2$ zeigt nach der Untersuchung von Löwe im Gegensatze zu dem ihm chemisch nahestehenden Brenzcatechinäthanolamin eine nur sehr geringe blutdrucksteigernde Wirkung, dagegen ist eine deutliche Einwirkung auf den überlebenden Uterus festgestellt worden.

Einzelne Bis-[oxy-aryl]-aminoäthan-Basen wirken kräftig vernichtend auf Paramaecien ein. So tötet nach Untersuchungen von Straub Dithymolaminoäthan Paramaecien noch in Verdünnungen von 1 : 40000. Die gleichen Uteruswirkungen wie das Pyrogallolderivat zeigen auch einzelne Phenoläther dieser Reihe, z. B. die Verbindung $([CH_3O]_3C_6H_2)_2 \cdot CH \cdot CH_2 \cdot NH_2 \cdot HCl$ dieselbe Art der Wirksamkeit und zwar in erhöhtem Maße.

S. Loewe mit Alexander Loeper und Werner Faure[2]) hat die folgenden von O. Hinsberg hergestellten Amine untersucht:

1. Pyrogalloläthanolamin. 2. Trimethyläther des Pyrogalloläthanolamin $(CH_3O)_3C_6H_2 \cdot CH(OH) \cdot CH_2 \cdot NH_2$. 3. Hexamethyldipyrogalloläthylamin $[(CH_3O)_3 \cdot C_6H_2]_2 \cdot CH \cdot CH_2 \cdot NH_2$. 4. β-Amino-α-oxyphenyläthanolamin (2-amino-4-oxy-phenyl-)äthan. 5. Gallussäureäthanolamin. 6. Diamylderivate von 1. 7. Dioxynaphthalinäthylamin $[(CHO^{2 \cdot 3})_2C_{10}H_5]_2CH \cdot CH_2 \cdot NH_2$. 8. Dioxydiphenyläthylamin $(OH^4 \cdot C_6H_4)_2CH \cdot CH_2 \cdot NH_2$. Von ihnen zeigte nur 3. das Vermögen, den Blutdruck zu steigern, aber mindestens 1000fach schwächer als Adrenalin und qualitativ von dessen Wirkung deutlich verschieden, 1. hat nur in der Nähe der tödlichen Grenzdosis Wirkung auf den Blutdruck, und zwar herabsetzende, 4. u. 5. keine. In der Wirkung auf den Uterus sind alle 8 Stoffe dem Adrenalin entgegengesetzt. Dabei wirkt 3. wieder am stärksten, es folgen 1., 8. und 5., dann in mehr oder weniger breitem Abstande 7., 2., 4. und 6. Irgendwelche Regelmäßigkeit der Beeinflussung der Wirkung durch die Art der Substitution läßt sich danach in dieser Gruppe von Aminen nicht feststellen.

Zwei an denselben Stickstoff angegliederte Reste $HO \cdot C_6H_4 \cdot CH_2 \cdot CH_2$ — stören sich in ihrer pharmakologischen Wirkung; Bis(oxyphenyläthyl)amin ist viel schwächer wirksam als p-Oxyphenyläthylamin[3]).

Die sekundäre Base Bis-[β-p-oxyphenyl-äthyl]-amin ist viel weniger aktiv als Tyramin, so daß scheinbar zwei an denselben Stickstoff angegliederten Reste $OH \cdot C_6H_4 \cdot CH_2 \cdot CH_2$ — sich gegenseitig stören[4]).

β-p-Oxyphenyläthylamin $HO\langle\ \rangle \cdot CH_2 \cdot CH_2 \cdot NH_2$ ist etwa 3—5 mal so stark wirksam als Phenyläthylamin. Die Einführung eines Phenolhydroxyls in der m-Stellung (Benzolring mit ·OH und $CH_2 \cdot CH_2 \cdot NH_2$) (m-Oxyphenyläthylamin) hat ebenfalls eine Steigerung der Wirkung zur Folge, und zwar in gleicher Weise, während die Einführung des Hydroxyls in die o-Stellung nicht diesen Effekt zeitigt, da es nicht wirksamer ist als Phenyläthylamin. Im Adrenalin haben auch die bei den Phenolhydroxyle p- und m-Stellung zur Seitenkette.

Bei schilddrüsenlosen Hunden bewirken Phenyläthylamin und p-Oxyphenyläthylamin eine hohe Steigerung des Stickstoffwechsels. Sie erhöhen den Sauerstoffverbrauch und die Kohlensäureausscheidung. Sie erhöhen auch den

---

1) Windaus, A. u. O. Dalmer (Impens): Ber. d. dtsch. chem. Ges. Bd. 53, S. 267. 1920. 2) Skandin. Arch. f. Physiol. Bd. 43, S. 215. 1923.

3) Schmidt, Julius: Schweiz. Apoth.-Zeitg. Bd. 63, S. 81. 1925.

4) Braun, J. v. u. G. Blessing (J. Pohl): Ber. d. dtsch. chem. Ges., Bd. 56, S. 2153. 1923.

Gesamtumsatz des Organismus und verursachen ein vollständiges Verschwinden des Leberglykogens[1]). Die Diurese steigt und von der *Lunge wird mehr Wasser* abgegeben; zugleich nimmt das Körpergewicht ab. Alle typischen Wirkungen der Schilddrüsenzufuhr besitzen diese Basen[2]).

Rac. Phenylmonomethylaminopropanol $C_6H_5 \cdot CH(OH) \cdot CH(NH \cdot CH_3) \cdot CH_3$ ist ein Mydriaticum[3]).

Surinamin (N-Methyltyrosin) ist unwirksam. p-Oxyphenyläthylmethylamin ist physiologisch weniger wirksam als p-Oxyphenyläthylamin[4]).

Durch Einführung der p-ständigen Hydroxylgruppe in β-Phenyläthylamin $C_6H_5 \cdot CH_2 \cdot CH_2 \cdot NH_2$ (Übergang zum p-β-Oxyphenyläthylamin), Dimethylphenyläthylamin $C_6H_5 \cdot CH_2 \cdot CH_2 \cdot N(CH_3)_2$ (Übergang zum p-Oxydimethylphenyläthylamin) und deren Homologen wird die physiologische Wirksamkeit dieser Basen gesteigert.

Iso-p-oxyphenyläthylamin $HO \cdot C_6H_4 \cdot \overset{NH_2}{CH} \cdot CH_3$ ist wenig wirksam, es ist hier das gleiche Verhältnis obwaltend wie zwischen α- und β-Phenyläthylamin.

Eine solche Steigerung der Wirksamkeit sieht man aber beim Übergang von β-β_1-Aminomethylhydrinden in das p-Oxyderivat nicht.

$$C_6H_4\begin{matrix} CH_2 \\ CH_2 \end{matrix}\!>C\!<\begin{matrix} NH_2 \\ CH_3 \end{matrix} \longrightarrow HO \cdot C_6H_3\begin{matrix} CH_2 \\ CH_2 \end{matrix}\!>C\!<\begin{matrix} CH_3 \\ NH_2 \end{matrix}$$ [5])

β-Amino-β-methylhydrinden bewirkt eine Blutdrucksteigerung, die größer als die des β-Phenyläthylamins und des Tyramins (p-Oxyphenyläthylamins) ist. Es ist ein ungemein kräftiges, zentral angreifendes Erregungsmittel für Atmung und Motilität[6]) und hat wie Tyramin unangenehme Nebenwirkungen. Die optisch aktiven Oxyhydrindamine von Pope und Read[7]) sind unwirksam, weshalb Tiffeneau ihnen die Konstitution $C_6H_4\!<\!\begin{matrix} CH \cdot NH_2 \\ \\ CH_2 \end{matrix}\!\!>\!CH \cdot OH$ zuschreibt.

Oxyhydrindamin $C_6H_4\!<\!\begin{matrix} CH_2 \\ CH \cdot OH \end{matrix}\!>\!CH \cdot NH_2$ setzt den Tonus der glatten und quergestreiften Muskeln herab und erweitert die Blutgefäße. Es wirkt schwach antiseptisch und ist unschädlich. Die beiden Isomeren unterscheiden sich nicht besonders in ihrer Wirkung. Die rechtsdrehende ist etwas giftiger, während sonst stets die linksdrehende Isomere die ausgesprochenere Wirkung besitzt[8]).

Während die Methylierung des Ringsystems bei den Phenolen die antiseptische Kraft steigert, wird durch die Methylierung der Kerns die sympathomimetische Wirkung der aromatischen Amine keineswegs verstärkt, denn o-Kresyläthylamin (m-Methyl-p-oxyphenyläthylamin) $HO \cdot C_6H_3(CH_3) \cdot CH_2 \cdot CH_2 \cdot NH_2$ ist nur halb so wirksam wie p-Oxyphenyläthylamin.

---

[1]) Abelin, J. u. J. Jaffé: Biochem. Zeitschr. Bd. 58, S. 39. 1920.
[2]) Abelin, J.: Biochem. Zeitschr. Bd. 93, S. 128. 1919.
[3]) W. N. Nagai, A.P. 1356877.
[4]) Winterstein, E.: Hoppe-Seylers Zeitschr. f. physiol. Chem. Bd. 105, S. 20. 1919.
[5]) Braun, J. v. und E. Danziger (J. Pohl): Ber. d. dtsch. chem. Ges. Bd. 50, S. 286. 1917.
[6]) Bry, Gertrud: Zeitschr. f. exp. Pathol. u. Therapie Bd. 16, S. 186. 1914.
[7]) Journ. of the chem. soc. (London). Bd. 99, S. 2071.
[8]) Ikada, Yasuo: Journ. of pharmacol. a. exp. therapeut. Bd. 7, S. 121. 1915.

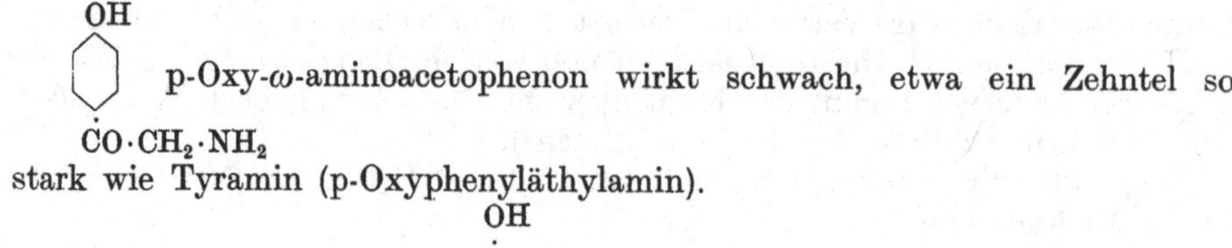

p-Oxy-ω-aminoacetophenon wirkt schwach, etwa ein Zehntel so stark wie Tyramin (p-Oxyphenyläthylamin).

p-Oxyphenyläthanolamin (OH, Ring, $CH(OH)\cdot CH_2\cdot NH_2$) ist ebenfalls weniger wirksam als Tyramin, obgleich wirksamer als das Acetophenonderivat. Die Methylierung oder Äthylierung des Tyramin hat keine Erhöhung, eher eine Abschwächung der Wirkung zur Folge.

Camus[1]) fand, daß Hordenin (Anhalin) (p-Oxyphenyläthyldimethylamin) HO⟨ ⟩$\cdot CH_2\cdot CH_2\cdot N(CH_3)_2$ den Blutdruck erhöht, in kleinen Dosen findet man aber nur eine geringe Wirkung, welche hinter der Wirkung des Tyramins rangiert. Die Dimethylierung hat also eine abschwächende Wirkung zur Folge.

Hordenin wird als Herztonicum empfohlen, ebenso als Darmtonicum. Das schwefelsaure Salz dieser Base hat Martinet bei Diarrhöe und Enteritis empfohlen, es soll weniger giftig sein als Morphin[2]).

Die Verschiebung des Phenolhydroxyls beim Hordenin aus der p- in die o-Stellung (Ring mit OH und $\cdot CH\cdot CH_2\cdot N(CH_3)_2$) hat eine weitgehende Schwächung der pharmakologischen Wirkungen zur Folge[3]).

Homohordenin (p-Oxyphenylpropyldimethylamin) verursacht starke Blutdrucksenkung, noch stärkere verursacht p-Oxyphenylbutyldimethylamin. Ebenso wirkt p-Oxyphenylamyldimethylamin. Die Giftigkeit ist weitaus höher als die des Hordenin. Hingegen verursacht o-Oxyphenylpropyldimethylamin nur geringe Blutdrucksenkung[4]).

Hordenin[5]) wird synthetisch folgendermaßen dargestellt: aus Anisaldehyd und alkoholischem Ätzkali erhält man Anisylalkohol und führt ihn durch Bromwasserstoff in Anisylbromid über und hierauf wird es mit Brommethyläther und Natrium in absolut ätherischer Lösung zur Reaktion gebracht. Die Umsetzung ergibt in guter Ausbeute α-[p-Methoxyphenyl]-β-methoxymethan, aus dem durch Erwärmen mit bei 0^0 gesättigter Bromwasserstoffsäure unter Verseifen der beiden Methoxylgruppen und Ersatz des alkoholischen Hydroxylrestes gegen Brom das α-[p-Oxyphenyl]-β-bromäthan entstand, welches mit wasserfreiem Dimethylamin glatt Hordenin liefert.

Die Darstellung des α-p-Oxyphenyl-β-methoxyäthans geht auch in folgender Weise: Man stellt aus Anisaldehyd nach der Perkinsynthese p-Methoxyzimtsäure dar, lagert an diese Brom an und zersetzt diese Verbindung durch Kochen mit Sodalösung, wobei unter Bromwasserstoff- und Kohlendioxydabspaltung α-p-Methoxyphenyl-β-bromäthylen entsteht, welcher Körper beim Erhitzen mit Natriummethylat ein leicht trennbares Gemenge von α-p-Methoxyphenyl-β-methoxyäthylen und p-Methoxyphenylacetylen liefert, von denen die erstere Verbindung durch katalytische Reduktion mit Palladium-Bariumsulfat in α-p-Methoxyphenyl-β-methoxyäthan übergeht. Das als Nebenprodukt gewonnene

[1]) Arch. internat. de pharmaco-dyn. et de thérapie. Bd. 16, S. 43. 1906.
[2]) La presse médicale. 1910, Nr. 73.
[3]) Braun, J. v. u. Otto Bayer (J. Pohl): Ber. d. dtsch. chem. Ges. Bd. 57, S. 913. 1924.
[4]) Braun, J. v. und H. Deutsch: Ber. d. dtsch. chem. Ges. Bd. 45, S. 2504. 1912; Bd. 47, S. 492. 1914.
[5]) Späth, E. u. Ph. Sobel: Monatshefte für Chemie. Bd. 41, S. 77. 1920.

p-Methoxyacetylen wird beim Erhitzen mit methylalkoholischem Ätzkali unter Addition von Methylalkohol in weitere Mengen *α-p-Methoxyphenyl-β-methoxy-äthylen* übergeführt. Das so erhaltene α-p-Methoxyphenyl-β-methoxyäthan gibt, wie vorhin erwähnt, durch aufeinanderfolgende Einwirkung von Bromwasserstoffsäure und Dimethylamin in guter Ausbeute Hordenin.

Hordenin kann man fernerhin synthetisch durch Methylierung von p-Methoxyphenyläthylamin erhalten[1]). Zum großen Teil entstehen die quaternären Basen sowie die primäre, sekundäre und tertiäre, welch letztere der Methyläther des Hordenin ist. Acetyliert man das Gemenge, so bleibt der Methyläther unverändert und durch Entmethylierung mit Jodwasserstoff erhält man Hordenin.

Die erste Synthese von Hordenin führte Barger[2]) aus Phenyläthylalkohol aus: $C_6H_5 \cdot CH_2 \cdot CH_2 \cdot OH \rightarrow C_6H_5 \cdot CH_2 \cdot CH_2 \cdot Cl \rightarrow C_6H_5 \cdot CH_2 \cdot CH_2 \cdot N(CH_3)_2$ $\rightarrow NO_2 \cdot C_6H_4 \cdot CH \cdot CH_2 \cdot N(CH_3)_2 \rightarrow NH_2 \cdot C_6H_4 \cdot CH_2 \cdot CH_2 \cdot N(CH_3)_2 \rightarrow HO$ $\cdot C_6H_4 \cdot CH_2 \cdot CH_2 \cdot N(CH_3)_2$.

F. Ehrlich geht von Tyrosol aus: $HO \cdot C_6H_4 \cdot CH_2 \cdot CH_2 \cdot OH \rightarrow HO \cdot C_6H_4$ $\cdot CH_2 \cdot CH_2 \cdot Cl \rightarrow HO \cdot C_6H_4 \cdot CH_2 \cdot CH_2 \cdot N(CH_3)_2$.

Eine andere Synthese des Hordenins verläuft folgendermaßen:

Chlormethylanisylketon $CH_3 \cdot O \cdot C_6H_4 \cdot CO \cdot CH_2 \cdot Cl$ wird mit Dimethylamin in das Aminoketon $CH_3 \cdot O \cdot C_6H_4 \cdot CO \cdot CH_2 \cdot N(CH_3)_2$ übergeführt und nach Abspaltung der Methylgruppe mit Jodwasserstoffsäure von 1.7 sp. S. $OH \cdot C_6H_4 \cdot CO \cdot CH_2N(CH_3)_2$ durch Erhitzen mit Jodwasserstoffsäure sp. S. 1.96 und Phosphor unter Druck zu Hordenin reduziert.

p-Nitro-N-dimethylphenylthioacetamid durch Umsetzen von p-Nitro-N-dimethylphenylacetamid mit Phosphorpentasulfid und Schwefelkalium erhalten, wird durch elektrolytische Reduktion in saurer Lösung in p-Aminophenyläthyldimethylamin verwandelt. Daraus entsteht Hordenin durch Diazotieren und Verkochen. Ausbeute 95% der Theorie[3]).

N-Methylderivate organischer Basen werden derart dargestellt, daß man primäre und sekundäre Amine mit mindestens 1 Mol. Formaldehyd für jede einzuführende Methylgruppe und, soweit die betreffenden Amine nicht gleichzeitig einen leicht oxydierbaren Substituenten, wie die Alkoholgruppe, im Molekül enthalten, in Gegenwart oxydierbarer organischer Verbindungen auf höhere Temperatur erhitzt, wobei unter gleichzeitiger Methylierung der primären oder sekundären Aminogruppe die oxydable Gruppe oxydiert wird[4]).

Diese Reaktion ist nicht nur im Falle der Methylierung mit Formaldehyd zu erreichen, sondern man kann jeden beliebigen Alkyl-, Aralkyl- oder Arylrest in die Aminogruppe einführen, wenn man statt Formaldehyd die entsprechenden anderen Aldehyde verwendet. Es können so z. B. Acetaldehyd, Propionaldehyd, Benzaldehyd, Phenylacetaldehyd zur Anwendung gelangen. Ebenso wie die intramolekulare Oxydation kann die Reaktion auch bei Anwendung höher homologer Aldehyde für intramolekulare Reaktionen verwirklicht werden. So gelingt, z. B. durch Einwirkung von Phenylacetaldehyd auf Dimethylamin bei Gegenwart von Isopropylalkohol, in quantitativer Ausbeute Dimethylphenyläthylamin zu erhalten[5]).

Oxyphenyläthyldialkylamine[6]) erhält man, wenn man die durch Einwirkung von Alkylhalogeniden auf Oxyphenyläthylamine oder deren Sauerstoffäther erhältlichen quaternären Ammoniumsalze der Destillation im Vakuum unterwirft und dann gegebenenfalls die Äther durch Kochen mit Mineralsäure zu den entsprechenden freien Phenolen verseift. So erhält man Hordenin durch Destillation des Hordeninjodmethylates, welches man aus p-Oxyphenyläthylaminjodmethyl und Natriummethylat erhält. Ebenso ist die Darstellung von m-Oxyphenyläthyldimethylamin beschrieben.

p-Oxyphenylisopropylamin[7]) erhält man durch Reduktion des Oxims des p-Methoxybenzylmethylketons und Verseifung der entstandenen Base mit Mineralsäuren, vorzugsweise Jodwasserstoffsäure. Die Reduktion wird beispielsweise in Eisessiglösung mit

---

[1]) Rosemund: Ber. d. dtsch. chem. Ges. Bd. 43, S. 306. 1910.
[2]) Journ. of the chem. soc. (London). Bd. 95, S. 2193.
[3]) Hindler, Karl: Liebigs Ann. d. Chem. Bd. 431, S. 187. 1923.
[4]) D.R.P. 287802. [5]) D.R.P. 291222, Zusatz zu D.R.P. 287802.
[6]) Bayer, D.R.P. 233069. [7]) D.R.P. 243546.

Natriumamalgam durchgeführt. Diese Verbindung soll in ihren Wirkungen dem p-Oxyphenyläthylamin an Stärke gleichkommen, sie dagegen an Dauer der Wirkung übertreffen.

Man erhält Äthanolaminbasen und deren Alkyläther durch Kondensation von Benzaldehyd oder dessen Alkoxy- und Dialkoxy-substitutionsprodukten mit Nitromethan bei Gegenwart von Alkali. Die so entstehenden Salze der Nitroäthanole bzw. die durch Anlagerung von Wasser bzw. Alkoholen an Nitrostyrole unter Alkalizusatz erhaltenen Salze der Nitroäthanole bzw. deren Alkyläther werden mit schwachen Säuren zerlegt und die so entstandenen Nitroalkohole bzw. deren Alkyläther reduziert. Beschrieben ist die Darstellung von Phenyläthanolamin, α-Methoxy-phenyläthanolamin-α-methyläther, p-Methoxyphenyläthanolamin und der Trimethyläther des 3.4-Dioxyphenyläthanolamin[1]).

Die blutdrucksteigernde Wirkung der Phenylaminbasen, wie Tyramin, Hordenin usf. ist im Gegensatze zu jener des Adrenalins und der Ketonbasen eine zentrale, vorwiegend an dem nicotinempfindlichen Ganglienapparat angreifende[2]).

Die Anwesenheit der $—NH \cdot CH_3$ in den sympathomimetischen Basen läßt die sympathischen Hemmungswirkungen besonders hervortreten. Die Methoxyverbindungen dieser Reihe haben die spezifischen Wirkungen ganz verloren. Macht man aus einer sympathomimetischen Base eine quaternäre Ammoniumbase durch vollständige Methylierung, z. B. aus dem Tyramin die Base $HO\langle\quad\rangle—CH_2 \cdot CH_2 \cdot N(CH_3)_3 \cdot OH$, so wirkt diese weder curareartig noch sympathomimetisch, sondern sie zeigt kombinierte Wirkung von Nicotin und Muscarin. Die Formel zeigt die Verwandtschaft zum Cholin, das ebenfalls beide Wirkungen hat und den Cholinestern, Acetylcholin und Nitrosocholin, die beide ausgesprochenste Muscarin- und schwache Nicotinwirkung haben, während beim Trimethyltyramin die Nicotinwirkung überwiegt. Die einfachste Substanz dieser Reihe Tetramethylammoniumhydroxyd $N(CH_3)_4 \cdot OH$ hat sowohl die Muscarin- wie namentlich die Nicotinwirkung noch erhalten. Trotz der größten Übereinstimmung zwischen Tetramethylammoniumhydroxyd und Tetraäthylammoniumhydroxyd in allen chemischen und physikalischen Eigenschaften fehlen der Tetraäthylbase gänzlich die Muscarin- und Nicotinwirkung, die sich mit sukzessivem Ersatz der Äthyl- durch Methylgruppen wieder einstellen[3]).

Hordeninmethyljodid, die quaternäre Ammoniumbase, wirkt merkwürdigerweise fast nach jeder Richtung hin wie Nicotin und Curae, doch ist Nicotin doppelt so stark.

Jede Änderung des basischen Charakters aller dieser Amine vernichtet die physiologische Wirkung. Acetyl-p-oxyphenyläthylacetylamin ist wirkungslos.

Die methoxylierten Basen (Veratrolderivate) dieser Reihe sind ganz unwirksam, so daß die Hydroxylgruppe frei sein muß. 2.4-Dihydroxy-ω-amino-

OH

acetophenon [Benzolring] OH , also das Resorcinderivat, ist nicht wirksamer als

$CO \cdot CH_2 \cdot NH_2$

Tyramin, während die Einführung eines Hydroxyls in die Stellung 3 die Wirksamkeit ungeheuer steigert.

4-β-Methylamino-α-oxyäthylbrenzcatechin (inaktiv) ist physiologisch wirksamer als l-Adrenalin[4]).

Aminoacetoresorcin wirkt so gut wie gar nicht, Aminoäthanolresorcin selbst in hohen Dosen wirkt nur eben merklich auf den Blutdruck, Hydrochinonäthanolamin ist bedeutend schwächer wirksam als Tyramin und p-Oxyphenyläthanolamin. p-Oxyphenylacetylamin ist unwirksam, p-Oxyphenyläthanolamin ziemlich wirksam, aber äußerst zersetzlich[5]).

---

[1]) D.R.P. 244321.

[2]) Baehr, G. u. E. P. Pick: Arch. f. exp. Pathol. u. Pharmakol. Bd. 80, S. 161. 1917.

[3]) Dale, H. H: Bull. of the John Hopkins hosp. Bd. 31, S. 373. 1920.

[4]) Ishiwara, F.: Ber. d. dtsch. chem. Ges. Bd. 57, S. 1125. 1924.

[5]) Boruttau, H.: Naturforscherversammlung Münster. 1912.

Beim Vergleich der Wirkungen der Chlorhydrate des 1.2.3- und 1.3.4-Dioxybenzylamins, um die Bedeutung der 3.4-Stellung im Adrenalin zu erkennen, wird die Giftigkeit beider Verbindungen gleich gefunden. Auf das Herz wirkt die 1.2.3-Verbindung kräftiger beschleunigend und herzschlagverstärkend, aber auch toxischer. Die 1.3.4-Verbindung ruft eine stärkere Gefäßkontraktion und Blutdrucksteigerung hervor, als die 1.2.3-Verbindung. Die 3.4-Stellung der OH-Gruppen begünstigt demnach die gefäßzusammenziehenden und blutdrucksteigernden Eigenschaften der Adrenalinderivate[1]).

p-Oxyamylphenylmethylamin erhält man, indem man das Kondensationsprodukt aus Leucinäthylester und Anisaldehyd mit Na-Amalgam reduziert, völlig verseift, mit Mineralsäure die p-Methoxybenzyl-α-aminobutylessigsäure ausfällt, diese durch Erhitzen in das p-Methoxyamylphenylmethylamin überführt und aus letzteren die Methylgruppe durch Kochen mit Bromwasserstoff abspaltet[2]).

Der Ersatz von Brenzcatechin durch Pyrogallol im Adrenalin bedingt keine Erhöhung der Wirkung.

Aminoacetopyrogallol mit drei Hydroxylen und Aminoäthylpyrogallol zeigen beide sympathomimetische Wirkung, aber ihre Wirkung auf den Blutdruck ist schwächer als die der korrespondierenden Brenzcatechinbase. Die Einführung einer dritten Hydroxylgruppe in die Stellung 1 zur Seitenkette steigert also die Wirkung nicht, da anscheinend die Resistenz der Oxydation gegenüber verringert wird[3]).

Gallylamin $(OH)_3 \cdot C_6H_2 \cdot CH_2 \cdot NH_2$, Digallylamin $(OH)_3 \cdot C_6H_2 \cdot CH_2 \cdot HN \cdot CH_2 \cdot C_6H_2(OH)_3$ und ihre Acetylverbindungen besitzen ausgesprochen kräftige kontraktionserregende Wirkungen auf den isolierten Meerschweinchenuterus. Oxy- und Dioxybenzylamin wirken schwach und ein Maximum der Wirkung tritt erst bei Verlängerung der Seitenkette auf 2 C-Atome ein, während bei Gallylamin sich schon bei einem C-Atom in der Seitenkette beträchtliche Wirkungen zeigen[4]).

α-p-Oxy-m-methoxyphenyläthylamin[5]) ist physiologisch etwas schwächer wirksam als die methylfreie Substanz.

Nach Versuchen von H. H. Dale zeigen p, p-Dioxy- und besonders m, m-, p, p-Tetraoxydiphenylacylamine blutdrucksteigernde Wirkung, dagegen ist m-Amino-α-acetophenon inaktiv, die o, p-Dioxybase nicht stärker aktiv als die p-Oxyverbindung[6]).

Beide optische Antipoden des α-p-Oxyphenyläthylamin haben gleiche Wirkung.

Imidazolderivate.

Imidazolyläthylamin (Histamin) wirkt sehr kräftig auf die glatte Muskulatur des Uterus[7])[8]).

Es macht bei Kaninchen kräftige Blutdrucksteigerung, welche alsbald zur Norm zurückgeht, auch die Atmung wird beeinflußt. Es macht bei Katzen Absinken des Blutdrucks, Pulsverlangsamung, vorübergehenden Atemstillstand und starke Unregelmäßigkeit der Atmung[9]).

---

[1]) Tiffenau, M.: Ch. Richet-Festschrift. Paris 1912. S. 399.
[2]) Flora, Zürich, Schw.P. 104677. 1924.
[3]) Barger, G. u. H. Dale: Journ. of physiol. Bd. 41, S. 19. 1910.
[4]) Rosenmund, K. W. u. E. Pfannkuch (Zondeck u. Wolff): Ber. d. dtsch. chem. Ges. Bd. 55, S. 2359. 1922.
[5]) Dale, H. H., C. W. Moore: Proc. of chem. soc. (London). Bd. 99, S. 416. 1911.
[6]) Tutin, Frank: Proc. of chem. soc. (London). Bd. 97, 2495.
[7]) Kehrer, M.: Arch. f. exp. Pathol. u. Pharmakol. Bd. 58, S. 366. 1907.
[8]) Barger, G. u. H. H. Dale: Proc. of chem. soc. (London). Bd. 97, S. 2592. 1910.
[9]) Ackermann, D. u. Fr. Kutscher: Zeitschr. f. Biol. Bd. 54, S. 287. 1910. — Darstellung siehe Ackermann: Hoppe-Seylers Zeitschr. f. physiol. Chem. Bd. 65, S. 504. 1910.

Es wirkt stimulierend auf den glatten Muskel, an welchem es Steigerung des Rhythmus mit verstärktem Tonus oder ständigen Tonus ohne Rhythmus hervorruft; am empfindlichsten ist der glatte Uterusmuskel und die Muskelwände der Bronchiolen. Die glatte Muskulatur der Eingeweide und der Milz nimmt eine mittlere Stellung ein, während Herz- und Skelettmuskulatur, Blasen- und Irismuskel nicht affiziert werden[1]).

Histamin führt sowohl Vasokonstriktion als auch Vasodilatation herbei, jedoch setzt die Vasokonstriktion ausschließlich an den Arterien, die Vasodilatation an den Capillaren ein, während E. P. Pick und seine Mitarbeiter annehmen, daß dort wo ein Blutdrucksturz bewirkt wird, ein Verschluß der Venae hepaticae mit darauffolgender mächtiger Stauung und Erweiterung der Lebercapillaren ausgelöst wird[2]).

Es tritt eine Steigerung der Speichel-, Tränen- und Pankreasabsonderung ein, vor allem aber eine sehr erhebliche Steigerung der Magensaftabsonderung. Subcutan gegeben bleiben alle genannten Erscheinungen aus, bis auf die Einwirkung auf den Magensaft, welche das ganze Bild beherrscht. Die Einwirkung geschieht auf die Magendrüsen selbst. Per os zugeführt hat es keinerlei Wirkung. Beim Menschen macht es intravenös eingeführt Kopfschwindel, Apathie, was durch Austrocknen der Nervenzellen infolge der starken Magensaftabsonderung und Herabsetzung des Blutdrucks erklärt wird[3])[4]). Weder dieses noch Adrenalin wirken auf die Harnabsonderung.

Bei den Rodentien ist auch eine narkotische Wirkung zu bemerken, ebenso bei den Carnivoren. Die Symptome des anaphylaktischen Shoks nach Injektion von Pepton sind sehr identisch mit denen nach intravenöser Injektion dieser Base[5]).

Eso-Exo-Dibenzoylhistamin ist von geringerer physiologischer Wirkung[6]).

Bei Vergleich von 4 (5)-β-Aminoäthylglyoxalin, 4 (5)-Aminomethylglyoxalin und 4(5)-γ-Aminobutylglyoxalin sind dem β-Imidazolyläthylamin gegenüber die beiden letzteren Verbindungen unwirksam zu nennen.

Ebenso wie beim Adrenalin ist auch bei den Imidazolderivaten die zweikohlenstoffige Seitenkette, an der an einem Kohlenstoff das Ringsystem am anderen die Aminogruppe steht, die beste Gruppierung für die Wirkung.

Imidazolylmethylamin ist 100-, wenn nicht 1000mal weniger wirksam als Histamin[7]). Die Methylierung der Aminogruppe setzt aber die Wirkung mächtig herab.

N-Acidylderivate der Imidazolreihe erhält man durch Einwirkung der Halogenide organischer Säuren in der Weise, daß die bei der Reaktion entstehende Halogenwasserstoffsäure durch einen Überschuß des betreffenden Imidazols selbst oder einer anderen Base gebunden wird.

Histidinanhydrid

```
        CH
       /  \\
     HN    N
      |    |
     HC==C·CH2·CH—CO        CH
               /    \      /  \\
             NH      NH   N    NH
               \    /     |    |
                CO·CH·CH2·C == CH
```

---

[1]) Dale, H. H. u. P. P. Laidlaw: Journ. of physiol. Bd. 41, S. 310. 1910.
[2]) Dale u. Richards: Journ. of physiol. Bd. 52, S. 110. 1919.
[3]) Popielski, L.: Pflügers Arch. f. d. ges. Physiol. Bd. 178, S. 214, 237. 1920.
[4]) Rothlein, E. u. R. Gundlach: Arch. internat. de physiol. Bd. 17, Heft 1, S. 59. 1921.
[5]) Dale, H. H. u. P. P. Laidlaw: Journ. of physiol. Bd. 41, S. 318. 1910.
[6]) Gerngroß, O.: Hoppe-Seylers Zeitschr. f. physiol. Chem. Bd. 108, S. 53. 1919.
[7]) Windaus bei W. Heubner: Biochem. Zeitschr. Bd. 101, S. 60. 1920.

von H. Pauly[1]) besitzt gegenüber Histidin keine gesteigerte sympathomimetische Wirkung.

Histidinanhydrid erregt den Dünndarm und beeinflußt den Blutdruck nicht. Es wirkt auf den Uterus.

Carnosin macht Erbrechen, Durchfall und schwere Shockwirkung die stark an Histaminwirkung erinnert, vielleicht mit ihr identisch ist, obwohl von Carnosin wesentlich größere Dosen erforderlich sind als von Histamin[2]).

Histidyl-Histidin ist auf den Uterus unwirksam, die Verlängerung der Kette führt nicht zur Aktivierung. Histidyl-Histidinester wirkt stärker auf den Uterus als l-Histidinanhydrid, aber nur $^1/_7$ so stark wie Histidinester[3]). Die Esterifizierung des Histidins bedingt ebenfalls keine bemerkenswerte Aktivitätssteigerung[4]). Dasselbe fanden Barger und Dale beim Tyrosinäthylester.

Histidinmethylesterdichlorhydrat ist in der Wirkung dem Histamin ähnlich, während Histidin physiologisch indifferent ist. Es wirkt aber viel schwächer als Histamin (1 : 140000 gegen 1 : 250000000).

Man vergleiche nun damit die Wirkung anderer Aminosäuren, ihrer Ester und der aus ihnen entstehenden Basen:

Cystinester erhöht den Blutdruck etwas beim Kaninchen, beim Hunde ist er wirkungslos. Auf Uterus wirkt es erregend beim Hund und Kaninchen, hemmend aber auf den Meerschweinchenuterus. Darmbewegungen werden stets gehemmt.

l-Tyrosinäthylester, dl-Phenylalaninäthylester, l-Leucinäthylester und Glykokolläthylester sind pharmakologisch mehr oder weniger wirksam, während die entsprechenden Aminosäuren ganz indifferent sind. Die Blutdruckwirkungen der vier Ester differieren je nach der Tierart. Am Uterus wirken sie erregend[5]).

Glutaminsäure und Glutaminsäuredimethylester, sowie Glutaminsäurediäthylester sind injiziert wirkungslos, ebenso Carbäthoxylglutaminsäure und ihr Diäthylester und Amid, ferner Tyrosin, Tyrosinäthylester, Diacetyltyrosinäthylester macht schon Blutdrucksenkung. Dicarbäthoxyltyrosin ist wirkungslos. Monocarbäthoxyltyrosinamid macht Drucksteigerung. Nitro- und Aminotyrosin ist ohne Wirkung. Tyramin macht Blutdrucksteigerung. Diacetyltyramin Blutdrucksenkung, Carbäthoxyltyramin vorübergehende Blutdrucksenkung, Nitrotyramin starke Blutdrucksteigerung, Aminotyramin starke, ziemlich rasch vorübergehende Blutdrucksteigerung, von Senkung gefolgt, Tyraminhydantoinsäure ohne Drucksenkung. Ohne Abspaltung der Carboxylgruppe kann man aus Glutaminsäure und Tyrosin keine Derivate erhalten, die auf Blutdruck und Temperatur aktiv wirken. Beim Tyramin wird, wie beim β-Tyramin durch Acetylierung die Blutdruck- und Temperaturwirkung aus einer steigenden in eine sinkende verwandelt. Die Prüfung von Glykokoll, Methylamin, Sarkosin, Dimethylamin, Alanin, Äthylamin, Asparaginsäure, α-Aminobuttersäure, n-Propylamin, α-Aminoisovaleriansäure, Isobutylamin, Butylamin, Leucin, Isoamylamin, tertiäres Amylamin, Methylisoamylamin, Äthylendiamin, Hydroxylamin zeigen übereinstimmend, daß zum Zustandekommen der pharmakologischen Wirkung auf die Temperatur oder den Blutdruck eine freie oder alkylierte Aminogruppe vorhanden sein muß, bei Abwesenheit einer Carboxylgruppe. Die niedrigsten Alkylamine sind ohne deutliche Blutdruckwirkung. Äthylamin und Propylamin wirken erst in größeren Dosen. Die Amylamine sind nahezu so wirksam, wie das Tyramin. Die pyro-

---

[1]) Hoppe-Seylers Zeitschr. f physiol. Chem. Bd. 64, S. 75.

[2]) Chintock, J. T. M., und H. M. Hines: Proc. of the soc. f. exp. biol. a. med. Bd. 22, S. 515. 1925. [3]) Hosoda, Takeshi: Biochem. Zeitschr. Bd. 167, S. 221. 1926.

[4]) Guggenheim, M.: Biochem. Zeitschr. Bd. 65, S. 99. 1914.

[5]) Arai, M.: Biochem. Zeitschr. Bd. 136, S. 203. 1918.

gene Wirkung fehlt vollständig. Hydroxylamin und Äthylendiamin verursachten eine Blutdrucksenkung[1]).

Alle drei normalen Butylamine, das primäre, sekundäre und tertiäre, sind giftige Substanzen[2]). Isoamylamin wirkt subcutan injiziert auf den Gaswechsel nicht ein[3]).

Die Giftigkeit des Agmatins ist gering.

Am isolierten Kaninchenherzen wirken Glykokoll, d-Alanin, l-Leucin verstärkend auf die Herzkontraktionen, dl-Phenylalanin schwächt sie deutlich. Die Vermehrung des Coronarkreislaufes, auf die lokale gefäßerweiternde Wirkung zu beziehen, ist am stärksten beim dl-Phenylalanin[4]).

Histidin läßt sich durch Fäulnis in β-Imidazolyläthylamin überführen und aus dem Fäulnisgemenge mit einer Säure oder mit einem Alkaloidreagens niederschlagen[5]).

D.R.P. 252872 beschreibt ein Verfahren, in welchem die Carboxylgruppe aus Histidin durch spezifische, auf gefaulter Thymussubstanz lebende Fäulniserreger in kurzer Zeit abgespalten wird; statt reines Histidin zu verwenden, empfiehlt D.R.P. 252873 das Hydrolysat von Eiweiß durch Krystallisation von Leucin, Tyrosin, Phenylalanin und Glutaminsäure zu befreien, den restierenden Sirup von Ammoniak zu reinigen und der Fäulnis nach dem vorhergehenden Patente zu überlassen. Die Darstellung des Imidazolyläthylamins aus dem Fäulnisgemische geschieht am besten nach D.R.P. 252874 durch Extraktion der alkalischen Lösung mit Chloroform und Entziehen der Base aus den Chloroformlösungen mit verdünnter Säure.

D.R.P. 256116 empfiehlt, die Fäulnis des Histidins mit Reinkulturen von kohlensäureabspaltenden Bakterien durchzuführen.

4 (5)-β-Aminoäthylglyoxalin (β-Imidazolyläthylamin) hat Frank Lee Pyman[6]) dargestellt, indem er aus Diaminoaceton und Kaliumrhodanid 2-Thiol-4 (5)-aminomethylglyoxalin (I) erhält, dieses durch verdünnte Salpetersäure entschwefelt, wobei gleichzeitig durch die entstehende salpetrige Säure die Aminogruppe in eine Hydroxylgruppe verwandelt wird. In dem so erhaltenen 4 (5)-Oxymethylglyoxalin (II) kann man das Hydroxyl durch die Cyangruppe ersetzen, wenn man vorerst mit Phosphorpentachlorid Chlormethylglyoxalin darstellt und dieses mit Cyankalium umsetzt (III). Reduziert man die Cyanverbindung mit Natrium und Alkohol, so erhält man man Imidazolyläthylamin (IV).

(I) CH·NH ⟩C·SH, ‖ C——N, | $CH_2 \cdot NH_2$ (II) CH·NH ⟩CH, ‖ C——N, | $CH_2 \cdot OH$ (III) CH·NH ⟩CH, ‖ C——N, | $CH_2 \cdot CN$ (IV) CH·NH ⟩CH, ‖ C—NH, | $CH_2 \cdot CH_2 \cdot NH_2$

Man erhitzt Imidazolyläthylaminsilber mit Benzylbromid, setzt Bromwasserstoff zu und schüttelt mit Äther aus. Man erhält das Bromhydrat des N-exo-Dibenzylhistamins

HC NH ⟩CH, C N, | $CH_2 \cdot CH_2 \cdot N(CH_2 \cdot C_6H_5)_2$

Man erhält die Verbindung auch unmittelbar durch Erhitzen von methylalkoholischen Lösungen des Histamins und Benzylbromids unter Druck auf 100°.

Erhitzt man das Silbersalz des Exo-Benzoylhistamins mit Benzylbromid auf 100°, so erhält man Exo-Benzylhistamin

HC $N \cdot CH_2 \cdot C_6H_5$ ⟩CH, C N, ‖ $CH_2 \cdot CH_2 \cdot NH_2$

---

1) Cloetta, M. u. F. Wünsche: Arch. f. exp. Pathol. u. Pharmakol. Bd. 96, S. 307. 1923.
2) Hanzlik, P. J.: Journ of pharmacol. a. exp. therapeuth. Bd. 20, S. 435. 1923.
3) Abelin, J.: Biochem. Zeitschr. Bd. 101, S. 237. 1920.
4) Cpt. rend. des séances de la soc. de biol. Bd. 87, S. 373. 1922.
5) D.R.P. 250110. 6) Proc. of chem. soc. (London). Bd. 99, S. 668. 1911.

Die Produkte wirken secaleartig[1]). Beschrieben sind Acetylbenzimidazol und 4 (5)-Benzoyl-β-aminoäthylimidazol. Die Acidylderivate sind weniger giftig als die freien Basen[2]).

Otto Gerngroß beschreibt ein Verfahren zur Darstellung von 5 (4)-Acylparaffinaminoparaffinimidazolen der allgemeinen Formel: Imidazyl · $[CH_2]$ x · NH · $[CH_2]$ x · Acyl, dadurch gekennzeichnet, daß man entweder Imidazolparaffinchloride der allgemeinen Formel Imidazyl (CH_2) · Cl auf Acylparaffinamine oder Acylparaffinchloride oder Acylparaffinchloride der allgemeinen Formel: Acyl · $[CH_2]$x · Cl auf Imidazolparaffinamine, bzw. Salze der genannten Verbindungen aufeinander einwirken läßt. Durch Einwirkung von 4 (5)-Methyl-5 (4)-chlormethylimidazolchlorhydrat auf β-Phenyläthylamin erhält man ein Gemenge von sekundärem 4 (5)-Methyl-5 (4)-phenyläthylaminmethylimidazol und tertiärem Bis-5 (4)-methylimidazyl-4 (5)-methyl-β-phenyläthylamin, die man durch fraktionierte Krystallisation der Pikrate aus Aceton, in welchem das Pikrat der tertiären Base leichter löslich ist als das der sekundären Base, trennt.

Erhitzt man β-4 (5)-Imidazolyläthylamin mit β-p-Oxyphenyläthylchlorid, so erhält man 4 (5), 4′-Oxyphenyläthylaminoäthylimidazol $OH \cdot C_6H_4(CH_2)_2 \cdot NH \cdot (CH_2)_2 \cdot C_3H_3N_2$. Die Verbindungen sollen secaleartige wirken[3]).

Die D.R.P. 248885 und 258296 beschreiben Derivate des Methylimidazols, welche angeblich auf den Blutdruck wirken sollen, über die aber keine experimentellen Berichte vorliegen.

Beim Erhitzen von 5 (4)-Methylimidazolyl-4 (5)-glyoxylsäure mit Anilin wird unter Kohlensäureentwicklung eine Schiffsche Base, das Anil des 5 (4)-Methylimidazolyl-4 (5)-aldehyd gebildet. Durch Reduktion mit alkalischen Reduktionsmitteln kann man zu den entsprechenden Aminen gelangen.

```
CH3·C—NH                   CH3·C—NH
    ‖    >CH + H2 =            ‖    >CH 4)
    C—N                        C—N
    ·                          ·
  CH:N·Aryl                  CH2·NH·Aryl
```

Man läßt auf 5 (4)-Methyl-4 (5)-chlormethylimidazolchlorhydrat primäre Amine der aromatischen Reihe einwirken. Hierbei findet eine Kondensation nach der Gleichung statt:

```
   CH3·C—NH                               CH3·C—NH
       ‖    >CH, HCl + NH2·Aryl =             ‖    >CH, 2 HCl
ClCH·C—N                                      C—N
                                              |
                                            CH2·NH·Aryl
```

Diese Imidazolderivate besitzen eine viel geringere Giftigkeit als β-Imidazolyläthylamin, andererseits wirken sie stark antiseptisch[5]).

N-Methylhistamin wirkt weitaus schwächer als Histamin, so daß durch Substitution einer Methylgruppe im Aminorest eine bedeutende Abschwächung der Wirkung entsteht. Das Imidazolyläthylaminpiperidin ist wirkungslos[6]).

Bei der Reduktion der Nitrophenyläthylacidylamine entstehen die freien Aminophenyläthylaminbasen. Acidyliert man die Aminogruppen und nitriert die acidylierten Produkte, so erhält man Nitroverbindungen, deren Nitrogruppe in o-Stellung zur aromatisch gebundenen Acidylaminogruppe steht, und die unmittelbar oder nach vorheriger Reduktion nach den üblichen Methoden in die Benzimidazole übergeführt werden können.. Diese Substanzen besitzen blutdrucksteigernde Wirkungen. Aus p-Nitrophenäthylacetylamin erhält man durch Reduktion mit Eisen und Essigsäure p-Aminophenäthylacetylamin $NH_2 \cdot C_6H_4 \cdot CH_2 \cdot CH_2 \cdot NH \cdot CO \cdot CH_3$. Die Acetylverbindung geht mit Salpeterschwefelsäure die Nitroverbindung $C_6H_3(CH_2 \cdot CH_2 \cdot NH \cdot CO \cdot CH_3)^1 (NO_2)^3 (NH \cdot CO \cdot CH_3)^4$ ein. Durch Reduktion mit Eisen und Essigsäure erhält man das entsprechende Amin, aus dem mit Eisessig und konzentrierter Salzsäure das Chlorhydrat des 5-Äthylamino-2-methylbenzimidazols $NH_2 \cdot CH_2 \cdot CH_2 \cdot C_6H_3\langle{}^{NH}_{N}\rangle C \cdot CH_3$ entsteht. In analoger Weise erhält man aus 4-Formylamino-3-nitrophenylacetolamin das 5-Aminoäthylbenzimidazol. Ferner ist beschrieben: 2.4′-Aminophenyl-5-äthylaminobenzimidazol.

$$NH_2 \cdot CH_2 \cdot CH_2 \cdot C_6H_3\langle{}^{NH}_{N}\rangle C \cdot C_6H_4 \cdot NH_2$$ [7]).

---

1) O. Gerngroß, D.R.P. 392067, Zusatz zu 332955 u. 278884.
2) O. Gerngroß, D.R.P. 282491. 3) D.R.P. 332955, Zusatz zu D.R.P. 278884.
4) O. Gerngroß, D.R.P. 276541. 5) D.R.P. 278884, Zusatz zu D.R.P. 276541.
6) Dale, H. H. und H. W. Dudley: Journ. of pharmacol. a. exp. therapeut. Bd. 18, S. 103. 1921. 7) Maron. D.R.P. 294085.

Derivate des Chinolins und Indols.

Das C-Chinolyläthylamin ist ziemlich ungiftig, bewirkt eine Ruhigstellung des Darmes, eine Erregung des Uterus und Vasokonstriktion, die wirksame Dosis ist aber 100mal höher als die des Adrenalins und die Giftigkeit 200mal schwächer. Die Äthylaminkette haftet am 1-Kohlenstoff des Chinolinringes.

Oxalkylderivate des Chinolins werden in die entsprechenden Halogenide übergeführt und diese mit NH_3 oder primären bzw. sekundären Aminen behandelt, wobei das Halogenid möglichst rasch, zweckmäßig als Rohhalogenid, mit einem Überschuß von Ammoniak oder Amin zusammengebracht wird. Es wird z. B. das durch Erhitzen von 2-β-Oxyäthylchinolin mit HBr und rotem Phosphor unter Druck auf 125° erhältliche Rohbromid mit alkoholischem Ammoniak unter Druck auf 125° erhitzt, wobei es in 2-β-Aminoäthylchinolin übergeht. Das Chlorhydrat zeigt eine starke, mit der des Adrenalins und Imidazolyläthylamins nicht identische Wirkung auf glatte Muskulatur verschiedener Organe. Ferner wurden dargestellt: Aus 2-β-Bromäthylchinolin und Methylamin 2-β-Methylaminoäthylchinolin, 2-β-Piperidyläthylchinolin und 4-β-Dimethylaminoäthylchinolin[1]).

Haftet die Äthylaminkette am Stickstoff des Chinolinringes, so entfaltet die Verbindung motorische Lähmungswirkungen, die bereits in sehr niedriger Dosis zum Tode führen. An der glatten Muskulatur des Darmes und der Gefäße ist die Wirkung des N-Derivates derjenigen des C-Derivates zwar gleichgerichtet, aber bei gleicher Dosierung außerordentlich viel geringer und bedeutend weniger nachhaltig. Am isolierten Uterus ist das N-Derivat in Konzentrationen, in denen das C-Derivat bereits erregend wirkt, unwirksam[2]).

$-CH_2 \cdot CH_2 \cdot NH_2$, N, Cl H — N$-CH_2 \cdot CH_2 \cdot NH_2$, Cl

Indolyläthylamin (3-β-Aminoäthylindol) [$C \cdot CH_2 \cdot CH_2 \cdot NH_2$, CH, N, H] erhöht sehr rasch den Blutdruck[3]). Es zeigt eine vorübergehende erregende Wirkung auf das Zentralnervensystem, verursacht klonische und tonische Krämpfe, Gliederzittern und Vasokonstriktion, stimuliert glatte Muskulatur, hauptsächlich in den Arteriolen, der Iris und dem Uterus[4]). Der Ersatz des Benzolkerns durch den Indolkern vermindert die physiologische Wirkung[5]). Synthetisch wird es aus γ-Aminobutyrylacetal und Phenylhydrazin erhalten.

Synthesen von β-Indolyläthylamin sind ferner beschrieben von R. Majima und M. Kotake[6]).

Tyraminsynthesen.

p-Oxyphenyläthylamin (Tyramin) kann man in kleinen Mengen aus Tyrosin darstellen, wenn man dieses im Vacuum auf 260—270° im Metallbade erhitzt. Die Base sublimiert. Die Ausbeute beträgt 50%. Synthetisch stellt man es aus p-Oxybenzylacetonitril (p-Oxybenzylcyanid) durch Reduktion mit Natrium und Alkohol her[7]). Barger und Walpole[7]) nitrieren Benzoylphenyläthylamin und reduzieren das erhaltene p-Nitroderivat, diazotieren und

---

1) Siegfried Loewe, Dorpat, D.R.P. 380918.

2) Loewe, S.: Zeitschr. f. d. ges. exp. Med. Bd. 6, S. 335. 1918.

3) Laidlaw, P. P. bei A. J. Ewins: Transact. of the chem. soc. London. Bd. 99, S. 271. 1911. 4) Laidlaw, P. P.: Biochem. journ. Bd. 6, Nr. 1. 1911.

5) Guggenheim, M.: Therap. Monatshefte 1913. S. 508.

6) Ber. d. dtsch. chem. Ges., Bd. 58, S. 2037. 1925.

7) Journ. of the chem. soc. (London). Bd. 95, S. 1123, 1720.

hydrolysieren. Andere Synthesen gehen vom Anisaldehyd aus, welcher zuerst in p-Methoxyphenylacrylsäure, dann in p-Methoxyphenylpropionsäure, dann in das Amid, weiter in p-Methoxyphenyläthylamin und schließlich in p-Oxyphenyläthylamin verwandelt wird. Die Ausbeute bei dieser Synthese ist gering. p-Methoxyphenyläthylamin erhält man besser nach Rosemunds[1]) Verfahren, bei welchem das Kondensationsprodukt von Anisaldehyd mit Nitromethan reduziert wird. Das Reduktionsprodukt wird mit farbloser Jodwasserstoffsäure erhitzt und gibt p-Oxyphenyläthylamin.

Oxyphenyläthylamine und deren Derivate[2]) erhält man durch Reduktion der durch Einwirkung von Ammoniak, Aminen oder Hydroxylamin und Hydrazinen auf Oxyphenylaminaldehyde erhältlichen Stickstoffverbindungen oder der Kondensationsprodukte von Oxybenzaldehyden mit Nitromethan. Die Alkyläther der genannten Oxyverbindungen und die Alkoxyphenyläthylamine verseift man. Durch Reduktion von p-Methoxyphenylacetaldoxim mit Natriumamalgam in essigsaurer Lösung gewinnt man p-Methoxyphenyläthylamin. Mit konzentrierter Mineralsäure erhält man p-Oxyphenyläthylamin oder man reduziert p-Methoxynitrostyrol mit Zink und Eisessig, hierauf mit Natriumamalgam, oder man geht vom p-Oxyphenylacetaldehyd-p-nitrophenylhydrazon aus und reduziert mit Natriumamalgam und Eisessig oder man erhitzt p-Methoxyphenyläthylamin mit konzentrierter Bromwasserstoffsäure auf 150°.

Bayer, Elberfeld[3]) stellen Oxyphenyläthylamine und deren Alkyläther in der Weise her, daß sie in Oxyphenylpropionsäuren oder in ihren Alkyläthern die Carboxylgruppe nach der Hofmannschen Methode durch die Aminogruppe ersetzen und gegebenenfalls die Alkyläther der Oxyphenyläthylamine mit konzentrierter Halogenwasserstoffsäure verseifen. So liefert p-Methoxyphenylpropionsäureamid (aus Methyldihydro-p-cumarsäure) mit Natriumhypochlorit p-Methoxyphenyläthylamin usf.

ω-p-Alkyloxyphenyläthylamine[4]) und deren N-alkylierte Derivate erhält man durch Überführung primärer p-Alkyloxyphenyläthylalkoholate durch Einwirkung von Phosphorpentahalogeniden in die entsprechenden ω-p-Alkyloxyphenyläthylhaloide und Behandlung dieser mit Ammoniak oder Alkylaminen. Beschrieben ist die Darstellung von ω-p-Methoxyphenyläthylamin und von ω-Methoxyphenyläthyldimethylamin aus dem primären p-Methoxyphenyläthylalkohol, den man aus p-Anisylbrommagnesium und Äthylenchlorhydrin gewinnen kann. Die Produkte dienen zur Darstellung der ω-p-Oxyphenyläthylaminbasen.

Das dem Adrenalin nahe stehende Oxyphenyläthylamin wird in seiner Wirkung durch Jodieren gesteigert. Die Jodierung wird durch Jod in alkalischer Lösung ausgeführt[5]).

Man behandelt in Eisessig gelöstes p-Oxyphenyläthylamin mit in Eisessig gelösten Halogenen, bezw. man leitet Chlor in die Lösung der Base bis zur Sättigung ein. Dargestellt werden: 3.5-Dibrom-4-oxyphenyläthylamin, 3.5-Dichlor-4-oxyphenyläthylamin[6]). Ähnlich wird Dibromtyrosin dargestellt, und zwar durch Behandeln von Tyrosin in Eisessig mit Brom[7]).

Durch Kondensation des Oxyphenyläthylamins mit Benzaldehyd, Salicylaldehyd, Veratrumaldehyd und Piperonal und Reduktion erhält man sekundäre Amine, welche zum Unterschiede von der Wirkung des Ausgangskörpers statt einer Tonushebung eine Tonussenkung am Uterus hervorrufen[8]).

Aminoalkylderivate schwefelhaltiger Verbindungen erhält man, wenn man auf solche S-haltige Verbindungen, die den Schwefel in Form der SH-Gruppe mercaptanartig gebunden enthalten, basische Alkylmonohalogenide oder Alkylenhalogenide in Gegenwart alkalisch wirkender Mittel einwirken läßt, wobei man in letzterem Falle die halogenhaltigen Zwischenprodukte mit primären oder sekundären aliphatischen Aminen zu den entsprechenden Aminoalkyläthern umsetzt. Aus Mercaptobenzol in $NaOC_2H_5$-Lösung und Diäthylaminochloräthanol $(C_2H_5)_2N \cdot CH_2 \cdot CH_2Cl$ erhält man beim Erwärmen Diäthylaminoäthylphenylsulfid. Ebenso erhält man Diäthylaminoäthyl-m-tolylsulfid, Monomethylaminoäthylphenylsulfid. Diäthylaminoäthyl-α-oxynaphthylsulfid, Diäthylaminoäthylphenylthiobiazolonsulfid.

Die Verbindungen wirken stark gefäßzusammenziehend und blutstillend und wehenerregend.[9])

Aromatische Propylenverbindungen werden mit Tetranitromethan oder Hexanitroaethan in Gegenwart alkalisch reagierender Stoffe zusammengebracht. — Man läßt z. B. zu einer

---

[1]) Ber. d. dtsch. chem. Ges. Bd. 42, S. 4778. 1909.
[2]) Bayer, Elberfeld, D.R.P. 230043. [3]) D.R.P. 233551.
[4]) Bayer, D.R.P. 234795. [5]) D.R.P. 259193.
[6]) Flora, Zürich, Schw.P. 100876 u. 100877, Zusatz zu Schw. P. 95300.
[7]) Flora, Schw.P. 95300. [8]) D.R.P. 259874.
[9]) Bayer, Leverkusen, D.R.P. 406151.

Lösung von Isosafrol in Aceton und Pyridin unter Eiskühlung Tetranitromethan eintropfen. Nach dem Verschwinden des Tetranitromethangeruches wird das dunkelrote Reaktionsgemisch mit Wasser durchgeschüttelt und ausgeäthert. Es hinterbleibt β-Nitroisosafrol, $CH_2<^O_O>C_6H_3:C(NO_2)\cdot CH_3$. In gleicher Weise erhält man aus Anethol, Isoeugenol, Asaron und Isoapiol die entsprechenden Nitroverbindungen. Die Produkte lagern leicht die Elemente des Wassers an, unter Bildung von Nitroalkoholen, die bei der Reduktion therapeutisch wichtige Aminoalkohole liefern[1]).

Anethol oder ähnliche aromatiscde Propylenverbindungen bringt man in Gegenwart eines Alkohols mit Tetranitromethan oder ähnlich reagierenden Verbindungen, wie Hexanitromethan zusammen. Es gelingt, die doppelte Bindung unter gleichzeitiger Anlagerung von Alkoholen aufzuheben und so Äther von Nitroalkoholen herzustellen, wenn man die Reduktion bei Gegenwart von Alkoholen, z. B. Methylalkohol, ausführt. Die Mitwirkung basischer Stoffe ist hierbei nicht unbedingt erforderlich. Durch diese Methode ist es möglich, bisher als unrein beschriebene Verbindungen analysenrein zu erhalten. — Durch Einwirkung einer Lösung von Tetranitromethan in Methylalkohol auf Anethol wird z. B. 3-p-Methoxyphenyl-2-nitropropanol-3-methyläther gewonnen. Analog erhält man 3-p-Methoxyphenyl-2-nitropropanol-3-äthyläther. — o-Propenylanisol gibt in analoger Weise den 3-o-Methoxyphenyl-2-nitropropanol-3-methyläther. Durch Einwirkung von Tetranitromethan in Gegenwart von Methylalkohol, bzw. Alkohol auf Isosafrol kann man den Methyläther, den Äthyläther des 3-m-p-Methylendioxyphenyl-2-nitropropanols-3 gewinnen[2]).

β-3.4-Dioxyphenyläthylamin erhält man durch Nitrieren von Tyramin, Reduzieren, Diazotieren und Verkochen mit Kupfersulfat[3]).

3-Amino-4-oxyphenyläthylamin macht intravenös sofortige Steigerung des arteriellen Blutdrucks, die rasch von bedrohlicher Senkung abgelöst wird, und zeigt, daß die Einführung einer zweiten basischen Gruppe an den Kern dystherapeutisch wirkt[4]).

Darstellung des Adrenalins.

Für die Darstellung des Adrenalins werden folgende Verfahren verwendet:

Brenzcatechin wird mit Phosphoroxychlorid und Monochloressigsäure zu Chloracetobrenzcatechin kondensiert und dieser zuerst von Dzierzgowski dargestellte Körper mit Methylamin behandelt. Man erhält Methylaminoacetobrenzcatechin, welches mit Aluminiumamalgam oder elektrolytisch zum racemischen Adrenalin reduziert wird. Dieses Verfahren scheint das einzige praktisch verwendete zu sein. Mittels Weinsäure gelingt die Spaltung in die optisch aktiven Komponenten. Durch Reduktion von Aminacetobrenzcatechin[5]) oder dem Cyanhydrin von Protocatechualdehyd mit Natriumamalgam[6]) erhält man 3.4-Dioxyphenyläthanolamin. 3.4-Dioxyphenyläthanolamin ist ungefähr so wirksam wie Adrenalin und wird Arterenol benannt. Durch Methylierung kann man es in Adrenalin verwandeln.

Homorenon wird ω-Äthylamino-3.4-dioxyacetophenon genannt. 3.4-Dioxyphenyläthylmethylamin ist Epinin benannt.

Adrenalon (Methylaminoacetobrenzcatechin) wirkt länger blutdrucksteigernd als Adrenalin[7]).

Adrenalon erhielt E. Friedmann synthetisch durch Einwirkung von Methylamin auf Chloracetylbenzcatechin. Zu derselben Substanz gelangten schon früher auf gleichem Wege die Höchster Farbwerke[8]) durch Einwirkung von aliphatischen, primären Alkylaminen, z. B. Methylamin auf Chloracetobrenzcatechin, durch Stehenlassen mit einem Überschusse der Base oder durch gelindes Erwärmen und Ausfällen der Base mit Ammoniak.

---

[1]) E. Schmidt, Charlottenburg u. A. Wagner, Hannover, D.R.P. 347818.
[2]) E. Schmidt, Charlottenburg u. W. Bäjen, Berlin, D.R.P. 348382.
[3]) Waser, E. u. H. Sommer: Helv. chim. acta. Bd. 6, S. 54. 1923.
[4]) Flora, Zürich, Schw.P. 100805/1924.
[5]) D.R.P. 155632. [6]) D.R.P. 193634.
[7]) Jaeger, Edmond: Cpt. rend. des séances de la soc. de biol. Bd. 85, S. 910. 1921.
[8]) Höchst, D.R.P. 152814.

In analoger Weise erhält man Äthylaminoacetobrenzcatechin und aus Äthanolamin Äthanolamino-o-dioxyacetophenon. Diese Verbindungen gehen durch Reduktion in Alkoholbasen über und wirken alle blutdrucksteigernd.

Statt der primären aliphatischen Amine kann man auch Ammoniak benutzen und gelangt so zum Aminoacetobrenzcatechin[1]).

Aus diesen Aminoketonen erhält man durch Reduktionsmittel Methylaminoalkohole. [Die Reduktion wird durchgeführt mittels Aluminium und Mercurisulfat oder Elektrolyse in schwefelsaurer Lösung][2]).

Aromatische Äthanolamine (Adrenalingruppe) erhält man durch Reduktion der Cyanhydrine aromatischer Aldehyde und Ketone unter sorgfältiger Kühlung, sowie unter Vermeidung größerer Mengen freier Säure mit Natriumamalgam in verdünnten Säuren, Man kann z. B. von Protocatechualdehydcyanhydrin das entsprechende o-Dioxyphenyläthanolamin gewinnen, welches durch Methylierung in das Dioxyphenyläthanolmethylamin (dl-Adrenalin) übergeht[3]).

Aromatische Aminoalkohole erhält man durch Reduktion aromatischer Aminoketone mit Wasserstoff bei Gegenwart kolloidaler Metalle der Platingruppe[4]). So erhält man aus Aminopropionylveratrol Dimethoxyphenyl-α-propanolamin; aus Aminopropionylbrenzcatechin erhält man Dioxyphenyl-α-propanolamin.

Eine Reihe von Patenten verfolgen die Absicht, die Adrenalinsynthese zu verbilligen oder dem Adrenalin nahe verwandte Substanzen zu erzeugen[5]).

Die Patente D.R.P. 258473, 255305, 247906, 248385 bewegen sich in der gleichen Reihe.

Über die Wirkung der in den Patenten D.R.P. 247455, 247456, 247457 beschriebenen Verbindungen ist nichts bekannt geworden.

Alkylaminacidylbrenzcatechine erhält man, wenn man Arylsulfosäurechloride auf Salze der Aminoacidylbrenzcatechinäther und Alkalicarbonate in Gegenwart von indifferenten Lösungsmitteln, wie Aceton, bei Wasserbadtemperatur unter vorsichtigem Zusatz von Wasser einwirken läßt, die gebildeten Arylsulfoderivate alkyliert und die so erhaltenen Arylsulfoalkylaminoacidylbrenzcatechinäther mit verseifenden Mitteln behandelt[6]).

Benzoylaminoacetobrenzcatechinäther erhält man durch Einwirkung von Hippursäurechlorid auf die Brenzcatechinäther in Gegenwart von Aluminiumchlorid[7]).

Aminoacetobrenzcatechin erhält man durch Erhitzen der nach D.R.P. 185598 erhaltenen N-Benzoylaminoacetobrenzcatechindialkyläther (Veratrolderivate) mit wässerigen Mineralsäuren[8]).

In besserer Ausbeute als mit Hippursäurechlorid nach D.R.P. 185598 erhält man aus Phthalylglycylchlorid und Brenzcatechinäthern die Phthalimidoacetobrenzcatechinäther als Zwischenprodukte der Adrenalindarstellungen[9]).

Diese Substanzen werden beim Behandeln mit Säuren in guter Ausbeute in Phthalsäure und Aminoacidylbrenzcatechine gespalten. Man kann so vom Phthalimidoacetoveratrol mit Salzsäure in Eisessiglösung zum Aminoacetobrenzcatechin gelangen[10]).

Man kann die Platinmetalle statt in kolloidaler in fein verteilter Form benutzen[11]).

Reduktion von Aminoketonen zu Aminoalkoholen (Adrenalon zu Adrenalin mit Palladium und elektrischem Strom) mit einer Ausbeute von 96% beschreibt F. Ishiwara[12]).

Aus dem synthetischen racemischen Adrenalin erhält man l-Adrenalin, indem man es in alkoholischer Lösung in das saure (d-weinsaure) Salz verwandelt, zum Sirup einengt und mit einem Krystall d-weinsaurem l-Adrenalin impft[13]).

Durch die weinsauren Salze kann man racemisches Adrenalin spalten, indem man die Base mit Alkohol verrührt und Weinsäure zusetzt. Hierauf bringt man im Vakuum zur Trockne. Das d-weinsaure l-Adrenalin ist in Methylalkohol unlöslich, es wird mit diesem ausgeholt und der Rückstand aus Äthylalkohol umkrystallisiert[14]).

Optisch aktive aromatische Aminoalkohole erhält man durch Reduktion optisch aktiver Salze der Alkylaminoacetobrenzcatechine $C_6H_3 \cdot (OH)_2{}^{3.4} \cdot (CO \cdot CH_2 \cdot NH \cdot Alkyl)^1$,

---

1) Höchst, D.R.P. 155632, Zusatz zu D.R.P. 152814. 2) Höchst, D.R.P. 157300.
3) D.R.P. 193634. 4) D.R.P. 254438. 5) D.R.P. 247817, 264438, 256750.
6) Bayer, D.R.P. 277540. 7) Bayer, D.R.P. 185598.
8) Bayer, D.R.P. 189483. 9) Bayer, D.R.P. 209962.
10) D.R.P. 216640. 11) D.R.P. 256750.
12) Ishiwara, F.: Ber. d. dtsch. chem. Ges., Bd. 57, S. 1125. 1924.
13) Flächer, Franz: Hoppe-Seylers Zeitschr. f. physiol. Chem. Bd. 58, S. 189. 1909.
14) Höchst, D.R.P. 222451.

man scheidet aus dem Gemisch der entstehenden Salze der optisch aktiven Dioxyphenyläthanolalkylamine die einzelnen Antipoden ab und führt diese in die freien Basen über; Es wird z. B. eine Lösung von Methylaminoacetobrenzcatechin, bzw. Äthylaminoacetobrenzcatechin und d-Weinsäure in Wasser mit Wasserstoff in Gegenwart kolloidaler Platinlösung reduziert, das Platin ausgefällt, die Lösung eingeengt und von geringen Mengen eines schön krystallisierenden Nebenprodukts abgesaugt. Aus dem zur Trockne eingedampften und mit Methylalkohol gelösten Filtrat scheidet sich nach dem Impfen mit einem Krystall das d-Ditartrat des l-Dioxyphenyläthanolmethylamins aus, während das d-Ditartrat des d-o-Dioxyphenyläthanolmethylamins gelöst bleibt. Aus dem abgesaugten Salz der l-Komponente wird das freie l-Adrenalin mit Ammoniak abgeschieden[1]).

Rac. o-Dioxyphenyläthanolmethylamin wird mit Hilfe der opt. akt. α-Halogencamphersulfosäure in Gegenwart geeigneter organischer Lösungsmittel in die entsprechenden Salze seiner optischaktiven Isomeren übergeführt, aus deren Gemisch in üblicher Weise das Salz des l-o-Dioxyphenyläthanolmethylamins abgeschieden und dieses in die freie Basis umgewandelt. Als Lösungsmittel eignet sich besonders Amylalkohol. Man verwendet d-α-Bromcamphersulfosäure[2]).

Optisch aktives Adrenalin kann man durch Stehen mit Mineralsäuren oder durch Erwärmen mit diesen racemisieren und das Racemprodukt in seine Komponenten zerlegen, so daß man schließlich nach Wiederholung dieses Verfahrens nur die eine eben gewünschte optische Isomerie erhält[3]).

dl-o-Dioxyphenyläthanolmethylaminchlorhydrat erhält man, wenn man dl-o-Dioxyphenyläthanolmethylamin in der entsprechenden Menge alkoholischer oder wässeriger Salzsäure löst und ohne Ansteigen der Temperatur zur Krystallisation bringt. Es ist nicht hygroskopisch[4]).

Die optisch aktiven o-Dioxyphenylalkamine werden durch Erwärmen mit organischen Säuren racemisiert, z. B. mit Oxalsäure, mit Weinsäure und p-Toluolsulfosäure durch mehrere Stunden auf 90—100° erwärmt[5]).

Borsaures Adrenalin wird dargestellt, indem man die Lösung zur Trockne eindampft und mit Alkohol fällt[6]).

Salzsaures Adrenalin in krystallisierter Form erhält man, wenn man die synthetische Base mit den berechneten Mengen alkoholischer Salzsäure zusammenbringt und auskrystallisieren läßt[7]).

Man kann von den Methylendioxyphenyläthylenhalogenhydrinen ausgehen, diese mit Pentachlorphosphor und dann mit Wasser behandeln und die so entstehenden o-Dioxyphenyläthylenhalogenhydrine mit Ammoniak oder primären Aminen umsetzen[8]).

Dasselbe Verfahren, wie im vorigen Patente, wird mit der Modifikation gebraucht, daß die Einwirkung von Phosphorpentachlorid und Wasser nacheinander auf 3.4-Methylendioxyphenyläthylendichlorid erfolgt[9]).

Es wird 3.4-Methylendioxyphenyläthylendibromid mit mehr als zwei Molekülen Phosphorpentachlorid längere Zeit behandelt, dann mit Wasser digeriert und das so erhaltene o-Dioxyphenyläthylenbromhydrin mit primären aliphatischen Aminen umgesetzt[10]).

Ein Gemisch aus 3.4-Diacetyldioxybenzaldehyd (durch Einwirkung von $CH_3 \cdot CO \cdot Cl$ und Natriumacetat auf Protocatechualdehyd erhalten) und Nitromethan werden in Gegenwart einer wässerigen Lösung einer schwach basischen Verbindung, wie Alkalicarbonat, Alkalidicarbonat, Alkaliphosphat oder Pyridin einige Stunden geschüttelt. Man filtriert und wäscht die Krystalle mit Äther. Das entstandene 3.4-Diacetyldioxyphenylnitroäthanol $C_6H_3 \cdot (O \cdot COCH_3)^{3 \cdot 4} \cdot (CH[OH] \cdot CH_2 \cdot NO_2)^1$ wird dann in einem Gemisch aus verdünntem Alkohol, Formaldehyd und verdünnter Essigsäure suspendiert und langsam Zinkstaub zugegeben. Die vom überschüssigen Zink filtrierte saure Lösung wird mit Schwefelwasserstoff vom gelösten Zink befreit, zum Filtrat Salzsäure dazugegeben und der Alkohol, Essigsäure und Wasser im Vakuum abdestilliert. Der dickflüssige Rückstand hinterläßt beim Trocknen im Vakuum Krystalle des 3.4-Dioxyphenyläthanolmethylaminchlorhydrates[11]).

Boettcher versuchte statt der Reduktion von Aminoacetobrenzcatechin durch Behandeln von Dioxyphenylchlorhydrin mit Aminobasen[12]) zum Adrenalin zu gelangen, doch zeigte Mannich[13]), daß bei dieser Reaktion zwei isomere Basen entstehen, die nur schwer voneinander zu trennen sind.

Mit einer Ausbeute von 5% des angewandten Aldehyds erhielt in unreinem Zustande

---

[1]) Ciba, Schw.P. 92298 u. E.P. 187129/1922. [2]) Ciba, Schw.P. 92299.
[3]) D.R.P. 220355. [4]) Société Chimique des usines du Rhône, D.R.P. 388534.
[5]) Höchst, D.R.P. 223839, Zusatz zu D.R.P. 220355. [6]) Höchst, D.R.P. 167317.
[7]) D.R.P. 202169. [8]) D.R.P. 209609. [9]) Höchst, D.R.P. 209610.
[10]) Höchst, D.R.P. 212206. [11]) W. N. Nagai, Tokio, A.P. 1399144.
[12]) Ber. d. dtsch. chem. Ges. Bd. 42, S. 259. 1909.
[13]) Arch. d. Pharmazie u. Ber. d. dtsch. pharmazeut. Ges. Bd. 248, S. 127. 1910.

Karl W. Rosemund[1]) anscheinend Adrenalin durch Kondensation von Dicarboxyläthylprotocatechualdehyd mit Nitromethan und Natrium. Das gebildete Dioxyphenyl-nitroäthanol reduziert man mit Natriumamalgam und Essigsäure.

Reduziert man 3.4-Dioxyphenylglyoxim und 3.4-Dioxyphenylalkylglyoxime der allgemeinen Formel

OH, OH, X, C—C:NOH, NOH

die man z. B. nach D.R.P. 195655 erhalten kann, durch geeignete Amalgame bei Gegenwart von Säuren, so erhält man Verbindungen, welche dem Adrenalin nahekommende starke, blutdrucksteigernde Eigenschaften haben und weniger giftig sind als Adrenalin[2]).

ω-Nitroacetobrenzcatechin erhält man durch Einwirkung von Aluminiumchlorid auf Alkyl- oder Alkylenäther des Nitroacetobrenzcatechins[3]).

In der Adrenalinreihe wurde der Versuch gemacht, optisch aktive o-Dioxyphenyl-α-propanolamine darzustellen. Letztere unterscheiden sich vom Ephedrin und Pseudoephedrin nur durch den Eintritt zweier orthoständiger Hydroxyle in den Benzolring, vom Adrenalin aber durch die veränderte Struktur der Seitenkette. Die Spaltung geht mit Rechts-Weinsäure sehr gut, die l-Modifikation zeichnet sich durch eine stärkere blutdrucksteigernde Wirkung aus und übertrifft den Racemkörper in der Wirkung um das Zwei- bis Dreifache[4]).

Methylaminoacetobrenzcatechin behandelt man mit Alkali und Benzylhalogeniden in absolutem Alkohol und erhält Methylaminoacetobrenzcatechindibenzyläther[5]).

Alkyloxyaryl-, Dialkyloxyaryl- und Alkylendioxyarylaminopropane bzw. deren am N monoalkylierten Derivate erhält man, wenn man die entsprechenden ungesättigten Propylenverbindungen der allgemeinen Formel $R \cdot CH_2 \cdot CH : CH_2$ und $R \cdot CH : CH \cdot CH_3$ (R = Alkoxyaryl, Dialkoxyaryl oder Alkylendioxyaryl) mit Halogenwasserstoffsäuren behandelt und die so entstandenen halogenhaltigen Reaktionsprodukte mit Ammoniak oder primären aliphatischen Aminen umsetzt. Beschrieben sind α-p-Methoxyphenyl-m-propylamin, β-3.4-Dimethoxyphenylisopropylamin, die Verbindung

$O—CH_2$, O, $CH_2 \cdot CH(NH_2) \cdot CH_3$

aus Safrol und die sekundäre Base aus Safrol $CH_2 \cdot O_2 : C_6H_3 \cdot CH_2 \cdot CH\,(CH_3) \cdot NH \cdot CH_3$, ferner α-3.4-Methylendioxyphenyl-n-propylamin[6]).

Man unterwirft Alkylpolyphenole mit mehr als zwei Alkyloxygruppen im Kern dem Verfahren der Hauptpatentes. Beschrieben ist 1-γ-Brompropyl-3.4.5-trimethoxybenzol aus 1-Alkyl-3.4.5-trimethoxybenzol (Elemicin) und daraus mit Methylamin die Methylaminverbindung. Ferner das dem Mezcalin sehr nahe stehende 1-γ-Aminopropyl-3.4.5-trimethoxybenzol[7]).

Mezcalin

$CH_2 \cdot CH_2—NH_2$, $CH_3O \cdot$, $\cdot OCH_3$, OCH_3

ruft beim Menschen Kopf- und Gliederschwere und Farbenvisionen hervor. Es macht Durchfall, große Dosen töten durch Atmungslähmung.

Alkyl- und Aralkylaminomethylalkyläther der allgemeinen Formel $Alkyl \cdot O \cdot CH_2 \cdot N \cdot R_1R_2$ (R_1 = Alkyl oder Aralkyl, R_2 = Wasserstoff oder Alkyl) erhält man, wenn

[1]) Ber. d. dtsch. chem. Ges. Bd. 46, S. 1034. 1913. [2]) Schering, D.R.P. 201345.
[3]) Höchst, D.R.P. 195814. [4]) D.R.P. 269327.
[5]) E. Merck, D.R.P. 424659. [6]) D.R.P. 274350.
[7]) D.R.P. 398011, Zusatz zu D.R.P. 274350.

man 1 Mol. eines Halogenmethylalkyläthers (Halogen · CH_2 · O · Alkyl) auf 2 Mol. eines primären oder sekundären Amins der aliphatischen oder fettaromatischen Reihe einwirken läßt. Beschrieben sind N-Methoxymethylallylamin, N-Methoxymethyldiäthylamin, N-Methoxymethylhomopiperonylamin, N-Äthoxymethylhomopiperonylamin, N-Methylmethoxymethylhomopiperonylamin, N-Methoxymethyläthylhomopiperonylamin, N-Methoxymethyl-α-methylhomopiperonylamin[1]).

Man behandelt 3.4-Dioxyphenylhalogenalkylketone mit Hydroxylamin und erhält so 3.4-Dioxyphenylglyoxim oder 3.4-Dioxyphenylalkylglyoxim[2]).

Man erhält die gleiche Verbindung, wenn man Amino- oder Monoalkylaminoacetobrenzcatechine in derselben Weise mit Hydroxylamin oder dessen Salzen behandelt. Es wird sowohl der Ketonsauerstoff, als auch die Amin- oder Monoalkylamingruppe durch den Hydroxylaminrest ersetzt. Die Reaktion verläuft am besten bei Gegenwart von Essigsäure[3]).

Man gelangt zu dem gleichen Produkte, wenn man Hydroxylamin auf Dialkylaminoacetobrenzcatechine einwirken läßt[4]).

C. S. Marvel und V. du Vigneaud[5]) suchten anästhesierende und blutdrucksteigernde Wirkung in einem Molekül zu vereinigen.

Dargestellt wurden:

β-Diäthylamino-p-amino-benzoyl-α-oxyhydrinden-chlorhydrat

CH_2 · $CHN(C_2H_5)_2$ · HCl, CH — O — CO — C_6H_4 — NH_2

β-di-n-Butylamino-p-amino-benzoyl-α-oxyhydrinden chlorhydrat

CH_2 · $CHN(C_4H_9)_2$ · HCl, CH — O — CO — C_6H_4 — NH_2

α-Phenyl-β-diäthylamino-äthyl-p-aminobenzoat-chlorhydrat

C_6H_5—CH · $CH_2N(C_2H_5)_2$ · HCl, O — CO — C_6H_4 — NH_2

Keiner der Ester zeigte nennenswerte blutdruckerhöhende Wirkung. Vielmehr wirkt die zweit- und drittgenannte Verbindung schwach im entgegengesetzten Sinne.

Im Arylkern hydroxylierte Derivate der β-Chlor-α-oxy-α-aryläthane und der β-Chlor-α-bis-aryläthane erhält man, wenn man Monochloracetal auf Phenol, substituierte Phenole usw. bei Gegenwart von Säuren einwirken läßt. β-Chlor-α-oxy-α-(oxyphenyl)-äthan $C_6H_4(OH) \cdot CH(OH) \cdot CH_2Cl$ aus Phenol und Chloracetal in Gegenwart von Eisessig und konzentrierter Salzsäure. β-Chlor-α-oxy-α-(4-oxy-2-methyl-3-isopropylphenol)-äthan $C_{10}H_{12}(OH) \cdot CH \cdot (OH) \cdot CH_2Cl$ aus Chloracetal und Thymol. Die Verbindung aus 2 Mol. Thymol und 1 Mol. Chloracetal, das β-Chlor-α-bis-(4-oxy-2-methyl-3-isopropylphenyl)-äthan $[C_{10}H_{12} \cdot (OH)]_2 CH \cdot CH_2 \cdot Cl$. β-Chlor-α-oxy-α-(o-dioxyphenyl)-äthan $C_6H_3(OH)_2 \cdot CH(OH) \cdot CH_2Cl$ aus Chloracetal und Brenzcatechin. β-Chlor-α-oxy-α-(trioxyphenyl)-äthan $C_6H_2(OH)_3 \cdot CH(OH) \cdot CH_2 \cdot Cl$ aus Pyrogallol und Chloracetal. β-Chlor-α-bis-2-oxynaphthyläthan $[C_{10}H_6(OH)]_2 \cdot CH \cdot CH_2Cl$ aus Chloracetal und β-Naphthol. Die Verbindungen sind Zwischenprodukte für die Darstellung sympathomimetischer Basen[6]).

Im Arylkern hydroxylierte und alkoxylierte Derivate der β-Amino-α-oxy-α-aryläthane und der β-Amino-α-bisaryläthane erhält man, wenn man entweder Aminoacetal oder dessen N-mono- oder dialkylierte Derivate auf Phenole, substituierte Phenole, Dioxyphenole, Trioxyphenole, substituierte Trioxyphenole, Naphthole oder substituierte Naphthole bei Gegenwart von Säuren einwirken läßt oder wenn man zwecks Darstellung von im Äthylkern alkoxylierten Derivaten die freien Phenole durch die entsprechenden Alkyläther ersetzt. Die Reaktionen verlaufen in Gegenwart von Säuren, wie Salzsäure, Schwefelsäure oder Eisessig unter Abspaltung von Alkohol. Man erhält z. B.: β-Amino-α-bis-(4-oxyphenyl)-äthan aus Aminoacetal und 2 Mol. Phenol in Gegenwart von Eisessig.

β-Amino-α-bis-(4-oxy-2-methyl-3-isopropyl-phenyl)-äthan $(C_{10}H_{12} \cdot OH)_2 \cdot CH \cdot CH_2 \cdot NH_2$ aus Aminoacetal und Thymol, β-Amino-α-oxy-α-(2-amino-4-oxyphenyl)-äthan $C_6H_3(OH)$

[1]) Merck, D.R.P. 272323. [2]) D.R.P. 195655.
[3]) D.R.P. 195656, Zusatz zu D.R.P. 195655.
[4]) D.R.P. 195657, Zusatz zu D.R.P. 195655.
[5]) Journ. of the americ. chem. soc. Bd. 46, S. 2093. 1924.
[6]) O. Hinsberg, Freiburg i. Br., D.R.P. 364039.

$\cdot (NH_2)^2 \cdot (CH[OH] \cdot CH_2 \cdot NH_2)^1$ aus Aminoacetal und m-Aminophenol in Gegenwart von konzentrierter Salzsäure.

Behandelt man Aminoacetal mit Brenzcatechin in starker Salzsäure, so entsteht neben dem Chlorhydrat des Amino-bis-aryläthans das nicht krystallisierende Chlorhydrat des β-Amino-α-oxy-α-(o-dioxyphenyl)-äthans oder o-Dioxyphenyläthanolamins β-Amino-α-oxy-α-(trioxyphenyl)-äthan $C_6H_2(OH)_3 \cdot CH(OH) \cdot CH_2 \cdot NH_2$ aus Pyrogallol und Aminoacetal. β-Amino-α-oxy-α-(trioxyphenylcarbonsäure)-äthan $C_6H(OH)_3 \cdot (COOH) \cdot CH(OH) \cdot CH_2 \cdot NH_2$ aus Gallussäure und Aminoacetal.

β-Methylamino-α-oxy-α-(o-dioxyphenyl)-äthan und β-Methylamino-bis-α-(o-dioxyphenyl)-äthan entstehen nebeneinander bei der Einwirkung von Methylaminoacetal auf Brenzcatechin in Gegenwart von konzentrierter Salzsäure. Beim Verdunsten des Reaktionsgemisches scheidet sich das Chlorhydrat der Bisaryläthanaminbase krystallisiert ab; der nichtkrystallisierte Teil des Reaktionsproduktes enthält im wesentlichen o-Dioxyphenyläthanolmethylamin (Adrenalin) (?).

β-Diisoamylamino-α-oxy-α-(trioxyphenyl)-äthan aus Pyrogallol und dem durch Erwärmen von Chloracetal mit 2 Mol. Diisoamylamin erhältlichen N-Diisoamylaminoacetal. β-Amino-α-bis-(2-oxynaphthyl)-äthan aus Aminoacetal und β-Naphthol. β-Diäthylamino-α-bis-(methoxy-phenyl)-äthan aus Anisol und Diäthylaminoacetal-β-methylamino-α-bis-(dimethoxyphenyl)-äthan aus Veratrol und Methylaminoacetal. β-Amino-α-oxy-α-(trimethoxy-phenyl)-äthan aus Pyrogalloltrimethyläther und Aminoacetal[1]).

In Abänderung des D.R.P. 360607 bewirkt man bei der Darstellung von im Arylkern hydroxylierten Derivaten der β-Amino-α-oxy-α-aryläthane und der β-Amino-α-bisaryläthane die Kondensation der Phenole, Naphthole oder deren Substitutionsprodukte mit Aminoacetal oder dessen N-mono- oder dialkylierte Derivate durch Erhitzen mit Salzsäure unter Druck.

Aus Phenol und Aminoacetal erhält man α-p-Oxyphenyl-β-aminoäthanol. Erwärmt man Brenzcatechin mit 1 Mol. Methylaminoacetal bei Gegenwart von verdünnter Salzsäure unter Druck auf 100°, so entsteht in guter Ausbeute Adrenalin.

Aus p-Kresol und Aminoacetal entsteht unter gleichen Bedingungen das sehr zersetzliche β-Amino-α-oxy-α (l-oxy-4-methylphenyl)äthan[2]).

Glycyl-p-oxyphenyläthylamin, d-l-Alanyl-p-oxyphenyläthylamin, Glycyl-β-imidazolyläthylamin zeigen alle eine geringere Toxizität als die zugrunde liegenden Basen, so daß die Kuppelung der Amine mit einem Aminoacylrest eine Entgiftung bedeutet[3]).

Glycylverbindungen aus p-Oxyphenyläthylamin und β-Imidazoläthylamin erhält man, wenn man diese Amine mit Halogenacylchloriden kuppelt und die erhaltenen Halogenacylamine mit Ammoniak behandelt. Dargestellt wurde Glycyl-p-oxyphenyläthylamin, Glycyl-β-imidazolyläthylamin und Alanyl-p-oxyphenyläthylamin. Die Glycinderivate sind viel weniger giftig als die ihnen zugrunde liegenden Basen[4]).

Nicotin.

Moore und Row[5]) untersuchten vergleichend die drei Alkaloide Piperidin, Coniin und Nicotin, und fanden, daß sie in ihrer physiologischen Wirkung sehr ähnlich sind, obgleich die Intensität derselben variiert. Die Ähnlichkeit ist nach Ansicht dieser Forscher durch die Gegenwart eines reduzierten N-haltigen Ringes in jedem Molekül bedingt und die Verstärkung der Wirkung wird durch die Einführung eines organischen Radikales als Seitenkette in den Ring verursacht. Neben anderen, hier nicht in Betracht kommenden ähnlichen physiologischen Wirkungen ist der arterielle Blutdruck enorm erhöht, bedingt durch die Verengerung der kleinsten Arterien und nicht durch eine erhöhte Herzaktion. Die Konstriktion der kleinsten Arterien verläuft unabhängig vom Zentralnervensystem.

---

[1]) O. Hinsberg, Freiburg i. Br., D.R.P. 360607 u. 364046, Zusatzpatent zum vorigen. Ber. d. dtsch. chem. Ges. Bd. 56, S. 852. 1923.

[2]) O. Hinsberg, Freiburg i. Br., D.R.P. 373286, Zus. zu D.R.P. 360607.

[3]) Guggenheim, M.: Biochem. Zeitschr. Bd. 51, S. 369. 1913.

[4]) Hoffmann-La Roche: D.R.P. 281912.

[5]) Journ. of physiol. Bd. 22, S. 273.

Die blutdrucksteigernde Wirkung des Nicotins unterscheidet sich jedoch dadurch von der Wirkung des Adrenalins, daß die Wirkung nicht so lange anhält und ferner bei Verwendung von Nicotin nach der eingetretenen maximalen Steigerung ein Absinken des Druckes unter die Norm erfolgt.

Nicotin hat, eine so große Bedeutung es auch als Genußmittel besitzt, in der neueren Medzin nur eine sehr beschränkte Anwendung, und zwar ausschließlich als äußerlich angewendetes Mittel erlangt. Das salicylsaure Salz des Nicotins wird unter dem Namen Eudermol als Scabiesmittel empfohlen.

Nicotin macht die stärkste Wirkung, welche auf den Methylpyrrolidinring zurückzuführen ist. Pinners Metanicotin,

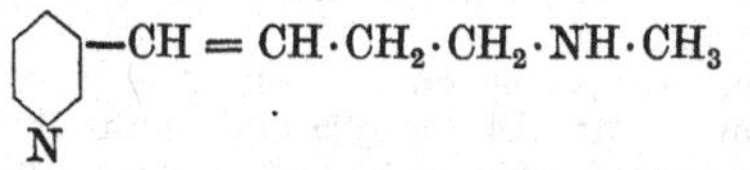

$$\underset{N}{\bigcirc}\text{—}CH = CH\cdot CH_2\cdot CH_2\cdot NH\cdot CH_3$$

welches keinen Pyrrolidinring enthält, erzeugt[1]) Vergiftungssymptome wie Nicotin, ist aber erst in ungefähr neunfacher Dosis und erst nach doppelt so langer Zeit letal wirksam. N-Methyl-β-pyrryl-m-pyridin (Nikotyrin) wirkt nicht wie Nicotin. Nicotein (β-l-Methyl-Δ_3-pyrrolylpyridin)

Nikotyrin: Pyridinring (N)—C=CH–CH=CH–N(CH₃) (Ring: HC–CH, ‖ ‖, –C CH, N, CH_3)

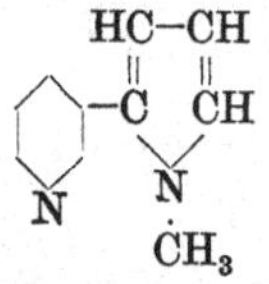

Nicotein: Pyridinring (N)—HC–CH=CH–CH_2–N(CH₃) (Ring: HC=CH, | |, –HC CH_2, N, CH_3)

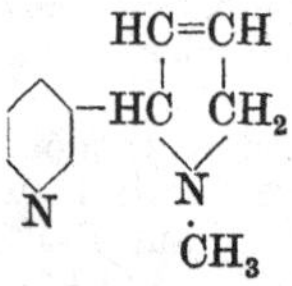

ist weit giftiger als Nicotin[2]). Dihydronicotin wirkt ähnlich wie l-Nicotin[3]). Coniin wirkt stärker als Piperidin, was durch die Gegenwart der Propylseitenkette verursacht wird.

Für die Darstellung von Piperidin und Dihydrochinolin schlägt F. Ahrens[4]) die elektrolytische Reduktion des Pyridins und Chinolins vor. Die Basen werden in verdünnter Schwefelsäure gelöst und elektrolysiert. Aus den resultierenden schwefelsauren Lösungen der hydrierten Basen werden diese durch Alkalien abgeschieden und dann gereinigt[5]). Diese elektrolytische Reduktion hängt aber von der Menge der Säure, den Elektroden und der Reinheit der Materialien ungemein ab[6]). Man erhält so Piperidin und Dihydrochinolin und billiger als mittels Reduktion mit Natrium in alkoholischer Lösung.

Die beiden α-Aminonicotine, und zwar die Racemkörper[7])

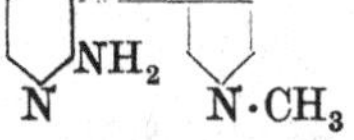

Pyridinring (N) mit NH_2 — Pyrrolidinring ($N\cdot CH_3$) und NH_2 — Pyridinring (N) — Pyrrolidinring ($N\cdot CH_3$)

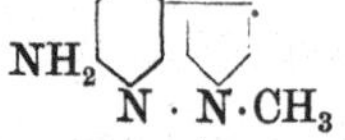

und das α'-Oxynicotin üben auf den Blutdruck und das Herz und das zentrale Nervensystem im allgemeinen nicotinähnliche Wirkungen aus, doch sind sie bedeutend weniger toxisch als Nicotin.

Die Behandlung des Nicotins mit Wasserstoffsuperoxyd[8]) führt zum Oxynicotin $C_{10}H_{14}N_2O$, welches ähnlich, aber viel schwächer wirkt als Nicotin selbst. Pinner fast Oxynicotin als einen Aldehyd auf, der durch Aufspaltung des Pyrrolidinringes entstanden ist, ähnlich wie aus Piperidin durch Wasserstoffsuperoxyd δ-Aminovaleraldehyd entsteht.

---

[1]) Falck u. Ringhardtz: Diss. Kiel. 1895.

[2]) Ber. d. dtsch. chem. Ges. Bd. 25. S. 1901. 1892; Bd. 34, S. 704. 1901.

[3]) Blau: Ber. d. dtsch. chem. Ges. Bd. 26, S. 628, 1029. 1893.

[4]) Zeitschr. f. Elektrochem. Bd. 2, S. 577.

[5]) D.R.P. 90308. [6]) D.R.P. 104664.

[7]) Tschitschibabin, A. E. u. A. W. Kirssanow: Ber. d. dtsch. chem. Ges. Bd. 57, S. 1163. 1924.

[8]) Bunge, v.: Arb. d. pharmakol. Inst. in Dorpat (Kobert). Bd. XI—XII, S. 131 u. 206.

Cytisin wirkt nach Dale und Laidlaw[1]) sehr ähnlich wie Nicotin.

Ewins-Formel — Späth — Freund und Gauff

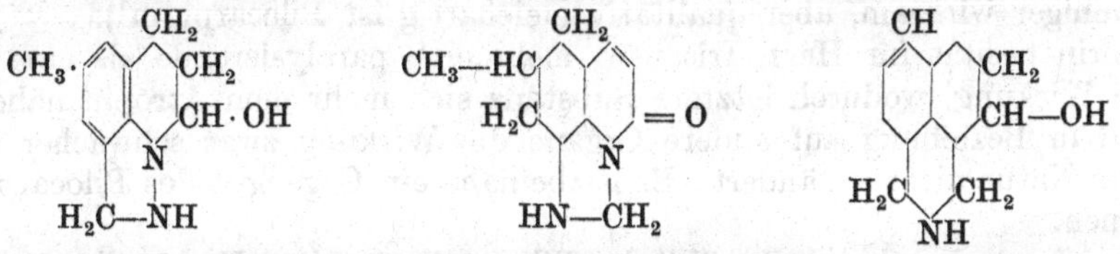

In α-Stellung alkylierte Derivate des Pyrrols erhält man, wenn man nach den für die Einführung von einwertigen Alkoholradikalen üblichen Methoden die Radikale mehrwertiger Alkohole oder ihrer Derivate in die α-Stellungen des Pyrrols einführt[2]).

Alkohole der Pyrrolidinreihe erhält man, wenn man Pyrrole mit Alkoholgruppen in einer Seitenkette in saurer Lösung mit Wasserstoff in Gegenwart eines katalytisch wirkenden Metalles der Platingruppe, gegebenenfalls unter Druck, behandelt. Beschrieben sind 1-Pyrrolidylisopropylalkohol und N-Propandiolpyrrolidin[3]).

Alkohole der Pyrrolidinreihe erhält man, wenn man die acidylierten Pyrrole der allgemeinen Formel

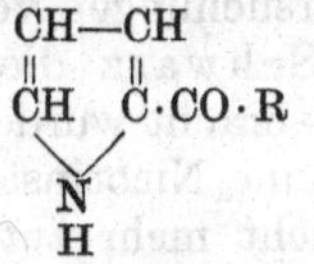

CH—CH
‖ ‖
CH C·CO·R
N
H

(R = Alkyl) in alkoholischer Lösung mit alkalischen Reduktionsmitteln behandelt. Beschrieben ist die Darstellung von Pyrrolidinalkohol aus 2-Acetylpyrrol usf.[4]).

4-Oxypiperidin

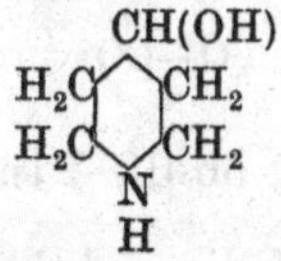

CH(OH)
H_2C CH_2
H_2C CH_2
N
H

erhält man aus Oxypyridin bei Behandlung mit Alkalimetallen und Alkoholen oder mit gasförmigem Wasserstoff bei Gegenwart von Katalysatoren der Platingruppe[5]).

Pilocarpin.

Dieses Alkaloid ist in seinen Wirkungen dem Nicotin sehr verwandt. Außerdem kommen ihm ungemein sekretionsbefördernde Eigenschaften zu und seine therapeutische Bedeutung liegt darin, daß es einerseits als schweiß- und überhaupt sekretionsbeförderndes Mittel verwendet wird, andererseits aber in den Folgen dieser sekretionsbefördernden Wirkung, nämlich der erhöhten Aufnahme von Flüssigkeiten, namentlich aus Exsudaten, so daß es als Resorbens benützt wird. Ferner bewirkt Pilocarpin starke Myosis.

Pilocarpin ist nach den Untersuchungen von Pinner und Schwarz[6]) ein Glyoxalinderivat:

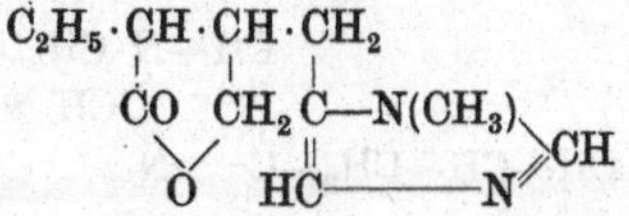

C_2H_5·CH·CH·CH_2
CO CH_2 C—$N(CH_3)$
O HC——N CH

Isopilocarpin und das ihm stereoisomere Pilocarpin sind 1.5-substituierte Glyoxaline.

---

1) Journ. of pharmacol. a. exp. therapeut. Bd. 6, S. 147.
2) Bayer, D.R.P. 279197.
3) Bayer, D.R.P. 283333.
4) Bayer, D.R.P. 282456.
5) Emmert, D.R.P. 292456.
6) Pinner u. Kohlhammer: Ber. d. dtsch. Ges. Bd. 33, S. 2357. 1900. — Pinner u. Schwarz: Ebenda, Bd. 35, S. 192, 2441. 1902. — Jowett: Proc. of chem. soc. (London). Bd. 19, S. 54.

Pilocarpin wirkt auf das Herz wie die elektrische Vagusreizung, Isopilocarpin, welches dem Pilocarpin isomer, wirkt wie Pilocarpin, aber schwächer. Noch weniger wirksam, aber qualitativ gleichartig ist Pilocarpidin[1]).

Jaborin besitzt für Herz, Iris usw. mehr eine paralysierende als eine erregende Wirkung, wodurch letztere Substanz sich mehr dem Atropin nähert, während in Beziehung auf andere Organe die Wirkung zwar schwächer ist, aber ihre Natur nicht verändert. Es ist beinahe ein Gegengift des Pilocarpins zu nennen.

Curci fand, daß der größte Teil des Pilocarpins in einer Verbindung durch den Urin ausgeschieden wird, aus dem es wieder dargestellt werden kann. Es würde demnach als Pilocarpinat ausgeschieden. Curci hat eine krystallinische Substanz aus dem Harn dargestellt, die außer der Pilocarpinreaktion besondere charakteristische Phenolreaktionen zeigt.

Alle älteren physiologischen Untersuchungen über die Abbauprodukte des Pilocarpins, sowie die daran geknüpften Spekulationen haben den Boden verloren, seitdem durch die Untersuchungen von Jowett, Pinner und Kohlhammer, sowie Pinner und Schwarz die frühere Auffassung der Konstitution des Pilocarpins zu Fall gebracht wurde. Die Oxydation des Pilocarpins liefert eine N-freie Säure, aber keine Nicotinsäure, so daß die Annahme, Pilocarpin sei ein Pyridinderivat, nicht mehr zutreffend ist. Ferner wurde die Existenz einer NH- und einer NCH_3-Gruppe nachgewiesen und eine N-freie Lactonsäure

```
CH3\
CH3/CH·CH·COOH
     |    |
     O——CO
```

aus dem Pilocarpin dargestellt.

Jowett läßt die Frage offen, ob die Pinnersche Formel oder die Formel

```
C2H5·CH—CH·CH2·C————N\
     |    |        ||     >CH  die richtige ist.
     CO  CH2       CH·N(CH3)/
      \  /
       O
```

Jowett[2]) fand, daß Isopilocarpin sich mit alkoholischem Kali in Pilocarpin umwandeln läßt, weshalb beiden Alkaloiden folgende Formeln zukommen:

```
          Pilocarpin                                Isopilocarpin
       +    +                                    −    +
C2H5·CH·CH·CH2·C·N(CH3)\              C2H5·CH·CH·CH2·C·N(CH3)\
     |   |       ||      >CH               |   |       ||      >CH
     CO CH2      CH———N/                   CO CH2      CH———N/
      \ /                                   \ /
       O                                     O
```

Pilocarpidin ist die dem Pilocarpin entsprechende Iminoverbindung, denn durch Methylierung geht es in Pilocarpin und eine isomere Base neo-Pilocarpin

```
                          CH—N·CH3
                          ||     \
                          ||      >CH
C2H5·CH—CH—CH2—C———N/
     |    |
     CO  CH2
      \  /
       O
```

über. Die physiologische Wirkung des neo-Pilocarpins ist nur schwach[3]).

---

[1]) Marshall: Journ. of physiol. Bd. 31, S. 120.

[2]) Arch. internat. de pharmaco-dyn. et de thérapie. Bd. 14, S. 75. 1905.

[3]) Burtles, R., F. L. Pyman u. J. Roylance: Journ. of the chem. soc. (London). Bd. 127, S. 581. 1925.

Oxaläthylin = 1 · Äthyl-2-methyl-imidazol[1])

$$\begin{matrix} CH\cdot N(C_2H_5) \\ \overset{..}{C}H\cdot N \end{matrix} \gg C\cdot CH_3$$

wirkt wie Atropin.

Chloroxaläthylin ist 1-Äthyl-2-methyl-4- oder -5-chlorimidazol

$$\begin{matrix} HC\cdot N(C_2H_5) \\ Cl\cdot \overset{..}{C}\cdot N \end{matrix} \gg C\cdot CH_3 \quad \text{oder} \quad \begin{matrix} Cl\cdot C\cdot N(C_2H_5) \\ H\cdot \overset{..}{C}\cdot N \end{matrix} \gg C\cdot CH_3$$

Diese beiden von Wallach dargestellten Basen, die chlorhaltige und chlorfreie, schließen sich in bezug auf die Wirkung auf den kardialen Hemmungsapparat der Atropingrupppe an. Oxaläthylin wirkt auf das Gehirn wie Atropin, Chloroxaläthylin ähnlich wie Chloralhydrat und Morphin. Oxaläthylin erweitert die Pupille, die gechlorte Verbindung aber nicht. Die Anwesenheit des Chlors in dieser organischen Verbindung nimmt ihr, dem Gehirn gegenüber, den Charakter der erregenden Wirkung und gibt ihr den der narkotisierenden. Beide Basen rufen nach Injektion wohl erhöhte Reflexerregbarkeit hervor, aber die chlorhaltige wirkt dann stark narkotisch, so daß das Chlor von Bedeutung ist für das Nichtzustandekommen der Erregungszustände.

Strychnin.

W. H. Perkin jun. und Robert Robinson fassen das Strychnin in der Weise auf, daß sie als Kern einen Chinolin- und einen Carbozolkomplex annehmen. Diese beiden Komplexe sind so verbunden, daß der Stickstoff der Chinolingruppe säureamidartig gebunden erscheint und der Stickstoff des Carbazols tertiär ist[2]).

Strychnin.

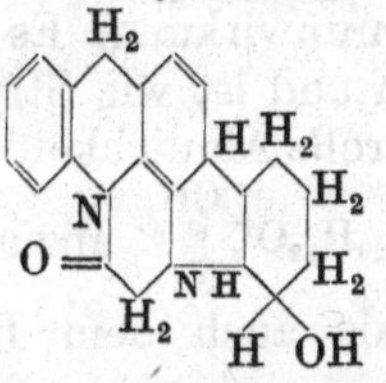

H2, H, H2, N, H2, O=, NH, H2, H2, H OH

Bei der Hydrierung des Strychnins gelangt man zu einer schwächer wirkenden Verbindung.

Über die Beziehungen zwischen Aufbau und Wirkung beim Strychnin verdanken wir den Untersuchungen von Tafel[3]) einige sehr wertvolle Aufschlüsse.

Bei der Einwirkung von Jodwasserstoff und Phosphor auf Strychnin entsteht unter Eliminierung des einen der beiden Sauerstoffatome und Addition von vier Wasserstoffatomen Desoxystrychnin.

$$\underset{\text{Strychnin}}{C_{21}H_{22}N_2O_2} + 6\,H = \underset{\text{Desoxystrychnin}}{C_{21}H_{26}N_2O} + H_2O\ .$$

Letzteres ist in seinen Giftwirkungen qualitativ dem Strychnin ähnlich, aber quantitativ bedeutend abgeschwächt. Es ist bitterer als Strychnin. Sicherlich stammt der Sauerstoff nicht aus dem Carbonyl, denn Desoxystrychnin geht beim Erhitzen mit Natriumalkoholat in die Desoxystrychninsäure über.

$$\underset{\text{Desoxystrychnin}}{N \equiv C_{20}H_{26} \begin{matrix} CO \\ | \\ N \end{matrix}} + H_2O \rightarrow \underset{\text{Desoxystrychninsäure}}{N \equiv C_{20}H_{26} \begin{matrix} COOH \\ NH \end{matrix}}$$

---

[1]) Schulz, W.: Arch. f. exp. Pathol. u. Pharmakol. Bd. 13, S. 304; Bd. 16, S. 256.

[2]) Journ. of the chem. soc. (London). Bd. 97, S. 305. 1910.

[3]) Liebigs Ann. d. Chem. Bd. 264, S. 44; Bd. 268, S. 229; Bd. 301, S. 289.

Aus dem Desoxystrychnin läßt sich auch das zweite Sauerstoffatom durch weitere Reduktion entfernen, und zwar entsteht durch elektrolytische Reduktion in schwefelsaurer Lösung Dihydrostrychnolin.

Desoxystrychnin Dihydrostrychnolin

$$N\equiv C_{20}H_{26}\lessgtr^{CO}_{N} \rightarrow N\equiv C_{20}N_{26}\lessgtr^{CH_2}_{N} + H_2O$$

Dieses Dihydrostrychnolin ist aber kein Krampfgift mehr. Dieses zweite Sauerstoffatom scheint also für die Wirkung des Strychnins notwendig zu sein, denn wenn man Strychnin mit Jodwasserstoff und Phosphor und später mit Natrium und Amylalkohol behandelt, so entsteht Strychnolin.

Strychnin Strychnolin

$$N\equiv C_{20}H_{22}O\lessgtr^{CO}_{N} + 6\,H \rightarrow N\equiv C_{20}H_{24}\lessgtr^{CH_2}_{N} + 2\,H_2O$$

Dieses Strychnolin ist ebenfalls kein Krampfgift mehr.

Es geht also mit dem Übergang der Atomgruppierung

CO / N (am Benzolring) in CH₂ / N (am Benzolring)

die spezifische krampferregende Strychninwirkung verloren.

Hingegen hat Strychnidin $C_{21}H_{24}N_2O$, durch elektrolytische Reduktion von Strychnin gewonnen, Strychninwirkung. Es steht in der Wirkung zwischen Desoxystrychnin und Strychnin und ist wie Strychnin bitter. Chemisch, aber nicht physiologisch hat es eine große Ähnlichkeit mit Dihydrostrychnolin, daher ist vielleicht die Formel $N\equiv C_{20}H_{22}O\lessgtr^{CH_2}_{N}$ anzunehmen.

Sowohl dem Strychnolin als auch dem Dihydrostrychnolin fehlt jede krampferregende Wirkung.

Tafel untersuchte, ob nicht, wie beim Piperidon, so auch im Strychnin, eine piperidonartige Atomgruppierung die Rückenmarkwirkung verursacht. Zur Entscheidung dieser Frage eignet sich am besten die elektrolytische Reduktion des Strychnins, dieselbe führt zu zwei Basen, dem Tetrahydrostrychnin und dem Strychnidin

Tetrahydrostrychnin Strychnidin

$$(C_{20}H_{22}O)\lessgtr^{N}_{NH}CH_2\cdot OH \qquad (C_{20}H_{22}O)\lessgtr^{N}CH_2 - N$$

Pyrrolidon wirkt wie Strychnin[1]), Piperidon wirkt nach Schotten ebenfalls strychninähnlich[2]). Nach Carl Jacobj[3]) aber wirken beide Substanzen pikrotoxinähnlich. Piperidon und Pyrrolidon enthalten wie Strychnin die = N—CO-Gruppe und haben, wie dieses, krampferregende Wirkung. Pyridon und Pyrazolon haben die gleiche Gruppe, aber keine krampferregende Wirkung. Dem Strychnol fehlt dieser Komplex, es zeigt aber Strychninwirkung[4]).

1) Gabriel, S.: Ber. d. dtsch. chem. Ges. Bd. 23, S. 1773. 1890.
2) Ber. d. dtsch. chem. Ges. Bd. 21, S. 2243. 1888.
3) Arch. f. exp. Pathol. u. Pharmakol. Bd. 50, S. 199. 1903.
4) Paderi, Cesare: Arch. di farmacol. sperim. e scien. aff. Bd. 18, S. 66. 1914.

α'-Dimethyl-β-isopropyliden-α-pyrrolidon gehört wie Piperidon selbst zu den Medullarkrampfgiften. 0.01 g tötet eine Maus unter heftigen Konvulsionen sehr rasch[1]).

Aus dem Vergleiche der physiologischen Wirkungen des Tetrahydrostrychnins und Strychnidins folgert Tafel, daß die eminente Wirkung des Strychnins als Rückenmarks- und Krampfgift gerade dem Zusammentreffen zweier in demselben Sinne wirksamer sauerstoffhaltiger Gruppen in seinem Moleküle zuzuschreiben ist. Wird eine Gruppe durch Reduktion verändert, so tritt nur eine Schwächung der Krampfwirkung ein, erst wenn beide reduziert sind, hört die Krampfwirkung überhaupt auf. Dihydrostrychnolin macht in 2-mg-Dosen keine andere Erscheinung als Gelbfärbung der Frösche. 5—10 mg machen starke Lähmungserscheinungen, aber keine Krämpfe. Im Strychnin sind jedenfalls eine große Zahl ringförmiger, zum größten Teil hydrierter Gruppen aneinandergegliedert. Strychnidin erzeugt in 2-mg-Dosen typische Strychninkrämpfe.

Methylstrychnin, aus Methylstrychninium erhalten, ist nicht bitter und wirkt nach Dietrich Gerhardt wie Strychnin, es ist eine sekundäre Base[2]).

$$\text{Methylstrychnin}\quad (C_{20}H_{22}O){<}\begin{array}{l}N{<}CH_3\\ CO\cdot O\\ NH\end{array}$$

Äthylstrychninsulfat wirkt schwächer als die Methylverbindung[3]).

0.0006 g Strychninbrombenzylat $C_{21}H_{22}N_2O_2 \cdot C_6H_5 \cdot CH_2 \cdot Br$ bewirken bei Fröschen anhaltende völlige Lähmung. Wenn Erholung eintritt, so folgt ein Stadium der Überregbarkeit, häufig in der Art der Strychninwirkung. Nicht zur Lähmung führende Dosen haben ausschließlich diese Wirkung. Die Intensität der Wirkung ist stärker als die des Strychnins.

Oxäthylstrychnin führt nach Vaillant und Vierordt zu 4—5 mg bei Fröschen und zu 25 mg bei Kaninchen den Tod herbei. Die Vergiftungserscheinungen halten die Mitte zwischen Strychnin und Curare.

Strychninjodessigsäuremethylester $C_{21}H_{22}N_2O_2 \cdot JCH_2 \cdot COO \cdot CH_3$ und Brucinbrombenzylat $C_{23}H_{26}N_2O_4 \cdot C_6H_5 \cdot CH_2Br$ erzeugen in Dosen von 1,5 mg völlige Lähmung. 0,1 g des Strychninjodessigsäuremethylesters wirken intern auf Kaninchen gar nicht[4]).

Isostrychninsäure $(C_{20}H_{22}O){<}\begin{array}{l}N\\ COOH\\ NH\end{array}$ besitzt noch vollkommen die giftigen Eigenschaften des Strychnins. 0,0005 g töten Frösche.

Trägt man Natrium in eine siedende alkoholische Lösung von Strychnin, so entsteht eine kleine Menge eines neuen Alkaloids, des Strychninhydrürs, welches ausgesprochen lähmend wirkt und durch Atmungsstillstand bald zum Tode führt[5]).

Wenn man Strychnin auf 140° oder Strychnol auf 200° mit Wasser erwärmt, so erhält man eine Base

$$(C_{20}H_{22}NO){<}\begin{array}{l}CO\\ \cdot\\ N\end{array} + 3H_2O$$

welche Amé Pictet und Bacovescu[6]) Isostrychnin nennen. Es macht Krampferscheinungen und Tod durch Atmungslähmung. Der Respirations-

---

[1]) Pauly u. Hültenschmidt: Ber. d. dtsch. chem. Ges. Bd. 36, S. 3351. 1903, von H. Hildebrandt untersucht. [2]) Tafel, Julius: Liebigs Ann. d. Chem. Bd. 264, S. 33.
[3]) Loos, Fr.: Diss. Gießen. 1870.
[4]) Hildebrandt, H.: Arch. f. exp. Pathol. u. Pharmakol. Bd. 53, S. 76. 1905.
[5]) Dreser, H.: Tagebl. d. Braunschw. Naturf.-Versamml. 1897.
[6]) Soc. de chim. de Genève. Bd. 13, IV. 1905.

stillstand ist durch die curareartige Wirkung bedingt. Vorher macht Isostrychnin Steigerung der Reflexerregbarkeit, unter Umständen Tetanus. Das Gift wird anscheinend im Organismus schnell zerstört oder ausgeschieden[1]). Dies ist optisch inaktiv und nach Untersuchungen von Wiky ungefähr 30 mal weniger giftig als Strychnin, die physiologische Wirkung ähnelt dem Curare.

Tetrahydrostrychnin macht in 0.5-mg-Dosen Krampferscheinungen.

Tetrachlorstrychnin und Hexachlorbrucin sind ungiftige und für Hunde ganz unschädliche Substanzen[2]).

Strychninoxyd $\begin{matrix} CO \\ \dot{N} \end{matrix}\!\!>\!(C_{20}H_{22}O) \vdots N{:}O$ macht ähnliche Erscheinungen wie Strychnin, es ist chemisch ein Aminoxyd; die krampferregende Wirkung ist ziemlich abgeschwächt, während die paralysierende Wirkung intensiver hervortritt. Die Giftigkeit ist erheblich kleiner als die des Strychnins[3]).

Strychninbetain ist viel weniger giftig als Strychnin[4]).

Emetin.

Emetin ist der Monomethyläther von Cephaelin. Bei der Oxydation gibt es 6.7-Dimethoxyisochinolin-1-carbonsäure.

In der Ipecacuanha kommt neben Emetin noch Cephaelin und Psychrotin vor. Emetin ist von Cephaelin nur durch das Plus einer Methylgruppe verschieden. Man kann durch Methylierung des Cephaelins zum Emetin gelangen. Emetin ist das giftigste, Emetäthylin schwächer wirksam, Emetpropylin nur ein Drittel so wirksam.

Auch die Brechwirkung des Emetins wird bei den Homologen immer geringer, wie A. Ellinger gezeigt hat[5]).

Emetin und Isoemetin sind stereoisomer. Isoemetin ist nur halb so giftig wie Emetin (H. H. Dale).

Cephaelin und Emetin (Methyläther des Cephaelins) zeigen eine sehr ähnliche pharmakologische Wirkung, doch ist Emetin stärker in der Wirkung auf Amöben und Protozoen, schwächer als Reizmittel, Emeticum und in der Giftwirkung. Die höheren Äther des Cephaelins, Homologe des Emetins, zeigen eine abfallende Giftwirkung bei den Äthern der höheren Alkohole. Untersucht werden: Cephaelinäthyläther, sowie Propyl-, Isopropyl-, n-Butyl-, Isobutyl-, Tertiärbutyl-, Isoamyl- und Allyläther[6]).

Die emetische Wirkung ist doppelt so groß beim Emetin wie beim Cephaelin, während sie bei den höheren Homologen ziemlich im gleichen Verhältnis wie die Giftwirkung abnimmt. Die Reizwirkung auf die Conjunctiva ist am stärksten bei Emetin und Cephaelin, am geringsten bei Cephaelinisoamyläther. Bei intramuskulärer Injektion wirkt der Isoamyläther am stärksten, und die übrigen, schwächer wirksamen zeigen keine deutlichen Unterschiede[7]).

Die Propyl- und Isoamyläther des Cephaelins wirken auf Amöben stärker als Emetin. Beide, wie auch der Butyläther, sind auch weit stärker wirksam gegen Paramaecien, am stärksten der Isoamyläther (etwa 15—20 mal so stark wie Emetin). Auch gegenüber Bakterien wirken die höheren Homologen weit

---

1) Bacovescu u. Pictet: Ber. d. dtsch. chem. Ges. Bd. 38, S. 2792. 1905.

2) Coronedi bei Minunpi u. Cuisa: Gazz. chim. ital. Bd. 34, II, S. 361.

3) Untersuchungen von Babel, Amé Pictet u. Mattisson: Ber. d. dtsch. chem. Ges. Bd. 38, S. 2786. 1905.

4) Frerichs, G.: Zeitschr. f. angew. Chem. 1914, Nr. 47, S. 352.

5) Ellinger, A. bei P. Karrer: Ber. d. dtsch. chem. Ges. Bd. 49, S. 2057. 1916.

6) Walters, A. L. u. E. W. Koch: Journ. of pharmacol. a. exp. therapeut. Bd. 10, S. 73. 1917.

7) Walters, A. L., C. R. Eckler und E. W. Koch: Journ. of pharmacol. a. exp. therapeut. Bd. 10, S. 185. 1917.

stärker als Emetin. Staphylococcus aureus wird durch den Propyläther in Lösung 1 : 222, durch den Isoamyläther sogar in Lösung 1 : 4120 abgetötet[1]).

Emetinhydrochlorid besitzt gewisse bactericide Eigenschaften, besonders bei längerer Einwirkung, doch sind diese verhältnismäßig schwach. Auch trypanocide Wirkungen in vitro besitzt dieses Alkaloid, welche aber mit der Wirkung auf Amöben nicht zu vergleichen ist[2]).

Die Ausscheidung des Emetins nach intravenösen und subcutanen Injektionen ist sehr unregelmäßig und dauert sehr lange. Es findet eine Anhäufung von Emetin im Körper statt, die die kumulative Wirkung bei der therapeutischen Anwendung des Emetins erklärt[3]).

Emetin ist ähnlich wie Papaverin sehr wahrscheinlich ein Isochinolinderivat. Emetin enthält wie Papaverin einen Dimethoxychinolinring, es lähmt die glatte Muskulatur der Organe, kleine Dosen erregen die Peristaltik. Die Wirkung ist eine direkte. Ebenso wirken Papaverin, Narkotin, Chelidonin[4]).

Die Hauptwirkung des Emetins besteht in einer Lähmung der gesamten glatten Körpermuskulatur und gleicht in dieser Hinsicht der des Papaverin. Emetin und Papaverin zeigen eine intensive Giftwirkung auf Protozoen. Emetin kommt in seiner Wirkungsstärke auf Paramaecium caudatum dem Chinin nahezu gleich und übertrifft die Papaverinwirkung, während in allen anderen Fällen Papaverin bei Anwendung der stärkeren Konzentrationen intensiver wirkt und insbesondere auf Trypanosomen eine bei weitem stärkere Wirkung entfaltet als Emetin; durchaus analog dem Papaverin verhält sich das ihm in seiner chemischen Konstitution und Wirkung auf die Darmmuskulatur verwandte Narkotin. Morphin steht im Gegensatz zu diesen drei Isochinolinderivaten[5]).

Die Morphingruppe wirkt auf Paramaecien nicht oder nur wenig giftig, die Papaveringruppe ist stark wirksam.

Emetinwismutjodid wird statt des Chlorhydrates gegen Amöbendysenterie empfohlen; es ist in verdünnten Säuren nicht löslich, löst sich aber in Alkalien[6]).

Emetin erhält man aus Cephaelin durch Methylierung mit Diazomethan[7]).

Cephaelinhydrochlorid ist ein gutes Emeticum, wie Emetin.

Isoemetin ist das Reduktionsprodukt des Dehydroemetins, welches dieselbe Bruttoformel wie Emetin hat.

G. C. Low fand, daß bei Amöbendysenterie Emetin Erbrechen hervorruft, aber auch die Amöbe zum Verschwinden bringt, während Isoemetin verhältnismäßig gut vertragen wird und keine Wirkung auf die Amöbe hat[8]).

Emetin und Isoemetin sind bei Mäusen intravenös annähernd gleich giftig, während bei subcutaner Injektion die erträglichen Dosen recht weit auseinanderliegen, indem von dem Isoemetin ungefähr das Vierfache der Emetindosis von Mäusen ertragen wird[9]).

Emetin wirkt gut bei Bilharziose (ägyptische Hämaturie), es tötet auch die Embryonen, welche in den Eiern von Distomum haematobium eingeschlossen sind[10]).

---

1) Walters, A. L., W. F. Baker und E. W. Koch: Journ. of pharmacol. a. exp. therapeut. Bd. 10, S. 341. 1917.

2) Kolmer, John A. u. Alban J. Smith: Journ. of infect. dis. Bd. 18, S. 247, 66.

3) Mattai, Charles: Cpt. rend. des séances de la soc. de biol. Bd. 83, S. 225. 1920.

4) Pick, E. P. u. R. Wasicky: Arch. f. exp. Pathol. u. Pharmakol. Bd. 80, S. 147. 1917.

5) Pick, E. P. u. R. Wasicky: Wien. klin. Wochenschr. Bd. 28, S. 590. 1915.

6) Lancet. Bd. 191, S. 183, 311. 1916.

7) D.R.P. 298678.

8) Pymann, Frank Lee: Journ. of the chem. soc. (London). Bd. 113, S. 222. 1918.

9) Parrer, P.: Ber. d. dtsch. chem. Ges. Bd. 50, S. 528. 1917.

10) Cawston, F. G.: Brit. med. journ. 1921, II, S. 1031. — Tsykalas: Wien. klin. Wochenschr. 1921, Nr. 48, S. 579.

Viertes Kapitel.

Schlafmittel und Inhalationsanaesthetica.

Allgemeines.

Über die chemischen Ursachen des natürlichen Schlafes existiert keine Theorie, welche halbwegs auf Tatsachen gestützt wäre.

Daß bestimmte Produkte des Stoffwechsels sich während des wachen Zustandes anhäufen und diese dann Schlaf verursachen, ist vielleicht zu konzedieren, es wird auf diese Weise erklärlicher, warum man nach körperlichen Strapazen rascher und in einen tieferen Schlaf verfällt. Von größtem Interesse für die Pharmakologie wäre gewiß die chemische Erkenntnis dieser Ermüdungsstoffe, welche den normalen Schlaf erzeugen, da ihre Darstellung und Verwendung sicherlich die unschädlichsten Schlafmittel bieten würde.

Unser nervöses Zeitalter, dem kaum die große Menge synthetischer Antinervina genügt, hat auch unter der Schlaflosigkeit so zu leiden, daß es für den Arzt ein Bedürfnis ist, eine erhebliche Anzahl von Schlafmitteln zu besitzen, um abwechseln zu können und um die Angewöhnung an eine bestimmte Substanz zu vermeiden, um so mehr als einzelne bei der Angewöhnung in ihrer Wirkung versagen. Während früher nur Opium und Alkohol als Schlafmittel bekannt war, verfügen wir nun dank der Erweiterung unserer Kenntnisse über eine sehr stattliche Reihe.

Diese große Reihe läßt sich aber auf einige chemische Grundprinzipe reduzieren. Naturgemäß treten die verschiedensten Varianten als neue Arzneimittel auf.

Wir wissen, daß die Kohlenwasserstoffe der aliphatischen Reihe narkotische Eigenschaften zeigen, die durch Eintritt einer Hydroxylgruppe, die Bildung von Alkoholen, noch deutlicher zur Erscheinung kommen.

Die Hydroxylgruppe ist also nicht das Wirksame für die Hypnose, sondern der Alkylrest. Die Hydroxylgruppe stellt nur den Verankerungspunkt vor.

Diese narkotische Eigenschaft der Kohlenwasserstoffe ist also die Grundursache der narkotischen Effekte der Alkohole einerseits, andererseits aller Verbindungen, deren schlafmachende Wirkung auf der Gegenwart von Alkylgruppen beruht. Dabei ist zu bemerken, daß die hypnotischen Effekte besonders der Äthylgruppe und ihren nächst höheren Homologen zukommen.

Die Anzahl der in den Kohlenwasserstoff eintretenden Hydroxylgruppen ist für die hypnotische Wirkung entscheidend, je mehr Hydroxyle, desto geringer die hypnotischen Effekte, daher entbehrt Glycerin mit drei Hydroxylen der hypnotischen Wirkung. Werden aber diese durch Verätherung oder Veresterung verdeckt, so wirkt die entstehende Glycerinverbindung wieder narkotisch.

Die Gegenwart einer Aldehyd- oder Ketongruppe befähigt aliphatische Verbindungen ungemein, hypnotische Effekte auszulösen; diese Eigenschaft wird einerseits durch den Eintritt von Hydroxylen geschwächt oder gänzlich aufgehoben, anderseits durch die Gegenwart von Alkylresten, insbesonders von Äthylgruppen in der Verbindung gesteigert.

Neben diesen schlafmachenden Mitteln spielen eine sehr große Rolle Substanzen, welche aliphatische Verbindungen darstellen, in denen Wasserstoffe durch Halogen ersetzt wird. Den aromatischen Halogensubstitutionsprodukten geht die Eigenschaft, schlafmachend zu wirken, ab.

Wir sehen, daß nur einigen Gruppen die Fähigkeit, hypnotische Effekte auszulösen, eigen ist. Den Alkylresten, insbesonders der Äthylgruppe und ihren höheren Homologen, der Carbonylgruppe in Form von Aldehyd, Keton, Säureamid und Säureanhydrid sowie aliphatischen Halogensubstitutionsprodukten, insbesonders denen des Chlors, endlich der eigentümlichen Konfiguration des Morphins.

Von theoretischen Interesse, welchem wohl noch praktische Konsequenzen folgen werden, ist die Eigentümlichkeit, daß die exzitierenden Mittel alle den Blutdruck steigern, die schlafmachenden den Blutdruck herabsetzen.

So steigern Cocain, Nicotin den Blutdruck, Stoffe, die wir benützen, um die Ermüdungsgefühle zu bannen, Morphin, Sulfonal. Trional, Pental[1]) usw. erniedrigen den Blutdruck. Beim normalen Schlaf sinkt ebenfalls der Blutdruck. Die meisten dieser blutdruckerniedrigenden Mittel erweitern die Gefäße.

Die schlafmachenden Substanzen müssen den Einflüssen des Organismus gegenüber eine gewisse Resistenz zeigen, um die spezifische Wirkung auf die Großhirnrinde ausüben zu können, bevor sie noch den oxydativen Einwirkungen der Gewebe unterliegen. Wir werden sehen, wie wir Schlafmittel, insbesondere diejenigen, deren Wirkung auf dem Vorhandensein von Äthylradikalen beruht, so resistent machen, daß sie eine anhaltende Wirkung haben.

Hypnotische Mittel werden in der Medizin in zweierlei Absicht verwendet, entweder um nur Schlaf zu erzeugen bzw. einzuleiten, oder um Schlaf und Schmerzlosigkeit durch eine nicht allzu lange Zeit zu bewirken. Im ersteren Falle bedient man sich der Schlafmittel *κατ' ἐξοχὴν*, welche intern oder subcutan verabreicht werden, und von denen einige Forscher behaupten, daß sie nur Einschläferungsmittel sind, im letzteren Falle der sog. Inhalationsanaesthetica, mittels welcher Schlaf und Unempfindlichkeit durch eine beliebige, genau regulierbare Zeit hervorgerufen wird. Die Substanzen der letzteren Gruppe werden ausschließlich durch Inhalation beigebracht.

Die eigentlichen Schlafmittel sind meist in Wasser schlecht lösliche, in Ölen gut lösliche Substanzen, oder es haben die wässerigen Lösungen Eigenschaften, die der subcutanen Injektlon im Wege stehen, wie z. B. Chloralhydrat. Nur das einzige Morphin ist ein subcutan injizierbares Hypnoticum. Man bemüht sich daher, Mittel synthetisch darzustellen, welche neben starker hypnotischer Wirkung wasserlöslich und ohne lokale Nebenerscheinungen subcutan injizierbar sind.

Die Inhalationsanaesthetica entstammen zwei Gruppen, die eine basiert ihre Wirkungen auf dem Gehalte an Halogen in einer aliphatischen Substanz, die andere auf der Gegenwart von Äthylresten.

Die Schlafmittel lassen sich in drei chemische Gruppen scheiden:

1. Substanzen, deren Wirkung auf dem Gehalt an Halogen beruht,
2. Substanzen, deren Wirkung auf dem Gehalt an Alkylradikalen beruht,
3. Substanzen, deren Wirkung auf der Gegenwart einer Carbonyl-($> C = O$) Gruppe beruht.

Erste Gruppe.
Halogenhaltige Schlafmittel.

Chlorverbindungen.

Das wichtigste Inhalationsanaestheticum Chloroform hat neben dem Äther unbestritten die größte Verbreitung auf dem Gebiete der Narkose. Die Nachteile, die ihm zukommen, können meist durch die ungemein ausgebildete Technik der Narkose paralysiert werden.

[1]) Therap. Monatsh. 1893, S. 42.

Die vielfachen Todesfälle während der Chloroformnarkose, für die eine anatomische Begründung fehlte, wurden teilweise durch die leichte Zersetzlichkeit des Chloroforms und Bildung von toxischen Substanzen, wie Phosgen $COCl_2$ usf. erklärt, von denen man vermutete, daß sie infolge der Darstellung im Chloroform enthalten und diesem toxische Eigenschaften verleihen, eine Annahme, die nicht ganz zutrifft, da auch bei Narkose mit allerreinstem Chloroform Todesfälle beobachtet wurden. Die Darstellung des Chloroforms aus Chloral hat auch keinen Wandel geschaffen, denn auch das chemisch reinst dargestellte Chloroform verändert sich durch Oxydation mit Luft alsbald. Als bestes Schutzmittel gegen die Oxydation des Chloroforms durch den Sauerstoff der Luft erwies sich noch der von englischen Fabrikanten von jeher angewendete Zusatz von 2% absolutem Alkohol. Die Franzosen empfehlen zur Haltbarmachung einen Zusatz von Schwefel.

Von der unrichtigen Annahme, daß die Reindarstellung des Chloroforms genüge, um dieses ungefährlicher und haltbarer zu machen, gingen die Verfahren von R. Pictet und Anschütz aus. Pictet reinigt Chloroform, indem er es durch Kälte fest macht und den flüssigen Anteil durch Zentrifugieren entfernt. Anschütz[1]) benützt die interessante Tatsache, daß Salicylid mit Chloroform eine krystallisierende Doppelverbindung $\left(C_6H_4{}^1{}^{CO}_{2O}\right)4 + 2CHCl_3$ gibt, aus der Chloroform abdestilliert werden kann.

Diese Verbindung, welche auch bei gewöhnlicher Temperatur unter Abgabe von Chloroform verwittert, sollte auch als solche therapeutische Anwendung finden, konnte sich aber nicht behaupten.

Salicylid[2]) erhält man durch Behandeln von Salicylsäure mit Phosphoroxychlorid in einem indifferenten Lösungsmittel. Man trennt von dem bei der gleichen Reaktion gebildeten Polysalicylid $\left(C_6H_4{}^{1CO}_{2O}\right)$ x durch Auflösen des Salicylids in heißem Chloroform[3]). Ferner erhält man es durch Erhitzen von Acetylsalicylsäure 5—6 Stunden lang auf 200 bis 210° C, Auskochen des Reaktionsproduktes mit Wasser, Lösen des Rückstandes in Aceton und Fällen mit Wasser[3]).

Daß die hypnotische Wirkung des Chloroforms in innigem Zusammenhange mit dem Chlorgehalte steht, geht aus der Tatsache hervor, daß bei einer großen Reihe aliphatischer Verbindungen der Eintritt von Chlor den neu entstandenen Substanzen hypnotische Eigenschaften verleiht.

Die rasch vorbeigehende Wirkung dieses Inhalationsanaestheticums verhindert jedoch, es als Hypnoticum, welches stundenlang wirken soll, zu benützen.

Methan CH_4 ist wirkungslos, Methylchlorid CH_3Cl schwach narkotisch, Methylenbichlorid CH_2Cl_2 stärker narkotisch, Chloroform $CHCl_3$ narkotisch, Tetrachlorkohlenstoff CCl_4 narkotisch.

In dieser Reihe steigt die Intensität der narkotischen Wirkungen und ebenso die Nachhaltigkeit derselben mit der Zunahme der Chloratome.

Die narkotische Wirksamkeit der Chlorderivate des Methans und Äthans beträgt, wenn man den Wert 1 für Chloroform zugrunde liegt, für Dichloräthan 0,3, Tetrachlormethan 1,5, Äthylendichlorid 1, Äthylidenchlorid 2,7, Tetrachloräthan 13,1, Pentachloräthan 20, Hexachloräthan 59,1, Dichloräthylen 0,37, Trichloräthylen 13,1, Tetrachloräthylen 6,2. Der Stoffwechsel wird durch Dichloräthylen und Pentachloräthan stark geschädigt, nicht aber von Trichloräthylen und Tetrachloräthylen[4]).

Trichloräthylen (Chlorylen) wurde anscheinend mit gutem Erfolge bei Trigeminusneuralgie verwendet[5]).

Trichloräthylen („Chlorylen") $CHCl : CCl_2$ wird als Entlausungsmittel empfohlen.

---

[1]) Ber. d. dtsch. chem. Ges. Bd. 25, S. 3512. 1892. — Liebigs Ann. d. Chem. Bd. 273, S. 97. — D.R.P. 69708, 70158, 70614. [2]) D.R.P. 68960. [3]) D.R.P. 134234.

[4]) Joachimoglu, G.: Berl. klin. Wochenschr. Bd. 58, S. 147. 1921.

[5]) Kramer, F.: Berl. klin. Wochenschr. Bd. 58, S. 149. 1921.

Acetaldehyd $CH_3 \cdot CHO$ wirkt leicht narkotisch, Trichloracetaldehyd (Chloral) $CCl_3 \cdot CHO$ sehr stark narkotisch. Äthylen $CH_2 : CH_2$ ist fast wirkungslos. Das Dichloräthylen $CH_2Cl \cdot CH_2Cl$ macht Narkose, aber auch Klopfen der Carotiden und Wärmegefühl über den ganzen Körper. Im Gegensatz zu Chloroform sind am Herzen, an den Gefäßen und in den parenchymatösen Organen keinerlei nachweisbare Veränderungen zu beobachten. Der Blutdruck bleibt intakt. Es wird ähnlich wie Chloroform im Organismus teilweise zersetzt[1]). Nach einzelnen Beobachtern wirkt es krampferregend wie Methylenchlorid, hat aber eine eigentümliche Nebenwirkung auf die Cornea, welche getrübt wird[2]). Ein Narkoticum mit größerem Cl-Gehalt bewirkt bei gleicher Narkosestärke ein beträchtlicheres Sinken des Blutdruckes, als ein Narkoticum derselben Gruppe mit geringerem Chlorgehalt. Chloräthyliden wirkt stärker narkotisch als Chloräthylen[3]).

Acetylendichlorid (symmetrisches 1.2-Dichloräthylen) (Dichloren), Dioform $CHCl = CHCl$ empfiehlt Villinger[4]) statt Chloroform für Narkose. Es ist am Menschen noch nicht genügend geprüft.

Äthylidenchlorid $CH_3 \cdot CHCl_2$ macht eine langsam eintretende und schnell vorübergehende Wirkung[5]). Es wurde wegen der Herzwirkung bald verlassen.

Tetrachloräthan übt eine etwa doppelt so starke narkotische Wirkung aus wie Trichloräthylen und wirkt also stärker betäubend als Tetrachlorkohlenstoff[6]). Es steht in seiner physiologischen Wirkung dem Chloroform nahe, übertrifft dieses an Giftigkeit aber um das Vierfache[7]). Es macht schwere Schädigungen des Stoffwechsels und der Leber und wirkt 7mal stärker hämolysierend als Chloroform[8]).

Trichloräthan $CH_2Cl \cdot CHCl_2$ soll nach Taiber[9]) Narkose hervorrufen, ohne die Herztätigkeit und Atmung wesentlich zu verändern. Perchloräthan C_2Cl_6 (Hexachlorkohlenstoff) wirkt narkotisch, in kleinen Mengen exzitierend.

Daß Chloroform dem Tetrachlorkohlenstoff für die Narkose vorgezogen wird, macht der Umstand, daß Tetrachlorkohlenstoff ähnliche Konvulsionen zur Folge hat wie Methylenchlorid, und deshalb ein gefährliches Gift ist, welches schleunigen Tod durch Herzstillstand hervorruft[10]).

Methylchlorid wirkt antiseptisch, wie Chloroform, ebenso Methylenchlorid CH_2Cl_2. Acetylenchlorid (Dichloräthylen) wirkt viel schwächer antiseptisch als Chloroform. Trichloräthylen ist in Wasser sehr schwer löslich und wirkt sehr gut antiseptisch. Äthylchlorid wirkt viel schwächer antiseptisch[11]).

Die antiseptischen Eigenschaften der Chlorderivate nehmen in folgender Reihenfolge ab: Hexachloräthan, Tetrachloräthylen, Pentachloräthan, Tetrachlormethan, Trichloräthylen, Dichloräthylen, Äthylidenchlorid, Tetrachloräthan, Äthylidendichlorid, Chloroform, Dichlormethan[12]).

Als Chloroformersatzmittel wurden von den Halogensubstitutionsprodukten wohl mehrere empfohlen, ohne daß sie je mit dem Chloroform in eine ernstere

[1]) Wittgenstein, H.: Arch. f. exp. Pathol. u. Pharmakol. Bd. 83, S. 235. 1918.

[2]) Pannas u. Dubois: Sem. méd. (Paris) 1888 u. 1889. — Dubois, R. u. L. Roux: Cpt. rend. hebdom. des séances de l'acad. des sciences Bd. 54, S. 1869. 18887.

[3]) Oat, S.: Inaug.-Diss. Petersburg. 1903. [4]) Arch. f. klin. Chir. 1907, Nr. 3.

[5]) Liebreich, O: Berl. klin. Wochenschr. 1860. Nr. 31.

[6]) Chem.-Zeitg. Bd. 32, S. 256.

[7]) Veley: Proc. of roy. soc. (London) Bd. 82, S. 217. 1910.

[8]) Grimm, V., A. Heffter u. S. Joachimoglu: Vierteljahrsschr. f. gerichtl. Med. u. öffentl. Sanitätsw. Bd. 48, 2 Suppl. 1916. [9]) Zentralbl. f. d. med. Wiss. 1880, S. 775.

[10]) Smith: Lancet 1867, S. 792. — Sansom u. Nunnely: Brit. med. journ. 1786.

[11]) Salkowski, E.: Biochem. Zeitschr. Bd. 107, S. 191. 1920.

[12]) Joachimoglu, G.: Biochem. Zeitschr. Bd. 124. S. 130. 1921.

Konkurrenz treten konnten. Methylenbichlorid CH_2Cl_2 wurde früher von England aus warm empfohlen, weil es kein Erbrechen verursacht.

Von Frankreich kam die Empfehlung des Methylchloroforms $CH_3 \cdot CCl_3$ wegen seines höheren Siedepunktes und der gefahrlosen Narkose. Dieses Mittel setzt die Temperatur um 3—4° herab.

Die lokale Anästhesie, welche durch Chlormethyl CH_3Cl und ähnliche Halogensubstitutionsprodukte eintritt, steht in keiner Beziehung zum Chlorgehalte, sie ist lediglich bedingt durch den sehr niedrigen Siedepunkt der angewendeten Substanzen, welche beim Bespritzen der zu anästhesierenden Partie derselben rasch und viel Wärme entziehen und durch die Kältewirkung anästhesieren. Wie Chlormethyl [Kelene genannt] und Chloräthyl wird mit etwas geringerem Erfolg auch Äthyläther und Methyläthyläther $\substack{CH_3\\C_2H_5}>O$, angewendet. Auch niedrig siedende Petroleumäther wurden für lokale Anästhesie durch Kälte in Anwendung gezogen. Es ist, wie wir wiederholen, für diese Wirkung nicht die Konstitution, sondern der Siedepunkt und die Flüchtigkeit der angewendeten Substanz allein von Bedeutung.

Auch die Bromsubstitutionsprodukte der niederen Kohlenwasserstoffe haben narkotische Wirkungen und lassen sich als Inhalationsanaesthetica für kurze, leichte Narkosen mit Vorteil benützen. So Bromäthyl C_2H_5Br, welches wenig giftig ist, während Äthylenbromid $C_2H_4Br_2$ schon starke Giftwirkungen zeigt. Auch Bromoform $CHBr_3$ wirkt anästhesierend[1]) und wird viel zum Coupieren von Keuchhustenanfällen benützt[2]).

O. Liebreich[3]) hat angenommen, daß Chloralhydrat $CCl_3 \cdot CH(OH)_2$, welches sich unter der Einwirkung von Alkalien in Chloroform und Ameisensäure spaltet, im Organismus eine ähnliche Zersetzung erfährt, und daß dann das gebildete Chloroform die hypnotische Wirkung auslöst, und hat auf Grund dieser Annahme Chloralhydrat als Hypnoticum empfohlen. Wenngleich diese Theorie der Wirkung des Chloralhydrates als unrichtig zu bezeichnen ist, da es eine Umsetzung zu Chloroform nicht erfährt, so gebührt O. Liebreich das große Verdienst, ein sicheres Hypnoticum in die Therapie eingeführt zu haben.

Dem Trichloräthylalkohol, ebenso wie dem Chloral, kommt die Eigenschaft zu, Schlaf zu erzeugen.

Chloralhydrat und Trichloräthylalkohol werden bei Kaninchen nur ca. zur Hälfte als gepaarte Säuren wieder ausgeschieden, der Rest wird so weitgehend zersetzt, daß die Paarung nicht mehr zustande kommt[4]).

Chloralhydrat geht im Organismus durch Reduktion in Trichloräthylalkohol $CCl_3 \cdot CH_2 \cdot OH$ und nicht in Chloroform über[5]), welcher sich im Organismus mit Glykuronsäure zur Urochloralsäure paart. Die Liebreichsche Vorstellung[6]), daß aus Chloralhydrat im Blute Chloroform, aus Crotonchloralhydrat $CCl_3 \cdot CH : CH \cdot CHO + H_2O$ im Blute Dichlorallylen, Salzsäure und Ameisensäure wird, und daß Dichlorallylen das wirksame ist, erwies sich als unrichtig. Trichlorcrotonsaures Natrium $CCl_3 \cdot CH : CH \cdot COONa$, welches schon in verdünnter alkalischer Lösung in der Kälte in Dichlorallylen $CHCl_2 \cdot CH : CH_2$ übergeht, wirkt gar nicht schlafmachend, ebensowenig die Trichloressigsäure $CCl_3 \cdot COOH$[7]).

---

[1]) Horroch, v.: Österr. med. Jahrb. 1883, S. 497.

[2]) Stepp, Dtsch. med. Wochenschr. 1889, Nr. 31.

[3]) Berl. klin. Wochenschr. 1869, S. 325 u. Monographie: Chloralhydrat. Berlin. 1869.

[4]) Akamatsu, M. u. F. Wasmuth: Arch. f. exp. Pathol. u. Pharmakol. Bd. 99, S. 108. 1923.

[5]) Mering, J. v.: Hoppe-Seylers Zeitschr. f. physiol. Chem. Bd. 6, S. 480. 1881.

[6]) Liebreich, O.: Brit. med. journ. 1873, S. 20.

[7]) Mering, J. v.: Arch. f. exp. Pathol. u. Pharmakol. Bd. 3, S. 185.

Tomascewicz konnte keine narkotischen Effekte mit Trichloressigsäure, welche ja dem Chloral sehr nahesteht, erzielen[1]), obgleich die Trichloressigsäure sich deutlich wie Chloral verhält, d. h. sehr leicht Chloroform abspaltet. Ebenso fand L. Hermann, daß die Trichloressigsäure keine Spur einer schlafmachenden Wirkung habe, sondern die Wirkung besteht in einer Lähmung. Bei weniger empfindlichen Tieren bringen mäßige Dosen deutliche Reizerscheinungen hervor, die Großhirnfunktionen werden durch das Gift gar nicht oder erst unmittelbar vor dem Tode affiziert. Auch Mering beobachtete mit trichlorcrotonsaurem Natrium keine hypnotischen Effekte.

Kast[2]) zeigte, daß die Theorie von Binz, nach welcher bei den gechlorten Schlafmitteln ein starke Chlorabspaltung auftritt, nicht nur für Chloralhydrat, sondern auch für Tetrachlorkohlenstoff CCl_4 und Dichloressigsäureäthylester $CCl_2H \cdot COO \cdot C_2H_5$ unrichtig ist, da diese Körper beim Einführen in den Organismus kein Chlor abspalten, aber hypnotisch wirken. Hingegen spaltet Trichloressigsäure im Organismus Chlor ab, ohne Schlaf zu machen.

Bei der Anwendung des Chloralhydrates stellen sich aber gewisse Übelstände ein. Vor allem hat Chloralhydrat den Nachteil, daß es sich nicht wie Morphin subcutan injizieren läßt. Ferner hat es, wie alle chlorhaltigen Schlafmittel, schädliche Nebenwirkungen auf das Herz, die den Schlafmitteln, deren Wirkung auf Äthylgruppen beruht, nicht zukommen. Diese Eigenschaften des Chlorals lassen sich wohl nicht vermeiden. Aber es sind Versuche zahlreicher Art gemacht worden, um das unangenehme Brennen im Magen nach Einnahme von Chloralhydrat, ebenso wie den keineswegs angenehmen Geschmack dieses Mittels zu beseitigen.

Combes[3]) erhielt ein Polychloral durch Erhitzen von Chloral mit Aluminiumchlorid auf 60 oder 70°; die erhaltene Flüssigkeit siedet bei 240°. Beim Sieden von Chloral mit konzentrierter Schwefelsäure bildet sich ein festes Metachloral. Es hat einen sehr unangenehmen Nachgeschmack.

Festes polymeres Chloral[4]), geschmacklos und stark narkotisch, erhält man durch Eintragen von wasserfreiem Aluminiumchlorid in der Kälte in Chloral und Auswaschen des Reaktionsproduktes mit Wasser, oder man verwendet als Ausgangsmaterial das durch Eintragen von wasserfreiem Eisenchlorid in Chloral entstehende Produkt.

Ein festes Chloral stellte Simon Gärtner [Halle[5])] dar aus Chloralhydrat oder Chloralalkoholat durch Einwirkung konzentrierter Schwefelsäure, indem er die Einwirkung unterbricht, sobald das in Wasser unlösliche feste Chloral entstanden ist und durch Auswaschen mit verdünnter Säure und Wasser reinigt.

Ein in Wasser lösliches Polychloral[6]), Viferral genannt, verwandelt sich langsam in Wasser in Chloralhydrat.

Gärtner[7]) stellt dieses her, indem er Chloral mit Aminen behandelt und nachher mit verdünnten Säuren die Amine auswäscht, insbesondere Trimethylamin wirkt ungemein polymerisierend. Gärtner benützt Pyridin.

Setzt man zu Chloral wasserfreies Trimethylamin, so erhält man unter starker Erhitzung mehrere feste Polychlorale, die mit Alkohol gewöhnliches Chloralalkoholat geben[8]).

Für Synthesen von Chloralderivaten bot die sehr reaktionsfähige Aldehydgruppe einen willkommenen Anhaltspunkt.

Die Aldehydgruppe des Chlorals ruft anscheinend den Erregungszustand, welcher sich vor dem Eintritte des hypnotischen Effektes zeigt, hervor. Die Festlegung der Aldehydgruppe würde daher anscheinend diese erregende Wir-

---

[1]) Siehe bei Mering, J. v.: Arch. f. exp. Pathol. u. Pharmakol. Bd. 3, S. 185.
[2]) Hoppe-Seylers Zeitschr. f. physiol. Chem. Bd. 11, S. 280. 1887.
[3]) Ann. de chim. et de phys. [6] Bd. 12, S. 267.
[4]) Erdmann, Halle, D.R.P. 139392. [5]) D.R.P. 170534.
[6]) Witthauer, K. u. S. Gärtner: Therap. Monatsh. Bd. 19, S. 143. 1905.
[7]) D.R.P. 165984. [8]) Meyer u. Delk: Liebigs Ann. d. Chem. Bd. 171, S. 76.

kung vermeiden lassen; aber dieses ist keineswegs der Fall, weil alle diese Verbindungen mit festgelegter Aldehydgruppe in der Weise zur Wirkung gelangen, daß die Aldehydgruppe regeneriert wird, d. h. daß Chloral aus der Verbindung wieder frei wird.

Es zeigte sich nämlich die sehr merkwürdige Erscheinung, daß nur jene Verbindungen, aus denen sich leicht Chloral regeneriert, den gewünschten hypnotischen Effekt noch hervorrufen, während stabilere Verbindungen oft starke toxische Effekte, insbesondere auf das Herz, äußern ohne hypnotische Eigenschaften in gleichem Maße wie Chloral zu besitzen.

Chloralalkoholat $CCl_3 \cdot CH{<}{}^{OH}_{O \cdot C_2H_5}$ drang in die Therapie nicht ein.

Von allen diesen Derivaten des Chlorals, welches ja nur wegen seiner großen Billigkeit und weil es als erstes künstliches Hypnoticum in Verwendung kam, noch benützt wird, ohne vor den Schlafmitteln der anderen Gruppen besondere Vorteile zu besitzen, konnte keines recht zur Geltung kommen, da ihnen allen mehr oder weniger, wenn sie schon hypnotisch wirken, die Nachteile der Grundverbindung, insbesondere die schädliche Einwirkung auf Herz und Respiration zukommt.

2-Trichlormethyl-1.3-dioxolan-4-carbinol $CCl_3 \cdot CH{<}{}^{O—CH_2}_{O—CH \cdot CH_2 \cdot OH}$ (die beiden CH-Glieder durch einen senkrechten Strich verbunden) aus Chloral und Glycerin, riecht angenehm, hat süßen, etwas brennenden Geschmack, und eine merkliche aber rasch vorübergehende Wirkung.

Carbaminsäure-2-trichlormethyl-1.3-dioxolan-4-carbinolester wirkt nicht hypnotisch[1]).

Eine Gruppe dieser Körper besteht aus Verbindungen, in denen versucht wurde, die Aldehydgruppe durch einen basischen Rest festzulegen.

Nesbitt[2]) verwendete zu diesem Zwecke Chloralammonium, d. i. Trichloraminoäthylalkohol $CCl_3 \cdot CH(NH_2) \cdot OH$, in der Absicht, die Wirkung des Chlorals auf Respiration und Herz aufzuheben. Man stellt es dar durch Auflösen von Chloral in trockenem Chloroform und Einleiten von Ammoniakgas unter Kühlung, bis eine feste weiße Masse ausfällt[3]).

Ferner wurde Chloralimid dargestellt, welches sehr beständig ist und den Vorteil der Wasserunlöslichkeit hat. Man erhitzt Chloralhydrat mit Ammonacetat zum Kochen und fällt dann mit Wasser. Es entsteht die Cis- und die Transform. Erstere wird als Schlafmittel verwendet[4]).

$$\begin{array}{ccccc} CCl_3— & CH— & NH— & CH— & CCl_3 \\ & | & & | & \\ & NH— & CH— & NH & \\ & & | & & \\ & & CCl_3 & & \end{array}$$

Mering[5]) stellte Chloralamid $CCl_3 \cdot CH(OH) \cdot NH \cdot CHO$ (Name für Chloralformamid) dar, durch Kondensation von Chloral und Formamid, welches schwach bitter ist und hypnotisch wirkt. Es wird langsam daraus im Organismus Chloral abgespalten. Unangenehme Nebenerscheinungen, wie rauschähnliche Zustände und Temperaturherabsetzung zeigen sich als Nachteile bei Verwendung dieser Verbindung die auch schwächer als Chloralhydrat und gar nicht mehr benützt wird.

---

[1]) Yoder, Lester: Journ. of the Americ. chem. soc. Bd. 45, S. 475. 1923.
[2]) Therapeut. Gaz. 1888, S. 88.
[3]) Städeler: Liebigs Ann. d. Chem. Bd. 106, S. 253. — Schiff, Robert: Ber. d. dtsch. chem. Ges. Bd. 10, S. 167. 1877.
[4]) Pinner, A. u. Fr. Fuchs: Ber. d. dtsch. chem. Ges. Bd. 10, S. 1068. 1877. — Béhal u. Choay: Ann. de chim. et de phys.[6] Bd. 26, S. 7.
[5]) Therap. Monatsh. 1889, S. 565. — Schering, Berlin, D.R.P. 50586.

Chloralcyanhydrat $CCl_3 \cdot CH(OH) \cdot CN$ hat reine Blausäurewirkung, gegen die der hypnotische Effekt völlig zurücktritt. Die Substanz ist schwer zersetzlich[1]).

Chlorosoxim ist Chloralhydroxylamin $CCl_3 \cdot CH(OH) \cdot NHOH$, das bei Zusammenreiben von molekularen Mengen Chloralhydrat, Hydroxylaminchlorhydrat und Soda entsteht. Beim Stehen an der Luft bildet sich Trichloraldoxim. Chlorosoxim wurde als Schlafmittel empfohlen[2]).

Die Kondensationspredukte von Chloral mit Aldoximen, Ketoximen und Chinonoximen[3]) haben keine Verwendung gefunden. Sie sind alle in Wasser schwer löslich.

Man läßt in Petroläther gelöstes Acetoxim mit Chloral reagieren und erhält Chloralacetoxim $(CH_3)_2C=N\cdot O\cdot C(H)(OH)(CCl_3)$. Analog erhält man Chloralcampheroxim, Chloralnitroso-β-naphthol, Chloralacetaldoxim, Chloralbenzaldoxim.

Es wurden zweierlei Verbindungen von Chloral mit Hexamethylentetramin $(CH_2)_6N_4$ dargestellt.

1) Monochloral-Hexamethylentetramin $C_6H_{12}N_4 \cdot CCl_3 \cdot CHO + 2\,H_2O$.

Es wird gewonnen durch Vermischen konzentrierter Lösungen beider Substanzen, wobei die neue Substanz auskrystallisiert[4]).

2) Hexamethylentetramintrichloral $(C_6H_{12}N_4 \cdot 3\,CCl_3 \cdot CHO.)$ Die Substanz ist geschmacklos.

Man stellt sie dar durch Mischen von 7 Teilen der in Chloroform gelösten Base mit 25 Teilen einer chloroformigen Chloralhydratlösung.

Es wurde weiterhin die Festlegung der Aldehydgruppe durch verschiedene Kondensationen mit Zucker versucht.

Henriot und C. Richet[5]) suchten Verbindungen in die Therapie einzuführen, welche erst durch eine Spaltung im Organismus die wirksame Komponente, das Chloral, zu bilden vermögen. Sie experimentierten zuerst mit Chloraliden, besonders mit dem Milchsäurechloralid. Letzteres besitzt aber keine hypnotische Wirkung, ruft hingegen schwere Störungen, epileptiforme Anfälle mit intensiver Bronchialsekretion und Asphyxie hervor.

A. Heffter[6]) kondensierte Glucose mit wasserfreiem Chloral auf dem Wasserbade und erhielt so unter Wasserabspaltung zwei Chloralderivate: Anhydroglykochloral $C_8H_{11}Cl_3O_6$, eine leichter lösliche, Fehlingsche Lösung, reduzierende und eine schwerer lösliche. Die schwerer lösliche ist unwirksam, die leichter lösliche, Chloralose genannt, ist giftig.

Viele französische und italienische Autoren berichteten über vorübergehende Vergiftungserscheinungen, motorische Störungen sowie Störungen der Psyche und Respiration[7]) und starke Schweißausbrüche bei Anwendung von Chloralose, während andere Autoren sie sehr rühmten.

Die Ursache dieser differenten Anschauungen liegt darin, daß bei der Reaktion zwischen dem wasserfreien Chloral und dem Traubenzucker sich neben der Chloralose eine zweite Substanz, die Parachloralose[8]) bildet, welche un-

---

[1]) Ber. d. dtsch. chem. Ges. Bd. 5, S. 151. 1872; Liebigs Ann. d. Chem. Bd. 179, S. 77.

[2]) Hantzsch: Ber. d. dtsch. chem. Ges. Bd. 25, S. 702. 1872. — Bischoff: Ber. d. dtsch. chem. Ges. Bd. 7, S. 631. 1874. — Diels, Otto u. Carl Seib: Ber. d. dtsch. chem. Bd. 42, S. 4065. 1909. [3]) D.R.P. 66877. [4]) D.R.P. 87933.

[5]) Cpt. rend. hebdom. des séances de l'acad. des sciences Bd. 116, S. 63.

[6]) Ber. d. dtsch. chem. Ges. Bd. 22, S. 1050. 1889. — Berlin. klin. Wochenschr. 1893, Nr. 20, S. 475.

[7]) Hedon u. Flig: Cpt. rend. des séances de la soc. de biol. Bd. 55, S. 41; 9. I. 1903.

[8]) Cpt. rend. hebdom. des séances de l'acad. des sciences 1893, S. 4, I. — Mosso: Acad. med. di Genova, 20. III. 1893, und Mosso: Cloralosio e Paracloralosio. Genova 1894.

löslich ist und der keine hypnotischen Effekte zukommen. Sie entsteht nur zu 3% bei der Reaktion. Hingegen wirkt diese Substanz nach Mosso toxisch, indem sie Erbrechen, Temperaturerhöhung, welche von Temperaturabfall gefolgt ist, verursacht. Denn nur diejenigen Chloralverbindungen wirken hypnotisch, aus denen der Organismus das wirksame Chloral abzuspalten vermag, die anderen wirken infolge des Chlorgehaltes giftig, aber nicht hypnotisch.

Hingegen behauptet Tiffeneau, daß die Chloralose sich im Organismus nicht in Chloral und Glucose spaltet, die physiologische Wirkung des Körpers kommt daher ihm selbst zu; sie ist nicht dem in seinem Molekül enthaltenen Chloral zuzuschreiben, eine Folgerung, welche sich bereits aus der physiologischen Untersuchung der Chloralose ergibt[1]).

Amé Pictet und F. H. Reichel stellten diese Verbindungen aus Glucose her und nahmen primäre Bildung eines Additionsproduktes von Chloral und Glucose an, aus dem Abspaltung von einem Molekül Wasser erfolgt. Diese Auffassung ist nach der neuen Bildungsweise der Verbindungen nicht mehr haltbar, vielmehr erfolgt zunächst durch die wasserabspaltende Wirkung der konzentrierten Säuren Bildung von Glucosan bzw. Lävoglucosan, und die Addition des Chlorals erfolgt erst sekundär. Außer den bereits von Henriot hervorgehobenen Gesichtspunkten muß bei der Aufstellung der Konstitutionsformeln berücksichtigt werden, daß nach der Entstehungsweise Chloralose ein β-Derivat und Parachloralose ein α-Derivat der Glucose sein muß. Doch sind die Verbindungen nicht als Stereoisomere aufzufassen, weil ihre chemischen Eigenschaften zu verschieden sind und der Übergang der einen Verbindung in die andere niemals beobachtet wurde[2]).

Es wurde noch dargestellt: Laevulochloral, Galaktochloral.

Statt des Traubenzuckers verwendeten Henriot und Richet[3]) Pentosen. Arabinose geht, wie der Traubenzucker zwei Verbindungen mit dem Chloral ein, eine leicht lösliche, Arabinochloralose, und eine schwer lösliche Pararabinochloralose. Die Wirkung der Arabinochloralose ist schwächer als die der Glykochloralose. Bei der Arabinochloralose tritt nicht wie bei der Glykochloralose ein Stadium gesteigerter Erregbarkeit auf, welches dagegen die Xyloseverbindung hervorzurufen scheint. Die letale Dosis der Arabinochloralose ist doppelt so groß wie die der Glykochloralose, aber auch die hypnotische Dosis ist viel höher. Arabinochloralose soll Schlaf ohne Reizungsperiode machen.

Der Unterschied in der Wirkung zwischen der Pentose- und Hexosechloralose wird sich ebenfalls am einfachsten durch die größere oder geringere Stabilität und Spaltbarkeit der Verbindungen im Organismus erklären lassen.

Eine weitere Gruppe von Schlafmitteln, die Chloralderivate sind, wurde durch Kombination des Chlorals mit hypnotisch oder analgetisch wirkenden Verbindungen geschaffen. Auch aus dieser Gruppe konnte kein Körper mit wertvollen neuen Eigenschaften oder Wirkungen gefunden werden. Alle führten nur ein ephemeres Dasein. Die Betrachtung der Verbindungen dieser Gruppe zeigt nur wiederholt, wie aussichtslos es ist, durch Kombination von zwei Körpern ähnlicher Wirkung wesentlich bessere Effekte zu erzielen. Gewöhnlich leisten solche Substanzen kaum mehr als eine Mischung der beiden Ausgangsprodukte.

Königs[4]) kondensierte Chloral mit dem ebenfalls hypnotisch wirkenden Aceton zu Chloralaceton $CCl_3 \cdot CH(OH) \cdot CH_2 \cdot CO \cdot CH_3$. Diese Substanz

---

[1]) Tiffeneau, S.: Cpt. rend. hebdom. des séances de l'acad. des sciences. Bd. 160, S. 38. 1915. [2]) Helv. chim. acta Bd. 6, S. 621. 1923.
[3]) Sem. méd. 1894, Nr. 70. [4]) Ber. d. dtsch. chem. Ges. Bd. 25, S. 794. 1892.

wirkt nur schwach narkotisch und geht im Organismus in Trichloräthylidenaceton $CCl_3 \cdot CH : CH \cdot CO \cdot CH_3$ über[1]).

Ein Kondensationsprodukt des Chlorals mit dem an und für sich schon hypnotisch wirkenden Amylenhydrat ist das Dimethyläthylcarbinolchloral

$$CCl_3 \cdot C \begin{cases} H \\ OH \\ O - C \begin{cases} CH_3 \\ CH_3 \\ C_2H_5 \end{cases} \end{cases}$$

(Dormiol). Es ist flüssig und von brennendem Geschmack, in Wasser löslich. Es ist weniger giftig als Chloralhydrat, und zwar vertragen die Versuchstiere um 24% Chloral mehr in dieser Form. Es steht dem Chloral in der Art und Weise der Wirkung sehr nahe[2]), bietet aber keine Vorteile vor diesem[3]).

Die Darstellung erfolgt durch Versetzen von Amylenhydrat mit etwas mehr als der berechneten Menge Chloral. Die Temperatur soll 70° nicht übersteigen. Das Produkt wird mit Wasser gewaschen und getrocknet[4]). Man kann auch zu diesem Zwecke Amylen und Chloral mit Chlor- oder Bromwasserstoff kondensieren[5]).

Chloralacetonchloroform (Chloran) $CCl_3 \cdot \underset{H}{\overset{OH}{C}} \cdot O \cdot \underset{CH_3}{\overset{CH_3}{C}} \cdot CCl_3$ erhält man durch Erwärmen von Chloral oder Chloralhydrat mit Acetonchloroform in molekularen Mengen. Es wirkt hypnotisch und lokalanästhesierend[6]).

Monoacetyltrichlortertiärbutylalkohol (Acetylchloreton) wirkt anästhesierend wie Chloreton und Brometon, doch in geringerem Maße als diese[7]).

Monochloralharnstoff und Dichloralharnstoff[8]) sind keine Schlafmittel.

Chloralbromalharnstoff[9]) erhält man durch Zusammenreiben der drei Bestandteile, evtl. unter Zusatz von konzentrierter Salzsäure oder Schwefelsäure.

Wenn man Chloral $CCl_3 \cdot CHO$ und Urethan $NH_2 \cdot COO \cdot C_2H_5$ kondensiert, kann man zu zwei verschiedenen Verbindungen gelangen, je nachdem, ob man Alkohol mitreagieren läßt oder nicht. Das sog. Chloralurethan entsteht bei der Einwirkung von starker Salzsäure auf Chloral und Urethan bei gewöhnlicher Temperatur.

Chloralurethan soll die hypnotischen Effekte des Äthylurethans mit denen des Chlorals verbinden.

$$CCl_3 \cdot C \begin{cases} OH \\ H \\ NH \cdot COO \cdot C_2H_5 \end{cases}$$

Es besitzt dem Äthylurethan ähnliche, wenn auch weniger verläßliche hypnotische Wirkungen[10]). In Tierversuchen konnten Mairet und Combemale zeigen, daß bei Verwendung von Chloralurethan der hypnotische Effekt vor dem toxischen zurücktritt, auch ist der durch das Präparat hervorgerufene Schlaf konstant mit einer Lähmung des Hinterteiles verbunden. Größere Dosen erzeugen statt des Schlafes Respirationsstörung, Diarrhöe, reichliche Diurese, Salivation und Hautjucken. Die Substanz scheint mit dem Schlafmittel Uralium von Popi[11]) identisch zu sein.

Anhydrochloralurethan $CCl_3 \cdot CH : N \cdot COO \cdot C_2H_5$ ist völlig wirkungslos und verläßt den Organismus größtenteils unverändert.

---

[1]) Arch. f. exp. Pathol. u. Pharmakol. Bd. 33, S. 370.
[2]) Fuchs u. Koch: Münch. med. Wochenschr. 1898, Nr. 37.
[3]) Bachem, C.: Unsere Schlafmittel. Berlin 1909.
[4]) Rhenania, Aachen, D.R.P. 99469.
[5]) Kalle, Biebrich, D.R.P. 115251, 115252, Zusätze zu D.R.P. 99469.
[6]) Hoffmann-La Roche, Basel, D.R.P. 151188. Dtsch. med. Wochenschr. 1877, S. 36. [7]) Aldrich, T. B.: Journ. of chem. soc. Bd. 37, S. 2720. 1915.
[8]) Jacobsen, O.: Liebigs Ann. d. Chem. Bd. 157, S. 246.
[9]) Kalle, Biebrich, D.R.P. 128462.
[10]) Dtsch. med. Wochenschr. 1886, S. 236 und Montpellier méd. 1886, S. 149.
[11]) Riforma med. 1888, Nr. 81. — Ann. di chim. e farmacol. 1889, Sett. 145.

Unter dem Namen Somnal wurde ein äthyliertes Chloralurethan $CCl_3 \cdot CH<{OC_2H_5 \atop NH \cdot COO \cdot C_2H_5}$ empfohlen, welches entsteht, wenn man gleiche Teile Urethan, Chloralhydrat und Alkohol bei 100° im Vakuum aufeinander einwirken läßt. Das Produkt ist wasserlöslich.

Carbaminsäuretrichloräthylester wird in der Weise dargestellt, daß man zu in wasserfreiem Äther gelöstem Trichloräthylalkohol eine ätherische Lösung von Harnstoffchlorid zusetzt und längere Zeit stehen läßt, den Äther abdestilliert und den Rückstand aus Petroläther umlöst oder man behandelt den Alkohol in benzolischer Lösung in Gegenwart von Chinolin mit Phosgen und setzt das entstandene Chlorcarbonat des Trichloräthylalkohols mit Ammoniak um[1]).

Voluntal (Carbaminsäuretrichloräthylester) $NH_2 \cdot CO \cdot O \cdot CH_2 \cdot CCl_3$ erscheint erst nach sehr großen Dosen anscheinend unverändert im Harn. Urochloralsäure oder Trichloräthylalkohol finden sich darin nicht. Die Verbindung scheint also vollständig zu zerfallen. Es ist ein mildes Schlafmittel[2]).

Die Verbindung aus 1 Mol. Pyramidon und 1 Mol. Voluntal (Urethan des Trichloräthylalkohols) heißt Compral.

Man führt Chloralalkoholate nach dem üblichen Verfahren in den Carbaminsäureester über. Beschrieben sind: Carbaminsäureester des Chloraläthylalkoholats, Phenylcarbaminsäureester des Chloraläthylalkoholats, p-Äthoxyphenylcarbaminsäureester des Chloraläthylalkoholats, Carbaminsäureester des Chloraläthylcarbonats, Carbaminsäureester des Chloralmethylalkoholats, Carbaminsäureester des Chloralpropylalkoholats, Carbaminsäureester des Chloralallylalkoholats, Carbaminsäureester des Choral-iso-amylalkoholats[3]).

Trichlorpseudobutylalkoholcarbaminsäureester macht sehr rasch Schlaf und Analgesie, wirkt aber sehr schlecht auf den Atemmechanismus. Von bromierten Alkoholen abgeleitete Derivate wirken sogar krampferregend.

Carbaminsäureester von Verbindungen, die sich von Trichloräthylalkohol durch Ersatz eines am C-Atom befindlichen Wasserstoffatoms durch Halogene oder Alkyle ableiten, werden dargestellt durch Überführung der betreffenden substituierten Trichloräthylalkohole nach den üblichen Methoden in ihre substituierten Carbaminsäureester oder durch Behandlung von Chloral mit Carbaminsäurechlorid[4]).

Die erhaltenen Körper sind im Gegensatz zu den flüchtigen, stark riechenden und schmeckenden Ausgangsmaterialien fast geschmacklos und nicht flüchtig. Sie zersetzen sich erst im Organismus und bringen dabei ihre hypnotische Wirkung hervor. Man erhält beispielsweise aus Trichlorisopropylalkohol mit Carbaminsäurechlorid den Allophansäureester des α-Methyl-β-trichloräthylalkohols, aus Chloral mit Carbaminsäurechlorid den Allophansäureester des Tetrachloräthylalkohols, aus Trichlorisopropylalkohol mit p-Äthoxyphenylisocyanat den p-Äthoxyphenylcarbaminsäureester des Trichlorisopropylalkohols.

Benzoesäuretrichlortertiärbutylester $C_6H_5 \cdot COO \cdot C \cdot (CCl_3) \cdot (CH_3)_2$ wird aus dem Alkohol und Benzoylchlorid bei 100° bis zur Beendigung der Salzsäureentwicklung bzw. aus dem Alkohol und Benzoesäure in Gegenwart von Kondensationsmitteln, wie Zinkchlorid gewonnen[5]).

Aleudrin, α-α-Dichlorisopropylalkoholcarbaminsäureester (Ester des zweifach gechlorten Glycerins)

$$\begin{array}{l} CH_2 \cdot Cl \\ \dot{} \\ CH \cdot O \cdot CO \cdot NH_2 \\ \dot{} \\ CH_2 \cdot Cl \end{array}$$

wirkt mittelstark und verhältnismäßig langsam. Es ist geschmacklos. Im Harne treten nach seiner Aufnahme gepaarte Glykuronsäuren auf[6]).

---

1) Bayer, Leverkusen, D.R.P. 358125.

2) Willstätter, R., W. Straub u. A. Hauptmann: Münch. med. Wochenschr. Bd. 69, S. 1651. 1922. — Miltner, T.: Dtsch. med. Wochenschr. Bd. 49, S. 73.

3) D.R.P. 430732.

4) Ver. Chininfabriken Zimmer & Co., Frankfurt a. M., D.R.P. 225712.

5) Th. Aldrich, A.P. 1445552.

6) Maaß, Th. A.: Biochem. Zeitscrh. Bd. 43, S. 65. 1912. — Dtsch. med. Wochenschr. 1912, S. 1231.

Man erhält den Carbaminsäureester des α-Dichlorhydrins, wenn man α-Dichlorhydrin unter Kühlung mit Carbaminsäurechlorid behandelt. Das Produkt ist dreimal so stark narkotisch wirksam wie der Dichlorisopropylcarbaminsäureester[1]).

Trichlorhydrin $CH_2Cl \cdot CHCl \cdot CH_2Cl$ macht beim Menschen Schlafneigung und starkes Kopfweh. Alle Chlorhydrine (auch Mono- und Di-) sind zwar Narkotica, lähmen aber frühzeitig das Atemzentrum und später das Herz, wenn die Narkose schon vorüber ist[2]).

Interessant sind die Tappeinerschen[3]) Untersuchungen über die Kondensationen des Chlorals mit Schlafmitteln der aromatischen Reihe. So hat Chloralacetophenon, eine Kombination des Chlorals mit Acetophenon (Hypnon) $CCl_3 \cdot CH(OH) \cdot CH_2 \cdot CO \cdot C_6H_5$ nicht die geringste narkotische Wirkung. Es entsteht daraus im Organismus Trichloräthyliden-acetophenon $CCl_3 \cdot CH : CH \cdot CO \cdot C_6H_5$ unter Wasseraustritt. Einen solchen Vorgang hat nur noch Jaffé beobachtet, welcher nach Verfütterung von Furfurol Furfurakrylsäure $C_4H_3O \cdot CH : CH \cdot COOH$ im Harne auftreten sah.

Trichloräthylidenacetophenon, sowie seine Muttersubstanz, das Chloralacetophenon, machen heftige Entzündungen und starke Blutungen. Hingegen ist bei Hunden die Schlafwirkung des Kondensationsproduktes im Vergleiche zum Chloral äußerst schwach.

Im Gegensatz hierzu wirkt nach der Angabe von Jensen[4]) ein Chloralacetophenonoxim der folgenden Konstitution

$$\begin{array}{l} C_6H_5 \\ | \\ C{=}NO \cdot CH(OH) \cdot CCl_3 \\ | \\ CH_3 \end{array}$$

als Schlafmittel schon in kleineren Dosen als Chloral, zugleich hat es noch eine curareähnliche Einwirkung auf die motorischen Nervenendigungen.

Wasserfreies Chloral und Acetophenonoxim bringt man in molekularen Mengen in Benzol oder Petroläther zusammen, es krystallisiert dann bei gewöhnlicher Temperatur der gewünschte Körper.

Hingegen scheint Chloralacetophenonoxim der Konstitution

$$\begin{array}{l} C_6H_5 \\ | \\ C{=}NOH \\ | \\ CH_2 \cdot CH(OH) \cdot CCl_3 \end{array}$$

sich ähnlich wie Chloralacetophenon selbst zu verhalten. Es ist giftig, aber wirkt nicht hypnotisch.

Es lassen sich folgende allgemeine Regeln für die Kondensationsprodukte des Chlorals aufstellen.

Die Kondensationsprodukte der aromatischen Reihe haben keine oder nur sehr schwache hypnotische Wirkungen. Die Kondensationsprodukte der aliphatischen Reihe haben erheblich stärkere Wirkungen, welche sich aber sofort über das ganze Zentralnervensystem ausbreiten und schon bei unvollständiger Lähmung des Großhirns das Atmungs- und Gefäßzentrum stark beeinflussen.

Kondensiert man Chloral mit Antipyrin, so entstehen verschiedene Körper. Dehydromonochloralantipyrin ist ganz unwirksam. Hingegen ist Monochloralantipyrin[5]) (Hypnal) wirksam und der Schlaf, den diese Verbindung erzeugt,

---

1) Beckmann, D.R.P. 271737. — Journ. f. prakt. Chem. [2] Bd. 44, S. 20. 1891.
2) Romensky, A.: Pflügers Arch. f. d. ges. Physiol. Bd. 5, S. 565. 1872. — Meyer, H. H.: Arch. f. exp. Pathol. u. Pharmakol. Bd. 42, S. 109. 1899.
3) Arch. f. exp. Pathol. u. Pharmakol. Bd. 33, S. 364.
4) D.R.P. 87932. 5) Herz: Diss. Berlin 1893.

hängt nicht allein von dem Chloralgehalt ab, da gleiche Dosen von Hypnal[1]) und Chloralhydrat fast gleich starke hypnotische Wirkungen zeigen[2]). Der Körper entsteht durch Mischen starker Lösungen von Antipyrin und Chloral. Er ist geruchlos, nicht reizend und geschmacklos, in kleinen Dosen analgetisch wirkend[3]). Mono- und Bichloralantipyrin zeigen genau dieselbe physiologische und toxische Wirkung wie Chloral, und doch steht die toxische Dosis dieser beiden Substanzen nicht im Verhältnis zu der Menge Chloral, die sie enthalten (Gley). Die Giftigkeit des Chlorals wird durch die Gegenwart von Antipyrin bedeutend erhöht[4]). Die wässerige Lösung ist vollständig in die beiden Bestandteile gespalten. Durch Zusammenreiben von 2 Mol. Chloralhydrat und 1 Mol. Antipyrin erhält man Bichloralantipyrin $C_{11}H_{12}N_2O \cdot 2\,CCl_3 \cdot CH(OH)_2$[5]).

Tolylhypnal erhält man in gleicher Weise aus Tolypyrin und Chloral.

Chinoral wurde ein öliges Additionsprodukt von Chinin und Chloral genannt. Es schmeckt bitter und soll hohe antiseptische Eigenschaft haben[6]). Es wurde auch eine feste Verbindung von Chloral mit Chinin beschrieben, die amorph ist und schon durch verdünnte Säuren zerlegt wird[7]).

In ähnlicher Absicht, die unangenehmen Nebenwirkungen des Chloralhydrats auf das Nervensystem durch Einführung einer das Nervensystem beruhigenden und antipyretischen Substanz in die Verbindung zu paralysieren, wurde p-Acetaminophenoxyacetamidchloral dargestellt, und zwar durch Mischen von p-Acetaminophenoxylacetamid mit Chloral[8]). Die Substanz wirkt nicht nennenswert entfiebernd.

Chloral-p-acetamino-phenol $CCl_3 \cdot CH(OH) \cdot O \cdot C_6H_4 \cdot NH \cdot CO \cdot CH_3$ zeigt in weit geringeren Mengen als Chloral narkotische, schlaferregende Wirkungen[9]).

Chloralacetaminophenol erhält man durch Zusammenbringen beider Bestandteile[10]).

Im Coffeinchloral, einem Additionsprodukte des Chlorals und Coffeins, tritt die Coffeinwirkung anscheinend ganz zurück gegenüber der des Chlorals, wie überhaupt mit Ausnahme der Blausäureverbindung bei allen ähnlich zusammengesetzten Chloralverbindungen fast ausschließlich die Chloralwirkung zur Geltung gelangt.

Man erhält Coffein-Chloral, welches leicht in Wasser löslich ist, wenn man in eine warme Lösung von 300 Teilen Chloralhydrat in 300 Teilen Wasser 380 Teile Coffein einträgt. Es krystallisiert beim Erkalten die Verbindung aus[11]).

Auch der Versuch, eine Verbindung von Chloral und Coffein $C_6H_{10}N_4O_2 + CCl_3 \cdot CH(OH)_2 + H_2O$ als Diureticum einzuführen, bei dem die zentral erregenden Eigenschaften des Coffeins durch die narkotischen des Chlorals paralysiert werden sollte, mißglückte aus dem Grunde, weil die Kombination mit Chloral nur die Chloralwirkungen zeigt und eine differente Wirkung neben sich nicht aufkommen läßt.

p-Amino-m-oxybenzoesäureester und m-Amino-p-oxybenzoesäureester, welche unter dem Namen „Orthoform" und „Orthoform neu" als lokalanästhesierend wirkende Antiseptica empfohlen werden, gehen mit Chloral Verbindungen erhöhter hypnotischer Wirkung ein, die den Vorzug haben, geschmacklos zu sein. Beide Verbindungen sind in Wasser sehr schwer löslich

---

1) Therap. Monatsh. 1890, S. 243, 296; 1893, S. 131.
2) Bardet: Nouv. remèd. 1890, S. 135. 3) Berlin. klin. Wochenschr. 1893, S. 104.
4) Béhal u. Choay: Ann. de chim. et de phys. [6] Bd. 27, S. 330; Journ. de pharmacie et de chim. [5] Bd. 21, S. 539. 1890. — Krey, Walther: Diss. Jena 1892, S. 33.
5) Béhal u. Choay: Ann. de chem. et de phys. [6] Bd. 27, S. 337.
6) Pharmazeut. Centralhalle. Bd. 38, S. 801. 1897.
7) Mazzara: Gaz. chim. ital. Bd. 13, S. 270.
8) D.R.P. 96493. — Münch. med. Wochenschr. 1898, S. 1173.
9) Hinsberg, O.: Ber. d. dtsch. chem. Ges. Bd. 56, S. 1734. 1923.
10) Hinsberg, O.: D.R.P. 332679. 11) Schering, Berlin, D.R.P. 75847.

und lassen sich aus Lösungsmitteln nicht umkrystallisieren. Beim Erwärmen mit verdünnten Mineralsäuren entwickelt sich Chloral.

Chloral-Orthoform und Chloral-Orthoform neu[1]) haben hypnotische Eigenschaften und sind geschmacklos. Man erhält sie durch bloßes Zusammenschmelzen der Komponenten oder durch Zusammenreiben molekularer Mengen Ester mit Chloral. Hierbei werden 1 bzw. 2 Mol. Wasser abgespalten.

Chloral und Butychloral vereinigen sich mit Isovaleramid zu Verbindungen, die, ohne üble Nebenwirkungen zu zeigen, bemerkenswerte sedative Wirkung haben. Man erwärmt die beiden Komponenten und erhält Chloralisovaleramid und Butylchlorisovaleramid[2]).

Acetonchloroformacetylsalicylsäureester erhält man durch Einwirkung des entsprechenden Säurechlorids auf Acetonchloroform in Gegenwart tertiärer Basen, z. B. Chinolin[3]). Man kann statt der tertiären Basen andere salzsäurebindende Mittel, wie z. B. Calciumcarbonat, verwenden[4]).

Die Verbindung soll antirheumatisch und schmerzstillend wirken.

Durch Behandlung von Salicylsäurepolyhalogenalkylestern mit acetylierenden Mitteln erhält man Halogenalkylester der Acetylsalicylsäure, z. B. Acetylsalicylsäuretrichlortertiärbutylester, Acetylsalicylsäuretrichlorisopropylester, Acetylsalicylsäuretribromtertiärbutylester[5]).

Es werden die Salicylsäurehalogenalkylester anstatt mit Essigsäure mit anderen aliphatischen oder aromatischen Carbonsäuren verestert, z. B. Propionylsalicylsäureacetonchloroformester, Valerylsalicylsäureacetonchloroformester[6]).

Man kann an Stelle des Acetonchloroforms andere halogensubstituierte Alkohole auf Acetylsalicylsäurechlorid in Gegenwart von tertiären Basen oder anderen salzsäurebindenden Mitteln einwirken lassen, z. B. Trichlorisopropylalkohol. Weiter sind beschrieben Acetylsalicylsäureacetonbromoformester, Acetylsalicylsäuredichlorisobutylester[7]).

Salicylsäure wird nach den üblichen Methoden mit polyhalogenhaltigen Alkoholen verestert. Dargestellt wurden Salicylsäureacetonchloroformester aus Salicylsäurechlorid und Acetonchloroform, Trichlorisopropylsalicylsäureester aus Salicylsäure, Trichlorisopropylalkohol und Zinkchlorid, Salicylsäureacetonbromoformester aus Acetonbromoform, Salicylsäure und Zinkchlorid. Die Verbindungen wirken lokal anästhesierend und haben eine allgemein analgesierende Wirkung[8]).

An Stelle der Salicylsäure kann man auch andere Phenolcarbonsäuren mit den polyhalogenhaltigen Alkoholen verestern. Beschrieben sind: p-Kresotinsäureacetonchloroformester, Vanillinsäureacetonchloroformester und o-Oxynaphthoesäuretrichlortertiär-butylester[9]).

Perrheumal ist Salicylsäure- oder Acetylsalicylsäureester des tertiären Trichlorbutylalkohols.

Die Ester des Trichlorbutylalkohols werden im Organismus im allgemeinen nicht gespalten, sondern haben eine besondere und zum Teile von der der Komponenten gänzlich abweichende und unerwartete Wirkung, bald unverhältnismäßig abgeschwächt, bald in ganz anderer Richtung, z. B. krampfauslösend wirkend. Die Giftigkeit steigt bei Verwendung aufsteigender homologer Säuren; so erhöht sich die Giftigkeit vom Essigester des Trichlorbutylalkohols zum Propionsäureester und erreicht ihren Höhepunkt beim Isovaleriansäureester. Der Essigsäureester ist giftiger als der zugrunde liegende Alkohol, hat aber eine geringere narkotische Wirkung; noch deutlicher sieht man dieses Zurücktreten der narkotischen Wirkung und gleichzeitiges Ansteigen der Giftigkeit beim Propionsäureester und weiterhin beim Isovaleriansäureester, welcher nicht mehr narkotisch wirkt, sondern ein Krampfgift ist. Ebenso verhalten sich substituierte Isovaleriansäureester, wie Bromisovaleriansäureester und Diäthylaminoisovaleriansäureester. Die halogensubstituierten Essigsäureester, wie der Monochlor- und Trichloressigsäureester erweisen sich im Verhältnisse zum

---

[1]) Kalle & Co., Biebrich, D.R.P. 112216. [2]) Liebrecht, D.R.P. 282267.
[3]) Wolffenstein, D.R.P. 245533. [4]) D.R.P. 246383, Zusatz zu D.R.P. 245533.
[5]) D.R.P. 276809, Zusatz zu D.R.P. 245533.
[6]) D.R.P. 276810, Zusatz zu D.R.P. 245533.
[7]) D.R.P. 258888, Zusatz zu D.R.P. 245533.
[8]) D.R.P. 267381. [9]) D.R.P. 267980, Zusatz zu D.R.P. 267381.

Essigsäureester als weniger wirksam, sowohl was die narkotische Wirkung als auch die Giftigkeit betrifft. Der Brenztraubensäureester des Trichlorbutylalkohols ist ein starkes Gift ohne Schlafwirkung. Der Allophanester wirkt gar nicht hypnotisch, sondern hat eine Krampfgiftwirkung, während im allgemeinen die Allophanester anderer, weniger stark schlafmachender Alkohole eine stärkere schlafmachende Wirkung haben.

Dimethylaminoessigsäure- und Diäthylaminoessigsäureester des Trichlorbutylalkohols sind beide schlafmachend, der Dimethylaminoessigsäureester etwas schwächer. Diäthylamino-isovaleriansäure-trichlorbutylester ist hinwiederum ein Krampfgift.

Piperidylessigsäure-trichlorbutylester wirkt krampfartig, ohne narkotisch zu wirken. Die Ester der Malonsäure und der substituierten Malonsäuren wirken gar nicht giftig und auch nicht narkotisch. Hingegen machen sie eine Herabsetzung der sensiblen Erregbarkeit.

Zimtsäure- und Dibromzimtsäuretrichlorbutylester zeigen keine narkotischen Eigenschaften und auch sonst nichts Bemerkenswertes. Die von R. Wolffenstein, A. Loewy und M. Bachstez studierten Ester dieser Reihe zeichnen sich durch Unverseifbarkeit im Organismus aus, womit die neuen Eigenwirkungen der einzelnen Ester chemisch erklärt werden[1]).

Toramin ist das Ammonsalz des Malonsäuretrichlorbutylesters $NH_4 \cdot CO_2 \cdot CH_2 \cdot CO_2(CH_2)_3 \cdot CCl_3$, es wurde gegen Hustenreiz empfohlen[2]).

Nach R. Wolffenstein[3]) verestert man Trichlorbutylalkohol mit Malonsäuren nach den für die Esterdarstellung üblichen Methoden. Beschrieben sind der saure Malonsäuretrichlorbutylester und der saure Diäthylmalonsäuretrichlorbutylester.

Man kondensiert Monohalogenessigsäuretrichlortertiärbutylester mit sekundären aliphatischen Aminen. Beschrieben sind Diäthylaminoessigsäuretrichlorbutylester und Dimethylglycintertiärtrichlorbutylester[4]).

Poulenc und Ernest Fourneau[5]) stellen Chloraldialkylaminooxyisobuttersäurealkylester her, indem sie Dialkylaminooxyisobuttersäurealkylester mit Chloral behandeln. Dargestellt wurden Chloraldimethylaminooxyisobuttersäureäthylester und -propylester. Die Substanzen sind Hypnotica von geringer Giftigkeit.

Sulzberger, New York[6]) verbindet Chloral mit Säureamiden, indem er die Amide oder einfach alkylierte oder arylierte Amide von Fettsäuren mit mehr als 12 Kohlenstoffen auf Chloral einwirken läßt, z. B. Chloral auf Palmitinsäureamid. Es wurde auch Chloral-α-brompalmitinsäureanilid dargestellt.

Wenig verwendet wurde Butylchloral $CCl_3 \cdot CH_2 \cdot CH_2 \cdot CHO$. Es übt eine starke, aber vorübergehende hypnotische Wirkung aus und hat dem Chloralhydrat gegenüber den Nachteil, daß es stärker als jenes den Magen reizt. Als Sedativum wurde es von O. Liebreich[7]) empfohlen. Es wird durch Chlorieren von Paraldehyd hergestellt, hat einen süßlichen Geruch und einen brennend bitteren Geschmack. Es wirkt anästhesierend, ist aber in bezug auf schlafmachende Wirkung nicht so sicher wie Chloral.

Butylchloralantipyrin, Butylhypnol genannt, wird wie Hypnal verwendet[8]).

Trigemin wird ein Antineuralgicum genannt, das durch Einwirkung von Butylchloralhydrat auf Pyramidon entsteht. Butylchloralhydrat-pyramidon soll vorzüglich schmerzstillende, weniger hypnotische Eigenschaften zeigen.

Man erhält es durch Addition beider Grundsubstanzen. Während Chloralhydrat mit 4-Dimethylamino-1-phenyl-2.3-dimethyl-5-pyrazolon keine krystallisierende Verbindung gibt, vereinigt sich Butylchloralhydrat damit zu einer krystallisierenden Verbindung entweder beim Zusammenschmelzen oder beim Zusammenbringen in Lösungsmitteln, wie z. B. Wasser, Benzol unter Erwärmen[9]).

---

[1]) Wolffenstein, R., A. Loewy u. M. Bachstez: Ber. d. dtsch. chem. Ges. Bd. 48, S. 2035. 1915. [2]) Meyer, Ernst: Berlin. klin. Wochenschr. Bd. 52, S. 873. 1915.
[3]) D.R.P. 289001. [4]) Wolffenstein, D.R.P. 289426. [5]) D.R.P. 203643.
[6]) D.R.P. 198715. [7]) Therap. Monatsh. 1888, S. 528.
[8]) Calderato: Chem. Centralblatt 1902, II, S. 1387. [9]) D.R.P. 150799.

Isopral[1]) ist Trichlorisopropylalkohol $CCl_3 \cdot CH(CH_3) \cdot OH$, der als Hypnoticum zweimal so stark wirksam sein soll, wie Chloralhydrat. Es bewirkt ein schnelles Eintreten der hypnotischen Wirkung. Es hat die günstigen und schädlichen Einflüsse des Chloralhydrats. Isopral wird in Trichlorisopropylglykuronsäure umgewandelt im Harne ausgeschieden.

Man erhält Isopral durch Einwirkung von Chloral auf Halogenmethylmagnesiumdoppelverbindungen, man zerlegt diese[2]) mit Wasser und Salzsäure, nimmt mit Äther auf und destilliert nach dem Abdestillieren des Äthers das rückbleibende Öl im Vakuum. Die Darstellung des Trichlorisopropylalkohols ist mehrfach beschrieben, so aus Zinkmethyl und Chloral[3]), ferner von L. Henry[4]) und von Aldrich[5]).

Bromverbindungen.

Wie den gechlorten, so kommt auch den bromhaltigen aliphatischen Verbindungen und auch den jodhaltigen, wenn auch in viel schwächerem Grade, eine hypnotische Wirkung zu.

In dieser Gruppe hat sich die erfinderische Tätigkeit hauptsächlich darauf bezogen, analoge Verbindungen wie in der Gruppe der Chlorderivate, ferner Amide von gebromten Fettsäuren, unter denen die dialkylierten Säuren eine besondere Wirksamkeit entfalten, ferner Harnstoffe solcher Säuren und schließlich Ester gebromter Säuren darzustellen.

Bromalhydrat $CBr_3 \cdot CHO + H_2O$ macht zuerst Aufregung, dann tritt ein hypnotischer Zustand ein, dem schließlich ein allmähliches Erlöschen der Respirations- und Herztätigkeit folgt (Steinauer). Doch bietet Bromalhydrat dem Chloralhydrat gegenüber in der therapeutischen Anwendung nur Nachteile. Bromalhydrat übt von allen analogen Verbindungen die stärkste Lokalwirkung aus, an der Applikationsstelle werden die Muskeln in kürzester Zeit totenstarr.

Monobromtrimethylcarbinol äußert keine hypnotischen Wirkungen, wohl aber eine vollständige, kaum zwei Stunden dauernde Lähmung der Hinterläufe.

Bromamylenhydrat (Bromhydrin des Trimethyläthylenglykols) wurde früher durch Einwirkung von unterbromiger Säure auf Trimethyläthylen gewonnen. Die unterbromige Säure wurde durch Einwirkung von Brom auf Quecksilberoxyd in Gegenwart von Wasser dargestellt. Da die unterbromige Säure nur in Gegenwart von viel Wasser beständig ist, brauchte man sehr große Flüssigkeitsmengen. Nach dem neuen Verfahren bringt man die unterbromige Säure im Entstehungszustand dadurch zur Reaktion, daß man bei -5^0 auf ein Gemisch von Eis, Trimethyläthylen und der berechneten Menge Borsäure unter starkem Rühren und Schütteln die berechnete Menge von unterbromigsaurem Natrium einwirken läßt. Die durch Borsäure in Freiheit gesetzte unterbromige Säure addiert sich sofort an das Trimethyläthylen und es entsteht Bromamylenhydrat[6]).

Durch Veresterung von Tribromtertiärbutylalkohol mit Benzoesäure erhält man Benzoesäuretribromtertiärbutylester[7]).

Tert. Tribrombutylalkohol $\frac{CH_3}{CH_3}>C<\frac{OH}{CBr_3}$ wirkt schwächer als tert. Trichlorbutylalkohol[8]).

Die Propionsäure- und Buttersäureester des Brometons (Tribromtertiärbutylalkohol) besitzen keine anästhesierenden Eigenschaften[9]).

Von theoretischem Interesse ist folgendes über die Bedeutung des eingeführten Halogens. Wie A. v. d. Eekhout[10]) gefunden, wirkt beim Kaltblüter Isovalerianylharnstoff am schwächsten. Stärker wirken Bromisovalerianylharnstoff, Bromural, Chlorisovalerianylharnstoff, Methyläthylbromacetyl-

---

[1]) Impens: Therap. Monatsh. Bd. 17, S. 469. 1903.
[2]) Bayer, Elberfeld, D.R.P. 151545. [3]) Liebigs Ann. d. Chem. Bd. 210, S. 77.
[4]) Cpt. rend. hebdom. des séances de l'acad. des sciences Bd. 138, S. 205.
[5]) A.P. 742340 und 761189. [6]) D.R.P. 301905.
[7]) Parke, Daris & Co., A.P. 1397913.
[8]) Arch. f. exp. Pathol. u. Pharmakol. Bd. 79, S. 318. 1916.
[9]) Aldrich, T. B.: Journ. of the chem. soc. Bd. 40, S. 1948. 1918.
[10]) Arch. f. exp. Pathol. u. Pharmakol. Bd. 57, S. 337. 1907.

harnstoff. Narkotisch und giftig ist Bromisovaleriansäureamid. Schwach wirksam oder unwirksam sind Bromvalerianylharnstoff, Isovalerianylharnstoff, Valerianylharnstoff, Bromisobutylharnstoff, Bromisobuttersäureamid. Nur der gechlorte und der gebromte Körper enthalten aber das Halogen in genügend fester Bindung. Das Jodprodukt zersetzt sich bei der Temperatur des Warmblüters und spaltet rasch Jod ab. Daher verhält sich Jodisovalerianylharnstoff beim Warmblüter verschieden von Chlorisovalerianylharnstoff und Bromisovalerianylharnstoff. Die Jodverbindung wirkt bei höherer Körpertemperatur nicht stärker als die halogenfreie Muttersubstanz.

Krystallisierte, geruch- und geschmacklose Verbindungen aus Isovaleriansäure oder Bromisovaleriansäure und Menthol, Borneol, Isoborneol und Thymol erhält man, indem man Isovaleriansäure oder ihr Bromderivat mit ihnen zu acetylierten Carbaminestern vereinigt. Die entstehenden Verbindungen zerfallen im Organismus in die wirksamen Komponenten. Bromvalerylisobornylurethan erhält man aus Carbaminsäurebornylester, Bromisovalerylbromid und Dimethylanilin beim Erhitzen auf 70—80°. In gleicher Weise erhält man analoge Verbindungen[1]).

Sehr vielfach wurden Derivate der α-Bromisovaleriansäure und Bromdiäthylessigsäure als Sedativa dargestellt:

Bromural (α-Monobromisovalerianylharnstoff) $(CH_3)_2 \cdot CH \cdot CHBr \cdot CO \cdot NH \cdot CO \cdot NH_2$ entsteht bei der Kondensation von Harnstoff mit Bromisovalerianylbromid und wirkt nur bei leichter nervöser Schlafbehinderung[2]) als ein prompt wirkendes Narkoticum[3]). Es setzt auch die Schweißsekretion herab[4]).

α-Bromisovalerianylharnstoff erhält man durch Einwirkung von α-Bromisovalerianylbromid oder -chlorid auf Harnstoff[5]). Man läßt Harnstoff mit α-Chlorisovalerianylbromid oder -chlorid reagieren[6]) und erhält α-Chlorisovalerianylharnstoff. α-Bromisovalerylharnstoff erhält man durch Einwirkung von α-Bromisovalerylhalogenid auf Mercurocyanat und Behandlung des gebildeten α-Bromisovalerylcyanats mit Ammoniak, wobei sich α-Bromisovalerylharnstoff ausscheidet[7]).

Durch Einwirkung von Acetylsalicylsäure auf α-Bromisovalerylharnstoff in molekularen Mengen erhält man eine Verbindung der beiden Komponenten[8]).

Bromisovaleriansäureester von Borneol und Isoborneol kann man aus den Halogeniden oder Anhydriden der Säure oder aus der Säure mit einer Mineralsäure als Kondensationsmittel erhalten. Man kann die Säure auf Camphen bei Gegenwart geeigneter Kondensationsmittel, Chlorzink oder Mineralsäuren, einwirken lassen. Die bromierten Ester sind von sehr mildem Geschmack und schwach riechend[9]).

Man kann auch in der Weise zu den Verbindungen gelangen, daß man den Borneol- resp. den Isoborneolester der Isovaleriansäure bromiert, und zwar mit und ohne Zusatz von Bromüberträgern, z. B. durch direktes Bromieren mit Brom[10]).

α-Bromisovaleriansäurederivate aliphatischer primärer Amine, welche sedativ wirken, erhält man aus α-Bromisovalerylbromid und Methylamin, und zwar α-Bromisovalerylmethylamid. Mit Äthylamin erhält man das Äthylamid[11]).

α-Bromisovaleryl-p-phenetidid erhält man aus dem Halogenderivate der α-Bromisovaleriansäure und aus Phenetidin. Der Körper hat antineuralgische, aber keine antipyretischen Wirkungen [P. Bergell[12])].

Phenoval ist α-Bromisovaleryl-p-phenetidid $(CH_3)_2 \cdot CH \cdot CHBr \cdot CO \cdot NH \cdot C_6H_4 \cdot OC_2H_5$). Es wird als Sedativum und Hypnoticum empfohlen.

Brophenin ist Bromisovalerylaminoacetyl-p-phenetidid.

Man läßt auf Salicylsäure-p-aminophenylester α-Bromisovalerylhaloide oder auf Isovalerylsalicylsäure-p-aminophenylester Brom einwirken. Es entsteht α-Bromisovalerylsalicylsäure-p-aminophenolester $C_6H_4(OH)\cdot CO\cdot O\cdot C_6H_4\cdot N\langle{}^{H}_{CO\cdot CHBr\cdot CH(CH_3)_2}$, welcher sedativ und schlafmachend wirkt[13]).

---

[1]) D.R.P. 260471, Zusatz zu D.R.P. 252157.
[2]) Pharmazeut. Centralhalle. Bd. 48, S. 143.
[3]) v. d. Eekhout, A.: Arch. f. exp. Pathol. u. Pharmakol. Bd. 57, S. 337. 1907.
[4]) Runck: Münch. med. Wochenschr. 1907, Nr. 15.
[5]) Knoll, D.R.P. 185962.
[6]) D.R.P. 191386, Zusatz zu D.R.P. 185962.
[7]) D.R.P. 263018.
[8]) D.R.P. 274349.
[9]) Schering, D.R.P. 205363.
[10]) D.R.P. 205264, Zusatz zu D.R.P. 205263.
[11]) D.R.P. 261877.
[12]) D.R.P. 277022.
[13]) Abelin u. Lichtenstein, D.R.P. 291878.

Statt wie im D.R.P. 291878 α-Bromisovalerylhaloide auf den Salicylsäure-p-aminophenylester einwirken zu lassen, verwendet man α-Bromdiäthylacetylhaloide. Die resultierende Verbindung ist geschmacklos und stärker schlafmachend wirksam[1]).

Wenn man N-Acylderivate der p-Aminophenole mit Bromdiäthylacetylisocyanat behandelt, so erhält man antipyretische und hypnotische Stoffe. Aus p-Acetylaminophenol und Bromdiäthylacetylisocyanat erhält man Bromdiäthylacetylurethan des p-Acetylaminophenols

$$\frac{C_2H_5}{C_2H_5}>CBr\cdot CO\cdot NH\cdot CO\cdot O\cdot C_6H_4\cdot NH\cdot CO\cdot CH_3.$$

Beschrieben ist auch die Darstellung des Bromdiäthylacetylcarbaminsäureesters des p-Oxyphenylharnstoff.

Durch Behandlung von N-Acylderivaten der Urethane der p-Aminophenole mit α-Bromdiäthylessigsäurehalogeniden erhält man z. B. Bromdiäthylacetylurethan des p-Acetylaminophenols aus p-Acetylaminophenolurethan[2]). Dieses wird aus Guajacolurethan und p-Acetylaminophenol bei 150° ohne Abdestillieren des Guajacols gewonnen. Man kann auch p-Nitrophenolmethan in Gegenwart von kolloidalem Palladium mit Wasserstoff reduzieren[3]).

α-Brompropionylphenylharnstoff $C_6H_5\cdot NH\cdot CO\cdot NH\cdot CO\cdot CHBr\cdot CH_3$ wirkt schwach hautreizend. Frerichs hat dieses bei verschiedenen Harnstoffderivaten der Halogenfettsäuren beobachtet[4]).

Dipropylacetbromamid (Substitution eines Amidwasserstoffs durch Brom) ist wirkungslos. Bromdiäthylacetamid, Bromäthylpropylacetamid und Bromdipropylacetamid sind gute Schlafmittel.

Bromdimethylessigsäureamid besitzt keinerlei hypnotische Wirkung. Neuronal ist Bromdiäthylacetamid[5]). Es wurde als Hypnoticum empfohlen. Es schmeckt bitter, etwas kühlend und an Menthol erinnernd. In der Wirkung steht es zwischen Trional und Veronal. Es besitzt keine kumulativen Wirkungen[6]).

Adalin ist Bromdiäthylacetylharnstoff $(C_2H_5)_2\cdot C(Br)\cdot CO\cdot NH\cdot CO\cdot NH_2$. Es übt keine Herzwirkung aus, wird erst im alkalischen Darmsaft gelöst und im Harn zum Teil unverändert ausgeschieden. Der größte Teil findet sich als eine in Äther lösliche bromhaltige Säure, wahrscheinlich $(C_2H_5)_2\cdot CBr\cdot COOH$. Die Wirkung des Mittels bei interner Eingabe tritt relativ spät ein (etwa zwei Stunden nach der Eingabe). Es beruhigt die Atmung und mildert den Hustenreiz. Es ist ein mildes Hypnoticum, daher versagt es bei schweren Erregungszuständen selbst bei Anwendung hoher Dosen. Es ist fast geruchlos und nur wenig bitter[7]).

Abasin ist acetyliertes Adalin.

α-Bromureide mit gerader Kette haben keine hypnotische Wirkung, sondern lediglich diuretische. Die Wirkung des Bromurals und Adalins ist demnach der verzweigten Seitenkette und nur in geringem Maße dem Einfluß des Halogens zuzuschreiben. Versuche sind gemacht mit α-Bromcaproylharnstoff, α-Bromönanthylharnstoff, α-Brompelargonylharnstoff, α-Bromalurylharnstoff[8]).

Bromdiäthylacetylharnstoff erhält man, wenn man entweder Bromdiäthylacetylhaloide auf Harnstoff einwirken läßt oder an Bromdiäthylacetylcyanamid (gewonnen aus

---

[1]) D.R.P. 297243. [2]) Bayer, D.R.P. 316902.

[3]) Bayer, Leverkusen, D.R.P. 318803, Zusatz zu D.R.P. 316902.

[4]) Andreasch, R.: Monatshefte f. Chemie. Bd. 45, S. 1. 1924.

[5]) Schultze u. Fuchs: Münch. med. Wochenschr. 1903.

[6]) Schultze, E.: Münch. med. Wochenschr. 1904, Nr. 25; siehe auch Siebert: Psychiatr.-neurol. Wochenschr. 1904, Nr. 10; Becker: ebenda, 1904, Nr. 18; Stroux: Dtsch. med. Wochenschr. 1904, Nr. 41, und Rixen: Münch. med. Wochenschr. 1904, Nr. 48.

[7]) Filippi, Eduardo: Arch. di farmacol. sperim. e scienze aff. Bd. 12, S. 233. 1911. Therapie d. Gegenw. 1912, N. 4, S. 158. S. Takeda: Arch. internat. de pharmaco-dyn. et de thérapie. Bd. 21, S. 203. 1911; Kwan, P. F.: ebenda. Bd. 22, S. 331. 1912; Gensler, P.: Arch. f. exp. Pathol. u. Pharmakol. Bd. 77, S. 161. 1914; Bd. 79, S. 42. 1916.

[8]) Tiffeneau, M. u. H. Ardaly: Bull. des sciences pharmacol. Bd. 28, S. 155. 1921.

dem Chlorid und Cyanamid), durch Vermischen mit sehr starker Schwefelsäure und Eingießen im Wasser, Wasser anlagert oder durch Behandlung von Bromdiäthylacetylurethan mit Ammoniak den gewünschten Körper gewinnt. Man gelangt zu diesem auch durch Entschwefelung von Bromdiäthylacetylthioharnstoff oder durch Einwirkung von Brom auf Diäthylacetylharnstoff[1]). Er übertrifft die Produkte nach D.R.P. 158200 und 185962.

Bromdiäthylacetylharnstoff kann man auch erhalten durch Einwirkung von Cyansäure auf α-Bromdiäthylacetamid oder durch Einwirkung von Ammoniak auf α-Bromdiäthylacetylcarbaminsäurechlorid[2]).

Man erhält bessere Ausbeuten, wenn man auf α-Bromdiäthylacetylcarbaminsäurebromid, welches man aus Bromdiäthylacetylurethan darstellen kann, Ammoniak einwirken läßt[3]).

Man erhält Diäthylbromacetylharnstoff durch Einwirkung von Diäthylbromacetylbromid in Gegenwart von Benzin auf Quecksilbercyanat. Das gebildete Diäthylbromacetylcyanat behandelt man mit Ammoniak, wobei sich Diäthylbromacetylharnstoff abscheidet[4]).

Bromdiäthylacetylharnstoff erhält man aus Carbaminsäurechlorid und Bromdiäthylacetamid, evtl. in Gegenwart von Pyridin[5]).

Man läßt Bromdiäthylacetylhaloide oder ihre Salze in Gegenwart von Alkalien auf Isoharnstoffäther einwirken. Es werden z. B. Isoharnstoffmethylätherchlorhydrat in wässeriger Lösung mit Bromdiäthylacetylbromid vermischt und unter Kühlung mit Normalnatronlauge behandelt. Es scheidet sich dann Bromdiäthylacetylisoharnstoffmethyläther ab[6]).

Bromdiäthylacetylharnstoff erhält man, wenn man die Salze der nach D.R.P. 240353 dargestellten Bromdiäthylacetylisoharnstoffäther für sich oder mit Säuren erhitzt; man erhält dann die im D.R.P. 225710 beschriebenen Harnstoffderivate[7]).

Bromdiäthylacetylharnstoff erhält man durch Einwirkung von Brom auf Diäthylacetylisocyanat, wobei die Reaktion durch Zusatz von verseifenden Mitteln, wie Wasser, wässerigem Ammoniak oder dgl. beschleunigt wird[8]).

Zu Acidylderivaten des Bromdiäthylacetylharnstoffs gelangt man, wenn man auf Diäthylbromacetylisocyanat oder Bromdiäthylacetylcarbamidsäurehalogenid Säureamide oder auf Bromdiäthylacetamid Säureisocyanate oder Acidylcarbamidsäurehalogenide einwirken läßt. Die Verbindungen besitzen die Zusammensetzung

$$R\cdot HN\cdot OC\cdot NH\cdot CO\cdot C\begin{cases} C_2H_5 \\ Br \\ C_2H_5 \end{cases}$$

(R = Acyl). Sie wirken sedativ und hypnotisch. Beschrieben sind: Bromdiäthylacetylharnstoff, Bromdiäthylacetylcarboxyäthylharnstoff, Dibromdiäthylacetylharnstoff[9]).

Zur Darstellung von Bromdialkylacetcarbamiden werden die Dialkylmalonursäuren der allgemeinen Zusammensetzung $(Alkyl)_2C\cdot(COOH)\cdot CO\cdot NH\cdot CO\cdot NH_2$ mit oder ohne Zusatz von Lösungs- oder Verdünnungsmitteln oder Bromüberträgern mit Brom behandelt. Die Reaktion verläuft bereits bei 100° glatt unter Abspaltung von Kohlensäure. Es wird z. B. Diäthylmalonursäure mit der gleichen Gewichtsmenge Brom und etwas Aluminiumchlorid unter Rückflußkühlung bis zur Beendigung der Bromwasserstoffentwicklung und der Kohlensäureabspaltung auf 100° erhitzt. Man erhält in der Ausbeute von 80—85% Diäthylbromacetcarbamid[10]).

Bromdiäthylacetamid geht bei der Einwirkung von Oxalylchlorid in Bis-bromdiäthylacetylharnstoff über[11]).

Die symmetrischen diacylierten Harnstoffe der Formel $\begin{matrix} R\cdot CO-NH \\ R\cdot CO-NH \end{matrix}\!\!>CO$, worin R·CO einen bromhaltigen Fettsäurerest bedeutet, gehen durch Einwirkung gelinde wirkender verseifender Mittel in die monoacylierten Harnstoffe der Formel $R\cdot CO-NH-CO\cdot NH_2$ über. So erhält man aus Bis-bromdiäthylacetylharnstoff und Ammoniak Bromdiäthylacetylharnstoff. Bisbromdiäthylacetylharnstoff erhält man aus Bromdiäthylacetamid und Oxalylchlorid[12]).

Durch Acylierung von bromacylierten Harnstoffen erhält man Acetyl-bromdiäthylacetylcarbamid, Acetyl-α-bromisovalerianylharnstoff, Propionylbromdiäthylacetylharnstoff, Benzoylbromdiäthylacetylharnstoff[13]).

Die Bromsubstitutionsprodukte der Alkyl- bzw. Arylessigsäuren der allgemeinen Zusammensetzung $\begin{matrix} R \\ R_1 \end{matrix}\!\!>C\cdot Br\cdot COOH$, worin R und R_1 einen Alkyl- oder Arylrest be-

[1]) Bayer, D.R.P. 225710. [2]) D.R.P. 249906, Zusatz zu D.R.P. 225710.
[3]) D.R.P. 253159, Zusatz zu D.R.P. 225710. [4]) D.R.P. 271682.
[5]) Beckmann, D.R.P. 262048. [6]) D.R.P. 240353. [7]) D.R.P. 243233.
[8]) Bayer, D.R.P. 282097. [9]) Bayer, D.R.P. 286760.
[10]) Bayer, Leverkusen, D.R.P. 347609. Schw.P. 92296.
[11]) Bayer, D.R.P. 287001. [12]) D.R.P. 283105. [13]) Bayer, D.R.P. 327129.

deuten, werden mit Alkoholen der Terpenreihe kondensiert. Die Produkte sind Sedativa und Hypnotica, und zwar Bromdiäthylacetylbornylester, Bromdiäthylacetylmenthylester, Diäthylacetylmenthylester, Bromdipropylacetylmenthylester, Bromdiäthyleucalyptolester[1]).

Während Diäthylbromäthylharnstoff (Adalin) ein gutes Hypnoticum ist, ist der isomere Bromcaproylharnstoff $Br \cdot C_5H_{10} \cdot CO \cdot NH \cdot CO \cdot NH_2$ fünfmal weniger wirksam.

Bromdialkylacetamide[2]) der Formel

$$\begin{matrix} R \\ R \end{matrix}\!\!>\!CBr \cdot CO \cdot NH_2 \quad \text{resp.} \quad \begin{matrix} R \\ R_1 \end{matrix}\!\!>\!C \cdot Br \cdot C\!\!\begin{matrix} \nearrow NH \\ \searrow OH \end{matrix}$$

erhält man durch Überführung der entsprechenden Dialkylessigsäuren durch Einwirkung von Phosphorhalogen in die Alkylsäurehalogenide, Substitution des Wasserstoffes durch Brom und Austauschen des Halogens im Säurerest durch Ammoniak gegen Amid. Die Verbindungen sind in Wasser schwer löslich.

Zur Darstellung von Brommethylpropylacetamid wird als Ausgangsmaterial Methylpropylessigsäure verwendet[3]).

Die aus den entsprechenden, nicht bromierten Dialkylessigsäuren erhältlichen Dialkylessigsäureamide werden mit Brom behandelt[4]).

Die entsprechenden Dialkylessigsäuren werden statt über die Halogenide hier über die Ester oder Ammoniumsalze der Bromdialkylessigsäuren hinweg nach den für die Darstellung von Säureamiden üblichen Methoden in die entsprechenden Amide übergeführt[5]).

Man kann auch die entsprechenden Dialkylmalonsäuren mit Brom behandeln und die entstehenden Dialkylbromessigsäuren in ihre Amide überführen[6]).

Dialkylbromacetamide werden aus Dialkylcyanessigsäuren hergestellt, indem man durch Erhitzen die Dialkylcyanessigsäuren in die entsprechenden Dialkylacetonitrile überführt, diese mit Brom behandelt und die gewonnenen Dialkylbromacetonitrile mit konz. Schwefelsäure zu den Dialkylbromacetamiden verseift[7]).

Diäthylchloracetamid wird dargestellt durch Chlorierung von Diäthylacetylchlorid und das so entstandene α-Chlordiäthylacetylchlorid $(C_2H_5)_2C(Cl) \cdot CO \cdot Cl$ mit Ammoniak oder Ammoniak abspaltenden Mitteln wie $(NH_4)_2CO_3$ behandelt[8]).

Durch Einwirkung von Formaldehyd auf Bromdialkylacetamide gelangt man zu Verbindungen der Formel

$$\begin{matrix} Br \\ R \\ R_1 \end{matrix}\!\!>\!C \cdot CO \cdot NH \cdot CH_2 \cdot OH$$

wobei R und R_1 Alkylradikale sind.

Die Verbindungen schmecken weniger intensiv als die Bromdialkylacetamide und wirken hypnotisch und sedativ. Man erhält sie, indem man in wässeriger Lösung Formaldehyd und Bromdialkylacetamide in Gegenwart geringer Mengen eines Kondensationsmittels, wie Barythydrat, Kaliumcarbonat, Cyankalium schwach erwärmt und dann die Lösung mit Wasser fällt[9]).

Derivate des Glykolsäureureids erhält man, wenn man Bromacetylharnstoff und das Salz einer organischen Säure aufeinander einwirken läßt[10]). Geht man bei diesen Körpern von Salzen chlor- oder bromsubstituierter aliphatischer Säuren aus, so gelangt man zu halogenhaltigen Kondensationsprodukten.

Man kann auch Brom- oder Chloracetylurethane in gleicher Weise in Reaktion bringen. Beschrieben sind Acetylglykolylurethan, Bromisovalerylglykolylurethan, Salicylsäureglykolylurethan, Bromisovalerylglykolylcarbaminsäuremethylester[11]).

Acylderivate aromatischer Säureamide erhält man, wenn man Amide aromatischer Säuren mit Isovalerianylhalogeniden, insbesondere α-Bromisovalerianylhalogeniden direkt oder in trockenen organischen Lösungsmitteln bei Gegenwart von organischen oder anorganischen säurebindenden Mitteln zur Reaktion bringt und die entstandenen Konden-

---

1) Kalle, D.R.P. 273850. 2) Kalle, Biebrich, D.R.P. 158220.
3) D.R.P. 165281. Zusatz zu D.R.P. 158220.
4) D.R.P. 166359, Zusatz zu D.R.P. 158220.
5) D.R.P. 170629, Zusatz zu D.R.P. 158220. 6) Kalle, Biebrich, D.R.P. 175585.
7) Paul Hoering u. Fritz Baum, D.R.P. 168739.
8) Soc. chim. des Usines du Rhône, A.P. 1493182, E.P. 209706.
9) Höchst, D.R.P. 273320. 10) Voswinkel, D.R.P. 247270.
11) D.R.P. 266121, Zusatz zu D.R.P. 247270.

sationsprodukte erforderlichenfalls noch mit Brom bzw. bromabgebenden Substanzen behandelt.

Diese Substanzen behalten die schlafmachende Wirkung der Säureamide vollständig, besitzen aber im Vergleich mit den Säureamiden selbst eine auffallend geringe Giftigkeit, während die bisher bekannt gewordenen Acylderivate aromatischer Säureamide stark giftig sind und keine hypnotische und narkotische Wirkung besitzen[1]).

Quietol, der Isovaleriansäureester des Dimethylaminooxyisobuttersäurepropylesterbromhydrats, wirkt analgetisch und hypnotisch[2]).

Beim Zusammenschmelzen äquimolekularer Mengen von Bromisovalerylamid und Chloral entsteht rein additiv Bromisovalerylamidchloral[3]).

C-C-Dialkylbarbitursäuren gehen beim Erhitzen mit Halogenen unter Druck, gegegebenfalls unter Zusatz indifferenter Lösungsmittel, in halogenierte Dialkylbarbitursäuren über, welche das Halogen in den Alkylresten enthalten. Sie sollen als Ausgangsstoffe für Schlfamittel dienen. Beschrieben sind Monobromdiäthylbarbitursäure, Dibromdipropylbarbitursäure, Monochlordiäthylbarbitursäure[4]).

Di-(brompropyl)-barbitursäure und Brompropyläthylbarbitursäure (Staudinger) zeigen keinerlei narkotische Effekte. Hingegen wirken narkotisch Barbitursäuren, die neben einem Alkyl-, Acyl- oder Arylrest die β-Halogenpropenylgruppe enthalten, z. B. β-Brompropenylisopropylbarbitursäure (Noctal), ebenso wirkt β-Chlorpropenylisopropylbarbitursäure[5]).

Monobrombarbitursäure, Brom-i-propylbarbitursäure und Jodbarbitursäure haben keine Wirkung. Dibrombarbitursäure, die sehr zersetzlich ist, macht Temperatursturz und erzeugt einen schlafähnlichen Zustand[6]).

Diogenal (Dibrompropylveronal)

$$\begin{array}{l} \quad\ \ \mathrm{H}\quad\ \mathrm{OC} \\ \quad\ \ \mathrm{N}-\mathrm{C} \\ \mathrm{O}=\mathrm{C}\langle\qquad \mathrm{C(C_2H_5)_2} \\ \mathrm{C_3H_5Br_2}\cdot\mathrm{N}-\!\!-\mathrm{CO} \end{array}$$

soll nur den vierten Teil der Giftigkeit des Veronals haben, es wirkt aber schwächer.

N-Halogenalkyl-C-C-dialkylbarbitursäuren der allgemeinen Formel

$$\begin{array}{l} \mathrm{X}\cdot\mathrm{N}-\mathrm{CO} \\ \quad\ \mathrm{CO}\ \ \mathrm{C}\!<\!\begin{matrix}\mathrm{Alkyl}\\ \mathrm{Alkyl}\end{matrix} \\ \mathrm{Y}\cdot\mathrm{N}-\mathrm{CO} \end{array}$$

wobei X = Halogenalkyl, Y = Wasserstoff oder Halogenalkyl, erhält man, wenn man entweder N-Alkylen · C-C-dialkylbarbitursäure mit Halogen oder Halogenwasserstoff oder Halogenalkylharnstoffe mit Dialkylmalonylhalogeniden behandelt.

Beschrieben sind: N · Monodibrompropyl-C-C-diäthylbarbitursäure

$$\begin{array}{l} \mathrm{Br\cdot CH_2\cdot CH(Br)\cdot CH_2\cdot N-CO} \\ \qquad\qquad\qquad\quad \mathrm{OC}\ \ \mathrm{C}\!<\!\begin{matrix}\mathrm{C_2H_5}\\ \mathrm{C_2H_5}\end{matrix} \\ \qquad\qquad\qquad\quad \mathrm{HN-C_6} \end{array}$$

ferner C-C-Dibenzyl-N-monodipropylbarbitursäure, C-C-Diäthyl-N-dichlorpropylbarbitursäure, C-C-Diäthyl-N-monobrompropylbarbitursäure, C-Phenyl-C-äthyl-N-monodibrompropylbarbitursäure, N-N-Tetrabromdipropyl-C-C-diäthylbarbitursäure[7]).

Man führt entweder C-substituierte Malonsäureester der Zusammensetzung $C(R^1) \cdot (R^2) \cdot (CO_2R)_2$, worin R^1 einen β-Halogenallyl- oder β-γ-Dihalogenallylrest, R^2 die gleichen Reste oder andere bedeutet, nach den üblichen Methoden in die C-C-disubstituierte Barbitursäure über oder behandelt C-monosubstituierte Barbitursäuren nachträglich mit Halogenallylhalogeniden. Beschrieben sind: β-Bromallyl-i-propylbarbitursäure, β-Bromallylphenylbarbitursäure, β-Chlorallyl-i-propylbarbitursäure, β-γ-Dibromallyl-i-propylbarbitursäure, Bis-β-bromallylbarbitursäure[8]).

---

1) Perelstein u. Bürgi, D.R.P. 297875.
2) Astolfini, Giuseppe: Arch. di farmacol. sperim. e science aff. 1911.
3) Richter, Budapest, D.R.P. 234741. 4) Einhorn, D.R.P. 272611.
5) Klin. Wochenschr. Bd. 3, S. 2053. 1924.
6) Hürthle, R.: Zeitschr. f. d. ges. exp. Med. Bd. 47, S. 129. 1925.
7) Merck, D.R.P. 265726.
8) Riedel, Can.P. 253554, E.P. 223221/1924, 236146/1925, Schw.P. 111885.

Man führt in Monoalkyl-, Monoaralkyl- oder Monoarylsubstitutionsprodukte der Malonsäure oder Cyanessigsäure oder in die Säuren selbst einen gesättigten oder ungesättigten Halogenalkylrest ein und wandelt die Reaktionsprodukte in die entsprechenden Derivate der Barbitursäure um. Der zweite Substituent kann auch nach der Bildung des Barbitursäurederivates eingeführt werden. Beschrieben sind: Monochlorcrotyläthylbarbitursäure, C-C-Dichlorcrotylbarbitursäure, Monochlorcrotylphenylbarbitursäure[1]).

Bromamylenhydratbromisovaleriansäureester erhält man durch Erhitzen bei Wasserbadtemperatur äquimolekularer Mengen Bromamylenhydrat und Bromisovalerylbromid in Gegenwart eines indifferenten Lösungsmittels bis zum Aufhören der Bromwasserstoffentwicklung. Bromisovalerylbromid kann durch Bromisovalerylchlorid ersetzt werden[2]).

Bromverbindungen üben eine stärkere narkotische Wirkung auf den Organismus und eine stärkere lähmende Wirkung auf den Kreislauf als die Chlorverbindungen.

Während die aromatischen Halogensubstitutionsprodukte keine hypnotische Wirkung zeigen, wurde vom Tribromsalol (Cordol) von Rosenberg und Dassonville behauptet, daß es neben seiner hämostatischen Wirkung auch ein gutes Hypnoticum sei. Diese Angabe ist sicherlich falsch.

Bromdiäthylacetylbenzylamin erhält man, wenn man auf Bromdiäthylacetylhalogenide Benzylamin einwirken läßt. Es ist wenig giftig, wirkt sedativ und hypnotisch[3]).

Jodverbindungen.

Vom Jodoform CHJ_3 behauptet Binz[4]), daß es intern verabreicht, narkotisch und hypnotisch wirkt. Bei einzelnen Patienten erzeugt es bekanntlich starke Aufregungszustände.

Jodal, den Monojodaldehyd $CH_2J \cdot CHO$ haben E. Harnack und Witkowski[5]) untersucht und gefunden, daß es in seiner schlafmachenden Wirkung dem Chloralhydrat in keiner Weise gleicht, vielmehr werden die höheren psychischen Zentren durch Jodal nur wenig und spät affiziert. Auch ist die Gefahr der Herzlähmung größer als beim Chloralhydrat.

Monojodisovalerianylharnstoff (Jodival) wirkt nicht narkotisch, während Bromural (Monobromisovalerianylharnstoff) narkotisch wirkt.

Zweite Gruppe.

Schlafmittel, deren Wirkung auf der Gegenwart von Alkyl beruht.

Im allgemeinen Teile wurde schon auseinandergesetzt, wie die Alkylreste und die Alkohole, den Eigenschaften der fetten Kohlenwasserstoffe entsprechend, starke schlafmachende Eigenschaften besitzen. Vorzüglich kommt diese narkotische Wirkung dem Äthylreste in einer großen Reihe von Verbindungen zu.

Während aber vom Äthylalkohol selbst erhebliche Dosen verbraucht werden, um Schlaf hervorzurufen, werden wir eine Reihe von Verbindungen kennenlernen, von denen schon relativ kleine Dosen Schlaf erzeugen, obgleich auch bei diesen Körpern die physiologische Wirkung sich nur auf den Äthylrest beziehen läßt.

Dieser große Unterschied in der Dosierung und der Wirkung läßt sich keineswegs durch die Angewöhnung aller Individuen an den Äthylalkohol erklären, vielmehr müssen wir annehmen, daß deshalb so große Dosen von

---

1) Winthrop.-Chemical.-Co., A.P. 1584156.
2) Emil Rath, Frankfurt, D.R.P. 309455.
3) Hoffmann-La Roche, Basel, Schw.P. 102419.
4) Berlin. klin. Wochenschr. 1885, Nr. 7.
5) Arch. f. exp. Pathol. u. Pharmakol. Bd. 11, S. 1.

Alkohol benötigt werden, weil der Alkohol allenthalben in den Geweben des Organismus der Oxydation anheimfällt und zum Zustandekommen des Schlafes eine spezifische Einwirkung auf das Großhirn notwendig ist; die anderen zu erwähnenden Substanzen hingegen zeichnen sich durch einen mehr oder weniger resistenten chemischen Aufbau aus, so daß es durch diese Resistenz ermöglicht wird, daß die ganze Dosis in dem zur Selektion am meisten disponierten Organ zur Geltung und Wirkung kommt.

Für Inhalationsnarkose werden Alkohole nicht verwendet, hingegen wie im allgemeinen Teil ausgeführt Aether und Kohlenwasserstoffe vornehmlich verwendet z. B. Acetylen. Propylen bietet keine Vorteile, da es Erbrechen macht[1]).

Amylenhydrat hat eine lokal reizende Wirkung. Die Ausscheidung erfolgt teils durch die Lungen, teils durch die Nieren. Es ist ein sehr schnell wirkendes Schlafmittel von geringer Toxizität.

Hingegen hat der Äthyläther

$$\begin{matrix} C_2H_5 \\ C_2H_5 \end{matrix}{>}O$$

mit seiner festen Bindung zweier Äthylgruppen durch Sauerstoff eine intensive narkotische Wirkung.

Im Äther bildet sich als giftige Substanz Di-oxyäthylperoxyd. Es macht lokal Reiz- und Ätzwirkung und wirkt giftig auf Blut, Herz und Zentralnervensystem. Es macht verstärkte Herzsystole[2]).

Sehr wirksam anästhesierend erwies sich Propyläthyläther $CH_3 \cdot CH_2 \cdot CH_2 \cdot O \cdot C_2H_5$.

Daß die Äthylgruppe eine große Rolle bei der narkotischen Wirkung der Körper der Fettreihe spielt, zeigt[3]) die Überlegenheit des Trioxyäthylmethans $CH(OC_2H_5)_3$ über das Bioxymethylmethan $CH_2(OCH_3)_2$. Die letztere Verbindung ist nur halb so giftig wie die erstere.

Orthoameisensäureäthylester (Methenyltriäthyläther)

$$CH{\lt}\begin{matrix} OC_2H_5 \\ OC_2H_5 \\ OC_2H_5 \end{matrix}$$

wird von Chevalier[4]) als Antispasmodicum, sowie gegen Husten empfohlen.

Orthoketonäthyläther $\left(\begin{matrix} R_1 \\ R_2 \end{matrix}\right)_2 \cdot C(OC_2H_5)_2$ wirken weder hypnotisch, noch sonst physiologisch[5]).

Orthoketonäther[6]) der allgemeinen Formel $\begin{matrix} R & & OR \\ & \diagdown\diagup & \\ & C & \\ & \diagup\diagdown & \\ R_1 & & OR \end{matrix}$ erhält man, wenn man die salzsauren Aminoester der von Ameisensäure verschiedenen aliphatischen oder der aliphatisch-aromatischen Säuren auf Ketone in Gegenwart von Alkoholen einwirken läßt. Man erhält so Acetale aus Methyläthylketon und den homologen Ketonen.

Die Äther der zweiwertigen Alkohole scheinen im allgemeinen weniger zu anästhesieren und gefährlicher zu sein als die der einwertigen.

Eine feste Bindung der Äthylgruppe als Äthoxygruppe verleiht einer großen Menge von Substanzen narkotische Wirkungen, wir wollen hier nur an die narkotische Wirkung des Äthoxycoffeins und an die analgetische Wirkung des Phenacetins erinnern.

---

[1]) Halsey, J. T., C. Reynolds und W. A. Prout: Journ. of pharmacol. a. exp. therapeut. Bd. 26, S. 479. 1926.
[2]) Mita, J.: Arch. f. exp. Pathol. u. Pharmakol. Bd. 104, S. 276. 1924.
[3]) Albanese, M.: Arch. di chim. e farmacol. Bd. 5, 9, S. 417.
[4]) Rep. de pharmacie 1907, Nr. 6. S. 271.
[5]) Ber. d. dtsch. chem. Ges. Bd. 40, S. 3024. 1907.
[6]) Heß, Edgar: Köln, D.R.P. 197804.

Wenn man den Äthylgruppen eine gewisse Resistenz gegen die oxydativen Einflüsse des Organismus in der Weise verleiht, daß man sie in nicht leicht abzusprengende Verbindungen bringt, so erhält man meist schon in kleinen Dosen wirksame Schlafmittel, deren Wirkung nur auf den darin enthaltenen Äthylrest sich beziehen läßt.

Als Inhalationsanaesthetica lassen sich jedoch die Alkohole selbst nicht benützen, da ihr Siedepunkt zu hoch und ihre Flüchtigkeit zu gering ist.

Die hypnotischen Eigenschaften des Dimethyläthylcarbinols suchte Karl Goldschmidt mit denen der schwach schlafmachend wirkenden Opiansäure[1]) durch Synthese des Esters zu verbinden.

Es gelingt, Opiansäureester der tertiären Alkohole darzustellen, und zwar solche der γ-Oxylaktonformel durch Kochen der Säure mit Alkohol und Eingießen der Flüssigkeit in verdünnte Sodalösung[2]).

Glycerintrialkyläther, deren Alkylgruppen sämtlich oder zum Teil voneinander verschieden sind, erhält man durch Einführung der entsprechenden Alkylgruppen in Glycerinmonoalkyläther oder Glycerindialkyläther. Glycerintriäthyläther wirkt auf den Organismus nicht schlafmachend, angeblich aber die folgenden Substanzen: Glycerin-α-α-dimethyl-β-äthyläther, Glycerin-α-α-dimethyl-β-propyläther, Glycerin-α-α-diäthyl-β-methyläther, Glycerin-α-äthyl-α-β-dimethyläther, Glycerin-α-α-di-äthyl-β-propyläther, Glycerin-α-propyl-α-β-dimethyläther, Glycerin-α-methyl-α-β-diäthyläther, Glycerin-α-α-dimethyl-β-benzyläther, Glycerin-α-äthyl-α-propyl-β-methyläther[3]).

Pinakone.

10 g Methylpinakon $\frac{CH_3}{CH_3}>C(OH)-C(OH)<\frac{CH_3}{CH_3}$ machen Schlaf.

2 g Methyläthylpinakon $\frac{CH_3}{C_2H_5}>C(OH)-C(OH)<\frac{CH_3}{C_2H_5}$ machen Schlaf und erregen leichte Krämpfe.

Propiopinakon (Diäthylpinakon) $\frac{C_2H_5}{C_2H_5}>C(OH)-C(OH)<\frac{C_2H_5}{C_2H_5}$ ist fast unlöslich. 1.5 g machen starken, sehr lang andauernden Schlaf.

Die Pinakone wirken narkotisch, Methylpinakon in geringerem Grade, nicht mehr als Äthylalkohol, Methyläthylpinakon stärker und Diäthylpinakon (Propiopinakon) am stärksten.

Alkylierte Säuren.

Dimethyläthylessigsäure $(CH_3)(CH_3)(C_2H_5)\!>\!C\cdot COOH$ ist wirkungslos.

Diäthylessigsäure $\frac{C_2H_5}{C_2H_5}>CH\cdot COOH$, Diäthylmalonsäure $\frac{C_2H_5}{C_2H_5}>C<\frac{COOH}{COOH}$

Diäthyloxalsäure $(C_2H_5)(C_2H_5)(HO)\!>\!C\cdot COOH$, Dimethyläthylessigsäure $(CH_3)(CH_3)(C_2H_5)\!>\!C\cdot COOH$ sind selbst in Dosen von 5 g bei Hunden wirkungslos.

Glykole.

Die hypnotische Wirkung von Dimethyl-phenylglykol, Methyläthyl-phenylglykol, Diäthyl-phenylglykol, Dipropyl-phenylglykol, Dibutyl-phenylglykol fällt mit der Anzahl der Kohlenstoffatome und mit fallender Löslichkeit in Wasser. Von C_{10} bis C_{12} nimmt die Wirksamkeit um das Doppelte bis mehrfache zu[4]).

---

[1]) Arch. f. exp. Pathol. u. Pharmakol. Bd. 27, S. 190.
[2]) D.R.P. 97560. [3]) Böhringer, Waldhof, D.R.P. 226454.
[4]) Tiffeneau, M. und H. Dorlencourt: Cpt. rend. hebdom. des séances de l'acad. des sciences. Bd. 176, S. 1343. 1923.

Der Einfluß der Glykolgruppe zeigt sich in folgender Weise: Die entsprechenden Ketonalkohole Ar—CHOH—CO—R sind sehr schwer löslich und kaum hypnotisch wirksam, ebenso die entsprechenden Äthylenoxyde; Phenyldiäthyläthylenoxyd z. B. wirkt sehr schwach hypnotisch, aber heftig krampferregend. Dagegen kann ohne qualitative Änderung der hypnotischen Wirkung eine der Alkoholgruppen substituiert werden, wie im Phenyldiäthylglykolmonoacetat. Ersatz des Phenyls durch Anisyl beeinflußt die Wirkung nur wenig, sie wird etwas geringer. Benzyl statt Phenyl drückt ebenfalls die Wirksamkeit herab.

Auch die Stellung der Radikale ist wichtig:

Phenyl-3-hexandiol-3.4 C_2H_5—CHOH—C(OH)—C_6H_5—C_2H_5 ist viel unwirksamer als Phenyldiäthylglykol C_6H_5—CHOH—C(OH)$(C_2H_5)_2$.

In der Äthylalkylreihe sind die Butyl-, Isobutyl- und Isoamyläthylbarbitursäuren mit 10 und 11 C-Atomen intravenös etwa gleich wirksam und zwar etwa dreimal so stark wie Veronal, die Butylverbindung stärker als die Isobutylverbindung. Die Heptyläthylbarbitursäure mit 13 C-Atomen wirkt annähernd so stark, und zwar viel schneller, indessen ist ihre Wirkung von geringer Dauer[1])[2]).

Das Maximum der hypnotischen Wirkung wird mit 10 und 11 C-Atomen im Molekül erreicht, was mit der geringeren Löslichkeit der höheren Moleküle zusammenhängt. Die Derivate mit Methylgruppen wirken allgemein schwächer als die isomeren mit Äthylgruppen[3]).

Diarylglykole haben hypnotische Wirkung, ähnlich wie die Monoarylglykole, die Wirksamkeit steigt im allgemeinen mit dem Molekulargewicht und umgekehrt die Löslichkeit im Wasser[4]).

Aryldialkylglykole vom Typus $C_6H_5 \cdot CH(OH) \cdot C(OH)R_2$ wirken hypnotisch, Methyldiäthylglykol $CH_3 \cdot CHOH \cdot CHO \cdot (C_2H_5)_2$ dagegen nicht[5]).

Nicolle[6]) hat in diesen Verbindungen das Methylradikal durch höhere ersetzt und gefunden, daß Isopropyl-dimethyl-glykol, Isopropyl-diäthylglykol, n-Propyldiäthylglykol, Isobutyl-diäthyl-glykol, Hexyl-diäthyl-glykol, Hexyldipropylglykol, Hexyl-butyl-äthyl-glykol, Hexyl-dibutyl-glykol hypnotisch wirken. Die Wirksamkeit steigt mit steigender C-Zahl.

Bei den beiden Propyldiäthylverbindungen ist jedoch die Isoverbindung trotz geringer Löslichkeit in Wasser weniger wirksam als die n-Verbindung. Isopropyldiäthylglykol ist 3mal so stark wirksam wie die isomere n-Propylverbindung.

Substituierte Harnstoffe.

a) Derivate mit primären Alkylen.

3—4 g Äthylharnstoff $OC<^{NH \cdot C_2H_5}_{NH_2}$ sind ohne jede Wirkung.

3 g Triäthylharnstoff $OC<^{NH \cdot C_2H_5}_{N(C_2H_5)_2}$ machen Ermattung, aber keinen Schlaf. Der Tod erfolgt unter Krämpfen. Die Substanz wird anscheinend im Organismus in unwirksame Äthylaminbasen zersetzt.

---

1) Tiffeneau, M.: Bull. de la soc. de chim. biol. de France [4] Bd. 33, S. 183. 1923.

2) Carnot und Tiffeneau: Cpt. rend. hebdom. des séances de l'acad. des sciences. Bd. 175, S. 241. 1922.

3) Sommaire, Ch.: Bull. de la soc. de chim. biol. de France [4] Bd. 33, S. 189. 1923.

4) Tiffeneau, M. und C. Torres: Cpt. rend. hebdom. des séances de l'acad. des sciences Bd. 178, S. 237. 1923.

5) Tiffeneau und Dorlencourt: Cpt. rend. des séances de la soc. de biol. Bd. 143, S. 1242. 1906. Bd. 186, S. 1363. 1923.

6) Nicolle, P.: Bull. des sciences pharmacol. Bd. 31, S. 433. 1924.

b) Derivate mit tertiären Alkylen.

Amylharnstoff mit tertiärem Amyl

$$OC\begin{cases}NH-C\begin{cases}CH_3\\CH_3\\C_2H_5\end{cases}\\NH_2\end{cases}$$

ist ein recht wirksames Hypnoticum, wirkt stärker als Amylenhydrat und ist angenehmer zu nehmen; er wird im Organismus fast vollständig verbrannt. Der Schlaf tritt später ein als bei Amylenhydrat, da der Harnstoff wegen seiner schweren Löslichkeit im Organismus nur langsam zersetzt wird.

Diamylharnstoff

$$OC\begin{cases}NH-C\begin{cases}CH_3\\CH_3\\C_2H_5\end{cases}\\NH-C\begin{cases}CH_3\\CH_3\\C_2H_5\end{cases}\end{cases}$$

ist ohne jegliche Wirkung. Die Verbindung ist sehr beständig und gelangt unzersetzt in den Harn.

Butylharnstoff mit tertiärem Butyl

$$OC\begin{cases}NH-C\begin{cases}CH_3\\CH_3\\CH_3\end{cases}\\NH_2\end{cases}$$

macht in 4-g-Dosen Schlaf.

Heptylharnstoff mit tertiärem Heptyl

$$OC\begin{cases}NH-C\begin{cases}C_2H_5\\C_2H_5\\C_2H_5\end{cases}\\NH_2\end{cases}$$

ist sehr schwer löslich. 1 g macht nach 2 Stunden Schlaf und vorher Trunkenheit.

Die durch primäre Alkyle einfach und mehrfach substituierten Harnstoffe wirken nicht narkotisch, wohl aber die mit tertiären Alkylen substituierten Harnstoffe; hier gilt die Regel, daß ein mit dem tertiären Kohlenstoffatom verbundenes Äthylradikal stärker wirkt als ein Methylradikal. Daher besitzen die mit tertiärem Butyl $-C\begin{cases}CH_3\\CH_3\\CH_3\end{cases}$ substituierten Harnstoffe eine geringere hypnotische Wirkung als diejenigen, welche tertiäres Amyl $-C\begin{cases}C_2H_5\\CH_3\\CH_3\end{cases}$ oder gar tertiäres Heptyl $-C\begin{cases}C_2H_5\\C_2H_5\\C_2H_5\end{cases}$ enthalten.

Die Harnstoffderivate der Dialkylessigsäuren verhalten sich folgendermaßen: Diäthylacetylharnstoff $\frac{C_2H_5}{C_2H_5}>CH\cdot CO\cdot NH\cdot CO\cdot NH_2$ wirkt hypnotisch, aber unsicher. Dipropylacetylharnstoff $\frac{C_3H_7}{C_3H_7}>CH\cdot CO\cdot NH\cdot CO\cdot NH_2$ macht Schläfrigkeit. Diäthylhydantoin $\frac{C_2H_5}{C_2H_5}>C\cdot CO\cdot NH$ (ringförmig: C—NH—CO—NH) übt eine sehr geringe Wirkung aus.

Die ringförmige Anordnung der Harnstoffgruppe im Diäthylhydantoin ruft dem Diäthylacetylharnstoff gegenüber keine Verstärkung, sondern eine Abschwächung der Wirkung hervor.

Die Ureide der Dialkylessigsäure[1]), wie Diäthylacetylharnstoff, Dipropylacetylharnstoff, Methyläthylacetylharnstoff erhält man, wenn man ein Gemenge von Dialkylmalonsäure (mit Ausnahme der Dimethylmalonsäure) und Harnstoff mit Phosphoroxychlorid oder ähnlich wirkenden Säurechloriden behandelt oder ein Gemisch von Dialkylmalonsäure

[1]) D.R.P. 144431.

(mit Ausnahme der Dimethylmalonsäure) und Harnstoff durch Behandlung mit rauchender Schwefelsäure zu Ureidodialkylmalonsäure kondensiert und diese dann durch Erhitzen in Kohlensäure und Dialkylacetylharnstoff spaltet.

Carbäthoxyäthylisoharnstoff (Äthoxyallophansäureester) $NH : C(OC_2H_5) \cdot NH \cdot COO \cdot C_2H_5$, hat die gleiche Wirkung wie Urethan und macht wie Guanidin eine schnell eintretende Muskelstarre[1]). Äthylisoharnstoff, Acetyl- und 2-Äthoxy-4-methyluracil $\begin{matrix} C_2H_5O \cdot C : N\text{———}CO \\ | \qquad\qquad | \\ HN \cdot C(CH_3) : CH \end{matrix}$, Benzoylisoharnstoff und 2-Äthoxybarbitursäure $\begin{matrix} C_2H_5 \cdot C : N \cdot CO \\ | \qquad | \\ HN \cdot CO \cdot CH_2 \end{matrix}$ haben eine geringe Wirkung, aber in hohen Gaben erzeugen sie Unruhe. Einige Verbindungen, wie Äthylallophansäureester, Äthylisoharnstoff und seine Benzoylderivate erniedrigen die Temperatur.

Urethan $NH_2 \cdot COO \cdot C_2H_5$ wirkt hypnotisch, Glykokolläthylester $NH_2 \cdot CH_2 \cdot COO \cdot C_2H_5$ nicht (S. Fränkel). Es hängt mit der Art und Weise der Bindung zusammen, ob eine Äthylgruppe Schlaf macht oder nicht. Im Urethan ist ein Harnstoffrest, nicht aber im Glykokolläthylester.

Pyrimidin- bzw. Barbitursäurederivate.

Die folgenden Substanzen sind Pyrimidinderivate: Weder Monoäthylmalonylharnstoff

$$\begin{matrix} C_2H_5 \\ H \end{matrix}\!>C<\!\begin{matrix} CO—NH \\ CO—NH \end{matrix}\!>CO$$

noch Monopropylmalonylharnstoff zeigen eine besondere Wirkung.

Dimethylmalonylharnstoff $\begin{matrix} CH_3 \\ CH_3 \end{matrix}\!>C<\!\begin{matrix} CO—NH \\ CO—NH \end{matrix}\!>CO$ ist wirkungslos.

Methyläthylmalonylharnstoff $\begin{matrix} CH_3 \\ C_2H_5 \end{matrix}\!>C<\!\begin{matrix} CO—NH \\ CO—NH \end{matrix}\!>CO$ wirkt hypnotisch, aber erst in größeren Dosen.

Methylpropylmalonylharnstoff

$$\begin{matrix} CH_3 \\ C_3H_7 \end{matrix}\!>C<\!\begin{matrix} CO—NH \\ CO—NH \end{matrix}\!>CO$$

macht nur Gangunsicherheit.

Diäthylmalonylharnstoff $\begin{matrix} C_2H_5 \\ C_2H_5 \end{matrix}\!>C<\!\begin{matrix} CO—NH \\ CO—NH \end{matrix}\!>CO$ wirkt stark hypnotisch (Veronal, Malonal).

Äthylpropylmalonylharnstoff $\begin{matrix} C_2H_5 \\ C_3H_7 \end{matrix}\!>C<\!\begin{matrix} CO—NH \\ CO—NH \end{matrix}\!>CO$ wirkt ebenfalls stark hypnotisch.

Dipropylmalonylharnstoff $\begin{matrix} C_3H_7 \\ C_3H_7 \end{matrix}\!>C<\!\begin{matrix} CO—NH \\ CO—NH \end{matrix}\!>CO$ wirkt sehr intensiv hypnotisch (Propanal) und zwar stärker als Veronal[2]).

Das Homologe des Veronals, worin eine Äthylgruppe durch Butyl ersetzt ist, wirkt stärker als Veronal[3]).

Diisobutylmalonylharnstoff $\begin{matrix} C_4H_9 \\ C_4H_9 \end{matrix}\!>C<\!\begin{matrix} CO—NH \\ CO—NH \end{matrix}\!>CO$ erzeugt schwere Trunkenheit und Schlaf.

---

[1]) Basterfield, Steward: Journ. of pharmacol. a. exp. therapeut. Bd. 20, S. 451. 1923.

[2]) Fischer, E. und Mering: Therapie d. Gegenw. Bd. 45, April 1904; Med. Klinik 1905, S. 1327. — Molle und Kleist: Arch. d. Pharmazie u. Ber. d. dtsch. pharmazeut. Ges. Bd. 242, S. 401.

[3]) Dox, Arthur W. und Lester Yoder: Journ. of the Americ. chem. soc. Bd. 44, S. 1578. 1922.

Diisoamylmalonylharnstoff $\genfrac{}{}{0pt}{}{C_5H_{11}}{C_5H_{11}}>C<\genfrac{}{}{0pt}{}{CO\cdot NH}{CO\cdot NH}>CO$ macht Gangunsicherheit, aber keinen Schlaf.

Diallylmalonylharnstoff (Dial), Phenyläthylmalonylharnstoff (Luminal) und Äthylphenylhydantoin wirken hypnotisch.

Diallylbarbitursäure ist $1^1/_2$mal so wirksam, wie Phenyläthylbarbitursäure und $3^1/_2$mal so wirksam wie Diäthylbarbitursäure[1]).

Ein dem Dial isomerer Körper, der aber die Allylgruppen am N trägt,

$$\begin{array}{ll} CO-\!\!\!\!&N\cdot C_3H_5 \\ | & | \\ CH_2 & CO \\ | & | \\ CO-\!\!\!\!&N\cdot C_3H_5 \end{array}$$

wirkt nicht irritativ, sondern rein narkotisch, also so, als ob das Alkyl die Malonylwasserstoffe substituiert.

Die folgende Allylbarbitursäure

$$\begin{array}{rl} & CO-NH \\ & |\qquad | \\ \genfrac{}{}{0pt}{}{C_3H_5}{CH_3\cdot CO\cdot CH_2}>\!\!\!\!& C\qquad CO \\ & |\qquad | \\ & CO-NH \end{array}$$

ist ohne Wirkung, ebenso ein Diallylhydantoin.

Dibenzylmalonylharnstoff $\genfrac{}{}{0pt}{}{C_6H_5\cdot CH_2}{C_6H_5\cdot CH_2}>C<\genfrac{}{}{0pt}{}{CO\cdot NH}{CO\cdot NH}>CO$ ist wirkungslos.

C-C-Diäthyl-N-methylmalonylharnstoff $\genfrac{}{}{0pt}{}{C_2H_5}{C_2H_5}>C<\genfrac{}{}{0pt}{}{CO-N\cdot CH_3}{CO-NH}>CO$ macht schwere Trunkenheit und sehr langen Schlaf mit letalem Ausgang.

Diäthylmalonsäureureid $\genfrac{}{}{0pt}{}{C_2H_5}{C_2H_5}>C<\genfrac{}{}{0pt}{}{COOH}{CO\cdot NH\cdot CO\cdot NH_2}$ ist unwirksam.

Dipropylmalonylguanidin $\genfrac{}{}{0pt}{}{C_3H_7}{C_3H_7}>C<\genfrac{}{}{0pt}{}{CO\cdot NH}{CO\cdot NH}>C=NH$ ist wirkungslos.

Diäthylmalonylthioharnstoff $\genfrac{}{}{0pt}{}{C_2H_5}{C_2H_5}>C<\genfrac{}{}{0pt}{}{CO-NH}{CO-NH}>CS$ erregt tiefen Schlaf mit letalem Ausgang.

N-Methyl-C-C-Diäthylbarbitursäure ist wesentlich giftiger als Veronal.

5-Äthyl-5-γ-acetanilinopropylbarbitursäure, 5-Äthyl-5-γ-acetophenetidinpropylbarbitursäure, 5-iso-Amyl-5-γ-diäthylaminopropylbarbitursäure, iso-Amyl-5-γ-äthylanilinopropylbarbitursäure, 5-Isoamyl-5-γ-acetphenetidinopropylbarbitursäure schmecken bitter, wirken nicht hypnotisch[2]).

5.5-Di-p-oxyphenylbarbitursäure hat keine merkliche hypnotische Wirkung[3]).

Acetonylbarbitursäure zeigt eine verminderte hypnotische Wirkung[4]). Ebenso die Brom- und Chlorderivate, Diacetonylbarbitursäure, Acetonylallylbarbitursäure, Acetonylbenzylbarbitursäure, Acetonyläthylbarbitursäure.

Isoamyläthylbarbitusäure (Amytal), in Äthylenglykol gelöst. kann auch intravenös verwendet werden[5]).

Das Chlorhydrat von

$$\begin{array}{rl} & CO-N \\ & |\qquad \| \\ \genfrac{}{}{0pt}{}{C_2H_5}{C_2H_5}>\!\!\!\!& C\qquad C\cdot CH_3 \\ & |\qquad | \\ & CO-NH \end{array}$$

---

[1]) Alday-Redonnet, Th.: Arch. internat. de pharmaco-dyn. et de thérapie Bd. 25, S. 241. 1920.

[2]) Dox, A. W. und L. Yoder: Journ. of the Americ. chem. soc. Bd. 45, S. 1757. 1923.

[3]) Dox, A. W. und A. Thomas: Journ. of the Americ. chem. soc. Bd. 45, S. 1811. 1923.

[4]) Dox, A. W. und B. Houston: Journ. of the Americ. chem. soc. Bd. 46, S. 252. 1923.

[5]) Page, J. H. und P. Coryllos: Journ. of laborat. a. clin. med. Bd. 9, S. 194. — Journ. Pharm. and exp. Therapie Bd. 27, S. 189 (1926).

besitzt allgemeine sedative Wirkungen nur in sehr geringem Grade, insbesondere keine betäubende bzw. schlaferregende bzw. schmerzstillende Wirkung[1]).

Zur Schlaferzeugung ist die Harnstoffgruppe erforderlich, die aber allein nicht wirksam ist, sondern erst in Kombination mit einem Reste, der mehrere kohlenstoffreiche Alkyle enthält. Der einfachste Fall sind die Harnstoffderivate der Diäthyl- und Dipropylessigsäure. Viel kräftiger ist die Wirkung bei der cyclischen Anordnung der Harnstoffgruppe in den Derivaten der Dialkylmalonsäure. Die Natur des Alkylradikals ist von wesentlicher Bedeutung. Bei der Verbindung mit zwei Methylradikalen an einem Kohlenstoff fehlt die Wirkung gänzlich, sie ist gering bei der Methyläthylverbindung, steigt bei der Methylpropylverbindung, wird recht stark beim Diäthylderivat und erreicht ihren Höhepunkt beim Dipropylderivat. Beim Diisobutylderivat steht sie ungefähr auf gleicher Stufe wie beim Diäthylderivat, und beim Diisoamylderivat ist sie wieder sehr schwach. Das Dibenzylderivat scheint ganz inaktiv zu sein (anscheinend auch durch die Schwerlöslichkeit bedingt).

Auffallend ist die Giftigkeit von C-C-Diäthyl-N-methylmalonylharnstoff, welche nur durch die Methylierung am N zu erklären ist. Analog ist die Giftigkeitssteigerung von Acetanilid zum Exalgin und vom Phenacetin zum Methylphenacetin.

Beim Diäthylmalonsäureureid ist der N-haltige Ring des Diäthylmalonylharnstoffes durch eine einfache Wasseranlagerung aufgespalten, dadurch wird diese Substanz wirkungslos. Das gleiche gilt für Dipropylmalonylguanidin, wo der Sauerstoff des Harnstoffrestes durch die NH-Gruppe ersetzt ist.

Dem Diäthylmalonylthioharnstoff gibt die Anwesenheit des Schwefels einen ausgesprochen giftigen Charakter.

Diäthylmalonylharnstoff (Diäthylbarbitursäure) wurde aus dieser Gruppe als intensiv wirkend und zugleich unschädlich unter dem Namen Veronal in die Therapie eingeführt[2]). Veronal wird bei interner Einführung zu 62% unverändert, bei subcutaner Injektion in kleinen Gaben zu 90% im Harn ausgeschieden. Bei großen Dosen sinkt die Ausscheidung auf die Hälfte. Im Kot sind nur Spuren zu finden. Eine Konzentration von 0.016% Veronal im Gehirn genügt, um Schlaf herbeizuführen. Veronalnatrium (Medinal) ist leichter löslich, hat aber einen schlechteren Geschmack als Veronal.

Diese Zusammenstellung weist schon den hypnotischen Charakter der Alkylgruppen, insbesondere der Äthylgruppe, deutlich nach.

Arthur W. Dox[3]) meint, daß, um eine hypnotische Wirkung ohne unerwünschte Nebenwirkungen zu erzeugen, die zwei Alkylgruppen in der 5. Stellung des Pyrimidinringes nicht weniger als 4 und nicht mehr als 8 C-Atome besitzen sollen. Mindestens eine Alkylgruppe muß in Form einer offenen Kette vorliegen. Die Benzylgruppe ist nicht erwünscht wegen ihrer Eigenschaft, Krämpfe zu verursachen. Die Harnstoffgruppe —NH · CO · NH— kann durch die Amidingruppe —NH · CR : NH nicht ersetzt werden. Das Anwachsen des Molekulargewichts über etwa 250 ergibt einen Verlust an hypnotischen Wirkung. Nur eine der zwei Alkylgruppen darf aromatischen Charakter haben. Die hypnophore Gruppe in der Veronalreihe ist wahrscheinlich —CR_2 · CO·NH · CO—.

Die von E. Fischer und Mering eingeführten Dialkylbarbitursäuren (Veronal) werden nach folgenden Verfahren dargestellt:

Im allgemeinen laufen alle Veronalpatente darauf hinaus, daß man von Haus aus diäthylierte Malonsäure benützt und nicht umgekehrt die Barbitur-

---

[1]) M. Freund und K. Fleischer: Ann. d. Chem. Bd. 379, S. 28. 1901.

[2]) Fischer, E. und Mering: Therapie d. Gegenw. 1903, Märzheft, S. 97.

[3]) Journ. of the Americ. pharmac. assoc. Bd. 12, S. 602. 1923.

säure alkyliert. Eine große Reihe von Patenten läuft darauf hinaus, Diäthylbarbitursäure durch Kondensation von Derivaten der Dialkylmalonsäure mit Harnstoff oder dessen Derivaten mit oder ohne Anwendung eines Kondensationsmittels in Reaktion zu bringen.

Als solche Derivate der Diäthylmalonsäure werden benützt der Ester, das Chlorid, das Esterchlorid, das Nitril, sowie das Amid, ferner Diäthylcyanessigsäure, Diäthylcyanessigsäureamid, Diäthylmalonaminsäureester, welch letzterer durch Alkylieren von Malonaminsäureester sowie durch Einwirkung von Schwefelsäure auf Diäthylcyanessigester erhalten wird. Malonamid erhält man aus Diäthylcyanacetamid, aber auch aus Diäthylmalonylchlorid mit wässerigem Ammoniak.

Statt Harnstoff werden Acetylharnstoff, Phenylguanidin, Dicyandiamid, Dicyandiamidin, Biuret, Allophansäureester und Thioharnstoff verwendet. Als Kondensationsmittel wirken Alkalien, Alkalialkoholat, Natriumamid, Calciumcarbid[1]), Natriumcyanamid.

Eine zweite Art der Darstellung ist die, daß man vorerst Diäthylmalonamide verwendet und diese mit Phosgen reagieren läßt, um den Ringschluß zu erzielen. Statt Phosgen kann man verschiedene Kohlensäureester verwenden. Der Ringschluß kommt auch zustande bei der Darstellung der Diurethane aus Diäthylmalonylchlorid und Urethan und Erhitzen dieser auf höhere Temperaturen oder Behandlung mit Methylalkoholat.

J. A. Wülfing, Berlin[2]), beschreibt ein Verfahren zur Darstellung der Calcium- und Magnesiumsalze der Diäthylbarbitursäure und ihren Homologen durch Einwirkung von Kalkhydrat, Magnesiahydrat oder frisch gefälltem Magnesiumcarbonat auf Diäthylbarbitursäure in der Hitze und Eindampfen im Vakuum.

C-C-Dialkylbarbitursäuren[3]) erhält man durch Alkylierung von C-Monoalkylbarbitursäuren (aus Monoäthylmalonester und Harnstoff mit Natriumäthylat) mit Jodäthyl und Lauge in geschlossenen Gefäßen.

C-C-Dialkyliminobarbitursäuren[4]) erhält man aus Dialkylcyanessigester und Harnstoff durch Einwirkung von Metallalkoholaten. Diese Verbindungen lassen sich leicht durch Ammoniak abspaltende Mittel in entsprechende Barbitursäuren verwandeln.

An Stelle des Harnstoffes werden Acylharnstoffe mit Dialkylcyanessigestern in Gegenwart von Metallalkoholaten kondensiert, eventuell bei Gegenwart von Metallen oder deren Amiden[5]).

Man erhält Barbitursäure[6]) und ihre Homologen durch Einwirkung von wässerigen Säuren auf Iminobarbitursäure (2.6-Dioxy-4-aminopyridin) oder deren Derivate.

An Stelle von 2.6-Dioxy-4-aminopyrimidin wird hier 5-Mono- uud 5-Dialkyl-4.6-diamino, 2-Oxy- resp. 4.6.2-Triaminopyrimidin zwecks Überführung in die entsprechenden Alkylbarbitursäuren mit wässerigen Säuren erhitzt[7]).

Arbeitet man nicht nach D.R.P. 156384 mittels Erwärmen, sondern bei gewöhnlicher Temperatur, so entstehen Cyandialkylacetylharnstoffe der Formel

$$\begin{matrix} x \\ y \end{matrix}\!\!>C\cdot CN \\ \quad | \\ CO\cdot NH\cdot CO\cdot NHR$$

Diese Cyandialkylacetylharnstoffe sollen durch Kondensation in Iminodialkylbarbitursäuren übergeführt werden, aus denen durch Ammoniak abspaltende Mittel leicht die Dialkylbarbitursäuren erhältlich sind[8]).

Man erhält C-C-Dialkylbarbitursäuren[9]) durch Einwirkung von Dialkylmalonsäureester auf Harnstoff oder Alkylharnstoffe bei Gegenwart von Metallalkoholaten. So erhält man Diäthylbarbitursäure aus Diäthylmalonsäureäthylester und Harnstoff in Gegenwart von Natriumäthylat, Dipropylbarbitursäure aus Dipropylmalonester, Harnstoff und Natriumäthylat. Ebenso kann man zu Methyläthylbarbitursäure, Methylpropylbarbitursäure, Äthylpropylbarbitursäure, Diisobutylbarbitursäure, Diisoamylbarbitursäure, Dibenzylbarbitursäure, C-C-Diäthyl-N-methylbarbitursäure, C-C-Diäthyl-N-phenylbarbitursäure gelangen.

---

[1]) D.R.P. 185963. [2]) D.R.P. 345361. [3]) D.R.P. 144432.
[4]) D.R.P. 156384. [5]) D.R.P. 172980, Zusatz zu D.R.P. 156384.
[6]) D.R.P. 156385. [7]) D.R.P. 165693, Zusatz zu D.R.P. 156385.
[8]) D.R.P. 156383.
[9]) Merck, Darmstadt, D.R.P. 146496. — E. Fischer: Liebigs Ann. d. Chem. Bd. 335, S. 334.

Statt des Harnstoffes können bei diesen Synthesen dessen Acylderivate verwendet werden, denn sie verbinden sich bei Gegenwart von Metallalkoholaten mit den Dialkylmalonestern unter gleichzeitiger Abspaltung der Acylgruppe und geben die gleichen Dialkylbarbitursäuren wie Harnstoff[1]). Statt der Metallalkoholate kann man zur Kondensation der Dialkylbarbitursäuren auch die Alkalimetalle selbst und ferner die Amide der Alkalimetalle benützen[2]). Statt der alkoholischen Lösung des Metallalkoholats kann man dieses gepulvert als Kondensationsmittel benützen[3]).

Zur Darstellung von Dialkylthio- und Iminobarbitursäuren[4]) wird an Stelle von Harnstoff Thioharnstoff resp. Guanidin auf Dialkylmalonsäureester in Gegenwart von Metallalkoholaten einwirken gelassen. Beschrieben sind Diäthylthiobarbitursäure und Dipropylthiobarbitursäure. In weiterer Ausbildung dieses Verfahrens[5]) werden bei der Kondensation von Dialkylmalonsäureestern mit Guanidin und Thioharnstoff an Stelle der Metallalkoholate die freien Alkalimetalle oder deren Amide verwendet. Man kann Guanidin ohne Zusatz eines Kondensationsmittels mit Dialkylmalonsäureestern erhitzen[6]). So z. B. kann man C-C-Diäthylthiobarbitursäure aus Diäthylmalonsäureestern und Thioharnstoff mit Hilfe von Natriumamid und von Natrium erhalten. Durch Kochen mit Mineralsäure erhält man dann Veronal.

2-Alkyliminopyrimidine werden dargestellt aus Guanidinderivaten, bei denen eine Alkylgruppe im Imidwasserstoff steht, wobei mit oder ohne Zusatz von Kondensationsmitteln mit Malonsäureabkömmlingen kondensiert wird[7]).

Dialkylbarbitursäuren[8]) entstehen, wenn man Dialkylmalonamide auf neutrale Kohlensäureester in Gegenwart von Alkalialkoholaten einwirken läßt.

Die Kondensation von Dialkylcyanessigester und Harnstoff oder dessen Derivaten wird statt durch Metallalkoholat durch freie Alkalimetalle oder deren Amide bewirkt[9]).

Bei der Darstellung aus Dialkylmalondiamiden und neutralen Kohlensäureestern werden die Alkalialkoholate durch die Alkalimetalle oder deren Amide ersetzt[10]).

An Stelle der neutralen Kohlensäureester läßt man die halbseitig veresterten, durch die Einwirkung von Alkalialkoholaten auf Schwefelkohlenstoff oder Kohlenstoffoxysulfid entstehenden Derivate der Thiokohlensäure resp. Kohlensäure oder Schwefelkohlenstoff resp. Kohlenstoffoxysulfid in Gegenwart von Alkalialkoholaten auf Dialkylmalondiamide einwirken[11]).

Durch Behandlung von Dialkylcyanessigester mit konz. Schwefelsäure erhält man unter Wasseraufnahme Dialkylmalonaminsäureester[12]). Diese Ester lassen sich durch alkalische Kondensationsmittel mit Harnstoff usw. in Dialkylbarbitursäuren resp. deren Derivate überführen. Die Kondensationsprodukte mit Thioharnstoff oder Guanidin lassen sich in die Dialkylbarbitursäuren überführen.

Die Darstellung der Monoalkylbarbitursäuren[13]) geschieht durch Kondensation der Monoalkylmalonsäureester mit Harnstoff durch Metallalkoholate.

C-C-Mono- und Dialkylbarbitursäure erhält man, wenn man Barbitursäure oder deren Salze mit Alkylhalogeniden behandelt und gegebenenfalls die Monoalkylbarbitursäure durch weitere Einwirkung von Alkylhalogenid in das Dialkylderivat überführt[14]).

Aus Dialkylmalonsäureestern und Harnstoff erhält man mit Dinatriumcyanamid als Kondensationsmittel bei 105—110° Veronal[15]).

Arylcarbonate setzen sich mit Alkylmalonamiden zu Barbitursäurederivaten um. Man kann Dialkylbarbitursäuren durch Kondensation von Dialkylmalonamiden mit Kohlensäurediarylestern oder Alkylkohlensäurearylestern durch Erhitzen ohne Kondensationsmittel erhalten[16]).

Die Synthese der Dialkylbarbitursäuren[17]) gelingt, wenn man erst die Dialkylmalonsäuren mit Chlorphosphor in die Chloride verwandelt und diese dann mit Harnstoff erhitzt. Während nach dem Hauptpatent Veronal aus den Chloriden und Harnstoff erzeugt werden, kann man Dialkylmalonchlorid mit Thioharnstoff in Reaktion bringen; die resultierenden Thiobarbitursäuren können durch Mineralsäuren leicht entschwefelt werden[18]).

Ätherartige Derivate der Barbitursäure erhält man, wenn man Alkyl- oder Aralkyl-Aryloxyalkylmalonsäuren oder Diaryloxalkylmalonsäuren oder ihre Derivate, wie z. B.

---

[1]) D.R.P. 147278. [2]) D.R.P. 147279. [3]) D.R.P. 147280.
[4]) Merck, D.R.P. 234012, Zusatz zu D.R.P. 146496.
[5]) D.R.P. 235801, Zusatz zu D.R.P. 146496.
[6]) D.R.P. 235802. [7]) E. Merck, D.R.P. 186456.
[8]) Bayer, Elberfeld, D.R.P. 163136. Analog sind D.R.P. 168553 und 167332.
[9]) D.R.P. 165222, Zusatz zu D.R.P. 156384. — Conrad, M.: Liebigs Ann. d. Chem. Bd. 340, S. 310. [10]) D.R.P. 168406, Zusatz zu D.R.P. 163136.
[11]) D.R.P. 168407, Zusatz zu D.R.P. 163136.
[12]) E. Merck, Darmstadt, D.R.P. 163200. [13]) D.R.P. 146948.
[14]) D.R.P. 268158. [15]) Höchst, D.R.P. 178935. [16]) Einhorn, D.R.P. 168553.
[17]) D.R.P. 146969. [18]) D.R.P. 182764, Zusatz zu D.R.P. 146949.

die entsprechenden Ester, Säurechloride, Cyanessigester, Amidosäureester, Nitrile usw., nach den üblichen Methoden in Barbitursäuren überführt. Man kann auch in der Weise verfahren, daß man zunächst die durch einen der oben genannten Substituenten monosubstitutieren Malonsäuren oder ihre Derivate in Barbitursäuren oder in zur Herstellung von Barbitursäuren geeignete Zwischenprodukte umwandelt und den zweiten Substituenten durch nachträgliche Alkylierung einführt. Wenn man von Derivaten ausgeht, bei deren Verwendung man nicht unmittelbar zur Barbitursäure gelangt, so ist es natürlich nötig, die entsprechenden Derivate weiter zu behandeln, indem man z. B. aus den Iminobarbitursäuren, wie man sie bei der Kondensation mit Guanidin erhält, die Iminogruppe durch Hydrolyse abspaltet. Der aus Phenoäthylmalonester und Halogenäthyl dargestellte Äthylphenoxäthylmalonsäurediäthylester liefert mit Natriumalkoholat und Guanidinnitrat eine 2-Iminobarbitursäure, aus der durch Erhitzen mit 40proz. Schwefelsäure C-C-Äthylphenoxäthylbarbitursäure

$$\begin{matrix} NH\cdot CO\cdot C(C_2H_5)\cdot CH_2\cdot CH_2\cdot O\cdot C_6H_5 \\ \| \qquad\quad \| \\ CO\cdot NH\cdot CO \end{matrix}$$

erhalten wird.

Aus Diphenoxäthylmalonsäurediäthylester erhält man in gleicher Weise Diphenoxäthylbarbitursäure. C-C-Propyl-p-kresoxäthylmalonsäurediäthylester gibt C-C-Propyl-p-kresoxäthylbarbitursäure, C-C-Benzylphenoxäthylmalonsäurediäthylester liefert C-C-Benzylphenoxäthylbarbitursäure[1]).

Es werden unsymmetrisch substituierte Malonsäuren der allgemeinen Formel $(R_1)(R_2)C(COOH)_2$ (worin R_1 einen Alkyl- oder Aralkylrest, R_2 ein alicyclisches Radikal oder eine sekundäre Alkylgruppe vom Typus des Isopropyls bedeutet) oder ihre Derivate nach den üblichen Methoden in Barbitursäuren übergeführt. Eine Abänderung des Verfahrens besteht darin, daß man durch Alkyl- oder Aralkylreste bzw. durch ein alicyclisches Radikal oder eine sekundäre Alkylgruppe vom Typus des Isopropyls monosubstituierte Malonsäuren oder deren Derivate nach den üblichen Methoden in Barbitursäuren überführt und in die auf diese Weise oder durch Monoalkylierung der Barbitursäure gewonnenen monosubstituierten Barbitursäuren oder in zur Herstellung dieser Säuren geeignete Zwischenprodukte durch weitere Alkylierung das zweite Radikal einführt und gegebenenfalls die Zwischenprodukte in die Barbitursäuren überführt. Den Produkten kommt bei geringer Giftigkeit große hypnotische Wirksamkeit zu.

Aus Cyclohexylcyanessigester stellt man Cyclohexyläthylcyanessigester her, der mit Natriumäthylat und Guanidinnitrat 5-Cyclohexyläthyl- 2.4-diiminobarbitursäure liefert. Durch Kochen mit 40proz. Schwefelsäure wird 5-Cyclohexyläthylbarbitursäure gewonnen.

Aus Isopropyläthylcyanessigsäureäthylester erhält man Isopropyläthylbarbitursäure. Beschrieben sind ferner C-C-Cyclohexylbenzylbarbitursäure, C-C-Isopropylbenzylbarbitursäure und C-C-Äthylmethylpropylcarbinbarbitursäure

$$\begin{matrix} NH\cdot CO\cdot C(C_2H_5)\cdot CH{<}{}^{CH_3}_{C_3H_7} \\ | \qquad\quad | \\ CO\cdot NH\cdot CO \end{matrix}$$ [2])

Mono- oder dialkylierte Malonylhalogenide läßt man auf Isoharnstoffalkyläther einwirken und erhält 2-Alkyloxy- 5-mono- und dialkylbarbitursäuren. Aus Diäthylmalonylchlorid und Isoharnstoffmethylätherchlorhydrat und Lauge erhält man 2-Methoxy-5-diäthylbarbitursäure. Aus Äthylmalonylchlorid und Isoharnstoffmethylätherchlorhydrat erhält man 2-Äthoxy-5-äthylbarbitursäure. Aus 2-Methoxy-5-diäthylbarbitursäure kann man durch Hydrolyse mit starken Halogenwasserstoffsäuren Diäthylbarbitursäure erhalten[3]).

C-C-Dialkylbarbitursäuren, welche am Stickstoff ungesättigte Kohlenwasserstoffreste enthalten, erhält man durch Erhitzen der Halogenide der Dialkylmalonsäuren mit Alkylharnstoffen. Aus Monoalkylharnstoff und Diäthymalonylchlorid erhält man durch Erhitzen auf 100—120° C-C-Diäthyl-N-monoalkylbarbitursäure. Erhitzt man diese mit Lauge und säuert dann an, so scheidet sich C-C-Diäthyl-N-monoalkylbarbitursäure aus. Aus Dialkylharnstoff und Diäthylmalonylchlorid gelangt man zur C-C-Diäthyl-N-N-dialkylbarbitursäure[4]).

F. G. P. Remfry[5]) hat Malonester mit Malonamiden kondensiert und dabei gefunden, daß der achtgliedrige Ring des Malonylmalonamids nur entsteht, wenn Malonamid mit Estern der Malonsäure, Monoalkylmalonsäuren oder der Dimethylmalonsäure kondensiert wird. Monoalkylierte Malonamide kondensieren sich mit Malonester oder Monoalkylmalonestern zu Diketo-

[1]) Bayer, D.R.P. 295492. [2]) Bayer, D.R.P. 293163. [3]) D.R.P. 249907.
[4]) D.R.P. 258058. [5]) Journ. of the chem. soc. (London) Bd. 99, S. 610. 1911.

tetrahydropyrimidinen. Mit Malonylchloriden erhält man ähnliche Resultate wie mit den entsprechenden Estern. Nach den Versuchen von H. H. Dale sind sie aber in bezug auf Hypnose unwirksam.

Man erhält C-C-Dialkylbarbitursäuren[1]) aus den entsprechenden Dialkylmalonylguanidinen (Dialkyl-2-imino-4.6-dioxypyrimidinen) durch Abspaltung der Iminogruppe mit Oxydationsmtteln in saurer Lösung, z. B. Natriumnitrit, Chromsäure.

Die Darstellung der C-C-Dialkyliminobarbitursäuren[2]) gelingt auch durch Behandlung von Guanidin mit C-C-Dialkylmalonylchloriden.

Dialkylierte Diiminooxypyrimidine[3])

```
NH——CO·CR₂
|          \
C(:NH)·NH·C:NH
```

erhält man durch Einwirkung von dialkylierten Cyanessigestern auf Guanidin in Gegenwart von Alkalialkoholaten. Beim Behandeln mit verseifenden Mitteln tauschen sie glatt beide Iminogruppen gegen Sauerstoff aus, wobei die dialkylierten Barbitursäuren entstehen.

Cyanderivate des Pyridins erhält man, wenn man Dicyandiamid mit Acetessigester, Malonsäureester, Cyanessigsäureester oder den Substitutionsprodukten dieser Ester mit Hilfe von alkalischen Mitteln kondensiert[4]).

Die Kondensation von Dicyandiamid mit Dialkylmalonestern in Gegenwart alkalischer Kondensationsmittel wird bei 120° 8 Stunden lang im Autoklaven durchgeführt[5]).

An Stelle von Dicyandiamid kann man Guanylharnstoff mit Malonsäurederivaten oder den Monoalkylderivaten bei Gegenwart alkalischer Mittel kondensieren. Die entstehenden Kondensationsprodukte gehen durch verseifende Mittel leicht in Barbitursäuren über[6]).

An Stelle von Dicyandiamid wird Guanylharnstoff mit Malonsäurederivaten kondensiert[7]).

Veronal entsteht beim Erwärmen von Biuret mit Diäthylmalonylchlorid, wobei im Verlaufe der Reaktion der Rest $CONH_2$ abgespalten wird[8]).

Ebenso kann man aus Allophansäureester und Diäthylmalonsäureester sowie aus Biuret und Dialkylmalonester Veronal erhalten oder allgemein aus Harnstoffderivaten der allgemeinen Formel NH_2—CO—NH—CO—X, worin X NH_2 oder O · Alkyl bedeutet, die man mit Dialkylderivaten der Malonester kondensiert[9]).

Dialkylmalonylhaloide werden mit Allophansäureestern erhitzt und geben Dialkylbarbitursäuren[10]).

Dialkylierte Malonylamide und Malonaminsäureester, sowie die Ammoniumsalze lassen sich nicht praktisch in Amide verwandeln, sondern nur Säurechloride, wie Emil Fischer und Dilthey gefunden haben[11]). Man kann aber zu den Dialkylmalonaminsäurederivaten gelangen, wenn man die entsprechenden Cyandialkylacetverbindungen mit konzentrierten anorganischen Sauerstoffsäuren behandelt. So erhält man z. B. aus Cyandiäthylacetamid mit konzentrierter Schwefelsäure Diäthylmalonamid.

Die Cyandialkylacetylharnstoffe werden mit konzentrierten anorganischen Säuren erhitzt, wobei sich nach D.R.P. 162280 Diäthylmalonursäureamid bildet. Beim längeren Erhitzen entsteht aber Veronal. Man kann auch Salzsäure benützen[12]).

Zur Veronalsynthese werden Dialkylmalonursäureamide mit konzentrierten Säuren erhitzt [Schwefelsäure oder Salzsäure[13])].

Triiminobarbitursäuren erhält man durch Kondensation von alkylierten Malonitrilderivaten mit Guanidin mit und ohne Kondensationsmitteln, sowie von Guanidinderivaten[14]).

Diiminobarbitursäuren erhält man durch Kondensation von Malonitril oder seinen alkylierten Derivaten mit Harnstoff und seinen Derivaten mit Kondensationsmitteln alkalischer Art[15]).

Am Kohlenstoff dialkylierte 2.4-Diimino-6-oxypyrimidine erhält man aus dialkylierten Cyanessigestern und Guanidin durch Verwendung von Alkaliamid oder freiem Alkalimetall als Kondensationsmittel[16]). Man kann die beiden Komponenten auch ohne Zusatz eines Kondensationsmittels aufeinander einwirken lassen[17]).

---

[1]) Schering, Berlin, D.R.P. 189076. [2]) Merck, Darmstadt, D.R.P. 158890.
[3]) Bayer, Elberfeld, D.R.P. 158592. [4]) D.R.P. 158591.
[5]) D.R.P. 175795, Zusatz zu D.R.P. 158591.
[6]) E. Merck, D.R.P. 170586, Zusatz zu D.R.P. 158591.
[7]) D.R.P. 180119, Zusatz zu D.R.P. 158591. [8]) Merck, D.R.P. 162220.
[9]) Merck, D.R.P. 183857. [10]) D.R.P. 177694.
[11]) Merck, D.R.P. 162280. — Ber. d. dtsch. chem. Ges. Bd. 35, S. 844. 1902.
[12]) D.R.P. 165225, Zusatz zu D.R.P. 162280. [13]) D.R.P. 174178.
[14]) Merck, D.R.P. 165692. [15]) Merck, D.R.P. 166468.
[16]) Merck, D.R.P. 162657. [17]) D.R.P. 169405, Zusatz zu D.R.P. 162657.

C-C-Dialkylbarbitursäuren[1]) kann man auch durch Oxydation von 2-Thio-4.6-dioxydialkylpyrimidinen erhalten. Die Ausgangsmaterialien erhält man durch Kondensation von dialkylierten Cyanessigestern mit Thioharnstoff, wobei alkylierte Iminothiooxypyrimidine der Formel:

$$\begin{array}{l} NH\cdot CO\cdot CR_2 \\ \;| \qquad\qquad\;\; | \\ CS\cdot NH\cdot C:NH \end{array}$$

entstehen, die man verseift. Man erhält so 2-Thio-4.6-dioxypyrimidinderivate und behandelt diese mit Oxydationsmitteln.

2-Thio-4.6-dioxypyrimidin und dessen C-alkylierte Derivate erhält man durch Verseifung von 2-Thio-4.6-diiminopyrimidin oder dessen Derivaten[2]).

Dialkylthiobarbitursäuren gehen beim Erhitzen mit Lösungen von Schwermetallsalzen in Dialkylbarbitursäuren über[3]).

Durch Erhitzen von Dialkylthiobarbitursäuren mit nicht oxydierend wirkenden Mineralsäuren erhält man Veronale[4]). Man kann auch organische Säuren, wie Essigsäure, Oxalsäure, Toluolsulfosäure verwenden, auch saure Salze, wie Natriumbisulfit[5]).

Dialkylthiobarbitursäuren tauschen beim Erhitzen mit aromatischen Aminen Schwefel gegen den Aminrest aus und so entstehen Dialkylaryliminobarbitursäuren, welche beim Erhitzen mit Säuren unter Abspaltung der entsprechenden aromatischen Amine in Dialkylmalonylharnstoffe übergehen[6]).

Schering, Berlin, stellen Dialkylbarbitursäuren durch Behandlung von Dialkylmalonylguanidinen mit Säuren ohne Anwendung von Nitriten dar[7]).

Dialkylmalonylguanidine stellt man her durch Behandlung von Dialkylmalonsäuren und einem Guanidinsalz mit konzentrierter Schwefelsäure[8]).

Halogensubstituierte Iminodialkylpyrimidine werden dargestellt durch Behandlung der Basen mit Halogenen bzw. halogenabspaltenden Mitteln. Sie nehmen zwei Halogenatome am Stickstoff der Iminogruppe auf. Das Chlorderivat wird durch längeres Kochen mit Wasser in Diäthylbarbitursäure verwandelt[9]).

Veronal wird dargestellt, indem man Dialkylmalonyldiurethane für sich oder unter Zusatz von Kohlensäurederivaten, wie Diphenylcarbonat und Harnstoff auf höhere Temperaturen erhitzt[10]).

Man erhält Veronal, wenn man Dialkylmalonyldiurethane mit Metallalkoholaten in Gegenwart oder bei Abwesenheit von Alkohol erhitzt[11]). Man erhält aus den Urethanen die Barbitursäuren mit alkoholischen oder wässerigen Alkalien oder mit konzentrierter oder rauchender Schwefelsäure[12]). Statt mit Metallalkoholaten kann man auch mit Ammoniak oder mit organischen Basen in der Wärme arbeiten[13]).

Diurethanderivate dialkylierter Malonsäuren erhält man durch Erhitzen von Dialkylmalonsäurechloriden mit einem Urethan auf 100°[14]). Beim Erhitzen von Dialkylmalonylchloriden mit Urethanen entsteht ein flüssiges Reaktionsgemisch, welches im Vakuum fraktioniert destilliert wird[15]).

Dialkylbarbitursäuren erhält man durch Kondensation von Dialkylmalonaminsäureester mit Harnstoff bzw. Thioharnstoff oder Guanidin in Gegenwart von alkalischen Kondensationsmitteln[16]).

Barbitursäuren können auch durch Behandlung der Iminobarbitursäuren oder deren in der 2. Iminogruppe durch Cyan bzw. Alkyl substituierten Derivate mit Alkylnitriten dargestellt werden[17]).

5-Dialkyl-2-cyanimino-4.6-diiminopyrimidine erhält man durch Einwirkung dialkylierter Malonitrile in Gegenwart von alkalischen Kondensationsmitteln auf Dicyandiamid. Dieselbe Reaktion kann man unter Druck und bei höherer Temperatur vornehmen[18]).

Die durch alkalische Kondensation von dialkylierten Cyanessigestern oder Malonestern bzw. Malonitrilen mit Dicyandiamid erhältlichen Pyrimidinderivate werden mit Säuren behandelt[19]). Es werden statt der Kondensationsprodukte aus Dicyandiamid die entsprechenden Kondensationsprodukte aus Guanylharnstoff mit Dialkylderivaten des Malonesters, der Malonylhaloide usw. mit Säuren behandelt[20]).

---

1) Bayer, Elberfeld, D.R.P. 162219. 2) Bayer, D.R.P. 171292.
3) D.R.P. 170907. 4) Einhorn, D.R.P. 165649.
5) D.R.P. 172404, Zusatz zu D.R.P. 165649. 6) D.R.P. 166266.
7) D.R.P. 201244. 8) Ciba, D.R.P. 204795. 9) Bayer, D.R.P. 217946.
10) Bayer, D.R.P. 183628. 11) Wilhelm Traube, D.R.P. 171992.
12) D.R.P. 172885, Zusatz zu D.R.P. 171992.
13) D.R.P. 172886, Zusatz zu D.R.P. 171992.
14) Traube, D.R.P. 179946. 15) D.R.P. 180424, Zusatz zu D.R.P. 179946.
16) D.R.P. 163200. — Conrad, M. und A. Zart: Liebigs Ann. d. Chem. Bd. 340, S. 335.
17) Otto Wolfes, Darmstadt, D.R.P. 175592.
18) Bayer, D.R.P. 175588. 19) D.R.P. 175589, Zusatz zu D.R.P. 175588.
20) Bayer, D.R.P. 165223, Zusatz zu diesem Patent D.R.P. 187990.

Sehr ähnlich ist folgendes Verfahren[1]. Es wird Guanyldiäthylbarbitursäure dargestellt, indem man Dicyandiamidin (Guanylharnstoff) und Diäthylmalonsäureester in Gegenwart alkalischer Kondensationsmittel erhitzt. Beim Erhitzen mit Schwefelsäure erhält man leicht Veronal.

Man kann Dialkyl-2-aryliminonarbitursäuren durch Kondensation von Dialkylmalonsäureester mit Arylguanidinen darstellen[2].

Crotylallylbarbitursäure erhält man durch Kondensation von Crotylallylmalonsäurediäthylester mit Harnstoff in Gegenwart von Natriumäthylat[3].

Durch Erhitzen von Dialkylmalonsäurediarylestern mit Guanidin oder Guanidinsalzen erhält man aus Diäthylmalonsäurediphenylester und Guanidincarbonat bei 160° Phenol und Diäthyl-2-iminobarbitursäure, die man in Veronal überführen kann[4].

Tetrasubstituierte Diureide der Dialkylmalonsäuren gehen durch saure Kondensationsmittel in Dialkylbarbitursäuren über. Man erhält diese Diureide durch Einwirkung von Dialkylmalonylchloriden auf asymmetrische disubstituierte Harnstoffe[5].

Man erhält Veronale durch Behandlung der entsprechenden Dialkylmalonylguanidine mit Säuren[6].

Veronale werden durch Behandlung der entsprechenden Guanidinderivate in saurer Lösung mit Nitrit hergestellt. Die Ausbeute soll 90—100% betragen[7].

Die direkte Alkylierung der Barbitursäure gibt sehr schlechte Ausbeute, hingegen kann man Malonylguanidin sehr gut alkylieren, wobei die Iminogruppe nicht gut alkyliert wird[8].

Durch Kondensation von Urethanen mit Malonaminsäureestern bzw. deren Alkylderivaten mit alkalischen Kondensationsmitteln erhält man Barbitursäuren und deren Alkylderivate[9].

Dialkylmalonaminsäureester erhält man durch Alkylierung der Malonaminsäureester, wobei man die beiden Alkylgruppen nacheinander einführen kann[10].

Dialkyliminobarbitursäuren werden durch Erhitzen von Dialkylmalonsäurediarylestern mit Guanidin oder Guanidinsalzen erhalten[11].

Die am Kohlenstoff alkylierten Dialkyl-2.4-diimino-6-oxypyrimidine werden mit wässerigen Säuren behandelt[12].

Diäthylmalonylcarbonyldiharnstoff wird durch Erhitzen von Diäthylmalonsäureestern mit Carbonyldiharnstoff und Natriumalkoholat oder analogen Kondensationsmitteln hergestellt[13].

Veronal stellt man her durch Einwirkung von Phosgen auf Diäthylmalonamid bei einer über 100° liegenden Temperatur[14].

Veronal wird aus den Estersäure-Ureiden

$$\begin{array}{ll} NH\text{—}CO & \\ \cdot & | \\ CO & C{<}^{C_2H_5}_{C_2H_5} \\ \cdot & | \\ NH_2 & COO\cdot C_2H_5 \end{array}$$

der substituierten Malonsäuren mit alkalischen Reagentien dargestellt[15].

Man erhält Veronale durch Erwärmen von Dialkylmalonamid mit Oxalylchlorid. Diese Reaktion vollzieht sich unter Abspaltung von Salzsäure und Kohlenoxyd[16].

Bei der Umsetzung von Oxalylchlorid mit Dialkylmalonamiden entstehen auch dann C-C-Dialkylbarbitursäuren, wenn man jene Verbindungen in einem gegen Oxalylchlorid indifferenten Verdünnungsmittel, ohne zu erwärmen, z. B. in Gegenwart bzw. in Lösung von Essigsäureanhydrid, längere Zeit aufeinander einwirken läßt[17].

Leicht lösliche Derivate der Barbitursäure erhält man durch Behandlung der Diallylbarbitursäure bzw. Äthylallylbarbitursäure mit Ozon und führt die entstandenen Ozonide in die entsprechenden Carbonsäuren über. Aus Diallylbarbitursäure erhält man so nach dem Einleiten von Ozon in eine Lösung der Säure in Eisessig über ein krystallinisches Ozonid, das auf dem Wasserbade erhitzt und zersetzt wird, eine Dicarbonsäure

$$\begin{array}{l} CO\text{—}NH\text{—}CO \\ |\qquad\qquad\quad | \\ NH\text{—}CO\text{—}C\cdot(CH_2\cdot COOH)_2 \end{array}$$

---

[1]) Heyden, Radebeul, D.R.P. 171147. [2]) Höchst, D.R.P. 172979.
[3]) Bayer, Leverkusen, A.P. 1511919. [4]) Merck, D.R.P. 231887.
[5]) Einhorn, D.R.P. 193446. [6]) Schering, D.R.P. 201244.
[7]) Schering, D.R.P. 189076. [8]) Schering, D.R.P. 174940.
[9]) D.R.P. 171294. [10]) D.R.P. 182045. [11]) Heyden, D.R.P. 231887.
[12]) Bayer, D.R.P. 180669. [13]) Heyden, D.R.P. 165224.
[14]) Agfa, D.R.P. 180669. [15]) Böhringer, Waldhof, D.R.P. 193447.
[16]) Alfred Einhorn, München, D.R.P. 225457.
[17]) Alfred Einhorn, München, D.R.P. 227321, Zusatz zu D.R.P. 225457.

während Äthylallylbarbitursäure in analoger Weise behandelt in eine Monocarbonsäure

CO—NH—CO
| |
NH—CO—C(C_2H_5)·(CH_2·COOH)

übergeführt wird. Beide bilden leicht lösliche beständige Alkalisalz[1]).

Dialkyläthylenbarbitursäuren werden dargestellt, indem man Dialkylbutantetracarbonsäureester der Formel

CH_2·C(R)(COO·C_2H_5)$_2$
|
CH_2·C(R)(COO·C_2H_5)$_2$

mit Harnstoff in Gegenwart von Alkoholaten unter Druck erhitzt. Die Ausgangsmaterialien werden aus rohem, im Vakuum von Malonsäureester und Trimethylendicarbonsäureester befreitem Butantetracarbonsäureester mit Natriumäthylat und Alkylhalogenid dargestellt. Beschrieben sind Dipropylbutantetracarbonsäureester, Dibenzylbutantetracarbonsäureester, Diäthyläthylendibarbitursäure, Dipropylenäthylendibarbitursäure[2]).

Barbitursäuren, welche mit zwei verschiedenen Alkyl- oder Arylresten substituiert sind.

Im Gegensatze zu Emil Fischer und Mering, welche die symmetrischen Substitutionsprodukte der Barbitursäure untersuchten, prüften Carnot und Tiffeneau die durch asymmetrische Substitution gewonnenen Derivate, bei denen sich das höhere durch ein Mehr von nur 1 C (statt 2 C) auszeichnet[3]).

Äthyl-methyl-malonylharnstoff wirkt nur $^1/_2$ so stark wie Veronal, Äthyl-propyl-malonylharnstoff 2 mal, Äthyl-butyl-malonylharnstoff 3 mal, Äthyl-isobutyl-malonylharnstoff 3 mal, Äthyl-isoamyl-malonylharnstoff 3 mal, Äthyl-heptyl-malonylharnstoff 2.5 mal so stark wie Veronal.

Die Äthylbutylbarbitursäure ist wegen ihrer guten Löslichkeit besonders hervorstehend. Die Wirkung des Butylradikals ist aber keine spezifische, denn Isobutyl- und Isoamylradikale geben sie auch, außerdem ist die hypnotische Wirkung bei symmetrischer Einführung dieser Radikale nie vermehrt, bisweilen abgeschwächt. Der günstige Einfluß des Butylradikals ist eher auf die Größe seines Molekulargewichtes zurückzuführen, wodurch die physikalisch-chemischen Eigenschaften günstig beeinflußt werden.

Am Kohlenstoff unsymmetrisch dialkylierte Barbitursäuren und deren Salze erhält man, wenn man entweder C-Monoalkylbarbitursäuren alkyliert oder Harnstoff oder Harnstoff abspaltende Verbindungen mit Derivaten der α-Dialkylmalonsäuren, wie Estern, Chloriden oder Amiden, oder α-Dialkylcyanessigsäureestern in Gegenwart von $NaOC_2H_5$ oder anderen alkalischen Mitteln kondensiert[4]).

Diese Säuren, wie auch andere CC-disubstituierte Barbitursäuren lassen sich in Alkalisalze, sowie Salze mit organischen Basen, besonders Piperazin, überführen.

Z. B. ist die durch Einwirkung von ammoniakalischem Silbernitrat auf Monoäthylbarbitursäure erhältliche Silberverbindung durch Behandeln mit Isobutyljodid bzw. Isoamyljodid in alkoholischer Lösung in die Isobutyläthylbarbitursäure bzw. Isoamyläthylbarbitursäure überführbar. Die erstgenannte Säure läßt sich z. B. auch durch Kondensation von Harnstoff mit Isobutyläthylmalonester in Gegenwart von Natriumäthylat durch Erhitzen der Komponenten unter Druck erhalten. — Kondensiert man Butylpropylcyanessigester mit Harnstoff in Gegenwart von Natriumäthylat und verseift die als Zwischenprodukt entstandene 4-Imino-5.5-butylpropylbarbitursäure durch Kochen mit verdünnter Salzsäure, so gewinnt man die Butylpropylbarbitursäure und analog die Isobutylpropyl- und Isoamylpropylbarbitursäure. Durch Lösen von Piperazinhydrat und Butyläthyl- bzw. Isobutyläthylbarbitursäure in Wasser und nachfolgende Krystallisation erhält man die entsprechenden Piperazinsalze der Säuren.

Am Kohlenstoff unsymmetrisch dialkylierte Barbitursäure erhält man durch Behandlung der Silberverbindungen von Monoalkylbarbitursäuren mit Alkyljodiden. Beschrieben ist die n-Butyläthylbarbitursäure, n-Butylallylbarbitursäure[5]).

---

[1]) H. Staudinger, Zürich, Schw.P. 91561 und 92578.

[2]) Albert Wolff, Köln, D.R.P. 233968.

[3]) Carnot, Paul und Marc Tiffeneau: Cpt. rend. hebdom. des séances de l'acad. des sciences. Bd. 175, S. 241. 1922. Paris méd. Bd. 12, S. 329. 1922.

[4]) E. Layraud, Paris, E.P. 191008/1922.

[5]) Edouard Layrand, F.P. 546997/1922.

Ferner wird beschrieben Isobutyläthylbarbitursäure, Isoamyläthylbarbitursäure n-Butylpropylbarbitursäure, Isobutylpropylbarbitursäure, Isoamylpropylbarbitursäure ferner die Piperazinsalze der n-Butyläthylbarbitursäure und Isobutyläthylbarbitursäure[1])

Phanodorm (Äthylcyclohexenylbarbitursäure)

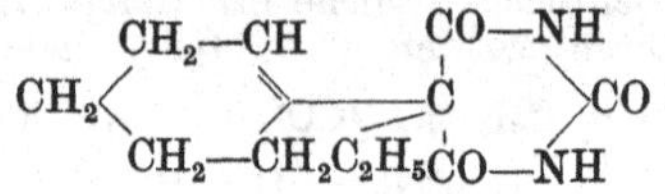

$$CH_2\left\langle\begin{matrix} CH_2-CH \\ CH_2-CH_2 \end{matrix}\right\rangle C \begin{matrix} CO-NH \\ C_2H_5\,CO-NH \end{matrix}\!\!\!\!\!\!\!\!>CO$$

nimmt in der Wirkung eine Mittelstellung zwischen Luminal und Cyclohexyläthylbarbitursäure ein.

Äthyl-n-hexylbarbitursäure ist wirksamer und weniger toxisch als Luminal, die Wirkung ist jedoch nicht so anhaltend wie bei diesem.

5-Hexyl-1-methylbarbitursäure ist ohne Wirkung; 5-Hexyl-1-phenylbarbitursäure toxisch ohne hypnotische Wirkung[2]).

n-Butyläthylbarbitursäure (Soneryl) ist ein kräftiges Schlafmittel[3]).

Luminal (Phenyläthylbarbitursäure) ist $\begin{matrix} C_6H_5 \\ C_2H_5 \end{matrix}\!>\!C\begin{matrix} CO-NH \\ CO-NH \end{matrix}\!>\!CO$, verwandelt sich in Lösungen seiner Salze leicht unter Kohlensäureabspaltung in Phenyläthylacetylharnstoff[4]). Es wirkt stärker hypnotisch als Veronal.

Arthur W. Dox und Lester Yoder[5]) haben 5.5-Methylbenzylbarbitursäure, 5.5-Äthylbenzylbarbitursäure, 5.5-n-Propylbenzylbarbitursäure, 5.5-iso-Propylbenzylbarbitursäure, 5.5-n-Butylbenzylbarbitursäure, 5.5-iso-Butylbenzylbarbitursäure, 5.5-iso-Amylbenzylbarbitursäure dargestellt, von denen das Äthylderivat die stärkste hypnotische Wirkung zeigt, aber diese ist begleitet von Tetanussymptomen. Die Produkte dürften keinen therapeutischen Wert haben.

Die Äthylbenzylderivate der Barbitursäure erzeugen Krämpfe. Das Phenyläthylderivat, bei dem das Phenyl sich in β-Stellung zum Barbitursäure-C befindet, wirkt hingegen ohne Krampfwirkung hypnotisch intraperitoneal. Per os ist es viel weniger wirksam[6]).

Ätherartige Derivate der Barbitursäure erhält man, wenn man Alkylalkoxyalkyl- oder Dialkoxyalkylmalonsäuren oder deren Derivate nach den für die Darstellung von Barbitursäure oder deren C-Mono- und Dialkylsubstitutionsprodukte bekannten Methoden in die entsprechenden C-C-Alkylalkoxyalkyl- bzw. Dialkoxyalkylbarbitursäuren überführt. So erhält man aus Malonsäureäthylester, Natriumalkoholat und Jodäthyläther $J \cdot CH_2 \cdot CH_2 \cdot O \cdot C_2H_5$ Diäthoxyäthylmalonsäureäthylester, welcher mit Natriumäthylat und Harnstoff bei 100° C-C-Diäthoxyäthylbarbitursäure

$$\begin{matrix} NH\cdot CO\cdot C<\begin{matrix} C_2H_5 \\ CH_2\cdot CH_2\cdot O\cdot C_2H_5 \end{matrix} \\ | \qquad\quad | \\ CO\cdot NH\cdot CO \end{matrix} \text{ gibt.}$$

Ferner ist C-C-Äthyläthoxyäthylbarbitursäure

$$\begin{matrix} NH\cdot CO\cdot C<\begin{matrix} CH_2\cdot CH_2\cdot O\cdot C_2H_5 \\ CH_2\cdot CH_2\cdot O\cdot C_2H_5 \end{matrix} \\ | \qquad\quad | \\ CO\cdot NH\cdot CO \end{matrix}$$

beschrieben[7]).

---

[1]) F.P. 26209/1923, Zusatz zu F.P. 546997.

[2]) Dox, A. W.: Journ. of the Americ. chem. soc. Bd. 46, S. 1707. 1924.

[3]) Tiffeneau, M. und F. Layrand: Bull. des sciences pharmacol. Bd. 31, S. 139. 1924. Dox und Yoder: Journ. of the Americ. chem. soc. Bd. 44, S. 150. 1923. — Shoule und Moment: Journ. of the Americ. chem. soc. Bd. 45, S. 253. 1923. — Fabre: Journ. of pharmacy et chim. [7] Bd. 27, S. 337. 1923.

[4]) Impens: Dtsch. med. Wochenschr. 1912, Nr. 20.

[5]) Dox, Arthur W. und Lester Yoder: Journ. of the Americ. chem. soc. Bd. 44, S. 1141. 1922. [6]) Dox, A. W.: Journ. of the Americ. chem. soc. Bd. 46, S. 2843. 1924.

[7]) Byk, D.R.P. 285636.

Alkylarylbarbitursäuren und Arylbarbitursäuren, und zwar Phenyläthylbarbitursäure, Phenylmethylbarbitursäure, Phenylpropylbarbitursäure, Phenylbenzylbarbitursäure und p-Methoxyphenyläthylbarbitursäure erhält man aus den substituierten Malonsäuren, nach dem für die Veronalsynthese passenden Verfahren[1]).

Man erhält Derivate der Barbitursäure durch Einwirkung von Malonylhalogeniden, die einen Phenylrest enthalten auf Isoharnstoffalkyläther; die so erhaltenen Produkte behandelt man mit Säuren. So erhält man 2-Methoxy-5-phenyläthylbarbitursäure aus Phenyläthylmalonylchlorid, Isoharnstoffmethylätherchlorhydrat und Lauge. 2-Äthoxy-5-benzylbarbitursäure erhält man aus Benzylmalonchlorid und Isoharnstoffäthylätherchlorhydrat und Lauge. Nach der Kondensation wird mit Essigsäure abgeschieden. Zu der gleichen Substanz gelangt man aus Phenylmalonchlorid. Durch Hydrolyse von 2-Methoxy-5.5-phenyläthylbarbitursäure mit Salzsäure erhält man Phenyläthylbarbitursäure. Durch Hydrolyse von 2-Äthoxy-5-benzylbarbitursäure mit Bromwasserstoffsäure erhält man 5-Benzylbarbitursäure, ebenso durch Hydrolyse mit starker Schwefelsäure[2]).

Man kondensiert entweder den Äthylsekundärbutylcyanessigsäureäthylester mit Harnstoff in Gegenwart von Natriumäthylat und verseift das Iminoderivat mit verd. Mineralsäure oder unmittelbar den entsprechenden disubstituierten Malonester mit Harnstoff, bzw. behandelt man das Natriumsalz der Sekundärbutylbarbitursäure mit Äthylhalogeniden und erhält so die Äthylsekundärbutylbarbitursäure[3]).

Ausgesprochen narkotisch wirken Cyclohexyl-äthyl-barbitursäure, Cyclohexylallyl-barbitursäure

```
CO————————NH
 |   CH2 CH2   |                     CO————NH
 |  CH<     >CH2                      |     CH3 |
C<   CH2 CH2  CO                      |  CH<    |
 |\                                  C<     CH3 CO
 |  C2H5                              |\ C3H5   |
CO————————————NH                     CO————NH
```

und Isopropyl-allyl-barbitursäure und zwar mit zunehmender Stärke in dieser Reihenfolge; Isopropylallylbarbitursäure wirkt viel stärker als Dial und ist ohne nennenswerte Wirkung auf den Blutdruck[4]).

Bei der Untersuchung von Isobutyläthylbarbitursäure, Isoamyläthylbarbitursäure, n-Butyläthylbarbitursäure, n-Butylisopropylbarbitursäure, n-Propylisopropylbarbitursäure, Isoamylisopropylbarbitursäure, Isoamylpropylbarbitursäure, sek. Butyläthylbarbitursäure zeigte es sich, daß der Quotient Giftwirkung: hypnotische Wirkung mit steigendem Molekulargewicht zunimmt und dann wieder abnimmt. Am wirksamsten ist Isoamyläthylbarbitursäure[5]).

Isopropylallylbarbitursäure erhält man durch Einwirkung der Alkaliverbindung der Monoisopropylbarbitursäure auf Allylhalogenide bei niederer Temperatur ohne Druck[6]).

C-C-Dialkyliminobarbitursäuren entstehen durch Erhitzen von Guanidin oder Guanidinsalzen[7]).

Isopropylalkylbarbitursäuren. Zu Schw.P. 90592 und E.P. 181427 ist nachzutragen, daß sich aus der Monoisopropylbarbitursäure in alkalischer Lösung durch Einwirkung anderer Alkylhalogenide als der Allylverbindungen die entsprechenden homologen Disubstitutionsprodukte gewinnen lassen. Dargestellt wurden: Isopropylmethylbarbitursäure, Diisopropylbarbitursäure[8]).

Mono-i-propylbarbitursäure wird in konzentrierter alkoholischer Lösung bei erhöhten Temperaturen und gewöhnlichen oder erhöhtem Druck mit Allylhalogeniden behandelt. Das Verfahren liefert wesentlich höhere Ausbeuten an i-Propylallylbarbitursäuren als die Herstellung ohne äußere Wärmezufuhr und ohne Druck[9]).

Verbindungen, bestehend aus Dialkylbarbitursäure und anderen wirksamen Komponenten.

Lösliches Dial ist Diallylbarbitursäure durch Monoäthylharnstoff und Urethan wasserlöslich gemacht.

[1]) D.R.P. 247952. [2]) D.R.P. 249722. [3]) M. L. C. Roger, F.P. 598072.
[4]) Pohl, J.: Zeitschr. f. d. ges. exp. Med. Bd. 38, S. 520. 1933.
[5]) Shonle, A. und A. Moment: Journ. of the Americ. chem. soc. Bd. 45, S. 243. 1923.
[6]) Hoffmann-La Roche, Schw.P. 90592; E.P. 181247/1921.
[7]) E. Merck, Darmstadt, D.R.P. 231887. [8]) Hoffmann-La Roche, Ö.P. 92386.
[9]) Höchst, E.P. 228195/1925.

Didial ist eine Verbindung von Diallylbarbitursäure mit Äthylmorphin.

Ciba[1]) beschreibt die Darstellung von Morphinphenyläthylbarbitursäure, Äthylmorphinphenyläthylbarbitursäure, Codeinphenyläthylbarbitursäure.

Dialacetin ist eine Kombination von Diallylbarbitursäure mit p-Acetaminophenylallyläther.

Ciba beschreibt die Darstellung von Chinindiallylbarbitursäure, Hydrochinindiallylbarbitursäure, Euchinindiallylbarbitursäure, Cinchonindiallylbarbitursäure, Äthylhydrocupreindiallylbarbitursäure. Die Substanzen sollen als Wehenmittel Verwendung finden[2]).

Nicht nur die Diallylbarbitursäure, sondern auch Monallylalkylbarbitursäuren geben mit Alkaloiden der Chiningruppe salzartige Verbindungen von analogen Eigenschaften.

Allyl-isopropylbarbitursaures Diäthylamin ist 4—5fach so stark wie Veronal, es steht dem Dial am nächsten[3]).

Man läßt auf Dialkyl- oder Aryl-alkyl-barbitursäuren Alkylamine einwirken und erhält leicht lösliche Verbindungen. Beschrieben sind: Diäthylbarbitursaures Diäthylamin, diallylbarbitursaures Diäthylamin, phenyläthylbarbitursaures Dimethylamin, diäthylbarbitursaures Monomethylamin, diäthylbarbitursaures Cholin[4]).

Bayer, Leverkusen[5]), machen eine Doppelverbindung aus Phenyläthylbarbitursäure und Pyramidon.

Man erhält durch Einwirkung von Diäthylamin auf Diäthylbarbitursäure ein in Wasser mit alkalischer Reaktion leicht lösliches Salz, dessen wässerige Lösung im Gegensatz zu derjenigen des Natriumsalzes, insbesondere in Gegenwart von Alkohol oder Glycerin haltbar ist und sich deshalb auch in Form von subcutanen Injektionen als Schlafmittel anwenden läßt. Auch die Isopropylbarbitursäure läßt sich mit Diäthylamin und Dimethylamin zu Produkten von analogen Eigenschaften vereinigen. Zur Darstellung der Salze löst man die Säure in absolutem Alkohol oder Äther und vermischt die Lösung mit wasserfreiem Diäthylamin bzw. einer alkoholischen Dimethylaminlösung[6]).

Allylisopropylbarbitursaures Diäthylamin ist ungefähr dem Dial gleichwertig[7]).

Chinin und Veronal lassen sich durch Zusatz von Trinatriumphosphat entbittern. Das entbitterte Veronal heißt Paranoval[8]).

Veramon ist ein durch Zusammenschmelzen von 1 Mol. Diäthylbarbitursäure und 2 Mol. Pyramidon erhaltene Substanz.

Man schmilzt Isopropylallylbarbitursäure mit 1-Phenyl-2.3-dimethyl-4-dimethylamino-5-pyrazolon zusammen. Es entsteht eine Doppelverbindung[9]).

Statt Diäthylbarbitursäure kann man andere Dialkylbarbitursäuren verwenden. Z. B. Verbindung aus Dipropylbarbitursäure und Phenyldimethyldimethylaminpyrazolon, Verbindung aus Phenyläthylbarbitursäure und Phenyldimethyldimethylaminopyrazolon, Verbindung aus Diallylbarbitursäure und Phenyldimethyldimethylaminopyrazolon[10]).

Es werden Doppelverbindungen aus Dialkylbarbitursäuren und 1-Phenyl-2.3-dimethyl-4-dimethylamino-5-pyrazolon und zwar mit 2 Mol. des letzteren und 1 Mol. Di-n-butylbarbitursäure, bzw. Äthyl-n-butylbarbitursäure, bzw. Äthyl-sek-butylbarbitursäure, bzw. Äthyl-1-amylbarbitursäure dargestellt[11]).

Verbindungen der Morphiumalkaloide mit Barbitursäurederivaten erhält man, indem man die Morphiumalkaloide oder deren Derivate auf Dialkylbarbitursäure entweder in Form der freien Verbindungen oder in Form ihrer Salze in molekularen Mengen, gegebenenfalls in Gegenwart geeigneter Lösungs- oder Verdünnungsmittel einwirken läßt. Beschrieben sind: Morphindialkylbarbitursäure, Dimethylmorphin-Dialkylbarbitursäure, Äthylmorphin-Dialkylbarbitursäure, Alkylmorphin-Dialkylbarbitursäure, Äthylmorphin-Dialkylbarbitursäure, Kodein-Dialkylbarbitursäure, Dihydromorphin-Dialkylbarbitursäure, Dihydrokodein-Dialkylbarbitursäure[12]).

Allonal ist isopropylpropenylbarbitursaures Phenyldimethyldimethylaminopyrazolon.

---

[1]) D.R.P. 330814, Zusatz zu D.R.P. 322335. [2]) D.R.P. 329772.

[3]) Wiki, B.: Arch. internat. de pharmaco-dyn. et de thérapie Bd. 27, S. 117. 1922.

[4]) Hoffmann-La Roche, Basel, D.R.P. 398851. [5]) A.P. 1508401.

[6]) Hoffmann-La Roche, Basel, Schw.P. 84997, Schw.P. 94623, 94624, Zusatz zu Schw.P. 84997.

[7]) Wiki, B.: Arch. internat. de pharmaco-dyn. et de thérapie Bd. 27, S. 117. 1922.

[8]) Straub, W. und C. v. Rad: Dtsch. med. Wochenschr. Bd. 50, S. 329. 1924.

[9]) Hoffmann-La Roche, Schw.P. 97751; E.P. 188521/1921; Ö.P. 92389.

[10]) Schering, Berlin, E.P. 198379, Zusatz zu 158558.

[11]) Abbott Labor., A.P. 1478463. [12]) Ges. f. chem. Ind. Berlin, D.R.P. 322335.

Hydantoine.

Nirvanol ist γ-γ-Phenyläthylhydantoin, ein geschmackloses Beruhigungs- und Schlafmittel. Es hat Nebenwirkungen, welche den Acetylnirvanol fehlen sollen.

γγ-Dialkylhydantoine (2.4-Diketo-5.5-dialkyltetrahydroimidazol), wie Diäthylhydantoin und Dipropylhydantoin lassen sich durch Alkylierung in Trialkylhydantoine (2.4-Diketo-5.5.3-trialkyltetrahydroimidazole) überführen, welche hypnotische Wirkungen haben. Triäthylhydantoin $\begin{matrix}(C_2H_5)_2C\text{—}NH \\ | \quad\quad \rangle CO \\ CO\cdot NC_2H_5\end{matrix}$ entsteht aus Diäthylhydantoin, Ätzkali und Bromäthyl. Beschrieben sind ferner γγ-Methyläthyl-ε-äthylhydantoin und γγε-Tripropylhydantoin[1])

Die beste Darstellungsweise des Nirvanol beschreibt W. T. Read[2]). Man erhält es aus Phenyläthylketon, Blausäure und ammoniakalischem Alkohol. Das entstandene Öl wird mit cyansaurem Kalium behandelt, das Nitril abfiltriert und mit Salzsäure gekocht.

Die Natriumverbindung von Phenylcyanacetamid gibt mit Jodäthyl Phenyläthylcyanacetamid. Es löst sich beim Eintragen in Natriumhypobromitlösung und gibt nach kurzem Erwärmen Phenyläthylhydantoin. In analoger Weise erhält man Phenylallylhydantoin[3]).

Diäthylmalonamid gibt mit Kaliumhypobromit Diäthylhydantoin. Das aus Phenyläthylcyanacetamid und konz. Schwefelsäure bei 125° dargestellte Phenyläthylmalonamid gibt mit Natriumhypobromit nach mehrstündigem Stehen Phenyläthylhydantoin. Läßt man, nachdem das Amid in Lösung gegangen, nicht mehrere Stunden stehen, sondern säuert diese Lösung sofort an, so erhält man bei Verwendung ven Hypochlorit ein chloriertes Amid $(C_2H_5)_2 \cdot C(CO \cdot NH_2) \cdot CO \cdot NHCl$. Diallylmalonamid liefert mit Natriumhypochlorit C-C-Diallylhydantoin $(C_3H_5)_2 \cdot C\begin{matrix} \diagup CO\cdot NH \\ \quad\quad | \\ \diagdown NH\cdot CO \end{matrix}$ [4]).

An Stelle der C-C-Arylalkylcyanacetamide oder der substituierten Malonamide werden Arylalkylmalonitrile mit Hypohalogeniden behandelt[5]).

So gibt Phenyläthylmalonitril beim längeren Stehen mit Kaliumhypobromitlösung Phenyläthylhydantoin. Ferner sind beschrieben: Phenylisopropylhydantoin, Phenylbenzylhydantoin.

Man läßt hier Ammoniak oder Monoalkylamine auf Urethanoarylalkylessigester der allgemeinen Formel: (Aryl) · (Alkyl) · C(NH · COO Alkyl) · COOR (R = Alkyl) einwirken.

So erhält man aus α-Phenyl-α-urethanopropionsäuremethylester γγ-Phenylmethylhydantoin. Analog erhält man γγ-Phenyläthylhydantoin, 3-Äthyl-5.5-phenyläthylhydantoin, γγ-Piperonylmethylhydantoin[6]).

Heyden[7]) beschreibt die Darstellung des Phenyläthylhydantoincalcium nach den üblichen Methoden.

1-Acetyl-5.5-phenyläthylhydantoin

$$\begin{matrix} & CO & \\ HN & & N\cdot CO\cdot CH_3 \\ OC & \text{—} & C\cdot(C_6H_5)(C_2H_5) \end{matrix}$$

erhält man durch Acetylierung von 5.5-Phenyläthylhydantoin[8]).

Oxime und Amide.

Dimethylketoxim hat eine geringe sedative Wirkung, Methyläthylketoxim macht kurzen Schlaf, Methylpropylketoxim langen Schlaf und Äthylpropyl-

---

[1]) Einhorn, D.R.P. 289248.
[2]) Journ. of the Americ. chem. soc. Bd. 44, S. 1746. 1922.
[3]) Heyden, Radebeul, D.R.P. 309508.
[4]) D.R.P. 310426, Zusatz zu D.R.P. 309508.
[5]) Heyden, Radebeul, D.R.P. 335994, Zusatz zu D.R.P. 309508.
[6]) D.R.P. 335993, Zusatz zu D.R.P. 310427.
[7]) D.R.P. 360689.
[8]) Heyden, D.R.P. 360688.

ketoxim einen langen Schlaf. Äthylpropylketoxim macht in einigen Minuten einen äußerst tiefen Schlaf und Krämpfe. Dipropylketoxim macht langen Schlaf. Die beiden letzteren Verbindungen wirken stark ätzend und darmreizend. Beim Menschen macht Methyläthylketoxim Magendarmkrämpfe und Durchfall.

Wirkungslos sind die folgenden Amide:

Diäthylacetamid $\frac{C_2H_5}{C_2H_5}\!>\!CH\cdot CO\cdot NH_2$, Diäthylmalonamid $\frac{C_2H_5}{C_2H_5}\!>\!C\!<\!\frac{CO\cdot NH_2}{CO\cdot NH_2}$

Dipropylmalonamid $\frac{C_3H_7}{C_3H_7}\!>\!C\!<\!\frac{CO\cdot NH_2}{CO\cdot NH_2}$, Trimethylacetamid $(CH_3)_3\!>\!C\cdot CO\cdot NH_2$

Dipropylacetamid macht im Gegensatz zum Diäthylacetamid schon in kleineren Dosen Schlaf, aber auch Diäthylacetamid macht eine leichte hypnotische Wirkung. In seiner Wirkung auf Hunde wird Dipropylacetamid nur von Veronal übertroffen.

Dipropylacetäthylamid macht klonische und tonische Krämpfe. Dipropylacetdiäthylamid hingegen zeigt gar keine Wirkung.

Tetraäthylsuccinimide erweisen sich als giftig, ohne irgendwie narkotisch zu wirken[1]).

Äthylpropylhomophthalimid wirkt hypnotisch, Dipropylhomophthalimid ist ohne Wirkung, Diallylhomophthalimid wirkt hypnotisch, Dipropylacetylacetamid narkotisch, Äthylisobutylacetylacetamid wenig wirksam, Diallylacetylacetamid wenig wirksam, Äthylisobutylhydantoin narkotisch, Propylisobutylhydantoin narkotisch, Diisobutylhydantoin unwirksam, Dipropylhydantoin narkotisch[2]).

Isovaleramid $\frac{CH_3}{CH_3}\!>\!CH\cdot CH_2\cdot CO\cdot NH_2$ macht einen hypnoseähnlichen Zustand bei Kaninchen und Katzen, ohne richtigen Schlaf zu erzeugen. Das höhere homologe β-Diäthylpropionsäureamid $\frac{C_2H_5}{C_2H_5}\!>\!CH\cdot CH_2\cdot CO\cdot NH_2$ macht Schlaf.

β-Methylpropionsäureamid und Di-n-propylpropionsäureamid machen ebenfalls Hypnose. Ersteres wirkt schwächer, letzteres stärker als β-Diäthylpropionsäureamid.

Viel intensiver als Diäthylacetamid und Dipropylacetamid wirkt Triäthylacetamid $(C_2H_5)_3\!>\!C\cdot CO\cdot NH_2$. Die Einführung von zwei Amyl- oder Benzylgruppen in das Acetamidmolekül begünstigt nicht die schlafmachende Wirkung. Der Phenylrest hingegen verleiht, wenn er neben einem oder zwei Alkylradikalen an einem Kohlenstoff steht, dem Amidkomplex stark hypnotische Eigenschaften. In dieser Kombination erweist sich wieder die Methylgruppe weniger wirksam als die Äthylgruppe. Das Propylradikal verstärkt die Wirkung noch etwas, beeinflußt aber den Effekt ungünstig, weil die Giftigkeit sowie die Länge des Exzitationsstadiums ansteigt.

Die Verdoppelung des Phenylrestes z. B. im Diphenylacetamid erhöht die Wirksamkeit nicht. Diäthylphenylacetamid ist sehr sicher wirksam. Beim Menschen werden aber alle diese substituierten Säureamide im Stoffwechsel sehr rasch abgebaut, rascher als bei den Versuchstieren.

Ähnlich wird Zimtamid bei Hunden und Kaninchen verschieden rasch abgebaut[3]).

Diäthylacetyldiäthylamid übt auf Tiere eine erregende und temperaturerhöhende Wirkung aus.

---

[1]) Dox, Arthur W.: Journ. of the Americ. chem. soc. Bd. 47, S. 1471. 1925.

[2]) Lumière, August und Felix Perrin: Bull. de la soc. de chim. biol. de France [4] Bd. 35, S. 1022. 1924.

[3]) Impens: Dtsch. med. Wochenschr. 1912, Nr. 20.

Man erhält es durch Einwirkung von Diäthylacetylchlorid auf Diäthylamin als eine ölige, mentholartig riechende und schmeckende Flüssigkeit[1]).

Die β-β-dialkylierten Propionsäuren, ihre Ester, Amide und Ureide sollen geschmacklose, gut wirkende Sedativa sein, welche die Eigenschaften der Isovaleriansäurederivate im erhöhten Maße zeigen. Diese Säuren werden in üblicher Weise in die Ester, Amide oder Ureide übergeführt. Beschrieben ist Diäthylpropionsäureamid aus dem Chlorid und Ammoniak dargestellt, ferner Diäthylpropionylharnstoff aus Harnstoff und dem Chlorid und Diäthylpropionsäurementholester[2]).

Die Halogenide der entsprechenden Dialkylcarbinole kondensiert man mit Alkalicyanessigestern, und die so erhältlichen Produkte werden in beliebiger Reihenfolge verseift, in das Amid übergeführt und aus ihnen Kohlensäure abgespalten[3]).

In der als Mittel gegen Frauenleiden viel gebrauchten Rutacee, Fagara xanthoxyloides Lam, fanden H. Thoms und F. Thümen[4]) Fagaramid = Piperonylacrylsäureisobutylamid

$$\underset{CH_2-O}{\overset{}{O\langle C_6H_3 \rangle}}\,CH:CH\cdot CO\cdot N<^{H}_{CH_2\cdot CH<^{CH_3}_{CH_3}}$$

Nach den Untersuchungen von R. Kobert und E. Rost wirkt dieses auf Kaltblüter narkotisch, auf Säugetiere gar nicht. Vielleicht kommt ihm auch Krampfwirkung zu.

Sedative Mittel, wie Phenyldipropylacetamid, Phenyldiäthylacetylharnstoff usw. kann man erhalten, indem man Phenyldipropylacetonitril mit Alkali im Autoklaven erhitzt. Aus Phenyldiäthylacetonitril erhält man Phenyldiäthylacetamid[5]).

Sedativa, wie α-Phenyl-n-valeriansäureamid und Phenyläthylacetylharnstoff werden in bekannter Weise dargestellt[6]).

α-Halogenfettsäuren der allgemeinen Formel $C(R_2)\cdot(Halogen)\cdot COOH$ (R = Alkyl) oder deren Derivate wie die Ester oder Nitrile werden in Gegenwart von Schwermetallen mit Alkylhalogeniden kondensiert und die so entstandenen trialkylierten Carbonsäuren, deren Ester oder Nitrile in die zugehörigen Amide übergeführt[7]).

So wird z. B. Diäthylbromacetonitril $C(C_2H_5)_2(Br)\cdot CN$ mit Xylol und Kupferpulver erhitzt. Man fraktioniert den Rückstand nach Entfernung des Xylols. Das entstandene Tetraäthylbernsteinsäuredinitril $\begin{matrix}(C_2H_5)_2\cdot C\cdot CN\\ |\\ (C_2H_5)_2\cdot C\cdot CN\end{matrix}$ liefert beim Behandeln mit Schwefelsäure Tetraäthylbernsteinsäurediamid. Aus Bromdiäthylessigsäureäthylester erhält man Tetraäthylbernsteinsäurediäthylester, welcher beim Erhitzen mit alkoholischem Ammoniak ebenfalls in das Diamid übergeht. Diäthylbromacetonitril mit Allylbromid, Kupferpulver und Toluol geben beim Erhitzen Diäthylallylacetonitril $C(C_2H_5)_2\cdot(C_3H_5)\cdot CN$. Dieses gibt beim Verestern mit alkoholischem Kali Diäthylallylacetamid, welches stark hypnotisch wirkt.

Urethane.

Die Alkylgruppe in Esterbindung macht Schlaf. Urethan (Carbaminsäureäthylester) $NH_2\cdot COO\cdot C_2H_5$ wirkt stark narkotisch, ohne auf den Blutdruck einen im Vergleich zu Chloralhydrat nennenswerten Einfluß auszuüben. Während Chloralhydrat die Ursprünge der Gefäßnerven sehr energisch lähmt, affiziert Urethan[8]) sie nicht in demselben Sinne. Urethan, dessen Wirkung nur auf dem Vorhandensein der einen Äthylgruppe in Esterbindung beruht, gehört zu den schwächeren Schlafmitteln. Binet[9]) hat gefunden, daß die ersten Glieder der Urethanreihe, Methylurethan $OC<^{NH_2}_{OCH_3}$ und Äthylurethan $OC<^{NH_2}_{OC_2H_5}$, Urethan schlechtweg genannt, um so wirksamer sind, je höher

---

[1]) Kalle, Biebrich, D.R.P. 168451. [2]) Bayer, D.R.P. 222809.

[3]) D.R.P. 228667, Zusatz zu D.R.P. 222809.

[4]) Ber. d. dtsch. chem. Ges. Bd. 44, S. 3717. 1911. — Biochem. Zeitschr. Bd. 38 S. 492. 1912. [5]) D.R.P. 248777. [6]) D.R.P. 249241.

[7]) Höchst, A P. 1482343; E.P. 210809/1924; Schw.P. 100319.

[8]) Schmiedeberg, O.: Arch. f. exp. Pathol. u. Pharmakol. Bd. 20, S. 206.

[9]) Rev. méd. de la Suisse romande 1893, S. 540, 628.

das Molekulargewicht ihres Alkylradikals ist. Alle Körper der Urethanreihe wirken durch Narkotisierung des Zentralnervensystems mit Erhaltung aller lebenswichtigen Funktionen. Bei toxischen Dosen erliegen die Tiere im Kollaps unter Abkühlung und Herzschwäche. Führt man in die NH_2-Gruppe der Urethane eine Acetylgruppe ein, so wird die physiologische Eigenschaft nicht modifiziert, aber die Giftigkeit wird um das betreffende Substanzgewicht herabgesetzt. Bei Warmblütern sind die relativen Giftigkeiten: Acetylmethylurethan 1, Acetyläthylurethan $1^1/_2$, Methylurethan 2, Äthylurethan 4.

Urethan geht auch in großen Dosen verabreicht nicht in den Harn über, sondern wandelt sich wahrscheinlich in derselben Weise wie Cyanursäure in Harnstoff um.

Diurethan $NH(COO \cdot C_2H_5)_2$ ist weit stärker narkotisch als Urethan.

Methylpropylcarbinolurethan (Hedonal), soll doppelt so stark wirken wie Urethan[1]). Es tritt, wie bei allen Urethanen, rasch Angewöhnung ein. Überdies wirkt es stark diuretisch, wie alle Urethane.

Die hypnotische Wirkung gewisser Urethane sekundärer Alkohole soll wesentlich intensiver sein.

Solche Urethane[2]) des Methyläthylcarbinol, Äthylpropylcarbinol, Äthylisopropylcarbinol, Methylbutylcarbinol und Dipropylcarbinol werden dargestellt, indem man Harnstoff oder besser dessen Salze in der Wärme auf die genannten Alkohole einwirken läßt.

Diese Urethane erhält man auch durch Behandlung der Chlorkohlensäureester der betreffenden sekundären Alkohole mit Ammoniak oder indem man Harnstoffchlorid auf die betreffenden Alkohole einwirken läßt[3]).

Ferner kann man sie erhalten durch Einwirkung von Chlorcyan oder Cyansäure auf diese Alkohole oder durch Behandlung der neutralen Kohlensäureester der Alkohole mit Ammoniak. So erhält man Methylpropylcarbinolurethan, Methyläthylcarbinolurethan[4]).

Nach den oben beschriebenen Verfahren lassen sich auch Methyl-α-methylpropylcarbinolurethan und Methyl-α-äthylpropylcarbinolurethan und Äthylisobutylcarbinolurethan darstellen[5]).

Das Darstellungsverfahren wurde auch dahin abgeändert, daß man statt auf die einfachen Kohlensäureester der betreffenden sekundären Alkohole auf die gemischten Ester der allgemeinen Formel $OC{<}{}^{OR}_{OR_1}$ (worin R Radikal eines sekundären Alkohols, R_1 ein beliebiges Alkylradikal von geringerem Molekulargewicht als R bedeutet) Ammoniak einwirken läßt[6]).

Die hypnotische Wirkung des Piperonalbisurethans ist auf das Vorhandensein von zwei Äthylgruppen und von zwei Carbonylgruppen zurückzuführen, gleichzeitig ist es wahrscheinlich, daß der saure Magensaft die Substanz in Piperonal und Urethan spaltet. Man findet im Harn Urethan, Piperonal und Piperonylsäure[7]).

Amylencarbamat, Aponal $NH_2 \cdot CO \cdot O \cdot C \begin{smallmatrix} \diagup CH_3 \\ -CH_3 \\ \diagdown C_2H_5 \end{smallmatrix}$ durch Einwirkung von Harnstoffchlorid auf Amylenhydrat erhalten, ist ein mildes Schlafmittel.

Man erhält Carbaminsäureester tertiärer Alkohole durch Einwirkung von Harnstoffchlorid auf Metallverbindungen tertiärer Alkohole. So erhält man Amylenhydraturethan [Aponal[8])].

Man kann diese Ester auch gewinnen, wenn man Harnstoffchlorid statt auf die Metallverbindung tertiärer Alkohole auf diese selbst, in Gegenwart von salzsäurebindenden Mitteln, wie Dimethylanilin oder Soda, einwirken läßt[9]).

Halogenameisensäureester hydroxylierter Verbindungen erhält man durch Einwirkung von Phosgen auf die nicht wässerigen Lösungen dieser Verbindungen. Die entstehende Salzsäure wird fortwährend neutralisiert oder durch Zusatz von tertiären Basen abgestumpft[10]). Bei der Darstellung von Derivaten tertiärer Alkohole hält man Temperaturen unter 0^0 ein und vermeidet bei der Aufarbeitung Wasser oder andere Halogenwasserstoff

---

[1]) Dreser, H.: Wien. klin. Wochenschr. 1899, S. 1007. [2]) D.R.P. 114396.
[3]) D.R.P. 120863. [4]) D.R.P. 120864. [5]) D.R.P. 120865.
[6]) D.R.P. 122096. [7]) Bianchi, G.: Boll. d. chim. farm. Bd. 53, S. 324. 1914.
[8]) D.R.P. 245491. [9]) D.R.P. 246298. [10]) D.R.P. 251805.

entziehende Agenzien[1]). Man kann diese Halogenverbindungen mit Ammoniak und Aminen glatt zur Reaktion bringen und gelangt zu Urethanen tertiärer Alkohole, welche Schlafmittel sind[2]). Beschrieben ist die Darstellung des Dimethylacetylcarbinolurethans, des Dimethylacetylcarbinoläthylurethans, des Methyldiäthylcarbinolurethans, des Dimethyläthylcarbinolphenylurethans, des Dimethyläthylcarbinolmethylphenylurethans und des Dimethyläthylcarbinol-p-äthoxyphenylurethans.

Glykoläther der Formel $OH \cdot CH_2 \cdot CH_2 \cdot OR$, worin R einfache oder substituierte Arylradikale bezeichnet, werden nach den hierfür üblichen Methoden in die entsprechenden Urethane übergeführt. So dargestellte Verbindungen sollen ganz hervorragende antipyretische und analgetische Wirkungen besitzen[3]). Man läßt auf diese Glykoläther entweder Phosgen oder Ammoniak bzw. ein einfaches oder substituiertes Amin einwirken, oder setzt sie mit Harnstoffhaloiden um, oder man läßt Harnstoff oder dessen Salze oder Cyanhaloid auf die Glykoläther einwirken oder man bringt die Ameisensäureester oder Cyankohlensäureester der Glykoläther oder deren Carbonate zur Reaktion mit Ammoniak oder primären und sekundären Aminen. So wurden dargestellt Phenoxyäthylurethan und ihm homologe Verbindungen.

Amide und Ureide der Arylalkoxyessigsäuren haben bei geringer Giftigkeit wertvolle hypnotische und sedative Eigenschaften. Diese Eigenschaften sind den entsprechenden Mandelsäurederivaten gegenüber erheblich verstärkt, so daß der Äthergruppe ein wesentlicher Einfluß zukommt. Aus Phenyläthoxyessigsäureäthylester wird beim Schütteln mit Ammoniak Phenyläthoxyacetamid gebildet. Analog erhält man Phenylmethoxyacetamid, p-Tolyloxyäthylacetamid, o-Chlorphenyloxalylacetamid, Phenyloxalylacetamid. Aus Phenyloxyphenylessigsäurechlorid und Ammoniak erhält man Phenyloxyphenylacetamid, aus Phenyloxyphenylessigsäurechlorid und Harnstoff erhält man Phenyloxyphenylacetureid[4]).

Urethane sekundärer aliphatisch-aromatischer Alkohole erhält man durch Einwirkung von Phosgen auf Phenyläthylcarbinol $C_6H_5 \cdot CH(C_2H_5) \cdot OH$ oder dessen Homologen bei Gegenwart oder Abwesenheit von tertiären Basen, wie Trimethylamin oder Dimethylanilin, und Behandlung der so entstandenen Chlorocarbonate mit Ammoniak. Die sekundären Alkohole werden durch Einwirkung von Alkylmagnesiumhalogeniden auf Benzaldehyd gewonnen. Beschrieben sind Phenyläthylcarbinolurethan, Phenylpropylcarbinolurethan, Phenylbutylcarbinolurethan[5]).

Acylierte Harnstoffe gehen beim Erwärmen mit Formaldehyd und sekundären Basen in basische acylierte Harnstoffderivate über, welche auch entstehen, wenn man die Reaktionsprodukte von Formaldehyd und sekundären Basen, die Dialkylaminomethylalkohole, $RR_1 \cdot N \cdot CH_2 \cdot OH$ oder die Tetraalkyldiaminomethane $CH_2(NRR_1)_2$ auf die acylierten Harnstoffe einwirken läßt. Das Verfahren liefert basische wasserlösliche Acylharnstoffderivate, welchen die physiologische Wirksamkeit der Acylharnstoffe noch zukommt; so besitzt z. B. Diäthylacetylpiperidylmethylharnstoff hypnotische, der Isovaleryldiäthylaminomethylharnstoff, Isovalerian- und das Camphersäuredipiperidyldimethyldiureid Campherwirkung. Man erhält aus Isovalerylharnstoff durch Einwirkung von Piperidin Formaldehyd oder von Methylenbispiperidin den Isovalerylpiperidylmethylharnstoff $C_4H_9 \cdot CO \cdot NH \cdot CO \cdot NH \cdot CH_2 \cdot NC_5H_{10}$; ferner ist beschrieben Isovaleryldiäthylaminomethylharnstoff, Diäthylacetylpiperidylmethylharnstoff und Camphersäuredipiperidylmethyldiureid[6]).

Urethane der Phenolglycerinäther erhält man, wenn man die Glycerinäther der Phenole in üblicher Weise in entsprechende Urethane überführt. Sowohl die Phenolgruppe als auch die Aminogruppe der Urethane läßt sich durch homologe und Substitutionsprodukte ersetzen. Aus dem Carbonat des Phenolglycerinesters erhält man mit wässerigem Ammoniak das entsprechende Urethan. Ebenso sind beschrieben das Urethan aus dem Carbonat des 2-Chlor-4-kresolglycerinäthers, ferner ein Urethan, das man mit Äthanolamin aus dem Chlorkohlensäureester des α-α-Diphenylglycerinäthers erhält[7]).

Von den beiden Äthyläthern der Cyanursäure besitzt nur der normale $(CN)_3(OC_2H_5)_3$ narkotische Eigenschaften.

Zur Darstellung von Allophansäureestern[8]) werden tertiäre Alkohole in der üblichen Weise in Allophansäureester übergeführt. Diese Ester besitzen vor ihren Alkoholen wertvolle Eigenschaften. Die Nachteile (flüssige Konsistenz und unangenehmer Geschmack) des Amylenhydrats werden z. B. durch die Überführung in den Allophansäureester völlig getilgt. Allophansäureamylenhydratester $C_2H_5 \cdot C(CH_3)_2 \cdot O \cdot CO \cdot NH \cdot CO \cdot NH_2$ ist fest und ganz geschmacklos und soll wie Amylenhydrat als Hypnoticum dienen.

---

[1]) D.R.P. 254471, Zusatz zu D.R.P. 251805. [2]) D.R.P. 254472.
[3]) D.R.P. 269938. [4]) D.R.P. 256756. [5]) Poulenc Frères, Paris, F.P. 532464.
[6]) Einhorn, D.R.P. 284440. [7]) Bayer, D.R.P. 284975.
[8]) Chem. Werke Dr. H. Byk, Charlottenburg, D.R.P. 226228.

Alles weist darauf hin, daß die Schlafmittel, welche den Äthylrest in einer festen Bindung erhalten, Hypnotica von sicherer Wirkung sind, Hypnotica, welche durch den Mangel schädlicher Nebenwirkungen auf das Herz und die Respiration dem Chloralhydrat und seinen Derivaten vorzuziehen sind.

Sulfonalgruppe.

Bei Verfütterung von Sulfonal an Tiere machten E. Baumann und Kast die grundlegende Beobachtung, daß dieser Substanz hynotische Eigenschaften zukommen[1]). Hierauf untersuchten sie[2]) eine große Reihe von Sulfonen, von denen Sulfonal und Trional lange Zeit in der Therapie eine große Rolle spielten.

Es zeigten sich hierbei folgende interessante Umstände:

Disulfone, in welchen die Sulfongruppen an verschiedenen Kohlenstoffatomen gebunden sind, sind unwirksam:

Diäthylsulfon $(C_2H_5)_2SO_2$ ist unwirksam und wird größtenteils unverändert ausgeschieden. Äthylendiäthylsulfon $\begin{array}{l}CH_2\cdot SO_2\cdot C_2H_5\\ |\\ CH_2\cdot SO_2\cdot C_2H_5\end{array}$ ist wirkungslos und wird unverändert im Harn ausgeschieden. Methylendimethylsulfon $CH_2<\begin{array}{l}SO_2\cdot CH_3\\ SO_2\cdot CH_3\end{array}$ ist unwirksam, tritt unverändert im Harn auf, ebenso Methylendiäthylsulfon $CH_2<\begin{array}{l}SO_2\cdot C_2H_5\\ SO_2\cdot C_2H_5\end{array}$ und Äthylidendimethylsulfon $CH_3\cdot CH<\begin{array}{l}SO_2\cdot CH_3\\ SO_2\cdot CH_3\end{array}$. Äthylidendiäthylsulfon $CH_3\cdot CH(SO_2\cdot C_2H_5)_2$ zeigt ähnliche Wirkung wie Sulfonal, manchmal erzeugt es Zirkulationsstörungen. Propylidendimethylsulfon $\begin{array}{r}C_2H_5\\ H\end{array}>C<\begin{array}{l}SO_2\cdot CH_3\\ SO_2\cdot CH_3\end{array}$ hat geringe Wirkung, es wird zum Teil ausgeschieden. Propylidendiäthylsulfon $\begin{array}{r}C_2H_5\\ H\end{array}>C<\begin{array}{l}SO_2\cdot C_2H_5\\ SO_2\cdot C_2H_5\end{array}$ macht Schlaf, erzeugt toxische Wirkungen. Dimethylsulfondimethylmethan $\begin{array}{r}CH_3\\ CH_3\end{array}<C<\begin{array}{l}SO_2\cdot CH_3\\ SO_2\cdot CH_3\end{array}$ ist ohne jede Wirkung. Dimethylsulfonäthylmethylmethan $\begin{array}{r}C_2H_5\\ CH_3\end{array}>C<\begin{array}{l}SO_2\cdot CH_3\\ SO_2\cdot CH_3\end{array}$ macht wenig Schlaf, geringe Spuren unveränderten Disulfons erscheinen im Harne. Dimethylsulfondiäthylmethan $\begin{array}{r}C_2H_5\\ C_2H_5\end{array}>C<\begin{array}{l}SO_2\cdot CH_3\\ SO_2\cdot CH_3\end{array}$ ist von dem isomeren Sulfonal nur dadurch verschieden, daß die Äthyl- und Methylgruppen in dem letzteren ihre Stellung gewechselt haben; das umgekehrte Sulfonal hat die gleichen Wirkungen wie das wirkliche. Im Harne kann man nur Spuren unveränderter Substanz nachweisen. Sulfonal (Diäthylsulfondimethylmethan) $\begin{array}{r}CH_3\\ CH_3\end{array}>C<\begin{array}{l}SO_2\cdot C_2H_5\\ SO_2\cdot C_2H_5\end{array}$ erzeugt Schlaf, stärkere Bewegungsstörungen und Rauschzustand nach größeren Dosen, geringe Mengen treten unverändert im Harn auf. Trional (Diäthylsulfonmethyläthylmethan) $\begin{array}{r}C_2H_5\\ CH_3\end{array}>C<\begin{array}{l}SO_2\cdot C_2H_5\\ SO_2\cdot C_2H_5\end{array}$ wirkt stärker und länger als Sulfonal. In Substanz gegeben ist die Wirkung schwächer, dafür tritt ein langandauernder Rauschzustand ein. Tetronal (Diäthylsulfondiäthylmethan $\begin{array}{r}C_2H_5\\ C_2H_5\end{array}>C<\begin{array}{l}SO_2\cdot C_2H_5\\ SO_2\cdot C_2H_5\end{array}$ ist schwer löslich; es hat die stärkste hypnotische Wirkung unter allen Disulfonen.

Die Sulfonbindung ist indirekt an der Wirkung des Sulfonals beteiligt, da eine sehr feste Bindung der zwei Äthylreste zustande kommt.

Methylen- und Äthylendiäthylsulfone passieren den Organismus unzersetzt und sind daher unwirksam. Methylensulfone werden zersetzt, Ketondisulfone werden am vollständigsten umgewandelt.

---

[1]) Berlin. klin. Wochenschr. 1888, Nr. 16.

[2]) Hoppe-Seylers Zeitschr. f. physiol. Chem. Bd. 14, S. 52. 1890.

Es besteht ein Unterschied zwischen dem Verhalten dieser Verbindungen gegen chemische Agenzien und im Organismus: die chemisch labilsten Sulfone werden im Organismus nicht zersetzt, während die chemisch resistentesten (z. B. Sulfonal) im Organismus oxydiert werden. Unter den Disulfonen, welche durch den Stoffwechsel zerlegt werden, sind nur diejenigen wirksam, welche Äthylgruppen enthalten. Die Intensität der Wirkung der einzelnen Disulfone ist durch die Zahl der in ihnen enthaltenen Äthylgruppen bedingt.

Bei der Wirkung ist die Gruppe SO_2 als solche unwesentlich, ferner sind die tertiär oder quaternär an Kohlenstoff gebundenen Äthylsulfongruppen ($SO_2 \cdot C_2H_5$) je einer in gleicher Kohlenstoffbinduug befindlichen Äthylgruppe äquivalent; in einer gewissen Bindung besitzt die Äthylgruppe eine bestimmte pharmakologische Bedeutung, welche unter gleichen Bedingungen die Methylgruppe nicht zeigt. Für die Narkose nahmen E. Baumann und Kast in der Sulfonreihe die Abspaltung von Äthylgruppen als das Wesentliche an.

Die wirksamen Körper dürfen zum Zustandekommen der hypnotischen Wirkung nicht zu leicht zerfallen, sonst sind solche Körper trotz der Äthylgruppe und der Zersetzung wieder unwirksam, z. B. Diäthylsulfonacetessigester $(C_2H_5 \cdot SO_2)_2C{<}\genfrac{}{}{0pt}{}{CH_3}{CH_2 \cdot COO \cdot C_2H_5}$ ist trotz des Gehaltes von vier Äthylgruppen unwirksam und macht gar keine hypnotischen Erscheinungen[1]). Im Harne ist keine Spur der Substanz zu finden.

Acetophenondisulfon[2]) (Phenylmethyldiäthylsulfonmethan) $CH_3 \cdot C(SO_2 \cdot C_2H_5)_2 \cdot C_6H_5$ hat keine narkotischen Eigenschaften. Es unterscheidet sich vom Sulfonal durch Ersatz einer Methylgruppe durch C_6H_5. Werden beide Methylgruppen im Sulfonal durch Phenylradikale ersetzt, so entsteht Benzophenondisulfon (Diphenyl-diäthylsulfomethan) $C_6H_5 \cdot C(SO_2 \cdot C_2H_5)_2 \cdot C_6H_5$. 0.5 g töten ein Kaninchen in 24 Stunden.

Das Disulfon aus Methyl-n-butylketon

$$CH_3 \cdot CH_2 \cdot CH_2 \cdot CH_2 \cdot C{\lt}\begin{matrix} SO_2 \cdot C_2H_5 \\ CH_3 \\ SO_2 \cdot C_2H_5 \end{matrix}$$

erzeugt eine anhaltende tiefe Betäubung. Auch beim Hunde macht es hypnotische Wirkung.

Das isomere Isopropylderivat

$$\begin{matrix} CH_3 \\ CH_3 \\ CH_3 \end{matrix}{>}C{-}C{<}\begin{matrix} SO_2 \cdot C_2H_5 \\ CH_3 \\ SO_2 \cdot C_2H_5 \end{matrix}$$

wirkt schwächer.

Ein Pulegonderivat und ein Menthonderivat der Sulfonreihe zeigen keine narkotische Wirkung.

```
            OH                                  CH3·C<CH3
            .                                        OH
            C                                    .
                                                 CH
  H2C/    \C · SO2·C2H5                  H2C/    \C<SO2·C2H5
                                                    SO2·C2H5
  H2C\    /C<SO2·C2H5                    H2C\    /CH2
       CH    SO2·C2H5                         CH
       .                                      .
       CH3                                    CH3
```

[1]) Arch. f. exp. Pathol. u. Pharmakol. Bd. 53, S. 90. 1905.
[2]) Posner, Th.: Ber. d. dtsch. chem. Ges. Bd. 33, S. 3166. 1900.

Äthylidenacetontrisulfon

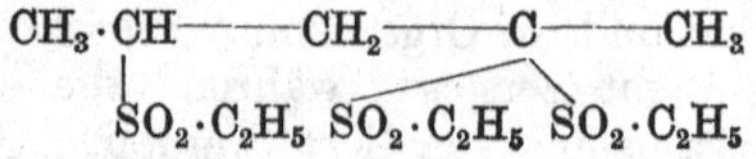

$$\begin{array}{l} CH_3\cdot CH - CH_2 - C - CH_3 \\ SO_2\cdot C_2H_5 \quad SO_2\cdot C_2H_5 \quad SO_2\cdot C_2H_5 \end{array}$$

ist weder besonders giftig, noch zeigt es irgendwelche hypnotische Eigenschaft.

Triäthylsulfon-1.3-diphenylbutan

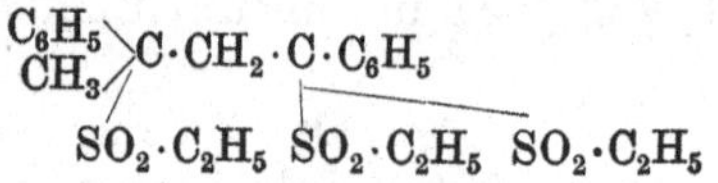

$$\begin{array}{l} {}^{C_6H_5}_{CH_3}\!>\!C\cdot CH_2\cdot C\cdot C_6H_5 \\ SO_2\cdot C_2H_5 \quad SO_2\cdot C_2H_5 \quad SO_2\cdot C_2H_5 \end{array}$$

ist aber giftig.

Ein einzelner Phenylrest wie im 2.2.3-Triäthylsulfon-4-phenylbutan

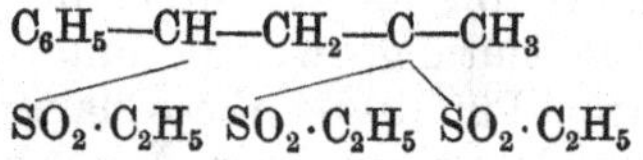

$$\begin{array}{l} C_6H_5 - CH - CH_2 - C - CH_3 \\ SO_2\cdot C_2H_5 \quad SO_2\cdot C_2H_5 \quad SO_2\cdot C_2H_5 \end{array}$$

oder im Allylacetophenonsulfon

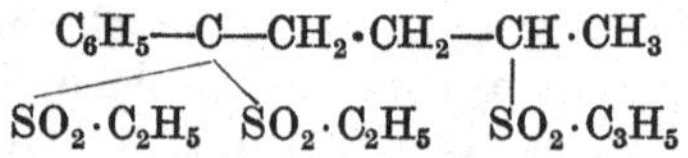

$$\begin{array}{l} C_6H_5 - C - CH_2\cdot CH_2 - CH\cdot CH_3 \\ SO_2\cdot C_2H_5 \quad SO_2\cdot C_2H_5 \quad SO_2\cdot C_3H_5 \end{array}$$

ist ohne hypnotische und ohne toxische Wirkung.

Der Eintritt einer weiteren Sulfongruppe, an ein anderes C-Atom gebunden, beeinträchtigt die Wirkung.

Ohne jeden Einfluß in toxischer Hinsicht ist die Phenylgruppe bei einer Reihe von Sulfonen, die nur ein Alkylsulfon an einem C-Atome tragen, sich aber außerdem von den zuletzt besprochenen Körpern in der Weise unterscheiden, daß eine CO-Gruppe im Molekül enthalten ist, so z. B. Benzalpropiophenon

$$\begin{array}{c} CH_3 \\ C_6H_5\cdot \dot{C}H:CH\cdot CO\cdot C_6H_5, \\ \dot{S}O_2\cdot C_2H_5 \end{array}$$

ferner 2-Äthylsulfon-1.3-diphenylpropan

$$\begin{array}{r} C_6H_5\cdot CH\cdot CH_2\cdot CO\cdot C_6H_5 \\ \dot{S}O_2\cdot C_2H_5 \end{array}$$

und 3-Diäthylsulfon-1.5-diphenylpental-4-dien [1])

$$\begin{array}{l} C_6H_5\cdot CH\cdot CH_2\cdot CO\cdot CH_2\cdot CH\cdot C_6H_5 \\ \quad \dot{S}O_2\cdot C_2H_5 \qquad\qquad \dot{S}O_2\cdot C_2H_5 \end{array}$$

endlich Benzaldesoxybenzoin

$$\begin{array}{c} C_6H_5 \\ C_6H_5\cdot CH\cdot \dot{C}H\cdot CO\cdot C_6H_5. \\ \dot{S}O_2\cdot C_2H_5 \end{array}$$

Chlorsulfonal

$$\begin{array}{l} C_2H_5\cdot SO_2 \\ C_2H_5\cdot SO_2 \end{array}\!>\!C\!<\!\begin{array}{l} CH_2Cl \\ CH_3 \end{array}$$

und Äthylsulfonsulfonal

$$\begin{array}{r} C_2H_5\cdot SO_2\cdot CH_2 \\ CH_3 \end{array}\!>\!C\!<\!\begin{array}{l} SO_2\cdot C_2H_5 \\ SO_2\cdot C_2H_5 \end{array}$$

sind als Hypnotica unwirksam.

---

[1]) Ber. d. dtsch. chem. Ges. Bd. 34, S. 1401. 1901.

Ohne hypnotische, aber auch ohne toxische Wirkung sind solche ketonhaltige Sulfone, in denen am selben C-Atome zwei Äthylgruppen stehen[1]), z. B.

2.2-Diäthylsulfonpentan-3-on

$$CH_3\cdot C(SO_2\cdot C_2H_5)(SO_2\cdot C_2H_5)\cdot CO\cdot CH_2\cdot CH_3$$

1-Phenyl-3-diäthylsulfonbutan

$$CH_3-C(SO_2\cdot C_2H_5)(SO_2\cdot C_2H_5)-CH_2\cdot CO\cdot C_6H_5$$

2-Diäthylsulfon-3-methylpentan-4-on

$$CH_3\cdot C(SO_2\cdot C_2H_5)(SO_2\cdot C_2H_5)\cdot CH(CH_3)\cdot CO\cdot CH_3$$

Die zwischengelagerte CO-Gruppe hebt demnach nicht bloß die hypnotische, sondern auch die toxische Wirkung der Substanzen auf. Einige dieser Ketone sind in Öl löslich, ohne eine hypnotische Wirkung zu äußern.

$$CH_3\cdot C(SO_2\cdot C_2H_5)_2\cdot CH_2\cdot CH_2\cdot C(SO_2\cdot C_2H_5)_2\cdot CH_3$$

2.2.5.5.Tetraäthylsulfonhexan, das man sich durch Zusammentreten zweier Moleküle Sulfonal entstanden denken kann, ist ohne Wirkung.

Ebenfalls ohne merkliche Wirkung sind:

Äthylisonitrosoacetontrisulfon

$$CH_3\cdot C(SO_2\cdot C_2H_5)_2\cdot CH(SO_2\cdot C_2H_5)\cdot NOH\cdot C_2H_5$$

Phthaliminoacetondiamyl-(resp. diphenyl-)sulfon

$$CH_2\cdot C(SO_2\cdot C_5H_{11})(SO_2\cdot C_5H_{11})\cdot CH_2\cdot N<^{CO}_{CO}>C_6H_4$$

Daß es bei der Wirkung der Disulfone wesentlich auf ihre Resistenz im Organismus ankommt, erweisen folgende Beobachtungen.

Aus dem Äthylmercaptol des Acetons

$$\begin{matrix}CH_3\\CH_3\end{matrix}>C<\begin{matrix}S\cdot C_2H_5\\S\cdot C_2H_5\end{matrix}$$

wird durch Oxydation Sulfonal dargestellt. Wird erstere Substanz verfüttert, so oxydiert der Organismus nur einen sehr geringen Teil derselben zu Sulfonal. Dagegen ist die Wirkung des Mercaptols von der des Sulfonals gänzlich verschieden. Mercaptol ist selbst in der mehr als doppelten Dosis des Sulfonals unwirksam. Sicher wirkt es nicht schlafmachend und auch der rauschartige Zustand fehlt.

Daß es keineswegs eine Eigenschaft der Sulfone überhaupt ist, Schlaf zu erzeugen, beweist der schon erwähnte Umstand, daß eine große Reihe dieser Verbindungen unwirksam ist.

Die Krügerschen Substanzen $C_6H_5\cdot CH(SO_2\cdot C_2H_5)_2$ und $(CH_3)_2 = C = (SO_2\cdot CH_3)_2$ sind wertlos.

β-β'-Diäthoxydiäthylsulfoxyd, β-β'-Diäthoxydiäthylsulfon und β-β'-Dimethoxydiäthylsulfon wirken weder erregend noch giftig auf den tierischen Körper. β-β'-Diisoamyloxydiäthylsulfon wirkt auf Säugetiere wie Nicotin lähmend auf das autonome Nervensystem, aber ohne vorherige Reizung. Durch Lähmung des Atmungszentrums tritt Tod ein. Das Sulfon des 1.4-Thioxans bewirkt eine leichte Reizung des Rückenmarkes beim Hund und bei der Katze[2]).

Sulfonal wird technisch durch Kondensation von Äthylmercaptan und Aceton mit Chlorzink unter Wasserkühlung und Oxydation des Mercaptols mit überschüssigem Kaliumpermanganat gewonnen. Es entsteht auch durch Methylieren von Diäthylsulfomethan.

[1]) Ber. d. dtsch. chem. Ges. Bd. 33, S. 2988. 1900.

[2]) Dixon, W. E., A. C. Dixmore: Journ. of the chem. soc. (London) Bd. 123, S. 1738. 1923.

Trional[1]) kann man nach drei Methoden erhalten.

Man kondensiert entweder Methyläthylketon mit Äthylsulfhydrat und oxydiert das neue Mercaptol zu dem neuen Sulfon oder stellt zunächst Diäthylsulfonmethylmethan resp. Diäthylsulfonäthylmethan durch Kondensation von Äthylsulfhydrat mit Propionaldehyd oder Äthylsulfhydrat mit Acetaldehyd und Oxydation der so erhaltenen Mercaptole dar. Durch Äthylierung oder Methylierung dieser Sulfone gelangt man schließlich zum Diäthylsulfonmethyläthylmethan, dem Trional. Die Kondensation wird bei diesen Verfahren durch trockenes Salzsäuregas, die Oxydation mit Permanganat vorgenommen.

Tetronal gewinnt man durch Kondensation von Äthylsulfhydrat und Diäthylketon in der Kälte mit Salzsäuregas, das so hergestellte Mercaptol wird mit Permanganat zum Sulfon oxydiert. So erhält man Diäthylsulfondiäthylmethan.

Folgendes Verfahren sollte bezwecken, den mit der Darstellung von Mercaptanen verbundenen unangenehmen Geruch zu vermeiden; welcher Zweck aber nicht erreicht wurde. Man wollte Methyl- und Äthylmercaptol des Acetons durch Einwirkung von Salzsäure auf methyl- und äthylunterschwefligsaures Salz und Aceton darstellen.

Die Darstellung von alkylsulfonsauren Salzen, welche ebenfalls als Schlafmittel Verwendung hätten finden sollen, gelingt, wenn man die alkylschwefelsauren Salze auf die Sulfite der Alkalien und Erdalkalien oder Schwermetalle einwirken läßt.

Daß diese Verbindung physiologisch wirksam sein soll, während es ja bekannt ist, daß die Äthylschwefelsäure unwirksam ist, ist einfach nicht einzusehen und sicher unrichtig.

C-C-Phenylalkylmethandialkylsulfone der allgemeinen Formel: $(C_6H_5) \cdot (Alkyl) \cdot C(SO_2\text{-}Alkyl)_2$ erhält man, indem man entweder Benzylidendialkylsulfone mit alkylierenden Mitteln behandelt, die höhere Homologe des Methylalkoholrestes enthalten, oder indem man höhere Alkylhomologe des Acetophenons mit Alkylmercaptanen kondensiert und die gebildeten C-C-Phenylalkyldialkylmercaptale mit Oxydationsmitteln behandelt. Z. B. wird Äthylphenylketon in Eisessig gelöst mit 2 Mol. Äthylmercaptan vermischt und mit Salzsäuregas gesättigt. Das gebildete Phenyläthylketondiäthylmercaptal $(C_6H_5) \cdot (C_2H_5) \cdot (CS \cdot C_2H_5)$ wird mit Permanganat und Schwefelsäure zum C-C-Phenyläthylmethandiäthylsulfon $(C_6H_5) \cdot (C_2H_5) \cdot C \cdot (SO_2C_2H_5)_2$ oxydiert. Dieselbe Verbindung erhält man auch durch Erhitzen der Natriumverbindung des Benzylidendiäthylsulfons $C_6H_5 \cdot C(Na) \cdot (SO_2 \cdot C_2H_5)_2$ mit Bromäthyl in Benzol auf 90—100°. Durch Einwirkung von Allylbromid auf das Natriumsalz des Benzylidendiäthylsulfons erhält man das C-C-Phenylallylmethandiäthylsulfon[2]).

Aminosulfonal $\begin{matrix} NH_2 \cdot CH_2 \\ CH_3 \end{matrix} > C = (SO_2 \cdot C_2H_5)_2$ scheint unwirksam zu sein.

* * *

Die Äthylgruppen in den meisten Schlafmitteln sind bigeminiert. Aber die bigeminierte Äthylgruppe hat durchaus nicht in allen Ringbindungen hypnotische Effekte, sie schafft aber jedenfalls wirksame Substanzen, während die einfache Äthylsubstitution dies nicht vermag, ebensowenig wie die bigeminierte Methylgruppe. Dieses sieht man besonders bei den alkylierten Phloroglucinderivaten (s. Kapitel Antihelminthica).

Baldi konnte narkotische Effekte durch Einführung von fetten Kohlenwasserstoffresten in unwirksame aromatische Verbindungen erhalten. Hierbei zeigten sich interessante Verhältnisse, welche die Abhängigkeit der hypnotischen Wirkung nicht nur von dem Vorhandensein, sondern auch von der Stellung und Bindungsweise der Alkylgruppe beweisen.

o-Aminophenol ist zum Unterschiede von den Phenolen und dem Anilin im Organismus nicht wirksam. Es wird aber wirksam, wenn man für den Aminowasserstoff und den Hydroxylwasserstoff die Alkylradikale der Fettreihe substituiert. o-Aminophenol erhält narkotische Eigenschaften, wenn der Hydroxylwasserstoff durch ein Alkylradikal der Fettreihe substituiert wird und die Aminogruppe intakt bleibt, oder wenn man den Wasserstoff der Aminogruppe derart substituiert, daß das Alkylradikal der Fettreihe nicht direkt mit dem Stickstoff, wohl aber durch Vermittlung anderer Atomgruppen verbunden ist.

---

[1]) D.R.P. 49073, 49366. [2]) Heyden, Radebeul, D.R.P. 376472.

o-Aminophenol verbindet sich im Organismus mit Schwefelsäure, wie dieses auch mit dem Anilin geschieht, und geht in dieser Verbindung in den Harn über, welcher eine rotbraune Farbe zeigt.

Körper vom Typus

CO, $C(C_2H_5)_2$, CO   CO, $C(C_2H_5)_2$, CO H_2C CH_2, OC CO, C, C_2H_5 C_2H_5

wurden physiologisch untersucht, keiner derselben besitzt narkotische Wirkungen oder eine Wirkung auf das Nervensystem, dabei ist 1 g subcutan für ein Kaninchen bereits die tödliche Dosis. In den Magen gebracht, bewirkt die unveränderte, nicht neutralisierte Substanz durch ihre Säurenatur lokale Entzündung bzw. Ätzung[1]).

Diäthyldiketopiperazin

CO—NH
$\frac{C_2H_5}{C_2H_5}>C$ CH_2
NH—CO

ist völlig unwirksam[2]).

Dritte Gruppe.

Schlafmittel, deren Wirkung auf der Gegenwart von Carbonyl (Aldehyd oder Keton) beruht.

Acetaldehyd $CH_3 \cdot CHO$ hat hypnotische Wirkung. Es kommen ihm aber nach Albertoni und Lussana[3]) drei Stadien der Wirkung zu. 1. Stadium der Aufregung. 2. Stadium des Rausches. 3. Stadium der Asphyxie. Die polymere Form, der Paraldehyd $(C_2H_4O)_3$, ist aber ein stärkeres Hypnoticum, welchem auch die aufregenden Wirkungen des Acetaldehyds in viel geringerem Maße zukommen. Dem Chloral gegenüber, hat Paraldehyd den Vorzug, daß die Frequenz der Atemzüge viel weniger absinkt und auch die Frequenz der Herzschläge selbst bei sehr großen Dosen nicht merklich abnimmt. Es hat keine schädliche Wirkung auf die Tätigkeit des Herzens. Die Nachteile dieses Schlafmittels liegen in der Unannehmlichkeit bei der Einnahme dieser nicht angenehm schmeckenden, flüssigen und flüchtigen Substanz, ferner darin, daß man Paraldehyd durch die Lungen zum Teil exhaliert, wodurch die Luft des Schlafraumes mit Paraldehyd geschwängert wird. Es gehört aus diesen Gründen und wegen der relativ hohen Dosierung zu den jetzt seltener angewendeten Schlafmitteln.

In relativ großen Dosen (5—10 g) innerlich ist Acetal $CH_3 \cdot CH(OC_2H_5)_2$, welches sich im Vorlauf der Spiritusdestillation vorfindet, sowie bei der Aldehyddarstellung entsteht, ein Hypnoticum, dessen schlafmachende Wirkung wohl zum größten Teil auf den Alkylkomponenten beruht[4]).

Acetal wirkt auf das Großhirn und ist als Schlafmittel empfohlen worden, weil Störungen der Atmung und der Herztätigkeit bei ihm erst lange nach Eintritt der Narkose bemerkt werden. Die Wirkung ist höchst unsicher. Es macht Herznebenwirkungen und Schleimhautätzungen[5]).

---

1) Freund, M. und K. Fleischer: Liebigs Ann. d. Chem. Bd. 373, S. 291. 1910.
2) Mannich, C. und Karl W. Rosenmund: Therap. Monatsh. Bd. 23, S. 658. 1909.
3) Sull' alcool, sull' aldeide, Padua 1875.
4) Langgard: Therap. Monatsh. 1888. S. 24.
5) Mering: Berlin. klin. Wochenschr. 1882, Nr. 43.

Ernst Liebing und Erich Harloff[1]) haben am Dibenzyl, Desoxybenzoin, Hydrobenzoin, Benzoin, Benzil und Benzilsäure Versuche gemacht.

Mit Ausnahme der Benzilsäure sind alle diese Verbindungen fettlöslich, in Wasser aber wenig löslich. An Froschlarven sind narkotisch am stärksten wirksam Dibenzyl, schwächer Benzoin, Desoxybenzoin und Benzil, am schwächsten Hydrobenzoin. Am stärksten wirkt aber der Kohlenwasserstoff, dann folgen die drei Ketoverbindungen in ungefähr der gleichen Stärke, wobei die gleichzeitige Gegenwart einer Alkoholgruppe nichts ausmacht, während die Anwesenheit von zwei Hydroxylen im Hydrobenzoin einen deutlich abschwächenden Effekt auslöst. Für die ganze Körperklasse ergibt sich ein recht hoher, ja noch ein höherer narkotischer Effekt als bei den bekannten Methanderivaten.

Benzilsäure zeigt nur Säurewirkung., Sie verläßt den Kaninchenorganismus unverändert.

Bei Fröschen sind diese Verbindungen ohne Wirkung. Desoxybenzoin aber macht ohne ein ausgeprägt narkotisches Stadium, Atemstillstand und Kreislaufstillstand. Beim Kaninchen wirken sie gar nicht.

γ-Acetylaminovaleraldehyd wirkt subcutan gegeben hypnotisch bei Fröschen und Kaninchen und verflacht die Atmung. Bei Hunden konnte bei oraler Gabe eine narkotische Wirkung nicht beobachtet werden. Interessant ist die Wirkung auf die Atmung, die man bei Schlafmitteln der Harnstoffreihe nicht sieht. γ-Oxyvaleraldehyd ruft in den gleichen Dosen wie Acetylaminovaleraldehyd bei Fröschen Narkose hervor[2]).

Die schlafmachende Wirkung der Ketone wurde im allgemeinen Teil schon auseinandergesetzt.

Aus dieser Gruppe wurde Diäthylketon (Propion) $C_2H_5 \cdot CO \cdot C_2H_5$, von Albanese und Parabini als Hypnoticum und als Inhalationsanaestheticum empfohlen[3]).

Pentanon $\begin{array}{c} H_2C-CH_2 \\ | \quad\quad \diagdown \\ | \quad\quad\quad CO \\ | \quad\quad \diagup \\ H_2C-CH_2 \end{array}$ macht Schlaf, beginnend mit einer Parese der hinteren Extremitäten, die allmählich aufsteigt. Bei letaler Dose geht der Schlaf in Koma über, aber die Reflexbewegungen bleiben immer erhalten.

Hexanon $\begin{array}{c} H_2 \\ C \\ H_2C \diagup \quad \diagdown CO \\ | \quad\quad\quad | \\ H_2C \diagdown \quad \diagup CH_2 \\ C \\ H_2 \end{array}$ erzeugt ebenso Schlaf und sonst genau dieselben Erscheinungen, ist zweimal so giftig als Pentanon.

Suberon (Cycloheptanon) $\begin{array}{c} \quad\quad H_2 \; H_2 \\ H_2C-C-C \diagdown \\ | \quad\quad\quad\quad\quad CO \\ H_2C-C-C \diagup \\ \quad\quad H_2 \; H_2 \end{array}$ ist giftiger als Hexanon, macht aber sonst genau dieselben Erscheinungen.

Es nimmt also mit der Größe des Ringes die Wirkung zu, aber es ist auch gleichzeitig eine qualitative Veränderung der Wirkung nachzuweisen,

---

[1]) Hoppe-Seylers Zeitschr. f. physiol. Chem. Bd. 108, S. 195. 1920.

[2]) Helferich, Burckhardt und Walter Dommer (untersucht von Joachimoglu): Ber. d. dtsch. chem. Ges. Bd. 53, S. 2007. 1920.

[3]) Ann. di chim. e farm. 1892, S. 124 und 225. — Arch. di farmacol. sperim. e scienze aff. 1896, IV, S. 529.

denn im Verhältnis zu der zentralen lähmenden ist die erschöpfende Wirkung auf die motorischen Nervenendigungen bei Suberon am stärksten und bei Pentanon am schwächsten ausgebildet[1]).

Auf der Gegenwart der Carbonylgruppe beruht die hypnotische Wirkung des Acetophenons, Phenylmethylaceton, (Hypnon) $CH_3 \cdot CO \cdot C_6H_5$.

Ein Kondensationsprodukt von Zimtaldehyd und Acetophenon[2]) wirkt nicht hypnotisch.

Acetophenonammoniak $(CH_3 \cdot C \cdot C_6H_5)_3N_2$ ist kein Hypnoticum. Es hat auch keinen Ketoncharakter mehr[3]).

Paterno hat durch Einwirkung des Lichtes auf eine ammoniakalisch-alkoholische Lösung von Acetophenon, Acetophenin $C_{18}H_{18}N_2$ erhalten (Photho-acetophenin genannt). Bei subcutaner Injektion ist es stark giftig, es schmeckt äußerst bitter, als Schlafmittel hat es durch seine Wasserlöslichkeit dem Acetophenon gegenüber Vorteile[4]).

Ferner wurden von Claisen eine Reihe von β-Ketoketonen und β-Ketoncarbonsäuren dargestellt, die sämtlich hypnotisch wirken[5]).

Durch Einwirkung eines Säureesters auf einen anderen, der an dem der Carboxäthylgruppe benachbarten Kohlenstoffatom noch vertretbaren Wasserstoff hat, entstehen bei Gegenwart von Natriumäthylat Ketonsäureester. Ferner entstehen durch die Einwirkung von Säureestern auf Ketone unter gleichen Bedingungen Ketoketone oder durch Einwirkung von Kohlensäureestern Ketonsäureester.

Nach dieser Reaktion kann aus Oxaläther und Acetophenon bei Gegenwart von Natriumäthylat der Acetophenonoxaläther (Benzoylbrenztraubensäureäther) $C_6H_5 \cdot CO \cdot CH_2 \cdot CO \cdot COO \cdot C_2H_5$ erhalten werden. Aus Aceton und Oxaläther erhält man Acetylbrenztraubensäureäthyläther $CH_3 \cdot CO \cdot CH_2 \cdot CO \cdot COO \cdot C_2H_5$. Aus Ameisensäureäthylester und Acetophenon erhält man Formylacetophenon (Benzoylaldehyd) $C_6H_5 \cdot CO \cdot CH_2 \cdot CHO$. Läßt man Oxaläther mit Essigäther unter denselben Umständen reagieren, so erhält man Oxalessigäther

$$\begin{matrix} CO \cdot CH_2 \cdot COO \cdot C_2H_5 \\ | \\ COO \cdot C_2H_5 \end{matrix}$$

In gleicher Weise erhält man noch Acetylacetophenon und Propionylacetophenon.

Kondensationsprodukte aus einem Molekül Aminoacetophenon und zwei Molekülen Aldehyd sind wirksam und werden anscheinend im Organismus nicht angegriffen.

Nur das Kondensationsprodukt aus zwei Molekülen Piperonal und einem Molekül Aminoacetophenon $CH_2{<}^{O}_{O}{>}C_6H_3 \cdot CH{:}N \cdot C_6H_4 \cdot CO \cdot CH{:}CH \cdot C_6H_3{<}^{O}_{O}{>}CH_2$ erzeugt einen Lähmungszustand der hinteren Extremitäten. Eine ähnliche Wirkung zeigt das aus nur einem Molekül Piperonal und p-Aminoacetophenon entstehende Kondensationsprodukt $CH_2{<}^{O}_{O}{>}C_6H_3 \cdot CH{:}N \cdot C_6H_4 \cdot CO \cdot CH_3$, während bei dem Isomeren $H_2N \cdot C_6H_4 \cdot CO \cdot CH{:}CH \cdot C_6H_3{<}^{O}_{O}{>}CH_2$ wiederum die hypnotische Wirkung des Aminoacetophenon zum Ausdruck kommt.

Die Kondensationsprodukte aus je einem Molekül Aminoacetophenon und Aldehyd zeigen eine dem p-Aminoacetophenon analoge Wirkung, die Wirkung ist jedoch weitaus schwächer als die des p-Aminoacetophenons, sie wird aber stärker, wenn die zur Reaktion kommenden Aldehyde ein freies Hydroxyl enthalten[6]).

Um wasserlösliche Produkte des Acetophenons zu erhalten, stellte Voswinkel Glykokollderivate der Aminoacetophenons dar. Von diesen soll sich

---

[1]) Jakobj, C., Hayashi, Szubinski: Arch. f. exp. Pathol. u. Pharmakol. Bd. 50, S. 199. 1903. [2]) Ber. d. dtsch. chem. Ges. Bd. 28, S. 1730. 1895.

[3]) Geppert bei Thomae: Arch. d. Pharmazie u. Ber. d. dtsch. pharmazeut. Ges. Bd. 244, S. 643. [4]) Lo Monaco, D.: Annali chim. anal. appl. Bd. 1, S. 189. 1914.

[5]) Ber. d. dtsch. chem, Ges. Bd. 20, S. 2078. 1887. — D.R.P. 40747, 43847, 49542.

[6]) Hildebrandt, H.: Arch. f. exp. Pathol. u. Pharmakol. Bd. 53, S. 87. 1905.

das salzsaure Salz des Glykokoll-p-aminoacetophenons besonders als Hypnoticum eignen. Eine praktische Anwendung haben diese Körper nicht gefunden.

Zur Gewinnung der drei stellungsisomeren Glykokollaminoacetophenone wird Chlor- oder Bromacetaminoacetophenon mit alkoholischem Ammoniak behandelt, zur Gewinnung der Dimethylglykokollderivate behandelt man die erwähnten Halogensubstitutionsprodukte mit Dimethylaminlösung[1]).

Vom Acetophenon-oxychinolin wurde behauptet, daß es als wasserunlöslicher, geschmackloser Körper Vorzüge vor dem Acetophenon besitze. Es ist aber kaum anzunehmen, daß Derivate eines so schwachen und unzuverlässigen Hypnoticums je praktischen Wert erlangen werden.

Man erhält die o-Verbindung dieser Substanz durch Einwirkung von Bromacetophenon auf o-Oxychinolin.

Cianci schreibt dem Cumarin campherähnliche Wirkung zu. Es wirkt reizend, dann lähmend auf das Gehirn, dann auf das Rückenmark[2]). Cumarin ist ein Narkoticum, aber kein Herzgift, erst bei großen Dosen macht es Herzstillstand und bei tödlichen Dosen wird im Harn Zucker gefunden[3]).

Die hypnotische Wirkung beruht chemisch auf der Carbonylgruppe, welche dieses Lacton enthält, physikalisch auf der überaus großen Lipoidlöslichkeit. Eine Reihe von Fischgiften, welche Betäubungsmittel sind, sind Lactone, z. B. Xanthotoxin[4]), ebenso die aus der Meisterwurz isolierten Substanzen Oxypeucedanin, Osthol und Ostinthin[5]), ferner Cumarin, Oxycumarin, sowie Tephrosin [aus den Blättern von Tephrosia Vogelii[6])].

Cumarin: C_6H_4 —CH = CH, —O——CO

4-Oxycumarin: HO—C_6H_3 —CH = CH, —O——CO — Umbelliferon

4-Methoxycumarin: CH_3O—C_6H_3 —CH = CH, —O——CO — Herniarin

3.4-Dioxycumarin: HO, OH—C_6H_2 —CH = CH, —O——CO — Daphnetin

4.5-Dioxycumarin: HO, HO—C_6H_2 —CH = CH, —O——CO — Äsculetin

4-Oxy-5-methoxycumarin: CH_3O, HO—C_6H_2 —CH = CH, —O——CO — Chrysatropasäure

Cumarin und Methoxycumarin wirken auf Fische narkotisch, während bei der Chrysatropasäure (Eintritt eines Phenolhydroxyls in Methoxycumarin) der narkotische Effekt verschwindet, es treten Gleichgewichtsstörungen, Atmungsbeschleunigung und Tod ein. Qualitativ ähnlich wirken Monoxycumarin (Umbelliferon) und die Dioxycumarine Daphnetin und Äsculetin. Umbelliferon ist wirksamer als die Dioxycumarine.

Bei Fröschen ist bei Oxycumarinen weder reine Cumarinwirkung, noch reine Phenolwirkung festzustellen. Sie führen erst in mindestens 15fach größerer Dosis wie beim Phenol durch zentrale Lähmung zum Tod.

Am Froschherzen verhalten sich die drei Oxycumarine mit freien phenolischen Hydroxylen, Umbelliferon, Daphnetin und Äsculetin prinzipiell völlig gleich, d. h. der Systolengipfel sinkt ganz gleichmäßig bis Null ab. Es tritt diastolischer Herzstillstand ein. Chrysatropasäure hingegen bringt das Herz nicht zum Stillstand. Herniarin wirkt ähnlich wie Chrysatropasäure. Auf

---

[1]) D.R.P. 75915. [2]) Giornale Internationale de la Scienza Medica 1908, Nov.

[3]) Ellinger, A.: Arch. f. exp. Pathol. u. Pharmakol., Suppl. 1908, Schmiedeberg-Festschrift S. 150.

[4]) Priesz, Hans: Arch. d. Pharmazie u. Ber. d. dtsch. pharmazeut. Ges. Bd. 21, S. 227. 1911.

[5]) Herzog, J.: Arch. d. Pharmazie u. Ber. d. dtsch. pharmazeut. Ges. Bd. 247, S. 563.

[6]) Priesz, Hans: Arch. d. Pharmazie u. Ber. d. dtsch. pharmazeut. Ges. Bd. 21, S. 267.

den Blutdruck wirken die Substanzen nicht. Die Cumarinderivate sind beim Warmblüter nur sehr wenig pharmakodynamisch aktiv[1]).

o-Hydrocumarsäure $C_6H_4\langle{}^{\cdot CH_2 \cdot CH_2 \cdot COOH}_{OH}$ wirkt nicht narkotisch, 0.1 g verursachen beim Frosch unter fortschreitender Lähmung den Tod.

Melilotol $C_6H_4\langle{}^{\cdot CH_2 \cdot CH_2 \cdot CO}_{O\text{———}|}$, das Lacton der Hydrocumarsäure, besitzt narkotische Wirkung beim Frosch, die, entsprechend der leichten Aufspaltbarkeit dieses Lactonringes, viel flüchtiger ist als die des stabileren Cumarins; auch sind wesentlich höhere Dosen bei Anwendung von Melilotol erforderlich.

o-Oxyphenylpropylalkohol $C_6H_4\langle{}^{\cdot CH_2 \cdot CH_2 \cdot CH_2 \cdot OH}_{OH}$ besitzt ebenfalls narkotische Eigenschaften.

Chroman $C_6H_4\langle{}^{\cdot CH_2 \cdot CH_2 \cdot CH_2}_{O\text{———}|}$, das Anhydrid des o-Oxyphenylpropylalkohols, wirkt etwa in denselben Dosen narkotisch wie Cumarin und Phenyläthylalkohol.

Die Reduktionsprodukte des Cumarins mit Ausnahme der Hydrocumarsäure besitzen noch die narkotischen Eigenschaften des Cumarins mit geringen Unterschieden. Trotz Reduktion des $C = O$ zu CH_2 im Cumarin sind noch narkotische Wirkungen zu sehen. Daher meint Fromherz, daß die Wirkung nicht auf der CO-Gruppe beruhe[2]).

Diäthylhomophthalimid $C_6H_4\langle{}^{C(C_2H_5)_2-CO}_{CO\text{———}NH}$, Äthylpropylhomophthalimid, Dipropylhomophthalimid, Diallylhomophthalimid sind wenig giftig und haben keine schädlichen Nebenwirkungen. Sie wirken alle hypnotisch, am stärksten die Diäthylverbindung, mit zunehmender Größe der Kohlenstoffkette nimmt die hypnotische Wirkung ab[3]).

Hingegen lassen

Phenylharnstoff $OC\langle{}^{NH \cdot C_6H_5}_{NH_2}$, Benzoylharnstoff $OC\langle{}^{NH \cdot CO \cdot C_6H_5}_{NH_2}$

und Acetylharnstoff $OC\langle{}^{NH \cdot CO \cdot CH_3}_{NH_2}$

keine besondere Wirkung erkennen. Benzoylharnstoff wirkt auch nicht anästhesierend (s. d.)

E. Nebelthau[4]) hat die hypnotische Wirkung der aromatischen Säureamide gefunden.

So macht schon Benzamid $C_6H : CO \cdot NH_2$, wenn auch erst in relativ großen Dosen, Schlaf. Ähnlich wirksam erweisen sich Salicylamid $OH \cdot C_6H_4 \cdot CO \cdot NH_2$, ferner der Acetylester des Salicylamids $CH_3 \cdot CO \cdot O \cdot C_6H_4 \cdot CO \cdot NH_2$, Dibenzamid $(C_6H_5 \cdot CO)_2NH$ und Chlorbenzamid. Auch Hippursäureamid $C_6H_5 \cdot CO \cdot NH \cdot CH_2 \cdot CO \cdot NH_2$ ist wirksam.

Acetylsalicylamid erhält man durch Einwirkung von Essigsäureanhydrid auf Salicylamid in Eisessig[5]).

Alle folgenden Verbindungen zeigen narkotische Effekte:

p-Toluylsäureamid $CH_3 \cdot C_6H_4 \cdot CO \cdot NH_2$, Tetramethylbenzoesäureamid $C_6H(CH_3)_4 \cdot CO \cdot NH_2$, Anissäureamid $CH_3 \cdot O \cdot C_6H_4 \cdot CO \cdot NH_2$, Salicylmethyläthersäureamid $CH_3O \cdot C_6H_4 \cdot CO \cdot NH_2$, Salicyläthyläthersäureamid $C_2H_5 \cdot O \cdot C_6H_4 \cdot CO \cdot NH_2$, Methoxynaphthoesäureamid $CH_3 \cdot O \cdot C_{10}H_6 \cdot CO \cdot NH_2$.

---

1) Sieburg, Ernst: Biochem. Zeitschr. Bd. 113, S. 176. 1921.

2) Fromherz, K.: Biochem. Zeitschr. Bd. 105, S. 141. 1920.

3) Lumière, Auguste und Felix Perrin: Cpt. rend. hebdom. des séances de l'acad. des sciences. Bd. 171, S. 637. 1920.

4) Arch. f. exp. Pathol. u. Pharmakol. Bd. 36, S. 451, siehe auch M. v. Nencki: Arch. f. exp. Pathol. u. Pharmakol. Bd. 1, S. 420.

5) Kalle, D.R.P. 177054.

Phenylessigsäureamid $C_6H_5 \cdot CH_2 \cdot CO \cdot NH_2$ wirkt langsam und schwächer hypnotisch als Benzamid.

Zimtsäureamid $C_6H_5 \cdot CH = CH \cdot CO \cdot NH_2$ ist aber ein sehr wirksames Hypnoticum.

Es kommt also den aromatischen Säureamiden eine alkoholartige narkotische Wirkung allgemein zu, welche auf die CO-Gruppe zu beziehen ist bzw. auf den Harnstoffrest-$CO \cdot NH_2$, welche wir so häufig bei Schlafmitteln antreffen z. B. beim Urethan.

Wenn man aber an Stelle eines oder beider H-Atome der Aminogruppe Methyl- oder Äthylgruppen einführt, so tritt die narkotische Wirkung des Benzamid und Salicylamid mehr und mehr zurück, während sich bei genügend großen Gaben eine der Wirkung des Ammoniaks und des Strychnin vergleichbare Symptomengruppe einstellen kann, wie sich aus der experimentellen Untersuchung des Methylbenzamid $C_6H_5 \cdot CO \cdot NH \cdot CH_3$, Äthylbenzamid $C_6H_5 \cdot CO \cdot NH \cdot C_2H_5$, Dimethylbenzamid $C_6H_5 \cdot CO \cdot N(CH_3)_2$, Dimethylsalicylamid $C_6H_4 \cdot (OH) \cdot CO \cdot N(CH_3)_2$ ergibt.

Die aliphatischen und aromatischen Säureamide machen Narkose. Außerdem erregen sie Krampf- und Aufregungszustände, die am stärksten ausgesprochen sind bei den im Amidrest zweifach äthylierten Verbindungen. Nach Harraß sind diese Krämpfe nicht als Ammoniakwirkung anzusehen[1]).

* * *

Nach Hans H. Meyer[2]) ist über die Wirkung der aliphatischen Amide zu bemerken: Formamid $H \cdot CO \cdot NH_2$ ist in Äther und Fett unlöslich. Acetamid $CH_3 \cdot CO \cdot NH_2$, Propionamid $CH_3 \cdot CH_2 \cdot CO \cdot NH_2$, Butyramid $CH_3 \cdot CH_2 \cdot CH_2 \cdot CO \cdot NH_2$ sind in Äther und Fett löslich. Formamid und Acetamid machen pikrotoxinartige Krampferscheinungen, Propionamid wenig, Butyramid ganz wenig, und zwar werden diese Krämpfe durch Verseifung der Verbindung und Abspaltung von Ammoniak, welches ja krampferregend wirkt, ausgelöst.

Umgekehrt zeigten Butyramid, Propionamid, Acetamid in absteigender Stärke, Formamid dagegen gar keine narkotische Wirkung. Ebenso wie Propionamid wirken auch Milchsäureamid $CH_3 \cdot CH(OH) \cdot CO \cdot NH_2$ und β-Oxybuttersäureamid $CH_3 \cdot CH \cdot (OH) \cdot CH_2 \cdot CO \cdot NH$.

H. H. Meyer meint, da weder bei den Acetinen und den Glycerinäthern noch bei den Säureamiden, ihren Spaltungs- und Verseifungsprodukten die beobachtete narkotische Wirkung zugeschrieben werden kann, mit der Spaltung vielmehr die Narkose verschwindet, so müssen die indifferenten und intakten Stoffe selbst als die Träger der narkotischen Wirkung angesehen werden, und mithin ist die Wahrscheinlichkeit sehr groß, daß alle in Fett löslichen Stoffe auf lebendes Protoplasma narkotisch wirken. Die Wirkungsstärke der aliphatischen Narkotica wäre demnach eine Funktion des Teilungskoeffizienten, nach dem sich die wirkenden Substanzen im ganzen Organismus zwischen wässeriger Lösung und fettartigen Stoffen physikalisch verteilen.

Substanzen mit niedrigstem Schwellenwert haben die größten Teilungskoeffizienten, oder mit anderen Worten, die am stärksten hypnotisch wirkenden Verbindungen lösen sich viel stärker in Öl als in Wasser.

Diese Regel bestätigt sich nach H. H. Meyer auch bei den Substanzen, welche E. Baumann und Kast untersucht und deren Wirkung oder Nichtwirkung sie mit der An- oder Abwesenheit von Äthylgruppen oder mit dem unveränderten Passieren durch den Organismus erklärt haben.

---

[1]) Arch. internat. de pharmaco-dyn. et de thérapie Bd. 11, S. 431.

[2]) Arch. f. exp. Pathol. u. Pharmakol. Bd. 42, S. 109; Bd. 46, S. 338. 1901; Bd. 47, S. 431. 1902.

H. H. Meyer und Baum schließen daraus, daß nicht die Äthylgruppen die spezifischen Träger der narkotischen Wirkung sind, sondern daß lediglich die geänderten physikalischen Verhältnisse die Stärke derselben beeinflussen. Alle gasförmigen oder flüchtigen Stoffe bewirken Narkose, wenn sie in einer bestimmten für jede Tierart (oder besser Zellart) charakteristischen für alle Narkotica annähernd gleichen molaren Konzentration in die Zell-Lipoide eindringen[1]).

Kurt H. Meyer und Hans Gottlieb-Brillroth[2]) fanden, daß chemisch indifferente Inhaltionsanaesthetica auf Mäuse dann narkotisch wirken, wenn sie in solchen Konzentrationen eingeatmet werden, daß sich in den fettähnlichen Hirnlipoiden ein Gehalt von 0.06 Molen pro Liter einstellt. Sie nehmen an, daß Narkose dann eintritt, wenn ein beliebiger, chemisch indifferenter Stoff in einer bestimmten molaren Konzentration in die Zell-Lipoide eingedrungen ist.

Overtons[3]) Versuche an Kaulquappen über die narkotische Wirkung von Substanzen zeigen, daß in den verschiedenen homologen Reihen die Verbindungen im allgemeinen um so stärkere Narkotica sind, je länger ihre Kohlenstoffkette ist, daß aber dies nur bis zu Ketten von einer gewissen Länge zutrifft, während darüber hinaus die narkotischen Eigenschaften wieder verschwinden (resp. nicht zum Vorschein kommen können), daß ferner unter den verschiedenen Isomeren, z. B. eines Alkohols, derjenige das stärkste Narkoticum ist, dessen Kohlenstoffkette am wenigsten verzweigt ist (oder anders gesagt, dessen Molekül sich am meisten von der Kugelgestalt entfernt). Wenn ferner in einer beliebigen organischen Verbindung ein Wasserstoff- oder ein Halogenatom durch eine Hydroxylgruppe ersetzt wird, so hat die dadurch entstehende Verbindung eine viel geringere narkotische Kraft als die Ausgangssubstanz, was beim Eintreten von zwei oder mehr Hydroxylgruppen in das Molekül sich in noch viel höherem Grade bemerkbar macht. Dagegen hat die Substitution des Wasserstoffatoms einer Hydroxylgruppe durch eine Methyl- resp. eine Alkylgruppe stets die Wirkung, die narkotische Kraft stark zu vergrößern, resp. erst rein hervortreten zu lassen, eine Erscheinung, die sowohl bei einem alkoholischen als auch bei einem Phenolhydroxyl zu beobachten ist. Der Ersatz eines Chloratoms durch ein Bromatom und eines Bromatoms durch ein Jodatom verursacht im allgemeinen eine Abnahme der narkotischen Kraft der Verbindung.

Die stärksten Narkotica sind, nach Overton, Verbindungen, die gleichzeitig eine sehr geringe Löslichkeit in Wasser mit einer sehr hohen Löslichkeit in Äther oder Olivenöl kombinieren.

Wie wir im allgemeinen Teile schon ausgeführt haben, können die interessanten Untersuchungen von H. H. Meyer und Baum sehr wohl die experimentelle Grundlage für eine Selektionstheorie der hypnotisch wirkenden Substanzen abgeben, ohne aber die Wirkungen der Substanzen selbst aus ihrer bloßen Verteilung zu erklären.

Zahlreiche Einwände die gegen H. H. Meyersche Theorie verdichten sich in der Auffassung M. Kochmanns[4]), daß die Lipoidtheorie nicht so sehr eine Theorie der Narkose als vielmehr eine Theorie des Transportes der Narkotica ist.

Ebenso ist die Haftdrucktheorie von Traube in Wahrheit eine Transporttheorie.

* * *

Bei der Synthese von neuen Schlafmitteln muß man sich folgendes vor Augen halten. Leicht flüchtige Körper sind wegen der rasch vorübergehenden

[1]) Meyer, K. H. und H. Hopf: Hoppe-Seylers Zeitschr. f. physiol. Chem. Bd. 126, S. 296. 1923. [2]) Hoppe-Seylers Zeitschr. f. physiol. Chem. Bd. 112, S. 55. 1921.

[3]) Overton: Studien über die Narkose, Jena 1901.

[4]) Handbuch d. exp. Pharmakol. Bd. 1, S. 459. Berlin: Julius Springer 1923.

Wirkung als eigentliche Schlafmittel nicht brauchbar, können aber unter Umständen als Inhalationsanaesthetica dienen.

Halogensubstituierte Schlafmittel lassen sich nur in der aliphatischen Reihe darstellen. Von den Halogenen ist insbesondere Chlor geeignet, während die Derivate der anderen Halogene unsicher wirkende Verbindungen sind und üble Nachwirkungen verursachen. Allen schlafmachenden Halogenverbindungen haftet die schlechte Nebenwirkung auf Herz und Respiration an, weshalb unter sonst gleichen Umständen ein halogenfreier Körper als Hypnoticum vorzuziehen ist.

Die auf Aldehyd- oder Ketongruppen basierten Schlafmittel stehen in jeder Hinsicht den auf Äthylgruppen basierten nach. Insbesondere die der hypnotischen Wirkung vorausgehende erregende, welche eben durch die Aldehydgruppe hervorgerufen wird, ist bei dieser Gruppe von Nachteil. Bei den Substanzen, deren hypnotischer Effekt auf Äthylgruppen beruht, bemerken wir den resistenten Bau gegenüber den Eingriffen des Organismus. Bei den Gruppen der Disulfone und Dialkylbarbitursäuren bemerken wir den Nachteil der Wasserunlöslichkeit, welcher jedoch nur für den subcutanen Gebrauch in Betracht kommt, während die Wasserunlöslichkeit für die sonstige Anwendung ganz gleichgültig ist. Viel schwerer wiegend sind bestimmte nachteilige Folgen, welche sich bei längerem Gebrauch von Substanzen dieser Gruppe, insbesondere von Sulfonal einstellen[1]), die sich durch Bildung von Hämatoporphyrin manifestieren. Ob diese schädliche Nebenwirkung auf den Sulfonanteil zu beziehen ist, ist fraglich, aber doch sehr wahrscheinlich.

Ein Desiderium dieser Gruppe wären wasserlösliche Substanzen, deren Wirkung auf festgebundenen Äthylresten beruht, aber die Bindung müßte an einem dem Organismus gegenüber physiologisch ganz indifferenten Kern vorgenommen sein.

---

[1]) Breslauer: Wien. med. Blätter 1891, S. 3, 19.

Fünftes Kapitel.

Antiseptica und Adstringentia.

Seitdem eine Reihe von Mikroorganismen als Krankheitserreger bekannt wurden, hat es nicht an Versuchen gefehlt, diese sowohl in ihren Kulturen als auch im Organismus selbst durch chemische Verbindungen abzutöten oder in ihrer Entwicklung zu hemmen. Man war bei einigen Infektionskrankheiten schon früher in der Lage, festzustellen, bevor man noch die Erreger selbst kannte, daß sie heilbar sind bei Anwendung bestimmter, meist spezifisch wirkender Substanzen. Man erinnere sich hierbei an die Wirksamkeit des Chinins bei der Malaria, der Salicylsäure bei akutem Gelenkrheumatismus, des Quecksilbers, des Jods und des Salvarsans bei der Syphilis. Emetin wirkt spezifisch gegen die Dysenterieamöben. Doch sind diese sog. Specifica durchaus nicht Substanzen, welche nur den bestimmten Krankheitserreger schädigen oder abtöten, sondern auch andere Krankheitserreger werden von ihnen im Reagensglase, seltener in nicht toxischen Dosen auch im Organismus geschädigt, in der Entwicklung gehemmt oder getötet. Nach der Einführung der Antisepsis in die Chirurgie war man bemüht, eine große Reihe von Verbindungen daraufhin zu prüfen, ob sie und in welchen Konzentrationen Bakterien und deren Sporen abtöten oder in der Entwicklung hemmen. Es konnte sich aber bei Übertragung dieser Versuche in die Therapie nur darum handeln, auf den Oberflächen von Wunden, von erkrankten Schleimhäuten usw. Wirkungen zu erzielen, evtl. eine relative Desinfektion des Darminhaltes durchzuführen. Aber selbst relativ ungiftige Substanzen konnten nicht in der Menge angewendet werden, um innerhalb der Gewebe kreisend eine Abtötung der Parasiten zu bewirken. Wir müssen dreierlei antiseptische Mittel unterscheiden: solche, welche ohne Berücksichtigung ihrer giftigen Wirkungen Mikroorganismen und deren Dauerformen abtöten und für allgemeine Desinfektionen von Wert sind, solche, welche, auf Oberflächen (Wunden, Haut, Magen-Darmkanal, Bindehäute) gebracht, Mikroorganismen vernichten, ohne bei der Resorption schwer zu schädigen, und schließlich solche, welche, dem Organismus einverleibt, ganz bestimmte Parasiten töten oder durch Entwicklungshemmung unschädlich machen, ohne den Organismus zu vernichten. Es mußten daher neue Wege gesucht werden, um nicht allgemein antiseptische Mittel zu finden, sondern solche Verbindungen synthetisch aufzubauen, die nicht gegen alle Mikroorganismen wirken, sondern nur gegen besondere, wie etwa Chinin gegen Malaria. Diese Verbindungen müssen sich nicht nur im Reagensglase als wirksam erweisen, sondern vielmehr im Organismus so wirken und sich so verteilen, daß sie von den Zellen des erkrankten Organismus entweder wenig aufgenommen werden oder diese Zellen nur wenig angreifen, während sie von Parasiten stark aufgenommen werden und diese möglichst schädigen. Mit anderen Worten, die aufzubauende chemische Substanz muß physikalisch sich so verhalten, daß die Verteilung zwischen dem erkrankten Organismus einerseits und dem Krankheitserreger sich in der Weise abspielt, daß die chemische Verbindung sich der Hauptsache nach dem Parasiten zuwendet und weniger der Zelle des Wirtstieres. Es muß sich nicht immer um ein Eindringen der chemischen Verbindung in den Parasiten handeln, sondern es genügt wohl, wie bei einzelnen Bakterienprodukten und Substanzen, die als Gegenwirkung von Bakteriengift auf den Organismus entstehen, daß die chemischen Verbindungen nur auf die Membran wirken und diese so verändern, daß sich ein Zusammenkleben oder ein Ausfällen der Mikroorganismen ergibt.

Allgemeine Zellgifte sind auch allgemeine Antiseptica, insbesondere solche, welche auf Eiweißkörper fällend oder lösend wirken, ebenso wie auf die sehr wichtigen Bestandteile der Zellmembranen und des Zellinhaltes, die Lipoide, daher sind Schwermetalle in ihren Salzen, ebenso die Mineralsäuren und Laugen und auch die organischen Solvenzien wie Äther, Alkohol, Toluol, Chloroform allgemeine Zellgifte und Antiseptica. Die Membranen zahlreicher Bakterien und anderer Mikroorganismen bestehen aber zum Unterschiede von den Membranen tierischer Zellen, welche aus Eiweißkörpern und Lipoiden aufgebaut sind, zum Teil aus Cellulose, zum Teil aus chitinähnlichen Verbindungen, welche häufig einen schwer permeablen wachsähnlichen Überzug haben. Insbesondere die Sporen mancher Bakterien sind so von ihren Membranen umschlossen, daß sie selbst sehr starken antiseptischen Mitteln gegenüber widerstandsfähig sind, weil die Sporenmembran undurchlässig ist für die wirksamen chemischen Verbindungen.

Bei Untersuchungen der relativen Giftigkeit und Desinfektionskraft sieht man, daß zu den relativ giftigsten Desinfektionsmitteln Natriumsalicylat und Phenol gehören, zu den ungiftigeren Essigsäure, Jod und Aluminiumsulfat, zu den relativ ungiftigsten Sublimat, weit vor allen aber Wasserstoffsuperoxyd. Alle Mittel, welche einen Phenol- oder Chininrest enthalten, erweisen sich als relativ sehr giftig[1]). Die Abkömmlinge der Phenolreihe zeigen sämtlich eine bemerkenswert geringe Desinfektionskraft; Naphthol ist nach Formalin die kräftigst wirkende der geprüften organischen Verbindungen.

Im allgemeinen wirken die Säuren im Verhältnis zu ihrer Dissoziationskraft desinfizierend (Krönig und Paul), d. h. die Stärke der Wirkung steigt mit der Menge der in der Lösung befindlichen Wasserstoffionen, aber außerdem kommt auch den nicht dissoziierten Molekülen manchmal eine spezifische Giftwirkung für die Bakterien zu, wie z. B. der Flußsäure, der Salpetersäure und der Trichloressigsäure. Diese spezifische Wirkung tritt aber, wenn die Verdünnung ansteigt, gegenüber den Wasserstoffionen zurück. Ebenso hängt die desinfizierende Wirkung der Alkalihydroxyde und des Ammoniaks ab von der Menge der Hydroxylionen in der Lösung, d. h. von der Größe der Dissoziation dieser Basen. Die Wasserstoffionen sind aber als Bakteriengifte viel wirksamer als Hydroxylionen.

Am stärksten keimtötend wirken die starken Mineralsäuren, die starken Oxydationsmittel, die Salze des Silbers und des Quecksilbers, schwächer wirken von den organischen Substanzen die Phenole und Alkohole, während der sehr chemisch aktive Formaldehyd eine Mittelstellung einnimmt. Die desinfizierende Wirkung der Säuren hängt von ihrer elektrolytischen Dissoziation ab, d. h. von der Konzentration der Wasserstoffionen in der Lösung. Chloroform besitzt als solches keine tötende Wirkung, sondern nur seine wässerige Lösung. Auch Jodoform hat keine desinfizierende Wirkung, sondern wahrscheinlich ein wasserlösliches Derivat desselben. Chloroform, Bromoform und Jodoform verhalten sich in bezug auf Stärke der Wirkung wie 1 : 2 : 30. Natriumchlorat und Natriumperchlorat wirken sehr schwach, sie sind ohne nennenswerte desinfektorische Kraft.

[1]) Friedenthal, H.: Biochem. Zeitschr. Bd. 94, S. 47. 1919.

Sehr viele giftige Substanzen entfalten erst in einer bestimmten Konzentration eine besondere Wirkung. Milzbrandbacillen werden von einer 3,5proz. Lösung von Kupferchlorid früher getötet als von einer 4mal so starken.

Die desinfizierenden Mittel äußern schon in vitro, noch vielmehr aber im Organismus ihre Wirkungen auf die Mikroorganismen sehr verschiedenartig und sind meist spezifisch, so z. B. Chinin gegen Malaria, die Salicylsäure gegen akuten Gelenksrheumatismus, das Quecksilber gegen Syphilis, das Arsen gegen Trypanosomen. Diese Gifte nun, welche Mikroorganismen verschiedener Art töten, sollen nun in ihrer Giftigkeit den Mikroorganismen und dem tierischen Organismus gegenüber sehr differieren, da ja sonst der Infektionsträger eher zugrunde geht als der Infektionserreger. Dabei ist zu beachten, daß eine Reihe von Substanzen, welche auf Mikroorganismen einwirken, im tierischen Organismus gewisse Veränderungen oxydativer und reduktiver Art erleiden.

Amino- und Alkylaminoderivate des Benzols haben keine bactericide Kraft. Wenn aber Alkyl- und Aminoreste an verschiedenen Kernkohlenstoffatomen des Benzols gelagert sind, so ist die bactericide Kraft sehr groß, wie bei Toluidin. Die Nitrogruppe wirkt so stark wie die Alkylgruppe. Wird ein Phenol mit Alkyl substituiert, so erhöht sich die bactericide Kraft um das 3—10fache. Bei Fettsäuren wirkt aber die C-Vermehrung abschwächend. Benzol und Methan erhalten bactericide Kraft durch Hydroxylierung oder Carboxylierung. Die Aldehydgruppe erhöht die Wirkung bedeutend. Auch Carbonsäure und Sulfosäure wirken verstärkend, Ketone und ungesättigte Verbindungen wirken schwach, Thioverbindungen wirken sehr stark. Chlor hat starke, Jod schwache Wirkung[1]).

Die Phenole sind schwache Antiseptica; Phenol wirkt stärker antiseptisch als Resorcin, Brenzcatechin und Hydrochinon. Die Kresole wirken stärker als Phenol, die meisten Untersucher behaupten, daß m-Kresol stärker wirksam sei als p-Kresol und dieses stärker als o-Kresol. Nur wenige behaupten von reinem o-Kresol, daß es den beiden anderen in der Wirkung nicht nachstehe. Es ist von theoretischem Interesse, daß die drei Kresole zusammen einander in der Wirkung unterstützen und stärker wirken als die gleiche Menge m-Kresol allein. Zusatz von Säuren und Salzen verstärkt die Wirkung der Phenole. Kochsalz erhöht ganz bedeutend die desinfizierende Wirkung, und zwar viel stärker als Chlorkalium, dieses stärker als Bromkalium, dieses stärker als Chlorammon, dieses stärker als Jodkalium, dieses stärker als Salpeter, dieses stärker als Natriumacetat. Hingegen wird die Desinfektionskraft des Phenols durch Zusatz von Alkohol verringert und die Lösung im absoluten Alkohol ist in ihrer Wirksamkeit gleich Null. Auch einige Salze, z. B. benzoesaures Natrium, verringern die Wirksamkeit. Alkalien heben die Phenolwirkung fast ganz auf, während Kresolkaliumverbindungen nicht schwächer wirken als die Kresole allein.

p-Benzochinon wirkt auf b. typhosus 80—190mal stärker bactericid als Phenol oder Chinol, wahrscheinlich wegen seiner starken Reaktionsfähigkeit gegen Proteine. Beim Aufstieg in der homologen Reihe vermindert sich das bactericide Vermögen der Chinone. Thymochinon wirkt schwächer als Thymol, bei den Phenolen, Alkoholen und Aminen steigt mit den Homologen die bactericide Kraft. Die aliphatischen Ketone, Aceton, Diacetyl, Acetylaceton wirken schwächer keimtötend als Benzochinon oder sogar Phenol oder Formaldehyd[2])[3]).

Bei Kombination verschiedenartiger Substanzen, z. B. Phenol und Salzsäure, Alkohol und Kalilauge, wird eine Verstärkung hervorgerufen.

---

[1]) Ishiwara, Tusao: Zeitschr. f. Immunitätsforsch. u. exp. Therapie, Orig. I. Bd. 40, S. 429. 1924. [2]) Karrer, P.: Helvetica chim. acta Bd. 4, S. 992. 1921.
[3]) Biochem. Zeitschr. Bd. 15, S. 587. 1921.

Wir unterscheiden Antiseptica, deren Wirkung auf Ionen beruhen, und die Desinfektionsmittel erster Ordnung genannt werden, und solche, welche als Moleküle wirken, und die man als Desinfektionsmittel zweiter Ordnung bezeichnet. Phenol z. B. ist ein solches Desinfektionsmittel zweiter Ordnung. Phenolnatrium ist in der Lösung stärker ionisiert als Phenol, wirkt aber schwächer. Die Tatsache, daß der Zusatz von Alkohol die Desinfektionskraft des Phenols abschwächt, wäre so zu erklären, daß Phenol aus wässeriger Lösung von Bakterien besser absorbiert wird, während Alkohol oder Öl bessere Lösungsmittel für Phenol sind als der Bakterienleib. Da nun die Verteilung zwischen dem Bakterienleib und dem Lösungsmittel sich so verhält wie zwischen zwei Lösungsmitteln, so muß der Verteilungssatz von Berthelot-Jungfleisch darauf angewendet werden, und wir werden als die stärksten Antiseptica solche bezeichnen müssen, deren Verteilungskoeffizient sehr stark zugunsten des Bakterienleibes sich hinneigt. Aus dieser theoretischen Erwägung wird es auch klar, warum die verschiedenen Mikroorganismen, welche ja verschieden chemisch zusammengesetzt sind und daher verschiedenartig lösend wirken, sich gegenüber den Einwirkungen der desinfizierenden Mittel verschieden verhalten. Es wird aber auch klar, warum eine wässerige Lösung von Phenol oder Kresol stärker wirkt als eine solche in Öl oder Alkohol, da ja die beiden letzteren Lösungsmittel viel besser Phenol lösen als Wasser es vermag. Setzt man daher zu einer Phenollösung Neutralsalze, welche die Löslichkeit des Phenols im Wasser herabsetzen, so verschiebt sich jedenfalls der Verteilungskoeffizient zugunsten der Mikroorganismen, und die Desinfektionswirkung des Phenols steigt an. Brenzcatechin wirkt wenig bactericid, es wird auch aus seinen Lösungen durch Kochsalz im Gegensatze zum Phenol nicht ausgesalzen. Durch den Zusatz von Kochsalz wird aber auch die Einwirkung auf Bakterien nicht gesteigert[1]). Die bactericide Wirkung steigt aber sofort an, wenn man zu der wässerigen Brenzcatechinlösung eine 40proz. Ammoniumsulfatlösung zusetzt, welche das Brenzcatechin aussalzt. Aus demselben Grunde übt der Zusatz von Harnstoff oder Glycerin keine Veränderung auf die Wirkung der Phenollösung aus. Die desinfektorische Wirkung der Phenole wird durch Salze gesteigert, aber nur dann, wenn die Salze das Verteilungsgleichgewicht beeinflussen.

In Gegenwart von Serum haben Phenol und seine Derivate keine oder eine viel geringere bactericide Wirkung als in reinen wässerigen Lösungen. Diaminoacridin hingegen wirkt in Serum stärker bactericid als im gewöhnlichen Peptonwasser-Agar-Nährboden.

Die Versuche in vitro über die antiseptische Kraft verschiedener Mittel sind durchaus nicht auf den Organismus übertragbar, denn die Bindung des Desinfiziens durch das Blutserum kann die Desinfektionswirkung im Organismus völlig herabsetzen[2]).

Seife wirkt auf die Bakterien so ein, daß die anderen Substanzen eine intensivere Wirkung entfalten können. Die Verstärkungswirkung der Seifen auf Antiseptica beruht nicht auf einer gegenseitigen Beeinflussung der Substanzen in der Lösung, sondern sie kommt erst an der Bakterienzelle zum Vorschein[3]).

Von den Phenolsulfosäuren wirkt die o-Verbindung am stärksten keimtötend. An zweiter Stelle steht die m-Verbindung, an dritter die p-Verbindung.

---

[1]) Spiro u. Brunz: Arch. f. exp. Pathol. u. Pharmakol. Bd. 41, S. 355. 1899.

[2]) Bechhold, H. u. P. Ehrlich: Hoppe-Seylers Zeitschr. f. physiol. Chem. Bd. 47, S. 173. 1906. Siehe auch Bechhold, H.: Hoppe-Seylers Zeitschr. f. physiol. Chem. Bd. 52, S. 780. 1907.

[3]) Frei, Wilhelm: Zeitschr. f. Hyg. u. Infektionskrankh. Bd. 75, S. 431. 1913.

Wird aber eine zweite Sulfogruppe in die Phenol-o-sulfosäure eingeführt, so geht die desinfizierende Kraft so weit zurück, daß die Lösung weniger wirkt, als eine entsprechende Phenollösung. Der Eintritt einer Methylgruppe in den Kern wirkt bei den Sulfosäuren genau so wie bei den entsprechenden Phenolen. Phenol geht in das stärker wirkende Kresol über und p-Kresol-o-sulfosäure wirkt stärker als Phenol-o-sulfosäure. Kresolschwefelsäureester sind den Sulfosäuren an Desinfektionskraft überlegen[1]).

1.4-Propylphenol wirkt stärker als Isopropylphenol, dieses stärker als Isobutylphenol-1.4 und dieses noch stärker als Amylphenol-1.4. o-Xylenol wirkt stärker als m-Xylenol, aber beide wirken nicht stark auf Milzbrandsporen. 1.2.4-o-Propylkresol wirkt auf Staphylokokken schwächer als die entsprechende m- und p-Verbindung. Isopropyl-o-kresol-1.2.4 wirkt am schwächsten, die m-Verbindung stärker, die p-Verbindung am stärksten, Isopropyl-o-kresol und Propyl-o-kresol wirken aber schwächer als jedes einzelne reine Kresol. Isobutyl-o-kresol-1.2.4 wirkt stärker als die m-Verbindung, ungleich stärker wirkt aber die p-Verbindung. Amyl-o-kresol wirkt schwächer als die gleichwirkenden m- und p-Verbindungen. Von allen höheren Homologen des Phenols wirkt m-Xylenol am besten.

Alkylresorcine sind bei hoher bactericider Kraft verhältnismäßig ungiftig. Hexylresorcin ist das kräftigste Desinficiens der Phenolreihe.

Hörung und Baum stellen tertiäre aromatische Oxyalkohole her, welche im tierischen Organismus angeblich in ungesättigte Verbindungen langsam verwandelt werden. Dargestellt wurden o-Amylolphenol $C_6H_4 < OHC(OH)(C_2H_5)_2$, ferner Isopropylol-m-kresol-$C_6H_3(OH)CH_3$-3-$C(OH)(CH_3)_2$-4- und m-Isoamylolkresol[2]).

Chlorphenole haben stärker desinfizierende Eigenschaften als Phenol selbst, besonders wirksam sind die m- und p-Verbindungen. Halogenierte Chinole sind wirksamer als Phenole, jedoch sind sie weniger beständig[3]).

Die Einführung von einem Bromatom in das Phenol vermindert zunächst die Krampfwirkung und auch die Giftigkeit, weitere Einführung von Halogen sistiert die Krampfwirkung vollständig, aber es wird die Giftigkeit des Phenols entsprechend der Zahl der eingeführten Halogenatome gesteigert. Trichlorphenol, und Tribromphenol sind wieder gerade so giftig wie Phenol, Tetrachlorphenol, noch mehr aber Pentachlorphenol sind recht giftige Substanzen[4]).

Chlor-o-kresol wirkt sehr kräftig, die m-Verbindung aber viel stärker. Die p-Verbindung steht in ihrer Wirkung zwischen den o- und m-Verbindungen. Diese Untersuchungen beziehen sich auf Staphylokokken. Brom-p-kresol wirkt etwas schwächer als die entsprechende Chlorverbindung. Bechhold und Ehrlich[5]) haben bei Untersuchung der Einwirkung auf Diphtheriebacillen gefunden, daß die Einführung von Chlor oder Brom in Phenol die Desinfektionskraft entsprechend der Zahl der eintretenden Halogenatome steigert. Tribrom-m-xylenol ist 20mal so wirksam wie Tribromphenol, Tetrabrom-o-kresol mehr als 16mal so wirksam wie Tetrachlorphenol. 2 Moleküle Pentabromphenol wirken ebenso stark entwicklungshemmend wie 40 Moleküle Trichlorphenol oder 1000 Moleküle Phenol[6]). Die Untersuchungen von Bechhold und P. Ehrlich über die Rolle der Anhäufung von Halogen im Kern aromatischer Ver-

---

[1]) Schneider: Zeitschr. f. Hyg. u. Infektionskrankh. Bd. 53, S. 116.

[2]) D.R.P. 208962.

[3]) Cooper, E. A. u. D. L. Woodhouse: Biochem. journ. Bd. 17, S. 600. 1923.

[4]) Hoppe-Seylers, Zeitschr. f. physiol. Chem. Bd. 47, S. 173. 1906.

[5]) Bechhold, H. u. P. Ehrlich: Hoppe-Seylers Zeitschr. f. physiol. Chem. Bd. 46, S. 173. 1906.

[6]) Bechhold, H. u. P. Ehrlich: Hoppe-Seylers Zeitschr. f. physiol. Chem. Bd. 47, S. 182. 1906. — Siehe auch Kolle-Wassermann: Handb. d. pathog. Mikroorganismen. Bd. 4, S. 1, 226.

bindungen zeigen, daß, je mehr Halogen eintritt, desto intensiver die Desinfektionswirkung ist. In der Phenolgruppe lassen sich als allgemeine Regel aufstellen, daß die Einführung von Halogen in den Benzolkern von Phenolen den Desinfektionsgrad erhöht. Ebenso wirkt die Einführung von Alkylen. Dabei ist zu bemerken, daß man häufig sieht, wie derselbe Desinfizient gegen verschiedene Bakterien sehr verschieden stark wirkt. H. Bechhold und P. Ehrlich fanden z. B., daß Tetrabrom-o-kresol ein ganz hervorragendes Desinfektionsmittel ist, 250 mal so kräftig als Phenol und nur halb so giftig. Die Einführung von Alkylgruppen in Halogenphenole steigert die Desinfektionswirkung. Die Verbindung zweier Halogenphenole direkt (Diphenole) durch Vermittlung einer CH_2-, CHOH-, $CHOCH_3$- oder CH-OC_2H_5-Gruppe steigert die Desinfektionskraft. Die Verbindung zweier Phenolgruppen durch CO oder SO_2 vermindert die Desinfektionskraft. Die Einführung einer Carboxylgruppe in den Kern vermindert ebenfalls die Desinfektionskraft.

Tetrabrom-p-diphenol und Tribrombikresol erweisen sich stark wirksam gegen Staphylokokken, aber sie stehen trotzdem hinter Lysol (einer Auflösung von Kresolen in Seife) zurück. Tetrabrom-p-diphenol ist weiter schwächer wirksam als Tetrachlor-o-diphenol.

Man erhält eine verstärkte Wirkung, wenn man zwei Phenole zusammenschweißt entweder direkt oder durch Vermittlung einer fetten Gruppe, z. B. Tetrachlor-o-diphenol und Tetrabrom-o-diphenol. Hexabromdioxyphenylcarbinol ist ungiftig und hat eine sehr hohe Desinfektionskraft.

Durch den Eintritt der Carboxylgruppe in das Phenol in der o-Stellung wird die desinfizierende Kraft dem Phenol gegenüber auf das Doppelte gehoben, während die Giftigkeit absinkt. Salicylsäure ist ein schlecht bakterientötendes Mittel, hingegen hemmt sie ausgezeichnet die Entwicklung der Bakterien.

α- und β-Naphthol wirken keimtötend, doch ist ihre Löslichkeit äußerst gering. Bouchard fand, daß die beiden Naphthole stärker desinfizieren als Phenol. Die Desinfektionswirkung der Naphtholalkalisalze ist eine höhere als die der Phenolalkalisalze. Mischt man β-Naphthol mit Soda, so sinkt mit wachsendem Sodazusatz, obgleich die Löslichkeit des β-Naphthols zunimmt, die Desinfektionswirkung Nach den Untersuchungen von Bechhold erweisen sich Chlor- und Brom-β-naphthol weit stärker desinfizierend als alle übrigen Mittel, mit Ausnahme der Quecksilbersalze, dabei ist ihre Giftigkeit äußerst gering. Sie verhalten sich aber verschiedenen Mikroorganismen gegenüber sehr verschieden. Tribromnaphthol wirkt am stärksten gegen Staphylokokken, Streptokokken und Diphtheriebacillen, während Dibrom-β-naphthol gegen Bacterium coli am stärksten ist. Gegen Paratyphus B, wahrscheinlich auch gegen Typhus bleibt die Wirkung mit Einführung von Halogen in Naphthol bis zum Dibrom- und Dichlornaphthol die gleiche und sinkt mit dem Eintritt weiterer Chlor- und Bromatome in das Naphtholmolekül.

Naphtholsulfosäure hat keine Vorzüge vor dem Naphthol, ihre Salze sind wenig antiseptisch wirksam. Die verschiedenen Naphtholsulfosäuren und deren Bromderivate sind unwirksam gegenüber Staphylokokken.

Die von Hinsberg dargestellten Verbindungen Diphenol-, Dithymol-, Dikresol-, Dibrenzkatechin-, Di-m-Chlorphenol- und Dinaphthol-äthanamine, z. B.

Diphenoläthanamin

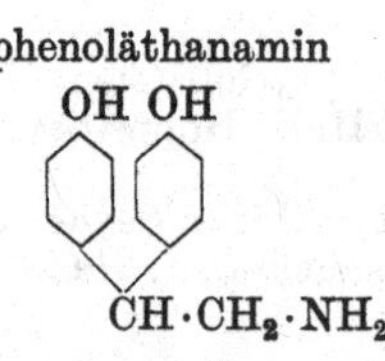

zeigen in ihrem Verhalten, daß durch das Zusammentreten zweier Phenolreste die Wirksamkeit in bezug auf keimtötende Kraft gegen die einfache Substanz abgeschwächt wird. Auf Protozoen wirken diese Verbindungen aber anders. Mit Ausnahme des Dibrenzkatechin-äthan-amin sieht man bei den anderen Verbindungen eine steigende Wirkung auf Protozoen[1]).

H. Bechhold nennt halbspezifische Desinfizienzien solche Substanzen, deren Desinfektionskraft gegen verschiedene Bakteriengruppen außerordentlich verschieden sind; besonders die Chlor- und Bromderivate des β-Naphthols gehören zu dieser Gruppe; am auffallendsten tritt die Halbspezifität bei Tri- und Tetra-brom-β-naphthol zutage. Diphtheriebacillen werden durch den 250sten Teil der Substanzmenge geschädigt, die für Paratyphus B erforderlich ist; außer gegen Diphtheriebacillen äußert sich die Halbspezifität dieser Stoffe noch gegen Staphylokokken und Streptokokken. Dibrom-β-naphthol besitzt eine solche gegen Bacterium Coli. Eine vollkommen gleichmäßige Wirkung gegen alle Bakterien besitzt nach Bechhold kein chemisches Desinfektionsmittel, so daß bei allen von einer zehntel oder hundertstel Spezifität gesprochen werden kann. Besonders charakteristisch ist das Verhalten von Monochlornaphthol und Tribrom-β-naphthol. Ersteres wirkt auf Pyocyaneus noch 1 : 2000 verdünnt entwicklungshemmend, letzteres hat schon bei 1 : 1000 keine Wirkung mehr. Monochlornaphthol wirkt fast gleichmäßig auf alle untersuchten Organismen, Tribromnaphthol auf Tuberkelbacillen fast gar nicht, auf Staphylokokken noch in einviertelmillionenfacher Verdünnung. Tribromnaphthol ist praktisch ungiftig und wirkt im Gegensatz zu Mono- und Dibromnaphthol nicht hämolytisch, so daß durch die hämolytische Methode noch 0,5 % Dibromnaphthol nachgewiesen werden kann. Da Tribromnaphthol Leukocyten nicht verändert und die Phagocytose nicht beeinträchtigt, ist es als Wundantisepticum sehr geeignet[2]).

Solche Halogenverbindungen passieren unverändert, d. h. ohne Abspaltung von Halogen, den Organismus. Tribromphenol z. B., welches das Ausgangsmaterial für eine Reihe von antiseptischen Verbindungen darstellt, wirkt sehr kräftig desinfizierend, aber es reizt die Schleimhäute stark, eine unangenehme Eigenschaft, die dem Tribromsalol schon fehlt. So vertragen Kaninchen von zwei Kilo 15 g Tribromsalol, ohne irgendwelche Vergiftungserscheinungen zu zeigen.

Aromatische Nitrosoverbindungen greifen Bacillus coli wesentlich leichter an, als Bacillus fluorescens, während die Phenole vorwiegend den letzteren angreifen[3]).

Bei p-Nitroverbindungen zeigt sich weit stärkeres Hemmungs- als Abtötungsvermögen. Während Anilin schwächer wirkt als Phenol, hemmt p-Nitrosoanilin weit stärker als p-Nitrosophenol und die Wirkung nimmt noch bedeutend zu bei dem auch bezüglich Abtötung von Mikroorganismen sehr wirksamen p-Nitrosodimethylanilin. Die Fällungswirkung Eiweiß gegenüber steht mit der Desinfektionswirkung in keinem direkten Zusammenhang[4]).

m-Nitrokresol wirkt bedeutend stärker bactericid als Phenol. Dem m-Nitrokresol-β-glucosid kommt im ungespaltenen Zustand in vitro eine Desinfektionswirkung nicht zu[5]). Den Glycosiden der p-Nitrophenole kommt ebenfalls keine desinfizierende Wirkung zu[6]).

---

[1]) Bauer, Max: Zeitschr. f. d. ges. exper. Med. Bd. 42, S. 651. 1924.
[2]) Münch. med. Wochenschr. Bd. 61, S. 1929—1930. 1914.
[3]) Cooper, E. A. u. G. E. Forstner: Journ. Soc. Chem. Ind. Bd. 45, S. 94. 1926.
[4]) Biochem. journ. Bd. 17, S. 600. 1923.
[5]) Glaser, E. u. H. Prüfer: Biochem. Zeitschr. Bd. 137, S. 429. 1923.
[6]) Glaser, E. u. W. Wulwek: Biochem. Zeitschr. Bd. 145, S. 533. 1924.

Bei der Prüfung von 28 Verbindungen von Derivaten von Pyridin, Chinolin und Dinaphthylimin wurden nur sehr geringe antiseptische Wirkungen gefunden. In der Acridinreihe läßt sich durch Einführen von Aminogruppen die antiseptische Wirkung erheblich steigern Im allgemeinen sind das Methylchlorid bzw. -sulfat oder -nitratverbindungen wirksamer als das Hydrochlorid. Werden Methyl-, Äthyl- oder Hydroxylgruppen in die Aminogruppe eingeführt, so vermindert sich die antiseptische Kraft. Die Verbindungen der Phenazinreihe sind im allgemeinen viel schwächer wirksam als die der Acridinreihe[1]).

Die alkylierten und aminierten Benzolderivate zeigen keine bactericide Wirkung; nur wenn beide Gruppen im selben Molekül vorhanden sind, so sieht man eine Wirkung so z. B. sind Azobenzol und Azooxybenzol sehr wirksam, die Nitrogruppe wirkt wie eine Alkylgruppe. Alkylbenzole haben keine bedeutende antiseptische Wirkung, wenn aber ein Phenolhydroxyl hinzutritt, so steigert die Alkylgruppe die antiseptische Wirkung des Phenols 3—6mal, die Äthylgruppe wirkt 2mal so stark wie die Methylgruppe. Die Wirkung steigt mit dem Molekulargewicht bis zur Butylgruppe. Hydrochinon wirkt sehr stark antiseptisch. Resorcin ist viel weniger wirksam. Die Aldehydgruppe steigert die Wirkung wie ein Hydroxyl, aber weniger wie ein Carboxyl. Die Carboxylgruppe und die Sulfoxylgruppe steigern 100mal die bactericide Wirkung, selbst in der Methanreihe. Zwei Carboxyle wirken zweimal so stark. Die Ketogruppe, die Chinongruppe und die Rhodangruppe wirken sehr schwach. Die Thiogruppe ist sehr wirksam. Jod erhöht die antiseptische Wirkung um das 100fache (Ishiwara).

Ätherische Öle wirken stark desinfizierend, so z. B. Senföl. Am wirksamsten gegen Milzbrandsporen erwiesen sich Géranium de France, Géranium d'Algérie, Origan und Vespetro. Caldeac und Menieur untersuchten sehr viele solche ätherische Öle in der Weise, daß sie Typhus- und Rotzbacillen in die ätherischen Öle direkt eintrugen und beobachteten, wie lange lebensfähige Keime noch nachzuweisen waren. Am stärksten erwies sich Zimtöl, was Behring bestätigte; ihm folgte Nelkenöl, während Eugenol selbst, der Hauptbestandteil des Nelkenöls, sich als weit weniger wirksam erwies. Dann kamen Pomeranzenöl und Patschuli. Bei gewöhnlicher Temperatur ist Campher ein schwach desinfizierendes Mittel, bei 45° aber ein stark desinfizierendes. Löst man die ätherischen Öle durch Zusammenbringen mit anderen Substanzen in Wasser auf, so sieht man, daß Allylsenföl, Zimtöl, ebenso wie Terpentinöl wirksam sind, wenn man sie z. B. in sulforicinolsaurem Kalium auflöst. Allylsenföl ist das wirksamste, stark wirksam, aber weniger als Allylsenföl, ist Zimtöl und viel weniger wirksam ist Terpentinöl. Diesem erst folgen Menthol und Eucalyptol, später kommen Sandelholzöl und Campher. Die ätherischen Öle zeigen antiseptische Wirkung, und zwar die sauerstoffhaltigen Terpenkörper stärkere als die Kohlenwasserstoffe. Zwischen Alkoholen und Ketonen besteht kein prinzipieller Unterschied im Wirkungsgrad, ebensowenig bei Substanzen verschiedener Sättigung, und zwar gilt dies sowohl für Kohlenwasserstoffe wie für Ketone.

Auf Schimmelpilze sind Sandelholzöl und Terpentinöl ohne Wirkung. Cajeputöl und Nelkenöl wirken antiseptisch, beide machen nach längerer Zeit eine beträchtliche Keimverminderung, aber nie vollkommene Sterilität. Die ätherischen Öle scheinen vielmehr entwicklungshemmende Eigenschaften zu haben. Auch Terpentinöl wirkt stark entwicklungshemmend (Laubenheimer).

R. O. Herzog und R. Betzel[2]) haben die Frage der Absorption der Antiseptica an der Hefe untersucht. Die Antiseptica, welche in sehr verdünnter

---

[1]) Browning, C. H., J. B. Cohen, R. Gaunt u. R. Gulbransen: Proc. of the roy. soc. of London, Ser. B. Bd. 93, S. 329. 1922.

[2]) Hoppe-Seylers Zeitschr. f. physiol. Chem. Bd. 67, S. 309. 1910.

Lösung Mikroorganismen beeinträchtigen, wirken entweder, wie angenommen wird, auf Proteine oder sie sind lipoidlöslich. Nach der Verteilung *kommt dann* die zweite Phase der chemischen Einwirkung des Desinfektionsmittels auf die Mikroorganismen zur Geltung[1]). Das ist aber der bekanntlich strittige Punkt der Auffassung der Arzneimittelwirkung überhaupt, ob die Aufnahme in die Zellen zugleich Wirkung bedingt oder ob ihr eine chemische Reaktion der aufgenommenen Substanz und der Zelle folgt.

Man bringt auch die Wirkung mancher Desinfektionsmittel, wie die der Narkotica, in Beziehungen zu ihrer Lipoidlöslichkeit und erklärt die Intensität ihrer Wirkungen aus dem Teilungskoeffizienten, d. i. dem Quotienten aus den Löslichkeiten in der Lipoid- und in der wässerigen Phase der Zelle.

Im allgemeinen zeigt es sich, daß Substanzen, welche lipoidunlöslich sind, keine entwicklungshemmende Wirkung besitzen, andererseits genügt aber auch die Lipoidlöslichkeit nicht zur Erzielung einer Desinfektionswirkung, wie dieses sich bei den gesättigten aliphatischen und hydroaromatischen im Gegensatze zu den ungesättigten und aromatischen Kohlenwasserstoffen zeigt. Damit die Verbindungen entwicklungshemmend sind, müssen sie noch eine gewisse Reaktionsfähigkeit oder Ungesättigtheit zeigen, mit der Reaktionsfähigkeit nimmt der hemmende Einfluß zu, er nimmt ab, wenn die Molekulargröße steigt [Josef Gössl[2])].

Der Ersatz von Sauerstoff durch Schwefel in aliphatischen Verbindungen erhöht die entwicklungshemmende Wirkung beträchtlich. Lösung und Dampf einer flüchtigen organischen Verbindung mit gleichem Partialdruck des wirksamen Stoffes haben gleiche entwicklungshemmende Wirkungen. Die Hemmungskonzentration des einen Zustandes läßt sich aus derjenigen des anderen bei Kenntnis gewisser Konstanten der Verbindung auf Grund des Henryschen Verteilungsgesetzes berechnen. Stoffe aber, die mit dem Nährboden eine chemische Reaktion eingehen, bilden eine Ausnahme, denn die Dämpfe solcher Stoffe wirken stärker entwicklungshemmend als Lösungen mit anfänglich gleichem Partialdruck[3]).

Conradi[4]) hat gezeigt, daß es möglich ist, durch Chloroform die Typhusinfektion des Kaninchens zu beeinflussen, worauf E. Hailer und W. Rimpau[5]) Halogenderivate, welche zugleich wasserlöslich sind und wegen ihrer Aldehydnatur keimtötend, versuchten. Chloralhydrat wirkt in vitro nur wenig abtötend auf Typhusbacillen, stärker wirkt Bromalhydrat, am besten Butylchloralhydrat. Lipoidlöslichkeit, narkotische Kraft und bactericide Wirkung gehen parallel. Bei stomachaler Zufuhr besitzt namentlich Butylchloralhydrat bei intravenös infizierten Kaninchen eine bemerkenswerte abtötende Wirkung, doch erwies es sich bei intravenöser Zufuhr als sehr giftig. Bromalhydrat war wirkungslos, Chloralhydrat in einzelnen Fällen wirksam, Tribrom-β-naphthol per os, Oxychinolin per os; von den wasserlöslichen wirkte nur Pyrogallol. Organe typhusinfizierter Kaninchen werden nach intravenöser Zufuhr von Natriumsalicylat frei von Typhusbacillen, aber nicht konstant.

Chemotherapeutische Versuche sollten eigentlich immer am kranken Tiere vorgenommen werden, denn die Verteilung der Substanzen im Organismus hängt sehr davon ab, ob es sich um gesunde oder kranke Gewebe handelt. Gewisse kranke Gewebe vermögen viel mehr von bestimmten chemischen Substan-

---

[1]) Herzog, R. O. u. R. Betzel: Hoppe-Seylers Zeitschr. f. physiol. Chem. Bd. 74, S. 221. 1911.

[2]) Gössl, Josef: Hoppe-Seylers Zeitschr. f. physiol. Chem. Bd. 88, S. 103. 1913.

[3]) Stadler, Hermann: Arch. f. Hyg. Bd. 73, S. 195. 1911.

[4]) Zentralbl. f. Bakteriol., Parasitenk. u. Infektionskrankh., Abt. 1, Orig. Bd. 47, S. 145.

[5]) Arb. a. d. Kaiserl. Gesundheitsamt. Bd. 47, S. 291.

zen aufzunehmen als die normalen. Infiziert man Kaninchen mit Staphylokokken, so wird in den Gelenken mehr Salicylsäure aufgenommen als von gesunden Tieren (Martin Jakoby). Das Auge gesunder Tiere nimmt nur wenig Jod auf, hat man aber Tuberkelbacillen in das Auge eingebracht, so wird viel mehr Jod aufgenommen (Loeb und Michaud). Syphilitisches Gewebe nimmt mehr Jod auf als gesundes.

Tebelon ist Ölsäureisobutylester

$$C_{17}H_{33} \cdot CO \cdot O \cdot CH_2 \cdot CH \begin{matrix} \diagup CH_3 \\ \diagdown CH_3 \end{matrix}$$

Diese Substanz ist wachsähnlich und soll Tuberkelbacillen beeinflussen.

Bei der Giftwirkung verschiedener Substanzen auf zählebige Insekten sieht man die Abhängigkeit der Toxicität von der Konstitution und den physikalischen Eigenschaften, vor allem der Flüchtigkeit. Aromatische Kohlenwasserstoffe und Halogenverbindungen sind im allgemeinen giftiger als aliphatische. Im Benzolring erwies sich am giftigsten die Methylaminogruppe, darauf folgen die Dimethylamino-, Hydroxyl-, Nitro-, Amino-, Jod-, Brom-, Chlor- und als wenigst wirksame die Methylgruppe. Wenn z. B. im Ring bereits eine Methylgruppe enthalten ist, entsteht die Reihe Chlor (Seitenkette), Amino-Hydroxyl-Chlor (Ring). Methyl-, Chlor- und Hydroxylgruppen zusammen geben sehr giftige Substanzen. Beim Chlorpikrin entsteht durch die Verbindung von Chlor- und Nitrogruppe eine der giftigsten Substanzen. Chlorpikrin ist 500mal giftiger als Chloroform und 350mal giftiger als Nitromethan. Flüchtige stark lokalreizende Verbindungen sind gewöhnlich auch hochgiftig, z. B. Allylsenföl, Chlorpikrin, Benzylchlorid.

Zwischen Giftwirkung, Dampfdruck, Verdampfungsgeschwindigkeit und Flüchtigkeit von Verbindungen des gleichen Typus besteht eine ziemlich nahe Verbindung. Bei Reihen ähnlicher Verbindungen steigt die Giftigkeit mit der Zunahme von Dampfdruck und Flüchtigkeit[1]).

Cyclohexylamin, Cyclohexyläthylamin, Cyclohexylpiperidin, Cyclo-2-methyl-5-äthylpiperidin und Methylcyclohexylamin wirken insecticid wie Nicotin[2]).

Ebenso wirken Hydrochinondimethyläther, Hydrochinmethyläther, Brenzcatechindimethyläther[3]).

Aromatische Antiseptica.

Phenole.

Dem in Wasser unlöslichen Benzol, sowie seinen Homologen Toluol usw., kommen wohl wegen des Mangels an Hydroxylgruppen und auch wegen der Unlöslichkeit dieser Kohlenwasserstoffe in Wasser geringere antiseptische Eigenschaften zu. Doch wird vielfach Toluol als Antisepticum in Laboratoriumsversuchen verwendet. Wird aber im Benzol ein Wasserstoff durch eine Hydroxylgruppe ersetzt, so erhält man Phenol, eine in mehrprozentiger Lösung stark antiseptisch wirkende, hierbei ätzende und, intern eingenommen, schon in Dosen von mehreren Grammen giftige Substanz. Durch den Eintritt von Hydroxyl in die Verbindung steigt die Wirksamkeit, aber auch die Giftigkeit der aromatischen Kohlenwasserstoffe. Die große Verwendung der Carbolsäure als lösliches Antisepticum rührt wohl daher, daß sie das erste für die chirurgische Praxis überhaupt empfohlene Antisepticum war, da ja der alte J. Listersche Verband und die ursprüngliche Listersche Operationsmethode auf der Verwendung der Carbolsäure beruhte.

---

1) Tattersfield, F. u. A. W. R. Roberts: Journ. of agricult. science. Bd. 10, S. 199. 1920. 2) Höchst, D.R.P. 360221.

3) Immerwahr, Paul: Berlin, D.R.P. 360711.

Die antiseptische Kraft der Phenole nimmt zu, wenn Kernwasserstoffe durch Methylgruppen ersetzt werden. Sie nimmt ferner zu, wenn Kernwasserstoffe durch Halogen ersetzt werden, auch die Zunahme an Hydroxylen erhöht die antiseptische Kraft des Phenols.

Phenol und seine Salze, sowie seine Homologen [α- und β-Kresole], die zwei- und dreiwertigen Phenole und Naphthole erzeugen alle klonische Zukkungen, indem die Erregbarkeit der motorischen Mechanismen des Rückenmarkes stark erhöht ist. Mit Zunahme der Hydroxyle tritt die Wirksamkeit etwas zurück. Nach A. Chassevant und M. Garnier scheint dieses Verhältnis nicht so ganz regelmäßig zu sein. Phenol steht in bezug auf Giftigkeit gerade zwischen den zweifach und dreifach hydroxylierten Benzolen[1]).

Nach R. Gottlieb nimmt die Giftigkeit der Phenole gegen einzellige Wesen mit der Zahl der Hydroxylgruppen nicht weiter zu; die zweiwertigen Phenole Brenzcatechin, Hydrochinon und Resorcin, sind dabei ungiftiger als Phenol. Bei sehr starker Dosis wirken alle diese Substanzen lähmend auf die motorischen Nervenenden. Der Hinzutritt einer Alkylgruppe (Kresole) verhindert nicht die klonisch erregende Wirkung, der Hinzutritt mehrerer Alkylgruppen oder einer längeren Seitenkette hemmt sie vollständig und es tritt nur zentrale Lähmung auf.

Die Giftigkeit der Phenole sinkt, wenn Kernwasserstoffe durch Alkylradikale ersetzt werden, während ja die antiseptische Kraft durch den gleichen chemischen Vorgang erhöht wird. Aus diesem Grunde sind die Kresole $CH_3 \cdot C_6H_4 \cdot OH$, da ja ihre Giftigkeit eine geringere ist, dem Phenol als Antiseptica vorzuziehen, da sie weit kräftiger antizymotisch wirken und daher in verdünnterer Lösung gebraucht werden können. m-Kresol besitzt die stärkste desinfizierende Wirkung in 5proz. Lösung, schwächer wirkt p-Kresol, am schwächsten o-Kresol[2]). Aber der Anwendung der Kresole als Antiseptica ist es immer hinderlich, daß sie in Wasser so schwer löslich sind, und die Bemühungen der Chemiker richteten sich darauf, durch Zusatz von verschiedenen Substanzen, sowie zum Teil durch chemische Veränderungen, die so billigen Kresole wasserlöslich zu machen. Das Gemenge der drei isomeren Kresole kann durch Zusatz von Schwefelsäure, Natronlauge oder Seife wasserlöslich gemacht werden. Ebenso löst es sich in einer Reihe von verschiedenen Natronsalzen, insbesondere von organischen Sulfosäuren. Man kann die Kresole ferner, wenn auch nicht für die medizinische Praxis, so doch zu groben Desinfektionen in der Weise nutzbar machen, daß man durch Zusatz von Kohlenwasserstoffen, insbesondere Steinöl, zu den schweren, im Wasser untersinkenden Kresolen das spezifische Gewicht des Gemisches derartig erniedrigt, daß die Kresollösung auf dem Wasser schwimmt und langsam ausgelaugt wird, wobei sie gleichzeitig eine schützende antiseptische Decke über der zu desinfizierenden Substanz bildet. Auch durch Zusatz von Kalk kann man lösliche Verbindungen der Kresole erhalten.

Schering, Berlin, stellen Cer-Phenolverbindungen her, indem sie Cersalze mit Phenolen oder deren Substitutionsprodukten in Umsetzung bringen. Die Cerphenolverbindungen sollen eine große desinfizierende Kraft haben und weniger toxisch sein als die Phenole selbst. Beschrieben sind Cerphenol, Cerguajacol, Cer-β-naphthol[3]).

Verchon ist ein Cer-Chinolinderivat, es soll ein ungiftiges Ersatzmittel für Jodtinktur sein.

Auf der Beobachtung, daß die Kresole sich in Harzseifen lösen, oder besser gesagt, emulgieren, beruht die Darstellung des englischen Kreolins, doch zeigt

[1]) Arch. internat. de pharmaco-dyn. et de thérapie. Bd. 14, S. 93. 1905.
[2]) Steenhauer, A. J.: Pharmaceutisch Weekblad. Bd. 53, S. 680.
[3]) D.R.P. 214782.

Kreolin die nachteilige Eigenschaft, daß es durch Zusatz von Mineralsäuren, Lauge oder Kochsalz die Emulsionsfähigkeit verliert. Auch der wechselnde Gehalt der verschiedenen Kreoline an wirksamen Kresolen war sehr hinderlich bei seiner Anwendung als Desinfektionsmittel in der Chirurgie.

Das Teeröl[1]), welches seine antiseptische Kraft wohl in erster Linie seinem Gehalte an Kresolen verdankt, wurde späterhin vorzüglich durch Seifenlösungen, sei es nun Harzseifen oder Fettseifen, in Lösung gebracht.

Das mit dem Namen Lysol bezeichnete Präparat z. B. wird in der Weise dargestellt, daß man Teeröl mit Leinöl oder einem Fett mischt und mit einer konzentrierten Kalilösung bei Gegenwart von Alkohol so lange zum Sieden erhitzt, bis vollständige Verseifung eingetreten ist und das Endprodukt sich glatt in Wasser löst[2]).

Der Nachteil, den Lysollösungen besitzen, besteht hauptsächlich darin, daß sie ungemein schlüpfrig sind und die Hände des Operateurs sehr stark schlüpfrig machen, woran die alkalische Seifenlösung die Hauptschuld trägt. Ferner muß die antiseptische Kraft des Handelsproduktes immer kontrolliert werden, da der wechselnde Gehalt an wirksamen Kresolen sonst leicht dazu führen könnte, daß man zu schwach desinfizierende Lösungen verwenden würde. Von Vorteil ist bei diesen Teeröllösungen nur, daß sie sehr wenig giftig sind, viel weniger giftig als eine gleiche wirksame Carbolsäurelösung und natürlich auch viel weniger giftig als Sublimat, so daß man deren Gebrauch auch Laienhänden anvertrauen kann, was z. B. beim Sublimat meist ausgeschlossen ist.

Es gelingt auch, wie erwähnt, Kresole in der Weise in Lösung zu bringen, daß man sie mit Natronsalzen von organischen Sulfosäuren versetzt. So wurde vorgeschlagen, die Kresole und andere an sich unlösliche Körper durch Mischen mit wasserlöslichen, durch Einwirkung von Schwefelsäure auf Harzöle, Mineralöle usw. erhaltenen neutralisierten Produkten in Lösung zu bringen. Die Behauptung, daß der Gehalt an sulfidartig gebundenem Schwefel, wie etwa im Ichthyol und Thiol, notwendig ist, damit man Kresole in solchen Substanzen lösen kann, ist unrichtig, da eine Reihe von Sulfosäuren, die außer der Sulfosäuregruppe keinen Schwefel enthalten, in ihren Natronsalzen die gleiche Wirkung haben und ja auch die Natronsalze der Kresotinsäure $CH_3 \cdot C_6H_3 <\begin{smallmatrix} OH \\ COOH \end{smallmatrix}$ und der Salicylsäure $OH \cdot C_6H_4 \cdot COOH$, gleich wie die Natriumsalze der Fettsäuren, Kresole in Lösung zu bringen vermögen.

Aseptol (Merck) ist eine Lösung der p-Phenolsulfosäure und nicht der o-Phenolsulfosäure[3]).

Ferner wurde vorgeschlagen, um die Schlüpfrigkeit der Lösung von Kresolen in alkalischen Seifen zu beseitigen, Fettsäuren in der Menge zuzusetzen, um zu neutralen Seifen zu gelangen. Auch das Mischen von Äthylendiamin $H_2N \cdot C_2H_4 \cdot NH_2$ mit Kresol wurde empfohlen, um die Tiefenwirkung des Kresolgemenges zu steigern. Unter dem Namen Kresin kam auch eine 25proz. Lösung von Kresolen in kresoxylessigsaurem Natron in den Handel. Über alle diese Versuche, die Kresole als Antiseptica verwertbar zu machen, ist man mit einer einzigen Ausnahme (Lösungen von Kresol in Seifen) hinweggegangen, weil die anderen genannten Substanzen viel zu wenig Kresole zu lösen vermögen, hierbei wie z. B. salicylsaures Natron als Lösungsmittel zu teuer sind. Für den internen Gebrauch hat sich nur eines dieser Präparate, das Solveol, eine Lösung von Kresolen in kresotinsaurem Natron, eine geringe Bedeutung verschaffen können, als es als Konkurrenzpräparat zum Kreosot und Guajacol

[1]) Knoll (Ludwigshafen) erzeugt ein farbloses Teeröl (Anthrasol). Das dermatotherapeutisch Wirksame im Teer sind nach Sack die Methylnaphthaline.

[2]) D.R.P. 52129.

[3]) Obermiller, Jul.: Ber. d. dtsch. chem. Ges. Bd. 40, S. 3623. 1907.

auftrat. Es ist dies ein Gemenge der in Wasser unlöslichen isomeren Kresole in p-kresotinsaurem Natrium klar gelöst. Von den drei isomeren Kresotinsäuren ist nur die p-Kresotinsäure allein, welche mit Nutzen therapeutisch zu verwenden ist. Die wasserunlöslichen Kresole lösen sich ebenso wie in Seifenlösungen, in kresotinsaurem und salicylsaurem Natron. Die interne Anwendung der Kresole gibt analoge Resultate wie die Kreosotbehandlung, ohne aber Vorzüge zu besitzen.

Aromatische Kohlenwasserstoffe, und zwar ihre Hydroxylderivate, welche außer einer Hydroxylgruppe noch weitere Gruppen enthalten, kann man in Wasser löslich machen, wenn man sie mit wasserlöslichen aromatischen Hydroxylderivaten vermischt; so sind z. B. Kresole bei Gegenwart der 2—3fachen Gewichtsmenge Resorcin wasserlöslich. Alizarin ist bei Gegenwart von Phenol wasserlöslich, Guajacol bei Gegenwart der doppelten Menge Resorcin. Kresol wird von der vierfachen Menge Brenzcatechin gelöst, p-Nitrophenol von der vierfachen Menge Resorcin[1]).

Dem Resorcin kommen ätzende Wirkungen zu, welche in der Dermatologie hier und da verwendet werden, während der interne Gebrauch des Resorcins sich nicht behaupten konnte, was wohl hauptsächlich diesen ätzenden Wirkungen dieser Substanz zuzuschreiben ist. Der Versuch, Hydroresorcin als Antisepticum zu benützen, erscheint mißlungen.

Zur Darstellung dieser Substanz wird in eine siedende wässerige Lösung von Resorcin, durch welche man Kohlensäure durchleitet, Natriumamalgam eingetragen und das Reaktionsprodukt vorerst mit Äther vom unveränderten Resorcin befreit und hierauf aus der sauren Lösung Dihydroresorcin mit Äther aufgenommen[2]).

(Die Eigenschaften des Pyrogallols und seiner Derivate werden bei den reduzierenden Hautmitteln abgehandelt.)

Im Gegensatze zu Resorcin hat Phloroglucin keine ätzenden und eiweißgerinnenden Eigenschaften, sondern verhindert vielmehr die Gerinnung des Blutes. Es ist auch kein bakterientötendes Mittel, wie Pyrogallol, obwohl es die Fäulnisvorgänge verlangsamt. Die zersetzende Wirkung des Pyrogallols auf rote Blutkörperchen fehlt dem Phloroglucin.

Thymol wird sowohl als Antisepticum, als auch als Antihelminthicum verwendet. Thymatol ist mittels Phosgen hergestelltes Thymolcarbonat und wird als Antihelminthicum statt Thymol empfohlen. Natürliches Thymol ist etwas giftiger als seine beiden Isomeren. p- und m-Thymol sind Bakterien gegenüber fast gleich wirksam, o-Thymol zweimal weniger wirksam. Als Antihelminthicum ist das natürliche Thymol den beiden Isomeren überlegen: p-Thymol wirkt weniger rasch als m-Thymol, o-Thymol noch weit langsamer als das p-Derivat[3]).

Thymolpalmitat wird von A. Ellinger als Darmdesinficiens empfohlen[4]). L. Thimm empfiehlt es bei Ruhr.

Die Esterifizierung des Thymols schwächt seine Giftwirkung auf das bulbäre Atemzentrum ab. Intravenös wirken Thymoläthyläther und Thymolmethyläther viel weniger giftig als Thymol selbst[5]). Sie rufen unregelmäßige Krämpfe der Körpermuskulatur hervor, lassen aber das Atemzentrum unbeeinflußt, während Thymol sofortigen Atemstillstand und Asphyxie hervorrufen.

C. Küster und Günzler[6]) haben bei Darmdesinfektion zum Teil günstige Beobachtungen mit Thymol gemacht. Thymophen ist das Mononatriumsalz des Thymolesters des p-Oxybenzoesäure-Phosphorsäureesters. Es wirkt stark entwicklungshemmend auf Bakterien. Die von Ellinger und Adler mit Thymol-

[1]) D.R.P. 181288. [2]) D.R.P. 77317. — Liebigs Ann. d. Chem. Bd. 278, S. 20.
[3]) Bull. des sciences pharmacol. Bd. 17, S. 373. 1910.
[4]) Dtsch. med. Wochenschr. Bd. 44, S. 716. 1918.
[5]) Busquet, H. u. Ch. Vischniac: Cpt. rend. hebdom. des séances de soc. de biol. Bd. 83, S. 1149. 1920.
[6]) Zeitschr. f. Hyg. u. Infektionskrankh. Bd. 81, S. 447. 1916.

estern erhaltenen Resultate wurden von H. Landau[1]) nicht bestätigt. A. Ellinger und L. Adler[2]) sahen bei Wiederholung ihrer Versuche wesentlich schlechtere Resultate.

Wasserlösliche Derivate des Thymols erhält man, wenn man die Alkalisalze der Bromameisensäure in wässeriger Lösung auf eine alkoholische Thymollösung bei mäßig erhöhter Temperatur einwirken läßt; beim Abkühlen der Lösung scheidet sich die neue Doppelverbindung krystallisiert ab[3]).

Durch den Verschluß der Hydroxyle bei der Verätherung verlieren die Phenole die ihnen eigentümlichen ätzenden und antiseptischen Eigenschaften und können, wie z. B. Veratrol (Brenzcatechindimethyläther), schließlich unwirksam werden. Daß dieses bei den Körpern der Safrolgruppe nicht der Fall ist, verdanken diese Körper nur ihrer sehr reaktionsfähigen ungesättigten fetten Seitenkette.

Der Versuch, vom Phenol ausgehend, wirksame Verbindungen dieser Substanz zu erhalten, hat verschiedene bedeutende Erfolge gezeitigt.

Kresatin, der Essigsäureester des m-Kresols, wird gegen Augenblennorrhöe empfohlen.

Die Rüttgerswerke und Kurt Gentsch[4]) stellen einen sauren m-Kresol-o-oxalsäureester dar, indem sie m-Kresol und Oxalsäure gemischt in der Kälte stehen lassen, bis die anfangs halbflüssige Masse fest geworden ist. Das Produkt hat wahrscheinlich die Zusammensetzung $CH_3 \cdot C_6H_4 \cdot O \cdot C(OH)_2 \cdot O \cdot C_6H_4 \cdot CH_3$. Die Verbindung zersetzt sich bei 51° in ihre Komponenten und soll dem m-Kresol gegenüber eine gesteigerte desinfizierende Wirkung haben. Sie heißt Kresosteril[5]).

Phenol-o-oxalsäureester wird dargestellt, indem man wasserfreie Oxalsäure mit geschmolzenem Phenol im Verhältnis von 1 Mol. Oxalsäure zu 2 Mol. Phenol mischt, bis zum Beginnen der Selbsterhitzung gut durchrührt und die Veresterung unter Einfluß dieser Erhitzung sich vollziehen läßt[6]).

Man erhält Komplexverbindungen aus Halogenphenolen und deren Homologen, indem man diese mit Alkalihydroxyden oder alkalisch reagierenden Salzen behandelt. Diese Verbindungen zeichnen sich angeblich durch große Desinfektionskraft aus, sind wasserlöslich und geruchlos. Sie sind auch nicht hygroskopisch und gut krystallisationsfähig[7]).

Man kann durch Zusammenbringen von Benzaldehyd $C_6H_5 \cdot CHO$, Salicylaldehyd $OH \cdot C_6H_4 \cdot CHO$ mit Eiweiß, Casein oder Albumosen, Aldehydproteinverbindungen darstellen, in denen anscheinend die Aldehydgruppe mit den Aminogruppen des Eiweißes in Reaktion getreten ist und die angeblich antiseptische Eigenschaft zeigen[8]).

α-Naphthol und β-Naphthol sind merkwürdigerweise verschieden giftig, und zwar α-Naphthol stärker giftig als β-Naphthol. Wegen der schweren Löslichkeit wird β-Naphthol nur als Darmantisepticum und in der Dermatologie angewendet. β-Naphtholnatrium $C_{10}H_7 \cdot ONa$, welches in Wasser leichter löslich ist, hat den Namen Mikrocidin.

Ein Naphtholderivat für dermatologische Zwecke ist Epicarin, d. i. β-Oxynaphthoyl-oxy-m-toluylsäure $(COOH)(OH)C_6H_3 \cdot CH_2 \cdot C_{10}H_6 \cdot OH$. Es besitzt starken Säurecharakter und bildet wasserlösliche Salze. Es ist ein starkes, nicht reizend wirkendes Antisepticum, das bei innerlicher Darreichung zum größten Teil unverändert wieder ausgeschieden wird[9]). Es wird gegen parasitäre Hautkrankheiten, wie Scabies, Herpes tonsurans, Hunderäude usw. empfohlen[10]).

Naphthylaminsulfosäure (Naphthionsäure) $C_{10}H_6 \cdot (NH_2) \cdot SO_3H$ wurde aus ganz anderen Gründen empfohlen[11]). Sie besitzt die Eigenschaft, sich mit Nitrit zu der für den Organismus verhältnismäßig unschädlichen und leicht

[1]) Münch. med. Wochenschr. 1918, Nr. 23.
[2]) Münch. med. Wochenschr. 1918, Nr. 29. [3]) D.R.P. 291935.
[4]) D.R.P. 229143. [5]) Hyg. Rundschau. Bd. 20, S. 1042. 1910.
[6]) Schülke & Mayr in Hamburg, D.R.P. 226231. [7]) D.R.P. 247410.
[8]) D.R.P. 105499. [9]) Pharmazeut. Zentralhalle. Bd. 41, S. 87.
[10]) Kaposi: Wien. med. Wochenschr. 1900, Nr. 86.
[11]) Riegler, E.: Wien. med. Blätter 1897, Nr. 14.

zersetzlichen Diazoverbindung umzusetzen und wurde von **Riegler** gegen Nitritvergiftung, Blutvergiftung und, da die Jodausscheidung bei Jodismus angeblich auf Gegenwart von Nitriten beruht, auch dagegen empfohlen. Zur Verhinderung der Harnalkaleszenz bei Blasenleiden wurde diese Säure ebenfalls angewendet.

Unter Verwendung von Tetralin[1]) wird ein Desinfektionsmittel angegeben, das gekennzeichnet ist durch die Verwendung von ar-Tetrahydronaphtholen oder im aromatischen Kern durch Nitrogruppen, Quecksilbersalzreste, Alkyle oder Halogene substituierte ar-Tetrahydronaphtholen oder ihrer Salze, für sich oder in Verbindung mit Säuren oder Seifen von Fettsäuren oder sulfurierten Fetten, gegebenenfalls unter Zusatz von Formaldehyd. Den ar-Tetrahydronaphtholen kommt eine sehr bedeutende Desinfektionswirkung zu, weitaus größer als den Naphtholen selbst. Sie sind nach dieser Richtung hin den Phenolen und den desinfektorisch außerordentlich wirksamen Xylenolen sehr nahestehend.

Tetralin wird hauptsächlich als Terpentinersatz in der Technik angewandt.

Tetralin (Tetrahydronaphthalin) geht zu einem kleinen Teil im Organismus in dl-ac-α-Tetrahydronaphthalinharnstoff über[2]). Es wird vom tierischen Organismus vorwiegend als ac-α-Tetrolylglykuronsäure, ein kleiner Teil unverändert durch die Atmung ausgeschieden. Beim Menschen entsteht ein Pigment, sodann eine durch oxydierende Agentien nachweisbare Leukoverbindung, ferner Dihydronaphthalin und Napthalin. Dihydronaphthalin wird ebenfalls vorwiegend als gepaarte Glykuronsäure ausgeschieden, die aufs leichteste Naphthalin abgespaltet[3]).

Eine Carbonsäure des ar-Tetrahydro-β-naphthols sowie ihre Ester- und Acylderivate erhält man, wenn man die völlig trockenen Alkalisalze dieses Naphthols bei Temperatur von über 100° mit CO_2 unter Druck behandelt und gegebenenfalls die nach dem Ansäuern des Reaktionsproduktes erhaltene freie Säure in an sich bekannter Weise in die entsprechenden Ester oder ihre Acylderivate überführt[4]).

Aus einer Reihe von Harnstoffderivaten von aromatischen Sulfosäuren wurde eine Verbindung, Germanin benannt, gefunden, welche die sehr merkwürdige Eigenschaft besitzt, den Erreger der Schlafkrankheit, wenn auch nicht zu töten, so doch mindestens funktionsuntüchtig zu machen. Welche von der in folgenden Patenten beschriebene Verbindung das wirksame Germanin ist, ist bis jetzt nicht mitgeteilt worden. Es wurde die Vermutung ausgesprochen, daß die Wirkung in der Weise zustande kommt, daß die Sulfosäure mit einem basischen Bestandteil der Zelle eine unlösliche Verbindung gibt oder ihn mit Beschlag belegt.

Germanin verändert kolloidales Eiweiß derart, daß es alle seine charakteristischen Reaktionen verliert. Es macht antitoxisches Serum unwirksam. Im anaphylaktischen Versuch ist das an Germanin gekuppelte Eiweiß nicht mehr imstande, den Shock auszulösen[5]).

In allen gegen Trypanosomen als wirksam befundenen Substanzen dieser Reihe nehmen die Schwefelsäurereste im Naphthalinkern die Position 3.6 ein, während die Oxy-, Amino-, Aminoxy-, Dioxy-, Diamino-Reste am besten in die Stellung 7 des Naphthalinkerns verlegt werden.

Durch Einwirkung aromatischer Nitrocarbonsäurehalogenide auf 1.8-Aminonaphtholsulfosäuren erhält man in der Aminogruppe substituierte Nitroverbindungen dieser Körper, die bei der Reduktion in die entsprechenden Aminoverbindungen übergehen. Durch Behandlung mit Phosgen kann man sie in Harnstoffderivate überführen, welche auf Blutparasiten tödlich wirken. Anstatt die Aminobenzoylverbindungen direkt mit Phosgen zu behandeln, kann man durch weitere Einwirkung von Nitrobenzoylhalogenen und darauf-

---

[1]) D.R.P. 302003.

[2]) **Schroeter, G. u. K. Thomas**: Hoppe-Seylers Zeitschr. f. physiol. Chem. Bd. 101, S. 262. 1918.

[3]) **Pohl u. Rawicz**: Hoppe-Seylers Zeitschr. f. physiol. Chem. Bd. 104, S. 95. 1919.

[4]) Tetralin Gesellschaft, Berlin, D.R.P. 357663.

[5]) Zeitschr. f. Immunitätsforsch. und exp. Ther. Bd. 47, S. 110. 1926.

folgende Reduktion den Aminobenzoylrest zwei oder mehrere Male in das Molekül einführen und dann erst die entsprechenden Harnstoffderivate darstellen. In vielen Fällen wird dadurch noch eine stärkere Wirkung gegenüber den Blutparasiten erzielt. Dargestellt wurden

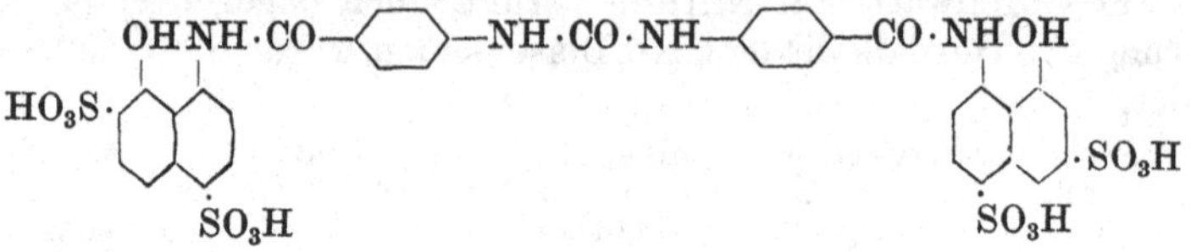

OH NH · CO—⟨ ⟩—NH · CO · NH—⟨ ⟩—CO · NH OH

HO_3S · [Naphthalinring] · SO_3H … [Naphthalinring] · SO_3H, SO_3H

und

OC⟨ NH—⟨ ⟩—CO · NH—⟨ ⟩—CO · NH OH (HO_3S · [Naphthalinring] · SO_3H)

NH—⟨ ⟩—CO · NH—⟨ ⟩—CO · NH OH (HO_3S · [Naphthalinring] · SO_3H)

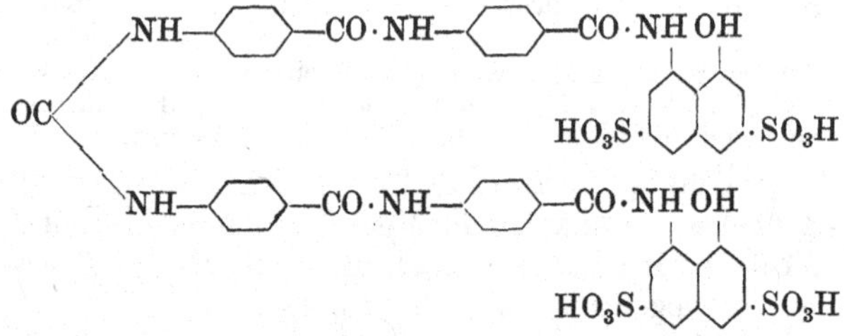

Diese Verbindungen wirken auf Trypanosomen und Spirochäten[1]).

Die gleichen therapeutischen Eigenschaften kommen auch Harnstoffen zu, die sich in gleicher Weise von substituierten Naphthalinaminsulfosäuren ableiten. Als besonders wirksam erwiesen sich außer den durch Halogen substituierten Harnstoffen der genannten Art Harnstoffe, die sich von 1-Amino-8-alkoxynaphthalinsulfosäuren ableiten. Man erhält sie, indem man die fertigen Harnstoffe nach D.R.P. 278122, 284938, 288272 mit alkylierenden Mitteln behandelt oder indem man von in der Hydroxylgruppe alkylierten Aminonaphtholsulfosäuren ausgeht und diese in die entsprechenden Harnstoffe nach den angeführten Patenten überführt[2]).

Wie die sonstigen Derivate der Naphthylaminsulfosäuren können auch die im Kern hydroxylierten Naphthylaminsulfosäuren ganz allgemein zur Darstellung von Harnstoffen und Thioharnstoffen verwendet werden[3]).

Ebenso therapeutisch wirksame Verbindungen wie nach D.R.P. 278122 erhält man durch Behandlung von zwei verschiedenen, in der Aminogruppe durch Aminoacidylreste substituierten Aminosäuren der aromatischen Reihe, von denen wenigstens eine der Naphthalinreihe angehört, in molekularem Verhältnis mit Phosgen oder Thiophosgen oder deren Ersatzmitteln[4]).

In den Harnstoffen des Hauptpatentes und seiner früheren Zusätze kann man Diaminoacetylreste der Benzolreihe auch ganz oder teilweise durch Aminoacetylreste anderer Ringsysteme, z. B. durch den Aminonaphthoylrest, ersetzen und auch an Stelle der den Harnstoff bildenden CO-Gruppe die CS-Gruppe einführen, ohne daß dadurch die wertvollen Eigenschaften der Produkte verloren gehen.

Aromatische, nicht der Naphthalinreihe angehörige aminoacidylierte Aminosäuren, die den Aminoacidylrest zweimal oder mehrere Male hintereinander enthalten, erhält man, wenn man Phosgen oder Thiophosgen oder ihre Ersatzprodukte auf sie einwirken läßt. Die Produkte sind therapeutisch ähnlich wirksam wie die des D.R.P. 278122. Beschrieben sind der Harnstoff der m-Aminobenzoylverbindung, der m-Aminobenzoylaminosulfosalicylsäure. Ferner sind beschrieben der Harnstoff aus m-Aminobenzoyl-m-aminobenzoylaminocarbazoldisulfosäure und der Thioharnstoff aus m-Aminobenzoyl-m-aminobenzoylanilin-2.5-disulfosäure[5]).

Es werden Beispiele für die Anwendung der durch Einwirkung von 1-Nitronaphthalin-5-sulfochlorid auf 1-Naphthylamin-3.6-disulfosäure und nachfolgende Reduktion darstellbaren Säure, sowie der durch Einwirkung von Nitroanisoylchlorid auf 1.5-Aminonaphthoyl-1-amino-8-naphthol-1.4.6-disulfosäure und darauf folgende Reduktion erhaltenen Säure zur Darstellung der Harnstoffe und der durch zweimalige Einwirkung von m-Nitrobenzoylchlorid auf 1.8-Aminonaphthol-3.6-disulfosäure und darauffolgende Reduktion erhaltene Säure, der durch Einwirkung von m-Nitrobenzolsulfochlorid auf p-Aminobenzoyl-1-naphthylamin-3.6-disulfosäure und folgende Reduktion dargestellte Säure, sowie der durch zweimalige Einwirkung von Nitroanisoylchlorid auf 1.8-Aminonaphthol-3.6-disulfosäure und folgende Reduktion erhaltenen Säure in die Thioharnstoffe gegeben[6]).

Bei teilweisem oder vollständigem Ersatz der Aminobenzoylgruppen der aminobenzoylierten 1.8-Aminonaphtholsufosäuren durch Aminobenzoylsulfonylreste gelangt man

---

[1]) Bayer, D.R.P. 278122. [2]) Bayer, D.R.P. 289107, Zusatz zu D.R.P. 278122.
[3]) Bayer, D.R.P. 289271, Zusatz zu D.R.P. 278122. [4]) Bayer, D.R.P. 289163.
[5]) Bayer, D.R.P. 291351. [6]) D.R.P. 289270, Zusatz zu D.R.P. 278122.

zu Harnstoffen, die wie die Produkte des Hauptpatentes eine kräftig abtötende Wirkung auf Blutparasiten haben. Man verfährt derart, daß man die zur Darstellung der Verbindungen des Hauptpatentes benutzten Nitrobenzoylhalogene in beliebiger Reihenfolge ganz oder teilweise durch Aminobenzoylhalogene, ihre Homologen oder Substitutionsprodukte ersetzt. Beschrieben sind die Derivate der m-Aminobenzoylsulfonyl-1.8-aminonaphthol-3.6-disulfosäure, der Aminoanisoyl-m-aminobenzolsulfonyl-1.8-aminonaphthol-3.6-disulfosäure und von Aminobenzolsulfonylaminoanisoyl-1.8-aminonaphthol-3.6-disulfosäure[1]).

Wenn man bei der Behandlung von 1.8-Aminonaphtholsulfosäuren, die in der Aminogruppe ein oder mehrere Male durch Aminobenzoylreste substituiert sind, mit Phosgen die Aminobenzoylgruppen teilweise oder vollständig durch Reste von Aminoarylfettsäuren und Aminoarylolefincarbonsäuren, wie Aminophenylessigsäure oder Aminozimtsäure ersetzt, gelangt man zu Harnstoffen, die ebenso wie die Produkte des Hauptpatentes eine kräftig abtötende Wirkung auf Blutparasiten besitzen. Zur Herstellung dieser Harnstoffe verfährt man derart, daß man die zur Darstellung der Verbindungen des Hauptpatentes oder des D.R.P. 284938 benutzten Nitroacidylhalogene hier in beliebiger Reihenfolge ganz oder teilweise durch Säurehaloide von Nitroarylfettsäuren oder Substitutionsprodukten ersetzt. Die Patentschrift enthält Beispiele für die Anwendung von Derivaten der 1.8-Aminonaphthol-4.6-disulfosäure und der 1.8-Aminonaphthol-3.6-disulfosäure[2]).

Auch die entsprechenden Harnstoffderivate aus α- und β-Naphthylaminsulfosäuren haben bei relativer Unschädlichkeit dem Wirt gegenüber eine kräftige parasitocide Wirkung. Beschrieben sind Aminoacylderivate von 1- und 2-Naphthylamin-3.6-disulfosäure, 1-Naphthylamin-4.6.8-trisulfosäure und von 2-Naphthylamin-5.7-disulfosäure[3]).

Das Dinatriumsalz der 1-Aminonaphthalin-4.6.8-trisulfosäure wird mit dem Chlorid der 3-Nitro-4-methylbenzol-1-carbonsäure behandelt, die Nitro-N-acylverbindung reduziert, die 1.3′-Amino-4′-methylbenzoylaminonaphthalin-4.6.8-trisulfosäure mit m-Nitrobenzoylchlorid N-acyliert, die Nitro-N-acylverbindung reduziert und die 1-m′-Aminobenzoyl-m-amino-p-methylbenzoyl-aminonaphthalin-4.6.8-trisulfosäure durch Einwirkung von Phosgen in den symmetrischen Harnstoff übergeführt, der schließlich aus dem eingedampften und vorher mit Soda neutralisierten Reaktionsgemisch mit Methylalkohol extrahiert.

$$CO\left[(NH)^{1}\cdot C_6H_4\cdot CO^{3}NH^{3'}\cdot (CH_3)^{4}\cdot C_6H_3\cdot CO^{1'}\cdot NH\text{–}C_{10}H_4(SO_3Na)(NaO_3S)(SO_3Na)\right]_2$$

Die Substanz wirkt stark auf Trypanosomen[4]).

* * *

Ersetzt man im Benzolkern ein Wasserstoffatom statt durch eine Hydroxylgruppe durch eine Carboxylgruppe, so erhält man eine wenig wirksame und wenig giftige Substanz, die Benzoesäure $C_6H_5\cdot COOH$, von sehr geringer antiseptischer Kraft. Das Eintreten eines Hydroxyls, namentlich in der o-Stellung (Bildung von Salicylsäure), macht sie wieder wirksamer. Auch das Eintreten einer Fettsäure statt des Carboxyls in den Benzolkern führt zur Entstehung antiseptisch wirkender Verbindungen.

Von theoretischem Interesse ist ferner, zu sehen, wie sich die antiseptische Kraft der Phenole ändert, wenn man statt des Hydroxyls Fettsäuregruppen in den Benzolkern einführt. Die Benzoesäure hat ja bekanntlich sehr geringe therapeutische und antiseptische Eigenschaften. Die phenylsubstituierten Fettsäuren wachsen in ihrer antiseptischen Wirkung mit dem Wachsen des Molekulargewichtes der substituierten Säure. So wirkt Phenylessigsäure $C_6H_5\cdot CH_2\cdot COOH$ stärker als Phenol; Phenylpropionsäure $C_6H_5\cdot CH_2\cdot CH_2\cdot COOH$ stärker als Phenylessigsäure, Phenylbuttersäure $C_6H_5\cdot CH_2\cdot CH_2\cdot CH_2\cdot COOH$ kräftiger als Phenylpropionsäure[5]). Hingegen hat Duggan[6]) gezeigt, daß sich die antiseptische Wirkung in der Fettsäurereihe umgekehrt verhält. Hier ist die Ameisen-

[1]) D.R.P. 284938, Zusatz zu D.R.P. 278122.
[2]) D.R.P. 288272, Zusatz zu D.R.P. 278122.
[3]) D.R.P. 288273, Zusatz zu D.R.P. 278122.
[4]) Poulenc Frères u. Ernest Fourneau u. J. Tréfouël, Paris, E.P. 224849/1924, F.P. 585962. [5]) Laws, Parry: Journ. of physiol. Bd. 17, S. 360.
[6]) Cpt. rend. des séances de la soc. de biol. 1886, S. 614.

säure $H \cdot COOH$ die stärkste, hierauf folgt die Essigsäure $CH_3 \cdot COOH$ und schließlich die Propionsäure $CH_3 \cdot CH_2 \cdot COOH$. Um das Wachsen des Bacillus subtilis zu unterdrücken, benötigt man Lösungen, die 7% Ameisensäure oder 9% Essigsäure oder 10% Propionsäure enthalten. Diese Prozentzahlen korrespondieren exakt mit dem relativen Molekulargewicht und mit der relativen Fähigkeit der Säuren, Basen zu neutralisieren. Phenylessigsäure und Phenylpropionsäure (Hydrozimtsäure) sind ungiftig und wurden ihrer günstigen Wirkung bei Tuberkulose empfohlen. Bei Typhus erniedrigt Phenylessigsäure die Temperatur und erhöht den Blutdruck.

Salicylsäure.

Die wichtige Entdeckung von Kolbe[1]), daß man vom Phenol leicht durch Einwirkung von Kohlensäure unter bestimmten Bedingungen zur Salicylsäure, o-Oxybenzoesäure

OH
COOH

gelangen kann und daß dieser Substanz sehr bedeutende antiseptische und gärungshemmende Eigenschaften zukommen, hat in der synthetischen Chemie geradezu Epoche gemacht. Der große Erfolg der Salicylsäure in der Medizin, welcher durch die Beobachtung von Stricker, daß die Salicylsäure beim akuten Gelenksrheumatismus spezifische Wirkung besitze, noch vergrößert wurde, war auch für die Theorie der Arzneimittelwirkung von Bedeutung. Die Salicylsäure wirkt bei akutem Rheumatismus unzweifelhaft spezifisch, während sie bei andern fieberhaften Erkrankungen einen geringen oder gar keinen therapeutischen Wert hat; ebenso wirkt sie nicht auf den Gesunden. Interessant sind folgende Verhältnisse: Phenol wirkt nicht bei Rheumatismus, während Benzoesäure eine erhebliche Wirkung hat, wenn sie auch zurücksteht hinter der der Salicylsäure. Die beiden isomeren m- und p-Oxybenzoesäuren wirken praktisch gar nicht.

Die Rheumatiker scheiden ca. 15% weniger Salicylsäure aus als normale Menschen, so daß eine gesteigerte Zerstörung beim fiebernden Rheumatiker angenommen wird[2]).

Salicin, Saligenin, Acetylsalicylsäure, Salicylsäuremethylester sind wirksam, weil sich aus ihnen im Körper Salicylsäure bildet, während Populin (Benzoylsalicin), Methylsalicylsäure und Dimethylsalicylsäure, aus denen sich im Körper keine Salicylsäure bildet, gegen Rheumatismus unwirksam sind. Phthalsäure und Toluylsäure sind beide gegen Rheumatismus ganz unwirksam[3]).

Während der Eintritt von Carboxylgruppen in aromatische Verbindungen, insbesondere in Phenole, im allgemeinen die Wirkung dieser Substanzen herabsetzt oder völlig aufhebt, ja sogar beim Phenol selbst durch Eintritt der Carboxylgruppe in zwei Stellungen völlig unwirksame Substanzen entstehen, wie p-Oxybenzoesäure (OH, COOH) und m-Oxybenzoesäure (OH, COOH) wird wohl durch den Eintritt einer Carboxylgruppe in der o-Stellung die Giftigkeit des Phenols herabgesetzt, aber das neue Produkt, die Salicylsäure, erhält bei geringerer absoluter Giftigkeit auch neue, therapeutische Eigenschaften, welche die der Ausgangssubstanz, des Phenols, weitaus übertreffen.

[1]) Liebigs Ann. d. Chem. Bd. 113, S. 115; Bd. 125, S. 201.

[2]) Hanzlik, P. J., R. W. Scott u. T. W. Thoburn: Journ. of pharmacol. a. exp. therapeut. Bd. 9, S. 247. 1917.

[3]) Stockmann, Ralph: Proc. of the roy. soc. of med. Bd. II, Dezember 1, 1908.

Die Salicylsäure ist ein schwaches Antisepticum, aber wirkt stark entwicklungshemmend auf Mikroorganismen.

Ursprünglich hat Kolbe[1]) Salicylsäure synthetisch gewonnen, indem er Kohlensäure in kochendes Phenol, dem Natrium zugesetzt war, einleitete. Wenn man Kalihydrat statt des Natrons verwendet, so erhält man hauptsächlich p-Oxybenzoesäure. Man gelangt technisch aber besser zum Ziele, wenn man statt des Natriummetalls Ätznatron anwendet und durch Erhitzen von Phenol mit Natronhydrat trockenes Phenolnatrium darstellt und in dieses Kohlensäure einleitet. Hierbei bildet sich aber nur aus der Hälfte des angewandten Phenols Salicylsäure. Schmitt[2]) hat die ursprüngliche Kolbesche Synthese in der Weise vervollkommt, daß er Phenolnatriumcarbonat unter Druck auf ca. 140° erhitzt, wobei es quantitativ in Natriumsalicylat übergeht. Dieses Verfahren läßt sich auch in gleicher Weise für die Darstellung von Oxynaphthalincarbonsäure und Oxychinolincarbonsäure verwerten, welche nach dem ursprünglichen Kolbeschen Verfahren zu erhalten nicht möglich war[3]).

Von keiner praktischen Bedeutung sind die Versuche, vom Diphenylcarbonat ausgehend, durch Erhitzen dieser Substanz, einer äquivalenten Menge von Natriumhydrat und Alkohol auf 200° Salicylsäure zu erhalten[4]). Diphenylcarbonat erhält man durch Einleiten von Chlorkohlenoxyd in Phenolnatrium, eine Methode, die weiterhin in der Weise geändert wurde, daß man gleiche Molekulargewichte von Diphenylcarbonat, Natronhydrat und Phenolnatrium zusammengeschmolzen hat. Derselbe Gedanke wurde dann weiter ausgebildet, indem man den Prozeß in eins zusammenzog und in ein trockenes Gemenge von Phenol und Ätznatron Phosgen einleitet und auf 200° erhitzt. Alle diese Methoden haben den Nachteil, daß im Gegensatz zur Schmittschen Methode, welche eine quantitative Umwandlung des angewendeten Phenols in Salicylsäure ermöglicht, bei diesen Methoden der allergrößte Teil des angewendeten Phenol unverändert bleibt und nur ein kleiner Teil in die Salicylsäuresynthese eingeht.

Ein anderes Verfahren zur Darstellung der Salicylsäure schlug S. Marasse[5]) vor, bei dem im Gegensatz zu den bisherigen statt Natrium Kalium verwendet wird. Man mischt Phenol mit Pottasche und setzt einen Überschuß dieses Salzes zu, um zu vermeiden, daß beim Erwärmen die Masse teigig wird. Bei einer Temperatur zwischen 130 und 160° leitet man dann Kohlensäure ein, wobei rasch eine Bildung von salicylsaurem Kali stattfindet.

Zentner und Max Landau beschreiben ein Verfahren zur Darstellung von Phenolcarbonsäuren, bei denen man auf Phenole, deren Homologen oder Substitutionsprodukte Tetrachlorkohlenstoff und Alkalilauge in Gegenwart von Kupfer oder Kupferverbindungen einwirken läßt[6]).

Die Untersuchungen von Kolbe haben, was für die Theorie der Salicylsäurewirkung sehr wichtig ist, gezeigt, daß die Wirkung diser Oxybenzoesäure von der o-Stellung abhängig ist; weder die p-Oxybenzoesäure, noch die m-Oxybenzoesäure besitzen antiseptische Wirkungen oder die therapeutischen Effekte der Salicylsäure[7]). Auch von den Kresotinsäuren $(OH) \cdot CH_3 \cdot C_6H_3 \cdot COOH$ ist die der Salicylsäure homologe p-Kresotinsäure

COOH
·OH
$H_3C\cdot$

wirksam[8]). Die Kresotinsäuren unterscheiden sich von den Oxybenzoesäuren dadurch, daß ein Kernwasserstoff durch eine Methylgruppe ersetzt ist. Man gelangt zu ihnen von den Kresolen $CH_3 \cdot C_6H_4 \cdot OH$ ausgehend, und sie verhalten sich zu den Kresolen chemisch wie die Salicylsäure zum Phenol, d. h. sie sind die Carbonsäuren der Kresole. o-Kresotinsäure ist von allen dreien physiologisch die wirksamste, weil auch hier die o-Stellung ebenso wie bei der Salicylsäure die Wirksamkeit begünstigt, aber sie ist trotz ihrer physiologischen Wirksamkeit therapeutisch nicht verwertbar, da sie nach verhältnismäßig kleinen Gaben eine Lähmung des Herzmuskels ver-

[1]) D.R.P. 426. [2]) D.R.P. 29939. [3]) D.R.P. 31240.
[4]) D.R.P. 24151, 27609, 28985, 30172. [5]) D.R.P. 73279.
[6]) D.R.P. 258887.
[7]) Sie sind aber angeblich therapeutisch nicht ganz unwirksam (Privatmitt. Mohr).
[8]) Demme: Ber. d. Kinderspitals Bern 1888, S. 49.

ursacht. p-Kresotinsäure steht in bezug auf die Wirkung hinter der Salicylsäure zurück, aber sie wird vom Organismus gut vertragen, während m-Kresotinsäure als ganz unwirksam anzusehen ist. Wird in der Salicylsäure also ein Kernwasserstoff durch eine Methylgruppe ersetzt, so steigt die Giftigkeit dieser Verbindung, während es beim Phenol umgekehrt ist, da die Kresole weniger giftig sind als die Phenole. Die Kresole können zu der betreffenden weniger giftigen Carbonsäuren oxydiert werden, während bei den Kresotinsäuren die Methylgruppe oxydativ nicht angegriffen wird, da ja schon eine Carboxylgruppe vorhanden ist.

Der Salicylsäure kommen als unangenehme Nebenerscheinungen vornehmlich der schlechte (süßliche) Geschmack, insbesondere dem Natriumsalze, zu und ferner der Umstand, daß einzelne Individuen sowohl von der Salicylsäure als auch von salicylsaurem Natron in der Weise belästigt werden, daß sich Sensationen vom Magen aus geltend machen, die wohl auf die Ätzwirkung der Salicylsäure auf die Magenschleimhaut zurückzuführen sind. Die Versuche, die im großen und ganzen unwesentlichen Nebenwirkungen zu umgehen, haben zu einzelnen interessanten und zu einer äußerst wichtigen Synthese geführt.

Der Salicylsäure und einzelnen Derivaten derselben kommen Eigenschaften zu, als leichte Nervennarkotica zu wirken wie die antipyretischen Mittel z. B. der Acetylsalicylsäure.

Acylierte Salicylsäuren.

Man hat durch den Verschluß der Hydroxylgruppe durch ein Essigsäureradikal Acetylsalicylsäure (Aspirin) dargestellt $C_6H_4<^{O \cdot OC \cdot CH_3\ (1)}_{COOH\ (2)}$, welche der Organismus viel besser verträgt als die Salicylsäure selbst[1]). Aspirin unterscheidet sich vom Natriumsalicylat durch das Fehlen des süßlichen Geschmackes. Im Organismus wird durch Abspaltung der Essigsäure die wirksame Salicylsäure wieder regeneriert. Beim Wärmestich entwickelt Acetylsalicylsäure in geringer Dosis eine stark antipyretische Wirkung, während Salicylsäure keine oder eine weit geringere hat. Sie ist ein Fiebernarkoticum. Die Spaltung im Darm verläuft wahrscheinlich sehr langsam, so daß Acetylsalicylsäure als solche resorbiert wird. Im Körper selbst wird aber die Acetylgruppe abgespalten, da im Harn nur Salicylsäure auftritt[2]). Acetylsalicylsäure wirkt nach allen klinischen Erfahrungen wie Salicylsäure, hat außerdem starke narkotische Wirkungen. Bei Typhus hat sie antipyretische Wirkungen, wie sie in gleicher Weise der Salicylsäure, dem Diaspirin und Diplosal bei gleich geringer Dosis noch nicht zukommen[3]).

Die Darstellung und Einführung der Acetylsalicylsäure bedeutet einen großen Fortschritt und Erfolg nach der Richtung hin, daß ein nicht basisches Antipyreticum und Antinervinum neben den vielen basischen eingeführt wurde; die geringe Giftigkeit und die sonstigen Vorzüge haben der Acetylsalicylsäure einen anfangs nicht geahnten Erfolg verschafft.

Man läßt behufs Darstellung dieser Substanz Salicylsäure mit der anderthalbfachen Menge Essigsäureanhydrid zwei Stunden lang auf dem Ölbade reagieren, wobei Salicylsäure völlig in Lösung geht und beim Erkalten Acetylsalicylsäure herauskrystallisiert oder man erhitzt Salicylsäure und Acetylchlorid auf 80°, wobei man dasselbe Reaktionsprodukt erhält. Man erhält bessere Ausbeuten von dieser Verbindung, wenn man in Gegenwart eines Kondensierungsmittels, wie konz. Schwefelsäure, Zinkchlorid, Natriumacetat oder dergleichen arbeitet. In gleicher Weise wird durch Erhitzen der Salicylsäure oder ihrer Salze mit den Anhydriden oder Chloriden der Propion-, Butter- oder Valeriansäure oder der höheren Fettsäuren mit oder ohne Zusatz eines Kondensierungsmittels Propionyl-, Butyryl-, Valeryl- und höhere Acylsalicylsäuren gewonnen[4]).

---

[1]) Pflügers Arch. f. d. ges. Physiol. Bd. 76, S. 306.
[2]) Bondi, S. u. Katz: Zeitschr. f. klin. Med. Bd. 72, H. 1 u. 2.
[3]) Bondi, S.: ebenda. [4]) E.P. 11596.

o-Acetylderivate aromatischer Oxycarbonsäuren erhält man durch Behandlung der Säuren bei Gegenwart geringer Mengen tertiärer Basen mit Essigsäureanhydrid, erst unter Verwendung eines geeigneten Verdünnungsmittels ohne äußere Wärmezufuhr[1]).

Acetylsalicylsäure stellt man dar durch Einleiten von Keten in ätherische Salicylsäure[2]).

Acetylsalicylsäure erhält man, wenn man Äthylidenacetat ohne Benutzung von Katalysatoren auf Salicylsäure unter Erwärmen einwirken läßt[3]).

Ervasin ist Acetyl-p-kresotinsäure, es wurde als Ersatzmittel für Salicylsäure empfohlen[4]).

Die folgenden Verfahren verfolgen den Zweck, leicht lösliche haltbare Salze der Acetylsalicylsäure darzustellen.

G. Richter, Budapest, stellt die Alkalisalze der Acetylsalicylsäure in der Weise her, daß er Lösungen oder Suspensionen der Acetylsalicylsäure in Methylalkohol oder etwas Wasser enthaltendem Aceton mit festen Alkalicarbonaten verrührt und die gebildeten Alkalisalze aus der filtrierten Lösung durch Äther ausfällt[5]). Dieses Verfahren dient zur Darstellung des Hydropyrins, des Lithiumsalzes der Acetylsalicylsäure und des Calciumsalzes, des Kalmopyrins.

Das Calciumsalz der Acetylsalicylsäure erhält man, wenn man Acetylsalicylsäure in wässeriger Suspension so lange mit Calciumcarbonat verrührt, bis keine Kohlensäureentwicklung mehr stattfindet und alsdann aus der filtrierten wässerigen Lösung das Calciumsalz der Acetylsalicylsäure mit Alkohol oder Methylalkohol ausfällt[6]).

Acetylsalicylsaures Natrium erhält man durch Einwirkung trockener fein gepulverter Acetylsalicylsäure auf die äquivalente Menge wasserfreien Natriumcarbonates in Gegenwart von Essigester[7]).

Zwecks Herstellung von acetylsalicylsaurem Natrium, sowie der Natriumsalze der Kernhomologen der Acetylsalicylsäure läßt man auf diese Säuren in trockenem, fein gepulvertem Zustande die äquivalente Menge wasserfreies Natriumcarbonat in Gegenwart von Alkylestern aliphatischer Säuren unter Ausschluß von Essigester bei Anwendung von Acetylsalicylsäure einwirken[8]).

Zwecks Darstellung von Alkalisalzen der Acetylsalicylsäure und ihrer Kernhomologen werden wasserfreie Alkohole oder Ketone der aliphatischen Reihe in einer für die Lösung der gebildeten Alkalisalze in diesen Mitteln unzureichenden Menge auf äquivalente Mengen von Acetylsalicylsäure oder ihrer Kernhomologen und wasserfreien Alkalicarbonaten bei gewöhnlicher Temperatur so lange einwirken gelassen, bis eine Probe des Reaktionsgemisches sich in Wasser ohne Kohlensäureentwicklung vollständig auflöst. Beschrieben ist die Darstellung von acetylsalicylsaurem Natrium und Lithium sowie von acetyl-p-kresotinsaurem Kalium[9]).

Das Calciumsalz der Acetylsalicylsäure erhält man, wenn man unter Ausschluß von Wasser auf die alkoholische Lösung einer Mischung von Acetylsalicylsäure und Calciumchlorid Ammoniak einwirken läßt[10]).

Acetylsalicylsäure wird mit Kalkhydrat in Gegenwart von wässeriger Kochsalzlösung neutralisiert, wobei das Calciumsalz der Acetylsalicylsäure unmittelbar ausfällt[11]).

Die Calcium-, Magnesium- und Lithiumsalze der Acetylsalicylsäure erhält man, wenn man äquivalente Mengen der entsprechenden Metallcarbonate und der Säure in Gegenwart geringer Mengen Wasser aufeinander einwirken läßt[12]).

Man läßt in alkoholischer Lösung auf Acetylsalicylsäure Calciumalkoholate oder Calciumsalze organischer Säuren oder auf die Alkalisalze der Acetylsalicylsäure (mit Ausnahme des Lithiumsalzes) Calciumsalze solcher Säuren einwirken, deren Alkalisalze in Alkohol löslich sind[13]).

Man läßt auf in Alkohol gelöste Acetylsalicylsäure Calciumsalze in Gegenwart einer organischen Base einwirken, z. B. Pyridin oder Anilin[14]).

Bei der Einwirkung von Calciumsalzen organischer Säuren auf freie Acetylsalicylsäure verwendet man an Stelle von Alkoholen Aceton als Lösungsmittel[15]).

---

[1]) Bayer, Leverkusen, D.R.P. 386679.
[2]) Ketoid, Wilmington, E.P. 237574/1925.
[3]) Auergesellschaft, D.R.P. 421021.
[4]) Rautenberg, C. E.: Med. Klinik 1912, Nr. 14. [5]) D.R.P. 251333.
[6]) Richter, Budapest, D.R.P. 251333. [7]) Wülfing, D.R.P. 270326.
[8]) D.R.P. 276668, Zusatz zu D.R.P. 270326.
[9]) D.R.P. 286691, Zusatz zu D.R.P. 270326. [10]) D.R.P. 275038.
[11]) Soc. chim. des Usines du Rhône, E.P. 190123/1922.
[12]) Howard & Sons u. J. W. Blagden, E.P. 171281/1920.
[13]) Bayer, D.R.P. 253924. [14]) D.R.P. 255672, Zusatz zu D.R.P. 253924.
[15]) D.R.P. 255673, Zusatz zu D.R.P. 253924.

Salze der Acetylsalicylsäure erhält man, wenn man in eine wässerige Suspension von Acetylsalicylsäure Oxyde, Hydroxyde oder Carbonate des Magnesiums bzw. Zinks zweckmäßig in der berechneten Menge unter gutem Rühren oder Schütteln des Reaktionsgemisches, gegebenenfalls unter Kühlung, einträgt und die gebildeten Salze durch Einengen ihrer wässerigen Lösung im Vakuum abscheidet. Beschrieben sind das Zink- und Magnesiumsalz[1]).

Man behandelt Acetylsalicylsäure mit dem Hydroxyd, Oxyd oder Carbonat des Magnesiums in organischen Lösungsmitteln behandelt und die erhaltene Lösung des acetylsalicylsauren Magnesiums im Vakuum einengt und daß man zwecks Abscheidung des Magnesiumsalzes in krystallinischer Form dem erhaltenen Sirup ein geeignetes Fällungsmittel, wie Äther, Alkohol, Methylalkohol und Aceton zusetzt[2]).

Novacyl ist acetylsalicylsaures Magnesia.

Acetylsalicylsaurer Harnstoff wird durch Vereinigung beider Komponenten in Alkohol und Eindampfen der Lösung im Vakuum dargestellt[3]). Die Verbindung wird Diafor genannt.

Durch Verestern von Trimethylessigsäure mit Salicylsäure oder deren kernmethylierten Derivaten erhält man Trimethylacetylsalicylsäure, bzw. Trimethylacetylkresotinsäure Die Produkte wirken antirheumatisch und diuretisch[4]).

Benzoylsalicylsäure

$$C_6H_4<\genfrac{}{}{0pt}{}{O\cdot CO\cdot C_6H_5}{COOH}$$

stellt man dar, indem man Dinatriumsalicylat mit Benzoylchlorid in einem indifferenten Lösungsmittel behandelt und die freie Säure aus dem Natriumsalz mittels Essigsäure abscheidet. Sie gibt keine Eisenchloridreaktion[5]).

Salicylosalicylsäure in krystallisierter Form wird hergestellt, indem man auf Salicylsäure oder deren Salze nicht mehr als die theoretische Menge eines sauren Kondensationsmittels, wie Phosgen, Phosphortrichlorid, Thionylchlorid so einwirken läßt, daß die Bildung von Disalicylid oder höheren molekularen Anhydriden vermieden wird[6]). Man kann auch Salicylosalicylsäure gewinnen, indem man die Kondensationsprodukte von Salicylsäure und sauren Kondensationsmitteln, wie Phosphortrichlorid usw. mit einer weiteren Menge Salicylsäure behandelt[7]).

Man erhält die krystallisierte Salicylosalicylsäure, wenn man am Phenolhydroxyl substituierte Salicylosalicylsäuren der partiellen Verseifung mit wässerigen Alkalien oder Säuren unterwirft, z. B. Acetylsalicylosalicylsäure, Äthylcarbonylsalicylosalicylsäure, Benzoylsalicylosalicylsäure[8]).

Man behandelt in einem indifferenten organischen Lösungsmittel, wie Aceton, Äthylacetat, Benzol oder Chloroform gelöste Salicylosalicylsäure bei mäßig erhöhten Temperaturen mit Alkali- oder Erdalkalicarbonate. Beschrieben ist salicylosalicylsaures Natrium[9]).

Anhydride acidylierter Salicylsäuren werden erhalten, wenn man die acidylierten Salicylkohlensäureäther von der allgemeinen Formel

$$C_6H_4<\genfrac{}{}{0pt}{}{O\ Acidyl}{CO\cdot O\cdot COO\ Alkyl}$$

längere Zeit für sich erwärmt[10]).

Heyden, Radebeul[11]), stellen Aryl- und Alkyloxyacidylsalicylsäuren her, indem sie Salicylsäure oder deren Salze mit den Halogeniden oder Anhydriden von Alkyl- oder Aryloxyfettsäuren mit oder ohne Kondensationsmitteln behandeln. Diese Substanzen sollen geschmacklos sein, während die eine Komponente, z. B. die Phenoxessigsäure, einen unangenehmen Geschmack und Geruch hat. Dargestellt wurden Phenoxyacetylsalicylsäure

$$O\cdot CO\cdot CH_2\cdot O\cdot C_6H_5$$
(Benzolring) COOH

und Äthoxyacethylsalicylsäure

$$O\cdot CO\cdot CH_2\cdot O\cdot C_2H_5$$
(Benzolring) ·COOH

[1]) O. Gerngroß u. Kast, D.R.P. 287661.

[2]) O. Gerngroß, Berlin, und H. F. Kast, Büdingen, D.R.P. 393481, Zusatz zu D.R.P. 287661. [3]) Schütz & Co., D.R.P. 274046.

[4]) Bayer, Leverkusen, D.R.P. 337733.

[5]) Hoffmann-La Roche, Basel, D.R.P. 169247.

[6]) Böhringer, Waldhof, D.R.P. 211403.

[7]) D.R.P. 214044, Zusatz zu D.R.P. 211403. [8]) Böhringer, D.R.P. 220941.

[9]) Merck, New York, A.P. 1483217. [10]) D.R.P. 224844.

[11]) D.R.P. 221385.

Acidylsalicylsäuren erhält man durch Acidylierung der Phenolhydroxylgruppe der Salicylsäure, ihrer Homologen oder Kernsubstitutionsprodukte mit solchen aliphatischen Oxysäuren, in denen die Oxygruppe selbst wieder durch einen aliphatischen oder aromatischen Säurerest verestert wird. Beschrieben sind Acetylglykolsalicylsäure

$$C_6H_4 \begin{matrix} \diagup COOH \\ \diagdown O \cdot CO \cdot CH_2 \cdot O \cdot CO \cdot CH_3 \end{matrix}$$

Acetylglykol-m- und p-kresotinsäure, Acetylglykolchlorsalicylsäure, Acetyllactyl-p-kresotinsäure, Cinnamoylglykolsalicylsäure, Anisoylglykolsalicylsäure[1]).

Acetylsalicylsäurechlorid erhält man durch Einwirkung von Thionylchlorid in der Wärme auf Acetylsalicylsäure in Benzol, am besten bei Siedetemperatur des Reaktionsgemisches bis zur Beendigung der Entwicklung von Salzsäure und schwefliger Säure[2]). Zwecks Darstellung von Salicylsäurechlorid wird Salicylsäure zweckmäßig in Benzol gelöst und mit Thionylchlorid in der Wärme am besten bei der Siedetemperatur des Reaktionsgemisches bis zur Beendigung der Entwicklung von Salzsäure und schwefliger Säure behandelt[3]). Die Chloride der Kernhomologen der Acetylsalicylsäure und Salicylsäure, wie der Acetylkresotinsäuren bzw. Kresotinsäuren werden durch Einwirkung von Thionylchlorid in Benzol dargestellt[4]).

Anhydride der Acylsalicylsäuren[5]) werden dargestellt, indem man entweder die Acylsalicylsäuren mit zweibasischen Säurehalogeniden in Gegenwart von tertiären Basen oder die Halogenide der Acylsalicylsäuren mit tertiären Basen und Wasser behandelt oder die Halogenide der Acylsalicylsäuren auf die Acylsalicylsäuren in Gegenwart von tertiären Basen oder anderen alkalisch wirkenden Mitteln oder auf die Salze der Acylsalicylsäuren einwirken läßt, z. B. wird Acetylsalicylsäureanhydrid durch Einwirkung von Thionylchlorid auf Acetylsalicylsäure in benzolischer Lösung bei Gegenwart von Pyridin gewonnen oder mit Phosgen. Man kann auch Acetylsalicylsäurechlorid auf Acetylsalicylsäure bei Gegenwart von Dimethylanilin einwirken lassen, oder man erhitzt Acetylsalicylsäurechlorid mit dem Natriumsalz der Acetylsalicylsäure. Man kann auch Acetylsalicylsäurechlorid in benzolischer Lösung mit Alkylpicolin behandeln.

Carboxäthylsalicylsäure wird in benzolischer Lösung mit Sulfurylchlorid behandelt. Man kann auch Benzoylsalicylsäure mit Phosgen und Chinolin behandeln oder Cinnamoylsalicylsäure mit Phosgen und Antipyrin[6]), Man kann als Kondensationsmittel statt der zweibasischen Säurehalogenide andere Säurehalogenide oder Schwefelhalogenide verwenden. Man erhält die Anhydride z. B. aus Acetylsalicylsäure, Phosphoroxychlorid, Benzol und Pyridin.

Carboxyalkylsalicylosalicylsäuren, z. B. $C_6H_4 \begin{matrix} \diagup O \cdot COO \cdot C_2H_5 \\ \diagdown CO \cdot O \cdot C_6H_4 \cdot COOH \end{matrix}$ entstehen, wenn man unter Ausschluß von Pyridin und analog wirkenden tertiären Basen auf die Salze der Salicylsäure, Chloralkylcarbonate entweder ohne Lösungsmittel oder in geeigneten Lösungsmitteln, wie Aceton, Methyläthylketon oder Wasser, aber in Abwesenheit von absolutem Alkohol zunächst in der Kälte zur Einwirkung bringt und alsdann das Reaktionsgemisch längere Zeit bei gewöhnlicher Temperatur stehen läßt[7]).

Succinylsalicylsäure erhält man so wie ihre Methylhomologen, wenn man die Halogenide der Bernsteinsäure auf die Salicylsäure oder homologen Kresotinsäuren einwirken läßt und halogenwasserstoffbindende Substanzen zusetzt[8]).

Diese Succinylsalicylsäure soll leichter spaltbar und besser resorbierbar sein als die Acetylsalicylsäure und regt die Schweißsekretion viel stärker an. Sie ist gewissermaßen ein doppeltes Aspirin und wurde unter dem Namen Diaspirin in den Handel gebracht.

Salosalicylid $C_6H_4 \begin{matrix} \diagup CO-O \diagdown \\ \diagdown O-CO \diagup \end{matrix} C_6H_4$ aus Salicylo-sacylsäurechlorid (Böhringer) hat nicht die erhoffte physiologische Wirkung[9]).

Acidylderivate der Salicylosalicylsäure der allgemeinen Formel Acidyl $\cdot O \cdot C_6H_4 \cdot CO \cdot O \cdot C_6H_4 \cdot COOH$ erhält man, wenn man entweder Salicylosalicylsäure nach einer der bekannten Methoden acidyliert oder Acidylsalicylsäuren mit Salicylsäure kondensiert, oder Acidylsalicylsäure für sich allein oder in Gegenwart von Lösungsmitteln derart kurze Zeit erhitzt, daß die Bildung von Salicylid ausgeschlossen ist. Beschrieben sind Acetyl-

[1]) Bayer, D.R.P. 283538. [2]) Wolffenstein, D.R.P. 277659.
[3]) D.R.P. 284161, Zusatz zu D.R.P. 277659.
[4]) D.R.P. 292867, Zusatz zu D.R.P. 277659.
[5]) Bayer, Elberfeld, D.R.P. 201325.
[6]) D.R.P. 201326, Zusatz zu D.R.P. 201325.
[7]) Alfred Einhorn, München, D.R.P. 238105. [8]) D.R.P. 196634.
[9]) Schroeter, G.: Ber. d. dtsch. chem. Ges. Bd. 52, S. 2233. 1919.

salicylosalicylsäure, Benzoylsalicylosalicylsäure, Äthylcarbonylsalicylsalicylsäure, Salicylosalicylsäurecarbonat[1]).

Die Überführung der Acidylsalicylsäuren in Acidylsalicylosalicylsäuren findet auch ohne äußere Wärmezufuhr statt, wenn man die Acidylsalicylsäuren mit tertiären Basen längere Zeit stehen läßt. Man erhält Acetylsalicylosalicylsäure aus Acetylsalicylsäure und Pyridin, sowie Äthylcarbonylsalicylosalicylsäure aus Äthylcarbonylsalicylsäure und Dimethylanilin oder Pyridin[2]).

Acetylsalicylsäurekohlensäurealkylester, welche man bei der Einwirkung von Chlorkohlensäureestern auf die Lösung von Acetylsalicylsäure und tertiären Basen in neutralen Lösungsmitteln in der Kälte erhält und die bei gemäßigter Einwirkung konz. oder bei längerer Einwirkung von mit Benzol oder Äther verdünntem Pyridin in Acetylsalicylsäureanhydrid übergehen, liefern bei längerer Einwirkung der Basen bei gewöhnlicher Temperatur Acetylsalicylosalicylsäure. Dieselbe Säure erhält, man wenn man tertiäre Basen längere Zeit bei gewöhnlicher Temperatur auf Acetylsalicylsäureanhydrid oder auf ein Gemenge dieses Anhydrids oder eines Acetylsalicylsäurekohlensäurealkylesters und Salicylsäure einwirken läßt, sowie auch bei der Einwirkung von salicylsauren Salzen auf Acetylsalicylsäurekohlensäurealkylester[3]).

Methylencitrylsalicylsäure erhält man durch Einwirkung von Methylencitronensäuredihalogenid aus Methylencitronensäure und Phosphorpentachlorid oder Phosphorpentabromid auf Salicylsäure und deren Salze. Zweckmäßig gibt man der Reaktionsmasse eine Halogenwasserstoff bindende Substanz, wie Chinolin, Dimethylanilin usw. hinzu. Die Substanz ist völlig geschmacklos und reizlos. Im alkalischen Darmsaft soll auch Formaldehyd abgespalten werden[4]).

Novaspirin ist Methylencitronensäure-disalicylsäureester.

Nach den gleichen Verfahren kann man die Derivate der Kresotinsäuren erhalten. Beschrieben sind Methylencitrylkresotinsäuren, Methylencitryloxy-o-toluylsäure[5]).

Durch Einwirkung von Salicylsäurechlorid auf Anthranilsäure und deren Derivate entstehen Salicylverbindungen, welche therapeutisch verwertet werden sollen. Beschrieben sind Salicylanthranilsäure, Salicylanthranil, Salicylanthranilsäuremethylester, Salicylhomoanthranilsäure[6]).

Derivate von C-Allyl-o-oxybenzoesäuren erhält man durch Behandlung dieser Reihe mit acylierenden Mitteln und eventueller Überführung der entstehenden Säuren in die Salze. Die Verbindungen sollen wertvolle antipyretische, antineuralgische und antirheumatische Eigenschaften besitzen und stärker wirken als die Acylderivate der Salicylsäure. Beschrieben sind C-Allylacetylsalicylsäure und Allylacetyl-m-kresotinsäure[7]).

Die Kohlensäureester der acidylierten Salicylsäuren gehen beim Erwärmen in die Anhydride der acidylierten Salicylsäuren über[8]).

An Stelle der acidylierten Salicylkohlensäurealkylester werden gemischte Anhydride acidylierter Salicylsäuren und beliebiger anderer organischer Carbonsäuren verwendet. Das Gemenge der entstehenden Säureanhydride läßt sich durch Äther oder Benzol trennen. Dargestellt wurde aus Acetylsalicylsäurebenzoesäureanhydrid durch Erwärmen Acetylsalicylsäureanhydrid, Benzoylsalicylsäureanhydrid erhält man aus Benzoylsalicylsäurebenzoesäureanhydrid; ferner wurde noch Cinnamoylsalicylsäureanhydrid aus Cinnamoylsalicylsäurezimtsäureanhydrid dargestellt[9]).

Eine Vermehrung acetylierter Hydroxylgruppen verringert die Wirksamkeit der Acetylsalicylsäure. Angeblich wirkt Diacetylbrenzcatechin-o-carbonsäure besser als Aspirin. sie kam aber nicht zur Verwendung. Es scheint diese Angabe aber nicht richtig zu sein, denn die von mir dargestellte Triacetylpyrogallol-o-carbonsäure, eine geschmacklose Verbindung, wirkt sowohl im Tierversuch als auch beim Menschen, qualitativ wie Aspirin, quantitativ aber viel schwächer.

Man kann die entfiebernde Wirkung der Brenzcatechin-o-carbonsäure und ihrer Kernhomologen dadurch erheblich verstärken, wenn man diese Säuren nach den üblichen Methoden mit organischen Säuren verestert. Man behandelt die hydroxylierten Verbindungen mit Anhydriden und Säurechloriden. Beschrieben sind Diacetylbrenzcatechin-o-carbon-

---

[1]) Böhringer, Waldhof, D.R.P. 236196.
[2]) Böhringer, Waldhof, D.R.P. 237211, Zusatz zu D.R.P. 236196.
[3]) Alfred Einhorn, München, D.R.P. 234217.
[4]) Bayer, Elberfeld, D.R.P. 185800.
[5]) D.R.P. 193114, Zusatz zu D.R.P. 185800.
[6]) Hoffmann-La Roche, D.R.P. 284735.
[7]) Bayer, D.R.P. 274047.
[8]) D.R.P. 224844.
[9]) Einhorn, D.R.P. 231093, Zusatz zu D.R.P. 224844.

säure, Dipropionylbrenzcatechin-o-carbonsäure, Diacetylglykolylbrenzcatechin-o-carbonsäure und Diacetylhomobrenzcatechin-o-carbonsäure[1]).

Brenzcatechin-o-carbonsäure und ihre Kernhomologen erhält man, wenn man die am Sauerstoff durch Alkyl oder Aralkyl substituierten Derivate dieser Säure mit verseifenden Mitteln, wie starken Mineralsäuren oder Aluminiumchlorid behandelt. Guajacol-o-carbonsäure liefert beim Erhitzen mit konz. Salzsäure unter Druck auf 140° in 4 Stunden Brenzcatechin-o-carbonsäure, Homobrenzcatechin-o-carbonsäure erhält man aus Kresol-o-carbonsäure. Monobenzylbrenzcatechin-o-carbonsäure, aus Monobenzylbrenzcatechinnatrium und Kohlensäure, gibt beim Erhitzen mit Bromwasserstoffsäure Brenzcatechin-o-carbonsäure[2]).

Bei der durch Einwirkung von Schwefelsäure auf Salicylsäure erhaltenen Salicylschwefelsäure wird durch die Einführung der Sulfosäuregruppe die Salicylwirkung entschieden abgeschwächt, so daß sie als Salicylsäureersatz durchaus unverwendbar ist. Weiter wurde versucht, neben der Carboxylgruppe Ketogruppen einzuführen. So haben Bialobrzecki und M. v. Nencki aus Acetylchlorid und Salicylsäure mit Hilfe von Eisenchlorid eine Acetosalicylsäure erhalten, welche die Konstitution $C_6H_3(OH)(COCH_3)(COOH)$ besitzt[3]). Sie hat geringere antiseptische Wirkung als Salicylsäure, da sie nicht einmal die Hefegärung zu beeinflussen vermag. Die Säure ist ungiftig und wird daher auch unverändert ausgeschieden.

Der Versuch, statt der Salicylsäure Salicylessigsäure einzuführen, hat nur einen äußerst geringen Erfolg zu verzeichnen. Doch sind einige Präparate, in denen man die Salicylsäurewirkung als eine Komponente der Gesamtwirkung haben wollte, mittels Einführung der Salicylessigsäure dargestellt worden.

Salicylessigsäure, in welcher der Hydroxylwasserstoff durch Essigsäure ersetzt ist, wurde zuerst durch Oxydation der o-Aldehydoxyphenylessigsäure[4]) erhalten, späterhin gelang es, sie in quantitativer Ausbeute zu gewinnen, als man das Natriumsalz des o-Oxybenzamids oder dasjenige des o-Oxybenzonitrils mit monochloressigsauren Salzen umsetzte und die Säureamid- oder Nitrilgruppe durch Kochen mit Natronlauge verseifte[5]).

Noch einfacher und in größerer Ausbeute kann man die Salicylessigsäure erhalten, wenn man an Stelle des Salicylamids die Anilide der Salicylsäuren mit chloressigsauren Salzen in Wechselwirkung bringt[6]). Die entstehende freie Salicylanilidacetsäure spaltet sich bei längerem Kochen mit Alkalien glatt in Anilin und Salicylessigsäure.

Bestrebungen anderer Art gingen dahin, von anderen hydroxylhaltigen aromatischen Verbindungen Carbonsäuren in der Absicht darzustellen, um der Salicylsäure analog wirkende Substanzen zu erhalten. Doch haben diese Bestrebungen aus dem Grunde keinen Erfolg gehabt, weil durch die Darstellung der Carbonsäure meist wenig wirksame Substanzen oder solche, die vor der Salicylsäure keine Vorzüge besaßen, erhalten wurden. Die Art der Darstellung war naturgemäß analog der Salicylsäuresynthese, um so mehr, als man nach dem Verfahren von Schmitt die meisten Phenole in die entsprechenden Carbonsäuren zu verwandeln in der Lage war.

So kann man Oxynaphthoesäuren nach Schmitt[7]) erhalten, wenn man auf α- und β-Naphthol bzw. auf deren trockene Alkalisalze trockene Kohlensäure einwirken läßt und dann im Autoklaven auf 120—140° erhitzt.

Die so dargestellten α- und β-Naphtholcarbonsäuren enthalten nach der Untersuchung von Nencki die Carboxylgruppe in der o-Stellung zum Hydroxyl, so daß man sie als der Salicylsäure entsprechende Derivate des Naphthols ansprechen kann.

Die Darstellung kann man insofern vereinfachen, als man den in zwei Phasen veraufenden Prozeß dadurch in einen zusammenlegt, daß man die Kohlensäure nicht bei gewöhnlicher Temperatur auf die Alkalisalze des Naphthols einwirken läßt, sondern unter

---

[1]) Bayer, D.R.P. 281214. [2]) D.R.P. 51381.
[3]) Ber. d. dtsch. chem. Ges. Bd. 30, S. 1776, 1897.
[4]) Ber. d. dtsch. chem. Ges. Bd. 17, S. 2995. 1884.
[5]) D.R.P. 93110. [6]) D.R.P. 110370. [7]) D.R.P. 31240, 38052, 50341.

Anwendung von Druck bei einer Temperatur von 120—145°, wobei die jedenfalls zunächst entstehenden naphthylkohlensauren Alkalisalze sofort in die entsprechenden neutralen carbonaphtholsauren Salze umgewandelt werden.

β-Naphtholcarbonsäure, die man nach dem vorstehend beschriebenen Verfahren erhält, ist jedoch sehr unbeständig und zerfällt leicht wieder in Kohlensäure und β-Naphthol.

Steigert man aber die Temperatur bei der Operation auf 200—250°, so entsteht eine zweite, sehr beständige, gelb gefärbte β-Naphtholcarbonsäure. Auch vom Dioxynaphthalin, und zwar sowohl vom 1.8-Dioxynaphthalin und vom 2.8-Dioxynaphthalin wurden zu gleichem Zwecke die Carbonsäuren[1]) dargestellt, indem man die Mononatriumsalze dieser Körper mit Kohlensäure unter Druck bei höheren Temperaturen erhitzte.

Die Oxynaphthoesäuren haben eine ähnliche, aber kräftigere antiseptische Wirkung als Salicylsäure und Phenol, aber als Salicylsäureersatz eignen sie sich durchaus nicht, da sie beim internen Gebrauche örtlich reizend stark wirken und schon in Dosen von $1^1/_2$ g für Kaninchen tödlich sind.

Auch vom Diphenyl ausgehend hat man o-Oxydiphenyl in die o-Oxydiphenylcarbonsäure[2]) nach der Schmittschen Synthese übergeführt, welche Substanz Phenylsalicylsäure

$$C_6H_5\cdot C_6H_3(OH)\cdot COOH$$

genannt wurde. Sie ist ein gutes Antisepticum, hat aber der Salicylsäure gegenüber wesentliche Nachteile, da sie noch schwerer in Wasser löslich als letztere und auch giftig ist[3]).

Auch von Oxychinolinen, insbesondere vom o-Oxychinolin wurde durch Einwirkung von Kohlensäure auf das Natriumsalz unter Druck die o-Oxychinolincarbonsäure (Chinophenolcarbonsäure) dargestellt[4]). (Siehe auch Gichtmittel, Atophangruppe.)

Während die bis nun beschriebenen Wege mit Ausnahme der Acetylsalicylsäure dahin gingen, statt der Salicylsäure ähnlich konstituierte Carbonsäuren in die Therapie aufzunehmen, bemühte man sich andererseits in den Organismus Verbindungen einzuführen, aus denen derselbe langsam durch Spaltungen oder Oxydationen Salicylsäure bilden kann. Saligenin $OH\cdot C_6H_4\cdot CH_2\cdot OH$ geht, wenn es auch als solches schon wirkt, im Organismus durch Oxydation in Salicylsäure über.

Man kann es synthetisch darstellen, indem man Formaldehyd auf Phenol einwirken läßt.

Mit Ausnahme des Butyläthers des Saligenins, der aber stark reizt, wirken alle untersuchten Äther und Ester schwächer örtlich anästhesierend als Saligenin selbst. Die aromatischen Äther und Ester sind von größerer Giftigkeit, antispasmodischer Wirkung und depressorischer Wirkung gegenüber Kreislauf und Atmung als die aliphatische, aber auch diese sind hierin stärker wirksam als das unsubstituierte Saligenin. Die aromatischen Äther wirken stärker als die aromatischen Ester.

D.R.P. 230725 beschreibt ein Verfahren zur Herstellung des Zinksalzes der Bordisalicylsäure, welches darin besteht, daß man molekulare Gewichtsmengen von Salicylsäure, Borsäure und Zinkcarbonat in heißem Wasser aufeinander einwirken läßt. Man erhält durch Einleiten von Schwefelwasserstoff in die wässerigen Lösungen derjenigen bordisalicylsauren Metallsalze, welche bei der Zersetzung mit Schwefelwasserstoff wasserunlösliche Sulfide abscheiden, die freie Bordisalicylsäure

$$(OH)B\begin{matrix} < O\cdot C_6H_4\cdot COOH \\ < O\cdot C_6H_4\cdot COOH \end{matrix}$$

Sie wirkt stark bactericid und schmeckt sehr bitter[5]).

---

[1]) Heyden, F.P. 205833. [2]) D.R.P. 61125. [3]) Bock: Diss. Berlin 1892.
[4]) D.R.P. 39662. [5]) Foelsing, D.R.P. 288338.

Salole.

Einen sehr großen Erfolg hatte seinerzeit unter allen Verfahren, Verbindungen darzustellen, denen die Nebenwirkungen der Salicylsäure fehlen, die aber überdies noch eine zweite wirksame Komponente enthalten, welche trotz ihrer Giftigkeit wegen ihrer langsamen Abspaltung der wirksamen Komponenten aus der Verbindung keine Giftigkeit äußerten, die Einführung des sog. Salolprinzips durch Nencki. Nencki war der erste, der den für die Arzneimittelsynthese bahnbrechenden Weg eingeschlagen hat, wirksame Säuren und Phenole esterförmig gebunden in den Organismus einzuführen. Durch die Einführung der unlöslichen Ester, welche den Magen unverändert und unverseift passieren, wird jede ätzende Wirkung dieser Substanzen im Magen und hiermit jede Belästigung der Magenschleimhaut durch die Arzneimittel vermieden. Diese Salole werden erst im Darme langsam unter dem Einflusse des esterverseifenden Enzyms, welches von der Bauchspeicheldrüse geliefert wird, bei Gegenwart der normalen Darmsoda in die Komponenten gespalten. Außerdem beteiligen sich an der Esterspaltung auch vorzüglich die Darmbakterien, insbesondere an der Aufspaltung der Phenolcarbonate. Die Säure wird durch die Alkalisalze im Darme neutralisiert, während das Phenol als solches einerseits im Darme als Antisepticum zur Wirkung gelangen kann, andererseits nach seiner Resorption im Organismus selbst wirkt, ohne aber Vergiftungserscheinungen zu verursachen, da ja nur langsam kleine Mengen des Phenols aus dem Ester abgespalten zur Resorption gelangen, so daß der Organismus unter der kontinuierlichen Einwirkung von kleinen Mengen des Phenols steht, eine plötzliche Überflutung desselben durch das mehr oder minder giftige Phenol ausgeschlossen ist. Dieses Salolprinzip hat eine ausgebreitete Anwendung in der Arzneimittelsynthese nach beiden Richtungen gefunden, sowohl um wirksame Säuren, als auch um wirksame Phenole in Verbindungen zu bringen, die ätzende oder giftige Wirkungen auszulösen nicht in der Lage sind. Nencki hat gefunden, daß, während die Säuren der Fettreihe und aromatische Säuren mit Phenolen unter Anwendung von wasserentziehenden Mitteln, wie Chlorzink, Aluminiumchlorid usw. Ketone bilden, im Gegensatze hierzu fette oder aromatische Säuren mit Phenolen oder Naphtholen, bei Gegenwart von Phosphoroxychlorid als wasserentziehendem Mittel erhitzt, nicht Ketone, sondern Säureester geben.

So erhält man beim Zusammenschmelzen von Salicylsäure und Phenol unter Erwärmung der Mischung mit Phosphoroxychlorid auf 120° den Salicylsäurephenylester, das Salol κατ' ἐξοχήν $HO \cdot C_6H_4 \cdot COO \cdot C_6H_5$, hierbei reagieren 2 Moleküle Säure, 2 Moleküle Phenol und 1 Molekül Phosphoroxychlorid[1]).

Unter denselben Bedingungen kann man den Salicylsäureresorcinester $HO \cdot C_6H_4 \cdot CO \cdot O \cdot C_6H_4 \cdot O \cdot CO \cdot C_6H_4 \cdot OH$ sowie die Salicylsäureester des α- und β-Naphthols, des Dioxynaphthalins usw. erhalten. Von Vorteil ist es, dafür zu sorgen, daß die bei dem Prozesse frei werdende Metaphosphorsäure, welche im freien Zustande leicht zur Bildung großer Mengen von Phosphorsäurephenylestern Veranlassung gibt, an Alkali gebunden wird. Statt des Phosphoroxychlorids kann man auch Phosphorpentachlorid anwenden. Ferner kann man Schwefeloxychlorid SO_2Cl_2 oder auch saure schwefelsaure Alkalien als wasserentziehende Mittel benützen. Statt der Salicylsäure kann man zu der gleichen Reaktion α-Oxynaphthoesäure, o- und p-Nitrosalicylsäure, Resorcincarbonsäure und statt des Phenols Resorcin, Pyrogallol, Thymol, Nitrophenol, α- und β-Naphthol, Gaultheriaöl (Salicylsäuremethylester) und Salol verwenden.

Die Darstellung der Salole geschieht auch statt mit Phosphoroxychlorid in der Weise, daß man Phenolnatrium und salicylsaures Natron in äquimolekularen Mengen mischt und Phosgengas darauf einwirken läßt. Aus dem Reaktionsprodukt kann man den gebildeten Ester mit Wasserdampf austreiben.

Man erhält nach der Nenckischen Synthese eine Reihe von Körpern[2]), so Resorcindisalicylat, Disalol, Gaultheriasalol, Salol, α- und β-Naphthylsalicylat, Resorcinmono-

[1]) D.R.P. 38973, D.R.P. 39184, 43173. [2]) D.R.P. 43713.

salicylat, Pyrogallolsalicylat, Phenyl-α-oxynaphthoat, Phenyl-o- und p-nitrosalicylat, p-Nitrophenylsalicylat, Thymolsalicylat, β-Naphthol-α-oxynaphthoat, β-Naphthohydrochinonsalicylat, Phenylresorcincarbonsäureester.

Weiterhin hat Nencki[1]) nach der gleichen Methode eine Reihe von ähnlichen Estern dargestellt, und zwar:

o-, m- und p-Kresol-salicylsäureester[2]), Phenol-o-kresotinsäureester, o-, m- und p-Kresol-o-kresotinsäureester, Phenol-m-kresotinsäureester, o-, m- und p-Kresol-m-kresotinsäureester, m-Kresol-m-kresotinsäureester, p-Kresol-m-kresotinsäureester, Phenol-p-kresotinsäureester, o-, m- und p-Kresol-p-kresotinsäureester.

Salicylsäure-methylresorcinester, p-Oxybenzoesäure-phenolester, Anissäure-phenolester, p-Äthoxybenzoesäure-phenolester, Salicylsäure-guajacolester, Salicylsäure-thiophenolester, o-Kresotinsäure-guajacolester, o-Kresotinsäure-kresolester[3]), m-Kresotinsäure-guajacolester, m-Kresotinsäure-kreosolester, p-Kresotinsäure-guajacolester, p-Kresotinsäure-kreosolester, p-Oxybenzoesäure-guajacolester, p-Oxybenzoesäure-kreosolester, Benzoesäure-guajacolester, Benzoesäure-kreosolester, Anissäure-guajacolester, Anissäure-kreosolester, p-Äthoxybenzoesäure-guajacolester, Äthoxybenzoesäurekreosolester, Salicylsäure-isobutylphenolester[4]), Salicylsäure-isoamylphenolester, Salicylsäure-benzylphenolester, Salicylsäure-o-thiokresolester, Zimtsäure-eugenolester, Salicylsäure-kreosotester, Benzoesäure-kreosotester, Zimtsäure-kreosot.

Ferner wurden noch Xylenolsalole durch die gleichen Kondensationsvergänge wie die vorherbeschriebenen Salole dargestellt, und zwar Salicylsäure-o-xylenolester, ferner die m- und p-Verbindung[5])

$$C_6H_4<{COO \cdot C_6H_2(CH_3)_3 \atop OH}.$$

Ernert hat die Beobachtung gemacht[6]), daß beim Erhitzen der Salicylsäure allein auf Temperaturen von 160—240° sich diese unter Abspaltung von Wasser und Kohlensäure zu Salol umsetzt, wenn während des Erhitzens das dabei entstehende Wasser abdestilliert und der Zutritt der Luft verhindert wird. Auch Polysalicylid[7]), welches man durch Erhitzen von gleichen Mengen von Salicylsäuren und Phosphoroxychlorid erhält und das die Zusammensetzung $(C_7H_4O_2)x$ hat, kann man ohne Anwendung kondensierender Agenzien durch Erhitzen mit Phenol glatt in Salol überführen.

Man kann höhere Salole erhalten, wenn man das eigentliche Salol, den Salicylsäurephenylester, mit höheren Phenolen erhitzt, wobei das niedrige Phenol aus dem Molekül verdrängt wird[8]). Diese Methode ist besonders bei der Darstellung von Salolen gegen Kondensationsmittel empfindlicher Phenole zu empfehlen. So wurden dargestellt:

Salicyleugenolester, Disalicylhydrochinonester, Monosalicylhydrochinonester, Salicylcarvacrolester, Salicylsalicylamid, vielleicht identisch mit Disalicylamid, Di-p-kresotinsäureresorcinester, Di-p-kresotinsäurehydrochinonester, p-Kresotinsäure-β-naphtholester[9]), Salicylsäurebenzylester.

Vesipyrin ist Acetylsalol $C_6H_4<{O \cdot CO \cdot CH_3 \atop CO \cdot O \cdot C_6H_5}$ [10]).

Böhringer, Waldhof[11]), stellen Glykolmonosalicylsäureester her, indem sie Salicylsäure-β-chloräthylester mit wässerigen Lösungen von Salzen schwacher Säuren unter Druck erhitzen. Als verseifendes Salz wird Natriumsalicylat, Natriumacetat oder Dinatriumphosphat verwendet.

Salicylsäuremonoglykolester ist absolut geruchlos und soll wie der Methylester verwendet werden. Er ist ein Öl.

Man verestert Salicylsäure mit Äthylenglykol bei Gegenwart von Schwefelsäure in der Wärme. Nach dem Waschen wird das erhaltene Öl in Vakuum fraktioniert. Dieselbe Substanz $(OH)C_6H_4 \cdot CO \cdot O \cdot CH_2 \cdot CH_2 \cdot OH$[12]) entsteht durch Einwirkung von Äthylenmonochlorhydrin auf salicylsaures Natron[13]).

Böhringer, Waldhof, stellen Glykolmonosalicylester dar, das Spirosal, welches schon früher nach D.R.P. 164128 und 173776 erhalten wurde, durch Einwirkung von Äthylenhalogeniden auf salicylsaure Salze bei Anwesenheit von Wasser mit oder ohne Zusatz von Lösungsmitteln, z. B. aus Natriumsalicylat und Äthylenbromid oder aus Äthylenchlorid und Salicylsäure[14]).

[1]) D.R.P. 46756.
[2]) v. Nencki, M.: Cpt. rend. hebdom. des séances de l'acad. des sciences. 1889, S. 254. Stärkeres Darmantisepticum als Salol. [3]) D.R.P. 57941. [4]) D.R.P. 68111.
[5]) D.R.P. 70487. [6]) D.R.P. 62276. [7]) D.R.P. 73542.
[8]) Georg Cohn, D.R.P. 111656. [9]) Agfa, Berlin, D.R.P. 119463.
[10]) Therapie der Gegenwart. Bd. 8, S. 92. 1906. [11]) D.R.P. 225984.
[12]) Bayer, Elberfeld, D.R.P. 164128. [13]) Badische Sodafabr., D.R.P. 173776.
[14]) D.R.P. 218466.

Zur Herstellung von Diglykolyldisalicylsäure[1]) läßt man auf Salicylsäure oder salicylsaure Salze, zweckmäßig in Gegenwart von tertiären Basen als Kondensationsmittel, das Anhydrid der Diglykolsäure oder Gemische, welche dieses Anhydrid liefern, einwirken.

Diglykoldisalicylsäure ist geruchlos, schmeckt mild säuerlich, hat die reine Wirkung der Salicylsäure und wird angeblich besser vertragen als Acetylsalicylsäure.

Abkömmlinge des Glykols erhält man, wenn man Äthylenhalogenide mit Alkalisalzen organischer Säuren, Phenolaten oder Alkoholaten bei Gegenwart mehrwertiger Alkohole oder ihrer Fettsäureester kondensiert, wobei die Einwirkung von entwässertem Natriumacetat auf Äthylendichlorid bei Gegenwart von Glykoldiacetat angenommen ist. Dargestellt wurde z. B. Glykolmonosalicylsäureester aus Äthylenbromid und Natriumsalicylat in Gegenwart von Glykol[2]).

Diglykolsalicylsäureester $HOOC \cdot C_6H_4 \cdot O \cdot OC \cdot CH_2 \cdot O \cdot CH_2 \cdot O \cdot OC \cdot C_6H_4 \cdot COOH$ zerlegt sich schon bei 20° in destilliertem Wasser, in schwach alkalischer Lösung fast momentan. Im Harn wird Salicylsäure ausgeschieden. Er schädigt die Nieren weniger als Aspirin. Diglykolsäure $\begin{matrix} COOH \\ CH_2 \cdot O \cdot CH_2 \cdot COOH \end{matrix}$ selbst ist von geringer Giftigkeit. 2 g pro kg machen starke Nephritis[3]).

Wenn man die Dihalogenide der Diglykolsäure auf ein Phenol bei Gegenwart von säurebindenden Mitteln einwirken läßt, so erhält man die neutralen Ester der Diglykolsäure. Beschrieben sind der Phenylester, Salicylester, die beiden Naphthylester, Guajacylester, die drei Kresylester, o- und p-Chlorphenylester, o- und p-Nitrophenylester[4]).

Die gleichen Diglykolsäureester kann man einfacher erhalten, wenn man auf die Diglykolsäure oder deren Salze und das Phenol saure Kondensationsmittel, wie Phosphoroxychlorid, Phosphorpentachlorid oder Phosgen einwirken läßt. Man kann in der Kälte und bei höherer Temperatur arbeiten; im ersteren Falle setzt man zweckmäßig eine tertiäre organische Base wie Dimethylanilin oder Pyridin und gegebenenfalls auch indifferente Lösungsmittel zu. Es wurden so dargestellt Diglykolsäureester von Guajacol, Phenol und o-Kresol[5]).

Die durch Substitution in der $CH_2 \cdot CH_2$-Gruppe durch Alkyl erhältlichen Homologen des Äthylenglykolmonophenyläthers, seiner Derivate und Substitutionsprodukte sollen sich durch eine den Äthylenglykolaryläthern gegenüber wesentlich gesteigerte und analgetische Wirkung auszeichnen. Man erhält sie, wenn man die Homologen des Äthylenglykols nach den üblichen Methoden halbseitig mit Phenolen usw. veräthert. Beschrieben sind Propylenglykol-(1)-phenyläther (2), Propylenglykol-p-chlorphenyläther, Dimethyläthylenglykolmonophenyläther[6]).

An Stelle von Gaultheriaöl[7]) wurde der Methylester und Äthylester der Salicylglykolsäure vorgeschlagen. Man erhält diese Ester durch Erhitzen von Natriumsalicylat mit überschüssigem Chloressigsäuremethyl- bzw. -äthylester bei 160—170° und Destillation im Vakuum.

Sulzberger und Spiegel in Berlin[7]) stellen die Haut nicht reizende Salicylsäureverbindungen her, indem sie Salicylsäureester mit Fettsäuren kondensieren. So wird Oleylsalicylsäureäthylester dargestellt durch Mischen von Salicylsäureäthylester mit Natriumoleat und Phosphoroxychlorid oder mit freier Ölsäure. Man kann auch Salicylsäureester und andere Fettsäuren zur Kondensation benützen.

Poulenc Frères und Ernest Fourneau in Paris[8]) stellen Salicylsäureester von Dioxyfettsäurealkylestern der allgemeinen Formel:

$$\begin{matrix} CH_2 \cdot O \cdot CO \cdot C_6H_4 \cdot OH \\ | \\ R—C—OH \\ | \\ CO_2R' \end{matrix}$$

(R und R' = Alkyl),

indem sie salicylsaure Salze mit Halogenfettsäurealkylestern der Zusammensetzung:

$$\begin{matrix} CH_2 \cdot X \\ | \\ R—C—OH \\ | \\ CO_2R' \end{matrix}$$

(X = Halogen, R und R' = Alkyl)

erhitzen.

---

[1]) Heyden, Radebeul, D.R.P. 227999. [2]) Bayer, Leverkusen, D.R.P. 404999.
[3]) Arch. d. farmacol. sperim. e science aff. Bd. 9, S. 416. 1910.
[4]) Böhringer, Waldhof, D.R.P. 223305.
[5]) Böhringer, Waldhof, D.R.P. 236045, Zusatz zu D.R.P. 223305.
[6]) Bayer, D.R.P. 282991. [7]) D.R.P. 206056. [8]) D.R.P. 121262.

Dargestellt wurden α-β-Dioxyisobuttersäureäthylestersalicylester, ferner Salicylsäure-α-β-dioxyisobuttersäure-n-propylester.

Von Interesse sind von diesem Gesichtspunkte aus auch die Salicylderivate des Glycerins, sowie die aromatischen Ester des Glycerins mit Benzoesäure, p-Kresotinsäure und Anissäure[1]).

Man stellt diese dar, indem man die aromatischen Säuren mit der entsprechenden Menge Glycerin durchtränkt und Chlorwasserstoff einleitet. Hierbei bilden sich die Dichlorhydrine der aromatischen Säuren. Erhitzt man nun ein Molekül eines solchen Dichlorhydrinäthers mit zwei Molekülen des Salzes einer aromatischen Säure auf 200°, so erhält man einfache und gemischte Glyceride der aromatischen Säuren. Nach dieser Methode wurden dargestellt: Tribenzoin, Trisalicylin, Tri-p-kresotin, Trianisin, Disalicylbenzoin, Dibenzosalicylin.

Ferner erhält man Salicylsäureglycerinester durch Einwirkung von Schwefelsäure in der der Salicylsäure höchstens äquivalenten Menge auf ein Gemisch von Salicylsäure und Glycerin und Ausäthern der alkalisch gemachten Lösung. Statt der Schwefelsäure kann man saure Salze oder Ester von Mineralsäuren oder organische Sulfosäuren, z. B. Phenolsulfosäure, Salicyldichlorhydrinester, Monochlorhydrin, Natriumbisulfat, Kaliumbisulfat, Kresolsulfosäure, Anilindisulfosäure verwenden.

Ebenso lassen sich, wie Glycerinphenoläther, auch Glycerinäther der Ester von aromatischen Oxysäuren darstellen, so z. B. aus Gaultheriaöl Glycerinsalicylsäuremethylester $C_3H_7O_2 \cdot O \cdot C_6H_4 \cdot COO \cdot CH_3$. Auch diese sind in Wasser ein wenig löslich und von bitterem Geschmacke.

Martin Lange und Karl Sorger in Frankfurt[2]) stellen ein Kondensationsprodukt aus Salicylsäure und Glycerindichlorhydrinen bzw. Epichlorhydrinen her, indem sie in Gegenwart von überschüssigem Alkali auf die zweibasischen Metallsalicylate die Chlorhydrine bei gewöhnlicher Temperatur einwirken lassen. Man erhält auf diese Weise eine Substanz F. 167°, welche entweder Salicylsäureglycerid der Formel

$$\underbrace{CH_2-CH}_{O}-CH_2\cdot O\cdot C_6H_4\cdot COOH$$

oder Disalicylsäureglycerinäther der Formel

$$\begin{array}{l} CH_2\cdot O\cdot C_6H_4\cdot COOH \\ | \\ CH\cdot OH \\ | \\ CH_2\cdot O\cdot C_6H_4\cdot COOH \end{array}$$

ist. Das Produkt ist geschmacklos und durch Säuren und Alkalien nicht verseifbar.

Karl Sorger[3]) erhält den Salicylsäureglycerinester durch Erhitzen von Salicylsäuremethylester oder Salicylsäureäthylester mit Glycerin mit oder ohne Zusatz einer geringen Menge Ätznatron oder eines Natriumsalzes auf 195—220°.

Monosalicylsäureglycerinester $C_6H_4 \cdot (OH) \cdot COO \cdot C_3H_5(OH)_2$ wurde als Glykosal eingeführt.

Von dem Trisalicylsäuretriglycerid gelangen nur 9% im Organismus zur Resorption, während der Rest im Kote ausgeschieden wird, hierbei kommt es zu einer leichten Desinfektion des Kotes[4]). Hingegen werden von dem Salicylsäuredichlorhydrinester

$$\begin{array}{l} CH_2Cl \\ | \\ CH\cdot CO\cdot C_6H_4\cdot OH \\ | \\ CH_2Cl \end{array}$$

gegen 93% resorbiert. Doch haben Chlorhydrine neben ihren hypnotischen Effekten eine schwer schädigende Wirkung auf die Darmschleimhaut. Salicylverbindungen solcher Art, welche in Wasser mehr oder weniger löslich sind, werden ziemlich vollkommen aufgenommen. Aber die äußerst schwere Resor-

[1]) D.R.P. 58396, 126311, 127139. Statt der Mineralsäuren werden die Ester dieser Säuren oder organische Sulfosäuren verwendet. [2]) D.R.P. 174482.
[3]) D.R.P. 186111. [4]) Arch. f. exp. Pathol. u. Pharmakol. Bd. 38, S. 88.

bierbarkeit und Verseifung der Triglyceride der aromatischen Säure macht die Anwendung solcher Substanzen in der Therapie ganz unmöglich.

Protosal ist Salicylsäureglycerinformalester

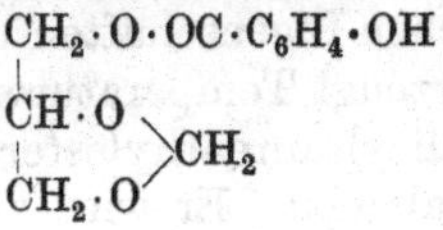

$$\begin{array}{l} CH_2 \cdot O \cdot OC \cdot C_6H_4 \cdot OH \\ | \\ CH \cdot O \diagdown \\ | \qquad\quad CH_2 \\ CH_2 \cdot O \diagup \end{array}$$

Glycerinformal

$$\begin{array}{l} CH_2 \cdot OH \\ | \\ CH \cdot O \diagdown \\ | \qquad\quad CH_2 \\ CH_2 \cdot O \diagup \end{array}$$

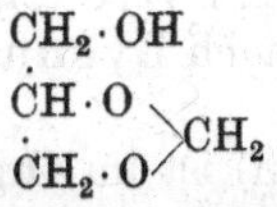

mit Salicylsäure verestert gibt Salicylsäureglycerinformalester[1]), welcher ölig ist und sich in seine drei Komponenten spalten kann, und der als lokales Antirheumaticum wegen seiner flüssigen Form geeignet ist.

Während das eigentliche Salolprinzip dahin geht, eine wirksame aromatische Säure mit einem wirksamen Phenol esterförmig zu binden und auf diese Weise die beiden wirksamen Komponenten so zu kuppeln, daß sie, ohne schädliche Wirkungen auszuüben, langsam im Darme verseift und langsam resorbiert werden, so daß also die gärungshemmende Wirkung des Phenols sich auch über den ganzen Darm erstreckt, kann man dieses Salolprinzip noch weiterhin nach der Richtung ausdehnen, daß man an eine wirksame aromatische Säure eine wenig wirksame oder ganz unwirksame hydroxylhaltige Substanz durch esterförmige Bindungen kuppelt, oder daß man einen wirksamen, aromatischen hydroxylhaltigen Körper mit einer wenig oder ganz unwirksamen Säure zu einem Ester verbindet. In dem ersteren Falle erhält man Säureester, bei denen man nur auf die Wirkung der aromatischen Säure reflektiert und deren ätzende Wirkungen oder sonstige Schädlichkeiten man durch Veresterung beheben will. Im anderen Falle werden meist aliphatische Säuren, deren Natronsalze unwirksam sind, ja selbst die Kohlensäure oder die an und für sich in diesen Dosen fast unwirksame Benzoesäure mit der hydroxylierten aromatischen Verbindung zu dem Zwecke gekuppelt, um die ätzenden Wirkungen des betreffenden Phenols zu beseitigen. Während die eigentlichen Salole als Substanzen aufzufassen sind, die aus zwei wirksamen Komponenten bestehen und daher nach ihrer Spaltung und Resorption die Wirkungen beider Komponenten zur Geltung kommen, können die Salole dieser Art, wie man im weiteren Sinne die nach dem Salolprinzipe aufgebauten Ester nennt, nur die Wirkungen der einen Komponente (der Säure oder des Phenols) zur Geltung bringen. Man könnte diese Substanzen als partiell wirksame Salole im weiteren Sinne bezeichnen. Aber es besteht weiterhin die Möglichkeit, daß solche esterartig gebundene Substanzen, die z. B. einen aliphatischen Alkohol enthalten, außer der Wirkung ihrer verseiften Bestandteile auch eine dem Ester eigentümliche Wirkung auslösen, wenn der Ester als solcher zur physiologischen Wirkung gelangt. Das Verhalten des Triacetins im Organismus z. B. muß in jeder Beziehung bei der Darstellung solcher Substanzen zur Vorsicht und zur experimentellen Prüfung eines jeden Einzelindividuums vor der Anwendung am Krankenbette veranlassen, insbesondere wenn man aliphatische Säuren mit einer wirksamen hydroxylhaltigen Substanz verestert. Nach dieser Richtung hin aromatische Säuren mit an und für sich wenig wirksamen Substanzen zu verbinden, verdienen insbesondere die Ester der Salicylsäure mit Methyl- und Äthylalkohol erwähnt zu werden. Salicylsäuremethylester, welcher synthetisch dargestellt wird, besitzt Vorzüge vor dem natürlichen Gaultheriaöl,

---

[1]) Schering, Berlin, D.R.P. 163518. — Friedländer: Therap. Monatsh. 1905, S. 637.

da diesem letzteren eine reizende Wirkung zukommt, die den synthetischen Präparaten fehlt. Der Methylester wird ebenso wie der Äthylester im Darme gut zerlegt, beide Körper wirken langsamer als die Salicylsäure. Salicylsäureäthylester hat keine antiseptischen Eigenschaften und wirkt nicht irritierend auf Haut und Schleimhäute. Er erzeugt Temperaturerhöhung, Pulsverlangsamung, später Beschleunigung[1]). Salicylsäureäthylester $C_6H_4(OH) \cdot COO \cdot C_2H_5$ ist nur halb so giftig wie Methylsalicylat. Er wird von der Haut nicht resorbiert. Salicylsäureamylester, erhalten durch Verestern einer amylalkoholischen Salicylsäurelösung durch Salzsäure, soll nach Lyonnet bei rheumatischen Affektionen dem Methylester vorzuziehen sein.

Salicylsäureamylester (Ulmaren) ist im Organismus schwer spaltbar.

Benzosalin ist Benzoylsalicylsäuremethylester $C_6H_4<^{O \cdot CO \cdot C_6H_5}_{CO \cdot O \cdot CH_3}$ [2]).

Aus 3 Mol. Monomethylorthophosphorsäure und 3 Mol. Natriumsalicylat erhält man neben 1 Mol. Na_3PO_4 und 1 Mol. Salicylsäuremethylester, 2 Mol. Monomethylorthophosphorsalicylsäure und zwar ein Gemisch von o- und m-Verbindungen.

$$C_6H_4<^{O \cdot PO(OH)(OCH_3)}_{COOH} \quad \left(\text{o-,} \quad \text{m-}\right) \quad C_6H_4<^{OH}_{CO \cdot O \cdot PO(OH)(OCH_3)}$$

In physiologischer Hinsicht sind die beiden Isomeren identisch. Sie wirken zugleich antipyretisch und analgetisch, aber infolge der CH_3-Gruppe stärker analgetisch als Methylsalicylsäure[3]).

Salicylsäure-allylester soll frei von Reizwirkungen sein; man erhält ihn nach den üblichen Methoden durch Veresterung der Salicylsäure mit Allylalkohol[4]).

Freudenberg[5]) stellt Verbindungen der Zuckerarten mit den Monoxybenzoesäuren und ihren Carboalkyloxy-, Acetyl- und Alkylderivaten her, indem er die Chloride von Mono-Carboalkyloxy-, Acetyloxy- oder Alkyloxybenzoesäuren bei Gegenwart von tertiären Basen in indifferenten Lösungsmitteln, wie Chloroform, auf die Zuckerarten einwirken läßt und gegebenenfalls die entstandenen Carboalkyloxyverbindungen durch nachträgliche vorsichtige Verseifung in die Derivate der Oxybenzoesäuren selbst überführt. Beschrieben ist die Darstellung der Pentacarbomethoxyoxybenzoylglucose, Salicyloylglucose, Acetylsalicyloylglucose, Anisoylglucose.

Durch Einwirkung des aus Formaldehyd und Halogenwasserstoffsäure erhaltenen Reaktionsproduktes, insbesondere des Chlormethylalkohols auf aromatische Oxycarbonsäuren bei Gegenwart starker Säuren, werden halogenartige Verbindungen erhalten, welche durch die Gruppe CH_2x substituierte sind, wobei x ein Halogen bezeichnet. Dieses Halogen wird schon durch Wasser in der Kälte unter Bildung aromatischer Alkohole abgespalten. Durch Behandlung der Halogenverbindung mit Alkoholen der Fettreihe werden die entsprechenden Äther dieser aromatischen Alkohole gebildet, während durch Einwirkung von Phenolen resp. Aminen Kondensationsprodukte erhalten werden. Durch Einwirkung von Metallsalzen wird ein Austausch gegen den betreffenden Säurerest erzielt. So erhält man aus Salicylsäure, konz. Salzsäure und Chlormethylalkohol $C_6H_3 \cdot COOH \cdot OH \cdot CH_2Cl$ beim Esterifizieren mit Salzsäure einen Ester von der Formel $C_6H_3 \cdot CO(OCH_3) \cdot OH \cdot CH_2Cl$[6]). Auf diese Weise erhält man die Chlormethylderivate des Gaultheriaöles, des Salicylsäureäthylesters, des p-Oxybenzoesäuremethylesters, des m-Kresotinsäureäthylesters, des β_1-β_2-Oxynaphthoesäureäthylesters.

Das Halogenatom obengenannter Halogenmethylderivate aromatischer Oxycarbonsäuren ist leicht mit Hydroxylgruppen reaktionsfähig, so beim Zusammenbringen mit Wasser oder Alkohol unter Austritt von Halogenwasserstoffsäuren unter Bildung von Oxymethylverbindungen. Aus Chlormethylsalicylsäure und siedendem Wasser erhält man so Saligenincarbonsäure, beim Behandeln mit Methylalkohol aber erhält man Methoxymethylester der Salicylsäure $OH \cdot C_6H_4 \cdot COO \cdot CH_2 \cdot OCH_3$ (Mesotan)[7]).

Man erhält Salicylsäurealkyloxymethylester $C_6H_4<^{OH}_{CO \cdot O \cdot CH_2 \cdot OR}$ wenn man auf

---

[1]) Houghton: Americ. journ. of physiol. Bd. 13, S. 331. 1906.
[2]) Bültzingslöwen u. Bergell: Med. Klinik 1906. S. 138. — D.R.P. 169246.
[3]) Gautrelet, Emile: Cpt. rend. hebdom. des séances de l'acad. des sciences. Bd. 176, S. 1770. 1923. [4]) D.R.P. 244208. [5]) D.R.P. 264654.
[6]) Bayer, Elberfeld, D.R.P. 113723.
[7]) Bayer, Elberfeld, D.R.P. 113512. — Dreser, H.: Therap. Monatsh. Bd. 17, S. 131.

die salicylsauren Salze die Halogenmethylalkyläther einwirken läßt; ω-Methyloxymethylsalicylat spaltet beim Erhitzen Formaldehyd ab. Ebenso verhält sich der Äthylester[1]).

Zur Darstellung homologer Alkyloxyalkylidenester der Formel

$$C_6H_4<\begin{matrix}OH\\CO\cdot O\cdot \underset{R_1}{CH}\cdot OR\end{matrix}$$

worin R und R_1 gleiche oder verschiedene Alkylreste bedeuten und die leichter spaltbar sind als die Substanzen nach D.R.P. 137585, läßt man α-Halogendialkyläther auf die Salze der Salicylsäure einwirken. Dargestellt wurden Methoxyäthylidensalicylat

$$C_6H_4<\begin{matrix}OH\\CO\cdot O\cdot \underset{CH_3}{CH}\cdot OCH_3\end{matrix}$$

und Äthoxyäthylidensalicylat[2]).

Alkyloxyalkylidenester der Kresotinsäuren erhält man durch Einwirkung von α-Halogendialkyläthern auf die Salze der Kresotinsäuren. Beschrieben sind: m-Kresotinsäuremethoxymethylester, Äthoxyäthyliden-p-kresotinester[3]).

Äthylensalicylat

$$\begin{matrix}CH_2\cdot O\cdot CO\cdot C_6H_4\cdot OH\\ \vert \\ CH_2\cdot O\cdot CO\cdot C_6H_4\cdot OH\end{matrix}$$

wird nur zur Hälfte aus dem Darme aufgenommen[4]).

Weiter wurde ein Versuch gemacht, einen Acetolsalicylsäureester[5]) für solche Zwecke darzustellen, wo es sich nur um die Wirkung der Salicylsäure handelt.

Durch Umsetzung zwischen Monohalogenderivaten des Acetons und salicylsaurem Natron erhält man den Salicylsäureester des Acetols $C_6H_4<\begin{matrix}COO\cdot CH_2\cdot CO\cdot CH_3\\OH\end{matrix}$.

Diese Salacetol genannte Substanz wird ungemein leicht verseift und kann daher als Ersatzmittel der Salicylsäure sehr gut Verwendung finden, ohne aber vor dieser große Vorteil zu besitzen, und zwar aus dem Grunde, weil diese leichte Verseifbarkeit des Esters die Nebenwirkung der Salicylsäure rasch wieder in Erscheinung treten läßt[6]).

Indoform ist Salicylsäuremethylenacetat, dargestellt durch Einwirkung von Formaldehyd auf Acetylsalicylsäure, säuerlich schmeckend.

Alkyläther der m-Oxyhydrozimtsäure und deren Salze erhält man entweder durch Behandlung der m-Oxyhydrozimtsäure mit Alkylierungsmitteln oder indem man die entsprechenden Alkylderivate des m-Oxybenzaldehyds, Alkohols oder Chlorids in der zur Darstellung von Hydrozimtsäure üblichen Weise in die Alkyläther der Oxyhydrozimtsäure überführt oder in der m-Aminohydrozimtsäure den Aminorest über die Diazogruppe hinweg durch die Alkoxygruppe ersetzt. Man erhält so m-Äthoxyhydrozimtsäure und m-Propyloxyhydrozimtsäure, welche antipyretisch und antirheumatisch wirken[7]).

Als Phenolderivate nach dem Salolprinzipe, welche aber nur Phenol als wirksame Komponente tragen, eignen sich insbesondere die Ester der Kohlensäure und der Fettsäuren. Die entsprechenden Methoden zur Darstellung dieser Derivate findet man im Kapitel Kreosot behandelt, da die Methoden hauptsächlich zur Gewinnung von Guajacolderivaten Anwendung und Verbreitung gefunden haben.

Die aromatischen Salole zeigen alle die Eigenschaft, nachdem sie im Darme durch das esterspaltende Enzym und Bakterien langsam verseift wurden, die antiseptische Wirkung des frei werdenden Phenols äußern zu können. Ihre Wirkung als Darmantiseptica ist daher einzig und allein abhängig von der antiseptischen Kraft des in der Verbindung enthaltenen Phenols, weil die Natronsalze der aromatischen Carbonsäuren keine antiseptische Wirkung äußern, eine Wir-

---

[1]) Bayer, Elberfeld, D.R.P. 137585. [2]) D.R.P. 146849.
[3]) Bayer, D.R.P. 269335. [4]) Arch. f. exp. Pathol. u. Pharmakol. Bd 38, S. 88.
[5]) D.R.P. 70054. [6]) Bourget: Sem. méd. 1893, S. 328.
[7]) Bayer, Elberfeld, D.R.P. 234852.

kung, die nur den freien Säuren zukommt. Ihre Giftigkeit ist ebenfalls, da ja die aromatischen Carbonsäuren wesentlich ungiftiger sind als die Phenole, hauptsächlich abhängig von dem in der Verbindung enthaltenen Phenol. Innerhalb des Organismus äußern die Salole nach ihrer Aufspaltung nur die Wirkungen der beiden Komponenten. Es kann aber, da man die Raschheit der Abspaltung des wirksamen Phenols nicht in der Hand hat, gelegentlich zu Phenolvergiftungen kommen. Man wird daher in allen Fällen, wo es sich nur um die Wirkung der aromatischen Säure, etwa der Salicylsäure handelt, nur die partiell wirksamen Salole zu benützen haben, und zwar diejenigen, in welchen die Salicylsäure allein als wirksame Komponente aufzufassen ist. Hingegen wird man sich in den Fällen, wo es sich allein um die Darmdesinfektion handelt, mit größerem Vorteile der Präparate bedienen, welche die Ester einer unwirksamen Säure mit dem wirksamen Phenol darstellen.

Man hat auch vorgeschlagen, Salole als Wundantiseptica, und zwar als Streupulver zu benützen, da sie hierfür die Eigenschaft, wasserunlöslich zu sein, prädisponiert. Aber die Verwendung der Salole in diesem Sinne stößt eben auf das Hindernis, daß sie ja meist keineswegs als solche Antiseptica sind, sondern nur ihre Komponenten und daß es daher vorerst zu einer Aufspaltung in diese kommen muß, einer Aufspaltung, welche die Gewebe und die Wundsekrete nur schwer zu vollführen vermögen. Dieses ist der Grund, weshalb man von der Verwendung der Salole als antiseptische Streupulver abgekommen und die vereinzelten Versuche der Chemiker neue Salole, für diese Zwecke aus billigen Substanzen dargestellt, als Wundstreupulver einzuführen stets Schiffbruch leiden.

Aus der großen Reihe der eigentlichen Salole konnten nur wenige trotz der vortrefflichen Idee, auf der sie basiert waren, in der Therapie zur Geltung kommen, während dieselbe Grundidee bei der Darstellung der Ester des Guajacols z. B. in der Therapie den Sieg errungen hat. Es mag dies zum größten Teile darauf zu beziehen sein, daß die Nebenwirkungen der Salicylsäure, die zu bekämpfen hier in erster Linie beabsichtigt war, meist so unwesentliche sind, daß es kaum notwendig erscheint, ein neues teureres Präparat für diese einzuführen.

Das eigentliche Salol, der Salicylsäurephenylester hat von den Substanzen dieser Gruppen die größte Verbreitung gefunden. Neben diesem konnten nur die der Salicylsäure-β-naphtholester und der Benzoesäure-β-naphtholester (Benzonaphthol), welch letztere aber nach Sahli den Nachteil haben, daß sie im Darme nur schwer verseift werden, zur Verwendung gelangen.

p-Acetaminobenzoesäure-β-naphthylester $CH_3 \cdot CO \cdot NH \cdot C_6H_4 \cdot CO \cdot O \cdot C_{10}H_7$ und p-Benzoylaminobenzoesäure-β-naphthylester $C_6H_4 \cdot CO \cdot NH \cdot C_6H_4 \cdot CO \cdot O \cdot C_{10}H_7$ wurden von Reverdin und Crepieux[1]) beschrieben. Beide Substanzen sind in geringerem Maße Blut- und Nierengifte. Sie wirken nicht kräftiger als Benzonaphthol.

Der Versuch, Phthalsäurediphenylester $C_6H_4{<}^{COO \cdot C_6H_5}_{COO \cdot C_6H_5}$ in die Therapie einzuführen, den Marfori und Giusti[2]) unternommen, muß ebenfalls als gescheitert angesehen werden. Langsam spaltet sich aus dem Phthalsäurediphenylester Phenol im Darme ab und ein großer Teil des Esters geht unverändert mit dem Kote fort. Phthalol ist ein kräftiges Darmdesinfektionsmittel, Phthalsäure ist weniger giftig als Salicylsäure. Nach Versuchen von Mohr (Privatmitteilung) ist Phthalsäure nicht giftiger als Salicylsäure, aber Phthalsäureanhydrid ist weit giftiger. Phthalsäurediäthylester ist für Menschen nicht giftig[3]).

---

[1]) Ber. d. dtsch. chem. Ges. Bd. 35, S. 3417. 1902.
[2]) Boll. de scienze med., Bologna. 1897.
[3]) Smith, Otto M.: Journ. of the Americ. pharmaecut. assoc. Bd. 13, S. 812. 1924.

Von geringer praktischer Bedeutung müssen solche salolartige Körper erscheinen, die saure Phenolester darstellen, ebenso wie solche, die leicht in saure Phenolester übergehen, wenn auch ihr physiologisches Verhalten im Organismus von großem theoretischen Interesse ist. Autenrieth und Vamossy[1]) haben, indem sie nach der Schotten-Baumann-Methode Phenole in 10proz. Natronlauge mit Phosphoroxychlorid schüttelten, Triphenylphosphat $PO(OC_6H_5)_3$ dargestellt. Das Verhalten der Phosphorsäurephenylester im Organismus zeigt, daß bei diesen nur eine Phenolgruppe abgespalten wird; der Grund liegt wohl darin, daß das primäre Spaltungsprodukt, die Diphenylphosphorsäure, als gepaarte Säure keiner weiteren Veränderung im Organismus mehr unterliegt. Es wird nämlich Triphenolphosphat in Phenol und Diphenylphosphorsäure $PO(OC_6H_5)_2 \cdot OH$ gespalten. Bei größeren Dosen bleibt aber eine erhebliche Menge der Triverbindung unresorbiert. Analog mit dem Triphenylphosphat verhält sich Tri-p-chlorphenylphosphat $OP(OC_6H_4Cl)_3$, im Harne tritt Di-p-chlorphenylphosphorsäure auf. Dieser Vorgang beweist, daß solche saure Ester im Gegensatz zu den neutralen im Organismus wegen ihrer sauren Eigenschaften keinen weiteren Veränderungen unterliegen und den Organismus unverändert verlassen. Dieses Verhalten gibt den richtigen Fingerzeig, daß sich zur Darstellung von wirksamen Salolen, die zur vollen Geltung kommen sollen, nur einbasische Säuren gut eignen, da man bei den zweibasischen, insbesondere bei den anorganischen, Gefahr läuft, daß ein großer Teil der wirksamen Komponenten mit der Säure gepaart den Organismus unverändert verläßt.

Derivate von Monoarylphosphorsäuren erhält man, wenn man die Einwirkungsprodukte von Phosphorhalogeniden auf m- und p-Oxybenzoesäure oder deren Derivate mit hydroxylhaltigen organischen Verbindungen verestert, z. B. p-Guajacylcarbonylphenylphosphorsäure aus Guajacol und p-Chlorcarbonylphenylphosphorsäure, p-Cholesterylcarbonylphenylphosphorsäure aus Cholesterin und p-Chlorcarbonylphenylphosphorsäurechlorid. Isokresol(-methylguajacol)ester der p-Chlor-m-carbonylphenylphosphorsäure und die analogen Santalolester, p-Nitrophenyl-m-carbonylphenylphosphorsäure, p-Methylcarbonylphenylphosphorsäure, Salicylsäuremethylesterverbindung des p-Carbonylphenylphosphorsäure[2]).

Man hat weiter den Vorschlag gemacht, basische Reste mit der Salicylsäure zu ähnlichen Zwecken in Verbindung zu bringen. Salicylamid z. B. hat den Vorteil, daß es leichter löslich als Salicylsäure, stärker analgesierend wirkt als diese[3]). Es kommen ihm nach den Versuchen von Nebelthau auch narkotische Wirkungen zu. Doch haben Versuche anderer Art, insbesondere das Kuppeln der Salicylsäure mit antipyretischen und ebenfalls antirheumatisch wirksamen Substanzen mehr Erfolg gehabt. Insbesondere haben Acetylaminoverbindungen der Phenole in diesem Sinne Verwendung gefunden.

Der Salophen genannte Salicylsäureacetyl-p-aminophenolester $OH \cdot C_6H_4 \cdot CO \cdot O \cdot C_6H_4 \cdot NH \cdot CO \cdot CH_3$ hat dieselben günstigen Eigenschaften wie Salol, ist dabei geruch- und geschmacklos und von geringerer Giftigkeit, dabei ist aber die zweite wirksame Komponente, das Acetyl-p-aminophenol für sich zwar keine besonders antiseptisch wirksame Substanz wie Phenol, hingegen aber ein Antipyreticum im Sinne der Anilinderivate. Von diesem Gesichtspunkte aus müssen auch die Substanzen dieser Reihe betrachtet werden. Salophen hat höchstens Salicylsäurewirkung[4]).

Von dieser Betrachtung ausgehend ist auch Salicylsäureformyl-p-aminophenoläther

$$C_6H_4{<}^{CO \cdot O \cdot C_6H_4 \cdot N{<}^{H}_{-C{<}^{O}_{H}}}_{OH}$$

[1]) Hoppe-Seylers Zeitschr. f. physiol. Chem. Bd. 25, S. 440. 1898.

[2]) Bayer, D.R.P. 280000. [3]) Nesbitt: Sem. méd. 1891, Nr. 54.

[4]) Siebel: Therap. Monatsh. 1892, S. 31, 87, 549. — Guttmann, P.: Dtsch. med. Wochenschr. 1891, S. 1359.

ein minder brauchbarer Körper, da er den Formylderivaten des Anilins eigentümliche, therapeutisch nicht verwertbare Wirkungen äußert.

Salophen[1]) erhält man, wenn man den Salicylsäure-p-nitrophenylester, den man durch Einwirkung wasserentziehender Mittel auf ein Gemisch von Salicylsäure und p-Nitrophenol erhält, in alkoholischer Lösung mit Zinn und Salzsäure reduziert. Die so erhaltene Aminoverbindung wird durch Behandeln mit Essigsäureanhydrid in das Acetylderivat übergeführt. Zu derselben Substanz kann man gelangen, wenn man Acetyl-p-aminophenol bei Gegenwart von Kondensationsmitteln, wie Phosphoroxychlorid, Phosphortrichlorid, auf Salicylsäure einwirken läßt, am besten bei Gegenwart eines indifferenten Lösungsmittels, wie etwa des Benzols.

An Stelle der Salicylsäure wurde vorgeschlagen, Kresotinsäure[2]) zu verwenden; man erhält die Kresotinsäureacetylaminophenylester nach einem der oben beschriebenen Verfahren, ohne daß jedoch diese Substanz medizinische Verwendung gefunden hätten. Der Grund ist darin zu suchen, daß die Kresotinsäure vor der Salicylsäure in bezug auf antirheumatische Wirkung, wie schon ausgeführt wurde, keine Vorzüge besitzt, eher aber Nachteile, so daß weder die Kresotinsäuren selbst noch deren Derivate als Ersatzmittel der Salicylsäure je werden Verwendung finden können.

In gleicher Weise wie Acetylaminophenol kann man auch Lactylaminophenol zur Darstellung von Salophenen verwenden.

Behufs Gewinnung erhitzt man entweder Salicylsäurephenylester mit Milchsäureanhydrid auf ca. 150°, oder Aminochlorsalolchlorhydrat mit Lactamid[3]).

Wie p-Aminophenol, so kann auch Oxyphenacetin zur Darstellung solcher esterartiger Salicylsäurederivate mit einer zweiten antipyretisch wirksamen Komponente verwertet werden. Doch hat dieses Präparat keine praktische Verwendung gefunden.

Oxyphenacetylsalicylat erhält man, wenn man salicylsaures Natron mit Chlorphenacetin mengt und das Gemisch auf 180° erhitzt[4]).

Wenn man Methyl- oder Äthylsalicylsäure[5]) nitriert, so erhält man eine Nitroalkylsalicylsäure ($1:2:5 = COOH:OR:NO_2$). Wenn man diese Substanz in üblicher Weise reduziert, so gelangt man zur Aminomethyl- oder -äthylsalicylsäure, welche mit Essigsäureanhydrid behandelt, Acetylaminomethyl- oder -äthylsalicylsäure liefert.

Man kann sie als die Carbonsäure einer dem Phenacetin isomeren Verbindung ansehen. Nun ist aber die Carbonsäure des Phenacetins wegen des Vorhandenseins der Carboxylgruppe eine unwirksame Substanz. Anderseits ist schon die Alkylsalicylsäure wegen der Verdeckung des Hydroxyls durch die Alkylgruppen eine nur mehr wenig wirkende Verbindung. Solche Substanzen erweisen sich dann natürlich als wertlos.

Wie von der Salicylsäure, so wurde auch von der antiseptisch wirkenden Phenylessigsäure $C_6H_5 \cdot CH_2 \cdot COOH$ ein benzoyliertes Aminoderivat dargestellt, indem man Aminophenylessigsäure $NH_2 \cdot C_6H_4 \cdot CH_2 \cdot COOH$ in bekannter Weise benzoyliert[6]). Sie soll ein gutes Darmdesinficiens sein.

Diese Benzoylaminophenylessigsäure $C_6H_5 \cdot CO \cdot NH \cdot C_6H_4 \cdot CH_2 \cdot COOH$ läßt sich nach der Nenckischen Synthese in den Benzoylaminophenylessigsäurephenylester $C_6H_5 \cdot CO \cdot NH \cdot C_6H_4 \cdot CH_2 \cdot COO \cdot C_6H_5$ überführen[7]).

Es wurde auch ein Versuch gemacht, die Acetamidverbindungen aromatischer Carbonsäuren darzustellen.

So hat man Phenoxylacetamid $C_6H_5 \cdot O \cdot CH_2 \cdot CO \cdot NH_2$ durch Erhitzen von Phenol mit Chloracetamid und alkoholischem Kali erhalten[8]). Vom Guajacol ausgehend bekommt man in gleicher Weise Guajacoxylacetamid $1 \cdot CH_3 \cdot O \cdot C_6H_4 \cdot OCH_2 \cdot CO \cdot NH_2 \cdot 2$. Ferner kann man erhalten α- oder β-Naphthoxylacetamid $C_{10}H_7 \cdot OCH_2 \cdot CO \cdot NH_2$, Acetamidäthersalicylamid $1 \cdot NH_2 \cdot CO \cdot C_6H_4 \cdot OCH_2 \cdot CO \cdot NH_2\ 2$ und Tribromphenoxylacetamid $Br_3C_6H_2 \cdot OCH_2 \cdot CO \cdot NH_2$. In derselben Weise reagieren auch die Salze aromatischer Carbonsäuren mit Chloracetamid und man kann vom Kaliumsalicylat ausgehend zum Salicylsäureacetamidester $HO \cdot C_6H_4 \cdot CO \cdot OCH_2 \cdot CO \cdot NH_2$ gelangen.

---

[1]) D.R.P. 62533, 69289. [2]) D.R.P. 70714. [3]) D.R.P. 82635.
[4]) Höchst, D.R.P. 88950. [5]) D.R.P. 71258. [6]) D.R.P. 55026.
[7]) D.R.P. 55027. [8]) D.R.P. 108342.

Ein Derivat der Salicylsäure und des Resorcins ist das in Wasser und Säuren unlösliche Resaldol.

Es ist dies die Diacetylverbindung eines Reaktionsproduktes zwischen Chlormethylsalicylaldehyd und Resorcin, welche durch Einwirkung von 2 Mol. des letzteren auf 1 Mol. des ersteren entsteht. Man erhält ein Produkt mit der empirischen Formel $C_{20}H_{16}O_5$, welches Diresorcylmethylensalicylaldehyd sein soll und diacetyliert dieses[1]).

Es wird im Darme unter Abspaltung von Acetylgruppen gelöst und wirkt antiseptisch, adstringierend und erschlaffend auf den Darmtonus.

Cresatin (m-Kresolessigsäureester) wird als Antiblennorrhoicum empfohlen.

Kreosot und Guajacol.

Sommerbrodt gebührt das Verdienst, auf die günstigen Wirkungen des Buchenholzteerkreosots bei der Behandlung der Lungentuberkulose hingewiesen zu haben. Es ist hier nicht der Ort, auf die Ursache dieser Kreosotwirkungen, welche keineswegs als spezifische anzusehen sind, einzugehen; jedenfalls steht es fest, daß bei Phthisikern eine subjektive und oft objektiv nachweisbare Besserung des Allgemeinzustandes, Gewichtszunahme infolge von Appetitzunahme und insbesondere ein Zurückgehen der katarrhalischen Erscheinungen zu verzeichnen ist.

Als wirksamer Bestandteil des Kreosots wurde von Sahli Guajacol, der Brenzcatechinmonomethyläther

OCH_3
OH

angenommen. Von anderen Autoren wurde als wirksamer Bestandteil neben dem Guajacol das Kreosol, der Monomethyläther des Homobrenzcatechins $OH \cdot C_6H_3 \cdot (CH_3) \cdot OCH_3$ bezeichnet. Dieses ist nach dem im allgemeinen Teil Ausgeführten weniger giftig und stärker antiseptisch als Guajacol, da der Ersatz von Kernwasserstoff durch Methylgruppen die Giftigkeit aromatischer Verbindungen für den tierischen Organismus herabgesetzt, während die antiseptische Kraft erhöht wird, aber es zeigt in der Therapie dem Guajacol gegenüber keine besondere Überlegenheit.

Die Reindarstellung des Guajacols geschieht am vorteilhaftesten, wenn man von Kreosot ausgeht, durch Verestern des Kreosots, Krystallisation des Guajacolesters und Verseifen desselben.

Auf synthetischem Wege wird Guajacol durch Methylierung des Brenzcatechins gewonnen, eine Methode, welche technisch wegen der Kostspieligkeit und der technischen Mängel dieses Verfahrens wenig angewendet wird.

Statt mit Nitrosomethylurethan kann man mit Nitrosoalkylharnstoffen bei Gegenwart von Basen veräthern; so erhält man aus Morphin in methylalkoholischer natronalkalischer Suspension bei 0° mit Nitrosomonomethylharnstoff Kodein. Aus β-Naphthol mit Nitrosodiäthylharnstoff β-Naphtholäthyläther; aus Brenzcatechin und Nitrosomonomethylharnstoff Guajacol; aus Guajacol und Nitrosodimethylharnstoff Veratrol; aus Pyrogallol und Nitrosodiäthylharnstoff Pyrogalloltriäthyläther[2]).

Behufs Darstellung von Guajacol aus Brenzcatechin werden Brenzcatechin und Alkali- oder Erdalkalisalze der Methylschwefelsäure in Gegenwart von Veratrol als Verdünnungsmittel bei 160—180° unter allmählicher Zugabe einer schwachen Base wie Natriumcarbonat oder Natriumbicarbonat erhitzt. Ausbeute 85% Guajacol[3]).

Weit bequemer und billiger gelangt man zum Guajacol von dem billigen Anisidin $NH_2 \cdot C_6H_4 \cdot OCH_3$ ausgehend, indem man dasselbe diazotiert und bei Gegenwart eines Kupfersalzes verkocht: o-Anisidin $CH_3O \cdot C_6H_4 \cdot NH_2$ wird diazotiert und die Lösung in konz. Schwefelsäure gegossen, die viel Natriumsulfat enthält. Man erhitzt auf 135—160° und bewirkt dadurch, daß das Produkt der Einwirkung der Schwefelsäure, das Guajacol, sofort mit dem Wasserdampf übergeht. Dadurch wird die Bildung von Nebenprodukten sehr eingeschränkt. Vielfach wird beim Verkochen ein Kupfersalz zugesetzt.

---

1) Bayer, D.R.P. 117890, 123099. 2) Bayer, D.R.P. 189843.
3) Zollinger, Röhling, D.R.P. 305281.

Guajacol hat wie Kreosot selbst bei interner Anwendung ätzende Eigenschaften und ist deshalb giftig. Seine desinfizierende Kraft ist größer als die des Phenols. Die ätzende und antiseptische Wirkung dieser, ebenso wie Brenzcatechin und Phenol, auch antipyretisch wirkenden Substanz beruht auf der Gegenwart des freien Hydroxyls.

Seine allgemeinen Wirkungen bestehen in einer Erregung und Lähmung der Nervenzentren. Die krampfartigen Erscheinungen treten bei der Vergiftung um so weniger hervor, je höher die Tierklasse ist. Auch die Krampfwirkung steht mit dem Vorhandensein des freien Hydroxyls in innigem Zusammenhange.

Guajacol hat im allgemeinen ähnliche Wirkungen wie Phenol und Brenzcatechin, ist aber weniger giftig, seine antipyretische Kraft ist hingegen größer. Die Absonderung der Bronchialschleimhaut und der Nieren wird nach Einnahme von Guajacol erhöht.

Die günstigen Wirkungen des Kreosots und Guajacols haben diesen beiden Präparaten einen stetig steigenden Bedarf gesichert, um so mehr, als bei der chronischen Tuberkulose die Mehrzahl der Ärzte zu Kreosotpräparaten greift, da ja zu lang andauernder medikamentöser Behandlung der Phthise diese unter den bis nun angewendeten antiseptischen Mitteln wohl die geeignetsten sind.

Statt des Guajacols wurde versucht, analog gebauten Körpern in die Therapie Eingang zu verschaffen. Statt der Methylgruppe wurde in das Brenzcatechin die Äthylgruppe eingeführt. Der so dargestellte Brenzcatechinmonoäthyläther, Guäthol, hat naturgemäß eine identische Wirkung wie Guajacol, ohne vor diesem wesentliche Vorzüge zu besitzen. Die analgetische Wirkung ist nach Buck deutlich ausgeprägt.

Monooxyäthylbrenzcatechinäther erhält man, wenn man entweder Äthylenhalogenhydrine auf die sauren Alkalisalze des Brenzcatechins oder Äthylenoxyd auf freies Brenzcatechin einwirken läßt. Beschrieben ist der Monooxyäthylbrenzcatechinäther. Er unterscheidet sich von Guaethol durch das Fehlen des scharfen Geruches und der ätzenden Wirkung[1]).

Fahlberg, List & Co. stellen Isohomobrenzcatechin dar (1-Methyl-2.3-dioxybenzol), indem sie Salze der 3-Chlor-2-oxy-1-methylbenzol-5-sulfosäure mit Ätzalkalien verschmelzen und aus der erhaltenen 1-Methyl-2.3-dioxybenzolsulfosäure die Sulfogruppe abspalten[2]).

Formylkreosot bildet sich, wenn man konz. Ameisensäure mit Kreosot in molekularer Menge 8 Stunden am Rückflußkühler erhitzt und dann mit Lauge behandelt.

Guajacolpräparate, in denen Hydroxylwasserstoff durch eine Acylgruppe ersetzt ist.

Von sehr großer Bedeutung bei der massenhaften Anwendung des Kreosots und Guajacols war es, die unangenehmen Ätz- und Giftwirkungen dieser Präparate zu coupieren, was sich ja leicht nach analogen Methoden in verwandten Gruppen, insbesondere nach dem Salolprinzipe Nenckis bewerkstelligen ließ. Es war ein bedeutender Vorteil, daß bei den ersten Präparaten dieser Art, welche dargestellt wurden, man diese Phenole mit einem an und für sich unwirksamen Körper, der Kohlensäure, verbunden hat, statt der sonst angewendeten aromatischen Carbonsäuren, und so partiell wirksame Salole erhielt. Späterhin wurden Kreosot und Guajacol mit einer Reihe von anorganischen und organischen Säuren verestert. Es ist klar, daß keines dieser Präparate vor dem anderen irgendwelche nennenswerte Vorteile bieten kann. Alle sind sie Ester des Guajacols, die im Darme die wirksame Komponente Guajacol abspalten und deren physiologische und therapeutische Wirkung nur auf dem Guajacolgehalt beruht.

---

[1]) Grenzach, D.R.P. 352983. [2]) D.R.P. 256345.

Die Darstellung[1]) des sogenannten Kreosotcarbonats und Guajacolcarbonats [letzteres wird Duotal[2]) genannt] geschieht in der Weise, daß man auf eine alkalische Guajacollösung Phosgengas einwirken läßt.

Man erhält so aus Kreosot ein in Wasser unlösliches, wenig schmeckendes Präparat, frei von Ätz- und Giftwirkungen des Kreosots. Nur der Rauchgeschmack des Kreosots haftet diesem Ester noch an.

Geschmacklose Verbindungen dieser Art kann man wie aus Kreosot und Guajacol auch aus Menthol, den Borneolen, Carvacrol, Kreosol, Eugenol und Gaultheriaöl (Salicylsäuremethylester) erhalten.

Die Reaktion verläuft in der Weise, daß man ein Molekül Phosgen (gasförmig oder gelöst) entweder auf zwei Moleküle der betreffenden hydroxylhaltigen Verbindungen bei erhöhter Temperatur oder auf zwei Moleküle eines trockenen oder gelösten Salzes dieser Stoffe einwirken läßt.

Statt des Phosgengases kann man Chlorkohlensäureamid nehmen, wodurch man zu den Carbaminsäureestern der Phenole gelangt. Ein Molekül Chlorkohlensäureamid $ClCO \cdot NH_2$ reagiert mit einem Molekül des betreffenden Phenols.

Symmetrische neutrale Kohlensäureester erhält man, wenn man die nach D.R.P. 116386 darstellbaren chlorhaltigen Derivate der Pyridinbasen (aus Chlorameisensäureester und Pyridinbasen) durch Wasser in neutrale Kohlensäureester zersetzt. So wurden dargestellt: Dimethylcarbonat und Diphenylcarbonat[3]).

Die Carbaminsäureester kann man auch erhalten durch Einwirkung von einem Molekül des betreffenden hydroxylhaltigen Körpers oder seines Salzes auf ein Molekül Phosgen und darauf folgende Behandlung mit Ammoniak.

Nach diesem Verfahren wurden dargestellt die Kohlensäureester des Menthol, d-Borneol, l-Borneol, Guajacol, Kreosol, Eugenol, Carvacrol, Gaultheriaöl und die Carbaminsäureester des Menthol, d-Borneol, l-Borneol, Carvacrol, Guajacol, Kreosol, Eugenol, Thymol, Geraniol. Ferner wurde auf diese Weise Salicylsäureäthylester in das Carbamat verwandelt.

Außer diesen rein dargestellten Substanzen wurde dasselbe Veresterungsverfahren, wie schon erwähnt, auf das Kreosot genannte Gemenge von Phenolen angewendet und ein Kreosotcarbonat genanntes Gemenge von neutralen Kohlensäureestern erhalten.

Statt in die Carbonate oder Carbamate können diese Phenole auch in die Alkylcarbonate[4]) verwandelt werden, z. B. Eugenol in Eugenolmethylkohlensäureester. Die so erhaltenen Stoffe sind im Gegensatze zu den festen Carbonaten oder Carbamaten flüssig und werden aus diesem Grunde zu Injektionen empfohlen, haben aber keinerlei praktische Bedeutung erlangt.

Von diesen Verbindungen wurden dargestellt Eugenolmethylkohlensäureester, Eugenoläthylkohlensäureester, Guajacolmethylkohlensäureester, Guajacoläthylkohlensäureester, Kreosolmethylkohlensäureester, Kreosoläthylkohlensäureester, Kreosotäthylkohlensäureester, Kreosotmethylkohlensäureester, Carvacrolmethylkohlensäureester, Carvacroläthylkohlensäureester, Gaultherialölmethylkohlensäureester, Gaultheriaöläthylkohlensäureester, Äthylsalicylatmethylkohlensäureester, Äthylsalicylatäthylkohlensäureester.

Die Herstellung dieser Stoffe erfolgt durch Einwirkung von Chlorameisensäureester auf die betreffenden hydroxylhaltigen Körper oder auf deren Salze in festem oder gelöstem Zustande.

In Verfolgung der gleichen Idee wurde in gleicher Weise auch Isoeugenol[5]) in das Carbonat

$CO\left(O \cdot C_6H_3 < {C_3H_5 \atop OCH_3}\right)_2$, in das Methylcarbonat $CO < {OCH_3 \atop O \cdot C_6H_3 < {C_3H_5 \atop OCH_3}}$

und in das Äthylcarbonat $CO < {OC_2H_5 \atop O \cdot C_6H_5 < {C_3H_5 \atop OCH_3}}$ übergeführt.

Diese Methode der Darstellung der Kohlensäureester wurde außer auf die natürlich vorkommenden Substanzen auch auf die synthetischen Derivate des Brenzcatechins[6]) angewendet, um auf diese Weise die synthetischen Ersatzmittel des Guajacols, in denen statt der Methylgruppe höhere Alkylgruppen

[1]) D.R.P. 58129. [2]) Berlin. klin. Wochenschr. 1891, Nr. 51.
[3]) Bayer, Elberfeld, D.R.P. 118566. [4]) D.R.P. 60716. [5]) D.R.P. 61848.
[6]) D.R.P. 72806.

eingetreten sind, von ihren ätzenden Eigenschaften zu befreien. So wurden dargestellt die Carbonate des Brenzcatechinmonoäthyläther, Brencatechinmonopropyläther, Brenzcatechinmonoisopropyläther, Brenzcatechinmonobutyläther, Brenzcatechinmonoisobutyläther, Brenzcatechinmonoamyläther, des Brenzcatechins selbst und schließlich des Homobrenzcatechinmonomethyläthers.

Der so gewonnene Kohlensäureäther des Brenzcatechins kann hinwiederum als Ausgangsma erial zur Darstellung gemischter Verbindungen, welche neben Brenzcatechin einen zweiten wirksamen Körper enthalten, verwendet werden.

Wenn man Brenzcatechincarbonat $C_6H_4<{}^{O}_{O}>CO$ mit Verbindungen, die alkoholische Hydroxylgruppen, primäre oder sekundäre Aminogruppe enthalten, in Reaktion bringt, findet eine Addition statt, ein Phenolhydroxyl des Brenzcatechins wird regeneriert und der Rest der sich addierenden Verbindungen wird an das Carboxyl gebunden, so daß gemischte Kohlensäureester entstehen, z. B.

$$C_6H_4<{}^{O}_{O}>CO + C_2H_5\cdot OH = C_6H_4<{}^{O\cdot CO\cdot OC_2H_5}_{OH}$$

$$C_6H_4<{}^{O}_{O}>CO + C_6H_5\cdot NH_2 = C_6H_4<{}^{O\cdot CO\cdot NH\cdot C_6H_5}_{OH}$$

Man kann nach diesem Verfahren[1]) erhalten: Brenzcatechinäthylcarbonat, Brenzcatechinamylcarbonat, Phenylcarbaminsäurebrenzcatechinester, Oxäthylphenylcarbaminsäurebrenzcatechinester, p-Phenylcarbonsäureestercarbaminsäurebrenzcatechinester, Phenylhydrazid der Brenzcatechinkohlensäure, Diäthylaminderivat der Brenzcatechinkohlensäure, Piperidid der Brenzcatechinkohlensäure.

Läßt man auf Verbindungen, welche mehrere Aminogruppen enthalten, Brenzcatechincarbonat einwirken, so gelingt es nicht nur 1 Mol. des letzteren, sondern auch mehrere mit der Polyaminoverbindung zu kondensieren.

So kann man das Hydrazid der Brenzcatechinkohlensäure $H_2N\cdot NH\cdot COO\cdot C_6H_4\cdot OH$ und das Bishydrazid der Brenzcatechinkohlensäure

$$HO\cdot C_6H_4\cdot O\cdot CO\cdot NH\cdot NH\cdot CO\cdot O\cdot C_6H_4\cdot OH$$

ferner das Äthylendiamin der Brenzcatechinkohlensäure

$$OH\cdot C_6H_4\cdot COO\cdot NH\cdot CH_2\cdot CH_2\cdot NH\cdot COO\cdot C_6H_4\cdot OH$$

erhalten.

Bei der Darstellung von Carbonaten der Phenole ergibt sich manchmal der Übelstand, daß Phosgen eine schädliche Einwirkung auf leicht veränderliche Stoffe wie Isoeugenol oder Menthol zeigt.

Man vermeidet diese Nebenwirkung des Phosgens, indem man zuerst Diäthylcarbonat $CO<{}^{O\cdot C_2H_5}_{O\cdot C_2H_5}$ oder noch besser Diphenylcarbonat $CO<{}^{O\cdot C_6H_5}_{O\cdot C_6H_5}$ darstellt und erst mit diesem diejenigen Phenole, deren Carbonate man darzustellen wünscht, behandelt, worauf sich das gewünschte Carbonat bildet und Äthylalkohol oder Phenol regeneriert wird[2]).

Eine weitere Modifikation bei der Darstellung der verschiedenen Phenolcarbonate ist, daß man statt der direkten Wirkung von Phosgen und Alkali auf Phenole, die durch Einwirkung von Phosgen, Perchlormethylformiat oder Hexachlordimethylcarbonat auf Basen der Pyridinreihe erhältlichen Chlorcarbonyle auf Phenole einwirken läßt, wobei man den Alkalizusatz erspart[3]).

Statt Kohlenoxychlorid kann man zur Darstellung chlorhaltiger Derivate von Basen der Pyridinreihe Chlorameisensäureester verwenden. Bei Verwendung von Pyridin erhält man

$$\begin{array}{ccccc} & C_5H_5N & & NC_5H_5 & \\ & / & \backslash\ / & & \backslash \\ RO & & CO & & Cl \end{array}$$

. Mit Alkoholen, Phenolen usw. reagieren diese Körper nach folgender Gleichung:

$$\begin{matrix} C_5H_5N<{}^{OR}_{CO} \\ C_5H_5N<_{Cl} \end{matrix} + R\cdot OH = C_5H_5N\cdot HCl + C_5H_5N + OC<{}^{OR}_{OR}$$

Zur Darstellung der neuen Körper mischt man eine Lösung von 2 Mol. der Base mit einer Lösung von 1 Mol. Ester[4]).

Ebenso kann man α-Picolin mit Chlorameisensäuremethylester und α-Lutidin mit Chlorameisensäurephenylester reagieren lassen.

---

[1]) D.R.P. 92535. [2]) D.R.P. 99057. [3]) D.R.P 109913, 117346.
[4]) D.R.P. 116386.

Kohlensäureester der Phenole werden erhalten, wenn man auf Phenole oder saure Phenoläther, die durch Einwirkung von Phosgen, Perchlormethylformiat und Hexachlordimethylcarbonat auf Basen der Pyridinreihe erhältliche Pyridinchlorcarbonyle[1]) einwirken läßt. Dagegen werden bei der Einwirkung dieser Körper auf aromatische Alkohole, z. B. Benzylalkohol und hydroxylierte Substanzen, wie Salicylsäure, keine Phenolcarbonate erhalten, sondern im ersten Falle wird Benzylchlorid, im zweiten Falle je nach Art und Dauer der Einwirkung Heptasalicylosalicylsäure und Tetrasalicylid und bei der Einwirkung auf Salicylaldehyd wahrscheinlich die Verbindung $HO \cdot C_6H_4 \cdot CHCl_2$ gebildet, da aus Benzaldehyd unter gleichen Bedingungen Benzalchlorid entsteht.

Wie Pyridinchlorcarbonyl wirken auch die Chlorcarbonyle der Picoline, Lutidine und andere Homologen des Pyridins auf Phenole und saure Phenoläther, wie Phenol, die isomeren Kresole, Guajacol und Kreosot unter Bildung der Phenolcarbonate ein. So werden aus Pyridinchlorcarbonyl und Phenol unter Anwendung geeigneter Lösungsmittel (Benzol, Toluol, Xylol) und ebenso aus α-Lutidinchlorcarbonyl und Guajacol Guajacolcarbonat, aus Pyridinchlorcarbonyl und o-Kresol weißes o-Kresolcarbonat, aus α-Picolinchlorcarbonyl (aus Hexachlordimethylcarbonat und α-Picolin) und Kreosot Kreosotcarbonat in annähernd quantitativer Ausbeute gewonnen. Ebenso reagieren Thymol, Guäthol und die isomeren Kresole. Vor den früheren Verfahren zeichnet sich diese Methode angeblich durch höhere, und zwar quantitative Ausbeute aus[2]).

Die im D.R.P. 114025 beschriebenen Chlorcarbonylderivate der Pyrazolonreihe liefern im Gegensatz zu den gemäß D.R.P. 117346 und 117625 benutzten Chlorcarbonylderivaten der Pyridinreihe mit Alkoholen, Phenolen, sowie die freie Hydroxylgruppe enthaltenden Derivaten dieser Körper keine Carbonate, sondern sie setzen sich mit den erwähnten OH-Verbindungen zu den entsprechenden Chlorameisenäureestern um. So gibt Antipyrinchlorcarbonyl mit n-Propylalkohol in glatter Weise den bekannten n-Propylchlorameisensäureester. Aus Antipyrinchlorcarbonyl und Methyl-n-propylcarbinol erhält man den entsprechenden Chlorameisensäureester der Formel $CH_3 \cdot CH_2 \cdot CH(CH_3) \cdot CH \cdot O \cdot COCl$, ein farbloses Öl von stechendem Geruch. Mit Menthol liefert Antipyrinchlorcarbonyl Mentholchlorameisensäureester $C_{10}H_{19} \cdot O \cdot CO \cdot Cl$, ein farbloses, nach Menthol riechendes Öl[3]). Aus Tolypyrinchlorcarbonyl und Guajacol entsteht Guajacolchlorameisensäureester. Durch Einwirkung der in D.R.P. 109933 beschriebenen Chlorcarbonylderivate der Basen der Pyridinreihe auf aliphatische Alkohole kann man in glatter Weise die neutralen Kohlensäureester der betreffenden Alkohole darstellen, und zwar Dimethylcarbonat, Diäthylcarbonat und Methyl-n-propylcarbinoldicarbonat von der Formel $[(CH_3 \cdot CH_2 \cdot CH) \cdot (CH_3)CH \cdot O]_2CO$[4]).

Gemäß dem Hauptpatent läßt man die gemäß D.R.P. 114025 darstellbaren Chlorcarbonylderivate der Pyrazolonreihe auf Alkohole usw. einwirken. An Stelle der fertigen Chlorcarbonylderivate kann man nun diese Substanzen in statu nascendi anwenden, indem man Phosgen bzw. seine Polymolekularen, Perchlormethylformiat und Hexachlordimethylcarbonat in Gegenwart von Antipyrin usw. auf die Alkohole und Phenole einwirken läßt. In der Patentschrift sind Beispiele angegeben für die Darstellung von Chlorameisensäureäthylester, Chlorameisensäurebenzylester und Chlorameisensäurephenylester[5]).

Wenn man, anstatt wie in dem I. Zus.-Pat. angegeben, Phosgen und seine Polymolekularen in Gegenwart von tertiären Basen vom Typus des Antipyrins auf die Alkohole und Phenole einwirken zu lassen, die Reaktion in Gegenwart irgendwelcher anderer tertiärer Basen, mit Ausnahme der Basen der Pyridinreihe, vornimmt, gelangt man ebenfalls zu den Chlorameisensäureestern. Bei Verwendung von Basen der Pyridinreihe entstehen bekanntlich neutrale Kohlensäureester. Bei den in der Patentschrift angegebenen Beispielen ist die Verwendung von Dimethylanilin oder Chinolin vorgesehen. Es werden so dargestellt Chlorameisensäureäthylester, Chlorameisensäurebenzylester und Chlorameisensäuresalolester $Cl \cdot CO \cdot O \cdot C_6H_4 \cdot CO \cdot O \cdot C_6H_5$[6]).

Der große Erfolg der Carbonate des Kreosots und Guajacols veranlaßte die Darstellung einer Reihe von analogen Konkurrenzpräparaten, bei denen die analoge Wirkung ganz selbstverständlich war.

So wurden dargestellt Kreosot- und Guajacolpräparate, deren Hydroxylgruppe durch Säureradikale verschlossen ist, wie beim Kreosot- und Guajacolcarbonat: Phosphatol, Kreosotphosphit und Guajacolphosphorigsäureester[7]).

---

[1]) D.R.P. 109933. [2]) D.R.P. 58129. [3]) Bayer, Elberfeld, D.R.P. 117624.
[4]) Bayer, Elberfeld, D.R.P. 117625.
[5]) Bayer, Elberfeld, D.R.P. 118536, Zusatz zu D.R.P. 117624.
[6]) D.R.P. 118537, Zusatz zu D.R.P. 117624.
[7]) Ballard: Rep. de pharm. 1897, S. 105.

Als Entschuldigung für die Einführung dieser analog den anderen Kreosot- und Guajacolpräparaten wirkenden Substanz mag dienen, daß man den phosphorigsauren Salzen eine günstige Beeinflussung der Tuberkulose zuschreibt. Ferner sind die Phosphite im Gegensatze zu den Carbonaten und Phosphaten des Guajacols in fetten Ölen löslich, was die Anwendung erleichtert. Bei Darstellung des Guajacolphosphits wird Guajacol und die entsprechende Menge Natron in Alkohol suspendiert und langsam ein Molekül Phosphortrichlorid unter Kühlung zugesetzt. Hierauf wird zum Sieden erhitzt und der Alkohol abdestilliert[1]). Man erhält so $P\begin{cases}O\cdot C_6H_4\cdot OCH_3\\ O\cdot C_6H_4\cdot OCH_3\\ O\cdot C_6H_4\cdot OCH_3\end{cases}$ Guajacolphosphit ein krystallinisches Pulver.

Phosphorsäureguajacyläther $\left(C_6H_4<^{OCH_3}_{O—}\right)_3\equiv PO$ ist ebenfalls ein Krystallpulver[2]).

Gemischte Schwefelsäureester mit je einem Alkylrest der fetten und aromatischen Reihe darzustellen, haben mit Rücksicht auf das Guajacol die Farbenfabriken Elberfeld vorgeschlagen[3]).

Man erhält stabile Verbindungen, wenn man z. B. Äthylschwefelsäurechlorid in ein Guajacollösung einfließen läßt. Der so erhaltene Schwefelsäureguajacyläthylester $SO_2<^{O\cdot C_2H_5}_{O\cdot C_6H_4\cdot OCH_3}$ ist flüssig. An Stelle des Guajacols kann man Eugenol oder Isoeugenol resp. andere Phenole nehmen, an Stelle des Äthylschwefelsäurechlorids Methyl-, Butyl-, Amylschwefelsäurechlorid.

Diese Körper haben angeblich lokalanästhesierende und sedative Wirkungen, wobei sie aber lokal reizen. Die Eigenschaften sollen wesentlich von denen des Guajacols und Eugenols abweichen. Praktische Verwendung haben sie nicht gefunden.

Weiter wurden in dieser Reihe dargestellt Schwefelsäureguajacylmethyl- bzw. -isobutylester, dann $SO_2<^{OC_2H_5}_{OC_6H_3(CH_3)(OCH_3)}$ Äthylschwefelsäurekreosolester und die analogen Verbindungen des Resorcinmonomethyläthers, Hydrochinonmonomethyläther, Acetyl-p-aminophenol, o-Nitrophenol, Salicylamid.

Ferner wurden alle Fettsäureester des Kreosots und Guajacols dargestellt, und zwar: die Ölsäureester des Kreosots und Guajacols, Oleokreosot[4]) und Oleoguajacol genannt.

Die Darstellung[5]) geschieht, indem man Ölsäure und Kreosot resp. Guajacol im Verhältnis der Molekulargewichte mit Phosphortrichlorid allmählich auf 135° erhitzt und nach Beendigung der Reaktion den gebildeten Äther $CH_3\cdot OC_6H_4\cdot O\cdot CO\cdot CH{=}(CH_2)_{14}\cdot CH_3$ mit Wasser und Sodalösung wäscht. Das Produkt ist flüssig und unlöslich in Wasser. In gleicher Weise wird statt Ölsäure Palmitin- und Stearinsäure zweckmäßig verwendet[6]). Auch diese Produkte sind ölig.

Eucol (Guajacolacetat) wird im Darmkanal stärker gespalten.

Kreosot- und Guajacolisovaleriansäureester bilden ölige Flüssigkeiten.

In dieser Reihe wurden noch folgende Derivate dargestellt. Die Ester des Guajacol, Kreosol und Kreosot mit der Caprylsäure, Caprinsäure, Laurinsäure, Myristinsäure, Palmitinsäure, Arachinsäure, Cerotinsäure, Ricinolsäure, Leinölsäure, Erucasäure, Capronsäure, Sebacinsäure.

Monotal ist Guajacoläthylglykolsäureester $C_2H_5O\cdot CH_2\cdot CO\cdot O\cdot C_6H_4\cdot OCH_3$.

Tanosal ist der Gerbsäurekreosotester in Form einer amorphen, sehr hygroskopischen Substanz, die vor den bis nun angeführten Kresotderivaten den Vorzug hat, in Wasser löslich zu sein und eine zweite wirksame Komponente, die Gerbsäure, abzuspalten. Die sonstigen Nachteile, insbesondere seine

---

[1]) D.R.P. 95578. [2]) Gilbert: Sem. méd. 1897, S. 75.
[3]) D.R.P. 75456. [4]) Prevost: Rev. méd. de la Suisse romande 1893, Nr. 2.
[5]) D.R.P. 70483. [6]) D.R.P. 71446.

unangenehme Hygroskopizität, wiegen jedoch die angeführten Vorteile dieses Präparates nicht auf[1]).

Ferner wurde Guajacolsalicylat $OH \cdot C_6H_4 \cdot CO \cdot O \cdot C_6H_4 \cdot OCH_3$[2]) dargestellt.

Benzosol (Guajacolbenzoat) $C_6H_5 \cdot CO \cdot O \cdot C_6H_4 \cdot OCH_3$[3]) wird dargestellt durch Einwirkung von Benzoylchlorid auf Guajacolkalium[4]).

Nach nicht publizierten Versuchen von Mering[5])[6]) wirkt Styracol (Zimtsäure-guajacolester) $C_6H_5 \cdot CH{:}CH_2 \cdot CO \cdot O \cdot C_6H_4 \cdot OCH_3$ als Ganzes ungespalten antiseptisch. Hunde vertragen 8—10 g ohne Schaden. Es wird der Hauptsache nach nicht resorbiert, nur durch Fäulnis wird ein Teil zerlegt. Landerer hat die intravenöse Behandlung mit Zimtsäure bei Tuberkulose warm empfohlen. Dieses Präparat soll nun beide wirksamen Komponenten in esterartiger, nicht ätzender Bindung vereinigen.

Die Darstellung geschieht durch Einwirkung von Zimtsäurechlorid auf Guajacol oder Zimtsäureanhydrid auf Guajacol oder nach der Nenckischen Salolsynthese durch Erhitzen der beiden Komponenten mit Phosphorpentachlorid, Phosphoroxychlorid, Phosgengas usw.

Man läßt p-Nitrobenzoylchlorid auf Guajacol- oder Eugenolkalium einwirken, reduziert die Verbindung und acetyliert sie mit Essigsäureanhydrid. So erhält man p-Acetaminobenzoylguajacol $CH_3 \cdot CO \cdot NH \cdot C_6H_4 \cdot CO \cdot O \cdot C_6H_4 \cdot OCH_3$, resp. p-Acetaminobenzoyleugenol.

Man verestert Guajacol mit 4-Äthylphenylmalonamidsäure[7]).

Fehrlin in Schaffhausen verbindet Guajacol oder Guäthol mit Eiweißkörpern, indem er wässerige Lösungen koagulierbarer Eiweißstoffe mit den Brenzcatechinäthern vermischt, wobei die Emulsion nach kurzer Zeit erstarrt. Das Reaktionsprodukt wird abgeschleudert, getrocknet, auf 115—120° erhitzt, mit indifferenten Lösungsmitteln ausgewaschen und nochmals getrocknet. Das Guajacol kann man zu diesem Zwecke entweder in Alkohol oder in Lauge lösen und die Eiweißstoffe nach dem Vermischen zuerst anwärmen und dann abschleudern[8]).

Einhorn und Heinz[9]) haben unter dem Namen Gujasanol ein Guajacolderivat empfohlen, welches den Vorzug der Wasserlöslichkeit hat, hingegen aber salzig und bitter schmeckt. Es ist das salzsaure Salz des Diäthylglykokollguajacols $CH_3 \cdot O \cdot C_6H_4{-}O \cdot CO \cdot CH_2 \cdot N(C_2H_5)_2HCl$.

Dieser Körper wird erhalten, wenn man auf die Chloracetylverbindungen der Phenole substituierte Amoniake einwirken läßt.

Im Darme wird Guajacol aus dieser Verbindung unter bekannten Umständen regeneriert. Ebenso kann man darstellen: Diisobutylglykokollguajacol, Diäthylglykokolltrikresol, Diäthylglykokollphenol, Diäthylglykokoll-o-kresol, Diäthylglykokoll-m-kresol, Diäthylglykokoll-p-kresol[10]).

Ebenso wurden vom Guäthol (Brenzcatechinmonoäthyläther) die Ester der Phosphorsäure, Buttersäure, Isovaleriansäure, Benzoesäure und Salicylsäure in analoger Weise und in gleicher Absicht wie beim Guajacol dargestellt. Die Monoalkyläther des Brenzcatechins wurden zu gleichem Zwecke auch mittels Phosphoroxychlorid mit Camphersäure verestert (Guacamphol). Diese Verbindung soll auch die antihydrotische Wirkung der Camphersäure mit der Guajacolwirkung verbinden.

Zimmer-Frankfurt[11]) stellen ein Carbaminsäurederivat aus Kreosot her, indem sie Kreosot in der zur Darstellung von Allophansäureestern aus Phenolen üblichen Weise z. B. Carbaminsäurechlorid, Kreosot und Chloroform, aufeinander einwirken lassen; es entsteht ein unlösliches Pulver.

---

[1]) Therap. Monatsh. 1896, S. 609.
[2]) Bovet: Korresp.-Bl. Schweiz. Ärzte 1890, S. 505.
[3]) Sahli: Korresp.-Bl. Schweiz. Ärzte 1890, Nr. 16. [4]) D.R.P. 55280.
[5]) D.R.P. 62716. [6]) Mohr: Privatmitteilung.
[7]) Agfa, Berlin, D.R.P. 408515. [8]) D.R.P. 162656.
[9]) Münch. med. Wochenschr. 1900, S. 11. — Arch. d. Pharmazie u. Ber. d. dtsch. pharmazeut. Ges. Bd. 240, S. 632. 1902. [10]) D.R.P. 105346. [11]) D.R.P. 224072.

Man stellt Alphoxylessigsäurealphylester dar durch Kondensation von Phenoxylessigsäuren mit den Phenolen bei Gegenwart eines Kondensationsmittels. Es können als Ausgangssäuren dienen: Phenoxylessigsäure, Naphthoxylessigsäure usw. Dargestellt wurden in dieser Gruppe: Phenoxylessigsäurephenylester, Phenoxylessigsäureguajacylester, o-Kresoxylessigsäure-o-kresylester, o-Kresoxylessigsäureguajacylester, m-Kresoxylessigsäure-m-kresylester, m-Kresoxylessigsäureguajacylester, p-Kresoxylessigsäureguajacylester, β-Naphthoxylessigsäure-m-kresylester[1]).

Die Carbamate des 1.3-Dialkylpyrogalloläthers[2]) sollen antituberkulöse Wirkungen haben, und zwar besser als die Pyrogalloläther selbst, was dadurch erklärt werden soll, daß die Pyrogalloläther im Organismus zu rasch in Form von Coerulignon eliminiert werden, während die Carbamate nur nach und nach Pyrogalloläther abspalten. Man stellt 1.3-Dimethylpyrogallolcarbamat dar, indem man in die trockene ätherische Lösung des Pyrogalloldimethyläthers unter starker Kühlung eine ätherische Lösung von Carbaminsäurechlorid zusetzt. Nach mehreren Stunden werden die ausgeschiedenen Krystalle abgesaugt und aus Alkohol umkrystallisiert. Mit Alkalien ist die Verbindung verseifbar. Den Dialkyläther[3]), der sonst nur in kleinen Mengen im Buchenholzteer vorkommt, erhält man beim Erhitzen von Trialkylpyrogalloläthern und Trialkyläthern der Gallussäure, in wässeriger oder alkoholischer Lösung mit Ätzkalien oder Erdalkalien unter Druck, und zwar im Autoklaven bei 195—200°.

Einhorn[4]) stellt gemischte basische Carbonate der Phenole und Alkoholbasen durch Einwirkung basischer Alkohole auf die Chlorkohlensäureester der Phenole her. Diese Verbindungen sind wasserlöslich und sollen als interne Antiseptica wertvoll sein, da sie im Organismus Phenol abspalten. Die Chlorkohlensäureester der Phenole kann man aus diesen durch Umsetzung mit Phosgen in Benzollösung in Gegenwart von Chinolin herstellen. Beschrieben sind Eugenolkohlensäurediäthylaminoäthylester, Eugenolkohlensäurepiperidoäthylester, Thymolkohlensäurediäthylaminoäthylester, Guajacolkohlensäurediäthylaminoäthylester, β-Naphtholkohlensäurediäthylaminäthylester, Carbodiäthylaminoäthoxysalicylsäuremethylester, Carbodiäthylaminoäthoxysalicylsäureäthylester, Carbodiäthylaminoäthoxy-p-oxybenzoesäuremethylester.

Einhorn[5]) stellt Alkyläther und durch basische Reste im Alkylrest substituierte Alkyläther der Phenole und Derivate derselben her, indem er die Carboxylalkylester von Phenolen oder deren Substitutionsprodukte mit Ausnahme des Guajacoläthylcarbonates, bzw. die im Alkyl durch basische Reste substituierten Carboxylalkylester der Phenole, eventuell in Gegenwart eines Katalysators erhitzt, z. B. in Gegenwart von Chlorzink. Dabei wird Kohlensäure abgespalten und es entstehen die Phenolalkyläther. Man erhält z. B. aus β-Naphtholkohlensäuremethylester β-Naphtholmethyläther, während bei der gleichen Reaktion aus Guajacolkohlensäuremethylester, Dimethylbrenzcatechin entsteht. Aus Resorcindikohlensäurediäthylester entsteht Resorcindiäthyläther, aus Guajacolkohlensäureäthylester entsteht neben Guajacolcarbonat Äthylguajacol.

Aus Resorcinmonokohlensäureäthylester erhält man Resorcinmonoäthyläther, aus Guajacolkohlensäurediäthylaminoäthylester erhält man Diäthylaminoäthylguajacol. Aus Carbodiäthylaminoäthoxy-p-benzoesäuremethylester entsteht Diäthylamino-oxybenzoesäuremethylester. Aus Thymolkohlensäurediäthylaminoäthylester erhält man Diäthylaminoäthylthymol. Aus Eugenolkohlensäurediäthylaminoäthylester erhält man Diäthylaminoäthyleugenol.

Von Bayer-Elberfeld wurde wegen seiner Resorptionsfähigkeit und Reizlosigkeit auf der Haut zur äußerlichen Verwendung Äthylglykolylguajacol sehr empfohlen. Zu diesem Zwecke werden Guajacol, Kreosot oder deren Derivate mit Hilfe von Alkyloxyessigsäure oder deren Derivate esterifiziert, z. B. Guajacol in verdünnter Lauge gelöst und mit Äthoxyessigsäurechlorid geschüttelt. Man erhält Äthylglykolylguajacol $C_2H_5 \cdot O \cdot CH_2 \cdot COO \cdot C_6H_4 \cdot OCH_3$[6]).

Kreosot- und Guajacolpräparate, deren Hydroxylwasserstoff durch Alkylradikale substituiert ist.

Veratrol ist nach Surmont und Vermersch[7]) stark antiseptisch wirksam, dreimal weniger giftig als Guajacol. In mittleren Dosen macht es Rausch und Taumeln, in größeren Koma.

Veratrol ist therapeutisch bei Tuberkulose wenig wirksam, da die Regeneration von Guajacol aus dieser Verbindung fast unmöglich erscheint.

---

[1]) D.R.P. 85490. [2]) Baseler Chemische Fabrik, D.R.P. 181593.
[3]) Baseler Chemische Fabrik, D.R.P. 162658. [4]) D.R.P. 224108.
[5]) D.R.P. 224160. [6]) D.R.P. 171790. [7]) Sem. méd. 1895, Nr. 34.

Dasselbe gilt von den Guajacolalkylenäthern, welche durch Einwirkung von Halogenalkylenen auf Guajacol entstehen, wobei zwei Moleküle Guajacol mit einem Molekül Alkylenhalogen zusammentreten[1]).

$$C_6H_4<^{OCH_3}_{O\cdot C_nH_{2n}\cdot}{}^{CH_3O}_{O}>C_6H_4$$, z. B. Guajacoläthylenäther.

Diese Äther, von denen der Guajacolmethylenäther einen intensiven Vanillegeruch besitzt, sind wasserunlöslich. Methylenkreosot wurde Pneumin benannt.

Brenzkain ist der Guajacolbenzyläther $CH_3O \cdot C_6H_4 \cdot O \cdot CH_2 \cdot C_6H_5$. Über seine praktische Verwertbarkeit liegen wenig Nachrichten vor.

Da die Glycerinäther der Phenole, die Endemann dargestellt, sich den übrigen Alkyläthern gegenüber durch ihre Wasserlöslichkeit auszeichnen, wurde auch der Glycerinäther des Guajacols $C_6H_4<^{O\cdot C_3H_7O_2}_{OCH_3}$ dargestellt, Guajamar genannt.

Guajamar ist ein wasserlösliches festes Pulver von bitterem aromatischen Geschmack. Die Spaltung dieses Äthers scheint auf der Einwirkung von Mikroorganismen des Darmes zu beruhen[2]). Jedenfalls hat dieses wasserlösliche Guajacolpräparat, Guajamar, trotz dieses seines scheinbaren Vorzuges der Wasserlöslichkeit, anderseits den großen Nachteil des bitteren Geschmackes.

Ein wasserunlösliches Guajacolpräparat ist Cetiacol oder Palmiacol (Brenzcatechinmethylcetyläther[3]).

Man trägt Guajacol in Natriumalkoholat ein, gießt bei 80° C die Mischung in Walratöl, setzt Glycerin zu und hebt das sich oben ansammelnde Cetylguajacol ab. Es soll den Verdauungstrakt nicht reizen.

Weitere wasserlösliche Guajacolderivate.

Hingegen erhält man wasserlösliche, geschmacklose Derivate des Guajacols, wie auch der anderen Phenole, wenn man bei Gegenwart geeigneter Kondensationsmittel, wie Salzsäure, Schwefelsäure, Chlorzink usw., Alloxan auf Phenole einwirken läßt.

Die Reaktion vollzieht sich nach folgender Gleichung:

```
   CO—NH                    CO—NH
  /     |                  /     |
CO      CO + ROH = RO·C·OH  CO·
  \     |                  \     |
   CO—OH                    CO—NH
```

Es wurden aus dieser Reihe dargestellt: Alloxan-phenol, Alloxan-m-kreosol, Alloxan-p-kreosol, Alloxan-guajacol, Alloxan-brenzcatechin, Alloxan-resorcin, Alloxan-hydrochinon, Alloxan-pyrogallol, Alloxan-α-naphthol[4]). Resorcin- und Pyrogallollösungen in heißem Wasser mit Alloxan versetzt geben schon nach wenigen Minuten das betreffende Kondensationsprodukt[5]). Die Produkte dieser Reaktion sind aber bis nun therapeutisch nicht verwertet worden.

Guajaperol, Piperidin-guajacol (Additionsprodukt) ist $C_5H_{11}N \cdot (C_7H_8O_2)_2$; es wurde dargestellt, um gleichzeitig mit der Guajacolwirkung die herz- und gefäßtonisierende Wirkung des Piperidins zu erhalten. Es ist ohne reizende Wirkung[6]).

Piperidin wird zu diesem Zwecke mit Guajacol zusammengebracht und wegen der eintretenden Reaktionswärme gekühlt; es wird dann die Reaktionsmasse fest. Piperidin geht aber nicht mit allen Phenolen Verbindungen ein. Resorcin gibt keine Piperidinverbindung, während Hydrochinon und Brenzcatechin krystallisierte Piperidinverbindungen

---

[1]) D.R.P. 83148. [2]) Buttler: New York med. journ. 1899, 23. IX.
[3]) E.P. 16349. [4]) D.R.P. 107720. [5]) D.R.P. 113722.
[6]) Chaplin and Tunnicliffe: Brit. med. journ. 1897, S. 137. — D.R.P. 98465.

geben. Es verbindet sich mit o- und p-Nitrophenol, aber weder mit m-Nitrophenol, noch mit α- und β-Nitrophenol, obwohl es mit Dinitro-α-naphthol (1 : 2 : 4) eine Verbindung bildet. Das Entstehen der Verbindungen läßt sich nicht in eine bestimmte Regel kleiden. So z. B. verbindet sich 1 Mol. Piperidin mit 1 Mol. Hydrochinon, 2 Mol. Brenzcatechin, 2 Mol. Guajacol, 1 Mol. o- und p-Nitrophenol, 1 Mol. Pyrogallol.

Eucalyptol kann man mit α- oder β-Naphthol verbinden, wenn man äquimolekulare Mengen der beiden Substanzen zusammenschmilzt[1]).

Aus Eucalyptol und Formaldehyd wird eine Verbindung dargestellt, indem man die beiden Substanzen unter Zusatz eines Kondensationsmittels aufeinander einwirken läßt, so z. B. Eucalyptol mit Trioxymethylen und Lauge auf 100° erhitzt und das Reaktionsprodukt mit Äther ausholt und mit Wasser wäscht[2]).

Das Kondensationsprodukt aus Formaldehyd und Kreosot, Kreosoform genannt, wurde hauptsächlich als inneres Antisepticum empfohlen.

Euguform ist ein acetyliertes Kondensationsprodukt von Guajacol und Formaldehyd.

Bei der Kondensation von Formaldehyd mit Guajacol durch Salzsäure entsteht nach Brissonet unter Austritt von Wasser ein Körper der Formel

$$\frac{CH_3O}{OH}{>}C_6H_3{-}CH_2{-}C_6H_3{<}\frac{OCH_3}{OH}$$

Guajaform genannt. Dieser soll nicht ätzend wirken. Entweder ist diese Angabe oder die angegebene Formel unrichtig, da ja die Ätzwirkung des Guajacols vom offenen Hydroxyl abhängt.

Letzteres ist wohl der Fall, weil sich bei dieser Reaktion der Methylenäther bilden muß. Es lassen sich aber so gewonnene Verbindungen acetylieren, wobei man zart pulverförmige Substanzen bekommt[3]).

Unter Zuhilfenahme von Tannin erhält man aus Kreosoform Tannokreosoform, aus Guajaform Tannoguajaform, Substanzen mit drei wirksamen Komponenten.

Guajacolpräparate, aus denen Guajacol nicht regeneriert wird.

Selbstredend wurde auch beim Guajacol der Versuch unternommen, diese Substanz durch Sulfurieren wasserlöslich zu machen. Es ist überflüssig, wiederholt auf die Abschwächung, resp. Vernichtung der Wirkung durch Einführung einer Säuregruppe hinzuweisen. Wirksam bleiben die Guajacolsulfosäuren nur aus dem Grunde, wenn auch in wesentlich schwächerer Weise als Guajacol resp. deren Ester, weil die Hydroxylgruppe des Guajacols erhalten bleibt, aber man muß weit größere Dosen verabreichen, um überhaupt eine Wirkung zu erzielen, was bei unsicherer Wirkung die Therapie ungemein verteuert. Roßbach hat Tieren 30 g Guajacolsulfosäure pro die verfüttert, ohne irgendwelche Reizerscheinungen zu sehen; ein genügender Beweis für die Wirkungslosigkeit, denn von welcher wirksamen Substanz können wir 30 g ohne Erscheinungen verfüttern[4])? Knapp und Suter[5]) zeigten, daß dem Thiocol jede fäulnishemmende Wirkung fehlt. Guajacol wird aus der Verbindung im Organismus nicht abgespalten. Es passiert den Organismus unverändert.

Durch Vermischen von äquimolekularen Mengen von Guajacol und Schwefelsäure und Erwärmen auf 70—80° C erhält man o-Guajacolsulfosäure.

$$C_6H_3\begin{cases}OH & (1) \text{ oder } (1)\\ OCH_3 & (2) \qquad\quad (2)\\ SO_3H & (3) \qquad\quad (6)\end{cases}$$

Sulfuriert man hingegen bei 140—150° C, so erhält man p-Guajacol-sulfosäure[6]).

$$\text{Benzolring: } OH,\ OCH_3 \text{ (ortho)},\ SO_3H \text{ (para zu OH)}$$

1) D.R.P. 100551. 2) Henschke in Müncheberg, D.R.P. 164884.
3) D.R.P. 120558. 4) Therap. Monatsh. 1899, S. 96.
5) Arch. f. exp. Pathol. u. Pharmakol. Bd. 50. S. 340. 1903. 6) D.R.P. 105052.

Das Kaliumsalz der Guajacolsulfosäure des D.R.P. 109789 läßt sich direkt mittels Chlorkalium aussalzen[1]).

Man erhält nach D.R.P. 109789 nicht die freie Säure, sondern das Salz, ferner nicht nur die o-Säure, sondern auch die p-Verbindung. Man erhält die Monosulfosäuren bei allen Temperaturen unter 100°. Man kann die beiden Guajacolsulfosäuren trennen, indem man sie in die basischen Salze der Erdalkalien, Erden oder Schwermetalle überführt. o-Guajacolsulfosäure bildet leicht lösliche, die p-Guajacolsulfosäure schwer lösliche oder unlösliche Salze. Durch Umsetzung kann man die freien Säuren oder deren Alkalisalze erhalten. Am besten sulfuriert man zwischen 30—60°, führt die Mischung in das neutrale Kalksalz über und setzt noch in Form von Kalkmilch auf das Guajacol berechnet $^1/_2$ Molekül Ätzkalk zu. Dann scheidet sich das basische Kalksalz der p-Säure ab. In der Lösung bleibt das o-Salz. Guajacolsulfosäure soll unangenehme Nebenwirkungen haben[2]).

Daß bei der Sulfurierung von Guajacol o-Sulfosäuren entstehen, ist unrichtig, vielmehr entstehen in annähernd gleicher Menge eine leicht lösliche m- und eine schwer lösliche p-Sulfosäure. Guajacol-m-sulfosäure erhält man neben wenig Guajacol-p-sulfosäure, indem man Brenzcatechin-p-sulfosäure oder deren Salze mit methylierenden Mitteln behandelt[3]).

Hoffmann-Laroche[4]) stellen Guajacol-5-sulfosäure her, indem sie Acidylguajacole mit oder ohne Zusatz von wasserbindenden Mitteln sulfurieren, das Produkt verseifen, nach Entfernung der Schwefelsäure die Sulfosäure isolieren. Die in D.R.P. 188506 beschriebene Guajacol-o-sulfosäure ist die Guajacol-m-sulfosäure[5]).

Es wurde auch versucht die Guajacolsulfosäuren in Kohlensäureester überzuführen, um die Reizwirkung herabzumindern.

Einhorn[6]) stellt die Salze der Guajacolcarbonatmono- und disulfosäure her, indem er auf 2 Mol. eines guajacolsulfosauren Salzes resp. auf molekulare Mengen von Guajacol und guajacolsulfosaurem Salz Phosgen bei Gegenwart von Alkalien oder analog wirkenden Basen einwirken läßt. Die Salze sind in Wasser leicht löslich und sollen einen besseren Geschmack als Thiocol haben.

Guajacol-5-monosulfosäurecarbonat[7]) erhält man aus Guajacolcarbonat ohne äußere Wärmezufuhr mit konz. Schwefelsäure und scheidet die gebildete Sulfosäure als solche oder als Salz ab.

Die Sanatogenwerke stellen wasserlösliche Eiweißpräparate aus den Dinatriumsalzen der Guajacol-4- und 5-sulfosäure und Casein in der Weise her, daß sie die Dinatriumsalze der bei der Sulfurierung von Guajacol unter 100° nebeneinander entstehenden Guajacol-4- und 5-sulfosäure bzw. die konzentrierte wässerige Lösung dieser Salze entweder auf Casein in wässeriger Suspension einwirken lassen und die erhaltene Lösung bei niederer Temperatur, am besten im Vakuum, zur Trockene eindampfen oder auf Casein in äther-alkoholischer Suspension oder in Gegenwart anderer indifferenter organischer Lösungsmittel einwirken lassen und das Reaktionsprodukt durch Filtration und Trocknen von den organischen Lösungsmitteln befreien[8]). Die Lösungen der Mononatriumsalze von den bei der Sulfurierung bei 100° nebeneinander entstehenden Guajacolsulfosäuren läßt man auf die Natriumsalze von Casein oder Albuminat einwirken und bringt die Lösungen im Vakuum zur Trockne oder fällt sie mit Alkohol-Äther[9]).

Während die Salze der leicht löslichen o-Guajacolsulfosäure therapeutische Anwendung finden, sind die Salze sowie die freie p-Guajacolsulfosäure therapeutisch nicht anwendbar, da sie üble Einwirkungen auf den Magen haben.

Das Kaliumsalz der o-Guajacolsulfosäure ist bittersüß, leicht löslich und kommt unter dem Namen Thiocol in den Handel.

Guajacyl ist guajacolsulfosaures Calcium, welches wie Guajacol wirken soll[10]).

Wie aus dem Guajacol selbst, so wurden auch aus aliphatischen Kreosot- und Guajacolestern Sulfosäuren dargestellt[11]), indem man diese mit etwas überschüssiger Schwefelsäure schüttelt, ohne die Temperatur höher als 150° steigen zu lassen.

So wurden die Sulfosäuren des Isovalerylguajacols, Isovalerylkreosot, Kreosotal (Kreosotcarbonat), Acetylguajacol, Formylkreosot gewonnen.

Novocol ist monoguajacolphosphorsaures Natron.

---

1) Hoffmann-Laroche, D.R.P. 232645.
2) D.R.P. 188506. Siehe Hagers Handbuch der pharmazeutischen Praxis.
3) D.R.P. 248155. 4) D.R.P. 212389.
5) Paul: Ber. d. dtsch. chem. Ges. Bd. 39, S. 2773. 1906. 6) D.R.P. 203754.
7) D.R.P. 215050. 8) Bauer & Co., Sanatogenwerke, D.R.P. 229183.
9) D.R.P. 231589, Zusatz zu D.R.P. 229183.
10) Journ. de pharmacie et de chim. 1898, I, S. 324. 11) D.R.P. 94078.

Es wird dargestellt durch Erhitzen äquimolekularer Mengen von Guajacol und Phosphoroxychlorid auf 130° durch 8 Stunden, Eintragen in die zur Verseifung des Dichlorids notwendige Menge Wasser, Neutralisation mit Soda bis zum Verschwinden der Kongoreaktion, wo dann das Mononatriumsalz der Monoguajacolphosphorsäure auskrystallisiert, da es in der gleichzeitig gebildeten Natriumchloridlösung nahezu unlöslich ist. Man kann es durch Umkrystallisieren aus Methylalkohol reinigen und alsdann gegebenenfalls durch Neutralisieren mit der berechneten Menge Natriumcarbonat in das Dinatriumsalz überführen[1]).

Ebenfalls ein Präparat, aus dem Guajacol im Organismus nicht regeneriert wird, ist ein Brenzcatechinderivat, das brenzcatechinmonoacetsaure Natron, $C_6H_4<^{OCH_2 \cdot COOH}_{OH}$ gewonnen durch Einwirkung von Monochloressigsäure auf Brenzcatechin bei Gegenwart von einem Alkali, Guajacetin genannt[2]). Das Kalksalz dieser Säure wird Calizibram genannt. Es soll antiseptisch und sedativ wirken.

Brenzcatechinmonoacetsäure entsteht ferner[3]), wenn man ein Alkalisalz eines Säureesters des Brenzcatechins, z. B. Monobenzolsufonbrenzcatechinnatrium mit chloressigsaurem Natrium behandelt und dann aus dem erhaltenen Produkt die Benzolsulfosäure durch Erhitzen mit Alkalilösung abspaltet.

Ferner[4]) entsteht sie durch Abspaltung einer Glykolgruppe aus der Brenzcatechindiacetsäure, indem man deren Natriumsalz mit Wasser oder einem Molekül Alkali unter Druck auf 160—170° erhitzt. Brenzcatechindiacetsäure erhält man durch Einwirkung von zwei Molekülen Chloressigsäure auf ein Molekül Brenzcatechin.

Man erhält sie auch, indem man über Guajacoloxacetsäure Bromwasserstoffsäure leitet oder sie mit konz. Salzsäure im geschlossenen Rohr auf 100° C erwärmt. Ebenso kann man von der Eugenoloxacetsäure ausgehend zu der Propyloxyphenoxacetsäure gelangen.

Guajacetin ist fast geschmacklos und in Wasser löslich. Die unangenehmen Nebenerscheinungen vom Magendarmkanal, sowie Kopfschmerz und Schwindel, die dem Gebrauche des Guajacetins folgen, treten häufig auch bei Verwendung des Kreosots und Guajacols auf[5]).

Naturgemäß ist Guajacetin kein Guajacol-, sondern ein Brenzcatechinderivat.

In gleicher Absicht wurden von Cutolo und Auwers und Haymann die Guajacoloxacetsäure dargestellt.

Auch von Guajacol ausgehend hat man nach der Schmittschen Methode die Carbonsäure dargestellt, wobei man eine Substanz folgender Konstitution und Stellung erhält.

$$C_6H_3 \begin{cases} COOH & (1) \\ OH & (2) \\ OCH_3 & (3) \end{cases}$$

Doch hat diese Substanz keine therapeutische Anwendung gefunden, was wohl auf die Abschwächung der Guajacolwirkung durch den Eintritt der Carboxylgruppe zurückzuführen ist. Die schwer lösliche Guajacolcarbonsäure[6]) wirkt antiseptisch, zeigt aber vor dem Guajacol keine verwertbaren Vorzüge.

* * *

Es muß trotz der massenhaften Anwendung der Kreosotpräparate entschieden in Abrede gestellt werden, daß noch irgendein Bedürfnis nach einem neuen Präparat mit Kreosotwirkung besteht.

Zwei Absichten liegen der Darstellung der zahlreichen Abkömmlinge des Kreosots und Guajacols zugrunde. Die empirisch festgestellte günstige Beeinflussung tuberkulöser Prozesse durch die Anwendung des Kreosots und des einen wirksamen Bestandteiles, des Guajacols, zeitigte eine ausgebreitete Anwendung dieser Präparate, denen nur die Giftigkeit, welche zum Teile durch Ätzwirkung

---

1) G. Richter, Budapest, D.R.P. 237781. 2) D.R.P. 87386.
3) D.R.P. 87668. 4) D.R.P. 87669. 5) Zentralbl. f. inn. Med. 1896, 20. VI.
6) Bayer, D.R.P. 287960.

bedingt war, der schlechte Geschmack und die Wasserunlöslichkeit hindernd im Wege standen.

Die Giftigkeit und Ätzwirkung zu vermeiden, indem man zugleich geschmacklose Derivate meist nach dem Salolprinzipe darstellte, war der Endzweck der Darstellung der einen Reihe von Derivaten, denen aber der Mehrzahl nach der Nachteil des Kreosots und Guajacols, die Wasserunlöslichkeit, anhaftete.

Die Wasserlöslichkeit zu erzielen, war die andere Absicht, welcher aber die Geschmackskorrektur oft zum Opfer fiel, da die so dargestellten Substanzen einen bitteren Geschmack zeigten und eine wesentliche Abschwächung der Wirkung im Falle des Sulfurierens unvermeidlich war.

Es gebührt daher in dieser Gruppe den durch Veresterung des Hydroxyls gewonnenen Körpern unbestreitbar der Vorrang in der therapeutischen Anwendung.

Wir wollen noch bemerken, daß von den im Kreosot enthaltenen wirksamen Bestandteilen nur das Guajacol in reinem Zustande Verbreitung gefunden, während das weniger giftige Kreosol, welches analoge Wirkung zeigt, bis nun keine Beachtung erlangte. Es scheinen ihm trotz geringer Giftigkeit keine wesentlichen Vorzüge gegenüber dem Guajacol zuzukommen.

Dem Guajacol kommen neben seinen antituberkulösen und anästhesierenden auch erhebliche antiseptische Wirkungen zu, die besonders bei geringer Giftigkeit seine Verwendung als Darmantisepticum zur Herabminderung der Fäulnisprozesse im Darm ermöglichen. Zu gleichem Zwecke werden die analog wirkenden Substanzen: Menthol, Eugenol, Isoeugenol, Eucalyptol empfohlen, ebenso gegen Phthise, wie zur Darmdesinfektion. Aus diesem Grunde wurden auch die angeführten Substanzen in geschmacklose und nicht ätzende umgewandelt, nach Verfahren, die beim Guajacol ausführlich behandelt werden.

Zimtsäure.

Landerer hat in einer Reihe von Versuchen auf die Erfolge der Zimtsäurebehandlung bei Tuberkulose hingewiesen. Leider hat die Zimtsäure $C_6H_5 \cdot CH : CH \cdot COOH$, deren starke Wirkung wohl auf die doppelte Bindung zurückzuführen ist, den Nachteil, daß man sie intravenös injizieren muß. Sie macht starke Leukocytose, indem sie positiv chemotaktisch und auch entzündungserregend wirkt[1]).

Zimtsaures Natrium wirkt ähnlich wie phenylpropiolsaures Natrium, wahrscheinlich durch die ungesättigte Gruppe. Cumarinsaures Natrium $C_6H_4(OH) \cdot CH : CH \cdot COONa$ hat dieselbe Wirkung in ganz außerordentlich erhöhtem Maße, die m-Verbindung stärker, die p-Verbindung weniger stark als die o-Verbindung[2]).

Elbon (Cinnamoyl-p-oxyphenylharnstoff) wurde mit wenig Erfolg bei Tuberkulose versucht, ebenso bei Pneumonie[3]). Nach W. Minnich[4]) wird es im Organismus in Zimtsäure und p-Oxyphenylharnstoff verlegt. Letzterer wird zum Teil unter Wasserabspaltung an Glucuronsäure gebunden im Harn ausgeschieden[5]).

Zimtsäureester von Oxyarylurethanen, -harnstoffen und -thioharnstoffen, welche insbesondere bei der Tuberkulose angewendet werden sollen, erhält man, wenn man z. B. p-Oxyphenylharnstoff in natronalkalischer Lösung mit einer ätherischen Zimtsäurechlorid-

[1]) Landerer: Behandlung der Tuberkulose mit Zimtsäure. Leipzig 1898.
[2]) Morgan, Gilbert: Pharmazeut. Journ. Bd. 4, S. 20, 816.
[3]) Johannessohn: Prog. méd. 1913, Nr. 45.
[4]) Beitr. z. Klin. d. Tuberkol. Bd. 20, S. 311.
[5]) Morinaka, K.: Hoppe-Seylers Zeitschr. f. physiol. Chem. Bd. 124, S. 247. 1923.

lösung behandelt; so entsteht Cinnamoyl-p-oxyphenylharnstoff. Durch Erhitzen mit Zimtsäurechlorid erhält man aus p-Oxyphenylurethan Cinnamoyl-p-oxyphenylurethan. Dieselbe Substanz erhält man auch aus Zimtsäure-p-oxyphenylurethan und Phosphoroxychlorid. Man kann auch Zimtsäureanhydrid verwenden und direkt zusammenschmelzen. Ferner ist beschrieben Cinnamoyl-p-oxyphenylthioharnstoff[1]).

Die Zimtsäureester des Phenols, p-Kresols, o-Kresols und Guajacols haben sich als wertlos erwiesen, insbesondere für antiseptische Zwecke (Streupulver), da sie starke lokale Reizungen und Entzündungen hervorrufen. m-Kresolzimtsäureester ist hingegen ungiftig. Er wird durch Kondensation von m-Kresol mit Zimtsäure in Toluollösung durch Phosphoroxychlorid bei 110—120^0 erhalten[2]).

Cinnamyl-m-kresolester, Hetokresol genannt, wird sie als in Wasser unlösliches Streupulver auf abgeschabten tuberkulösen Wunden verwendet.

Ferner wurden Derivate des m-Kresols, in welchem ein Kernwasserstoff durch Alkyl oder Oxyalkyl ersetzt ist, mit Zimtsäure kondensiert. Diese Ester haben eine höhere bactericide Wirkung und leiden nicht beim Sterilisieren. So wurden dargestellt Zimtsäure-p-methoxy-m-kresolester und Zimtsäurethymolester[3]).

Antiseptica der Chinolinreihe.

Nach den Untersuchungen von Donath[4]) wirkt Chinolin stark antiseptisch, ist aber gegen Hefezellen auffälligerweise ganz unwirksam. Der Eintritt von Methylgruppen, wie von Alkylen überhaupt, in das Molekül des Chinolins erhöht die antiseptische Kraft dieser Substanz.

Vom Chinolin bzw. vom Oxychinolin aus kann man zu einem für äußerliche Anwendung gut verwendbaren Desinfektionsmittel, Chinosol[5]) genannt, auf folgende Weise gelangen:

Man löst o-Oxychinolin in siedendem Alkohol und trägt auf 2 Mol. der Base 1 Mol. Kaliumpyrosulfat ein und kocht das Ganze 12 Stunden lang. Hierauf erstarrt beim Abkühlen die Flüssigkeit zu einem Krystallbrei[6]).

Die Angabe, daß die Verbindung chinophenolschwefelsaures Kali ist, ist unrichtig. Chinosol ist o-Oxychinolinsulfat. Nach Eingabe von Chinosol findet sich im Harne der Versuchstiere o-Oxychinolinglykuronsäure.

o-Oxychinolindoppelsalze erhält man aus mehrbasischen Säuren, Alkalihydroxyd und o-Oxychinolin. Beschrieben sind die Doppelsalze der Phosphorsäure, Weinsäure, Citronensäure, Schwefelsäure[7]).

Unter dem Namen Oxychinaseptol oder Diaphterin wurde eine Substanz in den Handel gebracht, die eine Verbindung der o-Phenolsulfosäure mit 2 Molekülen Oxychinolin sein soll, von denen das eine an die Hydroxylgruppe, das andere an die Sulfogruppe der Phenolsulfosäure gebunden ist. Es ist also oxychinolin-o-phenylsulfosaures Oxychinolin. Dieser Körper hat angeblich starke antiseptische Wirkungen, ist dabei relativ ungiftig, in Wasser klar löslich, ätzt die Wunden nicht, macht auch keine Ekzeme, ist aber zur Desinfektion von Instrumenten nicht verwendbar, weil er dieselben schwarz färbt.

Die Darstellung geschieht in der Weise, daß man 2 Mol. o-Oxychinolin, 1 Mol. Phenol und 1 Mol. Schwefelsäure aufeinander einwirken läßt unter Zusatz von mindestens 3 Mol. Wasser und Erwärmen der Mischung[8]).

Neutrale o-Oxychinolinsalze mit mehrbasischen Säuren lassen sich aus der Lösung darstellen, wenn man jedes Verdampfen des Lösungsmittels vermeidet und die Mengen-

[1]) Ciba, D.R.P. 224107. [2]) D.R.P. 99567. [3]) D.R.P. 107230.
[4]) Ber. d. dtsch. chem. Ges. Bd. 14, S. 178, 1769. 1881. [5]) D.R.P. 88520.
[6]) Brahm, Carl: Hoppe-Seylers Zeitschr. f. physiol. Chem. Bd. 28, S. 439. 1899.
[7]) Fritzsche, D.R.P. 283334.
[8]) D.R.P. 73117. — Emmerich: Münch. med. Wochenschr. 1892, Nr. 19. — Therap. Monatsh. Bd. 7, S. 26.

verhältnisse von Base, Säure und Lösungsmittel so wählt, daß das neutrale Salz aus der Lösung unmittelbar ausfällt[1]).

Man erhält o-Oxychinolinsulfosäure von F. 310—313° (vielleicht 8-Oxychinolin-7-sulfosäure), wenn man konzentrierte Schwefelsäure auf die Base bei einer wenig über deren Schmelzpunkt liegenden Temperatur einwirken läßt[2]).

Jodoform und seine Ersatzmittel.

Die therapeutischen Untersuchungen von Mosetig haben gezeigt, daß Jodoform CHJ_3, auf welches schon Moleschott hingewiesen hat, in der Chirurgie als trockenes Antisepticum die vorzüglichsten Dienste leistet. Insbesondere seine heilungsbefördernden, granulationserregenden Wirkungen haben diesem so ungemein kräftig antiseptisch wirkenden Stoff jene weittragende Bedeutung für die Medizin verliehen. Die Wirkungen des Jodoforms lassen sich wohl zwanglos durch den hohen Jodgehalt dieser Verbindung erklären, aber es ist zu beachten, daß die antiseptische Kraft des Jodoforms nicht dieser Substanz selbst zukommt, sondern daß sie sich erst entfaltet, wenn Jodoform mit Geweben oder Gewebssäften in Berührung kommt, daß es also erst zu einer Abspaltung von jodhaltigen Substanzen oder von freiem Jod kommen muß. Aber diesem so vorzüglichen Mittel, welches ja das erste Trockenantisepticum war und das erste Wundstreupulver, das wir überhaupt besessen, und dessen Bedeutung trotz der Ersatzmittel, deren eine Legion vorhanden, nur infolge des Überganges von der Antisepsis zur Asepsis zurückgegangen ist, haften eine Reihe von Nachteilen an, die man nicht bei jeder Art der Therapie mit in den Kauf nehmen will. So vor allem der eigentümliche, äußerst charakteristische und die Jodoformanwendung verratende Geruch, welcher bei der großen Flüchtigkeit der Verbindung, selbst bei Anwendung kleinster Mengen, nicht zu verkennen ist. Ferner neigen eine Reihe von Individuen ungemein leicht bei Anwendung des Jodoforms, welches man durchaus nicht zu den reizlosen Präparaten zählen kann, zu Ekzemen, die zu den unangenehmsten Nebenerscheinungen führen können. Ein weiterer Nachteil ist die häufig eintretende Jodoformvergiftung, die man wohl jetzt durch die Kenntnis dieser Erscheinung schon durch die Art der Anwendung zu vermeiden gelernt hat.

Jodoform wurde auch intern gegeben, wobei es sich schon im Darmkanal zersetzt, so daß es zur Resorption von jodwasserstoffsauren Verbindungen aus dem Darme kommt. Ähnlich verhalten sich wohl zahlreiche aliphatische jodhaltige Körper.

Die Darstellung des Jodoforms hat im Laufe der Zeit manche Veränderung und Verbilligung erfahren.

Bekanntlich erhält man Jodoform, wenn man Alkohol oder Aceton mit kaustischem oder kohlensaurem Alkali erwärmt und Jod einträgt. Man kann es auch darstellen, indem man Natriumhypochlorit, Aceton, Natron, Jodnatrium und Wasser reagieren läßt. In der Praxis kann nur die Darstellung aus Alkohol oder Aceton eine technische Bedeutung erlangen. Die Nachteile dieser Darstellung bestehen nur darin, daß ein Teil des Jods Jodkalium bildet, aus dem es immer wieder regeneriert werden muß. Es wurde auch vorgeschlagen, statt nach den bekannten üblichen Methoden vorzugehen, Jodoform sowie auch Bromoform und Chloroform auf elektrolytischem Wege[3]) aus den entsprechenden Halogenverbindungen der Alkalien bei Gegenwart von Alkohol oder einer gleichwertigen Substanz in der Wärme zu gewinnen. Eine wässerige Lösung von Jodkalium wird mit Alkohol versetzt und in der Wärme unter fortwährendem Einleiten von Kohlensäure elektrolysiert, wobei sich Jodoform abscheidet. Bei der Gewinnung von Bromoform und Chloroform unterbleibt das Einleiten von Kohlensäure.

Otto hat ein Verfahren vorgeschlagen, eine Lösung von Jodkalium in 30 proz. Alkohol auf 50° zu erwärmen und Ozon hindurchzuleiten, wobei sich Jodoform abscheidet. Man setzt mit Vorteil etwas Natriumcarbonat zu und leitet so lange Ozon ein, bis das ganze Jodkalium verbraucht ist[4]).

---

[1]) Fritzsche, Hamburg, D.R.P. 187943.
[2]) Fritzsche, Hamburg, D.R.P. 187869. [3]) D.R.P. 29771. [4]) D.R.P. 109013.

Die Versuche, Jodoform geruchlos zu machen, erstreckten sich in der ersten Zeit nur darauf, den Geruch deckende Substanzen dem Jodoform beizugeben, Versuche, die nicht so sehr in das Gebiet der synthetischen Chemie, als vielmehr in das der pharmazeutischen Zubereitung gehören.

Auf synthetischem Wege versuchte man durch Paarung des Jodoforms mit einem zweiten geruchlosen Körper die Flüchtigkeit der Verbindung herabzusetzen und auf diese Weise zu geruchlosen Substanzen zu gelangen. Diese Versuche bewegten sich in jeder Beziehung mit sehr mangelhaftem Erfolge in zwei Richtungen, erstens in der Darstellung von Verbindungen des Jodoforms mit einem anderen Antisepticum und in Verbindung des Jodoforms mit einem indifferenten Körper, wie Eiweiß. So gelingt es, Jodoform mit dem antiseptisch wirkenden Hexamethylentetramin $(CH_2)_6N_4$ in der Weise zu kuppeln, daß man ein Präparat, welches 75% Jodoform enthält und keinen so hervorstechenden Jodoformgeruch besitzt, erhält, das man Jodoformin benannt hat[1]).

Zu diesem Zwecke wird Hexamethylentetramin und Jodoform in Alkohol gelöst, aus dem bei passender Konzentration Jodoformhexamethylentetramin als weiße Verbindung herausfällt.

Diese Verbindung hat den Nachteil, daß sie bei bloßer Berührung mit Wasser sich in ihre beiden Komponenten zerlegt, wobei naturgemäß der Jodoformgeruch wieder zum Vorschein kommt.

Ebenso wie vom Hexamethylentetramin kann man von den Halogenalkyl- und Alkylderivaten des Hexamethylentetramins zu geruchlosen Jodoformverbindungen gelangen, wenn man diese Verbindungen mit Jodoform in alkoholischer Lösung zusammenbringt, wobei das Additionsprodukt herauskrystallisiert.

Eine so dargestellte Verbindung, Äthyljodidhexamethylentetraminjodoform $C_6H_{12}N_4 \cdot C_2H_5J \cdot CHJ_3$ wurde unter dem Namen Jodoformal[2]) für kurze Zeit in die Therapie eingeführt, doch konnten sich beide Präparate dieser Art, Jodoformin und Jodoformal, aus dem Grunde im Gebrauch nicht behaupten, weil durch ihre Darstellung die Absicht, ein tatsächlich geruchloses Jodoform zu erhalten, keineswegs erreicht war, was an der leichten Zersetzlichkeit der Verbindung liegt. Beim Jodoformal ist auch die Äthyljodidkomponente an der Jodwirkung beteiligt.

Ein Verfahren, welches beim Tannin mit Erfolg verwendet wurde, um ein unlösliches Gerbsäurepräparat zu erhalten, wurde in analoger Weise auch zur Darstellung von fast geruchlosen Verbindungen des Jodoforms mit Eiweißkörpern verwendet [Jodoformogen[3])].

Das Problem, geruchloses Jodoform darzustellen, welches ja an sich aus dem Grunde nicht lösbar ist, weil der Körper als solcher und nicht eine Verunreinigung den Geruch bedingt und es sich ja nur bei den sog. Jodoformpräparaten um Verbindungen mit anderen Substanzen handeln könnte, ist aus dem Grunde für den Chemiker von geringerem Interesse, weil wir eine große Reihe vortrefflicher Jodoformersatzmittel sowohl jodhaltiger als auch jodfreier besitzen, die geruchlos sind und denen auch andere Nebenwirkungen des Jodoforms fehlen und wir ja nur durch ganz bestimmte Umstände in manchen Fällen verhindert sind, das sonst so vorzügliche Jodoform in Anwendung zu ziehen, durch Umstände, die keineswegs im Wesen des Präparates selbst liegen, sondern vielmehr durch gesellschaftliche Rücksichten oder durch Neigung zu Jodoformekzemen oder Jodoformvergiftungen bedingt sind. Ein anderer Umstand ist, daß Jodoform als solches noch kein Antisepticum ist, ja daß man dasselbe auch nicht sterilisieren kann, weil es sich zu leicht zersetzt und verflüchtigt. Man wollte dieses durch Zusatz von einem Antisepticum zum Jodo-

---

1) D.R.P. 87812. 2) D.R.P. 89243.
3) Pharm. Zentralbl. 1898, S. 189. D.R.P. 95580.

form korrigieren und schlug vor, Paraformaldehyd $(HCOH)_3$ dem Jodoform beizumengen, welches nunmehr sterile und antiseptische Jodoform unter dem Namen Ekajodoform[1]) eine unwesentliche Verbreitung fand, da ja Jodoform bei Berührung mit Geweben seine antiseptische Wirkung äußert und aus diesem Grunde jeder Zusatz eines anderen Trockenantisepticums für überflüssig zu erachten ist.

Die seinerzeit weitverbreitete Anwendung des Jodoforms war ein großer Anreiz für die Synthetiker, Präparate zu schaffen, die sich ebenso als Wundstreupulver verwenden lassen, die gleichfalls die vorzüglichen granulationsbefördernden Wirkungen besitzen, sich aber durch eine größere Reizlosigkeit sowie vorzüglich durch die Geruchlosigkeit vor diesem auszeichnen sollen. Um so mehr war ein Bedürfnis in der medizinischen Praxis nach solchen Ersatzmitteln vorhanden, als der hohe Preis des Jodoforms bei seiner ausgebreiteten Anwendung jedenfalls hinderlich war und man auch bei Verwendung von größeren Mengen dieser Substanz mit der toxischen Wirkung dieses so jodreichen Körpers rechnen mußte. Das Problem war daher, eine antiseptische, geruchlose, in Wasser unlösliche Substanz zu finden, die bei großer Reizlosigkeit und möglichst geringer Giftigkeit auf Wunden granulationserregend, Heilung befördernd und reinigend wirkt. Diesem Problem trat man nun auf mannigfache Weise näher. Es ergab sich eine so große Anzahl von Möglichkeiten, nicht nur einzelne Körper, sondern ganze chemische Reihen für solche Zwecke dienstbar zu machen, daß die praktischen Ärzte, die schließlich die vielen Präparate anwenden sollten, gänzlich die notwendige Orientierung unter denselben verloren und aus diesem Grunde je mehr solche Substanzen eingeführt wurden, sich desto mehr veranlaßt sahen, auf Jodoform selbst, das Standardpräparat dieser Reihe, zurückzugreifen.

Für die Zwecke der übersichtlichen Darstellung teilen wir die Körper, die hier besprochen werden sollen, in halogenhaltige Verbindungen und in Substanzen, die ihre Wirkung und ihre Eigenschaften wesentlich ihrem Gehalt an Wismut verdanken. Diese Wismutverbindungen sind in dem betreffenden Kapitel nachzulesen.

Die Einführung von Halogen, insbesondere aber von Jod in aliphatische und aromatische Verbindungen verleiht diesen reichlich antiseptische Eigenschaften. Für die Zwecke, die hier ins Auge zu fassen sind, mußte in erster Linie nach Substanzen gefahndet werden, die wasserunlösliche Verbindungen mit Jod eingehen, aus denen der Organismus langsam Jod regenerieren kann. Daß es für diese Zwecke nicht etwa genügt, daß die Substanzen Jod enthalten, sieht man leicht beim Jodamylum, in dem das Jod nur mechanisch gebunden oder in starrer Lösung ist und deshalb zu stark reizend wirkt. Jod muß eben in einer Form vorhanden sein, in der es chemisch gebunden, aber doch wieder regenerierbar ist. Ist die Regeneration im Organismus nicht möglich, so sind die Präparate dieser Art als Jodoformersatzmittel aus bloßer Rücksicht auf ihren Jodgehalt nicht zu empfehlen, es mögen denn ihnen andere heilungsbefördernde Eigenschaften innewohnen, die zu dem Jodgehalt in keiner Beziehung stehen. Substanzen der aliphatischen Reihe haben wohl aus dem Grunde keine Verwendung in dieser Richtung gefunden, wenn man vom Jodoform absieht, weil sie zu leicht zersetzlich sind. Dijodoform C_2J_4, welches geruchlos und unlöslich ist, konnte aus diesem Grunde keine Verbreitung neben dem Jodoform erlangen. Dazu kommt noch der Umstand, daß es bei der Anwendung von Jodoformersatzmitteln sehr darauf ankommt, möglichst voluminöse Substanzen zu haben, um im Gebrauch der teuren Verbindungen spar-

[1]) Thomalla: Therap. Monatsh. 1897, 381.

sam sein zu können, was ebenfalls dem Dijodoform im Wege stand, welches spezifisch sehr schwer ist[1]).

Jodstärke resp. im allgemeinen Halogenstärke erhält man in trockener Form durch Versetzen eines Stärkekleisters mit Halogen und Tannin, Dekantieren, Zentrifugieren und Trocknen des Niederschlages. Tannin tritt nur in kleinen Mengen in die Verbindung ein[2]).

Über die Wirkung der Jodderivate des Acetons liegen keine Berichte vor.

Man erhält sie, wenn man Jod mit Acetondicarbonsäure bei Gegenwart einer Jodwasserstoff bindenden Substanz in Reaktion bringt. Es entstehen so Perjodaceton und durch Kochen mit Wasser aus diesem unter Jodabspaltung Penta- und Tetrajodaceton[3]). In gleicher Weise lassen sich die Bromderivate des Acetons darstellen[4]).

J. Hertkorn in Langschede[5]) stellt jodhaltige Produkte aus Kondensationsprodukten von Aldehyden mit Ketonen her durch Jodierung mit Jod oder jodabgebenden Mitteln, z. B. aus Aceton und Formaldehyd und Jod.

Durch Jodieren des Succinimids bekommt man leicht zersetzbare Derivate dieses Halogens, welche als Jodoformersatzmittel versucht wurden, da sie geruchlos sind.

Das Jodderivat des p-Äthoxyphenylsuccinimids[6]) $\left(\begin{matrix}CH_2-CO\\ |\\ CH_2-CO\end{matrix}\!>\!N\cdot C_6H_4\cdot O\cdot C_2H_5\right)_2\cdot J_2\cdot KJ$ gewinnt man durch Vermischen einer Lösung von p-Äthoxyphenylsuccinimid in Eisessig mit einer konzentrierten wässerigen Lösung von Jod in Jodkalium. Es krystallisiert dann der obige Körper heraus. In gleicher Weise erhält man das Jodderivat des p-Methoxyphenylsuccinimids. Das Jodderivat des Succinimids $\left(\begin{matrix}CH_2-CO\\ |\\ CH_2-CO\end{matrix}\!>\!NH\right)_4\cdot J_2\cdot KJ$ entsteht unter gleichen Bedingungen aus Succinimid.

Tetramethylammoniumtrijodid $(CH_3)_4NJ_3$ hat nach Rosenbach als Jodoformersatzmittel günstige Wirkungen. Es wirkt nach Jacobi wie Curare und Muscarin und ist in mäßigen Dosen schon giftig. Ähnliche Erscheinungen zeigt auch Tetramethylammoniumjodid, doch hat es nur schwache Muscarinwirkung. Versuche mit Tetraäthylammoniumtrijodid ergaben, daß diesem im Gegensatze zur Methylverbindung die Muscarin- und Curarewirkung fehlt, dagegen die auf Abspaltung von Jod beruhende lokale Wirkung ebenso stark wie bei der Methylverbindung vorhanden ist[7]).

Eine große Zahl von Versuchen ging dahin, Jodsubstitutionsprodukte von an sich antiseptischen Stoffen, wie es die Phenole, deren Äther, deren Carbonsäuren und die Ester derselben sind, darzustellen. Hierbei konnte Jod entweder im Kern substituiert werden oder in die Seitenkette treten. Doch haben die Präparate dieser Reihe trotz der vielen an sie geknüpften Hoffnungen, keineswegs die Erwartung erfüllt, wenigstens nicht als Wundantiseptica, während sie wegen ihres Jodgehaltes andere, den Jodverbindungen überhaupt eigene Wirkungen in guter, therapeutisch verwertbarer Weise auszulösen in der Lage waren. So wurde die ganze Gruppe der Phenole nach einer von Messinger und Vortmann[8]) angegebenen Methode in Jodverbindungen verwandelt, von denen aber nur eines, das Thymolderivat, ein größeres Interesse gefunden hat. Diese beiden Untersucher haben gefunden, daß man bei der Einwirkung von Jod in Jodalkali gelöst auf Phenole Produkte erhält, die sowohl im Kern Jod enthalten, als auch den Wasserstoff der Hydroxylgruppe durch Jod ersetzt haben, daß man aber das am Sauerstoff sitzende Jodatom durch Behandlung mit schwefligsauren Salzen oder durch kaustische Alkalien aus der Verbindung wieder verdrängen kann.

---

1) Macoprenne und Taine: Nouv. remèd. 1893, S. 545. 2) D.R.P. 142897.
3) D.R.P. 95440. 4) D.R.P. 98009. 5) D.R.P. 206330. 6) D.R.P. 74017.
7) Nachr. v. d. Ges. d. Wiss., Göttingen, Mathem.-physik. Kl. 1902, S. 108. — Jacobj u. Rosenbach: Arch. f. exp. Pathol. u. Pharmakol. Bd. 48, S. 48. 1902.
8) D.R.P. 49739, 52828, 52833.

So erhält man Monojodthymol z. B., indem man auf die alkalische Lösung von Thymol Jod in Jodkalium gelöst zufließen läßt, worauf Jodthymoljodid ausfällt, welches mit unterschwefligsaurem Natron behandelt, das geruch- und geschmacklose kernsubstituierte Monojodthymol ergibt. Ebenso gelingt es bei Monojodderivaten des Thymols, in denen Jod in der Sauerstoffbindung enthalten ist, Jodthymol zu erhalten, d. h. Jod in den Kern wandern zu lassen, wenn man Thymoljodid mit kaustischen Alkalien und unterschwefligsauren Salzen behandelt. In gleicher Weise erhält man aus β-Naphtholjodid Jod-β-naphthol. Ebenso erhält man aus Phenol, Resorcin und Salicylsäure, Dijodphenoljodid, Dijodresorcinmonojodid und Jodsalicylsäurejodid. Auch die nächst höheren Homologen der Salicylsäure, die o-Oxy-o-m- und -p-toluylsäuren, lassen sich in gleicher Weise in die entsprechenden Jod-o-oxytoluylsäurejodide überführen. Auch das Isomere des Thymols, Carvacrol, gibt in alkalischer Lösung mit Jod und Jodalkalien behandelt, Carvacroljodid[1]) (Jodocrol). Es ist fünfmal schwerer als Jodoform.

Das Verfahren, in stark verdünnter Lösung zu arbeiten, aber in bestimmten Verhältnissen von Phenolen, Lauge und Jod läßt sich auch zur Darstellung des Monojodthymols[2]) verwerten, wobei man in der Weise vorgeht, daß man äquivalente Mengen von Thymol und Lauge mit zwei Äquivalenten Jod in Reaktion treten läßt, während man zur Darstellung des Trijod-m-kresols 3 Moleküle Ätznatron, 1 Molekül Kresol mit 6 Äquivalenten Jod in Wechselwirkung bringt.

Ebenso wie die erwähnten Phenole und deren Carbonsäuren geben auch die Isobutyl-, Phenol- und Kresolverbindungen solche Jodide[3]). So wird p-Isobutylphenoljodid, ferner p-Isobutyl-m-kresoljodid und p-Isobutyl-o-kresoljodid in gleicher Weise dargestellt. Diese Methode wurde auch ausgedehnt auf die Darstellung der Jodide der folgenden substituierten Kresole: Methyl-, Äthyl-, n-Propyl- und Isoamyl-o-kresol sowie n-Propyl- und Isoamyl-m-kresol[4]). Die als Ausgangsmaterial notwendigen alkylsubstituierten Kresole erhält man am besten durch Erhitzen von o-Kresol mit dem betreffenden Alkohol und Chlorzink unter Rühren auf 180°.

Die Jodoxylderivate der Phenole lassen sich statt in der beschriebenen Weise durch Behandlung der alkalischen Lösung der Phenole mit Jodjodkaliumlösung auch nach der Methode darstellen, daß man ein Gemisch der Lösung von Phenolalkalien und Jodalkalien der Elektrolyse unterwirft. Die jodoxylierten Verbindungen scheiden sich hierbei an der positiven Elektrode ab[5]).

Verändert man die anfangs beschriebene Methode zur Darstellung der Jodverbindungen von Phenolen dahin, daß man nicht mit überschüssigem Alkali, sondern mit einer ganz genau berechneten Menge Ätzkali arbeitet, so gelangt man zu Substanzen anderer Art[6]). So spalten insbesondere die Phenolcarbonsäuren Kohlensäure ab unter Bildung von Jodphenolen. Von Kresotinsäure ausgehend kann man auf diese Weise zu Jodkresolen gelangen, von denen insbesondere Trijodkresol von Interesse ist. Zur Darstellung dieser Substanz geht man von der m-Kresotinsäure (o-Oxy-p-toluylsäure) aus, die man unter Zusatz von wenig Natriumcarbonat in sehr viel Wasser löst. Wenn man zu dieser Lösung Jodjodkalium zufließen läßt, so scheidet sich nach einigem Stehen Trijodkresol $C_6HJ_3 \cdot CH_3 \cdot (OH)$ ab, so daß sich also die Carboxylgruppe abgespalten hat und die Wasserstoffatome des Kernes durch Jod ersetzt wurden, während die Hydroxylgruppe unverändert bleibt. Das Produkt, welches durch diese veränderte Darstellung gewonnen ist, unterscheidet sich wesentlich in seinen chemischen Eigenschaften dadurch von den vorher besprochenen Substanzen, daß hier Jod nur im Kerne substituiert ist und das Hydroxyl frei bleibt, während in den Jodoxylverbindungen gerade der Wasserstoff des Hydroxyls durch Jod vertreten ist.

Die Jodoxylverbindungen, welche Jod in der Seitenkette haben, geben dieses auch viel leichter ab und sind dadurch befähigt, antiseptische und, wie wir gleich hören werden, antisyphilitische Wirkungen auszulösen, während das jodsubstituierte Kresol seine Wirkung nur bei bestimmten parasitären Hautkrankheiten äußert, wo ihm wohl die Kresolwirkung als solche zukommt, die hier durch den Eintritt von Jod nur insofern begünstigt wird, als man eine krystallisierte, wasserunlösliche Substanz erhält.

Zur Darstellung der Jodoxylverbindungen kann man statt der Jod-Jodkaliumlösung Chlorjod oder Chlorjodsalzsäure verwenden[7]).

Auch das Jodderivat des Eugenols wurde nach dem oben beschriebenen Verfahren dargestellt[8]).

[1]) D.R.P. 53752. [2]) D.R.P. 107509. [3]) D.R.P. 56830.
[4]) D.R.P. 61575. [5]) D.R.P. 64405. [6]) D.R.P. 72996.
[7]) F.P. 229962. [8]) D.R.P. 70058.

Von Cattani wurde Jodokol bei beginnender Tuberkulose und als Expektorans bei Bronchitis empfohlen, es entsteht beim Behandeln von Guajacol mit Jod-Jodnatrium.

p-Jodguajacol erhält man durch Jodieren von Acetylguajacol mit Jod und Quecksilberoxyd[1]).

Während man nach Messinger und Vortmann durch Einwirkung von Jod und Alkali auf die Kresole Jodkresoljodide erhält, die sowohl im Kern als auch in der Hydroxylgruppe substituiert sind, gelingt es, unter Veränderung der Bedingungen vom m-Kresol zum Trijod-m-kresol zu gelangen, welches nur kernsubstituiert ist, aber in der Hydroxylgruppe unverändert bleibt[2]); man läßt hierbei zu einer sehr verdünnten Lösung von m-Kresol in Lauge Jod-Jodkaliumlösung zufließen und der erhaltene Niederschlag wird aus Alkohol umkrystallisiert.

Von den nach diesen Methoden dargestellten zahlreichen Derivaten sind einige wenige und diese mit geringem Erfolge als Jodoformersatzmittel zur Geltung gekommen. Hingegen haben sie sich zum Teil wenigstens als vorzügliche Mittel, und zwar als Jodüberträger bei der Behandlung von syphilitischen Prozessen, insbesondere von Spätformen dieser Erkrankung Geltung verschafft, Wirkungen, die ausschließlich auf der leichten Abspaltbarkeit der Jodkomponente beruhen. Aus dem folgenden wird ersichtlich sein, daß sich der Satz aufstellen läßt, daß nur diejenigen Jodsubstitutionsprodukte der Phenole, der Phenolcarbonsäuren und ihrer Ester, sowie analoger Körper eine therapeutische Bedeutung, sei es als Jodoformersatzmittel, sei es als Antisyphilitica verdienen, in denen Jod in der Seitenkette leicht abspaltbar enthalten ist, wie etwa in den Jodoxylverbindungen, während die kernsubstituierten Jodverbindungen trotz ihres oft weit größeren Reichtums an Jod entweder in dieser Richtung ganz unwirksam sind oder hinter den Jodoxylverbindungen weit zurückbleiben und ihre Wirksamkeit nur dadurch zu erklären ist, daß die Wirkung auf der Verbindung selbst bzw. auf der Grundsubstanz und nicht etwa auf der Jodkomponente und deren Abspaltbarkeit beruht. Hierbei wollen wir den Satz in Erinnerung bringen, daß die kernsubstituierten Halogenderivate der Phenole fast unabhängig von der Art des eintretenden Halogens durch den Eintritt des Halogens in die Verbindung in ihrer antiseptischen Fähigkeit gesteigert werden.

Aus den Verbindungen dieser Gruppen, die zugleich die entwickelten Sätze beweisen, mögen die folgenden Erwähnung finden:

Aristol, Dithymoldijodid

$$\begin{array}{ccc} CH_3 & & CH_3 \\ \bigcirc & \cdot OJ \quad JO \cdot & \bigcirc \\ C_3H_7 & & C_3H_7 \end{array}$$

enthält also Jod statt des Wasserstoffes des Hydroxyls und äußert als leicht Jod abspaltende Jodoxylverbindung sowohl als Antisepticum, Jodoformersatzmittel, als auch als Antisyphiliticum günstige Wirkungen und seine Verwendung dürfte wohl an der leichten Zersetzlichkeit, sowie an dem teueren Preise ein Hindernis gefunden haben, während es sich sonst als unschädliches und ungiftiges Mittel viele Freunde erwarb[3]). Daß dieses Mittel Jod abpaltet, ist ja schon aus seiner Konstitution leicht ersichtlich.

---

[1]) E. Tassilly und I. Seroide, F.P. 371982. [2]) D.R.P. 106504.

[3]) Eichhoff: Monatsh. f. prakt. Dermatol. 1890, Nr. 2. — Neißer: Berlin. klin. Wochenschr. 1890, Nr. 19.

Ebenso haben Phenoljodid und Salicyljodid gute Resultate in der therapeutischen Anwendung gezeigt, aber sie konnten sich in der Praxis nicht halten, weil sie Haut, Wäsche und Verbandmaterial dunkelviolett färben und aus diesem Grunde nicht gut brauchbar sind. Auch Traumatol, welches man durch Jodieren von Kresol erhält, wobei aber nur ein Wasserstoff durch Jod ersetzt wird, hat als Jodoformersatzmittel aus dem gleichen Grunde gute Erfolge zu verzeichnen, obgleich es infolge Überflusses an solchen Substanzen sich nicht durchzusetzen vermochte.

5-Jodguajacol wird gut vertragen. Bei größeren Dosen tritt Durchfall ein. Das Präparat wird gut resorbiert und zu 60—70% im Harn ausgeschieden, bei kleinen Dosen mit Schwefelsäure, bei größeren Mengen auch mit Glykuronsäure gepaart. Das Auftreten von Jodjon wurde nur beim Kaninchen beobachtet und auch dann nur in ganz geringer Menge[1]).

Neosiode ist Jodcatechin $(C_{15}H_{14}O_6 \cdot 3\,H_2O)_3J$.

Jodterpin $C_{10}H_{16}J$, ist eine Flüssigkeit, die man mit Kaolin mischt und so als Streupulver verwenden kann.

Europhen[2]), Isobutyl-o-kresoljodid

$$\begin{array}{l} C_6H_2 \begin{cases} C_4H_9 \\ CH_3 \\ OJ \end{cases} \\ \quad | \\ C_6H_2 \begin{cases} O \\ CH_3 \\ C_4H_9 \end{cases} \end{array}$$

kann aus gleichen Gründen als reizloses und geruchloses Jodoformersatzmittel gelten[3]); wenn aber Kernwasserstoffe, wie im Trijodkresol [Losophan[4])] durch Jod substituiert sind, erhält man wohl antiseptische Präparate, die aber ihre antiseptischen Fähigkeiten nicht etwa wie Jodoform durch Abspaltung von Jod auslösen und die daher auch keineswegs als Antisyphilitica zu verwerten sind, sondern in denen nur durch den Ersatz von Kernwasserstoffen durch Halogen die dem zugrunde liegenden Phenol eigentümliche antiseptische Kraft gesteigert ist, die aus diesem Grunde durch den Eintritt von Halogen für die Haut auch stark reizend werden. Man kann daher Trijodkresol nicht etwa als Jodoformersatzmittel verwenden, sondern nur als ein Antisepticum, wie etwa die Carbolsäure, und zwar als ein Antimycoticum, muß aber seine Verwendungen wegen seiner stark reizenden Wirkung auf allen Anwendungsgebieten des Jodoforms strenge vermeiden. Aus den gleichen Gründen konnten sich weder Dijodsalicylsäure, in der beide Jodatome Kernwasserstoffe vertreten, noch Jodsalol, in dem Wasserstoffe des Phenylrestes durch Jod vertreten werden, ebensowenig wie Jodsalol, in dem Wasserstoffe des Kernes des Salicylrestes durch Jod vertreten sind, noch schließlich die aliphatischen Ester der Dijodsalicylsäure als Jodoformersatzmittel behaupten. So verschwand nach kurzer Zeit der unter dem Namen Sanoform in die Therapie eingeführte Dijodsalicylsäuremethylester, welcher ein geruchloser und ungiftiger Körper ist, aber im Organismus kein Jod abspaltet, wieder aus der Therapie.

Wenn man im Salol Wasserstoffatome des Phenylrestes durch Jod ersetzt, so erhält man Jodpräparate, die eine spezifische Jodwirkung kaum mehr auslösen. Dasselbe dürfte auch der Fall sein, wenn man Wasserstoffe des Kernes im Salicylsäurerest des Salols durch Jod ersetzt.

Um solche Körper zu erhalten, jodiert man Salol bei Gegenwart von Quecksilberoxyd und trennt dann durch Umkrystallisieren aus Alkohol und aus Eisessig das so dargestellte Dijodsalol vom Jodquecksilber. In anderer Weise wie vom Salol kann man zu Dijod-

[1]) Simon, Italo: Arch. farmacol. di sperim. e scienze aff. Bd. 33, S. 133. 1922.
[2]) D.R.P. 56830. [3]) Therap. Monatsh. 1891, S. 373, 379, 536; 1893, S. 53.
[4]) Therap. Monatsh. Bd. 6, S. 544.

salicylsäureestern, welche fette Alkylreste enthalten, gelangen, indem man Salicylsäuremethylester z. B. in Lauge löst und Jodjodkaliumlösung zufließen läßt. Bei Ansäuern dieser Lösung scheidet sich der Ester, in diesem Falle der Dijodsalicylsäuremethylester (Sanoform), ab. Zu demselben Körper kann man gelangen, wenn man die alkalische Lösung des Esters mit einer alkoholischen Lösung von Jod und mit Quecksilberoxyd versetzt. Ferner erhält man ihn, wenn man Dijodsalicylsäure in bekannter Weise verestert[1]).

Die Behandlung von Tuberkulose mit Zimtsäure und die Darstellung des Zimtsäure-m-kresolesters als Wundstreupulver auf tuberkulöse Wunden veranlaßte, da seine antiseptische Kraft gering ist, die Jodierung des Esters im Zimtsäurerest.

Der jodierte Zimtsäureester (dargestellt wurden p-, o- und m-Jodzimtsäure-m-kresolester) wird durch Kondensation der jodierten Säure und m-Kresol in benzolischer Lösung mit Phosphoroxychlorid erhalten[2]).

Amide, Ureide oder Ester der in der Seitenkette jodierten Zimtsäuren erhält man durch Verwandlung dieser jodierten Säuren in die Derivate oder durch Anlagerung von Jod oder Jodwasserstoff an die Derivate der Phenylpropiolsäure. Beschrieben sind Dijodzimtsäure-amid, -ureid, -glycinester, -glykokoll, β-Jodzimtsäureguajacylester, Monojodzimtsäureamid, p-Nitrodijodzimtsäureäthylester. Diese Verbindungen sind geschmacklos und sollen Jod im Organismus rasch abspalten[3]).

Man kann auch die Jodierung, um die antiseptische Wirkung des Esters zu verstärken, im Kresolreste vornehmen.

Cinnamyltrijod-m-kresol und Cinnamyl-p-chlor-m-kresol wurden zu diesem Behufe durch Kondensation von Zimtsäure mit den betreffenden halogensubstituierten Kresolen gewonnen[4]).

Ein aus Halogenphenol, Formaldehyd und Ammoniak erhaltenes Reaktionsprodukt wird zur Trockene verdampft und durch Umlösen und Wiederausfällen gereinigt[5]). Solche Verbindungen wurden dargestellt aus Resorcin, Pyrogallol und β-Naphthol in der Weise, daß man Halogenphenole, Formaldehyd und Ammoniak ohne zu kühlen aufeinander einwirken läßt.

Isoform, p-Jodoanisol $\left(C_6H_4{<}^{OCH_3}_{JO_2}\right)$ ist ein farbloses, schwach nach Anis riechendes, in Wasser schwer lösliches, auch bei höheren Temperaturen nicht zersetzbares Pulver, welches als Trockenantisepticum dienen soll.

Es hat explosive Eigenschaften und kommt daher in einer Mischung mit gleichen Teilen Calciumphosphat oder Glycerin in den Handel. Man stellt die Substanz so wie das analoge p-Jodophenetol dar, indem man p-Jodanisol und p-Jodphenetol direkt oder nach Überführung in die Chlorjod- resp. Jodosoverbindungen mit oxydierenden Agenzien, wie Chlor, unterchlorige Säure behandelt oder indem man die Jodosoverbindungen mit Wasserdampf destilliert[6]).

o-Jodanisol macht keine toxischen Effekte, sondern nur lokale Reizerscheinungen. 40% des Jods erscheinen im Harn, nur sehr wenig anorganisch gebunden, das meiste wahrscheinlich als o-Jodhydrochinonmethyläther mit Schwefelsäure und Glykuronsäure gepaart. Ein Teil des Jodanisols wird unverändert in den Faeces, ohne resorbiert zu werden, ausgeschieden[7]).

m-Jodanisol wird als gepaarte Schwefelsäure, aber zum Teil auch als Glykuronsäure ausgeschieden[8]).

Jodofan ist Monojoddioxybenzolformaldehyd $C_6H_3(OH)_2J \cdot HCOH + 2H_2O$.

Phenol mit Formaldehyd bei 100° und unter Druck mit Alkalien behandelt, gibt ein polymeres Anlagerungsprodukt beider Ausgangssubstanzen, welches Formaldehyd sowohl in fester Bindung als auch labil enthält. Es wird daraus durch Enzyme Formaldehyd abgespalten[9]). Läßt man auf die Verbindung Jod in alkalischer Lösung einwirken und fällt dann mit Säure, so erhält man eine Jodphenolformaldehydverbindung[10]).

---

[1]) D.R.P. 94097. [2]) D.R.P. 105242. [3]) Bayer, D.R.P. 246165.
[4]) D.R.P. 106506. [5]) Hoffmann-La Roche, Basel, D.R.P. 200064.
[6]) Höchster Farbwerke, D.R.P. 161725.
[7]) Luzatto, R. u. G. Satta: Arch. di farmacol. sperim. e scienze aff. Bd. 11, S. 393. 1911.
[8]) Luzatto, R. u. G. Satta, Arch. di farmacol. sperim. e scienze aff. Bd. 16, S. 393. 1913. [9]) D.R.P. 157553. [10]) D.R.P. 157554.

Nathan Weiß und Artur Horowitz, Berlin[1]), kondensieren Jod, Resorcin und Formaldehyd, indem sie Jod auf Resorcin in wässeriger Lösung bei 50° bis zur beständigen gelben Färbung einwirken lassen, dann die Temperatur auf 70° steigern und Formaldehyd zusetzen.

Formidin ist ein Kondensationsprodukt aus Jod, Formaldehyd und Salicylsäure $C_{15}H_{10}O_2J_2$ (Methylendisalicylsäurejodid?).

Aus dem gleichen Grunde wie die vorhergehenden konnte auch Tetrajodphenolphthalein (Nosophen) nicht durchdringen, da hier Jod in Kernwasserstoffen enthalten ist. Wir wiederholen, daß diese Substanzen trotz dieser Jodstellung sehr gute Antiseptica sein können, aber dort, wo es auf die Jodwirkung ankommt, keineswegs dieselbe zu äußern in der Lage sind, da sie Jod in so fester Bindung enthalten, daß durch die Einwirkung von Gewebesäften dieses aus der Bindung nicht entwickelt werden kann.

Tetrajodphenolphthalein $(C_6H_2J_2 \cdot OH)_2 \cdot C{<}^{C_6H_4 \cdot CO}_{O}$ wird nach Classen nach mehreren Verfahren dargestellt[2]).

Es entsteht, wenn man in der Kälte zu einer alkalischen Phenolphthaleinlösung Jodjodkalium zufließen läßt, wobei die rote Farbe in eine tiefblaue umschlägt. Wenn man stark gekühlte Salzsäure in die kalte Lösung einträgt, so fällt ein amorpher, gelbbrauner Körper aus, welcher bei 100° in einen weißen übergeht, wobei 1 Mol. Wasser abgespalten wird. In der Wärme erhält man Tetrajodphenolphthalein, wenn man nach dem Jodzusatz die blaue Lösung auf dem Wasserbade erwärmt, bis sie einen gelbbraunen Ton erhält und nun mit Salzsäure fällt.

Auf elektrolytischem Wege gelangt man zu dieser Verbindung durch Elektrolyse einer alkalischen Phenolphthaleinlösung unter Zusatz der entsprechenden Menge von Jodkalium. Der Farbenumschlag ins Blaue zeigt das Ende der Reaktion an. Man erwärmt nun, bis der blaue Ton einem gelbbraunen gewichen und fällt Tetrajodphenolphthalein mit Salzsäure. Statt der Ätzkalilösung kann man andere Lösungsmittel, wie Ammoniak, Barytwasser, Alkohol und Äther benützen, ebenso wie man zur Entfernung der bei der Jodierung sich entwickelnden störenden Jodwasserstoffsäure statt Kali, Ammoniak Barythydrat oder Quecksilberoxyd verwenden kann. Bei gar keiner dieser Reaktionen, bilden sich Jodoxylverbindungen, ähnlich wie bei den Phenolen, sondern es entstehen unter allen Umständen kernsubstituierte Jodderivate des Phenolphthaleins, in denen die Hydroxylwasserstoffe unverändert vorhanden sind.

Man kann auch im Kern jodiertes Phenolphthalein erhalten, wenn man statt der Alkalilösungen in wässerigen Lösungen von borsauren Salzen, Phosphaten oder Pyrophosphaten Jodjodkaliumlösungen auf Phenolphthalein einwirken läßt. Da solche Lösungen durch die frei werdenden Säuren sauer werden, scheidet sich der Jodkörper sofort aus der Verbindung ab.

Tetrajodphenolphthalein erzeugen Kalle, Biebrich[3]), indem sie auf eine wässerige Lösung von Phenolphthaleinnatrium eine Lösung von Chlorjodsalzsäure oder Chlorjod in berechneter Menge einwirken lassen.

Auch Jodderivate des Diphenylamins, in denen ebenfalls Jod für Kernwasserstoffe eingetreten ist, wurden in derselben Absicht, zu Jodoformersatzmitteln zu gelangen, hergestellt, da ihnen ebenfalls der Vorzug der Geruchlosigkeit zukommt[4]).

Man jodiert Diphenylamin z. B. mit Quecksilberoxyd und alkoholischer Jodlösung in der Siedehitze und fällt mit einer wässerigen Jodkaliumlösung. Man erhält so Dijoddiphenylamin. In ähnlicher Weise kann man zum Dijodnitrosodiphenylamin und zum Acetyldijoddiphenylamin und zum Benzoyldijoddiphenylamin gelangen. Keine von diesen Substanzen hat aber eine praktische Bedeutung erlangt.

Ebenso wurde Dijodcarbazol $\begin{matrix} C_6H_3J \\ | \\ C_6H_3J \end{matrix}{>}NH$ durch Einwirkung von Jod und Quecksilberoxyd in alkoholischer Lösung auf Carbazol[5]) erhalten, ferner wurden die Jodderivate des Oxytriphenylmethans[6]) dargestellt.

Wir haben gesehen, daß der Eintritt von Jod in die Kernwasserstoffe des Benzolkerns wohl die antiseptische Kraft der Verbindungen selbst steigert,

[1]) D.R.P. 209911.
[2]) Ber. d. dtsch. chem. Ges. Bd. 28, S. 1606. 1895. — D.R.P. 85930, 86069, 88390.
[3]) D.R.P. 143596. [4]) D.R.P. 81928. [5]) D.R.P. 81929. [6]) D.R.P. 85929.

aber das gewonnene Produkt als Jod abspaltendes Mittel aus dem Grunde nicht verwendbar ist, weil die so aufgebauten Substanzen unter der Einwirkung der Gewebe keineswegs Jod abzuspalten vermögen. Anders verhält es sich hingegen beim Pyrrolring. Wenn hier die Wasserstoffe mit Ausnahme des Imidwasserstoffes durch Halogen ersetzt werden, so bilden sich Halogensubstitutionsprodukte, welche durchaus nicht so resistent sind wie die der Benzolderivate, sondern unter Einwirkung der Gewebe, wenn auch schwieriger, wie etwa Jodoform, Jod abzuspalten in der Lage sind. Tetrajodpyrrol

```
JC——CJ
JC‖  ‖CJ
   \/
   N
   H
```

z. B. spaltet im Organismus Jod ab und seine toxische Wirkung ist eine äußerst geringe. Nach Verfütterung von Jodol (Tetrajodpyrrol) findet man die Hälfte des eingeführten Jods im Harne (Rösel). Aus diesem Grunde kann es auch als Ersatzmittel des Jodkaliums benützt werden[1]). Wegen seiner Unlöslichkeit und Reizlosigkeit sowie wegen seiner Geruchlosigkeit konnte es als erstes Jodoformersatzmittel, welches eingeführt wurde, sich viele Freunde erwerben. Die Erklärung, daß Tetrajodpyrrol im Gegensatze zu den Benzolverbindungen, in denen Kernwasserstoffe durch Jod ersetzt sind, Jodwirkungen zu äußern in der Lage ist, mag darin liegen, daß hier eben alle durch Jod ersetzbaren Wasserstoffe auch durch Jod vertreten sind, was der Verbindung einen solchen Grad von Labilität gibt, daß sie leicht ein oder mehrere Jodatome unter Einwirkung der Gewebe abzuspalten vermag. Die Darstellung des Tetrajodpyrrols, welches Jodol genannt wird, erfolgt nach der von Ciamician und Silber angegebenen Methode[2]).

Pyrrol stellt man aus Knochenölen, dem Dippelschen Öle, dar und jodiert es, indem man auf eine alkalische, wässerige Lösung des Pyrrols eine Jodlösung einwirken läßt. Das ausfallende Tetrajodpyrrol C_4J_4NH wird aus einer alkoholischen Lösung mit Wasser gefällt und so gereinigt; oder man jodiert Pyrrol in alkoholischer Lösung bei Gegenwart von Quecksilberoxyd und fällt das Reaktionsprodukt mit Wasser, oder es wird Pyrrol, jodsaures Kali und Jodkalium in Wasser gelöst und Alkohol bis zur Trübung zugesetzt. Hierauf erfolgt die Bildung des Tetrajodpyrrols durch die Einwirkung verdünnter Schwefelsäure, die man zusetzt, auf die Jodsalze.

Man kann auch zum Tetrajodpyrrol vom Tetrachlorpyrrol oder Tetrabrompyrrol gelangen. Tetrachlorpyrrol erhält man durch Behandlung von Pyrrol oder von Pyrrolcarbonsäuren mit Chlor in alkoholischer Lösung. Derselbe Weg führt bei Anwendung von Brom zum Tetrabrompyrrol.

Behandelt man die Chlor-, Brom- und Jodsubstitutionsprodukte des Pyrrols mit Halogenalkylen in alkoholischer Lösung, so gelangt man zu den alkylierten Halogenpyrrolen. Vom Tetrachlor- oder Tetrabrompyrrol ausgehend, erhält man Jodol, wenn man eine alkoholische Lösung mit Jodkalium erhitzt. Die Reaktion erfolgt quantitativ.

Die leichte Zersetzlichkeit des Jodols, welches in seiner antiseptischen Wirkung sowie auch in den übrigen Wirkungen dem Jodoform weit nachsteht hat dazu geführt, es mit anderen Substanzen zu verbinden, Verfahren, die aber ohne jede praktische Bedeutung sind. So hat man durch die Darstellung des Coffeinjodols ein unlösliches, angeblich weit beständigeres Präparat erhalten, als es Jodol ist. Es ist kein rechter Grund einzusehen, warum gerade dazu Coffein verwendet wurde. Ferner wurde aus Jodol und Hexamethylentetramin, wie aus Jodoform und Hexamethylentetramin, ein molekulares Additionsprodukt dargestellt, welches angeblich sehr beständig ist.

Es entsteht beim Zusammenbringen einer alkoholischen Jodollösung mit einer wässerigen oder alkoholischen Hexamethylentetraminlösung als silbergraue Krystallmasse.

---

[1]) Pick, E.: Vierteljahrsschr. f. Dermatol. u. Syphilis 1886, S. 583.
[2]) D.R.P. 35130, 38423.

Auch die Darstellung des Jodolalbumins, Jodolen genannt, ähnlich wie des Jodoformalbumins, welche nur als Umschließung des Jodols mit geronnenem Eiweiß anzusehen ist, erscheint uns zwecklos, da ja Jodol keine intensiv riechende Substanz ist und schon für Jodoform der Wert der Eiweißverbindungen sehr zweifelhaft ist.

Zur Darstellung der Jodoleiweißverbindung vermischt man Lösungen von Eiweiß mit einer Jodollösung und koaguliert das Eiweiß in der Siedehitze[1]).

Pyrroldiazoljodid wirkt lähmend auf periphere Nervenendigungen, entfiebernd, antiseptisch, und zwar stärker als Chinin. Das Bromid zeigt schon in kleinen Dosen die nämliche Wirkung[2]).

Kernjodierte Imidazole erhält man, wenn man Imidazole oder deren Derivate mit kernsubstitutionsfähigen Wasserstoffatomen mit Jodlösungen behandelt, gegebenenfalls unter Zusatz von Jodwasserstoffsäure bindenden oder oxydierenden Mitteln. Diese Produkte sind sehr jodreich und völlig geruch- und geschmacklos[3]).

Wir kommen auf einen Körper zu sprechen, das Sozojodol[4]), welcher scheinbar der ausgeführten Anschauung widersprechen würde, daß der Ersatz von Kernwasserstoffen durch Jod im Benzolkern für die Jodwirkung der Substanz ganz belanglos ist und ferner, daß durch Sulfurierung der Substanzen ihre Wirkung wesentlich abgeschwächt oder ganz aufgehoben wird. Sozojodol, die Dijod-p-phenolsulfosäure $OH \cdot C_6H_2J_2 \cdot SO_3H$ und ihre Salze wurden als Arzneimittel empfohlen. Daß die freie Säure antiseptische Wirkungen äußern kann, daran ist wohl nicht zu zweifeln, da dies ja eine allen stärkeren Säuren zukommende Eigenschaft ist. Der Gehalt an Jod in der Verbindung ist aber für diese Eigenschaft aus dem Grunde gleichgültig, weil die antiseptische Wirkung hier nur durch die Sulfosäuregruppe ausgelöst wird. Daß aber die neutralen Salze der Alkalimetalle Jodoformersatzmittel sein können, muß auf das entschiedenste in Abrede gestellt werden. Nur wenn die Alkalisalze dissoziieren, kann es hier zu einer antiseptischen Wirkung kommen, sonst aber nicht. Ein anderes ist es, wenn die Sozojodolsäure Salze mit Quecksilber oder Zink bildet. Diesen Verbindungen kommt naturgemäß die dem Metallion eigentümliche Wirkung zu und wie schon öfter erwähnt, ist es ziemlich gleichgültig, welche Säure in die Salzbildung eingeht. Die Wirkung beruht nur auf den spezifischen Eigenschaften des salzbildenden Metalles. Dieses ist auch der Grund, weshalb sich in der Praxis nur die Quecksilber- und Zinkverbindung zu halten vermochte, weil die Wirkung dieser Salze eben auf der Wirkung des Quecksilbers und des Zinks und nicht auf der Sozojodolsäure beruht. Sollte die Sozojodolsäure im Sinne einer Jodverbindung wirksam sein, so müßte ihr eine andere Konstitution zukommen als die ihr zugeschriebene.

Sozojodolnatrium erwies sich bei Spirochäten unter verschiedenen Jodpräparaten als das wirksamste, wenn es präventiv und hierauf kurativ angewendet wird, bloß kurativ wirkt es nicht.

Man erhält die jodierten Sulfosäuren der Phenole, wenn man p-phenolsulfosaures Kali mit Chlorjodsalzsäure, die vor dem Jodieren mit Neutralisationsmitteln bis zum Auftreten von freiem Jod versetzt ist, zusammenbringt. Man erhält so das saure Kaliumsalz einer Dijod-p-phenolsulfosäure, welches schwerer löslich, und das leichter lösliche Kaliumsalz einer Monojod-p-phenolsulfosäure.

Die freie Dijod-p-phenolsulfosäure, das eigentliche Sozojodol, erhält man durch Zersetzen des schwer löslichen Barytsalzes mit Schwefelsäure. Auf gleiche Weise erhält man die Jodverbindungen: α-dijodphenolsulfosaure Kalium, β-dijodphenolsulfosaures Kalium, die Monojod-p-kresolsulfosäure und deren Salze, Jod-o-kresolsulfosäure und deren Salze, Jodthymolsulfosäure und deren Salze.

Von diesen kamen das leicht lösliche Natriumsalz der Dijod-p-phenolsulfosäure $C_6H_2J_2(OH)SO_3Na + 2\,H_2O$ und das schwer lösliche Kaliumsalz $C_2H_2J_2$

---

1) D.R.P. 108904. 2) Lo Monaco u. Tarulli: Bull. della soc. Lincei 1896, XV, S. 26.
3) D.R.P. 223303. 4) D.R.P. 45226.

$(OH)SO_3K$ zur therapeutischen Anwendung. Diese Präparate blieben ohne wesentlichen Erfolg, während die entsprechenden Zink- und Quecksilberverbindungen, wie erwähnt, eine größere Verbreitung erlangten. Im Organismus wird aus diesen Präparaten kein Jod abgespalten, sie verlassen ihn ganz unverändert.

In diese Gruppe gehört noch Pikrol, dijodresorcinmonosulfosaures Kali, welches farblos, geruchlos und ungiftig ist und dem man naiverweise nachsagte, daß es so antiseptisch wirke, wie Sublimat.

Von Claus stammt das ebenfalls ganz vergebliche Bemühen, durch Jodieren und Sulfurieren von Oxychinolin zu Jodoformersatzmitteln zu gelangen. Claus, wie eine Reihe von Chemikern, glaubte im Gegensatz zu den tatsächlichen Verhältnissen, daß es bei der Darstellung von Jodoformersatzmitteln, welche jodhaltig sein sollten, gerade darauf ankomme, daß das Jod möglichst fest gebunden sei. Sie übersehen auch, daß es eine Kardinalregel bei der Arzneimittelsynthese ist, daß die Einführung von Säuregruppen in eine Verbindung deren Wirkung vernichtet oder wesentlich abschwächt.

m-Jod-o-oxychinolinanasulfosäure, Loretin, stellte Claus nach folgendem Verfahren dar[1]):

o-Oxychinolin wird mit rauchender Schwefelsäure in der Kälte behandelt und man gelangt so zur Monosulfosäure des Oxychinolins, wobei die Sulfogruppe in der Anastellung des Chinolins steht. Läßt man nun auf das Kaliumsalz Jod einwirken, am besten, indem man Jodkalium und Salzsäure verwendet, so tritt das Halogenatom in die m-Stellung des Chinolinkernes

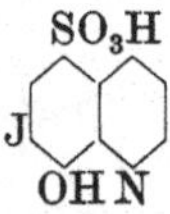

Ebenso gelangt man durch Chlorieren und Bromieren zur m-Chlor- und m-Brom-o-oxychinolinanasulfosäure[2]).

Loretin, die freie Säure, ist ein gelbes, geruchloses und unlösliches Pulver, welches nur als Säure antiseptische Eigenschaften zeigt. Als Jodoformersatzmittel angewendet, sollen ihm keine unangenehmen Wirkungen zukommen. Auch das Kalium- und Natriumsatz wurde empfohlen, aber nur das Wismutsalz hat für kurze Zeit als Jodoformersatzmittel Anwendung finden können. Vorteile gegenüber den anderen Wismutmitteln kann diese Verbindung keineswegs bieten.

Den gleichen Zweck verfolgte Claus mit der Darstellung im Benzolkern jodierter und hydroxylierter Chinoline. Man behandelt o- oder p-Oxychinolin mit Jod in statu nascendi und erhält so Ana-jod-p-oxychinolin[3]).

p-Methyl-m-jod-o-oxychinolinanasulfosäure[4]) erhält man in gleicher Weise, wie Loretin, durch Einwirkung von Jod auf die p-Methyl-o-oxychinolinanasulfosäure.

Die Wirkungen dieser Substanz sollen mit den Loretinwirkungen identisch sein.

Auch die dem Loretin isomere p-Jod-ana-oxychinolin-o-sulfosäure[5]) erhält man wenn man nach dem Clausschen Verfahren die Ana-oxychinolin-o-sulfosäure jodiert.

Yatren (neutralisierte Yatrensäure), 5-Jod-8-oxychinolin-7-sulfosäure, soll ein ungiftiges Antisepticum sein.

R. Griese in Berlin stellt ein im Magen leicht lösliches Doppelsalz auf 7-Jod-8-oxychinolin-5-sulfosäure her, indem er molekulare Mengen Ammoniumjodid und des Ammoniumsalzes der 7-Jod-8-oxychinolin-5-sulfosäure unter Erwärmen in Wasser auflöst und erkalten läßt.

Ein ungiftiges Jodoformersatzmittel, von Tavel und Tomarkin eingeführt[6]), soll Jodchloroxychinolin (Vioform) sein, welches aus Anachlor-o-oxy-

[1]) D.R.P. 72942. [2]) D.R.P. 73415. [3]) D.R.P. 78880. [4]) D.R.P. 84063.
[5]) D.R.P. 89600. [6]) Dtsch. Zeitschr. f. Chir. 1900, H. 6.

chinolin durch Jodieren, in wässeriger Lösung mit Jodjodkalium, resp. mit Jodkalium und Hypochloriten dargestellt wird. Es ist nur spurenweise wasserlöslich[1]).

Von Jodderivaten, die als Jodoformersatzmittel hätten dienen sollen, aber in kürzester Zeit verschwanden, sind noch zu nennen: das von Frankreich her empfohlene Antiseptol, welches Cinchoninum jodosulfuricum ist, ein in Wasser unlösliches Salz, über das aber keine therapeutischen Erfahrungen vorliegen. Die Wirkung dürfte sich hauptsächlich auf die bekannte Cinchoninwirkung beziehen, ebenso wie beim Chinininum lygosinatum. Dieses ist ein Desinfektionsmittel, und zwar ein Doppelsalz von Chinin und dem Natronsalz des Di-o-cumarketons. Es ist erst geschmacklos, dann bitter. Lygosin selbst ist Di-o-cumarketon, es wirkt hindernd auf Bakterienentwicklung.

Jodverbindungen.

Eine Reihe von Jodverbindungen wurde zu dem Zwecke dargestellt, um Jodoformersatzmittel zu erhalten, Ersatzmittel welche, da es sich um Streupulver handelte, denen mehr oder minder starke antiseptische und granulationsbefördernde Eigenschaften zukommen sollten, auch aus anderen chemischen Gruppen, ohne daß die Anwesenheit von Jod dazu unumgänglich notwendig wäre, darstellbar waren, wir nennen hier nur die Tannin- und Wismutgruppen. Eine Reihe von Jodverbindungen, insbesondere für den inneren Gebrauch, wurde nur aus dem Grunde dargestellt, um Ersatzmittel für Jodkalium oder Jodnatrium zu finden, denen bei interner Verabreichung die eigentliche Jodwirkung, die insbesondere bei syphilitischen Spätaffektionen geradezu als spezifische zu bezeichnen ist, zukommt. Es handelt sich wohl hier vor allem um die resorptionsbefördernde Wirkung der Jodsalze. Diese einfachsten anorganischen Verbindungen des Jods aus der Therapie je zu verdrängen, wird wohl keinem synthetischen Mittel gelingen. Weshalb man überhaupt Ersatzmittel des Jodkaliums suchte, ist nur erklärlich aus der Zersetzlichkeit der wässerigen Lösungen der Jodalkalisalze, aus dem schlechten Geschmacke derselben, der sich ja bekanntlich durch pharmazeutische Verabreichungsformen sehr gut korrigieren läßt und endlich, was das wichtigste ist, aus dem Auftreten des Jodismus benannten Symptomenkomplexes. Es handelt sich nur darum, organische Verbindungen, welche Jod oder Jodwasserstoffsäure unter dem Einflusse der Gewebe, wenn auch nicht so leicht wie die Jodsalze, abgeben, darzustellen. Für diese Zwecke konnten sich ja wohl nur aliphatische Jodverbindungen eignen oder solche aromatische, in denen Jod in Seitenketten enthalten und leicht abspaltbar ist. Ob Verbindungen dieser Art Vorzüge gegenüber den Jodalkalisalzen zukommen, wollen wir dahingestellt sein lassen, wenn es auch sehr wahrscheinlich ist, daß in einzelnen organischen Verbindungen das nicht ionisierte Jod von den einzelnen Geweben relativ besser aufgenommen wird. Die Erfahrung zeigt nur, daß bei der ungeheuer großen Anwendung von Jodsalzen in der Therapie der verschiedensten Erkrankungen keines der Jodpräparate, welche für die innere Verabreichung dargestellt wurden, die anorganischen Jodsalze, welche auch die billigsten sind, verdrängen konnte. Man hat sich bemüht, in fast alle intern verabreichbaren Substanzen Jod zu substituieren, man hat auch jodwasserstoffsaure Salze der verschiedensten Substanzen mit den verschiedensten Wirkungen ganz zwecklos in dieser Absicht dargestellt. Wir wollen nur einige dieser Substanzen erwähnen:

Wülfing[2]) erzeugt eine krystallisierte wasserfreie Doppelverbindung von Glucose und Jodnatrium durch Krystallisation aus 80proz. Alkohol. An Stelle des Äthylalkohols

[1]) D.R.P. 117767. [2]) D.R.P. 196605.

kann man auch andere Alkohole oder Ketone verwenden, in welchen Glucose und Natriumjodid löslich, z. B. Methylalkohol und Aceton[1]).

Jodnatriumglucose erhält man, wenn man wasserfreie Glucose und wasserfreies Jodnatrium 2 : 1 möglichst homogen mischt und die Mischung entweder zusammenschmilzt oder mit starkem Alkohol anfeuchtet und bei 100—115° trocknet. Die Ausbeute ist quantitativ, während sie nach D.R.P. 196605 erheblich geringer ist[2]).

Wässerige oder alkoholische Lösungen von Jodcalcium und neutral reagierenden Ammoniakderivaten, wie Aminosäuren und Harnstoff, geben beim Eindampfen krystallisierte Verbindungen. Beschrieben sind: Glykokolljodcalcium, Harnstoffjodcalcium, Glycylglycinjodcalcium, Alaninjodcalcium. Die Verbindungen werden durch Kohlensäure nicht zersetzt[3]).

Jodäthyl wurde in Frankreich als Ersatzmittel für die ebenfalls Jodäthyl enthaltende Jodtinktur zu Pinselungen verwendet, auch intern eingenommen soll es gut wirken.

Man wird begreifen, daß bei der Kostspieligkeit des Jodäthyls gegenüber der Jodtinktur oder gegenüber dem Jodkalium jeder Arzt wohl bei den alten Mitteln bleiben wird, wenn das Neue gar keinen nennenswerten Vorteil bietet.

Jodierte Fettsäuren und Fette.

Einen größeren Vorteil scheinen uns die von Winternitz[4]) empfohlenen Jodfette zu bieten, die gut resorbiert langsam bei der Verbrennung im Organismus Jod frei machen. Diese Jodfette (ebenso verhalten sich die Bromfette) zersetzen sich beim Aufbewahren nicht. Sie werden dargestellt durch Behandeln von Fetten und Ölen mit Chlorjod oder Chlorbrom, doch bleiben die Fette hierbei zum Teile ungesättigt, weshalb sich das Halogenprodukt auch nicht zersetzt, während die jodgesättigten Fette sehr leicht unter Jodabspaltung zersetzlich sind[5]). Man erhält diese Verbindungen auch, wenn man gasförmige Jod- oder Bromwasserstoffsäure auf Fette in unzureichender Menge einwirken läßt, und zwar bei niederer Temperatur[6]). Diese Idee, ungesättigte Fette zu jodieren, hat noch größeren Erfolg in der Form gehabt, ungesättigte Fettsäuren zu jodieren und deren geschmacklose pulverförmigen Kalksalze zu verabreichen.

Geschwefelte Jodfette[7]) erhält man, wenn man auf Fette oder fette Öle in Gegenwart von Schwefelwasserstoff Jod einwirken läßt. Nimmt man ungesättigte Fettsäuren[8]), so gelangt man zu analogen Produkten, welche aber wasserlösliche Salze bilden.

Jodfettpräparate[9]) in fester und nahezu geschmackloser Form erhält man durch Darstellung der Salze der Chlorjodfettsäuren.

Jod- und Bromfette erzeugt Arnold Voswinkel, Berlin[10]), in der Weise, daß er Jod oder Brom in Gegenwart der Sulfhydrate von chlorierten Aldehyden auf fette Öle, Fette usw. zur Einwirkung bringt. Es entsteht Halogenwasserstoff, der sich mit dem Öl verbindet. Man kann z. B. Jod- und Brom-Sesamöl unter Anwendung von Chloralsulfhydrat- oder Butylchloralsulfhydrat darstellen.

Trijodierte Derivate der Stearinsäure[11]) erhält man durch Einwirkung von 3 Mol. Jodmonobromid, Jodmonochlorid oder Jodwasserstoff auf Linolensäure. An Stelle von reiner Linolensäure kann man auch das durch Verseifung von Leinöl erhältliche Gemisch von Leinölfettsäuren verwenden. Die erhaltenen Halogenderivate der Stearinsäure sind im Wasser unlösliche, geschmacklose Verbindungen, die sich durch Behandlung mit organischen Basen in die entsprechenden Salze überführen lassen. Die Halogenderivate können als freie Säuren oder als Salze Verwendung finden. Beschrieben sind Trijodtribromstearinsäure, Trijodtrichlorstearinsäure und Trijodstearinsäure.

Taririnsäuredijodid erhält man, wenn man wässerige alkalische Lösungen von Taririnsäure mit geeigneten Mengen Jodjodkaliumlösung versetzt, das Reaktionsprodukt durch Zusatz von Mineralsäure ausfällt und dasselbe über die Alkalisalze reinigt und wieder fällt[12]).

---

1) D.R.P. 204764, Zusatz zu D.R.P. 196605. 2) D.R.P. 312643.
3) Walter Spitz, Eichwalde, D.R.P. 318343.
4) Dtsch. med. Wochenschr. Bd. 23, S. 1897. 5) D.R.P. 96495.
6) D.R.P. 135835. 7) Bayer, Elberfeld, D.R.P. 132791. 8) D.R.P. 135043.
9) Akt.-Ges. f. Anilin-Fabr., Berlin, D.R.P. 150434. 10) D.R.P. 233857.
11) E. Erdmann, Halle a. d. S., D.R.P. 233893.
12) Hoffmann-La Roche, D.R.P. 261211.

Monojodfettsäuren erhält man aus Ölsäure, Elaidinsäure, Erucasäure und Brassidinsäure durch Einwirkung von Jodwasserstoff in Eisessig, bei gelinder Wärme. Den Jodwasserstoff erzeugt man, um ihn phosphorfrei zu haben, da sonst der Phosphor an der Reaktion teilnimmt, aus Jod und Copaivaöl. Beschrieben ist die Darstellung der Monojodbehensäure aus Erucasäure und der Monojodstearinsäure aus Ölsäure[1]). Man erhält die Monojodbehensäure aus der Monobrombehensäure, die aus Erucasäure durch Anlagerung von Bromwasserstoff entsteht, indem man sie auf Jodmetalle einwirken läßt[2]). Die Darstellung der Calcium-, Strontium-, Magnesiumsalze der Jodbehensäure, der Calcium- und Strontiumsalze der Jodstearinsäure und des Calciumsalzes der α-Jodpalmitinsäure geschieht durch Einwirkung von Jodkalium auf Brompalmitinsäure. In Form dieser Salze sind diese Jodfettsäuren sehr gut haltbar; man erhält sie entweder in wässeriger Lösung durch Neutralisation der Fettsäuren mit den Basen oder durch Umsetzung der Alkalisalze mit den Erdkalisalzen, am besten aber in organischen Lösungsmitteln, indem man zu der freien Säure eine überschüssiges Ammoniak enthaltende Lösung des Erdalkalisalzes hinzufügt[3]).

Die Bromverbindungen der ungesättigten Fettsäuren, und zwar die Erdalkaliverbindungen, werden genau so dargestellt wie die Jodverbindungen[4]).

Die Darstellung von Monojodfettsäuren aus ungesättigten Säuren durch Anlagerung von Jodwasserstoff wird durchgeführt, indem man auf ungesättigte Fettsäuren unter möglichstem Ausschluß von Wasser, Jodmetalle in Gegenwart von Säuren oder Säuregemischen einwirken läßt, welche eine höhere Acidität haben als die Fettsäuren. Man erhält z. B. aus Erucasäure, Jodnatrium, Eisessig, der mit Chlorwasserstoff gesättigt ist, Monojodbehensäure; durch Eingießen von Wasser fällt diese Säure aus dem Reaktionsgemische heraus[5]).

Ricinstearolsäuredijodid erhält man aus Ricinstearolsäure und Jod, wenn man die Jodierung in Gegenwart von wässeriger Essigsäure ausführt. Man erhält nach Entfernung von etwas überschüssigem Jod durch Krystallisation der Reaktionsmasse und Ausfällen der Mutterlauge mit Wasser festes, nahezu farbloses Dijodid, das leicht umkrystallisiert werden kann[6]).

Einen krystallisierten Ester des Ricinstearolsäurejodids erhält man durch Überführung des Ricinstearolsäuredijodid in den Äthylester oder indem man an den Äthylester der Ricinstearolsäure Jod addiert[7]).

Dijodyl ist Ricinstearolsäuredijodid.

Die Ester der Monojodfettsäuren können zu subcutanen Einspritzungen benützt werden. Man erhält sie durch direkte Veresterungen, z. B. den Äthylester durch Äthylalkohol mit konzentrierter Schwefelsäure. Beschrieben sind Jodbehensäureäthylester und Jodstearinsäureäthylester. Jodwasserstoff wird an die Ester der ungesättigten Säuren angelagert[8]).

Die Ester der einfachen ungesättigten Dijodfettsäuren[9]) sollen den Monojodfettsäureestern des D.R.P. 188834 gegenüber den Vorteil haben, daß sie bei gewöhnlichen Temperaturen fest bleiben und gut krystallisieren. Sie haben einen viel höheren Jodgehalt als die Jodderivate der fetten Öle. Dargestellt wurden Dijodbrassidinsäuremethylester mit Methylalkohol und Salzsäure, ferner der Äthylester und der Isoamylester, ferner Dijodelaidinsäuremethylester. Durch Erhitzen von Jod und Eisenpulver mit Behenolsäuremethylester entsteht der Dijodbrassidinsäuremethylester.

Heyden, Radelbeul[10]), jodieren Fette, welche eine mittlere Jodzahl von 45 haben, mit chlorfreien Jodierungsmitteln in erschöpfender Weise. Kakaobutter z. B. wird mit Jodtinktur und Jodsäure bei 60° geschüttelt.

Riedel, Berlin[11]), stellt chlorfreie Ester und Salze hochmolekularer Jodfettsäuren in der Weise her, daß Fette ungesättigter Säuren oder die entsprechenden Salze derselben in Gegenwart von Jod und Wasser mit Quecksilberoxyd so behandelt werden, daß unterjodige Säure entsteht, welche dann jodierend einwirkt.

Man erhält die Säurechloride der ungesättigten Dihalogenfettsäuren[12]) der Formel $C_nH_{2n-4}(Hal.)_2O_2$ quantitativ durch Behandlung der Halogonfettsäuren mit Thionylchlorid. Beschrieben werden das Chlorid von Stearolsäuredijodid, -dibromid, von Brassidinsäuredijodid und Behenolsäuredijodid.

Phenylester jodierter Fettsäuren[13]) erhält man, wenn man jodierte Fettsäuren mit Phenolen in üblicher Weise verestert oder in Phenylester von ungesättigten Fettsäuren Jod einführt oder die Phenylester von chlor- oder bromsubstituierten Fettsäuren mit Jod-

[1]) D.R.P 180087. [2]) D.R.P. 196214. [3]) D.R.P. 180622.
[4]) D.R.P. 187449, Zusatz zu D.R.P. 180622. [5]) D.R.P. 187822.
[6]) Riedel, D.R.P. 296495. [7]) Riedel, D.R.P. 303052.
[8]) D.R.P. 188434. E.P. 11494/1902. [9]) Ciba, F.P. 430404; E.P. 19350/1910.
[10]) D.R.P. 199549. [11]) D.R.P. 202790.
[12]) Hoffmann-La Roche, D.R.P. 232459. [13]) Bayer, Elberfeld, D.R.P. 233327.

salzen behandelt. Dargestellt wurden: Jodessigsäurephenylester, Jodacetylthymol, α-Bromisovalerianylguajacolester, α-Jodisovalerianylguajacolester, α-Jodisovalerianylkreosotester, Methylpropyljodpropionsäureguajacolester, α-Jod-n-buttersäureguajacolester und die entsprechende Bromverbindung, Jodbehensäureguajacolester, Hydrochinondi-α-bromisovaleriansäureester, aus welchem man mit Jodnatrium das entsprechende Jodderivat erhält, Jodstearinsäureguajacolester, α-Jodisobuttersäureguajacolester.

Es wurden also sowohl jodierte Fette, als auch jodierte Fettsäuren, letztere sowohl in freier Form als auch als Kalksalze, Ester und Amide in die Therapie eingeführt.

Jodiertes Chaulmoogra-Öl wird in der Leber und im Nervensystem gespeichert. Jod wird schwieriger im Organismus als aus den anderen Jodpräparaten abgespalten[1]).

Sajodin ist das von E. Fischer und Mering dargestellte Calciumsalz der Monojodbehensäure $(C_{22}H_{42}O_2J)_2Ca$, ein in Wasser unlösliches geschmackloses Pulver mit 26% Jod. Es wird zum kleinen Teil mit dem Kot wieder ausgeschieden, der Hauptteil wird resorbiert, besonders im Knochenmark, im Fett und in der Schilddrüse aufgespeichert und nach der Resorption von dort nach erfolgter Spaltung im Harn als Jodalkali ausgeschieden[2]).

Die Calciumsalze der 2-Jodpalmitinsäure und der 2-Jodstearinsäure werden gut vertragen und unter Jodabspaltung im Harn ausgeschieden, die entsprechenden Amide (2-Jodpalmitinamid und 2-Jodstearinamid) dagegen werden unzersetzt mit den Faeces entleert[3]).

α-Jodstearinsäure und α-Jodpalmitinsäure werden von Hunden schlecht vertragen. Bis zu 91% des Jodgehaltes derselben sind im Harn nach Verfütterung dieser Säuren als anorganisches Jod nachweisbar[4]).

Dijodbrassidinsäureäthylester $C_{19}H_{39}CJ : CJ \cdot COO \cdot C_2H_5$ [Lipojodin[5])] soll in bezug auf Verträglichkeit und Lipotropie viel besser sein als Jodival, Jodipin, Sajodin, während die freien Dijodfettsäuren, wie die Dijodelaindinsäure diesen Anforderungen nicht entsprechen. Lipojodin wird langsam resorbiert, und im Darm wird kein Jod abgespalten. Ebenso verhält sich Sajodin. Sajodin und Jodipin werden nach Winternitz als fettsaure Alkalien resorbiert.

α-Jodpropionylcholesterin, β-Jodpropionylcholesterin und Dijodelaidylcholesterin werden sehr schlecht (etwa nur zu 1/3) resorbiert. Die Jodausscheidung vollzieht sich innerhalb 4—5 Tagen, ein erheblicher Teil des resorbierten Jods bleibt in dem Gewebe zurück. Subcutan eingespritzt, erfolgt die Jodausscheidung allmählich[6]).

Erst im Darm wird aus α-Jodisovalerianylharnstoff Jod abgespalten. Man erhält ihn durch Einwirkung von Jodsalzen auf α-Brom- oder α-Chlorisovalerianylharnstoff [s. d.[7])].

Monojodisovalerianoglykolylharnstoff wird Archiodin genannt.

Jodival (Jodisovalerylharnstoff) wird sehr rasch resorbiert und verhält sich sonst wie Jodkalium.

Ulzer und Batig in Wien stellen Phosphorsäureester aus den Diglyceriden von Fettsäuren oder Halogenfettsäuren und Phosphorpentoxyd her, indem sie die Reaktion in Gegenwart von Wasser durchführen. Sie vermischen 2 Mol. Diglycerid und 1 Mol. Phosphorpentoxyd und lassen 1 Mol. Wasser unter Rühren und Kühlung nach und nach zutropfen. Beschrieben ist die Darstellung der Dijodstearylglycerinphosphorsäure.

---

[1]) Valenti, A.: Arch. di farmacol. sperim. e scienze aff. Bd. 43, S. 108. 1923.

[2]) Abderhalden, E.: Zeitschr. exp. Pathol. u. Therapie Bd. 4, S. 716. — Basch, Georg: Hoppe-Seylers Zeitschr. f. physiol. Chem. Bd. 55, S. 399. 1908.

[3]) Ponzio, P.: Gazz. chim. ital. Bd. 41, I, S. 781. 1911.

[4]) Gastaldi, G.: Arch. di farmacol. sperim. e scienze aff. Bd. 16, S. 470. 1913.

[5]) Loeb, Oswald u. Reinhard von den Velden: Therap. Monatsh. Bd. 25, April 1911.

[6]) Abderhalden, E. u. E. Gressel: Hoppe-Seylers Zeitschr. f. physiol. Chem. Bd. 74, S. 472. 1911.

[7]) Knoll, Ludwigshafen, D.R.P. 197648.

Man erhält Quecksilberjodidjodfettverbindungen, wenn man Elajomargarinsäure oder verseifte Holzöle mit unterjodiger Säure in Gegenwart von Quecksilberoxyd behandelt[1]).

Riedel, Berlin, beschreibt ein Jodlecithin, dargestellt durch Einwirkung von Jodmonochlorid oder Mischungen, welche Chlorjod abgeben auf Lecithin. Die Verbindung enthält Jod in den ungesättigten Fettsäureradikalen substituiert[2]).

G. Richter, Budapest[3]), jodiert Lecithin in Tetrachlorkohlenstofflösung mit gasförmiger Jodwasserstoffsäure und filtriert durch wasserfreies Natriumcarbonat. Jodlecithin enthält 32 % Jod.

Die folgenden Verbindungen enthalten zwei verschiedene Halogene oder Halogen und Schwefel:

Fette bzw. Fettsäuren und deren Ester, die Brom und Jod gleichzeitig enthalten und haltbar sind, stellt Majert, Berlin[4]), dar durch Einwirkung von Brom und Jod in zur vollständigen Halogenisierung unzureichender Menge.

E. Merck beschreibt die Darstellung von haltbaren Jod- und Bromfetten, indem man Jod- und Bromwasserstoffsäure in wässeriger Lösung und in statu nascendi auf die Fette einwirken läßt[5]).

o-Oxybenzoesäure oder deren o-Acidylverbindungen oder deren Homologen usw. werden mit Jodhydrinen verestert oder die in der Alkoholgruppe chlorierten oder bromierten Ester mit Jodsalzen umgesetzt. Man erhält Salicylsäurejodäthylester durch Kochen von Salicylsäurechloräthylester mit Jodnatrium in alkoholischer Lösung oder durch Verestern von Äthylenjodhydrin mit Salicylsäurechlorid in Gegenwart von Benzol und Pyridin. Durch Acetylierung erhält man Acetylsalicylsäurejodäthylester. Beschrieben sind ferner Acetylsalicylsäureglycerin-α-jodhydrinester, Acetylsalicylsäuredijodpropylester, Acetyl-p-kresotinsäurejodäthylester. Die Substanzen sind von der Haut aus resorbierbar[6]).

Die Amide und Ureide der höheren brom- oder jodsubstituierten Fettsäuren sind gut krystallisierende Verbindungen, sie werden im Organismus gut aufgespalten und sollen weder giftig sein, noch unangenehme Nebenwirkungen haben. Sie sind nach den bekannten Verfahren darstellbar. Beschrieben sind: Dijodbrassidinsäureamid, Dibrombehensäureureid, Jodbehensäureamid[7]).

Jodglycerinderivate.

Alival ist Aceton-glycerin-α-jodhydrin.

$$\begin{matrix} J\cdot CH_2\cdot CH\cdot O \\ \quad\;\; \dot{C}H_2\cdot O \end{matrix}\!\!>\!C(CH_3)_2$$ [8])

Jodthion, Dijodoxypropan $C_3H_5J_2 \cdot OH$ wurde als Ersatzmittel der Jodtinktur empfohlen.

Joddioxypropan erhält man durch Digerieren von α-Chlorhydrin mit Jodalkalien bei einer 90° nicht übersteigenden Temperatur im Dunkeln[9]). Bei der Darstellung von Joddioxypropan kann man Jodalkalien bei der Einwirkung auf α-Chlorhydrin unterhalb 90° durch Joderdalkalien oder Jodmagnesium ersetzen[10]).

Das Isomere des Jodthions, das 1.2-Dijod-3-oxypropan spaltet an der Luft sehr leicht Jod ab und geht in den Dijodpropylalkohol über, der eine allmählich fortschreitende Lähmung, die durch tetanische Krämpfe unterbrochen wird, auslöst, da das Jodthion nur Lähmung ohne jede Reizerscheinungen verursacht. Das Jod wird in iosiniertem Zustand durch die Nieren ausgeschieden. Das Isomere ist praktisch nicht verwendbar[11]).

Dem Benzojodhydrin $(C_3H_5)ClJ(C_6H_5 \cdot CO_2)$, also dem Chlorjodbenzoesäureglycerinäther sollen bei der internen Verabreichung als Esatzmittel der Jodalkalien keine unangenehmen Nebenwirkungen zukommen. Doch ist diese Substanz eine braungelbe, fettige Masse, die man erst mit Zucker mischen muß, um sie verabreichen zu können[12]).

---

1) Riedel, Berlin, D.R.P. 215664. 2) D.R.P. 155629. 3) D.R.P. 223594.
4) D.R.P. 139566. 5) D.R.P. 159748. 6) Höchst, D.R.P. 360491.
7) Bayer, D.R.P. 248993.
8) Fischer, E. u. Ernst Pfähler: Ber. d. dtsch. chem. Ges. Bd. 53, S. 1606. 1920.
9) D.R.P. 291922, Zusatz zu D.R.P. 291541. 10) Lüders, D.R.P. 291541.
11) Mancini, Mario A.: Arch. di farmacol. sperim. e scienze aff. Bd. 30, S. 161. 1920.
12) Chenal: Thèse de Paris 1896.

Man behandelt s-Dijod-i-propylalkohol $CH_2(J) \cdot CH(OH) \cdot CH_2 \cdot J$ mit Trialkylaminen oder α.γ-Bisdialkylamino-β-oxypropane mit Alkyljodiden oder führt die Dichloride der Dibromide der α.γ-Bistrialkylammonium-β-oxypropane in die Dijodide über. Dargestellt werden s-Hexamethyldiamino-i-propylalkoholdijodid und s-Tetramethyldiäthyldiamino-i-propylalkoholdijodid. Die Produkte spalten leicht Jod ab[1]).

Jodierte Basen und Aminosäuren.

R. Benkö erhitzt Gelatine mit Hexamethylentetramindijodid. Diese Verbindung wurde als „Mirion" in die Therapie eingeführt und bald wieder verlassen[2]).

Die Substitutionsprodukte des Coffeins und Theobromins, z. B. das jodwasserstoffsaure Dijodcoffein, sind so labil, daß sie schon bei der Berührung mit Wasser Jod abspalten und in halbwegs erheblichen Dosen innerlich gegeben durch die Elimination des Jods in den Respirationswegen krampfhaften Husten erzeugen.

Zu den erfolglosesten Bemühungen in der Arzneimittelsynthese gehört das bei jungen Synthetikern und bei jungen Fabrikanten so beliebte Einführen von Halogen in bekannte Arzneikörper. Um so erfolgloser muß so ein Bemühen erscheinen, wenn zur Einführung eine Grundsubstanz gewählt wird, die an und für sich sehr teuer ist. Da die mit Brom oder Jod substituierten und addierten Körper meist keine besonders hervorragenden Wirkungen, insbesondere keine neuen verwertbaren Eigenschaften zeigen, so fristen sie meist nur ein Eintagsdasein. In der Thallinperiode wurde ein Jodadditionsprodukt des Thallinsulfates als Thallinperiodat eingeführt, und Grenville behandelte damit Carcinome angeblich mit bestem Resultat. Jodopyrin ist Jodantipyrin, in dem ein Wasserstoff der Phenylgruppe durch Jod ersetzt ist. Der Körper wirkt wie Antipyrin und Jod, hat aber vor einer Mischung beider keinen Vorteil, soll aber angeblich wegen Ersatz des Wasserstoffes weniger giftig sein als Antipyrin[3]). Ebenso wurde Bromopyrin, d. i. Monobromantipyrin, dargestellt, über dessen Wirkung nichts bekannt ist.

Chlorantipyrin wurde durch Einwirkung von Chlorkalk und Salzsäure auf Antipyrin gewonnen, fand jedoch nie eine Verwendung.

Wenn man in das Molekül des 1-Phenyl-2.3-dimethyl-5-pyrazolons gleichzeitig Brom und Jod einführt, so erhält man 1-p-Bromphenyl-2.3-dimethyl-4-jod-5-pyrazolon und 1-p-Jod-phenyl-2.3-dimethyl-4-brom-5-pyrazolon, indem man zuerst das Bromderivat darstellt und jodiert oder umgekehrt verfährt[4]).

Ein jodhaltiges, wasserlösliches Präparat entsteht aus 1-Phenyl-2.3-dimethyl-4-dimethylamino-5-pyrazolon, wenn man Jodwasserstoffsäure vom spez. Gew. 1.7 zu einer wässerigen gesättigten Lösung der freien Base zusetzt, die Flüssigkeit zur Trockne eindampft und mit Alkohol-Äther auswäscht[5]).

β-Chloräthylurethan, aus Chlorkohlensäure-β-chloräthylester und Ammoniak erhalten, wird mit Natriumjodid und absolutem Aceton im Rohr auf 80—90° erhitzt. Man erhält β-Jodäthylurethan. α.α'-Dijodisopropylurethan erhält man analog aus α-α'-Dichlorisopropylurethan. Aus Allophansäure-β-chloräthylester erhält man Allophansäure-β-jodäthylester. Aus β-Chloräthylacetylurethan erhält man analog β-Jodäthylacetylurethan. Die Jodwirkung soll wegen der Urethangruppe im Nervensystem zur Auslösung kommen[6]).

Jodantifebrin scheint beide Wirkungen (Antifebrin- und Jodwirkung) einzubüßen, da es nicht resorbiert wird, wohl wegen seiner äußerst geringen Löslichkeit. Dem Jodophenin, dem Trijodderivat des Phenacetins, wußte man nur nachzusagen daß es antibakteriell wirke[7]). Dieses Jodsubstitutionsprodukt hat in der medizinischen Welt ebenfalls gar keine Beachtung gefunden. Es zersetzt sich in allen Lösungsmitteln unter Abgabe von Jod, wirkt durch Abspaltung von Jod antiseptisch, da aber die Jodmenge sehr groß ist, so wirkt das

---

1) Bayer, Leverkusen, A.P. 1526627. 2) E.P. 164306/1921.

3) Laveran u. Arnold: Rev. méd. 1897, Nr. 2. — Von Dittmar 1885 dargestellt, von E. Münzer geprüft. 4) Höchst, D.R.P. 254487.

5) Delli u. Paolini, Rom, D.R.P. 180120.

6) Chinoin, Ujpest, D.R.P. 387963. 7) D.R.P. 58409.

Präparat ebenso reizend wie eine reine Jodlösung und besitzt demnach vor dieser keine Vorzüge[1]). Ebensowenig hat Chinjodin, ein Jodsubstitutionsprodukt des Chinins, welches leicht spaltbar ist und bei Gesunden und Kranken den Stickstoffwechsel regelmäßig steigert, eine Bedeutung erlangt.

Jodchinin und Jodcinchonin erhält man durch Behandeln dieser Basen in sehr verdünnter salzsaurer Lösung mit Chlorjod in Salzsäure in molekularen Verhältnissen; macht man alkalisch, so fällt ein rein weißer Niederschlag heraus[2]).

* * *

Jodacetylierte Salicylsäuren werden aus jodierten fetten Säuren, und zwar aus deren Chloriden, Bromiden oder Anhydriden und Salicylsäure dargestellt. Beschrieben ist die Darstellung von Jodacetylsalicylsäure[3]).

Max Haase, Berlin, jodiert Salicylsäure, indem er Jod in alkalischer Lösung einwirken läßt, und zwar eine weniger als die molekulare Menge Jod in Gegenwart von Jodkalium, und die jodierte Säure durch Mineralsäure ausfällt[4]).

Verwendet man dieses Verhalten zur Jodierung von Acetylsalicylsäure, so wird die Acetylgruppe abgespalten. Man kann aber die jodierte Acetylsalicylsäure erhalten, wenn man bei der Acetylierung jodierte Salicylsäure verwendet. Jodacetylsalicylsäure $C_6H_3J{<}{}^{O\cdot CO\cdot CH_3}_{COOH}$ ist ein geschmackloser Körper[5]).

Max Haase, Berlin[6]), stellt Monojodsalicylsäureamid in der Weise her, daß er Salicylsäureamid in alkalischer Lösung mit Jod-Jodkalium behandelt, welches weniger freies Jod enthält, als zur Monojodierung notwendig ist.

Als Mittel gegen Urticaria werden Jodsaponine empfohlen, die völlig reizlos sein sollen. Man erhält sie durch Erhitzen von Saponinen mit Jod bei Gegenwart von Wasser[7]).

Es läßt sich also die Regel aufstellen, daß Substitutionen mit Brom oder Jod bei den antipyretisch wirkenden Mitteln nie neue verwertbare Eigenschaften des neuen Körpers zutage fördern und man höchstens zu Körpern gelangt, welche ebenso wirken, wie die Mischung von einem Halogenalkali mit dem reinen Antipyreticum. Es ist auch von vornherein nicht abzusehen, auf welcher theoretischen Überlegung Synthesen dieser Art beruhen sollen, und welche neue Eigenschaften der Erfinder zu erlangen gedachte. Aber wir glauben nicht irrezugehen, wenn wir annehmen, daß bei der großen Reihe der noch zu findenden Körper noch immer eine große Reihe von Halogensubstitutionsprodukten, sowie von Sulfosäuren dieser Körper zwecklos dargestellt werden wird.

Jod- und Bromäthylsulfurethan sind ziemlich giftig. Acetyljodäthylurethan $CH_3 \cdot CO \cdot NH \cdot CO \cdot OC_2H_4J$ ist giftiger als Jodäthylurethan. Durch Überführung in Jodäthylallophanat $NH_2 \cdot CO \cdot NH \cdot CO \cdot OC_2H_4J$ sinkt die Giftigkeit. Diese Verbindungen gehen in Gehirn und Fett über. Jodäthylallophanat wird so rasch ausgeschieden wie Jodkalium[8]).

Diäthylendisulfidtetrajodid

```
        J   J
         \ /
          S
         / \
    H2C     CH2
     |       |
    H2C     CH2
         \ /
          S
         / \
        J   J
```

wirkt sehr stark antiseptisch, es spaltet im Organismus Jod ab[9]).

Die E. Baumannsche Entdeckung, daß in der normalen Schilddrüse der Tiere Jod in fester organischer Bindung enthalten ist und diese Jodothyrin

---

[1]) Siebel: Dtsch. med. Zeitg. 1891, S. 527.
[2]) Ostermayer, Erfurt, D.R.P. 126796.
[3]) D.R.P. 221384, Zusatz zu D.R.P. 212422, siehe Hauptpatent bei Chlor- und Bromderivate. [4]) D.R.P. 224536. [5]) D.R.P. 224537. [6]) D.R.P. 224346.
[7]) D.R.P. 275441.
[8]) Issekutz, B. u. A. Fukats: Biochem. Zeitschr. Bd. 145, S. 1. 1924.
[9]) Bachem, C.: Biochem. Zeitschr. Bd. 129, S. 190. 1922.

genannte Substanz starke stoffwechselsteigernde Wirkungen schon in sehr kleinen Dosen auszulösen vermag, hat dazu geführt, Jod in Eiweißkörper zu substituieren in der Hoffnung, so auf synthetischem Wege zu dem Jodothyrin analog wirkenden Substanzen zu gelangen. Diese Hoffnung ist nicht erfüllt worden, hingegen hat man Substanzen erhalten, die man ganz gut als Ersatzmittel der Jodalkalien benützen kann. So wurden unter den verschiedensten Namen Jodderivate von verschiedenen Eiweißkörpern dargestellt.

Das Jodieren von Eiweißkörpern gelingt leicht, wenn man deren wässerige Lösung entweder mit Jodjodkaliumlösung behandelt oder in die warme wässerige Lösung so lange feingepulvertes Jod einträgt, als noch eine Aufnahme von Jod erfolgt und hierauf die Lösung mit Hilfe von Essigsäure koaguliert[1]).

Auch aus Peptonen und Albumosen kann man auf diese Weise leicht zu wasserlöslichen Jodderivaten gelangen. F. Blum stellte durch alkalische Spaltung von jodiertem Eiweiß ein schwefelfreies jodiertes Produkt her, welches 10% Jod enthält, aber keineswegs in seinen therapeutischen Eigenschaften mit dem Jodothyrin aus der Schilddrüse übereinstimmt, aber als Jodkaliumersatz bei der Syphilisbehandlung unter dem Namen Jodalbacid[2]) von mancher Seite empfohlen wurde.

Das Baumannsche Jodothyrin ist ein unreiner Körper, welcher stark jodhaltig ist und nach dem Entjoden durch Reduktion Tryptophanreaktionen zeigt. Durch alkalische Hydrolyse von Thyreoidea erhielt Kendall eine von ihm Thyroxin benannte Verbindung in mehreren Formen, von denen nur eine sich als wirksam erwies. Dieses Thyroxin besitzt aber nach den Untersuchungen von C. R. Harington[3]) nicht die von Kendall angegebene Zusammensetzung, sondern $C_{15}H_{11}O_4NJ_4$ und ist durch die Hydrolyse racemisiert. Das Desjodothyroxin ist β-[4-(4-Oxyphenoxy)-phenyl]-α-aminopropionsäure (p-Oxyphenyläther des Tyrosins). Im Thyroxin scheinen die J-Atome die Stellen 3.5, 3′, 5′ einzunehmen.

Das Thyroxin existiert in reduzierter und oxydierter Form. Das aus der Drüse isolierte ist die reduzierte Form.

Die reduzierte und die oxydierte Form des Thyroxins mit offenem Pyrrolring hat keine Wirkung, aber die oxydierte Form mit geschlossenem Ring erzeugt Sinken des Blutdruckes, Zunahme der Pulsfrequenz, der Atmung und des Stoffwechsels[4]).

Auf Grund der Annahme, daß es sich um ein jodiertes Tryptophanderivat handelt, wurden verschiedene Indolderivate jodiert und experimentell geprüft.

Dijod-l-Tryptophan ist ziemlich giftig, nach Wochen wirkt es wie Dijod-l-tyrosin aber viel schwächer[5]).

β-Bz-oxy-Pr-dihydroindolylalanin beschleunigt die Metamorphose von Kaulquappen in analoger Weise wie 3.5-Dijodtyrosin und Thyreoidea. Im jodierten Zustand ist die Verbindung bedeutend wirksamer[6]).

Jodierte Indol-2-carbonsäure-3-propionsäuren wirken weder wie Thyroxin noch wie Schilddrüsenextrakt[7]).

Man läßt auf eine Lösung von Oxindol in konz. Mineralsäure eine Lösung von Chlorjod einwirken und erhält 5-Monojodoxindol[8]).

5.7-Dijodindol-3-essigsäure und die Homologen erhält man durch Kondensation von Dijodphenylhydrazin mit Aldehydosäuren vom Typus der γ-Oxopropan-α-carbonsäure

---

1) Hopkins, G. u. Brook: Journ. of physiol. Bd. 22, S. 184.
2) Blum, F.: Münch. med. Wochenschr. 1898, S. 233.
3) Biochemical Journ. Bd. 20, S. 293, 300. 1926.
4) Kendall, E. C.: Journ. of. biol. chem. Bd. 63, S. XI. 1925.
5) Abderhalden, E.: Pflügers Arch. f. d. ges. Physiol. Bd. 201, S. 432. 1923.
6) Abderhalden, E.: Pflügers Arch. f. d. ges. Physiol. Bd. 206, S. 467. 1924.
7) Kalb, L. (B. Romeis): Ber. d. dtsch. chem. Ges. Bd. 59, S. 1861. 1926.
8) D.R.P. 429100.

oder deren Estern und Erhitzen des Kondensationsproduktes mit alkoholischen Säuren. Beschrieben ist ferner die 5.7-Dijodindol-3-propionsäure[1]).

3.4.5-Trijodphenylpyrrolidoncarbonsäure

J(J)(J)C₆H₂–CH–CH₂ / HOOC·C(H)–CO / NH

wirkt auf den Grundumsatz gar nicht ein[2]).

Es wurden zahlreiche Versuche unternommen, aromatische Eiweißspaltlinge zu jodieren, aber die dargestellten Substanzen, von Phenylalanin, Tyrosin, Tryptophan und Histidin sich ableitend, hatten nicht die erwarteten Wirkungen.

Verglichen mit Thyroxin ist Dijodtyrosin nach jeder Richtung hin nur schwach wirksam[3]).

Dijodtyrosin ist als Dinatriumsalz bei Kaninchen und Affen intravenös ungiftig. 2 g machen beim Menschen keinen Jodismus[4]). 3.5-Dijod-l-tyrosin gibt im Organismus 46% seines Jods aus der organischen Bindung ab. Aus dem 3.5-Dijod-r-tyrosin wird viel weniger Jod abgespalten[5]). Glycyl-3.5-dijod-l-tyrosin gibt im Organismus ionisiertes Jod ab[6]).

Nach Zufuhr von 3.5-Dijod-l-tyrosin findet man im Hundeharn ionisiertes Jod, während bei Verabreichung von Glycyl-3.5-dijod-l-tyrosin sich im Harn nur Jod in organischer Bindung findet. Vielleicht handelt es sich um eine Dijod-p-oxyphenyl-brenztraubensäure bzw. -milchsäure, vielleicht zum Teil noch an Glykokoll gekuppelt[7]).

Ganz reines 3.5 Dijod-l-tyrosin übt die charakteristische Schilddrüsenwirkung aus. 3.5-Dijod-d-tyrosin wirkt erst bedeutend später, vielleicht nur deshalb weil es nicht ganz rein und Racemkörper enthält, so daß die reine d-Verbindung vielleich keine Wirkung hat.

2.4.6-Trijodphenol ist sehr giftig und wirkt nicht wie Schilddrüse.

Wegen der starken Dissoziation des jodwasserstoffsauren und bromwasserstoffsauren Caseins[8]) in wässeriger Lösung werden wohl solche Substanzen sogar hinter Jodkalium oder Bromkalium zurückstehen. Ebenso wurden Jodleimverbindungen dargestellt, welche, um sie unlöslich und dadurch auch geschmacklos zu machen, ferner um die Gerbsäurewirkung dem Präparate zu verleihen, mit Tannin kombiniert wurden.

Knoll, Ludwigshafen, stellen organische Jodverbindungen aus den Chlor- oder Bromverbindungen durch Einwirkung von Alkalijodiden her, indem sie die Reaktion in Gegenwart von Aceton, Methyläthylketon, Diäthylketon oder Acetessigester ausführen[9]).

Chlor- und Bromderivate.

Die allgemeine Bedeutung des Eintrittes von Chlor und Brom in organische Verbindungen wurde bereits im allgemeinen Teile auseinandergesetzt. Der Eintritt von Chlor in Substanzen der aliphatischen Reihe vermag denselben narkotische Eigenschaften in starkem Maße zu verleihen, ebenso kommen diesen Derivaten herzschädigende Wirkungen zu. Aber den Chlorsubstitu-

[1]) D.R.P. 425041.
[2]) Harington, C. R.: Journ. of biol. chem. Bd. 64, S. 29. 1925.
[3]) Romeis, B. u. Th. Zwehl: Klin. Wochenschr. Bd. 4, S. 703. 1925.
[4]) Berthelot, Albert: Cpt. rend. hebdom. des séances de l'acad. des sciences Bd. 152, S. 1323. 1911.
[5]) Oswald, Adolf: Hoppe-Seylers Zeitschr. f. physiol. Chem. Bd. 62, S. 399. 1909.
[6]) Slawu, J.: Cpt. rend. des séances de la soc. de biol. Bd. 76, S. 734.
[7]) Abderhalden, E. u. W. Stix: Fermentforschung Bd. 7, S. 179. 1923.
[8]) Erb: Zeitschr. f. Biol. Bd. 51. — Ley: Zeitschr. f. physikal. Chem. Bd. 4, S. 319. 1889.
[9]) D.R.P. 230172.

tionsprodukten der aromatischen Reihe, in denen Chlor Kernwasserstoff ersetzt, kommen, im Gegensatze zu den aliphatischen gechlorten Alkoholen, Aldehyden und Kohlenwasserstoffen, keine hypnotischen Eigenschaften mehr zu, aber der Eintritt von Halogen in diese Verbindungen steigert die diesen eigentümliche antiseptische Kraft in erheblicher Weise. Doch ist auch diese Fähigkeit nicht allein vom Eintritte des Chlors, sondern auch von der Stellung desselben abhängig. So ist von den drei isomeren Monochlorphenolen die p-Verbindung die am stärksten antiseptisch wirkende, dann folgt m- und schließlich o-Chlorphenol. Dasselbe Verhalten zeigen die Bromsubstitutionsprodukte, ebenso wie die Chlorsalole. Der unangenehme Geruch des p-Chlorphenols ist bei der Verwendung als Antisepticum sehr hinderlich. Hingegen kommt diese Eigenschaft des üblen Geruches dem p-Chlorsalol nicht zu. Da p-Chlorsalol im Darme p-Chlorphenol abspaltet, welches ja ein stärkeres Antisepticum ist als Phenol selbst, so ist p-Chlorsalol als Darmantisepticum ein energischer desinfizierendes Mittel als Salol. Doch wird diese Substanz anscheinend wegen der Reizwirkung nicht verwendet. o-Chlorsalol ist wegen seines Geruches als Arzneimittel für den internen Gebrauch nicht verwendbar.

p-Dichlorbenzol wird als Antisepticum bei Hautkrankheiten empfohlen, ebenso als Mottenpulver.

o-Chlorphenol und o-Bromphenol erhält man, wenn man auf hoch erhitztes (150 bis 180°) Phenol, Chlor oder Brom einwirken läßt.

o-Monobromphenol wurde zur Erysipelbehandlung mit gutem Erfolge benützt.

Die Carbonate des Chlorphenols werden in der üblichen Weise dargestellt, indem man auf die alkalische Chlorphenollösung Phosgengase einwirken läßt oder indem man eine benzolische Chlorphenollösung im Druckgefäße mit Phosgengas erhitzt[1]).

Chlor-m-kresol (Lysochlor) ist nach mehreren Berichten ein ausgezeichnetes Mittel für Händedesinfektion, dabei relativ wenig giftig[2]). Parol ist p-Chlor-m-kresol in alkalischer Lösung.

Chlor-m-kresol $CH_3 : OH : Cl = 1 : 3 : 6$ erhält man durch Chlorierung von reinem m-Kresol oder einem technischen Gemisch aus m- und p-Kresol, indem man das chlorierte m-Kresol sulfuriert, dabei geht nur die p-Verbindung in die Sulfosäure über, während die m-Verbindung unverändert bleibt und leicht abgeschieden werden kann. Diese Sulfosäure gibt besonders schwer lösliche Salze und kann so in Form des Natriumsalzes von den anderen getrennt werden. Die Sulfogruppe wird dann durch Erhitzen mit starken Säuren abgesprengt[3]).

Flemming und Schülke & Mayr[4]) erzeugen ein Desinfektionsmittel aus einem Gemisch von chloriertem symmetrischen Xylenol mit p-Chlor-m-kresol. An Stelle von chloriertem symmetrischen Xylenol kann man andere Xylenole, z. B. Chlorxylenol in Mischung mit p-Chlor-m-kresol oder anderen chlorierten Kresolen verwenden[5]).

An Stelle der chlorierten Kresole werden komplexe Alkalisalze halogensubstituierter Phenole gemäß D.R.P. 247410 verwendet[6]).

Für die aromatischen Bromderivate gilt dasselbe wie für die Chlor- und Jodderivate.

Trotz der vielen Vorteile, die die Anwendung solcher Halogenphenolderivate bieten würde, haben sie in der Therapie keine Verbreitung gefunden, ebensowenig wie die zahlreichen substituierten Salole, die nach der Nenckischen Synthese dargestellt wurden[7]). Der Grund liegt darin, daß der Vorteil der höheren antiseptischen Wirkung der chlor- und bromsubstituierten Phenole den großen Nachteil ihrer schleimhautreizenden Eigenschaften nicht aufwiegt.

---

[1]) Heyden, D.R.P. 81375, Zusatz zu D.R.P. 58129.

[2]) Laubenheimer: Dtsch. med. Wochenschr. 1910, Nr. 4. S. 199. — Conrad: Arch. f. Gynäkol. Bd. 91, Nr. 2, I, Kada Diss. 1910.

[3]) Liebrecht, Frankfurt, D.R.P. 233118.

[4]) D.R.P. 300321.

[5]) D.R.P. 302013, Zusatz zu D.R.P. 300321.

[6]) D.R.P. 303083, Zusatz zu D.R.P. 300321.

[7]) D.R.P. 70519.

Von solchen Derivaten sind bekannt: die Salicylsäureester des o-, m- und p-Chlorphenol, des o- und p-Bromphenol, des Dichlorphenol-2.6- und 1.4-, des Dibromphenol-1.2.6- und 1.2.4-, des Trichlorphenols-1.2.4.6-, wobei OH 1 und des Tribromphenol-1.2.4.6- des Trijodphenol-1.2.4.6-, des o- und p-Monojodphenols und des Dijodphenols.

Die Substitution von Chlor oder Brom in den Kern der aromatischen Carbonsäuren zeigt dieselben Effekte wie bei den Phenolen. Ihre Darstellung kann als völlig zwecklos bezeichnet werden.

6-Chlor-1-methyl-3-oxybenzol-4-carbonsäure, welche antiseptisch wirkt, erhält man, wenn man p-Chlor-m-kresolnatrium ($OH : CH_3 : Cl = 3 : 1 : 6$) mit Kohlendioxyd unter Druck auf 160—180° erhitzt[1]).

Brom-p-oxybenzoesäure[2]) erhält man, wenn man p-Oxybenzoesäure oder ihre Alkylester in Eisessig oder in Lauge gelöst mit Brom versetzt. Mono- und Dichlor-p-oxy-benzoesäure lassen sich leicht erhalten, wenn man Chlor auf eine Eisessiglösung von p-Oxybenzoesäure einwirken läßt[3]). p-Chlor-m-oxybenzoesäure erhält man, wenn man Chlor oder besser Schwefeldichlorid SCl_2 in einem Verdünnungsmittel auf m-Oxybenzoesäure einwirken läßt[4]). In gleicher Weise erhält man p-Brom-m-oxybenzoesäure, wenn man auf eine Schwefelkohlenstofflösung von m-Oxybenzoesäure bei Gegenwart von Eisenbromür Brom einwirken läßt[5]).

Chloramine (Mianin) wird ein Antisepticum[6]) genannt, welches p-Toluol-Natriumsulfochloramid ist.

Alle die Chloramingruppe $\genfrac{}{}{0pt}{}{R}{R_1}{>}N{-}Cl$ enthaltenden Substanzen sind stark keimtötend. Die Gegenwart von mehr als einer Chloramingruppe verstärkt die keimtötende Kraft der Substanzen nicht merklich. Die keimtötende Wirkung mancher Chloraminkörper ist im Verhältnis zum Molekül größer als die des Natriumhypochlorits. Substitution von Cl-, Br-, J-, CH_3-, C_2H_5- oder NO_2-Gruppen in den Kern aromatischer Chloramine führt nicht zu einer starken Vermehrung der keimtötenden Wirkung; meistens tritt sogar eine geringe Verminderung ein. Die Chloraminderivate des Naphthalins oder anderer zweikerniger Verbindungen des Sulfochloramintypus ähneln völlig den entsprechenden einfacheren aromatischen Körpern in ihrer keimtötenden Eigenschaft. Die weniger untersuchten Bromamine sind schwächer in ihrer Wirkung als die entsprechenden Chloramine. Aber die Natriumsulfobromamine sind wirksamer als unterbromigsaures Natron[7]).

Die von Dakin als Chloramine bezeichneten Chlorsulfamine, besonders die typischen Vertreter beider Klassen Chloramin T (p-Toluoldichlorsulfamid) und Chlorazen bzw. Tochlorin (Natriumsalz des p-Toluolmonochlorsulfamids) sind vermöge der Abspaltung unterchloriger Säure stark bactericid, ohne auch bei stärkerer Konzentration die hautreizenden Wirkungen der Hypochlorite zu haben[8]).

Pantosept ist das Natriumsalz der Dichlorylparasulfaminbenzoesäure $C_6H_4{<}\genfrac{}{}{0pt}{}{COONa}{SO_2NCl_2} + 3\,H_2O$. Es zerfällt in wässeriger Lösung in Gegenwart von Zellen in 2 Mol. unterchlorige Säure $\longrightarrow C_6H_4{<}\genfrac{}{}{0pt}{}{COONa}{SO_2NH_2} + 2\,ClOH$ und weiter unter Abspaltung von aktivem Chlor $2\,ClOH = Cl_2 + H_2O + O'$ und nascentem Sauerstoff. Pantosept ist haltbar und ungiftig. Es wird als eine haltbare Dakinsche Lösung in fester Form bezeichnet.

Nach N. O. Engfeldt[9]) ist von den für Chloramin von Hantzsch und

---

1) Riedel, D.R.P. 275093. 2) Hähle, D.R.P. 60637.
3) Heyden, D.R.P. 69116. 4) Merck, D.R.P. 74493.
5) Merck, D.R.P. 71260. 6) Brit. med. Journ. 1916, I, S. 87 u. 335.
7) Dakin, H. D., J. B. Cohen, M. Daufresne u. J. Keryon: Proc. of the roy. soc. of London, Ser. B. Bd. 89, S. 232. 1916.
8) Bougault, J.: Journ. de pharmacie et de chim. [7] Bd. 16, S. 274. 1918.
9) Hoppe-Seylers Zeitschr. f. physiol. Chem. Bd. 126, S. 1. 1923.

Dollfus[1]) und Chattaway[2]) aufgestellten Formeln, welche ausdrücken, daß halogenierte Säureamide in zwei tautomeren Formen auftreten, welche von Hantzsch und Dollfus Pseudosäureformen und Imidsäure-(Aci-)formen genannt werden,

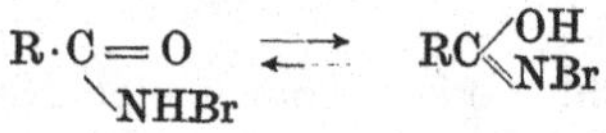

$$R \cdot C{=}O \text{ (—NHBr)} \rightleftarrows RC\begin{smallmatrix}OH\\NBr\end{smallmatrix}$$

die letztere, welche den Charakter einer wirklichen Säure mit dissozierbarem Wasserstoff hat, ist die wahrscheinlichste, sobald das Präparat in der Form des Alkalisalzes auftritt.

p-Toluolsulfochloramidnatrium würde dann die Konstitution

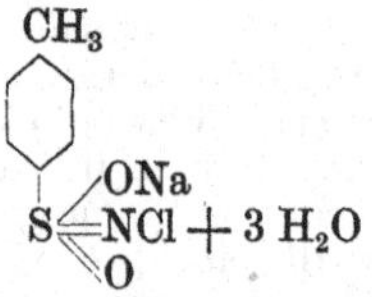

$$CH_3 \cdot C_6H_4 \cdot S\begin{smallmatrix}ONa\\=NCl\\O\end{smallmatrix} + 3\,H_2O$$

haben.

Dieses Chloramid kann als eine organische Hypochloritverbindung betrachtet werden. $CH_3 \cdot C_6H_4 \cdot SO_2NaNCl + H_2O \rightleftarrows CH_3C_6H_4SO_2NH_2 + NaClO$. Das Präparat ist sehr stabil aber gegen direktes Sonnenlicht sehr empfindlich und, wie Dakin gefunden, außerordentlich bakterientötend.

Chlorylsulfamide sollen als keimtötende Mittel Verwendung finden[3]). Man führt zu diesem Zwecke die Sulfamide aromatischer Carbonsäuren in üblicher Weise in die entsprechenden Dichlorylverbindungen über. Die Einführung der Carbonylgruppe in den Kern erhöht die Beständigkeit der Chlorylsulfamide. Dichlorylsulfamidbenzoesäure erhält man aus p-Benzoesäuresulfamid und Alkalihypochloritlösung durch Ansäuern mit Essigsäure. Aus dem Filtrat fällt Schwefelsäure geringe Mengen Monochlorylsulfamidbenzoesäure.

Ein Bromderivat des Salols, in welchem Brom sowohl im Kerne der Salicylsäure als auch im Kerne des Phenols substituiert ist,ist das von Rosenberg[4]) dargestellte Tribromsalol vom Schmelzpunkte 195°. Dieses Tribromsalol

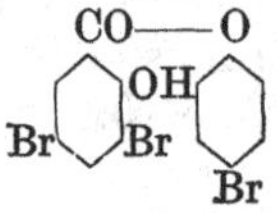

$$\text{CO—O; OH; Br, Br (Salicylkern); Br (p-Stellung im Phenolkern)}$$

spaltet sich in Dibromsalicylsäure und p-Bromphenol, während gewöhnliches Tribromsalol sich in die unbeständige Tribromsalicylsäure und Phenol verseifen läßt.

Man bromiert, um die erstgenannte Verbindung zu erhalten, Salol in der Eiskälte in der Weise, daß man Salol in die achtfache Menge Brom einträgt.

Dieses Tribromsalol soll hypnotisch und hämostatisch wirken[5]). Die hypnotische Wirkung dieses Präparates, wie alle Bromwirkungen desselben muß man entschieden in Abrede stellen, ebenso wie, daß zwischen diesem Präparat und dem gewöhnlichen Tribromsalol Unterschiede in der physiologischen Wirkung bestehen. Es ist auch dieses Präparat trotz solcher Angaben nicht zu einer praktischen Bedeutung gelangt.

p-Monobromphenylacetamid $C_6H_4Br \cdot CH_2 \cdot CO \cdot NH_2$, Antisepsin genannt, ist aus dem Grunde ein wirksamer Körper gegen geformte Fermente, weil hier die antiseptische Kraft des Phenylacetamids durch den Eintritt von Brom in die p-Stellung gesteigert wird. Therapeutische Erfahrungen über diesen Körper liegen nicht vor.

---

1) Ber. d. dtsch. chem. Ges. Bd. 35, S. 228, 250. 1902.
2) Journ. of the chem. soc. (London) Bd. 87, S. 145. 1905.
3) Max Claaß, München, D.R.P. 318899. 4) D.R.P. 94284, 96105.
5) Sem. méd. 1897, Nr. 40.

Der Versuch, Dibromgallussäure, in welcher beide Bromatome Kernwasserstoff ersetzen, als Ersatzmittel der Bromalkalien bei Epilepsie zu verwenden, muß aus dem schon öfter angeführten Grunde als gescheitert angesehen werden, weil der Organismus dieser ihn unzersetzt passierenden Substanz nicht Brom zu entziehen in der Lage ist.

Pyrobromon $C_{13}H_{18}N_3OBr$ ist eine Bromverbindung eines Pyrazolons. Die Ausscheidung erfolgt rasch. Dosen von über 1 g werden vom Menschen nicht gut vertragen. Es wurde bei Epilepsie und Hysterie empfohlen[1]).

Nur den aliphatischen Bromverbindungen können Eigenschaften wie den Bromalkalien zugeschrieben werden. Versuche, solche organische Derivate herzustellen, welche die beruhigenden Bromwirkungen besitzen, denen aber die depressiven Eigenschaften der Bromalkalien fehlen, sind zahlreich unternommen worden. Bromoform $CHBr_3$ z. B. findet nunmehr nur noch als Keuchhustenmittel Anwendung. Die Darstellung des Bromalin genannten Hexamethylentetraminbrommethylates $(CH_2)_6N_4 \cdot CH_3Br$ hat den gewünschten Erfolg nicht gehabt, da die sedative Wirkung wesentlich schwächer ist als bei den Bromalkalien, doch kommt es bei Anwendung dieser Substanz angeblich nicht zu den unangenehmen Nebenwirkungen der anorganischen Brompräparate[2]). Auch Tribromhydrin $C_3H_5Br_3$, welches infolge seines Bromgehaltes schmerzstillend und beruhigend wirkt, hat keine solchen Vorzüge vor den Bromalkalien, daß seine Anwendung einen nennenswerten Umfang angenommen hätte, hingegen wirkt es wie Trichlorhydrin stark reizend auf die Darmschleimhaut.

Ureide hexahydrierter aromatischer oder fettaromatischer Carbonsäuren bzw. deren in der α-Stellung zur Carboxylgruppe monobromsubstituierte Derivate werden nach den üblichen Methoden durch Einwirkung von Harnstoff auf die Carbonsäuren erhalten. Man kann entweder von der freien Carbonsäure oder deren Nitrilen, Estern, Amiden oder Chloriden ausgehen. Beschrieben sind: Hexahydrobenzoesäureureid, Hexahydrophenyl-α-bromessigsäureureid. Die Verbindungen wirken bei geringer Giftigkeit sedativ und hypnotisch[3]).

Brometon ist so wirksam wie Chloreton[4]).

Auch das sehr billige Phthalimid[5]) $C_6H_4<\genfrac{}{}{0pt}{}{CO}{CO}>NH$ dient zur Darstellung von am Stickstoff substituierten Halogenverbindungen, über deren Wirksamkeit noch nichts bekannt ist.

So erhält man z. B. Chlorphthalimid, wenn man auf die wässerige Lösung von Phthalimid in Ätznatron Chlor einleitet. In ähnlicher Weise wird man wohl zum Brom- und Jodderivat gelangen.

Auch p-Dioxyphthalimid sollte als Antisepticum Verwendung finden. Durch 2 Mol. naszierende HCN auf 2 Mol. Benzochinon wird neben Hydrochinon Dicyanhydrochinon gebildet. $2\,C_6H_4O_2 + 2\,HCN = C_6H_2 \cdot (OH)_2{}^{1 \cdot 4}(CN)_2{}^{2 \cdot 3} + C_6H_4(OH)_2$.

Beim Erwärmen mit konz. Schwefelsäure entsteht p-Dioxyphthalimid

$$C_6H_2(OH)_2 \cdot \genfrac{}{}{0pt}{}{CO}{CO}>NH.$$

Bromderivate des Acetons erhält man durch Einwirkung von Brom auf Acetondicarbonsäure in wässeriger Lösung, wobei eine feste Substanz, das Pentabromaceton, sich abscheidet, die sich durch verdünnte Alkalien rasch unter Abscheidung von Bromoform zerlegt. Bei Verwendung einer konzentrierten Acetondicarbonsäurelösung entsteht festes Penta- und flüssiges Tetrabromaceton. Als Neutralisationsmittel für den bei dieser Darstellung entstehenden Bromwasserstoff eignet sich Marmor am besten[6]).

Die in der Norm am chlorreichsten Organe sind nach Bromsalzverabreichung am bromreichsten (Nencki und Schumoff-Schimanofski, sowie

---

[1]) Nardelli, G.: Arch. di farmacol. sperim. e scienze aff. Bd. 16, S. 169. 1913.
[2]) Bardet: Nouv. remèd. 1894, S. 117. — Dtsch. Ärzte-Zeitg. 1902, S. 358.
[3]) Sandoz, Basel, E.P. 230432/1925; F.P. 592541; Schw.P. 109582.
[4]) Rowe, L. W.: Journ. of the Americ. pharm. assoc. Bd. 13, S. 22. 1924.
[5]) D.R.P. 117005.
[6]) D.R.P. 98009, Zusatz zu D.R.P. 95440 (siehe bei Jodverbindungen).

A. Ellinger und Y. Kotake). Brom wird an das Gehirn abgegeben und dort gespeichert, aber nicht angelagert, sondern das Gehirn enthält nur seinem Wasserreichtum entsprechend Brom. Bei Bromfütterung sinkt der Chlorgehalt im Hirn und Blut[1]).

Zimtesterdibromid wirkt wie Bromnatrium und die Bromverteilung in den Organen ist ganz ähnlich. Sabromin bewirkt einen weit geringeren Bromgehalt des Gehirns als Bromnatrium und die Bromverteilung nach demselben unterscheidet sich prinzipiell von der von Bromnatrium und Zimtesterdibromid, da beim Sabromin Unterhautzellgewebe und Leber Bromdepot sind. Aus der Lipoidlöslichkeit eines organischen Brompräparates kann man keine Schlüsse auf die Verteilung im Organismus ziehen[2]).

Leicht resorbierbares bromsubstituiertes Fett, Bromipin[3]) genannt, bewährt sich gut, es spaltet bei der Verbrennung im Organismus Bromwasserstoff ab und wirkt so als anorganische Bromverbindung[4]).

Die Darstellung von Monobromfettsäuren führt man mit Bromsalzen, konzentrierter Schwefelsäure und Eisessig oder Chlorwasserstoff und Eisessig durch[5]).

Der Vorteil der Verbindungen solcher Art beruht wohl darauf, daß der Organismus nicht wie bei der Anwendung der Bromalkalien unter dem Einflusse der ganzen Dosis auf einmal steht, sondern hier langsam die wirkende Substanz zur Geltung kommt. Ein anderer Vorteil mag in einer besseren Selektion der bromierten Fette für das Erfolgsorgan liegen. Aber dieser Vorteil, der sich darin äußert, daß die Nebenwirkungen der Bromalkalien eben durch die kleine zirkulierende Dosis vermieden werden, wägt durchaus den Nachteil nicht auf, welcher aus folgenden Gründen die ganze Wirkung in Frage stellt:

Wir verabreichen in der Praxis Brompräparate als Sedativa und als Hypnotica und greifen insbesondere bei Epilepsiebehandlung zu großen Dosen dieser Präparate um durch eine rasche Überflutung des Organismus mit der wirkenden Substanz den beabsichtigten Effekt, Erzeugung von Schlaf oder Coupierung eines epileptischen Anfalles, zu bewirken. Organische Substitutionsprodukte des Broms aber, welche nur langsam unter dem Einflusse der Oxydation im Organismus Brom oder Bromwasserstoff abzuspalten in der Lage sind, vermögen in diesem Sinne nicht zu wirken, und dieses ist der Grund, warum die zahlreich dargestellten Brompräparate der aliphatischen Reihe, denen ja Bromwirkungen tatsächlich zukommen, in der Therapie als Bromersatzmittel wohl häufig versucht werden, aber neben den Bromalkalien nur relativ geringere Bedeutung gewinnen können.

Sabromin ist dibrombehensaures Calcium[6]). Die Darstellung geschieht analog dem Sajodin (s. d.).

Das Calciumsalz der Dibrombehensäure wird dargestellt durch Neutralisation der Dibrombehensäure und Umsetzung mit einem Calciumsalz[7]). Die Umsetzung der Dibrombehensäure in das Magnesium- und Strontiumsalz[8]) geschieht auf analoge Weise.

Um Bromlecithin darzustellen[9]), sättigt man eine chloroformige Lösung von Lecithin mit Brom und trocknet im Vakuum. Das Produkt enthält 30—50% Br. Bromlecithin wird im Gegensatz zu Lecithin im Dünndarm nicht gespalten, es gelangt angeblich ungespalten zur Resorption.

Substanzen der Formel $NH_2 \cdot CO \cdot CH_2 \cdot N(R_1)(R_3)(R_3)X(R_1R_2R_3 = \text{Alkyl}; X = $ Halogen werden durch Einwirkung von Ammoniak auf Halogentrialkylglycinester oder durch Einwirkung von Halogenalkyl auf Dialkylglycinamide erhalten. Aus Bromtrimethyl-

---

1) v. Wyß, H.: Arch. f. exp. Pathol. u. Pharmakol. Bd. 59, S. 186. 1908.
2) Ellinger, A. u. Kotake: Arch. f. exp. Pathol. u. Pharmakol. Bd. 65, S. 87. 1911.
3) Dtsch. med. Wochenschr. 1897, Nr. 23.
4) D.R.P. 96495.
5) D.R.P. 196740.
6) D.R.P. 186740, 187449.
7) Bayer, Elberfeld, D.R.P. 215007.
8) D.R.P. 215008. D.R.P. 215009.
9) Agfa, Berlin, D.R.P. 156110.

glycinmethylester erhält man Bromtrimethylglycinamid. Beschrieben sind ferner Jodtrimethylglycinamid, Bromtriäthylglycinamid, Jodtriäthylglycinamid[1]).

Heyden, Radebeul, stellen bromacetylierte Salicylsäuren her, indem sie Salicylsäure mit den Chloriden, Bromiden oder Anhydriden bromierter fetter Säuren bei Gegenwart eines säurebindenden Mittels behandeln. Salicylsäure wird in benzolischer Lösung mit Dimethylanilin und Bromacetylbromid behandelt. Man erhält Bromacetylsalicylsäure. Ferner wurden dargestellt α-Brompropionylsalicylsäure und Tribromacetylsalicylsäure. Letzterer Körper soll vom Magen gut vertragen werden und viel stärker physiologisch wirken als Acetylsalicylsäure[2]).

Trichloracetylsalicylsäure erhält man aus Salicylsäure und Trichloracetylhalogenid oder Anhydrid oder durch intermediäre Bildung dieser Halogenide mit oder ohne Zusatz von Kondensationsmitteln. Trichloracetylsalicylsäure ist geschmacklos[3]).

Das sonst leicht zersetzliche Phenyl-α-β-dibrompropionsäureäthylester in haltbarer Form wird erhalten, wenn Zimtsäureäthylester in Petroläther mit Brom bromiert, wobei der Dibromester herausfällt, und ihn dann mit heißem Wasser behandelt[4]).

Halogenalkyloxymonocarbonsäuren der aromatischen Reihe erhält man aus Halogenalkyläthern der Kresole der allgemeinen Formel[5]) $C_6H_4{<}\begin{matrix}CH_3\\ O\cdot R\cdot \mathrm{Halogen}\end{matrix}$, wenn man sie der Einwirkung solcher Oxydationsmittel unterwirft, welche Toluol zu Benzoesäure oxydieren. Aus p-Kresolbromäthyläther erhält man durch Permanganat Bromäthyl-p-oxybenzoesäure. Aus dem o-Kresolbromäthyläther erhält man Bromäthylsalicylsäure. Die Oxydation kann man auch mit Schwefelsäure und Braunstein durchführen.

Dibromtyrosin (β-3.5-Dibrom-4-oxyphenyl-α-aminopropionsäure) erhält man, wenn man eine Suspension von Tyrosin in Eisessig mit Brom behandelt. Unter Bromwasserstoffentwicklung tritt Lösung ein, aus der im Vakuum das überschüssige Brom, der Bromwasserstoff und die Hauptmenge des Eisessigs abdestilliert. Der in Wasser gelöste Rückstand wird mit Alkalilauge bis zur Fällung versetzt[6]).

Ein bromhaltiges Derivat des Salicylsäure-p-aminophenylesters erhält man, wenn man auf den Salicylsäure-p-aminophenylester α-Bromisovalerianylhaloide oder auf den Isovalerylsalicylsäure-p-aminophenylester Brom einwirken läßt. Durch den Eintritt des α-Bromisovaleriansäureesters wird eine weitgehende Entgiftung des p-Aminosalols erzielt[7]).

Monobromisovalerianoglykolharnstoff wird Archibromin genannt.

Aus dem oben angeführten Grunde vermögen auch die halogensubstituierten Eiweißkörper sowie Bromalbumine und Brompeptone nicht zur Geltung zu gelangen. Die Darstellung geschieht ähnlich wie die der Jodeiweißverbindungen. Auch Bromtanninleimverbindungen, Bromokoll genannt, wurden dargestellt.

Sie werden durch Fällen von Gelatinelösungen mit Bromtannin als geschmacklose, beinahe unlösliche Pulver dargestellt[8]). Ferner wurden analog Bromtannineiweißverbindungen dargestellt durch Einwirken von Brom auf alkoholische Tanninlösungen und Fällen von Eiweißlösungen mit vorgenannter Lösung. Das Präparat enthält 18 % Brom[9]). Nahezu geschmacklose Bromtanninverbindungen erhält man auch, wenn man Dibromtannin mit Formaldehyd behandelt und mit Salzsäure fällt. Sie enthalten 25 % Brom.

Dieterich (Helfenberg) stellt einen bromhaltigen Eiweißkörper, Bromeigon genannt in der Weise dar, daß er zu einer Eiweißlösung eine durch Auflösen von Brom in verdünntem Alkohol entstandene alkoholische Lösung von Bromal und Bromäthyl zusetzt. Nach mehreren Stunden wird die Mischung zu einer starren, farblosen Gallerte, die nun mit Alkohol gereinigt wird. Das Einwirkungsprodukt von Chlor auf Eiweiß und das saure Spaltungsprodukt des Chloreiweißes, Chloralbacid genannt, soll bei Magenerkrankung gute Erfolge zeitigen[10]). Es scheint jetzt ganz verlassen zu sein. In ähnlicher Weise wurden von Dieterich (Helfenberg) auch Jodeigone aus Eiweiß gewonnen.

Man behandelt echte Nucleine mit Brom in indifferenten Lösungsmitteln und trocknet das Reaktionsprodukt bei tiefer Temperatur. Man erhält Präparate mit 10—14 % Brom[11]).

Chlorhaltige Eiweißkörper[12]) werden gewonnen durch Einwirkung von Chlor auf feuchtes oder gelöstes Eiweiß, am besten durch abwechselndes Einleiten von Chlor und darauf-

---

1) Agfa, Berlin, D.R.P. 292545. 2) D.R.P. 212422.
3) Heyden, Radebeul, D.R.P. 213591. 4) D.R.P. 271434.
5) Heyden, Radebeul, D.R.P. 213593.
6) Chem. Fabrik Flora, Zürich, Sch.P. 95300
7) Abelin, Liechtenstein, D.R.P. 291878. 8) D.R.P. 116654.
9) D.R.P. 120623. 10) Münch. med. Wochenschr. 1899, S. 1.
11) Bergell, Berlin, D.R.P. 328103.
12) Journ. f. prakt. Chem. Bd. 56, S. 393; Bd. 57, S. 365. — Chem.-Zeitg. 1899, S. 81.

folgendes Neutralisieren der entstehenden Salzsäure[1]) oder nach einem elektrolytischen Verfahren, indem man eine Lösung von Eiweiß und Kochsalz einem Strome von ca. $^1/_2$ Ampère 24 Stunden lang aussetzt. Um den chlorhaltigen Eiweißanteil vom chlorfreien zu trennen, zerkocht man Chloreiweiß mit 5—10proz. Mineralsäure. Der ungelöste Rückstand enthält das chlorhaltige Säurespaltungsprodukt des Chloreiweißes, welches durch Lösen in Lauge und Fällen mit Säure gereinigt wird.

In gleicher Weise lassen sich auch Bromeiweiße darstellen und Bromgelatine mit 14% Brom.

Fluorverbindungen.

Während Chloroform, Bromoform und Jodoform in der Therapie eine große Rolle spielen, scheiterte die Anwendung des Fluoroforms an der Schwierigkeit der Darstellung und dem gasförmigen Zustand dieser Verbindung, obwohl ja bekanntlich den Fluorverbindungen starke antiseptische Eigenschaften zukommen.

Genügende Erfahrungen über Fluoroform[2]) und auch andere Fluorpräparate in der Therapie besitzen wir bis nun nicht, und es läßt sich aus diesem Grunde, trotz mancher theoretischer Voraussetzung, die man an diese Halogenverbindungen knüpfen konnte, nichts Bestimmtes über dieselben aussagen. Nach Binz soll Fluoroform wie Chloroform wirken[3]).

Im Kern fluorierte aromatische Verbindungen erhält man, wenn man wässerige Diazochloridlösung mit Flußsäure in Reaktion bringt[4]). Wenn man salzsaures Anilin mit salpetrigsaurem Natrium diazotiert und nun Flußsäure zu der Diazochloridlösung zufließen läßt, so entsteht Fluorbenzol, ein wasserhelles, mit Wasserdampf destillierbares Öl. Auf gleichem Wege gelangt man vom Toluidin resp. vom Toluoldiazochlorid zum Fluortoluol, vom Pseudocumidin zum Fluorpseudocumol, vom Phenetidin zum Fluorphenetol, vom β-Naphthylamin zum Fluornaphthalin, vom Benzidin zum Difluordiphenyl.

Valentiner und Schwarz stellen aromatische Fluorverbindungen aus Diazo- und Tetraazoverbindungen durch Zersetzung mit konz. Flußsäure her, indem sie die Zersetzung in Gegenwart von Eisenchlorid ausführen. Es entsteht z. B. aus Benzidin auf diese Weise Difluordiphenyl, welches mit Fluorphenetol gemischt als Fluorrheumin in den Handel kommt[5]).

Von so dargestellten Verbindungen kam in erster Linie Difluordiphenyl $C_6H_4Fl—C_6H_4Fl$ in die Therapie, und zwar als Wundheilmittel[6]), dem aber keine bactericiden Eigenschaften zukommen; daran aber ist nicht der Fluorgehalt schuld, sondern nur der Umstand, daß hier Fluor Kernwasserstoff ersetzt und weil ja, wie öfters erwähnt, Diphenyl ein an und für sich unwirksamer Körper ist. Bei Keuchhusten soll sich dieser Körper bewährt haben. Unter dem Namen Fluorrheumin kam eine Mischung von Fluorphenetol mit Difluordiphenyl in den Handel, welche bei Rheumatismus empfohlen wird, ebenso ist Epidermin eine Mischung von Fluorxylol und Difluordiphenyl. Es wäre wohl viel aussichtsvoller gewesen, Fluorverbindungen darzustellen, in denen Fluor entweder in leicht abspaltbaren aliphatischen Verbindungen oder in Seitenketten von aromatischen Verbindungen enthalten ist.

Aryldiazoborfluorkomplexverbindungen erhält man, wenn man auf aromatische Diazoverbindungen Borfluorkomplexsäuren oder deren Salze einwirken läßt. Aus Diazobenzol und borfluorwasserstoffsaurem Natrium erhält man die Diazobenzolfluorborverbindung. Beschrieben sind ferner die p-Nitrodiazobenzolfluorverbindung, p-Chlordiazobenzolfluorverbindung usf.[7]).

Man erhitzt Leim mit Fluorwasserstoffsäure und fällt evtl. mit Alkohol[8]).

BF_3 wird auf Organomagnesiumhalogenide zur Einwirkung gebracht. Es sind dargestellt: Phenylbordifluorid, p-Tolylbordifluorid, p-Tolylborsäure, p-Chlorphenylborsäure, p-Bromphenylborsäure, Benzylborsäure[9]).

---

[1]) D.R.P. 118606, 118746. [2]) Münch. med. Wochenschr. 1899, S. 976, 1697.
[3]) Verhandl. des internat. med. Kongr. Berlin Bd. 2, S. 63. [4]) D.R.P. 96153.
[5]) D.R.P. 186005. [6]) Bart, D.R.P. 281055.
[7]) Thimm: Dermatol. Zeitschr. Bd. 4, Heft 15.
[8]) Weißbein, D.R.P. 260757. [9]) E. Krause, Potsdam, D.R.P. 371467.

Schwefelverbindungen.

Kolloidalen Schwefel oder Selen stellt man bei Gegenwart kolloidaler Substanzen, z. B. Albumin, Gelatine, Pepton, auf nassem Wege her. Aus der rohen Reaktionsmischung fällt durch Ansäuern kolloidaler Schwefel oder Selen. Der filtrierte Niederschlag wird in Wasser unter Zusatz von sehr wenig Alkali gelöst evtl. dialysiert. Durch Eindampfen oder durch Ausfällen mit Alkohol, Alkohol-Äther oder Aceton erhält man kolloidalen Schwefel in fester Form. Unter dem Namen Sulfoid wurde ein solches Präparat in den Handel gebracht[1]). Außer auf chemischem Wege kann man auf physikalischem Wege kolloidalen Schwefel machen. Auch dieses Präparat kommt mit 80% Schwefel als Sulfoid in den Handel. Man löst Schwefel in indifferenten Lösungsmitteln, wit Alkohol, Aceton oder in Lösungsmitteln, welche durch Zersetzung mit Säuren oder Wasser Schwefel liefern und bringt dann bei Gegenwart von Eiweißkörpern oder ihren Abbauprodukten den Schwefel zur Abscheidung. Man löst z. B. Schwefel in heißem Alkohol, gibt zu der Lösung Eiweiß in Wasser, der Schwefel ist dann kolloidal gelöst. Säuert man an, so fällt er heraus; durch Neutralisation der Säure geht er wieder in Lösung, und durch Eindunsten oder Fällen in Alkohol erhält man ihn in haltbarer, kolloidaler wasserlöslicher Form[2]).

Die Eigenschaft des Schwefels, beim Eintritt in die Verbindungen, namentlich in der nicht oxydierten Form, diesen schwach antiseptische, häufig aber granulationsbefördernde und resorptionsbeschleunigende Wirkungen zu verleihen, hat bei der Billigkeit des Schwefels gegenüber dem Jod die Chemiker veranlaßt, Versuche zu machen, ob nicht einerseits Schwefel für sich den Verbindungen ähnliche Eigenschaften wie Jod verleiht und man zu schwefelhaltigen, aber jodfreien Jodoformersatzmitteln gelangen kann, anderseits versuchte man Verbindungen herzustellen, welche sowohl Jod als auch Schwefel enthielten, um auf diese Weise die wichtigen Wirkungen dieser beiden Elemente in einem Körper zu vereinigen. So wurde Thioresorcin[3]), welches die Zusammensetzung $C_6H_4O_2S_2$ besitzt, als Jodoformersatzmittel empfohlen, ohne daß es als solches brauchbar wäre, da es störende Nebenerscheinungen, Lidödem und stark juckenden Hautausschlag macht.

Es wird dargestellt, indem man eine konzentrierte Lösung von Resorcin mit Natriumhydroxyd versetzt und in der Wärme Schwefel einträgt, bis sich dieser völlig löst. Wenn man verdünnte Säure in die Reaktionsmasse bringt, so scheidet sich das gebildete Thioresorcin ab.

Thiolsalicylsäure erhält man durch Einwirkung von alkoholischer Alkalisulfhydratlösung auf Salicyl- oder Acidylsalicylsäurechlorid. Thiolsalicylsäure $OH \cdot C_6H_4 \cdot CO \cdot SH$ spaltet leicht Schwefel oder Schwefelwasserstoff ab und wird in der Dermatologie empfohlen[4]).

Sulfaminol, ein geschwefeltes Oxydiphenylamin, hat ebenfalls als Jodoformersatzmittel keine Anwendung finden können[5]).

Man schwefelt m-Oxydiphenylamin in der Weise, daß man in die heiße Lösung der Alkalisalze dieser Substanz Schwefel einträgt und kocht oder indem man Schwefel vorerst in Lauge löst und in die heiße alkalische Lösung Oxydiphenylamin einträgt. Durch Zusatz von Säure scheidet sich Thiooxydiphenylamin, ab, ein gelbes, geruch- und geschmackloses Pulver. Da die Verbindung ein freies Hydroxyl enthält, läßt sie sich leicht acetylieren und man erhält eine ebenfalls schwachgelb gefärbte Substanz.

Unter dem Namen Thiurete[6]) wurden von E. Fromm[7]) Sulfidverbindungen basischer Natur dargestellt, die ebenso wie die bis nun erwähnten Verbindungen trotz ihres Schwefelgehaltes zu keiner Geltung zu gelangen vermochten.

Die Thiuretbase selbst erhält man, wenn man Phenyldithiuret in alkalischer Lösung mit Jod behandelt, wobei es zu einer Oxydation kommt und man zu dem jodwasserstoffsauren Salz der Disulfidbase gelangt.

Von dieser Base lassen sich nun verschiedene Salze darstellen. Der Grund, warum Verbindungen dieser Art trotz ihres Schwefelgehaltes nicht zur Geltung

---

[1]) Heyden, Radebeul, D.R.P. 164664. [2]) Heyden, Radebeul, D.R.P. 201371.
[3]) D.R.P. 41514. [4]) Heyden, Radebeul, D.R.P. 365212.
[5]) Therap. Monatsh. 1890, S. 295. — D.R.P. 52827. — Wojtaszek: Przeglad lekarski 1891, Nr. 32.
[6]) Blum: Dtsch. med. Wochenschr. 1893, Nr. 8. [7]) D.R.P. 68697.

kommen können, mag darin liegen, daß der Schwefelgehalt dem Jodgehalt, auch wenn der Schwefel leicht abspaltbar, keineswegs in der physiologischen Wirkung analog ist, hingegen genügt, wenn es sich um eine Schwefelwirkung im Sinne der Ichthyolgruppe handelt, eine so lockere Bindung nicht, dann handelt es sich gerade in der Therapie um die Eigenschaften von Verbindungen mit fest gebundenem Schwefel und um Verhältnisse in der Konstitution, die wir zu übersehen noch keineswegs in der Lage sind, da keine von den synthetisch dargestellten Substanzen bekannter Konstitution wirkliche Ichthyolwirkungen zeigte.

Intramin ist Diaminosulfobenzol

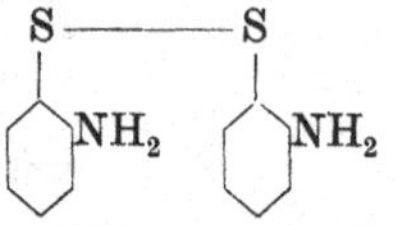

S——S, NH₂ NH₂ [Strukturformel: zwei Benzolringe, je mit NH_2, über S—S verbunden]

Die Substanz ist von A. W. Hofmann und K. A. Hofmann[1]) dargestellt. Sie ist sehr wenig giftig, ja man kann sogar 12 g einem Tiere ohne Schaden injizieren. Intramin erzeugt nach der Injektion sehr unangenehme lokale Reizerscheinungen und ist wirkungslos. Es wurde von McDonagh[2]) als Syphilisheilmittel wegen der Analogie mit der Salvarsanreihe ohne Erfolg empfohlen.

Die Versuche, Verbindungen, die Jod und Schwefel enthalten, als Jodoformersatzmittel zu verwenden, haben bislang auch keinen rechten Erfolg zeitigen können. So hat man, vom oben beschriebenen Thioresorcin ausgehend, Dijodthioresorcin dargestellt, indem man auf die alkalische Lösung des Thioresorcins Jodjodkalium einwirken ließ[3]). Es tritt hierbei Jod für die Hydroxylwasserstoffe ein und man erhält so eine gewiß wirksame Verbindung, welche wohl aus dem Grunde nicht zur Geltung gekommen ist, weil ihr neue Wirkungen, die man durch die schon vorhandenen Substanzen nicht erhalten könnte, trotz ihres Gehaltes an Jod und Schwefel nicht zukommen. Die Konstitution dieser Verbindung ist

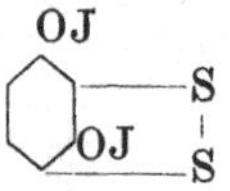

OJ, S, OJ, S [Strukturformel: Benzolring mit zwei OJ-Gruppen und S—S-Brücke]

Jodoform kann mit quaternären Schwefelbasen oder deren Salzen unter Bildung von Additionsprodukten reagieren[4]).

Hierbei lagert sich stets ein Molekül Jodoform an ein quaternäres Schwefelatom an. Wenn man Triäthylsulfoniumjodid in alkoholischer Lösung mit einer Jodoformlösung zusammenbringt, so erhält man Jodoformtriäthylsulfoniumjodid. Wenn man Triäthylsulfoniumhydroxyd in alkoholischer Lösung mit Jodoform versetzt und hierauf alkoholische Salzsäure zufügt, so erhält man Jodoformtriäthylsulfoniumchlorid. Ebenso kann man Jodoformtriäthylsulfoniumbromid und Jodoformtriäthylsulfoniumjodid erhalten. Wenn man Jodoform in Methylsulfid löst und Jodäthyl zusetzt, so erhält man Jodoformdimethyläthylsulfoniumjodid. Ferner kann man Jodäthyldisulfidjodoform erhalten, wenn man in alkoholischer Lösung Äthyldisulfid, Jodäthyl und Jodoform erhitzt.

Die Jodverbindung des Jodoformäthylsulfidmethans der Formel

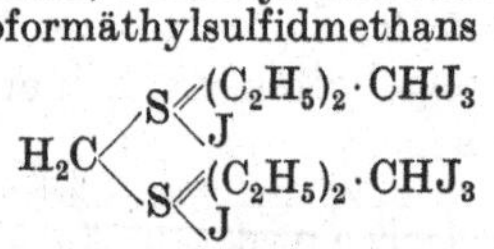

$$H_2C\begin{matrix}\diagup S\begin{matrix}\diagup (C_2H_5)_2\cdot CHJ_3\\ \diagdown J\end{matrix}\\ \diagdown S\begin{matrix}\diagup (C_2H_5)_2\cdot CHJ_3\\ \diagdown J\end{matrix}\end{matrix}$$

erhält man aus Jodoform und dem Einwirkungsprodukt von Jodäthyl auf das durch Kondensation von Mercaptan und Formaldehyd vermittelst Salzsäure erhaltene Diäthylsulfidmethan $C_2H_5\cdot S\cdot CH_2\cdot S\cdot C_2H_5$.

Man bekommt ebenfalls Jodoformadditionsprodukte aus Jodäthylallylsulfid, Äthylsulfodiisopropyljodid, Jodmethylmercaptol und Jodmethylper-

---

[1]) Ber. d. dtsch. chem. Ges. Bd. 12, S. 2363. 1879. — Ber. d. dtsch. chem. Ges. Bd. 27, S. 2810. 1894. [2]) Lancet 1916, I, S. 236, 637. — Brit. med. Journ. 1916, I, S. 202. [3]) D.R.P. 58878. [4]) D.R.P. 97207.

brommethyltrisulfid. Über die therapeutische Anwendung dieser Verbindungen ist nichts bekannt geworden, doch scheinen sie vor dem Jodoform selbst keine Vorzüge besessen zu haben.

Tiodin ist ein Anlagerungsprodukt von Jodäthyl an Thiosinamin

$$C{=}S\begin{matrix}\diagup NH \cdot C_2H_5 \\ \\ \diagdown NH \cdot (C_3H_5)J\end{matrix}$$

Die Alkyl-, Acyl- und Aralkylthioäther, wie $C_2H_5S \cdot C_3H_7$, $CH_3 \cdot C_6H_4 \cdot S \cdot CH_2 \cdot C_6H_5$ oder $CH_3. \cdot C_6H_4 \cdot S \cdot C_2H_5$ besitzen starke fungicide und insecticide Wirkungen[1]).

Thiophen, welches nach den Untersuchungen von A. Heffter[2]) ungiftig ist und bei Verfütterung den Eiweißzerfall vermindert, vermehrt die gepaarten Schwefelsäuren im Harne nicht. Trotz seiner antiseptischen Eigenschaften kann es als solches wegen seiner Flüchtigkeit nicht verwendet werden. E. Spiegler[3]) empfahl Thiophendijodid als Jodoformersatzmittel, welches sich als entwicklungshemmend für Bakterien, desodorisierend und sekretionsbeschränkend erwies. Die Substanz hat einen angenehmen aromatischen Geruch. Auch hier handelt es sich beim Ersatz von zwei Wasserstoffen durch Jod keineswegs um Jodwirkung der Substanz, sondern die ursprüngliche antiseptische Kraft des Thiophens wird durch den Eintritt von Halogen nur verstärkt und durch das eintretende Jod eine feste und nicht mehr flüchtige Substanz gewonnen.

Thioantipyrin stellt Michaelis in der Weise dar, daß er Metallsulfide oder Metallsulfhydrate auf die Halogenmethylate des 1-Phenyl-3-methyl-5-chlorpyrazol in alkoholischer Lösung einwirken läßt[4]).

Dithiosalicylsäure[5]) $\begin{matrix} S{-}C_6H_3{<}^{OH}_{COOH} \\ | \\ S{-}C_6H_3{<}^{COOH}_{OH} \end{matrix}$ erhält man durch Erhitzen molekularer Mengen Salicylsäure und Chlor-. Brom- oder Jodschwefel.

Die beiden isomeren Dithiosalicylsäuren, welche sich bei der Reaktion bilden, lassen sich durch Fällen der Natriumsalze mit Kochsalz oder Behandeln mit Alkohol trennen.

Dithiosalicylsaures Natron soll stärker wirken als salicylsaures Natron und angeblich keine Nebenwirkungen auf die Zirkulation ausüben, kein Ohrensausen, keinen Kollaps und keine Magenbeschwerden verursachen.

Durch Reduktion von p-Nitrothiophenolmethyläther wird p-Aminothiophenolmethyläther hergestellt und acetyliert. Acetaminothiophenolmethyläther ist eine feste Substanz[6]).

Ichthyol und ähnliche geschwefelte Verbindungen.

Aus einem in Tirol vorkommenden, dem Asphalte mancher Provenienz sehr nahestehenden bituminösen Schiefer wird teils durch Seigern, teils durch Schwelen und trockene Destillation ein Öl gewonnen, welches als Volksheilmittel in Tirol lange Zeit benützt wurde, dessen Wert als therapeutisches Agens man dann in der Wissenschaft erkannte und durch große Bemühungen aller Art in der Form eines wasserlöslichen sulfosauren Salzes in die verschiedensten Gebiete der Therapie einführte[7]).

Dieses aus bituminösem Schiefer gewonnene Öl zeichnet sich insbesondere dadurch aus, daß es ca. 10% fest gebundenen Schwefel enthält, dem wohl die therapeutischen Wirkungen zuzuschreiben sind. Zum großen Teile hängen diese letzteren aber mit dem ungesättigten Charakter der Verbindungen zusammen. Dem ichthyolsulfosauren Ammon, das den Namen Ichthyol trägt, kommen vorwiegend resorptionsbefördernde, reduzierende und keratoplastische

---

[1]) Bayer, D.R.P. 363656. [2]) Pflügers Arch. f. d. ges. Physiol. Bd. 39, S. 420.
[3]) Therap. Monatsh. 1892, S. 67. [4]) D.R.P. 122287.
[5]) D.R.P. 46413, 51710. [6]) Agfa, Berlin, D.R.P. 239310.
[7]) Baumann, E. u. Kast: Unnas Monatsschr. f. Dermatol. Bd. 2.

Wirkungen zu, welche die große Anwendung dieser Substanz in der Therapie der Frauenkrankheiten und Hautkrankheiten erklären.

Ichthyolsulfosäure[1]) wird in der Weise dargestellt, daß man das durch Destillation gewonnene Öl mit dem doppelten Quantum konzentrierter Schwefelsäure mischt, wobei unter Entwicklung von schwefliger Säure sich die Ichthyolsulfosäure bildet, die man durch Eingießen in Wasser abscheidet, hierauf durch Lösen in Wasser und Aussalzen mit Kochsalz reinigt.

N. Zwingauer[2]), Berlin, stellt schwefelhaltige Kohlenwasserstoffe aus schwefelhaltigen Fossilien, wie Ichthyolschiefer, mittels Destillation im luftverdünnten Raum her, eventuell unter Einleitung von erhitztem Wasserdampf von ca. 400°.

Es wirft sich nun die Frage auf, wieso dem ichthyolsulfosauren Ammon, obwohl es ja durch die Einführung der negativen Schwefelsäuregruppe an Wirksamkeit gegenüber der wasserunlöslichen Muttersubstanz eingebüßt haben muß, trotzdem so beträchtliche Wirkungen zukommen. Es ist wohl am naheliegendsten, die therapeutischen Wirkungen des Ichthyols nur zum geringsten Teile auf den Gehalt des Präparates an Sulfosäuren zu beziehen und die eigentliche Wirkung auf die Wirkung der bei der Sulfurierung gebildeten Sulfone zu basieren. Es würde dann das eigentliche ichthyolsulfosaure Ammon gleichsam nur das Lösungsmittel für die in Wasser schwerlöslichen oder unlöslichen Sulfone abgeben, ähnlich wie es kresotinsaures Natron und Seifen für Kresole sind.

Dem Ichthyol, welches eine braunschwarze, unangenehm riechende Flüssigkeit darstellt, war der unangenehme Geruch und der unangenehme Geschmack in mancherlei Anwendung sehr hinderlich. Es wurde daher versucht, diese Eigenschaften zu beseitigen, ohne den therapeutischen Effekt der Substanz zu beeinträchtigen. Anderseits hat der große therapeutische Erfolg dieser Präparate, den man ja unter allen Umständen auf den fest gebundenen, nicht oxydierten Schwefel beziehen muß, Veranlassung gegeben, eine Reihe von Ersatzmitteln und Konkurrenzpräparaten darzustellen, teils aus Substanzen, die schon von Natur aus festgebundenen Schwefel enthalten, teils durch Schwefeln organischer Körper.

So wurde für Ichthyol und für ihm nahestehende künstlich sulfurierte Körper vorgeschlagen, das neutrale Salz mit Äther wiederholt zu extrahieren, in welches Lösungsmittel das Ichthyolsulfon, ein schwefelreicher Körper, übergeht. Dieser ist in Wasser unlöslich, löst sich aber in Ichthyolsulfosäure und läßt sich auch durch Behandlung mit Schwefelsäure in die Ichthyolsulfosäure weiter überführen. Der Rückstand nach der Extraktion mit Äther enthält das eigentliche Salz der Ichthyolsulfosäure.

Die elementare Zusammensetzung der so dargestellten Sulfone zeigt klar ihren ungesättigten Charakter, welcher wohl auch in Beziehung zur therapeutischen Wirkung steht[3]).

Aus dem Sulfurierungsgemisch der Einwirkung von Schwefelsäure auf Ichthyolöle wird mit Äther oder aromatischen Kohlenwasserstoffen die wirksame Substanz herausgeholt, die ätherische Lösung mit Ammoniak neutralisiert und das Lösungsmittel abgedampft[4]).

Ein anderes Verfahren besteht darin, daß man die ichthyolsulfosauren Salze mit der doppelten Gewichtsmenge Alkohol aus dem Ichthyol extrahiert, während der Rückstand der Alkoholextraktion eine geruchlose Masse ausmacht, die in Wasser für sich allein nicht löslich ist, sondern erst der Gegenwart der ichthyolsulfosauren Alkalisalze bedarf, um in Lösung zu gehen. Diese neutralen, sulfonartigen Verbindungen sind in Chloroform, Benzol und Äther löslich.

Aus von uns mehrfach entwickelten theoretischen Gründen nehmen wir an, daß nur der wasserunlösliche Sulfonanteil der wirksame ist[5]). Ein fernerer Beweis dafür ist, daß, wenn man bei der Sulfurierung des ursprünglichen Öles eine zu hohe Temperatur entstehen läßt und so mehr Sulfosäure und weniger

---

[1]) D.R.P. 35216. [2]) D.R.P. 216906. [3]) D.R.P. 72049.
[4]) Société de la Thioléine, D.R.P. 169356. [5]) D.R.P. 76128, 82075.

Sulfone entstehen, man zu einem weit weniger wirksamen und auch manchmal wertlosen Präparate gelangt[1]).

Man bemühte sich ferner, geruch- und geschmacklose Ichthyolpräparate darzustellen, da der eigentümlich durchdringende Geruch dieser Substanz die Verwendbarkeit in der Praxis, insbesondere für den inneren Gebrauch, ungemein beeinträchtigte.

Es wurde versucht, Ichthyol durch Oxydation mit Wasserstoffsuperoxyd geruchlos zu machen[2]), aber Ichthyol wird durch diesen Oxydationsprozeß in einen unwirksamen Körper verwandelt, was wohl auch für die oben angeführte Ansicht spricht. Hingegen kann man gewöhnliches Ichthyol geruchlos machen, wenn man es bei vermindertem Drucke zum Sieden bringt und durch die Lösung des Ichthyols überhitzten Dampf leitet und gleichzeitig über die Oberfläche der siedenden Flüssigkeit ebenfalls einen kräftigen Strom von überhitztem Dampf streichen läßt. Ohne daß eine Zersetzung eintritt, gelingt es bei diesem Vorgang, das riechende Öl völlig aus dem Präparate zu entfernen[3]).

Dieses Präparat wird Desichthol (Knoll) genannt.

Hell, Troppau, reinigen sulfurierte Schwefelverbindungen der Mineralöle nach Entfernung anorganischer Salze durch Dialyse, durch Anwendung von Reduktionsmitteln, wie Schwefelwasserstoff, Schwefelammon, Alkalisulfit oder Thiosulfat, Magnesium oder Aluminiumpulver oder mit elektrischem Strome[4]).

Hell, Troppau[5]), reinigen sulfonierte Schwefelverbindungen der Mineralöle nach Entfernung der anorganischen Salze durch Dialyse, durch Eindampfen, Extraktion mit Äther-Alkohol. Die äther-alkoholische Lösung wird dann wieder eingedampft.

Weiter wurde für den innerlichen Gebrauch eine unlösliche Verbindung des Eiweißes mit Ichthyol in der Weise dargestellt, daß man die Lösungen beider Substanzen durch Zusatz von Säuren fällte. Das so dargestellte geruch- und geschmacklose Ichthyoleiweißpräparat wird Ichtalbin genannt. Die angeblich günstigen Wirkungen der Ichthyolpräparate bei der Behandlung der Lungentuberkulosen und auch bei Darmerkrankungen waren der Beweggrund, Ichthyol mit Eiweiß zu kombinieren[6]).

Man unterließ auch nicht die so modern gewordenen Formaldehydreaktionen mit dem Ichthyol vorzunehmen. Durch Behandeln von Ichthyolsulfosäure mit Formaldehydlösung auf dem Wasserbade entsteht eine wasserunlösliche Masse, die getrocknet und gepulvert werden kann und dann geruch- und geschmacklos ist[7]). Infolge der schweren Löslichkeit in alkalischen Flüssigkeiten kommt dieses Ichthoform genannte Präparat bei innerlicher Darreichung nur langsam zur Wirkung. Es wurde als Wundantisepticum empfohlen.

Von anderer Seite wurde versucht, diese beiden Verfahren, Ichthyol geruch- und geschmacklos zu machen, nämlich die Kombination mit Eiweiß und die Reaktion mit Formaldehyd, zu vereinigen.

Weiter wurden aus dem Ichthyol durch Absättigen der freien Sulfosäure mit wirksamen Metallen Verbindungen geschaffen, die aber wohl kaum von besonderem Werte sind, so z. B. Ferrichthyol[8]), ein Ichthyol-Eisenpräparat, ferner Ichthargan, welches 30 % Silber an stark schwefelhaltige, aus der Ichthyolsulfosäure gewonnene Körper gebunden enthält. Ferner kann man das von den Sulfonen befreite Ichthyol bzw. den in Alkohol löslichen Anteil, das ichthyolsulfosaure Salz, zum Löslichmachen von an und für sich unlöslichen wirksamen Substanzen benützen.

Die Ersatzmittel des Ichthyols, welche alle schwefelhaftige Substanzen sind lassen sich in zwei Hauptgruppen teilen: Entweder wurde das Hauptgewicht darauf gelegt, bestimmte, von Natur aus schwefelhaltige Substanzen in wasserlösliche Sulfosäuren nach Analogie des bei der Ichthyoldarste lung

---

[1]) Helmers in D.R.P. 76128. [2]) D.R.P. 99765. [3]) A.P. 625480.
[4]) D.R.P. 141185. [5]) D.R.P. 161663.
[6]) Sack: Dtsch. med. Wochenschr. 1897, Nr. 23. [7]) D.R.P. 107233.
[8]) Dtsch. Ärzte-Zeitg. 1902, S. 107.

eingeschlagenen Verfahrens zu verwandeln, oder man legte mit viel mehr Recht das Hauptgewicht auf den Schwefelgehalt der Verbindungen, und zwar auf den Gehalt an nicht oxydiertem Schwefel und schwefelte so eine Reihe von chemischen Individuen.

In die erste Gruppe gehört das künstlich geschwefelte Thiol[1]) Die gesättigten Paraffine nehmen beim Erhitzen mit Schwefel keinen Schwefel in ihr Molekül auf, hingegen zeichnen sich die ungesättigten Kohlenwasserstoffe oder ein Gemenge von gesättigten und ungesättigten Kohlenwasserstoffen dadurch aus, daß sie beim Erhitzen unter Abspaltung von Schwefelwasserstoff Schwefel gegen Wasserstoffatome austauschen.

Man kann so z. B. Braunkohlenöl (sog. Gasöl des Handels) in der Weise schwefeln, daß man bei 250° portionenweise Schwefelpulver einträgt und das Reaktionsprodukt durch Alkohol von den unveränderten Paraffinen trennt. Durch Einwirkung von konzentrierter Schwefelsäure oder Chlorsulfonsäure erhält man die Sulfosäure, die in ihrem chemischen Verhalten dem Ichthyol nahesteht. Diese Thiole lassen sich durch Dialyse von den ihnen anhaftenden anorganischen Salzen und anderen Verbindungen reinigen. Man kann auch in der Weise vorgehen, daß man das Braunkohlenteeröl vorerst mit Schwefelsäure sulfuriert, wobei die ungesättigten Verbindungen in Reaktion treten, die gesättigten aber nicht, und die so erhaltene Sulfosäure dann durch Erhitzen mit Schwefel auf 155° schwefelt.

Thiol konnte trotz mancher günstigen, ihm nachgerühmten Eigenschaften nicht als erstes Konkurrenzpräparat dem Ichthyol gegenüber zur Geltung gelangen. Dasselbe Schicksal teilte mit ihm Tumenol[2]).

Zur Darstellung dieser Substanz wurde der mehr oder weniger schwefelhaltige Rückstand, den man beim Reinigen der Mineralöle mit Schwefelsäure als sog. Säureteer erhält, benützt. Dieser Säureteer zeichnet sich durch seinen Gehalt an ungesättigten Verbindungen vorteilhaft aus. Die Darstellung der Tumenolsulfosäure und die Abtrennung des Sulfons aus den Gemengen geschieht nach den beim Ichthyol angeführten Methoden.

Bengough[3]) schlug vor, Säureabfallteer mit Kalk zu destillieren, und die so gewonnenen ungesättigten Kohlenwasserstoffe mit Chlorschwefel zu schwefeln, hierauf mit Natronlauge zu kochen, um Chlor zu entfernen.

Auch die schwefelhaltigen Rückstände mancher Rohpetroleumsorten wurden zu dem Ichthyol analogen Sulfosäuren verarbeitet, so wurde das Petrosulfol genannte Präparat dargestellt, welches dem Ichthyol sehr ähnliche Eigenschaften zeigt.

Ferner wurde versucht, Tran, welcher ja reich an ungesättigten Verbindungen ist, zu schwefeln und das geschwefelte Produkt in üblicher Weise wasserlöslich zu machen[4]).

Zu diesem Zwecke wird Tran mit ca. 12% Schwefelblumen verrieben und auf 120° erhitzt, wobei sich ca. 10% des Schwefels mit dem Tran verbinden, während der Überschuß sich geschmolzen zu Boden senkt. Man gießt vom ungelösten Schwefel ab und erhitzt weiter auf 240°. Durch Verseifen mit Lauge erhält man ein wasserlösliches Produkt.

Ferner wurde Schwefellebertran nach J. W. M. Nobl durch siebenstündiges Erhitzen von 20 Teilen Oleum jejecoris aselli mit 1 Teil Schwefel auf 125° C erhalten.

Paul Koch, Berlin, stellt Schwefelverbindungen, die er Thiozonide nennt, her indem er Schwefel auf Terpene einwirken läßt, wobei je drei Schwefelatome sich an eine doppelte Bindung des Terpenmoleküls anlagern. Man kann dieses Erhitzen mit Schwefel auch unter Zugabe von Weingeist durchführen und statt der reinen Terpenalkohole oder deren Ester die natürlichen ätherischen Öle, wie Fichtennadelöl usw., verwenden[5]).

Diese Verbindungen sind aber an der Luft leicht veränderlich. Ein Zusatz von Thiozonat, wie Natriumthiozonat, begünstigt aber die Bildung haltbarer Thiozonide[6]).

Auch geschwefeltes Leinöl und Lanolin wurden in ähnlicher Absicht, jedoch nicht mit dem gleichen therapeutischen Erfolg dargestellt. Ebenso

---

[1]) D.R.P. 38416, 54501.
[2]) D.R.P. 56401. — Neißer, A.: Dtsch. med. Wochenschr. 1891, S. 1238.
[3]) D.R.P. 138345. [4]) D.R.P. 56065.
[5]) Erdmann, H.: Liebigs Ann. d. Chem. Bd. 362, S. 133. — D.R.P. 214950.
[6]) D.R.P. 219121, Zusatz zu D.R.P. 214950.

wurden geschwefelte Methyl- und Äthylester von Fettsäuren vorgeschlagen[1]), dargestellt durch Einwirkung von Chlorschwefel oder von Schwefel bei höherer Temperatur auf Methylester von ungesättigten Fettsäuren.

Die Compagnie Morana[2]), Zürich, stellen geschwefelte Kohlenwasserstoffe her durch Einwirkung von Metallsulfiden, Polysulfiden oder Sulfhydraten auf Aldehyde oder Ketone, z. B. Acetophenon, Benzophenon, Citral.

Zum Teil war der Erfolg des schwefelhaltigen Ichthyols, zum Teil auch die bekannte günstige Wirkung geschwefelter Substanzen bei einzelnen Hautkrankheiten die Veranlassung zur Darstellung einer Reihe von Substanzen, die Schwefel in fester oder lockerer Bindung enthielten, um so mehr, als der Eintritt von Schwefel in viele Verbindungen ihnen antiparasitäre Eigenschaften verleiht; jedoch blieb die Darstellung der nun zu besprechenden Präparate, denen sicher bestimmte Wirkungen zukommen, ohne den gewünschten Erfolg.

Ebenfalls in der Absicht, einen schwefelhaltigen Ichthyolersatz synthetisch darzustellen, hat man Schwefel auf Zimtsäureester einwirken lassen[3]).

Wenn man Stilben (Diphenyläthylen) $H_5C_6 \cdot CH = CH \cdot C_6H_5$ oder analoge Verbindungen mit Schwefel erhitzt, so erhält man Thiophenderivate. Analog verläuft die Reaktion, wenn man Zimtsäure $C_6H_5 \cdot CH = CH \cdot COOH$ mit Schwefel zusammenschmilzt. Man erhält dann zwei isomere Diphenylthiophene $C_4H_2 \cdot (C_6H_5)_2S$. In anderer Weise reagieren aber die Ester der Zimtsäure, insbesondere der Zimtsäureäthylester $C_6H_5 \cdot CH = CH \cdot COO \cdot C_2H_5$. Man erhält hierbei schwefelhaltige Körper, die nicht mehr der Thiophenreihe angehören. Wenn man vom Zimtsäureäthylester ausgeht, so bekommt man einen Körper, der Schwefel in lockerer Bindung enthält und als Thiobenzoylthioessigsäuredisulfid aufzufassen ist.

$$\begin{array}{l} C_6H_5 \cdot \underset{|}{C} = CH - \underset{|}{CO} \\ \quad\quad\; S \text{———} S \end{array}$$

Man erhält Thiophenderivate, welche Desinficientien und Mittel gegen Hautkrankheiten sein sollen, wenn man auf Halogenacylalkylaminokrotonsäureester Alkalisulfdyhrate einwirken läßt, z. B. 5-Thiotolen-3-oxy-4-carbonsäureäthylester.

$$\begin{array}{c} C_2H_5 \cdot O \cdot OC \cdot C — C \cdot OH \\ CH_3 \cdot \ddot{C} \quad \ddot{C}H \\ \diagdown \; \diagup \\ S \end{array}$$ [4])

Das Zustandekommen der Wirkung ist bei den Substanzen der Ichthyolgruppe von drei Momenten abhängig, was bei der Darstellung von künstlichen Ersatzmitteln stets zu berücksich igen ist: 1. Vom Schwefelgehalte der Verbindung. Der Schwefel muß in nicht oxydierter Form, aber in fester Bindung in der Substanz vorhanden sein, keineswegs aber in Form von leicht abspaltbaren Sulfhydrylgruppen. 2. Von der ungesättigten Natur der Verbindung. Es haben sich die künstlich geschwefelten, von Haus aus ungesättigten Verbindungen in der Therapie nicht halten können und als wenig oder gar nicht wirksam erwiesen, weil bei Behandlung mit Schwefel dieser in die doppelte Bindung tritt und so der ungesättigte Charakter der Substanz aufgehoben wird. 3. Von der cyclischen Natur der Verbindung. Die Sulfurierung ist eine überflüssige Maßnahme und bewirkt nur deshalb keine völlige Vernichtung der Wirkung, weil nur ein kleiner Teil der Substanzen sulfuriert wird, welcher dann als Lösungsmittel für den nicht sulfurierten dient

Allylsulfid $\begin{matrix} C_3H_5 \\ C_3H_5 \end{matrix}\!\!>\!S$ (Knoblauchöl) wurde mehrmals gegen Cholera empfohlen[5]). Französische Forscher sahen bei subcutaner Injektion von Allylsulfid in öliger Lösung bei Tuberkulösen sehr gute Erfolge[6]).

---

[1]) Majert, Berlin, D.R.P. 140827. [2]) D.R.P. 162059.

[3]) Baumann, E. u. E. Fromm: Ber. d. dtsch. chem. Ges. Bd. 30, S. 111. 1907. — D.R.P. 87931. [4]) Benary, D.R.P. 282914.

[5]) Pertik 1892, Angyan 1893 im Orvosi Hetilap, Budapest.

[6]) Séjournet: Sem. méd. (Paris) 1895, Nr. 52, S. 206.

Dithiokohlensaures Kalium K_2COS_2 zersetzt sich leicht unter Abspaltung von Schwefelwasserstoff. Nach Unnas Ansicht sind die Schwefelpräparate nicht an sich wirksam, sondern erst durch Freiwerden von Schwefelwasserstoff, weshalb diese Substanz wirksam sein müßte. Doch hat dieses Präparat unangenehme Nebenwirkungen (Brennen, Pustelbildung).

Triphenylstibinsulfid ist sehr leicht oxydabel und spaltet Schwefel ab. Subcutan injiziert wirkt es toxisch; es soll als Schwefelmittel für Hautkrankheiten verwendet werden[1]).

Ludwig Kaufmann in Berlin[2]) stellt Triphenylstibinsulfid, dessen Homologen und deren Derivate dar, indem er Schwefelwasserstoff oder eine andere zur Umsetzung geeignete Schwefelverbindung auf halogenierte Triphenylstibine resp. auf Triphenylstibinhydroxyd unter Vermeidung eines Überschusses der Schwefelverbindung einwirken läßt. Man arbeitet in der Weise, daß man Triphenylstibinbromid mit einer kaltgesättigten alkoholischen Ammoniaklösung behandelt und Schwefelwasserstoff einleitet, bis eine schwach gelbe Färbung eintritt, dann krystallisiert die Substanz aus.

Thiosinamin (Allylthioharnstoff) $NH_2 \cdot CS \cdot NH(C_3H_5)$ macht nach Hebra[3]) lokale Reaktion bei Lupus und anderen Leiden, steigert die Diurese, bewirkt Nachlassen der Nachtschweiße und beschleunigt die Resorption von Exsudaten in den Geweben.

Hinsberg stellte durch Einleiten von schwefliger Säure in geschmolzenes o-Phenylendiamin bei 140° einen schwefelhaltigen Körper dar, dem die Formel

$$C_6H_4\langle{}^{N}_{N}\rangle S \quad \text{oder} \quad C_6H_4\langle{}^{N}_{N}\rangle S$$

zukommt.

Ebenso kann man von o-Toluylendiamin ausgehen. Diese sog. Piazothiole sind jedoch nie zur praktischen Verwendung gelangt[4]).

Ebenfalls als Mittel gegen Hautkrankheiten wurde Thiodinaphthyloxyd dargestellt. Das Produkt ist unlöslich und geruchlos, weshalb es wohl als Streupulver hätte Verwendung finden sollen.

Es wird Thio-β-naphthol in alkoholischer Lösung durch Einwirken oxydierender Mittel in Thiodinaphthyloxyd übergeführt. Man oxydiert mit Ferricyankalium oder mit Jod-Jodkaliumlösung.

Zu gleichem Zwecke wurden von Busch Thiobiazolderivate dargestellt[5]).

Man gewinnt diese, indem man Schwefelkohlenstoff mit Hydrazin oder primären Hydrazinen in alkoholischer Kalilösung erhitzt. Die Reaktion erfolgt hierbei nach folgenden Gleichungen, wobei sich zuerst das Kaliumsalz der Phenylsulfocarbazinsäure bildet. Dieses reagiert nun mit Schwefelkohlenstoff weiter.

$$C_6H_5\cdot NH\cdot NH\cdot CS\cdot SK + CS_2 = H_2S + C_6H_5\cdot \underset{\substack{|\\ SC\ \diagdown \\ S}}{N}\!-\!\underset{\substack{\|\\ CSK\ \diagup}}{N}$$

Der so entstandene Körper ist Phenyldithiobiazolonsulfhydrat.

Läßt man Hydrazin unter gleichen Umständen reagieren, so gelangt man zu Thiobiazoldisulfhydrat

$$\begin{array}{c} N\!-\!N \\ \| \quad \| \\ HS\cdot C \quad C\cdot SH \\ \diagdown \ \diagup \\ S \end{array}$$

Zu den Thiobiazolinderivaten[6]) kann man gelangen, wenn man Aldehyde auf die Alkalisalze der Sulfocarbazinsäuren der allgemeinen Formel $R \cdot NH \cdot NH \cdot CS \cdot SH$ ein-

---

[1]) Kaufmann, Ludwig: Biochem. Zeitschr. Bd. 28, S. 67, 86. 1910.
[2]) D.R.P. 223694. [3]) II. internat. Dermatol. Kongreß.
[4]) D.R.P. 49191. — Ber. d. dtsch. chem. Ges. Bd. 22, S. 862, S. 2895. 1888; Bd. 23, S. 1393. 1889.
[5]) D.R.P. 81431. — Ber. d. dtsch. chem. Ges. Bd. 27, S. 2507. 1894.
[6]) D.R.P. 85568.

wirken läßt. Man erhält stark saure Körper der allgemeinen Formel

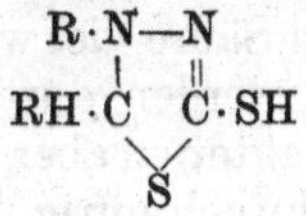

$$\begin{array}{c} R\cdot N—N \\ |\qquad \| \\ RH\cdot C \quad C\cdot SH \\ \diagdown\ \diagup \\ S \end{array}$$

die mit Alkalien charakteristische, wasserlösliche Salze geben.

Nach dieser Methode wurden dargestellt: Phenylthiobiazolinsulfhydrat und Diphenylthiobiazolinsulfhydrat

$$\begin{array}{c} C_6H_5\cdot N—N \\ |\qquad \| \\ H_2C \quad C\cdot SH \\ \diagdown\ \diagup \\ S \end{array} \qquad \begin{array}{c} C_6H_5\cdot N—N \\ |\qquad \| \\ C_6H_5\cdot HC \quad C\cdot SH \\ \diagdown\ \diagup \\ S \end{array}$$

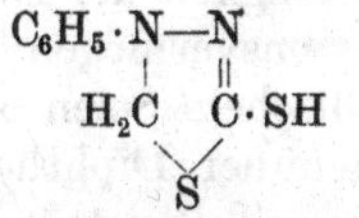

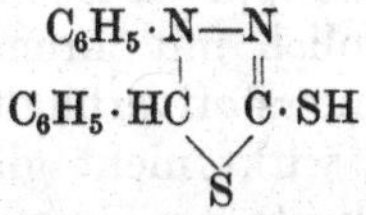

Arylsulfinsäure mit Phenolen oder Phenolcarbonsäuren auf 100—150° C erhitzt gibt Oxydiarylsulfide[1]), z. B. $2\ C_6H_5 \cdot SO_2H + C_6H_5 \cdot OH = C_6H_5 \cdot S \cdot C_6H_4 \cdot OH + C_6H_5 \cdot SO_3H + H_2O$.

Selen- und Tellurderivate.

Die Beobachtungen von A. v. Wassermann[2]), daß selenhaltige Farbstoffe eine Einwirkung auf Krebszellen bei Tieren zeigen, war die Veranlassung zur Darstellung zahlreicher Selen- und Tellurverbindungen, über deren Wirkung nach der gleichen Richtung hin nur spärliche, anscheinend nicht positive Beobachtungen vorliegen.

Braunstein versuchte am Menschen mit angeblich günstigem Erfolge Selenmethylenblau.

P. Karrer konnte zeigen, daß die verschiedenen Angaben über die Darstellung des sog. Selenmethylenblaus, d. h. des 3.6-Tetramethyldiaminoselenazins

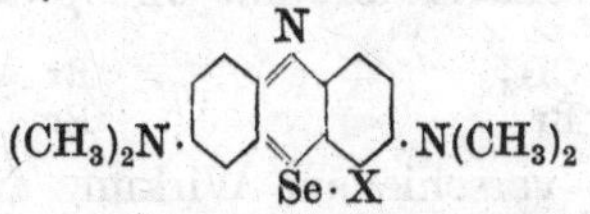

$$(CH_3)_2N\cdot[\text{C}_6\text{H}_3]\!\!\begin{array}{c}N\\ \\ Se\cdot X\end{array}\!\![\text{C}_6\text{H}_3]\cdot N(CH_3)_2$$

alle durchweg unrichtig sind, daß es nach Verfahren, die den alten Methylenblau-Synthesen entsprechend angelegt sind, niemals entsteht. Man erhält es, wenn man Selenodiphenylamin durch Bromlösung in Phenazselenium-perbromid überführt und mit Dimethylamin behandelt. Es ist wie Methylenblau ein Vitalfarbstoff. Alle biologisch untersuchten Selenazinfarbstoffe haben genau die gleiche Toxizität wie die entsprechenden Thiazinfarbstoffe, welche sich auch chemisch gleich verhalten[3]).

Für die Chemotherapie des Krebses benützte A. v. Wassermann ein Eosinselen, dessen Zusammensetzung anscheinend schwankt und welches nicht weiter beschrieben ist. Beim Aufheben verändert es sich, die Krebsmäuse sind dagegen empfindlicher als die gesunden. Eosinselen wirkt in der Weise auf Tumoren ein, daß sich diese verflüssigen, Rezidiven können von dem Mittel nicht beeinflußt werden.

Wassermann stellt einen selenhaltigen Farbstoff dar, indem er Selenwasserstoff auf Nitrosodimethylanilin oder dessen Reduktionsprodukte einwirken läßt und die entstandenen Verbindungen einer gelinden Oxydation unterwirft. Man erhält so Selenazinblau, welches chemotherapeutisch wirksam sein soll[4]).

Wassermann stellt selen- und tellurhaltige Farbstoffe dar, indem er Farbstoffe der Phthaleinreihe oder deren Derivate, insbesondere die halogenierten oder alkylierten Derivate und wasserlösliche selen- oder tellurcyanwasserstoffsaure Salze aufeinander einwirken läßt; so z. B. läßt er auf Eosinnatrium Selencyankalium einwirken, wobei ein dunkelroter Farbstoff sich abscheidet[5]).

---

[1]) Höchster Farbwerke, D.R.P. 147634.
[2]) Dtsch. med. Wochenschr. 1911, S. 2389.
[3]) Karrer, P.: Ber. d. dtsch. chem. Ges. Bd. 49, S. 597. 1916.
[4]) D.R.P. 261793.
[5]) D.R.P. 261556.

Entsprechend dem Verhalten der arsenigen Säure und Arsensäure sind die Ionen der tellurigen und selenigen Säure viel wirksamer als die Ionen der Tellur- und Selensäure. Schimmelpilze werden durch Tellurite und Tellurate kaum in ihrem Wachstum beeinflußt, Bakterien aber sind sehr empfindlich[1]). Tellurige Säure und Tellursäure wirken schwach giftig.

Bakterien sind gegen Selen und Tellur verschieden resistent. Diphtheriebacillen werden erst von einer 400mal größeren Tellurkonzentration getötet als die Typhus-Coli-Gruppe. Die hohe Widerstandsfähigkeit der Diphtheriebacillen hängt wahrscheinlich mit ihrem hohen Reduktionsvermögen zusammen. Sie reduzieren die Sauerstoffverbindungen zu metallischem Selen bzw. Tellur. Das ungelöste Metall wirkt nicht giftig. Auch gegenüber Diphtheriebacillen sind Selenite und Tellurite wirksamer als Selenate und Tellurate[2]).

Am isolierten Froschherzen ist das Natriumtellurit mindestens 200 mal giftiger als das Natriumtellurat. Natriumselenit ist am isolierten Froschherzen mindestens 100mal giftiger als Natriumselenat. Sowohl Natriumselenit als auch Natriumtellurit wirken auf den Blutdruck stärker als Natriumselenat und Natriumtellurat. Die Blutdrucksenkung ist zum Teil durch die Abnahme des Tonus der Gefäße im Splanchnicusgebiet, zum Teil durch die Herzlähmung bedingt[3]).

Walter verwendete kolloidales Selen, welches vollständig ungiftig war, konnte aber gar keine Erfolge sehen.

Phenylselensaures Natrium $C_6H_5SeO_2Na + 2\,H_2O$ reizt und lähmt nachher das Zentralnervensystem. Es ist weniger giftig als Natriumseleniat.

Dimethyltellur ist wenig giftig, ebenso Tellurate. Sie machen in großen Dosen Lähmungen und Tod durch Atemstillstand.

α- oder trans-Dimethyltelluriddibromid und β- oder cis-Dimethyltelluridbromid

$$\begin{matrix}Br\\CH_3\end{matrix}{>}Te{<}\begin{matrix}CH_3\\Br\end{matrix} \qquad\qquad \begin{matrix}Br\\Br\end{matrix}{>}Te{<}\begin{matrix}CH_3\\CH_3\end{matrix}$$

üben pharmakologisch eine verschiedene Wirkung aus. Die Transverbindung senkt den Blutdruck, während die Cisverbindung ihn verstärkt[4]).

Ebenso haben Vernons zwei Isomere von $(CH_3)_2TeCl_2$ Dimethyltelluriumdichloride eine äußerst verschiedene Wirkungsform.

Die α-Form

$$\begin{matrix} & CH_3 & \\ & | & \\ Cl- & Te & -Cl \\ & | & \\ & CH_3 & \end{matrix}$$

ist ziemlich unwirksam.

Die weniger stabile β-Form

$$\begin{matrix} & CH_3 & \\ & | & \\ Cl- & Te & -CH_3 \\ & | & \\ & Cl & \end{matrix}$$

hat starke medulläre Reizwirkung, erregt vor allem die Nebennieren, der Blutdruck steigt gewaltig. Größere Dosen lädieren zuerst die sympathischen Ganglien, dann die anderen autonomen Ganglien, zuletzt die Medulla und motorische Nervenendigungen. Beide Isomere werden als Tellurmethyl $Te(CH_3)_2$ ausgeatmet. Die intramolekulare Spannung scheint die Ursache der verschiedenen Wirkung zu sein[5]).

---

[1]) Joachimoglu, G.: Biochem. Zeitschr. Bd. 107, S. 300. 1920.

[2]) Joachimoglu, G. u. W. Hirose: Biochem. Zeitschr. Bd. 107, S. 300. 1920; Bd. 125, S. 1. 1921.

[3]) Joachimoglu, G. u. W. Hirose: Biochem. Zeitschr. Bd. 125, S. 5. 1921.

[4]) Knaggs, J. E. u. R. H. Vernon: Journ. of the chem. soc. (London) Bd. 119, S. 105. 1920.

[5]) Cow, Douglas V. u. W. E. Dixon: Journ. of physiol. Bd. 56, S. 42. 1922.

Tellurweinsäure wirkt gegen B. coli und typhi stärker, gegen Staphylokokken schwächer als Phenol, Diäthylammoniumtellurchlorid wirkt gegen coli ebenfalls stärker[1]).

3.6-Diaminothiopyronin

$$H_2N-C_{13}H_7(CH)(SCl)-NH_2$$

und 3.6-Diaminoselenopyronin

$$H_2N-C_{13}H_7(CH)(SeCl)-NH_2$$

machen bei Trypanosomenerkrankungen eine nur vorübergehende Heilung. Beide Farbstoffe erzeugen bei Mäusen starke Ödeme[2]).

Die Toxizität der Thio- und auch der Selenoisotrehalose ist sehr gering. Diese Doppelzucker werden im Organismus nicht angegriffen[3]).

Die Tellurverbindungen

$$\begin{matrix} CH_3\cdot C\text{—}O\text{—}Te \\ R\cdot \ddot{C}\text{—}CO\text{—}\dot{C}H_2 \end{matrix} \quad \text{und} \quad \begin{matrix} R'CH_2\cdot C\text{—}O\text{—}Te \\ \ddot{C}H\cdot CO\text{—}\dot{C}H\cdot R'' \end{matrix}$$

entstehen durch Einwirkung von Tellurchlorid auf β-Diketone. Die bactericiden Wirkungen sind in den stärksten Verdünnungen nur Wachstumshemmung, die indessen der Abtötung praktisch gleichkommt. Die Wirkung nimmt bei der Substitution mit höheren Alkylen zu, doch erreicht sie bei der Dipropionylverbindung ein Maximum. Auch Isomere wirken wesentlich verschieden. Für die Coligruppe sind die Wirkungen spezifisch, Kokken gegenüber wesentlich geringer, ähnlich wie es Joachimoglu für Tellursäure gezeigt[4]).

Bei Isomeren wirkt die Substitution durch zwei Methylgruppen immer stärker als die durch eine Äthylgruppe und entsprechend bei höheren Homologen. Vom symmetrisch substituierten Acetylaceton sich ableitende Verbindungen sind stärker wirksam als isomere, sich vom asymmetrisch substituierten ableitende. Die Präparate sind für Warmblüter sehr giftig, sie machen Hämaturie. Die Giftwirkung cumuliert sich. Das Verhältnis von Giftigkeit zu antiseptischer Wirksamkeit läßt eine therapeutische Brauchbarkeit der Dipropionylmethanverbindung erhoffen. Tellursäure ist wesentlich schwächer wirksam als die Diketonverbindung.

Körper dieser Formel $\begin{matrix} & O & \\ H_3C\cdot C & & Te \\ RC & & CH_2 \\ & CO & \end{matrix}$ haben auf das Wachstum von Bac. coli folgende Phenolkoeffizienten: Telluriumacetylaceton 680, dessen 3.C-Methylderivate 250, 3.C-Äthylderivat 250, Telluriumpropionylaceton 2430, Tellurium-2-chloracetylaceton 24. Die Propionylverbindung hat noch nachweisbaren Einfluß bei einer Konzentration von 1 : 5000000[5]).

Normale aliphatische Derivate der Cyclotelluropentandione wirken auf Bacillus coli communis am stärksten, dann folgen die Sekundär- und schließ-

[1]) Munn, L. E. und B. S. Hopkins: Journ. of bacteriol. Bd. 10, S. 79. 1925.
[2]) Ehrlich, P. u. Hugo Bauer: Ber. d. dtsch. chem. Ges. Bd. 48, S. 502. 1915.
[3]) Wrede, Fritz: Biochem. Zeitschr. Bd. 83, S. 96. 1917.
[4]) Morgan, G. T., E. A. Cooper u. A. W. Burtt: Biochem. Journ. Bd. 17, S. 30. 1923; Bd. 18, S. 190. 1924.
[5]) Morgan, G. T., H. D. Keith Drew u. E. A. Cooper: Journ. of the chem. soc. (London) Bd. 121, S. 922. 1922.

lich die Isoverbindungen. Durch Überführung der Ketogruppen in die Oxime sinkt die Wirkung außerordentlich[1]).

Selenderivate aromatischer Verbindungen, wie beispielsweise Anilin, Acetanilid, Phenol, Salicylsäure, Nitrophenol erhält man, indem man Selen oder Selendioxyd in konzentrierter Schwefelsäure auf die zu selenierenden Verbindungen bei niederer Temperatur einwirken läßt. Beschrieben sind die Verbindungen aus Acetanilid, Anilin, Phenol, Salicylsäure, o- und p-Nitrophenol; die Verbindung aus p-Acetaminophenetidin hat die Zusammensetzung $[C_6H_3(OC_2H_5)(HNC_2H_3O)]_3 \cdot SeSO_4H \cdot H_2O$. Antipyrin gibt Diantipyrylselenid $(C_{11}H_{11}N_2O)_2Se$. Weiter ist beschrieben die Verbindung aus Resorcinarsensäure und Selen[2]).

Phenazselenoniumfarbstoffe erhält man durch reduzierende, dann oxydierende Behandlung von Nitroselenazinen. Setzt man o-Nitrodiazobenzol mit Selencyankalium um, so entsteht o-Nitrobenzolselencyanid, aus welchem durch Alkalien o-Nitroselenophenol gebildet wird und durch Reduktion dieses letzteren kann man zum o-Aminoselenophenol gelangen. Läßt man diese Verbindung oder deren Derivate auf Di- oder Trinitrohalogenbenzol einwirken, zweckmäßig in Gegenwart säurebindender Mittel, so entstehen Nitroderivate des Selenazins, z. B. Dinitrophenoselenazin

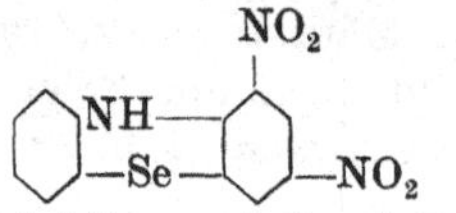

NO_2

NH—

—Se— —NO_2

Diese Verbindung kann durch Reduktion und Oxydation in einen Farbstoff übergehen, der auf Protozoen und Bakterien einwirken soll[3]).

Aus den mit Reduktionsmitteln behandelten Phthaleinen, den Phthalinen, entstehen bei Einwirkung von Selenhalogeniden in Lösungsmitteln, welche das Selenhalogenid nicht zersetzen, Farbstoffe, denen therapeutische Wirkungen zukommen. Beschrieben wird Selenfluorescein. Durch Einführung von Brom und Jod entstehen durch weitere Substitution im Resorcinkern Selenbromfluorescein und Selenjodfluorescein. Ferner ist Selenphenolphthalein beschrieben[4]).

An Stelle der Phthaline werden deren o-Acetylverbindungen oder die o-Acetylverbindung von Phthaleinen mit Selenhalogeniden bzw. Selenoxychlorid behandelt. Beschrieben ist die Einwirkung von Selenoxychlorid auf Fluoresceindiacetat und auf Tetrachlorfluoresceindiacetat[5]).

Selenfluorescein vom ziemlicher Beständigkeit, z. B. Dichlorselenfluorescein, erhält man, wenn man Fluorescein selbst oder Halogen enthaltende Fluoresceine mit Selen behandelt[6]).

o-Phenylendiamin und selenige Säure verbinden sich zu Piaselenol (N, N, Se), das schwer löslich ist, In Alkali leicht lösliche saure Derivate der Piaselenole erhält man durch Einwirkung von seleniger Säure auf Oxyderivate, Carboxylderivate, Sulfosäuren und sonstige alkalilösliche Derivate der aromatischen Diamine. Beschrieben sind p-Oxypiaselenol, 2.3-Piaselenol-1-carbonsäure, 3.4-Piaselenol-1-carbonsäure, 2.3-Piaselenol-4-methyl-5-amino-1-sulfosäure, 1.2-Naphthopiaselenol-5.7-disulfosäure[7]).

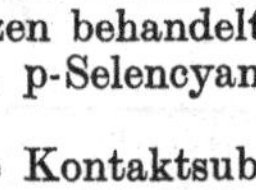

Selencyanverbindungen der aromatischen Reihe erhält man, wenn man Diazoverbindungen in schwach saurer Lösung mit selencyanwasserstoffsauren Salzen behandelt. Dargestellt wurden o-Nitrobenzolselencyanid, p-Selencyanbenzolarsinsäure, p-Selencyanbenzoesäure, p-Selencyanbenzolsulfosäure[8]).

Beim Erhitzen von Diazoselencyaniden der Anthrachinonreihe ohne Kontaktsubstanz tritt unter Abspaltung von Stickstoff die Selencyangrupppe in den Kern. Die Selencyanide lassen sich durch die für Rhodanide bekannten Reagenzien sowie auch durch alkoholisches Kali oder Natron zu Selenphenolen aufspalten. Beschrieben ist Selencyananthrachinon und 1-Selencyan-5-anthrachinonsulfosäure[9]).

Die Produkte des D.R.P. 256667 kann man in Selenophenole überführen, wenn man die Anthrachinonselencyanide durch alkalisch wirkende Mittel aufspaltet. Beschrieben ist Selenophenol und Anthrachinon-1-selenophenol-5-sulfosäure[10]).

Isoselenazole der Anthrachinonreihe erhält man durch Behandlung der Anthrachinonselencyanide mit Ammoniak. Diese enthalten Selen in ringförmiger Bindung. Beschrieben sind Selenazol und Selenazolsulfosäure[11]).

---

[1]) Morgan, G. T., E. Ashley Cooper u. A. E. Rawson: Journ. Soc. Chem. Ind. Bd. 45, S. 106. [2]) Höchst, D.R.P. 299510. [3]) Höchst, D.R.P. 261969.
[4]) Höchst, D.R.P. 290510. [5]) D.R.P. 295253, Zusatz zu D.R.P. 290540.
[6]) Carl Jäger u. Carl, Düsseldorf, D.R.P. 279549.
[7]) Heinemann, D.R.P. 261412. [8]) Höchst, D.R.P. 255982.
[9]) Bayer, D.R.P. 256667.
[10]) Bayer, D.R.P. 264940. [11]) Bayer, D.R.P. 264139.

Selenophenole und Diselenide der Anthrachinonreihe erhält man, wenn man negativ substituierte Anthrachinonderivate mit Alkaliseleniden oder Polyseleniden zur Umsetzung bringt. Beschrieben sind Selenophenol und Anthrachinon-1-diselenid. Diese Verbindungen sind Farbstoffe[1]).

Schwefelhaltige Cyanhydrine von Aldehyden und Ketonen erhält man, wenn man auf die Cyanhydrine nach erfolgter Acylierung Schwefelwasserstoff einwirken läßt. Die von Ketonen sich ableitenden Schwefelderivate sind Antiseptica. So erhält man aus Methylendioxy-acetylmandelsäurenitril, Ammoniak und Schwefelwasserstoff das Thioamid des acetylierten Cyanhydrins:

$$CH_2\langle^{O-}_{O-}\rangle C_6H_3-\underset{CS\cdot NH_2}{CH\cdot O\cdot CO\cdot CH_3}$$ [2])

Statt Schwefelwasserstoff läßt man Selenwasserstoff einwirken. Beschrieben sind das Derivat des Methylendioxyacetylmandelsäurenitrils, des o-Nitrobenzoylmandelsäurenitrils und das Einwirkungsprodukt des Selenwasserstoffs auf das acetylierte Acetoncyanhydrin[3]).

Wenn man Halogenverbindungen des Selens auf ungesättigte Fettsäuren einwirken läßt, so erhält man organische Selenderivate, so z. B. aus Selentetrachlorid und Leinölsäure eine halogenierte Selenolleinölsäure. Analog kann man aus Ölsäure eine solche Verbindung erhalten. Arbeitet man mit Leinölsäure und Selenoxychlorid, so ist die Reaktion sehr heftig. Arbeitet man mit Selentetrajodid, so erhält man eine jod- und selenhaltige Verbindung[4]). Die nach dem Verfahren des Hauptpatentes dargestellten Selenderivate behandelt man mit überschüssigem Alkali. Hierbei wird wahrscheinlich das Halogen durch Hydroxyl oder Sauerstoff ersetzt. Die wässerigen Lösungen sind haltbar. Beschrieben ist Chlorselenleinölsäure[5]).

Durch Einwirkung von Selenwasserstoff auf ein Alphylcyanamid, wie z. B. Allylcyanamid, erhält man Alphylselenharnstoffe. Im Gegensatze zum Phenylselenharnstoff sollen die so erhältlichen Produkte ausgeprägte therapeutische Wirkungen besonders gegen krebsartige Erkrankungen besitzen. Sie sind auch Zwischenprodukte zu den stabileren und in ähnlicher Richtung wirksamen Halogenalkyladditionsprodukten der Alphylselenharnstoffe[6]).

Behandelt man Alphylselenharnstoffe mit Alphylhalogeniden, so erhält man Verbindungen, welchen wahrscheinlich die Formel

$$C\begin{cases}NH_2\\ =Se\langle^{J}_{Alphyl}\\ NH\ Alphyl\end{cases}$$

zukommt. Sie enthalten Selen fester gebunden als der entsprechende Selenharnstoff und sind in Wasser leichter löslich[7]).

Allylselenharnstoff $CSe(NH_2)(NH\cdot C_3H_5)$ ist nach dem Typus des Thiosinamins gebaut. Die Verbindung lagert Jodäthyl an. Allylselenharnstoff macht centralnervöse Symptome und Narkose. Er ist bedeutend giftiger als selenige Säure. Jodäthyl-Allyl-selenharnstoff ist nur halb so giftig und macht ähnliche Symptome[8]).

Selenhaltige hydrierte Chinaalkaloide erhält man durch Einwirkung von SeO_2 in Gegenwart konz. Schwefelsäure auf solche Alkaloide und Kochen des mit Wasser verdünnten Reaktionsproduktes. Beschrieben sind Selenohydrochinin, Selenoäthylhydrocuprein, Selenohydrocuprein[9]).

Siliciumverbindungen.

Von der durchaus nicht sichergestellten Beobachtung ausgehend, daß maligne Neoplasmen sehr arm an Kieselsäure sind, wurde der Versuch gemacht, Siliciumpräparate in die Therapie des Krebses einzuführen. Von therapeutischen Erfolgen ist nichts bekannt. Organische Siliciumverbindungen hat A. Zeller gegen Carcinom versucht, und zwar am Menschen. Natriumsilicat wirkt angeblich bei Arteriosklerose und anderen Gefäßerkrankungen, sowie

[1]) Bayer, D.R.P. 264941. [2]) D.R.P. 259502.
[3]) D.R.P. 273073, Zusatz zu D.R.P. 259502. [4]) Riedel, D.R.P. 276976.
[5]) D.R.P. 287800, Zusatz zu D.R.P. 276976. [6]) D.R.P. 305262.
[7]) D.R.P. 305263, Zusatz zu D.R.P. 305262.
[8]) Schmidt, Hans: Ber. d. dtsch. chem. Ges. Bd. 54, S. 2067. 1921.
[9]) Zimmer & Co., Frankfurt, D.R.P. 331145.

chronischem Gelenkrheumatismus, bei Tuberkulose ist es unwirksam[1]). Der Silicatgehalt des Organismus kann wohl durch geeignete SiO_2-Zufuhr mit dem Futter erhöht werden, aber nur ein kleiner Teil der dargebotenen Kieselsäure wird im normalen Körper zurückbehalten. Kieselsäurehydrat selbst wird nicht resorbiert[2]).

Nach Koberts Ansicht findet sich die Kieselsäure sowohl im pflanzlichen als auch im tierischen Körper in Form organischer Verbindungen vor, die aber so labil sind, daß man sie bis jetzt nicht fassen konnte. Alle tierischen Gewebe, sowohl diejenigen mesodermatischen als die auch epithelialen Ursprungs, enthalten ausnahmslos Kieselsäure als notwendigen Bestandteil, und zwar sehr wahrscheinlich in einer dem Eisen entsprechenden organischen Bindungsform. Nach Genuß von Natriumsilicat tritt eine Vermehrung der polynucleären Leukocyten, also eine Verbesserung des Blutbildes auf (Zickgraf). Die Tuberkulose soll durch Kieselsäure günstig beeinflußt werden. Bei der Tuberkulose soll die Fähigkeit des menschlichen Körpers, die Kieselsäure in der Lunge in normaler Menge aufzuspeichern, vermindert sein, und dadurch verliert das Lungengewebe seine Widerstandsfähigkeit gegenüber den einschmelzenden Prozessen, die der Kavernenbildung zugrunde liegen [Kobert[3])].

Die Ansichten über den Wert der Siliciumtherapie unter den Praktikern sind mindestens als sehr geteilt anzusehen.

Silistren ist der Orthokieselsäuretetraglykolester

$$\begin{matrix} OH\cdot CH_2\cdot CH_2\cdot O \\ OH\cdot CH_2\cdot CH_2\cdot O \end{matrix} > Si < \begin{matrix} O\cdot CH_2\cdot CH_2\cdot OH \\ O\cdot CH_2\cdot CH_2\cdot OH \end{matrix}$$

eine schon durch Wasser sehr leicht zersetzliche Verbindung.

Durch Erhitzen der einfachen Kieselsäureester, wie z. B. des Tetraäthylesters mit mehrwertigen Alkoholen kann man in glatter Reaktion unter Alkoholabspaltung neue Ester der Orthokieselsäure gewinnen, welche zur therapeutischen Verwendung geeignet sind. Je nach den Mengenverhältnissen, nach denen man die mehrwertigen Alkohole mit dem Orthokieselsäureester in Reaktion treten läßt, gelingt es, verschiedene Reaktionsprodukte zu gewinnen, in denen zwei oder mehr Alkoholhydroxyle verestert sind. Es können z. B. aus Glykol zwei Ester, nämlich primäres Glykolorthosilicat und sekundäres Glykolorthosilicat, aus Glycerin primäres Glycerinorthosilicat und auch sekundäres und tertiäres gewonnen werden. Beschrieben sind ferner Mannitorthosilicat und Glykoseorthosilicat[4]).

Man erhält eine siliciumhaltige Verbindung, wenn man Harnstoff und Siliciumtetrachlorid aufeinander einwirken läßt[5]).

Man läßt lösliche Silikate oder kolloidale Kieselsäurelösungen, Tannin und Eiweiß bzw. dessen Abbau- oder Halogensubstitutionsprodukte oder aber lösliche Silikate bzw. kolloidale Kieselsäurelösungen, Tannin, Eiweiß und Formaldehyd aufeinander einwirken und bringt die entstandene Verbindung bei neutraler Reaktion zur Abscheidung. Beschrieben ist Kieselsäuretannineiweiß, Kieselsäureformaldehydtannincaseose, Kieselsäureformaldehydtanninjodcaseose[6]).

Guasil ist Guajacol-Kieselsäureester[7]). Man bringt Guajacol mit Siliciumtetrachlorid oder anderen reaktionsfähigen Verbindungen zur Reaktion. Man erhitzt die Komponenten am Rückflußkühler zunächst bei niedriger Temperatur und wenn die heftige Reaktion nachgelassen hat, allmählich bis zu 250° bis zur Beendigung der Salzsäureentwicklung. Es entsteht vorwiegend Diguajacyldichlorsilicium $SiCl_2(OC_6H_4 \cdot OCH_3)_2$ und Tetraguajacylsilicium $Si(OC_6H_4 \cdot OCH_3)_4$.

Phosphorhaltige Kieselsäure-Eiweißverbindungen[8]) erhält man, wenn man Eiweißkörper, deren Abbau- oder Halogensubstitutionsprodukte mit Metaphosphorsäure und kolloidaler Kieselsäure oder löslichen Salzen der Kieselsäure oder die Metaphosphate dieser Eiweißverbindungen mit kolloidaler Kieselsäurelösung bzw. deren löslichen Salzen

[1]) Scheffler, L, Sarthly, A. und P. Pellissier: Cpt. rend. hebdom. des séances de l'acad. des sciences Bd. 171, S. 416. 1920.
[2]) Breest, Fr.: Biochem. Zeitschr. Bd. 108, S. 309. 1920.
[3]) Tuberculosis 1918, Nr. 11 und 12, S. 149.
[4]) Knorr und Weyland, D.R.P. 285285. [5]) Weyland, D.R.P. 272338.
[6]) Josef Burkhardt, Frankfurt, D.R.P. 341114.
[7]) Pharm. Ind. Ges. Wien, Ö.P. 86131. [8]) Laves, Hannover, D.R.P. 335063.

oder aber die Kieselsäure-Eiweißverbindungen mit Metaph osphorsäure oder deren löslichen Salzen behandelt und wenn nötig durch Säuren zur Ab scheidung bringt. Die Kieselsäure-Eiweiß-Metaphosphate sind weiße bis gelbliche in Wasser und organischen Lösungsmitteln unlösliche Pulver, die bei künstlicher Verdauung mit Pepsinsalzsäure an diese keine Kieselsäure abgeben, sich dagegen in alkalischer Flüssigkeit leicht lösen und demgemäß bei der innerlichen Darreichung erst im Darmkanal zur Wirkung gelangen. Ihre Alkalisalze sind löslich.

Calcium.

In jüngster Zeit werden Calciumsalze, z. B. Calciumchlorid, als fernwirkende Adstringentia empfohlen. Injiziert man Tieren subcutan Chlorcalciumlösungen, so treten keine oder nur sehr schwache Entzündungserscheinungen auf Reize auf. Es ist möglich, daß der höhere Calciumgehalt die Capillaren und Lymphgefäße für Plasma und Blutkörperchen weniger durchlässig macht. Langsamer setzt die Calciumwirkung vom Darme aus ein. Bei Katarrhen sieht man in der Regel eine wesentliche Besserung.

Statt des zerfließlichen Chlorcalciums werden milchsaures Calcium und trockene Calciumpräparate empfohlen.

Bei der Kalktherapie ist die Löslichkeit des verwendeten Calciumsalzes von größter Bedeutung, ebenso das Anion, da die Salze anorganischer Säuren und organischer mit nicht verbrennbarem Anion wesentlich stärker wirken als die mit verbrennbarem Anion[1]). Calciumchlorid ist daher die wirksamste Verbindung.

R. Cohn, Berlin[2]), beschreibt ein Calciumpräparat, welches Chlorcalcium und Calciumlactat enthält, an der Luft erstarrt und aus milchsaurem Calcium und wässeriger Salzsäure durch Kochen hergestellt wird.

Kalzan ist Calcium-Natriumlactat. Es soll den Vorzug besitzen, daß es neben dem Calcium ein die Kalkretention förderndes Alkalisalz enthält.

Calciril ist ein Doppelsalz von Calciumchlorid und Natriumacetat.

Gleiche Molekulargewichte von $CaCl_2$ und Natriumacetat werden zusammen gelöst und zur Trockne gebracht. Das bei 100° vollkommen wasserfrei gewonnene Doppelsalz enthält 58% Chlorcalcium und nimmt an der Luft etwas Wasser auf, bleibt aber dann trocken und zieht kein Wasser mehr an[3]).

Uro-Calciril ist Hexamethylentetramin-Calciril[4]).

Calcihyd ist Calciumchlorid-Hexamethylentetramin $CaCl_2(C_6H_{12}N_4) + 10H_2O$.

Caposit ist $CaO_2Cl_2 \cdot CaCl_2$[5]).

Durch Einwirkung äquivalenter Mengen Chlorcalciumhydrat und Milchzucker erhält man ein nicht zerfließliches Chlorcalciumpräparat[6]).

An Stelle von Chlorcalcium kann man Brom- oder Jodcalcium mit Milchzucker verwenden oder die Calciumhalogenide auf Rohrzucker oder Fructose in Gegenwart von wenig Wasser einwirken lassen. Beschrieben sind Bromcalciumlactose, Chlorcalciumfructose, Jodcalciumsaccharose[7]).

Knoll & Co.[8]) stellen eine Verbindung von Chlorcalcium (1 Mol.) und Harnstoff (4 Mol.) her, welche bei Heufieber und bronchialem Asthma subcutan ohne Schmerzen injiziert werden kann.

Afenil ist Calciumchloridharnstoff. Es ist nicht hygrospkoisch, löst sich leicht in Wasser, schmeckt weniger salzig und ist bei subcutaner Anwendung reizlos.

Doppelverbindungen von Harnstoff mit Erdalkalibromiden werden in der Weise hergestellt, daß Harnstoff und das betreffende Bromid im molekularen Verhältnis 4 : 1 in einem Lösungsmittel einige Stunden lang erhitzt werden[9]).

---

[1]) Starkenstein, E.: Therap. Halbmonatsh. Bd. 18, S. 553. 1921; Bd. 19, S. 585. 1921.
[2]) D.R.P. 379850. [3]) Calcion G. m. b. H., Berlin, D.R.P. 365554.
[4]) Kionka, H.: Allg. med. Zentralztg. 1921, Nr. 35, S. 206. — Giese, W.: ebenda, 1921, Nr. 39, S. 230.
[5]) Ficker, M. und E. Kadisch: Zeitschr. f. Hyg. u. Infektionskrankh. Bd. 102, S. 76. 1924. [6]) E. Ritzert, D.R.P. 288966.
[7]) E. Ritzert, D.R.P. 305367, Zusatz zu D.R.P. 288966.
[8]) D.R.P. 306804. [9]) D.R.P. 226224.

Calciglycin ist Diglykokollchlorcalcium[1]).

Verbindungen von Urethanen und Diurethanen mit Calcium- oder Strontiumbromid erhält man, wenn man Urethane mit diesen Bromiden in einem geeigneten Lösungsmittel im molekularen Verhältnis 1 : 4 mehrere Stunden lang erhitzt. Beschrieben sind die Doppelverbindungen von Äthylurethan mit Bromcalcium, Äthylurethan mit Strontiumbromid, Methylendiurethan mit Bromcalcium. Diese Stoffe sollen als Schlafmittel Verwendung finden[2]).

Halogencalciumstärkepräparate stellt man dar, indem man annähernd gleiche Gewichtsteile Halogencalcium und Stärke bei gewöhnlicher Temperatur mit nur so viel Wasser zu einem Brei verrührt, daß die Reaktionsmasse ohne Wärmezufuhr erstarrt. Es gelingt so, ohne Wärmezufuhr unmittelbar lufttrockene Produkte herzustellen. Bei einem Überschuß von Chlorcalcium bleiben die Produkte klebrig, und bei größerem Wasserüberschuß bindet die Masse nicht ab. Dargestellt wurde Chlorcalciumstärke und Bromcalciumstärke[3]).

Siehe auch bei Jod- und Bromverbindungen.

Kresival ist das Calciumsalz der Kresosulfosäure, es soll bei Katarrhen günstige Erfolge zeitigen[4]).

Die organischen Farbstoffe.

Die Eigentümlichkeit zahlreicher organischer Farbstoffe, nur bestimmte Gewebe oder nur bestimmte Teile des Gewebes anzufärben, sowie ihre Fähigkeit, Bakterien und andere Mikroorganismen durch Färbung zu differenzieren, hat bei einzelnen Forschern den Gedanken erweckt, diese spezifische Selektion bestimmter Gewebe und bestimmter Mikroorganismen für gewisse Farbstoffe dazu zu verwenden, daß man durch Anke tung wirksamer Gruppen an solche Farbstoffe, wenn nicht besonders wirksame Gruppen in diesen von Haus aus vorhanden sind, pharmakologisch wirksame Verbindungen schafft, die durch die besondere Selektion gerade in den spezifisch zu färbenden Geweben zur Ablagerung gelangen und dann dort ihre Wirkung ausüben. Zu dem trat eine Beobachtung von Stilling, daß die organischen Farbstoffe zum großen Teile enorme desinfizierende Eigenschaften besitzen und als Antiseptica um so mehr gute Dienste leisten müßten, weil sie infolge der Fähigkeit der Bakterien den Farbstoff aus seiner Lösung anzuziehen um so leichter und sicherer ihre antiseptische Wirkung entfalten können. Aber der anfängliche Enthusiasmus, welcher dieser hübschen Idee entgegengebracht wurde, hat sich stark verloren Die spezifische Selektion der Gewebe und Mikroorganismen für bestimmte Farbstoffe ist ja nicht eine besondere Funktion der Farbstoffe; bei den Farbstoffen kommt nur diese Selektion zur sichtbaren, leicht erkenntlichen Erscheinung, während bei den ungefärbten Substanzen die Selektion nur durch die spezifische Wirkung des reagierenden Gewebes erschlossen werden kann. Es ist klar, daß die färbende Eigenschaft dieser chemischen Substanzen zu ihren sonstigen physiologischen Wirkungen in keiner Beziehung stehen muß, vielmehr sind die physiologischen Wirkungen nur abhängig von dem allgemeinen Baue dieser Substanzen und daher auch von der Zugehörigkeit zu bestimmten chemischen Gruppen. Daß die chemischen Gruppierungen innerhalb des Moleküls der Farbstoffe, welchen die Farbstoffe ihre Farbe verdanken, neue oder spezifische Wirkungen physiologischer Art auslösen, die den nicht gefärbten Substanzen nicht eigen sein sollten, ist ja wohl nicht anzunehmen und tatsächlich hat die praktische Erfahrung auch gezeigt, daß die organischen Farbstoffe keinerlei Vorzüge vor den anderen wirksamen Substanzen nicht gefärbter Art haben. Dabei haben ja die organischen Farbstoffe bei ihrer Zirkulation im Organismus den Nachteil, daß sie durch die reduzierende Wirkung der Gewebe ziemlich

---

[1]) Loewy: Therap. d. Gegenw. 1916, Nr. 3, S. 96. [2]) Gehe, D.R.P. 284734.
[3]) Ritzert, Frankfurt, D.R.P. 308616.
[4]) Baron, C.: Med. Klinik 1923, Nr. 11.

rasch in ihre meist ganz unwirksamen Leukoverbindungen verwandelt werden und wir so innerhalb des Organismus zum Teil unwirksame Substanzen diesem einverleiben. Nur der Reiz, daß man sichtbare spezifische Selektion als Resultat der Verwendung von Farbstoffen als Antiseptica z. B. erhält, war der Hauptbeweggrund für die Anwendung der Farbstoffe in der Therapie. So war Th. Billroth von der Hoffnung erfüllt, daß man einen Farbstoff finden werde, welcher die Gewebe ungefärbt läßt, und so auf diese nicht einwirkt, aber die spezifischen Bakterien innerhalb des Organismus färbt und gleichzeitig tötet. Daß man sich solchen Selektionsvorstellungen hingab und gerade die Farbstoffe als diejenigen Körper ansah, unter denen man den chemischen Stoff finden müßte, dem eine solche eigentümliche spezifische Selektion zukommt, ist nur, wie erwähnt, daraus zu erklären, daß man bei den Farbstoffen, um es derb zu sagen, die Selektion zu Gesicht bekommt. Daß gerade bei den Medizinern falsche Vorstellungen dieser Art so große Verbreitung gefunden und einen so großen Enthusiasmus erweckt haben, ist nur dem Umstande zuzuschreiben, daß die Mediziner die ihnen aus der Histologie wohlbekannten Erscheinungen der Farbenselektion der Gewebe rasch auch auf die Wirkung der Farbstoffe auf lebende Gewebe ohne längeren Vorbedacht ausgedehnt haben.

Es muß aber bemerkt werden, daß gesundes Protoplasma z. B. von Methylenblau überhaupt nicht gefärbt werden soll, wie es Michailow[1]) berichtet, sondern erst absterbendes Gewebe, womit der ganzen Therapie der physiologische Boden entzogen werden würde.

Schon im Altertume hat man den blauen Indigo zur Heilung von Geschwüren empfohlen und verwendet. Die schwach antiseptischen Wirkungen dieser Substanz wären vielleicht wieder einmal für die Darmantiseptik zu versuchen, da Indigo, wie Nigeler gezeigt hat, den Darm unverändert passiert und nichts von dieser Substanz in irgendeiner Form in den Kreislauf gelangt. Doch ist der reine Indigo nach R. Koberts Angabe in fein verteiltem Zustande eine heftig lokal reizende Verbindung.

Wir teilen die in der Therapie versuchten Farbstoffe hier nach ihren chemischen Beziehungen und nicht nach ihren therapeutischen Verwendungen ein, weil so die Beziehungen zwischen Aufbau und Wirkung klarer zum Ausdruck kommen werden[2]).

Die gelben Nitrofarbstoffe zeigen eigentlich zweierlei Wirkung: die Wirkung der Nitrogruppen am aromatischen Kern und die Wirkung der zugrunde liegenden Verbindungen, wie z. B. des Phenols. Wie durch den Eintritt von Halogenradikalen für Kernwasserstoffe oder von Alkylgruppen für Kernwasserstoffe die antiseptische Kraft des Phenols ansteigt, so geschieht es auch beim Eintritt von Nitrogruppen in die Kerne. Aber im Gegensatze zum Eintritt von Alkylen steigt hier die Giftigkeit der Verbindung beim Eintritt von Nitrogruppen, und zwar ist die Giftigkeit durch die Wirkungen der Nitrogruppen selbst bedingt. Nitrobenzol und Dinitrobenzol sind giftig.

Trinitrophenol (Pikrinsäure) ist daher ein starkes Antisepticum und ist in verdünnten Lösungen äußerlich gut anwendbar. Es wird in Frankreich gegen Brandwunden viel verwendet. Hingegen ist diese Verbindung für den innerlichen Gebrauch wegen der Zerstörung der roten Blutkörperchen und ihrer energisch krampferregenden Wirkung sowie wegen der Störungen in der Niere und der schließlichen Lähmung des Atemzentrums unverwendbar; doch ist die Pikrinsäure keineswegs zu den heftigen Giften zu rechnen und ist äußerlich ganz gut verwendbar, wo man neben der antiseptischen Kraft dieses Mittels auch ihre schmerzstillenden Eigenschaften zu verwerten beabsichtigt.

---

[1]) Petersburger med. Wochenschr. 1899, S. 23.

[2]) Weyl, Th.: Teerfarben.

Pikrinsaures Ammon hat, entgegen der Angabe von Clark[1]), welcher es als Chininersatzmittel empfohlen, nur eine sehr beschränkte aber doch nachweisbare chemotherapeutische Wirksamkeit[2]).

Hingegen ist Dinitrokresol weit intensiver giftig, was vielleicht durch seine leichtere Löslichkeit in Wasser der Pikrinsäure gegenüber zu erklären ist. Daher kann dieser Farbstoff keine medizinische Anwendung finden.

Martiusgelb, das Salz des Dinitro-α-naphthol

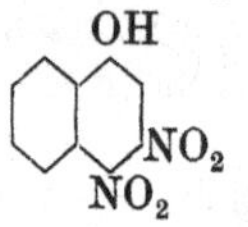

OH, NO_2, NO_2 (Strukturformel)

zeigt giftige Eigenschaften, obwohl er weniger giftig ist als Dinitrokresol.

Die Regel, daß giftige Körper durch Überführung in Säuren entgiftet werden, findet auch in dieser Gruppe ihre Bestätigung, da Naphtholgelb-S (Dinitro-α-naphtholsulfosäure)

$$C_{10}H_4\begin{cases}OH\alpha\\(NO_2)_2\\SO_3H\end{cases}$$

also eine Sulfosäure des giftigen Martiusgelb, ein ganz ungiftiger Körper ist. Aus demselben Grunde ist auch das Schöllkopfsche Brillantgelb, welches eine dem Naphtholgelb-S isomere Dinitro-α-naphtholmonosulfosäure ist, unwirksam.

Aurantia, ein Salz des Hexanitrodiphenylamins,

$$\begin{matrix}C_6H_2(NO_2)_3\\C_6H_2(NO_2)_3\end{matrix}>NH$$

scheint wegen der Nitrogruppen giftig zu sein, was wohl von einzelnen Beobachtern wieder geleugnet wird.

Die Azofarbstoffe, welche durch dio Gruppe —N = N— charakterisiert sind, sind durchaus ungiftige Körper. Diaminoazobenzol, dessen Chlorhydrat Chrysoidin genannt wird

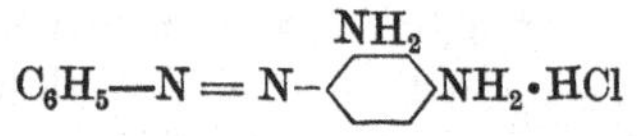

$$C_6H_5—N = N-\langle\ \rangle NH_2 \cdot HCl \quad (NH_2)$$

hat die eigentümliche Fähigkeit, schon in sehr verdünnten Lösungen Choleravibrionen zu agglutinieren. Aber ebenso wie die Kommabacillen verhalten sich sämtliche Vibrionen diesem Farbstoff gegenüber. Chrysoidin ist als Antisepticum aufzufassen, welchem aber keine spezifischen Wirkungen zukommen. Es bewirkt eine geringe Albuminurie, Abnahme des Körpergewichtes und Ekzeme. Über einige Azofarbstoffe, die Paul Ehrlich und Einhorn in Kombination mit Cocain dargestellt haben, ist in dem Kapitel Alkaloide nachzulesen.

Acetylverbindungen des Aminoazobenzols und seiner Derivate erhält man insbesondere mit Essigsäureanhydrid, wenn man so lange behandelt, bis mindestens zwei Acetylgruppen in das Molekül eingetreten sind. Die Verbindungen sollen ungiftig und reizlos sein bei intensiver Wirkung und großer Löslichkeit[3]).

Wird diazotiertes Aminoazotoluol mit p-Aminobenzoesäurealkylestern oder p-Oxybenzoesäurealkylestern umgesetzt, so erhält man für Hautbehandlung brauchbare Farbstoffe, welche anästhesierende und epithelisierende Wirkungen haben.

Beschrieben sind

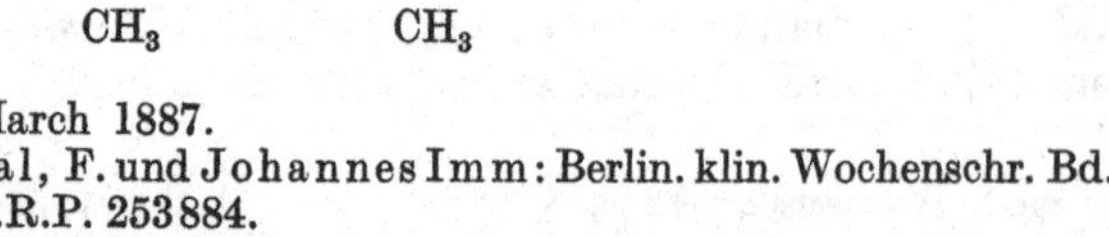

$$\langle\ \rangle—N = N—\langle\ \rangle\cdot N = N—NH—\langle\ \rangle—COO\cdot C_2H_5 \quad (CH_3,\ CH_3)$$

[1]) Lancet, March 1887.

[2]) Rosenthal, F. und Johannes Imm: Berlin. klin. Wochenschr. Bd. 57, S. 151. 1920.

[3]) Kalle, D.R.P. 253884.

und

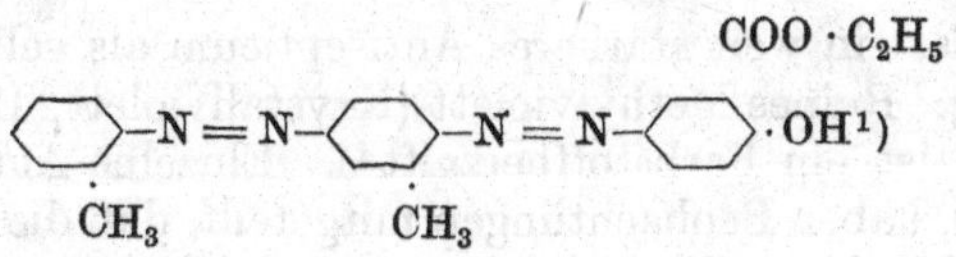

$$\text{C}_6\text{H}_4(\text{CH}_3)\text{—N=N—C}_6\text{H}_3(\text{CH}_3)\text{—N=N—C}_6\text{H}_3(\text{COO}\cdot\text{C}_2\text{H}_5)\cdot\text{OH}$$ [1]

Von den Diazofarbstoffen erweisen sich alle von Weil untersuchten Körper, wie Echtbraun G, Wollschwarz, Naphtholschwarz P, Kongo-Azoblau und Chrysamin R als unschädlich, insbesondere, wenn man sie per os einverleibt.

Folgende fettlösliche aber wasserunlösliche Farbstoffe: Benzolazo-β-naphthylamin, Toluolazo-β-naphthylamin, Benzolazobenzolazo-β-naphthol (Sudan III), Benzolazo-β-naphthol (Sudan I), Benzolazodimethylanilin (Buttergelb), Benzolazophenol (Ölgelb), Aminoazobenzol (Spritgelb), Benzolazoresorcin (Sudan G) werden zum Teil unverändert im Harn ausgeschieden, zwei von ihnen, Benzolazophenol und Benzolazoresorcin, in Form gepaarter Glykuronsäuren. Eine besondere Giftwirkung macht sich selbst bei Injektion größerer Mengen nicht geltend, obgleich die Farbstoffe im Fettgewebe, in den Nerven usw. gespeichert werden[2].

Sudan I ist nicht völlig unschädlich, da dieser Farbstoff eine geringe Albuminurie hervorzubringen scheint.

Nach den Untersuchungen von Th. H. Fairbrother und A. Renshaw[3]) haben Farbstoffe, die eine einigermaßen ausgesprochene antiseptische Wirkung gegen Bakterien und Protozoen haben, eine oder mehrere Aminogruppen im Moleküle. Die Gegenwart der Aminogruppen genügt an sich nicht, um eine antiseptische Wirkung zu erzeugen, aber das Fehlen dieser Gruppen genügt, antiseptische Wirkung zu verhindern. Die Wirkung der Aminogruppen im Moleküle kann beeinflußt und ganz aufgehoben werden durch andere Gruppen, wie die Sulfosäure-, Carboxyl- und Nitrogruppe, durch die Einführung der Naphthalin- oder von Naphthylamingruppen oder durch Substitution von Alkyl- oder Arylgruppen in die Aminogruppen selbst oder in den Benzolkern. Es scheint in jedem Falle antiseptischer Wirkung eine tautomere Umwandlung im Moleküle einzutreten und es scheint in jedem solchen Falle der Farbstoff als molekulares Dispersoid zu wirken, weil Farbstoffe, die kolloidale Lösungen bilden, wenig Neigung für antiseptische Wirkung erkennen lassen.

Aus der Reihe der Diphenyl- und Triphenylmethanfarbstoffe hat Stilling[4] mehrere Körper als Antiseptica empfohlen. Das gelbe Pyoktanin ist salzsaures Auramin

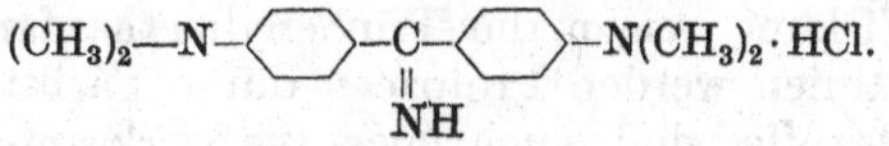

$$(\text{CH}_3)_2\text{—N—C}_6\text{H}_4\text{—C(=NH)—C}_6\text{H}_4\text{—N(CH}_3)_2\cdot\text{HCl}.$$

Das violette Pyoktanin, Methylviolett genannt, ist ein Gemenge der Chlorhydrate von methylierten p-Rosanilinen, besonders vom Penta- und Hexamethyl-p-rosanilin

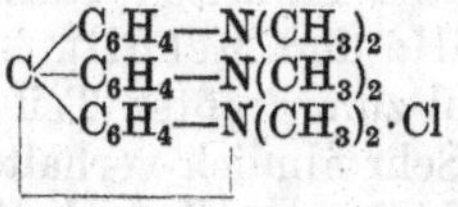

$$\text{C}\begin{cases}\text{C}_6\text{H}_4\text{—N(CH}_3)_2\\ \text{C}_6\text{H}_4\text{—N(CH}_3)_2\\ \text{C}_6\text{H}_4\text{—N(CH}_3)_2\cdot\text{Cl}\end{cases}$$

Von den Farbstoffen wirken nach den Untersuchungen von Behring Methylviolett und Pyoktanin schon in sehr dünnen Lösungen keimtötend. Noch stärker wirken Dahliablau und Cyanin, aber ihre Lösungen sind nicht haltbar. Malachitgrün ist sehr haltbar und außerordentlich stark wirksam.

[1]) Zink, D.R.P. 262476.

[2]) Salant, W. und R. Bengis: Journ. of biol. chem. Bd. 27, S. 403. 1916.

[3]) Journ. of the soc. chem. Ind. Bd. 41, S. 134. 1922.

[4]) Arch. f. exp. Pathol. u. Pharmakol. Bd. 28, S. 351. — Wien. klin. Wochenschr. 1891, S. 201, 263. — Lancet 1891, April, S. 272.

Methylviolett ist ein weit stärkeres Antisepticum als gelbes Pyoktanin und ist relativ ungiftig. Reines Methylviolett (Krystallviolett, Hexamethylpararosanilinchlorhydrat) ist ein Farbstoffherzgift[1]). Einzelne Autoren, insbesondere v. Mosetig (1896), haben Beobachtungen mitgeteilt, daß die spezifisch färbende und antiseptische Kraft des Methylvioletts und Pyoktanin sich bei der Behandlung inoperabler maligner Neoplasmen besonders bewähre, ja, daß sogar solche inoperable bösartige Geschwülste auf die Behandlung mit Methylviolett völlig zurückgehen und vernarben.

Ebenso hat Jacobi[2]) gute Resultate bei Behandlung von 120 Fällen von Neoplasmen mit Methylenblau veröffentlicht. Dann wurden Versuche dieser Art wieder aufgegeben.

Gentianaviolett und andere Pararosaniline wie Parafuchsin, Dahlia, Methylviolett, aber auch Rosaniline üben in sehr weitgehenden Verdünnungen auf die grampositiven Bakterien einen wachstumhemmenden Einfluß aus, während sie die gramnegativen ganz intakt lassen[3]).

Die Gramfestigkeit beruht für die genannten Farbstoffe auf ihrer Permeabilität für die Farbstoffe, während die gramnegativen für sie impermeabel sind. Die Farbstoffe wirken auf die gramnegativen Bakterien nicht oder viel weniger toxisch, weil sie in den Bakterienleib nicht eindringen können. Fast ausnahmslos ist die Hemmungswirkung eine streng elektive, indem grampositive Bakterien im allgemeinen 3—10000fach stärker beeinflußt werden wie gramnegative[4]).

Methylviolett, Malachitgrün, Phenylblau und Trimethylrosanilin wirken völlig entwicklungshemmend.

Nach Penzoldt macht Methylviolett intern lokale Veränderungen, während Malachitgrün motorische Lähmungen mit zeitweisen Krampferscheinungen, Trimethylrosanilin Muskellähmung erzeugt.

Mit der Zahl der Alkylgruppen nimmt die antiseptische Wirkung zu. Eine Ausnahme bildet Methylgrün, bei dem die Umwandlung des einen N in ein quaternäres Salz einen fast völligen Verlust der Hemmungswirkung bedingt. Äthylgruppen erhöhen die antiseptische Wirkung stärker als die Methylgruppen. Das zweite Alkyl bewirkt eine stärkere Steigerung als das erste. Die Stellung der eingeführten Gruppen ist ebenfalls von Bedeutung, Einführung einer Methylgruppe in den Kern steigert die Hemmungswirkung, wie sich aus dem Vergleich von Anilin und Toluidin und ihrer Derivate ergibt. Die ausgesprochenste selektive Wirkung zeigen die Triphenylmethanfarbstoffe[5]).

Leichter als Bakterien werden Protozoen durch Farbstoffe abgetötet. Die Triphenylmethanfarbstoffe sind auch hier die wirksamsten: Methylenblau, Fuchsin, Methylviolett, Parafuchsin (Tryparosan), Malachitgrün und Brillantgrün. Sie sind aber allgemeine Protoplasmagifte. Weniger giftig sind die sauren Azofarbstoffe, welche die Parasiten stark angreifen, z. B. Trypanrot (Ehrlich), Trypanblau (Nicolle und Mesnil).

Eosin wird vom Darmkanal zum größten Teil nicht resorbiert, daher ist es vom Magen aus nicht giftig. Sehr ähnlich verhalten sich die Muttersubstanzen des Eosins, Fluorescein und dessen Jodsubstitutionsprodukt, Erythrosin. Fluorescein wirkt noch weniger als seine Brom- und Jodderivate. Fluorescin wird beim Hunde in Fluorescein übergeführt und im Harn ausgeschieden[6]).

---

[1]) Fühner, H.: Arch. f. exp. Pathol. u. Pharmakol. Bd. 69, S. 43. 1912.
[2]) Journ. of the Americ. med. assoc. Bd. 47, Nr. 19.
[3]) Churchman: Journ. of exp. med. Bd. 16, 17, 18.
[4]) Eisenberg: Zentralbl. f. Bakteriol. Bd. 71 und 82.
[5]) Kligler, J. J.: Journ. of exp. med. Bd. 27, S. 463. 1919.
[6]) Rost, E.: Arbeiten des Kaiserlichen Gesundheitsamtes Bd. 40, S. 171. 1912.

Rose Bengale, Phenylblau und Methylenblau haben keine bemerkenswerten Störungen im Organismus zur Folge. Doch haben alle diese Farbstoffe bei der Diphtheriebehandlung im Stich gelassen. Stilling hatte Methylviolett, insbesondere bei Augenerkrankungen auf das wärmste empfohlen. Später konnten Stilling und Wortmann zeigen, daß die dem Pyoktanin, welches ja eine Methylverbindung ist, analoge Äthylverbindung bakteriologisch und therapeutisch viel stärker wirkt. Aber schon das salzsaure p-Rosanilin, Fuchsin genannt, die nicht alkylierte Grundsubstanz dieser Verbindungen

$$C \begin{cases} C_6H_4 \cdot NH_2 \\ C_6H_4 \cdot NH_2 \\ C_6H_3 \begin{cases} CH_3 \\ NH_2Cl \end{cases} \end{cases} + 4\,H_2O$$

ist nach Loujorrais sehr fäulniswidrig und dabei ein ganz ungiftiger Körper, wobei naturgemäß vorausgesetzt wird, daß die Versuche mit reinen Präparaten gemacht sind.

Toluidinblau ist das Chlorzinkdoppelsalz des Dimethyltoluthionin; es ist für Mikroorganismen ein erhebliches Gift und kann wie Methylenblau in der Augenheilkunde verwendet werden[1]).

Wir sehen schon bei Betrachtung dieser Gruppe von Körpern, daß ihnen nicht etwa eine spezifische Wirkung zukommt, sondern daß sie nur vorzugsweise in der äußeren Anwendung als antiseptische Mittel verwendbar sind, als Mittel, die in ihrer Wirkung etwa zwischen Carbolsäure und Sublimat stehen und denen gerade ihre färbende Kraft, derenthalben sie ja eigentlich in Verwendung gezogen wurden, in dieser Verwendung sehr hinderlich ist, da die Färbung der Verbandstoffe, der Hände des Operateurs und der Haut des Patienten gewiß nicht zu den Annehmlichkeiten gerechnet werden kann. Daß die antiseptische Kraft in Beziehung steht zu den Eigenschaften desselben Körpers als Farbstoff, muß man entschieden in Abrede stellen. Sie ist nur abhängig von dem allgemeinen Aufbau der Substanz, steht aber in keiner direkten Beziehung zu den chromophoren und auxochromen Gruppen der Verbindung, vielmehr zu dem aromatischen Kern. Ja es kann sogar der Fall eintreten, daß eine auxochrome Gruppe die Wirksamkeit einer solchen Substanz als Antisepticum herabsetzt.

Daß die von Cazeneuve und Lepine[2]) untersuchten Monoazofarbstoffe, wie schon oben erwähnt, sämtlich ungiftig waren, läßt sich aus der Konstitution dieser Körper leicht erklären. Diese beiden Forscher untersuchten

Rouge soluble $C_{10}H_6 \begin{matrix} \alpha SO_3Na \\ \alpha N \end{matrix} = N - C_{10}H_4 \begin{matrix} \alpha OH \\ \alpha SO_3Na \end{matrix}$ Rouge pourpre $C_{10}H_6 \begin{matrix} \alpha SO_3Na \\ N \end{matrix} = N - C_{10}H_4 \begin{matrix} (SO_3Na)_2 \\ \beta OH \end{matrix}$

Bordeaux B $C_{10}H_7 \alpha N = N - C_{10}H_4 \begin{matrix} \beta OH \\ (SO_3Na)_2 \end{matrix}$ Ponceau R $C_6H_3 \begin{matrix} (CH_3)_2 \\ N \end{matrix} = N - C_{10}H_4 \begin{matrix} \beta OH \\ (SO_3Na)_2 \end{matrix}$

Orange I $C_6H_4 \begin{matrix} 4 \cdot SO_3Na \\ 1 \cdot N \end{matrix} = N - C_{10}H_6(\alpha)OH$ Jaune solide $C_6H_3 \begin{matrix} 2 \cdot CH_3 \\ SO_3Na \end{matrix}$

$$1 \cdot N = N_{(1)}C_6H_2 \begin{matrix} (2)CH_3 \\ (4)NH_2 \\ SO_3Na \end{matrix}$$

Diese Körper sind sämtlich Sulfosäuren, und die Sulfosäuregruppen bedingen hier eine Entgiftung der ursprünglichen Substanz.

Wenn aber die Azofarbstoffe keine Sulfogruppe enthalten, so sind sie giftig. So z. B. Bismarckbraun. Dieses macht in kleinen Dosen keine Erscheinungen, hingegen machen größere Dosen Albuminurie und Erbrechen.

[1]) Sem. méd. 1898, Nr. 45. — Philadelphia med. Journ. 1898, S. 13.

[2]) Coloration des vins. Paris 1866.

m-Nitrazotin, ein von Weil dargestellter Azofarbstoff aus diazotiertem m-Nitranilin gepaart mit β-Naphthol, von der Konstitution

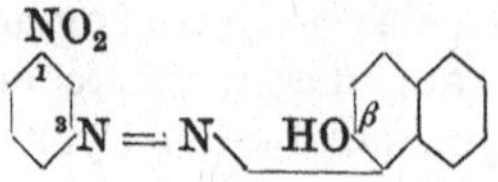

NO_2 — N = N — HO (β)

ist trotz des Vorhandenseins der Nitrogruppe ein ungiftiger Körper. Ebenso ist p-Nitrazotin, ein Azofarbstoff aus diazotiertem p-Nitranilin gepaart mit β-Naphtholmonosulfosäure der Konstitution

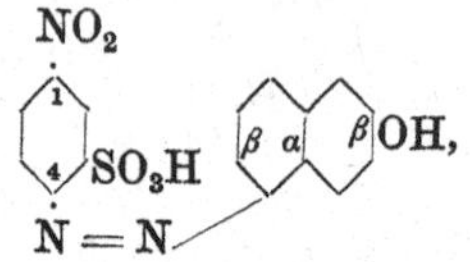

NO_2, SO_3H, N = N, OH,

ein ungiftiger Körper, was um so leichter zu erklären ist, weil hier nach Analogie mit dem m-Nitrazotin die Nitrogruppe keine giftige Wirkung äußert, anderseits die Sulfosäuregruppe eine etwa verhandene Giftigkeit unterdrücken würde.

Nach den Untersuchungen von Weil ist Orange II (Mandarin) der wahrscheinlichen Konstitution

N = N, HO, SO_3H

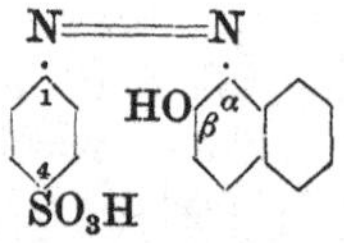

erhalten aus p-Diazobenzolsulfosäure und β-Naphthol vom Magen aus schon in kleinen Dosen giftig[1]). Bei Hunden erzeugt es Erbrechen, Diarrhöe; im Gegensatze hierzu ist aber nach den Untersuchungen von Cazeneuve und Lepine das entsprechende α-Naphtholorange

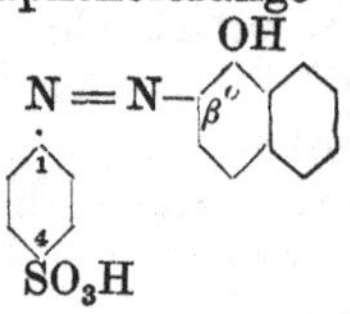

OH, N = N—, SO_3H

welches sich also vom β-Naphtholorange nur durch die Stellung der Hydroxylgruppe unterscheidet, ungiftig. Ebenso ist Metanilgelb = Orange MN so gut wie unschädlich.

Ponceau 4 GB, mit der wahrscheinlichen Konstitution

N = N—, OH, SO_3Na

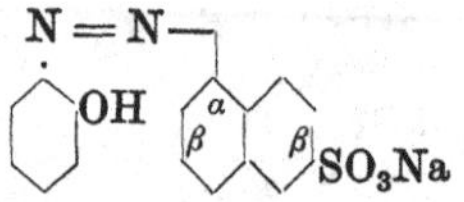

kann als ungiftig gelten, was wohl auch hier mit der Sulfogruppe zusammenhängen wird. Auch der eine Nitrogruppe enthaltende Orseilleersatz der Konstitution

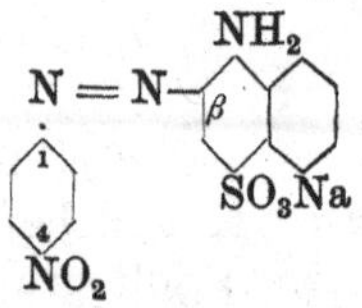

NH_2, N = N—, SO_3Na, NO_2

ist ungiftig. Wie beim Naphtholgelb S ist hier die Wirkung der NO_2-Gruppe durch die gleichzeitig vorhandene SO_3H-Gruppe ganz abgeschwächt. Es bewirkt Abnahme des Körpergewichtes, es erzeugt Gewebeekzeme.

[1]) Zeitschr. f. Untersuch. d. Nahrungs- u. Genußmittel Bd. 5, S. 241.

Diphenylaminorange der wahrscheinlichen Konstitution

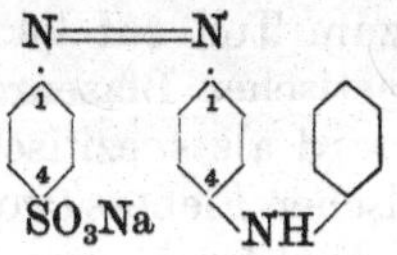

N=N

1 1

4 4

SO_3Na NH

ruft nur Albuminurie hervor. Weitere Störungen treten selbst nach mehrwöchigen Versuchen nicht auf.

Metanilgelb, das Natronsalz des m-Aminobenzolmonosulfosäure-azodiphenylamin

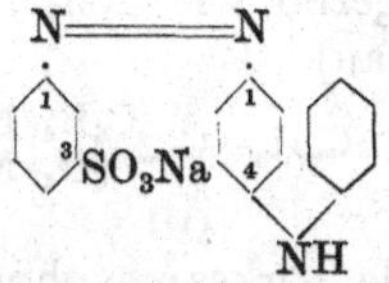

N=N

1 1

3 SO_3Na 4

NH

ist giftig, während das isomere Diphenylaminorange ungiftig ist. Es muß wohl erst erwogen werden, ob sich nicht die Giftigkeit dieses Körpers etwa durch eine leichte Abspaltbarkeit von Diphenylamin erklären läßt, um so mehr, als dieser Farbstoff schon von Haus aus stark nach Diphenylamin roch.

Pellidol ist diacetyliertes Aminoazotoluol, welches stark epithelialisierend wirkt. Scharlachrot (Aminoazotoluolazo-β-naphthol) wirkt nach E. Hayward gut bei der Behandlung schwer epithelialisierender Wundflächen, ebenso wirkt Aminoazotoluol[1]), indem sie die epithelialisierende Kraft der Gewebe erhöhen.

Brillantrot, Krapplack, Gelblicht, Grüner Lack zeigen ebenfalls eine starke granulationsbefördernde und epithelialisierende Wirkung[2]).

Von großem Interesse ist Methylenblau gewesen[3]),

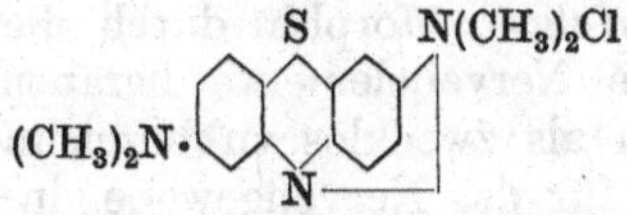

S $N(CH_3)_2Cl$

$(CH_3)_2N\cdot$

N

dessen große Neurotropie Paul Ehrlich[4]) erkannte und zugleich diese Selektion zu therapeutischen Zwecken ausnützen wollte. Eine in den Kreislauf injizierte Methylenblaulösung färbt die Endigungen der zentrifugal laufenden Nerven, während die Umgebung farblos bleibt. Aus diesem Grunde versuchte P. Ehrlich Methylenblau bei Neuralgien und rheumatischen Affektionen therapeutisch zu verwerten. Die antipyretische Wirkung des Methylenblau ist eine geringe. Es folgen Temperaturabfälle von einem halben Grad und eine Verminderung der Schweißabsonderung tritt ein. Wie die Acridinfarbstoffe, insbesondere Phosphin, zeigt auch Methylenblau eine lähmende Wirkung auf die Erreger der Malaria, eine Wirkung, welche die des Chinins um das Vierfache übertrifft. Die Parasiten nehmen hierbei den Farbstoff aus der Lösung auf. Doch kann Methylenblau trotz der anfänglichen Empfehlung durch Gutmann und Paul Ehrlich[5]) keineswegs mit dem Chinin konkurrieren, wenn auch die Wirkung des Farbstoffes im allgemeinen viel energischer sein soll als die des Chinins. Trotz mancher Empfehlung des Methylenblaus als Chininersatzmittel hat dieser Farbstoff keinen Erfolg zu erreichen vermocht. Innerhalb der Blutbahn findet tatsächlich keine sichtliche Färbung der Malariaparasiten statt, die Wirkung des Methylenblaus bei Malaria liegt also hier nicht in der Färbungsfähigkeit des Parasiten. Methylenblau als spezifisches Mittel wie

[1]) Münch. med. Wochenschr. 1909, Nr. 36, S. 1836.
[2]) Sachs, Otto: Wien. klin. Wochenschr. Bd. 24, S. 1551. 1911.
[3]) D.R.P. 38573. [4]) Biol. Zentralbl. Bd. 6, S. 214.
[5]) Berlin. klin. Wochenschr. 1891, Nr. 39.

Chinin anzusehen, ist trotz einzelner solcher Versuche unstatthaft. Es kommen ihm Nebenwirkungen zu, die zum Teil auf lokaler Reizung des Magendarmkanales, zum Teil aber auf spastischer Blasenreizung mit vermehrtem Harndrang beruhen. Methylenblau wird als spezifisches Heilmittel gegen den noch unbekannten Erreger des periodischen Fiebers (wolhynisches Fieber) empfohlen[1]).

Methylenblau steigert den Blutdruck, macht Vertiefung der Atmung[2]). Methylenblau und Thionin erzeugen bei der Infusion beim Hunde starke Temperatursteigerung, ebenso Methylenazur[3]). Methylenazur ist ein Sulfonderivat des Methylenblaus (Bernthsen), nach Kehrmann Trimethylthionin. Es wirkt stark temperatursteigernd wie Methylenblau und Thionin[4]).

Triphenylrosanilin (Anilinblau)

$$\begin{matrix} C_6H_5\cdot HN \\ CH_3 \end{matrix}\!\!>\!C_6H_3\!-\!\underset{\displaystyle OH}{\underset{|}{C}}\!<\!\begin{matrix} C_6H_4\cdot NH(C_6H_5) \\ C_6H_4\cdot NH(C_6H_5) \end{matrix}$$

ist in etwa 5% der Malariafälle wirksam, ohne überhaupt die Malariaparasiten zu färben[5]).

Zu erwähnen ist noch Safranin, welches keine therapeutische Anwendung gefunden hat. Obwohl die Substanz per os wenig giftig ist, treten doch bei subcutaner Verwendung schwere Vergiftungserscheinungen auf.

Zu den Safraninen gehört Trypo(a)safrol, zu den Acridinen das Phosphin und Trypaflavin. R. Gonder[6]) verwendete auch Pyronin und Oxazin. Für höhere Tiere sind viele Farbstoffe giftig. Die basischen Farbstoffe sind viel wirksamer als ihre Sulfosäuren und andere saure Farbstoffe.

Der Versuch von Cazeneuve, Morphin mit Nitrosoanilin zu kondensieren und so zum Morphinviolett zu gelangen, lieferte eine amorphe, sehr bitter schmeckende, narkotische und in größeren Dosen giftige Substanz. Die Absicht, die Cazeneuve verfolgte, Morphin durch die Verbindung mit einem Farbstoff leichter an die Nervenelemente heranzubringen, ist schon aus dem Grunde im vorhinein als zwecklos zu bezeichnen, weil gerade Morphin eine spezifische Selektion für das Nervengewebe, insbesondere für die Großhirnrinde zeigt. Dieser Versuch ist ferner von dem eingangs geäußerten Standpunkte zu beurteilen, daß man auf diese Weise nur eine für das Auge sichtbare Selektion erhalten kann, eine Selektion, die einer großen Reihe von ungefärbten Substanzen ebenso eigen ist, trotzdem der Effekt sich nicht gerade in Färbung äußert. Die Hoffnungen, die von mancher Seite gehegt werden, durch Verleihen von tinktoriellen Eigenschaften an bestimmte wirksame Körper, mit diesen neue Effekte zu erzielen, anderseits über die Wirkungsstätte dieser Substanzen im Organismus für das Auge sichtbare Aufschlüsse zu erhalten, haben sich in Wahrheit keineswegs erfüllt. So geistreich ein solcher Versuch auch sein mag, so müssen die bisherigen Ergebnisse, entschieden von einem weiteren Einschlagen dieser Bahn, welche anscheinend zu verlockend ist, zurückhalten.

Acridin hat schwach trypanocide Wirkung. Die Wirkung ist viel stärker ausgesprochen bei dem am N methylierten quartären Produkt, dem Acridiniumgelb, das auch Brillantphosphin genannt wird. Dieses und das durch symmetrische Einführung von 2-Methylresten in die Aminogruppe entstehende Brillantphosphin-Imino wurde von E. Lenz[7]) untersucht. Flavacid leitet sich

---

[1]) Schneyer: Münch. med. Wochenschr. Bd. 65, S. 676. 1918.
[2]) Lundberg, Harald: Skandin. Arch. f. Physiol. Bd. 45, S. 237. 1924.
[3]) Heymans, C.: Cpt. rend. des séances de la soc. de biol. Bd. 86, S. 742, 964. 1922.
[4]) Heymans, C.: Cpt. rend. des séances de la soc. de biol. Bd. 86, S. 964. 1922.
[5]) Iwanoff, A.: Dtsch. med. Wochenschr., Therap. Beil. 1900, S. 83.
[6]) Zeitschr. f. Immunitätsforsch. u. exp. Therapie, Orig. Bd. 15, S. 257. 1912.
[7]) Zeitschr. f. d. ges. exp. Med. Bd. 12, S. 195. 1921.

von Acridingelb bzw. Acridiniumgelb ab[1]). 2.7-Dimethyl-3-dimethylamino-6-amino-10-methylacridiniumchlorid ist ein gutes Oberflächendesinfektionsmittel. Zu subcutanen Injektionen ist es nicht geeignet[2]). Das unsymmetrische Dimethylprodukt kommt als „Flavicid" in den Handel. Flavicid wirkt nach H. Langer[3]) viel stärker als Trypaflavin (5—10mal) auf Kokken. Es ist nur wenig giftig. Brillantphosphin-Imino ist bedeutend giftiger als Trypaflavin.

Acridingelb

H_2N—, —N—, —$NH_2 \cdot HCl$
H_3C—, —C—, —CH_3
H

Acridiniumgelb

CH_3 Cl
H_2N—, —N—, —$NH_2 \cdot HCl$
H_3C—, —C—, —CH_3
H

Flavacid

CH_3 Cl
H_2N—, —N—, —$N(CH_3)_2$
H_3C—, —C—, —CH_3
H

Brillantphosphin-Imino

CH_3 Cl
$(CH_3)HN$—, —N—, —$NH(CH_3)$
H_3C—, —C—, —CH_3
H

Aus der Gruppe der Acridinfarbstoffe versuchte Tappeiner Phosphin, d. i. das Nitrat des Diaminophenylacridins als Ersatzmittel des Chinins zu verwenden, um so mehr, weil Phosphin wie Chinin ein starkes Protoplasmagift besonders für Protozoen ist. Ja, Phosphin überragt Chinin in seiner Wirkung auf Protozoen ungemein stark und trotz dieser stärkeren Wirkung auf Protozoen entbehrt Phosphin der spezifischen Wirkung des Chinins auf Malaria. Die Phosphine sind lokal stark reizende und entzündungserregende Körper von mittlerer Giftigkeit. Nach Auclert wird die Chrysanilindinitrat genannte Substanz [Dinitrat des Diaminophenylacridin (Phosphin)], von der Haut aus gar nicht resorbiert, auch vom Magen aus wird sie nur wenig aufgenommen. Der Tod erfolgt durch Respirationsstillstand.

Phosphin ist gegen Trypanosomen schwach wirksam. Safranin und Eurodin sind gegen Trypanosomen sehr stark wirksam. Diese Verbindungen zeichnen sich dadurch aus, daß sie sowohl dreiwertigen als auch fünfwertigen Stickstoff enthalten. Sie schmecken unangenehm und verursachen Durchfall.

Neben dem N in der Seitenkette kommt bei den letzteren zwei Farbstoffreihen vielleicht auch dem Methankohlenstoff ein Anteil zu. Methyl- und andere Gruppen in der Seitenkette des N können die Wirksamkeit vorteilhaft, aber auch nachteilig beeinflussen.

Durch Einwirkung von Formaldehyd auf 3.6-Diamino-10-methylacridinium erhält man ein Kondensationsprodukt, das stark antiseptisch und antiparasitär wirkt[4]).

Man behandelt kernhydroxylierte Acridine zweckmäßig in Gegenwart säurebindender Mittel mit Alkylierungsmitteln[5]). Beschrieben sind Monomethyl-3.6-dioxyacridin, 3.6-Dimethoxyacridin, 3.6-Diäthoxyacridin, Monäthyl-3.6-dioxyacridin, 3.6-Dimethoxy-2.7-dimethylacridin, Monomethyl-3.6-dioxy-2.7-dimethylacridin, 3.6-Bisoxäthylacridin.

3.6-Dimethoxyacridin hemmt das Wachstum von Diphtheriebacillen und Streptokokken noch in sehr großer Verdünnung, während das 3.6-Dioxyacridin selbst in starker Konzentration fast wirkungslos ist. Auch die o-Monoalkyläther der Dioxyacridine sind wertvolle Desinfektions- und Heilmittel.

Die 2-Alkoxyderivate des 9-Äthanolaminacridins zeigen in vitro eine besonders günstige baktericide Wirkung gegenüber Streptokokken. Bis zur

---

[1]) Festschrift für Paul Ehrlich, Jena 1914, S. 442.
[2]) Wolff, A.: Zentralbl. f. Chir. 1921.
[3]) Dtsch. med. Wochenschr. 1920, S. 1015. — Zeitschr. f. d. ges. exp. Med. Bd. 27, S. 174. 1922.
[4]) Cassella, Schw.P. 89421. [5]) L. Cassella & Co., Frankfurt a. M., D.R.P. 392066.

Butylverbindung zeigen sich keine großen Differenzen. Im Tierversuche nimmt die 2-Äthoxyverbindung, Rivanol[1]), (2-Äthoxy-6.9-diaminoacridinchlorhydrat)

—N— —$NH_2 \cdot HCl$
$C_2H_5O \cdot$ —C—
NH_2

eine Ausnahmsstellung ein und kommt dem Vuzin gleich. Die außerordentlich günstige Wirkung der Allyloxyverbindung ist im Tierversuch sehr stark herabgesetzt.

Rivanol tötet Bakterien außerhalb und innerhalb des Organismus ab. Es ist wirksam sowohl gegen beliebige Streptokokkenstämme als auch gegen Staphylokokken und gegen anaerobe Wundinfektionserreger mit Ausnahme des Pyocyaneus im Körper und scheint auch zu einer Allgemeindesinfektion des infizierten Organismus befähigt[2]).

Rivanol kann entgegen der Behauptung Morgenroths nicht als Pantherapeuticum gegen Staphylokokken aufgefaßt werden. Gegen Streptokokken wirkt es etwas stärker, auch gegen Colibacillen. Im Blut und Eiter ist die Wirkung sehr abgeschwächt. Rivanol steht dem Trypaflavin nach[3]).

Rivanol ist im Tierversuch der äthoxylfreien Verbindung, 6.9-Diaminoacridin

—N— $\cdot NH_2HCl$
—C—
NH_2

überlegen. Es wird zur chirurgischen Tiefenantisepsis empfohlen[4]).

Die Acridine wirken Protozoen gegenüber antiseptisch, und zwar zweimal so stark wie Chinin, sie sind allgemeine lähmende Protoplasmagifte. Sie machen Erregung, in größeren Dosen Lähmung der Atemfunktionen durch Beeinflussung des Atmungszentrums. Die quaternären Acridiniumverbindungen zeigen keine Curarewirkung, was auf der Pseudobasenbildung beruht. Geprüft wurden: 3.6-Diaminoacridinchlorid, Trypaflavin, Acridingelb (2.7-Dimethyl-3.6-diaminoacridin) Brillantphosphinnitrat (Acridiniumgelb, 2.7-Dimethyl-3.6-diamino-10-methylacridiniumnitrat), 2.7-Dimethyl-3.6-diamino-10-methylacridiniumnitrat (Brillantphosphin-Imino)[5]).

Man behandelt leicht lösliche Salze des 3.6-Diamino-10-alkylacridiniums mit Tannin in Gegenwart säurebindender Mittel, z. B. Natriumacetat. Der Niederschlag wird abfiltriert und gewaschen. Er ist im Gegensatze zu der sehr bitter schmeckenden Base geschmacklos[6]).

Öl- und fettlösliche Salze von Acridiniumverbindungen erhält man durch Umsetzen mineralsaurer Acridiniumsalze mit hochmolekularen Fettsäuresalzen.

3.6-Diaminoacridin[7]) erhält man, wenn man m-Phenylendiamin unter Rühren mit Ameisensäure oder einer Säure, die beim Erhitzen in diese übergeht, wie Oxalsäure, Glycerin oder einem anderen mehrwertigen Alkohol und $ZnCl_2$ oder einem ähnlichen wasserentziehenden Salz erhitzt.

3.6-Diaminoacridin und zwar Base, Nitrat, und Sulfat und neutrales Trypaflavin, ferner Aurophosphin 4 G extra und G extra, sowie Chrysanilin (Phosphin extra) und Acridinorange N^2O, Tryparosan, Trypanrot und Trypanblau, Chinolingelb und Chinolinrot sind wirksam gegen septikämische Bakterien, jedoch wurden nur bei nicht zu starker Infektion Erfolge erzielt. Ein Nach-

---

[1]) Morgenroth, J., Schnitzer, R. und E. Rosenberg: Dtsch. med. Wochenschr. Bd. 47, S. 1317. 1921. — Rosenstein, Paul: ebenda, Bd. 47, S. 1320. 1921. — Morgenroth, J.: Klin. Wochenschr. 1922, S. 353.

[2]) Bieling, R.: Dtsch. med. Wochenschr. Bd. 49, S. 1090. 1923.

[3]) Laqueur, E., A. Gluyters, und L. K. Wolff: Nederlandsch tijdschr. v. geneesk., Bd. 67, S. 1006. 1923. [4]) Klapp, R.: Dtsch. med. Wochenschr. 1921, S. 1383.

[5]) Lenz, Emil: Zeitschr. f. d. ges. exp. Med. Bd. 12, S. 195. 1921.

[6]) Cassella & Co., A.P. 1427432. [7]) Poulenc, Paris, D.R.P. 347819.

teil der Arcidinverbindungen bei der Allgemeinbehandlung liegt in ihrer starken Organotropie[1]).

3.6-Diaminoacridin (Sanoflavin, Primärflavin, Proflavin) verschwindet als Körper mit tertiär an Kohlenstoff gebundenem Stickstoff bedeutend langsamer aus der Blutbahn bei intravenöser Injektion als das Trypaflavin mit seinem quartär gebundenem Stickstoff.

Sanoflavin — HN—, —N—, —C—, H, —NH_2·HCl

Trypaflavin — CH_3, Cl, H_2N, —N—, —C—, H, —NH_2·HCl

Die beiden Diaminoacridine Acriflavin und Proflavin sind stärker bactericid und für Säugetiergewebe weniger toxisch als die meisten gebräuchlichen Antiseptica. Bei stomachaler Verabreichung wird der Urin, wenn seine Reaktion alkalisch ist, antiseptisch.

Trypaflavin, Neutraltrypaflavin und Diaminoacridin zeigen deutlich prophylaktische Wirkung, am stärksten Trypaflavin selbst[2]). Trypaflavin, die 3.6-Diaminoacridinbase, 3.6-Diaminoacridinnitrat und saures 3.6-Diaminoacridinsulfat können von der Blutbahn aus im lebenden Körper Bakterien töten[3]). Der experimentelle Nachweis, daß Trypaflavin auch im lebenden Körper von der Blutbahn aus Mikroorganismen zu töten vermag, steht in Übereinstimmung mit den klinischen Erfolgen bei Influenza- und anderen Pneumonien, Sepsis und Koliinfektion der Harnwege. Gegen Protozoen hat sich das Trypaflavin beim Menschen nicht bewährt[4]). Trypaflavin macht stärkere Hyperämie der Wunden und Ödembildung und dadurch eine Förderung des Heilungsprozesses, während die antiseptische Wirkung von untergeordneter Bedeutung ist[5]).

Bei den Acridinen erhöht Einführung einer Aminogruppe die bactericide Kraft, Substitution der Wasserstoffe im Alkyl schwächt sie wieder, ebenso wirken Acetylgruppen oder OH an Stelle von NH_2. Am stärksten wirksam erwiesen sich die Chlormethyl- bzw. Methylsulfat- oder Methylnitratverbindungen. Auch die zahlreichen untersuchten Phenazinderivate zeigten nicht die gleiche praktische Verwendbarkeit. Obwohl teilweise gute Antiseptica gegenüber Staphylococcus aureus, sind sie gegenüber Bacterium coli nur schwach wirksam. Hier scheinen die direkt an den Benzolkern gebundenen CH_3-Gruppen die bactericiden Eigenschaften zu verstärken[6]).

Die Einführung von Aminogruppen verstärkt die antiseptische Wirkung, wie der Vergleich von Acridin und Diaminoacridin bzw. Dimethylacridin und Diaminodimethylacridin zeigt. Der Ersatz der Methylgruppe im Trypaflavin durch Äthyl-, Propyl-, Isobutyl-, Isoamyl-, Phenyl-, Benzylgruppen ändert die antiseptische Wirkung kaum. Die Einführung von Alkylen in die Aminogruppe setzt die antiseptische Wirkung etwas herab. Verschiedene Phenazinderivate wirken schwächer, als die Acridinverbindungen[7]).

Diaminoacridin wirkt in Serum stärker bactericid als im gewöhnlichen Peptonwasser-Agar-Nährboden. Eine Anzahl seiner Derivate mit substituierenden Methylgruppen in den Aminogruppen oder an den Benzolkernen oder auch gleichzeitig an beiden (Acridingelb) wie auch Bendas 3.6-Diamino-10-

[1]) Schiemann, O.: Zeitschr. f. Hyg. u. Infektionskrankh. Bd. 97, S. 208. 1922.
[2]) Feiler, M.: Zeitschr. f. Immunitätsforsch. u. exp. Therapie Bd. 30, I, S. 95. 1920.
[3]) Neufeld, F. und O. Schiemann: Dtsch. med. Wochenschr. Bd. 45, S. 884. 1919.
[4]) Bohland, K.: Med. Klinik 1919, Nr. 47.
[5]) Ritter, Adolf: Dtsch. Zeitschr. f. Chir. Bd. 159, S. 1, 13. 1920.
[6]) Brit. med. journ. 1921, S. 695—699.
[7]) Boecker, Eduard: Dtsch. med. Wochenschr. Bd. 47, S. 1253. 1921.

methylacridiniumchlorid sind für Säugetiere verhältnismäßig ungiftig. Diaminoacridinsulfat wirkt auf Erythrocyten weniger als das Bendasche Salz bei der direkten Einführung in den Kreislauf. Es macht das Blut durch mehrere Stunden antiseptisch. Ein Drittel wird beim Menschen innerhalb zweier Tage im Harn ausgeschieden. Ein Teil geht in die Galle über.

Septacrol ist eine Doppelverbindung von Dimethyldiaminomethylacridiniumnitrat mit Silbernitrat. Der zugrunde liegende Farbstoff (Brillantphosphin 5 G, Ciba) ist mit dem Trypaflavin nahe verwandt.

Tryparosan wird durch Einführung von Chlor in Parafuchsin erhalten, es wirkt stärker als Parafuchsin bei Trypanosomeninfektion und ist ungiftig[1]). Tryparosan wurde bei Tukerkulose mit anscheinendem Erfolge versucht.

Trypanrot ist ein Benzidinfarbstoff

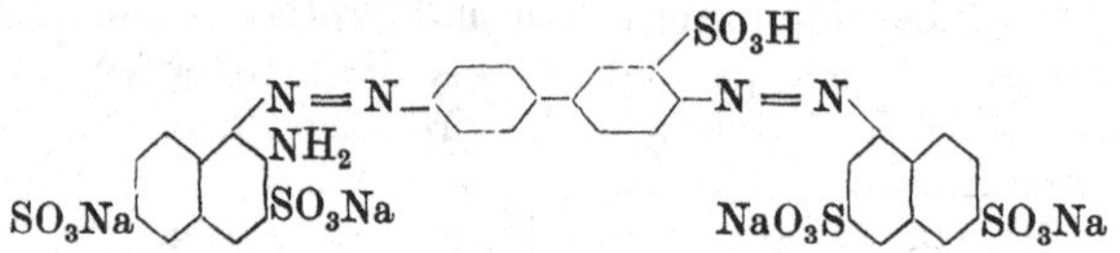

SO_3H

$N = N$ — $N = N$

NH_2

SO_3Na SO_3Na NaO_3S SO_3Na

welcher den Körper von Mäusen gegen Trypanosomen sterilisiert. Die verschiedenen Derivate des Trypanrots wirken ähnlich[2]).

Trypanrot wirkt im Glase nicht auf Trypanosomen, aber im Körper, insbesondere bei einer amerikanischen Pferdekrankheit, dem Mal de caderas. Nicolle und Mesnil fanden Trypanblau sehr wirksam bei Mal de caderas und bei Naganaerkrankung und der Surrah. Von anderen Farbstoffen aus der Reihe der Rosaniline erwies sich Parafuchsin als sehr wirksam (Ehrlich). Nicht sehr stark wirksam im Glase sind Malachitgrün und Brillantgrün, zwei Diphenylmethanfarbstoffe (Wendelstadt und Fellmer) (Tetramethyl- resp. Tetraäthyldiaminodiphenylcarbinol), aber sie sind schon in außerordentlich geringen Dosen imstande, Trypanosomen zum Verschwinden zu bringen [Wendelstadt[3])].

Bei den Trypanosomen-Erkrankungen wirken von den Farbstoffen das Tryparosan aus der Triphenyl-methanreihe, das Trypanrot und das Nagarot, Naphthyldiamino-disulfo-azobenzidin, das Trypanblau und Trypanviolett und das Trypaflavin aus der Acridinreihe.

Hexamethyl-p-rosanilin wird von dem Hexaäthylderivat in der Wirkung stark übertroffen. Die Einführung einer Aminogruppe bei den Acridinen und Phenazinen erhöht die antiseptische Wirkung. Die Chlormethylate sind stärker wirksam als die Chlorhydrate. In der Triphenyl-Methanreihe macht der Ersatz von Methyl durch Äthyl keine Erhöhung der antiseptischen Wirkung. Ersetzt man aber die Methyle durch Benzylradikale, so schwächt sich die Wirkung ab. Ersetzt man die Anilingruppe durch eine Phenyl-α-naphthylamingruppe (Victoriablau) oder durch Tolyl-α-naphthylamin (Nachtblau) so fällt die antiseptische Wirkung beträchtlich, ebenso wenn man Nitrotoluol statt Anilin nimmt (Türkischblau). Ersetzt man Anilin durch Naphtholsulfosäuren, so verschwindet die antiseptische Wirkung komplett. In diesen Gruppen sind die einfachen Verbindungen die wirksamsten.

Ein trypanosomenschädigender Einfluß läßt sich mehr oder minder vom einfachsten Triphenylmethanfarbstoff bis zu denen der Rosanilingruppe feststellen, soweit er nicht durch andere Substituenten oder Seitenketten zerstört wird. Die trypanosomenschädigende Wirkung ist noch stärker, wenn

---

[1]) Roehl, W.: Zeitschr. f. Immunitätsforsch. u. exp. Therapie Bd. 1, S. 70. 1909.

[2]) Ehrlich, P.: Berlin. klin. Wochenschr. 1907, Nr. 9—12.

[3]) Zeitschr. f. Hyg. u. Infektionskrankh. Bd. 52. 1906. — Dtsch. med. Wochenschr. 1904, S. 1711.

auch die dritte Phenolgruppe eine Aminogruppe enthält. Am wirksamsten zeigt sich das Chlorhydrat des Triaminodiphenylmethan-m-tolyl-carbinol, Fuchsin J. D. T., also Substitution einer der Phenolgruppen außer durch eine Amino- noch durch eine Methylgruppe, im Gegensatz zu Fuchsin S, einer Sulfosäure des Fuchsins, die ganz wirkungslos ist.

Die Fuchsingruppierung ist vorteilhafter, als wenn die Aminowasserstoffe ganz oder teilweise durch Methylgruppen ersetzt sind. Doch ist auch dann noch eine gewisse Wirkung vorhanden (Methylviolett und Krystallviolett), ferner auch, wenn fünf Aminowasserstoffe durch Methylgruppen und einer durch die Phenylgruppe ersetzt wird und wenn an die Stelle einer Phenylgruppe eine Naphthylgruppe getreten ist (Viktoriablau 4. R. Badisch). Sind dagegen nur vier Wasserstoffe durch Methyl und einer durch Phenyl ersetzt, so fehlt die Wirksamkeit (Viktoriablau B. Badisch), ebenso wenn vier Wasserstoffe durch Äthyl und je einer durch Phenyl und Methyl ersetzt sind (Nachtblau). Im Gegensatz dazu besteht eine schwache Wirkung, wenn vier Wasserstoffe der Aminogruppe durch Äthyl, ein Wasserstoff durch Methyl und das andere durch phenolsulfosaures Natrium ersetzt sind und wenn kein Naphtholkern im Molekül ist (Alkaliviolett L. R.). Die durch Kombination von Tetramethyldiaminobenzophenon mit Salicylsäure oder α-Oxynaphthoesäure gewonnenen Farbstoffe Chromviolett und Chromblau sind wirkungslos, ebenso Azogrün und Lichtgrün S. Badisch und Neu-Viktoriablau B.

K. Nicolle und F. Mesnil[1]) führten ebenfalls Versuche mit Farbstoffen an Trypanosomen aus und fanden besonders solche mit freien Aminogruppen wirksam. Auramin O, ein Diphenylmethanfarbstoff, ist in geringem Grade wirksam. Ringförmige oder sehr atomreiche Seitenketten schwächen anscheinend die Wirkung des Methankohlenstoffes.

Die trypanosomenfeindliche Wirkung des Rosanilins wird am allerstärksten bis zum vollkommenen Verschwinden durch Säurereste verändert, sehr erheblich durch Oxygruppen, noch sehr deutlich durch Methoxygruppen. Tritolylrosanilin und das einfache Fuchsin sind unwirksam, ebenso Parafuchsin und Tryparosan. Diantipyrinrot ist unwirksam, ebenso farbige Alkaloide. Viele Benzidin- und Tri- und Diphenylmethanfarbstoffe erweisen sich bei der Trypanosomenkrankheit als wirksam.

Sie wurden während des Krieges in England als Desinfektionsmittel benützt. Brillantgrün soll sehr bactericid sein [1 : 5 Millionen[2])]. Brillantgrün wirkt in vitro sehr stark auf Diphtheriebacillen, die Gegenwart von Blut oder Serum setzt die desinfektorische Wirksamkeit herab. Andere Bakterien werden weniger beeinflußt[3]).

Malachitgrün ist stark giftig und intensiv entzündungserregend (s. o.) Basische Anilinfarbstoffe machen sehr schwere Augenveränderungen, die mitunter zur Panophthalmie führen[4]).

Benzidinfarbstoffe, insbesondere das Nagarot (aus tetrazotiertem Benzidin mit 2.3.6-Naphthylamindisulfosäure) wirken schwach, stärker wirken Oxazin- und Thiazinfarbstoffe, insbesondere Methylenblau, aber sie wirken nicht heilend.

In der Apocyaningruppe wirken die Erythroverbindungen weniger stark als die Xanthoverbindungen, diese im ganzen kräftig. Die Gegenwart von Aminogruppen setzt im Gegensatz zur Acridinreihe die Wirkung eher herab als herauf.

---

[1]) Ann. de l'inst. Pasteur Bd. 20, S. 417. 1906.

[2]) Leitchs: Brit. med. journ. 1916, I, S. 236.

[3]) Volmer, J. A., S. S. Woody, und E. M. Yagle: Journ. of infect. dis. Bd. 26, S. 179. 1920.

[4]) Vogt: Zeitschr. f. Augenheilk. Bd. 13. 1905; Bd. 15. 1906. — Gräflin: ebenda, Bd. 10. 1903. — Kuwahara: Arch. f. Augenheilk. Bd. 49. 1904.

Bei Carboxyaminen und Isocyaninen vermindern Seitenketten im Chinolinteil im Gegensatze zu solchen im Chinaldinteil die Wirkung, Aminogruppen steigern sie nicht[1]).

Durch 3—4stündiges Kochen in Gegenwart von wenig Piperidin von je 1 Mol. p-Dimethylaminobenzaldehyd und Chinaldinmethyljodid in Alkohol werden Farbstoffe dargestellt: 2-p-Dimethylaminostyrylpyridinmethyljodid, 2-p-Dimethylaminostyrylchinolin-methyljodid und -äthyljodid, 2-p-Dimethylaminostyryl-6-methylchinolin-methyljodid und -methochlorid, 2-p-Dimethylaminostyryl-6-methylchinolinallobromid, 2-p-Dimethylaminostyryl-6-methoxychinolinmethyljodid und die entsprechende Äthoxyverbindung, 2-p-Dimethylaminostyryl-7-aminochinolinmethyljodidhydrochlorid. Alle diese Styrylpyridine und Styrylchinoline wirken antiseptisch[2]).

Vergleicht man die Thiazine mit den Diazinen, so scheint die Einführung des Schwefels die antiseptische Wirkung zu verringern. Die Oxazine scheinen spezifische Wirkungen zu haben, da einzelne auf einzelne Trypanosome einwirken.

Fast alle Farbstoffe aus der Serie des Triphenylmethans, Diazine, Thiazine, Oxazine, Acridine enthalten einige freie Aminogruppen und sind starke Antiseptica. Die Gegenwart von alkoholichen Resten im Kern verringert die bactericide Wirkung. Die Einwirkung von Säureresten bringen sie zum Verschwinden. Bei Protozoen ist das Umgekehrte der Fall.

Azarin S ist vom Magen aus ganz unschädlich. Bei subcutanen Injektionen kann es aber vorkommen, daß sich der Hydrazofarbstoff, welcher dem Azarin S zugrunde liegt, abspaltet, wobei es zu einer letalen Vergiftung des Versuchstieres kommen kann.

Almathein ist ein Kondensationsprodukt des Hämatoxylins und Formaldehyds $CH_2O_2 = (C_{16}H_{12}O_5)_2 = CH_2$. Es soll die adstringierende Wirkung des Hämatoxylins mit der antiseptischen des Formaldehyds vereinigen[3]).

Formaldehyd.

Die wertvollen für die Medizin wichtigen Wirkungen des Formaldehyds H · CHO wurden, obgleich dieser Körper schon längst bekannt ist, lange Zeit nicht in Anwendung gebracht. Erst als es gelang, starke Lösungen dieses Gases in Wasser zu erzeugen, die sich beim Stehen nicht polymerisieren, war die Möglichkeit gegeben, für diesen energisch wirkenden Körper eine ausgebreitete Anwendung zu suchen.

Die ungemein große Aktivität dieses einfachsten Aldehyds steht zu seinen starken antiseptischen Wirkungen[4]) sowie zu seiner härtenden Eigenschaft in naher Beziehung. Er verhindert die Fäulnis. Auf höhere Tiere wirkt er jedoch erst nach stundenlanger Inhalation giftig, wenn man von den Reizwirkungen, die er auf die Schleimhäute der Atmungsorgane und auf die Conjunctiva ausübt, absieht. Subcutan tötet Formaldehyd schnell, noch schneller intravenös. Vollkommen neutrales Formaldehyd wird nach den Angaben von Bruni gut von Tieren vertragen, im Gegensatz zu dem käuflichen sauren. Neutrales Formaldehyd wirkt auf Bakterien nur schwach, saures viel stärker[5]).

Gibt man Formaldehyd in großer Verdünnung, so kann man im Harn Formaldehyd höchstens in Spuren nachweisen, hingegen aber Ameisensäure[6]).

---

[1]) Browning, C. H., J. B. Cohen, S. Ellingworth, und R. Gulbransen: Proc. of roy. soc. (London) Serie B, Bd. 96, S. 293. 1924.

[2]) Browning, C. H., J. B. Cohen, S. Ellingworth und R. Gullbransen: Brit. med. journ. 1923, II, S. 326. [3]) Bertini: Bull. gén. de thérap. 1905, S. 47.

[4]) Cpt. rend. hebdom. des séances de l'acad. des sciences 1892, S. 1, Aug. — Berlin. klin. Wochenschr. 1892, Nr. 30. — Liebreich, O.: Therap. Monatsh. 1893, S. 183.

[5]) Ann. de farmacoter. 1899, T. 8, S. 325.

[6]) Salkowski, E.: Biochem. Zeitschr. Bd. 87, S. 143. 1918.

Die Darstellung des Formaldehyds geschieht in bekannter Weise, indem man fein verteilten Methylalkohol auf einer heißen, porösen Masse [Kupfer, Platin, Koks oder Ziegelstücken[1])] mit Luft oxydiert.

Die Lösungen des Formaldehyds werden gemeiniglich durch die Gegenwart von Kalksalzen an der Polymerisation gehindert.

Sonst polymerisiert sich, insbesondere beim Erwärmen Formaldehyd zu Trioxymethylen $(H \cdot CHO)_3$, aus dem man hinwiederum durch Chlorcalcium oder durch trockenes Erhitzen Formaldehyd regenerieren kann. Trioxymethylen ist ein starkes Antisepticum, wie etwa β-Naphthol. In der physiologischen Wirkung steht es dem Kalomel nahe. Dosen von 3—4 g wirken purgierend, während geringere Dosen Verstopfung erzeugen. Bei der Einnahme wird die Mundschleimhaut stark gereizt. Bei der internen Verabreichung des Trioxymethylens beobachtet man sehr schlechte Wirkungen[2]).

Die Hauptverwendung des Formaldehyds in der Medizin ist die Benützung desselben für die Desinfektion von Wohnräumen. Man verdampft zu diesem Zwecke die 40proz. wässerige Lösung oder verwendet das teuere Autanverfahren.

Das Autanverfahren (Eichengrün) beruht auf einer Entpolymerisierung und Verflüchtigung von Paraformaldehyd zusammen mit Wasserdampf mittels Bariumsuperoxyd. Man kann statt Paraformaldehyd auch wässerige Formaldehydlösungen verwenden[3]) und diese in solchen Mengen auf alkalisch reagierende Metallsuperoxyde oder sich von ihnen ableitende Salze von Persäuren zur Einwirkung bringen, daß eine gleichzeitige Formaldehydgas- und Wasserdampfentwicklung stattfindet, z. B. Bariumsuperoxyd und Formaldehydlösung.

Bayer, Elberfeld[4]), entwickeln gasförmigen Formaldehyd aus polymerisiertem, indem sie Mischungen von Paraformaldehyd und übermangansauren Salzen mit oder ohne Zusatz von alkalisch reagierenden Substanzen mit Wasser behandeln.

Formaldehyd zusammen mit Wasserdämpfen wird entwickelt, indem man Oxydationsmittel, die mit Formaldehyd ohne äußere Wärmezufuhr überhaupt nicht reagieren, bei Gegenwart von Wasser und Formaldehyd oder formaldehyderzeugenden Substanzen auf leicht oxydierbare Körper, besonders fein gepulverte Metalle oder Metallgemische einwirken läßt. Es werden z. B. Gemische von Aluminium- und Eisenpulver mit Kaliumpersulfat und Paraformaldehyd verwendet[5]).

Die chemische Fabrik Griesheim-Elektron[6]) schlug zu gleichem Zwecke vor, gasförmigen Formaldehyd aus wässerigem Formaldehyd oder Paraformaldehyd zu erzeugen, indem man feste unterchlorigsaure Salze, wie Handelschlorkalk oder deren Lösungen auf Formaldehyd einwirken läßt.

Franzen empfiehlt Metallverbindungen, insbesondere die Calciumverbindung des Formaldehyds als Desinfektionsmittel. Diese geben an der Luft ohne jede Apparatur Formaldehyd ab. Man erhält sie, indem man auf Oxyde oder Hydroxyde von Metallen in der Kälte oder bei mäßiger Temperatur wässerige Formaldehydlösungen einwirken läßt oder indem man Lösungen von Formaldehydalkalisalzen mit Lösungen von Metallsalzen zur doppelten Umsetzung bringt. Beschrieben ist Formaldehydblei, Formaldehydcalcium und Formaldehydstrontium[7]).

Um die antiseptischen Eigenschaften des Formaldehyds für die interne und externe Behandlung zu verwerten, mußte man es in eine Form bringen, aus der sich langsam Formaldehyd durch verschiedenerlei Einwirkungen regenerieren kann. Eines der ersten Präparate dieser Art war Glutol, das man durch Einwirkung von Formaldehyd auf Gelatine erhält, wobei die Gelatine wasserunlöslich wird und fein geraspelt als Streupulver auf Wunden gebracht, durch die Einwirkung der Wundsekrete und der Gewebe Formaldehyd abspaltet und so desinfizierend wirkt[8]). Glutol ist sehr bald aus der Therapie verschwunden.

In gleicher Weise kann man auch aus Casein Formaldehydcasein erhalten, welches auf Wunden gebracht schwach antiseptisch wirkt, ähnlich wie Glutol.

---

[1]) D.R.P. 55716. [2]) Berlioz und Amequin: Dauphiné med. 1893, Nov.

[3]) D.R.P. 177053, 181509, 212236. [4]) Bayer, Elberfeld, D.R.P. 230236.

[5]) Lingner, K. A., Dresden, D.R.P. 233651. [6]) D.R.P 217994.

[7]) D.R.P. 277437. [8]) Schleich: Therap. Monatsh. 1896, Nr. 1, 2 und 5.

Es reizt die Wunden nicht, macht einen aseptischen Schorf, während die Wirkung auf eiternde Wunden eine sehr beschränkte ist.

Doyen, Paris[1]), stellt eine Formaldehyd-Caseinverbindung dar durch Behandlung von pulverförmigem Casein mit Formaldehyd und darauffolgende Behandlung des getrockneten Produktes mit verdünntem Alkali und längere Zeit währende Behandlung mit konz. Formaldehydlösung.

Auch Nucleinsäuren und deren Abbauprodukte (z. B. Nucleothyminsäure oder Thyminsäure) verbinden sich direkt mit Formaldehyd und geben Verbindungen, deren Alkalisalze wasserlöslich sind. Formaldehyd ist in ihnen nur locker gebunden[2]).

Die Verwendung dieser unlöslichen Präparate ist nur von dem Standpunkte aus zu erklären, daß man ihre Wirkung für eine protektive ansieht, da ja ihre antiseptischen Eigenschaften weit hinter denen der zahlreichen Jodoformersatzmittel zurückstehen. Nach kurzer Zeit waren alle Verbindungen dieser Art aus der Therapie verschwunden. In gleicher Weise wie mit Eiweißkörpern und Leim, lassen sich auch Formaldehydverbindungen mit zahlreichen Kohlenhydraten darstellen, aus denen sich ebenfalls langsam durch die Gewebewirkung Formaldehyd regeneriert.

Classen[3]) hat gefunden, daß Formaldehyd mit Stärke, Dextrinen und Pflanzenschleim in der Weise, reagiert, daß man wasserunlösliche, geruch- und reizlose Verbindungen erhält, die wie Glutol Formaldehyd abspalten und ohne giftig zu sein, antiseptisch wirken.

Die Darstellung geschieht in der Weise, daß man diese Polysaccharide entweder mit 40proz. Formaldehydlösung in hermetisch geschlossenen Gefäßen erhitzt, oder daß man statt der wässerigen Formaldehydlösung festes Trioxymethylen zu gleichen Zwecken benützt. Wenn man auf 130—140° C erhitzt und dann das Produkt bei 120—130° C trocknet, erhält man an Formaldehyd reichere Präparate. Statt der Kohlenhydrate kann man auch deren Acetyl- oder Benzoylester zur Verarbeitung in Formaldehydderivate verwenden.

Diese Präparate wurden von Classen unter dem Namen Amyloform (Kondensationsprodukt von Stärke und Formaldehyd) und Dextroform (lösliches Kondensationsprodukt von Dextrin und Formaldehyd) als antiseptische Streupulver und als Darmantiseptica empfohlen.

Um ein lösliches Derivat zu erhalten, wurde das oben erwähnte Verfahren in der Weise modifiziert, daß man Formaldehyd auf Kohlenhydrate bei einer Temperatur von 100—115° C einwirken läßt, das Reaktionsprodukt mit Alkohol reinigt und dann bei nur 50—60° C trocknet.

Schlemmt man die besprochenen Formaldehydverbindungen mit Wasser auf, leitet dann Wasserdampf durch und fügt eine Jod-Jodkaliumlösung hinzu, so erhält man tiefblaue Jodformaldehydstärkeverbindungen mit 12% Jod[4]).

Busch, Erlangen, beschreibt eine trockene, wasserlösliche Formaldehyd-Dextrinverbindung, die langsam in wässeriger Lösung den ganzen Formaldehyd abspaltet. Man stellt sie dar durch Eindampfen von Dextrin mit Formaldehyd im Wasserbade und Einbringen der noch warmen, zähflüssigen Masse ins Vakuum bei Gegenwart eines Trockenmittels[5]).

Man läßt 1 Mol. Milchzucker mit 5 Mol. Formaldehyd in Gegenwart von Wasser reagieren und verdampft die konzentrierte wässerige Lösung zwischen 60—70° im Vakuum, und trocknet den Rückstand bei gleicher Temperatur. Die Substanz riecht nicht nach Formaldehyd, spaltet aber diesen im Organismus reichlich ab[6]).

Man erhält Formaldehydverbindungen von Zucker, wenn man Zucker und Paraformaldehyd unter Druck bei Temperaturen bis 110° erhitzt. Zwecks Herstellung leichtflüssiger Sirupe wird ein Teil des Paraformaldehyds durch konzentrierte Formaldehydlösung ersetzt. Dem Reaktionsgemisch kann man zweckmäßig indifferente Verdünnungsmittel, wie Talkum oder dgl. noch vor Einleitung der Reaktion beigeben[7]).

Man erhält Präparate aus Zuckerarten und Formaldehyd, wenn man Milchzucker unter Zusatz von Glucose schmilzt und mit gasförmigem Formaldehyd behandelt. Werden

---

[1]) Doyen, Paris, D.R.P. 136565. [2]) D.R.P. 139907.
[3]) D.R.P. 92259, 93111, 94628, 99378. [4]) D.R.P. 94282.
[5]) D.R.P. 155567. [6]) Paul Rosenberg, Berlin, D.R.P. 189036.
[7]) Bauer & Co., Berlin, D.R.P. 280091.

12 % Formaldehyd einverleibt, so erhält man eine durchsichtige, glasartige Masse[1]). Die Schmelze kann man an Stelle von gasförmigem Formaldehyd mit Formaldehyd abgebenden Körpern behandeln[2]).

Einhorn[3]) gewinnt Verbindungen der Amide einbasischer Säuren mit Formaldehyd durch Reaktion beider Substanzen bei Gegenwart alkalischer Kondensationsmittel. Die Verbindungen haben die allgemeine Formel $R \cdot CO \cdot NH \cdot CH_2OH$. So wurde dargestellt N-Methylolbenzamid. Sie spalten beim Erhitzen und durch Hydrolyse Formaldehyd ab.

Formicin (Formaldehydacetamid $CH_3 \cdot CO \cdot NH \cdot CH_2 \cdot OH$ oder $CH_3 \cdot C(:NH) \cdot O \cdot CH_2OH$[4]) wird durch Einwirkung von Formaldehyd oder dessen Polymeren auf Acetamid gewonnen. Die Verbindung ist flüssig, greift Instrumente nicht an und spaltet leicht Formaldehyd ab[5]).

Oxytrimethylenglycin $CH(OH)(CH_2 \cdot NH \cdot CH_2 \cdot COOH)_2$ erhält man, wenn man Mischungen von Glykokoll mit wässeriger Formaldehydlösung oder besser einem Gemenge von wässeriger Formaldehydlösung mit Methylalkohol (z. B. technischem Formalin) anhaltend auf eine 40° nicht wesentlich übersteigende Temperatur erwärmt und im Vakuum bei niederer Temperatur eindampft oder besser durch Alkohol, Aceton oder andere wasserlösliche organische Lösungsmittel fällt. Salze des Oxytrimethylenglycins erhält man, indem man Mischungen von Metallsalzen des Glykokolls mit wässeriger Formaldehydlösung und Methylalkohol (technischem Formalin) enthaltend auf mäßige Temperaturen erhitzt und im Vakuum eindampft oder besser durch wasserlösliche organische Lösungsmittel fällt[6]).

Oxytrimethylenglycin und seine Salze haben kräftige keimtötende Eigenschaften und scheinen bei ungiftiger Basis für höhere Organismen ganz ungiftig zu sein.

Durch Einwirkung von Formaldehyd auf Pentamethylendiamin entsteht eine Verbindung $C_7H_{14}N_2$, deren Salze im Gegensatz zu den ungiftigen Kadaverinsalzen auf das Zentralnervensystem und das Herz lähmend wirken[7]).

Ebenso wie Formaldehyd wirkt auch Acetaldehyd $CH_3 \cdot CHO$ und sein Polymeres, der Paraldehyd $(CH_3 \cdot CHO)_3$, antiseptisch. Um aber diese Wirkung ausnützen zu können, muß man ihn ebenfalls an eine Substanz binden, aus der er wieder abgespalten werden kann. Classen hat solche Verbindungen von Acetaldehyd und Dextrin, Paraldehyd und Dextrin, Acetaldehyd und Stärke, Paraldehyd und Stärke durch Erhitzen der Substanzen unter Druck im Autoklaven erhalten. Die Anwendung dieser Verbindungen ist völlig verlassen[8]).

Wenn man Formaldehyd in alkalischer Lösung auf Harnstoff einwirken läßt, so erhält man einen amorphen, weißen Niederschlag, der aus einem Anlagerungsprodukte von 2 Mol. Formaldehyd mit 1 Mol. Harnstoff besteht.

Diese Substanz ist ebenfalls befähigt, obwohl sie an sich geruchlos ist, langsam Formaldehyd abzuspalten[9]).

Durch Einwirkung von Formaldehyd auf Eugenol in alkalischer Lösung kann man Eugenolcarbinolnatrium erhalten.

Dieser Eugenoform genannte Körper spaltet im Organismus leicht wieder Formaldehyd ab[10]). Er ist der erste Repräsentant einer Gruppe von Substanzen, welche aus Formaldehyd und aus einem zweiten wirksamen Körper bestehen.

Wie Eugenol kann man auch andere Phenole mit Formaldehyd verbinden, indem man z. B. Thymol mit Formaldehydlösung behandelt und mit konz. Salzsäure fällt. Man bekommt eine geruch- und geschmacklose Verbindung, welche im Organismus Form-

---

1) Bauer & Co., Berlin, D.R.P. 289342.

2) D.R.P. 289910, Zusatz zu D.R.P. 289342. 3) D.R.P. 157355.

4) Kalle & Co., Biebrich, D.R.P. 164610.

5) Fuchs: Pharmazeut. Ztg. 1905, S. 803.

6) Hugo Krause, Dresden, D.R.P. 311071.

7) Ber. d. dtsch. chem. Ges. Bd. 36, S. 35. 1903. 8) D.R.P. 95518.

9) D.R.P. 97164.

10) Cohn, G.: Zeitschr. f. Hyg. u. Infektionskrankh. Bd. 26, S. 381. 1897.

aldehyd und Thymol wieder abspaltet. Statt des Thymols kann man auch Jodthymol mit Formaldehyd verbinden, wobei man dann die kombinierte Wirkung dreier antiseptischer Substanzen erhält[1]).

Methylenhippursäure wahrscheinlich $C_6H_5 \cdot CO \cdot N{<}^{CH_2 \cdot CO \cdot O}_{CH_2}$ wird von Nicolaier[2]) gegen bakterielle Erkrankungen der Harnwege empfohlen, doch scheint das Mittel nicht mehr zu leisten als andere Harnantiseptica.

Sie wird[3]) durch Einwirkung von Formaldehyd oder Paraformaldehyd auf Hippursäure gewonnen, ebenso Methylen-m-nitrohippursäure aus m-Nitrohippursäure[4]); beide spalten leicht Formaldehyd ab.

Methylenhippursäure erhält man auch durch Einwirkung von Chlormethylalkohol bzw. dessen höheren, aus Oxymethylenchloriden bestehenden Fraktionen auf hippursaure Salze. Bei diesem Verfahren tritt keine Verharzung der Ausgangsprodukte auf[5]).

Methylenhippursäure erhält man aus Methylensulfat, Methylendiacetat, Methylenchloracetat oder aus Formaldehyd in Gegenwart von Anhydriden oder Chloriden des Schwefels und Phosphors und Hippursäure.

Während Methylensalicylsäure im Organismus keinen Formaldehyd abspaltet, sondern unverändert im Harn erscheint, spaltet Methylenoxyuvitinsäure

$$\begin{array}{c} CH_3 \\ HOOC\text{—}C_6H_2\begin{cases}\text{—}O\text{—}\\ \text{—}COO\text{—}\end{cases}CH_2 \end{array}$$

im Organismus Formaldehyd ab und erscheint als Oxyuvitinsäure im Harn.

Man erhält sie[6]) durch Lösen von Oxyuvitinsäure in konz. Schwefelsäure und Versetzen mit Trioxymethylen in der Kälte. Die Lösung wird mit Wasser gefällt.

Aus Menthol wurde eine antiseptisch wirkende Verbindung mit Formaldehyd dargestellt.

Man schmilzt Menthol mit Trioxymethylen oder man leitet Formaldehyd in geschmolzenes Menthol; auf letztere Weise kann man Substanzen, die bis 12% Formaldehyd enthalten, gewinnen[7]).

Paul Höring und Fritz Baum[8]) stellen Alkyloxymethyläther ein- und mehrwertiger Phenole dar, die durch allmähliche Spaltung unter gleichzeitigem Freiwerden von Formaldehydderivaten und ihren Homologen zu Desinfektionszwecken, und zwar innerlich geeignet sein sollen. Auf die Alkalisalze der Phenole läßt man Halogenmethylalkyläther der allgemeinen Formel Halogen $\cdot CH_2 \cdot O \cdot$ Alkyl einwirken. Dargestellt wurden Methoxymethyläther der Phenole und Kresole, des p-Nitrophenols, Guajacols, Eugenols, Brenzcatechins, Hydrochinons, Protocatechualdehyds und der Salicylsäure und ihrer Ester.

Als Formaldehyd abspaltendes Präparat hat Martin Lange[9]) Methylolcarbazol dargestellt, indem er Formaldehyd auf Carbazol bei Gegenwart von Alkali oder Alkalicarbonaten einwirken ließ.

Die Bedeutung dieser Gruppe liegt vorzüglich in der starken antiseptischen und härtenden Wirkung der Grundsubstanz, des Formaldehyds, selbst. Alle Kombinationen mit demselben, welche diese antiseptische Wirkung für den menschlichen Organismus verwertbar machen sollten, haben sich in der Praxis aus dem Grunde nicht bewährt, weil sie in ihrer Wirkung hinter den Verbindungen aus anderen Gruppen wesentlich zurückstehen, jedenfalls keine Vorzüge besitzen. Neben dem Formaldehyd selbst dürfte nur Hexamethylentetramin von Bedeutung für die Zukunft bleiben.

Die innere Anwendung des Formaldehyds sowie der ihn abspaltenden Präparate wird immer an der reizenden Wirkung auf die Schleimhäute scheitern, so daß neue Kombinationen in dieser Gruppe, außer unter Anwendung von Hexamethylentetramin, als aussichtslos zu bezeichnen sind.

---

1) D.R.P. 99610. 2) Therap. Monatsh. Jg. 1905, S. 75.
3) Schering, Berlin, D.R.P. 148669. 4) D.R.P. 153860.
5) Schering, Berlin, D.R.P. 163238. Zusatz zu D.R.P. 148669.
6) Schering, D.R.P. 158716. 7) D.R.P. 99610. 8) D.R.P. 209608.
9) D.R.P. 256757.

Hingegen hat die Anwendung des Formaldehyds und des Paraformaldehyds zum Zwecke der Desinfektion der Wohnräume usw. eine große Bedeutung.

Es wurde versucht, und zwar ohne jeden Erfolg, Acrolein[1]) $CH_2:CH\cdot CHO$, einen wegen der doppelten Bindung sehr energisch wirkenden Aldehyd, als Formaldehydersatz einzuführen. Nach Lewin[2]) ist Acrolein wenig antiseptisch, es greift beim Menschen die Schleimhäute stark an und schädigt die Atmungsorgane. Es macht geatmet oder subcutan injiziert Reizung der Luftwege, Dyspnöe; injiziertes Acrolein wird zum Teil durch die Lunge ausgeschieden. Hinderlich ist der Anwendung wohl auch der außerordentlich unangenehme Geruch.

Es gelingt, wässerige Lösungen des Acroleins, welches sich leicht polymerisiert, an der Polymerisation zu verhindern, wenn man diesen schweflige Säure zusetzt. Aus Acrolein und schwefliger Säure durch Erhitzen im Autoklaven erhält man ein wasserlösliches Pulver von saurer Reaktion, welches als Antisepticum Verwendung finden soll[3]).

Es wurde vorgeschlagen, Formaldehydlösungen mit Acrolein zu sättigen, so daß man 60—70proz. Aldehydlösungen erhält; durch Einleiten von schwefliger Säure werden die Lösungen haltbar[4]).

Die antiseptischen Wirkungen des Formaldehyds besitzt weder Methylendiphosphorsäure $H_2C[O:PO(OH_2)_2]_2$ noch ihr Kaliumsalz[5]).

Natriumformaldehydsulfoxylat wird selbst in großen Dosen von Ratten bei intravenöser Injektion gut vertragen. Natriumhydrosulfit tötet aber rasch[6]).

Aminomethylschwefelige Säure $NH_2\cdot CH_2\cdot O\cdot SO_2H$[7]) wirkt in 0.25proz. Lösung weder desinfizierend noch konservierend. Im Harn von Kaninchen sind kleine Mengen unzersetzter Substanz nachweisbar, Formaldehyd und Ameisensäure sind nicht nachweisbar. Aus dem Hundeharn verschwindet das Indican[8]).

Eine Reihe von Formaldehydverbindungen wirksamer Substanzen sind in den betreffenden Spezialkapiteln nachzusehen.

Hexamethylentetramin.

Durch Einwirkung von Ammoniak auf Formaldehyd erhält man Hexamethylentetramin $(CH_2)_6(N)_4$, eine Substanz, der noch bedeutende antiseptische Eigenschaften zukommen, welche aber bei interner Verabreichung trotzdem ungiftig und reizlos ist. Unter dem Namen Urotropin wurde diese Base von Nikolaier[9]), insbesondere gegen Cystitis, empfohlen. Hexamethylentetramin ist nun für sich wieder sehr reaktionsfähig und läßt sich mit aromatischen hydroxylierten Verbindungen zu Substanzen, die unlöslich sind und hervorragende antiseptische Eigenschaften zeigen, verbinden. Urotropin wurde als Malariamittel mehrfach empfohlen.

Die Wirkung des Hexamethylentetramins ist abhängig von der Formaldehydabspaltung. Die Säure des Magensaftes bewirkt schon eine sehr rasche Zerlegung des Hexamethylentetramins. Innerhalb des Organismus wird es nicht zerlegt. Die Aussichten, den Harn zu sterilisieren, sind nur bei saurer Reaktion des Harnes gute[10]).

Cystopurin ist ein Doppelsalz des Hexamethylentetramins mit Natriumacetat[11]). Es beeinflußt den Lymphstrom und soll als Prophylakticum gegen Gonorrhöe Verwendung finden.

---

[1]) Zentralbl. f. Bakteriol., Parasitenk. u. Infektionskrankh. Bd. 26, S. 560.
[2]) Arch. f. exp. Pathol. u. Pharmakol. Bd. 43, S. 351. [3]) D.R.P. 119802.
[4]) Kalle, D.R.P. 116974. [5]) Contardi, A.: Gazz. chim. ital. Bd. 51, S. 109. 1921.
[6]) Heyl, F. W. und F. E. Geer: Americ. journ. of pharmacy Bd. 94, S. 80. 1922.
[7]) Reinking, Dehnel und Labhardt: Ber. d. dtsch, chem. Ges. Bd. 38, S. 1077. 1905.
[8]) Salkowski, E.: Biochem. Zeitschr. Bd. 89, S. 178. 1918.
[9]) Dtsch. med. Wochenschr. 1895, Nr. 34.
[10]) Trendenleburg, Paul: Münch. med. Wochenschr. Bd. 66, S. 653. 1919.
[11]) Bergell: Dtsch. med. Wochenschr. Bd. 33, S. 55.

Läßt man ohne zu kühlen auf mehrwertige Phenole oder Naphthol Formaldehyd und Ammoniak einwirken[1]), so erhält man Verbindungen, die durch Alkali- oder Säureeinwirkung Formaldehyd abspalten.

Das Glykosid Arbutin (aus den als Harndesinficiens verwendeten Folia uvae uris) wird mit Hexamethylentetramin zusammengebracht bei Gegenwart eines Lösungsmittels[2])

Arbutin-Urotropin[3]) ist nicht verwendet worden.

Ganz unnötigerweise wurden überaus zahlreiche Salze des Hexamethylentetramins dargestellt, meist mit einer an und für sich wirksamen Säure, und zwar der Hauptsache nach durch Zusammenbringen beider Komponenten.

Beschrieben sind folgende Salze: borsaures[4]) (Borovertin), borcitronensaures[5]), citronensulfosaures (Formurol), salicylsaures[6]) (Hexal), sek. sulfosalicylsaures[7]) (Neohexal), acetylsalicylsaures[8]) (Hexapyrin), gallensaures[9]), glykocholsaures[10]), phosphorsaures (Allotropin), nucleinsaures (Nucleohexyl), antimonylweinsaures[11]), Salicylsäure-p-aminophenol-α-methylsulfosaures[12]), camphersaures[13]) (Amphotropin), arsensaures, phenylcinchoninsaures (Atophan[14])), chinasaures (Chinoformin), gallussaures (Galloformin), ameisensaures[15]), phenox-acetsaures Urotropin, p-kresoxacetsaures, guajacolglykolsaures, salicyloxyessigsaures[16]), sulfoxylsaures[17]), α-Aminosalol-α-methylsulfosaures[18]).

Vom Methylhexamethylentetraminhydroxyd wurden dargestellt: chromsaures (Chromoform) gegen Hyperhydrosis, fünffach borsaures[19]) (Antistaphin), cholalsaures[20]), rhodanwasserstoffsaures[21]), borsaures aus Borsäuremethylester und Hexamethylentetramin[22]).

Man läßt Äthylenhalogenhydrine bei erhöhter Temperatur auf Hexamethylentetramin einwirken. Man erhält Additionsprodukte, z.B. Hexamethylentetramin-Äthylenchlorhydrin und Hexamethylentetramin-Äthylenjodhydrin[23]).

Man läßt Hexamethylentetramin auf die Monobromessigsäureester solcher Alkohole oder Phenole, die in Wasser unlöslich oder sehr wenig löslich sind, einwirken. Man erhält z. B. das Additionsprodukt aus Bromessigsäureborneolester und Hexamethylentetramin. Beim Erwärmen mit Wasser tritt allmählich eine Abscheidung von Borneol ein. Beschrieben sind ferner: Hexamethylentetramin-Bromessigsäurethymolester[24]).

Hexamethylentetraminbetain $C_6H_{12}N_4(OH) \cdot CH_2 \cdot COOH$, seine einfachen und komplexen Metallhalogenidverbindungen zeigen im Gegensatz zum Hexamethylentetramin starke bactericide Eigenschaften[25]).

Man verbindet die Alkalisalze der Aryloxyessigsäuren nach den üblichen Methoden mit Hexamethylentetramin. Beschrieben ist die Herstellung der Doppelverbindung aus Hexamethylentetramin und phenoxacetsaurem Natrium bzw. salicyloxyessigsaurem Natrium[26]).

In Abänderung des Hauptpatentes behandelt man die Additionsverbindungen α-halogenierter Essigsäuren an Hexamethylentetramin mit tertiären Basen wie Pyridin[27]).

Quaternäre Salze des Hexamethylentetramins, welche durch Verbindung dieser Base mit Benzylhalogen und dessen im Kern substituierten Derivaten entstehen, wirken bactericid. o-Verbindungen sind wirksamer als p- und m-Verbindungen. Verbindungen des Benzolkerns mit zwei Hexamethylentetramingruppen zeigen besonders starke Wirksamkeit gegenüber Typhusbacillen. Auch unter den Chloracetylderivaten aliphatischer und aromatischer Amine, Alkohole und Kohlenwasserstoffe, welche an Hexamethylentetramin gekuppelt sind, sind viele sehr wirksame Verbindungen, die zum Teil eine besondere

---

1) D.R.P. 99570. 2) Mannich, D.R.P. 250884. 3) D.R.P. 250889.
4) D.R.P. 188815. 5) D.R.P. 238962. 6) D.R.P. 240612.
7) D.R.P. 266122, 266123, Zusatz zu D.R.P. 240612. 8) D.R.P. 303450.
9) E.P. 165084. 10) D.R.P. 247990. 11) D.R.P. 278886.
12) D.R.P. 282412. 13) D.R.P. 270180.
14) Cohn, G.: Pharmazeut. Zentralhalle Bd. 57, S. 725. 1916.
15) D.R.P. 382904. 16) D.R.P. 386691. 17) D.R.P. 414491.
18) D.R.P. 282442.
19) Joseph, Max und W. Konheim: Dermatol. Zentralbl. Bd. 20, S. 66. 1917.
20) D.R.P. 324203. 21) D.R.P. 266788, 269746 (Zusatz-P.), 270486 (Zusatz-P.).
22) D.R.P. 275092, Zusatz zu D.R.P. 266788.
23) Riedel A.G., Berlin, D.R.P. 346383.
24) Riedel A.G., Berlin, D.R.P. 346462.
25) Boedecker, F. und J. Sepp: Arch. d. Pharmazie u. Ber. d. dtsch. pharmazeut. Ges. Bd. 32, S. 339. 1922.
26) Gehe, Dresden, D.R.P. 395638, Zusatz zu D.R.P. 386691.
27) Riedel, Berlin, D.R.P. 337939, Zusatz zu D.R.P. 336154.

spezifische Wirkung auf bestimmte Bakterienarten zeigen. In eiweißhaltigen Medien ist ihre Wirksamkeit vielfach gar nicht oder nur unwesentlich herabgesetzt[1]).

Helmitol ist die Hexamethylentetraminverbindung der Anhydromethylencitronensäure (s. d.), sie wird durch Einwirkung von Alkalien unter Entwicklung von Formaldehyd gespalten[2]). Helmitol wirkt nur durch die Hexamethylentetraminkomponente[3]).

Man kann statt der Citronensäure auch deren Salze der Methylenierung unterwerfen. Man methyleniert mit Methylensulfat usw. oder mit Substanzen, aus denen diese Methylenierungsmittel entstehen oder mit Trioxymethylen in Gegenwart von Säureanhydriden oder Säurechloriden von Schwefel und Phosphor[4]).

Methylencitronensäure[5]) erhält man durch Erhitzen von Citronensäure mit Paraformaldehyd bei höheren Temperaturen, was nur eine 50proz. Ausbeute gibt, noch besser durch Behandeln von Citronensäure mit Chlormethylalkohol $ClCH_2 \cdot OH$ in der Wärme bei 130—140° im Autoklaven.

J. D. Riedel beschreibt betainchlorhydratartige Additionsprodukte aus Monochloressigsäure und Hexamethylentetramin, sowie mit Bromessigsäure[6]).

Die erhaltenen freien Säuren werden in lösliche Metallsalze übergeführt. Die Additionsprodukte monohalogenierter Essigsäuren an Hexamethylentetramin sind wenig beständig, welchen Nachteil ihre Metallsalze nicht haben. Die Alkalisalze krystallisieren gut. Das Aluminiumsalz verbindet stark bactericide mit adstringierenden Eigenschaften, das Cadmiumsalz wirkt stark bactericid. Das Silbersalz der Chloressigsäureverbindung geht unter Abspaltung von Chlorsilber in das zugehörige Betain über. Die Salze der Monobromessigsäure-Hexamethylentetraminadditionsverbindungen unterscheiden sich von den Derivaten der Chloressigsäure durch größere Löslichkeit in Wasser[7]).

Bromalin s. bei Brompräparaten. Ferrostyptin ist Urotropinchlorhydrat-Eisenchlorid. Hetralin ist Resorcin-Urotropin. Hexamekol ist ein Additionsprodukt von Guajacol und Urotropin. Kupferverbindungen des Hexamethylentetramins s. bei Kupfer. Saliformin s. bei Gichtmitteln.

Ein Chlorsubstitutionsprodukt des Hexamethylentetramins erhält man durch vorsichtiges Vermischen einer wässerigen Lösung von Hexamethylentetramin mit einer durch eine organische oder eine schwache anorganische Säure neutralisierte Lösung eines Hypochlorits und konzentriert die Flüssigkeit bis zu beginnender Krystallisation. Es erfolgt die Bildung des Hexamethylentetramintetrachlorids. Es ist ein Diureticum und Desinficiens der Harnwege und äußerlich ein Wundheilmittel[8]).

Ein leicht lösliches Bromderivat des Hexamethylentetramins erhält man durch Einwirkung von Bromdampf auf festes Hexamethylentetramin oder wenn man Hexamethylentetramintetrabromid auf überschüssiges Hexamethylentetramin zur Einwirkung bringt[9]).

Hexamethylentetramin vereinigt sich mit Überchlorsäure zu einem in Wasser löslichen luftbeständigen Salze. Diese Verbindung läßt sich mittels Brom und Jod in das wasserunlösliche Dibrom- bzw. Dijodhexamethylentetraminperchlorat überführen. Die Verbindungen wirken antiseptisch und sind nicht explosiv[10]).

Hexamethylentetramintetrajodid heißt Siornin. Novojodin ist Hexamethylentetramindijodid. Es ist ungiftig, reizlos und geruchlos.

Hexamethylentetramindijodid stellt man dar, indem man eine wässerige Hexamethylentetraminlösung auf eine Lösung von Jod in einem flüchtigen, mit Wasser nicht mischbaren organischen Lösungsmittel einwirken läßt[11]). Man kann auch die berechneten Mengen der beiden Komponenten in pulverförmigem Zustande, zweckmäßig unter Zusatz geringer Mengen eines indifferenten Lösungsmittels aufeinander einwirken lassen[12]).

Hexamethylentetramintriguajacol erhält man, wenn man entweder eine konz. wässerige Lösung von Hexamethylentetramin mit Guajacol oder eine Formaldehydlösung mit einer

---

[1]) Jacobs, W. J., Heidelberger, M. Amors, H. und C. G. Bull: Journ. of exp. med. Bd. 23, S. 563. [2]) Pharmazeut. Ztg. Bd. 47, S. 856.
[3]) Hanzlik, Paul J.: Journ. of urol. Bd. 4, S. 145. 1920.
[4]) Bayer, D.R.P. 197245, Zusatz zu D.R.P. 193767. [5]) D.R.P. 129255.
[6]) D.R.P. 334709. [7]) D.R.P. 338427, Zusatz zu D.R.P. 334709.
[8]) R. Buratti, Novara, Schw.P. 90703.
[9]) Ferdinand Hocheder, München, D.R.P. 370080.
[10]) Riedel, D.R.P. 292284. [11]) Rix, D.R.P. 275974.
[12]) D.R.P. 278885, Zusatz zu D.R.P. 275974.

ammoniakalischen Guajacollösung zusammenbringt[1]). Man läßt Hexamethylentetramin und Guajacol ohne Lösungsmittel aufeinander einwirken. Man kann so Hexamethylentetramindi- und triguajacol erhalten[2]). Feste Molekularverbindungen aus Hexamethylentetramin und Guajacol kann man herstellen, indem man entweder eine konz. wässerige Hexamethylentetraminlösung mit Guajacol oder eine Formaldehydlösung mit einer ammoniakalischen Guajacollösung in anderem Verhältnis zusammenbringt, als der Bildung des Hexamethylentetramintriguajacols entspricht. Diese guajacolärmeren Produkte sollen gegenüber dem Triguajacol nicht reizend wirken[3]).

Ferner wurden Verbindungen des Hexamethylentetramins in gleicher Weise dargestellt, indem man es auf Halogenpyrrole, z. B. Jodol oder auf aromatische Sulfosäuren, z. B. auf Phenolmono- und polysulfosäuren resp. deren Halogenderivate[4]) einwirken läßt. Über die Bedeutung diser Substanzen ist nichts bekannt geworden, sie dürften aber die bekannten Eigenschaften des Hexamethylentetramins und des Jodols zeigen, ohne neue Effekte auslösen zu können.

Man setzt Jodwismutkalium, Jodkalium und wenig Milchsäure mit Hexamethylentetramin um. Statt Milchsäure kann man Glykolsäure nehmen[5]).

Wird in ein aus Formaldehyd, Ammoniak und einer Säure oder einem Säureanion oder aus Hexamethylentetramin und einer Säure oder einem Säureanion durch mehrstündiges Erhitzen erhaltenes Reaktionsgemisch ein lösliches Bichromat eingetragen, so scheidet sich aus diesem sofort ein Chromat ab, aus dem man mittels Baryt die freie Base $C_6H_{12}N_4 \cdot CH_3 \cdot OH$ abscheiden kann. Beschrieben sind das Oxalat und Sulfosalicylat der Base[6]).

Tannin, Gallussäure und deren Derivate.

Tannin zeichnet sich durch seine adstringierende Wirkung, sowie durch seine styptische, bei äußerst geringer Giftigkeit besonders aus. Diese beiden Wirkungen scheinen im Darmkanale miteinander im Zusammenhange zu stehen, da die Unterdrückung der Schleimabsonderung von seiten der Schleimhäute wohl auf der adstringierenden Wirkung der Gerbsäure beruht. Ob sich durch Verfüttern von Gerbsäure auch Wirkungen innerhalb des Organismus außerhalb des Darmkanales, die auf Gerbsäure zu beziehen wären, auslösen lassen, darüber läßt sich gegenwärtig noch nichts Bestimmtes aussagen, da es sehr fraglich ist, ob überhaupt unveränderte Gerbsäure nach Verfüttern derselben, oder eines der Gerbsäurepräparate, im Harne erscheint. E. Rost z. B. leugnet die adstringierende Fernwirkung des Tannins und seiner Derivate völlig[7]). Bei ihrer Anwendung auf Schleimhäute, insbesondere auf die des Damkanals, erwies es sich aber von Wichtigkeit, daß die Gerbsäure erst am Orte, wo deren Wirkung ausgelöst werden soll, frei werde, denn die in Wasser leicht lösliche Gerbsäure hat einen unangenehm zusammenziehenden Geschmack und kann auf Schleimhäuten auch Reizerscheinungen und Ätzwirkungen hervorrufen. Es erschien daher von Vorteil, aus Tannin Präparate herzustellen, welche in Wasser unlöslich, erst durch langsame Zersetzung unter bestimmten Umständen, hauptsächlich durch den alkalischen Darmsaft, die wirksame Komponente abspalten und so Mund- und Magenschleimhaut unbelästigt lassen. Die Gerbsäure entfaltet im Gegensatze zu den meisten antiseptisch wirkenden Säuren auch als Alkalisalz ihre eigentümliche Wirkung. Bei Synthesen dieser Art war die Möglichkeit geboten, die Gerbsäure mit anderen, ähnlich wirkenden Stoffen in Verbindung zu bringen, insbesondere um von beiden wasserunlösliche, als Streupulver verwendbare Produkte zu erhalten. Während es nicht

---

1) Hoffmann-La Roche, D.R.P. 220267.
2) D.R.P. 231726, Zusatz zu D.R.P. 220267.
3) D.R.P. 225924, Zusatz zu D.R.P. 220267.
4) Weiler ter Mer, D.R.P. 124231. 5) Schering, D.R.P. 344384.
6) Schmitz, D.R.P. 295736.
7) Siehe dagegen Beckurts: 1878, S. 563, auch Landois: Physiologie, nach dem es die Vasomotorenzentren erregt, und zwar ohne nachträgliche Lähmung.

angeht, freie Gerbsäure, welche allzu stark reizend wirken würde, auf Wunden zu streuen, eignen sich solche Produkte der Gerbsäure und der ihr nahestehenden Gallussäure für diese Zwecke. Es tritt noch der Umstand hinzu, daß die Anwendung des Tannins als Antihydroticum wegen seiner stark färbenden Eigenschaften sehr unangenehm ist, eine Eigenschaft, die den Derivaten meist nicht mehr zukommt. Tannin ist ein Glykosid, und zwar Pentadigalloylglykose $C_6H_7O_6[C_6H_2(OH)_3 \cdot CO \cdot O \cdot C_6H_2(OH)_2CO]_5$[1]).

Enterosan oder Optannin ist basisches Calciumtannat.

Das Darstellungsverfahren besteht darin, daß man ohne Isolierung des löslichen Produktes Gerbsäurelösungen mit der für die Bildung des basischen gelbbraunen Calciums erforderlichen Menge Calciumhydroxyd so lange in der Hitze behandelt, bis die gewünschte Schwerlöslichkeit des basischen Calciumtannats in verdünnten Säuren erreicht ist[2]).

Doppelsalze aus Gerbsäuren oder Gallussäure und Milchsäure werden dargestellt, indem man die normalen Erdalkali- oder Leichtmetallsalze (Aluminium, Magnesium) der Milchsäure mit Gerbsäuren oder Gallusgerbsäure (Tannin), bzw. die entsprechenden basischen Tannate oder Gallate mit Milchsäure in wässerigem Alkohol oder wässerigem Aceton behandelt[3]).

Tannothymal ist ein Kondensationsprodukt von Tannin, Thymol und Formaldehyd von Hildebrandt für innere Anwendung empfohlen[4]).

H. Hildebrandt[5]) kondensiert Formaldehyd, Tannin und Phenole. Beschrieben sind Tanninphenolmethan, Tanninthymolmethan, Bromtanninphenolmethan, Bromtannin-o-kresolmethan, Bromtanninthymolmethan, Bromtannin-β-naphtholmethan. Es werden nur solche Monohydroxylverbindungen der Benzol- und Naphthalinreihe verwendet, welche keine weiter durch Alkyl- oder andere Reste substituierte Hydroxylgruppe enthalten.

Bei den Kondensationsprodukten aus Phenolen, Formaldehyd und Tannin haben die Phenolderivate mit einem oder mehreren verdeckten Hydroxylen keine adstringierende, sondern eher eine reizende Wirkung auf den Darmkanal. Bromtannothymal ist nicht adstringierend; das Freibleiben der o-Stellung zum Hydroxyl ist für das Zustandekommen der adstringierenden Wirkung unerläßlich. Die adstringierende Wirkung ist nur bei denjenigen Derivaten erhalten, die außer der OH-Gruppe keine weiteren Gruppen am Kerne tragen oder aber an gewissen Stellen reine Alkylgruppen. Die Derivate von α- und β-Naphthol zeigen die adstringierenden Wirkungen in abgeschwächtem Maße. Die adstringierende Wirkung wird abgeschwächt durch den Eintritt einer Carboxylgruppe an den Benzolkern. Verbindungen, die ein durch Säurereste verestertes Hydroxyl enthalten, wie z. B. Acetyltannin, zeigen unveränderte adstringierende Wirkung durch Verseifung im Darmsaft[6]).

Diese kombinierten Präparate wurden therapeutisch nicht verwendet.

Statt mit Formaldehyd wurde Tannin nach, um zu einer geschmacklosen und unlöslichen Verbindung zu gelangen, mit Hexamethylentetramin in Verbindung gebracht (Tannopin, Tannon).

Die Darstellung geschieht in der Weise, daß man entweder ein Molekül Hexamethylentetramin mit drei Molekülen Gerbsäure fällt oder mit sechs Molekülen[7]).

Diese Niederschläge sind noch in Wasser löslich und haben einen adstringierenden Geschmack. Erhitzt man sie jedoch mit einer Flüssigkeit oder mit wenig Wasser auf dem Wasserbade, so verlieren sie ihren adstringierenden Geschmack und werden wasserunlöslich.

Man behandelt acidylierte Gerbsäuren, wie die Acetyltannine oder Formylacetyltannine oder andere Gerbsäureabkömmlinge, wie Formaldehydgerbsäure, Hexamethylentetramintannin oder Tanninthymolmethan mit Kalkverbindungen. Beschrieben sind die Kalkverbindungen aus Tanninformaldehyd und aus Diacetyltannin[8]).

---

[1]) Fischer, E. und K. Freudenberg: Ber. d. dtsch. chem. Ges. Bd. 45, S. 915, 2709. 1912. [2]) D.R.P. 306979, D.R.P. 307857. [3]) F.P. 519128.
[4]) Münch. med. Wochenschr. 1907, Nr. 25, S. 1219. [5]) D.R.P. 188318.
[6]) Hildebrandt, H.: Arch. f. exp. Pathol. u. Pharmakol. Bd. 56, S. 410. 1907.
[7]) D.R.P. 95186. [8]) Knoll & Co., D.R.P. 308047.

Eine Verbindung von Tannin, Hexamethylentetramin und Calcium erhält man durch Fällen konzentrierter wässeriger Lösungen von Chlorcalcium, Hexamethylentetramin und Tannin[1]).

Eines der ersten Präparate dieser Art war das Tannigen, von Hans H. Meyer[2]) dargestellt.

Es war dies die erste Verbindung mit der Absicht dargestellt, daß sie den Magen ungelöst passiere und erst im Darme unter Rückbildung von Tannin zersetzt werde. Dem Tannigen kann man nur nachsagen, daß es den Nachteil hat, schon bei Körperwärme in feuchtem Zustande eine klebrige Beschaffenheit zu haben.

Man kann vom Tannin sowie von der α- oder β-Digallussäure zu alkalilöslichen Acetylderivaten gelangen. Es wird z. B. trockenes Tannin mit der halben Gewichtsmenge Eisessig und der gleichen Gewichtsmenge Essigsäureanhydrid erwärmt und nach der Lösung das Reaktionsprodukt in Wasser eingegossen, wobei man dann die Gemenge von Monoacetyl- und Diacetylverbindungen bekommt. Je mehr Essigsäureanhydrid zugesetzt wird, desto reicher wird das entstehende Pulver an Acetylgruppen. Statt des Anhydrids kann man Acetylchlorid oder Essigsäure unter Zusatz von Kondensationsmitteln in Anwendung bringen. Das erhaltene Produkt ist geruch- und geschmacklos, in Wasser unlöslich, in Alkali hingegen löslich und durch Säuren fällbar[3]).

Würde man höhere Acetylderivate, als mit zwei Acetylgruppen, darstellen, etwa die Pentaacetylverbindung, so würde man zu ganz unwirksamen Körpern gelangen, da diese Säurederivate in verdünnten Alkalien, also auch im Darmsaft unlöslich sind und daher im Organismus nicht unter Regenerierung des wirksamen Bestandteiles gespalten werden. Die Acetyltanninester des Handels sind Mischungen von wechselnder Zusammensetzung. Viele enthalten freies Tannin[4]). Statt der Acetylgruppen kann man auch Benzoylgruppen einführen, und man erhält angeblich noch wirksamere Derivate[5]) (?). Doch darf man nur ein bis zwei Benzoylgruppen einführen, da man sonst wie bei den Acetylderivaten zu alkaliunlöslichen Produkten gelangt.

Die Farbwerke Höchst[6]) stellen eine Tanninzimtsäureverbindung dar, die durch Alkali spaltbar ist. Man erhält sie aus Tannin und Zimtsäure in Gegenwart von Essigsäureanhydrid mit Wasser entziehenden Mitteln, wie Phosphorpentachlorid, Phosphoroxychlorid.

Statt der Mono- und Dibenzoylderivate des Tannins wurde auch die nach der Schotten-Baumann-Methode dargestellte krystallisierte Tribenzoylgallussäure, welche sich ebenfalls in Alkalien löst und unter Einwirkung von Pankreasfermenten in die Komponenten gespalten wird, empfohlen[7]). Eine praktische Verwendung hat sie jedoch nicht gefunden.

Gallussäure (3.4.5-Phentriolmethylsäure) wirkt irritierend, die antiseptische Wirkung ist fünfmal so groß als die der Gerbsäure[8]). Gallocarbonsäure (3.4.5-Phentrioldimethylsäure-1.2) wirkt adstringierend.

Das Kondensationsprodukt der Salicylsäure und Gallussäure, welches durch Einwirkung von Phosphoroxychlorid auf ein molekulares Gemenge von Salicylsäure und Gallussäure entsteht, hat keine praktische Verwendung gefunden. Im Gegensatze zu den bis nun erwähnten Tanninderivaten zeigt dieses keine Löslichkeit in kohlensauren Alkalien.

Man kann aus einer so hydroxylreichen Verbindung, wie die Gerbsäure, durch Einwirkung von Formaldehyd ein wasserunlösliches Methylenderivat erhalten. Dieses Kondensationsprodukt von Formaldehyd und Tannin, Tannoform genannt, ist nach Mering ein geruch- und geschmackloses, in Wasser und sauren Flüssigkeiten unlösliches, in Alkali lösliches Pulver, welches neben den Wirkungen des Tannins, wenn auch im minderen Grade die dem Formaldehyd eigenen antiseptischen, härtenden und trocknenden Eigenschaften entfaltet.

---

1) Röder-Raabe A.G. Wien, Ö.P. 81230.
2) Dtsch. med. Wochenschr. 1894, Nr. 31. 3) D.R.P. 78879.
4) Sollmann, Torald: Journ. of pharmacol. a. exp. therapeut. Bd. 17, S. 63. 1921.
5) D.R.P. 92420. 6) D.R.P. 173729. 7) D.R.P. 93942.
8) Heinz und Liebrecht: Berlin. klin. Wochenschr. 1891, S. 584, 744.

Behufs Darstellung[1]) dieser Substanz, welche als Methylenditannin aufzufassen ist, werden Tannin und die doppelte Menge 30proz. Formaldehyd zusammengebracht und so lange konz. Salzsäure hinzugefügt, als noch ein Niederschlag entsteht. Statt des Tannins kann man auch andere Gerbstoffe zu gleichem Zwecke verwenden. Die Darstellung und das Endprodukt sind mit dem Tannoform aus Tannin ziemlich identisch[2]). Statt der Kondensation mit konz. Salzsäure kann man auch zu dem gleichen Methylenderivat gelangen, wenn man Gerbstoffe mit Paraformaldehyd oder einer 40proz. Formaldehydlösung unter Druck mehrere Stunden auf 100° erhitzt[3]).

Voswinkel[4]) kondensiert Tannin mit Formaldehyd und Harnstoff oder mit Formaldehyd und Urethan unter Zusatz von Kondensationsmitteln. Man erhält so das unlösliche Methylentannincarbamid. Dieses passiert den Magen unzersetzt und kommt erst im alkalischen Darm zur Wirkung. Sowohl diese Substanz wie auch Methylentanninurethan sollen sich zur internen Anwendung eignen, da sie auf die Schleimhäute nicht korrodierend wirken. Man kann bei dieser Reaktion Harnstoff durch Thioharnstoff ersetzen, muß aber mit Kondensationsmitteln arbeiten. Beschrieben sind Methylentanninthioharnstoff, Methylentanninthiosinamin, Methylentanninmethylthioharnstoff, Methylentanninäthylthiocarbamid[5]).

Tannin läßt sich mit aliphatischen Säureamiden und Formaldehyd zu Methylentanninsäureamiden kondensieren. Dargestellt wurden Methylentanninformamid, Methylentanninacetamid, Methylentanninpropionamid[6]).

Harnstoff tritt mit je 2 Mol. Gallussäure und Formaldehyd in Reaktion und man erhält nach dem Verfahren des Hauptpatentes Methylenharnstoffgallussäure[7]).

Richard Lauch und Arnold Voswinkel[8]) stellen in ähnlicher Weise Kondensationsprodukte bromierter Gerbstoffe mit Harnstoff und Formaldehyd her. Tannobromin ist Dibromtanninformaldehyd[9]) (s. Bromverbindungen). Bromotan ist Bromtanninmethylenharnstoff.

Während die bis nun besprochenen Derivate auf der Festlegung der Hydroxylgruppen im Tannin und in der Gallussäure beruhen, wurde bei den nunmehr zu besprechenden der Versuch gemacht, die Carboxylgruppe festzulegen. Ein Präparat dieser Art ist Gallicin, der Methylester der Gallussäure

$$C_6H_2(COO\cdot CH_3)(OH)_3$$

Dieser Ester wurde eine kurze Zeit als Augenstreupulver verwendet, er verursacht aber Brennen beim Einstreuen, weshalb von einer Anwendung abgesehen werden mußte.

Man erhält Triacetylgallussäurealkylester, wenn man Gallussäurealkylester mit acetylierenden Mitteln behandelt oder Triacetylgallussäure in üblicher Weise in ihre Alkylester verwandelt. Die Ester besitzen im Gegensatze zum Methylester adstringierende Eigenschaften. Beschrieben sind: Triacetylgallussäureäthylester, Triacetylgallussäurepropylester, Triacetylgallussäureacetolester[10]).

Etelen ist der Triacetylgallussäureäthylester. Es hat sich als Darmadstringens bei Dysenterie bewährt[11]).

Den entschieden einfachsten Weg, um zu einem unlöslichen und erst im Darm spaltbaren Tanninderivat zu gelangen, schlug R. Gottlieb[12]) ein, indem er eine in Wasser unlösliche Eiweißverbindung des Tannins darstellte, Tannalbin genannt. Selbstverständlich ist das Produkt dieser Art nur für die interne Verwendung als Darmadstringens verwertbar. Schon vor Gottlieb hatte Lewin 1882[13]) ein Tanninum albuminatum dargestellt und empfohlen, welches nach seiner Angabe besser als Tannin schmeckt und den Magen nicht belästigt.

---

1) D.R.P. 88082. 2) D.R.P. 88481. 3) D.R.P. 93593. 4) D.R.P. 160273.
5) D.R.P. 164612, Zusatz zu D.R.P. 160273.
6) D.R.P. 165980, Zusatz zu D.R.P. 160273.
7) D.R.P. 171788, Zusatz zu D.R.P. 160273. 8) D.R.P. 180864.
9) D.R.P. 125305. 10) Bayer, D.R.P. 279958.
11) Loewenthal, F.: Münch. med. Wochenschr. Bd. 62, S. 1748. 1915. — Seifert, Otto: ebenda, Bd. 62, S. 1750. 1915.
12) Dtsch. med. Wochenschr. 1896, Nr. 11, S. 25.
13) Allg. med. Zentralztg. 1882, Nr. 11.

Während frisch gefällte Gerbsäure-Eiweißverbindungen vom Magensaft rasch verdaut werden, kann man durch 6—10stündiges Erhitzen auf 110° ein Tannineiweißpräparat so verändern, daß es vom Magensafte nicht mehr angegriffen wird. Hingegen wird aus diesem Präparat im Darme leicht Tanninalkali gebildet. Zur Darstellung[1]) dieser Verbindung wird Eiweiß in Wasser gelöst und mit der doppelten Gewichtsmenge Gerbsäure gefällt. Der abgepreßte Niederschlag wird in der angegebenen Weise getrocknet. Von anderer Seite wurde versucht, ganz analog wirkende Präparate darzustellen und auch mit analogen Eigenschaften, indem statt des Eiweißes entweder Casein oder Gelatine verwendet wurde. Das Tanninleimpräparat wurde Tannokol[2]) genannt. Es ist klar, daß alle diese Präparate etwas durchaus Identisches sind.

Knoll[3]) erzeugt ein Tannineiweiß aus Blut durch Fällen des Gesamtblutes mit Tannin und Trocknen bei 100° oder Behandlung mit Alkohol und Salzsäure, oder es wird Schlachthausblut[4]) verwendet, welches vor der Tanninbehandlung in bekannter Weise entweder zum Gerinnen gebracht oder mit Hilfe eines Bleichmittels entfärbt wurde. Man kann den beim Gerinnen des Blutes entstehenden Eiweißniederschlag entweder abfiltrieren, waschen und trocknen oder unmittelbar mit Tannin behandeln. In beiden Fällen nimmt der Niederschlag beim Rühren aus der Lösung allmählich so viel Tannin auf, daß er den gleichen Gerbsäuregehalt aufweist wie bei unmittelbarer Ausfällung des Schlachtblutes mit Tannin.

Eine Tannineiweißverbindung aus Molkeneiweiß erhält man, wenn man dieses Eiweiß mit oder ohne Vorbehandlung mit verdünnter Natronlauge mit Tanninlösung behandelt. Die Verbindung enthält 40% Tannin[5]).

Die Eiweiß-Tanninverbindungen lösen sich, entgegen den Angaben der bisherigen Literatur, besser im künstlichen Magensaft als in bicarbonatalkalischen Trypsinlösungen. Die Löslichkeit ist so langsam, daß sie im Magen nur schwach adstringierend wirken können[6]).

Th. Budde, Berlin[7]), stellt ein im Magensaft unlösliches Tanninderivat von Eiweißabbauprodukten dar, indem er Lösungen von reiner Albumose mit Lösungen von Tannin oder anderen Gerbsäuren unter Verwendung eines Überschusses an Gerbsäuren zusammenbringt und das Gemisch so lange erwärmt, bis die betreffende Albumosegerbsäureverbindung sich als geschmolzene weiche Masse abscheidet.

Man behandelt in Wasser unlösliche Eiweißkörper mit Tannin. Sie sind geschmacklos und sehr tanninreich[8]).

Von zwei Seiten wurde versucht, statt des Tannins allein, gleichzeitig Tannin und Formaldehyd in die Verbindung zu bringen. Es wird das obenerwähnte Tannoform in alkoholischer oder alkalischer Lösung mit Lösungen von Eiweißkörpern behandelt, mit oder ohne Neutralisation. Das ausfallende Produkt wird, wie bei der Darstellung des Tannalbins, getrocknet[9]).

Von anderer Seite wurde ebenfalls ein Tanninformaldehydeiweißpräparat dargestellt, welches wohl nicht ganz identisch mit dem eben erwähnten ist. Hierbei wird Eiweiß mit einer Gerbsäurelösung gefällt und das Präcipitat mit Formaldehydlösung erwärmt und das Reaktionsprodukt abfiltriert, gepreßt und getrocknet. Ferner wurde vorgeschlagen, Tanninformaldehydeiweißverbindungen in der Weise herzustellen, daß man unlösliche Formaldehydeiweißverbindungen mit Gerbsäure behandelt oder Eiweiß bei Gegenwart von Formaldehyd mit Gerbsäure fällt, oder lösliches Formaldehydeiweiß mit Gerbsäure fällt[10]).

Die Tanninverbindungen der Eiweißkörper geben mit den Erdalkalien bzw. mit Aluminiumhydroxyd wohlcharakterisierte unlösliche Salze, die der Verdauung mit Pepsinsalzsäure gegenüber viel widerstandsfähiger sind als die bekannten Eiweißtannate. Dagegen lösen sich die Erdalkalisalze der Eiweißtannate in verdünnter Sodalösung leicht auf[11]).

Wie erwähnt, geben aromatische Aldehyde mi Proteinstoffen Kondensationsprodukte, denen antiseptische Eigenschaften zukommen. Man läßt hierbei auf ein Protein, wie Eiweiß, Albumose, Pepton u. dgl. einen aromatischen Aldehyd, z. B. Benzaldehyd, Salicylaldehyd, Resorcylaldehyd usf. einwirken. Diese Produkte werden dann mit Gerbsäure behandelt, um zu Tanninaldehydproteinverbindungen zu gelangen.

---

[1]) D.R.P. 88029. [2]) F.P. 278076. [3]) D.R.P. 305693.
[4]) D.R.P. 317605, Zusatz zu D.R.P. 305693. [5]) Knoll & Co., D.R.P. 312602.
[6]) Sollmann, T.: Journ. of pharmacol. a. exp. therap. Bd. 17, S. 63. 1921.
[7]) D.R.P. 391999. [8]) Bayer, Leverkusen, D.R.P. 382011.
[9]) D.R.P. 104237. [10]) D.R.P. 122098. [11]) Laves, D.R.P. 296917.

Es wird z. B. eine Lösung von Eiereiweiß mit Salicylaldehyd angerührt, die gebildete Paste koaguliert und das Koagulum gewaschen und getrocknet. Diese Verbindung enthält 35—40% durch Verdauung abspaltbaren Aldehyd. Sie wird in Pastenform mit Tanninlösung angerührt. Die resultierende Verbindung löst sich schwer in verdünnten Alkalien und ist als aus zwei wirksamen (einer adstringierenden und einer antiseptischen) Komponenten bestehend zu betrachten.

Durch Kondensation von Tannin und Chloral erhält man eine Captol genannte Substanz, ein dunkelbraunes, hygroskopisches Pulver, welches in der Dermatologie, namentlich bei Erkrankungen der behaarten Kopfhaut[1]), gute Dienste leisten soll. Diese Verbindung ist aber aus der Therapie verschwunden.

Zum Zwecke der Darstellung wird Tannin aus einer konzentrierten wässerigen Lösung durch Zusatz von 50proz. Schwefelsäure gefällt. Nun setzt man $^1/_{84}$ des Tanningewichts an Chloralhydrat zu, wobei sich das gefällte Tannin beim Umrühren wieder löst. Diese Lösung wird mehrere Stunden lang auf 70—80° erwärmt, wobei sich das Reaktionsprodukt abscheidet[2]).

Die Verbindungen der Gerb- und Gallussäure mit Wismut sind unter Wismut nachzulesen.

Wismut.

Die Verwendung, die Wismutverbindungen in so großer Weise gefunden haben, verdanken sie nicht nur ihren antiseptischen Eigenschaften, sondern auch den besonders günstigen Einwirkungen auf die Wundflächen selbst, die durch Wismutsalze eine charakteristische, eigentümlich trockene Beschaffenheit annehmen, ohne hierbei, wie Steinfeld und H. H. Meyer[3]) gefunden, die Fähigkeit zum Zusammenheilen verloren zu haben. In letzter Zeit haben die Wismutverbindungen, ebenso wie die Arsen- und Antimonverbindungen die Syphilisbehandlung als neues Verwendungsgebiet erhalten. Für diesen Zweck werden vorzüglich lösliche injizierbare Präparate verwendet.

Aber noch ein zweiter Umstand hat gerade dieses Metall so vorzüglich geeignet gemacht, Verbindungen zu liefern, die man als Darmadstringenzien und als Wundstreupulver mit großem Vorteile gebrauchen kann, das ist die Leichtigkeit, mit der unlösliche, basische Salze, wie überhaupt wasserunlösliche Verbindungen dieses Metalles, erhalten werden können. Früher wurden wesentlich anorganische Verbindungen des Wismuts zu den gleichen Zwecken verwendet. Der Chirurg Kocher in Bern hat zuerst auf die günstigen Wirkungen des altbekannten Magisterium Bismuthi in der Wundbehandlung hingewiesen. Es ist wohl nicht anzunehmen, daß die kleine Menge Salpetersäure, die sich aus dem basischen Wismutsalz abspalten kann, diese Effekte hervorbringt. Vielmehr muß man sich der Ansicht anschließen, daß es eben die Wismutwirkung ist, auf die es hier ankommt, da man mit Wismutoxyd und mit basisch-kohlensaurem Wismut dieselben Effekte erzielen kann.

Hans H. Meyer[3]) schreibt nicht dem Wismut als solchem die sog. Wismutwirkungen zu, wenigstens nicht für Wunden, sondern glaubt, daß die austrocknende Wirkung des Magisterium Bismuthi auf der physikalischen Beschaffenheit desselben beruht. Dieses ist ja ein außerordentlich feines, chemisch relativ indifferentes und nahezu unlösliches Pulver, das sich mit Wasser zu einer dünnen Milch, wie auch zu einem homogenen Brei mischen läßt und nach dem Trocknen eine zusammenhängende, dicke Kruste bildet. Bei Versuchen mit frisch gefälltem Bariumsulfat und frischgeschlemmtem Kaolin zeigen die Wundflächen ebenfalls jene durchaus eigentümliche trockene Beschaffenheit, wie nach Behandlung mit Magisterium Bismuthi, so daß die Vermutung eine große Wahrscheinlichkeit hat, daß es sich hier um eine wesentlich mechanische Wirkung

---

[1]) Eichhoff: Dtsch. med. Wochenschr. 1897, Nr. 41. — D.R.P. 188318.
[2]) D.R.P. 98273. [3]) Arch. f. exp. Pathol. u. Pharmakol. Bd. 20, S. 40.

handelt, und zwar besteht diese in der mechanischen Verstopfung der feinsten Blut- und Lymphgefäße durch das feine Pulver, die bei der Verwundung geöffnet wurden und unter gewöhnlichen Verhältnissen das Wundsekret liefern. Die Wirkung der Wismutpräparate, insbesondere der anorganischen, wäre also in erster Linie als eine protektive anzusehen, während die antiseptische gegen dieselbe weit zurücktritt. Wenn man sich der Meyerschen Ansicht anschließen würde, so könnte man sich die heilungsbefördernde Wirkung bei Anwendung der Wismut-Präparate analog vorstellen wie die Heilung unter dem Schorfe der älteren Chirurgen. Es muß aber darauf hingewiesen werden, daß es sich auch um eine sehr leichte Ätzwirkung dieses Schwermetalles handeln kann. Aber hier handelt es sich sicher um eine konkurrierende Wirkung, da Wismut, wie alle Schwermetalle, stark antiseptische Eigenschaften hat.

Wie alle Schwermetalle, so zeigt auch Wismut heftige Vergiftungserscheinungen bei seiner hypodermatischen Einverleibung. Injiziert man subcutan neutrales Wismutnitrat, so tritt bei den Versuchstieren Stomatis, Enteritis und Nephritis auf. Daß die basischen Wismutverbindungen nicht giftig wirken, ist eben ihrer Unlöslichkeit zuzuschreiben. Lösliche Doppelverbindungen des Wismuts, wie etwa Wismut-Ammonium-Citrat, die kein basisches Salz abscheiden, wirken auch innerlich genommen giftig. Kolloidales Wismut hat als lösliches Wismut giftige Eigenschaften.

Diese Substanz erhält man, wenn man Wismuttartrat, das man mit Hilfe von Weinsäure und Kali in Lösung gebracht hat, mit Zinnchlorür und Lauge versetzt; es entsteht eine klare, braune Flüssigkeit, welche nur ganz geringe Spuren von Wismut absetzt und aus der Wismut leicht ausgesalzen werden kann. Das durch Aussalzen gewonnene Wismut löst sich nur mehr teilweise im Wasser, da es bald wieder in die gewöhnliche Form übergeht.

Kalle, Biebrich[1]), stellen Wismutoxyd in kolloidaler Form enthaltende Substanzen her, indem sie Protalbinsäure und Lysalbinsäure in Form ihrer Natriumsalze mit bestimmten Mengen löslicher Wismutsalze und mit überschüssigen Mengen kohlensaurer oder ätzender Alkalien versetzen und die so gebildete kolloidale Lösung durch Diffusion gegen Wasser reinigen.

Man erhält das gleiche Präparat, wenn man die in D.R.P. 117269 beschriebene Bismutose in der Wärme mit verdünnter Natronlauge behandelt, die filtrierte Lösung dialysiert und alsdann im Vakuum zur Trockene eindampft[2]).

Luigi Tirelli[3]) empfiehlt die kolloidale Wismutlösung, die schon durch ihre leichte Oxydierbarkeit gegenüber den Suspensionen von feinstverteiltem metallischen Wismut sich unterscheidet und das Bi-Arseniat gegen Lues.

Eine in Wasser lösliche komplexe Wismutverbindung der 7-Jod-8-oxychinolin-5-sulfosäure erhält man, wenn man auf wässerige Lösungen eines Alkalisalzes der Säure Mannitwismutnitrat- oder Zuckerwismutnitratlösung einwirken läßt und aus den die Reaktionsprodukte enthaltenden Lösungen die Komplexverbindungen durch organische Fällungsmittel, wie Alkohol oder Aceton in fester Form abscheidet[4]).

Eine in Wasser leicht lösliche Wismutkomplexverbindung der Chinolinreihe erhält man, wenn man das normale Bi-Salz der 7-Jod-8-oxychinolin-5-sulfosäure in wässeriger Suspension mit Alkalien oder Alkalicarbonaten behandelt uud aus der so entstandenen Lösung die Bi-Komplexverbindung durch Eindampfen der Lösung oder Fällung mit Alkohol in fester Form abscheidet[5]).

Guajacolcarbonsaures Wismut wird aus Wismutoxyd und Guajacolcarbonsäure dargestellt. Man erhält das basische Wismutsalz der Guajacolcarbonsäure $C_6H_3(OH) \cdot (OCH_3) \cdot B \cdot (CO_2\,iO)$. Es soll als Antilueticum verwendet werden[6]).

Komplexe Wismutverbindungen des brenzcatechindisulfonsauren Kaliums erhält man entweder durch Behandlung von Brenzcatechinsulfonsäuren mit $Bi(OH)_3$ oder durch Umsetzung der Alkalisalze der Sulfosäuren mit Wismutsalzen und Neutralisieren mit Alkalilauge oder durch Einwirken von Alkalisalzen der Brenzcatechinsulfonsäuren auf $Bi(OH)_3$[7]).

---

[1]) D.R.P. 164663. [2]) D.R.P. 172683, Zusatz zu D.R.P. 164663.
[3]) Boll. chim. farm. Bd. 61, S. 675. 1922.
[4]) Höchst, D.R.P. 416329. [5]) Behringwerke, D.R.P. 415095.
[6]) Bayer, Leverkusen, A.P. 1522054. [7]) Heyden, D.R.P. 413778.

Von den anorganischen Wismutverbindungen sind nur zwei für unsere Zwecke erwähnenswert. Das sog. lösliche phosphorsaure Wismut ist eine Doppelverbindung, welche 20% Wismutoxyd enthält und die als Darmadstringens empfohlen wird. Wismutoxyjodid, welches Jod- und Wismutwirkung vereinigt, wurde von Sidney Reynolds[1]) bei Ulcerationen empfohlen. Wir erwähnen diese Verbindung, da mehrere organische Wismutpräparate auf ihr basieren.

Man kann die in der Therapie verwendeten Wismutpräparate zweckmäßig in drei Gruppen teilen:

1. Wismutverbindungen mit organischen Säuren,
2. Verbindungen mit aromatischen Phenolen und
3. organische Verbindungen mit Wismutoxyjodid.

Über die Wirkung aller dieser Präparate läßt sich folgendes aussagen: Wismutverbindungen, ob nun eine organische oder anorganische Komponente in diese eintritt, sind unter allen Umständen wegen ihrer großen Reizlosigkeit als vorzügliche Streupulver anzusehen, wenn es sich um unlösliche Verbindungen handelt. Man könnte da selbstverständlich eine Unzahl von Kombinationen mit allerlei Phenolen und Säuren schaffen, ohne daß an der Wirkung auf die Wunden irgend etwas geändert werden möchte, denn die Abspaltung der organischen Komponente auf Wundflächen kann ja doch nur in äußerst geringem Maße erfolgen. Für diese Verbindungen ist zu verlangen, daß sie voluminös seien, um im Gebrauche sparsam sein zu können, ferner, daß die organische Komponente reizlos sei. Eine der wichtigsten Forderungen aber ist, daß die so dargestellten Wismutverbindungen, auf deren antiseptische Kraft sich die Chirurgen gemeiniglich nicht verlassen, sterilisierbar sind, d. h. daß sie sich ohne Zersetzung auf etwa 110° erhitzen lassen, da sie als unlösliche Substanzen meist für sich noch keine antiseptischen Effekte auszulösen in der Lage sind. Eine scheinbar lächerliche Empfehlung für den Chemiker ist es, Wismutverbindungen für die Zwecke der Wundbehandlungen, womöglich von gelber Farbe, darzustellen und doch verdanken einzelne dieser Mittel nur diesem Umstande ihre so ausgebreitete Verwendung in der medizinischen Praxis. Für das stark riechende, gelbe Jodoform mit seinen häufig Ekzem hervorrufenden Eigenschaften wurden Ersatzmittel gesucht, die man ebenfalls als Streupulver verwenden konnte. Diese sollten geruchlos sein, da die Behandlung mit Jodoform in der Privatpraxis trotz der großen Erfolge auf den größten Widerstand stieß. weil die Patienten durch den Geruch geradezu stigmatisiert wurden. Bei der großen Angewöhnung der Ärzte an das gelbe Jodoform ist es klar, daß sie unter sonst gleichen Umständen einen gelben Körper, an den sie schon gewöhnt waren, vorziehen werden. Während für die äußere Verwendung die organische Komponente fast gleichgültig ist, liegen bei internem Gebrauche die Verhältnisse ganz anders. Vor allem wird durch den alkalischen Darmsaft Wismutoxydhydrat aus der Verbindung abgespalten, anderseits zerlegt auch der, namentlich bei Darmkatarrhen, entwickelte Schwefelwasserstoff die Wismutverbindung, so daß in beiden Fällen die organische Komponente frei wird und zur Wirkung gelangen kann. Während für die Anwendung als Streupulver die organische Komponente nur insofern von Belang ist, als sie für die physikalische Beschaffenheit des Endproduktes Bedeutung hat, muß man bei der Darstellung von Wismutverbindungen für den internen Gebrauch darauf achten, möglichst ungiftige Säuren oder Phenole mit kräftigen, antiseptischen Eigenschaften auch in Form ihrer Alkaliverbindungen in Verwendung zu ziehen. Mag es für die Anwendung auf Wundflächen von Bedeutung sein, ob ein Wasserstoff des

[1]) Americ. journ. of pharmacy Bd. 58, Nr. 12.

Wismutoxydhydrates durch Jod ersetzt ist, so muß man die Bedeutung dieser Jodeinführung für Präparate, die für den internen Gebrauch als Darmadstringenzien bestimmt sind, in Abrede stellen. Anderseits ist es für den internen Gebrauch ungemein wichtig, solche Wismutverbindungen zu haben, die an den sauren Magensaft kein Wismut in Lösung abgeben.

Das erste Präparat, welches als Jodoformersatzmittel dargestellt wurde, das basisch-gallussaure Wismut (Dermatol), hat seine ausgebreitete Anwendung und Beliebtheit nicht etwa seinen großen Vorzügen vor allen später dargestellten Wismutpräparaten zu verdanken, sondern vielmehr dem Umstande, daß es schwer ist, Ärzte für eine ganz neue Anwendung eines jahrhundertelang bekannten und für andere Zwecke bewährten Heilmittels zu begeistern. Es liegt in der Natur der Sache, daß ein neues Präparat, welches von Fabrikanten mit großer Reklame getrieben wird, auch bei ganz gleichen Eigenschaften über das altbekannte Magisterium Bismuthi obsiegen mußte, welches zu poussieren niemand ein großes wissenschaftliches oder pekuniäres Interesse hatte, und nur diese zwei Triebfedern kommen für die literarische Empfehlung der Heilmittel in Betracht. Zudem hat Dermatol[1]) die sehr bestechende Eigenschaft, als geruchloses, aber gelbes Jodoform-Ersatzmittel aufzutreten.

Die Darstellung dieser Verbindung geschieht in der Weise, daß man entweder eine alkoholische Lösung von Gallussäure mit einer sauren Lösung von salpetersaurem Wismut zusammenbringt und allmählich neutralisiert, oder daß man ein wasserlösliches Salz der Gallussäure mit einer sauren Lösung von salpetersaurem Wismut mischt und hierauf neutralisiert.

Die dem Tannin sehr nahestehende Gallussäure äußert im Darme ebenfalls eine Wirkung ähnlich wie Tannin (s. d.). Dermatol ist gelb, ungiftig, reizlos, geruchlos, beständig und sterilisierbar, ein unschädliches Wundstreupulver mit mehr mechanischen als chemischen Wirkungen[2]).

Als Konkurrent zu diesem trat das basisch-gallussulfosaure Wismut[3]) auf mit der Prätention, daß Gallussulfosäure stärker antiseptisch wirke als Gallussäure, was wohl für diese Zwecke von keiner Bedeutung ist.

Das Wismutsalz der Gallussulfosäure besitzt keine nennenswerten adstringierenden Wirkungen, hingegen aber das basische Wismutsalz der Gallocarbonsäure. Man läßt Gallocarbonsäure auf saure Lösungen von Wismutsalzen oder auf Wismuthydroxyd einwirken[4]).

Läßt man auf Wismuthydroxyd oder basische Wismutsalze Gallocarbonsäure bei Gegenwart von Alkali einwirken, so erhält man basisch gallocarbonsaures Wismut[5]).

Die Darstellung des Wismutsalzes der Gallusulfosäure, welches keine praktische Anwendung gefunden hat, geschieht in des Weise, daß man getrocknete Gallussäure in die fünffache Menge rauchender Schwefelsäure mit 25% Anhydrid einrührt und die Temperatur nicht über 50° steigen läßt, hierauf in Eiswasser eingießt. Durch Einwirkung der gebildeten Gallussulfosäure auf Wismuthydrat erhält man ebenfalls ein unlösliches, gelbes Pulver.

Lecithin wird nach den üblichen Methoden in ein basisches Wismutsalz übergeführt. Es wird z. B. eine alkoholische Lecithinlösung mit 10proz. wässerigem Ammoniak und einer konzentrierten wässerigen glycerinhaltigen Lösung von salpetersaurem Wismut versetzt. Der Niederschlag von Lecithinwismut wird mit Aceton gewaschen und im Vakuum getrocknet[6]).

Statt nun Gallussäure zu verwenden, wurde auch Methylendigallussäure mit Wismut in Kombination gebracht, um so einen Körper, der die Wirkung des Formaldehyds der Gallussäure mit denen der basischen Wismutsalze verbindet, zu erhalten. Diese Substanz wurde unter dem Namen Bismal für den inneren Gebrauch empfohlen. Die Zusammensetzung des Bismals ergibt, daß

---

[1]) Heinz und Liebrecht: Berlin. klin. Wochenschr. 1891, S. 584 und 744.
[2]) Berlin. klin. Wochenschr. 1891, Nr. 27. [3]) D.R.P. 74602.
[4]) Bayer, D.R.P. 268932.
[5]) Bayer, D.R.P. 276072, Zusatz zu D.R.P. 268932.
[6]) J.D. Riedel, D.R.P. 407544.

bei dieser Reaktion vier Moleküle Säure mit drei Molekülen Wismut in Verbindung getreten sind.

Zur Darstellung läßt man Methylendigallussäure in Gegenwart von Wasser bei mäßiger Temperatur auf Wismuthydroxyd einwirken[1]).

Auch Mono- und Dibromgallussäureverbindungen des Wismuts wurden versucht.

Tannismut ist Bismutum bitannicum.

Wismuttannat, welches in seiner Zusammensetzung dem Ditannat nahekommt, erhält man, indem man normales Wismutsalz mit Tannin und Soda umsetzt und das ausgeschiedene Produkt mit Wasser auswäscht und bei niederer Temperatur trocknet[2]).

Heyden, Radebeul, stellen eine Wismuttanninverbindung, welche in ihrer Zusammensetzung dem Wismuttannin nahekommt, in der Weise her, daß sie eine wässerige Tanninlösung mit der Lösung eines Wismutsalzes, im Verhältnis von 2 Mol. Tannin zu 1 Mol. Wismutsalz, bei gewöhnlicher Temperatur behandeln[3]).

Zu erwähnen sind noch folgende Verbindungen, die aber nur kurze Zeit in Verwendung standen:

Phenylschwefelsaures Wismut. Da phenylschwefelsaures Alkali im Darme keine antiseptische Wirkung auslösen kann, so kann phenylschwefelsaures Wismut keinerlei Vorzüge vor dem Magisterium besitzen.

Wismuttrisalicylat ist überhaupt nicht existenzfähig. Bei Umsetzung einzelner Wismutsalze mit salicylsaurem Natrium erhält man nicht Tri-, sondern Wismutdisalicylat (auf 1 Atom Wismut 2 Mol. Salicylsäure) und freie Salicylsäure, die sich durch indifferente Lösungsmittel in der Kälte oder durch versichtiges Neutralisieren weglösen läßt, beim Auskochen hingegen erhält man Wismutmonosalicylat. Das eine Molekül Salicylsäure ist sehr leicht abspaltbar. Wismutdisalicylat stellt man her durch Umsetzen von normalem Wismutsalz mit salicylsaurem Salz, und zwar durch vorsichtiges Neutralisieren oder durch Behandlung mit Alkohol-Äther. Es wird z. B. Wismutnitrat mit salicylsaurem Natron umgesetzt, mit Ammoniak gerade neutralisiert, mit kaltem Wasser ausgewaschen und bei gewöhnlicher Temperatur getrocknet[4]).

Bismutum bisalicylicum (Gastrosan) spaltet die Hälfte der Salicylsäure schon im Magen ab.

Ebenso zwecklos wie die Kombination des Wismuts mit Salicylsäure (salicylsaures Wismut), da ja Salicylsäure als Alkalisalz im Darme doch gar keine lokale Wirkung ausüben kann, ist die Kombination des Wismuts mit der Dithiosalicylsäure (Wismutdithiosalicylat) als Darmantisepticum. Als Wundstreupulver und Jodoformersatzmittel mag es ja analoge Wirkung wie jedes andere Wismutpräparat haben. Es ist ein graugelbes, geruch- und geschmackloses, voluminöses Pulver, Thioform genannt[5]).

Die Darstellung geschieht durch Einwirkung der Dithiosalicylsäure bzw. des Gemenges der beiden isomeren Dithiosalicylsäuren auf Wismutoxydhydrat.

Jodsalicylsaures Wismut wird Jodybin genannt[6]).

Zu den basischen Säurewismutverbindungen gehört auch Loretinwismut (s. Loretin).

Basische Wismutsalze des $\alpha\alpha_1$-Dijodadipinsäure erhält man durch Einwirkung von Wismutsalzen auf Dijodadipinsäure oder ihrer Salze. Es entsteht ein hellgelbes lichtempfindliches Pulver[7]).

Um den Übelstand zu vermeiden, daß die als Darmantiseptica verwendeten Wismutsalze im Magen giftiges Chlorwismut bilden, wurde folgendes Verfahren eingeschlagen. Die Doppelsalze des Wismuts, z. B. mit Milchsäure und Tannin oder Gallussäure, erweisen sich als erheblich widerstandsfähiger gegen verdünnte Säuren als die einfachen basischen Salze. Solche Verbindungen sind

---

[1]) D.R.P. 87099. [2]) Heyden, Radebeul, D.R.P. 172933.
[3]) Heyden, Radebeul, D.R.P. 202244.
[4]) Heyden, Radebeul, D.R.P. 168408. [5]) Therap. Monatsh. Bd. 8, S. 164.
[6]) Israel, Eugen: Med. Woche 1902, S. 139.
[7]) Bayer, Leverkusen, D.R.P. 403051.

z. B. die Monolactoditannate und die Dilactomonotannate des Wismuts, sowie deren basische Salze. Wismutdilactomonotannat wird Lactanin genannt.

Man erhält sie durch Fällen von trimilchsaurem Wismut mit der theoretischen Menge Gerbsäure. Man kann entweder Wismuthydroxyd in Milchsäure zu einem Lactat auflösen und dieses mit Gerbsäure behandeln oder aber umgekehrt, z. B. basisch gerbsaures Wismut mit Milchsäure[1]).

Zu erwähnen wäre noch Hetoform (zimtsaures Wismut $Bi(C_9H_7O_2)_3 \cdot Bi_2O_3$), ein weißes, zimtartig riechendes Pulver, welches durch Wechselumsetzung von Wismutnitrat und zimtsaurem Natron gewonnen wird.

Eine weitere Gruppe von Wismutpräparaten, die ebenfalls als basische Salze von organischen Säuren und Wismut anzusehen sind, sind Verbindungen, in denen Jod statt eines Wasserstoffes des Metallhydroxydes enthalten ist, um auch die Jodwirkung, welche ja beim Jodoform so vorteilhaft zur Geltung kommt, diesen Präparaten zu verleihen. Das wichtigste Präparat und auch das zuerst dargestellte dieser Gruppe ist das basisch gallussaure Wismutoxyjodid, Airol, es ist nicht besser und nicht schlechter als die anderen Wismutpräparate. Chemisch ist es als Dermatol anzusehen, in welches ein Halogenatom, und zwar Jod, eingetreten ist. Es ist graugrünes, geruch- und geschmackloses Pulver, welches den Vorzug besitzt, lichtbeständig zu sein. Seine Giftigkeit ist größer als die des Dermatols, was wohl auf die Jodwirkung zu beziehen ist. Dasselbe Präparat wurde von anderer Seite auch unter dem Namen Airoform eingeführt[2]).

Die Darstellung kann auf zweierlei Weise erfolgen[3]). Man läßt verdünnte Jodwasserstoffsäure auf Dermatol einwirken, bis die gelbe Farbe in eine graugrüne übergegangen ist, hierbei tritt Jod in das Wismuthydroxyd und nicht in den Gallussäurerest ein[4]); oder man läßt Gallussäure auf Wismutoxyjodid einwirken und erwärmt das Ganze, bis die rote Farbe vollständig in dunkel-graugrün übergegangen ist. Man kann auch die Einwirkung der Gallussäure auf das Wismutoxyjodid in statu nascendi des letzteren vornehmen. Zu einer Lösung von Jodkalium und Gallussäure läßt man eine Lösung von Wismutoxydhydrat und essigsaurem Natron einfließen und erwärmt, bis der entstandene Niederschlag graugrün wird.

Auch vom Gallussäuremethylester ausgehend, wurde Jodgallicinwismut, welches dem Airol gleichwertig ist, dargestellt.

Durch Behandlung von Gallocarbonsäure mit Wismutoxyjodid oder von basisch gallocarbonsaurem Wismut mit Jodwasserstoffsäure gelangt man zu antiseptisch-adstringierenden Verbindungen.

Vom Tannin ausgehend, wurden, wie von der Gallussäure, ebenfalls Verbindungen mit Wismutoxyjodid erhalten[5]). Ihre Darstellung wurde durch den Umstand entschuldigt, daß man bei der Herstellung von Verbandgaze, die mit Airol imprägniert werden soll, auf große Schwierigkeiten stößt, während die Wismutoxyjodidlacke des Tannins durch ihre physikalische Beschaffenheit sich für diesen Zweck gut eignen sollen. Doch hat diese Modifikation bei der großen Überfüllung des Marktes mit ähnlichen Präparaten keinen Anklang gefunden. Bei der Einwirkung von Tannin auf Wismutoxyjodid oder bei der Darstellung dieser Verbindung aus frisch entstehendem Wismutoxyjodid können sich drei Körper bilden, die einen verschiedenen Gehalt an Wismut und Jod zeigen. Die für therapeutische Zwecke empfohlene Substanz erweist sich als ein Gemenge von drei Wismutoxyjodidlacken[6]).

Wismutoxyjodidagaricinat[7]), wegen der antihydrotischen Eigenschaften der Agaricinsäure dargestellt, entsteht durch Einwirkung von Jodwasserstoff auf einfach basisch agaricinsaures Wismut oder Wismutoxyjodid auf Agaricinsäure resp. Alkaliagaricinate.

Da Tetrajodphenolphthalein zwei freie Hydroxyle hat, so gelingt es leicht, durch Umsetzen des Natronsalzes des Tetrajodphenolphthaleins mit löslichen Salzen der Schwermetalle zu den Tetrajodphenolphthalein-Metallverbindungen zu gelangen, in denen die Wasserstoffe der Hydroxylgruppen durch Metall ersetzt sind[8]). Es wurden von solchen Verbindungen das Zinksalz, das Eisensalz, das Quecksilber- und Wismutsalz dargestellt. Letzteres kann man in zwei

[1]) D.R.P. 113128. [2]) Korrespondenzbl. f. Schweiz. Ärzte 1900, Nr. 1.
[3]) D.R.P. 80399. [4]) D.R.P. 82593. [5]) Bayer, D.R.P. 295988.
[6]) D.R.P. 101776. [7]) Riedel, Berlin, D.R.P. 138713. [8]) D.R.P. 87785.

Modifikationen erhalten: als neutrales Wismutsalz und als basisches Salz. Letzteres wurde unter dem Namen Eudoxin in die Therapie eingeführt, konnte sich aber nicht behaupten, trotzdem ihm ja, wie allen basischen Wismutverbindungen, die diesen eigentümlichen therapeutischen Eigenschaften zukommen müssen.

Die therapeutischen Eigenschaften aller dieser Verbindungen beruhen, wie wir wiederholt erwähnt haben, auf der Gegenwart von Wismut, bei den Oxyjodidverbindungen auch noch auf der Abspaltung der Jodkomponente.

Man erzielt aber keinen Vorteil, wenn man auch Halogen in die organischen Säuren einführt. Ein solches Präparat wurde durch Einwirkung von Mono- und Dibromgallussäure auf Wismutoxyjodid in der Wärme erhalten.

Während die Einführung von organischen Säuren in die Wismutverbindung für deren antiseptische Wirkung, namentlich im Darme, aus dem Grunde gleichgültig ist, weil diese Säuren in alkalischer Lösung keineswegs gärungshemmend wirken, erweist es sich als von Vorteil, Wismut mit Phenolen zu kombinieren, die auch in alkalischer Lösung antizymotische Fähigkeiten besitzen.

Von Bedeutung ist bei der Auswahl der mit dem Wismut zu kombinierenden Phenole neben der antiseptischen Kraft derselben noch die Größe ihrer Giftigkeit. Die Wismutphenolate üben in vitro keine abtötende Wirkung auf Fäulnisbakterien aus, sie hemmen sie in ihrer Wirkung nur wenig. (Ähnlich verhält sich auch Jodoform.) Durch den Magensaft bzw. durch die Salzsäure desselben wird nur wenig Wismut als Chlorwismut abgespalten, so daß diese Verbindungen nahezu unzersetzt in den Dünndarm gelangen, wo sie langsam in ihre beiden Komponenten gespalten werden. Alle diese Verbindungen erweisen sich als sehr wirksam bei akuten und chronischen Magen- und Darmbeschwerden. Dargestellt wurden in dieser Reihe Phenolwismut, m-Kresolwismut und β-Naphtholwismut[1]). Das letztere wurde unter dem Namen Orphol eine kurze Zeit als Antisepticum und als Adstringens benützt. Wie alle Körper dieser Reihe ist es geschmacklos. Auch von Pyrogallol, welches sich durch seine stark reduzierenden Eigenschaften, namentlich in alkalischer Lösung auszeichnet, wurde eine nicht giftige Wismutverbindung hergestellt. Ebenso wurde eine Wismutoxyjodidverbindung des Pyrogallols ganz analog nach dem zur Gewinnung des Airols empfohlenen Verfahren erhalten[2]). Auch das Oxypyrogallol genannte, aus Pyrogallol durch Einwirkung von atmosphärischer Luft und Ammoniak erhaltene Oxydationsprodukt wurde zur Darstellung einer Wismutoxyjodidverbindung benützt, ohne daß diese je Verwendung gefunden hätte.

8-Oxychinolin wird in das basische Wismutsalz übergeführt, und zwar durch Einwirkung von $Bi(OH)_3$ auf 8-Oxychinolin in wässeriger Suspension bei erhöhter Temperatur oder durch Umsetzung der wässerigen Lösung des Natriumsalzes des Oxychinolins mit $Bi(NO_3)_3$ oder Wismutsubnitrat bei 60° oder einer wässerigen Lösung des neutralen 8-Oxychinolinsulfats mit Wismutsubnitrat unter Zusatz von wässeriger Natronlauge bei 60°. Das Produkt ist basisches 8-Oxychinolinwismut der Zusammensetzung $C_9H_6N \cdot O \cdot Bi(OH)_2$ und dient als Wundantisepticum[3]).

Man erhält Jod und Wismut enthaltende Verbindungen der Oxychinoline und ihrer Kernhomologen und Substitutionsprodukte, wenn man auf letztere Wismutoxyjodid einwirken läßt. Beschrieben sind die Verbindungen von 8-Oxychinolin, 5-Brom-8-oxychinolin, 5-Methyl-8-oxychinolin, 5-Methyl-7-jod-8-oxychinolin, 6-Oxychinolin, 5-Brom-6-oxychinolin, 7-Oxychinolin, 5.7-Dibrom-8-oxychinolin[4]).

Einfacher erhält man diese Verbindungen, wenn man auf die Wismutverbindungen der Oxychinoline Jodwasserstoff oder auf die jodwasserstoffsauren Salze der Oxychinoline Wismutverbindungen einwirken läßt[5]).

Die Einführung von Halogen in die organischen Säuren, die man mit Wismut kombiniert, ist aus dem Grunde zwecklos, weil die halogensubstituierten

---

[1]) Arch. biol. St. Petersburg 1893, S. 247. [2]) D.R.P. 94287, 100419.
[3]) Merck, N.Y., A.P. 1485380. [4]) Bayer, D.R.P. 282455.
[5]) Bayer, D.R.P. 283825, Zusatz zu D.R.P. 282455.

organischen Säuren in ihren Alkalisalzen ebensowenig antiseptisch wirken können als die halogenfreien Salze. Anders verhält es sich hingegen bei Verwendung von Phenolen; da diese auch in alkalischer Lösung ihre antiputride Wirkung ausüben, so werden diese Verbindungen stärker wirken, wenn Halogen in die Phenole substituiert wird, da ja die antiseptische Kraft der Phenole durch Ersatz von Kernwasserstoffen durch Halogen erhöht wird. Aus diesem Grunde wurde Tribromphenol $C_6H_2Br_3 \cdot OH$, welches viel stärker wirkt als Phenol, mit dem Wismut kombiniert. Tribromphenolwismut wurde zuerst nur als Darmantisepticum verwendet. Es war ja das kurze Zeit geheimgehaltene Mittel, welches bei der großen Hamburger Choleraepidemie versucht wurde[1]). Erst später wurde es unter dem Namen Xeroform als Wundantisepticum empfohlen. Wie Dermatol hat es den Vorzug, gelb gefärbt zu sein. Es ist lichtbeständig, nicht giftig und reizlos.

Die Herstellung des Tribromphenolwismuts erfolgt durch Wechselwirkung von Tribromphenolalkali und Wismutsalzen[2]).

Trijodphenollösung wird mit der berechneten Menge einer sauren Wismutnitratlösung versetzt, wobei das Reaktionsgemisch zunächst alkalisch bleibt und dann angesäuert wird. Man erhält so eine basische Trijodphenol-Wismutverbindung, die auf zwei Trijodphenolgruppen drei Atome Wismut enthält[3]).

4-Amino-2-bismutimercaptol-1-carbonsäure erhält man durch Einwirkung von Bi-Salzen auf 4-Amino-2-mercaptobenzol-1-carbonsäure in alkalischer, saurer oder neutraler Lösung[4]).

Organische Metallverbindungen der Zusammensetzung R·Me·X(R· = Aryl; Me = Hg, As, Sb, Bi; X = anorg. Atom oder Atomgruppe) werden mit in Wasser löslichen Thioverbindungen, wie den Alkalisalzen von Mercaptanen, Thiosäuren oder Thiophenolen behandelt[5]).

Tribrombrenzcatechin erhält man durch Behandlung von Brenzcatechin mit Brom im Verhältnis von 1 : 3 Mol. unter Ausschluß des Arbeitens in essigsaurer Lösung[6]). Die Darstellung von Wismutsalzen des Tribrombrenzcatechins geschieht durch Umsetzung in alkalischer Lösung[7]).

Zu erwähnen ist noch, daß auch vom Chinolinrhodanat[8]), welches Edinger[9]) empfohlen, eine Wismutverbindung, Krurin benannt, ein grobkörniges, rotgelbes Pulver, als Arzneimittel eingeführt wurde; während die Wismutverbindungen sonst ganz reizlos sind, erzeugt dieses Präparat merkwürdigerweise nach der Applikation Schmerzgefühl[10]).

Für innere Anwendung wurde Wismut auch mit Eiweißkörpern kombiniert. Von solchen Präparaten wurden zwei dargestellt: Wismutalbuminat, Bismutose genannt[11]), und Wismutpeptonat[12]).

Wismutalbuminat wird durch Behandeln mit Formaldehyd in Formaldehyd-Eiweißwismut verwandelt.

A. Busch, Braunschweig, stellt ein im Magensaft schwer lösliches Jodwismut-Eiweißpräparat her durch Fällung von Eiweißkörpern mit Kaliumwismutjodid und Erhitzen des Niederschlages für sich oder in Gegenwart von Toluol oder Xylol auf Temperaturen von 100—130°[13]). Das im D.R.P. 177109 beschriebene Präparat wird in wässeriger Suspension mit Formaldehyd behandelt oder die Vorbehandlung mit Formaldehyd an dem frisch gefällten Niederschlag vorgenommen[14]).

Quecksilberverbindungen.

Die ungemein verbreitete Anwendung der Quecksilberpräparate bei der Behandlung der Syphilis und als Antiseptica hat die synthetische Chemie besonders vor zwei Aufgaben gestellt. Einerseits handelte es sich darum, ein

---

[1]) Hueppe: Berlin. klin. Wochenschr. 1893, S. 162. [2]) D.R.P. 78889.
[3]) Knoll & Co., D.R.P. 430684. [4]) Schering, D.R.P. 426345.
[5]) A.P. 1589599. [6]) Heyden, D.R.P. 215377. [7]) D.R.P. 207444.
[8]) D.R.P. 80768, 86148, 86251. [9]) Dtsch. med. Wochenschr. 1895, Nr. 24.
[10]) Therap. Monatsh. 1898, S. 445. [11]) Presse méd. 1900, S. 289. — D.R.P. 117269.
[12]) Kalle, Biebrich, D.R.P. 150201. [13]) D.R.P. 177109.
[14]) D.R.P. 189478, Zusatz zu D.R.P. 177109.

Präparat zu schaffen, welches leicht löslich, subcutan und intramuskulär sich injizieren läßt, ohne eiweißfällend (ätzend) zu wirken (bei Injektion der meisten Quecksilberverbindungen treten wohl durch die ätzende Wirkung der Präparate manchmal starke Schmerzen auf) und welches womöglich langsamer ausgeschieden wird als Sublimat, das den Organismus rasch verläßt und dabei wie alle leicht ionisierbaren Quecksilberpräparate an der Austrittsstelle im Dickdarm infolge der höheren Ionenkonzentration zu schweren Geschwürsbildungen Veranlassung gibt. Andererseits hat sich bei der Verwendung des Sublimats, welches ja eines der kräftigsten antiseptischen Mittel überhaupt ist und dabei auch als das billigste sich erweist, in der Chirurgie der Übelstand gezeigt, daß Sublimat ohne Kochsalz in Wasser sich nur langsam und schwer löst, daher man nicht rasch genug Lösungen dieser Substanz herstellen kann. Diesen Lösungen haftet aber der Fehler an, daß man im Gegensatze zu Phenol und ähnlichen organischen Desinfektionsmitteln keine Metallinstrumente in ihnen sterilisieren kann, weil Sublimat sofort unter Abscheidung von metallischem Quecksilber reduziert wird. Es bestand nun die Aufgabe darin, ein Präparat zu schaffen, welches durch Metalle aus seinen Lösungen nicht reduziert werden kann und mit dieser Eigenschaft womöglich die andere verbindet, in Wasser prompt und leicht löslich zu sein.

Trotz der zahlreichsten Versuche dieser Art kann man nicht behaupten, daß diese beiden Probleme in allgemein zufriedenstellender Weise gelöst worden wären. Keines der vielen für diese Zwecke vorgeschlagenen Präparate konnte trotz der größten Bemühung seitens der Darsteller eine allgemeine Anwendung erhalten. Die meisten führten nur ein ephemeres Dasein. Alle Versuche dieser Art hier anzuführen, ist wohl nicht die Aufgabe dieses Buches Wir werden uns nur bemühen, an einer Reihe von ausgewählten Beispielen die Richtung zu zeigen, in denen die mehr oder weniger erfolglosen Versuche, dem Problem nahezukommen, sich entwickelt haben, um so jeden künftigen Synthetiker auf diesem Gebiete abzuhalten, die bereits erfolglos gewandelten Bahnen mit gleichem Mißerfolge wiederholt zu betreten, wie es ja in Unkenntnis des wahren Sachverhaltes auf den verschiedensten Gebieten der Arzneimittelsynthese sehr häufig geschieht.

Anscheinend war man dem Probleme, wasserlösliche Quecksilberverbindungen, die, ohne ätzend zu wirken, injizierbar sind, in dem Momente sehr nahe getreten, als die Darstellung des kolloidalen, wasserlöslichen Quecksilbers gelungen war[1]). Beruht ja doch der schmerzhafte Effekt der Injektionen von Quecksilberpräparaten insbesondere darauf, daß die Quecksilbersalze fällende Eigenschaften auf Eiweißkörper zeigen, und so zu entzündlichen Reizungen an der Injektionsstelle Veranlassung geben.

Das wasserlösliche Quecksilber, Hyrgol genannt, erhält man, wenn man Quecksilbersalze, z. B. Quecksilberoxydulnitrat, mit salpetersaurem Zinnoxyd reduziert und die entstandene dunkle Lösung mit einer Lösung von citronensaurem Ammoniak versetzt, worauf das gelöste kolloidale Quecksilber als schwarze Masse ausfällt.

Diese Masse gibt mit Wasser eine dunkle, stark fluorescierende Lösung. Aber die Lösungen des kolloidalen Quecksilbers haben den großen Nachteil, daß sie Spuren von Citronensäure und von Zinn enthalten, ferner setzen sie beim Stehen fortwährend einen Schlamm von feinst verteiltem metallischen Quecksilber ab, so daß der Gehalt der Lösung Schwankungen ausgesetzt ist[2]). Über den therapeutischen Wert des wasserlöslichen Quecksilbers kann man gegenwärtig wohl noch kein abschließendes Urteil fällen[3]). Man hat nach

---

[1]) Lottermoser: Journ. f. prakt. Chem. Bd. 57, S. 484. 1898.
[2]) Höhnel: Phamarzeut. Ztg. 1898, S. 868.
[3]) Werler: Berlin. klin. Wochenschr. 1898, S. 937.

verschiedenen Methoden kolloidales Quecksilber dargestellt, ohne daß dieses Präparat trotz größerer Reinheit sich in die Therapie gut eingeführt hätte.

Werden gewisse Kolloide, wie Gelatine, Gummi usw. in Lösungen mit Pyrogallol, Brenzcatechin, Hydrochinon, Aminophenolen gemischt, und gibt man dieser Mischung Quecksilbersalze, wie Sublimat, zu, so entstehen weiße bis gelbe Niederschläge, die durch Zusatz von Alkohol noch vermehrt werden können. Setzt man diesen Suspensionen Alkali zu, so erfolgt momentan Reduktion und das Quecksilber gelangt in kolloidaler Form zur Abscheidung. Es lassen sich so feste Hydrosole des Quecksilbers mit 80 % Hg-Gehalt erhalten. Wird kein Reduktionsmittel zugegeben, so erhält man Quecksilberoxyd als Hydrosol[1]).

Lutosargin ist kolloidales Quecksilberjodid.

Die Quecksilberverbindungen für Injektionen lassen sich in mehrere Gruppen trennen: Verbindungen, in denen Quecksilber den Hydroxylwasserstoff in Phenolen oder Kernwasserstoff ersetzt oder Wasserstoff von basischen Resten und in Quecksilbersalze verschiedener organischer Säuren, die als solche keine so ätzenden Eigenschaften wie Sublimat besitzen sollen. An diese Gruppe schließt sich die Darstellung von den verschiedensten Eiweißverbindungen des Quecksilbers an, von der sehr richtigen Voraussetzung ausgehend, daß solche Präparate die geringste Ätzwirkung haben müssen.

O. Liebreich ersetzte im Formamid den Amidwasserstoff durch Quecksilber und erhielt so Quecksilberformamid HCONH · Hg · HNOCH. Durch die alkalische Reaktion des Blutes soll sich angeblich metallisches Quecksilber im Kreislauf aus der Verbindung abscheiden.

Auch Quecksilberharnstoff wurde in gleicher Richtung versucht.

Bei den Derivaten des Quecksilbers, die sich als Salze von organischen Säuren charakterisieren lassen und die wasserlöslich sind, muß man es den verschiedentlichen Angaben der Erfinder und der Fabrikanten gegenüber strikte betonen, daß die antiseptische Kraft, sowie die Wirkung auf Lues nur auf den Gehalt der Verbindungen an Quecksilber und auf die Dissoziationsfähigkeit zu beziehen ist. Es wurde Quecksilberoxycyanat empfohlen, welches angeblich sechsmal so stark wirkt wie Sublimat, dabei die Gewebe weniger reizt und die Instrumente nicht angreift. Trotz dieser Angaben hat diese Verbindung in der Therapie kaum ein Eintagsdasein geführt.

Mercurierte Aminosäuren.

Viel mehr Erfolg hat man bei der Anwendung von Salzen verschiedener Aminosäuren gesehen. Es wird diesen nachgesagt, daß sie gut löslich sind und reizlos wirken. J. v. Mering hat Glykokollquecksilber $(NH_2 \cdot CH_2 \cdot COO)_2Hg$, Vollert Succinimidquecksilber

$$C_2H_4{<}^{CO}_{CO}{>}N{-}Hg{-}N{<}^{CO}_{CO}{>}C_2H_4$$

E. Ludwig Asparaginquecksilber $[OOC \cdot C_2H_3(NH_2) \cdot CO(NH_2)]_2Hg$ nach dieser Richtung hin empfohlen. Auch Alaninquecksilber $[CH_3 \cdot CH(NH_2) \cdot COO]_2Hg$ wurde untersucht.

Durch Erhitzen von Tyrosin mit Quecksilberoxyd in wässeriger Lösung erhält man Tyrosinquecksilber, welches sich in Alkalien löst und von Schwefelwasserstoff nicht geschwärzt wird. Es soll völlig reizlos sein[2]). Die gleiche Verbindung erhält man, wenn man Tyrosin in wässeriger Lösung mit Mercuriacetat erhitzt[3]).

Quecksilberverbindungen des Tyrosins und seiner Derivate erhält man, wenn man Tyrosin oder dessen Derivate bei gewöhnlicher Temperatur in alkalischer Lösung mit Mercuriverbindungen umsetzt. Dargestellt sind die Quecksilberverbindung des p-Oxyphenyläthylamins $C_8H_{10}ONHg$, Quecksilberdijodtyrosin, die Quecksilberverbindung des Tyrosinäthylesters, die Quecksilberverbindung des Tyrosins[4]). Tyrosinquecksilber wird Merlusan genannt.

---

[1]) Kalle, D.R.P. 286414. [2]) Bayer, Budapest, D.R.P. 267411.
[3]) D.R.P. 267412, Zusatz zu D.R.P. 267411.
[4]) Hoffmann-Laroche, D.R.P. 279957.

R. Lüders, Berlin, stellt eine leicht lösliche Quecksilberverbindung durch Behandlung von α-Aminobuttersäure mit Quecksilberoxyd her[1]).

Man erhält aus den unlöslichen oder wenig löslichen Verbindungen des Cystins und seiner Derivate mit Quecksilber, Quecksilberchlorid und Silber komplexe Salze mit amphoterer Reaktion, wenn man diese Verbindungen in Lösungen von Natriumchlorid, Natriumbromid, Natriumrhodanat, Lithiumchlorid löst und die Lösung mit Aceton, Äthyl- oder Methylalkohol oder Äther im Überschusse fällt. Beschrieben sind: Cystinquecksilber-Natriumchlorid, Cystinquecksilber-Natriumbromid, Cystinquecksilber-Lithiumchlorid, Cystinquecksilber-Natriumrhodanat, Cystinquecksilberchlorid-Natriumchlorid, Cystinquecksilberchlorid-Natriumchlorid, Cystinquecksilberchlorid-Natriumbromid[2]).

In Wasser leicht lösliche Verbindungen des Cystins und Cysteins mit Schwermetallen erhält man, wenn man die sauren oder neutralen Alkali- oder Erdalkalisalze dieser Aminosäuren mit den Oxyden oder Hydroxyden des Silbers, Quecksilbers oder Wismuts behandelt[3]). Dargestellt wurden die Ag-Na-Verbinduug des Cysteins, die Hg-Na-Verbindung des Cysteins und die Bi-Na-Verbindung des Cysteins.

Cystinal ist Cystinquecksilberchlorid-Chlornatrium. Der Wert dieses Präparates wird angezweifelt.

Mercurierte aromatische Verbindungen.

Die Verbindungen des Quecksilbers mit Phenolen erhält man, wenn man in eine saure Lösung von salpetersaurem Quecksilberoxyd eine alkalische Lösung eines Phenols einträgt. Es kristallisiert dann eine Doppelverbindung von Phenolquecksilber mit Quecksilbernitrat heraus. Man kann auch das Verfahren in der Weise modifizieren, daß man die warme, saure Lösung von salpetersaurem Quecksilberoxyd in eine alkoholische Lösung von Phenol gibt, wobei man dasselbe Produkt erhält[4]).

Nach diesem Verfahren wurden die Quecksilberverbindungen des Phenols, Resorcins, Naphthols, Tribromphenols, des Phloroglucins und des Thymols dargestellt, die alle in Säuren, mit Ausnahme der Thymolverbindung, leicht löslich sind, aber deren Salze auch alle sich leicht zersetzen[5]).

Die therapeutische Prüfung der Resorcin- und der Naphtholverbindungen zeigt, daß die Einspritzung der Acetate dieser Substanzen heftige Schmerzen verursacht.

Diphenylquecksilber $(C_6H_5)_2Hg$ unterscheidet sich von den Phenolaten in seinen Wirkungen sehr wesentlich. Dieser Körper ist äußerst giftig und eignet sich aus diesem Grunde zu intramuskulären Injektionen nicht, da bei seiner Anwendung, nicht wie bei den Quecksilberphenolaten, Quecksilber langsam vom Organismus aufgenommen wird, indem es sich aus der Verbindung herausspaltet, sondern es kommt beim Diphenylquecksilber erst nach längerer Einverleibung durch Kumulativwirkungen zu sehr schweren Vergiftungserscheinungen. Bei den Quecksilberphenolaten ist die Haltbarkeit und Resistenz eine geringere. Diphenylquecksilber ist aber im Organismus viel beständiger und äußert daher spät, aber dann um so intensiver seine giftige Wirkung. Dieses Verhalten des Diphenylquecksilbers ist identisch mit dem Verhalten von Dimethylquecksilber $(CH_3)_2Hg$ und Diäthylquecksilber $(C_2H_5)_2Hg$ (Hepp). Bei den Versuchen mit diesen Substanzen zeigt es sich, daß infolge der Beständigkeit dieser Verbindungen dem Organismus gegenüber zuerst eine reine Quecksilberäthylwirkung auftritt, später mischen sich die Vergiftungsbilder des Quecksilbers und des Quecksilberäthyls und schließlich kommt erst die reine Quecksilberwirkung zur Geltung. Diäthylquecksilber und Äthylquecksilberchlorid sowie Dimethylquecksilber machen Erscheinungen zentraler Natur und erst nach mehreren Tagen tritt Quecksilber im Harn auf[6]). Die scheinbar geringe Giftigkeit und die außerordentliche Länge des Latenzstadiums bei der Ver-

---

[1]) D.R.P. 306198. [2]) Bernhard Stuber, D.R.P. 307858.
[3]) Bayer, Leverkusen, D.R.P. 392656. [4]) D.R.P. 48539.
[5]) Therap. Monatsh. 1890, S. 51, 128.
[6]) Hepp, B.: Arch. f. exp. Pathol. u. Pharmakol. Bd. 23, S. 91. 1887.

giftung bewirkt die größte Gefahr bei der therapeutischen Anwendung dieser Substanzen. Während bei den üblichen Quecksilberbehandlungen das Auftreten bestimmter Symptome, so z. B. der Salivation, Stomatitis, Tenesmus und blutiger Stühle uns anzeigt, daß die Kur zu unterbrechen sei, weil bereits eine Quecksilbervergiftung eintritt, haben wir bei den nicht dissoziierenden organischen Derivaten des Quecksilbers keine Zeichen, welche uns die nahende Gefahr verraten, da erst spät, aber dann um so heftiger, das Vergiftungsbild erscheint.

Aromatische Quecksilberverbindungen kann man darstellen, wenn man aromatische Arsenverbindungen, welche dreiwertiges Arsen enthalten, mit Quecksilberoxyd oder Quecksilbersalzen behandelt. Aus Phenylarsenoxyd, welches man in Lauge löst und in das man Sublimat einträgt, erhält man Quecksilberdiphenyl. Aus p-Aminophenylarsenoxyd erhält man Quecksilberanilin. Aus 3-Nitro-4-oxy-phenylarsenoxyd erhält man Quecksilber-bis-nitrophenol usf.[1]).

Die drei mercurierten Kresole unterscheiden sich in der Desinfektionskraft. Das m-Derivat wirkt am stärksten. o-Oxyquecksilberphenolnatrium ist dem p-Oxyquecksilberphenolnatrium an Desinfektionswert nicht unerheblich überlegen. Providol (Dioxyquecksilberphenolnatrium) zeigt, daß durch den Eintritt einer zweiten Oxyquecksilbergruppe in den Benzolkern die Desinfektionskraft nicht unerheblich gesteigert wird. Oxyquecksilber-o-chlorphenolnatrium (Upsalan) und Dioxyquecksilberphenolnatrium sollen besonders wirksam sein[2]).

Man erhält im Kern durch Quecksilber substituierte Verbindungen der Halogen-, Nitro- oder Halogennitrophenole, indem man entweder die freien Phenole mit Quecksilberoxyd oder Quecksilbersalzen oder die salzartigen Quecksilberverbindungen der Halogen-, Nitro- oder Halogennitrophenole mit oder ohne Zusatz von Lösungs- oder Verdünnungsmitteln erhitzt. Dargestellt wurden p-Chlorphenylquecksilberoxyd, o-Nitrophenylquecksilberoxyd[3]). Man kann auch Phenole, die andere Substituenten im Kern haben, für dieses Verfahren benützen, z. B. Xylenole oder deren Halogensubstitutionsprodukte, zwei- und mehrwertige Phenole, deren Homologen und Alkyläther. Beschrieben sind Quecksilber-p-xylenol der Formel $C_6H_2(CH_3)_2 \cdot OH \cdot HgO \cdot CO \cdot CH_3$, Quecksilber-kreosol, Quecksilber-pyrogallol-1.3-diäthyläther und Quecksilber-monobrom-p-xylenol[4]).

Thymolquecksilberacetat ist identisch mit dem Thymoldiquecksilberacetat von Dimroth $C_6H(OH)(CH_3)(C_3H_7)(Hg \cdot COCH_3)_2$.

Man kann wasserbeständige Lösungen von Quecksilbersalzen in Ölen, Fetten usw. darstellen, wenn man komplexe aromatische Quecksilberverbindungen unter Vermittlung eines organischen Lösungsmittels in Fett löst. Man kann Naphthylquecksilberacetat, Naphthylquecksilberchlorid, o- und p-Oxyphenylquecksilberchlorid, Oxyphenylendiquecksilberdiacetat in Naphthalin, Anthracen, Anilin, Pyridin, Chinolin, Triacetin usw. lösen[5]).

Mercurierte Glykoside erhält man beim Erwärmen der Glucoside mit Quecksilberacetat. Dargestellt wurden: Mercuri-Amygdalin, Mercuri-Salicin, Mercuri-Arbutin, Mercuri-Resorcinglucose[6]).

Von den phenolessigsauren Verbindungen des Quecksilbers ist zu sagen, daß sie meist in Wasser unlöslich und daher nur in Vehikeln injizierbar sind. Alle unlöslichen Quecksilberverbindungen haben bei der Injektion den Nachteil, daß sie unter der Haut oder in einem Muskel abgelagert werden und es von diesem Depot aus zu einer plötzlichen Quecksilberresorption und so zu einer Quecksilbervergiftung kommen kann. Solche Nachteile muß man den Salzen der Benzoesäure, Tribromphenolessigsäure, Resorcinessigsäure usw. nachsagen. Die alkylschwefelsauren Salze, so z. B. äthylschwefelsaures Quecksilber, sind sehr leicht zersetzlich, und durch Wasser wird aus ihnen unlösliches basisches Salz abgespalten.

---

[1]) Höchst, D.R.P. 272289.

[2]) Schrauth, Walter und Walter Schöller: Zeitschr. f. Hyg. u. Infektionskrankh. Bd. 82, S. 279. 1916.

[3]) Bayer, Elberfeld, D.R.P. 234851.

[4]) D.R.P. 250746, Zusatz zu D.R.P. 234851.

[5]) Avenarius u. Wolff, D.R.P. 272605.

[6]) Ciba, E.P. 163874/1921.

Die Darstellung einer Quecksilberverbindung der β-Naphtholdisulfosäure R geschieht aus Sublimat und der Säure bei Gegenwart von Alkalicarbonat[1]).

Eine analoge, in Wasser lösliche Verbindung $ClHg \cdot OC_{10}H_6 \cdot SO_3Na$ erhält man aus Schäfferscher Säure resp. deren Natriumsalz ($\beta_1\beta_3$-naphthosulfosaurem Natrium) Sublimat und Soda[2]).

Große Verbreitung hat die Verwendung des Quecksilbersalicylates gefunden. Dieser Körper enthält Quecksilber gleichsam larviert, weil es durch Schwefelwasserstoff oder Schwefelammonium nicht gefällt wird. Quecksilber ersetzt in der Salicylsäure sowohl den Carboxyl- als auch Kernwasserstoff. Wenn auch das Präparat an und für sich wasserunlöslich ist, so gibt es doch mit Chloralkalien wasserlösliche Doppelsalze[3]). Salicylquecksilber ist ein mildes, nicht sehr stark wirkendes, unlösliches Quecksilberpräparat, und zwar das in Wasser unlösliche Anhydrid der Mercurisalicylsäure

$$C_6H_3\begin{cases}CO\\OH\\Hg\end{cases}\!\!>O$$

Je nach den gewählten Versuchsbedingungen erhält man bei der Mercurierung der Salicylsäure ein wechselndes Gemisch von o- und p-Oxymercurisalicylsäure. Nur die Dimrothsche Methode[4]) liefert fast reine p-Verbindung.

Man läßt, um zu gut krystallisierenden und leicht zu reinigenden Verbindungen zu kommen, Quecksilberacetat nicht auf die Säuren, sondern auf die Ester aromatischer Carbonsäuren einwirken und unterwirft die so erhaltenen komplexen Quecksilbercarbonsäureester der Verseifung.

So erhält man aus Salicylsäureglykolester und Quecksilberacetat durch dreistündiges Kochen das Acetat des quecksilbersubstituierten Esters, das man mit Lauge verseift, mit Schwefelsäure fällt, wobei sich das Anhydrid der o-Oxyquecksilbersalicylsäure (Hydrargyrum salicylicum) abscheidet. Aus Methylanthranilsäuremethylester erhält man das innere Anhydrid einer Oxyquecksilbermethylanthranilsäure. Aus p-Aminobenzoesäureisobutylester erhält man ebenfalls das entsprechende mercurierte Anhydrid. Aus Phenylglycinäthylester gelangt man zum Anhydrid der Oxyquecksilberphenylaminoessigsäure[5]).

Da Oxy-Mercurisalicylsäureanhydrid in Wasser unlöslich, wurden zahlreiche Verfahren zum Löslichmachen versucht:

Alkaliphenolate des o-Oxyquecksilbersalicylsäureanhydrids und der sekundären Alkalisalze der o-Quecksilbersalicylsäure in fester Form werden dargestellt, indem man das Quecksilbersalicylat der Pharmakopöe in 1 resp. 2 Mol. wässerigem bzw. alkoholischem Alkali löst und die erhaltene Lösung im Vakuum eindampft oder mit Fällungsmitteln versetzt.

Leicht lösliche Verbindungen des salicylsauren Quecksilberoxyds[6]) werden folgendermaßen dargestellt: Nicht nur die gegen Lackmus neutral reagierenden stickstoffhaltigen Körper, wie Säureamide, Harnstoffe, Urethane, Eiweiß usw., sondern auch solche Derivate, die stärker sauren Charakter zeigen, d. h. auf Lackmus mehr oder weniger stark reagieren, sind befähigt, mit den Quecksilbersalicylalkalisalzen beständige Körper zu geben, die neutrale Verbindungen darstellen und beim Einleiten von Kohlensäure verhältnismäßig beständig sind. Derartige Verbindungen müssen eine Imidgruppe neben Resten, die eine Säurenatur bedingen, enthalten. Zu dieser Körperklasse sind Säureamide, Barbitursäuren, Parabansäure, andere Säureureide und deren Derivate zu zählen. Sie zeigen gegen Lackmus mehr oder weniger stark saure Reaktion und bilden alkalisch reagierende Salze. Die Quecksilberverbindungen können in der Weise erhalten werden, daß man das Quecksilbersalicylat als Alkalisalz mit den stickstoffhaltigen Derivaten zusammenbringt oder das freie Salicylat mit den entsprechenden Alkalisalzen reagieren läßt, oder aber das Gemisch des Hydrargyrum salicylicum und der Stickstoffverbindungen mit Alkalien behandelt.

Leicht lösliche Verbindungen des salicylsauren Quecksilberoxyds mit Aminofettsäuren und Alkali werden hergestellt, entweder durch Auflösen des Präparates in den

---

[1]) Akt.-G. f. Anilinfabrik., Berlin, D.R.P. 143448.

[2]) Akt.-G. f. Anilinfabrik., Berlin, D.R.P. 143726.

[3]) Über Wirkungen vgl. Aranjo: Wien. med. Presse 1888, S. 16. — Schadeck: Monatsh. f. prakt. Dermat. 1888, Nr. 10.

[4]) Ber. d. dtsch. chem. Ges. Bd. 31, S. 2155. 1898. — Boedecker, F. und O. Wunstorf: Arch. d. Pharmazie u. Ber. d. dtsch. pharmazeut. Ges. Bd. 263, S. 430. 1925.

[5]) D.R.P. 248291. [6]) Bayer & Co., Elberfeld, D.R.P. 227391.

Alkalisalzen der Aminofettsäuren, oder zuerst in Alkalien und nachherigen Zusatz der Aminofettsäure. Beschrieben ist die Verbindung mit Alanin, mit Glykokoll und β-Amino-oxybuttersäure. In gleicher Weise kann man leichtlösliche Verbindungen bekommen, wenn man statt Aminosäuren solche stickstoffhaltige Körper verwendet, die bei neutraler Reaktion sauren und basischen Charakter besitzen. Solche Körper sind: Dicyndiamid, Harnstoffe und andere Säureamide, Polypeptide und Albumosen sowie Eiweißkörper, ferner Nucleinsalze und Xanthinbasen[1]).

In dem Verfahren des D.R.P. 227391 wird salicylsaures Quecksilberoxyd durch andere Oxyquecksilbercarbonsäuren bzw. ihre Anhydride oder Derivate ersetzt[2]). Von Vertretern dieser Körperklasse sind in der Literatur nur wenige bekannt, wie außer dem salicylsauren Quecksilberoxyd (Oxymercurisalicylsäureanhydrid) die Oxymercuribenzoesäureanhydride[3]). Sie werden entweder durch Erhitzen der entsprechenden Säure mit Quecksilberoxyd in einem beliebigen Lösungsmittel oder durch Erhitzen des Quecksilbersalzes der entsprechenden Säure auf höhere Temperatur erhalten. Diese Oxyquecksilbercarbonsäuren zeigen alle die therapeutisch wichtige Eigenschaft, das Quecksilber im sog. halbgebundenen Zustande zu enthalten, wodurch das Quecksilber nur langsam im Organismus zur Abscheidung gelangt und unerwünschte Nebenwirkungen vermieden werden. Die Doppelverbindung aus Oxymercuribenzoesäureanhydrid und diäthylbarbitursaurem Natrium ist krystallinisch, in Wasser mit neutraler Reaktion sehr leicht löslich, unlöslich in organischen Solventien; sie scheidet die freie Mercurisäure wieder ab.

Das in Wasser, Alkohol und Äther unlösliche Oxymercuri-o-chlorbenzoesäureanhydrid (durch Erhitzen des o-chlorbenzoesauren Quecksilbers auf 140—145° erhalten) gibt mit Glutarsäureimid eine in Wasser leicht lösliche krystallinische Doppelverbindung.

Auch in dem Verfahren des D.R.P. 224864 kann man das salicylsaure Quecksilberoxyd durch andere Oxyquecksilbercarbonsäuren bzw. ihre Anhydride oder Derivate ersetzen. Die Doppelverbindungen aus Quecksilber-m-oxybenzoesäureanhydrid und Acetamid, sowie aus Oxymercuribenzoesäureanhydrid und Coffein sind krystallinisch und in Wasser löslich. Es können auch andere stickstoffhaltige Körper von gleichzeitig basischem und saurem Charakter, wie Harnstoffe, Eiweißkörper, Alkalisalze der Acylaminofettsäuren, wie z. B. acetylaminoessigsaures Natrium, Benzoylalaninkalium usw. Anwendung finden[4]).

Salicylsaures Quecksilberoxyd wird in dem Verfahren des D.R.P. 224435 durch andere Oxyquecksilbercarbonsäusen bzw. ihre Anhydride oder Derivate ersetzt. Es gehen z. B. Oxymercuri-m-oxybenzoesäureanhydrid (erhalten durch Kochen von Quecksilberoxyd und m-Oxybenzoesäure) mit Alanin und Oxymercuribenzoesäureanhydrid mit Asparagin unter Zusatz von Alkali leichtlösliche Verbindungen ein[5]).

Azoderivate der Quecksilbersalicylsäure erhält man, wenn man Mercurisalicylsäure in alkalischer Lösung mit aromatischen Diazoverbindungen bei gewöhnlicher Temperatur kuppelt. Durch den Eintritt des Azorestes läßt sich der chemische Charakter beeinflussen, so daß man je nach der angewendeten Azokomponente zu Verbindungen gelangt, die in kohlensauren Alkalien oder auch in Wasser[6]) leicht löslich sind.

Merkurosal [Dinatriumoxyquecksilbersalicylacetat[7])] $OH \cdot Hg \cdot C_6H_3(COONa) \cdot O \cdot CH_2 \cdot COONa$ ist wenig giftig.

Salicylquecksilber selbst ist in Diäthylendiamin (Piperazin) gut löslich. Die Giftigkeit des Salicylquecksilbers ist je nach dem Lösungsmittel different.

Weitere solche löslich gemachte Salicylquecksilberverbindungen sind Asurol[8]), das Doppelsalz des oxyquecksilbersalicylsauren Natriums mit aminooxyisobuttersaurem Natrium und Embarin, die Sulfoverbindung der Quecksilbersalicylsäure, die ebenfalls leichter löslich ist als Salicylquecksilber.

Asurol ist am giftigsten, dann folgt die Lösung in Piperazin, während im Embarin und im Enesol die Giftigkeit auch im Verhältnis zum geringeren Quecksilbergehalt erheblich verringert ist.

Reizlose, leicht lösliche Doppelverbindungen aus Oxyquecksilbercarbonsäuren, ihren Anhydriden oder Substitutionsprodukten werden dargestellt, indem die mercurierten Ver-

---

[1]) D.R.P. 224435, 224864, Zusatz zu D.R.P. 224435.
[2]) Bayer & Co., Elberfeld, D.R.P. 229574, Zusatz zu D.R.P. 224435.
[3]) Ber. d. dtsch. chem. Ges. Bd. 35, S. 2870. 1902.
[4]) Bayer & Co., Elberfeld, D.R.P. 229575, Zusatz zu D.R.P. 224435.
[5]) Bayer & Co., Elberfeld, D.R.P. 229781, Zusatz zu D.R.P. 224435.
[6]) Fahlberg, List & Co., D.R.P. 300561.
[7]) E. C. White, Baltimore, A.P. 1549942.
[8]) Neisser, A.: Therap. Monatsh. Bd. 23, S. 627. 1909. — Schöller, W. und W. Schrauth: ebenda, S. 631.

bindungen mit Ammoniak, Aminen und Aminofettsäuren oder ihren Salzen und ähnlichen Substanzen behandelt werden; so wird z. B. eine Verbindung aus Quecksilbersalicylat mit Alanin und Äthylendiamin resp. mit Piperidin und Succinimid sowie die Verbindung aus Oxymercuri-m-oxybenzoesäureanhydrid (aus m-Oxybenzoesäure und Quecksilberoxyd) mit Diäthylbarbitursäure und Piperidin beschrieben[1]).

Novasurol ist eine Verbindung von Asurol (oxymercurichlorphenoxylessigsaures Natrium) mit Diäthylbarbitursäure. Es soll das ungiftigste von den löslichen Quecksilberpräparaten sein. Novasurol und in geringerem Grade Hydrargyrum salicylicum-Injektionen wirken stark diuretisch (auch Kalomel ist ein Diureticum); andere Quecksilberinjektionen zeigen diese Wirkung nicht[2]). Wie Nonnenbruch[3]), findet Fritz Brunn[3]), daß Novasurol bei Gesunden stärker diuretisch wirkt.

Man mercuriert Oxybenzoesulfosäure oder deren Homologe, neutralisiert die mercurierte Säure nach Bewirkung der Gelbildung mit Alkali genau und bringt das Gel hierauf durch Zusatz von Neutralsalzen in eine molekular-disperse Lösung[4]).

Diphasol ist eine molekulardisperse Lösung von oxybenzoesulfosauren Salzen mit 5% Hg-Gehalt. Es handelt sich nicht um eine kolloidale Lösung, sondern, durch Übergang des Gels in echte Lösung durch Komplexsalzbildung, um eine Dissolution. Die Toxizität ist gering, die Ausscheidung sehr gut.

Quecksilberverbindungen, wie Quecksilberoxyd, Schwefelquecksilber oder Oxymercurisalicylsäureanhydrid werden mit wässerigen Lösungen von Alkalisalzen oxydierter Lysalbin- oder Protalbinsäure als Schutzkolloiden bei 100° zur Trockne eingedampft[5]).

Ätherderivate kernmercurierter aromatischer Oxycarbonsäuren erhält man nach den üblichen Mercurierungsmethoden. Dargestellt wurden Oxymercuri-p-benzyloxybenzoesäureanhydrid, Oxymercuri-o-benzyloxybenzoesäureanhydrid und Oxymercuri-o-phenyloxybenzoesäureanhydrid[6]).

An Stelle der freien Monoaryl- oder Aralkyloxybenzoesäuren werden deren Salze, Anhydride, Ester oder Nitrite der Mercurierung unterworfen und gegebenenfalls nachträglich die Überführung der mercurierten Ester oder Nitrile in die Säureanhydride durch Verseifung bewirkt[7]).

Die Toxizität der aromatischen Quecksilberverbindungen differiert erheblich, je nachdem das Quecksilber maskiert ist oder nicht. Die halbmaskierten Verbindungen sind wesentlich giftiger als die ganz maskierten, aber die halbmaskierten Verbindungen scheinen wieder wesentlich ungiftiger zu sein wie die ionisierbaren[8]).

Komplexe Quecksilberverbindungen, welche kein ionisierbares Quecksilber enthalten, zeigen zum Teil außerordentlich hohe und untereinander stark differenzierte Desinfektionswerte und manche Individuen dieser Klasse wirken stärker als die stärksten ionisierbaren Quecksilbersalze. Walter Schrauth und W. Schoeller[9]) prüften nun solche Quecksilberverbindungen der Benzoesäure (quecksilberbenzoesaures Natrium) und beobachteten, daß sich mit dem Wechsel des am Quecksilber haftenden organischen Radikals eine analoge Abstufung der Desinfektionswerte ergibt wie in den Versuchen von Krönig und Paul. Die Desinfektionskraft der Präparate hängt ab von der chemischen Verwandtschaft, mit der die einzelnen Reste an der zweiten Valenz des Quecksilbers haften.

Sehr groß ist diese „Restaffinität" beim oxyquecksilberbenzoesauren Natrium und wirkt durch die Substitution der Oxygruppe durch Jod, Brom,

[1]) Bayer, D.R.P. 231092.
[2]) Saxl, Paul und Robert Heilig: Wien. klin. Wochenschr. Bd. 23, S. 942. 1920.
[3]) Münch. med. Wochenschr. Bd. 68, S. 1282, 1554. 1922.
[4]) Chemosan, Wien, D.R.P. 399394.
[5]) M. E. Wolvekamp, Dakland, A.P. 1391154.
[6]) Bayer, Leverkusen, D.R.P. 407669.
[7]) Bayer, Leverkusen, D.R.P. 413835, Zusatz zu D.R.P. 407669.
[8]) Blumenthal, F. und Kurt Oppenheim: Biochem. Zeitschr. Bd. 57, S. 260. 1913.
[9]) Zeitschr. f. Hyg. u. Infektionskrankh. Bd. 66, S. 417. 1910.

Cyan, Schwefel. Bei dem mit beiden Valenzen am Kern gebundenen Quecksilber schwindet die Desinfektionskraft vollständig, da die Kohlenstoffverbindung des Quecksilbers die stabilste und keine Restaffinität mehr vorhanden. Die chemische Nebengruppierung ist für die Desinfektionskraft organischer komplexer Quecksilberverbindungen von entscheidendem Einfluß, vorausgesetzt, daß dem mit dem organischen Rest verbundenen Quecksilber ein Restbetrag an chemischer Energie verblieben ist[1]).

Die Einführung von Chlor und Jod, Methyl- und Methoxylgruppen in den Benzolkern des quecksilberbenzoesauren Natriums steigert die Desinfektionskraft erheblich; der Eintritt der sauren salzbildenden Phenolhydroxyl(OH)- und Sulfo(SO_3H)-Gruppe in den Benzolkern schwächt sie dagegen. In ähnlicher Weise vermindert auch der Eintritt des Aminorestes in den Kern die bactericide Wirkung. Durch eine Alkylsubstitution in der Aminogruppe wird jedoch entsprechend der Anzahl der eingeführten Alkylgruppen die Desinfektionskraft wieder gesteigert. Eine saure Substitution in der Aminogruppe setzt dagegen die Desinfektionskraft der Oxyquecksilberaminobenzoesäure (Mercuri-anthranilsäure) weiter erheblich herab. Durch Eliminierung der Kerncarboxylgruppe aus dem Molekül des oxyquecksilberphenylglycin-o-carbonsauren Natriums erfährt die Desinfektionskraft der Verbindung wiederum eine Erhöhung. Der Eintritt einer zweiten Oxyquecksilbergruppe in den Benzolkern steigert die Desinfektionskraft[2]).

Die physiologisch günstigste Bindung ist nach Schrauth und Schoeller, wenn das Quecksilber in der Phenylgruppe aromatischer Substanzen gebunden ist.

Komplexe Quecksilberdicarbonsäureester und ihre Verseifungsprodukte erhält man, wenn man aus Schwefelquecksilbercarbonsäureestern durch trockenes Erwärmen ein Molekül Schwefelquecksilber abspaltet und die so erhaltenen Quecksilberdicarbonsäureester der Verseifung unterwirft. Man erhitzt z. B. Schwefel-diquecksilber-o-acetylaminobenzoesäuremethylester, der durch Einwirkung von frisch bereitetem alkoholischen Schwefelwasserstoff auf Acetatquecksilberacetylanthranilsäuremethylester erhältlich ist, bis zur völligen Abspaltung von 1 Mol. HgS auf 80—100° und trennt den entstandenen Quecksilberdiacetylaminobenzoesäuremethylester durch Aufnehmen in Aceton und Filtration von HgS[3]).

Beim Erhitzen von Sulfidquecksilbersalicylsäureester erhält man Quecksilberdisalicylester. Sulfidquecksilbersalicylsäureester entsteht beim Behandeln von Acetatquecksilbersalicylsäureester mit alkoholischem Schwefelwasserstoff. Beschrieben sind ferner Quecksilberdibenzoesäuremethylester, α-Quecksilberdi-β-methoxybuttersäureester und α-Quecksilberdi-β-methoxybuttersäure.

Kernmercurierte Aminobenzoesäurederivate erhält man, wenn man die Quecksilbersalze der m-Acylaminobenzoesäuren oder die freien Säuren mit Quecksilberoxyd oder die Salze der Säuren mit einem Quecksilbersalz erhitzt. Beschrieben ist m-Acetylaminomercuribenzoesäure, m-Benzoylaminomercuribenzoesäure[4]).

Nach den Untersuchungen von Doehring[5]) besitzt von den gebräuchlichsten unlöslichen Quecksilbersalzen Kalomel die stärkste spirillocide Wirkung; in zweiter Linie kommt Quecksilbersalicyl, an dritter Stelle Mercinol (Oleum cinereum).

Unter dem Namen Hydrargol wurde p-phenolsulfosaures Quecksilber $C_6H_4 \cdot OH \cdot SO_3 \cdot Hg$ empfohlen, welchem die Eigenschaft zukommen soll, keine Eiweißfällung zu erzeugen und die Instrumente nicht anzugreifen, aber dieses Salz ist leicht durch Wasser zersetzbar.

[1]) Bechhold, H. und P. Ehrlich: Hoppe-Seylers Zeitschr. f. physiol. Chem. Bd. 47, S. 173. 1906.

[2]) Schoeller, W. und W. Schrauth: Zeitschr. f. Hyg. u. Infektionskrankh. Bd. 70, S. 24.

[3]) Schoeller, Walter und Walter Schrauth, D.R.P. 339494.

[4]) Chemische Werke, Charlottenburg, DRP. 264388.

[5]) Dtsch. med. Wochenschr. Bd. 41, S. 74. 1915.

Kolloidallösliche Quecksilberverbindungen der Oxybenzolsulfocarbonsäuren und deren Homologen erhält man durch Mercurierung dieser Sulfocarbonsäuren in saurer Lösung, oder indem man entweder die wässerige Lösung von Oxybenzolsulfocarbonsäuren oder deren Homologen mit Lösungen von Quecksilbersalzen stehen läßt oder erwärmt oder die Sulfocarbonsäuren mit Wasser und einer zur Absättigung der drei sauren Gruppen dieser Säuren unzureichenden Menge Quecksilberoxyd (d. h. weniger als $1^1/_2$ Mol. auf 1 Mol. Oxybenzolsulfocarbonsäure) stehen läßt oder erwärmt oder die in Wasser wenig löslichen oder unlöslichen Quecksilberverbindungen der Oxybenzolsulfocarbonsäuren mit Säuren erwärmt oder Verbindungen bzw. Gemische, die zugleich Quecksilber oder Salicylsäure oder deren Homologen enthalten, mit konz. Schwefelsäure und anschließend mit einer verdünnten Säure stehen läßt oder erwärmt[1]).

Im Molekül zwei Carboxylgruppen enthaltende Aryloxyfettsäuren mercuriert man nach den üblichen Methoden. Dargestellt wurden: Oxymercurisalicyloxyessigsäure, Oxymercurihydrochinonessigsäure, Oxymercuriresorcindiessigsäure[2]).

Leicht lösliche, im Kern mercurierte Aryloxyfettsäureverbindungen erhält man, wenn man entweder die Alkali- oder Ammoniumsalze der Oxyquecksilberaryloxyfettsäuren mit Aminosäuren bzw. solchen stickstoffhaltigen Körpern, die bei neutraler Reaktion gegen Lackmus gleichzeitig basischen und sauren Charakter besitzen, oder mit Iminoverbindungen von Säurecharakter oder die freien Oxyquecksilberaryloxyfettsäuren mit den Alkalisalzen der erwähnten stickstoffhaltigen Verbindungen mit Ammoniak, organischen Basen, Ätzalkalien und Alkalicarbonaten behandelt. Beschrieben ist die Darstellung von oxymercuriphenoxyessigsaurem Natrium mit Alanin und die Verbindung von Veronalnatrium mit Oxy-mercuri-o-chlorphenoxyessigsäure[3]).

Quecksilberverbindungen der Aryloxyfettsäuren, also der Reaktionsprodukte von Phenolen, Naphtholen und ihren Derivaten mit Halogenfettsäuren, werden dargestellt, indem man entweder die Quecksilbersalze der entsprechenden Säuren oder die Säuren als solche mit Quecksilberoxyd oder Quecksilbersalzen erhitzt, wobei sich Anhydride der mercurierten Säuren bilden. Die allgemeine Formel der mercurierten Säuren ist $R{<}^{HgOH}_{OR_1 \cdot COOH}$, wobei R = Phenyl, Naphthyl oder ihre Derivate, R_1 = Alkyle oder substituierte Alkyle sein kann. Die Alkalisalze dieser Verbindungen sind gut lösliche, reizlos und schmerzlos injizierbare Substanzen. Beschrieben sind Quecksilberthymoxylessigsäureanhydrid, Quecksilber-α-guajacolpropionsäure[4]).

Zu Injektionszwecken geeignete Quecksilberlösungen erhält man unter Anwendung von Succinimid, indem man die in Wasser schwer löslichen Quecksilberverbindungen von Phenolsulfocarbonsäuren, Phenolmono- und Disulfosäuren oder von halogensubstituierten Phenolsulfosäuren in Gegenwart von Succinimid in Wasser gelöst werden. Beschrieben ist die Mercurisulfosalicylsäure (aus 5-Sulfo-2-oxybenzol-1-carbonsäure) und Mercurisulfo-m-kresotinsäure[5]).

Ferner wurden von Lumière und Chevrottier organische Quecksilberverbindungen durch Behandlung alkalischer Lösungen von Phenoldisulfosäure mit Quecksilberoxyd in äquimolekularen Mengen dargestellt, welche leicht löslich sind, Quecksilber larviert enthalten, Eiweiß nicht fällen und die Haut nicht ätzen[6]). Sie werden Hermophenyl genannt, enthalten 40% Hg und sind in fünf Teilen Wasser löslich.

Man addiert an durch ungesättigte Alkylgruppen substitutiere aliphatische oder aromatische Verbindungen Hg-Salze oder HgO und führt gegebenenfalls nachträglich solche Reste in das Mol. der Hg-Additionsverbindung ein, die in Wasser lösliche Salze zu bilden vermögen. Man versetzt z. B. eine Lösung von Hg-Acetat in Methylalkohol mit Eugenolessigsäure in Methylalkohol. Beim Stehen krystallisiert die mercurierte Säure

$$COOH \cdot CH_2O-\langle\;\rangle-CH_2 \cdot CH(CH_2O \cdot CH_3) \cdot (HgO \cdot COCH_3)\,.$$
$$O \cdot CH_3$$

Beschrieben wird Mercuri-p-allyloxybenzolsulfosäure, Mercuri-4-allyloxy-3-brombenzol-1-carbonsäure usf.[7]).

Die sog. Egole sind Quecksilberkaliumsalze der o-Nitrophenol- resp. Kresol-

[1]) Fahlberg, List & Co., D.R.P. 321700.
[2]) Parke, Davis & Co., Detroit, A.P. 1513115. [3]) Bayer, D.R.P. 264267.
[4]) Bayer, D.R.P. 261299. [5]) Chinoin, Pest, D.R.P. 310213.
[6]) Cpt. rend. hebdom. des séances de l'acad. des sciences Bd. 132, S. 145.
[7]) Höchst, Ö.P. 99678.

oder Thymol-p-sulfosäure (Phenegol, Kresogol, Thymegol). Angeblich sind sie ungiftig[1]).

Mercurophen ist Natriumoxymercuri-o-nitrophenolat, es soll auf Staphylococcus aureaus 50mal stärker wirken als Sublimat.

Anogon ist das Mercurosalz der Dijod-p-phenolsulfosäure. Es ist ein Antisepticum und Antisyphiliticum. Es wird auch Merjodin genannt.

Man erhält es durch Umsetzen von Quecksilberoxydulsalzen mit dijodphenol-p-sulfosauren Salzen[2]).

Quecksilberderivate von Phthaleinen und analogen Verbindungen, wie Succineinen und Sacchareinen erhält man durch Kochen der neutralen Lösungen der Alkalisalze dieser Phthaleine usw. mit einem großen Überschuß eines Mercurisalzes, insbesondere Quecksilberchlorid.

E. C. White, Baltimore, behandelt Dibromfluorescein mit Quecksilberacetat in wässeriger Suspension[3]).

Dargestellt wurde Quecksilberfluorescein, Quecksilbermethylfluorescein, Quecksilberdibromfluorescein, Quecksilbertetrabromfluorescein, Quecksilbertetrajodfluorescein, Quecksilberphenolphthalein, Quecksilbertetrajodphenolphthalein, Quecksilberhydrochinonphthalein, Quecksilberoxyhydrochinonphthalein, Quecksilberresorcinsuccinein, Quecksilberkresorcinsuccinein und Quecksilberresorcinsaccharein[4]).

Man erhitzt lösliche Salze von Phthaleinen in wässeriger Lösung mit frisch gefälltem HgO bis letzteres gelöst ist[5]).

Komplexe Quecksilberverbindungen der Safraninreihe erhält man, wenn man Phenosafranin und seine Homologen mit Quecksilbersalzen behandelt[6]).

Mercurochrom ist Dinatrium-dibrom-oxymercurifluorescein, ein kräftiges Antisepticum von geringer Giftigkeit[7]).

Für desinfizierende Quecksilberseifen sind nach Walter Schrauth die oxyquecksilbercarbonsauren Alkalisalze am wirksamsten, da hier scheinbar die Affinität der Oxygruppe zum Quecksilber eine nur geringe ist und infolgedessen die größte Affinität des quecksilberhaltigen Radikals zu den Bakterien besteht. Für die praktische Verarbeitung eignen sich lediglich die Alkalisalze der aromatischen Quecksilbercarbonsäuren, die das Metall im Benzolkern so fest gebunden enthalten, daß auch die stärksten Quecksilberreagenzien keine Ionenreaktion ergeben. Hermophenyl $(SO_3Na)_2C_6H_2O(Hg)$ besitzt trotz 40% Quecksilber infolge der Gegenwart von drei sauren Gruppen im Benzolkern nahezu keine Desinfektionskraft (siehe oben), hingegen das Afidol, Natriumsalz der Oxyquecksilber-o-toluylsäure[8]).

Die Alkalisalze von substituierten Oxyquecksilberbenzoesäuren[9]) werden dargestellt, indem man solche substituierten Säuren, die keinen sauren salzbildenden Substituenten enthalten, mit einem Äquivalent Alkali, und zwar Oxyd, Hydroxyd oder Carbonat, in wässerige Lösung bringt und diese Lösung im Vakuum zur Trockne dampft oder mit organischen Lösungsmitteln abscheidet. Durch Einführung von Halogen-, Alkyl- bzw. Arylgruppen, sowie Oxalkyl- und Stickstoffsubstituenten erfährt die Desinfektionskraft des oxyquecksilberbenzoesauren Natriums eine starke Erhöhung, dagegen wird durch die Einführung salzbildender saurer Gruppen in den Benzolkern, wie Carboxyl-, Phenol- oder Sulfogruppen, die Desinfektionskraft stark herabgesetzt. Es wurden dargestellt die Natriumsalze aus Oxyquecksilber-o-toluylsäureanhydrid, Oxyquecksilber-o-chlorbenzoesäureanhydrid, Oxyquecksilber-acetyl-anthranilsäureanhydrid und Oxyquecksilber-p-methoxybenzoesäureanhydrid.

Die Salze der kernsubstituierten Quecksilberverbindungen aus Alkyl-, Halogen- oder Alkylhalogenbenzoesäuren zeigen eine Desinfektionswirkung, die derjenigen von Quecksilberverbindungen, aromatischen Carbonsäuren sowie des Sublimats überlegen ist. Man erhält die Körper durch Umsetzung der entsprechenden Säuren mit Quecksilberoxyd oder

[1]) Gautrelet: Cpt. rend. hebdom. des séances de l'acad. des sciences 1899, II, S. 113.
[2]) D.R.P. 245534. [3]) A.P. 1535003.
[4]) Fahlberg, List & Co., D.R.P. 308335.
[5]) Rowe, L. W.: Journ. of the Americ. pharm. assoc. Bd. 12, S. 8. 1923.
[6]) Fabre, R. u. J. Josset: Journ. de pharmacol. et chim. [7] Bd. 28, S. 81. 1923.
[7]) Todd, A. T.: Lancet Bd. 209, S. 1017.
[8]) Seifensiederztg. Bd. 37, S. 1276, 1323. 1910.
[9]) Schrauth, Walter und Walter Schöller: D.R.P. 234054.

Quecksilbersalzen bei höherer Temperatur oder durch Erhitzen der Quecksilbersalze der Toluylsäure oder Halogenbenzoesäure in An- oder Abwesenheit von Verschmelzungs- oder Lösungsmitteln. Beschrieben sind Quecksilber-o-toluylsäure, Quecksilber-o-chlorbenzoesäure und o-jodbenzoesaures Quecksilber[1]).

Man kann auch Derivate der Benzoesäure benützen, welche zwei oder mehrere Alkylgruppen oder Halogenatome oder andere Substituenten im Kern enthalten. Solche Quecksilberverbindungen haben dann höhere Desinfektionskraft als die analogen Produkte des Hauptpatents. Beschrieben sind Quecksilber-1.4-dimethyl-2-benzoesäure, Quecksilbertrimethylbenzoesäure, Quecksilberveratrumsäure (Quecksilber-3.4-dimethoxybenzoesäure), Quecksilber-3.5-dibrombenzoesäure[2]).

Wasserlösliche Alkalisalze von Quecksilberverbindungen der Oxybenzolsulfosäuren und deren Homologen erhält man durch Behandlung der Quecksilberverbindungen der Oxybenzolsulfosäure mit Alkali. Beschrieben sind die Verbindungen der Salicylsulfosäure[3]) (Embarin).

Eine wesentlich größere Beständigkeit als Embarin (mercurisalicylsulfosaures Natrium) haben die Alkalisalze der Mercuri-benzol-mono- und -polysulfosäuren. Man verwendet zur Darstellung Benzolsulfosäuren an Stelle von Oxybenzolsulfosäuren, und zwar in Form der freien Säure, der sauren oder neutralen Alkalisalze. Beschrieben ist mercuribenzolsulfosaures Dinatriumsalz[4]).

Die Alkalisalze der Quecksilberphenolsulfosäuren des D.R.P. 132660, ebenso die der Quecksilberdipropionsäure[5]) enthalten das Quecksilber larviert, aber sie sollen wirkungslos sein.

Schoeller und Schrauth[6]) stellen wasserlösliche Präparate aus den Anhydriden der Oxyquecksilbercarbonsäuren dar, indem sie diese in Wasser in einer äquimolekularen Menge solcher Alkalisalze lösen, die wenigstens ein Natriumatom an Schwefel gebunden enthalten, und aus diesen Lösungen das Reaktionsprodukt zur Trockne bringen. Es wird z. B. Oxyquecksilberessigsäureanhydrid in Natriumthiosulfat gelöst; man erhält die Verbindung:

$$S\begin{cases} -S-Hg-CH_2\cdot CHONa \\ =O \\ =O \\ \;\;O\cdot Na \end{cases}$$

oder man löst Oxyquecksilberbenzoesäureanhydrid in Natriumsulfid und erhält

$$S\begin{cases} -Hg\cdot C_6H_4\cdot COONa \\ =O \\ =O \\ -ONa \end{cases}$$

Man stellt die Quecksilberverbindungen der Sulfamidbenzoesäure dar, indem man sulfamidbenzoesaure Salze auf Quecksilberoxyd oder Quecksilbercarbonat einwirken läßt[7]).

Man läßt 2.4-disulfamidbenzoesaure Salze auf Quecksilberoxyd oder Quecksilbercarbonat einwirken[8]).

Leicht lösliche Verbindungen des Oxymercurisalicylsäureanhydrids (salicylsaures Quecksilberoxyd) erhält man durch Einwirkung wässeriger Lösungen der Alkalisalze von Monooxyquecksilbersulfamidbenzoesäuren oder von Dioxydiquecksilberdisulfamidbenzoesäuren auf die wässerigen Lösungen von Alkalisalzen der Oxymercurisalicylsäure. Beschrieben sind o-oxyquecksilbersulfamidbenzoesaures Natrium und dioxydiquecksilber-2.4-di-sulfamidbenzoesaures Natrium[9]).

L. Launoy und C. Levaditi[10]) beobachteten bei experimenteller Kaninchensyphilis sehr günstige Erfolge mit Quecksilberphenylmethyldithiocarbonat. Den Spirillen von Recurrensfieber gegenüber ist es wirkungslos. Es ist ein komplexes Sulfid, durch Lauge nicht fällbar.

Quecksilberhodanidverbindungen der Thiophenreihe erhält man, wenn man entweder Quecksilberchloridthiophene mit Alkalirhodaniden oder Quecksilberdithienyle mit Rhodanquecksilber behandelt. Beschrieben sind 2-Quecksilberrhodanidthiophen, 5-Quecksilberrhodanid-2-bromthiophen, 5-Quecksilberrhodanid-2-jodthiophen, 5-Quecksilberrhodanid-2-thiotolen, 3-Quecksilberrhodanid-2.5-thioxen[11]).

---

[1]) Bayer, Elberfeld, D.R.P. 234914. [2]) D.R.P. 249332 Zusatz zu D.R.P. 234914.
[3]) Heyden, Radebeul, D.R.P. 216267.
[4]) D.R.P. 290210, Zusatz zu D.R.P. 216267.
[5]) Ber. d. dtsch. chem. Ges. Bd. 40, S. 386. 1907. [6]) D.R.P. 221483.
[7]) D.R.P. 242571. [8]) D.R.P. 242572, Zusatz zu D.R.P. 242571.
[9]) D.R.P. 247625.
[10]) Cpt. rend. hebdom. des séances de l'acad. des sciences Bd. 153, S. 1520. 1911.
[11]) Chem. Fabr. E. Schering, Berlin, D.R.P. 362987.

Aminomercurithiophenolcarbonsäuren erhält man, wenn man Quecksilbersalze auf Aminothiophenolcarbonsäuren in saurer Lösung einwirken läßt. 4-Amino-2-mercaptobenzol-1-carbonsäure wird in salzsaure Lösung mit wässerigem Sublimat und $NaHSO_3$-Lösung versetzt. Es scheidet sich die Mercuridiaminodithiophenoldicarbonsäure nach längerem Stehen ab[1]).

Knoll & Co., Ludwigshafen, lassen auf Quecksilberverbindungen Mercaptane einwirken, welche eventuell außer ihrem organischen Radikal noch eine Säuregruppe enthalten. Das Quecksilber ist fester gebunden als in den schwefelfreien Verbindungen. Beschrieben sind Mercuribenzoatthiosalicylat aus Mercuribenzoesäureanhydrid und Thiosalicylsäure. Weniger beständig ist das Produkt aus Mercurisalicylsäure und Thiosalicylsäure. Ferner aus Mercuribenzoethioglykolsäure und Thioglykolsäure. Mercurioxybenzolarsinsäurethiosalicylsäure. Thiophenolmercuribenzoesäure, Äthylquecksilberthiosalicylsäure[2]).

Mercurierte ungesättigte Säuren.

Eine Reihe ungesättigter Carbonsäuren von dem Typus $ACH:CHA_1COOH$, in dem A und A_1 an Kohlenstoff haftende Reste bedeuten, reagieren leicht mit Mercurisalzen in der Weise, daß Körper entstehen, welche an Kohlenstoff komplex gebundenes Quecksilber enthalten. Leicht gelingt es, Quecksilber in die Doppelbindung ungesättigter Carbonsäuren einzuführen, wenn man nicht auf die in Wasser gelösten Säuren selbst, sondern auf die entsprechenden Carbonsäureester in alkoholischen Lösungsmitteln Quecksilbersalze einwirken läßt und die komplexen Ester verseift. Man kann auf diese Weise zu mercurierten Fettsäuren und zu mercurierten Lecithinen gelangen. Aus Zimtsäuremethylester erhält man vorerst den mercurierten Ester $C_6H_5 \cdot CHOCH_3 \cdot CH \cdot HgO(OC)CH_3 \cdot COO \cdot CH_3$ in methylalkoholischer Lösung mit Quecksilberacetat. Aus dem Ester kann man mit Zusatz von Halogensalzen die Halogenverbindung, und zwar das Chlorid $C_6H_5 \cdot CHOCH_3 \cdot CH \cdot HgCl \cdot COOCH_3$ und aus dem Acetatester durch Alkali und nachheriges Ansäuern das Anhydrid einer Oxyquecksilbercarbonsäure $C_6H_5 \cdot CHOCH_3 \cdot \overline{CHHgCOO}$ erhalten. Aus oleinsaurem Äthyl erhält man in ähnlicher Weise eine Ölsäure mit 38% Quecksilber, ebenso aus verschiedenen ungesättigten Ketten. Aus Lecithin erhält man ein mercuriertes Lecithin.

Beschrieben sind Mercurizimtsäuremethylester, Mercurioleinsäureäthylat, Mercuritriolein, Mercurilecithin[3]).

Statt Carbonsäureester mit offener Kette kann man cyclische ungesättigte Carbonsäuren verwenden. Solche haben an und für sich schon Wirkungen (wie Chaulmoograöl gegen Lepra, Syphilis usw.), das Quecksilber läßt sich aus ihnen leichter abspalten und sie üben eine viel intensivere Quecksilberwirkung aus.

Bei Mercurierung von Chaulmoograsäure erhält man das Anhydrid der Oxymercuriäthoxychaulmoograsäure, aus dem Chaulmoograsäureäthylester das Äthylacetoxymercuriäthoxychaulmoograt[4])

Oxymercuriäthoxychaulmoograsäure

```
 ┌─────────────────────────┐
 Hg·CH·CH·(CH2)12CO·O
     |   |
C2H5·O·CH CH2
        \ /
        CH2
```

Äthylacetoxymercuriäthoxychaulmoograt

```
CH3·COOHg·CH·CH(CH2)12·COO·C2H5
           |   |
   C2H5·O·CH  CH2
            \ /
            CH2
```

[1]) Höchst, D.R.P. 363820. [2]) D.R.P. 399904. [3]) D.R.P. 228877.

[4]) Dean, A. L., Wrenshall, D. und G. Fujunto: Journ. of the Americ. chem. soc. Bd. 47, S. 403. 1925.

Margosaöl ist dem Chaulmoograöl gegen Lepra überlegen, enthält aber eine nicht cyclische Fettsäure, die Margosasäure $C_{20}H_{40}O_2$ als wirksamen Bestandteil.

Das gegen Lepra empfohlene Chaulmoograöl enthält außer gewöhnlichen Glyceriden der Palmitinsäure im wesentlichen Glyceride zweier der Leinölreihe angehörigen aber cyclischen Fettsäuren: der Chaulmoograsäure und Hydnocarpussäure

Chaulmoograsäure

```
   CH                                CH2
  //  \                             /   \
CH    CH(CH2)12·COOH      ⇄       CH—C[CH2]12·COOH
 |     |                           |   |
CH2·CH2                           CH2·CH2
```

Hydnocarpussäure

```
   CH                                CH2
  //  \                             /   \
CH    CH[CH2]10·COOH      ⇄       CH—C[CH2]10·COOH 1)
 |     |                           |   |
CH2·CH2                           CH2·CH2
```

Dihydrochaulmoograsäure ist ebenfalls gegen Lepra wirksam[2]).

Man löst Quecksilberacetat in Alkohol und rührt Chaulmoograsäureester ein. Man filtriert nach 24 Stunden, destilliert den Alkohol im Vakuum ab, nimmt den Rückstand in Äther auf und mischt mit Wasser. Durch Verseifen des Esters erhält man die mercurierte Chaulmoograsäure[3]).

Aus Cyclohexencarbonsäureester und Quecksilbernitrat wird durch Schütteln der quecksilbersubstituierte Ester erhalten. Beim Verseifen mit Lauge und Fällen mit Säure erhält man das Anhydrid der Quecksilbercarbonsäure.

Die freien Terpenketocarbonsäuren sowie deren Ester geben mit Quecksilbersalzen beständige Verbindungen; so erhält man die Acetatquecksilbercamphercarbonsäure und die Oxyquecksilbercamphocarbonsäureester[4]).

Quecksilbersalze reagieren auch mit Mono- und Polycarbonsäuren der Acetylenreihe unter Bildung komplexer Verbindungen. Das Quecksilber ist lockerer gebunden als in den Produkten nach D.R.P. 228877 und 245571. Die Verbindungen sind von salbenartiger Konsistenz. Dargestellt wurden Quecksilberbehenolsäureäthylester, Quecksilberstearolester usw.[5]).

Zu quecksilberhaltigen Fettsäuren, welche Quecksilber an Kohlenstoff gebunden enthalten, gelangt man, wenn man auf Fettsäuren der Ölsäurereihe Mercuriacetat in alkoholischer Lösung zur Einwirkung bringt und das Reaktionsprodukt nach Ersatz des Essigsäureesters durch Halogen mittels Halogenalkalis in Alkalisalze überführt. So kann man z. B. Ölsäure in methylalkoholischer Lösung mit Mercuriacetat erwärmen und in kochsalzhaltiges Wasser eingießen. Die abgeschiedene Quecksilberfettsäure neutralisiert man mit Lauge. Ebenso kann man von der Erukasäure ausgehen[6]).

Cyanmercuriverbindungen.

Riedel, Berlin, beschreibt o-Cyanmercurisalicylsäure und p-Cyanmercurisalicylsäure[7]).

Veryl ist $C_6H_{12}N_4 \cdot 2\,Hg(CN)_2$ das Cyanquecksilberderivat des Hexamethylentetramins, wurde als Antisyphiliticum[8]) empfohlen.

Cyarsal ist cyanmercurisalicylaures Kalium $CNHg \cdot C_6H_3 \cdot OH \cdot COOK$.

Mercuriverbindungen von aromatischen Aminoverbindungen.

Nitrooxymercuribenzoesaures Natrium

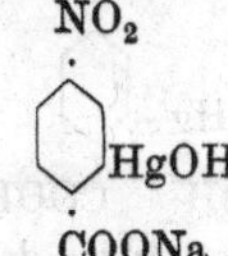

wird zum Teil im Organismus in die Aminoverbindung übergeführt.

1) Noller, C. R. und R. Adams: Journ. of the Americ. chem. soc. Bd. 48, S. 1080. 1926.
2) Dean, Wrenshall und Schöbl: Philippine journ. of science Bd. 25, S. 123, 135. 1924.
3) D.R.P. 245571. 4) Schossberger und Friedrich, D.R.P. 275932.
5) D.R.P. 246207. 6) Höchst, D.R.P. 271820. 7) D.R.P. 394363.
8) Roger Douris u. G. Beytout: Cpt. rend. hebdom. des séances de l'acad. des sciences Bd. 176, S. 107. 1922. — Bull. des sciences pharmacol. Bd. 30, S. 76. 1923.

Acetylaminomercuribenzoesaures Natrium (Toxynon)

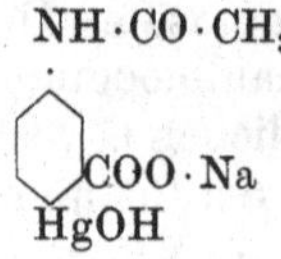

$NH \cdot CO \cdot CH_3$, $COO \cdot Na$, $HgOH$

Sowohl die Nitro-, als auch die Acetylaminoverbindung (Toxynon) sind wenig giftig.

Diaminodiphenylmercuridicarbonsaures Natrium[1])

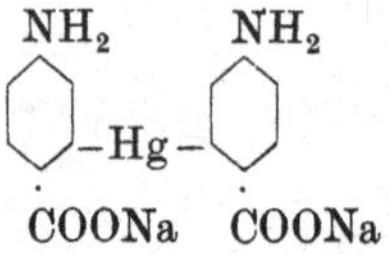

NH_2 NH_2 —Hg— COONa COONa

erhält man (Lüdecke) durch Reduktion einer Verbindung, die beim Erhitzen des Quecksilbersalzes der Nitrobenzoesäure auf sehr hohe Temperaturen entsteht. Man kann mit dieser Verbindung 20 mal so viel Quecksilber einverleiben als mit Sublimat. Sie wirkt auf den Darm nicht reizend. In vitro ist diese Substanz kein Antisepticum. Die Verbindung wirkt im Organismus ausgesprochen spirillocid.

Diaminomercuridiphenyldicarbonsaures Natrium ist ungiftig, fast ebenso ungiftig ist dinitromercuridiphenylcarbonsaures Natrium, etwas giftiger ist dioxymercuridiphenyldicarbonsaures Natrium. Es variiert bei diesen drei Präparaten die Giftigkeit trotz annähernd gleichem Quecksilbergehalt und sonst gleicher Bindungsart des Quecksilbers. Das Quecksilbersalz der Diaminomercuridiphenyldicarbonsäure ist aber sehr giftig[2]). Die drei Verbindungen haben sowohl eine toxische als auch eine spirillocide Wirkung[3]). Bei den Quecksilberverbindungen haben die Seitenketten, ähnlich wie bei den Arsenverbindungen, eine große Bedeutung für die Wirkung. Während die Mercuridibenzoesäure nicht wirkt, wird diese Verbindung nach Einführung von Nitro-, Oxy- und Aminogruppen deutlich spirillocid. Die Oxygruppen entgiften sehr wenig, während die Amino- und Nitrogruppen sehr stark die Giftigkeit herabsetzen. Die Nitrogruppe ihrerseits erhöht dann wieder beträchtlich die spirillocide Wirkung des Präparates.

Acetaminomercuribenzoesaures Natrium, welches das Quecksilber halb maskiert enthält, und paranucleinsaures Quecksilber sind Verbindungen, mit welchen man weit mehr Quecksilber in den Organismus bringen kann als mit anderen maskierten und ionisierten Quecksilberverbindungen.

Kernmercurierte Derivate der Aminobenzoesäuren und deren Salze erhält man, wenn man die Quecksilber nur mit einer Affinität an den aromatischen Kern gebunden enthaltenden mercurierten Nitrobenzoesäuren mit alkalischen oder neutralen Reduktionsmitteln behandelt. Beschrieben ist die Darstellung der p-p′-Diaminodiphenylmercuridicarbonsäure

NH_2 NH_2 —Hg— COOH COOH

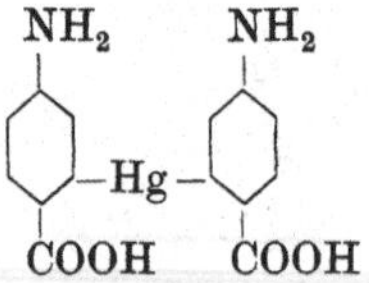

der m-m′-Diaminodiphenylmercuridicarbonsäure, der o-o′-Diaminodiphenylmercuridicarbonsäure[4]).

Zwecks Darstellung von Dinitrodiphenylmercuridicarbonsäuren kann man die durch Erhitzen der Quecksilbersalze der Nitrobenzoesäuren auf 200° erhaltenen Quecksilber-

[1]) Blumenthal, F. Biochem. Zeitschr. Bd. 32, S. 59. 1911.
[2]) Blumenthal, F. und K. Oppenheim, Biochem. Zeitschr. Bd. 39, S. 58. 1912.
[3]) Blumenthal, F. Zeitschr. f. Immunitätsforsch. u. exper. Therap. Bd. 41, S. 47, 1915.
[4]) Chemische Werke, Charlottenburg, D.R.P. 249725.

verbindungen der Nitrobenzoesäuren in alkalischem oder neutralem Mittel so reduzieren, daß nur 2 Atome Wasserstoff auf 2 Moleküle Nitroverbindung zur Einwirkung kommen. Beschrieben ist die Darstellung der p-Dinitrodiphenylmercuridicarbonsäure, der m-Dinitrodiphenylmercuridicarbonsäure und der o-Dinitrodiphenylmercuridicarbonsäure[1]).

Aurintricarbonsäure wird mit HgO in Gegenwart von Wasser erhitzt. Man erhält die Mono-, Di- und Trimercuriaurin-tricarbonsäure. Die Verbindungen enthalten das Hg sämtlich in o-Stellung zur OH-Gruppe und sind unlöslich in Wasser[2]).

Mercurierte Aminoarylsulfosäuren erhält man, wenn man aminoarylsulfosaures Quecksilber oder Gemenge von Aminoarylsulfosäuren mit deren Quecksilbersalz bildenden Stoffen so lange erwärmt, bis die entstehende Quecksilberverbindung alkalilöslich geworden. Beschrieben sind: Mercurimetanilsaures Natrium, Mercuriaminophenolsulfosaures Natrium, das saure Natriumsalz der Mercuri-m-aminosulfobenzoesäure. Die Verbindungen spalten Quecksilber langsam ab[3]).

Verschiedene mercurierte Verbindungen.

Durch Einwirkung von Malonester oder deren Monoalkylsubstitutionsprodukten[4]) in Gegenwart von Wasser auf Quecksilberoxyd in äquivalenten Mengen mit Verseifung der entstandenen Monomercurimalonester in üblicher Weise und Abspaltung von Kohlensäure erhält man Quecksilberfettsäuren resp. deren Salze von der Formel

$$Hg{<}^{CHR\cdot COOMe}_{OH}$$

und der entsprechenden Anhydride von der Formel

$$Hg{<}^{CHR}_{O}{>}CO \quad (R = \text{Wasserstoff oder Alkyl}).$$

An Stelle des Malonester und ihrer Monoalkylderivate kann man die entsprechenden Salze als Ausgangsmaterialien verwenden, indem man diese Salze unter dem Einfluß von Alkali oder Alkalicarbonat mit Quecksilberoxyd oder Quecksilbersalzen kondensiert und die entstehenden monomercurimalonsauren Salze durch Ansäuern der Abspaltung von Kohlensäure unterwirft[5]).

Man erhält mercurierte Aminoverbindungen, wenn man die Alkalisalze der Aminomethandisulfosäure bei Gegenwart von Wasser mit Quecksilberoxyd behandelt, z. B. die Quecksilberverbindung des aminodimethylsulfonsauren Kaliums $CHNO_6S_2HgK_2$, welche sich beim Erhitzen unter Abscheidung von Quecksilber zersetzt[6]).

Quecksilberdipropionsäure[7]) und Quecksilberdibenzoesäure[8]) sind völlig ungiftig, denn der Quecksilbergehalt der bikomplexen Säuren resp. ihrer Alkalisalze kommt im Gegensatze zu den Quecksilberdialkylen und -diacylen nicht zur Entfaltung der Giftwirkung, da die Verbindungen schon innerhalb 24 Stunden unzersetzt und vollständig ausgeschieden werden. Die entsprechenden Alkyl- oder Acylverbindungen aber werden in Ermangelung dieser Ausscheidungsmöglichkeit vom Organismus zersetzt und ergeben dann die schweren Giftwirkungen des Metalls.

Untersucht man die von Schoeller und Schrauth[9]) dargestellten Quecksilberverbindungen, so sieht man, daß sie sehr verschieden wirken, je nach dem, ob beide Valenzen des Quecksilbers durch Kohlenstoffreste besetzt sind, oder ob nur eine Valenz des Metalls organisch gebunden ist. Fast vollkommen ungiftig sind z. B. Quecksilberdipropionsäure und Quecksilberdibenzoesäure in Form ihrer Natriumsalze, während die Natriumsalze der Oxyquecksilber-

[1]) D.R.P. 251332, Zusatz zu D.R.P. 249725.
[2]) Mari E. Wolvekamp, Oakland, A.P. 1412440. [3]) Heyden, D.R.P. 281009.
[4]) Schoeller, W. u. W. Schrauth, Charlottenburg, D.R.P. 208634, siehe auch Ber. d. dtsch. chem. Ges. Bd. 41, S. 2087. 1908.
[5]) D.R.P. 213371, Zusatz zu D.R.P. 208634. [6]) Riedel, D.R.P. 279199.
[7]) Fischer, E. u. J. Mering: Ber. d. dtsch. chem. Ges. Bd. 40, S. 386. 1907.
[8]) Pesci; Chem. Centralblatt 1901, II, S. 108.
[9]) Zeitschr. f. Hyg. u. Infektionskrankh. Bd. 66, S. 497. 1910; Bd. 67, S. 24. 1911. Bd. 82, S. 279. 1916. — Med. Klinik 1912, Nr. 29.

propionsäure und der Oxy-, Cyan- und Natriumthiosulfatquecksilberbenzoesäure höchst giftig sind. Bei doppelter Kohlenstoffbindung des Quecksilbers hat das Quecksilber keine Affinität im Organismus und ist so lange ungiftig, solange diese Bindung nicht zerstört wird, wenn nicht die organische Komponente oder Gesamtsubstanz eine Eigenwirkung hat. Wenn aber eine Valenz des Quecksilbers mit reaktionsfähigen Resten wie Hydroxyl, Cyan, Halogen, Thiosulfat besetzt ist, so tritt deutliche Giftwirkung auf.

Das Natriumsalz der Oxyquecksilber-o-jodbenzoesäure ist viel ungiftiger als eines der Salze dieser Gruppe. Der Ersatz von Wasserstoffatomen des Benzolkernes durch andere Reste übt auf die giftige Wirkung der Verbindungen keinen allzu großen Einfluß aus. Aber die komplexen Moleküle, welche Quecksilber enthalten, sind viel wirksamer als die ohne Quecksilber, doch bleibt der Typus der Wirksamkeit erhalten. Die Propionsäureverbindungen z. B. erzeugen Narkose, die Benzoesäureverbindungen nicht.

Neu eintretende Carboxyl-, Phenol-, Sulfo- und Aminogruppen setzen die Desinfektionskraft der Mercurisalicylsäure bedeutend herab, während Halogen-, Alkyl- und Oxalkylgruppen sie nicht unerheblich steigern. Sogar die Stellung des neu eintretenden Substituenten im Benzolkern vermag deutliche Unterschiede zu bedingen.

Die beste Desinfektionswirkung findet man bei den quecksilbersubstituierten Phenolen, bei denen die löslich machende Gruppe einen sehr schwach sauren Charakter besitzt. Unter diesen wirken am stärksten die mit Alkyl oder Halogen nebensubstituierte, besonders das Na-Salz des Chlorphenolquecksilbers

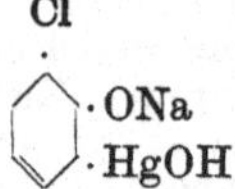

Während Quecksilberdiäthyl schwer giftig, ist die um zwei Carboxylgruppen reichere Quecksilber-Dipropionsäure ganz ungiftig, da sie rasch ausgeschieden wird. Beide Verbindungen werden von Ammonsulfid nur äußerst schwierig angegriffen.

Das Natriumsalz der Oxyquecksilberanthranilsäure macht tiefe Blutdrucksenkung, Atemstillstand, allgemeine Erregbarkeitssteigerung und starke Reizung des Atemzentrums, welche auf die Aminogruppe im Benzolkern zurückzuführen ist, während die Anthranilsäure wenig giftig ist. Da die Anilinwirkung durch die Carboxylgruppe behindert wird, kommt diese Wirkung des Anilins durch den Eintritt des Quecksilberrestes in den Benzolkern wieder zur Geltung. Der Tod der Tiere aber tritt durch die Quecksilberkomponente ein, da es zu einer typischen Gefäß- oder Herzlähmung kommt, wie sie allen Quecksilberverbindungen zukommen. Die komplexen Anionen, welche Quecksilber enthalten, können denselben Wirkungstypus besitzen wie Quecksilbersalze bei akuter Giftwirkung. Schrauth und Schoeller sprechen die akute Giftwirkung ionisierter Quecksilbersalze demgemäß als eine Molekularwirkung der im Serum gebildeten Quecksilbereiweißverbindung an.

Komplexe organische Quecksilberverbindungen erhält man, wenn man nach den für die Mercurierung üblichen Prinzipien der Addition an Doppelverbindungen oder Substitution solche eine wasserlöslich machende bzw. leicht in eine solche überführbare Gruppe enthaltenden organischen Verbindungen mit 2 Mol. Quecksilber behandelt, bei denen zwei nur zur Aufnahme je eines Atoms Quecksilber befähigten Reste unmittelbar oder durch einen mindestens zweiwertigen Substituenten miteinander verbunden sind. Den halbkomplexen Hg-Verbindungen kommen die beiden allgemeinen Formeln I und II zu, wobei unter X an der nicht komplexen Valenz der Hg-Atome haftende Reste, wie Cl, SO_4, CH_3CO_2, unter R. beliebige vom Hgkomplex substituierte, in Formel I unmittelbar, in Formel II aber durch einen zwei- oder mehrwertigen Substituenten B brückenartig zusammengehaltene Reste zu verstehen sind. Besitzen die organischen

Grundreste R noch beliebige, die Löslichkeit in Wasser bedingende oder leicht zu in Wasser löslichen Derivaten führende Gruppen, wie etwa Estergruppen, so sind die betreffenden komplexen Quecksilberverbindungen therapeutisch besonders wertvoll. Gegenüber den bekannten, das Hg mit nur einer Valenz am organischen Rest gebunden enthaltenen organischen Quecksilberverbindungen unterscheiden sie sich dadurch, daß sie beim Kochen mit Schwefelammon das Hg nicht als HgS abspalten, sondern in sehr beständige cyclische Schwefelquecksilberverbindungen der Formeln Ia und IIa übergehen. Zum Beispiel wird Diallylmalonsäurediäthylester in Methyl- oder Äthylalkohol gelöst und mit Quecksilberacetat versetzt. Nach mehrstündigem Stehen ist das Quecksilber und der Oxalkylrest des verwendeten Alkohols an die doppelte Bindung der Allylgruppe angelagert. Nach dem Verdünnen mit Wasser läßt sich der komplexe Hg-Ester mit Kochsalzlösung als Dichlorquecksilberester fällen und nach dem Umkrystallisieren aus Essigester durch Versetzen mit 2 Mol. NaOH in das in Wasser lösliche Salz der zugehörigen Dicarbonsäure (III) überführen. Die wässerige Lösung des Natriumsalzes hat fast neutrale Reaktion. Arbeitet man in wässerigem Medium, so werden an Stelle der Oxalkylgruppen OH-Gruppen nebst den Quecksilberestern an die doppelte Bindung angelagert. Säuert man die wässerige Lösung des Natriumsalzes mit Schwefelsäure an, so geht sie in die freie Dicarbonsäure über. An Stelle des Diallylmalonesters lassen sich andere Diallylverbindungen, wie die Diallylbarbitursäure oder der Diallylessigsäureester in die entsprechenden komplexen Dimercuriverbindungen überführen. Aus Phenylendiacrylsäurediäthylester, Hg-Acetat und Methylalkohol erhält man eine komplexe Dimercuriverbindung (IV), die die Acetat-Hg-Gruppen in den α-Stellungen, die OCH_3-Gruppen in den β-Stellungen trägt. — Diphensäure (1 Mol.) geht beim Erhitzen mit Hg-Acetat (2 Mol.) auf 180° im Ölbade bis zur Lösung in Alkali ohne Abscheidung von HgO und Fällung des in Natronlauge gelösten Rohproduktes mit der äquivalenten Menge Schwefelsäure in das Bisoxyquecksilberdiphensäureanhydrid (V) über. Durch Einwirkung von 2 Mol. Hg-Acetat in methylalkoholischer Lösung auf 1 Mol. Diphenylamin-2-carbonsäureäthylester erhält man das Diacetatquecksilbersubstitutionsprodukt (VI). Es gibt bei der Verseifung mit Natronlauge das entsprechende Natriumsalz der Carbonsäure[1]).

```
                                            B
I.    R——R              oder II.         R/ \R
      |   |                              |    |
      HgX HgX                            HgX HgX
                                            B
      R—R                                R/ \R
Ia.   |  |              und IIa.         |    |
      Hg  Hg                             Hg   Hg
        \/                                 \ /
        S                                   S
```

III. $C \vdots (CH_2 \cdot CH[HgCl] \cdot CH_2 \cdot OR)_2 \cdot (CO_2 \cdot Na)_2$

IV. $C_6H_4(CH[OCH_3] \cdot C[HgX] \cdot CO_2C_2H_5]_2$.

```
V.   ⬡———⬡                      VI.  XHg—⟨4'⟩—NH—⟨2 4⟩—HgX
    /     \                                        |
Hg·O·CO  CO·O·Hg                                  CO₂R
```

Zwischen den löslichen und unlöslichen, zwischen den eiweißfällenden und den nicht eiweißfällenden Quecksilberpräparaten besteht kein wesentlicher Unterschied in der Therapie der Hühnerspirillose[2]). Die therapeutische Wirkung geht bei einigen Präparaten nicht mit dem Quecksilbergehalt im Sinne der Ionisierung parallel, z. B. bei Hermophenyl, beim Salicylquecksilber und beim dinitro-mercuribenzoesauren Natrium. Hermophenyl ist viel weniger wirksam, als seinem Quecksilbergehalt entspricht. Die Verbindung ist sulfuriert. Salicylquecksilber enthält das Quecksilber direkt an den Benzolring gebunden. Beim dinitromercuridiphenylcarbonsauren Natrium ist zwar durch Einführung der Nitrogruppe eine relativ starke Entgiftung des Präparates herbeigeführt, ohne daß seine Organotropie herabgemindert ist, gleichzeitig ist es aber durch die feste Kuppelung des Quecksilbers an zwei Benzolringe therapeutisch unwirksam geworden. Alle Quecksilberpräparate, bei denen sich auffällige chemotherapeutische Wirkungen, die nicht dem Quecksilbergehalte entsprechen,

---

[1]) W. Schoeller, Freiburg i. Br., D.R.P. 384351.

[2]) Kolle, W., K. Rothermundt u. S. Peschié: Dtsch. med. Wochenschr. Bd. 38, Nr. 34, S. 1582. 1912. — Abelin, J.: Dtsch. med. Wochenschr. Bd. 38, Nr. 39, S. 1822. 1912.

feststellen lassen, sind der aromatischen Reihe angehörige Quecksilberverbindungen. Am besten bewährt sich die Entgiftung der Verbindungen nicht durch die Sulfogruppe, wie es bei dem therapeutisch so unwirksamen Hermophenyl geschieht, sondern durch die Sulfaminogruppe. Sulfamino-dimethylphenylpyrazolonquecksilber wirkt beim Tier stark spirillocid und ist wenig giftig.

Außerordentlich wirksam in Tierversuchen erweist sich das fast ungiftige Dimethylphenylpyrazolonsulfaminoquecksilber. Selbst bei Recurrensfieber ist es noch brauchbar. Carbothiomethylaminophenylessigsaures Kaliumquecksilber, bei dem beide Quecksilbervalenzen an Schwefel gebunden sind, ist bei Kaninchensyphilis und Hühnerspirillose wirksam.

Läßt man Quecksilberoxyd auf 1-Phenyl-2.3-dimethyl-4-sulfamino-5-pyrazolon in der Wärme einwirken, so erhält man ein Quecksilberderivat, welches bei sehr geringer Giftigkeit eine ausgezeichnete spirillocide Wirkung haben soll[1]). Man kann statt mit Quecksilberoxyd mit essigsaurem Quecksilberoxyd arbeiten[2]). Die Einwirkung des Quecksilberoxyds auf das Pyrazolonderivat wird in Gegenwart von Alkalibisulfit als Reduktionsmitte vorgenommen[3]).

Mercuroaminoverbindungen und komplexe Salze derselben erhält man, wenn man auf 1-Phenyl-2.3-dimethyl-4-sulfamino-5-pyrazolon ein oder mehrere Moleküle Mercurosalz einwirken läßt. Dargestellt wurde Mercurophenyldimethylsulfaminopyrazolon[4]).

Salyrgan ist eine komplexe Quecksilberverbindung des salicylallylamid-o-essigsauren Natriums, es wird als starkes Diureticum benützt.

Bei der Zersetzung organischer Quecksilberpräparate im Organismus geht der Abspaltung des Quecksilbers aus dem organischen Rest anscheinend die Bildung organischer Chlorquecksilberverbindungen voraus[5]).

S. Lustgarten hat ein unlösliches Quecksilberoxydulpräparat dargestellt, gerbsaures Quecksilberoxydul, welches im Darme unter dem Einflusse des im Darmsaft enthaltenen Natriumcarbonates metallisches Quecksilber in feinster Verteilung entstehen läßt, und die adstringierende Wirkung der Gerbsäure schützt hierbei vor den leicht auftretenden Durchfällen bei Quecksilberkuren. Diese therapeutische Idee kann man wohl als interne Schmierkur bezeichnen, da hier metallisches Quecksilber in feinster Verteilung statt durch die Haut von der Darmoberfläche aufgenommen wird. Aber das Präparat scheint sich nicht bewährt zu haben, da es alsbald in der Therapie verlassen wurde.

Quecksilberunterschwefligsaures Kali macht keine Lokalerscheinungen und keine Eiweißfällung[6]). Man kann auf diese Weise Quecksilber in Form einer komplexen Quecksilbersäure in den Organismus hineinbringen, ohne lokale Reiz- oder Ätzwirkungen hervorzurufen, aber auch dieses Präparat fand keine Verbreitung.

Eine Substanz, die wahrscheinlich 2-Mercuri-4-acetanilid-azo-4-toluol

$$CH_3\langle\;\rangle N = N\langle\;\rangle NH\cdot CO\cdot CH_3$$
$$\qquad\qquad\qquad | \\ \qquad\qquad\qquad Hg\cdot OH$$

ist von H. Hüsgen[7]) untersucht. Sie ist lipoidlöslich und man sieht eine beträchtlich stärkere Aufnahme von Quecksilber im Zentralnervensystem, in der Muskulatur und anderen Organen als nach Zufuhr der gewöhnlichen Quecksilberpräparate.

Wasserlösliche und alkalibeständige Quecksilberverbindungen der Amidosulfonsäure

[1]) Givaudan u. Scheidlin, D.R.P. 261081.
[2]) D.R.P. 261082, Zusatz zu D. R. P. 261081.
[3]) D.R.P. 266578, Zusatz zu D.R.P. 261081.
[4]) Schweizerisches Serum-Institut, Bern, D.R.P. 307893.
[5]) Biochem. Zeitschr. Bd. 33, S. 381. 1911.
[6]) Dreser, H.: Arch. f. exp. Pathol. u. Pharmakol. Bd. 32, S. 456.
[7]) Biochem. Zeitschr. Bd. 112, S. 1. 1920.

erhält man, wenn man die Alkalisalze der Amidosulfonsäure in alkalischer Lösung mit Quecksilberoxyd oder einem Quecksilbersalz behandelt[1]).

Bei der Einwirkung von Quecksilberacetat auf Indolderivate entstehen Verbindungen, aus denen sich das Quecksilber leicht wieder abspalten läßt[2]). Sie enthalten Quecksilber jedenfalls an Stelle des leicht beweglichen Wasserstoffatoms in der CH-Gruppe im Indolkern, und zwar tritt je nach Wahl des Indolderivates entweder der einwertige Rest — Hg . $OCOCH_3$ oder der Rest — Hg · OH ein. Auf Zusatz von alkoholischem Quecksilberacetat zu einer heißen alkoholischen Lösung von Phthalylmethylindol scheidet sich die Verbindung

$C \cdot Hg \cdot O \cdot CO \cdot CH_3$
$C \cdot CH_3$
$N \cdot CO \cdot C_6H_4 \cdot COOH$

ab, die unlöslich ist. Die Quecksilberverbindung aus N-Methylindol und Quecksilberacetat

$C \cdot Hg \cdot O \cdot CO \cdot CH_3$
CH
$N \cdot CH_3$

ist krystallisiert.

Die Verbindung

$C \cdot Hg(OH)$
$C \cdot COOH$
$N \cdot CH_3$

aus N-Methylindolcarbonsäure ist in Alkalien löslich.

Aus Acetylanisolphenylhydrazon und Chlorzink dargestelltes Anisylindol liefert in alkoholischer Lösung mit Quecksilberacetat die Verbindung

$C \cdot Hg \cdot OH$
$C \cdot C_6H_4(OCH_3)$
N
H

Aus Methylketol erhält man die gelbe unlösliche Verbindung

$$\left(\begin{matrix} C \cdot Hg \cdot OH \\ C \cdot CH_3 \\ NH \end{matrix}\right)_2 (CH_3 \cdot CO_2)_2Hg$$

die allmählich mit Schwefelwasserstoff Schwefelquecksilber abscheidet.

Mercurierte Chinolinderivate erhält man, wenn man eine oder mehrere saure salzbildende Gruppen enthaltende Derivate des Chinolins in Form ihrer Quecksilbersalze oder ein Gemisch mit Quecksilbersalz bildenden Quecksilberverbindungen so lange erwärmt, bis die entstandenen Chinolinquecksilberverbindungen alkalilöslich geworden sind. Die Patentschrift enthält Beispiele für die Anwendung von β-8-Oxychinolincarbonsäure, von 8-Oxychinolin-5-sulfosäure, von 2-Phenylchinolin-4-carbonsäure, von Chinolin-8-sulfosäure und von 8-Oxychinolin. Das Quecksilber ist verhältnismäßig fest gebunden, ohne aber so reaktionsunfähig zu sein wie in der unwirksamen Mercuridibenzoesäure[3]).

Quecksilberverbindungen von alkyldithiocarbaminessigsauren Alkalien der allgemeinen Formel $(MeO \cdot CO \cdot CH_2 \cdot NR \cdot CS \cdot S)_2Hg$ (R = Alkyl, Me = Alkalimetall) werden dargestellt entweder durch Behandlung von Alkyldithiocarbaminessigsäureestern des Quecksilbers mit Alkalien oder durch Auflösen von gelbem Quecksilberoxyd in den Alkalisalzen der Alkyldithiocarbaminessigsäuren der allgemeinen Formel $MeO \cdot CO \cdot CH_2 \cdot NR \cdot CS_2 \cdot Me$ (Me = Alkalimetall) und dann versetzt man die erhaltene Lösung mit Alkohol. Methylaminoessigsäureäthylester gibt in ätherischer Lösung mit Schwefelkohlenstoff den Dithiocarbaminessigsäureäthylester in Form des Methylaminoessigsäureäthylestersalzes $C_2H_5 \cdot COO \cdot CH_2 \cdot N(CH_3) \cdot CS \cdot S \cdot NH_2(CH_3) \cdot CH_2 \cdot COO \cdot C_2H_5$. In der wässerigen Lösung erzeugt Quecksilberchlorid einen Niederschlag. Beim Auflösen dieses in 30proz. Natronlauge entsteht das Quecksilbernatriumdoppelsalz, das beim Erhitzen sich färbt, und mit Alkohol wird aus der Lösung ein Pulver gefällt, das 39% Quecksilber enthält und die Zusammensetzung $NaCOO \cdot CH_2 \cdot N(CH_3) \cdot CS \cdot S \cdot Hg \cdot S \cdot CH_2 \cdot COONa$ besitzt. Durch längeres Erhitzen erhält man in schwarzen Blättchen Quecksilbernatriumthioglykolat[4]).

In der Seitenkette mercurierte Chininderivate erhält man durch Einwirkung von Mercuriacetat auf Chinin oder dessen Salze in der Wärme und Ausfällen durch Alkohol und Äther[5]).

---

[1]) Karl Hofmann, D.R.P. 261460. [2]) Böhringer, Waldhof, D.R.P. 236893.
[3]) Heyden, D.R.P. 289246.
[4]) Poulenc Frères u. Ernest Fourneau, Paris, D.R.P. 235356.
[5]) Höchst, Ö.P. 86135.

Man schüttelt Chininsalze mit HgO und fällt mit Alkohol. Es fällt das Disulfat des mercurierten Chinine aus. Es ist identisch mit der aus Quecksilberacetat und Chinin erhältlichen Verbindung[1]).

Die Doppelverbindungen des Quecksilbers haben, trotzdem J. Lister, dem wir ja die ganze Antiseptik zu verdanken haben, die erste Verbindung dieser Reihe empfohlen hat, wenig Glück in ihrer Verbreitung besessen, weil sie trotz ihrer bedeutenden entwicklungshemmenden beinahe keine bakterientötende Kraft besitzen sollen, wie dies für das von J. Lister empfohlene Quecksilberzinkcyanat nachgewiesen wurde[2]).

Cyanquecksilber erleidet im Organismus eine beträchtliche Zersetzung unter Freiwerden von Blausäure[3]).

Zweckmäßig scheint ein Verfahren zu sein, das in Deutschland zuerst von Emmel eingeschlagen wurde, um aus Quecksilberverbindungen leicht auflösbare, aber metallische Instrumente nicht angreifende Präparate zu erhalten. So war in England schon seit Jahren ein Präparat im Handel, welches wohl nur wegen seines hohen Preises nicht eine allgemeine Anwendung erlangte. Es war dies das Quecksilberjodidjodkalium mit einem Zusatz von einem kohlensauren Alkali, ein sehr leicht lösliches Präparat, aus dem Metalle kein Quecksilber zu reduzieren in der Lage waren.

In gleicher Weise mischte Emmel, um ein in Wasser leicht lösliches, Metalle nicht angreifendes Quecksilbersalzpräparat zu erhalten, Quecksilbercyanid, Quecksilberoxycyanid oder Quecksilber-p-phenolsulfonat mit einfach- oder doppeltkohlensauren Salzen[4]).

Während p-phenolsulfosaures Quecksilber durch Wasser leicht zersetzt wird, fehlt angeblich diese unangenehme Eigenschaft dem Doppelsalze mit weinsaurem Ammon, dem Asterol, dem p-phenolsulfosauren Quecksilber-Ammoniumtartarat.

Man erhält dieses, indem man zu einer frisch bereiteten Lösung von p-phenolsulfosaurem Quecksilber die entsprechende Menge von weinsaurem Ammon zusetzt und die Lösung zur Trockene eindampft[5]).

Für die Zwecke der Injektion scheinen sich von allen bis nun dargestellten Quecksilberderivaten Quecksilbersalicylat und seine Analogen am besten zu eignen.

Die aus Leim durch Kochen mit Säuren erhaltenen alkohollöslichen Glutinpeptonchlorhydrate geben Doppelverbindungen mit Quecksilberchlorid, die in Wasser in jedem Verhältnis löslich sind, durch Eiweiß nicht gefällt werden und aus denen auch Alkali kein Quecksilber abzuscheiden vermag. Wie beim Eisen und beim Silber wurde auch beim Quecksilber versucht, Verbindungen desselben mit Eiweiß oder Casein darzustellen. Wenn man ein Caseinalkalisalz in wässeriger Lösung mit einer wässerigen Sublimatlösung versetzt, so erfolgt keine Fällung. Es läßt sich aber das gebildete Caseinquecksilber durch Alkohol aus dieser Lösung abscheiden. Ein von den Höchster Farbwerken auf diese Weise dargestelltes Präparat löst sich namentlich bei Zusatz von einer Spur Alkali oder Ammoniak im Wasser vollständig klar und enthält 7 % Quecksilber, welches durch Schwefelwasserstoff oder Schwefelammonium nicht nachgewiesen werden kann.

Schwermetallverbindungen von Eiweißstoffen erhält man, wenn man Schwermetallverbindungen oder kolloidale Schwermetalle auf solche Eiweißstoffe aus normalen tierischen oder menschlichen Organen oder Geweben einwirken läßt, die so weit von allen wasserlöslichen Bestandteilen befreit sind, daß sie die Ninhydrinreaktion nicht mehr geben[6]).

---

[1]) Höchst, Schw.P. 100410, Zusatz zu 90805.
[2]) Fahlberg, List, D.R.P. 286097.
[3]) Brit. med. journ. 1889, S. 1025.
[4]) D.R.P. 104904, 121656.
[5]) Berlin. klin. Wochenschr. 1899, S. 229, D.R.P. 157663.
[6]) K. Kottmann, D.R.P. 300513, D.R.P. 302911, Zusatz zu D.R.P. 300513.

Von anderer Seite wurde vorgeschlagen, Verbindungen des Caseins mit Quecksilber, Silber und Eisen, die wohl zu subcutanen Injektionen ihrer Unlöslichkeit wegen nicht brauchbar sind, die aber für die interne Verwendung von Vorteil sein können, in der Weise darzustellen, daß man Casein in starkem Alkohol suspendiert und mit einer konzentrierten wässerigen oder alkoholischen Lösung eines Quecksilber-, Silber- oder Eisensalzes mehrere Stunden kocht. Die so erhaltenen drei Präparate, von denen das Quecksilberpräparat 7%, die Silberverbindung $15^1/_2$% (s. Silberverbindungen), die Eisenverbindung $3^1/_2$% Metall (s. Eisenverbindungen) enthalten, sind wasserunlöslich, aber alkalilöslich und das Metall kann in ihnen weder durch Schwefelwasserstoff noch durch Schwefelammonium nachgewiesen werden. Statt des Caseins kann man auch in gleicher Weise Albumine aus Blut, Eiern und Pflanzen verwenden. Man kann auch den Alkohol durch ein anderes indifferentes Suspensionsmittel, wie z. B. Aceton oder konzentrierte Neutralsalzlösungen (Chlornatrium, Chlormagnesium) in diesem Darstellungsverfahren ersetzen. Alle diese Verbindungen enthalten, wenn man von Chloriden der Metalle ausgegangen ist, Chlor, und alle haben sie die Eigenschaft, durch Zusatz von ein wenig Alkali in Lösung gebracht zu werden.

Man erhält durch Einwirkung von wässeriger Caseinnatriumlösung auf Lösungen von Alkaliquecksilberjodiden und Fällung mit organischen Säuren und darauf folgende Behandlung mit Alkali kolloidale Quecksilberjodidverbindungen[1]).

Man löst paranucleinsaures Quecksilber, welches sich mit Essigsäure aus seiner Lösung fällen läßt, in Alkalien und fällt die wasserlösliche Verbindung mit Alkohol oder man neutralisiert Paranucleinsäure mit Alkalien und behandelt mit Sublimat und Alkohol[2]).

Die Lösungen von paranucleinsaurem Quecksilber in Alkalien geben beim Behandeln mit Tanninlösungen Verbindungen, die durch ihre Säurenunlöslichkeit zum inneren Gebrauche bei Syphilis sich empfehlen sollen[3]).

Riedel, Berlin[4]), stellen Quecksilbersalze der Cholsäure her, indem sie cholsaure Salze mit neutralen Lösungen organisch saurer Quecksilbersalze versetzen. Man kann Oxyd- und Oxydulsalze herstellen. In Verbindung mit Tanninalbuminat wird dieses Präparat als Mergal in den Handel gebracht und soll für interne Luesbehandlung dienen. Das Verfahren von D.R.P. 171485 wird derart benützt, daß man statt der Quecksilbersalze organischer Säuren schwachsaure Lösungen von Quecksilberoxydnitrat verwendet[5]).

Eine weitere Ausbildung des Verfahrens des D.R.P. 171485 besteht darin, daß man zwecks Darstellung von cholsaurem Quecksilberoxyd die nach dem Vermischen wässeriger Lösungen von cholsauren Salzen und Quecksilberchlorid entstehenden milchigen Flüssigkeiten so lange in der Wärme behandelt oder bei gewöhnlicher Temperatur stehen läßt, bis das cholsaure Quecksilberoxyd zur Abscheidung gebracht ist[6]).

Die Nichtfällbarkeit des Quecksilberchlorids mit cholsaurem Kalium beruht nicht auf der Löslichkeit des cholsauren Quecksilberoxyds in Chloralkalien, wie im Hauptpatent angegeben, sondern in seinem kolloidalen Zustande, der folgendermaßen beseitigt wird: Die Umsetzung von cholsauren Salzen mit Quecksilberoxydsalzen wird anstatt in wässeriger Lösung in wässerig-alkoholischer Lösung ausgeführt. Cholsaures Quecksilberoxyd scheidet sich hierbei in nadelförmigen Krystallen aus, die sich leicht filtrieren lassen, während aus der reinwässerigen Lösung ausfallendes cholsaures Quecksilberoxyd eine sehr voluminöse, Wasser zurückhaltende amorphe Masse bildet[7]).

Mergal ist eine Mischung von einem Teile cholsaurem Quecksilberoxyd mit zwei Teilen Tannalbin.

Glykocholsaures Quecksilber bzw. Silber, sowie α-glykohyocholsaures Antimon und α-hyocholsaures Silber, kolloidallöslich, werden dargestellt durch Aussalzen der in verdünnter Lösung erzeugten Schwermetallsalze der Glykohyocholsäure[8]).

Quecksilberoxydulverbindungen basischer Purinderivate erhält man, wenn man wässerige Quecksilberoxydulsalze auf basische Purinderivate, wie Coffein, Theobromin oder Theophyllin, in saurer Lösung einwirken läßt. Dargestellt wurden die Mercuroverbin-

---

1) Kalle, D.R.P. 288965. 2) Knoll, D.R.P. 272687.
3) Knoll, D.R.P. 272688. 4) D.R.P. 171485.
5) D.R.P. 224980, Zusatz zu D.R.P. 171485.
6) D.R.P. 225711, Zusatz zu D.R.P. 171485.
7) D.R.P. 231396, Zusatz zu D.R.P. 171485.
8) Riedel, Berlin, D.R.P. 396298.

dungen dieser drei Basen durch Einwirkung von Mercuronitrat in salpetersaurer Lösung. Das Quecksilber läßt sich direkt nachweisen. Sie sollen wenig giftig sein[1]).

Behandelt man Theobromin oder Theophyllin in saurer Lösung mit Mercuriacetat oder mit Quecksilberoxyd in der Wärme, so erhält man Mercuriverbindungen, welche mit Schwefelammon nicht reagieren[2]).

Durch Behandeln der Alkalisalze der 2.6-Dioxy-2-iminodihydropyrimidin-3-essigsäure mit Quecksilberverbindungen erhält man quecksilberhaltige Pyrimidinderivate. Die Präparate sollen vollkommen reizlos und und viel weniger giftig als Sublimat sein. Die freie Säure kann man erhalten durch Kondensation von Cyanessigsäure mit Hydantoinsäureester. Der so erhaltene Cyanacetylhydantoinäthylsäureester wird in Alkalilauge verseift und geht in das entsprechende Alkalisalz der gewünschten Säure über. Das Quecksilbersalz ist leicht löslich[3]).

Mercaffin ist die Quecksilberoxydulverbindung des Coffeins, es ist ein mildes Quecksilberpräparat[4]).

Silber.

Das früher in der Medizin allein angewendete salpetersaure Silber vereinigt mit seinen Ätzwirkungen starke antiseptische Eigenschaften, wie sie ja allen Salzen der Schwermetalle eigen sind. Da nun salpetersaures Silber Eiweißkörper fällt und ebenso von den Chloriden niedergeschlagen wird, so konnte man seine therapeutischen Eigenschaften nur für Oberflächenwirkungen ausnützen. Anderseits war man häufig in der Lage, auf die ätzenden Wirkungen des salpetersauren Silbers zu verzichten, wenn man nur die antibakteriellen des Silbers in Anwendung bringen wollte. Die Bemühungen der Chemiker gingen nun dahin, Silberpräparate zu schaffen, welche einerseits auf Eiweißkörper nicht fällend wirken, anderseits durch Chloride selbst nicht gefällt werden. Lazzaro experimentierte mit dem Fluorsilber, welches trotz seiner ungemein starken antiseptischen Eigenschaften aus dem Grunde nicht verwendbar ist, weil es in wässeriger Lösung leicht dissoziiert und hierbei Fluorwasserstoffsäure abspaltet.

Nach den Untersuchungen von W. Lublinski[5]) ist die allgemein verbreitete Ansicht, daß Silbernitrat, da es Eiweiß koaguliert, keine Tiefenwirkung besitzt, nicht zutreffend. Außer der Silberkomponente spielt auch die Nitratkomponente physiologisch eine Rolle. Der Silber-Eiweißniederschlag ist in Kochsalzlösung löslich; es ist auch möglich, durch Entziehung von Chlor, eine Beeinflussung der erkrankten Schleimhaut durch Silbernitrat zu erklären; daher sieht Lublinski die organischen Ersatzpräparate des Silbernitrats als minderwertige Surrogate an. Zu ähnlichen Anschauungen kommt I. Schumacher[6]).

Von anderer Seite wurde vorgeschlagen, um Silberpräparate, die durch Halogenalkalien nicht gefällt werden, zu erhalten, wasserlösliche Silberhalogensalze darzustellen. Man erhält solche durch Einwirkung von Halogenen auf das sog. kolloidale Silber, welches zuerst von Carey Lea dargestellt wurde. Man versetzt die dunkle Lösung von kolloidalem Silber so lange mit freiem Halogen, bis Entfärbung eintritt. Durch Zusatz von Salzlösung, insbesondere aber durch Zusatz von Gelatine und citronensaurem Ammonium zu dieser Lösung gelingt es, diese Silberhalogene in fester, aber noch wasserlöslicher Form abzuscheiden. Man bekommt so eine Mischung des kolloidalen Halogensilbers mit Gelatine, welche in warmem Wasser löslich ist. Die Gelatine wirkt hierbei als Schutzkolloid.

---

[1]) Rosenthaler u. Abelmann, D.R.P. 282376.
[2]) Rosenthaler u. Abelmann, D.R.P. 282377.
[3]) D.R.P. 224491.
[4]) Roth: Berlin. tierärztl. Wochenschr. 1920, S. 5/9.
[5]) Berlin. klin. Wochenschr. Bd. 51, S. 1643. 1914.
[6]) Dermatol. Wochenschr. Bd. 60, S. 14. 1915.

Nach A. Gutbier, A. Wolf und A. Kieß[1]) kann man kolloides Silber bekommen, wenn man salpetersaures Silber in Carrageehnschleim auflöst und mit Hydrazinhydrat reduziert. Man erhält so hochwertige Silbersole, aber kann auch ohne Reduktionsmittel arbeiten, denn wenn man den Extrakt mit Silberhydrat kocht, so reduzieren die Stoffe des Extraktes das Silber.

Das wasserlösliche, kolloidale Silber selbst, Collargolum genannt, wurde wegen seiner antiseptischen Eigenschaften in die Therapie eingeführt. Die Wundermären, welche über seine angeblichen außerordentlichen Wirkungen bei Sepsis usw. verbreitet wurden, haben keine Bestätigung gefunden. Doch kommen der Substanz sicherlich verwendbare therapeutische Eigenschaften zu.

Die Silberpräparate mit geringer Teilchengröße besitzen eine stärkere bactericide Wirkung. Durch die Silberfarbstoffverbindungen, wie Argochrom und Argoflavin, werden sie übertroffen, bei denen sich vielleicht die Wirkung der Komponenten summiert[2]).

Kolloidale Silberlösungen erhält man, wenn man nach bekannten Methoden hergestelltes kolloidales Silber gemeinsam mit ölsauren Salzen in Wasser löst[3]).

Die kolloidalen Silberpräparate enthalten nach Th. Paul immer Stoffe beigemengt, die in wässeriger Lösung Silberionen abspalten. Diese Metallionen sind es wahrscheinlich, welche den therapeutischen Effekt hervorrufen. Obwohl ihre Konzentration nur gering ist, so reicht sie doch aus, um z .B. das Blut mit der maximalen Menge von Silberionen zu sättigen, die bei Gegenwart der in verhältnismäßig großen Konzentration im Blut vorhandenen Chlorionen möglich ist.

Zu ähnlichen Vorstellungen kommt Michio Kusunoki[4]). Die keimtötende Wirkung kolloidaler Silberlösungen beruht nach ihm ebenfalls auf der Gegenwart von Silberionen, nicht auf ihrer kolloidalen Verteilung. Die kolloiden Teilchen werden bei Kontakt mit Sauerstoff leicht oxydiert, ein Teil des Silbers geht in Lösung und wirkt so bactericid. Die Gegenwart von Kohlensäure führt zur Bildung der leichter löslichen Silberkarbonate.

Die immer mehr steigende Verwendung von kolloidalen Silberlösungen bei septischen Erkrankungen zeitigt weitere Versuche zur Darstellung solcher Silberlösungen. Ebenso ist eine weitere Entwicklung in bezug auf die Darstellung von Silber-Eiweißverbindungen zu sehen, denen im Gegensatze zum salpetersauren Silber Tiefenwirkungen, aber keine Ätzwirkungen zukommen.

Von geringem Interesse ist die Einführung von phenylschwefelsaurem Silber, welches angeblich nicht ätzt, gut löslich und beständig ist.

Die Silbersalze schwefelhaltiger Fettsäuren und ihrer Derivate vereinigen mit den adstringierenden, resorbierenden und entzündungswidrigen Eigenschaften der schwefelhaltigen Fettsäuren die bactericide Wirkung des Silbers. Es gelingt haltbare, wässerige Lösungen herzustellen, indem man zunächst die freien schwefelhaltigen Fettsäuren in wässeriger, schwach ammoniakhaltiger Lösung mit der entsprechenden Menge Silberoxyd umsetzt. Statt zunächst die freien Säuren herzustellen, kann man die wasserlöslichen Alkalisalze mit der entsprechenden Menge Silbernitrat fällen, die in Wasser unlöslichen Silbersalze auswaschen und hierauf in ganz verdünntem wässerigem Ammoniak auflösen[5]).

Man behandelt entweder die Alkalisalze der 2-Argento-mercapto-4-aminobenzol-1-carbonsäure in Gegenwart von Wasser mit Formaldehydsulfoxylaten oder läßt auf die 4-Amino-2-mercaptobenzol-1-carbonsäure formaldehydsulfosaures Natrium einwirken, setzt das Reaktionsprodukt mit einem Silbersalz um und führt die freie silberhaltige Säure in ein Alkalisalz über. Beschrieben ist das Dinatriumsalz der N-Formaldehydsulfoxylsäureverbindung der 4-Amino-2-argentomercaptobenzol-1-carbonsäure[6]).

Die Darstellung der Ag-Verbindung der 4-Amino-2-mercaptobenzol-1-carbonsäure erfolgt z. B. so, daß man die Säure, in wässeriger Natronlauge gelöst, mit formaldehyd-

[1]) Kolloid-Zeitschr. Bd. 30, S. 31. 1922.
[2]) Leschke, Erich u. Max Berliner: Berlin. klin. Wochenschr. Bd. 57, S. 706. 1920.
[3]) O. Huppert, Ö.P. 83364.
[4]) Journ. of biochem. Bd. 1, S. 381. 1922.
[5]) Henning, D.R.P. 287797.
[6]) Schering, Berlin, A.P. 1527951.

sulfoxylsaurem Natrium versetzt, kurz aufkocht, die N-Sulfoxylsäure mit 10proz. Salzsäure ausfällt, in Aceton löst und eine Lösung von Ag-Acetat in Alkohol und Ammoniak zutropfen läßt. Die abgeschiedene N-Formaldehydsulfoxylsäureverbindung der 4-Amino-2-argento-mercaptobenzol-1-carbonsäure wird in das Na-Salz übergeführt[1]).

Man erhält aus Ag_2O und Thiodiglykolsäure eine komplexe Silberverbindung[2]).

Aus der αα-Dibromadipinsäure $COOH \cdot CH(Br) \cdot CH_2 \cdot CH_2 \cdot CH(Br) \cdot COOH$ erhält man durch Behandlung mit Alkalisulfiden Tetrahydrothiophencarbonsäure

```
      H2C——CH2
HOOC·HC    CH·COOH
        \ /
         S
```

Durch Umsetzung des Magnesiumsalzes mit Silberadipinat oder Cinnamylat erhält man lösliche Silbersalze, durch Eintropfen in Alkohol erhält man die Silberkomplexsalze. Ebenso erhält man Silberkomplexsalze aus salicylsaurem Silber und dem Natriumsalz der Tetrahydrothiophenmonocarbonsäure

```
H2C——CH2
H2C    CH·COOH
   \ /
    S
```

Epichlorhydrin wird mit $NaHSO_3$ behandelt, man löst das Natriumsalz der Chlorhydrinsulfosäure $Cl \cdot H_2 \cdot CH(OH) \cdot CH_2 \cdot SO_3Na$ in Wasser, setzt die theoretische Menge NaHS hinzu und erhitzt zum Sieden. Man erhält so das Na-Salz der Thioglycerinsulfosäure $SH \cdot CH_2 \cdot CH(OH) \cdot CH_2 \cdot SO_3Na$. Beim Versetzen dieser mit Ag_2O und Erwärmen und späterem Abkühlen erhält man das Ag-Na-Salz der Thioglycerinsulfosäure $AgS \cdot CH_2 \cdot CH(OH) \cdot CH_2 \cdot SO_3Na$[3]). Argentothioglycerinsulfonat des Natriums ist sehr wenig giftig und sehr stark desinfizierend[4]). Ebenso kann man analoge Komplexverbindungen mit Quecksilber, Blei, Arsen und Antimon herstellen.

Das Silbersalz der Bordisalicylsäure erhält man durch Umsetzung äquivalenter Mengen Silbernitrat, Borsäure und Salicylsäure[5]).

Acykal AgC_2N_2K ist ein Antigonorrhoicum[6]). Es ist das krystallinische Doppelsalz von AgCN—CNK. Zumbuschs Präparat ist eine Lösung von AgCl in KCN[7]).

Necaron ist ein Doppelsalz von $AgK(CN)_2$ und Kaliumcholat gegen Gonorrhöe.

Targesin ist eine komplexe kolloidale Diacetyltanninsilbereiweißverbindung[8]). Ichthargan ist ichthyolsulfosaures Silber[9]) (siehe Ichthyol).

Unter dem Namen Argentol wurde ein im Wasser unlösliches Silberpräparat empfohlen, welches china-α-aseptolsaures Silber ist und leicht in Oxychinolin und metallisches Silber zerfällt.

Die Tiefenwirkung, die man von den Silberpräparaten besonders in der Urologie verlangt, kann man auch erhalten, wenn man Silberphosphat in einer wässerigen Lösung von Äthylendiamin auflöst. Bei diesem Präparate ist die Tiefenwirkung wohl größer[10]), aber auch die Reizerscheinungen sind stärker, so daß sich dieses Silberpräparat von dem Moment an nicht halten konnte, als man auf den naheliegenden Gedanken verfiel, der bei allen Metallen schließlich und endlich in Anwendung gebracht wurde, Silber, um ihm Tiefenwirkung zu verleihen, mit Eiweißkörpern zu kombinieren. So wurde Argonin[11]) dargestellt, indem man Caseinnatrium mit salpetersaurem Silber versetzt und

---

[1]) DRP. 415626, Zusatz zu DRP. 414797.

[2]) Bayer, Leverkusen, Schw.P. 105813. D.R.P. 405017.

[3]) Lumière Lyon, A., F.P. 548343.

[4]) Lumière, Auguste: Cpt. rend. hebdom. des séances de l'acad. des sciences Bd. 176, S. 540. 1923.

[5]) Schulz, O. F. u. P. Joerrens, Berlin, D.R.P. 388669.

[6]) Bruck, Carl: Klin. Wochenschr. Bd. 2, S. 1434, 1808. 1923.

[7]) S. auch Zumbusch: Münch. med. Wochenschr. Bd. 70, S. 619. 1923. — Klin. Wochenschr. Bd. 2, S. 808. 1923.

[8]) Siebert, C. und Henryk Cohn: Dtsch. med. Wochenschr. Bd. 49, S. 1181. 1923.

[9]) Cordes, Hermani & Co., Hamburg, D.R.P. 114394.

[10]) Schaeffer: Zeitschr. f. Hyg. u. Infektionskrankh. Bd. 14. — Therap. Monatsh. 1894, S. 354.

[11]) Therap. Monatsh. 1895, S. 307.

die Lösung mit Alkohol ausfällt. Die so erhaltene Substanz ist im kalten Wasser schwer löslich und lichtempfindlich und enthält 4.3% Silber.

Ferner kann man Silberverbindungen, die in Wasser leicht löslich sind, auf die Weise darstellen, daß man die unlöslichen Verbindungen des Silbers mit Proteinstoffen mit Albumoselösung behandelt. Man geht zu diesem Zwecke in der Weise vor, daß man eine Peptonlösung mit Silbernitrat fällt und den entstandenen Niederschlag mit Protalbumose digeriert und die Lösung im Vakuum zur Trockene eindampft. Aus der so erhaltenen Verbindung kann Silber durch Salzsäure nicht abgespalten werden. Statt nun mit salpetersaurem Silber eine Peptonlösung zu fällen, kann man zu derselben Substanz gelangen, wenn man eine Peptonlösung mit feuchtem Silberoxyd schüttelt und die Silberpeptonverbindung dann mit Protalbumose digeriert.

Das so gewonnene Produkt, Protargol genannt (A. Eichengrün), enthält 8.3% Silber, hat keine Ätzwirkung, besitzt aber starke, den Silberverbindungen eigentümliche bactericide Effekte[1]). Von demselben Gedanken ausgehend, zu wasserlöslichen Proteinverbindungen des Silbers zu gelangen, hat L. Liliefeld einen identischen Weg eingeschlagen, indem er den alkohollöslichen Anteil der Spaltungsprodukte der Paranucleoproteide, den schon Danilewski Protalbin genannt hat, mit Silber behandelte und so eine Silberprotalbin-Verbindung, das Largin[2]), erhielt. Die wässerigen Lösungen des Largins werden weder durch Chloride, noch durch Eiweiß gefällt.

Lösliche Eiweißverbindungen des Silbers, Eisens, Kupfers, Quecksilbers, Bleis, Zinks und Wismuts erhält man weiter bei Verwendung der Pflanzenglobuline, wenn man Pflanzenlegumin in Alkali löst und einen Überschuß von Alkali zusetzt, hierauf das betreffende Metallsalz, z. B. Silbernitrat, in berechneter Menge eingießt. Ein etwa entstandener Niederschlag verschwindet beim Erwärmen auf dem Wasserbad. Die Reaktionsflüssigkeit fällt man mit Alkohol oder dialysiert sie und trocknet dann im Vakuum.

Man läßt auch Silbersalze oder Silberoxyd auf Methylenproteine (durch Einwirkung von Formaldehyd auf Proteine in der Kälte erhalten) einwirken bzw. auf Methylenalbumosen[3]).

Man erhält komplexe Silberverbindungen des Glykokolls, indem man Silbernitrat bzw. Silbersulfat mit einem Überschuß von Glykokoll behandelt. Ersetzt man in diesen Verfahren diese Silbersalze durch Silberacetat bzw. Harnstoffsilber, so entstehen ebenfalls komplexe Silberverbindungen des Glykokolls. Die Lösungen reagieren schwach alkalisch und geben mit Lauge keine Fällung[4]).

Auf Glykokollsilber bringt man einen Überschuß eines Gemisches von α-Aminosäuren, wie es durch Totalhydrolyse von Eiweiß gewonnen wird zur Einwirkung und erhält eine komplexe Silberverbindung[5]).

Bei allen diesen Silberpräparaten, welche als Silbersalze von Eiweißkörpern anzusehen sind, ist zu bemerken, daß ihnen je nach ihrem Silbergehalt und nur von diesem abhängig, bactericide Wirkungen zukommen. Es empfiehlt sich daher, bei der Darstellung dieser Präparate darauf zu sehen, und desto wertvoller ist auch das Endprodukt, daß die Körper möglichst reich an Silber sind und daß sie sich in Wasser möglichst leicht lösen. Es ist nämlich ein Nachteil dieser Präparate, daß sie, wegen ihrer schweren Benetzbarkeit und auch wegen ihrer meist sehr schweren Löslichkeit sehr schlecht wieder in Lösung gehen. Die ätzende Wirkung des salpetersauren Silbers geht diesen Substanzen ab. Da wir nun in der Therapie in hohem Grade auf die ätzende Wirkung des salpetersauren Silbers angewiesen sind, wird dieses Präparat von all den besprochenen nach dieser Richtung hin nicht verdrängt werden. Hingegen sind für Tiefenwirkungen solche komplexe oder halbkomplexe Silbereiweißverbindungen zu empfehlen.

Die Spaltungsprodukte des Leims (Gelatosen) z. B. werden neutralisiert, mit Silbernitrat versetzt und eingedampft oder mit Alkohol oder Aceton gefällt. Die Gelatosesilber-

---

[1]) Neisser: Dermatol. Zentralbl. 1897, H. 1. — Barlow: Münch. med. Wochenschr. 1897, Nr. 45.
[2]) Pezzoli: Wien. klin. Wochenschr. 1898, Nr. 11. [3]) D.R.P. 118353, 118496.
[4]) Hoffmann-La Roche, Schw.P. 86514, 86515, 86996, 86997.
[5]) Hoffmann-La Roche, Schw.P. 87902, Zusatz zu 84832.

verbindungen enthalten ca. 20% Ag[1]). Statt Silbernitrat kann man organische Silberverbindungen oder Silberoxyd benützen[2]). Die Silbergelatosen erhält man auch, wenn man das Neutralisationsmittel für die Gelatosen erst nach dem Vermischen der Gelatoselösung mit der Silberlösung zugibt[3]).

Hegonon ist eine Silbernitratammoniakalbumose, welche etwa 7% Silber enthält, in Wasser leicht löslich ist und alkalisch reagiert.

In Wasser leicht lösliche Silberverbindungen der Proteinstoffe, die Silber in so fester Bindung enthalten, daß es selbst durch Salzsäure nicht abgespalten wird, entstehen, wenn man die Niederschläge von Silbersalzen mit Proteinstoffen einer Behandlung mit Albumoselösung unterwirft und die so erhaltene Lösung im Vakuum zur Trockene eindampft oder mit Alkohol fällt. An Stelle der mit Silbersalzen aus Proteinlösungen erhaltenen Niederschläge kann man auch diejenigen Silberverbindungen dem Verfahren unterwerfen, welche man durch Schütteln der Lösungen von Proteinstoffen mit frisch gefälltem, feuchtem Silberoxyd erhält[4]).

Die nach D.R.P. 105866 erhältlichen oder diesen ähnlich sich verhaltenden Silberverbindungen von Proteinstoffen geben mit Harnstoff, Methylharnstoff oder Dimethylharnstoff haltbare, in Wasser rasch lösliche Präparate[5]).

Die nach D.R.P. 105866 erhältlichen Silberverbindungen der Proteinkörper behandelt man mit in Wasser löslichen Salzen solcher Säuren, die mit Silber keine unlöslichen oder wenig löslichen oder komplexen Verbindungen eingehen oder Silbersalze reduzieren. Z. B. wird die Silberproteinverbindung mit Natriumacetat oder Kalium-, Zink- oder Aluminiumsalzen der Phenyläthylessigsäure, Phenyldiäthylessigsäure, Benzoesäure, p-Toluolsulfosäure, Weinsäure, Citronensäure oder der Borsäure innig verrieben und als Pulver verwendet[6]).

Riedel stellt ein leichtlösliches Doppelsalz aus Succinimidsilber und Hexamethylentetramin her durch Lösen dieser beiden Verbindungen und Einengen zur Krystallisation[7]).

Silbersalze in Wasser unlöslicher substituierter Quecksilberkohlenstoffverbindungen mit den Alkalisalzen von stickstoffhaltigen Verbindungen mit amphoterem oder schwach saurem Charakter bilden beständige, in Wasser leicht lösliche Additionsderivate. Mit verdünnten Kochsalzlösungen geben sie keinen Niederschlag, sondern bilden kolloidales Chlorsilber. Beschrieben ist die lösliche Verbindung von oxymercurithymolessigsaurem Silber mit diäthylbarbitursaurem Natrium, sowie die Verbindung von oxymercuribenzoesaurem Silber mit Succinimid[8]).

Glykocholsaures Silber kann wegen seiner geringen Löslichkeit und leichten Zersetzlichkeit als solches nicht verwertet werden. Durch Behandeln mit Ammoniak erhält man eine Ammoniaksilberglykocholatverbindung, die leicht löslich ist[9]).

Man kann das therapeutisch wirksame Silberglykocholat auch dadurch in löslicher Form erhalten, daß man an Stelle von Ammoniak Hexamethylentetraminlösung auf glykocholsaures Silber einwirken läßt[10]). Man erhält die gleiche Ammoniaksilberglykocholatverbindung, wenn man glykocholsaures Ammon in wässeriger oder alkoholischer Lösung mit Silberoxyd behandelt bzw. die Glykocholsäure in wässeriger oder alkalischer Suspension bzw. Lösung der Behandlung mit Ammoniak und Silberoxyd unterwirft, sowie wenn man ammoniakalische Silberoxydlösung auf Glykocholsäure einwirken läßt[11]). Man läßt Silbersalze auf Glykocholate bei Gegenwart von Ammoniak einwirken[12]). Durch Einwirkung von glykocholsaurem Silber oder von Silberglykocholatverbindungen auf Proteine oder deren Derivate gelangt man zu beständigen Produkten, welche serumlöslich und Silber in maskierter Form enthalten. Sie sind stark bactericid[13]). Man gelangt zu den gleichen Produkten, wenn man die Reihenfolge des Arbeitsganges in der Weise abändert, daß man zuerst Silberproteine, Silbereiweißderivate bzw. Silbereiweißabbauprodukte darstellt und diese auf Glykocholate oder Glykocholsäure einwirken läßt oder daß man in Gemischen oder Verbindungen von Glykocholat oder Glykocholsäure mit Proteinen, Eiweißderivaten oder Eiweißabbauprodukten Silberoxyd oder Silbersalze zur Umsetzung bringt. Die Patentschrift enthält Beispiele für die Anwendung von Caseintrypsinpepton und von Caseinsilber[14]).

Choleval ist ein kolloidales Silberpräparat mit gallensaurem Natrium als Schutzkolloid (E. Merck).

---

[1]) Höchster Farbwerke, D.R.P. 141967.
[2]) D.R.P. 146792, Zusatz zu D.R.P. 141967.
[3]) D.R.P. 146793, Zusatz zu D.R.P. 141967. [4]) D.R.P. 105866.
[5]) Bayer, D.R.P. 322756. [6]) Bayer, Leverkusen, D.R.P. 392088, Ö.P. 92889.
[7]) D.R.P. 217987. [8]) Bayer, D.R.P. 261875. [9]) Höchst, D.R.P. 284998.
[10]) D.R.P. 290262, Zusatz zu D.R.P. 284998.
[11]) D.R.P. 284999, Zusatz zu D.R.P. 284998.
[12]) D.R.P. 289182, Zusatz zu D.R.P. 284998. [13]) Höchst, D.R.P. 292517.
[14]) D.R.P. 301871, Zusatz zu D.R.P. 292517.

Prüft man die Wirkung des Silbers in anorganischen, organischen und komplexen Verbindungen (Silbernitrat, Silbercitrat, Argentamin, Albargin, Protargol, Argonin, Choleval, Kollargol), so geht mit Ausnahme der beiden letzteren Präparate die toxische Dose mit dem Silbergehalt parallel. Die Giftigkeit des Cholevals ist erheblich größer, diejenige des Kollargols geringer als sie dem Silbergehalt der übrigen Verbindungen entspricht. Kollargol tötet Spirochäten beim Lueskaninchen ab. Silber ist ein zur inneren Desinfektion geeignetes Gift für die Syphilisspirochäte. Eine antisyphilitische Wirkung wird bei den meisten Silberverbindungen festgestellt, bei allen tritt die Wirkung auf die Spirochäten und die Heilung der Syphilome langsamer ein als bei den Arsenobenzolen, aber allen Verbindungen gemeinsam ist die Beeinflussung der Spirochäte und die Heilwirkung in einer Dosis, die von der tödlichen mehr oder weniger entfernt ist. Beim kolloidalen Silber erfolgt das Verschwinden der Spirochäten langsamer als bei den verschiedenen geprüften nicht kolloidalen Verbindungen. Der Hauptunterschied liegt in der Wirkung des Silbers und des Quecksilbers bei der Kaninchensyphilis, in der Art der Beeinflussung der Spirochäten und in der Dosis, mit der sich eine Wirkung auf die syphilitischen Produkte der Spirochäten erzielen läßt. Bei Quecksilberverbindungen wirken fast nur Dosen, die ganz in der Nähe der tödlichen liegen oder die mit der tödlichen zusammenfallen. Bei der Prüfung von kolloidalem Gold, Silber, Palladium, Wismutoxyd, Kobalt und Eisen, sowie von verschiedenen Metallsalzen zeigt es sich, daß außer dem Golde keines der untersuchten Metalle oder Metallsalze überhaupt Wirkung auf die Spirochäten oder auf die manifeste Erscheinung der Kaninchenschanker hatte, so daß Kolle die Wirkung des Silbers auf Kaninchensyphilome auch als spezifisch ansieht[1]).

Salze der Thioglykolsäure, welche als Gonorrhöemittel verwendet werden sollen, erhält man durch Behandlung der Thioglykolsäure mit Silbersalzen und Natronlauge. Alkohol fällt die Verbindung $AgS \cdot CH_2 \cdot COONa$[2]).

Silberpräparate erhält man, wenn man Lösungen von in Wasser löslichen Alkylderivaten der Kohlenhydrate, wie Cellulose, Stärke, Dextrin, Inulin, mit wässerigen neutralen oder basischen Lösungen von Ag-Verbindungen versetzt, zur Trockne bringt oder durch Zusatz von Alkohol oder Alkohol-Äther oder Aceton die Silberpräparate fällt[3]).

Durch Einwirkung von Silbersalzen auf 4-Amino-2-mercaptobenzol-1-carbonsäure erhält man komplexe Aminoargentomercaptobenzolcarbonsäure. In eine Lösung der Säure, die man durch Diazotierung von 4-Nitro-2-aminobenzol-1-carbonsäure, Überführung der Diazoverbindung mit Rhodankalium in Gegenwart von Rhodankupfer in die 4-Nitro-2-rhodanbenzol-1-carbonsäure und Behandeln dieser mit reduzierenden Mittel erhält, läßt man in konz. Ammoniak und wässerigem Aceton eine ammoniakalische Lösung von Silberacetat, Silberchlorid, Silberfluorid oder Silbernitrat einlaufen, fällt mit Alkohol und Aceton, löst den Niederschlag in wässerigem Ammoniak und säuert mit verdünnter Salzsäure an. Die 4-Amino-2-argentomercaptobenzol-1-carbonsäure enthält 42% Silber[4]).

Kolloidal lösliche Silbersalze mercurierter aromatischer Carbonsäuren erhält man, wenn man die Silbersalze in Gegenwart von Schutzkolloiden, wie z. B. Spaltungsprodukte der Gelatine, erzeugt oder die in üblicher Weise frisch dargestellten Salze durch Zusatz dieser Schutzkolloide in Lösung bringt. Beschrieben ist die Darstellung von oxymercurisalicylsaurem Silber, von mercuribenzoesaurem Silber und von cyanmercurisalicylsaurem Silber durch Umsetzung der entsprechenden Alkalisalze mit Silbernitrat; als Schutzkolloid dient eine neutralisierte Lösung von Glukose[5]).

Läßt man auf Thioacidylderivate aromatischer Amine anorganische oder organische Silbersalze einwirken, so erhält man komplexe Silberverbindungen. Thioglykolaminophenol gibt das in Wasser lösliche Silberthioglykolylaminophenol. Beschrieben sind Silberthioglykolylaminonatriumsalicylat, Silberthioisovalerylaminonatriumsalicylat, Silberthiopropionylaminonatriumsalicylat[6]).

---

[1]) Kolle, W. u. H. Ritz: Dtsch. med. Wochenschr. Bd. 45, S. 481. 1919.
[2]) Flora, Zürich, E.P. 156103/1920. [3]) Lilienfeld, L., Wien, Ö.P. 89272.
[4]) Chem. Fabrik vom Schering, D.R.P. 377914.
[5]) Riedel A.G., D.R.P. 364182.
[6]) Hoffmann-La Roche & Co., Basel, D.R.P. 356912, Schw.P. 90809, 91108 u. 91109.

Arylthioharnstoffe der Zusammensetzung Aryl · NH · CS · NH_2 (arylsubstituierten oder nicht substituierter aromatischer Kern) werden mit Silbersalzen behandelt. Man erhält komplexe Silberverbindungen aromatischer Thioharnstoffe. Beschrieben sind die Silberverbindungen des p-Oxyphenylthioharnstoffes, der Thiocarbaminosalicylsäure und des 3-Thiocarbamino-6-amino-10-methylacridinium[1]).

Ein kolloidal lösliches Schwermetallsalz der 2-Phenylchinolin-4-carbonsäure erhält man entweder wenn man das Silbersalz der Säure bei Gegenwart von Eiweißstoffen oder deren Abbauprodukten erzeugt oder das frisch gefällte Salz mit Lösungen dieser Stoffe behandelt[2]).

Eisen.

Eisenpräparate werden aus zwei Gründen in der Therapie benützt. Die größte Verwendung findet Eisen in der Therapie als Heilmittel bei Chlorose und Anämie, wo es als Material zum Aufbaue und zur Regeneration der roten Blutkörperchen dienen soll, oder, wie andere glauben, als Reizmittel für die Regeneration; ferner werden in der Therapie die blutstillenden Eigenschaften des Eisens, wenn auch in weit geringerem Maße, benützt. Diese letztere Eigenschaft, Blut zur Koagulation zu bringen, kommt aber nur der Oxydreihe der Eisensalze zu, fehlt jedoch der Oxydulreihe vollständig.

Über den therapeutischen Wert der Eisenpräparate bei Chlorose zu sprechen ist hier nicht am Platze. Jedenfalls stehen die Praktiker ausnahmslos auf dem Standpunkte, daß man mit der Eisentherapie gute Erfolge zu verzeichnen hat. Eine andere Frage ist es, ob es sich besser empfiehlt, anorganische Eisenpräparate oder organische, insbesondere solche, in denen Eisen in einer larvierten, nicht ionisierbaren Form enthalten ist, zu verwenden. Die große Erfahrung der Kliniker hat gezeigt, daß für die Therapie die anorganischen Salze unter sonst gleichen Umständen mindestens dasselbe leisten wie die organischen Präparate mit larviertem Eisen. Die Zahl der seit langer Zeit empfohlenen Eisenverbindungen ist Legion. Diese hier eingehend zu besprechen, erscheint überflüssig, da es sich meist um anorganische oder organische Salze des Eisens handelt, deren Säure ohne jede Beziehung zur Wirkung ist.

Für die Verwendung bei Chlorose und Anämie eignen sich von den Salzen die Oxydulsalze aus dem Grunde besser, weil die Oxydsalze eine ätzende Wirkung haben und deshalb den Magen stärker belästigen als die Oxydulsalze.

Die ätzenden und den Magen belästigenden Wirkungen des Eisens, ferner die unangenehme Nebenwirkung auf die Zähne haben von jeher das Bestreben gezeigt, unschädliche Präparate dieser Art zu gewinnen. Zum Teil wurde dieser Zweck durch die pharmazeutische Darreichungsform erreicht.

Eine Richtung ging dahin, Präparate darzustellen, in denen das Eisen in einer Form gebunden ist wie im Hämoglobin selbst, daß es sich nämlich durch Schwefelammonium nicht mehr nachweisen läßt.

Vom Hämoglobin ausgehend, hat R. Kobert durch Reduktion mittels Zink das sog. Hämol dargestellt, welcher eisenhaltige Eiweißkörper das Eisen noch in derselben Form gebunden enthält wie Hämoglobin, der rote Blutfarbstoff. Die Kliniker halten jedoch daran fest, daß die verschiedenartigen Blutpräparate, sowie die rein dargestellten Hämoglobinpräparate bei ihrer therapeutischen Verwendung vor den gewöhnlichen Eisenmitteln keine Vorzüge haben, wenn auch in den letzten Jahren die Verwendung von Blutpräparaten in der Eisentherapie eher zugenommen hat.

R. Bunge[3]) hat in der Leber einen eigentümlichen eisenhaltigen Eiweißkörper (Hämatogen) gefunden, welcher dadurch charakterisiert ist, daß in einer ammoniakalischen Lösung desselben Schwefelammonium unmittelbar keinen Niederschlag erzeugt.

---

[1]) Schw.P. 90808, 91780, 91781. [2]) C. Paal, Leipzig, D.R.P. 410365.

[3]) Hoppe-Seylers Zeitschr. f. physiol. Chem. Bd. 10, S. 453. 1886.

Einen analogen Körper wollten O. Schmiedeberg[1]) und Pio Marfori[2]) nach folgendem Verfahren darstellen.

Zuerst wird aus Eiweiß Alkalialbuminat erzeugt und das Albuminat ausgefällt. Man löst dieses in Ammoniak wieder auf und versetzt es mit einer mit Ammoniak neutralisierten Lösung von weinsaurem Eisen. Man erwärmt, filtriert die Lösung und fällt mit Essigsäure aus. Man bekommt immer ein Präparat von konstantem Eisengehalt. Im Mittel erhält die Ferratin genannte Verbindung 0.702 g Fe.

Diese Verbindung ist resorbierbar, was nach Pio Marfori nur bei Präparaten mit organisch gebundenem Eisen möglich ist. Der große Enthusiasmus, mit dem diese anscheinend große Errungenschaft begrüßt wurde, hat sich inzwischen schon gelegt.

De Groot[3]) wies darauf hin, daß dieser künstliche Körper mit der Eisenverbindung der Leber (Bunges Hämatogen) keineswegs identisch ist, er sei vielmehr eine schwach saure, zu den Eisenalbuminaten gehörige Verbindung und stimmt in seinen Eigenschaften fast vollkommen mit dialysiertem Eisenalbuminat überein. Von Bunges Hämatogen unterscheidet es sich dadurch, daß ihm durch salzsäurehaltigen Alkohol Eisen sofort entzogen wird. Battistini[4]) erhielt gleiche Resultate bei Untersuchung dieser Ferratins. Auch in der Praxis zeigte es sich, wie zuerst an der Ziemßenschen Klinik konstatiert wurde, daß diese Substanz keinen Vorteil vor den übrigen Eisenpräparaten besitze. Durch Verdauung wird Hämatogen nicht angegriffen, das Eisen des Ferratins aber in Eisenchlorid übergeführt[5]).

Bei einer Nachuntersuchung der O. Schmiedebergschen Angaben fanden Beccari und Scaffidi[6]) sowie E. Salkowski[7]), daß das natürliche Ferratin kein Körper sui generis, keine Ferrialbuminsäure sei, sondern ein Nucleoproteid mit schwankendem Eisengehalt und daß die künstliche Ferrialbuminsäure mit dem natürlich vorkommenden Körper nicht identisch oder verwandt sei.

Wenn man sich bei einem Eisenpräparat überzeugen will, ob das Eisen in demselben organisch gebunden (larviert) ist oder ob es sich um ein organisches Eisensalz handelt, bedient man sich am besten der Probe von Macallum[8]). Diese Probe beruht auf der Verfärbung von Hämatoxylinlösungen durch Eisensalze. Man bereitet eine frische $^1/_2$proz. Lösung von Hämatoxylin in Wasser und setzt eine kleine Menge der zu prüfenden Substanz zu. Präparate, welche ionisierbares Eisen enthalten, erzeugen eine blauschwarze Färbung, während die Präparate mit organisch gebundenem Eisen mit dem Hämatoxylin nicht reagieren. Eine Prüfung mit diesem Reagens zeigt, daß das Spaltungsprodukt des Hämoglobins, Hämatin, sowie Hämatogen, organische (larvierte) Eisenverbindungen sind, hingegen ist das künstliche Ferratin eine anorganische Eisenverbindung, ebenso wie alle sonstigen Eisenpeptonate und Albuminate.

Warum trotzdem im künstlichen Ferratin das Eisen scheinbar larviert erscheint, ist aber von keiner Seite genügend aufgeklärt worden. Von Interesse für diese auffällige Verhalten des Ferratin ist, daß Cuperatin [eine dem Ferratin nachgebildete Kupferverbindung (Kupferalbuminsäure)] auch für den Menschen im wesentlichen unbedenklich wirkt, während stearinsaures

---

[1]) Arch. f. exp. Pathol. u. Pharmakol. Bd. 33, S. 101.
[2]) Therap. Monatsh. 1895, Nr. 10. — Arch. f. exp. Pathol. u. Pharmakol. Bd. 29, S. 212.
[3]) Nederl. Tijdschr. Pharm. 1895, S. 161. [4]) Wien. med. Presse 1895, S. 1842.
[5]) Kobert, R.: Dtsch. med. Wochenschr. 1894, S. 600.
[6]) Malys Jahresber. d. Tierchemie Bd. 32, S. 494. 1902. — Hoppe-Seylers Zeitschr. f. physiol. Chemie Bd. 54, S. 488. 1907/8.
[7]) Hoppe-Seylers Zeitschr. f. physiol. Chem. Bd. 58, S. 282. 1908/9.
[8]) Journ. of physiol. Bd. 22, S. 92, 187.

Kupfer sehr giftig ist[1]). Nach Schwart ist diese Angabe unrichtig. Bei solchen Kupferverbindungen ist die Wirkung sehr verlangsamt, aber sonst identisch.

Um die unangenehmen Nebenwirkungen der Eisenpräparate zu vermeiden, bedient man sich mit Vorliebe der Verbindungen des Eisens mit Eiweiß (Eisenalbuminate) (hierher gehört auch das Ferratin), Pepton (Eisenpeptonate), Albumosen (z. B. Eisensomatose), Eisensaccharate usw.

Ein Eisenpräparat, welches im Magensaft ganz unlöslich und erst durch Einwirkung von Darmsaft Eisen abspaltet, soll die Eisenverbindung des Naphtholgrün (Eisenverbindung des α-nitro-β-naphthol-β-sulfosauren Natrons) sein. Therapeutische Versuche liegen nicht vor.

Der Bedarf nach Eisenpräparaten liegt bei der großen Verwendung von Eisen darin, daß man den Magen wenig belästigende Kombinationen sucht und bei dem langen Gebrauche dieser Mittel gern abwechselt. Dieses ist der Grund der wahren Hochflut verschiedenster Eisenpräparate, die täglich „erfunden" werden.

So haben Knoll & Co.[2]) ein P- und N-haltiges Eisenpräparat aus Caseinverdauungsprodukten (durch Pepsinsalzsäure gewonnen) dargestellt, indem sie das Verdauungsgemisch neutralisieren und das Filtrat mit 5% Ferriammoniumsulfatlösung versetzen. Beim Erhitzen zum Sieden scheidet sich das Eisensalz einer N- und P-haltigen organischen Säure ab, die in Magensaft unlöslich, in schwacher Soda (Darmsoda) löslich ist, Triferrin genannt.

Jodparanucleinsaures Eisen erhält man durch Behandlung bei neutraler Reaktion wässeriger Lösungen von Eisensalzen und Lösungen von Jod oder wässeriger Lösungen von Jodparanucleinsäure mit Lösungen von Eisensalzen oder paranucleinsaurem Eisen mit Jodlösungen[3]).

Es wurde auch vorgeschlagen, Eisen, sowie auch Silber und Quecksilber, mit Nuclein zu verbinden, was wohl keinen Vorteil vor anderen Säuren haben kann. Man gewinnt das notwendige Nuclein aus Hefe, indem man diese mit Alkali extrahiert und die Eiweißkörper in der mit Essigsäure angesäuerten Lösung bei 75° C koaguliert. Aus dem Filtrate wird das Rohnuclein mit saurem Alkohol gefällt. Das Nuclein wird mit Permanganat durch leichte Oxydation gereinigt. Die schwach alkalische Nucleinlösung versetzt man mit Salzen des Silbers, Quecksilbers oder Eisens und fällt die Lösung mit Alkohol, dem man etwas Neutralsalz zusetzt.

Das Ferrosalz der Glutaminsäure wird dargestellt, indem man Glutaminsäure mit metallischem Eisen unter Ausschluß von Luft in der Wärme behandelt[4]).

Auch das innere Anhydrid der Glutaminsäure, die 2-Pyrrolidon-5-carbonsäure, gibt unter gleichen Bedingungen ein Ferrosalz[5]).

In gleicher Weise kann man von anderen Aminosäuren und Peptonen zu Eisenoxydulverbindungen gelangen[6]).

Das durch Einwirkung von Formaldehyd auf Tyrosin erhältliche Produkt wird in Wasser gelöst, mit Eisenchlorid versetzt und mit Natronlauge neutralisiert, der Niederschlag in Natronlauge gelöst und die Lösung eingedampft. Die Verbindung enthält 1 Atom Fe auf 3 Mol. Methylentyrosinnatrium[7]).

Lösliche Schwermetallverbindungen geschwefelter Eiweißkörper[8]) erhält man, wenn man die durch Einwirkung von Schwefelkohlenstoff oder Kohlenoxysulfid auf Eiweißkörper oder eiweißähnliche Spaltungs- und Abbauprodukte in alkalischer Lösung erhältlichen Produkte in rohem Zustand oder gereinigt mit Schwermetallen oder deren Verbindungen mit Ausnahme von Blei oder dessen Verbindungen in alkalischer Lösung umsetzt.

Nach O. Cohnheim[9]) besitzt die Phosphorsäure die Fähigkeit, ähnlich wie Nucleinsäure, Eisen zu maskieren.

Komplexe Eisenverbindungen der Phosphorsäureester höherer aliphatischer Polyhydroxylverbindungen erhält man, wenn man z. B. das Calciumsalz der Fructosediphosphorsäure durch Umsetzung mit Phthalsäure, Natronlauge und Eisenchlorid in das normale Eisensalz des Esters überführt, dieses Salz in Wasser aufschlemmt, unter Eiskühlung mit 33proz. Natronlauge versetzt und aus der tiefbraunen Lösung die Komplexverbindung mit 95proz.

---

1) Arch. f. exp. Pathol. u. Pharmakol. Bd. 35, S. 437. 2) D.R.P. 114273.
3) Knoll, D.R.P. 258297. 4) Hoffmann-La Roche, D.R.P. 264390
5) D.R.P. 264391, Zusatz zu D.R.P. 264390.
6) D.R.P. 266522, Zusatz zu D.R.P. 264390. 7) Flora-Zürich, Schw.P. 97750.
8) D.R.P. 264926. 9) Cohnheim, O.: Chemie der Eiweißkörper.

Alkohol als dunkelbraunes Öl fällt. Beim Verreiben des öligen Rückstandes mit absolutem Alkohol zerfällt er zu einem Pulver. Beschrieben wird das komplexe Eisensalz der Fructosemonophosphorsäure, Saccharosephosphorsäure, Mannitmonophosphorsäure[1]).

Die Darstellung der sauren Eisensalze der Phosphorweinsäure geschieht durch Umsetzung der Alkalisalze der genannten Säure mit Eisensalzen oder Einwirkung von Weinsäure auf die Eisenphosphate oder Fällen der Eisentartrate mit Phosphorsäure. Man kann auch aus der durch Einwirkung von überschüssiger Weinsäure auf Eisenphosphate gewonnenen Lösung die komplexen Salze durch Wasser, Alkohol oder Alkali abscheiden. Dargestellt wurden saures Ferro- und Ferriphosphortartrat[2]).

Man kann an Stelle von Weinsäure Citronensäure verwenden und so die sauren Ferro- und Ferriphosphorcitrate erhalten[3]).

Eisenreiche Derivate höherer ungesättigter Halogenfettsäuren erhält man, wenn man die höheren ungesättigten Halogenfettsäuren mit mehr frisch gefälltem Eisenhydroxyd zusammenschmilzt, als zur Bildung der normalen Eisensalze dieser Säuren notwendig ist. Beschrieben sind solche Eisenverbindungen von Taririnsäuredijodid und Stearolsäuredibromid[4]). Eisensalze der höheren ungesättigten Halogenfettsäuren erhält man durch Fällung der Alkalisalze dieser Säure mit einer wässerigen Lösung von Ferrosulfat. Beschrieben sind Eisentaririnsäuredijodid und dibromelaidinsaures Eisen[5]).

Freie hochmolekulare Monojodfettsäuren[6]) werden in die unlöslichen Salze des Eisens und Mangans verwandelt. Die alkoholische Lösung der Säure wird mit Kalilauge neutralisiert und mit Manganchlorür versetzt. Das Eisensalz wird mit Eisenchlorür in gleicher Weise erhalten.

G. Richter-Budapest[7]) verbindet Lecithin und dessen Halogenderivate mit Ferrohalogeniden, indem er alkoholische Lösungen von Ferrobromid oder Ferrojodid mit alkoholischen Lösungen von Lecithin, Bromlecithin oder Jodlecithin vermischt und die ausgefallenen Niederschläge, nach dem Abkühlen mit Eis, mit Alkohol auswäscht.

Claaß stellte Ferrooxybenzoate dar, denen starke antibakterielle Eigenschaften zukommen sollen. Man läßt auf Alkalisalze von Oxybenzoesäuren, deren Derivate und Kernhomologe oder Substitutionsprodukte unter gleichzeitigem Zusatz geringer Mengen eines Reduktionsmittels, wie Natriumhydrosulfit, Ferrosalze in wässeriger Lösung bei Temperaturen bis zu 100° einwirken. Beschrieben sind saures Ferro-p-oxybenzoat, saures Ferro-o-kresotinat, saures Ferro-3-amino-2-oxy-l-benzocarbonat, saures Ferro-o-methoxybenzoat[8]).

Von sehr vorübergehendem Erfolg begleitet war die anfangs ebenfalls mit großem Jubel erfolgte Einführung von blutstillenden Eisenverbindungen. Gleichzeitig kam dasselbe Präparat unter zwei verschiedenen Bezeichnungen Ferropyrin[9]) und Ferripyrin[10]) auf den Markt. Es ist dies die Doppelverbindung des Eisenchlorids mit dem Antipyrin, welches kräftig adstringierend und schwach anästhesierend wirkt. Aus dem gleichen Grunde wurde Eisenchloridchinin dargestellt. Beide verbinden mit ihrer blutstillenden Wirkungen auch alle jene schädlichen Nebenwirkungen, welche dem Eisenchlorid eigen sind und die dessen Anwendung zur Blutstillung so außerordentlich beschränken.

M. Claass stellt folgende Verbindungen dar: Ferrodisalicylat und das Kaliumsalz des Ferridisalicylats, Ferriferrisalicylat, die basische Verbindung und das Ferroferrosalicylat, entsprechend dem Ferroferrocyanid. Das von Hager als Ferrum salicylicum bezeichnete Ferrisalicylat gibt es nicht. Die herstellbaren Ferrisalicylate sind unlösliche Verbindungen ohne arzneilichen Wert. Als Ferrum salicylicum könnte nur das Ferrosalicylat bezeichnet werden, welches ausgesprochen keimtötende und zusammenziehende Eigenschaften besitzt. Die violette Verbindung, welche bei der Salicylsäure-Eisenreaktion

[1]) Bayer, D.R.P. 338735. [2]) D.R.P. 211529.
[3]) D.R.P. 211530, Zusatz zu D.R.P. 211529.
[4]) Hoffmann-La Roche, D.R.P. 281551.
[5]) Hoffmann-La Roche, D.R.P. 249720.
[6]) D.R.P. 202353, Zusatz zu D.R.P. 180622. Das Hauptpatent: D.R.P. 180622 siehe bei Jod.
[7]) D.R.P. 237394. [8]) D.R.P. 279865.
[9]) Auf Veranlassung von Cubasch (Wien. med. Presse 1895, N. 7) von Knoll & Co., Ludwigshafen, dargestellt.
[10]) Auf Veranlassung von Witkowski von den Farbwerken Höchst a. M. dargestellt.

entsteht, ist eine Ferrisalicylochlorwasserstoffsäure der Formel

$$H_3(Fe[C_6H_4<{}^{O}_{COO}]Cl)_3Cl_3$$

in welcher das Verhältnis von Eisen: Salicylsäure: Salzsäure wie 1: 1: 2 ist.

Aus Ligninsäure und Eisensalzen erhält man einen unlöslichen Niederschlag, ligninsaures Eisen[1]).

Elektroferrol ist 0,5proz. elektrisch zerstäubtes kolloidales Eisen.

Arsenverbindungen.

Neben Quecksilber und Jod, welche bis vor kurzem die beiden spezifisch auf Syphilis wirkenden Elemente waren, spielen in der letzten Zeit eine sehr große und entscheidende Rolle in der Therapie der Syphilis, zahlreicher Spirillosen-, Trypanosomen- und Leishmaniosenerkrankungen, sowie der Malaria, Verbindungen des Arsens, Antimons, Wismut neben Metallverbindungen (Gold, Kupfer usw.), welche gegen Tuberkulose empfohlen werden.

Es ist sehr auffällig, daß im periodischen System in der Stickstoffreihe von 8 Elementen 5 sind, welche bei Infektionskrankheiten Verwendung finden können, und zwar Arsen, Antimon, Bismuth, Tantal und Vanadium, während unter allen übrigen Elementen nur zwei: Quecksilber und Silber zu finden sind, eventuell auch Gold, die solche Wirkungen ausüben.

An Süßwasserinfusorien erweist sich eine wässerige Lösung von Arsenwasserstoff als viel weniger giftig als eine Lösung der arsenigen Säure mit demselben Arsengehalt[2]).

Arsen in kolloidaler Form enthaltende Präparate erhält man durch Reduktion von Arsenverbindungen auf nassem Wege bei alkalischer Reaktion und bei Gegenwart von Schutzkolloiden[3]). Die Wirkung von Arsenverbindungen ist ja nach Wertigkeit des in ihnen enthaltenen Arsens verschieden.

Die Verbindungen mit dreiwertigem Arsen sind stärker wirksam als die mit fünfwertigem. Ebenso kommt dem dreiwertigen anorganischen und organisch gebundenen Arsen (Natriumarsenit, Salvarsan) eine höhere keimtötende und entwicklungshemmende Wirkung bei Bakterien und Protozoen zu als dem fünfwertigen organischen und anorganischen Arsen (Natriumarsenat, Atoxyl, Arsacetin). Prüft man dreiwertiges Antimon (Brechweinstein) und fünfwertiges Antimon (Kaliumpyroantimoniat), so findet man in gleicher Weise dreiwertiges Antimon wirksamer als das fünfwertige. Auch auf die Hefegärung wirken Arsenite viel stärker hemmend als Arsenate[4]). Für isolierte Organe ist arsenige Säure 300mal giftiger als Arsensäure[5]). Trypanosomen (Nagana ferox) werden von arseniger Säure (1 : 20000), durch Arsensäure erst (1 : 100) getötet (200fach so stark).

Während arsenige Säure und organische Arsenderivate mit dreiwertigem Arsen Trypanosomen im Reagensglase töten, haben Arsensäure und organische Verbindungen mit fünfwertigem Arsen nicht diese Wirkung. Verbindungen mit dreiwertigem Arsen sind für die höheren Tiere weit giftiger als die mit fünfwertigem.

Schon sehr geringe Mengen arseniger Säure genügen nach den Untersuchungen von Laveran und Mesnil, um Trypanosomen aus dem Blute der Mäuse zum Verschwinden zu bringen, aber es treten immer wieder neue Parasiten auf, die auf erneute Zufuhr von Arsen wieder verschwinden.

Die bekannten Wirkungen der arsenigen Säure haben mehrere Versuche

---

[1]) C. S. Fuchs-Heppenheim, D.R.P. 327087.
[2]) Fühner, H.: Arch. f. exp. Pathol. u. Pharmakol. Bd. 82, S. 44. 1917.
[3]) Heyden, D.R.P. ang. C. 15869.
[4]) Friedberger, E. u. G. Joachimoglu: Biochem. Zeitschr. Bd. 79, S. 136. 1917.
[5]) Joachimoglu: Biochem. Zeitschr. Bd. 70, S. 144. 1915.

gezeitigt, um Derivate der arsenigen Säure für die innere Anwendung als Ersatzmittel der Grundsubstanz einzuführen. Der Versuch, Dimethylarsinsäure $(CH_3)_2AsO \cdot OH$ als ungiftige Ersatzmittel des Arsens einzuführen, ist hinter den gehegten Erwartungen zurückgeblieben. Die ersten Untersucher der Kakodylsäure hielten sie für ungiftig, aber sie ist ebenfalls als giftig anzusehen, da sie im tierischen Organismus später dieselben Erscheinungen erzeugt, wie die anorganischen Arsenpräparate. Die organischen Arsenverbindungen scheinen den Organismus z. T. zu passieren, ohne in eine der giftigen anorganischen Verbindungen des Arsens überzugehen, z. T. werden sie aber in Form von arseniger Säure und Arsensäure ausgeschieden. Die pharmakologische Wirkung der Kakodylsäure ist daher nicht allein auf die Bildung von anorganischen Arsenoxyden zurückzuführen. Der größte Teil der Kakodylsäure wird von einer großen Zahl von Organen zu flüchtigem Kakodyloxyd reduziert, und zwar in erster Linie vom Magen, Darm und der Leber; als solches wird sie dann vom Organismus ausgeschieden, zum großen Teil durch die Exspirationsluft und dies besonders, wenn die Einnahme per os stattgefunden[1]). Von der eingeführten Kakodylsäure wird ein Teil im Harn unverändert ausgeschieden, ein anderer, sehr kleiner Teil, wird im Organismus oxydiert, und dessen Arsen erscheint in Form von arseniger Säure oder Arsensäure, nämlich nur 2,3 $^0/_0$, im Harn. Die therapeutischen Wirkungen der Kakodylsäure beruhen nach Heffters Ansicht auf dem im Organismus abgespaltenen Arsen, und die Säure ist nur in dem Maße wirksam, als sie der Oxydation anheimfällt. Die Kakodylverbindungen wirken zunächst anders als Arsenik, aber sobald sie längere Zeit im Körper verweilen und sich zersetzen, treten Arsensymptome auf[2]). Es scheint hier ein analoges Verhalten wie beim Quecksilberdimethyl vorzuliegen. Nach Schulz ist die Kakodylsäure bei Berücksichtigung gleichen Arsengehaltes weniger giftig als Arsenigsäureanhydrid. Es handelt sich also nur um Verlangsamung und nicht um Verringerung der Wirkung durch Eintritt der organischen Radikale in die Arsensäure. Doch zeigt die Kakodylsäure unangenehme Nebenwirkungen, da sie dem Harne, Schweiße und der Respirationsluft der Kranken einen sehr widerlichen Geruch verleiht. Die Kakodylatvergiftung unterscheidet sich von den übrigen durch anorganische und organische Arsenverbindungen hervorgerufenen Vergiftungen durch Hämorrhagien, Gefäßerweiterung, Schleim- und Fibrinansammlung in Lunge und Bronchien.

Kakodylsäure wirkt selbst in letalen Mengen nicht trypanocid, Methyl- und Äthylarsensäure erst in Mengen, die den letalen sich nähern.

Äthylarsenoxyd reizt in reinem Zustande die Haut stark. Es macht akutes Lungenödem, wie Methylarsenoxyd, das aber weniger giftig wirkt[3]).

Methylarsin CH_3AsH_2 hat kaum basische Eigenschaften und ist sehr giftig[4]). Diäthylarsin $(C_2H_5)_2AsH$ ist äußerst giftig. Kakodylchlorid $(CH_3)_2AsCl$ hat einen furchtbar widerlichen, reizenden Geruch, ebenso Kakodylfluorid. Kakodylcyanid $(CH_3)_2As \cdot CN$ ist sehr giftig[5]). Kakodyloxyd $[(CH_3)_2As]O$ hat einen unerträglichen, heftig reizenden und Übelkeiten hervorrufenden Geruch. Phenylarsin $C_6H_5 \cdot AsH_2$ ist nach Kahn außerordentlich giftig[6]).

Die lokale Reizwirkung auf Schleimhäute und Haut ist sehr stark beim Äthylarsindichlorid, Diphenylarsinchlorid und Diphenylarsincyanid, letztere

[1]) Schulz, H.: Arch. f. exp. Pathol. u. Pharmakol. Bd. 11, S. 131. 1879. — Heffter, A.: Arch. f. exp. Pathol. u. Pharmakol. Bd. 46, S. 231. 1901.

[2]) Carlson: Hoppe-Seylers Zeitschr. f. physiol. Chem. Bd. 49, S. 432. 1906.

[3]) Voegtlin, Carl und Homer W. Smith: Journ. of pharmacol. a. exp. therapeut. Bd. 16, S. 449. 1921.

[4]) Palma u. Dehn: Ber. d. dtsch. chem. Ges. Bd. 39, S. 3594. 1906.

[5]) Bunsen, Robert: Liebigs Ann. d. Chem. Bd. 37, S. 23.

[6]) Chem.-Zeitg. 1912, S. 1099.

Verbindung ist die stärkst wirksame[1]). Diphenylarsinchlorid (Blaukreuzstoff) rötet in minimalen Mengen die Haut. Äthylarsinchlorid $C_2H_5 \cdot AsCl_2$ wirkt schwächer, aber ähnlich wie Diphenylarsinchlorid[2]).

Der Dampf von Diacetylenarsentrichlorid $AsCl_3 \cdot 2(C_2H_2)$ wirkt auf den Menschen zwar sehr lästig, aber nicht eigentlich giftig. Die Flüssigkeit selbst erzeugt in konzentriertem Zustande bei empfindlichen Personen schwer heilende Ausschläge. Es wirkt bakterientötend[3]).

Arsylen ist allylarsinsaures Natrium, die Giftigkeit ist mehrfach geringer als die der arsenigen Säure[4]).

Astruc und Murco empfahlen für Tuberkulosebehandlung Guajacolkakodylat und Kakodylzimtsäure. Ersteres heißt Kakodyljacol $As(CH_3)_2O_2 \cdot C_6H_4 \cdot OCH_3$ und wird schon durch kaltes Wasser in beide Komponenten zerlegt. Letzteres $C_6H_5 \cdot CH : CH \cdot COOH \cdot AsO(CH_3)_2 \cdot OH$ zersetzt sich ebenfalls mit Wasser[5]).

Arrhenal ist das Dinatriumsalz der Methylarsinsäure $CH_3AsO_3Na_2 + 6H_2O$, welches bei Hautkrankheiten und Malaria benützt wird[6]). Es wird beim Menschen in den ersten 24 Stunden zu 60 % mit dem Harn, wie es scheint unverändert, ausgeschieden. Dann nimmt die Ausscheidung von Tag zu Tag in progressiver Reihe ab; doch ist am 30. Tage noch Arsen im Harn nachweisbar[7]). Auch Carlson konnte nach Einnehmen von täglich 30 Tropfen 1proz. Arrhenallösung 10 Tage hindurch mittels Elektrolyse die Abspaltung ionisierten Arsens im Organismus nachweisen[8]).

Serumwerk-Dresden beschreibt die Darstellung des sauren Calciumsalzes der Monomethylarsinsäure durch Aufeinanderwirken von 2 Mol. Methylarsinsäure und 1 Mol. Calciumcarbonat[9]).

Monarsen ist nach Wright[10]) Dinatriumäthylarseniat

$$O = As \begin{cases} CH_2 \cdot CH_3 \\ O \cdot Na \\ O \cdot Na \end{cases}$$

also die dem Arrhenal

$$O = As \begin{cases} CH_3 \\ O \cdot Na \\ O \cdot Na \end{cases}$$

analoge Äthylverbindung.

Ersetzt man die Methylradikale in der Kakodylsäure durch Phenylradikale, so ist Diphenylarsinsäure $(C_6H_5)_2 \cdot AsO \cdot OH$ ein ziemlich schnell wirkendes Gift und läßt sich ihrer Wirkungsweise nach, hinsichtlich der analogen Konstitution, der Dimethylarsinsäure an die Seite setzen. Monophenylarsinsäure scheint im Organismus langsamer, aber sonst wie Diphenylarsinsäure zu wirken. Phenylarsinsaures Natron[11]) macht bei der Katze nervöse Erscheinungen wie Atoxyl. Der Ersatz von Hydroxylen durch organische Radikale in der Arsensäure $AsO(OH)_3$ verzögert aber nur die Wirkung, denn das Substitutionsprodukt wirkt qualitativ der Grundsubstanz gleich. Von diesen Derivaten hat nur die Kakodylsäure eine beschränkte Anwendung in der Medizin gefunden.

---

[1]) Flury, F.: Zeitschr. f. d. ges. exp. Med. Bd. 13, S. 523. 1921.
[2]) Strughold, H.: Zeitschr. f. Biol. Bd. 78, S. 195. 1923.
[3]) Dafert, O. A.: Monatshefte für Chemie Bd. 40, S. 131. 1919.
[4]) Katzenelbogen, S.: Arch. internat. de pharmaco-dyn. et de thérap. Bd. 26, S. 407. 1922.
[5]) Journ. de pharmacie et de chim. Bd. 12, S. 553.
[6]) Gautier: Presse méd. 1902, S. 791 u. 824.
[7]) Mouneyrat, A.: Cpt. rend. hebdom. des séances de l'acad. des sciences. Bd. 136, S. 696. 1903.
[8]) Carlson, C. E.: Hoppe-Seylers Zeitschr. f. physiol. Chem. Bd. 49, S. 410. 1906.
[9]) D.R.P. 394851. [10]) Journ. de pharmacie et de chim. Bd. 23, S. 284. 1921.
[11]) Igersheimer, J. u. A. Rothmann: Hoppe-Seylers Zeitschr. f. physiol. Chem. Bd. 59, S. 256. 1909.

Man läßt Alkyl- oder Oxalkylhalogenide auf die Na-Salze von Oxalkyl- bzw. Alkylarsinen einwirken. Beschrieben ist die Darstellung von Methyloxäthylarsinsäure $(CH_3) \cdot (CH_2[OH] \cdot CH_2) \cdot AsO_2H$, Dioxäthylarsinsäure $(OH \cdot CH_2 \cdot CH_2)_2AsO_2H$, Allyloxäthylarsinsäure[1]).

Allylarsinsäure erhält man durch Umsetzung von Allylhalogeniden mit Alkaliarseniten in konz. alkal. wässeriger Lösung. Man erhitzt z. B. Allylchlorid mit Arsenigsäureanhydrid und Natronlauge, neutralisiert, fällt die überschüssige Arsensäure mit Chlorcalcium und das Calciumsalz der Allylarsinsäure durch Kochen mit weiteren Mengen Chlorcalcium. Aus dem Salz kann man die freie Säure durch Zersetzung mit Schwefelsäure gewinnen[2]).

Essigarsenigsäureanhydrid $(CH_3 \cdot CO_2)_3As$ wird durch Erhitzen auf höhere Temperaturen zersetzt und der Rückstand mit oxydierenden Mitteln wie Wasserstoffsuperoxyd in alkalischer Lösung oxydiert[3]).

Man läßt auf eine Lösung von Na_3AsO_3 gegebenenfalls in Gegenwart von überschüssigem Natron Chlorhydrine einwirken. Man erhält so aus Glykolchlorhydrin Oxyäthylarsinsäure $OH \cdot CH_2 \cdot CH_2 \cdot AsO(OH)_2$; aus Epichlorhydrin Oxypropyldiarsinsäure $(CH_2 \cdot CH \cdot CH_2) \cdot (OH) \cdot (AsO[OH]_2)$ und Dioxypropylmonoarsinsäure $(CH_2 \cdot CH \cdot CH_2) \cdot (OH) \cdot AsO \cdot (OH_2)$; aus Glycerin-α-monochlorhydrin erhält man ebenfalls eine Dioxypropylmonoarsinsäure, aus Glycerin-α-dichlorhydrin erhält man Monooxypropyldiarsinsäure $(CH_2 \cdot CH \cdot CH_2) \cdot (OH) \cdot (AsO[OH]_2)_2$ und Dioxypropylmonoarsinsäure $(CH_2 \cdot CH \cdot CH_2) \cdot (OH)_2 \cdot AsO[OH]_2$[4]).

Man läßt Alkaliarsenite auf aliphatische Verbindungen der Zusammensetzung

$$\underset{\diagdown O \diagup}{CH_2\!-\!CH} \cdot R,$$

worin R entweder H, CH_3, C_2H_5, COOH oder CH_2OH bedeutet, einwirken und erhält so Oxyalkylarsinsäure.

Z. B. wird Glycid $\underset{\diagdown O \diagup}{CH_2\!-\!CH} \cdot CH_2OH$ mit einer wässerigen Lösung von Na_3AsO_3 auf 80^0 erwärmt und nach Beendigung der Reaktion die Lösung mit Salzsäure neutralisiert. Zur Entfernung freier H_3AsO_3 wird diese mit H_2O_2 zu H_3AsO_4 oxydiert und letztere mit $Mg(OH)_2$ ausgefällt. Durch Zugabe von Chlorbarium zu der filtrierten Lösung wird das Bariumsalz der Dioxypropylmonoarsinsäure $CH_2(OH) \cdot CH(OH) \cdot CH_2 \cdot AsO(OH)_2$ ausgefällt.

Analog erhält man aus Äthylenoxydcarbonsäure und Na_3AsO_3

$$\underset{\diagdown O \diagup}{CH_2 - CH} \cdot COOH$$

das betreffende Salz der Arsinsäure: $CH(COOH) \cdot (OH) \cdot CH_2 \cdot AsO(OH)_2$. Das Verfahren des F.P. 556366 läßt sich auch weiterhin dahin abändern, daß man das Na_3AsO_3 auf Halogenhydrine, die in derselben C-Kette bereits andere Gruppen substituiert enthalten, wie COOH, CN, $CH_2 \cdot AsO(OH)_2$ einwirken läßt[5]).

Das Mononatriumsalz der Tetraarsenoessigsäure $HOOC \cdot CH_2 \cdot As = As \cdot As = As \cdot CH_2 \cdot COONa$ ist giftig aber wirksam gegen Trypanosomen.

Natrium-arseno-acetat $Na_2O_3As \cdot CH_2 \cdot COO \cdot Na$ zeigt keine therapeutische Wirksamkeit, ist auch nur verhältnismäßig wenig giftig[6]).

Karl Sorger in Frankfurt stellt Eisensalze der Arsenweinsäure und Arsencitronensäure her, indem er entweder die Alkalisalze der Arsenweinsäure resp. Arsencitronensäure mit Eisensalzen umsetzt oder die Eisentartrate bzw. Eisencitrate mit Arsensäure behandelt oder schließlich Weinsäure resp. Citronensäure auf Eisenarseniate einwirken läßt[7]).

Analog der Glycerinphosphorsäure (s. d.) wurde auch die Glycerinarsinsäure dargestellt sowie deren Salze.

Man kann Spateisenstein mit Glycerinarsensäurelösung erwärmen, filtrieren und einengen[8]).

Wasserlösliches glycerinarsensaures Eisenoxydul wird folgendermaßen dargestellt[9]): Ferroammonsulfat wird mit Alkali bei Ausschluß von Luftsauerstoff gefällt und mit luftfreiem Wasser ausgewaschen, hierauf eine Lösung von Glycerinarsensäure (durch Er-

---

[1]) Poulenc: F.P. 585970. [2]) Hoffmann-La Roche, Basel, E.P. 167157/1921.

[3]) Poulenc Frères und Carl Oechslin, E.P. 191029/1922, F.P. 556371.

[4]) Poulenc Frères und Carl Oechslin, E.P. 191028/1922, F.P. 556366.

[5]) Poulenc u. Oechslin, Paris, F.P. 27329, 27330/1922, Zusatz zu F.P. 556366 E.P. 206152/1923.

[6]) Barbour, H. S., S. B. Ridout u. D. Claydon: Journ. of pharmacol. a. exp. therapeut. Bd. 25, S. 53. 1925.

[7]) D.R.P. 208711. [8]) Spiegel, Charlottenburg, D.R.P. 146456.

[9]) Spiegel, Charlottenburg, D.R.P. 138754.

wärmen von Arsensäure mit Glycerin erhalten) zugebracht und erwärmt, die Lösung wird im Vakuum bei Gegenwart von Kohlensäure eingeengt.

Arsensäureverbindungen der höheren mehrwertigen Alkohole, welche zum Teil Arsen in sehr fester Bindung enthalten, kann man gewinnen, wenn man höhere mehrwertige Alkohole oder ihre Ester mit Arsensäure oder Arsensäureanhydrid im Vakuum auf höhere Temperatur erhitzt. Beschrieben sind die Magnesiumsalze der Mannitarsensäure und Inositarsensäure[1]).

Es wurden mehrere Präparate dargestellt, welche Arsen und mit ihm manchmal auch Chlor oder Phosphor an mehrwertige Alkohole, an Fettsäuren oder Fette gebunden enthalten.

Elarson ist das Strontiumsalz einer Chlor und Arsen gebunden enthaltenden Behenolsäure, Chlorarsenobehenolsäure. Es enthält 13% As und ca. 6% Cl. Elarson wird, per os gegeben, nur zum geringen Teil resorbiert. Bei intravenöser Applikation ist Elarsonsäure erheblich giftiger als arsenige Säure.

Man kann in organische Verbindungen mit sauren Atomgruppen, in freien Säuren, Säureester (Öle) Arsensäurekomplexe einführen, indem man die betreffenden Verbindungen zunächst halogenisiert und dann mit arsensaurem Silber behandelt. Auf diese Weise wurde Dibrombehensäure, Bromlecithin und Dijodphenolsulfosäure mit arsensaurem Silber behandelt[2]).

Die Säuren der Acetylenreihe verbinden sich beim Erhitzen mit den Halogenverbindungen des Arsens und Phosphors. Verwendet man Stearolsäure oder Behenolsäure, so erhält man fettähnliche Massen, welche resorbierbar sind[3]).

Man kann zu den gleichen Verbindungen gelangen, wenn man auf eine Mischung der Säuren der Acetylenreihe mit Arsenigsäureanhydrid Halogenwasserstoff in Gegenwart von wasserbindenden Mitteln einwirken läßt[4]).

Halogenisierte Arsinsäuren erhält man durch Einwirkung von Arsentrihalogen aus den Kohlenwasserstoffen der Acetylenreihe und Oxydation des Reaktionsproduktes. Beschrieben sind Heptinchlorarsinsäure, Octinbromarsinsäure[5]).

Nach den früheren Patenten gelangt man zu amorphen Produkten. Zu schön krystallisierenden Körpern gelangt man, wenn man Phenylpropiolsäure mit Trihalogenderivaten des Arsens oder mit solche liefernden bzw. wie solche reagierenden Gemischen behandelt. Der so erhaltene arsenhaltige Abkömmling der Phenylpropiolsäure ist außer durch seine krystallinische Beschaffenheit durch die leichte Abspaltbarkeit des Halogens bei der Behandlung mit schwachen Alkalien charakterisiert, wobei krystallinische Salze erhalten werden. Beschrieben sind die Säure aus Phenylpropiolsäure und Arsentrichlorid und aus Arsentribromid[6]).

Arsenophenylpropiolsaures Kalium ist ebenso giftig wie die arsenige Säure (auf As-Gehalt gerechnet) und erheblich weniger giftig als Elarsonsäure[7]).

Solche arsen- und phosphorhaltige Fettsäuren kann man statt an Alkalien oder Erdalkalien zu binden in gleicher Weise in die Eisensalze verwandeln[8]).

Statt der fertigen Trihalogenderivate des Arsens und Phosphors kann man auch solche Reagenzien verwenden, welche diese Halogenderivate ohne Abspaltung von Wasser liefern, wie Phosphor oder Arsen und Sulfurylchlorid oder Arsenigsäureanhydrid und Thionylchlorid, so daß man keine wasserbindenen Mittel braucht[9]).

Auch die Derivate dieser Verbindungen, welche lipoidlöslich sind, im Gegensatz zu den beschriebenen Salzen, können dargestellt werden, entweder indem man von den Derivaten der Säure ausgeht oder indem man die arsen- und phosphorhaltigen Säuren in ihre Säurederivate verwandelt.

Beschrieben sind Chlorarsenobehenolsäuremethylester, Chlorarsenostearolsäureäthylester, Chlorarsenobehenolsäureanhydrid, Bromarsenobehenolsäureanhydrid, Chlorphosphorbehenolsäuremethylester[10]).

Eine organische Arsensäureverbindung wird erhalten, wenn man Distearin mit Arsensäure in der Wärme behandelt. Sie ist fettartig und lipoidlöslich[11]).

---

1) Hoffmann-La Roche, D.R.P. 279254.
2) R. Wolffenstein, D.R.P. 239073.
3) E. Fischer, Felix Heinemann, D.R.P. 257641.
4) D.R.P. 268829, Zusatz zu D. R. P. 257641.
5) Bayer, D.R.P. 296915.
6) D.R.P. 291614, Zusatz zu D.R.P. 257641.
7) Joachimoglu, G.: Arch. f. exp. Pathol. u. Pharmakol. Bd. 78, S. 1. 1915.
8) D.R.P. 271158, Zusatz zu D.R.P. 257641.
9) D.R.P. 271159, Zusatz zu D.R.P. 257641.
10) D.R.P. 273219, Zusatz zu D.R.P. 257641.
11) Hoffmann-La Roche, D.R.P. 287798.

Arsenhaltige Verbindungen aus Phosphatiden oder phosphatidhaltigen Stoffen erhält man, wenn man Phosphatide usf. in organischen Lösungsmitteln mit Arsensäure in der Wärme behandelt und die entstehenden Arsenverbindungen nach den für die Gewinnung von Lecithin üblichen Methoden abscheidet[1]).

Solarson ist das Monoammoniumsalz der Heptinchlorarsinsäure $CH_3(CH_2)_4 \cdot Cl{-}C = CH \cdot As = O(OH)_2$[2]). Analog wie E. Fischer bei der Darstellung aus Behenolsäure und Arsentrichlorid Elarson erhielt, wurde aus Heptin und Arsentrichlorid ein Additionsprodukt erhalten, das durch Einwirkung von Wasser Heptinchlorarsenoxyd, aus diesem durch Oxydation die Heptinchlorarsinsäure, das Solarson gibt.

Durch Hydrolyse von Halogenmethyltrialkylarsoniumhalogeniden mit Wasser bei höherer Temperatur kann man die dem Cholin entsprechenden Arsoniumverbindungen gewinnen. Trimethylarsin gibt mit Äthylenbromid bei 100—105° ω-Bromäthyltrimethylarsoniumbromid. Beim Erhitzen mit Wasser auf 180° entsteht ω-Oxyäthyltrimethylarsoniumbromid. Das aus Triäthylarsin und Äthylenbromid dargestellte Bromäthyltriäthylarsoniumbromid liefert mit Wasser bei 180° Äthanoltriäthylarsoniumbromid.

Tetramethylarsoniumjodid wird im Organismus nur zum geringsten Teile zerlegt, der größere Teil geht unverändert in den Harn über[3]). Ebenso wird Tetraethylarsoniumjodid beim Kaninchen nach subcutaner Injektion im Harn unverändert wiedergefunden[4]).

Trimethyl-phenyl-arsoniumjodid-Jodoform, Tetra-äthyl-stibiniumjodid-Jodoform, Tetra-äthyl-phosphoniumjodid-Jodoform, welche Wilhelm Steinkopf und Gustav Schwen[5]) dargestellt haben, wurde von Ferdinand Flury untersucht, der keine Curarewirkung beobachten konnte, sondern nur Jodoformwirkung. Die Basen selbst kommen nicht zur Wirkung.

Arsinäthyltrimethylammoniumchlorid $(CH_3)_3N(Cl) \cdot CH_2 \cdot AsO$ ist nach C. N. Mayer für trypanosomeninfizierte Ratten giftiger als für gesunde[6]).

Triphenylarsinoxychlorid[7]) geht völlig unzersetzt in den Harn über und wird auch nicht spurenweise zu anorganischem Arsen abgebaut.

Arsentri-1-piperidiniumchlorid $[(CH_2)_5N]As \cdot 3\,HCl$ wirkt wie Tetramethylammoniumchlorid und verursacht Tod durch Respirationslähmung. Das Arsen ist festgebunden und wirkt nicht als solches. Auf Trypanosomen wirkt die Verbindung nicht[8]).

Das Verfahren, anorganische Substanzen an Eiweißkörper zu binden, hat auch den Versuch gezeitigt, eine Arsencaseinverbindung herzustellen. Wenn man Arsenjodür, -bromür oder -chlorür in Alkohol löst und auf pulveriges Casein einwirken läßt, so erhält man Arsencaseinate, welche auch das verwendete Halogen enthalten. Diese Arsenverbindungen enthalten Arsen angeblich in der larvierten Form und sind alle wasser- und alkalilöslich. Über die praktische Verwertbarkeit dieser Verbindungen liegen keine Urteile vor, aber man muß bedenken, daß diese Verbindungen durch verdünnte Säure aus ihrer wässerigen Lösung fallen und daß sie daher länger sich im Magendarmkanal aufhalten werden als etwa arsenige Säure, die man in Form der Fowlerschen Lösung den Patienten eingibt. Nun suchen wir bei der internen Verabreichung des Arsens möglichst rasch resorbierbare Präparate einzugeben, damit wir nur Wirkungen innerhalb des Organismus und nicht Wirkungen auf die Schleimhaut des Magendarmkanales erzielen, die wir keineswegs benötigen und die immer schädlich sind, da es unter Umständen zur Entstehung einer Gastroenteritis kommen kann.

---

[1]) Grenzach, D.R.P. 282611. [2]) Therap. d. Gegenw. 1916, S. 18, 80, 119.
[3]) Bürgi, E.: Arch. f. exp. Pathol. u. Pharmakol. Bd. 56, S. 101. 1907.
[4]) Gornaja, S.: Arch. f. exp. Pathol. u. Pharmakol. Bd. 61, S. 76. 1909.
[5]) Ber. d. dtsch. chem. Ges. Bd. 54, S. 2969. 1921.
[6]) Renshaw, R. R. u. J. C. Ware: Journ. Americ. of the chem. soc. Bd. 47, S. 2989. 1925.
[7]) Kobert, R.: Arch. f. exp. Pathol. u. Pharmakol. Bd. 44, S. 56. 1903.
[8]) Leonhard, C. S.: Journ. of pharmacol. a. exp. therapeut. Bd. 28, S. 233. 1926.

Arseneiweißverbindungen, welche noch Phosphor und Schwefelsäure enthalten, erhält man aus Eiweißkörpern durch Einwirkung von Arsentrichlorid und Phosphorpentoxyd in Essigsäureanhydridlösung. Die Präparate enthalten 0,6% Arsen[1]).

Volkmar Klopfer, Dresden, stellt eine Arseneiweißverbindung durch Einwirkung von Arsentrichlorid auf Weizeneiweiß bei Gegenwart von Alkohol bei gewöhnlicher Temperatur her. Das Produkt enthält 4,33% Arsen[2]).

Wasserlösliche Salze der Arsensäure[3]) mit Albumosen erhält man durch Vereinigen der wässerigen Lösungen und Fällung mit Alkohol. Arsensaure Salze der Gelatosen erhält man durch Erhitzen einer Glutinlösung mit Arsensäure, wobei Peptonisation eintritt[4]). Die wässerige Arsensäurelösung[5]) kann auch auf die in Alkohol suspendierte Albumose zur Einwirkung gebracht werden.

Aromatische N-freie As-Verbindungen.

Die Gruppe der Arsen-Antimon- und Bismuthpräparate wirkt besonders auf Protozoen, weniger auf Bakterien. Die einfachen organischen Arsenverbindungen wie Kakodylsäure sind für den Parasiten und für die Organzellen gleich wenig giftig. Die aromatischen haben daher eine weit größere Bedeutung gewonnen.

Der Hauptsache nach werden sie dargestellt durch zwei Reaktionen, durch das Verschmelzen von Phenolen oder Aminobenzolen mit Arsensäure und durch die Bartsche Reaktion, bei welcher eine Diazogruppe gegen den Arsensäurerest ausgetauscht werden kann.

Die Natriumsalze beider Arsenobenzoesäuren

$$\begin{array}{l} As \cdot C_6H_4 \cdot COOH^{6)} \\ \ddot{A}s \cdot C_6H_4 \cdot COOH \end{array}$$

sind stark giftig, die o-Verbindung noch stärker als die p-Verbindung. Beide wirken hauptsächlich auf die Nieren, die sie analog dem Uran für Eiweiß und Zucker durchlässig machen. Ferner heben beide Säuren schon in kleinen Dosen die Freßlust von Fleisch- und Pflanzenfressern auf. Die Nieren werden schwer geschädigt, die Schleimhaut des Magens weist kleine Blutaustritte auf, es kommt zu Leberdegeneration. Die o-Säure bewirkt Eiweißausscheidung.

Aus 4-4'-Arsenobenzoesäure entsteht im Organismus p-Benzarsinsäure und Hippurarsinsäure

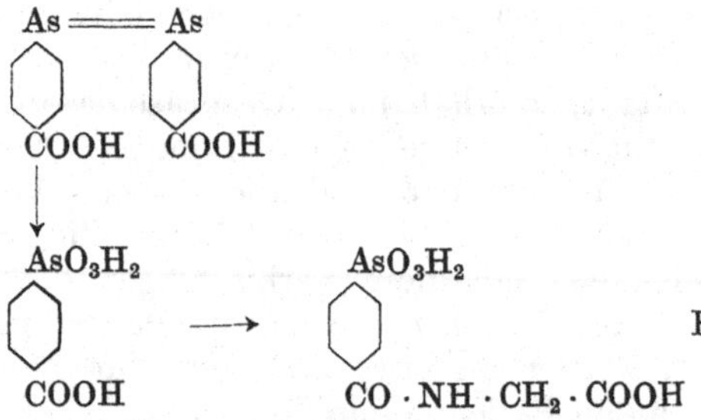

As ═══ As
(Benzolring) (Benzolring)
COOH COOH
↓
p-Benzarsinsäure: AsO_3H_2 (Benzolring) COOH ⟶ Hippurarsinsäure: AsO_3H_2 (Benzolring) $CO \cdot NH \cdot CH_2 \cdot COOH$

Phenylarsin $C_6H_5 \cdot AsH$ ist sehr unbeständig, sehr giftig und entzündungserregend. Derivate, welche salzbildende Gruppen im Molekül haben, sind verhältnismäßig ungiftig und beständiger. Sie wirken auch auf Trypanosomen, während Monophenylarsin diese Wirkungen nicht zeigt. Triphenylarsin ist weniger giftiger als Monophenylarsin, Tritoluylarsin ist giftiger als Triphenylarsin.

Die Derivate der Sulfophenylarsinsäure sollen ungiftiger als Kochsalz sein (P. Ehrlich). Benzarsinsäure ist, wenn sie rein ist, sehr wenig giftig, viel

---

1) J. Gnezda, D.R.P. 201370. 2) D.R.P. 214717.
3) Knoll, Ludwigshafen, D.R.P. 135306. 4) Knoll, Ludwigshafen, D.R.P. 135307.
5) Knoll, Ludwigshafen, D.R.P. 135308.
6) Michaelis, A. (Robert): Ber. d. dtsch. chem. Ges. Bd. 48, S. 870. 1915.

weniger als früher angenommen wurde (Ernst Sieburg). Benzarsin scheint die Giftigkeit der Arsenobenzoesäure zu haben. Es macht in vitro fast augenblicklich Methämoglobinbildung unter langsamer Hämolyse.

Phenylarsinsäure $C_6H_5 \cdot AsO(OH)_2$ wirkt viel intensiver giftig als Methylarsinsäure, ebenso p-Toluylarsinsäure. In gleicher Weise übertrifft Diphenylarsinsäure die Kakodylsäure an Giftigkeit. Durch die Einführung eines Hydroxyls sinkt die Giftigkeit ab. p-Oxyphenylarsinsäure ist nicht so giftig wie Phenylarsinsäure. Sie wirkt bei Spirillosen, aber nicht in vitro. Die o- und m-Kresolarsinsäuren wirken aber nicht trypanocid[1]).

Phenylarsinsäure besitzt nach ihrer Reduktion sehr große Wirkung. Man erhält vorerst Phenylarsenoxyd $C_6H_5 \cdot AsO$ und dann Arsenobenzol $C_6H_5 \cdot As : As \cdot C_6H_5$. Diesen zwei Grundtypen entsprechen nun die aminierten Derivate, welche aber weitaus reaktionsfähiger sind als die Grundkörper. Aminophenylarsenoxyd ist gegenüber der Arsanilsäure reaktionsfähiger, da das Arsen in der Oxydbindung bedeutend gelockert ist und gewissermaßen einen ungesättigten Charakter hat und so die Tendenz hat, in Verbindungen mit fünfwertigem Arsen überzugehen[2]).

Plimmer und Thomson[3]) zeigten, daß p-Toluylarsinsäure Trypanosomen vernichtet, selbst in rezidivierenden Fällen nach Gebrauch von Arsanilsäure.

Beim Erwärmen von Resorcin mit Arsensäure auf dem Wasserbade erhält man Resorcinarsinsäure[4]).

α-Naphtholarsinsäure erhält man, wenn man die durch Verschmelzen von Sulfonaphthylamin mit Arsensäure erhältliche α-Naphthylaminarsinsäure diazotiert und die Diazoverbindungen umkocht. Diese Verbindung soll gegenüber den anderen Arsenpräparaten eine intensive Wirkung auf die Haut ausüben[5]).

Oxyarylarsinsäuren erhält man durch Erhitzen von Phenolen mit Arsensäure. Die Acetonlöslichkeit ermöglicht es, aus dem Reaktionsprodukte die Säure zu gewinnen. Dargestellt wurden p-Oxyphenylarsinsäure und die m- und o-Kresolarsinsäure[6]).

Oxyarylarsinsäuren werden durch Zersetzung diazotierter Aminoarylarsinsäuren in wässeriger Lösung hergestellt. Die freie Oxyphenylarsinsäure ist acetonlöslich[7]).

Arsenophenole und deren Derivate werden durch Reduktion von Oxyarylarsinsäuren oder Arsenoxyden erhalten. Als Reduktionsmittel können Zinn und Salzsäure oder Natriumhydrosulfit verwendet werden, während bei Einwirkung schwächerer Reduktionsmittel leicht Arsenoxyde entstehen, welche bei weiterer Reduktion mit Natriumamalgam in die Arsenophenole übergehen. Die Arsenophenole unterscheiden sich pharmakologisch von den Oxyarylarsinsäuren durch eine erhebliche Steigerung ihres Effektes gegenüber Trypanosomen und Spirillen. Beschrieben ist die Darstellung von Arsenophenol und Arseno-o-kresol[8]).

Oxyarylarsenoxyde kann man durch Reduktion der Oxyarylarsinsäuren herstellen. Man reduziert mit schwachen Reduktionsmitteln, wie schweflige Säure, Jodwasserstoffsäure, Phenylhydrazin, Phosphortrichlorid oder Thionylchlorid[9]).

Zu solchen Aminooxyarylarsenoxyden gelangt man durch Behandlung von Aminoderivaten der Oxyarylarsinsäuren mit schwachen Reduktionsmitteln. So wird Aminoxyphenylarsinsäure mit Jodkalium, verdünnter Schwefelsäure und schwefeliger Säure zu Aminooxyphenylarsenoxyd reduziert[10]).

p-Oxyphenylarsinsäure sowie ihr Reduktionsprodukt, p-Arsenophenol $OH \cdot C_6H_4 \cdot As = As \cdot C_6H_4 \cdot OH$ beeinflussen Mäusespirillen günstig.

4-Oxyphenylarsenoxyd tötet in einer Lösung von 1 : 10000000 Trypanosomen in einer Stunde. — In dieser Substanz erreicht die trypanocide Wirkung ihren Höhepunkt.

4-Arsinophenylarsinoxyd ist viel giftiger als die entsprechende Arsinsäure.

Dioxyarsenobenzol (Arsenophenol) übt als solches eine starke spirillocide

[1]) Breinl und Nierenstein: Ann. of trop. med. a. parasitol. Bd. 3, S. 395. 1909.

[2]) Ehrlich, Paul u. A. Bertheim: Ber. d. dtsch. chem. Ges. Bd. 43, S. 917. 1910.

[3]) Proc. of roy. soc. (London) Bd. 79, S. 505. 1907.

[4]) Höchst, D.R.P. 272690. [5]) W. Adler, Karlsbad, D.R.P. 205775.

[6]) Farbwerke Höchst, D.R.P. 205616.

[7]) Höchst, D.R.P. 223796, Zusatz zu D.R.P. 205616. [8]) D.R.P. 206456.

[9]) D.R.P. 213594. [10]) Höchst, D.R.P. 235391, Zusatz zu D.R.P. 213594.

Wirkung aus, eine Beobachtung Ehrlichs, welche der Ausgangspunkt für die Synthese des Salvarsans war. Allerdings hat dasselbe viele Nachteile, einmal ist es außerordentlich schwer, fast unmöglich, es in genügender Reinheit in großem Maßstabe darzustellen, es ist auch außerordentlich giftig und unterliegt in gelöster Form leicht einer Oxydation. Das Produkt dieser Oxydation, Oxyphenylarsinoxyd besitzt eine außerordentlich entzündungserregende Wirkung[1]).

Die Äther der Phenole, wie Arsenoanisol und Arsenophenetol sind indifferente wasserunlösliche, für therapeutische Zwecke unbrauchbare Verbindungen, während die Arsenophenole in Alkalien löslich sind. Arsenophenolnatrium wirkt auf Trypanosomen sehr giftig.

Arsenoarylglykol- und Thioglykolsäuren werden durch Reduktion von Arylglykol- resp. Arylthioglykolarsinsäuren oder der entsprechenden Arsenoxyde gewonnen. Die Arylglykolarsinsäuren und Thioverbindungen kann man aus den Oxyarylarsinsäuren resp. Thiophenolarsinsäuren durch Umsetzung mit Chloressigsäure herstellen. Beschrieben sind die Darstellungen von Arsenophenylglykolsäure und Arsenophenylthioglykolsäure. Der trypanocide Charakter dieser Verbindungen soll ungemein hoch sein[2]).

Die Übertragung des durch das Hauptpatent geschützten Reduktionsverfahrens auf die Halogenderivate von Oxyarylarsinsäuren führt zu den Halogenderivaten der Arsenophenole, welche sich den nicht halogenierten Arsenophenolen gegenüber dadurch auszeichnen, daß sie neutral lösliche Alkalisalze bilden; außerdem tritt bei diesen Verbindungen eine bactericide Wirkung gegenüber Spirillen mehr hervor. Dargestellt wurde p-Oxydijodphenylarsinsäure, Tetrachlor-, Tetrabrom- und Tetrajodarsenophenol[3]). Ebenso kann kann man statt Zinnchlorür phosphorige Säure verwenden[4]). Man reduziert mit unterphosphoriger Säure oder phosphoriger Säure und Jodkalium bzw. Jodwasserstoffsäure, gegebenenfalls unter Zusatz von Essigsäure[5]).

Oxyarylarsenoxyde erhält man durch Behandlung von Oxyarylarsinsäuren mit schwachen Reduktionsmitteln. Man kann aus ihnen leicht die entsprechenden Arsenophenole durch weitere Reduktion erhalten.

Die biologischen Wirkungen der Oxyarylarsenoxyde verglichen mit denjenigen der Oxyarylarsinsäuren sind vielfach gesteigert. Die therapeutischen Eigenschaften dieser Oxyarylarsenoxyde lassen sich durch Einführung von Aminogruppen in den Benzolkern bedeutend steigern.

Man läßt Arsentrichlorid bei erhöhter Temperatur auf Triarylarsin oder Diarylarsinmonochlorid einwirken. Dargestellt werden Diphenylarsinmonochlorid und Monophenylarsindichlorid aus Triphenylarsin und Arsentrichlorid. Die Trennung der Chloride erfolgt durch fraktionierte Destillation. Je nach der angewendeten Menge Arsentrichlorid und den innegehaltenen Temperaturen (250—350°), entsteht das eine oder andere Produkt in überwiegender Menge[6]).

1-(Phenyl-4'-arsinsäure)-3-methyl-5-chlorpyrazol erhält man durch Diazotierung von 1.4'-Aminophenyl-3-methyl-5-chlorpyrazol mit Nitrit in salzsaurer Lösung und Umsetzung der Diazolösung mit Arseniten. Beim Ansäuern fällt die Arsinsäure aus.

Analog erhält man: 1-(Phenyl-4'-arsinsäure)-3-methyl-5-pyrazolon, 1-(Phenyl-4'-arsinsäure)-2.3-dimethyl-5-pyrazolon, 4-Nitroso-1-(phenyl-4'-arsinsäure)-2.3-dimethyl-5-pyrazolon, 4'-Arsenodi-(1-phenyl)-2.3-dimethyl-4-amino-5-pyrazolon, 4'-Arsenodi-(1-phenyl)-2.3-dimethyl-4-amino-5-pyrazolon, 4'-Arsenodi-(1-phenyl-2.3-dimethyl-4-amino-5-pyrazolon)-mono-methylensulfoxylsäure[7]).

Die Anthrachinonarsinsäuren zeigen eine ganz außerordentlich hohe Giftigkeit, die aber darauf zurückzuführen ist, daß im tierischen Organismus Zersetzung unter Bildung von arseniger Säure auftritt. β-Anthrachinonarsinsäure, deren Arsinsäurerest schwerer abgespalten wird als derjenige der α-Säure, ist auch viel weniger giftig als die α-Säure[8]).

---

[1]) Ehrlich-Hata: Experimentelle Therapie der Spirillosen. S. 123. Berlin 1910.
[2]) D.R.P. 216270, Zusatz zu D.R.P. 206456.
[3]) Höchst, D.R.P. 235430, Zusatz zu D.R.P. 206456.
[4]) D.R.P. 269886, Zusatz zu D.R.P. 206456.
[5]) D.R.P. 269887, Zusatz zu D.R.P. 206456.
[6]) Poulenc Frères, Paris, E.P. 173796/22. [7]) D.R.P. 313320.
[8]) Benda, L.: Journ f. prakt. Chem [2]. Bd. 95, S. 74. 1917.

Atoxyl.

Atoxyl wurde zuerst von Béchamp 1863 dargestellt und als Arsanilid aufgefaßt, 1901 von Ferdinand Blumenthal toxikologisch untersucht, welcher fand, daß es keine Anilinwirkung, sondern eine spezifische Arsenwirkung zeigt. Schließlich wurde nach verschiedenen Untersuchungen, welche die Unrichtigkeit der Béchampschen Formel dartaten, von P. Ehrlich und Bertheim die richtige Formel ermittelt[1]). Atoxyl ist das Mononatriumsalz der p-Aminophenylarsinsäure

$$NH_2 \cdot \langle\quad\rangle \cdot AsO\begin{matrix} OH \\ ONa \end{matrix}.$$

Diese Konstitutionsermittlung sowie die physiologische Prüfung des Atoxyls und zahlreicher Derivate desselben war von größter Tragweite für die Synthese des Salvarsans.

F. Blumenthal gebührt das Verdienst, Atoxyl in die experimentelle Therapie eingeführt zu haben, und R. Koch hat es bei der Schlafkrankheit benützt. Erst die Konstitutionsaufklärung durch Paul Ehrlich und Bertheim hat neue Wege für weitere Synthesen gewiesen.

P. Ehrlich acetylierte die Arsanilsäure und erhielt das Arsacetin, und durch Einwirkung von Halogen-Essigsäure auf Arsenoanilin das Arsenophenylglycin, letzteres wirkt sehr stark auf Spirillen. Durch die Acetylierung wird die Arsanilsäure sehr entgiftet.

P. Ehrlich lehrte, daß im Protoplasma der Parasiten gewisse Gruppierungen vorhanden sind, die imstande sind, sich mit gewissen Gruppierungen der Arzneimittel zu verbinden. Diese Affinitäten nennt er Chemoceptoren. Die Parasiten besitzen nun ganz bestimmte Angriffsstellen, die präformierten Chemoceptoren. Man kann Trypanosomenstämme züchten, die gegen trypanosomenfeindliche Medikamente fest sind und eine ausgesprochene Stabilität dieser erworbenen Eigenschaft zeigen. Dabei ist diese Eigenschaft streng spezifisch, da sie sich nicht auf eine bestimmte Einzelverbindung beschränkt, sondern auf die ganze chemische Gruppe, welcher diese Verbindung angehört. Man kann aber auch Stämme züchten, welche nicht nur gegen eine Gruppe, sondern gegen drei Gruppen von chemischen Verbindungen fest sind. Merkwürdigerweise sind Trypanosomenstämme, welche mit orthochinoiden Farbstoffen gefestigt sind, auch arsenfest, aber sie sind nicht fest gegen parachinoide Farbstoffe, und letztere wirken auf arsenfeste Stämme wie auf normale. Die Farbstoffe verhalten sich normalen und arsenfesten Trypanosomenstämmen gegenüber verschieden. Die normalen Trypanosomen färben sich noch lebend und sterben dann ziemlich rasch ab. Die arsenfesten hingegen färben sich vital nicht und bleiben viel länger am Leben. So fanden P. Ehrlich und Röhl, daß arsanilfeste Stämme ohne weitere Vorbehandlung gegen bestimmte Farbstoffe der Pyroninreihe, der Oxazinreihe und Akridinreihe fest waren. Atoxylfeste Stämme kann man noch durch Arsenophenylglycin beeinflussen, aber nicht umgekehrt; beide Stämme kann man aber durch p-Aminophenylarsenoxyd beeinflussen, was sich vielleicht durch die steigende Toxizität der Substanzen erklären läßt.

Diese Abweichung zeigt sich aber nach Ehrlich bei allen Derivaten, die den Essigsäurerest enthalten, woraus er schließt, daß die Parasiten noch andere Chemoceptoren außer dem Arsenoceptor enthalten, und zwar hier einen Aceticoceptor. Bei Trypanosomen wirkt Arsenophenylglycin besonders günstig, bei Spirochäten ein jodiertes Arsenophenol.

Das Ziel der chemotherapeutischen Bestrebung muß mit Paul Ehrlich darin gesehen werden, daß Substanzen dem Organismus einverleibt werden,

[1]) Ber. d. dtsch. chem. Ges. Bd. 40, S. 3292. 1907.

welche sich in dem infizierenden Mikroorganismus weitaus stärker anhäufen, als in dem infizierten Organismus. Außerdem muß die Giftigkeit für den Organismus eine geringe sein im Verhältnis zu der großen Giftigkeit für den Krankheitserreger. Es zeigt sich aber die Tatsache, daß die Mikroorganismen, wenn sie nicht durch das einverleibte Mittel im Organismus getötet werden, gegen das Mittel fest werden. Ein solches Festwerden beobachtete Paul Ehrlich bei Trypanosomen der Arsanilsäure gegenüber. Es zeigt sich aber, daß manche Trypanosomen im Reagenzglase gegen bestimmte chemische Mittel, wie z. B. gegen Arsanilsäure, sich völlig refraktär verhalten, während diese Mittel im tierischen Organismus wirken. Aber auch das umgekehrte Verhalten wurde bei Arsenderivaten beobachtet, daß sie im Reagenzglase wirksam sind, nicht aber im tierischen Organismus. Für Atoxyl, das Mononatriumsalz der Arsanilsäure, erklärte Ehrlich diese Differenz dahin, daß das Arsen im Atoxyl fünfwertig, und daß fünfwertige Arsenverbindungen, wie es schon für das Kakodyl bekannt war, wenig giftig sind; reduziert man aber Atoxyl bis zum entsprechenden Arsenoxyd, so erhält man einen weitaus giftigeren Körper als die entsprechende Arsinsäure. p-Aminophenylarsinoxyd wirkt auch schon im Reagenzglase auf Trypanosomen ein und eine Lösung 1 : 3000000 schädigt Trypanosomen so stark, daß sie nicht mehr infizieren, und eine Lösung 1 : 24000000 wirkt noch so, daß sich die Infektion um 24 Stunden verzögert[1]). Daß Atoxyl im Organismus überhaupt wirkt, erklärt Ehrlich durch Reduktion der Arsanilsäure zum Aminophenyl-arsinoxyd im Organismus des Tieres. Es zeigt sich nun, daß die Arsanilsäure durch Reduktion zum p-Aminophenylarsinoxyd 75mal in ihrer Giftigkeit steigt, die völlige Reduktion zur Arsenoverbindung steigert die Giftigkeit nur auf das 30fache. p-Oxyphenylarsinsäure ist $2^2/_3$ weniger giftig als die Arsanilsäure. p-Oxyphenylarsenoxyd ist 173mal so giftig. Die entsprechende Arsenoverbindung 13mal so giftig.

Aminooxyphenylarsenoxyd („Arsenoxyd") macht intravenös einen sehr schnellen Fall des Blutdrucks, 12—20mal stärker als Salvarsan[2]).

3-Amino-4-oxyphenylarsinoxyd ist ca. 20mal giftiger als die entsprechende Arsenoverbindung, das Salvarsan, aus dem sie durch Oxydation an der Luft entsteht.

Die oxydationshemmende Wirkung des Arseniks steht bei Erythrocytenversuchen[3]) der der Blausäure kaum nach. Während Atoxyl und Arsenophenylglycin in bestimmter Konzentration keinen hemmenden Einfluß auf die Atmung der Erythrocyten ausüben, hemmt Aminophenolarsenoxyd in größerer Verdünnung stark.

Die Chemoceptoren der Parasiten sind nur imstande, den dreiwertigen Arsenrest, nicht aber den fünfwertigen zu verankern, daher übt die Reduktion eine große Verstärkung auf die Wirkung aus.

Die substituierten Arsinsäuren stehen in bezug auf Toxizität zwischen Arsinsäuren und Arsinoxyden; sie sind einerseits viel toxischer als die entsprechenden Arsinsäuren, andererseits weniger toxisch als die Arsinoxydverbindungen. Im Heilversuche haben sich die Arsinoxyde stets weniger günstig erwiesen als die Arsenoverbindungen, daher sind in die Praxis nur Arsenoverbindungen und Arsinsäuren eingedrungen, nicht aber die Arsenoxyde.

Die Arsenoverbindungen sind viel toxischer als die entsprechenden Arsinsäuren, aber weniger toxisch als die Arsinoxydverbindungen. Die Arsinoxyde sind alle bedeutend giftiger als die entsprechenden Arsinsäuren und auch die

---

1) Ber. d. dtsch. chem. Ges. Bd. 44, S. 1267. 1911.

2) Smith, Maurice J.: Journ. of pharmacol. a. exp. therap. Bd. 15, S. 279. 1920.

3) Onaka, M.: Hoppe-Seylers Zeitschr. f. physiol. Chem. Bd. 70, S. 433. 1910/11.

Arsenoverbindungen. Während die Arsinsäuren direkt die Parasiten nicht angreifen, sondern erst im Organismus reduziert werden müssen, wirken die Arsenoverbindungen direkt und sehr energisch auf die Parasiten ein, so daß sie als Heilmittel den Arsinsäuren überlegen sind.

So konnte Paul Ehrlich z. B. sehen, daß ein gegen Acetarsanilsäure fester Trypanosomenstamm von Arsinsäuren nicht mehr angegriffen wurde, Arsenoverbindungen aber ihn töteten.

Die Arsanilsäure erfährt durch Reduktion zum Diaminoarsenobenzol eine Steigerung der Toxizität auf das 30—40fache.

Bei der Reduktion geht das fünfwertige Arsen in dreiwertiges über. Während Atoxyl in 1proz. Lösung im Reagensglase Trypanosomen nicht abtötet, kann Anilinarsenoxyd $NH_2 \cdot C_6H_4 \cdot AsO$ in der Verdünnung von 1 zu einer Million Trypanosomen abtöten. Die mit den besonders virulenten Trypanosomen Nagana ferox geimpften Tiere werden noch bei einer Verdünnung von 1 : 600 von Arsenophenylglycin $(HOOC \cdot CH_2 \cdot NH \cdot C_6H_4 \cdot As)_2$ geheilt, während Atoxyl in der doppelten Konzentration nur in 5—8 % der Fälle Heilung herbeiführt. Arsenophenylglycin kann z. B. atoxylfeste Parasiten im Organismus abtöten.

Arsenophenylglycin ist sehr veränderlich und enthält nach kurzer Zeit durch Oxydation das weit giftigere Phenylglycinarsenoxyd. Es ist sehr stark wirksam und relativ wenig toxisch. Ehrlich stellt sich vor, daß die Substanz sowohl an der Arsengruppe als auch an der Essigsäure vom Organismus festgehalten wird. Arsenophenylglycin tötet im Tiere noch Trypanosomen, welche gegen Atoxyl und Arsacetin fest sind. Beim Menschen hat sich aber diese Substanz, welche beim Tier außerordentlich wirksam ist, nicht bewährt.

Arsenophenoxyessigsäure und Arsenophenylthioglykolsäure enthalten, wie Arsenophenylglycin, eine Essigsäuregruppe und wirken der Ehrlichschen Theorie gemäß noch sehr stark auf Trypanosomen und vermögen noch gegen Arsinsäuren gefestigte Stämme zu vernichten[1]).

Aminoarsinsäuren[2]), welche in p-Stellung des Benzols ein CH_3O oder in jedem Benzolkern eine NH_2-Gruppe tragen, besitzen eine dauernde Heilwirkung gegen Trypanosomen. Eine größere dosis tolerata zeigen Glyoxalin-4'(5')-carboxy-p-aminophenylarsinsäure $AsO_3H_2\langle\bigcirc\rangle NH \cdot CO \cdot C{=}CH$ (Glyoxalinring: $C{=}CH$, N, NH, CH) sowie das Aminoderivat $AsO_3H_2\langle\bigcirc\rangle NH \cdot CO \cdot C{=}CH$ (mit NH_2 am Benzolkern; Glyoxalinring: N, NH, CH).

Es ist sehr schwer, bei dem heutigen Stande der Untersuchungen irgend etwas in der Serie der Arsenverbindung für neue Verbindungen vorauszusagen. Wir wissen, daß die Einführung einzelner Gruppen und Atome dystherapeutisch wirkt. Wir haben keine heuristischen Prinzipien für die Erfindung neuer Verbindungen und sind auf das Studium jeder einzelner Verbindung angewiesen. Wir wissen nur aus der Zusammenstellung verschiedener Derivate sicher, daß die Phenolfunktion eine ebenso große Rolle spielt wie die Aminogruppe bei der trypanosomen Wirkung der Arsenderivate. Die Acetylierung der Aminogruppe erhöht die trypanosome Wirkung, jedenfalls vermindert sie sie nicht in der Parastellung, aber in der Ortho- und Metastellung vermindert die Acetylierung die Wirkung.

---

[1]) Zeitschr. f. angew. Chem. Bd. 23, S. 2.

[2]) Balaban, J. E. und H. King: Journ. of the chem. soc. (London) Bd. 127, S. 2701. 1925.

Die Aminogruppe hat eine entgiftende Wirkung in der Para- und Metastellung. Die Orthostellung ist immer sehr schlecht und schwächt. Eine zweite Aminogruppe (paraständig) vermindert die Giftigkeit, aber da die Aminoverbindung sehr rasch ausgeschieden wird, ist die Wirkung nur eine sehr flüchtige.

Das phenolische Hydroxyl erhöht die Wirkung der Phenylarsinsäure. Diese Wirkung ist größer als die der Aminogruppe. Die Stellung der Hydroxylgruppe spielt eine Rolle, insbesondere wenn eine Aminogruppe vorhanden ist. Die Parastellung ist nicht sehr günstig, die Orthostellung ist schlecht, sie ist aber sehr gut, wenn die Aminogruppe in der Parastellung steht, besonders günstig ist die 4-Amino-2-oxy-phenol-arsinsäure.

p-Glycinophenylarsinsäure ist nur ein zehntel so giftig wie die Arsanilsäure. Durch die Reduktion zum entsprechenden Arsenoxyd steigt die Giftigkeit um das Fünfzigfache. Durch die Reduktion zur Arsenoverbindung steigt die Giftigkeit aber nur um das $3^1/_2$fache. Ehrlich nimmt an, daß die Parasiten in ihrer Leibessubstanz Gruppierungen enthalten, welche dreiwertiges Arsen zu fixieren vermögen, er nennt sie Arsenoceptoren. Atoxyl wirkt schon sehr gut bei der Hühnerspirillose. Bei Recurrens wirkt Atoxyl schwach, stärker Arsacetin, weniger Arsenophenylglycin, geringe Wirksamkeit zeigen Arsenophenol und seine tetrachlorierten oder bromierten Derivate. Salvarsan übt aber eine deutliche Wirkung aus, ebenso wirkt es bei Hühnerspirillose.

Ehrlich und Hata versuchten Salvarsan bei der Syphilis mit dem bekannten großen Erfolge. Salvarsan hat den großen Nachteil, daß es durch Oxydation in das bedeutend giftigere Oxy-m-aminophenylarsenoxyd übergeht; ähnlich verwandelt sich Arsenophenylglycin durch Oxydation in das weit giftigere p-Aminophenylarsenoxyd. Viel resistenter als Salvarsan ist das weniger oxydable und neutrale Neosalvarsan, erhalten durch die Einwirkungen von formaldehyd-sulfoxylsaurem Natrium auf Salvarsan. Es hat viel geringere Nebenwirkungen als Salvarsan.

Giemsa untersuchte Hexaaminoarsenobenzol und Bismethylaminotetraminoarsenobenzol. Beide Substanzen sind gegen Spirillosen wirksam.

Der Arsensäurerest haftet beim Atoxyl sehr fest am Benzolkern, und es zeigt sich eine weitgehende Analogie zwischen Arsanilsäure und Sulfanilsäure. Diese Analogie geht so weit, daß man auch die leichte Spaltbarkeit beider durch Halogen durchführen kann. So entsteht aus Arsanilsäure mit Bromwasser fast quantitativ Tribromanilin und Arsensäure.

Man kann in Form von Atoxyl 40—50mal soviel Arsen geben als bei Verwendung von Sol. Fowleri[1]).

Atoxyl wird beim Pferde[2]) z. T. als anorganische Arsenverbindungen, z. T. als p-Aminophenylarsinsäure, d. h. unverändert, wie auch als p-Oxyphenylarsinsäure und Oxycarbaminophenylarsinsäure ausgeschieden. Beim Menschen findet man: p-Aminophenol, wahrscheinlich o-Acetaminophenolschwefelsäure, Carbonyl-o-aminophenol (Oxycarbanil), Oxyaminophenylarsinsäure, Oxyphenylarsinsäure. Zu $^1/_4$ wird das Arsen in ionisierter Form ausgeschieden[3]).

Die Arsanilsäure selbst erhält man durch Einwirkung von Arsensäure auf Anilin zunächst in wässeriger Lösung und nachheriges Erhitzen unter Druck.

Ein Gemisch aus ca 3—4 Mol. Anilin und 2 Mol. H_3AsO_4 wird ca $1^1/_2$ Stunde auf 160—170° und dann 1 Stunde auf 180—185° erhitzt. Die Bildung von sekundärer

---

[1]) Blumenthal, F.: Med. Woche 1902, No. 15. — Schild: Berlin. klin. Wochenschr. 1892, S. 279.

[2]) Nierenstein: Zeitschr. f. Immunitätsforsch. u. exp. Therapie, Orig. Bd. 2, S. 453. 1909.

[3]) Sieburg, Ernst: Hoppe-Seylers Zeitschr. f. physiol. Chem. Bd. 97, S. 53. 1906.

4.4'-Diaminodiphenylarsinsäure wird unter den angegebenen Bedingungen fast ganz vermieden. Es wird z. B. eisgekühltes Anilin mit der berechneten Menge 100proz. Arsensäure H_3AsO_4 unter starkem Rühren vermischt, die sich verdickende und körnig werdende Masse zu einem feinen Pulver vermahlen. Das Produkt von der Zusammensetzung $(C_6H_5 \cdot NH_2)_3 \cdot (H_3AsO_4)_2$ wird in einem offenen Erlenmeyerkolben bei 160° geschmolzen und dann unter Rückfluß $1^1/_2$ Stunde auf 160—170° und eine weitere Stunde auf 180—185° erhitzt. Nach dem Abkühlen wird in 6-n-Natronlauge gelöst, vom ausgeschiedenen Anilin getrennt, die Lösung mit Kieselgur oder Kaolin geschüttelt, abgesaugt und das Filtrat mit 6-n-HCl gefällt, die p-Aminophenylarsinsäure erhält man so in Form weißer Krystalle[1]).

Die organischen Salze der Arsanilsäure zersetzen sich bei längerem Erhitzen; dieses soll bei den Chinin- und Cinchoninsalzen nicht der Fall sein. Man erhält diese durch Einwirkung der Säure auf die Base oder Umsetzung der Salze[2]).

p-Diazophenylarsinsäure erhält man durch Einwirkung von salpetriger Säure auf Arsanilsäure[3]).

m-Arsanilsäure ist ebenso toxisch wie die p-Arsanilsäure. Chemisch zeichnet sie sich durch das stärkere Haften der Arsensäure vor der Paraverbindung aus.

m-Aminophenylarsanilsäure (Metarsanilsäure) erhält man, wenn man die durch Nitrierung von Phenylarsinsäure erhältliche Nitrophenylarsinsäure in alkoholischer Lösung mit Natriumamalgam oder mit Schwefelammon und nachher mit Alkalien behandelt[4]).

Bei der Einwirkung von Arsensäure auf o- und m-Toluidin, sowie auf p-Xylidin wird 1-Aminobenzol-4-arsinsäure resp. ihre Homologen gebildet, insbesondere wenn man 2 Teile Arsensäure mit 3 Teilen Amin erhitzt. Sie zeigen analoge Wirkungen wie die Arsanilsäure. o-Tolylarsinsäure wird dargestellt aus o-Tolylarseniat durch Erhitzen auf 180°[5]).

Die Einwirkung von Phenylisocyanat auf Arsanilsäure führt nach A. Mouneyrat zu der Verbindung $C_6H_5 \cdot NH \cdot CO \cdot NH \cdot C_6H_4 \cdot As \cdot O(OH)_2$. Im gleichen Patent ist die Darstellung der Sulfoarylderivate der Aminophenylarsinsäure beschrieben[6]).

p-Aminophenylarsinsäure, welche Béchamp durch Einwirkung von Arsensäure auf Anilin gewonnen und fälschlich als Metaarsensäureanilid bezeichnet hat, gibt bei der Verdrängung des Arsensäurerestes durch Jod p-Jodanilin. Mit salpetriger Säure läßt sie sich diazotieren. Aus dem Diazokörper läßt sich durch Erhitzen mit Schwefelsäure die p-Oxyphenylarsinsäure gewinnen, durch Behandlung mit Salzsäure und Kupferpulver gelangt man zur p-Chlorphenylarsinsäure, welche man am besten als Kobaltsalz isoliert. Der Diazokörper läßt sich leicht zu Azofarbstoffen kuppeln[7]).

Man erhält[8]) diazotierte Derivate aus Nitroaminoarylarsinsäure, welche die Nitrogruppe in o-Stellung zur Aminogruppe enthalten, indem man sie diazotiert und die so erhaltenen Nitrodiazoarylarsinsäuren mit Mineralsäure bindenden Mitteln behandelt. Man diazotiert z. B. Nitroaminophenylarsinsäure und setzt ihr Natriumacetat hinzu; die Diazoverbindung kann dann weiter verarbeitet werden.

p-Amino-m-oxyarylarsinsäuren erhält man durch Behandlung der Azofarbstoffe, welche sich von den p-Diazo-m-oxyarylarsinsäuren ableiten, mit Reduktionsmitteln bis zur Entfärbung. Läßt man die Reduktionsmittel weiter einwirken, so entstehen durch Veränderung der Arsinsäuregruppe andere Derivate[9]).

Während die in p-Stellung substituierten Derivate des Anilins im allgemeinen nicht oder nur mit schlechter Ausbeute in Arsinsäuren übergeführt werden können, gibt p-Nitroanilin beim Erhitzen mit Arsensäure auf 210° 5-Nitro-2-aminobenzol-l-arsinsäure)[10].

Durch den Eintritt der Aminogruppe in das Molekül der Phenylarsinsäure erfolgt eine gewaltige Verschiebung der biologischen Eigenschaften (Bildung der Arsanilsäure). Die Toxizität sinkt und der parasiticide Charakter entwickelt sich. Tritt eine zweite Aminogruppe in die Phenylarsinsäure ein, so wird die Toxizität noch weiter herabgesetzt. 3.4-Diaminophenyl-1-arsinsäure ist ca. 25mal weniger giftig als das Natriumsalz der Arsanilsäure. Die Diaminosäure besitzt auch Heilwert gegenüber Trypanosomiasis, da sie aber in den wirksame Dosen Nervenaffektionen als Nebenwirkung auslöst, kann sie als Heilstoff nicht in Frage kommen[11]).

---

[1]) P. A. Kober, New York, A. P. 1405228.
[2]) Chemische Werke, Charlottenburg, D.R.P. 203081.
[3]) Speyer-Stiftung, D.R.P. 205449. [4]) D.R.P. 206334.
[5]) E.P. 855 v. 14. Jan. 1908. [6]) F.P. 401586, 30. Juli 1908. [7]) D.R.P. 243648.
[8]) Speyerstiftung, D.R.P. 205449. [9]) D.R.P. 244166. [10]) D.R.P. 243693.
[11]) Farbwerke Höchst, D.R.P. 219210. A. Bertheim, Ber. d. dtsch. chem. Ges. Bd. 44, S. 3092. 1911.

Bei der Phenylarsinsäure verstärkt die Einführung von NH_2 in p-Stellung die therapeutische und verringert die toxische Wirkung. NH_2 in o-Stellung macht die Verbindung sehr giftig und unwirksam. Einführung einer zweiten NH_2-Gruppe in o-Stellung zur ersten liefert 3.4-Diaminophenylarsinsäure, eine sehr ungiftige, aber auch wenig wirksame Substanz, die äußerst schnell den Körper durch die Niere wieder verläßt.

2.5- und 2.4-Diaminophenylarsinsäure sind etwa 5mal giftiger als 3.4, die Triaminosäure noch weniger. Sie alle sind wenig wirksam. Auch bei anderen Phenylarsinsäuren ist die NH_2-Einführung in p-Stellung meist am günstigsten. Die Gruppe $C_6H_4(OH)$ spielt eine ebenso wichtige Rolle für Giftigkeit und Wirksamkeit wie NH_2.

Die o-Stellung ist auch hier ungünstig. Zwischen m- und p-Stellung ist wenig Unterschied. Einführung von (CHO) vermehrt, von (CH_3CO) vermindert die Giftigkeit, aber nur beim Arsacetin ist die therapeutische Wirkung gesteigert.

Im allgemeinen nimmt die trypanocide Wirkung bei Einführung von $CH_3 \cdot CO$ in eine p-NH_2-Gruppe zu, in o- und m- ab. Der Rest der Aminobenzoesäure vermehrt im allgemeinen die Giftigkeit der Aminophenylarsinäure; nur beim Atoxyl steigt die therapeutische Wirkung erheblich. Aminobenzoylatoxyl hat keine Nervenwirkung.

Wird noch eine dritte Aminogruppe in die Phenylarsinsäure eingeführt, so entsteht Triaminophenylarsinsäure.

AsO_3H_2

H_2N ⬡ NH_2

N

H_2

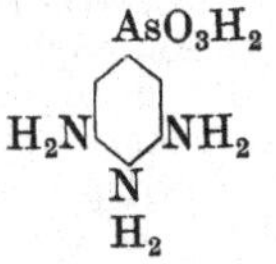

Sie hat bei manchen Tieren kaum überhaupt eine Giftwirkung. Durch Vermehrung der NH_2-Gruppen wird die Beständigkeit der Phenylarsinsäuren und Arsenobenzole vermindert, die Löslichkeit der entsprechenden Hydrochloride im Wasser erhöht[1]).

Halogenierte aromatische As-Verbindungen.

Alle Halogenderivate der Arsanilsäure haben eine bedeutend stärkere Giftigkeit als ihre Muttersubstanz.

Die Einführung von Jod und Brom erhöht die Giftigkeit des Atoxyls, weil dieses sich in der Leber ablagert, während das halogenfreie es nicht tut.

p-Aminophenylarsinsäurebijodür: NH_2 · ⬡ · As(J J)

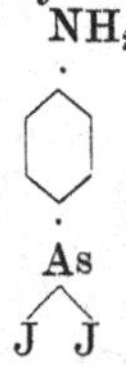

p-Aminophenylarsinsäuretetrajodür: NH_2 · ⬡ · As(J J J J)

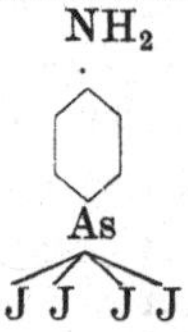

Das Bijodür der p-Aminophenylarsinsäure sowie das Tetrajodür sind giftiger als Atoxyl. Die Einführung von Jod bei erhaltener Aminogruppe steigert die Giftigkeit des Atoxyls[2]). Die Einführung von Jod in das Atoxylmolekül zeitigt nur Nachteile.

p-Aminophenylarsinsäuretetrajodid, und zwar das jodwasserstoffsaure Salz

[1]) Raiziss, George W. und Joseph L. Gavron: Journ. of the Americ. chem. soc. Bd. 43 S. 582. 1921.

[2]) Patta, A. und Caccia P.: Arch. d. farmacol. sperim. Bd. 12, S. 546. 1912.

HJ, $NH_2 \cdot C_6H_4 \cdot AsJ_4$, erhält man durch Übergießen trockener p-Aminophenylarsinsäure mit Jodwasserstoffsäure von 1 · 7 sp. G. bis zur Lösung beim Erwärmen. Die Substanz wirkt wie die anderen jodierten Atoxylderivate, dabei aber stark ätzend und nekrotisierend[1]).

3.5.3'.5'-Tetrajodarsenophenol wirkt schwächer auf Trypanosomen, aber stärker auf Spirillen als Arsenophenol.

Weniger giftig als jodierte Atoxylderivate sind Jodacidylderivate des Atoxyls, bei denen Jod in der Seitenkette steht. Aus Jodacetylchlorid, Atoxyl und Lauge erhält man Jodacetylaminophenylarsinsäure $CH_2J \cdot CO \cdot NH \cdot C_6H_4 \cdot AsO_3H_2$[2]).

p-Jodphenylarsinsaures Natrium und Jodatoxyl

J / Benzolring / As = O / ONa ONa NH_2 / Benzolring, J / As = O / ONa ONa

Beide Präparate sind erheblicher giftig als Atoxyl. Die Einführung von Halogen in den Ring erhöht die Giftigkeit.

3.5-Dibrom-4-aminophenylarsinsäure (NH_2; Br, Br; HO · As · OH) und o-Toluidinarsinsäure (NH_2; CH_3; HO · As · OH; O) [Khrasin[3])] und 3.5-Dijod-4-aminophenylarsinsäure (NH_2; J, J; HO · As · OH; O)

sind vielfach mehr giftig als Arsanilsäure, während die Einführung eines Acetyl- oder Glycinrestes die Giftigkeit stark herabsetzt.

p-Jod-, p-Jodoso- und p-Jodophenylarsinsäuren haben für Mäuse annähernd dieselbe Toxizität von $^1/_{200}$ g pro 20 g Gewicht. p-Jod- und p-Jodosophenylarsinsäure machen bei Mäusen Ikterus, während p-Jodophenylarsinsäure diese Erscheinung nicht zeigt[4]).

Dichlorphenylarsinsäure und 3.5-Dichlor-4-jodphenylarsinsäure machen bei Mäusen sehr intensiven Ikterus, viel stärker als 4-Jodphenylarsinsäure. Bei den Halogenphenylarsinsäuren wächst die Fähigkeit der Ikterusbildung mit der Anzahl der Halogenatome. Das sog. „Icterogen"

$$H_2O_3As \cdot C_6H_4 \cdot N\begin{cases} CH_3 \\ CH:CH_2 \\ CH:CH_2 \\ CH_3 \end{cases}$$

wird nach der ikteruserregenden Richtung von diesen beiden Substanzen übertroffen. 3.5-Dichlorphenylarsinsäure ist ungiftiger als p-Jodphenylarsinsäure und Dichlorjodphenylarsinsäure, so daß die Besetzung der p-Stellung zum Arsenrest jedenfalls die Giftwirkung wesentlich beeinflußt[5]).

p-Jodphenylarsinsäure und p-Jodphenylarsenigsäurejodid $JC_6H_4As_4J_2$ sind bedeutend toxischer als Atoxyl. Arsen wird zum Teil in anorganischer Form ausgeschieden. Jod hingegen wird bei der Jodphenylarsinsäure nur in orga-

[1]) Boll. Soc. Med. Chir. di Pavia. 1911. [2]) Schering-Berlin, D.R.P. 268983.
[3]) Wellcome u. Pyman, E.P. 855 (1908); 14937 (1908).
[4]) Leupold bei P. Karrer: Ber. d. dtsch. chem. Ges. Bd. 47, S. 97. 1914.
[5]) Karrer, P.: Ber d. dtsch. chem. Ges. Bd. 47, S. 1779. 1914.

nischer Bindung eliminiert, beim Jodphenylarsenigsäurejodid zum Teil auch in ionisiertem Zustande. Beim Kaninchen machen diese Verbindungen eine Verminderung des Stickstoffumsatzes. Gegenüber dem Trypanosoma Brucei sind beide Verbindungen unwirksam[1]).

Die Halogenderivate des Atoxyls werden am langsamsten ausgeschieden.

Der p-Dichlorarsinobenzoesäure-Chininester ist ein wirksames Gift gegen Trypanosomen, aber auch sehr giftig für das an Trypanosomen erkrankte Tier[2]).

Nitro-3-chlor-4-oxybenzol-1-arsinsäure wird in alkalischem Medium reduziert und die entstandene Aminosäure mit acetylierenden Mitteln behandelt. Beschrieben ist Acetylamino-3-chlor-4-oxybenzol-1-arsinsäure. Durch Abspaltung der Acetylgruppe erhält man die Aminosäure. Beschrieben ist ferner die Benzoylverbindung. Die Verbindung ist aber nach A.P. 1583382 eigentlich 3-Amino-4-oxy-5-chlorbenzol-1-arsinsäure. Man erhält leicht das Benzoylderivat[3]).

Acylierte Arsenderivate.

Bei der Einwirkung von Aldehyden mit und ohne Kondensationsmittel auf die Arsanilsäuren erhält man durch Kondensation Derivate. Beschrieben sind die Einwirkungsprodukte von p-Oxybenzaldehyd, Dimethylaminobenzaldehyd und Resorcyldehyd[4]).

Durch die Acetylierung der Arsanilsäure erhält man eine Verbindung, die im Heilwert nicht zurückgegangen ist, aber für verschiedene Tierarten um 3—10mal weniger giftig ist. Nur das Pferd und das Meerschweinchen bilden eine Ausnahme, für die das Präparat gleich giftig bleibt. Arsacetinspirocid ist Acetylatoxyl, es ist ungleich ungiftiger als Atoxyl[5]). Die Einführung eines Acetylrestes setzt aber nicht bei allen Tierarten die Toxizität der Arsanilsäure herab, weil Acetarsanilsäure bei verschiedenen Tieren mehr oder weniger vollständig in die beiden Komponenten gespalten wird. (Siehe S. 707.)

4-Acetaminoarsinsesquisulfid ist giftiger als die Acetarsanilsäure.

Phenoxylessigsäure erhöht die Toxizität des Atoxyls, Phthalsäure mindert sie beträchtlich, wenn man mit ihnen Atoxyl acyliert. Diese Verbindungen sollen gegen Trypanosomen heilkräftiger sein als Atoxyl[6]). Eine Entgiftung erhält man auch durch Einwirkung von Benzolsulfochlorid auf Arsanilsäure. Hektin ist das Natriumsalz der Benzolsufon-p-aminophenyl-arsinsäure[7]). Beim Hektin ist die Arsenausscheidung am schnellsten beendigt. Das Quecksilbersalz wird Hektargyr genannt.

Blockiert man die Aminogruppe, so werden die Verbindungen gegen Trypanosomen weniger wirksam. Wenn aber die Aminogruppe in Parastellung steht, so hat die Acetylierung weniger Einfluß. Blockiert man die Aminogruppe des Atoxyl mit Säureresten, so erhält man verschiedene Resultate. Ameisensäure vergrößert die Giftigkeit wenigstens für das Nervensystem. Der Aminobenzoesäurerest hingegen macht die Nervenwirkung total verschwinden.

Säureabkömmlinge der p-Aminophenylarsinsäure erhält man durch Acylierung von p-Aminophenylarsinsäure. Dargestellt wurden Formylarsanilsäure, Acetarsanilsäure, Butyrylarsanilsäure, Chloracetylarsanilsäure, Malonylarsanilsäure, Benzoylarsanilsäure, Phthalylarsanilsäure, ebenso ist der Harnstoff der Aminophenylarsinsäure beschrieben[8]).

p-Aminophenylarsinsäure und ihre Homologen kann man in Harnstoff- und Thioharnstoffabkömmlinge verwandeln durch Einwirkung von Cyansäure resp. Sulfocyansäure oder deren Estern auf Arsanilsäure[9]).

---

[1]) Mameli, Efisio u. Aldo Patta: Arch. di farmacol. sperim. Bd. 11, S. 475; Bd. 12, S. 1. 1911.

[2]) Oechslin, K. J.: The Philippine Journ. of Science, 6. Sektion, A. 23.—24. Januar 1911, Manila.

[3]) E.P. 230487/1925.

[4]) Speyer-Stiftung, D.R.P. 193542.

[5]) Neisser, Alb.: Dtsch. med. Wochenschr. Bd. 14, S. 1500.

[6]) D.R.P. 191548.

[7]) Balzer u. Mouneyrat: Progr. méd. 1909, Nr. 27. — Rev. internat. de méd. et de chir. 1909, S. 375.

[8]) Speyer-Stiftung, D.R.P. 191548.

[9]) Farbwerke Höchst, D.R.P. 213155, Zusatz zu D.R.P. 191548.

Die in D.R.P. 191548 beschriebenen Diarsanilharnstoffe zeigen schon eine bedeutend herabgesetzte Toxität, die Giftigkeit ist wie die des Methylharnstoffes der Arsanilsäure, aber die Heilfunktionen sind nicht gesteigert, so daß bei der praktischen Verwendung Diarsanilharnstoff dem unsymmetrischen Harnstoff bei weitem nachsteht. Dargestellt wurden Carbaminoarsanilsäure, Thiocarbaminoarsanilsäure, Methylcarbaminoarsanilsäure, Phenylcarbaminoarsanilsäure, Carbamino-o-methylarsanilsäure, Carbaminoanthranilarsinsäure.

Die Acetylverbindung des Natriumsalzes der p-Oxy-m-amino-phenylarsinsäure

AsO_3HNa

$NH \cdot CO \cdot CH_3$

OH

wirkt in etwas größerer Dosis als die Oxyphenylaminoarsinsäure selbst. Unwirksam ist das Calciumsalz der Acetylverbindung. Oxyaminophenylarsinsäure unterscheidet sich von der Arsanilsäure sowohl durch die Hydroxylgruppe als auch durch die Stellung der NH_2-Gruppe (hier Stellung 3). Hata hat sie bei der Rekurrenserkrankung der Mäuse angewandt, wo sie wie Atoxyl wirkt. Lokal wirkt sie nicht reizend[1]).

5-Nitrobenzoxazolon oder dessen im Kern durch Methyl oder Halogen substituierten Derivate werden zu den entsprechenden Aminoverbindungen reduziert, diese diazotiert und die Diazoverbindung mit einem löslichen Arsenit behandelt. Man erhält Benzoxazolon-5-arsinsäure[2]).

Die im vorstehenden Patent beschriebene Benzoxazolon-5-arsinsäure oder deren Substitutionsprodukte werden mit alkalisch wirkenden Mitteln erhitzt; man erhält dann 4-Amino-3-oxybenzol-1-arsinsäure[3]).

Man behandelt o-Aminooxybenzolarsinsäuren in alkalischer Lösung mit Benzoylchlorid. Beschrieben ist 4-Benzoylamino-3-oxybenzol-1-arsinsäure, 3-Benzoylamino-4-oxybenzol-1-arsinsäure. Die Produkte wirken per os und prophylaktisch.[4])

Man erhält symm. Harnstoffe aus 4-Oxy-3-aminobenzol-1-arsinsäure und deren Aminoacylderivaten, wenn man auf diese Phosgen in alkalischer Lösung bei erhöhter Temperatur einwirken läßt. Beschrieben sind die symm. Harnstoffe der 4-Oxy-3-aminobenzol-1-arsinsäure, der 3,3′-Aminobenzolamino-4-oxybenzol-1-arsinsäure, der 3,3″-Aminobenzoyl-3′-amino-4′-methylbenzoylamino-4-oxybenzol 1-arsinsäure. Diese Harnstoffe zeichnen sich den zugrunde liegenden Verbindungen gegenüber durch bessere Wirkung aus[5]).

3-Amino-4-oxyphenylarsinsaures Natrium und sein Acetylprodukt (Präparat Nr. 190) schützen vor experimenteller Syphilisinfektion von Kaninchen, sowie Hühnerspirillose und heilen sie. Sie sind weniger wirksam als Salvarsan[6]).

Stovarsol, 3-Acetylamino-4-oxyphenylarsinsäure, ist nach Levaditi etwas weniger wirksam als 3-Amino-4-oxyphenyl-arsinsäure. Es ist aber an der Luft haltbar und kann intern verwendet werden, insbesondere als Präventivmittel.

Per os wirkt Stovarsol bei Kaninchensyphilis prophylaktisch und heilend, doch treten oft Rezidive ein[7]).

Stovarsol steht nur wenig, obwohl intern gegeben, hinter Neosalvarsan zurück. Es wirkt auch beim Menschen prophylaktisch[8]).

---

[1]) Levaditi, C. u. A. Navarro-Martin: Ann. de l'inst. Pasteur. Bd. 36, S. 46. 1922.

[2]) Cassella, E.P. 240969/1925. [3]) Cassella, E.P. 240968/1925.

[4]) Cassella, E.P. 240223/1925.

[5]) Schering, E.P. 236563/1925.

[6]) Fournier, L., C. Levaditi, A. Navarro-Martin u. A. Schwartz: Cpt. rend. hebdom. des séances de l'acad. des sciences. Bd. 174, S. 1380. 1922.

[7]) Levaditi, C., L. Navarro-Martin, L. Fournier, L. Guénot u. A. Schwartz: Ann. de l'inst. Pasteur Bd. 36, S. 53, 619, 729. 1922.

[8]) Oppenheim, M.: Wien. klin. Wochenschr. Bd. 39, S. 627. 1926.

Es werden noch dargestellt außer Stovarsol das Formyl-, Propionyl- und Butyrylderivat. Das Formylderivat ist giftiger, die beiden anderen weniger giftig, doch nicht wertvoller als das Acetylderivat[1]).

Man erhält 3-Amino-4-oxy-chlorbenzol-1-arsinsäure, wenn man N-Acylderivate der Säure mit verseifenden Mitteln behandelt. Die Säure wird im Licht nicht zersetzt[2]).

ω-Methylsulfonsäure der p-Aminophenylarsinsäure

HO\
O=As·⟨C₆H₄⟩·NH
HO/ \CH$_2$·O·SO$_2$H

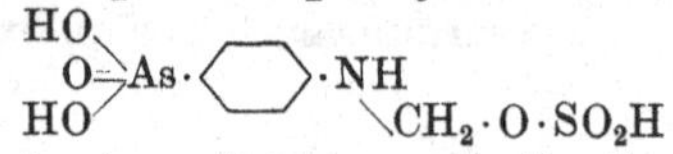

ist weit weniger giftig als Arsanilsäure und die therapeutische Wirksamkeit ist bedeutend geschwächt[3]).

Durch Reduktion der Phenylarsinsäure gelangt man zum primären Phenylarsin, das außerordentlich giftig ist. Seine große Giftigkeit schließt seine therapeutische Verwendung aus. Dagegen sind seine Derivate, die salzbildende Gruppen besitzen, viel weniger giftig und zeigen auch therapeutische Wirkungen: Phenylglycinarsin $HOOC \cdot CH_2 \cdot NH \cdot C_6H_4 \cdot AsH_2$ und 1-Oxy-2-aminophenyl-4-arsin

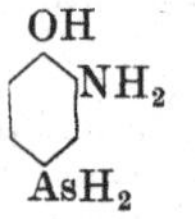

OH
⟨C₆H₃⟩NH$_2$
AsH$_2$

Arsenophenylglycin.

As = As
COOH · CH$_2$ · NH NH · CH$_2$ · COOH

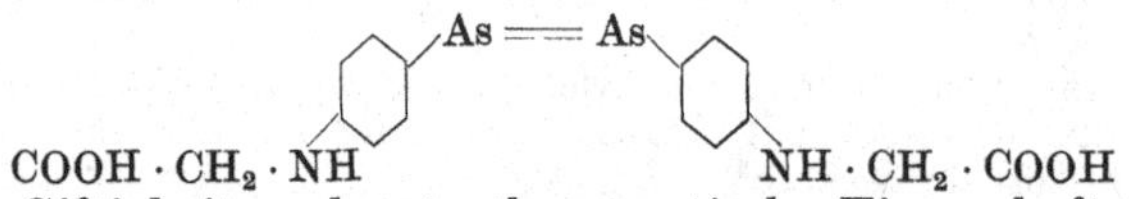

zeigen geringere Giftigkeit und gute therapeutische Eigenschaften[4]).

Aus Arsanilsäure kann man p-Arylglycinarsinsäuren erhalten durch Umsetzung von p-Aminoarylarsinsäuren mit Halogenessigsäuren oder mit Formaldehyd und Blausäure. Diese Verbindung ist als Arsanilglycin beschrieben[5]). (Siehe S. 709.)

Die carboxylierten Acylaminophenyl- und Acylaminotolylarsinsäuren erhält man durch die Oxydation der Homologen der p-Acylaminophenylarsinsäuren. Acet-o-toluidinarsinsäure, durch Acetylierung der Grundsubstanz erhalten, geht durch Permanganat in Acetanthranilarsinsäure über[6]).

Sie haben eine herabgeminderte Toxizität, sie sind auch weniger giftig als die Acylderivate, da sie im Organismus schwerer spaltbar sind. Die Methylcarbaminoarsanilsäure ist viel weniger giftig beim Kaninchen, halb so giftig als die Acetylarsanilsäure.

p-Nitrosophenylarsinsäure hat nach P. Ehrlich keinen Heilwert[7]).

Heterocyclische organische Arsenverbindungen erhält man, wenn man Dihalogenpentan oder einen ähnlichen Halogenkohlenwasserstoff mit zwei reaktionsfähigen Halogenatomen und ein Arsenhalogenid oder ein Organohalogenarsenid in einem indifferenten Lösungsmittel mittels Natrium oder Magnesium zur Reaktion bringt. Ebenso kann man auch andere Metallhalogenide verwenden.

Aus den Magnesiumverbindungen des 1.5-Dibrompentans und Phenyldichlorarsins erhält man Cyclopentylenphenylarsin.

Die durch Einwirkung von Allylsenföl auf Arsanilsäure, deren Homologe und Derivate entstehenden Verbindungen haben angeblich eine spezifische Wirkung auf Bindegewebe von Tumoren. Dargestellt wurde die Thioharnstoffverbindung aus Allylsenföl und Methylarsanilsäure[8]).

---

[1]) Raiziss, G. W. und B. C. Fisher: Journ. of the Americ. chem. soc. Bd. 48, S. 1323. 1926.
[2]) A.P. 1595498. [3]) Abelin, J.: Biochem. Zeitschr. Bd. 78, S. 191. 1916.
[4]) Kahn, R.: Zeitschr. f. angew. Chem. Bd. 25, S. 1995.
[5]) Kobert, R.: Therap. d. Gegenw. 1902/3. S. 159. — Michaelis: Liebigs Ann. d. Chem. Bd. 321, S. 162, 165.
[6]) Farbwerke Höchst, D.R.P. 203717.
[7]) Karrer, P.: Ber. d. dtsch. chem. Ges. Bd. 45, S. 2066. 1912.
[8]) Thoms, D.R.P. 294622.

Verschiedene Arsanilsäurederivate.

2-Aminotolyl-5-arsinsäure (Formel: Benzolring mit NH_2, CH_3 und $HO—As(O)—OH$) ist nicht weniger giftig als Arsanilsäure[1]).

Farbstoffe der Benzidin- und Triphenylmethanreihe sind trypanocid, aber die entsprechenden Arsenderivate haben sehr geringen Effekt, z. B.

Dinatrium-4-hydroxy-2^1-benzolazotoluol-5^1-arseniat (OH-Phenyl-N:N-Tolyl mit CH_3, $NaO \cdot As(O) \cdot ONa$)

Dinatrium-4-dimethylamino-2^1-benzolazotoluol-5^1-arsenit ($N(CH_3)_2$-Phenyl-N:N-Tolyl mit CH_3, $NaN \cdot As(O) \cdot ONa$)

Tetranatriumphenazin-2 : 6-bisarseniat (Phenazin mit $As(:O)(ONa)_2$ und $(NaO)_2(O:)As$)

Benzoxaazolonarsinsäure erhält man durch Behandlung von 3-Oxy-4-aminobenzol-1-arsinsäure mit Phosgen in Natriumacetatlösung. Es wirkt per os[2]). (Siehe S. 715.)

Merril C. Hart und W. B. Payne wenden gegen die Ehrlichsche Theorie, wonach bei Arsenverbindungen ein Maximum an therapeutischen Wirkungen nur bei Anwesenheit gewisser „Anker"gruppen möglich ist, ein, daß bei Einführung von Gruppen, welche die Löslichkeit erhöhen (wie $CH_2 \cdot COOH$), zwar die toxische und bactericide Wirkung abnimmt, die therapeutische Wirkung aber praktisch dieselbe bleibt.

Bei der Untersuchung von 3-Amino-4-oxyarsenophenyl-4′-glycin

(Formel: As = As; $HOOC \cdot CH_2 \cdot NH$-Phenyl; Phenyl mit NH_2 und OH)

des Natriumsalzes der 3-Amino-4-oxyarsenophenyl-4′-glycin-N-methylensulfinsäure

(Formel: As = As; $NaOOC \cdot CH_2 \cdot NH$-Phenyl; Phenyl mit OH und $N<^{H}_{CH_2 \cdot O\ SO \cdot Na}$)

und der entsprechenden Sulfinsäure war für I. die Dosis der maximalen Wirkung 0,15—0,20 g pro kg, für II. 0,35—0,4 g pro kg, für die Sulfinsäure 0,35 g letale Dosis[3]).

---

[1]) Farbwerke Höchst, D.R.P. 204664.
[2]) Cassella, Frankfurt, E.P. 214628/1924, Schwz.P. 109390.
[3]) Journ. of the Americ. med. assoc. Bd. 12, S. 759. 1923.

Phenylglycinamid-p-arsinsäure (Formel: Benzolring mit $NH \cdot CH_2 \cdot CO \cdot NH_2$ und $As(=O)(OH)_2$) wirkt trypanocid, nicht aber bei Recurrens und Spirochätenerkrankungen des Kaninchens[1]).

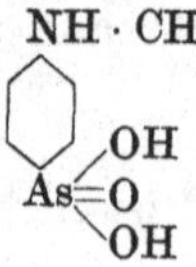

3-Amino-4-oxyphenylarsinsäure in der die Aminogruppe in m-Stellung zum A sen steht, wirkt wie p-Aminophenylarsinsäure, so daß der Eintritt des Hydroxyls keine wesentliche Änderung bringt.

Glycylarsanilsäure wirkt auf Trypanosomen stärker als p-Aminophenylarsinsäure[2]). Setzt man statt der Glycylkette polypepti.artige Ketten wie Diglycyl-, Triglycyl- oder Tetraglycyl, so sind die entsprechenden Derivate der Arsanilsäure wirksamer als Atoxyl, aber nicht wirksamer als die einfache Glycylarsanilsäure[3]).

Fourneau[4]) hat bei Untersuchungen der 3-Amino-4-oxyphenylarsinsäure und 4-Amino-2-oxyphenylarsinsäure die günstigen Verhältnisse zwischen Dosis curativa und dosis tolerata $^1/_5$ und $^1/_8$ gefunden, während 4-Aminophenylarsinsäure $^1/_1$ zeigt. L. F. Hewitt und H. King haben in diese Oxysäuren Aminobenzoylreste eingeführt, welche bei der 4-Aminophenylarsinsäure günstige Verhältnisse schaffen. Sie haben keine Vorteile vor den Muttersubstanzen, nur die Verbindung:

$$\left[(H_2N)(OH)C_6H_3 \cdot CO \cdot NH \cdot C_6H_3(OH) \cdot As: \right]_2$$

hat eine permanente Heilwirkung mit $^1/_4$ der Dosis tolerata[5]).

Die Nervenwirkung, d. h. die Erregung von Tanzmäusen, bleibt aus bei Phenylarsinsäure mit Gruppen in Stellung 3.4.5., ferner bei vielen Derivaten der Aminobenzoesäure und bei Besetzung von 2.4[6]).

Die Verbindungen

Natrium-bis-p-aminophenylarseniat $(H_2N \cdot C_6H_4)_2As(=O)ONa$

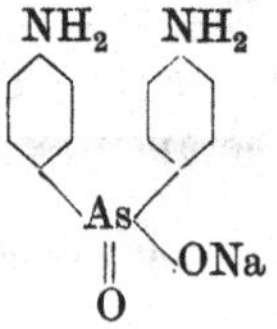

Natrium-bis-p-acetaminophenylarseniat $(CH_3 \cdot CO \cdot NH \cdot C_6H_4)_2As(=O)ONa$

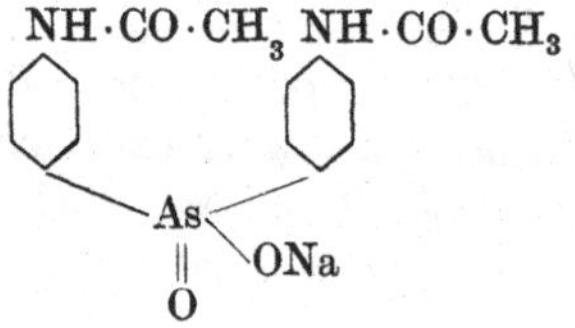

Natrium-bis-2-aminotolyl-5-arseniat u. 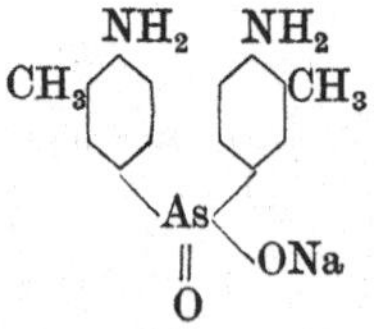 Natrium-bis-2-acetaminotolyl-5-arseniat

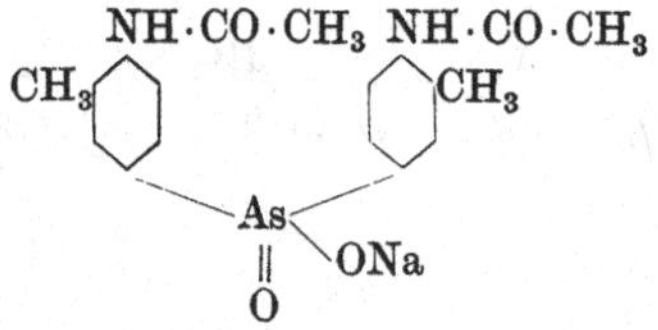

$(H_2N)(CH_3)C_6H_3$ ... $As(=O)ONa$ und $(CH_3 \cdot CO \cdot NH)(CH_3)C_6H_3$ ... $As(=O)ONa$

wirken nur sehr wenig; manchmal gar nicht bei Dourine.

1) Jacobs, W. und M. Heidelberger: Journ. of exp. med. Bd. 30, Nr. 5. 1920.
2) Jacobs und Heidelberger: Darstellung S. D.R.P. 191548.
3) Giemsa, G. und C. Tropp: Ber. d. dtsch. chem. Ges. Bd. 59, S. 1776. 1926.
4) Ann. l'inst. Pasteur Bd. 37, S. 551.
5) Journ. of the chem. soc. (London) 1926, S. 817.
6) Fourneau, E., A. Navarro-Martin, Tréfouel, M. Levaditti: Ann. de l'inst. Pasteur Bd. 37, S. 551. 1923.

Derivate von Campher, Menthol.

Morgan[1]) stellte Dicamphorylarsinsäure her, welche giftiger ist als Arsanilsäure:

$$C_8H_{14}<\begin{matrix} CH \cdot \overset{\overset{O}{\cdot\cdot}}{As} \cdot CH \\ | \qquad\qquad | \\ CO \qquad\quad CO \end{matrix}>C_8H_{14}$$

Durch Umsetzung von Oxymethylencampher oder der entsprechenden Chlormethylenverbindung mit dem Natriumsalz der p-Aminophenylarsinsäure erhält man eine Substanz, die angeblich kräftige Wirkung auf Trypanosomen und Spirillen zeigt[2]).

Durch Kondensation von Mentholguätholschwefelsäure mit Monomethyldinatriumarsenat erhält man o-Guätholmonomethyltrioxyarsenomenthol. Man kann auch benzoldisulfosaures Natrium mit Natriumalkoholat behandeln, das entstandene Reaktionsprodukt mit arsenigsaurem Natrium versetzen und das gewonnene Zwischenprodukt mit Mentholschwefelsäuremethyläther behandeln[3]).

Darstellung verschiedener aromatischer Arsenderivate.

Bei der Darstellung von aminosubstituierten Arsenverbindungen kann man an Stelle von 3-Nitro-4-oxybenzol-1-arsinsäure andere Nitro- oder Polynitroarsinsäuren oder deren Derivate bzw. die entsprechenden Arsenoxyde oder Arsenoverbindungen mit unterphosphoriger Säure und Jodkalium bzw. Jodwasserstoffsäure, gegebenenfalls unter Zusatz von Essigsäure, reduzieren.

So wird z. B. 3-Nitro-4-aminobenzol-1-arsinsäure zum 3.4.3'.4'-Tetraminoarsenobenzol reduziert. Auch Polynitroverbindungen erleiden die gleiche Reduktion[4]).

An Stelle der Arsanilsäure können die Homologen und Carbonsäuren mit Ausnahme der m-Dialkylderivate und Reduktionsmittel behandelt werden[5]). Dimethylamino-p-tolylarsenoxyd und Tetramethyldiaminoarsenotoluol sind ohne jedes therapeutische Interesse. Dargestellt wurden Aminotolylarsenoxyd ($CH_3 : NH_2 : AsO = 1 : 2 : 5$), Acetanthranilsäurearsenoxyd (Acetaminoarsenoxydbenzoesäure $CH_3CONH : AsO : COOH = 1 : 4 : 2$), Arsenoacetanthranilsäure.

Aus Oxyarylarsinsäuren kann man durch Nitrieren und Reduzieren Aminooxyarylarsenoverbindungen erhalten. Diese Verbindungen zeichnen sich besonders durch ihre Wirkung auf Recurrensspirillen aus. Dargestellt wurden Aminooxyphenylarsinsäure durch Nitrierung mit Salpeterschwefelsäure und Reduktion der Nitrophenolarsinsäure mit Natriumamalgam oder Natriumhydrosulfit. Es scheidet sich Diaminodioxyarsenobenzol aus, welches durch Oxydation mit Wasserstoffsuperoxyd in α-Aminophenolarsinsäure übergeht. Ferner wurden dargestellt Aminokresolarsinsäure und Diaminophenolarsinsäure. Bei starker Reduktion erhält man Diaminoarsenokresol resp. Tetraaminoarsenophenol[6]).

An Stelle des im D.R.P. 224953 beschriebenen Verfahrens kann man an Stelle der Nitroderivate von p-Oxyarylarsinsäuren Azofarbstoffe, die sich von den m-Oxy-p-diazoarylarsinsäuren ableiten, mit starken Reduktionsmitteln behandeln. Behandelt man nämlich die in üblicher Weise erhältlichen Diazoverbindungen der 3-Nitro-4-aminoaryl-l-arsinsäuren mit mineralsäurebindenden Mitteln, so entstehen durch Austausch der 3-Nitrogruppe gegen Hydroxyl Diazoverbindungen, die sich mit leicht reagierenden Azofarbstoffkomponenten, wie Resorcin, Naphthol usw. zu Azofarbstoffen kombinieren lassen. Unterwirft man nun diese von der m-Oxyphenylarsinsäure sich ableitenden Azofarbstoffe der Einwirkung von starken Reduktionsmitteln, so erhält man Verbindungen von hoher spirillocider Wirkung, welche mit den entsprechenden Produkten des Hauptpatents stellungsisomer sind[7]).

Die nach D.R.P. 244789, Zusatz zu D.R.P. 224953, beschriebenen Aminooxyderivate des Arsenobenzols und dessen Homologen können gewonnen werden, wenn man die nach D.R.P. 244166 darstellbaren p-Amino-m-oxyarylarsinsäuren mit starken Reduktionsmitteln behandelt[8]).

Man erhält Derivate des Phenylarsenoxyds und Arsenobenzols durch Behandlung von p-Aminophenylarsinsäure und deren Derivaten mit Ausnahme der Dialkylderivate

1) Journ. Chem. Soc. (London). Bd. 93, S. 2144. 1908.
2) Hans Rupe, Basel, D.R.P. 325640.
3) Alfred Mauersberger, Nienburg, D.R.P. 320797.
4) D.R.P. 271894, Zusatz zu D.R.P. 206456.
5) D.R.P. 286432, Zusatz zu D.R.P. 206456.
6) D.R.P. 224953.
7) D.R.P. 244789, Zusatz zu D.R.P. 224953.
8) D.R.P. 244790, Zusatz zu D.R.P. 224953.

mit Reduktionsmitteln. Beschrieben sind Reduktionen mit Jodwasserstoffsäure und schwefeliger Säure, mit Phenylhydrazin, Zinnchlorür, Natriumamalgam und die Darstellungen von Aminophenylarsenoxyd $NH_2 \cdot C_6H_4 \cdot AsO + 2\,H_2O$. Diaminoarsenobenzol $NH_2 \cdot C_6H_4As : AsC_6H_4 \cdot NH_2$, Dihydrooxydiaminoarsenobenzol $NH_2 \cdot C_6H_4 \cdot As(OH) \cdot As(OH) \cdot C_6H_4 \cdot NH_2$, Arsenophenylglycin[1]).

3.3'-Dinitro-4.4'-dioxyarsenobenzol erhält man durch Reduktion von 3-Nitro-4-oxybenzol-1-arsinsäure oder des entsprechenden Arsenoxyds mit Zinnchlorür, gegebenenfalls unter Zusatz von Jodwasserstoffsäure. Das Nitroderivat ist der Ausgangskörper für das 3.3'-Diamino-4.4'-dioxyarsenobenzol[2]).

Bei der Nitrierung der 3-Oxalylaminobenzol-l-arsinsäure entsteht 6-Nitro-3-aminobenzol-1-arsinsäure und wenig 2-Nitro-3-aminobenzol-1-arsinsäure, wenn man das Nitrierungsprodukt mit Salzsäure verseift[3]).

Aus Nitroacidylaminobenzolarsinsäure ($As : NO_2 : NH \cdot Acidyl = 1 : 2 : 4$) erhält man durch Erhitzen mit sauren oder alkalischen verseifenden Mitteln 2-Nitro-4-aminobenzol-1-arsinsäure. Man kann auch die Diazoverbindung des Monoacetyl-nitro-p-phenylendiamins in saurer Lösung mit arseniger Säure behandeln und alsdann die so erhaltene saure Lösung der 2-Nitro-4-acetylaminobenzol-1-arsinsäure längere Zeit erhitzen[4]).

Durch Oxydation von 4-Oxybenzol-1-arsinsäure mit Kaliumpersulfat in wässerig-alkalischer Lösung gelangt man zu einer Dioxybenzolarsinsäure (wahrscheinlich 3.4-Dioxy-1-arsinsäure)[5]).

Nitrosoderivate aromatischer Arsenverbindungen erhält man durch Oxydation von Aminoarylarsinsäuren mit Sulfomonopersäure. So erhält man aus Atoxyl die p-Nitrosophenylarsinsäure[6]).

Man erhält über die Arsenostufe reduzierte Substitutionsprodukte aromatischer Arsinsäuren durch Behandlung mit starken Reduktionsmitteln, wie Zinn, Zink, Eisen in stark saurer Lösung, evtl. unter Erwärmung. Aus Oxyphenylarsinsäure erhält man Dioxyarsenobenzol. Aus 4-Aminobenzol-1-arsinsäure erhält man Diaminoarsenobenzol usf.[7]).

Man erhält aromatische Arsenoverbindungen, wenn man solche aromatische Arsenoxyde oder an deren Stelle Arsenchlorüre und solche aromatische Arsine, von denen mindestens die eine oder die andere Komponente ein salzbildende Atomgruppe, wie z. B. die Amino-, Oxy- oder Glycingruppe enthält, aufeinander einwirken läßt.

Beschrieben ist die Darstellung von 4.4'-Diaminoarsenobenzol aus 4'-Aminophenylarsin und 4-Aminophenylarsenoxyd, ferner 4.4'-Dioxy-3.3'-diaminoarsenobenzol aus 4-Oxy-3-aminophenylarsinsäure und 4-Oxy-3-aminophenylarsin, weiter 4-Aminophenylarseno-4'-oxybenzol $NH_2-\langle\_\_\rangle-As : As-\langle\_\_\rangle OH$ aus 4-Oxyphenylarsenoxyd und 4-Aminophenylarsin, weiter 4-Glycin-3'-amino-4'-oxyarsenobenzol

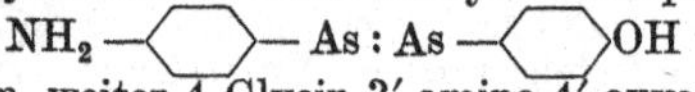

$$\begin{array}{ccc} NH \cdot CH_2 \cdot COOH & & OH \\ \bigcirc & & \bigcirc NH_2 \\ | & & | \\ As & = & As \end{array}$$

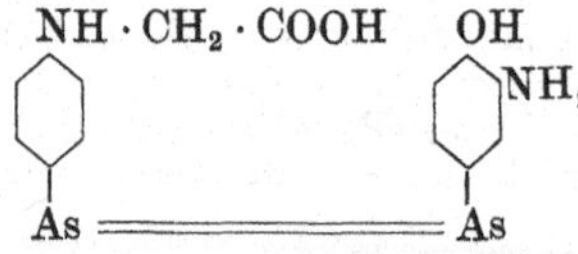

aus p-Phenylglycinarsinsäure und 4-Oxy-3-aminophenylarsin, weiter dieselbe Verbindung aus Phenylglycinarsenchlorür und 4-Oxy-3-aminophenylarsin; schließlich 3-Amino-4-oxyarsenobenzol aus 3.4-Aminooxyphenylarsin und Phenylarsenoxyd

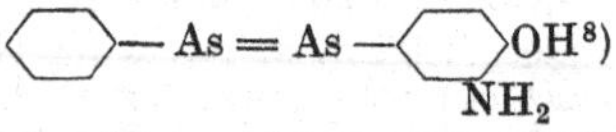

$$\langle\_\_\rangle-As = As-\langle\_\_\rangle OH \quad (NH_2)$$ [8])

Unsymmetrische aromatische Arsenverbindungen erhält man, wenn man Gemische von äquimolekularen Mengen von zwei verschiedenen Arsinsäuren oder zwei verschiedenen Arsenoxyden oder einer beliebigen Arsinsäure und eines beliebigen Arsenoxyds der aromatischen Reihe, wobei jedoch mindestens die eine oder die andere Komponente eine salzbildende Gruppe enthalten muß, mit starken Reduktionsmitteln behandelt.

Beschrieben ist die Darstellung des Dichlorhydrates des 3.4'-Diamino-4-oxyarsenobenzols, des 4-Oxy-3-amino-4'-glycinarsenobenzols, des 3.5-Dichlor-4.4'-dioxy-3-aminoarsenobenzol, des 4-Oxy-3-aminoarsenobenzol[9]).

In gleicher Weise kann man unsymmetrische Arsenverbindungen darstellen, welche einseitig ein aliphatisches Radikal enthalten. Man reduziert ein molekulares Gemenge einer aromatischen und einer aliphatischen Arsinsäure oder an deren Stelle die entsprechenden Arsenoxyde. Beschrieben sind Methanarsenoaminophenol[10]).

---

1) Höchst, D.R.P. 206057.
2) Höchst, D.R.P. 212205, Zusatz zu D.R.P. 206057.
3) Höchst, D.R.P. 261643.
4) Höchst, D.R.P. 267307.
5) Höchst, D.R.P. 271892.
6) P. Karrer, D.R.P. 256963.
7) Höchst, D.R.P. 251571.
8) Höchst, D.R.P. 254187.
9) Höchst, D.R.P. 251104.
10) Höchst, D.R.P. 253226, Zusatz zu D.R.P. 251104

Salvarsan.

Ihren vorläufigen Kulminationspunkt hat die Arsentherapie und mit ihr die Chemotherapie in der bahnbrechenden Synthese des Salvarsans, welches sich als ausgezeichnetes Mittel gegen verschiedene Spirillosen und besonders Syphilis erwies, gefunden. Diese Ehrlichsche Großtat ist das Endglied seiner Untersuchungen, welche mit der Konstitutionsermittlung des Atoxyls begonnen haben.

Das salzsaure 3.3'-Diamino-4.4'-dioxyarsenobenzol (Salvarsan, Ehrlich-Hata 606) wirkt gegen Spirillosen des Menschen (z. B. Lues), gegen Frambösie und Recurrens. Man hat es auch gegen Malaria tertiana versucht, bei der Brustseuche der Pferde und bei der afrikanischen Rotzkrankheit, Salvarsannatrium ist das Dinatriumsalz des Altsalvarsans.

Bei Kaninchen findet man nach intravenöser Injektion von Salvarsan 5 Min. später am meisten As in der Leber; 1 Stunde und bis zu 4 Tagen danach zwar auch das meiste in der Leber, aber etwa 10—50 % davon in dem Lungengewebe und 10 % in den großen Knochen. — Das Arsen des Salvarsan wird in die Galle und von da in den Kot, viel weniger durch die Nieren entfernt. Aber nur 40 % werden wieder gefunden, so daß immerhin die Möglichkeit der Lungenausscheidung besteht[1]).

Beim Schweinerotlauf der Mäuse wirken Salvarsan und Neosalvarsan und die Metallsalvarsane nur kurze Zeit nach der Infektion und bei Anwendung großer Mengen, während mit Arsenobenzolderivaten mit 4, 5 oder 6 Aminogruppen, insbesondere durch einmalige Injektion des Hexaminoarsenobenzols sichere Heilwirkungen zu erzielen sind[2]).

Die Wirkung des Salvarsans bei der Milzbrand- und Rotlaufinfektion und des Äthylhydrocupreins bei Pneumokokkeninfektion ist eine direkte, die Mittel sind parasitotrop. Die Wirkung der Präparate in vitro und in vivo geht parallel.

Dem dreiwertigen Arsen schreibt P. Ehrlich eine besondere Bedeutung zu, welche er als spirillocide Fähigkeit bezeichnet, während die in der p-Stellung befindliche Hydroxylgruppe eine Herabsetzung der Toxizität nach sich zieht. Die o-Stellung der Amino- und der Hydroxylgruppe zueinander ist von Bedeutung für die Heilwirkung, eine Erfahrung, die Ehrlich zuerst an den ähnliche Atomgruppierungen aufweisenden Farbstoffen Trypanrot und Trypanblau gemacht hat. Auf dem Wege zum Salvarsan wurde Ehrlich auch durch die Beobachtung geleitet, daß die Einführung einer Aminogruppe in Orthostellung zur Hydroxylgruppe die größte Wirksamkeit verbürgt.

Während Urotropin eine innere Desinfektion macht, aber sich hier das Desinficiens in wirksamer Form nur im Urin findet, in gewissem Grade auch in der Cerebrospinalflüssigkeit, sind Salvarsan und Äthylhydrocuprein in vitro sehr starke Antiseptica (in Bouillon), ähnlich wie Sublimat. Die Abtötung verläuft aber relativ langsam, das ist langsamer als bei Sublimat. Die Wirkung ist äußerst elektiv. Salvarsan wirkt nur auf Milzbrand-, Rotlauf- und Rotzbacillen in großen Verdünnungen (1 : 500000 bis 1 : 1000000), Äthylhydrocuprein nur auf Pneumokokken; auf andere Arten ist die Wirkung erheblich (zuweilen 100—1000 mal) schwächer und langsamer. Die elektive Wirkung auf die genannten Bakterien ist in vitro in Serum annähernd so stark wie in Bouillon, in aktivem Serum besser als in inaktivem, während sich bei Sublimat das umgekehrte Verhältnis zeigt[3]).

J. Schuhmacher[4]) erklärt die Unwirksamkeit des Salvarsans auf Spiro-

[1]) Bulmer: Journ. pharm. a. exp. therap. Bd. 21, S. 301.
[2]) Kolle, W. u. H. Schloßberger: Münch. med. Wochenschr. Bd. 68, S. 1439. 1921.
[3]) Schiermann, O. u. T. Ishiwara: Zeitschr. f. Hyg. u. Infektionskrankh. Bd. 77, S. 49. 1914. [4]) Biochem. Zeitschr. Bd. 157, S. 438. 1925.

chaeten in vitro mit der geringen „Lipoproteidlöslichkeit". Erst durch die Einwirkung des Organismus entsteht die „Salvarsanbase", welche stärker lipoproteid — als wasserlöslich ist und von den Spirochaeten elektiv gespeichert werden kann.

Salvarsan wirkt bei der Malaria nur auf die Schizonten besonders bei der Malaria tertiana, also auf die ungeschlechtlichen Parasiten, beeinflußt aber die geschlechtlichen Gameten fast gar nicht. Die Gameten können sich aber wieder in Schizonten verwandeln. Daher ist Salvarsan bei der Malaria nur im Verein mit Chinin anwendbar.

Salvarsan läßt sich durch Oxydation und Reduktion der erhaltenen Säure in ein Produkt von geringer Giftigkeit umwandeln[1]). Salvarsan verwandelt sich an der Luft in das weit toxischere Aminooxyphenylarsinoxyd. Durch stärkere Oxydation erhält man Aminooxyphenylarsinsäure.

Entgegen P. Ehrlichs Ansicht läßt sich feststellen, daß Salvarsane in fester Form Sauerstoff chemisch nicht binden, sondern nur adsorbieren, und daß die Arsenogruppe in ihnen entgegen der herrschenden Ansicht indifferent gegen molekularen Sauerstoff ist, sie zeigen auch keine Erhöhung der Giftigkeit nach intensiver Behandlung mit Sauerstoff. Diese Untersuchungen gelten aber nur für relativ kurzfristige Einwirkungen von Sauerstoff auf Salvarsane[2]).

Die o-Oxyaminogruppierung macht die Salvarsane durch ihre große Reaktionsfähigkeit in alkalischer Lösung zu empfindlichen Körpern gegen molekularen Sauerstoff. Unter allen As-Derivaten verleihen keine anderen Substituenten der Phenylarsinsäure und dem Arsenobenzol so günstige Eigenschaften für ihre therapeutische Verwendung, wie gerade die o-Oxyaminogruppierung.

2.2'-Dioxy-4.4'-diaminoarsenobenzol ist dem Salvarsan isomer, steht aber an therapeutischer Wirkung bedeutend hinter diesem Heilmittel zurück[3]).

Die Synthese des Salvarsans kann etwa nach folgendem Schema vor sich gehen. Man geht von 3-Nitro-4-oxyphenyl-1-arsinsäure aus, die unter der Einwirkung starker Reduktionsmittel gleichzeitig an der Nitrogruppe und am Arsensäurerest reduziert wird und in das Salvarsan übergeht. Man kann auch die Reduktion in mehreren getrennten Phasen durchführen[4]). p-Aminophenylarsinsäure wird durch Einwirkung von salpetriger Säure in p-Diazophenylarsinsäure übergeführt, welche durch Umkochen p-Oxyphenylarsinsäure liefert. Man kann aber auch diese Säure durch direkte Einführung von Arsensäure in Phenol erhalten. Nitriert man nun diese Säure, so erhält man eine Nitrogruppe in m-Stellung zum Arsenrest und in o-Stellung zum Hydroxyl, so daß m-Nitro-p-oxyphenylarsinsäure resultiert. Durch vorsichtige Reduktion erhält man p-Oxyaminophenylarsinsäure und p-Aminophenylarsenoxyd und aus diesen dann durch weitere Reduktion Dioxydiaminoarsenobenzol.

Aus 4-Monoacetylamino-oxyphenyl-2-azobenzol

OH

N : N

$NH \cdot CO \cdot CH_3$

erhält man durch Verseifen, Diazotieren und Umsetzen mit Natriumarsenit 4-Oxyphenylarsinsäure-3-azobenzol

OH

N : N

AsO_3H_2

---

[1]) Hunt, Reid, bei Walter G. Christiansen: Journ. of the Americ. chem. soc. Bd. 42, S. 2402. 1920.

[2]) Maschmann, E.: Ber. d. dtsch. chem. Ges. Bd. 59, S. 1142. 1926.

[3]) Bauer, Hugo: Ber. d. dtsch. chem. Ges. Bd. 48, S. 1579. 1915.

[4]) Ehrlich, P. u. A. Bertheim: Ber. d. dtsch. chem. Ges. Bd. 45, S. 756. 1912.

und durch Reduktion der Arsinsäure mit Hydrosulfit in der Wärme unter Abspaltung von Anilin die Salvarsanbase

OH OH
NH_2 NH_2
As = As

und 2 Anilin.

Das Dichlorhydrat der so gewonnenen Base läßt sich erst bei folgendem Verfahren frei von schwefelhaltigen Verbindungen erhalten: 4-Nitro-2-aminophenol wird durch Chlorkohlensäureester in das Urethan verwandelt, durch Hydrosulfit in das Diaminophenol übergeführt, woraus durch Diazotieren und Umsetzen mit Natriumarsenit 3-Carboxäthylamino-4-oxyphenylarsinsäure erhalten wird, die durch Reduktion mit unterphosphoriger Säure die entsprechende Arsenverbindungen gibt, aus der man durch Verseifen die freie Salvarsanbase erhalten kann[1]).

Von den verschiedenen Derivaten des Salvarsans, welche dargestellt wurden, um die Unhandlichkeit dieses Präparates zu umgehen, wurde bis jetzt am besten befunden das Neosalvarsan, welches das Natriumsalz des Einwirkungsproduktes der Formaldehydsulfoxylsäure auf das Salvarsan ist. Es ist in Wasser ohne weiteres löslich.

Salvarsan wirkt hämolytisch, Neosalvarsan nicht[2]).

Sulfoxylsalvarsan ist in seiner Wirkung nicht so stark wie Silbersalvarsan, besitzt dafür aber anscheinend länger dauernde Wirkung[3]).

Unsymmetrische aromatische Arsenoverbindungen erhält man, wenn man zwei Arsenoverbindungen, von denen mindestens die eine eine salzbildende Atomgruppe, wie die Oxy-, Amino- oder Glycingruppe enthält, in Lösung zweckmäßig unter gelinden Erwärmen zusammenbringt. Beschrieben sind das Chlorhydrat von 3.3'-Diamino-4.4'-dioxyarsenobenzol und Hexaaminoarsenobenzol. Ebenso gewinnt man das Chlorhydrat der Verbindung aus Hexaaminoarsenobenzol und N_1N-Bismethylhexaaminoarsenobenzol[4]).

Wenn man zwei verschiedene Arsinsäuren oder zwei verschiedene Arsenoxyde oder eine beliebige Arsinsäure und ein beliebiges Arsenoxyd der aromatischen Reihe im Verhältnis gleicher Moleküle mischt und dieses Gemisch der Behandlung mit starken Reduktionsmitteln unterwirft, so erhält man Arsenoverbindungen. Hierbei muß jedoch mindestens die eine oder die andere Komponente eine salzbildende Atomgruppe, wie z. B. die Oxy-, Amino- oder Glycingruppe, enthalten.

Beschrieben sind: 3.4'-Diamino-4-oxyarsenobenzolchlorhydrat,

$NH_2 \cdot HCl$
— As = As — 3 4
$HCl \cdot NH_2$ — 4'
OH

4-Oxy-3-amino-4'-glycinarsenobenzol, 3.3'-Dichlor-4.4'dioxy-3-aminoarsenobenzol[5]).

Zur Darstellung von unsymmetrischen Arsenoverbindungen kann man organische Arsinsäuren oder Arsenoxyde im Gemenge mit anorganischen Arsenverbindungen mit Reduktionsmitteln behandeln, z. B. Phenylarsinsäure und arsenige Säure oder p-Aminophenylarsinsäure, arsenige Säure und Natriumhydrosulfit oder p-Aminophenylarsenoxyd, Arsentrichlorid und Zinnchlorür[6]).

Arsalyt (Bismethylaminotetraminoarsenobenzol) wirkt außer auf Trypanosomen auch auf Recurrensspirillen, Malaria tertiana, Ulcus tropicum usf. Durch Einwirkung von Alkalicarbonaten läßt es sich unter Bildung carbaminsaurer Salze in gebrauchsfertige Neutrallösungen überführen, die unter indifferenten Gasen aufbewahrt haltbar sind. An der Luft oxydiert es sich wie die übrigen Arsenobenzole.

---

[1]) Bart, Heinrich: Liebigs Ann. d. Chem. Bd. 429, S. 113. 1922.
[2]) Kolmer, John A. u. Elisabeth M. Yagle: Journ. of the Americ. med. assoc. Bd. 74, S. 643. 1920.
[3]) Galewsky, E.: Dtsch. med. Wochenschr. Bd. 49, S. 712. 1923.
[4]) Höchst, D.R.P. 293040. [5]) Höchst, D.R.P. 251104.
[6]) D.R.P. 270254, Zusatz zu D.R.P. 251104.

Arsalyt

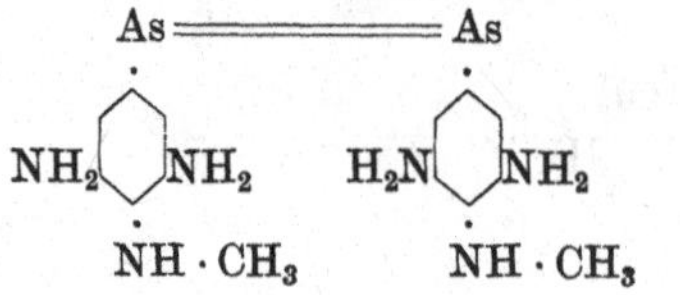

As ═══ As; NH_2, NH_2 / H_2N, NH_2; NH · CH_3 NH · CH_3

Dichlorarsalyt

As ═══ As; Cl, H_2N, NH_2 / Cl, H_2N, NH_2; NH · CH_3 NH · CH_3

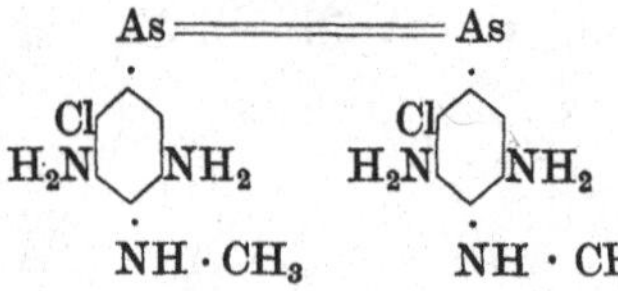

Arsalyt und Chlor-Arsalyt sind schwierig darzustellen, daher ist ihre Verwendung sehr gering

Das Tetrachlorprodukt des Arsalyts zeigt dem Arsalyt gegenüber keine Vorteile, Dichlorarsalyt zeigt beim Versuch am Syphiliskaninchen einen chemotherapeutischen Quotienten, der den des Arsalyts wie Salvarsans ganz erheblich übertrifft und sich dem von Kolle für Silbersalvarsan gefundenen sehr nähert.

Während nach Paul Ehrlich bei den Arsenderivaten die Einführung von Halogen im allgemeinen dystherapeutisch wirkt, sehen wir beim Arsalyt durch Eintritt von Chlor eine eutherapeutische Wirkung.

Äthylarsalyt wirkt Spirochäten gegenüber so wie Arsalyt, ist im Mäuseversuch viel weniger organotrop als dieses.

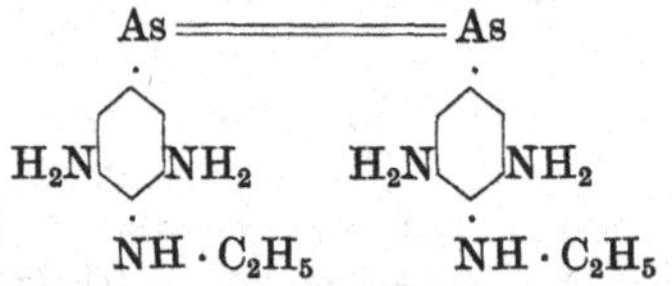

As ═══ As; H_2N, NH_2 / H_2N, NH_2; NH · C_2H_5 NH · C_2H_5

Bismethylaminotetraminoarsenobenzol ist wenig giftig und erweist sich als sehr wirksam, während sonst der Eintritt von Methylresten in bezug auf die trypanocide Wirkung dystherapeutisch wirkt, z. B. Dimethylamino-, Tetramethyldiamino- und ein Hexamethyldiammoniumdioxyarsenobenzol, ebenso Karrers Tetramethyltetraminoarsenobenzol.

Die erwähnten methylierten Verbindungen, zeigen gegenüber dem nicht methylierten Salvarsan eine stark erhöhte Toxizität und eine außerordentliche Verschlechterung der Heilwirkung, so daß der Eintritt der Methylgruppe ebenso wie es uns beim Anilin und Phenacetin bekannt ist, die therapeutischen Eigenschaften wesentlich verschlechtert (dystherapeutischer Effekt).

Im 3.3'-Diamino-4.4'-dioxydiphenyldimethyldiarsin

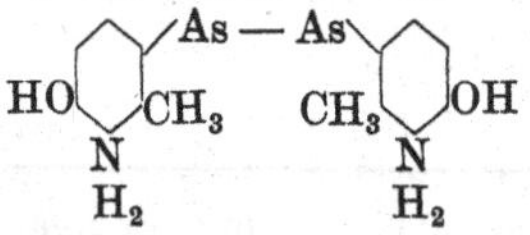

As — As; HO, CH_3, NH_2 / CH_3, OH, NH_2

ist die Arsendoppelbindung dem Salvarsan gegenüber verschwunden, die Giftigkeit ist erhöht, die therapeutische Wirkung herabgesetzt[1]).

A. Bertheim stellte[2]) symm. 3.3'-Dimethyldiamino-4.4'-dioxyarsenobenzol

As ═══ As; NH · CH_3, OH / NH · CH_3, OH

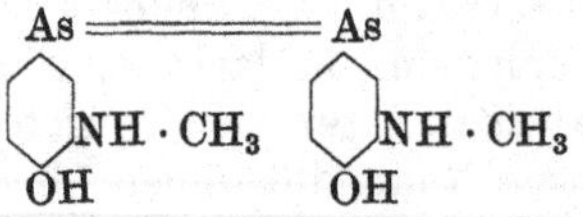

symm. 3.3'-Tetramethyldiamino-4.4'-dioxyarsenobenzol und 3.3'-Hexamethyldiammonium-4.4'-dioxyarsenobenzol dar. Sie sind (Frida Leupold) sehr wesentlich toxischer als die nicht methylierte Verbindung, das Salvarsan. Dimethylamino- und Tetramethyldiaminodioxyarsenobenzol haben etwa die gleiche Toxizität. Die methylierten Körper sind 10mal so giftig als Salvarsan,

---

[1]) Bertheim, A.: Ber. d. dtsch. chem. Ges. Bd. 48, S. 380. 1915.

[2]) Ber. d. dtsch. chem. Ges. Bd. 45, S. 2130. 1912.

während die Hexamethyldiammoniumverbindung 3—5mal höher toxisch ist als Salvarsan. Außerdem ist die Heilwirkung auf Trypanosomen sehr verschlechtert. Die Ammoniumverbindung ist ganz unwirksam.

4-Dimethylamino-phenylarsinsäure und 4-Amino-3-methylphenylarsinsäure sind therapeutisch schlechter als p-Aminophenylarsinsäure.

Arsenomethylphenylglycin $[As \cdot C_6H_4 \cdot N(CH_3) \cdot CH_2 \cdot COOH]_2$ ist nach Laveran in Mengen von 1 mg bei Mäusen ein wirksames Mittel gegen Trypanosomen[1]).

Die Gruppe der Hexamino-Arsenbenzole haben Ach und Rothmann dargestellt. Giemsa fand, daß die Chlorhydrate dieser Verbindungen mit Hilfe von kohlensauren Alkalien in Carbaminate sich überführen lassen, deren Lösungen sich bei Luftabschluß unverändert halten. Alle m-Diamine geben bei Gegenwart freier Kohlensäure diese Reaktion. o- und p-Diamine dagegen nicht.

Hexaminoarsenobenzol wirkt spirillocid und trypanocid, neigt aber zu Zersetzungen. Es wirkt erheblich stärker als die methylierte Verbindung, ohne daß die Organgiftigkeit in gleichem Verhältnis zugenommen hätte[2]).

Man kann auch Dinitroarsanilsäure durch Behandeln mit phosphoriger Säure oder unterphosphoriger Säure in die entsprechende nitirerte Arsenoverbidung überführen, welche ihrerseits leicht zum 3.4.5.3'.4'.5'-Hexaminoarsenobenzol zu reduzieren ist[3]).

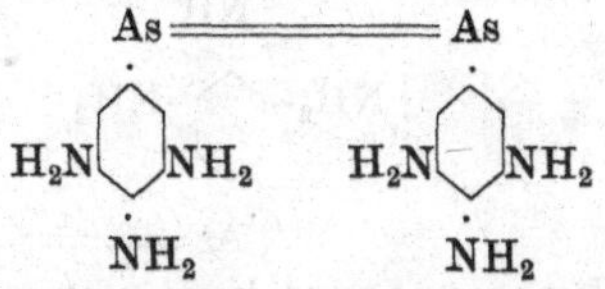

As ═ As

H_2N NH_2 H_2N NH_2

NH_2 NH_2

Hexaminoarsenobenzolsulfaminsäure, deren Alkalisalze leicht mit neutraler Reaktion in Wasser löslich sind, wirkt wie Hexaaminarsenobenzol. Die Lösungen sind sehr haltbar.

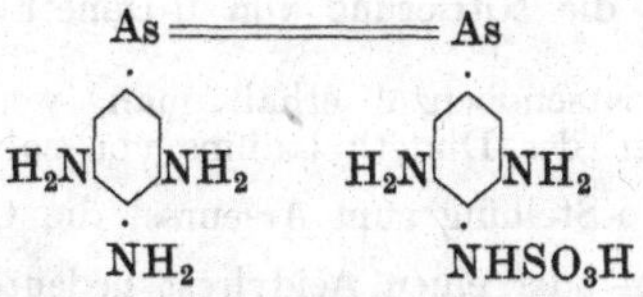

As ═ As

H_2N NH_2 H_2N NH_2

NH_2 $NHSO_3H$

Beim Vergleiche von Hexaaminoarsenobenzol und Bisdimethylamintetraaminoarsenobenzol von Karrer

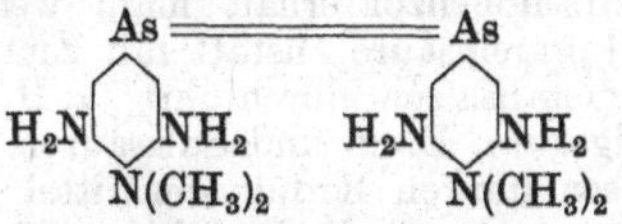

As ═ As

H_2N NH_2 H_2N NH_2

$N(CH_3)_2$ $N(CH_3)_2$

zeigt sich, daß Hexaaminoarsenobenzol stark trypanocid, Arsalyt erheblich abgeschwächt, die zweifach methylierte Verbindung die ursprüngliche Wirkung der nicht methylierten Grundsubstanz zeigt.

Bei Arsenverbindungen sind manchmal die Äthylverbindungen ungiftiger als die Methylverbindungen, doch kommt auch das Umgekehrte vor.

Bismethylaminotetraminoarsenobenzol löst sich in wässeriger Bicarbonatlösung wahrscheinlich unter Bildung von carbaminsauren Salzen. Man kann diese löslichen Verbindungen mit einem organischen Lösungsmittel abscheiden[4]).

In Wasser leicht mit fast neutraler Reaktion lösliche Derivate kernsubstituierter Bismethylaminotetraminoarsenobenzole erhält man beim Auflösen der Kernsubstitutionsprodukte des Bismethylaminotetraminoarsenobenzols in Wasser in Gegenwart von Bi-

[1]) Oechslin, Karl: Ann. chim. [9] Bd. 1, S. 239. 1914.

[2]) Giemsa, G.: Münch. med. Wochenschr. 1913, Nr. 20. — Dtsch. med. Wochenschr. Bd. 45, S. 94. 1919.

[3]) Böhringer, Waldhof, D.R.P. 286854.

[4]) Böhringer, Waldhof, D.R.P. 269660.

carbonaten der Alkalien bzw. des Ammons. Sie sind gegen Luftsauerstoff sehr empfindlich, aber unter Luftabschluß unbegrenzt haltbar[1]).

Man erhält Alkalisalze des 4.4'-Dioxy-3.3'-diaminoarsenbenzols in haltbarer fester Form, wenn man alkalische Lösungen der Arsenverbindung mit Lösungen von Aldehyd- oder Ketonsulfoxylaten vermischt und sodann das betreffende Dialkalisalz im Gemenge mit dem Sulfoxylat durch organische Lösungsmittel, wie Alkohol, Äther-Alkohol oder Aceton aus der Lösung ausfällt[2]).

Bismethylhydrazinotetraminoarsenobenzol erhält man, wenn man 3.5-Dinitro-4-methylnitraminobenzol-l-arsinsäure mit Zinnchlorür und Salzsäure gelinde (bei 50° nicht wesentlich übersteigenden Temperaturen) reduziert.

$$N(CH_3)(NH_2) \quad N(CH_3)(NH_2)$$
$$NH_2-C_6H_2-NH_2 \quad NH_2-C_6H_2-NH_2$$
$$As=\!=\!=\!=As$$

Diese Base soll starke Wirkung gegen Trypanosomen haben[3]).

Man erhält Bismethylaminotetraminoarsenobenzol, wenn man auf p-Dimethylanilinarsenoxyd Nitriersäure zur Einwirkung bringt und die so erhaltene Dinitromethylnitroaminophenyl-p-arsinsäure mit Zinn und Salzsäure reduziert.

$$NCH_3 \cdot NO_2 \qquad CH_3{-}NH \qquad CH_3{-}NH$$
$$NO_2-C_6H_2-NO_2 \longrightarrow NH_2-C_6H_2-NH_2 \quad NH_2-C_6H_2-NH_2 \;{}^{4)}$$
$$AsO(OH)_2 \qquad As=\!=\!=\!=As$$

An Stelle von p-Dimethylanilinarsenoxyd kann man andere Arsenderivate des Dimethylanilins, die bei der Oxydation p-Dimethylarsinsäure liefern, oder p-Dimethylanilinarsinsäure selbst mit Salpetersäure behandeln und die erhaltene Dinitromethylnitraminophenyl-p-arsinsäure mit Schwermetall bzw. mit Schwermetallsalzen in saurer Lösung reduzieren. Beschrieben ist die Nitrierung von p-Dimethylanilinarsenchlorür und von p-Dimethylanilinarsinsäure[5]).

Bismethylaminotetraminoarsenobenzol erhält man, wenn man an Stelle von aromatischen Arsenverbindungen des Dimethylanilins von solchen Arsenverbindungen des Benzols ausgeht, welche in p-Stellung zum Arsenrest die Gruppe $-N<^{R}_{CH_3}$ enthalten, worin R ein Wasserstoffatom oder einen Acidylrest bedeutet. Bei der Einwirkung der Nitriersäure entstehen dieselben Verbindungen wie im Hauptpatent, die dann reduziert werden. Beschrieben ist die Nitrierung von Methylarsanilsäure, Acetylmethylarsanilsäure[6]).

Bismethylaminotetraminoarsenobenzol erhält man, wenn man die Reduktion der Dinitromethylnitraminophenyl-p-arsinsäure anstatt mit Zinn und Salzsäure mit anderen Schwermetallen bzw. Schwermetallsalzen durchführt, z. B. Zinnchlorür und Salzsäure, Zink und Salzsäure oder Essigsäure, Eisen und Salzsäure. Um zu verhüten, daß unter der Einwirkung mancher dieser starken Reduktionsmittel die Reduktion etwa bis zur Bildung des Arsins fortschreitet, darf man die Reduktionsflüssigkeit nur so lange erhitzen, bis eine klare Lösung eingetreten ist[7]).

Man kann die gleiche Reaktion unter Anwendung verschiedenartiger Reduktionsmittel in mehreren Phasen ausführen, z. B. mit Quecksilber und konzentrierter Schwefelsäure, hierauf mit Natriumhydrosulfit[8]).

2-Chlor-4-dimethylaminobenzol-1-arsinsäure erhält man, wenn man m-Chlordimethylanilin mit Arsentrichlorid behandelt und das entstandene 2-Chlor-4-dimethylaminobenzol-1-arsenoxyd zur 2-Chlor-4-dimethylaminobenzol-1-arsinsäure oxydiert[9]).

Zu Mononitro- und Dinitroaminobenzolarsinsäure sowie deren in der Aminogruppe substituierten Derivaten gelangt man, wenn man die 3-Mononitro- und 3.5-Dinitro-4-chlor-

---

1) D.R.P. 291317, Zusatz zu D.R.P. 269660. 2) Höchst, D.R.P. 264266.
3) Böhringer, Waldhof, D.R.P. 285573.
4) Böhringer, Waldhof, D.R.P. 285572.
5) D.R.P. 293842, Zusatz zu D.R.P. 285572.
6) D.R.P. 294731, Zusatz zu D.R.P. 285572.
7) D.R.P. 286667, Zusatz zu D.R.P. 285572.
8) D.R.P. 286668, Zusatz zu D.R.P. 285572.
9) Böhringer, Waldhof, D.R.P. 286546.

benzol-1-arsinsäure mit Ammoniak oder Ammoniakderivaten in Reaktion bringt. Unter Ammoniakderivaten sollen nicht nur primäre und sekundäre Amine, sondern auch Verbindungen vom Typus der Aminoessigsäure, des Benzolsulfoamids oder des Piperidins verstanden sein. Es gelingt auf diese Weise, an Stelle des Chloratoms in den Kern den Rest $-N<^{R_1}_{R_2}$ (R_1 = Wasserstoff oder Alkyl; R_2 = Wasserstoff, Alkyl, $-CH_2 \cdot COOH$, $SO_2 \cdot$ Aryl usw.) einzuführen. Es ergeben sich für die Darstellung der Dinitroaminobenzolarsinsäure verschiedene Wege: entweder kann man in die 4-Chlorbenzol-1-arsinsäure unmittelbar zwei Nitrogruppen einführen, welche in Stellung 3 und 5 treten, und in der so entstandenen Verbindung den Austausch des Chloratoms gegen die Gruppe $-N<^{R_1}_{R_2}$ vornehmen oder man kann die Mononitrochlorverbindungen weiter nitrieren (wobei ebenfalls eine 4-Chlor-3.5-dinitrobenzol-1-arsinsäure entsteht) und dann das Chloratom wie oben austauschen, oder man geht von der 4-Chlor-3-nitro-benzol-1-arsinsäure aus, nimmt an dieser Verbindung den Austausch des Chlors vor und führt in die entstandene Aminoverbindung eine zweite Nitrogruppe ein. Die Patentschrift enthält Beispiele für die Darstellung von 4-Amino-3-nitrobenzol-1-arsinsäure, 4-Amino-3.5-dinitrobenzol-1-arsinsäure, 4-Methylamino-3-nitrobenzol-1-arsinsäure, 3.5-Dinitro-4-methylamino-3-nitrobenzol-1-arsinsäure, 4-Glycin-3-nitrobenzol-1-arsinsäure, 4-Glycin-3.5-dinitrobenzol-1-arsinsäure, 4-Benzolsulfamido-3-nitrobenzol-1-arsinsäure und von 4-Benzolsulfamido-3.5-dinitrobenzol-1-arsinsäure[1]).

Durch das Hauptpatent ist unter anderem ein Verfahren geschützt, nach welchem 3-Nitro-4-chlorbenzol-1-arsinsäure mit Aminen umgesetzt und die entstandenen Aminoverbindungen mit Salpetersäure behandelt werden. In die intermediär gebildeten 3-Nitro-4-alkylaminobenzol-1-arsinsäuren tritt bei solcher Behandlung nicht nur eine Nitrogruppe in den Benzolkern ein, sondern auch eine zweite in die 4-Alkylaminogruppe unter Bildung eines Dinitronitramins. Es wurde gefunden, daß man abweichend von diesem Reaktionsverlauf 3-Nitro-4-alkylaminobenzol-1-arsinsäuren oder deren Chlorderivate in die 3.5-Dinitro-4-alkylaminobenzol-1-arsinsäuren, bzw. in die 3.5-Dinitro-4-alkylamino-2-chlorbenzolarsinsäuren überführen kann, indem man die Nitrierung jener Verbindungen in Gegenwart von konz. Schwefelsäure mit der einem Molekül entsprechenden Menge Salpetersäure vornimmt. Beschrieben sind 3.5-Dinitro-4-methylaminobenzol-1-arsinsäure aus 3-Nitro-4-methylaminobenzol-1-arsinsäure, 3.5-Dinitro-2-chlor-4-methylaminobenzol-1-arsinsäure[2]).

Dichlor- und Dibrombismethylaminotetraminoarsenobenzol erhält man, wenn man auf 2-Chlor- bzw. 2-Brom-4-methylaminobenzol-1-arsenoxyd, bzw. auf die entsprechende Arsinsäure oder auf Derivate dieser Verbindungen, welche am N noch eine zweite Methylgruppe oder einen Säurerest enthalten, Nitriersäure zur Einwirkung bringt und die so erhaltene 2-Chlor- bzw. 2-Brom-4-methylnitramino-3.5-dinitrobenzol-1-arsinsäure mit Schwermetallen bzw. Schwermetallsalzen in saurer Lösung reduziert.

Aus 2-Chlor-4-dimethylaminobenzol-1-arsenoxyd und Nitriersäure erhält man 2-Chlor-4-methylnitramino-3.5-dinitrobenzol-1-arsinsäure. Durch Reduktion mit Zinn oder Zink und Salzsäure erhält man Dichlorbismethylaminotetraminoarsenobenzol

NH · CH_3 NH · CH_3
NH_2– ⬡ –NH_2, –Cl NH_2– ⬡ –NH_2, –Cl
As ═══ As

in gleicher Weise erhält man Dibrombismethylaminotetraminoarsenobenzol[3]).

Man erhält Tetraalkylhexaminoarsenobenzole von erhöhter therapeutischer Wirkung, indem man 3.5-Dinitro-4-dialkylaminobenzol-1-arsinsäure, zu denen auch die entsprechenden Cyclaminoderivate, z. B. mit der Piperidogruppe, zählen, mit den gebräuchlichen Reduktionsmitteln behandelt. Beschrieben sind Tetramethylhexaminoarsenobenzol $(CH_3)_2N \cdot C_6H_2(NH_2)_2 \cdot As : As \cdot C_6H_2(NH_2)_2 \cdot N(CH_3)_2$ aus 3.5-Dinitro-4-dimethylaminobenzol-1-arsinsäure und Reduktion mit Zinnchlorür und Salzsäure, ferner Tetraäthylhexaminoarsenobenzol und Dipiperidotetraminoarsenobenzol[4]).

Aminosubstituierte Arylarsinsäuren erhält man, wenn man Nitroarylarsinsäuren in Lösung oder Suspension in Gegenwart von katalytisch wirkenden Metallen oder Metallverbindungen der Einwirkung von molekularem Wasserstoff, gegebenenfalls unter Anwendung von Druck, aussetzt. Beschrieben sind m- und p-Aminophenylarsinsäure aus m- bzw. p-Nitrophenylarsinsäure, von 2-Chlor-5-aminobenzol-1-arsinsäure aus 2-Chlor-

---

[1]) Böhringer, Waldhof, D.R.P. 285604. [2]) Böhringer, Waldhof, D.R.P. 292546.
[3]) Böhringer, Waldhof, D.R.P. 286669. [4]) Höchst, D.R.P. 294276.

5-nitrobenzol-1-arsinsäure und von 3.4-Diaminobenzol-1-arsinsäure aus 3-Nitro-4-aminobenzol-1-arsinsäure[1]).

Man behandelt 3-Amino-4-oxybenzolarsin mit Formaldehydsulfoxylaten. Die neuen Verbindungen sind in Wasser mit neutraler Reaktion leicht löslich und gegen Luft bebeständig[2]).

Erhitzt man p-Nitranilin mit Arsensäure auf 210°, so erhält man 5-Nitro-2-aminobenzol-1-arsinsäure. Diese läßt sich, z. B. mit Lauge und Eisenoxyd, so reduzieren, daß man 2.5-Diaminobenzol-1-arsinsäure erhält[3]).

Man erhält 2-Nitro-3-aminobenzol-1-arsinsäure, wenn man ein aus der Metarsanilsäure mit Hilfe von Chlorkohlensäureester erhältliches Urethan nitriert und dann verseift[4]).

Nitro-1-aminophenyl-4-arsinsäure erhält man, wenn man Oxanil-4-arsinsäure $C_6H_4(NH \cdot CO \cdot COOH) \cdot AsO_3H_2$ nitriert und dann den Oxalsäurerest abspaltet[5]).

An Stelle der Oxanil-4-arsinsäure werden Urethane der 1-Aminophenyl-4-arsinsäure mit nitrierenden Mitteln behandelt und alsdann der Kohlensäurerest abgespalten[6]).

Nitrooxyarylarsinsäuren können aus Nitroaminoarylarsinsäuren durch Einwirkung von Ätzalkalilaugen in der Wärme hergestellt werden. Nitro-1-aminobenzol-4-arsinsäure liefert mit Kalilauge Nitrophenolarsinsäure. Ebenso erhält man Nitro-o-kresolarsinsäure aus 1-Amino-2-methylbenzol-4-arsinsäure [o-Toluidinarsinsäure][7]).

An Stelle der Nitroaminoarylarsinsäuren erhitzt man die entsprechenden Nitrohalogenarylarsinsäuren mit Kalilauge[8]).

H. Bart reduziert organische Derivate der Arsensäure oder arsenigen Säure elektrisch bei saurer alkalischer oder neutraler Reaktion[9]). Die durch elektrolytische Reduktion dargestellten organischen Arsine gehen bei Behandlung mit schwefliger Säure in neue therapeutisch wirksame Körper über[10]).

In dem aromatischen Kern unsubstituierte Aminophenylarsinsäuren, bzw. -arsenoxyde, bei welchem ein H-Atom der NH_2-Gruppe durch eine Acidylarylaminogruppe, insbesondere der Zusammensetzung $CH(R) \cdot CO \cdot NH \cdot R_1$ [R = Alkyl, Aryl oder H; R_2 = Aryl mit einer oder mehreren salzbildenden Gruppen, wie der Hydroxylsulfonamid, Carboxyl- oder Sulfosäuregruppe] ersetzt ist, werden durch Behandeln mit den üblichen Reduktionsmitteln in die entsprechenden Arsenoverbindungen überführt. — Beispiele für die Reduktion der Phenylglycyl-m′-aminophenol-p-arsinsäure mit einem Gemisch aus H_3PO_2 und HJ, bzw. des entsprechenden Arsenooxyds mit H_3PO_2 zu der Arsenoverbindung sind gegeben[11]).

Auf eine Aminophenylarsinsäure, deren Homologen oder Kernsubstitutionsprodukte oder die Salze dieser Verbindungen läßt man α-Halogenacidylamide einwirken oder α-Halogenacidylharnstoffe. Behandelt man eine alkalische Lösung von p-Aminophenylarsinsäure mit Chloracetylharnstoff, so geht sie in p-Phenylglycylamidoarsinsäure $C_6H_4(AsO_2H_2)^{(1)} \cdot (NH \cdot CH_2 \cdot CO \cdot NH \cdot CO \cdot NH_2)^{(4)}$ über. Sie wird durch Alkalien zu p-Phenylglycinarsinsäure verseift. Aus α-Chloracetylmethylharnstoff und p-Aminophenylarsinsäure erhält man p-Phenylglycylmethylaminoarsinsäure $C_6H_4 \cdot (AsO_3H_2)^{(1)} \cdot (NH \cdot CH_2 \cdot CO \cdot NH \cdot CO \cdot NH \cdot CH_3)^{(4)}$. Beschrieben sind ferner p-Phenylglycylanilidarsinsäure $C_6H_4 \cdot (AsO_3H_2)^{(1)} \cdot NH \cdot CH_2 \cdot CO \cdot NH \cdot C_6H_5)^{(4)}$ aus Jodacetanilid und der Aminosäure. Aus 3-N-Chloracetylamino-1-oxybenzol in alkalischer Lösung von p-Aminophenylarsinsäure erhält man p-Phenylglycyl-m′-aminophenylarsinsäure $C_6H_4 \cdot (AsO_3H_2)^1 \cdot (NH \cdot CH_2 \cdot CO \cdot NH \cdot C_6H_4 \cdot OH)^{(4)}$ [12]).

Durch Einwirkung von Monohalogenessigsäure auf 4.4′-Dioxy-3.3′-diaminoarsenobenzol erhält man Glycine von therapeutischem Werte. So wird Dioxyaminoarsenobenzolaminoessigsäure dargestellt.

OH
· NH · CH₂ · COOH
As = As — ⟨ ⟩ OH
NH₂

Ebenso kann man Dioxyaminoarsenobenzolaminopropionsäure und Dioxyarsenobenzoldiaminoessigsäure darstellen[13]).

Durch stufenweise Reduktion von 4-Amino-3.5-dinitrobenzol-1-arsinsäure gelingt es

---

1) Böhringer, Waldhof, D.R.P. 286547. 2) Höchst, D.R.P. 278648.
3) Höchst, D.R.P. 248047. 4) Höchst, D.R.P. 256343.
5) Höchst, D.R.P. 231969. 6) D.R.P. 232879, Zusatz zu D.R.P. 231969.
7) Farbwerke, Höchst, D.R.P. 235141.
8) D.R.P. 245536, Zusatz zu D.R.P. 235141. 9) D.R.P. 270568.
10) D.R.P. 267082. 11) Rockefeller inst. for med. res. (New York), Holl.P. 6352/1918.
12) Rockefeller inst. for med. res. (New York), Holl.P. 6581/1918.
13) Höchst, D.R.P. 250745.

3.4.5.3'.4'.5'-Hexaminoarsenobenzol darzustellen, welches bei geringer Toxizität eine sehr kräftige spirillocide Wirkung hat. Man reduziert Dinitroarsanilsäure mit der berechneten Menge Natriumhydrosulfit zu der 3.4.5-Triaminobenzol-1-arsinsäure und diese dann mit unterphosphoriger Säure zum Hexaminoarsenobenzol.

Triaminobenzolarsinsäure zeichnet sich überraschenderweise durch große Ungiftigkeit aus.

Die Einführung der Carboxylgruppe in den Benzolkern von Arsenverbindungen setzt deren therapeutische Wirkung herab. Sie wirkt also dystherapeutisch. Dafür dienen folgende Beispiele:

o-carboxyliertes Diaminodioxyarsenobenzol erweist eine dystherapeutische Wirkung der Carboxylgruppe. Die isomere aus Salicylarsinsäure dargestellte Diaminodioxyarsenobenzoldicarbonsäure

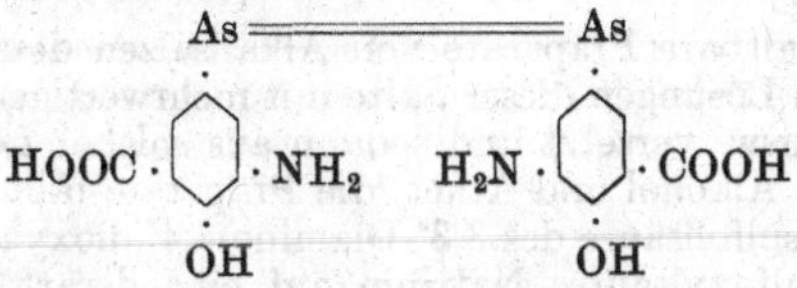

As ═══ As

HOOC · ⬡ · NH_2 H_2N · ⬡ · COOH

OH OH

zeigt ebenfalls den dystherapeutischen Effekt des Carboxyls[1]).

3-3'-Diamino-4.4'-arsenobenzoesäure

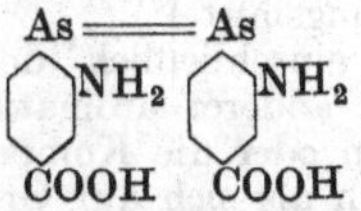

As ═ As

⬡ NH_2 ⬡ NH_2

COOH COOH

erscheint im Harne als 3-Acetamino-p-benzarsinsäure.

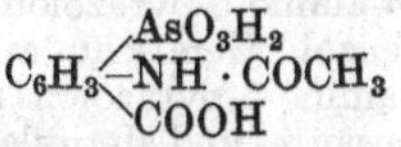

$$C_6H_3\begin{cases} AsO_3H_2 \\ NH \cdot COCH_3 \\ COOH \end{cases}$$

Wird der Harn viele Tage nach der Einspritzung dialysiert, so findet man jetzt ionisiertes drei- und fünfwertiges Arsen[2]).

Gallyl soll folgender Formel entsprechen, was aber nach F. de Myttenaere unrichtig ist. Es ist eine recht unbeständige Verbindung, die schwere Vergiftungen macht[3]).

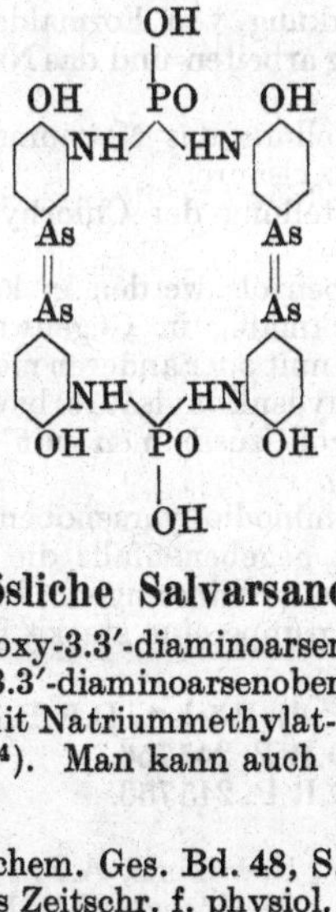

OH

OH PO OH

⬡ NH HN ⬡

As As

‖ ‖

As As

⬡ NH HN ⬡

OH PO OH

OH

Wasserlösliche Salvarsanderivate.

Das Dinatriumsalz des 4.4'-Dioxy-3.3'-diaminoarsenobenzols erhält man, indem man das Dichlorhydrat des 4.4'-Dioxy-3.3'-diaminoarsenobenzols in Methyl- oder Äthylalkohol löst und die alkoholische Lösung mit Natriummethylat- oder -äthylat versetzt und hierauf die filtrierte Lösung mit Äther fällt[4]). Man kann auch vom 3.3'-Dinitro-4.4'-dioxyarsenobenzol ausgehen[5]).

---

[1]) Karrer, P.: Ber. d. dtsch. chem. Ges. Bd. 48, S. 1060. 1915.

[2]) Sieburg, E.: Hoppe-Seylers Zeitschr. f. physiol. Chem. Bd. 97, S. 95. 1916.

[3]) Journ. pharm. de Belgique. Bd. 3, S. 653. 1921.

[4]) U. Suzuki, A.P. 1440848, 1440849 und 1440850.

[5]) D.R.P. 271693, Zusatz zu D.R.P. 245756.

Neutral reagierende wasserlösliche Derivate des 3.3'-Diamino-4.4'-dioxyarsenobenzols erhält man, wenn man auf wässerige Lösungen von Salzen des Salvarsan Formaldehydsulfoxylat und Alkali oder auf die freie Base in wässeriger Suspension Formaldehydsulfoxylat ohne Alkalizusalz einwirken läßt[1]). Man arbeitet statt in Wasser in alkoholischer Lösung[2]).

Man erwärmt 3-Nitro- bzw. 3-Amino-p-oxybenzol-1-arsinsäure mit der zur Reduktion und Bildung der Sulfoxylatderivate notwendigen Menge Formaldehydsulfoxylat, gegebenenfalls unter Zusatz von Hydrosulfit, in wässeriger Lösung[3]).

An Stelle des 3.3'-Diamino-4.4'-dioxyarsenobenzols kann man das 3-Nitro- bzw. 3-Amino-4-oxybenzol-1-arsenoxyd mit der zur Reduktion und Bildung der Sulfoxylatderivate notwendigen Menge Formaldehydsulfoxylat behandeln[4]).

3.3'-Diamino-4.4'-dioxyarsenobenzol wird durch Einwirkung von Formaldehyd und Natriumbisulfit bei schwacher Wärme und nachfolgender Behandlung mit Salzsäure in eine schwache Säure übergeführt, die sich abscheidet und in das Alkalisalz durch Neutralisation übergeführt wird[5]).

Man gewinnt feste, haltbare Präparate von Alkalisalzen des 4.4'-Dioxy-3.3'-diaminoarsenobenzols, indem man Lösungen dieser Salze mit mehrwertigen Alkoholen, wie Mannit, Dulcit, Erythrit, Arabit usw. versetzt und sodann aus solcher Lösung durch Zugabe von indifferenten Mitteln, wie Alkohol und Äther, die Präparate fällt und abtrennt[6]).

Die Monoformaldehydsulfonsäure des 3,3'-Diamino-4,4'-dioxyarsenobenzols erhält man, wenn man formaldehydsulfoxylsaures Natrium auf eine derart stark saure Lösung des Diaminodioxyarsenobenzols einwirken läßt, daß die freie N-Monoformaldehydsulfoxylsäure der Arsenoverbindung ausfällt. Man löst in Alkali und dampft zur Trockne ein oder fällt mit einem indifferenten Lösungsmittel[7]).

Derivate des Arsenobenzols einschließlich deren Methylensulfoxylatverbindungen werden mit Methylensulfoxylaten anderer aromatischer Amine behandelt, indem man deren Lösungen oder Suspensionen oder die Komponenten in fester Form mischt. Die Verbindungen sind weniger toxisch als sich auf Grund der Eigenschaften der einzelnen Komponenten erwarten ließ. Z. B. lassen sich von Arsenoderivaten verwenden: das p-Arseno-di-(1-phenyl-2.3-dimethyl-4-amino-5-pyrazolon) oder dessen Methylensulfoxylat[8]), das 4.4'-Dioxy-3.3'-diaminoarsenobenzol, Gemische aus dem Carbaminsäurederivat des p-Arsenodi-1-phenyl-2.3-dimethyl-4-amino-5-pyrazolons und dem Bismethylaminotetraminoarsenobenzol, Gemische des Carbaminsäure- und Methylensulfoxylatderivates des erwähnten Arsenopyrazolonderivates, die Silberverbindung des 4.4'-Dioxy-3.3'-diaminoarsenobenzols, das Carbaminsäurederivat des 4.4'-Dimethylamino-3.3'-5.5'-tetraminoarsenobenzols. Als zweite Komponente eignen sich u. a. die Methylensulfoxylate der Anthranilsäure, des p- oder o-Aminophenols, des o- oder p-Anisidins und des p-Phenetidins, die durch Kondensation der entsprechenden Amine mit Formaldehydsulfoxylsäure erhalten werden können[9]).

Poulenc Frères und K. J. Oechslin-Paris stellen ein beständiges Derivat des Arsenophenylglycins durch Einwirkung von Formaldehyd auf Arsenophenylglycin dar, indem sie in sodaalkalischer Lösung arbeiten und das Natriumsalz mit Alkohol oder Aceton ausfällen[10]).

Kober[11]) beschreibt die Darstellung des Natriumsalzes der 4.4'-Dioxy-3.3'-diaminoarsenobenzolmonoformaldehydsulfoxylsäure.

Kober[12]) beschreibt die Darstellung der Chlorhydrate des 3.3'-Diamino-4.4'-dioxyarsenobenzols.

Salze des Diaminodioxyarsenobenzols werden in konz. alkoholischer Lösung mit alkoholischem Alkalihydroxyd, zweckmäßig in Gegenwart von Stabilisatoren, z. B. Na-Formaldehydsulfoxylat, Glucose, Mannit oder anderen mehrwertigen Alkoholen behandelt[13]).

Man löst die N-Monoformaldehydsulfoxylsäure bzw. die Formaldehyddisulfitverbindung des Diaminodioxyarsenobenzols zusammen mit einem Zucker und einem sauren Sulfit oder Hydrosulfit in Wasser[14]).

Man behandelt entweder o-Diaminodioxyarsenobenzole oder o-Aminooxybenzolarsinsäuren mit Phosgen und reduziert gegebenenfalls die entstandenen Benzoxazolonarsinsäuren zu den entsprechenden Arsenverbindungen. Die Produkte zeigen trotz der verschlossenen Amino- und Hydroxylgruppe eine starke Heilwirkung[15]).

---

[1]) Höchst, D.R.P. 245756. [2]) Höchst, D.R.P. 260235, Zusatz zu D.R.P. 245756.
[3]) D.R.P. 263460, Zusatz zu D.R.P. 245756.
[4]) D.R.P. 264014, Zusatz zu D.R.P. 245756. [5]) D.R.P. 249726.
[6]) Höchst, D.R.P. 292149.
[7]) Kober, P. A. u. P. S. Dohr, New York, A.P. 1549465.
[8]) Höchst, E.P. 461870/22. [9]) Hööhst, E.P. 174078/22. [10]) Schw.P. 89468.
[11]) Kober, New York, A.P. 1564859. [12]) Kober, New York, A.P. 1564860.
[13]) H. A. Metz und A. E. Sherndal, New York: A.P. 1550109.
[14]) A.P. 1588252, E.P. 221565/1924. [15]) L. Cassella, E.P. 239951/1925.

Zur Herstellung wasserlöslicher Derivate des 3.3′-Diamino-4.4′-dioxyarsenobenzols läßt man auf eine wässerige Suspension eines Mol. des Diaminodioxyarsenobenzols ein oder mehrere Mol. formaldehydsulfoxylsaures Natrium in Gegenwart von Soda bei 15 °. einwirken. Beschrieben ist die Herstellung der N-Monoformaldehydsulfoxylsäure des Diaminodioxyarsenobenzols, sowie der N-Diformaldehydsulfoxylsäure des Diaminodioxyarsenobenzols. Das Verfahren ermöglicht die Gewinnung auch des N-substituierten Derivates ohne Anwendung von Wärme[1]).

Zur Herstellung von Derivaten des 4.4′-Dioxy-3.3′-diamino-arsenobenzols behandelt man die N-Mono- oder Diformaldehydsulfoxylsäuren bzw. N-Mono- und Diformaldehyddisulfitderivate des Dioxydiaminoarsenobenzols in wässerigerLösung mit konzentrierten wässerigen Lösungen eines reduzierenden Zuckers. Z. B. werden wässerige Lösungen des Natriumsalzes der 4.4′-Dioxy-3.3′diaminoarsenobenzolmonoformaldehydsulfoxylsäure und einer Glucoselösung bei 15 ° unter Schütteln gelöst. Das Produkt wirkt stark ätzend und ist ohne Zersetzung sterilisierbar[2]).

In Wasser lösliche organische Arsen- und Antimonverbindungen erhält man, wenn man auf diese Äthylenoxyd, deren Homologe und Derivate einwirken läßt, z. B. Salvarsan und Epihydrinalkohol (Glycid). Man kann auch Oxalkyl- und Zuckerreste einführen[3]).

In Abänderung des Hauptpatents läßt man auf Aminoarylarsinoxyde, Aminoarylstibinoxyde oder Aminoarylarsine gleichzeitig oder nacheinander Zuckerarten und Glycid bzw. Äthylenoxyd oder die Homologen oder Derivate der erwähnten Alkylenoxyde einwirken[4]).

Um wasserlösliche Salze der 4-Oxy-3-acylaminobenzol-1-arsinsäure zu erhalten, vermischt man entweder alkoholische Lösungen der 4-Oxy-3-oxyaminobenzol-1-arsinsäuren mit einem Äthylamin, z. B. Diäthylamin oder Monoäthylamin in äquimolekularen Mengen und dampft den Alkohol ab oder löst die freie Säure in einer wässerigen Lösung des Amins[5]).

Arsenobenzol- und Stibinobenzolderivate, sowie die entsprechenden Arsenantimon- und Arsenwismutverbindungen, welche mindestens eine NH_2-Gruppe enthalten, werden mit Zuckerarten innig verrieben oder unter Anwendung von Suspensions-, Lösungs- und Fällungsmitteln vereinigt[6]).

Wasserlösliche Derivate von Arylarsinen, die durch salzbildende Atomgruppen substituiert sind, erhält man, wenn man auf Oxy-, Amino- oder Aminooxyarylarsine Aldosen oder Ketosen einwirken läßt[7]).

In weiterer Ausbildung des D.R.P. 413147 läßt man auf Amino- oder Aminooxyarylarsin- oder stibinsäuren oder die entsprechenden Aldosen oder Ketosen einwirken und scheidet aus den so entstandenen Lösungen gegebenenfalls die festen Reaktionsprodukte durch geeignete Fällungsmittel organischer Natur ab[8]).

Aminosubstitutionsprodukte des Arsenobenzols werden mit Formaldehyddisulfitderivaten von Aminosubstitutionsprodukten des Arsenobenzols in wässeriger Lösung behandelt und die Reaktionsprodukte mit Alkohol oder Äther ausgefällt, um in Wasser haltbare Derivate des Arsenobenzols zu erhalten.

Als Beispiele werden angeführt die Umsetzung der Silberverbindung des Natriumsalzes des 4.4′-Dioxy-3.3′-diaminoarsenobenzols mit der Monoformaldehyddisulfitverbindung des 4.4′-Dioxy-3.3′-diaminoarsenobenzols, der Mono- und Diformaldehyddisulfitverbindung des 4′-Arsenodi-1-phenyl-2.3-dimethyl-4-amino-5-pyrazolons mit der Ag-Na-Verbindung des Dioxydiaminoarsenobenzols, sowie der Diformaldehyddisulfitverbindung des 4.4′-Bismethylamino-3.3′-5.5′-tetraminoarsenobenzols mit der Ag-Na-Verbindung des Dioxydiaminoarsenobenzols[9]).

Leicht wasserlösliche, neutral reagierende Derivate des Dioxydiaminoarsenobenzols erhält man, wenn man Dioxydiaminoarsenobenzol auf wässerige Lösungen von Aldosen einwirken läßt und aus der wässerigen Lösung das entstandene Reaktionsprodukt unter Verwendung eines großen Überschusses einer organischen Flüssigkeit ausfällt, z. B. i-Propylalkohol[10]).

Man läßt Piperazin auf neutral lösliche Derivate des 3.3′-Diamino-4.4′-dioxyarseno-

---

[1]) Poulenc Frères u. C. Oechslin-Paris: F.P. 556372, F.P. 1490020.

[2]) Poulenc Frères u. M. R. L. Pernaret-Paris, E.P. 556636/1923 und Schw.P. 104209.

[3]) Höchst, D.R.P. 412171, E.P. 226686/1924, Schw.P. 107298, 107535, 107536, 107540, 107541, 107542, 107543, 107537, 107538, 107539.

[4]) D.R.P. 433104, Zusatz zu D.R.P. 412171.

[5]) Soc. chim. des Usines du Rhône, A.P. 1532361, E.P. 224764/1924.

[6]) Höchst, D.R.P. 413381. [7]) Höchst, D.R.P. 413147.

[8]) D.R.P. 433105, Zusatz zu D.R.P. 413147.

[9]) Höchst, A.P. 1506460, E.P. 204721/1923.

[10]) Hoffmann-La Roche & Co., A. G., Basel, Ö.P. 96836, Schw.P. 101053, 101316, 101317, 101318.

benzols, wie das Na-Salz der N-Monoformaldehydsulfoxylsäure einwirken und behandelt das Reaktionsprodukt mit reduzierenden Zuckern, wie Glucose oder Lävulose oder läßt gleichzeitig Piperazin und reduzierende Zucker auf die Na-Salzlösung einwirken. Die Reaktion erfolgt unter Verdrängung des Restes $—CH_2 \cdot SO \cdot OH$ durch den Zuckerrest. Der Vorteil des Verfahrens liegt darin, daß die vorherige Abscheidung des freien Diaminodioxyarsenobenzols entfällt[1]).

Man behandelt 4.4'-Dioxy-3.3'-diaminoarsenobenzol mit Glucose und läßt auf das stark reduzierend und ätzend wirkende Kondensationsprodukt Piperazin einwirken. — Die neutral reagierende Piperazinverbindung des Glucoseanilids des Diaminodioxyarsenobenzols ist in Wasser leicht löslich[2]).

Nitrophenylarsinsäure oder deren Substitutionsprodukte werden in alkalischer Lösung mit reduzierenden Zuckerarten behandelt[3]).

Man vermischt Lösungen des Na-Salzes der 3.3'-Diamino-4.4'-dioxyarsenobenzolformaldehydsulfoxylsäure und des Na-Salzes der komplexen Silberverbindung des 3.3'-Diamino-4.4'-dioxyarsenobenzols oder mischt die beiden pulverförmigen Komponenten trocken und löst die Mischung. Die entstandene Lösung enthält die beiden Komponenten in chemischer Bindung, denn sie gibt weder mit CO_2, noch mit NaCl einen Niederschlag[4]).

In Abänderung des Hauptpatents wird entweder das Methylensulfoxylat des 4.4'-Dioxy-3.3'-diaminoarsenobenzols mit anderen Arsenobenzolderivaten als dem Natriumsalz des 3.3'-Diamino-4.4'-dioxyarsenobenzols bzw. dessen komplexer Silberverbindung oder Methylensulfoxylate anderer Arsenobenzolderivate mit beliebigen Arsenobenzolderivaten oder deren Carbaminaten oder die letzteren mit beliebigen Arsenobenzolderivaten oder Arsenobenzolderivaten mit Mischungen der Arsenobenzolcarbaminate und -methylensulfoxylate vereinigt. Die Produkte geben beim Verdünnen der wässerigen Lösung mit Wasser im Gegensatz zu den einzelnen Komponenten keinen Niederschlag, bzw. werden ihre Lösungen beim Aufbewahren an der Luft nicht oxydiert und sind nicht giftig. Geeignete Mischungen von Arsenoverbindungen sind z. B. das Carbaminat und das Methylensulfoxylat des 4-Aminoarsenophenyldimethylpyrazolons, — das Carbaminat und das Methylensulfoxylat des 4-Aminoarsenophenyldimethylpyrazolons, — das Carbaminat des 4-Aminoarsenophenyldimethylpyrazolons und das Methylensulfoxylat des 4.4'-Dioxy-3.3'-diaminoarsenobenzols — das Dimethylhexaminoarsenobenzol und das Methylensulfoxylat des 4.4'-Dioxy-3.3'-diaminoarsenobenzols — das Dimethylhexaminoarsenobenzol und ein Gemisch aus dem Carbaminat und Methylensulfoxylat des 4-Aminoarsenophenyldimethylpyrazolons — sowie das Carbaminat des 4-Aminoarsenophenyldimethylpyrazolons und das Natriumsalz des 4-Aminoarsenophenyldimethylpyrazolonglycins[5]).

3.3'-Diamino-4.4'-dioxyarsenobenzol wird in alkalischer Lösung mit einer wässerigen Lösung von reiner Glucose versetzt, einige Zeit stehen gelassen und die entstandene Lösung des Kondensationsproduktes mit Salzsäure neutralisiert oder man erwärmt eine wässerige Suspension der freien Base mit Glucoselösung auf 100°. Die neutral reagierende Lösung kann nach entsprechender Verdünnung mit Wasser zu subcutanen Injektionen verwendet werden. Mit Alkohol oder Aceton läßt sich das Kondensationsprodukt als hellgelbes in Wasser mit neutraler Reaktion leicht lösliches Pulver ausfällen. Gegen oxydierende Einflüsse, wie Luftsauerstoff, ist es beständig[6]).

Diglucosidodioxydiaminoarsenobenzol

$$\begin{matrix} HO \\ NH \end{matrix}\!\!>\!C_6H_3 \cdot As : As\,C_6H_3\!<\!\!\begin{matrix} OH \\ NH \end{matrix}$$
$$\begin{matrix} \cdot \\ C_6H_{11}O_5 \end{matrix} \qquad\qquad \begin{matrix} \cdot \\ C_6H_{11}O_5 \end{matrix}$$

ist sehr unbeständig und hydrolysiert bereits in wässeriger Lösung. Für den therapeutischen Gebrauch eignet sich das Glucosid mehr als Dioxydiaminoarsenobenzol, da es in neutralen Lösungsmitteln löslich ist und an der Luft sich weniger verändert als letzteres[7]).

A. Luquet[8]) hat das von Aubry und Dermoy dargestellte Dioxydiaminoarsenobenzoldiglucosid und Natrium-Dioxydiaminoarsenobenzol-Methylensulfoxylat intravenös injiziert und hierbei die erste Verbindung ungefähr halb so giftig gefunden als die zweite.

[1]) M. Pomaret, Paris, E.P. 203077/1922.
[2]) Poulenc u. Pomaret, Paris, Schw.P. 106037.
[3]) Poulenc Frères u. R. Meyer: F.P. 551627 und E.P. 185728/1922.
[4]) D.R.P. 375717. [5]) Höchst, D.R.P. 375718, Zusatz zu D.R.P. 375717.
[6]) Boots Co. u. L. Andersen, E.P. 177283/1921/2.
[7]) Aubry, A. u. E. Dormoy: Cpt. rend. hebdom. des séances de l'acad. des sciences. Bd. 175, S. 819. 1922.
[8]) Cpt. rend. des séances de la soc. de biol. Bd. 87, S. 1020, 1163. 1922.

Man setzt Säuresalze des Dioxydiaminoarsenobenzols mit Alkalien der Eiweißspaltungsprodukte, wie der Lysalbin- oder Protalbinsäure, der Nucleinsäure oder des Caseins um. Die so erhaltenen wasserlöslichen Additionsprodukte löst man in Alkalilauge und scheidet aus der Lösung die Alkalisalze entweder durch Fällung mit Alkohol-Äther oder durch Eindampfen im Vakuum in fester Form ab[1]).

Verschiedene cyclische Arsenderivate.

Durch Tetrazotieren von Benzidin und Umsetzen mit alkalischer Natriumarsenitlösung erhält man 4.4'-Diphenylarsinsäure[2]).

4-Acetaminodiphenyl-4'-arsinsäure ist ebenso toxisch wie Arsanilsäure, während 3,5'-Diaminodiphenyl-4-4-'diarsinsäure bedeutend weniger toxisch ist[3]).

Durch Kondensation von Acetophenonarsinsäure mit Jsatin und seinen Derivaten erhält man Cinchoninsäurephenylarsinsäuren, die durch Natriumhydrosulfit zu Arsenoverbindungen reduziert wurden;

COOH — $C_6H_4 \cdot AsO_3H_2$ (Chinolinring, N) $\quad$ [COOH — $C_6H_4 \cdot As=$ (Chinolinring, N)]$_2$

die gebildeten Arsinsäuren zeigen trypanocide Wirkungen, sind aber weniger wirksam als die gewöhnlichen arsenhaltigen trypanociden Heilmittel. Die erhaltenen Arsenoverbindungen sind viel giftiger als Salvarsan[4]).

4-Oxy-diphenyl-4'-arsinsäure erhält man durch Diazotieren des 4'-Amino-4-oxydiphenyls und Umsetzen mit Arseniten[5]).

2-Phenylchinolin-4-carbonsäure-6-arsinsäure $H_2O_3As \cdot$ (Chinolinring mit COOH, N) $\cdot C_6H_5$ wird aus 6-Amino-2-phenylchinolin-4-carbonsäure durch Diazotieren und Umsetzung mit Natriumarsenitlösung dargestellt. Die Aminoverbindung erhält man durch Kondensation von 5-Nitroisatin mit Acetophenon und Reduktion. Nach Versuchen von S. W. Raiziß erweist sich die Verbindung und die daraus durch Reduktion erhaltene Arsenoverbindung als trypanocid und stark toxisch[6]).

Arsinosalicylsäure (Stellung 1.2.4) erhält man aus der Acetylarsinoanthranilsäure durch Diazotieren und Umkochen der Diazoverbindung. Die Verbindung soll weniger giftig sein als Atoxyl[7]).

Durch Zusammenschmelzen von Pyrrolen mit Arsensäure gelangt man bequem zu Pyrrylarsinsäuren, welche aber keine trypanocide Wirkung ausüben, ebensowenig wie die aus ihnen durch Reduktion entstandenen Arsenoverbindungen[8]).

Arsinsäuren der Indolreihe stellt man durch Einwirkung von Arsensäure auf Indole her, zweckmäßig in konzentrierter wässeriger Lösung oder in Gegenwart eines organischen Lösungsmittels in der Wärme. Beschrieben sind die Darstellungen von Py_2-Methylindolarsinsäure (Methylketolarsinsäure), α-Naphthindolarsinsäure und B_2-Chlor-Pr_2-Methylindolarsinsäure[9]).

Wenn man Diarylamine mit Halogenverbindungen des Arsens bei höherer Tempe-

---

1) A. Dering, D.R.P. 261542.

2) Hill, A. Elisabeth: Journ. of the Americ. chem. soc. Bd. 46, S. 1855. 1924.

3) Bauer, W. W., Roger Adams u. S. W. Raiziss: Journ. of the Americ. chem. soc. Bd. 46, S. 1925. 1924.

4) Ogden, K. u. R. Adams: Journ. of the Americ. chem. soc. Bd. 47, S. 826. 1925.

5) Böhringer, Waldhof, D.R.P. 429103.

6) Calvery, X. O., C. R. Noller u. Roger Adams: Journ. Americ. of the chem. soc. Bd. 47, S. 3058. 1925.

7) W. Adler, Karlsbad, D.R.P. 215251.

8) Fischer, H. u. R. Müller: Hoppe-Seylers Zeitschr. f. physiol. Chem. Bd. 148, S. 155. 1925.

9) D.R.P. 240793.

ratur behandelt, so erhält man Arsenderivate. Beim Erhitzen von Diphenylamin mit Arsentrichlorid und Eingießen in Alkohol erhält man die Verbindung

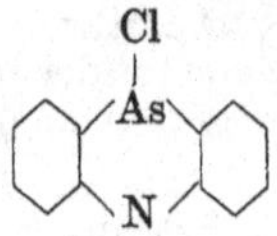

Cl
|
As
N

in der man mittels Lauge das Chloratom gegen Hydroxyl austauschen kann.

Beschrieben sind ferner die Verbindungen aus β, β'-Dinaphthylamin, p-Ditolylamin, α, α'-Dinaphthylamin und p-Oxydiphenylamin[1]).

3-Aminoarsenobenzoesäure wirkt auf Trypanosomen nur insofern, daß diese für einige Tage aus dem Blute verschwinden, wenn man fast letale Dosen verwendet, aber trotzdem gehen die Tiere zugrunde.

Albert 102

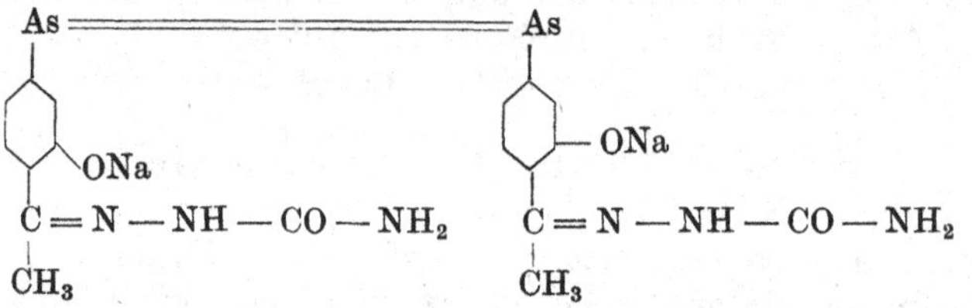

As ═══ As

ONa — ONa

$C=N-NH-CO-NH_2$ $C=N-NH-CO-NH_2$

CH_3 CH_3

ist sehr stabil, ist aber nach Kolle dem Salvarsan nicht überlegen[2]). Es hat sich anscheinend bei der Benutzung in der Praxis nicht bewährt.

Aus Arsentrichlorid und Dimethylanilin dargestelltes p-Dimethylanilinarsenoxyd wird in Natronlauge mit Wasserstoffsuperoxyd oxydiert und mit Essigsäure ausgefällt[3]).

4-Amino-3.5-dinitrobenzol-1-arsinsäure wird mit einer zur Reduktion der Nitrogruppe und des Arsinsäurerestes ausreichenden Menge Natriumhydrosulfit reduziert und die so erhaltene schwefelhaltige Verbindung mit Säuren zerlegt[4]).

Arylarsinsäuren, welche an Stelle der Gruppierung — CO · NH die Sulfonamidgruppe — SO_2 · NH tragen, sind auf Trypanosoma equiperdum ohne jede Wirkung.

Auch von den 3′-Amino-4′-toluolsulfonyl-4-aminophenylarsenoxyden erweist sich das erstere 20mal so toxisch wie seine Muttersubstanz und vollkommen wirkungslos am infizierten Versuchstier[5]).

n-Phenylglycinamid-p-arsensäure erhält man durch Kuppelung von Arsanilsäure mit Chloracetamid, ferner über den Methylester der n-Phenylglycin-p-arsensäure durch Verseifung mit Ammoniak. Die toxische Dosis liegt nicht weit unter der letalen, es hat eine starke Heilwirkung auf Trypanosomiasis. $^1/_3$—$^1/_2$ tödliche Dose wirkt dauernd heilend[6]).

Aliphatisch-aromatische oder rein aromatische Aldehyde oder Ketone mit einer oder mehreren Aminogruppen im aromatischen Kern werden diazotiert und die Diazoniumsalze mit Arseniten behandelt. Beschrieben wird Nitrooxyacetophenonarsinsäure, Benzophenon-p-arsinsäure, Acetophenon-p-arsinsäure, Benzophenondiarsinsäure, Benzaldehyd-p-arsinsäure[7]).

Aromatische Verbindungen, die neben dem Arsensäurerest eine oder mehrere Carbooxylgruppen in nicht cyclischer Bindung enthalten, wie z. B. aromatische Aldehyd- oder Ketonarsinsäuren, werden mit lediglich die AsO_3H_2-Gruppen, nicht aber die CO-Gruppen angreifenden Reduktionsmitteln, z. B. $Na_2S_2O_4$, PCl_3, H_3PO_3, H_2SO_3 HJ, $NaHSO_3$ oder dergleichen behandelt. Es lassen sich so die Arsinsäuren entweder zu den entsprechenden Arsenoxyden R · As : O und die Oxyde zu den Arsenverbindungen R · As : As · R oder

---

1) D.R.P. 281049. 2) Klin. Wochenschr. 1924, Nr. 48, S. 2184.

3) Michaelis, Rostock, D.R.P. 200065.

4) D.R.P. 286855, Zusatz zu D.R.P. 286854.

5) Hewitt, L. F., H. King und W. O. Murch: Journ. of the chem. soc. (London) 1926, S. 1355.

6) Jacobs, W. A. u. Michael Heidelberger, Wade H. Brown u. Louise Pearce: Journ. of exp. med. Bd. 30, S. 411, 417, 437, 455, 483. 1919; Bd. 33, S. 193. 1921.

7) Otto Margulies, Wien, F.P. 562460.

auch die Arsinsäuren unmittelbar zu den entsprechenden Arsenoverbindungen reduzieren, ohne daß die CO-Gruppen angegriffen werden. Benzaldehyd-p-arsinsäure mit NaS_2O_4 und $MgCl_2$ in alkalischer Lösung gibt 4.4'-Dialdehydoarsenobenzol. Beschrieben ist ferner 4.4'-Dioxy-3.3'dinitro-5.5'-dibutyrylarsenobenzol, Acetophenon-p-arsinoxyd, Dioxydiacetylarsenobenzol, Arsenoacetophenon, 4-Oxy-3-nitro-5-acetylbenzol-1-arsinoxyd[1]).

Auf gemischt aliphatisch-aromatische As-Verbindungen, welche eine oder mehrere CO-Gruppen in nicht cyclischer Bindung enthalten, läßt man $NH_2 \cdot NH_2$ oder dessen Derivate, auch solche, welche die Hydrazingruppe ein- oder mehrmals im Moleküle enthalten, einwirken.

Beschrieben sind: Hydrazon der Acetophenon-p-arsinsäure, Phenylhydrazon der Acetophenon-p-arsinsäure, p-Nitrophenylhydrazon der 4-Oxy-3-propionylbenzol-1-arsinsäure, Semicarbazon der 5-Nitro-4-oxy-3-acetylbenzol-1-arsinsäure, Aminobiuretkondensationsprodukt der Acetophenon-p-arsinsäure, $C_6H_4 \cdot (C[CH_3]: N \cdot NH \cdot CO \cdot NH \cdot CO \cdot NH_2)^4 \cdot (AsO_3H_2)^1$ aus der Säure und Aminobiuret, Aminoguanidinderivat der Acetophenon-p-arsinsäure, Semicarbazon der Benzalaceton-p-arsinsäure. Diacetylhydrazon der Benzaldehyd-p-arsinsäure. Methylphenylhydrazon der Benzaldehyd-p-arsinsäure, Semicarbazon des 3.3'-Dioxy-4.4'-diacetylarsenobenzol, Carbohydrazidderivat der Acetophenon-p-arsinsäure, Malonylhydrazid der Acetophenon-p-arsinsäure, Oxalylhydrazid der Acetophenon-p-arsinsäure, Semicarbazon der Acetophenon-p-arsinsäure, des -p-arsenoxyds, Semicarbazon des 4.4'-Diacetylarsenobenzols, Semicarbazon der 3-Oxy-4-acetylbenzol-1-arsinsäure, Semicarbazon des 3-Oxyacetylbenzol-1-arsinoxyds[2]).

Kondensationsprodukte von eine oder mehrere CO-Gruppen in nicht cyclischer Bindung enthaltenden Arsinsäuren mit $NH_2 \cdot NH_2$ oder dessen Derivaten werden nach bekannten Methoden zu den entsprechenden Arsenoxyden oder Arsenobenzolen oder die entsprechenden Kondensationsprodukte von Arsenoxyden der bezeichneten Art zu Arsenobenzolen reduziert, wobei im Molekül einen oder mehrere an nicht cyclisch gebundenen C haftende Hydrazinreste enthaltende Arsenoxyde oder Arsenobenzole erhalten werden.

Dargestellt werden: Benzaldehyd-p-arsinsäuresemicarbazon, Semicarbazon des 4-Acetylbenzol-1-arsinoxyds, Malonylhydrazon des 4.4'-Diacetylarsenobenzols, Semicarbazon des 4.4'-Diacetyl-2.2'-dioxyarsenobenzols. Phenylhydrazon der 4-Oxy-3-acetyl-5-nitrobenzol-1-arsinsäure, Phenylhydrazon des 4-Oxy-3-acetyl-5-nitrobenzol-1-arsinoxyd.

Durch Reduktion eines Gemisches äquivalenter Mengen der Semicarbazone von Acetophenon-p-arsinsäure und m-Oxyacetophenon-p-arsinsäure erhält man eine asymmetrisch gebaute Arsenobenzolverbindung $COH_4(C[CH_3]: N \cdot NH \cdot CO \cdot NH_2)^4 \cdot As : As \cdot C_6H_3(OH)^{2'} \cdot (C[CH_3]: N \cdot NH \cdot CO \cdot NH_2)^{4'}$ [3]).

Durch Kondensation von p-Aminophenylarsinsäure mit den drei isomeren Nitrobenzoylchloriden werden die Mononitrobenzoyl-p-aminophenylarsinsäure und aus diesen die entsprechenden Aminoverbindungen hergestellt. Die Nitroverbindungen sind Trypanosomen gegenüber wirkungslos, die Aminoderivate erzeugen nur zeitweises Verschwinden der Trypanosomen.

1.1.3-Benzotriazon-3-phenyl-p-arsinsäure ist selbst bei maximalen tolerierten Dosen vollkommen wirkungslos, gegen Trypanosomen nur für eine Zeit wirksam. p''-Aminobenzol-m -aminobenzoyl-p-aminophenylarsinsäure, 1-Diphenylcarbamid-p-p'-diarsinsäure zeigt keine trypanocide Wirkung[4]).

Arsenderivate der Farbstoffe.

p-Arsinsäurebenzolazophthaleine werden leicht durch Kuppelung von diazotierten Arsanilsäuren mit Phthaleinen in alkalischer Lösung erhalten. Die Derivate aus Phenolphthalein und Phenoltetrachlorphthalein sind giftiger als die aus Fluorescein und Dibromfluorescein; die Verbindung aus Phenolsulfophthalein ist wenig giftig. Bei allen ist die trypanocide Wirkung minimal[5]).

Azofarbstoffe aus Arsanilsäure erhält man, wenn man die Diazoverbindung dieser Säure mit Naphtholen, Naphthylaminen, Aminonaphtholen resp. deren Sulfosäuren vereinigt[6]).

Polyazofarbstoffe kann man erhalten aus p-Diaminen und 1.8-Aminonaphthol-3.6-disulfosäuren H, bei deren Aufbau außerdem die p-Aminophenylarsinsäure beteiligt ist.

---

[1]) Otto Margulies, Wien, Ö.P. 96688, F.P. 553300.

[2]) Otto Margulies, Wien, Ö.P. 96689, F.P. 553302.

[3]) Otto Margulies, Wien, Ö.P. 96690, F.P. 553302.

[4]) King, H. u. W. O. Murch, Journ. of the chem. soc. (London). Bd. 125, S. 2595. 1924.

[5]) Christiansen, W. G.: Journ. of the Americ. chem. soc. Bd. 47, S. 2244. 1925.

[6]) Agfa, D.R.P. 212018.

Sie haben die Konstitution: Paradiamin<H-Säure-p-Aminophenylarsinsäure>H-Säure; Paradiamin<H-Säure-p-Aminophenylarsinsäure>H-Säure-p-Aminophenylarsinsäure.

Man erhält Substanzen, welche sich von 3.5-Diaminoarylsäuren und deren Reduktionsprodukten, die außerdem noch in 4-Stellung substituiert sind, ableiten und Farbstoffe sind, welche durch Kuppelung mit Diazoverbindungen entstehen. Sie gehören wahrscheinlich zur Klasse der Azofarbstoffe. So werden 3.4.5-Triaminobenzarsinsäure, 3.4.5.3'.4'.5'-Hexaminoarsenobenzol und 3.5.3'.5'-Tetramino-4.4'-dioxyarsenobenzol, welche Derivate des o-Phenylendiamins bzw. o-Aminophenole sind, gekuppelt. Diese Farbstoffe sollen sich vor anderen Arsenverbindungen bei großem Heilwert gegenüber Infektionskrankheiten zum Teil durch geringe Toxizität vorteilhaft auszeichnen.

Auch können auf diesem Wege alkaliunlösliche Arsenverbindungen (z. B. Hexaminoarsenobenzol) durch Einführung von Diazokörpern mit Säureresten (Diazosulfanilsäure usw.) alkalilöslich gemacht werden[1]).

Man läßt auf 9-Halogenacridine oder deren Derivate Aminoarylarsinsäuren einwirken. Man erhält z. B. N,9',p-Acridylaminophenylarsinsäure, 3,9'-Acridylamino-4-oxybenzol-1-arsinsäure, p,N,4'-Nitro-9'-acridylaminophenylarsinsäure[2]).

Man erhält Farbstoffe, indem man die p-Diamine mit H-Säure in mineralsaurer Lösung vereinigt und auf den so erhaltenen Farbstoff in alkalischer Lösung 1 oder 2 Mol. p-Aminophenylarsinsäure einwirken läßt; man kann jedoch den Aufbau der Farbstoffe auch in der Weise vornehmen, daß man die p-Diamine in alkalischer Lösung mit 2 Mol. des aus diazotierter p-Aminophenylarsinsäure und H-Säure in saurer Lösung entstandenen Kombinationsproduktes kombiniert, oder eine der Diazogruppen der p-Diamine in alkalischer Lösung mit diesem Monoazofarbstoff, die andere mit H-Säure kombiniert[3]).

Aus der Arsanilsäure werden Polyazofarbstoffe dargestellt, welche eine andere doppeltkuppelnde Aminonaphthol- oder Dioxynaphthalinsulfosäure enthalten, während im Hauptpatent 1.8-Aminonaphthol-3.6-disulfosäure verwendet wird[4]).

Azofarbstoffe, welche die Arsinsäure- oder Arsenoxydgruppe enthalten, kann man mit unterphosphoriger Säure zu den betreffenden Arsenoverbindungen reduzieren, ohne daß die Azogruppe dabei verändert wird[5]).

Es wird ein primärer Diazofarbstoff aus Arsanilsäure hergestellt, indem man 1 Mol. der Diazoverbindung derselben in saurer Lösung auf 1 Mol. 1.8.3.6-Aminonaphtholdisulfosäure einwirken läßt und das so erhaltene Zwischenprodukt mit einem zweiten Mol. der Diazoverbindung in alkalischer Lösung kombiniert.

Dieser Diazofarbstoff ist $2^1/_2$ mal weniger giftig als Atoxyl, obgleich er $78^0/_0$ Atoxyl enthält. In der Wirksamkeit gegen Trypanosomen stimmt er fast ganz genau mit dem arsenfreien Trypanrot zusammen, besitzt aber eine entschieden geringere Giftigkeit als dieses[6]).

Man kondensiert 2-Oxy-4-aldehydobenzol-1-arsinsäure mit Semicarbazid[7]).

Man kondensiert Aminoarylarsinsäuren oder deren Derivate in alkoholischer Lösung oder Suspension mit 1 Mol. eines aliphatischen oder aromatischen Aldehyds und 1 Mol. Brenztraubensäure durch 3stündiges Erhitzen am Rückflußkühler. Vermutlich entstehen hierbei Arsinsäuren der Chinolin-4-carbonsäure bzw. die entsprechenden Derivate des 4-Phenyl-4.5-diketopyrrolidins. Die Verbindungen wirken trypanocid[8]).

Man läßt auf Derivate des Arsenobenzols oder des Phenylarsins, welche eine Aminogruppe allein oder auch in Gemeinschaft mit anderen Substituenten enthalten, Aldehydsulfosäuren einwirken, z. B. Benzaldehydsulfosäure auf 4.4'-Dioxy-3.3'-diaminoarsenobenzol. Diese Derivate sollen sehr stabil sein[9]).

Durch Kondensation von Arsinen mit Arsenoxyden oder Arsendihalogeniden kann man zu Arsenoverbindungen kommen[10]):

$$\mathrm{R\cdot AsH_2 + OAs\cdot R' = R\cdot As:As\cdot R' + H_2O}$$
$$\mathrm{R\cdot AsH_2 + Cl_2As\cdot R' = R\cdot As:As\cdot R' + 2\,HCl}$$

Organische Arsenverbindungen der allgemeinen Formeln $\mathrm{AsO}{<}^{\mathrm{OK}}_{\mathrm{OK}}$ und ${}^{\mathrm{R}}_{\mathrm{R}}{>}\mathrm{AsO\cdot OK}$ erhält man, wenn man aromatische Diazoverbindungen mit Ausnahme des n-Benzoldiazotats mit arseniger Säure und ihren Salzen oder mit Verbindungen behandelt, die eine Gruppe —$\mathrm{As(OK)_2}$ resp. —AsO enthalten[11]).

---

1) Höchst, D.R.P. 278421. 2) Schering, E.P. 230082/1925.
3) Agfa, D.R.P. 212304. 4) Agfa, D.R.P. 222063, Zusatz zu D.R.P. 212304.
5) Höchst, D.R.P. 271271. 6) Agfa, D.R.P. 216223.
7) Schw.P. 111939, Zus. zu Schw.P. 103775.
8) R. Adams, u. J. K. Johnson, A.P. 1507894. 9) H. Bart, D.R.P. 272035.
10) D.R.P. 254187. 11) D.R.P. 250264.

Phenylarsinsäure erhält man, wenn man in wässeriger Lösung Alkaliarsenit auf n-Alkalibenzodiazotat in Abwesenheit von freiem Alkali einwirken läßt[1]).

So erhält man z. B. durch Diazotierung von p-Bromanilin und Zusatz von Natriumarsenit und Erhitzen der Lösung mit Alkali, durch Zusatz von Salzsäure im Filtrat p-Bromphenylarsinsäure. Auch die diarylarsinigen Säuren oder die entsprechenden Oxyde reagieren mit Diazolösungen, indem Triarylarsinsäuren oder ihre Anhydride entstehen. Beschrieben ist die Darstellung von Trinitrotriphenylarsinsäure[2]).

Wenn man die Katalysatoren wie in D.R.P. 254092 in alkalischer Lösung benützt, läuft die Reaktion wie im Hauptpatent, aber die Entwicklung von Stickstoff durch das Kupferpulver geht schon bei niedriger Temperatur vor sich, so daß sich weniger Nebenprodukte bilden[3]).

Das in D.R.P. 250264 beschriebene Verfahren wird durch Katalysatoren, wie Kupfer, Kupfersalze und Silber, geändert, und es entstehen Verbindungen, welche sich mit Hydrosulfit schon in der Kälte zu Arsenobenzolen reduzieren lassen[4]).

Diazotiertes Dinitranilin gibt in alkalischer oder neutraler Lösung mit Arsenik keine Arsinsäure. Man erhält sie aber, wenn man die Diazoverbindung in Gegenwart eines Überschusses von Säure mit arseniger Säure behandelt[5]). Man erhält so Dinitrophenylarsinsäure $NH_2 : NO_2 : NO_2 = 1 : 2 : 4$.

Arsenoverbindungen der Pyrazolonreihe erhält man, indem man in die Aminogruppe der Arsenodi-(1-aryl-2.3-dialkyl-4-amino-5-pyrazolone) saure Atomgruppen einführt, oder wenn man die Einführung der Sulfoxylgruppe an der Aminogruppe mit der Darstellung des Arsenoaminopyrazolon in einem Arbeitsgang bewerkstelligt durch Einwirkung von Aldehydsulfoxylat auf 4-Nitroso- oder 4-Nitro-1-aryl-2.3-dialkyl-5-pyrazolonarsinsäuren. Die in der 4-Aminogruppe eine salzbildende saure Atomgruppe, wie z. B. $—CH_2 \cdot COOH$, $—CH_2O \cdot SOH$ oder $—CH_2O \cdot SO_2H$ enthaltende Arsenopyrazolonderivate wirken bei geringer Giftigkeit stark spirillocid. Die Salze sind beständig, leicht löslich und die Lösungen haltbar. So erhält man: 1-(Phenyl-4′-arsinsäure)-3-methyl-5-chlorpyrazol, 1-(Phenyl-4′-arsinsäure)-3-methyl-5-pyrazolon, 1-(Phenyl-4′-arsinsäure)-2.3-dimethyl-5-pyrazolon, 4′-Arsenodi-1-phenyl-2.3-dimethyl-4-amino-5-pyrazolon), 4′-Arsenodi-(1-phenyl-2.3-dimethyl-4-amino-5-pyrazolon)-monoessigsäure, 4′-Arsenodi-(1-phenyl-2.3-dimethyl-4-amino-5-pyrazolon)-monomethylensulfoxylsäure[6]).

Eine Reihe von p-substituierten m-Nitrobenzoesäuren ($R = CH_3$, OCH_3, OC_2H_5, $OCOOC_2H_5$ und Cl) gibt leicht die entsprechenden Säurechloride, die dann in die 4-Aminophenylarsinsäure eingeführt werden. Die entsprechenden Aminoarsinsäuren entstehen durch Reduktion mit Eisenchlorür und Alkali. Aus der Äthylcarbonatonitrobenzoyl-4-aminophenylarsinsäure

$$C_2H_5 \cdot OOC \cdot O\langle\overset{NO_2}{\bigcirc}\rangle \cdot CO \cdot NH\langle\bigcirc\rangle AsO_3H_2$$

entsteht zunächst die entsprechende Oxynitrosäure

$$HO\langle\overset{NO_2}{\bigcirc}\rangle CO \cdot NH\langle\bigcirc\rangle AsO_3H_2 ,$$

welche dann weiter zur Aminosäure reduziert wird. Diese läßt sich zur Arsenverbindung reduzieren, welche das Analogon zum Salvarsan darstellt, jedoch bedeutend weniger wirksam ist als das letztere[7]).

Man behandelt entweder Aminoarylarsinsäuren mit den Chloriden aromatischer Nitrocarbonsäuren und reduziert die Nitroacylaminoarylarsinsäuren oder läßt die Chloride von Urethanoarylcarbonsäuren auf die Aminoarylarsinsäuren einwirken und verseift die entstehenden Urethane mit Natronlauge. Die entstandene N-Aminoarylaminoarylsäuren können durch Behandeln mit Phosgen in die entsprechenden Harnstoffderivate übergeführt werden. Dargestellt wurden: p.p′-Urethanobenzoylaminophenylarsinsäure, p.p′-Aminobenzoylaminophenylarsinsäure, 3.3′-Aminobenzoylamino-4-oxybenzol-1-arsinsäure, 3.3′-Aminobenzoylamino-4-oxybenzol-1-arsinsäure, p.p′-Aminophenylacetylaminophenylarsinsäure[8]).

---

[1]) D.R.P. 264924. [2]) D.R.P. 254375, Zusatz zu D.R.P. 250264.
[3]) D.R.P. 268172, Zusatz zu D.R.P. 250264.
[4]) D.R.P. 254092, Zusatz zu D.R.P. 250264. [5]) Höchst, D.R.P. 266944.
[6]) Höchst, D.R.P. 313320.
[7]) King, H. u. W. O. Murch: Journ. of the chem. soc. (London). Bd. 127, S. 2632. 1925.
[8]) Poulenc, Paris, F.P. 583338.

Arsenverbindungen des Yohimbins erhält man durch Zusammenbringen der Komponenten, z. B. Yohimbinarseniat, Yohimbinmethylarseniat, Yohimbinphenylarseniat, Yohimbinglycerinarseniat[1]).

Oxy-5-hydrochinin-(azobenzol-arsinsäure-4′)-8

CH

$CH_3 \cdot CH_2 \cdot CH$ CH_2 CH_2

H (5) OH

CH_2 CH_2 CH—C— OCH_3 (6)

CH

N N = N $\langle\ \rangle$ As O_3H_2

N

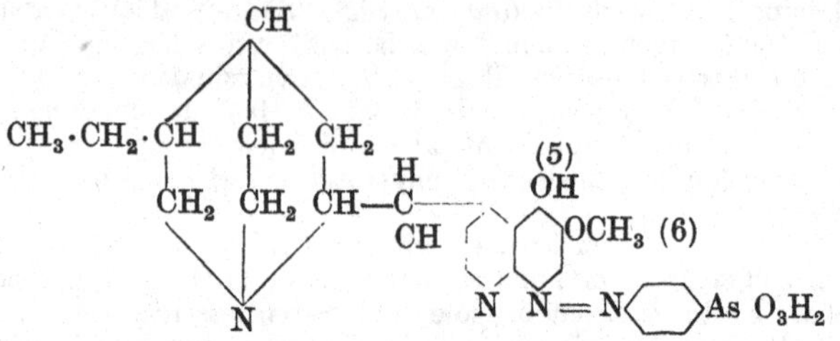

besitzt trypanocide Wirkung. Die unter Vermeidung jeder Erhitzung hergestellte Amino-5-hydrochinin-(azobenzol-arsinsäure-4′)-8 ist 50mal giftiger und dabei unwirksam[2]).

Man läßt Arsenhalogenide auf Chinaalkaloide in indifferenten Mitteln einwirken. Man erhält ein Doppelsalz[3]).

Monoalkylaniline werden in Gegenwart von Pyridin bei 100—120° mit $AsCl_3$ behandelt und die Zwischenprodukte in alkalischer oder saurer Lösung mit Wasserstoffsuperoxyd oxydiert. Es entstehen Mono- und Bis-p-monoalkylaminophenylarsinsäuren.

Dargestellt werden: p-Isoamylaminophenylarsinsäure, Bis-p-isoamylaminophenylarsinsäure, p-Monomethyl- und p-Monoäthylaminophenylarsinsäure, Phenylglycin-p-arsinsäure[4]).

5-Nitrobenzoxazolon oder dessen in 6-Stellung durch die CH_3-Gruppe oder Halogenatome substituierte Derivate werden mit reduzierenden Mitteln behandelt, die entstandenen 5-Aminobenzoxalone diazotiert und die Diazoverbindungen mit Na_3AsO_3 behandelt. Diese so gebildeten Benzoxazolonarsinsäuren werden mit Alkalien erhitzt, wobei sich 4-Amino-3-oxybenzol-1-arsinsäure bildet[5]).

$AsO(OH)_2$

o-Amino-p-diarsinsäure ⬡ NH_2 und das entsprechende Arsenobenzol

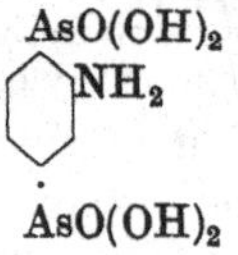

$AsO(OH)_2$

As ═ As

entweder ⬡ NH_2 As ‖ As oder ⬡ NH_2 ⬡ NH_2 wirken auf Nagana, Trypano-

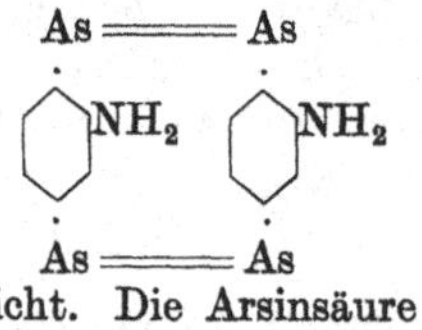

As ═ As

some brucei und Recurrens gar nicht. Die Arsinsäure ist auffallend wenig toxisch, die Arsenoverbindung ist sehr toxisch.

Oxalkylarsinsäuren erhält man, wenn man aliphatische ein oder mehrere Male die Gruppe $R^1 \cdot CH(X) \cdot R^2$, worin R^1 verschiedene Substituenten, X ein Halogenatom und R^2 Wasserstoff oder einen anderen Substituenten bedeutet, im Mol enthaltende Verbindungen mit —Na_3AsO_3 behandelt. Der Substituent R^1 kann entweder den Rest CH_2OH, die COOH-Gruppe oder den Rest $CH_2 \cdot AsO(OH)_2$ bedeuten. Es wird z. B. Äthylendibromid mit wässeriger Na_3AsO_3-Lösung am Rückflußkühler bis zum Verschwinden des Bromids erhitzt, die Lösung mit Salzsäure neutralisiert, mit Wasserstoffsuperoxyd die freie H_3AsO_3 zu H_3AsO_4 oxydiert, letztere mit Magnesiamischung ausgefällt und aus der filtrierten Lösung das Bariumsalz der Oxyäthylarsinsäure $CH_2(OH) \cdot CH_2 \cdot AsO(OH)_2$ mit Chlorbarium abgeschieden. Analog erhält man aus dem $\alpha.\beta$-Dibrompropylalkohol $CH_2Br \cdot CHBr \cdot CH_2 \cdot OH$ die Monoarsinsäure $CH_2(OH) \cdot CH(AsO[OH])_2 \cdot CH_2 \cdot (OH)$ und aus der $\alpha.\beta$-Dibrompropylmonoarsinsäure $CH_2(Br) \cdot CH(Br) \cdot CH_2 \cdot AsO(OH)_2$ die Diarsinsäure $CH_2(AsO[OH]_2) \cdot CH(OH) \cdot CH_2 \cdot AsO[OH]_2$[6]).

Chloroxisobuttersäure $Cl \cdot CH_2 \cdot C(CH_3) \cdot (OH) \cdot COOH$ wird mit Acetylchlorid erwärmt, hierauf mit Thionylchlorid, man erhält das Chlorid der Chloracetoxyisobuttersäure $Cl \cdot CH_2 \cdot C(CH_3) \cdot (O \cdot COCH_3) \cdot COCl$, dieses wird in ätherischer Lösung mit trockenem Ammoniakgas umgesetzt. Es bildet sich Chloracetoxyisobuttersäureamid. Zu einer wässerigen Lösung von p-aminophenylarsinsaurem Natrium setzt man dieses Amid und

---

1) Bayer, Leverkusen, D.R.P. 337732.

2) Giemsa, G.: Arch. f. Schiffs- und Tropenhyg. Bd. 29, S. 479. 1925.

3) Dafert und Vogl: A.P. 1558241. 4) C. J. Oechslin, A.P. 1440621.

5) L. Benda u. O. Sievers: A.P. 1539798, 1539799.

6) Poulenc u. Oechslin, Paris, F.P. 569541, E.P. 206143/1923, Schw.P. 106897.

erhitzt und erhält das Amid der Phenylaminoacetoxyisobuttersäure-p-arsinsäure $C_6H_4 \cdot (AsO_3H_2)^1 \cdot (NH \cdot CH_2 \cdot C[CH_3] \cdot [O \cdot COCH_3] \cdot [CO \cdot NH_2])^4$ [1]).

Arsphenaminpolyarsenid erhält man durch Reduktion von 3-Nitro-4-oxyphenylarsinsäure und Natriumarsenit mit $Na_2S_2O_4$. Die Giftigkeit des Produktes ist ebenso wie beim Salvarsan von der Darstellungsweise abhängig; sie ist von derjenigen des Salvarsans nur wenig verschieden.

Sulfarsphenamin stellt man dar durch Einwirkung von Salvarsan, 3 Mol. Formaldehyd und 3 Mol. $NaHSO_2$. Das Polyarsenid des Sulfarsphenamins ist im Vergleich zum Arsphenaminpolyarsenid giftig[2]).

Organische Arsenverbindungen mit einer Aminogruppe oder einer substituierten Aminogruppe in p-Stellung zum Arsen erzeugen beim Kaninchen Opticusläsionen. Organische Arsenverbindungen mit einer Amino- oder substituierten Aminogruppe in der o- oder m-Stellung zum Arsen erzeugen keine Opticusläsionen beim Kaninchen. Dieses gilt für dreiwertige und fünfwertige Arsenverbindungen[3]).

Arsen-Schwefelverbindungen.

Behandelt man Nitrooxyarylarsinsäuren oder Aminooxyarylarsinsäuren mit Schwefelalkalien oder Schwefelwasserstoff, so erhält man schwefelhaltige Verbindungen von bedeutend gesteigerter parasiticider Wirkung, welche durch den Eintritt von Schwefel bedingt erscheint.

Beschrieben ist die Darstellung von Nitrooxyphenylarsensesquisulfid und das wahrscheinlich analoge Aminoprodukt mit sehr labilen Eigenschaften[4]).

Am Arsen geschwefelte Derivate der p-Aminophenylarsinsäure, sowie deren Derivaten erhält man bei Behandlung ihrer Lösung mit Schwefelwasserstoff. Aus den Arsinsäuren und Arsenoxyden erhält man

Arsendisulfide	Arsensesquisulfide	und Arsensulfüre[5])
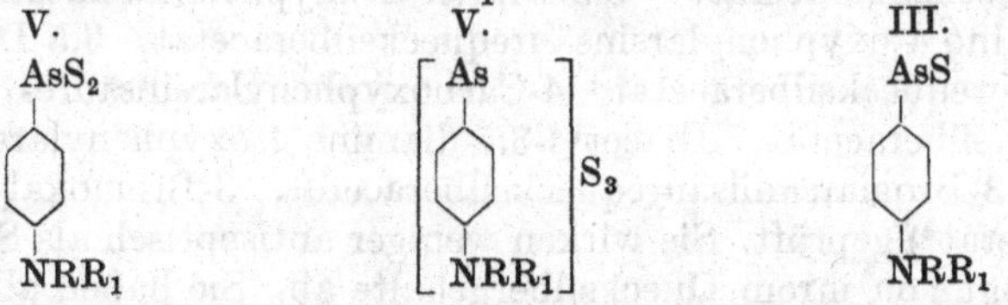 V.	V.	III.
AsS_2	[As ... NRR_1] S_3	AsS
NRR_1		NRR_1

Den entsprechenden Sauerstoffverbindungen gegenüber zeigen sie eine erhöhte Toxizität, aber auch eine entsprechend stärkere trypanocide Wirkung.

Diese Schwefelverbindungen sind in Schwefelalkalien und kaustischen Alkalien leicht löslich und können aus der alkalischen Lösung durch Säuren gefällt werden, während sie in Soda schwer löslich sind.

m-Aminophenylarsensulfid besitzt selbst in großen Dosen gar keine Heilwirkung gegenüber Trypanosomen. Die von der p-Aminophenylarsinsäure sich ableitenden Sulfide zeigen eine schwache Heilwirkung nur in Dosen, welche der tödlichen Dosis naheliegen.

Hingegen zeigen die aus 3-Nitro- und 3-Amino-4-oxybenzol-1-arsinsäure entstehenden Schwefelverbindungen parasiticide Wirkungen und Heilungen mit ein Drittel der letalen Dose.

Arsen- und Antimon-Schwermetallverbindungen.

Die großen Erfolge des Salvarsans und Neosalvarsans in der Therapie haben einen weiteren Ausbau der Arsenverbindungen gezeitigt. Dieser Ausbau ging dahin, besser lösliche und stabilere Präparate von womöglich größerer

---

1) Poulenc, Paris, F.P. 543112.

2) Christiansen, W. G.: Journ. Americ. of the chem. soc. Bd. 45, S. 2182. 1923.

3) Young, A. G. u. A. S. Loevenhart: Journ. of pharmacol. a. exp. therapeut. Bd. 23, S. 109. 1924.

4) Höchst, D.R.P. 253757. 5) Farbwerke Höchst, D.R.P. 205617.

Haltbarkeit zu erzielen, andererseits wurde versucht, eine weitere wirksame Komponente in die Verbindungen einzuführen, so Gold, Platin, Quecksilber, Silber und Kupfer. Uhlenhut und Mulzer haben besonders auf die Wirkungen des atoxylsauren Quecksilbers bei Lues hingewiesen[1]). Paul Ehrlich lenkte besonders die Aufmerksamkeit auf die Kupferverbindungen dieser Reihe. Ebenso wurde versucht, neben dem Arsen in die Verbindung Schwefel, Antimon oder Wismuth einzuführen. Bis nun ist keine von diesen Verbindungen in die Therapie eingedrungen. Dasselbe gilt von den übrigen Arsenverbindungen, welche der Arsanilsäure verwandt sind, und ebenso von den Verbindungen, welche aus Farbstoffen mit Arsenogruppen bestehen.

p-Aminophenylarsinsaures Quecksilber[2]) wirkt bei experimenteller Syphilis sehr gut. Atoxylsaures Quecksilber wird Atyrosyl und Asiphyl genannt. Saures atoxylsaures Quecksilber ist giftiger als Atoxyl. Acetylatoxylsaures Quecksilber ist nicht wesentlich ungiftiger als atoxylsaures Quecksilber. Jodatoxylquecksilber ist weniger giftig als das Natriumsalz[3]).

In Verbindungen mit dreiwertigem Arsen läßt sich Quecksilber mittels Quecksilberacetat nicht einführen. Es tritt alsbald Oxydation unter Abscheidung von metallischem Quecksilber ein. Hingegen kann man Quecksilber leicht in Verbindungen mit fünfwertigem Arsen einführen. Diese Verbindungen sind in alkalischer Lösung verhältnismäßig beständig, nur bei Vorhandensein von Aminogruppen wird metallisches Quecksilber abgespalten. Die Einführung des Arsens scheint ohne Einfluß auf die Giftwirkung zu sein, die wesentlich auf dem Quecksilbergehalt beruht. Auch die Heilwirkung bei experimentellen Trypanosomeninfektionen und die keimtötende Wirkung in vitro ist nicht größer als bei den arsenfreien Verbindungen. Nach dieser Richtung wurden 3-Nitroarsanilsäurequecksilberacetat, 3.5-Dinitro-4-oxyphenylarsinsäurequecksilberacetat, 3-Amino-4-oxyphenylarsinsäurequecksilberacetat, 3.5-Diamino-4-oxyphenylarsinsäurequecksilberacetat, 4-Carboxyphenylarsinsäure- (p-Benzarsinsäure-) quecksilberacetat, Diacetyl-3.5-diamino-4-oxyphenylarsinsäurequecksilberacetat, 3-Bromarsanilsäurequecksilberacetat, 3-Bromoxalylarsanilsäurequecksilberacetat[4]) geprüft. Sie wirken weniger antiseptisch als Sublimat. Ihre Giftigkeit hängt von ihrem Quecksilbergehalte ab. Sie haben alle trypanocide Wirksamkeit, aber sie sind zu giftig.

Die Jodverbindungen wie p-jodphenylarsinsaures Natrium, Quecksilber und Silber, sowie p-aminojodphenylarsinsaures Natrium, Quecksilber und Silber scheinen vielleicht auf maligne menschliche Tumoren von zerstörendem Einfluß zu sein. F. Blumenthal untersuchte auch p-aminodibromphenylarsinsaures Natrium sowie atoxylsaures Quecksilber und Silber.

Das neutrale Quecksilbersalz der p-Aminophenylarsinsäure erhält man, wenn man 2 Mol. p-Aminophenylarsinsäure auf 1 Mol. Quecksilberoxyd einwirken läßt. Das basische Quecksilbersalz entsteht bei der Einwirkung von 1 Mol. Quecksilberoxydsalz auf 1 Mol. p-Aminophenylarsinsäure in Gegenwart von 2 Mol. Alkali.

Das Quecksilbersalz der p-Aminophenylarsinsäure wird durch doppelte Umsetzung dargestellt. Gleiche Versuche wurden von verschiedenen Seiten in verschiedenen Staaten zum Patent angemeldet[5]).

Durch Einwirkung von wässerigen Lösungen von Alkalisalzen der Monomethylarsinsäure auf Succinimidquecksilber in molekularer Menge erhält man leicht lösliche Doppelsalze[6]).

---

[1]) Dtsch. med. Wochenschr. 1910, Nr. 27, S. 1262.

[2]) Uhlenhuth u. Manteufel: Zeitschr. f. Immunitätsforsch. u. Therapie, Orig. Bd. 1, S. 108. 1909. — Münch. med. Wochenschr. Bd. 62, S. 147.

[3]) Biochem. Zeitschr. Bd. 28, S. 91. 1910.

[4]) Raiziss, G. W., J. A. Kolmer, J. L. Gavron: Journ. of biol. chem. Bd. 40, S. 533. 1919.

[5]) Agfa, Berlin, D.R.P. 237787. [6]) Einhornapotheke, D.R.P. 302156.

Dazu kamen noch Versuche, mercurierte Verbindungen mit organischen Arsenverbindungen zu kombinieren.

Ein solches Präparat ist das Enesol, der saure Salicylester der Arsensäure, in dem die drei Hydroxylgruppen durch Quecksilber ersetzt sind. Es ist weniger giftig als Salicylquecksilber, auch wenn man den geringeren Quecksilbergehalt in Betracht zieht, und wasserlöslich.

Quecksilbersalvarsan erhält man aus Neosalvarsan oder noch besser Salvarsannatrium und Sublimatlösung. Es scheidet sich als eine an der Oberfläche der Lösung schwebende braungrüne Wolke aus[1]).

Kernmercurierte Derivate aromatischer Oxysäuren werden dargestellt, indem man aromatische Oxycarbon-, Oxysulfo- oder Oxyarsinsäuren, welche Quecksilber nur mit einer Affinität an den aromatischen Kern gebunden enthalten, mit alkalischen oder neutralen Reduktionsmitteln behandelt. So erhält man aus Oxymercurisalicylsäureanhydrid Quecksilberdisalicylsäure, aus Mercurisalicylsulfosäure Mercuri-bis-salicylsulfosäure, aus Arsinosalicylsäure Mercuri- bis -arsinosalicylsäure. Ferner ist beschrieben Mercuri-bis-2-oxynaphthalin-3.6-disulfosäure und Mercuri-bis-3-methyl-4-oxybenzol-1-arsinsäure[2]).

Eine Reihe von Arylarsinsäuren, welche mercuriert wurden, haben durch die Einführung von Quecksilber keine erhöhte Wirkung erhalten[3]).

3-Acetylamino-4-oxy-phenylarsinsäure und 3.5-Diacetylamino-4-oxyphenylarsinsäure lassen sich in der Kälte mercurieren[4]).

Komplexe Silberalkaliverbindungen des Diaminodioxyarsenobenzols erhält man durch Behandlung alkalischer Lösungen des 3.3'-Diamino-4.4'-dioxyarsenobenzols mit frisch gefälltem Ag_2O[5]).

Man läßt lösliche Metallsalze auf 3.3'-Diamino-4.4'-dioxyarsenobenzol vor oder nach deren Umwandlung in die N-methylschweflige Säure einwirken[6]).

Nach Versuchen von I. Danysz[7]) erhöht ein Zusatz von Silbersalzen zu Salvarsan besonders in Form von Bromsilber und Jodsilber die antiseptischen und heilenden Effekte beider Komponenten bedeutend.

Silbersalvarsan wurde als das Natriumsalz der Diaminodioxyarsenobenzolmonosilbersäure[8])

$$NaO(NH_2)C_6H_3 \cdot As = As \begin{cases} ONa \\ Ag \\ C_6H_3(NH_2)ONa \end{cases}$$

aufgefaßt.

P. Karrer faßte das Silbersalvarsan als ein Metallkomplex mit Arsennebenvalenzen auf:

```
      OHAg      AgOH
       As ======= As
      /  \       /  \
  H2N|    |     |    |NH2
      \  /       \  /
       OH         OH
```

A. Binz, H. Bauer und A. Hallstein meinen, daß das Silber an den Aminostickstoff des Arsenobenzols komplex gebunden sei. Silbersalvarsan ist nach ihnen 3.3'-Diamino-4.4'-dioxyarsenobenzoldinatrium-monosilberoxyd, bzw. Bis-[diaminodioxyarsenobenzoldinatrium]-monosilberoxyd.

---

[1]) Zirn: Münch. med. Wochensch. Bd. 67, S. 1017. 1920.
[2]) Heyden, D.R.P. 255030.
[3]) Maschmann, Ernst: Ber. d. dtsch. chem. Ges. Bd. 57, S. 1759. 1924.
[4]) Maschmann, E.: Ber. d. dtsch. chem. Ges. Bd. 59, S. 215. S. 1926.
[5]) Sherndal, New York, A.P. 1446216, Canad.P. 235166.
[6]) F. Lehnhoff-Wyld, Paris, E.P. 232612/1925.
[7]) Ann. de l'inst. Pasteur. Bd. 28, S. 238. 1914.
[8]) Binz, A., H. Bauer u. E. Urbschat: Zeitschr. f. angew. Chem. Bd. 38, S. 740 1925.

Es existieren zwei isomere Silbersalvarsane, von denen eines unter dem Einfluß von Natronlauge in das andere übergeht.

As ═══ As; $NH_2 \cdot$ C₆H₃ (OH) ; C₆H₃ (OH) $\cdot NH_2 \cdot AgOH$ $\xrightarrow[NaOH]{NaOH}$ As ═══ As ······ $Ag \cdot OH$; $H_2N \cdot$ C₆H₃ (OH) ; C₆H₃ (OH) $\cdot NH_2$ ╱ $NH_2 \cdot Ag \cdot OH$

Zum Löslichmachen komplexer Metallverbindungen des 3.3′-Diamino-4.4′-dioxyarsenobenzols behandelt man diese Verbindungen in wässeriger Lösung mit Formaldehydsulfoxylat[1]).

Silbersalvarsan mit einem Arsengehalt von 22,4 %, der weit hinter dem des Altsalvarsans zurückbleibt, weist einen wesentlich besseren chemotherapeutischen Quotienten (Verhältnis zwischen der therapeutischen und letalen Dosis) auf als Salvarsan, und zwar $^1/_{30}$ gegen $^1/_{10}$. Aber auch Silber in kolloidaler Form tötet Spirochäten im Tierversuch ab, wenn auch langsamer als Silbersalvarsan[2]). Die malariciden Eigenschaften des Salvarsans gehen durch Eintritt des Metalls in sein Molekül fast ganz verloren[3]). Das Silber verleiht dem Salvarsan keine erhöhte Giftigkeit, wohl aber eine verstärkte Wirksamkeit, die auf der spezifischen gegenüber Spirochäten entwicklungshemmenden Silberwirkung beruht. Doch berichtet G. L. Dreyfus[4]), daß Silbersalvarsan nicht so einfach und glatt zu handhaben ist, wie Neosalvarsan und Salvarsannatrium. Nebenwirkungen sind einstweilen noch wesentlich häufiger.

Hingegen finden andere Untersucher, daß eine so auffallende Überlegenheit des Silbersalvarsans über Natriumsalvarsan wie man sie im Tierversuche festgestellt hat, beim Menschen nicht beobachtet werden konnte, aber Silbersalvarsan macht weniger Schädigungen als alle bisher erprobten Präparate[5]).

Das Silbersalvarsan ist sehr empfindlich gegen Kohlensäure und löst sich nicht restlos in Wasser. Das Neo-Silbersalvarsan kann durch Kohlensäure nicht gefällt werden und ist leicht löslich. Es hat einen viel besseren therapeutischen Index als Salvarsan.

Wässerige Lösungen von Salvarsansalzen bringt man mit Salzen von Gold oder Metallen der Platingruppe zusammen und scheidet die Additionsverbindungen durch Eindampfen oder Zusatz von organischen Lösungsmitteln in fester Form ab[6]).

Schwermetalladditionsverbindungen aromatischer Arsenverbindungen erhält man, wenn man hier andere aromatische Verbindungen, die dreiwertiges Arsen enthalten, mit Metallsalzen behandelt.

3-Amino-4-oxybenzol-1-arsensulfid liefert in Methylalkohol mit Palladiumchlorür eine Palladiumverbindung.

3-Amino-4-oxybenzol-1-arsendichloridchlorhydrat gibt mit Kupferchlorid eine Kupferverbindung.

4-Amino-3-carboxybenzol-1-arsenoxyd liefert mit Goldchoridlösung eine Goldverbindung[7]).

An Stelle des Salvarsans kann man die Formaldehydsulfoxylatverbindung in gleicher Weise mit Schwermetallen verbinden [Kupfer, Silber, Gold, Platin][8]).

Man kann in gleicher Weise die Verbindung von Salvarsan mit Quecksilber, Silber, Kupfer erhalten[9]).

---

1) A. Binz, Berlin, D.R.P. 414192.
2) Kolle: Dtsch. med. Wochenschr. 1918, Nr. 43 u. 44.
3) Kalberloh u. Schloßberger: Dtsch. med. Wochenschr. 1918, S. 1100.
4) Dtsch. med. Wochenschr. 1919, Nr. 47 u. 48.
5) Knopf, Walter u. Otto Sinn: Dtsch. med. Wochenschr. Bd. 45, S. 517. 1919.
6) Höchst, D.R.P. 268220. 7) D.R.P. 281101, Zusatz zu D.R.P. 268220.
8) D.R.P. 268221, Zusatz zu D.R.P. 268220.
9) D.R.P. 270253, Zusatz zu D.R.P. 268220.

An Stelle von Salvarsan kann man durch Reduktion des Gemisches aus einer Arsinsäure und einer anorganischen Arsenverbindung erhältliche, zwei oder mehrere Arsenatome enthaltenden Polyarsenoverbindungen in Lösung mit Metallsalzen zusammenbringen[1]).

Auch Arsenophenylglycin, 4.4'-Dioxyarsenobenzol, Arsenobenzol, 3.4.3'.4'-Tetraminoarsenobenzolformaldehydsulfoxylnatrium geben solche Schwermetallverbindungen[2]).

Anstatt fertige Arsenverbindungen zu verwenden, läßt man diese in Gegenwart von Metallsalzen aus den entsprechenden Arsinsäuren oder Arsenoxyden durch Reduktion entstehen[3]).

An Stelle von Arsenoverbindungen kann man die analogen gemischten Arsen-, Phosphor- und Arsen-Antimonverbindungen mit Metallsalzen vereinigen[4]).

An Stelle der aromatischen Arsenverbindungen verwendet man die über die Arsenostufe hinaus reduzierten Reduktionsprodukte von durch salzbildende Atomgruppen substituierten aromatischen Arsinsäuren[5]).

Wismutkakodylat wird durch Einführung von Kakodylsäure auf Bi_2O_3 oder $Bi(OH)_3$ oder kakodylsauren Salzen auf Wismutsalze dargestellt[6]).

Außer den in der NH_2-Gruppe durch hydroxylhaltige Reste substituierten Aminophenolen und deren kerncarboxylierten Derivaten kann man zur Herstellung der Bi-Komplexverbindungen auch die entsprechenden durch die Sulfo-, Phosphinsäure- und Arsinsäuregruppe substituierten Derivate verwenden.

C. Levaditi[7]) untersuchte basisches Bi-Acetyloxyaminophenylarsenat $(OH)(4)(CH_3 \cdot CONH)(3) \cdot C_6H_3(1)AsO_3H \cdot Bi(OH)_2$ bei Kaninchensyphilis mit günstigem Erfolge.

Man vereinigt Arsenobenzolderivate entweder mit Bi-Salzen bei schwach saurer Reaktion oder mit Bi-Verbindungen, die in Wasser ohne hydrolytische Spaltung löslich sind. Man versetzt z. B. eine wässerige Lösung von salzsaurem 4.4'-Dioxy-3.3'-diaminoarsenobenzol mit einer Lösung von $BiCl_3$ in verdünnter Salzsäure, fällt mit verdünnter Schwefelsäure und löst das Sulfat in Natronlauge und fällt das Na-Salz der komplexen Bi-Arsenobenzolverbindung mit Alkohol. Aus der wässerigen Lösung dieses Natriumsalzes, das man durch Einwirkung von weinsaurem Bi-Na auf eine Lösung der 3.3'-Diamino-4.4'dioxyarsenobenzol in wässerig-methylalkoholischer Natronlauge erhalten kann, fällt Salzsäure die freie, im Überschuß der Säure klar lösliche Wismutverbindung des Dioxydiaminoarsenobenzols aus[8]).

Das durch Einwirkung von wässerig-alkalischer Fructose-Bi-Lösung auf die Na-Verbindung der Monoformaldehydsulfoxylsäure des 3.3'-Diamino-4.4'-dioxyarsenobenzols in wässeriger Lösung und Fällung mit Methylalkoholäther erhältliche Na-Salz der komplexen Bi-Verbindung ist in Wasser löslich. Analog erhält man aus dem Formaldehydsulfoxylat des Arseno-di-1-phenyl-2.3-dimethyl-4-amino-5-pyrazolons und Fructose-Bi das Natriumsalz der komplexen Bi-Verbindung. Aus Mannose-Bi in wässerig-alkalischer Lösung und dem bismethylhexaaminoarsenobenzolformaldehydsulfoxylsaurem Natrium erhält man ebenfalls das lösliche Na-Salz der komplexen Bi-Verbindung.

Aus 3-Amino-4-oxybenzol-1-arsinsäure, Glycid und $BiCl_3$ erhält man die Bi-Komplexverbindung, ebenso aus 3-Amino-4-oxybenzol-1-phosphinsäure[9]).

3.3'-Diamino-4.4'-dioxyarsenobenzol gibt mit Metallsalzen komplexe Verbindungen, deren therapeutische Wirkung dem Salvarsan gegenüber in manchen Fällen verstärkt ist. Besonders das Kupfersalz mit einem Mol. Kupferchlorid hat sich als sehr stark bactericid und trypanocid erwiesen.

Salvarsankupfer ist eine komplexe Metallverbindung, an der das Kupfer der Arsengruppe angelagert ist[10]). Das Präparat soll bei Frambösie, Malaria, Amöbendysenterie und Lepra Verwendung finden. Kupfersalvarsan hat sich nach den Angaben von Johann Fabry und Johanna Selig bei allen Stadien der Syphilis gut bewährt; doch scheint es sehr hinter den Sibersalvarsanpräparaten zurückzustehen, da in der letzten Zeit über diese von Paul Ehrlich propagierte Verbindung nichts mehr verlautet.

---

[1]) D.R.P. 270256, Zusatz zu D.R.P. 268220.
[2]) D.R.P. 270257, Zusatz zu D.R.P. 268220.
[3]) D.R.P. 270258, Zusatz zu D.R.P. 268220.
[4]) D.R.P. 270259, Zusatz zu D.R.P. 268220.
[5]) D.R.P. 275216, Zusatz zu D.R.P. 268220. [6]) E. Merck, D.R.P. 403054.
[7]) Cpt. rend. hebdom. des séances de l'acad. des sciences Bd. 180, S. 1971. 1925.
[8]) Höchst, D.R.P. 414799. [9]) D.R.P. 431515. [10]) Heyden, D.R.P. 255030.

Beim Vermischen von Lösungen des Natriumsalzes der 3. 3'-Diamino-4.4'-dioxyarsenobenzolformaldehydsulfoxylsäure und des Natriumsalzes der komplexen Silberverbindung des 3. 3'-Diamino-4.4'-dioxyarsenobenzols erhält man eine Lösung, welche die beiden Komponenten in chemischer Bindung enthält, denn sie gibt weder mit Kohlensäure noch mit Natriumchlorid einen Niederschlag[1]).

Margol ist Antimonylsilberbromidarsenobenzol und soll wie Salvarsan wirken[2]).

Neo-Antiluetin (Antimonhydrargyrum) soll eine Verbindung des Kaliumammoniumantimonyltartrats mit neutraler sulfonierter Natrium-Quecksilbersalicylsäure sein.

Man läßt Oxyde oder Hydroxyde von Metallen, wie Cu, Ag, Au auf aminosubstituierte Arsenobenzole, die in der oder den NH_2-Gruppen noch durch O_2-haltige Reste, wie $—CH_2 \cdot COOH$, $—CH_2 \cdot SO_2H$, $—CH_2 \cdot SO_3H$, $—CO_2Na$, $—CH_2 \cdot CH(OH) \cdot CH_2(OH)$, $—SO_3H$ enthalten in neutraler oder alkalischer Lösung einwirken. Beschrieben ist die komplexe Ag-Verbindung der Diooxydiaminoarsenobenzolformaldehydsulfoxylsäure aus der Säure und Ag(OH), bzw. der komplexen Au-Verbindung aus der Säure und $Au(OH)_3$, bzw. der komplexen Cu-Verbindung, der komplexen Ag-Verbindung des Na-Salzes des Arsenophenylglycins, aus diesem und Ag(OH); der komplexen Ag-Verbindung des Na-Carbaminats, des 4.4'-Bismethylamino-3.3'.5.5'-tetraminoarsenobenzols aus diesen und Ag(OH); sowie der komplexen Ag-Verbindung der Formaldehydnatriumbisulfitverbindung des 4.4'-Dioxy-3.3-diaminoarsenobenzols aus dieser und Ag(OH)[3]).

Komplexverbindungen aromatischer Stibinsäuren erhält man, wenn man die Stibinsäuren als solche oder in Form ihrer Salze mit Salzen, Hydroxyden oder Oxyden von Metallen zur Umsetzung bringt, unter Ausschluß der gegenseitigen Einwirkung von phenylstibinsaurem Ammonium und Kupfersalzen.

Dargestellt wurde die Silberkomplexverbindung von p-Acetylaminophenylstibinsäure, die Quecksilber-, Antimon-, Eisenverbindung und die Silberkomplexverbindung von p-Benzol-sulfonamidphenylstibinsäure[4]).

Arsen-Antimon- und Arsen-Wismutverbindungen.

Stibinoxyde, Stibindichloride oder auch anorganische Antimonsalze des dreiwertigen Metalls setzen sich äußerst leicht mit den Arsinen nach folgenden Gleichungen um, z. B.:

$$\underset{NH_2 \cdot HCl}{HO \cdot C_6H_3} \cdot AsH_2 + Cl_2Sb \cdot C_6H_5 = \underset{NH_2 \cdot HCl}{HO \cdot C_6H_3} \cdot As : Sb \cdot C_6H_5 + 2\,HCl$$

$$\underset{NH_2 \cdot HCl}{HO \cdot C_6H_3} \cdot AsH_2 + Cl_2SbCl = \underset{NH_2 \cdot HCl.}{HO \cdot C_6H_3} \cdot As : SbCl + 2\,HCl$$

Ebenso kann man Wismuttrichlorid usw. mit Arsinen zu Arseno-bismuto-Verbindungen umsetzen:

$$Aryl \cdot AsH_2 + Cl_2Bi \cdot Cl = Aryl \cdot As : Bi \cdot Cl + 2\,HCl$$

Diese Kondensationen gehen schon bei gewöhnlichen Temperaturen in alkoholischer Lösung vor sich. Es können auch dabei Polyarsenostibino-Verbindungen auftreten.

So wirksam wie kolloidales Antimon sind bei Hühnerspirillose m_1-m^1-Diamino-p-oxyarsenostibiobenzol und m_1-m^1-Diamino-p-oxy-p_1-chlorarsenostibiobenzoldichlorhydrat.

Man läßt aromatische primäre Arsine auf primäre aromatische Stibinoxyde in wässerigen sauren Lösungen einwirken.

Dargestellt wurde 4-Oxy-3.3'-diaminoarsenostibiobenzol

$$HO-\underset{4\ \ 3}{C_6H_3}(NH_2)-As=Sb-\underset{3}{C_6H_4}(NH_2)$$

aus m-Amino-p-oxyphenylarsin und m-Aminophenylstibinoxyd.

---

1) Speierhaus, Höchst, E.P. 155577/1920.
2) Danyer u. Raspail: Münch. med. Wochenschr. Bd. 62, S. 132, 863. 1916.
3) Höchst, Ö.P. 99684, Schw.P. 107299.
4) Heyden, D.R.P. 396864.

3.3'-Diamino-4-oxy-4'-chlorarsenstibiobenzol

HO–⟨⟩–As = Sb–⟨⟩–Cl (mit NH_2 an beiden Ringen)

aus m-Amino-p-oxylphenylarsin und m-Amino-p-chlorphenylstibinoxyd.

4-Oxy-4'-acetylamino-3-aminoarsenostibiobenzol

HO–⟨⟩–As = Sb–⟨⟩–NH · CO · CH_3 (mit NH_2 am ersten Ring)

aus Aminooxyphenylarsin und p-Acetylaminophenylstibinoxyd[1]).

Dreiwertige anorganische Antimonverbindungen setzt man mit aromatischen primären Arsinen in alkoholischen Lösungen um[2]).

Diarylantimonverbindungen erhält man, wenn man Triarylstibine mit Halogenwasserstoffsäuren behandelt. Z. B. Triacetylaminotriphenylstibin wird in Methylalkohol in alkoholischer Salzsäure gelöst. Es krystallisiert Diacetylaminodiphenylstibinchlorür, das durch Alkalien in Diacetylaminodiphenylstibinoxyd übergeführt werden kann.

Aus p-Triacetylaminotriphenylstibin erhält man p-Diacetylaminodiphenylstibinbromürbromhydrat, das mit Alkalien in Diacetylaminodiphenylstibinoxyd übergeht. Aus Triphenylstibin erhält man mit alkoholischer Salzsäure Diphenylstibinoxyd[3]).

Komplexe Arsenantimonverbindungen und zwar Derivate des Arsenostibiobenzols der Formel

OH–⟨⟩–As : Sb–⟨⟩–OH (mit $N(R_1) \cdot (R_2)$ an beiden Ringen)

worin R_1 und R_2 Wasserstoff, Alkyl, Acidyl oder die Methylensulfoxylatgruppen bedeuten, erhält man durch Reduktion von Gemischen der entsprechenden Arsin- und Stibinsäuren oder ihrer Natriumsalze bzw. der entsprechenden Nitroarsin- oder Nitrostibinsäuren mit Zinn, Zinnchlorür oder Zink in Gegenwart von Säuren, mit phosphoriger Säure, schwefliger Säure in Gegenwart von Jodkalium und vorzugsweise mit Thiosulfat. Gegebenenfalls werden die Arsenostibioderivate in die löslichen Dichlorhydrate oder in Methylensulfoxylate übergeführt. Man behandelt z. B. äquimolekulare Mengen der 3-Nitro-4-oxybenzol-1-arsinsäure und der 3-Nitro-4-oxybenzol-1-stibinsäure als Natriumsalze mit Thiosulfat, mit oder ohne Zusatz von Magnesiumchlorid. Der filtrierte Niederschlag des 4.4'-Dioxy-3.3'-diaminoarsenostibiobenzols wird entweder mit methylalkoholhaltiger Salzsäure in das Dichlorhydrat oder durch Einwirkung von formaldehydsulfoxylsaurem Natrium in das Monomethylensulfoxylat übergeführt[4]).

In dieser Gruppe wurde dargestellt: Phenylen-1-arsinsäure-4-stibinsäure $[(C_6H_4(1)AsO_2(4) \cdot SbO_2, H_2O) + 4\,H_2O]x$, gewonnen aus diazotierter p-Aminophenylarsinsäure und Antimonoxyd. 4-Oxy-phenylen-1-arsinsäure-3-stibinsäure $[(C_6H_4) \cdot OH \cdot C_6H_3\ (1) \cdot AsO_2\ (3) \cdot SbO_2, H_2O) + 3\,H_2O]x$ gewonnen aus diazotierter m-Amino-p-oxyphenylarsinsäure und Antimonoxyd[5]).

P. Ehrlich[6]) und P. Karrer haben kombinierte Arseno-stibino- und Arseno-bismutoverbindungen dargestellt. Erstere können mit Trypanosomen infizierte Tiere heilen. Den günstigsten Effekt hat 3-Amino-4-oxy-arseno-4'-acetamino-stibinobenzol-chlorhydrat. Die Arsenostibinoverbindungen sind recht stabile Substanzen. Die Arsenobismutoverbindungen sind schon recht instabil. Durch Einwirkung von Arsinen auf Phenylstibinchlorid, Phenylstibinoxyd oder anorganische Chloride des Antimons und Wismuths werden schon bei gewöhnlicher Temperatur in methylalkoholischer Lösung unter Austritt von zwei Molekülen Chlorwasserstoff die amorphen, gelbbraunen Arsenostibino- und die schwarzen Arseno-bismuto-Verbindungen erhalten, z. B.

⟨⟩As = Sb–⟨⟩ ⟨⟩–As = BiR

Die anorganischen Chloride reagieren unter Austritt ihres gesamten Halogens als Halogenwasserstoff und Bildung komplizierter Verbindungen.

---

1) Heyden, D.R.P. 396697.
2) Heyden, D.R.P. 397275, Zusatz zu D.R.P. 396697.
3) Heyden, D.R.P. 397079. 4) C. N. Myers., New York, E.P. 178824.
5) Schmidt, Hans: Ber. d. dtsch. chem. Ges. Bd. 57, S. 1142. 1924.
6) Ber. d. dtsch. chem. Ges. Bd. 46, S. 3564. 1913.

Die braunen Stibino-Stibinoverbindungen sind ebenfalls dargestellt, so daß die vollständige Reihe der 6 Chromophore vorliegt.

—N=N—	—P=P—	—As=As—	—As=Sb—	—Sb=Sb—	—As=Bi—
orange	blaßgelb	gelb	gelbbraun	braun	schwarz

Die Arsenostibinoverbindungen sind noch ziemlich beständige Körper von der Art der Arsenoverbindungen, sie werden durch kochendes Wasser nicht zersetzt, in alkoholischer Lösung aber sehr leicht reduziert. Die Bismutverbindungen sind nicht kochbeständig und werden schon vom Luftsauerstoff sehr leicht oxydiert.

Bringt man zwei symmetrische Arsenoverbindungen in Lösung zusammen, so tritt besonders noch beim Erwärmen doppelte Umsetzung zu zwei Molekülen der unsymmetrischen Verbindung ein:

$$R \cdot As = AsR + R'As = AsR' \longrightarrow 2\,RAs = AsR'$$

So wurden z. B. die gemischten Arsenoverbindungen

$$\mathrm{HO\langle C_6H_3(NO_2)\rangle{-}As = As{-}\langle C_6H_2(NH_2)_2\rangle{-}NH_2 \cdot 3\,HCl}$$

$$\mathrm{(H_2N)_3\langle C_6H_2\rangle{-}As = As{-}\langle C_6H_2(NH_2)_2\rangle NHCH_3 \cdot 4\,HCl}$$

erhalten.

Man gelangt zu gemischten Arsenostibinoverbindungen der Formel $X^{I} \cdot As = Sb \cdot X^{II}$, wenn man aromatische Arsine mit Antimonverbindungen der allgemeinen Formel: $(Halogen)_2SbX$ (wobei X = anorganischer oder organischer Rest) umsetzt.

Beschrieben ist z. B. das Kondensationsprodukt aus 3-Amino-4-oxyphenylarsin und Antimontrichlorid, ferner aus 3-Amino-4-oxyphenylarsin und Phenylstibindichlorid

$$\mathrm{OH{-}\langle C_6H_3(NH_2 \cdot HCl)\rangle{-}As = Sb{-}\langle C_6H_5\rangle}$$

ferner aus p-Acetaminophenylarsin und Antimontribromid

$$\mathrm{CH_3 \cdot CO \cdot NH{-}\langle C_6H_4\rangle{-}As = SbBr}$$ [1])

An Stelle von Halogenantimonverbindungen kann man Antimonsauerstoffverbindungen verwenden, wie Brechweinstein, Antimonylchlorid, Phenylstibinoxyd[2]).

In gleicher Weise kann man Arsen-Wismutverbindungen herstellen, wenn man statt Antimonchlorid, Wismuttrichlorid, Wismuttribromid, Wismuttrijodid usw. verwendet[3]).

Zur Darstellung asymmetrischer Arsenoverbindungen kann man, wenn man zu Arsen-Antimonverbindungen gelangen will, an Stelle einer Arsinsäure oder eines Arsenoxyds eine Antimonverbindung im Gemenge mit einer organischen Arsinsäure oder einem Arsenoxyd mit Reduktionsmitteln behandeln[4]).

Durch Einwirkung von Phosphor-, Arsen-, Antimon-, Selen-, Tellurwasserstoff auf aromatische Arsendichloride kann man zu Verbindungen gelangen, welche neben Arsen noch das der betreffenden Wasserstoffverbindung zugrunde liegende Element enthalten und die als gemischte Arsen-Phosphor-, Arsen-Arsen-, Arsen-Antimonverbindungen usw. zu betrachten sind. Als Arsendichloride können z. B. Phenylarsendichlorid $C_6H_5 \cdot AsCl_2$ sowie alle seine Derivate, wie Amino-, Oxy-, Nitrosubstitutionsprodukte usw. verwendet werden. Beschrieben sind Verbindungen, welche Arsen-Phosphor, Arsen-Arsen, Arsen-Antimon, Arsen-Selen, Arsen-Tellur enthalten[5]).

Statt auf die Arsendichloride kann man auf Arsenoxyde die Wasserstoffverbindungen einwirken lassen[6]).

Man erhält Arsenantimonverbindungen, wenn man Phenylarsinsäurestibinsäuren $C_6H_4(AsO_3H_2) \cdot (SbOH_2)$ und deren Substitutionsprodukte mit reduzierenden Mitteln behandelt oder wenn man durch gelindere Reduktion der Arylarsinsäurestibinsäuren etwa erhaltene Zwischenstufen weiter reduziert. 4-Oxy-3-Stibinsäurebenzol-1-arsinsäure C_6H_3

---

[1]) Höchst, D.R.P. 269743. [2]) D.R.P. 269744, Zusatz zu D.R.P. 269743.

[3]) D.R.P. 269745, Zusatz zu D.R.P. 269743.

[4]) D.R.P. 270255, Zusatz zu D.R.P. 251104. S. dieses bei unsymmetrischen Arsenverbindungen.

[5]) Höchst, D.R.P. 269699. [6]) D.R.P. 269700, Zusatz zu D.R.P. 269699.

$\cdot (OH)^4 \cdot (SbO_3H_2)^3 \cdot (AsO_3H_2)^1$, erhältlich durch Diazotieren von 4-Oxy-3-aminobenzol-1-arsinsäure und Umsetzung der Diazoverbindung mit Kalium-Antimonyltartrat, gibt bei der Reduktion mit Eisenchlorür und Salzsäure ein in Lauge lösliches Reduktionsprodukt (vielleicht Oxybenzolstibinarsin?). Benzol-1-arsinsäure-4-stibinsäure geht in Benzol-1-arsenoxyd-4-stibinoxyd[1]) über.

Antimonverbindungen.

Einigermaßen ähnlich, wenn auch viel schwächer als die Arsenderivate, wirken nach der gleichen Richtung auf Trypanosomen Antimonderivate, ebenso Wismutverbindungen. Die Antimonverbindungen verhalten sich nicht analog den Arsenverbindungen. Veränderungen des Moleküls, die beim Arsen zu einer wesentlichen Entgiftung oder zu einer verstärkten Heilwirkung führen, haben diese Wirkung bei den entsprechenden Antimonpräparaten nicht. Ebenso ist die Entgiftung des Antimons in den organischen Antimonpräparaten keine so weitgehende wie beim Arsen. Die trypanociden Eigenschaften des Brechweinsteins haben zuerst Plimmer und Tomson[2]) erkannt. Es wirkt auch bei der Schlafkrankheit und bei verschiedenen anderen Trypanosomenerkrankungen und bei den Leishmaniosen. Antimon scheint überhaupt auf die meisten Infektionskrankheiten zu wirken. A. Laveran hat gegen Trypanosomen Brechweinstein verwendet und dann statt dessen Antimonylanilintartrat. Der von Yvon dargestellte Arsen-Anilin-Brechweinstein ist gegen Trypanosomen sehr wirksam und die Injektionen scheinen weniger schmerzhaft zu sein als die mit Natrium-, Kalium- oder Anilinbrechweinstein[3]).

Die verschiedenen Trypanosomenstämme sind in ihrem Verhalten gegen Arsen- und Antimonpräparate äußerst verschieden. Einzelne Stämme sind gegen Arsen fast unempfindlich. Die Virulenz steht in keiner Beziehung zu ihrer Empfindlichkeit[4]). Ist ein Stamm arsenfest, so ist er auch antimonfest.

Auf trypanosomenerkrankte Ratten wirken Tetraäthylstiboniumjodid und Diphenylstibinchlorid nicht, ebensowenig Kaliummetaantimoniat $KSbO_3$ und kolloidales Sb_2O_3. Natriumsulfantimoniat Na_3SbS_4 zerstört zwar Trypanosomen, macht aber lokale Erscheinungen.

Die Antimonsalze von Oxyfettsäuren sind am wirksamsten, Äthylantimontartrat ist außerordentlich brauchbar[5]).

Saures Caesium-Antimontartrat, das Caesium-Emeticum hat die Zusammensetzung $COO \cdot Cs \cdot CHO(SbO) \cdot CH \cdot OH \cdot COOH + {}^1/_2\, H_2O$; es scheint stärker zu wirken als das entsprechende Kaliumsalz[6]).

p-aminophenylstibinsaures Natrium, welches dem Atoxyl entspricht, ist recht giftig und bei Hühnerspirillose sehr wenig wirksam. Stibenyl (acetyl-p-amino-phenylstibinsaures Natrium) wirkt gut bei Trypanosoma gambense und Kala-Azar[7]). Das Stibenyl scheint dem Brechweinstein überlegen zu sein, ebenso das Chlorstibenyl. Das Trixidin (s. S. 749) und Antimonsulfit hat man wegen ihrer Nebenwirkungen wieder verlassen. Überraschend ist auch die völlige Unwirksamkeit des Dioxydia-

---

1) Heyden, Radebeul, D.R.P. 397151.

2) Proceed. Royal Soc. (London) Bd. 80, S. 1. 1907. Ausführliches über die Geschichte der Antimonderivate findet man im Beihefte zum Archiv für Schiffs- und Tropenhygiene, Band 26, Nr. 1: Antimon in der Neueren Medizin v. Dr. Hans Schmidt, Dresden.

3) Laveran, A.: Cpt. rend. hebdom. des séances de l'acad, des sciences Bd. 149, S. 546, 1909; Bd. 151, S. 580. 1911.

4) Teichmann, E.: Biochem. Zeitschr. Bd. 81, S. 234. 1917.

5) Thomson, J. D. u. Arthur R. Cushny: Proc. of the roy. soc. (London), Ser. B. Bd. 82, S. 249. 1910.

6) Costeanu, N. D.: Bull. sect. scient. acad. Roumaine. Bd. 8, S. 215. 1923; Ann. scient. univ. Jassy. Bd. 12, S. 126. 1923.

7) Manson-Bahr, Philip: Brit. med. journ. 1920, II, S. 235.

minostibiobenzols. Es ist bei Hühnerspirillose ganz unwirksam, während andere Antimonpräparate spirillocide Eigenschaften haben. Stibosan ist m-Chlor-p-acetylaminophenylstibinsaures Natrium. Es wurde empfohlen gegen Lepra, Malaria, Schlafkrankheit.

P. Uhlenhut und G. Hügel[1]) fanden m-amino-p-urethanophenylstibinsaures Natrium, m_1-m^1-Diamino-p-oxy-arseno-p_1-stibiobenzol, m_1-m^1-Diamino-p-oxy-p_1-chlorarsenostibiobenzoldichlorhydrat wirksam. Das bei Hühnerspirillose wirksame m-amino-p-urethanophenylstibinsaure Natrium bleibt bei experimenteller Mäusedourine vollständig wirkungslos.

Wirksam bei Hühnerspirillose sind ferner: acetyl-p-aminophenylstibinsaures Natrium, benzolsulfon-p-amino-phenylstibinsaures Natrium, p-urethan-o-phenylstibinsaures Natrium, m_1-m^1-Diamino-p-oxy-arsenostibiobenzol und m_1-m^1-Diamino-p-oxy-p_1-chlorarsenostibiobenzoldichlorhydrat. Die drei ersten Präparate sind bei Kaninchensyphilis wirksam. Das erste und dritte Präparat sind bei menschlicher Syphilis wirksam, aber stehen den gewöhnlichen Quecksilberpräparaten nach.

Antimonylpyrogallol und Triaminotriphenylstibintetrachlorhydrat sind unwirksam, ebenso unwirksam bei Hühnerspirillose sind: Benzolsulfonaminostibiobenzol, Dioxydiaminostibiobenzol, Antimonylbrenzcatechin, methylharnstoffphenylstibinsaures Natrium, urethanophenylstibinsaures Quecksilber, p-aminophenylstibinsaures Quecksilber, o-amino-p-arsinphenylstibinsaures Natrium, p-aminophenylstibinmethansulfonsaures Natrium, Benzolsulfon-p-aminomercuriphenylstibinsäure, phenylglycinester-p-stibinsaures Natrium, antimonylprotocatechusaures Natrium, gallussaures Antimon, äthylstibinsaures Natrium. Schwach wirksam sind: diurethanophenylstibinsaures Natrium, p-anisylstibinsaures Natrium, benzolsulfon-p-aminophenylstibinsaures Quecksilber, p-oxyphenylstibinsaures Natrium. Bei Mäusedourine sind sie wirkungslos.

Bei Hühnerspirillose sind Stibium arsenicosum, $Sb(OH)_3$ und kolloidales Antimon wirkungslos, während dieselben Präparate, namentlich die zwei letzteren, bei Dourine wirksam sind (Plimmer, Fryand Ranken, Batemann, Kolle).

Bei menschlicher Syphilis haben viele Antimonpräparate, welche bei Hühnerspirillose und Kaninchensyphilis wirksam sind, sich nicht so gut wirksam erwiesen wie Arsen, Quecksilber oder Wismut.

p-aminophenylstibinsaures Amin ist dem Stibenyl nicht überlegen; das Harnstoffsalz ist von Brahmachans beschrieben Urea-Stibamine[2]).

p-urethanophenylstibinsaures Natrium und p-benzolsulfonaminophenylstibinsaures Natrium übertreffen Stibenyl nicht. m-Acetylaminophenylstibinsaures Natrium ist stabiler als die p-Verbindung, aber dem Stibenyl in der Wirkung nachstehend. Ein ähnlicher Unterschied zwischen m- und p-Isomeren ist in der Arsenreihe beobachtet worden. p-Diacetylaminodiphenylstibinsaures Natrium ist giftiger als Stibenyl, ist aber ohne jede Wirkung auf die Infektion.

Bei Tierversuchen versagte z. B. p-Aminophenylstibinsäure sowohl im Schutz- wie im Heilversuch, während die entsprechende Benzolsulfoverbindung eine ganz ausgezeichnete Wirkung zeigte. Einen ähnlich günstigen Einfluß bewirkte die Einführung anderer Radikale und Gruppen in die Aminogruppe der p-Aminophenylstibinsäure.

p-oxyphenylstibinsaures Natrium hat eine gewisse Wirkung, wird aber nicht gut vertragen. Phenylstibinsaures Natrium ist wirksam aber sehr giftig. p-chlorphenylstibinsaures Natrium ist noch viel giftiger als phenylstibinsaures Natrium, aber ohne jede Wirkung auf die Infektion. m-chlor-p-acetylamino-

---

[1]) Dtsch. med. Wochenschr. 1913, S. 2455.

[2]) Indian journ. of med. research. Bd. 12, S. 420. 1924.

phenylstibinsaures Natrium, C -Stibosan, ist viel giftiger als Stibenyl, aber auch viel wirksamer gegen Infektionen[1]).

Stibacetin, welches die dem Arsacetin analoge Verbindung ist, wirkt bei Dourine und Nagana. Das Benzolsulfon- und das Urethanderivat des p-aminophenylstibinsauren Natriums erweisen sich als besonders wirksam bei Trypanosomen und Spirochäten (Uhlenhut, Mulzer und Hügel)[2]). Aber schon Antimontrioxyd in Emulsion macht bei Nagana, Dourine und Schlafkrankheit der Mäuse in 100% der Fälle die Dauersterilisation. Metallisches Antimon und seine unlöslichen Verbindungen machen in 60% Fällen Heilung[3]).

Gegen Trypanosomeninfektionen hat Kolle eine 30 proz. Emulsion von Antimontrioxyd unter dem Namen Trixidin empfohlen. Ein anderes Antimonpräparat empfiehlt Tsuzuki als Mittel gegen Syphilis unter dem Namen Antiluetin. Es ist das Bitartratokaliumammoniumantimonoxyd.

Mit der Diazosynthese kann man sowohl den Arsinsäurerest wie Bart[4]) und H. Schmidt[5]) als auch den Antimonsäurerest wie H. Schmidt[6]) gezeigt haben, in aromatische Verbindungen einführen.

Man setzt aromatische Amine in Form ihrer Diazoverbindungen mit Salzen der antimonigen Säure um und spaltet aus den entstehenden Diazoantimoniten die Diazogruppe ab. Beschrieben sind Phenylstibinsäure, p-Oxyphenylstibinsäure, Äthyl-p-aminophenylstibinsäure und p-Aminophenylstibinsäure[7]).

Man kann ein aromatisches Amin bei Gegenwart von Säuresalzen des Antimons diazotieren und das Reaktionsprodukt mit Alkalien umsetzen oder Doppelverbindungen aus Antimonhalogeniden und Diazoverbindungen aromatischer Amine in isoliertem Zustande oder bei Gegenwart ihrer Mutterlauge mit Alkalien zerlegen[8]).

In gleicher Weise kann man sekundäre und tertiäre aromatische Stibinsäuren herstellen, wenn man aromatische Diazoverbindungen statt mit antimoniger Säure mit aromatisch substituierten Antimonoxyden umsetzt. Unter Anwendung von einfach aromatisch substituierten Antimonoxyden erhält man Diarylstibinsäuren. Unter Anwendung zweifach substituierter aromatischer Antimonoxyde erhält man Triarylstibinsäuren.

Beschrieben ist die Darstellung von Mono-m-aminodiphenylstibinsäure aus Benzoldiazoniumchlorid und m-Aminophenylstibinoxyd, von Chlor-m-phenylenstibinsäure und Phenyl-m-phenylenstibinsäure

Sb
OH OH [9])

Zwecks Herstellung nitrosubstituierter aromatischer Stibinsäuren aus den Diazoverbindungen nitrosubstituierter aromatischer Amine bei Gegenwart von antimoniger Säure spaltet man die Diazogruppe in saurer oder neutraler Lösung unter Vermeidung hoher Temperaturen ab und scheidet die Stibinsäure ab. Beschrieben sind o-Nitrophenylstibinsäure, 2.4-Dinitrophenylstibinsäure und o-Nitrophenylarsinstibinsäure

AsO_3H_2
$—NO_2$ [10])
SbO_3H_2

Aromatische Diazoverbindungen werden in Gegenwart eines mehrwertigen Alkohols,

[1]) Uhlenhuth, P., P. Kuhn u. H. Schmidt: Arch. f. Schiffs- u. Tropenhyg. Bd. 29, S. 623. 1925.
[2]) Dtsch. med. Wochenschr. Bd. 39. S. 393. 1913.
[3]) Kolle, W. Hartoch, O. Rothermundt, H. u. W. Schumann: Dtsch. med. Wochenschr. Bd. 40. 1913.
[4]) Ber. d. dtsch. chem. Ges. Bd. 55, S. 429. 1922.
[5]) Liebigs Ann. d. Chem. Bd. 421, S. 159. 1920.
[6]) Liebigs Ann. d. Chem. Bd. 421, S. 174. 1920.
[7]) Heyden, D.R.P. 254421.
[8]) D.R.P. 261825, Zusatz zu D.R.P. 254421.
[9]) D.R.P. 269205, Zusatz zu D.R.P. 254421.
[10]) D.R.P. 296940, Zusatz zu D.R.P. 254421.

wie Glycerin oder Mannit, mit Sb_2O_3 behandelt. Beschrieben ist Phenylstibinsäure und 4-Acetylamino-3-chlorbenzol-1-stibinsäure[1]).

Neutral reagierende lösliche Alkalisalze der aromatischen Stibinsäuren werden dargestellt durch Neutralisieren von 1 Mol. Stibinsäure mit weniger als 1 Mol. Alkali. Die Lösungen dampft man zur Trockene ab oder fällt sie mit Kochsalz oder mit Alkohol, oder fällt sie mit Lauge oder alkalischen Salzen und wäscht sie aus bis sie neutral sind. Man reinigt sie am besten mit Methylalkohol[2]).

Nitroverbindungen von aromatischen Oxystibinsäuren erhält man, wenn man in den Nitroverbindungen der entsprechenden aromatischen Aminostibinsäure die Aminogruppe durch Behandeln mit Alkalien abspaltet und durch die Hydroxylgruppe ersetzt. Man kann sowohl von den Nitroaminophenylstibinsäuren selbst, als auch von deren N-Acidylderivaten ausgehen. Will man diese in die entsprechenden Nitrooxyphenylstibinsäuren überführen, so hat man nicht nötig, die Acidylverbindungen vorher zu verseifen, sondern kann Verseifung und Ersatz der Amino- durch die Hydroxylgruppe in einem Arbeitsgang ausführen. Beschrieben ist die Darstellung von 3-Nitro-4-oxy-benzol-1-stibinsäure[3]).

In gleicher Weise kann man auch Nitrohalogenstibinsäuren in die entsprechenden Nitrooxystibinsäuren überführen. 3-Nitro-4-oxybenzol-1-stibinsäure erhält man z. B. indem man aus diazotiertem p-Chloranilin und Antimonoxyd p-Chlorphenylstibinsäure darstellt und durch Nitirierung 4-Chlor-3-nitro-benzol-1-stibinsäure gewinnt. Diese erwärmt man mit Kalilauge und erhält das Oxyderivat[4]).

Diacylantimonverbindungen erhält man, wenn man auf Triacylstibine Peroxyde einwirken läßt, bei Gegenwart von mindestens soviel Alkali, daß es zur Lösung der gebildeten Diacylstibinsäure ausreichend ist, gegebenenfalls unter Zufuhr von Wärme. Z. B. wird s.p-Triacetylaminotriphenylstibin in Methylalkohol und verdünnter Lauge mit 3 proz. Wasserstoffsuperoxyd oder mit Natriumsuperoxyd bis zur Lösung gerührt. Beim Einleiten von Kohlensäure fällt s.p-Diacetylaminodiphenylstibinsäure aus. Analog erhält man aus Triphenylstibin die Diphenylstibinsäure[5]).

Alkalisalze der aromatischen Stibinsäuren stellt man dar, indem man zwecks Entpolymerisation der aromatischen Stibinsäuren diese mit ausreichend, mehr als zur anfänglichen Lösung notwendigen wässerigen Alkali so lange behandelt, als noch im Maße der Entpolymerisation Alkali durch Stibinsäure zu Neutralsalz gebunden wird. Hergestellt wurde das Na-Salz der monomeren Phenylstibinsäure, sowie das Na- und K-Salz der monomeren p-Acetylaminophenylstibinsäure[6]).

Monoarylantimonverbindungen erhält man, wenn man Diarylstibinoxyde oder deren Derivate in sauren Medien, wie Eisessig oder Ameisensäure oder alkoholischer Salzsäure, stehen läßt oder erwärmt[7]).

Mercaptocarbonsäuren der aliphatischen und aromatischen Reihe werden mit Sb_2O_3 oder $Sb(OH)_3$ behandelt und die entstandenen Reaktionsprodukte mit Hydroxyden oder Carbonaten der Alkali- oder Erdalkalimetalle neutralisiert. Man geht aus von Thioglykolsäure, Mercaptobenzol-o-carbonsäure[8]).

Sekundäre und tertiäre aromatische Antimonverbindungen erhält man, wenn man zur Herstellung von Diarylstibinoxyden die Monoarylstibinoxyde und zur Herstellung von Triarylstibinen die Diarylstibinoxyde auf geeignete Temperatur erhitzt. Man erhitzt Phenylstibinoxyd mehrere Stunden im Kohlensäurestrom auf 100°. Das von flüssigen Diphenylstibinoxyd durchtränkte Sb_2O_3 wird mit heißem Alkohol extrahiert. Beim Erkalten der alkoholischen Lösung krystallisiert Diphenylstibinoxyd $[(C_6H_5)_2Sb]_2O$. Erhitzt man dieses im Kohlensäurestrom auf 180—200° und extrahiert mit Äther, so geht es in Triphenylstibin $(C_6H_5)_3Sb$ über[9]).

Aminoderivate primärer aromatischer Antimonverbindungen stellt man sowohl durch Reduktion der entsprechenden Nitroverbindungen als auch durch Verseifen acidylierter Aminoderivate her. Die Antimonderivate spalten viel leichter Antimon ab als die entsprechenden Arsenderivate, daher ist die Darstellung schwieriger. Beschrieben ist die Darstellung der 4-Aminobenzol-1-stibinsäure, 3-Amino-4-oxybenzol-1-stibinsäure[10]).

Man behandelt das Natriumsalz der p-Aminophenylstibinsäure in wässeriger alkalischer Lösung mit Glucose und erhält das Glucosid der p-Aminophenylstibinsäure[11]).

---

1) E.P. 244746/1926. 2) Heyden, D.R.P. 267083.
3) Heyden, D.R.P. 259875. 4) D.R.P. 262236, Zusatz zu D.R.P. 259875.
5) Heyden, D.R.P. 394795.
6) Schmidt: Liebigs Ann. d. Chem. Bd. 421, S. 174. 1921. — Heyden, Radebeul, D.R.P. 409331.
7) Heyden, Radebeul, D.R.P. 397458. (S. auch Schmidt: Liebigs Ann. d. Chem. Bd. 429, S. 123.)
8) Leverkusen, A.P. 1555663 u. 1561535. 9) Heyden, D.R.P. 389151.
10) Heyden, D.R.P. 270488. 11) Wellcome, London, E.P. 234677/1925.

Heyden[1]) beschreibt die Darstellung von aromatischen Stibinoverbindungen, aromatischen Stibinoxyden usf., z. B. |Stibinobenzol $C_6H_5-Sb=Sb-C_6H_5$, m-Aminophenylstibinoxyd $H_2N \cdot C_6H_4 \cdot SbO$, Di-m-aminostibinobenzol $H_2N \cdot C_6H_4-Sb=Sb-C_6H_4 \cdot NH_2$, p-p'-Dioxy-m-m'-diaminostibinobenzol $HO(H_2N)C_6H_3-Sb=Sb-C_6H_3(NH_2)OH$. Man behandelt Monoarylstibinsäuren und deren Derivate mit Reduktionsmitteln.

An Stelle von primären aromatischen Stibinsäuren kann man auch sekundäre aromatische Stibinsäuren reduzieren oder deren Derivate. Beschrieben ist die Darstellung von m-Aminodiphenylstibinoxyd

$$\begin{matrix} C_6H_5 \\ NH_2 \cdot C_6H_4 \end{matrix}\!>\!Sb-O-Sb\!<\!\begin{matrix} C_6H_5 \\ C_6H_4 \cdot NH_2 \end{matrix}$$ [2])

Nitroprodukte der Phenylstibinsäure und ihrer Derivate erhält man durch Behandlung dieser Säure mit Salpetersäure. Beschrieben sind m-Nitrophenylstibinsäure und m-Nitroacet-p-aminophenylstibinsäure[3]).

Beim Einleiten von Schwefelwasserstoff in die alkoholisch-ammoniakalische Lösung der Triphenylstibinhaloide entsteht Triphenylstibinsulfid. Es soll therapeutische Effekte bei Ekzemen, Seborrhöe und Bluterkrankungen haben[4]).

Man erhält aromatische Stibine, wenn man die Schwefelverbindungen der Arylstibine mit Metallen in Reaktion bringt. Man erhält Triphenylstibin beim Behandeln von Triphenylstibinsulfid mit Kupfer oder Eisen[5]).

Die primären und sekundären Aminophenylstibinsäuren und deren Derivate, die an sich keine oder höchstens eine geringe Heilwirkung gegenüber Trypanosomen und Spirochätenkrankheiten zeigen, werden durch Substitution in der Aminogruppe zu wertvollen Heilmitteln. So z. B. wirkt p-Aminophenylstibinsäure nicht; aber die entsprechende Benzolsulfoverbindung.

Stickstoffsubstitionsprodukte der Aminoderivate primärer und sekundärer aromatischer Stibinsäuren und ihrer Derivate erhält man, wenn man in die Aminogruppe Acyl-, Alkyl-, Aryl- oder Aldehydreste einführt. Beschrieben sind Benzolsulfo-p-aminophenylstibinsäure, Acetyl-m-aminophenylstibinsäure, m-m'-Diacetylaminostibinobenzol und Oxybenzyliden-p-aminophenylstibinsäure[6]).

Man erhält eine wasserlösliche komplexe Antimonverbindung der Chinolinreihe, wenn man auf die Salze von 8-Oxychinolinsulfosäuren Sauerstoffverbindungen des dreiwertigen Antimons einwirken läßt[7]).

Antimonthioglykolsaures Natrium

$$Sb\!<\!\begin{matrix} S \cdot CH_2 \cdot COO \cdot Na \\ S \cdot CH_2 \cdot COO \end{matrix}$$

und Antimonthioglykolsäuretriamid

$$Sb\!\leftarrow\!\begin{matrix} S \cdot CH_2 \cdot CO \cdot NH_2 \\ S \cdot CH_2 \cdot CO \cdot NH_2 \\ S \cdot CH_2 \cdot CO \cdot NH_2 \end{matrix}$$

sind wenig giftig, wirken aber trypanocid[8]).

Die Glucoseverbindungen von Stibamin, Ammoniumstibamin, Harnstoffstibamin und Stibglycinamid (N-Phenylglycinamid-p-stibinsäure sind therapeutisch schwächer als die einfachen Sb-Verbindungen[9]).

Man läßt auf Thioglykolsäure Verbindungen des Sb V z. B. Sb_2O_5 einwirken und läßt die komplexe Säure auskrystallisieren oder neutralisiert das Reaktionsprodukt und säuert dann an[10]).

---

[1]) D.R.P. 286451. [2]) D.R.P. 269206, Zusatz zu D.R.P. 268451.
[3]) Heyden, D.R.P. 287709. [4]) D.R.P. 223694. [5]) D.R.P. 240316.
[6]) Heyden, D.R.P. 284231. [7]) D.R.P. 430883.
[8]) Rowntree, L. G. u. J. J. Abel: Journ. of pharmacol. a. exp. therapeut. Bd. 2, S. 101, 510. 1910.
[9]) Indian Journ. Medical Research Bd. 13, S. 693. 1026. U. N. Brahmachari und J. Das.
[10]) E.P. 247986/1926.

Vanadium.

Wegen der nahen chemischen Verwandtschaft mit Arsen, Antimon, Wismut wurde die Untergruppe des periodischen Systems Vanadium, Niob, Tantal bei Spirilloseerkrankungen untersucht. Von der Idee ausgehend, daß Vanadium im periodischen System neben dem Arsen liegt und daher ähnliche physiologische Wirkungen haben wird, hat man anorganische Verbindungen des Vanadiums geprüft. Vanadium ähnelt in seiner Wirkung Arsen- und Wismutverbindungen. Na-Vanadat, Na-Metavanadat und Vanadiumarseniat sind zu giftig. Gute Erfolge sah man mit Kaliumtartrovanadat und Natriumtartrovanadat[1]).

Ludwig Heß hat auch Orthovanadinsäureester dargestellt und untersucht.

Kocht man Vanadinpentoxyd mit Alkoholen, so erhält man Ester, z. B. Vanadinsäuretriäthylester $(C_2H_5)_3VO_4$, Vanadinsäurepropylester $(C_5H_{11})_3VO_4$, Amylenhydratvanadinsäureester, schließlich die Vanadinsäureester des Glycerins, Glykols, Benzylalkohols[2]).

Man erhält aus Triglykolamidsäure (Nitrilotriessigsäure) MgO, Basen und Vanadinoxyd V_2O_3 einen Mg-V-Komplexverbindung der Säure $[(\{CH_3COO\}_2Mg) \cdot (OH_2COO)]_3V$, welche als Antilueticum Verwendung finden sollte[3]).

Nitrilotriessigsäure (Triglykolamidsäure) wird mit Sodalösung und Vanadinoxyd V_2O_3 gemischt und erhitzt. Man erhält die Na-V-Komplexverbindung der Nitrilotriessigsäure $[N \vdots (CH_2CO_2Na)_2 \cdot (CH_2 \cdot COO)]_3V$ welche als Antilueticum empfohlen wird[4]).

Wismut, Cadmium, Gold, Titan, Kupfer, Cer.

Dem Wismut kommt bei intravenöser Verabreichung eine ausgesprochene diuretische Wirkung zu.

Nadisan ist Bismutyltartrat, angeblich ein mit hochdispersem, kolloidalem Wismuthydroxyd gesättigtes Alkalisalz der Bismutylweinsäure. Es gibt mit Wasser eine milchige Lösung[5]).

Kolles Untersuchungen haben gezeigt, daß die parasitocide Wirkung des Wismuts keine Steigerung erfährt durch den organischen Rest, mit dem das Metall verbunden ist. Per os gegeben wirken lösliche Wismutsalze bei Kaninchensyphilis nur wenig.

Milanol (trichlorbutylmalonsaures Wismut) und Trépol (Wismut-Kalium-Natrium-Tartrat) kann man verwenden, wenn die Arsen- und Quecksilbertherapie kontraindiziert sind. Die Erfahrungen sind gute, aber Wismut ist noch nicht genügend klinisch erprobt[6]).

Es wird das Bi-Salz der 2-Phenylchinolin-4-carbonsäure beschrieben. Es ist reizlos[7]).

Man mischt Nitrilotriessigsäure mit Soda, Wasser und Wismutoxydhydrat und erhitzt das Gemisch bis zur völligen Lösung. Die alkalische Lösung wird filtriert und mit Nitrilotriessigsäure neutralisiert. Man erhält die Na-Bi-Komplexverbindung der Nitrilotriessigsäure $[N : (CH_2CO_2Na)_2 \cdot (CH_2COO)]_3Bi$. Es wird als Antilueticum empfohlen[8]).

Man läßt entweder Bi-Salze auf in der NH_2-Gruppe durch hydroxylhaltige Reste substituierte Aminophenole oder deren kerncarboxylierte Derivate einwirken oder führt in die NH_2-Gruppe der Bi-Salze von Aminophenolen oder deren Carbonsäuren den hydroxylhaltigen Rest nachträglich ein[9]). Diese Verbindungen wirken auf Spirochäten.

Durch Kondensation von 3-Amino-4-oxybenzol-1-carbonsäuren mit Glycid erhält man 3-N-Dioxypropylamino-4-oxybenzol-1-carbonsäure und setzt mit neutralem salpetersaurem Bi in Eisessig um, wobei die Bi-Verbindung ausfällt. Ebenso erhält man die Bi-Verbindung der 3-N-Dioxypropylamino-2-oxybenzol-1-carbonsäure, Bi-Verbindung des 3-N-Glykosamino-4-oxybenzol-1-carbonsäure erhalten aus Glykose und 3-Amino-4-oxy-

---

[1]) Fournier, L., C. Levaditi u. A. Schwartz: Cpt. rend. des séances de la soc. de biol. Bd. 87, S. 231. 1922.

[2]) D.R.P. 273220. [3]) Bayer, Leverkusen, A.P. 1537441.

[4]) Bayer, Leverkusen, A.P. 1517003.

[5]) Müller, Hugo: Münch. med. Wochenschr. 1922, Nr. 15, 48; 1923, Nr. 20; Blasz: ebenda 1923, Nr. 22; Müller: ebenda 1923, Nr. 45.

[6]) Felke: Münch. med. Wochenschr. Bd. 69, S. 1411. 1922.

[7]) J. D. Riedel A.G., D.R.P. 411051.

[8]) Bayer, Leverkusen, A.P. 1536711. [9]) Höchst, E.P. 210095/1924.

benzol-1-carbonsaurem Na, Bi-Verbindung der Gluconsäure-(oxy-2-carbonsäure-1)-anilid-3, Bi-Verbindung des 2-N-Dioxypropylamino-1-oxybenzols.

Saure Metallsalze des Guajacol und dessen Homologen erhält man, wenn man die Lösung oder Suspension des betreffenden Phenoläthers in überschüssiger Salzsäure oder Essigsäure mit anorganischen Metallsalzlösungen in der Wärme vermischt, alsdann die überschüssige Säure im Vakuum abdestilliert, den noch heißen Rückstand in Alkohol aufnimmt und das betreffende saure Salz gegebenen Falles nach dem Abstumpfen noch vorhandener Säure mit Alkalien durch Zusatz von Wasser ausfällt[1]).

In der angegebenen Weise lassen sich fast alle basischen Metalloxyde an einen Überschuß von Guajacol und dessen Homologen (Kreosole, Kreosot) binden. Wegen ihrer therapeutischen Wirkung kommen hauptsächlich das Wismutsalz $(OH \cdot C_6H_4 \cdot OCH_3)_2(OCH_3 \cdot C_6H_4 \cdot O)_3Bi$, das Bleisalz $OH \cdot C_6H_4 \cdot OCH_3(OCH_3)(OCH_3)(OCH_3)(C_6H_4O)_2Pb$, das Magnesiumsalz $(OH \cdot C_6H_4 \cdot OCH_3)(OCH_3 \cdot C_6H_4 \cdot O)_2Mg$, und das Calciumsalz $(OH \cdot C_6H_4 \cdot OCH_3)(OCH_3 \cdot C_6H_4 \cdot O)_2Ca$ in Betracht.

Man bringt Mercuriorganische, einen Säurerest enthaltende Verbindungen, in Form ihrer Alkalisalze mit Wismutsalzen zusammen, z. B. Oxymercurisalicylsäureanhydrid[2]).

Schering, Berlin[3]), stellen wasserlösliche Cerproteinverbindungen her, indem sie unlösliche Cerproteinverbindungen mit Albumosen behandeln. Man fällt Eiweiß mit Cernitrat und trägt dann den Niederschlag in eine 30proz. Albumoselösung ein und dirigiert.

Zuerst haben Robert und Sauton gefunden, daß man mit Bismut-Natriumtartrat Spirochäten und Trypanosomen beeinflussen kann. Dann hat man Trepol eingeführt, welches wie das Bismutpräparat ein gutes Antilueticum sein soll. Hauptsächlich werden Bismuttartrate verwendet, da sich die Komplex-Bismutylweinsäure bildet. Man injiziert die Bismutpräparate hauptsächlich intramuskulär und die Erfahrungen der Kliniker sind günstige.

Natriumwismutcitrat wird Spironal genannt[4]).

Natriumbismutyltartrat mit 71% Bi ist bei weitem das wirksamste Wismutpräparat $COO \cdot Na \cdot CHO \cdot BiO \cdot CHO \cdot BiO \cdot COOBiO \cdot 2\,H_2O$, intravenös wirkt es 10mal so stark auf die Syphiliserreger ein als bei subcutaner Anwendung[5]).

Man behandelt das Dinatriumsalz der Weinsäure mit $Bi(OH)_3$ im Überschuß und in der Siedehitze, versetzt nach dem Erkalten mit 50proz. Alkohol und erhält das Na-Salz der Tribismutylweinsäure der Zusammensetzung $CO_2Na \cdot CHO(BiO) \cdot CHO(BiO) \cdot CO_2 \cdot BiO$[6]).

Bei Versuchen von Giemsa hat es sich bei den Bismuttartraten gezeigt, daß die Tiere um so eher Bismut vertragen, je höher der Bismutgehalt der verabreichten Säure sonst war. Die wasserlöslichen Bismutverbindungen sind bei Einführung in die Blutbahn toxischer, daher müssen sie intramuskulär appliziert werden.

Weinsaures Wismut-Kalium und -Natrium (Luatol) macht schwere Nierenveränderungen und Nekrose der Leberzellen bei letalen Dosen[7]). Die Bilder ähneln der Quecksilbervergiftung (Calcium-Infarkt).

Natriumtellurit und 4-Äthylcyclotelluropentandion wirken weniger als Wismut bei Syphilis[8]).

Natriumbismutpyrogallat heilt syphilitische Affektionen. Es ist weniger toxisch als Natriumbismutgallat[9]).

Mesurol, eine Emulsion des basischen Bi-Salzes des Dioxybenzoesäuremonomethyläthers, wird als Luesmittel[10]) empfohlen.

---

[1]) Johannes Potratz, Lübbenau, D.R.P. 237019. [2]) Höchst, A.P. 1508603.
[3]) D.R.P. 227322.
[4]) Ganassini, Domenico: Giorn. di farm. chim. Bd. 72, S. 29. 1923.
[5]) Giemsa G., und W. Weiss: Klin. Wochenschr. Bd. 2, S. 1258. 1923.
[6]) Böhringer, Waldhof, A.P. 1540117 und E.P. 229946/1924.
[7]) Lucke, B. und J.V. Klauder: Journ. of pharmacol. a. exp. therapeut. Bd. 211, S. 313. 1923.
[8]) Levaditi, C. und S. Nicolau: Cpt. rend. des séances de la soc. de biol. Bd. 94, S. 872. 1926.
[9]) Cpt. rend. des séances de la soc. de biol. Bd. 86, S. 1064. 1922.
[10]) Dietel, Fr.: Münch. med. Wochenschr. Bd. 71, S. 903. 1924.

Wismutoleat stellt man durch Umsetzung einer Lösung von Alkalioleat mit einer mannithaltigen Lösung von $Bi(NO_3)_3$ her[1]).

In Abänderung des Hauptpatentes läßt man auf die Lösungen von Salzen aromatischer o-Dioxycarbonsäuren $Bi(OH)_3$ einwirken. Beschrieben ist das Na-Salz der Wismutprotocatechusäure $C_{14}H_6O_8Na_3Bi \cdot H_2O$. Besonders wirksam soll es bei Maul- und Klauenseuche sein[2]).

Wismutsalze der Oxymercurisalicylsäure und ihrer Derivate werden in Gegenwart von Eiweißstoffen oder deren Abbauprodukten erzeugt oder die frisch dargestellten Verbindungen durch Zusatz von Lösungen dieser Schutzkolloide in Lösung überführt, worauf man beim Eindunsten oder Ausfällen mit Hilfe organischer Lösungsmittel die festen Verbindungen abscheidet[3]).

Man vereinigt Alkalisalze komplexer Bismutylsäuren mit Hg-Salzen, z. B. bismutylweinsaures Natrium mit salpetersaurem Quecksilber oder basisch gallussaures Bi in wässeriger Natronlauge mit Sublimat oder Bismutylnucleinsäure mit Sublimat[4]).

Einzelne Forscher halten die Goldwirkung für eine Giftwirkung auf die Capillaren.

Nach Adolf Feldt aber ist Gold kein Capillargift, sondern lähmt das Vasomotoren- und Atemzentrum; es wirkt stark katalytisch und beschleunigt die Autolyse[5]).

Robert Koch hat auf die sehr starke Wirkung der Goldcyanverbindungen auf Tuberkelbacillen hingewiesen, welche noch in einer Verdünnung von 1 : 2000000 entwicklungshemmend wirken. Bruck und Glück haben diese Goldverbindung bei Tuberkulose am Menschen versucht und konnten den Krankheitsprozeß beeinflussen. Aber im Tierversuch haben sich diese Verbindungen nicht bewährt, ebensowenig wie das von Behring untersuchte Kaliumgoldcyanid, das in einer Verdünnung von 1 : 1000000 Milzbrandbacillen tötet. Bei Anwesenheit von Blutserum aber wird durch Globuline desselben die Desinfektionskraft stark gehemmt.

Nach I. Schuhmacher ist die bei Verwendung von Goldcyan beobachtete[6]) therapeutische Wirkung nicht dem Goldcyan als solchem, sondern wahrscheinlich dem kolloidalen Golde zuzuschreiben, das im Körper durch Zersetzung des Goldcyans entsteht. Für diese Annahme spricht, daß Goldcyan überhaupt keine desinfizierenden Eigenschaften besitzt und daß es im Körper sehr rasch zu Gold-Eiweißverbindungen aufgespalten wird, die ihrerseits spontan kolloidales Gold abspalten[7]).

Krysolgan ist das Natriumsalz einer komplexen 4-Amino-2-aurophenol-1-carbonsäure, welche 50% Gold enthält. Es hemmt in einer Verdünnung von 1 : 1 Million im Kulturversuch komplett die Entwicklung des Tuberkelbacillus.

C. Lewin sah bei Verwendung von kolloidalem Gold und Goldsalzen bei Mäusecarcinom Heilwirkung.

Goldcyanverbindungen sind angeblich starke Antiseptica. Man kann ihre Wirkung steigern, wenn die labilen Goldcyanverbindungen vor der sofortigen Reduktion durch Bildung von salzartigen Doppelverbindungen mit organischen Basen geschützt werden.

Solche Doppelverbindungen von Goldcyanid mit Cantharidinäthylendiamin erhält man durch Einwirkung von Goldsalzen, wie Goldchlorid, Goldcyanid, Goldrhodanid auf das Kondensationsprodukt aus Cantharidin und Äthylendiamin. Empfohlen wird die Verwendung von 1-Phenyl-2.3-dimethyl-4-amino-5-pyrazolon und dessen 4-N-Alkylderivaten. Zur Darstellung setzt man die betreffenden Basen oder deren Salze mit Goldcyanwasserstoffsäure um. Außer dieser Verbindung ist noch das Piperazinaurocyanid

---

[1]) Hoffmann-La Roche & Co., A.G., Basel, Schw.P. 106664.
[2]) Heyden, Radebeul, D.R.P. 415316, Zus. zu D.R.P. 413778.
[3]) J. D. Riedel, Berlin, D.R.P. 406867.
[4]) Höchst, D.R.P. 414191, A.P. 1515495.
[5]) Münch. med. Wochenschr. Bd. 67, S. 1500. 1920.
[6]) Höchst, D.R.P. 269661. [7]) Dermatol. Zeitschr. Bd. 22, S. 10. 1915.

$C_4H_{10}N_2 \cdot 2\,HCl \cdot AuCN$ und Cholinaurocyanid beschrieben. Statt Goldcyanwasserstoffsäure kann man Goldalkalithiosulfat für diese Doppelverbindungen verwenden[1]).

Doppelverbindungen aus den Salzen der Hexamethylentetraminalkylhydroxyde und Salzen von Schwermetallen erhält man, wenn man halogen-, rhodan- oder cyanwasserstoffsaure Salze von Kupfer, Quecksilber und Gold oder die Alkalidoppelverbindungen dieser Metalle mit den genannten Säuren auf Salze der Hexamethylentetraminalkylhydroxyde einwirken läßt. Beschrieben sind $Cu(CNS)_2 \cdot 2\,C_6H_{12}N_4 \cdot CH_3CNS$; $Cu_2Cl_2 \cdot C_6H_{12}N_4 \cdot CH_3Cl \cdot H_2O$; $Cu_2Br_2 \cdot C_6H_{12}N_4CH_3Br \cdot H_2O$; $CuCl_2 \cdot 2C_6H_{12}N_4CH_3Cl$; $Hg(CNS)_2 \cdot 2\,C_6H_{12}N_4CH_3$-$CNS$; $HgJ_2 \cdot 2\,C_6H_{12}N_4CH_3J$; $AuCNS \cdot C_6H_{12}N_4 \cdot CH_3CNS$ usf. Die Quecksilberdoppelsalze der Hexamethylentetraminalkylhydroxyde sollen als Antiluetica Verwendung finden, während die komplexen Gold- und Kupferverbindungen für die Bekämpfung der Tuberkulose geeignet erscheinen[2]).

Auf die wässerigen Lösungen von Hexamethylentetraminalkylhalogeniden läßt man Goldchloridlösungen oder auf die wässerige Lösung von Alkalisalzen der Goldhalogenwasserstoffsäuren Hexamethylentetraminalkylhalogenide einwirken. Zwecks Darstellung von Goldjodürdoppelverbindungen der Hexamethylentetraminalkyljodide der allgemeinen Formel $C_6H_{12}N_4 \cdot$ Alkyl $\cdot AuJ_2$ werden die durch Einwirkung von Goldchloridlösung oder von Alkalisalzen der Goldjodwasserstoffsäure auf Hexamethylentetraminalkyljodide in wässeriger Lösung erhaltenen Perjodide mit wässerigen Lösungen von Jodsalzen erwärmt[3]).

Bayer, Leverkusen beschreibt die Darstellung von Goldpepton und Goldalbumose durch Behandeln der wasserlöslichen Eiweißabbauprodukte mit Goldlösung[4]).

Sanocrysin (aurithioschwefelsaures Natrium) wirkt in vitro auf Tuberkelbazillen ungleich stärker als Krysolgan[5]).

Mit Sanocrysin hat man experimentelle Kaninchensyphilis heilen können, während das entsprechende Platinsalz nicht so gut wirkt. Einige andere Goldsalze, selbst mit höherem Goldgehalt, waren weniger wirksam[6]).

Sanocrysin wirkt wahrscheinlich gar nicht direkt chemotherapeutisch und dem Krysologan und Triphal nicht überlegen[7]). Triphal (Höchst) ist ein Tuberkuloseheilmittel, aurothiobenzimidazolcarbonsaures Natrium.

Goldnatriumhyposulfitdoppelsalz wirkt bei Hühnern auch prophylaktisch[8]).

Durch Einwirkung von Formaldehydalkalisulfit auf das Na-Salz der 4-Amino-2-auromercaptobenzol-1-carbonsäure erhält man ein in wässeriger Lösung beständiges Derivat[9]).

Durch Vermischen von Lösungen der Thiosalicylsäure mit einem Goldhalogeniddoppelsalz, z. B. Kaliumaurobromid in Essigester und Filtrieren, Fällen der Lösung mit absolutem Alkohol erhält man Aurothiosalicylsäure $Au \cdot C_6H_4 \cdot COOH$[10]).

In derselben Weise lassen sich auch Aurothiophenole gewinnen, z. B. aus Thiophenol und 4-Amino-2-mercaptobenzol-1-carbonsäure. Ebenso wurde dargestellt das Na-Salz der 4-Amino-2-aurothiophenol-1-carbonsäure[11]).

Zur Herstellung komplexer organischer Goldverbindungen werden den Thioharnstoffrest enthaltende organische Verbindungen mit Goldsalzen behandelt und soweit sie noch saure Substituenten im Moleküle enthalten, in die Salze mit Alkalien übergeführt; so werden die Goldverbindungen der Thiohydantoinsäure, Thiobarbitursäure, Thiobenzimidazolcarbonsäure dargestellt[12]).

Goldverbindungen der Methylenblaugruppe erhält man, wenn man Verbindungen dieser Gruppe mit Salzen oder Verbindungen des Goldes behandelt. — Die Patentschrift enthält Beispiele für die Darstellung von Methylenblaugoldchlorid von der Zusammensetzung $C_{16}H_{18}N_3ClS$, $AuCl_3$, H_2O, von Methylenblaugoldnitrat aus Aurylnitrat und Methylenblaunitrat. Behandelt man das Chlorid des Dimethyldiäthyldiaminophenazthioniums mit $AuCl_3$ in alkoholischer Lösung, so erhält man das entsprechende Goldsalz $C_{18}H_{22}N_3ClS$

1) Höchst, D.R.P. 276134. 2) D.R.P. 276135, Zusatz zu D.R.P. 276314.
3) Schmitz, D.R.P. 284259. 4) Bayer, Leverkusen D.R.P. 335159.
5) Carvalho, L. de und F. de Mira Sohn: Cpt. rend. des séances de la soc. de biol. Bd. 95, S. 310. 1926.
6) Levaditi, C., A. Girard u. S. Nicolau: Cpt. rend. hebdom. des séances de l'acad. des sciences Bd. 181, S. 163. 1925. — Mollgaard: Ugeskrift f. laeger 1924, Nr. 52; Zentralbl. f. inn. Med. 1925, Nr. 11, S. 239; Journ. of the Americ. med. assoc. Bd. 83, S. 1928. 1924.
7) Klemperer, F.: Therapie d. Gegenw. Bd. 67, S. 76. 1925.
8) Levaditi, C. und S. Nicolau: Cpt. rend. des séances de la soc. de biol. Bd. 93, S. 1571. 1925.
9) I. G. Farbenindustrie, D.R.P. 429150. 10) Höchst, E.P. 157226/1921.
11) Höchst, E.P. 157853/1921, Zusatz zu E.P. 157226/1921.
12) Höchst, A.P. 1558584, E.P. 225875/1924.

$\cdot AuCl_3$. — Tetraäthyldiaminophenetolazthioniumchloridgoldchlorid, $C_{21}H_{28}N_3ClS \cdot AuCl_3$. Die Verbindungen geben die üblichen Goldreaktionen. Sie wirken stark antiseptisch gegenüber dem Eitererreger (Bacillus pyocyaneus) sowie gegenüber Gonokokken, Spirochäten und Tuberkelbacillen[1]).

Die Alkaliverbindungen von Benzosäuresulfinid oder seinen Derivaten werden mit $Au(OH)_3$ behandelt. — Es wird z. B. eine wässerige Lösung von Benzoesäuresulfinidnatrium im lichtgeschützten Kolben mit feuchtem $Au(OH)_3$ bis zur nahezu vollständigen Lösung des letzteren auf 100° erhitzt, filtriert und das Filtrat unter Lichtabschluß im Vakuum bei 40° eingedampft. Das zitronengelbe Rohsalz wird in Eisessig unter gelindem Erwärmen gelöst, in der Kälte das freie Benzoesäuresulfinid durch Kristallisation abgeschieden und die hellrote Mutterlauge mit trockenem Äther gefällt. Aus A. umkristallisiert erhält man das Benzoesäuresulfinidgold von 26,91% Au. In Lösung gibt es mit Oxalsäure und auch mit salzsaurem $SnCl_2$ die bekannte Goldreaktion und ist in verdünnten Alkalien löslich. Sulfaminbenzoesäuresulfinidnatrium (das freie Sulfinid schmilzt bei 285°) gibt mit $Au(OH)_3$ Sulfaminbenzoesäuresulfinidgold der Zusammensetzung $\left(NH_2SO_2 \cdot C_6H_4 \langle {CO \atop SO_2} \rangle N\right)_3 Au$; es gibt mit Oxalsäure und mit salzsaurem $SnCl_2$ die Au-Rkk. und enthält 20,5% Au. — In wesentlich einfacherer Weise erhält man gemäß dem Zusatzpatent die Au-Verbindungen der Sulfinide durch Umsetzung ihrer Alkaliverbindungen mit Au-Halogeniden, wie $AuCl_3$, $AuBr_3$ oder AuJ_3. Man löst z. B. Benzoesäuresulfinidnatrium in Wasser und vermischt die Lösung mit einer wässerigen neutralen $AuCl_3$-Lösung, dampft zur Beseitigung der zunächst sich bildenden Gallerte ein und wäscht die ausgeschiedenen Kristalle mit heißem Wasser aus, wobei das Benzoesäuresulfinidgold als Kristallpulver zurückbleibt[2]).

Ein in Lösung haltbares Derivat der 4-Amino-2-auromercaptobenzol-1-carbonsäure erhält man, wenn man zur Lösung des Natriumsalzes der Säure Salze der H_2SO_3 zusetzt[3]).

Man behandelt entweder aromatische Aminometallmercaptosäuren oder deren Salze mit acylierenden Mitteln oder N-acyliert zunächst aromatische Aminomercaptosäuren oder deren Salze und führt dann das Metall in die Sulfhydrylgruppe ein. Beschrieben sind das Na-Salz der 4-Acetylamino-2-argentomercaptobenzol-1-carbonsäure, das Salz der entsprechenden s-Diphenylharnstoffsäure, ebenso die Diphenylharnstoffsäure der analogen Goldverbindung, ferner 4.3'-Aminobenzolamino-2-auromercaptobenzol-1-carbonsäure, der Di-(4.3-Aminobenzoylamino-2-auromercaptobenzol-1-carbonsäure)-harnstoff, s-Di-(4.3'')3'-Aminobenzoylamino-4'-methyl-2-auromercaptobenzol-1-carbonsäure-harnstoff, Na-Salz des Diphenyl-p, α-auromercaptoacrylsäure)-harnstoffs[4]).

Von Karl H. Schmitz wurden gegen Infektionskrankheiten, besonders Tuberkulose, Hexamethylentetramingoldcyanhalogenide empfohlen, z. B. $C_6H_{12}N_4CH_3 \cdot Au(CN)_2Cl$ und $C_6H_{12}N_4CH_3 \cdot Au(CN)_2Br$.

Ebenso empfahl er Cu- und Hg-Verbindungen des Typus CuB_2X_4, Cu_2BX_3, $HgBa_2X_4$, $AuBX_2$, $AuBX_4$, worin X einen einwertigen Säurerest (Cl, Br, J, CN, CHS) und B den einwertigen N-Alkylhexamethylentetraminrest bedeutet. Die Quecksilbersalze sollen als Antiluetica Verwendung finden, die Gold- und Kupfersalze gegen Tuberkulose[5]).

Außerdem wurden noch für den gleichen Zweck Goldsalze der Typen, z. B. $C_6H_{12}N_4 \cdot C_2H_5 \cdot AuCl_4$, $C_6H_{12}N_4CH_3AuBr_4$, $C_6H_{12}N_4CH_3J \cdot 2\,J_2 \cdot C_6H_{12}N_4CH_3AuJ_2$, $C_6H_{12}N_4CH_3 \cdot AuJ_2$ empfohlen[6]).

Aurocantan ist ein Cantharidin, das durch Verkettung mit Äthylendiamin 600mal entgiftet ist, in Verbindung mit Auricyanid. Es ist Monocantharidyläthylendiaminaurocyanid. Bei Tuberkulose wirkt es nicht. Es ist nur ein Capillargift[7]).

Ein Tuberkuloseheilmittel aus Cantharidin erhält man, wenn man vorerst durch Kondensation mit Äthylendiamin entgiftet und das Produkt mit Goldsalzen behandelt[8]).

Es werden auch andere Schwermetallsalze des Cantharidyläthylendiamins dargestellt, und zwar: Cantharidyläthylendiamin-silbercyanid, Cantharidyläthylendiamin-stannochlorid, Cantharidyläthylendiamin-cuprocyanid[9]).

Im Gegensatz zum Quecksilber ist die bactericide Kraft des Cadmiums nicht sehr groß, die desinfizierende, Protozoen gegenüber, dagegen sehr erheblich. Das Vergiftungsbild ist dem des Quecksilbers und Arsens sehr ähnlich[10]).

---

1) Bayer, Leverkusen, D.R.P. 347376.
2) Bayer, Leverkusen, D.R.P. 347139, Zusatz zu D.R.P. 348070.
3) Höchst, D.R.P. 407667. 4) Schering: E.P. 234806/1925.
5) D.R.P. 284234. 6) D.R.P. 284260.
7) Geinitz, R. u. H. Unger-Laissle: Dtsch. med. Wochenschr. Bd. 43, S. 526. 1917.
8) D.R.P. 269661. 9) D.R.P. 272291, Zusatz zu D.R.P. 269661.
10) Kochmann, M. u. C. Grouven: Dtsch. med. Wochenschr. Bd. 51, S. 427. 1925.

Cadmiumsalze wirken auf Syphilis nicht, hingegen Wismut, ebenso Sanocrysin (Gold). Platin-Natriumhyposulfit wirkt erheblich weniger als Gold, beide stehen jedoch weit unter dem Bismut. Es besteht vielleicht eine Beziehung zwischen Atomgewicht und therapeutischer Wirkung.

Trypaflavin-Cadmium, Trypaflavinkupfer, Trypaflavin-Gold sind komplexe, salzartige Verbindungen von nicht ganz aufgeklärter Konstitution. Trypaflavin-Cadmium mit 25,4% Cadmium besitzt Streptokokken gegenüber eine mehr als sechsmal so starke, Trypaflavin-Gold mit 2,5% Gold eine fünfmal so starke Wirkung als Argoflavin. Hingegen ist ein wesentlicher Unterschied zwischen dem Diaminomethylacridiniumchlorid-Silber (Argoflavin) und dem methylfreien Diaminoacridin-Silber in der bactericiden Wirkung nicht zu sehen[1]).

Pick versucht Titan bei Tuberkulose.

In der Sarkomtherapie fanden T. Ogata, J. Matsuzo, S. Kawakita und Y. Shibata[2]) besonders die Oxalatodinitrodiaminocobaltiake von der Formel $Co(NH_3)_2(NO_2)_2C_2O_4$, ihre Salze und auch ihre Isomeren wirksam. Ebenfalls wirksam war das Purpureocobaltichlorid $[Co(NH_3)_2Cl]Cl_2$. Die meisten übrigen Komplexsalze waren nur schwach oder gar nicht wirksam. Bei intravenöser Darreichung der vom Subcutangewebe aus wirksamen Präparate wurde keine Beeinflussung des Tumorwachstums erzielt.

C. Neuberg, Kaspari und Löhe versuchten die Autolyse der Krebszellen durch Metalle anzuregen und verwendeten kolloidale und komplexe organische Metallverbindungen. Diese erzeugen eine komplette Autolyse, die kleinste Dosis Metall ist notwendig, wenn man Platin, Palladium oder Rhodium verwendet. Kaspari hat auf Grund der Tierexperimente mit Carl Neuberg und Löhe aus den geprüften Substanzen die folgenden drei für die Behandlung des Menschen herausgegriffen: d-Alaninsilber, d-Alaninkupfer, Chloropentaminkobaltichlorid $(CO(NH_3)_5Cl)Cl_2$. Sie fanden bei Menschen eine Einwirkung auf Tumoren, aber alsbald werden die Tumoren gegen das Metall fest, aber ein zweites und drittes Metall wirkt auf den Tumor noch eine Zeitlang ein, bis der Tumor auch für dieses Metall fest wird. Zu ähnlichem Ergebnis ist Leo Löb gekommen, welches kolloidales Kupfer verwendet hat. Es ist sehr wahrscheinlich, daß Radium, Röntgenstrahlen und die kolloidalen Metalle das Gemeinsame bei der Krebsbehandlung haben, daß die autolytischen Fermente in ihrer Wirksamkeit gesteigert werden und es ist nach der Untersuchung verschiedener Forscher, wir nennen C. Neuberg und F. Blumenthal, als erwiesen anzusehen, daß der Reichtum an autolytischen Fermenten ein wesentliches Merkmal der Tumoren ist[3]). — Werner nimmt an, daß die kolloidalen Metalle spezifisch wirken, daß sie aber die Aktivität des Cholins, wenn man beide zusammen verwendet, erhöhen.

Für Carcinombehandlung wurde auch kolloidales Kupferoxydhydrat (Cuprase) empfohlen.

Unter 22 Metallen fanden Sugiura und Benedict Kupfer am meisten hemmend wirkend auf Tumorenwachstum, aber man sieht nicht konstante Effekte[4]).

Die Elberfelder Farbwerke bringen eine Verbindung von Lecithin und Kupferchlorid in den Handel, welche bei Hautkrebsen angewendet werden soll. — Ebenso wird eine Verbindung von zinnsaurem Kupfer mit Lecithin unter dem Namen Lecutyl für äußere und innere Anwendung hergestellt, und zwar für Tuberkulose- und Carcinombehandlung.

---

[1]) Berliner, Max: Berl. klin. Wochenschr. Bd. 58, S. 177. 1921.
[2]) Transact of the Japanese pathol. Soc. Bd. 11. S. 170. 1921.
[3]) Kaspari, B.: Zeitschr. f. Krebsforsch. Bd. 14, S. 236. 1914.
[4]) Hieger, J.: Biochem. journ. Bd. 20, S. 232. 1926.

Fette komplexe Kupferverbindungen des Lecithins und anderer Aminophosphatide, wie Jecorin, Cuorin, Kephalin, erhält man, wenn man die Kupfersalze unmittelbar auf verdünntes Lecithin usw. oder konzentrierte Lösungen der beiden Komponenten aufeinander einwirken läßt, bis die angewendeten Kupferverbindungen verschwunden sind[1]). Das Cuprisalz der Cholsäure erhält man durch Umsetzung beider Salze und Trocknen mit Methyl- oder Äthylalkohol[2]).

Die Kupferverbindungen wie Cuprocyan und Cuprojodase geben bei vielen Formen der Tuberkulose günstige Erfolge, sind aber nur minimal parasitotrop. Die Wirkung beruht wesentlich auf einer besonderen Affinität für das pathologische Gewebe. Die an den spezifischen Herd grenzenden Gewebe werden gereizt und in einer bindegewebigen Wucherung angeregt, die den Herd isoliert (Virgilio Ferrari)[3]).

Viele Forscher untersuchten die Wirkung des kolloidalen Kupfers ferner des kolloidalen Bleioxydhydrates, und Izar verwendete kolloidalen Schwefel.

Alfredo Chistoni untersuchte $Cu_2(CN)_2 \cdot KCN \cdot H_2O$(A), $Cu_2 \cdot 2\,KCN$(B) u. $Cu_2(CN)_2 \cdot 3\,KCN$(C). Intravenös injiziert bewirkten sie schwere Anurie, nach 1—2 Tagen Tod. Sie sind weit giftiger als Cyankalium. (Ähnliche Vergiftungsbilder geben mit NH_3 neutralisierte Cu-Acetatlösung.) Durch kleinere Gaben der B-Verbindung entstehen bei Hund und Kaninchen mittelschwere Nierenentzündungen, ferner kurze Erhöhung des Blutdruckes und flüchtige Beschleunigung der Atmung[4]).

Cuprocyan und Cuprojodase geben angeblich die besten Erfolge von allen Mitteln bei Lepra[5]).

A. Koger[6]) hat bei Tuberkulose Kupfer-Kaliumcyanid, Cyanocuprol genannt, angewendet. A. Ch. Hollande und J. Gatté[7]) haben bei Meerschweinchen keinen Einfluß auf den Ablauf der Erkrankung gesehen, höchstens eine Neigung zur bindegewebigen Abkapselung. Cuprocyan ist ein leichtlösliches Kaliumcuprocyanid, welches bei Tuberkulosebehandlung empfohlen wurde[8]).

Entgegen den Angaben von von Linden über die spezifische Beeinflussung der Tuberkelbacillen durch Kupfersalze, welche entwicklungshemmend auf das Wachstum des Tuberkelbacillus wirken sollen, gibt Adolf Feldt an, daß das einfache Kupferkation auf den Tuberkelbacillus nur in eiweißfreien Nährböden wirkt. Kupfer ist für das Tier giftiger als für den Tuberkelbacillus, und zwar 50mal so giftig. Intensiver als durch Kupfer wird er durch arsenige Säure, Salvarsan, Thymol, Pyrogallol, Platin, Silber, Quecksilbersalze und besonders durch das einwertige Goldcyan geschädigt[9]).

Robert Uhl untersuchte, welche Rolle den physikalischen Eigenschaften bei der trypanociden Wirkung zukommen und ob nicht Metalle, welche bisher nicht als trypanocid erkannt wurden in lipoidlöslichen Verbindungen eine trypanocide Wirkung entfalten. Es wurden untersucht Kupferschwefelpepton, Kupferacetessigester, komplexes Kupfersalz von o-Oxy-N-nitrosophenylhydroxylamin, Bleitriäthyl, Zinndiäthyldichlorid, zinnsaures Natron, wolframsaures Natron. Keine der geprüften Verbindungen hat bei Mäusen die Entwicklung der Nagana-Trypanosomen zu beeinflussen vermocht[10]).

4-Amino-2-cupromercaptobenzol-1-carbonsäure erhält man durch Einwirkung von

---

1) Linden-Meissen-Strauß, D.R.P. 287305. 2) D.R.P. 273317.
3) Rassegna: Clin. terap. e science aff. Bd. 21, S. 116. 1922 und Trocello, E.: ebenda Bd. 21, S. 85. 1922.
4) Arch. di science biol. Bd. 4, S. 1
5) Matta, B. u. A. Devoto: Rass. clin. terap. e science aff. Bd. 22, S. 1.
6) Journ. of exp. med. 1916, August.
7) Cpt. rend. des séances de la soc. de biol. Bd. 83, S. 178. 1720.
8) Serono, Cesare: Rass. clin. terap. e scienze aff. Bd. 19, S. 120. 1920.
9) Münch. med. Wochenschr. Bd. 61, S. 1455—1456, 30. VI. 1914.
10) Arch. internat. de pharmaco-dyn. et de thérapie. Bd. 23, Fasc. 1—2, S. 73. 1913.

Cuprosalzen auf 4-Amino-2-mercaptobenzol-1-carbonsäure in alkalischer, saurer oder neutraler Lösung[1]).

Polymethylenbisiminosäuren kann man erhalten, wenn man Polymethylendiamine oder ihre Homologen auf Cyanide und Aldehyde bzw. Ketone einwirken läßt. Es bilden sich dabei die Dinitrile der betreffenden Säuren, aus denen die letzteren durch Verseifen in üblicher Weise gewonnen werden. Diese neuen Säuren geben Salze, z. B. das Kupfersalz, welche bei Infektionskrankheiten, insbesondere bei Tuberkulose, verwendet werden sollen. So erhält man aus Tetramethylendiamin, Cyankalium und Formaldehyd das Nitril der Tetramethylenbisiminosäure. Verseift man es mit Barythydrat, so erhält man Tetramethylenbisiminoessigsäure. Analog stellt man β-Methyltetramethylenbisiminoessigsäure sowie das Kupfer- und Zinksalz her, ferner Tetramethylenbis-α-iminoisobuttersäure[2]).

Neutrales Kupfersaccharat erhält man, wenn man Kupferhydroxyd in alkalischen Lösungen von Biosen auflöst, die Lösung mit einer organischen Säure neutralisiert, zur Trockne verdampft und das Kupferoxydsaccharat mit einem organischen Solvens von den beigemischten organischen Alkalisalzen trennt. Es lassen sich nur Biosen verwenden[3]).

Nach den Untersuchungen von L. E. Walbum lassen sich die Metalle nach den Versuchen über die Behandlung tuberkulöser Meerschweinchen mit Metallsalzen in 3 Gruppen teilen:

A. Keine oder nur verzögernde Wirkung, wobei die Tiere an typischer Tuberkulose sterben, üben Li, Rb, Cs, Be, Mg, Ca, Sr, Y, Si, Ti, Zr, Th, As, Sb, Bi, Te, Cu, Ag, Au, Zn, Hg, In, Tl, Sn, Pb, Cr, U, Mn, Fe, Os, Co, Rh, Ir, Ni, Pd, Pr, Nd, Sa, V.

B. Die mit Wo, Pt, Er behandelten Tiere werden tuberkulös, die Krankheit läßt sich aber durch fortgesetzte Behandlung heilen.

C. Die mit Ba, Al, La, Ce, Se, Cd, Mo, Ru behandelten Tiere zeigen kein Zeichen von Tuberkulose[4]).

Aluminium.

Die lange bekannten adstringierenden Eigenschaften der Aluminiumsalze haben, trotzdem keine nachteiligen Folgen und auch keine Unzukömmlichkeiten bei Verwendung der üblichen Salze zu bemerken waren, doch Veranlassung zur Darstellung neuer adstringierender Aluminiumsalze gegeben. Von allen diesen Verbindungen kann man folgendes aussagen: Ein therapeutisches Bedürfnis nach deren Darstellung bestand und besteht nicht. Neue Eigenschaften besitzen sie nicht, da in allen Salzen Aluminium gleichmäßig als Base auftritt und die verschiedenen Säuren an der Grundwirkung nichts ändern. Das gewöhnlich in der Praxis verwendete Aluminiumacetat reicht für die gewöhnlichen Zwecke völlig aus.

Alformin ist eine Lösung von ameisensaurem Aluminium $Al_2(OH)_2(HCOO)_4$. Der Versuch Martensons als Konkurrenten Aluminium boroformicicum einzuführen, welches durch Auflösen von Tonerdehydrat in Borsäure und Ameisensäure entsteht, ist zwecklos. Auch die Versuche, geruchlose Doppelverbindungen des Aluminiums in die Praxis einzuführen (essigsaures Aluminium riecht schwach nach Essigsäure), sind fehlgeschlagen, da gar kein Bedürfnis nach solchen Präparaten vorhanden ist und sie nichts Neues leisten. So wurde Boral, eine Doppelverbindung von Aluminium mit Borsäure und Weinsäure dargestellt, die leicht löslich und von leicht säuerlichem Geschmack ist. Unter dem Namen Cutol war kurze Zeit eine Doppelverbindung des Aluminiums mit Borsäure und Gerbsäure in die Therapie eingeführt. Sie war unlöslich, von adstringierendem Geschmack und sollte die schwach antiseptischen Wirkungen der Borsäure mit den adstringierenden der Gerbsäure und der Tonerde vereinigen. Cutol geht mit Weinsäure eine wasserlösliche Verbindung ein (Cutolum solubile). Tannal heißt ein wasserlösliches Doppelsalz von Alu-

---

[1]) Schering, D.R.P. 426346. [2]) Bayer, D.R.P. 272290.
[3]) Landau u. Östreicher: D.R.P. 283414.
[4]) Zeitschr. f. Immunitätsforsch. u. exp. Therapie, Orig. Bd. 47, S. 213. 1926.

minium, Gerbsäure und Weinsäure. Allen diesen Präparaten kommt naturgemäß keine bakterientötende, aber die allen Aluminiumsalzen eigentümliche adstringierende Wirkung zu[1]). Lactinium ist Aluminiumlactat.

Multanin ist basisch gerbsaures Aluminium.

Formaldehydschwefligsaures Aluminium erhält man, indem man formaldehydschweflige Säure und Tonerde in beliebiger Reihenfolge zur gegenseitigen Einwirkung bringt[2]).

Basisches Aluminiumsalicylat $C_6H_4(OH)^1 \cdot (COO \cdot Al[OH]_2)^2$ erhält man durch Mischen und Erwärmen von Aluminiumhydroxyd mit Salicylsäure im molekularen Verhältnis in Gegenwart von Wasser. Es unterscheidet sich von dem neutralen Salz durch seine Beständigkeit gegen Wasser und verdünnte Säuren auch beim Erwärmen. Es geht unzersetzt durch den Magen[3]).

Aluminiumsalicylat und Aluminiumlactat wird in einem Doppelsalz vereinigt[4]).

Man erwärmt Salicylsäure mit $Al(OH)_3$ in Gegenwart von Wasser auf ca. 130° unter Druck. Das Aluminiumsalicylat ist unlöslich und soll als Adstringens und inneres Desinfektionsmittel verwendet werden[5]).

Man löst Alkaliformiate zusammen mit äquivalenten Mengen von Alaunen in Wasser[6]).

Auch aromatische Säuren wurden zweckloserweise mit Aluminium kombiniert. So sind die Salumine lösliche und unlösliche Verbindungen der Salicylsäure mit Tonerde[7]). Sozal wurde p-phenolsulfosaures Aluminium benannt und sollte antiseptische Wirkungen auslösen und vor der essigsauren Tonerde den Vorzug der Unzersetzlichkeit besitzen[8]). Ähnlich sollte Alumnol[9]), naphtholsulfosaures Aluminium, wirken, aber keines dieser Präparate konnte neben der essigsauren Tonerde irgendeine, wenn auch nur temporäre Bedeutung erlangen.

Alutan ist kolloidales Aluminiumhydroxyd (Cloetta).

Ormizet ist eine Mischung von Aluminiumformiat mit Alkalisulfat, da das Formiat für sich nicht haltbar ist[10]).

Moronal ist basisch formaldehydschwefligsaures Aluminium[11]) und formaldehydschwefligsaures Natrium. Es ist sterilisierbar und haltbar und soll die Haut nicht macerieren, es sind feste Verbindungen, welche die flüssige essigsaure Tonerde ersetzen sollen.

Basisch gerbsaures Aluminium erhält man, wenn man eine Ätzalkalitannatlösung mit einem Aluminiumsalz versetzt und Ätzalkali in solchen Mengen zufügt, daß keine Neutralisation eintritt. Die Verbindung ist ein graues, geruch- und geschmackloses Pulver[12]).

Glykolsaures Aluminium erhält man durch Einwirkung von 1 Mol. Aluminiumhydroxyd auf 2 Mol. Glykolsäure als einen krystallinischen, nicht zerfließlichen, wasserlöslichen Körper[13]).

Acetoform ist essigcitronensaures Aluminiumhexamethylentetramin.

Mouneyron und Guje mischen eine Aluminiumsulfatlösung mit Gelatine und neutralisieren, hierauf wird Gerbsäure zugesetzt. Die Fällung soll als Mittel gegen Durchfall Verwendung finden.

Kalle[14]) beschreibt ein Verfahren zur Darstellung fester Aluminiumacetatverbindungen, die in Wasser löslich sind. Man läßt auf Aluminiumacetatlösung Hexamethylentetramin mit oder ohne Zusatz von Verbindungen, welche die Löslichkeit des Aluminiumacetats in Wasser erhöhen, wie Glycerin, Mannit, Citronensäure, Milchsäure oder Weinsäure ohne besondere Wärmezufuhr einwirken und dampft zur Trockne ein.

Mallebrein ist chlorsaures Aluminium.

Neotannyl ist Aluminiumacetotannat, auch Altannol genannt.

Noventerol ist eine Aluminiumtannineiweißverbindung mit 50% Gerbsäure und 40% Tonerde.

---

1) Koppel: Therap. Monatsh. 1895, S. 614. 2) Heyden, Schw.P. 88066.
3) Soc. chim. des usin. du Rhône. D. R.P. 354698. 4) D.R.P. 374091.
5) Sintetcia-Chiasso, Schw.P. 107964. 6) Mendel, A. S., D.R.P. 398406.
7) D.R.P. 78903, 81819. 8) Lüscher: Diss. Bern 1892.
9) D.R.P. 74209. Berlin. klin. Wochenschr. 1892, S. 46.
10) Loewy, A.: Dtsch. med. Wochenschr. Bd. 42, S. 1512. 1916.
11) Harzbecker, O.: Allg. med. Zentralzeitg. Bd. 85, S. 187. 1916.
12) Schering, Berlin, D.R.P. 328431. 13) D.R.P. 245490. 14) D.R.P. 272516.

Sechstes Kapitel.

Abführmittel.

Die Abführmittel sind 1. resorptionshindernd im ganzen Darm (Kalomel, Magnesiumsulfat und Natriumsulfat, Zuckerarten, Manna und Tamarinden). 2. Mittel mit vorwiegend motorischer Wirkung auf den Dünndarm, in wenigen Stunden erfolgend (Ricinusöl, gewöhnliche fette Öle, Paraffinöl, Krotonöl, Colocynthen, Tubera Jalapae und Podophyllin). 3. Mittel mit vorwiegend motorischer Wirkung auf den Dickdarm in 10—15 Stunden (Rhabarber, Aloe, Cascara, Senna, Phenolphthalein, Schwefel, Atropin[1]).

Cholin ist das Hormon der Darmbewegung. Am wirksamsten ist der Essigester (Acetylcholin), 1000mal stärker als Cholin, während der Bernsteinsäureester wie Cholin wirkt[2]).

Apfelsaure Salze wirken in höheren Dosen als Cathartica. Apfelsaure Salze werden anscheinend vollständig verbrannt[3]).

Die Untersuchungen von Tschirch[4]) haben erwiesen, daß in den Abführmitteln im engeren Sinne, wie Frangula, Rheum, Senna und Aloe Derivate der Oxymethylanthrachinone

Anthrachinon

```
      H  O  H
      C  C  C
       C C C
   HC         CH
   HC         CH
       C C C
      C  C  C
      H  O  H
```

vorkommen, welche, wie auch die Oxymethylanthrachinone selbst, abführende Wirkungen in eigenartiger Weise auslösen, indem sie die Peristaltik erregen oder erhöhen. In Rheum, Senna und Frangula kommen auch Glykoside vor, die erst bei der Hydrolyse Oxymethylanthrachinone abspalten; so ist Chrysophan (aus Rhabarber) ein glykosidisches Oxymethylanthrachinon.

Man sieht, daß eine Reihe in der Natur vorkommenden Ekkoprotica glykosidischen Bau haben.

Entgegen den Anschauungen Tschirchs findet Pio Marfori in den verschiedenen Drogen verschiedene Isomere des Dioxymethylanthrachinon (Chrysophansäure). Die aus Chrysarobin dargestellte Chrysophansäure ist eine ganz unschädliche Substanz, sie zeigt nach Marfori gar keine purgative Wirkung und ist in dieser Beziehung ihre Gegenwart in den Drogen ohne jede Bedeutung. Ein Oxydationsprodukt aus Chrysarobin hingegen, welches ein Gemenge verschiedener Isomeren zu sein scheint, zeigte eine energisch

---

[1]) Pezoldt, F.: Münch. med. Wochenschr. Bd. 71, S. 33. 1923.

[2]) Pflügers Arch. f. d. ges. Physiol. Bd. 190, S. 280. 1921.

[3]) Underhill, F. P. u. G. T. Pack: Journ. of pharmacol. a. exp. therapeut. Bd. 25, S. 467. 1925.

[4]) Schweiz. Wochenschr. f. Chem. u. Pharm. 1898, Nr. 23. — Ber. d. dtsch. pharm. Ges. 1898, S. 174.

purgative Wirkung, während eine solche dem Chrysarobin $C_{30}H_{26}O_7$ selbst völlig abgeht.

Paderi[1]) erklärt die Wirkung der Chrysophansäure durch Tonisierung der glatten Muskelfasern, da sie wie Strychnin, aber schwächer wirkt; der Effekt beruht auf der Gegenwart der Anthracengruppe, nicht aber auf Methyl oder Sauerstoff, da er auch dem Anthracen, Anthrachinon und Alizarin zukommt.

Aloin.

Der Gehalt des Aloins an Hydroxylen befähigt diese abführende Substanz zur Bildung von Verbindungen, die geschmacklos und nicht so leicht (wegen seiner Hydroxylgruppen) zersetzlich sind wie Aloin selbst. Wenn man Formaldehyd mit einem Molekül Aloin reagieren läßt, so tritt eine Methylengruppe in zwei Hydroxyle ein, und man erhält ein Methylenderivat des Aloins, welches die gleiche Wirkung wie die Muttersubstanz zeigt.

Versetzt man eine Lösung von Aloin in Wasser mit der entsprechenden Menge 40proz. Formaldehyds, so daß 10 kg Aloin in 20 kg Wasser mit 10 kg 40proz. Formaldehyd zusammengebracht werden bei Gegenwart von 10 kg konzentrierter Schwefelsäure, so scheidet sich das Kondensationsprodukt als flockiger und harziger Niederschlag aus, der nach dem Auswaschen der Schwefelsäure pulverförmig wird[2]).

Hans H. Meyer stellte Tribromaloin $C_{16}H_{13}Br_3O_7$ dar, welches viel schwächer abführend wirkt als Aloin und ferner Triacetylaloin, welches ebenso stark ekkoprotisch wirkt, wie reines Aloin und dabei ganz geschmacklos ist und gute Haltbarkeit zeigt.

Durch Einwirkung eines Gemisches von Essigsäureanhydrid und Ameisensäure auf Aloin erhält man einen gemischten Essigsäureameisensäureester des Aloins, Diformyltriacetylaloin der dieselbe abführende Wirkung wie Aloin selbst besitzt, vor diesem aber den Vorzug hat, daß es den schlechten Geschmack nicht mehr zeigt[3]).

Statt der Ameisensäure oder deren Estern kann man gemischte Säureanhydride aus Ameisensäure und anderen aliphatischen Säuren verwenden oder durch Gemische aus wasserfreier Ameisensäure und aliphatischen Säureanhydriden ersetzen[4]).

Zimmer & Co.[5]) führen Aloin in Kohlensäureester oder in substituierte Kohlensäureester über, indem sie Phosgen oder Chlorameisensäureester auf die Lösung von Aloin in Pyridin einwirken lassen. Man bekommt so geschmacklose Pulver von Aloinkohlensäureester resp. Aloinäthylcarbonat. Aus Aloin und Harnstoffchlorid erhält man Aloinallophanat[6]).

Diefenbach und Robert Meyer in Bensheim stellen eine alkalilösliche Verbindung aus Aloin und Ferriverbindungen her, indem sie Aloin bei Gegenwart von wässeriger Ammoniak- oder Ätzkalilösung mit Ferriverbindungen behandeln und die so erhaltene Lösung im Vakuum eindampfen[7]).

Im Rhabarber enthält die Fraktion, welche die Hauptwirkung entfaltet, nach der alkalischen Hydrolyse Zimtsäure, Gallussäure, Emodin und Aloeemodin, die in der Droge als Ester vorzuliegen scheinen[8]). Sowohl die reinen Oxymethylanthrachinone als auch deren Glykoside (Anthraglykoside) bedingen die abführende Wirkung dieser Drogen. Barbaloin $C_{20}H_{18}O_9$ ist[9]) ein Glykosid, das aus Aloeemodin $C_{15}H_{10}O_5$ und d-Arabinose besteht. Aus Aloin entsteht Aloeemodin und ein Zucker[10]). Isobarbaloin ist ein Kuppelungsprodukt einer Aldopentose mit Methylisooxychrysazin. Aloin ist das Glykosid des Aloeemodins. Aloeemodin geht durch Oxydation in Rhein über. Rhein ist eine

---

[1]) Arch. d. farmacol. 1896, I, S. 35. [2]) Merck, E., D.R.P. 86449.
[3]) Bayer, Elberfeld, D.R.P. 233326.
[4]) Bayer, Elberfeld, D.R.P. 233325, Zusatz zu D.R.P. 222920. [5]) D.R.P. 229191.
[6]) D.R.P. 134987. [7]) D.R.P. 208961.
[8]) Tutin, Frank u. H. W. B. Clever: Journ. of the chem. soc. (London). Bd. 99, S. 967. 1911.
[9]) Léger, E.: Cpt. rend. hebdom. des séances de l'acad. des sciences. 1910, S. 150.
[10]) Oesterle u. Triat: Schweiz. Wochenschr. f. Chem. u. Pharm. Bd. 47, S. 717. 1910.

Dioxyanthrachinoncarbonsäure

OHCO OH

COOH

CO

Emodin wahrscheinlich

OHCOOH

HO— —CH_3

CO

Die Konstitution des Frangula-Emodins als 1.6.8-Trioxy-3-methylanthrachinon ist durch Synthese sichergestellt[1]).

Barbaloin wirkt halb so stark abführend wie Aloeemodin. Bei der Betrachtung des Barbaloins im Vergleiche mit seinen Spaltungsprodukten Emodin und dem Oxydationsprodukte Alochrysin sieht man Differenzen in der Beeinflussung der Darmperistaltik.

Auch das Colocynthin (Citrillin, der Bitterstoff der Koloquinthe) ist ein drastisch wirkendes Abführmittel, das bei der Hydrolyse in Glykose, Colocynthein, Essigsäure und andere flüchtige Körper zerfällt. Am energischsten wirkt Emodin, dann folgt das Oxydationsprodukt Alochrysin und in letzterer Linie steht die Chrysophansäure (Methyldioxyanthrachinon) $C_{14}H_5(CH_3)(OH)_2O_2$. Emodin wirkt sicher abführend. Oxyemodin wirkt in etwas höherer Dosis wie Emodin[2]). Dem Aloeemodin liegt β-Methylanthracen zugrunde[3]) [4]). Dem Aloeemodin (I), der Chrysophansäure (II), dem Rhein (III) kommen folgende Formeln zu:

(I) OHCOOH $CH_2 \cdot OH$ CO

(II) HO COOH CH_3 CO

(III) OHCOOH COOH CO

Der Methylanthrachinonkern ist Bedingung für das Zustandekommen der ekkoprotischen Wirkung; die Wirkung auf den Darm wird von der Anzahl der Hydroxyle in der Weise beeinflußt, daß mit Zunahme dieser Gruppen die Wirkung sich verstärkt. Nach Tschirchs Angaben ist es auch wahrscheinlich, daß die Stellung der Hydroxyle am Kern von Einfluß auf die Wirkung ist. Diese komplizierten Substanzen, welche nach Tschirch Träger der ekkoprotikophoren Gruppen sind, eröffnen neue Ausblicke auf synthetisch zu gewinnende Abführmittel, die frei von den unangenehmen Nebenwirkungen der Mutterdrogen, welche Anthrachinonderivate enthalten, sein sollen[5]).

Alle den Anthracenkern enthaltende Stoffe: Barbaloin, Aloeemodin, Aloechrysin, Aloenigrin und Chrysophansäure wirken deutlich purgierend, wogegen das den Anthracenkern nicht enthaltende Nataloin keine purgierenden Effekte zeigt. Aloeemodin und Aloechrysin wirken am stärksten, Aloenigrin schwächer, Barbaloin in doppelt so großer Dosis als Aloeemodin, wahrscheinlich erst nach Bildung von Aloeemodin[6]).

Wenn man 3—5 Teile Persulfat auf 1 Teil Aloin einwirken läßt, so gelangt man anscheinend zu einem hydrierten Methyltrioxyanthrachinonoxyd, welches

[1]) Eder, R. u. C. Widmer: Helvetia chim. acta Bd. 6, S. 966. 1923.

[2]) Seel, Eugen: Arch. d. Pharmazie u. Ber. d. dtsch. pharmazeut. Ges. Bd. 257, S. 229. 1920.

[3]) Oesterle: Arch. d. Pharmazie u. Ber. d. dtsch. pharmazeut. Ges. Bd. 249, S. 445. 1911.

[4]) Hesse: Liebigs Ann. d. Chem. Bd. 309, S. 32.

[5]) Tschirch u. Heuberger: Arch. d. Pharmazie u. Ber. d. dtsch. pharmazeut. Ges. Bd. 290, S. 630. 1902. — Siehe auch Arch. f. exp. Pathol. u. Pharmokol. Bd. 43, S. 275. 1899.

[6]) Eßlemont, John E.: Arch. f. exp. Pathol. u. Pharmakol. Bd. 43, S. 274. 1899.

schwächer abführend wirkt als Aloin, aber keine schädlichen Nebenwirkungen haben soll.

Man erhält so Puraloin I $C_{12}H_{10}O_6$ und außerdem das hiervon durch die Löslichkeit in Alkohol unterschiedene Puraloin II $C_{13}H_{12}O_6$. Sie haben beide eine gelinde, aber unzuverlässige Abführwirkung[1]).

Jedenfalls hat die Methylgruppe keine große Bedeutung, da sowohl die methylierten, als auch die nichtmethylierten Anthrachinonderivate abführend wirken[2]).

Chinone.

Brissemoret, welcher Resorufin, Indophenol, Oxydiphenoxazon, Aurin, Rosolsäure untersuchte, sowie Embeliasäure, behauptet, daß jede Ketonchinonverbindung, stamme sie nun von einem Benzol-, Naphthalin- oder Anthracenkern, abführend wirke. Eine Gesetzmäßigkeit läßt sich aber noch nicht ableiten. Es scheint die Chinongruppe bei gleichzeitiger Anwesenheit von Hydroxyl und fetten Seitenketten in Betracht zu kommen[3]). Die abführende Wirkung der vegetabilischen Abführmittel ist durch den Diketoncharakter der betreffenden Chinonkörper bedingt. Aus Versuchen mit Resorufin, einem Chinonoxazin, schließt er, daß auch die Monoketone abführend wirken. Ebenso meint Mohr[4]), ist das Wirksame in den Oxymethylanthrachinonen der Sauerstoff in Chinonbindung; es wirkt auch das einfache Chinon, aber auch Resorufin $O = C_6H_3 \langle {}^{N}_{O} \rangle C_6H_3 \cdot OH$[5]).

Folgende Naphtochinone wirken abführend: Iuglon = Mono-oxy-naphtochinon, Naphtazarin = Dioxynaphtochinon, ferner Benzochinone.

Embeliasäure ist nach Heffter und Feuerstein[6])

$$\begin{array}{ccc} & CO & \\ HO \cdot C & & C \cdot C_{11}H_{28} \\ H_3C \cdot C & & C \cdot OH \\ & CO & \end{array}$$

ein Dioxychinon. Das Ammonsalz ist geschmacklos und nach Warden[7]) ein Bandwurmmittel. Es wirkt stark antiseptisch.

Perezon

$$C_6H_2 \begin{cases} O_2 \\ OH \\ C_9H_{17} \end{cases}$$

ist ein Alkylderivat des Oxybenzochinons und einige aromatische Verbindungen, welche nur eine CO-Gruppe in chinonartiger Bindung besitzen: Pararosolsäure (Aurin), Rosolsäure, Resorufin[8]).

Vieth untersuchte synthetische Oxyanthrachinone und fand die Wirksamkeit am stärksten beim Anthrapurpurin (1.2.7-Trioxyanthrachinon). Flavopurpurin (1.2.6-Trioxyanthrachinon) ist nur halb so wirksam, Anthragallol (1.2.3-Dioxyanthrachinon) ist nur $^1/_3$ so wirksam. Purpuroxanthin (1.3-

---

1) Seel, Eugen: Arch. d. Pharmazie u. Ber. d. dtsch. pharmazeut. Ges. Bd. 257, S. 212. 1920.

2) Vieth: Münch. med. Wochenschr. 1901, Nr. 35, S. 1381.

3) Brissemoret: Contribut à l'étude des purgatifs organiques. Paris: Joamin & Co. 1903. — Bull. des sciences pharmacol. 1903, S. 17. — Cpt. rend. des séances de la soc. de biol. Bd. 55, S. 48. Bd. 61, S. 479. 1906.

4) Arch. d. Pharmazie u. Ber. d. dtsch. pharmazeut. Ges. 1900, S. 15.

5) Pharm. Journ. 1887, S. 601 und 1888, S. 305. — Siehe auch Conradi: Ann. di chim. e farm. 1894, S. 6.

6) Vgl. Brissemoret: Cpt. rend. des séances de la soc. de biol. Bd. 55, S. 49 (9. I. 1903).

7) Privatmitteilung.

8) Brissemoret, A.: Cpt. rend. des séances de la. soc. de biol. Bd. 61, S. 479. 1906.

Dioxyanthrachinon) ist nur $^1/_6$ so wirksam. Purpurin (1.2.4-Trioxyanthrachinon) hat nur ein Zwanzigstel der Wirksamkeit und Alizarinbordeaux (1.2.3.4-Tetraoxyanthrachinon) hat nur ein Zehntel der Wirksamkeit des Anthrapurpurins. Die Wirkung scheint also sehr mit der Stellung des Sauerstoffes zu schwanken, doch hängt sie ebenfalls von dem langen Aufenthalte dieser Substanzen im Darme ab; denn die Acetylverbindungen und die Glykoside, welche nur langsam Oxymethylanthrachinon abspalten, wirken intensiver als die zugrunde liegende Substanz.

Von synthetischen Trioxyanthrachinonen wurde Anthrapurpurin (1.2.7-Trioxyanthrachinon) als Abführmittel versucht, und zwar in Form des Diacetates, welches durch gelindes Acetylieren entsteht. Im Magensaft unlöslich, wird Anthrapurpurindiacetat vom Darmsaft allmählich unter Spaltung aufgenommen[1]). Es wurde Purgatin genannt, ein mildes Laxans, welches aber die Nieren reizt[2]). Die synthetischen Di- und Trioxyanthrachinone erzeugen als solche heftige Koliken.

Während Rufigallussäure (Hexaoxyanthrachinon), Acetylrufigallussäuretetramethyläther nach Ebstein sich als unwirksam erwiesen, konnte Vieth zeigen, daß auch Alizarin, Alizarinblau, Chinizarin und Methylchinizarin, Nitropurpurin und Cyanin unwirksam sind, hingegen ist Diacetylrufigallussäuretetramethyläther wirksam.

Als Abführmittel wurden daher empfohlen die Acidylderivate der Rufigallussäurealkyläther[3]), so Diacetylrufigallussäuretetramethyläther, Diacetylrufigallussäuretetraäthyläther, Monobenzoylrufigallussäuretetramethyläther, erhalten durch Acylierung von Rufigallussäurealkyläther. Das so dargestellte Exodin, angeblich Diacetylrufigallussäuretetramethyläther ist nach Zernik[4]) ein Gemenge verschiedener Äther, von denen Rufigallussäurehexamethyläther ekkoprotisch wirkt, nicht aber Acetylrufigallussäurepentamethyläther und Diacetylrufigallussäuretetramethyläther. Exodin[5]) wirkt mild abführend.

Istizin wird durch Verschmelzen von 1.8-Anthrachinondisulfonsäure mit Kalk dargestellt. Istizin ist 1.8-Dioxyanthrachinon, es wirkt als Abführmittel.

In ähnlicher Weise wie die natürliche Rheum- und Chrysarobin-Chrysophansäure, 1.8-Dioxy-3-methylanthrachinon läßt sich auch Frangula-Emodin, 1.6.8-Trioxy-3-methylanthrachinon synthetisch herstellen. Man läßt hierzu 3.5-Dinitrophthalsäureanhydrid in Gegenwart von Aluminiumchlorid auf m-Kresol einwirken, reduziert die entstandene 2-Oxy-4′-methyl-2-benzoyl-3.5-dinitrobenzosäure mit Eisenhydroxyd in ammoniakalischer Lösung zur 2-Oxy-4-methyl-2-benzol-3.5-diaminobenzoesäure, führt diese durch Erhitzen mit konz. Schwefelsäure auf 160—170° in das Oxy-3-methyl-6.8-diaminoanthrachinon über, tetrazotiert in üblicher Weise und verkocht die Tetrazoverbindung zum 1.6.8-Trioxy-3-methylanthrachinon[6]).

Ekkoprotica aus verschiedenen chemischen Gruppen.

Die Harzsäuren erzeugen in größeren Dosen Durchfall [Vieth[7])].

Isacen, Diacetyl-bis-oxyphenylisatin wirkt bei habitueller und atonischer Obstipation, während es bei der spastischen Form nicht von gleich guter Wirkung ist.

0.0-Diacidylderivate des Diphenolisatins und seiner im Phenol- oder Isatinrest substituierten Abkömmlinge erhält man durch milde Acylierung von Diphenolisatin oder dessen Substitutionsprodukten.

Dargestellt werden Diacetyldiphenolisatin, 0.0-Dibenzoyldiphenolisatin, 0.0-Di-

---

1) D.R.P. 117730. 2) Marshall, C. R.: Scot. med. a. surg. journ. 1902.
3) Akt.-Ges. Schering, Berlin, D.R.P. 151724. 4) Apoth.-Zeitg. Bd. 19, S. 598.
5) Ebstein: Dtsch. med. Wochenschr. 1904, S. 12. — Stauder: Therapie d. Gegenw., Juni 1904.
6) Eder, R., Zürich, D.R.P. 397316, Schw.P. 101767.
7) Verhandl. d. dtsch. Naturforscherv. 1905.

toluolsulfonyldiphenolisatin, Bisphenylacetyldiguajacolisatin, Dicinnamoyldiguajacolisatin, Dicarbäthoxyldiguajacolisatin, Dibenzoyldi-o-kresolchlorisatin, 0.0-Diacetyldi-o-kresolisatin. Die Substanzen sind wenig giftig und wirken purgierend[1]).

Der wirksame Bestandteil des eingetrockneten Saftes der Früchte von Echbalium elaterium ist α-Elaterin. Wenn man die Elaterinsäure oxydiert, erhält man ein Diketon $C_{24}H_{30}O_5$ und bei Zinkstaubdestillation 1.4-Dimethylnaphthalin[2]).

Ricinolsäure wirkt wie Ricinusöl abführend. Die durch Säuren aus ihr entstehende Pseudoricinolsäure ist unwirksam, ebenso ihr Ester, während die ohne Säure dargestellten Ricinolsäureester wirksam sind. Ricinolamid ist unwirksam, während die aus ihm dargestellte Ricinolsäure wirksam ist. Die abführende Wirkung des Ricinusöles kommt der Ricinolsäure bzw. solchen Verbindungen derselben zu, welche im Darme unter Bildung von Ricinolsäure zersetzt werden. So ist auch ricinolsaure Magnesia, welche den Darm unverändert durchwandert, unwirksam.

Der Allophansäureester des Ricinusöls ist ein geschmack- und geruchloses Pulver; man stellt ihn dar nach den üblichen Methoden, Alkohole in die Allophansäureester überzuführen[3]).

Zwecks Herstellung von Acidylderivaten des Ricinusöls werden die Hydroxylgruppen des Ricinusöls durch Einwirkung von zur Esterifizierung geeigneten Derivaten der aromatischen einbasischen Säuren, z. B. deren Chloriden oder Phenoläthern, verestert, statt das Öl durch Einwirkung von Harnstoffchlorid oder auf andere Weise in den Allophansäureester zu überführen. — Alle diese Acidylderivate des Ricinusöls haben die Eigenschaft, frei von dem unangenehmen Geschmack und Geruch dieses Öls zu sein und dessen häufig Ekel und Brechen erregende Wirkung nicht zu besitzen.

Es werden die Säureester einbasischer aromatischer Säuren von Ricinusöl dargestellt, z. B. Benzoylricinusöl, Anisylricinusöl und Ricinusölsalicylat. Letzteres wird durch Erhitzen von Ricinusöl mit Salol, die beiden ersteren Verbindungen mittels Säurechloriden dargestellt[4]).

Crotonöl wirkt stark abführend (Drasticum), reduziert man es, so verliert es völlig seine Wirkung, die also mit dem ungesättigten Charakter zusammenhängt.

Unter dem Namen Purgen (Laxin) wurde Phenolphthalein als Abführmittel mit anfänglich großem Erfolg in die Therapie eingeführt.

Phenolphthalein ist ein physiologisch recht indifferenter Körper. Selbst Dosen von 5 g machen bei interner Verabreichung bei Tieren keine Symptome. Bei Menschen wirken 1,5 g abführend, aber ohne Kolik. Es tritt starke Transsudation auf und reichliche wässerige Entleerungen folgen. Schon Dosen von 0.15 bis 0.20 g Phenolphthalein bewirken Abführen. Sonst sind keine Symptome zu beobachten [Vamossy[5])]. Phenolphthalein geht zu 85% in den Kot über, nur bei großen Dosen findet man es im Harn. Verfüttert man Phenolphthaleindiisodichinon, so erscheint nur selten Phthalein im Harn. Beim Hunde wird ein geringer Teil als gepaarte Glykuronsäure ausgeschieden[6]).

Schwachgefärbte Alkalisalze des Phenolphthaleins werden hergestellt indem man Phenolphthalein mit Alkalialkoholaten oder alkoholischen Laugen bei Gegenwart von Alkohol oder Benzol verbindet, die Verbindung auskrystallisieren läßt oder mit Äther fällt[7]).

Das Calciumsalz des Phenolphthaleins wird durch Behandlung von Phenolphthalein mit Calciumalkoholat gewonnen[8]).

Die schwachgefärbten Alkalisalze des Phenolphthaleins sind nach ihrer

---

[1]) Hoffmann-La Roche, Basel, D.R.P. 406210, Schw.P. 100806, Zusatz zu Schw.P. 104250, 104251, 104252, 104253.

[2]) Moore, Ch. W.: Journ. of the chem. soc. (London) Bd. 97, S. 1797. 1910.

[3]) Zimmer, D.R.P. 211197. [4]) D.R.P. 226111, Zusatz zu D.R.P. 211197.

[5]) Münch. med. Wochenschr. 1903, Nr. 26.

[6]) Fleig, C.: Journ. pharm. chim. [6] Bd. 29, S. 55.

[7]) Bayer, Elberfeld, D.R.P. 223968.

[8]) D.R.P. 223969, Zusatz zu D.R.P. 223968.

Darstellung aus Alkoholaten und da sie beim Erhitzen Alkohol verlieren, kaum als einfache Salze, sondern als Äthylderivate der Formel

OC_2H_5 — C — OK, OK, COOK

anzusehen[1]).

Trikaliumphenolphthalat

OH — C — OK, OK, COOK

wirkt subcutan bei Hunden abführend. Das dreibasische Salz des Phenolphthaleins reizt lokal und wirkt nicht sicher abführend[2]).

Phenolphthalein-Natrium steigert zunächst den Tonus des Darmes, oft krampfhaft, lähmt dann. o-Toluylsäure hat keine merkliche Wirkung. Phenollösung macht Tonussteigerung. 4.4'-Dioxydiphenylmethan lähmt den Darmmuskel stark. 4.4'-Dioxybenzophenon wirkt schwächer, aber ähnlich. 4'-Oxydiphenylmethan-2-carbonsäure steigert in neutraler Lösung den Tonus unter allmählicher Abnahme der Frequenz. Phenolphthalein in neutraler Lösung setzt die Amplitude sehr wenig herab. 4-Oxydiphenylphthalid wirkt als Natrium-Salz ähnlich wie Phenolphthalein. Benzamin gleichfalls; nach Lähmung steigt der Tonus wieder. Rosolsäure gleichfalls, aber schwächer. Phenolphthalon und Dimethylanilinphthalein wirken wie Phenolphthalein, Fluoresceinnatrium fast gar nicht. Die Wirksamkeit des Phenolphthaleins ist nicht auf die chinoide Form zurückzuführen. Wichtig ist die Diphenylmethangruppe, deren Wirkung durch Ersatz des Methylenwasserstoffes durch weitere Phenylreste noch gesteigert wird. Der Lactonring spielt keine große Rolle[3]).

J. J. Abel und L. Rowntree[4]) haben gezeigt, daß die Einführung von vier Chloratomen in das Phenolphthaleinmolekül die Absorption, Exkretion und laxative Wirkung des Phthaleins alteriert und eine milde anhaltende Wirkung erfolgt, wenn man es hypodermatisch gibt.

Phenolphthaleinoxim

$$\begin{array}{l} C_6H_4\cdot C{<}^{C_6H_4\cdot OH}_{C_6H_4\cdot OH} \\ \quad | \qquad | \\ HO\cdot N{=}C{-\!\!-}O \end{array}$$

hydrolysiert im Organismus in p-Aminophenol und p-Oxy-o-benzoylbenzoesäure, zeigt weder reizende noch laxative Wirkung, was durch den Mangel an chinoider Struktur zu erklären ist[5]).

Tetrabromphenoltetrachlorphthalein

$$\begin{array}{l} C{<}^{C_6H_2Br_2OH}_{C_6H_2Br_2OH} \\ C_6H_4 \qquad O \\ \quad CO \end{array}$$

wirkt nur milde abführend.

---

[1]) Journ. of the Americ. chem. soc. Bd. 33, S. 59, 1911.
[2]) Rowntree, L. G.: Journ. of pharmacol. a. exp. therapeut. Bd. 2, S. 469. 1911.
[3]) Ogata, A. u. T. Kondo: Journ. pharm. soc., Japan 1925, Nr. 518, S. 12.
[4]) Abel, J. J. u. L. G. Rowntree: Journ. of pharmacol. a. exp. therapeut. Bd. 1, S. 231. 1909.
[5]) Dresbach, M.: Journ. of pharmacol. a. exp. therapeut. Bd. 3, S. 161. 1912.

Phenoltetrachlorphthaleindiacetat und Tetrabromphenoltetrachlorphthaleindiacetat wirken nicht abführend.

Phenolsulfonphthalein[1])

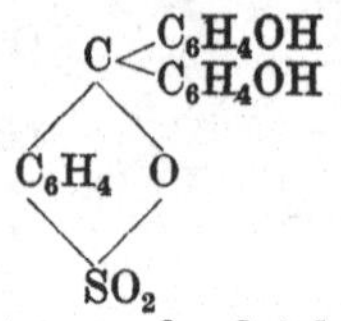

$C<\genfrac{}{}{0pt}{}{C_6H_4OH}{C_6H_4OH}$

C_6H_4 O

SO_2

ist wirkungslos, vielleicht wirkt es sehr leicht abführend.

Knoll & Co.[2]) stellen aus Phenolphthalein mildwirkende Abführmittel her, indem sie dieses nach bekannten Methoden mit verschiedenartigen Säuren in die Diester überführen. Dargestellt werden: Phenolphthaleindiisovalerianat, -dibutyrat, -disalicylat und -carbonat.

Im Handel ist dieses Präparat unter dem Namen Aperitol und besteht aus einer Mischung gleicher Teile von Isovaleryl- und Acetylphenolphthalein[3]).

Statt der Halogenide oder Ester der Fettsäuren kann man auch die freien Säuren in Gegenwart eines Kondensationsmittels auf Phenolphthalein einwirken lassen. Beschrieben ist die Darstellung des Phenolphthaleindizimtsäureesters[4]).

Kurt Ehrlich[5]) in Berlin stellt Carvacrolphthalein in der Weise her, daß er Phthalsäureanhydrid mit Carvacrol für sich oder unter Zusatz von Kondensationsmitteln auf 120° erhitzt. Dieses soll dem Phenolphthalein und dem Thymolphthalein gegenüber sich durch Reizlosigekit auszeichnen.

Jalapin ist nach J. Samelson ein Anhydrid der zweibasischen Jalapinsäure $C_{17}H_{30}O_9$. Es zerfällt beim Erwärmen mit verdünnten Säuren in Jalapinol und Zucker. Jalapinol ist ein Aldehyd, wahrscheinlich ein Tetrabutyraldehyd.

In der Jalapin-Elateringruppe sind die freien Säuren und deren Salze unwirksam, ihre Anhydride dagegen wirksam.

Convolvulin und Jalapin wirken hämolytisch wie Saponine und Agaricin. Subcutan und intravenös gegeben wirken sie nicht abführend und nicht hämolysierend. Die Abführwirkung fehlt, da sie den direkten Kontakt der Saponine mit der Darmschleimhaut erfordert[6]).

Podophyllotoxin $C_{15}H_{14}O_6$ ist der identische wirksame Bestandteil von Podophyllum emod. und Podophyllum pelt. Es ist eine neutrale, stark abführende, darmreizende Substanz. Wahrscheinlich ist Pikropodophyllin das Lacton der Podophyllsäure, welche die Oxycarbonsäure der Dimethoxymethylphenylhydro-γ-pyronsäure ist.

Podophyllsäure

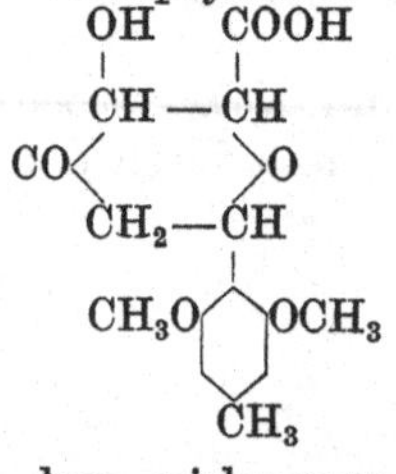

OH COOH

CH — CH

CO O

CH_2 — CH

CH_3O OCH_3

CH_3

Pikropodophyllin

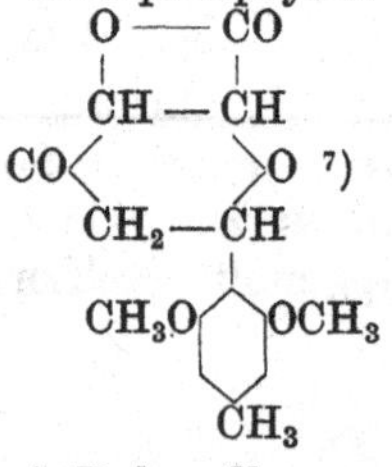

O — CO

CH — CH

CO O [7])

CH_2 — CH

CH_3O OCH_3

CH_3

Das aus dem wirksamen Podophyllotoxin bei Behandlung mit Alkalien entstehende isomere Pikropodophyllin wirkt sowohl subcutan injiziert irritierend, ist aber als Purgans ganz unsicher. Podophyllinsäure wirkt als Natriumsalz nicht purgierend[8]).

---

[1]) Americ. Chem. Journ. Bd. 6, S. 180; Bd. 20, S. 257. [2]) D.R.P. 212892.
[3]) Hammer u. Vieth: Med. Klinik 1908, S. 1410. — Pharm. Zeitg. Bd. 53, 582.
[4]) D.R.P. 216799, Zusatz zu D.R.P. 212892. [5]) D.R.P. 225893.
[6]) Heinrich, G.: Biochem. Zeitschr. Bd. 88, S. 13. 1918.
[7]) Dunstan u. Henry: Proc. of chem. soc. (London) 1897/1898, Nr. 189.
[8]) Makenzie u. Dixon: Edinburgh med. journ. 1898, Nov., S. 134.

Arecolin und ähnlich wirkende Verbindungen.

Hexahydroderivate der N-Methylpyridin-3-carbonsäureester (N-Methylnikotinsäureester) erhält man durch Reduktion mit Wasserstoff bei Gegenwart von Metallen der Platingruppe aus Alkylpyridiniumsalzen der Pyridin-3-carbonsäureester[1]).

Hydrierte N-Alkylpyridin-3-carbonsäureester erhält man durch Reduktion von Trigonellin, deren N-Alkylhomologen oder der Salze dieser Verbindungen mit Metallen in stark saurer Lösung bei Gegenwart von Metallen[2]). Beschrieben wird N-Methylhexahydropyridin-3-carbonsäuremethylester; ferner N-Äthylhexahydropyridin-3-carbonsäureäthylester. Die Halogenderivate, z. B. das Jodmethylat, sollen therapeutisch wertvoll sein.

Betaine der Pyridinreihe werden mit Alkoholen unter Zugabe von starken Säuren verestert. Dargestellt wurde das Chlorid des N-Methylpyridin-3-carbonsäuremethylesters[3]).

Betaine der Pyridinreihe erhält man durch Behandlung von Pyridincarbonsäure in alkalischer Lösung bei etwa 100° mit Methylchlorid. Durch Einpressen von Methylchlorid in Pyridin-3-carbonsäure in wässeriger Sodalösung bei ca. 100—120° im Rührautoklaven entsteht Pyridin-3-carbonsäuremethylbetain (Trigonellin). Pyridin-2.3-dicarbonsäure (Chinolinsäure) gibt ein Pyridin-2.3-dicarbonsäuremethylat[4]).

Hydrierte N-Alkylpyridin-3-carbonsäureester erhält man, wenn man die N-Halogenalkylate der Pyridin-3-carbonsäurealkylester mit Metallen und Halogenwasserstoffsäuren in Gegenwart eines nicht hydrolytisch spaltenden Lösungsmittels behandelt.

Pyridin-3-carbonsäuremethylester-N-chlormethylat in Methylalkohol gelöst gibt bei Reduktion mit Zinn und Salzsäure bei 100° N-Methylhexahydropyridin-3-carbonsäuremethylester[5]).

N-Halogenalkylate des Pyridin-3-carbonsäuremethylesters (Nicotinsäuremethylesters) erhält man, wenn man den Pyridin-3-carbonsäuremethylester mit Halogenalkylen behandelt, so z. B. wird Pyridin-3-carbonsäuremethylester mit methylalkoholischem Brommethyl unter Druck auf 100° erwärmt. Das N-Jodmethylat und N-Chlormethylat des Pyridin-3-carbonsäuremethylesters werden ebenfalls dargestellt. Sie wirken arecolinartig[6]).

Säurealkylate hydrierter N-Alkylpyridin-3-carbonsäureester erhält man durch Behandlung der nach D.R.P. 340874 und 340873 erhältlichen hydrierten N-Alkylpyridin-3-carbonsäureester mit Halogenalkylaten oder anderen Säurealkylaten. Die Substanzen wirken arecolinartig[7]).

An Stelle der Halogenalkylate der Pyridin-3-carbonsäurealkylester verwendet man andere quaternäre Ammoniumsalze dieser Aminosäureester. Beschrieben sind N-Methylhexahydropyridin-3-carbonsäuremethylester und N-Äthylhexahydropyridin-3-carbonsäureäthylester[8]).

Derivate basischer Oxyalkyläther werden dargestellt, indem man entweder auf aliphatische Alkamine oder ihre Halogenide Alkylenglykole oder Alkylenchlorhydrine oder Alkylenoxyde einwirken läßt und die so entstandenen Dialkylaminoalkyloxyalkyläther mit Alkylierungsmitteln behandelt, oder daß man die durch Anlagerung von alkylierenden Mitteln an die Alkamine erhältlichen quaternären Verbindungen in ihre Oxyalkyläther überführt oder die halogenierten Oxyalkyläther mit tertiären Aminen behandelt. — Durch die Substitution des H-Atoms der OH-Gruppe des Cholins oder seiner N- und C-Homologen durch einen Oxyalkylrest gelangt man zu verhältnismäßig wenig giftigen Verbindungen von ausgesprochener Arecolinwirkung. Beschrieben ist Dimethylaminoäthylglykol $(CH_3)_2N \cdot CH_2 \cdot O \cdot CH_2 \cdot CH_2 \cdot OH$, Oxyäthyläthertrimethylammoniumjodid, Oxyäthyläthertrimethylammoniumbromid, Oxyäthyläthertrimethylammoniumnitrat, Oxyäthyläther des Methyldiäthylammoniumjodid, Glyceryläther des Diäthylaminoäthylalkohols, Glyceryläther des Bismethyldiäthyloxyäthylammoniumjodid[9]). Die dem Arecolin ähnliche Wirkung aufweisenden Produkte werden als Laxativa in Form von Injektionen verwendet.

Man behandelt entweder die durch Einwirkung von Alkylenglykolen auf aliphatische Alkamine erhältlichen basischen Äther mit acylierenden und alsdann alkylierenden Mitteln oder Oxyalkyläthertrialkylammoniumhalogenide mit acylierenden Mitteln.

Beschrieben sind Acetyloxyäthyläthertrimethylammoniumbromid, Acetyloxyäthyläthertrimethylammoniumjodid. Die Verbindungen wirken wie Arecolin und sollen als Laxativa subcutan injiziert Verwendung finden[10]).

---

1) E. Merck, D.R.P. 336414. 2) E. Merck, D.R.P. 344028.
3) E. Merck, D.R.P. 344029. 4) E. Merck, D.R.P. 344030.
5) R. Wolffenstein, D.R.P. 340873. 6) R. Wolffenstein, D.R.P. 340874.
7) R. Wolffenstein, D.R.P. 346461 und D.R.P. 348379.
8) R. Wolffenstein, D.R.P. 346888, Zus. zu D.R.P. 340873.
9) Bayer, Leverkusen, D.R.P. 398010. A.P. 1518689. 10) A.P. 1580012.

Cotoin.

Cotoin, der wirksame Bestandteil der Cotorinde ist der Monomethyläther des 2.4.6-Trioxybenzophenons, $CH_3O \cdot C_6H_2(OH)_2 \cdot CO \cdot C_6H_5$ ein Derivat des Phloroglucins. Cotoin wirkt in der Weise gegen Diarrhöen, daß es eine eigentümliche Wirkung auf die Darmgefäße äußert. Diese werden erweitert und zur Resorption angeregt[1]). Nach Impens ist die von Albertoni beschriebene aktive Erweiterung der Darmgefäße nicht der tatsächliche Mechanismus der antidiarrhoischen Wirkung des Cotoins. Die spezifische Wirksamkeit dieses Körpers liegt vielmehr in der Herabsetzung des Tonus und der Verminderung der Pendelbewegungen der Darmmuskulatur, die er verursacht. Doch kommen dem Cotoin keinerlei adstringierende und keine besonderen antiseptischen Wirkungen zu. Subcutan wirkt es bei Kaninchen nicht toxisch. Es wirkt im Darme antifermentativ und geht in den Harn, nicht aber in die Milch über. Cotoin wird zur Hälfte an Schwefelsäure, zur Hälfte an Glykuronsäure gebunden im Harn ausgeschieden.

Vom Cotoin ausgehend, welches einen scharfen Geschmack hat, wurde, um diesen dem Präparate zu benehmen, ein Fortoin genanntes, Cotoinderivat durch Einwirkung von Formaldehyd auf Cotoin dargestellt[2]). Der Körper ist als Methylendicotoin $CH_2(C_{14}H_{11}O_4)_2$ anzusehen. Es fehlt ihm der scharfe Geschmack der Muttersubstanz und er soll auch angeblich eine kräftigere Wirkung besitzen, besonders soll die bactericide Kraft eine erhöhte sein[3]), durch die Kuppelung kommt es zu einer weiteren Wirkungssteigerung.

Man kann behufs Herstellung geschmackloser Cotoinderivate auch so verfahren, daß man in Methylendicotoin einen Cotoinrest durch den Rest eines ein- oder mehrwertigen Phenols ersetzt, wodurch zusammengesetzte Körper erhalten werden, welche als Methylencotoinphenole bezeichnet werden können.

Von solchen Derivaten des Cotoins wurden beispielsweise dargestellt: Methylencotoinresorcin, Methylencotoinhydrochinon, Methylencotoinguajacol, Methylencotointannin, Methylencotoin-β-naphthol.

Die Darstellung geschieht durch Lösen von Cotoin und Phenol in Eisessig, Zusatz von Formaldehydlösung und eines Gemisches von konz. Schwefelsäure und Eisessig. Man kühlt während der Reaktion und filtriert den Niederschlag ab. Die gebildeten Körper sind in Wasser unlöslich, in Alkalien löslich.

Der Zusammensetzung nach müssen diese Körper die antiseptischen Wirkungen der Phenole mit den darmtonisierenden des Cotoins vereinigen[4]).

Alizaringelb A ist Trioxybenzophenon und unterscheidet sich vom Cotoin durch das Fehlen der Methylgruppe. Alizaringelb wird wie Cotoin vollständig resorbiert und teils an Schwefelsäure, teils an Glykuronsäure gebunden im Harne ausgeschieden.

Paracotoin wird an Schwefelsäure und Glykuronsäure gebunden im Harne ausgeschieden[5]).

Paracotoin ist wahrscheinlich ein Phloroglucinderivat, das mit dem Phenylcumalin der echten Cotorinde verwandt ist.

Die Methylierung macht eine Abschwächung der Wirksamkeit gegenüber Diarrhöe. Die Verbindung, welche die Ketogruppe zwischen den beiden freien Hydroxylen in Orthostellung hat, hat die stärkste Wirkung, es ist Cotoin.

---

1) Diese Beobachtung Albertonis bestreitet Mohr (Privatmitteilung).
2) D.R.P. 104362.
3) Overlach: Zentralbl. f. inn. Med. 1900, Nr. 10. — Neter: Dtsch. med. Wochenschr. 1900, Nr. 48.
4) D.R.P. 104903.
5) Jodlbauer, A. u. S. Kurz: Biochem. Zeitschr. Bd. 74, S. 340. 1916.

Hydrocotoin ist 2.4-Dimethyltrioxybenzophenon

OH
$CH_3O\cdot$ ⟨ ⟩ $\cdot CO \cdot$ ⟨ ⟩
OCH_3

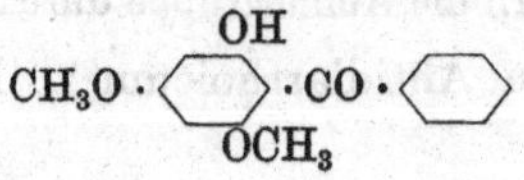

Methylhydrocotoin ist 2.4.6-Trimethyltrioxybenzophenon.

Protocotoin ist ein Hydrocotoin, das an Stelle der Benzoylgruppe eine Piperonylgruppe besitzt: $CH_2\cdot O\cdot$ ⟨ ⟩ $\cdot CO \cdot$ ⟨ ⟩ (OH; OCH_3; O—CH_2—O)

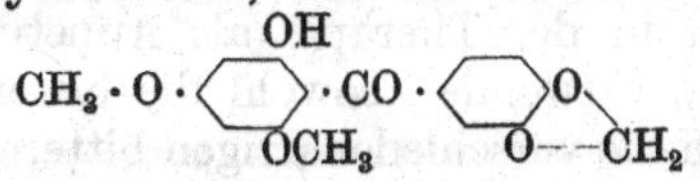

Methylprotocotoin $CH_3\cdot O$ ⟨ ⟩ $\cdot CO \cdot$ ⟨ ⟩ (OCH_3; OCH_3; O—CH_2—O)

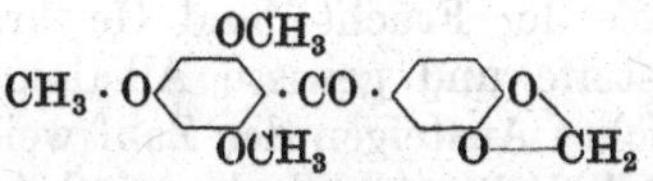

2.4.6.2'-Tetraoxybenzophenon wurde wegen seiner Verwandtschaft mit dem Cotoin als Antidiarrhoicum untersucht und brauchbar gefunden. Per os ist es auch in hohen Dosen ungiftig. Auf die glatte Muskulatur und auf das Herz wirkt es in sehr großen Dosen lähmend.

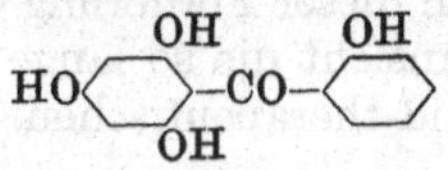

HO⟨ ⟩—CO—⟨ ⟩ (OH, OH; OH)

P. Karrer[1]) versuchte durch Umsatz von Phloroglucinmethyläther mit Benzonitril und Salzsäure Cotoin zu erhalten. Er erhielt jedoch das isomere Isocotoin

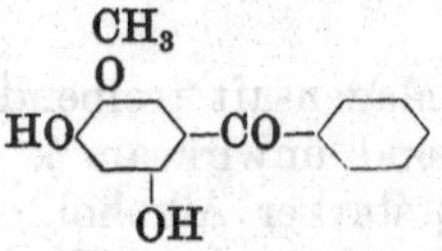

CH_3
O
HO⟨ ⟩—CO—⟨ ⟩
OH

Resaldol

OH
⟨ ⟩OH
CO
⟨ ⟩$\cdot COO\cdot C_2H_5$

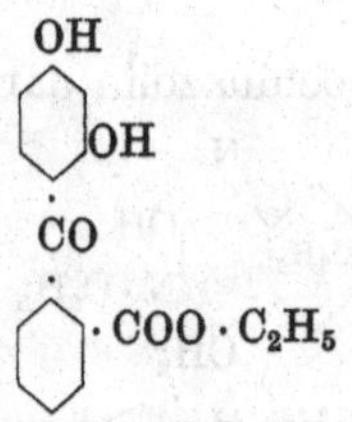

welches ähnlich wie Cotoin gebaut ist, hat eine dem Cotoin analoge Wirkung. Es ist geschmacklos und reizlos[2]).

Resaldol (Resorcinbenzoylcarbonsäureäthylester) wirkt auf den Dünndarm. Es entsteht eine starke Erschlaffung des Normaltonus[3]).

Man verestert 1.5- bzw. 1.6-Dioxynaphthoyl-o-benzoesäure nach den üblichen Methoden mit Alkoholen. Beschrieben sind 1.6-Dioxynaphthoyl-o-benzoesäureallylester, 1.6-Dioxynaphthoyl-o-benzoesäureäthylester, 1.5-Dioxynaphthoyl-o-benzoesäureäthylester. Die Verbindungen sind Antidiarrhoica, 1.6-Dioxynaphthoyl-o-benzosäureallylester ist ein Antihelminthicum[4]).

Durch Veresterung der o-Oxybenzoylbenzoesäure, wie der o-2.4-Dioxybenzoylbenzoesäure erhält man stopfende Verbindungen.

Beschrieben sind: 2.4-Dioxybenzoyl-o-benzoesäureäthylester, 3.5-Dibrom-2.4-dioxybenzoyl-o-benzoesäureäthylester, 2-Oxybenzoyl-o-benzoesäureäthylester, 2-Oxy-5-methylbenzoyl-o-benzoesäureäthylester, 3-Oxy-4-methylbenzoyl-o-benzoesäureäthylester, 2.4.6-Trioxybenzoyl-o-benzoesäureäthylester, 2.4-Dioxybenzoyl-o-benzoesäurepropylester[5]).

---

[1]) Helvetica chim. acta. Bd. 2, S. 786. 1919.
[2]) Impens: Dtsch. med. Wochenschr. Bd. 39, Nr. 38, S. 1829. 1913.
[3]) Henrichs, Richard: Pflügers Arch. f. d. ges. Physiol. Bd. 164, S. 303. 1916.
[4]) Ciba, Schw.P. 90806, 91106, 91107. [5]) Bayer, D.R.P. 269336.

Man kann zu den gleichen Verbindungen kommen, wenn man in den entsprechenden Aminobenzoyl-o-benzoesäureestern die Aminogruppe durch die Hydroxylgruppe ersetzt[1]).

m-Phenylendiamin ist ein Antidiarrhoicum[2]). Das Chlorhydrat desselben wurde Lentin benannt.

Magensafttreibende Mittel.

Gewöhnlich werden in der Therapie als Appetit erregende Mittel insbesonders die Bitterstoffe verwendet, sowohl die bitteren Alkaloide, wie Chinin und Strychnin, als auch die verschiedenartigen bitteren Glykoside aus Pflanzen.

Die intensiven Riechstoffe der Früchte und Gewürze (zumeist Ester und Terpene), sowie die Bitterstoffe und gewisse Alkaloide bewirken (J. Pohl) oft in kurzer Zeit ein deutliches Ansteigen der Zahl weißer Blutkörperchen im zirkulierenden Blut. Die Alkohole, Alkalisalze sind in dieser Richtung gar nicht, von den Metallverbindungen salpetersaures Wismut und Eisenoxyd nicht regelmäßig wirksam. Sie wirken verdauungsbefördernd und appetitmachend, sie sind imstande, disponibles Nährmaterial aus den Reservestoffbehältern in den Kreislauf zu bringen und in dieser Förderung des cellulären Nährstofftransports darf wohl nach Pohls Ansicht die so lange gesuchte Ursache der allenthalben geübten diätetischen und therapeutischen Verwendung dieser Stoffe gesucht werden[3]).

Da die wahre Natur des Secretins nicht bekannt ist, so hat man mit Histamin (β-Imidazolyläthylamin) Versuche gemacht. Dieses erwies sich bei intravenöser Einführung als wichtiges Mittel für die Sekretionsförderung des Magensaftes.

β-Alanin wirkt sehr stark Magensaft treibend, weniger Glykokoll und Cystein. Andere Aminosäuren sind unwirksam[4]).

Sehr stark safttreibend ist starker Alkohol.

Durch Zufall ist man auf synthetischem Wege zu einem Appetit reizenden Mittel gelangt.

C. Paal stellte Phenyldihydrochinazolin dar,

N
C_6H_4 CH
N · C_6H_5
CH_2

in der Hoffnung, einen stark antimykotischen Körper zu erhalten. Aber bei den Tierversuchen und bei Versuchen an Menschen zeigte die Substanz nur äußerst geringe Giftigkeit und bei innerer Einnahme bitteren Geschmack und ein auffallend frühzeitiges Hungergefühl. Andere von Penzoldt[5]) nach dieser Richtung hin untersuchte, dem Phenylhydrochinazolin, Orexin genannten, nahe verwandte Körper können keine solchen appetiterregenden Eigenschaften auslösen. Nach dieser Richtung wurden untersucht:

Diphenyldihydrochinazolin ist ohne jede Wirkung.

N · HCl
C_6H_4 C · C_6H_5
N · C_6H_5
CH_2

---

1) D.R.P. 279201, Zusatz zu D.R.P. 269336.

2) Unverricht: Münch. med. Wochenschr. 1904, S. 1225.

3) Arch. f. exp. Pathol. u. Pharmakol. Bd. 25, S. 51.

4) Joy, A. C. u. A. J. Javvis: Americ. journ. of physiol. Bd. 71, S. 591. 1925.

5) Therap. Monatsh. 1890, S. 59 u. 374.

Methylphenyldihydrochinazolin ist sehr giftig. Am Menschen wurden wegen der hohen Giftigkeit keine Versuche gemacht.

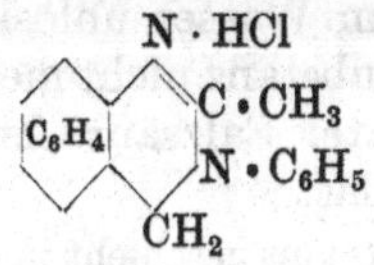

N · HCl
C_6H_4 C · CH_3
N · C_6H_5
CH_2

Anisyldihydrochinazolin ist erheblich giftiger als Orexin, macht aber keinen Appetit.

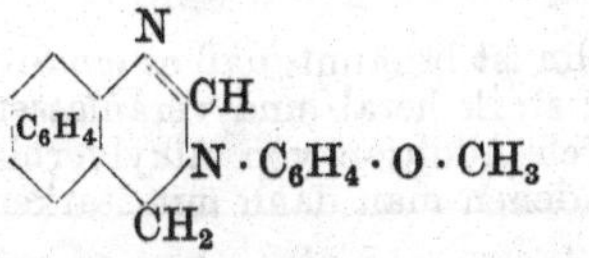

N
C_6H_4 CH
N · C_6H_4 · O · CH_3
CH_2

Weniger giftiger als dieses, aber giftiger als Orexin, ist Phenäthyldihydrochinazolin. Es zeigt sich eine Andeutung von Appetitvermehrung.

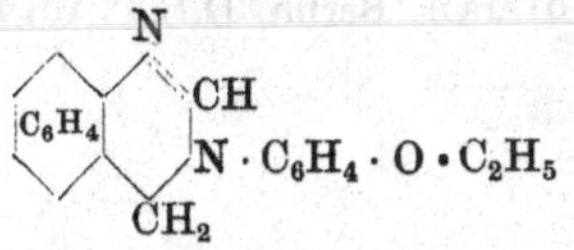

N
C_6H_4 CH
N · C_6H_4 · O · C_2H_5
CH_2

Salzsaures Tolyldihydrochinazolin ist ebenso giftig wie Orexin, aber ohne Appetitwirkung.

Bei der Einwirkung von Benzoylchlorid auf Phenyldihydrochinazolin (Orexin) in Gegenwart von Pyridin entsteht das Dibenzoylderivat des Phenyltetrahydrochinazolins, welches beim Verseifen mit Säure wieder Phenyldihydrochinazolin gibt[1]).

Weddige bezeichnet als Chinazolin einen Körper von der Formel

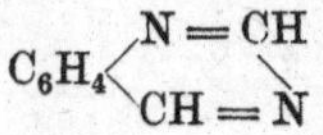

$$C_6H_4\left\langle\begin{matrix} N = CH \\ CH = N \end{matrix}\right.$$

Chinazolinderivate, welche sich von einem Dihydrochinazolin ableiten

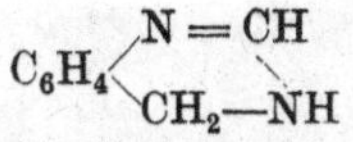

$$C_6H_4\left\langle\begin{matrix} N = CH \\ CH_2 - NH \end{matrix}\right.$$

entstehen durch Reduktion des o-Nitrobenzylformanilids, o-Nitrobenzylformotoluids usw. Es bildet sich intermediär die Aminoverbindung, die unter spontaner Wasserabspaltung das entsprechende Chinazolinderivat liefert.

Bei der Darstellung des Phenyldihydrochinazolins[2]) verfährt man in der Weise, daß man o-Nitrobenzylchlorid behufs Gewinnung des o-Nitrobenzylanilins mit Anilin eine Stunde lang auf 100° erhitzt. Mit verdünnter Essigsäure entfernt man das salzsaure Anilin und das überschüssige Anilin und erhitzt den Rückstand mit Ameisensäure, es bildet sich o-Nitrobenzylformanilid und nun reduziert man in üblicher Weise die Nitrogruppe zur Aminogruppe. Beim Eindampfen der wässerigen Lösung der salzsauren Base krystallisiert dann unter Wasserabspaltung salzsaures Phenyldihydrochinazolin heraus. Ebenso verfährt man bei der Darstellung der entsprechenden p-Tolyl-, p-Anisyl- und p-Phenetylderivate. Man kann auch zu denselben Körpern gelangen, wenn man die durch Reduktion von o-Nitrobenzylanilin usw. erhaltenen Aminoderivate mit Ameisensäure erhitzt.

Die Darstellung des Orexins gelingt auch vom o-Aminobenzylalkohol ausgehend, wenn man auf denselben Formanilid einwirken läßt. Es ist nicht notwendig, fertiges Formanilid zu verwenden, es genügt vielmehr, o-Aminobenzylalkohol mit Ameisensäure und Anilin oder mit ameisensauren Salzen und salzsaurem Anilin unter geeigneten Bedingungen zu kondensieren. Die Reaktion wird bei 100—130° unter Verwendung von Kaliumbisulfat, salzsaurem Anilin usw. als wasserentziehenden Mitteln ausgeführt[3]).

Wie salzsaures Orexin hat sich auch die freie Base, das Phenyldihydro-

---

1) Kalle & Co., Biebrich, D.R.P. 164426. 2) D.R.P. 57712.
3) D.R.P. 113163. — Penzoldt: Therap. Monatsh. 1893, S. 204.

chinazolin, als echtes Stomachicum in der Praxis gut bewährt, doch haftet dieser Substanz der Nachteil an, daß sie einen schlechten Geschmack besitzt. Gerbsaures Orexin hingegen ist ein im Wasser unlösliches Pulver, dem aus diesem Grunde der Nachteil der Muttersubstanz nicht mehr anhaftet[1]). Das so erhaltene gerbsaure Orexin ist in verdünnter Salzsäure leicht löslich, was die Wirkung dieses Präparates im Magen erklärt.

Die Darstellung des gerbsauren Orexins geschieht in der Weise, daß man eine wässerige Lösung von salzsaurem Orexin bei 40—50° mit einer wässerigen Gerbsäurelösung mischt und durch Zusatz von essigsaurem Natron in wässeriger Lösung das gerbsaure Orexin aus der Lösung fällt[2]).

Vom Phenyldihydrochinazolin ist bekannt, daß es ein Stomachicum ist. Die folgenden Derivate setzen den Blutdruck stark herab und veranlassen eine Erweiterung der Blutgefäße. Man stellt sie dar durch Addition von Alkylverbindungen an Chinazolin, z. B. Jodäthyl oder Jodmethyl, aus denen man dann mit starker Kalilauge die freie Oxybase gewinnen kann[3]).

---

[1]) Steiner, F.: Wien. med. Blätter 1897, Nr. 47, S. 768. [2]) A.P. 615307.
[3]) Gabriel S. u. James Colman, Berlin, D.R.P. 161401.

Siebentes Kapitel.

Antihelminthica.

Phloroglucin und seine Derivate sind für den Synthetiker aus dem Grunde interessant, weil es R. Böhm gelungen ist, den Nachweis zu führen, daß Filixsäure, einer der wirksamen Bestandteile des verbreitetsten Bandwurmmittels, des Extractum filicis maris, ein Phloroglucinderivat ist, da sich bei den Spaltungen der Filixsäure Phloroglucin, sowie homologe Phloroglucine neben Isobuttersäure

$$\begin{matrix} CH_3 \\ CH_3 \end{matrix}\!\!>CH \cdot COOH$$

nachweisen ließen. Insbesondere gelang es Böhm, durch Behandeln der Filixsäure mit Zinkstaub und Natronlauge die Filicinsäure $C_8H_{10}O_3$ zu erhalten, welche sich als im Kern alkyliertes bisekundäres Phloroglucinderivat erwies.

Interessant ist noch, daß die Filixsäure selbst wirksam ist, während ihr Anhydrid sich als unwirksam erweist.

Filicinsäure ist wirkungslos. Filixsäure tötet Frösche zu 2 mg, Aspidin in Dosen von 1 mg, Albaspidin kommt dem Aspidin sehr nahe. Filicinsäurebutanon ist etwa fünfmal schwächer wirksam als Filixsäure.

Phloroglucin ist unwirksam, Monomethylphloroglucin für Frösche giftig, Dimethylphloroglucin macht in relativ großen Dosen die Initialerscheinungen der Monomethylphloroglucinvergiftung[1]). Monomethylphloroglucin ist toxisch, Dimethylphloroglucin ist viel schwächer wirksam, Trimethylphloroglucin ganz unwirksam. Die Wirkung steht also im Zusammenhang mit dem Eintritte einer Methylgruppe in das Phloroglucin, jedoch mit der Besonderheit, daß sie mit dem Eintritt mehrerer Methylgruppen wieder vernichtet wird. Wenn bigeminierte Äthylgruppen für die Kernwasserstoffe eintreten, erhält man Substanzen, welche durchaus strychninartig wirken. Die methylierten Derivate zeigen zum Unterschiede von den äthylierten keine Wirkung. Die Phloroglucinderivate mit bigeminierten Äthylgruppen verhalten sich beim Säugetier und beim Kaltblüter verschieden. Beim Säugetiere reagieren die reinen Ketoderivate nicht, sondern es ist zum Zustandekommen der Wirkung noch die Gegenwart einer Hydroxylgruppe notwendig. Beim Frosche hingegen wirken die Ketoderivate auch bei Abwesenheit von Hydroxyl sehr gut strychninartig. Untersucht wurden Diäthylphloroglucin, Tetraäthylphloroglucin, Pentaäthylphloroglucin, Hexamethylphloroglucin, Hexaäthylphloroglucin. Die Substanzen zeigen keine narkotischen Effekte. Die bigeminierten Äthylgruppen können in bestimmten Ringbindungen strychninartige Krämpfe verursachen[2]).

Phloroglucin hat keine Desinfektionswirkung, hingegen Hexylphloroglucin,

$$CH_3 \cdot (CH_2)_4 \cdot CH_2 \cdot C_6H_2(OH)_3$$

(Ring mit OH oben, OH rechts, OH unten), ferner:

---

[1]) Straub, W.: Arch. f. exp. Pathol. u. Pharmakol. Bd. 48, S. 19. 1902.

[2]) Fränkel, S.: Arch. f. exp. Pathol. u. Pharmakol. 1908, Suppl. Schmiedeberg-Festschrift S. 181.

2.4.6-Trioxyphenylmethan $C_6H_5 \cdot CH_2 \cdot C_6H_2(OH)_3$ und 2.4.6-Trioxydiphenyläthan $C_6H_5 \cdot CH_2 \cdot CH_2 \cdot C_6H_2(OH)_3$[1]).

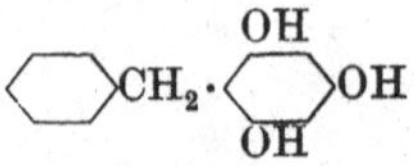

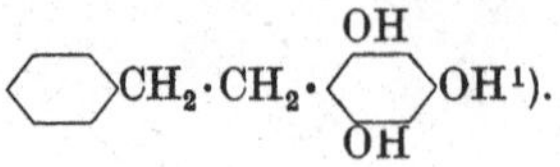

Die Wirksamkeit der Phloroglucinderivate bei Würmern beginnt erst mit dem Eintritte des Buttersäurerestes in das Filicinsäuremolekül, wodurch Filicinsäurebutanon

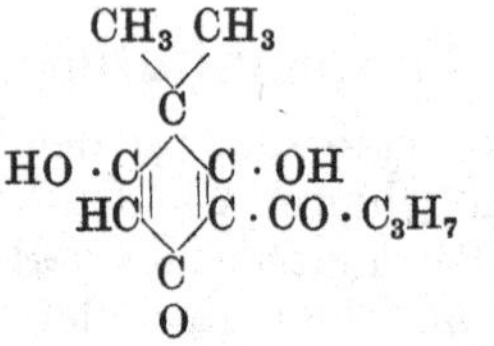

```
       CH3 CH3
         \/
          C
HO · C/     \C · OH
    HC\     /C · CO · C3H7
          C
          O
```

entsteht.

Der Eintritt von 1 oder 2 Molekülen Phloroglucin verstärkt die Wirkung der Verbindung, denn Albaspidin ist wirksamer als Filicinsäure, während Filixsäure als Kondensationsprodukt von drei methylierten Phloroglucinen noch wirksamer ist als Albaspidin.

Albaspidin, Filixsäure und Flavaspidsäure enthalten die Filicinsäurebutanongruppe in der durch das Brückenmethylen modifizierten Form bloß einmal, womit vielleicht, nach Walther Straub, ihre schwächere Wirkung dem Albaspidin gegenüber in Zusammenhang zu bringen ist.

Aspidinol

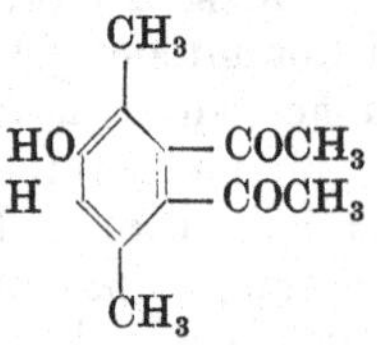

```
        CH3
         |
HO /      \ — COCH3
H  \      / — COCH3
         |
        CH3
```

unterscheidet sich von Filicinsäurebutanon bloß dadurch, daß die zwei Methylgruppen an getrennten C-Atomen — das eine als Methoxyl — stehen, dabei überragt es an Wirksamkeit Filicinsäurebutanon beträchtlich.

Die Filixsäure dürfte durch Muskellähmung auf Bandwürmer wirken. Die reine Filixsäure ist ein höchst unsicheres Bandwurmmittel. Im Organismus entsteht aus ihr Trimethylphloroglucin[2]).

Rotlerin aus der Kamala ist ebenfalls ein der Filixsäure verwandter Körper, welcher Trimethylphloroglucin abspaltet und ketonartig gebundene Buttersäurereste enthält (R. Böhm). Rotlerin gibt bei der Spaltung mit Natronlauge und Zinkstaub Trimethylphloroglucin und ferner Buttersäure. Es schließt sich chemisch eng an die Körper der Filixreihe an[3]).

Ascaridol aus dem amerikanischen Wurmsamen (Chenopodium ambrosioides L. var. antihelminthicum) gibt bei der Oxydation mit Permanganat Isobuttersäure[4]).

---

[1]) Klarmann, E. u. W. Figdor: Journ. of the Americ. chem. soc. Bd. 48, S. 803. 1926.

[2]) Straub, W.: Arch. f. exp. Pathol. u. Pharmakol. Bd. 48, S. 1. 1902. — S. d. Chemie dieser Verbindungen R. Böhm, Liebigs Ann. d. Chem. Bd. 301, S. 17/1; Bd. 307, S. 249; Bd. 318, S. 230.

[3]) Telle, H.: Arch. d. Pharmazie u. Ber. d. dtsch. pharmazeut. Ges. Bd. 244, S. 441.

[4]) Schimmel & Co., Geschäftsber. April 1908.

Die zur Filixsäuregruppe gehörigen Stoffe sind im wesentlichen nach dem Typus des Diphenyl- und Triphenylmethan konstituierte Derivate des Phloroglucins und seiner Homologen und zeichnen sich außerdem durch ketonartige gebundene Buttersäurereste aus.

Das im Tanacetum vulgare enthaltene Tanacetin ist ebenfalls ein wurmtreibendes Mittel. Beim Schmelzen mit Ätzkali erhält man aus diesem Brenzcatechin und Buttersäure. Tanacetin ist amorph, mit dem Charakter einer Säure. In den physiologischen Eigenschaften besteht Übereinstimmung zwischen der Filixsäure und dem Tanacetin. Filixsäure und Tanacetin sind beide Phenolderivate, die erstere von Phloroglucin, das letztere von Brenzcatechin sich ableitend. Als weiteres Spaltungsprodukt erhält man aus dem Filicin Isobuttersäure, aus dem Tanacetin Buttersäure.

Es ist eigentümlich, daß die meisten Bandwurmmittel Isobuttersäure oder Buttersäure abspalten, denn Kosotoxin $C_{25}H_{33}O_2$ wird durch Ätzbaryt in krystallinisches Kosin, Acrolein und Isobuttersäure zerlegt.

Polystichin aus Polystichum spinulosum gibt nach Analogie mit Filicin Polystichinsäure und Polystichinol $C_{21}H_{30}O_9$, ein Phenol und normale Buttersäure[1]).

Cineol (Eucalyptol) wurde als Antiascaridiacum versucht. Es wirkt auf Kaltblüter bei Injektion lähmend. Es tötet aber die Parasiten nicht. Für Warmblüter ist es wenig giftig[2]).

Auf die Konstitutionsermittlung, daß die meisten Bandwurmmittel nach den eben dargestellten Erfahrungen sich als Derivate des Phloroglucins bzw. Brenzkatechins und der Buttersäure bzw. Isobuttersäure erweisen, sich stützend, versuchte P. Karrer[3]) synthetische Verbindungen herzustellen von ähnlicher Konstitution und ähnlicher pharmakologischer Wirkung wie die Filixpräparate.

Durch Einwirkung von Buttersäure- und Isobuttersäurenitril auf Phloroglucin, Methylphloroglucin und Dimethylphloroglucin wurde Phlorbutyrophenon, Methylphlorbutyrophenon, 1.3-Dimethylphlorbutyrophenon, Phlorisobutyrophenon, Phlorbutyrophenonmethyläther, Isoaspidinol hergestellt. Behandelt man Phlorbutyrophenon, Methylphlorbutyrophenon und Phlorisobutyrophenon in alkalischer Lösung mit Formaldehyd, so findet Kondensation zu Diphenylmethan- und Triphenylmethanderivaten statt. Aus Methylphlorbutyrophenon entsteht Methylendi[methylphlorbutyrophenon], das ganz analog aufgebaut ist wie Albaspidin und Flavaspidinsäure.

Behandelt man in kochendem Äther gelöstes Phloroglucin oder dessen kernmethylierte Delivate mit Buttersäure-, bzw. Isobuttersäurenitril und trockener gasförmiger Salzsäure, so erhält man die entsprechenden Ketimidchlorhydrate, die nach dem Ansäuern und Kochen mit Wasser in Salmiak und die entsprechenden Trioxybutyro-, bzw. Trioxyisobutyrophenonderivate gespalten werden. Beschrieben sind Trioxybutyrophenon, Methyltrioxybutyrophenon, Dimethyltrioxybutyrophenon. Schon in verdünnten Lösungen sollen diese Verbindungen Mittel gegen Eingeweidewürmer sein[4]).

Während die Wirksamkeit der Filixkörper auf Würmer mit verstärkter Kondensation zunimmt, verhalten sich die synthetischen Phlorbutyrophene umgekehrt. Die einfachen Phlorbutyrophenone und Phlorisobutyrophenone wirken stärker als die Methylendiphlorbutyrophenone. Die Isobuttersäurederivate wirken stärker als die Buttersäurederivate[3]).

Als Bandwurmmittel werden noch beschrieben: Trioxybutyrophenon, Trioxyisobutyrophenon, Methyltrioxybutyrophenon, Dimethyltrioxybutyrophenon[5]).

Phenole wirken auf den Wurmmuskel erregend, sowohl die einwertigen als

---

[1]) Poulsson, E.: Arch. f. exp. Pathol. u. Pharmakol. Bd. 41, S. 24.

[2]) Brüning, H.: Zeitschr. f. exper. Pathol. u. Ther. Bd. 3, S. 564.

[3]) Karrer, P.: Helvetica chim. acta Bd. 2, S. 466. 1919.

[4]) Höchst, E.P. 157854/1921. [5]) Höchst, D.R.P. 364883.

auch die zweiwertigen, genau so wie Santonin und Lactone. Wenn man Phenoläther oder im Kern substituierte Phenole oder aromatische Alkohole verwendet, so ändert sich die Wirkung nicht. Die dreiwertigen Phenole wirken wie die Filixsäure, die Bewegungen werden träge. Wenn in das Phenolmolekül eine Acylgruppe eintritt, so steigt die Giftwirkung. In der homologen Reihe der Säureradikale zeigt sie einen weiteren Anstieg. Die Acetophenone wirken relativ schwach, während die Butyl-, Isobutyl- und Isocaprylverbindungen in sehr geringen Mengen wurmtötend wirken. Steigt man in der homologen Reihe noch weiter auf, so nimmt die Giftwirkung wieder ab. Die ein- und zweiwertigen Phenone zeigen die Wirkungsbilder der Lactone; die Phenone der dreiwertigen Phenole wirken ähnlich wie die Filixsäure. Die Derivate der Resorcin- und Phloroglucinreihe sind die wirksamsten, während die Phenone der Brenzcatechin- und Hydrochinonreihe schwächer wirken. Am schwächsten wirken die Phenone des Phenols. Schon die einfachen Ketone haben eine wurmtötende Wirkung. Sie wird aber erheblich verstärkt durch den Eintritt von Oxygruppen in den Kern; so ist das p-Oxyacetophenon etwa 20mal wirksamer als Acetophenon. Das Oxim wirkt fast gar nicht. Die Phenone nehmen an Giftwirkung ab, wenn man in den Kern der Phenole Substituenten einführt. Die Methyl- Isobutyl- oder Isoamylphenone, Amylbutyrophenone sind erheblich unwirksamer als die Derivate ohne Kernsubstituenten. Verwandelt man die Phenone in Äther oder Ester, so schwächt sich die wurmtötende Wirkung ab. Treten Oxygruppen in die Acylradikale ein, so sinkt die Wirkung. Oxyacetophenone sind schwächer wirksam als die entsprechenden Acetophenone.

Substituiert man die Methylenwasserstoffe in den Lactongruppen der einfachen Phthalide oder Mekonine durch Acylgruppen oder Phenolgruppen mit freien oder verätherten Oxygruppen, so wird die Lactonwirkung nicht verstärkt, sondern abgeschwächt. Durch Einführung von Acylresten in den Benzolkern der Phthalide oder Mekonine wird die Wirkung ebenfalls nicht erhöht; ebenso läßt sich durch Überführung des Cumarins in Di- oder Trioxycumarine die Giftwirkung auf den Wurm nicht erhöhen (L. Lautenschläger).

Man verestert ar-Tetrahydro-β-naphthol (2-Tetralol) mit Säuren. Beschrieben werden: Benzolsulfosäuretetrahydro-β-naphthylester, p-Toluolsulfosäuretetrahydro-β-naphthylester, Carbaminsäuretetrahydro-β-naphthylester, p-Aminobenzosäuretetrahydro-β-naphthylester, Salicylsäuretetrahydro-β-naphthylester. Die Verbindungen sind geschmacklose Antihelminthica[1]).

Halogenierte Anhydride der o-Hydrocumarsäure (Melilotsäure) erhält man, wenn man Halogencumarine oder Halogen-o-cumarsäuren mit Reduktionsmitteln behandelt und die so entstandenen Halogen-o-hydrocumarsäuren durch Erhitzen in die Anhydride überführt. Die Reduktion erfolgt ohne gleichzeitigen Ersatz der Halogenatome gegen Wasserstoff. Z. B. wird 3.5-Dichlorcumarin, durch Erhitzen von 3.5-Dichlorsalicylaldehyd mit Natriumacetat und Essigsäureanhydrid gewonnen in wässeriger Suspension mit Natriumamalgam zu 3.5-Dichlormelilotsäure reduziert, die bei 210° in das Anhydrid übergeht.

Die 3.5-Dichlormelilotsäure kann auch durch Reduktion von 3.5-Dichlorcumarsäure mit Natriumamalgam in schwach essigsaure Lösung erhalten werden.

Beschrieben ist ferner das Anhydrid der 5-Chlormelilotsäure. Diese Anhydride sind Mittel gegen Eingeweidewürmer[2]).

Rein aliphatische Lactone sind ohne wurmwidrige Wirkung. Bei Eintritt einer Arylgruppe (Phenylbutyrolacton, Phenylparakonsäurelacton) tritt eine schwache Erregung der Wurmmuskulatur ein, die aber weit unter der spezifischen Wirkung des Santonins zurückbleibt. Wirksamer sind cyclische Ketone, unter denen viele santoninähnlich wirken. Während Phthalsäure, ihr Anhydrid und dessen Kondensationsprodukte mit Phenolen keine wurmwidrige Wirkung haben, tritt eine solche beim Phthalid in gleicher Weise wie beim Santonin hervor,

---

[1]) Heyden, Radebeul. D.R.P. 414261.
[2]) Grenzach, D.R.P. 386619.

während die Giftwirkung für Warmblüter viel geringer ist, die krampferregende fehlt. Ebenso günstig wirken Derivate des Phthalids, in denen einerseits ein Wasserstoff der CH_2-Gruppe durch ein Radikal ersetzt ist, andererseits im Kern eine oder mehrere Methoxylgruppen enthalten sind oder beides der Fall ist, wie z. B. bei den Mekoninen $(CH_3O)_2C_6H_2\langle{}^{CH \cdot OCR}_{CO}\rangle O$. Dabei sind die Verbindungen mit substituierter CH_2-Gruppe, besonders bei Substitution durch niedere Alkyle, die wirksameren, während aromatische Radikale, sowohl Phenyl als Benzyl, die Wirkung schwächen; dies gilt auch für die der Filixsäure nahestehenden Substituenten Phloroglucin und Isobuttersäurephloroglucin. Wie die niederen aliphatischen Alkyle wirken auch die entsprechenden Säureradikale, wobei sich das Butyromekonin am wirksamsten zeigte. Eine besondere Steigerung der Wirkung durch Substituenten am Kern läßt sich nicht feststellen. Zwar hat die Einführung einer Aminomethansulfosäuregruppe den Vorteil, in den Natriumsalzen gut in Wasser lösliche Präparate zu liefern, doch wird hierbei die Wirkung auf die Würmer wie auf das Froschherz völlig aufgehoben. Ebenso hebt Ersatz der Radikale in den Alkylphthaliden oder Mekoninen durch Hydroxyl oder Brom die Wirkung auf. Der Ersatz des Anhydridsauerstoffs durch NH liefert in den Phthalimidinen Verbindungen, die für Warmblüter giftiger sind als die Lactone, am Wurmmuskelpräparat Erregung und Tonuszunahme ähnlich wie gewisse, die glatte Vertebratenmuskulatur stark beeinflussende Alkaloide bewirken. Campholid, seine Alkyl- und Acylderivate wirken schwächer als Santonin und die Phthalide; am wirksamsten sind in dieser Reihe die Äthyl-, Acetyl- und Butyrylderivate[1]).

Phlorisovalerophenon, Phlorönanthophenon, Phlorcaprylophenon und Phlorstearophenon, als Magnesiumsalze injiziert bringen in letalen Dosen die Würmer nicht zum Zerfließen. Dagegen verhalten sich Resbutyrophenon, Resisocapronophenon und namentlich Phlorisocapronophenon ähnlich der Filixsäure. Demnach kann der Phloroglucinkern der Filixpräparate durch den Resorcinkern ersetzt werden; ebenso lassen sich die als Träger der spezifisch antihelminthischen Wirkung angesehene Buttersäure- bzw. Isobuttersäurereste durch andere Säurereste vertreten. In der homologen Reihe der Phloroglucinfettsäureketone bedeutet Phlorisocapronophenon das Maximum der Wirksamkeit gegen Würmer. Die Ketone werden in der Weise dargestellt, daß man die trockene ätherische Lösung von Phloroglucin bzw. Resorcin, Fettsäurenitril und Zinkchlorid mit Salzsäuregas sättigte und das meist krystallisierende Ketimidchlorhydrat mit heißem Wasser verseift[2]).

Phlorisobutyrophenon: OH, HO, OH; $-CO \cdot CH(CH_3)_2$

Phlorisovalerophenon: OH, HO, OH; $-CO \cdot CH_2 \cdot CH(CH_3)_2$

Phlorisocapronophenon: OH, HO, OH; $-CO \cdot CH_2 \cdot CH_2 \cdot CH(CH_3)_2$

Phlorönanthophenon: OH, HO, OH; $-CO \cdot (CH_2)_5 \cdot CH_3$

Phlorcaprylophenon: OH, HO, OH; $-CO \cdot (CH_2)_6 \cdot CH_3$

Phlorstearophenon: OH, HO, OH; $-CO(CH_2)_{16} \cdot CH_3$

[1]) Lautenschläger, M. Ludwig: Ber. d. dtsch. pharm. Ges. Bd. 31, S. 279. 1921.
[2]) Karrer, P. und S. Rosenfeld: Helvetica chim. acta. Bd. 4, S. 707. 1921.

Resbutyrophenon

$$\text{(HO)(OH)}C_6H_3\text{—CO}\cdot CH_2\cdot CH_2\cdot CH_3$$

Resisocaprophenon

$$\text{(HO)(OH)}C_6H_3\text{—CO}\cdot CH_2\cdot CH_2\cdot CH(CH_3)_2$$

Resoenanthophenon

$$\text{(HO)(OH)}C_6H_3\text{—CO}(CH_2)_5\cdot CH_3$$

Rescaprylophenon

$$\text{(HO)(OH)}C_6H_3\text{—CO}(CH_2)_6\cdot CH_3$$

Methylphlorisocapronophenon

$$CH_3\text{(HO)(OH)(OH)}C_6H\text{—CO}\cdot CH_2\cdot CH_2\cdot CH(CH_3)_2$$

Methylphloroenanthophenon

$$CH_3\text{(HO)(OH)(OH)}C_6H\text{—CO}(CH_2)_5\cdot CH_3$$

Methylphlorcaprylophenon

$$CH_3\text{(HO)(OH)(OH)}C_6H\text{—CO}\cdot(CH_2)_5\cdot CH_3$$

Die Antihelminthica, die beim Menschen sehr wirksam sind, wirken auf die Darmparasiten des Hundes nicht. p-Dichlorbenzol ist für Regenwürmer sehr giftig, ebenso wirksam ist p-Dibrombenzol. Sie werden sehr schlecht resorbiert[1]).

Carvacrol wirkt gegen Ascariden[2]). Benzylalkohol tötet bei einer Konzentration von 0,5% Regenwürmer sehr schnell ab. Benzaldehyd ist weniger wirksam und noch weniger Benzylacetat. Widerstandsfähiger als Regenwürmer sind die Ascariden von Schweinen. Bei Bandwürmern der Menschen zeigte die Substanz eine schwache Wirkung[3]).

Wurmabtreibende Mittel erhält man durch Darstellung von Carbaminsäureestern, deren am Stickstoff alkylierten Derivaten und von Kohlensäureestern, wenn man kern-monoalkylierte Phenole, mit Ausnahme der Kresole, oder ihre Derivate in üblicher Weise in die Carbonate oder Carbamate überführt.

Beschrieben sind: Di-p-butylphenylcarbamat, p-Isoamylphenylcarbamat, p-Benzylphenylcarbamat, p-Isopropylphenylcarbamat, p-Butyl-phenyl-N-dimethyl-α-carbamat, o-Allylphenylcarbamat[4]).

o-Benzylphenol wirkt antihelmintisch. Um es flüssig zu erhalten, mischt man es mit p-Benzylphenol[5]).

Butolan ist p-Benzylphenylcarbaminsäureester, d. i. der Ester des p-Oxydiphenylmethan. Es ist ein sicher und unschädlich wirkendes pulverförmiges Mittel gegen Oxyuriasis[6]).

Santonin ist ein Bitterstoff und ein Mittel gegen Spulwürmer. Nach Verfütterung an Hunde tritt im Harn α-Oxysantonin $C_{15}H_{18}O_4$ auf. Nach Verfütterung an Kaninchen tritt β-Oxysantonin $C_{15}H_{18}O_4$[7]) im Harne auf. Es ist für Menschen ziemlich giftig. Es macht Xanthopsie, Halluzinationen, zentral verursachte Krämpfe[8]).

Santonin wirkt zentral krampferregend, ebenso Santoninsäure. Auf die peripheren Organe wirkt nur Santonin. Santoninäthylester macht Krämpfe zentral von der Medulla oblongata aus. Der Methylester hat dieselbe Wirkung in ein wenig höheren Dosen. Santonsäure-Äthylester ist schwach wirksam. Noch

---

1) Sollmann, Torald, Journ. of pharmacol. a. exp. therapeut. Bd. 14, S. 243. 1919.

2) Sollmann, Torald: Journ. of pharmacol. a. exp. therapeut. Bd. 14, S. 251. 1919.

3) Macht, David J.: Journ. of pharmacol. a. exp. therapeut. Bd. 14, S. 323. 1919.

4) Bayer, D.R.P. 296889.

5) A.P. 1587077; D.R.P. 431202, Zusatz zu D.R.P. 389151.

6) Koslowsky, S.: Dtsch. med. Wochenschr. Bd. 46, S. 401. 1920. — Kretschmer Therap. Halbmonatsschr. Bd. 34, S. 700. 1920.

7) Jaffé, M.: Hoppe-Seylers Zeitschr. f. physiol. Chem. Bd. 22, S. 538. 1896/97.

8) S. auch Monaco, Lo: Atti d. R. Acad. dei Linc. Rendic. [5] Bd. 5, I, S. 366, 410.

schwächer wirksam ist santonsaures Natrium. Regenwurmmuskulatur wird durch die drei Ester qualitativ wie quantitativ genau wie durch die entsprechenden Lactone (Santonin) beeinflußt. Santoninsaures oder santonsaures Natrium sind unwirksam. Die Wirkung von Substanzen der Santoningruppe sind nicht allein durch den Lactoncharakter bedingt. Die Veresterung kann diese ersetzen. Säurecharakter hebt die Wirkung auf[1]).

Die Konstitution des Santonin ist

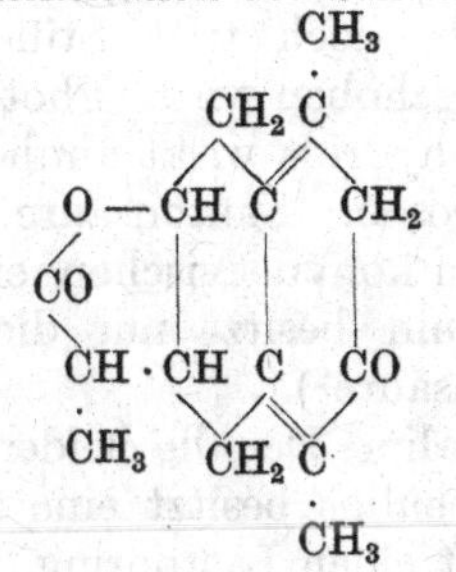

```
            CH3
             .
      CH2   C
O — CH   C     CH2
CO
CH · CH   C     CO
 .
CH3   CH2   C
             .
            CH3
```

Desmotroposantonin

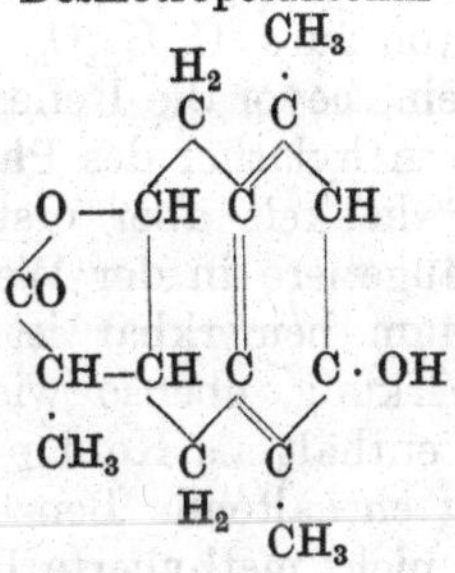

```
         H2   CH3
          .    .
          C    C
O — CH   C     CH
CO
CH—CH   C     C · OH
 .
CH3      C     C
         H2    CH3
```

Santonsäure

```
                  CH3
             H2    .
             C  H  C
        HC     C      CH2
HOOC · CH · C     C      CO
             .
        CH3   C      C
              H2     .
                    CH3
```

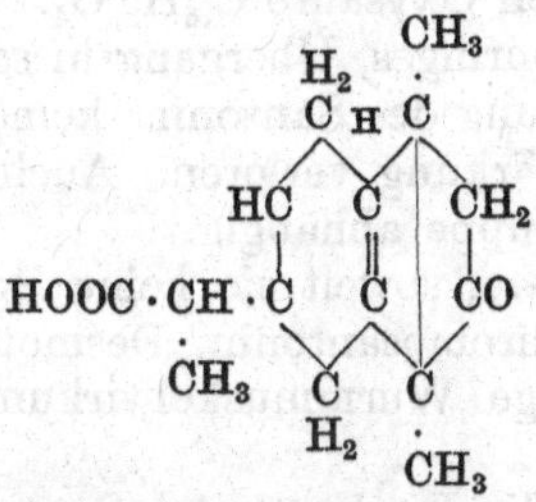

Die santonige Säure[2]) ist ein ziemlich starkes, vorwiegend narkotisches Gift. Durch vorsichtige Reduktion des Santoninoxim entsteht das sehr toxische Santoninamin.

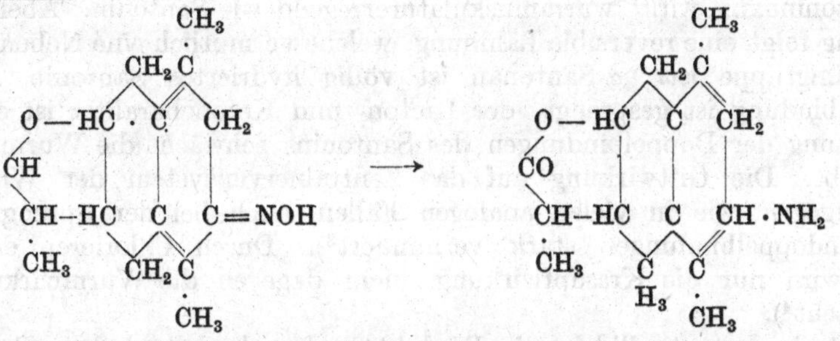

```
          CH3                                    CH3
     CH2 C                                  CH2 C
O — HC · C     CH2                     O — HC    C     CH2
CH                              ⟶      CO
CH—HC    C     C = NOH                 CH—HC     C     CH · NH2
 .                                      .
CH3   CH2 C                            CH3       C     C
          .                                      H2    .
          CH3                                         CH3
```

Das Chlorhydrat der d-aminodesmotroposantonigen Säure[3])

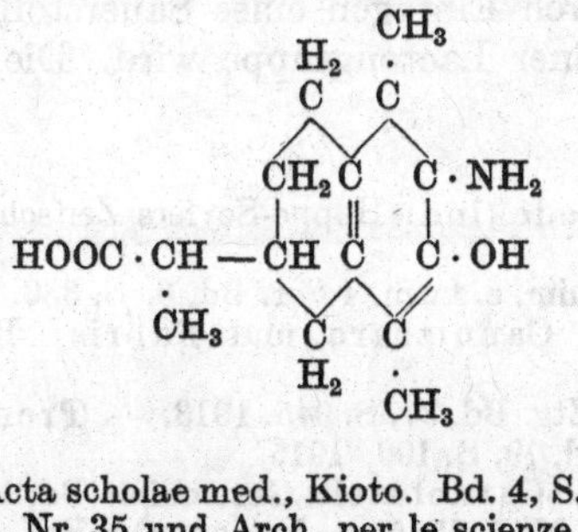

```
                      CH3
                H2     .
                C      C
           CH2 C      C · NH2
HOOC · CH — CH   C      C · OH
       .
       CH3      C      C
                H2     .
                      CH3
```

---

[1]) Oshika, Hiroshi: Acta scholae med., Kioto. Bd. 4, S. 421. 1922.

[2]) Lo sperimentale 1887, Nr. 35 und Arch. per le scienze med. Bd. 11, S. 255. 1887.

[3]) Wedekind: Hoppe-Seylers Zeitschr. f. physiol. Chem. Bd. 43, S. 240. 1904/05, untersucht von R. Kobert.

ist bei Fröschen und Säugetieren vollkommen ungiftig und wirkt auf das Blut methämoglobinbildend ein.

Santonin, Desmotroposantonin, Santonsäure und salzsaure d-aminodesmotroposantonige Säure sind ohne irgendeine Wirkung auf marine Würmer. Kaninchen vertragen 0,2 g ohne irgendwelche Erscheinung. Ascariden werden nur von Santonin, aber von keinem seiner Derivate getötet. Die geringste Änderung am Moleküle des Santonin vernichtet seine Wirkung[1]).

Photosantonsäure $C_{15}H_{22}O_5$ wirkt hypnotisch, doch tritt Stillstand der Respiration ein, bevor die Reflexerregbarkeit aufgehoben wird. Photosantonin $C_{17}H_{24}O_4$, der Äthyläther des Photosantonsäureanhydrids wirkt ähnlich, wegen der Schwerlöslichkeit aber erst in größeren Dosen. Santonsäure $C_{15}H_{20}O_4$ wirkt auf Säugetiere in der Weise, daß vor dem konvulsivischen ein narkotisches Stadium bemerkbar ist. Isophotosantonin besitzt nur die krampferregende Wirkung, ebenso wie Isophotosantonsäure[2]).

Santonin enthält als Kern p-Dimethylnaphthalin. Der die beiden Methyle in p-Stellung enthaltende Benzolkern des Naphthalins besitzt eine Carbonylgruppe. Der nicht methylierte Benzolkern enthält einen Lactonring. Santonin ist das Lacton einer instabilen Oxysäure $C_{15}H_{20}O_4$.

Die Sprengung des Lactonringes, Übergang in santoninsaures Natrium hat auf die zentral-nervöse Wirkung des Santonins keinen Einfluß. Hingegen geht die wurmmuskelerregende Wirkung verloren. Auch die Herzwirkung ist vom Vorhandensein der Lactongruppe abhängig.

Auch alle Santoninderivate, soweit sie keine Sprengung des Lactonringes durchgemacht haben, wie Chromosantonin, Desmotroposantonin, Tetrahydrosantonin äußern eine kräftige Wurmmuskelwirkung. Chromosantonin wirkt wie Santonin.

Desmotroposantonin ist die Enolform des Santonins (Ketoform). Es wird durch die Überführung der Ketongruppe in die Enolform die erregende Wirkung auf das Zentralnervensystem der Vertebraten stark abgeschwächt.

Santoninoxim wirkt wurmmuskulaturerregend wie Santonin. Aber auf die Erregung folgt eine reversible Lähmung, welche vermutlich eine Nebenwirkung der Oximgruppe ist. α-Santonan ist völlig hydriertes Santonin, nur die Äthylenbindung ist gesprengt, der Lacton- und Ketoncharakter ist erhalten. Die Lösung der Doppelbindungen des Santonins schwächt die Wurmwirkung nicht ab. Die Giftwirkung auf das Zentralnervensystem der Wirbeltiere wird dagegen, wie in vielen analogen Fällen, auch bei der Sprengung der Santonindoppelbindungen stark vermindert[3]). Durch Chlorieren des Santonins wird nur die Krampfwirkung, nicht dagegen die Wurmwirkung abgeschwächt[4]).

α-Tetrahydrosantonilid ist ein Produkt, in dem der ketonhaltige Benzolring des Naphthalinkernes durch Einfügen eines Sauerstoffatoms gesprengt wurde, so daß dieser Ring zu einer Lactongruppe wird. Die Verbindung erhält zwei Lactongruppen[5]).

---

[1]) W. Straub, s. bei Wedekind: Hoppe-Seylers Zeitschr. f. physiol. Chem. Bd. 43, S. 245. 1904/05.

[2]) Coppolla: Ann. di chim. e. farm. 4 Ser. Bd. 6, S. 330. — Die Konstitution dieser Santoninderivate behandeln Cannizzaro und Fabris: Ber. d. dtsch. chem. Ges. Bd. 19, S. 2260. 1886.

[3]) Sieburg, E.: Chem. Ztg. Bd. 37, S. 945. 1913. — Trendelenburg, Paul: Arch. f. exp. Path. u. Pharmakol. Bd. 79, S. 190. 1915.

[4]) Canizzaro, S. und G. Carnelutti: Gaz. chim. Bd. 12, S. 393. 1882. — Ber. d. dtsch. chem. Ges. Bd. 18, S. 2746. 1885. — Hesse, O.: Ber. d. dtsch. chem. Ges. Bd. 6, S. 1280. 1873.

[5]) Wedekind: Ber. d. dtsch. chem. Ges. Bd. 47, S. 2483. 1914.

```
          CH3
           |
           CH     CH2
         /    \  /    \
      CH2      |       CH — O
       |       |       |      \
       O       |       |       CO
       |       |       |      /
      CH2      |       CH — CH
         \    /  \    /      |
           CH     CH2        CH3
           |
           CH3
```

Die Lactone ohne Naphthalinkern haben eine typische, wenn auch abgeschwächte Santoninwirkung[1]).

α- und ebenso β-santonansaures Natrium[2]) zeigen weder Krampf- noch wurmwidrige Wirkungen. Nur Santonin wirkt in diesem Sinne, jede Änderung im Bau des Moleküls hebt die Wirkung auf[3]).

---

[1]) Trendelenburg, Paul: Arch. f. exp. Pathol. u. Pharmakol. Bd. 79, S. 190. 1915.
[2]) Liebigs Ann. d. Chem. Bd. 397, S. 219.
[3]) Sieburg, E.: Chem. Ztg. Bd. 37, S. 945. 1913.

Achtes Kapitel.

Campher und Terpene.

Die aliphatischen Kohlenwasserstoffe der ätherischen Öle sind indifferent, die aromatischen nicht indifferent, aber nur wenig giftig. Die aromatischen Aldehyde sind schwach oder gar nicht giftig. Verschiedene ätherische Öle machen gleichzeitig Vermehrung der weißen Blutkörperchen. Nur das Pfefferminzöl macht eine sehr bemerkenswerte Ausnahme.

Fenchon	Campher
H C H_2C $CH_3 \cdot C \cdot CH_3$ H C $\cdot CH_3$ H_2C CO C H	H C H_2C $CH_3 \cdot C \cdot CH_3$ CH_2 H_2C CO C CH_3

Fenchon wirkt wie Campher, die gegenteiligen Angaben von H. Hildebrandt[1]) sind unrichtig. Die krampferregende Wirkung des Fenchons ist bedeutend schwächer als die des Camphers, mehr von der Narkose verdeckt. Das Auftreten der eigenartigen Krampfwirkung bei Säugetieren bei Fenchon und Campher ist nur auf die eigentümliche molekulare Konfiguration beider Substanzen, d. h. auf die in den Ring eingefügte Propylidengruppe, welche zur Bildung eines Doppelringes führt, zu beziehen[2]).

Pulegon[3]) macht zentrale Paralyse, bei Fröschen erzeugt es, wie Campher, Curarewirkung, starke Verlangsamung der Herzaktion durch zentrale Vagusreizung, Atmungsstörungen und Fettdegenerationen der Gewebe. Pulegon enthält statt der Gruppe CH · OH des Menthols eine doppelte Bindung und eine CO-Gruppe. Der entsprechende Alkohol Pulegol und Pulegolamin sind nicht wirksamer als Pulegon selbst.

Sabinol $C_{10}H_{15} \cdot OH$ macht in 5 ccm Dosen Betäubungszustände, Gefäßblutungen, Stauungsniere, wirkt aber nicht abortiv[4]). Es erscheint als gepaarte Glykuronsäure im Harn, außerdem entsteht Cuminsäure.

α-Tanacetogendicarbonsäure ist wenig different und passiert den Organismus unverändert.

Thujon (Tanaceton) ist dem Sabinol isomer, zeigt aber Ketonstruktur, macht heftige Krämpfe, frequente Atmung, Herzlähmung. Das Spaltungsprodukt der im Harne auftretenden Glykuronsäureverbindung geht von neuem Paarung im Organismus ein, zeigt aber nicht mehr die toxische Wirkung des

[1]) Hildebrandt, H.: Arch. f. exp. Pathol. u. Pharmakol. Bd. 48, S. 449. 1902.

[2]) Jacobj, C., Hayashi, Szubinski: Arch. f. exp. Pathol. u. Pharmakol. Bd. 50, S. 199. 1903.

[3]) Arch. f. exp. Pathol. u. Pharmakol. Bd. 42, S. 356.

[4]) Fromm, E.: Ber. d. dtsch. chem. Ges. Bd. 21, S. 2035. 1888; Bd. 32, S. 1191. 1899.

ursprünglichen Thujons. Thujonoxydglykuronsäure tritt im Harne auf. Es erfolgt also eine Hydroxylierung des Thujonmoleküls, wie sie in gleicher Weise bei Campher und Terpenen zu beobachten ist. Am Frosche ruft die gepaarte Verbindung in gleicher Weise, wie Thujon selbst, zentrale Lähmung hervor, neben gleichzeitiger Schädigung der peripheren Nerven[1]).

Jonon $C_{13}H_{20}O$ ist ungiftig[2]).

Δ_1-Menthenon-3 wirkt weit stärker antiseptisch als amerikanisches Pfefferminzöl und ist für Amphibien ein Inhalationsanaestheticum.

Citral

$$\begin{matrix}CH_3\\CH_3\end{matrix}\!\!>C:CH\cdot CH_2\cdot CH_2\cdot \underset{\displaystyle CH_3}{C}:CH\cdot CHO$$

gibt beim Passieren des Organismus eine Säure $C_{10}H_{14}O_4$ durch Oxydation der Aldehydgruppe und einer Methylgruppe zu Carboxylgruppen.

Citral ist ein Gemisch zweier Stereoisomerer, von denen eines nur die Glykuronsäureverbindung, das andere nur die zweibasische Säure liefert. Die zweibasische Säure ist physiologisch indifferent. Die Glykuronsäureverbindung wirkt bei Kaltblütern fast wie Citral selbst[1]).

Geraniol

$$\begin{matrix}CH_3\\CH_3\end{matrix}\!\!>C:CH\cdot CH_2\cdot CH_2\cdot \underset{\displaystyle CH_3}{C}:CH\cdot CH_2\cdot OH$$

ist der Alkohol des Geranials (Citrals), es gibt beim Passieren des Organismus dasselbe Produkt wie Citral. Die Oxydation des Geraniols im Tierkörper dürfte in gleicher Weise vor sich gehen, wie die der Alkohole. Zuerst wird die $-CH_2\cdot OH$-Gruppe zu Aldehyd, dieser schließlich zur Carboxylgruppe oxydiert.

Linalool

$$\begin{matrix}CH_3\\CH_3\end{matrix}\!\!>C:CH\cdot CH_2\cdot CH_2\cdot \underset{\displaystyle CH_3}{CH(OH)}\cdot CH:CH_2$$

paart sich im Organismus mit Glykuronsäure.

Rhodinol, Coriandol, Nerolol, die dem Geraniol isomeren optisch aktiven Alkohole haben in Dosen von 3—5 ccm keine akuten Wirkungen, wohl aber verursachen sie bei fortgesetzter Darreichung schwere Störungen des Allgemeinbefindens, Magenblutungen und Abmagerung.

Den Verbindungen der Camphergruppe kommen trotz ihrer verschiedenen chemischen Zusammensetzungen in physiologischer Hinsicht ganz ähnliche Wirkungen zu.

Campher, Menthol und Thymol lähmen den Herzmuskel. Die Coronargefäße werden erweitert[3]).

Laureolcampher

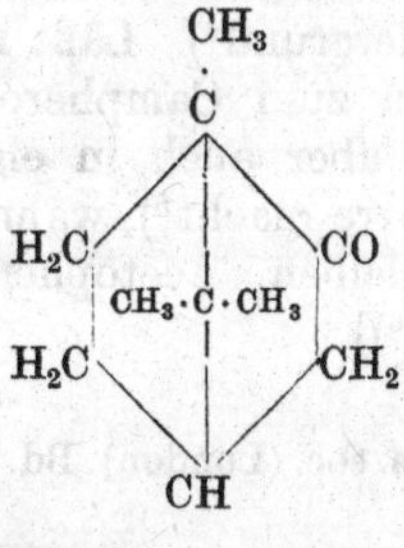

CH_3 — C; H_2C, CO; $CH_3\cdot C\cdot CH_3$; H_2C, CH_2; CH

Borneol

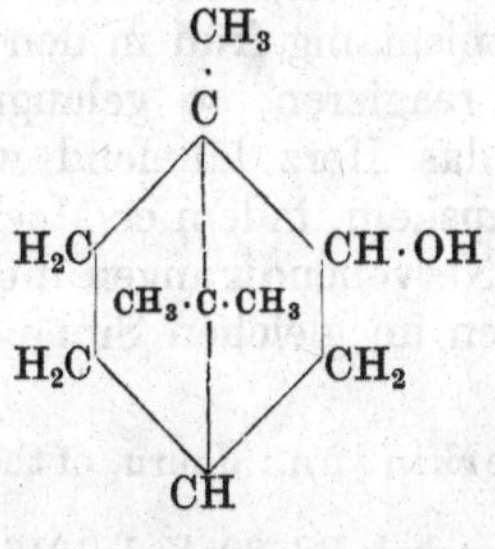

CH_3 — C; H_2C, $CH\cdot OH$; $CH_3\cdot C\cdot CH_3$; H_2C, CH_2; CH

und Menthol

CH_3 — CH; H_2C, CH_2; H_2C, $CH\cdot OH$; CH — C_3H_7

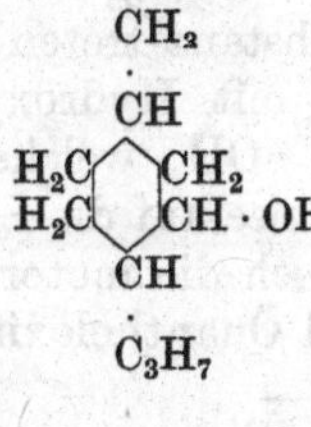

1) Hildebrandt, H.: Arch. f. exp. Pathol. u. Pharmakol. Bd. 45, S. 110. 1901.

2) Mering, J. v., bei F. Tiemann: Ber. d. dtsch. chem. Ges. Bd. 26, S. 2708. 1893.

3) Heathcote, R. St. A.: Journ. of pharmacol. a. exp. therapeut. Bd. 21 S. 177. 1923.

wirken alle drei stark exzitierend und antiseptisch. In der ersten Hälfte des vorigen Jahrhunderts war Campher in der Medizin geradezu als Allheilmittel angesehen, während die Bedeutung dieses Körpers gegenwärtig trotz mancher vorzüglicher Eigenschaften sehr zurückgegangen ist. Alle drei Verbindungen stehen in ihrer Wirkung den Verbindungen der Alkoholgruppe sehr nahe. Am nächsten steht ihnen Menthol, aber mit der Verringerung der Zahl der Wasserstoffatome erhält man eine erhöhte Tendenz zur Produktion von Krämpfen cerebraler Natur. Borneol wirkt lokal weniger reizend als Campher und wird auch in großen Dosen vertragen. Japancampher ist als Keton aufzufassen, Borneol und Menthol haben je ein alkoholisches Hydroxyl.

l-Epicampher (l-β-Campher) wirkt viel schwächer und weniger andauernd als Campher[1]), aber er zeigt eine richtige Campherwirkung.

Bei intraperitonealer Injektion von Lösungen der drei Campherisomeren an Katzen konnte G. Joachimoglu einen wesentlichen Unterschied in ihrer Giftigkeit nicht feststellen[2]). Synthetischer Campher wirkt wie natürlicher. Ebenso konnten P. Leyeen und R. van den Velden am Froschherzen Verschiedenheiten in der Wirkungsstärke zwischen d- und l-Campher nicht finden. Mit wirklich optisch-inaktivem Campher konnte eine Froschherzwirkung nicht erzielt werden.

Allen drei Stereoisomeren des Camphers kommt am Darm die gleiche lähmende Wirkung zu. Aminocampher wirkt wie l-Campher, jedoch weniger stark. Dihydrocamphenpyrazin und Dicamphanpiperazin lähmen stärker als Campher. Bromnitrocampher, Campherchinon und Methyldicamphorylcarbinol sind stark wirksam, Oxymethylencampher hat schon in sehr geringer Konzentration eine im Gegensatz zu den anderen Campherderivaten nicht reversible lähmende Wirkung. Camphorylcarbamid zeigt stets eine tonussteigernde Wirkung ohne Veränderung der Pendelbewegung. Camphoryl-ψ-carbamid und Camphoryl-ψ-semicarbazid sind wirkungslos. Dicamphorylcarbamid bewirkt Lähmung[3]).

Der Eintritt einer Aminogruppe in den Campher bewirkt keine Änderung in der Qualität der Campherwirkung, hingegen ist die Wirkung des Aminocamphers wesentlich schwächer als die des Camphers selbst. Beim Bornylamin aber

```
H2C——CH——CH2
 |    |     |
 | CH3·C·CH3 |
 |    |     |
H2C——C———CH·NH2
      ·
     CH3
```

in dem der Sauerstoff des Borneols ausgetreten, finden wir eine wesentlich stärkere Wirkung als beim Campher, und die herzlähmenden Wirkungen dieser Substanz treten verhältnismäßig früh in den Vordergrund[4]). Läßt man Campher mit Hydroxylamin reagieren, so gelangt man zum Campheroxim $C_{10}H_{16}:N\cdot OH$, welches auf das Herz lähmend wirkt, aber auch in eigenartiger Weise auf die Skelettmuskeln, indem es Muskelstarre macht[5]), während beim Frosch die motorischen Nervenendigungen intakt bleiben. Acetophenonoxim und Önantholoxim wirken im gleichen Sinne [Fry[6])].

---

[1]) Bredt, Julius u. W. H. Perkin jun.: Journ. of the chem. soc. (London). Bd. 103, S. 2182 (1913.

[2]) Arch. f. exp. Pathol. u. Pharmakol. Bd. 80, S. 1. 1916.

[3]) Dohrn, Max: Arch. f. exp. Pathol. u. Pharmakol. Bd. 97, S. 38. 1923.

[4]) Lewin, L.: Arch. f. exp. Pathol. u. Pharmakol. Bd. 27, S. 235.

[5]) Zehner: Diss. Marburg. 1892. [6]) Fry: Brit. med. journ. 1897, S. 1713.

Camphenamin

$$
\begin{array}{l}
H_2C\text{———}CH\text{———}C\cdot NH_2\\
\quad|\qquad CH_3\cdot C\cdot CH_3\qquad \|\\
H_2C\text{———}C\text{———}CH\\
\qquad\qquad CH_3
\end{array}
$$

dargestellt durch Wasserabspaltung aus Aminoborneol[1]), besitzt ähnliche, aber schwächere toxische Eigenschaften als Vinylamin. Papillarnekrose der Niere konnte nicht nachgewiesen werden. Es steht dem Vinylamin näher, als das fast vollkommen ungiftige Trimethylenimin. Camphenamin besitzt eine doppelte Bindung.

α-Cyancampher wird katalytisch reduziert und das entstandene Methylencampher-α-camphermethylamin mit Salzsäure in Oxymethylencampher und Camphomethylaminchlorhydrat gespalten. Letzterer wird therapeutisch verwendet[2]).

Dicamphanazin macht bei Fröschen Paralyse, Verluste der Reflexe und Atemstillstand, bei Meerschweinchen Schlafanfälle, später konvulsivische Zuckungen, endlich Tod, bei Hunden starken Speichelfluß und epileptische Anfälle. Dicamphenhexanazin wirkt wie Dicamphanazin, nur müssen doppelte Dosen verwendet werden. Camphenamin wirkt weniger lähmend als die vorerwähnten beiden Verbindungen (Lo Monaco und Oddo).

In der Camphergruppe hat bis nun keines der dargestellten Derivate den Campher selbst in seinen Wirkungen übertroffen und keines von den Derivaten hat die Anforderung, die man in der Praxis an ein Campherderivat stellen würde, daß es wasserlöslich sei, erfüllt. Während Oxycampher, welcher wasserlöslich ist, statt erregend zu wirken, die Tätigkeit des Respirationszentrums herabsetzt, zeigen die Aminoderivate sowohl des Camphers als auch des Borneols für die Therapie unverwertbare Wirkungen, denn Campher macht eine nicht unbedeutende Erhöhung des Blutdruckes, indem er direkt auf den Herzmuskel einwirkt und so eine gewisse Analogie mit der Digitalis zeigt. Außerdem akzeleriert er die Atembewegung. Hingegen wirken sowohl Bornylamin als auch Aminocampher curareartig und auf das Herz verlangsamend. Aminocampher läßt den Blutdruck unverändert, während Bornylamin denselben bedeutend erhöht, auch die Atemfrequenz wird durch Bornylamin bedeutend gesteigert.

Thujon, Monobromcampher, Campher, Campherol (Menthol), Bornylamin, Aminocampher erregen direkt den Herzmuskel, während Oxycampher, Borneol bei Muscarinstillstand des Herzens unwirksam sind.

Dialkylaminoalkylcampher erhält man durch Einwirkung von Halogenalkyldialkylaminen auf Natriumcampher oder Brommagnesiumcampher.

Beschrieben ist Diäthylaminoäthylcampher

$$
C_8H_{14}\left\langle\begin{array}{l} CH\cdot CH_2\cdot CH_2\cdot N(C_2H_5)_2\\ |\\ CO\end{array}\right.
$$

und Dimethylaminoäthylcampher. Die in Wasser löslichen Salze der Dialkylaminoalkylcampher besitzen die typische Campherwirkung auf das Herz in bedeutend verstärktem Maße[3]).

Die große Verbreitung, welche die Körper der Camphergruppe früher und noch jetzt finden, hat zur Darstellung zahlreicher Derivate in dieser Gruppe geführt. Über die Kohlensäurederivate des Menthols findet man das Nähere im Kapitel Guajacol (s. d.). Vom Borneol oder Menthol ausgehend, erhält man durch Behandlung mit Formaldehyd und Schwefelsäure farblose feste Körper, Diborneolformal und Dimentholformal, welche beide nach der Formel $CH_2(OR)_2$

[1]) Liebigs Ann. d. Chem. Bd. 313, S. 72.
[2]) Rupe u. Hodel: Helvetica chim. acta Bd. 7, S. 1023. 1925 — Schw.P. 114815.
[3]) Höchst, D.R.P. 376348.

zusammengesetzt sind. Die Absicht, welche Verley dazu geführt hat, diese Präparate darzustellen, war wohl, Derivate zu erhalten, denen die lokal irritierenden Wirkungen beider Körper, insbesondere für den internen Gebrauch fehlen.

Menthylamin erzeugt Erregungs- und Krampfzustände.

Bornylendiamin[1]) (Camphandiamin) wird erhalten durch Reduktion des Oxims des Amino-, Isonitroso- oder Isonitrocamphers mit Natriumalkoholat oder Elektrolyse. Bornylendiamin soll völlig ungiftig und stark antipyretisch wirksam sein.

Urethane der Camphergruppe werden durch Einwirkung von Chlorameisensäureestern auf Aminocampher erhalten. Diese Produkte von der allgemeinen

$$C_8H_{14}\left<\begin{matrix} CH \cdot NH \cdot COOR \\ | \\ CO \end{matrix}\right.$$

Formel, wobei R ein Alkyl, sind ihrer Giftigkeit wegen und beim Fehlen einer nennenswerten Herzwirkung therapeutisch nicht verwertbar. Sie machen Verlangsamung der Atmung und Schlaf, der durch heftige Krämpfe unterbrochen ist[2]).

Diäthylglykokollmenthylester ist ein Nierengift, Camphorylglykokollmenthylesterchlorhydrat ein starkes Blutgift, Diäthylglykokollbornylester ungiftig. Diese Substanzen verlangsamen Atmung und Herzschlag und steigern den Blutdruck nur schwach und vorübergehend. Camphorylglykokollbornylesterchlorhydrat ist unwirksam[3]).

Cadechol ist eine Verbindung des Camphers mit Desoxycholsäure, die sich bei Insuffizienzerscheinungen des Herzens und der peripheren Gefäße gut bewährt. Es soll als Campherersatz Anwendung finden[4]).

Camphochol ist ein Additionsprodukt von Campher und Apocholsäure (Dioxycholensäure). Es ist wasserunlöslich, leicht löslich in schwachen Alkalien[5]).

Sehr zahlreich sind die Versuche, aus dem sehr beliebten Menthol wirksame Derivate für äußere und innere Anwendung zu gewinnen. Der Hauptsache nach handelt es sich um die Darstellung von Estern und Äthern des Menthols.

Formaldehyd und Menthol geben mit Salzsäure Chlormethylmenthyläther[6])

$$\begin{matrix} CH_3\ CH_3 \\ \diagdown\ \diagup \\ CH \\ \cdot \\ CH \\ H_2C\langle\ \rangle \cdot CH \cdot O \cdot CH_2Cl \\ H_2C\ \ \ CH_2 \\ CH \\ \cdot \\ CH_3 \end{matrix}$$

Außerdem bildet sich Dimenthylmethylal $C_{10}H_{19} \cdot O \cdot CH_2 \cdot O \cdot C_{10}H_{19}$, welches den Organismus anscheinend unverändert passiert (R. Kobert).

Coryfin ist der Äthylglykolsäureester des Menthols $C_{10}H_{19}O \cdot CO \cdot CH_2$

[1]) Duden, Jena (Höchst), D.R.P. 161306.

[2]) Fierz-David, H. E. u. W. Müller: Journ. of the chem. soc. (London). Bd. 125, S. 26. 1924.

[3]) Einhorn und Zahn: Arch. d. Pharmazie u. Ber. d. dtsch. pharmazeut. Ges. Bd. 240, S. 644.

[4]) Boehm, G.: Münch. med. Wochenschr. Bd. 67, S. 833. 1920. — Nonnenbruch: Münch. med. Wochenschr. Bd. 67, S. 833. 1920.

[5]) Dtsch. med. Wochenschr. Bd. 47, S. 1524. 1921.

[6]) Wedekind: Ber. d. dtsch. chem. Ges. Bd. 34, S. 813. 1901. — D.R.P. 119008.

$\cdot O \cdot C_2H_5$, es soll ein gutes Schnupfenmittel sein. Der Geschmack ist nicht angenehm.

Alkylmilchsäureester, insbesondere Menthylester, entstehen wenn man dem Reaktionsgemisch aus Milchsäureester, Alkylhaloid und Silberoxyd wasserbindende Mittel zusetzt[1]).

Glykokollmenthylester soll ein Anaestheticum sein und viel weniger giftig als Diäthylaminoessigsäurementhylester wirken.

Die Darstellung geschieht, indem man Glykokoll oder dessen Derivate mit Menthol verestert oder indem man Ammoniak auf Halogenessigsäurementhylester einwirken läßt[2]).

Die Darstellung der Alkyloxyacetylverbindungen des Menthols geschieht durch Einwirkung der Mentholkohlensäurehalogenide auf die Alkyloxyessigsäure oder deren Salze. Die Reaktion liefert namentlich in Gegenwart tertiärer Basen unter Entwicklung von Kohlensäure die Alkyloxyacetylverbindungen des Menthols[3]).

Man kann aus Santalol[4]), Menthol und Borneol Alkyloxyacetylverbindungen darstellen, die geruch- und geschmacklos sind und leicht spaltbar und auch äußerlich verwendet werden können, während die in D.R.P. 85490 beschriebenen festen Alkyloxyacetylverbindungen sich viel schwerer, bei äußerlicher Verwendung überhaupt nicht spalten. Die hydroaromatischen Alkohole werden in Benzol-Pyridin gelöst und mit Äthoxyessigsäurechlorid geschüttelt, dann schüttelt man die Benzollösung mit verdünnter Salzsäure, um das Pyridin zu entfernen. Beschrieben sind die Darstellungen von Äthylglykolylborneol, Methoxyäthylmenthol. S. auch bei Santalderivaten D.R.P. 241421.

Salimenthol ist der Salicylsäureester des Menthols.

Salicylsäurementhylester erhält man, wenn man ein Gemisch von Menthol mit Salicylsäure unter Hindurchleiten eines Gasstromes (Kohlensäure, Wasserstoff) auf eine dem Schmelzpunkt des Gemisches übersteigende, jedoch unter 220° liegende Temperatur erhitzt[5]).

Während Mentholsalicylat und Borneolsalicylat flüssig sind, ist der Salicylsäureester des Fenchylalkohols ein fester Körper; man erhält ihn durch Einwirkung von Salicylsäure oder Salicylsäureestern auf Fenchylalkohol[6]).

Die bromhaltigen Ester des Borneols und Isoborneols riechen stark und sind ölig. Man kann zu krystallisierenden, geruch- und geschmacklosen Verbindungen gelangen, welche leicht Brom und Borneol abspalten, wenn man Bromhydro- bzw. Bromzimtsäuren oder ihre Derivate oder Homologe mit Borneol oder Isoborneol verestert oder in die halogenfreien Ester Brom oder Bromwasserstoff einführt, oder wenn man Bromhydro- oder Bromzimtsäuren auf Campher einwirken läßt.

Beschrieben sind Dibromdihydrozimtsäureborneolester, Bromzimtsäureborneolester, Dibromdihydrozimtsäureisoborneolester, o-Chlorphenyldibrompropionsäureborneolester, Dibromdihydro-p-methylzimtsäureborneolester[7]).

An Stelle von Borneol wird Fenchylalkohol verwendet; das neue Produkt Dibromdihydrozimtsäurefenchylester spaltet leicht Brom und Fenchylalkohol ab[8]).

Borsäureborneolester ist im trockenen Zustand sehr beständig, verseift sich leicht mit Flüssigkeiten. Man erhält ihn durch Erhitzen von Borneol mit Borsäure, Borsäureanhydrid oder einem gemischten Anhydrid von Borsäure und einer organischen Säure. Man erhitzt z. B. Borsäure, Borneol und Xylol, bis kein Wasser mehr entweicht, dann destilliert man das Xylol ab und kocht mit Methylalkohol aus, in dem der Ester unlöslich ist. Er hat die Zusammensetzung $Bo(C_{10}H_{17})_3$. Alkohole zersetzen den Ester[9]).

Auf Halogenameisensäurementhylester läßt man mindestens molekulare Mengen Diäthyläthylendiamin $NH_2 \cdot CH_2 \cdot CH_2 \cdot N(C_2H_5)_2$ einwirken. Beschrieben ist Diäthylaminoäthylcarbaminsäurementhylester[10]).

Estoral ist der Mentholester der Borsäure.

Wenn man Brom enthaltende Dialkyl- oder Alkylarylessigsäuren der Formel

$$\begin{matrix} R \\ R_1 \end{matrix}\!\!>\!\underset{\displaystyle Br}{\underset{|}{C}} \cdot COOH$$

auf Terpenalalkohole einwirken läßt, so erhält man schlafmachende Verbindungen.

---

1) Neuburger, D.R.P. 266120. 2) R. Meyer, D.R.P. 261288.
3) Al. Einhorn, München, D.R.P. 225821. 4) D.R.P. 191547.
5) Bibus & Scheuble in Wien, D.R.P. 171453.
6) Wolf Kereszty, Budapest, D.R.P. 253756. 7) D.R.P. 252158.
8) D.R.P. 254666, Zusatz zu D.R.P. 252158.
9) Zimmer & Co., Frankfurt, D.R.P. 188703. 10) Ciba, Basel, Schw.P. 99625.

So kann man Bornyl-, Isobornyl-, Fenchyl- und Menthylester erhalten. Beschrieben sind Bromdiäthylacetylbornylester, Bromdiäthylacetylmenthylester, Bromdipropylacetylmenthylester, Bromdiäthylacetyleucalyptolester[1]).

Der Ester des Menthol mit Isovaleriansäure wurde Validol genannt. Er ist von ganz schwach bitterem Geschmack, und die stimulierende Kraft des Menthols soll in dieser Esterbindung gesteigert sein. Der Körper riecht sehr schwach.

Gynoval ist der Isovaleriansäureester des Isoborneols.

Den Mentholester der α-Bromisovaleriansäure erhält man durch Einwirkung von α-Monobromisovaleriansäurechlorid auf Menthol. Die Esterbindung erfolgt schon in der Kälte[2]).

Geruchlose oder wenig riechende Ester der Baldriansäure und des Menthols, Borneols oder Isoborneols erhält man durch Vereinigung dieser Körper zu Isovalerylglykolsäureestern. Man erhitzt z. B. Chloressigsäurebornylester und baldriansaures Natrium[3]).

Eubornyl ist der Bromisovaleriansäureester des Borneols.

Bayer, Elberfeld[4]), stellen gemischte Carbonate von Alkoholen der hydroaromatischen Reihe her, die geruch- und geschmacklos sind. Man läßt die Chlorcarbonate der Alkohole der hydroaromatischen Reihe bzw. des Thymols auf Salicylsäureester oder die Chlorcarbonate von Salicylsäureestern auf die Alkohole der hydroaromatischen Reihe einwirken. Man kann auch auf die einfachen Carbonate Alkohole der hydroaromatischen Reihe resp. Salicylsäureester einwirken lassen oder man behandelt ein Gemisch beider mit Phosgen. So werden dargestellt: Mentholsalolcarbonat, Mentholsalicylsäureacetolestercarbonat, Mentholsalicylsäuremethylestercarbonat, Mentholsalicylsäuremethoxymethylestercarbonat, Thymolsalolcarbonat, Santalolacetolcarbonat, Borneolsalicylsäureguajacolestercarbonat.

Geruchlose oder wenig riechende Ester aus Isovaleriansäure und therapeutisch wirksamen Alkoholen, wie Menthol, Borneol und Isoborneol, erhält man, wenn man die Baldriansäure mit Chloressigestern der genannten Alkohole zu Isovalerylglykolsäureestern vereinigt. Durch Einwirkung von Chloressigsäurebornylester und isovaleriansaurem Natrium, z. B. erhält man den Isovalerylglykolsäurebornylester[5]).

Man kann auch ähnliche Verbindungen, welche schwach oder gar nicht riechen, aus Phenolen herstellen, z. B. den Isovalerylglykolsäurethymolester[6]).

Nach den Untersuchungen von E. Wedekind[7]) sind analeptische Wirkungen von ringförmigen Monoketonen zu erwarten, wenn eine i-Propylgruppe vorhanden ist, diese mit der Ketogruppe in m-Stellung steht und das Ringsystem 6gliedrig ist. Die Wirkung bleibt unbeeinflußt von der Gegenwart von Methylgruppen, sowie der Gegenwart einer C-Doppelbindung. m-i-Propylcyclohexenon und sein hydriertes Derivat m-i-Propylcyclohexanon zeigen ausgesprochene analeptische Wirkung. Die o- und p-Verbindungen zeigen keine Campherwirkung, wohl aber Tetrahydrocarvon. Ersatz der i-Propylgruppe durch den Propylrest beseitigt die Wirkung. 3-Methyl-5-i-propyl-Δ-2,3-cyclohexanon (Hexeton) zeigt starke analeptische Wirkung. Das einen Fünfring enthaltende Camphoron ist wirkungslos, ebenso das hydrierte Produkt. Ein starker Umschlag in der pharmakologischen Wirkung ist beim Di-norcamphocyclohexandion zu beobachten.

Das von Bredt dargestellte p-Diketocamphan hat eine stärkere Krampfwirkung als gewöhnlicher Campher. p-Diketocamphan

CH

OC CH_2

$H_3C-C-CH_3$

H_2C CO

C

CH_3

1) Kalle: D.R.P. 273850. 2) Lüdy & Co., Burgsdorf, D.R.P. 208789. 3) Riedel, D.R.P. 252157. 4) D.R.P. 206055. 5) D.R.P. 294877. 6) D.R.P. 252157. 7) Zeitschr. f. angew. Chem. Bd. 38, S. 315. 1925.

hat deutliche Wirkung auf das Atemzentrum, und zwar macht es eine Vertiefung der Atemzüge ohne Vermehrung derselben. Es hat eine erregende Wirkung auf das Großhirn. Es hat auch die Herzwirkung des Camphers.

p-Oxycampher wirkt sehr schwach. Er

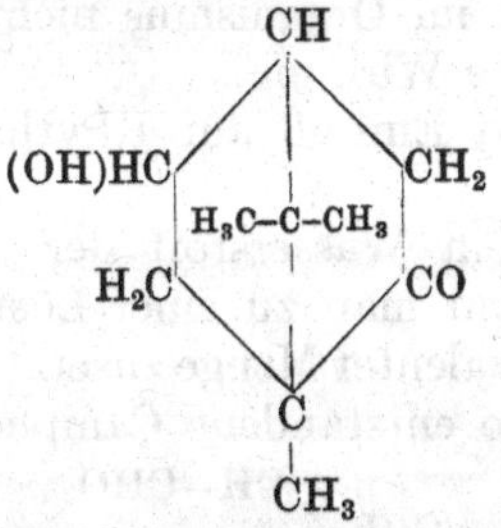

CH
(OH)HC CH₂
$H_3C-C-CH_3$
H_2C CO
C
CH_3

wirkt auf Großhirn, Nervenzentren und auf das Herz wie Campher[1]).

Die Wirkung auf das Herz ist dagegen bei dem Oxycampher sehr ausgeprägt. p-Dioxycamphan wirkt auf das Atemzentrum sehr schwach. Es fehlt ihm auch die Herzwirkung des Camphers. Es setzt die Frequenz des Herzens stark herab, das Minutenvolumen nimmt ab. Die Wirkung auf Pneumokokken ist beim Dioxycamphan viel stärker ausgeprägt als beim Campher.

Der im therapeutischen Sinne günstige Unterschied in der Wirkung des p-Oxycamphers gegenüber dem Campher und dem Diketocamphan wird durch den Eintritt einer zweiten OH-Gruppe bzw. Umwandlung auch des zweiten Carbonyls in CHOH nicht nur nicht gesteigert, sondern sogar sehr stark abgeschwächt[2]).

Die Unlöslichkeit des Camphers hat den Versuch gezeitigt, ein lösliches Derivat in der Weise zu erhalten, daß eine Hydroxylgruppe in das Camphermolekül eingefügt wurde[3]). Wenn man Campherchinon $C_8H_{14}\langle\begin{smallmatrix}CO\\|\\CO\end{smallmatrix}$ in saurer, neutraler oder alkalischer Lösung reduziert, entsteht ein Oxycampher

$$C_8H_{14}\langle\begin{matrix}CH\cdot OH\\|\\CO\end{matrix}$$

welcher bis zu 2% in Wasser löslich ist, aber merkwürdigerweise ist dieser Oxycampher in der Wirkung dem Campher fast entgegengesetzt. Während Campher ein Erregungsmittel des Zentralnervensystems ist, setzt Oxycampher die Erregbarkeit des Atemzentrums herab und ist auf diese Weise ein schnellwirkendes Mittel gegen Dyspnöe.

p-Dioxycamphan, welches gegenüber dem p-Oxycampher an Stelle der CO-Gruppe eine CH · OH-Gruppe enthält, zeigt aber keine Campherwirkung und schädigt die Herztätigkeit[4]).

Wenn man im Campher ein Wasserstoffatom durch Brom ersetzt, so gelangt man zum Monobromcampher $C_{10}H_{15}OBr$, welches Derivat in seiner Wirkung im allgemeinen mit der des nichtsubstituierten Camphers identisch ist, aber doch mehr an Borneol, als an Campher oder Menthol erinnert. Die beiden isomeren Monochlorcampher wirken ebenso wie Monobromcampher und wie Campher selbst. Alle erregen sie das Gehirn, rufen Konvulsionen hervor und steigern die Körpertemperatur unabhängig von den Konvulsionen. Man sieht, daß in dieser Gruppe, ebenso wie bei den Benzolderivaten, Halogen.

---

1) Leo, H.: Dtsch. med. Wochenschr. Bd. 48, S. 377. 1922.
2) Leo, H.: Arch. f. exp. Pathol. u. Pharmakol. Bd. 103, S. 135. 1924.
3) Heinz u. Manasse: Dtsch. med. Wochenschr. 1897, Nr. 27.
4) Bredt u. Goeb: Journ. f. prakt. Chem. Bd. 209, S. 273. 1921. — Leo: Arch. f. exp. Pathol. u. Pharmakol. Bd. 103, S. 135. 1924.

substitutionsprodukte, in welchen Halogen Kernwasserstoff ersetzt, keineswegs von der Wirkung der Grundsubstanz qualitativ differieren, da die dem Halogen eigentümliche Wirkung aus dem Grunde nicht in Erscheinung tritt, weil die Bindung des Halogens eine zu feste ist und es zur Abspaltung von Halogen oder Halogenwasserstoff im Organismus nicht kommt.

Äthylcampher zeigte keine Wirkung.

Camphenilon zeigt keinen Einfluß auf Rhythmus und Frequenz des vergifteten Froschherzens[1]).

Im Campher läßt sich ein Wasserstoff der Seitenkette CH_2 durch eine Aldehydgruppe ersetzen, wenn man zu einer Lösung von Campher in Toluol metallisches Natrium in äquivalenter Menge zusetzt und unter Kühlung Ameisenäther einwirken läßt. Der so entstandene Campheraldehyd

$$C_8H_{14}\left<\begin{array}{l}CH{-}CHO\\ |\\ CO\end{array}\right.$$

hat als solcher keine Verwendung gefunden, soll aber zur Darstellung von Campherderivaten dienen. Auch die Camphercarbonsäure[2]) hat keine medizinische Anwendung gefunden, da sie keine pharmakologische Wirkung besitzt.

Camphercarbonsäure $C_8H_{14}\left<\begin{array}{l}CH\cdot COOH\\ |\\ CO\end{array}\right.$

verläßt den Organismus unverändert. Die Ester sind nicht ganz ungiftig, doch tritt die Campherwirkung sehr verspätet ein[3]).

Hingegen kann man vom Campher durch Oxydation mit Salpetersäure die Camphersäure

$$\begin{array}{lcl} H_2C & \text{———} & C\left<\begin{array}{l}H\\ COOH\end{array}\right. \\ | & & | \\ | & \begin{array}{l}CH_3\\ CH_3\end{array}\!\!> & C \\ | & & | \\ H_2C & \text{———} & C\left<\begin{array}{l}CH_3\\ COOH\end{array}\right. \end{array}$$

erhalten, welche dieselben antiseptischen Wirkungen wie Campher äußert, aber weit weniger exzitierend wirkt, da die exzitierende Wirkung des Camphers wohl auf der Methylketongruppe dieser Substanz beruht, bzw. durch diese ausgelöst wird, die hier durch Oxydation verändert worden ist. Der Camphersäure kommen antihydrotische Eigenschaften zu, weshalb sie sehr häufig zu Synthesen mit den verschiedensten Arzneimitteln anderer Art, insbesondere mit antipyretischen, wenn auch mit wenig Erfolg, benützt wird.

Saure Phenolester zweibasischer Säuren erhält man, und zwar die Natriumverbindungen saurer Alkylester der Phenole, wenn man auf das in Xylol gelöste Phenolnatrium das Anhydrid einer zweibasischen Carbonsäure einwirken läßt[4]).

$$R\left<\begin{array}{l}CO\\ CO\end{array}\right>O + XONa = R\left<\begin{array}{l}COOX\\ COONa\end{array}\right.$$

Durch Ansäuern fällt der freie Ester heraus. So wurden dargestellt: Phenolcamphersäure, Thymolbernsteinsäure, Thymolphthalsäure, Thymolcamphersäure, Guajacolcamphersäure, Guajacolbernsteinsäure, Carvacrolcamphersäure, β-Naphtholcamphersäure.

Auch Sulfosäuren des Camphers wurden dargestellt, um Campher wasserlöslich zu machen.

Zu diesem Zwecke wird 1 Mol. Campher in 2 Mol. Essigsäureanhydrid gelöst und unter starker Kühlung 1 Mol. 66° Schwefelsäure hinzugefügt.

Es ist anzunehmen, daß dieses Präparat ohne Wirkung oder jedenfalls nur schwach wirksam sein wird.

---

[1]) Arch. f. exp. Pathol. u. Pharmakol. Bd. 80, S. 49. 1916.
[2]) Lapin: Diss. Dorpat. 1894; nach Manimi, M. A.: Arch. di fisiol. Bd. 21, S. 3. 1923.
[3]) Brühl, J. W.: Ber. d. dtsch. chem. Ges. Bd. 35, S. 3510. 1902.
[4]) D.R.P. 111297.

Durch Einwirkung von Äthylendiamin auf Camphersäure, bzw. Camphersäureanhydrid oder Ammoniak auf Camphersäurehalogenäthylimid oder Halogenäthylamin auf die Salze des Camphersäureimids entsteht die Anhydrobase des Camphersäureaminoäthylimids

$$C_8H_{14}\left\langle\begin{matrix}CO\\C\end{matrix}\right\rangle N{-}CH_2 \quad \overset{\displaystyle |}{\underset{\displaystyle N{-}CH_2}{}}$$

mit typischer Campherwirkung[1]).

N-Substitutionsprodukte des Camphersäureimids der allgemeinen Formel $C_8H_{14}<\begin{matrix}CO\\CO\end{matrix}>N \cdot R \cdot N(R_1) \cdot (R_2)$, worin R = Alkyl oder Alkylen, R_1 und R_2 = H, Alkyl oder Alkylen, erhält man entweder durch Einwirkung von gesättigten oder ungesättigten polyhalogenierten aliphatischen Kohlenwasserstoffen oder von Halogenhydrinen auf Metallsalze des Camphersäureimids oder eine alkalische Lösung des Imids und Umsetzung des entstandenen N-Halogenalkyl- oder N-Halogenalkylencamphersäureimids (bei Verwendung von Halogenhydrinen unter vorherigem Ersatz der Hydroxylgruppe gegen Halogen) mit Ammoniak, Alkyl- oder Alkylenaminen bzw. durch Behandeln von Camphersäure oder deren Anhydrid mit Diaminen der allgemeinen Formel: $H_2N \cdot R \cdot N(R_1) \cdot (R_2)$ (R-Alkyl oder Alkylen, R_1 und R_2 = H, Alkyl oder Alkylen). Die Basen liefern mit Säuren farblose Salze, die in Wasser löslich und die therapeutische Eigenschaft des Camphers besitzen. Beschrieben sind: Bromhydrat des β-Aminoäthylcamphersäureimids $C_8H_{14}<\begin{matrix}CO\\CO\end{matrix}>N(CH_2)_2 \cdot NH_2 \cdot BrH$. Die freie Base wird folgendermaßen erhalten: Die Natriumverbindung des d-Camphersäureimids gibt mit Glykoljodhydrin in alkoholischer Lösung bei 100° β-Oxyäthylcamphersäureimid. Dieses in Chloroform gelöste und mit Phosphorpentachlorid behandelt geht in β-Chloräthylcamphersäureimid über, welches mit wässeriger Ammoniaklösung bei 100° in die Aminoäthylverbindung umgewandelt wird.

Das Bromhydrat des β-Dimethylaminoäthylcamphersäureamid $C_8H_{14}<\begin{matrix}CO\\CO\end{matrix}>N(CH_2)_2 \cdot N(CH_3)_2 \cdot HBr$ wird aus der β-Chloräthylverbindung und wässerigen Dimethylamin bei 120—125° und Umsetzung der freien Base mit Bromwasserstoff erhalten.

β-Diäthylaminoäthylcamphersäureimid $C_8H_{14}<\begin{matrix}CO\\CO\end{matrix}>N(CH_2)_2 \cdot N(C_2H_5)_2$ wird erhalten entweder durch Umsetzung von Diäthylamin mit β-Bromäthylcamphersäureimid oder von Camphersäure mit α-Diäthyläthylendiamin $NH_2 \cdot CH_2 \cdot CH_2 \cdot N(C_2H_5)_2$.

Das Bromhydrat des Diäthylaminoäthylcamphersäureimids und das Chlorhydrat des β-Bromäthylcamphersäureimid wird neben dem Dicamphersäureäthylendiimid beim Erhitzen von Äthylenbromid mit Camphersäureimidkalium, das α-Diäthyläthylendiamin durch Reduktion von Diäthylaminoacetonitril, das seinerseits aus Diäthylamin, Cyankalium und Formaldehyd entsteht mit Natrium und Alkohol erhalten. β-Allylaminoäthylcamphersäureimid wird aus der β-Chloräthylverbindung und Allylamin bei 120—125° erhalten. $C_8H_{14}<\begin{matrix}CO\\CO\end{matrix}>N(CH_2)_2 \cdot NH \cdot C_3H_5$. Beschrieben ist das Bromhydrat.

Behandelt man Camphersäure mit ω-Amino-N-äthylpiperidin durch Reduktion von Piperidinoacetonitril mit Natrium und Alkohol erhalten bei 180—200°, so geht es in β-Piperidyläthylcamphersäureimid $C_8H_{14}<\begin{matrix}CO\\CO\end{matrix}>N(CH_2)_2 \cdot N \cdot C_5H_{10}$ über. Beschrieben ist das Bromhydrat[2]).

An Methylencampher wird Ammoniak angelagert. Das Formiat des Dicamphomethylamins ist beschrieben[3]).

Man behandelt Camphylbrommethan unter Verwendung geeigneter Lösungsmittel mit Trimethylamin[4]).

Basische Abkömmlinge des Camphersäureimids, gekennzeichnet durch den Ersatz des Imidwasserstoffes durch basische Gruppen der Zusammensetzung $(C_nH_{2n} \cdot N(R) \cdot (R_1)_2$, worin R und R_1 Alkyle darstellen und R auch H bedeuten kann. Diese Verbindungen bilden leicht lösliche Salze. Man erhält sie, indem man entweder Camphersäureimid in Gegenwart von Natrium-Alkoholat mit halogenhaltigen Basen, wie Chlortriäthylamin $N(C_2H_5)_2 \cdot CH_2 \cdot CH_2 \cdot Cl$ oder Camphersäurehalogenalkylimide $C_8H_{14}<\begin{matrix}CO\\CO\end{matrix}>N \cdot C_nH_{2n} \cdot$ Halogen mit primären oder sekundären Aminen umsetzt, bzw. Camphersäure oder Camphersäureanhydrid

[1]) Höchst, D.R.P. 408183; vgl. Ciba, E.P. 173063/1922.
[2]) Ciba, E.P. 173063/1920/2; Schw.P. 93431.
[3]) Rupe u. Kußmaul: Helvetica chim. acta. Bd. 3, S. 515. — H. Rupe, Basel, Schw.P. 90588.
[4]) H. Rupe, Basel, Schw.P. 90589.

mit dialkylierten Diaminen erhitzt, bzw. die Dialkylaminoalkylcampheramidsäure $C_8H_{14}(COOH) \cdot [CO \cdot NH \cdot C_nH_{2n} \cdot N(R) \cdot (R_1)]$, über die α- oder β-Camphersäureiso-dialkylaminoalkylamide

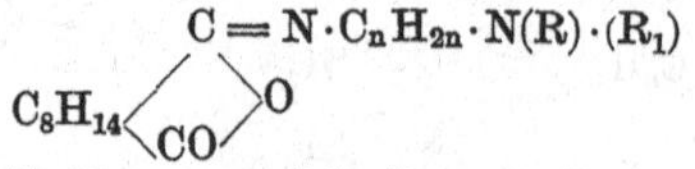

$$C_8H_{14}\begin{cases} C = N \cdot C_nH_{2n} \cdot N(R) \cdot (R_1) \\ \quad\quad > O \\ CO \end{cases}$$

in die normale basischen Imide umwandelt. Dargestellt wurde Diäthylaminoäthylcamphersäureimid

$$C_8H_{14}<\begin{matrix}CO\\CO\end{matrix}>N \cdot CH_2 \cdot CH_2 \cdot N(C_2H_5)_2$$

Diäthylaminoäthylcampheramidsäure $C_8H_{14}(COOH) \cdot [CO \cdot NH \cdot CH_2 \cdot CH_2 \cdot N(C_2H_5)_2]$
Monomethylaminoäthylcamphersäureimid

$$C_8H_{14}<\begin{matrix}CO\\CO\end{matrix}>N \cdot CH_2 \cdot CH_2 \cdot NH \cdot CH_3$$ [1]

Cardiazol ist ein Pentamethylentetrazol

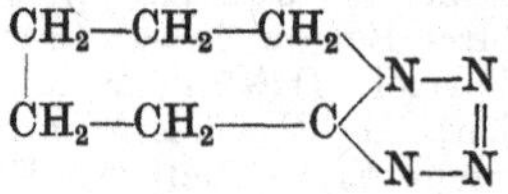

$$\begin{matrix} CH_2-CH_2-CH_2 & & N-N \\ | & \diagdown\!\!\diagup & \| \\ CH_2-CH_2-C & & N-N \end{matrix}$$

das als leicht wasserlösliches Analepticum eingeführt wurde.

Cardiazol wirkt anders als Campher, es bewirkt vor allem eine Blutdruckerhöhung durch Erregung des Vasomotorenzentrums. Es wirkt auf das Herz fördernd wie Coffein und Adrenalin, aber schwächer[2]).

Lösungen hydroaromatischer Ketone mit Isopropylseitenkette in der m-Stellung zur CO-Gruppe erhält man durch Auflösen in Salzen organischer Säuren, z. B. Natriumsalicylat, Natriumbenzoat. Z. B. 3-Methyl-5-isopropyl-Δ-2.3-cyclohexenon, 3-Methyl-5-isopropylcyclohexanon, 1-Isopropylcyclohexanon-3-on. Sie wirken wie Campher, sind aber leichter synthetisch herzustellen[3]).

Hexeton (3-Methyl-5-isopropyl-Δ-2,3-cyclohexenon)

$$\begin{matrix} CH_3-C = CH-CO \\ | \quad\quad\quad | \\ CH_2-CH-CH_2 \\ | \\ CH_3-CH-CH_3 \end{matrix}$$

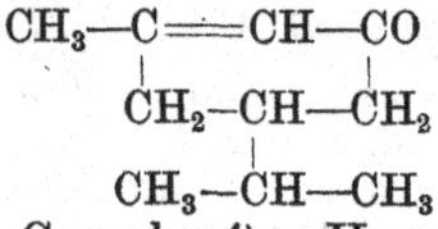

wirkt 2—4mal stärker als Campher[4]). Hexeton ist in Natriumsalicylat löslich.

Hexeton erzeugt manchmal schwerste Krampfzustände, Cardiazol wirkt etwas schwächer, macht aber niemals Erregungszustände.

Hexeton und Cardiazol zeigen am Kaninchen das gleiche Bild bei akuter Vergiftung. Ersteres ist dreimal stärker wirksamer als Cardiazol. Die Wirkung beider ist ähnlich wie die des Camphers. Die letale Dose liegt bei Hexeton und Cardiazol viel weiter von der toxischen entfernt[5]).

Auch solche Verbindungen, welche nicht mehr die Kohlenstoffbrücke des Camphers enthalten, wie z. B. Tetrahydrocarvon zeigen gute Campherwirkung.

Auch 3-Isopropyl-cyclohexanon, dem die Methylgruppe des Tetrahydrocarvons fehlt, hat typische Campherwirkung. Sie bleibt auch bei Einführung einer Doppelbindung wie im 5-Isopropyl-Δ-2.3-Cyclohexenon erhalten.

3-Isopropyl-Cyclohexanon

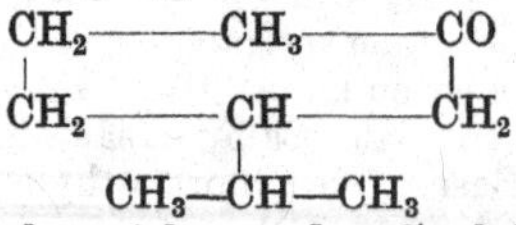

$$\begin{matrix} CH_2-CH_3-CO \\ | \quad\quad\quad | \\ CH_2-CH-CH_2 \\ | \\ CH_3-CH-CH_3 \end{matrix}$$

5-Isopropyl-Δ-2.3-Cyclohexenon

$$\begin{matrix} CH = CH-CH \\ | \quad\quad\quad | \\ CH_2-CH-CH_2 \\ | \\ CH_3-CH-CH_3 \end{matrix}$$

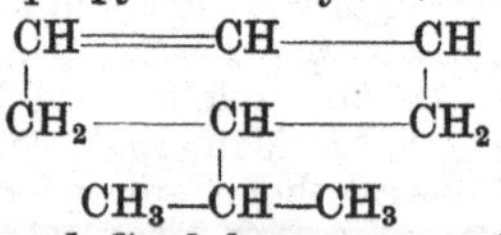

Die Campherwirkung der Cyclohexanone und Cyclohexenone wird dagegen

1) Axter, München, D.R.P. 362379.
2) Stross, W.: Arch. f. exp. Pathol. u. Pharmakol. Bd. 114, S. 177. 1926.
3) Bayer, Leverkusen, D.R.P. 386486.
4) Gottlieb, R., W. Schulemann, L. Krehl u. Franz: Dtsch. med. Wochenschr. Bd. 49, S. 1533. 1923. — Umber, F.: Münch. med. Wochenschr. Bd. 71, S. 36. 1923.— Amakawa, T.: Arch. f. exp. Pathol. u. Pharmakol. Bd. 101, S. 100. 1924.
5) Schoen, R.: Arch. f. exp. Pathol. u. Pharmakol. Bd. 113, S. 257. 1926.

abgeschwächt und aufgehoben, ja in manchen Fällen sogar invertiert — Atemlähmung an Stelle von Atemerregung! — wenn bei fehlendem Isopropylrest ein oder mehrere Methylgruppen in das Ringsystem eingeführt werden.

3.5-Dimethyl-Δ-2.3-Cyclohexenon

$$\begin{array}{l} CH_3{-}C{=}CH{-}CO \\ \quad\; | \qquad\quad\;\; | \\ CH_2{-}CH{-}CH_2 \\ \qquad\;\; | \\ \qquad CH_3 \end{array}$$

3-Methyl-5-Dimethyl-Δ-2.3-Cyclohexenon

$$\begin{array}{l} CH_3{-}C{=}CH{-}CO \\ \quad\; | \qquad\quad\;\; | \\ CH_2{-}C{-}CH_2 \\ \qquad\; / \; \backslash \\ \quad CH_3 \; CH_3 \end{array}$$

Die Gegenwart und die Stellung der Isopropylgruppe sind von entscheidender Bedeutung, der Ersatz des Isopropylrestes $\left(-CH{<}^{CH_3}_{CH_3}\right)$ durch den Normalpropylrest ($-CH_2-CH_2-CH_3$) oder die Verschiebung des Isopropylrestes aus der 5-Stellung zur Ketogruppe beseitigen die Campherwirkung.

Coramin[1]) (Pyridin-β-carbonsäurediäthylamid) hat eine campherähnliche Wirkung, es ist ein helles Öl, das als Analeptikum empfohlen wird. Es steht in seiner Wirkungsart zwischen Campher und Coffein. Digitalisähnliche Wirkungen besitzt es nicht.

Den Pyridinmonocarbonsäuren kommt eine schwach sedative bzw. narkotische Wirkung zu, beim Kaltblüter sieht man vorwiegend Lähmungserscheinungen. Die Alkylester wirken etwas stärker. Die Amide zeigen leichte narkotische Wirkung bei geringer Giftigkeit und fast ohne Änderung von Atmung und Kreislauf. Die Monoalkylamide sind etwas stärker giftig, sie wirken in großen Gaben noch narkotisch. Die Dialkylamide sind zum Teil stark wirkende Stoffe, wobei der Einfluß der verschiedenen Alkyle sehr verschieden ist. Pyridin-β-carbonsäurediäthylamid wirkt wie Campher. Viel schwächer wirkt Diallylamid, während Di-i-butyl- und Dipropylamid fast unwirksam sind, wie die Monoalkylamide. Dimethylamid nimmt eine Mittelstellung ein.

Gemischte Alkylamide zeigen die Wirkung des Coramins nur andeutungsweise, Methylpropylamid sehr wenig, Äthylpropyl- und Äthylbutylamid teilweise schon mehr bei gesteigerter Giftigkeit. Die Pyridin-α-carbonsäurealkylamide wirken ganz analog aber schwächer. Überführung in quaternäre Basen kehrt die Grundeigenschaften, besonders die Wirkung auf den Blutdruck um. Hydrierung schwächt die Wirkung ab.

Pyridyl-β-methylketon ist in größeren Dosen leicht narkotisch, blutdrucksenkend, Diäthylaminomethylpyridylketon leicht blutdrucksteigernd. Nicotylharnstoff ist ganz unwirksam[2]).

Pyridin-2.3-dicarbonsäureanhydrid (Chinolinsäureanhydrid) setzt man mit sek. Basen um und erhitzt auf höhere Temperaturen. Man erhält so Pyridin-3-carbonsäurediäthylamid, -dipropylamid, -diamylamid und -piperidid[3]).

Nach den früheren Patenten entstehen durch Umsetzung von Pyridin-2.3-dicarbonsäureanhydrid (Chinolinsäureanhydrid) mit sek. Basen und Erhitzen des bezüglichen Reaktionsprodukts auf höhere Temperaturen N-Dialkylamide der Pyridin-3-carbonsäure. In derselben Weise erhält man aus dem Anhydrid und Diallylamin Pyridin-3-carbonsäurediallylamid, ferner -N-methylpropylamid, -N-äthylpropylamid- und -N-äthylbutylamid[4]).

Die Derivate des Camphers und der Terpene haben im Gegensatze zu ihren Muttersubstanzen nur sehr geringe Verbreitung in der Medizin gefunden, in der Terpengruppe wohl aus dem Grunde, weil wir dort, wo es uns auf die balsamischen Wirkungen des Terpentins auf die Schleimhäute, insbesondere auf die der Respirations- und Harnwege ankommt, eine große Auswahl von

---

[1]) Faust, E. S.: Schweiz. med. Wochenschr. Bd. 54, S. 229. 1924. — Thannhauser, S. T. u. W. Fritzel: Schweiz. med. Wochenschr. Bd. 54, S. 232. 1924.

[2]) Uhlmann, Fr.: Zeitschr. f. d. ges. exp. Med. Bd. 43, S. 556. 1924.

[3]) Ciba, Schw.P. 114376, 114626, 114627, 114628.

[4]) Ciba, Schw.P. 114629, 114630, 114631, 114632, Zusatz zu Schw.P. 114376.

Harzen und balsamischen Mitteln haben, welche die unangenehmen Nebenwirkungen des Terpentinöls meist nicht besitzen.

Vom Terpentinöl ausgehend, welches ein Gemenge verschiedener Terpene $C_{10}H_{16}$, z. B. Pinen

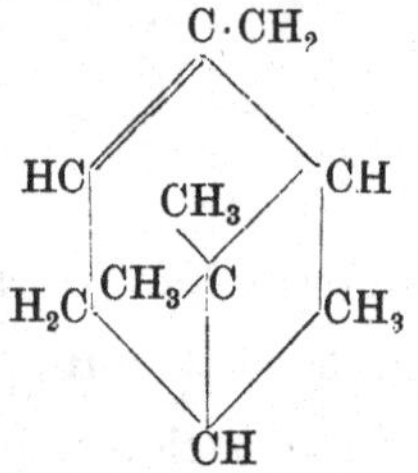

C·CH₂
HC CH
CH₃
H₂C CH₃/C CH₂
CH

ist und als Antisepticum und als Sauerstoffüberträger eine beschränkte Verwendung in der Medizin findet, hat man mehrere Derivate dargestellt in der Absicht, die reizenden Wirkungen des Terpentinöls durch Polymerisation oder Oxydation zu beseitigen und auf diese Weise Substanzen zu erhalten, welche die günstigen Eigenschaften des Terpentinöls als Desodorans und Antisepticum besitzen, denen aber die reizenden Wirkungen der Grundsubstanz fehlen und die sich so zur internen Anwendung, insbesondere als sekretionsbefördernde Mittel bei Bronchitis eignen. Pinen selbst macht Schlafsucht und in größeren Dosen Darmreizung. Wenn man Terpentinöl mit konzentrierter Schwefelsäure behandelt, so erhält man eine Tereben genannte Flüssigkeit, die aber nichts anderes ist, als ein Gemenge von polymeren Terpenen. In seinen Wirkungen unterscheidet sich Tereben vom Terpentinöl nicht. Wenn man Terpentinöl mit Alkohol und Salpetersäure mischt, so erhält man Krystalle der Zusammensetzung $C_{10}H_{16} \cdot 3\,H_2O$, welche dieselben Wirkungen wie Terpentinöl besitzen, aber wenig reizend wirken. Diese Substanz wurde Terpinhydrat genannt[1]). Durch Wasserentziehung (Kochen mit verdünnter Mineralsäure) gelangt man vom Terpinhydrat zum Terpinol, welchem ebenfalls nur Terpentinölwirkungen zukommen, das aber weniger reizend wirkt als Terpentinöl selbst. Es soll bei tuberkulöser Hämoptöe nach Janowski eine bedeutende blutstillende Wirkung haben.

Die Wirkung des d-Camphens auf Herz und Atmung des Frosches gleicht nahezu derjenigen des d-Pinens, während diejenige des d-Pinenchlorhydrates große Ähnlichkeit mit der Wirkung des d-Camphers zeigt. Der einzige Unterschied in der physiologischen Wirkung der beiden letzteren Verbindungen besteht darin, daß d-Pinenchlorhydrat ein intensiveres Herzklopfen erzeugt als d-Campher, daß aber diese Wirkung beim ersteren von kürzerer Dauer ist. Ferner ist die Wirkung des d-Pinenchlorhydrates auf die Atmung nahezu gleich Null, während d-Campher eine ausgesprochene Wirkung auf die Atmung äußert[2]).

Durch einfache Hydratation geht Pinen in Terpineol über.

Terpineol	Terpinhydrat
C·CH₃	HO·C·CH₃
HC CH₂	H₂C CH₂
CH₃	CH₃
H₃·C·C·OH	H₃C·C·OH
H₂C CH₂	H₂C CH₂
CH	CH

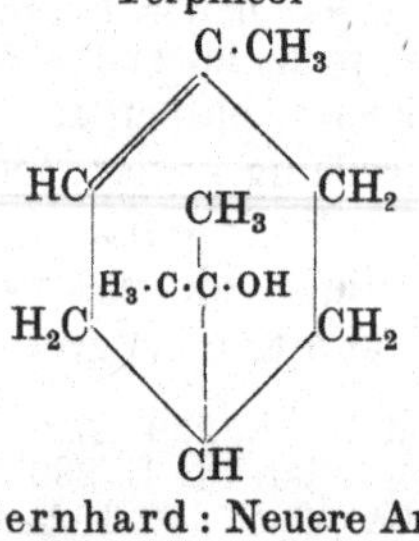

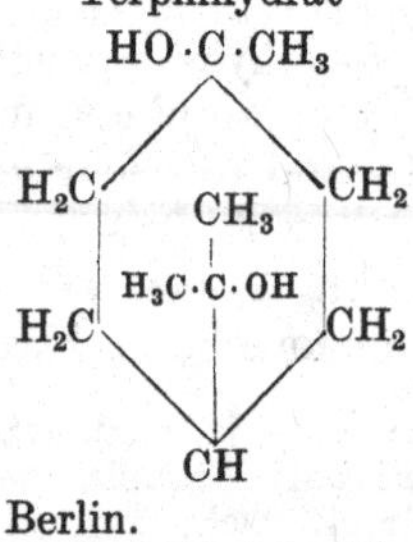

[1]) Fischer, Bernhard: Neuere Arzneimittel, Berlin.

[2]) Dontas, S. u. D. E. Tsakalotos: Journ. de pharmacie et de chim. [7], Bd. 15, S. 19. 1917.

Terpineol, ein tertiärer Alkohol, wirkt wie Terpentinöl, und zwar bei Warmblütern vom Magen aus allgemein lähmend.

Santal, Copaiva und Perubalsam.

Zahlreiche Präparate verdanken ihre Entstehung den unangenehmen Eigenschaften des sehr viel verwendeten Gonorrhöemittels Santal (Sandelholzöl). Dieses verlegt bei vielen Personen alsbald den Appetit und zeigt einen sehr unangenehmen Geschmack. Santalol ist der wirksame Anteil des Santalöles. Zahlreiche Ester desselben wurden dargestellt.

Santalolformaldehyd wird aus Santalol und Formaldehyd durch wässerige Mineralsäure bei ca. 100° kondensiert. Es spaltet schon mit warmem Wasser Santalol und Formaldehyd ab[1]).

Sowohl Santalol als auch sein Acetylderivat und der saure Phthalsäureester[2]) haben einen unangenehmen Geschmack und reizen den Magen. Die Ester der Benzoesäure, Salicylsäure, Zimtsäure und Kohlensäure haben einen schwach öligen, nicht kratzenden Geschmack.

Zur Darstellung dieser Ester wird Sandelöl mit Kohlensäureestern, Phosgen oder Anhydriden, Chloriden oder Estern der einbasischen aromatischen Säuren umgesetzt. Den Benzoesäureester erhält man durch Erhitzen mit der gleichen Menge Benzoesäureanhydrid auf 110°, Ausschütteln der übrigen Benzoesäure mit Natronlauge und Reinigung des Präparates durch Destillation im Vakuum oder Abtreiben der nicht benzoylierten Bestandteile mit Wasserdampf. Ein anderes Verfahren ist das Sandelöl in Chloroform und Pyridin mit Benzoylchlorid zu behandeln. Den Salicylsäureester erhält man aus gleichen Gewichtsmengen Santal und Salol unter Zugabe von wenig Ätznatron und Erhitzen auf 100—120° unter vermindertem Druck, bis die Abspaltung des Phenols beendigt ist. Das Äthylcarbonat erhält man durch Behandlung von Santal, Pyridin und Chloroform bei 15° mit Chlorkohlensäureestern. Das gewaschene Präparat wird im Vakuum destilliert. Bei der Einwirkung von Phosgen unter gleichen Begingungen erhält man den neutralen Kohlensäureester. Auch aus Zimtsäurechlorid und Santal kann man unter gleichen Bedingungen den Ester erhalten. Man kann die Reaktionen bei niedriger Temperatur durchführen, wenn man einen Katalysator zusetzt; solche Katalysatoren sind alle esterspaltende Mittel, wie Alkali- und Erdalkalimetalle, Hydroxylverbindungen, Alkoholate, Phenolate usw. Z. B. Santal wird mit Phenolcarbonat und 2% des letzteren an Ätznatron oder Ätzkalk unter vermindertem Druck auf 140° erhitzt. Es beginnt das Phenol überzudestillieren und die Austreibung ist bei 175° beendigt, der Rückstand besteht nach Entfernung der geringen Menge des gebildeten Natron- oder Kalksalzes aus fast reinem Santalolcarbonat, das eventuell durch Destillation mit Wasserdampf noch weiter gereinigt werden kann[3]).

Santyl ist der Salicylester des Santalols, Blenal der Kohlensäureester des Santalols, beide sind ölig; Camphoral ist der Camphersäureester des Santalols[4]).

Es können auch alle Ester einbasischer aromatischer Säuren verwendet werden, wenn man geringe Mengen eines esterspaltenden Mittels zusetzt.

Neutrale Säureester aus Santelöl erhält man durch Behandlung desselben mit den Chloriden oder Estern der mehrbasischen anorganischen oder organischen Säuren mit Ausnahme der Kohlensäure und der Camphersäure. Dargestellt wurden neutraler Santalolbernsteinsäureester mit Hilfe von Bernsteinsäurechlorid und Bernsteinsäurephenylester, der Santalolphosphorsäureester mit Hilfe von Triphenylphosphat[5]).

Nur die Santalolester der niederen Fettsäuren besitzen noch den unangenehmen Geschmack und die Reizwirkung des Sandelholzöles.

Durch Überführung des Santalols in die Ester der höheren Fettsäuren von Valeriansäure aufwärts, kann man es von diesen unangenehmen Nebenwirkungen befreien. Beschrieben sind die Darstellung von Santalylstearinat durch Erhitzen von Santalol mit Stearinsäure und Umlösen aus 85 proz. Alkohol, Santalolisovalerianat aus Isovaleriansäurechlorid und Santalol, das Oleat aus Ölsäurechlorid und Santalol. Man kann diese Ester auch mittels Säureanhydriden oder durch Umsetzen mit Säureestern anderer Hydroxylprodukte, die durch Santalol verdrängt werden, erhalten[6]).

---

1) D.R.P. 148944. 2) Heyden, Radebeul, D.R.P. 182627.
3) D.R.P. 173240, 187254. 4) D.R.P. 187254, Zusatz zu D.R.P. 173240.
5) D.R.P. 201369. 6) D.R.P. 182627.

Stearosan ist Santalylstearat.

Ein geschmackloses Santalpräparat wird durch Behandlung von Santal mit konzentrierter oder schwach rauchender Schwefelsäure erhalten, wobei man zu einem festen, geschmacklosen, schwach aromatisch riechenden Produkt gelangt. Man löst Sandelöl unter Kühlen in konzentrierter Schwefelsäure und gießt die tiefrote Lösung auf Eis, nimmt die Masse mit einem Lösungsmittel auf und trocknet im Vakuum[1]).

Santalylhalogenide erhält man durch Behandlung von Santalol mit Phosgen, Phosphorpentachlorid oder Thionylchlorid[2]).

Santaloläther erhält man durch Behandlung der Santalylhalogenide mit Metallalkoholaten oder alkoholischen Laugen oder Santalol mit alkylierenden Mitteln. Beschrieben ist Santalylmethyläther, Santalylmentholäther und analoge Äther[3]).

Thyresol (Santalylmethyläther) spaltet kein Santalol im Organismus ab und erscheint als gepaarte Glykuronsäureverbindung im Harn[4]).

Läßt man Chlormethyläther auf Santalol oder Menthol oder auf die Alkalisalze dieser Alkohole einwirken (im ersteren Falle ist die Gegenwart von Kondensationsmitteln erforderlich), so gelangt man zu Methoxymethylsantalol und zu Methoxymethylmenthol[5]).

Die meisten Santalolester sind flüssige Substanzen, der Allophansäureester ist fest; er ist geruch- und geschmacklos. Man erhält ihn durch Einleiten von Cyansäure in eine Benzinlösung von Santalol oder aus Harnstoffchlorid und Santalol. Man kann auch zuerst das Santalolcarbonat darstellen und aus diesem durch Einwirkung von Harnstoffchlorid Santalolallophanat erhalten[6]).

Allosan ist Allophansäuresantalolester.

Die gleiche Reaktion kann man auch bei Gegenwart von Dimethylanilin oder Pyridin ausführen. Man kann auch Santalol mit 2 Mol. Phenolcarbamat und einer kleinen Menge Ätzkali im Vakuum auf 140° erhitzen. Ferner kann man Santalol in gleicher Weise mit Allophansäurephenolester in molekularer Mischung behandeln.

Die sauren Monosantalolester zweibasischer Säuren sind therapeutisch nicht verwendbar, wenn man sie aber in alkalischer Lösung mit Dialkylsulfaten oder Sulfosäureestern behandelt, so erhält man neutrale gemischte Ester, welche neben dem Santalolrest eine Alkylgruppe enthalten. Dargestellt wurden Santalylbernsteinsäuremethylester, Santalylphthalsäuremethylester, Santalylcamphersäuremethylester[7]).

Alkylaminoessigsäuresantalolester erhält man durch Behandlung der Halogenacetylverbindungen des Santalols mit sekundären Aminen. Diese Ester besitzen die Wirkungen des Santalols ohne dessen unangenehme Nebenwirkungen und ihre Salze stellen feste Santalolpräparate dar, die leicht resorbiert werden und geruchlos sind. Dimethylaminoacetylsantalol z. B. hat den F. 154°[8]).

Gallussäuresantalolester wird aus Gallussäuremethylester und Santalol, Tribenzoylgallussäuresantalolester aus Tribenzoylgallussäurechlorid und Santalol dargestellt; ebenso entsteht Triacetylgallussäuresantalolester. Die Gallussäure, welche resorbierbar ist und durch die Nieren ausgeschieden wird, soll neben der balsamischen Wirkung des Santalols adstringierend wirken[9]).

Lingner in Dresden[10]) erzeugt feste Kondensationsprodukte aus Copaivabalsam durch Einwirkung von Formaldehyd bei Gegenwart von Kondensationsmitteln.

Knoll & Co., Ludwigshafen[11]), machen neutrale Präparate aus Copaivabalsam oder den daraus isolierten, verseifbaren Harzbestandteilen, mit Acylierungs- oder Alkylierungsmitteln. Man erwärmt z. B. Copaivabalsam mit Essigsäureanhydrid oder in ätherisch-pyridinischer Lösung mit Chlorkohlensäureester oder mit Benzoesäureanhydrid oder man verseift mit Natronlauge und alkyliert mit Dimethylsulfat.

Durch Verestern von Zimtsäure nach bekannten Methoden erhält man Zimtsäureglykolester, Glycerinmonozimtsäureester, welche als geruch- und reizlose Ersatzmittel des Perubalsams dienen sollen. Die Ester besitzen dem im Perubalsam enthaltenen Zimtsäurebenzylester gegenüber den Vorteil der größeren Löslichkeit, wodurch sie leichter von der Haut aufgenommen werden und besser wirken[12]).

Aus Perubalsam und Formaldehyd, durch Sättigung einer alkalisch-alkoholischen Lösung des Perubalsams mit gasförmigem Formaldehyd, stellt Börner in Friedenau[13]) ein wasserlösliches Präparat her. Er verwendet zur Herstellung dauernd haltbare Lösungen statt eines Teiles des Alkohols Glycerin[14]).

---

[1]) D.R.P. 192036. [2]) D.R.P. 203849. [3]) D.R.P. 202352. [4]) D.R.P. 201369.
[5]) D.R.P. 241421. [6]) D.R.P. 204922. [7]) Riedel, Berlin, D.R.P. 208637.
[8]) Bayer, Elberfeld, D.R.P. 226229. [9]) Riedel, D.R.P. 275794.
[10]) D.R.P. 183185. [11]) D.R.P. 167170.
[12]) Bayer, Elberfeld, D.R.P. 235357. [13]) D.R.P. 208833.
[14]) D.R.P. 217189, Zusatz zu D.R.P. 208833.

Als Ersatzstoffe für Perubalsam, welche geruch- und reizlos sein sollen, wurden Ester des Glykols dargestellt, und zwar Benzoesäureglykolester, o-Chlorbenzoesäureglykolester und p-Nitrobenzoesäureglykolester. Die Veresterung der Säuren mit dem Glykol kann direkt geschehen, oder man erhitzt die Salze dieser Säuren mit Glykoldihalogeniden oder man verwendet die Ester dieser Säuren aus halogensubstituierten Glykolen und erhitzt diese mit wässerigen Lösungen von Salzen schwacher Säuren[1]).

Ristin ist der Monobenzoesäureester des Äthylenglykols. Es ist ein farb- und geruchloses Antiscabiosum.

Perubalsamersatzprodukte sollen durch Veresterung von Phenylessigsäure, Hydratropasäure, Phenyläthylessigsäure, Phenyldiäthylessigsäure, Hydrozimtsäure, Phenyldiäthylcarbinessigsäure mit Glykol dargestellt werden[2]). Phenyldiäthylcarbinessigsäure

$$\begin{array}{l} C_6H_5 \cdot CH \cdot COOH \\ \qquad\quad | \\ \qquad\quad CH \cdot (C_2H_5)_2 \end{array}$$

wird durch Kondensation von Natriumbenzylcyanid mit Diäthylcarbinolbromid und Verseifung erhalten.

Lösungen von Estern des Glykols erhält man, wenn man Monobenzoylglykol und seine im Benzoylrest substituierten Derivate in Alkalisalzlösungen der Benzoesäure oder substituierter Benzoesäuren auflöst. Sie sollen geringere Reizwirkungen haben[3]).

Zimtsäureallylester $C_6H_5 \cdot CH : CH \cdot COO \cdot CH_2 \cdot CH : CH_2$ polymerisiert sich beim Erwärmen zu einem Harz, welches mit dem Perubalsam identisch sein soll.

Arhoin $C_6H_3 \begin{cases} C_{10}H_{13} \\ COO \cdot C_2H_5 \\ (C_6H_5)_2NH \end{cases}$ ist eine als Antigonorrhoicum empfohlene Verbindung des Diphenylamins mit Thymylbenzoesäureäthylester, von brennendem Geschmacke[4]).

Isovaleriansäurepräparate.

Die käufliche Isovaleriansäure, welche durch Oxydation von Gärungsamylalkohol entsteht, besteht aus der inaktiven Isovaleriansäure $\begin{matrix} CH_3 \\ CH_3 \end{matrix}\!\!>\!CH \cdot CH_2 \cdot COOH$ und der aktiven Isovaleriansäure $\begin{matrix} C_2H_5 \\ CH_3 \end{matrix}\!\!>\!CH \cdot COOH$.

Weder Isovaleriansäure (und ebensowenig Baldrianöl) besitzen die typische Heilwirkung der Valerianatinktur.

Byk, Berlin[5]) stellt den α-Bromisovaleriansäureester des Cholesterins durch Veresterung der beiden Komponenten her, und zwar durch Einwirkung des Säurechlorids auf entwässertes Cholesterin bei Gegenwart von Diäthylanilin in benzolischer Lösung.

Isovaleriansäurebenzylester erhält man durch Behandlung von Benzylalkohol oder dessen Derivaten mit Isovaleriansäure und deren Derivaten, z. B. Benzylchlorid und isovaleriansaures Natron oder Benzylalkohol, Pyridin und Isovalerylchlorid, oder Isovaleriansäure, Benzylalkohol und konz. Schwefelsäure[6]).

Unter dem Namen Valyl haben Kionka und Liebrecht[7]) Isovaleriansäurediäthylamid empfohlen als Valerianpräparat von angeblich konstanter Wirkung bei Hysterie usw.

Dialkylierte Amide[8]) der Isovaleriansäure und der α-Bromisovaleriansäure werden dargestellt, indem man offizinelle Baldriansäure oder deren Derivate oder α-Bromisovalerylbromid mit sekundären alphatischen Aminen behandelt. Im Gegensatze zu dem wenig wirkenden Valeramid und Isovaleramid sollen die dialkylierten Derivate eine starke pharmakologische Wirkung zeigen.

Ersatz des Imidwasserstoffes des Diäthylamin durch das Thymylmethylenradikal führt zu einer stärker wirkenden Base, die wie Salicyldiäthylamid wirkt. Bei Einführung der Homologen der Fettsäurereihe — Essigsäure, Propionsäure, Buttersäure, Isovaleriansäure — ergibt es sich, daß die Intensität

---

1) D.R.P. 245532. 2) Bayer, D.R.P. 248285. 3) Bayer, D.R.P. 298185.
4) Med. Woche 1903, S. 48. — Therap. Monatshefte 1904, Nr. 7.
5) D.R.P. 214157. 6) Bayer, Elberfeld, D.R.P. 165897.
7) Dtsch. med. Wochenschr. 1901, Nr. 49. 8) D.R.P. 129967.

der Wirkung mit dem Molekül wächst. Auch in der Reihe der Dialkylamine selbst — Diäthyl-, Dipropyl-, Dibutyl-, Diamylamin — ergibt sich eine Steigerung der Wirkung mit der Zunahme der Größe des Moleküls. Am stärksten wirkt Diamylamin, ohne daß ein Unterschied gegenüber dem Isovaleriansäurediäthylamid (Valyl) in qualitativer Hinsicht vorhanden war. Bei der Wirkung des Valyls handelt es sich anscheinend nicht um Valeriansäurewirkung, sondern um Amidwirkung.

Ernest Fourneau[1]) empfiehlt das Bromhydrat des Isovaleriansäureesters des Dimethylaminooxyisobuttersäurepropylesters $(CH_3)_2N \cdot C(CH_3)(COOC_3H_5) \cdot O \cdot CO \cdot CH_2 \cdot CH(CH_3)_2$ als Mittel gegen Schlaflosigkeit und andere Störungen des Nervensystems. Es schmeckt bitter und unangenehm.

Adamon ist Dibromdihydrozimtsäureborneolester $C_6H_5 \cdot CHBr \cdot CHBr \cdot COO \cdot C_{10}H_{17}$, erhalten durch Bromieren des Zimtsäureborneolesters, es soll die Baldrianpräparate ersetzen[2]).

Die Isovalerylverbindung des 4-Methylamino-1-phenyl-2.3-dimethyl-5-pyrazolon erhält man, indem man Isovaleriansäure, deren Anhydrid oder Chlorid auf die Base einwirken läßt, oder indem man 4-Isovalerylamino-1-phenyl-2.3-dimethyl-5-pyrazolon methyliert[3]). Der methylierte Körper wirkt stärker narkotisch als der nichtmethylierte.

Ein geruchlos lösliches Isovaleriansäurepräparat ist nach H. Voswinkel[4]) das Calciumsalz der Isovalerylmandelsäure (Dubatol), rein bitter schmeckend; es soll ein Einschläferungsmittel sein.

Man erhält es, wenn man Isovaleriansäure in Isovalerylchlorid überführt, dieses in Benzol auf Mandelsäure einwirken läßt und das Calciumsalz der Isovalerylmandelsäure darstellt[5]).

Valamin ist der Isovalerylester des Amylenhydrates; es soll in der Herztherapie günstige Wirkungen haben.

Durch Einführung des Isovalerylrestes in die Aminogruppe von aromatischen Säureamiden gelangt man zu Verbindungen, die die schlafmachende Kraft der Säureamide vollständig behalten, aber im Vergleich mit den Säureamiden selbst geringe Giftigkeit besitzen. Man stellt sie dar, in dem man die aromatischen Säureamide mit Isovalerylhalogeniden bzw. deren Derivaten entweder direkt, z. B. durch Zusammenschmelzen, oder aber in trockenen, organischen Lösungsmitteln bei Gegenwart von organischen oder anorganischen säurebindenden Mitteln, z. B. durch Kochen, in Reaktion bringt. Bei dieser Arbeitsweise kommt man insbesondere mit α-Bromisovalerylhalogeniden zu therapeutisch wirksamen Stoffen. Man kann die bromhaltigen Derivate auch erhalten, indem man auf die aromatischen Säureamide Isovalerylchlorid einwirken läßt und die erhaltenen Produkte in der Seitenkette bromiert. Dargestellt wurden α-Bromisovalerylzimtsäureamid, α-Dibromhydrozimtsäureamid-α-bromisovalerianat,α-Bromisovalerylbenzamid,Bis-α-bromisovalerylsalicylamid, Benzamidisovalerianat, Zimtsäureamidisovalerianat und Dibromhydrozimtsäureamidisovalerianat[6]).

Durch Einwirkung von α-Bromisovalerylhaloiden auf Isoharnstoffäther der allgemeinen Formel $NH_2 - C \begin{smallmatrix} \diagup OR \\ \diagdown\!\!\diagdown NH \end{smallmatrix}$ (R = Alkyl oder Aralkyl) gelangt man zu den α-Bromisovalerianylharnstoffmethyläthern, welche Sedativa sind. Beschrieben sind α-Bromisovalerylharnstoffmethyläther und Bromisovalerylisoharnstoffäthyläther[7]).

Wenn man auf Salicylsäure-p-aminophenylester α-Bromisovalerylhaloide oder auf Isovalerylsalicylsäure-p-aminophenylester Brom einwirken läßt, erhält man α-Bromisovaleryl-salicylsäure-p-aminophenylester. Die Verbindung wirkt hypnotisch[8]).

α-Bromisovalerylamid geht bei der Einwirkung von Oxalylchlorid in Bis-α-bromisovalerylharnstoff über: $2\,(CH_3)_2 = CH \cdot CHBr - CO - NH_2 + C_2O_2Cl_2 =$

$$\begin{matrix} (CH_3)_2 = CH - CHBr - CO - NH \\ (CH_3)_2 = CH - CHBr - CO - NH \end{matrix} \!\!>\! CO + 2\,HCl + CO$$

Die Verbindung soll sedativ und hypnotisch wirken[9]).

---

[1]) Journ. de pharmacie et de chim. [6]. Bd. 27, S. 513. [2]) D.R.P. 275200.
[3]) Höchster Farbwerke, D.R.P. 243197. [4]) Apoth.-Zeitg. Bd. 26, S. 1057. 1911.
[5]) Kruft, D.R.P. 292691. [6]) Einhorn, D.R.P. 284440.
[7]) Perelstein und Bürgi, D.R.P. 297875. [8]) Bayer, D.R.P. 277466.
[9]) Abelin-Lichtenstein-Rosenblatt, D.R.P. 291878.

Neuntes Kapitel.

Glykoside.

Im allgemeinen kann man als Regel ansehen, daß die Glykoside intensiver wirken als der wirksame Spaltling derselben, das entsprechende Phenol oder der Alkohol. Waren aber der wirksame Spaltling eine Base oder ein Alkaloid, so ist das Glykosid entweder gleich wirksam oder schwächer wirksam.

Durch die Glykosidbildung entsteht häufig eine Substanz, deren Wirkung von der des Paarlings wesentlich verschieden ist; so ist z. B. Digitalin ein Herzgift, das daraus abgespaltene Digitaliresin ein Krampfgift. Globularin verringert die Harnmenge, während Globularetin starke Diurese erzeugt.

Globularin $C_{15}H_{20}O_8$ liefert bei der Hydrolyse Zucker und Globularetin C_9H_6O, welches beim Kochen mit Kalilauge in Zimtsäure übergeht. Es wirkt ähnlich wie Coffein.

Das giftige Glucosid Atractylin $C_{30}H_{52}K_2S_2O_{18}$ gibt ganz ungiftige Spaltprodukte, und zwar Schwefelsäure, Valeriansäure und eine unbekannte Substanz. Der Organismus spaltet es in gleicher Weise wie Kalilauge[1]).

Arbutin erhält man synthetisch aus Hydrochinon und Acetobromhydrose. Es wirkt gut bei Blasenkatarrh und Nierenleiden. Der Organismus scheidet es zum Teil unzersetzt aus. Es gibt, wie viele Phenole, mit Hexamethylentetramin eine additive Verbindung[2]), die bei Cystitis angewendet werden soll.

Die Giftigkeit des β-Benzylglykosids

$$C_6H_5 \cdot CH_2 \cdot O \cdot \underbrace{CH \cdot CH(OH) \cdot CH(OH) \cdot CH(OH) \cdot CH}_{O} \cdot CH_2(OH)$$

ist sehr gering[3]).

Das Glykosid Taxicatin ist physiologisch vollständig unwirksam[4]).

Consolidin, ein Glykosid aus Boragineen (Cynoglossum off., Anchusa off., Echium vulgare) wirkt lähmend auf das Zentralnervensystem. Beim Kochen mit Säure zerfällt es in Glykose und Consolicin. Letzteres wirkt dann dreimal so stark wie Consilidin[5]) auf das Zentralnervensystem. (Im Gegensatze zu den N-freien Glykosiden).

Coriamyrtin ist ein Krampfgift wie Pikrotoxin.

Adonidin aus Adonis vernalis besteht aus zwei Glykosiden, der Adonidinsäure und dem neutralen Adonidin, deren Wirksamkeit auf das Herz ähnlich ist[6]) Die Säure wirkt überdies hämolytisch.

Adonidin wirkt, wenn auch schwächer als Cocain, lokalanästhesierend[7]).

---

[1]) Pitini, A.: Arch. farmacol. sperim. Bd. 29, S. 88. 1920.

[2]) Mannich, C.: D.R.P. 250884.

[3]) Richaud, A.: Cpt. rend. des séances de la soc. de biol. Bd. 86, S. 649. 1922.

[4]) Winterstein E. u. A. Guyer: Hoppe-Seylers Zeitschr. f. physiol. Chem. Bd. 128, S. 222. 1923.

[5]) Arch. d. Pharm. Bd. 238, S. 505. — Greiner, Karl: Arch. f. exp. Pathol. u. Pharmakol. Bd. 40, S. 287.

[6]) Fuchelmann, J. M.: Diss. Rostock 1911.

[7]) Schildlowski, A.: Diss. Petersburg 1907.

Ebenso wirken Helleborein und Rosaginin[1]) lokalanästhesierend. Auch p-Strophanthin wirkt lokalanästhesierend, macht aber gleichzeitig Entzündungserscheinungen. Strophantigenin ist schwächer wirksam[2]).

Eine Reihe von Glykosiden der Oxymethylanthrachinone wirkt abführend (s. d.).

Helleborein $C_{26}H_{44}O_{15}$ wird durch Säure in Zucker und Helleboretin gespalten. Helleborein ist ein intensives Herzgift. 1—2 g Helleboretin hingegen sind bei Hunden ohne jede Wirkung.

Helleborein läßt sich durch Verseifung desacetylieren. Das desacetylierte Helleborein hat genau die entgegengesetzte Wirkung wie die Digitalisgifte, zu denen das Helleborein selbst gehört. Es ist bemerkenswert, daß eine einfache Abspaltung von Acetylgruppen in dieser Weise die Wirkung in ihr Gegenteil umkehren kann[3]).

Antiarin[4]) spaltet bei der sauren Hydrolyse Antiarigenin ab, welches wohl die für die Digitalisgruppe charakteristische Wirkung auf das Froschherz zeigt, aber in weit geringerem Maße als Antiarin.

Periplocin, das Glucosid der Periploca graeca ist ein ausgesprochenes Herzgift der Digitalisgruppe[5]).

Scillaren (Scillaglykosid) wirkt wie Strophanthin. Das bei der Verseifung des Scillarens entstehende Genin, das Scillaridin, ist fast unwirksam[6]).

Die Verbindungen der auf das Herz wirkenden Digitalisgruppe scheinen alle das Gemeinsame zu haben, daß sie Glykoside von cholesterinähnlichen Verbindungen sind. Leider ist die Chemie dieser Verbindungen trotz zahlreicher Arbeiten (O. Schmiedeberg, Kiliani usw.) noch dunkel.

Cholesterin selbst wirkt auf das Froschherz beträchtlich stimulierend, und zwar auf die systolische Energie, während es die Häufigkeit der Herzschläge nicht beeinflußt. Es wirkt direkt als Stimulans auf die Muskelsubstanz[7]).

Das Krötengift Bufotalin, sowie das nordamerikanische Klapperschlangengift Crotalotoxin und das Ophiotoxin stammen wahrscheinlich von Cholesterin resp. von der Cholalsäure ab. Diese Giftwirkungen sind ähnlich den Sapotoxinen und einzelne von Windaus dargestellte Oxydationsprodukte des Cholesterins zeigen ähnliche Wirkungen, wie Gallensäure und Saponine[8]). Sie sind schwer resorbierbar, machen Nekrose, Pulsverlangsamung und Hämolyse. Diese sauren Oxydationsprodukte erinnern in ihrer lokalen Wirkung an das Viperngift[9]).

Bufotalin $C_{26}H_{36}O_6$ hat zwei Doppelbindungen und besitzt vier Ringsysteme wie die Gallensäuren und die dem Lacton Bufotalan entsprechende Oxysäure $C_{24}H_{40}O_4$ ist isomer mit der Desoxycholsäure. Wahrscheinlich findet sich im Bufotalin dieselbe carboxylführende Seitenkette wie in den Gallensäuren. Das Carboxyl bildet jedoch mit einem in der γ-Stellung eingetretenen Hydroxyl ein Lacton $OC \cdot CH_2 \cdot CH_2 \cdot C—$ (O; CH_3). Die Giftwirkung des Bufotalins ist an die Lactongruppe gebunden und bei der Bufotalsäure nicht mehr vorhanden[10]).

---

[1]) Pierzcyek: Arch. d. Pharmazie u. Ber. d. dtsch. pharmazeut. Ges. 1890, S. 352. — Ehrenthal: Arch. d. Pharmazie u. Ber. d. dtsch. pharmazeut. Ges. 1890, S. 357.

[2]) Arch. f. exp. Pathol. u. Pharmakol. Bd. 45, S. 242. 1901; Bd. 72, S. 395. 1903.

[3]) Frey, Ernst: Zeitschr. f. exp. Pathol. u. Therap. Bd. 22, S. 54. 1921.

[4]) Kiliani: Arch. d. Pharmazie u. Ber. d. dtsch. pharmazeut. Ges. Bd. 34, S. 438. — Hedbom, Karl: Arch. f. exp. Pathol. u. Pharmakol. Bd. 45, S. 342. 1901.

[5]) Mac Keith, M. H.: Journ. of pharmacol. a. exp. therapeut. Bd. 27, S. 449. 1926.

[6]) Okushima, Kwamihiro: Arch. f. exp. Pathol. u. Pharmakol. Bd. 95, S. 258. 1922.

[7]) Danilewsky, B.: Pflügers Arch. f. d. ges. Physiol. Bd. 120, S. 181.

[8]) Faust, E. S.: Arch. f. exp. Pathol. u. Pharmakol. Bd. 64, S. 244. 1911.

[9]) Flury, F.: Arch. f. exp. Pathol. u. Pharmakol. Bd. 66, S. 221. 1911.

[10]) Wieland, H.: Sitzungsber. d. Bayr. Akad. d. Wiss., 1920, S. 329.

Vergleicht man Digitalin mit Bufotoxin, so sieht man, daß letzteres ein Derivat eines einfach ungesättigten Tetraoxylactons ist. Von den vier Hydroxylgruppen sind zwei frei vorhanden, die dritte ist durch Essigsäure, die vierte durch Suberylarginin verestert. Bei der Hydrolyse erhält man das vierfach ungesättigte Monooxylacton $C_{24}H_{30}O_3$ Bufotalien. Digitaligenin $C_{24}H_{32}O_3$ und Bufotalien nehmen bei der Hydrierung 3 bzw. 4 Mol. Wasserstoff auf und liefern zwei isomere Verbindungen von der Formel $C_{24}H_{38}O_3$. In der Pflanze sind zwei Hydroxyle mit Zuckern, beim Tier mit Säuren verbunden[1]).

Digitalin enthält eine einzige Doppelbindung, durch Hydrierung wird es physiologisch unwirksam. Digitalin ist ein Derivat eines einfach ungesättigten Trioxy-lacton $C_{24}H_{36}O_5$, dessen eine Hydroxylgruppe frei ist, dessen beide andere mit Glykose und Digitalose glykosidisch verknüpft sind.

Digitoxin läßt sich durch Erwärmen mit Natronlauge in Digitoxinsäure verwandeln. Die Salze dieser Säure sind physiologisch unwirksam (Kiliani).

Der Spaltling aus Digitoxigenin wirkt subcutan noch in 20fach größerer Menge (als Digitoxigenin) gar nicht und am ausgeschnittenen Herzen in zehnfacher Konzentration viel schwächer als Digitoxigenin[2]).

Gitoxin, früher Anhydro-gitalin genannt, läßt sich in Gitoxigenin $C_{24}H_{36}O_5$ und 3 Mol. Digitoxose spalten. Gitoxigenin enthält eine Lactongruppe, 3 Hydroxylgruppen und eine Doppelbindung. Ein gleicher Stoff ist aus dem Digitalinum verum erhalten und als Digitaligenin bezeichnet worden[3]). Die beiden Glykoside, Gitoxin und Digitalinum verum sind sehr nahe verwandt; sie enthalten beide ein Aglykon $C_{24}H_{36}O_5$, das in dem einen Falle mit Digitoxose, in dem anderen Falle mit Glykose und Digitalose verbunden ist. Vermutlich beschränkt sich die Verschiedenheit der beiden Glykoside, ebenso wie beim Cymarin und Strophantin Kombé auf die Zuckerkomponente.

Das reine Digitoxin $C_{44}H_{70}O_{14}$ spaltet im Hochvakuum eine pharmakologisch indifferente Substanz $C_8H_{14}O_4$ ab, die sublimiert. Der verbleibende Rest, Digitan genannt, $C_{36}H_{56}O_{10}$ verhält sich pharmakologisch wie Digitoxin. Durch Säuren läßt sich das Digitan in 1 Mol. Digitoxigenin und 2 Mol. Digitoxose quantitativ spalten. Bei der Säurespaltung des Digitoxins entstehen quantitativ 1 Mol. Digitoxigenin, 2 Mol. Digitoxose und 1 Mol. einer öligen Substanz. Die sublimierbare Substanz gibt bei einer Säurebehandlung eine mit der öligen Substanz identische Substanz. Das Öl gibt stark die Digitoxosereaktion, ist kein Zucker und pharmakologisch indifferent. Das Digitoxigenin $C_{24}H_{36}O_4$ besitzt noch eine deutliche Herzwirkung, die aber qualitativ und quantitativ etwas verschieden ist von der des Digitoxins, daneben ist sie aber ein starkes zentrales Krampfgift. Aus dem Digitoxigenin erhält man durch Säurebehandlung in der Wärme Anhydrodigitoxigenin $C_{24}H_{34}O_3$. Das gleiche Produkt erhält man aus dem Digitoxin bei intensiverer Säurespaltung. Es besitzt keine Herzwirkung mehr, wohl aber die Krampfwirkung. Aus dem Digitoxigenin erhält man die Digitoxigeninsäure $C_{24}H_{38}O_5$, die keine pharmakologische Wirkung mehr zeigt. Die Herzwirkung des Digitoxins ist bedingt durch die Anwesenheit mehrerer Hydroxyle[4]).

Durch Behandeln mit Benzoylchlorid und Stearinsäurechlorid erhält man krystallisierte Substitutionsprodukte des Digitoxins, wobei immer fünf Säurereste eintreten. Die erhaltenen Produkte besitzen keine pharmakologische Wirkung mehr. Werden nur zwei Hydroxyle verschlossen, so ist die Herz-

---

[1]) Windaus, A., A. Bohne u. A. Schwieger: Ber. d. dtsch. chem. Ges. Bd. 57, S. 1386. 1924.

[2]) Kiliani, H.: Ber. d. dtsch. Chem. Ges. Bd. 53, S. 246. 1920. Straub.

[3]) Windaus, Bohne u. Schwieger: Ber. d. dtsch. chem. Ges. Bd. 57, S. 1386. 1924.

[4]) M. Cloetta: Arch. f. exp. Pathol. u. Pharmakol. Bd. 88, S. 113. 1920.

wirkung eine abgeschwächte. Die Benzoylierung des Digitans vernichtet ebenfalls dessen Wirkung auf das Herz.

Acetyliert man Digitoxigenin, so tritt nur ein Acetylrest ein. Das erhaltene Produkt zeigt keine Herzwirkung mehr, wohl aber eine Krampfwirkung. Es verhält sich somit ähnlich wie Anhydrodigitoxigenin. Die für die Herzwirkung maßgebende Hydroxylgruppe des Digitoxigenins ist somit in beiden Produkten unbrauchbar geworden, während für die Krampfwirkung offenbar eine andere Gruppe in Betracht kommt.

Straub faßt bei den Digitalisglykosiden die Beziehung zwischen Wirkung und Bau dahin auf, daß die prinzipielle Herzwirksamkeit des ganzen Moleküls im Genin liegt, daß aber die Herzspezifität erst durch den Eintritt des Zuckermoleküls entsteht.

M. Cloetta findet in der Digitalis außer dem Digitoxin, Bigitalin und Gitalin. Letztere beide werden aus Krafts Gitalin gewonnen. Bigitalin und Gitalin wirken weitaus schwächer als Digitoxin. Wirkungsstärken am Herzen: Digitoxin 1, Bigitalin 0.4, Gitalin 0,45.

Di- und Hexaacetylbigitalin zeigen eine auf etwa die Hälfte abgeschwächte Wirkung gegenüber dem Bigitalin, die Hexabenzoylverbindung ist ganz unwirksam. Bei den Geninen, Bigitaligenin und Gitaligenin bewirkt die Acetylierung eine Verstärkung um das 4—5fache. Die Hydrierung und Anhydrierung heben die Herzwirkung auf; dabei eliminiert die Aufhebung einer Doppelbindung schon die Herzwirkung, die der zweiten auch die Krampferzeugende. Die Herzwirkung hängt demnach im allgemeinen von der Anwesenheit von Hydroxylgruppen ab, die in Gegenwart leicht abspaltbarer Acetylgruppen besonders wirksam sind und durch Doppelbindungen aktiviert werden. Alle wirksamen Verbindungen schmecken im Gegensatz zu den unwirksamen bitter[1]).

Unzersetzte Digitalisglykoside werden nur in geringer Menge ausgeschieden. Der größte Teil der Glykoside wird im Körper gespalten und läßt die Genine in den Harn übertreten; nur etwa 1 % oder weniger der eingespritzten Substanzmengen läßt sich in physiologisch wirksamer Form nachweisen[2]).

Glykoside werden von Hefezellen und vom Herzen nicht aufgenommen[3]). Es scheint als ob die Glykoside, da sie von den Zellen zu schwer oder gar nicht resorbiert werden, lediglich Membrangifte, bzw. die Membran reizende Gifte sind. Es mag damit auch zusammenhängen, daß die Darmschleimhaut die glykosidisch gebauten Biosen, Rohrzucker und Milchzucker, nur sehr schwer oder gar nicht resorbiert, während die Monosen glatt aufgenommen werden. Die abführende Wirkung des Milchzuckers hängt vielleicht mit der Membranreizung seitens dieses Glykosids zusammen.

Die physiologische Intensität der Strophantinwirkung ist von der Konzentration des Glykosids in der den Ventrikel umspülenden Flüssigkeit abhängig. Straub nimmt nur an der Grenzschicht eine fast irreversible Reaktion an, ohne daß das Glykosid in die Zellen eindringt. Er sucht die Spezifität der Digitaliswirkung nur darin, daß nur die Oberfläche der Herzmuskelzellen, nicht aber im gleichen Maße auch andere Organismuszellen mit dem Digitaliskörper reagieren[4]).

Strophantin, nach Fraser-Feist aus dem Kombesamen hat die empirische Formel $C_{40}H_{66}O_{19}$. Das Arnaudsche Glykosid, Pseudostrophanthin genannt,

---

[1]) Arch. f. exp. Pathol. u. Pharmakol. Bd. 112, S. 261. 1926.

[2]) Santesson, C. G.: Dtsch. Physiolog. Gesellsch. 26.—28. Mai 1920; Ber. üb. d. ges. Physiol. Bd. 2, S. 188. 1920.

[3]) Bokorny: Chem.-Zeitg. Bd. 34, S. 1. — Straub, W.: Biochem. Zeitschr. Bd. 28, S. 392. 1910.

[4]) Straub, W.: Biochem. Zeitschr. Bd. 28, S. 392. 1910.

unterscheidet sich durch einen Mindergehalt von drei Molekülen Wasser. Beide Verbindungen enthalten eine Methoxylgruppe, doch findet sich diese nach der Hydrolyse beim Strophanthin im Kohlenhydratspaltling, während sie beim Pseudostrophanthin im Pseudostrophanthidin bleibt. Pseudostrophanthin ist viel schwerer spaltbar. Es wirkt, subcutan injiziert, fast doppelt so stark als Strophanthin. Pseudostrophanthin ist mit Strophanthin-Merck identisch. Bei der Hydrolyse zerfällt Strophanthin in Strophanthidin und ein Kohlenhydrat.

Die Strophanthidinformel läßt sich auflösen in

$$OH(C_{25}H_{37}O_2)\begin{matrix} \diagup CO \diagdown O \\ \diagdown CO \diagup O \end{matrix}$$

Die beiden Sauerstoffe des Kernes gehören höchstwahrscheinlich auch Hydroxylgruppen an, außerdem ist mindestens ein Benzolkern und die Gruppe CH : CH enthalten. Der Spaltzucker ist Strophanthibiosemethyläther[1]).

Strophanthidin hat mindestens eine doppelte Bindung, besitzt hauptsächlich ein gesättigtes alicyclisches Skelett. Von den sechs Sauerstoffatomen gehören zwei einer Lactongruppe, eines einer Carbonylgruppe und eines einer alkoholischen Gruppe an[2]).

Strophantidin enthält wie Cholesterin ein tetracyclisches System, es ist ein ungesättigtes Oxy-lacton wie die Genine der Digitalis-Glykoside; es unterscheidet sich von letzteren dadurch, daß es außer seinen drei Hydroxylgruppen auch noch eine Ketogruppe enthält, die den Digitalis-Geninen fehlt; ferner besitzt es ein C-Atom weniger als die Digitalis-Genine, so daß der Grundstoff des Strophanthidins von der Formel $C_{23}H_{36}O_3$ als das nächst niedere Homologe des Hexahydro-digitaligenins erscheint[3]).

Nach den Angaben von D. H. Brauns und O. E. Closson[4]) ist das krystallinische Kombestrophanthin von Arnaud mit dem ihrigen identisch, das Arnaudsche Strophanthinhydrat dürfte amorphes saures Strophanthin gewesen sein, beide geben bei der Spaltung dasselbe Strophanthidin, welches mit dem Feistschen identisch ist. Sowohl das krystallinische als auch das saure amorphe Kombestrophanthin zeigen die typische Wirkung eines Herztonicums, jedoch ist das amorphe saure nur ein Drittel so wirksam als das krystallinische.

Amorphes Strophanthin ist weniger toxisch als krystallinisches. Letzteres ist $1^1/_2$mal so toxisch wie Ouabain, weil nach M. Tiffeneau Strophanthin leichter hydrolysierbar ist und im Organismus leichter zerfällt. Ouabain ist toxischer als amorphes Strophanthin[5]).

Trimethylostrophanthin wirkt qualitativ und quantitativ sehr ähnlich wie Strophanthin selbst. Es teilt mit dem Strophanthin den raschen Eintritt der Digitaliswirkung, wirkt eher nachhaltiger, zeigt aber auch stärkere kumulative Eigenschaften als die Muttersubstanz. Besondere Vorteile vor dem Strophanthin scheinen dem Methylostrophanthin somit nicht zuzukommen[6]).

Herzstillstand, der als Folge calciumfreier Speisung des Herzens auftritt, wird durch Strophanthin behoben. Die Möglichkeit dieser Wiederbelebung ist an die Gegenwart von Calcium im Herzen geknüpft. Es erscheint sehr wahrscheinlich, daß das Wesen der wichtigsten Strophanthinwirkung in Sensibili-

---

[1]) Feist: Ber. d. dtsch. chem. Ges. Bd. 33, S. 2063, 2069. 1900. — Fraser: Strophanthus, Edinbourgh 1887. — Arnaud: Cpt. rend. hebdom. des séances de l'acad. des sciences. Bd. 107, S. 181, 1162.

[2]) Jacobs, W. A. u. M. Heidelberger: Journ. of biol. chem. Bd. 54, S. 253. 1922.

[3]) Windaus, A., S. Reverey u. A. Schwieger: Ber. d. dtsch. chem. Ges. Bd. 58, S. 1509. 1925.

[4]) Arch. d. Pharmazie u. Ber. d. dtsch. pharmazeut. Ges. Bd. 252, S. 294.

[5]) Tiffeneau, M.: Bull. des sciences pharmacol. Bd. 29, S. 68. 1922.

[6]) Herzig, J. u. R. Schönbach: Monatshefte für Chemie Bd. 33, S. 673. 1912 (untersucht von Schapkaiz).

sierung des Herzens für Calcium besteht. Nur Schädigungen der Herztätigkeit infolge von Calciummangel werden durch Strophanthin behoben. Gitalin wirkt ebenso wie Strophanthin (O. Loewi).

Fraxin $C_6H\begin{cases} O \cdot C_6H_{11}O_5 \\ OH \\ O \cdot CH_3 \\ CH = CH \cdot CO \\ O \text{———} \end{cases}$ hat eine geringe physiologische Wirkung. Beim Hunde übt es auf Blutdruck und Temperatur keinen Einfluß aus und erzeugt keine Vergiftungserscheinungen. Die Hauptmenge wird innerhalb 24 Stunden im Harne unverändert ausgeschieden. Auch bei Mäusen ist es relativ ungiftig; beim Frosche zeigt es eine leichte Beeinflussung der Herztätigkeit[1]).

Cymarin gehört in die Gruppe der Digitalisstoffe und wirkt stärker als Apocynamarin, welches in der Wirkung mit dem Cynotoxin vollkommen übereinstimmt. Cymarin läßt sich in Cymarigenin und einen Zucker spalten; dieser Zucker, die Cymarose, ist der Methyläther eines Zuckers $C_6H_{12}O_4$, welcher wahrscheinlich Digitoxose ist. Cymarigenin ist mit dem Strophanthidin identisch. Tatsächlich ist auch Cymarin dem Strophanthin pharmakologisch sehr nahestehend[2]).

Die noch glykosidreiche Cymarinsäure ist 500 mal weniger wirksam als ihr Lacton, das Cymarin. Noch einschneidender ist die Verwandlung des Cymarigenins in das Isocymarigenin mit einer fast totalen Wirksamkeitsaufhebung verbunden.

Durch die Veresterung des Cymarigenins bzw. Strophanthidins mit Benzoesäure entsteht eine Substanz, die dem zugehörigen glykosidischen Äther 30fach nachsteht, dem Genin dreifach.

Die Lactongruppe ist von wesentlicher Bedeutung für die Wirksamkeit des Cymarins, obwohl keines der anderen Produkte ganz unwirksam ist[3]).

Fast alle Saponinsubstanzen haben eine Wirkung auf das isolierte Kaltblüterherz mit Ausnahme von Eupatorin und dem neutralen Sapogenin des Spinatsamens. Zum Teil wirken sie giftig noch bei sehr hoher Verdünnung; fast immer tritt bei noch stärkerer Verdünnung eine Steigerung der Herztätigkeit ein, die bei weiterem Zufügen der Substanz nachläßt und schwächend auf das Herz wirkt. Die Sapogenine zeigen fast immer eine sehr viel geringere Wirkung. Nur beim neutralen Saponin der Polygala amara und seinem Sapogenin ist ein Unterschied in der Wirkung kaum zu erkennen. Das Rebaudinsapogenin und das Sapogenin des neutralen Senegasaponins wirken stärker als ihre Muttersubstanz[4]).

Das Saponin Movrin gibt bei der Hydrolyse ein Sapogenin Movrasäure, welches sich in krystallisierbare Movragensäure und amorphe Movrageninsäure zerlegen läßt. Movragensäure und rohe Movrasäure wirken hämolytisch gleich stark[5]).

Einzelne Saponine werden nach innerlicher Verabreichung allerdings bei weitem nicht quantitativ, aber doch in merkbarer Menge, vom Hund unverändert resorbiert und als solche im Harn ausgeschieden. Einzelne Saponine wirken zeitweise diuretisch[6]).

Bromsaponin wirkt nicht mehr hämolytisch und verhindert oder verzögert die Hämolyse durch andere Saponine[7]).

---

[1]) Zanda, G. B.: Arch. d. farmacol. sperim. Bd. 15, S. 117. 1913.

[2]) Windaus, A. u. L. Hermanns: Ber. d. dtsch. chem. Ges. Bd. 48, S. 979. 1915. — Impens: Pflügers Arch. f. d. ges. Physiol. Bd. 153, S. 239. 1913. — Kuroda, M.: Zeitschr. f. d. ges. exp. Med. Bd. 4, S. 55. 1914.

[3]) Straub, W.: Biochem. Zeitschr. Bd. 75, S. 132. 1916.

[4]) Weinberg, Fritz: Zeitschr. f. exp. Pathol. u. Ther. Bd. 20, S. 153. 1919.

[5]) Spiegel, L. u. Arthur Meyer (Kobert): Ber. d. dtsch. pharm. Ges. Bd. 28, S. 100. 1918. [6]) Fieger, J.: Biochem. Zeitschr. Bd. 86, S. 243. 1918.

[7]) Winterstein, E. u. M. Maxim: Helvetica chim. acta Bd. 2, S. 195. 1919.

Zehntes Kapitel.

Reduzierende Hautmittel.

In der Dermatologie stellt sich insbesondere bei der Behandlung der Psoriasis das Bedürfnis ein, Verbindungen auf die Haut zu bringen, welche reduzierend wirken.

Die alte Erfahrung, daß das Ararobapulver günstige Erfolge bei der Behandlung der Psoriasis zeitigt, hat Veranlassung gegeben, sich mit den chemischen Vorgängen bei Anwendung dieses Präparates zu beschäftigen. Das Ararobapulver besteht zum größten Teile aus einer Chrysarobin genannten Substanz, welche bei Gegenwart von Alkalien, aber auch ohne diese, aus der Luft Sauerstoff aufnimmt und sich hierbei in Chrysophan verwandelt.

Chrysarobin ruft an allen tierischen Geweben heftige Reizzustände hervor.

Chrysophanhydroanthron $C_{15}H_{12}O_3$, mit dem Chrysarobin isomer, macht am Auge heftige entzündliche Erscheinung, auf der Haut Reizwirkungen und eine charakteristische rotbraune Pigmentierung. Innerlich wirkt es reizend auf den Verdauungstrakt und die Niere, zum Teil wenigstens wird es als Chrysophansäure ausgeschieden[1]).

3-Nitrobenzol-1.2-dicarbonsäure (α-Nitrophthalsäure) wird mit m-Kresol in Gegenwart von Aluminiumchlorid zu 2.2′-Oxy-4′-methylbenzoyl-3-nitrobenzol-1-carbonsäure kondensiert, zu der entsprechenden Aminoverbindung reduziert, diese diazotiert, die Diazoverbindung durch Verkochen in die 2.2′-Oxy-4′-methyl-benzoyl-3-oxybenzol-1-carbonsäure übergeführt und letztere durch Erwärmen mit konz. Schwefelsäure in Gegenwart von Borsäure und rauchender Schwefelsäure zu 1.8-Dioxy-3-methylanthrachinon kondensiert. Man kann auch von der 4-Aminoacetylbenzoldicarbonsäure (α-Aminoacetylphthalsäure) ausgehen, diese mit m-Kresol in Gegenwart von Aluminiumchlorid zu der 2.2′-Oxy-4′-methylbenzoyl-3-aminobenzol-1-carbonsäure kondensieren und dann wie oben weiter verfahren.

Es läßt sich das 1.8-Dioxy-3-methylanthrachinon auch so gewinnen, daß man die 2.2′-Oxy-4′-methylbenzoyl-3-aminobenzol-1-carbonsäure durch Erwärmen mit konz. Schwefelsäure auf 150° in das 1-Oxy-3-methyl-8-aminoanthrachinon überführt und dieses durch Diazotierung und Verkochen in die Diazoverbindung umwandelt[2]).

Die Erkenntnis, daß beim Chrysarobin wesentlich die Sauerstoffgierigkeit der Substanz die eigentümliche therapeutische Wirkung ausübt, hat natürlich die Möglichkeit geboten, eine Reihe anderer Substanzen, welche sich ebenfalls sehr gierig mit Sauerstoff verbinden, zu dem gleichen Zwecke zu verwenden. So hat insbesondere Pyrogallol

OH
OH
OH

aus dem gleichen Grunde eine ausgebreitete Verwendung gefunden. Nun kommen aber sowohl dem Chrysarobin, als auch dem Pyrogallol auch hautreizende Wirkungen zu. Es haben sich naturgemäß nun zweierlei Bestrebungen geltend gemacht. Die eine Richtung war bestrebt, die schädlichen Nebenwirkungen des Chrysarobins und des Pyrogallols durch chemische Veränderungen dieser Substanzen zu beseitigen, während die andere es sich zur Aufgabe

[1]) Iwakawa, K.: Arch. f. exp. Pathol. u. Pharmakol. Bd. 65, S. 315. 1911.
[2]) R. Eder, Zürich, Schw. P.95430.

machte, unter der großen Reihe von reduzierend wirkenden Substanzen aus den verschiedensten chemischen Gruppen solche auszusuchen, welche reduzierende Wirkungen mit möglichster Reizlosigkeit vereinigen.

Unna[1]) schlug vor, statt des Pyrogallols das oxydierte Parapyrogallol, welches man durch Einwirkung von atmosphärischer Luft und Ammoniak auf Pyrogallol erhält, bei der Psoriasis zu benützen, indem er annahm, daß Pyrogallol nicht als solches wirke und seine therapeutischen Effekte nicht so sehr die Folge eines Reduktionsprozesses der Hautelemente seien, als vielmehr im wesentlichen auf der Wirkung des Oxydationsproduktes selbst beruhen; dem oxydierten Pyrogallol gehen aber die reizenden Wirkungen des Pyrogallols ab. Anders verhält es sich aber beim Chrysarobin. Das Oxydationsprodukt des Chrysarobins, Chrysophansäure, wirkt nicht so wie Chrysarobin und nicht wie oxydiertes Pyrogallol. Hier scheint also ein grundsätzlicher Gegensatz zu bestehen, wenn sich die Angaben von Unna als richtig erweisen[2]).

Chrysarobin wird in Eisessig gelöst und mit Zinn und Salzsäure reduziert. Das Reduktionsprodukt bildet gelbe Krystalle, die sehr licht- und luftfeuchtigkeitsempfindlich sind. Es soll gegen Psoriasis verwendet werden[3]). Neorobin ist ein Reduktionsprodukt des Chrysarobins, erhalten durch Reduktion mit Zinn und Eisessig[4]). Beide Produkte sind wohl identisch.

Ein anderer Weg war gegeben durch den gewöhnlichen Vorgang, einige von den reaktionsfähigen Hydroxylgruppen des Chrysarobins, des Pyrogallols und ähnlicher Verbindungen zu verschließen. So wurde vorgeschlagen, aus dem Chrysarobin das Di- und Tetraacetat darzustellen.

Da bei der Acetylierung des Chrysarobins nach C. Liebermann sich ein Hexaacetylprodukt, das unlöslich ist, bildet, bedient man sich mit Vorteil, um lediglich niedere Acetylprodukte zu erhalten, eines Verdünnungsmittels. Man kann mit Acetylchlorid oder Essigsäureanhydrid oder mit Essigsäureanhydrid und Natriumacetat in Xylol oder Eisessiglösung kochen[5]).

Das Tetraacetat des Chrysarobins, Lenirobin genannt, reizt die Haut viel weniger als Chrysarobin und hat den Vorteil, die Wäsche nicht so zu beschmutzen. Das Triacetat, Eurobin genannt, unterscheidet sich hingegen in seinen therapeutischen Effekten nicht wesentlich von der Grundsubstanz selbst[6]).

Ebenso wurden aus Pyrogallol und dem ihm nahestehenden Resorcin

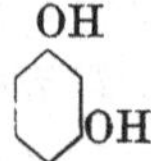

Acetylderivate in gleicher Absicht dargestellt.

Die Darstellung des Triacetylpyrogallols[7]) geschieht durch Erhitzen von Pyrogallol mit Essigsäureanhydrid und Natriumacetat. Bei der Einwirkung von Acetylchlorid auf Pyrogallol entsteht nämlich neben den Acetaten des Pyrogallols Gallacetophenon $C_6H_2(CH_3 \cdot CO)(OH)_3$ und seine Derivate. Glatt erhält man Pyrogalloltriacetat durch Acetylieren von Pyrogallol mit Essigsäureanhydrid bei Gegenwart einer Mineralsäure[8]).

Pyrogallolmonoacetat[9]) erhält man durch Erwärmen von Pyrogallol in Eisessig mit der entsprechenden Menge Essigsäureanhydrid. Nach Abdestillieren der Essigsäure hinterbleibt das gewünschte Produkt. Ebenso erhält man den Körper durch Einwirkung von Acetylchlorid auf eine Eisessiglösung von Pyrogallol. Schließlich kann man ihn am einfachsten durch Zusammenbringen von Pyrogallol mit dem doppelten Gewichte Essigsäureanhydrid und Erwärmen erhalten. Durch Wasser wird Pyrogalloltriacetat gefällt. Durch Zusatz einer 15proz. Kochsalzlösung krystallisiert aus der Mutterlauge das Diacetat heraus. Durch Äther läßt sich dann aus der Mutterlauge das Monoacetat ausschütteln.

---

[1]) Dtsch. med. Zeitg. 1896, Nr. 84. [2]) Therap. Wochenschr. 1897, S. 1043.
[3]) Schamberg, J. F. u. S. W. Raiziss, A. P. 1417771.
[4]) Masucci, Peter u. G. A. Slothower: Journ. Americ. pharm. assoc. Bd. 12, S. 335. 1923. [5]) D.R.P. 105871.
[6]) Krohmayer u. Vieth: Monatshefte f. prakt. Dermatol. Bd. 27, I. 1898.
[7]) D.R.P. 105240. [8]) D.R.P. 124408. [9]) D.R.P. 104663.

Monoacetylresorcin erhält man durch Acetylieren von Resorcin in Eisessig mittels der berechneten Menge Essigsäureanhydrid oder Acetylchlorid. Nach Abdestillieren der Essigsäure hinterbleibt das gewünschte Reaktionsprodukt[1]).

Reines, fast geruchloses Resorcinmonoacetat erhält man, wenn man das durch Acetylierung des Resorcins erhältliche Rohprodukt einer Behandlung mit schwach überhitztem Wasserdampf im Vakuum unterwirft. Hierdurch wird der unangenehme Geruch beseitigt[2]).

Unvollständig acetylierte Polyhydroxylverbindungen erhält man durch Erhitzen von hoch acetylierten Verbindungen mit den unveränderten Ausgangskörpern, wobei sich die Acetylgruppen gleichmäßig über die Gesamtmenge der vorhandenen acetylierbaren Hydroxyle verteilen[3]).

Das Triacetat des Pyrogallols, Lenigallol, genannt ist ungiftig, unlöslich und zersetzt sich erst langsam auf der erkrankten Hautfläche. Das Eugallol genannte Monoacetat ist flüssig und wasserlöslich und steht in seiner Wirkung dem Pyrogallol sehr nahe. Statt der Acetylgruppe kann man auch Salicylgruppen in die Hydroxyle einführen und man erhält so ein Disalicylat, Saligallol genannt, welches harzig ist und angeblich eine äußerst milde Wirkung äußert. (Es hat sich nicht bewährt [Mohr].) Es ist sehr fraglich, ob das Eurisol genannte Monoacetat des Resorcins, welches ölig ist, günstige Wirkungen äußert, um so mehr, als es nicht ganz sicher ist, ob dem Resorcin selbst bei den erwähnten Hautkrankheiten solche Wirkungen zukommen. Resorcin zeigt vielmehr schwach ätzende Eigenschaften.

Carbaminsäureester des Pyrogallol-1.3-dialkyläther kann man herstellen, indem man auf die Salze der Alkyläther Phosgen einwirken läßt und die entsprechenden Zwischenprodukte mit Ammoniak behandelt[4]).

Man erhält geschmacklose, in Wasser und Säure unlösliche Derivate[5]) des Diresorcylmethylensalicylaldehyds[6]), wenn man letzteren mit acidylierenden Agenzien behandelt. Die nicht acetylierte Grundverbindung schmeckt schlecht. Man bekommt sowohl die Diacetyl- als auch die Monoacetylverbindung, die beide erst im Darm gespalten werden.

Ferner wurde versucht, noch andere Verbindungen des Pyrogallols, denen die reizende Wirkung der Grundsubstanz abgeht, darzustellen. So wurde Gallanol, Gallussäureanilid $C_6H_2(OH)_3 \cdot CO \cdot NH \cdot C_6H_5 + 2H_2O$ empfohlen. Diese Substanz wirkt reduzierend, macht keine Flecken, ist farblos und hat neben der reduzierenden noch eine antifermentative Wirkung[7]). Auch Gallacetophenon $CH_3 \cdot CO \cdot C_6H_2(OH)_3$, welches aber weniger gut als Pyrogallol wirkt, wurde bei Psoriasis empfohlen. Es hat vor dem Pyrogallol den Vorzug, daß es die Wäsche nicht beschmutzt[8]). Da es sich beim Chrysarobin und Pyrogallol wesentlich um die Sauerstoffgierigkeit bei ihrer therapeutischen Anwendung handelt, so konnte natürlich eine Reihe anderer Substanzen hier zur Anwendung gelangen. So schlug C. Liebermann vor, aus verschiedenen Farbstoffen ähnlich sauerstoffgierige Körper zu machen, indem er durch Reduktion Leukoverbindungen herstellte. So ein Körper war das kurze Zeit in Gebrauch stehende Anthrarobin

$$C_6H_4\left\langle\begin{matrix} C(OH) \\ \\ C \\ H \end{matrix}\right\rangle C_6H_2(OH)_2$$

welches durch Reduktion von Alizarin

$$C_6H_4<\begin{matrix}CO\\CO\end{matrix}>C_6H_2(OH)_2$$

---

[1]) D.R.P. 103857. [2]) Knoll, D.R.P. 281099. [3]) D.R.P. 122145.

[4]) Baseler Chemische Fabrik, D.R.P. 194034, Zusatz zu D.R.P. 181593. (Dieses Hauptpatent siehe Kapitel Kreosot.)

[5]) Bayer, Elberfeld, D.R.P. 123099. [6]) D.R.P. 117980.

[7]) Therap. Monatshefte 1891, S. 487.

[8]) Cazeneuve und Rollet: Lyon méd. 1893, S. 507.

entsteht, eine ungiftige Substanz, die meist unverändert, zum Teil wieder zum Alizarin oxydiert, den Organismus verläßt. Auch das salzsaure Hydroxylamin $NH_2(OH) \cdot HCl$, welches ja für den internen Gebrauch viel zu giftig, wurde von Binz als Ersatzmittel des Chrysarobins um so mehr empfohlen, als es keine färbenden Eigenschaften besitzt, was ja in der dermatologischen Praxis von nicht zu unterschätzendem Wert ist. Wie Hydroxylamin wurde auch Acetylphenylhydrazin $C_6H_5 \cdot NH \cdot NH \cdot CO \cdot CH_3$, welches ja ebenfalls stark reduzierend wirkt, für diese Behandlung kurze Zeit ohne Erfolg verwertet.

Durch Reduktion von 1.8-Dioxyanthrachinon mit Zink in saurer Lösung gelangt man glatt zum 1,8-Dioxyanthranol[1]). An Stelle des 1.8-Dioxyanthrachinons kann man 1-Oxyanthrachinon verwenden. 1-Oxyanthranol kommt als Heilmittel gegen Psoriasis dem 1.8-Dioxyanthranol an Wirksamkeit mindestens gleich, während z. B. das isomere 2-Oxyanthranol fast völlig wirkungslos ist[2]).

Cignolin (1.8-Dioxyanthranol) wurde als Chrysarobinersatz empfohlen[3]).

Die Bedeutung der 1- und 8-Hydroxylstellung zeigt den Vergleich zwischen der Wirkung von Anthranol, (2)-Oxyanthranol, Chrysarobin und Cignolin. Die beiden letzteren mit der 1.8-Stellung sind den beiden ersteren in der Wirkung bei Psoriasis überlegen, ebenso weiter das Cignolin dem Chrysarobin gegenüber.

Die stärkere Reduktion der Anthranole bewirkt eine Abschwächung und nicht etwa Verstärkung der Wirkung.

Dihydroanthracen H_2 … H_2 Dihydroanthranol HOH … H_2 Oxanthron HOH … O

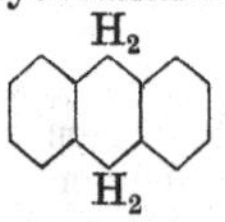

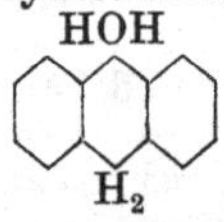

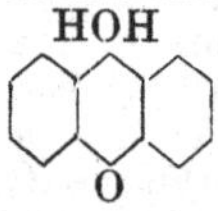

Dihydroanthranol und Oxanthron haben eine dem Anthranol nahekommende Wirkung, während Dihydroanthracen noch dahinter zurückbleibt.

Methylanthranol wirkt noch schwächer als Anthranol.

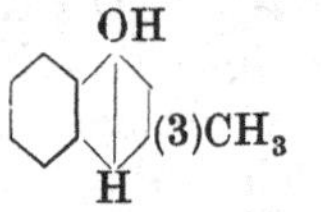

OH … (3)CH_3 … H

Alle stark wirksamen Mittel haben einen Faktor gemeinschaftlich, die Oxydation an der Brücke

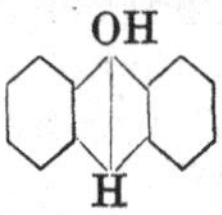

OH … H

und die innere Bindung derselben.

Dieser Faktor an und für sich bedingt aber nur eine sehr schwache Wirkung, die ungemein verstärkt wird durch bestimmte Oxydationen an den Benzolringen. Oxydation in Stellung 2 bringt keine solche Verstärkung hervor, während die Wirkungen ungemein stark sind bei gleichzeitiger Oxydation in Stellung 1 und 8.

Die Anheftung einer Methylgruppe in Stellung 3 ruft eine merkliche Abschwächung hervor.

1-Oxyanthranol

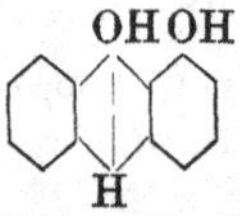

OHOH … H

[1]) Bayer, D.R.P. 296091. [2]) D.R.P. 301452, Zusatz zu D.R.P. 296091.
[3]) Unna u. Galewsky: Dermatol. Wochenschr. 1916, Nr. 6—8.

ist genau so stark wirksam wie 1.8-Dioxyanthranol, 1.5-Dioxyanthranol

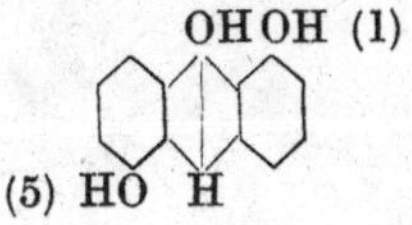

OHOH (1)
(5) HO H

und 1.5.8-Trioxyanthranol

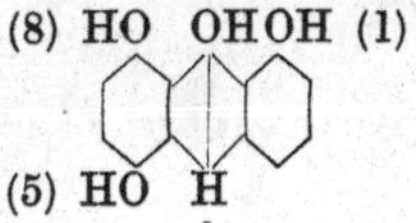

(8) HO OHOH (1)
(5) HO H

Die Einführung von Sauerstoff in die Stellung 5 übt einen stark abschwächenden Einfluß auf die Verbindung aus[1]).

Chrysarobin ist das Anthranol der Chrysophansäure, welches ein 1.8-Dioxymethylanthrachinon ist.

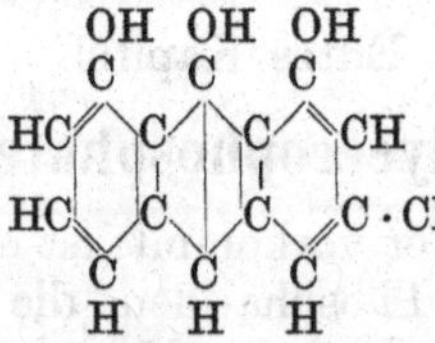

OH OH OH
C C C
HC C C CH
HC C C $C \cdot CH_3$
C C C
H H H

Das um eine Methylgruppe ärmere Cignolin (1.8-Dioxyanthranol)

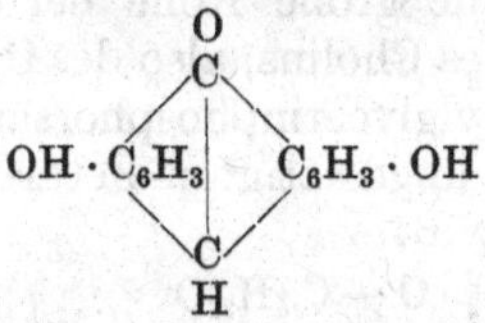

O
C
$OH \cdot C_6H_3$ $C_6H_3 \cdot OH$
C
H

wirkt viel rascher und energischer als Chrysarobin, so daß der Fortfall der Methylgruppe eine Wirkungssteigerung zur Folge hat.

Istizin unterscheidet sich von der Chrysophansäure ebenfalls durch den Mangel einer (3)-Methylgruppe.

Chrysophansäure

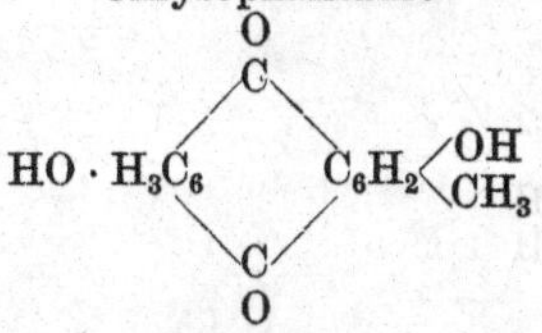

O
C
$HO \cdot H_3C_6$ $C_6H_2 \begin{smallmatrix} OH \\ CH_3 \end{smallmatrix}$
C
O

Istizin

O
C
$HO \cdot C_6H_3$ $C_6H_3 \cdot OH$
C
O

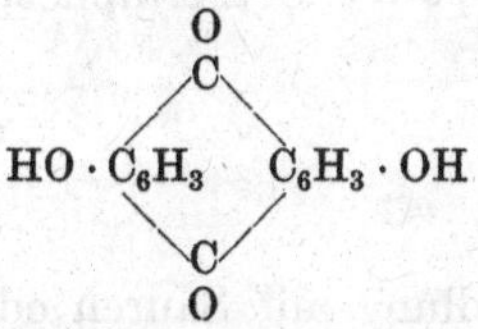

Auch Istizin zeigt das analoge Verhalten, indem es rascher und stärker bei Ekzemen wirkt als Chrysophansäure (s. bei Abführmitteln).

Das gleiche Verhalten zeigen Methylanthranol und Anthranol.

Methylanthranol

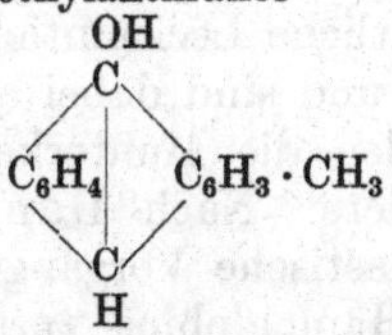

OH
C
C_6H_4 $C_6H_3 \cdot CH_3$
C
H

Anthranol

OH
C
C_6H_4 C_6H_4
C
H

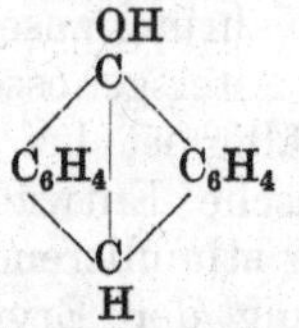

Das methylfreie Anthranol wirkt stärker als das methylierte.

---

[1]) Unna: Dermatol. Wochenschr. Bd. 62, S. 116. 1916.

Elftes Kapitel.

Glycerophosphate.

Lecithin, welches im Eidotter vorkommt, ist ein wechselndes Gemenge von alkohollöslichen ungesättigten Phosphatiden, die in einer Reihe von Organen, insbesondere aber in den Geweben des Nervensystems vorhanden sind und anscheinend physiologisch eine große Rolle bei der Tätigkeit dieser Organe spielen. Es ist als ein Ester des Cholins, also des Oxyäthyltrimethylammoniumhydroxyds mit der Stearyloleylglycerinphosphorsäure, bzw. einer mit Palmitin- oder Oleinsäure, wie anderer ungesättigten Fettsäure; substituierten Glycerinphosphorsäure aufzufassen, z. B.

$$\begin{array}{l} CH_2 \cdot O - C_{18}H_{35}O \\ \dot{} \\ CH \cdot O - C_{18}H_{33}O \\ \dot{} \\ CH_2 \cdot O - \underset{\displaystyle OH}{\underset{|}{PO}} - O \cdot C_2H_4 \diagdown \\ \qquad\qquad\qquad\qquad (CH_3)_3{\equiv}N. \\ \qquad\qquad\qquad\qquad HO \diagup \end{array}$$

Lecithin spaltet Glycerinphosphorsäure,

$$\begin{array}{l} CH_2 \cdot OH \\ \dot{} \\ CH \cdot OH \\ \dot{} \\ CH_2 \cdot O \cdot PO{<}^{OH}_{OH} \end{array}$$

bei Behandlung mit Säuren oder Basen ab.

Nach den Untersuchungen von Danilewski[1]) erzeugt Lecithin bei der Verfütterung eine starke Vermehrung der roten Blutkörperchen und ebenso wird das Wachstum von Warmblütern durch Lecithin befördert. Wenn man Tiere aus demselben Wurf gleichmäßig nährt und einem Teile der Versuchstiere Lecithin zur Nahrung zusetzt, so überholen sämtliche Lecithintiere in wenigen Monaten ihre Altersgenossen an Körpergewicht und sind dabei auch kräftiger gebaut. Auffällig ist bei solchen Lecithinhunden die Munterkeit und frühzeitige psychische Entwicklung der Versuchstiere. Nach Danilewski übt Lecithin einen stimulierenden Einfluß auf bioplastische Vorgänge aus, womit die Vermehrung der Erythrocyten und des Hämoglobins zusammenhängt, ebenso wie die direkte Wirkung auf das sich entwickelnde Gehirn.

Die große therapeutische Verwendung des Lecithins, wie die Gruppe der ungesättigten Phosphatide aus dem Eidotter genannt wird, bei Erkrankungen des Nervensystems und zur Beförderung des Wachstums, hat einige Versuche gezeitigt, die Darstellungsverfahren zu verbessern und Derivate darzustellen.

Die Darstellung von Hydrolecithin geschieht durch Reduktion des Lecithins mit Platin und Wasserstoff[2]). Dieses Hydrolecithin ist ein krystallinischer Körper. Es ist sehr fraglich, ob Lecithin nach der Hydrierung noch seine therapeutischen Eigenschaften behält. Versuche darüber liegen nicht vor.

---

[1]) Cpt. rend. hebdom. des séances de l'acad. des sciences Jg. 1895, 30. XII. u. Jg. 1896, 20. VII. [2]) D.R.P. 256998.

Komplexe Schwermetallsalzverbindungen des oben erwähnten Hydrolecithins entstehen bei Behandlung desselben mit Eisenjodür, mit Kupferacetat, mit Quecksilberchlorid.

Jodeisenlecithin erhält man, wenn man gesättigte alkoholische Lösungen von Lecithin mit alkoholischen Lösungen berechneter Mengen von Eisenchlorid und Jod in der Wärme (bei 60°) behandelt[1])

Kupferlecithin siehe bei Kupferverbindungen. Ebenso in den betreffenden Kapiteln: Jodlecithin, Bromlecithin.

Diese eigentümliche Wirkung des Lecithins hat nun Veranlassung gegeben, Glycerinphosphorsäure, welche ein Spaltungsprodukt des Lecithins darstellt, und vom Organismus zum Aufbauen des Lecithins wieder verwendet werden kann, in der Therapie zu verwerten. Lecithin wird bei der Verdauung zum Teil unter Abspaltung von Glycerinphosphorsäure zerlegt, daher wäre die Möglichkeit gegeben, statt des teuren und leicht verderbenden Lecithins die leicht zu gewinnende Glycerinphosphorsäure im gleichen Sinne zu verwenden[2]). Nach Bunge[3]) wird Lecithin vollständig und unversehrt resorbiert, was aber von mehreren Forschern geleugnet wird.

Doch behaupten einzelne Autoren, daß Glycerinphosphorsäure keineswegs im Organismus dazu verwertet wird, Lecithin aufzubauen, weil sie nahezu vollständig in die beiden Komponenten Glycerin und Phosphorsäure bei ihrem labilen Charakter wieder zerfällt, während andere Forscher behaupten, daß ein Teil der eingegebenen Glycerinphosphorsäure im Organismus zurückgehalten wird und zur Bildung von Lecithinen und Nucleinen in den Geweben Verwendung findet. Die Glycerophosphate sollen den Stoffwechsel heben und die Assimilation fördern.

Sanatogen ist angeblich glycerinphosphorsaures Casein.

Gegen Tetanus wird statt Magnesiumsulfat Magnesiumglycerophosphat empfohlen[4]).

J. A. Wülfing stellt glycerinphosphorsaures Natron in der Weise her, daß er metaphosphorsaures Natron mit einem Überschuß von Glycerin durch Erhitzen auf 120—210° verestert. Das gebildete Mononatriumglycerophosphat wird in Dinatriumglycerophosphat übergeführt und abgeschieden. Statt des metaphosphorsauren Natriums kann man Metaphosphorsäure und Dinatriumphosphat verwenden[5]).

Bei dieser Reaktion bildet sich Pyroester. Man kann dies umgehen, indem man statt des unlöslichen ein lösliches, im Zustand feiner Verteilung befindliches Natriummetaphosphat, wie es durch Abdampfen konzentrierter, mit Glycerin versetzter wässeriger Lösungen des glasigen Natriummetaphosphats oder der mit der zur Bildung von Natriummetaphosphat nötigen Menge Alkali versetzten glasigen technischen Metaphosphorsäure erhalten wird mit einem Überschuß von Glycerin im Vakuum durch Erhitzen nicht über 145° verestert[6]).

Poulenc-Paris stellen Glycerinphosphate in der Weise her, daß sie einbasische Phosphate bei höherer Temperatur im Vakuum auf Glycerin einwirken lassen, das Produkt mit Wasser behandeln und neutralisieren, wobei eine Verseifung der Diesterverbindung erfolgt. Man verwendet zur Reaktion NaH_2PO_4 oder das saure Monoammoniumphosphat. Man nimmt 1 Mol. Phosphat, 2 Mol. Glycerin; setzt man dann Wasser und Ätznatron hinzu, so erhält man krystallisiertes Dinatriumglycerinphosphat[7]).

Glycerinphosphorsäure kann man in der Weise darstellen, daß man Glycerin mit Calciumphosphat und konz. Schwefelsäure anreibt und unter Umrühren bei schwachem Druck anwärmt. Aus der Gipsmasse löst man mit Wasser die Glycerinphosphorsäure heraus[8]).

Man erhält organische Phosphorsäureverbindungen, wenn man Metaphosphorsäureester mit alkoholische Hydroxylgruppen enthaltenden Körpern oder mit organischen Derivaten des Ammoniaks erhitzt.

Aus Metaphosphorsäureäthylester, gewonnen durch Kochen von Diäthyläther mit

---

[1]) Knoll, D.R.P. 287017. [2]) Pasqualis: Ann. di chim. e farm. 1893, S. 137.
[3]) Lehrb. d. Physiol., 5. Aufl., II, 80ff.
[4]) Zuelzer: Berl. klin. Wochenschr. Bd. 52, S. 689. 1915.
[5]) D.R.P. 205579. [6]) D.R.P. 217553, Zusatz zu D.R.P. 205579.
[7]) D.R.P. 208700. [8]) D.R.P. 242422.

Phosphorpentoxyd und abs. Alkohol erhält man Triäthylphosphorsäureester und Diäthylphosphorsäureester, aus Zucker und Metaphosphorsäureäthylester den Glucosephosphorsäureester, aus Metaphosphorsäureäthylester und Harnstoff Harnstoffphosphorsäureesteramid. Ebenso sind die Derivate des Leucins $\frac{CH_3}{CH_3}{>}CH \cdot CH_2 \cdot CH{<}^{N<^{PO(OH)\cdot(OC_2H_5)}_{PO(OH)\cdot(OC_2H_5)}}_{COOH}$ und des Benzylalkohols $O = P{\lesssim}^{O \cdot C_2H_5}_{OH}{}_{O \cdot CH_2 \cdot C_6H_5}$ beschrieben[1]).

Man erhält phosphinige Säuren der Oxyfettsäuren, indem man Ketofettsäuren und ihre Derivate, z. B. Diketosäuren, Oxyketosäuren, ihre Ester und Amide mit unterphosphoriger Säure oder Salzen in Reaktion bringt. Beschrieben sind oxystearinphosphorige Säure aus Ketostearinsäure und unterphosphoriger Säure, von monoketooxystearinphosphoriger Säure aus Stearoxylsäure (Diketostearinsäure aus Stearolsäure) und unterphosphoriger Säure, von oxybehenphosphoriger Säure aus Ketobehensäure und oxystearinäthylesterphosphiniger Säure aus Stearoketosäureäthylester[2]).

Lipoide phosphorhaltige Verbindungen aus höher molekularen Fettsäurederivaten erhält man, wenn man auf höher molekulare Ketofettsäuren und ihre Derivate phosphorige Säure bei höherer Temperatur für sich oder in Lösung zur Einwirkung bringt oder die nach D.R.P. 280411 erhaltenen oxyphosphorigen Säuren oder deren Derivate mit gelinden Oxydationsmitteln behandelt und gegebenenfalls die freien Säuren in Salze überführt. Von diesen Oxyphosphinsäuren ist die Oxystearophosphinsäure aus 10-Ketostearinsäure (aus Stearolsäure) und phosphoriger Säure beschrieben[3]).

Durch Einwirkung von Phosphortrichlorid auf höher molekulare Ketofettsäuren erhält man in kurzer Zeit und bei Wasserbadtemperatur Verbindungen, die schon beim Behandeln mit Wasser in die Oxyphosphinsäuren übergehen[4]).

Aus Ketostearinsäure und Phosphortrichlorid erhält man Oxystearinphosphorsäure; aus Ketostearinsäureguajacolester entsteht der Guajacolester der Oxystearinphosphinsäure.

Die Estersäuren des D.R.P. 281801 lassen sich auch nach den gewöhnlichen Esterifizierungsmethoden aus den freien Oxyphosphinsäuren darstellen[5]). Beschrieben ist die Darstellung des Oxystearophosphinsäureäthylesters.

Diese Estersäuren, deren Salzen die wertvolle Eigenschaft der Lipoidlöslichkeit in bisher nicht bekanntem Maße zukommt, lassen sich auch nach den gewöhnlichen Esterifizierungsmethoden aus den freien oxyphosphinigen Säuren darstellen. Beschrieben ist die Überführung der oxystearinphosphinigen Säure in die sirupöse Methylestersäure[6]).

Die hochmolekularen ungesättigten Oxyfettsäuren geben bei Behandlung mit Phosphortrihalogeniden oder Phosphoroxyhalogeniden bereits in der Kälte halogenfreie phosphorhaltige Reaktionsprodukte. Die Reaktion verläuft so, daß Säurehalogenide gebildet werden, die Oxygruppe aber intakt bleibt. Bei der Verseifung der entstandenen Säurehalogenide mit Wasser entstehen phosphorhaltige Verbindungen der betreffenden Oxyfettsäure in guter Ausbeute, die sich nach der bekannten Methode in ihre Erdalkalisalze überführen lassen; beschrieben ist die Phosphorverbindung der Ricinolsäure[7]).

Die Säuren der Acetylenreihe und ihre Derivate gehen durch Einwirkung von phosphoriger Säure in phosphorhaltige Verbindungen über. Bei Verwendung von Stearolsäure, Behenolsäure und analogen hochmolekularen Säuren und ihren Derviaten erhält man fettähnliche Produkte, die lipoidlöslich sind. Mit Alkalien bilden sie wasserlösliche Salze[8]).

Für Injektionstherapie soll das Calciumsalz der dipropanolphosphorigen Säure $Ca(C_6H_8O_7P)_2\,8\,H_2O$ sehr geeignet sein. Durch Einwirkung von Phosphortrijodid auf konz. Oxypropionsäure erhält man Phosphorigsäure-oxypropionsäureester-oxypropionsäuredianhydrid $C_6H_9O_6P$, die durch Wasser in Phosphorigsäurebisoxypropionsäureester $C_6H_{11}O_7P$ übergeht[9]).

Tonophosphan

$N(CH_3)_2$ — Benzolring — CH_3 — $P{<}^{OH}_{ONa}$

---

[1]) Langheld, D.R.P. 248956. [2]) Hoffmann-La Roche, D.R.P. 280411.

[3]) Hoffmann La-Roche, D.R.P. 281801.

[4]) D.R.P. 284736, Zusatz zu D.R.P. 281801.

[5]) D.R.P. 285991, Zusatz zu D.R.P. 280411.

[6]) D.R.P. 286515, Zusatz zu D.R.P. 281801.

[7]) Riedel, D.R.P. 299992. [8]) Bayer, D.R.P. 296760.

[9]) Gaucher, Louis u. Georges Rollin: Cpt. rend. des séances de la soc. de biol. Bd. 84, S. 303. 1921.

ist das Natriumsalz der Dimethylaminomethylphenylphosphinigen Säure und enthält den Phosphor in 3wertiger Form an den Benzolkern gebunden. Es bewirkt eine erhebliche Verstärkung der normalen Bewegungen glattmuskeliger Organe ohne Schädigung, die Herzarbeit wird gefördert[1]).

Das in der Natur vorkommende Phytin ist eine Inosithexaphosphorsäure, die bei der Hydrolyse 1 Mol. Ionisit und 6 Mol. Phosphorsäure gibt[2]).

Synthetisch erhielt sie Posternak[3]), indem er Inosit mit wasserfreier Phosphorsäure erwärmt und Phosphorpentoxyd in kleinen Mengen einträgt, wobei die Temperatur auf 130° ansteigt. Nach dem Eintragen des Reaktionsgemisches in Natronlauge und Eindampfen der Lösung krystallisieren meist die Natriumsalze der Ortho- und Pyrophosphorsäure aus. Die sirupartige Mutterlauge enthält ein Gemisch von polyphosphorsauren Inositestern; aus ihrer essigsauren Lösung scheiden sich nach Zusatz von Calciumacetat Kalksalze der Inosithexaphosphorsäureester ab, aus welchen man das charakteristische Calcium-Natriumsalz der Inosithexaphosphorsäure (Phytin) abtrennt.

PolyphosphorsaureEster des Inosites erhält man, wenn man eine Inositlösung in überschüssiger Phosphorsäure in Gegenwart eines zur Entziehung des bei der Esterifizierung frei werdenden Wassers genügender Menge Phosphorpentoxyd einige Zeit erhitzt, das Reaktionsgemisch in verdünnter Natronlauge auflöst, das $NaPO_3$ durch Erhitzen auf 100° in $Na_4P_2O_7$ überführt und das letztere fraktioniert auskrystallisieren läßt, zwecks Trennung der sirupösen Lösung des Natriumsalzes des gebildeten Inositpolyphosphorsäureesters, welches durch doppelte Umsetzung mit Erdalkali- oder Metallsalzen in entsprechende Erdalkali- oder Metallsalze des polyphosphorsauren Inositesters übergeführt werden kann[4]).

Die wässerige Lösung des Natriumsalzes gibt z. B. mit Chlorcalcium bzw. Chlormagnesium ein in Wasser sehr wenig lösliches Calcium- bzw. Magnesiumsalz, mit Eisenchlorid ein in Wasser ebenfalls sehr wenig lösliches gelblichweißes Eisensalz des Inositpolyphosphorsäureesters. Durch Fällung der wässerigen Lösung des Natriumsalzes mit Calciumacetat, Auflösen des abfiltrierten Niederschlages in Salzsäure, Umsetzung der Lösung mit der berechneten Menge Oxalsäure und Natronlauge gelingt es, eine krystallinische, nach dem Trocknen bei 120° der Zusammensetzung $C_6H_6O_{24}P_6Na_8Ca_2 + 3\,H_2O$ entsprechende Verbindung abzuscheiden. Diese Verbindung stellt mithin ein Calcium-Natriumsalz des im Pflanzensamen vorkommenden Inosithexaphosphorsäureesters dar.

Eiweißhaltige, leicht resorbierbare Eisensalze der Inositphosphorsäure stellt man dar, indem man auf diese oder ihre Alkali- oder Erdalkalisalze in Gegenwart von Eiweißstoffen Eisensalze derart einwirken läßt, daß gleichzeitig das Eiweiß mitgefällt wird[5]).

A. Harden und W. J. Young[6]) haben beobachtet, daß durch Zusatz von Phosphaten zu einer gärenden Mischung von Glucose und Hefepreßsaft eine Beschleunigung der Gärung und eine gesteigerte Gesamtgärung erzielt wird. Es bildet sich intermediär ein Hexosephosphat, welches immer wieder durch ein Ferment gespalten wird. Young stellte aus der Lösung das Salz einer Säure $C_6H_{10}O_4(PO_4H_2)_2$ dar.

Auf Grund dieser Beobachtung war es nun möglich, dem Phytin analoge Kohlenhydratphosphorsäureester durch Gärung synthetisch herzustellen.

Candiolin ist das Calciumsalz eines Kohlenhydratphosphorsäureesters[7]). Glucophor ist Calciumglucosephosphat. Hesperonal werden Verbindungen der Saccharosephosphorsäure genannt. Hesperonalcalcium ist das Calciumsalz der Saccharosephosphorsäure.

Kohlenhydratphosphorsäureester aus gärungsfähigem Zucker und anorganischen Phosphaten erhält man, wenn man lebende Hefe in ihrer Gärwirkung schwächt und auf gärungsfähigen Zucker in Gegenwart anorganischer Phosphate zur Einwirkung bringt.

---

1) Riesser, Otto u. Kurt Engel: Klin. Wochenschr. Bd. 2, S. 872. 1923.

2) Posternak, S.: Cpt. rend. hebdom. des séances de l'acad. des sciences Bd. 137, S. 439. 1903; Bd. 167, S. 37. 1919.

3) Cpt. rend. hebdom. des séances de l'acad. des sciences Bd. 169, S. 79. 1919.

4) Svigel Posternak, Schw.P. 91727. 5) Ciba, D.R.P. 254489.

6) Proc. of the roy. soc. of London, Ser. B. Bd. 77, S. 405; Bd. 80, S. 299; Bd. 81, 1910; Bd. 82, S. 310.

7) Impens: Dtsch. med. Wochenschr. Bd. 42, S. 697. 1916.

Man verwendet Hefe und z. B. Toluol. Dann setzt man nach Verschwinden der Phosphorsäure ein Calciumsalz dem Filtrate zu und fällt mit Alkohol[1]).

Mineralsäureester der Kohlenhydrate, der entsprechenden Oxysäuren und der mehrwertigen Alkohole erhält man, wenn man diese Verbindungen mit den Halogeniden der Phosphorsäure oder Schwefelsäure in Gegenwart von säurebindenden Substanzen behandelt. Bei der Darstellung von Schwefelsäureestern der Kohlenhydrate und der entsprechenden Oxysäuren kann man an Stelle von Halogeniden der Schwefelsäure Pyrosulfate verwenden. Beschrieben sind Saccharosephosphorsäure, Erythritschwefelsäure, Glucosephosphorsäure[2]).

Man erhält Kohlenhydratphosphorsäureester aus gärungsfähigem Material und anorganischen Phosphaten unter dem Einflusse der Hefefermente. Nach vollendeter Phosphatbindung unterbricht man die Fermenttätigkeit durch Zusatz von Gerbsäure. Es wird hierdurch das Esterphosphorsäuren spaltende Ferment unschädlich gemacht. Beschrieben ist die Darstellung von esterphorphorsaurem Salz aus Rohrzucker und Dinatriumphosphat. Die erhaltene Lösung liefert mit Chlorcalciumlösung und Alkohol das entsprechende Calciumsalz[3]).

Nach vollendeter Phosphatbindung wird die Fermenttätigkeit statt durch Gerbsäure hier durch andere der üblichen chemischen Eiweißfällungsmittel, vorzugsweise durch Mineralsäuren, unterbrochen[4]).

Ein Salz der Fructosediphosphorsäure erhält man, wenn man die Säure in der für die Darstellung von Salzen üblichen Weise in ihr neutrales Calciumsalz überführt. Das Salz ist in Wasser schwer löslich, aber gut resorbierbar[5]).

Fructosemonophosphorsäure erhält man beim Erwärmen von Fructosediphosphorsäure mit verdünnten Säuren bis ein Molekul Phosphorsäure abgespalten ist[6]).

Man behandelt Stärkearten mit einer konzentrierten Lösung von Glycerinphosphorsäure. Das Produkt ist haltbar und wasserlöslich[7]).

Maltose mit Glycerinphosphorsäure kondensiert gibt eine leicht lösliche krystallinische Verbindung. Die Kondensation erfolgt bei 110° unter heftiger Reaktion[8]).

---

[1]) Carlson, D.R.P. 293864.
[2]) D.R.P. 247809.
[3]) Bayer, D.R.P. 292817.
[4]) D.R.P. 301590, Zusatz zu D.R.P. 292817.
[5]) Bayer, D.R.P. 302094.
[6]) Bayer, Leverkusen, D.R.P. 334250.
[7]) Reese, D.R.P. 251803.
[8]) E. Jacoby, D.R.P. 266576.

Zwölftes Kapitel.

Diuretica.

Die Körper der verschiedensten Gruppen, welche diuretische Wirkungen auslösen, haben sich bis nun nicht so gruppieren lassen, daß man durch die Erkenntnis ihrer Konstitution zu neuen wirksamen Verbindungen gelangen könnte.

Wenn man bedenkt, daß Kalomel, Äthylalkohol, Harnstoff, Glykokoll, Theobromin, Coffein, die meisten der sogenannten Gichtmittel, sowie alle Kardiotonica und einzelne Saponine diuretisch wirken, so wird man einsehen, daß hier nur dann möglich ist, auf synthetischem Wege neue Substanzen zu schaffen, wenn man eine bestimmte chemische Gruppe dieser Substanzen herausgreift.

So ist Ameisensäureäthylester $H \cdot COO \cdot C_2H_5$ ein unschädliches Diureticum[1]) ebenso ameisensaure Salze[2]). Kreatinin hat auf Menschen und Hunde eine ziemlich starke diuretische Wirkung, ebenso Kreatinin[3]).

Durch Erhitzen von Methylguanidoessigsäure mit organischen Säuren, wie Essigsäure, erhält man in glatter Weise Kreatinin[4]).

Phenoxypropandiol[5]) (Phenylglycerinäther) $C_6H_5O \cdot CH_2 \cdot CHOH \cdot CH_2 \cdot OH$, Antodin genannt, ist kein Protoplasmagift, es wirkt nicht lokal anästhesierend und auch nicht auf Erythrocyten. Erst größere Gaben wirken vasokonstringierend. Bei fiebernden Tieren sinkt die Temperatur deutlich für kurze Zeit ab. Die toxische Wirkung hat nicht den Charakter einer Phenolvergiftung, sondern man beobachtet Wirkungen auf das Zentralnervensystem. Es macht vorübergehende Diurese, ohne die Harnphenole zu vermehren. Man erhält Phenoxypropandiol durch Behandlung von Phenoxypropanoxyd mit Wasser unter Druck. Es soll als Analgeticum und Sedativum, welches die Temperatur nicht herabsetzt, und Diureticum benutzt werden. Phenylglycerinäther macht eine starke anästhesierende Wirkung unter Aufhebung der Pupillenreflexe. Die Chlorverbindungen sind fast geruch- und geschmacklos, sie setzen die Temperatur erst nach längerer Zeit herab, aber ihre Wirkung ist andauernder als die der chlorfreien.

Ferrocyannatrium wirkt diuretisch und abführend[6]).

Thymin wird in Harnstoff verwandelt. Die diuretische Wirkung hängt von der Menge ab[7]).

Dem Coffein kommen zweierlei Wirkungen nach W. v. Schroeder zu: eine das Zentralnervensystem erregende, dem Strychnin vergleichbare, welche die

---

[1]) Amblard: Journ. des praticiens 1906, Nr. 34. — Huchard: Ann. de pharmacie 1906, Nr. 9, S. 402.

[2]) Pila u. Battisti: Marseille Médical 1905, 15. XI.

[3]) Aldis: Hoppe-Seylers Zeitschr. f. physiol. Chem. Bd. 50, S. 13. 1907.

[4]) Bayer, D.R.P. 281051.

[5]) Gilbert, A. u. P. Descomps: Cpt. rend. hebdom. des séances de la soc. de biol. 1910, S. 145. — Filippi, E. u. L. Rodolico: Arch. di farmacol. sperim. e science aff. Bd. 11, S. 1.

[6]) Golovanoff, K.: Cpt. rend. des séances de la soc. de biol. Bd. 88, S. 161. 1923.

[7]) Deuel, J. Harry, L. B. Mendel: Proc. of the soc. f. exp. biol. a. med. Bd. 20, S. 237. 1923.

Harnsekretion beeinträchtigt, und eine direkte, die Nieren treffende, welche durch den Eintritt einer mächtigen Harnflut charakterisiert ist[1]). Die zentralerregende kann die auf die Niere ausgeübte in verschiedenem Grade, ja selbst völlig kompensieren.

1.7-9-Trimethyl-2.8-dioxypurin ist weit weniger wirksam, als Coffein. Die Giftigkeit verhält sich wie 1 : 10. Die diuretische Wirkung ist beim Kaninchen zuweilen in mäßigem Grade vorhanden[2]).

1.9-Dimethyl-2.8-dioxypurin macht bei Kaninchen keine bemerkenswerte Diurese[3]).

1.3.7.9-Tetramethylxanthinhydrat

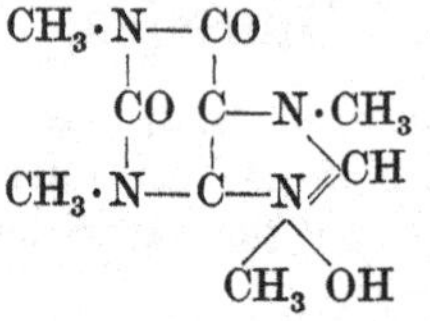

```
CH3·N—CO
    |   |
    CO  C—N·CH3
    |   |    >CH
CH3·N—C—N//
        / \
     CH3   OH
```

hat keine Curarewirkung. Auf das Rückenmark wirkt es wie Coffein, aber erst in viel höheren Gaben. Die Muskelwirkung ist äußerst gering[4]).

Rhodanpurin, ein Komplexsalz von Rhodanammon und Trimethylxanthin, soll alle Albumine im Blut zum Verschwinden bringen resp. in Globuline verwandeln und den Blutdruck herabsetzen[5]).

Die zentralerregende Wirkung des Coffeins auszuschalten, war nun für die Darstellung eines sehr wirksamen Diureticums aus dem Coffein von größter Wichtigkeit. Da zeigte es sich, daß auch das um eine Methylgruppe ärmere Xanthinderivat, Theobromin

```
            (1) HN———(6) CO                      (1) (CH3)N—(6) CH
                |         |                                |       |
            (2) CO    (5) C—(7) N(CH3)           (2)      CO   (5) C—(7) N(CH3)
Theobromin      |         ||       >(8) CH                 |       ||       >(8) CH  Coffein
            (3) N(CH3)—C———N                     (3) (CH3)N———C———N
                      (4)   (9)                              (4)   (9)
```

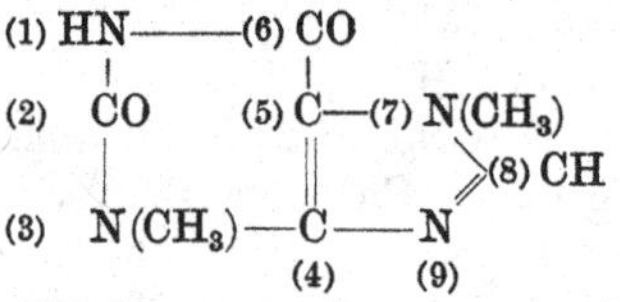

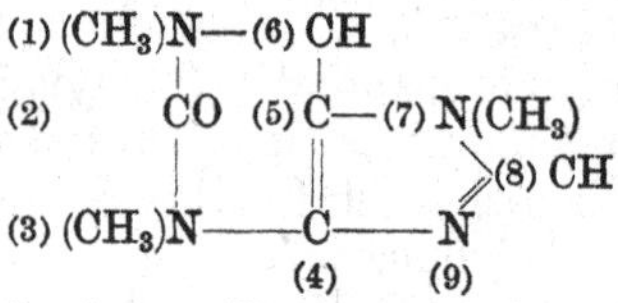

diuretische Wirkungen ebenso wie Coffein besitzt. Doch war der Anwendung des Theobromins, welches ja weit schwächere Wirkungen auf das Zentralnervensystem ausübt, wie Coffein, seine schwere Resorbierbarkeit und seine Schwerlöslichkeit, in bezug auf Coffein, welche es übertrifft, hinderlich.

Diese Schwierigkeit wurde bei beiden Basen durch die Darstellung leicht löslicher Doppelsalze behoben. Besonders eignen sich zu diesem Zwecke Doppelsalze mit Natriumsalicylat, aber es soll zur Darstellung auch die Alkaliverbindung der Xanthinbase und nicht diese selbst verwendet werden. So wurde Diuretin-Knoll dargestellt, ein leicht lösliches Doppelsalz des Theobrominnatrium und Natriumsalicylat mit einem Gehalte von 50 % Theobromin. Es ist ausdrücklich zu bemerken, daß das Natriumsalicylat in keiner Beziehung zur Wirkung steht, sondern hier nur zur Darstellung eines leicht löslichen Doppelsalzes Verwendung findet[6]). Wie mit dem Natriumsalicylat kann man auch Doppelsalze des Theobromins und Coffeins mit Natriumbenzoat darstellen. Anisotheobromin ist eine Theobromindoppelverbindung, zu dessen Darstellung statt Natriumsalicylat anissaures Natrium verwendet wird.

---

[1]) Arch. f. exp. Pathol. u. Pharmakol. Bd. 22, S. 39; Bd. 24, S. 85.

[2]) Salant, William u. Helene Connet: Journ. of pharmacol. a. exp. therapeut. Bd. 11, S. 81. 1918.

[3]) Mendel, Laf. b. C. O. Johns: Journ. of biol. chem. Bd. 14, S. 1. 1913.

[4]) Paderi, C.: Arch. di farmacol. sperim. e science aff. Bd. 41, S. 92, 97. 1926.

[5]) Westphal, K.: Zentralbl. f. inn. Med. Bd. 47, S. 585. 1926.

[6]) Gram, Ch.: Therap. Monatshefte 1890, S. 10. Dargestellt wurde diese Verbindung auf Veranlassung von Riegel (Gießen).

Neutrallösliche Doppelverbindungen von Dialkylxanthinen, sowie von ihren N-Acidylderivaten erhält man, wenn man 1 Mol. einer Dialkylxanthins mit mindestens 2 Mol. eines Alkalisalzes der Benzoesäure oder Salicylsäure bzw. 1 Mol. eines N-Acidylderivates von Dialkylxanthinen mit 1 Mol. eines Alkalisalzes der erwähnten Säuren in Gegenwart von Wasser behandelt. Dargestellt wurden Theophyllin-Natriumsalicylat, Theobromin-Natriumsalicylat, N-Acetyltheobromin-Natriumsalicylat, Theophyllin-Natriumbenzoat, N-Acetyltheobromin-Lithiumsalicylat, N-Acetyltheobromin-Kaliumsalicylat, Theophyllin-Kaliumbenzoat[1]).

Analog wurde Uropherin (Theobrominlithium-Lithiumsalicylat) dargestellt. Die Einführung des Lithiums steht zur diuretischen Wirkung in keiner Beziehung; vielleicht wird durch die Gegenwart des Lithiums die Resorptionsgeschwindigkeit erhöht, sonst wäre der Ersatz des Natrium durch Lithium nicht zu entschuldigen, da Lithium ja schädliche Nebenwirkungen auf das Nervensystem zeigt.

Bergell, Berlin[2]), stellt ein Doppelsalz aus Coffein und Lithiumbenzoat durch Auflösen im Verhältnis von 1—2 Mol. in Wasser bei 50⁰ und Eindampfen der Lösung im Vakuum her. Dieses Salz soll stärker diuretisch wirken als Coffein.

Urogenin ist ein Doppelsalz aus Theobromin und dem Lithiumsalz der Hippursäure[3]).

Da die ameisensauren Salze Diuretica sind, wurde Theobrominnatrium-Natriumformiat $C_7H_7N_4O_2Na \cdot HCOONa \cdot H_2O$ aus molekularen Mengen Theobrominnatrium und wasserfreiem Natriumformiat dargestellt, Theophorin genannt[4]).

Zimmer, Frankfurt[5]) stellen ein Doppelsalz aus Theobrominnatrium und Alkalihalogeniden in molekularen Mengen her.

Man erhält eine leicht lösliche Doppelverbindung des Coffeins durch Vereinigen von Coffein und einem Alkalisalz der 4-Äthoxyphenylmalonamidsäure[6]).

Theosalin ist Theobrominnatrium-Natriumsulfosalicylat. Ebenso wurde als Ersatz des Diuretins Theobrominnatrium-Natriumacetat unter dem Namen Agurin eingeführt. Statt des alkalischen Diuretins wurde auch versucht, salicylsaures Theobromin, welches sauer reagiert, zu gleichem Zwecke zu verwenden.

Theolactin ist ein Doppelsalz von Theobrominnatrium und milchsaurem Natron[7]).

Hoffmann-La Roche[8]) stellen aus Coffein und metaphosphorsauren Alkalien Doppelsalze her, indem sie in den Alkalimetaphosphatlösungen in der Wärme Coffein auflösen und die Lösung im Vakuum eindampfen.

Barutin ist Theobrominbarium-Natriumsalicylat; es ist neunmal weniger giftig als Chlorbarium[9]).

Das wenig lösliche Theobrominbarium geht bei Behandlung mit 2 Mol. Natriumsalicylat auf 1 Mol. Theobromin in ein leicht lösliches Doppelsalz über. Man versetzt eine Lösung von Theobrominnatrium mit 2 Mol. Natriumsalicylat und setzt die berechnete Menge Chlorbarium zu und dampft im Vakuum ein oder man löst Theobrominbarium in Natriumsalicylat. Das Präparat besitzt die diuretische Wirkung des Theobromins und gleichzeitig die blutdruckerhöhende des Chlorbariums[10]). Zur Herstellung leicht löslicher Doppelsalze aus 1.3-Dimethylxanthin resp. 1.3.7-Trimethylxanthin und Bariumsalicylat läßt man 2 Mol. Base auf 1 Mol. Bariumsalicylat einwirken[11]). Man erhält dasselbe Salz, wenn man 2 Mol. Theobrominnatrium mit 1 Mol. Bariumsalicylat in Gegenwart von 2 Mol. Natriumsalicylat umsetzt[12]).

Man vereinigt Theobromin oder Theophyllin bzw. deren Erdalkalisalze mit der gleichen molekularen Menge von Erdalkalisalzen der Salicylsäure[13]).

Auf die Calciumverbindungen der methylierten Xanthine läßt man Calciumlactat einwirken. Man erhält die Doppelsalze[14]).

---

1) Knoll & Co., D.R.P. 340744. 2) D.R.P. 199108.
3) Tubini, E. A.: Arch. di farmacol. sperim. e scienze aff. Bd. 11, S. 276, 283.
4) Hoffmann-La Roche, D.R.P. 172932.
5) D.R.P. 208188. 6) Agfa, Berlin, D.R.P. 374097.
7) Forschbach u. S. Weber: Arch. f. exp. Pathol. u. Pharmakol. Bd. 56, S. 186. 1907.
8) D.R.P. 194533. 9) Brat, H.: Berlin. klin. Wochenschr. Bd. 42, S. 1219.
10) Agfa-Berlin, D.R.P. 164424. 11) Agfa, D.R.P. 168293.
12) Agfa, D.R.P. 167410, Zusatz zu D.R.P. 164424.
13) Knoll-Ludwigshafen, D.R.P. 410055.
14) Chemosan, Wien, D.R.P. 406211; Ö.P. 95241.

Theocal ist ein in Wasser lösliches Doppelsalz des Theobrominkalium und des milchsauren Kalium[1]).

Byk, Berlin[2]) stellt eine wasserlösliche Doppelverbindung aus molekularen Mengen von Theophyllin und Piperazin her. An Stelle der freien Komponenten kann man auch deren Salze oder diesen entsprechende Gemische aufeinander einwirken lassen[3]). Man kann statt Piperazin andere aliphatische primäre oder sekundäre Diamine auf Theophyllin einwirken lassen, z. B. Äthylendiamin. Es ist zweckmäßig, das Diamin in geringerem als molekularem Verhältnis auf das Theophyllin einwirken zu lassen[4]). Auch beim Piperazin empfiehlt es sich, etwas weniger als im molekularen Verhältnis auf das Theophyllin einwirken zu lassen[5]).

Salzartige Doppelverbindungen der ω-Methylsulfosäure des p-Aminophenylesters der Salicylsäure mit Purinderivaten erhält man, wenn man ein Alkalisalz der ω-Verbindung mit basischen Abkömmlingen des Purins oder die Alkaliverbindungen der basischen Purinabkömmlinge mit der freien ω-Säure in Reaktion bringt. Beschrieben sind die Doppelverbindungen des Coffein und Theophyllins[6]).

Außer den Alkali- bzw. Erdalkalisalzen der ω-Methylsulfosäure des Salicyl-p-aminophenylesters sind auch die Alkalisalze der ω-Methylsulfosäure vieler anderer carbo- oder heterocyclischer Amine befähigt, mit den basischen Abkömmlingen des Purins leicht lösliche salzartige Doppelverbindungen zu bilden. Dieselben Doppelverbindungen entstehen auch, wenn man die freien ω-Methylsulfosäuren der betreffenden Amine auf die Alkaliverbindungen der Purinabkömmlinge einwirken läßt. Beschrieben sind: Coffeinverbindungen des Natriumsalzes der ω-Methylsulfosäuren des Anilins und p-Toluidins, ferner vom Theophyllin, die Coffein- und Theophyllinverbindungen des Natriumsalzes der ω-Methylsulfosäure des p-Phenetidins, des α- und β-Naphthylamin, des 1-Phenyl-2.3-dimethyl-4-aminopyrazolons[7]).

Die nach dem Hauptpatent erhältlichen salzartigen Doppelverbindungen der ω-Methylsulfosäure des p-Aminophenylesters der Salicylsäure mit Purinderivaten entstehen auch, wenn man entweder auf die Alkali- oder Erdalkalisalze der ω-Methylsulfosäure des p-Aminophenylesters der Salicylsäure die basischen Abkömmlinge des Purins, oder auf die Alkaliverbindungen der basischen Purinabkömmlinge die freie ω-Methylsulfosäure des p-Aminosalols in Gegenwart von organischen Lösungsmitteln, wie z. B. Chloroform oder Alkohol einwirken läßt. Die Produkte sind gut wasserlöslich[8]).

Man kann Salze von Xanthinbasen und Phenylchinolincarbonsäure darstellen, welche leicht löslich sind, und neutral oder schwach sauer reagieren, dabei weniger bitter sind als die Xanthinkörper selbst[9]).

Durch Einwirkung von Formaldehyd auf Xanthine erhält man Derivate, welche Formaldehyd leicht abspalten, und dabei kommt die Wirkung der abgespaltenen Purinbase zur Geltung[10]).

Von den Acidylsalicoylderivaten des Theobromins soll sich Acetylsalicoyltheobromin (Theacylon) am besten bewährt haben[11]). Theacylon hat keinen unangenehmen Geschmack und erzeugt auch keine Ätzwirkung; es ist unlöslich und wird erst im Darme gespalten.

Acetyl- oder Benzoyltheobromin bleibt im Magen fast unzersetzt, wird im Darm gespalten und langsam resorbiert und übt so eine kontinuierliche Wirkung aus[12]).

Acidylsalicylderivate des Theobromins erhält man, wenn man Acidylsalicylsäurechloride auf Metallsalze des Theobromins unter Vermeidung einer zu hohen Reaktionstemperatur einwirken läßt. Beschrieben sind Acetylsalicyloyltheobromin, Carbomethoxysalicyloyltheobromin, Benzoylsalicyloyltheobromin[13]).

Es gelingt, zu dem Salicyloyltheobromin zu gelangen, wenn man die in dem Hauptpatent beschriebenen O-Acidylderivate unter sehr vorsichtigen Bedingungen verseift. Die Verseifung des Carbomethoxysalicyloyltheobromins geschieht mit kalter verdünnter Salzsäure und des Acetylsalicyloyltheobromins mit kalter $^1/_{10}$-N-Natronlauge[14]).

---

[1]) Nyiri, Wilhelm: Wien. med. Wochenschr. Bd. 74, S. 811. 1924.
[2]) D.R.P. 214376. [3]) D.R.P. 217620, Zusatz zu D.R.P. 214376.
[4]) D.R.P. 223695, Zusatz zu D.R.P. 214376.
[5]) D.R.P. 224981, Zusatz zu D.R.P. 214376.
[6]) Abelin, Buergi, Perelstein, D.R.P. 285579.
[7]) D.R.P. 290600, Zusatz zu D.R.P. 285579.
[8]) D.R.P. 287801, Zusatz zu D.R.P. 285579. [9]) D.R.P. 264389.
[10]) D.R.P. 254488.
[11]) Hoffmann, August: Münch. med. Wochenschr. Bd. 62, S. 1108, D.R.P. 252641.
[12]) D.R.P. 252641. [13]) Merck, D.R.P. 290205.
[14]) D.R.P. 291077, Zusatz zu D.R.P. 290205.

Carbonsäuren der Purinreihe[1]) erhält man, wenn man Salze mono- oder dialkylierter Xanthine mit Salzen von monohalogenierten aliphatischen Carbonsäuren zur Umsetzung bringt. Durch Erhitzen von Theobrominnatrium in wässerig-alkalischer Lösung mit Chloressigsäure erhält man Theobromin-1-essigsäure. Aus Theophyllin- und Monochloressigsäure entsteht Theophyllin-7-essigsäure. Beschrieben sind ferner 3-Methyl-xanthinpropionsäure.

Durch Behandlung von Theobromin in alkalischer Lösung mit aliphatischen Halogencarbonsäuren erhält man Theobromin-1-essigsäure [Coffeincarbonsäure[2])].

Da es sich bei der Darstellung von Derivaten des Coffeins wesentlich auch um leicht lösliche und leicht resorbierbare Derivate handelt, wurde fast selbstverständlich auch beim Coffein durch Darstellung der Sulfosäure.

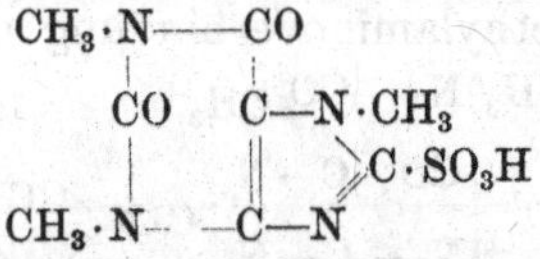

```
CH3·N——CO
     |    |
    CO   C—N·CH3
     |   ||    >C·SO3H
CH3·N——C—N
```

beziehentlich der Salze derselben der Versuch gemacht, zu leicht wasserlöslichen Derivaten zu gelangen. Freilich vergaß man, daran zu denken, wie wesentlich abgeschwächt oder gar ganz unterdrückt[3]) die physiologischen Wirkungen durch die Einführung der Schwefelsäure in das Molekül werden.

Man erhält die Coffeinsulfosäure und deren Salze, wenn man eine wässerige Lösung von neutralen Sulfiten, wie Natriumsulfit mit Bromcoffein oder Chlorcoffein unter Druck auf ca. 150° erhitzt[4]).

Aber wie die Nervenwirkungen, so gehen auch die diuretischen Wirkungen des Coffeins bei diesen Salzen verloren, sei zeigen eine höchst unsichere und wenig anhaltende Wirkung, zudem haben sie einen bitteren Geschmack, so daß diese Salze (Symphorole) aus der Therapie wieder verschwinden mußten. Ihre gelegentliche Wirkung verdankten sie überhaupt dem Umstande, daß ihre Lösungen nicht beständig sind[5]).

C. Mannich und S. Knoll[6]) ersetzten eine Methylgruppe des Coffeins durch ein Phenacylradikal, um unter Erhaltung oder Steigerung der Herzwirkung die erregende Wirkung auf das Nervensystem zu beseitigen. Dies gelingt beim Phenacyltheophyllin, das aber keine Vorzüge vor Theophyllin aufweist, vielmehr größere Giftigkeit und ungünstigere Löslichkeitsverhältnisse besitzt. Man erhält die Phenacylderivate durch Umsetzung von Theophyllinnatrium und Theobrominnatrium mit ω-Bromacetophenon. Man erhält schön krystallisierte, wenig lösliche Substanzen von Ketoncharakter. Ferner sollte durch Einführung der Adrenalingruppierung in das Coffein ein besonders wirksames Herzmittel hergestellt werden, doch erwies sich die erhaltene Verbindung

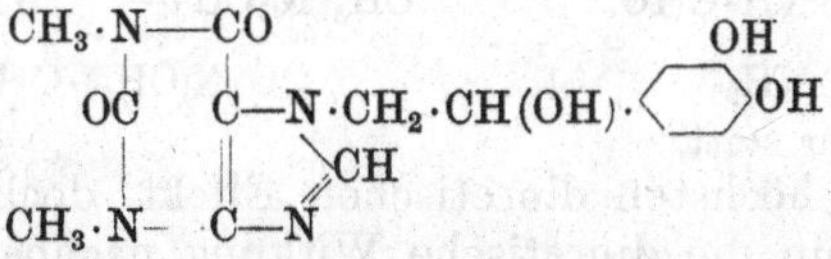

```
CH3·N——CO                              OH
     |    |
    OC   C—N·CH2·CH(OH)·C6H3<OH          als ziemlich wirkungslos.
     |   ||   >CH
CH3·N——C—N
```

Coffeinmethylhydroxyd und Coffeidin zeigen keine deutliche Wirkung. Äthoxycoffein erzeugt Diurese, wirkt aber narkotisch.

Die Acylaminocoffeine sollen eine starke Diurese hervorrufen, ohne die Nebenwirkungen des Coffeins zu zeigen.

Man erhält sie[7]) durch Behandeln von Aminocoffein mit aliphatischen Säureanhydriden oder Säurechloriden. Beschrieben sind Monoacetylaminocoffein, Diacetylaminocoffein, Propionylaminocoffein, Dipropionylaminocoffein, Chloracetylaminocoffein.

8-Aminotheophyllin ist sehr stark diuretisch wirksam.

---

[1]) D.R.P. 352980. [2]) Poulenc u. Behal, Paris, F.P. 556365.
[3]) Waters: Brit. med. journ. 1894, S. 1241. [4]) D.R.P. 74045.
[5]) Schmidt, E.: Arch. d. Pharmazie u. Ber. d. dtsch. pharmazeut. Ges. Bd. 231, S. 1.
[6]) Arch. d. Pharmazie u. Ber. d. dtsch. pharmazeut. Ges. Bd. 31, S. 291. 1921.
[7]) Höchst, D.R.P. 139960.

Man erhält es[1]), sowie seine Alkyl- oder Arylderivate (z. B. Phenylaminotheophyllin und Dimethylaminotheophyllin) durch Einwirkung von Ammoniak oder Aminen auf 8-Chlortheophyllin.

8-Aminoparaxanthin[2]) entsteht bei Einwirkung von Ammoniak oder Aminen auf 8-Chlorparaxanthin. So wurden dargestellt: 8-Aminoparaxanthin, Methylaminoparaxanthin, Dimethylaminoparaxanthin, Phenylaminoparaxanthin.

8-Aminotheobromin und dessen Alkylderivate erhält man, indem man Ammoniak oder Amine auf 8-Brom- oder 8-Chlortheobromin einwirken läßt. Beschrieben sind 8-Aminotheobromin, 8-Dimethylaminotheobromin und 8-Phenylaminotheobromin[3]). Man erhitzt 8-Bromtheobromin mit alkoholischem Ammoniak durch 9 Stunden auf 180°. 8-Aminotheobromin hat dieselben therapeutischen Eigenschaften wie die anderen Aminodimethylxanthine.

Paraxin ist eine Dimethylaminoverbindung des 1.7-Dimethylxanthin.

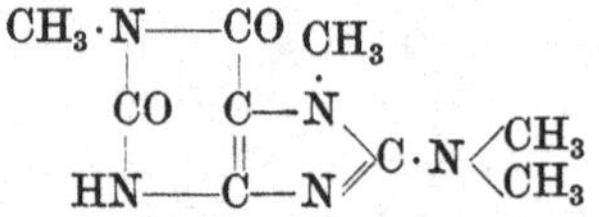

```
CH3·N——CO  CH3
    |    |    ·
    CO   C—N
    |    ||    >C·N<CH3
    HN——C—N        CH3
```

und wirkt wie Theobromin, macht aber gastrische Beschwerden. Im menschlichen Organismus verwandelt es sich in 7-Methyl-8-dimethylamino-2.6-dioxypurin, so daß die Methylgruppe in Stellung 1 verloren geht.

Coffeinäthylendiamin[4]), welches gut wasserlöslich, erhält man durch Einwirkung von Chlor- oder Bromcoffein auf überschüssiges Äthylendiamin in der Wärme.

Durch Behandeln von Metallsalzen des Theobromins mit Chloräthyldialkylaminen erhält man N-Diäthylaminoäthylderivate des Theobromins[5]).

Euphyllin ist Theophyllin-Äthylendiamin.

Von Theobrominderivaten wirkt nur das mit in 1-Stellung eingeführter Acetylgruppe diuresesteigernd. Das ebenfalls sehr wirksame Nitrotheobromin zeigt als Nebenerscheinung Nierenreizung[6]).

1. Methylxanthin zeigt nur eine schwache diuretische Wirkung[7]).

Nach den Untersuchungen von N. Ach[8]) wirken die Dimethylxanthine am stärksten diuretisch, stärker als Trimethylxanthin (Coffein). Unter den drei Dimethylxanthinen: Theobromin (3.7-Dimethyl-2.6-dioxypurin), Theophyllin (1.3-Dimethyl-2.6-dioxypurin), Paraxanthin (1.7-Dimethyl-2.6-dioxypurin) scheint dem Theobromin die geringste diuretische Wirkung zuzukommen. Theophyllin und Paraxanthin wirken beträchtlich stärker. Die Methylierung in der 1.3- und 1.7-Stellung ist demnach für die diuretische Wirkung wichtiger als die Methylierung in 3.7-Stellung.

Man erhält Theophyllin[9]), wenn man die Formylverbindung von 1.3-Dimethyl-4.5-diamino-2.6-dioxypyrimidin in der Wärme mit Alkalien behandelt. Es findet hier der Ringschluß

```
CH3·N·CO———C·NH·CHO            CH3·N·CO———C·NH
    |       ||           —→         |       ||   >CH
    CO·N(CH3)·C·NH2                 CO·N(CH3)·C·N
```

bereits bei Wasserbadtemperatur statt.

Theophyllin macht den höchsten diuretischen Effekt, doch scheint nach Anwendung von Paraxanthin die diuretische Wirkung nachhaltiger zu sein. Theophyllin ist unter dem Phantasienamen Theocin in die Therapie eingeführt[10]). Es fehlt ihm dem Coffein gegenüber die exzitierende Wirkung auf das Herz.

Äthyltheobromin, Äthylparaxanthin und Äthyltheophyllin wirken diuretisch, und zwar Äthyltheophyllin schwächer als Äthyltheobromin. Auch die Doppelsalze der Äthyltheobromine, ferner Propyl-, Butyl- und Amyltheobromin

[1]) Böhringer, Waldhof, D.R.P. 156900. [2]) Böhringer, Waldhof, D.R.P. 156901.
[3]) Böhringer, Waldhof, D.R.P. 164425, Zusatz zu D.R.P. 156900.
[4]) D.R.P. 142896. [5]) Usines du Rhône, E.P. 155748/1920.
[6]) Vieth, H. u. E. Leube: Biochem. Zeitschr. Bd. 163, S. 13. 1925.
[7]) Engelmann, Max: Ber. d. dtsch. chem. Ges. Bd. 42, S. 177. 1909.
[8]) Arch. f. exp. Pathol. u. Pharmakol. Bd. 44, S. 319. 1900. [9]) D.R.P. 138444.
[10]) Pharm. Zeitg. Bd. 47, S. 866. S. auch O. Minkowski: Therap. d. Gegenw. 1902, Nov., S. 490.

wirken diuretisch. Die Intensität der diuretischen Wirkung ist bei den Monoäthyldimethylxanthinen von der Isomerie, bei den homologen alkylierten Theobrominen von der Art des Alkylrestes abhängig[1]).

Riedel-Berlin[2]) haben statt Coffein 1-Äthyl-3.7-dimethylxanthin vorgeschlagen, welches anhaltender diuretisch wirksam sein soll als Coffein. Leicht lösliche Doppelsalze dieser Base erhält man mit den Alkalisalzen der Benzoesäure und Salicylsäure, indem man die wässerige Lösung molekularer Mengen durch Eindampfen zur Trockne bringt oder die Doppelsalze durch Alkohol oder Aceton fällt.

5-Formylamino-4-amino-1.3-diallyl-2.6-dioxypyrimidin wird mit Alkalien behandelt. Man erhitzt z. B. das durch Kondensation von saurem Diallylharnstoff mit $CN \cdot CH_2 \cdot COOH$ oder Cyanessigester, Nitrosierung mit HNO_2 und Reduktion erhältliche 1.3-Diallyl-4.5-diamino-2.6-dioxypyrimidin mit Ameisensäure und das so entstandene 5-Formylaminodiallyldioxypyrimidin mit Natronlauge auf 100° erhitzt und mit Essigsäure ansäuert, wobei 1.3-Diallylxanthin sich abscheidet[3]).

1.3.7-Triallylxanthin wird in alkalischer Lösung aus Diallylxanthin mit alkylierenden Mitteln gewonnen[4]).

Theobryl (Allyltheobromin) wirkt stärker diuretisch als Theobromin und Coffein. 1-Allyltheobromin besitzt die atmungserregende Wirkung der Allylgruppe, 7-Allyltheobromin hat eine weniger andauernde Wirkung auf das Atmungszentrum. Auf den Kreislauf wirkt es wie Coffein[5]).

Theobromin wird in ein Alkalisalz übergeführt und bei Temperaturen unterhalb 100° unter gewöhnlichem Druck mit Allylbromid behandelt in Gegenwart eines Verdünnungsmittels wie Wasser oder Alkohol[6]). Man erhält Allyltheobromin = 1-Allyl-3.7-dimethylxanthin.

Wasserlösliche Derivate des 1-Allyl-3.7-dimethylxanthin erhält man, wenn 1 Mol. mit 2 Mol. Alkalibenzoat oder Alkalisalicylat in Gegenwart von Wasser behandelt wird[7]).

Man läßt auf Theobromin in alkalischer Lösung Halogenhydrine einwirken und behandelt die 1-Oxyalkylsubstitutionsprodukte des Theobromins mit oxydierenden Mitteln[8]).

Dargestellt werden 1-Oxyäthyltheobromin, 1-Dioxypropyltheobromin und Theobromin-1-essigsäure aus 1-Oxyäthyltheobromin.

Byk, Berlin[9]), stellen halogenoxalkylsubstituierte Xanthinbasen in der Weise her, daß sie halogensubstituierte Alkylenoxyde auf solche Xanthinbasen einwirken lassen, welche in den Imidgruppen vertretbare Wasserstoffatome enthalten. Beschrieben ist die Darstellung von Chloroxypropyltheophyllin aus Theophyllin und Epichlorhydrin, das man dann in Dioxypropyltheophyllin oder in entsprechende Amine überführen kann.

Bayer, Elberfeld[10]), stellen oxalkylsubstituierte Derivate von Xanthinbasen her, indem sie Halogenhydrine auf Xanthinbasen einwirken lassen, die in den Imidgruppen vertretbare Wasserstoffatome enthalten, so z. B. kann man aus Theophyllin und Glykolchlorhydrin bei Gegenwart von Ätznatron 1.3-Dimethyl-7-oxyäthylxanthin erhalten.

```
CH3·N——CO
    |    |
   CO    C·N·CH2·CH2·OH
    |    ||   >CH
CH3·N——C·N
```

Aus Theobromin und Monochlorhydrin erhält man Dioxypropyltheobromin

```
OH·H2C(OH)HC·CH2·N——CO
                 |    |
                CO    C·N·CH3
                 |    ||   >CH
             CH3·N——C·N
```

Aus 3-Methylxanthin und Glykolchlorhydrin erhält man Oxyäthyltheobromin

```
OH·H2C·CH2·N——CO
           |    |
          CO    C·N·CH2·CH2·OH
           |    ||   >CH
       CH3·N——C·N
```

---

1) Bergell u. Richter: Zeitschr. f. exp. Pathol. u. Therap. Bd. 1, S. 665.
2) D.R.P. 170302. 3) Ciba, Schw.P. 97978. 4) Schw.P. 97979.
5) Ritz, H.: Arch. internat. de pharmaco-dyn. et de thérapie. Bd. 25, S. 361, 485. 1920. — Roch, M. u. S. M. Katzenellenbogen: Schweiz. med. Wochenschr. Nr. 44. 1921.
6) Hoffmann-La Roche & Co., E.P. 165446/1921.
7) Hoffmann-La Roche & Co., E.P. 165779/1921.
8) Poulenc und Behal-Paris. 9) D.R.P. 224159. 10) D.R.P. 191106.

An Stelle von Halogenhydrinen kann man Alkylenoxyde oder Glykole eventuell unter Zusatz wasserbindender Mittel verwenden. Man kann z. B. Theophyllin mit Äthylenoxyd, Propylenoxyd, Trimethylenoxyd, Äthylenglykol, bei Gegenwart von Chlorzink oder Salzsäure im geschlossenen Gefäß erhitzen[1]).

4.5-Diamino-2.6-dioxypyrimidine kann man aus den entsprechenden 4-Amino-5-isonitroso-2.6-dioxypyrimidinen durch Reduktion mit Metallen in saurer Lösung erhalten, z. B. mit Schwefelsäure und Zinkstaub oder mit Schwefelsäure und Eisen[2]). Die Reduktion kann man ebenfalls auf elektrolytischem Wege in saurer Lösung mit einer Bleikathode durchführen[3]).

3-Methyl- und 1.3-Dimethyl-4-amino-2.6-dioxypyrimidin erhält man aus Cyanacetylmethylharnstoff resp. Cyanacetyldimethylharnstoff mittels alkalischer Mittel, indem man derart schwach alkalisch reagierende Alkalisalze in Gegenwart von Wasser verwendet, daß das sich bildende Pyrimidinderivat als solches ohne Zusatz von Säure sich abscheidet[4]). Man verwendet am besten Natriumborat und Dinatriumphosphat. Bei der gleichen Reaktion kann man Ammoniak oder Magnesiumoxyd resp. Magnesiumhydroxyd in wässeriger Lösung verwenden[5]).

Das starke Diureticum 1.7-Dimethylguanin hat keine krampferregende Wirkung und erzeugt auch keine Muskelstarre, wie das entsprechende Xanthinderivat.

Man erhält es durch Methylieren von Guanin oder 1-Methylguanin[6]).

Die Glucoside der Purine erhält man, wenn man Metallsalze der Purine oder ihrer Derivate auf Acidylhalogenglucose oder entsprechende Derivate anderer Zucker, zweckmäßig in Gegenwart indifferenter organischer Lösungsmittel in der Wärme einwirken läßt und die so entstandenen Acidylpuringlucoside gegebenenfalls durch nachfolgende vorsichtige Verseifung in die freien Glucoside überführt. Tetraacetyltheophyllinglucosid erhält man aus trockenem Theophyllinsilber, Acetobromglucose und trockenem Xylol beim Kochen. Aus der Ammonverbindung erhält man Theophyllinglucosid. Beschrieben sind ferner: Tetraacetylchlortheophyllinglucosid, Chlortheophyllinglucosid, Tetraacetyltheobrominglucosid, Theobrominglucosid, Tetraacetylhydroxycoffeinglucosid, Tetraacetyltheophyllingalaktosid und Theophyllingalaktosid, Tetraacetyltrichlorpuringlucosid, Tetraacetyl-2.8-dichlor-6-aminopuringlucosid und 2.8-Dichlor-6-aminopuringlucosid, Tetraacetyltheobromingalaktosid, Triacetyltheophyllinrhamnosid, Theophyllinrhamnosid. Die Verbindungen wirken diuretisch, sind gut wasserlöslich und wenig giftig[7]).

Diaminopyrimidine und ihre Derivate lassen sich glatt mit Zucker und aldehydhaltigen Körpern und mit Carbonsäuren aus Aldehydzuckern kondensieren. Die Reaktion erfolgt unter Austritt von Wasser schon beim einfachen Erhitzen der Komponenten in wässeriger Lösung. Die erhaltenen glykosidähnlichen Verbindungen sollen als Zwischenprodukte für Arzneimittel dienen. Beschrieben sind das Kondensationsprodukt aus 1.3-Dimethyl-2.6-dioxy-4.5-diaminopyrimidin und Schleimsäure, sowie das Kondensationsprodukt aus 2.6-Dioxy-4.5-diaminopyrimidin und Traubenzucker[8]).

1-Alkyl-3-methyl-4-amino-2.6-dioxypyrimidin erhält man durch Behandlung der Alkalisalze des 3-Methyl-4-amino-2.6-dioxypyrimidins und Halogenalkylen oder Dialkylsulfaten[9]).

Acetylderivate von Cyanamid und Harnstoff erhält man, indem man Cyanamid oder dessen Monoalkylderivate auf Cyanessigsäure oder Halogenessigsäure einwirken läßt. So erhält man Cyanacetylcyanamid, Cyanacetylmethylharnstoff, Chloracetyläthylharnstoff. Die Cyanacetylharnstoffe sind von großer Bedeutung für die Darstellung der Purinbasen; man erhält sie durch Kondensation von Cyanessigsäure mit Harnstoff oder dessen Alkyl- und Arylderivaten mit Hilfe von Säureanhydriden, z. B. aus Harnstoffcyanessigsäureanhydrid erhält man Cyanacetylharnstoff, aus Monomethylharnstoff, Cyanessigsäure und Propionsäureanhydrid erhält man Cyanacetylmethylharnstoff. Aus symmetrischem Dimethylharnstoff erhält man mit Cyanessigsäure und Essigsäureanhydrid Cyanacetyldimethylharnstoff[10]).

Pyrimidine kann man erhalten, indem man Cyanessigester mit Harnstoffen durch Einwirkung von Alkaliamid kondensiert[11]). Diese Kondensation kann man durch die freien Alkalimetalle oder deren Alkoholate bewirken[12]). Man kann bei diesem Verfahren den Harnstoff oder seine Homologen durch Acylharnstoffe ersetzen, wobei der Ringschluß unter gleichzeitiger Abspaltung der Acylreste eintritt[13])[14]).

---

[1]) D.R.P. 193799, Zusatz zu D.R.P. 191106. [2]) Merck, D.R.P. 161493.
[3]) D.R.P. 166267, Zusatz zu D.R.P. 161493. [4]) Höring, Berlin, D.R.P. 182559.
[5]) Merck, Darmstadt, D.R.P. 177768. [6]) D.R.P. 262470 und 264011.
[7]) Bayer, D.R.P. 281008. [8]) Thannhauser, D.R.P. 285286.
[9]) Bayer-Elberfeld, D.R.P. 167138. [10]) D.R.P. 175415.
[11]) Merck, D.R.P. 165561. [12]) D.R.P. 165562, Zusatz zu D.R.P. 165561.
[13]) D.R.P. 170657, Zusatz zu D.R.P. 165561.
[14]) D.R.P. 170555, Zusatz zu D.R.P. 165561.

3-Monomethylxanthin (Sokial benannt) ist für Mäuse und Ratten in kleinen Dosen tödlich, da es in den Harnkanälchen auskrystallisiert und diese verstopft[1]).

3-Methylxanthin soll für Nager sehr giftig sein, während es bei größeren Tieren und Menschen nicht wirkt[2]). Xanthin hat fast keinen diuretischen Effekt.

E. Merck stellt 4-Imino-5-isonitroso-2.6-dioxypyrimidin und dessen 3-Alkylderivate her, indem er Cyanacetylharnstoff oder dessen Alkylderivate mittels salpetriger Säure in die Isonitrosoderivate umwandelt und diese durch Behandeln mit alkalischen Reagenzien in Pyrimidine umlagert[3]).

Acylderivate der Xanthinreihe erhält man, wenn man entweder Derivate der Chlorkohlensäure auf Metallsalze von Xanthinen einwirken läßt oder Xanthinchlorocarbonate nach den üblichen Methoden mit aktiven wasserstoffenthaltenden Verbindungen, wie Alkoholen, Phenolen, Aminen oder Xanthinbasen zur Umsetzung bringt. Beschrieben sind: Theobrominkohlensäurechlorid, o-Carboäthoxyphenyltheobrominkohlensäureester,Thymolkohlensäureester des Theobromins, Bistheobrominkohlensäureester des Piperazins, 3-Methylxanthintheobromincarbonat, Kohlensäureäthylester des Theobromins und Ditheobromincarbonat. Die Verbindungen sind durch Alkalien meist leicht verseifbar, gegen Säuren jedoch genügend beständig. Sie gestatten die diuretische Wirkung der Xanthine mit der Wirkung des harnsäurelösenden Piperazins, der antiseptischen der Phenole und der antineuralgischen der Salicylsäure zu verbinden[4]).

4-Imino-5-isonitrosopyrimidinderivate erhält man durch Einwirkung von Harnstoff und dessen Derivaten bei Gegenwart von alkalischen Kondensationsmitteln auf Isonitrosocyanessigester[5]).

1-Alkyl-2-alkyloxypyrimidinderivate erhält man durch Alkylierung von 2-Alkyloxypyrimidinderivaten[6]).

Halogenacidylierte o-Diaminopyrimidinderivate erhält man durch Behandlung von o-Diaminopyrimidin mit halogensubstituierten Carbonsäuren oder deren Derivaten[7]).

Pyrimidinderivate erhält man aus den in D.R.P. 206454 beschriebenen Chlorderivaten durch Behandlung mit Ammoniak oder organischen Basen[8]).

Die in D.R.P. 209729 beschriebenen Basen kann man durch Behandlung mit alkalischen Kondensationsmitteln in Purinderivate verwandeln, welche leicht lösliche Basen sind und stärker diuretisch wirken als Theophyllin. Dargestellt wurden 8-Aminomethyl-1.3-dimethylxanthin, ferner 1.3-Dimethyl-8-dimethylaminomethylxanthin, ferner 1.3-Dimethyl-8-piperidylmethylxanthin[9]).

In Stellung 8 substituierte Xanthin- bzw. Guaninderivate[10]) werden hergestellt, indem man durch Einwirkung von substituierten Fettsäuren auf 4.5-Diaminopyrimidinderivate erhältliche 5-Monoacidylamino-4-aminopyrimidine entweder in Form ihrer trockenen Alkalisalze erhitzt oder durch gelöste alkalische Kondensationsmittel den Ringschluß herbeiführt. Dargestellt wurden Verbindungen des 3-Methyl-2.6-dioxy-4-amino-5-oxyalkylaminopyrimidins und der 3-Methylxanthin-8-carbonsäure, 1.3-Dimethyl-2.6-dioxy-4-amino-5-cyanacetaminopyrimidins und Theophyllin-8-essigsäure, 2.4-Diamino-6-oxy-succinaminopyrimidin, der Guanin-8-propionsäure und des Chlorhydrats des Guaninpropionsäureesters und die Substanzen

```
N(CH3)—CO                               NH———CO
|       |                               |      |
CO      C·NH\                           CO     C·NH\
|       |    >C·CH2(OH)                 |      |    >C·CH(OH)·CH3
N(CH3)—C·N//                            N(CH3)—C·N//

              N(CH3)—CO
              |       |
              CO      C·NH\
              |       |    >C·CH2·NH·CO·CH3
              N(CH3)—C·N//
```

Eine Reihe von Substanzen, welchen neben ihren harnsäurelösenden Eigenschaften in vitro diuretische Wirkungen zukommen und die wohl hauptsächlich diesem Umstande ihre Anwendung in der Therapie verdanken, werden im folgenden behandelt.

---

1) Helmsoth, C.: Arch. f. wiss. u. prakt. Tierheilk. Bd. 53, S. 44. 1925.
2) Bayer, Leverkusen, D.R.P. 305926. 3) D.R.P. 227390.
4) Merck, D.R.P. 290910. 5) Bayer, D.R.P. 206453.
6) Bayer, D.R.P. 208639. 7) Bayer, D.R.P. 206454.
8) Bayer, D.R.P. 209729. 9) Bayer, D.R.P. 209728. 10) D.R.P. 213711.

Dreizehntes Kapitel.

Gichtmittel.

Die Ablagerungen von Harnsäure, welche als Symptome gichtischer Erkrankung in den Gelenken vorkommen, haben zu zwei Arten von Bestrebungen geführt. Die eine Richtung sucht die Bildung von Harnsäure im Organismus überhaupt zu unterdrücken oder herabzusetzen, während es die andere als ihre Hauptaufgabe ansah, in den Organismus Substanzen einzuführen, welche bei möglichster Ungiftigkeit als Lösungsmittel für die in den Geweben abgelagerte Harnsäure dienen sollten.

Das Lithiumsalz der Chinasäure wurde unter dem Namen Urosin in die Therapie eingeführt. Die Piperazinverbindung der Chinasäure führt den Namen Sidonal. Diese beide Substanzen stellen Kombinationen von in vitro harnsäurelösenden Mitteln mit einer Substanz dar, welche nach den Angaben von Weiß[1]) die Entstehung der Harnsäure im Organismus hindert. Neu-Sidonal ist Chinasäureanhydrid, welches leicht in Chinasäure übergehen kann[2]). Frz. Hupfer[3]) leugnet aber die Einwirkung von Chinasäure auf den Organismus im Sinne einer Herabminderung der Harnsäureproduktion.

Von anderer Seite wurde vorgeschlagen, ein Kondensationsprodukt von Weinsäure und Phenol anzuwenden, welches angeblich beim Verfüttern an Fleischfresser die Harnsäureproduktion herabsetzt. Es hat sich nämlich herausgestellt, daß die Zufuhr organischer Säuren in den Organismus im allgemeinen die Menge der gebildeten Harnsäure herabsetzt und solche Säuren um so besser wirken, je größer ihr Kohlenstoffgehalt ist. Es mag wohl darauf vielleicht beruhen, daß von Ärzten und Laien die sogenannte Citronenkur empfohlen wird, bei welcher eine Anzahl von diesen Früchten, bzw. der ausgepreßte Saft einzunehmen ist. Milchsaures Natrium vermindert, brenztraubensaures Natrium steigert (wie Alanin) die Harnsäureausscheidung[4]). Statt der Harnsäure erscheint bei der Verfütterung von kohlenstoffreichen, aliphatischen Säuren im Harne Oxalsäure. Ulrich Kreis empfahl nun, da nach Phenolverfütterung der Oxalsäuregehalt im Harn bedeutend ansteigt, Weinsäurediphenylester zu dem Zwecke zu verfüttern, um die Harnsäureproduktion im Organismus herabzudrücken

Weinsäurediphenylester wird dargestellt durch Erhitzen von trockenem, neutralem Kaliumtartarat in molekularer Menge mit der doppelten molekularen Menge von Phenol und $^4/_3$ der molekularen Menge Phosphoroxychlorid. Nach 20 Stunden gießt man das Reaktionsprodukt in Wasser, wobei sich ein Öl ausscheidet, welches beim Anreiben mit absolutem Alkohol krystallinisch wird. Durch Umkrystallisieren aus Alkohol erhält man den Körper schön krystallisiert[5]).

Einem ähnlichen Umstand verdankt anscheinend auch Salicylsäure ihre Verwendung als Gichtmittel. Auch der Versuch, Saligenin für diesen Zweck zu verwerten, wird denselben Grund haben. Es wurde besonders empfohlen,

---

[1]) Berl. klin. Wochenschr. Jg. 1899, Nr. 14.
[2]) Huber u. Lichtenstein: Berl. klin. Wochenschr. Jg. 1902, S. 653.
[3]) Hoppe-Seylers Zeitschr. f. physiol. Chem. Bd. 37, S. 302. 1903.
[4]) Gibson, H. V. u. E. A. Doisy: Journ. of biol. chem. Bd. 55, S. 605. 1923.
[5]) D.R.P. 101860.

statt Saligenin selbst, ein Kondensationsprodukt aus Saligenin und Gerbsäure anzuwenden.

Man erhält dieses durch Einwirken von Saligenin auf Gerbstoff in warmer salzsaurer Lösung oder durch langes Erwärmen von Salicin und Gerbstoff in salzsaurer Lösung, wobei das sich bildende Saligenin die Verbindung eingeht. Als Gerbstoff sind nur diejenigen Stoffe verwertbar, welche bei Behandeln mit Säuren, Gerbsäure, Glykose usw. abspalten, z. B. Eichengerbstoff, Chinagerbstoff, nicht aber Gerbstoffe, welche Gallussäure abspalten, wie Tannin. Das Produkt ist wahrscheinlich Gerbsäureoxybenzylester und wurde Antiarthrin benannt[1]).

Nach einem Verfahren von Sell kann man Saligenin in der Weise unlöslich machen, daß man es bei Gegenwart einer Mineralsäure in der Wärme mit Gerbsäure reagieren läßt[2]).

Eine Beurteilung des Wertes dieser Substanzen wird sich aus dem Folgenden leicht ergeben.

Es muß hervorgehoben werden, daß nach Untersuchungen von Labraze und Fresal nach Verfütterung von Tannin die Menge der ausgeschiedenen Xanthinkörper sinkt. Von Levisohn wurde beobachtet, daß die Harnsäureausscheidung nach Tannineinnahme sich vermindert. Wenn man Thymus an Tiere füttert, so tritt stets Vermehrung der Harnsäureausscheidung ein. Bohland zeigte aber, daß, wenn man gleichzeitig Tannin und Thymus füttert, die Steigerung der Harnsäureausscheidung ausbleibt.

Ursal ist eine Verbindung von Harnstoff mit Salicylsäure, welche gegen Gicht empfohlen wurde.

Benzoesäure vermag ähnlich wie Salicylsäure beim Menschen die Ausscheidung von Harnsäure im Harn zu vermehren und den Harnsäuregehalt des Blutes zu vermindern. Zimtsäure hatte keine oder nur geringe Wirkung, ebensowenig Chinasäure, Colchicin und p-Oxybenzoesäure[3]).

In Frankreich wurde Hippursäure $C_6H_5.CO.NH.CH_2.COOH$ als Gichtmittel schon lange benützt.

Die zweite Richtung bei der Gichtbehandlung verdankt ihren Ursprung einerseits der Beobachtung, daß die Lithiumsalze der Harnsäure an Löslichkeit alle anderen organischen Salze der Harnsäure übertreffen und daß die Lithium enthaltenden Säuerlinge bei der Behandlung gichtischer Affektionen gute Resultate zeitigen; andererseits verdankt sie ihre Entwicklung den Bestrebungen auf synthetischem Wege die Sperminbase darzustellen, welcher von manchen Forschern eigentümlich erregende Wirkungen auf das Nervensystem zugeschrieben werden. Die giftigen Nebenwirkungen der Lithiumsalze auf das Nervensystem zeitigten Versuche, organische, ungiftige Basen, denen harnsäurelösende Eigenschaften zukommen, zu finden, welche als Ersatzmittel der Lithiumsalze dienen konnten.

Die therapeutischen Erfahrungen haben aber gezeigt, daß die in vitro konstatierbare harnsäurelösende Wirkung von Substanzen innerhalb des Organismus nicht verwertet werden kann. Einige Umstände partizipieren daran, dieses Verhalten der Harnsäure zu verursachen.

Natriumbicarbonat kann weder das Ausfallen gichtischer Konkretionen verhindern, noch deren Lösung erleichtern, selbst wenn es gelingen würde, das Blut merklich damit anzureichern. Der Grund hierfür ist nach der Erklärung von W. His und Th. Paul[4]) darin zu suchen, daß durch Zusatz von einer Salzlösung zu einer zweiten die Menge des nicht dissoziierten Salzes wächst (sog. Rückdrängung der Dissoziation). Da nun dessen Menge durch das Löslichkeitsverhältnis begrenzt ist, so muß, wenn dieses überschritten wird, das Salz ausfallen, d. h. auf unsern Fall angewendet, die Löslichkeit des pri-

[1]) Wien. med. Blätter. Jg. 1899, Nr. 26, 27. [2]) D.R.P. 111963.
[3]) Denis, W.: Journ. of pharmacol. a. exp. therapeut. Bd. 7, S. 601. 1915.
[4]) Hoppe-Seylers Zeitschr. f. physiol. Chem. Bd. 31, S. 1 u. 64. 1900.

mären harnsauren Natrons wird durch Anwesenheit eines anderen Natronsalzes vermindert. Aber eine solche Anreicherung des Blutes mit Natriumbicarbonat ist überhaupt gar nicht ausführbar.

Die Darreichung von Kalium- und Lithiumsalzen vermehrt unter keinen Umständen die Löslichkeit des im Körper abgelagerten sauren Natronurates, weil in einer Lösung zweier Salze zunächst diejenigen Basen- und Säure-Ionen zusammentreten, deren Verbindung am schwersten löslich ist. In der Regel ist dies aber das Natronsalz. Dasselbe gilt nun von den organischen Basen (Lysidin, Piperazin).

Das Lösungsvermögen aller dieser Substanzen für Harnsäure äußert sich nur, wenn freie Harnsäure mit der Base zusammentrifft. Geschieht dies aber bei Gegenwart eines Natronsalzes, so bildet sich wieder das schwer lösliche primäre harnsaure Natron.

Die Praxis zeigt, daß die von der Theorie gelehrte Aussichtslosigkeit, durch Zufuhr von harnsäurelösenden Basen die Harnsäure am Ausfallen zu verhindern oder Konkremente von Harnsäure oder harnsauren Salzen wieder in Lösung zu bringen, tatsächlich eintrifft. Man hat sich durch objektive Erfahrungen überzeugen lassen müssen, daß die harnsäurelösenden Mittel als solche wertlos und wenn man Wirkungen sieht diese vielmehr durch andere Umstände verursacht sind. Diese Mittel besitzen meist eine diuretische Wirkung und letztere, sowie die bei dem Genusse von lithiumhaltigen Mineralwässern eintretende Diluierung des Harnes vermehren die Ausscheidung der Harnsäure, obgleich es sich hier nicht etwa um eine Lösung der Harnsäure durch die eingeführte Base, sondern vielmehr um Verdünnung des Harnes und Vergrößerung der Harnmenge handelt.

Außer den besprochenen Wegen zu harnsäurelösenden Mitteln zu gelangen, schlug W. His vor, Stoffe zu suchen, die in den Kreislauf gelangen und mit der Harnsäure leicht lösliche oder leicht oxydable gepaarte Verbindungen bilden. Doch ist ein Stoff dieser Art bis nun nicht gefunden worden.

Zu den oben entwickelten physikalischen Gründen der Unwirksamkeit der basischen Mittel, welche gegen die harnsaure Diathese empfohlen wurden, treten noch hinzu: Die äußerst geringe Konzentration ihrer Lösungen im Organismus (1:54000), ferner die rasche Ausscheidung durch die Nieren und unter Umständen noch die Verbrennung der Mittel in den Geweben, durch welche letzterwähnten Faktoren eine weitere Abnahme der Konzentration des Lösungsmittels im Organismus erfolgt.

Als ein solches harnsäurelösendes Mittel wurde das wirkungslose Piperazin

$$HN\langle\begin{matrix} H_2C & CH_2 \\ H_2C & CH_2 \end{matrix}\rangle NH$$

empfohlen und Dispermin benannt.

Piperazin wurde von A. W. Hofmann durch Einwirkung von Ammoniak auf Äthylenbromid[1]) erhalten. Aus dem Basengemische wurde Piperazin durch fraktionierte Destillation gewonnen, wobei sich nach dem Abkühlen aus der Piperazinfraktion Diäthylendiamin abscheiden ließ. Bequemer läßt sich Piperazin abtrennen, wenn man das piperazinhaltige Gemisch mit salpetriger Säure behandelt und Piperazin in Dinitrosopiperazin überführt. Um aus dem Dinitrosopiperazin wieder Piperazin zu gewinnen, behandelt man es mit konzentrierter Salzsäure, wobei salzsaures Piperazin entsteht, oder mit Reduktionsmitteln und nachher mit Salzsäure, wobei ebenfalls das salzsaure Salz sich bildet[2]).

Man gelangt auch zu reinem Piperazin, wenn man Dinitroso- Dinitro-, Trinitro-, Tetranitro-, Pentanitro-, Hexanitro-diphenylpiperazin mit der 2—4fachen Menge Natron-

[1]) Ber. d. dtsch. chem. Ges. Bd. 23, S. 3297. 1890. — Proc. of the roy. soc. of London Ser. B. Bd. 10, S. 231. [2]) D.R.P. 59222.

oder Kalilauge destilliert. Durch Neutralisation des Destillates, welches nur Piperazin enthält, gelangt man zum salzsauren Salze des Piperazins. Es werden also die tertiären nitrierten oder nitrosierten aromatischen Amine durch Einwirkung von Alkali in Nitro- bzw. Nitrosophenole und in sekundäre Amine gespalten[1]).

Wegen der schweren Löslichkeit der Nitroprodukte ist es jedoch besser, statt dieser, welche vom Alkali nur unvollkommen zersetzt werden, die sulfurierten Basen anzuwenden, welche durch Alkali leicht aufspaltbar sind[2]).

Man kann statt von der Nitro- oder Nitrosulfosäureverbindung des Piperazins auch von den phenylierten Sulfosäuren ausgehen und durch Spaltung zu Piperazin gelangen[3]). Statt der hydrolytischen Spaltung der aromatischen Piperazinderivate läßt sich auch behufs Darstellung des reinen Piperazins die Oxydation anwenden, insbesondere bei Piperazinderivaten vom Typus des p-Dioxy- und p-Diaminodiphenylpiperazins läßt sich mit chromsaurem Natron diese Spaltung gut ausführen[4]). Es wurden die erwähnten Piperazinderivate in Schwefelsäure gelöst und in das kalte Gemisch Natriumchromat eingetragen. Von dem gebildeten Chinon trennt man mittels Äther, neutralisiert mit Kalk und destilliert Piperazin ab. Ist man vom Diaminphenylpiperazin ausgegangen, so enthält das Destillat Ammoniak. Man dampft das zu neutralisierende Destillat zur Trockne ab und trägt es in erwärmte 70proz. Natronlauge ein. Freies Ammoniak entweicht, während Piperazin sich als ölige Schicht ausscheidet.

Auf anderen Wegen kann man zum Piperazin gelangen, wenn man das von A. W. Hofmann[5]) dargestellte Äthylenoxamid $\begin{array}{l} CH_2—NH—OC \\ \mid \qquad\qquad\quad \mid \\ CH_2—NH—OC \end{array}$ durch Reduktionsmittel, wie Zinkstaub oder Natronlauge oder metallisches Natrium, in Piperazin überführt[6]).

Das zur Gewinnung von Piperazin verwendbare aromatische Disulfonpiperazid

$$RSO_2 \cdot N{<}^{CH_2 \cdot CH_2}_{CH_2 \cdot CH_2}{>}N \cdot SO_2R,$$

wobei R einen Kohlenwasserstoffrest (C_6H_5, $C_6H_4 \cdot CH_3$ resp. $C_{10}H_7$) bedeutet, kann man erhalten, indem man zuerst ein aromatisches Disulfonäthylendiamin $RSO_2 \cdot NH \cdot CH_2$ $CH_2 \cdot NH \cdot SO_2R$ darstellt[7]). Ein solches bildet sich durch Einwirkung von 2 Molekülen eines aromatischen Sulfochlorids auf 1 Molekül Äthylendiamin oder durch Einwirkung von 2 Molekülen eines aromatischen Sulfoamids auf 1 Molekül Äthylenchlorid oder Äthylenbromid. Die aromatischen Disulfonpiperazide bilden sich nun durch Einwirkung von 1 Molekül Äthylenchlorid oder Bromid auf Disulfonäthylendiamine. Man kann zu den Piperazindisulfonderivaten der aromatischen Reihe auch direkt durch Reaktion von je 1 Molekül eines aromatischen Sulfonamids mit Äthylenchlorid gelangen[8]).

Aus dem so gebildeten aromatischen Disulfonpiperazid erhält man Piperazin, indem man Wasser oder eine Mineralsäure bei erhöhter Temperatur darauf einwirken läßt. Bei der Spaltung scheidet sich der Kohlenwasserstoff ab, und aus dem eingedampften Rückstande wird durch Einwirkung von Lauge freies Piperazin gewonnen. So kann man aus Dibenzoldisulfonpiperazid, D-o-toluoldisulfonpiperazid, Di-p-toluoldisulfonpiperazid, Dixyloldisulfonpiperazid, Di-α-naphthalindisulfonpiperazid, Di-β-naphthalindisulfonpiperazid durch Wasser oder Mineralsäuren bei erhöhter Temperatur Piperazin abspalten. Ebenso gelingt es durch Verschmelzen mit Natron unter Überleiten von überhitztem Wasserdampf Piperazin frei zu machen, auch wenn man in eine siedende amylalkoholische Suspension eines solchen Piperazids Natriummetall einträgt und die amylalkoholische Lösung mit salzsaurem Wasser ausschüttelt[9]).

Ein weiteres Verfahren zur Darstellung des Piperazins beruht auf der Beobachtung, daß sich Glykolnatrium mit Säurederivaten des Äthylendiamins bei Erhitzung zu Piperazin umsetzt[10]). Auf diese Weise wurde Diacetyl-, Oxalyl-, Dibenzoyläthylendiamin, Äthylenurethan und Äthylenharnstoff durch Behandlung mit Glykolnatrium in Piperazin übergeführt. Auch auf umgekehrtem Wege durch Erhitzen der Natriumverbindungen der Säurederivate des Äthylendiamins mit wasserfreiem Glykol auf 170—200° erhält man ebenfalls Piperazin. Ersetzt man Glykol durch Äthylenbromid, so vollzieht sich die Reaktion schon bei niederer Temperatur. Die Natrium-Säurederivate des Äthylendiamins erhält man, indem man Natrium entweder auf das geschmolzene Säurederivat oder auf das z. B. in Anilin, Dimethylanilin oder einem anderen Lösungsmittel gelöste Säurederivat bei Siedetemperatur des Lösungsmittels einwirken läßt[11]).

Dem Dinitrosodiphenylpiperazin analog gebaute Körper gehen auch durch Kochen mit schwefliger Säure in Piperazin über[12]).

Statt der Spaltung der aromatischen Disulfonpiperazide mit Salzsäure unter Druck

---

[1]) D.R.P. 60547, 83524. [2]) D.R.P. 63618. [3]) D.R.P. 65347.
[4]) D.R.P. 71576. [5]) Ber. d. dtsch. chem. Ges. Bd. 5, S. 247. 1872.
[6]) D.R.P. 66461. [7]) D.R.P. 70055. [8]) D.R.P. 70056. [9]) D.R.P. 73125.
[10]) D.R.P. 67811. [11]) D.R.P. 73354. [12]) D.R.P. 74628.

ist es von größerem Vorteile, die genannten Piperazide mit Schwefelsäurechlorhydrin (Chlorsulfonsäure) zu erhitzen[1]).

Es wurde früher erwähnt, daß man Piperazin durch Spaltung von Di-nitrosophenylpiperazin mit Alkalien oder Säuren erhalten kann. In gleicher Weise gelingt es, Körper vom Typus des Di-phenylpiperazins bei der hydrolytischen Spaltung in Piperazin überzuführen. Dibenzylpiperazin erhält man durch Einwirkung von 2 Molekülen Benzaldehyd auf 1 Molekül Äthylendiamin, wobei sich vorerst Benzylidenäthylendiamin bildet. Reduziert man dieses mit Natriumamalgam, so erhält man Dibenzyläthylendiamin, welches mit Äthylenbromid und Natriumcarbonat erhitzt Dibenzylpiperazin liefert. Unterwirft man diesen Körper der hydrolytischen Spaltung, so gelangt man zum salzsauren Piperazin[2]).

Für die Darstellung des Piperazins ist ferner von Interesse, daß die Hydrolyse aromatischer Piperazinderivate um so leichter geht, je mehr negative Gruppen in das Molekül eingeführt werden. Die Hydrolyse in saurer Lösung geht besonders leicht bei Einführung mehrerer Nitrosogruppen. Diphenylpiperazin nimmt nur zwei Nitrosogruppen auf. Hingegen können Di-m-oxy-diphenylpiperazin und seine Homologen mit Leichtigkeit vier Nitrosogruppen aufnehmen, und sie spalten sich in saurer Lösung in Piperazin und in Dinitrosoresorcin.

Lycetol ist weinsaures Dimethylpiperazin, $HN{<}{\genfrac{}{}{0pt}{}{CH_2-CH(CH_3)}{CH_2-CH(CH_3)}}{>}NH$, es ist harnsäurelösend und völlig ungiftig, nicht hygroskopisch und besitzt, wie Piperazin, einen angenehmen Geschmack.

Stöhr[3]) hat gefunden, daß, wenn man Glycerin mit Chlorammon und Ammoncarbonat destilliert, das Destillat ansäuert und mit Wasserdampf die nicht basischen Substanzen abbläst, man Pyrazinbasen mittels Alkali abscheiden kann. Das Basengemisch läßt sich durch fraktionierte Destillation in homologe Pyrazine: Dimethylpyrazin und Dimethyläthylpyrazin trennen. Das Dimethylpyrazin hat folgende Konstitution

```
      H   CH3
      ·    ·
  N<C———C>N
    C═══C
      ·    ·
     CH3   H
```

Dieses Dimethylpyrazin läßt sich nun durch Reduktion in das Dimethylpiperazin, die dem Lycetol entsprechende Base, überführen. Mit Vorteil verwendet man bei der Destillation des Glycerins statt des kohlensauren Ammons phosphorsaures Ammon[4]).

Homologe des Pyrazins lassen sich auch durch Oxydation von Aminoaceton erhalten. Dimethylpyrazin erhält man z. B., wenn man Isonitrosoaceton mit Zinnchlorür und rauchender Salzsäure reduziert und alkalisch macht und Sublimat zusetzt. Durch Sublimat erfolgt nun Oxydation und durch eingeleiteten Wasserdampf läßt sich das gebildete Dimethylpyrazin übertreiben.

Die Darstellung geschieht durch trockene Destillation von salzsaurem Äthylendiamin mit Natriumacetat. Das so gebildete Methylglyoxalidin läßt sich leicht von dem beigemengten Äthylendiamin trennen[5]).

Statt des Piperazins wurde noch versucht, Dioxypiperazin in die Therapie einzuführen. Dieses hat in vitro annähernd das gleiche Lösungsvermögen für Harnsäure wie Piperazin.

Man gewinnt diesen Körper aus Aminocetal, indem man dieses in gekühlte Bromwasserstoffsäure einträgt und nach mehreren Stunden im Vakuum bei niedriger Temperatur stark eindampft[6]). Beim Stehen erstarrt der restierende Syrup krystallinisch. Das Endprodukt ist das bromwasserstoffsaure Salz des Dioxypiperazins.

Unter dem Namen Lysidin[7]) wurde ein Methylglyoxalidin

```
         H
  CH2—N
   |      >C·CH3
  CH2—N
```

beschrieben, welchem in vitro eine fünfmal stärkere harnsäurelösende Wirkung

[1]) D.R.P. 100232. [2]) D.R.P. 98031. [3]) D.R.P. 73704.
[4]) D.R.P. 75298. [5]) D.R.P. 78020.
[6]) D.R.P. 77557. — Ber. d. dtsch. Ges. chem. Bd. 27, S. 169. 1894.
[7]) Ber. d. dtsch. chem. Ges. Bd. 27, S. 2952. 1894. — Dtsch. med. Wochenschr. Jg. 1894, Nr. 1. — Ber. d. dtsch. chem. Ges. Bd. 28, S. 1173, 3068. 1895.

als dem Piperazin zukommt. Nach Geppert ist diese Substanz ohne irgendwelche schädliche Nebenwirkung und erhöht auch die Atemfrequenz nicht.

Zu erwähnen sind noch folgende Substanzen: Urotropin (Hexamethylentetramin $(CH_2)_6(NH_2)_4$, (s. d.) wurde als harnsäurelösendes Mittel von Nicolaier empfohlen. Ebenso Saliformin, die Salicylsäureverbindung des Hexamethylentetramins. Ferner das chinasaure Urotropin, Chinotropin genannt, welches die harnsäurelösende Wirkung des Urotropins mit der harnsäurevermindernden der Chinasäure verbinden soll. Helmitol ist anhydromethylencitronensaures Hexamethylentetramin.

1.6-Diaminohexan $(CH_2)_6 \begin{matrix} \diagup NH_2 \\ \diagdown NH_2 \end{matrix}$ wirkt in vitro harnsäurelösend wie Urotropin, es passiert den Organismus unverändert, bei Injektion macht es lokale Entzündung, intern ist es ungiftig[1]).

Tunnicliffe und Rosenheim behaupten, daß Piperidin die Lösungsfähigkeit des Blutserums für Harnsäure erhöht[2]). Sie empfehlen 1.2 g weinsaures Piperidin, welches ohne Nachteil vertragen werden soll. Für alle diese basischen Körper, wie auch die in der Folge zu besprechenden, gilt das in diesem Kapitel einleitend Bemerkte.

Aus dem gleichen Grunde wie Piperazin müssen die folgenden von H. Pauly dargestellten nur in vitro harnsäurelösend wirkenden Substanzen als wertlos erscheinen.

Durch Einwirkung von Ammoniak auf Dibromtriacetonamin erhält man[3]) α-Tetramethylenpyrrolin-β-carbonsäureamid. Durch Einwirkung reduzierender Agenzien erhält man Dihydroderivate, wobei es zur Bildung des α-Tetramethylpyrrolidin-β-carbonsäureamid kommt[4]). In gleicher Weise können die Alkylderivate des α-Tetramethylpyrrolin-β-carbonsäureamids in Pyrrolidinderivate übergeführt werden. Durch Einwirkung von Jodalkyl auf die Base erhält man Alkylderivate derselben, indem Alkyl an den Stickstoff im Pyrrolring tritt.

Durch Behandeln von Triacetonamin mit Brom in stark bromwasserstoffsaurer Lösung erhält man das Bromhydrat eines Dibromtriacetonamins. Dieses reagiert mit aliphatischen primären Aminen, z. B. Methylamin, indem sich alkylierte Amide einer Pyrrolincarbonsäure bilden[5]), z. B. α-Tetramethylpyrrolin-β-carbonsäuremethylamid.

Die N-Alkylderivate des α-Tetramethylpyrrolin-β-carbonsäureamids[6]) erhält man durch Einwirkung von Alkyljodid auf die Base und gelangt so zum N-Methyl-α-tetramethylpyrrolin-β-carbonsäureamid.

Ebenso erhält man die N-Alkylderivate der α-Tetramethylpyrrolin-β-carbonsäurealkylamide z. B. N-Methyl-α-tetramethylpyrrolin-β-carbonsäuremethylamid.

Auch die Pyrrolidinderivate lassen sich in gleicher Weise am Stickstoff alkylieren und man erhält[7]) z. B. N-Methyl-α-tetramethylpyrrolidin-β-carbonsäureamid.

Wenn man bei der Synthese der Alkylamide statt primärer aliphatischer Amine sekundäre Amine der Fettreihe verwendet, so erhält man analog Dialkylamide der α-Tetramethylpyrrolin-β-carbonsäure[8]): α-Tetramethylpyrrolin-β-carbonsäuredimethylamid.

Die so erhaltene Dialkylamide können durch Einwirkung von Halogenalkylen in analoger Weise, wie die Monoalkylamide am Stickstoff des Pyrrolinringes alkyliert sowie durch Reduktionsmittel in Pyrrolidinderivate übergeführt werden.

Allen diesen Substanzen kommen in vitro harnsäurelösende Eigenschaften zu, doch ist zu bedenken, daß, abgesehen von der Nutzlosigkeit basischer Lösungsmittel für Harnsäure im Organismus, Pyrrolidinderivate keineswegs bei interner Verwendung harmlos sein dürften.

Nach H. Hildebrandt zeigen die Tetra- und Pentamethylpyrrolidin-β-carbonsäuren nur geringe Giftwirkung; erst Dosen von 0.05 gerufen bei weißen

---

[1]) Curtius u. Clemm: Journ. f. prakt. Chem. N. F. Bd. 62.
[2]) Lancet. Jg. 1898, S. 189.
[3]) D.R.P. 109345. — Ber. d. dtsch. chem. Ges. Bd. 32, S. 200. 1899; Bd. 33, S. 919. 1900.
[4]) D.R.P. 109346. [5]) D.R.P. 109347. [6]) D.R.P. 109348.
[7]) D.R.P. 109349. [8]) D.R.P. 109350.

Mäusen allmählich einen Lähmungszustand hervor; das Pentamethylderivat ist stärker wirksam als die N-methylfreie Säure, analog wie N-Methylpiperidin stärker wirkt als Piperidin.

Schering schützt ein Verfahren zur Darstellung von Pyrrolinderivaten, dadurch gekennzeichnet, daß man acidylierte Brenztraubensäureester mit Benzaldehyd und o-substituierten Anilinen oder mit substituierten Anilinen oder mit Benzaldehyd und heterocyclischen Verbindungen oder mit heterocyclischen Aldehyden und Aminen in nicht alkoholischer Lösung kondensiert.

Beschrieben sind: 1-o-Tolyl-2-phenyl-3-acetyl-4.5-diketopyrrolidin[1]), 1.2'-Methoxyphenyl-2-phenyl-3-acetyl-4.5-diketopyrrolidin, 1-Phenyl-2-piperonyl-3-acetyl-4.5-diketopyrrolidin, 1-p-Tolyl-2-p-dimethylaminophenyl-3-acetyl-4.5-diketopyrrolidin, 1.8'-Chinolyl-2-phenyl-3-acetyl-4.5-diketopyrrolidin, 1.4'-(1'-Phenyl-2.'3'-dimethyl-5'-pyrrazolyl)-2-phenyl-3-acetyl-4.5-diketopyrrolidin, 1-Phenyl-2-furfuryl-3-acetyl-4.5-diketopyrrolidin, 1.2'-Methoxyphenyl-2-phenyl-3-benzoyl-4.5-diketopyrrolidin[2]).

Reduziert man Diketopyrrolidine

$$\begin{array}{ccc} OC & — & CH\cdot R_2 \\ | & & | \\ OC & & CH\cdot R_1 \\ & \diagdown\diagup & \\ & N\cdot R & \end{array}$$

mit Zink und Essigsäure, so gelangt man zu Gichtmitteln. Es treten 2 oder 4 Wasserstoffatome ein[3]).

Unterwirft man solche Diketopyrrolidine bzw. ihre Halogenverbindungen bei erhöhter Temperatur der Einwirkung von Ammoniak, so erhält man Diketopyrrolidinderivate, welche Gichtmittel sind. Unter Austritt von Wasser tritt eine Aminogruppe in die Pyrrolidinverbindung, wahrscheinlich in die 4-Stellung ein[4]).

Pyrrolidinderivate erhält man, wenn man acidylierte Brenztraubensäureester, Benzaldehyd und m- oder p-substituierte Derivate des Anilins aufeinander einwirken läßt.

Aus m-Toluidin, Benzaldehyd und Acetylbrenztraubensäureäthylester erhält man m-Methyldiphenylacetyldiketopyrrolidin. Beschrieben sind ferner p-Methyldiphenylacetyldiketopyrrolidin, p-Äthoxydiphenylacetyldiketopyrrolidin, p-Methyldiphenylbenzoyldiketopyrrolidin. Diese Substanzen besitzen diuretische Wirkungen und führen eine starke Harnsäurevermehrung im Harn herbei[5]).

Nucleinsäure und Thyminsäure wirken in vitro harnsäurelösend[6]). Thyminsäure $C_{16}H_{25}N_3P_2O_{12}$ wird unter dem Namen Solurol, welche harnsäurelösend wirkt, in den Handel gebracht.

Die folgenden Verbindungen sind neuere Errungenschaften, Verbindungen, welche nicht mehr der Idee folgen, harnsäurelösende Mittel in die Therapie einzuführen, sondern zum Teil eine starke Ausschwemmung von Harnsäure aus dem Organismus bewirken (Typus: Atophan), zum Teile einen stärkeren Abbau der Harnsäure zum Allantoin (Typus: Oxychinolin). Ein Teil der Verbindungen hat überdies starke desinfizierende, antiseptische und antalgische Eigenschaften.

In dieser Gruppe hat vor allem Atophan sich bewährt; sein bitterer Geschmack hat zu sehr zahlreichen Versuchen geführt in bekannter Weise (Bildung von Estern, Amid, Tannat usw.) diese unangenehme Eigenschaft zu vermeiden. Doch fast nur der erste Repräsentant dieser Reihe hat in der Therapie Eingang gefunden.

o-Oxychinolin bewirkt beim Hunde eine Vermehrung der Allantoinausscheidung bzw. eine Verminderung der Harnsäureausscheidung. Manchmal tritt auch die entgegengesetzte Wirkung beim Hunde ein. o-Oxychinolin ist für den Menschen zu giftig. Von Derivaten hat sich o-Oxychinolinsalicylsäureester Aguttan als Gichtmittel bewährt[7]).

Während 8-Oxychinolin auf den Purinstoffwechsel wirkungslos ist, üben der Salicylsäure- und Acetylsalicylsäure-8-oxychinolester Wirkungen aus, indem die Allantoinausscheidung erhöht wird. Die Ester sind 20mal weniger giftig als freies Oxychinolin. Man

---

1) D.R.P. 287959. 2) Chemische Fabrik vorm. Schering, D.R.P. 280971.
3) Schering, D.R.P. 289247. 4) Schering, D.R.P. 290531.
5) Schering, D.R.P. 283305.
6) Goto, M.: Hoppe-Seylers Zeitschr. f. physiol. Chem. Bd. 30, S. 473. 1900.
7) Brugsch, Th. u. R. Wolffenstein: Berl. klin. Wochenschr. Bd. 52, S. 157. 1915.

erhält sie durch Einwirkung des Chlorids der Salicylsäure resp. Acetylsalicylsäure auf Oxychinolin[1]).

Kleine Dosen von Acetylsalicylsäure-8-oxychinolinester haben (beim Hunde) keinen Einfluß auf Harnsäure- und Allantoinausscheidung, mittlere vermindern die Harnsäureausscheidung etwas, vermehren dafür die Allantoinmenge, ebenso große Dosen von 5 g, während nach 10 g am ersten Tage ein erheblicher Rückgang des Allantoins erfolgt. Toxische Wirkungen wurden nicht beobachtet. 8-Oxychinolinglycerinäther bewirkt Vermehrung der Harnsäure und Verminderung der Allantoinausscheidung. Phenylcinchoninsäureäthylester verursacht eine geringe Verminderung der Harnsäure und Steigerung des Allantoins, Oxychinolin macht Abnahme der Harnsäure und des Allantoins[2]). Doch scheint diese Art der Therapie sich nicht eingeführt zu haben.

Atophan (2-Phenylchinolin-4-carbonsäure) wird gegen Gicht und Gelenksrheumatismus empfohlen, es soll eine überraschend große Harnsäureausscheidung herbeiführen. Bei Verabreichung von 0.5—3 g innerlich bei purinfreier Nahrung erhöht es die Harnsäureausscheidung um das 3—4fache (Nicolaier und Dohrn), sie geht aber beim Aussetzen des Mittels sofort wieder zurück. Es handelt sich, nach Weintrauds Ansicht nicht um vermehrten Nucleinzerfall im Körper, sondern um eine Wirkung auf die Niere, deren Funktion der Harnsäureausscheidung elektiv durch das Mittel gesteigert wird. Am Tage nach der Atophanverabreichung sinkt die Harnsäureausscheidung unter die Norm. Wird jedoch Atophan weiter gegeben, dann bleibt die Ausscheidung der Harnsäure durch 2—3 Tage gesteigert, kehrt dann zur Norm zurück und kann trotz weiterer Verabreichung von Atophan unter die Norm sinken.

Atophan wird in Amerika Cinchophen genannt, Novatophan Neocinchophen resp. Tolysin.

Beim Hunde und Kaninchen bewirkt Atophan eine Herabsetzung der Allantoinausscheidung und Einschränkung des gesamten Purinumsatzes. Die Bildung der Purine wird durch Atophan in überlebenden Lebern gehemmt, ganz besonders aber die Tätigkeit der Xanthinoxydase, so daß eine deutliche Verschiebung des Verhältnisses Basen : Harnsäure zugunsten der ersteren stattfindet. Die Urikooxydase wird durch Atophan nicht beeinflußt[3]).

Atophan wirkt im Gegensatze zum Warmblüter am Kaltblüter schon in geringen Mengen deutlich toxisch. Das Zentralnervensystem und besonders der nervöse Herzapparat werden gelähmt. Die Giftigkeit des Atophans ist durch die Phenylgruppe bedingt, da die Cinchoninsäure (Chinolin-4-carbonsäure) nahezu völlig ungiftig ist. Die Wirksamkeit der Atophangruppe ist abhängig einerseits von der Substitution am Chinolinkern, andererseits vom Benzolring. So wird durch Substitution einer zweiten Phenyl-, einer Äthyl-, Amino- oder Hydroxylgruppe (nicht Methyl!) am Chinolinkern die Atophanwirkung deutlich abgeschwächt, durch Substitution am Benzolring dagegen nicht nur nicht gemindert, sondern erhöht, wie die Versuche mit 2-p-Tolyl-, 2-p-Äthylphenyl-, 2-o-Oxyphenyl-, 2-m-Oxyphenyl- und 2-p-Chlorphenylchinolin-4-carbonsäure gezeigt haben.

Die Einführung von anderen Gruppen — OH, — N $(CH_3)_2$, OCH_3 — in den 2-Phenylkern verhindert oder schwächt die harnsäureausschwemmende Wirkung. Da Atophan sich im Organismus in Oxyphenylchinolin-4-carbonsäure umwandelt, scheint die Atophanwirkung offenbar vor dem Eintritt dieser Oxydation zu erfolgen. Die Reduktion des Pyridinringes schwächt die Wirkung, hebt sie jedoch nicht völlig auf[4]).

---

[1]) Wolffenstein, R.: D.R.P. 281007.
[2]) Boenheim, Felix: Zeitschr. f. experim. Pathol. u. Therapie. Bd. 15, S. 379. 1914.
[3]) Starkenstein, E.: Biochem. Zeitschr. Bd. 106, S. 139. 1920.
[4]) Luzzatto, R. u. R. Ciusa, Arch. di farmacol. sperim. e scienze aff. Bd. 16, S. 6.

Nach den Versuchen von R. Ciusa und R. Luzzatto beruht der Hauptteil der physiologischen Wirkung des Atophans auf dem in α-Stellung befindlichen Phenylrest; die Anwesenheit einer Methoxyl- oder Aminogruppe in Stellung 6 wird als schädlich, in Stellung 8 als unschädlich gefunden[1]).

Atophan wird im Organismus zur Oxyphenylchinolincarbonsäure oxydiert und nach anderen Forschern kommt es erst durch letztere sekundär zur vermehrten Harnsäureausscheidung[2]).

Atophan ist für manche Organismen ein selbst in kleinen Mengen tödliches Gift. Schon Zentigramme schädigen das Froschherz irreparabel. Tetrahydroatophan zeigt diese Erscheinung nicht, erzeugt aber eine mehrere Wochen währende Dauervergiftung, welche in Reflexerregbarkeitssteigerung und in Tetanus besteht[3]). Durch Hydrierung des Atophanmoleküls schwinden also seine Einwirkungen auf das Kaltblüterherz völlig. Dafür tritt eine spinale und periphere Erregungswirkung ein. Das Vergiftungsbild am Warmblüter ist durch eine spinale Reflexerregbarkeitssteigerung charakterisiert[4]). Atophan hat außer den geschilderten Wirkungen auch Wirkungen wie die Salicylsäure und Acetylsalicylsäure, es wird daher Atophan auf dem gleichen Gebiete verwendet. Vielfach werden beide Verbindungen zusammen verabreicht.

2-Phenylchinolin-4-carbonsäure erhält man durch Einwirkung von Isatin auf Acetophenon in Gegenwart von wässerigem Ätzkali[5]).

Wenn man molekulare Mengen von Isatin und Ketonen bei Gegenwart von überschüssigem, wässerigem Ammoniak erhitzt, so gelangt man zu den Amiden der Chinolin-4-carbonsäuren, die sich durch Verseifung z. B. mit konzentrierter Schwefelsäure, in Ammoniak und die entsprechenden Chinolincarbonsäuren spalten lassen. Beschrieben sind 2-Methylchinolin-4-carbonsäure, Tetrahydromesoacridincarbonsäure, 2-Phenylchinolin-4-carbonsäure, 2-p-Tolyl-3-phenylchinolin-4-carbonsäure, 2-p-Methoxyphenyl-3-phenylchinolin-4-carbonsäure[6]).

Ester der in 2-Stellung durch Alkyl oder Aryl substituierten Chinolincarbonsäuren bzw. deren im Pyridin oder Benzolkern substitierten Derivate erhält man, wenn man wasserlösliche Salze dieser Säuren mit Halogenalkyl bei Gegenwart von Wasser erhitzt. Beschrieben sind: 2-Phenylchinolin-4-carbonsäuremethylester, 6-Methyl-2-phenylchinolin-4-carbonsäureäthylester, 6-Methyl-2-piperonylchinolin-4-carbonsäuremethyl- und äthylester, 2-Methylchinolin-3.-4-dicarbonsäurediäthylester[7]).

Man erhält Derivate der 2-Phenylchinolin-4-carbonsäure, wenn man o-, m- oder p-Oxyacetophenon mit Isatin bzw. m- oder p-Oxybenzaldehyd mit Anilin und Brenztraubensäure kondensiert. So erhält man 2.4′-Oxyphenylchinolin-4-carbonsäure, 2.3′-Oxyphenylchinolin-4-carbonsäure und 2.2′-Oxyphenylchinolin-4-carbonsäure[8]). Kalle & Co. geben an, daß die 2.2′-, 2.3′- und 2.4′-Oxyphenylchinolincarbonsäuren, insbesondere die 3′- und 4′-Oxysäure eine ähnliche Wirkung wie die 2′-Phenylchinolin-4′-carbonsäure entfalten.

Die Methyl- und Äthylester der 2-Phenylchinolin-4-carbonsäure schmecken bitter, während die Arylester geschmacklos sind. Man stellt sie nach den üblichen Methoden mit Phosphoroxychlorid dar. Beschrieben sind der Phenol- und β-Naphtholester[9]).

Acitrin ist der Äthylester der Phenylcinchoninsäure (Atophan).

Aralkylester der 2-Phenylchinolin-4-carbonsäure erhält man nach den üblichen Methoden, z. B. 2-Phenylchinolin-4-carbonsäurebenzylester. Er ist geschmacklos[10]).

Man verestert Chinin mit 2-Phenylchinolin-4-carbonsäure oder deren Homologen nach bekannten Methoden. Man erhält durch Erhitzen des Chlorids mit Chinin in Benzol bei 100° den 2-Phenylchinolin-4-carbonsäurechininester. Analog wird 6-Methyl-2-phenylchinolin-4-carbonsäurechininester[11]) dargestellt.

---

[1]) Atti d. reale accad. dei Lincei, rendiconti, 1. u. 2. Sem. Roma [5]. Bd. 22, I, S. 305. 1913.

[2]) Rotter, Luise: Zeitschr. f. exp. Pathol. u. Therapie Bd. 19, S. 176. 1917. — Skorozewski, W. u. J. Sohn: Anz. Akad. d. Wiss. Krakau. Jg. 1912, Reihe A, S. 885. 1912.

[3]) Pohl, J.: Berl. klin. Wochenschr. Bd. 54, S. 129. 1917.

[4]) Pohl, Julius: Zeitschr. f. exp. Pathol. u. Therapie Bd. 19, S. 198. 1917.

[5]) Kalle, D.R.P. 287304. [6]) Bayer, D.R.P. 290703.

[7]) Schering, Berlin, D.R.P. 275963. [8]) Kalle, D.R.P. 284233.

[9]) D.R.P. 244788. [1]) Ciba, A.P. 1378343. 1921.

[11]) Schering, Berlin, D.R.P. 341113.

Schering[1]) stellen von der Haut resorbierbare Derivate der 2-Phenylchinolin-4-carbonsäure her, und zwar die Glykolsäureester, indem sie Halogenessigsäureester auf die Salze der 2-Phenylchinolin-4-carbonsäureester einwirken lassen.

Acetolester der 2-Phenylchinolin-4-carbonsäure, welche geschmacklos sind, erhält man durch Behandlung der Säure resp. ihrer Salze mit Chloraceton[2]).

Führt man 2-Phenylchinolin-4-carbonsäure oder ihre Derivate in die entsprechenden Isoamylester über, so erhält man Verbindungen, die sich infolge ihrer öligen Beschaffenheit und Resorptionsfähigkeit besonders zu Einreibungen in die Haut eignen. Die Veresterung geschieht in der üblichen Weise. Beschrieben sind: 2-Phenylchinolin-4-carbonsäureisoamylester, 6-Methyl-2-phenylchinolin-4-carbonsäureisoamylester, 8-Methoxy-2-phenylchinolin-4-carbonsäureisoamylester[3]).

Hydrierte 2-Phenylchinolin-4-carbonsäure oder deren Derivate erhält man durch Behandeln mit Reduktionsmitteln u. z. sowohl sauren als auch alkalischen als auch elektrochemischen. Beschrieben ist 2-Phenyltetrahydrochinolin-4-carbonsäure und 8-Methoxy-2-phenyl-tetrahydrochinolin-4-carbonsäure. Die hydrierten freien Säuren und ihre Salze sind geschmacklos[4]).

An Stelle der 2-Phenylchinolin-4-carbonsäure verwendet man die Oxy-, Amino- oder Acetylamino-substituierten Derivate. Beschrieben sind Tetrahydro-7-acetamino-2-phenylchinolin-4-carbonsäure, Tetrahydro-6-oxy-2-phenylchinolin-4-carbonsäure[5]).

Derivate einer hydrierten 2-Phenylchinolin-4-carbonsäure, welche aus 2-Phenylchinolin 4-carbonsäure durch elektrolytische Reduktion in alkalischer Lösung oder durch alkalische Reduktionsmittel gewonnen wird, erhält man, wenn man die hydrierte Säure nach den üblichen Methoden in ihre Ester, bzw. in N-Alkyl oder N-Acidylderivate und in die Ester dieser Derivate überführt. Beschrieben sind die Methylester der Hydro-2-phenylchinolin-4-carbonsäure, der N-Acetyl-hydro-2-phenylchinolin-4-carbonsäure, der Hydro-2-phenylchinolin-4-carbonsäure und der Hydro-2-phenylchinolin-4-carbonsäurephenylester. Sie bewirken eine hochgradige Steigerung der Reflexerregbarkeit und eignen sich deshalb zur Behandlung der verschiedensten mit einer Herabsetzung der Reflexerregbarkeit verbundenen Erkrankungen des Zentralnervensystems[6]).

Iriphan ist das Strontiumsalz des Atophans.

2-Phenylchinolin-4-diäthylcarbinol wirkt wie Atophan und Acitrin auf die Harnsäureausscheidung, ebenso Atophansalicylsäureester. Der Spirosalester des Atophans hat keine große Wirkung auf den Harnsäurestoffwechsel[7]).

Novatophan ist Methylphenylchinolinsäureäthylester

$COO \cdot C_2H_5$ — $CH_3 \cdot$ [Chinolinring mit N] $\cdot C_6H_5$

Novatophan K ist der Atophanmethylester (Phenylchinolincarbonsäuremethylester), ein Ersatzmittel für Novatophan selbst, den Methylphenylchinolincarbonsäureäthylester.

α-Phenylcinchoninsäureallylester (Atochinol) nimmt eine Sonderstellung ein, da es nicht nur per os, sondern auch percutan und subcutan angewendet werden kann[8]). Es wirkt stärker auf die Harnsäureausscheidung und auf Fieber als Atophan und auch stärker narkotisch[9]). Die Verbindung ist geruchlos und hat einen aromatischen Geschmack[10]).

2-Phenylchinolin-4-carbonsäureallylester wird durch Behandeln der freien Säure, ihrer Salze oder Halogenide mit Allylierungsmitteln nach den üblichen Methoden gewonnen[11]).

Es wurde auch, um den bitteren Geschmack zu vermeiden, 2-Piperonylchinolin-4-carbonsäure (Piperonylcinchoninsäure) dargestellt, die besser schmeckt und in gleicher Weise verwendet werden kann. Man erhält sie durch Kondensation von Piperonal, Anilin

---

1) D.R.P. 267208. 2) Bayer, D.R.P. 267209.
3) Schering, D.R.P. 287959. 4) Fritz Zuckmayer, D.R.P. 342048.
5) Fritz Zuckmayer, Hannover, D.R.P. 344501. Zus. zu 342048.
6) Grenzach, D.R.P. 351464. 7) Arndt, Th.: Diss. Breslau. 1914.
8) Rosenmund, Karl W.: Ber. d. dtsch. chem. Ges. Bd. 54, S. 2893. 1921.
9) Uhlmann, Fr. u. R. Burow: Schweiz. med. Wochenschr. Jg. 1921, Nr. 18.
10) Roethlisberger, P.: Rev. méd. de la Suisse romande Bd. 40, S. 172. 1920.
11) Ciba, E.P. 150401. 1920.

und Brenztraubensäure, indem man diese mehrere Stunden in alkoholischer Lösung am Rückflußkühler kocht. Beim Erkalten scheidet sich Piperonylcinchoninsäure

COOH
O—CH_2
O
aus[1]).

Keine Vermehrung der Harnsäureausscheidung rufen die folgenden Verbindungen hervor: α-(p)-Methoxyphenyl-γ-chinolincarbonsäure, α-(p)-Dimethylaminophenyl-γ-chinolincarbonsäure und 6-Amino-α-phenylchinolin-γ-carbonsäure. Geringe Vermehrung (15—18%) bewirkt α-(o)-Oxyphenyl-β-naphthocinchoninsäure, größere (18—27%) ergeben α-(p)-Dimethylaminophenyl-β-naphthocinchoninsäure, Dihydro-α-phenyl-β-naphthochinolincarbonsäure und α-Phenyl-β-naphthochinolin selbst. Die günstigsten Resultate werden erreicht mit α-Phenylchinolincarbonsäure (Atophan) und mit α-Phenyl-β-naphthochinolincarbonsäure (Diapurin).

2-ar-Tetrahydronaphthylchinolin-4-carbonsäure erhält man durch Kondensation von Isatinen in alkalischer Lösung mit ar-Acetotetrahydronaphthalinen. Aus 6-Bromisatin und ar-Acetotetrahydronaphthalin erhält man 2-ar-Tetrahydronaphthyl-7-bromchinolin-4-carbonsäure[2]).

2-Naphthylchinolin-4-carbonsäuren werden dargestellt, wenn man entweder Isatin oder Methylisatin mit Acetonaphthonen oder deren Kernsubstitutionsprodukte in alkalischer Lösung oder Anilin oder dessen Derivate mit Brenztraubensäure und Naphthaldehyden kondensiert. 2.1'-Naphthylchinolin-4-carbonsäure erhält man aus Isatin und α-Acetonaphthon oder aus Anilin, α-Naphthaldehyd und Brenztraubensäure. Ferner sind beschrieben 2.2'-Naphthylchinolin-4-carbonsäure, 6-Methyl-2.2'-naphthylchinolin-4-carbonsäure, 2.1'-Oxynaphthylchinolin-4-carbonsäure. Im Gegensatz zur 2-Phenylchinolin-4-carbonsäure wird angeblich bei der therapeutischen Wirkung der betreffenden 2-Naphthylchinolin-4-carbonsäure bei stark vermehrter Harnsäureausscheidung ein klarer Urin entleert[3]).

Den Aminoderivaten der 2-Phenylchinolin-4-carbonsäure haftet der Nachteil, Harnsäureausscheidung zu bewirken im Gegensatze zur Phenylchinolincarbonsäure angeblich nicht an.

Man erhält sie durch Kondensation von Nitroisatinen mit Acetophenon oder seinen Homologen und Substitutionsprodukten und Reduktion der Nitroverbindung oder indem man Isatine mit Acidylaminoacetophenon oder dessen Homologen und Substitutionsprodukten kondensiert und die Acidylreste mit verseifenden Mitteln abspaltet.

Aus Nitroisatin und Acetophenon in Gegenwart von wässerigem Ätzkali entsteht das Kaliumsalz der 2-Phenyl-6-nitrochinolin-4-carbonsäure, das mit Zinnchlorür und Salzsäure 2-Phenyl-6-aminochinolin-4-carbonsäure liefert. Ferner sind beschrieben: 2-m-Acetylaminophenylchinolin-4-carbonsäure, 2-m-Aminophenylchinolin-4-carbonsäure, 2-Phenyl-3-aminochinolin-4-carbonsäure[4]).

Aminoderivate der 2-Phenylchinolin-4-carbonsäure erhält man durch Kondensation von Isatin mit Aminoacetophenonen. Als Beispiel werden angeführt die Kondensationen von Isatin mit m-Aminoacetophenon und mit ω-Aminoacetophenon[5]).

Durch Reduktion der 2.2'-, 2.3'- oder 2.4'-Nitrophenylchinolin-4-carbonsäure gelangt man zu entsprechenden Aminoverbindungen, welche wie die 2-Phenylchinolin-4-carbonsäure verwendet werden sollen. Sie führen eine weit geringere Harnsäureabscheidung herbei oder lassen sie ganz unbeeinflußt. Beschrieben sind: 2.2'-Aminophenylchinolin-4-carbonsäure, 2.3'-Aminophenylchinolin-4-carbonsäure, 2.4'-Aminophenylchinolin-4-carbonsäure. Die Aminoverbindung kann auch durch Einwirkung von Brenztraubensäure auf die Aminobenzaldehyde und Anilin erhalten werden[6]).

Man erhält 2-Phenylchinolin-4-carbonsäuren, welche eine Aminogruppe im Benzolkern des Chinolins enthalten, wenn man Monoacidylverbindungen von Phenylendiaminen mit Benzaldehyd oder dessen Homologen und Brenztraubensäure kondensiert und die so erhaltenen N-Acidylverbindungen verseift. Aus p-Aminoacetanilid, Benzaldehyd und Brenztraubensäure erhält man 2-Phenyl-6-acetylaminochinolin-4-carbonsäure, aus der durch Verseifung mit Natronlauge 2-Phenyl-6-aminochinolin-4-carbonsäure entsteht. Ferner sind beschrieben: 2-Phenyl-7-aminochinolin-4-carbonsäure, 2-p-Tolyl-6-aminochinolin-4-carbon-

[1]) D.R.P. 244497.
[2]) Schering, Berlin, H. Emde und Erich Freund, D.R.P. 344027.
[3]) Schering, D.R.P. 284232. [4]) Höchst, D.R.P. 287804.
[5]) D.R.P. 288865, Zusatz zu D.R.P. 287804. [6]) Schering, D.R.P. 279195.

säure, 2.4-Methoxyphenyl-6-aminochinolin-4-carbonsäure und 2-Phenyl-5-methoxy-6-aminochinolin-4-carbonsäure[1]).

Man kondensiert in üblicher Weise 2.4-Dimethyl-1-amino-benzol mit Benzaldehyd und Brenztraubensäure in alkoholischer Lösung bei erhöhter Temperatur und erhält 6.8-Dimethyl-2-phenylchinolin-4-carbonsäure und ihre Ester[2]).

Während Atophan harnsäureausschwemmend wirkt, zeigt das aus Isatin und α-Tetralon gewonnene cyclische Analogon des Atophans Tetrophan

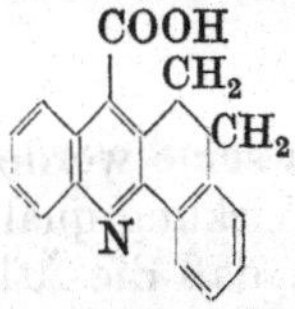

COOH, CH_2, CH_2, N und sein Dehydroprodukt COOH, N

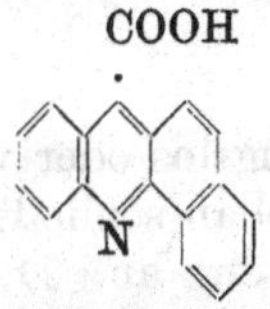

in dem zwischen dem α-ständigen Phenylrest und dem N-haltigen Kern eine Brücke geschlagen ist, diese Wirkung nicht und wirkt auf das dorsale Rückenmark, ähnlich wie Strychnin.

Die Substitution der dem Isatin-Molekül und dem Tetralin-Molekül entstammenden Benzolkerne modifiziert die Wirkung, wie sich bei den Verbindungen

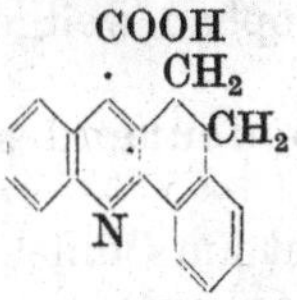

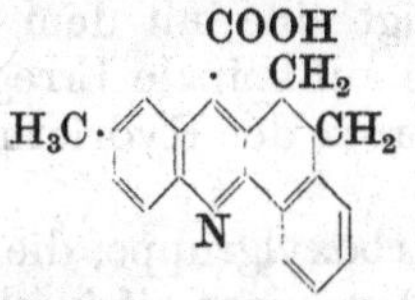

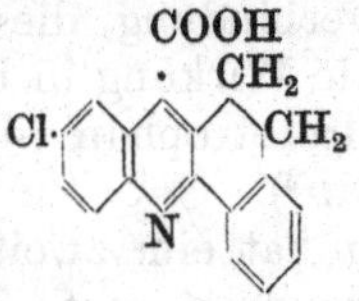

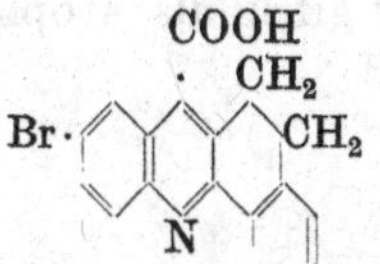

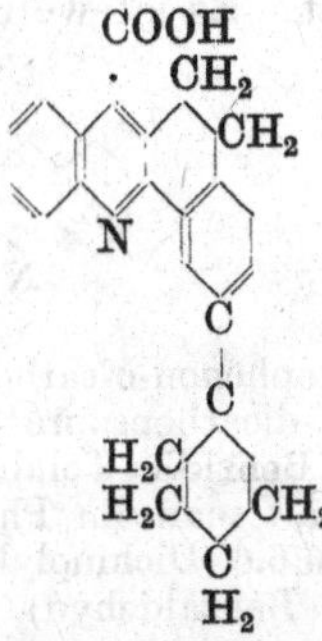

COOH, CH_2, CH_2, N — COOH, CH_2, $H_3C\cdot$, CH_2, N — COOH, CH_2, $Cl\cdot$, CH_2, N

COOH, CH_2, $Br\cdot$, CH_2, N — COOH, CH_2, CH_2, N, C, C, H_2C, H_2C, CH_2, C, H_2

zeigte, qualitativ nicht, nur bei der chlorhaltigen Verbindung konnte bemerkenswerterweise in quantitativer Beziehung eine Zunahme der Wirkung festgestellt werden, ganz ähnlich wie gechlortes Strychnin stärker krampferregend als Strychnin selbst wirkt, und umgekehrt ließ sich bei der ersten Verbindung eine Abschwächung der Wirkung beobachten. Die Kohlenstoffkette $—CH_2 \cdot CH_2—$ die im Tetrophan einen Bestandteil dieses Ringes bildet, braucht nicht so wasserstoffreich zu sein; die dehydrierte Verbindung wirkt ebenso.

Die Wirkung des Tetrophan wird bedingt durch eine γ-Pyridincarbonsäure, die sich zwischen einen Benzol- und einen partiell hydrierten Naphthalinkern fest eingeklemmt befindet.

Das aus α-Hydrindon erhaltene niedere Ring-Homologe (COOH, CH_2, N) ist völlig wirkungslos. J. v. Braun und A. Stuckenschmidt vermuteten daher, daß die eigenartige und therapeutisch wichtige Wirkung des Tetrophans durch das Vorhandensein des auch sonst physiologisch wirksamen Naphthacridin-

[1]) D.R.P. 294159, Zusatz zu D.R.P. 287804.
[2]) Calco Chemical Co., A.P. 1501274 u. 1501275.

komplexes bedingt sei. Es war auf Grund dieser Ansicht zu erwarten, daß das aus Benzo-suberon zu gewinnende Ring-Homologe des Tetrophans

COOH
CH_2-CH_2
CH_2
N

ganz wirkungslos oder wenigstens nur schwach wirksam seine werde, aber das Homotetrophan schließt sich dem Tetrophan in seiner Wirkung qualitativ und quantitativ eng an. Die Versuche von Braun zeigten, daß die Äthylenkette im Tetrophan, ohne daß das Molekül in seiner pharmakologischen Wirkung eine wesentliche Änderung erfährt, tatsächlich um ein CH_2-Glied noch verlängert werden kann, sie weisen auch auf eine Verzweigung dieser Kette als auf ein wirksames Mittel hin, um die Tetrophan-Wirkung noch erheblich zu steigern[1]).

Reduziert man Atophan, so erhält man seine im Pyridinkern hydrierte Tetrohydroverbindung, diese zeigt eine mit dem Tetrophan weitgehend übereinstimmende Wirkung in bezug auf spinale Erregung.

Tetrahydrotetrophan wirkt trotz der Hydrierung bedeutend schwächer als Tetrophan[2]).

Lytophan hat eine zweite Carboxylgruppe, die nicht am Chinolinkern, sondern am Phenylrest sitzt. Es ist weniger giftig als Atophan[3]).

COOH

N
COOH

Man kondensiert o-Acetophenon-o-carbonsäure mit Isatin in Gegenwart von Alkali und erhält 2-Phenylchinolin-4.2′-dicarbonsäure[4]).

Wenn man statt Anilin Benzidin, Tolidin oder Dianisidin mit Benzaldehyd und Brenztraubensäure kocht, so erhält man im Phenylrest substituierte Dichinolylcarbonsäuren. Aus Benzidin erhält man 6.6′-Dichinolyl-2.2′-diphenyl-4.4′-dicarbonsäure, aus Benzidin und Salicylaldehyd (statt Benzaldehyd) erhält man 6.6′-Dichinolyl-2.2′-dioxyphenyl-4.4′dicarbonsäure.

Aus o-Tolidin und Benzaldehyd erhält man 8.8′-Dimethyl-6.6′-dichinolyl-2.2′-diphenyl-4.4′-dicarbonsäure. Aus o-Dianisidin und Benzaldehyd entsteht 8.8′-Dimethoxy-6.6′-dichinolyl-2.2′-diphenyl-4.4′-dicarbonsäure[5]).

Oxyphenylchinolincarbonsäure unterscheidet sich von Atophan dadurch, daß sie statt der Phenylgruppe Salicylsäure enthält.

Hexophan soll vollkommen ungiftig und reizlos sein. Die Ungiftigkeit des Hexophans (Dinatriumsalz der 2-Oxyphenylcarbonsäurechinolin-4-carbonsäure) beruht mit Sicherheit auf der Anwesenheit der zweiten Carboxylgruppe. Es soll die Wirkungen des Atophans durch den diuretischen Effekt des Salicylsäurekomponente unterstützen; man erhält es durch Kondensation von Acetosalicylsäure mit Isatin.

Kondensiert man Anilin mit Brenztraubensäure und p-Aldehydosalicylsäure bzw. Isatin mit Acetosalicylsäure, so erhält man 2.4′-Oxyphenylchinolin-4.3-dicarbonsäure. Die Verbindung wirkt antineuralgisch und antipyretisch sowie harnsäuretreibend. Die Lösungen der Alkalisalze schmecken süß[6]).

Kondensiert man Aceto-o-m- oder -p-kresotinsäure mit Isatinsäure, so erhält man

[1]) Ber. d. dtsch. chem. Ges. Bd. 56, S. 1724. 1923.
[2]) Braun, J. v. u. P. Wolff: Ber. d. dtsch. chem. Ges. Bd. 55, S. 3675. 1922.
[3]) Gudzent, F. u. J. Keip: Therapie d. Gegenw. Jg. 1921, Nr. 4, S. 127.
[4]) Neumann & Co. u. J. Zeltner, Berlin, D.R.P. 373285. [5]) D.R.P. 246078.
[6]) Höchst, D.R.P. 293467.

Oxytolylchinolindicarbonsäuren. Die Acetokresotinsäuren kann man durch Kondensation von Acetylchlorid mit o-, m- oder p-Kresotinsäure mittels Aluminiumchlorid in Gegenwart von Schwefelkohlenstoff herstellen[1]).

An Stelle der Isatinsäure werden deren kernsubstituierte Derivate, wie die Methyl-, Halogen- oder Alkyloxyderivate mit Acetosalicylsäure oder Acetokresotinsäure kondensiert. Man erhält die entsprechenden, im Benzolkern des Chinolinrestes substituierten Oxyarylchinolindicarbonsäurederivate, welche in ihren pharmakologischen Eigenschaften den unsubstituierten Derivaten ähnlich sind[2]).

Oxyarylchinolindicarbonsäuren erhält man, wenn man an Stelle von Ätzalkali Alkalicarbonate oder Erdalkalien zwecks Kondensation von Isatinsäure mit Acetosalicylsäure, bzw. mit Acetokresotinsäuren verwendet. Dargestellt wurden: Oxyphenylchinolindicarbonsäure aus Isatin und p-Acetosalicylsäure, sowie von p-Oxytolylchinolindicarbonsäure aus Isatin und Aceto-p-kresotinsäure[3]).

α-Phenyl-β-naphthochinolin-γ-carbonsäure (Diapurin) hat wie Atophan eine harnsäureausschwemmende Wirkung, wenn auch etwas geringer. Für die Entfaltung der harnsäureausschwemmenden Wirkung ist es nötig, daß sich der Phenylrest in 2-Stellung befindet. Chinolincarbonsäure ist unwirksam. Die Gegenwart einer OCH_3- oder NH_2-Gruppe in 6-Stellung neutralisiert die Wirkung ebenfalls, hingegen ist 6-Methyl-2-phenylchinolin-4-carbonsäure (Paratophan)

COOH
$CH_3\cdot$ $\cdot C_6H_5$
N

ziemlich wirksam und weniger bitter als Atophan, ebenso 8-Methoxy-2-phenylchinolin-4-carbonsäure (Isatophan). [o-Methoxyatophan[4]).]

COOH
$\cdot C_6H_5$
N
CH_3O

Der gallentreibenden Wirkung des Atophans kommt am nächsten 2-p-Oxyphenylcinchoninsäure, dann 2-Piperonylcinchoninsäure und 6-Methyl-2-phenylcinchoninsäure. Geringe Werte zeigt 2-p-Oxy-m-carboxyphenylchinolin-4-carbonsäure, keine Wirkung 2-Sulfophenylcinchoninsäure und 2-(m, p)-Dimethylphenylcinchoninsäure[5]).

Man erhält jodhaltige Chinolinderivate, bei denen das Jod entweder im Chinolinkern oder im Phenylrest sitzt, in der Weise, daß man im ersteren Falle jodierte aromatische Amine mit Benzaldehyd und Brenztraubensäure oder im zweiten Falle aromatische Amine mit Jodbenzaldehyden und Brenztraubensäure kondensiert. Durch die Kombination mit Jod soll die Wirkung der 2-Phenyl-chinolin-4-carbonsäure sehr verstärkt werden. Beschrieben sind 6-Jod-2-phenylchinolin-4-carbonsäure

COOH
J·
$—C_6H_5$
N

, 2.4'-Jodphenylchinolin-4-carbonsäure

COOH
J
N

, 6-Methoxy-2.4'-jodphenylchinolin-4-carbonsäure

COOH
$CH_3O\cdot$
J
N

[1]) D.R.P. 293905, Zus. zu D.R.P. 293467.

[2]) D.R.P. 305885, Zus. zu D.R.P. 293467.

[3]) D.R.P. 303681, Zusatz zu D.R.P. 293467.

[4]) Thoms, C. H.: Arch. d. Pharmazie u. Ber. d. dtsch. pharmazeut. Ges. Bd. 22, S. 65. 1912.

[5]) Brugsch, Th. u. H. Horsters: Zeitschr. f. d. ges. exp. Med. Bd. 43, S. 716. 1924.

Die im Phenylrest jodierten Verbindungen können auch durch Kondensation von Isatin mit Jodacetophenonen gewonnen werden[1]).

Alkyl-, Alkylen- oder Aralkylester der 2-Phenylchinolin-4-carbonsäure werden mit Jodwasserstoff behandelt, um die Hydrojodide zu erhalten[2]).

Man behandelt gleiche Moleküle Isatin und Acetophenon oder dessen Derivate mit beliebigen Mengen Ammoniak ohne äußere Wärmezufuhr.

Man gelangt so zu wesentlich anderen Produkten, die der Chinolinreihe nicht angehören, als nach dem D.R.P. 290703, nach dem gleiche Mole Isatin und Ketone bei Gegenwart von überschüssigem wässerigen Ammoniak unter Erwärmen gegebenenfalls unter Druck kondensiert werden[3]).

2-Phenylchinolin-4-carbonsäure und ihre Homologen, die einen bitteren Geschmack haben, können durch Überführung in ihre Amide geschmacklos gemacht werden. Diese Überführung geschieht in der Weise, daß man den Ausgangsstoff nach den üblichen Methoden in das entsprechende Säurechlorid überführt und alsdann dieses mit Ammoniak behandelt. Beschrieben ist: 2-Phenylchinolin-4-carbonsäureamid, 6-Methyl-2-phenylchinolin-4-carbonsäureamid[4]).

Durch das Hauptpatent sind die Amide der 2-Phenylchinolin-4-carbonsäure geschützt, die geschmacklos sind. Geht man von der 2-Piperonylchinolin-4-carbonsäure und ihren Homologen aus, so kann man bei der Darstellung der Amide ebenfalls zu geschmacklosen Substanzen gelangen. Diese Verbindungen rufen keine vermehrte Harnsäureausscheidung herbei[5]).

Wenn man 2-Piperonylchinolin-4-carbonsäure oder ihre Homologen in Arylide überführt, so erhält man z. B. 2-Piperonylchinolin-4-carbonsäureanilid aus dem mit Thionylchlorid bereitetem Säurechlorid und Anilin. Beschrieben sind ferner 6-Methyl-2-piperonylchinolin-4-carbonsäure-p-toluidid, 2-Piperonylchinolin-4-carbonsäure-p-phenetidid, 2-Piperonylchinolin-4-carboxyl-p-aminobenzoesäureäthylester[6]).

Ester der 2-Piperonylchinolin-4-carbonsäure erhält man, wenn man die Säure mit Alkoholen oder Phenolen verestert. Die Ester sind geschmacklos und bewirken keine Vermehrung der Harnsäureausscheidung. Beschrieben sind Methyl-, Äthyl-, Phenyl-, 8-Oxychinolinester der 2-Piperonylchinolin-4-carbonsäure; o-Oxybenzoesäureester der 2-Piperonylchinolin-2-carbonsäure, 6-Methyl-2-piperonylchinolin-4-carbonsäure und die Methylester und Glycerinester dieser Säure[7]).

Homologe und Substitutionsprodukte der 2-Piperonylchinolin-4-carbonsäure erhält man, wenn man Homologe oder Substitutionsprodukte des Anilins mit Piperonal und Brenztraubensäure kondensiert. 6-Methyl-2-piperonyl-chinolin-4-carbonsäure erhält man aus p-Toluidin, Piperonal und Brenztraubensäure beim Kochen in Alkohol. 6-Oxy-2-piperonylchinolin-4-carbonsäure aus p-Aminophenol, Piperonal und Brenztraubensäure. 8-Methoxy-2-piperonylchinolin-4-carbonsäure aus o-Anisidin, Piperonal und Brenztraubensäure[8]).

Durch Kondensation von Aminosubstitutionsprodukten der 2-Phenylchinolin-4-carbonsäure mit Formaldehyd und Bisulfit gelangt man zu amino-2-phenylchinolin-4-carbonsäure-ω-methylschwefligsauren Salzen. Diese Verbindungen sind wasserlöslich. Im Organismus sollen sie Formaldehyd abspalten können.

Beschrieben sind das Natriumsalz der ω-methylschwefligen Säure aus 2-Phenyl-6-aminochinolin-4-carbonsäure, 2-phenyl-7-aminochinolin-4-carboxy-ω-methylschwefligsaure Natrium, 2,3′-aminophenylchinolin-4-carboxy-ω-methylschwefligsaures Natrium, das ω-methylschwefligsaure Natriumsalz der 2-Phenyl-3-aminochinolin-4-carbonsäure[9]).

Die in 2-Stellung arylierten Chinolin-4-carbonsäuren lassen sich in wasserlösliche Verbindungen überführen, wenn man ihre Aminosubstitutionsprodukte, seien es solche, bei denen die Aminogruppe im 2-Arylrest oder im Chinolinkern steht, mit Formaldehydsulfoxylaten in wässeriger Lösung behandelt[10]).

2-Phenyl-6-äthoxylchinolyl-4-methylketon wird an der Methylgruppe halogeniert, das entstandene 2-Phenyl-6-äthoxychinolyl-4-halogenmethylketon mit Dimethylamin, bzw. Diäthylamin, bzw. Piperidin umgesetzt und das so gebildete N-substituierte 2-Phenyl-6-äthoxychinolyl-4-aminoäthan zum Aminoalkohol reduziert.

Beschrieben sind: 2-Phenyl-6-äthoxychinolyl-4-diähtylaminoäthanol, 2-Phenyl-6-äthoxy-chinolyl-4-dimethyl-aminoäthanol, 2-Phenyl-6-äthoxy-chinolyl-4-diäthyl-aminoäthanol, 2-Phenyl-6-äthoxy-chinolyl-4-piperidino-äthanol[11]).

Wenn man entweder Kohlensäure auf 2-phenylchinolin-4-carbonsaures Natrium ein-

---

1) Schering, D.R.P. 288303. 2) Eli Lolly & Co., A.P. 1502275.
3) Schering, D.R.P. 301591. 4) D.R.P. 252643.
5) Schering, D.R.P. 277438, Zusatz zu D.R.P. 252643.
6) D.R.P. 281097, Zusatz zu 252643.
7) Chem. Fabrik vorm. Schering, D.R.P. 281136.
8) Schering, D.R.P. 281603. 9) Höchst, D.R.P. 292393.
10) Schering, D.R.P. 287216. 11) Ciba, Basel, Schw.P. 98482, 98712 u. 98713.

wirken läßt, oder 2-Phenylchinolin-4-carbonsäure mit Natriumcarbonat bzw. mit Natriumbicarbonat behandelt oder Natriumbicarbonat mit phenylchinolincarbonsauren Salzen umsetzt, so entsteht eine Verbindung u. z. kohlensaures 2-phenylchinolin-4-carbonsaures Natrium, welches den Magen weniger angreift als die Säure selbst und auch zur Reinigung der Säure dienen kann[1]).

Die Verbindungen der Atophanreihe sind nicht nur sogenannte Gichtmittel, sondern sie haben auch stark ausgeprägte antiseptische und entzündungswidrige Eigenschaften, die denen der Salicylpräparate mindestens gleichkommen; sie zeigen beachtenswerte Wirkungen als Plasmagifte im Sinne des Chinins und wirken z. B. bei Pertussis.

2'- resp. 3-Antipyrylchinolin-4-carbonsäuren erhält man, wenn man Isatin mit 1-Phenyl-2.3-dimethyl-4-aceto-5-pyrazolon oder dessen Homologen in alkalischer Lösung kondensiert[2]).

Man kann die unangenehmen Nebenwirkungen der Phenylchinolincarbonsäure und ihrer Derivate, nämlich den bitteren Geschmack und die Reizwirkung auf den Magen beseitigen, wenn man sie in Tanninverbindungen überführt. Die Tannate besitzen die Eigenschaften der Ausgangsstoffe sowohl bezüglich der Beeinflussung der Harnsäureausscheidung als auch der entzündungswidrigen, schmerzstillenden Wirkung. Die Herstellung der Tanninverbindungen geschieht je nachdem noch eine freie Carboxyl- oder Hydroxylgruppe vorhanden ist oder nicht, indem man im ersten Falle eine verdünnte Lösung des Körpers in Alkali, im letzteren auch eine solche in Säuren nacheinander mit einer Lösung von Tannin und verdünnter Essigsäure bzw. Lösung von essigsaurem Natrium vermischt. Dabei ist darauf zu achten, daß die Tanninmenge genügend groß ist. Dargestellt werden die Tannate von 2-Phenylchinolin-4-carbonsäure, 2-Oxyphenylchinolin-4-carbonsäure, 2-Phenylchinolin-4-carbonsäureäthylester und 2-Phenylchinolin-4-carbonsäureamid[3]).

Eine phenylierte Aminohydrindencarbonsäure erhält man durch alkalische Reduktion eines Kondensationsproduktes aus α-Hydrindon und Isatin[4]).

Schering, Berlin stellen die Sulfoverbindungen der 2-Phenyl-chinolin-4-carbonsäure her, indem sie diese Säure mit sulfurierenden Mitteln behandeln. Beschrieben ist die Sulfo-2-phenylchinolin-4-carbonsäure, welche auf die Harnsäureausscheidung nicht mehr einwirkt, aber bei gichtischen Gelenkentzündungen noch wirksam sein soll[5]).

Durch Veresterung arylierter Chinolincarbonsäuren mit Salicylsäure, deren Homologen und Derivaten erhält man Verbindungen, die außer der Einwirkung auf die Harnsäureausscheidung auch die antirheumatischen Eigenschaften der Salicylsäure besitzen und absolut geschmacklos sind. Beschrieben sind: der Salicylsäureester der 2-Phenylchinolin-4-carbonsäure, der o-Kresotinsäureester der 2.3-Diphenylchinolincarbonsäure, der Salicylsäureester der 2-p-Anisylchinolin-4-carbonsäure, der Salicylsäureglykolester der 2-Phenylchinolincarbonsäure[6]).

Man erhält Verbindungen aus 2-Phenylchinolin-4-carbonsäure oder deren Homologen mit Glykokoll, wenn man die genannten Chinolincarbonsäuren auf Glykokollalkylester einwirken läßt[7]).

Artosin ist α-Phenylcinchonylanthranilsäure.

Anthranilsäure oder deren Derivate und Substitutionsprodukte werden mit Chinolincarbonsäurehalogeniden, bzw. mit Chlorchinolincarbonsäuren kondensiert. Man erhält hierbei entweder N-Acidylderivate der Anthranilsäure oder N-Chinolylaminobenzoldicarbonsäuren. Die Produkte lassen sich in Mono- oder Dialkylester überführen, die als Gichtmittel therapeutisch wertvoll sind. Beschrieben sind: Kondensation des 2-Phenylchinolin-4-carbonsäurechlorids mit Anthranilsäure durch Erhitzen in Benzollösung — des 2-Phenyl-6-methylchinolin-4-carbonsäurechlorids mit Anthranilsäure in wässeriger Suspension zu der 2.2'-Carboxy-phenylaminochinolin-4-carbonsäure und nachfolgende Veresterung der Dicarbonsäure mit Methylalkohol und Salzsäuregas zum Dimethylester, sowie Kondensation des 2-Phenylchinolin-4-carbonsäurechlorids mit 5-Chlor-1-aminobenzol-1-carbonsäure in Benzollösung, bzw. mit 5-Oxy-2-aminobenzol-1-carbonsäure in wässeriger Suspension[8]).

In 2-Stellung arylierte 4-Aminochinoline und deren Derivate erhält man, wenn man die entsprechenden 2-Arylchinolin-4-carbonsäureimide oder deren Derivate mit unterhalogenigsauren Salzen bei möglichst tiefen Temperaturen behandelt. Man löst z. B. Brom in wässeriger, auf — 2° abgekühlter Kalilauge und gibt zu der eiskalten Bromlauge eine wässerige Suspension von 2-Phenylchinolin-4-carbonsäureamid. Man filtriert, versetzt das Filtrat

---

[1]) Schering, D.R.P. 285499. [2]) Höchst, D.R.P. 270487.
[3]) Kalle, D.R.P. 287993. [4]) Grenzach, D.R.P. 325713.
[5]) D.R.P. 270994. [6]) D.R.P. 261028. [7]) Schering, Berlin, D.R.P. 249766.
[8]) Böhringer, Waldhof, E.P. 183454/1922.

mit Essigsäure und überführt das gebromte Amid mit starker Kalilauge in der Wärme in das 2-Phenyl-4-aminochinolin. Aus 6-Methyl-2-phenylchinolin-4-carbonsäure-amid erhält man 6-Methyl-2-phenyl-4-aminochinolin. Beschrieben sind ferner 2.2-Chlorphenyl-4-aminochinolin, 2.4′-Chlorphenyl-4-aminochinolin[1]).

Max Hartmann und Ernst Wybert[2]) versuchten an Stelle des Phenylrestes den Thiophenrest in das Molekül der Cinchoninsäure einzuführen in der Erwartung, eine Verstärkung der antiphlogistischen und analgetischen Wirkung durch den Eintritt einer schwefelhaltigen Gruppe zu erzielen. Sie stellten durch alkalische Kondensation von Acetothienon mit Isatin bzw. Isatosäure Thienylchinolincarbonsäure

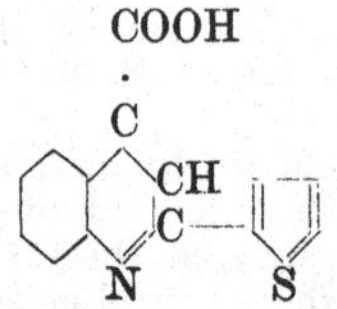

COOH
·
C
CH
C—
N S

dar.

Die Substanz hat nach Untersuchungen von F. Uhlmann tatsächlich die gewünschte Eigenschaft, aber bei Eingabe derselben werden die Versuchstiere violettrot und der Harn permanganatfarben. Der Farbstoff hat ausgesprochen sauren Charakter und löst sich in Alkalien mit gelber Farbe. Auch die Ester der Säure haben die gleichen farbstoffbildenden Eigenschaften wie die Muttersubstanz.

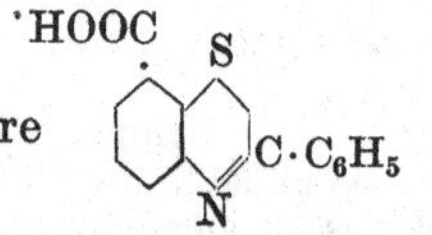

HOOC
· S
Die Säure $C \cdot C_6H_5$ besitzt dieselben physiologischen Eigenschaf-
N
ten wie Atophan[3]).

Benzoesäure, Salicylsäure, Aspirin, Salicylsäuremethylester, Phenol, Salol, Guajacol, besonders stark Thymol, ferner Menthol sind gute Cholagoga, während Thiocol (Kalium sulfoguajacolium) eher die Gallenmenge verringert. Hauptsächlich rufen Verbindungen der aromatischen Reihe, welche als Ätherschwefelsäuren ausgeschieden werden, eine deutliche Steigerung der Gallensekretion hervor[4]). Atophan macht mächtigen Gallenfluß[5]).

---

[1]) Schering, Berlin D.R.P. 375715.
[2]) Helvetica Chimica Acta, Vol. II, fasc. 1, p. 60.
[3]) Bogert, Marston T. u. E. A. Abrahamson: Journ. of the Americ. chem. soc. Bd. 47, S. 826. 1922.
[4]) Petzowa, M.: Hoppe-Seylers Zeitschr. f. physiol. Chem. Bd. 74, S. 429. 1917.
[5]) Brugsch, Th. u. H. Horsters: Zeitschr. f. d. ges. exp. Med. Bd. 38, S. 367. 1923.

Vierzehntes Kapitel.

Benzylderivate.

Auf die spasmolytischen Eigenschaften des Benzylalkohols und seiner Derivate wurde man erst im letzten Jahrzehnt aufmerksam. Verschiedene Derivate des Benzylalkohols sind schon im Zuge der Darstellungen besprochen worden. Eine Reihe von Verbindungen werden in diesem Kapitel zusammengefaßt.

Betilon ist das Natriumsalz des Schwefelsäurehalbesters des Mandelsäurebenzylesters $C_6H_5 \cdot CH_2 \cdot O \cdot CO \cdot CH(O \cdot SO_3H) \cdot C_6H_5$. Es wirkt wie Benzylester[1]).

Benzycin (Natriumbenzylsuccinat $C_6H_5 \cdot CH_2OOC \cdot C_2H_4 \cdot COONa$) und Benzyphos [Natriumdibenzylphosphat $(C_6H_5 \cdot CH_2O)_2 : PO_2Na$] wirken auf die Atmung, zuerst beschleunigend und verflachend, dann verlangsamend und vertiefend. Bei großen Dosen tritt zentrale Atemlähmung ein. Das Phosphat wirkt stärker als das Succinat. Beide machen eine Vergrößerung des Darm- und Nierenvolums[2]).

Benzylester mehrbasischer anorganischer oder organischer Säuren werden bei Abwesenheit von Wasser mit Alkalihydroxyden oder -carbonaten behandelt. Beispiele sind angegeben für die Herstellung der Natriumsalze der Dibenzylphosphorsäure, des Bernsteinsäuremonobenzylesters und der Benzylphthalestersäure. Die Substanzen wirken antispasmodisch[3]).

Akineton ist das Na- bzw. Calciumsalz der Phthalbenzylamidsäure

$$C_6H_4 \begin{matrix} \cdot CO \cdot NH \cdot CH_2 \cdot C_6H_5 \\ \cdot COOH \end{matrix}$$

Es ist ein ungiftiges Spasmolyticum, wirkt leicht anästhesierend und kann an Stelle des Papaverins verwendet werden, es wirkt lähmend auf Darm- und Uterusmuskulatur[4]). Es ist im Organismus im Gegensatze zu den Benzylestern schwer spaltbar[5]).

Salzlösungen der Benzylphthalimidsäure dampft man im Vacuum evtl. unter Zusatz einer geringen Menge des entsprechenden Metallhydroxyds ein. Die Salze wirken spasmolytisch und wenig toxisch[6]).

α-Monobenzalkorksäure, α-α'-Dibenzalkorksäure, α-Monobenzalazelainsäure und α-α'-Dibenzalazelainsäure verursachen in Form ihrer Natriumsalze Darmlähmung[7]).

Benzylsuccinat wirkt weniger schädigend als Benzylbenzoat. Dibenzylsuccinat ist therapeutisch zu empfehlen[8]). Benzylbenzoat macht in größeren Dosen Schläfrigkeit und Schwäche. Es hat im Gegensatz zu Benzol keinen Einfluß auf die Leukocytenzahl[9]). Bei intravenöser Injektion von Benzylbenzoat oder Benzylcinnamat werden die normalen Darmkontraktionen ver-

---

1) Hintzelmann, U., G. Joachimoglu u. H. Ohle: Biochem. Zeitschr. Bd. 164, S. 126. 1925.

2) Gruber, C. M.: Journ. of laborat. and clin. med. Bd. 11, S. 318. 1926.

3) Merck, New York, A.P. 1485377, 1485378 u. 1485379.

4) Pal, J.: Wiener klin. Wochenschr. Bd. 34, S. 435. 1921.

5) Shapper, J. u. A. Grünbaum: Nederl. Tijdschr. Geneeskunde Bd. 69, I, S. 443. 1925.

6) Hoffmann-La Roche, Schw.P. 94948, 94979, 94178. Ö.P. 92398.

7) Ogata, A. u. M. Okasaki: Journ. Pharm. Soc. Japan Bd. 497, S. 41. 1923.

8) Pack, G. T. u. F. P. Underhill: Journ. Metabol. Res. Bd. 2, S. 73. 1922.

9) Heller, Edwin A. u. Edward Steinfield: New York med. journ. Bd. 112, S. 160.

mindert. Der Zimtsäurebenzylester ist wirksamer als der Benzoesäurebenzylester und zwar etwa um das Doppelte, dagegen scheint die blutdruckherabsetzende Wirkung des Benzylbenzoates größer zu sein[1]). Die antispasmodische Wirkung der Benzylbenzoates wird von Emge und Jensen angezweifelt. Man beobachtet Leukopenie[2]).

Benzylbenzoat wurde bei spastischen Zuständen der glatten Muskulatur versucht. Im Tierversuch erwies es sich als wenig wirksam[3]).

Die Wirkung der Benzylester auf die glatte Muskulatur ist auf die hydrolytische Entstehung des Benzylalkohols zurückzuführen[4]). Die den Tonus des Darms herabsetzende Wirkung der Benzylester ist in der Regel abhängig von dem Gehalte der Ester an Benzylalkohol und von ihrer Verseifungsgeschwindigkeit.

Benzylfumarat ist stärker wirksam als Benzylsuccinat, ferner Succinat stärker als Stearat, Acetat stärker als Cinnamat, Cinnamat stärker als Benzoat. Benzylsuccinat ist ungiftig, wirksam bei Nausea und anderen Intestinalstörungen[5]). Eine Ausnahme bildet das Salicylat und das Acetylsalicylat, die trotz ihrer geringen Hydrolyse stark wirksam sind. Benzylsalicylat und Benzylacetylsalicylat wirken nicht entsprechend der hydrolytischen Spaltung. Die Wirkung muß dem ganzen Molekül zugeschrieben werden, das ein Hydroxyl oder substituiertes Hydroxyl enthält. Das Benzyl-Acetylsalicylat ist wirksamer als das Salicylat, überhaupt das am stärksten wirkende der bisher untersuchten Ester. Tonusherabsetzende Wirkung haben auch andere Benzylverbindungen als Ester, nämlich Benzylphenolat, Benzyläthyläther, Monobenzylbarbitursäure und Benzaldehyd[6]).

Benzaldehyd ist wenig giftig, er vermindert den Tonus und wirkt kontraktionshindernd auf glatte Muskeln, örtlich ansästhesierend und antiseptisch. Mandelsäure teilt die antispasmodische Wirkung auf den glatten Muskel, in den Estern stärker als in den Salzen[7]).

Die Benzylverbindungen haben sich aber bei Verfütterung per os trotz dieser spasmolytischen Eigenschaften bei Asthma und Angina pectoris nicht bewährt, weil sie zu schnell zu Benzoesäure oxydiert werden[8]).

Mandelsäurebenzylester ist wenig giftig, die glatte Muskulatur erschlafft. Die antispasmodische Wirkung ist stärker als bei anderen Benzylestern. Der Blutdruck wird stärker als durch Mandelsäure herabgesetzt[9]).

Cholsäurebenzylester erhält man aus Cholsäurechlorid und Benzylalkohol oder aus Benzylchlorid und cholsaurem Natrium[10]).

Acetylsalicylsäurebenzylester erhält man durch Acetylierung mit Essigsäureanhydrid und Natriumacetat, es hat starke antispasmodische Wirkung[11]).

Man verestert hochmolekulare Fettsäuren, wie Laurin-, Caprin-, Palmitin-, Stearin-, Ölsäure oder Linolsäure mit Benzylalkohol nach den üblichen Methoden[12]).

---

[1]) Nielsen, C. u. J. A. Higgins: Journ. of laboratory and clinical medicine Bd. 6, S. 388. 1921.

[2]) Emge, A. L. u. J. P. Jensen: Journ. of pharmacol. a. exp. therapeut. Bd. 17. S. 415. 1921.

[3]) Mason, E. C. u. C. E. Pieck: Journ. of laborat. a. clin. med. Bd. 6, S. 62. 1920.

[4]) Nielsen, C. u. J. A. Higgins: Journ. of laborat. a. clin. med. Bd. 7, S. 69. 1921.

[5]) Bye, M.: Journ. Ind. and Eng. Chem. Bd. 13, S. 217. 1921.

[6]) Nielsen, C. u. J. A. Higgins: Journ. of laborat. a. clin. med. Bd. 7, S. 579. 1922.

[7]) Macht, David J.: Journ. of the Americ. pharm. assoc. Bd. 11, S. 897. 1922.

[8]) Snapper, J., A. Grünbaum u. S. Sturkop: Biochem. Zeitschr. Bd. 155, S. 163. 1925.

[9]) Macht, D. J.: Journ. of pharmacol. a. exp. therapeut. Bd. 21, S. 443. 1923.

[10]) Gehe & Co., D.R.P. 375370 u. 381350.

[11]) Abbott Laboratories, Chicago, A.P. 1436304.

[12]) Eli Lilly & Co., A.P. 1553271.

β-Benzylglucosid ist weit weniger giftig als Benzylbenzoat. Beim Hunde war eine toxische Dosis nicht zu finden[1]).

Man führt in Glycerin oder in leicht abspaltbare Substituenten enthaltende Glycerinderivate einen Benzylrest in Sauerstoffbindung ein. Man erhitzt z. B. die Natriumverbindung des Acetonglycerins in Benzol gelöst mit Benzylchlorid, zerlegt mit Eis und destilliert im Vacuum. Aus dem gebildeten Benzyläther des Acetonglycerins erhält man mit verdünnter Schwefelsäure Glycerin-α-monobenzyläther, welcher juckreizstillend ist[2]).

Benzylalkohol und Benzoesäurebenzylester beschleunigen die Atembewegungen, machen Gefäßerweiterung, steigern das Darmvolumen.

Die Benzylderivate sind für den Vorhof giftiger als für den Ventrikel[3]).

Als wirksamer Bestandteil des Perubalsams, insbesondere gegen Scabies, werden zwei Ester des Benzylalkohols $C_6H_5 \cdot CH_2 \cdot OH$ angesehen, und zwar der Zimtsäurebenzylester und Benzoesäurebenzylester. Der reine Benzoesäurebenzylester ist im Gegensatze zum Perubalsam farb- und geruchlos und wirkt prompt gegen Scabies; er wird Peruscabin genannt. Seine Lösung in Ricinusöl heißt Peruol.

Man läßt Brom auf den Dibenzyläther des Acetobrenzkatechins einwirken und erhält Acetobrombrenzcatechindibenzyläther $C_6H_2(O \cdot CH_2C_6H_5)_2^{3 \cdot 4} \cdot (COCH_3{}^1) \cdot (Br)^4$)[4]).

Man behandelt Acetobrenzcatechin mit benzylierenden Mitteln und erhält Acetobrenzcatechindibenzyläther, welcher sich zur Darstellung von Oxyalkylaminen eignet[5]).

Citronensäuretribenzylester und -dibenzylester erhält man, wenn man Citronensäure in Gegenwart mindestens einer anorganischen oder organischen Base oder Gemischen dieser mit oder ohne Zusatz von Lösungsmitteln mit Benzylhalogeniden erhitzt oder die beiden Komponenten unter Zusatz von Katalysatoren und unter Abdestillieren des Reaktionswassers erhitzt[6]).

Durch Erhitzen von aliphatischen, aliphatisch-aromatischen und alicyclischen Carbonsäuren in Gegenwart von Pyridin oder Chinolin mit Alkylhalogeniden erhält man Carbonsäureester. Z. B. Benzylacetat aus Benzylchlorid und Kaliumacetat in Gegenwart von Pyridin, Benzylformiat aus Kaliumformiat und Benzylchlorid in Gegenwart von Pyridin, Citronensäuretribenzylester aus Kaliumnitrat und Benzylchlorid und Pyridin ebenso Zimtsäurebenzylester und Camphersäurebenzylester[7]).

Benzylester aus höheren Fettsäuren erhält man aus Benzylalkohol und dem mittels Thionylchlorid oder Phosphorpentachlorid dargestellten Säurechlorid in Äther oder beim Erhitzen von Benzylchlorid mit den in den höheren Fettsäuren gelösten Alkalisalzen derselben. Sie sind geruchlos und geschmacklos, flüssig oder niedrig schmelzende Stoffe mit krampfstillender Wirkung und werden von Lipase leichter als Benzylester aromatischen Säuren gespalten. Untersucht wurden: Laurinsäurebenzylester, Myristinsäurebenzylester, Palmitinsäurebenzylester, Stearinsäurebenzylester, Ölsäurebenzylester, Milchsäurebenzylester, p-Nitrobenzoesäurebenzylester, m-Aminobenzoesäurebenzylester, m-Nitrobenzoesäurebenzylester[8]).

Aralkylamine läßt man auf Malonsäureester einwirken und verseift vorsichtig. So erhält man N-Benzylmalonamidsäure, N-p-Äthoxybenzylmalonamidsäure[9]).

Die Produkte wirken spasmolytisch und sind leicht emulgierfähig. Dargestellt wurde noch Diäthylaminoäthylcarbaminsäurehexahydrobenzylester[10]).

---

1) Richaud, A.: Cpt. rend. des séances de la soc. de biol. Bd. 86, S. 649. 1922.
2) Böhringer, Waldhof, D.R.P. 403050.
3) Gruber, Ch. M.: Journ. of laborat. and clin. med. Bd. 9, S. 92. 1923.
4) E. Merck, D.R.P. 415314.
5) Merck, D.R.P. 414142.
6) Werner Schilt, Zürich, Schw.P. 100318 u. 105863.
7) Werner Schilt, Zürich, Schw.P. 103885.
8) Shonle, H. A. u. P. Q. Row: Journ. of the Americ. Chem. Soc. Bd. 43, S. 361. 1921.
9) Agfa, D.R.P. 408716.
10) Zu Schw.P. 99625 und E.P. 203608/1924 ist D.R.P. 409780 nachzutragen.

Fünfzehntes Kapitel.

Derivate der Gallensäuren.

Cholsäure.

Verschiedene Salze und Ester der Cholalsäure wurden in den betreffenden Kapiteln bereits beschrieben.

Die Cholsäure und Desoxycholsäure steigern die Gallensekretion, ebenso die Dehydrocholsäure, und zwar stärker als die Cholsäure, von der sie sich in ihrem Bau nur durch das Auftreten von drei CO-Gruppen an Stelle dreier CHOH-Gruppen unterscheidet. Dehydrocholsäure ist weniger giftig als die Cholsäure. Die Desoxycholsäure ist giftiger als die Cholsäure.

Ernst Neubauer untersuchte die Frage, ob die Dehydrierung, die Umwandlung von CHOH- in CO-Gruppen, ein allgemeineres Prinzip der Entgiftung einerseits, der Wirksamkeitssteigerung andererseits darstellt. Die Dehydrodesoxycholsäure ist stark cholagog, etwa wie die Desoxycholsäure).

Desoxycholsäure wirkt auf isolierte Organe und Zellen äußerst energisch ein, bedeutend stärker als Cholalsäure, die Desoxycholsäure ist 8—9mal so giftig wie Cholsäure[2]).

Cholsäure wirkt nach Kehrer kontrahierend auf den Uterus.

Auf Cholsäure läßt man Acetylsalicylsäurechlorid in Gegenwart von halogenwasserstoffsäurebindenden Mitteln einwirken, z. B. Pyridin. Man erhält eine geschmacklose Verbindung[3]).

Man gelangt zu einer geschmacklosen Cholsäureverbindung, wenn man die Cholsäure mit einem gemischten Anhydrid der Essigsäure mit Ameisensäure bzw. einer Mischung von Essigsäureanhydrid mit Ameisensäure behandelt. Das Produkt hat auch Galle desinfizierende Eigenschaften[4]).

Geschmacklose Cholsäureverbindungen erhält man, wenn man hier die Cholsäure anstatt mit Essigsäureameisensäureanhydrid mit Ameisensäure in Gegenwart oder Abwesenheit von Kondensationsmitteln behandelt. Bei dieser Reaktion treten je nach den Versuchsbedingungen wechselnde Mengen Ameisensäure in die Cholsäure ein[5]).

Wie oben erwähnt, sind Cholsäure und Desoxycholsäure intravenös kräftige Cholagoga. Ähnlich wirken Dehydrocholsäure und Dioxychol nsäure. Biliansäure, Glykohyocholsäure sind unwirksam. Die Fettresorption wird durch Cholsäure und Desoxycholsäure gefördert, durch Biliansäure, Hyocholsäure, Dioxycholensäure, Dioxycholadiensäure gehemmt. Apocholsäure ist indifferent[6]).

Aus Cholsäuremethylester erhält man mit Glykolsäure und saurem Kaliumsulfat bei 130° Apocholsäure als Essigsäureverbindung $C_{24}H_{38}O_4 \cdot CH_3 \cdot COOH$. Die freie Apocholsäure ist nahezu geschmacklos).

Aus Dehydrocholsäure und Dehydrodesoxycholsäure erhält man in alkalischer Lösung mit o-Aminobenzaldehyd bzw. mit Is tinsäure Chinolinbasen,

---

1) Biochem. Zeitschr. Bd. 146, S. 480. 1924.
2) Wieland, Hermann: Arch. f. exp. Pathol. u. Pharmakol. Bd. 86, S. 79. 1920.
3) J. D. Riedel, D.R.P. 313413.
4) Bayer, D.R.P. 285828.
5) D.R.P. 288087, Zusatz zu D.R.P. 285828.
6) Pohl, Julius: Zeitschr. f. d. ges. exp. Med. Bd. 30, S. 423. 1922.
7) Riedel, Berlin, D.R.P. 334553.

Chino-cholansäuren genannt, in denen das isocyclische Kohlenstoffgerüst der Gallensäuren mit dem heterocyclischen Komplex des Pyridins bzw. Chinolin- vereinigt ist.

Die Verbindung 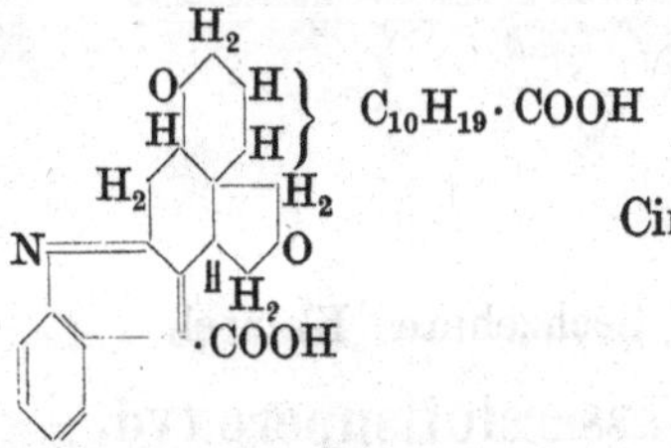 Cinchoninsäure aus Dehydrocholsäure ist vollkommen wirkungslos[1]).

An Stelle der Cholsäureester wird unmittelbar Cholsäure mit wasserabspaltenden Mitteln behandelt, wie z. B. verdünnte anorganische Säuren, Kaliumbisulfat, Glykolsäure und Oxalsäure[2]).

Das Strontiumsalz der Cholsäure soll dem cholsauren Natrium gegenüber Vorteile bei der Behandlung der Cholelithiasis haben. Man erhält es auf übliche Weise, insbesondere durch Absättigung von Cholsäure mit Strontiumhydroxyd[3]).

Cholsaures Kobalt (Knoll & Co.) soll ein stark desinfizierendes, die Magenschleimhaut nicht störendes Mittel sein.

Wörner stellt Wismutsalze der Cholsäure dar, indem er neutrales Wismutnitrat in basisches verwandelt und mit cholsaurem Natron auf dem Dampfbade digeriert. Der Rückstand wird mit Wasser gewaschen und getrocknet[4]).

Durch Abspaltung von Wasser aus Cholsäure bzw. Cholsäureestern erhält man eine ungesättigte Säure, die Apocholsäure, die sich mit Alkoholen, Basen usf. in bekannter Weise vereinigt. Beschrieben sind die additiven Verbindungen der Apocholsäure mit Essigsäure, Campher, Essigester, Strychnin, Benzaldehyd usf.).

Additionsverbindungen der Cholsäure mit Säureestern der aliphatischen Reihe erhält man durch Zusammenbringen beider Komponenten in der Wärme. Der bittere Geschmack ist erheblich herabgemindert. Beschrieben sind die Verbindungen mit Milchsäureäthylester, Essigsäureamylester, Carbaminsäureäthylester, Chlormalonester, Valeriansäurebornylester, Buttersäureäthylester[6]).

Man läßt Cholsäure mit Formaldehyd oder seinen Polymeren bei 170—190° reagieren[7]).

Man unterbricht die Reaktion, ehe die Reaktionsmasse in Alkalien löslich geworden. Man erhitzt Paraformaldehyd mit Cholsäure auf 160—170°; sobald sich die Masse in Soda nicht mehr löst, läßt man erkalten, wäscht mit Soda aus, löst in Alkohol und fällt mit Eiswasser. Die Substanz ist eine Methylenverbindung, die beständiger ist als die Verbindung nach D.R.P. 338486).

Böhringer, N.-Ingelheim, beschreiben eine Campher-Cholsäureverbindung, erhalten durch Zusammenschmelzen in der Wärme[9]).

Carbonsäuren der Chinolin- und Pyridinreihe werden mit cholsaurem Alkali behandelt. Man erhält leicht lösliche Derivate[10]).

---

1) Borsche, W. u. R. Frank: Ber. d. dtsch. chem. Ges. Bd. 57, S. 1373. 1924.
2) Riedel, D.R.P. 339350, Zus. zu D.R.P. 334553.
3) Knoll, D.R.P. 254530.
4) D.R.P. 191385. 5) Riedel, D.R.P. 338736.
6) Böhringer, Nieder-Ingelheim, D.R.P. 376470.
7) Bayer, Leverkusen, D.R.P. 338486.
8) D.R.P. 339561, Zus. zu D.R.P. 338486.
9) D.R.P. 412469.
10) Schering, D.R.P. 433646.

Sechzehntes Kapitel.

Wasserstoffsuperoxyd.

Als sauerstoffabgebende Verbindungen wurden für internen Gebrauch Chlorate, Bromate und Jodate sowie Benzoylsuperoxyd benutzt, wegen ihrer Blutgiftwirkung aber zumeist verlassen. Die Nerven- und Herzwirkung der Bromate ist erheblich höher als die der Chlorate. Eine direkte Blutwirkung der Bromate ist kaum zu bemerken[1]).

Natriumpersulfat wirkt giftig und hypothermisch[2]).

Wasserstoffsuperoxyd kann durch Hinzufügen von 0.2% Strontiumhydroxyd vor Zersetzung geschützt werden[3]). Ebenso kann man mit 0.2% Traubenzucker Wasserstoffsuperoxyd haltbar machen[4]). Eine große Reihe von Verbindungen z. B. Acetanilid usw. haben die gleiche Eigenschaft.

Die große Verbreitung des Wasserstoffsuperoxyds für externe und Höhlenbehandlung hat zur Darstellung von festen Verbindungen geführt, bei denen Wasserstoffsuperoxyd mit Harnstoff oder Hexamethylentetramin verbunden ist, deren Stabilität durch verschiedene Zusätze erhöht wird. Diese Verbindungen haben sich als Wundantiseptica bewährt, ebenso als Mittel, rasch Wasserstoffsuperoxydlösungen frisch zu bereiten.

Stearns & Co., Detroit, stellen Superoxydsäuren aus Anhydriden zweibasischer Säuren her, indem sie die Anhydride mit wässerigen Lösungen von Wasserstoffsuperoxyd bis zur Bildung von Niederschlägen schütteln. Beschrieben ist Peroxydphthalsäure, Bernsteinsuperoxydsäure, Glutarsuperoxydsäure[5]).

Bis jetzt hat sich kein organisches Superoxyd in der internen Therapie bewährt.

Diamaltgesellschaft, München, macht eine haltbare Verbindung von Hexamethylentetramin mit Wasserstoffsuperoxyd, indem sie Hexamethylentetramin unter Kühlung in Wasserstoffsuperoxydlösung auflöst und die entstandene Doppelverbindung aus der wässerigen Lösung durch organische Lösungsmittel ausfällt[6]).

Zur Haltbarmachung wird der Doppelverbindung eine kleine Menge eines Säureanhydrids oder der Acetylverbindung einer aromatischen Oxysäure und einer Eiweißverbindung oder eines Polysaccharids zugesetzt, z. B. Milchsäureanhydrid, Stärke und Acetylsalicylsäure oder Pflanzeneiweiß und Phthalsäureanhydrid[7]).

Hexamethylentriperoxyddiamin $N\begin{cases}CH_2-O\cdot O-CH_2\\CH_2-O\cdot O-CH_2\\CH_2-O\cdot O-CH_2\end{cases}N$, erhält man, wenn man in konzentrierter Lösung Wasserstoffsuperoxyd auf Salze des Hexamethylentetramins mit organischen oder anorganischen Säuren zusammenbringt[8]).

An Stelle von Hexamethylentetramin läßt man Harnstoff und Formaldehyd auf Wasserstoffsuperoxyd in Gegenwart einer Säure einwirken. Das Produkt hat angeblich die Formel

$$OC<\begin{matrix}NH\cdot CH_2\cdot O\cdot O\cdot CH_2\cdot NH\\NH\cdot CH_2\cdot O\cdot O\cdot CH_2\cdot NH\end{matrix}>CO$$ [9]).

Eine haltbare Verbindung aus Wasserstoffsuperoxyd und Carbamid erhält

---

1) Meta Sarason, Berlin, D.R.P. 318220.
2) G. Richter, Budapest, D.R.P. 259826.
3) Meta Sarason, Berlin, D.R.P. 318134.
4) D.R.P. 303680.
5) D.R.P. 281083, Zus. zu D.R.P. 259826.
6) D.R.P. 264111.
7) D.R.P. 267816, Zus. zu D.R.P. 264111.
8) Girsewald, D. R.P. 263459.
9) D.R.P. 281045, Zus. zu D.R.P. 263459.

man, wenn man mit Carbamid Wasserstoffsuperoxyd bei niedriger Temperatur behandelt[1]).

Die Eigenschaften der nach dem Hauptpatent erhältlichen Produkte aus Carbamid und Wasserstoffsuperoxyd werden durch Zusatz geringer Mengen von Stärke oder stärkeähnlichen Substanzen insofern günstig beeinflußt, als dadurch seine Widerstandsfähigkeit gegenüber den Einflüssen hoher Temperaturen, wie sie etwa bei der Verwendung in den Tropen in Frage kommen, erhöht wird[2]).

Eine Doppelverbindung von Wasserstoffsuperoxyd und Harnstoff unter Benutzung geringer Mengen eines anorganischen alkalibindenden Stoffes von schwach saurem Charakter zum Haltbarmachen erhält man, wenn der Zusatz des alkalibindenden Stoffes vor der Abscheidung der Doppelverbindung aus der wässerigen Lösung ihrer Bestandteile erfolgt. Als Zusätze sind die sauren Salze der Phosphorsäure, Mononatriumphosphat und Natriummetaphosphat sowie die Borsäure angeführt[3]).

Haltbare Präparate aus Wasserstoffsuperoxyd und Harnstoff erhält man, wenn man dieser Verbindung geringe Mengen organischer Säuren oder ihrer sauren Salze zusetzt: z. B. Citronensäure, Salicylsäure, Gerbsäure[4]).

Zu dem in fester Form isolierten Harnstoffwasserstoffsuperoxyd setzt man zwecks Haltbarmachung geringe Mengen anorganischer Säuren oder saurer Salze dieser Säuren hinzu; z. B. Borsäure oder Natriumbisulfat[5]).

E. Merck stellt haltbare Verbindungen des Wasserstoffsuperoxyds mit neutralen, anorganischen oder organischen Stoffen her, indem er mit diesen Stoffen versetzte, schwache technische Wasserstoffsuperoxydlösungen vorsichtig eindampft. Beschrieben sind Harnstoff-Wasserstoffsuperoxyd[6]).

---

1) Bayer, D.R.P. 293125. 2) D.R.P. 294725, Zus. zu D.R.P. 293125.
3) Byk, D.R.P. 291490. 4) Santesson, C. G.: Arch. di fisiol. Bd. 7. 1910.
5) Nicolas, Joseph: Cpt. rend. des séances de la soc. de biol. Bd. 52, S. 409.
6) D.R.P. 170727.

Nachträge.

Zu Seite 54.

Furan macht Krämpfe mit Blutdruckabfall und nachfolgender Lähmung des Atemzentrums bei Säugetieren. Peroral gegeben löst es die Schleimhäute auf und erzeugt Hämorrhagien. In größeren Dosen wirkt es subcutan wie Blausäure. Für niedere Organismen ist es giftig[1]).

Zu Seite 65.

Dimedon (Dimethyl-hydroresorcin, Dimethyl-cyclohexandion)

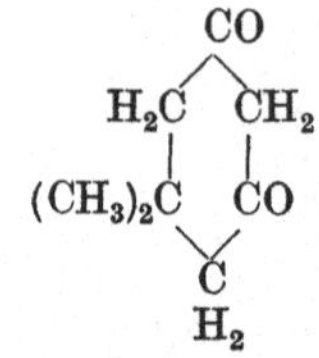

```
        CO
       /  \
   H2C     CH2
     |      |
(CH3)2C     CO      ist ein deutliches Protoplasmagift (C. Neuberg).
       \  /
        C
        H2
```

Zu Seite 77.

Sowohl die erregende, Erbrechen erzeugende, die Reflexerregbarkeit steigernde Wirkung, als auch die Beeinflussung des sympathischen Nervensystems wachsen, wenn man von Methylamin in der homologen Reihe hinaufsteigt, erreichen bei C_5 ein Maximum, dann wieder einen Abfall. Primär-tertiäre Basen $R' > N{-}R{-}NH_2$, halbseitig substituierte Alkylendiamine sind stark wirksame Verbindungen, insbesondere wenn R oder R′ eine C_5-Kette bedeuten. In den Reihen solcher Verbindungen, in welchen ein N-Atom eines Alkylendiamins $NH_2 \cdot [CH_2]_n \cdot NH_2$ durch den ac.-β-Tetrahydronaphthylrest substituiert ist oder durch Piperazin, sind die Anfangsglieder mit der Äthylen- und Trimethylenkette kaum wirksam. Bei beiden Tetramethylenderivaten sieht man Wirksamkeit, beim Tetrahydro-naphthylaminderivat in einer Wirkung auf das Herz, beim Piperazinderivat in einer stark lähmenden Wirkung. Die Wirksamkeit steigt weiter an beim Übergang zur Pentamethylenreihe und äußert sich sowohl beim Tetrahydro-naphthylamin- als auch beim Piperazinderivat in einer sehr starken Herabsetzung der Temperatur. Das Hexamethylenderivat der Naphthylaminreihe wirkt noch ähnlich, aber schwächer, das Heptamethylenderivat wirkt nur noch schwach lähmend auf die Atmung und ebenso ist das Heptamethylenderivat der Piperazinreihe fast ohne Wirkung. Kaum eine Wirkung zeigen Verbindungen mit kohlenstoffreichen fettaromatischen Ketten, von denen nur das Tetrahydro-naphthylaminderivat sich etwas gefäßverengend äußert.

Ersetzt man den ac. Tetrahydronaphthylrest durch den β-Phenyl-äthylrest $C_6H_5 \cdot CH_2 \cdot CH_2 \cdot$, so zeigt von den Verbindungen $C_6H_5 \cdot CH_2 \cdot CH_2 \cdot NH \cdot [CH_2]_5 \cdot NH_2$ und $C_6H_5 \cdot CH_2 \cdot CH_2 \cdot NH \cdot CH_2 \cdot C_6H_4 \cdot CH_2 \cdot CH_2 \cdot NH_2$ der Pentamethylenkörper die erwartete temperatursenkende Wirkung, wenn sie auch schwächer als bei der Tetrahydro-naphthylverbindung ist, das fettaromatische Derivat dagegen äußert sich nur in einer geringen Senkung des Blutdrucks.

---

[1]) Koch, E. M. und M. H. Cahan: Journ. of pharmacol. a. exp. therapeut. Bd. 26, S. 281. 1925.

Die Verbindung $NH_2 \cdot [CH_2]_5 \cdot NH \cdot [CH_2]_5 \cdot N <\begin{smallmatrix}CH_2-CH_2\\CH_2-CH_2\end{smallmatrix}> N \cdot [CH_2]_5 \cdot NH \cdot [C_2H_5]_5 \cdot NH_2$ mit gehäuften Pentamethylenketten ist sehr antipyretisch wirksam und sehr giftig.

Zu Seite 78.

Die Verbindungen

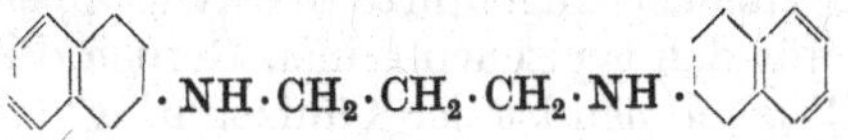

[Naphthyl]$\cdot NH \cdot CH_2 \cdot CH_2 \cdot CH_2 \cdot NH \cdot$[Naphthyl] und

[Naphthyl]$\cdot NH \cdot [CH_2]_7 \cdot NH \cdot$[Naphthyl] sind ebenso wie die halbseitig substituierten unwirksam[1]).

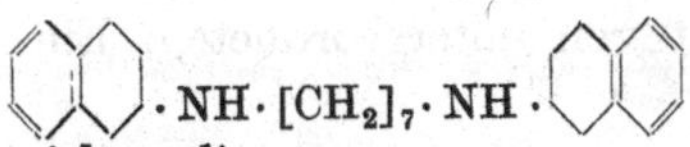

Zu Seite 86.

Guanidin macht Hypoglykämie und dann Krämpfe. Dimethylguanidin ist ein Krampfgift, das unabhängig von den Kohlenhydratvorräten wirkt.

Agmatin (Guanidobutylamin) $C \begin{cases} NH_2 \\ =NH \\ N-CH_2 \cdot CH_2 \cdot CH_2 \cdot NH_2 \\ \quad H \end{cases}$

entstanden durch Decarboxylierung von Arginin, senkt in mäßigen Grenzen den Blutzuckerspiegel, in größeren Dosen macht es Hyperglykämie, dann Hypoglykämie.

Aminopentylenguanidin wirkt ähnlich wie Insulin hypoglykämisierend. Beim Aminohexylenguanidin ist eine Steigerung gegenüber der Pentylenverbindung nur in ganz geringem Maße zu bemerken. Ein solches blutzuckersenkendes Präparat, Synthalin genannt, gehört dieser Reihe an[2]).

Dicarbäthoxyguanidin $HN : C \cdot (NH \cdot COO \cdot C_2H_5)$ ist bei Kaninchen relativ inert, erzeugt nur Temperaturabfall. Monocarbäthoxyguanidin $NH_2 \cdot C \cdot (: NH)NH \cdot COO \cdot C_2H_5$ macht zentrale Depression und starken Temperaturabfall. Dicarbäthoxyäthylisoharnstoff $C_2H_5OOC \cdot N : C(OC_2H_5) \cdot NH \cdot COO \cdot C_2H_5$ macht tiefe Depression mit vollständiger Muskelerschlaffung[3]).

Zu Seite 108.

1.3.7.9-Tetramethylxanthinhydrat

```
CH3·N—CO
    |   |
   OC   C—N·CH3
    |   |   >CH
CH3·N—C—N·CH2·OH
```

bleibt in der Wirkung weit hinter dem Coffein zurück[4]).

Zu Seite 110.

Methylglyoxal ist (im Gegensatz zu den Angaben von Dakin und Dudley) intravenös giftig, subcutan unschädlich[5]).

Zu Seite 113.

Zibeton (Cycloheptadecenon) Dihydrozibeton sind annähernd geruchsgleich, so daß die Doppelbindung ohne wesentlichen Einfluß auf den Geruch ist[6]).

---

[1]) Braun, J. v., O. Goll und E. Metz: Ber. d. dtsch. chem. Ges. Bd. 59, S. 2416. 1926.
[2]) Frank, E., M. Nothmann und A. Wagner: Klin. Wochenschr. Bd. 5, S. 2100. 1926.
[3]) Basterfield, S. und L. E. Paynter: Journ. of the Americ. chem. soc. Bd. 48, S. 2176. 1926.
[4]) Paderi, Ces.: Arch. di farmacol. sperim. e scienze aff. Bd. 41, S. 92, 97. 1926.
[5]) Sjollema, B. und L. Seekles: Biochem. Zeitschr. Bd. 176, S. 431. 1926.
[6]) Helvetica chim. acta Bd. 9, S. 246. 1926.

Cyclo-tridecanon riecht kaum nach Moschus; dieser Geruch tritt sehr deutlich beim Cyclo-tetradecanon auf, beim Cyclo-pentadecanon liegt das mit dem Muscongeruch praktisch identische Geruchsoptimum und klingt weiter mit steigender Ringgliederzahl der Moschusgeruch vom Cyclo-hexadecanon über das Cycloheptadecanon (Dihydro-zibeton) zum Cyclo-octadecanon langsam ab. An beliebige Stellen des Molekel eingeführte Methylgruppen beeinflussen den Geruch nicht besonders: für den typischen reinen Geruch des Muscons $C_{14}H_{30}O$ bei den hochgliedrigen Ringketonen ist der Fünfzehnring das charakteristische Merkmal und die Substitution desselben scheint von untergeordnetem Einflusse zu sein[1]).

Zu Seite 126.

Propriolsaures Natrium macht in großen Dosen zentrale Lähmungsphänomene, Temperatursturz, Tod, in kleinen hämorrhagische Nephritis, die in einigen Tagen tödlich endigt. Propiolsäure tritt partiell unverändert in den Harn über; ein Übergang in Oxalsäure findet nicht statt. Akrylsäure, bei der allerdings mit einem Übergang in unlösliche Polymere zu rechnen ist, falls sie im Körper in Freiheit gesetzt wird, ist wirkungslos[2]).

Propiolsäureanilid $HC \vdots C \cdot CO \cdot NH \cdot C_6H_5$ wirkt wie die bekannten Anilide. Das Dianilid der Di-acetylendicarbonsäure $C_6H_5 \cdot NH \cdot CO \cdot C \vdots C \cdot C \vdots C \cdot CO \cdot NH \cdot C_6H_5$ macht langwierige eitrige Entzündungen des Zahnfleisches[3]).

Cholesterinphenylpropiolsäurester erhält man aus Phenylpropiolsäurechlorid und Cholesterin[4]).

Zu Seite 131.

Crotonaldehyd ist ein schwächeres Antiseptikum als Akrolein[5]).

Zu Seite 133.

o-Chlorbenzol hat geringere antiseptische Wirkung als m- und p-Chlorbenzol. Auch bei Tieren ist die m- und p-Verbindung doppelt so giftig wie die o-Verbindung[6]).

Zu Seite 151.

Sulfaminosaccharin

$NH_2 \cdot O_2S \cdot C_6H_3 <^{CO}_{SO_2}> NH$ schmeckt nicht süß.

Die Verbindung

$C_6H_4 <^{C}_{SO_2}> NH$, $C{=}HC \cdot C_6H_4 \cdot SO_2 \cdot NH_2$ ist enorm bitter[7]).

Zu Seite 169.

Die Piperidide der Fettsäuren haben ebenfalls einen scharfen Geschmack, welcher bei der C_9-Säure ein Maximum erreicht[8]).

---

[1]) Ruzicka, L.: Helv. chim. acta Bd. 9, S. 715. 1926.

[2]) Strauss, F. und Walter Voss (J. Pohl): Ber. d. dtsch. chem. Ges. Bd. 59, S. 1684. 1926.

[3]) Strauss, F. und Walter Voss: Ber. d. dtsch. chem. Ges. Bd. 59, S. 1685. 1926.

[4]) Ciba, Schw.P. 107736.

[5]) Berthelot, A. und G. Amoureux: Bull. de la soc. de chim. biol. Bd. 8, S. 209. 1926.

[6]) Kuroda, T.: Arch. f. exp. Pathol. u. Pharmakol. Bd. 112, S. 60. 1926.

[7]) Herzog, W.: Zeitschr. f. angew. Chem. Bd. 39, S. 728. 1926.

[8]) Asana, M. und T. Kanematsu: Japan journ. of pharmacol. soc. 1926, Nr. 531, S. 36—37.

Zu Seite 177.

β-Phenylcapronsäure wird im Tierkörper nicht am γ-Kohlenstoff oxydiert[1]).

Zu Seite 182.

Schleimsaures Natrium schädigt die Niere[2]).

Zu Seite 229.

Man läßt Formaldehyddisulfit auf sek. Amine mit cycl. gebundenem N-Atom einwirken. Aus Thallin erhält man 6-methoxytetrahydrochinolinmethansulfosaures Natrium. Beschrieben sind ferner 8-oxytetrahydrochinolinmethansulfosaures Natrium, 2, n-propylhexahydropyridinmethansulfosaures Natrium, chinatoxinmethansulfosaures Natrium. Die Verbindungen sind Antipyretica[3]).

Zu Seite 241.

Gardan ist eine molekulare Vereinigung von Pyramidon und Novalgin.

Dormalgin ist eine Kombination des sek. Butylbrompropenylmalonylureids mit Pyramidon.

Zu Seite 255.

Cinchonin wirkt auf das isolierte Froschherz stärker erregend und stärker antipyretisch als Chinin und Cinchonidin[4]).

Zu Seite 260.

Aminohydrochinin, welches in der 5-Stellung des Chinolinkernes eine NH_2-Gruppe trägt, wirkt wie Chinin gegen Malaria, vielleicht besser. Auf Nagana Prowazek, auf welches Chinin wirkt, hat 5-Aminochinin keine Wirkung. Aminooptochin ist wenig oder gar nicht trypanocid, während Aminohydrochinin dem Hydrochinin ungefähr gleichwertig, wenn auch dem Optochin wesentlich unterlegen ist. Aminohydrochinin-(azobenzolarsinsäure-4′) 8 und Oxy-5-hydrochinin-(azobenzolarsinsäure-4′) 8 wirken trypanocid[5]).

Chitenin wirkt nicht auf Malaria, Chiteninäthylester wirkt wieder wie Chinin. Die trypanocide Wirkung des Chitenins, Chiteninäthylesters und Chiteninamylesters sind gering. Letzteres wirkt stark anästhesierend (R. Schnitzer).

Bei Vogelmalaria wird Cuprein durch Hydrierung der Seitenkette wesentlich wirksamer. Chinin zeigt beim Übergang in Hydrochinin kaum noch die Effektsteigerung, während letzteres bei Malaria tropica klinisch dem Chinin überlegen ist. Chinäthylin wirkt bei Malaria souverän, während der hydrierte Körper Optochin schon in seiner Wirkung merklich geschwächt ist.

Bei den Anlagerungsprodukten Hydrochlorchinin, Hydrojodchinin und Chinindibromid (Seitenketten 1. $\cdot CH \cdot CH_2Cl \cdot CH_3$, 2. $\cdot CH \cdot CH_2J \cdot CH_3$, 3. $\cdot CH \cdot CHBr \cdot CH_2Br$ ist die Wirkung nur unerheblich geringer als beim Chinin. Das Jodprodukt ist aber giftiger als Chinin. Auch Dehydrochinin (Seitenkette $\cdot CH \cdot C \vdots CH$) wirkt noch deutlich spezifisch. Chitenin versagt vollkommen. Chiteninester wirkt annähernd wie Chinin. Veränderungen am Brückenkohlenstoff des Chinins führen zu gänzlich versagenden Produkten, wie Chininchlorid, Desoxychinin, Chinen, Acetylhydrochinin, Chinicin, Chininon.

---

[1]) Clutterbruk, P. W. und H. S. Raper: Biochem. journ. Bd. 19, S. 911. 1925.

[2]) Rose, W. C. und Dimitt: Journ. of pharmacol. a. exp. therapeut. Bd. 25, S. 65. 1925; Rose, W. C. und R. W. Jackson: Journ. of laborat. a. clin. med. Bd. 11, S. 824. 1926.

[3]) D.R.P. 432420, Zusatz zu D.R.P. 421505.

[4]) Shiratori, F.: Folia japon. pharmacol. Bd. 1, S. 28. 1925.

[5]) Giemsa, G.: Arch. f. Schiffs- u. Tropenhyg. Bd. 29, S. 479. 1925; Bd. 30, S. 63. 1926.

Schon die bloße Veresterung des alkoholischen Hydroxyls kann die antiparasitäre Wirkung bis auf den Nullpunkt herabdrücken, wie das Beispiel des Acetylhydrochinin beweist.

Euchinin und Insipin haben bei menschlicher Malaria eine abgeschwächte Wirkung. Die spezifische Wirkung setzt bei diesen Estern erst nach Regenerierung der hydroxylhaltigen Base ein. Beim Acetylprodukt kommt sie anscheinend infolge der zu hohen Toxizität des Gesamtmoleküls und der hierdurch bedingten sehr kleinen Gabe überhaupt nicht zur Entwicklung.

Die Umwandlung des Alkohols in ein Keton vernichtet vollständig die spezifische Wirkung, beim Chinotoxin ist also der Verlust der Kohlenstoff-Stickstoffverbindung nicht allein an der Aufhebung der spezifischen Wirkung schuld. So glaubt Giemsa[1]), daß die verankernde Gruppe das alkoholische Hydroxyl sei. Die Substituierung des Hydrochinins in 5-Stellung des Chinolinesters (5-Aminohydrochinin, 5-Chlorhydrochinin, 5-Bromhydrochinin) macht keine wesentliche Änderung, da durch diese Substitution weder die spezifischen Eigenschaften noch die Toxizität gegenüber dem Hydrochinin eine wesentliche Änderung erfahren.

Zu Seite 271.

Salicylosalicylsaures Chinin erhält man durch Einwirkung von 1 Mol eines sauren Chininsalzes auf 2 Mol eines Alkalisalzes der Salicylosalicylsäure[2]).

Zu Seite 282.

Acetylphenylurethan $CH_3 \cdot CO \cdot N(C_6H_5) \cdot COO \cdot C_2H_5$ ist ein schwaches Hypnoticum, Phenylacetylurethan $C_6H_5 \cdot CH_2 \cdot CO \cdot NH \cdot COO \cdot C_2H_5$ oder p-Acetylphenylurethan $CH_3 \cdot CO \cdot C_6H_4 \cdot NH \cdot COO \cdot C_2H_5$ machen keine bestimmte physiologische Wirkung. Carbo-n-butoxyäthylisoharnstoff $NH : C(OC_2H_5) \cdot NH \cdot COOC_4H_9$ hat nur eine leichte physiologische Wirkung[3]).

Zu Seite 310.

Die Ester des Betains wirken im Gegensatze zu Betain muscarinartig. Die Giftigkeit und die physiologische Wirkung verringern sich bei den Methyl-, Äthyl- und n-Butylester mit dem steigenden Molekulargewicht. Die Ester haben auch eine geringe nicotinartige Wirkung. Betainamid hat sowohl Muscarin- als auch Nicotinwirkung, aber in geringerem Maße als die Ester. Der Ersatz eines Wasserstoffatoms in der Methylengruppe der Betainester durch eine Alkylgruppe führt zu einer Verringerung der Giftigkeit und der Muscarinwirkung, die Verringerung der Muscarinwirkung steigt mit dem Steigen des Molekulargewichtes. Die Einführung einer Phenylgruppe vernichtet die intensive muscarinartige Wirkung der Ester. Diese Verbindungen haben eine schwache stimulierende Nicotinwirkung und eine mehr hervorstechende lähmende Nicotinwirkung. Triäthylphosphoniumverbindungen haben analog dem Betainäthylester, dem Cholin und dem Acetylcholin keine Muscarinwirkung, aber eine deutliche paralysierende aber nicht stimulierende Nicotinwirkung[4]).

Die Giftigkeit der Tetraalkylammoniumverbindungen fällt vom Methyl zum Äthyl und steigt dann, denn die n-Butylverbindung ist dreimal so giftig

[1]) Giemsa, G., W. Weise und C. Tropp: Arch. f. Schiffs- u. Tropenhyg. Bd. 30, S. 334. 1926.

[2]) Merck, E.P. 241 109/1925.

[3]) Basterfield, S., E. L. Woods und H. N. Wright: Journ. of the Americ. chem. soc. Bd. 48, S. 2371. 1926.

[4]) Hunt, R. und R. R. Renshaw: Journ. of pharmacol. a. exp. therapeut. Bd. 29, S. 17. 1926.

als die Methylverbindung. Die Giftigkeit der gemischten Alkylverbindungen ist bedingt durch die einzelnen Alkylgruppen, ist aber nicht vollständig parallel ihrer relativen Zahl. Typische Muscarinwirkung machen nur Tri- und Tetramethylverbindungen. Die stärkste stimulierende Nicotinwirkung auf die Ganglienzellen des autonomen Nervensystems findet man bei den Methylverbindungen. Trimethylzinnhydroxyd hat keine Muscarinwirkung in kleinen Dosen, große Dosen machen eine leichte Blutdrucksteigerung. Für Mäuse ist es sehr giftig[1]).

Zu Seite 314.

Oxyspartein wirkt nur ein Drittel bis ein Sechstel so giftig wie Spartein, ohne curareartige Wirkung und ohne merkliche Wirkung auf gestreifte Muskeln. Auf die glatten Muskeln wirkt es, aber nicht auf das Herz[2]).

Zu Seite 337.

Chloracetylcholinchloridharnstoff — Cholaryl genannt — bewirkt Blutdrucksenkung in 10fach kleinerer Dosis als Cholin[3]).

Zu Seite 353.

Man behandelt l- bzw. d, ψ-Benzoylekgonin mit Säurechloriden wie $SOCl_2$, PCl_5 oder CH_3COCl und erhält l-Benzoylekgonylchloridchlorhydrat bzw. die d-ψ-Verbindung. Beim Übergießen dieser Chloride mit Alkoholen entstehen leicht die entsprechenden Ester, Cocain bzw. d, ψ-Cocain bzw. die sonst schwer zu gewinnenden Ester mit Allylalkohol, aliphatisch-aromatischen Alkoholen und Phenolen[4]).

Zu Seite 395.

Man läßt p-Nitrobenzoylchlorid auf Aminoalkohole der allgemeinen Formel $CH_3 \cdot CH \cdot (N \cdot [R]_2) \cdot CH_2OH$, worin [R] Alkylreste bedeutet, einwirken und reduziert die entstandenen Nitrobenzoesäurealkaminester nach den üblichen Methoden[5]).

Nicotinsäure-β-diäthylaminoäthylalkoholester

(Pyridinring mit N) $\cdot COOCH_2 \cdot CH_2N(C_2H_5)_2$ und γ-Diäthylaminopropylnicotinat wirken weder anästhesierend noch mydriatisch[6]).

Zu Seite 401.

Derivate des Benzhydrylamins und zwar die o-Methoxy-, m-Methoxy-, m-Äthoxy-, m-Propyloxy-, m-Isopropyloxy-, m-Butyloxy-, m-Isobutyloxy-, 3.4′-Dimethoxy-, 3-Methoxy-4′-äthoxy-, 3-Methoxy-4′-propyloxy-, 3-Methoxy-4′-butyloxy-, 3-Methoxy-4′-isobutyloxy- und 3-Methoxy-4′-phenoxy-benzhydrylamin wirken lokal anästhesierend, die m-Reihe am stärksten. Innerhalb dieser Reihe wächst die Wirksamkeit mit wachsendem Gewicht des Radikals, beim Butylderivat das ca. 17fache der Cocainwirksamkeit erreichend. Alle wirken reizend und sind etwa $1^1/_2$mal so stark giftig wie Cocain.

Zu Seite 424.

Oxykodeinon wirkt wie Thebain, es steigert die Reflexerregbarkeit, macht dann Krämpfe, endlich Lähmung. Dihydrooxykodeinon setzt die Erregbarkeit des Zentralnervensystems von vornherein herab bei Verlangsamung der Atmung. Die Giftigkeit vermindert sich vom Thebain zu Oxykodeinon und weiter zu

---

[1]) Hunt, R.: Journ. of pharmacol. a. exp. therapeut. Bd. 28, S. 367. 1926.
[2]) Ahrens: Ber. d. dtsch. chem. Ges. Bd. 24, S. 1095. 1891.
[3]) Arch. f. exp. Pathol. u. Pharmakol. Bd. 110, S. 212. 1925.
[4]) Schw.P. 111994 und 112746.
[5]) A.P. 1590792.
[6]) Ingersoll, A. W. und B. H. Robbins: Journ. of the Americ. chem. soc. Bd. 48, S. 2449. 1926.

Dihydrooxykodeinon. Die beiden letzteren lähmen die motorischen Nervenendigungen und die quergestreiften Muskeln selbst, jedoch schwächer als Thebain. Thebain und Oxykodeinon beschleunigen die Atmung[1]).

Zu Seite 447.

Yohimben und Yohimbin wirken vollkommen gleich[2]).

Zu Seite 457.

Ephedrin steigert beim Hunde den Blutdruck, erzeugt Pulsverlangsamung und Erhöhung der Auswurfgröße des Herzens. Während Adrenalin den Blutdruck stark und plötzlich und schnell absinkend steigert[3]), Tyramin langsamer ansteigend und länger anhaltend, wirkt Ephedrin ähnlich wie Tyramin aber noch langandauernder. Die Wirksamkeit nimmt also mit der Substitution einer 2 C-Kette und größerer Hydroxylzahl zu, wobei die Hydroxyle die Labilität und Zerstörbarkeit erhöhen. Nur Ephedrin kann per os gegeben werden, da es das Stabilste[3]).

Zu Seite 474.

α-Aminopyridin bewirkt am Frosche strychninähnliche Krämpfe. N(α-pyridyl)-pyrrol, C(α-pyridyl)-pyrrole und deren entsprechende Nicotyrine machen Lähmungserscheinungen. C(α-pyridyl)-pyrrole wirken zweimal so stark anästhesierend wie Novocain und die entsprechenden Nicotyrine sind sogar 4—8 mal so wirksam auf der Froschhaut, während sie, ebensowenig wie α-Aminopyridin auf der Kaninchencornea keine Anästhesie hervorrufen[4]).

Zu Seite 489.

Chloralose hat im Gegensatz zu Chloraldehyd eine den Sympathicus erregenden Effekt[5]).

Zu Seite 499.

Albroman ist Isopropylbromacetylcarbamid $NH_2 \cdot CO \cdot NH \cdot CO \cdot Br \cdot C_3H_7$.

Demalgon ist eine Additionsverbindung aus 3 Molekülen Pyramidon und 2 Molekülen Bromdiäthylacetylharnstoff.

Zu Seite 520.

Somnifen ist i-Propylallylbarbitursäurediäthylamin[6]).

Man engt entweder eine wässerige Lösung von CC-disubstituierten Barbitursäuren und 4-Dimethylamino-2,3-dimethyl-1-phenyl-5-pyrazolon (letzteres im Überschuß) ein oder behandelt die Komponenten mit einer kleinen Menge warmem Wasser bis zur Lösung und läßt dann die Lösung erkalten[7]).

Zu Seite 548.

3,4-Dioxydiphenyläthan erhält man, wenn man Benzylcyanid mit Resorcin zu dem entsprechenden Ketimidohydrochlorid gibt, dieses in das 2,4-Dioxyphenylbenzylketon umwandelt und dieses reduziert. Es ist ein inneres Antiseptikum besonders gegen Typhusbacillen[8]).

---

1) Juan, S. F.: Folia japon. pharmacol. Bd. 1, S. 10. 1925 (deutsch).
2) Hahn, G. und W. Brandenberg: Ber. d. dtsch. chem. Ges. Bd. 59, S. 2189. 1926.
3) Chon, K. K. und W. J. Meek: Journ. of pharmacol. a. exp. therapeut. Bd. 28, S. 31, 59. 1926.
4) Laqueur, E. und J. P. Wibaut: Arch. néerland. de physiol. de l'homme et des anim. Bd. 11, S. 160. 1926.
5) Gautrelet, J., R. Bargy und Vechiu: Cpt. rend. hebdom. des seances de l'acad. des sciences Bd. 182, S. 1098. 1926.
6) Arch. internat. de pharmaco-dyn. et de therapie Bd. 30, S. 321. 1925.
7) Ö.P. 101680, E.P. 231512/1925 und 244035/1926.
8) A.P. 1596613.

Zu Seite 553.

Germanin erzeugt in 80% der Fälle eine Albuminurie. Es wirkt am besten in den Anfangsstadien, wenn der liquor cerebrospinalis noch nicht verändert ist. Ist dieser verändert, so tritt in den meisten Fällen nach einiger Zeit Rückfall ein.

Zu Seite 599.

Dijodphenol-p-sulfosaurer p-Aminobenzoesäureäthylester (Anästheform) ist schwer löslich, wirkt reizend, antiseptisch und anästhesierend[1]).

Zu Seite 605.

Aljodan ist Jodäthylallophanat $NH_2 \cdot CO \cdot NH \cdot COO \cdot C_2H_4J$.

Zu Seite 625.

Nach Injektion von Tellurpräparaten findet man Tellur in dem reticuloendothelialen System[2]).

Zu Seite 630.

Bei Bronchialasthma sah man mit Natriumsilikat Besserung und Heilung, wobei die Wirkung wie bei Chlorcalcium als desensibilisierende angesehen wird[3]).

Zu Seite 673.

Salyrgan ist die komplexe Quecksilberverbindung des salicylallylamid-o-essigsauren Natriums, es wirkt diuretisch und antiluetisch und ist weniger giftig als Novasurol.

Zu Seite 715.

Stovarsol wirkt vom Darme aus stärker als subcutan. Es wirkt auf die Yawskrankheit (Blurnier und Clapier), auf intestinale Spirochätose, ulceromembranöse Stomatitis, spirilläre Bronchitis, Vincentsche Angina, gegen Amöbendysenterie, Lambliose (Marchoux), als Präventivmittel gegen Dysenterie (Petretakis). Es wirkt auch gegen Malaria besonders bei chininresistenten Stämmen. Marthoux hält es nur für wirksam gegen Plasmodium vivax, aber nicht gegen das Plasmodium malariae und gegen das Plasmodium falsiparum. Das Präparat wurde zuerst von Ehrlich, Benda und Wertheim dargestellt, war aber noch nicht rein, erzeugte daher Vergiftungserscheinungen bis Fourneau es neuerlich rein darstellte[4]).

Zu Seite 757.

Phenole oder Phenolderivate werden mit Cadmiumverbindungen in der für die Herstellung von Metallphenolaten üblichen Weise behandelt. Die Produkte wirken ähnlich wie die analogen Bismutverbindungen. Beschrieben sind Tribromphenolcadmium, Cadmiumsubsalicylat, Guajacolcadmium, β-Naphtholcadmium, Resorcincadmium, basisch guajacolcarbonsaures Cadmium[5]).

Zu Seite 768.

Verschließt man im Phenolphthalein die freien phenolischen Hydroxyle durch schwer abspaltbare Acylreste, so sind diese Ester wirkungslos, z. B. o-Phthalylphenolphthalein, da die Stammsubstanz im Darme nicht regeneriert wird. Veränderungen im Kern der Phenolgruppe rufen nur graduelle Unterschiede der Wirkungen hervor. Ein Disulfid des Phenolphthalein ist unwirksam. Wenn man die Lactonbrücke abändert und den Furankern des Phenol-

---

[1]) Ritsert, E.: Pharmazeut. Ztg. Bd. 71, S. 797. 1926.

[2]) Levaditi, C. und O. Dimancexo-Nicolau: Cpt. rend. des séances de la soc. de biol. Bd. 95, S. 459. 1926.

[3]) Zickgraf, G.: Münch. med. Wochenschr. Bd. 73, S. 1477. 1926.

[4]) Levaditi, C.: Lancet Bd. 209, S. 593. 1925.

[5]) D.R.P. 433102.

phthaleins durch andere heterocyklische Ringe ersetzt, so besitzen die entstehenden Verbindungen noch abführende Wirkungen. Auch den Benzolkern der Phthalsäure kann man durch andere Ringsysteme oder durch aliphatische Reste ersetzen. Der Bis(4-oxyphenyl-)methylenrest erscheint also als die eigentlich laxative Gruppe (H. P. Kaufmann).

Zu Seite 783.

Butolan (p-Oxydiphenylmethancarbaminsäureester) wirkt gegen Oxyuris.

Zu Seite 794.

Man läßt N_3H im Überschuß auf cyclische oder acyclische Ketone in Gegenwart von Mineralsäuren einwirken. Dargestellt wurde α, β-Cyclopentamethylentetrazol, 1,5-Dimethyltetrazol und 5-Phenylimino-1-phenyl-1,2-dihydrotetrazol[1]).

Zu Seite 816.

Man behandelt Zucker oder mehrwertige Alkohole mit P_2O_5 in Gegenwart von tertiären Basen und fällt die entstandenen Phosphorsäureester aus der Lösung mit Calciumcarbonat als Calciumsalze aus[2]).

---

1) Knoll & Co., A.P. 1599493.

2) Société chim. des usines du Rhône. A.P. 1598370; Kan.P. 259038.

Patentverzeichnis[1]).

Deutsche Reichspatente.

[1]) Der Buchstabe *N* statt einer Seitenzahl bedeutet: „Im Nachtrage zu suchen".

Amerikanische Patente.

Canadische Patente.

Englische Patente.

Französische Patente.

Holländische Patente.

Österreichische Patente.

Schweizer Patente.

Namenverzeichnis.

Sachverzeichnis.

Printed in the United States
By Bookmasters